JN209223

JIS
ハンドブック

（1-1）

鉄鋼 I-1
用語／資格及び認証／検査・試験

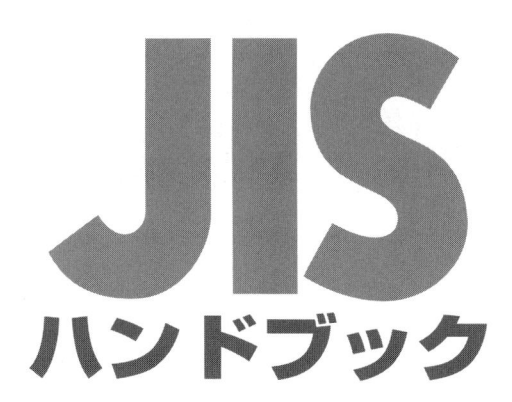

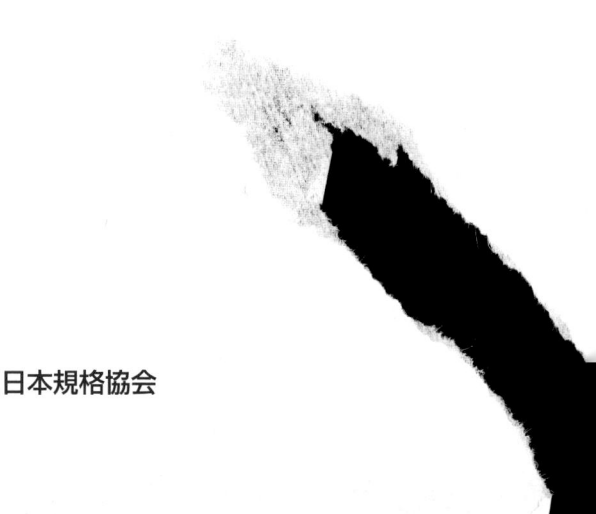

日本規格協会

まえがき

　JIS（日本産業規格*）は，産業標準化法*に基づいて制定される我が国の国家規格です。

　現在，約 10,900 件の JIS は，適正な内容を維持するために，それぞれ原則として 5 年以内に見直しが行われ，改正，確認又は廃止の手続きが取られるとともに，新たなニーズに即した JIS が制定されています。制定・改正などの JIS は，JIS Z 8301（規格票の様式及び作成方法）に定められた様式，体裁に従って，"JIS 規格票" として発行されています。

　"JIS ハンドブック" は，これら JIS の中から当該分野に関係する主要規格を可能な限り収録し，企業活動における各方面でお使いいただけるよう編集・縮刷したものです。

　ご利用に際してお気付きの点やご意見がございましたら，是非当協会までお寄せください。

2025 年 1 月

日本規格協会

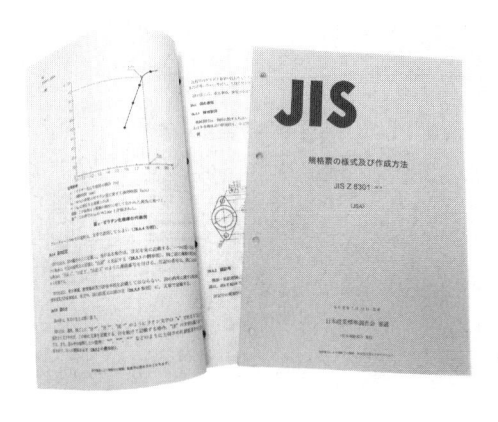

JIS規格票
（A4判）

＊ JIS 法改正について

　平成 30 年第 196 回通常国会において，「不正競争防止法等の一部を改正する法律」（法律第 33 号）が可決成立し，工業標準化法が一部改正されました（平成 30 年 5 月 30 日公布）。

　これにより 2019 年 7 月 1 日より，"工業標準化法" は "産業標準化法" に変わり，"日本工業規格（JIS）" は "日本産業規格（JIS）" に変わりました。

　なお，経過措置として，旧 JIS 法に基づく JIS は，次の改正までの間新法に基づくものとみなされ，旧 JIS 法に基づく JIS マーク認証等は新法に基づくものとみなされます。

　改正法に関する詳しい情報は，経済産業省ホームページ（https://www.meti.go.jp/policy/economy/hyojun-kijun/jisho/jis.html）等でご確認ください。

本書の構成

　本書『鉄鋼 I（用語／資格及び認証／検査・試験／特殊用途鋼／鋳鍛造品／その他）ハンドブック』は，2025 年版（2025 年 1 月末発行）より，紙面の都合により『鉄鋼 I-1』及び『鉄鋼 I-2』の 2 冊に分冊となりました。

ご利用いただく前に

- □ 2019 年 7 月 1 日の JIS 法改正により名称が変わりました。まえがきを除き，JIS 規格中の「日本工業規格」を「日本産業規格」に読み替えてください。
- □ 本書の収録 JIS は，2024 年 11 月末現在のものです。
- □ JIS 正誤票は，2024 年 11 月発行分までを収録しています。
- □ 本書の収録 JIS には，JIS 規格票（原本）の"まえがき"，"解説"などを，原則，省略しています。
- □ JIS 規格票（原本）の"まえがき"には，
  - ＊ JIS に関する特許権，著作権などについての注意事項
  - ＊ JIS マーク認証取得者が存在する製品規格が改正される際に，必要に応じて設けられた経過的処置

  など，その JIS にとって必要事項が記述されています。
- □ 本書は，著作権法によって無断での複製，転載等は禁止されています。
- □ 本書の収録 JIS は，前の年版から予告なく変更する場合があります。JIS ハンドブックの収録 JIS は小会ウェブサイト（https://webdesk.jsa.or.jp/）でご確認いただけます。
- □ JIS ハンドブックに収録していない JIS は，個別の JIS 規格票（原本）をご利用ください。また，旧 JIS（改正前の JIS 又は廃止された JIS）は，コピー販売でご利用いただけます。

<JIS 購入窓口>日本規格協会グループ出版情報事業本部

カスタマーサービス部　販売サービスチーム

TEL 050-1742-6256　Email：csd@jsa.or.jp

URL https://webdesk.jsa.or.jp/

　本書は，次の方々のご協力を得て編集されています。ここに記して謝意を表します。

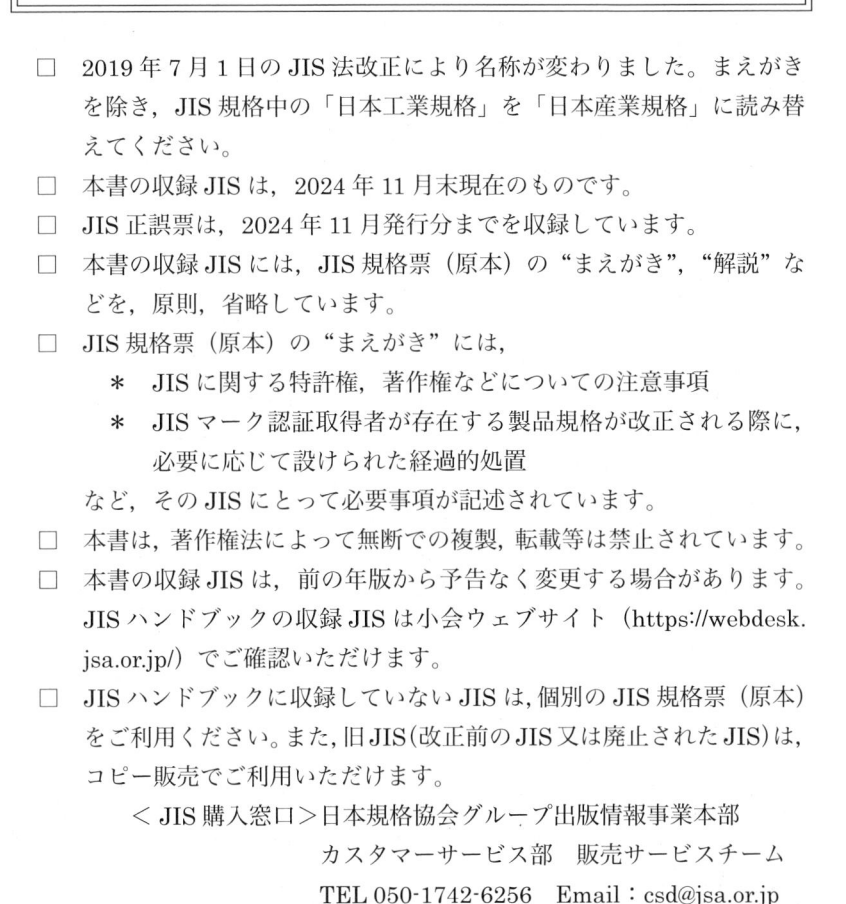

鉄鋼 I -1・I -2・II　編集委員 （敬称略・五十音順）

石川　厚史	一般社団法人 日本鉄鋼連盟	
門原　英明	一般社団法人 日本鋳鍛鋼会	
前田　滋	ステンレス協会	
参考協力		
鹿島　真弓	ステンレス協会	
後藤　真一	一般社団法人 日本鉄鋼連盟	

凡　例

◇ 本書の目次には，次のような記号・略号が用いられています (使用されないもの
もあります)。

記号・略号	意　味
新	前版発行後に制定された規格(公表されたTS，TR含む)
改	前版発行後に改正された規格(追補による改正含む)
追	今年版に追加収録した規格(TS，TR含む)
◇	近く改正等の予定がある規格
解説収録	解説を一部省略して収録
抜粋	規格の本体・附属書の一部を抜粋して収録
〈要約〉	国際規格を部分翻訳・要約したJIS(要約JIS)
追補	規格の一部分だけを改正したり，規定を一部追加又は削除したりする場合の一つの改正方法であり，改正部分だけを示す方が合理的な場合に適用される。 追補による改正は，規格の全体を改正する場合と同じ手順を経て，改正部分だけを示した規格票として発行されるもの (国際規格制度に準拠)。追補には当該規格の一部改正部分だけが示されているが，当該規格全体が改正されたことになり，最終追補発行年が当該規格の最新改正年となる。 注意：追補の規格票には，元となる規格票の一部改正部分だけしか記載されていませんので，必ず追補改正前の規格票と併せてご利用ください。
R	同一年内に2度改正されたJIS
TS	標準仕様書
TR	標準報告書

◇ JISと国際規格との "対応の程度" は，ISO/IEC Guide 21-1を基に，次の2種
類の略号を表記しています。

IDT	identical(一致)：国際規格と一致している。 a)　技術的内容，構成及び文言において一致している。又は， b)　最小限の編集上の変更はあるが，技術的内容において一致している。 "逆も同様の原理"が当てはまる。
MOD	modified(修正)：国際規格を修正している。 許容される技術的差異が明示され，かつ，説明されている。この場合，国際規格の構成を反映し，その構成の変更は両規格の内容が容易に比較できる限り許容される。修正規格は一致対応の場合に許容される変更も含む。 "逆も同様の原理"が当てはまらない。

用　語

資格及び認証

金属材料の試験

鉄鋼材料の試験

参　考

鉄鋼 I-1・I-2・II：目次
(アルファベット・番号順)

ページ前の丸中数字は，以下を示す。

①：**鉄鋼 I-1**[用語/資格及び認証/検査・試験]に収録。

②：**鉄鋼 I-2**[特殊用途鋼/鋳鍛造品/その他]に収録。

③：**鉄鋼 II**[棒・形・板・帯/鋼管/線・二次製品/電気用材料]に収録。

JIS G 3251……② 672	JIS G 3467……③1579	JIS G 3552……③2176	JIS G 4805……② 544
JIS G 3302……③ 297	JIS G 3468……③1405	JIS G 3553……③2181	JIS G 4901……② 436
JIS G 3303……③ 337	JIS G 3470……③1653	JIS G 3554……③2186	JIS G 4902……② 449
JIS G 3311……③ 364	JIS G 3471……③1660	JIS G 3555……③2191	JIS G 4903……③1771
JIS G 3312……③ 376	JIS G 3472……③1671	JIS G 3556……③2198	JIS G 4904……③1781
JIS G 3313……③ 398	JIS G 3473……③1683	JIS G 3557……③2217	JIS G 5101……② 677
JIS G 3314……③ 449	JIS G 3474……③1691	JIS G 3558……③2245	JIS G 5102……② 679
JIS G 3315……③ 475	JIS G 3475……③1702	JIS G 3559……③2254	JIS G 5111……② 681
JIS G 3316……③ 502	JIS G 3477-1……③1424	JIS G 3560……③2266	JIS G 5121……② 684
JIS G 3317……③ 506	JIS G 3477-2……③1448	JIS G 3561……③2269	JIS G 5122……② 699
JIS G 3318……③ 542	JIS G 3477-3……③1467	JIS G 3571……③2272	JIS G 5131……② 712
JIS G 3320……② 422	JIS G 3478……③1719	JIS G 3601……② 569	JIS G 5151……② 719
JIS G 3321……③ 563	JIS G 3479……③1726	JIS G 3602……② 575	JIS G 5152……② 722
JIS G 3322……③ 596	JIS G 3502……③1817	JIS G 3603……② 581	JIS G 5201……② 725
JIS G 3323……③ 616	JIS G 3503……③1826	JIS G 3604……② 586	JIS G 5202……② 728
JIS G 3350……③ 195	JIS G 3504……③1829	JIS G 4051……② 79	JIS G 5501……② 734
JIS G 3351……③ 649	JIS G 3505……③1839	JIS G 4052……② 94	JIS G 5502……② 738
JIS G 3352……③ 653	JIS G 3506……③1847	JIS G 4053……② 133	JIS G 5503……② 820
JIS G 3353……③ 215	JIS G 3507-1……③1856	JIS G 4107……② 149	JIS G 5504……② 870
JIS G 3429……③1759	JIS G 3507-2……③1866	JIS G 4108……② 156	JIS G 5505……② 876
JIS G 3441……③1595	JIS G 3508-1……③1875	JIS G 4109……③ 777	JIS G 5510……② 911
JIS G 3442……③1121	JIS G 3508-2……③1897	JIS G 4110……③ 789	JIS G 5511……② 929
JIS G 3443-1……③1131	JIS G 3509-1……③1904	JIS G 4303……② 167	JIS G 5526……② 932
JIS G 3443-2……③1142	JIS G 3509-2……③1941	JIS G 4304……② 189	JIS G 5527……② 965
JIS G 3443-3……③1207	JIS G 3510……③1948	JIS G 4305……② 218	JIS G 5528……② 994
JIS G 3443-4……③1238	JIS G 3521……③1955	JIS G 4308……② 245	JIS G 5705……② 999
JIS G 3444……③1603	JIS G 3522……③1966	JIS G 4309……② 254	JIS G 5903……②1017
JIS G 3445……③1617	JIS G 3523……③1978	JIS G 4311……② 264	JIS G 7821……② 731
JIS G 3446……③1628	JIS G 3525……③1981	JIS G 4312……② 285	
JIS G 3447……③1259	JIS G 3532……③2029	JIS G 4313……② 315	**H**
JIS G 3448……③1271	JIS G 3533……③2041	JIS G 4314……② 325	JIS H 0401……①1839
JIS G 3452……③1281	JIS G 3535……③2045	JIS G 4315……② 334	JIS H 8672……①1851
JIS G 3454……③1290	JIS G 3536……③2061	JIS G 4316……② 342	
JIS G 3455……③1306	JIS G 3537……③2069	JIS G 4317……② 345	**K**
JIS G 3456……③1322	JIS G 3538……③2075	JIS G 4318……② 371	JIS K 6744……③ 665
JIS G 3457……③1338	JIS G 3540……③2077	JIS G 4319……② 380	
JIS G 3458……③1346	JIS G 3542……③2086	JIS G 4320……② 383	**Q**
JIS G 3459……③1360	JIS G 3543……③2090	JIS G 4321……② 394	JIS Q 1000……① 200
JIS G 3460……③1388	JIS G 3544……③2100	JIS G 4322……② 417	JIS Q 1001……① 212
JIS G 3461……③1487	JIS G 3546……③2105	JIS G 4401……② 471	JIS Q 1013……① 258
JIS G 3462……③1506	JIS G 3547……③2120	JIS G 4403……② 486	JIS Q 20915……②1027
JIS G 3463……③1526	JIS G 3548……③2131	JIS G 4404……② 498	
JIS G 3464……③1561	JIS G 3549……③2136	JIS G 4801……② 511	**Z**
JIS G 3465……③1764	JIS G 3550……③2151	JIS G 4802……② 523	JIS Z 2241……① 341
JIS G 3466……③1642	JIS G 3551……③2158	JIS G 4804……② 535	JIS Z 2242……① 416

JIS G 0201
（2023）

鉄鋼用語（熱処理）

Glossary of terms used in iron and steel (Heat treatment)

JIS （1987, 00）改正
JIS （1969） 制定

序文

この規格は，2018 年に第 3 版として発行された **ISO 4885** を基とし，技術的内容を変更して作成した日本産業規格である。

ISO 4885:2018 の翻訳を，参考として**附属書 JA** に示す。なお，この規格で点線の下線を施してある箇所は，対応国際規格を変更している事項である。技術的差異の一覧表にその説明を付けて，**附属書 JB** に示す。

1 適用範囲

この規格は，圧延，鋳造又は鍛造された，主に鋼の熱処理に関する用語及び定義について規定する。

注記 この規格の対応国際規格及びその対応の程度を表す記号を，次に示す。

ISO 4885:2018，Ferrous materials－Heat treatments－Vocabulary（MOD）

なお，対応の程度を表す記号"MOD"は，**ISO/IEC Guide 21-1** に基づき，"修正している"ことを示す。

2 引用規格

この規格には，引用規格はない。

3 分類

鉄鋼用語（熱処理）の分類は，次による。

a) 熱処理一般

b) 焼ならし及び焼なまし

c) 焼入れ，焼戻し及び時効

d) 表面硬化処理及び表面処理

4 用語及び定義

用語及び定義は，次による。

注記 番号の下の括弧内の番号は，**附属書 JA（ISO 4885 の翻訳）**に規定された用語で，**JA.2** の項目番号である。

a) 熱処理一般

番号	用語	定義	対応英語 (参考)
1101	光輝熱処理	無酸化雰囲気などで熱処理することによって，表面の高温酸化及び脱炭を防止し，表面光輝状態を保持する熱処理 注釈1　光輝焼なまし [bright annealing (**JA.2.29**)]，光輝焼ならし（bright normalizing），光輝焼入れ（bright hardening），光輝焼戻し（bright tempering）などがある。	bright heat treatment
1102	雰囲気熱処理	炉内の雰囲気ガスを目的によってそれぞれ調節して行う熱処理 注釈1　雰囲気ガスには酸化性，還元性，不活性，浸炭性，窒化性などの種類がある。	controlled atmosphere heat treatment
1103	真空熱処理	真空中で加熱して行う熱処理の総称 注釈1　真空焼なまし（vacuum annealing），真空焼入れ（vacuum hardening），真空焼戻し（vacuum tempering）などがある。	vacuum heat treatment
1104	塩浴熱処理	一般に，塩化カリウム，塩化ナトリウムなどを高温に加熱した炉［塩浴炉（ソルトバス）］に浸せきさせて行う熱処理	salt bath heat treatment
1105	拡散浸透処理	表面に他の金属元素又は非金属元素を拡散浸透させる熱処理の総称 注釈1　拡散被覆処理又はセメンテイション（cementation）ともいう。 注釈2　アルミナイジング（aluminizing）又はカロライジング（calorizing），ガルバナイジング（galvanizing），サルファライジング（sulfurizing, sulfidizing），クロマイジング（chromizing），シリコナイジング（siliconizing），シェラダイジング（sherardizing）などがある。	diffusion coating
1106	加工熱処理	最終の塑性加工がある温度範囲で行われ，熱処理だけでは繰り返して得られない特定の性質をもつ材料状態を生じさせる加工工程 注釈1　準安定オーステナイトの温度範囲で塑性加工した後，マルテンサイト変態を行わせるオースフォームなどがその代表的なものである。	thermomechanical control treatment
1107 （**JA.2.44**）	制御圧延	熱間圧延法の一種で，鋼片の加熱温度，圧延温度及び圧下量を適正に制御することによって，鋼の結晶組織を微細化し，機械的性質を改善する圧延方法 注釈1　Mn-Si 系高張力鋼を対象に低温のオーステナイト域で圧延を終了するものを，**ISO 630-2** などでは，normalizing rolling と呼んでいる。 注釈2　オーステナイトの未再結晶域で圧延の大部分を行う場合がある。	controlled rolling
1108	加速冷却	主に，厚板圧延工程において，圧延に引き続き変態温度域を空冷よりも速い冷却速度で冷却することによって，鋼の結晶組織を調整し，機械的性質を改善する冷却方法 注釈1　加速冷却設備を用いて圧延ライン上で単に急冷し，焼入処理を行う冷却方法は，加速冷却に含まない。 注釈2　設備保護，冷却床の能力補償などのために行う冷却は，機械的性質に対して影響を与える冷却ではないため，加速冷却には含まない。	accelerated cooling

番号	用語	定義	対応英語（参考）
1109 （JA.2.208）	熱加工制御	制御圧延を基本に，その後空冷又は加速冷却を行う製造法の総称 注釈1　制御圧延及び加速冷却がこれに含まれる。ただし，制御圧延の注釈1の場合は，含まない。また，TMCPと呼んでいる。	thermo-mechanical control process

（図 1 の内容）

温度	熱加工制御		（参考）制御圧延の注釈1
	制御圧延	加速冷却	
通常鋼片加熱温度			R R
焼ならし温度	R R	R R	R R
未再結晶域 Ar₃ Ar₁	R R R	R Ac Ac	R R

記号説明
R：圧下
Ac：加速冷却

図1－熱加工制御

番号	用語	定義	対応英語（参考）
1110	圧延のまま	熱間圧延において，制御圧延，熱加工制御又は熱処理（焼ならし，焼なまし，焼入焼戻しなど）を行わない状態	as-rolled
1111 （JA.2.194）	安定化熱処理	安定化オーステナイト系ステンレス鋼で，鋼中に少量添加したチタン，ニオブなどの炭化物を十分に析出させて，耐粒界腐食性を向上させる熱処理 注釈1　ステンレス鋼製品の JIS では，850 ℃〜930 ℃の熱処理温度を推奨している。 注釈2　ISO 4885 では，熱処理を焼なましとしている。	stabilizing heat treatment, stabilizing annealing
1112 （JA.2.185）	均熱	温度が一定に保たれる熱サイクルの部分 注釈1　当該温度が，例えば，炉のものか，製品の表面か，製品の全断面についてのものなのか，又は製品その他の特定点を指すのかを，規定する必要がある。	soaking
	均熱処理	主に，材料の内外の温度差が小さくなるようにする目的で，適切な時間，一定の温度に保持すること	soaking
1113 （JA.2.14）	オーステナイト化	鋼材の組織が，オーステナイトになる現象 注釈1　変態が完全に終了していない場合には，部分的オーステナイト化という。 注釈2　オーステナイト化に必要な最低温度は，加熱速度，鋼材などの組成によって異なる。また，保持時間は，加熱条件によって異なる。 注釈3　オーステナイト化を目的として行う操作の定義として，用いることもある。	austenitizing
1114 （JA.2.15）	オーステナイト化温度	鋼材が，オーステナイト化時に保持される温度	austenitizing temperature
1115	硬化	時効，加熱・冷却の処理などで硬さを増す現象 注釈1　時効硬化，析出硬化，焼入硬化，肌焼硬化などの種類がある。 注釈2　硬化を目的として行う操作の定義として，用いることもある。	hardening

番号	用語	定義	対応英語（参考）
<u>1116</u>	シーズニング、 枯し（からし）	鋳物の鋳造内部応力を除去するため，長時間放置する操作 **注釈1** 最近では，一般に応力除去焼なましが行われる。 **注釈2** 鋼材などの内部応力を除去するために使用することもある。	seasoning
<u>1117</u>	熱間加工まま	熱間加工後に，熱処理（焼ならし，焼なまし，焼入焼戻し，固溶化熱処理など）を行わない状態 **注釈1** 熱間加工には，熱間圧延，熱間鍛造，熱間押出しなどが含まれる。	as-hot formed
1201 (JA.2.63)	拡散	物質を構成している原子が，熱エネルギーによって移動する現象 **注釈1** 拡散変態，析出，回復，再結晶，浸炭などは，いずれも原子の拡散によって進行する。	diffusion
(JA.2.65)	拡散処理	鋼材などの表面に持ち込まれた元素（例えば，浸炭，ほう化，窒化などによって）を鋼材の内部に向かって拡散させることを意図して行う熱処理（又は操作） **注釈1** ISO 4885では，拡散処理の例として，可鍛化焼なましを記載している。	diffusion treatment
1202 (JA.2.66)	拡散域	炭素，窒素などのような元素を濃化させる熱化学処理（JA.2.207）によって形成された表面層 **注釈1** その処理の間に持ち込まれた元素を固溶又は部分的に析出した状態で含有している。拡散域の析出物は，窒化物，炭化物などである。 **注釈2** これらの元素の含有量は，中心に近づくにつれて連続的に消失する。	diffusion zone
1203 (JA.2.149)	過熱及び 過均熱	過剰な結晶粒成長を生じるような温度，又は時間で行う加熱 **注釈1** 過熱は温度効果，過均熱は時間効果によるものとして，区別が可能である。過熱及び過均熱された鋼材などは，その特性に応じて，適切な熱処理又は熱間加工によって再処理してもよい。 **注釈2** 過熱によって，部分的に溶融が生じた場合，溶融部の組織は，元の組織には戻らない。	overheating and oversoaking
1204 (JA.2.30)	バーニング	結晶粒界の融合によって引き起こされる組織又は性質の非可逆的な変化 **注釈1** 例えば，鋼材などの温度を上げすぎた場合，その一部が溶融する場合がある。 **注釈2** 後の熱処理及び機械加工，又は加工及び熱処理の組合せの作業で，初めにもっていた諸性質を回復できない。	burning
1205 (JA.2.174)	再結晶	冷間加工などで塑性ひずみを受けた結晶が加熱される場合，内部応力が減少する過程に続いて，ひずみが残っている元の結晶粒から内部ひずみのない新しい結晶の核が発生し，その数を増すとともに，各々の核は次第に成長して，元の結晶粒と置き換わっていく現象 **注釈1** 再結晶を起こす温度を再結晶温度という。この温度は，金属及び合金の純度又は組成，結晶内の塑性ひずみの程度，加熱の時間などによって著しい影響を受ける。	recrystallization
	再結晶熱処理	冷間加工された金属内で，相の変化なしに，核生成及び成長によって新しい結晶粒が成長することを意図した熱処理	recrystallizing

番号	用語	定義	対応英語（参考）
1206 （JA.2.96）	結晶粒粗大化	Ac_3 をはるかに超える温度で，長時間加熱されることで，結晶粒が大きくなる現象 注釈1 結晶粒粗大化を目的として行う操作の定義として，用いることもある。	grain coarsening
1207 （JA.2.98）	結晶粒微細化	鋼材の結晶粒が，圧延などの操作によって，微細化する現象 注釈1 Ac_3（過共析鋼においては Ac_1）を僅かに超える温度に加熱し，この温度に長く保持することなく，適切な速度で冷却することからなる。 注釈2 ISO 4885 では，JIS の用語にない芯部調質［core refining（JA.2.50）］を参照している。 注釈3 結晶粒微細化を目的として行う操作の定義として，用いることもある。	grain refining
1208 （JA.2.54）	脱炭	鋼材などの表面における炭素の欠乏 注釈1 この欠乏は，部分的（部分的脱炭）か，名目上完全（完全脱炭）かのいずれかである。二つの形式の脱炭（部分的及び完全）の和は，全脱炭と呼ばれる（JIS G 0558 参照）。	decarburization
（JA.2.55）	脱炭処理	鋼材の脱炭を意図した熱化学処理	decarburizing
1209 （JA.2.59）	脱炭層深さ	JIS G 0203 参照	depth of decarburization
1210	白点	鋼材の破面に現れる白色の光沢をもった斑点 注釈1 以前には，低合金鋼の大形鍛鋼品などにしばしば認められた。 注釈2 熱間加工後の冷却過程で生じる変態応力，水素の析出に伴う内部応力などで誘発される内部亀裂と考えられる。	flake, white spot
1211 （JA.2.115）	水素ぜい（脆）化	鋼材中に吸収された水素によって生じる延性又はじん（靱）性が低下する現象 注釈1 この現象は，一般的に，高張力鋼などで生じる場合が多い。 注釈2 この現象は，溶接，酸洗，電気めっきなどに生じることが多い。また，引張応力が存在すると割れに至る場合が多い。	hydrogen embrittlement
1212	赤熱ぜい性	熱間加工の温度範囲で鋼がもろくなる性質	red shortness
1213	青熱ぜい性	200 ℃〜300 ℃付近で鋼の引張強さ及び硬さが常温の場合より増加し，伸び，絞りが減少して，もろくなる性質 注釈1 青熱ぜい性と呼ばれるのは，この温度範囲で，青い酸化皮膜が表面に形成されるためである。	blue shortness
1214	低温ぜい性	室温付近又はそれ以下の低温で，鋼材のじん性が急激に低下して，もろくなる性質	cold shortness
1215	σぜい性	σ相の析出分離によって起こるぜい化現象 注釈1 σ相とは，クロムを 20 %以上含む高クロム鋼，高クロムニッケル鋼などに現れる金属間化合物。	sigma embrittlement
1216 （JA.2.70）	変形	熱処理で起こる鋼材の形状・寸法における変化 注釈1 変形の要因は，熱処理だけでなく，鋼材などの形状，不均一性，製造条件など多岐にわたる。	distortion
1217	経年変形	室温付近で長年月の間に材料の寸法・形状が変化すること	secular distortion

番号	用語	定義	対応英語（参考）
1218 （JA.2.205）	**熱亀裂**	加熱又は冷却によって，直ちに又は遅れをもって生じる亀裂 **注釈1** 一般に，亀裂という用語は，加熱割れ，焼割れなど，亀裂の現れる条件を示すことによって分類されている。 **注釈2** 鋼材などの中心部と表面との間の内部応力の過度の差によって生じる。	thermal crack
1219	**鋳鉄の成長**	鋳鉄が変態点の上下の温度で加熱・冷却が繰り返されたときに起こる不可逆的な異常膨張現象	growth of cast iron
1301	**変態**	温度を上昇又は下降させた場合などに，ある結晶構造から他の結晶構造に変化する現象 **注釈1** 磁気変態のように必ずしも結晶構造の変化を伴わないものもある。	transformation
1302 （JA.2.211）	**変態点**	ある結晶構造が，別の結晶構造に変態する温度 **注釈1** 用語は，結晶構造の種類と組み合わせて使用している（例えば，マルテンサイト変態点，パーライト変態点など）。	transformation points
（JA.2.213）	**変態温度**	相変化の起こる温度で，変態が温度範囲にわたって起こるときは，変態が開始及び終了する温度 **注釈1** 鋼については，次のような主要な変態温度が区別される。 Ae_1：オーステナイトの存在下限を定義する平衡温度 Ae_3：フェライトの存在上限を定義する平衡温度 Aem：過共析鋼においてセメンタイト存在上限を定義する温度 Ac_1：加熱中に，オーステナイトが生成し始める温度 Ac_3：加熱中に，フェライトがオーステナイトへの変態を完了する温度 Acm：加熱中に，過共析鋼中のセメンタイトが完全に溶解する温度 Ar_1：冷却中に，オーステナイトがフェライト又はフェライト，セメンタイトへの変態を完了する温度 Ar_3：冷却中に，フェライト変態が始まる温度 Arm：過共析鋼において，オーステナイトの冷却の間，セメンタイトが生じ始める温度 Ms：冷却中に，オーステナイトがマルテンサイトに変態し始める温度 Mf：冷却中に，オーステナイトがほとんど完全にマルテンサイトに変態した温度 Mx：冷却中に，オーステナイトの x %がマルテンサイトに変態した温度	transformation temperature

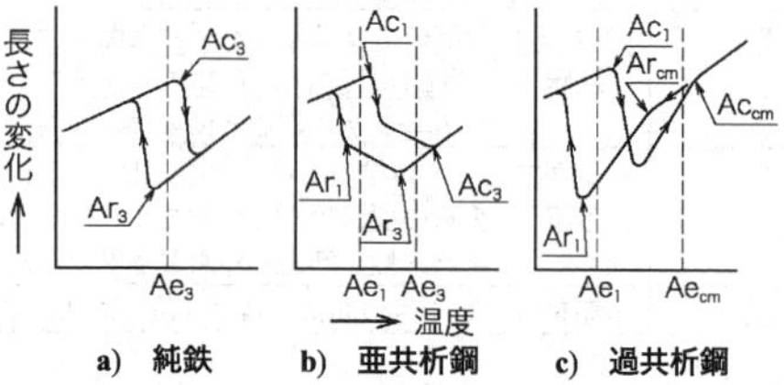

図2－変態点

番号	用語	定義	対応英語（参考）
1303	磁気変態	強磁性体から常磁性体へ，又は常磁性体から強磁性体への変化 注釈1　結晶構造の変化は伴わない。	magnetic transformation
1304 （JA.2.5）	α鉄	911 ℃よりも低い温度での純鉄の安定な状態 注釈1　結晶構造は，体心立方である。 注釈2　768 ℃（キュリー点）よりも低い温度では強磁性である。 注釈3　768 ℃〜910 ℃までの温度範囲では常磁性である。	alpha iron
1305 （JA.2.57）	δ鉄	1 392 ℃から融点までの温度範囲での純鉄の安定な状態 注釈1　結晶構造は，体心立方で，α鉄と同じである。 注釈2　常磁性である。	delta iron
1306 （JA.2.85）	フェライト	1種以上の元素を含む体心立方格子のα鉄又はδ鉄固溶体 注釈1　δ鉄の固溶体をδフェライトともいう。	ferrite
1307	初析 フェライト	亜共析鋼を高温から冷却する際に，共析変態に先立ってオーステナイトから析出するフェライト	pro-eutectoid ferrite
1308	シリコ・ フェライト	ねずみ鋳鉄及び可鍛鋳鉄のように多量のけい素を含むフェライト	silico-ferrite
1309 （JA.2.91）	γ鉄	911 ℃〜1 392 ℃までの温度範囲での純鉄の安定な状態 注釈1　結晶構造は，面心立方である。 注釈2　常磁性である。	gamma iron
1310 （JA.2.12）	オーステナイト	1種以上の元素を含むγ鉄固溶体	austenite
1311 （JA.2.187）	固溶体	2種以上の元素によって形成される均一な固体の結晶質の相 注釈1　溶質原子が溶媒原子を置換している置換型固溶体及び溶質原子が溶媒の原子間に挿入されている侵入型固溶体に区別されている。	solid solution
1312	共晶	冷却の過程で，一つの融液から二つ以上の固相が密に混合した組織への変化，又はその反応で生じた組織 注釈1　平衡状態図で共晶成分より合金元素濃度が少ない場合には亜共晶（hypo-eutectic），多い場合には過共晶（hyper-eutectic）という。	eutectic
1313	共析	冷却の過程で，一つの固溶体から二つの固相が密に混合した組織への変態又はその変態で生じた組織 注釈1　平衡状態図で，共析成分より合金元素濃度が少ない場合には亜共析（hypo-eutectoid），多い場合には過共析（hyper-eutectoid）という。	eutectoid
1314	析出	固溶体から異相の結晶が分離成長する現象	precipitation
1315 （JA.2.179）	偏析	合金元素及び不純物が，不均一に偏在している現象又は状態 注釈1　例えば，凝固速度が遅い場合，炭素，硫黄，マンガンなどが偏析しやすい。 注釈2　拡散焼なましによって，偏析が減少する場合がある。 　　　　現代の製鋼及び連続鋳造技術は，この問題を大幅に改善している。	segregation
1316 （JA.2.21）	しま状組織	凝固時の結晶粒界に生じた合金元素，炭素の偏析などが熱間加工によって延伸され，熱間加工方向に伸びた層状の組織 注釈1　熱間加工時にしま状に存在した偏析帯と，その他の部分との変態相が異なるため，しま状に観察される。	banded structure
1317	炭化物	炭素と一つ又はそれ以上の金属元素との化合物 注釈1　特に二つ以上の金属元素を必要成分とするものを複炭化物（double carbide）という。	carbide

番号	用語	定義	対応英語（参考）
1318 (JA.2.39)	セメンタイト	Fe_3C の化学式で示される鉄炭化物	cementite
1319	初析セメンタ イト	過共析鋼を高温から冷却する際に，共析変態に先立ってオース テナイトから析出するセメンタイト	pro-eutectoid cementite
1320 (JA.2.155)	パーライト	オーステナイトの共析分解によって形成されるフェライトと セメンタイトの層状集合体	pearlite
1321 (JA.2.99)	結晶粒度	顕微鏡観察断面に現出された結晶粒の大きさ 　　注釈1　一般にはこれを比較法又は切断法によって求めた粒 　　　　　　度番号で表す。 　　注釈2　結晶粒度の試験方法は，JIS G 0551 に規定している。	grain size
1322 (JA.2.218)	ウイドマンス テッテン組 織	母相固溶体の特定の結晶面に沿う新しい相の形成によっても たらされる組織 　　注釈1　亜共析鋼の場合，顕微鏡観察断面において，それは 　　　　　　パーライトを背景とした針状フェライト組織として 　　　　　　現れる場合が多い。過共析鋼の場合には，針状組織 　　　　　　はセメンタイトからなる。	Widmannstaetten structure
1323	双晶	一つの結晶粒の中で，結晶格子の構造は同じであるが，ある一 定の面（双晶面という。）を境界にして，互いに鏡面対称となっ ているような結晶 　　注釈1　一般の金属に見られる双晶の種類としては，変形双 　　　　　　晶（deformation twin），変態双晶（transformation twin） 　　　　　　及び焼なまし双晶（annealing twin）がある。	twin
1324	焼なまし双晶	焼なましをして再結晶し，結晶粒成長が起こる場合に現れる双 晶	annealing twin
1325	共晶黒鉛	共晶状の微細な片状黒鉛，又は可鍛鋳鉄の焼なまし以前に既に 白鋳鉄（白銑）中に存在する黒鉛 　　注釈1　後者をモットル（mottle）ともいう。	eutectic graphite
1326	片状黒鉛	ねずみ鋳鉄中に生じる片状の黒鉛 　　注釈1　ばら状黒鉛（graphite rosette），共晶黒鉛（eutectic 　　　　　　graphite）もこれに含まれる。	graphite flake, flake graphite
1327	球状黒鉛	マグネシウムなどで処理して製造した球状黒鉛鋳鉄に生じる 密な球状の黒鉛	spheroidal graphite, nodular graphite
1328	白鋳鉄， 白銑	共晶セメンタイト及びパーライトからなり，黒鉛を含まない銑 鉄	white iron
1329	バーミキュラ 黒鉛	球状黒鉛と片状黒鉛との中間的な芋虫状の黒鉛 　　注釈1　コンパクト黒鉛（compacted graphite）ともいう。	virmicular graphite

b) 焼ならし及び焼なまし

番号	用語	定義	対応英語（参考）
2101 （JA.2.146）	焼ならし	オーステナイト化後，空冷する熱処理 注釈1　その目的は，前加工の影響を除去し，結晶粒を微細化して，機械的性質を改善することである。鉄鋼の焼ならし加工は，<u>JIS B 6911</u> に規定している。 注釈2　ISO 4885 では，鋼材の結晶粒を微細化し，最終的に均一化を目的として，A$_3$変態点（過共析鋼では A$_1$変態点）直上の温度で短時間均熱後，微細なフェライト－パーライト組織を生成するため，適切な速度で冷却を行う熱処理としている。また，ISO 規格では，A$_1$変態点及び A$_3$変態点を以下と定義している。 A$_1$変態点：平衡状態の鋼でオーステナイトが存在する下限温度 A$_3$変態点：平衡状態の鋼でフェライトが存在する上限温度	normalizing
2102 （JA.2.8）	焼なまし	適切な温度に加熱及び均熱した後，室温に戻ったときに，平衡に近い組織状態になるような条件で冷却することからなる熱処理 注釈1　この定義は非常に一般的であるので，処理の目的を規定する表現を使用することが推奨される［光輝焼なまし，完全焼なまし，軟化焼なまし，変態域焼なまし，等温焼なまし及び変態域内焼なまし（JA.2.122）参照］。	annealing
2103 （JA.2.89）	完全焼なまし	鋼材を Ac$_1$（過共析鋼）又は Ac$_3$（亜共析鋼）以上に加熱し，適切な時間保持後，徐冷して軟化する操作 注釈1　ISO 4885 では，critical annealing と記載している。	full annealing, critical annealing
2104 （JA.2.186）	軟化焼なまし	鋼材の硬さを所定の水準まで低下させる目的で，Ac$_1$変態点近傍の温度に加熱する熱処理 注釈1　ISO 4885 では，subcritical annealing と記載している。	softening, subcritical annealing
<u>2105</u> （JA.2.197）	応力除去 焼なまし	本質的に組織を変えることなく，内部応力を減らすために，適切な温度に加熱又は均熱した後，適切な速度で冷却する熱処理	stress relieving
<u>2106</u>	<u>ひずみ取り</u> <u>焼なまし</u>	<u>鋼材又は鋳物に生じたひずみを除去するために，荷重をかけな</u> <u>がら変態点以下の温度に加熱保持して行う焼なまし</u>	<u>straightening</u> <u>annealing</u>
<u>2107</u>	<u>低温焼なまし</u>	<u>残留応力の低減又は軟化を目的として，変態点以下で行う焼な</u>ま<u>し</u> 注釈1　再結晶温度以下で行う場合もある。	<u>low temperature</u> <u>annealing</u>
2108 （JA.2.64） （JA.2.113）	拡散焼なまし	偏析現象による不均一性を，拡散によって低減させることを意図した高温の長時間焼なまし 注釈1　製鋼及び棒鋼圧延において，合金元素の偏析を低減するため，1 000 ℃～1 300 ℃の温度での処理工程が必要な場合がある。 注釈2　非金属元素（炭素，硫黄など）の偏析を低減するには，通常，1 000 ℃以下の温度で処理を行う場合がある。	diffusion annealing, homogenizing
2109 （JA.2.191）	球状化 焼なまし， 球状化， 球状化処理	セメンタイト板のような炭化物粒子を，安定な球状の形態へ発達させる操作 注釈1　析出した炭化物の球状化をもたらすために，一般に Ac$_1$ 温度の近辺で長く均熱する，又はこの温度周囲を振らすことに関わる焼なまし。	spheroidizing, spherodization

番号	用語	定義	対応英語（参考）
2110 (JA.2.127)	等温焼なまし	オーステナイト化後冷却し，オーステナイトからフェライト，パーライト又はセメンタイト，パーライトへの変態が完結するような温度に，その時間均熱することによって冷却を中断する焼なまし 注釈1　ISO 4885 では，等温パーライト変態，等温ベイナイト変態などを例としている。 注釈2　肌焼き合金鋼の機械加工性向上のためのパーライト化処理として，適用する場合がある。	isothermal annealing
2111	中間焼なまし	冷間加工で硬化した鋼を軟化し，引き続いて行う冷間加工を容易にする目的で，再結晶温度以上 Ac_1 点以下の適切な温度で行う焼なまし 注釈1　鍛鋼品の製造工程中，最終熱処理の前に1回又は数回に分けて行う焼なましを，インタミディエイトアニーリング（intermediate annealing）ともいう。	process annealing, intermediate annealing
2112 (JA.2.25)	箱焼なまし	酸化を最小に抑えるため密閉容器中で行われる焼なまし	batch annealing, box annealing
2113 (JA.2.133)	可鍛化 焼なまし	脱炭又はセメンタイトの黒鉛化によって可鍛鋳鉄の組織を得ることを意図して，白鋳鉄に行われる熱処理 注釈1　ISO 4885 では，脱炭処理雰囲気で焼なましを行う場合，可鍛鋳鉄を白色可鍛鋳鉄と呼んでいる。一方，脱炭処理雰囲気でない場合，元素状の炭素は，黒鉛として形成されるので，黒色可鍛鋳鉄と呼んでいる。	malleablizing
2114 (JA.2.102)	黒鉛化 焼なまし	鉄鋼の炭化物の全部又は一部を黒鉛化させるために過共晶鋳鉄に適用される熱処理	graphitizing
2115	予備焼なまし	白鋳鉄（白銑）の黒鉛化を促進するため，あらかじめ Ac_1 点以下の適切な温度で行う焼なまし	pre-baking, pre-annealing
2116	脱炭焼なまし	鉄鋼の表面から炭素を除去して延性を与えるための焼なまし	decarburizing annealing
2117 (JA.2.42)	連続 焼なまし， 連続焼鈍	鋼材を連続的に炉内で移動させながら焼なましを行う操作 注釈1　ISO 4885 は，"鋼材"を"鋼帯"と記載している。	continuous annealing
2201 (JA.2.101)	黒鉛化	セメンタイトが高温で分解して，セメンタイト中の炭素が黒鉛の形で炭素を析出する現象	graphitization
2202	第一段黒鉛化	可鍛鋳鉄を製造する際，共晶セメンタイトが焼戻炭素（テンパカーボン）とオーステナイトとに分解する現象 注釈1　第一段黒鉛化のための熱処理を，第一段焼なまし（first stage annealing）と呼んでいる。	first stage graphitization
2203	直接黒鉛化	第一段黒鉛化終了後の冷却過程において，Ac_1 変態の温度範囲内でオーステナイトがフェライトに変態する際，その炭素溶解度の差によってオーステナイトから直接黒鉛が析出する現象	direct graphitization
2204	第二段黒鉛化	可鍛鋳鉄を製造する際，共析セメンタイトが焼戻炭素（テンパカーボン）とフェライトとに分解する現象 注釈1　第二段黒鉛化のための熱処理を，第二段焼なまし（second stage annealing）と呼んでいる。	second stage graphitization
2205 (JA.2.173)	回復	冷間加工された鋼材の物理的又は機械的性質の少なくとも一部を，明らかな組織変化なしに意図的に回復させる熱処理 注釈1　この処理は，再結晶の温度よりも低温で行われる。 注釈2　ISO 4885 では，この処理を焼なましとしている。	recovery
2301	球状炭化物	球状となった炭化物	globular carbide, spheroidal carbide

番号	用語	定義	対応英語（参考）
2302	球状セメンタイト	球状となったセメンタイト	globular cementite, spheroidal cementite
2303	焼戻炭素	白鋳鉄（白銑）の黒鉛化焼なましによって析出した黒鉛	temper carbon

c) 焼入れ，焼戻し及び時効

番号	用語	定義	対応英語（参考）
3101 (JA.2.168)	焼入れ	鋼材を，静止空気中よりもより迅速に冷却する操作 注釈1　焼入れには，直接焼入れを含む。 注釈2　冷却条件を規定する用語の使用が推奨される。例えば，衝風冷却，水焼入れ，油焼入れ，階段焼入れなど。	quenching
3102 (JA.2.68)	直接焼入れ	熱間圧延，熱間成形，又は熱化学処理に引き続いて直ちに行われる焼入れ	direct quenching
3103 (JA.2.167)	焼入硬化	オーステナイト化後，マルテンサイト又はベイナイトに変態するような条件下での冷却によって得られる鋼材の硬化	quench hardening
3104	水焼入れ	冷却に水を用いて行う焼入れ	water hardening, water quenching
3105	油焼入れ	冷却に油を用いて行う焼入れ	oil hardening, oil quenching
3106 (JA.2.217)	水溶液焼入れ 水溶性焼入液，ポリマー焼入液	水に高分子物質を添加して，冷却速度を調節した冷却材を用いて行う焼入れ 注釈1　ポリマー焼入れともいう。 水と高分子物質とを混合した冷却材 注釈1　水溶性焼入液は，水より冷却速度が遅く，割れ及び変形を抑止する効果がある。	polymer quenching water emulsion, polymer solution
3107	熱浴焼入れ	冷却に適切な温度に保った熱浴（溶融金属，溶融塩，油など）を用い，この熱浴で急冷し適切な時間保持した後，引き上げて空冷する焼入れ	hot bath quenching
3108	塩浴焼入れ	溶融塩を用いる熱浴焼入れ	salt bath quenching
3109	真空焼入れ	真空中で加熱し，ガス，油又は水などによって急冷する焼入れ	vacuum hardening
3110	空気焼入れ	空気中又は適切なガス雰囲気中で冷却する焼入れ 注釈1　自硬性をもつ鋼を焼入れする場合に行われる。	air hardening
3111	噴射焼入れ	冷却剤を噴射して行う焼入れ	spray hardening
3112	噴霧焼入れ	霧状の冷却液中で行う焼入れ	fog hardening
3113 (JA.2.125)	中断焼入れ	媒体中で急冷し，鋼材が焼入れ媒体との熱的平衡に達する前に中断する焼入れ 注釈1　その目的は，焼入れの際のひずみの発生及び焼割れを防ぎ，かつ，焼入れ後の性質を適切に調節することにある。 注釈2　この用語は，階段焼入れを表すのに用いない方がよい。	interrupted quenching
3114 (JA.2.196)	階段焼入れ	適切な温度において媒体中で均熱することによって一時的に冷却が中断される焼入れ 注釈1　この用語は，中断焼入れを表すのに用いない方がよい。	step quenching
3115	時間焼入れ	冷却剤中で急冷して適切な時間保持した後，引き上げる方法による中断焼入れ	time quenching

番号	用語	定義	対応英語（参考）
3116	プレス クエンチ	プレスした状態で行う焼入れ **注釈1** 焼入変形を極度に嫌う機械部品に応用され，ダイク エンチ（diequenching）ともいう。	press quenching
3117	部分焼入れ	部品の各部に所要の性質を与えるために，局部的に行う焼入れ	selective hardening
3118	ベイナイト 焼入れ	ベイナイト組織を得るような焼入れ	bainitic hardening
3119	スラック クエンチ	オーステナイト化温度から臨界冷却速度よりやや遅い速度で 冷却して行う焼入れ **注釈1** この場合，鋼は完全に硬化せず，マルテンサイトの ほかに，又はマルテンサイトに代わって，1 種又は それ以上の変態生成物を生じる。	slack quenching
3120	鍛造焼入れ	オーステナイト状態で鍛造を施し，そのまま直ちに行う焼入れ **注釈1** 鍛造を安定オーステナイト状態で行うものと，準安 定オーステナイト状態で行うものとの 2 種類があ る。	direct quenching from forging temperature
3121 （JA.2.136）	マルテンパ	オーステナイト化後，階段焼入れを行う熱処理 **注釈1** この階段焼入れは，Ms 点直上の温度にフェライト， パーライト又はベイナイトの生成を避けるのに十分 な速度で焼入れ後，均一な温度条件に加え，ベイナ イトの生成を避けるため，可能な限り短い時間保持 する熱処理である。 **注釈2** その間にマルテンサイトが実際上全断面にわたって 形成される。最終の冷却は，一般に空気中で行われ る。 **注釈3** この処理の目的は，焼入れによるひずみの発生及び 焼割れを防ぐとともに，適切な焼入組織を得ること である。 **注釈4** マルクエンチ（marquenching）ともいう。	martempering
3122 （JA.2.198）	サブゼロ処理	焼入れ後，残留オーステナイトをマルテンサイトに変態させる ために行う熱処理で，常温よりも低い温度へ冷却し，その温度 で均熱する熱処理 **注釈1** 深冷処理ともいう。 **注釈2** **ISO 4885** では，焼入れ後に加えて，肌焼き後も記載 している。 **注釈3** ISO 4885 の注釈に，"残留オーステナイトは，マル テンサイト又はマルテンサイト・ベイナイトに変化 する。"と記載している。	sub-zero treating, deep freezing
3123 （JA.2.11）	オーステンパ	オーステナイト化後，フェライト及びパーライトの形成を避け るように十分に早く Ms 点より高い温度に冷却する階段焼入れ を行い，オーステナイトのベイナイトへの変態が部分的又は完 全に起こるように均熱する熱処理 **注釈1** 室温への最終冷却は，特定の速度で行うわけではな い。 **注釈2** その目的は，ひずみの発生及び焼割れを防止すると ともに，強じん性を与えることである。	austempering

番号	用語	定義	対応英語（参考）
3124 （JA.2.154）	パテンチング	オーステナイト化後，引き続いて行われる線引き又は圧延に適した組織を得るために，適切な条件下で冷却する熱処理 注釈1　例えば，空気，鉛浴など，パテンチングの行われる媒体を規定することが望ましい。 注釈2　パテンチングの方法は，圧延後の冷却など連続的に処理する場合は"連続"，コイル又は結束して処理する場合は"不連続（バッチ）"という。なお，連続的に処理する場合は，"インラインパテンチング"ともいう。	patenting
3125	オイルテンパ処理	鋼線を連続的に真っすぐな状態で，油などの冷却材で焼入れ後，焼戻しを行う処理	oil quenching (hardening) and tempering
3126 （JA.2.203）	焼戻し	一般的には，焼入硬化後，又は所要の性質を得るための熱処理後に，特定の温度（Ac_1 未満）で，1回以上の回数均熱した後，適切な速度で冷却することからなる熱処理 注釈1　焼戻しによって鋼材は，一般に硬さが低下し，じん性が向上する。しかし，焼戻し温度によっては，硬さが上昇する場合がある（二次硬化参照）。 注釈2　焼戻しは，1回以上行う場合がある。特に，工具鋼は，2回以上焼戻しを行う場合がある。	tempering
3127	繰返し焼戻し	高合金鋼，高速度工具鋼などのように，1回の焼戻しで十分な効果が得られない場合に，焼戻しを2〜3回繰り返す操作	multiple tempering
3128	調質	焼入れ後，比較的高い温度（約 400 ℃以上）に焼き戻して，トルースタイト又はソルバイト組織にする操作 注釈1　ステンレス鋼線，ステンレス鋼帯及び鋼板において，伸線加工，冷間圧延及び／又は熱処理（固溶化熱処理，焼なましなど）を適切に施して行う処理を，機械的調質又は調質ともいう（JIS G 4309, JIS G 4313, JIS G 4314 及び JIS G 4315 参照）。	thermal refining
3129 （JA.2.3）	時効	熱間加工，熱処理，冷間加工などの後，時間の経過に伴い侵入型元素の移動による鋼材の性質（例えば，硬さなど）が変化する現象 注釈1　時効硬化を目的として行う操作の定義で用いることもある。 注釈2　時効によって，強度が上昇し，延性が低下する場合がある。 注釈3　時効は，冷間成形及び／又はその後の適切な温度での加熱及び均熱処理（例えば，250 ℃，1 時間）によって，促進される場合がある。	ageing
3130	焼入時効	高温から急冷した鋼材を室温又はそれより少し高い温度に保持したときに起こる時効	quench ageing
3131	ひずみ時効	冷間加工した材料に起こる時効	strain ageing
3132	過時効	硬さ，強さなどの性質が最高になる温度・時間よりも高い温度又は長い時間で起こる時効	overageing
3133 （JA.2.188）	固溶化熱処理	析出物を固溶体中に溶け込ませた後，急冷によって析出などを抑える熱処理 注釈1　一般に，オーステナイト系ステンレス鋼及びマルエージング鋼などに適用されている。 注釈2　固溶化熱処理には，直接固溶化熱処理を含む。	solution treatment

番号	用語	定義	対応英語（参考）
<u>3134</u>	直接固溶化熱処理	熱間圧延，熱間成形，又は熱化学処理に引き続いて直ちに行われる固溶化熱処理	direct solution treatment
<u>3135</u>	過冷	変態及び析出の一部又は全部を阻止して，変態点以下又は溶解度線以下の温度に冷却する操作	supercooling
<u>3136</u>	水じん（靱）	高マンガン鋼などを固溶化温度から水中急冷して完全なオーステナイト組織を得る操作	water toughening
3137 (JA.2.181)	鋭敏化	ステンレス鋼の粒界へのクロム炭化物析出によって，粒界近傍にクロム欠乏を生じて耐食性が低下する現象 注釈1　粒界腐食に対する抵抗を調査するために，鋭敏化熱処理が用いられる（ISO 3651-2 参照）。	sensitization
	鋭敏化熱処理	ステンレス鋼に対して，クロム炭化物の析出が助長される温度（およそ 500 ℃～800 ℃）に加熱して，鋭敏化させる熱処理 注釈1　オーステナイト系ステンレス鋼の粒界腐食試験を行う前に，安定化鋼種及び極低炭素鋼種において，その有効性を確認する目的で行う。	sensitization heat treatment
<u>3138</u>	オースエージ	過冷オーステナイトを Ms 点以上の温度で時効する処理 注釈1　例えば，ある種の析出硬化系ステンレス鋼（SUS631 など）に対し，Ms 点の調整などの目的で行う。	ausageing
3139 (JA.2.134)	マルエージ，マルエージング	鋼材に要求される機械的性質を与える目的で，非常に低い炭素含有量のため軟らかいマルテンサイトを生じる鋼材に対して，固溶化熱処理に引き続いて行われる析出硬化処理	maraging
3140 (JA.2.26)	ブルーイング	鋼材の研磨面を，酸化媒体中で，青色の薄く連続的な密着性の高い酸化物の膜で覆われるような温度で処理する操作 注釈1　ISO 4885 では，過熱水蒸気中でブルーイングを行う場合は，水蒸気処理（steam treatment）ともいう。 注釈2　ばね用ステンレス鋼線などで，冷間成形後に行う低温焼なましのことをブルーイングという（JIS G 3536 参照）。	blueing
3141 (JA.2.169)	焼入焼戻し	硬さとじん性との両立のため，鋼材の焼入硬化後に，焼戻しを行う操作	quenching and tempering
<u>3201</u> (JA.2.103)	焼入性	JIS G 0203 参照	hardenability
<u>3202</u>	焼入性バンド	同一鋼種の化学成分及び結晶粒度のばらつきによる焼入性曲線のばらつきの範囲をバンドで表したもの 注釈1　H バンド（H band）ともいう。H バンドが定められた鋼を H 鋼という。	hardenability band
<u>3203</u>	焼入性倍数	ある合金元素をある量添加したときの理想臨界直径と，添加しないときの理想臨界直径との比 注釈1　焼入性倍数は，一般に合金元素の添加量とともに増加する。	multiplying factor
<u>3204</u>	質量効果	質量及び断面寸法（大小）が，焼入硬化層深さに及ぼす度合い 注釈1　質量及び断面寸法の僅かな変化で，焼入硬化層深さが大きく変化することを，質量効果が大きいという。	mass effect
<u>3205</u>	自硬性	焼入温度から空気中で冷却する程度でも，容易にマルテンサイトを生じて硬化する性質	property of self hardening
<u>3206</u>	冷却能	焼入れに用いる冷却剤の冷却能力 注釈1　急冷度（quench severity index）又は H 値（severity of quenching）で表すことがあるが，定義が確立していない指数である。	cooling power, quenching capacity

番号	用語	定義	対応英語 (参考)
3207	臨界冷却関数	好ましくない組織の現れることを避けて, 所定の変態を十分完了させるのに必要な最低の冷却条件に対応する冷却関数 注釈1　この用語は本来マルテンサイト, ベイナイトなど, 対象の変態を示すことに対して使用すべきだが, 特に断りがない場合, マルテンサイトに対して用いられる場合が多い。	critical cooling function
3208 (JA.2.52)	臨界冷却速度	臨界冷却関数に対応するマルテンサイト変態を生じるのに必要な最小の冷却速度 注釈1　マルテンサイトが初めて生じる最小の冷却速度を下部臨界冷却速度 (lower critical cooling rate) といい, マルテンサイトだけとなる最小の冷却速度を上部臨界冷却速度 (upper critical cooling rate) という。	critical cooling rate
3209 (JA.2.53)	臨界直径	与えられた条件下での焼入れによって, その中心部において50％マルテンサイト組織をもつ長さ $3d$ (d は直径) 以上の丸棒の直径 注釈1　通常, D_0 の記号を用いる。	critical diameter
3210	理想臨界直径	理想焼入れ (焼入剤の冷却能を無限大と仮定した場合の焼入れ) したときの臨界直径 注釈1　通常, D_I の記号を用い, 焼入性の比較基準とする。	ideal critical diameter
3211	等温変態	鉄鋼をオーステナイト状態から変態温度以下の任意の温度まで急冷し, その温度に保持した場合に生じる変態	isothermal transformation
3212 (JA.2.210.1)	等温変態曲線	各温度におけるオーステナイトの等温変態の開始及び終了を図示した一群の曲線 注釈1　TTT 図のことであり, 縦軸に温度, 横軸に時間 (対数目盛) をとって表す。 注釈2　オーステナイトの変態率が 50 ％に達する点を補足的な曲線で示す。 注釈3　図中には, 生成する変態組織の種類及び硬さについての情報も併せて示す。	isothermal transformation diagram, time temperature transformation diagram
3213 (JA.2.43) (JA.2.210.2)	連続冷却変態曲線	任意の冷却速度で連続的に冷却した場合に生じるオーステナイトの変態の開始及び終了を図示した一群の曲線 注釈1　CCT 図のことであり, 縦軸に温度, 横軸に時間 (対数目盛) をとって表す。 注釈2　変態量が 50 ％に達する温度に相当する点を補足的な曲線で示す。 注釈3　図中には, 各々の冷却曲線について, 生成する変態組織及び室温まで冷却後の硬さについての情報も併せて示す。	continuous cooling transformation diagram
3214	オーステナイトの安定化	固溶原子の分配などによってオーステナイトが安定化されて, マルテンサイトへの変態が起こりにくくなる現象 注釈1　このような安定化は, 焼入れ後の残留オーステナイトの低温焼戻し又は常温での保持などで起こり, 常温以下への冷却で残留オーステナイトのマルテンサイトへの変態を抑制又は阻止する。	stabilization of austenite
3215	残留応力	外力又は熱勾配がない状態で, 金属内部に残っている応力 注釈1　熱処理のときに, 材料の内外部で, 冷却速度の差による熱応力又は変態応力が生じ, これらが組み合わされて, 内部に応力が残留する。また, 冷間加工, 溶接, 鋳造などによっても残留応力を生じる。	residual stress

番号	用語	定義	対応英語（参考）
3216	焼入応力	焼入れによって生じる残留応力 注釈1　焼入応力には，内外部の冷却の時間的なずれに起因する熱応力と，変態に伴う変態応力とがあり，一般に両者が組み合わされて生じる。	quenching stress
3217	焼入変形	焼入れによって生じる形状又は寸法の変化	quenching distortion
3218	焼割れ	焼入応力によって生じる割れ	quenching crack
3219	置割れ	焼入れ又は焼入焼戻しした鉄鋼が放置中に生じる割れ 注釈1　自然割れともいう。	season cracking
3220	軟点	焼入れで局部的に生じる完全には焼入硬化しない部分	soft spot
3221	焼戻硬化	焼戻しで硬化する現象	temper hardening
3222 （JA.2.177）	二次硬化	焼入硬化後に加えられた一つ以上の焼戻処理によって得られる鋼材の硬化 注釈1　この硬化は，残留オーステナイトからの化合物の析出，マルテンサイト又はベイナイトの生成によるもので，焼戻し中の分解又はこの焼戻しで不安定化された後の冷却によって変態したものである。より一般的には，焼戻しの際に生じる合金炭化物の析出によって再び硬化することを指す場合が多い。	secondary hardening
3223 （JA.2.202）	焼戻ぜい性	特定の温度で焼戻し，又はこれらの温度から徐冷するとき，特定の焼入焼戻鋼に影響を及ぼすぜい性 注釈1　500 ℃前後の焼戻しで生じる一時焼戻ぜい性及び更に高い温度の焼戻し後の徐冷で生じる二次焼戻ぜい性を高温焼戻ぜい性といい，300 ℃前後の温度に焼戻した場合にみられる焼戻ぜい性を低温焼戻ぜい性という。 注釈2　このぜい性は，母材金属のシャルピー吸収エネルギーについての遷移曲線を高温側へ移動させる。550 ℃を超える温度へ再加熱し急冷することによって消滅する。	temper embrittlement
3224	焼戻割れ	焼入れした鋼材を焼戻しする際，急熱，急冷又は組織変化のために生じる割れ	tempering crack
3225	テンパカラー	鋼材などが，焼戻し相当の温度に加熱された際に現れる酸化膜の色 注釈1　熱処理のほか，半製品などできず取りグラインダーの跡などに現れる場合がある。	temper colour
3226	時効硬化	急冷又は冷間加工した鋼材が時効によって硬化する現象	age hardening
3227 （JA.2.161）	析出硬化	過飽和固溶体からの 1 種以上の化合物の析出による鋼材の硬化 注釈1　二次硬化参照。	precipitation hardening
3228	復元	時効硬化した後に，時効温度よりもやや高い温度に短時間加熱することによって，ほぼ時効前の性質に戻り，軟化する現象	reversion
3301	準安定オーステナイト	平衡状態図によって定義される状態とは異なる見掛け上安定な状態にあるオーステナイト 注釈1　オーステナイトが安定である温度範囲より低い温度で未変態のまま非平衡に存在する過冷却オーステナイトを指す。	metastable austenite
3302 （JA.2.175）	残留オーステナイト	焼入硬化後，常温において残留する未変態オーステナイト	retained austenite

番号	用語	定義	対応英語（参考）
3303 （JA.2.137）	マルテンサイト	元のオーステナイトと同じ化学組成をもつ体心正方晶又は体心立方晶の準安定固溶体（α'又は α_M と略記） 注釈1　オーステナイトを急冷した場合に，Ms 点以下の温度で拡散を伴わずに変態して生じる。オーステナイトの塑性変形によって生じる場合もある。 注釈2　一般に，プレート（レンズ）マルテンサイトは，硬くじん性が低い組織である。 注釈3　一般に，ラスマルテンサイトは，じん性が高い組織である。	martensite
3304	焼戻マルテンサイト	マルテンサイトの焼戻組織の総称で，狭義には，焼戻しの第三段階直前（約 250 ℃）まで焼戻しされたマルテンサイト組織	tempered martensite
3305	トルースタイト	マルテンサイトを焼戻しした場合に生じる組織で，光学顕微鏡では識別できないほどの微細なフェライトとセメンタイトとからなる組織（焼戻トルースタイト），又は焼入れの際に 600 ℃以下の温度で生成した微細パーライト組織（焼入トルースタイト） 注釈1　現在では，余り用いられない用語である。	troostite
3306	ソルバイト	マルテンサイトをやや高い温度に焼戻しして粒状に析出成長したセメンタイトとフェライトとの混合組織で，セメンタイト粒子が約 400 倍の光学顕微鏡下で認められる組織（焼戻トルースタイト），又は焼入れの際に 600 ℃～650 ℃以下の温度で生成した微細パーライト組織（焼入ソルバイト） 注釈1　現在では，余り用いられない用語である。	sorbite
3307 （JA.2.17）	ベイナイト	パーライトが形成される温度と，マルテンサイトが形成され始める温度との温度範囲で起こるオーステナイトの分解によって形成される準安定構成物 注釈1　炭素がセメンタイトの形を取って微細に析出しているフェライトからなる。 注釈2　一般に，上記の温度範囲の高温側で形成される上部ベイナイトと上記の温度範囲の低温側で形成される下部ベイナイトとを区別する。	bainite
3308	過飽和固溶体	その温度での平衡溶解度以上に溶質を固溶している固溶体 注釈1　普通高温からの急冷で得られる。	supersaturated solid solution
3309	焼入性曲線	JIS G 0202 参照	hardenability curve, Jominy curve

d）　表面硬化処理及び表面処理

番号	用語	定義	対応英語（参考）
4101 （JA.2.200）	表面硬化処理	表面加熱後の焼入硬化処理 注釈1　浸炭焼入れ，窒化，高周波焼入れ，炎焼入れなどがある。 注釈2　鋼材の焼入れには，表面からの焼入れ又は自己焼入れ（JA.2.180）の場合がある。	surface-hardening treatment
4102 （JA.2.121）	高周波焼入れ	誘導加熱によって行われる表面硬化処理 注釈1　主に，鋼材の任意の表面又は部分焼入れを行う場合に用いる。鋼材の高周波焼入焼戻し加工は，JIS B 6912 に規定されている。	induction hardening
4103 （JA.2.87）	炎焼入れ	熱源が炎である表面硬化処理 注釈1　主に，鋼材の任意の表面を焼入れする場合に用いる。	flame hardening

番号	用語	定義	対応英語（参考）
4104 (JA.2.36)	浸炭	鋼材をオーステナイト状態（Ac₃ 以上）に加熱し，表面層に炭素を拡散固溶し，含有量を高める表面処理 注釈1　浸炭した鋼材は，焼入焼戻しを行って使用することが普通である。この処理を肌焼き（case hardening）という場合もある。 注釈2　浸炭剤の種類によって固体浸炭，液体浸炭及びガス浸炭に分けられる。	carburizing
4105	エンリッチガス	浸炭性雰囲気のカーボンポテンシャルを増加させるために添加する炭化水素などのガス	enriched gas
4106	カーボンポテンシャル	鋼を加熱する雰囲気の浸炭能力を示す用語 注釈1　その温度で，そのガス雰囲気と平衡に達したときの鋼の表面の炭素濃度で表す。	carbon potential
4107	露点	雰囲気中の水分が凝縮し始める温度 注釈1　ガス浸炭の場合は，露点でカーボンポテンシャルを調節する場合がある。	dew point
4108	真空浸炭	真空炉において，減圧した浸炭性ガスの中で加熱し，浸炭を行う処理	vacuum carburizing
4109	プラズマ浸炭	媒体がプラズマである浸炭	plasma carburizing
4110 (JA.2.172)	復炭	以前の処理によって脱炭した表面層の炭素含有量を回復するための熱処理	carbon restoration, recarburizing
4111 (JA.2.35)	浸炭窒化	鋼材を加熱し，表面層に炭素及び窒素を同時に拡散し，含有量を高める表面処理 注釈1　一般に，この操作はその後直ちに焼入硬化を伴う。 注釈2　処理方法には，浸炭性ガスにアンモニアを添加して行うガス浸炭窒化などがある。 注釈3　浸炭浸窒ともいう。	carbonitriding
4112 (JA.2.143)	窒化	鋼材を加熱し，表面層に窒素を拡散し，含有量を高める表面処理 注釈1　窒化の行われる媒体（例えば，気体，プラズマなど）を規定している。 注釈2　処理方法には，アンモニア分解ガスによるガス窒化及びシアン化物による液体窒化がある。	nitriding
4113	真空ガス窒化	真空中で処理物を加熱し，窒化性ガスを導入して行う窒化	vacuum nitriding
4114 (JA.2.144)	炭窒化	鋼材を加熱し，表面層に窒素及び炭素を拡散し，含有量を高め，その結果，化合物層を生成させる表面処理 注釈1　この化合物層の下には，窒素の含有量の高い拡散域が存在している。 注釈2　炭窒化の行われる媒体（例えば，塩浴，ガス，プラズマなど）は，指定されなければならない。 注釈3　耐摩耗性，耐疲れ性などを向上させる。 注釈4　軟窒化ともいう。	nitrocarburizing
4115	イオン衝撃熱処理	減圧雰囲気中で陰極とした処理物と陽極との間に起こるグロー放電を利用した表面処理	ion bombardment heat treatment, plasma heat treatment
4116 (JA.2.157)	プラズマ窒化	媒体がプラズマである窒化 注釈1　減圧した窒化性ガス雰囲気中で，陰極とした処理物と陽極との間に生じるグロー放電を使用する。	plasma nitriding
4117	真空ガス浸炭窒化	真空中で鋼材を加熱し，浸炭性及び窒化性ガスを導入して行う浸炭窒化	vacuum carbonitriding

番号	用語	定義	対応英語（参考）
4118	プラズマ浸炭窒化	媒体がプラズマである浸炭窒化 注釈1　減圧した浸炭性及び窒化性ガス雰囲気中で，陰極とした処理物と陽極との間に生じるグロー放電を使用する。	plasma carbonitriding
4119	一次焼入れ	浸炭した鋼材の芯（core）部の組織を微細化する目的で，芯部の Ac₃ 点以上の適切な温度に加熱して行う焼入れ	primary quenching
4120	二次焼入れ	浸炭した鋼材の浸炭層を硬化する目的で，一次焼入れ後浸炭層の Ac₁ 点以上の適切な温度に加熱して行う焼入れ	secondary quenching
4121	セメンテイション	鋼材の表面層の硬さ又は耐熱耐食性などを向上させるために，高温度の各種媒剤中で，他の元素を表面層に拡散させる操作 注釈1　拡散浸透処理ともいう。	cementation
4122 （JA.2.7）	アルミナイジング	鋼材を加熱し，表面層にアルミニウムを拡散し，含有量を高める表面処理 注釈1　鋼材の耐熱性及び耐食性を向上させる。フェロアルミニウムなどの粉末による方法をカロライジング（calorizing）ともいう。	aluminizing
4123	ガルバナイジング	鋼材の耐食性を向上させるために，溶融亜鉛浴に浸せきして表面を亜鉛で被覆する操作 注釈1　硫酸塩溶液中において電気めっきで亜鉛を被覆する場合もある。	galvanizing
4124 （JA.2.199）	サルファライジング	鋼材を加熱し，表面層に硫黄を拡散し，含有量を高める表面処理 注釈1　浸硫ともいう。	sulfurizing, sulfidizing
4125 （JA.2.40）	クロマイジング	鋼材を加熱し，表面層にクロムを拡散し，含有量を高める表面処理 注釈1　表面層は実際上，純クロム（低炭素鋼の場合）又はクロム炭化物（高炭素鋼の場合）である。 注釈2　鋼材の耐熱性及び耐食性を向上させる。	chromizing
4126 （JA.2.183）	シリコナイジング	鋼材を加熱し，表面層にけい素を拡散し，含有量を高める表面処理 注釈1　耐食性皮膜を作る。浸けいともいう。	siliconizing
4127 （JA.2.182）	シェラダイジング	鋼材を加熱し，表面層に亜鉛を拡散し，含有量を高める表面処理 注釈1　耐食性皮膜を作る。	sherardizing
4128 （JA.2.28）	ボロナイジング，ボライディング	鋼材を加熱し，表面層にほう素を拡散し，ほう化物層を生成させる表面処理 注釈1　耐摩耗性皮膜を作る。ほう化ともいう。 注釈2　例えば，パックほう化，ペーストほう化などほう化が行われる媒体を規定している。	boronizing, boriding
4129	炭化物被覆処理	鋼材の耐摩耗性などを向上させるために，その表面に炭化物皮膜を生じさせる処理 注釈1　処理方法には，金属粉末又は合金粉末を添加した溶融塩中に浸せきして生じさせる溶融塩法，金属ハロゲン化物などの混合ガスの高温における化学反応によって生じさせる化学蒸着法，放電中における蒸発金属の反応と衝撃的な蒸着によって生じさせるイオンプレーティング法などがある。	carbide coating
4130	水蒸気処理	水蒸気中で加熱して，鋼材の表面に四三酸化鉄を生じさせる処理 注釈1　潤滑能力を高めることを目的としている。	steam treatment

番号	用語	定義	対応英語（参考）
4201 （**JA.2.148**）	**過浸炭**	鋼材の表面層の炭素量が，規定の水準を超える浸炭 　**注釈 1**　ISO 4885 の定義では，浸炭中に炭化物の析出又は焼 　　　　入硬化後に残留オーステナイトの増加につながるよ 　　　　うな表面層への炭素含有量の増加としている。	overcarburizing
	過剰浸炭	浸炭層の炭素量が目標値以上になる現象	excess carburizing
4301 （**JA.2.60**）	**焼入硬化層 深さ**	JIS G 0203 参照	depth of hardening
4302	**浸炭硬化層 深さ**	JIS G 0203 参照	carburized case depth

附属書 JA
（参考）
鉄鋼製品－熱処理用語

JA.1 一般

附属書 JA は，ISO 4885 の翻訳である。なお，本体の用語と ISO 4885 の用語とが同一である場合は，"用語番号（本体の箇条 4 の番号）参照" と記載している。

注記　ISO 4885 に記載している用語は，鋼及び鋳鉄の熱処理に関連する用語である。

JA.2 用語及び定義

JA.2.1
針状組織（acicular structure）
　金属組織観察断面において，組織の構成物が針の形に見える組織

JA.2.2
活量（activity）
　非理想（例えば，濃化）状態でのある化学種の有効濃度
　注釈 1　熱処理の場合，熱処理媒体及び鋼材中の炭素及び／又は窒素の有効濃度を指す。
　注釈 2　ある状態（例えば，オーステナイト中の特定の炭素／窒素濃度）における気体（通常炭素又は窒素）の蒸気圧と，同じ温度における気体状純物質の蒸気圧（基準状態）との比。

JA.2.3
時効（ageing）
　用語番号（3129）参照

JA.2.4
空冷硬化鋼（air hardening steel）
　推奨しない用語：自硬化性鋼（self-hardening steel, self-hardened steel）
　鋼材の体積が大きい場合でも，空気中の冷却によって，マルテンサイトが生成するような焼入性をもつ鋼

JA.2.5
α 鉄（alpha iron）
　用語番号（1304）参照

JA.2.6
－（alpha mixed crystal）
　侵入型又は置換型の合金元素をもつ体心立方構造の鋼
　注釈 1　金属組織学の名称は，フェライトである。
　注釈 2　強磁性である。

JA.2.7
アルミナイジング（aluminizing）
推奨しない用語：カロライジング
用語番号（**4122**）参照

JA.2.8
焼なまし（annealing）
用語番号（**2102**）参照

JA.2.9
オースフェライト（ausferrite）
オーステンパ球状黒鉛鋳鉄（ADI）の硬さ及びじん性が向上した，フェライト及び安定化オーステナイトの細粒混合組織

JA.2.10
オースフォーム，オースフォーミング（ausforming）
マルテンサイト及び／又はベイナイト変態に先立って，準安定オーステナイトを塑性変形することからなる鋼材の加工熱処理

JA.2.11
オーステンパ（austempering）
用語番号（**3123**）参照

JA.2.12
オーステナイト（austenite）
用語番号（**1310**）参照

JA.2.13
オーステナイト鋼（austenitic steel）
固溶化熱処理後，常温においてその組織がオーステナイト系である鋼
注釈 1　鋳造オーステナイト鋼は，フェライトを約 20 ％まで含む場合がある。

JA.2.14
オーステナイト化（austenitizing）
用語番号（**1113**）参照

JA.2.15
オーステナイト化温度（austenitizing temperature）
用語番号（**1114**）参照

JA.2.16
オートテンパ（auto-tempering, self-tempering）
焼入れの間，マルテンサイト化と同時に起こる焼戻し

JA.2.17
ベイナイト（bainite）
用語番号（**3307**）参照

JA.2.18

ベイナイタイジング（bainitizing）

オーステナイト化後，Ms 点より高い温度に焼入れ，確実にオーステナイトからベイナイトへ変態させるために，等温で均熱する操作

JA.2.19

塗装焼付硬化型鋼（bake hardening steel）

塑性予ひずみを付与後，一般的な工業用塗装工程（170 ℃で 20 分間）で熱処理を行ったとき，降伏応力が上昇する鋼

> **注釈 1** これらの鋼材は，冷間成形に適しており，塑性ひずみ（熱処理中に完成品で増加する）に対する高い耐性及び優れたへこみ耐性を示す。

JA.2.20

ベイキング（baking）

鋼材に吸収された水素を，組織を変えることなく放出させる熱処理

> **注釈 1** この処理は，一般には電気めっき，酸洗又は溶接作業に引き続いて行われる。

JA.2.21

しま状組織（banded structure）

用語番号（**1316**）参照

JA.2.22

黒化（blacking）

鋼材の研磨面を，酸化媒体中で，暗黒色の薄く連続的な密着性の酸化物の膜で覆われるような温度で処理する操作

JA.2.23

黒色窒化（black nitriding）

続けて酸化を行う，鋼材表面の窒化

> **注釈 1** 炭窒化後，黒化によって耐食性及び表面特性が向上する。

JA.2.24

ブランク窒化（blank nitriding）

浸炭剤なしで，浸炭の熱サイクルを再現するシミュレーションの処理

> **注釈 1** この処理によって，浸炭の熱サイクルの間の金属組織的な経緯を評価することが可能となる。

JA.2.25

箱焼なまし（batch annealing, box annealing）

用語番号（**2112**）参照

JA.2.26

ブルーイング（blueing）

用語番号（**3140**）参照

JA.2.27

ブースト拡散浸炭（boost-diffuse carburizing）

二つ以上のそれぞれ異なるカーボンポテンシャルをもつ段階で相次いで行う浸炭

JA.2.28
ボライディング（boriding）
用語番号（**4128**）参照

JA.2.29
光輝焼なまし（bright annealing）
鋼材の酸化を防ぐことによって，元の鋼材の表面状態を維持することを可能とする媒体中で行う焼なまし

JA.2.30
バーニング（burning）
用語番号（**1204**）参照

JA.2.31
炭素の活量（carbon activity）
非理想（例えば，濃化）状態の炭素の有効濃度

注釈 1　熱処理では，これは，熱処理媒体中及び鋼材中の炭素の有効濃度を指す。

JA.2.32
炭素の質量移動係数（carbon mass transfer coefficient）
浸炭媒体から鋼材への（単位面積及び単位時間当たり）炭素移動量の有効係数

注釈 1　カーボンポテンシャルと実際の表面炭素濃度との 1 単位の差について，単位面積当たり 1 秒間に，浸炭剤から鋼中に移動する炭素の質量。

JA.2.33
カーボンレベル（carbon level）
浸炭媒体と平衡状態にある特定の温度において，オーステナイト化した純鉄試料中の炭素含有率〔(質量分率) ％〕

JA.2.34
炭素濃度の変化推移（carbon profile）
表面からの距離の関数としての炭素含有量

JA.2.35
浸炭窒化（carbonitriding）
用語番号（**4111**）参照

JA.2.36
浸炭（carburizing）
推奨しない用語：セメンテイション
用語番号（**4104**）参照

JA.2.37
肌焼き（case hardening）
浸炭又は浸炭窒化を行い，その後に焼入硬化することからなる処理

注釈 1　図 **JA.1** 参照。

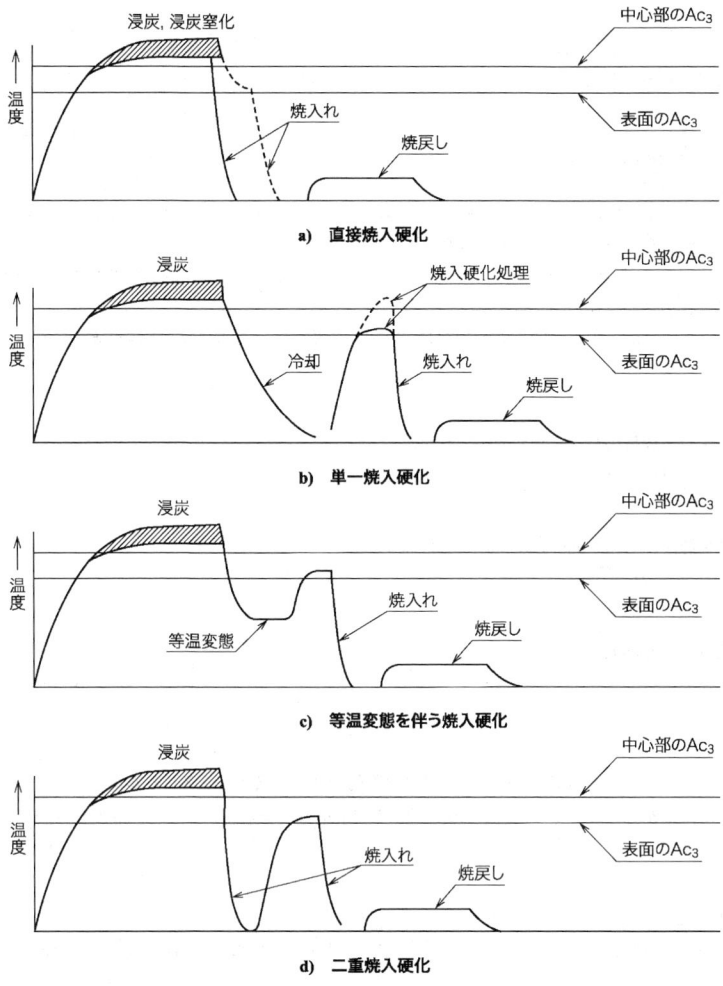

a) 直接焼入硬化

b) 単一焼入硬化

c) 等温変態を伴う焼入硬化

d) 二重焼入硬化

図 JA.1－種々の表面硬化処理における可能な熱サイクルの図式表示

JA.2.38
鋳鉄（cast iron）
　　JIS G 0203 参照

JA.2.39
セメンタイト（cementite）
　　用語番号（**1318**）参照

JA.2.40
クロマイジング（chromizing）
用語番号（**4125**）参照

JA.2.41
化合物層（compound layer）
推奨しない用語：白色層
熱化学処理によって形成される表面層で，処理によって導入された元素及び母材金属からの特定の元素によって生成した化合物からなっている層

例 表面層は，窒化の場合は窒化物の層，ほう化ではほう化物の層，高炭素鋼のクロマイジングではクロム炭化物の層で生成されている。

注釈1 英語では，"白色層"という用語は，窒化及び軟窒化した鋼材のこの層を表示するのに不適切に使用されている。

JA.2.42
連続焼なまし，連続焼鈍（continuous annealing）
用語番号（**2117**）参照

JA.2.43
連続冷却変態曲線（continuous cooling transformation diagram）
用語番号（**3213**）参照

JA.2.44
制御圧延（controlled rolling）
用語番号（**1107**）参照

JA.2.45
冷却（cooling）
鋼材の温度の連続，不連続，緩やかな，又は段階的な低下（又は低下させる操作）

注釈1 冷却が行われる媒体は，例えば，空気，水，油，炉などを規定することが望ましい。焼入れ（**3101**）参照。

JA.2.46
冷却条件（cooling conditions）
鋼材の冷却が行われる条件［媒体の性状及び温度，相対的な動き，かくはん（攪拌）など］

JA.2.47
冷却関数（cooling function）
鋼材の特定の位置における，時間の関数としての温度降下

注釈1 この関数は，グラフ又は数式として表示することが可能である。

JA.2.48
冷却速度（cooling rate）
冷却中の時間の関数としての温度変化

注釈1 冷却速度の区別を，次に示す。
－　特定の温度における瞬間の速度

　　　―　規定された温度範囲にわたっての平均的な速度

JA.2.49
冷却時間（cooling time）
　冷却関数において，二つの特性温度の時間的間隔
　注釈 1　それらの温度を正確に規定することが，常に必要である。

JA.2.50
芯部調質（core refining）
　浸炭した鋼材を硬化させることによって，芯部に細粒組織及び均質な金属組織を形成する処理

JA.2.51
臨界冷却推移（critical cooling course）
　目的と異なる金属組織への変態を回避するために必要な冷却工程
　注釈 1　冷却工程は，一般に，特定の温度又は時間において，温度又は冷却速度の勾配によって特徴付
　　　　　　けている。

JA.2.52
臨界冷却速度（critical cooling rate）
　用語番号（**3208**）参照

JA.2.53
臨界直径（critical diameter）
　用語番号（**3209**）参照

JA.2.54
脱炭（decarburization）
　用語番号（**1208**）参照

JA.2.55
脱炭処理（decarburizing）
　用語番号（**1208**）参照

JA.2.56
オーステナイトの分解（decomposition of austenite, austenite transformation）
　温度低下に伴うフェライト・パーライト又はフェライト・セメンタイトへの分解

JA.2.57
δ 鉄（delta iron）
　用語番号（**1305**）参照

JA.2.58
浸炭深さ（depth of carburizing, carburizing depth）
　鋼材表面と，浸炭層の厚さ（有効硬化層深さ）を特徴付ける規定された限界点との距離

JA.2.59
脱炭層深さ（depth of decarburization, decarburization depth）
　用語番号（**1209**）参照

JA.2.60
焼入硬化層深さ（depth of hardening）
　用語番号（**4301**）参照

JA.2.61
窒化層深さ（depth of nitriding, nitriding depth）
　鋼材表面と，窒化層の厚さを特徴付ける規定された限界点との距離

JA.2.62
残留オーステナイトの不安定化（destabilization of retained austenite）
　焼戻しにおいて，残留オーステナイトが自発的な変態を起こさなかった温度領域でマルテンサイト変態を起こす現象

JA.2.63
拡散（diffusion）
　用語番号（**1201**）参照

JA.2.64
拡散焼なまし（diffusion annealing）
　用語番号（**2108**）参照

JA.2.65
拡散処理（diffusion treatment）
　用語番号（**1201**）参照

JA.2.66
拡散域（diffusion zone）
　用語番号（**1202**）参照

JA.2.67
直接焼入硬化（direct-quench hardening）
　浸炭又は浸炭窒化後直ちに行われる鋼材の焼入硬化
　注釈1　直接焼入処理は，表層の炭素含有量によって，浸炭直後又はより低温で行っている。
　注釈2　図 **JA.1 a)**参照。

JA.2.68
直接焼入れ（direct quenching）
　用語番号（**3102**）参照

JA.2.69
転位（dislocation）
　結晶内に生成する結晶学上の欠陥又は不規則な状態
　例　刃状転位及びらせん転位の二つの主要な種類がある。
　注釈1　冷間加工によって，転位量が増加し，更に硬さが上昇する。

JA.2.70
変形（distortion）

用語番号（**1216**）参照

JA.2.71
二重焼入硬化処理（double-quench hardening treatment）
　一般には，異なる温度で実行される二つの継続的な焼入硬化処理からなる熱処理
　注釈 1　浸炭の場合には，最初の焼入硬化は直接焼入れによって得られ，2 回目は，より低温で行われる。
　注釈 2　二重焼入硬化は，細粒化を目的に行われる。
　注釈 3　**図 JA.1 d)**参照。

JA.2.72
浸炭後の有効焼入硬化層深さ（effective case depth after carburizing, case-hardening hardness depth, carburizing depth）
　肌焼きした鋼材表面から，限界硬さを示す点までの距離
　注釈 1　限界硬さは，規定されることが望ましい。例えば，全硬化層深さについては，限界硬さは，変化していない母材の炭素含有量に対応している。
　注釈 2　"硬化層深さ"は，あらゆる肌焼き工程又は表面硬化工程に対して使用される。

JA.2.73
窒化後の有効焼入硬化層深さ（effective case depth after nitriding）
　窒化又は炭窒化された鋼材の表面から限界硬さまでの距離（**ISO 18203**:2016 の **3.4** を修正）

JA.2.74
表面硬化後の有効焼入硬化層深さ（effective case depth after surface hardening, surface hardening hardness depth）
　表面と，対象とする鋼材に要求される最低表面硬さの 80 ％に等しいビッカース硬さ（HV）の位置との間の距離（**ISO 18203**:2016 の **3.5** を修正）

JA.2.75
電子ビーム焼入れ（electron beam hardening）
　電子ビームの加熱によって，鋼材の表面をオーステナイト化する操作
　注釈 1　硬化は，外部焼入媒体を用いる焼入れ又は自己冷却によって得られる。

JA.2.76
ぜい（脆）化（embrittlement）
　材料のじん性の著しい低下
　注釈 1　鋼は，青熱ぜい性，焼戻ぜい性，焼入時効ぜい性，σ ぜい性，ひずみ時効ぜい性，熱ぜい性，低温又は冷間ぜい性など，異なる形態のぜい化の影響を受ける場合がある。

JA.2.77
エンドガス（endogas）
　炭化水素の不完全燃焼によって生成されるガス混合物
　注釈 1　一般に，エンドガスとは，一酸化炭素含有率［(体積分率) ％］が 20 ％～24 ％，水素含有率［(体積分率) ％］が 31 ％～40 ％となるように窒素で希釈した混合ガスである。
　注釈 2　**注釈 1** の混合ガスは，気体状のメタノール及び窒素の混合によって合成している。

JA.2.78
吸熱性雰囲気（endothermic atmosphere）
　吸熱反応によって生じ，鋼材の表面における炭素レベルを減少，増加，又は維持するために，熱処理をしている鋼材の炭素含有量と調和し得るカーボンポテンシャルをもつ炉内雰囲気

JA.2.79
イプシロン炭化物（epsilon carbide）
　概略 $Fe_{2.4}C$ の化学式をもつ鉄の炭化物

JA.2.80
均等化（equalization）
　表面に要求される温度が，断面全体にわたって得られるような鋼材の第二段の加熱
　　注釈 1　図 **JA.2** 参照。

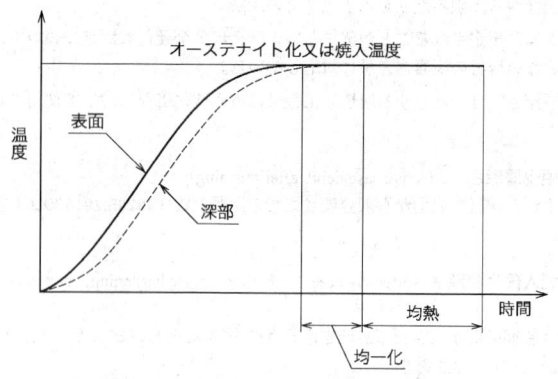

図 JA.2－オーステナイト化における加熱の図式表示

JA.2.81
当量線図（equilibrium diagram）
　合金系の相の温度と成分限界との図

JA.2.82
当量直径（equivalent diameter）
　同じ冷却条件で，対象とする鋼材に記録された最小の冷却速度に等しい冷却速度をその中心においてもつ同じ鋼材の円柱の直径（d）　（長さ＞$3d$）
　　注釈 1　当量直径は，ruling section ともいう。当量直径の定義は，**ISO 683-1** 及び **ISO 683-2** に記載している。

JA.2.83
共析変態（eutectoid transformation）
　一定温度で起こるオーステナイトからパーライト（フェライト＋セメンタイト）への可逆変態
　　注釈 1　純鉄の共析変態温度は，723 ℃である。合金元素又は冷却速度が，この温度に影響を与える。

JA.2.84
発熱性雰囲気（exothermic atmosphere）
　発熱反応によって発生し，鋼材を酸化させないように制御された炉内雰囲気

JA.2.85
フェライト（ferrite）
　用語番号（**1306**）参照

JA.2.86
フェライト鋼（ferritic steel）
　固体状態にある全ての温度においてフェライト状態が安定である鋼

JA.2.87
炎焼入れ（flame hardening）
　用語番号（**4103**）参照

JA.2.88
流動床（fluidized bed）
　外部から加熱される炉内に，吹き込んだ気体によって流動化されたセラミック粉末製の熱処理媒体
　注釈1　流動化ガスは，熱処理された鋼材の表面又は浸炭などの熱化学処理の反応性ガスを保護するために，不活性の場合がある。

JA.2.89
完全焼なまし（full annealing）
　用語番号（**2103**）参照

JA.2.90
炉内雰囲気（furnace atmosphere）
　熱処理炉内を満たしている気体
　注釈1　充填ガスは，単体ガス又は混合ガスがある。雰囲気は，不活性又は活性であり，大気圧又はそれ以下で操作する。
　注釈2　炉内雰囲気の目的は，酸化若しくは脱炭の防止，又は熱化学処理におけるキャリアガス若しくは活性ガスとすることである。

JA.2.91
γ鉄（gamma iron）
　用語番号（**1309**）参照

JA.2.92
－（gamma mixed crystal）
　格子間又は置換型固溶体の合金元素を含む面心立方格子の鋼
　注釈1　金属組織学の名称は，オーステナイトである。
　注釈2　常磁性体である。

JA.2.93
ガス焼入れ（gas quenching）
　静止空気中よりも速いガス流による冷却

　　注釈1　　冷却ガスは，単体ガス又はガス混合物（例えば，空気，水噴霧を伴う空気，不活性ガス又は貴
　　　　　　ガス）がある。

JA.2.94
結晶粒（grain）
　規則的な間隔をもつ原子によって形成された空間格子

JA.2.95
結晶粒界（grain boundary）
　異なる結晶方位をもつ二つの結晶粒を分ける境界

JA.2.96
結晶粒粗大化（grain coarsening）
　用語番号（**1206**）参照

JA.2.97
結晶粒成長（grain growth）
　高温での加熱及び／又は長時間の均熱による結晶粒度の増大

JA.2.98
結晶粒微細化（grain refining）
　用語番号（**1207**）参照

JA.2.99
結晶粒度（grain size）
　用語番号（**1321**）参照

JA.2.100
黒鉛鋼（graphitic steel）
　炭素の一部を意図的に黒鉛として析出させている組織をもつ鋼

JA.2.101
黒鉛化（graphitization）
　用語番号（**2201**）参照

JA.2.102
黒鉛化焼なまし（graphitizing）
　用語番号（**2114**）参照

JA.2.103
焼入性（hardenability）
　用語番号（**3201**）参照

JA.2.104
焼入温度（hardening temperature）
　鋼材が，焼入硬化するためのオーステナイト化，浸炭又は浸炭窒化後の焼入開始温度
　　注釈1　　焼入温度は，オーステナイト化温度と同じ場合がある。

JA.2.105

熱伝導（heat conduction）

高温の物体から低温の物体への自発的な熱の流れ

注釈 1 外部に熱源などがない場合，温度差は時間とともに減少し，物体は熱平衡に近づく。

JA.2.106

熱対流（heat convection, convection）

流体の動きによって生じる，ある位置から別の位置への熱の移動

注釈 1 対流は，通常，液体及び気体の熱伝達の主要な形式である。

注釈 2 焼入れ中の熱対流は，単相（ガス焼入れ）又は二相（水及び蒸気膜が同時に存在する水焼入れ）の場合がある。通常，単相対流は，二相対流よりも熱伝達が小さくなる。

JA.2.107

熱放射（heat radiation, thermal radiation）

絶対零度よりも高い温度で，全ての物質からの生じる電磁波の放出

注釈 1 熱放射は，熱エネルギーから電磁エネルギーへの変換を表す。

JA.2.108

熱処理（heat treatment）

鋼材などが，全体として又は部分的に熱サイクルにさらされ，その性質及び／又は組織に変化を起こすような一連の操作

注釈 1 鋼材の化学成分が，この操作の間に変化する場合がある。熱化学処理（**JA.2.207**）参照。

JA.2.109

加熱（heating）

鋼材の温度を昇温する操作

注釈 1 加熱は，一段階又は複数段階で連続的，不連続的，緩やかに又は段階的に行う。

JA.2.110

加熱時間（heating duration）

加熱工程で二つの異なる温度間の時間

注釈 1 温度を正確に規定することが，常に必要である。

JA.2.111

加熱関数（heating function）

加熱中の時間の関数としての，鋼材の決まった位置又は炉の負荷における温度変化

注釈 1 関数は，グラフとして表示する場合又は数式で表示する場合がある。

JA.2.112

加熱速度（heating rate）

加熱中の時間の関数としての温度の変化

注釈 1 次の両者は区別される。

- 特定の温度に対応する瞬間的な速度
- 規定された温度区間にわたる平均速度

JA.2.113

拡散焼なまし（homogenizing）

　用語番号（**2108**）参照

JA.2.114

熱間加工（hot forming）

　通常 780 ℃～1 300 ℃の温度範囲（鋼材の化学成分による。）で行う加工

　注釈 1　熱間加工には，熱間圧延，熱間鍛造，熱間曲げなどを含む。

　注釈 2　熱間加工と冷間加工との間の温度での加工を温間加工という。

JA.2.115

水素ぜい（脆）化（hydrogen embrittlement）

　用語番号（**1211**）参照

JA.2.116

脱水素焼なまし（hydrogen removal annealing）

　A_1変態点温度以下（保持時間は，鋼材の寸法及び水素含有量による。）で行う焼なまし

　注釈 1　焼入硬化鋼又は肌焼き鋼では，水素は，通常 230 ℃～300 ℃の焼戻し温度で数時間の浸せき時間で除去される。

JA.2.117

過共析鋼（hypereutectoid steel）

　共析組成超えの炭素を含有する鋼

JA.2.118

亜共析鋼（hypoeutectoid steel）

　共析組成未満の炭素を含有する鋼

JA.2.119

衝撃焼入れ（impulse hardening）

　インパルス加熱後，鋼材の自己冷却による硬化処理

　注釈 1　表面硬化処理に使用している。

JA.2.120

衝撃加熱（impulse heating）

　温度の局部的な上昇をもたらす短時間の反復する爆発的なエネルギーによる加熱方法

　注釈 1　エネルギー源は，例えば，コンデンサー放電，レーザー，電子ビームなどがある。

JA.2.121

高周波焼入れ（induction hardening）

　用語番号（**4102**）参照

JA.2.122

変態域内焼なまし，変態域内処理（inter-critical annealing, inter-critical treatment）

　A_1変態点とA_3変態点との間の温度に加熱及び均熱し，その後要求特性に応じた冷却を行う亜共析鋼の焼なまし

JA.2.123
金属間化合物 （intermetallic compound）
　２種類以上の金属からなり，その純金属及びこれらの固溶体とは異なる物理的性質及び結晶構造をもつ化合物

JA.2.124
内部酸化 （internal oxidation）
　熱処理によって酸素が鋼材中に拡散し，表面下に酸化物が析出する現象
　　注釈 1　析出は，結晶粒界を占有するか，又は結晶粒内に起こる。

JA.2.125
中断焼入れ （interrupted quenching）
　用語番号 （**3113**） 参照

JA.2.126
イソフォーム （isoforming）
　オーステナイトがパーライト変態する間に塑性変形を行うことからなる加工熱処理

JA.2.127
等温焼なまし （isothermal annealing）
　用語番号 （**2110**） 参照

JA.2.128
ジョミニー試験，一端焼入試験 （Jominy test, end-quenching test）
　焼入性を評価するための標準的な試験
　　注釈 1　**ISO 642** 参照。
　　注釈 2　焼入性曲線は，鋼の化学成分によって計算可能な場合がある。

JA.2.129
レーザー焼入れ （laser beam hardening）
　レーザー光を用いた加熱によって鋼材表層をオーステナイト化して行う焼入れ
　　注釈 1　衝撃焼入れ （**JA.2.119**） 及び衝撃加熱 （**JA.2.120**） 参照。
　　注釈 2　硬化のための焼入れは，焼入媒体 （**JA.2.170** 参照） による場合又は自己冷却による場合がある。

JA.2.130
レデブライト （ledeburite）
　共晶変態の結果得られるオーステナイト及びセメンタイトからなる鉄／炭素合金の組織

JA.2.131
部分焼入れ （local hardening）
　鋼材の一部分に限って行われる焼入硬化

JA.2.132
低圧浸炭 （low pressure carburizing）
　大気圧以下の圧力の真空炉内で行う浸炭
　　注釈 1　通常，炭化水素ガスは，鋼材中に炭素を拡散・分布させるために使用する。そのため，内部酸化は，回避可能である。

注釈2　低圧浸炭は，真空浸炭ともいう。

JA.2.133
可鍛化焼なまし（malleablizing）
　用語番号（**2113**）参照

JA.2.134
マルエージ，マルエージング（maraging）
　用語番号（**3139**）参照

JA.2.135
マルエージ鋼（maraging steel）
　その特有の性質が，マルエージ処理によって得られる鋼
　注釈1　典型的な引張強さは，約2 000 MPa である。

JA.2.136
マルテンパ（martempering）
　用語番号（**3121**）参照

JA.2.137
マルテンサイト（martensite）
　用語番号（**3303**）参照

JA.2.138
最高到達硬さ（maximum achievable hardness）
　理想的な条件下で焼入硬化によって鋼材に与え得る硬さの最高値

JA.2.139
マッケイドエーン結晶粒度試験（McQuaid-Ehn grain size test）
　肌焼き鋼の見掛けのオーステナイト結晶粒度を評価する試験
　注釈1　試験結果は，"−1"から始まる粒度番号として表される（**ISO 643** 参照）。

JA.2.140
媒体（medium）
　熱処理操作の間に鋼材が置かれる環境
　注釈1　媒体は，固体，液体又は気体のいずれかである。媒体の種類及び特性は，熱処理の結果に影響
　　するため重要である。

JA.2.141
準安定（metastable）
　平衡状態図によって定義される条件から外れた見掛け上安定な状態

JA.2.142
窒化物（nitride）
　鋼材中に存在する鉄及び／又は窒化物形成合金元素の窒素化合物
　注釈1　窒素の量に応じて，種々の窒化物がある。窒化された鋼材において最も重要な窒化物は，鉄の
　　ε 及び γ'窒化物である。

JA.2.143
窒化（nitriding）
用語番号（**4112**）参照

JA.2.144
炭窒化（nitrocarburizing）
用語番号（**4114**）参照

JA.2.145
窒素濃度の変化推移（nitrogen profile）
表面からの距離の関数としての窒素含有量

JA.2.146
焼ならし（normalizing）
用語番号（**2101**）参照

JA.2.147
焼ならし加工（normalizing forming）
最終の変形を特定の温度範囲で行い，焼ならしで得られるのと等しい規定された機械的性質をもつ材料を得る加工工程

JA.2.148
過浸炭（overcarburizing, excess carburizing）
用語番号（**4201**）参照

JA.2.149
過熱及び過均熱（overheating, oversoaking）
用語番号（**1203**）参照

JA.2.150
酸化（oxidation）
鋼材における鉄及び酸化物形成合金元素と酸素との反応の結果
　注釈1　酸化層は，温度及び時間の増加とともに成長する。
　注釈2　ウスタイト（FeO），マグネタイト（Fe_3O_4）及びヘマタイト（Fe_2O_3）の3種類の酸化鉄がある。
　注釈3　例えば，酸窒化中，ブルーイング中，又は炭窒化後の意図的な酸化処理と浸炭媒体を含む酸素中での浸炭による非意図的な酸化処理とは，区別することが望ましい［内部酸化（**JA.2.124**）参照］。

JA.2.151
酸化処理（oxidizing）
研磨面を，酸化媒体中で，暗色の薄く連続的な密着性の酸化物の膜で覆われるような温度で処理する操作
　注釈1　炭窒化後，薄い酸化物層は，より高い耐食性を得るために生成される。
　注釈2　窒化又は炭窒化中に，酸素供給は，表面の不働態化に打ち勝ち，窒素の拡散を促進する場合がある。

JA.2.152
酸窒化（oxynitriding）
　ある量の酸素が添加された媒体中で行われる窒化

JA.2.153
母相（parent phase）
　1種以上の新しい相を生む相

JA.2.154
パテンチング（patenting）
　用語番号（**3124**）参照

JA.2.155
パーライト（pearlite）
　用語番号（**1320**）参照

JA.2.156
相（phase）
　金属組織の組成
　注釈1　鋼の相は，例えば，フェライト，オーステナイト，セメンタイトなどである。

JA.2.157
プラズマ窒化（plasma nitriding）
　用語番号（**4116**）参照

JA.2.158
プラズマ軟窒化（plasma nitrocarburizing）
　通常，大気圧より低い圧力で，窒素及び炭素を含有した媒体をイオン化したプラズマサポートによる炭窒化

JA.2.159
化学ポテンシャル（potential）
　化学種のモル数に関するギブスの自由エネルギーの偏微分
　注釈1　浸炭に関して適用。

JA.2.160
析出物成長（precipitation growth）
　元素の拡散によって，小さな粒子から大きな粒子を生成する析出物の成長
　注釈1　この用語は，球状化と同義語ではない。

JA.2.161
析出硬化（precipitation hardening）
　用語番号（**3227**）参照

JA.2.162
析出硬化処理（precipitation hardening treatment）

過飽和固溶体から化合物を析出させて金属材料の硬さを向上させる操作で，特定の元素に固溶化熱処理を行った後，急冷して当該元素を過飽和固溶体中に保持し，焼戻し処理によって特定化合物を析出させる操作

JA.2.163

予熱（preheating）

鋼材などを，初期温度と最高温度との間で，一つ又はそれ以上の温度に昇温し，ある時間保持する操作

JA.2.164

初析構成成分（proeutectoid constituent）

共析変態に先立ってオーステナイトの分解によって形成される構成成分

注釈1　亜共析鋼の場合，初析構成成分はフェライトであり，過共析鋼ではセメンタイトである。

JA.2.165

保護雰囲気ガス（protective gas）

熱処理中の鋼材の表面層の成分変化を防ぎ，通常，保護的な炉内雰囲気を作り出すための気体

注釈1　通常，保護雰囲気ガスは，酸化又は脱炭を防ぐために使用している。

注釈2　保護雰囲気ガスの組成は，その使用目的によって異なる。

注釈3　最も保護効果が高いのは，真空炉での処理である。

JA.2.166

焼入硬化層（quench-hardened layer）

鋼材の焼入れによって硬化した表面層

注釈1　一般に，その厚さは，焼入硬化の深さによって定義される。

JA.2.167

焼入硬化（quench hardening）

用語番号（**3103**）参照

JA.2.168

焼入れ（quenching）

用語番号（**3101**）参照

JA.2.169

焼入焼戻し（quenching and tempering）

用語番号（**3141**）参照

JA.2.170

焼入媒体（quenching media）

焼入れを行うための媒体

注釈1　焼入媒体は，液体，気体又は混合ガス（例えば，水，油，窒素，水素，塩浴など）がある。

JA.2.171

焼入温度（quenching temperature）

焼入れを開始する温度

JA.2.172
復炭 (recarburizing, carbon restoration)
　用語番号 (**4110**) 参照

JA.2.173
回復 (recovery)
　用語番号 (**2205**) 参照

JA.2.174
再結晶 (recrystallizing)
　用語番号 (**1205**) 参照

JA.2.175
残留オーステナイト (retained austenite)
　用語番号 (**3302**) 参照

JA.2.176
スケール (scale)
　非保護雰囲気での熱処理中に，鋼材表面に形成される層
　注釈 1　通常，スケールは，酸化スケールであり，ブラスト又は酸洗によって除去可能である。

JA.2.177
二次硬化 (secondary hardening)
　用語番号 (**3222**) 参照

JA.2.178
二次マルテンサイト (secondary martensite)
　二次硬化の間に形成されるマルテンサイト

JA.2.179
偏析 (segregation)
　用語番号 (**1315**) 参照

JA.2.180
自己焼入れ (self-quenching)
　鋼材の焼入現象
　注釈 1　この現象は，冷たい芯部範囲の質量と表面下の加熱範囲の質量との間に十分な関係があること
　　　　を前提としている。
　注釈 2　オーステナイト化された硬化鋼の場合，この現象は，鋼材の焼入硬化のために使用する (例え
　　　　ば，**JA.2.129** 参照)。

JA.2.181
鋭敏化 (sensitization)
　用語番号 (**3137**) 参照

JA.2.182
シェラダイジング (sherardizing)
　用語番号 (**4127**) 参照

JA.2.183
シリコナイジング（siliconizing）
　用語番号（**4126**）参照

JA.2.184
単一焼入硬化処理（single-quench hardening treatment）
　浸炭後，緩冷却によって常温になる一段階で行われる硬化処理

　注釈1　図 **JA.1** b)参照。

　注釈2　焼入温度（例えば，表面焼入温度からの単一焼入硬化又は芯部焼入れからの単一焼入硬化）を参照（**JA.2.104** 参照）することが望ましい。

JA.2.185
均熱（soaking）
　用語番号（**1112**）参照

JA.2.186
軟化，軟化焼なまし（softening, soft annealing）
　用語番号（**2104**）参照

JA.2.187
固溶体（solid solution）
　用語番号（**1311**）参照

JA.2.188
固溶化焼なまし，固溶化熱処理（solution annealing, solution treatment）
　用語番号（**3133**）参照

JA.2.189
球状黒鉛鋳鉄（spheroidal graphite iron）
　球状黒鉛を含むねずみ鋳鉄

　注釈1　化学成分に，球状黒鉛の生成に影響を与えるマグネシウム（0.04 %～0.06 %），セリウム及び希土類を添加した層状黒鉛を含むねずみ鋳鉄とは異なる。

　注釈2　一般に，ダクタイル鋳鉄（nodular cast iron）は，熱処理（例えば，オーステナイト化，焼ならし，焼入焼戻しなど）を行う。

JA.2.190
球状組織（spheroidite）
　フェライト母相中に球状セメンタイトの粒子から構成され，特徴として軟らかいミクロ組織

　注釈1　球状化を参照。

JA.2.191
球状化（spheroidizing）
　用語番号（**2109**）参照

JA.2.192
残留オーステナイトの安定化（stabilization of retained austenite）

常温から低温への冷却の間，残留オーステナイトのマルテンサイトへの変態の可能性を減少又は阻止する現象

注釈1 この安定化は，焼入れ後，低温焼戻し又は常温での保持の間に起こる。

JA.2.193
安定化熱処理（stabilizing）
時間経過による寸法，又は組織の変化を防ぐことを意図した鋼材の熱処理

注釈1 一般に，処理後，意図と異なる変化をもたらす場合がある。

JA.2.194
安定化焼なまし（stabilizing annealing）
用語番号（**1111**）参照

JA.2.195
鋼（steel）
JIS G 0203 参照

注釈1 多量の炭化物形成元素が存在する場合，炭素量の上限は，変わるときがある。

注釈2 熱処理に適した非合金鋼及び合金鋼の命名法は，**ISO 4948-1** 及び **ISO 4948-2** に定義されている。

JA.2.196
階段焼入れ（step quenching）
用語番号（**3114**）参照

JA.2.197
応力除去焼なまし（stress relieving）
用語番号（**2105**）参照

JA.2.198
サブゼロ処理（sub-zero treating, deep freezing）
用語番号（**3122**）参照

JA.2.199
サルファライジング（sulfidizing）
用語番号（**4124**）参照

JA.2.200
表面硬化処理（surface hardening treatment）
用語番号（**4101**）参照

JA.2.201
表面処理（surface treatment into and on a workpiece）
金属元素又は半金属（metalloid）を鋼材表層及び表面に取り込むことを目的とした熱化学処理

注釈1 表層を改質するための具体的な処理として，例えば，肌焼き，炭窒化，アルミナイジング，ボライディング，クロマイジング，シリコナイジング，窒化，シェラダイジング，サルファライジング，バナダイジングなどがある。

注釈2 具体的なコーティング処理として，溶融めっき，化学蒸着（CVD），及び物理蒸着（PVD）があ

る。

JA.2.202
焼戻ぜい性（temper embrittlement）
　用語番号（**3223**）参照

JA.2.202.1
不可逆的焼戻ぜい性（irreversible temper embrittlement, blue brittleness）
　250 ℃〜375 ℃において，焼入鋼の均熱中に発生する焼戻ぜい性
　注釈1　この現象は，転位上での炭素，窒素などの偏析及び析出によって発生し，一般に，アルミニウ
　　　　　ム及びチタンを添加して回避する。

JA.2.202.2
可逆的焼戻ぜい性（reversible temper embrittlement）
　焼入鋼を 450 ℃〜550 ℃の温度範囲での焼戻し中，又はより高い温度で焼戻した後，450 ℃〜550 ℃
の範囲で徐冷中に発生する焼戻ぜい性
　注釈1　この現象は，アンチモン（Sb），りん（P），ひ素（As），すず（Sn）などの微量元素の偏析によ
　　　　　って起こり，一般に，十分な量のタングステン又はモリブデンの添加によって回避される。
　注釈2　可逆的焼戻ぜい性は，母材の衝撃特性の遷移曲線が高温側へ移動することで現れる。
　注釈3　可逆的焼戻ぜい性は，550 ℃超えの温度で 2 度目の焼戻し後，急冷することで，解消する場合
　　　　　がある。

JA.2.203
焼戻し（tempering）
　用語番号（**3126**）参照

JA.2.204
焼戻曲線（tempering curve, tempering diagram）
　機械的性質と，規定された焼戻時間での焼戻温度との関係図

JA.2.205
熱亀裂（thermal crack）
　用語番号（**1218**）参照

JA.2.206
熱サイクル（thermal cycle）
　熱処理の間，時間の関数としての温度変化

JA.2.207
熱化学処理（thermochemical treatment）
　鋼材の表面層に，炭素，窒素など要求される元素の含有量を高めるため，適切に選択した媒体中で行う
熱処理
　注釈1　熱化学処理の操作パラメータは，機器とデータ処理とによって制御している。

JA.2.208
熱加工制御［thermomechanical control process（TMCP）］
　用語番号（**1109**）参照

JA.2.209
全断面焼入硬化（through-hardening）
　マルテンサイトが鋼材内部まで形成する焼入硬化
　　注釈1　鋼材の形状，使用する鋼，硬化処理中の条件によって，100 ％マルテンサイトで構成される内部
　　　　　　組織を常に得られるとは限らない。

JA.2.210
変態曲線（transformation diagram）
　与えられた成分で，時間及び温度に依存する鋼材のオーステナイト変態の進行を示したもの
　　注釈1　各温度域でのオーステナイト変態を，その他の相の変態開始と終了とを定義している片対数座
　　　　　　標（対数時間／温度座標）を用いて，複数の曲線として描いた図。
　　注釈2　変態終了時，組成分率及び硬さを求めることが可能である。

JA.2.210.1
等温変態曲線（time-temperature-transformation diagram，TTT diagram）
　用語番号（**3212**）参照

JA.2.210.2
連続冷却変態曲線（continuous-cooling-transformation diagram，CCT diagram）
　用語番号（**3213**）参照

JA.2.211
変態点（transformation point）
　用語番号（**1302**）参照

JA.2.212
変態領域（transformation range）
　相変化が行われる温度範囲

JA.2.213
変態温度（transformation temperature）
　用語番号（**1302**）参照

JA.2.214
二段窒化（two-stage nitriding）
　化合物層の厚さを減少させるために，窒化の条件（温度及び／又はガス組成）に少なくとも1回の変更
を行う窒化

JA.2.215
蒸気膜（vapour film）
　水焼入れ及び油焼入れの初期段階で，焼入面に形成される膜

JA.2.216
バナダイジング（vanadizing）
　バナジウムに関連した鋼材の表面処理

JA.2.217
水溶性焼入液，ポリマー焼入液（water emulsion，polymer solution）

用語番号（**3106**）参照

JA.2.218
ウイドマンステッテン組織（Widmannstaetten structure）
用語番号（**1322**）参照

JA.2.219
加工硬化，ひずみ硬化（work hardening, strain hardening）
変形による金属の硬化

注釈 1　この硬化は，材料の結晶粒内の転位の動き及び転位の生成によって起こる。

注釈 2　加工硬化は，再結晶熱処理によって，除去可能な場合がある。

参考文献

ISO 630-2, Structural steels－Part 2: Technical delivery conditions for structural steels for general purposes

ISO 642, Steel－Hardenability test by end quenching (Jominy test)

ISO 643, Steels－Micrographic determination of the apparent grain size

ISO 683-1, Heat-treatable steels, alloy steels and free-cutting steels－Part 1: Non-alloy steels for quenching and tempering

ISO 683-2, Heat-treatable steels, alloy steels and free-cutting steels－Part 2: Alloy steels for quenching and tempering

ISO 3651-2:1998, Determination of resistance to intergranular corrosion of stainless steels－Part 2: Ferritic, austenitic and ferritic-austenitic (duplex) stainless steels－Corrosion test in media containing sulfuric acid

ISO 4948-1, Steels－Classification－Part 1: Classification of steels into unalloyed and alloy steels based on chemical composition

ISO 4948-2, Steels－Classification－Part 2: Classification of unalloyed and alloy steels according to main quality classes and main property or application characteristics

ISO 18203:2016, Steel－Determination of the thickness of surface-hardened layers

JIS B 6911　鉄鋼の焼ならし及び焼なまし加工

JIS B 6912　鉄鋼の高周波焼入焼戻し加工

JIS G 0202　鉄鋼用語（試験）

JIS G 0203　鉄鋼用語（製品及び品質）

JIS G 0551　鋼－結晶粒度の顕微鏡試験方法

JIS G 0558　鋼の脱炭層深さ測定方法

JIS G 3536　PC 鋼線及び PC 鋼より線

JIS G 4309　ステンレス鋼線

JIS G 4313　ばね用ステンレス鋼帯

JIS G 4314　ばね用ステンレス鋼線

JIS G 4315　冷間圧造用ステンレス鋼線

附属書 JB
（参考）
JIS と対応国際規格との対比表

JIS G 0201				ISO 4885:2018，（MOD）	
a) JIS の箇条番号	b) 対応国際規格の対応する箇条番号	c) 箇条ごとの評価	d) JIS と対応国際規格との技術的差異の内容及び理由		e) JIS と対応国際規格との技術的差異に対する今後の対策
1	1	追加	JIS は，鍛造を適用範囲に追加している。		国内での使用が前提のため，現状を維持する。
3	－	追加	JIS は，分類の箇条を追加し，箇条 4（用語及び定義）の構成を記載している。		国内での使用が前提のため，現状を維持する。
4	3	追加	JIS は，国内の製造技術基準などで必要な用語を追加している。		国内での使用が前提のため，現状を維持する。
		削除	JIS は，定義が不要な ISO 規格の用語を削除している。		
附属書 JA	－	変更	ISO 規格の用語で，JIS 本体に不要な用語を参考として記載している。		参考規定として，維持する。
		削除	JIS に不要な記載は，削除している。		
注記 1 箇条ごとの評価欄の用語の意味を，次に示す。 　－ 削除：対応国際規格の規定項目又は規定内容を削除している。 　－ 追加：対応国際規格にない規定項目又は規定内容を追加している。 　－ 変更：対応国際規格の規定内容又は構成を変更している。 注記 2 JIS と対応国際規格との対応の程度の全体評価の記号の意味を，次に示す。 　－ MOD：対応国際規格を修正している。					

用語索引 (五十音順)

用語	番号	英語	用語	番号	英語
【く】			準安定オーステナイト	3301	metastable austenite
空気焼入れ	3110	air hardening	初析セメンタイト	1319	pro-eutectoid cementite
繰返し焼戻し	3127	multiple tempering			
クロマイジング	4125	chromizing	初析フェライト	1307	pro-eutectoid ferrite
	(JA.2.40)		シリコナイジング	4126	siliconizing
【け】				(JA.2.183)	
経年変形	1217	secular distortion	シリコ・フェライト	1308	silico-ferrite
結晶粒粗大化	1206	grain coarsening	真空ガス浸炭窒化	4117	vacuum carbonitriding
	(JA.2.96)				
結晶粒度	1321	grain size	真空ガス窒化	4113	vacuum nitriding
	(JA.2.99)		真空浸炭	4108	vacuum carburizing
結晶粒微細化	1207	grain refining	真空熱処理	1103	vacuum heat treatment
	(JA.2.98)		真空焼入れ	3109	vacuum hardening
【こ】			浸炭	4104	carburizing
硬化	1115	hardening		(JA.2.36)	
光輝熱処理	1101	bright heat treatment	浸炭硬化層深さ	4302	carburized case depth
高周波焼入れ	4102	induction hardening	浸炭窒化	4111	carbonitriding
	(JA.2.121)			(JA.2.35)	
黒鉛化	2201	graphitization	【す】		
	(JA.2.101)		水蒸気処理	4130	steam treatment
黒鉛化焼なまし	2114	graphitizing	水じん（靱）	3136	water toughening
	(JA.2.102)		水素ぜい（脆）	1211	hydrogen
固溶化熱処理	3133	solution treatment	化	(JA.2.115)	embrittlement
	(JA.2.188)		水溶液焼入れ	3106	polymer quenching
固溶体	1311	solid solution	水溶性焼入液	3106	water emulsion,
	(JA.2.187)			(JA.2.217)	polymer solution
【さ】			スラッククエンチ	3119	slack quenching
再結晶	1205	recrystallization			
	(JA.2.174)		【せ】		
再結晶熱処理	1205	recrystallizing	制御圧延	1107	controlled rolling
	(JA.2.174)			(JA.2.44)	
サブゼロ処理	3122	sub-zero treating,	青熱ぜい性	1213	blue shortness
	(JA.2.198)	deep freezing	析出	1314	precipitation
サルファライジング	4124	sulfurizing,	析出硬化	3227	precipitation
	(JA.2.199)	sulfidizing		(JA.2.161)	hardening
残留応力	3215	residual stress	赤熱ぜい性	1212	red shortness
残留オーステナイト	3302	retained austenite	セメンタイト	1318	cementite
	(JA.2.175)			(JA.2.39)	
【し】			セメンテイション	4121	cementation
シーズニング	1116	seasoning			
シェラダイジング	4127	sherardizing	【そ】		
	(JA.2.182)		双晶	1323	twin
時間焼入れ	3115	time quenching	ソルバイト	3306	sorbite
磁気変態	1303	magnetic			
		transformation	【た】		
σぜい性	1215	sigma embrittlement	第一段黒鉛化	2202	first stage
時効	3129	ageing			graphitization
	(JA.2.3)		第二段黒鉛化	2204	second stage
時効硬化	3226	age hardening			graphitization
自硬性	3205	property of self	脱炭	1208	decarburization
		hardening		(JA.2.54)	
質量効果	3204	mass effect	脱炭処理	1208	decarburizing
しま状組織	1316	banded structure		(JA.2.55)	
	(JA.2.21)				

用語	番号	英語	用語	番号	英語
脱炭層深さ	1209 (JA.2.59)	depth of decarburization	熱間加工まま	1117	as-hot formed
			熱亀裂	1218 (JA.2.205)	thermal crack
脱炭なまし	2116	decarburizing annealing	熱浴焼入れ	3107	hot bath quenching
炭化物	1317	carbide	**【は】**		
炭化物被覆処理	4129	carbide coating	バーニング	1204 (JA.2.30)	burning
鍛造焼入れ	3120	direct quenching from forging temperature	バーミキュラ黒鉛	1329	virmicular graphite
炭窒化	4114 (JA.2.144)	nitrocarburizing	パーライト	1320 (JA.2.155)	pearlite
【ち】			白銑	1328	white iron
窒化	4112 (JA.2.143)	nitriding	白鋳鉄	1328	white iron
			白点	1210	flake, white spot
中間焼なまし	2111	process annealing, intermediate annealing	箱焼なまし	2112 (JA.2.25)	batch annealing, box annealing
中断焼入れ	3113 (JA.2.125)	interrupted quenching	パテンチング	3124 (JA.2.154)	patenting
鋳鉄の成長	1219	growth of cast iron	**【ひ】**		
調質	3128	thermal refining	ひずみ時効	3131	strain ageing
直接黒鉛化	2203	direct graphitization	ひずみ取り焼なまし	2106	straightening annealing
直接固溶化熱処理	3134	direct solution treatment	表面硬化処理	4101 (JA.2.200)	surface-hardening treatment
直接焼入れ	3102 (JA.2.68)	direct quenching	**【ふ】**		
【て】			フェライト	1306 (JA.2.85)	ferrite
低温ぜい性	1214	cold shortness	復元	3228	reversion
低温焼なまし	2107	low temperature annealing	復炭	4110 (JA.2.172)	carbon restoration, recarburizing
δ鉄	1305 (JA.2.57)	delta iron	部分焼入れ	3117	selective hardening
テンパカラー	3225	temper colour	プラズマ浸炭	4109	plasma carburizing
【と】			プラズマ浸炭窒化	4118	plasma carbonitriding
等温変態	3211	isothermal transformation	プラズマ窒化	4116 (JA.2.157)	plasma nitriding
等温変態曲線	3212 (JA.2.210.1)	isothermal transformation diagram, time temperature transformation diagram	ブルーイング	3140 (JA.2.26)	blueing
			プレスクエンチ	3116	press quenching
			雰囲気熱処理	1102	controlled atmosphere heat treatment
等温焼なまし	2110 (JA.2.127)	isothermal annealing	噴射焼入れ	3111	spray hardening
トルースタイト	3305	troostite	噴霧焼入れ	3112	fog hardening
【な】			**【へ】**		
軟化焼なまし	2104 (JA.2.186)	softening, subcritical annealing	ベイナイト	3307 (JA.2.17)	bainite
軟点	3220	soft spot	ベイナイト焼入れ	3118	bainitic hardening
【に】			変形	1216 (JA.2.70)	distortion
二次硬化	3222 (JA.2.177)	secondary hardening	片状黒鉛	1326	graphite flake, flake graphite
二次焼入れ	4120	secondary quenching	偏析	1315 (JA.2.179)	segregation
【ね】					
熱加工制御	1109 (JA.2.208)	thermo-mechanical control process			

用語	番号	英語	用語	番号	英語
変態	1301	transformation	焼入焼戻し	3141 (JA.2.169)	quenching and tempering
変態温度	1302 (JA.2.213)	transformation temperature	焼なまし	2102 (JA.2.8)	annealing
変態点	1302 (JA.2.211)	transformation points	焼なまし双晶	1324	annealing twin
			焼ならし	2101 (JA.2.146)	normalizing
【ほ】			焼戻し	3126 (JA.2.203)	tempering
炎焼入れ	4103 (JA.2.87)	flame hardening	焼戻硬化	3221	temper hardening
ボライディング	4128 (JA.2.28)	boronizing, boriding	焼戻ぜい性	3223 (JA.2.202)	temper embrittlement
ポリマー焼入液	3106 (JA.2.217)	water emulsion, polymer solution	焼戻炭素	2303	temper carbon
ボロナイジング	4128 (JA.2.28)	boronizing, boriding	焼戻マルテンサイト	3304	tempered martensite
			焼戻割れ	3224	tempering crack
【ま】			焼割れ	3218	quenching crack
マルエージ	3139 (JA.2.134)	maraging			
			【よ】		
マルエージング	3139 (JA.2.134)	maraging	予備焼なまし	2115	pre-baking, pre-annealing
マルテンサイト	3303 (JA.2.137)	martensite			
			【り】		
マルテンパ	3121 (JA.2.136)	martempering	理想臨界直径	3210	ideal critical diameter
			臨界直径	3209 (JA.2.53)	critical diameter
【み】			臨界冷却関数	3207	critical cooling function
水焼入れ	3104	water hardening, water quenching	臨界冷却速度	3208 (JA.2.52)	critical cooling rate
【や】					
焼入れ	3101 (JA.2.168)	quenching	**【れ】**		
			冷却能	3206	cooling power, quenching capacity
焼入応力	3216	quenching stress	連続焼鈍	2117 (JA.2.42)	continuous annealing
焼入硬化	3103 (JA.2.167)	quench hardening	連続焼なまし	2117 (JA.2.42)	continuous annealing
焼入硬化層深さ	4301 (JA.2.60)	depth of hardening	連続冷却変態曲線	3213 (JA.2.43) (JA.2.210.2)	continuous cooling transformation diagram
焼入時効	3130	quench ageing			
焼入性	3201 (JA.2.103)	hardenability	**【ろ】**		
焼入性曲線	3309	hardenability curve, Jominy curve	露点	4107	dew point
焼入性倍数	3203	multiplying factor			
焼入性バンド	3202	hardenability band			
焼入変形	3217	quenching distortion			

用語索引 （アルファベット順）

英語	番号	用語	英語	番号	用語
【A】			carburized case depth	4302	浸炭硬化層深さ
accelerated cooling	1108	加速冷却	carburizing	4104	浸炭
age hardening	3226	時効硬化		(JA.2.36)	
ageing	3129	時効	cementation	4121	セメンテイション
	(JA.2.3)		cementite	1318	セメンタイト
air hardening	3110	空気焼入れ		(JA.2.39)	
alpha iron	1304	α 鉄	chromizing	4125	クロマイジング
	(JA.2.5)			(JA.2.40)	
aluminizing	4122	アルミナイジング	cold shortness	1214	低温ぜい性
	(JA.2.7)		continuous	2117	連続焼なまし,
annealing	2102	焼なまし	annealing	(JA.2.42)	連続焼鈍
	(JA.2.8)		continuous cooling	3213	連続冷却変態曲線
annealing twin	1324	焼なまし双晶	transformation	(JA.2.43)	
as-hot formed	1117	熱間加工まま	diagram	(JA.2.210.2)	
as-rolled	1110	圧延のまま	controlled	1102	雰囲気熱処理
ausageing	3138	オースエージ	atmosphere heat		
austempering	3123	オーステンパ	treatment		
	(JA.2.11)		controlled rolling	1107	制御圧延
austenite	1310	オーステナイト		(JA.2.44)	
	(JA.2.12)		cooling power	3206	冷却能
austenitizing	1113	オーステナイト化	critical annealing	2103	完全焼なまし
	(JA.2.14)			(JA.2.89)	
austenitizing	1114	オーステナイト化	critical cooling	3207	臨界冷却関数
temperature	(JA.2.15)	温度	function		
			critical cooling rate	3208	臨界冷却速度
【B】				(JA.2.52)	
bainite	3307	ベイナイト	critical diameter	3209	臨界直径
	(JA.2.17)			(JA.2.53)	
bainitic hardening	3118	ベイナイト焼入れ			
banded structure	1316	しま状組織	**【D】**		
	(JA.2.21)		decarburization	1208	脱炭
batch annealing	2112	箱焼なまし		(JA.2.54)	
	(JA.2.25)		decarburizing	1208	脱炭処理
blue shortness	1213	青熱ぜい性		(JA.2.55)	
blueing	3140	ブルーイング	decarburizing	2116	脱炭焼なまし
	(JA.2.26)		annealing		
boriding	4128	ボロナイジング,	deep freezing	3122	サブゼロ処理
	(JA.2.28)	ボライディング		(JA.2.198)	
boronizing	4128	ボロナイジング,	delta iron	1305	δ 鉄
	(JA.2.28)	ボライディング		(JA.2.57)	
box annealing	2112	箱焼なまし	depth of	1209	脱炭層深さ
	(JA.2.25)		decarburization	(JA.2.59)	
bright heat treatment	1101	光輝熱処理	depth of hardening	4301	焼入硬化層深さ
burning	1204	バーニング		(JA.2.60)	
	(JA.2.30)		dew point	4107	露点
			diffusion	1201	拡散
【C】				(JA.2.63)	
carbide	1317	炭化物	diffusion annealing	2108	拡散焼なまし
carbide coating	4129	炭化物被覆処理		(JA.2.64)	
carbon potential	4106	カーボンポテンシ		(JA.2.113)	
		ャル	diffusion coating	1105	拡散浸透処理
carbon restoration	4110	復炭	diffusion treatment	1201	拡散処理
				(JA.2.65)	
carbonitriding	4111	浸炭窒化	diffusion zone	1202	拡散域
	(JA.2.35)			(JA.2.66)	
			direct graphitization	2203	直接黒鉛化

英語	番号	用語	英語	番号	用語
direct quenching	3102 (JA.2.68)	直接焼入れ	hydrogen embrittlement	1211 (JA.2.115)	水素ぜい（脆）化
direct quenching from forging temperature	3120	鍛造焼入れ	**【I】**		
direct solution treatment	3134	直接固溶化熱処理	ideal critical diameter	3210	理想臨界直径
distortion	1216 (JA.2.70)	変形	induction hardening	4102 (JA.2.121)	高周波焼入れ
			intermediate annealing	2111	中間焼なまし
【E】			interrupted quenching	3113 (JA.2.125)	中断焼入れ
enriched gas	4105	エンリッチガス	ion bombardment heat treatment	4115	イオン衝撃熱処理
eutectic	1312	共晶	isothermal annealing	2110 (JA.2.127)	等温焼なまし
eutectic graphite	1325	共晶黒鉛	isothermal transformation	3211	等温変態
eutectoid	1313	共析			
excess carburizing	4201	過剰浸炭	isothermal transformation diagram	3212 (JA.2.210.1)	等温変態曲線
【F】					
ferrite	1306 (JA.2.85)	フェライト	**【J】**		
first stage graphitization	2202	第一段黒鉛化	Jominy curve	3309	焼入性曲線
flake	1210	白点	**【L】**		
flake graphite	1326	片状黒鉛	low temperature annealing	2107	低温焼なまし
flame hardening	4103 (JA.2.87)	炎焼入れ			
fog hardening	3112	噴霧焼入れ	**【M】**		
full annealing	2103 (JA.2.89)	完全焼なまし	magnetic transformation	1303	磁気変態
			malleablizing	2113 (JA.2.133)	可鍛化焼なまし
【G】			maraging	3139 (JA.2.134)	マルエージ, マルエージング
galvanizing	4123	ガルバナイジング			
gamma iron	1309 (JA.2.91)	γ鉄	martempering	3121 (JA.2.136)	マルテンパ
globular carbide	2301	球状炭化物			
globular cementite	2302	球状セメンタイト	martensite	3303 (JA.2.137)	マルテンサイト
grain coarsening	1206 (JA.2.96)	結晶粒粗大化	mass effect	3204	質量効果
grain refining	1207 (JA.2.98)	結晶粒微細化	metastable austenite	3301	準安定オーステナイト
grain size	1321 (JA.2.99)	結晶粒度	multiple tempering	3127	繰返し焼戻し
graphite flake	1326	片状黒鉛	multiplying factor	3203	焼入性倍数
graphitization	2201 (JA.2.101)	黒鉛化	**【N】**		
graphitizing	2114 (JA.2.102)	黒鉛化焼なまし	nitriding	4112 (JA.2.143)	窒化
growth of cast iron	1219	鋳鉄の成長	nitrocarburizing	4114 (JA.2.144)	炭窒化
【H】			nodular graphite	1327	球状黒鉛
hardenability	3201 (JA.2.103)	焼入性	normalizing	2101 (JA.2.146)	焼ならし
hardenability band	3202	焼入性バンド			
hardenability curve	3309	焼入性曲線	**【O】**		
hardening	1115	硬化	oil hardening	3105	油焼入れ
homogenizing	2108 (JA.2.64) (JA.2.113)	拡散焼なまし	oil quenching	3105	油焼入れ
hot bath quenching	3107	熱浴焼入れ			

英語	番号	用語	英語	番号	用語
oil quenching (hardening) and tempering	3125	オイルテンパ処理	red shortness	1212	赤熱ぜい性
			residual stress	3215	残留応力
overageing	3132	過時効	retained austenite	3302 (JA.2.175)	残留オーステナイト
overcarburizing	4201 (JA.2.148)	過浸炭	reversion	3228	復元
overheating and oversoaking	1203 (JA.2.149)	過熱及び過均熱	**[S]**		
[P]			salt bath heat treatment	1104	塩浴熱処理
patenting	3124 (JA.2.154)	パテンチング	salt bath quenching	3108	塩浴焼入れ
pearlite	1320 (JA.2.155)	パーライト	season cracking	3219	置割れ
			seasoning	1116	シーズニング, 枯し（からし）
plasma carbonitriding	4118	プラズマ浸炭窒化	second stage graphitization	2204	第二段黒鉛化
plasma carburizing	4109	プラズマ浸炭	secondary hardening	3222 (JA.2.177)	二次硬化
plasma heat treatment	4115	イオン衝撃熱処理	secondary quenching	4120	二次焼入れ
plasma nitriding	4116 (JA.2.157)	プラズマ窒化	secular distortion	1217	経年変形
polymer quenching	3106	水溶液焼入れ	segregation	1315 (JA.2.179)	偏析
polymer solution	3106 (JA.2.217)	水溶性焼入液, ポリマー焼入液	selective hardening	3117	部分焼入れ
pre-annealing	2115	予備焼なまし	sensitization	3137 (JA.2.181)	鋭敏化
pre-baking	2115	予備焼なまし	sensitization heat treatment	3137	鋭敏化熱処理
precipitation	1314	析出			
precipitation hardening	3227 (JA.2.161)	析出硬化	sherardizing	4127 (JA.2.182)	シェラダイジング
press quenching	3116	プレスクエンチ	sigma embrittlement	1215	σ ぜい性
primary quenching	4119	一次焼入れ	silico-ferrite	1308	シリコ・フェライト
process annealing	2111	中間焼なまし	siliconizing	4126 (JA.2.183)	シリコナイジング
pro-eutectoid cementite	1319	初析セメンタイト			
pro-eutectoid ferrite	1307	初析フェライト	slack quenching	3119	スラッククエンチ
property of self hardening	3205	自硬性	soaking	1112 (JA.2.185)	均熱
[Q]			soaking	1112 (JA.2.185)	均熱処理
quench ageing	3130	焼入時効	soft spot	3220	軟点
quench hardening	3103 (JA.2.167)	焼入硬化	softening	2104 (JA.2.186)	軟化焼なまし
quenching	3101 (JA.2.168)	焼入れ	solid solution	1311 (JA.2.187)	固溶体
quenching and tempering	3141 (JA.2.169)	焼入焼戻し	solution treatment	3133 (JA.2.188)	固溶化熱処理
quenching capacity	3206	冷却能	sorbite	3306	ソルバイト
quenching crack	3218	焼割れ	spherodization	2109 (JA.2.191)	球状化焼なまし, 球状化, 球状化処理
quenching distortion	3217	焼入変形	spheroidal carbide	2301	球状炭化物
quenching stress	3216	焼入応力	spheroidal cementite	2302	球状セメンタイト
[R]			spheroidal graphite	1327	球状黒鉛
recarburizing	4110 (JA.2.172)	復炭	spheroidizing	2109 (JA.2.191)	球状化焼なまし, 球状化, 球状化処理
recovery	2205 (JA.2.173)	回復	spray hardening	3111	噴射焼入れ
recrystallization	1205 (JA.2.174)	再結晶	stabilization of austenite	3214	オーステナイトの安定化
recrystallizing	1205 (JA.2.174)	再結晶熱処理			

英語	番号	用語	英語	番号	用語
stabilizing annealing	1111 (JA.2.194)	安定化熱処理	thermal refining	3128	調質
stabilizing heat treatment	1111 (JA.2.194)	安定化熱処理	thermo-mechanical control process	1109 (JA.2.208)	熱加工制御
steam treatment	4130	水蒸気処理	thermomechanical control treatment	1106	加工熱処理
step quenching	3114 (JA.2.196)	階段焼入れ	time quenching	3115	時間焼入れ
straightening annealing	2106	ひずみ取り焼なまし	time temperature transformation diagram	3212 (JA.2.210.1)	等温変態曲線
strain ageing	3131	ひずみ時効	transformation	1301	変態
stress relieving	2105 (JA.2.197)	応力除去焼なまし	transformation points	1302 (JA.2.211)	変態点
subcritical annealing	2104 (JA.2.186)	軟化焼なまし	transformation temperature	1302 (JA.2.213)	変態温度
sub-zero treating	3122 (JA.2.198)	サブゼロ処理	troostite	3305	トルースタイト
sulfidizing	4124 (JA.2.199)	サルファライジング	twin	1323	双晶
sulfurizing	4124 (JA.2.199)	サルファライジング	**[V]**		
			vacuum carbonitriding	4117	真空ガス浸炭窒化
supercooling	3135	過冷	vacuum carburizing	4108	真空浸炭
supersaturated solid solution	3308	過飽和固溶体	vacuum hardening	3109	真空焼入れ
surface-hardening treatment	4101 (JA.2.200)	表面硬化処理	vacuum heat treatment	1103	真空熱処理
			vacuum nitriding	4113	真空ガス窒化
[T]			virmicular graphite	1329	バーミキュラ黒鉛
temper carbon	2303	焼戻炭素	**[W]**		
temper colour	3225	テンパカラー	water emulsion	3106 (JA.2.217)	水溶性焼入液, ポリマー焼入液
temper embrittlement	3223 (JA.2.202)	焼戻ぜい性	water hardening	3104	水焼入れ
temper hardening	3221	焼戻硬化	water quenching	3104	水焼入れ
tempered martensite	3304	焼戻マルテンサイト	water toughening	3136	水じん (靭)
			white iron	1328	白鋳鉄, 白銑
tempering	3126 (JA.2.203)	焼戻し	white spot	1210	白点
tempering crack	3224	焼戻割れ	Widmannstaetten structure	1322 (JA.2.218)	ウイドマンステッテン組織
thermal crack	1218 (JA.2.205)	熱亀裂			

JIS G 0202
（2024）

鉄鋼用語（試験）

Glossary of terms used in iron and steel (Testing)

JIS（2013）改正
JIS（1987）制定

1 適用範囲

この規格は，圧延，鋳造又は鍛造された，主に鋼及びその製品の試験に関する用語及び定義について規定する。

2 引用規格

この規格には，引用規格はない。

3 分類

鉄鋼用語（試験）の分類は，次による。

a) 試験一般

b) 機械試験

1) 引張試験

2) 曲げ試験

3) 衝撃試験

4) 硬さ試験

5) 成形性試験

6) ぜい（脆）性破壊試験

7) 疲労試験

8) クリープ試験

9) リラクセーション試験

10) その他の試験

c) 鋼質試験

1) 組織試験

2) 硬化層深さ試験，焼入性試験及び脱炭層深さ試験

3) その他の試験

d) 腐食試験

1) 一般共通用語

2) 耐候性試験

3) ステンレス鋼関係の試験

4) めっき鋼板・塗装鋼板関係の試験

5) ぶりき関係の試験

e) 非破壊試験

1) 放射線透過試験

2) 超音波探傷試験

3) 磁気探傷試験

4) 浸透探傷試験

5) 渦電流探傷試験

6) その他の探傷試験

7) 非破壊試験技術者

f) 電磁気試験

4 用語及び定義

用語及び定義は，次による。

注記　用語の一部に角括弧“[ ]”を付けてあるものは，角括弧の中の用字を含めた用語，及び角括弧の中の用字を省略した用語の二通りの用語を用いてよいことを示しているが，角括弧の用字を省略した用語としている。

4.1 試験一般

番号	用語	定義	対応英語（参考）
1001	受渡試験	出荷品そのもの又は出荷品がその一部を構成する試験単位に対して，出荷品が注文書の要求事項に適合していることを検証するために，受渡前に製品仕様によって行われる試験	specific test
1002	形式試験 （かたしきしけん）	受渡しの都度行う試験ではなく，製造条件が確立されていることを前提に安定して品質が規定に適合していることを検証する試験 **注釈1** 形式試験は，品質に影響を及ぼすような製造条件の変更があった場合，品質が規定を満足していることを，再度，実証しなければならない。 **注釈2** 形式試験は，試験時間が長期に及ぶ場合に適用されることがある。	type test

4.2 機械試験

番号	用語	定義	対応英語（参考）
2001	機械試験	強さ，じん（靱）性，延性，硬さなどの機械的性質を調べる試験 **注釈1** 引張試験，衝撃試験，曲げ試験，硬さ試験，疲労試験，クリープ試験，リラクセーション試験などがある。	mechanical test

4.2.1 引張試験

番号	用語	定義	対応英語（参考）
2101	引張試験	降伏点，耐力，引張強さ，降伏伸び，破断伸び，絞りなどの一つ又は複数の機械的性質を測定するために，試験片に引張試験力を加え，通常，破断に至るまでひずみを与える試験 注釈1　高温引張試験は，**2149** 参照。	tensile test
2102	引張試験片	引張試験に用いる試験片 注釈1　試験片の各部の寸法の定め方によって，比例試験片及び定形試験片に分類される。 注釈2　形状によって，板状試験片，棒状試験片 1)，管状試験片及び円弧状試験片に分類される。 注 1)　機械加工された円柱状の試験片，又は棒鋼，線材及び線から採取し，機械加工されていない試験片。棒鋼，線材及び線の直径又は対辺距離が小さい場合，線状試験片と呼ばれることがある。	test piece for tensile test
2103	比例試験片	原標点距離 L_0 と原断面積 S_0 との間に，$L_0 = k\sqrt{S_0}$ の関係をもつ引張試験片 注釈1　平行部長さも，L_0 に応じて定められる。通常，k は 5.65 とし，11.3 を用いてもよい。k が同じ試験片間の破断伸び値は，直接比較することが可能である（伸びの換算は，**2126** 参照。）。 注釈2　試験片の種類は，**JIS Z 2241** の **6.2**（試験片の種類）参照。	proportional test piece
2104	定形試験片	試験片の平行部の断面積に関係なく，試験片の主要部の形状及び寸法が一定に定められた引張試験片 注釈1　試験片の種類は，**JIS Z 2241** の **6.2** 参照。	non-proportional test piece
2105	平行部〔試験片の〕	引張試験片の中央部における同一断面寸法の部分 注釈1　**JIS Z 2241** の**図 11**〔板状試験片（**附属書 B** 及び**附属書 D** 参照）〕など参照。 注釈2　平行部の長さを，"平行部長さ（parallel length）"ともいう。	parallel portion
2106	標点〔試験片の〕	引張試験の伸び測定の基準	gauge mark
2107	標点距離	試験片の平行部で伸びを測定する部分の長さの総称 注釈1　試験前に室温で測定した長さを"原標点距離（original gauge length）"，試験後（破断後）に測定した長さを"最終標点距離"と呼んでいる（**JIS Z 2241** の**図 11** など参照）。	gauge length
2108	伸び計標点距離	伸び計伸びの測定を行うために用いられる試験前の伸び計の標点距離 注釈1　伸び計の標点距離の選択は，**JIS Z 2241** の **8.3**（伸び計標点距離の選択）参照。	extensometer gauge length
2109	伸び計伸び	試験中の任意の時点における伸び計標点距離の増分 注釈1　**JIS Z 2241** では，伸び計標点距離の増分を伸び計伸び，伸び計標点距離に対する百分率で表した値を伸び計伸び（%）（percentage extension）と区別して定義している。	extension
2110	つかみ部〔試験片の〕	引張試験片の端部で，試験機のつかみ装置につかまれる部分 注釈1　**JIS Z 2241** の**図 11** など参照。	grip section, grip end
2111	肩部の半径〔試験片の〕	平行部より大きな断面積のつかみ部をもつ引張試験片において，平行部に応力を均一に分散させるため，平行部とつかみ部との間に設ける円弧部分（肩部）の半径 注釈1　**JIS Z 2241** の**図 11** など参照。	radius of fillet, radius of transition curve between grip and parallel portion

番号	用語	定義	対応英語（参考）
2112	つかみ間の距離	引張試験片を試験機に取り付けたときの試験機のつかみ装置間の試験片の長さ 注釈1　試験片の平行部及びつかみ部の断面が同じ試験片では，平行部長さの代わりに，つかみ間の距離を規定し，"つかみの間隔"ともいう。	free length of test piece between grips
2113	公称応力	試験中の任意の時点における試験力を試験片の原断面積で除した値 注釈1　紛らわしくないときには，単に応力ともいう。	nominal stress, engineering stress
2114	真応力	試験片にある試験力を加えたとき，その試験力をそのときの試験片平行部の断面積で除した値 注釈1　JIS Z 2253 の 8.4（真応力及び真ひずみの計算）参照。	true stress
2115	伸び	試験中の任意の時点における，原標点距離の増分 注釈1　全伸び（2117）及び破断伸び（2139）参照。 注釈2　JIS Z 2241 では，原標点距離の増分を伸び，原標点距離に対する百分率で表した値を伸び（%）（percentage elongation）と区別して定義している。 注釈3　伸びは，通常，原標点距離に対する百分率で表すが，長さで表すことがある。	elongation, percentage elongation
2116	真ひずみ，対数ひずみ，自然ひずみ	試験片にある試験力を加えたときの全ひずみから弾性ひずみを差し引いた値の自然対数 注釈1　JIS Z 2253 の 8.4 では，様々な真ひずみの計算方法を規定している。	true strain, logarithmic strain, natural strain
2117	全伸び	引張試験において試験片にある試験力を加えたとき，その試験力を加えた状態における標点距離と原標点距離との差で，弾性伸びと塑性伸びとの和 注釈1　JIS では，標点距離と原標点距離との差を標点距離に対する百分率で表す〔JIS Z 2241 の箇条 18〔最大試験力時全伸び（%）A_{gt} の測定〕など参照）。	total elongation
2118	塑性伸び，塑性ひずみ	全伸び（ひずみ）から弾性伸び（ひずみ）を差し引いた伸び（ひずみ） 注釈1　弾性伸び（ひずみ）は，全伸び（ひずみ）のうち弾性成分であって，応力 σ を縦弾性係数（ヤング率）E で除した値のことである。 注釈2　塑性伸びを原標点距離で除して百分率で表した値を，塑性ひずみと呼ぶ。	plastic elongation, plastic strain
2119	永久伸び	規定応力を除去した後の原標点距離の増分で，原標点距離に対する百分率で表した値	percentage permanent elongation
2120	試験力ー伸び線図	引張試験の全過程における試験片に加えた試験力とそれに伴う伸びとの関係を表す曲線 注釈1　"試験力ー伸び曲線"ともいう。	load-elongation diagram, load-extension diagram
2121	応力ーひずみ線図，S−S 曲線	引張試験の全過程における試験片平行部の公称応力と伸び（ひずみ）との関係又は真応力と真ひずみとの関係を表す曲線 注釈1　"応力ーひずみ曲線"ともいう。	stress-strain diagram, stress-strain curve
2122	ひずみ速度	伸び計標点距離を用いて測定される単位時間当たりのひずみの増分	strain rate
2123	平行部の推定ひずみ速度	クロスヘッド変位速度及び試験片の平行部長さを基に求めた単位時間当たりの試験片の平行部長さのひずみの増分	estimated strain rate over the parallel length
2124	クロスヘッド変位速度	単位時間当たりのクロスヘッドの変位	crosshead separation rate
2125	応力増加速度	単位時間当たりの応力の増分 注釈1　通常，応力増加速度は，弾性域にだけ適用される。	stress rate

番号	用語	定義	対応英語 (参考)
2126	伸びの換算	試験片の形状寸法と破断伸びとの関係式を利用して，ある試験片で得られた破断伸びから異なる形状寸法の試験片で得られる破断伸びの推定 注釈 1　代表的な関係式として，Barba の式，Oliver の式などがある。 注釈 2　ISO 2566-1 に様々な伸びの換算方法が規定されている。	conversion of elongation
2127	降伏点， 降伏応力	金属材料が降伏現象を示すときに，試験力の増加がないにもかかわらず試験中に塑性変形が生じるひずみに対応する応力 注釈 1　紛らわしくないときには，上降伏点を単に降伏点ということがある。	yield point, yield stress, yield strength
2128	上降伏点 （かみこうふくてん）， 上降伏応力	試験力が最初に減少する直前の応力の最大値 注釈 1　JIS Z 2241 の図 2［上降伏応力（上降伏点）及び下降伏応力（下降伏点）］参照。	upper yield point, upper yield stress, upper yield strength
2129	下降伏点 （しもこうふくてん）， 下降伏応力	初期の過渡的な影響（慣性効果）を無視した，塑性降伏する間の応力の最小値 注釈 1　JIS Z 2241 の図 2 参照。	lower yield point, lower yield stress, lower yield strength
2130	耐力	引張試験において，規定された伸びを生じるときの試験力を平行部の原断面積で除した値 注釈 1　降伏点が明瞭でない材料では，降伏点の代わりに耐力が用いられる。	yield strength, proof stress, proof strength
2131	耐力［オフセット法］	塑性伸びが，伸び計標点距離に対する百分率で規定された伸びに等しくなったときの応力 注釈 1　JIS Z 2241 の図 3［耐力（オフセット法）］参照。 注釈 2　JIS では，特に規定のない場合には，塑性伸びの値を 0.2 ％とする。	proof stress (non-proportional elongation), yield strength by offset method, proof strength (plastic extension)
2132	耐力［永久伸び法］	試験力を除去後，規定された永久伸び（%）又は伸び計永久伸び（%）以下の塑性変形を生じる応力 注釈 1　永久伸び（%）及び伸び計永久伸び（%）は，原標点距離及び伸び計標点距離のそれぞれの百分率で示す（JIS Z 2241 の図 5［耐力（永久伸び法）］参照）。	proving test for permanent set stress, permanent set strength
2133	耐力［全伸び法］	全伸び（伸び計の弾性伸びと塑性伸びとを合わせたもの）が，伸び計標点距離に対する百分率で規定された伸びに等しくなったときの応力 注釈 1　JIS Z 2241 の図 4［耐力（全伸び法）］参照。	proof stress (total elongation), yield strength by extension under load method, proof strength (total extension)
2134	最大試験力［不連続な降伏を示さない材料の場合］	不連続な降伏を示さない材料の場合で，試験中に試験片が耐えた最大の試験力 注釈 1　JIS Z 2241 の図 8［引張強さ R_m の決定のための異なるタイプの応力−伸び計伸び（%）曲線] a)（$R_{eH}<R_m$）参照。	maximum force
2135	最大試験力［不連続な降伏を示す材料の場合］	不連続な降伏を示す材料の場合で，加工硬化が始まった以降の試験片が耐えた最大の試験力 注釈 1　JIS Z 2241 の図 8 b)（$R_{eH}>R_m$）参照。	maximum force

番号	用語	定義	対応英語（参考）
2136	引張強さ	最大試験力に対応する応力 注釈1　JIS Z 2241 の図 8 参照。	tensile strength
2137	降伏比	引張強さに対する降伏点（通常は上降伏点）又は耐力の割合 注釈1　降伏比が，100 %以上になる場合もある。	yield ratio
2138	降伏伸び	不連続な降伏を示す材料において，降伏の開始から均一な加工硬化が始まるまでの間の伸び計伸びで，伸び計標点距離に対する百分率で表した値 注釈1　JIS Z 2241 の箇条 16［降伏伸び（%）A_e の測定］参照。	percentage yield point extension
2139	破断伸び	破断後の永久伸びによる原標点距離の増分で，原標点距離に対する百分率で表した値 注釈1　紛らわしくないときには，単に伸びということがある。 注釈2　JIS Z 2241 の箇条 20［破断伸び（%）A の測定］参照。	percentage elongation after fracture
2140	破断時全伸び	破断時の全伸び（伸び計の弾性伸びと塑性伸びとを合わせた値）で，伸び計標点距離に対する百分率で表した値 注釈1　JIS Z 2241 の箇条 19［破断時全伸び（%）A_t の測定］参照。	percentage total extension at fracture
2141	最大試験力時全伸び	最大試験力時の全伸び（伸び計の弾性伸びと塑性伸びとを合わせた値）で，伸び計標点距離に対する百分率で表した値 注釈1　JIS Z 2241 の箇条 18 参照。	percentage total extension at maximum force
2142	最大試験力時塑性伸び	最大試験力時の塑性伸びで，伸び計標点距離に対する百分率で表した値 注釈1　JIS Z 2241 の図 1（伸びの定義）参照。 注釈2　最大試験力時の塑性伸びを一様伸びという。ASTM E8 では，最大試験力時全伸びを一様伸びとしている。 注釈3　JIS Z 2241 の箇条 17［最大試験力時塑性伸び（%）A_g の測定］参照。	percentage plastic extension at maximum force
2143	局部伸び	引張試験において，一様伸びに達した後，試験片の一部が局部的な断面収縮によってくびれ（ネッキング）を生じて破断に至るまでの塑性伸び 注釈1　破断伸びから一様伸びを差し引いた値。	local elongation, necking elongation
2144	絞り	試験中に発生した断面積の最大変化量で，原断面積に対して百分率で表した値 注釈1　JIS Z 2241 の箇条 21（絞り Z の測定）参照。 注釈2　ISO 6892-1 では，小さな棒状試験片及び棒状以外の試験片形状の場合，棒状試験片と同等の精度で測定不可能なことを記載している。	reduction of area, percentage reduction of area
2145	加工硬化指数, n 値	試験力を単軸方向に適用したときの塑性ひずみ域における真応力の対数と真ひずみの対数との回帰直線の傾き 注釈1　JIS Z 2253 参照。 注釈2　薄鋼板では，通常，伸び 5 %〜15 %又は 10 %〜20 %などの範囲について近似したときの n の値を，プレス成形性に関連する特性値として用いる。	work hardening coefficient, n-value, tensile strain hardening exponent
2146	塑性ひずみ比, ランクフォード値, r 値	板状引張試験片に単軸引張応力を加えることによって生じた，試験片の幅方向真塑性ひずみと厚さ方向真塑性ひずみとの比 注釈1　JIS Z 2254 参照。 注釈2　通常，r 値は，均一な塑性ひずみが生じている範囲にだけ有効である。	r-value, Lankford value, plastic strain ratio
2147	平均塑性ひずみ比	試験片を板面の圧延方向に対して平行，45°及び 90°の各方向から採取し，測定した塑性ひずみ比を用いて求めた加重平均値 注釈1　JIS Z 2254 参照。	weighted average plastic strain ratio

番号	用語	定義	対応英語（参考）
2148	面内異方性	試験片を板面の圧延方向に対して平行及び 90° の各方向から採取して測定した塑性ひずみ比の平均値と試験片を圧延方向に対して 45° の方向から採取して測定した塑性ひずみ比との差 注釈1　JIS Z 2254 参照。	degree of planar, anisotropy
2149	高温引張試験	試験片を一定の高温に保ち，これを徐々に引っ張って，降伏点，耐力，引張強さ，破断伸び，絞りなどを測定する試験 注釈1　高温引張試験片は，JIS G 0567 の箇条 6（試験片）参照。	tensile test at elevated temperature, high temperature tensile test
2150	二軸引張試験	1 枚の金属板材から切り出した，板厚が均一な十字形試験片に直交 2 方向の引張力を負荷し，金属板材の二軸応力下での応力－ひずみ曲線を測定する試験 注釈1　JIS Z 2257 参照。	biaxial tensile testing method

4.2.2　曲げ試験

番号	用語	定義	対応英語（参考）
2201	曲げ試験	材料の変形能を調べるための試験 注釈1　通常，試験片を規定の内側半径で規定の角度以上に曲げ，わん曲部の外側の裂けきず，その他の欠点の有無を調べる。 注釈2　曲げの内側半径が規定されている場合には，その値を上限として，それ以下の内側半径で曲げる。	bend test
2202	押曲げ法，ローラ曲げ法	曲げ試験の一種で，試験片を 2 個の支えに載せ，その中央部に押金具を当て，徐々に試験力を加えて規定の形に曲げる試験方法 注釈1　JIS Z 2248 〔図 1［支持体及び押金具を備えた曲げ装置（押曲げ法）］参照〕では，押曲げ法，JIS Z 3122 では，ローラ曲げ法と呼ばれている。	pressing bend method, roller bend method
2203	巻付け法	曲げ試験の一種で，試験片が規定の形になるように徐々に試験力を加えて，試験片を軸又は型に巻き付ける試験方法 注釈1　JIS Z 2248 の図 2［クランプを備えた曲げ装置（巻付け法）］及び図 3［軸又は型を備えた曲げ装置（巻付け法）］参照。	winding bend method
2204	V ブロック法	曲げ試験の一種で，試験片を V ブロック上に載せ，その中央部に押金具を当て，徐々に試験力を加えて規定の形に曲げる試験方法 注釈1　JIS Z 2248 の図 4［V ブロック及び押金具を備えた曲げ装置（V ブロック法）］参照。	V-block bend method
2205	曲げ試験片	曲げ試験に用いる試験片 注釈1　試験片は，その形状によって 1 号試験片，2 号試験片及び 3 号試験片に区別される（JIS Z 2248 参照）。	test piece for bend test
2206	内側半径	曲げ試験において，曲げられた試験片の内側における曲面の曲率半径 注釈1　試験に用いた押金具，軸又は型の先端の曲率半径をもって内側半径とする。	radius of inner surface, radius of mandrel, inside radius, radius of bend
2207	曲げ角度	曲げ試験において，曲げられた試験片の両端の直線部分のなす角が 180° から変化した大きさ	angle of bend, bending angle
2208	180° 曲げ，密着曲げ	曲げ試験において，曲げ角度が 180° になった状態 注釈1　特に，内側半径がゼロの場合を，密着曲げという。	180° bend, flat on itself, closely overlap, closely contact
2209	表曲げ試験	曲げ試験の一種で，突合せ溶接継手の場合は，溶接部の表側が引張りになるように曲げ，クラッド鋼板などの合せ鋼材の場合は，合せ材側を外側（母材側を内側）にして曲げる試験	face bend test, bend test having the cladding in tension

番号	用語	定義	対応英語（参考）
2210	裏曲げ試験	曲げ試験の一種で，突合せ溶接継手の場合は，ルート側が引張りになるように曲げ，クラッド鋼板などの合せ鋼材の場合は，母材側を外側（合せ材側を内側）にして曲げる試験	root bend test, bend test having the base metal in tension
2211	側曲げ試験 （がわまげしけん）	曲げ試験の一種で，鋼材又は溶接継手の側面が引張り及び圧縮になるように曲げる試験	side bend test

4.2.3 衝撃試験

番号	用語	定義	対応英語（参考）
2301	衝撃試験	材料のじん性又はぜい性を調べるため，試験片に衝撃試験力を加えて破断し，要したエネルギーの大小，破面の様相，変形挙動，亀裂の進展挙動などによって評価する試験 注釈1　衝撃試験力を加える方法によって，衝撃引張，衝撃圧縮，衝撃曲げ，衝撃ねじりなどの各種試験方法がある。	impact test
2302	シャルピー衝撃試験	シャルピー衝撃試験機を用い，40 mm 隔たっている二つの支持台で試験片を支え，かつ，ノッチ部を支持台間の中央に置いてノッチ部の背面をハンマによって1回だけ衝撃を与えて試験片を破断して，吸収エネルギー，衝撃値，破断率，遷移温度などを測定する試験	Charpy impact test
2303	アイゾット衝撃試験	アイゾット衝撃試験機を用い，試験片の一端を切欠き部で固定し，他端をノッチ部から 22 mm 隔たっている位置でノッチ部と同じ側の面をハンマによって1回だけ衝撃を与えて試験片を破断し，アイゾット衝撃値を測定する試験 注釈1　金属材料試験の JIS には，適用されていない。ASTM E23 には，規定として残っている。	Izod impact test
2304	シャルピー衝撃試験片	シャルピー衝撃試験に用いる試験片 注釈1　試験片には，標準試験片及びサブサイズ試験片があり，形状，寸法及びその許容差は，JIS Z 2242 参照。	test piece for Charpy impact test
2305	公称初期位置エネルギー， 公称エネルギー	シャルピー衝撃試験機の製造業者によって定められたその試験機で試験可能な位置エネルギー	nominal initial potential energy, nominal energy
2306	初期位置エネルギー	衝撃試験を行うための振子式ハンマの振り下ろし前の位置エネルギーで直接検証によって求められるエネルギー 注釈1　JIS では，シャルピー衝撃試験機は，通常，初期位置エネルギーの 80 ％以下の吸収エネルギーで使用することが望ましいとしている ［JIS Z 2242 の 8.5（試験機の能力超過）参照］。	initial potential energy
2307	持上げ振降ろし角度， 持上げ角度	シャルピー衝撃試験において，ハンマを自由につり下げた状態から試験片を打撃するため所定の高さまでハンマを持ち上げたときのハンマの回転角度 注釈1　試験機ごとにあらかじめ決められている。	angle of fall
2308	振上がり角度	シャルピー衝撃試験において，ハンマを所定の振降ろし角度から振り下ろして，試験片を破断した後ハンマが反対側に最高に振り上がったときのハンマの鉛直方向からの回転角	angle of rise
2309	吸収エネルギー	振子式衝撃試験で，試験片を破断するのに要するエネルギーで，摩擦損失の補正後のエネルギー	absorbed energy

番号	用語	定義	対応英語（参考）
2310	シャルピー吸収エネルギー	シャルピー衝撃試験で，試験片を破断するのに要するエネルギーで，摩擦損失の補正後のエネルギー 注釈1　試験片のノッチ形状を表す V 又は U の文字と，衝撃刃の半径を表す 2 又は 8 の数字を添え字として付け，例えば，KV_2 で示す。 注釈2　JIS Z 2242 の箇条 5（原理）参照。	Charpy absorbed energy, Charpy impact strength
2311	シャルピー衝撃値	シャルピー吸収エネルギーをノッチ部の原断面積で除した値	Charpy impact value
2312	ぜい性破面率	試験片の破面の全面積に対するぜい性破面の面積の百分率 注釈1　ぜい性破面とは，多くの結晶粒がへき開破壊又はぜい性破壊して輝いてみえる破面をいう。 注釈2　JIS Z 2242 の附属書 C（破面率の求め方）参照。	percent brittle fracture, percent cleavage fracture, percent crystalline fracture
2313	延性破面率	試験片の破面の全面積に対する延性破面の面積の百分率 注釈1　延性破面とは，繊維状にせん断破壊し，鈍く輝きのない破面をいう。 注釈2　JIS Z 2242 の附属書 C 参照。	percent ductile fracture, percent shear fracture, percent fibrous fracture
2314	横膨出	試験片の衝撃側（ノッチ部の反対側）における幅の原寸法に対する増加量 注釈1　JIS Z 2242 の附属書 B（横膨出の求め方）参照。	lateral expansion
2315	遷移温度	ある材料について，いろいろな温度で衝撃試験をしたとき，吸収エネルギーが急激に低下（又は上昇）したり，破面の外観が延性からぜい性（又はぜい性から延性）に変化するなどの現象に対応する温度	transition temperature
2316	遷移曲線	遷移温度付近の試験温度，吸収エネルギー，破面率などの関係を表す曲線 注釈1　JIS Z 2242 の附属書 D（遷移曲線，破面率遷移温度及びエネルギー遷移温度の求め方）参照。	transition curve
2317	エネルギー遷移温度	延性破面率 100 ％となる最低温度に対応する吸収エネルギーと，ぜい性破面率 100 ％となる最高温度に対応する吸収エネルギーとの，平均吸収エネルギーに相当する温度 $T_{50 \%US}$ 注釈1　簡便な方法として，延性破面率 100 ％となる最低温度における吸収エネルギーの 1/2 の値に相当する温度として求めることが多い（JIS Z 2242 の附属書 D 参照）。	energy transition temperature
2318	破面遷移温度	試験片の破面の外観の変化に対応する遷移温度で，特定の延性破面率となる温度又はぜい性破面率となる温度 注釈1　通常，2 mm V ノッチ試験片を用いたシャルピー衝撃試験で，延性破面率 50 ％となる温度 $T_{50 \%SFA}$ を求める（JIS Z 2242 の附属書 D 参照）。	fracture appearance transition temperature

4.2.4 硬さ試験

番号	用語	定義	対応英語（参考）
2401	硬さ試験	硬さ試験機を用い，試験片又は製品の表面に一定の試験力で一定形状の硬質の圧子を押し込むか，又は一定の高さからハンマを落下させるなどの方法で硬さを測定する試験 注釈1　硬さ値には，単位を付けない。	hardness test

番号	用語	定義	対応英語（参考）
2402	押込み硬さ試験	剛体とみなせる特定の圧子を試験片の試験面に押し込み，そのときの押込み試験力及び試験片に生じた永久変形の大きさから，その試験片の硬さを決める硬さ試験の総称 注釈1　ブリネル硬さ試験，ビッカース硬さ試験，ロックウェル硬さ試験などがある。 注釈2　特定の形状寸法の試験片同士を互いに押し付けるものも押込み硬さ試験に含まれるが，現在実用されていない。	indentation hardness test
2403	反発硬さ試験	特定のハンマを一定のエネルギーで試験片の試験面に衝突させ，ハンマが試験面から反発される際のエネルギーからその試験片の硬さを決める硬さ試験の総称 注釈1　代表的なものにショア硬さ試験及びリープ（Leeb）硬さ試験がある。	rebound hardness test
2404	微小硬さ試験	押込み硬さ試験のうち，ごく小さい試験力で行う硬さ試験の総称 注釈1　JIS では，微小硬さ試験として，1.961 N 未満の試験力で行うマイクロビッカース硬さ試験，及び 19.614 N 以下の試験力で行うヌープ硬さ試験を規定している。	microhardness test
2405	初試験力	ロックウェル硬さ試験において，圧子の侵入深さの測定の基準となる位置を設定するために，あらかじめ試験片の試験面に圧子を押し付けるため加える一定の試験力 注釈1　JIS Z 2245 参照。	preliminary test force
2406	試験力［硬さ試験の］	押込み硬さ試験において，試験片に圧子を押し込むために加える一定の力	test force
2407	追加試験力［ロックウェル硬さ試験の］	ロックウェル硬さ試験において，初試験力を加えた後，更に圧子を押し込むため加える一定の試験力 注釈1　JIS Z 2245 参照。	additional test force [(total test force)－(preliminary test force)]
2408	負荷時間	押込み硬さ試験において，試験片に圧子を押し込む速度の表し方の一種で，試験片に接した圧子に試験力が加わり始めてから，完全に規定の大きさの試験力に達するまでの時間	time for the application of the test force (loading time)
2409	試験力保持時間	押込み硬さ試験において，負荷時間以降，試験力を除くまで，規定の大きさの試験力を一定に保つ時間	duration of the test force (full load application time)
2410	硬さ基準片	硬さ試験機の間接検証に用いることを目的に，一定の要件（例えば JIS）に従って製造され，かつ，硬さ値が決定されている硬さのばらつきの少ない金属片 注釈1　硬さ試験機の調整，日常点検などに，JIS の要件に適合していないものを用いることもあるが，これらは，硬さ比較片，硬さ調整片などと呼ばれ，硬さ基準片とは区別している。	standardized block
2411	ブリネル硬さ試験	球圧子を一定の試験力で試験片の試験面に押し込み，生じた永久くぼみの大きさから，試験片の硬さを測定する試験 注釈1　JIS Z 2243-1 参照。	Brinell hardness test
2412	ブリネル硬さ	ブリネル硬さ試験において，用いた試験力を永久くぼみの表面積で除した値 注釈1　硬さ記号は，HBW を用いる。	Brinell hardness

番号	用語	定義	対応英語（参考）
2413	ビッカース硬さ試験	対面角 136° の正四角すいのダイヤモンド圧子を一定の試験力で試験片の試験面に押し込み，生じた永久くぼみの大きさから，試験片の硬さを測定する試験 **注釈1** JIS Z 2244-1 参照。 **注釈2** 試験力 1.961 N 以上 49.03 N 未満の試験を低試験力ビッカース硬さ試験，試験力 0.009 807 N 以上 1.961 N 未満の試験をマイクロビッカース硬さ試験として，区別している。	Vickers hardness test
2414	ビッカース硬さ	ビッカース硬さ試験において，用いた試験力を永久くぼみの表面積で除した値 **注釈1** 硬さ記号は，HV を用いる。	Vickers hardness
2415	ヌープ硬さ試験	二つの対りょう角が 172.5° 及び 130° で底面がひし形のダイヤモンド圧子を一定の試験力で試験片の試験面に押し込み，生じたひし形の永久くぼみの大きさから試験片の硬さを測定する試験 **注釈1** JIS Z 2251-1 参照。	Knoop hardness test
2416	ヌープ硬さ	ヌープ硬さ試験において，用いた試験力を永久くぼみの投影面積で除した値 **注釈1** 硬さ記号は，HK を用いる。	Knoop hardness
2417	ロックウェル硬さ試験	JIS Z 2245 で規定する寸法，形状及び材質の圧子を，試験片表面に，まず，規定の初試験力を付与した後，初期のくぼみ深さを測定し，更に規定の追加試験力を付与及び解放し初試験力に戻して最終のくぼみ深さを測定し，最終のくぼみ深さと初期のくぼみ深さとの差異から硬さを測定する試験 **注釈1** ISO 6508-1 では，ロックウェル硬さの球圧子は，超硬合金球を用いることを標準としている。	Rockwell hardness test
2418	ロックウェル硬さ	ロックウェル硬さ試験において，前後 2 回の初試験力における圧子の侵入深さから算出される値 **注釈1** ロックウェル硬さは，規定の初試験力を付与したときの初期のくぼみ深さと規定の追加試験力を付与した後，追加試験力を解放し初試験力に戻したときの最終のくぼみ深さとの差を用いて算出される（JIS Z 2245 参照）。 **注釈2** JIS では，初試験力は，98.07 N であり，追加試験力によって 9 種類のスケールがある。	Rockwell hardness
2419	ロックウェルスーパーフィシャル硬さ	初試験力 29.42 N のときのロックウェル硬さ	Rockwell superficial hardness
2420	スケール［ロックウェル硬さの］	ロックウェル硬さ試験において，圧子の種類，初試験力，及び全試験力の組合せによって定められている硬さの尺度 **注釈1** スケールごとに固有の記号が付けられている［JIS Z 2245 の表1（ロックウェル硬さのスケール及びその内容）参照］。	scale (Rockwell hardness scales)
2421	ショア硬さ試験	一定の高さから試験片の試験面上に落下させたハンマの跳ね上がり高さを用いて，試験片の硬さを測定する試験	Shore hardness test
2422	ショア硬さ	試験片の試験片面上に，ダイヤモンドハンマを一定の高さから落下させ，その跳ね上がり高さに比例する値 **注釈1** JIS Z 2246 参照。 **注釈2** 硬さ記号は，HS を用いる。	Shore hardness

4.2.5 成形性試験

番号	用語	定義	対応英語（参考）
2501	成形性試験	形状及び寸法が類型化された試験工具で，試験片に実際の成形におけるものと類似の変形加工を割れが生じるまで行って成形限界を求め，それによって材料の成形性を比較する試験 注釈1　ここでいう成形限界（forming limit）とは，試験片に割れを生じることなく成形し得る限界をいう。	formability test
2502	深絞り試験	ダイス面上にある試験片の部分をパンチの力によってダイス穴内に絞り込み，深絞り限界を求める試験 注釈1　スイフト深絞り試験などがある。 注釈2　ここでいう深絞り限界（deep drawing limit）とは，割れを生じることなく深絞りできる最大の試験片直径をいい，パンチ直径との比で求める限界絞り比（LDR，limiting drawing ratio）又は限界絞り率（限界絞り比の逆数）などで表される。	deep drawability test, deep drawing test
2503	張出し試験	ダイス穴内に位置する試験片の部分をパンチの押込みによって 2 軸引張り変形を主体とする張出しを与え，その限界を求める試験 注釈1　エリクセン試験，LDH 試験，純粋張出し試験などがある。 注釈2　なお，剛体パンチの代わりに液圧を用いて，試験片に張出変形を与える液圧バルジ試験（hydraulic bulge test）もある。 注釈3　張出し限界（バルジ限界）［punch stretch forming limit (bulging limit)］は，割れを生じずに張出し得る限界をいい，通常，成形深さで表す。	punch stretch forming test
2504	LDH 試験	ビード付きダイでく（矩）形の試験片を拘束し，球頭パンチで破断するまで張出し成形する試験 注釈1　最大成形高さを LDH（Limiting Dome Height）値として張出し性評価に用いる。	limiting dome height test
2505	成形限界線図	張出し試験において，張出し限界部分の最大主ひずみ e_1 と，その 90°方向最小主ひずみ e_2 とを，様々なひずみ条件下で測定し，$e_1 - e_2$ 座標系に表した線図 注釈1　破断危険部における破断に対する材料の余裕度の評価に用いる（ISO 12004-2 参照）。	forming-limit diagram
2506	エリクセン試験	試験片をダイス及びしわ押さえで拘束し，ダイス穴内に球形の端部をもったパンチ（球頭パンチ）で張出す試験 注釈1　JIS Z 2247 参照。 注釈2　エリクセン値（Erichsen value）は，張出し部で 1 か所以上裏面に達する割れが発生したときまでに，パンチの先端がしわ押さえ面から移動した距離（mm）で表す数をいう。	Erichsen test
2507	穴広げ試験	試験片に事前に打ち抜かれた穴に，穴広げ用の円すい（錐）状のパンチを，穴の縁に発生する割れが 1 か所以上厚さ方向に貫通するまで押し込む試験	hole expanding test
2508	穴広げ率	試験片に開けた円形の打抜き穴を，円すい状の穴広げパンチで押し広げ，穴の縁に発生した割れが，最初に厚さ方向に貫通したときの穴の径の拡大量と初期の穴の径との比率	limiting hole expansion ratio
2509	複合成形試験	基本的な変形と割れとの一対の組合せを複数生じる成形性試験 注釈1　コニカルカップ試験（JIS Z 2249 参照）などがある。	combined forming test
2510	コニカルカップ試験	頂角 60°の円すい面をもつダイス及び球頭パンチを使用するダイス面での絞り及びパンチ部での張出しの複合成形性の試験 注釈1　コニカルカップ値（CCV, conical cup value）は，所定のパンチでコニカルカップ状に成形し，底が破断したときのカップ上縁部の最大及び最小の算術平均値とする。	conical cup test

4.2.6 ぜい性破壊試験

番号	用語	定義	対応英語（参考）
2601	ぜい性破壊試験	切欠き又は亀裂を付与するか、又はそれに代わる加工を施した試験片若しくは試験体に静的又は動的試験力を加えて、ぜい性亀裂の発生、伝ぱ（播）停止又は破断の条件、状態などを調べる試験の総称 注釈1 温度を変えて延性－ぜい性遷移曲線を求めるか又は特定の温度で破壊応力、じん性などを調べる。 注釈2 破壊じん性試験、大形ぜい性破壊試験、ぜい性亀裂伝ぱ停止試験がこれらに含まれる。	brittle fracture test
2602	破壊じん性	亀裂材への負荷で破壊力学パラメータで表した場合の亀裂伝ぱ開始に対する値で、先に亀裂伝ぱ開始に対する抵抗を表す尺度 注釈1 生じ得る現象に応じて、次に示すような破壊じん性が用いられている。 K_c：線形弾性破壊じん性。単に破壊じん性ということもある。 K_{Ic}：平面ひずみ破壊じん性。 δ_c：限界 COD (CTOD) J_c：J 積分による破壊じん性 J_{Ic}：安定亀裂進展開始を J 積分で表した抵抗の下限値 注釈2 伝ぱする－ぜい性亀裂の停止を破壊力学パラメータで表す場合も破壊じん性に含まれる。この場合、ぜい性亀裂伝ぱは停止じん性といい、試験法によって、次に示す破壊じん性が用いられている。 K_{Ia}：コンパクト亀裂停止試験片でぜい性亀裂伝ぱ停止を再現した場合の亀裂停止時の応力拡大係数 K_{ca}：二重引張試験又は温度勾配型エッジ試験でぜい性亀裂伝ぱ停止を再現した場合の亀裂停止時の応力拡大係数	fracture toughness
2603	破壊じん性試験	予亀裂付き試験片を用いて破壊じん性値を求める試験 注釈1 例えば、次のような試験がある。 － 平面ひずみ破壊じん性試験 － 亀裂先端開口変位試験 (CTOD) － J_{Ic} 試験	fracture toughness test, test method for fracture toughness
2604	平面ひずみ破壊じん性試験、K_{Ic} 試験（けーわんしーしけん）	線形弾性破壊力学を用いて、破壊じん性の下限値としての平面ひずみ破壊じん性値 K_{Ic} を求める試験などにおける応力拡大係数 K 値を用いて、平面ひずみ破壊じん性値 K_{Ic} を満足した限界 K 値における亀裂伝ぱ開始を評価する試験 注釈1 試験片寸法要件などを満足した限界 K 値は、平面ひずみ破壊じん性値 K_{Ic} と判定される。 注釈2 代表的な試験規格は、ASTM E399, ASTM E1820, BS7448-P1 及び ISO 12135 である。	plane-strain fracture toughness test, K_{Ic} test
2605	亀裂先端開口変位試験、CTOD 試験、COD 試験	弾性塑性破壊力学のパラメータの一つである亀裂先端開口変位 (CTOD 又は COD) を用いて材料のぜい性破壊発生に対する破壊じん性 (限界 CTOD) を評価するための試験 注釈1 ぜい性破壊に対する評価値は、限界 CTOD 値 (δ_c) と呼ばれる。また、延性亀裂の進展開始、亀裂進展抵抗などの評価に用いられる場合がある。 注釈2 代表的な試験規格は、BS7448-P1, ASTM E1820 及び ISO 12135 である。	crack-tip opening, displacement test, CTOD test, COD test

番号	用語	定義	対応英語（参考）
2606	J_{Ic} 試験 （じぇーわん しーしけ ん）	弾塑性破壊力学パラメータの一つである J 積分を用いて材料の破壊発生に対するじん性を評価するための試験 **注釈1** 予亀裂からの亀裂進展開始を評価する。 **注釈2** 主に，安定亀裂の進展開始及び亀裂の進展抵抗を評価対象としている。安定亀裂の進展開始に対する J 値が試験片寸法要件などを満足した場合，J_{Ic} と判定される。 **注釈3** 代表的な試験規格は，**ASTM E1820，BS7448-P4 及び ISO 12135** である。	J_{Ic} test
2607	大形ぜい性破壊試験， 大形試験	破壊じん性試験よりも実用に近い大形の試験片又は試験体を用いて行うぜい性破壊試験 **注釈1** 例えば，次のようなものがある。 　― ディープノッチ試験（**2608** 参照） 　― 溶接縦継手切欠き引張試験（**2609** 参照） 　― 二重引張試験（**2610** 参照） 　― ロバートソン（Robertson）試験 　― エッソ（ESSO）試験（**2611** 参照） 　― DCB（double cantilever beam）試験 　― 内圧破壊試験（圧力容器，ラインパイプなど） 　― 構造物要素又は実構造物模擬破壊試験	large scale brittle fracture test, large scale test
2608	ディープノッチ試験	ぜい性破壊発生に対する抵抗を評価するための大形試験の一種 **注釈1** 試験片幅に対して十分深く鋭い切欠きを設け，静的引張試験力を加えて行う。 **a）両側切欠き試験片　b）中央切欠き試験片** **注記** ここで，$W=400$, $a=80$ 又は 120, $L=500$ が一般的 **図1－ディープノッチ試験の例**	deep notch test
2609	溶接縦継手切欠き引張試験	溶接残留応力をもつ試験体に適用される大形試験の一種 **注釈1** 木原－Wells テストとも呼ばれている。 **注釈2** 引張残留応力の強い突合せ溶接継手の溶接線に，それと直角方向に鋭い切欠きを導入した試験板を用い，溶接線方向に引張試験力を加えて破壊させる試験。	(longitudinally) welded wide plate test

番号	用語	定義	対応英語（参考）
2610	二重引張試験	評価試験板及びそれと連続したぜい性亀裂発生用の補助板からなる試験片を用いたぜい性亀裂伝ぱ停止試験の一種 注釈1　亀裂伝ぱ方向に沿って試験板内に低温から高温の温度勾配を設けた後，試験板に所定の引張試験力を負荷し，補助板に別の静的引張試験力を加えてぜい性亀裂を発生させ，亀裂を試験板に突入させる。停止亀裂長さと負荷応力とから，停止亀裂先端位置の温度におけるぜい性亀裂伝ぱ停止じん性 K_{ca} を求める。 **図2－二重引張試験**	double tension test
2611	エッソ試験	ぜい性亀裂伝ぱ停止試験の一種 注釈1　片側端に切欠きを加工した評価試験板（初期曲げモーメントを相殺するために配慮）に所定の引張試験力を負荷し，切欠きに衝撃試験力を加えて発生させたぜい性亀裂の停止能を評価する。多くの場合は，亀裂伝ぱ方向に低温から高温となる温度勾配が設けられる。停止亀裂長さと負荷応力とから，停止亀裂先端位置の温度におけるぜい性亀裂伝ぱ停止じん性 K_{ca} を求める。温度勾配型エッソ試験ともいう。 注釈2　エッソ試験では，試験板を均一温度に制御して行う場合もある。この場合，試験板の切欠き側と反対側にぜい化板を溶接し，亀裂助走部とする。助走部端の切欠きで発生させたぜい性亀裂を助走部に伝ぱさせ，助走部に溶接された試験板にぜい性亀裂を突入させる。試験板内でのぜい性亀裂の停止の可否を判定する。この試験は，温度平たん（坦）型混成エッソ試験という。 注釈3　代表的な試験規格は，ISO 20064 である。	ESSO test

番号	用語	定義	対応英語（参考）
2612	小形ぜい性破壊試験, 小形試験	比較的小形の試験片を用いて行うぜい性破壊試験 注釈1 破壊じん性試験がこれに含まれる。また，実構造物の破損事例，大形試験との相関などに基づき，ぜい性破壊に関する鋼板の特性保証試験として小形試験が行われる場合がある。この目的の小形試験には，例えば，次のような試験がある。 － シャルピー衝撃試験（2302 参照） － 落重試験（2613 参照） － 落重引裂試験（2614 参照）	small scale brittle fracture test, small scale test
2613	落重試験	ぜい性亀裂の伝ぱ停止特性を評価する小形試験 注釈1 落重試験用の溶接材料で試験片にぜい化ビードを溶接し，そのビードに直角方向の切欠き加工した試験片を用いて，切欠きが開口するように落重による衝撃曲げ変位を加え，発生したぜい性亀裂が試験片を貫通する温度を調べる。この温度をNDT（nil-ductility transition）（無延性遷移）温度という。 注釈2 NRL（Naval Research Laboratory）落重試験ともいう。 注釈3 代表的な試験規格は，ASTM E208 である。	drop weight test
2614	落重引裂試験, DWTT	ぜい性亀裂の伝ぱ停止特性を評価する小形試験 注釈1 幅端面にプレスノッチを加工した試験片に落重による衝撃曲げ試験力を加えて破壊する。プレスノッチ先端は，強加工によってぜい化しており，通常，ぜい性破壊が発生後，亀裂伝ぱ中にせん断破壊に遷移する。この場合は，試験温度における破面のせん断破面率を評価する。 注釈2 全断面せん断破壊を生じる試験温度では，吸収エネルギーからせん断亀裂伝ぱ抵抗特性を評価することにも用いる。 注釈3 落重の代わりに振子によって試験力を加える場合もある。 注釈4 代表的な試験規格は，ASTM E436 である。	drop weight tear test, DWTT
2615	プレスノッチシャルピー試験	ぜい性亀裂の伝ぱ停止特性を評価する小形試験 注釈1 試験片寸法は，通常のシャルピー試験と同じだが，試験片表面に鋭いくさび（楔）を圧入し，プレスノッチを導入する。それ以外の試験方法は，通常のVノッチシャルピー試験と同じである。 注釈2 プレスノッチ先端は，強加工によってぜい化しており，通常，ぜい性破壊が先行発生し，伝ぱ停止後にせん断破壊に遷移する。ぜい性亀裂発生までのエネルギーが十分に小さい場合，この総吸収エネルギーは，破壊遷移後のせん断破壊領域の大きさに対応する。この吸収エネルギー値から先行発生したぜい性破壊の停止能を評価する。	press-notch Charpy test

4.2.7　疲労試験

番号	用語	定義	対応英語（参考）
2701	疲労試験	試験片に繰返し応力又は変動応力を加えて，疲労寿命，疲労限度などを求める試験 注釈1 応力の種類に応じて，ねじり疲労試験，軸荷重疲労試験，回転曲げ疲労試験，平面曲げ疲労試験などに分類される。	fatigue test
2702	疲労試験片	疲労試験を行うための試験片 注釈1 通常，円形断面の棒状又は板状のものが多く，板状のものは円形断面の試験片が採取不可能な場合か，又は板材の表面状態の影響を調べるときなどに多く用いられる。	fatigue test piece, fatigue test specimen

番号	用語	定義	対応英語（参考）
2703	平滑試験片	試験部分の断面寸法が試験片軸方向のある長さにわたり同一であるか，又は著しく変化しない試験片 注釈1　切欠きによる応力集中部をもたないものをいう。 注釈2　**JIS Z 2274** 参照。	uniform gauge test piece, unnotched test piece
2704	切欠き試験片	溝，穴などの切欠きによる応力集中部を設けた試験片 注釈1　段付き軸などの段部も切欠きの一種とみなされる。	notched test piece, notched test specimen
2705	公称応力［疲労試験の］	切欠き，その他による応力集中の効果を考えないで，弾性的に計算した応力 注釈1　垂直応力は σ，せん断応力は τ の記号が用いられている。	nominal stress
2706	変動応力	応力振幅及び／又は平均応力が時間的に変化する応力	varying stress, fluctuating stress
2707	繰返し応力	ある一定の最大値と最小値との間を単純に，かつ，周期的に変動する応力	repeated stress, alternating stress, cyclic stress
2708	最大応力	繰返し応力の最大値 注釈1　σ_{max} 又は τ_{max} の記号を用いている。	maximum stress
2709	最小応力	繰返し応力の最小値 注釈1　σ_{min} 又は τ_{min} の記号を用いている。 注釈2　最大応力及び最小応力は，符号を考慮に入れて，引張及び圧縮応力の場合，引張応力を正，圧縮応力を負にとり，せん断応力の場合には，一方向を正とすれば他方向を負にとる。	minimum stress
2710	平均応力	繰返し応力の最大応力と最小応力との和の1/2 注釈1　σ_m 又は τ_m の記号を用いている。	mean stress
2711	実働応力	実際の使用条件下で機械の構造部材に作用する荷重を実働荷重と呼び，その荷重によって生じる応力	service stress
2712	応力振幅	繰返し応力の最大応力と最小応力との差の1/2 注釈1　σ_a 又は τ_a の記号を用いている。	stress amplitude
2713	応力範囲	繰返し応力の最大応力と最小応力との差 注釈1　$\Delta\sigma$ 又は $\Delta\tau$ の記号を用いている。 注釈2　応力範囲は，応力振幅の2倍である。	stress range
2714	応力比	最小応力の最大応力に対する比 注釈1　R の記号を用いている。 例　$R = \dfrac{\sigma_{min}}{\sigma_{max}}$ 又は $R = \dfrac{\tau_{min}}{\tau_{max}}$	stress ratio
2715	両振り応力 （りょうぶりおうりょく）	最大応力が正，最小応力が負であり，最大応力と最小応力との絶対値が同じとき，最大応力と最小応力との間を繰り返す応力 例　$\sigma_m=0$ 又は $\tau_m=0$ の場合	reversed stress
2716	部分両振り応力	絶対値の異なる正の最大応力と負の最小応力との間を繰り返す応力 例　$0<|\sigma_m|<\sigma_a$ 又は $0<|\tau_m|<\tau_a$ の場合	partially reversed stress, (fluctuating stress)
2717	片振り応力 （かたぶりおうりょく）	ゼロ及び最大応力，又はゼロと最小応力との間を繰り返す応力 例　$|\sigma_m|=\sigma_a$ 又は $|\tau_m|=\tau_a$	pulsating stress
2718	部分片振り応力	同符号の最大応力と最小応力との間を繰り返す応力 例　$|\sigma_m|>\sigma_a$ 又は $|\tau_m|>\tau_a$	partially pulsating stress
2719	繰返し数	疲労試験中の応力の繰返しの回数 注釈1　N の記号を用いている。	number of cycles

番号	用語	定義	対応英語（参考）
2720	破断繰返し数, 疲労寿命	疲労破断を生じるまでの応力の繰返しの回数 注釈1　N_fの記号を用いている。	fatigue life, number of cycles to failure
2721	繰返し速度	単位時間当たりの応力の繰返し数	frequency
2722	繰返し数比	同一応力における応力の繰返し数 N の破断繰返し数 N_f に対する比 注釈1　N/N_f の記号を用いている。	cycle ratio
2723	応力集中係数, 形状係数	切欠き試験片に力を負荷したとき, 応力集中部について弾性的に計算した応力の最大値をその部分の公称応力で除した値 注釈1　α の記号を用いている（K_t と表記することもある。）。	stress concentration factor
2724	$S-N$線図, 応力－繰返し数線図	縦軸に応力のパラメータ（応力振幅, 応力範囲, 又は最大応力）, 横軸に破断繰返し数（破壊せずに試験を終了した場合の繰返し数を含む。）をとって描いた線図	S-N diagram, stress endurance diagram
2725	$S-N$曲線	$S-N$線図上で試験結果を近似的に表すように描いた曲線	S-N curve
2726	疲労限度	無限回数の繰返しに耐える応力の上限値 注釈1　通常, 応力振幅で表す（応力振幅の代わりに, 応力範囲又は最大応力で表してもよい。）。 注釈2　σ_w 又は τ_w の記号を用いている。	fatigue limit, endurance limit
2727	疲労限度線図	疲労限度が平均応力又は応力比の影響によって変化する状態を示す線図	fatigue limit diagram
2728	疲労限度比, 耐久比	疲労限度を引張強さで除した値	endurance ratio, fatigue strength ratio
2729	時間強度	指定された繰返し数 N に耐える応力の上限値 注釈1　σ_N 又は τ_N の記号を用いている。	fatigue strength at N cycles, fatigue strength for finite life
2730	疲労強度	疲労限度及び時間強度の総称	fatigue strength
2731	切欠き試験片の疲労強度	公称応力で表した切欠き試験片の疲労強さ	fatigue strength of notched test specimen
2732	切欠き係数	平滑試験片の疲労強度を, 切欠き試験片の疲労強度で除した値 注釈1　β の記号を用いている（K_f と表記することもある。）。	fatigue notch factor, fatigue strength reduction ratio
2733	切欠き感度係数	切欠き試験片の形状, 寸法及び材質による切欠き係数（β）と応力集中係数（α）との一致の程度（切欠きに対する感度）を表す係数 注釈1　η の記号を用いている。 $$\eta = \frac{\beta-1}{\alpha-1}$$	fatigue notch sensitivity factor

4.2.8　クリープ試験

番号	用語	定義	対応英語（参考）
2801	クリープ試験	試験片を規定された温度に加熱し, 試験片の長手方向に一定の試験力又は一定の引張応力を加えて試験片をひずませ, 規定のクリープ伸びまでの時間及び／又はクリープ破断時間を測定する試験 注釈1　JIS Z 2271 の箇条5（原理）参照。	creep test
2802	クリープ試験片	クリープ試験に用いる試験片 注釈1　JIS Z 2271 の箇条7（試験片）参照。	creep test piece, creep test specimen

番号	用語	定義	対応英語（参考）
2803	クリープひず み	クリープ試験中に生じたひずみ 注釈1　一般に，遷移クリープひずみ（第一次クリープひずみ），定常 クリープひずみ（第二次クリープひずみ）及び加速クリープ ひずみ（第三次クリープひずみ）を合計したものをいう〔JIS Z 2271 の図 E.3 ［引張クリープ曲線（概要）］参照〕。	creep strain
2804	初期応力	試験力を試験片の原断面積で除した値	initial stress
2805	初期塑性伸 び， 瞬間ひずみ（％）	試験力の負荷に対して，伸びが比例的に増加しない部分の原基準長さに 対する初期の百分率で表した伸び 注釈1　JIS Z 2271 の図 1（表 1 の記号を説明した応力－伸び線図） 参照。	instantaneous strain, percentage initial plastic elongation
2806	クリープ伸び（％）	規定温度における t 時間後の基準長さの増分の，原基準長さに対する百 分率 注釈1　通常は，試験開始時間は，初期応力を試験片に負荷した瞬間 としている。	percentage creep elongation
2807	クリープ伸び 時間	規定の温度及び初期応力で，試験片が規定のクリープ伸びを示すのに要 する時間	creep elongation time
2808	クリープ破断 時間	規定の温度及び初期応力に維持し，試験片が破断するまでに要する時間	creep rupture time
2809	最終基準長さ	破断後に室温で，二つの試験片をその軸が一直線になるように互いの破 断箇所を突き合わせ測定した基準長さ	final reference length
2810	クリープ破断 伸び（％）	破断後の基準長さの永久伸びの，原基準長さに対する百分率で表した値	percentage elongation after creep rupture
2811	破断後の最小 断面積	破断後に室温で，二つの試験片をその軸が一直線になるように互いの破 断箇所を突き合わせ測定した並行部の最小断面積	minimum cross-sectional area after rupture
2812	クリープ破断 絞り（％）	破断後に測定した断面積の最大変化量の原断面積に対する百分率で表 した値	percentage reduction of area after creep rupture
2813	クリープ破断 強度	規定温度で，一定の引張試験力下で，ある試験期間（クリープ破断時間） 後に破断に至る負荷応力	creep rupture strength
2814	均等目盛クリ ープ線図	クリープ曲線を表すために，塑性伸びを，時間に対して両軸とも均等目 盛でプロットし，滑らかに又は測定データを結んだ 1 本の曲線の線図 注釈1　JIS Z 2271 の E.4.5（均等目盛クリープ線図）参照。	creep diagram with linear scales
2815	クリープ線 図， 対数クリープ 線図	クリープ曲線を表示するために，塑性伸びを，時間に対して両対数で プロットし，滑らかに又は測定データを結んだ 1 本の曲線の線図 注釈1　JIS Z 2271 の E.4.2（対数クリープ線図）参照。	logarithmic creep diagram
2816	クリープ破断 線図	クリープ伸び線図を作成するために，所定の伸び値になるまでの時間 を，対数目盛で初期応力 σ_0 に応じてプロットした線図 注釈1　JIS Z 2271 の E.4.3（クリープ破断線図）参照。	creep rupture and stress-to-specific-plastic-strain diagram
2817	クリープ破断 －伸び線図	クリープ破断伸び及びクリープ破断後の絞りを，クリープ破断時間の対 数に対してプロットした線図 注釈1　JIS Z 2271 の E.4.4（クリープ破断－伸び線図）参照。	creep rupture elongation diagram
2818	クリープ破断 試験	試験片を一定の温度に保持し，これに一定の引張試験力を加え，破断時 間，破断伸び，破断絞りなどを測定する試験 注釈1　クリープ破断試験中又は試験を中断し，ひずみを測定する場 合もある。	creep rupture test

4.2.9 リラクセーション試験

番号	用語	定義	対応英語（参考）
2901	リラクセーション試験	試験片を規定された温度に保持して，試験片の長手方向に試験力を加えて，規定の初期試験力（初期応力），又は規定の全ひずみに達した後，全ひずみが一定に保たれた条件下で，試験力（応力）の時間的変化を測定する試験 注釈1　JIS Z 2276 の図1（リラクセーション試験の原理）参照。 注釈2　全ひずみを規定する場合は，規定の全ひずみを発生させたときの試験力を初期試験力とする。	stress relaxation test
2902	試験力［リラクセーション試験の］	試験の目的で試験片に加える力	－
2903	引張リラクセーション試験	応力として引張応力を負荷するリラクセーション試験	tensile stress relaxation test
2904	リラクセーション試験片	リラクセーション試験に用いる試験片 注釈1　JIS Z 2276 参照。	stress relaxation test piece, stress relaxation test specimen
2905	リラクセーション	ストレス・リラクセーション（応力緩和）のことであり，全ひずみ一定の条件下で試験片の試験力（応力）が時間とともに低下する現象	relaxation
2906	リラクセーション値	リラクセーション試験において，規定の時間における初期試験力の変化減少量で，初期試験力に対する百分率で表した値	relaxation value
2907	初期試験力，初期応力	リラクセーション試験において，初期負荷時に負荷される最大試験力（応力）	initial force, initial stress
2908	残留応力［リラクセーション試験の］	リラクセーション試験中の任意の時間に，試験片に加えられている応力 注釈1　JIS Z 2276 の図1参照。	residual stress, remaining stress
2909	全ひずみ	常温で測定した標点距離に対する試験温度での伸びの比をひずみとして，リラクセーション試験中において，一定に保持されるひずみ 注釈1　全ひずみは，弾性ひずみと塑性ひずみとからなる。	total strain
2910	リラクセーション曲線	残留応力（又は試験力変化率）と時間との関係を表す曲線	stress relaxation curve

4.2.10 その他の試験

番号	用語	定義	対応英語（参考）
3001	水圧試験	管に水圧を加え，規定の圧力に一定時間保持したときの水漏れの有無を調べる試験	hydrostatic test of steel tubes (steel pipe)
3002	へん平試験	管から採取した一定長さの環状試験片を用い，2枚の平板間に挟んで直径方向に荷重を加え，平板の距離が規定の高さ（へん平高さ）まで圧縮し，へん平にしたときの試験片の割れの有無を調べる試験 注釈1　厚さの外径に対する比が大きな管では，環状試験片の円周の一部を取り除いたC形試験片としてもよい。	flattening test of steel tubes (steel pipe)
3003	曲げ試験［鋼管の］	管を規定の曲げ半径で規定の角度まで曲げたときのきず及び割れの有無を調べる試験 注釈1　管内部に心金（プラグ）を入れ，変形しないように行う曲げ（心金曲げ試験）及び心金を入れずに行う曲げ（空曲げ試験）があり，通常，空曲げ試験が行われる。	bend test of steel tubes (steel pipe)

番号	用語	定義	対応英語（参考）
3004	押し広げ試験	管から採取した適切な長さの試験片を用い，常温のまま管の端を，通常，角度が 60°の円すい形の工具で規定の大きさ（押し広げ率）まで，ラッパ形に押し広げたときのきず及びその他の欠点の有無を調べる試験	flaring test of steel tubes, drift expanding test of steel tubes
3005	押し広げ率	押し広げられた試験片の外径を元の管外径で除した値	ratio of flared diameter to original diameter
3006	展開試験	管から採取した供試材の溶接線の両側周方向 90°の位置で切断し，溶接部を含み半割りとした試験片を平板に展開させたときの溶接部における割れの有無を調べる試験 注釈 1 溶接管だけに適用される。	reverse flattening test of steel tubes
3007	縦圧試験 （じゅうあつ しけん）	管から採取した一定長さの試験片を管の軸方向に規定の高さまで圧縮したときのきず及び割れの有無を調べる試験	crush test of steel tubes
3008	圧壊試験［高 圧ガス容器 用の］	容器から採取した試験片の管軸方向中央部を，規定の鋼製くさび 2 個を用いて，管軸に対して直角に挟んだまま徐々に圧壊し，2 個のくさびの先端の間隔が規定の距離（圧壊高さ）になったときの割れの有無を調べる試験 注釈 1 継目なし鋼製高圧ガス容器（JIS B 8241）に適用される。 注釈 2 JIS B 8241 の図 2（圧壊試験）参照。	crush test of steel tubes for high pressure gas cylinder
3009	繰返し曲げ試 験［電磁鋼 帯及び鋼板 の］	電磁鋼帯又は鋼板から採取した試験片を，左右に繰り返し曲げて割れが生じるまでの回数を測定する試験 注釈 1 JIS C 2552 など参照。	reverse bend test of electrical steel sheet, repeated bending test of electrical steel sheet
3010	落重試験［レ ールの］	試験片に所定の高さ（落下の高さ）から所定の重量物を落下し，割れ又はたわみ量を調べる試験 注釈 1 JIS E 1101 参照。	drop test of rail, falling weight test
3011	継手引張試験 ［鋼矢板 の］	2 枚の鋼矢板の継手部分を互いにかみ合わせ，引張軸及び試験片軸が一致するようにセットし，規定されたつかみ間隔として試験片を引っ張り，継手引張強度を測定する試験 注釈 1 直線形鋼矢板に適用される（JIS A 5523 及び JIS A 5528 参照）。	tensile test of steel sheet piling joint
3012	継手引張強度 ［鋼矢板 の］	鋼矢板の継手引張試験の経過中，試験片が耐えた最大試験力を幅 1 m 当たりに換算した値 注釈 1 継手離脱強度及び継手破断強度がある。	tensile strength of steel sheet piling joint
3013	継手離脱強度 ［鋼矢板 の］	鋼矢板の継手引張試験において，継手部分が離脱したときの試験力を幅 1 m 当たりに換算した値	separation strength of steel sheet piling joint
3014	継手破断強度 ［鋼矢板 の］	鋼矢板の継手引張試験において，継手部分が破断したときの試験力を幅 1 m 当たりに換算した値	rupture strength of steel sheet piling joint
3015	ねじり試験 ［鋼線の］	鋼線から採取した試験片の両端を，規定されたつかみ間隔で固くつかみ，たわまない程度に緊張しながらその一方を同じ方向に回転して破断し，そのときのねじり回数，破断面の状況，ねじれの状況などを調べる試験 注釈 1 規定されたねじり回数までねじったとき，線が破断しないかどうかを調べることもある。	torsion test of steel wire, twist test of steel wire

番号	用語	定義	対応英語 (参考)
3016	ねじり回数	ねじり試験において，ねじり始めてから破断するまでの回数 **注釈1** 単に規定されたねじり回数をいうこともある。	torsion number, number of twist
3017	曲げ試験 [鋼線の]	鋼線から採取した試験片を規定半径の円弧に沿い，規定の曲げ角度に曲げ，破断の有無及びきず，割れなどの発生状況を調べる試験	bend (bending) test of steel wire
3018	繰返し曲げ試験 [鋼線の]	鋼線から採取した試験片を**図3**のように，特定円弧半径の一対のつかみに固定し，他端をたわまない程度に緊張しながら円弧に沿って 90°ずつ順逆方向に交互に繰り返し曲げ，破断までの繰返し曲げ回数を調べる試験 **図3－鋼線の繰返し曲げ試験**	reverse bend test of steel wire
3019	繰返し曲げ回数 [鋼線の]	曲げ角度又は曲げ戻し角度90°を1回とした破断までの回数 **注釈1** **図3**参照。	reverse bend number of steel wire
3020	巻付試験 [鋼線の]	鋼線から採取した試験片を規定の径の心金に規定の回数だけ密接して巻き付け，破断，きずなどの発生状況を調べる試験	wrap (wrapping) test of steel wire
3021	キンク試験 [鋼線の]	鋼線を手で曲げて**図4**のような形状にした後，矢印の方向に手で引っ張り，破断の有無，破面状況，所要の力の大小などを調べる試験 **注釈1** これによって，鋼線の機械的性質，特にじん性を評価する試験。 **図4－鋼線のキンク試験**	kink test of steel wire, looping test of steel wire
3022	疲労試験 [鋼線の]	鋼線から採取した試験片に繰返し応力又は変動応力を加えて，疲労破壊特性を調べる試験 **注釈1** 線のまま行う回転曲げ疲労試験，繰返しねじり疲労試験及び繰返し曲げ疲労試験がある。また，ばね用鋼線の場合は，コイルばねに冷間加工を施し，所定の調質を行った後，繰返し圧縮を行う疲労試験も用いられ，一般にばね疲労試験という。	fatigue test of steel wire
3023	ワール (Wahl) の修正係数	鋼線の疲労試験において，コイルばねの線のわん曲又は直接せん断力による誤差を修正する係数 **注釈1** **JIS B 2704-1** など参照。	Wahl factor, Wahl stress correction factor
3024	圧縮試験 [冷間圧造用鋼線の]	冷間圧造用鋼線から採取した所定長さの試験片を，所定の高さまで縦方向に圧縮したとき，割れなどの発生の有無，圧縮荷重などを調べる試験	compression test (upset test) of wire for cold heading and cold forging

番号	用語	定義	対応英語（参考）
3025	割れ発生限界圧下率	圧縮試験において割れが発生するかどうかの限界の圧下率 注釈 1　圧下率は，圧縮した距離を元の試験片の長さで除した値を百分率で表す。	critical upset (compression) ratio to crack initiation
3026	真直性試験［鋼線の］	線を規定された弦長以上の長さに切断し，規定された弦長に対する山の高さを測定し，鋼線の真直性を調べる試験 注釈 1　JIS G 4314 参照。	straightness test
3027	ワイヤロープ試験	ワイヤロープ及びワイヤロープを構成する素線の機械的性質などについて行う試験 注釈 1　ワイヤロープについては破断試験及び径の測定を，ワイヤロープを構成する素線（ワイヤロープ心，ストランド心，ストランドの心線及びフィラー線を除く。）については破断試験，ねじり試験，巻解試験，亜鉛付着量試験及び径の測定がある。	test on wire rope
3028	破断試験［ワイヤロープの］	引張試験機を用いて，ワイヤロープを破断するまで徐々に引っ張り，破断に至るまでの最大試験力を測定する試験 注釈 1　試験片は，ワイヤロープの一端から適切な長さを採取し，両端をホワイトメタル，亜鉛などで円すい形に固める方法か，又はこれに代わる適切な方法でワイヤロープを引張試験機に取り付ける。	breaking test of wire rope
3029	径の測定［ワイヤロープの］	ワイヤロープ供試材の中央部付近の任意の点 2 か所以上又は同一断面において，2 方向以上の外接円の直径をノギスで測定し，その平均値を求める方法 注釈 1　この測定において，破断試験の最大試験力の 5 ％に相当する試験力を負荷して測定してもよい。	measurement of wire rope diameter
3030	破断試験［ワイヤロープ素線の］	ワイヤロープを構成する同種線径の各素線から採取した規定本数の試験片について，両端を規定されたつかみ間隔で素線ごとに引張試験機に取り付け，破断するまで徐々に引っ張り，そのときの最大試験力とその平均値との差を求める試験	tensile test of wire taken from a rope
3031	ねじり試験［ワイヤロープ素線の］	ワイヤロープを構成する同種線径の各素線から採取した規定本数の試験片について，それぞれ両端を規定されたつかみ間隔で固くつかみ，その一方を規定された速度で回転し，試験片が破断したときのねじり回数を調べる試験	torsion test of wire taken from a rope
3032	巻解試験［ワイヤロープ素線の］	ワイヤロープを構成する同種線径の各素線から採取した規定本数の試験片について，それぞれこれと同一径の心金の周囲に規定された回数密接して巻き付け，更にこれを巻き戻した後，試験片の折損の有無を調べる試験 注釈 1　ただし，径 3.15 mm を超えるもの，及びめっきした B 種については，心金の径を試験片の径の 1.5〜2 倍とする。	wrapping and unwrapping test of wire taken from a rope
3033	亜鉛付着量試験［ワイヤロープ素線の］	ワイヤロープを構成する同種線径の各素線から採取した規定本数の試験片について，それぞれ亜鉛付着量（めっきを除去した線の単位表面積当たりの亜鉛付着量）を求める試験	determination of zinc coating mass of wire for a rope
3034	径の測定［ワイヤロープ素線の］	ワイヤロープを構成する同種線径の各素線から採取した規定本数の試験片について，それぞれ同一断面において 2 方向以上をマイクロメータで測定して，その平均値を素線径とし，最大のものと最小のものとの差を求める試験	measurement of wire diameter
3035	溶接点せん断強さ試験［溶接金網の］	引張試験機及び試験ジグを用いて，溶接金網の溶接点のせん断強さを調べる試験 注釈 1　JIS G 3551 参照。	shearing strength test for welded point of welded wire mesh

番号	用語	定義	対応英語（参考）
3036	溶接点せん断強さ［溶接金網の］	溶接金網の溶接点せん断強さ試験において，せん断試験力を縦線の原断面積で除した値 **注釈 1**　ただし，縦線と横線との径が異なる場合は，その平均原断面積をもって縦線の原断面積とみなす。	shearing strength of welded point of welded wire mesh

4.3　鋼質試験

番号	用語	定義	対応英語（参考）
4001	鋼質試験	鋼のマクロ及びミクロ組織，結晶粒度，偏析，非金属介在物，地きず，硬化層深さ，脱炭層深さ，焼入れ性などの品質を調べる試験	metallographic test

4.3.1　組織試験

番号	用語	定義	対応英語（参考）
4101	組織試験	鋼のマクロ組織，ミクロ組織などを調べる試験 **注釈 1**　広義には，結晶粒度，非金属介在物及び地きず試験も組織試験に含める場合がある。	macrostructure and microstructure examination for steel
4102	結晶粒度の顕微鏡試験	結晶粒の大きさを適切な方法で処理した試験片の研磨面で，顕微鏡によって測定する試験 **注釈 1**　オーステナイト結晶粒及びフェライト結晶粒がある。結晶粒界の現出方法及び粒度番号の測定評価方法は，鋼種，測定目的などによって選択される。	micrographic determination of the apparent grain size
4103	非金属介在物の顕微鏡試験［鋼の］	顕微鏡で鋼の非金属介在物の種類及び面積率，又は数量を測定する試験 **注釈 1**　標準図を用いて種類及び面積率を測定する方法と，介在物によって占められた格子点中心の数を数える点算法とがある。	microscopic examination for non-metallic inclusions in steel
4104	ミクロ組織試験［鋼の］	顕微鏡で鋼の金属組織を観察することによって，鋼の性状を判定する試験 **注釈 1**　鋼の顕微鏡組織試験ともいう。	microscopic examination for steel
4105	スンプ試験	鋼の表面を仕上げ研磨して，その上に酢酸メチルを滴下し，アセチルセルローズ膜をはって乾燥した後これを剥がし取り，その膜を透過型光学顕微鏡で観察して鋼の性状を判定する試験	SUMP examination

番号	用語	定義	対応英語（参考）
4106	マクロ組織試験［鋼の］	鋼の断面又は表面の欠点，性状及び組織を検査する目的で，鋼の研磨された断面又は表面を塩酸，塩化銅（II）アンモニウム，王水などを用いて腐食し，肉眼で判定する試験 注釈1　JIS G 0553 では，鋼の断面のマクロ組織について規定し，マクロ組織には，次がある。 　　　－　多孔質 　　　－　もめ割れ 　　　－　斑点 　　　－　皮下割れ 　　　－　樹枝状結晶 　　　－　インゴットパターン 　　　－　中心部偏析 　　　－　等軸晶 　　　－　ピット 　　　－　気泡 　　　－　介在物 　　　－　パイプ 　　　－　毛割れ 　　　－　周辺きず 　　　－　内部割れ 　　　－　ホワイトバンド	macrostructure examination for steel
4107	サルファプリント試験［鋼の］	鋼の断面に硫酸でぬらした写真用印画紙を密着させることによって，印画紙に生じる黒ずみの濃淡を観察し，鋼断面の硫化物の分布状況を調べる試験 注釈1　JIS G 0560 では，硫化物の分布状況について規定し，硫化物の分布状況には次の分類がある。 　　　－　正偏析 　　　－　逆偏析（負偏析） 　　　－　中心部偏析 　　　－　点状偏析 　　　－　線状偏析 　　　－　柱状偏析	sulphur print examination for steel
4108	球状化組織試験	球状化焼なまし（球状化焼鈍）を行った軸受鋼，冷間圧造用鋼などの鋼材における顕微鏡組織試験の一つで，炭化物の球状化の程度，分布などを評価する試験 注釈1　JIS G 3507-2，JIS G 3508-2 及び JIS G 3509-2 参照。	microscopic examination for spheroidized steel
4109	結晶粒	顕微鏡観察のために研磨及び調製された試験片の平らな断面上に現出する，多少わん曲した側面を伴う閉じた多角形の形状 注釈1　結晶粒は，次のように区分する。 　　　a）　オーステナイト結晶粒：面心立方の結晶。焼なまし双晶を含むことがある。 　　　b）　フェライト結晶粒：体心立方の結晶。焼なまし双晶は含まない。 注釈2　結晶粒の大きさは，粒度番号（JIS G 0551 参照）で表すが，その測定評価方法には，標準図との比較による評価，計数方法による評価，及び切断法による評価がある。	grain size
4110	浸炭粒度試験	規定の温度で，一定時間保持して浸炭することによってオーステナイト結晶粒を現出させる試験 注釈1　主に炭素鋼及び低合金鋼の試験に適している。	carburized grain size

番号	用語	定義	対応英語（参考）
4111	熱処理粒度試験	鋼に所定のオーステナイト化処理又は固溶化熱処理を施し，オーステナイト結晶粒を現出させる試験 注釈1　熱処理粒度試験方法には，Bechet-Beaujard 法，初析フェライト法，徐冷法，焼入焼戻法，一端焼入法，酸化法，焼入法など鋼種に応じて適した試験方法がある。	heat treated grain size
4112	細粒鋼	オーステナイト結晶粒度番号が 5 以上の鋼	fine grained steel
4113	粗粒鋼	オーステナイト結晶粒度番号が 5 未満の鋼	coarse grained steel
4114	混粒	1 視野内において，最大頻度をもつ粒度番号の粒からおおむね 3 以上異なった粒度番号の粒が偏在し，これらの粒が約 20 %以上の面積を占める状態又は視野間において 3 以上異なる粒度番号の視野が存在する状態	mixed grain
4115	平均粒度番号	結晶粒度試験において，各視野についての判定結果を加重平均して算出される粒度番号 注釈1　JIS G 0551 の 7.3（総合判定方法）参照。	average grain size number
4116	フェライト結晶粒度番号	フェライト結晶粒の大きさを表す番号 注釈1　比較法によって測定する場合は，標準図と比較して求め，切断法によって測定する場合は，粒度番号 G ［JIS G 0551 の附属書 JB（フェライト結晶粒度の切断法による評価方法）参照］で表す。	ferritic grain size number
4117	展伸度，異方性指数	切断法によって求めた圧延方向の結晶粒の平均線分長を，圧延方向と直角な結晶粒の平均線分長で除した値	elongation rate, (anisotropy index)
4118	非金属介在物	鋼の凝固過程において，鋼中に析出又は巻き込まれる非金属性の介在物 注釈1　マクロ組織試験又はミクロ組織試験で調べるが，前者でいう介在物とは，肉眼又は適切な倍率で拡大して認められる非金属介在物をいい，地きず試験などで評価される。 　　　　また，後者は，顕微鏡試験によって評価され，その方法には，標準図法及び点算法がある。標準図法には，最悪視野だけで評価する試験方法 A 及び観察した視野全体で評価する試験方法 B がある（JIS G 0555 参照）。	non-metallic inclusion
4119	清浄度	点算法によって求める顕微鏡観察総視野における金属介在物が占める割合 注釈1　JIS G 0555 参照。 注釈2　顕微鏡視野内で，検鏡した総格子点数のうち，非金属介在物が占める格子点中心の数を百分率で表す。	index of cleanliness of steel
4120	ミクロ組織	顕微鏡を用いて観察される鋼の組織	microstructure
4121	エッチング	適切な腐食液を用いた鋼の組織の現出又は着色	etching
4122	地きず	鋼の仕上面において，肉眼又は適切な倍率で拡大して認められるピンホール，ブローホールなどによる線状のきず，非金属介在物による線状のきず，砂などの異物の介在による線状のきずなど 注釈1　この場合，明らかに加工きず又は割れと認められるきずは含まない。 注釈2　地きずの試験方法としては，段削り試験方法，青熱破壊試験方法及び磁粉探傷試験方法がある（JIS G 0556 参照）。	macro-streak-flaw
4123	地きずの換算個数	地きずの段削り試験方法において，試験片の各段ごとに同一地きず番号に属する地きず数を 100 mm×100 mm の面積当たりの数に換算して求めた地きずの数	conversion number of macro-streak-flaw
4124	地きず番号	地きずの段削り試験方法において，肉眼又は適切な倍率に拡大して測定した地きずの長さを表す番号 注釈1　地きずの長さに応じて，1 から 70 までの 17 通りの地きず番号がある。	macro-streak-flaw number

番号	用語	定義	対応英語（参考）
4125	地きず長さの総和	地きずの段削り試験方法において，各地きず番号に属する総換算個数に地きず番号を乗じた数値の総和	total length of macro-streak-flaw
4126	最大地きず番号	地きずの段削り試験方法において，試験片各段ごとの最も長い地きずを，それが属する地きず番号で表した指標	maximum length of macro-streak-flaw
4127	地きずの展開図	地きずの段削り試験方法において，段ごとの地きずの位置に"＿"を記入し，その上に地きず番号を記入した展開図	developed figure of macro-streak-flaw

4.3.2 硬化層深さ試験，焼入性試験及び脱炭層深さ試験

番号	用語	定義	対応英語（参考）
4201	浸炭硬化層深さ測定試験［鋼の］	鋼の浸炭焼入れ又は浸炭浸窒焼入れによる硬化層深さを測定する試験 注釈1 硬化層深さは，有効硬化層深さ又は全硬化層深さで規定する。この測定には，通常，硬さ試験方法が用いられ，簡便法としてマクロ組織試験方法が用いられる。	determination of case depth hardened by carburizing treatment for steel
4202	炎焼入れ及び高周波焼入硬化層深さ測定試験［鋼の］	鋼の炎焼入れ又は高周波焼入れによる硬化層深さを測定する試験 注釈1 硬化層深さは，有効硬化層深さ又は全硬化層深さで規定する。この測定には，通常，硬さ試験方法が用いられ，簡便法としてマクロ組織試験方法が用いられる。	determination of case depth hardened by flame or induction hardening treatment for steel
4203	窒化層深さ測定試験［鋼の］	鋼の窒化による硬化層深さを測定する試験 注釈1 測定には，通常，硬さ試験方法又は金属組織試験方法が用いられ，簡便法としてマクロ組織試験方法が用いられる。	determination of case depth hardened by nitriding treatment for steel
4204	有効硬化層深さ	焼入れのまま又は規定の温度を超えない温度で焼戻しした硬化層の表面から限界硬さの位置までの距離 注釈1 限界硬さは，浸炭焼入れの場合，**JIS G 0557** を，炎焼入れ及び高周波焼入れの場合，**JIS G 0559** をそれぞれ参照。	effective case depth hardened by carburizing treatment, effective case depth hardened by flame or induction hardening treatment
4205	全硬化層深さ	硬化層の表面から，硬化層と生地の物理的又は化学的性質の差異がもはや区別できない点に至るまでの距離 注釈1 ここでいう物理的性質は硬さで，化学的性質はマクロ組織で判定する。	total case depth (hardened by carburizing treatment)
4206	硬さ推移曲線	硬化層の表面からの垂直距離と硬さとの関係を表す曲線	hardness transition curve
4207	焼入性試験［鋼の］	鋼の焼入性を測定する試験 注釈1 ジョミニー式一端焼入方法，SAC 焼入性試験方法，シェファード P-F 試験方法などがある。	hardenability test for steel
4208	ジョミニー式一端焼入方法	円柱形の試験片を，オーステナイト域の規定温度で規定時間加熱し，その一端に水を吹き付けて焼入れした後，選ばれた2点又は試験片に作られた長さ方向の所定の点の硬さを測定し，硬さの変化によって鋼の焼入性を決定する試験方法 注釈1 **JIS G 0561** 参照。	Jominy end quenching method
4209	焼入性曲線	ジョミニー式一端焼入方法によって求められた焼入端からの距離と硬さとの関係を表した曲線	hardenability curve

番号	用語	定義	対応英語（参考）
4210	焼入性図表	ジョミニー式一端焼入方法による試験片の両面で得られた対応する点の硬さの平均値を求め，軸方向にわたる硬さの推移を記録した図及び表 注釈1　焼入性図表は，主に，ジョミニー式一端焼入方法の記録に用いられる。図の縦軸は，測定した対応する点の硬さの平均値を，横軸は，試験片の焼入端面から測定点までの距離を示す。	hardenability chart
4211	焼入性指数	ジョミニー式一端焼入方法による試験片の焼入端から一定距離における硬さ，又は一定硬さに対する焼入端からの距離を表す指数	hardenability index
4212	脱炭層深さ測定試験［鋼の］	鋼表層部の炭素濃度が減少した部分の深さを測定する試験 注釈1　JIS G 0558 参照。 注釈2　脱炭層とは，鋼の熱間加工及び／又は熱処理によって，鋼表層部の炭素濃度が減少した部分である。脱炭層深さ，全脱炭層深さ，フェライト脱炭層深さ，特定残炭率脱炭層深さ又は実用脱炭層深さで規定している［JIS G 0558 の図1（脱炭層をもつ代表的な鋼の各脱炭層深さの例）参照］。顕微鏡観察，硬さ試験，又は炭素含有率を測定する方法がある。	determination of decarburized depth for steel
4213	全脱炭層深さ	鋼材の表面から，脱炭層と生地との化学的又は物理的性質の差異がもはや区別できない位置までの距離 注釈1　ここでは，化学的性質を顕微鏡組織又は炭素含有率で，物理的性質を硬さ測定で判定する。	total decarburized depth
4214	フェライト脱炭層深さ	鋼材の表層部において，脱炭してフェライトだけとなった層の表面からの深さ 注釈1　フェライト脱炭層深さは，顕微鏡組織で判定する。 注釈2　完全脱炭層深さと呼ぶ場合がある。	ferrite decarburized depth
4215	特定残炭率脱炭層深さ	鋼材の表面からある一定の残炭率（生地の炭素含有率に対し残存している炭素含有率の割合）をもつ位置までの距離 注釈1　ここでは，残脱炭層深さを顕微鏡組織で判定する。	decarburized depth with specified residual carbon ratio
4216	実用脱炭層深さ	鋼材の表面から実用上差し支えない硬さが得られる位置までの距離 注釈1　実用上差し支えない硬さとは，製品規格などに規定された最低硬さなどとする。	effective decarburized depth
4217	硬さ推移曲線	鋼材の表面からの垂直距離と硬さとの関係を表す曲線	depth profile of hardness
4218	炭素含有率推移曲線	鋼材の表面からの垂直距離と炭素含有率との関係を表す曲線	depth profile of carbon content

4.3.3　その他の試験

番号	用語	定義	対応英語（参考）
4301	火花試験［鋼の］	鋼塊，鋼片，鋼材及びその他の鋼製品をグラインダを使用して研削し，発生する火花の特徴を観察することによって，鋼種の推定又は異材の鑑別を行う試験 注釈1　JIS G 0566 参照。	spark test for steel
4302	被削性試験［鋼の］	切削加工するときの削られやすさを調べる試験 注釈1　旋盤などの工作機械及び切削工具を用いて，軸方向（又は長手方向）切削などによって被削性を試験する。	machinability test for steel

4.4 腐食試験

番号	用語	定義	対応英語（参考）
5001	腐食試験	液体又は気体中での材料の腐食の起こりやすさ及び防食処理の効果を調べる試験。注釈1 浸せき試験、電気化学的腐食試験、高温酸化試験、高温腐食試験、耐候性試験などがある。	corrosion test

4.4.1 一般共通用語

番号	用語	定義	対応英語（参考）
5101	腐食減量	腐食試験後、表面に付着した腐食生成物を取り除いた試験片の質量減、又は単位表面積当たりの質量減。	mass loss, corrosion loss
5102	腐食速度	腐食減量を単位時間、単位表面積当たりで表した値	corrosion rate
5103	侵食速度	腐食減量から計算される単位時間当たりの平均腐食深さ	penetration rate
5104	腐食速度比	当該試験片の腐食速度（又は侵食速度）を基準とする試験片の腐食速度（又は侵食速度）で除した値	corrosion rate ratio
5105	レイティングナンバ	塩水噴霧試験、CASS試験などの促進耐候性試験後、又は大気暴露試験後のさびぴなどの発生状態を評価する指標の一つ。注釈1 試験面に占める腐食面積率（％）又は色彩、大きさ及び個数によってレイティングされた標準図又は標準写真から求める。	rating number
5106	比液量	一つの試験容器内にある試験溶液量を、試験片の接液面積で除した値	solution volume to specimen area ratio
5107	分極曲線	電流密度と分極との関係を表すために、電流密度と電極電位とを両軸にとって描いた曲線。注釈1 電流－電位曲線ともいう。	polarization curve
5108	連続試験［腐食の］	試験開始から終了まで状態の腐食条件に保つ試験	continuous corrosion test
5109	断続試験［腐食の］	連続試験の途中、所定の時間間隔で試験環境から1回以上試験片を取り出し、主として、試験状況を観察する試験	interrupted corrosion test
5110	乾湿交互浸せき腐食試験	試験溶液への浸せきと、引上げ後乾燥する操作とを、定期的に交互に行う腐食試験	alternating immersion test
5111	浸せき試験［腐食の］	所定の試験溶液中へ試験片を浸せきさせる腐食試験 注釈1 試験片全体を溶液に浸せきさせる場合を完全浸せきと、一部分を浸せきさせる場合を部分浸せきという。	immersion test
5112	実験室試験［腐食の］	実験室で人工的に定めた腐食条件で行う腐食試験	laboratory test
5113	実地試験［腐食の］	実地使用環境下で行う腐食試験	plant test, service test, field test
5114	浸出試験［水道用鋼管の］	鋼管内に、所定の浸出液を満たして密封し、一定期間経過後に鋼管から浸出した成分濃度を調べる試験	extraction test for water service pipes
5115	電気化学的腐食試験	電気化学的手法を用いて材料の腐食反応速度、腐食の可能性などを調べる試験	electrochemical corrosion test
5116	高温腐食試験	高温環境下で腐食の程度を調べる試験	high temperature corrosion test
5117	高温酸化試験	高温の酸化性雰囲気中で酸化の程度を調べる試験	high temperature oxidation test

4.4.2 耐候性試験

番号	用語	定義	対応英語（参考）
5201	大気暴露試験	屋外又は屋内の大気中に試験片を暴露し，日光，風雨，大気汚染などによる腐食状況を調べる試験	atmospheric corrosion test
5202	促進耐候性試験	紫外線，可視光線などの照射及び断続的降雨又は塩水など，人工的に加速された気象条件を作り出した試験装置内へ試験片を置き，さびの発生状態，塗膜・被膜の劣化状態などを調べる試験	accelerated weathering test
5203	塩水噴霧試験	塩化ナトリウム水溶液を一定の温度条件で噴霧させた試験装置内へ試験片を静置して，さび，膨れなどの発生状態を調べる試験 注釈1　JIS Z 2371 参照。 注釈2　めっき，塗覆装などの表面処理を施したもの，ステンレス鋼などに用いられる。	salt spray test
5204	デューサイクル式促進耐候性試験	サンシャインカーボンアーク灯式耐候性試験機を使用し，点灯時における紫外線照射と消灯時における試験片裏面への冷水噴霧による試験片表面の結露状態とを一定周期で繰り返す試験 注釈1　所定時間経過後の，塗膜表面の割れ，剥がれ及び変色を調べる。	accelerated weathering test by using dew cycle sunshine weather meter
5205	サイクル腐食促進試験	塩水噴霧などの塩分付着環境，乾燥環境及び湿潤環境を順次繰り返す雰囲気内に試験片を置き，試験片の腐食を促進する試験 注釈1　JIS G 0594 及び JIS G 0597 参照。 注釈2　めっき，塗覆装，ステンレス鋼などの促進耐候性試験として用いられる。	accelerated cyclic corrosion test
5206	複合サイクル腐食試験	海塩粒子の飛来，乾燥，湿潤など人工的に加速された腐食条件を繰り返す試験装置内へ試験片を置き，さびの発生状態などを調べる試験 注釈1　めっき，塗覆装，ステンレス鋼などの促進耐候性試験として用いられる。	cyclic corrosion test
5207	AASS 試験	塩水噴霧装置などを使用して，酢酸を添加した酸性の塩化ナトリウム溶液を噴霧した雰囲気において，耐食性を調べる試験 注釈1　JIS Z 2371 参照。	AASS test, acetic acid salt spray test
5208	CASS 試験（きゃすしけん）	酢酸酸性の塩化ナトリウム溶液に塩化銅 (II) 二水和物を添加した溶液を用いて，さびの発生状態を調べる連続噴霧試験 注釈1　JIS H 8502 参照。 注釈2　塩水噴霧試験の腐食条件を過酷にした試験方法で，主として，めっきの促進耐候性試験として用いられる。	CASS test, copper accelerated acetic acid salt spray test
5209	コロードコート試験	試験片にコロードコート泥を塗布し，乾燥後，湿気槽内に放置し，さびなどの発生状態を調べる試験 注釈1　JIS H 8502 参照。 注釈2　めっきの促進耐候性試験として用いられる。	CROO test, corrodkote test, corrodkote corrosion test
5210	二酸化硫黄ガス試験	規定の二酸化硫黄を含み，一定の温度及び相対湿度条件に保った試験装置内へ試験片を静置し，さびの発生状態などを調べる試験 注釈1　主として，めっき，塗覆装などの促進耐候性試験として用いられるが，ステンレス鋼などにも用いられる。	sulphur dioxide corrosion test
5211	ケステルニッヒ試験	二酸化硫黄及び二酸化炭素を含む一定温度，一定湿度の試験装置内へ試験片を静置し，さびの発生状態などを調べる試験 注釈1　主として，めっき，塗覆装などの促進耐候性試験として用いられるが，ステンレス鋼などにも用いられる。	Kesternich test

番号	用語	定義	対応英語（参考）
5212	フェロキシル試験	ヘキサシアノ鉄 (II) 酸カリウム，ヘキサシアノ鉄 (III) 酸カリウム及び塩化ナトリウムを含む溶液に浸したろ紙を試験面に貼り付けて，主として，めっきの耐食性を調べる試験 注釈1　JIS H 8617 参照。 注釈2　ステンレス鋼表面に鉄分が付着しているかどうかを調べる目的で用いる場合がある。	ferroxyl test

4.4.3　ステンレス鋼関係の試験

番号	用語	定義	対応英語（参考）
5301	硫酸腐食試験	ステンレス鋼の沸騰硫酸溶液中の腐食減量を測定し，全面腐食の程度を求める試験 注釈1　JIS G 0591 参照。	sulfuric acid test
5302	しゅう酸エッチング試験	オーステナイト系ステンレス鋼をしゅう酸溶液中で電解エッチング後，組織を顕微鏡で観察して，各種溶液による粒界腐食試験の要否を判別するための試験 注釈1　JIS G 0571 参照。	oxalic acid etching test
5303	硫酸・硫酸第二鉄腐食試験	オーステナイト系ステンレス鋼の沸騰硫酸・硫酸第二鉄溶液中の腐食減量を測定し，粒界腐食の程度を求める試験 注釈1　JIS G 0572 参照。 注釈2　ストライカー (Streicher) 試験ともいう。	ferric sulfate-sulfuric acid test
5304	65 %硝酸腐食試験	オーステナイト系及びフェライト・オーステナイト (2 相) 系ステンレス鋼の沸騰 65 %（質量分率）硝酸溶液中の腐食減量を測定し，粒界腐食の程度を求める試験 注釈1　JIS G 0573 参照。 注釈2　ヒューイ (Huey) 試験ともいう。	65 % nitric acid test
5305	硫酸・硫酸銅腐食試験	フェライト系，オーステナイト系及びフェライト・オーステナイト (2 相) 系ステンレス鋼を沸騰硫酸・硫酸銅溶液中に浸せき後，曲げ試験による割れの観察を行って粒界腐食の程度を調べる試験 注釈1　JIS G 0575 参照。 注釈2　シュトラウス (Strauss) 試験ともいう。	copper sulfate-sulfuric acid test
5306	濃厚塩化物応力腐食割れ試験	濃厚塩化物水溶液中に引張り又は曲げ応力を付した試験片を浸せきし，応力腐食割れを起こすまでの時間を求める試験 注釈1　JIS G 0576 参照。	stress corrosion cracking test in chloride solution
5307	塩化第二鉄腐食試験	ステンレス鋼の 6 %塩化第二鉄水溶液中の腐食度を測定し，耐孔食性を調べる試験 注釈1　JIS G 0578 参照。	ferric chloride test
5308	孔食電位測定	ステンレス鋼の塩化ナトリウム水溶液中における孔食電位を動電位法によって求め，耐孔食性を調べる試験 注釈1　JIS G 0577 参照。	pitting potential measurement
5309	アノード分極曲線測定	ステンレス鋼の不動態化の難易及び不動態の安定性を調べるため，20 %又は 5 %（質量分率）硫酸溶液中におけるアノード分極曲線を測定する試験 注釈1　JIS G 0579 参照。 注釈2　電気化学的な腐食試験として用いられる。	anodic polarization measurement
5310	電気化学的再活性化率測定	粒界腐食感受性を定量的に求めるため，硫酸酸性チオシアン酸カリウム溶液における試験片の往復アノード分極曲線を求め，往路と復路との活性態最大電流密度を比較する試験 注釈1　EPR 法ともいう。現場のステンレス鋼製装置に対しても用いることが可能である。オーステナイト系ステンレス鋼の電気化学的な粒界腐食試験として用いられる。	electrochemical potentiokinetic reactivation ratio measurement

番号	用語	定義	対応英語 (参考)
5311	臨界孔食温度測定	塩化ナトリウム水溶液中において定電位法によって孔食発生臨界温度を求めて，耐孔食性を調べる試験 注釈1　JIS G 0590 参照。 注釈2　高耐食ステンレス鋼の電気化学的な孔食試験として用いられる。	critical pitting temperature measurement
5312	腐食すきま再不動態化電位測定	塩化物イオンを含む中性水溶液中におけるステンレス鋼の往復アノード分極実験から，腐食すきま再不動態化電位を測定し，耐すきま腐食性を調べる試験 注釈1　JIS G 0592 参照。 注釈2　電気化学的なすきま腐食試験として用いられる。	repassivation potential measurement for crevice corrosion
5313	表面さび発生程度評価	ステンレス鋼の表面さびの発生程度を標準写真によってレイティングナンバとして評価する方法 注釈1　JIS G 0595 参照。	rating method of rust and stain of atmospheric corrosion

4.4.4　めっき鋼板・塗装鋼板関係の試験

番号	用語	定義	対応英語 (参考)
5401	膜厚試験	めっき，塗装，酸化皮膜などの皮膜厚さを測定する試験 注釈1　膜厚試験には，次の方法がある。 　－　直接，マイクロメータ又は顕微鏡で測定する方法 　－　化学的に皮膜を溶解して，皮膜質量から膜厚を算定する方法 　－　電気化学的に皮膜を電解剥離して電位の時間的変化を調べ，皮膜溶解に消費した電気量から算定する方法 　－　その他，電気磁気的方法，放射線などを利用する方法	coating thickness test
5402	付着量試験	金属素地にめっきされた付着量を測定する試験 注釈1　めっきの種類によって種々の測定方法がある。	coating mass test
5403	電解剥離法	めっき層を定電流電解によって剥離し，そのときの電位－時間曲線から電気量を算出し，ファラデーの法則によってめっき付着量を求める試験 注釈1　すず，クロムなどの付着量試験に用いられる。	electrolytic stripping method
5404	蛍光Ｘ線分析法，蛍光Ｘ線法	Ｘ線をめっき面に照射した場合に，めっき厚さに比例して放射される蛍光Ｘ線量を測定して検量線から付着量を求める試験 注釈1　亜鉛，すず，アルミニウム，クロムなどの付着量試験に用いられる。	X-ray fluorescence analysis
5405	重量法［めっき付着量の］	ヘキサメチレンテトラミンをインヒビターとして加えた塩酸溶液などを用いて，付着しているめっき層を溶かすことによって付着量を求める試験 注釈1　亜鉛，アルミニウムなどの付着量試験に用いられる。	dissolving method
5406	EDTA 滴定法［亜鉛めっきの付着量試験の］	亜鉛を希塩酸中に溶解し，EDTA2Na（エチレンジアミン四酢酸二水素二ナトリウム）溶液で滴定し，付着量を測定する試験 注釈1　亜鉛の付着量試験に用いられる。	EDTA titration
5407	均一性試験，硫酸銅試験	試験片を遊離硫酸を中和した常温の硫酸銅（II）溶液に1分間ずつ数回浸せきし，イオン化傾向の差を利用してめっきを溶出させ，銅が鉄素地に付着するまでの回数でめっきの付着量の均一性を調べる試験	cupric sulfate test
5408	有孔度試験	めっきのピンホールの有無を調べる試験 注釈1　チオシアネイト法などがある。	porosity test
5409	めっき密着性	めっき鋼板における，めっき層の密着の程度 注釈1　一般に，めっき密着性は，めっき層の剥がれにくさの程度によって評価し，試験方法として曲げ試験などが用いられる。	coating adherence

番号	用語	定義	対応英語（参考）
5410	塗膜の密着性	塗装鋼板における，塗膜の密着の程度 注釈1　一般に，塗膜の密着性は，塗膜の剥がれにくさの程度によって評価し，試験方法として曲げ試験，碁盤目試験などが用いられる。	painting adherence
5411	曲げ試験［表面処理鋼材の密着性の］	表面処理鋼材のめっき密着性又は塗膜の密着性を調べる試験 注釈1　通常，試験片を規定の内側間隔で180°曲げ，わん曲部の外側のめっき又は塗膜の剥離の有無を調べる。	bend test (evaluation on adherence of coated steels)
5412	碁盤目試験（ごばんめしけん）	針，カッタナイフなどで塗装鋼板の塗膜を貫通する碁盤目状の切込みを入れた後，テープ剥離などの手段を用いて碁盤状の目の塗膜の剥離状態を調べて，塗膜の密着性を評価する試験	cross cut test, lattice pattern cutting test
5413	密着性試験［塩化ビニル鋼板の］	針，カッタナイフなどで塩化ビニル鋼板の被覆層を貫通する縦横各々2本の直線の切れ目を入れた後，エリクセン試験を行い，被覆層の剥離の有無を調べて，密着性を評価する試験	Erichsen cupping test (at cross cut portion)
5414	衝撃変形試験	先端に丸みをもつ撃ち型と，その丸みに合うくぼみをもつ受け台との間に，試験片の塗膜面を上向き又は下向きにして挟み，一定の質量のおもりを規定した高さから撃ち型の上に落とし，塗装鋼板の塗膜の剥離及び割れを調べて塗膜の密着性を評価する試験 注釈1　落下衝撃試験とも呼ばれ，デュポン式衝撃変形試験機などが用いられる。	ball impact test
5415	鉛筆硬度試験	硬度の異なる鉛筆を用いて試験面に対し約45°を保ちつつ線引きし，塗装鋼板の塗膜の表面硬度を評価する試験	pencil hardness test
5416	日射反射率試験	分光光度計によって測定した特定の波長域の分光反射率から，塗装鋼板における太陽光の反射率を求める試験 注釈1　一般に，太陽光による鋼材の温度上昇の抑制の程度を評価するために用いられる。	reflectance test for solar radiation

4.4.5　ぶりき関係の試験

番号	用語	定義	対応英語（参考）
5501	はんだ性試験	ぶりきとはんだとの付きやすさ，強度などを調べる試験 注釈1　はんだ付着強度試験，はんだの広がり試験，はんだ毛細管上昇試験，はんだのぬれ速度試験などがある。	solderability test
5502	はんだ付着強度試験	2枚のぶりき試験片にパーム油を塗り，はんだ浴中に規定深さに離して浸せき後，この2枚を密着させて更に浸せきを継続した後，取り出して急冷し，これを引張試験することによってはんだの付着強度を調べる試験	soldered joint strength test
5503	はんだの広がり試験	所定の大きさのはんだをぶりき試験片の上に置いて，一定の温度に加熱し，溶融したはんだの広がった面積によってはんだのぬれの良否を評価する試験	solder spreading test
5504	はんだの毛細管上昇試験	毛細管接合部を作ったぶりき試験片をはんだ浴中に垂直に浸せき後，取り出して水中で急冷し，はんだ浴の表面から毛細管現象で上昇したはんだの高さを調べる試験	solder capillary rise test
5505	はんだのぬれ速度試験	片持はりの先端につるしたぶりき試験片の先端をはんだ浴に浸せき後，試験片がはんだでぬれ始める時間，ぬれの速度及びぬれの完了時間を調べる試験 注釈1　高速製缶への適応性を評価するのに用いられる。	solder wetting rate test
5506	鉄溶出試験	ぶりきを硫酸に浸せきし，表面から溶出した鉄の量を測定して耐食性を評価する試験	iron solution test
5507	ピックルラグ試験	ぶりきの鉄素地が熱塩酸中で一定の溶解速度に達するまでの時間を測定し，缶詰の貯蔵中の寿命を評価する試験	pickle lag test

番号	用語	定義	対応英語（参考）
5508	ATC 試験	天然果汁中でぶりきのすず鉄合金層とすずとを結線し，その間を流れる微弱電流を測定し，酸性食品に対するぶりきの耐食性を評価する試験	alloy-tin couple test
5509	酸化膜試験	溶液中で試料を陰極として電解し，試料の酸化膜の還元に要する電気量からぶりきの表面の酸化膜の厚さを測定する試験	oxide film weight test, coulometric test
5510	塗油量測定試験	ぶりき及びティンフリースチールの酸化膜上の塗油量を測定する試験 注釈1　表面圧天びん法，偏光法などがある。	oil film weight test
5511	表面圧天びん法，ハイドロフィルバランス法	ぶりき及びティンフリースチールの表面の油膜を水面に移行させ，水面に広がった油膜の面積を測定して油の質量を求める方法	hydrophil balance method
5512	偏光法，エリプソメータ法	ぶりき及びティンフリースチールの表面に平面偏光したナトリウムランプからの単色光を照射し，光学的性質を利用してエリプソメータで塗油量を測定する方法	ellipsometric method
5513	ラッカフロー試験	ぶりきの一端に，調べようとする塗料を少量垂らして，ぶりき板面に広がる様子によって塗装性を評価する試験	lacquer flow test
5514	ローラコーティング試験	塗膜の厚さが均一になるように塗料をローラで塗布して塗料がはじかれる程度を観察し，ぶりきの塗装性の良否を評価する試験	roller coating test

4.5 非破壊試験

番号	用語	定義	対応英語（参考）
6001	非破壊試験	素材又は製品を破壊せずに，きずの有無，その存在位置，大きさ，形状，分布状態などを調べる試験 注釈1　材質試験などに応用されることがある。 注釈2　放射線透過試験，超音波探傷試験，磁気探傷試験，浸透探傷試験，渦電流探傷試験などがある。	nondestructive testing

4.5.1 放射線透過試験

番号	用語	定義	対応英語（参考）
6101	放射線透過試験，RT	放射線を試験体に照射し，透過した放射線の強さの変化によって，試験体内部のきずを調べる非破壊試験 注釈1　線源として，X線，γ線又は中性子線が用いられる。	radiographic testing
6102	透過度計	放射線透過写真の像質を評価するためのゲージ 注釈1　透過度計の形式は，大別して針金形及び有孔板形がある。 注釈2　像質計ともいう。	penetrameter, image quality indicator
6103	階調計	透過写真の撮影条件の定量的確認に用いる，像質を評価するためのゲージ 注釈1　定量的確認は，"階調計の値"によって評価する。 注釈2　"階調計の値"とは，階調計の中央部の濃度と階調計に近接した母材部分の濃度との差を母材部分の濃度で除した値をいい，母材の厚さごとに規定する。	contrastmeter
6104	透過写真観察器	放射線透過写真を観察するための光源及び半透明の拡散板を備えた器具 注釈1　一般に，シャウカステンという。	film viewer, film illuminator
6105	濃度計	放射線透過写真の透過濃度又は印画紙の反射濃度を測定するための装置	densitometer
6106	増感紙	放射線透過写真の像質の改善，透過撮影に必要な時間の短縮，又はその両方を達成可能な物質 注釈1　蛍光増感紙，金属はく（箔）増感紙及び金属蛍光増感紙の3種類に大別される。	intensifying screen

番号	用語	定義	対応英語（参考）
6107	照射野（しょうしゃや）	放射線透過写真を撮影する場合に放射線を試験体に照射する範囲	radiation field
6108	露出線図	一定濃度の放射線透過写真を得るための撮影条件を決定する目的で使用し，所定の濃度を得るために試験体の厚さと放射線露出時間との関係を表した線図	exposure chart
6109	直接撮影方法	試験体を透過した放射線を直接（X線）フィルムに照射して記録する撮影方法	film radiography, direct radiography
6110	間接撮影方法	試験体を透過した放射線を蛍光板又は蛍光増倍管で受け，蛍光面上の放射線透過像をカメラなどで記録する方法	fluorography, indirect radiography
6111	拡大撮影方法	微細なきずを検出するために，微小焦点のX線源を利用し，フィルムと被写体とを離すことによって，その映像を拡大する方法	projective magnification technique
6112	X線透視方法	X線による透過像をX線蛍光板又は蛍光増倍管によって可視像に変え，カメラを用いてモニター上にこの映像を出して試験する方法	radioscopy, real-time radiography
6113	内部線源撮影方法	線源を管の内部に置き，フィルムを管の外側に取り付けて撮影する方法 注釈1　全周を同時に撮影する場合及び全周を分割して撮影する場合がある。	internal source technique
6114	内部フィルム撮影方法，内部検出器撮影方法	線源を管の外部に置き，フィルムを管の内側に取り付けて，全周を分割して撮影する方法	internal film technique, internal detector technique
6115	二重壁片面撮影法	管の円周突合せ溶接部を撮影する場合に，線源及びフィルムを溶接部を含む平面と適切な角度をとって配置し，管壁を二重に透過して撮影する方法 注釈1　フィルムを取り付けた面の溶接部が試験の対象となる。	double wall single image technique
6116	二重壁両面撮影法	比較的径が小さい管の円周突合せ溶接部を二重に管壁を透過させて撮影する方法 注釈1　フィルムを取り付けた面及びそれに相対する面の両方の溶接部が試験の対象となる。	double wall double image technique
6117	識別最小線径	放射線透過写真の画質を表す尺度の一つであって，試験部において識別された透過度計の最小値	minimum perceptible wire diameter
6118	写真濃度	写真の黒さの程度を表す尺度 注釈1　透過濃度及び反射濃度がある。 注釈2　透過濃度（D）は，次の式によって表される。 $D = \log_{10}(L_0/L)$ ここで，L_0 は入射光の強さ，L は透過光の強さ（**JIS Z 2300** 参照）。	photographic density, film density
6119	デジタルラジオグラフィ	放射線透過試験において，透過画像をデジタル信号に変換する系を含む試験方法 注釈1　X線を用いる透過試験では，デジタルX線撮影法ともいう。	digital radiography
6120	コンピューティッドラジオグラフィ	イメージングプレート（IP）にレーザビームを照射して，放射線の照射線量に比例した発光からデジタル画像を得る試験方法	computed radiography, CR
6121	デジタル検出器，DDA	平面状に隙間なく並べられたセンサによって，入射した放射線の線量分布をデジタル画像に変換する検出器	digital detector array, DDA

4.5.2　超音波探傷試験

番号	用語	定義	対応英語（参考）
6201	超音波探傷試験， UT	超音波を試験体中に入射し，超音波の反射，回折及び減衰によって，試験体内部のきずを調べる非破壊試験	ultrasonic testing
6202	振動子	電気エネルギーを音響エネルギーに変換する，又はその逆をする能動素子 　　注釈1　主に，圧電セラミックスが用いられる。	transducer element
6203	探触子	超音波の送受信を行うために，1個以上の振動子を組み込んでいる電気－音響変換器 　　注釈1　垂直探触子及び斜角探触子に大別される。	probe, search unit
6204	二振動子探触子	1個のケースの中に音響的に隔離された2個の振動子で構成された探触子 　　注釈1　垂直用及び斜角用がある。	double transducer probe, twin transducer probe, dual search unit
6205	電磁超音波探触子， EMAT	電磁誘導効果と磁界との相互作用によって，電気的振動を音響エネルギーに変換又はその逆の変換が可能な変換素子を用いた探触子	electromagnetic acoustic transducer
6206	フェーズドアレイ探触子	複数個の振動子で構成され，それらを異なった振幅又は位相で独立して作動させることによって，ビーム角度及び収束範囲の制御が可能な探触子	phased array probe
6207	分解能	探触子からの距離又は方向が異なる接近した2個の反射源を表示器上において，それぞれ別のエコーとして識別が可能な性能 　　注釈1　近距離分解能，遠距離分解能及び方位分解能がある。	resolution
6208	不感帯	目的とするエコーを検出することが不可能な探傷面直下の領域	dead zone
6209	接触媒質， 音響結合媒質	超音波エネルギーを透過可能にするために探触子と試験体との間に挿入する媒質 　　注釈1　主に，水，油，グリセリン，まれに水ガラスなどが用いられる。	couplant, coupling medium, coupling film
6210	標準試験片 ［超音波探傷試験用］	材質，形状及び寸法を規定し，超音波を用いて検定した試験片 　　注釈1　探傷器の性能試験，感度調整などに使用される。	standard test block, calibration block
6211	対比試験片 ［超音波探傷試験用］	探傷器の感度，測定範囲の調整などに使用し，試験体と同材質又は類似する材質で作製した試験片	reference block
6212	基本表示， Aスコープ表示	X軸に時間を表し，Y軸に振幅を表す超音波信号の表示方法	A-scan display, A-scan presentation
6213	ビーム路程	超音波が試験体中を伝搬する入射点から反射源までの最短距離	beam path distance, sound path length
6214	距離振幅特性曲線	ビーム路程によるエコー高さの変化を示す標準的な特性曲線	distance amplitude characteristic curve
6215	距離振幅補償， 距離振幅補正	距離によって低下するエコー高さに対して行う補正 　　注釈1　通常，DAC（ダック）という。	distance amplitude compensation
6216	探傷感度	探傷目的に応じて，適切に調整された超音波探傷装置の感度	working sensitivity, scanning sensitivity
6217	基準感度	基準反射源のエコー高さを所定の値に調整することによって表される超音波探傷装置の感度	specified sensitivity

番号	用語	定義	対応英語（参考）
6218	底面エコー方式	試験体の健全部の底面エコー高さを基準として探傷感度を調整し，探傷を行う方法	back wall echo technique
6219	試験片方式	標準試験片又は対比試験片を用いて探傷感度を調整し，探傷を行う方法	reference block technique
6220	パルス反射法	送信された1周期の超音波パルスを反射後受信する方法	pulse echo technique, reflection technique
6221	透過法	試験体中を伝搬し，受信用探触子に入射した超音波エネルギーの強さによって材料の品質を評価する方法	transmission technique, through transmission technique
6222	直接接触法	探触子を探傷面に直接接触させて探傷する方法	contact testing technique, contact scanning
6223	水浸法	音響結合媒質又は屈折プリズムとして使用する液体の中に試験体及び探触子を浸した状態で探傷する方法 注釈1　全没及び部分没の方法がある。 注釈2　水ジェット，タイヤ探触子などを用いた方法などがある。	immersion technique, immersion testing
6224	一探触子法	超音波の発生及び受信を1個の探触子を用いて行う探傷方法	single probe technique
6225	垂直法	試験体の探傷面に垂直に伝搬する超音波を用いる探傷方法	normal beam technique, straight beam technique
6226	斜角法	試験体の探傷面に対して斜めに伝搬する超音波を用いる探傷方法	angle beam technique
6227	表面波法	試験体の探傷表面に沿って伝搬する表面波を用いる探傷方法 注釈1　表面近傍のきずの検出に使用される。	surface wave technique, Rayleigh wave testing
6228	板波法	薄い板状の固体を伝搬する板波を用いる探傷方法 注釈1　主に，薄板の探傷に使用される。	plate wave technique, Lamb wave testing
6229	手動探傷	探触子を手動で走査し，直接目視によるか，又は警報付きの装置を使用して信号を評価する探傷	manual testing
6230	自動探傷	探触子を機械的に自動で走査し，更に電気的方法で信号を評価しながら行う探傷 注釈1　通常，探傷感度の設定及び探傷結果の記録も自動で行われる。	automatic testing
6231	DGS線図	異なる寸法の円形平面反射源及び無限大反射源に関し，対数で表したビームに沿った距離とdB（デシベル）で表した相対エコー高さとの関係を表す曲線群 注釈1　JIS G 0587の図10［DGS線図（公称周波数：1 MHz，振動子の公称直径：20 mm）］〜図28［DGS線図（公称周波数：5 MHz，振動子の公称直径：20 mm）］参照。	DGS diagram, AVG diagram
6232	検出レベル，評価レベル	きずとして評価するために定めたきずエコー高さの最低限界レベル	acceptance level, trigger/alarm level, rejection level
6233	エコー高さ区分線	きずエコー高さを領域で区分して評価するための線 注釈1　通常，数本の距離振幅特性曲線によって構成される。	dividing curves of echo height, DAC curves for evaluating flaw echo

番号	用語	定義	対応英語（参考）
6234	きずの指示長さ	探触子の移動距離によって推定するきずの長手方向の見掛けの寸法 **注釈1**　6 dB 低下法，20 dB 低下法などが用いられる。	apparent flaw length

4.5.3　磁気探傷試験

番号	用語	定義	対応英語（参考）
6301	磁気探傷試験, MT	磁粉を含む適切な試験媒体を使用し，漏えい（洩）磁界によって，表面及び表面近傍のきずを検出する非破壊試験	magnetic testing, magnetic particle testing
6302	検査液	磁粉の懸濁した液体であって，通常，調整剤によって沈降を防ぐように調製されている湿式検出媒体	magnetic ink, examination medium, magnetic suspension, inspection medium
6303	蛍光磁粉	紫外線の照射によって蛍光を発する処理をした磁粉	fluorescent magnetic powder, fluorescent magnetic particles
6304	非蛍光磁粉	蛍光を発する処理をしていない磁粉	coloured magnetic powder, non-fluorescent magnetic particles
6305	紫外線照射装置	A 領域紫外線（UV-A）の照射器 **注釈1**　ブラックライトともいう。 **注釈2**　A 領域紫外線とは，波長 365 nm に公称最大強度をもつ紫外線（波長 315 nm～400 nm）をいう。	black light, ultraviolet lamp, UV-A lamp
6306	標準試験片 ［磁気探傷試験用］	規定された材質，形状及び寸法の試験片 **注釈1**　A 型及び C 型が規定されている。 **注釈2**　探傷器の性能試験，感度調整などに使用される。	standard test piece
6307	対比試験片 ［磁気探傷試験用］	装置，磁粉及び検査液の性能を調べるために製作される試験片 **注釈1**　B 型が規定されている。 **注釈2**　被覆した導体を貫通穴の中心に通し，連続法で円筒面に磁粉を適用して用いられる。	reference test piece
6308	磁化電流	試験体に磁束を生じさせるために用いる電流	magnetizing current
6309	乾式法	磁粉の適用方法の一つで，乾燥した磁粉を気体に分散させて用いる方法	dry technique, dry powder technique
6310	湿式法	磁粉の適用方法の一つで，磁粉を適切な液体に分散，懸濁させて用いる方法	wet technique
6311	連続法	磁化電流を流しながら，又は永久磁石を接触しながら磁粉の適用を完了する方法	continuous magnetization technique
6312	残留法	磁化電流を断った後，磁粉を適用する方法	residual technique
6313	軸通電法	試験体の軸方向に直接電流を流す磁化方法 **注釈1**　JIS Z 2320-1 の図 1（軸通電法）参照。	axial current technique
6314	直角通電法	試験体の軸に対して直角な方向に直接電流を流す磁化方法 **注釈1**　JIS Z 2320-1 の図 1A（直角通電法）参照。	cross current technique
6315	プロッド法	試験体の表面に 2 個の電極（プロッドという。）を当てて電流を流す磁化方法 **注釈1**　JIS Z 2320-1 の図 2［プロッド法（1）］及び図 3［プロッド法（2）］参照。	prod technique

番号	用語	定義	対応英語（参考）
6316	電流貫通法	試験体の穴などに通した導体に電流を流す磁化方法 注釈1　JIS Z 2320-1 の図5（電流貫通法）参照。	through conductor technique, threading conductor technique
6317	コイル法［ケーブル］	試験体をコイルの中に入れ，コイルに電流を流す磁化方法 注釈1　JIS Z 2320-1 の図11［コイル法（ケーブル）］参照。	coil technique
6318	コイル法［固定］	形状を固定したコイルの中に試験体を入れて磁化する方法 注釈1　JIS Z 2320-1 の図10［コイル法（固定）］参照。	rigid coil technique
6319	極間法	試験体又は試験する部位を電磁石又は永久磁石の磁極間に置く磁化方法 注釈1　JIS Z 2320-1 の図9［極間法（可搬型）］参照。	yoke technique
6320	磁束貫通法	試験体の穴などに通した磁性体に交流磁束を与えることによって，試験体に誘導電流を流す磁化方法 注釈1　JIS Z 2320-1 の図4（磁束貫通法）参照。	through flux technique, induced current technique
6321	磁粉模様	試験体上に磁粉によって形成される模様 注釈1　独立した磁粉模様，連続した磁粉模様，分散した磁粉模様などの分類がある（JIS Z 2320-1 参照）。	indication, magnetic particle indication
6322	疑似模様	きず以外の原因によって現れる磁粉模様	false indication, false pattern
6323	磁気ペン跡	磁化された試験体が互いに接触した場合，又は他の強磁性体に接触した場合に生じる漏えい磁束によって形成される不定形状の磁粉模様	magnetic writing

4.5.4　浸透探傷試験

番号	用語	定義	対応英語（参考）
6401	浸透探傷試験, PT	一般に浸透処理，余剰浸透液の除去処理及び現像処理によって構成される，表面に開口したきずを指示模様として検出する非破壊試験	liquid penetrant testing, penetrant testing
6402	浸透液	試験体に塗布した液体の一部がきず内部に浸透し，その後，余剰な液体を表面から除去しても，検出可能な量がきず内部にとどまるような性質をもつ液体	penetrant
6403	現像剤	浸透液をきずから吸い出し，試験体表面のきず周辺に広がることによって，きずより大きな指示模様を形成し，検出しやすくする作用をもつ探傷剤	developer
6404	対比試験片［浸透探傷試験用］	浸透探傷剤及び探傷工程の感度の比較を実施するために使用する人工的な既知のきずを含んでいる試験片	comparative test block, reference block
6405	前処理［浸透探傷試験の］	試験面の汚れを取り除く操作	precleaning
6406	浸透時間	浸透液が試験面をぬらしている時間	penetration time
6407	現像時間	現像剤を適用してから観察を開始するまでの時間	developing time, development time
6408	欠点指示模様	欠点中に浸入した浸透液を表面にしみ出させることによって現れる指示模様	indication

4.5.5　渦電流探傷試験

番号	用語	定義	対応英語（参考）
6501	渦電流探傷試験, ET	コイルを用いて，時間的に変化する磁場（交流など）を導体に与え，導体に生じた渦電流がきずなどによって変化することを利用し，きずの検出を行う非破壊試験 　　注釈1　渦流探傷試験ともいう。	eddy current testing, electromagnetic testing
6502	プローブ	導体に渦電流を発生させ，その変化を検出するコイルからなるトランスデューサ（変換器） 　　注釈1　貫通プローブ，内挿プローブ及び上置プローブがある。 　　注釈2　試験コイル（test coil）ともいう。	probe
6503	対比試験片 ［渦電流探傷試験用］	試験装置の性能を確認及び試験条件を調整・確認するために用いる人工きずを加工した試験片	reference specimen, reference sample
6504	プローブコイル法	貫通プローブ以外のプローブを用いて鋼管及び丸棒表面のきずを探傷する試験法 　　注釈1　試験法として，コイルが試験体を周回する回転プローブを用いる方式，鋼管を回転させながら上置プローブを直進させる方式，及び試験体の円周方向にアレイプローブを配置する方式がある。	probe coil technique
6505	相互誘導方式	交流磁場を発生する励磁コイルと渦電流変化の検出を行う検出コイルとで構成された相互誘導形コイルを用いて探傷を行う方式	mutual induction type
6506	自己誘導方式	交流磁場を発生する励磁と渦電流変化の検出とを同一コイルによって行う自己誘導形コイルを用いて探傷を行う方式	self induction type
6507	貫通コイル法	丸棒，管などの試験体を取り巻く円筒形のコイルを用いて試験体の外側から探傷を行う方法	encircling coil technique

4.5.6　その他の探傷試験

番号	用語	定義	対応英語（参考）
6601	漏えい磁束探傷試験, MFT	強磁性体を強く磁化し，きずなどから漏えいする磁束を，磁粉を用いず，直接的又は間接的に電気信号として検出する探傷試験法	flux leakage testing, magnetic flux-leakage testing
6602	アコースティック・エミッション試験, AE	アコースティック・エミッション波の検出信号を利用する非破壊試験	acoustic emission testing, AE testing
6603	目視試験, VT	試験体の表面性状（形状，色，粗さ，きずの有無など）を，直接又は拡大鏡を用いて肉眼で調べる試験	appearance testing, visual testing
6604	赤外線サーモグラフィ試験, TT	赤外線放射エネルギーを検出し，その分布を画像表示する方法を応用した試験	infrared thermographic testing
6605	漏れ試験, リーク試験, LT	漏れの有無，漏れ箇所及び漏れ量の検出を行う試験 　　注釈1　発泡試験，ヘリウム漏れ試験，放置法，アンモニア漏れ試験などの方法がある。	leak testing
6606	きず検出試験 ［線材及び鋼線の］	磁気探傷法，酸洗い法などによる線材及び鋼線のきず検出試験 　　注釈1　酸洗い法は，塩酸と水とを混合した溶液を煮沸しながら，試験片を規定の時間その中に浸して，表面きず状況又はきずの深さを調べる試験。また，鋼線においては被膜剥離液を使用することもある。	flaw detection test of steel wire rod and wire

4.5.7 非破壊試験技術者

番号	用語	定義	対応英語（参考）
6701	NDT レベル	非破壊試験（NDT）技術者の資格レベルの分類 注釈1 資格レベルとして，NDT レベル 1，NDT レベル 2 及び NDT レベル 3 がある。 注釈2 雇用主による NDT レベル 1 及び NDT レベル 2 の資格付与が規定されている（JIS G 0431 参照）。	NDT level
6702	NDT 方法	物理的原理を非破壊試験（NDT）に適用する方法 注釈1 超音波探傷試験などがある（JIS Z 2305 参照）。	NDT method
6703	NDT 技法	NDT 方法を実用するための特定の手法 注釈1 超音波水浸探傷試験などがある（JIS Z 2305 参照）。	NDT technique
6704	NDT 指示書	確立された規格，コード，仕様書又は NDT 手順書に基づいて，NDT を実施する際に従わなければならない正確な手順を記載した文書	NDT instruction
6705	NDT 手順書	規格，コード又は仕様書に従って製品の NDT を実施する際に適用すべき全ての必須の要素及び注意事項について記載した文書	NDT procedure
6706	NDT 訓練	資格を求めるための NDT 方法における理論及び実技に関する指導の課程であり，雇用主によって承認されたシラバスによる訓練コースの形式をとるもの 注釈1 シラバスは，教育・訓練の目的及び内容，使用テキスト，参考文献，評価方法などについて記した要綱である（JIS G 0431 参照）。	NDT training
6707	資格	NDT 業務を適切に遂行するために要求される身体的特性，知識，技能，訓練及び経験に関する実証	qualification

4.6 電磁気試験

番号	用語	定義	対応英語（参考）
7001	電磁気試験	電気的磁気的特性を調べる試験 注釈1 磁化特性試験，鉄損試験，層間抵抗試験などがある。	tests for electric and magnetic properties
7002	直流磁化特性試験	試験片を直流磁化したときの磁界の強さ H と磁気分極 J との関係を調べる試験 注釈1 測定にはエプスタイン試験器などが用いられる。	measurement of magnetization characteristic at DC
7003	J-H 曲線，磁化曲線	磁界の強さ H と磁気分極 J との間の特性を表す曲線	J-H curve, magnetization curve
7004	磁界の強さ	試験片を磁化しようとする磁場の強さ 注釈1 単位は，アンペア毎メートル（A/m）を用いる。磁界は，電流のほか磁化された物体によっても生じる。	magnetizing force
7005	磁束密度	一様に磁化された試験片の単位断面積当たりの磁束量 注釈1 単位は，テスラ（T）を用いる。 注釈2 磁性体を磁界の中で磁化した場合，$B=\mu_0 H+J$ で定義されるものを磁束密度 B という（μ_0：磁気定数，J：磁気分極）。磁化しやすい軟磁性材では，$\mu_0 H$ の値が J に比べ小さく $B \approx J$ となり，磁束密度と磁気分極とを区別しないことが多い。ここでは，磁束密度 B と磁気分極 J とを区別して用いる。	magnetic flux density, magnetic induction
7006	透磁率	磁界の強さ H に対する磁気分極 J の比 注釈1 初透磁率，最大透磁率などが定義されている。 　　　 — 初透磁率：J-H 曲線における原点での接線の傾き 　　　 — 最大透磁率：原点と J-H 曲線上の点とを結ぶ直線の最大の傾き	permeability

番号	用語	定義	対応英語（参考）
7007	磁気分極	一様に磁化された試験片の単位断面積当たりの磁化の強さ 注釈1　単位は，テスラ（T）を用いる。 注釈2　磁性体を磁界の中で磁化した場合，$B=\mu_0 H+J$ で定義されるものを磁束密度 B という（μ_0：磁気定数，J：磁気分極）。磁化しやすい軟磁性材では，$\mu_0 H$ の値が J に比べ小さく $B \approx J$ となり，磁束密度と磁気分極とを区別しないことが多い。ここでは，磁束密度 B と磁気分極 J とを区別して用いる。	magnetic polarization
7008	直流ヒステリシス曲線試験	ヒステリシス曲線を求めるための試験 注釈1　測定には，エプスタイン試験器などを用いている。	measurement of DC hysteresis loop
7009	ヒステリシス曲線	磁性体の磁化の強さ M と磁界の強さ H との関係を表す曲線 注釈1　JIS C 5600 参照。	hysteresis loop, hysteresis curve
7010	ヒステリシス損	ヒステリシス現象によって熱として失われるエネルギー 注釈1　ヒステリシス損の大きさは，直流ヒステリシス曲線の囲む面積の励磁周波数倍に等しい。単位は，ワット毎キログラム（W/kg）を用いる。	hysteresis loss
7011	残留磁束密度	B-H 減磁曲線における磁束密度のうち，磁界の強さがゼロのときの値 注釈1　JIS C 2501 参照。	residual induction
7012	保磁力	磁気飽和状態の強磁性体に磁化に逆向きの磁界を作用させて，磁束密度，磁気分極又は磁化をゼロにするために必要な磁界の強さ 注釈1　JIS C 5600 参照。	coercive force
7013	交流磁気特性試験	試験片を交流磁化したとき，鉄損と皮相電力とを測定する試験 注釈1　JIS C 2550-1 参照。	measurement of iron loss, measurement of core loss
7014	鉄損	正弦波磁束励磁条件によって励磁したときに，試験片で消費されるエネルギーの，試験片の実効質量 1 kg 当たりの値 注釈1　JIS C 2550-1 参照。	specific total loss, iron loss, core loss
7015	皮相電力	正弦波磁束励磁条件によって励磁したときの，励磁電圧の実効値と励磁電流の実効値との積を試験片の実効質量で除した値 注釈1　JIS C 2550-1 参照。	specific apparent power
7016	渦電流損	磁化の変化に伴い電磁誘導の法則によって試験片内に流れる電流によって失われるエネルギー 注釈1　単位は，ワット毎キログラム（W/kg）を用いる。	eddy current loss
7017	層間抵抗試験	試験片を積層して用いるときの試験片の表面絶縁被膜による層間絶縁抵抗を測定する試験 注釈1　層間抵抗の値は，試験片 1 枚当たりの面積 1 cm^2 に対する抵抗値オームで表す。単位は，$\Omega \cdot$ cm^2／枚を用いる。両面が絶縁被膜の試験片では，片面の表面絶縁抵抗の 2 倍の抵抗値となる。	measurement of surface insulation resistance
7018	エプスタイン試験器	電磁鋼板の標準的な磁気特性測定法として用いられる試験器 注釈1　JIS C 2550-1 参照。	Epstein tester

参考文献

ASTM E8, Standard Test Methods for Tension Testing of Metallic Materials

ASTM E23, Standard Test Methods for Notched Bar Impact Testing of Metallic Materials

ASTM E208, Standard Test Method for Conducting Drop-Weight Test to Determine Nil-Ductility Transition Temperature of Ferritic Steels

ASTM E399, Standard Test Method for Linear-Elastic Plane-Strain Fracture Toughness of Metallic Materials

ASTM E436, Standard Test Method for Drop-Weight Tear Tests of Ferritic Steels

ASTM E1820, Standard Test Method for Measurement of Fracture Toughness

BS7448-P1, Fracture mechanics toughness tests. Method for determination of K_{Ic}, critical CTOD and critical J values of metallic materials

BS7448-P4, Fracture mechanics toughness tests. Method for determination of fracture resistance curves and initiation values for stable crack extension in metallic materials

ISO 2566-1, Steel−Conversion of elongation values−Part 1: Carbon and low-alloy steels

ISO 6508-1, Metallic materials−Rockwell hardness test−Part 1: Test method

ISO 6892-1, Metallic materials−Tensile testing−Part 1: Method of test at room temperature

ISO 12004-2, Metallic materials−Determination of forming-limit curves for sheet and strip−Part 2: Determination of forming-limit curves in the laboratory

ISO 12135, Metallic materials−Unified method of test for the determination of quasistatic fracture toughness

ISO 20064, Metallic materials−Steel−Method of test for the determination of brittle crack arrest toughness, K_{ca}

JIS A 5523 溶接用熱間圧延鋼矢板

JIS A 5528 熱間圧延鋼矢板

JIS B 2704-1 コイルばね−第1部：基本計算方法

JIS B 8241 継目なし鋼製高圧ガス容器

JIS C 2501 永久磁石試験方法

JIS C 2550-1 電磁鋼帯試験方法−第1部：エプスタイン試験器による電磁鋼帯の磁気特性の測定方法

JIS C 2552 無方向性電磁鋼帯

JIS C 5600 電子技術基本用語

JIS E 1101 普通レール及び分岐器類用特殊レール

JIS G 0431 鉄鋼製品の雇用主による非破壊試験技術者の資格付与

JIS G 0551 鋼−結晶粒度の顕微鏡試験方法

JIS G 0553 鋼のマクロ組織試験方法

JIS G 0555 鋼の非金属介在物の顕微鏡試験方法

JIS G 0556 鋼の地きずの肉眼試験方法

JIS G 0557 鋼の浸炭硬化層深さ測定方法

JIS G 0558 鋼の脱炭層深さ測定方法

JIS G 0559 鋼の炎焼入及び高周波焼入硬化層深さ測定方法

JIS G 0560　鋼のサルファプリント試験方法

JIS G 0561　鋼の焼入性試験方法（一端焼入方法）

JIS G 0566　鋼の火花試験方法

JIS G 0567　鉄鋼材料及び耐熱合金の高温引張試験方法

JIS G 0571　ステンレス鋼のしゅう酸エッチング試験方法

JIS G 0572　ステンレス鋼の硫酸・硫酸第二鉄腐食試験方法

JIS G 0573　ステンレス鋼の65％硝酸腐食試験方法

JIS G 0575　ステンレス鋼の硫酸・硫酸銅腐食試験方法

JIS G 0576　ステンレス鋼の応力腐食割れ試験方法

JIS G 0577　ステンレス鋼の孔食電位測定方法

JIS G 0578　ステンレス鋼の塩化第二鉄腐食試験方法

JIS G 0579　ステンレス鋼のアノード分極曲線測定方法

JIS G 0587　炭素鋼鍛鋼品及び低合金鋼鍛鋼品の超音波探傷試験方法

JIS G 0590　ステンレス鋼の臨界孔食温度測定方法

JIS G 0591　ステンレス鋼の硫酸腐食試験方法

JIS G 0592　ステンレス鋼の腐食すきま再不動態化電位測定方法

JIS G 0594　表面処理鋼板のサイクル腐食促進試験方法

JIS G 0595　ステンレス鋼の表面さび発生程度評価方法

JIS G 0597　絶対湿度一定下におけるステンレス鋼の乾湿繰返し促進腐食試験方法

JIS G 3507-2　冷間圧造用炭素鋼－第2部：線

JIS G 3508-2　冷間圧造用ボロン鋼－第2部：線

JIS G 3509-2　冷間圧造用合金鋼－第2部：線

JIS G 3551　溶接金網及び鉄筋格子

JIS G 4314　ばね用ステンレス鋼線

JIS H 8502　めっきの耐食性試験方法

JIS H 8617　ニッケルめっき及びニッケルークロムめっき

JIS Z 2241　金属材料引張試験方法

JIS Z 2242　金属材料のシャルピー衝撃試験方法

JIS Z 2243-1　ブリネル硬さ試験－第1部：試験方法

JIS Z 2244-1　ビッカース硬さ試験－第1部：試験方法

JIS Z 2245　ロックウェル硬さ試験－試験方法

JIS Z 2246　ショア硬さ試験－試験方法

JIS Z 2247　エリクセン試験方法

JIS Z 2248　金属材料曲げ試験方法

JIS Z 2249　コニカルカップ試験方法

JIS Z 2251-1　ヌープ硬さ試験－第1部：試験方法

JIS Z 2253　薄板金属材料の加工硬化指数試験方法

JIS Z 2254 薄板金属材料の塑性ひずみ比試験方法

JIS Z 2257 十字形試験片を用いる金属板材の二軸引張試験方法

JIS Z 2271 金属材料のクリープ及びクリープ破断試験方法

JIS Z 2274 金属材料の回転曲げ疲れ試験方法

JIS Z 2276 金属材料の引張リラクセーション試験方法

JIS Z 2300 非破壊試験用語

JIS Z 2305 非破壊試験技術者の資格及び認証

JIS Z 2320-1 非破壊試験－磁粉探傷試験－第1部：一般通則

JIS Z 2371 塩水噴霧試験方法

JIS Z 3122 突合せ溶接継手の曲げ試験方法

用語索引 （五十音順）

用語	番号	英語	用語	番号	英語
応力増加速度	2125	stress rate	基準感度	6217	specified sensitivity
応力範囲	2713	stress range	疑似模様	6322	false indication,
応力比	2714	stress ratio			false pattern
応力-ひずみ線図	2121	stress-strain diagram, stress-strain curve	きず検出試験［線材及び鋼線の］	6606	flaw detection test of steel wire rod and wire
大形試験	2607	large scale brittle fracture test, large scale test	きずの指示長さ	6234	apparent flaw length
			基本表示	6212	A-scan display, A-scan presentation
大形ぜい性破壊試験	2607	large scale brittle fracture test, large scale test	CASS 試験	5208	CASS test, copper accelerated acetic acid salt spray test
押込み硬さ試験	2402	indentation hardness test	吸収エネルギー	2309	absorbed energy
押し広げ試験	3004	flaring test of steel tubes, drift expanding test of steel tubes	球状化組織試験	4108	microscopic examination for spheroidized steel
押し広げ率	3005	ratio of flared diameter to original diameter	極間法	6319	yoke technique
			局部伸び	2143	local elongation, necking elongation
押曲げ法	2202	pressing bend method, roller bend method	距離振幅特性曲線	6214	distance amplitude characteristic curve
表曲げ試験	2209	face bend test, bend test having the cladding in tension	距離振幅補償	6215	distance amplitude compensation
			距離振幅補正	6215	distance amplitude compensation
音響結合媒質	6209	couplant, coupling medium, coupling film	切欠き感度係数	2733	fatigue notch sensitivity factor
			切欠き係数	2732	fatigue notch factor, fatigue strength reduction ratio
【か】					
階調計	6103	contrastmeter	切欠き試験片	2704	notched test piece, notched test specimen
拡大撮影方法	6111	projective magnification technique	切欠き試験片の疲労強度	2731	fatigue strength of notched test specimen
加工硬化指数	2145	work hardening coefficient, n-value, tensile strain hardening exponent	亀裂先端開口変位試験	2605	crack-tip opening, displacement test, CTOD test, COD test
硬さ基準片	2410	standardized block	均一性試験	5407	cupric sulfate test
硬さ試験	2401	hardness test	キンク試験［鋼線の］	3021	kink test of steel wire, looping test of steel wire
硬さ推移曲線	4206	hardness transition curve			
硬さ推移曲線	4217	depth profile of hardness	均等目盛クリープ線図	2814	creep diagram with linear scales
形式試験	1002	type test			
肩部の半径［試験片の］	2111	radius of fillet, radius of transition curve between grip and parallel portion	**【く】**		
			クリープ試験	2801	creep test
片振り応力	2717	pulsating stress	クリープ試験片	2802	creep test piece, creep test specimen
上降伏応力	2128	upper yield point, upper yield stress, upper yield strength	クリープ線図	2815	logarithmic creep diagram
			クリープ伸び (%)	2806	percentage creep elongation
上降伏点	2128	upper yield point, upper yield stress, upper yield strength	クリープ伸び時間	2807	creep elongation time
			クリープ破断強度	2813	creep rupture strength
側曲げ試験	2211	side bend test	クリープ破断時間	2808	creep rupture time
乾式法	6309	dry technique, dry powder technique	クリープ破断試験	2818	creep rupture test
			クリープ破断絞り (%)	2812	percentage reduction of area after creep rupture
乾湿交互浸せき試験	5110	alternating immersion test			
間接撮影方法	6110	fluorography, indirect radiography	クリープ破断線図	2816	creep rupture and stress-to-specific-plastic-strain diagram
貫通コイル法	6507	encircling coil technique			
【き】					
機械試験	2001	mechanical test			

用語	番号	英語	用語	番号	英語
クリープ破断伸び (%)	2810	percentage elongation after creep rupture	【こ】		
クリープ破断－伸び線図	2817	creep rupture elongation diagram	コイル法 ［ケーブル］	6317	coil technique
クリープひずみ	2803	creep strain	コイル法 ［固定］	6318	rigid coil technique
繰返し応力	2707	repeated stress, alternating stress, cyclic stress	高温酸化試験	5117	high temperature oxidation test
			高温引張試験	2149	tensile test at elevated temperature, high temperature tensile test
繰返し数	2719	number of cycles			
繰返し数比	2722	cycle ratio			
繰返し速度	2721	frequency	高温腐食試験	5116	high temperature corrosion test
繰返し曲げ回数 ［鋼線の］	3019	reverse bend number of steel wire	鋼質試験	4001	metallographic test
繰返し曲げ試験 ［鋼線の］	3018	reverse bend test of steel wire	公称エネルギー	2305	nominal initial potential energy, nominal energy
繰返し曲げ試験 ［電磁鋼帯及び鋼板の］	3009	reverse bend test of electrical steel sheet, repeated bending test of electrical steel sheet	公称応力	2113	nominal stress, engineering stress
			公称応力 ［疲労試験の］	2705	nominal stress
クロスヘッド変位速度	2124	crosshead separation rate	公称初期位置エネルギー	2305	nominal initial potential energy, nominal energy
【け】			孔食電位測定	5308	pitting potential measurement
蛍光 X 線分析法	5404	X-ray fluorescence analysis	降伏応力	2127	yield point, yield stress, yield strength
蛍光 X 線法	5404	X-ray fluorescence analysis	降伏点	2127	yield point, yield stress, yield strength
蛍光磁粉	6303	fluorescent magnetic powder, fluorescent magnetic particles	降伏伸び	2138	percentage yield point extension
			降伏比	2137	yield ratio
形状係数	2723	stress concentration factor	交流磁気特性試験	7013	measurement of iron loss, measurement of core loss
径の測定 ［ワイヤロープの］	3029	measurement of wire rope diameter			
径の測定 ［ワイヤロープ素線の］	3034	measurement of wire diameter	小形試験	2612	small scale brittle fracture test, small scale test
K_{1c} 試験	2604	plane-strain fracture toughness test, K_{1c} test	小形ぜい性破壊試験	2612	small scale brittle fracture test, small scale test
ケステルニッヒ試験	5211	Kesternich test	コニカルカップ試験	2510	conical cup test
結晶粒	4109	grain size	碁盤目試験	5412	cross cut test, lattice pattern cutting test
結晶粒度の顕微鏡試験	4102	micrographic determination of the apparent grain size	コロードコート試験	5209	CROO test, corrodkote corrosion test
欠点指示模様	6408	indication			
巻解試験 ［ワイヤロープ素線の］	3032	wrapping and unwrapping test of wire taken from a rope	コンピューティッドラジオグラフィ	6120	computed radiography, CR
			混粒	4114	mixed grain
検査液	6302	magnetic ink, examination medium, magnetic suspension, inspection medium	【さ】		
			サイクル腐食促進試験	5205	accelerated cyclic corrosion test
検出レベル	6232	acceptance level, trigger/alarm level, rejection level	最終基準長さ	2809	final reference length
			最小応力	2709	minimum stress
現像剤	6403	developer	最大応力	2708	maximum stress
現像時間	6407	developing time, development time			

用語	番号	英語
最大試験力 [不連続な地さを示さない材料の場合]	2134	maximum force
最大試験力 [不連続な地さを示す材料の場合]	2135	maximum force
最大試験力時全伸び	2141	percentage total extension at maximum force
最大試験力時塑性伸び	2142	percentage plastic extension at maximum force
最大地きず番号	4126	maximum length of macro-streak-flaw
細粒鋼	4112	fine grained steel
サルファプリント試験 [鋼の]	4107	sulphur print examination for steel
酸化膜試験	5509	oxide film weight test, coulometric test
残留応力 [リラクセーションの試験]	2908	residual stress, remaining stress
残留磁束密度	7011	residual induction
残留法	6312	residual technique

[U]

用語	番号	英語
COD 試験	2605	crack-tip opening, displacement test, CTOD test, COD test
CTOD 試験	2605	crack-tip opening, displacement test, CTOD test, COD test
J-H 曲線	7003	J-H curve, magnetization curve
J_c 試験	2606	J_c test
紫外線照射装置	6305	black light, ultraviolet lamp, UV-A lamp
磁界の強さ	7004	J-H curve, magnetization curve
磁化曲線	7003	magnetization curve
資格	6707	qualification
磁化電流	6308	magnetizing current
時間強度	2729	fatigue strength at N cycles, fatigue strength for finite life
磁気探傷試験	6301	magnetic testing, magnetic particle testing
磁気分極	7007	magnetic polarization
識別最小線径	6117	minimum perceptible wire diameter
磁気ペン跡	6323	magnetic writing
軸通電流	6313	axial current technique
試験片方式	6219	reference block technique
試験力 [硬さ試験の]	2406	test force
試験力 [リラクセーションの試験の]	2902	—

用語	番号	英語
最大試験力 [不連続な材料の場合]	2120	load-elongation diagram, load-extension diagram
試験力保持時間	2409	duration of the test force (full load application time)
自己誘導方式	6506	self induction type
自然ひずみ	2116	true strain, logarithmic strain, natural strain
磁束貫通法	6320	through flux technique, induced current technique
磁束密度	7005	magnetic flux density, magnetic induction
実験室試験 [腐食の]	5112	laboratory test
湿式法	6310	wet technique
実地試験 [腐食の]	5113	plant test, service test, field test
実働応力	2711	service stress
実用脱炭層深さ	4216	effective decarburized depth
自動探傷	6230	automatic testing
磁粉模様	6321	indication, magnetic particle indication
絞り	2144	reduction of area, percentage reduction of area
下降伏応力	2129	lower yield point, lower yield stress, lower yield strength
下降伏点	2129	lower yield point, lower yield stress, lower yield strength
斜角法	6226	angle beam technique
写真濃度	6118	photographic density, film density
シャルピー吸収エネルギー	2310	Charpy absorbed energy, Charpy impact strength
シャルピー衝撃試験	2302	Charpy impact test
シャルピー衝撃試験片	2304	test piece for Charpy impact test
シャルピー衝撃値	2311	Charpy impact value
縦圧試験	3007	crush test of steel tubes
しゅう酸エッチング試験	5302	oxalic acid etching test
重量法 [めっき付着量の]	5405	dissolving method
手動探傷	6229	manual testing
瞬間ひずみ (%)	2805	instantaneous strain, percentage initial plastic elongation
ショア硬さ	2422	Shore hardness
ショア硬さ試験	2421	Shore hardness test
衝撃試験	2301	impact test
衝撃変形試験	5414	ball impact test
照射場	6107	radiation field
初期位置エネルギー	2306	initial potential energy
初期応力	2804	initial stress

用語	番号	英語	用語	番号	英語
初期応力	2907	initial force, initial stress	全硬化層深さ	4205	total case depth (hardened by carburizing treatment)
初期試験力	2907	initial force, initial stress	全脱炭層深さ	4213	total decarburized depth
初期塑性伸び	2805	instantaneous strain, percentage initial plastic elongation	全伸び	2117	total elongation
			全ひずみ	2909	total strain
ジョミニー式一端焼入方法	4208	Jominy end quenching method	【そ】		
			増感紙	6106	intensifying screen
真応力	2114	true stress	層間抵抗試験	7017	measurement of surface insulation resistance
浸出試験［水道用鋼管の］	5114	extraction test for water service pipes	相互誘導方式	6505	mutual induction type
侵食速度	5103	penetration rate	促進耐候性試験	5202	accelerated weathering test
浸せき試験	5111	immersion test	組織試験	4101	macrostructure and microstructure examination for steel
浸炭硬化層深さ測定試験［鋼の］	4201	determination of case depth hardened by carburizing treatment for steel	塑性伸び	2118	plastic elongation, plastic strain
浸炭粒度試験	4110	carburized grain size	塑性ひずみ	2118	plastic elongation, plastic strain
真直性試験［鋼線の］	3026	straightness test	塑性ひずみ比	2146	r-value, Lankford value, plastic strain ratio
浸透液	6402	penetrant			
振動子	6202	transducer element	粗粒鋼	4113	coarse grained steel
浸透時間	6406	penetration time	【た】		
浸透探傷試験	6401	liquid penetrant testing, penetrant testing	大気暴露試験	5201	atmospheric corrosion test
真ひずみ	2116	true strain, logarithmic strain, natural strain	耐久比	2728	endurance ratio, fatigue strength ratio
【す】			対数クリープ線図	2815	logarithmic creep diagram
水圧試験	3001	hydrostatic test of steel tubes (steel pipe)	対数ひずみ	2116	true strain, logarithmic strain, natural strain
水浸法	6223	immersion technique, immersion testing	対比試験片［渦電流探傷試験用］	6503	reference specimen, reference sample
垂直法	6225	normal beam technique, straight beam technique	対比試験片［磁気探傷試験用］	6307	reference test piece
スケール［ロックウェル硬さの］	2420	scale (Rockwell hardness scales)	対比試験片［浸透探傷試験用］	6404	comparative test block, reference block
スンプ試験	4105	SUMP examination	対比試験片［超音波探傷試験用］	6211	reference block
【せ】			耐力	2130	yield strength, proof stress, proof strength
成形限界線図	2505	forming-limit diagram			
成形性試験	2501	formability test	耐力［オフセット法］	2131	proof stress (non-proportional elongation), yield strength by offset method, proof strength (plastic extension)
清浄度	4119	index of cleanliness of steel			
ぜい性破壊試験	2601	brittle fracture test			
ぜい性破面率	2312	percent brittle fracture, percent cleavage fracture, percent crystalline fracture			
赤外線サーモグラフィ試験	6604	infrared thermographic testing	耐力［永久伸び法］	2132	proving test for permanent set stress, permanent set strength
接触媒質	6209	couplant, coupling medium, coupling film			
遷移温度	2315	transition temperature			
遷移曲線	2316	transition curve			

用語	番号	英語	用語	番号	英語
耐力〔全伸び法〕	2133	proof stress (total elongation), yield strength by extension under load method, proof strength (total extension)	継手離脱強度〔鋼矢板の〕	3013	separation strength of steel sheet piling joint
脱炭層深さ測定試験〔鋼の〕	4212	determination of decarburized depth for steel	**【て】**		
			定形試験片	2104	non-proportional test piece
			DGS 線図	6231	DGS diagram, AVG diagram
探傷感度	6216	working sensitivity, scanning sensitivity	TT	6604	infrared thermographic testing
探触子	6203	probe, search unit	DWTT	2614	drop weight tear test, DWTT
炭素含有率推移曲線	4218	depth profile of carbon content	DDA	6121	digital detector array, DDA
断続試験〔腐食の〕	5109	interrupted corrosion test	ディープノッチ試験	2608	deep notch test
【ち】			底面エコー方式	6218	back wall echo technique
地きず	4122	macro-streak-flaw	デジタル検出器	6121	digital detector array, DDA
地きず長さの総和	4125	total length of macro-streak-flaw	デジタルラジオグラフィ	6119	digital radiography
地きずの換算個数	4123	conversion number of macro-streak-flaw	鉄損	7014	specific total loss, iron loss, core loss
地きずの展開図	4127	developed figure of macro-streak-flaw	鉄溶出試験	5506	iron solution test
地きず番号	4124	macro-streak-flaw number	デューサイクル式促進耐候性試験	5204	accelerated weathering test by using dew cycle sunshine weather meter
窒化層深さ測定試験〔鋼の〕	4203	determination of case depth hardened by nitriding treatment for steel	展開試験	3006	reverse flattening test of steel tubes
超音波探傷試験	6201	ultrasonic testing	電解剝離法	5403	electrolytic stripping method
直接撮影方法	6109	film radiography, direct radiography	電気化学的再活性化率測定	5310	electrochemical potentiokinetic reactivation ratio measurement
直接接触法	6222	contact testing technique, contact scanning	電気化学的腐食試験	5115	electrochemical corrosion test
直流磁化特性試験	7002	measurement of magnetization characteristic at DC	電磁気試験	7001	tests for electric and magnetic properties
直流ヒステリシス曲線試験	7008	measurement of DC hysteresis loop	電磁超音波探触子	6205	electromagnetic acoustic transducer
直角通電法	6314	cross current technique	展伸度	4117	elongation rate, (anisotropy index)
【つ】			電流貫通法	6316	through conductor technique, threading conductor technique
追加試験力〔ロックウェル硬さ試験の〕	2407	additional test force [(total test force)−(preliminary test force)]			
			【と】		
つかみ間の距離	2112	free length of test piece between grips	透過写真観察器	6104	film viewer, film illuminator
つかみ部〔試験片の〕	2110	grip section, grip end	透過度計	6102	penetrameter, image quality indicator
継手破断強度〔鋼矢板の〕	3014	rupture strength of steel sheet piling joint	透過法	6221	transmission technique, through transmission technique
継手引張強度〔鋼矢板の〕	3012	tensile strength of steel sheet piling joint	透磁率	7006	permeability
継手引張試験〔鋼矢板の〕	3011	tensile test of steel sheet piling joint	特定残炭率脱炭層深さ	4215	decarburized depth with specified residual carbon ratio
			塗膜の密着性	5410	painting adherence

用語	番号	英語	用語	番号	英語
塗油量測定試験	5510	oil film weight test	破断繰返し数	2720	fatigue life, number of cycles to failure
【な】			破断後の最小断面積	2811	minimum cross-sectional area after rupture
内部検出器撮影法	6114	internal film technique, internal detector technique	破断試験 ［ワイヤロープ素線の］	3030	tensile test of wire taken from a rope
内部線源撮影方法	6113	internal source technique	破断試験 ［ワイヤロープの］	3028	breaking test of wire rope
内部フィルム撮影方法	6114	internal film technique, internal detector technique	破断時全伸び	2140	percentage total extension at fracture
【に】			破断伸び	2139	percentage elongation after fracture
二酸化硫黄ガス試験	5210	sulphur dioxide corrosion test	初試験力	2405	preliminary test force
二軸引張試験	2150	biaxial tensile testing method	破面遷移温度	2318	fracture appearance transition temperature
二重引張試験	2610	double tension test	張出し試験	2503	punch stretch forming test
二重壁片面撮影法	6115	double wall single image technique	パルス反射法	6220	pulse echo technique, reflection technique
二重壁両面撮影法	6116	double wall double image technique	はんだ性試験	5501	solderability test
二振動子探触子	6204	double transducer probe, twin transducer probe, dual search unit	はんだのぬれ速度試験	5505	solder wetting rate test
日射反射率試験	5416	reflectance test for solar radiation	はんだの広がり試験	5503	solder spreading test
【ぬ】			はんだの毛細管上昇試験	5504	solder capillary rise test
ヌープ硬さ	2416	Knoop hardness	はんだ付着強度試験	5502	soldered joint strength test
ヌープ硬さ試験	2415	Knoop hardness test	反発硬さ試験	2403	rebound hardness test
【ね】			**【ひ】**		
ねじり回数	3016	torsion number, number of twist	PT	6401	liquid penetrant testing, penetrant testing
ねじり試験 ［鋼線の］	3015	torsion test of steel wire, twist test of steel wire	ビーム路程	6213	beam path distance, sound path length
ねじり試験 ［ワイヤロープ素線の］	3031	torsion test of wire taken from a rope	比液量	5106	solution volume to specimen area ratio
熱処理粒度試験	4111	heat treated grain size	非金属介在物	4118	non-metallic inclusion
【の】			非金属介在物の顕微鏡試験 ［鋼の］	4103	microscopic examination for non-metallic inclusions in steel
濃厚塩化物応力腐食割れ試験	5306	stress corosion cracking test in chloride solution	非蛍光磁粉	6304	coloured magnetic powder, non-fluorescent magnetic particles
濃度計	6105	densitometer	被削性試験 ［鋼の］	4302	machinability test for steel
伸び	2115	elongation, percentage elongation	微小硬さ試験	2404	microhardness test
伸び計伸び	2109	extension	ヒステリシス曲線	7009	hysteresis loop, hysteresis curve
伸び計標点距離	2108	extensometer gauge length	ヒステリシス損	7010	hysteresis loss
伸びの換算	2126	conversion of elongation	ひずみ速度	2122	strain rate
【は】			皮相電力	7015	specific apparent power
ハイドロフィルバランス法	5511	hydrophil balance method	ビッカース硬さ	2414	Vickers hardness
破壊じん性	2602	fracture toughness	ビッカース硬さ試験	2413	Vickers hardness test
破壊じん性試験	2603	fracture toughness test, test method for fracture toughness	ピックルラグ試験	5507	pickle lag test
			引張試験	2101	tensile test
			引張試験片	2102	test piece for tensile test
			引張強さ	2136	tensile strength

用語	番号	英語	用語	番号	英語
引張リラクセーション試験	2903	tensile stress relaxation test	腐食減量	5101	mass loss, corrosion loss
非破壊試験	6001	nondestructive testing	腐食試験	5001	corrosion test
火花試験［鋼の］	4301	spark test for steel	腐食すきま再不動態	5312	repassivation potential
180°曲げ	2208	180° bend, flat on itself, closely overlap, closely contact	化電位測定		measurement for crevice corrosion
			腐食速度	5102	corrosion rate
			腐食速度比	5104	corrosion rate ratio
評価レベル	6232	acceptance level, trigger/alarm level, rejection level	付着量試験	5402	coating mass test
			部分片振り応力	2718	partially pulsating stress
			部分両振り応力	2716	partially reversed stress, (fluctuating stress)
標準試験片［磁気探傷試験用］	6306	standard test piece	振上がり角度	2308	angle of rise
標準試験片［超音波探傷試験用］	6210	standard test block, calibration block	ブリネル硬さ	2412	Brinell hardness
			ブリネル硬さ試験	2411	Brinell hardness test
標点［試験片の］	2106	gauge mark	プレスノッチシャルピー試験	2615	press-notch Charpy test
標点距離	2107	gauge length			
表面圧天びん法	5511	hydrophil balance method	プローブ	6502	probe
			プローブコイル法	6504	probe coil technique
表面さび発生程度評価	5313	rating method of rust and stain of atmospheric corrosion	プロッド法	6315	prod technique
			分解能	6207	resolution
			分極曲線	5107	polarization curve
表面波法	6227	surface wave technique, Rayleigh wave testing	**【へ】**		
比例試験片	2103	proportional test piece	平滑試験片	2703	uniform gauge test piece, unnotched test piece
疲労強度	2730	fatigue strength			
疲労限度	2726	fatigue limit, endurance limit	平均応力	2710	mean stress
			平均塑性ひずみ比	2147	weighted average plastic strain ratio
疲労限度線図	2727	fatigue limit diagram			
疲労限度比	2728	endurance ratio, fatigue strength ratio	平均粒度番号	4115	average grain size number
疲労試験	2701	fatigue test	平行部［試験片の］	2105	parallel portion
疲労試験［鋼線の］	3022	fatigue test of steel wire	平行部の推定ひずみ速度	2123	estimated strain rate over the parallel length
疲労試験片	2702	fatigue test piece, fatigue test specimen			
疲労寿命	2720	fatigue life, number of cycles to failure	平面ひずみ破壊じん性試験	2604	plane-strain fracture toughness test, K_{Ic} test
			偏光法	5512	ellipsometric method
【ふ】			変動応力	2706	varying stress, fluctuating stress
VT	6603	appearance testing, visual testing	へん平試験	3002	flattening test of steel tubes (steel pipe)
Vブロック法	2204	V-block bend method			
フェーズドアレイ探触子	6206	phased array probe	**【ほ】**		
			放射線透過試験	6101	radiographic testing
フェライト結晶粒度番号	4116	ferritic grain size number	保磁力	7012	coercive force
			炎焼入れ及び高周波焼入硬化層深さ測定試験［鋼の］	4202	determination of case depth hardened by flame or induction hardening treatment for steel
フェライト脱炭層深さ	4214	ferrite decarburized depth			
フェロキシル試験	5212	ferroxyl test			
負荷時間	2408	time for the application of the test force (loading time)			
深絞り試験	2502	deep drawability test, deep drawing test	**【ま】**		
			前処理［浸透探傷試験の］	6405	precleaning
不感帯	6208	dead zone	巻付試験［鋼線の］	3020	wrap (wrapping) test of steel wire
複合サイクル腐食試験	5206	cyclic corrosion test			
			巻付け法	2203	winding bend method
複合成形試験	2509	combined forming test	膜厚試験	5401	coating thickness test

用語	番号	英語	用語	番号	英語
マクロ組織試験［鋼の］	4106	macrostructure examination for steel	溶接点せん断強さ［溶接金網の］	3036	shearing strength of welded point of welded wire mesh
曲げ角度	2207	angle of bend, bending angle	溶接点せん断強さ試験［溶接金網の］	3035	shearing strength test for welded point of welded wire mesh
曲げ試験	2201	bend test			
曲げ試験［鋼管の］	3003	bend test of steel tubes (steel pipe)	横膨出	2314	lateral expansion
曲げ試験［鋼線の］	3017	bend (bending) test of steel wire	【ら】		
曲げ試験［表面処理鋼材の密着性の］	5411	bend test (evaluation on adherence of coated steels)	落重試験	2613	drop weight test
			落重試験［レールの］	3010	drop test of rail, falling weight test
曲げ試験片	2205	test piece for bend test	落重引裂試験	2614	drop weight tear test, DWTT
【み】			ラッカフロー試験	5513	lacquer flow test
ミクロ組織	4120	microstructure	ランクフォード値	2146	r-value, Lankford value, plastic strain ratio
ミクロ組織試験［鋼の］	4104	microscopic examination for steel			
密着性試験［塩化ビニル鋼板の］	5413	Erichsen cupping test (at cross cut portion)	【り】		
密着曲げ	2208	180° bend, flat on itself, closely overlap, closely contact	リーク試験	6605	leak testing
			硫酸銅試験	5407	cupric sulfate test
			硫酸腐食試験	5301	sulfuric acid test
			硫酸・硫酸第二鉄腐食試験	5303	ferric sulfate-sulfuric acid test
【め】			硫酸・硫酸銅腐食試験	5305	copper sulfate-sulfuric acid test
めっき密着性	5409	coating adherence	両振り応力	2715	reversed stress
面内異方性	2148	degree of planar, anisotropy	リラクセーション	2905	relaxation
			リラクセーション曲線	2910	stress relaxation curve
【も】			リラクセーション試験	2901	stress relaxation test
目視試験	6603	appearance testing, visual testing	リラクセーション試験片	2904	stress relaxation test piece, stress relaxation test specimen
持上げ角度	2307	angle of fall			
持上げ振降ろし角度	2307	angle of fall			
漏れ試験	6605	leak testing	リラクセーション値	2906	relaxation value
			臨界孔食温度測定	5311	critical pitting temperature measurement
【や】					
焼入性曲線	4209	hardenability curve			
焼入性試験［鋼の］	4207	hardenability test for steel	【れ】		
			レイティングナンバ	5105	rating number
焼入性指数	4211	hardenability index	連続試験［腐食の］	5108	continuous corrosion test
焼入性図表	4210	hardenability chart	連続法	6311	continuous magnetization technique
【ゆ】					
有効硬化層深さ	4204	effective case depth hardened by carburizing treatment, effective case depth hardened by flame or induction hardening treatment	【ろ】		
			漏えい磁束探傷試験	6601	flux leakage testing, magnetic flux-leakage testing
			ローラコーティング試験	5514	roller coating test
有孔度試験	5408	porosity test	ローラ曲げ法	2202	pressing bend method, roller bend method
UT	6201	ultrasonic testing			
【よ】			65％硝酸腐食試験	5304	65 % nitric acid test
溶接縦継手切欠き引張試験	2609	(longitudinally) welded wide plate test	露出線図	6108	exposure chart
			ロックウェル硬さ	2418	Rockwell hardness

用語	番号	英語	用語	番号	英語
ロックウェル硬さ試験	2417	Rockwell hardness test	ワイヤロープ試験	3027	test on wire rope
ロックウェルスーパーフィシャル硬さ	2419	Rockwell superficial hardness	割れ発生限界圧下率	3025	critical upset (compression) ratio to crack initiation

【わ】

用語	番号	英語
ワール（Wahl）の修正係数	3023	Wahl factor, Wahl stress correction factor

用語索引 (アルファベット順)

英語	番号	用語	英語	番号	用語
180° bend	2208	180°曲げ, 密着曲げ	axial current technique	6313	軸通電法
65 % nitric acid test	5304	65 %硝酸腐食試験			
			【B】		
【A】			back wall echo technique	6218	底面エコー方式
AASS test	5207	AASS 試験	ball impact test	5414	衝撃変形試験
absorbed energy	2309	吸収エネルギー	beam path distance	6213	ビーム路程
accelerated cyclic corrosion test	5205	サイクル腐食促進試験	bend (bending) test of steel wire	3017	曲げ試験 [鋼線の]
accelerated weathering test	5202	促進耐候性試験	bend test	2201	曲げ試験
accelerated weathering test by using dew cycle sunshine weather meter	5204	デューサイクル式促進耐候性試験	bend test (evaluation on adherence of coated steels)	5411	曲げ試験 [表面処理鋼材の密着性の]
			bend test having the base metal in tension	2210	裏曲げ試験
acceptance level	6232	検出レベル, 評価レベル	bend test having the cladding in tension	2209	表曲げ試験
acetic acid salt spray test	5207	AASS 試験	bend test of steel tubes (steel pipe)	3003	曲げ試験 [鋼管の]
acoustic emission testing	6602	アコースティック・エミッション試験, AE	bending angle	2207	曲げ角度
			biaxial tensile testing method	2150	二軸引張試験
additional test force [(total test force) −(preliminary test force)]	2407	追加試験力 [ロックウェル硬さ試験の]	black light	6305	紫外線照射装置
			breaking test of wire rope	3028	破断試験 [ワイヤロープの]
AE testing	6602	アコースティック・エミッション試験, AE	Brinell hardness	2412	ブリネル硬さ
			Brinell hardness test	2411	ブリネル硬さ試験
alloy-tin couple test	5508	ATC 試験	brittle fracture test	2601	ぜい性破壊試験
alternating immersion test	5110	乾湿交互浸せき試験	**【C】**		
alternating stress	2707	繰返し応力	calibration block	6210	標準試験片 [超音波探傷試験用]
angle beam technique	6226	斜角法	carburized grain size	4110	浸炭粒度試験
angle of bend	2207	曲げ角度	CASS test	5208	CASS 試験
angle of fall	2307	持上げ振降ろし角度, 持上げ角度	Charpy absorbed energy	2310	シャルピー吸収エネルギー
angle of rise	2308	振上がり角度	Charpy impact strength	2310	シャルピー吸収エネルギー
anisotropy	2148	面内異方性			
anodic polarization measurement	5309	アノード分極曲線測定	Charpy impact test	2302	シャルピー衝撃試験
			Charpy impact value	2311	シャルピー衝撃値
apparent flaw length	6234	きずの指示長さ	closely contact	2208	180°曲げ, 密着曲げ
appearance testing	6603	目視試験, VT	closely overlap	2208	180°曲げ, 密着曲げ
A-scan display	6212	基本表示, Aスコープ表示	coarse grained steel	4113	粗粒鋼
A-scan presentation	6212	基本表示, Aスコープ表示	coating adherence	5409	めっき密着性
			coating mass test	5402	付着量試験
atmospheric corrosion test	5201	大気暴露試験	coating thickness test	5401	膜厚試験
automatic testing	6230	自動探傷	COD test	2605	亀裂先端開口変位試験, CTOD 試験, COD 試験
average grain size number	4115	平均粒度番号			
AVG diagram	6231	DGS 線図			

英語	番号	用語
coercive force	7012	保磁力
coil technique	6317	コイル法 [ケーブル]
coloured magnetic powder	6304	非蛍光磁粉
combined forming test	2509	複合成形試験
comparative test block	6404	対比試験片 [浸透探傷試験用]
compression test (upset test) of wire for cold heading and cold forging	3024	圧縮試験 [冷間圧造用鋼線の]
computed radiography	6120	コンピューティッドラジオグラフィ
conical cup test	2510	コニカルカップ試験
contact scanning	6222	直接接触法
contact testing	6222	直接接触法
continuous corrosion test	5108	連続試験 [腐食の]
continuous magnetization	6311	連続法
contrastmeter	6103	階調計
conversion number of macro-streak-flaw	4123	地きずの換算個数
conversion of elongation	2126	伸びの換算
copper accelerated acetic acid salt spray test	5208	CASS試験
copper sulfate-sulfuric acid test	5305	硫酸・硫酸銅腐食試験
core loss	7014	鉄損
corrodkote corrosion test	5209	コロードコート試験
corrodkote test	5209	コロードコート試験
corrosion loss	5101	腐食減量
corrosion rate	5102	腐食速度
corrosion rate ratio	5104	腐食速度比
corrosion test	5001	腐食試験
coulometric test	5509	酸化膜厚値,
couplant	6209	音響結合媒質, 接触媒質
coupling film	6209	音響結合媒質, 接触媒質
coupling medium	6209	音響結合媒質, 接触媒質
CR	6120	コンピューティッドラジオグラフィ
crack-tip opening	2605	亀裂先端開口変位試験, CTOD試験, COD試験
creep diagram with linear scales	2814	均等目盛クリープ線図
creep elongation time	2807	クリープ伸び時間

英語	番号	用語
creep rupture and stress-to-specific-plastic-strain diagram	2816	クリープ破断線図
creep rupture elongation diagram	2817	クリープ破断—伸び線図
creep rupture strength	2813	クリープ破断強度
creep rupture test	2818	クリープ破断試験
creep rupture time	2808	クリープ破断時間
creep strain	2803	クリープひずみ
creep test	2801	クリープ試験
creep test piece	2802	クリープ試験片
creep test specimen	2802	クリープ試験片
critical pitting temperature measurement	5311	臨界孔食温度測定
critical upset (compression) ratio to crack initiation	3025	割れ発生限界圧下率
CROO test	5209	コロードコート試験
cross current	6314	直角通電法
cross cut technique	5412	碁盤目試験
crosshead separation rate	2124	クロスヘッド変位速度
crush test of steel tubes	3007	縦圧試験
crush test of steel tubes for high pressure gas cylinder	3008	圧壊試験 [高圧ガス容器用の]
CTOD test	2605	亀裂先端開口変位試験, CTOD試験, COD試験
cupric sulfate test	5407	均一性試験, 硫酸銅試験
cycle ratio	2722	繰返し数比
cyclic corrosion test	5206	複合サイクル腐食試験
cyclic stress	2707	繰返し応力
[d]		
DAC curves for evaluating flaw echo	6233	エコー高さ区分線
DDA	6121	デジタル検出器, DDA
dead zone	6208	不感帯
decarburized depth with specified residual carbon ratio	4215	特定残炭率脱炭層深さ
deep drawability test	2502	深絞り試験
deep drawing test	2502	深絞り試験
degree of planar	2148	面内異方性
densitometer	6105	濃度計

英語	番号	用語	英語	番号	用語
depth profile of carbon content	4218	炭素含有率推移曲線	drop weight tear test	2614	落重引裂試験, DWTT
depth profile of hardness	4217	硬さ推移曲線	drop weight test	2613	落重試験
determination of case depth hardened by carburizing treatment for steel	4201	浸炭硬化層深さ測定試験［鋼の］	dry powder technique	6309	乾式法
			dry technique	6309	乾式法
			dual search unit	6204	二振動子探触子
determination of case depth hardened by flame or induction hardening treatment for steel	4202	炎焼入れ及び高周波焼入硬化層深さ測定試験［鋼の］	duration of the test force (full load application time)	2409	試験力保持時間
			DWTT	2614	落重引裂試験, DWTT
determination of case depth hardened by nitriding treatment for steel	4203	窒化層深さ測定試験［鋼の］	【E】		
			eddy current loss	7016	渦電流損
			eddy current testing	6501	渦電流探傷試験, ET
determination of decarburized depth for steel	4212	脱炭層深さ測定試験［鋼の］	EDTA titration	5406	EDTA 滴定法［亜鉛めっきの付着量試験の］
determination of zinc coating mass of wire for a rope	3033	亜鉛付着量試験［ワイヤロープ素線の］	effective case depth hardened by carburizing treatment	4204	有効硬化層深さ
developed figure of macro-streak-flaw	4127	地きずの展開図	effective case depth hardened by flame or induction hardening treatment	4204	有効硬化層深さ
developer	6403	現像剤			
developing time	6407	現像時間			
development time	6407	現像時間	effective decarburized depth	4216	実用脱炭層深さ
DGS diagram	6231	DGS 線図			
digital detector array	6121	デジタル検出器, DDA	electrochemical corrosion test	5115	電気化学的腐食試験
digital radiography	6119	デジタルラジオグラフィ	electrochemical potentiokinetic reactivation ratio measurement	5310	電気化学的再活性化率測定
direct radiography	6109	直接撮影方法			
displacement test	2605	亀裂先端開口変位試験, CTOD 試験, COD 試験	electrolytic stripping method	5403	電解剥離法
			electromagnetic acoustic transducer	6205	電磁超音波探触子, EMAT
dissolving method	5405	重量法［めっき付着量の］	electromagnetic testing	6501	渦電流探傷試験, ET
distance amplitude characteristic curve	6214	距離振幅特性曲線	ellipsometric method	5512	偏光法, エリプソメータ法
distance amplitude compensation	6215	距離振幅補償, 距離振幅補正	elongation	2115	伸び
dividing curves of echo height	6233	エコー高さ区分線	elongation rate, (anisotropy index)	4117	展伸度, 異方性指数
double tension test	2610	二重引張試験	encircling coil technique	6507	貫通コイル法
double transducer probe	6204	二振動子探触子	endurance limit	2726	疲労限度
double wall double image technique	6116	二重壁両面撮影法	endurance ratio	2728	疲労限度比, 耐久比
double wall single image technique	6115	二重壁片面撮影法	energy transition temperature	2317	エネルギー遷移温度
drift expanding test of steel tubes	3004	押し広げ試験	engineering stress	2113	公称応力
drop test of rail	3010	落重試験［レールの］	Epstein tester	7018	エプスタイン試験器

英語	番号	用語	英語	番号	用語
Erichsen cupping test (at cross cut portion)	5413	密着性試験［塩化ビニル鋼板の］	final reference length	2809	最終基準長さ
			fine grained steel	4112	細粒鋼
Erichsen test	2506	エリクセン試験	flaring test of steel tubes	3004	押し広げ試験
ESSO test	2611	エッソ試験			
estimated strain rate over the parallel length	2123	平行部の推定ひずみ速度	flat on itself	2208	180°曲げ，密着曲げ
			flattening test of steel tubes (steel pipe)	3002	へん平試験
etching	4121	エッチング			
examination medium	6302	検査液			
exposure chart	6108	露出線図	flaw detection test of steel wire rod and wire	6606	きず検出試験［線材及び鋼線の］
extension	2109	伸び計伸び			
extensometer gauge length	2108	伸び計標点距離			
			fluctuating stress	2706	変動応力
extraction test for water service pipes	5114	浸出試験［水道用鋼管の］	fluorescent magnetic particles	6303	蛍光磁粉
			fluorescent magnetic powder	6303	蛍光磁粉
[F]			fluorography	6110	間接撮影方法
face bend test	2209	表曲げ試験	flux leakage testing	6601	漏えい磁束探傷試験，MFT
falling weight test	3010	落重試験［レールの］			
false indication	6322	疑似模様	formability test	2501	成形性試験
false pattern	6322	疑似模様	forming-limit diagram	2505	成形限界線図
fatigue life	2720	破断繰返し数，疲労寿命			
			fracture appearance transition temperature	2318	破面遷移温度
fatigue limit	2726	疲労限度			
fatigue limit diagram	2727	疲労限度線図			
fatigue notch factor	2732	切欠き係数	fracture toughness	2602	破壊じん性
fatigue notch sensitivity factor	2733	切欠き感度係数	fracture toughness test	2603	破壊じん性試験
fatigue strength	2730	疲労強度	free length of test piece between grips	2112	つかみ間の距離
fatigue strength at N cycles	2729	時間強度			
fatigue strength for finite life	2729	時間強度	frequency	2721	繰返し速度
fatigue strength of notched test specimen	2731	切欠き試験片の疲労強度	**[G]**		
			gauge length	2107	標点距離
			gauge mark	2106	標点［試験片の］
fatigue strength ratio	2728	疲労限度比，耐久比	grain size	4109	結晶粒
			grip end	2110	つかみ部［試験片の］
fatigue strength reduction ratio	2732	切欠き係数	grip section	2110	つかみ部［試験片の］
fatigue test	2701	疲労試験	**[H]**		
fatigue test of steel wire	3022	疲労試験［鋼線の］	hardenability chart	4210	焼入性図表
			hardenability curve	4209	焼入性曲線
fatigue test piece	2702	疲労試験片	hardenability index	4211	焼入性指数
fatigue test specimen	2702	疲労試験片	hardenability test for steel	4207	焼入性試験［鋼の］
ferric chloride test	5307	塩化第二鉄腐食試験			
ferric sulfate-sulfuric acid test	5303	硫酸・硫酸第二鉄腐食試験	hardness test	2401	硬さ試験
			hardness transition curve	4206	硬さ推移曲線
ferrite decarburized depth	4214	フェライト脱炭層深さ			
			heat treated grain size	4111	熱処理粒度試験
ferritic grain size number	4116	フェライト結晶粒度番号			
			high temperature corrosion test	5116	高温腐食試験
ferroxyl test	5212	フェロキシル試験			
field test	5113	実地試験［腐食の］	high temperature oxidation test	5117	高温酸化試験
film density	6118	写真濃度			
film illuminator	6104	透過写真観察器	high temperature tensile test	2149	高温引張試験
film radiography	6109	直接撮影方法			
film viewer	6104	透過写真観察器	hole expanding test	2507	穴広げ試験

英語	番号	用語
hydrophil balance method	5511	表面正天びん法、ハイドロフィルバランス法
hydrostatic test of steel tubes (steel pipe)	3001	水圧試験
hysteresis curve	7009	ヒステリシス曲線
hysteresis loop	7009	ヒステリシス曲線
hysteresis loss	7010	ヒステリシス損
[I]		
image quality indicator	6102	透過度計
immersion technique	6223	水浸法
immersion test	5111	浸せき試験
immersion testing	6223	水浸法
impact test	2301	衝撃試験
indentation hardness test	2402	押込み硬さ試験
index of cleanliness of steel	4119	清浄度
indication	6321	磁粉模様
indication	6408	欠点指示模様
indirect radiography	6110	間接撮影方法
induced current technique	6320	磁束貫通法
infrared thermographic testing	6604	赤外線サーモグラフィ試験、TT
initial force	2907	初期試験力、初期応力
initial potential energy	2306	初期位置エネルギー
initial stress	2804	初期応力
initial stress	2907	初期試験力、初期応力
inside radius	2206	内側半径
inspection medium	6302	検査液
instantaneous strain	2805	初期塑性伸び、瞬間ひずみ（%）
intensifying screen	6106	増感紙
internal detector technique	6114	内部フィルム撮影法、内部検出器撮影法
internal film technique	6114	内部フィルム撮影法、内部検出器撮影法
internal source technique	6113	内部線源撮影法、内部線源頭続撮影方法
interrupted corrosion test	5109	断続試験 [腐食の]
iron loss	7014	鉄損
iron solution test	5506	鉄溶出試験
Izod impact test	2303	アイゾット衝撃試験
[J]		
J-H curve	7003	J-H曲線、磁化曲線
J_{Ic} test	2606	J_{Ic}試験

用語	番号	英語
ジョミニー式一端焼入方法	4208	Jominy end quenching method
[K]		
ケステルニッヒ試験	5211	Kesternich test
平面ひずみ破壊じん性試験、K_{Ic}試験	2604	K_{Ic} test
キンク試験 [鋼線の]	3021	kink test of steel wire
ヌープ硬さ	2416	Knoop hardness
ヌープ硬さ試験	2415	Knoop hardness test
[L]		
実験室試験 [腐食の]	5112	laboratory test
ラッカフロー法	5513	lacquer flow test
板波法	6228	Lamb wave testing
塑性ひずみ比、ランクフォード値、r値	2146	Lankford value
大形ぜい性破壊試験、大形試験	2607	large scale brittle fracture test
大形ぜい性破壊試験、大形試験	2607	large scale test
横膨出	2314	lateral expansion
碁盤目試験	5412	lattice pattern cutting test
漏れ試験、リーク試験、LT	6605	leak testing
LDH 試験	2504	limiting dome height test
穴広げ率	2508	limiting hole expansion ratio
浸透探傷試験、PT	6401	liquid penetrant testing
試験力-伸び線図	2120	load-elongation diagram
試験力-伸び線図	2120	load-extension diagram
局部伸び	2143	local elongation
クリープ線図、対数クリープ線図	2815	logarithmic creep diagram
真ひずみ、対数ひずみ、自然ひずみ	2116	logarithmic strain
キンク試験 [鋼線の]	3021	looping test of steel wire
下降伏点	2129	lower yield point
下降伏応力	2129	lower yield strength
下降伏応力	2129	lower yield stress
[M]		
被削性試験 [鋼の]	4302	machinability test for steel
地きず	4122	macro-streak-flaw

英語	番号	用語	英語	番号	用語
macro-streak-flaw number	4124	地きず番号	micrographic determination of the apparent grain size	4102	結晶粒度の顕微鏡試験
macrostructure and microstructure examination for steel	4101	組織試験	microhardness test	2404	微小硬さ試験
			microscopic examination for non-metallic inclusions in steel	4103	非金属介在物の顕微鏡試験［鋼の］
macrostructure examination for steel	4106	マクロ組織試験［鋼の］			
magnetic flux density	7005	磁束密度	microscopic examination for spheroidized steel	4108	球状化組織試験
magnetic flux-leakage testing	6601	漏えい磁束探傷試験, MFT	microscopic examination for steel	4104	ミクロ組織試験［鋼の］
magnetic induction	7005	磁束密度			
magnetic ink	6302	検査液	microstructure	4120	ミクロ組織
magnetic particle indication	6321	磁粉模様	minimum cross-sectional area after rupture	2811	破断後の最小断面積
magnetic particle testing	6301	磁気探傷試験, MT	minimum perceptible wire diameter	6117	識別最小線径
magnetic polarization	7007	磁気分極			
magnetic suspension	6302	検査液	minimum stress	2709	最小応力
magnetic testing	6301	磁気探傷試験, MT	mixed grain	4114	混粒
			mutual induction type	6505	相互誘導方式
magnetic writing	6323	磁気ペン跡			
magnetization curve	7003	J-H 曲線, 磁化曲線	**【N】**		
magnetizing current	6308	磁化電流	natural strain	2116	真ひずみ, 対数ひずみ, 自然ひずみ
magnetizing force	7004	磁界の強さ			
manual testing	6229	手動探傷			
mass loss	5101	腐食減量	NDT instruction	6704	NDT 指示書
maximum force	2134	最大試験力［不連続な降伏を示さない材料の場合］	NDT level	6701	NDT レベル
			NDT procedure	6705	NDT 手順書
			NDT method	6702	NDT 方法
maximum force	2135	最大試験力［不連続な降伏を示す材料の場合］	NDT technique	6703	NDT 技法
			NDT training	6706	NDT 訓練
maximum length of macro-streak-flaw	4126	最大地きず番号	necking elongation	2143	局部伸び
			nominal energy	2305	公称初期位置エネルギー, 公称エネルギー
maximum stress	2708	最大応力			
mean stress	2710	平均応力	nominal initial potential energy	2305	公称初期位置エネルギー, 公称エネルギー
measurement of core loss	7013	交流磁気特性試験			
measurement of DC hysteresis loop	7008	直流ヒステリシス曲線試験	nominal stress	2113	公称応力
			nominal stress	2705	公称応力［疲労試験の］
measurement of iron loss	7013	交流磁気特性試験			
measurement of magnetization characteristic at DC	7002	直流磁化特性試験	nondestructive testing	6001	非破壊試験
			non-fluorescent magnetic particles	6304	非蛍光磁粉
measurement of surface insulation resistance	7017	層間抵抗試験	non-metallic inclusion	4118	非金属介在物
			non-proportional test piece	2104	定形試験片
measurement of wire diameter	3034	径の測定［ワイヤロープ素線の］	normal beam technique	6225	垂直法
measurement of wire rope diameter	3029	径の測定［ワイヤロープの］	notched test piece	2704	切欠き試験片
mechanical test	2001	機械試験	notched test specimen	2704	切欠き試験片
metallographic test	4001	鋼質試験	number of cycles	2719	繰返し数

英語	番号	用語	英語	番号	用語
number of cycles to failure	2720	破断繰返し数, 疲労寿命	percentage reduction of area after creep rupture	2812	クリープ破断絞り (%)
number of twist	3016	ねじり回数	percentage total extension at fracture	2140	破断時全伸び
n-value	2145	加工硬化指数, *n* 値	percentage total extension at maximum force	2141	最大試験力時全伸び
[O]			percentage yield point extension	2138	降伏伸び
oil film weight test	5510	塗油量測定試験	permanent set strength	2132	耐力［永久伸び法］
oxalic acid etching test	5302	しゅう酸エッチング試験	permeability	7006	透磁率
oxide film weight test	5509	酸化膜試験	phased array probe	6206	フェーズドアレイ探触子
[P]			photographic density	6118	写真濃度
painting adherence	5410	塗膜の密着性	pickle lag test	5507	ピックルラグ試験
parallel portion	2105	平行部［試験片の］	pitting potential measurement	5308	孔食電位測定
partially pulsating stress	2718	部分片振り応力	plane-strain fracture toughness test	2604	平面ひずみ破壊じん性試験, K_{Ic} 試験
partially reversed stress, (fluctuating stress)	2716	部分両振り応力	plant test	5113	実地試験［腐食の］
pencil hardness test	5415	鉛筆硬度試験	plastic elongation	2118	塑性伸び, 塑性ひずみ
penetrameter	6102	透過度計	plastic strain	2118	塑性伸び, 塑性ひずみ
penetrant	6402	浸透液	plastic strain ratio	2146	塑性ひずみ比, ランクフォード値, *r* 値
penetrant testing	6401	浸透探傷試験, PT	plate wave technique	6228	板波法
penetration rate	5103	侵食速度	polarization curve	5107	分極曲線
penetration time	6406	浸透時間	porosity test	5408	有孔度試験
percent brittle fracture	2312	ぜい性破面率	precleaning	6405	前処理［浸透探傷試験の］
percent cleavage fracture	2312	ぜい性破面率	preliminary test force	2405	初試験力
percent crystalline fracture	2312	ぜい性破面率	pressing bend method	2202	押曲げ法, ローラ曲げ法
percent ductile fracture	2313	延性破面率	press-notch Charpy test	2615	プレスノッチシャルピー試験
percent fibrous fracture	2313	延性破面率	probe	6203	探触子
percent shear fracture	2313	延性破面率	probe	6502	プローブ
percentage creep elongation	2806	クリープ伸び (%)	probe coil technique	6504	プローブコイル法
percentage elongation	2115	伸び	prod technique	6315	プロッド法
percentage elongation after creep rupture	2810	クリープ破断伸び (%)	projective magnification technique	6111	拡大撮影方法
percentage elongation after fracture	2139	破断伸び	proof strength	2130	耐力
percentage initial plastic elongation	2805	初期塑性伸び, 瞬間ひずみ (%)	proof strength (plastic extension)	2131	耐力［オフセット法］
percentage permanent elongation	2119	永久伸び	proof strength (total extension)	2133	耐力［全伸び法］
percentage plastic extension at maximum force	2142	最大試験力時塑性伸び	proof stress	2130	耐力
			proof stress (non-proportional elongation)	2131	耐力［オフセット法］
percentage reduction of area	2144	絞り	proof stress (total elongation)	2133	耐力［全伸び法］

英語	番号	用語	英語	番号	用語
proportional test piece	2103	比例試験片	relaxation	2905	リラクセーション
			relaxation value	2906	リラクセーション値
proving test for permanent set stress	2132	耐力［永久伸び法］	remaining stress	2908	残留応力［リラクセーション試験の］
			repassivation potential measurement for crevice corrosion	5312	腐食すきま再不動態化電位測定
pulsating stress	2717	片振り応力			
pulse echo technique	6220	パルス反射法			
punch stretch forming test	2503	張出し試験	repeated bending test of electrical steel sheet	3009	繰返し曲げ試験［電磁鋼帯及び鋼板の］
【Q】					
qualification	6707	資格	repeated stress	2707	繰返し応力
			residual induction	7011	残留磁束密度
【R】			residual stress	2908	残留応力［リラクセーション試験の］
radiation field	6107	照射野			
radiographic testing	6101	放射線透過試験，RT	residual stress	2908	残留応力［リラクセーション試験の］
radioscopy	6112	X線透視方法	residual technique	6312	残留法
radius of bend	2206	内側半径	resolution	6207	分解能
radius of fillet	2111	肩部の半径［試験片の］	reverse bend number of steel wire	3019	繰返し曲げ回数［鋼線の］
radius of inner surface	2206	内側半径	reverse bend test of electrical steel sheet	3009	繰返し曲げ試験［電磁鋼帯及び鋼板の］
radius of mandrel	2206	内側半径			
radius of transition curve between grip and parallel portion	2111	肩部の半径［試験片の］	reverse bend test of steel wire	3018	繰返し曲げ試験［鋼線の］
			reverse flattening test of steel tubes	3006	展開試験
rating method of rust and stain of atmospheric corrosion	5313	表面さび発生程度評価	reversed stress	2715	両振り応力
			rigid coil technique	6318	コイル法［固定］
			Rockwell hardness	2418	ロックウェル硬さ
rating number	5105	レイティングナンバ	Rockwell hardness test	2417	ロックウェル硬さ試験
ratio of flared diameter to original diameter	3005	押し広げ率	Rockwell superficial hardness	2419	ロックウェルスーパーフィシャル硬さ
Rayleigh wave testing	6227	表面波法	roller bend method	2202	押曲げ法，ローラ曲げ法
real-time radiography	6112	X線透視方法	roller coating test	5514	ローラコーティング試験
rebound hardness test	2403	反発硬さ試験	root bend test	2210	裏曲げ試験
reduction of area	2144	絞り	rupture strength of steel sheet piling joint	3014	継手破断強度［鋼矢板の］
reference block	6211	対比試験片［超音波探傷試験用］			
reference block	6404	対比試験片［浸透探傷試験用］	r-value	2146	塑性ひずみ比，ランクフォード値，r値
reference block technique	6219	試験片方式	**【S】**		
reference sample	6503	対比試験片［渦電流探傷試験用］	salt spray test	5203	塩水噴霧試験
			scale (Rockwell hardness scales)	2420	スケール［ロックウェル硬さの］
reference specimen	6503	対比試験片［渦電流探傷試験用］	scanning sensitivity	6216	探傷感度
			search unit	6203	探触子
reference test piece	6307	対比試験片［磁気探傷試験用］	self induction type	6506	自己誘導方式
reflectance test for solar radiation	5416	日射反射率試験	separation strength of steel sheet piling joint	3013	継手離脱強度［鋼矢板の］
reflection technique	6220	パルス反射法	service stress	2711	実働応力
rejection level	6232	検出レベル，評価レベル	service test	5113	実地試験［腐食の］

英語	番号	用語	英語	番号	用語
shearing strength of welded point of welded wire mesh	3036	溶接点せん断強さ［溶接金網の］	stress relaxation test piece	2904	リラクセーション試験片
shearing strength test for welded point of welded wire mesh	3035	溶接点せん断強さ試験［溶接金網の］	stress-strain curve	2121	応力－ひずみ線図，$S-S$曲線
Shore hardness	2422	ショア硬さ	stress-strain diagram	2121	応力－ひずみ線図，$S-S$曲線
Shore hardness test	2421	ショア硬さ試験	sulfuric acid test	5301	硫酸腐食試験
side bend test	2211	側曲げ試験	sulphur dioxide corrosion test	5210	二酸化硫黄ガス試験
single probe technique	6224	一探触子法	sulphur print examination for steel	4107	サルファプリント試験［鋼の］
small scale brittle fracture test	2612	小形ぜい性破壊試験，小形試験	SUMP examination	4105	スンプ試験
small scale test	2612	小形ぜい性破壊試験，小形試験	surface wave technique	6227	表面波法
S-N curve	2725	$S-N$曲線	**【T】**		
S-N diagram	2724	$S-N$線図，応力－繰返し数線図	tensile strain hardening exponent	2145	加工硬化指数，n値
solder capillary rise test	5504	はんだの毛細管上昇試験	tensile strength	2136	引張強さ
solder spreading test	5503	はんだの広がり試験	tensile strength of steel sheet piling joint	3012	継手引張強度［鋼矢板の］
solder wetting rate test	5505	はんだのぬれ速度試験	tensile stress relaxation test	2903	引張リラクセーション試験
solderability test	5501	はんだ性試験	tensile test	2101	引張試験
soldered joint strength test	5502	はんだ付着強度試験	tensile test at elevated temperature	2149	高温引張試験
solution volume to specimen area ratio	5106	比液量	tensile test of steel sheet piling joint	3011	継手引張試験［鋼矢板の］
sound path length	6213	ビーム路程	tensile test of wire taken from a rope	3030	破断試験［ワイヤロープ素線の］
spark test for steel	4301	火花試験［鋼の］	test force	2406	試験力［硬さ試験の］
specific apparent power	7015	皮相電力	test method for fracture toughness	2603	破壊じん性試験
specific test	1001	受渡試験	test on wire rope	3027	ワイヤロープ試験
specific total loss	7014	鉄損	test piece for bend test	2205	曲げ試験片
specified sensitivity	6217	基準感度	test piece for Charpy impact test	2304	シャルピー衝撃試験片
standard test block	6210	標準試験片［超音波探傷試験用］	test piece for tensile test	2102	引張試験片
standard test piece	6306	標準試験片［磁気探傷試験用］	tests for electric and magnetic properties	7001	電磁気試験
standardized block	2410	硬さ基準片	threading conductor technique	6316	電流貫通法
straight beam technique	6225	垂直法	through conductor technique	6316	電流貫通法
straightness test	3026	真直性試験［鋼線の］	through flux technique	6320	磁束貫通法
strain rate	2122	ひずみ速度	through transmission technique	6221	透過法
stress amplitude	2712	応力振幅	time for the application of the test force (loading time)	2408	負荷時間
stress concentration factor	2723	応力集中係数，形状係数	torsion number	3016	ねじり回数
stress corosion cracking test in chloride solution	5306	濃厚塩化物応力腐食割れ試験			
stress endurance diagram	2724	$S-N$線図，応力－繰返し数線図			
stress range	2713	応力範囲			
stress rate	2125	応力増加速度			
stress ratio	2714	応力比			
stress relaxation curve	2910	リラクセーション曲線			
stress relaxation test	2901	リラクセーション試験			

英語	番号	用語	英語	番号	用語
torsion test of steel wire	3015	ねじり試験 [鋼線の]	Vickers hardness	2414	ビッカース硬さ
torsion test of wire taken from a rope	3031	ねじり試験 [ワイヤロープ素線の]	Vickers hardness test	2413	ビッカース硬さ試験
total case depth (hardened by carburizing treatment)	4205	全硬化層深さ	visual testing	6603	目視試験, VT
			【W】		
total decarburized depth	4213	全脱炭層深さ	Wahl factor	3023	ワール (Wahl) の修正係数
total elongation	2117	全伸び	Wahl stress correction factor	3023	ワール (Wahl) の修正係数
total length of macro-streak-flaw	4125	地きず長さの総和	weighted average plastic strain ratio (longitudinally)	2147	平均塑性ひずみ比
total strain	2909	全ひずみ	welded wide plate test	2609	溶接縦継手切欠き引張試験
transducer element	6202	振動子			
transition curve	2316	遷移曲線	wet technique	6310	湿式法
transition temperature	2315	遷移温度	winding bend method	2203	巻付け法
transmission technique	6221	透過法	work hardening coefficient	2145	加工硬化指数, n 値
trigger/alarm level	6232	検出レベル, 評価レベル	working sensitivity	6216	探傷感度
true strain	2116	真ひずみ, 対数ひずみ, 自然ひずみ	wrap (wrapping) test of steel wire	3020	巻付試験 [鋼線の]
			wrapping and unwrapping test of wire taken from a rope	3032	巻解試験 [ワイヤロープ素線の]
true stress	2114	真応力			
twin transducer probe	6204	二振動子探触子			
twist test of steel wire	3015	ねじり試験 [鋼線の]	【X】		
type test	1002	形式試験	X-ray fluorescence analysis	5404	蛍光 X 線分析法, 蛍光 X 線法
【U】					
ultrasonic testing	6201	超音波探傷試験, UT	【Y】		
ultraviolet lamp	6305	紫外線照射装置	yield point	2127	降伏点, 降伏応力
uniform gauge test piece	2703	平滑試験片	yield ratio	2137	降伏比
unnotched test piece	2703	平滑試験片	yield strength	2127	降伏点, 降伏応力
upper yield point	2128	上降伏点, 上降伏応力	yield strength	2130	耐力
upper yield strength	2128	上降伏点, 上降伏応力	yield strength by extension under load method	2133	耐力 [全伸び法]
upper yield stress	2128	上降伏点, 上降伏応力	yield strength by offset method	2131	耐力 [オフセット法]
UV-A lamp	6305	紫外線照射装置	yield stress	2127	降伏点, 降伏応力
【V】			yoke technique	6319	極間法
varying stress	2706	変動応力			
V-block bend method	2204	V ブロック法			

鉄鋼用語（製品及び品質）
Glossary of terms used in iron and steel (Products and quality)

JIS (2000, 09) 改正
JIS (1984) 制定

1 適用範囲

この規格は，主として圧延，鋳造又は鍛造された，主に鋼の用途別製品及び品質に関する用語及び定義について規定する。

2 引用規格

この規格には，引用規格はない。

3 分類

鉄鋼用語（製品及び品質）の分類は，次による。

a) 鋼の種類，溶鋼，粗鋼及び鋼片

  1) 鋼の種類

  2) 溶鋼，粗鋼及び鋼片

b) 鋼材（形状別・製造法別）

  1) 鋼材

  2) 鋼板及び鋼帯

  3) 表面処理鋼板及び鋼帯

  4) 鋼管

  5) 形鋼・鋼矢板

  6) 棒鋼・線材

  7) 鋳鍛造品

c) 鋼材（用途別）

  1) 一般加工用

  2) 構造用・圧力容器用

  3) 土木・建築用

  4) 鉄道用

  5) 鋼管（配管用・熱伝達用・構造用・特殊用途）

  6) 線材・線材二次製品

7) 機械構造用炭素鋼・合金鋼

8) 特殊用途鋼（ステンレス鋼・耐熱鋼・工具鋼・クラッド鋼）

9) 電気用材料

d) 材質及びその他の品質

1) 化学成分・材質

2) 表面処理・表面仕上げ

3) 形状・寸法

4) その他

4 用語及び定義

用語及び定義は，次による。

注記　最右欄の対応英語は，参考である。また，鋼製品の対応英語では，"steel" の単語は，あえて省略
している用語もある。

4.1 鋼の種類，溶鋼，粗鋼及び鋼片

4.1.1 鋼の種類

番号	用語	定義	対応英語（参考）
1101	純鉄	炭素その他の不純物元素の含有率が，非常に低い鉄 注釈1　不純物元素の限界についての明確な区分はないが，炭素含有率 0.02 %程度まで純鉄と称されている。 注釈2　電解鉄，アームコ鉄，カーボニル鉄及び還元鉄は，純鉄として取り扱われている。	pure iron
1102	電解鉄	鉄塩水溶液の電解によって得られる純鉄 注釈1　通常，含有される不純物元素は，炭素 0.005 %以下，けい素 0.005 %以下，マンガン 0.005 %以下，りん 0.004 %以下，及び硫黄 0.005 %以下である。	electrolytic iron
1103	鋼	鉄を主成分として，一般に約 2 %以下の炭素及びその他の成分を含むもの	steel
1104	炭素鋼	鉄と炭素との合金で炭素含有率が，通常 0.02 %〜約 2 %の範囲の鋼 注釈1　少量のけい素，マンガン，りん，硫黄などを含むのが普通である。便宜上，炭素含有量又は硬さ（強度も含まれる。）によって炭素鋼は，更に次のように分類される場合がある。 　　　　炭素含有量による分類：低炭素鋼，中炭素鋼，高炭素鋼 　　　　硬さによる分類：極軟鋼，軟鋼，硬鋼	carbon steel

番号	用語	定義	対応英語（参考）
1105	合金鋼	鋼の性質を改善向上させるため，又は所定の性質をもたせるために合金元素を1種又は2種以上含有させた鋼 注釈1　合金元素の含有率の基準は，ISO 4948-1 と若干異なるが，財務省貿易統計の分類では，いずれかの合金元素が次の数値以上の鋼をいう。 単位　% | 合金元素	含有率	合金元素	含有率	合金元素	含有率
---	---	---	---	---	---
Al	0.3	Mn	1.65	W	0.3
B	0.000 8	Mo	0.08	V	0.1
Cr	0.3	Ni	0.3	Zr	0.05
Co	0.3	Nb	0.06	その他	0.1
Cu	0.4	Si	0.6	(S, P, C,	
Pb	0.4	Ti	0.05	N を除く)		 注釈2　便宜上，合金元素含有率の多少によって，高合金鋼又は低合金鋼ということもある。	alloy steel
1106	超合金	鋼の耐食性及び／又は耐熱性を改善するため，合金元素を多量に添加し，鉄の含有率が，約50%以下となっている合金 注釈1　ニッケルクロム鉄合金などがある（JIS G 4901，JIS G 4902，JIS G 4903 及び JIS G 4904 参照）。	super alloy
1107	リムド鋼	鋼塊鋳造による鋼の分類であり，鋳型（インゴットケース）内で溶鋼中の酸素と炭素とが作用して一酸化炭素を発生し，溶鋼が特有の沸騰かくはん（攪拌）運動（リミングアクションという。）をしながら凝固した鋼 注釈1　脱酸剤としてフェロマンガン，少量のアルミニウムなどを加えて造った鋼。 注釈2　表層部は清浄であるが，表層以外には偏析がある。	rimmed steel
1108	キャップド鋼	鋼塊鋳造による鋼の分類であり，未脱酸の溶鋼を鋳型（インゴットケース）に注入後，間もなく脱酸剤を加えるか，又は鋳型に蓋をし，リミングアクションを早めに強制的に終了させ，内部を静かに凝固させた鋼 注釈1　前者をケミカルキャップド鋼，後者をメカニカルキャップド鋼という。キャップド鋼は，表層部をリムド鋼のような清浄なものとするとともに，内部をセミキルド鋼のような偏析の少ない状態とし，かつ，気泡によって収縮孔を相殺しようとしたものである。	capped steel
1109	セミキルド鋼	鋼塊鋳造による鋼の分類であり，脱酸剤としてフェロマンガン，フェロシリコン，アルミニウムなどを適量添加して，リムド鋼とキルド鋼との中間程度の脱酸を行い，凝固進行に伴って，若干の気泡を発生させ，凝固による収縮孔を少なくした鋼	semi-killed steel

番号	用語	定義	対応英語（参考）
1110	キルド鋼	フェロシリコン，アルミニウムなどで十分に脱酸を行った鋼 注釈1　鋼塊鋳造による場合は，鋳型（インゴットケース）内での凝固進行中に，一酸化炭素を発生せずに静かに凝固し，比較的均質で偏析が少なく気泡もない。しかし，上部中心に収縮孔ができ，歩留りはよくない。連続鋳造による鋼は，キルド鋼であり，鋼塊鋳造による鋼に比べ均質で歩留りもよい。 注釈2　キルド鋼は，更に結晶粒度又は脱酸剤によって次のように分類される。 a)　結晶粒度による分類 　　粗粒キルド鋼：オーステナイト結晶粒度で粒度番号5未満のキルド鋼をいう。 　　細粒キルド鋼：オーステナイト結晶粒度で粒度番号5以上のキルド鋼をいう。 b)　脱酸剤による分類 　　シリコンキルド鋼 　　アルミ（ニウム）キルド鋼 　　シリコンアルミ（ニウム）キルド鋼	killed steel
1111	リムド相当鋼	リムド鋼の代替として，連続鋳造において，弱脱酸して製造される鋼 注釈1　主として，低炭素鋼線材に適用される。	rimmed substitute steel
1112	鋳鉄	鉄と炭素を主成分として，一般に約2%を超える炭素及びその他の成分を含むもの	cast iron
注記		脱酸(deoxidation)：けい素，マンガン，アルミニウムなどの元素を添加して溶鋼中に含まれている酸素を除去すること。鋼は，脱酸の程度によって，キルド鋼，セミキルド鋼，キャップド鋼，及びリムド鋼に分類される。	

4.1.2　溶鋼，粗鋼及び鋼片

番号	用語	定義	対応英語（参考）
1201	溶鋼	鋳造準備のできた液体状態の鋼 注釈1　溶鋼には，主に，鋳型（インゴットケース）へ注入するもの，連続鋳造するためのもの，及び鋳鋼品用のものがある。	liquid steel
1202	粗鋼	鋼塊（連続鋳造鋼片又は鋳片を含む。）及び鋳鋼の総称 注釈1　生産統計では，粗鋼は，次のように表される。 　　粗鋼＝圧延用鋼塊（インゴットケース及び連続鋳造によるもの）＋鍛鋼用鋼塊＋鋳鋼鋳込	crude steel
1203	鋼塊	溶鋼を鋳型（インゴットケース）に鋳込み凝固させたもの，又は連続鋳造された鋼片 注釈1　通常は，熱間加工又は鍛造による後工程で，半製品又は製品に加工される。 注釈2　真空アーク又はエレクトロガススラグ法で再溶解され，鋳造された鋼塊を含む。	ingots
1204	鋼片	鋼塊を圧延若しくは鍛造することによって，又は連続鋳造によって得られる長さ方向に一定の断面形状をもつ半製品 注釈1　連続鋳造によって製造した鋳片を，圧延又は鍛造によって加工した半製品を含む。 注釈2　一般には，次の工程で熱間圧延又は熱間鍛造を行って，仕上げ製品に加工することを意図したもの。断面の形状及び寸法によって，スラブ，ブルーム，ビレット，シートバーなどに分類される。	semi-finished products

番号	用語	定義	対応英語（参考）
1205	スラブ	通常，厚さが 50 mm 以上で，幅の厚さに対する比率が 2 以上の板状鋼片 注釈1　鋼板及び鋼帯の圧延素材として使用される。	slabs
1206	ブルーム	断面が，角形（正方形及び長方形）又は円形の一定サイズの鋼片 注釈1　長方形断面は，長辺が短辺の 2 倍以下である。 注釈2　正方形ブルーム（square blooms），長方形ブルーム（rectangular blooms）及び円形ブルーム（round blooms）があり，通常，一辺又は直径の寸法が 200 mm を超える鋼片である。 注釈3　ISO 6929 では，一般に，正方形ブルームとして 1 辺が 200 mm を超える鋼片，及び長方形ブルームとして 40 000 mm² を超える断面積をもち，幅の厚さに対する比率が 2 以下の鋼片と定義している。	blooms
1207	ビレット	断面が，角形（正方形及び長方形）又は円形の一定サイズの鋼片 注釈1　長方形断面は，長辺が短辺の 2 倍以下である。 注釈2　正方形ビレット（square billets），長方形ビレット（rectangular billets）及び円形ビレット（round billets）があり，通常，一辺又は直径の寸法が 50 mm 以上で 200 mm 以下の鋼片である。 注釈3　ISO 6929 では，一般に，正方形ビレットとして 1 辺が 50 mm 以上 200 mm 以下の鋼片，及び長方形ビレットとして断面積が 2 500 mm² 以上 40 000 mm² 以下の断面積をもち，幅の厚さに対する比率が 2 以下の鋼片と定義している。	billets
1208	シートバー	断面が長方形で，通常，厚さが 50 mm 以下で，幅 250 mm 程度の短冊状の鋼片 注釈1　プルオーバ圧延機によって製造する鋼板の素材として使用される。	sheet bars
1209	形鋼用ブランク	特に，大断面の形鋼，シートパイルなどの製造に用い，目的の形状を得るためにあらかじめ成形された鋼片 注釈1　鋼片の断面積は，一般に 2 500 mm² を超える。粗形鋼片（shaped blooms）又はビームブランク（beam blank）ともいう。	blanks for sections
1210	鋳込み	鋳型に溶湯を注入する操作 注釈1　注湯ともいう。 注釈2　一般に，"湯" は，溶融状態の金属を意味する。	castings as poured
1211	鋳放し	鋳込み品から湯口，押湯などを除去し，鋳仕上げを終わった鋳物 注釈1　機械加工，熱処理を施す場合が多いので，その前の素材という見方から，この用語を使用している。	castings unmachined
1212	鍛鋼打放し	鋼塊又は鋼片から，所要の形状に鍛造し，機械加工前の状態にあるもの	steel forgings unmachined

4.2　鋼材（形状別・製造法別）

4.2.1　鋼材

番号	用語	定義	対応英語（参考）
2001	鋼材	圧延，鍛造，引抜き，押出し，鋳造など各種の方法で所要の形状に加工された鋼の総称 注釈1　鋼塊及び鋼片を含まない。	steel products

番号	用語	定義	対応英語 (参考)
2002	圧延鋼材	棒鋼, 線材, 形鋼, 鋼板, 鋼帯, 平鋼などの形状に圧延加工した鋼材 注釈 1 通常, 製造業者にて更に熱間圧延されることはない。	rolled steel products
2003	再生鋼材	余剰となった鋼材又は端材の再圧延によって製造された鋼材 注釈 1 JIS G 3117 参照。	rerolled steels

4.2.2 鋼板及び鋼帯

番号	用語	定義	対応英語 (参考)
2101	鋼板	平らに熱間圧延又は冷間圧延によって製造し, 平板状に切断した鋼材 注釈 1 鋼帯からの切板も含む。ただし, 平鋼は, 含まない。	steel plates, steel sheets
2102	厚鋼板	熱間圧延によって製造し, 統計を目的とした分類では, 厚さ 3.0 mm 以上の鋼板 注釈 1 3.0 mm 以上 6.0 mm 未満のものを中板, 6.0 mm 以上のものを厚板という場合もある。	steel plates
2103	薄鋼板	熱間又は冷間圧延によって製造し, 通常, 厚さ 3.0 mm 未満の鋼板 注釈 1 薄板ともいう。	steel sheets
2104	鋼帯	平らに熱間圧延又は冷間圧延によって製造し, コイル状に巻いた鋼材	steel strip in coil, steel sheet in coil, steel plate in coil
2105	熱間圧延鋼板	熱間で圧延した鋼板 注釈 1 熱間圧延鋼帯からの切板及び熱加工制御（TMCP）を行った鋼板も含む。	hot rolled steel plates and strip in cut length
2106	熱間圧延鋼帯	熱間で圧延した鋼帯 注釈 1 熱間圧延鋼帯には, 熱加工制御（TMCP）を行った鋼帯も含む。	hot rolled steel plates sheet and strip in coil
2107	冷間圧延鋼板	冷間で圧延した鋼板 注釈 1 ISO 6929 では, 冷間圧延で断面積を少なくとも 25 % 減少した鋼板。	cold rolled steel sheet and strip in cut length
2108	冷間圧延鋼帯	冷間で圧延した鋼帯 注釈 1 600 mm 以上の幅の鋼帯を冷間圧延広幅鋼帯及びそれからせん断された 600 mm 未満の幅の鋼帯を冷間圧延狭幅鋼帯という。 注釈 2 ISO 6929 では, 冷間圧延で断面積を少なくとも 25 % 減少した鋼板。	cold rolled steel sheet and strip in coil
2109	しま（縞）鋼板	圧延ロールの表面に刻み目を入れて鋼板の片面にすべり止めなどの模様を規則的に浮き出させた鋼板 注釈 1 床用鋼板ともいう。	checkered plates, floor steel plates
2110	みがき帯鋼	600 mm 未満の幅で冷間圧延した鋼帯及びそれからせん断された鋼板の総称	cold rolled steel strip
2111	みがき特殊帯鋼	機械構造用炭素鋼, 機械構造用合金鋼, 工具鋼, ばね鋼などを用いたみがき帯鋼	cold rolled special steel strip
2112	波板	主に, 溶融めっき鋼板又は塗装溶融めっき鋼板に波状の成形を施した鋼板	corrugated steel sheets

4.2.3 表面処理鋼板及び鋼帯

番号	用語	定義	対応英語 (参考)
2201	表面処理鋼板 及び鋼帯	表面に金属又は非金属を被覆した鋼板及び鋼帯 注釈 1 被覆方法及び被覆材の種類によって溶融めっき, 電気めっき, 塗装などに分けられる。	surface treated steel sheet and strip

番号	用語	定義	対応英語（参考）
2202	溶融めっき鋼板及び鋼帯	溶融した金属の中に浸して金属被覆した鋼板及び鋼帯	hot-dip coated steel sheet and strip
2203	電気めっき鋼板及び鋼帯	電気化学的に析出（電着）する方法で金属被覆した鋼板及び鋼帯	electrolytic coated steel sheet and strip
2204	塗装鋼板及び鋼帯	合成樹脂塗料を塗装し焼き付けて仕上げた鋼板及び鋼帯	prepainted steel sheet and strip

4.2.4 鋼管

番号	用語	定義	対応英語（参考）
2301	鋼管	継目無し，溶接又は鍛接によって，筒状に成形加工された鋼材 注釈1　慣用として，英語用語は基本的には"steel tube"を使用し，ラインパイプなどの輸送用及び大径鋼管に限って"steel pipe"を用いる。	steel tubes
2302	継目無鋼管	鋼塊又は鋼片から熱間で圧延，押出し，若しくは押抜きによって製造されるか，又はせん孔後機械仕上げによって製造される継目のない鋼管 注釈1　熱間で圧延，押出し又は押抜きによって製造されたままの継目無鋼管及び必要に応じて，熱処理，スケール除去などを施したものを熱間仕上げ継目無鋼管という。 注釈2　継目無鋼管を冷間引抜き又は冷間圧延したものを冷間仕上げ継目無鋼管という。	seamless steel tubes
2303	溶接鋼管	厚鋼板，薄鋼板又は鋼帯を成形し，突き合わせた端部を溶接した鋼管 注釈1　溶接は，長手方向に平行とらせん状とがある。	welded steel tubes
2304	電気抵抗溶接鋼管	鋼帯又は鋼板を筒状に成形した後，電気抵抗溶接法によって，継目部を溶接して製造され，管の長手方向に平行な1本の溶接線をもつ鋼管 注釈1　電気抵抗溶接鋼管は，電縫鋼管ともいう。 注釈2　電気抵抗溶接鋼管を熱間絞り圧延したもの及び熱間での電気抵抗溶接法において製造されたものを熱間仕上げ電気抵抗溶接鋼管といい，冷間引抜き又は冷間圧延したものを冷間仕上げ電気抵抗溶接鋼管という。	electric resistance welded steel tubes
2305	サブマージアーク溶接鋼管	鋼板又は鋼帯を筒状に成形した後，継目部をサブマージアーク溶接法によって，溶接して製造された鋼管 注釈1　管の長手方向に平行な溶接線をもつ場合をストレートシーム溶接鋼管といい，らせん状の溶接線をもつ場合をスパイラルシーム溶接鋼管という。 注釈2　ストレートシーム溶接鋼管は，その製管方法によって，次のようにもいう。 　－　UO鋼管又はUOE鋼管 　－　プレスベンド（PB）鋼管 　－　ロールベンド（RB）鋼管 注釈3　スパイラルシーム溶接鋼管は，スパイラル鋼管ともいう。	submerged arc welded steel tubes
2306	自動アーク溶接鋼管	溶接ワイヤの自動送りが可能で，連続的に溶接が進行する装置によって，溶接して製造された鋼管 注釈1　普通鋼の場合は，サブマージアーク溶接法が一般的であり，ステンレス鋼管の場合は，TIG溶接法，プラズマアーク溶接法又はMIG溶接法がある。	automatic arc welded steel tubes

番号	用語	定義	対応英語（参考）
2307	鍛接鋼管	鋼帯を加熱し，円筒状に成形した後，加熱圧接法によって，継目部を圧着して製造され，管の長手方向に平行な 1 本のストレートシームをもつ鋼管	butt-welded steel tubes
2308	レーザ溶接鋼管	鋼帯又は鋼板を筒状に成形した後，レーザ溶接法によって，継目部を溶接して製造され，管の長手方向に平行な 1 本の溶接線をもつ鋼管	laser welded steel tubes

4.2.5　形鋼・鋼矢板

番号	用語	定義	対応英語（参考）
2401	条鋼	形鋼，鋼矢板，平鋼，棒鋼などの形状に成形加工した鋼材 注釈1　一般に，箱形のカリバー圧延機又はユニバーサル圧延機で熱間にて圧延する。	long products
2402	形鋼	山形，溝形，I 形，H 形などの断面形状に成形加工した鋼材 注釈1　ISO 6929 では，山形を L 形，溝形を U 形という。	sections
2403	熱間圧延形鋼	熱間で圧延した形鋼 注釈1　熱加工制御（TMCP）を行った形鋼も含む。	hot rolled sections
2404	H 形鋼	H の字に似た断面をもった形鋼 注釈1　JIS G 3192 参照。 注釈2　通常，ユニバーサル圧延機によって製造し，平行する各々の二辺が等厚であり，辺の内面の傾斜はない。 注釈3　H 形鋼には，外法（そとのり）一定 H 形鋼を含む。外法一定 H 形鋼とは，フランジの厚さによらず，高さが一定の H 形鋼である。 注釈4　高さと辺との関係によって細幅（beam），中幅（beam）及び広幅（column）に区分される場合がある。 注釈5　ISO 6929 では，フランジの幅が呼び高さの 0.66 倍を超えるか，又は 300 mm 以上のものとし，フランジの幅が呼び高さの 0.8 倍を超えるものを，"コラム（column）"ともいう。	H sections
2405	CT 形鋼	H 形鋼のウェブを切断して分割した形鋼 注釈1　JIS G 3192 参照。 注釈2　CT 形鋼には，外法一定 CT 形鋼を含む。	Cut T sections
2406	I 形鋼	I の字に似た断面をもった形鋼 注釈1　JIS G 3192 参照。 注釈2　ISO 6929 では，I 形鋼と H 形鋼の更なる区分として，フランジの幅が呼び高さの 0.66 倍以下で，かつ，300 mm 未満のものを I 形鋼としている。	I sections
2407	T 形鋼	T の字に似た断面をもった形鋼 注釈1　JIS G 3192 参照。	T sections
2408	溝形鋼	U の字に似た断面をもった形鋼 注釈1　JIS G 3192 参照。	U sections
2409	山形鋼	L の字に似た断面をもった形鋼 注釈1　二辺の長さ及び厚さが各々等しいか又は異なるかによって等辺山形鋼，不等辺山形鋼，又は不等辺不等厚山形鋼という（JIS G 3192 参照）。	angles
2410	球平形鋼	平鋼の幅方向の一方の縁に，全長にわたって片側に突き出た突起が付いている形鋼 注釈1　JIS G 3192 参照。 注釈2　ISO 6929 では，幅は一般的に 430 mm 未満である。	bulb flats

番号	用語	定義	対応英語（参考）
2411	熱間押出形鋼	熱間押出しによって製造する形鋼 注釈1　熱間押出しとは，加熱した鋼片を金型（ダイス）を通して成形する製造方法である。	hot extruded sections
2412	軽量形鋼	鋼板又は鋼帯から冷間成形法によって製造する形鋼 注釈1　JIS G 3350 参照。 注釈2　通常，冷間成形には，ロール成形又はプレスベンダー加工を用いる。 注釈3　断面形状として，溝形，Z形，山形，リップ溝形などがある。 注釈4　表面処理鋼板及び鋼帯を用いる場合がある。 注釈5　H形の場合は，鋼帯から連続的に溶接して成形され，溶接軽量 H 形鋼と呼ばれている（JIS G 3353 参照）。 注釈6　通常，簡易鋼矢板（軽量鋼矢板ともいう。）は，軽量形鋼に含めない。	light gauge sections
2413	鋼矢板	両縁に水密性の継手をもち，水，土壌などの仕切り壁を構成するために用いる形鋼 注釈1　断面の形状によって，U形，Z形，直線形，H形，ハット形などの種類がある（JIS A 5523，JIS A 5528 など参照）。 注釈2　熱間圧延による鋼矢板のほか，鋼管に継手部材を付けた鋼管矢板，鋼板を冷間加工した簡易鋼矢板などもある。 注釈3　ISO 6929 では，ほかに組立矢板及び箱形矢板がある。	sheet piling
2414	坑枠鋼	I の字又は Ω の字に似た断面をもち，坑道の支保に用いるため土圧の偏荷重に耐えるよう厚肉になっている形鋼 注釈1　通常，坑道の断面に合わせてアーチ形に曲げて用いる。	sections for colliery arches

4.2.6　棒鋼・線材

番号	用語	定義	対応英語（参考）
2501	棒鋼	主として，熱間圧延又は熱間鍛造で製造された，棒状の鋼材 注釈1　断面の形状によって，丸鋼，角鋼及び六角鋼がある。なお，広義には，平鋼，八角鋼，異形棒鋼などを含む場合がある。 注釈2　用途によって，熱間押出し，冷間加工などで製造されたものを含む場合がある。 注釈3　棒鋼には，バーインコイルを含む。	bars
2502	バーインコイル	長尺のままコイル状に巻いた棒鋼 注釈1　バーインコイルは，一般に，棒鋼用途であり，線材とは材質及び用途が異なるが，外観上は，線材と区別できないため，線材と呼ぶ場合がある。また，線材と同じ圧延ラインで製造するため，統計分類上は，線材として扱われる。なお，狭義には，バーインコイルは，普通鋼の場合だけを指し，特殊鋼の場合は，線材と呼び，区分することがある。 注釈2　径は，一般に，5 mm 以上，50 mm 以下である。	bar in coil
2503	丸鋼	断面が円形の棒鋼 注釈1　径は，一般に，8 mm 以上である。	round bars
2504	角鋼	断面が正方形の棒鋼 注釈1　断面の角に丸みを付けたものも含む。 注釈2　対辺距離は，一般に，8 mm 以上である。	square bars

番号	用語	定義	対応英語（参考）
2505	平鋼	棒状に圧延又は鍛造した鋼で，断面が長手方向に連続した同一の長方形をしており，断面の四つの面とも圧延又は鍛造した面をもつ板状の鋼材 注釈1　厚さは，一般に，5 mm 以上，幅は，2 000 mm を超えない。 注釈2　平角ともいう。 注釈3　ばね鋼では，相対する短辺が両方とも円弧状のものを，丸こば平鋼という。 注釈4　特に，熱間圧延した平鋼を熱間圧延平鋼，冷間圧延した平鋼を冷間圧延平鋼という。	flat bars, wide flat
2506	異形平鋼	相対する長辺及び／又は短辺が平行でない平鋼，並びに長辺にリブ，溝などを付与した平鋼 注釈1　相対する短辺が両方とも円弧状のものを，丸こば平鋼という。	deformed steel flats, round edged steel flats
2507	六角鋼	断面が六角形の棒鋼 注釈1　対辺距離は，一般に，14 mm 以上である。	hexagon bars
2508	八角鋼	棒状に圧延又は鍛造した鋼で，断面が八角形の鋼材 注釈1　対辺距離は，一般に，14 mm 以上である。	octagon bars
2509	異形棒鋼	棒状に圧延した鋼で，表面に，はざ間模様，突起などをもつ鋼材 注釈1　一般に，断面が円形又は角の丸い正方形であり，4 mm 以上の径又は対辺距離をもつ。ISO 6929 では，径又は対辺距離が，少なくとも，5 mm と定義している。 注釈2　表面の凹凸は，コンクリートとの付着力を増すためのものであり，鋼材円周表面に，節などの突起を付けたもの，及び冷間ねじり加工で，らせん状に加工したものがある。軸線方向の突起をリブ，軸線方向以外の突起を節という。	deformed bars
2510	みがき棒鋼	鋼材を冷間引抜き，研削，切削，冷間圧延又はこれらの組合せによって仕上げ，表面品質及び寸法精度を向上させたもの 注釈1　断面の形状によって，丸（材），角（材），六角（材），平（材）などがある。	cold finished steel bars
2511	線材	棒状に圧延し，コイル状に巻いた鋼材で，後続の加工を意図したもの 注釈1　断面が円，だ（楕）円，正方形，長方形，六角形，八角形，半円形などのものがある。 注釈2　一般に，呼称径が 5 mm 以上で，平滑な表面をもつ。 注釈3　線材は，伸線加工を行って線（wire）にする場合の鋼材であり，線と区別するために，ワイヤーロッド（wire rod）ともいう。 注釈4　線材と同じ工程で製造される棒鋼用途のバーインコイルを製造工程で棒鋼と区別するために線材と呼ぶ場合があり，統計上も線材として扱われている。	rod, wire rod
2512	線	線材を，主として，伸線など冷間加工し，コイル状に巻いたもの 注釈1　断面は，一般に，円形であるが，だ（楕）円，正方形，長方形，六角形，八角形，その他の形状（ただし，鋼帯以外）もある。一般に，全長にわたって一定の断面をもち，断面寸法が長さに比べて非常に小さい。	wires

4.2.7 鋳鍛造品

番号	用語	定義	対応英語 (参考)
2601	鋳鋼品	鋼を鋳型に鋳込んで所要形状の製品としたもの 注釈1 鋳型としては,砂型,金型,耐火粘土製のもの,黒鉛製のものなどがある。	steel castings
2602	遠心鋳造品	遠心鋳造法によって製造した鋳物 注釈1 回転の軸方向によって縦型及び水平型があり,鋳型としては金型及び砂型がある。	centrifugal steel castings
2603	精密鋳造品	インベストメント法(ロストワックス法),ショープロセスなどの精密鋳造法によって製造した鋳物 注釈1 一般に,砂型鋳造品より,鋳肌の粗さ及び寸法精度が優れている。	precision steel castings
2604	鍛鋼品	適切な鍛錬成形比を与えるように鋼塊又は鋼片を鍛錬成形し,通常,所定の機械的性質を与えるために熱処理を施したもの	steel forgings
2605	自由鍛造品	特別な金型を使用せず,上下金敷だけで火造りによって製造した鍛造品 注釈1 一般に火造品ともいう。自由鍛造にはハンマ又はプレスを使用する。	open die forgings
2606	型鍛造品, 型打鍛造品	製品に要求される形状及び体積を決定する金型を使って,適切な温度で圧力を加えて鋼を成形して得た鍛造品	drop forgings (closed die forgings)
2607	中空鍛造品, 中打鍛造品	鋼塊から心金を用いてせん孔若しくは押抜きした素材又は中空鋼塊を用いて中空鍛錬又は穴広げ鍛錬によって中空の形状に鍛錬成形した鍛造品	hollow forgings
2608	熱間鍛造品	再結晶温度以上の適切な温度で鍛錬成形した鍛造品	hot forgings
2609	温間鍛造品	通常,400 ℃以上で再結晶温度付近までの適切な温度で鍛錬成形した鍛造品	warm forgings
2610	冷間鍛造品	冷間で鍛錬成形した鍛造品	cold forgings

4.3 鋼材 (用途別)

4.3.1 一般加工用

番号	用語	定義	対応英語 (参考)
3101	絞り用鋼板	自動車部品,電気機械部品,車両部材,建築部材などに用いる冷間成形性を重視して製造した薄鋼板	steel sheets for drawing
3102	深絞り用鋼板	自動車部品,電気機械部品などに用いる冷間での良好な深絞り加工性及び絞り加工後の表面の肌荒れ防止を重視して製造した薄鋼板	steel sheets for deep drawing
3103	非時効性 深絞り用鋼板	通常,アルミ(ニウム)キルド処理などによって,6か月程度の非時効性を保証した冷間圧延深絞り用鋼板	non-ageing steel sheets for deep drawing
3104	非時効性 超深絞り用鋼板	通常,IF鋼によって製造し,6か月程度の非時効性を保証した冷間圧延超深絞り用鋼板	non-ageing steel sheets for extra deep drawing
3105	IF鋼	固溶する炭素及び窒素が極力少なくなる方法で製造した鋼 注釈1 通常,超深絞り用に用いる。	interstitial free steels
3106	熱間圧延 高張力鋼板	比較的良好な加工性を維持しつつ,引張強さを高めた熱間圧延鋼板 注釈1 通常,引張強さ490 N/mm² 以上のものをいう。	hot-rolled high tensile strength steel sheets

番号	用語	定義	対応英語（参考）
3107	冷間圧延 高張力鋼板	比較的良好な加工性を維持しつつ，引張強さを高めた冷間圧延鋼板 注釈1 通常，引張強さ 340 N/mm² 以上のものをいう。 注釈2 降伏点を低くしたもの，加工ひずみ付与後の塗装焼付温度で硬化するものもある。	cold-reduced high tensile strength steel sheets
3108	溶融亜鉛めっき 鋼板及び鋼帯	建材用，家電用，自動車用などの防せい（錆）性を高めるため，溶融亜鉛めっきを行った鋼板及び鋼帯 注釈1 亜鉛鉄板ともいう。	hot-dip zinc-coated steel sheet and strip
3109	電気亜鉛めっき 鋼板及び鋼帯	家電製品用などの防せい（錆）性を高めるため，両面又は片面に電気亜鉛めっきを行った鋼板及び鋼帯	electrolytic zinc-coated steel sheet and strip
3110	塗装溶融亜鉛 めっき鋼板及び 鋼帯	主に建材用として，溶融亜鉛めっき鋼板の両面又は片面に耐食性・耐候性のある合成樹脂塗料を塗装し，焼き付けた鋼板及び鋼帯 注釈1 着色亜鉛鉄板ともいう。	prepainted hot-dip zinc-coated steel sheet and strip
3111	溶融アルミニウム－亜鉛合金めっき鋼板及び鋼帯	建材用などの防せい（錆）性を高めるため，溶融アルミニウム－亜鉛合金めっきを行った鋼板及び鋼帯 注釈1 約5％アルミニウムと亜鉛との合金めっきを行ったもの及び約 55 ％アルミニウムと亜鉛との合金めっきを行ったものがある。	hot-dip aluminium-zinc alloy-coated steel sheet and strip
3112	塗装溶融アルミニウム－亜鉛合金めっき鋼板及び鋼帯	建材用などの防せい（錆）性を高めるため，溶融アルミニウム－亜鉛合金めっき鋼板の両面又は片面に耐食性・耐候性のある合成樹脂塗料を塗装し，焼き付けた鋼板及び鋼帯	prepainted hot-dip aluminium-zinc alloy-coated steel sheet and strip
3113	溶融亜鉛－アルミニウム－マグネシウム合金めっき鋼板及び鋼帯	建材用，家電用，自動車用などの防せい（錆）性を高めるため，溶融亜鉛－アルミニウム－マグネシウム合金めっきを行った鋼板及び鋼帯	hot-dip zinc-aluminium-magnesium alloy-coated steel sheet and strip
3114	溶融アルミニウムめっき鋼板及び鋼帯	耐熱性及び耐候性を高めるため，溶融アルミニウムめっきを行った鋼板及び鋼帯	hot-dip aluminium-coated steel sheet and strip
3115	ぶりき原板	ぶりき及びティンフリースチールに使用される，めっき前の冷間圧延低炭素鋼板及び鋼帯 注釈1 JIS G 3303 参照。	blackplate
3116	ぶりき	食缶用，飲料缶用などに用いるときの耐食性を高めるため，ぶりき原板の両面にすずめっきを施した鋼板及び鋼帯 注釈1 JIS G 3303 参照。	tinplate
3117	ティンフリースチール	食缶用，飲料缶用などに用いるときの耐食性を高めるため，ぶりき原板の両面に電解クロム酸処理を施して，金属クロム層被膜の上にクロム水和酸化物層被膜を形成した鋼板及び鋼帯 注釈1 JIS G 3315 参照。	chromium coated tin free steel
3118	塩化ビニル鋼板及び鋼帯	建材用，家電用などの意匠性及び防せい（錆）性を高めるため，両面又は片面にポリ塩化ビニルを主体とする被覆物を積層又は塗装した鋼板及び鋼帯	steel sheet and strip prepainted or laminated with polyvinyl chloride
3119	ほうろう用鋼板及び鋼帯	ほうろうがけに適するように製造した鋼板及び鋼帯 注釈1 通常，脱炭鋼板が用いられる（JIS G 3133 参照）。	cold rolled carbon steel sheets for vitreous enameling

番号	用語	定義	対応英語（参考）
3120	デッキプレート	鋼板又は鋼帯から冷間成形法によって，波板状に成形した鋼材 注釈1　断面形状は，上フランジ，下フランジ及びウェブで構成され，建築，土木，車両，及びその他の構造物に用いる。 注釈2　JIS G 3352 参照。	steel decks

4.3.2　構造用・圧力容器用

番号	用語	定義	対応英語（参考）
3201	構造用鋼材	建築，橋，船舶，車両，及びその他の構造物用として強度及び必要に応じて溶接性を重視して製造された鋼材 注釈1　機械構造用鋼材については，"機械構造用炭素鋼鋼材"及び"機械構造用合金鋼鋼材"を参照。	steels for structure
3202	耐候性圧延鋼材	自然環境の大気中において，通常の炭素鋼に比べて緻密なさび（錆）を形成しやすく腐食に耐える圧延鋼材	rolled steels with improved atmospheric corrosion resistance
3203	ボイラ用鋼材	ボイラ及び圧力容器用として高温強度及び溶接性を重視して製造された鋼材 注釈1　通常，ボイラ及び圧力容器の主要部分に使用される。	steels for boilers
3204	圧力容器用鋼材	圧力容器及び高圧設備用として，強度，溶接性及び主として常温でのじん（靱）性を重視して製造された鋼材 注釈1　通常，圧力容器の主要部分に使用される。	steels for pressure vessels
3205	低温用鋼材	低温下で使用される容器設備及び構造用として，低温じん性及び溶接性を重視して製造された鋼材 注釈1　使用温度によって炭素鋼，低合金鋼，2.5 %Ni 鋼，3.5 %Ni 鋼，7 %Ni 鋼，9 %Ni 鋼，オーステナイト系ステンレス鋼などがある。	steels for low temperature service
3206	高張力鋼	建築，橋，船舶，車両，自動車その他の構造物用及び圧力容器用として，通常，引張強さ 490 N/mm^2 以上で溶接性，切欠きじん性及び加工性も重視して製造された鋼材 注釈1　冷延鋼板では，引張強さ 340 N/mm^2 以上を高張力鋼という。	high tensile strength steels
3207	調質高張力鋼	焼入焼戻しを行うことによって高張力鋼としての性質を与えた鋼材	quenched and tempered high tensile strength steels
3208	非調質高張力鋼	圧延のまま又は焼入焼戻し以外の熱処理の状態で高張力鋼としての性質を与えた鋼材 注釈1　制御圧延又は熱加工制御（TMCP）の状態も含む。 注釈2　圧延のまま，制御圧延，熱加工制御及び焼入焼戻しの用語定義は，JIS G 0201 参照。	—
3209	熱加工制御（TMCP）鋼	制御圧延を基本に，その後空冷又は強制的な制御冷却を行う熱加工制御法によって製造された鋼材	steels manufactured by thermo-mechanical control process

4.3.3　土木・建築用

番号	用語	定義	対応英語（参考）
3301	H 形鋼ぐい	土木・建築などの構造物の基礎くいに使用する H 形鋼 注釈1　JIS A 5526 参照。	steel H piles

番号	用語	定義	対応英語（参考）
3302	鋼管ぐい	土木・建築などの構造物の基礎, 地すべり抑止などに用いる溶接鋼管 注釈 1　JIS A 5525 参照。	steel pipe piles
3303	鋼管矢板	管の外面長手に継手部を設け, 連続して壁状に打設し, 土留め, 締切り, 構造物の基礎などに用いる溶接鋼管 注釈 1　JIS A 5530 参照。	steel pipe sheet piles
3304	鉄筋コンクリート用棒鋼	コンクリート補強用として強度及び必要に応じて, 溶接性及び圧接性を重視して製造された棒鋼 注釈 1　丸鋼及び異形棒鋼の 2 種類がある。	steel bars for concrete reinforcement
3305	PC 鋼棒	熱間圧延したキルド鋼を用いホットストレッチング, 冷間引抜き, 熱処理のいずれかの方法又はこれらの組合せによって仕上げられた鋼棒 注釈 1　プレストレストコンクリートに用いられ, 断面の形状は, 円形及び異形である。	steel bars for prestressed concrete
3306	細径異形 PC 鋼棒	熱間圧延したキルド鋼を用い, 焼入焼戻しによって仕上げられた細径の鋼棒 注釈 1　プレストレストコンクリートに用いられ, 断面の形状は, 異形である。	small size-deformed steel bars for prestressed concrete

4.3.4　鉄道用

番号	用語	定義	対応英語（参考）
3401	レール	車輪を直接支持, 誘導する部材 注釈 1　JIS E 1001 参照。	rail
3402	普通レール	1 m 当たりの質量が 30 kg 以上のレール 注釈 1　JIS E 1101 参照。	flat bottom railway rail
3403	軽レール	1 m 当たりの質量が 30 kg 未満のレール 注釈 1　JIS E 1103:1993 参照。	light rail
3404	圧延輪心	鍛造と圧延とによって製造される鉄道車両用車輪の中心部 注釈 1　リムとボスとを円板で結ぶ形のもので, ボスの部分には車軸をはめ込み固定され, リムの外周にはタイヤが焼ばめされる。	rolled wheel centre
3405	一体圧延車輪	タイヤと輪心とを一体で構成し, 圧延によって製造した車輪 注釈 1　JIS E 4001 参照。	solid rolled wheel
3406	鋳鋼車輪	鋳鋼によって製造される鉄道車両用の輪心とタイヤとを一体にした形の車輪 注釈 1　一体鋳鋼車輪ともいう。	solid cast wheel
3407	鋳鋼輪心	鋳鋼によって製造される鉄道車両用車輪の輪心	cast wheel centre

4.3.5　鋼管（配管用・熱伝達用・構造用・特殊用途）

番号	用語	定義	対応英語（参考）
3501	配管用鋼管	気体, 液体などの輸送用の配管に用いる鋼管	steel tube for piping, steel pipes
3502	ラインパイプ	油田, 製造所, 港, 消費地などの間をパイプラインで直結し, 天然ガス, 高圧都市ガス, 石油, 石油製品などを輸送するのに用いる鋼管	line pipe
3503	塗覆装鋼管	外面に長寿命形プラスチック被覆, 内面にエポキシ樹脂塗料などを施した鋼管	coated steel pipes
3504	ポリエチレン被覆鋼管	ガス, 油, 水などの輸送に用いるもので, 主に埋設用の外面にポリエチレンを被覆した鋼管	polyethylene coated steel pipes

番号	用語	定義	対応英語（参考）
3505	黒管	亜鉛めっきを行っていない炭素鋼鋼管 注釈1　蒸気，水，油，ガス，空気などの配管に用いる炭素鋼管の区分で主に用いられる（JIS G 3452 など参照）。	－
3506	白管	亜鉛めっきを行った炭素鋼鋼管 注釈1　蒸気，水，油，ガス，空気などの配管に用いる炭素鋼管の区分で主に用いられる（JIS G 3452 など参照）。	－
3507	熱伝達用鋼管	ボイラ及び熱交換器などの管の内外で熱の授受を行うことを目的とする所に用いる鋼管	steel tube for boiler and heat exchanger
3508	構造用鋼管	土木，建築，橋，鉄塔，機械部品用などとして強度を重視して製造された鋼管	steel tube for structural purposes
3509	角形鋼管	断面形状が角形の構造用鋼管	square tube, rectangular tube
3510	中空形鋼	構造用又は類似の目的に使用される断面形状が，円形，正方形又は長方形の継目無管又は溶接管	hollow section
3511	油井用鋼管 （ゆせいようこうかん）	油井又はガス井の掘削，原油又は天然ガスの採取などに用いられるケーシング，チュービング，及びドリルパイプの総称 注釈1　ケーシングとは，油又はガス井戸壁の崩壊を防ぎ，また，水などの物質の侵入を防ぐために油又はガス井戸内に装入する鋼管をいう。 注釈2　チュービングとは，油井戸が仕上げられてからケーシングの中に油層まで挿入され，ポンプによって油を地上まで吸い上げるのに用いられる鋼管をいう。 注釈3　ドリルパイプとは，下方先端に取り付けられたドリルに地上からの回転運動を伝えるほか，掘くずの排泄，ドリルの冷却用の泥水を送り込むなどの用途に用いられる鋼管をいう。	steel pipe for oil well casing, tubing and drilling
3512	試すい用鋼管	温泉，井戸などの試すい用のボーリングロッド，ケーシング，及びチュービングに用いられる鋼管	steel tube for drilling
3513	高圧ガス容器用鋼管	圧縮ガス，液化ガス，溶解アセチレンなどの高圧ガスを充填する鋼製高圧ガス容器に用いられる鋼管	steel tube for high pressure gas cylinder
3514	鋼製電線管	電気配線において，電線を保護するために用いられる鋼管	rigid steel conduits
3515	U字曲げ加工管	冷間曲げ加工によってU字状に成形したボイラ・熱交換器用鋼管 注釈1　JIS G 3461 など参照。	U-bent tube
3516	冷間仕上鋼管	通常，冷間引抜き又は冷間圧延によって鋼管を冷間成形し，寸法精度，表面性状などを向上させた鋼管	cold rolled or cold drawn tubes
3517	サニタリー管	酪農，食品工業などに用いるステンレス鋼管	sanitary tubes

4.3.6　線材・線材二次製品

番号	用語	定義	対応英語（参考）
3601	軟鋼線材	炭素含有率が 0.25 %以下の炭素鋼線材 注釈1　鉄線（普通鉄線・くぎ用鉄線・なまし鉄線・コンクリート用鉄線），亜鉛めっき鉄線，溶融アルミニウムめっき鉄線などの製造に用いる。	low carbon steel wire rods
3602	硬鋼線材	炭素含有率が 0.24 %〜0.86 %の炭素鋼線材 注釈1　硬鋼線，オイルテンパ線，PC 硬鋼線，亜鉛めっき鋼より線，ワイヤロープなどの製造に用いる。	high carbon steel wire rods

番号	用語	定義	対応英語（参考）
3603	ピアノ線材	通常，炭素含有率が 0.60 %～0.95 %の良質な高炭素鋼線材 注釈1　ピアノ線，オイルテンパ線，PC 鋼線，PC 鋼より線，ワイヤロープなどの製造に用いる。	piano wire rods
3604	被覆アーク溶接棒心線用線材	主として，軟鋼のアーク溶接に使用する溶接棒の心棒の製造に用いる低炭素鋼線材	wire rods for core wire of covered electrode
3605	冷間圧造用炭素鋼線材	冷間圧造用炭素鋼線の製造に用いる炭素鋼線材 注釈1　通常，炭素の含有率は，0.53 %以下，マンガンの含有率は，1.65 %以下であり，脱酸の方法によって，リムド相当鋼（リムド鋼を含む。），キルド鋼，アルミキルド鋼などがある。	carbon steel wire rods for cold heading and cold forging
3606	冷間圧造用ボロン鋼線材	冷間圧造用ボロン鋼線の製造に用いるボロン鋼線材 注釈1　通常，炭素の含有率は，0.37 %以下，マンガンの含有率は，1.50 %以下であり，更に焼入性を向上させるため，微量のほう素（ボロン）を含有している。	boron steel wire rods for cold heading and cold forging
3607	冷間圧造用合金鋼線材	冷間圧造用合金鋼線の製造に用いる合金鋼線材 注釈1　冷間圧造用合金鋼線材には，マンガン鋼，マンガンクロム鋼，クロム鋼，クロムモリブデン鋼，ニッケルクロム鋼及びニッケルクロムモリブデン鋼の鋼材を使用する。	low-alloyed steel wire rod for cold heading and cold forging
3608	鉄線	軟鋼線材を用い，伸線など冷間加工して仕上げた鋼線及びこれに熱処理（中間焼なまし又は焼なまし）を行ったもの並びにローラなどで異形加工を行った製品の総称 注釈1　鉄線には普通鉄線，くぎ用鉄線，なまし鉄線及びコンクリート用鉄線がある。 注釈2　亜鉛めっき鉄線，くぎ，溶接金網などの製造に用いる。	low carbon steel wires
3609	硬鋼線	硬鋼線材を用い，通常，熱処理後伸線など冷間加工して仕上げた鋼線 注釈1　ばね，針，スポークなどの製造に用いる。	hard drawn steel wires
3610	ピアノ線	ピアノ線材を用い，通常，パテンチング後伸線など冷間加工して仕上げた鋼線 注釈1　高級ばね，タイヤコードなどの製造に用いる。	piano wires
3611	被覆アーク溶接棒心線	被覆アーク溶接棒心線用線材を用い，伸線など冷間加工して仕上げた鋼線	core wires for covered electrode
3612	冷間圧造用鋼線	冷間圧造用線材を用い，伸線などの冷間加工又はこれらと熱処理との組合せによって仕上げた鋼線 注釈1　使用する線材の種類によって冷間圧造用炭素鋼線，冷間圧造用ボロン鋼線，冷間圧造用合金鋼線，冷間圧造用ステンレス鋼線などがある。冷間圧造によって，ボルト，ナット，小ねじ，タッピンねじなどの締結部品，及び自動車，電気機器などの各種機械部品を製造する場合に用いる。	steel wires for cold heading and cold forging
3613	冷間圧造用炭素鋼線	冷間圧造用炭素鋼線材を用い，冷間加工，又は熱処理及び冷間加工との組合せによって仕上げた鋼線 注釈1　製造工程には，主に，冷間加工によって仕上げたもの，冷間加工後，熱処理を行い，更に冷間加工によって仕上げたもの及び熱処理後冷間加工によって仕上げたものがある。	carbon steel wires for cold heading and cold forging

番号	用語	定義	対応英語（参考）
3614	冷間圧造用 合金鋼線	冷間圧造用合金鋼線材を用い，冷間加工及び熱処理との組合せによって仕上げた鋼線 注釈1　製造工程には，主に，熱処理後冷間加工によって仕上げたもの，冷間加工後熱処理を行い，更に冷間加工によって仕上げたもの及び熱処理後冷間加工を行う工程を 2 回行って仕上げたものがある。	low-alloyed steel wires for cold heading and cold forging
3615	冷間圧造用 ボロン鋼線	冷間圧造用ボロン鋼線材を用い，冷間加工，又は熱処理及び冷間加工との組合せによって仕上げた鋼線 注釈1　製造工程には，主に，冷間加工によって仕上げたもの，冷間加工後熱処理を行い，更に冷間加工によって仕上げたもの及び熱処理後冷間加工によって仕上げたものがある。	boron steel wires for cold heading and cold forging
3616	オイルテンパ線	線材を用いて伸線などの冷間加工後，連続的に真っすぐな状態で油などの媒体で焼入れし，その後，焼戻しを行って仕上げた鋼線 注釈1　使用する材料の種類によって，炭素鋼オイルテンパ線，クロムバナジウム鋼オイルテンパ線，シリコンクロム鋼オイルテンパ線，シリコンマンガン鋼オイルテンパ線などがある。 注釈2　内燃機関の弁ばね，懸架ばね，一般ばねなどに用いる。	oil tempered wires for spring, oil hardened and tempered wires
3617	PC 鋼線	ピアノ線材を用い，通常，パテンチング後伸線などの冷間加工及びブルーイングをして仕上げた鋼線 注釈1　プレストレストコンクリートに用いる。断面の形状は，円形及び異形がある。	uncoated stress-relieved steel wires for prestressed concrete
3618	PC 鋼より線	ピアノ線材を用い，通常，パテンチング後伸線などの冷間加工した線をより合わせた後，ブルーイングをして仕上げた鋼より線 注釈1　プレストレストコンクリートなどに用いる。素線の断面形状は，円形及び異形がある。	uncoated stress relieved steel strands for prestressed concrete
3619	PC 硬鋼線	硬鋼線材又はこれと同等以上の線材を用い，通常，熱処理後，伸線など冷間加工し，ブルーイングを行わないで仕上げた鋼線 注釈1　プレストレストコンクリートタンク，管及びポールに用いる。断面の形状は，円形及び異形がある。	hard drawn steel wires for prestressed concrete
3620	亜鉛めっき鉄線	軟鋼線材を用い，冷間加工し，必要に応じてこれに焼なましを行った後，溶融亜鉛めっき又は電気亜鉛めっきを行って仕上げた鉄線，又はめっき後，更に冷間加工して仕上げた鉄線 注釈1　ひし形金網，じゃかご，加工部品などに用いる。	zinc-coated low carbon steel wires
3621	亜鉛めっき鋼線	硬鋼線材を用い，熱処理を行った後，冷間加工し，必要に応じて熱処理を行い，これに溶融亜鉛めっき又は電気亜鉛めっきを行って仕上げた鋼線，又は更に冷間加工して仕上げた鋼線 注釈1　より線，ワイヤロープなどに用いる。	zinc-coated steel wires
3622	着色塗装 亜鉛めっき鉄線	亜鉛めっき鉄線に耐久性のある合成樹脂塗料を均一に塗装し，焼き付けて仕上げた鉄線 注釈1　主として，ひし形金網に用いる。	precoated color zinc-coated steel wires
3623	合成樹脂被覆鉄線	鉄線又は亜鉛めっき鋼線に合成樹脂を被覆して仕上げた鉄線 注釈1　使用する合成樹脂が塩化ビニル樹脂を主体とした塩化ビニル被覆鉄線とポリエチレン樹脂を主体としたポリエチレン被覆鉄線とがある。	steel wire coated with colored plastics

番号	用語	定義	対応英語（参考）
3624	塩化ビニル 被覆鉄線	鉄線又は亜鉛めっき鉄線に塩化ビニルを主体とした合成樹脂を被覆して仕上げた鉄線 注釈1　合成樹脂被覆鉄線の一つで，主として，ひし形金網に用いる。	steel wire coated with colored polyvinyl chloride plastics
3625	ポリエチレン被覆 鉄線	亜鉛めっき鉄線にポリエチレンを主体とした合成樹脂を被覆して仕上げた鉄線 注釈1　合成樹脂被覆鉄線の一つで，ひし形金網に用いる。	zinc galvanized steel wire coated with colored polyethylene plastics
3626	溶融アルミニウム めっき鉄線	軟鋼線材を用い，冷間加工した後，又はこれに熱処理（焼なまし）を行った後，溶融アルミニウムめっきを行って仕上げた鉄線 注釈1　主として金網に用いる。	hot-dip aluminium-coated steel wires
3627	溶融アルミニウム めっき鋼線	硬鋼線材を用い，熱処理（パテンチング）後，冷間加工し，溶融アルミニウムめっきを行って仕上げた鋼線	hot-dip aluminium-coated steel wires

4.3.7　機械構造用炭素鋼・合金鋼

番号	用語	定義	対応英語（参考）
3701	機械構造用炭素鋼 鋼材	機械部品に用いる炭素鋼鋼材 注釈1　通常，使用に際し，鍛造，切削，引抜きなどの加工及び熱処理を行って所期の性質を得る。	carbon steels for machine structural use
3702	機械構造用合金鋼 鋼材	機械部品に用いる合金鋼鋼材 注釈1　通常，使用に際し，鍛造，切削，引抜きなどの加工及び熱処理を行って所期の性質を得る。	alloy steels for machine structural use
3703	H鋼	ジョミニー式一端焼入方法によって焼入端からの一定距離における硬さの上限，下限又は範囲を保証した鋼 注釈1　主に，機械構造用に使用する。	H steels
3704	強じん鋼	強度及びじん（靱）性を向上させて用いる鋼 注釈1　機械構造用合金鋼においては，マンガン，クロム，モリブデン，ニッケルなどの合金元素を適量添加し，焼入焼戻しを行って用いる鋼として分類される。	high strength and tough steels
3705	肌焼鋼	機械構造用の低炭素鋼及び低炭素合金鋼で，主として浸炭焼入れによって表面硬化させて用いる鋼	steels for case hardening
3706	窒化鋼	アルミニウム，クロム，モリブデンなどを含有し，窒化処理して表面硬化させて用いる鋼 注釈1　主に機械構造用に使用する。	steels for nitriding
3707	高温用合金鋼 ボルト材	原子力発電設備用など高温で使用する圧力容器，バルブ，フランジ及び継手に用いる合金鋼棒鋼及びボルト材	alloy steel bolting materials for high temperature service
3708	特殊用途合金鋼 ボルト用棒鋼	原子炉その他の特殊用途に用いるボルト，植込ボルト，座金，ナットなどに用いる合金鋼棒鋼	alloy steel bars for special application bolting materials

4.3.8 特殊用途鋼 (ステンレス鋼・耐熱鋼・工具鋼・クラッド鋼)

番号	用語	定義	対応英語 (参考)
3801	ステンレス鋼	クロム含有率を 10.5 %以上, 炭素含有率を 1.2 %以下とし, 耐食性を向上させた合金鋼 注釈1 常温における主要な組織によってオーステナイト系, オーステナイト・フェライト系, フェライト系, マルテンサイト系及び析出硬化系の 5 種類に分類される。	stainless steels
3802	マルテンサイト系ステンレス鋼	炭素含有量を高めるなどして, 熱処理を行いマルテンサイト組織とすることによって硬化させることのできるステンレス鋼 注釈1 SUS 410 がその代表的なものである。	martensitic stainless steels
3803	フェライト系ステンレス鋼	常温で主要な組織がフェライト組織であるステンレス鋼 注釈1 SUS 430 がその代表的なものである。	ferritic stainless steels
3804	オーステナイト系ステンレス鋼	常温で主要な組織がオーステナイト組織であるステンレス鋼 注釈1 SUS 304 がその代表的なものである。	austenitic stainless steels
3805	オーステナイト・フェライト系ステンレス鋼	常温でオーステナイト組織とフェライト組織とが混在するステンレス鋼 注釈1 二相ステンレス鋼 (Duplex stainless steel) 又は二相系ステンレス鋼ともいう。	austenitic-ferritic stainless steels
3806	析出硬化系ステンレス鋼	アルミニウム, 銅などの元素を添加し, 熱処理によってこれらの元素の化合物などを析出させて硬化する性質をもたせたステンレス鋼	precipitation hardening stainless steels
3807	低炭素ステンレス鋼	炭素含有率を 0.030 %以下とするなど, 加工性の改善に加え, クロム炭化物の粒界への析出を抑えて粒界腐食性を改善したステンレス鋼	low carbon stainless steels
3808	安定化ステンレス鋼	チタン, ニオブ, ジルコニウム, 又はそれらの組合せを少量添加し, あらかじめ鋼中の炭素と結合させ, クロム炭化物の析出による粒界腐食を抑制したステンレス鋼	stabilized stainless steels
3809	快削ステンレス鋼	硫黄, セレン, りん, 鉛などの元素を添加して被削性を改善したステンレス鋼	free-cutting stainless steels
3810	塗装ステンレス鋼板及び鋼帯	冷間圧延ステンレス鋼板及び鋼帯に, 耐久性のある合成樹脂塗料を焼き付けた鋼板及び鋼帯 注釈1 主として建築物の屋根, 外装, 内装などに用いる。	prepainted stainless steel sheets and strip
3811	耐熱鋼	高温における各種環境で耐酸化性, 耐高温腐食性及び/又は高温強度を保持する合金鋼 注釈1 7.5 %以上のクロムのほか, ニッケル及び/又はその他の合金元素を含む場合が多い。その主要な組織によってオーステナイト系, フェライト系, マルテンサイト系及び析出硬化系の 4 種類に分類される。 注釈2 合金元素の含有率の合計が約 50 %を超える場合は, 一般に超合金, 耐熱合金又は耐熱合金と呼ばれる。	heat resisting steels
3812	マルテンサイト系耐熱鋼	炭素含有量を高めるなどして, 熱処理を行いマルテンサイト組織とすることによって硬化させることのできる耐熱鋼 注釈1 約 550 ℃以下において, オーステナイト系及びフェライト系と比較して強度が高い特長をもつ。	martensitic heat resisting steels
3813	フェライト系耐熱鋼	常温で主要な組織がフェライト組織である耐熱鋼 注釈1 一般に熱膨張係数が小さく, 熱伝導度が大きいため熱応力が小さく, 高温度における耐クリープ特性及び降伏点が高い特長をもつ。	ferritic heat resisting steels
3814	オーステナイト系耐熱鋼	常温で主要な組織がオーステナイト組織である耐熱鋼 注釈1 高温耐酸化性と高い高温強度とをもち, 一般にじん性が高く, 成形性及び溶接性も優れている。	austenitic heat resisting steels

番号	用語	定義	対応英語（参考）
3815	析出硬化系耐熱鋼	アルミニウム，銅などの元素を添加し，熱処理によってこれらの元素の化合物などを析出させて硬化する性質をもたせた，優れた高温強度をもつ耐熱鋼	precipitation hardening heat resisting steels
3816	バルブ鋼	クロムのほか，けい素，ニッケル，タングステンなどを主要合金元素とし，主として内燃機関用の吸気弁及び排気弁に用いる耐熱鋼	valve steels
3817	工具鋼	金属又は非金属材料の切削，塑性加工用などの各種ジグ・工具に用いる鋼 注釈1　用途が広く，要求性能が多岐にわたるので種類が非常に多い。一般に，化学成分及び性能を考慮して炭素工具鋼，合金工具鋼，及び高速度工具鋼に分類される。	tool steels
3818	炭素工具鋼	0.55％〜1.50％の炭素を含有し，特別に合金元素を添加しない工具鋼	carbon tool steels
3819	合金工具鋼	炭素鋼にけい素，マンガン，ニッケル，クロム，モリブデン，タングステン，バナジウムなどの合金元素を1種類以上添加した工具鋼 注釈1　炭素工具鋼に対して焼入性，切削性能，耐衝撃性，耐摩擦性，不変形性，耐熱性などを必要に応じて改善した鋼で，用途によって切削工具用，耐衝撃工具用，冷間金型用及び熱間金型用に区分される。	alloy tool steels
3820	高速度工具鋼	高炭素鋼にクロム，モリブデン，タングステン，バナジウム，コバルトなどの合金元素を比較的多量に添加し，切削工具，金型などに用いる工具鋼 注釈1　特に，高速切削に適し，摩擦熱による高温によく耐える。一般に，含有成分によって，タングステン系とモリブデン系とに分けられる。	high speed tool steels
3821	中空鋼	主として，さく岩機用ロッドに使用する中空の棒鋼 注釈1　断面形状は，丸形，六角形などであり，鋼種は，主として，炭素工具鋼，強じん鋼，肌焼鋼（浸炭処理を行って使用）などを用いる。	hollow drill steels
3822	ばね鋼	シリコンマンガン系，マンガンクロム系，クロムバナジウム系などの鋼で，主として重ね板ばね，コイルばねなどに熱間成形し，熱処理を行って，ばね特性を付与した鋼 注釈1　広義のばね鋼としては，ピアノ線，硬鋼線，ステンレス鋼線，オイルテンパ線，冷間圧延鋼帯などのように，冷間加工及び熱処理によってばね性能を高め，そのまま線ばね，薄板ばねなど小物ばねに成形する鋼も含む。	spring steels
3823	快削鋼	りん，硫黄，鉛，セレン，テルル，カルシウムなどを単独又は複合で添加し，被削性が向上した鋼	free cutting steels
3824	軸受鋼	転がり軸受の球，ころ，内輪及び外輪に使用する合金鋼 注釈1　高速で変動する繰返し荷重に耐える必要があるため高い疲労強度及び耐摩耗性が要求されるので，鋼の清浄度及び組織の均一性を重視して製造する。一般に，高炭素クロム鋼が，代表的鋼種である。	bearing steels
3825	磁石鋼	クロム，アルミニウム，ニッケル，コバルトなどの合金元素を添加した合金鋼で，焼入硬化，析出硬化などによって保磁力及び残留磁束密度の高い永久磁石特性をもつ鋼 注釈1　析出硬化によって，アルニコ，FeCrCo及びバイカロイが作製される。	magnetic steels

番号	用語	定義	対応英語（参考）
3826	高マンガン鋼	一般に，マンガン 11 ％以上を主合金成分とし，オーステナイト組織を示し，非磁性を特徴とする合金鋼 注釈 1　冷間加工による硬化が大きいので耐摩耗性部品に用いる。また，非磁性を要求される電磁気部材にも用いる。	austenitic high manganese steels
3827	非磁性鋼	炭素，マンガン，ニッケル，クロム，窒素などを主な合金成分とし，オーステナイト組織を示す非磁性の合金鋼 注釈 1　組成的には，高マンガン系，高ニッケル系及びこれらの中間タイプの 3 種に大別される。例えば，発電機，継電器などの電磁気部材，核融合設備，リニアモーターカーの部材などに用いる。	non-magnetic steels
3828	鋼粉末	粉末冶金に用いる材料で，寸法が，通常 1 mm 未満の鋼粒子の集合体	steel powder
3829	焼結した鋼製品	粉末を金型に入れてプレス後，焼結し，ときには更に再プレスすることによって製造する一般的には小形の製品 注釈 1　これらの製品は寸法精度が高く，一般にそのまま使用される。 注釈 2　焼結とは，粉末又は圧粉体の粒子を冶金学的に結合させ，強度を増すために，主成分の融点より低い温度で粉末又は圧粉体を加熱処理する操作である（JIS Z 2500 参照）。	sintered steel components
3830	クラッド鋼板及び鋼帯	主に耐摩耗性又は耐化学腐食性のある鋼又は合金を，低炭素鋼，低合金鋼などの母材と張り合わせた鋼板及び鋼帯 注釈 1　通常は，圧延又は爆着で製造する。ときには，溶接プロセスなどその他の方法を用いる場合がある。 注釈 2　母材の片面に合わせ材を張り合わせたものを片面クラッド鋼，両面に合わせ材を張り合わせたものを両面クラッド鋼という。	clad steel plates sheets and strip

4.3.9　電気用材料

番号	用語	定義	対応英語（参考）
3901	電磁鋼帯 又は電磁鋼板	鉄損値，磁化特性，磁束密度，透磁率などの磁気特性の優れたけい素鋼，低炭素鋼及び純鉄の鋼帯又は鋼板の総称	flat rolled electrical steel strip and sheet
3902	けい素鋼帯 又はけい素鋼板	けい素含有率が 7 ％以下で炭素含有量が極めて低く，冷間圧延で製造された優れた磁気特性をもつ電磁鋼帯又は鋼板	flat rolled silicon steel strip and sheet
3903	方向性電磁鋼帯 又は鋼板	けい素鋼の結晶の磁化容易軸を圧延方向に配向させ，優れた磁気特性をもたせた冷間圧延電磁鋼帯又は鋼帯 注釈 1　電動機，発電機，変圧器，及びその他の電気機器の鉄心に用いられる。配向性を一段と高め，磁気特性を更に向上させたものを高磁束密度方向性電磁鋼帯という。 注釈 2　JIS C 2553 参照。	grain-oriented electrical steel strip and sheet
3904	無方向性電磁鋼帯 又は鋼板	磁気特性に方向性を付与していない電磁鋼帯又は鋼板 注釈 1　電動機，発電機，変圧器，及びその他の電気機器の鉄心に用いられる。 注釈 2　所期の磁気特性を得るための最終熱処理を製造業者が行わず鋼帯の使用者が行う電磁鋼帯をセミプロセス電磁鋼帯という。 注釈 3　JIS C 2552 参照。	cold-rolled non-oriented electrical steel strip and sheet

3905	電磁軟鉄棒 又は電磁軟鉄板	純鉄又は純鉄に近いもので製造された鉄棒又は鉄板 　**注釈1**　主として直流機器の鉄心，継鉄，接極子などに用いられる。 　**注釈2**　JIS C 2504 参照。	magnetic iron bar, magnetic iron sheet
3906	磁極用鋼板	降伏点，引張強さ及び磁束密度が高い熱間圧延鋼板 　**注釈1**　回転電気機械の磁極に用いられる。 　**注釈2**　JIS C 2555 参照。	steel strip and sheet for pole core

4.4　材質及びその他の品質

4.4.1　化学成分・材質

番号	用語	定義	対応英語（参考）
4101	溶鋼分析値 推奨しない用語： とりべ分析値	日本産業規格又は文書化された一定の手順に従って，製造業者が実施する溶鋼の代表値を求める化学成分の分析値 　**注釈1**　JIS G 0404 参照。 　**注釈2**　通常，溶鋼がとりべから鋳型に注入され，凝固するまでの過程で採取した分析用試料について行った分析値。 　**注釈3**　溶鋼を代表する化学成分を示し，鋼材の化学成分は，通常，溶鋼分析値で示される。 　**注釈4**　真空アーク再溶解（VAR），エレクトロスラグ再溶解（ESR），粉末冶金など溶鋼分析用試料の採取が不可能な場合は，鋼塊，鋼片又は鋼材から採取した分析用試料によって分析を行い，溶鋼分析に代わって溶鋼の代表値を決めることが可能である。	heat analysis, cast analysis, ladle analysis
4102	製品分析値	製品について実施する化学成分の分析値 　**注釈1**　溶鋼分析の規定範囲に対して，製品分析の許容変動値が規定されている（**JIS G 0321** 参照）。	product analysis
4103	炭素当量	炭素以外の元素の影響力を炭素量に換算した数値 　**注釈1**　引張強さに対する炭素当量，溶接部最高硬さに対する炭素当量などがよく用いられる。**JIS** では，溶接性に関し，次の式を採用している。 $$C_{eq} = C + \frac{Mn}{6} + \frac{Si}{24} + \frac{Ni}{40} + \frac{Cr}{5} + \frac{Mo}{4} + \frac{V}{14}$$ ここで，C_{eq}：炭素当量（%） 　**注釈2**　**ISO** 規格では，C_{eq} の代わりに CEV (Carbon equivalent value) で表し，次の式を用いている。ただし，**ISO 630-6** では，**JIS** の式も採用されている。 $$CEV = C + \frac{Mn}{6} + \frac{Cr + Mo + V}{5} + \frac{Ni + Cu}{15}$$	carbon equivalent
4104	溶接割れ 感受性組成	溶接割れ感受性として低温割れに対する化学成分の影響を表した数値 　**注釈1**　**JIS** では，溶接割れ感受性組成に関し，次の式を採用している。 $$P_{CM} = C + \frac{Si}{30} + \frac{Mn}{20} + \frac{Cu}{20} + \frac{Ni}{60} + \frac{Cr}{20} + \frac{Mo}{15} + \frac{V}{10} + 5B$$ ここで，P_{CM}：溶接割れ感受性組成（%）	weld crack sensitivity composition (parameter crack measurement)
4105	溶融亜鉛めっき 割れ感受性当量	溶融亜鉛めっき割れ感受性を表した数値 　**注釈1**　**JIS** では，溶融亜鉛めっき割れ感受性に関し，次の式を採用している（**JIS G 3129** 及び **JIS G 3474** 参照）。 $$CEZ = C + \frac{Si}{17} + \frac{Mn}{7.5} + \frac{Cu}{13} + \frac{Ni}{17} + \frac{Cr}{4.5} + \frac{Mo}{3} + \frac{V}{1.5} + \frac{Nb}{2} + \frac{Ti}{4.5} + 420B$$ ここで，CEZ：溶融亜鉛めっき割れ感受性当量（%）	crack sensitivity equation for galvanizing

番号	用語	定義	対応英語（参考）
4106	フリー窒素	窒素と親和性の高い合金元素（アルミニウム，チタン，バナジウムなど）と化合して鋼中に析出した窒化物に含まれる窒素（窒化物型窒素）以外の鋼中固溶窒素 　注釈1　フリー窒素含有率は，鋼中の全窒素定量値から窒化物型窒素定量値を差し引いて求める。 　注釈2　JIS A 5523 及び JIS G 3475 参照。	free nitrogen
4107	機械的性質	引張強さ，降伏点又は耐力，伸び，絞り，硬さ，吸収エネルギー，疲労強度，クリープ強さなど，機械的な変形及び破壊に関係する諸性質 　注釈1　吸収エネルギーの代わりに，吸収エネルギーをノッチ部の断面積で除したシャルピー衝撃値を規定する場合がある。	mechanical properties
4108	溶接性	鋼材の材質が溶接に適しているかどうかの程度 　注釈1　溶接性の評価指標として，例えば，炭素当量，溶接割れ感受性組成などを規定する場合がある（JIS G 3136, JIS G 3475 など参照）。	weldability
4109	ぜい性	一般に硬くてもろく，変形能の小さい性質 　注釈1　通常，衝撃試験における吸収エネルギーの大小又は破面の状況によって比較される。	brittleness
4110	じん性	粘り強くて，衝撃破壊を起こしにくいかどうかの程度	toughness
4111	加工性	用途に応じた各種の加工に適しているかどうかを表す性質	workability
4112	曲げ性	割れを生じることなく曲げ変形が可能な性質 　注釈1　曲げ性が高い／低いのように，程度として扱われる場合もある。	bendability
4113	成形性	割れを生じることなく所要の形状に成形し得る程度	formability
4114	深絞り性	ダイス面上の素材がダイス穴内へ絞り込まれ得る程度 　注釈1　程度によって，絞り性，深絞り性，及び超深絞り性に区別して呼ばれることもある。	deep drawability
4115	複合成形性	深絞り，張出し，伸びフランジ，曲げなどの組合せ成形を行い得る程度 　注釈1　絞り・張出し複合成形性などがある。	combined formability
4116	張出し性	平板又は既に形成された製品の一部を膨らまし，突き出して所定の形状寸法に成形し得る程度	stretchability
4117	非時効性	機械的性質及び加工性が実用上支障を来すような経時変化をしない性質 　注釈1　一般に深絞り用冷間圧延鋼板について要求される性質で，通常，加工のときにストレッチストレインを生じない性質をいう。	non-ageing property
4118	引抜加工性	線，棒及び管を，ダイス穴を通して引抜加工するときの加工されやすさ 　注釈1　一般に，所定の断面形状に引抜加工するときに表面割れ，内部割れを発生することなく，また，表面の潤滑が良好でダイスきずなどを生じない場合に引抜加工性がよいという。	drawability
4119	へん平性	鋼管が外面から圧縮加工された場合に，きず及び割れを生じることなく，これに耐える性質 　注釈1　管から一定長さの管状試験片を採取し，2枚の平板間に挟んで，直径方向に一定距離を圧縮し，へん平にしたとき，試験片にきずなどの欠点が生じたかを調べる（JIS G 3445 など参照）。	flattening property

番号	用語	定義	対応英語（参考）
4120	押し広げ性	鋼管が内面から押し広げ加工された場合に，きず及び割れを生じることなく，これに耐える性質 注釈1　管の端から一定長さの管状試験片を採取し，一定の角度（例えば60度）の円すい形の工具で，一定の距離をラッパ形に押し広げたとき，試験片に，きずなどの欠点が生じたかどうかを調べる（**JIS G 3463** など参照）。	ring expanding property
4121	展開性	溶接鋼管を展開して平板に加工した後の溶接部の健全性を表す性質 注釈1　溶接線の反対側を管軸の方向に切断し，展開して平板にしたとき，内面溶接部に，きずなどの欠点が生じたかどうかを調べる（**JIS G 3463** など参照）。	－
4122	被削性	切削加工するときの削りやすさ 注釈1　切削抵抗，使用工具の寿命，切削仕上げ面の性状，切削くずの形状，処理の容易さなどの特性で表される。	machinability
4123	生引性 （なまびきせい）， 伸線性	あらかじめ熱処理を施すことなく，鋼材を引抜加工するときの加工のしやすさ 注釈1　一般に， $$\frac{原断面積－伸線後の断面積}{原断面積}\times100$$ の大小などで表される。 注釈2　特に，線材を伸線するときの伸線されやすさ，及び線の引抜加工性を伸線性という。	drawability of as rolled wire rods
4124	冷間圧造性， 冷圧性	冷間圧造するときの加工されやすさ 注釈1　一般に，定められた形状に冷間加工するとき，応力割れのない，表面形状のよいものなどは，冷圧性がよいとされている。	cold headability
4125	耐食性	ある環境における腐食に耐える性質 注釈1　耐食性が高い，低いのように程度として使われる場合がある。	corrosion resistance
4126	耐候性	自然環境の大気中での腐食に耐える性質 注釈1　塗装鋼板及び塩化ビニル被覆鋼板では，樹脂の劣化に耐える性質も含む。	weathering resistance
4127	耐海水性	海水と接触する環境における腐食作用に耐える性質	corrosion resistance in sea water
4128	耐酸性	酸による腐食作用に耐える性質	acid resistance
4129	耐酸化性	高温で酸化に耐える性質	oxidation resistance
4130	耐熱性	高温において耐酸化性に優れ，及び／又は高温強度に優れている性質	heat resistance
4131	耐クリープ性	高温において，一定の応力下で，ひずみが時間とともに増加する現象を高温クリープといい，これに耐える性質	creep resistance
4132	耐摩耗性	相対運動する金属面の機械的引っかき，金属的粘着などが総合されてその面が損耗する現象を摩耗といい，これに耐える性質 注釈1　耐摩耗性が高い／低いのように，程度として使われる場合もある。	wear resistance abrasion resistance
4133	疲労強度， 疲れ強さ	**JIS G 0202** 参照	fatigue strength
4134	熱疲労	温度変化に起因して発生する熱応力の繰返しによって生じる破壊	thermal fatigue

番号	用語	定義	対応英語（参考）
4135	焼入性	鋼材を焼入硬化させた場合の焼きの入りやすさ，すなわち，焼きの入る深さ及び硬さの分布を支配する性能 注釈1　鋼がマルテンサイト，ベイナイトなどへ変態しやすい場合は，焼きが入りやすい。 注釈2　焼入性は，通常，焼きの入る深さの大小で比較するが，それには焼入性試験方法（一端焼入方法）を用いるのが便利である（**JIS G 0561** 参照）。ほかにもシェファード P-F 試験方法，SAC 焼入性試験方法などがある。	hardenability
4136	調質圧延	焼なまし後，形状，表面仕上げ，機械的性質及び加工性を，用途に応じて適切なものとするために行う軽度の冷間圧延 注釈1　ステンレス鋼板及び鋼帯において，熱間又は冷間圧延後，熱処理を行い，酸洗などを行った後に行う圧延を調質圧延という（**JIS G 4304** 及び **JIS G 4305** 参照）。	temper rolling
4137	標準調質	冷間圧延鋼板及び鋼帯の調質区分の一つで，焼なまし後，調質圧延を行って得られるもの	−
4138	硬質	冷間圧延鋼板及び鋼帯の調質区分で，焼なまし後，冷間圧延によって硬さ調整を行ったもの，又は冷間圧延で硬さを高める代わりに，化学成分の調整によって，硬さを確保したもの 注釈1　硬さ，引張強さなどの区分によって 1/8 硬質，1/4 硬質 (quarter hard)，1/2 硬質 (half hard) 及び硬質 (full hard) がある。	full hard
4139	浸出性能	水道用配管などから管内の水へ物質が溶け出し，水が臭ったり，水に汚れが生じたり，有害物質が含まれたりすることを基準値内に抑える目的で規定する性能 注釈1　**JIS S 3200-7** 参照。	−
4140	厚さ方向特性	鋼材の板厚方向の変形特性 注釈1　通常，鋼板，平鋼などの厚さ方向の引張試験による絞り値を規定する（**JIS G 3199** 参照）。	through-thickness characteristics
4141	磁気特性	磁性材料が磁化された場合にその材料が示す磁気的な諸特性 注釈1　一般的には，鉄損，磁束密度，透磁率，保磁力，残留磁束密度などが挙げられる。	magnetic properties
4142	曲げ戻し性	曲げ加工を行った棒鋼の時効特性を評価するもの 注釈1　所定の角度に曲げ加工を行った試験片を加熱し，人工的に時効させた後に，試験片を所定の角度まで曲げ戻して，その表面に亀裂の有無を調べて評価する（**JIS G 3112** 参照）。	rebending properties after ageing
4143	脱炭層深さ	鋼の熱間加工の及び／又は熱処理によって鋼表層部の炭素濃度が減少した部分と母材との境界から鋼の表面までの距離 注釈1　脱炭層深さの定義には，全脱炭層深さ，フェライト脱炭層深さ，特定残炭率脱炭層深さ，実用脱炭層深さなどがある（**JIS G 0202** 参照）。 注釈2　脱炭層深さは，脱炭層深さの定義によって変わり，組織状況，硬さ水準又は変化しなかった母材の炭素含量（**ISO 3887** 参照），若しくはその他の規定の炭素含量によって規定される。	depth of decarburization
4144	焼入硬化層深さ	焼入れで鋼材が硬化する深さ 注釈1　高周波焼入れ又は炎焼入れによって硬化する深さについては，有効硬化層深さ及び全硬化層深さを **JIS G 0559** に規定している。 注釈2　**ISO 4885** の定義では，鋼材の表面と焼入硬化の及ぶ範囲を特徴付ける限界との距離と規定している。	depth of hardening

番号	用語	定義	対応英語（参考）
4145	浸炭硬化層深さ	鋼材を浸炭し，焼入れのまま又は焼入焼戻しによって硬化した浸炭層の深さ 注釈1　有効硬化層深さ及び全硬化層深さを，JIS G 0557 に規定している。	carburized case depth

4.4.2　表面処理・表面仕上げ

番号	用語	定義	対応英語（参考）
4201	スパングル	溶融亜鉛めっき鋼板及び鋼帯の凝固過程において生成する亜鉛の結晶模様 注釈1　スパングルは，溶融亜鉛が凝固する過程で発生し，その大きさによってレギュラースパングル（凝固過程において生成する亜鉛の結晶模様がある表面仕上げ）とミニマイズドスパングル（結晶模様を極力微細化した表面仕上げ）とがある（JIS G 3302 参照）。	spangle
4202	合金化めっき	溶融亜鉛めっき後に加熱することによって，めっき層全体が亜鉛と鉄との合金層となるように処理して得られるめっき 注釈1　JIS G 3302 参照。	zinc-iron alloy coating
4203	スキンパス処理	鋼板及び鋼帯の外観，形状，機械的性質などの向上を目的として行う，軽圧下による冷間圧延処理 注釈1　めっき鋼板及び鋼帯では，スキンパス処理は表面を滑らかにするために行うとしている（JIS G 3302 参照）。	skin pass
4204	化成処理	化学又は電気化学的処理によって，金属表面に化合物を生成させ，金属の防さび皮膜，塗装下地などを作る処理 注釈1　化成処理には，薬液の種類に応じてクロメート処理（クロム酸処理），クロメートフリー処理，りん酸塩処理などがある。	chemical treatment
4205	クロメート処理	クロム酸又は二クロム酸を主成分とする溶液（薬液）を用い，金属表面に化学的に防食皮膜を作成する化成処理	chromate treatment
4206	クロメートフリー処理	六価クロムを含まない化成処理	chromate free treatment
4207	りん酸塩処理	金属の表面に，水不溶性りん酸塩皮膜を生成させる化成処理 注釈1　主に，塗装下地を作るために用いる。	phosphating
4208	塗装焼付硬化	鋼板にひずみを与えた後，塗装の焼付けを行う温度で熱処理を行ったとき，降伏点又は耐力が上昇すること 注釈1　JIS G 3135 参照。	bake hardening
4209	塗油	鋼材に防せい（錆）を目的として油を塗ること	oiling
4210	相当めっき厚さ	めっきの付着量表示記号に対して得られる代表的なめっき付着量の厚さ	equivalent coating thickness
4211	めっき量定数	めっきの付着量表示記号に対して得られる代表的なめっき付着量	coating mass constant
4212	差厚めっき	鋼板又は鋼帯の表裏面で，めっきの付着量が異なるめっき	differential coating
4213	粗面仕上げ（ぶりき）	一定方向のと（砥）石目が見られるぶりき原板にすずめっきを施した後，溶融処理操作を行って表面に光沢を与えた表面仕上げ 注釈1　JIS G 3303 参照。	stone finish
4214	シルバー仕上げ（ぶりき）	ダル状表面のぶりき原板にすずめっきを施した後，溶融処理操作を行って表面に光沢を与えた表面仕上げ 注釈1　JIS G 3303 参照。	silver finish
4215	マット仕上げ（ぶりき）	ダル状表面のぶりき原板にすずめっきを施し，溶融処理操作を行わずに表面をつや消し状にした表面仕上げ 注釈1　JIS G 3303 参照。	matte finish

番号	用語	定義	対応英語（参考）
4216	ショットブラスト	高速でショットを投射し，表面のミルスケール，さびなどを除去する方法	shot blasted surface
4217	酸洗仕上げ	硫酸，塩酸又はその他の酸溶液に浸せきして，表面のスケール，さびなどを除去した表面仕上げ	pickled surface
4218	ダル仕上げ	冷間圧延ロールの肌を一様に粗くし，鋼板の表面をなし（梨）地状の光沢のない状態にした表面仕上げ 注釈1　なし（梨）地仕上げ又はつや消し仕上げともいう。	dull finish
4219	ブライト仕上げ	研磨した冷間圧延ロールで圧延し，鋼板の表面を平滑で光沢のある状態にした表面仕上げ	bright finish
4220	NO.1 仕上げ	熱間圧延ステンレス鋼板及び鋼帯などの表面仕上げの種類で，熱間圧延後，熱処理を行い，酸洗又はこれに準じる処理を行って仕上げたもの	No.1 finish
4221	NO.2D 仕上げ	冷間圧延ステンレス鋼板及び鋼帯などの表面仕上げの種類で，冷間圧延後，熱処理を行い，酸洗又はこれに準じる処理を行って仕上げたもの 注釈1　つや消しロールによって最後に軽く冷間圧延したものもこれに含める。	No.2D finish
4222	NO.2B 仕上げ	冷間圧延ステンレス鋼板及び鋼帯などの表面仕上げの種類で，冷間圧延後，熱処理を行い，酸洗又はこれに準じる処理を行った後，適切な光沢を得る程度に冷間圧延して仕上げたもの	No.2B finish
4223	研磨仕上げ	ステンレス鋼板及び鋼帯などの表面仕上げの種類で，研磨布紙などで表面を研磨して仕上げたもの 注釈1　製造業者によって，HL 仕上げを含め，No.3, No.4, #240, #320, #400 など，その呼称，研磨目の種類，粗さの程度は，様々な種類がある（**JIS G 4304**，**JIS G 4305** 及び **JIS G 4902** 参照）。	polished finish
4224	BA 仕上げ	冷間圧延ステンレス鋼板及び鋼帯などの表面仕上げの種類で，冷間圧延後，光輝熱処理を行ったもの 注釈1　ステンレス鋼の鋼線及び鋼管でも，仕上げ種類として一般的に用いられている。	bright annealed finish
4225	HL 仕上げ	冷間圧延ステンレス鋼板及び鋼帯などの表面仕上げの種類で，適切な粒度の研磨材で連続した磨き目が付くように研磨して仕上げたもの	hair line finish
4226	鋳肌	鋳放し状態の表面 注釈1　黒皮ともいう。	casting surface

4.4.3　形状・寸法

番号	用語	定義	対応英語（参考）
4301	標準寸法	使用実績，標準数列などを考慮してある程度集約化した鋼材の寸法 注釈1　製品規格において標準寸法が示された場合は，通常，その寸法で取引することを推奨していることを意味している。	preferred size
4302	定尺 （ていじゃく）	標準寸法と同義語であるが，通常，標準寸法よりも更に集約化された寸法 注釈1　なお，鋼管，棒鋼，形鋼などは長さに対してだけ用いる。	－
4303	公称寸法	商取引上用いられる鋼材の寸法 注釈1　呼び寸法ともいう。	nominal size

番号	用語	定義	対応英語（参考）
4304	呼び寸法, 呼称寸法	商取引上用いられる鋼材の寸法 注釈1　単に寸法ともいう。通常，規格では"呼び"を省略し，単に厚さ，幅，外径などで表す。実際の寸法の許容差の基準値となる。	nominal size
4305	呼び名, 呼び	アルファベット及び／又は数字で表した寸法の呼称 注釈1　JIS G 3112，JIS G 3350 など参照。 注釈2　呼び方ともいう（JIS G 3452，JIS G 3448 など参照）。	nominal designation
4306	表示厚さ	めっき鋼板及び鋼帯における，めっきを施す前の原板の厚さ 注釈1　JIS G 3302，JIS G 3313 など参照。	thickness of base metal prior to coating
4307	製品厚さ	めっき鋼板及び鋼帯，並びに塗装鋼板及び鋼帯における，原板にめっき又は塗装を施した後の厚さ 注釈1　JIS G 3302，JIS G 3312 など参照。	product thickness
4308	ミルエッジ	鋼板，鋼帯のエッジの一種で，圧延によって自然に生じたエッジそのままで，切断されていない状態 注釈1　ミルエッジの鋼板を，耳付鋼板ともいう。	mill edge
4309	カットエッジ	鋼板，鋼帯のエッジの一種で，圧延によって自然に生じたエッジを切断した状態 注釈1　切断の方法によって，トリムドエッジ，スリットエッジ，シャードエッジなどと区分する場合がある。	cut edge
4310	反り	鋼板全体がわん曲した状態 注釈1　圧延方向にわん曲した反り，及び圧延方向に直角にわん曲した反りがある。	bow, warpage
4311	波	鋼板の圧延方向に波打ったような状態	wave
4312	耳のび	鋼板の幅方向端部に波が現れ，中央部は平たんである状態	edge wave
4313	中のび	鋼板の中央部に波が現れ，幅方向端部は平たんである状態	center buckle
4314	平たん度	鋼板，鋼帯，及び平鋼の上面又は下面と基準平面からの最大距離 注釈1　通常，鋼材を平たんな平面状に置いた場合の，基準平面からの最大偏差の程度。鋼板の場合は，直尺又は水糸を任意の波の頂点に置いたとき，測定される最大偏差（鋼板及び鋼帯：JIS G 3193，平鋼：JIS G 3194 参照）。	flatness
4315	横曲がり	鋼板，鋼帯又は平鋼のエッジが，製品の両端を結ぶ直線又は任意の2点を結ぶ直線から外れる最大距離 注釈1　JIS G 3193 及び JIS G 3194 参照。	camber
4316	直角度	鋼板の端部，又は形鋼，鋼管などの端面が，製品の長辺を基準とした直角面から偏る最大値 注釈1　鋼板の端部の直角度は，通常，1隅点において，長辺に対して垂線を立てたとき，反対の隅点との距離（A）と幅（B）との比（A/B）で表す（JIS G 3141 など参照）。 注釈2　形鋼の切断面の直角度及び鋼管などの端面の直角度は，通常，最大距離で表す（JIS G 3192，JIS A 5530 など参照）。	squareness
4317	真直度	鋼材の長手方向の基準直線からのずれの大きさ 注釈1　PC 鋼棒では，長さ 1 m に対する弧の最大高さをいう（JIS G 3137 参照）。	straightness

番号	用語	定義	対応英語（参考）
4318	曲がり	形鋼，棒鋼及び鋼管の長手方向の基準直線からのずれの大きさ 注釈1　JIS G 3192，JIS G 3472，JIS G 4051，JIS G 4303 など参照。 注釈2　線材又は線のコイルの定常的な円弧形状からのずれを曲がりという場合がある（JIS G 4315 参照）。	straightness
4319	計算質量	計算によって求められる鋼材の質量 注釈1　基本質量，単位質量，一つの製品の質量，総質量の順序で計算する（JIS G 3191，JIS G 3192，JIS G 3193，JIS G 3194 など参照）。通常，鋼板，形鋼，棒鋼及び平鋼の質量に用いる。	calculated weight
4320	質量の許容差	計算質量と実測質量との差を計算質量で除して百分率で表した値の許容差 注釈1　JIS G 3191，JIS G 3192，JIS G 3194 など参照。	permissabale variation of weight
4321	スケジュール番号	鋼管の耐圧性能の指標として用いられる管の厚さ（t）と外径（D）との比（t/D）によって区分された番号 注釈1　鋼管の取引では，鋼管のサイズを指定する場合に，外径×厚さの表示のほかに，外径とスケジュール番号との組合せが用いられることがある。 注釈2　ASME では，スケジュール番号と管の外径（D）及び厚さ（t）との関係を次の式で与えている（ASME B36.10 参照）。 　　　スケジュール番号＝$1\,750 \times (t-2.54)/D$	schedule number
4322	ベベルエンド	鋼管と鋼管とを接続するための円周溶接等に備えて，管端に開先（溶接性をよくするための溝）の加工を施した形状 注釈1　開先加工を施した形状をベベルエンド，加工を施していない形状をプレンエンドという。 注釈2　通常，開先加工の形状は，受渡当事者間の協定によって決定される。	bebel end
4323	プレンエンド	鋼管の管端形状をいい，開先を加工せず，管軸方向に直角面である形状	plane end
4324	偏肉	継目無鋼管の同一断面における測定厚さの最大と最小との差の厚さに対する割合	eccentricity
4325	偏径差及び偏差	同一断面における径又は対辺距離の最大値と最小値との差 注釈1　円形断面の鋼材の場合，径の差を偏径差といい，角鋼，六角鋼及び八角鋼の場合，対辺距離の差を偏差という。	out-of-round, out-of-square

4.4.4　その他

番号	用語	定義	対応英語（参考）
4401	試験単位	製品規格又は注文の要求事項によって，供試製品に対して実施した試験の結果に基づいて，一括して合格又は不合格とされる製品の集団 注釈1　JIS G 0416 参照。	test unit
4402	供試製品	検査及び／又は試験のために試験単位から採取した製品 注釈1　JIS G 0416 参照。	sample product
4403	供試材	試験片調製のために，供試製品から採取した十分な量の材料 注釈1　JIS G 0416 参照。	sample
4404	粗試験片	試験片を調製するために，機械加工，更に必要によって熱処理を行う供試材の一部分 注釈1　JIS G 0416 参照。	rough specimen

番号	用語	定義	対応英語（参考）
4405	試験片	規定の寸法をもち，所定の試験に供する状態の供試材の一部分 　　注釈1　JIS G 0416 参照。	test piece
4406	組試験	注文書及び／又は製品規格の要求事項を満足していることを示すために，平均又は個々の試験結果を求める一組の試験 　　注釈1　JIS G 0404 参照。	sequential testing
4407	分析用試料	分析に供するのに必要な条件を備えた供試材の一部若しくはその供試材から採取した未処理試料の一部，又は溶湯から採取した試料の一部 　　注釈1　JIS G 0417 参照。	sample for analysis
4408	分析試料	実際に分析する分析用試料の一部，又は溶湯から採取した試料の一部 　　注釈1　JIS G 0417 参照。	test portion
4409	余肉	鍛造性を考慮して鋳造時に増肉を付けて鋳込み，製品となるときには取り除かれる部分	pads
4410	鍛錬成形比	熱間圧延，熱間鍛造，熱間押出しなどの鍛錬作業による変形の大きさの度合 　　注釈1　一般には，作業前の断面積と作業後の断面積との比に作業種類記号を添えて表される。 　　注釈2　熱間圧延における鍛錬成形比は，JIS G 0701 の 3.1（実体鍛錬）で表す。 　　注釈3　熱間圧延では，鍛錬成形比を圧下比という場合がある。	forging ratio
4411	鍛造効果	鍛造の目的（成形及び材質改善）の一つである材質の強じん化の程度 　　注釈1　一般には，鍛錬成形比又は機械的性質で表される。	forging effect
4412	溶接補修	鋼材の表面にある有害な欠点を，適切な方法によって完全に除去した後に，溶接肉盛によって行う補修 　　注釈1　JIS G 3192, JIS G 3193 及び JIS G 3194 参照。	repair by welding
4413	きず取り基準	鋼材表面に存在するきずを除去する場合の深さ，面積などの限度 　　注釈1　手入れの限度ともいう。	limited condition of surface imperfections to remove
4414	きずの許容限度	鋼材表面に存在するきずで使用上有害でなく，きず取り不要なきずの深さ，数などの限度	allowable imperfections without repairing
4415	残存きずの許容限度	きず取り後の鋼材に存在するきずで，使用上差し支えないきずの深さ，数などの限度	allowable limit of imperfections after repairing

参考文献

JIS A 5523　溶接用熱間圧延鋼矢板

JIS A 5525　鋼管ぐい

JIS A 5526　H形鋼ぐい

JIS A 5528　熱間圧延鋼矢板

JIS A 5530　鋼管矢板

JIS C 2504　電磁軟鉄

JIS C 2552　無方向性電磁鋼帯

JIS C 2553　方向性電磁鋼帯

JIS C 2555　磁極用鋼板及び鋼帯

JIS E 1001　鉄道−線路用語

JIS E 1101　普通レール及び分岐器類用特殊レール

JIS E 1103:1993　軽レール

JIS E 4001　鉄道車両−用語

JIS G 0201　鉄鋼用語（熱処理）

JIS G 0202　鉄鋼用語（試験）

JIS G 0321　鋼材の製品分析方法及びその許容変動値

JIS G 0404　鋼材の一般受渡し条件

JIS G 0416　鋼及び鋼製品−機械試験用供試材及び試験片の採取位置並びに調製

JIS G 0417　鉄及び鋼−化学成分定量用試料の採取及び調製

JIS G 0557　鋼の浸炭硬化層深さ測定方法

JIS G 0559　鋼の炎焼入れ及び高周波焼入硬化層深さ測定方法

JIS G 0561　鋼の焼入性試験方法（一端焼入方法）

JIS G 0701　鋼材鍛錬作業の鍛錬成形比の表わし方

JIS G 3112　鉄筋コンクリート用棒鋼

JIS G 3117　鉄筋コンクリート用再生棒鋼

JIS G 3129　鉄塔用高張力鋼鋼材

JIS G 3133　ほうろう用脱炭鋼板及び鋼帯

JIS G 3135　自動車用加工性冷間圧延高張力鋼板及び鋼帯

JIS G 3136　建築構造用圧延鋼材

JIS G 3137　細径異形PC鋼棒

JIS G 3141　冷間圧延鋼板及び鋼帯

JIS G 3191　熱間圧延棒鋼及びバーインコイルの形状，寸法，質量及びその許容差

JIS G 3192　熱間圧延形鋼の形状，寸法，質量及びその許容差

JIS G 3193　熱間圧延鋼板及び鋼帯の形状，寸法，質量及びその許容差

JIS G 3194　熱間圧延平鋼の形状，寸法，質量及びその許容差

JIS G 3199　鋼板，平鋼及び形鋼の厚さ方向特性

JIS G 3302　溶融亜鉛めっき鋼板及び鋼帯

JIS G 3303　ぶりき及びぶりき原板

JIS G 3312　塗装溶融亜鉛めっき鋼板及び鋼帯

JIS G 3313　電気亜鉛めっき鋼板及び鋼帯

JIS G 3315　ティンフリースチール

JIS G 3350　一般構造用軽量形鋼

JIS G 3352　デッキプレート

JIS G 3353　一般構造用溶接軽量 H 形鋼

JIS G 3445　機械構造用炭素鋼鋼管

JIS G 3448　一般配管用ステンレス鋼鋼管

JIS G 3452　配管用炭素鋼鋼管

JIS G 3461　ボイラ・熱交換器用炭素鋼鋼管

JIS G 3463　ボイラ・熱交換器用ステンレス鋼鋼管

JIS G 3472　自動車構造用電気抵抗溶接炭素鋼鋼管

JIS G 3474　鉄塔用高張力鋼管

JIS G 3475　建築構造用炭素鋼鋼管

JIS G 4051　機械構造用炭素鋼鋼材

JIS G 4303　ステンレス鋼棒

JIS G 4304　熱間圧延ステンレス鋼板及び鋼帯

JIS G 4305　冷間圧延ステンレス鋼板及び鋼帯

JIS G 4315　冷間圧造用ステンレス鋼線

JIS G 4901　耐食耐熱超合金棒

JIS G 4902　耐食耐熱超合金，ニッケル及びニッケル合金－板及び帯

JIS G 4903　配管用継目無ニッケルクロム鉄合金管

JIS G 4904　熱交換器用継目無ニッケルクロム鉄合金管

JIS S 3200-7　水道用器具－浸出性能試験方法

JIS Z 2500　粉末や（冶）金用語

ISO 630-6, Structural steels－Part 6: Technical delivery conditions for seismic-improved structural steels for building

ISO 3887, Steels－Determination of the depth of decarburization

ISO 4885, Ferrous materials－Heat treatments－Vocabulary

ISO 4948-1, Steels－Classification－Part 1: Classification of steels into unalloyed and alloy steels based on chemical composition

ISO 6929, Steel products－Vocabulary

ASME B36.10, Welded and Seamless Wrought Steel Pipe

用語索引（五十音順）

用語	番号	英語	用語	番号	英語
高圧ガス容器用鋼管	3513	steel tube for high pressure gas cylinder	軸受鋼	3824	bearing steels
高温用合金鋼ボルト材	3707	alloy steel bolting materials for high temperature service	試験単位	4401	test unit
			試験片	4405	test piece
			磁石鋼	3825	magnetic steels
鋼塊	1203	ingots	試すい用鋼管	3512	steel tube for drilling
鋼管	2301	steel tubes	質量の許容差	4320	permissabale variation of weight
鋼管ぐい	3302	steel pipe piles			
鋼管矢板	3303	steel pipe sheet piles	自動アーク溶接鋼管	2306	automatic arc welded steel tubes
合金化めっき	4202	zinc-iron alloy coating			
合金鋼	1105	alloy steel	絞り用鋼板	3101	steel sheets for drawing
合金工具鋼	3819	alloy tool steels	しま（縞）鋼板	2109	checkered plates, floor steel plates
工具鋼	3817	tool steels			
硬鋼線	3609	hard drawn steel wires	自由鍛造品	2605	open die forgings
硬鋼線材	3602	high carbon steel wire rods	純鉄	1101	pure iron
鋼材	2001	steel products	焼結した鋼製品	3829	sintered steel components
硬質	4138	full hard	条鋼	2401	long products
公称寸法	4303	nominal size	ショットブラスト	4216	shot blasted surface
合成樹脂被覆鉄線	3623	steel wire coated with colored plastics	シルバー仕上げ（ぶりき）	4214	silver finish
鋼製電線管	3514	rigid steel conduits	白管	3506	—
構造用鋼管	3508	steel tube for structural purposes	浸出性能	4139	—
			じん性	4110	toughness
構造用鋼材	3201	steels for structure	伸線性	4123	drawability of as rolled wire rods
高速度工具鋼	3820	high speed tool steels			
鋼帯	2104	steel strip in coil, steel sheet in coil, steel plate in coil	浸炭硬化層深さ	4145	carburized case depth
			真直度	4317	straightness
			【す】		
高張力鋼	3206	high tensile strength steels	スキンパス処理	4203	skin pass
鋼板	2101	steel plates, steel sheets	スケジュール番号	4321	schedule number
			ステンレス鋼	3801	stainless steels
鋼粉末	3828	steel powder	スパングル	4201	spangle
鋼片	1204	semi-finished products	スラブ	1205	slabs
高マンガン鋼	3826	austenitic high manganese steels	**【せ】**		
			成形性	4113	formability
鋼矢板	2413	sheet piling	ぜい性	4109	brittleness
坑枠鋼	2414	sections for colliery arches	製品厚さ	4307	product thickness
呼称寸法	4304	nominal size	製品分析値	4102	product analysis
			精密鋳造品	2603	precision steel castings
【さ】			析出硬化系ステンレス鋼	3806	precipitation hardening stainless steels
差厚めっき	4212	differential coating			
細径異形 PC 鋼棒	3306	small size-deformed steel bars for prestressed concrete	析出硬化系耐熱鋼	3815	precipitation hardening heat resisting steels
			セミキルド鋼	1109	semi-killed steel
再生鋼材	2003	rerolled steels	線	2512	wires
サニタリー管	3517	sanitary tubes	線材	2511	rod, wire rod
サブマージアーク溶接鋼管	2305	submerged arc welded steel tubes			
			【そ】		
酸洗仕上げ	4217	pickled surface	相当めっき厚さ	4210	equivalent coating thickness
残存きずの許容限度	4415	allowable limit of imperfections after repairing			
			粗鋼	1202	crude steel
			粗試験片	4404	rough specimen
【し】			粗面仕上げ（ぶりき）	4213	stone finish
CT 形鋼	2405	Cut T sections			
シートバー	1208	sheet bars	反り	4310	bow, warpage
磁気特性	4141	magnetic properties			
磁極用鋼板	3906	steel strip and sheet for pole core			

用語	番号	英語	用語	番号	英語
【た】			デッキプレート	3120	steel decks
耐海水性	4127	corrosion resistance in sea water	鉄筋コンクリート用棒鋼	3304	steel bars for concrete reinforcement
耐クリープ性	4131	creep resistance	鉄線	3608	low carbon steel wires
耐候性	4126	weathering resistance	展開性	4121	—
耐候性圧延鋼材	3202	rolled steels with improved atmospheric corrosion resistance	電解鉄	1102	electrolytic iron
			電気亜鉛めっき鋼板及び鋼帯	3109	electrolytic zinc-coated steel sheet and strip
耐酸化性	4129	oxidation resistance	電気抵抗溶接鋼管	2304	electric resistance welded steel tubes
耐酸性	4128	acid resistance			
耐食性	4125	corrosion resistance	電気めっき鋼板及び鋼帯	2203	electrolytic coated steel sheet and strip
耐熱鋼	3811	heat resisting steels			
耐熱性	4130	heat resistance	電磁鋼帯又は電磁鋼板	3901	flat rolled electrical steel strip and sheet
耐摩耗性	4132	wear resistance abrasion resistance			
			電磁軟鉄棒又は電磁軟鉄板	3905	magnetic iron bar, magnetic iron sheet
脱炭層深さ	4143	depth of decarburization			
ダル仕上げ	4218	dull finish	**【と】**		
鍛鋼打放し	1212	steel forgings unmachined	特殊用途合金鋼ボルト用棒鋼	3708	alloy steel bars for special application bolting materials
鍛鋼品	2604	steel forgings			
鍛接鋼管	2307	butt-welded steel tubes			
鍛造効果	4411	forging effect	塗装鋼板及び鋼帯	2204	prepainted steel sheet and strip
炭素鋼	1104	carbon steel			
炭素工具鋼	3818	carbon tool steels	塗装ステンレス鋼板及び鋼帯	3810	prepainted stainless steel sheets and strip
炭素当量	4103	carbon equivalent			
鍛錬成形比	4410	forging ratio	塗装焼付硬化	4208	bake hardening
			塗装溶融亜鉛めっき鋼板及び鋼帯	3110	prepainted hot-dip zinc-coated steel sheet and strip
【ち】					
窒化鋼	3706	steels for nitriding			
着色塗装亜鉛めっき鉄線	3622	precoated color zinc-coated steel wires	塗装溶融アルミニウム－亜鉛合金めっき鋼板及び鋼帯	3112	prepainted hot-dip aluminium-zinc alloy-coated steel sheet and strip
中空形鋼	3510	hollow section			
中空鋼	3821	hollow drill steels			
中空鍛造品	2607	hollow forgings	塗覆装鋼管	3503	coated steel pipes
鋳鋼車輪	3406	solid cast wheel	塗油	4209	oiling
鋳鋼品	2601	steel castings			
鋳鋼輪心	3407	cast wheel centre	**【な】**		
中打鍛造品	2607	hollow forgings	中のび	4313	center buckle
鋳鉄	1112	cast iron	生引性（なまびきせい）	4123	drawability of as rolled wire rods
調質圧延	4136	temper rolling			
調質高張力鋼	3207	quenched and tempered high tensile strength steels	波	4311	wave
			波板	2112	corrugated steel sheets
			軟鋼線材	3601	low carbon steel wire rods
超合金	1106	super alloy	NO.2D 仕上げ	4221	No.2D finish
直角度	4316	squareness	NO.2B 仕上げ	4222	No.2B finish
			NO.1 仕上げ	4220	No.1 finish
【つ】					
疲れ強さ	4133	fatigue strength	**【ね】**		
継目無鋼管	2302	seamless steel tubes	熱加工制御（TMCP）鋼	3209	steels manufactured by thermo-mechanical control process
【て】					
低温用鋼材	3205	steels for low temperature service	熱間圧延形鋼	2403	hot rolled sections
			熱間圧延鋼帯	2106	hot rolled steel plates sheet and strip in coil
T 形鋼	2407	T sections			
定尺（ていじゃく）	4302	—	熱間圧延高張力鋼板	3106	hot-rolled high tensile strength steel sheets
低炭素ステンレス鋼	3807	low carbon stainless steels			
			熱間圧延鋼板	2105	hot rolled steel plates and strip in cut length
ティンフリースチール	3117	chromium coated tin free steel			
			熱間押出形鋼	2411	hot extruded sections

用語	番号	英語	用語	番号	英語
熱間鍛造品	2608	hot forgings	深絞り用鋼板	3102	steel sheets for deep drawing
熱伝達用鋼管	3507	steel tube for boiler and heat exchanger	複合成形性	4115	combined formability
熱疲労	4134	thermal fatigue	普通レール	3402	flat bottom railway rail
			ブライト仕上げ	4219	bright finish
【は】			フリー窒素	4106	free nitrogen
バーインコイル	2502	bar in coil	ぶりき	3116	tinplate
配管用鋼管	3501	steel tube for piping, steel pipes	ぶりき原板	3115	blackplate
肌焼鋼	3705	steels for case hardening	ブルーム	1206	blooms
八角鋼	2508	octagon bars	プレンエンド	4323	plane end
ばね鋼	3822	spring steels	分析試料	4408	test portion
張出し性	4116	stretchability	分析用試料	4407	sample for analysis
バルブ鋼	3816	valve steels			
			【へ】		
【ひ】			平たん度	4314	flatness
ピアノ線	3610	piano wires	ベベルエンド	4322	bebel end
ピアノ線材	3603	piano wire rods	偏径差及び偏差	4325	out-of-round, out-of-square
BA 仕上げ	4224	bright annealed finish	偏肉	4324	eccentricity
PC 硬鋼線	3619	hard drawn steel wires for prestressed concrete	へん平性	4119	flattening property
PC 鋼線	3617	uncoated stress-relieved steel wires for prestressed concrete	【ほ】		
			ボイラ用鋼材	3203	steels for boilers
PC 鋼棒	3305	steel bars for prestressed concrete	棒鋼	2501	bars
			方向性電磁鋼帯又は鋼板	3903	grain-oriented electrical steel strip and sheet
PC 鋼より線	3618	uncoated stress relieved steel strands for prestressed concrete	ほうろう用鋼板及び鋼帯	3119	cold rolled carbon steel sheets for vitreous enameling
引抜加工性	4118	drawability	ポリエチレン被覆鋼管	3504	polyethylene coated steel pipes
被削性	4122	machinability	ポリエチレン被覆鉄線	3625	zinc galvanized steel wire coated with colored polyethylene plastics
非時効性	4117	non-ageing property			
非時効性超深絞り用鋼板	3104	non-ageing steel sheets for extra deep drawing			
非時効性深絞り用鋼板	3103	non-ageing steel sheets for deep drawing			
非磁性鋼	3827	non-magnetic steels	【ま】		
非調質高張力鋼	3208	—	曲がり	4318	straightness
被覆アーク溶接棒心線	3611	core wires for covered electrode	曲げ性	4112	bendability
			曲げ戻し性	4142	rebending properties after ageing
被覆アーク溶接棒心線用線材	3604	wire rods for core wire of covered electrode	マット仕上げ（ぶりき）	4215	matte finish
表示厚さ	4306	thickness of base metal prior to coating	丸鋼	2503	round bars
標準寸法	4301	preferred size	マルテンサイト系ステンレス鋼	3802	martensitic stainless steels
標準調質	4137	—	マルテンサイト系耐熱鋼	3812	martensitic heat resisting steels
表面処理鋼板及び鋼帯	2201	surface treated steel sheet and strip			
平鋼	2505	flat bars, wide flat	【み】		
			みがき帯鋼	2110	cold rolled steel strip
ビレット	1207	billets	みがき特殊帯鋼	2111	cold rolled special steel strip
疲労強度	4133	fatigue strength			
			みがき棒鋼	2510	cold finished steel bars
【ふ】			溝形鋼	2408	U sections
フェライト系ステンレス鋼	3803	ferritic stainless steels	耳のび	4312	edge wave
			ミルエッジ	4308	mill edge
フェライト系耐熱鋼	3813	ferritic heat resisting steels			
深絞り性	4114	deep drawability			

用語	番号	英語	用語	番号	英語
【む】			横曲がり	4315	camber
無方向性電磁鋼帯 又は鋼板	3904	cold-rolled non-oriented electrical steel strip and sheet	余肉	4409	pads
			呼び	4305	nominal designation
			呼び寸法	4304	nominal size
【め】			呼び名	4305	nominal designation
めっき量定数	4211	coating mass constant	**【ら】**		
【や】			ラインパイプ	3502	line pipe
焼入硬化層深さ	4144	depth of hardening	**【り】**		
焼入性	4135	hardenability	リムド鋼	1107	rimmed steel
山形鋼	2409	angles	リムド相当鋼	1111	rimmed substitute steel
【ゆ】			りん酸塩処理	4207	phosphating
U 字曲げ加工管	3515	U-bent tube	**【れ】**		
油井用鋼管（ゆせいようこうかん）	3511	steel pipe for oil well casing, tubing and drilling	冷圧性	4124	cold headability
			冷間圧延鋼帯	2108	cold rolled steel sheet and strip in coil
【よ】			冷間圧延高張力鋼板	3107	cold-reduced high tensile strength steel sheets
溶鋼	1201	liquid steel	冷間圧延鋼板	2107	cold rolled steel sheet and strip in cut length
溶鋼分析値	4101	heat analysis, cast analysis, ladle analysis	冷間圧造性	4124	cold headability
溶接鋼管	2303	welded steel tubes	冷間圧造用合金鋼線	3614	low-alloyed steel wires for cold heading and cold forging
溶接性	4108	weldability			
溶接補修	4412	repair by welding	冷間圧造用合金鋼線材	3607	low-alloyed steel wire rod for cold heading and cold forging
溶接割れ感受性組成	4104	weld crack sensitivity composition (parameter crack measurement)	冷間圧造用鋼線	3612	steel wires for cold heading and cold forging
溶融亜鉛－アルミニウム－マグネシウム合金めっき鋼板及び鋼帯	3113	hot-dip zinc-aluminium-magnesium alloy-coated steel sheet and strip	冷間圧造用炭素鋼線	3613	carbon steel wires for cold heading and cold forging
溶融亜鉛めっき鋼板及び鋼帯	3108	hot-dip zinc-coated steel sheet and strip	冷間圧造用炭素鋼線材	3605	carbon steel wire rods for cold heading and cold forging
溶融亜鉛めっき割れ感受性当量	4105	crack sensitivity equation for galvanizing	冷間圧造用ボロン鋼線	3615	boron steel wires for cold heading and cold forging
溶融アルミニウム－亜鉛合金めっき鋼板及び鋼帯	3111	hot-dip aluminium-zinc alloy-coated steel sheet and strip	冷間圧造用ボロン鋼線材	3606	boron steel wire rods for cold heading and cold forging
溶融アルミニウムめっき鋼線	3627	hot-dip aluminium-coated steel wires	冷間仕上鋼管	3516	cold rolled or cold drawn tubes
溶融アルミニウムめっき鋼板及び鋼帯	3114	hot-dip aluminium-coated steel sheet and strip	冷間鍛造品	2610	cold forgings
			レーザ溶接鋼管	2308	laser welded steel tubes
			レール	3401	rail
溶融アルミニウムめっき鉄線	3626	hot-dip aluminium-coated steel wires	**【ろ】**		
溶融めっき鋼板及び鋼帯	2202	hot-dip coated steel sheet and strip	六角鋼	2507	hexagon bars

用語索引（アルファベット順）

英語	番号	用語
cold-rolled non-oriented electrical steel strip and sheet	3904	無方向性電磁鋼帯又は鋼板
combined formability	4115	複合成形性
core wires for covered electrode	3611	被覆アーク溶接棒心線
corrosion resistance	4125	耐食性
corrosion resistance in sea water	4127	耐海水性
corrugated steel sheets	2112	波板
crack sensitivity equation for galvanizing	4105	溶融亜鉛めっき割れ感受性当量
creep resistance	4131	耐クリープ性
crude steel	1202	粗鋼
cut edge	4309	カットエッジ
Cut T sections	2405	CT 形鋼

【D】

英語	番号	用語
deep drawability	4114	深絞り性
deformed bars	2509	異形棒鋼
deformed steel flats	2506	異形平鋼
depth of decarburization	4143	脱炭層深さ
depth of hardening	4144	焼入硬化層深さ
differential coating	4212	差厚めっき
drawability	4118	引抜加工性
drawability of as rolled wire rods	4123	生引性（なまびきせい）, 伸線性
drop forgings (closed die forgings)	2606	型鍛造品, 型打鍛造品
dull finish	4218	ダル仕上げ

【E】

英語	番号	用語
eccentricity	4324	偏肉
edge wave	4312	耳のび
electric resistance welded steel tubes	2304	電気抵抗溶接鋼管
electrolytic coated steel sheet and strip	2203	電気めっき鋼板及び鋼帯
electrolytic iron	1102	電解鉄
electrolytic zinc-coated steel sheet and strip	3109	電気亜鉛めっき鋼板及び鋼帯
equivalent coating thickness	4210	相当めっき厚さ

【F】

英語	番号	用語
fatigue strength	4133	疲労強度, 疲れ強さ
ferritic heat resisting steels	3813	フェライト系耐熱鋼
ferritic stainless steels	3803	フェライト系ステンレス鋼
flat bars	2505	平鋼
flat bottom railway rail	3402	普通レール
flat rolled electrical steel strip and sheet	3901	電磁鋼帯又は電磁鋼板

英語	番号	用語
flat rolled silicon steel strip and sheet	3902	けい素鋼帯又はけい素鋼板
flatness	4314	平たん度
flattening property	4119	へん平性
floor steel plates	2109	しま（縞）鋼板
forging effect	4411	鍛造効果
forging ratio	4410	鍛錬成形比
formability	4113	成形性
free cutting steels	3823	快削鋼
free nitrogen	4106	フリー窒素
free-cutting stainless steels	3809	快削ステンレス鋼
full hard	4138	硬質

【G】

英語	番号	用語
grain-oriented electrical steel strip and sheet	3903	方向性電磁鋼帯又は鋼板

【H】

英語	番号	用語
H sections	2404	H 形鋼
H steels	3703	H 鋼
hair line finish	4225	HL 仕上げ
hard drawn steel wires	3609	硬鋼線
hard drawn steel wires for prestressed concrete	3619	PC 硬鋼線
hardenability	4135	焼入性
heat analysis	4101	溶鋼分析値
heat resistance	4130	耐熱性
heat resisting steels	3811	耐熱鋼
hexagon bars	2507	六角鋼
high carbon steel wire rods	3602	硬鋼線材
high speed tool steels	3820	高速度工具鋼
high strength and tough steels	3704	強じん鋼
high tensile strength steels	3206	高張力鋼
hollow drill steels	3821	中空鋼
hollow forgings	2607	中空鍛造品, 中打鍛造品
hollow section	3510	中空形鋼
hot extruded sections	2411	熱間押出形鋼
hot forgings	2608	熱間鍛造品
hot rolled sections	2403	熱間圧延形鋼
hot rolled steel plates and strip in cut length	2105	熱間圧延鋼板
hot rolled steel plates sheet and strip in coil	2106	熱間圧延鋼帯
hot-dip aluminium-coated steel sheet and strip	3114	溶融アルミニウムめっき鋼板及び鋼帯
hot-dip aluminium-coated steel wires	3626	溶融アルミニウムめっき鉄線
hot-dip aluminium-coated steel wires	3627	溶融アルミニウムめっき鋼線
hot-dip aluminium-zinc alloy-coated steel sheet and strip	3111	溶融アルミニウム－亜鉛合金めっき鋼板及び鋼帯

英語	番号	用語	英語	番号	用語
hot-dip coated steel sheet and strip	2202	溶融めっき鋼板及び鋼帯	**[N]**		
hot-dip zinc-aluminium-magnesium alloy-coated steel sheet and strip	3113	溶融亜鉛－アルミニウム－マグネシウム合金めっき鋼板及び鋼帯	No.1 finish	4220	NO.1 仕上げ
			No.2B finish	4222	NO.2B 仕上げ
			No.2D finish	4221	NO.2D 仕上げ
			nominal designation	4305	呼び名, 呼び
hot-dip zinc-coated steel sheet and strip	3108	溶融亜鉛めっき鋼板及び鋼帯	nominal size	4303	公称寸法
hot-rolled high tensile strength steel sheets	3106	熱間圧延高張力鋼板	nominal size	4304	呼び寸法, 呼称寸法
			non-ageing property	4117	非時効性
[I]			non-ageing steel sheets for deep drawing	3103	非時効性深絞り用鋼板
I sections	2406	I 形鋼			
ingots	1203	鋼塊	non-ageing steel sheets for extra deep drawing	3104	非時効性超深絞り用鋼板
interstitial free steels	3105	IF 鋼			
			non-magnetic steels	3827	非磁性鋼
[K]					
killed steel	1110	キルド鋼	**[O]**		
			octagon bars	2508	八角鋼
[L]			oil hardened and tempered wires	3616	オイルテンパ線
ladle analysis	4101	溶鋼分析値			
laser welded steel tubes	2308	レーザ溶接鋼管	oil tempered wires for spring	3616	オイルテンパ線
light gauge sections	2412	軽量形鋼			
light rail	3403	軽レール	oiling	4209	塗油
limited condition of surface imperfections to remove	4413	きず取り基準	open die forgings	2605	自由鍛造品
			out-of-round	4325	偏径差及び偏差
			out-of-square	4325	偏径差及び偏差
line pipe	3502	ラインパイプ	oxidation resistance	4129	耐酸化性
liquid steel	1201	溶鋼			
long products	2401	条鋼	**[P]**		
low carbon stainless steels	3807	低炭素ステンレス鋼	pads	4409	余肉
			permissabale variation of weight	4320	質量の許容差
low carbon steel wire rods	3601	軟鋼線材			
			phosphating	4207	りん酸塩処理
low carbon steel wires	3608	鉄線	piano wire rods	3603	ピアノ線材
low-alloyed steel wire rod for cold heading and cold forging	3607	冷間圧造用合金鋼線材	piano wires	3610	ピアノ線
			pickled surface	4217	酸洗仕上げ
			plane end	4323	プレンエンド
low-alloyed steel wires for cold heading and cold forging	3614	冷間圧造用合金鋼線	polished finish	4223	研磨仕上げ
			polyethylene coated steel pipes	3504	ポリエチレン被覆鋼管
			precipitation hardening heat resisting steels	3815	析出硬化系耐熱鋼
[M]					
machinability	4122	被削性	precipitation hardening stainless steels	3806	析出硬化系ステンレス鋼
magnetic iron bar, magnetic iron sheet	3905	電磁軟鉄棒又は電磁軟鉄板			
			precision steel castings	2603	精密鋳造品
magnetic properties	4141	磁気特性	precoated color zinc-coated steel wires	3622	着色塗装亜鉛めっき鉄線
magnetic steels	3825	磁石鋼			
martensitic heat resisting steels	3812	マルテンサイト系耐熱鋼	preferred size	4301	標準寸法
			prepainted hot-dip aluminium-zinc alloy-coated steel sheet and strip	3112	塗装溶融アルミニウム－亜鉛合金めっき鋼板及び鋼帯
martensitic stainless steels	3802	マルテンサイト系ステンレス鋼			
matte finish	4215	マット仕上げ（ぶりき）			
			prepainted hot-dip zinc-coated steel sheet and strip	3110	塗装溶融亜鉛めっき鋼板及び鋼帯
mechanical properties	4107	機械的性質			
mill edge	4308	ミルエッジ	prepainted stainless steel sheets and strip	3810	塗装ステンレス鋼板及び鋼帯

英語	番号	用語	英語	番号	用語
prepainted steel sheet and strip	2204	塗装鋼板及び鋼帯	spangle	4201	スパングル
product analysis	4102	製品分析値	spring steels	3822	ばね鋼
product thickness	4307	製品厚さ	square bars	2504	角鋼
pure iron	1101	純鉄	square tube	3509	角形鋼管
			squareness	4316	直角度
[Q]			stabilized stainless steels	3808	安定化ステンレス鋼
quenched and tempered high tensile strength steels	3207	調質高張力鋼	stainless steels	3801	ステンレス鋼
			steel	1103	鋼
[R]			steel bars for concrete reinforcement	3304	鉄筋コンクリート用棒鋼
rail	3401	レール	steel bars for prestressed concrete	3305	PC鋼棒
rebending properties after ageing	4142	曲げ戻し性	steel castings	2601	鋳鋼品
rectangular tube	3509	角形鋼管	steel decks	3120	デッキプレート
repair by welding	4412	溶接補修	steel forgings	2604	鍛鋼品
rerolled steels	2003	再生鋼材	steel forgings unmachined	1212	鍛鋼打放し
rigid steel conduits	3514	鋼製電線管	steel H piles	3301	H形鋼ぐい
rimmed steel	1107	リムド鋼	steel pipe for oil well casing, tubing and drilling	3511	油井用鋼管（ゆせいようこうかん）
rimmed substitute steel	1111	リムド相当鋼			
ring expanding property	4120	押し広げ性	steel pipe piles	3302	鋼管ぐい
rod	2511	線材	steel pipe sheet piles	3303	鋼管矢板
rolled steel products	2002	圧延鋼材	steel pipes	3501	配管用鋼管
rolled steels with improved atmospheric corrosion resistance	3202	耐候性圧延鋼材	steel plate in coil	2104	鋼帯
			steel plates	2101	鋼板
			steel plates	2102	厚鋼板
rolled wheel centre	3404	圧延輪心	steel powder	3828	鋼粉末
rough specimen	4404	粗試験片	steel products	2001	鋼材
round bars	2503	丸鋼	steel sheet and strip prepainted or laminated with polyvinyl chloride	3118	塩化ビニル鋼板及び鋼帯
round edged steel flats	2506	異形平鋼			
[S]			steel sheet in coil	2104	鋼帯
sample	4403	供試材	steel sheets	2101	鋼板
sample for analysis	4407	分析用試料	steel sheets	2103	薄鋼板
sample product	4402	供試製品	steel sheets for deep drawing	3102	深絞り用鋼板
sanitary tubes	3517	サニタリー管			
schedule number	4321	スケジュール番号	steel sheets for drawing	3101	絞り用鋼板
seamless steel tubes	2302	継目無鋼管	steel strip and sheet for pole core	3906	磁極用鋼板
sections	2402	形鋼			
sections for colliery arches	2414	坑枠鋼	steel strip in coil	2104	鋼帯
			steel tube for boiler and heat exchanger	3507	熱伝達用鋼管
semi-finished products	1204	鋼片			
semi-killed steel	1109	セミキルド鋼	steel tube for drilling	3512	試すい用鋼管
sequential testing	4406	組試験	steel tube for high pressure gas cylinder	3513	高圧ガス容器用鋼管
sheet bars	1208	シートバー			
sheet piling	2413	鋼矢板	steel tube for piping	3501	配管用鋼管
shot blasted surface	4216	ショットブラスト	steel tube for structural purposes	3508	構造用鋼管
silver finish	4214	シルバー仕上げ（ぶりき）			
			steel tubes	2301	鋼管
sintered steel components	3829	焼結した鋼製品	steel wire coated with colored plastics	3623	合成樹脂被覆鉄線
skin pass	4203	スキンパス処理	steel wire coated with colored polyvinyl chloride plastics	3624	塩化ビニル被覆鉄線
slabs	1205	スラブ			
small size-deformed steel bars for prestressed concrete	3306	細径異形PC鋼棒			
			steel wires for cold heading and cold forging	3612	冷間圧造用鋼線
solid cast wheel	3406	鋳鋼車輪			
solid rolled wheel	3405	一体圧延車輪			

英語	番号	用語	英語	番号	用語
steels for boilers	3203	ボイラ用鋼材	uncoated stress relieved steel strands for prestressed concrete	3618	PC 鋼より線
steels for case hardening	3705	肌焼鋼			
steels for low temperature service	3205	低温用鋼材	uncoated stress-relieved steel wires for prestressed concrete	3617	PC 鋼線
steels for nitriding	3706	窒化鋼			
steels for pressure vessels	3204	圧力容器用鋼材			
steels for structure	3201	構造用鋼材	【V】		
steels manufactured by thermo-mechanical control process	3209	熱加工制御（TMCP）鋼	valve steels	3816	バルブ鋼
			【W】		
stone finish	4213	粗面仕上げ（ぶりき）	warm forgings	2609	温間鍛造品
			warpage	4310	反り
straightness	4317	真直度	wave	4311	波
straightness	4318	曲がり	wear resistance abrasion resistance	4132	耐摩耗性
stretchability	4116	張出し性			
submerged arc welded steel tubes	2305	サブマージアーク溶接鋼管	weathering resistance	4126	耐候性
			weld crack sensitivity composition (parameter crack measurement)	4104	溶接割れ感受性組成
super alloy	1106	超合金			
surface treated steel sheet and strip	2201	表面処理鋼板及び鋼帯			
			weldability	4108	溶接性
【T】			welded steel tubes	2303	溶接鋼管
T sections	2407	T 形鋼	wide flat	2505	平鋼
temper rolling	4136	調質圧延	wire rod	2511	線材
test piece	4405	試験片	wire rods for core wire of covered electrode	3604	被覆アーク溶接棒心線用線材
test portion	4408	分析試料			
test unit	4401	試験単位	wires	2512	線
thermal fatigue	4134	熱疲労	workability	4111	加工性
thickness of base metal prior to coating	4306	表示厚さ	【Z】		
through-thickness characteristics	4140	厚さ方向特性	zinc galvanized steel wire coated with colored polyethylene plastics	3625	ポリエチレン被覆鉄線
tinplate	3116	ぶりき			
tool steels	3817	工具鋼	zinc-coated low carbon steel wires	3620	亜鉛めっき鉄線
toughness	4110	じん性			
【U】			zinc-coated steel wires	3621	亜鉛めっき鋼線
U sections	2408	溝形鋼	zinc-iron alloy coating	4202	合金化めっき
U-bent tube	3515	U 字曲げ加工管			

JIS G 0431
(2021)

鉄鋼製品の雇用主による非破壊試験技術者の資格付与

Steel products—Employer's qualification system for
non-destructive testing (NDT) personnel

［JIS（2009）改正
JIS（2001）制定］

序文

この規格は，2019 年に第 3 版として発行された **ISO 11484** を基とし，技術的内容を変更して作成した日本産業規格である。

なお，**附属書 JA** は，対応国際規格にはない事項である。また，この規格で点線の下線を施してある箇所は，対応国際規格を変更している事項である。技術的差異の一覧表にその説明を付けて，**附属書 JB** に示す。

1 適用範囲

この規格は，鉄鋼製造業者での，次の鉄鋼製品の試験を行う非破壊試験（以下，NDT という。）技術者に対する雇用主による資格付与について規定する。

— 鋼管
— 鋼板，鋼帯，レール，棒鋼，形鋼，線材及び線

この規格は，鉄鋼製品の指定された NDT 業務を遂行するレベル 1 及びレベル 2 の NDT 技術者の力量に対する資格付与の要求事項を規定する。資格は，特定の鉄鋼製品及び特定の試験方法に対して，雇用主が付与する。

この規格は，次の NDT 方法を用いて，鉄鋼製品の主に自動検査を行う NDT 技術者に適用する。

a) 渦電流探傷試験（ET）

b) 漏れ試験（LT）（水圧試験を除く。）

c) 浸透探傷試験（PT）

d) 磁気探傷試験（MT）

e) 放射線透過試験（RT）

f) 超音波探傷試験（UT）

注記 1 **ISO 11484** には，目視試験（VT）が含まれている。

注記 2 この規格の対応国際規格及びその対応の程度を表す記号を，次に示す。

ISO 11484:2019，Steel products—Employer's qualification system for non-destructive testing (NDT) personnel（MOD）

なお，対応の程度を表す記号 “MOD” は，**ISO/IEC Guide 21-1** に基づき，“修正している” ことを示す。

2　引用規格

次に掲げる引用規格は，この規格に引用されることによって，その一部又は全部がこの規格の要求事項を構成している。この引用規格は，その最新版（追補を含む。）を適用する。

JIS Z 2305　非破壊試験技術者の資格及び認証

ISO 18490, Non-destructive testing－Evaluation of vision acuity of NDT personnel

3　用語及び定義

この規格で用いる主な用語及び定義は，次によるほか，**JIS Z 2305** による。

3.1
申請者（candidate）
認証機関に受け入れられる資格をもつ技術者の監督（**3.32**）の下で経験を積み，資格を求めている個人
（出典：**JIS Z 2305**:2013 の **3.3** を一部変更）

3.2
実現能力（capability）
特定の NDT 業務を遂行するための能力及び／又は技能

3.3
力量（competence）
特定の NDT 業務を実行するための製品の知識及び実現能力（**3.2**）

3.4
雇用主（employer）
申請者（**3.1**）が定常的に働いている組織
（出典：**JIS Z 2305**:2013 の **3.7**）

3.5
一般試験（general examination）
レベル 1 又はレベル 2 の NDT 方法（**3.13**）の原理に関する筆記試験
（出典：**JIS Z 2305**:2013 の **3.10**）

3.6
工業に関わる経験（industrial experience）
特定の NDT 方法の資格に関する規定を満たすための技能及び知識を得るために必要で，資格付けされた監督（**3.21**）の下で得られ，雇用主（**3.4**）に受け入れられる経験
（出典：**JIS Z 2305**:2013 の **3.11** を一部変更）

3.7
特定業務訓練（job-specific training）

雇用主に関わる製品，NDT 装置，適用するコード，規格，仕様書（**3.29**）及び NDT 手順書（**3.14**）に特化した NDT において，雇用主（**3.4**）が行う訓練

（出典：**JIS Z 2305**:2013 の **3.13** を一部変更）

3.8
NDT レベル 3 技術者（Level 3 individual）
特定の NDT 方法及び製品について，**JIS Z 2305** のレベル 3 又はこれに相当する基準（**ANSI/ASNT SNT-TC-1A**:2016，**ANSI/ASNT CP-189**:2016 など）で認証され，かつ，資格試験機関（**3.22**）によって資格試験（**3.20**）を実行，監督及び採点する権限が与えられた人

3.9
多項選択式試験問題（multiple-choice examination question）
四つの解答選択肢のうち，一つだけが正しく，残りの三つは間違い又は不適切である試験問題

（出典：**JIS Z 2305**:2013 の **3.15**）

3.10
磁粉探傷試験，MPT（magnetic particle testing）
漏えい（洩）磁束によって個々に磁化され引きつけられる能力をもつ微粉末の強磁性体を使用する試験

3.11
漏えい磁束探傷試験，MFT（magnetic flux-leakage testing）
漏えい磁束を検出するために，誘導コイル，ホール効果プローブ，磁気ダイオードなどの磁束検出器を用いて，試験体の表面を探傷する試験

3.12
NDT 指示書（non-destructive testing instruction，NDT instruction）
確立された規格，コード，仕様書（**3.29**）又は NDT 手順書（**3.14**）に基づいて，NDT を実施する際に従わなければならない正確な手順を記載した文書

（出典：**JIS Z 2305**:2013 の **3.16**）

3.13
NDT 方法（non-destructive testing method，NDT method）
物理的原理を NDT に適用する方法

　例　超音波探傷試験，磁気探傷試験
（出典：**JIS Z 2305**:2013 の **3.17** を一部変更）

3.14
NDT 手順書（non-destructive testing procedure，NDT procedure）
規格，コード又は仕様書（**3.29**）に従って製品の NDT を実施する際に適用すべき全ての必須の要素及び注意事項について記載した文書

（出典：**JIS Z 2305**:2013 の **3.18**）

3.15
NDT 技法（non-destructive testing technique，NDT technique）
NDT 方法（**3.13**）を実用するための特定の手法

　例　超音波水浸探傷試験，漏えい磁束探傷試験（**3.11**）
（出典：**JIS Z 2305**:2013 の **3.19** を一部変更）

3.16

NDT 訓練（non-destructive testing training, NDT training）

　資格を求めるための NDT 方法（**3.13**）における理論及び実技に関する指導の過程であり，雇用主
（**3.4**）によって承認されたシラバスによる訓練コースの形式をとるもの

　　注釈 1　**ISO/TR 25107**:2006 参照。

　　注釈 2　シラバスは，教育・訓練の目的及び内容，使用テキスト，参考文献，評価方法などについて記
　　　　　　した要綱である。

　　（出典：**JIS Z 2305**:2013 の **3.20** を一部変更）

3.17

作業実施許可（operating authorization）

　資格の適用範囲に基づいて，雇用主（**3.4**）が発行し，明示された作業を実施することを個人に対して
許可する文書

　　注釈 1　特定業務訓練（**3.7**）の条項に従ってこのような許可を与えることが可能である。

　　（出典：**JIS Z 2305**:2013 の **3.21** を一部変更）

3.18

実技試験（practical examination）

　申請者（**3.1**）が NDT に精通し，かつ，実施できることを実証するために行う実技能力の評価試験

　　（出典：**JIS Z 2305**:2013 の **3.22**）

3.19

資格（qualification）

　NDT 業務を適切に遂行するために要求される身体的特性，知識，技能，訓練及び経験に関する実証

　　（出典：**JIS Z 2305**:2013 の **3.23**）

3.20

資格試験（qualification examination）

　雇用主（**3.4**）によって運営され，申請者（**3.1**）の一般，専門及び実技に関する知識，並びに技能を評
価する試験

　　（出典：**JIS Z 2305**:2013 の **3.24** を一部変更）

3.21

資格付けされた監督（qualified supervision）

　申請者と同じ NDT 方法の資格をもつ技術者，又は認証されていないが，雇用主（**3.4**）の見解におい
て，そのような監督（**3.32**）を適切に遂行するために要求された知識，技能，訓練及び経験をもつ技術者
による，経験を積む申請者（**3.1**）に対する監督

　　（出典：**JIS Z 2305**:2013 の **3.25** を一部変更）

3.22

資格試験機関（qualifying body）

　試験の準備及び運営を実施するために雇用主（**3.4**）から権限が与えられている機関又は部門で，製造
部門から独立しているもの

　　注釈 1　資格試験機関は，雇用主から委託された外部機関でもよい。

3.23
更新（renewal）

新規試験，追加試験又は再資格付け（**3.24**）試験に合格後，5 年までの任意の時点で，試験を実施しないで行う資格（**3.19**）の有効性の再実証のための手順

（出典：**JIS Z 2305**:2013 の **3.34** を一部変更）

3.24
再資格付け（re-qualification）

確立された資格付与基準を満足することを資格試験機関に確信させる試験又は他の方法による資格（**3.19**）の有効性の再実証のための手順

3.25
有効性の再実証（re-validation）

検証されたある手順が，ある期間にわたり機能し，所期の機能を満たすことを実証する行為

3.26
調整（setup）

試験される製品の仕様書（**3.29**）によって要求されている試験条件及び探傷感度を設定するために，NDT 装置を機械的及び／又は電気的に調節すること

3.27
大幅な中断（significant interruption）

資格を付与された個人の業務の欠如又は変更であり，連続した 1 年間又は 2 回以上の期間の総計で 2 年間を超えて，資格の範囲内の関連する NDT 方法の資格レベルに対応した職務を遂行できなくなる中断

注釈 1　中断期間を算出する際，法定休日，病気の期間又は 30 日未満の訓練コースの期間は考慮しない。

（出典：**JIS Z 2305**:2013 の **3.27** を一部変更）

3.28
専門試験（specific examination）

レベル 1 又はレベル 2 において，特定の分野で適用する NDT 技法に関する筆記試験

注釈 1　これには，NDT の対象となる製品，コード，規格，仕様書（**3.29**），NDT 手順書（**3.14**）及び判定基準に関する知識を含む。

（出典：**JIS Z 2305**:2013 の **3.28**）

3.29
仕様書（specification）

要求事項を記載した文書

（出典：**JIS Z 2305**:2013 の **3.29**）

3.30
試験体（specimen）

実技試験（**3.18**）で使用し，既知の人工きず又は自然きずを含み，適用する分野で通常 NDT の対象となる製品を代表する試験サンプル

（出典：**JIS Z 2305**:2013 の **3.30** を一部変更）

3.31

試験体マスタレポート（specimen master report）

申請者（**3.1**）の試験報告書を採点する際に対比される，明示した条件［装置の種類，調整，技法，試験体（**3.30**）など］で実施する実技試験（**3.18**）における最適な結果を示す模範解答

（出典：**JIS Z 2305**:2013 の **3.31**）

3.32

監督（supervision）

ほかの NDT 技術者が実施する NDT の適用を指示する行為で，NDT の準備及び実施並びに結果の報告に関わる行為の管理を含むもの

（出典：**JIS Z 2305**:2013 の **3.32**）

3.33

内部手順書（written internal procedure）

雇用者への資格（**3.19**）付与の要求事項の詳細を記した，雇用主（**3.4**）によって作られた手順書

4 責任

4.1 一般

この規格の要求事項に基づき，雇用主は，NDT 業務を実施する技術者が，この規格に含まれる一つ以上の NDT 方法の NDT レベル 1 及び NDT レベル 2 のうちの一つの力量（competence）について，事前の資格要件をもち，かつ，雇用主の指導の下に実施される資格試験に合格している技術者であることの適合宣言を提供する唯一の責任者である。

雇用主に常雇いされているか，又は雇用主と契約した NDT レベル 3 技術者は，NDT レベル 1 及び NDT レベル 2 の資格試験を運営する責任をもつ。

それぞれの候補者は，資格試験に対する要件として，事前に，視力，基礎教育，訓練及び経験に関する資格要件を満たしていなければならない。これらの事前の資格要件は，雇用主が確認し，資格記録に記載しなければならない。

NDT レベル 1 及び NDT レベル 2 の資格試験は，次の三つの分野で構成する。

－ 一般試験
－ 専門試験
－ 実技試験

資格試験の一般試験，専門試験及び実技試験は，雇用主の資格試験機関又は雇用主が承認し権限を与えた外部資格試験機関で行う。その選択は，雇用主の任意とする。

資格試験結果は，合格の最低条件を満たしていることを保証するために，資格試験機関が確認しなければならない。雇用主の資格試験機関は，個人ごとに，NDT 方法及び力量レベル（NDT レベル 1 又は NDT レベル 2）を記載した資格記録を発行しなければならない。資格記録の発行は，雇用主の製造設備内において特定の NDT 業務を行う権限（すなわち，作業実施許可）を与えるものである。この資格記録は，その個人が，資格記録を発行した雇用主に雇用されているか，又は雇用主との契約をしている期間だけ有効である。

雇用主は，この規格の要求事項を満たす NDT 技術者のための内部手順書を作成しなければならない。NDT 資格プログラムを実行するために従わなければならない手順の詳細には，次を含む。

— 雇用主によって用いられる資格レベル

— NDT 技術者の責任

— 訓練，経験及び試験に関する要求事項

— 資格付与及び再資格付与に関する要求事項

— 記録に関する要求事項

雇用主によって用いられる方法に関する内部手順書は，認証された NDT レベル 3 技術者によって承認されなければならない。

4.2 雇用主の資格試験機関

雇用主の資格試験機関は，製造部門と独立した人員によって構成しなければならない。これらの人員は，雇用主によって雇用されているかどうかにかかわらず，雇用主の資格試験機関によって NDT レベル 1 及び NDT レベル 2 試験の試験官として指名された少なくとも一人の認証された NDT レベル 3 技術者を含まなければならない。認証された NDT レベル 3 技術者は，NDT レベル 1 及び NDT レベル 2 の資格試験を管理し，適切に実行する責任をもつ。雇用主が承認し権限を与えた外部資格試験機関についても，これらの基本的な要求事項は，満足していなければならない。

5 資格レベル

5.1 一般

この規格によって資格付与される NDT 技術者は，実施する NDT 業務ごとに二つの資格レベル（NDT レベル 1 又は NDT レベル 2）の一つに分類されなければならない。

二つの資格レベルは，NDT 業務内容及び責任の程度などによって **5.2** 及び **5.3** に定義する。

5.2 NDT レベル 1

NDT レベル 1 の資格を付与された技術者（以下，NDT レベル 1 技術者という。）は，NDT レベル 2 の資格を付与された技術者（以下，NDT レベル 2 技術者という。）又は NDT レベル 3 技術者の資格付けされた監督の下，NDT 指示書に従い NDT を実施する力量をもっていなければならない。資格に規定する力量の適用範囲内で，雇用主は，NDT レベル 1 技術者に対して，NDT 指示書に従って次のことを行う権限を与えてもよい。

a) NDT 装置の調整

b) NDT の実施

c) 文書化された指示に従った試験結果の記録及び分類

d) 結果の報告

NDT レベル 1 技術者は，使用する NDT 方法又は NDT 技法の選択，及び結果の解釈を行ってはならない。

5.3 NDT レベル 2

NDT レベル 2 技術者は，資格を付与された NDT 方法の規定された手順に従って NDT を行う力量をもっていなければならない。NDT レベル 2 の資格に規定する力量の適用範囲内で，雇用主は，NDT レベル 2 技術者に対して，次のことを行う権限を与えてもよい。

a) 使用する NDT 方法の NDT 技法の選択

b) NDT 方法及び／又は NDT 技法の適用限界の決定

c) NDT のコード，規格，仕様書及び手順書の解釈，及びそれに基づく実際に作業環境に適用できる試験指示書の作成

d) 装置の調整及び検証

e) 試験の実施及び監督

f) 適用する規格，コード，仕様書又は NDT 手順書に従う試験結果の解釈及び評価

g) NDT 指示書の作成

h) NDT レベル 2 以下の全ての作業の実行及び監督

i) NDT レベル 2 以下の技術者の指導

j) NDT の結果の整理及び報告

6 雇用主による資格付与の要求事項及び手順

資格試験機関は，雇用主によって権限を与えられ，かつ，認証された NDT レベル 3 技術者を通して，箇条 7 及び箇条 8 に従って，NDT レベル 1 及び NDT レベル 2 の申請者の資格付けをしなければならない。申請者が資格付けされると直ちに，雇用主は，資格記録を発行しなければならない。資格付与手順を図 1 に示す。

NDT レベル 3 技術者は，雇用主の常雇い雇用者である必要はない。

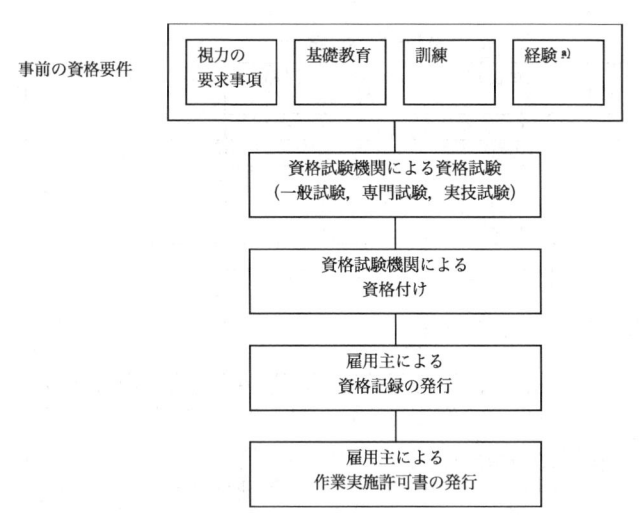

事前の資格要件

| 視力の要求事項 | 基礎教育 | 訓練 | 経験 a) |

資格試験機関による資格試験
（一般試験，専門試験，実技試験）

資格試験機関による
資格付け

雇用主による
資格記録の発行

雇用主による
作業実施許可書の発行

注 a) 事前の資格要件のうち，経験は，資格試験機関による資格試験合格後，2 年以内に経験の条件を満足すれば，資格付与が可能である。

図 1−NDT レベル 1 及び NDT レベル 2 の資格付与手順

7　資格付与要求事項

7.1　一般

　申請者は，**7.2〜7.4** の要求事項を満たさなければならない。視力，訓練及び工業に関わる経験の要求事項は，資格付与の前に満たしていなければならない。

7.2　訓練

　申請者は，雇用主によって承認された資格試験機関の要求に従って，資格付与を受けようとする NDT 方法及び資格レベルの訓練コースを完了していることの証明を提出しなければならない。**附属書 JA** に NDT 訓練コースの内容の手引きを示す。資格付与のために，申請者が実施する NDT 訓練の最小限の期間は，適用する NDT 方法ごとに**表 1** による。

表1－最小限の訓練期間 a)

NDT 方法	NDT 技法	NDT レベル 1（時間）b)	NDT レベル 2（時間）b), c)
ET	－	40	48
LT	圧力漏れ	24	32
	トレーサガス	24	40
MT f)	MPT	16	24
	MFT	40	40
PT	－	16	24
RT d)	フィルム式 RT	40	80
	デジタル式 RT	40	40
UT e)	－	40	80
	フェーズドアレイ	－	40

注 a) 箇条1に示した異なる鉄鋼製品の NDT で，規定の NDT 技能及び知識は，申請者の能力が十分となるように，訓練プログラムをこれらの規定された要求に適合するものに構築することが望ましい。

注 b) 訓練時間には，実技及び理論の両方を含む。

注 c) NDT レベル2を直接受験する場合は，NDT レベル1と NDT レベル2との合計の時間を適用する。

注 d) 訓練時間には，放射線安全訓練を含めない。フィルム式又はデジタル式のいずれか一つの RT 技法の資格がある場合は，同じレベルの他の RT 技法の資格付与に要する追加の最少訓練時間は，24時間とすることが望ましく，そのうち，少なくとも16時間は装置に慣れることに費やすことが望ましい。

注 e) フェーズドアレイの場合は，前提条件として，レベル1及びレベル2の UT の訓練を終えなければならない。

注 f) MPT の訓練時間は，MFT の訓練時間に加算してもよい。

7.3 経験

a) 工業に関わる経験は，資格試験の前，又は合格後のいずれに習得してもよい。経験を証明する文書は，雇用主が確認し，資格試験機関に提出しなければならない。

b) 資格試験合格後に経験が求められる場合には，試験の結果は，2年間有効とする。

c) 工業に関わる最小限の経験期間は，**表2**による。

表 2－工業に関わる最小限の経験期間

NDT 方法	NDT 技法	経験 (月) [a], [b], [c]	
		NDT レベル 1	NDT レベル 2
ET	－	3	9
LT	－	3	9
MT	MPT	1	3
	MFT	3	9
PT	－	1	3
RT [d]	－	3	9
UT [e]	－	3	9
	フェーズドアレイ	－	3

箇条 1 に規定する異なる鉄鋼製品の NDT で，自動及び半自動での試験が主な場合には，これらの装置の日常の調整を含めるようにすることが望ましい。

注 [a] 作業経験の月数は，週 40 時間（月 176 時間）又は法令の業務週に基づいて計算する。週 40 時間を超える業務については，合計時間に基づいて計算してもよい。ただし，文書で証明しなければならない。

注 [b] 作業経験は，この規格で規定する二つ以上の NDT 方法について同時に取得したこととしてもよいが，合計経験期間が減少してよい割合は，次による。
 － 二つの NDT 方法： 各方法の合計要求期間の 25 ％
 － 三つの NDT 方法： 各方法の合計要求期間の 33 ％
 － 四つ以上の NDT 方法：各方法の合計要求期間の 50 ％
 　申請者は，合計経験期間の短縮を行う全ての場合で，資格を得ようとするそれぞれの NDT 方法で，少なくともこの表の 50 ％以上であることを示さなければならない。

注 [c] NDT レベル 2 の資格付与に必要な作業経験は，NDT レベル 1 資格付与後の NDT 作業期間とすることが望ましい。NDT レベル 1 の経験がなく，直接 NDT レベル 2 の資格を得ようとする場合には，経験期間は，NDT レベル 1 と NDT レベル 2 との合計を必要とする。

注 [d] フィルム式又はデジタル式のいずれか一つの RT 技法の資格がある場合は，同じレベルの他の RT 技法の資格付与に要する追加の最少経験期間は，1 か月とすることが望ましい。

注 [e] フェーズドアレイの場合は，前提条件として，レベル 1 及びレベル 2 の UT の経験を終えなければならない。

7.4 視力の要求事項

NDT レベル 1 及び NDT レベル 2 の申請者は，次によって，視力が適合していることを証明する文書を提出しなければならない。

a) 近方視力の評価は，次の要求事項のうち一つを満たさなければならない。

 1) 30 cm 以上離れて，片目又は両目及び矯正又は無矯正のいずれかで，少なくとも Jaeger Number [1] 1, Times Roman N4.5 又はこれと同等の文字（文字高さ 1.6 mm）を，読み取る能力がある。

 2) **ISO 18490** を満たす。

b) 色覚は，雇用主によって指定された NDT 方法に用いる色又は濃淡の色合い間のコントラストが十分に識別できる必要がある。

 注 [1] Jaeger Number は，米国非破壊検査協会が採用している視力表の番号。

資格付与後，近方視力及び色覚の検査は，毎年実施し，雇用主が検証しなければならない。

8 資格試験

8.1 一般

資格試験は，所定の NDT 方法を対象とし，次のものから構成する。

— 一般試験

— 専門試験

— 実技試験

資格試験機関は，申請者が各試験を終えるのに許容される最大時間を定めなければならない。そのために，試験は，問題数及び難易度を考慮して作成する。

8.2 試験内容

8.2.1 一般試験

一般試験は，権限が与えられている資格試験機関の試験日において有効な一般試験問題集から，予測不可能な方法で選ばれた問題だけとする。申請者は，最低限，幾つかの多項選択式試験問題に答えなければならない。指標として，多項選択式試験問題の一つ当たりの時間は，3 分以内にするのがよい。

放射線透過試験に対しては，放射線の安全に関する試験を追加しなければならない。ただし，国の規制がある場合は，それに置き換えてもよい。

放射線透過試験は，資格試験機関の手順によって，X 線及び／又はガンマ線を含んでもよい。

一般試験の最少設問数は，それぞれの NDT 方法，NDT 技法及び NDT レベルに対して 40 とする。

8.2.2 専門試験

専門試験は，資格試験機関によって作成された当該 NDT 技法に関する専門的な問題から選択する。専門試験の最少設問数は，それぞれの NDT 方法，NDT 技法及び NDT レベルに対して 20 とし，計算問題，NDT 手順書に関する問題，並びにコード，規格及び仕様書に関する問題を含まなければならない。

8.2.3 実技試験

実技試験は，当該 NDT レベルに応じて要求される，鉄鋼製品の NDT 試験を実施し，試験結果の情報を記録及び解析する申請者の能力を検証するために，次の文書類によって構成しなければならない。

a) NDT レベル 1：NDT 指示書

b) NDT レベル 2：NDT 指示書，仕様書，コード及び規格

NDT レベル 2 に対しては，申請者は，NDT レベル 1 に対する NDT 指示書を作成する能力を示さなければならない。

資格試験機関は，評価対象の NDT 方法及び NDT 技法に対して，実技試験には，少なくとも二つ以上の試験体を選択し，使用しなければならない。NDT 訓練に用いた試験体を使用してはならない。

RT のレベル 2 の試験は，適用対象に関係のある 12 個の放射線透過写真の評価を含めなければならない。

ある分野の試験が二つ以上の製品に関わる場合，試験体は，全ての製品を代表するもの，又はその分野を構成する製品群若しくは材料から資格試験機関によって任意に選択されたものでなければならない。

資格試験機関は，全ての試験体を確実に識別し，試験体の中の特定の不連続部を検出するために用いた装置の調整などを含む記録原簿を保持しなければならない。

8.3 試験の実施

試験の実施は，次による。

a) 全ての試験は，雇用主の責任の下に実施しなければならない。

b) 申請者は，試験中に，試験規則の不遵守，不正行為又は不正行為のほう（幇）助があった場合には，1 年間は，試験を受けることができない [**8.5 a)**参照]。

c) 試験は，資格試験機関が承認し，監視しなければならない。

d) 試験官は，資格試験機関が作成又は承認した手順に従って，試験の採点を行う責任がある。

e) 資格試験は，次によって構成する。

 1) 申請者が適格であることの検証（視力，訓練時間，経験月数）

 2) 一般試験，専門試験及び実技試験

 3) 鉄鋼製品の製造に適用されている所定の NDT 方法の仕様書

f) この規格の要求事項の下で，資格試験機関は，**JIS Z 2305** 及び要求される製品分野，又はこれらと同等のものによる認証をもつ NDT レベル 1 技術者及び NDT レベル 2 技術者に対して，**8.2** の一部の資格試験（一般試験及び専門試験の一部）を免除する権限をもつ。

g) 資格試験は，申請者に，関連する製造工程，不完全部の種類及び NDT 試験装置の知識があり，要求される NDT 業務を行う能力があることを確認するために，特に同一製品の異なる種類及び／又は寸法に対して実施しなければならない。

h) 試験の実施において，"資格"及び"資格記録"は，鋼管，厚板などそれぞれ特定の鉄鋼製品ごとに適用する。

8.4 採点

一般試験は，申請者が，後に他の鉄鋼製品分野の資格を得ようとする場合に，一般試験を繰り返さなくてもよいように，専門試験と分けて採点しなければならない。そうすることによって，ある鉄鋼製品から他の製品に職場を変わる技術者が，鉄鋼製品の全ての分野で一般試験の有効性を維持できるようになる。

NDT レベル 1 及び NDT レベル 2 の合成点 N は，次の式で算出する。

$$N = \frac{n_g + n_s + n_p}{3}$$

ここで，　　n_g：　一般試験の点数

　　　　　　n_s：　専門試験の点数

　　　　　　n_p：　実技試験の点数

実技試験の採点の項目及び配分は，**附属書 A** による。資格付与のためには，申請者は，各試験で 70 点（70/100）以上及び合成点 N で 80 点（80/100）以上を取らなければならない。また，実技試験は，それぞれの試験体及び NDT 指示に対して 70 点（70/100）以上を取らなければならない。

8.5 再試験

再試験は，次による。

a) 不正行為又はその他の理由 [**8.3 b)**参照] によって不合格となった申請者は，不合格から 12 か月間は，

再申請してはならない。

b) 資格付与に必要な点数に達しなかった申請者は，初めての試験後 1 か月以降で，2 年以内に，不合格となった分野 (4.1 参照) について 2 回の再試験を受けてもよい。なお，この場合，資格試験機関が認める更なる訓練を十分に完了していなくてもよい。

c) 再試験で不合格となった申請者は，新規申請者用の手順に従って申請し，資格試験を受けなければならない。

9 資格

9.1 一般

資格試験の結果に基づき，雇用主は，資格付与することを公表し，資格記録を発行しなければならない。これは，次の一つ又は複数を発行することで達成される。

a) 資格記録のハードコピー

b) 資格カード

c) 関連情報の電子記録（デジタル式資格記録）

9.2 資格記録の内容

資格記録及び／又は対応する資格カードには，次を含む。

a) 技術者の氏名

b) 資格付与した日付

c) 資格が失効する日付

d) この規格，すなわち **JIS G 0431** の引用

e) 資格の NDT レベル

f) NDT 方法

g) 適用する鉄鋼製品分野

h) 必要に応じて，資格及び／又は特別な用途の適用限界

i) 技術者の識別番号

j) 技術者の署名

k) 技術者の写真

l) 資格試験機関の代表者の署名（資格記録の場合だけ）

資格記録及び／又は資格カードに，その所有者が作業することを承認する雇用主の署名及び捺印のための特別な欄を設けてもよい。これによって，雇用主が試験結果に対して責任をもつことの証明となる。

9.3 デジタル式資格記録

物理的な資格記録（ハードコピー）の代わりに又は併用して，デジタル式資格記録を用いてもよい。この場合，次のデータが関係者に開示される。

a) 技術者の氏名

b) 技術者の識別番号

c) 技術者のデジタル写真（10 年以内に撮影されたもの）

d) 資格の付与日及び失効日

e) NDT レベル，NDT 方法及び適用する工業分野を含む資格の範囲

f) 適用する場合は，資格の制約

　資格試験機関がこれらのデータを印刷出力する場合は，印刷日を表記しなければならない。

9.4　資格の有効性

9.4.1　一般

　資格の有効期間は，最大 5 年とする。有効期間は，資格付与のための全ての要求事項（訓練，経験，視力の適合，及び試験合格）を満たしたとき（資格付与日）からとする。

　資格記録を発行することによって，雇用主は個人の資格の証明は行うが，NDT 装置の運転操作の権限を与えるものではない。

　注記　運転操作の権限は，雇用主によって運転操作の制限を含んだ文書で発行される。

　資格は，次の場合に無効となる。

a) 資格試験機関が無効と裁定した場合。例えば，資格付与手続上不適切な行為の証拠が認められたり，倫理基準に反した場合

b) 技術者が，雇用主の責任の下に毎年行われる視力試験に不合格となることによって業務が身体上実施できなくなった場合

c) 技術者が資格を付与された NDT 方法において大幅な中断があった場合

d) 技術者が再資格付けに失敗した場合。ただし，再資格付け又は新規の資格付けの要求事項を満たすまでとする。

9.4.2　有効性の再実証

　資格試験機関は，**9.4.1 a)**及び **b)**の場合の有効性の再実証の条件を決定しなければならない。大幅な中断があった場合の資格の有効性の再実証のためには，技術者は，再資格付け試験に合格しなければならない。資格は，有効性が再実証された日から新しく 5 年の有効期間となる。

9.5　更新

　1 回目の資格付与の有効期間が終わる前に，資格記録をもつ技術者が，次の証明を資格試験機関に提出すれば，資格試験機関は，1 回目と同じ期間の更新を行ってもよい。

a) 更新に先立つ 12 か月の間，**7.4 a)**の視力の要求事項を満たしている証明

b) 大幅な中断なく，資格に関係する業務活動が行われている証明

10　再資格付与

　2 回目の有効期間（10 年ごと）が完了する前に，**9.5 a)**の更新の条件を満たし，次に示す条件を満足する技術者に対し，資格試験機関は，5 年以内の再資格を付与してもよい。

　技術者は，資格記録の適用範囲内の業務を継続して行う能力を評価する実技試験を，次に示す条件で満足しなければならない。

a) 実技試験が含むべき項目及び重み付けの要求事項を**附属書 A** に示す。技術者が，それぞれの試験体に対して 70 %以上の評点に達しない場合には，資格試験機関の別な規定がない限り，2 回の再資格試験が最初に再資格試験を行ってから 12 か月間認められる。

b) 2 回の再資格試験に不合格となった場合には，技術者は，再資格付与されない。その資格レベル，製品分野及び NDT 方法に対して資格を回復するためには，新たに資格試験を受けなければならない。技術者が，同じ NDT 方法で異なる製品分野の有効な資格をもつ場合には，一般試験は，免除してもよい。

11 記録の保管

権限が与えられている資格試験機関は，次の文書を維持する責任がある。

a) 資格レベル，NDT 方法及び鉄鋼製品分野に分類された全技術者の最新のリスト又はデータベース

b) まだ資格付与されていない申請者ごとの記録（申請から 5 年間）

c) 資格をもつ技術者及び失効した技術者の次を含む記録

1) 過去 10 年以内に撮影された写真又はデジタル画像

2) 申請文書

3) 問題，解答，試験体の記述，記録，試験結果，NDT 指示書，採点表などの試験文書

4) 視力及び業務の継続の証明を含む更新及び再資格付与の文書

5) 資格の取消しの理由

記録は，資格が有効な間及び資格を失効してから 10 年間は保管しなければならない。記録は，安全及び秘密保持の要求条件を満たして保管しなければならない。

12 試験官任命の移行期間

新たな資格付与の仕組みを構築する場合，又は既存の資格付与の仕組みに新たな NDT 方法又は新たな鉄鋼製品分野を加える場合には，資格試験機関は，新たな資格付与の仕組み，方法，分野又は製品の適用から 5 年以内であれば，適切に資格付与された技術者を，資格試験の実施，監督及び採点の目的で試験官として一時的に任命してもよい。

適切に資格付与された技術者は，次を満足していなければならない。

a) NDT の原理の知識，及び鉄鋼製品分野の特別な知識

b) NDT 方法を実施した工業に関わる経験

c) 資格試験を実施する能力

d) 資格試験の問題及び解答を解釈する能力

これらの試験官は，任命されて 2 年以内に，**箇条 10** の再資格付与の要求事項を満足することによって資格を取得しなければならない。資格試験機関は，この 5 年間の特別な手順を，この規格の資格付与の要求条件を満たさない申請者に資格付与するための手段として用いてはならない。

附属書 A
（規定）
実技試験の採点の項目及び配分

表 A.1－NDT レベル 1 及び NDT レベル 2 の実技試験の採点の項目及び配分

項目内容			採点の配分 点数	
			NDT レベル 1	NDT レベル 2
NDT 装置に関する知識	a)	システムの制御と装置との機能チェック	10	5
	b)	調整の検証	10	5
		小計	20	10
NDT 方法の適用	a)	試験体の準備（例えば，表面性状）（目視検査を含む。）	5	2
	b)	NDT レベル 2 に対して，NDT 技法の選択及び試験条件の決定	適用しない	7
	c)	NDT 装置の調整	15	5
	d)	試験の実施	10	5
	e)	NDT 後の操作（例えば，脱磁，清掃，保管）	5	1
		小計	35	20
不連続部の検出及び報告 a)	a)	報告を必須とする不連続部の検出	20	15
	b)	特徴付け（種類，位置，方向，寸法など）	15	15
	c)	NDT レベル 2 に対して，コード，規格又は仕様書の合否判定基準に対する評価	適用しない	15
	d)	試験報告書の作成	10	10
		小計	45	55
NDT レベル 2 の申請者に対して，NDT 指示書の作成 b)	a)	前書き（適用範囲，参考文献），地位及び権限	－	1
	b)	要員	－	1
	c)	使用する機器（調整を含む。）	－	3
	d)	製品（記述又は図，対象部分及び試験の目的を含む。）	－	2
	e)	試験条件（試験準備を含む。）	－	2
	f)	試験の実施に対する詳細な指示	－	3
	g)	試験結果の記録及び分類	－	2
	h)	結果の報告	－	1
		小計	－	15 c)

注記 "不連続部"とは，NDT における指示が，きず，組織，形状などの影響によって，健全部と異なって現れる部分である（**JIS Z 2300** 参照）。

注 a) 試験体マスタレポートで規定された条件で試験を行い，申請者が，報告を必須とする不連続部として試験体マスタレポートに記載されている不連続部を報告しなかった場合には，その試験体に関する実技試験の"不連続部の検出及び報告"の採点は，ゼロとなる。

注 b) NDT レベル 2 の申請者には，試験官によって選択された試験体に対して，NDT レベル 1 に対する適切な NDT 指示書の作成が要求される。NDT レベル 2 の申請者が，NDT 指示書が要求されない試験体で試験を行う場合には，採点は，残りの 85 点を満点として比率計算する。

注 c) 資格を得るためには，申請者は，NDT 指示書の作成で 70 ％以上の点数を得なければならない（例えば，15 点のうち 10.5 点以上）。

附属書 JA
(参考)
NDT 訓練コースの内容の手引書

　資格試験の適格性を確認するための推奨される訓練の最低期間は，この規格の本文に規定している。世界的に使用されている標準的なコースの内容には，次のものがある。

a) **ISO/TR 25107**:2006, Non-destructive testing－Guidelines for NDT training syllabuses

b) **ISO/TS 25108**:2018, Non-destructive testing－NDT personnel training organizations

c) **ANSI/ASNT CP-189**:2016, ASNT Standard for Qualification and Certification of Nondestructive Testing Personnel

d) **ANSI/ASNT SNT-TC-1A**:2016, Recommended Practice for Personnel Qualification and Certification in Nondestructive Testing

参考文献

JIS Z 2300　非破壊試験用語

附属書 JB
（参考）
JIS と対応国際規格との対比表

JIS G 0431			ISO 11484:2019, （MOD）	
a) JIS の箇条番号	b) 対応国際規格の対応する箇条番号	c) 箇条ごとの評価	d) JIS と対応国際規格との技術的差異の内容及び理由	e) JIS と対応国際規格との技術的差異に対する今後の対策
1	1	削除	日本では，まだ体制が不十分であることから，JIS では目視試験を NDT 方法の対象から削除した。	日本の市場では，体制がまだ不十分であり，今後体制の確立を待って取り込むこととする。
		追加	JIS では，漏れ試験（LT）について水圧試験を除く旨明記した。	ISO への提案を検討する。
4.1	4.1	削除	対応国際規格では，ISO 9712（JIS Z 2305）によるレベル 1 及びレベル 2 資格者の記述があるが，試験方法規格で規定すべき内容であるため，JIS では削除した。	ISO 9712（JIS Z 2305）によるレベル 1 及びレベル 2 資格者の記述については，本来，この規格で規定する必要はないため，ISO への提案を検討する。

注記 1 箇条ごとの評価欄の用語の意味を，次に示す。
　－　削除：対応国際規格の規定項目又は規定内容を削除している。
　－　追加：対応国際規格にない規定項目又は規定内容を追加している。
注記 2 JIS と国際規格との対応の程度の全体評価の記号の意味を，次に示す。
　－　MOD：対応国際規格を修正している。

適合性評価―製品規格への自己適合宣言指針

Conformity assessment―Guidelines for supplier's
declaration of conformity with product standards

序文 この規格は,製造業者,加工業者,輸入業者又は販売業者（以下,供給者という。）によって行われる鉱工業品（以下,製品という。）の日本産業規格への適合の証明について示す。

この規格は,供給者が製品又はその包装,容器若しくは送り状に日本産業規格への適合性の宣言をする場合の信頼性を確保するために制定された。

この規格の一般要求事項は,すべての日本産業規格の分野に適用できる。しかし,例えば,法令との関連で用いるなどの特定の目的に対しては,これらの要求事項に補足することが必要となる場合がある。

供給者が行う適合宣言（以下,自己適合宣言という。）は,適合の証明の一形式であって,信頼性を求める消費者,調達者及び規制当局からの要求にこたえようとするものである。日本産業規格への適合性及び自己適合宣言の責任を明確にすることによって,自己適合宣言の受入れを増進する。

1. 適用範囲 この規格は,供給者が日本産業規格（以下,**JIS** という。）への適合を証明する場合の自己適合宣言に対する一般要求事項について規定する。この規格は,適合性評価を意図する製品規格の **JIS** を対象とする。

2. 引用規格 次に掲げる規格は,この規格に引用されることによって,この規格の規定の一部を構成する。これらの引用規格は,その最新版（追補を含む。）を適用する。

JIS Q 1001 適合性評価―日本産業規格への適合性の認証――一般認証指針

JIS Q 9001 品質マネジメントシステム―要求事項

JIS Q 17000 適合性評価―用語及び一般原則

JIS Q 17020 検査を実施する各種機関の運営に関する一般要求事項

JIS Q 17025 試験所及び校正機関の能力に関する一般要求事項

3. 定義 この規格で用いる主な用語の定義は,**JIS Q 17000** によるほか,次による。

備考1. "自己適合宣言"は,**JIS Q 17000** で定義された"宣言",すなわち,第一者証明（first-party attestation）である。

2. 認証機関による証明との混同を避けるため,"自己認証"という用語は排除されており,使用しないほうがよい。

a) 製品規格 製品が特定の条件の下で所定の目的を確実に果たすために,満たさなければならない要求事項について規定する規格。要求事項の一部だけを規定する規格。例えば,寸法,材料又は構造のいずれかだけを規定する規格を含む。

4. 自己適合宣言の目的 自己適合宣言の目的は,自己適合宣言をしようとする製品が自己適合宣言書中の **JIS** に適合しているという保証を与えること,並びにその適合及び自己適合宣言の責任者を明確にすることである。

5. 一般要求事項 自己適合宣言の発行者（発行機関又は発行人）は,自己適合宣言の発行,維持,拡大,限定,一時停止又は取消し,及び対象の規定要求事項への適合に責任をもたなければならない。

自己適合宣言は,第一者,第二者又は第三者の一つ以上が実施した適切な種類の適合性評価活動（例：試験,測定,監査,検査又は調査）の結果に基づかなければならない。第一者,第二者又は第三者は,適用できる場合は,**JIS Q 9001**,**JIS Q 17020**,**JIS Q 17025** などの **JIS** 及びその他の規準文書を参照することが望ましい。

自己適合宣言は,同類の製品群に対するものである場合,その製品群の個々の製品に適用しなければならない。自己適合宣言は,ある期間にわたって引き渡された同類の製品に対するものである場合,引渡し時又は個々の製品に適用しなければならない。

適合性評価を適正に実施するため,適合性評価結果をレビューする要員は,自己適合宣言の発行者を代表する署名者と異なる者であることが望ましい。

備考1. 第一者とは供給者,第二者とは使用者又は購入者,第三者とは中立機関のことをいう。

2. 引渡し時又は受領時以降の適合性の確保については,これが必要な場合,**6.1 i)**を参照。

6. 自己適合宣言書

6.1　自己適合宣言書の内容　自己適合宣言の発行者は，自己適合宣言の受領者が次の事項を識別するのに十分な情報を，自己適合宣言書が含んでいることを確実にしなければならない。

- この規格に基づく自己適合宣言であることの識別
- 自己適合宣言の発行者
- 自己適合宣言の対象
- 適合を宣言する根拠とした **JIS** の識別
- 自己適合宣言の発行者を代表する署名者又は代理署名者

自己適合宣言書は，少なくとも次の事項を含まなければならない。

a)　"**JIS Q 1000** に基づく自己適合宣言書" という表示

b)　自己適合宣言の固有の識別（自己適合宣言書の発行番号など）

c)　発行者の名称及び連絡先住所

d)　対象の識別（例えば，製品の名称，形式，製造年月日又は製造ロット番号，及び／又はその他の関連する補足情報）

e)　適合の表明

f)　該当する **JIS** 番号及び／又は規格名称（発効年月日）並びに要求事項に選択肢がある場合に採用した選択肢

g)　自己適合宣言の発行日及び発行場所

h)　発行者から権限を与えられた者の署名（又は同等の確認の印），氏名及び役職名

i)　自己適合宣言の有効性に関する何らかの制限事項（引渡し後の有効性など）

j)　自己適合宣言の内容に関する問合せ先

6.2　追加情報　自己適合宣言の基礎とした自己適合宣言書と適合性評価結果とを関係付けるため，**12.**に規定する支援文書の情報に言及するのがよい。

文書化のときの適合性評価結果の引用は，不適切に適用されたり，又は自己適合宣言の受領者を誤った方向に導くものであったりしてはならない。

7.　自己適合宣言書の様式　自己適合宣言書の例については附属書による。自己適合宣言は，印刷物によるものでも，書換え不可能な電子媒体又はその他の適切な媒体によるものでもよい。

8.　アクセス性　自己適合宣言書の写しを自己適合宣言の対象に関連する他の文書，例えば，声明書，カタログ，送り状，取扱説明書又はウェブサイトに含めてもよい。

9.　製品等への表示　自己適合宣言の存在を示すために製品などに表示（マーク表示を含む。）を行う場合には，他の何らかの認証マーク（例えば，**JIS** マーク）と混同することのないような形式でなければならない。マーク表示を行わない場合は，"**JIS Q 1000** に基づき **JIS** ○ ○○○○に適合" という表示にすることが望ましい。この表示は，自己適合宣言へのトレーサビリティがなければならない。

10.　自己適合宣言の有効性

10.1　有効性の継続　自己適合宣言の発行者は，引渡し時又は受領時における対象が，自己適合宣言書に表明された要求事項に対して引き続いて適合することを確実にするための手順をもち，実施しなければならない。

　　備考　　この箇条の意図は，例えば，量産品の場合，初期の製品だけでなく，初期と同等の条件で生産を続けている限り，製品が要求事項に適合していなければならないことである。

10.2　有効性の再評価　自己適合宣言の発行者は，次に示す状況が生じた場合に自己適合宣言の有効性を再評価するための手順をもち，実施しなければならない。

a)　製品の設計又は仕様に重大な影響を与える変更

b)　製品の適合を表明する根拠となる **JIS** の変更

c)　該当する場合，供給者の所有権又は経営構造の変更

d)　製品がもはや **JIS** の要求事項に適合していない可能性を示す苦情又は試買検査などの関連情報の存在

11.　支援文書の一般要求事項

11.1　トレーサビリティ　支援文書は，自己適合宣言から追跡できるような方法で作成，保管及び維持しなければならない。

11.2　利用可能性　自己適合宣言の発行者（発行機関又は発行人）は，関係当局の要求に応じ，法令上の要求事項を満たすために必要な範囲で関係当局が支援文書を利用できるようにしなければならない。発行者は，その他の人又は機関からの依頼に対しても，支援文書を合理的な範囲で利用可能にするのがよい。

備考 関係当局とは，関連する法令の規制当局及び製品規格の **JIS** にかかわる主務大臣をいう。

11.3 保存期間 支援文書の保存期間は，適用される法律及び規則に従った期間とし，発行者の裁量で更に長期間とするのがよい。顧客及びその他の利害関係者の個別のニーズを考慮しなければならない。

12. 支援文書

12.1 支援文書の内容 自己適合宣言した対象の要求事項への適合を実証するため，支援文書は，必要に応じ次の情報を含まなければならない（**6.**参照）。

備考 支援文書は，供給者の責任の下で実質的な裏付けとなる文書であり，製品説明書，取扱説明書，品質マニュアル，社内規格，検査結果などをいう。

a) 自己適合宣言の対象製品の説明［例えば，製品説明書，取扱説明書，該当 **JIS** の社内規格（製品規格）］

b) 適用可能な場合，設計文書（例えば，設計説明書，図面，仕様書）

c) 次に示すような製品試験及び検査の結果

   − 使用した方法の説明［例えば，製品の試験方法，検査方法（検査項目・検査手順・判定基準・抜取検査方式・不適合品又は不合格品ロットの処置方法・製品検査・形式検査）及びこれらを選択した理由，並びに記録の保存期限］

   − 検査結果（例えば，製品検査成績書又は完成品検査成績書）

   − 逸脱及び容認を含め，検査結果の評価（検査結果には，判定値，検査員，品質管理責任者，出荷責任者の明記を含む。）

   − 製品試験及び検査の活動に関与した第一者，第二者又は第三者の識別及び，**JIS Q 17020** 若しくは **JIS Q 17025** の認定状態の詳細（例えば，認定範囲，認定機関の名称），又は **JIS Q 17020** 若しくは **JIS Q 17025** の該当する要求事項を遵守していることの説明

d) 自己適合宣言の対象に関係する品質管理体制の説明［例えば，**JIS Q 9001** の登録審査状況の詳細，又は **JIS Q 1001** の**附属書 2**，**JIS Q 9001** などの該当する要求事項を遵守していることの説明］

12.2 支援文書の追加内容 自己適合宣言した対象の要求事項への適合を実証するために必要な場合，次の事項も含めることが望ましい。

a) 適合性評価活動に関与した第一者，第二者若しくは第三者のその他の活動又はプログラム［例えば，品質マネジメントシステム審査登録に関する **IAF**（国際認定フォーラム）などの合意グループの会員資格］

b) その他の関連情報（例えば，リスク分析，再評価の手順及び計画）

12.3 **12.1** 及び **12.2** に規定する支援文書において，自己適合宣言の有効性に影響を与える何らかの変更があればこれを文書化しなければならない。

附属書（参考）自己適合宣言書

この附属書は，本体に関連する事柄を補足するもので，規定の一部ではない。

1. 自己適合宣言書の様式の記入要領

備考 細別符号 1)〜7)は，2.に示す様式の細別符号と一致するものであり，説明用に表したもので自己適合宣言書には，この細別符号を記入する必要はない。

1) 自己適合宣言書の表題を "**JIS Q 1000** に基づく自己適合宣言書" と表してもよいし，10)のように文書によって表してもよい［本体の **6.1 a)**参照］。

2) すべての自己適合宣言書は，発行番号を記載するなど個々に識別できること［本体の **6.1 b)**参照］。

3) 発行者は，供給者の名称など明確に特定できること。大規模な組織の場合，担当グループ又は部門を特定する必要があるかもしれない［本体の **6.1 c)**参照］。

4)a) 自己適合宣言が当該対象に関係付けられるように，"対象"を明確に記載する［本体の **6.1 d)**参照］。

   b) 大量生産品については，個々の製造番号を付ける必要はない場合もある。このようなときは，商品名，形式，製造ロット番号，**JIS** に規定する種類などを示すだけで十分である［本体の **6.1 d)**参照］。

5) 適合の表明の表記は，"上記の宣言の対象は，次の **JIS** の要求事項に適合している"とするのが望ましい［本体の **6.1 e)**参照］。

6) 当該 **JIS** 番号及び／又は規格名称，発効年月日を記載する［本体の **6.1 f)**参照］。

7) 自己適合宣言の有効性に関する何らかの制限及び／又は何らかの追加情報がある場合にだけ記述する。後者の情報は，例えば，本体の **12.**に規定する支援文書にかかわる情報に言及してもよいし，又

は本体の **9.** に従って製品に付された関連の表示を引用してもよい。そのような製品への表示又は他の識別（例えば，製品上の）は，自己適合宣言書の添付書類という形でもよい［本体の **6.1 i)** 参照］。

8) 自己適合宣言の内容に関する問合せ先として担当部署，担当者，電話番号，e-mail アドレスなどを記載する［本体の **6.1 j)** 参照］。

9) 発行者の管理主体を代表して署名する権限を与えられた者の氏名及び役職名を示す。発行場所は，事業所名，工場名などを特定できること。自己適合宣言書に含まれる署名又は同等の印の数は，発行者の組織の正式な手続で定めた最低数とするのがよい［本体の **6.1 g)**，**6.1 h)** 参照］。

10) 表題を **1)** のように表せない場合は，"この文書は，JIS Q 1000 に基づき作成された自己適合宣言書である。"旨追記してもよい［本体の **6.1 a)** 参照］。

2. **自己適合宣言書の様式例**　自己適合宣言書の様式例は，次による。

附属書書表　自己適合宣言書（様式例）

---

1)　　　　　　**JIS Q 1000 に基づく自己適合宣言書**

2)　番号：＿＿＿＿＿＿＿＿＿

3)　発行者の名称：＿＿＿＿＿＿＿＿＿＿＿＿＿＿＿＿＿
　　発行者の住所：＿＿＿＿＿＿＿＿＿＿＿＿＿＿＿＿＿

4)　宣言の対象：＿＿＿＿＿＿＿＿＿＿＿＿＿＿＿＿＿

5)　上記の宣言の対象は，次の **JIS** の要求事項に適合している：

6)　〈**JIS** 番号〉　　　　〈規格名称〉　　　　　〈発効年月日〉
　　＿＿＿＿＿　　　＿＿＿＿＿＿＿　　　＿＿＿＿＿
　　＿＿＿＿＿　　　＿＿＿＿＿＿＿　　　＿＿＿＿＿
　　＿＿＿＿＿　　　＿＿＿＿＿＿＿　　　＿＿＿＿＿

7)　追加情報：
　　＿＿＿＿＿＿＿＿＿＿＿＿＿＿＿＿＿＿＿＿＿＿＿
　　＿＿＿＿＿＿＿＿＿＿＿＿＿＿＿＿＿＿＿＿＿＿＿
　　＿＿＿＿＿＿＿＿＿＿＿＿＿＿＿＿＿＿＿＿＿＿＿
　　＿＿＿＿＿＿＿＿＿＿＿＿＿＿＿＿＿＿＿＿＿＿＿

8)　問合せ先：＿＿＿＿＿＿＿＿＿＿＿＿＿＿＿＿＿

9)　代表者又は代理者の署名：＿＿＿＿＿＿＿＿＿＿＿

　　（発行場所及び発行日）

　　（氏名，役職名）　　（発行者から権限を与えられた者の署名又は同等の印）

10)　この文書は，JIS Q 1000 に基づき作成された自己適合宣言書である。

参考文献

[1] **JIS Q 0065**:1997　製品認証機関に対する一般要求事項
　　　備考　**ISO/IEC Guide 65**:1996　General requirements for bodies operating product certification systems が，この規格と一致している。

[2] **JIS Q 9000**:2000　品質マネジメントシステム−基本及び用語
　　　備考　**ISO 9000**:2000　Quality management systems−Fundamentals and vocabulary が，この規格と一致している。

[3] **JIS Q 17024**:2004　適合性評価−要員の認証を実施する機関に対する一般要求事項
　　　備考　**ISO/IEC 17024**:2003　Conformity assessment − General requirements for bodies operating certification of persons が，この規格と一致している。

[4] **JIS Q 17050-1**　適合性評価−供給者適合宣言−第1部：一般要求事項

[5] **JIS Q 17050-2**　適合性評価−供給者適合宣言−第2部：支援文書

[6] **JIS Q 19011**:2003　品質及び／又は環境マネジメントシステム監査のための指針
　　　備考　**ISO 19011**:2002　Guidelines for quality and/or environmental management systems auditing が，この規格と一致している。

[7] **JIS Z 8301**:2005　規格票の様式及び作成方法

[8] **ISO/IEC 17021***　Conformity assessment−Requirements for bodies providing audit and certification of management systems

[9] **ISO/IEC 17040**:2005　Conformity assessment−General requirements for peer assessment of conformity assessment bodies and accreditation bodies

　　　注*　発行予定

解　説

　この解説は，本体及び附属書に規定・記載した事柄，並びにこれらに関連した事柄を説明するもので，規格の一部ではない。

　この解説は，財団法人日本規格協会が編集・発行するものであり，この解説に関する問合せは，財団法人日本規格協会へお願いします。

1.　制定の趣旨　従来の JIS マーク制度における指定商品については，JIS マーク以外の JIS 規格適合表示が禁止されており，自己適合宣言は非指定商品にだけ認められていた。平成 17 年 10 月から施行される新 JIS マーク制度では，指定商品制が廃止されることに伴い，適合性評価に適したすべての JIS 製品規格（加工規格を含む。以下，同じ。）に対して自己適合宣言が可能となる。

　自己適合宣言製品に対する信頼性を確保していくことは，使用・消費者，調達者等の利益の保護の観点から重要な政策課題であり，また，新 JIS マーク制度も含め JIS 制度全体の信頼性向上にもつながるものである。

　このため，不適切な自己適合宣言に対する事後措置として，自己適合宣言製品も試買検査対象に含めるとともに，試買検査の結果等によって，仮に不適切な自己適合宣言が判明した場合には，“不当景品類及び不当表示防止法（景表法）”又は“不正競争防止法”に基づく適切な措置を執るため，所管当局とも連携していくことが必要となる。

　さらに，このような事後措置だけではなく，製造業者，加工業者，輸入業者又は販売業者（以下，供給者という。）が適切な自己適合宣言を行うための基盤を整備することが必要であり，供給者が自己適合宣言を行う場合に必要となる手順，要求事項，自己適合宣言の表示方法などについて定めた指針を定めることが必要となった。

　現在，自己適合宣言に関する指針としては，ISO/IEC Guide 22 に基づいて，JIS Q 0022（供給者による適合の宣言に関する一般基準）が制定されているが，ISO 及び IEC において，この ISO/IEC Guide 22 が見直され，新たに ISO/IEC 17050-1（適合性評価－供給者適合宣言－第 1 部：一般要求事項），ISO/IEC 17050-2（適合性評価－供給者適合宣言－第 2 部：支援文書）が平成 16 年 10 月に発行されている。これらの規格は新しく JIS Q 17050-1 及び JIS Q 17050-2 として平成 17 年 7 月 20 日に制定され，JIS Q 0022 は廃止の予定である。JIS Q 17050-1 は，製品（サービスを含む。），プロセス，マネジメントシステム，人又は機関がある規定要求事項に適合していることを個人又は供給者が宣言を行う場合の一般要求事項を規定するもので，この規格の適用対象は広範囲すぎて，上記の指針としては不十分である。規定内容を JIS の製品規格に関するものに限定し，分かりやすいものにする必要がある。

　そのために，JIS Q 17050-1 及び JIS Q 17050-2 を基礎にしつつ，適合性評価を意図する日本工業規格の製品規格に対象を絞った自己適合宣言指針を新たに制定することとし，併せて支援文書の作成・維持を自己適合宣言書発行の前提条件とすることを明確にするため，この二つの規格の内容を併せた規格とした。この規格は，日本工業規格の製品規格が対象とする製品分野における JIS Q 17050-1 及び JIS Q 17050-2 のセクター規格とみなすことができる。

2.　制定の経緯

2.1　ISO/IEC 17050-1 及び ISO/IEC 17050-2 の制定の経緯と審議中の問題点　適合性評価規格・ガイドを審議する ISO/CASCO（適合性評価委員会）では，2002 年に WG24 を発足し，ISO/IEC Guide 22（供給者による適合の宣言に関する一般基準）の全面改訂とともに，米国 ANSI から新規提案された支援文書規定に関する審議を開始した。

　主な経緯と審議途上の問題点は，次のとおりである。

a) 　第 1 回会合：2002 年 2 月 20 日～22 日　マネジメントシステムは“供給される”ものにあらず，との観点から“供給者”という表現をタイトルから削除すべきであり，併せてマネジメントシステムを適合宣言対象から除外すべきという基本的な議論があり，この議論は最終の第 3 回会合まで継続。また，適合宣言の基礎となる適合性評価活動に際し，関連する CASCO 規格・ガイドへの適合をどのように位置付けるかが論点となったが，最終的には供給者の自由度確保のため，“認定”レベルまでは言及しないことで合意。

その他，支援文書に含めるべき文書の種類，適合宣言書からのトレーサビリティ，利用可能性，文書保管期限などの規定を明確化。

b) 第2回会合：2003年1月23日～24日　適合宣言書とその支援文書規定について，それぞれ独立した規格づくりを前提としていたが，CASCO規格番号体系上の問題によって事務局から現状の第1部及び第2部からなる部編成とする提案があり了承された。併せて第1部は単独でも使用可能であるが，第2部は第1部とともに使用できる旨を確認。また，適合宣言された量産製品の継続的な適合性を確保するために規格中に品質管理の規定を含めることが合意され，品質管理の"手順"をもたなければならない旨が規定されるとともに，同時に適合宣言の有効性に影響を及ぼす変更とそれに伴う措置が新たに規定された。

支援文書の開示規定について議論があり，ユーザへの便宜を考慮する適合宣言書とは異なり，機密情報を含む支援文書は供給者の便宜を考慮すべきとの観点から，対規制当局とその他とを区別して開示できるよう明確化。

c) 第3回会合：2004年1月22日～23日　DIS投票の結果，賛成多数であったが数多くのコメントが寄せられこれを中心に審議。大きな懸案事項であった"供給者"を規格タイトルに含めるか否かの議論は，規格第1部の適用範囲に，"SDoCとDoCは同等のもの"である旨を明記することによって現行どおりとすることで最終決着。また，適合宣言を行った対象の有効性に関する規定は特に量産製品の場合，供給者の管理を離れた時点で適合の責任を負うことは現実として不可能との観点から，適合性の確保を"引渡し又は受領時"とする点を明確化。

支援文書の変更管理規定を新たに追加することが合意され，適合宣言の有効性に影響を及ぼす支援文書の変更は文書化されるべき旨を規定。

2.2　審議の経過　制定の趣旨を踏まえ，経済産業省の委託によって財団法人日本規格協会に設置されたJIS自己適合宣言ガイドライン原案委員会で，2004年12月，2005年2月及び4月に審議され，最終原案に至った。

なお，原案作成委員会の下にWGを設定し，慎重審議を行った。同年4月の日本工業標準調査会適合性評価部会JISマーク制度専門委員会の審議を経て，平成17年8月20日付けで経済産業大臣によって制定された。

3.　審議中の主な論点

3.1　適用範囲　製品規格とは，JIS Z 8301（規格票の様式及び作成方法）によると，製品が特定の条件の下で所定の目的を確実に果たすため，満たさなければならない要求事項について規定する規格と定義され，要求事項の一部だけ（例えば，寸法・形状，構造）を規定する規格でもよいとしている。

適合性評価を意図する製品規格とは，新JISマーク制度における対象の製品規格と同じで，①品質，性能値（実用性能又はその代用特性などの要求事項）②試験方法（すべての品質・性能値を試験できなければならない）③表示方法（製造業者名など）のすべてが規定されている製品規格のことである。これは，製品規格の適合性評価を行うに当たり，認証制度であるJISマーク制度と自己適合宣言とは，第三者と第一者との違いはあるものの，製品が該当JISに適合していることの保証を与えるという本質は異ならないためである。このような規格以外に安全，環境，障害者，高齢者に関する規格等で具体的な③表示方法が規定されていない規格については，適合性評価を意図する製品規格には含めないとした。具体的には，次のJISCホームページのJISマーク制度における適合性評価に供するJISの一覧を参照されたい。

JISCホームページのURL：http://www.jisc.go.jp/

3.2　製品の引渡し後の保証について　製品の引渡し後，かし（瑕疵）が見つかった場合の対応はこの自己適合宣言に含めるべきとの指摘があった。商品の引渡し後の状態は，供給者のコントロール下にない状態であり，通常JISの製品規格は製品の出荷時の品質を規定している。引渡し後の品質要求事項を規定した個別のJISの製品規格がある場合には，本体の6.1 i)で自己適合宣言書に含めることとした。

3.3　自己適合宣言の妥当性のチェック　自己適合宣言が妥当な適合性評価に基づいているか，宣言の中身の妥当性をチェックする仕組みが必要であり，信頼性確保のための罰則制度を含めた担保がない限り，自己適合宣言は信用できないという指摘があった。この指摘については，適合性評価活動の結果は，供給者自ら行う場合もあるが，第二者又は第三者が行う場合もあり，最終的に選択するのは供給者である。また，その適合性評価結果に基づいて行う自己適合宣言についての責任をもつのも供給者であるという原則は変わらない。最終的には，適合性評価活動の質をこの規格で規定するか否かが論点となった。例えば，供給者が利用する試験所の能力をJIS Q 17025に適合しなければならないとするか，また，供給者の工場

等の品質管理体制は **JIS Q 9001** への適合又は従来の **JIS** 工場の品質管理体制の水準以上とするかであった。審議の結果，自己適合宣言は，**JIS** 製品規格への適合性に関するすべての説明責任を供給者が負うことであり，それに関する適合性評価活動の質の最低水準を規定することは，説明責任がその水準まででよいことを認めてしまうおそれがあるため一律に規定しないこととした。

3.4　自己適合宣言と CSR（企業の社会的責任）との関係　自己適合宣言を行う供給者に対して，CSR からの観点又は反社会的な企業に対する対応をこの規格で規定すべきとの提案があった。審議の結果，自己適合宣言のベースは供給者の自己責任が原則であり，供給者が state of technology に応じ誠意をもって対応することが自己適合宣言システムの持続的発展のかぎ（鍵）となる。そのためには，供給者側はコンプライアンス経営の一環として厳しい自己規制を行い，規制当局側は効果的な市場けん（牽）制機能を発揮するという車の両輪を円滑に回転させることが，社会及び市場に受入れられる素地となると考えられる。**ISO/IEC 17050-1** 及び **ISO/IEC 17050-2** でも自己適合宣言者は，反社会的な企業を前提として作られていないので，この規格でも，そのような前提であることが確認され，一般要求事項に CSR との関係は明記しないこととした。

3.5　この規格に基づく自己適合宣言と他の自己適合宣言との識別　顧客が，この規格に基づく自己適合宣言品と他の自己適合宣言品とを容易に見分ける識別が必要ではないかという指摘に対して，①自己適合宣言統一マークを導入する方法又は②"**JIS Q 1000** に基づく自己適合宣言である"旨の表示を明記する方法が提案された。仮に，上記①の自己適合宣言マークを導入するとした場合，新 **JIS** マークの付いた製品と同時に自己適合宣言マークの付いた商品が市場に出現することになり，どちらが認証でどちらが自己適合宣言が混乱するおそれがある。また，使用・消費者側委員からマークが多すぎるとの指摘，マークの維持管理方法などの運用上の問題も考慮し，統一マークを導入しないこととした。

3.6　製品及び自己適合宣言書への表示について　製品への表示については，上記によって自己適合宣言の統一マークを導入しないこととしたが，認証マークとの混同を避けることは消費者，使用者等にとって重要であるため，この要求事項を残した。自己適合宣言の統一マークは第三者の認証と誤解するおそれがあるなどの理由によって規定しないこととしたが，この規格に基づき自己適合を宣言する場合の識別は必要との意見によって，製品に該当する自己適合宣言書には，"**JIS Q 1000** に基づく自己適合宣言書"との表題にするか，"この文書は，**JIS Q 1000** に基づき作成された自己適合宣言書である。"旨の表示を義務付けることとした。また，製品への表示の方法を統一的に義務付けるのは難しいとの意見によって，"**JIS Q 1000** に基づき **JIS ○ ○○○○** に適合"との表示を推奨することにとどめたが，この表示とは別に該当する自己適合宣言書へのトレーサビリティを求める方法を義務付けた。この方法とは，例えば，ある自己適合宣言書の識別番号を製品に表示し，供給者のウェブサイトなどからこの識別番号を入力することによって，該当する自己適合宣言書を入手できるようにすることも消費者保護の視点で必要とも考えられる。

　なお，自己適合宣言は，製品に同封される取扱説明書又は送り状に，該当する自己適合宣言書の写しを含めてもよい。

3.7　この規格に基づく自己適合宣言製品などの普及・広報　JIS 製品規格に関する自己適合宣言の受入れの増進及び健全な発展を図ることを目的に，財団法人日本規格協会に"**SDOC** 推進協議会（仮称）"が設立される予定である。主な活動としては，協議会会員のための **SDOC** ポータルサイトの運営であり，特にブランド力のない中小の製造事業者，輸入業者，販売業者などの供給者にとっては有用であると考えられる。**SDOC** ポータルサイトについては，供給者がこの規格に基づき自己適合宣言を行おうとする場合，これらの供給者を支援する観点から，供給者名，対象とする **JIS** 製品規格一覧，製品名，供給者の URL 等の情報を掲載したサイトを設けて，消費者等がこの規格に基づいて自己適合宣言している供給者のサイトに容易にアクセスできるよう普及・広報することを意図している。協議会の会員になるとこの **SDOC** ポータルサイトに登録されるが，この協議会に加入しない者でこの規格を利用する供給者には，もちろん，**SDOC** ポータルサイトの登録を義務付けるものではない。**SDOC** 推進協議会は，このポータルサイトの管理・運営以外に，自己適合宣言の普及に関する活動を中心に行う予定であり，その活動に賛同する供給者が加入することになり，我が国における自己適合宣言に関する中核的な組織になることが期待されている。

　また，この規格の審議の中で，"**JIS ○ ○○○○** に適合"と表示した自己適合宣言製品が，**JIS** に適合していないことが判明した場合，その供給者名を公表すべきとの意見があったが，そのような不当表示などがあった場合は，規制当局が公表するもので，**JIS** の主務大臣又は財団法人日本規格協会が公表することはできないということが確認された。ただし，この規格に基づく自己適合宣言品を含め **JIS** 製品規格に対するすべての自己適合宣言製品を対象に試買検査などのマーケットサーベイランスを経済産業省は主務

大臣として実施することとなっており，不適合製品が判明した場合は，**JIS** の主務大臣と規制当局が連携して適切に対処していくこととしている。

4. 不当景品類及び不当表示防止法に関する事項 不当景品類及び不当表示防止法第4条第1項第1号は，商品又は役務の品質，規格その他の内容について，一般消費者に対し，実際のものよりも著しく優良である等と示すことにより，不当に顧客を誘引し，公正な競争を阻害するおそれがあると認められる表示を不当表示（優良誤認表示）として禁止している。そのような表示をした事業者に対しては，公正取引委員会が同法第6条第1項の規定に基づき，その行為の差止め，一般消費者の誤認を排除するための公示等の命令（排除命令）を行うことができるとされており，これは，当該表示が行われ続けている間はもちろん，当該表示が既に行われなくなった場合であっても可能である。

したがって，自己適合宣言を行うことにより，製品の品質が **JIS** に適合している旨の表示を一般消費者に対し行っていたにもかかわらず，実際には適合していなかった等の場合は，当該表示は景品表示法違反となるおそれがある。

なお，景品表示法第4条第2項の規定に基づき，公正取引委員会は，優良誤認表示であるか否かを判断するために必要があると認めるときは，当該表示をした事業者に対し，期間を定めて，当該表示の裏付けとなる合理的な根拠を示す資料の提出を求めることができることとされており，この場合において，事業者が資料の提出をしないときは，当該表示は不当表示であるとみなされる（不実証広告規制）。この"合理的な根拠を示す資料"の内容と，自己適合宣言の支援文書等の内容が重なり合う場合も考えられるが，上記のとおり，排除命令は，当該表示が既に行われなくなった場合であっても行われる可能性があることから，支援文書等の保存に際しては，この点を考慮することが望まれる。

（参考条文：景品表示法）

（不当な表示の禁止）

第4条 事業者は，自己の供給する商品又は役務の取引について，次の各号に掲げる表示をしてはならない。

一 商品又は役務の品質，規格その他の内容について，一般消費者に対し，実際のものよりも著しく優良であると示し，又は事実に相違して当該事業者と競争関係にある他の事業者に係るものよりも著しく優良であると示すことにより，不当に顧客を誘引し，公正な競争を阻害するおそれがあると認められる表示

二・三 （略）

2 公正取引委員会は，前項第1号に該当する表示か否かを判断するため必要があると認めるときは，当該表示をした事業者に対し，期間を定めて，当該表示の裏付けとなる合理的な根拠を示す資料の提出を求めることができる。この場合において，当該事業者が当該資料を提出しないときは，第6条第1項及び第7条の規定の適用については，当該表示は同号に該当する表示とみなす。

（排除命令）

第6条 公正取引委員会は，第3条の規定による制限若しくは禁止又は第4条第1項の規定に違反する行為があるときは，当該事業者に対し，その行為の差止め若しくはその行為が再び行われることを防止するために必要な事項又はこれらの実施に関連する公示その他必要な事項を命ずることができる。その命令は，当該違反行為が既になくなっている場合においても，することができる。

2・3 （略）

5. 不正競争防止法に関する事項

a) 不正競争防止法第2条第1項第13号は，商品等に，その商品等の品質・内容等について，需要者に誤認をさせるような表示をし，又はその表示をした商品を譲渡等する行為を不正競争行為としており，当該行為により営業上の利益を侵害された者は，差止め請求又は損害賠償請求を行うことが可能である。

したがって，自己適合宣言を信用して需要者等が製品を購入し，その結果，製品の品質が該当 **JIS** に適合していなかった等の問題が生じた場合には，需要者に誤認をじゃっ（惹）起させたとして，当該製品の供給者は，不正競争防止法に基づく民事上の責任を問われる可能性がある。

［**参考条文：不正競争防止法**（平成17年6月29日改正法公布）］

第2条 この法律において"不正競争"とは，次に掲げるものをいう。

13. 商品若しくは役務若しくはその広告若しくは取引に用いる書類若しくは通信にその商品の原産

地，品質，内容，製造方法，用途若しくは数量若しくはその役務の質，内容，用途若しくは数量について誤認させるような表示をし，又はその表示をした商品を譲渡し，引き渡し，譲渡若しくは引渡しのために展示し，輸出し，輸入し，若しくは電気通信回線を通じて提供し，若しくはその表示をして役務を提供する行為

第3条　不正競争によって営業上の利益を侵害され，又は侵害されるおそれがある者は，その営業上の利益を侵害する者又は侵害するおそれがある者に対し，その侵害の停止又は予防を請求することができる。

  2.　不正競争によって営業上の利益を侵害され，又は侵害されるおそれがある者は，前項の規定による請求をするに際し，侵害の行為を組成した物（侵害の行為により生じた物を含む。第5条第1項において同じ。）の廃棄，侵害の行為に供した設備の除却その他の侵害の停止又は予防に必要な行為を請求することができる。

第4条　故意又は過失により不正競争を行って他人の営業上の利益を侵害した者は，これによって生じた損害を賠償する責めに任ずる。ただし，第15条の規定により同条に規定する権利が消滅した後にその営業秘密を使用する行為によって生じた損害については，この限りでない。

b)　さらに，上記行為の行為者は，刑事上の責任を問われる可能性もあり，その場合には，5年以下の懲役若しくは500万円以下の罰金が科せられることとなる。加えて，行為者に対する罰則の適用に加え，当該行為者の属する法人に対して，罰金が科せられることもある。（不正競争防止法第21条第1項，第3項，第22条）

（参考条文：不正競争防止法）

第21条　次の各号のいずれかに該当する者は，5年以下の懲役若しくは500万円以下の罰金に処し，又はこれを併科する。

  1.　不正の目的をもって第2条第1項第1号又は第13号に掲げる不正競争を行った者

  3.　商品若しくは役務若しくはその広告若しくは取引に用いる書類若しくは通信にその商品の原産地，品質，内容，製造方法，用途若しくは数量又はその役務の質，内容，用途若しくは数量について誤認させるような虚偽の表示をした者（第1号に掲げる者を除く。）

第22条　法人の代表者又は法人若しくは人の代理人，使用人その他の従業者が，その法人又は人の業務に関し，次の各号に掲げる規定の違反行為をしたときは，行為者を罰するほか，その法人に対して当該各号に定める罰金刑を，その人に対して本条の罰金刑を科する。

  1.　前条第1項第1号から第3号まで又は第11号　3億円以下の罰金刑

6.　規定要素の規定項目の内容

6.1　適用範囲（本体の1.）　　JIS Q 17050-1 及び JIS Q 17050-2 では，supplier's declarations を"供給者宣言"と訳しているが，この規格では自己適合宣言のほうが一般的であり，かつ，自己責任原則に基づく適合性評価であることを強調するためこの表現にした。

6.2　一般要求事項（本体の5.）　　第一者，第二者又は第三者の定義が明確でなかったため，JIS Z 8301 に基づき備考 1.に"第一者とは供給者，第二者とは使用者又は購入者，第三者とは中立機関のことをいう。"を追加した。

"自己適合宣言は，同類の製品群に対するものである場合，その製品群の個々の製品に適用しなければならない。"は，同類形式で継続的に供給され，かつ，それらが単一の自己適合宣言でカバーされる製品の場合を想定している。単一の自己適合宣言にどの程度の製品差異が許容されるかは，宣言された JIS の適用範囲にゆだねられるほか，供給者の自己責任において確定される。

"…引渡し時又は受領時"以降の適合性の確保が必要な，例えば，食品のように時間の経過とともに品質劣化が生じる等，宣言された JIS でこれが許容されている場合には，本体の 6.1 i)に従って自己適合宣言の有効性に対する何らかの制限事項を自己適合宣言書中に記載する必要がある旨を備考として追記した。

"その他の規準文書"とは，JIS になっていない適合性評価にかかわる文書で，例えば，欧州電気技術標準化委員会（CENELEC）から発行され，国内外で幅広く活用されている電気機器の安全に関する量産管理規準 CIG021 等の文書をいう。

6.3　自己適合宣言書の内容（本体の6.1）　　前述の 3.5 で説明したように，JIS Q 17050-1 に基づく自己適合宣言書と，この規格に基づく自己適合宣言書が市場に流通することが想定され，混乱を引き起こすことが懸念される。これを避けるため原案委員会にて自己適合宣言書中にロゴを入れるなどの識別手段につき検討を行ってきたが，最終的には a)として"JIS Q 1000 に基づく自己適合宣言書という表示"を自己適合

宣言書に含めるべき内容として追加することとした。

i) の"自己適合宣言書の有効性に関する何らかの制限事項"について意味がわかりにくいとの指摘があり，明確化のために"(引渡し後の有効性等)"を補足的に追加した。これは製品引渡し時点で宣言された規格への適合性が，経年変化等によって引渡し後の適合性に影響を及ぼすような場合を想定しており，これは宣言された規格に規定されているのが一般的である。また，特に不特定多数を顧客とする B to C のビジネススタイルにおいて，顧客から自己適合宣言に関する問合せ窓口情報も含めるべきではとの意見があり，審議の結果，製品情報に関する一般的な消費者相談窓口情報との混乱を避けるためには自己適合宣言書中に含めることが適切との結論に達し，新たに j)として"自己適合宣言書の内容に関する問合せ先"を追加した。これは宣言者と同一の場合も重複して記載すべきことを意図しているわけではなく，同一の場合はその旨を記載すればよい。

6.4 追加情報（本体の **6.2**）　この箇条の標題は当初"支援情報"であったが，本体の **11.**以下の"支援文書"との解釈上の混乱を避けるため，あえて"追加情報"と変更した。また，この箇条は **JIS Q 17050-1** では，自己適合宣言書が単独で利用可能なことを前提として，適合性評価結果と関係付けられる追加的な情報（適合性評価機関の名称及び住所，試験報告書の引用及びその日付等）を可能な限り自己適合宣言書に含めることを意図した箇条であるが，この規格に基づく自己適合宣言では，新 **JIS** マーク制度で規定される文書との同等性を確保し，かつ，支援文書の存在を明確にするため，これらの追加的情報の代わりに直接 **JIS Q 17050-2** で規定される支援文書に言及することとした。

なお，当初"支援文書の存在に言及するのがよい"という表現にしたが，支援文書の存在だけでなく，試験報告書の内容を引用する場合もあるので"支援文書の情報に言及するのがよい"とした。

6.5 自己適合宣言書の様式（本体の **7.及び附属書**）　自己適合宣言の様式を統一するものではないが，初めて自己適合宣言を行う供給者のための宣言書の記入要領を附属書に明記した。附属書ではこの規格に基づく自己適合宣言書の一例として，1)のタイトルを"**JIS Q 1000** に基づく自己適合宣言書"とするか 10)に"この文書は，**JIS Q 1000** に基づき作成された自己適合宣言書である。"のいずれかを選択できることとした。また，**JIS Q 17050-1** では電子媒体の場合当然のこととして特に規定していないが，この規格では，明確化のために"書換え不可能な…"を追記した。

6.6 製品等への表示（本体の **9.**）　団体等が実施している **JIS** を基準としたマーク制度を実施している供給者もこの規格の適用が可能であり，製品等への表示としてそれぞれのマークを付すことができる。

製品等に自己適合宣言の存在を示す表示を行う場合には，その表示は，本体 **6.1 b)**の固有の識別（発行番号）によって自己適合宣言書と何らかの関連付けが必要となる。

6.7 自己適合宣言の有効性（本体の **10.**）　自己適合宣言の有効性は，前述の **6.2** で解説した場合を除き，宣言した **JIS** への適合性に影響を及ぼさない限り継続するものであるが，特に量産製品の場合，製造条件や管理手法，部品・材料変更，又は改訂等の変動要因によって宣言した **JIS** への適合性に影響を及ぼす可能性がある。発行済み自己適合宣言の有効性を維持するためには，所定のレベルの品質管理が不可欠であり，これを規定したのがこの箇条である。この規定は，供給者の管理外となる製品引渡し時又は受領時以降の品質の有効性を意図しているのではなく，適合宣言を行った時点の製品の適合性が，生産プロセス全般にわたって継続して確保されていることを確実にするものである。また，有効性に影響を及ぼすと思われる変更の発生時には，その有効性を再評価する手順をもち，供給者の責任において必要な措置をとることがここで求められている。

6.8 支援文書の利用可能性（本体の **11.2**）　自己適合品については，**JIS** マーク製品とともに試買検査等のマーケットサーベイランスを製品規格の **JIS** の主務大臣が実施する予定であり，その結果によって，不適切な自己適合宣言が判明した場合には，"不当景品類及び不当表示防止法(景表法)"，"不正競争防止法"等の所管当局と連携して適切な対応をとる用意があるため，備考として，関係当局に，製品規格の **JIS** の主務大臣も含まれることを明確にした。また，支援文書の開示を関係規制当局とその他の人又は機関とで区別して規定している点につき，後者に対しても規制当局と同等に開示すべきではないかという議論があったが，支援文書には機密情報も含まれ，競合他社にまで一律に開示する義務を負わせることは過大な規定となること，開示範囲は依頼者と供給者との間の個別の合意にゆだねられるべきことなどの理由によって，**JIS Q 17050-2** と同じ表現とすることとした。ただし可能な限り情報開示を行う努力義務を明確にするため，"合理的な範囲で"を追加した。

6.9 支援文書の内容（本体の **12.1**）　支援文書は，自己適合宣言のために新たに作成するものではなく，供給者が通常の活動を行う場合に使用している既存の文書であることを明確にするために備考を追加した。

また，製品に特化した表現に改め，具体的に例を追加した。

前述のようにこの規格では，適合性評価にかかわる新 JIS マーク制度との同等性を可能な限り確保すべく JIS Q 17050-1 と JIS Q 17050-2 とを一体化し，支援文書の存在とその内容の拡充を図った。その一環として宣言した製品の JIS への適合性を，新 JIS 制度に基づく品質管理体制又は同等の JIS 9001 適合管理体制の下で維持することをねらいとして，JIS Q 17050-2 では支援文書の追加的内容であった JIS Q 17050-2 の 5.2 a)の"宣言の対象に関係するマネジメントシステムの説明"を支援文書の必す（須）情報の一つとして取り上げることとした。

なお，具体的な例の例示は，供給者によってその名称が異なる場合がある。また，本体の 12.1 で"…必要に応じ"とあるが，これは供給者の説明責任として，購入者から要求の程度によってこの細別［a), b) …］及びこの例示をすべて用意し満足しなければならないということを表しているものではない。前述の 3.3 で述べられているとおり，自己適合宣言書は，JIS 製品規格の適合性に関するすべての説明責任を供給者が負うことから，これらを組合せ又はこの例示以外の支援文書を用いて説明する必要がある。

さらに，12.1 b)の"適用可能な場合…"については，業種（例えば，加工業者，販売業者など）又は業態（例えば，設計をもたない製造工場）によっては，設計説明書などは必要としない。

6.10 支援文書の追加内容（本体の 12.2）　JIS Q 17050-1 の 6.2 g)を本体の箇条 12.2 a)に追加した理由は，関与した適合性評価機関の協定グループの参加情報を支援情報として含むことによって，この規格に従う自己適合宣言手法の信頼性を更に高めることをねらいとしたものである。また"例えば，合意グループの会員資格"の意味が不明との指摘があったため，"例えば，品質マネジメントシステム審査登録に関する IAF（国際認定フォーラム）などの会員資格"と例示して意味を明確にした。

欧州の CE マーク制度では，供給者が自己適合宣言をする際に，責任を追及されるリスクをいかに回避するかまで供給者自らが判断し，必要があれば通知機関等の専門家に相談することによってそのリスクを低減することが一般的である。この規格に基づく自己適合宣言でも本体の 12.2 b)の"その他の関連情報"に基づいてリスク分析等を支援文書に含めることが望ましい。審議中，この規格の中でリスクとして何を考えなければならないか製品ごとに規定すべきとの提案があった。審議の結果，リスクについては本来該当する製品 JIS で規定することが望ましく，また，この規格で統一的に明確にすることは困難であるため明記しないこととした。

適合性評価—日本産業規格への適合性の認証—
一般認証指針(鉱工業品及びその加工技術)

Conformity assessment—Conformity assessment for
Japanese Industrial Standards—General guidance on a third-party
certification system for products and these processing technology

JIS (2009, 15) 改正
JIS (2005) 制定

序文

この規格は,適合性評価手続に関する国際規格及びガイドの中で,ISO/IEC 17067 で定義されるスキームタイプ 5[1] に基づく第三者製品認証制度を定めた ISO/IEC Guide 28 を基礎としている。

注[1] 鉱工業品又は加工技術により加工された鉱工業品について,製品試験を行うことによって日本産業規格(以下,JIS という。)に適合するかどうかを審査するとともに,当該鉱工業品を製造又は加工する工場又は事業場の品質管理体制の審査を行うことによって認証を行い,更に,認証後に当該認証を維持するための認証維持審査を行う方法は,製品認証制度スキームタイプ 5 として定義される。

この規格は,JIS への適合性の認証(以下,JIS マーク表示制度という。)のうち,鉱工業品及びその加工技術の JIS に関して,登録認証機関が認証の業務を行うときに基準となる事項について規定しているもの(以下,認証指針という。)で,また,産業標準化法及び同法の主務省令の該当する規定に整合しているとともに,これらの規定を ISO/IEC Guide 28 に基づいて再掲し,関連する国際規格等から事例を追加することによって,JIS マーク表示制度の認証に係る関係者の理解を促進することを意図している。

なお,主務省令の該当する規定とは,認証の業務の基準(登録認証機関と申請者又は認証取得者との間に係るものに限る。また,表示及び品質管理体制の審査の基準を含む。)であり,当該省令で定めるその他の基準(登録など,登録認証機関と国との間に係るものその他)を含まない。

認証指針は,認証の対象となる鉱工業品又はその加工技術の全てに対して共通して適用するために定められる一般認証指針,及び認証の対象である鉱工業品又はその加工技術の特性により,一般認証指針に対して特例とする事項を定める必要がある場合に定められる分野別認証指針で構成する。

登録認証機関は,一般認証指針,及び認証に係る鉱工業品又はその加工技術に関連して定められている分野別認証指針がある場合にあっては当該分野別認証指針に基づき,認証の業務に係る規定を定めなければならない。

1 適用範囲

この規格は,一般認証指針として,JIS マーク表示制度(鉱工業品及びその加工技術に限る。)における認証の業務の基準及び審査の基準の基本的かつ分野横断的な事項について規定する。

なお，分野別認証指針は，認証の対象となる鉱工業品又はその加工技術の特性に基づき，一般認証指針に対する特例事項として，この規格とは別に定められる。分野別認証指針は，**附属書 A** に定める事項及び様式に基づくものとする。

2　引用規格

次に掲げる規格は，この規格に引用されることによって，この規格の規定の一部を構成する。これらの引用規格は，その最新版（追補を含む。）を適用する。

JIS Q 9001　品質マネジメントシステム－要求事項

JIS Q 17000　適合性評価－用語及び一般原則

JIS Q 17025　試験所及び校正機関の能力に関する一般要求事項

ISO 9001，Quality management systems－Requirements

ISO/IEC 17025，General requirements for the competence of testing and calibration laboratories

3　用語及び定義

この規格で用いる主な用語及び定義は，**JIS Q 17000** によるほか，次による。

3.1
登録認証機関

産業標準化法第 30 条第 1 項及び第 2 項，第 31 条第 1 項並びに第 37 条第 1 項から第 3 項までに基づき登録を受けた者。

3.2
鉱工業品等

認証の対象となる鉱工業品又はその加工技術により加工した鉱工業品。

3.3
JIS マーク

産業標準化法に基づく鉱工業品及びその加工技術に係る日本産業規格への適合性の認証に関する省令第 1 条第 1 項から第 3 項までに定める様式の表示。認証マークともいう。

3.4
JIS マーク等

JIS マーク，適合する JIS の番号，適合する JIS の種類又は等級，及び認証を行った登録認証機関の氏名又は名称の総称。

3.5
申請者

次に該当する者であって，それぞれの条文に基づく認証を受けることを登録認証機関に対し求める者。

a)　産業標準化法第 30 条第 1 項の鉱工業品の製造業者

b)　同法第 30 条第 2 項の鉱工業品の輸入業者又は販売業者

c)　同法第 31 条第 1 項の鉱工業品の加工業者

d)　同法第 37 条第 1 項から第 3 項までの外国においてその事業を行う鉱工業品の製造業者，輸出業者又は加工業者

3.6
工場審査

認証に係る鉱工業品の製造品質管理体制（製造設備，検査設備，検査方法，品質管理方法その他品質保持に必要な技術的生産条件をいう。）の審査，又は認証に係る加工技術の加工品質管理体制（加工設備，検査設備，検査方法，品質管理方法その他品質保持に必要な技術的生産条件をいう。）の審査。

なお，製造品質管理体制及び加工品質管理体制を総称して品質管理体制という。また，申請者から認証を行うことを求められたときに行う工場審査を初回工場審査という。

3.7

製品試験

JIS に適合するかどうかを審査するために，JIS に定めるところにより行う鉱工業品等に係る試験，分析又は測定。

なお，申請者から認証を行うことを求められたときに行う製品試験を，初回製品試験という。

3.8

認証取得者

登録認証機関から鉱工業品又はその加工技術の認証を受けた者。

3.9

認証維持審査

登録認証機関が行っている認証を維持できるかどうかを判断するための審査。定期的な認証維持審査と臨時の認証維持審査とがある。

なお，認証維持審査において行う工場審査を認証維持工場審査といい，また，認証維持審査のために行う製品試験を認証維持製品試験という。

3.10

ロット認証

認証に係る鉱工業品又はその加工技術の JIS に基づき，現に製造又は加工された特定の個数又は量の鉱工業品に係る認証。

4　認証の条件

登録認証機関は，認証に係る JIS，一般認証指針，認証に係る鉱工業品又はその加工技術に関連する分野別認証指針が定められている場合にあっては当該分野別認証指針，及び登録認証機関が定める認証の業務に関する規定に基づき行われた審査の結果，認証の対象となる鉱工業品又はその加工技術が当該 JIS に適合し，かつ，申請者の品質管理体制が該当する基準の全てを満たしていることが確認された場合には，認証を行うものとする。

また，認証取得者が鉱工業品等に 13.1 及び 13.2 の表示を行うためには，登録認証機関と現に有効な認証契約を締結していなければならない。

5　認証の申請

5.1　対象規格

認証の対象となる規格は，鉱工業品又はその加工技術の適合性の認証に適用する JIS とする。

5.2　認証の区分

登録認証機関は，申請者が申請する鉱工業品又はその加工技術の区分（以下，認証の区分という。）について，分野別認証指針及び／又は登録認証機関が定める認証の業務に関する規定に基づき，申請者と調整し，決定する。

認証の区分は，通常，該当する **JIS** ごととする。

なお，認証の区分を，次のいずれかとすることができる。

a) **JIS** に定める種類又は等級ごと

b) 申請者によって定義された鉱工業品又はその加工技術（申請者の定める型式等）ごと

c) 複数の **JIS** に係る鉱工業品の群

5.3 申請書

登録認証機関は，申請者に対し，少なくとも次の a)の事項を含む申請書とともに，b)及び c)の資料を提出するよう求める。

a) 申請書への記載事項

1) 申請者の氏名又は名称（法人にあっては代表者の氏名を含む。），及び住所

2) 鉱工業品又はその加工技術の名称

3) 認証に係る **JIS** の番号

4) 認証の区分（**JIS** の番号と同一である場合にあっては省略することができる。）

5) ロット認証である場合は，当該個数又は量

6) 認証に係る工場又は事業場の名称，及び所在地［5)の場合にあっては省略することができる。]

b) 鉱工業品又はその加工技術の初回工場審査に係る品質管理実施状況説明書（認証を受けようとする鉱工業品又はその加工技術に係る工場又は事業場の品質管理体制が**附属書 B** の審査の基準に適合していることを，申請者の社内規格，その他製造又は加工に関する情報に基づき説明している書類をいう。）

c) 登録認証機関が定める要求事項に適合していることを説明する資料

6 初回工場審査及び初回製品試験

6.1 一般

登録認証機関は，申請のあった鉱工業品又はその加工技術の認証の区分に基づいて，初回工場審査及び初回製品試験に係る実施計画について，申請者と調整を行い，決定しなければならない。

登録認証機関は，初回工場審査及び初回製品試験において，適合していないと判断する事項が一つでも存在する場合は認証を行ってはならない。ただし，申請者が登録認証機関の指定する期間内に，是正によって指摘事項が満たされたことを登録認証機関に提示した場合には，登録認証機関は，当該事項について再度箇条 7 の評価を実施し，認証を行わなければならない。

申請者が指定期間内に当該事項が是正された旨を証明できなかったときは，登録認証機関は，認証を行ってはならない。

登録認証機関は，認証を決定するまでに，少なくとも 6 か月（箇条 15 によって認証を取り消された者の再審査の場合は，通常，品質管理体制の再構築後 1 年以上）の生産実績を調査し，鉱工業品等の品質が安定していることを確認しなければならない。

申請者からロット認証について申請があった場合には，登録認証機関は，初回工場審査のうち，6.2.1 に規定する現地調査を省略して認証することができる。また，当該ロットの全数に対して初回製品試験（全数試験）を行う場合には，初回工場審査を省略することができる。

6.2 初回工場審査

6.2.1 初回工場審査の方法

登録認証機関は，申請者が提出した品質管理実施状況説明書について書類調査を行うとともに，認証に係る全ての工場又は事業場に対して現地調査を行い，申請者の工場又は事業場の品質管理体制が**附属書 B**

に規定する審査の基準に適合するかどうかを審査しなければならない。

なお，申請者は，**附属書 B** に規定する審査の基準（A）又は基準（B）のいずれかに基づく審査を受けるかを選択することができる。

登録認証機関は，申請者に対し，工場又は事業場の品質管理体制が**附属書 B** の審査の基準に適合していることを説明するために必要な情報を品質管理実施状況説明書に記載するとともに，関係する社内規格，管理記録，原材料，鉱工業品等に係る試験及び検査記録など必要とされる情報を確認することができるよう求めなければならない。

6.2.2 その他

申請者が，**附属書 B** に規定する審査の基準（B）に基づく申請をした場合には，IAF（International Accreditation Forum）の MLA（Multilateral Recognition Arrangement）に署名している認定機関から認定を受けた審査登録機関による審査登録証の写し及び審査登録報告書の写しを申請書に添付してもよい。

6.3 初回製品試験

6.3.1 サンプルの抜取り

初回製品試験を実施するための試験用の鉱工業品等（以下，サンプルという。）の抜取りは，登録認証機関が行わなければならない。当該サンプルの抜取りはランダムサンプリングとし，その個数は，認証を行おうとする鉱工業品又はその加工技術に係る **JIS** に定める全ての製品試験を実施するために必要な個数又は量とする。

サンプルは，認証の対象となる鉱工業品の製造又は加工の工程を代表するものでなければならない。

なお，登録認証機関は，適切と判断した場合には，試作品のうち，登録認証機関が選択したものをサンプルとして初回製品試験を行うことができる。この場合，対象となる鉱工業品の製造又は加工開始後速やかに，製造又は加工された鉱工業品等から抜き取ったサンプルによる製品試験の全部又は一部を行わなければならない。

登録認証機関は，サンプルの抜取りを初回工場審査の現地調査の前に実施することができる。ただし，当該サンプルを抜き取った後に，品質管理体制について当該試験用の鉱工業品等の **JIS** への適合性の審査に影響を及ぼすような変更があった場合には，当該製品試験結果を用いて審査してはならない。

6.3.2 初回製品試験の実施

初回製品試験は，登録認証機関が登録認証機関の試験設備を用いて，当該機関の試験員が実施するか若しくは次のいずれか，又はこれらの組合せによって実施することができる。

a) 申請者の試験場所で，登録認証機関の試験員が実施

b) 登録認証機関が立ち会い，申請者の試験場所で，申請者の試験員が実施

c) 第三者試験機関で実施した試験データの活用

d) 申請者の試験場所で，申請者の試験員が実施した試験データの活用

なお，登録認証機関の立会い等による方法［**a)**又は **b)**］の場合には，登録認証機関は，必要とされる申請者の試験設備，試験員などが **ISO/IEC 17025** 又は **JIS Q 17025** の該当する要求事項を満足していることを確認しなければならない。また，登録認証機関以外の試験所等による試験データを活用する方法［**c)**又は **d)**］の場合には，登録認証機関は，**6.3.3** に基づかなければならない。

6.3.3 登録認証機関以外の試験所等の活用

6.3.2 の **c)**又は **d)**の場合には，登録認証機関は，要求される試験に応じ，当該第三者試験機関又は申請者の試験場所が，**ISO/IEC 17025** 又は **JIS Q 17025** に該当する要求事項を満足する能力を有していることを確認しなければならない。

なお，登録認証機関は，**6.3.2** の **c)** 又は **d)** の試験データの妥当性の確認を行う場合には，第三者試験機関又は申請者の試験場所に対する試験データ検証手順を定め，それを実施し，適切であることを確認しなければならない。

7 評価

登録認証機関は，初回工場審査の結果及び初回製品試験の結果が，次に示す事項の全てに適合するかどうかについて評価しなければならない。

a) 該当する **JIS**

b) 一般認証指針

c) 認証に係る鉱工業品又はその加工技術に関連する分野別認証指針が定められている場合にあっては，当該分野別認証指針

d) 登録認証機関が定める認証の業務に関する規定に定められた要求事項

8 認証の決定

登録認証機関は，箇条 **7** に規定する評価によって，申請のあった鉱工業品又はその加工技術について認証を行うかどうかを決定しなければならない。

登録認証機関は，申請者に対して当該決定を通知しなければならない。

9 認証契約

9.1 認証契約の締結

登録認証機関は，箇条 **8** に基づき認証を行うと決定した場合，申請者と認証契約を締結しなければならない。

なお，登録認証機関は，認証契約を締結した後，遅滞なく，次の事項を公表しなければならない。

a) 箇条 **10** の **a)** ～**h)** の事項

b) 箇条 **13** の事項

この公表は，認証契約が終了する日まで行わなければならない。ロット認証の場合には，認証契約を締結した日から 1 年間とする。また，当該公表は，登録認証機関の認証を行う全ての事務所において業務時間内に公衆に閲覧させるとともに，インターネットを利用して閲覧に供する方法によって行わなければならない。

9.2 認証契約の内容

登録認証機関は，認証契約の様式を定める場合，少なくとも次に掲げる事項を含まなければならない。

a) 産業標準化法第 30 条第 1 項若しくは第 2 項，第 31 条第 1 項又は第 37 条第 1 項，第 2 項若しくは第 3 項の規定に基づく認証に係る契約であること

b) 認証契約の有効期間を定めている場合はその期間

c) 箇条 **13** の事項

d) **13.1** の表示をすることができる条件として，次の事項

1) 認証取得者が登録認証機関から認証を受けていることを広告その他の方法で第三者に証明する場合には，認証を受けた鉱工業品又はその加工技術と認証を受けていないものとが混同されないようにしなければならないこと

2) 認証に係る認証取得者の業務が適切に行われていることを確認するため，登録認証機関が認証取得

者に対し報告を求め，又は認証取得者の工場，事業場その他必要な場所に立ち入り，認証に係る鉱工業品又は加工技術による加工をした鉱工業品若しくはその原材料若しくはその品質管理体制を審査することができること

3) 2)の審査の頻度，その費用負担，その他の条件

e) 認証に係る鉱工業品の製造又は加工が複数の工場又は事業場で行われる場合にあっては，当該工場又は事業場を識別する方法に関する事項

f) 認証取得者が，認証に係る鉱工業品又はその加工技術の仕様を変更又は品質管理体制を変更した場合の措置に関する事項

g) 認証取得者が，第三者から認証に係る鉱工業品又はその加工技術に関する苦情を受けた場合の措置に関する事項

h) 登録認証機関及び認証取得者の秘密の保持に関する事項

i) 登録認証機関が講じた措置について，認証取得者が行う異議申立てに関する事項

j) 箇条 **15** に規定する請求，認証の取消し及び認証契約の終了に関する事項

なお，認証契約の参考例を，**附属書 C** に示す。

9.3 認証契約の終了

登録認証機関は，認証契約が終了した場合，遅滞なく，次の事項を公表しなければならない。

a) 認証契約が終了した期日（年月日）及び認証番号

b) 終了した認証契約に係る認証取得者の氏名又は名称，及び住所

c) 箇条 **10** の **c)**〜**f)**及び **h)**の事項

d) 箇条 **13** の事項

この公表は，認証契約が終了した日から 1 年間行わなければならない。また，登録認証機関は，当該公表をその全ての事務所において業務時間内に公衆に閲覧させるとともに，インターネットを利用して閲覧に供する方法によって行わなければならない。

10 認証書の交付

登録認証機関は，申請者と箇条 **9** に規定する認証契約を締結した場合には，次の事項を記載した証明書（以下，認証書という。）を交付しなければならない。

a) 認証契約を締結した期日（年月日）及び認証番号

b) 認証取得者の氏名又は名称，及び住所

c) 認証に係る **JIS** の番号，及び **JIS** に種類又は等級が規定されている場合にあっては当該種類又は等級

d) 鉱工業品又はその加工技術の名称

e) 認証の区分（**JIS** と同じである場合にあっては省略することができる。）

f) 認証に係る全ての工場又は事業場の名称，及び所在地（ただし，ロット認証の場合及び全数について初回製品試験を行う場合を除く。）

g) ロット認証の場合は，ロットの個数又は量，及び識別番号又は記号

h) 認証に係る産業標準化法の根拠条項

11 認証の追加又は変更

11.1 認証の区分の追加

認証取得者が，新たな認証の区分の追加を申請した場合には，登録認証機関は，遅滞なく，箇条 **6**〜箇

条 8 の手順に基づき認証の決定を行い，その旨を認証取得者に通知しなければならない。

　登録認証機関は，認証することを決定した場合には，箇条 9 に規定する認証契約の締結又は変更を行い，箇条 10 に規定する認証書を交付し，又は契約変更前の認証書を訂正し，若しくはこれに代えて新たな認証書を交付しなければならない。

11.2　工場又は事業場の変更又は追加

　認証取得者が，工場又は事業場の変更又は追加を申請した場合には，登録認証機関は，遅滞なく，箇条 6〜箇条 8 の手順に基づき認証の決定（当該工場又は事業場に関するものに限る。）を行い，その旨を認証取得者に通知しなければならない。

　登録認証機関は，認証することを決定した場合には，箇条 9 に規定する認証契約の変更を行い，箇条 10 に規定する契約変更前の認証書を訂正し，又はこれに代えて新たな認証書を交付しなければならない。

11.3　種類又は等級の変更又は追加

　認証取得者が，既存の認証の区分の中で JIS に定められている種類又は等級の変更又は追加を申請した場合には，登録認証機関は，遅滞なく，箇条 6〜箇条 8 までの手順に基づき認証の決定（当該種類又は等級に関するものに限る。）を行い，その旨を認証取得者に通知しなければならない。この場合，当該種類又は等級に関するものに限って，6.2 の工場審査及び 6.3 の製品試験の全部又は一部を実施する。

　登録認証機関は，認証することを決定した場合には，箇条 9 に規定する認証契約の変更を行い，箇条 10 に規定する契約変更前の認証書を訂正し，又はこれに代えて新たな認証書を交付しなければならない。

11.4　鉱工業品又はその加工技術の変更又は追加

　認証取得者が，既存の認証の区分の中で鉱工業品又はその加工技術の変更又は追加を申請した場合には，登録認証機関は，遅滞なく，箇条 6〜箇条 8 までの手順に基づき認証の決定（当該鉱工業品又はその加工技術の変更又は追加に関するものに限る。）を行い，その旨を認証取得者に通知しなければならない。

　登録認証機関は，認証することを決定した場合には，箇条 9 に規定する認証契約の変更を行い，箇条 10 に規定する契約変更前の認証書を訂正し，又はこれに代えて新たな認証書を交付しなければならない。ただし，当該変更によって，当該鉱工業品又はその加工技術が JIS に適合しなくなるおそれがないときには，6.2 の工場審査及び 6.3 の製品試験の一部を省略することができる。

12　認証維持審査

12.1　定期的な認証維持審査

　登録認証機関は，認証契約に基づき，定期的に認証維持審査を実施しなければならない。認証維持審査は認証維持工場審査及び認証維持製品試験で構成する。

　定期的な認証維持審査は，3 年ごとに 1 回以上の頻度で行わなければならない。ただし，登録認証機関が，鉱工業品又はその加工技術の認証の全部又は一部の取消しを受けた者に対して再び当該取消しを受けた鉱工業品又はその加工技術の認証を行った場合には，当該認証を行った後 3 年間は 1 年ごとに 1 回以上の頻度で行わなければならない。

　登録認証機関は，認証維持審査を行い，認証を継続するかどうかを決定したときは，その結果を認証取得者に通知しなければならない。

12.1.1　認証維持工場審査

　登録認証機関は，認証維持工場審査を 6.2 の規定に基づいて実施し，認証取得者の品質管理体制が附属書 B に規定する審査の基準に適合していることを確認しなければならない。ただし，登録認証機関がその必要がないと認めた場合には，工場審査の一部を省略することができる。

12.1.2 認証維持製品試験

登録認証機関は，認証維持製品試験を **6.3** の規定に基づいて実施し，サンプルが JIS に適合していることを確認しなければならない。ただし，登録認証機関がその必要がないと認めた場合には，初回製品試験における項目のうち，一部を省略することができる。

12.2 臨時の認証維持審査

登録認証機関は，次の場合には，臨時の認証維持審査を実施しなければならない。

a) 認証取得者が，認証を行っている鉱工業品若しくはその加工技術の仕様を変更し，若しくは追加し，又はその品質管理体制を変更しようとするときは，当該変更又は追加が行われるまでに，**12.1.1** に規定する工場審査及び **12.1.2** に規定する製品試験を行う。ただし，当該変更によって，当該鉱工業品又はその加工技術が JIS に適合しなくなるおそれがないときには，製品試験及び現地調査の全部又は一部を省略することができる。

　なお，この場合においては，登録認証機関は，**12.1.1** 及び **12.1.2** の審査を行うか，又は書面による工場審査だけとするかについて決定し，認証取得者に通知しなければならない。

b) JIS の改正によって，認証を行っている鉱工業品若しくはその加工技術が JIS に適合しなくなるおそれのあるとき，又は認証取得者の品質管理体制を変更する必要があるときは，当該改正後 1 年以内に，**12.1.1** に規定する工場審査及び **12.1.2** に規定する製品試験の全部又は一部を行う。

c) 認証を行っている鉱工業品等が JIS に適合しない旨又は認証取得者の品質管理体制が**附属書 B** に規定する審査の基準に適合しない旨の第三者からの申立てを受けた場合であって，その蓋然性が高いときは，当該事実を把握した後，速やかに **12.1.1** に規定する工場審査及び **12.1.2** に規定する製品試験の全部又は一部を行う。

d) 登録認証機関が認証取得者に対し，**15.2** の請求を取り消す旨の通知を行った日から 1 年以内に，**12.1.1** に規定する工場審査及び **12.1.2** に規定する製品試験の全部又は一部を行う。

e) **a)〜d)**のほか，認証を行っている鉱工業品若しくはその加工技術が JIS に適合しない，若しくは認証取得者の品質管理体制が**附属書 B** に規定する審査の基準に適合しない，又は適合しないおそれのある事実を把握したときは，当該事実を把握した後速やかに，**12.1.1** に規定する工場審査及び **12.1.2** に規定する製品試験の全部又は一部を行う。

13　JIS マーク等及び付記事項の表示

13.1　JIS マーク等の表示

登録認証機関は，JIS マーク等の表示の使用が，認証契約に基づいて，認証取得者によって適切に実施されることを管理しなければならない[2]。

登録認証機関は，認証取得者が JIS マークの近傍に次の **a)〜c)**の事項を表示することを認証契約に定めなければならない。

a) 適合する JIS の番号

　なお，鉱工業品の形状（加工技術は除く。）又は鉱工業品等若しくはその包装，容器若しくは送り状に表示される他の事項から適合する JIS の番号を特定することができる場合には，当該番号を省略することができる。

b) 適合する JIS の種類又は等級（当該 JIS に種類又は等級に係る表示事項が規定されている場合に限る。）

c) 認証を行っている登録認証機関の氏名若しくは名称又はそれらの略称若しくは登録商標

　なお，略称については，略称の使用について主務大臣等の承認を受けた場合，また，登録商標につ

いては主務大臣等にこれを届け出た場合に用いることができる。

注 [2] 認証対象外製品に JIS マーク等が誤表示されることを防止するために，登録認証機関が管理する際の確認方法として，次の例が挙げられる。

a) 認証対象製品及び認証対象外製品が，生産リストなどによって明確に識別されていることの確認

b) 認証対象製品の JIS マーク等の表示に係る社内規格及び認証対象外製品の表示に係る社内規格（作成されている場合）が適切に規定されていることの確認

c) 認証対象製品及び認証対象外製品の表示工程が，物理的又はシステム的に分離されていることの確認

d) 認証対象製品のJISマーク等の表示検査及び認証対象外製品にJISマークの表示が誤って付されていないことの検査が，検査工程（出荷承認を含む。）において適切に行われていることの確認

e) 誤表示の実例の有無の確認及び（ある場合は）それに対する是正措置内容が適切であることの確認

f) 品質管理責任者が，認証対象製品への JIS マーク等の表示に係る業務を適切に管理していることの確認（誤表示の未然防止を含む。）

g) JIS マーク等の表示（誤表示防止を含む。）に関する教育訓練が，就業者に対して適切に実施されていることの確認

13.2 付記事項の表示

登録認証機関は，**13.1** の表示に付記する事項として，次の事項のうち該当するものについて，鉱工業品等又はその包装，容器若しくは送り状に表示するよう認証契約に定めなければならない。ただし，**b)**にあっては，必ず付記する事項としなければならない。

a) 適合する **JIS** で定める表示事項

b) 認証取得者の氏名若しくは名称又はその略号（略称，記号，認証番号又は登録商標をいう。）

c) 工場又は事業場が複数の場合はその識別表示

d) ロット認証の場合にあっては，その識別番号又は記号

e) その他，登録認証機関が必要とする事項

13.3 表示の方法

登録認証機関は，認証取得者が **13.1** 及び **13.2** の表示を行う場合には，次の **a)** 及び **b)** の方法によることを認証契約に定めなければならない。

a) 認証契約に基づいて，鉱工業品等又は包装，容器若しくは送り状に表示しなければならない。

b) 容易に消えない方法による印刷，押印，刻印，荷札の取付その他の適切な方法で表示しなければならない。

14 認証に係る秘密の保持

登録認証機関は，その役員及び職員，認証の審査に係る請負契約を締結した者（法人にあってはその役員及び職員）並びにそれらの職にあった者が，認証取得者の秘密を保持する措置を講じなければならない。

15 違法な表示等に係る措置

15.1 JISマーク等の誤用等の場合の措置

登録認証機関は，次の a)～d)のいずれかに該当する場合には，認証取得者に対して，それを是正し，及び必要となる予防措置を講じるように請求しなければならない。

a) 認証取得者の品質管理体制が**附属書 B** に規定する審査の基準に適合していないとき

b) 当該登録認証機関が認証を行っている鉱工業品等以外の鉱工業品等又はその包装，容器若しくは送り状に，**13.1** の表示又はこれと紛らわしい表示を付しているとき

c) 当該登録認証機関が認証を行っている鉱工業品等以外の鉱工業品等の広告に，当該鉱工業品等が認証を受けていると誤解されるおそれがある方法で，**13.1** の表示又はこれと紛らわしい表示を使用しているとき

d) 認証取得者に係る広告に，当該登録認証機関の認証に関し，第三者を誤解させるおそれのある内容があるとき

15.2 認証を行っている鉱工業品等が JIS に適合しない場合の措置

登録認証機関は，次の a)～c)に掲げる場合には，認証を取り消すか，又は速やかに，認証取得者に対して，**13.1** の表示（これと紛らわしい表示を含む。）の使用の停止を請求するとともに，認証取得者が保有する **13.1** の表示（これと紛らわしい表示を含む。）をしている鉱工業品等であって，**JIS** に適合していないものを出荷しないように，請求しなければならない。

a) 認証を受けて **13.1** の表示を付している鉱工業品等が **JIS** に適合しないとき

b) 認証取得者の品質管理体制が，**附属書 B** に規定する審査の基準に適合しない場合であって，その内容が認証に係る鉱工業品等が **JIS** に適合しなくなるおそれのあるときその他重大なものであるとき

c) **15.1** に規定する登録認証機関の請求に，認証取得者が適確に，又は速やかに応じなかったとき

15.3 JISマーク等の使用の停止に係る措置

登録認証機関は，**15.2** の請求をする場合には，認証取得者に対し，次の a)～e)に掲げる事項を記載した文書によって通知しなければならない。

a) 請求の対象となる認証取得者の工場又は事業場，及び鉱工業品又はその加工技術の範囲

b) 請求する日からその請求を取り消す日までの間に，認証に係る鉱工業品等又はその包装，容器若しくは送り状に，**13.1** の表示（これと紛らわしい表示を含む。）を付してはならない旨

c) 認証取得者が保有する **13.1** の表示（これと紛らわしい表示を含む。）の付してある鉱工業品等であって，かつ，**JIS** に適合していないものを出荷してはならない旨

d) 請求の有効期間

e) 請求の有効期間内に，認証に係る鉱工業品等が **JIS** に適合しなくなった原因を是正し，又は認証取得者の品質管理体制を**附属書 B** に規定する審査の基準に適合するように是正し，及び必要な予防措置を講じる旨

登録認証機関は，JISマーク等の使用の停止の請求を行った場合には，上記の通知後直ちに，**9.1** に基づき公表している事項のうち，該当する部分を修正し，請求を行った期日及び認証番号並びにその理由を追加した上で，次のいずれかの期日の間，公表しなければならない。

－ 請求を取り消す旨の通知を行った日

－ 認証の取消しを行った日

－ 認証契約が終了した日

登録認証機関は，適切と判断した場合には，上記 d)に規定する請求の有効期間を延長することができる。

登録認証機関は，上記 e)の措置が講じられたことを確認した場合には，認証取得者に対し，速やかに文書によって，15.2 の請求を取り消すことを通知しなければならない。

登録認証機関は，上記 d)の有効期間（延長した場合を含む。）内に，上記 e)の措置が講じられなかった場合は，認証を取り消さなければならない。

15.4 認証取得者が認証維持審査を拒否した場合等の措置

登録認証機関は次の a)～c)のいずれかに該当する場合には，認証取得者に係る認証を全て取り消さなければならない。

a) 認証取得者が，認証維持審査を拒み，妨げ，又は忌避したとき

b) 15.2 に係る請求をした場合であって，その請求の有効期間内に，認証取得者が認証に係る鉱工業品等，又はその包装，容器若しくは送り状に，13.1 の表示（これと紛らわしい表示を含む。）の表示をしたとき

c) 15.2 に係る請求をした場合であって，その請求の有効期間内に，認証取得者がその保有する 13.1 の表示（これと紛らわしい表示を含む。）を付してある鉱工業品等であって，JIS に適合していないものを出荷したとき

16 認証の取消し

16.1 一般

登録認証機関は，箇条 15 に規定する認証の取消しのほか，認証契約に定める取消し事項に該当する場合には，認証を取り消すことができる。

16.2 認証の取消しの手続

登録認証機関は，認証の取消しを行う場合には，認証取得者に対し，当該認証を取り消す期日及び登録認証機関に対し異議申立てができる旨を記載した文書によって通知しなければならない。

登録認証機関は，認証取得者から当該認証の取消しについて異議申立てを受けたときは，これを考慮して認証の取消しの可否について決定しなければならない。

登録認証機関は，認証を取り消した場合，直ちに，次の事項を公表しなければならない。

a) 認証を取り消した期日（年月日）及び認証番号

b) 取り消した認証に係る認証取得者の氏名又は名称，及び住所

c) 取り消した認証に係る箇条 10 の c), d)及び f)～h)の事項

d) 13.1～13.3 の事項

e) 取り消した理由

この公表は，取り消した期日から 1 年間行わなければならない。

また，当該公表は，登録認証機関の認証を行う全ての事務所において，業務時間内に公衆に閲覧させるとともに，インターネットを利用して閲覧に供する方法によって行わなければならない。

16.3 認証の取消しに伴う措置

登録認証機関は，認証を取り消す場合は，認証取得者に対して，当該取り消した認証に係る鉱工業品等又はその容器，包装若しくは送り状に付された 13.1 の表示（これと紛らわしい表示を含む。）の表示を除去し，又は抹消するように請求しなければならない。

17 JIS が改正された場合などの措置

登録認証機関は，認証に係る JIS が改正されたとき，国が定める認証の基準が変更されたとき，又は登録認証機関の定める認証の業務に関する規定を変更したときは，速やかに，関係する認証の申請者又は認証取得者に対して，その旨を通知しなければならない。

登録認証機関は，これら JIS の改正等によって，認証を行っている鉱工業品若しくはその加工技術が JIS に適合しなくなるおそれがあるとき，又は認証取得者が品質管理体制を変更する必要があるときは，12.2 b)に基づき，臨時の認証維持審査を行わなければならない。

附属書 A
（規定）
分野別認証指針の様式

この附属書は，分野別認証指針の様式について規定する。

注記 1 認証の対象となる鉱工業品又はその加工技術の特性に基づき，一般認証指針に対し，具体的で特有な事項を規定する必要がある場合，分野別認証指針として定めるのがよい。

注記 2 分野別認証指針では，一般認証指針に規定されている項目のうち，規定する必要がある項目についてだけ規定する。

注記 3 一般認証指針の規定内容と分野別認証指針の規定内容とが異なる場合，分野別認証指針に規定される事項に基づくものとする。

A.1 分野別認証指針の様式

分野別認証指針は，一般認証指針と同じ項目番号及び項目名で構成し，次の内容を記載して作成する。なお，一般認証指針に規定された要求事項のまま適用する場合は，"一般認証指針による。"と記載する。

1 適用範囲 適用する鉱工業品等を規定する。

2 引用規格 追加する引用規格を規定する。

3 用語及び定義 追加する用語及び定義を規定する。

4 認証の条件 "一般認証指針による。"と記載する。

5 認証の申請

5.1 対象規格 鉱工業品又はその加工技術を定義するとともに，当該鉱工業品又はその加工技術の適合性を評価する基準となる **JIS** を規定する。

5.2 認証の区分 認証の区分を規定する。

5.3 申請書 追加する申請書の記載事項を規定する。

6 初回工場審査及び初回製品試験

6.1 一般 ロットの単位の定義，その認証の方法などを規定する。

6.2 初回工場審査

6.2.1 初回工場審査の方法 鉱工業品等及び原材料の管理，製造又は加工工程の管理，製造設備又は加工設備及び検査設備の管理等の審査方法を規定する。

6.2.2 その他 "一般認証指針による。"と記載する。

6.3 初回製品試験

6.3.1 サンプルの抜取り サンプルの抜取り個数，その方法等を規定する。

6.3.2 初回製品試験の実施 初回製品試験の実施方法を規定する。

6.3.3　登録認証機関以外の試験所等の活用　"一般認証指針による。"と記載する。

7　評価　"一般認証指針による。"と記載する。

8　認証の決定　"一般認証指針による。"と記載する。

9　認証契約　"一般認証指針による。"と記載する。

10　認証書の交付　"一般認証指針による。"と記載する。

11　認証の追加又は変更　"一般認証指針による。"と記載する。

12　認証維持審査
12.1　定期的な認証維持審査　定期的に実施される認証維持審査の頻度に係る期間を規定する。
12.1.1　認証維持工場審査　初回工場審査の項目のうち，認証維持工場審査において必要とするもの又は省略するものについて規定する。
12.1.2　認証維持製品試験　初回製品試験の項目のうち，認証維持製品試験において必要とするもの又は省略するものについて規定する。
12.2　臨時の認証維持審査　"一般認証指針による。"と記載する。

13　JIS マーク等及び付記事項の表示
13.1　JIS マーク等の表示　JIS マーク及びこれとともに表示する事項について規定する。
13.2　付記事項の表示　その他必要とされる **13.1** の表示に付記する事項について規定する。
13.3　表示の方法　**13.1** 及び **13.2** の表示方法について規定する。

14　認証に係る秘密の保持　"一般認証指針による。"と記載する。

15　違法な表示等に係る措置　"一般認証指針による。"と記載する。

16　認証の取消し　"一般認証指針による。"と記載する。

17　JIS が改正された場合などの措置　"一般認証指針による。"と記載する。

附属書 B

（規定）

品質管理体制の審査の基準

この附属書は，品質管理実施状況説明書に記載する品質管理体制を審査する基準について規定する。

登録認証機関は，品質管理体制の審査を，次に定める審査の基準（A）又は基準（B）のうち，申請者又は認証取得者が選択した基準によって行わなければならない。

B.1 審査の基準（A）

1 登録認証機関の認証に係る JIS に規定する製造設備又は加工設備（分野別認証指針で定める鉱工業品又はその加工技術にあっては，分野別認証指針で定める製造設備又は加工設備を含む。）を用いて製造又は加工が行われていること。

2 登録認証機関の認証に係る JIS に規定する検査設備（分野別認証指針で定める鉱工業品又はその加工技術にあっては，分野別認証指針で定める検査設備を含む。）を用いて検査が行われていること。

3 登録認証機関の認証に係る JIS に規定する検査方法（分野別認証指針で定める鉱工業品又はその加工技術にあっては，分野別認証指針で定める検査方法を含む。）により検査が行われていること。

4 次に掲げる方法により品質管理が行われていること。

イ 社内規格の整備

   （1） 次に掲げる事項について社内規格が登録認証機関の認証に係る JIS（分野別認証指針で定める鉱工業品又はその加工技術にあっては，分野別認証指針で定める事項を含む。）に従って具体的かつ体系的に整備されていること。

     （i） 登録認証機関の認証に係る鉱工業品の品質，検査及び保管に関する事項

     （ii） 原材料の品質，検査及び保管に関する事項

     （iii） 工程ごとの管理項目及びその管理方法，品質特性及びその検査方法並びに作業方法に関する事項

     （iv） 製造設備又は加工設備及び検査設備の管理に関する事項

     （v） 外注管理（製造若しくは加工，検査又は設備の管理の一部を外部の者に行わせている場合における当該発注に係る管理をいう。以下同じ。）に関する事項

     （vi） 苦情処理に関する事項

   （2） 社内規格が適切に見直されており，かつ，就業者に十分周知されていること。

ロ 登録認証機関の認証に係る鉱工業品について JIS に適合することの検査及び保管が社内規格に基づいて適切に行われていること。

ハ 原材料について検査及び保管が社内規格に基づいて適切に行われていること。

ニ 工程の管理

   （1） 製造又は加工及び検査が工程ごとに社内規格に基づいて適切に行われているとともに，作業記

録，検査記録，管理図を用いる等必要な方法によってこれらの工程が適切に管理されていること。

(2) 工程において発生した不良品又は不合格ロットの処置，工程に生じた異常に対する処置及び予防措置が適切に行われていること。

(3) 作業の条件及び環境が適切に維持されていること。

ホ 製造設備又は加工設備及び検査設備について，点検，検査，校正，保守等が社内規格に基づいて適切に行われており，これらの設備の精度及び性能が適正に維持されていること。

ヘ 外注管理が社内規格に基づいて適切に行われていること。

ト 苦情処理が社内規格に基づいて適切に行われているとともに，苦情の要因となった事項の改善が図られていること。

チ 登録認証機関の認証に係る鉱工業品の管理，原材料の管理，工程の管理，設備の管理，外注管理，苦情処理等に関する記録が必要な期間保存されており，かつ，品質管理の推進に有効に活用されていること。

5 1から4に掲げる事項のほか，次に掲げる品質保持に必要な技術的生産条件を満たしていること。

イ 次の (1) から (3) によって，社内標準化及び品質管理の組織的な運営が行われていること。

(1) 社内標準化及び品質管理の推進が鉱工業品の製造業者，輸入業者，販売業者，加工業者又は外国においてその事業を行う製造業者，輸出業者若しくは加工業者（以下，製造業者等という。）の経営指針として確立されており，社内標準化及び品質管理が計画的に実施されていること。

(2) 製造業者等における社内標準化及び品質管理を適正に行うため，各組織の責任及び権限が明確に定められているとともに，ロの品質管理責任者を中心として各組織間の有機的な連携がとられており，かつ，社内標準化及び品質管理を推進する上での問題点が把握され，その解決のために適切な措置がとられていること。

(3) 製造業者等における社内標準化及び品質管理を推進するために必要な教育訓練が就業者に対して計画的に行われており，また，工程の一部を外部の者に行わせている場合においては，その者に対し社内標準化及び品質管理の推進に係る技術的指導を適切に行っていること。

ロ 次の (1) から (2) により，品質管理責任者が配置されていること。

(1) 製造業者等は，登録認証機関の認証に係る鉱工業品の製造部門又は加工部門とは独立した権限を有する品質管理責任者を選任し，次に掲げる職務を行わせていること。

　なお，ここでいう製造部門又は加工部門とは，認証の対象である鉱工業品等を製造又は加工する部門であり，試験部門，検査部門，品質保証部門及び品質管理部門は含まれない。また，製造部門又は加工部門と独立した権限と能力の条件を満たせば，当該品質管理責任者が製造部門又は加工部門に属していてもよい。

(i) 社内標準化及び品質管理に関する計画の立案及び推進

(ii) 社内規格の制定，改廃及び管理についての統括

(iii) 登録認証機関の認証に係る鉱工業品の品質水準の評価

(iv) 各工程における社内標準化及び品質管理の実施に関する指導及び助言並びに部門間の調整

(v) 工程に生じた異常，苦情等に関する処置及びその対策に関する指導及び助言

(vi) 就業者に対する社内標準化及び品質管理に関する教育訓練の推進

(vii) 外注管理に関する指導及び助言

(viii)　登録認証機関の認証に係る鉱工業品の日本産業規格への適合性の承認

(ix)　　登録認証機関の認証に係る鉱工業品の出荷の承認

(2)　品質管理責任者は，登録認証機関の認証に係る鉱工業品の製造又は加工に必要な技術に関する知識を有し，かつ，これに関する実務の経験を有する者であって，学校教育法（昭和二十二年法律第二十六号）に基づく大学，短期大学若しくは工業に関する高等専門学校，旧大学令（大正七年勅令第三百八十八号）に基づく大学，旧専門学校令（明治三十六年勅令第六十一号）に基づく専門学校若しくは外国におけるこれらの学校に相当する学校の理学，医学，薬学，工学，農学又はこれらに相当する課程において品質管理に関する科目を修めて卒業し（当該科目を修めて同法に基づく専門職大学の前期課程を修了した場合を含む。），又はこれに準ずる標準化及び品質管理に関する科目の講習会の課程を修了することにより標準化及び品質管理に関する知見[1]を有すると認められる者であること。

注[1]　標準化及び品質管理の知見については，次のような例が挙げられる。

a)　産業標準化　産業標準化の概要，JIS マーク表示制度とその目的，品質管理責任者の役割など

b)　品質管理

1) 統計的考え方

2) 統計的工程管理

3) サンプリング

4) 抜取検査

5) 問題解決法

c)　社内標準化　社内標準化の概要，社内標準化の進め方など

d)　JIS マーク表示制度における製品試験と JIS Q 17025　JIS Q 17025 の要求事項，不確かさ，測定のトレーサビリティ，試験所認定制度など

B.2　審査の基準（B）

1　品質管理体制が，**JIS Q 9001** 又は **ISO 9001**（ただし，主務大臣が告示で定める鉱工業品又はその加工技術の認証に係る審査である場合にあっては，主務大臣が告示で定める品質管理の規格）の規定に適合していること。

2　登録認証機関の認証に係る **JIS** に規定する製造設備又は加工設備（分野別認証指針で定める鉱工業品又はその加工技術にあっては，分野別認証指針で定める製造設備又は加工設備を含む。）を用いて製造又は加工が行われていること。

3　登録認証機関の認証に係る **JIS** に規定する検査設備（分野別認証指針で定める鉱工業品又はその加工技術にあっては，分野別認証指針で定める検査設備を含む。）を用いて検査が行われていること。

4　登録認証機関の認証に係る **JIS** に規定する検査方法（分野別認証指針で定める鉱工業品又はその加工技術にあっては，分野別認証指針で定める検査方法を含む。）により検査が行われていること。

5　登録認証機関の認証に係る **JIS**（分野別認証指針で定める鉱工業品又はその加工技術にあっては，分野別認証指針で定める事項を含む。）に従って社内規格が具体的かつ体系的に整備されており，かつ，登録認証機関の認証に係る鉱工業品について **JIS** に適合することの検査及び保管が，社内規格に基づいて適切に行われていること。

6　品質管理責任者の配置が，**B.1** の **5** の口の基準に適合していること。

附属書 C
（参考）
JIS マーク等の表示の使用許諾に係る契約書の参考例

JIS マーク表示制度における認証契約書の参考例を，次に示す。

株式会社○○○○（認証取得者名）（以下，甲という。）と一般財団法人○○○○（登録認証機関名）（以下，乙という。）は，乙の認証した甲の鉱工業品，又はその加工技術により加工した鉱工業品に係る JIS マーク等の表示に関する乙の甲に対する使用許諾について，次のとおり契約するものとする（以下，この契約を本認証契約という。）。

（用語の定義）
第 1 条
本認証契約に関する基本的な用語の定義は，次のとおりとする。
（1） 鉱工業品等
甲が製造する鉱工業品，加工技術により加工した鉱工業品又は販売する鉱工業品であって，本認証契約により認証の対象となるものをいう。
（2） 工場又は事業場
鉱工業品等を製造又は加工する一つ又は複数の工場若しくは事業場で，当該認証に係る品質管理体制の審査が必要とされる工場又は事業場の総称
（3） 初回製品試験
甲から認証の申請のあった鉱工業品等が，該当する日本産業規格に適合するかどうか審査するために乙が行う試験
（4） 初回工場審査
甲から認証の申請のあった鉱工業品等を製造又は加工する工場又は事業場の品質管理体制が該当する基準に適合しているかどうか確認するために乙が行う審査
（5） ロット
特定の個数又は量の鉱工業品等
（6） 認証書
鉱工業品又はその加工技術が認証されていることを証明する乙が甲に交付する文書
（7） JIS マーク等
次の 1)～4) の表示事項の総称で，本認証契約において，具体的に定めるもの
1） JIS マーク[産業標準化法に基づく鉱工業品及びその加工技術に係る日本産業規格への適合性の認証に関する省令（以下，省令という。）第 1 条第 1 項，第 2 項及び第 3 項に定める様式の表示]
2） 適合する日本産業規格の番号
3） 適合する日本産業規格の種類又は等級
4） 乙の名称又は略称
（8） 付記事項
（7） の表示に付記する事項で，以下のうち該当する事項

1) **JIS** で定める表示事項

2) 甲の氏名若しくは名称又はその略号（略称，記号，認証番号又は登録商標をいう。）

3) 工場又は事業場の名称又は略号（工場又は事業場が複数の場合はその識別表示）

4) ロット認証の場合にあっては，その識別番号又は記号

5) その他，乙が必要とする事項

(9) 認証維持審査

　乙が行っている甲の認証を維持できるかどうかを判断するための乙の措置であり，初回工場審査に対応する認証維持工場審査及び初回製品試験に対応する認証維持製品試験で構成される。

(10) 国が定める認証の基準

1) 産業標準化法の次の条項に規定するもの

a) 第30条第1項，第2項及び第31条第1項（表示）

b) 第30条第3項，第31条第2項及び第37条第7項（認証に係る審査の方法）

c) 第45条第2項及び第55条第2項（認証の業務の方法の基準）

2) 省令の次の条項に規定するもの

a) 第1条（表示）

b) 第2条（品質管理体制の審査の基準）

c) 第9条及び第10条（認証に係る審査の実施時期及び頻度）

d) 第11条〜第13条（認証に係る審査の方法）

e) 第14条（認証に係る公表の基準）

f) 第15条及び第16条（違法な表示等に係る措置の基準）

g) 第18条（認証契約の内容に係る基準）

h) 第19条（被認証者等に対する通知の基準）

i) 第20条（認証に係る秘密の保持の基準）

3) **JIS Q 1001** 適合性評価－日本産業規格への適合性の認証－一般認証指針（鉱工業品及びその加工技術）及び **JIS Q 10○○** 適合性評価－日本産業規格への適合性の認証－分野別認証指針（○○）

(11) 乙の定める認証の基準

　乙が（10）に基づいて定めた認証の業務の方法等の基準

（権利及び義務）

第2条

1　本認証契約及び乙の発行した認証書は，乙が産業標準化法の該当する規定に基づき認証を行っている鉱工業品又はその加工技術が該当する日本産業規格に適合し，当該鉱工業品等を製造又は加工する甲の工場又は事業場の品質管理体制が**JIS Q 1001** の**附属書B** に定める審査の基準に適合している限りにおいて，有効であり，甲は，認証書に記載されている認証の範囲において，本認証契約に基づき JIS マーク等及び付記事項の表示の使用について許諾されるものとする。

2　甲は，乙が初回製品試験において該当する日本産業規格への適合性を確認するために供した試験用鉱工業品等と同一条件において，認証を受けている鉱工業品等を製造することを確保しなければならない。

3　甲は，乙から認証を受けていることを広告その他の方法で第三者に表示し，又は説明する場合には，認証を受けた鉱工業品又はその加工技術と認証を受けていないものとが混同されないようにしなけれ

ばならない。

4　甲は，認証に係る甲の業務が適切に行われているかどうかを確認するために，乙が甲に対して行う報告の請求，又は甲の工場若しくは事業場その他必要な場所に乙が立ち入り，認証に係る鉱工業品等，その原材料又はその品質管理体制を審査することを妨げてはならない。

（JIS マーク等及び付記事項の表示の使用許諾の条件及び範囲）

第3条

1　甲は，第2条に適合している限り，第4条の規定による本認証契約の有効期間中，乙が認証を行っている鉱工業品等の本体，容器，包装又は送り状等への JIS マーク等及び付記事項の表示の使用について許諾されるものとする。

2　甲は，JIS マーク等及び付記事項の表示の使用について責任を有し，表示事項及び付記事項並びにそれらの表示方法は，別紙に定める"JIS マーク等及び付記事項の表示に係る管理要綱"に基づかなければならない。

3　甲は，乙が認証を行っている鉱工業品等に JIS マーク等の表示を使用する場合，当該鉱工業品等が該当する日本産業規格に適合することを甲が実施する試験又はその他適切な方法によって確認しなければならない。

4　甲は，乙が認証を行っている鉱工業品等に JIS マーク等の表示を使用したときは，その数量及び時期を記録しなければならない。

（認証契約の有効期間）

第4条

　　本認証契約の有効期間は，本認証契約の締結日から，第17条又は第19条の認証の取消し，若しくは第26条により本認証契約が解除されない限り，○○年○○月○○日までとする。

（試験用鉱工業品等の提供）

第5条

　　甲は，認証を行うため，又は認証の維持のために必要であるとして乙から提供を求められたときは，試験用の鉱工業品等を無償で乙に対し提供するものとする。また，乙は，試験等によって生じた試験用の鉱工業品等の解体及び損傷について，甲に対し，一切その責任を負わないものとする。

（認証維持審査）

第6条

1　乙は，甲の認証書に記載された鉱工業品又はその加工技術，及び工場又は事業場に対して，本認証契約に基づいて認証維持審査を行うものとする。

　　なお，定期的な認証維持審査は，本条第3項に規定される臨時の認証維持審査の実施の有無にかかわらず，3年ごとに1回以上行うものとする。この場合，初回の定期的な認証維持審査は，認証契約締結日から起算して3年以内に行い，2回目以降は，前回の定期的な認証維持審査の申請日（又は現地審査開始日）から起算して3年以内に行うこととする。ただし，登録認証機関が，鉱工業品又はその加工技術の認証の全部又は一部の取消しを受けた者に対して再び当該取消しを受けた鉱工業品又はその加工技術の認証を行った場合には，当該認証を行った後3年間は1年ごとに1回以上の頻度で行

うこととする。

2　乙は，原則として，甲に予告なしに認証維持審査を行うこととする。ただし，乙は，認証維持審査の目的を損なうことがないと認めたときは，甲に実施日程の予告を行うことができる。

3　乙は，次のいずれかに該当する場合，甲に対し臨時の認証維持審査を行うことができる。

　(1)　甲が，認証を行っている鉱工業品等の仕様を変更し，若しくは追加し，又は品質管理体制を変更しようとしたとき（ただし，乙が，当該変更により，当該鉱工業品等が該当する日本産業規格に適合しなくなるおそれがないと判断したときを除く。）。

　(2)　該当する日本産業規格の改正により，乙が，認証を行っている甲の鉱工業品等が当該日本産業規格に適合しなくなるおそれがあると判断したとき，又は甲の品質管理体制を変更する必要があると判断したとき。

　(3)　認証を行っている甲の鉱工業品等が該当する日本産業規格に適合しない旨又は甲の品質管理体制が JIS Q 1001 の**附属書 B** に定める審査の基準に適合しない旨の第三者からの申立てを乙が受けたときで，乙がその蓋然性が高いと判断したとき。

　(4)　乙が甲に対し，第 17 条の請求を取り消す旨の通知を行ったとき。

　(5)　(1)～(4) のほか，認証を行っている甲の鉱工業品等が日本産業規格に適合せず，若しくは甲の品質管理体制が JIS Q 1001 の**附属書 B** に定める審査の基準に適合せず，又は適合しないおそれのある事実を乙が把握したとき。

4　甲は，乙が認証維持審査の目的を達成するため，原則として工場又は事業場の就業時間内に，乙が必要とする当該工場又は事業場その他の必要な場所に立ち入ること，及び認証を行っている鉱工業品等に関する社内規格，管理記録，通常の製造工程中で実施した認証を行っている鉱工業品等の適合性評価に係る測定，試験，検査の記録などを閲覧することを拒否してはならない。

5　乙は，認証維持審査の実施に際して，甲の工場又は事業場の従業員に適用される安全規則を遵守するものとする。

6　乙は，甲に対し，認証維持審査を行った場合，認証を継続するかどうかを決定し，その結果を甲に通知するものとする。

7　甲は，認証維持審査に係る費用を負担するものとする。

（認証の追加又は変更の措置）

第 7 条

　甲は，乙が認証を行っている鉱工業品又はその加工技術，及び工場又は事業場に関し，認証の区分の追加又は変更を行う場合は，次のとおりの手続を行うものとする。

　(1)　甲は，乙が認証を行っている鉱工業品等の認証の区分を追加する場合，乙に対し，事前に，認証の区分の追加を申請するものとする。甲から当該追加の申請があった場合，乙は，遅滞なく，当該追加部分に係る初回製品試験及び初回工場審査を行い，認証の決定を行った場合にはその旨を甲に通知するものとする。乙は，認証を行うことを決定した場合には，本認証契約の締結又は変更を行い，認証書を交付し，又は契約変更前の認証書を訂正し，若しくはこれに代えて新たな認証書を交付するものとする。

　(2)　甲は，工場又は事業場を変更し，又は追加する場合，乙に対し，事前に，当該工場若しくは事業場の変更，又は新たな工場若しくは事業場の追加を申請するものとする。甲から当該変更又は追加の申請があった場合には，乙は，遅滞なく，当該変更又は追加部分に係る初回製品試験及び初

回工場審査を行い，認証の決定を行った場合にはその旨を甲に通知するものとする。乙は，認証を行うことを決定した場合，本認証契約の変更を行い，契約変更前の認証書を訂正し，又はこれに代えて新たな認証書を交付するものとする。

(3) 甲は，乙が認証を行っている認証の区分の中で日本産業規格に定められている種類又は等級を変更又は追加する場合，乙に対し，事前に，当該種類又は等級の変更又は追加を申請するものとする。甲から当該変更又は追加の申請があった場合には，乙は，遅滞なく，当該変更又は追加部分に係る初回製品試験及び初回工場審査を行い，認証の決定を行った場合にはその旨を甲に通知するものとする。乙は，認証を行うことを決定した場合，本認証契約の変更を行い，認証書を交付し，又は契約変更前の認証書を訂正し，若しくはこれに代えて新たな認証書を交付するものとする。ただし，乙は，適切と判断した場合は，初回製品試験及び初回工場審査の一部を省略することができる。

(4) 甲は，乙が認証を行っている認証の区分の中で鉱工業品等を変更又は追加する場合，乙に対し，事前に，鉱工業品等の変更又は追加を申請するものとする。甲から当該変更又は追加の申請があった場合には，乙は，遅滞なく，当該変更又は追加部分に係る初回製品試験及び初回工場審査を行い，認証の決定を行った場合にはその旨を甲に通知するものとする。乙は，認証を行うことを決定した場合，本認証契約の変更を行い，認証書を交付し，又は契約変更前の認証書を訂正し，若しくはこれに代えて新たな認証書を交付するものとする。ただし，乙は，適切と判断した場合は，初回製品試験及び初回工場審査の一部を省略することができる。

（日本産業規格，国が定める認証の基準又は乙の定める認証の業務に関する規定の変更の場合の措置）
第8条
1 乙は，甲の認証に係る日本産業規格が改正されたときは，速やかに，甲に対して，その旨を通知するものとする。乙は，当該日本産業規格の改正により，認証を行っている甲の鉱工業品等が日本産業規格に適合しなくなるおそれがある，又は甲の品質管理体制を変更する必要があると判断したときは，その旨を甲に通知するとともに，甲に対し臨時の認証維持審査を行うものとする。

2 乙は，国の定める認証の基準が変更されたとき又は乙の定める認証の業務に関する規定を変更したときは，速やかに，甲に対して，その旨を通知するとともに，当該変更により，認証を行っている甲の鉱工業品又はその加工技術が日本産業規格に適合しなくなるおそれがある，又は甲の品質管理体制を変更する必要があると判断したときは，その旨を甲に通知するとともに，甲に対し臨時の認証維持審査を行うものとする。

（認証の公表等）
第9条
1 乙は，甲の鉱工業品又はその加工技術に係る認証を行った場合，遅滞なく，次の事項について乙の事務所で業務時間内に公衆の閲覧に供するとともに，乙のホームページ，乙の発行する定期刊行物等により公表するものとする。

なお，公表の期間は，本認証契約が終了するまで（現に製造又は加工された鉱工業品等のロットの認証の場合は，本認証契約が締結された期日から1年間）とする。

(1) 認証契約を締結した期日及び認証番号

(2) 甲の氏名又は名称，及び住所

(3) 認証に係る日本産業規格の番号及び日本産業規格の種類又は等級（当該日本産業規格に種類又は等級が定められている場合）

(4) 鉱工業品又はその加工技術の名称

(5) 認証の区分（日本産業規格又は日本産業規格の種類若しくは等級と同じである場合にあっては省略することができる。）

(6) 認証に係る工場又は事業場の名称及び所在地（現に製造又は加工された鉱工業品等のロットの認証の場合及び全数において初回製品試験を行う場合を除く。）

(7) 認証を行っている鉱工業品又はその加工技術に関し表示する事項及びそれに付記する事項並びにそれらの表示の方法

(8) 現に製造又は加工された鉱工業品等の個数又は量並びに当該鉱工業品等又はその包装，容器若しくは送り状に付されているロットの識別番号若しくは記号及びその表示方法（現に製造又は加工されたロットの認証に適用する。）

(9) 認証に係る法の根拠条項（産業標準化法第 30 条第 1 項若しくは第 2 項，第 31 条第 1 項又は第 37 条第 1 項，第 2 項若しくは第 3 項に基づく認証）

2　乙は，甲の鉱工業品又はその加工技術に係る認証の全部若しくは一部を取り消した場合又は JIS マーク等の使用の停止請求を行った場合，直ちに，次の事項について乙のホームページ，乙の発行する定期刊行物等により公表するものとする。

　　なお，公表の期間は，当該認証を取り消した場合にあっては，その期日から 1 年間，JIS マーク等の使用の停止請求を行った場合は，次のいずれかの期日とする。

－　請求を取り消す旨の通知を行った日

－　認証の取消しを行った日

－　認証契約が終了した日

(1) 取り消した期日又は JIS マーク等の使用の停止請求を行った期日，認証番号

(2) 取り消した又は JIS マーク等の使用の停止請求を行った（以下，取消し等を行ったという。）認証に係る甲の氏名又は名称，及び住所

(3) 取消し等を行った認証に係る日本産業規格の番号及び日本産業規格の種類又は等級（当該日本産業規格に種類又は等級が定められている場合）

(4) 取消し等を行った認証に係る鉱工業品又はその加工技術の名称

(5) 取消し等を行った認証の区分（日本産業規格又は日本産業規格の種類若しくは等級と同じ場合は省略することができる。）

(6) 取消し等を行った認証に係る工場又は事業場の名称及び所在地（現に製造又は加工されたロットの認証の場合及び全数において初回製品試験を行う場合を除く。）

(7) 取消し等を行った認証に係る鉱工業品又はその加工技術に関し表示する事項及びそれに付記する事項並びにそれらの表示の方法

(8) 取消し等を行った認証に係る現に製造又は加工された鉱工業品等の個数又は量並びに当該鉱工業品等又はその包装，容器若しくは送り状に付されているロットの識別番号又は記号及びその表示方法（現に製造又は加工されたロットの認証に適用する。）

(9) 取消し等を行った認証に係る法の根拠条項（産業標準化法第 30 条第 1 項若しくは第 2 項，第 31 条第 1 項又は第 37 条第 1 項，第 2 項若しくは第 3 項に基づく認証）

(10) 取消し等を行った理由

3　乙は，甲の鉱工業品又はその加工技術に係る認証に係る認証契約が終了した場合，遅滞なく，次の事項について乙のホームページ，乙の発行する定期刊行物等により公表するものとする。

　　なお，公表の期間は，本認証契約が終了した期日から1年間とする。

(1)　認証契約が終了した期日及び認証番号

(2)　終了した認証契約に係る甲の氏名又は名称，及び住所

(3)　終了した認証契約に係る日本産業規格の番号，及び日本産業規格の種類又は等級（当該日本産業規格に種類又は等級が定められている場合）

(4)　終了した認証契約に係る鉱工業品又はその加工技術の名称

(5)　終了した認証契約に係る認証の区分（日本産業規格又は日本産業規格の種類若しくは等級と同じ場合は省略することができる。）

(6)　終了した認証契約に係る工場又は事業場の名称及び所在地

(7)　終了した認証契約に係る鉱工業品又はその加工技術に関し表示する事項及びそれに付記する事項並びにそれらの表示の方法

(8)　終了した認証に係る法の根拠条項（産業標準化法第30条第1項若しくは第2項，第31条第1項又は第37条第1項，第2項若しくは第3項に基づく認証）

（試験等に際しての損害）

第10条

　　乙は，認証維持審査及び第7条に基づく審査に際し，甲に生じた損害については，乙に故意又は過失があったときを除き，その責任を負わないものとする。

（第三者への認証の業務の委託）

第11条

　　乙は，甲の同意を得て，甲の認証に係る業務の一部を第三者に委託することができる。

（承継）

第12条

　　甲は，乙が行っている認証に係る事業の全部を甲が指定する第三者に譲渡し，又は甲について相続，合併若しくは分割（当該事業の全部を承継させる場合に限る。）があるときは，甲は事前に書面による乙の同意を得て，当該認証の全部を承継させることができる。

　　なお，甲が当該認証に係る事業の承継を行った場合，甲は，速やかに，乙にその旨を届け出るものとする。

（苦情等の処理）

第13条

1　甲は，乙が認証を行っている鉱工業品等につき，第三者から苦情の申立を受けたとき，又は甲と第三者との間において紛争が生じたときは，甲はその責任と負担において解決を図るものとする。

2　前項の場合において，乙が第三者に対し損害賠償その他の負担をしたときは，甲は乙の求償に応ずるものとする。

3　乙は，1項の第三者からの苦情又は紛争に係る問題点等に関連して，認証を行っている鉱工業品等の

該当する日本産業規格への適合性及び認証に係る甲の工場又は事業場の品質管理体制の**JIS Q 1001**の**附属書B**に定める審査の基準への適合性の確認，当該問題点等に関する原因の究明，是正及び予防措置が適正に行われるよう，甲に協力する。

（秘密の保持）

第14条

　乙は，甲の認証に関連し知り得た認証を行っている鉱工業品等及びその製造又は加工に関する一切の情報について認証業務にだけ使用するものとし，他の目的に使用し又は甲の承諾若しくは関連する法令に基づく等の正当な理由なくして第三者に当該情報を漏えいしてはならない。ただし，本認証契約の締結時に公知であった情報，本認証契約の締結後に乙の故意又は過失によらず公知になった情報及び乙が第三者から適法に取得した情報は除く。

（JISマーク等の誤用等の場合の措置）

第15条

　乙は，甲が次のいずれかに該当する場合，甲に対し，当該事項の是正及び予防措置を講じるように請求するものとする。

1)　乙が認証を行っている鉱工業品等以外の鉱工業品等又はその包装，容器若しくは送り状に，JISマーク等の表示又はこれと紛らわしい表示を甲が付しているとき

2)　乙が認証を行っている鉱工業品等以外の鉱工業品等の広告に，当該鉱工業品等が認証を受けていると誤解されるおそれがある方法で，JISマーク等の表示又はこれと紛らわしい表示を甲が使用しているとき

3)　甲に係る広告に，乙の認証に関し，第三者を誤解させるおそれのある内容があるとき

　なお，乙は，当該請求について期限を定め，必要と認められるときは当該期限を延長することができる。

　乙は，期限（延長した場合を含む。）までに措置を完了した旨の報告が甲からなされなかった場合，本認証契約第17条の3)に基づき必要な措置を講じなければならない。

（是正及び予防措置）

第16条

　乙は，甲の工場又は事業場の品質管理体制について，**JIS Q 1001**の**附属書B**に定める審査の基準に不適合があった場合，甲に対し，当該不適合の是正及び予防措置を講じるように請求するものとする。

　なお，乙は，当該請求について期限を定め通知するものとする。また，乙は適当と判断した場合は当該期限を延長することができる。

　乙は，期限（延長した場合を含む。）までに措置を完了した旨の報告が甲からなされなかった場合，本認証契約第17条の3)に基づき必要な措置を講じなければならない。

（認証を行っている鉱工業品等が日本産業規格に適合しない場合の措置）

第17条

　乙は，次のいずれかに該当する場合，甲の認証を取り消すか，又は速やかに，甲に対して，JISマーク等の表示（これと紛らわしい表示を含む。）の使用の停止を請求するとともに，甲が保有するJISマーク等

の表示（これと紛らわしい表示を含む。）を表示している鉱工業品等であって，該当する日本産業規格に適合していないものを出荷しないように，請求するものとする。

1) 乙が認証を行っている甲の鉱工業品等が日本産業規格に適合しないとき
2) 甲の品質管理体制が，**JIS Q 1001 の附属書 B** に定める審査の基準に適合しない場合であって，その内容が，乙が認証を行っている鉱工業品等が日本産業規格に適合しなくなるおそれのあるとき，その他重大なものであるとき
3) 第 15 条又は第 16 条に基づく乙の請求に対し，甲が適確に，又は速やかに応じなかったとき

（JIS マーク等の使用の停止に係る措置）
第 18 条

乙は，第 17 条に基づく請求をする場合には，甲に対し，次の 1)〜5)に掲げる事項を記載した文書により通知するものとする。

1) 請求の対象となる甲の工場又は事業場及び鉱工業品等の範囲
2) 請求する日からその請求を取り消す日までの間に，甲に対し，乙が認証を行っている鉱工業品等又はその包装，容器若しくは送り状に，JIS マーク等の表示（これと紛らわしい表示を含む。）を付してはならない旨
3) 甲が保有する JIS マーク等の表示（これと紛らわしい表示を含む。）の付してある鉱工業品等であって，かつ，該当する日本産業規格に適合していないものを出荷してはならない旨
4) 請求の有効期間
5) 請求の有効期間内に，乙が認証を行っている鉱工業品等が該当する日本産業規格に適合しなくなった原因を是正し，又は甲の品質管理体制を **JIS Q 1001 の附属書 B** に定める審査の基準に適合するように是正し，及び必要な予防措置を講ずる旨

乙は，適切と判断した場合には，上記 4)に規定する請求の有効期間を延長することができる。

乙は，上記 5)の措置が講じられたことを確認した場合には，甲に対し，速やかに文書により，第 17 条に基づく請求を取り消すことを通知するものとする。

乙は，上記 4)の有効期間（延長した場合を含む。）内に，上記 5)の措置が講じられなかった場合は，甲の認証を取り消すものとする。

（認証の取消し）
第 19 条

乙は，次のいずれかに該当する場合，甲の認証を全て取り消すものとする。

1) 甲が，乙による認証維持審査を拒み，妨げ，又は忌避したとき
2) 乙が第 17 条に基づく請求をした場合であって，その請求の有効期間内に，乙が認証を行っている鉱工業品等，又はその包装，容器若しくは送り状に，甲が JIS マーク等の表示（これと紛らわしい表示を含む。）をしたとき
3) 乙が第 17 条に基づく請求をした場合であって，その請求の有効期間内に，甲が保有する JIS マーク等の表示（これと紛らわしい表示を含む。）を付してある鉱工業品等であって，該当する日本産業規格に適合していないものを甲が出荷したとき

　　乙は，上記の認証の取消し及び第 17 条に基づく認証の取消しのほか，次のいずれかに該当する場合，認証を取り消すことができる。

1) 甲が，乙に対する債務決済（認証のために必要とされる費用等）を支払い期日までに履行できないとき
2) 甲が本認証契約に違反したとき

（認証の取消しに係る措置）

第 20 条

　　乙は，甲の認証を取り消す場合には，甲に対し，当該認証を取り消す期日及び乙に対し異議申立てができる旨を記載した文書により通知するものとする。

　　乙は，甲から当該認証の取消しについて異議申立てを受けたときは，これを考慮して認証の取消しの可否について決定するものとする。

第 21 条

　　乙は，甲の認証を取り消す場合には，甲に対して，当該取り消した認証に係る鉱工業品等又はその容器，包装若しくは送り状に付された JIS マーク等の表示（これと紛らわしい表示を含む。）を除去し，又は抹消するように請求するものとする。

（乙に対する甲のその他の通知義務）

第 22 条

　　甲は，本認証契約の該当する条項で定めている場合のほか，次に該当する場合，それぞれ定める時期に，乙に報告しなければならない。

(1) 甲の氏名又は名称が変更された場合　速やかに
(2) 甲の認証に係る工場又は事業場の名称が変更された場合　速やかに
(3) 甲の認証に係る工場又は事業場の全部又は一部について事業を休止又は廃止した場合　速やかに

（甲に対する乙のその他の通知義務）

第 23 条

　　乙は，本認証契約の該当する条項で定めている場合のほか，次に該当する場合，それぞれに定める時期に，甲に通知しなければならない。

(1) 乙が事業の全部を第三者に承継させる場合　承継させる日まで
(2) 乙の事務所の所在地を変更しようとするとき　変更する日まで
(3) 乙が認証の業務の全部又は一部を休止し，又は廃止しようとするとき　休止又は廃止しようとする日の 6 か月前まで
(4) 乙が産業標準化法第 52 条第 1 項の登録の取消し又は認証の業務の全部若しくは一部の停止を命じられたとき　直ちに
(5) 乙が産業標準化法第 52 条第 2 項の聴聞の通知を受けたとき　直ちに
(6) 乙の行っている認証に係る日本産業規格が改正されたとき　直ちに
(7) 乙の行っている認証に係る省令第 2 条に規定される品質管理体制の審査の基準，及び JIS Q 1001 の附属書 B に定める審査の基準が改正されたとき　直ちに

（甲の乙に対する異議申立て）

第 24 条

　　乙が甲に対し講じた措置について，甲は異議申立てを行うことができる。

　　乙は，甲から異議申立てがあった場合，適切に措置しなければならない。

（認証に係る費用）

第 25 条

1　甲が乙に支払う認証及び認証の維持のための手数料及び費用については，乙が別に定める手数料及び
　　費用算定表による。

2　手数料及び費用の収納については，乙が別に定める規定による。

（認証契約の解除）

第 26 条

1　甲は，乙に書面で通知することにより，本認証契約を解除することができる。この場合，本認証契約
　　は，甲から書面による通知が乙に達した日の 30 日後に終了する。

2　乙は，甲に次のいずれかに該当する事由が生じたときは，本認証契約を解除することができる。

　　(1)　本認証契約第 17 条又は第 19 条に基づき乙が甲の認証を取り消したとき

　　(2)　甲に乙との間の信頼関係を破壊する行為があったとき

　　(3)　甲が支払の停止又は破産宣言，特別清算，民事再生，会社整理若しくは会社更生の申立てを受け
　　　　又は自ら申し立てたとき

（不可抗力による認証契約の終了）

第 27 条

　　天災地変その他不可抗力により乙の認証業務の遂行が不可能となったときは，この契約は当然に終了す
る。

（本認証契約に定めていない事項）

第 28 条

　　本認証契約に定めのない事項及び本認証契約の解釈適用に疑義を生じた事項については，甲及び乙は日
本の法令及び慣習にのっとり誠意をもって協議のうえその解決を図るものとする。

（その他）

第 29 条

　　乙の業務規程に規定されている全ての条項は本認証契約の実施に適用される。

　　本認証契約の締結の証として本認証契約書 2 通を作成し，甲，乙各自なつ（捺）印のうえその 1 通を保
有する。

　　認証契約締結日：○○年○月○日

甲：所在地　　　　　　　　　　　　　乙：所在地

　　会社名　○○○○○○　　　　　　　　登録認証機関名　○○○○○

　　代表者名　○○　○○　　　印　　　　代表者名　　　○○　○○○　　印

JIS マーク等及び付記事項の表示に係る管理要綱（例）

1　目的

本管理要綱は，次に示す乙が認証を行っている甲の鉱工業品又はその加工技術に対し，甲が JIS マーク等及び付記事項を表示する条件について定めるものである。

認証が有効となった期日（認証契約を締結した期日）：

認証番号：

甲の氏名又は名称及び住所：

認証に係る日本産業規格の番号：

種類又は等級：

認証に係る鉱工業品又はその加工技術の名称：

認証の区分：

認証に係る工場又は事業場の名称及び所在地：

認証に係る産業標準化法の根拠条項：

2　JIS マーク等の表示

1) JIS マークは，単色とし，直径○○ mm 以上の大きさで表示すること。
2) JIS マークの近傍に日本産業規格の番号，種類又は等級，及び乙の名称又は略称を表示すること（**図 C.1** 参照）。

3　付記事項の表示

JIS マーク等の表示とともに，日本産業規格に定められている表示事項及びその他乙が定める次の表示事項について表示すること。

① 甲の名称又は認証番号
② 製造の時期又は製造番号
③ 工場若しくは事業場の名称

4　表示の方法

表示単位は，鉱工業品等ごと及び 1 包装ごととし，表示の方法は，印刷，押印，刻印，又は荷札の取付けとする。

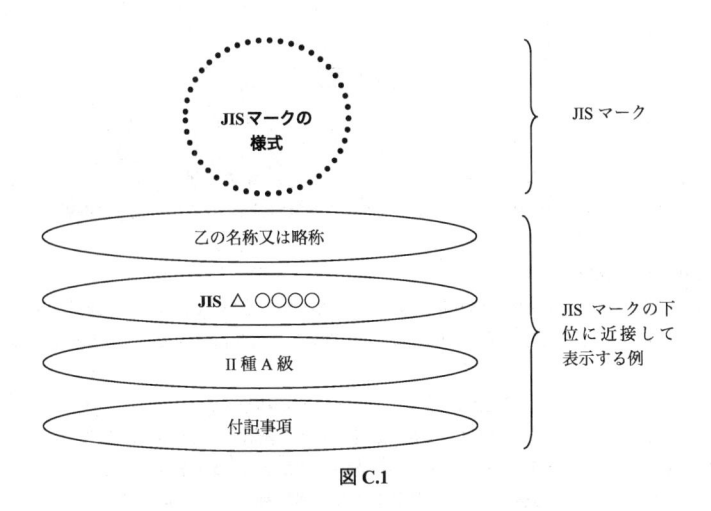

図 C.1

参考文献 **ISO/IEC Guide 23,** Methods of indicating conformity with standards for third-party certification systems

ISO/IEC 17020, Conformity assessment－Requirements for the operation of various types of bodies performing inspection

ISO/IEC 17030, Conformity assessment－General requirements for third-party marks of conformity

ISO/IEC 17065, Conformity assessment－Requirements for bodies certifying products, processes and services

ISO/IEC 17067, Conformity assessment－Fundamentals of product certification and guidelines for product certification schemes

解　説

この解説は，規格に規定・記載した事柄を説明するもので，規格の一部ではない。

この解説は，日本規格協会が編集・発行するものであり，これに関する問合せ先は日本規格協会である。

1　今回の改正までの経緯

この規格は，2005 年に制定され，2009 年の改正及び 2015 年の追補改正を経て今回の改正に至った。

2009 年の改正及び 2015 年の追補改正の解説については，今回の改正が形式改正であるため，箇条 3～箇条 10 に再掲する。

なお，これらの箇条において，“工業標準化法”（昭和 24 年法律第 185 号）及び“日本工業規格への適合性の認証に関する省令”（平成 17 年厚生労働省，農林水産省，経済産業省，国土交通省令第 6 号）（以下，箇条 3～箇条 11 において，省令という。）の条項は当時のままとし，改正法令の条項との対比を容易にするため，主な変更条項を，この解説の巻末に**解説表 1** 及び**解説表 2** として掲載する。

なお，この規格の箇条番号に変更はない。

2　今回の改正の趣旨及び経緯

この規格は，JIS マーク表示制度（鉱工業品及びその加工技術に限る。）における認証の業務の基準及び審査の基準の基本的かつ分野横断的な事項について一般認証指針として規定するものであり，“産業標準化法”（昭和 24 年法律第 185 号）及び“鉱工業品及びその加工技術に係る日本産業規格への適合性の認証に関する省令”（平成 17 年厚生労働省，農林水産省，経済産業省，国土交通省令第 6 号）（以下，鉱工業品等認証省令という。）の解釈として位置付けられるものである。令和元年 7 月 1 日にこれらの法令等が改正施行され，その改正内容と整合を図るため主に次の改正を行った。

a)　法律名称及び用語並びに条ずれ等との整合

b)　鉱工業品等認証省令において，認証取消し後の再認証後の審査（本体の **12.1**），JIS マーク表示の停止請求解除後の審査［本体の **12.2** の **d)**］などに関して新たな規定が設けられたことに対する整合

c)　その他様式及び明らかな誤り等の修正

なお，今回の改正は，法令等改正に整合させるため，主務大臣による形式改正として改正原案を作成し，日本産業標準調査会標準第一部会の審議（令和元年 12 月 25 日議決）を経て改正した。

3　制定の趣旨及び経緯

平成 14 年 3 月に閣議決定された“公益法人に対する行政の関与の在り方の改革実施計画”に基づき，JIS マーク表示認定制度の実施主体についてこれまでの国（主務大臣）から民間第三者認証機関への移行方針が示され，これに伴って工業標準化法が改正され平成 16 年 6 月 9 日に公布された。これによって，JIS マ

ーク表示制度は，国による認定制度から，製品認証制度に関する国際規格・ガイドに沿った国に登録され
た登録認証機関による製品認証制度となった。したがって，これまでの認定の対象となる JIS 及び品目を
国が指定する"指定商品"制度が廃止され，基本的に全ての製品規格 JIS が認証の対象になった。

　さらに，新 JIS マーク表示制度では，一つの JIS に対し，複数の登録認証機関が認証を行うことになり，
かつ，認証の方法については各登録認証機関がそれぞれ定めることになったが，この登録認証機関が定め
る認証の業務方法，審査の基準等については，国が一定の指針を示すことによって，JIS マーク表示制度
全体の信頼性確保，認証の業務の品質の維持，登録認証機関による手続の統一性確保，登録認証機関間の
審査の基準のばらつきの防止などを図ることが必要であるとの判断となった。

　平成 16 年 6 月の工業標準化法の改正に先立ち，新 JIS マーク表示制度の見直しの制度構築の検討と並行
して平成 15 年度から国の標準化調査研究事業として認証指針策定事業がスタートし，事業は財団法人日本
規格協会に委託され，同協会に設置された認証指針検討委員会（委員長：大滝　厚　明治大学教授）にお
いて内外の製品認証制度の比較検討など第三者認証機関による製品認証制度にふさわしい指針とするため
の調査及び研究が行われた。この検討では，欧州など多くの国々で JIS マークのような認証マークを使用
した第三者認証制度の構造として採用している **ISO/IEC Guide 28**:2004 を基礎として，関連する国際規格・
ガイドとの整合を図りつつ，我が国の長年にわたる JIS に基づく認証制度の歴史，経験及び実態を見極め
ながら進められた（**解説図 1** 参照）。

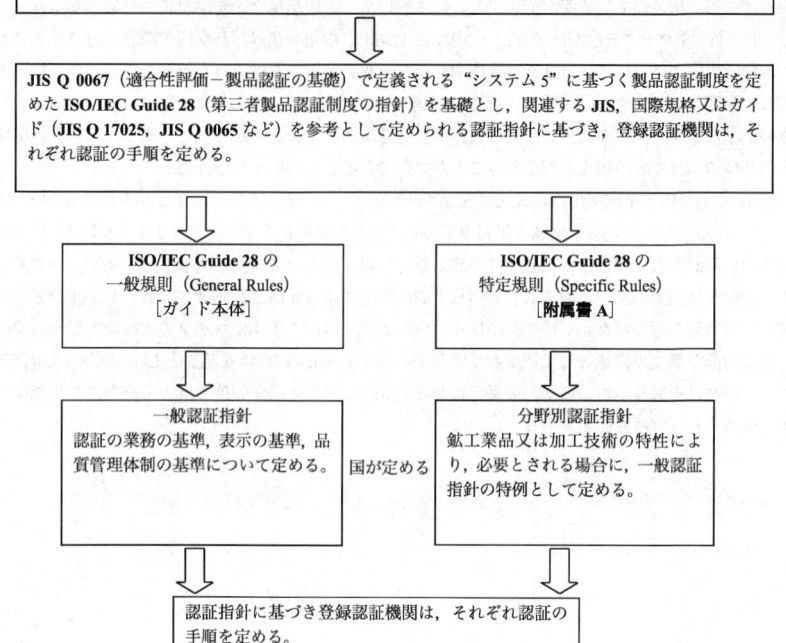

JIS マーク表示制度は，JIS，国際規格又はガイド（JIS Q 17025，JIS Q 9001，JIS Q 0065，JIS Q 0067，ISO/IEC Guide 28，ISO/IEC Guide 53，ISO/IEC Guide 62 など）と整合した第三者製品認証制度とする。

JIS Q 0067（適合性評価－製品認証の基礎）で定義される"システム 5"に基づく製品認証制度を定めた ISO/IEC Guide 28（第三者製品認証制度の指針）を基礎とし，関連する JIS，国際規格又はガイド（JIS Q 17025，JIS Q 0065 など）を参考として定められる認証指針に基づき，登録認証機関は，それぞれ認証の手順を定める。

| ISO/IEC Guide 28 の
一般規則（General Rules）
［ガイド本体］ | ISO/IEC Guide 28 の
特定規則（Specific Rules）
［附属書 A］ |

| 一般認証指針
認証の業務の基準，表示の基準，品質管理体制の基準について定める。 | 分野別認証指針
鉱工業品又は加工技術の特性により，必要とされる場合に，一般認証指針の特例として定める。 |

国が定める

認証指針に基づき登録認証機関は，それぞれ認証の手順を定める。

解説図 1

平成 16 年度においては，一般認証指針を改正後の工業標準化法に基づく主務省令と整合した **JIS** として制定する方針が決定され，前述の検討委員会が引き続き **JIS** 原案作成委員会としての機能を果たすこととなり，**JIS** 原案としての審議を行った。

なお，認証指針の構成については，一般認証指針において鉱工業品に共通の製品認証に係る必要十分な事項を規定することとし，分野別認証指針の制定は，当該分野において製品認証制度を行うために特例とする事項が必要な場合に限り作成する方針となったため，認証指針検討委員会では，分野別認証指針として，レディーミクストコンクリート，プレキャストコンクリート製品及び鉄鋼製品（第 1 部）の 3 分野について作成した。

これら一般認証指針及び三つの分野別認証指針の **JIS** 原案は平成 16 年度末に経済産業省に報告され，平成 17 年 3 月 31 日に日本工業標準調査会 JIS マーク制度専門委員会にて当該 JIS 原案の調査・審議が行われ承認された。

その後，所定の手続を経て三つの分野別認証指針とともに，一般認証指針については"**JIS Q 1001** 適合性評価－日本工業規格への適合性の認証－一般認証指針"として平成 17 年 8 月 20 日に制定された。

4 制定時の主要な論点

4.1 一般認証指針と分野別認証指針との関係

認証指針は一般認証指針と分野別認証指針とがあるが、分野別認証指針が定められていない製品分野においては一般認証指針に基づいて認証業務が行われ、一方、分野別認証指針が定められている製品分野においては、一般認証指針に加え分野別認証指針が基準となる。ここで留意しなければならないことは、一般認証指針が常に基本となる要求事項を定める標準となっていることであり、特例事項として認められるのは一般認証指針の規定を解釈する規定及び一般認証指針で選択を求めている規定について具体的に規定するなど一般認証指針を逸脱又は矛盾しない場合に限る。例えば、一般認証指針では定期的な認証維持審査の頻度を"3 年ごとに 1 回以上"と定めている。これを分野別認証指針において"5 年ごとに 1 回以上"と規定することはできない。一方、一般認証指針では選択を認める規定になっている事項について分野別認証指針でこれを特定して規定することができる。

4.2 認証を行う工場又は事業場の範囲

平成 16 年改正の工業標準化法に基づく JIS マーク表示制度は製品認証制度となったため、認証を行う鉱工業品の製造を一つの工場又は事業場で実施する場合に加え、複数の工場又は事業場で実施する場合を考慮している。つまり、認証を行う鉱工業品を製造する工場又は事業場の品質管理体制を審査するに当たり、複数の工場又は事業場を審査の対象とすることができるが、これらの工場又は事業場において品質システムが共通に運用されていることが合理的な審査の基本である。複数の工場が同一製造業者である場合、通常品質システムが共通であると考えられるから、これらの工場をまとめて認証の申請を行うことによって、例えば資材管理、品質確認試験の一本化、製造工程の作業分担など合理化を図ることが可能となる。ただし、この場合、一つの工場又は事業場において重大な不適合が発生した場合、当該認証の停止又は取消しの措置は認証の範囲の全ての工場に及ぶことになるので、考慮が必要である。

4.3 製品試験の実施方法

製品試験は、認証を行う鉱工業品が JIS に適合しているかどうかを登録認証機関の責任において確認するために行う審査である。製品試験は国際規格（**ISO/IEC 17025**）の基準のうち該当するものに適合する方法で実施することになっているので、登録認証機関は製品試験を実施する適切な能力を保有しているとともに試験結果についてその妥当性を評価することが求められる。

一般認証指針では登録認証機関自らが試験設備及び試験員を保有してこれを実施することのほか、申請者の試験に立ち会って行う方法又は第三者試験機関若しくは申請者の行った試験結果の妥当性を判断した上でその試験データを活用する方法も可としている。これは、製品試験の内容によっては登録認証機関が試験設備を保有しない場合があるので、登録認証機関が指定する試験所に依頼して実施することも考慮し、また、JIS は多岐にわたる鉱工業品について定められているため、鉱工業品の形状、大きさ、品質特性によっては登録認証機関や指定した試験所にサンプルを持ち込めない場合があるので、PAC（太平洋認定機関協力機構）で検討されたガイドラインに基づいて、登録認証機関の審査員の立会いのもと、申請者の工場における試験設備や試験員を活用して製品試験を実施してもよいとする考え方にした。このような場合、登録認証機関は申請者の工場における試験設備についてトレーサビリティが確保され、器差の調整（キャリブレーション）が適切に行われているか、試験員の技能は適切かといった要求事項について **ISO/IEC 17025** の該当する部分に適合していることを確認した上で製品試験を行わなければならないとした。

4.4 定期的な認証維持審査の頻度

定期的な認証維持審査の頻度は、製品認証の信頼性に関わる部分であるが、認証を受ける製造業者からは改正前の工業標準化法による公示検査の実施期間が 5 年で設定されていたことから 5 年以上とする意見

があった。他方，登録認証機関となることを計画している機関からは，適合性評価制度の国際的な例から認証を維持するためには最低1年に1回以上が適切であるとの意見もあったが，国際的にも信頼性を確保することができる期間（例えば，国際的なルールとして一般に浸透している品質マネジメントシステム審査登録制度における更新期間）を参照し，これを限度として，その範囲で登録認証機関がそれぞれ頻度を決定することとした。

4.5 ロット認証について

新JISマーク表示制度では，日本工業標準調査会の新時代特別委員会報告書の提言によって，販売者や輸入業者が認証を受けることができるようにする観点からロット認証を可能とした。ロット認証は，既に製造された又は加工技術の場合は加工された特定の個数又は量の鉱工業品について認証を行い，当該ロットの鉱工業品に限ってJISマークの表示を行うものであるが，登録認証機関による認証の方法をどのように規定するかが議論となった。

JISマーク表示制度における認証は，通常，社内規格で規定された生産条件に基づいて継続的に製造又は加工される鉱工業品を対象としている。このような製品認証制度は **ISO/IEC Guide 67**:2004（製品認証制度の基礎）で定義される"システム5"による製品認証制度である。一方，ロット認証については **ISO/IEC Guide 67**:2004 では"システム7"として定義されている。JISマーク表示制度は"システム5"に基づく製品認証制度としたため，ロット認証においても"システム5"に準拠することが必要であった。したがって，ロット認証においては，次の考え方によって規定することとした。

a) 製品試験に際しては，現に製造又は加工された特定の個数又は量の鉱工業品の製造又は加工に品質管理が適用されていれば，統計的抜取方法を適用して製品試験の信頼性を想定することができる。したがって，ロット認証の申請のあった鉱工業品の製造又は加工について品質管理体制及び製品試験の審査を行う必要がある。

b) しかしながら，登録認証機関は，現に製造又は加工された特定の個数又は量の鉱工業品を製造又は加工した工場又は事業場に対し現地調査を必ず行う必要はなく，品質管理体制を説明する書類の提出を求め，書類による調査と製品試験を行うことでも問題がない。

c) なお，登録認証機関は，品質管理体制について書類調査だけでは製品試験における信頼性のある統計的抜取りができないと判断する場合は現地調査を行うことができるとした。

5 2009年の改正の趣旨及び経緯

新JISマーク制度は，平成17年10月1日にスタートしてから，経過措置期間である3年を経過し，旧制度から新制度への移行はほぼ終了した。その結果，この間の認証の実績及び経験から実情との対比において現行規定の曖昧さ，実態とのかい離，多少の矛盾などが指摘されつつあり，登録認証機関等から改正要望が出ていた。

一方，経済産業省においては，新制度への経過措置期間の終了期が近くなったことに鑑み，認証指針のJISの役割，意義等について見直し，その結果による今後の在り方を見直す時期に来ていた。

これらのJIS見直しについては，平成19年度及び平成20年度に経済産業省から財団法人日本規格協会への委託事業として実施された。

一般認証指針については，その規定のほとんどの内容は，一部（例えば，認証の区分，製品試験実施方法の追加規定，初回工場審査における品質マネジメント審査登録等の結果の活用，旧JIS認定工場が申請した場合の審査の軽減，品質管理体制の審査の基準のうち品質管理責任者の標準化及び品質管理に関する知見など）を除いて，その他は法令により国が定めている規定を再掲しており，登録認証機関と被認証事

業者にとって利用しやすいようになった解説的要素が強い。そのため，登録認証機関が行う認証業務の水準を一定以上に保つ等の目的を実現する手段として，一般認証指針は有効に機能しているか，また，従来どおりの構成（省令に規定されている事項も含めた規格）は，その目的を果たす上で適切なものとなっているかどうか。これらの視点から，平成 20 年 9 月 19 日に開催された日本工業標準調査会 JIS マーク制度専門委員会において JIS として引き続き維持するかどうかの必要性について審議し，その結果以下のとおりの方針が出され，この方針に従って改正原案を作成することとなった。

a) 次の理由によって，一般認証指針は今後とも JIS として維持する必要性がある。

1) JIS に規定された推奨事項については，過去 3 年の経過措置期間において登録認証機関や認証製造業者の間に JIS マーク制度の運用として既に定着しており，JIS としての公的な位置付けをなくすことは，現場に混乱を与えかねない。

2) 一般認証指針は，全ての JIS の認証の基本ルールとして活用されるものであるため，関係者が多い。多様な関係者のコンセンサスを得るシステムとして，JIS を活用することが適切である。

b) なお，現状の一般認証指針の JIS の内容は，次の問題があるので，この点を十分考慮して検討する。

1) 法令解釈を JIS で行っていること。

2) 規制事項と推奨事項とが混在していること。

3) 法令の規定と若干異なる表現があること。

改正原案作成は，明治大学の大滝　厚教授を主査とする一般認証指針分科会において行われ，改正原案が経済産業省に報告，提出された後，平成 21 年 3 月 19 日に開催された日本工業標準調査会 JIS マーク制度専門委員会の議決を経て，改正公示された。

6 2009 年の改正の要点

2009 年の改正の要点は，次のとおりである。

a) 用語及び定義について追加，削除及び整理を行った。例えば，"認証マーク"を"JIS マーク"と改め，表示事項と付記事項の整理を明確にするため"JIS マーク等"の用語を追加規定した。

b) 法令，特に工業標準化法に基づく省令の規定との対応を精査し，法令を逸脱するような解釈規定は削除するなどした。例えば，初回工場審査における"ISO 9001 の登録審査結果の活用"は，登録認証機関の判断と責任によるべきもので，これを無条件に JIS として定めることは好ましくないことからこれを削除し，"ISO 9001 の登録審査に関連する書類"の提出を求めることができるに止めた。

c) 規定文の用語及び文章等で，混乱又は誤解を与えるおそれがある部分については，法令の用語及び文章を忠実に表現した。例えば，"書面審査"は"書類調査"に改め，"書面による工場審査だけとすることができる。"は"製品試験及び現地調査の全部又は一部を省略することができる。"などと改めた。

d) 法令では抽象的な表現になっている規定をこの規格で具体的に例示している部分は，例であることを明らかにしてこの規格に残すこととした。例えば，附属書 B の B.1，5，ロの (3) にあった品質管理責任者に必要な標準化と品質管理の知見に関する推奨規定は，省令にはない事項であるため規定とはせず，"標準化及び品質管理に関する知見"の例示として記述した。

7 2009 年の改正審議中に問題となった事項

2009 年の改正審議中において問題となった主な事項は，次のとおりである。

a) 見直し方針で指摘されている問題点を具体的に検討するため，法令と JIS との詳細な対比表によって審議を行ったが，次の 3 点が議論となった。

1) 初回工場審査の方法の中で，品質管理体制の審査において品質マネジメントシステム審査登録等の結果を活用できるとしていたが，省令にはこのような解釈又は例示として示すべき条文は全くないので，この規定は削除することとなった。これについては，登録認証機関からは各種認証制度間の融合，相互承認といった考え方からみて有用であり，従来のまま残しておいてほしいなどの反対意見があったが，法令を超えることはできないとして削除することとなった。

　　なお，省令の基準で要求されている申請者の品質管理体制が JIS Q 9001 に適合しているかどうかを調査，確認する方法については登録認証機関の裁量であるところであるので，これを妨げるものではない。このことから，6.2.2 の題名を"その他"に改め，"審査登録機関による審査登録証の写し及び審査登録報告書の写しを申請書に添付してもよい。"こととした。

2) 認証維持製品試験のサンプルの抜取りに関して，"鉱工業品等が特注品の場合には，サンプルが高価な場合などにおいて，認証維持審査を実施するとき，初回製品試験の全要素を繰り返して認証維持製品試験を実施する必要はないと判断することができる。"とあった規定は，省令でいう"一部を省略できる"の事例であったが，省令の趣旨は JIS への適合性を確認する上で問題が生じないと判断できる場合に省略できるのであって，この例は好ましくないため削除した。

3) 認証の区分の追加又は変更の規定中，"鉱工業品等の変更又は追加を申請した場合"の規定は省令上明示されていない事項であるため，どの条項に該当するかの議論及び検討があった。この項目は認証の区分で定める"複数の JIS に係る鉱工業品の群"を区分とした場合の変更又は追加を想定していると考えられ，検討の結果，省令でいう"鉱工業品若しくはその加工技術の仕様を変更し，若しくは追加し，又はその品質管理体制を変更しようとするとき"の審査（第9条の表の四の項）に該当するものとした。こうした場合，省令では"製品試験及び現地調査の全部又は一部を省略することができる。"となっているが，この規格では"工場審査及び製品試験の一部を省略できる。"としている。今回の改正でこの点を省令に合わせる（緩和する）かどうか検討したが，この条項は内容的には認証の区分の変更に当たる事項であり，従来どおりとした。

b) 表示に関して，その用語及び表示事項の整理が不十分であったため，これを整理した。特に"認証番号"の位置付け及び扱いが法令の要求と登録認証機関における運用とで若干異なっていた。つまり，認証番号については法令上では必ず表示すべき事項ではなく，認証契約で定める付記事項のうちの必ず付記しなければならない事項になっている"被認証者の氏名若しくは名称又はその略号"の略号の一つとして定義されているものであるが，登録認証機関によってはこれを必ず表示しなければならない事項と理解していたので，混乱が生じないように明確な記述とした。

c) 今回の見直しで，認証の区分の考え方が改めて議論され，次のように整理された。

1) 認証の区分は，認証の範囲を示す場合もあるが，全てがそうなることではなく認証の申請，認証書，契約書の単位などを合理的かつ効率的に処理し管理するための区分でもある。例えば，認証の区分が JIS ごととなっていて，JIS では等級・種類が規定されている場合，代表する1種類だけの製品試験を行い，その結果をもってその他の全ての種類も認証することは考え方としては成り立ち，この場合は認証の区分＝認証の範囲となるが，これは認証機関にとってそれなりの説明責任を伴う。したがって，一般的には認証の区分の中で当初申請された種類・等級についての認証を行うために必要な種類・等級ごとに製品試験及び工場審査を行った結果において限定した範囲を認証することになる。この範囲を拡大しようとする場合には，種類・等級の追加手続が必要となる。この追加が認証の区分の中である場合は，手続の簡略，審査の一部の省略等が考慮される。一般的に，認証の区分が等級又は種類となっている場合は，ほぼ認証の区分＝認証の範囲と成り得る。一方，認証の

区分が鉱工業品の群になっている場合は，ほとんどの場合，認証の区分＝認証の範囲とは成り得ない。この規格でいう認証の区分とはこのような概念を示すものである。

2) 1)のことから，通常は JIS の適用範囲に規定される鉱工業品又はその加工技術が認証の区分とすることが基本であるが，JIS で定める種類ごととするなど，その他の区分の方法が許容されている。これらは，1)に示した考え方からみて，登録認証機関及び申請者双方にとって理にかなった区分を設定するのがよい。

なお，法令上は認証の区分という用語及び概念の規定はない。

8 2009 年の規定項目の内容及び改正点

8.1 序文

a) 序文にあった**図 1** は，認証指針の構成について表したものであるが，内容を変更せず，解説に移すこととした。

8.2 適用範囲（本体の箇条 1）

a) この規格は，JIS マーク表示制度の認証を行う場合において，登録認証機関と認証の申請者及び認証取得者との間で行う認証の業務の方法，審査基準，その他認証の手続のために必要とされる要求事項について規定しているものであるが，規定の表現は **ISO/IEC Guide 28**:2004 に従って，登録認証機関に対する要求事項又は推奨事項としている。例えば，品質管理体制の審査の基準は認証の申請者及び認証取得者が遵守すべき要求事項であるが，"登録認証機関は，申請者の工場又は事業場の品質管理体制が**附属書 B** に規定する審査の基準に適合するかどうかを審査しなければならない。"と表現しているので，認証の申請者及び認証取得者がこの規格を活用する場合はこの点を念頭において理解する必要がある。

b) 今回の改正では，記述構文等を修正している。

8.3 用語及び定義（本体の箇条 3）

a) "工場審査"及び"製品試験"を追加し定義した。これらは初回に限らず認証維持審査においても共通する用語であるため，定義した。このため，"初回工場審査"及び"初回製品試験"は"工場審査"及び"製品試験"の定義の中で記述した。

b) "認証マーク"を"JIS マーク"に改めた。これは，一般用語ではなく，身近な用語の方がよいと判断したことによる。ただし，既に契約書等で"認証マーク"を使用し，定着していることも考えられるので，"認証マークともいう。"としてある。

c) "JIS マーク等"を追加し定義した。これは，本文などで，特に表示に関する規定で表示事項を総称することが必要なためであるとともに，従来契約書の例の中で使われていたが，その整理が混乱していたため，これを整理する意味でも追加したものである。つまり，省令で定める方式による特別な表示（表示事項）を総称した。

d) "ロット又はバッチ認証"を，"ロット認証"とした。これは，ここで要求していることの概念はロットのことであることを確認したことによる。ただし，分野によってはこれをバッチと呼ぶ習慣があり得るので，注意を要する。ただし，そのような分野でも"1 バッチを 1 ロットとする。"といった用い方が望ましい。

なお，従来，定義と解説が矛盾した記述となっていたので，整理した。すなわち，定義では"継続的に製造又は加工される鉱工業品等に係る認証である場合"を含むとし，解説では"現に製造又は加工された鉱工業品等に加え，継続的に製造又は加工されるものも含むが，後者の場合においては通常

の認証の手順において審査を行い，特定の個数又は量の鉱工業品に限定すればよいので，ロット又はバッチ認証として認証の方法を定義する場合は前者の場合とした。”と記してあった。結論としては，定義から“継続的に製造又は加工される鉱工業品等に係る認証である場合の総称”を削除した。

e) “鉱工業品等”について，定義が必要かどうかとの議論があり，結論としては使い勝手がよいので従来どおり残すこととした。ただし，この場合，規定する箇所によっては誤りの部分があったので，この部分は法令に従って正しく記述した。例えば，認証の条件（本体の箇条 4）にある“認証に係る鉱工業品等”は“認証に係る鉱工業品又はその加工技術”とした。以下，この規格において全てこの整理で修正した。

f) そのほか，全ての用語の定義の記述について，法令に照らして修正を行った。

8.4 対象規格（本体の 5.1）

a) この規定は，工業標準化法の第 19 条，第 20 条及び第 23 条に該当する。

b) 従来の記述からは，規定の目的，意味合いがよく理解できないとの議論があり，結論としては，当たり前の記述に修正した。あえて言えば，対象規格は JIS であり，国際規格，外国規格，団体規格などは対象ではない。

c) 従来あった製品規格の JIS の定義に該当するような記述は，一般的に JIS Z 8301（規格票の様式及び作成方法）で明らかにされているので，ここでは削除した。ただし，この規格の利用者の利便のために解説で残すこととなったので，以下に示す。

つまり，適合性の認証に適用する JIS は，鉱工業品等の品質要求事項，その品質要求事項を満足することを確認する試験方法，検査方法及び表示事項が規定されている製品規格の JIS のことである。したがって，“基本規格”及び“試験方法規格”の JIS はもちろん，試験方法，検査方法及び表示事項が明らかでない JIS は対象にならない。

8.5 認証の区分（本体の 5.2）

a) この規定は，省令には該当しない。

なお，審議中の問題点に記述したように，今回，認証の区分の考え方を改めて整理した。

b) “申請者によって定義された鉱工業品又はその加工技術（申請者の定める型式等）ごと”の規定に該当する事例は，実態としてあり得るかどうか，また，規定として必要かどうかの調査，検討を行った結果，実例としてはまだないが将来的に考えられなくもない（例えば，JIS における等級・種類の分類が用途仕様である場合に製造技術としては，材料・構造仕様の方が管理しやすく，認証審査においてもその方が合理的であることも考えられる。）ので，従来どおり残すことになった。したがって，今回の改正では，構文の修正を行っているが，要求内容の改正はしていない。

8.6 申請書（本体の 5.3）

a) この規定は，工業標準化法の第 27 条第 1 項第 1 号で定める登録認証機関の要件の一つである“国際標準化機構及び国際電気標準会議が定めた製品の認証を行う機関に関する基準”（いわゆる ISO/IEC Guide 65:1996）の 8.2 が該当する。

b) ISO/IEC Guide 28:2004 では，認証の申請書について基本的な様式モデルが規定されているが，JIS マーク表示制度では複数の登録認証機関が認証を行うことになるので申請に際し必要とされる項目だけを示し様式は規定していない。

c) 今回の改正点はない。

8.7 初回工場審査及び初回製品試験（本体の箇条 6）

今回，一般用語ではなく JIS マーク表示認証で用いる用語と整合させるため，箇条名を“初回工場審査

及び初回製品試験”に修正した。

8.8　一般（本体の **6.1**）

a) この規定は，工業標準化法第 19 条第 3 項ただし書き並びに省令第 12 条ただし書き及び同第 13 条に該当する。また，“是正によって再評価し認証を行う”規定は，**ISO/IEC Guide 65**:1996 の箇条 **11** が該当する。

b) この“是正によって再評価し認証を行う規定”の記述は，表現が **ISO/IEC Guide 65**:1996 との関係で適切でないため，構文等を改めた。また，第 4 段落の規定（品質管理責任者に対し，登録認証機関との連絡・調整に当たらせるのがよい。）は，法令にない事項であり，あえてこの指針で明記すべき推奨事項でもないので削除した。

c) 今回の改正で，認証を決定するに当たって調査すべき生産実績の期間を明記した。これは，従来から運用されてきた期間（少なくとも 6 か月）を明記したものであるが，JIS マーク制度の信頼性の確保の観点から，改めて明確にしたものである。ただし，認証を取り消された者が再度申請する場合は，これによらず 1 年以上とした。

d) 最終段落の部分をロット認証の用語及び定義の変更に合わせて修正するとともに，本文にある“現地審査”は省令に合わせ“現地調査”に改めた。この用語については，以下，同様に改めている。

8.9　初回工場審査（本体の **6.2**）

a) この規定は，省令第 12 条で定める審査の方法を規定している。また，申請者に求める情報の規定については，**ISO/IEC Guide 65**:1996 の **8.2** が該当する。

b) 今回の改正では，審議中の問題点で記述したように，本体の **6.2.2** で従来“品質マネジメントシステム審査登録等の結果の活用”を規定していたが，これを削除し，題名を“その他”とし，規定も“審査登録証の写し及び審査登録報告書の写しを申請書に添付してもよい。”に止めた。

c) 本体の **6.2.2** で規定していた工業標準化法に基づき認定されていた事業者が申請した場合の初回工場審査の一部を省略できる改正前の規定は，経過措置期間を終了したことにより，全て削除した。

8.10　初回製品試験（本体の **6.3**）

a) 製品試験は，新 JIS マーク表示制度が製品認証制度となったことに伴い，認証を行うために新たに要求される審査項目である。登録認証機関の責任において製品試験は実施されるものであり，したがって，**ISO/IEC Guide 28**:2004 を基礎として，試験用鉱工業品（サンプル）の抜取りの方法及びその個数又は量の決定並びにサンプルの抜取りの実施の全てについて登録認証機関の役割としている。

b) 初回製品試験では，該当する **JIS** に規定されている全ての製品試験を行うことを要求している。

c) 製品試験におけるサンプルの個数又は量は，**JIS** への適合性を評価することができる鉱工業品等の範囲がどの程度であるか，すなわち，**JIS** に定める種類ごとにサンプルを抜き取る必要があるか，幾つかの種類をまとめて最も厳しい条件の種類によって他の種類を代表する試験とすることができるかなどを登録認証機関は考慮して適切なサンプルの抜取り個数又は量を設定することが求められる。

d) 製品試験の実施方法については，PAC ガイドラインに基づいて選択肢を設け，登録認証機関が認証する鉱工業品等の特性によって適切に選択できるようにした。

8.11　サンプルの抜取り（本体の **6.3.1**）

a) この規定は，省令第 11 条に該当する。

b) この項の記述は，省令の条文と言い回しの違いや誤りがあったので，省令に合わせて修正した。特に最終段落の中で，“初回製品試験を初回工場審査の前に実施できる。”は誤りであるので，修正した。正しくは，“サンプルの抜取りを初回工場審査の現地調査の前に実施することができる。”である。こ

のほか，このサンプルの扱いについての記述も省令になく，また難解な表現があったため，これらを削除して省令どおりのシンプルな規定にした。

c) 第 2 段落にあった“**JIS**，社内規格などに規定する原材料を使用して，**JIS**，社内規格などに規定する製造又は加工設備，及び製造又は加工方法によって，製造又は加工されたものでなければならない。”も省令にないので削除した。

8.12　初回製品試験の実施（本体の 6.3.2）

a) この規定は，省令第 11 条第 3 項で規定する“国際標準化機構及び国際電気標準会議が定めた試験所に関する基準のうち該当するものに適合する方法”を国内の実態に照らして具体的事例を規定したものである。

b) 今回，規定の中の，幾つかの用語等について修正し，分かりやすくした。例えば，“実施した結果の妥当性を確認”は“実施した試験データの活用”に，“実証しなければならない。”は，“確認しなければならない。”に改めた。

8.13　評価（本体の箇条 7）

a) この規定は，省令第 13 条に該当する。

b) 今回の改正点はない。

8.14　認証の決定（本体の箇条 8）

a) この規定は，省令第 19 条第 2 項に該当する。

b) 今回の改正点はない。

8.15　認証契約（本体の箇条 9，9.1，9.2 及び 9.3）

a) この規定は，省令第 14 条及び第 18 条第 1 項に該当する。

b) 新 JIS マーク表示制度では，登録認証機関と認証取得者との間で認証契約を締結しなければならない。認証上の双方の権利，義務については当該認証契約によって履行されることになる。認証契約の内容は，省令第 18 条第 1 項に掲げられている事項である。

c) 附属書 C に認証契約書の参考例を示したが，書式についてはこれにこだわる必要はない。

d) 今回の改正では，内容の改正点はない。ただし，他の事項の改正に伴い用語等を変更した。例えば“**13.1**の表示及び付記事項並びにそれらの表示事項”を“箇条 **13** の事項”に，“現に製造された特定の個数又は量の鉱工業品等に係るロット又はバッチ認証の場合”を“ロット認証の場合”に変更した。

8.16　認証書の交付（本体の箇条 10）

a) この規定は，省令第 18 条第 2 項に該当する。

b) 今回の改正点はない。

8.17　認証の追加又は変更（本体の箇条 11，11.1，11.2，11.3 及び 11.4）

　今回各事項の規定内容を検討した結果，項目立てが内容と一致していない部分があった（例えば，従来，“認証の区分の変更”の中で“工場又は事業場の追加又は変更”を位置付けていたが，これは認証の区分に該当しないので独立させた。このため，その他の項目も独立項目とし，箇条 11 の題名も“認証の区分の追加又は変更”から“認証の追加又は変更”に改めた。

8.18　認証の区分の追加（本体の 11.1）

　この規定は，省令第 9 条第 1 項表第一号で定める“製造業者等から認証を行うことを求められたとき”に該当するものとして規定している。したがって，新規申請と同じくこの規格の箇条 **6**〜箇条 **8** の手順を適用している。

8.19 工場又は事業場の変更又は追加（本体の **11.2**）

a) この規定は，省令第 9 条第 1 項表第二号に該当する。したがって，この規格の箇条 6〜箇条 8 の手順を適用している。

b) 従来，この規定は 11.2.1 として認証の区分の変更の箇条中で規定し，かつ箇条の題名も"認証の区分に定められた工場又は事業場を変更又は追加する場合"としていたが，矛盾があるため独立細分箇条（**11.2**）にし，かつ題名も"工場又は事業場の変更又は追加"に修正した。したがって，本文の"既存の認証の区分の中で"を削除した。

c) 内容の改正は行っていない。

8.20 種類又は等級の変更又は追加（本体の **11.3**）

a) この規定は，省令第 9 条第 1 項表第三号に該当する。したがって，"工場審査及び製品試験の一部を省略することができるとしている。"旨の一部を削除し，"この場合，当該種類又は等級に関するものに限って，**6.2** の工場審査及び **6.3** の製品試験の全部又は一部を実施する。"に改めた。

b) この規定も，他の細分箇条と並列（**11.3**）とし，箇条の題名も"認証の区分に定められた種類又は等級を変更又は追加する場合"を"種類又は等級の変更又は追加"に修正した。

c) さらに，"認証書を交付し"の記述は"新たな認証書を交付する"と重複するため，削除した。

8.21 鉱工業品又はその加工技術の変更又は追加（本体の **11.4**）

a) この規定については，審議中の問題点でも記述したとおり，省令のどの条項に該当するか議論があったが，省令第 9 条第 1 項表第四号に該当するものとした。ただし，"製品試験及び現地調査の全部又は一部を省略することができる。"となっている規定を，この規格では"**6.2** の工場審査及び **6.3** の製品試験の一部を省略することができる。"として従来どおりとした。

b) この規定についても，他の細分箇条と並列（**11.4**）とし，箇条の題名も"認証の区分に定められた鉱工業品等を変更又は追加する場合"を"鉱工業品又はその加工技術の変更又は追加"に修正した。

c) さらに，"認証書を交付し"の記述は"新たな認証書を交付する"と重複するため，削除した。

8.22 定期的な認証維持審査（本体の **12.1**）

a) この規定は，省令第 10 条に該当する。

b) 本文のうち"**12.2** に規定する臨時の認証維持審査の有無にかかわらず認証契約を締結した日から起算して"を削除した。これは，省令にない記述であり，事例としても誤解を招くおそれがあり適切ではないところから削除したものである。

8.23 認証維持工場審査（本体の **12.1.1**）

a) 本文の中で，"**6.2.1**"を引用していたが，"**6.2**"を引用するように改めた。また，"認証取得者の品質管理体制の審査における項目のうち，"は"工場審査"に改めた。

b) 第 2 段落で規定していた他の適合性評価結果の活用については，初回工場審査の規定と同じく削除した。

8.24 認証維持製品試験（本体の **12.1.2**）

審議中の問題点で記述したように，第 2 段落にあった初回製品試験の一部を省略できる判断事例は適切ではないので削除した。

8.25 臨時の認証維持審査（本体の **12.2**）

a) この規定は，省令第 9 条の表で定める審査の実施時期及び頻度の該当する各項のうち，四の項から七の項に対応して実施すべき審査の方法を規定している。

b) 今回の改正では，内容の改正は行っていないが，審査の省略規定を省令どおりに追記又は修正した。

1) 仕様を変更，若しくは追加し，又はその品質管理体制を変更しようとするときの規定では，“書面による工場審査だけとすることができる。”を，“製品試験及び現地調査の全部又は一部を省略することができる。”に改めた。

2) その他の場合の規定では，“12.1.1 に規定する工場審査及び 12.1.2 に規定する製品試験を行う。”を“12.1.1 に規定する工場審査及び 12.1.2 に規定する製品試験の全部又は一部を行う。”に改めた。

8.26 JIS マーク等及び付記事項の表示 （本体の箇条 13，13.1，13.2 及び 13.3）

a) この規定は，工業標準化法第 19 条及び同第 20 条並びに省令第 1 条及び同第 18 条に該当するもので，審議中の問題点で記述したように整理を行い，用語の追加，修正及び定義の修正をした。

b) このため，各項で関連する次の箇所を修正した。

1) 箇条 13 の題名を“JIS マーク等及び付記事項の表示”に改めた。

2) 13.1 の題名を“JIS マーク等の表示”に改めた。

3) 13.1 の a)で，なお書きの“形状”を“鉱工業品の形状（加工技術は除く。）”に改めた。

4) 13.1 の c)で，“登録認証機関の名称又は略号”を“登録認証機関の氏名若しくは名称又はそれらの略称若しくは登録商標”に改め，更に，なお書きとして“略称については，略称の使用について主務大臣等の承認を受けた場合，また，登録商標については主務大臣等にこれを届け出た場合に用いることができる。”を追加した。

5) 13.2 の本文に，“13.1 の表示に付記する事項として，”を追記するとともに，ただし書きの部分“b)にあっては，13.1 の表示に付記することとしなければならない。”を“b)にあっては，必ず付記する事項としなければならない。”に改めた。

6) 13.2 で，“c) 製造の時期又は略号”及び“d) 製造業者の名称又は略号”は，a)の適合する JIS で定める事項に含まれるため削除した。

7) 13.2 で，“e) 工場又は事業場の名称又は略号（工場又は事業場が複数の場合はその識別表示）”を“c) 工場又は事業場が複数の場合はその識別表示”に改めた。

8) 13.2 で，“f) ロット又はバッチの場合にあっては，その識別番号又は記号”を“d) ロット認証の場合にあっては，その識別番号又は記号”に改めた。

9) 13.3 の本文で，“13.1 の表示を行う場合”を“13.1 及び 13.2 の表示を行う場合”に改めた。

10) 13.3 の a)で，“13.1 の表示は，”，“認証に係る”及び“認証を行っている鉱工業品等の購入者が容易に識別できる適切な箇所に”を削除した。

11) 13.3 の b)で，“13.1 の表示は”を削除した。

8.27 認証に係る秘密の保持 （本体の箇条 14）

a) この規定は，省令第 20 条に該当する。

b) 今回の改正点はない。

8.28 JIS マーク等の誤用等の場合の措置 （本体の 15.1）

a) この規定は，省令第 15 条第 1 項に該当する。

b) 内容の改正は行っていない。

8.29 認証を行っている鉱工業品等が JIS に適合しない場合の措置 （本体の 15.2）

a) この規定は，省令第 15 条第 2 項に該当する。

b) 内容の改正は行っていない。

8.30 JIS マーク等の使用の停止に係る措置 （本体の 15.3）

a) この規定は，省令第 15 条第 3 項，第 4 項，第 5 項及び第 7 項に該当する。

b) 内容の改正は行っていない。

8.31 認証取得者が認証維持審査を拒否した場合等の措置（本体の 15.4）

a) この規定は，省令第 16 条第 1 項に該当する。

b) 今回の改正点はない。

8.32 認証の取消しの手続（本体の 16.2）

a) この規定は，省令第 14 条第 1 項の表の二項，第 14 条第 2 項及び第 19 条第 3 項に該当する。

b) 内容の改正は行っていない。

8.33 認証の取消しに伴う措置（本体の 16.3）

a) この規定は，省令第 15 条第 6 項に該当する。

b) 今回の改正点はない。

8.34 JIS が改正された場合の措置（本体の箇条 17）

a) この規定は，省令第 9 条の表の五の項及び同第 19 条第 1 項第 7 号に該当する。

b) JIS は，官報に公示された日をもって，従来の JIS から改正された JIS に切り替えられることになり，JIS が改正された場合で，認証維持審査が行われる場合は，JIS の改正後 1 年以内に行われるので，認証取得者は常に JIS の改正動向を把握することに努め，早い段階から改正された JIS に照らして社内規格の見直し・改正，品質管理体制の見直しを準備しておくのがよい。

c) 今回の改正では，最終段落の記述（登録認証機関が JIS の改正に伴い講じる措置に際して考慮する事項）はその意味が不明瞭であるため削除した。

8.35 分野別認証指針の様式（附属書 A）

a) この附属書は，分野別認証指針を作成する場合の様式を定めたものである。

b) 注意すべき点は，分野別認証指針はその必要性，つまり一般認証指針に対し特例とする規定を定める必要がある場合に制定することができるとしていること。また，工業標準化法に基づく主務省令における認証の業務の方法，品質管理体制の審査の基準及び表示に係る基準において告示で定めることができる事項については，この分野別認証指針を告示で引用するため，この附属書の様式中で"一般認証指針によると記載する。"と記述している事項は，分野別認証指針で特例を設けることができないので注意が必要である。

c) 今回の改正では，本体の箇条名の変更に伴う修正，及び従来全ての細目箇条で"一般認証指針によると記載する。"となっていたとしてもこれを各細目箇条ごとに記述していたが，箇条で一括記述する様式に変更した。

8.36 品質管理体制の審査の基準（附属書 B）

a) この附属書は，省令第 2 条の条文をそのまま記載しており，工場審査における基準として本体で引用している。

b) 今回の改正では，省令にない記述（品質管理責任者の標準化及び品質管理に関する知見の推奨規定）を注書きにし，例として示した。また，この例については JIS 登録認証機関協議会が定めた講習会基準にそった内容に改めた。

9 2015 年の追補改正の経緯

9.1 JIS マーク誤表示防止に関する改正の経緯

平成 25 年 8 月に，ある JIS 認証取得者が，製造している認証外製品に JIS マークを誤って表示するという事案が発生した。

今回の事案の発生を踏まえ，経済産業省は，再発防止を徹底させるため，平成 25 年 10 月に **JIS 登録認証機関協議会**に対して，審査における JIS マーク誤表示を見逃さないための具体策を検討するよう要請した。これに対応し，**JIS 登録認証機関協議会**は審査項目に追加する具体策を検討し，平成 26 年 1 月 30 日に，JIS マーク誤表示防止に関する申合せを行った結果を文書化した。各登録認証機関はこの申合せ事項に基づき審査マニュアル等登録認証機関の規定類に反映し審査員等に周知した。

9.2 一時停止の場合の公表している情報の修正に関する改正の経緯

JIS マーク制度における登録認証機関の登録基準となっている **ISO/IEC Guide 65**:1996 が，2012 年の **ISO/IEC 17065** の発行により置き換えられた。これに伴い同年 12 月 20 日に，国際一致規格として **JIS Q 17065**（適合性評価－製品，プロセス及びサービスの認証を行う機関に対する要求事項）が発行された。登録認証機関は認証を行う場合，認証取得者と認証契約を締結し所定の事項を公表することになっている（省令第 14 条）。**JIS Q 17065** では，登録認証機関が認証取得者に対して一時停止等を行った場合，公表している情報の修正を求めており，これはこれまでの **ISO/IEC Guide 65** にはない考え方であった。

2015 年の追補改正は，上記の **9.1** 及び **9.2** の内容を踏まえ，前回の改正と同様に国が主体となって改正作業を進め，**JIS 登録認証機関協議会**と調整を図ったうえで改正原案を作成し，日本工業標準調査会標準第一部会適合性評価・管理システム規格専門委員会の審議（平成 27 年 7 月 10 日議決）を経て改正した。

10 2015 年の追補改正の趣旨

上記 **9.1** のとおり，各登録認証機関は，JIS マーク誤表示防止に関する申合せに従い，具体的な審査項目を既に登録認証機関の規定類に反映し対応しているところであるが，この規格では，認証取得者，**JIS** 製品の購入者などに広く周知することを目的に，認証取得者が JIS マーク等の表示の使用を適切に管理していることを確認するための方法として例示した。具体的には，本体の **13.1**（JIS マーク等の表示）の "登録認証機関は，JIS マーク等の表示の使用が，認証契約に基づいて，認証取得者によって適切に実施されることを管理しなければならない。" の注として記載した。

また，上記 **9.2** のとおり，登録認証機関が認証取得者に対して一時停止等を行った場合，**JIS Q 17065** の **7.11.3** では公表している情報の修正を求めている。この規定は，一時停止の期間，当該認証取得者が該当する製品に JIS マーク等の表示を誤って表示しないことを確実にするために，インターネットで公表している情報を修正するよう登録認証機関に求めたものである。この考え方を JIS マーク制度の中で明確にするために，本体の **15.3** に具体的に規定した。

なお，一時停止を解除した場合，登録認証機関は，**JIS Q 17065** の **7.11.5** の考え方に基づいてインターネットで公表している一時停止に関する情報を再修正することとなる。

11 法令改正による主な条項の対比

法令改正による主な条項の対比を，**解説表 1** 及び**解説表 2** に示す。

解説表 1－工業標準化法と産業標準化法との対照表（抜粋）

工業標準化法	産業標準化法	参考
第 19 条第 1 項～第 3 項	第 30 条第 1 項～第 3 項	鉱工業品の表示
第 19 条第 4 項 第 20 条第 3 項	第 34 条	JIS マークの表示の禁止
第 20 条第 1 項，第 2 項	第 31 条第 1 項，第 2 項	加工技術の表示
第 21 条第 1 項，第 2 項	第 35 条第 1 項，第 2 項	報告徴収及び立入検査
第 21 条第 3 項	第 35 条第 5 項において準用する 第 29 条第 2 項	立入検査員の身分証票
第 21 条第 4 項	第 35 条第 5 項において準用する 第 29 条第 3 項	立入検査権限の解釈
第 22 条第 1 項，第 2 項	第 36 条第 1 項，第 2 項	表示の除去命令等
第 23 条第 1 項～第 3 項	第 37 条第 1 項～第 3 項	外国製造業者等の表示
第 23 条第 4 項	第 37 条第 7 項	外国製造業者等の準用規定
第 24 条第 1 項，第 2 項	第 38 条第 1 項，第 2 項	JIS マーク品の輸入
第 27 条	第 41 条	登録の基準

解説表 2－省令と鉱工業品等認証省令との対照表（抜粋）

省令	鉱工業品等認証省令	参考
－	第 7 条第 1 号，第 2 号（新設）	登録の更新の申請
－	第 9 条の表の七の項（新設）	認証に係る審査の実施時期及び頻度
第 9 条の表の七の項	第 9 条の表の八の項	
第 10 条第 2 項	（ただし書きの追加）	
－	第 14 条の表の二の項（新設）	認証に係る公表の基準
第 14 条の表の二の項	第 14 条の表の三の項	
第 14 条の表の二の項の第 2 欄の第 2 号	（削除）	
第 14 条の表の二の項の第 2 欄の第 3 号，4 号	第 14 条の表の二の項の第 2 欄の第 2 号，3 号	
第 14 条の表の三の項	第 14 条の表の四の項	
第 14 条の表の三の項の第 2 欄の第 2 号	（削除）	
－	第 21 条第 1 項第 6 号（新設）	公示の基準
第 21 条第 1 項第 6 号	第 21 条第 1 項第 7 号	

（文責　一般財団法人日本規格協会 JIS 認証制度支援室）

適合性評価—日本産業規格への適合性の認証—
分野別認証指針（鉄鋼製品第 1 部）

Conformity assessment—Conformity assessment for
Japanese Industrial Standards—Guidance on a third-party
certification system for steel products

JIS（2009）改正
JIS（2005）制定

1 適用範囲

この規格は，鉄鋼製品分野に係る日本産業規格（以下，**JIS** という。）に固有な認証手続，製品の品質管理体制などに関する要求事項について規定する。この規格の構成は，**JIS Q 1001** で規定する一般認証指針（以下，一般認証指針という。）の構成と同じとし，これらの項目のうち，当該鉱工業品の特性に基づき，一般認証指針に定める要求事項に対し，特例とする事項を規定する。

この規格の，対象となる鉄鋼製品分野に係る **JIS** は，**表 1** の **JIS** である。

なお，この規格は，**JIS Q 1001** と併読して用いる。

2 引用規格

次に掲げる引用規格は，この規格に引用されることによって，その一部又は全部がこの規格の要求事項を構成している。これらの引用規格は，その最新版（追補を含む。）を適用する。

JIS G 0415 鋼及び鋼製品—検査文書

JIS Q 1001 適合性評価—日本産業規格への適合性の認証—一般認証指針（鉱工業品及びその加工技術）

JIS Q 17025 試験所及び校正機関の能力に関する一般要求事項

3 用語及び定義

一般認証指針による。

4 認証の条件

一般認証指針による。

5 認証の申請

5.1 対象規格

対象となる鉱工業品は，**表1**に規定する鉄鋼製品とし，対象規格は，**表1**に規定する**JIS**とする。

5.2 認証の区分

認証の区分は，**表1**による。

なお，申請者は，認証の区分ごとに，**表1**及び**表2**に基づき，認証の範囲（鉄鋼製品の区分，**JIS**の番号，鋼材の種類，鉄鋼製品の形状等）を特定する。

5.3 申請書

登録認証機関は，申請者に対し，次の**a)**の事項を含む申請書とともに，**b)**による資料を提出するよう求める。

a) **表1**及び**表2**に基づき，認証の区分ごとの，鉄鋼製品の区分，**JIS**の番号，鋼材の種類，鉄鋼製品の形状等の事項。

b) 登録認証機関が品質管理体制の状況を判断するために必要な次の資料。

   1) ロット認証でない場合

     — 認証の区分の中において，申請する鋼材の種類ごとの生産量のデータ

     — 登録認証機関が鉄鋼製品の形状等の区分ごとに，生産量のデータを考慮して選定した代表的な鋼材の一つ以上の種類についての十分な検査記録

   2) ロット認証の場合

     — 現に製造される特定の数又は量，製品番号などの識別番号，寸法及び数量

6 初回工場審査及び初回製品試験

6.1 一般

一般認証指針による。

6.2 初回工場審査

6.2.1 初回工場審査の方法

申請者は，登録認証機関に，**附属書A**に基づき，製品の管理，原材料の管理，製造工程の管理及び設備の管理を説明する文書を提出する。登録認証機関は，申請者から提出された**附属書A**の品質管理体制に基づいて製造及び試験・検査が適正に行われていることを確認しなければならない。

登録認証機関は，工場又は事業場が，少なくとも**表1**の重要設備又は準重要設備を保有して，製造又は試験を実施していることを審査しなければならない。工場又は事業場が，**表1**の準重要設備だけを保有して製造又は試験を実施している場合は，登録認証機関は，当該工場又は事業場が重要設備を保有して製造又は試験を実施している外注工場に対して**附属書A**に基づく品質管理体制で製造又は試験を実施させていることを審査しなければならない。

現に製造された鉄鋼製品のロット認証を申請する場合には，申請者は，**附属書A**に基づき製品の管理，

原材料の管理，製造工程の管理及び設備の管理を説明する文書並びに当該鉄鋼製品の検査証明書［**JIS G 0415** の **5.1**（検査証明書 3.1）による検査証明書 3.1 又は **5.2**（検査証明書 3.2）による検査証明書 3.2］を登録認証機関に提出しなければならない。

6.2.2　その他

一般認証指針による。

6.3　初回製品試験

6.3.1　サンプルの抜取り

表 1 の一つの鉄鋼製品の区分に複数の **JIS** が含まれる場合には，登録認証機関は，**表 1** の鉄鋼製品の区分ごとに，かつ，**表 2** の鉄鋼製品の形状等の区分ごとに，その区分を代表する一つの **JIS** の番号において規定する鋼材の種類の中から，製品試験に必要な個数又は量のサンプルを抜き取る。ただし，登録認証機関は，必要と判断する場合には，当該抜き取ったサンプル以外に，鉄鋼製品の同一区分に含まれるその他の **JIS** から，必要な個数又は量の他のサンプルを抜き取ることができる。

表 1 の一つの鉄鋼製品の区分に含まれる **JIS** が一つの場合には，登録認証機関は，その **JIS** において規定する鋼材の種類の中から，製品試験に必要な個数又は量のサンプルを抜き取る。

6.3.2　初回製品試験の実施

初回製品試験の実施については，一般認証指針による。ただし，工程検査が製品検査として製造工程に組み込まれている溶鋼分析，水圧試験及び非破壊試験は，次のいずれかによってもよい。

a) 登録認証機関が立ち会い，申請者の検査設備を用いて，申請者の試験員が実施する場合

機械試験用にサンプリングした製品サンプルと同一の **JIS** 番号の製品，又は登録認証機関が適切と判断した場合には，鉄鋼製品の同一区分に含まれるその他の **JIS** の製品の中から別途無作為に抽出した製品（溶鋼分析の場合は分析用サンプル）によって試験を行ってもよい。

b) 申請者の検査設備を用いて，申請者の試験員が実施し，次の全てについて，その結果の妥当性を登録認証機関が確認する場合

－ 登録認証機関は，当該鉱工業品の製造方法，試験方法，試験設備及び試験記録について現認を行うとともに，これらが社内規格に規定されていることを確認する。

－ **JIS Q 17025** の **6.3**（施設及び環境条件）に基づき，申請者は，全ての測定の要求品質に対して環境条件が結果を無効にしたり悪影響を及ぼしたりしないことを確実にする。また，申請者は，試験の結果に影響する施設及び環境条件に関する技術的要求事項を文書化する。

－ 登録認証機関は，**JIS Q 17025** の **7.2.2.1** に基づき，試験結果データに対する製品試験方法の妥当性確認を行う。

－ **JIS Q 17025** の **7.2.2.3** に基づき，試験によって得られる値の範囲及び正確さは意図する用途に対する評価において認証を受けようとする **JIS** 等に適合することが要求される。

－ **JIS Q 17025** の **7.8.1**（一般）に基づき，申請者は，実施した個々の試験の結果又は一連の試験結果を，正確に，明瞭に，曖昧でなく，客観的に，及び試験方法に特定の指示があればそれに従って報告する。

6.3.3　登録認証機関以外の試験所等の活用

一般認証指針による。

7 評価

一般認証指針による。

8 認証の決定

一般認証指針による。

9 認証契約

一般認証指針による。

10 認証書の交付

一般認証指針による。

11 認証の追加又は変更

一般認証指針による。

12 認証維持審査

12.1 定期的な認証維持審査

一般認証指針による。

12.1.1 認証維持工場審査

登録認証機関は，**6.2** の初回工場審査に基づき，認証維持工場審査を行う。ただし，登録認証機関がその必要がないと認めた場合には，初回工場審査における項目のうち，一部を省略することができる。

12.1.2 認証維持製品試験

登録認証機関は，**6.3** の初回製品試験に基づき，認証維持製品試験を行うものとする。ただし，登録認証機関がその必要がないと認めた場合には，初回製品試験における項目のうち，一部を省略することができる。

12.2 臨時の認証維持審査

一般認証指針による。

13 JIS マーク等及び付記事項の表示

13.1 JIS マーク等の表示

一般認証指針による。

13.2 付記事項の表示

一般認証指針による。

13.3 表示の方法

一般認証指針による。

なお，受渡当事者間の協定によって，製品表面に製品品質に影響のない塗油，塗装又は包装などを行う場合には，その表面に表示を行ってもよい。ただし，それぞれの **JIS** に規定のある場合は，その規定に従う。

14 認証に係る秘密の保持

一般認証指針による。

15 違法な表示等に係る措置

一般認証指針による。

16 認証の取消し

一般認証指針による。

17 JIS が改正された場合などの措置

一般認証指針による。

表1－認証の区分，認証の範囲，及び工場又は事業場の重要設備・準重要設備

認証の区分	認証の範囲			工場又は事業場の重要設備・準重要設備	
	鉄鋼製品の区分	JIS の番号	鋼材の種類	重要設備	準重要設備
1 構造用圧延鋼材	1 一般材	JIS A 5526 JIS G 3101	左記の JIS で規定する種類	熱間圧延設備又は鍛造設備	1 溶解・鋳込み設備及び 2 熱処理設備又は精整設備
	2 溶接構造用	JIS G 3103 JIS G 3106 JIS G 3114 JIS G 3125 JIS G 3136 JIS G 3138 JIS G 3140			
	3 機械構造用炭素鋼	JIS G 4051			
	4 機械構造用合金鋼	JIS G 4052 JIS G 4053			
	5 鋼矢板	JIS A 5523 JIS A 5528			
	6 軽量形鋼	JIS G 3350		成形工程設備	なし
2 一般加工用薄板	1 熱間圧延軟鋼板及び鋼帯	JIS G 3113 JIS G 3131 JIS G 3132		熱間圧延設備	1 溶解・鋳込み設備及び 2 熱処理設備又は精整設備
	2 冷間圧延鋼板及び鋼帯	JIS G 3141		冷間圧延設備	1 熱間圧延設備及び 2 焼なまし設備
	3 亜鉛鉄板	JIS G 3302 JIS G 3314 JIS G 3317 JIS G 3321 JIS G 3323		めっき工程設備	なし
	4 着色亜鉛鉄板	JIS G 3312 JIS G 3318 JIS G 3322		塗装及び焼付け工程設備	なし
	5 みがき特殊帯鋼	JIS G 3311		冷間圧延設備	1 熱間圧延設備及び 2 焼なまし設備又は精整設備

表1－認証の区分，認証の範囲，及び工場又は事業場の重要設備・準重要設備（続き）

認証の区分	認証の範囲			工場又は事業場の重要設備・準重要設備	
	鉄鋼製品の区分	JISの番号	鋼材の種類	重要設備	準重要設備
3 鋼管	1 基礎用鋼管	JIS A 5525 JIS A 5530	左記の JIS の規定する種類	成形・溶接設備又は造管・定径設備	なし
	2 配管用鋼管（白管）	JIS G 3452（白管） JIS G 3454（白管）		継目無管の場合： せん孔及び圧延設備，押出プレス，せん孔設備，押抜き又は鍛造設備	継目無管の場合： 1 溶解・鋳込み設備及び 2 熱処理設備又は精整設備
	3 配管用鋼管	JIS G 3452（黒管） JIS G 3454（黒管） JIS G 3455 JIS G 3456 JIS G 3457 JIS G 3458 JIS G 3460		溶接管の場合： 成形・溶接設備又は造管・定径設備	溶接管の場合：なし
	4 熱交換器用鋼管	JIS G 3461 JIS G 3462 JIS G 3464			
	5 構造用炭素鋼鋼管	JIS G 3441 JIS G 3444 JIS G 3445 JIS G 3466 JIS G 3474 JIS G 3475 JIS G 3478 JIS G 3479			
	6 ステンレス鋼鋼管	JIS G 3446 JIS G 3448 JIS G 3459 JIS G 3463			
4 線材・棒鋼	1 線材	JIS G 3505 JIS G 3506		熱間圧延設備	1 溶解・鋳込み設備及び 2 精整設備
	2 ピアノ線材・橋りょう（梁）用線材	JIS G 3502 JIS G 3504			
	3 鉄筋	JIS G 3112			
	4 快削鋼	JIS G 4804		熱間圧延設備又は鍛造設備	1 溶解・鋳込み設備及び 2 精整設備
	5 みがき棒鋼	JIS G 3123		冷間引抜設備	なし
	6 鉄筋コンクリート用再生棒鋼	JIS G 3117		熱間圧延設備	なし
5 特殊鋼	1 ばね鋼	JIS G 4801		熱間圧延設備又は鍛造設備	1 溶解・鋳込み設備及び 2 熱処理設備又は精整設備

表 2 － 鉄鋼製品の形状等の区分

鉄鋼製品の形状等の区分
a) 厚鋼板
b) 熱延鋼板及び鋼帯
c) 冷延鋼板及び鋼帯
d) 形鋼，鋼矢板
e) 平鋼
f) 線材・棒鋼
g) 継目無鋼管
h) 電気抵抗溶接鋼管
i) 鍛接鋼管
j) アーク溶接鋼管
k) 冷間仕上鋼管
l) レーザ溶接鋼管

附属書 A
（規定）
初回工場審査において確認する品質管理体制

次に掲げる品質管理体制について，社内規格で具体的に規定し，その内容は次に掲げる事項を満足し，かつ，これに基づいて適切に実施する。初回工場審査において確認する品質管理体制の各認証区分別の例を，**附属書 B** に示す。

A.1　製品の管理

製品の管理で規定すべき事項は，次のとおりとする。

a)　該当する **JIS** で規定する品質特性

b)　品質特性を確保するために必要な製品検査方法

c)　製品を適切な状態で保管するための製品保管方法

A.2　原材料の管理

原材料の管理で規定すべき事項は，次のとおりとする。

a)　管理すべき原材料名

b)　原材料の要求品質特性

c)　原材料の受入検査方法

d)　原材料の保管方法

A.3　製造工程の管理

製造工程の管理で規定すべき事項は，次のとおりとする。

a)　管理すべき製造工程

b)　製造工程の管理項目及びその品質特性

c)　品質特性の管理方法及び検査方法

A.4　設備の管理

設備の管理で規定すべき事項は，次のとおりとする。

a)　管理すべき製造設備及び検査設備

b)　各設備の管理方法（点検箇所，点検項目，点検周期，点検方法，判定基準，点検後の処理，設備台帳など）。

A.5 苦情処理

次の事項について，社内規格で具体的に規定し，かつ，適切に実施する。

なお，**JIS Q 10002** を参考にするとよい。

a) 苦情処理に関する系統及びその系統を構成する各部門の職務分担

b) 苦情処理の方法

c) 苦情原因の解析及び再発防止のための措置方法

d) 記録票の様式及びその保管方法

附属書 B
(参考)
初回工場審査において確認する品質管理体制の例

この附属書は，**附属書 A** に規定する初回工場審査において確認する品質管理体制（特に，製品の管理，原材料の管理，製造工程の管理及び設備の管理）の各認証区分別の例である。規定の一部ではない。

B.1 製品の管理

製品の品質，検査及び保管に関する事項を，**表 B.1～表 B.5** に示す。各項目の適用については，それぞれの製品規格の規定による。

注記 表に記載する○印は，主な対応関係を示すものである。

表 B.1－構造用圧延鋼材の製品の管理

製品の品質に関する事項	鉄鋼製品の区分						製品検査方法	製品保管方法
	一般材	溶接構造用	機械構造用炭素鋼	機械構造用合金鋼	鋼矢板	軽量形鋼		
1 種類及び記号	○	○	○	○	○	○	左記の品質を確保するために必要な検査の方法を具体的に規定する。 なお，化学成分，炭素当量又は溶接割れ感受性組成，機械的性質，鋼質の試験及び超音波探傷試験は，外部に依頼してもよい。	製品を適切な状態で保管するための製品保管方法について具体的に規定する。 また，製品保管場所では，種類及び良品・不良品が識別されていなければならない。
2 化学成分	○	○	○	○	○	○		
3 炭素当量又は溶接割れ感受性組成		○			○			
4 機械的性質	○	○			○	○		
5 超音波探傷試験		○						
6 鋼質				○				
7 形状，寸法，質量及びその許容差	○	○	○	○	○	○		
8 外観	○	○	○	○	○	○		
9 熱処理		○						
10 表示	○	○	○	○	○	○		
11 報告	○	○	○	○	○	○		
12 附属書（規定）構造用鋼材		○						
13 熱加工制御を行った鋼板の炭素当量		○						
14 熱加工制御を行った鋼板の溶接割れ感受性組成		○						
製品検査は，最終検査又は工程検査（中間検査）のいずれで実施してもよい。								

表 B.2－一般加工用薄板の製品の管理

製品の品質に関する事項	鉄鋼製品の区分					製品検査方法	製品保管方法
	熱間圧延軟鋼板及び鋼帯	冷間圧延鋼板及び鋼帯	亜鉛鉄板	着色亜鉛鉄板	みがき特殊帯鋼		
1 種類及び記号	○	○	○	○	○	左記の品質を確保するために必要な検査方法を具体的に規定する。 　めっきの表面仕上げの判定については，限度見本等により具体的に規定する。 　なお，化学成分，めっきの付着量，塗膜の耐久性，塗膜の物理的性質，機械的性質及び鋼質の試験は，外部に依頼してもよい。	製品を適切な状態で保管するための製品保管方法について具体的に規定する。 　また，製品保管場所では，種類及び良品・不良品が識別されていなければならない。
2 化学成分	○	○					
3 めっきの種類			○				
4 めっきの表面仕上げ			○				
5 めっきの付着量			○				
6 化成処理			○				
7 表面保護処理				○			
8 塗膜の耐久性				○			
9 塗膜の物理的性質				○			
10 機械的性質	○	○	○		○		
11 鋼質					○		
12 形状，寸法，質量及びその許容差	○	○	○	○	○		
13 塗油		○	○	○	○		
14 外観		○	○	○	○		
15 表示		○	○	○	○		
16 注文時の確認事項		○	○	○	○		
17 報告		○	○	○	○		
18 附属書（規定）屋根用・建築外板用の板及びコイルのめっきの付着量			○				
19 附属書（規定）波板のめっきの付着量及び標準寸法			○				
製品検査は，最終検査又は工程検査（中間検査）のいずれで実施してもよい。							

表 B.3－鋼管の製品の管理

製品の品質に関する事項	鉄鋼製品の区分						製品検査方法	製品保管方法
	基礎用鋼管	配管用鋼管（白管）	配管用鋼管	熱交換器用鋼管	構造用炭素鋼鋼管	ステンレス鋼鋼管		
1 種類及び記号	○	○	○	○	○	○	左記の品質を確保するために必要な検査方法を具体的に規定する。 なお、化学成分、機械的性質、亜鉛めっきの均一性、水圧試験特性、非破壊検査特性、耐漏れ性、耐圧性能、浸出性能及び工場円周溶接の試験は、外部に依頼してもよい。	製品を適切な状態で保管するための製品保管方法について具体的に規定する。 また、製品保管場所では、種類及び良品・不良品が識別されていなければならない。
2 くいの構成及び各部の呼び名	○							
3 化学成分	○	○	○	○	○	○		
4 機械的性質								
a) 引張強さ	○	○	○	○	○	○		
b) 降伏点又は耐力	○	○	○	○	○	○		
c) 伸び	○	○	○	○	○	○		
d) へん平性	○	○	○					
e) 押し広げ性				○		○		
f) 曲げ性		○	○			○		
g) 溶接部型曲げ性						○		
h) 展開性				○				
i) 吸収エネルギー		○	○					
j) 結晶粒度						○		
k) 溶接部引張強さ	○	○	○		○			
5 亜鉛めっきの均一性		○						
6 水圧試験特性、又は非破壊検査特性		○	○	○		○		
7 耐漏れ性						○		
8 耐圧性能						○		
9 浸出性能						○		
10 工場円周溶接	○							
11 附属品、加工及び塗装・被膜	○							
12 形状、寸法、質量、及び寸法許容差	○	○	○	○	○	○		
13 外観	○	○	○	○	○	○	限度見本、その他具体的方法によって規定する。	
14 表示	○	○	○	○	○	○		
15 報告	○	○	○	○	○	○		
16 特別品質規定		○	○	○		○		
17 U字曲げ加工管					○			
附属書（規定）突起付き素管の品質規定	○							
製品検査は、最終検査又は工程検査（中間検査）のいずれで実施してもよい。								

表 B.4－線材・棒鋼の製品の管理

製品の品質に関する事項	鉄鋼製品の区分						製品検査方法	製品保管方法
	線材	ピアノ線材・橋りょう(梁)用線材	鉄筋	快削鋼	みがき棒鋼	鉄筋コンクリート用再生棒鋼		
1 種類及び記号	○	○	○	○	○	○	左記の品質を確保するために必要な検査の方法を具体的に規定する。 なお,化学成分,鋼質,機械的性質及びきず深さの試験は,外部に依頼してもよい。	製品を適切な状態で保管するための製品保管方法について具体的に規定する。 また,製品保管場所では,種類及び良品・不良品が識別されていなければならない。
2 化学成分	○	○	○			○		
3 鋼質	○	○	○					
4 機械的性質		○	○					
5 形状・寸法・質量及び許容差	○	○	○	○	○	○		
6 きず深さ		○						
7 外観	○	○	○	○	○	○	限度見本,その他具体的な方法によって規定する。	
8 表示	○	○	○	○	○	○		
9 報告	○	○	○	○	○	○		
附属書（規定）特別品質規定	○	○						
1 化学成分	○	○						
2 寸法及び許容差	○							
附属書（規定）インラインパテンチング処理	○	○						
1 引張強さ及び許容差	○	○						
製品検査は,最終検査又は工程検査（中間検査）のいずれで実施してもよい。								

表 B.5－特殊鋼の製品の管理

製品の品質に関する事項	製品検査方法	製品保管方法
1 種類及び記号	左記の品質を確保するために必要な検査方法を具体的に規定する。 なお,化学成分及び脱炭の試験は,外部に依頼してもよい。	製品を適切な状態で保管するための製品保管方法について具体的に規定する。 また,製品保管場所では,種類及び良品・不良品が識別されていなければならない。
2 化学成分		
3 外観,形状,寸法及びその許容差		
4 脱炭		
5 表示		
6 報告		
製品検査は,最終検査又は工程検査（中間検査）のいずれで実施してもよい。		

B.2　原材料の管理

原材料の品質,検査及び保管に関する事項を,**表 B.6～表 B.10** に示す。各項目の適用については,それぞれの製品規格の規定による。

　注記　表に記載する○印は,主な対応関係を示すものである。

表 B.6－構造用圧延鋼材の原材料の管理

原材料名	鉄鋼製品の区分						原材料の品質	受入検査方法	保管方法
	一般材	溶接構造用	機械構造用炭素鋼	機械構造用合金鋼	鋼矢板	軽量形鋼			
1 せん（銑）鉄	○	○	○	○	○		1 化学成分	左記の品質項目について検査を行い，受け入れる。 再生鋼材用鉄くずの外観，形状，寸法は全数目視検査によって確認し，材質は検査する。 その他の品質については，次のいずれかによって実施してもよい。 1) JIS マーク品の場合 JIS マークの確認 2) 試験成績表の確認 3) 購入先の品質が長期間安定していることが確認できる場合 銘柄，外観の確認 なお，鋼片断面欠陥は超音波探傷検査によって受け入れていることが望ましい。	ロットの区分を明確にするとともに，種類別に保管する。 鋼塊（鋳片），鋼片，鋼板，鋼帯には，必要な識別を付けていなければならない。
2 鉄くず	○	○	○	○	○		2 等級，形状		
3 フェロアロイ	○	○	○	○	○		3 化学成分，粒度		
4 鋼塊（鋳片）又は鋼片	○	○	○	○	○		4 化学成分，外観，形状，寸法，鋼片断面欠陥		
5 脱酸剤	○	○	○	○	○		5 化学成分		
6 造さい剤	○	○	○	○	○		6 化学成分		
7 H 形鋼鋼矢板の継手部材					○		7 形状，化学成分，機械的性質		
8 鋼板又は鋼帯（スリットしたものを含む）						○	8 化学成分，機械的性質，外観，形状，寸法		
9 潤滑油						○	9 性状		

－ 当該工場が製造する製品の種類，製造方法などに応じて，表中の原材料のうちの必要とする原材料について社内規格で規定しなければならない。
－ 当該工場内で製造される原材料は，その内容を把握していなければならない。

表 B.7－一般加工用薄板の原材料の管理

原材料名	鉄鋼製品の区分					原材料の品質	受入検査方法	保管方法
	熱間圧延軟鋼板及び鋼帯	冷間圧延鋼板及び鋼帯	亜鉛鉄板	着色亜鉛鉄板	みがき特殊帯鋼			

1 せん（銑）鉄	○					1 化学成分	左記の品質項目について検査を行い，受け入れる。
							
							ただし，次のいずれかによって実施してもよい。
							1) JIS マーク品の場合
							  JIS マークの確認
							2) 試験成績表の確認
							3) 購入先の品質が長期間安定していることが確認できる場合は，次の事項の確認でもよい。
							  鋼塊（鋳片）及び鋼片，原板コイル又は原板シート，亜鉛地金，鉛地金，及びアルミニウム地金は，銘柄。
							  せん（銑）鉄，鉄くず，及びフェロアロイは，外観・銘柄。
								ロットの区分を明確にしていなければならない。
								
								原板コイル又は原板シートには，必要な識別を付けていなければならない。

2 鉄くず	○					2 等級，形状		
3 フェロアロイ	○					3 化学成分，粒度		
4 鋼塊（鋳片）及び鋼片	○					4 化学成分，外観，形状，寸法，鋼片断面欠陥		
5 脱酸剤	○					5 化学成分		
6 造さい剤	○					6 化学成分		
7 原板コイル又は原板シート		○	○		○	7 外観，形状，寸法，化学成分		
			○			7 種類，機械的性質 a)		
				○		7 JIS G 3302, JIS G 3317 又は JIS G 3321 に規定する品質		
8 亜鉛地金			○			8 種類，化学成分		
9 鉛地金			○			9 種類，化学成分		
10 アルミニウム地金			○			10 種類，化学成分		
11 酸類		○			○	11 種類，濃度		
12 酸又はアルカリ類（金属塩を含む）			○			12 種類，性状		
13 圧延油					○	13 性状		
14 防せい（錆）油					○	14 性状		
15 合成樹脂塗料				○		15 種類，色，粘度，比重，固形分		
16 溶剤				○		16 種類，化学成分		
17 化成処理剤			○	○		17 種類，性状		
18 塗油用油			○			18 種類，性状		
19 表面保護剤				○		19 種類，性状		

- 当該工場が製造する製品の種類，製造方法などに応じて，表中の原材料のうちの必要とする原材料について社内規格で規定していなければならない。
- 当該工場内で製造される原材料は，その品質を把握していなければならない。

注 a) 熱処理をもつ連続めっき工程に使用される原板コイル又は原板シートは省略してもよい。

表 B.8－鋼管の原材料の管理

原材料名	鉄鋼製品の区分						原材料の品質	受入検査方法	保管方法
	基礎用鋼管	配管用鋼管（白管）	配管用鋼管	熱交換器用鋼管	構造用炭素鋼鋼管	ステンレス鋼鋼管			
1 角鋼片, 鋼片, 中空鋼片など管材又は鋼塊（遠心鋳造中空鋼塊を含む）		○	○	○	○	○	1 化学成分, 外観及び寸法	左記の品質項目について検査を行い, 受け入れる。 ただし, 次のいずれかによって実施してもよい。 1) JIS マーク品の場合 JIS マークの確認 2) 試験成績表の確認 3) 購入先の品質が長期間安定していることが確認できる場合は, 次の確認でよい。 潤滑剤, 酸類, インダクションコイル又はコンタクトチップの銘柄及び外観	ロットの区分を明確にするとともに, 種類別に保管する。 また, 必要な場合には防湿, 防じんなどの措置をとる。 なお, 配管用鋼管, 熱伝達用鋼管, ステンレス鋼鋼管については, 1～3の資材には必要な識別を付けていなければならない。
2 鋼板及び／又は鋼帯	○	○	○	○	○	○	2 化学成分, 外観, 寸法及び機械的性質		
3 原管		○	○	○	○	○	3 化学成分, 外観, 寸法及び機械的性質		
4 潤滑剤		○	○	○	○	○	4 種類		
5 酸類		○	○	○	○	○	5 化学成分及び濃度		
6 インダクションコイル又はコンタクトチップ				○			6 材質, 形状及び寸法		
7 電極				○			7 化学成分, 導電率, 形状及び寸法		
8 溶接材料	○				○		8 種類及び材質		
9 亜鉛地金		○			○		9 化学成分		
10 継手及び連結継手	○						10 材質, 形状及び寸法		

－ 当該工場が製造する製品の種類, 製造方法などに応じて, 表中の原材料のうちの必要とする原材料について社内規格で規定していなければならない。

－ 当該工場内で製造される原材料は, その品質を把握していなければならない。

表 B.9－線材・棒鋼の原材料の管理

原材料名	鉄鋼製品の区分						原材料の品質		受入検査方法	保管方法
	線材	ピアノ線材・橋りょう（梁）用線材	鉄筋	快削鋼	鉄筋コンクリート用再生棒鋼	みがき棒鋼	線材・ピアノ線材・橋りょう（梁）用線材・鉄筋・快削鋼	鉄筋コンクリート用再生棒鋼・みがき棒鋼		
1 せん（銑）鉄	○	○	○	○			1 化学成分		左記の品質項目について検査を行い，受け入れる。ただし，次のいずれかによって実施してもよい。 1) **JIS** マーク品の場合 　**JIS** マークの確認 2) 試験成績表の確認 3) 購入先の品質が長期間安定していることが確認できる場合は，銘柄及び必要な場合は外観の確認を行う。	ロットの区分を明確にするとともに，種類別に必要な識別を付けて保管する。 　また，必要な場合には，防湿，防じんなどの措置をとっていなければならない。
2 鉄くず	○	○	○	○		○	2 種類，形状，寸法	2 外観，形状，寸法，材質		
3 フェロアロイ	○	○	○	○			3 化学成分，粒度			
4 鋼塊（鋳片）及び鋼片	○	○	○	○			4 化学成分，外観，形状，寸法，鋼片断面欠陥			
5 脱酸剤	○	○	○	○			5 化学成分			
6 造さい剤	○	○	○	○			6 化学成分			
A 鋼材						○		A 鋼種化学成分，機械的性質，形状，寸法，外観		
B 酸類						○		B 種類		
C ショット						○		C 種類，粒度		
D ダイス（冷間引抜きの場合）						○		D 鋼種化学成分，機械的性質，形状，寸法，外観		
E 研削剤（研削の場合）						○		E 種類		
F バイト（切削の場合）						○		F 種類，寸法		
－ 当該工場が製造する製品の種類，製造方法などに応じて，表中の原材料のうちの必要とする原材料について社内規格で規定していなければならない。 － 当該工場内で製造される原材料は，その品質を把握していなければならない。										

表 B.10－特殊鋼の原材料の管理

原材料名	原材料の品質	受入検査方法	保管方法
1 せん（銑）鉄	1 化学成分	左記の品質項目について検査を行い，受け入れる。 ただし，次のいずれかによって実施してもよい。	ロットの区分を明確にするとともに，種類別に保管する。
2 鉄くず	2 種類，形状，寸法	1) JIS マーク品の場合 JIS マークの確認	
3 フェロアロイ	3 化学成分，粒度		
4 鋼塊（鋳片）又は鋼片	4 化学成分，外観，形状，寸法，鋼片断面欠陥，化学成分	2) 試験成績表の確認	鋼塊（鋳片）及び鋼片には，必要な識別を付けていなければならない。
5 脱酸剤	5 化学成分	3) 購入先の品質が長期間安定していることが確認できる場合は，次の事項の確認	
6 造さい剤	6 化学成分	フェロアロイ，脱酸剤，造さい剤，酸類及び潤滑剤は銘柄の確認	
7 酸類	7 種類，濃度		
8 潤滑剤	8 種類，性状		
－ 当該工場が製造する製品の種類，製造方法などに応じて，表中の原材料のうちの必要とする原材料について社内規格で規定していなければならない。			
－ 当該工場内で製造される原材料は，その品質を把握していなければならない。			

B.3　製造工程の管理

工程ごとの管理項目及びその管理方法，品質特性及びその検査方法並びに作業方法に関する事項を，**表 B.11～表 B.16** に示す。各項目の適用については，それぞれの製品規格の規定による。

注記　表に記載する○印は，主な対応関係を示すものである。

表 B.11－構造用圧延鋼材の製造工程の管理

工程名	一般材	溶接構造用	機械構造用炭素鋼	機械構造用合金鋼	鋼矢板	軽量形鋼	管理項目	品質特性	管理方法及び検査方法
							（共通事項） 1) 次に規定する管理項目及び品質特性についての記録をとる。 2) 検査方式，不良品（不合格ロット）の措置等を定め，実施する。		
1 溶解	○	○	○	○	○		1 原料配合（造さい剤などを含む），溶鋼温度，酸素の使用量，フェロアロイ及び脱酸剤の使用量	1 化学成分	1 化学成分
2 鋳込み 1) 造塊法の場合	○	○	○	○	○		2 1) 鋳込み温度，鋳込み速度，頭部保温状況（キルド鋼の場合），静置時間，鋳型状況	2 外観，形状	
2) 連続鋳造法の場合	○	○	○	○	○		2) 鋳込み温度，鋳込み速度，冷却条件，鋳型状況		
3 分塊圧延又は鍛造	○	○	○	○	○		3 炉設定温度，在炉時間，抽出温度 （分塊圧延の場合）圧延温度，端部切捨て量 （鍛造の場合）鍛造温度，鍛造方向，鍛錬成形比，切捨て量		

表 B.11－構造用圧延鋼材の製造工程の管理（続き）

工程名	鉄鋼製品の区分						管理項目	品質特性	管理方法及び検査方法
	一般材	溶接構造用	機械構造用炭素鋼	機械構造用合金鋼	鋼矢板	軽量形鋼	(共通事項) 1) 次に規定する管理項目及び品質特性についての記録をとる。 2) 検査方式，不良品（不合格ロット）の措置等を定め，実施する。		
4 鋼片手入れ	○	○	○	○	○		4 きずの検出，きず取りの方法及びきず取り基準	4 外観，形状，寸法，鋼片断面欠陥	
5 材料選別切断	○	○	○	○	○		5 外観，切断基準	5 外観，形状，寸法	
6 加熱	○	○	○	○	○		6 炉設定温度，在炉時間	6 外観	
7 スリット						○	7 スリット幅	7 寸法，形状	
8 成形						○	8 ロール径，ロール角部の曲率半径，ロール取付精度，ロール圧下調整，潤滑油使用量，ロールの組替え及び廃却限度	8 外観，形状，寸法	
9 圧延又は鍛造	○	○	○	○	○		9 パススケジュール，圧延温度	9 外観，形状，寸法，機械的性質	9 機械的性質
10 矯正						○	10 矯正方法，ロールの組替え及び廃却限度	10 外観，形状，寸法	
11 熱処理 （熱処理指定材に適用する）	○	○	○	○			11 設定温度，保持時間又はライン速度，冷却条件	11 機械的性質	11 機械的性質
12 切断	○	○	○	○	○	○	12 切断，寸法	12 外観，形状	12 形状寸法
13 塗油						○	13 防せい（錆）油塗油	13 外観	
14 精整 （必要がある場合）	○	○	○	○	○	○	14 外観，形状，寸法，荷姿	14 外観，形状，寸法，荷姿	14 形状寸法
15 表示	○	○	○	○	○	○	15 表示方法，表示箇所，表示事項	15 外観	
─ 当該工場が製造する製品の種類，製造方法などに応じて，表中の製造工程のうちの必要とする工程について社内規格で規定していなければならない。 ─ 工程の順序は，変更することによって製品の品質が変わらない場合は，表に示した順序どおりでなくてもよい。									

表 B.12－一般加工用薄板の製造工程の管理

工程名	鉄鋼製品の区分						管理項目	品質特性	管理方法及び検査方法
	熱間圧延軟鋼板及び鋼帯	冷間圧延鋼板及び鋼帯	亜鉛鉄板（連続めっきの場合）	亜鉛鉄板（切板めっきの場合）	着色亜鉛鉄板	みがき特殊帯鋼			
							（共通事項） 1) 次に規定する管理項目及び品質特性についての記録をとる。 2) 検査方式，不良品（不合格ロット）の処置等を定め，実施する。		
1 溶解	○						1 原料配合，製鋼時間，溶鋼温度，フェロアロイ及び脱酸剤の使用量	1 化学成分	1 化学成分
2 鋳込み	○						2 1) 造塊法の場合 　鋳込み温度，鋳込み速度，鋳型状況，静置時間，キルド鋼の場合は頭部保温状況 2) 連続鋳造法の場合 　鋳込温度，鋳込速度，鋳型状況，冷却条件	2 外観	
3 分塊	○						3 炉設定温度，在炉時間，抽出温度，圧延温度，端部切捨て量	3 外観，形状，寸法	
4 鋼片手入れ	○						4 きずの検出，きず取りの方法及びきず取り基準	4 外観，形状，寸法，鋼片断面欠陥	
5 熱間圧延	○						5 炉設定温度，在炉時間，パススケジュール，圧延温度	5 外観，形状，寸法，機械的性質	5 機械的性質
6 酸洗		○				○	6 酸洗液の濃度，酸洗液の温度，ラインスピード，酸の種類（みがき特殊帯鋼の場合）	6 外観	
7 冷間圧延		○					7 パススケジュール，圧延油の濃度	7 外観，寸法	
						○	7 圧下率，圧延速度，圧延油の種類	7 外観，形状，寸法	
8 清浄		○				○	8 アルカリ溶液濃度，アルカリ溶液温度，ラインスピード，電解電流（電解の場合だけ）	8 外観	
9 焼きなまし		○				○	9 焼きなましサイクル，雰囲気ガス組成，露点	9 外観，硬さ，脱炭層深さ，顕微鏡組織	
10 調質圧延		○					10 圧下率，圧延速度	10 外観，形状，寸法，機械的性質	10 機械的性質
11 前処理			○	○	○		11 処理液の種類，温度，濃度，処理時間又はガスクリーニングの場合の炉内雰囲気	11 外観	11 濃度
12 熱処理			○				12 熱処理温度，時間	12 機械的性質	12 機械的性質

表 B.12－一般加工用薄板の製造工程の管理（続き）

工程名	鉄鋼製品の区分					管理項目	品質特性	管理方法及び検査方法
	熱間圧延軟鋼板及び鋼帯	冷間圧延鋼板及び鋼帯	亜鉛鉄板（連続めっきの場合）	亜鉛鉄板（切板めっきの場合）	着色亜鉛鉄板	みがき特殊帯鋼	（共通事項） 1) 次に規定する管理項目及び品質特性についての記録をとる。 2) 検査方式，不良品（不合格ロット）の処置等を定め，実施する。		
13 めっき			○	○			13 めっき時間，浴亜鉛温度	13 めっき付着量，外観	13 めっき付着量
			○				13 スパングル調整（連続めっきの場合）		
14 合金化処理			○				14 炉内温度，時間	14 外観	
15 化学処理			○	○			15 処理液の種類，濃度，温度	15 外観	
16 塗装・焼付け					○		16 塗料の粘度，焼付け温度	16 塗膜の厚さ，物理的性質	16 塗膜の厚さ，物理的性質
17 精整	○	○	○	○	○	○	17 外観，形状，寸法	17 外観，形状，寸法	17 形状寸法
18 表示	○	○	○	○	○	○	18 表示方法，表示箇所，表示事項	18 外観	

－ 当該工場が製造する製品の種類，製造方法などに応じて，表中の製造工程のうちの必要とする工程について社内規格で規定していなければならない。
－ 工程の順序は，変更することによって製品の品質が変わらない場合は，表に示した順序どおりでなくてもよい。

表 B.13－鋼管の製造工程の管理

工程名	鉄鋼製品の区分					管理項目	品質特性	管理方法及び検査方法
	基礎用鋼管	配管用鋼管（白管）	配管用鋼管	熱交換器用鋼管	構造用炭素鋼鋼管	ステンレス鋼鋼管	（共通事項） 1) 次に規定する管理項目及び品質特性についての記録をとる。 2) 検査方式，不良品（不合格ロット）の措置等を定め，実施する。		
1 熱間仕上継目無鋼管の場合									
1.1 マンネスマン方式		○	○	○	○	○			
a) 加熱		○	○	○	○	○	加熱温度		
b) せん孔及び圧延		○	○	○	○	○	せん孔温度又は加熱炉抽出温度，仕上げ温度及び圧延長さ	外観，寸法（外径・厚さ），機械的性質	機械的性質
c) 熱処理		○	○	○	○	○	熱処理温度，保持時間及び冷却条件	機械的性質	
d) めっき		○			○		浴温度，めっき時間	外観，付着量（又は厚さ若しくは浸せき回数）	
e) 精整		○	○	○	○	○		外観，寸法	寸法

表 B.13－鋼管の製造工程の管理（続き）

工程名	鉄鋼製品の区分						管理項目	品質特性	管理方法及び検査方法
	基礎用鋼管	配管用鋼管（白管）	配管用鋼管	熱交換器用鋼管	構造用炭素鋼鋼管	ステンレス鋼鋼管	（共通事項） 1) 次に規定する管理項目及び品質特性についての記録をとる。 2) 検査方式，不良品（不合格ロット）の措置等を定め，実施する。		
f) 表示		○	○	○	○	○	表示方法，表示箇所，表示事項	外観	
1.2 ユジーヌ・セジュルネ方式		○	○	○	○	○			
a) 加熱		○	○	○	○	○	加熱温度		
b) 押出しプレス		○	○	○	○	○	押出し温度，ダイス・マンドレル類の外観及び寸法	外観，寸法（外径・厚さ），機械的性質	機械的性質
c) 熱処理		○	○	○	○	○	熱処理温度，保持時間及び冷却条件	機械的性質	
d) めっき		○			○	○	浴温度，めっき時間	外観，付着量（又は厚さ若しくは浸せき回数）	
e) 精整		○	○	○	○	○		外観，寸法	寸法
f) 表示		○	○	○	○	○	表示方法，表示箇所，表示事項	外観	
1.3 その他の製造方式（エルハルト方式，中空鋼塊鍛造方式，鍛造中ぐり方式）		○	○	○	○	○			
a) 加熱		○	○	○	○	○	加熱温度		
b) せん孔及び圧延		○	○	○	○	○	せん孔温度又は加熱炉抽出温度		
c) 押抜き又は鍛造		○	○	○	○	○	押抜き温度又は鍛造比	外観，寸法（外径・厚さ），機械的性質	機械的性質
d) 熱処理		○	○	○	○	○	熱処理温度，保持時間及び冷却条件	機械的性質	
e) めっき		○			○		浴温度，めっき時間	外観，付着量（又は厚さ若しくは浸せき回数）	
f) 精整		○	○	○	○	○		外観，寸法	寸法
g) 表示		○	○	○	○	○	表示方法，表示箇所，表示事項	外観	
2 溶接鋼管の場合									
2.1 電気抵抗溶接方式	○	○	○	○	○	○			
a) 造管・定径	○	○	○	○	○	○	電流・電圧値（電力値），溶接速度	外観，寸法（外径・厚さ），機械的性質	機械的性質
b) 熱処理		○	○	○	○	○	熱処理温度，保持時間及び冷却条件	機械的性質	

表 B.13－鋼管の製造工程の管理（続き）

工程名	鉄鋼製品の区分						管理項目	品質特性	管理方法及び検査方法
	基礎用鋼管	配管用鋼管（白管）	配管用鋼管	熱交換器用鋼管	構造用炭素鋼鋼管	ステンレス鋼鋼管	（共通事項） 1) 次に規定する管理項目及び品質特性についての記録をとる。 2) 検査方式，不良品（不合格ロット）の措置等を定め，実施する。		
c) めっき		○			○		浴温度，めっき時間	外観，付着量（又は厚さ若しくは浸せき回数）	
d) 附属品加工及びストッパー取付け	○						電流値，電圧値	外観，寸法	
e) 継手取付け及び連結加工	○							外観，寸法	
f) 精整	○	○	○	○	○	○		外観，寸法	寸法
g) 表示	○	○	○	○	○	○	表示方法，表示箇所，表示事項	外観	
2.2 鍛接方式		○	○		○				
a) 加熱		○	○		○		加熱温度		
b) 鍛接・定径		○	○		○		鍛接時の温度	外観，寸法（外径・厚さ）	
c) 熱処理		○	○		○		熱処理温度，保持時間及び冷却条件	機械的性質	機械的性質
d) めっき		○					浴温度，めっき時間	外観，付着量（又は厚さ若しくは浸せき回数）	
e) 精整		○	○		○			外観，寸法	寸法
f) 表示		○	○		○		表示方法，表示箇所，表示事項	外観	
2.3 アーク溶接方式	○		○		○	○			アーク溶接は基礎用鋼管及びステンレス鋼鋼管に適用
a) 成形・溶接	○	○	○		○	○	電流・電圧値（電力値），溶接速度	外観，寸法（外径・厚さ），機械的性質	
b) 熱処理		○	○		○	○	熱処理温度，保持時間，冷却条件	機械的性質	機械的性質
c) めっき		○			○		浴温度，めっき時間	外観，付着量（又は厚さ若しくは浸せき回数）	
d) 附属品加工及びストッパー取付け	○						電流値，電圧値	外観，寸法	
e) 継手取付け及び連結加工	○							外観，寸法	
f) 精整	○	○	○		○	○		外観，寸法	寸法
g) 表示	○	○	○		○	○	表示方法，表示箇所，表示事項	外観	

表 B.13－鋼管の製造工程の管理（続き）

工程名	鉄鋼製品の区分						管理項目	品質特性	管理方法及び検査方法
	基礎用鋼管	配管用鋼管（白管）	配管用鋼管	熱交換器用鋼管	構造用炭素鋼鋼管	ステンレス鋼鋼管	(共通事項) 1) 次に規定する管理項目及び品質特性についての記録をとる。 2) 検査方式，不良品（不合格ロット）の措置等を定め，実施する。		
2.4 レーザ溶接の場合						○			レーザ溶接はステンレス鋼鋼管に適用
a) 成形・溶接						○	レーザ出力，溶接速度	外観，寸法（外径・厚さ），ビード高さ，ビード幅	
b) 熱処理						○	熱処理温度，保持時間及び冷却条件	機械的性質	機械的性質
c) 精整						○		外観，寸法	寸法
d) 表示						○	表示方法，表示箇所，表示事項	外観	
3 冷間仕上鋼管の場合	○	○	○	○	○	○			
a) 前処理	○	○	○	○	○	○	潤滑量，化学処理の場合の液の濃度・温度		
b) 引抜き又は圧延	○	○	○	○	○	○	落し率，ダイス・マンドレル類の外観及び寸法	外観，寸法（外径・厚さ）機械的性質	機械的性質
c) 熱処理	○	○	○	○	○	○	熱処理温度，保持時間及び冷却条件	機械的性質	
d) めっき	○				○		浴温度，めっき時間	外観，付着量（又は厚さ若しくは浸せき回数）	
e) 精整	○	○	○	○	○	○		外観，寸法	寸法
f) 表示	○	○	○	○	○	○	表示方法，表示箇所，表示事項	外観	

－ 当該工場が製造する製品の種類，製造方法などに応じて，表中の製造工程のうちの必要とする工程について社内規格で規定していなければならない。
－ 工程の順序は，変更することによって製品の品質が変わらない場合，表に示した順序どおりでなくてもよい。

表 B.14－線材・棒鋼の製造工程の管理（熱間圧延）

工程名	鉄鋼製品の区分					管理項目	品質特性	管理方法及び検査方法
	線材	ピアノ線材・橋りょう（梁）用線材	鉄筋	快削鋼	鉄筋コンクリート用再生棒鋼	みがき棒鋼			
							(共通事項) 1) 次に規定する管理項目及び品質特性についての記録をとる。 2) 検査方式，不良品（不合格ロット）の措置等を定め，実施する。		
1 溶解	○	○	○	○			1 原料配合，製鋼時間，溶鋼温度，フェロアロイ及び脱酸剤の使用量	1 化学成分	
2 鋳込み	○	○	○	○			2	2 外観，形状	
a) 造塊法の場合	○	○	○	○ c)			a) 鋳込み温度，鋳込み速度，静置時間，鋳型状況，頭部保温状況		
b) 連続鋳造法の場合	○	○	○	○			b) 鋳込み温度，鋳込み速度，冷却条件，鋳型状況		
3 分塊圧延又は鍛造	○	○	○	○			3 炉設定温度，在炉時間，抽出温度，圧延温度，端部切捨て量，冷却条件	3 外観，形状，寸法，パイプきず	
4 鋼片手入れ	○	○	○	○			4 きずの検出，きず取りの方法及びきず取り基準	4 外観，形状，鋼片断面欠陥	
5 材料選別切断						○	5 外観，切断基準	5 外観，形状，寸法	
6 加熱	○	○	○	○			6 炉設定温度，在炉時間	6 外観	
7 圧延又は鍛造	○	○	○	○			7 圧延温度又は鍛造温度，パススケジュール，巻取り温度又は冷却条件 a)	7 外観，形状，寸法，組織又は機械的性質	
8 精整	○	○	○ b)	○				8 外観，形状，寸法，荷姿	
9 表示	○	○	○	○			9 表示方法，表示箇所，表示事項	9 外観	

－ 当該工場が製造する製品の種類，製造方法などに応じて，表中の製造工程のうちの必要とする工程について社内規格で規定していなければならない。

－ 工程の順序は，変更することによって製品の品質が変わらない場合は，表に示した順序どおりでなくてもよい。

注 a) 巻取り時において，巻取り温度又は冷却条件を調整することによって，組織改良を図る場合に適用する。

注 b) 必要がある場合

注 c) キルド鋼の場合，鋳込み温度，鋳込み速度，頭部保温状況

表 B.15－線材・棒鋼の製造工程の管理（冷間加工材）

工程名	鉄鋼製品の区分						管理項目	品質特性	管理方法及び検査方法
	線材	ピアノ線材・橋りょう（梁）用線材	鉄筋	快削鋼	鉄筋コンクリート用再生棒鋼	みがき棒鋼			
							(共通事項) 1) 次に規定する管理項目及び品質特性についての記録をとる。 2) 検査方式，不良品（不合格ロット）の措置等を定め，実施する。		
1 口付け						○	1 口付け長さ	1～3 外観	
2 前処理						○	2		
a) 酸洗の場合						○	a) 酸の種類，酸の濃度，酸の温度，浸せき時間，酸の使用限度		
b) ショットブラスト等のメカニカルデスケーリングの場合						○	b) 研磨剤の種類及び粒度，ライン速度，投射量		
3 きず取り （きず取りを行う場合）						○	3 きず取り方法，きず取り基準，手入れ限度		
4 冷間引抜き （冷間引抜きを行う場合）						○	4 ダイスの種類，引抜率，引抜回数，ダイスの交換時期	4～6 寸法，形状，外観	
5 研削 （研削を行う場合）						○	5 研削剤及び冷却剤の種類，研削速度，ドレッサーの時期，研削剤の交換時期		
6 切削 （切削を行う場合）						○	6 バイトの種類，切削速度，バイトの交換時期		
7 熱処理 （熱処理を行う場合）						○	7 熱処理の種類，温度，時間	7 機械的性質	
8 精整 （必要がある場合）						○	8	8 形状，寸法	
9 表示						○	9 表示方法，表示箇所，表示事項	9 外観	

－ 当該工場が製造する製品の種類，製造方法などに応じて，表中の製造工程のうちの必要とする工程について社内規格で規定していなければならない。
－ 工程の順序は，変更することによって製品の品質が変わらない場合は，表に示した順序どおりでなくてもよい。

表 B.16－特殊鋼の製造工程の管理

工程名	管理項目	品質特性	管理方法及び検査方法
	(共通事項) 1) 次に規定する管理項目及び品質特性についての記録をとる。 2) 検査方式，不良品（不合格ロット）の措置等を定め，実施する。		
1 溶解	1 原料配合，溶鋼温度，フェロアロイ及び脱酸剤の使用量	1 化学成分	1 化学成分
2 鋳込み a) 造塊法の場合 b) 連続鋳造法の場合	2 a) 鋳込み温度，鋳込み速度，静置時間，鋳型状況，頭部保温状況 b) 鋳込み温度，鋳込み速度，冷却条件，鋳型状況	2 外観，形状	
3 分塊圧延又は鍛造	3 炉設定温度，在炉時間，抽出温度，圧延温度又は鍛造温度，端部切捨て量，冷却条件	3 外観，形状，寸法，パイプきず	
4 鋼片手入れ	4 きずの検出，きず取りの方法及びきず取り基準	4 外観，形状，寸法，鋼片断面欠陥	
5 加熱	5 炉設定温度，在炉時間	5 外観	
6 熱間圧延又は鍛造	6 圧延温度又は鍛造温度，パススケジュール	6 外観，形状，寸法，脱炭層深さ	
7 熱処理	7 炉設定温度，保温時間又はライン速度，冷却条件	7 硬さ，脱炭層深さ	
8 デスケーリング a) 酸洗の場合 b) 電解酸洗の場合	8 a) 酸洗液の種類，液の取替え基準 b) 電解液の種類及び濃度，液の取替え基準，電圧，電流	8 外観	
9 冷間加工 a) 引抜きの場合 b) 切削又は研削の場合	9 a) ダイスの形状・寸法，減面率，引抜速度，ダイス取替え基準 b) 切削又は研削方法，と（砥）石の粒度，ドレッシングの時期，切削バイト又はと（砥）石の取替え基準	9 外観，形状，寸法	
10 精整		10 外観，形状，寸法，荷姿	10 形状，寸法
11 表示	11 表示事項	11 外観	
－ 当該工場が製造する製品の種類，製造方法などに応じて，表中の製造工程のうちの必要とする工程について社内規格で規定していなければならない。 － 工程の順序は，変更することによって製品の品質が変わらない場合は，表に示した順序どおりでなくてもよい。			

B.4 設備の管理

製造設備又は加工設備及び検査設備の管理に関する事項を，**表 B.17〜表 B.21** に示す。各項目の適用については，それぞれの製品規格の規定による。

注記 表に記載する○印は，主な対応関係を示すものである。

表 B.17 − 構造用圧延鋼材の設備の管理

設備名	鉄鋼製品の区分						管理方法
	一般材	溶接構造用	機械構造用炭素鋼	機械構造用合金鋼	鋼矢板	軽量形鋼	
1 製造設備							1) 製造設備は，該当 JIS に規定された品質を確保するのに必要な性能をもつものとする。
a) 溶解炉	○	○	○	○	○		
b) 鋳込み設備	○	○	○	○	○		2) 検査設備は，該当 JIS に規定された品質を試験・検査できるものとする。
c) 分塊圧延又は鍛造設備	○	○	○	○	○		
d) 鋼片手入れ設備	○	○	○	○	○		3) 製造設備及び検査設備について，該当 JIS に規定された品質を確保するのに必要な性能及び精度を保持するための点検・修理，点検・校正などの基準を定めているものとする。
e) 材料切断設備							
f) 加熱炉	○	○	○	○	○		
g) スリット設備						○	
h) 成形設備						○	
i) 圧延又は鍛造設備	○	○	○	○	○		
j) 矯正設備						○	
k) 熱処理設備	○	○	○	○	○		
l) 切断設備						○	
m) 精整設備	○	○	○	○	○	○	
2 検査設備							
a) 分析設備	○	○	○	○	○	○	
b) 寸法測定器具	○	○	○	○	○	○	
c) 質量測定装置	○	○	○	○	○		
d) 引張試験設備	○	○			○	○	
e) 曲げ試験設備	○	○					
f) 衝撃試験設備		○					
g) 厚さ方向性試験設備		○					
h) 超音波探傷試験設備		○					
i) 焼入性試験設備				○			
j) 結晶粒度試験設備				○			

− 当該工場が製造する製品の種類，製造方法などに応じて，表中の製造設備及び検査設備のうちの必要とするものについて保有していなければならない。

− 製造設備は，少なくとも**表 1** に示す重要設備又は準重要設備を保有し，実施していなければならない。

表 B.18－一般加工用薄板の設備の管理

設備名	鉄鋼製品の区分					管理方法
	熱間圧延軟鋼板及び鋼帯	冷間圧延鋼板及び鋼帯	亜鉛鉄板	着色亜鉛鉄板	みがき特殊帯鋼	
1 製造設備						1) 製造設備は，該当 JIS に規定された品質を確
a) 溶解炉¹⁾	○					保するのに必要な性能をもったものとする。
b) 鋳込み設備	○					2) 検査設備は，該当 JIS に規定された品質を試
c) 分塊設備	○					験検査できる設備とする。
d) 鋼片手入れ設備	○					3) 製造設備及び検査設備は，該当 JIS に規定さ
e) 熱間圧延設備	○					れた品質を確保するのに必要な性能及び精
f) 酸洗設備		○			○	度を保持するための点検・修理，点検・校正
g) 冷間圧延設備		○			○	などの基準を定めていなければならない。
h) 清浄設備		○			○	
i) 焼きなまし設備		○			○	
j) 調質圧延設備		○				
k) 前処理設備			○	○		
l) 熱処理設備			○			
m) めっき設備			○			
n) 合金化処理設備			○			
o) 化成処理設備			○			
p) 塗装設備				○		
q) 焼付け炉¹⁾				○		
r) 表面保護処理設備				○		
s) 精整設備	○	○	○	○		
t) 波付け機			○	○		
2 検査設備						
a) 分析試験設備	○					
b) 機械的性質試験設備	○					
c) 鋼質試験設備	○					
d) めっき付着量試験設備			○			
e) 塗膜の耐久試験設備				○		
f) 塗膜の物理的性質試験設備				○		
g) 寸法測定器具	○	○	○	○	○	
h) 質量測定装置		○	○	○		
i) 形状測定器具			○	○		
j) めっきの耐食性試験設備			○			
k) 蛍光 X 線によるめっき付着量測定設備			○			
─ 当該工場が製造する製品の種類，製造方法などに応じて，表中の製造設備及び検査設備のうちの必要とするものについて保有していなければならない。						
─ 製造設備は，少なくとも**表 1** に示す重要設備又は準重要設備を保有し，実施していなければならない。						

表 B.19－鋼管の設備の管理

設備名	鉄鋼製品の区分						管理方法
	基礎用鋼管	配管用鋼管（白管）	配管用鋼管	熱交換器用鋼管	構造用炭素鋼鋼管	ステンレス鋼鋼管	
1 製造設備							1) 製造設備は，該当 JIS に規定された品
a) 加熱炉		○	○	○	○	○	質を確保するのに必要な性能をもっ
b) せん孔及び圧延設備		○	○	○	○	○	たものとする。
c) 押出プレス		○	○	○	○	○	2) 検査設備は該当 JIS に規定された品
d) せん孔設備		○	○	○	○	○	質を試験検査できる設備とする。
e) 押抜き又は鍛造設備		○	○	○	○	○	3) 製造設備及び検査設備は，該当 JIS に
f) 成形・溶接設備	○	○	○	○	○	○	規定された品質を確保するのに必要
g) 造管・定径設備	○	○	○	○	○	○	な性能及び精度を保持するための点
h) 鍛接・定径設備	○	○	○				検・修理，点検・校正などの基準を定
i) 附属品加工・取付設備	○						めているものとする。
j) 前処理設備		○a)	○a)	○a)	○a)	○a)	
k) 引抜き又は圧延設備		○a)	○a)	○a)	○a)	○a)	
l) 熱処理設備		○	○	○	○	○	
m) めっき設備		○					
n) 精整設備	○	○	○	○	○	○	
o) 表示設備		○	○	○	○	○	
p) 継手取付，加工設備	○						
2 検査設備							
a) 化学分析試験設備	○	○	○	○	○	○	
b) 機械試験設備	○	○	○	○	○	○	
c) 亜鉛めっき均一性試験設備		○					
d) 水圧試験設備		○	○	○		○	
e) 空気圧試験設備		○	○				
f) 非破壊試験設備		○	○	○		○	
g) 寸法測定器具	○	○	○	○	○	○	
h) U字曲げ加工管試験設備				○		○	
i) 結晶粒度試験設備					○		
j) 脱炭層深さ測定設備					○		
k) 耐圧性能試験設備						○	
l) 浸出性能試験設備						○	
m) 特別品質規定試験設備		○	○			○	

－ 当該工場が製造する製品の種類，製造方法などに応じて，表中の製造設備及び検査設備のうちの必要とするものについて保有していなければならない。

－ 製造設備は，少なくとも**表 1** に示す重要設備又は準重要設備を保有し，実施していなければならない。

注 a) 造管設備を保有して原管を製造しており，冷間引抜き又は冷間圧延を外注している場合には，この設備は保有していなくてもよい。

表 B.20－線材・棒鋼の設備の管理

設備名	鉄鋼製品の区分						管理方法
	線材	ピアノ線材・硬鋼線材用（楽器用線材含む）	鉄筋	快削鋼	再生棒鋼・鉄筋コンクリート用	みがき棒鋼	
1 製造設備							1) 製造設備は、該当 JIS に規定された品質を確保するのに必要な性能をもったものとする。
a) 溶解炉	○	○	○	○			
b) 鋳込み設備	○	○	○	○			
c) 分塊圧延設備	○	○	○	○			2) 検査設備は、該当 JIS に規定された品質を試験検査できる設備とする。
d) 分塊圧延設備又は鍛造設備				○			
e) 鋼片手入れ試験	○	○	○	○			3) 製造設備及び検査設備は、該当 JIS に規定された品質及び性能を確保するのに必要な性能及び精度を保持するための点検・修理、点検・校正などの基準を定めているものとする。
f) 材料選別切断設備						○	
g) 加熱炉	○	○	○		○	○	
h) 圧延設備	○	○	○		○	○	
i) 精整設備	○	○	○	○	○	○	
j) 口付け設備						○	
k) 前処理設備						○	
l) 引抜設備						○	
m) 研削設備						○	
n) 切削設備				○		○	
o) 熱処理設備						○	
p) 精整設備						○	
2 検査設備							
a) 化学分析設備	○	○	○	○	○	○	
b) 脱炭層深さ試験設備		○					
c) オーステナイト結晶粒度試験設備		○					
d) 非金属介在物試験設備		○					
e) 寸法測定器具	○	○	○	○	○	○	
f) きず検出試験設備	○	○	○	○			
g) 中心偏析試験設備	○	○	○				
h) 引張試験設備	○	○	○	○[b]	○	○	
i) 曲げ試験設備			○		○		
j) 質量測定装置			○		○	○	
k) 硬さ試験設備				○			
l) 非破壊試験設備				○[c]			
m) 物理的性質試験	○[a]						

－ 当該工場が製造する製品の種類、製造方法などに応じて、表中の製造設備及び検査設備のうちの必要とするものについて保有していなければならない。

－ 製造設備は、少なくとも表 1 に示す重要設備又は準重要設備を保有し、実施していなければならない。

注 a) JIS G 3506 に適用する。

注 b) 附属書で必要な場合に適用する。

注 c) 保有していることが望ましい。

表 B.21－特殊鋼の設備の管理

設備名	管理方法
1 製造設備 a) 溶解炉 b) 鋳込み設備 c) 分塊圧延設備又は鍛造設備 d) 鋼片手入れ設備 e) 加熱炉 f) 圧延設備又は鍛造設備 g) 熱処理設備 h) 酸洗設備 i) 冷間加工設備 j) 精整設備 2 検査設備 a) 分析試験設備 b) 硬さ試験設備 c) 顕微鏡試験装置 d) 非破壊試験設備 e) 寸法測定器具	1) 製造設備は，該当 JIS に規定された品質を確保するのに必要な性能をもったものとする。 2) 検査設備は，該当 JIS に規定された品質を試験・検査できるものとする。 3) 製造設備及び検査設備は，該当 JIS に規定された品質を確保するのに必要な性能及び精度を保持するための点検・修理，点検・校正などの基準を定めているものとする。
－ 当該工場が製造する製品の種類，製造方法などに応じて，表中の製造設備及び検査設備のうちの必要とするものについて保有していなければならない。 － 製造設備は，少なくとも**表 1**に示す重要設備又は準重要設備を保有し，実施していなければならない。	

参考文献

JIS A 5523　溶接用熱間圧延鋼矢板

JIS A 5525　鋼管ぐい

JIS A 5526　H形鋼ぐい

JIS A 5528　熱間圧延鋼矢板

JIS A 5530　鋼管矢板

JIS G 3101　一般構造用圧延鋼材

JIS G 3103　ボイラ及び圧力容器用炭素鋼及びモリブデン鋼鋼板

JIS G 3106　溶接構造用圧延鋼材

JIS G 3112　鉄筋コンクリート用棒鋼

JIS G 3113　自動車構造用熱間圧延鋼板及び鋼帯

JIS G 3114　溶接構造用耐候性熱間圧延鋼材

JIS G 3117　鉄筋コンクリート用再生棒鋼

JIS G 3123　みがき棒鋼

JIS G 3125　高耐候性圧延鋼材

JIS G 3131　熱間圧延軟鋼板及び鋼帯

JIS G 3132　鋼管用熱間圧延炭素鋼鋼帯

JIS G 3136　建築構造用圧延鋼材

JIS G 3138　建築構造用圧延棒鋼

JIS G 3140　橋梁用高降伏点鋼板

JIS G 3141　冷間圧延鋼板及び鋼帯

JIS G 3302　溶融亜鉛めっき鋼板及び鋼帯

JIS G 3311　みがき特殊帯鋼

JIS G 3312　塗装溶融亜鉛めっき鋼板及び鋼帯

JIS G 3314　溶融アルミニウムめっき鋼板及び鋼帯

JIS G 3317　溶融亜鉛－5％アルミニウム合金めっき鋼板及び鋼帯

JIS G 3318	塗装溶融亜鉛－5％アルミニウム合金めっき鋼板及び鋼帯
JIS G 3321	溶融55％アルミニウム－亜鉛合金めっき鋼板及び鋼帯
JIS G 3322	塗装溶融55％アルミニウム－亜鉛合金めっき鋼板及び鋼帯
JIS G 3323	溶融亜鉛－アルミニウム－マグネシウム合金めっき鋼板及び鋼帯
JIS G 3350	一般構造用軽量形鋼
JIS G 3441	機械構造用合金鋼鋼管
JIS G 3444	一般構造用炭素鋼鋼管
JIS G 3445	機械構造用炭素鋼鋼管
JIS G 3446	機械構造用ステンレス鋼鋼管
JIS G 3448	一般配管用ステンレス鋼鋼管
JIS G 3452	配管用炭素鋼鋼管
JIS G 3454	圧力配管用炭素鋼鋼管
JIS G 3455	高圧配管用炭素鋼鋼管
JIS G 3456	高温配管用炭素鋼鋼管
JIS G 3457	配管用アーク溶接炭素鋼鋼管
JIS G 3458	配管用合金鋼鋼管
JIS G 3459	配管用ステンレス鋼鋼管
JIS G 3460	低温配管用鋼管
JIS G 3461	ボイラ・熱交換器用炭素鋼鋼管
JIS G 3462	ボイラ・熱交換器用合金鋼鋼管
JIS G 3463	ボイラ・熱交換器用ステンレス鋼鋼管
JIS G 3464	低温熱交換器用鋼管
JIS G 3466	一般構造用角形鋼管
JIS G 3474	鉄塔用高張力鋼管
JIS G 3475	建築構造用炭素鋼鋼管
JIS G 3478	一般機械構造用炭素鋼鋼管
JIS G 3479	焼入性を保証した機械構造用鋼管
JIS G 3502	ピアノ線材
JIS G 3504	橋りょう（梁）用線材
JIS G 3505	軟鋼線材
JIS G 3506	硬鋼線材
JIS G 4051	機械構造用炭素鋼鋼材
JIS G 4052	焼入性を保証した構造用鋼鋼材（H鋼）
JIS G 4053	機械構造用合金鋼鋼材
JIS G 4801	ばね鋼鋼材
JIS G 4804	硫黄及び硫黄複合快削鋼鋼材
JIS Q 10002	品質マネジメント－顧客満足－組織における苦情対応のための指針

解　説

この解説は，規格に規定・記載した事柄を説明するもので，規格の一部ではない。

この解説は，日本規格協会が編集・発行するものであり，これに関する問合せ先は日本規格協会である。

1　今回の改正までの経緯

2004 年に改正された工業標準化法によって JIS マーク表示制度が大きく変わり，認証の客観性，公平性及び信頼性を確保するため JIS Q 1001（適合性評価－日本工業規格への適合性の認証－－一般認証指針）とともに，分野ごとの特例事項を定めるため分野別認証指針として JIS Q 1013 が 2005 年に制定された。

その後，この規格は，JIS Q 1001 の改正（2009 年）に合わせ改正したが，今回，更に 10 年を経過したため内容の見直しを図り改正した。2005 年制定時及び 2009 年改正の経緯については，重要な要素を含むため，その解説を箇条 5～箇条 9 に再掲した。

なお，この規格の箇条番号に変更はない。

2　今回の改正の趣旨

今回の改正は，JIS の 5 年ごとの見直しに対応するため，この規格の対象となる鉄鋼製品 JIS が改正・廃止されていることから規定内容を見直し，これまでの認証の実態を踏まえ改正を行った。なお，この規格で対象とする規格は，制定時と同様に一般社団法人日本鉄鋼連盟が原案を作成した鉄鋼製品規格だけとした。

この規格の改正原案作成は，経済産業省から一般財団法人日本規格協会への委託事業として，令和元年度に実施された“戦略的国際標準化加速事業　産業基盤分野に係る国際標準開発活動”の一環とする鉄鋼製品の分野別認証指針に関する JIS 開発として行われた。

3　主な改正点

3.1　全体的な規定文の改正

本体と表 1・表 2 とにおける用語の統一を図った。例えば，本体の 5.2（認証の区分）で，“認証の範囲”に続く括弧内の“JIS の中の鋼材の種類”は，表 1 にあるとおり，“鋼材の種類”とした。また，規定文の中で，条件内容が複数のため分かりにくい表現であったものを細別などで区別し，次のように整理した。

a)　**申請書（5.3）**　細別 b)の管理体制の状況判断に必要な資料について，ロット認証の場合とロット認証でない場合とに分けた。

b) **初回工場審査の方法（6.2.1）** 認証作業の流れに合わせ，規定文の順序を入れ替えた。

c) **サンプルの抜取り（6.3.1）** 申請する鉄鋼製品の区分に複数の JIS が含まれる場合の規定と一つの場合の規定とが混在していたため，明確に区別した。

また，2020 年 12 月 16 日に行われた金属・無機材料技術専門委員会において，次の指摘を受け，これに対応するため改正した。

a) **認証の区分（5.2）** これまで規定されていた"表 1 の鉄鋼製品の群ごと"という表現は，表 1 に群についての記載がなく不明瞭であるとの指摘があり，表 1 にある"認証の区分"によって鉄鋼製品の群が整理されており明確なことから，"認証の区分は，表 1 による。"とした。

b) **初回工場審査において確認する品質管理体制の例（附属書 B）** 表 B.1 に示されている外部へ依頼してもよい項目が，表 B.2～表 B.5 にはないとの指摘があり，各表における製品の品質に関する事項の該当項目と整合させ追加した。

さらに，2019 年 7 月 1 日に施行された産業標準化法の用語に整合させ，また，JIS Z 8301:2019 の規格の様式に合わせ，引用規格の取扱いなどの整理も行った。

なお，附属書 B（参考）において，鉄鋼製品の区分における各工程の品質項目について，該当する JIS の改正に合わせ，項目等の見直しを行った。

3.2　対象規格の追加・削除

この規格の前回改正は 2009 年であり，その後現在に至るまでに制定，廃止となった製品 JIS が多数ある。また，前回の改正時には，JIS 認証の要求がなくこの規格に追加する必要はないとされた JIS であっても，その後 JIS 認証の必要性が高まり，複数の製造業者が JIS 認証を取得している JIS もある。また，公共の建築材料の場合には，JIS 認証製品であることが要求される。このような背景を踏まえ，今回の改正で JIS を追加することとし，次のいずれかに該当する JIS を追加し，また，製品規格の改正・廃止に合わせ，削除した。

・　公共性が高く，かつ，JIS マークのニーズが高い JIS
・　強制法規（建築基準法）に引用されている JIS
・　前回の改正以降に制定された鉄鋼製品 JIS で，JIS 認証実績のある JIS
・　認証件数が多い JIS
・　内容的に既存の製品区分の一つとして整理することが可能であり，この規格に追加することで申請者の負担が減ると想定される JIS

なお，海外で認証実績はあるが国内で認証実績のない JIS を追加するかどうかについて検討したが，対象となる JIS は，海外の認証機関によって認証された JIS であり，近い将来に国内で JIS 認証される可能性は，ほとんどないと考えられることから追加しないこととした。

今回の改正で，表 1 に関して変更した JIS を，解説表 1 及び解説表 2 に示す。

解説表 1－今回の改正で追加した JIS

認証の区分	鉄鋼製品の区分	JIS の番号
1 構造用圧延鋼材	1 一般材	JIS A 5526
	2 溶接構造用	JIS G 3125，JIS G 3138，JIS G 3140 [a]
2 一般加工用薄板	1 熱間圧延軟鋼板及び鋼帯	JIS G 3113，JIS G 3132
	3 亜鉛鉄板	JIS G 3314，JIS G 3323
3 鋼管	5 構造用炭素鋼鋼管	JIS G 3474，JIS G 3475，JIS G 3478 JIS G 3479
4 線材・棒鋼	1 線材	JIS G 3505
	2 ピアノ線材・橋りょう（梁）用線材 [b]	JIS G 3504

注 [a] 規定項目・内容から判断し，鉄鋼製品の区分を旧規格の橋梁用鋼から溶接構造用に変更した。
注 [b] 今回の改正で，従来の"ピアノ線材"から，この区分名称に変更した。

解説表 2－製品規格の改正・廃止によって削除した JIS

認証の区分	鉄鋼製品の区分	JIS の番号
1 構造用圧延鋼材	溶接構造用 ISO 仕様	JIS G 3106（附属書 A）
	再生鋼材	JIS G 3111

4 審議中に問題となった事項

4.1 設備の保有について

　この規格の**表 1** において，重要設備と準重要設備とを区分し，いずれかの設備を保有することを要求しているため，重要設備を保有せずに JIS 認証を取得することが可能である。製品の品質は，それぞれの製造プロセスにおいて決定される種々の品質がお互いに影響し，最終製品の品質となり，特に，重要設備の場合は，製品の基本となる品質特性を決定することがあるため，製造工程の中で最も重要となる必要不可欠な設備である。製造業者が重要設備を保有しない場合には，重要設備による製造工程を外注することになり，製品の基本品質特性を外注工場が決定する事態が生じることになる。この場合製造業者は，外注工場を管理する必要があるが，重要設備による工程で得られる製品の品質特性を決定するノウハウを製造業者が十分保有しているとはいえず，重要設備による製造工程の外注先を適切に管理することが困難となることが懸念される。したがって，JIS で要求される品質を維持していくために，重要設備の保有を必須とするように改正してはどうかとの提案があり検討を行った。

　鉄鋼製品における製造工程は，製品によって重要設備による主要工程と様々な加工・処理工程とが関わるが，多品種少ロット生産，コスト削減対応などによって，生産のグローバル化，製造工程の集約化・分業化などが進んでおり，重要設備を保有し製造することを必須とする一律的な規定とすると，実態と乖離する場合があり，制度上，混乱をきたす可能性がある。しかしながら，上記のとおり品質の確保の面で懸念があることも事実であり，この問題を両立させるためには，最終的には **6.2.1**（初回工場審査の方法）に規定する，外注工場の品質管理体制への関与が適切に行われているかについて，登録認証機関がこのことを審査することが非常に重要なポイントとなる。したがって，保有設備に関する規定は改正しないが，改めてこの審査の重要性が確認された。

　これを受け，**6.2.1** において，これに該当する外注工場の品質管理体制への関与に関する審査の要求事項について，現行では，"外注工場に対して同様の品質管理体制を実施していることを審査しなければならない。"としていたが，より明確にするため，"外注工場に対して**附属書 A** に基づく品質管理体制で製造又は

試験を実施させていることを審査しなければならない。"に改正した。

5　2005 年制定の趣旨及び経緯

平成 14 年 3 月に閣議決定された"公益法人に対する行政の関与の在り方改革実施計画"に基づき，JIS マーク表示認定制度の実施主体についてこれまでの国（主務大臣）から民間第三者認証機関への移行方針が示され，これに伴って工業標準化法が改正され，平成 16 年 6 月 9 日に公布された。これによって，JIS マーク表示制度は，国による認定制度から，製品認証制度に関する国際規格・ガイドに沿った国に登録された登録認証機関による製品認証制度となった。したがって，これまでの認定の対象となる JIS 及び品目を国が指定する"指定商品"制度が廃止され，基本的に全ての製品規格 JIS が対象になった。

さらに，新 JIS マーク表示制度では，一つの JIS，例えば JIS G 3101 に対し，複数の登録認証機関が認証を行うことになり，かつ，認証の方法については各登録認証機関がそれぞれ定めることになったが，この登録認証機関が定める認証の業務方法，審査の基準等については国が一定の指針を示すことによって，JIS マーク表示制度全体の信頼性確保，認証の業務の品質の維持，登録認証機関による手続の統一性確保，登録認証機関間の審査の基準のばらつきの防止などを図ることが必要であるとの判断となった。

平成 16 年 6 月の工業標準化法の改正に先立ち，新 JIS マーク表示制度の見直しの制度構築の検討と並行して平成 15 年度から国の標準化調査研究事業として認証指針策定事業がスタートし，事業は財団法人日本規格協会に委託され，同協会に設置された認証指針検討委員会（委員長：大滝　厚　明治大学教授）において内外の製品認証制度の比較検討など第三者認証機関による製品認証制度にふさわしい指針とするための調査及び研究が行われた。この検討では，欧州など多くの国々で JIS マークのような認証マークを使用した第三者認証制度の構造として採用している ISO/IEC Guide 28 を基礎として，関連する国際規格・ガイドとの整合を図りつつ，我が国の長年にわたる JIS に基づく認証制度の歴史，経験，実態を見極めながら進められた。

平成 16 年度においては，一般認証指針を改正後の工業標準化法に基づく主務省令と整合した JIS として制定する方針が決定され，前記の検討委員会が引き続き JIS 原案作成委員会としての機能を果たすこととなり，JIS 原案としての審議を行った。

なお，認証指針の構成については，一般認証指針において鉱工業品に共通の製品認証に係る必要十分な事項を規定することとし，分野別認証指針の制定は，当該分野において製品認証制度を行うために特例とする事項が必要な場合に限り作成する方針となったため，認証指針検討委員会では，分野別認証指針として，レディーミクストコンクリート，プレキャストコンクリート製品及び鉄鋼製品（第 1 部）の 3 分野について作成した。基本的には，この一般認証指針だけで十分な指針としているが，製品又は技術分野によっては製品の製造形態，取引形態，製品の性質などから一般認証指針に加え特例事項を定めることにより，認証の客観性，公平性，信頼性の確保を図る必要がある場合は，分野別認証指針も制定することができることとしている。

鉄鋼製品の場合，目的別，形状別に多くの規格が制定されており，これら鉄鋼製品の認証に関しては，基本的に製造工程管理等に共通事項が多く，鉄鋼製品については群による認証の区分とすることにより集約化が可能である。そのため，認証の区分及び関連した製造工程の条件を明示するなど特例を定めるため分野別認証指針を制定することとなった。

これら一般認証指針及び三つの分野別認証指針の JIS 原案は平成 16 年度末に経済産業省に報告され，平成 17 年 3 月 31 日に日本工業標準調査会 JIS マーク制度専門委員会にて当該 JIS 原案の調査・審議が行われ承認された。

　その後，所定の手続を経て鉄鋼製品の分野別認証指針の JIS は，一般認証指針の "JIS Q 1001 適合性評価－日本工業規格への適合性の認証－－一般認証指針" 及び他の分野別認証指針 JIS とともに平成 17 年 8 月 20 日に "JIS Q 1013 適合性評価－日本工業規格への適合性の認証－分野別認証指針（鉄鋼製品第 1 部）" として制定された。

6　2009 年改正の趣旨及び経緯

　新 JIS マーク認証は，平成 17 年 10 月 1 日にスタートしてから，経過措置期間である 3 年を経過し，旧制度から新制度への移行は終了した。その結果，この間の認証の実績及び経験から実情との対比において規定の曖昧さや実態とのかい離，多少の矛盾等が指摘されつつあり，登録認証機関等から改正要望が出ていた。

　一方，経済産業省においては，新制度への経過措置期間の終了期が近くなったことに鑑み，認証指針の JIS の役割，意義等について見直し，その結果による今後のあり方を見直す時期に来ていた。これらの JIS 見直しについては，平成 19 年度及び平成 20 年度に経済産業省から財団法人日本規格協会への委託事業として実施されたが，鉄鋼製品の分野別認証指針についてはその規定内容からみて，経過措置期間において旧 JIS 認定事業者が新 JIS 認証へ移行する際において大きな役割を果たしたものの，ほとんどの事業者が新 JIS 認証を取得した段階においてはその役割は終了したので廃止してはどうかとの方向で検討がスタートした。

　第 1 回認証指針 JIS 改正調査研究委員会において，鉄鋼製品の分野別認証指針について引き続き JIS として存続するべきかどうかの審議が行われ，鉄鋼製品製造事業者及び登録認証機関関係の委員から認証の信頼性，公平性を維持，向上する上で非常に役立っている JIS であるため，引き続き存続してほしいとの要望が出され，この分野別認証指針を改正することとなった。ただし，その基本方針としては，より高い信頼性を担保すべく，技術的要求事項を定めた規格として改正する方向で改正案を作成することとなった。この規格の改正原案作成は，東京大学の小関敏彦教授を主査とする鉄鋼製品分科会において行われ，改正原案が経済産業省に報告，提出された後，平成 21 年 6 月 12 日に書面審議で開催された日本工業標準調査会 JIS マーク制度専門委員会の議決を経て，改正公示された。

7　2009 年改正時の要点

　2009 年改正時の要点は，以下のとおり。

　基本的には，本分野における制度の信頼性を高めるとの観点から，必要な技術的要求事項の標準化を規定に盛り込むための具体的な改正として，製造技術に関連した技術的事項（原材料・製造工程・設備等）の追加，及び登録認証機関による審査方法の規定を追加修正して改正原案を作成した。

a)　製造技術に関連した技術的事項（原材料・製造工程・設備等）の追加

　1)　**附属書 A** 及び**附属書 B** を追加し，**附属書 A** においては次に掲げる項目の品質管理体制を満足することを新たな要求事項として規定した。

　　A.1 製品の管理

　　A.2 原材料の管理

　　A.3 製造工程の管理

　　A.4 設備の管理

　　A.5 苦情処理

2) **附属書 B** には，**附属書 A** に掲げる管理項目について，鉄鋼製品の区分ごとに具体的要求事項の例を掲げた。

  表 B.1.1～表 B.1.5：製品の管理

  表 B.2.1～表 B.2.5：原材料の管理

  表 B.3.1～表 B.3.5：製造工程の管理

  表 B.4.1～表 B.4.5：設備の管理

b) 登録認証機関による審査方法の規定の追加修正

1) 初回工場審査の方法に，以下の規定を追加した。

  "申請者は，登録認証機関に，**附属書 A** に基づき製品の管理，原材料の管理，製造工程の管理及び設備の管理を説明する文書を提出する。登録認証機関は，申請者から提出された**附属書 A** の品質管理体制に基づいて製造及び試験・検査が適正に行われていることを確認しなければならない。"

2) 初回製品試験の実施の規定内容にあった"溶鋼分析，水圧試験，非破壊試験などの製造工程で実施する試験については，初回製品試験の対象としない。"を改め，初回製品試験の対象であるものとした。その上で，その実施方法については鉄鋼製品の製造及び品質保証の実態に即した方法を追加規定した。

3) 認証維持審査について，一般認証指針によることに加えて，初回工場審査及び初回製品試験に基づき実施し，登録認証機関が認めた場合は一部を省略できることを明記した。

c) その他の改正点として，新たな鉄鋼製品に関する **JIS** が制定されたので，これをこの規格の対象として**表 1** に追加した。

8 2009 年の改正審議中に問題となった事項

2009 年の改正審議において問題となった事項などは，次のとおりである。

a) 制定時からの懸案事項であるこの規格の対象 **JIS** を見直しするべきかどうかについて検討したが，今回も従来どおりとした。この検討に関連して強制法規（建築基準法）で適用されている **JIS** であってこの規格の対象になってないものがあり，これら **JIS** を対象としてほしいとの要望が出されたが，製造工程の違いなどのため，簡単に取り入れることが困難との判断によって見送られた。次回の見直しにおいて前向きに検討することとした。

  なお，この規格の対象になっていない **JIS** でも一般認証指針に従って認証を行うことができる。

b) 原案作成分科会当初の改正原案では，初回製品試験の実施の規定において水圧試験及び非破壊試験については初回製品試験の対象に変更することとしていたが，溶鋼分析については引き続き初回製品試験の対象としない提案となっていた。これに対し，溶鋼分析についても対象とすべきではとの指摘があり，議論となった。結論としては，基本的視点として **JIS** で要求される製品試験は審査の対象であることから，溶鋼分析を含めて製品試験の対象とすることとした。ただし，その実施方法については鉄鋼製品の製造実態に即して合理的かつ適正な方法によって行ってよいこととし，その具体的方法を明記した。

  なお，"溶鋼分析，水圧試験，非破壊試験など"としていた部分については，"など"が特定できないところから，"溶鋼分析，水圧試験及び非破壊試験"とした。

9 2009 年改正の規定項目の内容及び改正内容

9.1 適用範囲（箇条 1）

この規格が対象とする鉄鋼製品 JIS として**表 1** に定めるものに限定しているが，この規格を作成するに当たり，公共用途や強制法規等で JIS 製品が使用されていたもの及び市場で販売されている製品であり JIS マーク表示のニーズが高いものなどを調査し，社団法人日本鉄鋼連盟が JIS 原案作成団体として対応している JIS に限定して**表 1** に掲げた。したがって，**表 1** 以外の鉄鋼製品 JIS について認証が行われる場合は，JIS Q 1001 に基づいて実施されることとなる。将来的に，その他の JIS 原案作成団体が担当している JIS，例えば，ステンレス鋼等をこの規格に追加する可能性もあり，この分野別認証指針の名称も "鉄鋼製品第1 部" としてある。

2009 年の改正では，審議中の問題点に記したように，この点の変更はなく引き続き "鉄鋼製品第 1 部" としてある。

9.2　対象規格（5.1）

2009 年の改正で，新たに制定された JIS G 3140（橋梁用高降伏点鋼板）及び JIS G 3114（溶接構造用耐候性熱間圧延鋼材）を追加し，これを**表 1** の鉄鋼製品の区分に追加するとともに，JIS G 3454（圧力配管用炭素鋼鋼管）の改正に伴い白管と黒管の種類の定義が明確になったので同じく**表 1** でこれを区分した。

9.3　認証の区分（5.2）

認証の区分を，JIS Q 1001 の 5.2 に基づいて JIS ごととする場合，規格数の多い鉄鋼製品分野の場合は，認証が細分化され非効率となることから，旧制度の指定品目も考慮し，製品形状や用途，製造工程管理等に共通事項が多いものをくくって認証の区分とした。**表 1** に示すように，製造設備を考慮し，構造用圧延鋼材（厚板，形鋼，平鋼を対象），一般加工用薄板（連続圧延の薄板を対象），鋼管，線材・棒鋼及び特殊鋼の大きく五つの区分（鉄鋼製品の群）に分類した。認証の申請は，この大きな区分ごとで一括して行うことが可能であり，認証後の認証範囲の変更，例えば，鉄鋼製品の区分の追加，JIS 番号の追加等が認証の区分中での変更に係る申請として取り扱われることとなる。登録認証機関に申請する場合には，**表 1** に記載している鉄鋼製品の区分，規格番号，各規格中の鋼材の種類及び**表 2** に記載している鋼材の形状等を特定し，認証の範囲を明確にして申請しなければならない。これは，申請に際しては，認証を行う製品について具体的に詳細を示すことによって，登録認証機関に対して対象を明確にし，認証活動を円滑に行わせることとしたものである。

2009 年の改正においても，この考え方を踏襲し，**表 1** に新規に制定された鉄鋼製品 JIS を追加した。また，従来付表 1 及び付表 2 としていたものを規格様式の改正に伴い**表 1** 及び**表 2** としている。

9.4　申請書（5.3）

制定当時の議論として，申請書の認証の範囲に "他の製造業者を含めてもよいこと（いわゆる，OEM の場合）" 及び "労務提供型の外注は通常の製造外注には含めない" について規定することを検討したが，これらの内容は JIS Q 1001 において解釈が可能であるため，規定しないこととなった。また，検査記録等の実績データの提示については，登録認証機関の審査に有用であると判断されることから，代表的な鋼材の種類について十分な検査記録の提出を規定した。この実績データを基に，登録認証機関は，初回工場審査及び初回製品試験の計画を，合理的かつ効率的に設定することが期待できる。

2009 年の改正では，以下の改正を行った。

a)　本文 1 行目を主語の明確化と要求内容との整合をとるため，"登録認証機関は，申請者に対し，次の **a)** の事項を含む申請書とともに，**b)** による資料を提出するよう求める。" と改めた。

b)　本文 **b)** 項の規定で登録認証機関のチェックを強化する観点から，申請を行った全ての日本工業規格の

種類の生産量のデータを求める規定を追加するとともに，登録認証機関はこれを考慮して，代表的な種類を選定することとし，この種類についての検査記録の提出を求める規定に改めた。

c) 本文 b)項の第 1 段落は，なお書きとして最終段落に移すとともに，"ロット又はバッチ認証"は，**JIS Q 1001** の改正に合わせ"ロット認証"とした。

9.5 初回工場審査の方法 (6.2.1)

ここでは，継続的に製造が行われる鉄鋼製品の認証のための審査を受ける製造工場の要件を規定している。これは，新 JIS マーク表示制度では，製造業者に加え，販売業者及び輸入業者についても認証の申請を行うことができるようになったことに伴い，継続的に製造される鉄鋼製品に係る認証を行うための品質管理体制に係る最小限の製造工程等の要求事項を規定することにより，単に最終製品を調達し，品質を確保するための実質的な付加工程を加えずに販売される鉄鋼製品に対し，継続的な製造に係る認証が適用されることを除外し，制度の信頼性を確保することを意図している。

さらに，鉄鋼製品の製造に係る品質管理体制の審査の基準については，製品の範囲に対応し**表 1** に示す重要設備又は準重要設備を保有することを規定している。重要設備として，例えば圧延鋼材であれば，圧延工程のような基幹となる工程とし，準重要設備としてこの基幹工程の前後工程となる溶解や精整工程を規定している。

2009 年の改正では，この項の改正が最も大きな変更点であり，以下の改正をした。

a) 改正の要点で記述したように，工場審査において確認すべき，製品の管理，原材料の管理，製造工程の管理及び設備の管理を説明する文書を提出する規定を追加した。これらの事項は**附属書 A** として規定し，この具体例を鉄鋼製品の区分ごとに**附属書 B** に示した。

なお，**附属書 B** の例は参考であるため，品質管理及びその認証審査の実施に当たっては，該当する **JIS** の規定を十分調査，理解し，適切な判断をした上で実施することが重要である。

b) 従来，現に製造された特定の個数又は量の製品のロット認証の場合に限って，品質管理状況を把握することを目的に，**付表 3** として製造工程の管理項目及びその管理方法，品質特性及びその検査方法並びに作業方法を説明する文書及び当該製品の品質特性を把握するための鋼材の検査証明書の提出も求めることとしていたが，今回**附属書 A** を規定したことによって，ロット認証の場合も**附属書 A** を適用することとした。

なお，検査証明書の提出については引き続きロット認証の場合に適用している。

9.6 サンプルの抜取り (6.3.1)

初回製品試験に対するサンプル採取頻度は，表 1 の鉄鋼製品の区分，かつ，製品形状ごとに，鉄鋼製品の区分に複数の **JIS** がある場合（例えば，認証の区分の構造用圧延鋼材の中の **2 溶接構造用**では，**JIS G 3103，JIS G 3106，JIS G 3114，JIS G 3136** の 4 規格がある。），その中の代表する **JIS** を申請者及び登録認証機関の協議によって選択し（例えば，**JIS G 3136** 等），また，この規格の中の代表的な鋼材の種類（例えば，SN490B）から，サンプルを採取することとしている。ただし，登録認証機関の裁量によって，追加のサンプル採取（例えば，**JIS G 3106** の SM400A）を採取することもできる。

2009 年の改正では，本文中，"代表的なものを，1 個又は 1 組採取する。"を"製品試験に必要な個数又は量のサンプルを抜き取る。"と改めた。これは JIS マーク省令の規定文に合わせたものである。

9.7 初回製品試験の実施 (6.3.2)

鉄鋼製品 **JIS** の中では，溶鋼分析，水圧試験及び非破壊試験等の製造工程中で実施する試験が規定され

ている場合がある。通常，製品試験は，製造された製品からサンプルを採取し，試験等が行われるものであるため，製品からサンプルを採取する時点では，溶鋼分析，水圧試験及び非破壊試験は，サンプル採取の対象となる製品のロットでは既に完了している。このことから，これらの試験はその品質管理体制や，サンプル採取の対象となる製品ロットの試験成績データにより初回工場審査の一環として実施すべきものとし，初回製品試験の対象とはしないこととしていたが，改正審議においてこの点が大きな議論となった。結論として，これらの試験は製品 JIS の品質要求事項であることから，製品試験の対象とすることで合意，確認された。ただし，その実施方法については鉄鋼製品の製造工程及び品質保証方法の実態に沿った製品試験実施方法でもよいこととし，その規定を追加規定した。すなわち，第 1 段落の記述を "初回製品試験の実施については，一般認証指針による。ただし，工程検査が製品検査として製造工程に組み込まれている溶鋼分析，水圧試験及び非破壊試験は，次のいずれかによってもよい。" と改め，機械試験用のサンプルと同一の JIS 番号の製品又は登録認証機関が適切と判断した場合は，その他の JIS 番号の製品から抜き取ったサンプルによってもよいこと，又は申請者の行った試験結果によってその妥当性を確認した上，そのデータを活用する方法でもよいことを明記した。

9.8　認証維持審査（箇条 12）

従来，全て "一般認証指針による。" と規定していたが，これであると認証維持審査における工場審査又は製品試験が，一般認証指針の **6.2**（初回工場審査）又は **6.3**（初回製品試験）の規定に基づき実施する構造となっていたため，これを認証省令に合わせた。すなわち，認証維持工場審査（**12.1.1**）及び認証維持製品試験（**12.1.2**）において，この規格の **6.2** 又は **6.3** に基づいて工場審査及び製品試験を行うことを規定し，一般認証指針に加えてこの規格の規定内容に従って実施することを明記した。

9.9　表示の方法（13.3）

従来，"一般認証指針による。" と規定していたが，なお書きを追加規定し，実質的な付加工程とならない製品表面の塗油，塗装又は包装などを行っている場合の表示の方法について明記した。

9.10　認証の区分，認証の範囲，及び工場又は事業場の重要設備・準重要設備（表 1）

a)　従来，付表 1 としていたものを規格様式の改正に従い，表 1 とした。

b)　構造用圧延鋼材の鉄鋼製品の区分のうち，溶接構造用に JIS G 3114 を追加した。

c)　構造用圧延鋼材の鉄鋼製品の区分に，"橋梁用鋼" を追加し，その JIS 番号及び，工場又は事業場の重要設備・準重要設備を規定した。

d)　鋼管の鉄鋼製品の区分のうち，"配管炭素鋼鋼管（白管）" を "配管用鋼管（白管）" と改め，**JIS G 3454**（白管）を追加した。

e)　鋼管の鉄鋼製品の区分のうち，配管用鋼管にある **"JIS G 3454"** を **"JIS G 3454（黒管）"** とした。

9.11　鉄鋼製品の形状等の区分（表 2）

規格様式の改正に伴い，"付表 2" を "表 2" とした。

9.12　初回工場審査において確認する品質管理体制（附属書 A）

改正の主眼点である "鉄鋼の JIS マーク製品のより高い信頼性を担保する" 上での条件として，これを追加規定した。

9.13　初回工場審査において確認する品質管理体制の例（附属書 B）

附属書 A で要求されている事項について，認証の区分及び鉄鋼製品の区分別に具体的な要求事項を例として示した。数多くある鉄鋼製品について集約して記述しているため，個別の製品及びその JIS 並びに実際の製造工程，設備などに照らした場合，過不足などが出る可能性があるため例としてあるが，基本的に重要な事項であり，かつ，今回の改正における主要な事柄であるので，関係者はこれを十分考慮して品質管理を実施すること，及びその体制の審査を実施することが重要である。

非破壊試験技術者の資格及び認証
Non-destructive testing-Qualification and certification of NDT personnel

序文

この規格は，2021 年に第 5 版として発行された **ISO 9712** を基に，技術的内容及び構成を変更することなく作成した日本産業規格である。なお，この規格で点線の下線を施してある参考事項は，対応国際規格にはない事項である。

1 適用範囲

この規格は，産業に関わる次の非破壊試験（以下，NDT という。）を実施する技術者の資格及び認証に関する要求事項について規定する。

a) アコースティック・エミッション試験

b) 渦電流探傷試験

c) 漏れ試験（水圧試験を除く。）

d) 磁気探傷試験

e) 浸透探傷試験

f) 放射線透過試験

g) ひずみゲージ試験

h) 赤外線サーモグラフィ試験

i) 超音波探傷試験

j) 外観試験（直接目視だけによる観察及び他の NDT 方法の適用中に実施する目視観察は除外する。）

この規格に規定する認証システムは，包括的な認証スキームが存在し，かつ，NDT 方法若しくは NDT 技法が国際，地域若しくは国の規格に含まれている場合，又は認証機関が NDT 方法若しくは NDT 技法を効果的であると実証した場合に，他の NDT 方法又は確立された NDT 方法内の NDT 技法にも適用可能である。

注記1 "産業に関わる"という表記は，医療分野への適用を除くことを意味する。

注記2 **CEN/TR 14748** は，NDT の資格付けの方法論に関するガイダンスを提供している。

注記3 この規格は，事実上，第三者適合性評価スキームであるものに対する要求事項を規定している。これらの要求事項は，第二者又は第一者による適合性評価に対して直接的に適用するものではないが，その場合，この規格の関連する部分は参照することが可能である。

注記4 "直接目視だけによる観察"という表記は，観察者の目から試験領域までの光路が途切れず，観察者が道具又は装置（例えば，鏡，内視鏡，光ファイバー）を使用しないことを意味する。

注記5 ひずみゲージ試験以外の NDT 方法によるひずみの算出は除く。

注記 6　この規格の対応国際規格及びその対応の程度を表す記号を，次に示す。

ISO 9712:2021, Non-destructive testing－Qualification and certification of NDT personnel（IDT）

なお，対応の程度を表す記号"IDT"は，**ISO/IEC Guide 21-1** に基づき，"一致している"ことを示す。

2　引用規格

次に掲げる引用規格は，この規格に引用されることによって，その一部又は全部がこの規格の要求事項を構成している。これらの引用規格は，その最新版（追補を含む。）を適用する。

JIS Q 17024　適合性評価－要員の認証を実施する機関に対する一般要求事項

注記　対応国際規格における引用規格：**ISO/IEC 17024**, Conformity assessment－General requirements for bodies operating certification of persons

ISO 18490, Non-destructive testing－Evaluation of vision acuity of NDT personnel

3　用語及び定義

この規格で用いる主な用語及び定義は，次による。

3.1
申請者（applicant）
認証プロセス（**3.8**）を受けるために申請書を提出した者

3.2
資格試験機関（authorized qualification body）
雇用主（**3.11**）から独立しており，認証機関（**3.6**）によって資格試験（**3.12**）を準備・運営する権限を与えられた機関

3.3
基礎試験要素（basic examination element）
レベル 3 において要求される材料科学，製造技術，不連続部の種類，特定の資格（**3.33**）及び認証に関するシステム，並びにレベル 2 に要求される NDT 方法（**3.25**）の基礎的原理に関して，候補者（**3.4**）の知識を実証するために行う筆記試験による，資格試験（**3.12**）の構成要素

注釈 1　三つのレベルの資格の説明については，**箇条 6** を参照。
注釈 2　資格及び認証に関するシステムは，この規格で規定している。

3.4
候補者（candidate）
所定の前提条件を満たし，認証プロセス（**3.8**）に参加することが認められた申請者（**3.1**）

3.5
資格証明書（certificate）
この規格の規定に基づいて，認証機関（**3.6**）が発行し，氏名を記載された者が認証要求事項（**3.9**）を満たしていることを示す書面，カード，又はその他の媒体（デジタル証明書など）の形をした文書

3.6

認証機関（certification body）

　明示された要求事項に従って，認証に関する手順を運営する機関

3.7

認証サイクル（certification cycle）

　認証の日から再認証（**3.34**）の日までの，更新（**3.36**）期間を含む最大許容期間

3.8

認証プロセス（certification process）

　認証機関（**3.6**）が，申請受理，審査，認証決定，更新（**3.36**），再認証（**3.34**），並びに資格証明書（**3.5**）及びロゴ・マークの使用を含め，個人が認証要求事項（**3.9**）を満たしていると判断する活動

3.9

認証要求事項（certification requirements）

　認証の確立又は維持のために満たさなければならないスキームの要求事項を含む，規定された要求事項の一式

3.10

力量（competence）

　意図した結果を得るために知識及び技能を適用する能力

3.11

雇用主（employer）

　候補者（**3.4**）を雇用している法人

　注釈 1　候補者は自営業者の場合もある。

3.12

資格試験（examination）

　候補者（**3.4**）の力量（**3.10**）を一つ以上の手段で測定する評価の一環としての仕組み

3.13

試験センター（examination centre）

　認証機関（**3.6**）によって承認され，資格試験（**3.12**）を実施するセンター

3.14

試験要素（examination element）

　資格試験（**3.12**）の構成要素

3.15

試験員（examiner）

　専門的判断を要する試験において資格試験（**3.12**）を実施し採点する能力のある者

3.16

一般試験要素（general examination element）

　レベル 1 又はレベル 2 の NDT 方法（**3.25**）の原理に関する筆記試験による，資格試験（**3.12**）の構成要素

3.17

高等教育（higher education）
工学又は科学の分野で中等教育を修了した後に行われる学校教育

3.18

産業に関わる経験（industrial experience）
資格（**3.33**）の規定を満たし，必要な技術及び知識を習得するために，関連したセクター（**3.37**）のNDT方法（**3.25**）において，監督（**3.45**）の下で実施した業務活動（**3.46**）

3.19

試験監督員（invigilator）
代替用語：プロクター（proctor），試験管理者（test administrator）
候補者（**3.4**）の力量（**3.10**）の評価は行わないが，認証機関（**3.6**）から資格試験（**3.12**）を監督する権限を与えられた者

3.20

特定業務訓練（job-specific training）
雇用主（**3.11**）に関わる製品，NDT装置及びNDT手順書（**3.27**），並びに適用されるコード，規格，仕様書（**3.40**）及び手順書に特化したNDTにおいて，作業実施許可（**3.30**）を与えるための前提として，雇用主（**3.11**）（又はその代理人）が資格証明書（**3.5**）保持者に対して行う訓練

3.21

主要方法試験要素（main method examination element）
レベル3で，認証を求める製品又は産業のセクター（**3.37**）で用いるNDT方法（**3.25**）について，候補者（**3.4**）の一般及び専門の知識，並びにNDT手順書（**3.27**）を作成する能力を実証するために行う筆記試験による，資格試験（**3.12**）の構成要素

3.22

多項選択式試験問題（multiple choice examination question）
解答選択肢のうち，一つだけが正しく，残りは間違い又は不適切である試験問題

3.23

NDT指示書（NDT instruction）
確立された規格，コード，仕様書（**3.40**）又はNDT手順書（**3.27**）に基づいて，NDTを実施する際に従わなければならない正確な手順を記載した文書

3.24

NDT媒体（NDT media）
不完全部又はきずによって引き起こされる目に見える指示模様を形成するために使用される探傷製品
例　磁粉，コントラストペイント，染色浸透剤，現像剤

3.25

NDT方法（NDT method）
物理的原理をNDTに適用する方法
例　超音波探傷試験

3.26

NDT 技術者（NDT personnel）

　NDT を実施する技術者

3.27

NDT 手順書（NDT procedure）

　規格，コード又は仕様書（**3.40**）に従って製品の NDT を実施する際に適用すべき全ての必須の要素及び注意事項について記載した文書

3.28

NDT 技法（NDT technique）

　NDT 方法（**3.25**）を実用するための特定の手法

3.29

NDT 訓練（NDT training）

　認証機関（**3.6**）によって承認されたシラバスに対する訓練コースの形式で，認証を求める NDT 方法（**3.25**）における理論及び実技に関する指導の過程

3.30

作業実施許可（operating authorization）

　認証の適用範囲に基づいて，雇用主（**3.11**）が発行する，個人が特定の作業を行うことを許可する文書

　注釈1　このような作業実施許可は，特定業務訓練（**3.20**）の実施によって決定される可能性がある。

3.31

実技試験要素（practical examination element）

　候補者（**3.4**）が NDT に精通し，かつ，実施できることを実証するために行う実技能力の評価試験による，資格試験（**3.12**）の構成要素

3.32

サイコメトリックプロセス（psychometric process）

　資格試験（**3.12**）が公正で信頼性があり，力量をもつ個人とそうでない個人とを識別できることを確認するための統計的プロセス

3.33

資格（qualification）

　実証された教育，訓練及び職務経験

3.34

再認証（recertification）

　資格試験（**3.12**）によるか，又は公表された基準が満たされたことを認証機関（**3.6**）に確認させる別方法による資格証明書（**3.5**）の妥当性を再実証するための手順

3.35

レフェリー（referee）

　候補者（**3.4**）の産業に関わる経験（**3.18**）の妥当性を証明する者

3.36

更新（renewal）

新規，追加又は再認証（**3.34**）のための資格試験（**3.12**）に合格後，5年を経過するまでの任意の時点で行う資格証明書の妥当性を再実証するための手順

3.37
セクター（sector）

特定の製品に関連する知識，技能，装置又は訓練を必要として，特化された NDT 業務が行われている産業又は技術の特定のセクション

> **注釈 1** セクターとは，製品（溶接製品，鋳物）又は産業（航空宇宙，供用期間中試験）を意味すると解釈することが可能である。**附属書 A** を参照。

3.38
大幅な中断（significant interruption）

認証を受けた個人の業務活動（**3.46**）の欠如又は変更であり，連続した1年間又は2回以上の欠如の期間の総計で2年を超えて，認証を受けた適用範囲の NDT 方法の資格レベル及びセクター（**3.37**）に対応した職務を遂行できなくなる状態

> **注釈 1** 中断期間を算出する際，法定休日，病気の期間又は30日未満の訓練コースの期間は考慮していない。

3.39
専門試験要素（specific examination element）

レベル1又はレベル2において，特定のセクター（**3.37**）で適用する NDT 技法に関して，NDT の対象となる製品並びにコード，規格，仕様書（**3.40**），手順書及び判定基準に関する知識を含む筆記試験による，資格試験（**3.12**）の構成要素

3.40
仕様書（specification）

要求事項を記載した文書

3.41
試験体（specimen）

適用するセクター（**3.37**）で通常 NDT の対象となる製品を代表し，実技試験で使用する試料

> **注釈 1** 試験体には，二つ以上の表面又は体積の NDT の対象を含めてもよい。

> **注釈 2** 試験体には，放射線透過写真及びデータセットを含めることが可能である。

3.42
試験体マスターレポート（specimen master report）

明示した条件［装置の種類，設定，技法，試験体（**3.41**）など］で実施する実技試験における，最適な結果を示す模範解答

> **注釈 1** これと比較して候補者（**3.4**）の試験報告書が採点される。

3.43
体系的クレジットシステム（structured credit system）

更新（**3.36**）又は再認証（**3.34**）のための資格試験（**3.12**）の代替として使用する，候補者（**3.4**）の NDT 活動に基づくポイントシステム

3.44
体系的経験プログラム，SEP（structured experience program）

認証機関（**3.6**）が承認した産業に関わる経験（**3.18**）の削減のためのプログラム

3.45
監督（supervision）
　NDT の準備及び実施並びに結果の報告に関わる行為の管理を含む，他の NDT 技術者（**3.26**）が実施する NDT の適用を指示する行為

3.46
業務活動（work activity）
　NDT 関連の職務及び業務の遂行
　注釈 1　箇条 6 を参照。

4　略語

　この規格においては，**表 1** に記載する略語は，NDT 方法を特定するために用いる。

表 1−NDT 方法及び略語

NDT 方法	略語
アコースティック・エミッション試験	AT
渦電流探傷試験	ET
漏れ試験	LT
磁気探傷試験	MT
浸透探傷試験	PT
放射線透過試験	RT
ひずみゲージ試験	ST
赤外線サーモグラフィ試験	TT
超音波探傷試験	UT
外観試験	VT

5　責任

5.1　一般

　認証システムは，認証機関が管理・運営しなければならない。これには，特定の NDT 方法，及び製品セクター又は産業セクターでの作業を実施する個人の資格及び力量を実証するために必要な全ての手順を含む。

5.2　認証機関

5.2.1　一般

　認証機関は，**JIS Q 17024** の要求事項を満たしていなければならない。

5.2.2　認証機関

　認証機関は，次のことを行う。
a)　**JIS Q 17024** 及びこの規格に従って，認証スキームを開始し，推進し，維持し，運営しなければならない。

b) いかなる利害関係からも独立していなければならない。

c) セクターを定義する責任を負わなければならない（**附属書 A** 参照）。

d) 認証スキームの適用範囲に関する情報及び認証プロセスの一般的な説明を公表しなければならない。

e) 認知された文書の内容を具体化したシラバスを含む訓練コースの情報を提供しなければならない。なお，**ISO/TS 25107** 又はこれと同等のものを指針として使用することが可能である。

f) 仕様書に適合していることを確実にするために，資格試験機関に対して初回審査及びその後の定期的なサーベイランス審査を実施しなければならない。

g) 文書化された手順書に従い，全ての委任した機能を監視しなければならない。

h) 職員及び設備が適切に配置された試験センターを承認し，定期的に監視しなければならない。

i) 承認した試験センターを通じて資格試験を管理しなければならない。

j) 外部施設で一時的に実施される資格試験について，全責任を負わなければならない。

k) 全ての試験材料（試験用試験体，試験体マスターレポート，試験問題データベース，試験用紙など）の機密を守ることに責任を負い，また，これらの試験材料が訓練目的で使用されないようにしなければならない。

l) 認証の授与，延長，一時停止，取消し又は再検証に責任を負わなければならない。

m) 記録を維持するための適切なシステムを構築し，少なくとも 1 回の認証サイクルの間維持しなければならない。

n) 倫理規定を作成し，公表し，それを遵守するため，全ての候補者及び資格証明書保持者に対して署名又は押印した誓約書を要求しなければならない。

o) 訓練機関を承認してもよい。**ISO/TS 25108** は指針として使用することが可能である。

p) 認証機関の直接的な責任の下で，資格試験についての詳細な運営を資格試験機関に委任してもよい。認証機関は，この資格試験機関に対して，施設，技術者，NDT 装置の検証及び管理，試験材料，試験体，試験の実施，試験の採点，記録などを網羅している仕様書及び／又は手順書を発行しなければならない。

q) 試験員を認可するプロセスを確立しなければならない。

r) 7.3 に基づいて候補者が経験として申告してもよい業務活動を監督するための条件を確立しなければならない。

s) 高等教育を認めるためのプロセスを確立しなければならない。

t) 認証を受けていない個人をレフェリーとして承認するためのプロセスを確立しなければならない。

u) 体系的クレジットシステムを使用する場合，その承認プロセスを確立しなければならない。

v) 7.1 に基づく候補者の最低年齢を指定してもよい。

w) 試験問題データベースと試験体マスターレポートの付いた資格試験用試験体とを維持し，更新しなければならない。

x) 公正性を維持するために，認証機関が認可した試験監督員の立会いの下で，かつ，その統制下だけで資格試験を実施する。

y) 体系的経験プログラムを使用する場合は，その承認プロセスを確立しなければならない。

5.3 資格試験機関

資格試験機関を設立した場合，資格試験機関は，次のことを行わなければならない。

a) 認証機関の統制の下で業務を行い，認証機関が発行した仕様書を適用する。

b) いかなる支配的な利害関係からも独立している。

c) 公平性に対する実際的脅威又は潜在的脅威に対して認証機関の注意を促し，資格認定を求める各候補者に対して公平であることを確実にする。

d) 文書化して，認証機関によって承認された品質マネジメントシステムを適用する。

e) 資格試験及び装置の検証及び管理を含め，試験センターの設置，監視及び管理するために必要な資源及び専門知識をもつ。

f) 申請書の審査及び適格性の判断を含む，候補者の資格付けを実施する。

g) 資格試験の準備，監督及び管理を行う。

h) 認証機関による認証の判断に必要な資格付けの結果を認証機関に提供する。

i) 認証機関の要求事項に従って，資格及び資格試験の適切な記録を保管する。

5.4 試験センター

5.4.1 試験センターは，次のことを行わなければならない。

a) 認証機関又は資格試験機関の統制の下で作業を行う。

b) 認証機関が承認する文書化された品質手順を適用する。

c) 装置の検証及び管理を含め，資格試験の準備及び実施に必要な資源をもつ。

d) 関係するレベル，NDT 方法及びセクターに対して満足な資格試験を確実に実施するために，業務に適格な職員，施設及び設備を備える。外部施設を使用してもよい。

e) 認証機関が資格試験のために作成又は承認した試験問題及び試験体だけを使用し，認証機関が権限を与えた試験員の責任の下で，資格試験を準備し実施する。

f) 認証機関の要求事項に従って，試験書類を適切に保管する。

5.4.2 試験センターは，認証機関内，資格試験機関内，又は独立した法人若しくは法人の一部で運営してもよい。試験センターは，雇用主の敷地内に設置することが可能である。この場合，認証機関は，資格試験の公平性を維持し，秘密を保護するための管理を要求しなければならない。資格試験は，認証機関が認可した代理人の立会いの下で，かつ，その統制下だけで実施する。

5.5 雇用主

5.5.1 雇用主は，候補者の適格性を判断するために必要な教育，訓練，産業に関わる経験及び視力の申告を含む個人情報を文書化しなければならない。候補者が自営業の場合，産業に関わる経験はレフェリーが証明しなければならない。

雇用主から入手した全ての書類は，認証機関によって確認されなければならない。

5.5.2 雇用主は，その管理下にある認証を受けた NDT 技術者に関して，次のことに対して責任を負わなければならない。

a) 作業実施許可に関わる全て，すなわち，職務に応じた特定業務訓練の実施（必要に応じ）

b) 作業実施許可書の発行

c) NDT 活動の結果

d) 毎年行われる **7.4** の視力の要求事項への適合の確保

e) 大幅な中断なしに関連セクターにおいて NDT 方法を継続的に適用していることを確認する証拠書類の維持。これは 12 か月ごとに行わなければならない。

f) 技術者が組織内での業務に関連した有効な認証を保有することの確保

g) 適切な記録の保管

これらの責任事項については手順書に記載しなければならない。

5.5.3 自分自身が雇用主となっている個人は，雇用主に帰する全ての責任を負わなければならない。

5.5.4 この規格に基づいた認証は，NDT 技術者の一般的な力量を証明するものである。作業実施許可は，雇用主の責任の下にあり，認証を受けた NDT 技術者は，雇用主に特有な装置，NDT 手順書，材料，製品などに関する更なる専門的な知識が必要とされる可能性があるため，認証は作業実施許可を意味するものではない。

規制事項及びコードで要求されている場合には，作業実施許可は，雇用主が要求する特定業務訓練及び試験を明示する品質手順に従って雇用主が書面で与えなければならない。この試験は，資格証明書保持者が，該当する産業のコード及び規格，NDT 手順書，装置並びに試験の対象となる製品の受入基準についての知識をもっていることを検証するように作成する。

5.6 候補者

候補者は，次のことを行わなければならない。

a) **7.2** に従った訓練の証拠書類を提出する。

b) 要求された経験が監督の下で得られていることを示す証拠書類を提出する。

c) **7.4** の要求事項を満たす視力の証拠書類を提出する。

d) 認証機関が発行した倫理規定を遵守する。

e) 認証機関が要求するその他のものを提供する。

5.7 資格証明書保持者

資格証明書保持者は，次のことを行わなければならない。

a) 認証機関が発行した倫理規定を遵守する。

b) **7.4** に従って視力要求事項が満たされていることを証明する記録を保持する。

c) 認証条件が維持されていない場合，認証機関及び雇用主に通知する（**9.3** を参照）。

5.8 試験員

5.8.1 試験員は，次の条件を満たさなければならない。

－ 認証機関から，資格試験の実施，監督及び採点を行う権限が与えられている。

－ 認可を受けた製品及び／又は産業セクターにおける NDT 方法のレベル 3 の認証を取得している。

5.8.2 試験員は，次に該当する候補者を試験してはならない。

－ 試験員が資格試験のために訓練し，その訓練修了日から 2 年以内である者

—　機密性及び公平性の管理手順を認証機関が文書化して確立していない場合に, 試験員と同じ施設で(恒久的又は一時的に) 勤務している者

5.9　レフェリー

レフェリーは, 次のいずれかによらなければならない。

a)　いずれかの NDT 方法のレベル 2 又はレベル 3 の資格をもつ者

b)　資格をもっていないが, 候補者の産業に関わる経験を証明するために必要な知識, 技能, 訓練及び経験をもつことを認証機関によって承認された者

6　資格レベル

6.1　レベル 1

6.1.1　レベル 1 の認証を受けた個人は, NDT 指示書に従って, かつ, レベル 2 又はレベル 3 の NDT 技術者の監督の下で, NDT を実施する力量を実証している。雇用主は, レベル 1 NDT 技術者に, 資格証明書に明記された力量の範囲で, NDT 指示書に従って次の項目を実施する許可を与えてもよい。

a)　NDT 装置を調整する。

b)　NDT を実施する。

c)　記載された基準に従って試験結果を記録し, 分類する。

d)　NDT の結果を報告する。

6.1.2　レベル 1 の認証を受けた NDT 技術者は, 使用する NDT 方法及び NDT 技法の選択並びに NDT 結果の解釈のいずれについても責任を負わない。

6.2　レベル 2

レベル 2 の認証を受けた個人は, NDT 手順書又は NDT 指示書に従って NDT を実施する力量を実証している。雇用主は, レベル 2 NDT 技術者に, 資格証明書に明記された力量の範囲で, 次の項目を実施する許可を与えてもよい。

a)　使用する NDT 方法のために適用する NDT 技法を選択する。

b)　NDT 方法の適用制限を指定する。

c)　NDT コード, 規格, 仕様書, 及び手順書を, 実際の作業条件に適合した NDT 指示書に書き下す。

d)　NDT 装置の調整及びその検証を行う。

e)　NDT を実施し, 監督する。

f)　適用される規格, コード, 仕様書又は手順書に従って結果を解釈し, 評価する。

g)　レベル 2 又はそれより下のレベルの全ての作業を実施し, 監督する。

h)　レベル 2 又はそれより下のレベルの NDT 技術者に対して助言及び指導する。

i)　NDT の結果を報告する。

6.3　レベル 3

6.3.1　レベル 3 の認証を受けた個人は, 認証の対象となる NDT 作業を実施及び指示する力量を実証している。また, レベル 3 NDT 技術者は, 次の項目を実証している。

a) 現行の規格，コード及び仕様書によって結果を評価し，解釈する力量をもっている。

b) NDT 方法を選択し，NDT 技法を確立し，判定基準が存在しない場合にはその確立を補佐するために，適用する材料，製造，プロセス及び製品技術についての十分な実技に関する知識をもっている。

c) 箇条 4 に記載されている NDT 方法のうち，認証を受けた以外の NDT 方法に精通している。

6.3.2 雇用主は，レベル 3 NDT 技術者に，資格証明書に明記された力量の範囲内で，次の項目を実施する許可を与えてもよい。

a) NDT 指示書及び NDT 手順書を作成し，編集上及び技術上の正確性を精査し，並びに妥当性を実証する。

b) 規格，コード，仕様書及び手順書の解釈をする。

c) 使用する特定の NDT 方法，NDT 手順書及び NDT 指示書を指定する。

d) 全レベルの全ての業務を実施し，監督する。

e) 全レベルの NDT 技術者に対して助言及び指導する。

7 申請資格

7.1 一般

候補者は，資格試験前に視力及び NDT 訓練に関する最小限の要求事項を満足し，該当する場合は認証を受ける前に認証機関が指定する最低年齢に達しており，産業に関わる経験の最小限の要求事項を満たさなければならない。

7.2 訓練

7.2.1 候補者は，**表 2** に規定する認証を求める NDT 方法及び資格レベルについての訓練を修了したことを証明する文書で，かつ，認証機関が認める文書を，提出しなければならない。

7.2.2 全ての資格レベルにおいて，理論についての訓練は，対面式講師主導形式，遠隔学習形式，自己のペースで進める学習形式，又はこれらの形式の組合せでもよい。実技訓練は，対面式講師主導形式だけでなければならない。初回認証のための訓練は，修了日から最大 10 年間有効とする。

レベル 3 に対しては，**表 2** に規定する最小限の訓練に加えて，資格取得のための準備は，候補者の学術的及び技術的経歴に応じた種々の異なる方法，すなわち，他の訓練コース，会議若しくはセミナーへの出席，又は書籍，定期刊行物，その他の専門的な印刷物若しくは電子媒体での学習などによって達成可能である。

遠隔学習を利用する場合，訓練シラバス全体が実施されていることを確実にするためのシステムが確立されていなければならない。

注記　NDT 技術者の訓練組織に関するガイドラインは，**ISO/TS 25108** に記載されている。

7.2.3 認証の候補者が受ける訓練の最短期間は，技能及び知識が得られるように設定し，**7.2.5** に規定する削減の可能性を除き，適用する NDT 方法の **7.2.4** 及び**表 2** で規定する期間より短くならないようにしなければならない。

この期間は，候補者が数学的能力，材料及びプロセスに関する予備知識をもつことを前提とし，修了した予備教育の適切な審査によって確認することが可能である。これが当てはまらない場合，認証機関は，

訓練の追加を要求することがある。

訓練日数には，実技及び理論の両方のコースを含む。

附属書 A に規定する産業セクターを設ける場合，認証機関は**表 2** の最小限の訓練要求事項を考慮しなければならない。

7.2.4 レベル 2 に直接申請する場合，**表 2** に示すレベル 1 及びレベル 2 の訓練日数の合計を満たさなければならない。レベル 3 に直接申請する場合，レベル 1，レベル 2 及びレベル 3 の訓練日数の合計を満たさなければならない。レベル 3 の認証を受けた個人の責任（**6.3** 参照）及びレベル 3 の基礎試験要素の項目 C（**表 5** 参照）の内容を考慮する場合，他の NDT 方法に関する追加訓練が必要となることがある。

表 2－最小限の訓練要求

NDT 方法	レベル 1 [日 a)]	レベル 2 [日 a)]	レベル 3 [日 a)]
AT	5	8	5
ET	5	6	6
LT	5	9	6
MT	3	2	4
PT	3	2	3
RT b)	5	10	5
ST	3	3	2
TT	5	6	5
UT	8	10	5
VT	3	2	3

注記　特定の NDT 技法の場合は，**附属書 F** を参照。
注 a)　1 日間とは少なくとも 7 時間であり，1 日又は時間を積み重ねて達成可能である。
注 b)　RT の場合，訓練日数には放射線安全管理を含めない。

7.2.5 訓練期間の削減については，次による。幾つかの削減が適用される場合，その削減の合計が訓練期間の 50 ％を超えてはならない。どのような削減も，力量の維持を確実にされていなければならず，認証機関の承認を得なければならない。

a) 全ての資格レベル

　─　複数の NDT 方法（例えば，MT，PT）又は既に認証を受け，他の NDT 方法の認証を求める場合，関連する訓練用シラバスが重複するとき（例えば，製品技術），訓練用シラバスに従ってそれらの NDT 方法（例えば，PT，MT，VT）の総訓練日数を削減してもよい。

　─　関連する学科で技術系の単科大学若しくは総合大学（又はこれらと同等の高等教育）を卒業した訓練者，又は単科大学若しくは総合大学で関連する工学若しくは理学を少なくとも 2 年履修した訓練者に対して，総必要訓練時間の 50 ％まで削減してもよいが，認証機関は，関連する科目及びその資格を特定しなければならない。

b) レベル 1 及びレベル 2

　　活動範囲が適用及び／又は技法において限定されている場合（及び**附属書 F** に記載されていない場合），訓練範囲及び期間は最大 50 ％まで削減してもよい。

　　注記　このように限定された例としては，適用に関するもの（例えば，棒，管及びロッドで自動化された ET，UT，又は圧延鋼板の垂直超音波探傷による板厚及びラミネーション試験），NDT 技法に関するもの（例えば，発泡漏れ試験だけによる漏れ試験，極間式磁粉探傷）などがあ

る。

7.3 産業に関わる NDT 経験

7.3.1 一般

候補者が認証を受けようとする NDT 方法で得られる産業に関わる経験の最小限の期間は，**表 3** に示すとおりとする。ただし，**7.3.3** に示す削減が可能である。候補者が二つ以上の NDT 方法の認証を希望する場合，経験の総時間は各 NDT 方法の経験の合計でなければならない。

認証機関は，全てのレベルにおいて，資格試験前の経験の最小限の期間を規定しなければならない（必要に応じて，**表 3** に示す総要求期間に対する割合又はパーセンテージ）。資格試験の合格後に経験の一部を求める場合，試験結果は最大 5 年間有効でなければならない。

経験の文書による証明は，雇用主又はレフェリーによって確認され，認証機関に提出される。

表 3－産業に関わる経験の最小限の期間

NDT 方法	経験 [日 a)]					
	レベル 1	レベル 2		レベル 3		
		レベル 1 あり	レベル 1 なし	高等教育あり 及び レベル 2 あり	レベル 2 あり	高等教育あり，レベル 1 及び レベル 2 なし
AT, ET, LT, RT, TT, UT	45	135	180	270	450	540
MT, PT, ST, VT	15	45	60	180	240	360
注 a) 1 日間とは，少なくとも 7 時間であり，1 日又は時間を積み重ねて達成可能である。1 日の最大許容時間は 12 時間とする。日数での経験は，累積時間の合計を 7 で除することで達成される。						

7.3.2 レベル 3

レベル 3 では，特定の NDT 方法の技術的範囲を超える知識が要求される。この幅広い知識は，教育，訓練及び経験の様々な組合せによって獲得してもよい。**表 3** は，高等教育を修了した候補者及び高等教育を修了していない候補者の最小限の経験日数を示す。

7.3.3 期間の削減

7.3.3.1 経験期間の可能な削減については，**7.3.3.2～7.3.3.5** に規定するとおりとする。どのような削減も，認証機関の承認を得なければならない。

7.3.3.2 新たな NDT 方法を追加しようとするレベル 1，レベル 2 又はレベル 3 の NDT 技術者に対しては，その追加方法について要求される経験の 25 ％を削減してもよい。

7.3.3.3 レベル 1，レベル 2 又はレベル 3 の NDT 技術者は，同じ NDT 方法のセクターの変更，他のセクター又は NDT 技法の追加を行う場合，**表 3** で要求される経験の少なくとも 25 ％の追加経験を積む必要があり，その期間は 15 日未満であってはならない。

7.3.3.4 目的とする認証の適用範囲が限定された用途（すなわち，厚さ測定又は自動探傷試験）である場合，経験期間は最大 50 ％削減してもよいが，15 日未満であってはならない。

7.3.3.5 産業に関わる経験期間の最大 50 ％は体系的経験プログラム（SEP）によって達成してもよい。SEP

の 1 日の出席は, 最大 5 日間の産業経験に相当するとしてもよい。SEP は, 当該のレベル, NDT 方法及び
セクターの全ての典型的な業務 (箇条 6 参照) を含まなければならない。さらに, 特定の製品及び NDT 技
法の知識を得ることも意図しなければならない。SEP は, 認証機関が事前に承認しなければならず, 認証
機関による監査に利用できなければならない。

7.4 視力の要求事項－全てのレベル

7.4.1 一般

候補者及び資格証明書保持者は, **7.4.2～7.4.4** に従い, 適正視力の証拠書類を維持し, 提出しなければな
らない。

7.4.2 近方視力

認証の前, 及びその後の毎年, 近方視力が **ISO 18490** の要求事項に適合していること, 又は片眼若しく
は両眼で, 30 cm 以上離れた場所から, 矯正若しくは非矯正で, 少なくとも "Jaeger number 1", "Times Roman
N4.5" 若しくはこれらと同等の文字を読むことができることを検証しなければならない。

7.4.3 色覚

認証, 再認証又は更新の前に, 候補者又は資格証明書保持者は, 過去 5 年以内に色覚試験が実施された
ことを証明しなければならない。

色覚及び／又はグレースケール知覚は, 雇用主が指定する当該 NDT 方法又は NDT 技法で使用される色
又はグレーの濃淡を識別及び区別することが十分に可能であることが要求される。

色覚試験は, 個人が制限なく適正な色覚をもつか, 又は色覚に関する制限を明記しなければならないか,
のいずれであるかを確認しなければならない。

色覚に何らかの制限がある場合, 雇用主は, この条件によって NDT 方法又は用途に特化した NDT 技法
に何らかの制限が生じるか否かを確認しなければならない。

注記　石原式色覚検査表 (24 表) は, 適切な色覚試験の一例である。

7.4.4 視力試験の実施者

近方視力試験, 色覚試験・グレースケール知覚試験は, 医師, 看護師, 眼科医, 検眼士, 又は他の訓練
された専門家が実施しなければならない。ここで, 他の訓練された専門家とは, 雇用主の代理を務めるレ
ベル 3NDT 技術者によって承認及び文書化された者である。

注記　検眼士に関する制度は, 国内では整備されていない。

8 資格試験

8.1 概要

8.1.1 一般

資格試験は, 適宜, NDT 方法, NDT 技法, 産業セクター及び／又は製品セクターを対象としなければな
らない。

　試験問題の開発及び選択に使用するプロセスは，認証機関が作成する手順書に規定しなければならない。これは，問題が，NDT 方法・NDT 技法・セクターの関連シラバス，及び認証のレベルに適切であることを確実にしなければならない。このプロセスは，グループ査読，対象分野の専門家からの情報，統計的比較などの方法を用いて，試験結果の比較可能性を確保するように設計しなければならず，試験集団の規模が許す場合には，**附属書 G** に記載するサイコメトリック原理を用いてもよい。認証機関は，全ての試験について 70 ％という合格基準を維持して，資格試験の公平性，妥当性，信頼性及び全体のパフォーマンスを確保するために，適切な方法及び手順を文書化して確立しなければならない。

　資格試験の準備及び実施のプロセス（**8.4** 参照）は，さらに，試験問題及び解答用紙の機密性及びセキュリティを確保するよう設計しなければならない。

　実技試験体は，認証機関が採用するプロセスを用いて，資格試験の一貫性及び公平性を確保するために維持及び監視しなければならない。

　試験結果は，候補者が残りの認証要求事項を全てそろえるまでの間，最大 5 年間有効でなければならない。

8.1.2　試験要素

　レベル 1 の資格試験は，次の試験要素で構成しなければならない。
－　一般試験要素
－　専門試験要素
－　実技試験要素

　レベル 2 の資格試験は，次の試験要素で構成しなければならない。
－　一般試験要素
－　専門試験要素
－　実技試験要素
－　NDT 指示書作成試験要素

　レベル 3 の資格試験は，次の試験要素で構成しなければならない。
－　基礎試験要素：次の項目で構成する。
　・　項目 A：技術的知識
　・　項目 B：認証機関の文書に関する知識
　・　項目 C：NDT 方法に関するレベル 2 の知識
－　主要方法試験要素：次の項目で構成する。
　・　項目 D：一般試験
　・　項目 E：専門試験
　・　項目 F：NDT 手順書作成試験

8.1.3　試験時間

　認証機関は，候補者が各試験要素を完了するために許容する最大時間を規定し，公表しなければならず，その時間は次に基づかなければならない。

レベル 1 及びレベル 2 の場合，試験要素の合計時間は，一般試験要素の多項選択式試験問題 1 問につき 2 分，専門試験要素の多項選択式試験問題 1 問につき 3 分を基準としなければならない。

レベル 3 の試験要素合計時間は，項目 B 及び項目 E が多項選択式試験問題 1 問当たり 3 分，項目 A，項目 C 及び項目 D が 1 問当たり 2 分を基準としなければならない。

なお，記述式解答を求める問題，レベル 3 項目 F，NDT 指示書作成試験要素及び実技試験要素については，認証機関が許容する時間を定めなければならない。

8.1.4　資格試験のための補助

コード，規格，仕様書，手順書，電子機器などの補助の使用は，資格試験の一部として提供された場合，又は認証機関が許可した場合にだけ認められる。

8.2　レベル 1 及びレベル 2 の試験の内容及び採点

8.2.1　一般試験要素

一般試験要素の問題は，最低 40 問の多項選択式試験問題とし，認証機関又は資格試験機関において，試験日時点で有効な一般試験要素の問題集からランダムに選択しなければならない。

国内規則で別に定めがない場合，放射線透過試験の放射線安全に関する追加試験を実施してもよい。

8.2.2　専門試験要素

専門試験要素の問題は，最低 20 問の多項選択式試験問題とし，認証機関又は資格試験機関において，試験日時点で有効な専門試験要素の問題集から選択しなければならない。

専門試験要素が二つ以上のセクターを対象とする場合，関係する産業セクター又は製品セクターを考慮し，最低でも 30 問としなければならない（**附属書 A** 参照）。

8.2.3　実技試験要素

8.2.3.1　実技試験要素は，所定の試験体に試験を適用し，要求される程度に応じた結果情報を記録（及びレベル 2 候補者は解釈）し，要求される様式で結果を報告しなければならない。訓練用に使用した試験体は，資格試験に使用してはならない。

8.2.3.2　それぞれの試験体は，個別に識別され，指定された不連続部を検出するために使用した全ての機器設定（該当する場合）を含む試験体マスターレポートをもたなければならない。マーキングは，試験体の実際の試験又は検査を妨げてはならず，また，候補者が情報を相関させる可能性を防止するために，試験体が試験に使用されている間は，可能な限り候補者から見えないようにしなければならない。試験体マスターレポートは，少なくとも二つの独立した試験に基づいて作成され，試験の採点に使用するために，その NDT 方法のレベル 3 資格証明書保持者が検証しなければならない。試験体マスターレポートの基となる独立した試験報告書は，記録として保管しなければならない。

8.2.3.3　試験体は，セクター（一つ以上）に特化したもので，実際の形状を表し，製造中又は供用期間中に起こり得る代表的な不連続部を含まなければならない。試験体の不連続部は，自然に発生したもの又は人工的に作られたものでもよい。物理的な試験体の代わりにデータセット，デジタル放射線画像及び／又はフィルムを使用することが可能であるが，少なくとも一つの物理的な試験体を試験しなければならない。

　調整に使用する試験体，又は厚さ，コーティング若しくは材料特性の特定に使用する試験体は，不連続部を含む必要はない。RT については，レベル 2 解釈用のデータセット又は放射線透過写真に不連続部が示されている場合，試験対象の試験体は不連続部を含む必要はない。

　注記　試験体の不連続部に関する指針は，**ISO/TS 22809** に記載されている。

8.2.3.4　認証機関は，試験に供する試験体の数が当該レベル，NDT 方法及びセクターに対して適切であること，並びに試験体が報告可能な不連続部を含むことを確実にしなければならない。レベル 1 及びレベル 2 の実技試験で試験に供する試験体の数は，**附属書 B** に従わなければならない。

8.2.3.5　レベル 1 候補者は，試験員が提供する NDT 指示書に従わなければならない。

8.2.3.6　レベル 2 候補者は，適用可能な NDT 技法を選択し，所定のコード，規格又は仕様書に関連する作業条件を決定しなければならない。

8.2.3.7　試験の許容時間は，認証機関が決定しなければならない。

8.2.4　NDT 指示書作成試験要素

8.2.4.1　NDT 指示書作成試験要素は，レベル 2 候補者による NDT 指示書の作成を含まなければならない。

8.2.4.2　NDT 指示書作成試験要素の重みづけについては，**表 D.2** による。

8.2.5　レベル 1 及びレベル 2 の試験の内容及び採点

8.2.5.1　一般試験要素，専門試験要素，実技試験要素及び NDT 指示書作成試験要素は，個別に採点しなければならない。従来型のあらかじめ用意された紙ベースの試験を適用する場合，試験員は模範解答との比較による採点に責任をもたなければならない。保存されたデータを用いて候補者の解答を自動的に採点し，完了した筆記試験を用意されたアルゴリズムに従って採点する e アセスメントシステムを使用してもよい。各正解は 1 点とし，試験に帰属する点数は，得られた点数の合計とする。最終的な計算では，各試験の点数はパーセンテージで表示する。

8.2.5.2　実技試験要素の採点は，**表 4** の項目の 1〜3 に基づき，該当するレベル及び NDT 方法との関連で推奨される加重係数を用いて行う。

表 4−実技試験要素の内容及び採点の配分

項目[a]	内容	加重係数 (%)	
		レベル 1	レベル 2
1	NDT 装置及び NDT 媒体に関する知識	20	10
2	NDT 方法の適用	35	26
3	指示模様又は不連続部の検出及び報告	45	64
合計		100	100
注[a] 　**表 D.1** は，試験員が適宜考慮すべき，各項目に関する追加的な詳細についてのガイダンスを示す。			

8.2.5.3　レベル 1 候補者が認証資格を得るためには，各試験要素（一般，専門，実技）で 70 ％以上の成績を得なければならない。実技試験要素については，試験した各々の試験体について 70 ％以上の得点を得なければならない。

8.2.5.4　認証機関又は資格試験機関は，幾つかの不連続部を検出することを必須としてもよい。

8.2.5.5　レベル2候補者が認証資格を得るためには，各試験要素（一般，専門，実技，NDT指示書作成）において70 %以上の成績を取得しなければならない。実技試験要素については，各試験体及びNDT指示書作成試験要素について，該当する場合は70 %以上の得点を取得しなければならない。認証機関又は資格試験機関は，一部の不連続部について，検出して不合格と評価することを必須としてもよい。NDT指示書作成試験要素の採点は，**附属書D**による。

　　ATの場合，要求される試験指示書は，実技試験要素中には試験しない試験体に関連することがある。

8.3　レベル3の試験の内容及び採点

8.3.1　一般

　全てのNDTレベル3候補者は，レベル1のためのNDT指示書の作成（**8.2.4.1**参照）を除き，関連するセクター及びNDT方法のレベル2の実技試験要素に合格（70 %以上の得点）していなければならない。同じNDT方法及び製品セクターのレベル2資格をもつ候補者，又は**附属書A**に規定する産業セクターのNDT方法のレベル2実技試験要素に合格している候補者は，レベル2実技試験要素の受験が免除される。この免除は，当該産業セクターがカバーする製品セクターにだけ有効であり，関連するセクターとは候補者がレベル3認証を希望するセクターとなる。

8.3.2　基礎試験要素

8.3.2.1　この筆記試験は，少なくとも**表5**に示す多項選択式試験問題数を用いて，候補者の基礎的知識を評価しなければならない。試験問題は，試験時期に有効な認証機関又は資格試験機関の基礎試験要素問題集から，予測不可能な方法で選択しなければならない。

表5－レベル3に必要な基本試験要素問題の最低数

項目	内容	問題数
A	材料科学及び製造技術に関する技術的知識	25
B	この規格に基づいた認証機関の資格及び認証に関するシステムの知識。ここでは，書籍持込み試験としてもよい。	10
C[a]	レベル2に対して要求され，かつ，**表1**のNDT方法から候補者が選択した少なくとも四つのNDT方法には，少なくとも一つの体積NDT方法（UT又はRT）を含めなければならない。	各NDT方法につき 15 （合計60）
注[a]	項目Cについて，認証機関は，技術進歩の影響を受けたNDT方法，増加したNDT方法及び追加された技法に対して，NDT方法ごとの問題数を調整することが可能である。	

8.3.2.2　基礎試験要素にまず合格して，有効性を維持することを推奨する。ただし，基礎試験要素合格後5年以内に，一つ目の主要方法試験要素に合格することが条件となる。有効なレベル3の資格証明書を保持する候補者は，再度基礎試験要素を受ける必要から免除される。

8.3.3　主要方法試験要素

　この筆記試験は，**表6**に示す最小限必要な数の多項選択式試験問題を用いて，候補者の主要方法試験要素に関する知識を評価する。試験問題は，試験時に認証機関が承認した現行の問題集から，予測不可能な方法で選択する。

表6－主要方法試験要素の最小限必要な試験問題数

項目	内容	問題数
D	申請された NDT 方法に関連するレベル 3 の知識	30
E	関連するセクターにおける NDT 方法の適用。これには適用するコード，規格，仕様書及び手順書を含む。コード，規格，仕様書及び手順書に関連する書籍持込み試験としてもよい。	20
F	関連するセクターにおける一つ以上の NDT 手順書の作成。適用するコード，規格，仕様書及び他の手順書は，候補者が試験中に使用可能なようにしなければならない。 NDT 手順書を作成してレベル 3 試験に合格したことのある候補者に対しては，認証機関は，関連する NDT 方法及びセクターを網羅し，間違い及び／又は脱落を含む既存の NDT 手順書の精査によって，NDT 手順書の作成に置き換えてもよい。	－
試験のための使用可能な補助（**8.1.4**）について規定し，候補者に伝えなければならない。これらの補助は，資料持込み可能な試験で使用するために，認証機関又は資格試験機関が提供してもよい。		

8.3.4　レベル 3 の試験の採点

8.3.4.1　一般

基礎試験要素及び主要方法試験要素の採点は，別々に行う。認証の資格を得るには，候補者は基礎試験要素と主要方法試験要素との両方の試験に合格しなければならない。

基礎試験要素の A，B 及び C の 3 項目，並びに主要方法試験要素の D 及び E の項目については，次の要求事項を適用する。

一般的にあらかじめ準備された紙ベースの試験を行う場合，試験員は認証機関が承認した解答集を基に，候補者の解答を比較することによって採点する責任をもたなければならない。各正解は 1 点とし，その試験の得点は獲得した点数の合計とする。最終の計算では，各試験の得点は，パーセントとして表す。

認証機関の選択によって，蓄えられたデータを基に自動的に候補者の解答を採点し，事前に準備されたアルゴリズムに従って筆記試験を採点するという e アセスメントシステムを利用してもよい。

8.3.4.2　基礎試験要素

基礎試験要素に合格するためには，候補者は項目 A，B 及び C のそれぞれにおいて最低 70 ％の点数を得なければならない。

8.3.4.3　主要方法試験要素

主要方法試験要素に合格するためには，候補者は項目 D，E 及び F のそれぞれにおいて，最低 70 ％の得点を得なければならない。

NDT 手順書作成試験の推奨される重みづけは，**表 D.3** による。

8.4　試験の実施

8.4.1　全ての資格試験は，認証機関によって設立，承認及び監視された試験センターで，認証機関が直接実施するか又は資格試験機関が実施しなければならない。

8.4.2　資格試験では，試験員又は試験監督員の要求に基づいて，候補者は所持している自分自身を証明可能なもの及び試験の正式な通知書を提示しなければならない。

8.4.3　試験中に資格試験の規則を遵守しないか若しくは不正行為を犯したか，又はこれを助けた候補者

は，その後少なくとも1年間は全ての試験から除外される。

8.4.4 試験問題は，認証機関が妥当性を実証しなければならない。通常のあらかじめ準備された紙ベースの試験を行う場合，問題用紙は試験員によって妥当性を実証及び承認され，採点は認証機関によって承認された手順に従って実施しなければならない（**8.2.5** 及び **8.3.4** 参照）。eアセスメントシステムを使用する場合，認証機関は問題を選択し，コンピュータによる筆記試験を候補者に提供し，試験を採点するeアセスメントシステムの妥当性を実証し，承認しなければならない。

8.4.5 筆記試験（紙ベース又はeアセスメントにかかわらず）及び実技試験は，認証機関の責任の下で配置された一人の試験員又は一人以上の試験監督者が監督しなければならない。

8.4.6 認証機関の承認があれば，実技試験の候補者は自分自身の機器を使用してもよい。

8.4.7 候補者は，試験員によって特別に許可された場合を除き，試験会場に所持品を持ち込むことは許されない。

8.5 再試験

8.5.1 倫理的でない行為によって不合格となった候補者は，再申請までに少なくとも12か月待たなければならない（**8.4.3** 参照）。

8.5.2 資格試験の一つ以上の要素（例えば，一般，専門，実技など）に不合格となった候補者は，不合格となった試験要素を次の両方を満たす期間に2回まで再受験してもよい。

a) 最低1か月の期間経過後（認証機関が認める追加訓練を修了した場合，この期間は削減してもよい。）

b) 最初の資格試験から2年以内

8.5.3 一つ以上の試験要素について2回の再試験に不合格となった候補者は，認証機関が認める追加訓練を修了しなければならず，かつ，全ての試験要素を再受験しなければならない。

8.6 付加試験

8.6.1 既に認証されているレベル1又はレベル2資格のセクターの変更，又は同じNDT方法に別のセクターを追加する場合は，新しいセクターに関する専門試験要素及び実技試験要素の実施を要求しなければならない。レベル2においては，新しいセクターのNDT指示書作成試験要素も要求しなければならない。

8.6.2 既に認証されているレベル3資格のセクターの変更，又は同じNDT方法に別のセクターを追加する場合は，主要方法試験要素のそのセクターに関する試験項目のE及びFだけ試験を要求しなければならない（**表6** 参照）。

9 認証

9.1 運営

認証機関は，全ての認証要求事項を満たす候補者を認証しなければならず，この認証の証拠を利用できるようにしなければならない。これは，ハードコピーの資格証明書の発行か，デジタル資格証明書の発行及び／又は認証機関のウェブサイトにあるデータベースへの関連情報の電子的なアップロード及び表示によって可能である。認証機関は，偽造を防止するための手段を含む携帯用カードを発行してもよい。

9.2 資格証明書

資格証明書には，少なくとも次の事項が含まれていなければならない。

a) 認証を受けた個人の氏名，及び認証を受けた個人の生年月日（任意）

b) 固有の識別情報（例えば，写真，又は写真付き身分証明書の参照番号）

c) 認証機関の名称

d) 認証の範囲，すなわち，この規格への準拠，NDT 方法及び／又は適用される技法，認証レベル，セクター，並びに発行日

e) 認証に対する制限事項（該当する場合）

f) 認証の発効日及び有効期限

g) 認証機関の指定した代表者の署名及び／又は承認

h) 検証のために，資格証明書を発行した認証機関の連絡先又はウェブサイトのアドレス

a)～h)のデータが認証機関のウェブサイトから直接印刷可能な場合，印刷出力には，印刷日及び現在の認証状態が関連ウェブサイトで確認可能な旨の記述を含めなければならない。

9.3 認証の条件

9.3.1 一般

認証は，認証機関によって授与，延長，一時停止，取消し又は再実証される。認証の有効期間は最大 5 年間とする。認証が有効であるためには，7.4 に基づく視力の要求事項を毎年検証しなければならない。

9.3.2 認証の授与

認証は，全ての認証要求事項が満たされたときに，認証機関によって授与される。有効期間は，認証機関による認証の決定によって開始される。

9.3.3 範囲の拡大

認証機関は，個人が既存の認証範囲の拡大（すなわち，製品セクターの追加）を求める場合，認証範囲を拡大するための要求事項を規定しなければならない。

認証機関の裁量によって次のいずれかを行うことが可能である。

a) 既存の認証に範囲を追加し，当初の有効期間を維持する。

b) 認証範囲の拡大に対してだけ，新たに有効期限を設定した新たな資格証明書を発行する。

9.3.4 認証の一時停止

認証機関は，次の場合に認証を一時停止してもよい。

a) 個人が一時的に身体的な理由から職務を遂行することができなくなった場合。

b) 個人が，この規格で要求している視力を満たしていることの証拠を毎年準備することができなかった場合。

c) 個人が認証を受けた NDT 方法に関して大幅な中断が発生した場合。

d) その他認証機関の裁量による場合。

認証機関は，個人の認証が一時停止されている場合の再実証の条件を規定しなければならない。

9.3.5 認証の取消し

認証は，次の場合に認証機関によって取り消される。

a) 認証機関が判断した場合，すなわち，認証手順に適合しないか又は倫理規定に反する行為に関する証拠を確認した場合。

b) 個人が更新の要求事項を満たしていない場合，その個人が更新の要求事項を満たすまでの期間。

c) 個人が再認証に合格しなかった場合，その個人が再認証又は新規の認証のための要求事項を満たすまでの期間。

d) 個人が身体的理由から職務を遂行できなくなったことを示す証拠を雇用主から受け取り，認証機関が判断した場合。

9.3.6 取消し後の認証

認証機関は，**9.3.5 a)**及び **d)**によって個人の認証が取り消された場合の認証条件を規定しなければならない。

9.3.7 取消し後の認証のための待機期間

9.3.5 a)の場合，最低 12 か月の待機期間の後にしか認証は授与できない。認証機関は，待機期間の長さ及び条件を規定しなければならない。

9.4 他の認証機関が発行した資格証明書

9.4.1 認証機関は，他の認証機関が発行した認証を受け入れてもよい。その場合，認証機関は，文書化されたプロセスに従わなければならない。別の認証機関が行った作業を考慮する場合，その結果が同等であり，認証スキームが定める要求事項に適合していることを示す適切な報告書，データ及び記録をもたなければならない。

9.4.2 このプロセスは，元の認証機関の教育，訓練，経験，視力及び試験要求事項のレビューを含む有効な認証のためのクレジットの付与を検討しなければならない。このレビューによって，認証機関は，そのNDT方法の一般試験部分を免除してもよい。また，このレビューは，NDT方法・技法，産業・製品セクターが適切である場合に限り，認証機関が専門試験要素及び／又は実技試験要素の免除を認めてもよい。

9.4.3 他の認証機関の認証が追加試験なしで認められた場合，新たな認証の有効期限は元の認証の有効期限を超えて延長してはならず，認証範囲の拡大をしてはならない。

10 更新

10.1 認証及び再認証後の有効期間が完了する前に，次の **a)**, **b)**及び **c)**並びに **d)**又は **e)**を提示することで，認証機関は認証を更新しなければならない。

a) 過去 12 か月の期間内に近方視力の要求事項を満たしたことを示す証拠書類

b) 過去 60 か月の期間内に色覚及び／又はグレースケール知覚についての要求事項を満たしたことを示す証拠書類

c) 更新を希望する NDT 方法及びセクターにおいて，大幅な中断なく業務を継続していることを示す検証可能な証拠書類

d) **11.2.2** に従った実技試験要素（ただし，**11.2.2** で要求される試験体の 50 ％以上で構成される。）の合格

e) **10.2** 及び**附属書 C** に規定する体系的クレジットシステムの要求事項の満足

上記の **c)**を満たさない場合，その個人は **11.2.2** で要求される実技試験要素に合格しなければならない。

10.2 候補者が体系的クレジットシステムを選択した場合，**表 C.1** の要求事項に基づき，5 年間の更新期間中に最低 100 ポイントを取得したことを証明する証拠書類を認証機関に提出しなければならない。

10.2.1 レベル 1 の資格証明書の更新を希望する候補者は，**表 C.1** のパート A に規定する活動の組合せにおいて，100 ポイント中 75 ポイント以上のポイントを得る必要がある。

10.2.2 レベル 2 又はレベル 3 の資格証明書の更新を希望する候補者は，**表 C.1** のパート A に規定する活動の組合せにおいて，100 ポイント中 50 ポイント以上のポイントを得る必要がある。

10.2.3 認証機関が 5 年未満の更新期間の実施を選択した場合，必要な最小ポイントはそれに応じてあん（按）分してもよい［すなわち，4 年の更新期間には最低 80 ポイント（100×4/5）が必要である。］。

10.2.4 候補者が複数の資格証明書の更新を希望する場合，特定の活動で付与されたポイントは，NDT 方法を特化していない活動（例えば，NDT 学協会又は NDT 関連学協会における個人会員であること）として，各資格証明書に必要な合計ポイントに使える。ただし，候補者は更新を希望する各資格証明書の必要ポイント総数（すなわち 100 ポイント）を満たさなければならない。

10.3 更新に必要な手続を開始するのは，資格証明書保持者の責任である。

10.3.1 更新の申請は，認証機関に資格証明書の有効期限が切れる日までに行うことが望ましく，認証の有効期限が切れた日から 12 か月以内に行わなければならない。

10.3.2 更新の申請が資格証明書の有効期間満了前又は満了日に受理された場合，新しい資格証明書の更新日は資格証明書の有効期間満了日と同一としなければならない（すなわち，認証の中断はない。）。新しい資格証明書の有効期限は，元の資格証明書の有効期限から 5 年以内としなければならない。

10.3.3 更新の申請が資格証明書の有効期限後に受理された場合，新しい資格証明書の更新日は，更新のための全ての要求事項が満たされた日としなければならない。この場合，認証期間の中断があったものとし，新しい資格証明書の有効期限は，元の資格証明書の有効期限の日付から 5 年以内としなければならない。

10.4 更新時の資格証明書の有効期限は最大で 5 年間とする。

10.5 レベル 1 及びレベル 2 の資格証明書保持者が更新の要求事項を満たしていない場合は，**11.2.2** に規定する再認証の要求事項を満たさなければならない。レベル 3 の資格証明書保持者が更新の要求事項を満たしていない場合は，**11.3.1** に規定する再認証の要求事項を満たさなければならない。

11 再認証

11.1 一般

更新後の有効期間の終了前に，資格証明書保持者が **10.1 a)**及び **10.1 b)**に規定する更新基準を満たし，かつ，**11.2** 及び **11.3** の適用条件を満たす場合，認証機関は新たに 5 年以内の有効期間の再認証を行う。

再認証を受けるために必要な手続を開始することは，資格証明書保持者の責任である。有効期間満了後

12 か月を超えて再認証を申請する場合，レベル 1 及びレベル 2 の全ての試験要素（一般，専門，実技，NDT 指示書作成）及びレベル 3 の主要方法試験要素（**表 6** の項目 D，E 及び F）に再度合格しなければならない。

11.2 レベル 1 及びレベル 2

11.2.1 再認証を求めるレベル 1 及びレベル 2 の資格証明書保持者は，再認証を希望する NDT 方法及びセクターにおいて，大幅な中断なく満足できる業務活動を継続しているという雇用主が発行した証明書を提出するものとし，**11.2.2** を満足しなければならない。

11.2.2 個人は，資格証明書に記載された範囲内で業務を遂行する継続的な能力を証明する試験を無事終了しなければならない。これには，再認証の範囲に適した試験体（**附属書 B** 参照）の試験，さらにレベル 2 の場合は，レベル 1 の NDT 技術者への NDT 指示書の作成（**8.2.4.1** 参照）が含まれなければならない。試験した各試験体（**表 4** のガイダンスに従って重みづけしたもの）に対して 70 %以上の得点を得られなかった場合，及びレベル 2 の場合は NDT 指示書作成試験要素に対して 70 %以上の得点を得られなかった場合，最初の再認証試験の受験から少なくとも 7 日後，12 か月以内に再認証試験を 2 回受験することが可能である。

11.2.3 2 回の再試験で不合格となった場合，資格証明書は取り消される。

　認証を復活させるために，候補者は次の両方を行わなければならない。

－ 認証機関が認める追加訓練の修了

－ 新規認証に必要な全ての試験要素の再受験

　復活した資格証明書の有効期限は，元の資格証明書の有効期限の日から 5 年以内でなければならない。

11.2.4 再認証のための **11.2.1** の基準（大幅な中断がないこと）を満たさない場合，その個人は **11.1** で要求される一般試験要素，専門試験要素及び実技試験要素に合格しなければならない。

11.3 レベル 3

11.3.1 再認証を求めるレベル 3 の資格証明書保持者は，次のいずれかの事項を満たし，再認証を求める NDT 方法及びセクターにおいて，大幅な中断なく満足できる業務活動を継続しているという雇用主が発行した確認書を提出しなければならない。

a) 筆記試験に関して **11.3.3** のレベル 3 の要求事項を満たす。

b) **11.3.2** 及び**表 C.1** に示す体系的クレジットシステムの要求事項を満たす。

　個人は，再認証のために，試験又は体系的クレジットシステムのいずれかを決定しなければならない。体系的クレジットシステムを選択し，雇用主の文書の提出又は雇用主の敷地への立ち入りを必要とする場合，雇用主の承認書を認証機関に提出しなければならない。

　いずれの場合も（筆記試験又は体系的クレジットシステム），個人は，認証機関が認める，その方法における継続した実務能力を示す適切な文書化された証拠を提出するか，又は NDT 指示書作成試験要素を除く **11.2.2** に規定するレベル 2 実技試験に合格しなければならない。

11.3.2 資格証明書保持者が体系的クレジットシステムの使用を選択した場合，**表 C.1** の要求事項に基づき，更新後の 5 年間の有効期間の中に最低 100 ポイントを達成したことを示す証拠を認証機関に提出しなければならない。

レベル 3 認証の再認証を希望する資格証明書保持者の場合，次による。

- 100 ポイントのうち最低 50 ポイント，最高 70 ポイントは，**表 C.1** のパート A に規定する活動の組合せに対して要求される。
- **表 C.1** のパート B に規定する活動の組合せについて，100 ポイントのうち 30 ポイント以上 50 ポイント以下が必要である。

認証機関が更新後の有効期間を 5 年未満とすることを選択した場合，必要な最低点数はそれに応じてあん（按）分してもよい［例えば，更新後の有効期間が 4 年の場合，最低 80 ポイント（100×4/5）が必要]。

11.3.3 資格証明書保持者が筆記試験の受験を選択した場合，又は体系的クレジットシステムの要求事項を満たさない場合，次の両方を含む試験に合格しなければならない。

a) 現行の NDT 技法，規格，コード又は仕様書，及び適用技術についての理解を実証するための，関連するセクターでの NDT 方法の適用に関する最低 20 問の多項選択式試験問題

b) 認証機関の認証スキームの要求事項に関する最低 10 問の多項選択式試験問題

11.3.4 個人は，再認証試験で最小限 70 ％に達しなかった場合には，再認証試験での 2 回の再試験を受ける機会が与えられる。認証機関によって期間が延長されない限り，全ての試験の実施期間は，12 か月以内とする。

11.3.5 許容される 2 回の再試験で不合格となった場合，認証は取り消される。

認証を復活させるために，候補者は次の両方を行わなければならない。

- 認証機関が認める追加訓練を完了する。
- 初回認証に必要な全ての主要方法試験要素の再試験を行う。

復活した認証の有効期限は，元の認証の有効期限の日から 5 年以内でなければならない。

11.3.6 体系的クレジットシステムによる再認証を申請したが，その要求事項を満たしていない候補者は，**11.3.3** に従って再認証を受けなければならない。試験による再認証の最初の受験で不合格となった場合，体系的クレジットシステムによる再認証の申請日から 12 か月以内に，1 回に限り，再認証試験の再試験を受ける機会が与えられる。

12 ファイル

認証機関は，次のものを管理する責任を負わなければならない。

a) レベル，NDT 方法及びセクターに従って分類された全ての認証を受けた個人の実際のリスト又はデータベース。

b) 申請の日付から少なくとも 5 年間，認証されなかった各候補者についての個人のファイル。

c) 認証を受けた個人及び認証を失効した個人についての個人のファイルで，次のものを含む。

1) 固有の個人識別情報（例えば，写真，又は番号による写真識別情報への参照）

2) 申請書

3) 試験における問題，解答，試験体の詳細，記録，試験結果，NDT 手順書，採点用紙などの試験記録

4) 更新及び再認証の文書。これには，視力及び継続的な作業活動の証拠を含む。

5) 認証取消しの理由

個々のファイルは，認証が有効である間及び認証が失効した後も少なくとも1回の全認証サイクルの間，安全かつ機密保持に適した状態で保管されなければならない。

注記　試験体，データセット及び放射線透過写真は，保管の必要はない。

13　移行期間

13.1　この箇条の目的は，認証機関がその認証スキームで扱っていないNDT方法の認証スキームを始める場合又は新しいセクターを創設する場合に，そのシステムの開始を許可することである。認証機関は，試験の実施，監督及び採点をする目的で，その新しいNDT方法又はセクターの施行日から5年を超えない期間，適切に資格付けされた技術者を試験員として一時的に任命してもよい。5年間の実施期間は，認証機関は，資格及び認証に関するこの規格における要求事項を完全には満足しない候補者を認証する手段として使用してはならない。新しいNDT方法又はセクターの新規・追加訓練の要求事項が採用された場合，現在認証を受けているNDT技術者は，次回の再認証サイクルにおいて，完全に満足していることの証拠書類を提出しなければならない。

13.2　適切に資格付けされた技術者とは，次のような技術者とする。

a)　NDT方法の原理の知識及びそのセクターに関連する専門知識がある。

b)　NDT方法の適用に関する産業に関わる経験がある。

c)　資格試験を実施する能力がある。

d)　資格試験の問題及び結果を解釈することが可能である。

13.3　これらの試験員は，任命された日から2年以内に，**11.3.1**に規定する再認証の要求事項を満たすことで，認証を受けなければならない。

附属書 A
（規定）
セクター

A.1　一般

セクターを創設する場合，認証機関は **A.2** 及び **A.3** のセクターの参照リストに従って規格化してもよい。これは，各国の要求を満足させるため，追加のセクターの開発を妨げるものではない。

セクターの認証は，全ての NDT 方法における三つのレベルで行ってもよく，又は特定の方法若しくはレベルに限定してもよい。ただし，認証の範囲は，資格証明書に明記されなければならない。

A.2　製品セクター

製品セクターには，次に示すものがある。

― 金属材料

a)　鋳造（c）（鉄鋼材料及び非鉄材料）

b)　鍛造（f）（全ての種類の鍛造：鉄鋼材料及び非鉄材料）

c)　溶接（w）（鉄鋼材料及び非鉄材料の全ての種類の溶接で，これにはろう接も含む。）

d)　管（t）（継ぎ目なし，溶接，鉄鋼材料及び非鉄材料で，これには溶接管製造用の平板製品も含む。）

e)　鍛造を除く圧延製品（wp）（例えば，板，棒，条）

― 複合材料

f)　セメント系複合材料（cc）

g)　繊維強化プラスチック（frp）などの強化プラスチック

h)　金属基複合材料（mmc）

i)　セラミック基複合材料（cmc）

複合材料については，認証機関が試験の要求事項を規定する。

A.3　産業セクター

全ての製品若しくは一部の製品又は特定の材料（鉄鋼及び非鉄金属，又はセラミック，プラスチック及び複合材料などの非金属材料）を含む，幾つかの製品セクターを組み合わせたセクター。

a)　製造（m）

b)　供用前・供用期間中試験（製造を含む。）（s）

c)　鉄道保守（r）

d)　航空宇宙（a）

産業セクターを創設する場合，認証機関は，その発行文書において，製品，対象又は項目について関連する新しいセクターの適用範囲を明確に規定しなければならない。

ある産業セクターで認証された個人は，その産業セクターを構成する各セクターの認証も保有しているとみなされる。

附属書 B

（規定）

レベル 1 及びレベル 2 の実技試験のための最小限の試験体の数及び種類

レベル 1 及びレベル 2 の実技試験のための最小限の試験体の数及び種類は，次による。

a) 全ての実技試験要素について，候補者は一つ以上のセクター別試験体を試験しなければならない。

b) 候補者が複数の試験体を試験する必要がある場合，それぞれの試験体は，製品形態，材料仕様，形状，寸法，不連続部の種類など，異なる特性をもつものでなければならない。

c) 一連のデータの評価及び解釈は，一つの試験体を試験することと同等とみなさなければならない。

d) 製品セクターに関連する実技試験要素について　候補者には，最低二つの試験体を試験することを要求し，複数の製品セクターがある場合は，各製品セクターから最低一つの試験体を試験することを要求しなければならない。

e) 産業セクターに関連する実技試験要素について　候補者には，産業セクターで通常試験される製品を代表する少なくとも二つの試験体を試験することを要求しなければならない。

f) RT 候補者　レベル 1 及びレベル 2 の候補者は，少なくとも二つの試験体を撮影しなければならない。レベル 1 の資格試験に合格しているレベル 2 の候補者は，少なくとも一つの試験体を撮影しなければならない。

　　レベル 2 の候補者は，放射線透過写真の撮影に加え，少なくとも 10 枚のフィルム画像又は 10 枚のデジタル画像のセットを解釈しなければならない。このセットを一つの試験体とする。

g) LT 候補者　加圧法及びトレーサーガス法の両方を含む試験は，それぞれの技法について少なくとも一つの試験体を含まなければならない。

h) 厚さ測定，放射線画像解釈，自動探傷試験など，求める認証が限定された用途の場合は，最小限の試験体数をセクターごとに最大 50 ％から一つまで減らしてもよい。

附属書 C
（規定）
レベル 1〜3 の更新及びレベル 3 の再認証のための
体系的クレジットシステム

C.1　一般事項

レベル 1〜3 の更新及びレベル 3 の再認証のための体系的クレジットシステムは，**表 C.1** による。

表 C.1−レベル 1〜3 の更新及びレベル 3 の再認証のための体系的クレジットシステム [a]

項目	活動内容	レベル 1			レベル 2			レベル 3		
		1 回の活動における付与ポイント	1 年間の最大ポイント	5 年間の最大ポイント	1 回の活動における付与ポイント	1 年間の最大ポイント	5 年間の最大ポイント	1 回の活動における付与ポイント	1 年間の最大ポイント	5 年間の最大ポイント
	パート A									
1	NDT 活動の実施 [b]	2／日	25	95	2／日	25	95	2／日	25	95
2	NDT 方法の理論についての訓練の修了	1／日	5	15	1／日	5	15	1／日	5	15
3	NDT 方法の実技訓練の修了	2／日	10	25	2／日	10	25	2／日	10	25
4	NDT に関する実技又は理論についての訓練の提供	−	−	−	1／日	15	75	1／日	15	75
5	NDT 分野の研究活動又は NDT エンジニアリングへの参画（**附属書 E 参照**）	1／週	15	60	1／週	15	60	1／週	15	60
	パート B									
6	NDT 方法又は NDT 技法の分野における技術的セミナー・論文への参画	1／日	2	10	1／日	2	10	1／日	2	10
7	NDT 方法又は NDT 技法の分野における技術的セミナー・論文の発表	1／発表	3	15	1／発表	3	15	1／発表	3	15
8	NDT 学協会又は NDT 関連学協会の個人会員であること	1／会員	2	5	1／会員	2	5	1／会員	2	5
9	関連する NDT 方法における NDT 技術者・研修生の技術的な監督及び指導	−	−	−	2／対象者	10	30	2／対象者	10	40

表 C.1－レベル 1～3 の更新及びレベル 3 の再認証のための体系的クレジットシステム[a]（続き）

項目	活動内容	レベル 1			レベル 2			レベル 3		
		1 回の活動における付与ポイント	1 年間の最大ポイント	5 年間の最大ポイント	1 回の活動における付与ポイント	1 年間の最大ポイント	5 年間の最大ポイント	1 回の活動における付与ポイント	1 年間の最大ポイント	5 年間の最大ポイント
10	標準化及び技術の委員会の参加又は主催	－	－	－	1／委員会	3	15	1／委員会	4	20
11	認証機関における技術的な NDT の役割の遂行	－	－	－	2／活動	10	30	2／活動	10	40

注 [a] この表で"年間"と表記しているのは，暦年ではなく認証の期間の年数を規定している。
注 [b] この活動の具体的な内容については，C.2 を参照。

C.2 NDT 活動の実施

C.2.1 この活動タイプの評価において，認証機関は，5.5 に規定する雇用主の責任，及び箇条 6 に規定する義務を考慮するのがよい。次のような作業活動は，許容範囲内とみなしてもよい。

a) 顧客の仕様及び検査規格に関する知識及び理解

b) 試験条件の検証又は試験装置の設定，NDT の成功実績，及び満足な報告

c) レベル 3 試験員としての業務遂行

C.2.2 C.2.1 に定める活動を評価するために，認証機関は，更新又はレベル 3 再認証を求める個人に対し，次を含むがこれらに限定されない適合を実証する文書及び／又は証拠を要求してもよい。

a) 資格証明書保持者，又はレフェリーによる候補者の業務活動の確認

b) 与えられた方法における個人の活動のレベルの確認

c) 与えられた方法における正式な文書化された力量又は技能試験の確認

d) 報告書の日付及び手順書番号

e) 受けた特定業務訓練の詳細

f) 雇用主の作業許可の確認

g) 活動及びアウトプットの概要

h) 職務・役職の説明

i) パフォーマンス・能力に関する年次・定期的な雇用主の評価

j) NDT 報告書のサンプル

k) 開発した手順書のサンプル（レベル 3 だけ）

l) 顧客からのフィードバック

m) 雇用主による倫理規定の遵守の確認

n) 国の追加要求事項（例えば，放射線安全管理）への適合の確認

その他の証拠については，認証機関が承認可能と判断するか，又は認証機関が要求してもよい。認証機関は，提出された証拠の一部又は全部を雇用主が確認するよう要求してもよい。

附属書 D
（規定）
採点について

D.1 レベル 1 及びレベル 2 の実技試験要素の採点・重みづけ

レベル 1 及びレベル 2 の実技試験要素の重みづけは，**表 D.1** による。

表 D.1－レベル 1 及びレベル 2 の実技試験要素の重みづけ

内容	最大 (%) (レベル 1)	最大 (%) (レベル 2)
項目 1：NDT 装置及び／又は NDT 媒体に関する知識		
a) システム及び／又は媒体の知識及び管理	10	5
b) 検証及び／又は媒体の有効性	10	5
小計	**20**	**10**
項目 2：NDT 方法の適用		
a) 外観試験を含む試験体の準備（例えば，表面状態）	5	2
b) レベル 2 の場合は，NDT 技法の選択及び操作条件の決定	－	10
c) NDT 装置の調整及び試験実施	25	12
d) 試験後の処置［例えば，脱磁，洗浄，防せい（錆）など］	5	2
小計	**35**	**26**
項目 3：不連続部の検出及び報告		
a) 報告の義務のある不連続部の検出	20	18
b) 指示模様の評価（試験方法に関して適用可能な場合：種類，位置，方向，見かけの寸法など）	15	18
c) レベル 2 の場合，コード，規格，仕様書又は，手順書の判定基準による評価	－	18
d) NDT 報告書の作成	10	10
小計	**45**	**64**
項目 1～項目 3 の合計	**100**	**100**

D.2 レベル 2 の NDT 指示書作成試験要素の採点について

レベル 2 の NDT 指示書作成試験要素の重みづけは，**表 D.2** による。

表 D.2－レベル 2 の NDT 指示書作成試験要素の重みづけ

NDT 指示書の作成（レベル 2 候補者）	最大 (%)
a) まえがき（適用範囲，参照資料）	5
b) 技術者	5
c) 使用される機器・媒体	5
d) 製品（対象とする範囲及び試験の目的を含む説明又は図面）	10
e) 試験の準備を含む試験条件	10
f) 試験の適用に関する詳細な指示事項（設定を含む。）	40
g) 試験結果の記録及び分類	20
h) 試験結果の報告	5
合計	**100**

D.3 レベル3主要方法試験要素の項目Fの重みづけ

レベル3のNDT手順書作成試験の重みづけは，**表D.3**による。

表D.3－レベル3のNDT手順書作成試験の重みづけ

内容	最大 (%)
項目1：一般	
a) 適用範囲（適用分野，製品）	2
b) 文書管理	2
c) 必須引用規格及び補足情報	4
小計	**8**
項目2：NDT技術者	**2**
項目3：器材及び装置	
a) 主要なNDT装置（校正状況の明確化及び試験前点検を含む。）	10
b) 補助装置（基準ブロック及び校正ブロック，消耗品，測定装置，視覚補助器具など）	10
小計	**20**
項目4：試験体	
a) 物理的状態及び表面の準備（温度，接近性，保護被膜の除去，粗さなど）	1
b) 基準データを含む試験を行う表面又は体積の記載	1
c) 検出対象となる不連続部	3
小計	**5**
項目5：NDTの実施	
a) 使用するNDT方法及びNDT技法	10
b) 機器の調整	10
c) 試験の実施（NDT指示書の参照を含む。）	10
d) 不連続部の特性評価	10
小計	**40**
項目6：判定基準	**7**
項目7：NDT後の手順	
a) 不適合品の処置（ラベル貼付，隔離）	2
b) 保護被膜の復元（必要な場合）	1
小計	**3**
項目8：NDT報告書の作成	**5**
項目9：全般的な表現	**10**
合計	**100**

附属書 E
（参考）
NDT エンジニアリング

E.1　定義

　NDT エンジニアリングは，装置の設計から，産業設備又は技術設備に属する同じ装置の NDT（製造中及び供用期間中）の準備，実施及び検証の責任に至るまでの NDT に関連する全ての活動を対象としている。

E.2　対象となる活動のリスト

　諸活動は，次の項目を含む。ただし，次は全てを網羅しているわけではない。

a) 設計の段階では，考慮しなければならない要求事項の定義及び／又は製造中若しくは必要ならば供用期間中における装置に関わる検査の可能性の検証

b) 製造中及び／又は供用期間中に実施される NDT 技法の選択

c) 種々のコード及び規格に関する特定の規定の比較

d) NDT 手順書の作成又は妥当性の実証

e) NDT の実施者の技術的評価

f) 特に専門的技術としての NDT 技法の評価

g) 不適合の場合の処置（技術的評価）

h) 実施された業務に関し，顧客及び必要な場合に関連する安全当局に対する正当化

i) NDT 設備に対する責任

j) NDT 技術者の活動の調整及び監督

k) 資格・NDT 技法の妥当性の実証

　1) 検査対象を含む入力情報の設定

　2) オープンテスト及び必要な場合，ブラインドテストのための必要なモックアップの規定

　3) 実技試験の実施

　4) 必要に応じてモデリングを含む技術的正当性の準備

　5) NDT 手順書の準備又は妥当性の実証

　6) 資格関係書類の準備又は妥当性の実証

l) 産業用施設に対する供用期間中検査プログラムの確立又はそのプログラムの確立のための規定の定義

附属書 F
(参考)
技法に関する訓練

F.1 一般

この附属書は，NDT 方法の枠組みの中で開発された NDT 技法の利用の拡大を考慮している。また，この附属書は，これらの技法に対する力量の要求が高まっていることに対する指針を提供することを意図している。

この附属書に含まれる NDT 技法の選択は，包括的でも排他的でもなく，したがって，将来の技法の利用が重要になった場合に，この附属書に含める余地を残している。

レベル 2 への直接申請には，レベル 1 及びレベル 2 の各表に示す総訓練日数が必要である。レベル 3 への直接申請は，レベル 1～3 について該当する表に示された総訓練日数が必要である。

"N/A"は，適用外を意味する。

F.2 技法のための推奨追加訓練日数

F.2.1 一般

表 F.1～表 F.4 に示す技法に対する訓練は，**表 2** に示す方法に対する訓練の要求事項に加えられる。
注記 **表 2** の基本技法に対する訓練の要求事項を，便宜上，**表 F.1～表 F.3** の 1 行目に再掲している。

F.2.2 有効性

技法における認証は，主な方法における認証が有効である限り有効である。

表 F.1－漏れ試験（LT）技法に関する訓練

技法	略語	訓練 (日数)		
		レベル 1	レベル 2	レベル 3
LT 表 2 による。		5	9	6
LT 圧力法	LT-P	3	4	N/A
LT トレーサーガス法	LT-TG	2	5	N/A
注記 LT-P 及び LT-TG の日数は，表 2 による日数の内訳を示す。				

表 F.2－磁気探傷試験（MT）技法に関する追加訓練

技法	略語	追加訓練 (日数)		
		レベル 1	レベル 2	レベル 3
MT 表 2 による。		3	2	4
漏えい（洩）磁束法	MT-FL	1	2	N/A

表 F.3－超音波探傷試験（UT）技法に関する追加訓練

技法	略語	追加訓練 （日数）		
		レベル1	レベル2	レベル3
UT 表2による。		8	10	5
TOFD 法	UT-TOFD	5	5	N/A
フェーズドアレイ法	UT-PA	5	5	N/A

表 F.4－超音波探傷試験（UT）技法に関する前提条件

技法	レベル1	レベル2	レベル3
UT-TOFD	UT1	UT2	N/A
UT-PA	UT1	UT2	N/A
注記　各レベルは，認証の最低許容レベルである。レベル3の資格証明書保持者はこの前提条件をおの（自）ずと満たしている。			

F.3　放射線透過試験（RT）技法に関する推奨総訓練日数

F.3.1　一般

表 F.5 及び表 F.6 に示す技法に関する訓練は，記載の RT 技法における認証に必要な総訓練日数である。

F.3.2　有効性

技法における認証は，範囲が限定されている技法を除き，主な方法における認証が有効である限り，有効である。

表 F.5－放射線透過試験（RT）技法訓練

技法	範囲が限定された技法	略語	訓練 （日数）		
			レベル1	レベル2	レベル3
フィルム及びデジタル	－	RT-FD	8	10	8
フィルム	－	RT-F	5	10	5
デジタル	－	RT-D	5	10	5
コンピュータ断層写真（CT）	－	RT-CT	4	5	5
X線透視法	－	RT-S	4	4	5
－	RT フィルム解釈	RT-FI	N/A	8	N/A
－	RT デジタル画像の解釈	RT-DI	N/A	8	
－	RT フィルム及びデジタル画像の解釈	RT-FDI	N/A	9	

注記　表2に示す RT の訓練は，主にフィルムラジオグラフィ（RT-F）である。

訓練のシラバスが ISO/TS 25107 の推奨事項と一致している場合は，フィルム及びデジタルラジオグラフィ（RT-FD）を含む RT であることなどが考えられる。

F.3.3　フィルムからデジタルへの移行に必要な追加訓練

RT-F 資格証明書を保持し，RT-D の認証を希望する候補者は，**表 F.6** に示す追加訓練を考慮する。

表 F.6−RT-F から RT-D への追加訓練

方法	技法	略語	レベル 1	レベル 2	レベル 3
RT	デジタルラジオグラフィ	RT-D	3 日	5 日	3 日

附属書 G
(参考)
サイコメトリック原理

認証機関が筆記試験にサイコメトリック原理を使用することを選択した場合，次のことが要求されている。

— この規格で問題に言及する場合は，採点可能な問題に関連し，試験時間を計算する場合は，全ての問題（採点可能及び採点対象外）を考慮する。

— 採点可能な問題とは，アイテムバンクに登録するために認証機関（又は資格試験機関）に提出された，承認及び検証された試験問題である。採点対象外問題（合否判定に使用されない）とは，将来の試験で使用するために開発され承認された問題で，統計的には検証されていない。検証には，得点可能な問題として使用する前に，認証機関によって指定された最低回数の出題及び項目分析を行う。

— 合格最低点は，70 ％とする。

— 試験の採点は，認証機関が指定するサイコメトリックプロセスに従って行う。

参考文献

[1]　**ISO/TS 22809**, Non-destructive testing−Discontinuities in specimens for use in qualification examinations

[2]　**ISO/TS 25107**, Non-destructive testing−NDT training syllabuses

[3]　**ISO/TS 25108**, Non-destructive testing−NDT personnel training organizations

[4]　**CEN/TR 14748**, Non-destructive testing−Methodology for qualification of non-destructive tests

＊ JIS Z 2241:2022 は 2023 年 8 月 21 日に追補 1 によって改正。本規格と追補 1 を併読し用いてください。

JIS Z 2241	**金属材料引張試験方法**	JIS (1955, 56, 68, 77,
（2022）	Metallic materials－Tensile testing－	80, 93, 98, 11) 改正
	Method of test at room temperature	JIS　　（1952）　制定
		JIS　　B　　7771

序文

この規格は，2019 年に第 3 版として発行された **ISO 6892-1** を基とし，技術的内容を変更して作成した日本産業規格である。

なお，この規格で，**附属書 JA**［ひずみ速度に基づいた試験方法（試験方法 2)］は，**ISO 6892-1** の **10.3.2**［Testing rate based on strain rate (method A)］を基とし，技術的内容を変更して規定した附属書である。また，**附属書 JB** 及び**附属書 JC** は，対応国際規格にはない事項である。

なお，この規格で側線又は点線の下線を施してある箇所は，対応国際規格を変更している事項である。技術的差異の一覧表にその説明を付けて，**附属書 JD** に示す。

1　適用範囲

この規格は，金属材料の引張試験方法，及び室温（10 ℃～35 ℃）で測定可能である金属材料の機械的性質について規定する。

注記　この規格の対応国際規格及びその対応の程度を表す記号を，次に示す。

　　ISO 6892-1:2019, Metallic materials－Tensile testing－Part 1: Method of test at room temperature（MOD）

　　　なお，対応の程度を表す記号“MOD”は，**ISO/IEC Guide 21-1** に基づき，“修正している”ことを示す。

警告　この規格に基づいて試験を行う者は，通常の試験室での作業に精通していることを前提とする。この規格は，その使用に関連して起こる全ての安全上の問題を取り扱おうとするものではない。この規格の利用者は，各自の責任において安全及び健康に対する措置をとらなければならない。

2　引用規格

次に掲げる引用規格は，この規格に引用されることによって，その一部又は全部がこの規格の要求事項を構成している。これらの引用規格は，その最新版（追補を含む。）を適用する。

JIS B 7721　引張試験機・圧縮試験機－力計測系の校正方法及び検証方法

　注記　対応国際規格における引用規格：**ISO 7500-1**, Metallic materials－Calibration and verification of static uniaxial testing machines－Part 1: Tension/compression testing machines－Calibration and verification of the force-measuring system

JIS B 7741　一軸試験に使用する伸び計システムの校正方法

　注記　対応国際規格における引用規格：**ISO 9513**, Metallic materials－Calibration of extensometer systems used in uniaxial testing

JIS G 0202 鉄鋼用語（試験）

JIS Z 8401 数値の丸め方

3 用語及び定義

この規格で用いる主な用語及び定義は，次によるほか，**JIS G 0202** による。

3.1

標点距離（gauge length）

試験片の平行部で伸びを測定する部分の長さ

3.1.1

原標点距離，L_o（original gauge length）

試験前に室温で測定する試験片にしる（印）された標点間の距離

3.1.2

最終標点距離，L_u（final gauge length after rupture, final gauge length after fracture）

破断後に室温で測定する試験片にしるされた標点間の距離

注釈 1 試験片の平行部で伸びを測定する部分の長さを測定するときには，破断した二つの試験片を試験片の軸が直線状になるように注意深く突き合わせる。

3.2

平行部長さ，L_c（parallel length）

試験片の断面が減少した平行な部分の長さ

注釈 1 機械加工をしていない試験片に対しては，平行部長さは，つかみ間の距離となる。

3.3

伸び（elongation）

試験中の任意の時点における原標点距離 L_o（**3.1.1**）の増分

3.4

伸び（%）（percentage elongation）

原標点距離 L_o（**3.1.1**）の増分で，原標点距離に対する百分率で表した値

3.4.1

永久伸び（%）（percentage permanent elongation）

規定応力を除去した後の原標点距離 L_o（**3.1.1**）の増分で，原標点距離に対する百分率で表した値

3.4.2

破断伸び（%），A（percentage elongation after fracture）

破断（**3.11**）後の永久伸びによる原標点距離 L_o（**3.1.1**）の増分（$L_u - L_o$）で，原標点距離に対する百分率で表した値

注釈 1 追加情報は，**8.1** 参照。

注釈 2 紛らわしくないときには，単に伸びということがある（**JIS G 0202** を参照）。

3.5

伸び計標点距離, L_e (extensometer gauge length)

　　伸び計伸び（**3.6**）の測定を行うために用いられる試験前の伸び計の標点距離

　　注釈 1　伸びに基づいた物性値，例えば，R_p（**3.10.3**），A_e（**3.6.3**），A_g（**3.6.5**）の決定のためには，伸び
　　　　　計を使用しなければならない。

　　注釈 2　追加情報は，**8.3** 参照。

3.6

伸び計伸び（extension）

　　試験中の任意の時点における伸び計標点距離 L_e（**3.5**）の増分

3.6.1

伸び計伸び（%），e (percentage extension, strain)

　　伸び計標点距離 L_e（**3.5**）の増分で，伸び計標点距離に対する百分率で表した値

　　注釈 1　通常，e は，公称ひずみ（engineering strain）と呼ばれている。

3.6.2

伸び計永久伸び（%）(percentage permanent extension)

　　規定応力を除去した後の伸び計標点距離 L_e（**3.5**）の増分で，伸び計標点距離に対する百分率で表した
値

3.6.3

降伏伸び（%），A_e (percentage yield point extension)

　　不連続な降伏を示す材料において，降伏の開始から均一な加工硬化が始まるまでの間の伸び計伸びで，
伸び計標点距離 L_e（**3.5**）に対する百分率で表した値（**図 7** 参照）

3.6.4

最大試験力時全伸び（%），A_{gt} (percentage total extension at maximum force)

　　最大試験力（**3.9**）時の全伸び（伸び計の弾性伸びと塑性伸びとを合わせた値）で，伸び計標点距離 L_e
（**3.5**）に対する百分率で表した値（**図 1** 参照）

3.6.5

最大試験力時塑性伸び（%），A_g (percentage plastic extension at maximum force)

　　最大試験力（**3.9**）時の塑性伸びで，伸び計標点距離 L_e（**3.5**）に対する百分率で表した値（**図 1** 参照）

3.6.6

破断時全伸び（%），A_t (percentage total extension at fracture)

　　破断（**3.11**）時の全伸び（伸び計の弾性伸びと塑性伸びとを合わせた値）で，伸び計標点距離 L_e
（**3.5**）に対する百分率で表した値（**図 1** 参照）

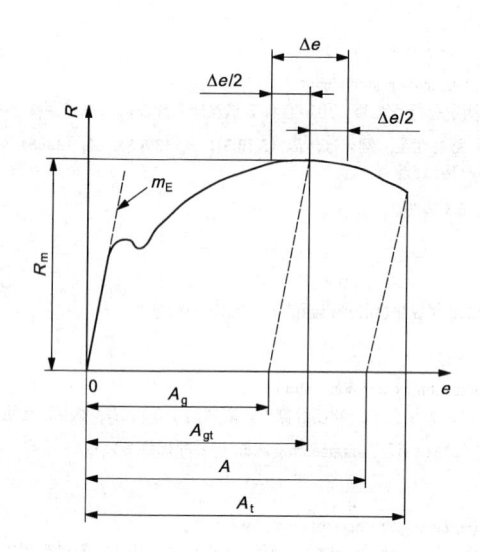

記号説明

e ：伸び計伸び（%）

R ：応力

A ：破断伸び（%）［伸び計による計測又は，試験片を用いて直接測定される（**20.1** 参照）。］

A_g ：最大試験力時塑性伸び（%）

A_{gt} ：最大試験力時全伸び（%）

A_t ：破断時全伸び（%）

m_E ：応力－伸び計伸び曲線の弾性域の傾き

R_m ：引張強さ

Δe ：平たん（坦）部の範囲（測定について，A_g は，**箇条 17**，A_{gt} は，**箇条 18** 参照）

図 1－伸びの定義

3.7

試験速度（testing rate）

　試験時に適用する速度

3.7.1

ひずみ速度，$\dot{e}_{L_e}$（strain rate）

　伸び計標点距離 L_e（**3.5**）を用いて測定する単位時間当たりのひずみの増分

3.7.2

平行部の推定ひずみ速度，$\dot{e}_{L_c}$（estimated strain rate over the parallel length）

　クロスヘッド変位速度 v_c（**3.7.3**）及び試験片の平行部長さを基に求めた単位時間当たりの試験片の平行部長さ L_c（**3.2**）のひずみの増分

　注釈 1　式(JA.1)参照。

3.7.3

クロスヘッド変位速度，v_c（crosshead separation rate）

　単位時間当たりのクロスヘッドの変位

3.7.4

応力増加速度，$\dot{R}$（stress rate）

単位時間当たりの応力の増分

注釈 1 応力増加速度は，試験方法 1（**10.3.2**）の弾性域にだけ適用することが望ましい（**10.3.2** 参照）。

3.8

絞り，Z（percentage reduction of area）

試験中に発生した断面積の最大変化量（$S_o - S_u$）で，原断面積 S_o に対して百分率で表した値

注釈 1 式(9)参照。

3.9

最大試験力（maximum force）

試験中に試験片が耐えた最大の試験力（**図 8** 参照）

注釈 1 不連続な降伏を示さない材料の場合は，**3.9.1** を，不連続な降伏を示す材料の場合は，**3.9.2** をそれぞれ参照。

注釈 2 この規格では，"試験力"及び"応力"，又は"伸び"，"伸び（%）"及び"ひずみ"は，それぞれいろいろな場合に用いられるが（図の軸の表示又は他の特性の定義の説明として），ある曲線上の明確な点を一般的に記述又は定義するときには，"試験力"及び"応力"，又は"伸び"，"伸び（%）"及び"ひずみ"の表記は，いずれを使用しても変わりない。

3.9.1

最大試験力，F_m（maximum force）

＜不連続な降伏を示さない材料の場合＞ 試験中に試験片が耐えた最大の試験力［**図 8 a)** 参照］

3.9.2

最大試験力，F_m（maximum force）

＜不連続な降伏を示す材料の場合＞ 加工硬化が始まった以降の試験片が耐えた最大の試験力［**図 8 b)** 参照］

注釈 1 不連続な降伏を示し，加工硬化をしない材料について最大試験力を規定する場合は，この規格では定義しない［**図 8 c)**の注*参照］。

3.10

応力，R（stress）

試験中の任意の時点での試験力を試験片の原断面積 S_o で除した値

注釈 1 この規格では，全て公称応力（engineering stress）を意味する。

注釈 2 この規格では，"試験力"及び"応力"，又は"伸び"，"伸び（%）"及び"ひずみ"は，それぞれいろいろな場合に用いられるが（図の軸の表示又は他の特性の定義の説明として），ある曲線上の明確な点を一般的に記述又は定義するときには，"試験力"及び"応力"，又は"伸び"，"伸び（%）"及び"ひずみ"の表記は，いずれを使用しても変わりない。

3.10.1

引張強さ，R_m（tensile strength）

最大試験力 F_m（**3.9.1** 及び **3.9.2**）に対応する応力（**3.10**）

3.10.2

降伏応力，降伏点（yield strength，yield point）

　金属材料が降伏現象を示すときに，試験力の増加がないにもかかわらず試験中に塑性変形が生じるひずみに対応する応力

3.10.2.1
上降伏応力，上降伏点，R_{eH}（upper yield strength, upper yield point）
　試験力が最初に減少する直前の応力（**3.10**）の最大値（**図 2** 参照）

3.10.2.2
下降伏応力，下降伏点，R_{eL}（lower yield strength, lower yield point）
　初期の過渡的な影響を無視した，降伏する間の応力（**3.10**）の最小値（**図 2** 参照）

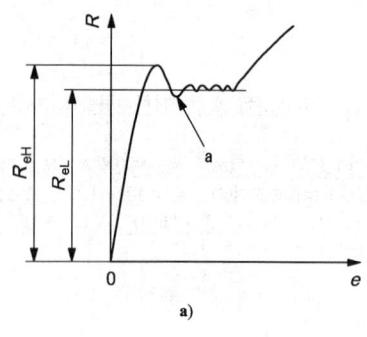

a)

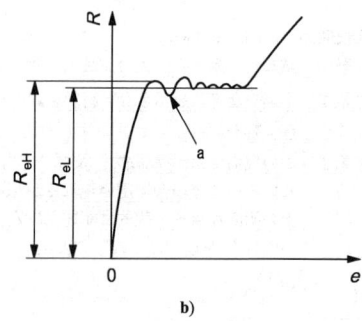

b)

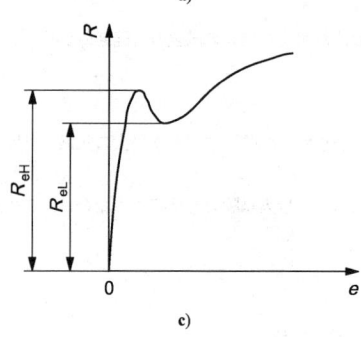

c)

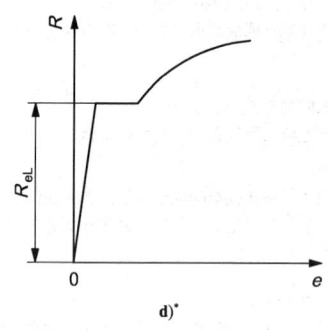

d)*

記号説明
e　：伸び計伸び（%）
R　：応力
R_{eH}：上降伏応力（上降伏点）
R_{eL}：下降伏応力（下降伏点）
a　：初期の過渡的な影響
注* 受渡当事者間の協定によって，R_{eL} を R_{eH} としてもよい。

図 2－上降伏応力（上降伏点）及び下降伏応力（下降伏点）

3.10.3
耐力（オフセット法），R_p（proof strength, plastic extension）
　塑性伸びが，伸び計標点距離 L_e（**3.5**）に対する規定の百分率に等しくなったときの応力（**図 3** 参照）

注釈 1　**ISO/TR 25679**:2005[3]の"proof strength, non-proportional extension"を修正。

注釈 2　使用する記号には，規定値を示す添字を付ける（例えば，$R_{p0.2}$）。

注釈 3　応力－伸び計伸び曲線の直線部が明確に決められない場合は，**13.1** に規定する代替手順によることが望ましい（**図 6** 参照）。

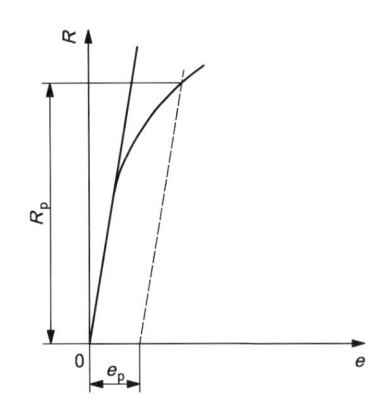
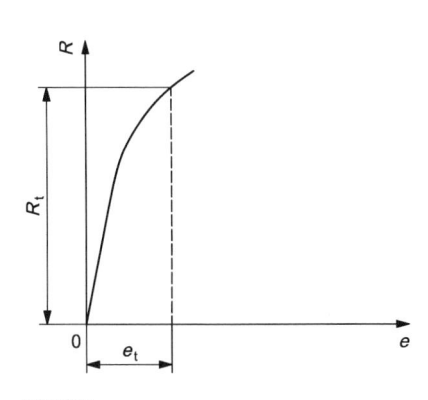

記号説明
e　：伸び計伸び（%）
R　：応力
e_p　：塑性伸び（%）
R_p：耐力（オフセット法）

記号説明
e　：伸び計伸び（%）
R　：応力
e_t　：規定の全伸び（%）
R_t　：耐力（全伸び法）

図 3－耐力（オフセット法）　　　　　**図 4－耐力（全伸び法）**

3.10.4

耐力（全伸び法），R_t（proof strength, total extension）

全伸び（伸び計の弾性伸びと塑性伸びとを合わせた値）が，伸び計標点距離 L_e（**3.5**）に対する規定の百分率に等しくなったときの応力（**図 4** 参照）

注釈 1　使用する記号には，全伸びの規定値を示す添字を付ける（例えば，$R_{t0.5}$）。

3.10.5

耐力（永久伸び法），R_r（permanent set strength）

試験力を除去後，規定された永久伸び（%）又は伸び計永久伸び（%）以下の塑性変形を生じる応力

注釈 1　永久伸び（%）及び伸び計永久伸び（%）は，原標点距離 L_o（**3.1.1**）及び伸び計標点距離 L_e（**3.5**）のそれぞれの百分率で示す（**図 5** 参照）。

注釈 2　使用する記号には，原標点距離 L_o（**3.1.1**）又は伸び計標点距離 L_e（**3.5**）の規定された伸びの値を示す添字を付ける（例えば，$R_{r0.2}$）。

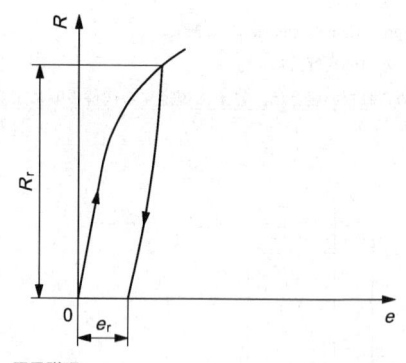

記号説明
- e ：伸び計伸び（%）
- R ：応力
- e_r ：規定の永久伸び（%）
- R_r ：耐力（永久伸び法）

図5－耐力（永久伸び法）

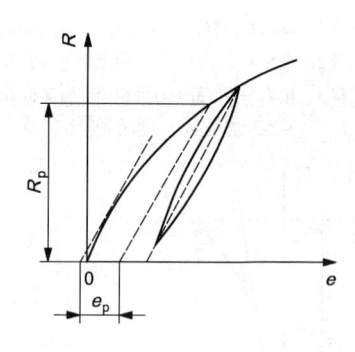

記号説明
- e ：伸び計伸び（%）
- R ：応力
- e_p ：規定の塑性伸び（%）
- R_p ：耐力（オフセット法）

図6－耐力（オフセット法）代替手順（13.1 参照）

3.11

破断（fracture, rupture）

試験片が完全に分離したとみなされる現象

注釈1　図 **A.1**（試験片破断の定義図）にコンピュータ制御による試験で使用してもよい破断の定義が示されている。

3.12

コンピュータ制御による引張試験機（computer-controlled tensile testing machine）

試験の制御及び監視，測定，並びにデータ処理をコンピュータで実施する試験機

3.13

弾性係数，E（modulus of elasticity）

弾性域の評価範囲で，応力変化 ΔR と伸び計伸び（%）変化 Δe との比に 100 を乗じてパーセント（%）で表した値

注釈1　$E = \dfrac{\Delta R}{\Delta e} \times 100$

　　　　通常，ギガパスカル（GPa）で表示されるため，更に 1 000（GPa/MPa）で除する。

4　記号及び内容

記号と対応する内容とを，**表1** に示す。

表 1－記号及び内容

記号	単位	内容
試験片
a_o	mm	試験前の板状試験片の厚さ，又は管の厚さ
b_o	mm	試験前の板状試験片の平行部の幅，管から切り取った円弧状試験片の平均幅，又は平角線（flat wire）の幅
d_o	mm	試験前の棒状試験片 a)の平行部の直径（又は対辺距離）又は管の内径
D_o	mm	試験前の管の外径
L_o	mm	原標点距離
L'_o	mm	A_{wn}測定時の初期標点距離（附属書 J 参照）
L_c	mm	平行部長さ
L_e	mm	伸び計標点距離
L_t	mm	試験片の全長
L_u	mm	破断後の最終標点距離
L'_u	mm	A_{wn}測定時の破断後の最終標点距離（附属書 J 参照）
S_o	mm²	平行部の原断面積
S_u	mm²	破断後の最小断面積
k	−	比例定数（6.1.1 参照）
Z	%	絞り
伸び
A	%	破断伸び（%）（3.4.2 参照）
A_{wn}	%	ネッキングを伴わない塑性伸び（%）（附属書 J 参照）
伸び計伸び
e	%	伸び計伸び（%）
A_e	%	降伏伸び（%）
A_g	%	最大試験力（F_m）時塑性伸び（%）
A_{gt}	%	最大試験力（F_m）時全伸び（%）
A_t	%	破断時全伸び（%）
ΔL_m	mm	最大試験力時の伸び
ΔL_f	mm	破断時の伸び
試験速度
$\dot{e}_{L_e}$	s⁻¹	ひずみ速度
$\dot{e}_{L_c}$	s⁻¹	平行部の推定ひずみ速度
$\dot{R}$	MPa/s	応力増加速度
v_c	mm/s	クロスヘッド変位速度
試験力
F_m	N	最大試験力
降伏応力 － 耐力 － 引張強さ
R_{eH}	MPa b)	上降伏応力（上降伏点）
R_{eL}	MPa	下降伏応力（下降伏点）
R_m	MPa	引張強さ
R_p	MPa	耐力（オフセット法）
R_r	MPa	耐力（永久伸び法）
R_t	MPa	耐力（全伸び法）
弾性係数 － 応力－伸び計伸び（%）曲線の傾き
E	GPa c)	弾性係数
m	MPa	試験の任意の時点での応力－伸び計伸び（%）曲線の傾き
m_E	MPa	応力－伸び計伸び（%）曲線の弾性域の傾き d)

表1－記号及び内容（続き）

注記	百分率の値を使用する場合には，係数100が必要である。
注 a)	機械加工された円柱状の試験片，又は棒，線材及び線から採取し，機械加工されていない試験片。棒，線材及び線の直径又は対辺距離が小さい場合，線状試験片と呼ばれることがある。
注 b)	1 MPa＝1 N/mm²
注 c)	1 GPa＝1 000 N/mm²
注 d)	応力－伸び計伸び（％）曲線の弾性域内で，傾きの値が，弾性係数を示す必然性はない。この値は，最適な条件［例えば，高い分解能，両側測定（double sided），伸び計の平均化，試験片の完全なアライメントなど］の場合に，弾性係数に近い値になる可能性がある。

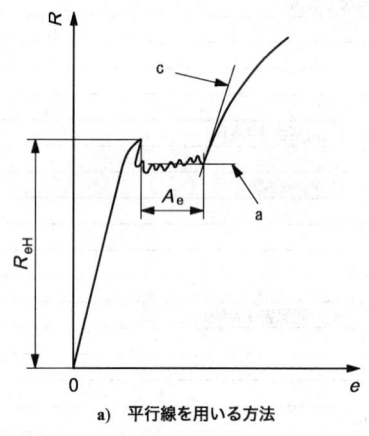

a)　平行線を用いる方法

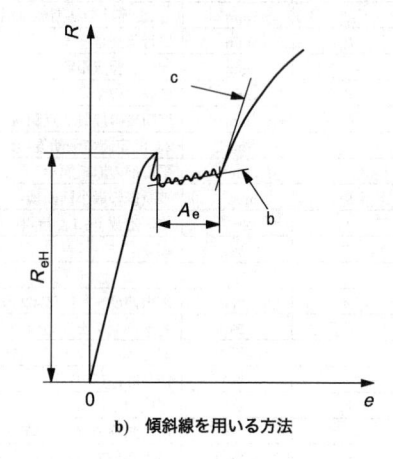

b)　傾斜線を用いる方法

記号説明

e　：伸び計伸び（％）

R　：応力

A_e　：降伏伸び（％）

R_{eH}　：上降伏応力（上降伏点）

a　：均一な加工硬化が始まる前の最後の極小試験力を示す点を通る水平線

b　：均一な加工硬化が始まる前の降伏範囲の回帰直線

c　：均一な加工硬化が始まる点を起点とする曲線の変曲点における接線

図7－降伏伸び（％）A_eの異なる評価方法

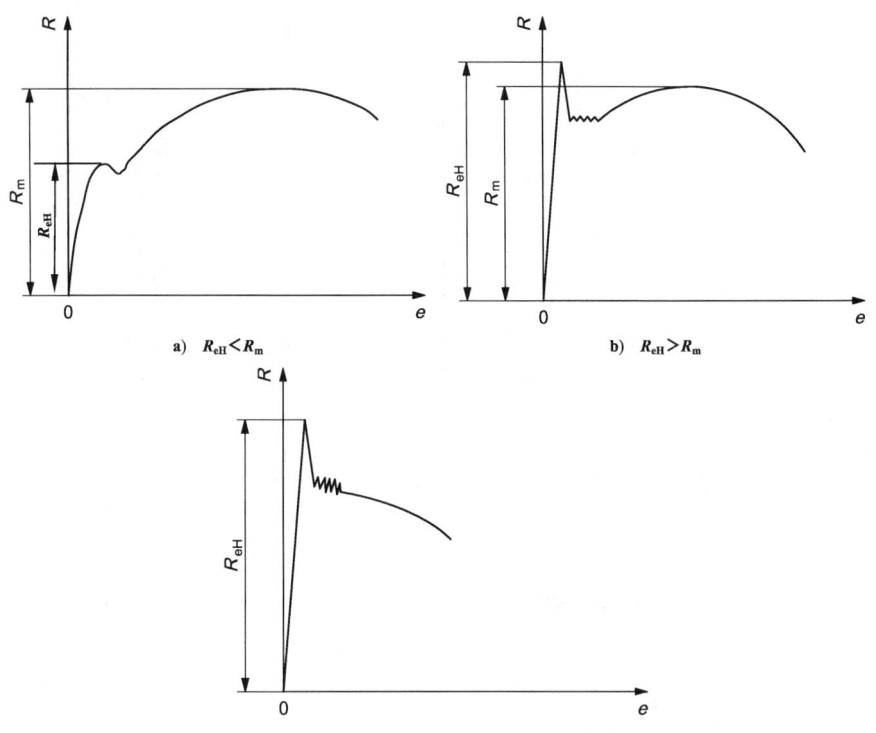

a) $R_{eH} < R_m$ b) $R_{eH} > R_m$

c) 応力-伸び計伸び（%）曲線における挙動の特別なケース[*]

記号説明

e ：伸び計伸び（%）

R ：応力

R_{eH}：上降伏応力（上降伏点）

R_m ：引張強さ

注[*]   この挙動を示す材料は，この規格では引張強さを規定しない。ただし，この場合の引張強さは，受渡当事者
間で協定することが可能である。

図 8－引張強さ R_m の決定のための異なるタイプの応力－伸び計伸び（%）曲線

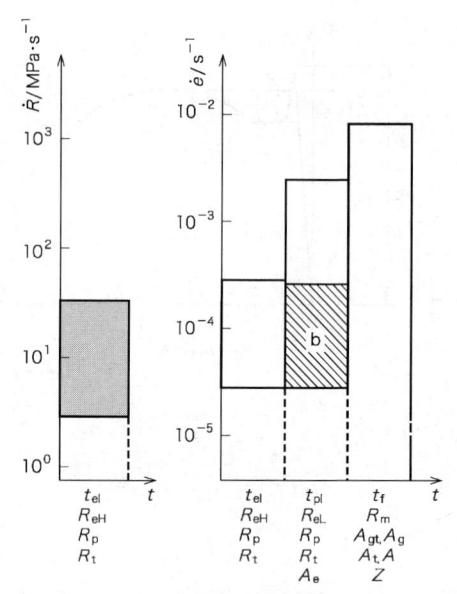

a) 応力増加速度による試験方法

b) ひずみ速度による試験方法

記号説明

$\dot{e}$ ：ひずみ速度

$\dot{R}$ ：応力増加速度

t ：引張試験の時間経過

1 ：範囲 1：$\dot{e}=\ (0.000\,07\pm0.000\,014)\ \mathrm{s}^{-1}$

2 ：範囲 2：$\dot{e}=\ (0.000\,25\pm0.000\,05)\ \mathrm{s}^{-1}$

3 ：範囲 3：$\dot{e}=\ (0.002\pm0.000\,4)\ \mathrm{s}^{-1}$

4 ：範囲 4：$\dot{e}=\ (0.006\,7\pm0.001\,33)\ \mathrm{s}^{-1}\ \left[(0.4\pm0.08)\ \mathrm{min}^{-1}\right]$

t_{c} ：クロスヘッド変位速度で制御する時間範囲

t_{cc} ：伸び計又はクロスヘッド変位速度で制御する時間範囲

t_{el} ：**表 1** に規定した特性値を測定する弾性挙動の時間範囲

t_{f} ：**表 1** に規定した特性値を測定する時間範囲（通常，破断までの時間）

t_{pl} ：**表 1** に規定した特性値を測定する塑性挙動の時間範囲

b ：試験機がひずみ速度で制御できない場合の低速側の拡張範囲

注記　応力増加速度による試験方法の弾性域のひずみ速度は，弾性係数 210 GPa（鋼）を用いて，応力増加速度を
　　　用いて求めた値。

注* 　他に規定のない場合の推奨範囲

**図 9 — R_{eH}, R_{eL}, R_{p}, R_{t}, R_{m}, A_{e}, A_{g}, A_{gt}, A, A_{t} 及び Z を測定する場合の
試験中に使用するひずみ速度の説明図**

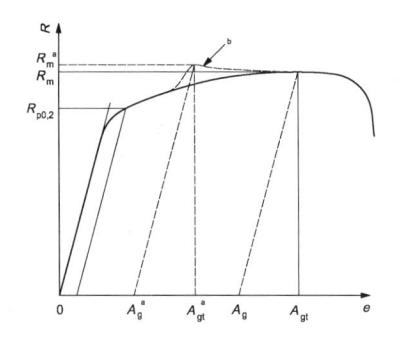

記号説明

e ：伸び計伸び（%）

R ：応力

a ：急激なひずみ速度増加の結果生じた偽値

b ：ひずみ速度が急激に増加した場合の応力－伸び計伸び挙動

注記 特性値の定義は，**表 1** 参照。

図 10 －応力－伸び計伸び曲線中の許容できない不連続部の説明図

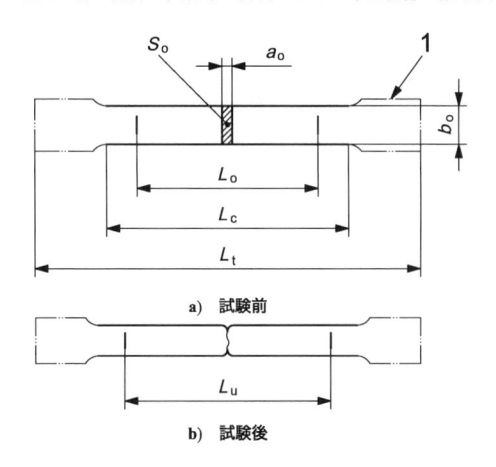

a) 試験前

b) 試験後

記号説明

a_o ：試験前の板状試験片の厚さ

b_o ：試験前の板状試験片の平行部の幅

L_c ：平行部長さ

L_o ：原標点距離

L_t ：試験片の全長

L_u ：破断後の最終標点距離

S_o ：平行部の原断面積

1 ：つかみ部

注記 試験片のつかみ部形状は，参考である。

図 11 －板状試験片（附属書 B 及び附属書 D 参照）

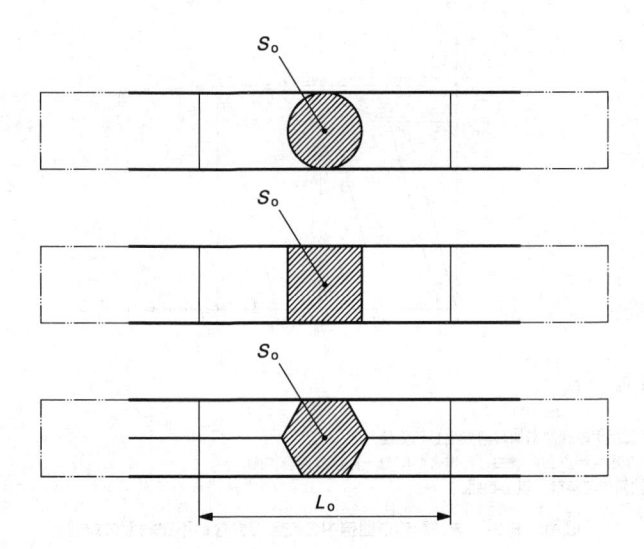

記号説明

　L_0：原標点距離

　S_0：平行部の原断面積

図12－棒状試験片（機械加工なし）（附属書C参照）

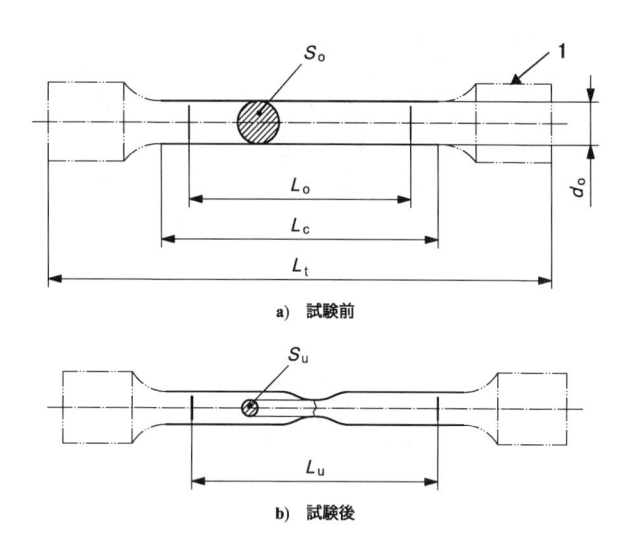

a) 試験前

b) 試験後

記号説明

d_o ：試験前の棒状試験片の平行部の直径

L_c ：平行部長さ

L_o ：原標点距離

L_t ：試験片の全長

L_u ：破断後の最終標点距離

S_o ：平行部の原断面積

S_u ：破断後の最小断面積

1 ：つかみ部

注記 試験片のつかみ部の形状は，参考である。

図 13－棒状試験片（機械加工あり）（附属書 D 参照）

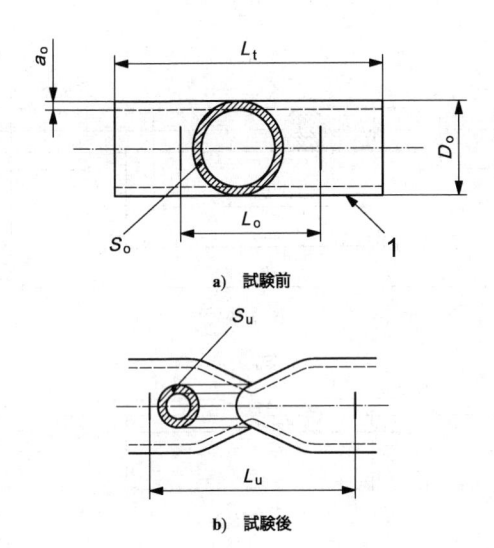

a) 試験前

b) 試験後

記号説明
a_o ：試験前の管の厚さ
D_o ：試験前の管の外径
L_o ：原標点距離
L_t ：試験片の全長
L_u ：破断後の最終標点距離
S_o ：平行部の原断面積
S_u ：破断後の最小断面積
1 ：つかみ部
注記 試験片のつかみ部の形状は，参考である。

図 14－管状試験片（附属書 E 参照）

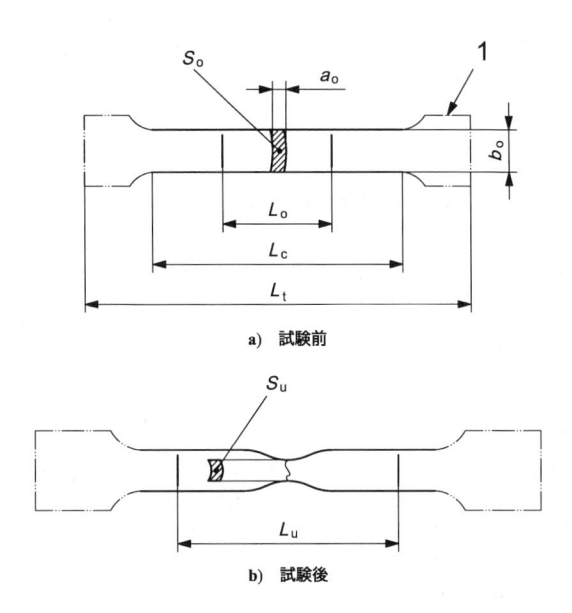

a) 試験前

b) 試験後

記号説明

a_o ：試験前の管の厚さ
b_o ：管から切り取った円弧状試験片の平均幅
L_c ：平行部長さ
L_o ：原標点距離
L_t ：試験片の全長
L_u ：破断後の最終標点距離
S_o ：平行部の原断面積
S_u ：破断後の最小断面積
1 ：つかみ部
注記 試験片のつかみ部の形状は，参考である。

図15－円弧状試験片（附属書 E 参照）

5 原理

箇条 3 で定義する一つ以上の機械的性質を測定するために，試験片に引張試験力を加え，通常，破断に至るまでひずみを与える。

試験は，特に規定のない限り，10 ℃〜35 ℃の範囲の室温で行う。規定以外の温度で実施する試験及び／又は校正データに対する影響は，試験室が評価することが望ましい。試験及び校正を 10 ℃〜35 ℃以外で実施する場合，温度を記録し，報告しなければならない。試験及び／又は校正中に温度が著しく変化する場合，計測不確かさが上昇し，許容範囲外の状態が発生する可能性がある。

厳格に管理された条件下での試験が要求される場合は，(23±5) ℃とする。

6 試験片

6.1 形状及び寸法

6.1.1 一般

試験片の形状及び寸法は,試験片を採取する金属材料の形状及び寸法によって制約を受ける場合がある。

通常,試験片は金属材料から採取した供試材を機械加工,打抜き又は鋳込みによって作製する。断面が一様な金属材料(形,棒,線,線材など)及び鋳込みままの試験片(すなわち,鋳鉄及び非鉄金属)の場合は,機械加工をせずに試験を行ってもよい。

試験片の断面は,円,正方形,長方形,管,又は特別な場合には,その他の形状でもよい。

試験片の矯正はできる限り避けるのがよく,矯正を必要とする場合には,できる限り材質に影響を及ぼさない方法を用いる。

原標点距離 L_0 及び原断面積 S_0 の間に,$L_0 = k\sqrt{S_0}$ の関係をもつ試験片は,比例試験片と呼ばれている。k は,比例定数であり,国際的には,5.65 が用いられる。原標点距離は,15 mm 以上でなければならない。k の値が 5.65 の場合に,試験片の断面積が小さいため,この要求を満たすことができないときには,より大きな値(例えば,11.3)又は定形試験片を用いてもよい。

注記 20 mm 未満の原標点距離を用いる場合,測定の不確かさは増加する。

定形試験片の場合には,原標点距離 L_0 及び原断面積 S_0 は,独立して決められている。

試験片の寸法許容差は,**附属書 B〜附属書 E による**(**6.2** 参照)。

別に製品規格又は試験方法規格で規定されている場合は,他の試験片を用いてもよい。

6.1.2 機械加工された試験片

機械加工された試験片のつかみ部と平行部とが異なる断面寸法の場合には,つかみ部と平行部との間に円弧状の肩部をもたなければならない。肩部の半径は,重要な寸法であり,製品規格に規定がない場合には,この規格の適切な附属書に従うことが望ましい(**6.2** 参照)。

つかみ部は,試験機のつかみ装置に適した形状としてよい。試験片の軸は,試験力を付与する軸に一致していなければならない。

平行部長さ L_c,又は肩部のない試験片の場合のつかみの間隔は,常に原標点距離 L_0 より長くなくてはならない。

平行部に,中央に向かってテーパを付けてもよい。テーパの量は,**附属書 B〜附属書 E に規定されている平行部の寸法変化許容差内でなければならない。**

6.1.3 機械加工されない試験片

試験片が機械加工されない材料部分又は棒状供試材である場合には,つかみから適切な距離に標点がくるように,十分なつかみの間隔がなければならない(**附属書 B〜附属書 E 参照**)。

鋳込みままの試験片は,つかみ部と平行部との間に円弧状の肩部をもたなければならない。肩部の半径は,重要な寸法であり,製品規格に規定することが望ましい。つかみ部は,試験機のつかみ装置に適した

形状としてよい。平行部長さ L_c は，常に原標点距離 L_o より長くなくてはならない。

6.2　試験片の種類

　主な試験片の種類は，**表2**及び**表3**に示すように，材料の形状及び製品の区分に従い**附属書 B〜附属書 E** に規定する。他の試験片の種類を，製品規格に規定することが可能である。

表2－試験片を採取する材料の形状，製品の区分及び対応する附属書

単位　mm

材料の形状及び製品の区分		対応する附属書
帯－板－平	線・線材－棒－形	
厚さ a_o	径又は対辺距離	
$0.1 \leqq a_o < 3$	－	附属書 B
－	< 4	附属書 C
$a_o \geqq 3$	$\geqq 4$	附属書 D
管		附属書 E

表3－試験片の分類

試験片の形状	板状試験片	棒状試験片	管状試験片	円弧状試験片
比例試験片	14B 号	2 号，14A 号	14C 号	14B 号
定形試験片	1A 号，1B 号，5 号，13A 号，13B 号	4 号，10 号，8A 号，8B 号，8C 号，8D 号，9A 号，9B 号	11 号	12A 号，12B 号，12C 号

　注記　試験片番号及びその概要については，**附属書 JC** 参照。

　いずれの試験片を用いるかは，それぞれの製品規格の指定による。なお，指定がない場合は，**表4** の使用区分によることが望ましい。

表 4―試験片の使用区分

製品の区分	材料の形状及び寸法 寸法	試験片 比例	定形	適用	対応する附属書
板・平・形・帯	板厚 40 mm を超えるもの	14A 号	4 号, 10 号	棒状試験片採取の場合	附属書 D
		14B 号	―	板状試験片採取の場合	
	板厚 20 mm を超え 40 mm 以下	14A 号	4 号, 10 号	棒状試験片採取の場合	
		14B 号	1A 号, 1B 号	板状試験片採取の場合	
	板厚 6 mm を超え 20 mm 以下	14B 号	1A 号, 1B 号, 5 号, 13A 号, 13B 号	板状試験片採取の場合	
	板厚 3 mm 以上 6 mm 以下		5 号, 13A 号, 13B 号		
	板厚 0.1 mm 以上 3 mm 未満	―	13B 号		附属書 B
棒・線・線材	径又は対辺距離 25 mm を超えるもの	14A 号	4 号, 9A 号, 9B 号, 10 号	―	附属書 D
	径又は対辺距離 4 mm 以上 25 mm 以下	2 号, 14A 号	4 号, 9A 号, 9B 号, 10 号	―	
	径又は対辺距離 4 mm 未満	―	9A 号, 9B 号	―	附属書 C
管	外径が小さいもの	14C 号	11 号	管状試験片採取の場合	附属書 E
	外径 50 mm 以下	14B 号	12A 号	円弧状試験片採取の場合	
	外径 50 mm を超え 170 mm 以下		12B 号		
	外径 170 mm を超えるもの		12C 号		
	外径 200 mm 以上のもの	14B 号	5 号	板状試験片又は円弧状試験片採取の場合	
	厚肉のもの	14A 号	4 号	棒状試験片採取の場合	
鋳造品	―	14A 号	4 号, 10 号	―	附属書 D
	―	―	8A 号, 8B 号, 8C 号, 8D 号	―	
鍛造品	―	14A 号	4 号, 10 号	―	附属書 D

6.3 試験片の調製

材料に対応する関連規格（例えば，**JIS G 0416**[14]など。）の要求に従って，採取し調製しなければならない。

7 原断面積の測定

試験片の各寸法は，平行部内の標点の間で，長手方向に直角に，十分な箇所数を測定するのがよい。

3 点以上測定することが望ましい。

注記 1 呼び寸法を使用する場合は，**附属書 B** 及び **附属書 D** に規定されている。測定点を 1 か所とする場合の考え方は，**附属書 JB** に示されている。

試験片の各寸法は，**附属書 B～附属書 E** による。**附属書 B～附属書 E** に規定がない場合，少なくとも測定寸法の 0.5 % 以下の数値まで測定する。ただし，測定寸法が 2 mm 以下の場合は，測定する数値の最小値を 0.01 mm にとどめてもよい。

原断面積 S_0 は，平均断面積であり，適切な寸法の測定結果を用いて計算する。

計算方法の例を，次に示す。

例1 管状試験片を除く試験片の平行部の原断面積 S_o は，標点の間の両端部及び中央部の3か所を測定
した値の平均値を用いて求める。

管状試験片では，試験片端部において求めた断面積を原断面積 S_o とする。

例2 円形断面の試験片及び管状試験片の原断面積 S_o を求めるための直径は，互いに直交する2方向に
ついて測定した値の平均値とする。

管状試験片の原断面積 S_o を求めるための厚さは，管端部の円周を等分する3か所以上について
測定した値の平均値とする。

例3 テーパ付き試験片の断面積は，最小断面積部とする。

注記2 管状試験片の内外径を，互いに直交する2方向について測定した場合の内外径差の平均値は，
4か所の厚さの平均値の2倍とすることが可能である。

この計算の精度は，試験片の種類及び形状による。**附属書 B～附属書 E** に異なる種類の試験片に対する
原断面積 S_o の評価の方法を示す。

8 原標点距離及び伸び計標点距離

8.1 原標点距離の選択

比例試験片で，S_o を平行部断面積として，原標点距離が，$5.65\sqrt{S_o}$ に等しくない場合，破断伸び A には，
比例定数を下付き添字で追記することが望ましい。例えば，$A_{11.3}$ は，式(1)による原標点距離での伸び (%)
を表している。

$$L_o = 11.3\sqrt{S_o} \quad\cdots\cdots\cdots\cdots\cdots\cdots\cdots\cdots\cdots\cdots\cdots\cdots\cdots\cdots\cdots\cdots (1)$$

注記1 $5.65\sqrt{S_o} = 5\sqrt{4S_o/\pi}$

注記2 定形試験片（**附属書 B 及び附属書 D** 参照）では，記号 A（破断伸び）には，適用した原標点距
離を下付き添字で追記する場合がある。例えば，$A_{80\,mm}$ は，原標点距離 L_o が 80 mm での破断伸
び (%) を表している。

指定された試験条件によって，比例試験片の比例定数又は定形試験片の原標点距離が明らかな場合は，
比例定数又は原標点距離を追記しなくてもよい。

8.2 原標点距離の表示

破断伸び A の手動測定のために，原標点距離 L_o の両端に明瞭なしるし，けがき線又はポンチマークを付
けなければならない。ただし，そのマークが，早期破断を引き起こす可能性があってはならない。また，
試験片の材質が表面きずに対して敏感又は極めて硬い場合には，塗布した塗料の上にけがき線をしるして
もよい。原標点距離は，±1 % の精度でしるさなければならない。比例試験片の場合には，原標点距離の計
算値とマークした距離との差は，L_o の 10 % 未満として，計算値の端数を 5 mm の倍数に丸めてもよい。

例えば，機械加工されない試験片のように，平行部長さ L_c が，原標点距離よりも非常に長い場合には，
標点距離をオーバーラップさせて，幾つかしるしてもよい。

試験片の長手方向に平行に，標点距離に沿った線を引いておくと便利な場合がある。

伸び計を用いて伸びを測定する場合は，標点を試験片にしるす必要はない（**20.3** 参照）。

8.3 伸び計標点距離の選択

降伏応力及び耐力の測定には，L_e は，試験片平行部長さのできる限り広い範囲とすることが望ましい。理想的には，L_e は，$0.50L_o$ を超え，おおよそ $0.9L_o$ 未満とすることが望ましい。これによって，伸び計によって試験片に生じる全ての降伏現象を確実に検出することが可能となる。さらに，最大試験力"到達点"又は"到達後"のパラメータ測定では，L_e は，L_o にほぼ等しいことが望ましい。

9 試験機の精度

9.1 試験機

引張試験に用いる試験機は，**JIS B 7721** に規定する等級 1 級以上とする。

9.2 伸び計

耐力（オフセット法又は全伸び法）の測定に使用する伸び計は，応力増加速度に基づいた試験方法（**10.3.2** 参照）では，適用する伸びの範囲において，**JIS B 7741** の等級 2 級以上を使用し，ひずみ速度に基づいた試験方法（附属書 JA 参照）では，適用する伸びの範囲において，**JIS B 7741** の等級 1 級以上を使用する。その他の特性（伸び計伸び 5 ％超における）の測定では，適用する伸びの範囲において，**JIS B 7741** の等級 2 級以上を使用してもよい。

> **注記** **ISO 6892-1** では，試験方法にかかわらず，耐力の測定の場合には，**JIS B 7741** の等級 1 級以上が規定されている。

9.3 長さ測定器

長さ測定に用いる全ての測定器は，国家計量標準にトレーサブルな，適切な標準器で校正しなければならない。

10 試験条件

10.1 試験力のゼロ点調整

試験力の測定システムのゼロ点調整は，試験力を付与できるように装置をセッティングした後で，実際に試験片の両端をつかむ前に行う。試験力のゼロ点調整をした後は，試験力の測定システムは，試験中どのような変更も行ってはならない。

> **注記** この方法によって，つかみ装置の質量が試験力測定に及ぼす影響を相殺し，また，つかみ操作が試験力の測定に影響しないようにしている。

10.2 つかみの方法

試験片は，くさび形（wedges），ねじ付き（screwed grips），平板（parallel jaw faces）及び肩付き（shouldered holder）のような適切な方法によって，つかまなければならない。

試験片は，曲げを最小にするために，できる限り試験軸に沿って引っ張ることが望ましい（詳細な情報は，例えば，**ASTM E1012** に規定されている。）。このことは，特にもろ（脆）い材料を試験する場合，又は耐力（オフセット法又は全伸び法）若しくは降伏応力を測定する場合に重要である。

試験片を真っすぐにし，試験片とつかみとのアライメントを確実な状態とするために，規定された降伏

応力又は予想される降伏応力の 5 %以下の予備的な試験力を付与してもよい。予備的な試験力の影響を考慮するために，試験力付与前に伸び計をセットした場合は，伸び計伸びの補正を行うのが望ましい。

10.3 試験方法

10.3.1 一般

試験方法は，応力増加速度に基づいた試験方法（試験方法 1）とひずみ速度に基づいた試験方法（試験方法 2）とがある。

特に指定がない限り，試験方法は，試験方法 1（**10.3.2** 参照）とし，試験速度は，この規格の要求事項を満たしていれば，製造業者又は製造業者が指名した試験所の裁量による。

疑義がある場合，試験方法は，試験方法 1 による。

注記 1 試験方法 1 と試験方法 2 との違いは，試験方法 1 では，必要な試験速度が，特性（$R_{p0.2}$ など）を決定する前の弾性範囲で定義されているのに対して，試験方法 2 では，必要な試験速度が，特性を決定する特定の点（$R_{0.2}$ など）で定義されていることである。

注記 2 **ASTM E8/E8M**[7]の **X4.2.2**（Control Method B）では，"材料に降伏点がある場合，又は降伏が不連続である場合，閉ループでひずみ速度を制御すると，試験機は不規則に動作する可能性がある。このひずみ速度に基づいた制御方法は，不連続に降伏する材料には推奨されない。"と規定している。

注記 3 低降伏応力の材料では，試験方法 2 による対応が難しい場合がある。

注記 4 試験方法 1 の特定の条件 [例えば，ある鋼材に対して，弾性範囲の応力増加速度が約 30 MPa/s，高剛性の試験機及びつかみ装置，並びに 13A 号試験片（**表 B.1** 参照）] では，試験方法 2 の範囲 2 に近いひずみ速度が観察される場合がある。

注記 5 製品規格及び対応する試験規格（航空宇宙規格など）では，この規格とは異なった試験速度を規定することが可能である。

試験方式及び試験速度は，次の略号を用いて表すことが可能である。

JIS Z 2241 1 n，又は JIS Z 2241 2 nnn

ここで，"1"は，試験方法 1（**10.3.2** 参照），"2"は，試験方法 2（**附属書 JA** 参照）である。"n"は，**図 9 a)**で定義された弾性域で選択された応力増加速度（MPa/s），記号 "nnn"は，**図 9 b)**で定義された各区間での試験速度範囲の記号を表す 3 桁までの数列である。これらを表すために付加してもよい。

注記 6 試験方法 1 を表す "1"は，省略することが可能である。

例 1 JIS Z 2241 1 30 は，試験方法 1 の応力増加速度に基づいた試験方法で，公称応力増加速度 30 MPa/s による試験を表している。

例 2 JIS Z 2241 1 は，試験方法 1 の応力増加速度に基づいた試験方法で，公称応力増加速度が，**表 5** による試験を表している。

例 3 JIS Z 2241 2 224 は，試験方法 2 のひずみ速度に基づいた試験方法で，上降伏応力 R_{eH}，又は耐力パラメータ R_p 及び R_t の測定のための平行部の推定ひずみ速度が範囲 2 の 0.000 25 s^{-1}，下降伏応力 R_{eL} 及び降伏伸び A_e 測定のための平行部の推定ひずみ速度が範囲 2 の 0.000 25 s^{-1}，及び引張強さ R_m，破断伸び（%）A，最大試験力時全伸び（%）A_{gt}，最大試験力時塑性伸び（%）A_g，破断時全伸び A_t 及び絞り Z 測定のための平行部の推定ひずみ速度が範囲 4 の 0.006 7 s^{-1} による試験を表している。

10.3.2 応力増加速度に基づいた試験方法（試験方法 1）

10.3.2.1 一般

試験速度は，特に指定のない限り，材料の性質に応じて，予想される降伏応力の 1/2 の応力までは，任意の試験速度を適用してよい。これを超える範囲の試験速度は，**10.3.2.2** 及び **10.3.2.3** による。

注記 試験方法 1 は，降伏特性を測定する間，応力増加速度を一定に維持すること，又は閉ループによって応力増加速度を制御することは，意図しておらず，弾性域において目標応力増加速度を達成するようにクロスヘッドスピードを設定することだけを意図している（**表 5** 参照）。試験する試験片が降伏し始めると，応力増加速度は減少し，不連続降伏を伴う試験片では，負になる可能性さえある。降伏の過程で応力速度を一定に維持しようとすると，試験機は，極めて高速で作動する必要があり，ほとんどの場合，これは実用的ではなく，また，望ましいものでもない。

10.3.2.2 降伏応力及び耐力

10.3.2.2.1 上降伏応力 R_{eH}

試験機のクロスヘッド変位速度 v_c は，できる限り一定にし，**表 5** の上下限値以内に相当するクロスヘッド変位速度で試験しなければならない。平行部の推定ひずみ速度 $\dot{e}_{L_c}$ は，0.002 5 s^{-1} を超えてはならない。

表 5 − 応力増加速度

材料の弾性係数 E GPa	応力増加速度 $\dot{R}$ MPa/s	
	下限	上限
< 150	2	20
≧ 150	3	30
注記 ISO 6892-1 では，弾性係数 ≧ 150 の応力増加速度は，6 MPa/s 〜 60 MPa/s と規定している。		

注記 弾性係数が 150 GPa 未満の代表的な材料には，マグネシウム，アルミニウム合金，黄銅及びチタンがある。弾性係数が 150 GPa 以上の代表的な材料には，鉄，鋼，タングステン及びニッケル合金がある。

10.3.2.2.2 下降伏応力 R_{eL}

下降伏応力だけを測定する場合には，試験片降伏中の平行部の推定ひずみ速度 $\dot{e}_{L_c}$ は，0.000 25 s^{-1} 〜0.002 5 s^{-1} の範囲で，できる限り一定に保たなければならない。

注記 試験片平行部の降伏の開始から終了までの間の伸び計伸びとして，降伏伸びが測定される（**図 7** 参照）。

なお，弾性域の応力増加速度は，予想される降伏応力の 1/2 を超えたら，**表 5** に示す範囲を外れてはならない。

10.3.2.2.3 上降伏応力 R_{eH} 及び下降伏応力 R_{eL}

上降伏応力及び下降伏応力の両方を測定する場合には，下降伏応力の測定条件によらなければならない（**10.3.2.2.2** 参照）。

10.3.2.2.4 耐力（オフセット法及び全伸び法）R_p 及び R_t

試験機のクロスヘッド変位速度 v_c は，できる限り一定にし，**表 5** の上下限値以内に相当するクロスヘッド変位速度で試験しなければならない。クロスヘッド変位速度は，耐力（塑性伸び及び全伸び）までこの範囲を維持しなければならない。平行部の推定ひずみ速度 $\dot{e}_{Lc}$ は，0.002 5 s^{-1} を超えてはならない。

10.3.2.2.5 クロスヘッド変位速度

平行部の推定ひずみ速度 $\dot{e}_{Lc}$ を測定及び制御できない試験機の場合には，**表 5** に示す応力増加速度に相当するクロスヘッド変位速度 v_c を，降伏が終わるまで適用しなければならない。

10.3.2.3 引張強さ R_m，破断伸び（%）A，最大試験力時全伸び（%）A_{gt}，最大試験力時塑性伸び（%）A_g，破断時全伸び（%）A_t，及び絞り Z

要求された降伏応力又は耐力の測定後，平行部の推定ひずみ速度（又は相当するクロスヘッド変位速度）は，0.008 s^{-1} 以下の範囲で増加してよい。

材料の引張強さだけを測定する場合には，試験を通して，一つの速度とすることが可能で，その平行部の推定ひずみ速度は，0.008 s^{-1} 以下としなければならない。

なお，0.008 s^{-1} を超える平行部の推定ひずみ速度（又は相当するクロスヘッド変位速度）の適用は，日本産業規格の製品規格の規定による。

引張強さは，式(2)による。

$$R_m = \frac{F_m}{S_o} \quad \text{...} \quad (2)$$

ここで，　　　R_m： 引張強さ（MPa）
　　　　　　　F_m： 最大試験力（N）
　　　　　　　S_o： 原断面積（mm^2）

11　上降伏応力 R_{eH} の測定

上降伏応力 R_{eH} は，試験力－伸び計伸び曲線，又は最大試験力表示装置（peak load indicator）によって測定してよい。上降伏応力 R_{eH} は，試験力が最初に減少する直前の応力の最大値として定義する。上降伏応力は，このときの試験力を試験片の原断面積 S_o で除して求める（**図 2** 参照）。

上降伏応力は，式(3)による。

$$R_{eH} = \frac{F_{eH}}{S_o} \quad \text{...} \quad (3)$$

ここで，　　　R_{eH}： 上降伏応力（MPa）
　　　　　　　F_{eH}： 上降伏応力に対応する最大試験力（N）
　　　　　　　S_o： 原断面積（mm^2）

12　下降伏応力 R_{eL} の測定

下降伏応力 R_{eL} は，試験力－伸び計伸び曲線によって測定し，初期の過渡的な影響を除いた塑性降伏中の応力の最小値として定義する。下降伏応力は，このときの試験力を試験片の原断面積 S_o で除して求める

（**図 2** 参照）。

降伏現象のある材料で，A_e を測定しない場合，試験の効率化のために，R_{eL} は，初期の過渡的な影響を考慮に入れずに，R_{eH} 後の最初の 0.25 ％以内の最低応力として報告してもよい。この手順によって，R_{eL} を測定した後，**10.3.2.3** に従って試験速度を増加させてもよい。

下降伏応力は，式(4)による。

$$R_{eL} = \frac{F_{eL}}{S_o} \quad\text{.. (4)}$$

ここで，　　　　R_{eL}： 下降伏応力 （MPa）
　　　　　　　　F_{eL}： 下降伏応力に対応する最小試験力 （N）
　　　　　　　　S_o： 原断面積 （mm²）

13　耐力（オフセット法）R_p の測定

13.1　耐力（オフセット法）R_p（試験力−伸び計伸び曲線の利用）

耐力（オフセット法）R_p は，試験力−伸び計伸び曲線の直線部分に対して，例えば，0.2 ％の規定された塑性伸びと等しい距離だけ離れたところに平行な線を引いて求める。この平行線と試験力−伸び計伸び曲線との交点が，求める耐力（オフセット法）に相当する試験力である。耐力は，このときの試験力を原断面積 S_o で除して求める（**図 3** 参照）。

試験力−伸び計伸び曲線の直線部が明確に決められず，精度よく平行線を引くことが不可能である場合は，次の手順とするのが望ましい（**図 6** 参照）。

想定される耐力を超えたら，試験力をその測定した試験力の 10 ％程度にまで減少する。次に，当初測定した値を超えるまで，再度試験力を増加する。目的の耐力を決定するために，ヒステリシスを通る線を作成する。次に，曲線の補正された原点から横軸に沿って，規定された塑性伸び計伸び（％）に等しい距離で，この線に平行に線を引く。この平行線と試験力−伸び計伸び曲線との交点が耐力を与える。耐力は，このときの試験力を試験片の原断面積 S_o で除して計算する（**図 6** 参照）。

注記　試験力−伸び計伸び曲線の補正された原点を定義するために，幾つかの方法が使用可能である。一つは，試験力−伸び計伸び曲線に接するように，ヒステリシス曲線によって決定される線に平行な接線を描く方法である。この線が横軸と交差する点が，試験力−伸び計伸び曲線の補正された原点である（**図 6** 参照）。

ヒステリシスは，耐力を通過した直後，なるべく近い点で，とるように注意することが望ましい。理由は，過剰な伸び点では，得られる傾きに悪影響を及ぼすためである。

製品規格又は受渡当事者間の協定がない限り，不連続降伏中及び不連続降伏後に耐力を測定するのは不適切である。

13.2　耐力（オフセット法）R_p（ソフトウエアなどの利用）

耐力（オフセット法）R_p は，試験力−伸び計伸び曲線を描画せずにソフトウエアなどを利用して求めてもよい（**附属書 A** 参照）。

注記　GB/T 228[12]も利用することが可能である。

14 耐力（全伸び法）R_t の測定

14.1 耐力（全伸び法）R_t（試験力－伸び計伸び曲線の利用）

耐力（全伸び法）R_t は，**10.2** を考慮した試験力－伸び計伸び曲線に対して縦軸（試験力の軸）に平行に，規定された全伸びに等しい距離の位置に線を引く。この平行線と試験力－伸び計伸び曲線との交点が，求める耐力（全伸び法）に相当する試験力である。耐力は，このときの試験力を原断面積 S_o で除して求める（**図 4** 参照）。

14.2 耐力（全伸び法）R_t（ソフトウエアなどの利用）

耐力（全伸び法）R_t は，試験力－伸び計伸び曲線を作成せずにソフトウエアなどを利用して求めてもよい（**附属書 A** 参照）。

15 永久伸び法による耐力 R_r の検証方法

試験片に規定応力に相当する試験力を 10 秒〜12 秒間付与する。試験力は，規定応力に試験片の原断面積 S_o を乗じて求める。試験力を除いた後，永久伸びが原標点距離に対する百分率で規定された値以下であることを確認する（**図 5** 参照）。

注記 これは，合否試験であって，標準的な引張試験では，通常，行われていない。試験片に付与する応力及び許容永久伸びは，製品規格又は試験の要求者によって規定されている。例えば，試験片に付与される応力が 750 MPa で，永久伸びが 0.5 %以下の場合には，"$R_{r0.5}=750$ MPa に合格" と報告される。

16 降伏伸び（%）A_e の測定

不連続降伏を示す材料の場合には，降伏伸び（%）A_e は，試験力－伸び計伸び曲線を用い，均一な加工硬化が始まるときの伸び計伸びから上降伏応力 R_{eH} 時の伸び計伸びを差し引くことによって求める。均一な加工硬化が始まるときの伸びは，均一な加工硬化が始まる前の最後の最低試験力を示す点を通る水平線，又は降伏範囲の回帰直線と，均一な加工硬化が始まる点の曲線の最大の傾きを示す直線との交点として求める（**図 7** 参照）。A_e は，伸び計標点距離 L_e に対する百分率で表す。

これと同等に測定できる方法を用いてもよい。

用いた方法 ［**図 7 a)**，**図 7 b)** 又はその他の方法］ は，試験報告書に記載することが望ましい。

17 最大試験力時塑性伸び（%）A_g の測定

伸び計によって得られる試験力－伸び計伸び曲線上の最大試験力時の伸びを求め，これから弾性ひずみを差し引くことによって求める。

最大試験力時塑性伸び（%）A_g は，次の式(5)による。

$$A_g = \left(\frac{\Delta L_m}{L_e} - \frac{R_m}{m_E} \right) \times 100 \quad \cdots\cdots\cdots\cdots\cdots\cdots\cdots\cdots (5)$$

ここで，　　　　L_e： 伸び計標点距離（mm）
　　　　　　　　m_E： 応力－伸び計伸び（%）曲線の弾性域の傾き（MPa）

$$R_{\mathrm{m}}: \quad 引張強さ（MPa）$$
$$\Delta L_{\mathrm{m}}: \quad 最大試験力時の伸び計伸び（mm）$$

　最大試験力時に平たんな領域を示す材料の場合には，最大試験力時塑性伸び（%）は，平たん部の中心の伸び計伸びとする（**図1**参照）。

18　最大試験力時全伸び（%）A_{gt} の測定

　伸び計によって得られた試験力－伸び計伸び曲線上の最大試験力の伸びを用いて求める。

　最大試験力時全伸び（%）A_{gt} は，次の式(6)による。

$$A_{\mathrm{gt}} = \frac{\Delta L_{\mathrm{m}}}{L_{\mathrm{e}}} \times 100 \quad\cdots\cdots\cdots\cdots\cdots\cdots\cdots\cdots\cdots\cdots\cdots\cdots\cdots\cdots\cdots (6)$$

　　　　　ここで，　　　　$L_{\mathrm{e}}: \quad 伸び計標点距離（mm）$
　　　　　　　　　　　　$\Delta L_{\mathrm{m}}: \quad 最大試験力時の伸び計伸び（mm）$

　最大試験力時に平たんな領域を示す材料の場合には，最大試験力時全伸び（%）は，平たん部の中心の伸び計伸びとする（**図1**参照）。

19　破断時全伸び（%）A_{t} の測定

　伸び計によって得られた試験力－伸び計伸び曲線上の破断時の伸び計の全伸びを用いて求める。

　破断時全伸び（%）A_{t} は，次の式(7)による。

$$A_{\mathrm{t}} = \frac{\Delta L_{\mathrm{f}}}{L_{\mathrm{e}}} \times 100 \quad\cdots\cdots\cdots\cdots\cdots\cdots\cdots\cdots\cdots\cdots\cdots\cdots\cdots\cdots\cdots (7)$$

　　　　　ここで，　　　　$L_{\mathrm{e}}: \quad 伸び計標点距離（mm）$
　　　　　　　　　　　　$\Delta L_{\mathrm{f}}: \quad 破断時の伸び計伸び（mm）$

20　破断伸び（%）A の測定

20.1　一般

　破断伸び（%）A は，**3.4.2** の定義に従って求めなければならない。

20.2　破断した試験片を突き合わせて測定する方法

　破断した二つの試験片を試験片の軸が直線上になるように注意深く突き合わせる。

　最終標点距離を測定する場合には，試験片の破断面が適切に接触するように特別な注意を払うことが必要である。特に，試験片断面積が小さい場合及び伸びの値が小さい場合に，重要である。

　破断伸び（%）A は，次の式(8)による。

$$A = \frac{L_{\mathrm{u}} - L_{\mathrm{o}}}{L_{\mathrm{o}}} \times 100 \quad\cdots\cdots\cdots\cdots\cdots\cdots\cdots\cdots\cdots\cdots\cdots\cdots\cdots\cdots (8)$$

　　　　　ここで，　　　　$L_{\mathrm{o}}: \quad 原標点距離（mm）$
　　　　　　　　　　　　$L_{\mathrm{u}}: \quad 破断後の最終標点距離（mm）$

破断伸び $(L_u - L_o)$ は，十分な分解能をもつ測定装置によって，少なくとも 0.25 mm まで測定しなければならない。

規定された最小伸び (%) が，5 %未満の場合には，特別な注意を払うことが望ましい（**附属書 H** 参照）。

注記 板状試験片で破断面を突き合わせるときは，幅の中央部に隙間 (CP) がある場合（**図 16**）にも，この CP の寸法を差し引かずに標点 O_1O_2 間の長さをもって破断伸びが算出されている。

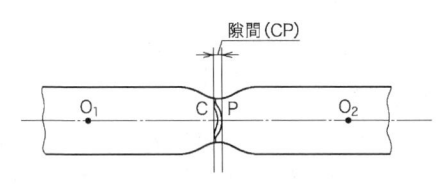

図 16－破断面を突き合わせた例

20.3 伸び計を用いて測定する方法

伸び計を用いて破断伸びを測定する場合には，標点を試験片にしるす必要はない。伸び計伸び (%) は，破断時全伸び A_t として測定し，破断伸び (%) を求めるために弾性伸びを減じなくてもよい。ただし，破断後の試験片の突合せで行う場合と同等の評価とするために，調整を行うことが可能である。

直径又は対辺距離が 4 mm 以下の試験片の場合，伸び計に替えて，クロスヘッドの変位量を用いてもよい（**A.3.6.3** 参照）。ただし，**3.4.2** の定義に従った評価となるように調整する必要がある。

製品規格で，規定した原標点距離に対する破断伸びの測定を規定している場合，伸び計標点距離は，この長さとすることが望ましい。

20.4 試験の有効性

20.4.1 破断した試験片を突き合わせて測定する場合

破断した二つの試験片を突き合わせて測定した結果は，破断点と破断が近い方の標点との距離が，原標点距離 L_o の 1/4 以上離れている場合にだけ有効である。しかし，破断伸び (%) が規定値以上の場合には，破断位置に関係なく，試験は有効とみなしてもよい。破断点と破断が近い方の標点との距離が原標点距離 L_o の 1/4 未満の場合に試験が無効となることを避けるため，受渡当事者間の合意によって，**附属書 I** の方法を用いてもよい。

必要な場合，試験片の破断位置によって，次の記号を付記して区別する。

A　破断が近い方の標点から原標点距離 (L_o) の 1/4 以上離れて（**図 17** の A 部）破断した場合

B　破断が近い方の標点から原標点距離 (L_o) の 1/4 より近くで（**図 17** の B 部）破断した場合

C　標点外（**図 17** の C 部）で破断した場合

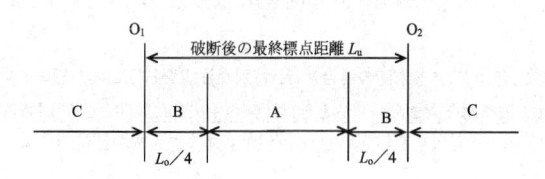

図17－試験片の破断位置及び記号

20.4.2 伸び計を用いて測定する場合

伸び計を用いて破断伸びを測定する場合,伸び計標点距離 L_e 内で破断した場合だけ,試験は有効である。破断伸び（%）が規定値以上の場合には,破断位置に関係なく,試験は有効とみなしてもよい。

伸び計を用いて測定した破断伸びに疑義がある場合,破断した二つの試験片を突き合わせる方法で検証し,その結果を採用する。

20.5 伸び値の変換

定形試験片の原標点距離に対する伸びを測定する場合には,受渡当事者間の協定によって,変換式又は表（例えば,**ISO 2566-1**[56]及び**ISO 2566-2**[57]）を用いて,比例標点距離の伸び値に置き換えることが可能である。

注記　伸び（%）の比較は,原標点距離又は伸び計標点距離並びに形状及び断面積が同じ場合か,又は比例定数（k）が同じ場合にだけ可能である。

21 絞り Z の測定

絞りは,**3.8** の定義に従って測定する。

必要な場合,破断した二つの試験片を試験片の軸が直線上になるように注意深く突き合わせる。

棒状試験片の場合,最小縮小断面での測定は,互いに 90° の 2 方向で行い,その平均値を絞り Z の計算に使用することが望ましい。

最小断面積の読取りを行う際には,破断面がずれないように注意することが望ましい。

絞り Z は,次の式(9)による。

$$Z = \frac{S_o - S_u}{S_o} \times 100 \quad\text{……………………………………………………}\quad (9)$$

ここで,　　　　S_o：　平行部の原断面積（mm²）
　　　　　　　　S_u：　破断後の最小断面積（mm²）

S_u は,±2 %の精度で測定することが望ましい。

直径又は対辺距離が 4 mm 未満の棒状試験片及び棒状以外の試験片形状の場合には,±2 %以下の精度で S_u を測定することは,難しい場合がある。

22 試験報告書

試験報告書が必要な場合には，報告する事項は，次のうちから，受渡当事者間の協定によって選択する。

a) 10.3.1 で規定した試験条件を含めて，この規格で試験されたという情報。例えば，JIS Z 2241 2 224

b) 試験片の識別

c) 材料の種類（分かっている場合）

d) 試験片の形状

e) 試験片の採取位置及び採取方向（分かっている場合）

f) 試験結果　試験結果は，製品規格に規定のない場合は，少なくとも次の数値に丸めなければならない。数値の丸め方は，**JIS Z 8401** の規則 A による。

- 強度の値：MPa[1]の整数値
- 降伏伸び（%）A_e：小数第 1 位
- 破断伸び（%）A：整数
- その他の伸び（%）の値：0.5 %の倍数
- 絞り（%）Z：整数

  注[1]　1 MPa＝1 N/mm^2

23 測定の不確かさ

23.1 一般

測定の不確かさの分析は，測定結果の不整合の主要な原因を特定するのに有用である。

製品規格並びにこの規格及び **JIS Z 2241**:2011 までの規格に基づく材料特性データベースは，測定の不確かさの寄与を内在しているものである。それゆえ，測定の不確かさを更に適用することは，不適切であり，それによって，合格の製品を不合格とする危険性がある。このため，不確かさの見積りは，参考として扱われる。

23.2 試験条件

この規格で規定する試験の条件及びその上下限は，測定の不確かさを考慮して調整してはならない。

23.3 試験結果

見積もった不確かさは，製品規格の規定値に組み合わせて，合否を評価してはならない。

注記　附属書 **K** に，測定する特性値に関係する不確かさの決定の指針，及び度量衡パラメータに関する不確かさの測定の指針を提供している。

附属書 A

（参考）

コンピュータ制御による引張試験機に関する推奨事項

A.1 一般

この附属書には，コンピュータ制御による引張試験機を使用して機械的性質を測定するための追加の推奨事項が記載されている。特に，ソフトウエア及び試験条件で考慮した方がよい推奨事項を示している。

これらの推奨事項は，設計，装置のソフトウエア及びその妥当性確認，並びに引張試験の操作条件に関連している。

A.2 引張試験機

A.2.1 設計

この試験機は，ソフトウエアによって処理されていないアナログ信号を出力できることが望ましい。そのような出力が提供されない場合，試験機製造業者は，これらの生デジタルデータがどのようにして得られ，ソフトウエアによって処理されたかを提供する必要がある。これらは，試験力，伸び計伸び，クロスヘッド分離，時間，試験片寸法に関して SI 基本単位であることが望ましい。

注記　**ISO 6892-1** には，データファイルフォーマットの例が掲載されている。

データファイルには，装置及び試験片を特定するための識別などが含まれるヘッダー，測定及び計算パラメータ，寸法測定値，機械的性質の算出値，生デジタルデータなどを含めることが望ましい。

A.2.2 データサンプリング頻度

各測定チャンネルのサンプリング頻度の処理能力及びデータサンプリング頻度は，計測される材料特性を記録するのに十分であることが望ましい。式(A.1)によって，毎秒の最低サンプリング頻度 $f_{\min}$ を決めてもよい。

$$f_{\min} = \frac{\dot{e} \cdot E}{R_{\mathrm{eH}} \cdot q} \times 100 \qquad\qquad\qquad\qquad\qquad\qquad (A.1)$$

ここで，
$\dot{e}$：　ひずみ速度（s^{-1}）
E：　弾性係数（MPa）
R_{eH}：　上降伏応力（MPa）
q：　試験機（**JIS B 7721** 準拠）の力測定精度の相対誤差（%）

式(A.1)の R_{eH} は，試験中に生じる一時的な降伏特性に相当する事象によって決定する。試験した材料に降伏現象がない場合，耐力 $R_{\mathrm{p0.2}}$ を用い，最低サンプリング頻度の要求値を半分にすることが可能である。

試験方法 1（応力増加速度に基づいた試験方法）の場合，最低サンプリング頻度は，式(A.2)による。

$$f_{\min} = \frac{\dot{R}}{R_{\mathrm{eH}} \cdot q} \times 100 \qquad\qquad\qquad\qquad\qquad\qquad (A.2)$$

ここで，
$\dot{R}$：　応力増加速度（MPa/s）

A.3 機械的性質の測定

A.3.1 一般

試験機のソフトウエアは，次の **A.3.2**～**A.3.7** を考慮することが望ましい。

A.3.2 上降伏応力

上降伏応力 R_{eH}（**3.10.2.1** 参照）は，試験力が，前の値から少なくとも 0.5 ％減少する前で，それに続く 0.05 ％以上のひずみ範囲で，前の試験力を超えない領域がある試験力の最大値に相当する応力とみなすことが望ましい。

試験力の減少値及びひずみ範囲の値は，ソフトウエアで変更できることが望ましい。

A.3.3 耐力（オフセット法）及び耐力（全伸び法）

耐力（オフセット法）R_p（**3.10.3** 参照）及び耐力（全伸び法）R_t（**3.10.4** 参照）は，応力－伸び計伸び曲線の隣接する点を内挿して求めることが可能である。

A.3.4 最大試験力時全伸び

最大試験力時全伸び A_{gt}（**3.6.4** 及び**図 1** 参照）は，最大試験力時の応力に相当する全伸びとみなすことが望ましい。

材料によっては，応力－伸び計伸び曲線を平滑化（smooth）しなければならないが，その際には多項式回帰するのがよい。平滑化の範囲は，結果に影響する場合がある。平滑化された曲線は，応力－伸び計伸び曲線の元の曲線の関係する部分を適切に表現していることが望ましい。

箇条 17［最大試験力時塑性伸び（%）A_gの測定］及び**箇条 18**［最大試験力時全伸び（%）A_{gt}の測定］で規定した，平たん部の中心を求める方法として，最大試験力から，あらかじめ指定したパラメータ分増減した試験力の平均値を算出する方法を用いてもよい。

A.3.5 最大試験力時塑性伸び

最大試験力時塑性伸び A_g（**3.6.5** 及び**図 1** 参照）は，最大試験力時の応力に相当する塑性伸びとみなすことが望ましい。

材料によっては，応力－伸び計伸び曲線を平滑化しなければならないが，その際には多項式回帰するのがよい。平滑化の範囲は，結果に影響する場合がある。平滑化された曲線は，応力－伸び計伸びの元の曲線の関係する部分を妥当に表現していることが望ましい。

A.3.6 破断伸び

A.3.6.1 **図 A.1** の破断の定義に基づいて破断伸び A_t を決定する。

連続した 2 点間の試験力が次のように減少した場合に，破断したとみなす。

a) 前の 2 点の試験力間の差が 5 倍以上減少し，続いて最大試験力の 2 ％未満に減少する。

b) 軟質材料では，最大試験力の 2 ％未満に減少する。

サンプリング頻度の増加及び／又は試験力信号のフィルタリングは，この試験方法によって決定された

破断点に影響を及ぼす可能性がある。

　試験片の破断を検出するための別の有用な手法は，試験片に電圧をかけるか又は電流を流して監視し，電圧又は電流が遮断される直前に測定された値を破断時の値とみなす方法である。

　試験力が設定値を下回った直前の値を破断時の値とみなしてもよい。

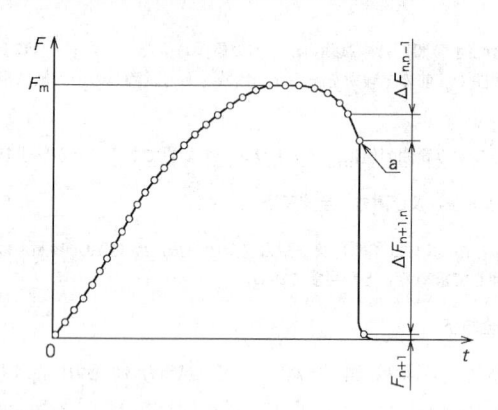

次の場合を破断とみなす。
$|\Delta F_{n+1,n}| > 5|\Delta F_{n,n-1}|$　及び／又は　$F_{n+1} < 0.02\,F_m$

記号説明

F	：試験力	$\Delta F_{n+1,n}$	：測定点 n＋1 と測定点 n との試験力差
t	：時間	a	：破断
F_m	：最大試験力	○	：データ点
F_{n+1}	：測定点 n＋1 の試験力		

図 A.1－試験片破断の定義図

A.3.6.2　伸び計を用い，伸び計を付けたままで破断まで測定する場合は，**図 A.1** の a 点の値を求める。

A.3.6.3　伸び計を用いない場合，又は破断前の最大試験力 F_m 後に伸び計伸び測定を中断した場合，伸び計を取り外した後，破断までの間の伸びを測定するためにクロスヘッド変位を利用してもよい。その方法は検証可能であることが望ましい。

A.3.7　**弾性範囲の応力－伸び計伸び曲線の傾きの測定**

　強度レベルが不明の試験片に対して，試験を有効にするために，あらかじめ設定された応力限界を信頼しない方がよい。ただし，製品規格に規定されるか，受渡当事者間の協定がある場合を除く。

　スライディングセグメント（sliding segment）の特性の計算に基づく方法が最も便利である。次のようなパラメータがある。

a)　スライディングセグメントの長さ（使用するデータ点数）

b)　曲線の傾きを求めるために選択した式

　注記　応力－伸び計伸び曲線の直線部が明確でない場合は，**13.1** 参照。

　弾性域における曲線の傾斜は，次の条件を満たす範囲における平均傾斜に相当する。

— スライディングセグメントの傾きが一定である。

— 選択した範囲に，代表性がある。

いずれの場合も，弾性範囲における曲線の勾配を代表しない値を排除するために，使用者が，適切な範囲の限界を選択することが望ましい。

これら及び他の受け入れられる方法は，参考文献[5]，[17]，[18]，及び[19]に記載されている。

$R_{p0.2}$ の求め方として，弾性線の傾きを求める推奨方法（参考文献[20]）を次に示す。

— 直線範囲の直線回帰

— $R_{p0.2}$ の下限値 10 %以下

— $R_{p0.2}$ の上限値 40 %以下

— $R_{p0.2}$ のより正確なデータを得るためには，弾性線を検証し，必要であれば，他の限界値で再計算することが望ましい。

A.4　引張特性測定のためのソフトウエアの検証

種々の材料特性を測定するために試験システムで使用する方法の有効性は，アナログ又はデジタルデータを用いて従来法で試験又は計算した結果と比較することで，検証してもよい。その際，試験機の変換器又は増幅器から直接出力されるデータは，試験機のコンピュータ計算結果を提供するために使用する機器のサンプリング頻度の処理能力，サンプリング頻度及び不確かさが，少なくとも等しいものを使用して収集し，処理することが望ましい。

同じ試験片を用いて，コンピュータで測定した値と手動で測定した値との算術平均値の差が小さければ，試験機のコンピュータ処理を信頼してもよい。そのような差異を受け入れることができるか評価する目的で，類似した 5 試験片を試験し，各関連する特性値の平均の差が，表 A.1 の限界値に入ることが望ましい。

注記　この手順は，試験機が，用いた特定の試験片，試験材及び試験条件に対して，材料特性を明らかにすることだけの確認である。試験した材料の特性が，正しい又は目的に合っているという信頼性を与えるものではない。

他の方法を使用する場合，例えば，品質保証レベルが分かっているあらかじめ測定された既知の材料を用いたデータを取り込んで計算する場合，その特性は，上述した基準及び表 A.1 の基準を満たしていることが望ましい。

EU が出資した TENSTAND プロジェクト（GBRD-CT-2000-00412）の一環として，引張特性値の合意された値の ASCII データファイルが作成された。それをソフトウエアの検証に用いてもよい，より詳細な情報が，参考文献[21]及び[22]に示されている。

表 A.1－コンピュータ及び手動で導出された結果の最大許容差

パラメータ	D [a]		s [b]	
	相対値 [c] %	絶対値 [c] MPa	相対値 [c] %	絶対値 [c] MPa
$R_{p0.2}$	$\leqq 0.5$	2	$\leqq 0.35$	2
R_{p1}	$\leqq 0.5$	2	$\leqq 0.35$	2
R_{eH}	$\leqq 1$	4	$\leqq 0.35$	2
R_{eL}	$\leqq 0.5$	2	$\leqq 0.35$	2
R_m	$\leqq 0.5$	2	$\leqq 0.35$	2
A	－	$\leqq 2$	－	$\leqq 2$

注 [a] $D = \dfrac{1}{n}\sum_{i=1}^{n} D_i$

注 [b] $s = \sqrt{\dfrac{1}{n-1}\sum_{i=1}^{n}(D_i - D)^2}$

　　　　ここで，　　　　　D_i：　試験片（$D_i = H_i - R_i$）に対する手動評価で，H_i の結果とコンピュータ評価　R_i の結果との差異

　　　　　　　　　　　　　n：　一つの供試材を用いた独立した試験片数（$\geqq 5$）

注 [c] 絶対値及び相対値の最大値を考慮することが望ましい。

A.5　規格のコンピュータ互換表現

　CEN/WS ELSSI-EMD の適用範囲内で開発された，規格のコンピュータ可読データフォーマットのコンピュータ互換表現は，システムの相互運用性の問題を克服し，工学材料分野での電子的な報告を可能にする効果的な方法を提供した。機械試験のために文書化された規格に基づいて定義されたデータフォーマットを実行可能とするために CEN/WS ELSSI-EMD の所見を **CWA 16200**[42]で報告した。**CWA 16200** が記載するコンピュータ可読データフォーマットを文書化された試験規格に基づいて定義するための指針は，**ISO 6892-1** に適用されている。結果の定義は，**BSI** 規格のリソース・サーバーから入手可能である[21]。

附属書 B
（規定）
厚さ 0.1 mm〜3 mm（未満）の製品（板・平・形・帯）に
使用する試験片の種類

B.1　一般

厚さ 0.5 mm 未満の材料に対しては，特別な注意が必要な可能性がある。

B.2　試験片の形状

通常，試験片の厚さは，材料の元の厚さとし，試験片のつかみ部の幅は，平行部より広い（**図 11**，**図 B.1** 及び**図 B.2** 参照）。平行部長さ L_c は，**表 B.1** に示す肩部の半径によってつかみ部と接続されなければならない。これらのつかみ部の幅は，平行部の幅 b_o の 1.2 倍以上であることが望ましい。

受渡当事者間の協定によって，肩部のない帯状の形状（帯状試験片：parallel sided test piece）でもよい。材料の幅が 20 mm 以下の場合には，試験片の幅を，材料と同じとしてもよい。

B.3　試験片の寸法

三つの異なる種類の定形試験片が，幅広く使用されている（**表 B.1** 参照）。

平行部長さ L_c は，**表 B.1** の 5 号試験片を除いて，$L_o + b_o/2$ 以上でなければならない。

疑義のある場合には，試験機が対応可能で，供試材の長さが十分ある場合，平行部長さ L_c は，$L_o + 2b_o$ にすることが望ましい。

幅が 20 mm 未満の帯状試験片の場合には，製品規格に規定のない限り，試験片の原標点距離 L_o は，50 mm にしなければならない。この種類の試験片に対しては，つかみ間の間隔は，$L_o + 3b_o$ 以上でなければならない。

試験片の寸法を測定する場合には，**表 B.1** の寸法変化許容差を適用しなければならない。

帯状試験片の場合で，試験片の幅が，供試材の幅と同じ場合には，原断面積 S_o は，測定した試験片の寸法を元に計算しなければならない。

呼び寸法に対する許容差が，**表 B.2** による場合には，試験時の試験片の幅の測定を省略し，試験片の呼び幅を用いてもよい。

表 B.1－試験片の寸法

単位 mm

試験片の種類	平行部の幅 b_o	平行部の寸法変化許容差 [c]	試験片の原標点距離 L_o	肩部の半径 R	平行部長さ L_c 下限値	平行部長さ L_c 推奨値	帯状試験片のつかみ間の距離下限値	国際規格における試験片の種類 [d]
13B 号	12.5 ± 0.5 [b]	0.06	50	$20\sim30$	57	75	87.5	1
13A 号	20 ± 0.7 [b]	0.10	80	$20\sim30$	90	120	140	2
5 号	25 ± 0.7 [b]	0.10	50 [a]	$20\sim30$	60 [a]	—	規定なし	3

注 [a] 5 号の L_o/b_o の比は，13B 号及び 13A 号に比べて非常に小さい。その結果，特に，この試験片を用いて得られる破断伸びの測定結果（絶対値及びばらつきの範囲）は，他の種類の試験片と異なる。
注 [b] それぞれの試験片の種類が許容する幅の範囲（試験片は，この許容差の範囲で作製しなければならない。）。
注 [c] 試験片の平行部長さ（L_c）の全長にわたって許容する寸法変化の最大値である。
注 [d] ISO 6892-1 の Annex B で規定される試験片の種類の番号。

表 B.2－測定せずに呼び幅を用いて原断面積を計算するための幅許容差

単位 mm

試験片の呼び幅	呼び幅に対する許容差 [a]
12.5	±0.02
20	±0.02
25	±0.04

注記 ISO 6892-1 では，この呼び幅に対する許容差よりも大きな許容差が規定されている。
注 [a] これらの許容差内である場合には，測定をしないで呼び幅を原断面積（S_o）の計算に用いることが可能である。

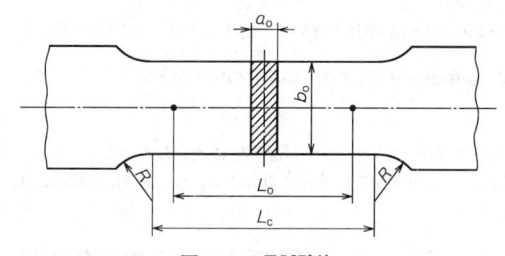

図 B.1－5 号試験片

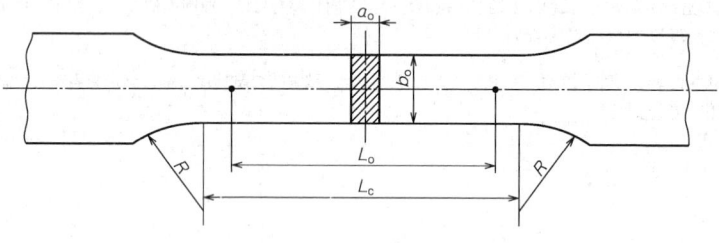

図 B.2－13 号試験片

B.4 試験片の調製

試験片は，供試材の特性に影響を与えないように調製しなければならない。せん断又はプレスによって硬化した部分は，試験結果にその影響が認められる場合には，機械加工で除去しなければならない。

これらの試験片のほとんどは，薄板及び帯を用いて調製される。できる限り，圧延ままの表面を除去しないことが望ましい。

注記 1　表面処理鋼板などでは，めっき層などを除去することがある。

打抜き（punching）による加工は，特に（加工硬化によって）降伏点又は耐力の特性に大きな変化を及ぼす可能性がある。加工硬化を示す材料に対しては，通常，切削，研削などで加工することが望ましい。

注記 2　非常に薄い材料の場合には，同一の幅の帯を切断した後に，切削油に強い紙を間に挟んで束にし，帯の束の上下に厚い帯を挟み合わせて最終寸法に機械加工することがある。

表 B.2 の許容差，例えば，呼び幅 12.5 mm に対する許容差±0.02 mm は，原断面積 S_0 の計算に，試験片の測定をせずに呼び幅の値を用いる場合，試験片の幅が，次に示す二つの値の区間の外にあってはならないことを意味している。

12.5 mm＋0.02 mm＝12.52 mm

12.5 mm－0.02 mm＝12.48 mm

B.5 原断面積 S_0 の決定

原断面積 S_0 は，試験片の寸法を測定するか，又は良好な機械加工の場合は，呼び寸法を用いて［表 B.2 の注 a)参照］計算しなければならない。

原断面積の誤差は，±2％を超えてはならない。この誤差の最大の要因は，通常，試験片の厚さ測定に起因するため，幅の測定精度は，±0.2％以下でなければならない。

小さい測定の不確かさの試験結果を得るためには，原断面積を，±1％以下の誤差で求めることが望ましい。薄い材料に対しては，特別な厚さ測定技術が必要となる場合がある。

附属書 C
（規定）
径又は辺が 4 mm 未満の線，線材及び棒に使用する棒状試験片の種類

C.1　試験片の形状

通常，試験片は，材料の機械加工されていない部分からなる（**図 12** 参照）。

C.2　試験片の寸法

試験片の寸法は，**図 C.1** による。

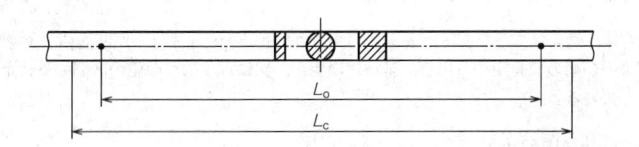

単位　mm

試験片の種類	試験片の 原標点距離 L_o	つかみ間の距離 [a]
9A 号	100 ± 1	150 以上
9B 号	200 ± 2	250 以上

注記　**ISO 6892-1** では，つかみ間の距離は，L_o+3d_o 以上で，少なくとも L_o+ 20 mm と規定している。

注 [a]　破断伸びの測定が不要な場合には，つかみ間の距離は，50 mm 以上を適用してもよい。

図 C.1－試験片の寸法

C.3　試験片の調製

材料がコイル状で供給される場合には，矯正に注意を払わなければならない。

C.4　原断面積 S_o の決定

円形の断面をもつ材料の場合には，原断面積は，1 断面当たり直行する 2 方向の径の測定値の算術平均から計算してもよい。

注記　**ISO 6892-1** では，原断面積の精度は，$\pm1\%$以下でなければならないと規定している。

平方ミリメートル単位の原断面積は，試験片の既知の長さの質量及び密度を用いて，次の式(C.1)によってもよい。

$$S_o = \frac{1\,000 \cdot m_o}{\rho \cdot L_t} \dots\dots\dots\dots\dots\dots\dots\dots\dots\dots\dots\dots\dots\dots\dots\dots\dots\dots\dots(C.1)$$

ここで，　　　　m_o：　試験片の質量（g）
　　　　　　　　　L_t：　試験片の全長（mm）
　　　　　　　　　ρ：　試験片の材料密度（g・cm^{-3}）

附属書 D
(規定)
厚さ 3 mm 以上の製品（板・平・形・帯），
径又は対辺距離が 4 mm 以上の製品（棒・線・線材）など
に使用する試験片の種類

D.1　試験片の形状

通常，試験片は，機械加工され，平行部は，つかみ部に，ある半径をもった肩部で接続されなければならない（**図 11** 参照）。試験片のつかみ部は，試験機のつかみ装置に対して適切な形であればよい（**図 13** 参照）。つかみ部と平行部との間の肩部の最小半径は，次による。

a)　$0.75 d_0$：円柱状試験片で，d_0 は，平行部の径

b)　12 mm：他の試験片形状

必要に応じて，線，線材，形（sections），棒などは，機械加工せずに肩部のない試験片で試験を行ってもよい。試験片の断面は，円形，正方形又は長方形となり，特別な場合には，他の形状でもよい。

長方形の形状をもつ試験片の場合には，幅と厚さとの比が，8:1 以下であることが望ましい。

通常，機械加工された円柱状試験片の径は，3 mm 以上でなければならない。

D.2　試験片の寸法

D.2.1　機械加工された試験片の平行部

平行部長さ L_c は，次による。

a)　円柱状の試験片の場合，$L_0 + (d_0/2)$ 以上

b)　円柱状以外の比例試験片の場合，$L_0 + 1.5\sqrt{S_0}$ 以上

c)　定形試験片の場合，$L_0 + (b_0/2)$ 以上（**図 D.7** 参照）

疑義のある場合には，試験機が対応可能で，供試材に十分な寸法がある場合，平行部長さは，それぞれの試験片タイプによって，$L_0 + 2 d_0$ 又は $L_0 + 2\sqrt{S_0}$ とすることが望ましい。それ以外の場合は，受渡当事者間の協定による。

D.2.2　機械加工しない試験片の長さ

試験機のつかみの間隔は，標点からつかみまで少なくとも $\sqrt{S_0}$ が確保される十分な距離としなければならない。

D.2.3　原標点距離 L_0

D.2.3.1　比例試験片

通常，原断面積 S_0 に対して，次の式(D.1)による試験片の原標点距離 L_0 をもつ比例試験片を使用する。

$$L_0 = k\sqrt{S_0} \quad \cdots\cdots\cdots\cdots\cdots\cdots\cdots\cdots\cdots\cdots\cdots\cdots\cdots\cdots\cdots\cdots\cdots\cdots\cdots (\text{D.1})$$

ここで，　　　　　L_0：　原標点距離（mm）
　　　　　　　　　k：　5.65
　　　　　　　　　S_0：　平行部の原断面積（mm²）

k の値として，代わりに 11.3 を使用してもよい。

円形断面をもつ試験片を，**図 D.1** に示す。**表 D.1** に示す一組の寸法を用いるのが望ましい。

表 D.1－円形断面をもつ試験片

k	平行部の径 d_0	試験片の原標点距離 $L_0 = k\sqrt{S_0}$	最小平行部長さ L_c
	mm	mm	mm
5.65	20 ± 0.7 [a]	100	110
	14 ± 0.5 [a]	70	77
	10 ± 0.5 [a]	50	55
	5 ± 0.5 [a]	25	28

注記　平行部長さ L_c は，つかみの間隔を意味する。
注 [a]　それぞれの試験片が許容する径の範囲（試験片は，この許容差の範囲で作製しなければならない。）。

D.2.3.1.1　14 号試験片

14A 号試験片の形状及び寸法は，**図 D.1** による。

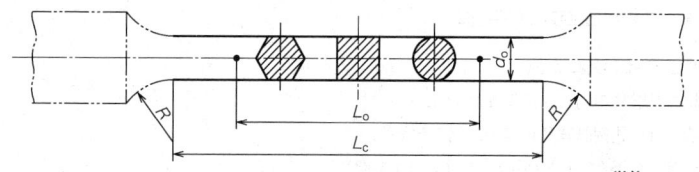

単位　mm

試験片の原標点距離 L_0	平行部長さ L_c	肩部の半径 R
$5.65\sqrt{S_0}$	$5.5d_0 \sim 7d_0$	15 以上

図 D.1－14A 号試験片

原標点距離は，平行部が角形断面の場合は，$L_0 = 5.65d_0$，六角断面の場合は $L_0 = 5.26d_0$ としてよい。

平行部の長さは，できる限り $L_c = 7d_0$ とする。

14A 号試験片のつかみ部の径は，平行部の径と同一寸法としてもよい。この場合，つかみの間隔は，$L_c \geqq 8d_0$ とする。

14B 号試験片の形状及び寸法は，**図 D.2** による。

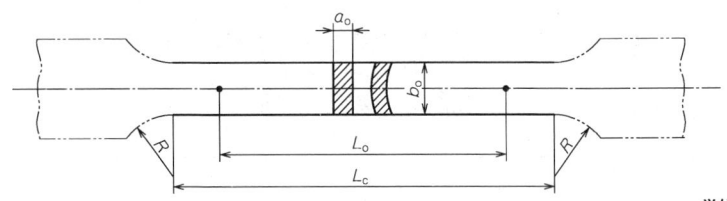

幅	試験片の原標点距離	平行部長さ	肩部の半径	厚さ
b_0	L_0	L_c	R	a_0
$8a_0$ 以下 a)	$5.65\sqrt{S_0}$	$L_0 + 1.5\sqrt{S_0}$ $\sim L_0 + 2.5\sqrt{S_0}$	15 以上	材料の元の厚さのまま

注 a) 長方形断面の場合，$8a_0$ 以下が望ましい。

図 D.2－14B 号試験片

14B 号試験片の平行部の長さは，できる限り $L_0 + 2\sqrt{S_0}$ とする。

14B 号試験片を管の試験に用いる場合は，平行部の断面は，管から切り取ったままとする。

14B 号試験片のつかみ部の幅を平行部の幅と同一寸法としてもよい。この場合，平行部の長さは，$L_0 + 3\sqrt{S_0}$ とする。

14B 号試験片の標準寸法を，**表 D.2** に示すが，適切な板厚範囲ごとに，できる限り寸法をまとめて用いるとよい。

表 D.2－14B 号試験片標準寸法（参考）

単位 mm

厚さ	幅 b_0	試験片の原標点距離 L_0	平行部長さ L_c
5.5 を超え　7.5 以下	12.5±0.5	50	80
7.5 を超え　10 以下		60	
10 を超え　13 以下	20±0.7	85	130
13 を超え　19 以下		100	
19 を超え　27 以下	40±0.7	170	265
27 を超え　40 以下		205	

D.2.3.1.2　2 号試験片（JIS 独自）

2 号試験片の形状及び寸法は，**図 D.3** による。

2 号試験片は，呼び径（又は対辺距離）が 25 mm 以下の線，線材及び棒に用いる。

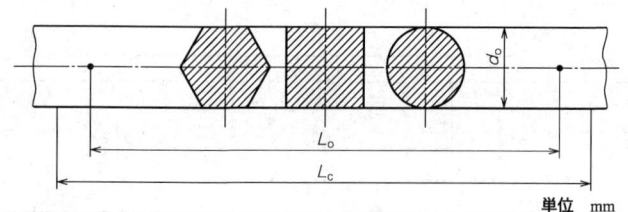

単位 mm

径又は対辺距離	試験片の原標点距離 L_o	平行部長さ L_c
材料の元の径又は 対辺距離のまま	$8d_o$	L_o+2d_o 以上

図 D.3−2 号試験片

D.2.3.2　定形試験片

製品規格で規定された場合，定形試験片を用いてもよい。

平行部長さ L_c は，$L_o+b_o/2$ 以上であることが望ましい。疑義のある場合には，試験機が対応可能で，供試材に十分な寸法がある場合，$L_c=L_o+2b_o$ とすることが望ましい。それ以外の場合は，受渡当事者間の協定による。線，線材及び棒の試験片の場合，b_o に代えて，d_o を用いる。

典型的な試験片寸法を**図 C.1** 及び**図 D.4〜図 D.7** に示す。

D.2.3.2.1　4 号試験片（JIS 独自）

4 号試験片の形状及び寸法は，**図 D.4** による。

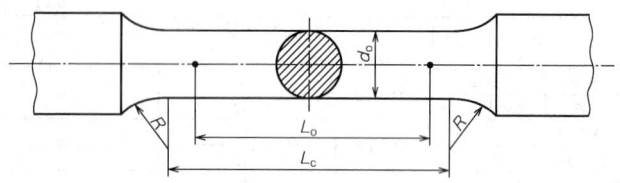

単位 mm

径 d_o	試験片の原標点距離 L_o	平行部長さ L_c	肩部の半径 R
14 ± 0.5	50	60 以上	15 以上

図 D.4−4 号試験片

4 号試験片は，平行部を機械仕上げする。

4 号試験片は，**図 D.4** の寸法によることができない場合には，$L_o=4\sqrt{S_o}$ によって平行部の径及び標点距離を定めてもよい。

D.2.3.2.2　8 号試験片（JIS 独自）

8 号試験片は，伸び値を必要としない一般鋳鉄品などの引張試験に用いる。

8 号試験片の形状及び寸法は，**図 D.5** による。

8 号試験片は，**図 D.5** の表に示す寸法に鋳造された供試材から採取する。

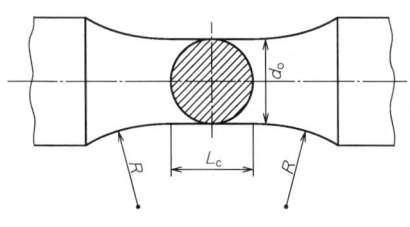

単位　mm

試験片の種類	供試材の鋳造寸法 （径）	平行部長さ L_c	径 d_o	肩部の半径 R
8A	約 13	約 8	8	16 以上
8B	約 20	約 12.5	12.5	25 以上
8C	約 30	約 20	20	40 以上
8D	約 45	約 32	32	64 以上

図 D.5 − 8 号試験片

D.2.3.2.3　9 号試験片

9 号試験片は，**図 C.1** による。

D.2.3.2.4　10 号試験片（JIS 独自）

10 号試験片の形状及び寸法は，**図 D.6** による。

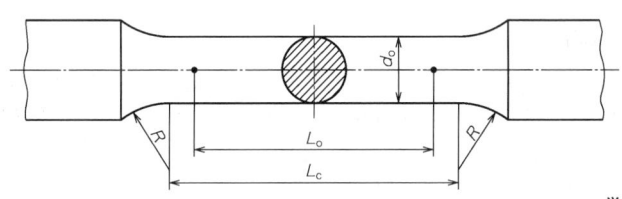

単位　mm

径 d_o	試験片の原標点距離 L_o	平行部長さ L_c	肩部の半径 R
12.5 ± 0.5	50	60 以上	15 以上

図 D.6 − 10 号試験片

D.2.3.2.5　1 号試験片

1 号試験片の形状及び寸法は，**図 D.7** による。

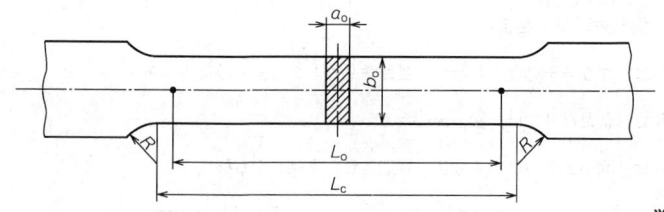

単位　mm

試験片の種類	幅 b_o	試験片の 原標点距離 L_o	平行部長さ L_c	肩部の半径 R	厚さ a_o
1A	40 ± 0.7	200	220 以上	25 以上	元の厚さまま
1B	25 ± 0.7	200	215 以上	25 以上	元の厚さまま
注記　ISO 6892-1 では，この他に試験片の原標点距離が 80 mm の試験片が規定されている。

図 D.7－1 号試験片

D.2.3.2.6　5 号試験片

　5 号試験片は，**B.2** による。ただし，肩部の半径は，15 mm 以上とする。

D.2.3.2.7　13 号試験片

　13 号試験片は，**B.2** による。

D.3　試験片の調製

D.3.1　一般

　機械加工した試験片の幅，径又は辺の許容差は，**表 D.3** による。

　この許容差を適用した例を **D.3.2** 及び **D.3.3** に示す。

D.3.2　機械加工の許容差

　原断面積 S_o の計算に，測定値ではなく呼び寸法を用いる場合には，例えば，呼び径 10 mm に対する±0.02 mm は，次に示す二つの寸法の区間の外にあってはならないことを，**表 D.3** は，意味している。

－　10 mm＋0.02 mm＝10.02 mm

－　10 mm－0.02 mm＝9.98 mm

D.3.3　寸法変化許容差

　表 D.3 の許容差は，**D.3.2** の機械加工の条件を満たす呼び径 10 mm の試験片に対して，測定した最小と最大の径との差が 0.04 mm を超えてはならないことを意味している。

　したがって，試験片の最小径が 9.99 mm の場合には，最大径は，9.99 mm＋0.04 mm＝10.03 mm 以下でなければならない。

表 D.3－試験片の断面呼び寸法に関連する許容差

単位 mm

区分	断面呼び寸法	呼び寸法に対する機械加工の許容差 [a]	寸法変化許容差 [b]
円形断面をもつ試験片の径 長方形／正方形断面をもつ試験片の四つの辺	$\geqq 3$ $\leqq 6$	±0.01	0.03
	> 6 $\leqq 10$	±0.02	0.04
	> 10 $\leqq 18$	±0.03	0.04
	> 18 $\leqq 30$	±0.06	0.05
幅方向の両側だけを機械加工した板状試験片の幅	$\geqq 3$ $\leqq 6$	±0.01	0.03
	> 6 $\leqq 10$	±0.02	0.04
	> 10 $\leqq 18$	±0.03	0.06
	> 18 $\leqq 30$	±0.06	0.10
	> 30 $\leqq 50$	±0.10	0.10

注 [a] これらの許容差内であれば，原断面積 S_o の計算に呼び寸法を用いてもよい。これらの許容差内でない場合には，全ての試験片の寸法を測定しなければならない。

注 [b] 平行部長さ L_c 全長にわたっての試験片断面呼び寸法の最大値と最小値との差。

D.4 原断面積 S_o の決定

円形断面及び4面を機械加工したく（矩）形断面の試験片が，**表 D.3** に規定された許容値を満たしている場合，原断面積 S_o の計算に呼び寸法を用いることが可能である。その他の形状の試験片の場合には，各寸法に対して，±0.5 %以内の精度の適切な測定結果から計算しなければならない。

附属書 E
（規定）
管に使用する試験片の種類

E.1 試験片の形状

試験片には，次の形状が含まれる。

— 管状試験片（**図 14** 参照）

— 管の元の厚さで，管軸方向の円弧状試験片（**図 15** 参照）又は管軸直角方向の板状試験片

— 円形断面棒状試験片（管壁から採取して，機械加工する。）

機械加工した，管軸方向の円弧状試験片及び管軸直角方向の板状試験片並びに棒状試験片は，厚さが 3 mm 未満の管の場合には，**附属書 B** に，また，厚さが 3 mm 以上の管の場合には，**附属書 D** による。管軸方向の試験片は，通常，厚さが 0.5 mm を超える管に適用する。

管軸方向に採取した試験片の平行部は，通常，円弧状断面である。

E.2 試験片の寸法

E.2.1 管状試験片

管状試験片の両端に心金を入れてもよい。それぞれの心金と近い側の標点との間隔は，$D_{\mathrm{o}}/4$ より大きくなければならない。疑義のある場合には，供試材に十分な寸法がある場合，D_{o} より大きくなければならない。

試験機のつかみ端から標点の方向に突き出る心金の長さは，D_{o} 以下でなければならない。また，その形状は，標点距離内の管の変形に影響を及ぼしてはならない。

E.2.1.1 比例試験片［14C 号試験片（JIS 独自）］

14C 号試験片の形状及び寸法は，**図 E.1** による。14C 号試験片の断面は，管材から切り取ったままとする。14C 号試験片は，つかみ部に心金を入れる。このとき，心金に触れないで変形できる部分の長さは，

$$\left(L_{\mathrm{o}}+\frac{D_{\mathrm{o}}}{2}\right) \sim \left(L_{\mathrm{o}}+2D_{\mathrm{o}}\right)$$

とし，できる限り $\left(L_{\mathrm{o}}+2D_{\mathrm{o}}\right)$ とする。

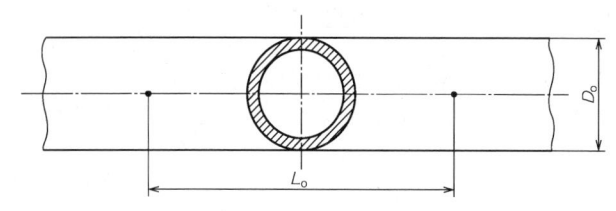

原標点距離 $L_{\mathrm{o}}=5.65\sqrt{A}$（$A$ は試験片の断面積）

図 E.1−14C 号試験片

E.2.1.2　定形試験片［11 号試験片（JIS 独自）］

11 号試験片の形状及び寸法は，**図 E.2** による。

11 号試験片の平行部の断面は，管材から切り取ったままとし，つかみ部に心金を入れるか又はつち打ちして平片とする。

なお，つかみ部につち打ちして平片とした場合の平行部長さは，100 mm 以上とする。

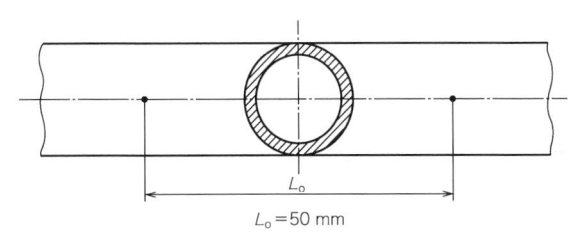

L_0

$L_0 = 50$ mm

図 E.2－11 号試験片

E.2.2　管軸方向の円弧状試験片又は管軸直角方向の板状試験片

管軸方向の円弧状試験片の平行部（長さ L_c）の範囲は，へん平加工してはならない。ただし，試験機のつかみ部は，平らにしてもよい。

附属書 B 及び**附属書 D** で規定していない管軸方向の円弧状試験片又は管軸直角方向の板状試験片の寸法は，製品規格による。

管軸直角方向の板状試験片を平らにする場合には，特に注意を払わなければならない。

E.2.2.1　比例試験片［14B 号試験片（JIS 独自）］

14B 号試験片は，**D.2** による。

E.2.2.2　定形試験片［12 号試験片（JIS 独自）］

12 号試験片の形状及び寸法は，**図 E.3** による。

12 号試験片の平行部の断面は，管材から切り取ったままの円弧状とする。ただし，試験片のつかみ部は，室温でつち打ちして平片としてもよい。

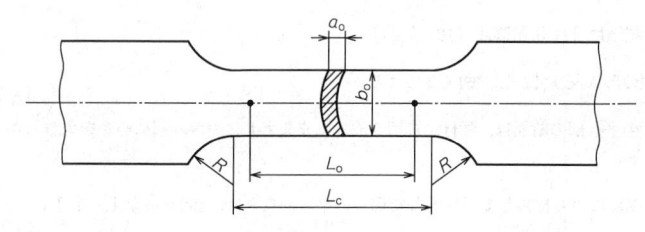

試験片の種類	幅	原標点距離	平行部長さ	肩部の半径	厚さ
	b_o	L_o	L_c	R	a_o
12A	19 ± 0.7	50	約60	15 以上	元の厚さのまま
12B	25 ± 0.7	50	約60	15 以上	元の厚さのまま
12C	38 ± 0.7	50	約60	15 以上	元の厚さのまま

単位 mm

図 E.3−12 号試験片

E.2.3 円形断面棒状試験片

試験片の採取方法は，製品規格による。

E.3 原断面積 S_o の決定

試験片の S_o は，±1%以内の精度で測定する。

管状試験片又は管軸方向の円弧状若しくは管軸直角方向の板状試験片の平方ミリメートル単位の原断面積 S_o は，試験片の質量，測定した試験片の長さ及び材料の密度によって，次の式(E.1)によって求めてよい。ただし，管軸方向の円弧状又は管軸直角方向の板状試験片は，試験片全長にわたり，断面形状が等しくなければならない。

$$S_o = \frac{1\,000 \cdot m_o}{\rho \cdot L_t} \quad\dotfill\quad (E.1)$$

ここで、 m_o： 試験片の質量 (g)
L_t： 試験片の全長 (mm)
ρ： 試験片の材料密度 (g·cm^{-3})

管軸方向の円弧状試験片の原断面積は，次の式(E.2)によって計算することが望ましい。

$b_o/D_o < 0.25$ の場合，

$$S_o = a_o b_o \left[1 + \frac{b_o^2}{6D_o(D_o - 2a_o)} \right] \quad\dotfill\quad (E.2)$$

ここで、 a_o： 管の厚さ (mm)
b_o： 試験片の平均幅 (mm)
D_o： 管の外径 (mm)

管軸方向の円弧状試験片の原断面積は，次の式(E.3)によってもよい。

$$S_o = a_o(D_o - a_o)\sin^{-1}\frac{b_o}{D_o - a_o} \quad\dotfill\quad (E.3)$$

注記 1　**ISO 6892-1** では，次の式によって計算することが規定されている。

$$S_o = \frac{b_o}{4}\left(D_o^2 - b_o^2\right)^{1/2}$$

$$+ \frac{D_o^2}{4}\sin^{-1}\left(\frac{b_o}{D_o}\right) - \frac{b_o}{4}\left[\left(D_o - 2a_o\right)^2 - b_o^2\right]^{1/2}$$

$$- \left(\frac{D_o - 2a_o}{2}\right)^2 \sin^{-1}\left(\frac{b_o}{D_o - 2a_o}\right)$$

注記 2　**ISO 6892-1** では，$b_o/D_o < 0.25$ の場合に，式(E.2)を，$b_o/D_o < 0.1$ の場合に，$S_o = a_o b_o$ を，それぞれ使用することが可能としている。

管状試験片の場合には，次の式(E.4)によって原断面積を求める。

$$S_o = \pi a_o \left(D_o - a_o\right) \quad \cdots\cdots\cdots\cdots\cdots\cdots\cdots\cdots\cdots\cdots\cdots\cdots\cdots\cdots\cdots\cdots\cdots\cdots\cdots\cdots\text{(E.4)}$$

附属書 F
（参考）
試験機の剛性を考慮したクロスヘッド変位速度の見積り

式(JA.1)は，試験装置のいかなる弾性変形（フレーム，ロードセル，つかみ部など）も考慮していない。注目する点（例えば，$R_{p0.2}$）における試験片の剛性によって，試験装置のたわみに対する補正を推定することが可能である。注目する点が，弾性域を超えている場合（例えば，$R_{p0.2}$），応力－ひずみ曲線の弾性部の試験片剛性を用いると，補正は，著しく過大評価になる。試験装置の剛性は，適用されているつかみ部の構造及び分類も既知でなければならない。構造によっては，つかみ部が，試験中に試験片に食い込むにつれて，試験機の剛性が，実質的に増加する場合がある。試験装置の剛性を注目する点で見積もることが，重要である。

必要に応じて，注目する点の試験片剛性及び注目する点の応力－ひずみ曲線の傾きを用いて，次に示す手順で，試験中の試験装置のたわみを補正したクロスヘッド変位速度を計算する。試験中に適切に計算したことを確認するために，注目する点におけるひずみ速度の結果を確認することが望ましい。

試験中の注目点での，s^{-1}（秒の逆数）単位の平行部の推定ひずみ速度$\dot{e}_m$は，次の式(F.1)による（参考文献[39]参照）。

$$\dot{e}_m = v_c \Big/ \left(\frac{m \cdot S_o}{C_M} + L_c \right) \qquad\qquad (F.1)$$

ここで，　　　　C_M：　試験装置の剛性（N/mm）
（例えば，くさび形つかみを使用し，剛性が直線的に変化しない，$R_{p0.2}$のような注目する点付近）
L_c：　試験片の平行部長さ（mm）
m：　試験の任意の時点での応力－伸び計伸び（%）曲線の傾き（MPa）
（例えば，$R_{p0.2}$のような注目する点付近）
S_o：　原断面積（mm²）
v_c：　クロスヘッド変位速度（mm/s）

注記　応力－ひずみ曲線の直線的な部分から算出されるm及びC_Mの値は，使用不可能である。

式(JA.1)は，試験機の剛性の影響を補償していない（**JA.1**参照）。クロスヘッド変位で試験を制御する場合，次の式(F.2)によって得られるクロスヘッド変位速度によって，要求されたひずみ速度のより適切な近似値を実現することが可能である。

$$v_c = \dot{e}_m \left(\frac{m \cdot S_o}{C_M} + L_c \right) \qquad\qquad (F.2)$$

式(F.1)及び式(F.2)を使用するためには，使用する試験装置全体（試験機，力計，試験片つかみ構造）の剛性C_Mを知っておく必要がある。参考文献[53]で述べられた，次の手順によって，剛性C_Mの正確な値が与えられる。

試験しようとする材料と同じ形状で，近似した物性の試験片を，既知で一定の遅いクロスヘッド変位速度で試験し，次のパラメータを決定する。

－　注目する点付近の傾きm（応力－ひずみ曲線を用いる。）

― 注目する点付近のひずみ速度（伸び計伸び－時間曲線を用いる。）

剛性は，次の式(F.3)によって計算することが可能である［式(F.1)又は式(F.2)を変換］。

$$C_\mathrm{M} = \frac{m \cdot S_\mathrm{o}}{\dfrac{v_\mathrm{c}}{\dot{e}_\mathrm{m}} - L_\mathrm{c}} \quad \cdots\cdots\cdots\cdots\cdots\cdots\cdots\cdots\cdots\cdots\cdots\cdots\cdots\cdots\cdots\cdots\cdots\cdots\cdots\cdots (\text{F.3})$$

この手順は，適用する範囲で，不連続な降伏挙動がない材料だけに適用することが望ましい。不連続又はのこ（鋸）刃状の降伏挙動のある材料では，剛性の知見は，不要である。これは，クロスヘッド変位速度v_cの計算に，平行部の推定ひずみ速度$\dot{e}_{L_\mathrm{c}}$及び式(F.2)の代わりに簡略化した式(JA.1)（**JA.1** 参照）を用いることが望ましいからである。

附属書 G
（規定）
軸引張試験による金属材料の弾性係数の測定

（対応国際規格の附属書を不採用とした。）

附属書 H
(参考)
規定値が 5 ％未満の破断伸び（%）の測定

破断伸び（%）の規定値が 5 ％未満の材料の測定を行う場合には，事前の対策をとることが望ましい。

推奨方法の一つを次に示す。

試験前に，平行部の両端に微小なしるしを一つずつ付けることが望ましい。原標点距離に合わせたコンパス（needle-pointed dividers）を使用して，先のしるしを中心にそれぞれ弧をけがく。破断後，破断した試験片をジグに置き，できれば，ねじを利用して軸方向に圧縮力を加えながら突き合わせ，測定中これらの試験片をしっかりと固定する。破断位置に近い側の最初の平行部の端のしるしから，同じ半径で，二つ目の弧をけがき，二つの弧の距離を顕微鏡又は適切な測定装置を用いて測定する（**図 H.1** 参照）。けがき線を見やすくするために，試験前に試験片に染料フィルムを貼り付けてもよい。

注記 他の測定方法を **20.3** に規定している（伸び計を用いて測定する方法）。

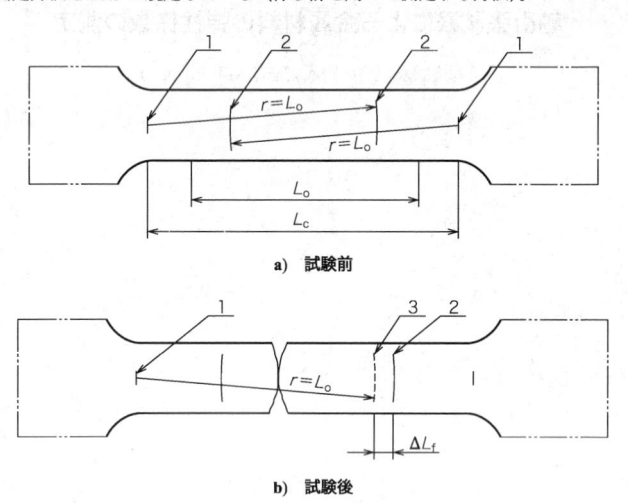

a) 試験前

b) 試験後

記号説明

L_o ：原標点距離
L_c ：平行部長さ
ΔL_f：破断時の伸び
r ：平行部の端のしるしを基点としてけがく円弧の半径（$r = L_o$）
1 ：平行部の端に付けるしるし
2 ：平行部の端のしるしを基点として原標点距離に合わせたコンパスでけがく円弧
3 ：破断後，平行部の端のしるしを基点として原標点距離に合わせたコンパスでけがく円弧

図 H.1－規定値が 5 ％未満の破断伸び（%）の測定方法例

附属書I
（参考）
原標点距離を分割して破断伸び（%）を測定する方法

試験片の破断位置が，**20.4** の条件を外れるが，標点間でネッキングが起こる現象によって，試験が無効になることを避けるために，受渡当事者間の協定によって，適用してもよい事項を示す。

a) 試験前に，原標点距離 L_0 を 5 mm（推奨）～10 mm の間の適切な長さに N 等分する。

b) 試験後，破断した試験片の短い側の標点を X とする。破断位置から，X と同じ距離にある破断した試験片の長い側の位置を Y とする。

n を，X と Y との間の等分目盛の数として，破断伸びは，次によって求める。

1) $N-n$ が偶数の場合［**図 I.1 a)** 参照］は，X と Y との距離 l_{XY} 及び Y と目盛線 Z との距離 l_{YZ} を測定する。目盛線 Z は，Y から $(N-n)/2$ の位置。

破断伸び（%）は，式(I.1)による。

$$A = \frac{l_{XY} + 2l_{YZ} - L_0}{L_0} \times 100 \quad \cdots\cdots\cdots\cdots\cdots\cdots\cdots\cdots\cdots\cdots\cdots\cdots\cdots\cdots(\text{I.1})$$

2) $N-n$ が奇数の場合［**図 I.1 b)** 参照］は，X と Y との距離 l_{XY}，Y と目盛線 Z' との距離 $l_{YZ'}$ 及び Y と Z" との距離 $l_{YZ''}$ を測定する。Z' 及び Z" の位置は，次による。

目盛線 Z' は，Y から $(N-n-1)/2$ の位置。

目盛線 Z" は，Y から $(N-n+1)/2$ の位置。

破断伸び（%）は，式(I.2)によって求める。

$$A = \frac{l_{XY} + l_{YZ'} + l_{YZ''} - L_0}{L_0} \times 100 \quad \cdots\cdots\cdots\cdots\cdots\cdots\cdots\cdots\cdots\cdots\cdots(\text{I.2})$$

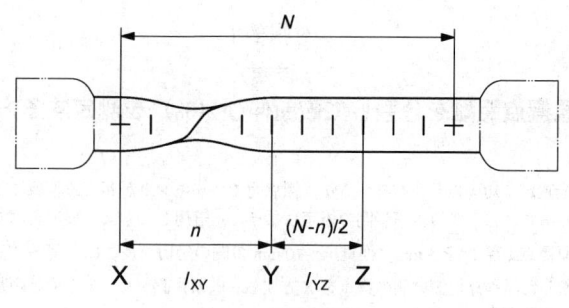

a) *N−n* が偶数の場合

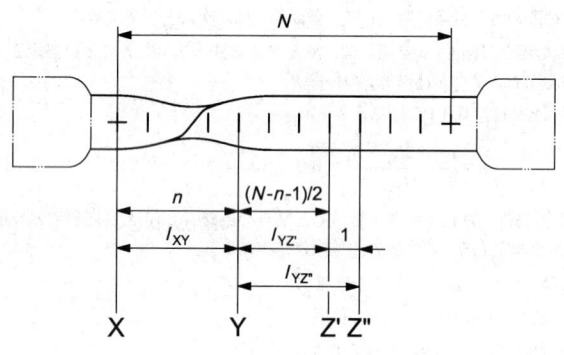

b) *N−n* が奇数の場合

記号説明

n ：X と Y との間の目盛の数
N ：等分目盛の数
X ：破断した試験片の長さの短い側の標点
Y ：破断した試験片の長さの長い側の標点
Z, Z′, Z″ ：目盛線
注記 試験片のつかみ部の形状は，参考である。

図 I.1 ─ 破断伸び（%）の測定例

附属書 J

(参考)

棒, 線材及び線のネッキングを伴わない場合の塑性伸び (%) の測定

　棒, 線材及び線のネッキングを伴わない場合の塑性伸び (%) の測定について, 破断した試験片の長い側に対して行う方法を示す。

　試験前の標点間に連続する 2 点間の距離が, 初期標点距離の何分の一になるように, 等間隔のしるしを付け, この間隔を L'_o とする。L'_o は, ±0.5 mm 以内の精度でしるしを付けることが望ましい。破断後の最終標点距離 L'_u の測定は, 破断後の試験片に付けたしるし間の最も長い部位で行い, ±0.5 mm 以内の精度で行う。

　測定を有効なものとするために, 次の条件を満たすことが望ましい。

a)　測定領域は, 破断位置から少なくとも $5d_o$ 以上離れている。また, 少なくともつかみから, $2.5d_o$ 以上離れている。

b)　測定した最終標点距離は, 少なくとも製品規格で規定する規定値以上である。

　ネッキングを伴わない塑性伸び (%) の計算は, 次の式(J.1)によって行う。

$$A_{wn} = \frac{L'_u - L'_o}{L'_o} \times 100 \text{·····················} \text{(J.1)}$$

　注記　多くの金属材料では, 最大試験力は, ネッキングを開始する領域で生じる。そのため, これらの材料の A_g 及び A_{wn} に対する試験力は, ほぼ等しい。大きな差異を示すのは, 2 回圧延を行ったぶりきのように, 大きい冷間加工を受けた材料若しくは放射線の照射を受けた構造用鋼, 又は高温で行った試験などである。

附属書 K
（参考）
不確かさの見積もり

K.1 一般

この附属書では，この規格に従って測定した値の不確かさを見積もる手順の指針を示す。不確かさへの寄与は，材料と独立しているもの（material independent）と材料に依存したものとがあるため，この試験方法に対する不確かさの完全な記述を示すことは不可能である。**ISO/IEC Guide 98-3** [4]は，種々の要因による不確かさを集大成する厳密な統計手法に基づいた，90 ページを超える包括的文書である。その複雑さのため，多くの組織が単純化した文書を作成するための原動力となっている（**NIS 80**[15]，**NIS 3003**[16]及び参考文献[23]を参照）。これらの文書は，全て，不確かさバジェット（uncertainty budget）の概念に基づいて測定の不確かさを見積もる指針である。詳細は，**EN 10291**[11]及び参考文献[24]を参照。不確かさの評価に関する追加情報は，参考文献[25]及び参考文献[26]が利用可能である。ここで示す測定の不確かさは，材料の不均一さから生じるばらつき，例えば，一つのバッチ，押出し又は圧延コイルの先端及び後端の形状，鋳造の異なる位置などについては，述べていない。ここでの不確かさは，理想的に均一な材料に対して，異なる試験，異なる試験機，及び異なる試験室から得られる結果のばらつきによるものである。次では，様々な影響について説明し，不確かさを決定するための指針を示す。

なお，**表 K.2〜表 K.4** で用いられる再現性の値は，ISO/IEC Guide 98-3 [4]に従った範囲の半分であり，マイナス側及びプラス側にばらつきの許容値があると理解するとよい。

見積もった不確かさを，製品規格の規定値に組み合わせて，合否を判定するために用いてはならない（**箇条 23** 参照）。

K.2 不確かさの見積もり

K.2.1 一般

パラメータである標準不確かさ u は，二つの方法で見積もることが可能である。

K.2.2 タイプ A－繰り返し測定による方法

$$u = \frac{s}{\sqrt{n}} \quad\text{(K.1)}$$

ここで，

s: 測定値の標準偏差

n: 測定の数。測定は，通常の状態で行われ，平均値が結果として報告される。

K.2.3 タイプ B－校正証明書又は許容値のような他の情報による方法

この場合は，真値は，規定された範囲内で均等に存在するため，く形又は一様分布で示される。標準不確かさは，次の式(K.2)による。

$$u = \frac{a}{\sqrt{3}} \quad\text{(K.2)}$$

ここで，

a: その量が存在すると仮定される区間の幅の半分

多くの場合，量 y の見積もりは，他の量の測定を含んでいる。y の不確かさを見積もるには，これら全ての測定の不確かさの成分を考慮しなければならない。これは，合成不確かさ（combined uncertainty）として知られている。単純に一連の測定値 x_1, x_2, $\cdots$, x_n を加算又は減算する場合には，y の合成不確かさ $u(y)$ は，次の式(K.3)による。

$$u(y) = \sqrt{u(x_1)^2 + u(x_2)^2 + \cdots + u(x_n)^2} \quad \cdots\cdots\cdots\cdots\cdots\cdots\cdots\cdots\cdots\cdots\cdots\cdots (K.3)$$

ここで，　　　　　$u(x_k)$：　測定値 x_k の不確かさ（$k = 1, 2, \cdots, n$）

K.3　試験結果の不確かさに影響を及ぼす装置のパラメータ

引張試験で得られる結果の不確かさには，使用した装置の構成要素を含む。種々の試験結果は，それらを測定した方法に起因する異なる不確かさ成分を含んでいる。引張試験で測定する幾つかの一般的な材料特性に対して，装置の不確かさ成分として考慮するのが望ましいものを，表 K.1 に示す。ある特性の試験結果は，他の特性より小さい不確かさで測定することが可能である。例えば，上降伏応力 R_{eH} は，試験力及び試験片の断面積の測定の不確かさだけに依存するが，一方，耐力 R_p は，試験力，伸び計伸び，標点距離，試験片の断面積及び他のパラメータに依存する。また，絞り Z の場合には，試験片の破断前後の断面積の測定の不確かさを考慮する必要がある。

表 K.1 − 測定装置に起因する試験結果に対する不確かさの寄与

パラメータ	試験結果					
	R_{eH}	R_{eL}	R_m	R_p	A	Z
試験力	X	X	X	X	−	−
伸び計伸び	−	−	−	X	X	−
標点距離	−	−	−	X	X	−
S_o	X	X	X	X	−	X
S_u	−	−	−	−	−	X
記号説明 　X：該当する 　−：該当しない						

表 K.1 に示される試験結果の不確かさは，測定に用いた装置の校正証明書を用いて求めてもよい。例えば，試験力というパラメータに対する標準不確かさは，使用した試験機が 1.4 ％の認証された不確かさをもっている場合，(1.4/2) ％又は 0.70 ％となる。引張試験機及び伸び計に対する等級 1 級が，必ずしも不確かさ 1 ％を保証しているものではないことに注意することが望ましい。これらの不確かさは，かなり大きい場合又は小さい場合がある（例えば，試験力は，JIS B 7721 参照）ので，装置の校正証明書を参考にすることが望ましい。異なる環境条件下において，校正及び使用してからの装置のドリフトによる不確かさへの寄与も，考慮することが望ましい。

試験力及び伸びの測定における不確かさを考慮して，式(K.3)に従って計算例を進めると，R_{eH}, R_{eL}, R_m 及び A は，平方和の平方根として，次のようになる。

$$\sqrt{\left(\frac{1.4}{2}\right)^2 + \left(\frac{1}{\sqrt{3}}\right)^2} = \sqrt{0.70^2 + 0.58^2} = 0.91$$

耐力 R_p の不確かさを見積もる場合には，測定装置の等級によって求めた標準不確かさ成分の合計を単純

に適用することは不適切で，試験力－伸び計伸び曲線を調べなければならない。例えば，不確かさを測定する伸びの範囲全体で試験力の変化がないような試験力－伸び計伸び曲線上で R_p を測定する場合には，伸び計伸びの測定装置に起因する試験力の不確かさは，僅かである。一方，伸び計伸びに対して試験力が大きく変化するような試験力－伸び計伸び曲線上のある点で R_p を測定する場合には，報告される試験力の不確かさは，試験装置の等級による不確かさ成分よりも，かなり大きなものとなる場合がある。また，応力－伸び計伸び曲線（%）が，その弾性範囲内で理想的な直線でない場合に，弾性部分の傾き（m_E）を求めると，R_p の結果に影響を及ぼす場合がある。

表 K.2 － 測定装置に起因する試験結果に対する不確かさの寄与の例

単位 %

パラメータ	試験結果 [a]				
	R_{eH}	R_{eL}	R_m	A	Z
試験力	1.4	1.4	1.4	－	－
伸び計伸び	－	－	－	1.4	－
標点距離 L_e, L_o	－	－	－	1	－
S_o	1	1	1	－	1
S_u	－	－	－	－	2
注 [a] 数値は，あくまで参考である。					

パーセント単位の Z の合成不確かさ u_Z は，次の式(K.4)による。

$$u_Z = \sqrt{\left(\frac{a_{S_o}}{\sqrt{3}}\right)^2 + \left(\frac{a_{S_u}}{\sqrt{3}}\right)^2} = \sqrt{\left(\frac{1}{\sqrt{3}}\right)^2 + \left(\frac{2}{\sqrt{3}}\right)^2} = \sqrt{0.577^2 + 1.155^2} \quad \cdots\cdots\cdots (K.4)$$
$$= \sqrt{0.33 + 1.33} = 1.29$$

同様の手順で求めたそれぞれの試験結果の合成標準不確かさの例を**表 K.3** に示す。

表 K.3 － 合成標準不確かさの例

単位 %

それぞれのパラメータの合成標準不確かさ				
R_{eH}	R_{eL}	R_m	A	Z
0.91	0.91	0.91	0.91	1.29

ISO/IEC Guide 98-3[4]に従って，総合拡張不確かさは，包含係数 k を合成標準不確かさに乗じることによって求める。95 %の信頼限界に対しては，$k=2$ である。

表 K.4 － 信頼水準 95 % （$k=2$） の例 （表 K.3 に基づく）

単位 %

信頼水準 95 % （$k=2$） のそれぞれのパラメータ				
R_{eH}	R_{eL}	R_m	A	Z
1.82	1.82	1.82	1.82	2.58

同じ単位の不確かさ成分だけが，この計算で示したように加算することが可能である。引張試験に関する測定の不確かさの更なる詳細な情報は，**CWA 15261-2**[9]及び参考文献[27]を参照。

特定の材料試験に関して，定期的に計画する標本試験（sample test）及び結果の標準偏差を記録すること

が強く推奨される。長期間の標本試験を用いて得られたデータの標準偏差は，試験の不確かさが，予想される範囲内かどうかを示すよい指標となる可能性がある。

K.4 材料及び／又は試験手順によるパラメータ

引張試験によって得られる試験結果の精度は，試験する材料，試験機，試験手順及び求めようとする材料の特性を計算するために使用する方法に依存する。理想的には，次の全ての因子を考慮することが望ましい。

a) 試験温度

b) 試験速度

c) 試験片の形状及び加工方法

d) 試験片のつかみ方法及び試験力の軸からのずれ

e) 試験機の特性（剛性，駆動方式及び制御モード）

f) 引張特性の測定をする作業者及びソフトウエアによる誤差

g) 伸び計の据付け構造

これらの因子の影響は，固有の材料挙動に依存し，決まった値にすることは不可能である。影響が分かっている場合には，**K.3** で示すように，不確かさの計算を考慮に入れることが可能である。測定の拡張不確かさの見積もりに，不確かさの追加因子が含まれることがあり得る。これは，次の手順で行うことが可能である。

h) 使用者は，測定する試験の特性に直接又は間接に影響する可能性がある全ての因子を識別しなければならない。

i) それらの相対的な寄与は，試験する材料及び特別な試験条件によって変化する場合がある。寄与する可能性のある不確かさの因子のリストをそれぞれの試験所が準備し，結果への影響を見積もることを勧めている。有意な影響が認められた場合には，その不確かさ u_i は，計算に含めなければならない。不確かさ u_i は，測定値に対する因子 i の不確かさであり，式(K.3)によって百分率で決められる値である。u_i に対する特定の因子の分布形状（正規，く形など）を特定しなければならない。次に，結果に対する標準偏差の影響を求めなければならない。これが標準不確かさである。

工業試験所（industrial laboratories）と近い条件で測定される結果の総合不確かさ（overall uncertainty）は，室間試験によって求めてもよい。ただし，これらの試験は，試験方法による不確かさから材料の不均一性に関する影響を分離していない。

適切な標準試験片（suitable reference material）が利用できるようになり，それが，現時点では，定量化の難しいつかみ及び曲がりの影響を含んだ所定の試験機の測定の不確かさの見積もりの有効な手段を提供することは，高く評価されることになる。標準試験片の例として，IRMM から供給される BCR-661（Nimonic 75）[2]がある。

注[2] この情報は，この規格の利用者の便宜のために与えられたものであり，**ISO** によって製品名称を制定したものではない。同様な結果が示される場合，等価製品を用いてもよい。

代替法として，品質管理の目的で，ばらつきの小さい材料（非認証標準試験片：non-certified reference material）による定期的な所内点検試験を実施することが望ましい（参考文献[28]参照）。

標準試験片を使用することなしに正確な不確かさの値を求めることが，非常に難しい例が幾つかある。

信頼性の高い不確かさの値が重要とされる場合には，測定の不確かさを確認するために，標準試験片又は非認証標準試験片を使用することが望ましい。使用できる標準試験片がない場合には，適切な相互比較実験が必要である（参考文献[21]及び参考文献[30]参照）。

附属書L
（参考）
引張試験の精度－室間試験プログラムの結果

（対応国際規格の附属書を不採用とした。）

附属書 JA
（規定）
ひずみ速度に基づいた試験方法（試験方法 2）

JA.1 一般

ひずみ速度に基づいた試験方法は，ひずみ速度に影響を受けるパラメータが測定される瞬間の試験速度の変動を最小にし，その試験結果の測定の不確かさを最小にすることを意図している。

この附属書では，異なる二種類のひずみ速度に基づく制御について規定する。

— ひずみ速度に基づく試験方法のうち，閉ループは，伸び計によって得られたフィードバックに基づいて，ひずみ速度 $\dot{e}_{L_e}$ 自体を制御することを含む。

— ひずみ速度に基づく試験方法のうち，開ループは，平行部の推定ひずみ速度 $\dot{e}_{L_c}$ の制御を含む。平行部の推定ひずみ速度の制御は，必要なひずみ速度に平行部長さを乗じることによって計算されたクロスヘッド変位速度を使用することによって達成される［式(JA.1)参照］。

注記 1　開ループの，より厳密なひずみ速度推定手順を**附属書 F** に示している。

速度制御に適用するひずみ速度を計算するための時間間隔は，0.1 秒より長くすることが望ましい。

注記 2　ひずみ速度を計算するための時間間隔が長くなると，速度変化が制御に十分反映されない結果になるので，注意が必要である。逆に時間間隔が短いと，その時間内での標点間の長さ変化が伸び計で捉えられない可能性がある。この時間間隔で変化する標点間長さが試験速度制御に用いる伸び測定装置の精度で十分に捉えられることを考慮して，時間を決定するのがよいことを意味している。

注記 3　試験方法 2 には，通常，精度が 0.1 μm 以下の伸び計が用いられる。

材料が不連続な降伏を示さず，試験力がほぼ一定値を維持する場合，ひずみ速度 $\dot{e}_{L_e}$ と平行部の推定ひずみ速度 $\dot{e}_{L_c}$ とはほぼ等しくなる。材料が不連続又はのこ（鋸）刃状の降伏を示す場合（例えば，降伏伸び域での一部の鋼及び Al-Mg 合金，又は Portevin-Le Chatelier のようなのこ（鋸）刃状の降伏を示す材料），又はネッキングを起こす場合は，差異が存在する。試験力が増加すると，ひずみ速度［式(JA.1)によってクロスヘッド変位速度を計算した場合］は，試験機の剛性（compliance）のため，目標ひずみ速度を下回る可能性がある。

試験速度は，次の要求事項に適合しなければならない。

a) 特に指定のない限り，予想される降伏応力の 1/2 の応力までは，任意の試験速度を適用してよい。この範囲を超えて，R_{eH}，R_p，R_t を測定するには，指定されたひずみ速度 $\dot{e}_{L_e}$（又は開ループの場合は，クロスヘッド変位速度 v_c）を適用する。この範囲では，引張試験機の剛性の影響を除去するために，試験片に取り付けた伸び計によってひずみ速度を正確に制御することが必要である。ひずみ速度によって試験機が制御できない場合には，ひずみ速度に基づく試験方法のうち，開ループ（平行部の推定ひずみ速度を用いる方法）を使用してもよい。

注記 4　予想される降伏応力は，製品規格で規定された下限値を適用することが可能である。

b) 不連続降伏中は，平行部の推定ひずみ速度（**3.7.2** 参照）を適用することが望ましい。この範囲では，伸び計標点距離の外側で局所的な降伏（local yielding）が発生する可能性があるため，試験片にクランプされた伸び計を使用して，ひずみ速度を制御することは不可能である。この範囲では，クロスヘッ

ド変位速度 v_c（**3.7.3** 参照）（開ループ）を一定に保つことによって，平行部の推定ひずみ速度を規定内に十分正確に維持してもよい。

$$v_c = L_c \dot{e}_{L_c} \quad \cdots\cdots\cdots\cdots\cdots\cdots\cdots\cdots\cdots\cdots\cdots\cdots\cdots\cdots\cdots\cdots\cdots\cdots\cdots \text{(JA.1)}$$

ここで，$\dot{e}_{L_c}$： 平行部の推定ひずみ速度 (s^{-1})

L_c： 平行部長さ (mm)

c) R_p 若しくは R_t 又は降伏の終了以降は，$\dot{e}_{L_e}$ 又は $\dot{e}_{L_c}$ を適用することが可能である。伸び計標点距離の外側でネッキングが発生する場合に起こるかもしれない制御上の問題を回避するために，$\dot{e}_{L_c}$ を適用することが望ましい。

JA.2〜**JA.4** に関連した特性値を測定する間，**JA.2**〜**JA.4** に規定したひずみ速度を維持しなければならない（**図 9** 参照）。ただし，速度切替えによる非定常部は除く。また，ひずみ速度 $\dot{e}_{L_e}$ が規定値を外れても，クロスヘッド変位速度 v_c の変化がなければ，その試験は，有効としてもよい。

他のひずみ速度又は他の制御モードに切替えるときには，R_m，A_g 又は A_{gt} の値に影響してしまうような応力曲線の不連続が生じないことが望ましい（**図 10** 参照）。この影響は，速度を適切に徐々に切替えることによって，軽減することが可能である。

加工硬化域での応力－伸び計伸び曲線の形状も，ひずみ速度に影響される。適用する試験速度を報告することが可能である（**10.3.1** 参照）。

JA.2 上降伏応力 R_{eH}，又は耐力パラメータ R_p 及び R_t の測定のためのひずみ速度

ひずみ速度 $\dot{e}_{L_e}$ は，R_{eH} 又は R_p 若しくは R_t の測定までの間，できる限り，一定値にしなければならない。これらの特性値を測定する間，ひずみ速度 $\dot{e}_{L_e}$ は，次に規定する範囲のいずれかとしなければならない（**図 9** 参照）。

範囲 1：$\dot{e}_{L_e} = (0.000\,07 \pm 0.000\,014)\ \text{s}^{-1}$

範囲 2：$\dot{e}_{L_e} = (0.000\,25 \pm 0.000\,05)\ \text{s}^{-1}$（他に規定がない場合，推奨）

試験機がひずみ速度を直接制御できない場合は，開ループを適用しなければならない。

JA.3 下降伏応力 R_{eL} 及び降伏伸び A_e 測定のためのひずみ速度

上降伏応力が現れた後（**A.3.2** 参照），平行部の推定ひずみ速度 $\dot{e}_{L_c}$ は，不連続な降伏が終わるまで，次に規定する範囲のいずれかとしなければならない（**図 9** 参照）。

範囲 2：$\dot{e}_{L_c} = (0.000\,25 \pm 0.000\,05)\ \text{s}^{-1}$（他に規定がない場合，推奨）

範囲 3：$\dot{e}_{L_c} = (0.002 \pm 0.000\,4)\ \text{s}^{-1}$

JA.4 引張強さ R_m，破断伸び（%）A，最大試験力時全伸び（%）A_{gt}，最大試験力時塑性伸び（%）A_g 及び絞り Z 測定のためのひずみ速度

要求された降伏応力又は耐力の測定の後，平行部の推定ひずみ速度 $\dot{e}_{L_c}$ は，次に規定する範囲のいずれか

としなければならない（**図 9** 参照）。

範囲 2：$\dot{e}_{L_c}=(0.000\,25\pm0.000\,05)\,\mathrm{s}^{-1}$

範囲 3：$\dot{e}_{L_c}=(0.002\pm0.000\,4)\,\mathrm{s}^{-1}$

範囲 4：$\dot{e}_{L_c}=(0.006\,7\pm0.001\,33)\,\mathrm{s}^{-1}\,[(0.4\pm0.08)\,\mathrm{min}^{-1}]$ （他に規定がない場合，推奨）

引張強さを測定するためだけに，試験を行う場合には，平行部の推定ひずみ速度として，範囲 3 又は範囲 4 を試験全体に適用してもよい。

附属書 JB
（参考）
試験片断面積の算出に必要な測定箇所数

JB.1　試験片平行部の原断面積の求め方

　箇条 7 では，"試験片の各寸法は，平行部内の標点の間で，長手方向に直角に，十分な箇所数を測定するのがよい。"と規定している。通常，標点間の両端部及び中央部の 3 か所の測定値の平均を用いて求めている。ただし，**附属書 E** に規定する管状試験片の場合は，試験片端部の測定によって求める。

JB.2　試験片平行部の寸法測定を 1 か所とする考え方

　試験片平行部，及び機械加工を行わない試験片の場合は，つかみ間の断面積が，全長にわたって均一で，断面積変化（最大値－最小値）が 0.5 ％以内であることが十分管理されている場合，寸法の長手方向測定箇所を 1 か所としてもよい。個々の寸法については，**表 JB.1～表 JB.3** の許容差を超えないように十分管理されている場合，寸法の長手方向測定箇所を 1 か所としてもよい。

表 JB.1－試験片の寸法許容差（円形断面試験片）

単位　mm

呼び径	許容差
10 以上　12 未満	±0.025
12 以上　16 未満	±0.03
16 以上	±0.04

表 JB.2－試験片の寸法許容差（厚さ 6 mm 未満の長方形断面試験片）

単位　mm

呼び厚さ	許容差
0.6 以上　1.2 未満	±0.002
1.2 以上　2.5 未満	±0.004
2.5 以上　6 未満	±0.01

単位　mm

呼び幅	許容差
12.5 以上　25 未満	±0.02
25 以上	±0.04

表 JB.3－試験片の寸法許容差（厚さ 6 mm 以上の長方形断面試験片）

単位　mm

呼び厚さ	許容差
6 以上　12 未満	±0.02
12 以上　20 未満	±0.04
20 以上	±0.05

単位　mm

呼び幅	許容差
25 以上　40 未満	±0.05
40 以上	±0.10

附属書 JC
(参考)
試験片－試験片番号及びその概要

試験片番号及びその概要を**表 JC.1** に示す。

表 JC.1－試験片番号及びその概要

試験片番号		JIS 独自	試験片 形状	比例／定形 の別	対応する 附属書	備考
1 号	1A	－	板状	定形	D.2.3.2.5	ISO 6892-1 では，他に試験片幅 20 mm，原標点距
	1B	－	板状	定形		離 80 mm の試験片が規定されている。
2 号		○	棒状	比例	D.2.3.1.2	－
4 号		○	棒状	定形	D.2.3.2.1	－
5 号		－	板状	定形	B (D.2.3.2.6)	ISO 規格の **Table B.1** の Test piece type 3 に相当
8 号	8A	○	棒状	定形	D.2.3.2.2	－
	8B	○	棒状	定形		
	8C	○	棒状	定形		
	8D	○	棒状	定形		
9 号	9A	－	棒状	定形	C (D.2.3.2.3)	－
	9B	－	棒状	定形		
10 号		○	棒状	定形	D.2.3.2.4	－
11 号		○	管状	定形	E.2.1.2	－
12 号	12A	○	板状	定形	E.2.2.2	管軸方向の試験片は，円弧状
	12B	○	板状	定形		
	12C	○	板状	定形		
13 号	13A	－	板状	定形	B (D.2.3.2.7)	ISO 規格の **Table B.1** の Test piece type 1 に相当
	13B	－	板状	定形		ISO 規格の **Table B.1** の Test piece type 2 に相当
14 号	14A	○	棒状	比例	D.2.3.1.1	－
	14B	○	板状	比例	D.2.3.1.1 E.2.2.1	管軸方向の試験片は，円弧状
	14C	○	管状	比例	E.2.1.1	－

参考文献

[1] **ISO 3183**, Petroleum and natural gas industries－Steel pipe for pipeline transportation systems

[2] **ISO 11960**, Petroleum and natural gas industries－Steel pipes for use as casing or tubing for wells

[3] **ISO/TR 25679**:2005, Mechanical testing of metals－Symbols and definitions in published standards

注記　廃止された **TR** である。

[4] **ISO/IEC Guide 98-3**, Uncertainty of measurement－Part 3: Guide to the expression of uncertainty in measurement (GUM: 1995)

[5] **ISO/TTA 2**:1997, Tensile tests for discontinuously reinforced metal matrix composites at ambient temperatures

注記　廃止された **TTA** である。

[6] **ASTM A370**, Standard test methods and definitions for mechanical testing of steel products

[7] **ASTM E8/E8M,** Standard test methods for tension testing of metallic materials

[8] **ASTM E1012,** Standard practice for verification of testing frame and specimen alignment under tensile and compressive axial force application

[9] **CWA 15261-2**:2005, Measurement uncertainties in mechanical tests on metallic materials — Part 2: The evaluation of uncertainties in tensile testing

　　注記　廃止された **CWA** である。

[10] **DIN 50125,** Testing of metallic materials — Tensile test pieces

[11] **EN 10291,** Metallic materials — Uniaxial creep testing in tension — Methods of test

[12] **GB/T 228,** Metallic materials — Tensile testing at ambient temperature

[13] **IACS W2** Test specimens and mechanical testing procedures for materials. In: Requirements concerning materials and welding, pp. W2-1 to W2-10. International Association of Classification Societies, London, 2003.

[14] **JIS G 0416**　鋼及び鋼製品 — 機械試験用供試材及び試験片の採取位置並びに調製

[15] **NIS 80**:1994, Guide to the expression of uncertainty in testing

[16] **NIS 3003**:1995, The expression of uncertainty and confidence in measurement

[17] Dean G.D., Loveday M.S., Cooper P.M., Read B.E., Roebuck B., Morrell R. Aspects of modulus measurement. In: Dyson, B.G., Loveday, M.S., Gee, M.G., editors. Materials metrology and standards for structural performance, pp. 150-209. Chapman & Hall, London, 1995

[18] Roebuck B., Lord J.D., Cooper P.M., McCartney L.N., Data acquisition and analysis of tensile properties for metal matrix composites. J. Test. Eval. 1994, **22** (1) pp. 63-69

[19] Sonne H.M., Hesse B. B. Determination of Young's modulus on steel sheet by computerised tensile test — Comparison of different evaluation concepts. In: Proceedings of Werkstoffprüfung [Materials testing] 1993. DVM, Berlin

[20] Aegerter J., Keller S., Wieser D. Prüfvorschrift zur Durchführung und Auswertung des Zugversuches für Al-Werkstoffe [Test procedure for the accomplishment and evaluation of the tensile test for aluminium and aluminium alloys], In: Proceedings of Werkstoffprüfung [Materials testing] 2003, pp. 139-150. Stahleisen, Düsseldorf

[21] Rides M., Lord J. TENSTAND final report: Computer-controlled tensile testing according to EN 10002-1: Results of a comparison test programme to validate a proposal for an amendment of the standard. National Physical Laboratory, Teddington, 2005

[22] Lord J., Loveday M.S., Rides M., McEntaggart I. TENSTAND WP2 final report: Digital tensile software evaluation: Computer-controlled tensile testing machines validation of European Standard EN 10002-1. National Physical Laboratory, Teddington, 2005, 68 p. Available at: http://eprintspublications.npl.co.uk/3224/

[23] Taylor B.N., Kuyatt C.E. Guidelines for evaluating and expressing the uncertainty of NIST measurement results. NIST, Gaithersburg, MD, 1994. 25 p. (NIST Technical Note 1297.)

[24] Loveday M.S. Room temperature tensile testing: A method for estimating uncertainty of measurement. National Physical Laboratory, Teddington, 1999. [Measurement note CMMT (MN) 048.]

[25] Bell S.A. 1999) A beginner's guide to uncertainty of measurement, 2nd edition. National Physical Laboratory, Teddington, 2001. 41 p. (Measurement Good Practice Guide, No. 11.)

[26] Birch K. Estimating uncertainties in testing. National Physical Laboratory, Teddington, 2001. (Measurement Good Practice Guide, No. 36.) Available (2009-07-23) at: http://eprintspublications.npl.co.uk/2022/

[27] Kandil F.A., Lord J.D., Bullough C.K., Georgsson P., Legendre L., Money G. et al. The UNCERT manual of

codes of practice for the determination of uncertainties in mechanical tests on metallic materials [CD-ROM]. EC, Brussels

[28] Sonne H.M., Knauf G., Schmidt-Zinges J. Überlegungen zur Überprüfung von Zugprüfmaschinen mittels Referenzmaterial [Considerations on the examination of course test equipment by means of reference material]. In: Proceedings of Werkstoffprüfung [Materials testing] 1996. Bad Nauheim. DVM, Berlin

[29] Ingelbrecht C.D., Loveday M.S., The certification of ambient temperature tensile properties of a reference material for tensile testing according to EN 10002-1: CRM 661. EC, Brussels, 2000. (BCR Report EUR 19589 EN.)

[30] Li H.-P., Zhou X. New Consideration on the uncertainty evaluation with measured values of steel sheet in tensile testing. In: Metallurgical analysis, 12th Annual Conference of Analysis Test of Chinese Society for Metals, 2004

[31] Klingelhöffer H., Ledworuski S., Brookes S., May T. Computer controlled tensile testing according to EN 10002-1 — Results of a comparison test programme to validate a proposal for an amendment of the standard — Final report of the European project TENSTAND — Work Package 4. Bundesanstalt für Materialforschung und -prüfung (BAM), Berlin, 2005. 44 p. (Forschungsbericht [Technical report] 268.)

[32] Loveday M.S., Gray T., Aegerter J. Tensile testing of metallic materialsA reviewFinal report of the TENSTAND project of work package 1. Bundesanstalt für Materialforschung und -prüfung (BAM), Berlin, 2004

[33] ASTM Research Report E 28 1004:1994, Round robin results of interlaboratory tensile tests

[34] Roesch L., Coue N., Vitali J., di Fant M. Results of an interlaboratory test programme on room temperature tensile properties — Standard deviation of the measured values. (IRSID Report, NDT 93310.)

[35] Loveday M.S. Towards a tensile reference material. In: Loveday, M.S., Gibbons, T.B. Harmonisation of testing practice for high temperature materials. Elsevier, London, pp. 111-153.

[36] Johnson R.F., Murray J.D., The effect of rate of straining on the 0.2 % proof stress and lower yield stress of steel. In: Proceedings of Symposium on High Temperature Performance of Steels, Eastbourne, 1966. Iron and Steel Institute, 1967

[37] Gray T.G.F., Sharp J. Influence of machine type and strain rate interaction in tension testing. In: Papirno, R., Weiss, H.C. Factors that affect the precision of mechanical tests. ASTM, Philadelphia, PA. (Special Technical Publication 1025.)

[38] Aegerter J., Bloching H., Sonne H.-M., Influence of the testing speed on the yield/proof strength — Tensile testing in compliance with EN 10002-1. Materialprüfung. 2001, 10 pp. 393-403

[39] Aegerter, J. Strain rate at a given point of a stress/strain curve in the tensile test [Internal memorandum], VAW Aluminium, Bonn, 2000

[40] Bloching H. Calculation of the necessary crosshead velocity in mm/min for achieving a specified stress rate in MPa/s. Zwick, Ulm, 2000, 8 p. [Report]

[41] McEnteggart I., Lohr R.D. Mechanical testing machine criteria. In: Dyson, B.G., Loveday, M.S., Gee, M.G., editors. Materials metrology and standards for structural performance, pp. 19-33. Chapman & Hall, London, 1995

[42] Austin T., Bullough C., Leal D., Gagliardi D., Loveday M., A Guide to the Development and Use of Standards Compliant Data Formats for Engineering Materials Test Data, CEN CWA 162002010

[43] SEP 1235, Determination of the modulus of elasticity on steels by tensile testing at room temperature, Stahl-Eisen-Prüfblatt (SEP) des Stahlinstituts VDEh, Düsseldorf

[44] Lord J.D, Orkney L.P Elevated Temperature Modulus Measurements Using the Impulse Excitation Technique (IET). NPL Measurement Note CMMT. MN, 2000, pp. 049. Available at: http://eprintspublications.npl.co.uk/3249/

[45] Lord J.D, Orkney L.P Measurement Good Practice Guide No. 98 Elastic Modulus Measurement, ISSN 1744-3911 (2006). Available at: http://eprintspublications.npl.co.uk/3782/

[46] Carpenter M*, Nunn J, Impulse Excitation Modulus measurements of Hardmetal Rods using custom software on a standard personal computer and microphone. Mater. Eval. 2012, **70** (7) pp. 863-871

[47] Gabauer W, The Determination of Uncertainties in Tensile Testing UNCERT COP 07: 2000

[48] Bullough C. K, The Determination of Uncertainties in Dynamic Young's Modulus UNCERT CoP 13:2000

[49] Lord J., Rides M., Loveday M. Modulus Measurement Methods TENSTAND WP3 Final Report NPL REPORT DEPC MPE 016 Jan 2005. ISSN 1744-0262.

[50] Unwin W.C., The testing of materials of construction. Longmans, Green & Co, London, 1910, pp. 237-238.

[51] Lord J.D., Roebuck B., Orkney L.P. Validation of a draft tensile testing standard for discontinuously reinforced MMC, VAMAS Report No.20, National Physical Laboratory, May 1995

[52] **ASTM E111**, Standard Test Method for Young's Modulus, Tangent Modulus, and Chord Modulus

[53] Aegerter J., Frenz H., Kühn H.-J., Weissmüller C., ISO 6892-1:2009 Tensile Testing: Initial Experience from the Practical Implementation of the New Standard, Carl Hanser Verlag, München, Vol. 53, (2011) 10, pp. 595-603, correction of Fig. 6 in Carl Hanser Verlag, München, Vol. 53, (2011) 11

[54] Weissmüller C., Frenz H., Measurement Uncertainty for the Determination of Young's Modulus on Steel, Materials Testing, Carl Hanser Verlag, München, 2013, Vol. 55 No. 9, pp. 643-647, available at: http://www.hanser-elibrary.com/doi/pdf/10.3139/120.110482

[55] **ISO 377**, Steel and steel products — Location and preparation of samples and test pieces for mechanical testing

[56] **ISO 2566-1**, Steel — Conversion of elongation values — Part 1: Carbon and low alloy steels

[57] **ISO 2566-2**, Steel — Conversion of elongation values — Part 2: Austenitic steels

[58] **ISO 80000-1**, Quantities and units — Part 1: General

[59] **ISO 23788**, Metallic materials — Verification of the alignment of fatigue testing machines

附属書 JD
（参考）
JIS と対応国際規格との対比表

JIS Z 2241		ISO 6892-1:2019，（MOD）		

a) JIS の箇条番号	b) 対応国際規格の対応する箇条番号	c) 箇条ごとの評価	d) JIS と対応国際規格との技術的差異の内容及び理由	e) JIS と対応国際規格との技術的差異に対する今後の対策
1	1	追加	室温が，10 ℃～35 ℃であることを追加した。	技術的差異は，軽微である。
3	3	追加	JIS では，受渡当事者間の協定によって，R_{eL} を R_{eH} としてもよいことを追加した。	国内独自の運用である。
		削除	JIS では，対応国際規格の附属書 G を不採用としたため，弾性係数を 0.1 GPa に丸めて報告することを削除した。	国内独自の運用である。
		削除	JIS では，対応国際規格の附属書 G を不採用としたため，ISO 規格の 3.14～3.17 を削除した。	国内独自の運用である。
4	4	削除	JIS では，厚さ記号 T（鋼管の製品規格で使われる記号）を削除した。	技術的差異は，軽微である。
		削除	JIS では，対応国際規格の附属書 G を不採用としたため，R_1 及び R_2 を削除した。	国内独自の運用である。
		変更	JIS では，d_o を棒状試験片の直径とし，その内容を注として説明した。	技術的差異は，軽微である。
5	5	変更	JIS では，規定された以外の温度で実施される試験及び／又は校正データに対する影響を試験室が評価することを，推奨事項とした。	技術的差異は，軽微である。
6	6	追加	JIS では，6.1.1 に試験片に対する矯正の注意事項を追加した。	技術的差異は，軽微である。
		変更	JIS では，他の使用できる試験片について，具体的に列挙せず，"別に製品規格又は試験方法規格で規定されている場合"と変更した。	技術的差異は，軽微である。
		追加	JIS では，6.1.2 に，寸法誤差の範囲で，テーパを付けてもよいことを追加した。	技術的差異は，軽微である。
		追加	JIS では，6.2 に試験片の分類及び試験片の使用区分を追加した。	必要に応じて，ISO への提案を検討する。
7	7	追加	JIS では，附属書 B～附属書 E に規定がない場合の寸法測定精度について追加した。	必要に応じて，ISO への提案を検討する。
		追加	JIS では，断面積の計算方法の例を追加した。	例であり，技術的差異は，軽微である。
8	8	追加	JIS では，指定された試験条件によって，試験片の原標点距離が明らかな場合は，比例定数又は原標点距離を追記しなくてもよいこととした。	対応国際規格では，推奨事項であり，技術的差異は，軽微である。

a) JIS の箇条番号	b) 対応国際規格の対応する箇条番号	c) 箇条ごとの評価	d) JIS と対応国際規格との技術的差異の内容及び理由	e) JIS と対応国際規格との技術的差異に対する今後の対策
8	8	追加	JIS では，塗布した塗料の上にけがき線をしるすことを許容した。	技術的差異は，軽微である。
9	9	変更	JIS では，細分箇条の構成を変更した。	技術的差異は，軽微である。
		変更	JIS では，応力増加速度に基づいた試験方法では，伸び計の等級を2級以上とした。	国内実態を反映したが，今後，伸び計等級1級の普及時には，対応国際規格を採用する予定。
		追加	対応国際規格の箇条7の国際計量系へのトレーサビリティについて，JIS では，9.3（長さ測定器）として追加した。	技術的差異は，軽微である。
10	10	変更	対応国際規格では，ひずみ速度に基づいた試験方法と応力増加速度に基づいた試験方法とをこの箇条に規定している。JIS では，各試験方法の名称を応力増加速度に基づいた試験方法を試験方法1，ひずみ速度に基づいた試験方法を試験方法2と変更し，試験方法1だけをこの箇条で規定し，試験方法2は，附属書JAとして規定した。	技術的差異は，軽微である。
		変更	表5の弾性係数150 MPa 以上の範囲について，対応国際規格では，6 MPa〜60 MPa であるが，JIS では，3 MPa〜30 MPa とした。	国内独自の運用である。データの同等性などの確認を検討する。
		追加	JIS では，引張強さの計算式を追加し，理解しやすくした。	技術的差異は，軽微である。
11	11	追加	JIS では，上降伏応力の計算式を追加し，理解しやすくした。	技術的差異は，軽微である。
12	12	追加	JIS では，下降伏応力の計算式を追加し，理解しやすくした。	技術的差異は，軽微である。
16	16	追加	国内の実態に合わせて，対応国際規格で規定された方法と同等に測定できる方法も許容した。	国内独自の運用である。必要に応じて，ISO への提案を検討する。
20	20	変更	JIS では，細分箇条の構成を変更した。	試験の有効性を除いては，技術的差異は，軽微である。
		追加	JIS では，伸び計を用いて測定する場合，破断後の試験片の突合せで行う場合と同等の評価とするために，調整を行うことが可能であることを追加した。また，疑義がある場合，試験片を突き合わせる方法で検証することを規定した。	必要に応じて，ISO への提案を検討する。
		追加	JIS では，"伸び計伸び (%) は，破断時全伸び A_t として測定し，破断伸び (%) を求めるために弾性伸びを減じなくてもよい。"ことを追加した。	必要に応じて，ISO への提案を検討する。
		追加	JIS では，試験片の直径又は対辺距離が細い場合に，クロスヘッドの変位量による測定を許容した。	必要に応じて，ISO への提案を検討する。

a) JISの箇条番号	b) 対応国際規格の対応する箇条番号	c) 箇条ごとの評価	d) JIS と対応国際規格との技術的差異の内容及び理由	e) JIS と対応国際規格との技術的差異に対する今後の対策
20	20	追加	**JIS** では，"必要な場合，試験片の破断位置によって，次の記号を付記して区別する。"を追加した。	国内独自の運用である。
		変更	試験の有効性について，対応国際規格では，破断位置を標点から，原標点距離の1/3以上離れている場合と規定しているが，**JIS** では，1/4 とした。	国内独自の運用である。
21	21	変更	**JIS** では，±2 %以下の精度で S_0 を測定することは，難しい場合がある件について，対応国際規格は small diameter としていたのを"直径又は対辺距離が 4 mm 未満"に変更した。	技術的差異は，軽微である。
22	22	変更	**JIS** では，報告する事項は，受渡当事者間の協定によって選択することとした。	技術的差異は，軽微である。
		追加	**JIS** では，破断伸びの丸めについて追加した。	必要に応じて，**ISO** への提案を検討する。
附属書 A	Annex A	変更	**JIS** では，ソフトウエアによって処理されていないアナログ信号の出力を推奨事項とした。	必要に応じて，**ISO** への提案を検討する。
		変更	**JIS** では，データファイルフォーマットの例は削除し，データファイルに含めることが望ましい項目を記載した。	必要に応じて，**ISO** への提案を検討する。
		追加	**JIS** では，"試験力の減少値及びひずみ範囲の値は，ソフトウエアで変更できることが望ましい。"を追加した。	必要に応じて，**ISO** への提案を検討する。
		追加	**JIS** では，最大試験力時全伸びについて，最大試験力から，あらかじめ指定したパラメータ分増減した試験の平均値を算出する方法を許容した。	必要に応じて，**ISO** への提案を検討する。
		追加	**JIS** では，破断伸びについて，"試験力が設定値を下回った直前の値を破断時の値とみなしてもよい。"を追加した。	必要に応じて，**ISO** への提案を検討する。
附属書 B	Annex B	変更	**JIS** では，試験片平行部長さの規定は，5号試験片を除外した。	国内独自試験片の運用である。
		変更	**JIS** では，試験片平行部の幅許容差及び原断面積計算時に測定を省略できる幅許容差を対応国際規格より厳格化した。	必要に応じて，**ISO** への提案を検討する。
		追加	**JIS** では，試験片の図を追加した。	技術的差異は，軽微である。
附属書 C	Annex C	変更	**JIS** では，つかみ間の距離の規定を変更したが，**JIS** の方が厳格規定となっている。	必要に応じて，**ISO** への提案を検討する。
		変更	**JIS** では，原断面積の精度を削除したが，本体規定で，寸法測定精度を規定した。	技術的差異は，軽微である。
		追加	**JIS** では，試験片の図を追加した。	技術的差異は，軽微である。

a) JISの箇条番号	b) 対応国際規格の対応する箇条番号	c) 箇条ごとの評価	d) JISと対応国際規格との技術的差異の内容及び理由	e) JISと対応国際規格との技術的差異に対する今後の対策
附属書 D	Annex D	変更	JISでは，疑義のある場合の対応条件に，対応できる試験機を追加し，推奨事項とし，それ以外は，受渡当事者間の協定によることとした。	技術的差異は，軽微である。
		追加	JISでは，試験片平行部の径の許容値を追加した。	必要に応じて，ISOへの提案を検討する。
		追加	JISでは，試験片の図を追加した。	技術的差異は，軽微である。
		追加	JIS独自に運用している試験片を追加した。	必要に応じて，ISOへの提案を検討する。
附属書 E	Annex E	追加	JISでは，"管軸方向に採取した試験片の平行部は，通常，円弧状断面である。"を追加した。	技術的差異は，軽微である。
		追加	JISの試験片を追加した。	技術的差異は，軽微である。
		追加	JISでは，試験片の原断面積を質量，長さ，密度を用いて算出する場合，試験片全長にわたり，断面形状が等しくなければならないことを追加した。	必要に応じて，ISOへの提案を検討する。
		追加	JISでは，国内で運用している試験片の原断面積の計算に用いる式を追加した。	必要に応じて，ISOへの提案を検討する。
		変更	JISでは，原断面積の計算に用いる対応国際規格に規定された高精度式［対応国際規格の式(E.2)］及び $S_\mathrm{o}=a_\mathrm{o}b_\mathrm{o}$ を注記とした。	必要に応じて，ISOへの提案を検討する。
附属書 G	Annex G	削除	国内では運用されていないため，JISでは，対応国際規格の附属書を不採用とした。	国内独自の運用である。
附属書 H	Annex H	追加	JISでは，規定値が5%未満の破断伸び(%)の測定方法例の図を追加した。	技術的差異は，軽微である。
附属書 L	Annex L	削除	国内では不要として，JISでは，不採用とした。	参考情報であり，技術的な影響はない。
附属書 JA	10.3.2	追加	国内では，応力増加速度に基づいた試験方法が主に運用されているため，ひずみ速度に基づいた試験方法は，附属書と位置付けて規定した。	技術的差異は，軽微である。
		追加	JISでは，ひずみ速度を計算するための時間間隔について，伸び計の精度との関係で情報を注記として追加した。	必要に応じて，ISOへの提案を検討する。
附属書 JC	－	追加	試験片番号及びその概要を表として追加した。	参考情報であり，技術的な影響はない。

注記1　箇条ごとの評価欄の用語の意味を，次に示す。
　－　削除：対応国際規格の規定項目又は規定内容を削除している。
　－　追加：対応国際規格にない規定項目又は規定内容を追加している。
　－　変更：対応国際規格の規定内容又は構成を変更している。
注記2　JISと対応国際規格との対応の程度の全体評価の記号の意味を，次に示す。
　－　MOD：対応国際規格を修正している。

JIS Z 2241
(2023)

金属材料引張試験方法
（追補 1）

Metallic materials—Tensile testing—Method of test at room temperature
(Amendment 1)

JIS Z 2241:2022 を，次のように改正する。

JB.2（試験片平行部の寸法測定を 1 か所とする考え方）を，次の文に置き換える。

JB.2　試験片平行部の寸法測定を 1 か所とする考え方

　試験片平行部，及び機械加工を行わない試験片の場合は，つかみ間の断面積が，全長にわたって均一で，断面積変化（最大値－最小値）が 0.5 % 以内であることが十分管理されている場合，寸法の長手方向測定箇所を 1 か所としてもよい。個々の寸法については，**表 JB.1～表 JB.3** の寸法変化許容差（最大値－最小値）を超えないように十分管理されている場合，寸法の長手方向測定箇所を 1 か所としてもよい。

表 JB.1－試験片の寸法変化許容差（円形断面試験片）

単位　mm

呼び径	寸法変化許容差 （最大値－最小値）
10 以上　12 未満	0.025
12 以上　16 未満	0.03
16 以上	0.04

表 JB.2－試験片の寸法変化許容差（厚さ 6 mm 未満の長方形断面試験片）

単位　mm

呼び厚さ	寸法変化許容差 （最大値－最小値）
0.6 以上　1.2 未満	0.002
1.2 以上　2.5 未満	0.004
2.5 以上　6 未満	0.01

単位　mm

呼び幅	寸法変化許容差 （最大値－最小値）
12.5 以上　25 未満	0.02
25 以上	0.04

表 JB.3－試験片の寸法変化許容差（厚さ 6 mm 以上の長方形／正方形断面試験片）

単位　mm

呼び厚さ	寸法変化許容差 （最大値－最小値）
6 以上　12 未満	0.02
12 以上　20 未満	0.04
20 以上	0.05

単位　mm

呼び幅	寸法変化許容差 （最大値－最小値）
25 以上　40 未満	0.05
40 以上	0.10

金属材料のシャルピー衝撃試験方法

Method for Charpy pendulum impact test of metallic materials

JIS（1956, 68, 77, 80, 93,
98, 05, 18, 20）改正
JIS　　（1952）　　制定
JIS　　B　　7772

序文

この規格は，2016 年に第 3 版として発行された **ISO 148-1** を基とし，技術的内容を変更して作成した日本産業規格である。

なお，この規格で側線又は点線の下線を施してある箇所は，対応国際規格を変更している事項である。技術的差異の一覧表にその説明を付けて，**附属書 JA** に示す。

1 適用範囲

この規格は，金属材料に衝撃を与えて，吸収されるエネルギーを測定するシャルピー（V ノッチ及び U ノッチ）衝撃試験 [1] 方法について規定する。この規格には，**JIS B 7755** で規定する金属用シャルピー振り子式衝撃試験－計装化装置は，含まない。

注記　この規格の対応国際規格及びその対応の程度を表す記号を，次に示す。

ISO 148-1:2016，Metallic materials－Charpy pendulum impact test－Part 1: Test method（MOD）

なお，対応の程度を表す記号“MOD”は，**ISO/IEC Guide 21-1** に基づき，“修正している”ことを示す。

注 [1]　**ISO 148-1** では，“Charpy pendulum impact test”と記載しているが，この規格では，“シャルピー衝撃試験”として記載している。

2 引用規格

次に掲げる引用規格は，この規格に引用されることによって，その一部又は全部がこの規格の要求事項を構成している。これらの引用規格は，その最新版（追補を含む。）を適用する。

JIS B 7722　金属材料のシャルピー衝撃試験－試験機の検証

注記　対応国際規格における引用規格：**ISO 148-2**，Metallic materials－Charpy pendulum impact test－Part 2: Verification of testing machines

JIS G 0202　鉄鋼用語（試験）

JIS Z 8401　数値の丸め方

3 用語及び定義

この規格で用いる主な用語及び定義は，次によるほか，**JIS G 0202** による。

3.1 エネルギーに関する用語

3.1.1

初期位置エネルギー（initial potential energy）, **位置エネルギー**（potential energy）, K_p

衝撃試験を行うための振子式ハンマーの振り下ろし前の位置エネルギーで，直接検証によって求められるエネルギー

3.1.2

吸収エネルギー（absorbed energy）, K

振子式衝撃試験機で試験片を破断するのに要するエネルギーで，摩擦損失の補正後のエネルギー

> **注釈1** ノッチ形状を表すため V 又は U の文字を付記する。すなわち，KV 又は KU とする。衝撃刃の半径を表すため 2 又は 8 を添え字する。例えば，KV_2 で示す（**表1** 参照）。

> **注釈2** 吸収エネルギーは，次の式から求めることが可能である。

$$K = M(\cos\beta - \cos\alpha) - p_\beta$$

$$M = F \times l_2$$

ここで，　K：　吸収エネルギー（J）
　　　　　M：　F（N）$\times l_2$（m）に等しいモーメント（N・m）
　　　　　F：　振子を水平に保ったとき l_2 の位置で測定された力（N）
　　　　　l_2：　回転軸中心から力 F が加わる点までの距離（m）
　　　　　α：　振子の振り下ろし角度（°）
　　　　　β：　振子の振り上がり角度（°）
　　　　　p_β：　摩擦損失の補正値（J）

3.1.3

公称初期位置エネルギー（nominal initial potential energy）, **公称エネルギー**（nominal energy）, K_N

シャルピー振子式衝撃試験機の製造業者によって定められたその試験機で試験可能な位置エネルギー

3.2 試験片に関する用語

3.2.1

幅（width）, W

ノッチ面とその反対面との間隔

> **注釈1** 図1 参照。

> **注釈2** この規格の 2005 年版以前の版では，ノッチ面とその反対面との間隔は，"高さ" と規定していた。"幅" への変更は，この規格の用語を他の破壊試験の JIS で用いる用語との整合を図るためである。

3.2.2

厚さ（thickness）, B

ノッチと平行で，幅に垂直な寸法

> **注釈1** 図1 参照。

> **注釈2** この規格の 2005 年版以前の版では，ノッチと平行で，幅に垂直な寸法は，"幅" と規定していた。"厚さ" への変更は，この規格の用語を他の破壊試験の JIS で用いる用語との整合を図るためである。

3.2.3

長さ（length），*L*

ノッチに直角方向の最大寸法

　注釈1　図1参照。

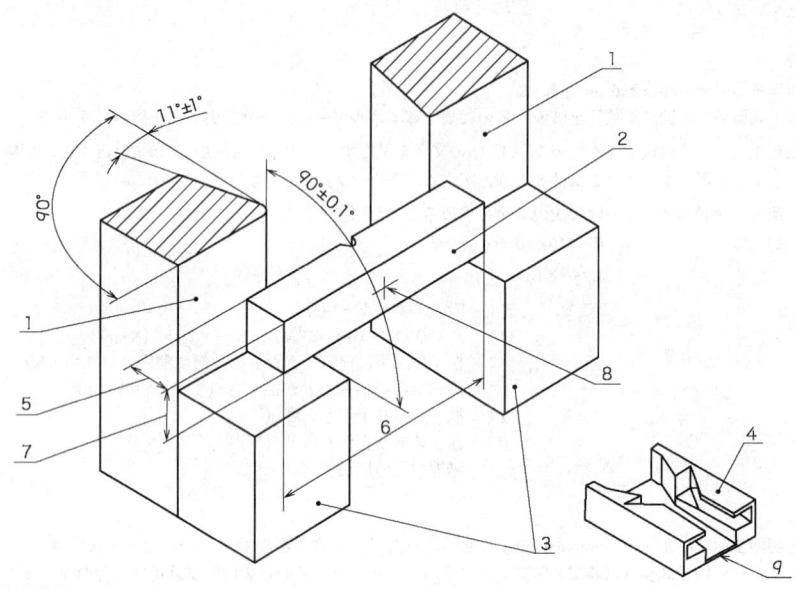

記号説明
　1：受け台
　2：標準試験片
　3：載せ台
　4：覆い
　5：試験片の幅，*W*
　6：試験片の長さ，*L*
　7：試験片の厚さ，*B*
　8：打撃の中心
　9：振子のスイング方向

図1－振子式衝撃試験機の載せ台及び受け台の配置

4　記号，単位及び名称

　この規格で用いる記号，単位及び名称は，**表1**及び**表2**による。また，試験片の寸法の記号を，**図2**に示す。

表 1 ― 記号, 単位及び名称・定義

記号	単位	名称・定義
B	mm	試験片の厚さ
BFA	%	ぜい性破面率
α	°	振子の振り下ろし角度
β	°	振子の振り上がり角度
β_1	°	試験片のない状態で通常の方法で試験機を操作したときの振り上がり角度
β_2	°	試験片のない状態で通常の方法で試験機を操作し, 表示機構をリセットしない (置き針を伴わない) ときの振り上がり角度
β_3	°	試験片がない状態で, 振子が 11 回連続片振り後 (5 往復後) の振り上がり角度
L	mm	試験片の長さ
LE	mm	横膨出
K	J	吸収エネルギー (ノッチ形状及び衝撃刃端の半径によって, KV_2, KV_8, KU_2 及び KU_8 で示される。)
K_1	J	試験片のない状態で, 通常の方法によって試験機を操作したときの吸収エネルギーの読み
K_2	J	試験片のない状態で, 通常の方法によって試験機を操作し, 表示機構をリセットしない (置き針を伴わない) ときの吸収エネルギーの読み
K_3	J	試験片がない状態で, 振子が 11 回連続片振り後 (5 往復後) の吸収エネルギーの読み
K_N	J	公称初期位置エネルギー
K_p	J	初期位置エネルギー (位置エネルギー)
K_T	J	全吸収エネルギー
KV_2	J	半径 2 mm の衝撃刃を用いた V ノッチ試験片の吸収エネルギー
KV_8	J	半径 8 mm の衝撃刃を用いた V ノッチ試験片の吸収エネルギー
KU_2	J	半径 2 mm の衝撃刃を用いた U ノッチ試験片の吸収エネルギー
KU_8	J	半径 8 mm の衝撃刃を用いた U ノッチ試験片の吸収エネルギー
M	N·m	積 $F \cdot l_2$ に等しいモーメント F は, 振子を水平に保ち, l_2 の距離で測定された力。l_2 は, 回転軸中心から力 F が加わる点までの距離。
p	J	置き針の摩擦損失
p'	J	軸受の摩擦及び空気抵抗による摩擦損失
p_β	J	摩擦損失の補正値
SFA	%	延性破面率
T_t	℃	遷移温度
W	mm	試験片の幅
T_{t27}	℃	吸収エネルギーが特定の値 (この表示例では, 27 J) となるときの遷移温度
$T_{t50\%US}$	℃	上部棚吸収エネルギーの特定の百分率 (この表示例では, 50 %) となるときの遷移温度
$T_{t50\%SFA}$	℃	延性破面率が特定の百分率 (この表示例では, 50 %) となるときの遷移温度
$T_{t0.9}$	℃	横膨出が特定の値 (この表示例では, 0.9 mm) になるときの遷移温度

5 原理

この試験は, **箇条 6～箇条 8** で規定する条件の下で, 振子の一振りによって, ノッチを付けた試験片を破断して行う。試験片のノッチ部分は, 指定された形状とし, 試験時に衝撃方向と反対に位置する二つの受け台の中心に置く。試験片によって吸収されるエネルギーを決定する。また, 横膨出及び破面率を求め

ることが可能である（**附属書 B 及び附属書 C による。**）。

吸収エネルギーは，試験温度によって変化するため，試験は，指定された温度で行う。その温度が室温でない場合は，試験片を，管理された状態で指定温度に加熱又は冷却しなければならない。

注記　この試験では，試験片が完全に破断する場合及び不完全破断となる場合がある（**8.6 参照**）。

　　　研究，設計又は学術の場では，測定されたエネルギーが，より詳細に調べられるので，試験片が破断したかどうかには，大きな意味がある。一方，産業界において日常かつ大量に合否判定する試験では，試験片が完全破断したか，部分破断か又は単純に塑性変形し受け台を通り抜けたかは，あまり大きな意味をもたない。

　　　また，全てのシャルピー衝撃試験の結果が，そのまま比較できるものでないことに留意する必要がある。例えば，この試験は，異なる半径の衝撃刃をもつハンマー又は異なる試験片形状で試験を行うことがある。異なった衝撃刃で行った試験は，異なる結果を示す可能性があり[7]，異なる試験片形状で得られる試験結果も同様である。したがって，試験結果の比較を行うためには，この規格を単に順守するだけでなく，機器のタイプ，試験片及び試験後の試験片の詳細を全て明確に報告することが極めて重要になる。

6　試験片

6.1　一般

標準試験片は，長さ 55 mm で，一辺が 10 mm の正方形断面をもつ形状とする。長さの中心に **6.2.1** 及び **6.2.2** に規定する V ノッチ又は U ノッチのいずれかを付ける。ただし，材料から標準試験片を採取できない場合は，特に規定のない限り，厚さが 7.5 mm，5 mm 又は 2.5 mm のサブサイズ試験片を用いなければならない（**図 2 及び表 2 参照**）。

注記 1　結果の直接比較は，同一形状及び同一寸法の試験片の場合だけ意味をもつ。

注記 2　サブサイズ試験片が衝撃刃の中心になるように当て物（シム）を使用することは，特に低吸収エネルギーの材料では，重要である。一方，高吸収エネルギーの材料では，当て物を使用しても，影響は小さい。当て物は，試験片の厚さの中心（打撃の中心）が，載せ台上面位置から 5 mm の位置となるように，載せ台の上又は下に設置することが可能である。当て物は，テープ又はその他の方法で，一時的に載せ台に固定することが可能である。

熱処理した材料を評価する場合，試験片は，最終的な熱処理後に機械加工しなければならない。ただし，熱処理前に機械加工しても試験結果に差異が生じないことが明らかな場合は，熱処理前に機械加工を行ってもよい。

6.2　ノッチ形状

6.2.0A　ノッチの加工

ノッチは，吸収エネルギーに影響する可能性のあるような切削きずがノッチの底部に付かないように，注意して加工しなければならない。

ノッチを通る対称面は，試験片の長さ方向の軸に垂直でなければならない（**図 2 参照**）。

6.2.1　V ノッチ

V ノッチは，ノッチ角度 45°，ノッチ深さ 2 mm 及びノッチ底半径 0.25 mm とする［**図 2 a)**及び**表 2 参**

照]。

6.2.2 Uノッチ

Uノッチは，ノッチ深さ 5 mm 及びノッチ底半径 1 mm とする ［**図 2 b)**及び**表 2** 参照］。ただし，製品規格の規定又は受渡当事者間の協定によって，ノッチ深さ 2 mm 及びノッチ底半径 1 mm としてもよい。

6.3 試験片の寸法許容差

この規格で規定する試験片及びノッチ形状の許容差は，**図 2** 及び**表 2** による。

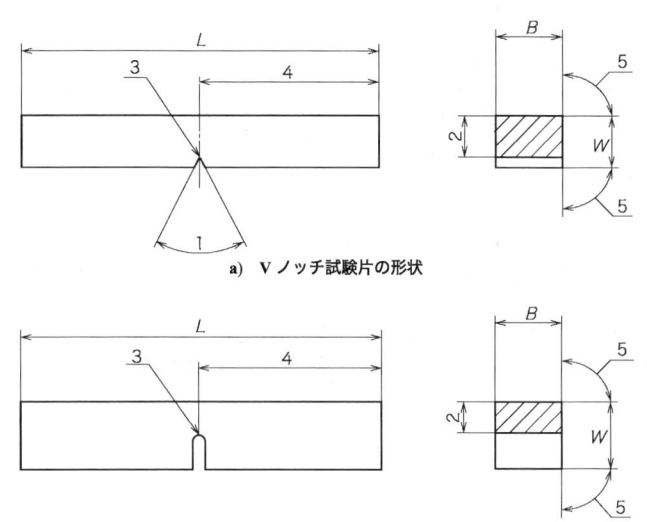

a) Vノッチ試験片の形状

b) Uノッチ試験片の形状

注記 記号 L, W, B 及び数字 1〜5 は，**表 2** を参照。

図 2－シャルピー衝撃試験片

6.4 試験片の製作

試験片の製作は，例えば，加工熱又は冷間加工の影響が最小になるように行わなければならない。

6.5 試験片の印字

試験片には，載せ台，受け台又は衝撃刃に接しない面に，印字による塑性変形を与えず，かつ，表面の不連続部（discontinuity）が吸収エネルギーに影響を与えない位置に印字してもよい（**8.8** 参照）。

表2－試験片の寸法及び許容差

名称	記号及び番号[a]	Vノッチ試験片		Uノッチ試験片	
		寸法	許容差	寸法	許容差
長さ	L	55 mm	±0.60 mm	55 mm	±0.60 mm
幅	W	10 mm	±0.075 mm	10 mm	±0.11 mm
厚さ[b]（標準試験片）	B	10 mm	±0.11 mm	10 mm	±0.11 mm
（サブサイズ）		7.5 mm	±0.11 mm	7.5 mm	±0.11 mm
		5 mm	±0.06 mm	5 mm	±0.06 mm
		2.5 mm	±0.05 mm	—	—
Vノッチ角度	1	45°	±2°	—	—
ノッチ下幅	2	8 mm	±0.075 mm	5 mm[c]	±0.09 mm
ノッチ底半径	3	0.25 mm	±0.025 mm	1 mm	±0.07 mm
ノッチ位置（中心）	4	27.5 mm	±0.42 mm[d]	27.5 mm	±0.42 mm[d]
試験片長手方向とノッチ対称面との角度	—	90°	±2°	90°	±2°
端面を除く隣り合う面間の角度	5	90°	±2°	90°	±2°
表面粗さ[e]	—	<5 μm	—	<5 μm	—

注[a]　記号及び番号は，**図2**を参照。
注[b]　他の厚さ（例えば，2 mm 又は 3 mm）を指定する場合，対応する許容差も規定しなければならない。
注[c]　製品規格の規定又は受渡当事者間の協定によって，8 mm としてもよい。
注[d]　自動位置調整を行う試験機の場合には，許容差は，±0.42 mm に代えて±0.165 mm が望ましい。
注[e]　表面粗さは，試験片の端部を除き，Ra 5 μm 未満でなければならない（Ra は，**JIS B 0601**[8]を参照）。

7　試験装置

7.1　一般

　機器及び試験片細部の測定は，国家規格又は国際規格にトレーサブルでなければならない。測定に用いる装置は，適切な間隔で校正されなければならない。

7.2　据付け及び検証

　試験機は，**JIS B 7722** に従って据付け及び検証が行われなければならない。

7.3　衝撃刃

　衝撃刃の形式は，半径 2 mm の衝撃刃又は半径 8 mm の衝撃刃のいずれかでなければならない。衝撃刃の半径は，"KV_2" 又は "KV_8" 及び "KU_2" 又は "KU_8" のように，添え字で示すのが望ましい。

　製品規格では，いずれの衝撃刃の形式を適用するかを明示しなければならない。ただし，製品規格に明示のない場合，衝撃刃の形式は，半径 2 mm の衝撃刃を適用する。

　注記　試験結果は，衝撃刃が半径 2 mm と半径 8 mm とで異なる可能性がある[7]。

8 試験手順

8.1 一般

試験片は，試験片のノッチ中央部と試験片受け台間の中央との食い違いが 0.5 mm 以内となるように，試験片受け台間の中央に置く。試験は，衝撃刃によって，試験片のノッチを通る対称面で，ノッチの反対面に衝撃を与えなければならない（図1参照）。

注記 通常，試験片は，一つの試験温度当たり3本用いている。

8.2 摩擦測定

8.2.0A 摩擦損失は，各試験日の最初の試験の前に，確認しなければならない。摩擦損失は，次によってもよいし，他の方法によってもよい。

注記 摩擦によって吸収されるエネルギーは，空気抵抗，軸受による摩擦及び置き針による摩擦が含まれるが，これだけに限らない。試験機における摩擦の増加は，吸収エネルギーの測定に影響を及ぼす可能性がある。

8.2.1 置き針の摩擦による損失は，次の手順で求める。1回目の試験は，試験片を置かない状態で通常の試験を行い，振り上がり角度 β_1 又は吸収エネルギーの読み K_1 を記録する。2回目の試験は，置き針を再セットせずに（置き針を伴わない状態）行い，振り上がり角度 β_2 又は吸収エネルギーの読み K_2 を記録する。結果として，振り上がり中の置き針の摩擦損失 (p) は，次の式(1)又は式(2)による。

目盛が角度で示されている場合

$$p = M\left(\cos\beta_1 - \cos\beta_2\right) \cdots\cdots (1)$$

目盛がエネルギー単位で示されている場合

$$p = K_1 - K_2 \cdots\cdots (2)$$

置き針のない試験機では，この摩擦測定は，必要ない。

8.2.2 軸受けの摩擦及び空気抵抗による損失は，片振り（1/2回の振り）において，次の手順で求める。

β_2 又は K_2 を求めた後，振子を元の位置に戻す。置き針をセットせず，衝撃及び振動のないように振子を振り下ろし，10回の片振りを行う。振子が11回目の片振りを開始した後，目盛の範囲（最大値）の約5％に置き針を動かし，β_3 又は K_3 として記録する。1回の片振りの軸受の摩擦及び空気抵抗による摩擦損失 (p') は，次の式(3)又は式(4)による。

目盛が角度で示されている場合

$$p' = \frac{M\left(\cos\beta_3 - \cos\beta_2\right)}{10} \cdots\cdots (3)$$

目盛がエネルギー単位で示されている場合

$$p' = \frac{K_3 - K_2}{10} \cdots\cdots (4)$$

片振りの回数は，試験機の使用者の任意で変更してもよい。p'は，適用した片振り回数によって補正す

ることが望ましい。

8.2.3 実際の試験で摩擦損失を考慮する場合には，吸収エネルギーの値から次の式(5)によって求まる量を減じることが可能である。摩擦損失は，他の方法によって求めてもよい。

$$p_\beta = p\frac{\beta}{\beta_1} + p'\frac{\alpha+\beta}{\alpha+\beta_2} \quad\cdots\cdots\cdots\cdots\cdots\cdots\cdots\cdots\cdots\cdots\cdots\cdots\cdots\cdots\cdots (5)$$

β_1 及び β_2 は，ほぼ振り下ろし角度 α に等しいので，実用的には，式(5)は，次の式(6)に近似することが可能である。

$$p_\beta = p\frac{\beta}{\alpha} + p'\frac{\alpha+\beta}{2\alpha} \quad\cdots\cdots\cdots\cdots\cdots\cdots\cdots\cdots\cdots\cdots\cdots\cdots\cdots\cdots\cdots (6)$$

目盛がエネルギー単位で示された試験機では，β の値は，次の式(7)によって計算することが可能である。

$$\beta = \cos^{-1}\left[1-\left(K_\mathrm{p}-K_\mathrm{T}\right)/M\right] \quad\cdots\cdots\cdots\cdots\cdots\cdots\cdots\cdots (7)$$

8.2.4 測定された全摩擦損失は，公称初期位置エネルギー K_N の 0.5 %を超えてはならない。0.5 %を超える場合で，置き針の摩擦損失を減らしても許容差内に入らない場合には，軸受を洗浄するか又は交換する。

8.3 試験温度

8.3.1 試験は，特に指定がない限り，(23±5) ℃で行う。温度が指定された場合は，試験片の温度は，指定温度の±2 ℃の範囲内に維持しなければならない。

8.3.2 液体を使用して調節（加熱又は冷却）する場合，試験片は，液体を入れた容器の中に入れ，容器の底から 25 mm 以上離して格子の上に置き，液面から 25 mm 以上沈め，容器の側面から 10 mm 以上離す。液体は，かくはんし，適切な方法で所定の温度にする。液体の温度を測定する装置は，試験片のグループの中心に置くのが望ましい。液体の温度は，5 分以上指定温度に対して±1 ℃の範囲内に維持しなければならない。

　注記　液体が沸点に近い場合，液体中から取り出して破断させるまでの間に，気化冷却によって試験片の温度が著しく下がる場合がある[9]。

8.3.3 気体によって調節（加熱又は冷却）する場合，試験片は，容器の表面から 50 mm 以上離し，個々の試験片は，10 mm 以上離さなければならない。気体は，常に循環させ，適切な方法で所定の温度にする。気体の温度を測定する装置は，試験片のグループの中心に設置する。気体の温度は，試験のために試験片を気体から取り出す前に 30 分以上，指定温度に対して±1 ℃の範囲内に維持しなければならない。

8.3.4 8.3 の関連する要求事項を満たす場合には，加熱又は冷却に他の方法を用いてもよい。

8.4 試験片の移動

室温以外で試験を行う場合には，試験片を加熱又は冷却媒体から取り出してから衝撃刃によって衝撃を与えるまでの時間は，5 秒以内としなければならない。ただし，室温又は機器の温度と試験片温度との差異が 25 ℃未満の場合は，例外として，10 秒以内としてもよい。

移動用のジグ及び媒体中から試験機に移送する間に試験片と接する部分は，試験片の温度が許容する温度範囲内となるよう設計し，使用しなければならない。

受け台上で試験片の中心合わせに用いる装置は，低い吸収エネルギーで破断した高強度の試験片が，装置に跳ね返って振子に当たらないように留意することが望ましい。振子と試験片との干渉は，異常な高値につながる。試験位置に置かれた試験片の端部とセンタリング装置又は試験機の固定部との隙間は，13 mm以上としなければならない。これは，試験片の端が試験中に振子に跳ね返るのを防ぐためである。

> **注記** 附属書 **A** で示すような **V** ノッチ試験用のセンタリングトングは，温度制御用媒体中から適切な試験位置まで試験片を移動するのによく使用される。このトングを用いると，半割れした試験片と固定したセンタリング装置との間の干渉が起きにくくなる。

8.5 試験機の能力超過

吸収エネルギーKは，初期位置エネルギーK_pの 80 ％以下が望ましい。この値を超える場合には，吸収エネルギーは，概数として報告し，試験機の初期位置エネルギーK_pの 80 ％を超えていることを試験報告書に付記しなければならない。

> **注記** 衝撃試験は，理想的には，一定の衝撃速度で行うこととなるが，振子式の試験の場合には，衝撃速度は，試験片の破壊の進展とともに減少する。吸収エネルギーが振子の能力に近いような試験片に対しては，正確な吸収エネルギーを得ることができないほど試験片が破壊に至る間に振子の速度が減少する。

8.6 不完全破断

試験片が，常に試験中に二つに分離するわけではない。

材料（合否判定）試験では，不完全破断に関する情報を報告する必要はない。

材料（合否判定）試験以外の試験では，不完全破断に関する情報を報告しなければならない。

> **注記 1** 個々の試験片について，破断又は不完全破断が試験記録で識別できない場合には，破断のグループと不完全破断のグループとに識別する場合がある。
>
> **注記 2** 衝撃によって完全に二つに分離しない試験片は，丁番状になった半割れが，工具を用いず，試験片を疲労させることもなく押し合わせることによって分離できる場合には，破断とみなすことが可能である。
>
> **注記 3** 材料（合否判定）試験は，要求値を評価するために実施する試験である。

8.7 試験片の詰まり

試験機の中で試験片が詰まった場合は，試験結果は，無効とし，校正された試験機の状態に影響を及ぼす損傷が生じたかどうか，試験機の検査を行う。

> **注記** 試験片の詰まりは，破断した試験片が，試験機の可動部と非可動部との間で挟まれて生じる。結果として，大きなエネルギー吸収が生じる可能性がある。試験片の詰まりは，試験片に付いた 1 次衝撃刃痕と反対側の一対の痕とで関連付けられるので，2 次衝撃刃痕とは，区別することが可能である。

8.8 破断後の検査

破断後の検査で，試験片の識別表示の部分が試験によって変形した部分に入っていることが目視で認められるときには，試験結果が，材料を代表していない可能性があり，この場合は，試験報告書にその旨を記録しなければならない。

> **注記** 吸収エネルギー値Kの測定の不確かさは，参考として**附属書 E** に示されている。

9 試験報告書

9.1 必須項目

試験報告書は，必要な場合に提出する。試験報告書には，次の項目を記載する。ただし，受渡当事者間の協定によって，報告する項目は，次のうちから選択してもよい。注文者の了解を得た場合には，試験所の試験報告書に記載されたトレーサブルコード [2] を基に，次の項目が入手できるようにしなければならない。

注 [2] 報告事項にトレーサブルな記号，符号など。

a) この規格の番号

b) 試験片の識別（**例** 鋼の種類及び溶鋼番号）

c) 試験片が標準試験片以外の場合は，試験片の寸法

d) 試験温度

e) 吸収エネルギー（ノッチ形状と衝撃刃の半径とを識別できるように記載する。）

f) 試験片又は試験片のグループの過半数が，破断したかどうか［材料（合否判定）試験には，適用しない。］

g) 試験に影響を与えたと思われる異常事態

9.2 受渡当事者間の協定によって追加可能な報告項目

受渡当事者間の協定によって，次の項目などを追加してもよい。

a) 試験片の軸方向（**ISO 3785**[2]参照）

b) 試験機の定格容量［単位 ジュール（J）］

c) 横膨出（**附属書 B** による。）

d) 破面率（**附属書 C** による。）

e) 吸収エネルギー−温度曲線（**附属書 D** による。）

f) 横膨出−温度曲線（**附属書 D** による。）

g) 破面率−温度曲線（**附属書 D** による。）

h) 遷移温度及び決定した基準（**附属書 D** による。）

i) 試験で完全に分離しなかった試験片の数

j) 直近の直接検証及び間接検証の年月

附属書 A
（参考）
センタリングトング

図 **A.1** に示したようなトングは，温度制御用媒体中から適切な試験位置まで試験片を移動するのによく使用される。

単位　mm

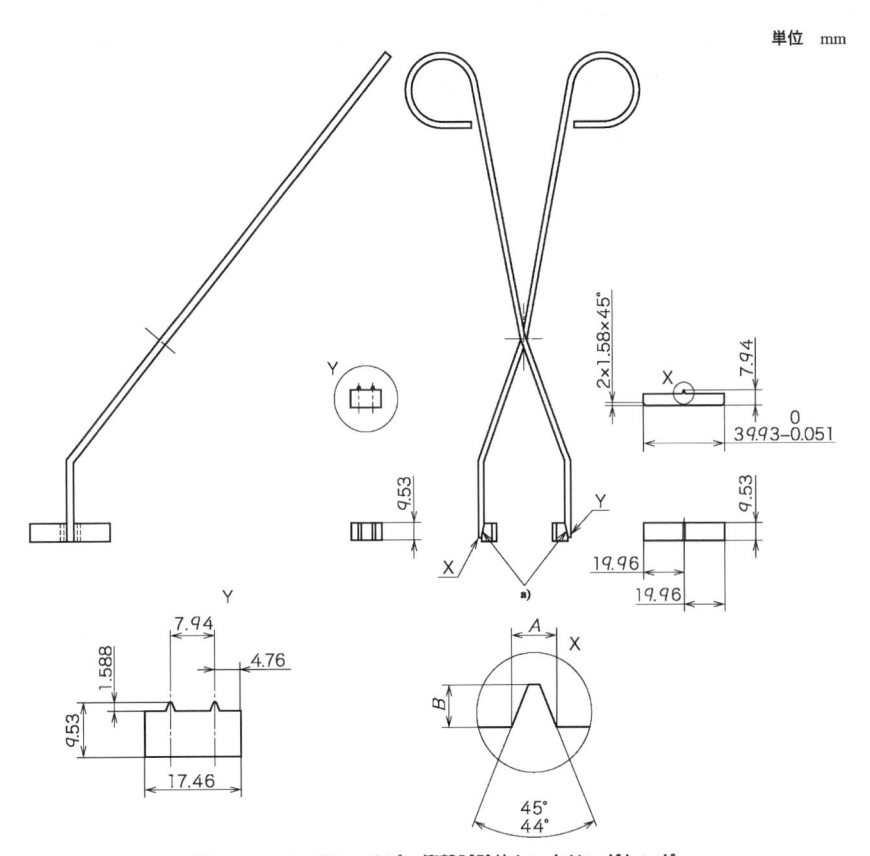

図 **A.1**－V ノッチシャルピー衝撃試験片センタリングトング

記号説明
　X：トングつかみ部片側の鋼製部
　Y：トングつかみ部もう片側の鋼製部
　注 ᵃ⁾　互いに平行になるように，トングに銀はんだ付けされた鋼製部。

単位　mm

試験片厚さ	A	B
10	1.60〜1.70	1.52〜1.65
5	0.74〜0.80	0.69〜0.81
3	0.45〜0.51	0.36〜0.48

図 A.1－V ノッチシャルピー衝撃試験片センタリングトング（続き）

附属書 B
（規定）
横膨出の求め方

B.1　一般

試験片のノッチ底部に生じる三軸応力下での材料の破断抵抗能の測定は，この部位で生じる変形量で行う。この場合の変形は，収縮となる。破断後であっても，この変形の測定は，困難なため，通常，破断面の端部に生じる張出しを測定し，収縮の代替とする。

B.2　手順

横膨出の測定においては，横方向の張出しの状態は，二つの破断片で必ずしも一致しないことを考慮することが望ましい。したがって，最大の張出しは，破断した試験片の片方の試験片の両側面に含まれること，片側面だけに含まれること又はいずれにも含まれないことがある。

そのため，測定は，次のいずれかによる。横膨出の値は，通常，JIS Z 8401 の規則 A によって小数点第 2 位まで求める。

a)　二つの破断した試験片の衝撃面（ノッチのある面と反対の面）を合わせ（図 B.1 参照），試験片端部付近の変形が生じていない側面（ノッチのある面に直角な面）を両破断片で一致させる。この両側面間の幅（図 B.1 の b 参照）を基準とし，横方向に最大に張り出している箇所の幅（図 B.1 の a 参照）を求め，基準とした幅との差を横膨出とする。

$$LE = a - b$$

ここで，　　　　　LE：　横膨出（mm）

b)　二つの破断面の張出し量をそれぞれ測定して，破断面の片側側面で，大きい方の値を決定し，その両側面についての和として算出する。それぞれの片側の試験片の各側面の張出し量を，試験片の側面で変形していないとみなす面に対して測定する（図 B.2 の B 参照）。

測定には，接触法及び非接触法を用いることが可能である。

横膨出は，図 B.3 及び図 B.4 で示すようなゲージを用いて，試験片を測定してもよい。ゲージを用いるときは，最初に，ノッチに直角な両側の面を観察し，衝撃試験中に生じたばりがないことを確認する。ばりがある場合には，ばりの除去中に，測定すべき突出部を擦らないようにして，例えば，研磨布で擦るなどして，ばりを除去する。次に，当初ノッチの反対であった面が，互いに向かい合うように二つの破断した試験片を置く。破断した試験片の一方を取り（図 B.2 参照），測定子[3]に突出部を合わせて，基準面（reference support）にしっかりと押し付ける。読みを記録し，もう一方の破断した試験片についても，同じ側面を測定するように，この手順を繰り返す（図 B.2 参照）。それぞれの面で得られた大きい方の値をこの側面の張出し量とする。この方法を繰り返して反対側の張出し量を測定し，それぞれの側面から得られた大きい方の値を加える。例えば，$A_1 > A_2$ 及び $A_3 = A_4$ の場合，$LE = A_1 + (A_3$ 又は $A_4)$ となる。$A_1 > A_2$ 及び $A_3 > A_4$ の場合，$LE = A_1 + A_3$ となる。

測定子[3]，機械の取付け表面などに接触することで，試験片の一つ以上の突出部を損傷した場合は，その試験片を測定してはならず，状況を試験報告書に記載しなければならない。

注³⁾　横膨出ゲージで，突出部に接触する部分。

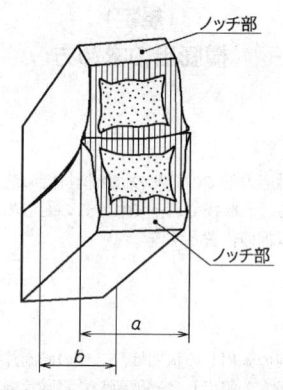

図 B.1－横膨出（両破断片を一括して測定する場合）

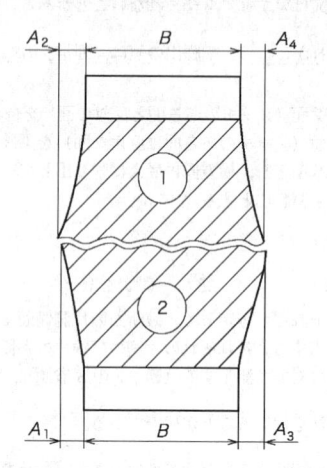

記号説明
　1：破断した試験片の片方
　2：破断した試験片のもう片方
　B：試験片の厚さ（mm）
　A_1，A_2，A_3 及び A_4：測定した距離（mm）

図 B.2－横膨出（破断片を別々に測定する場合）

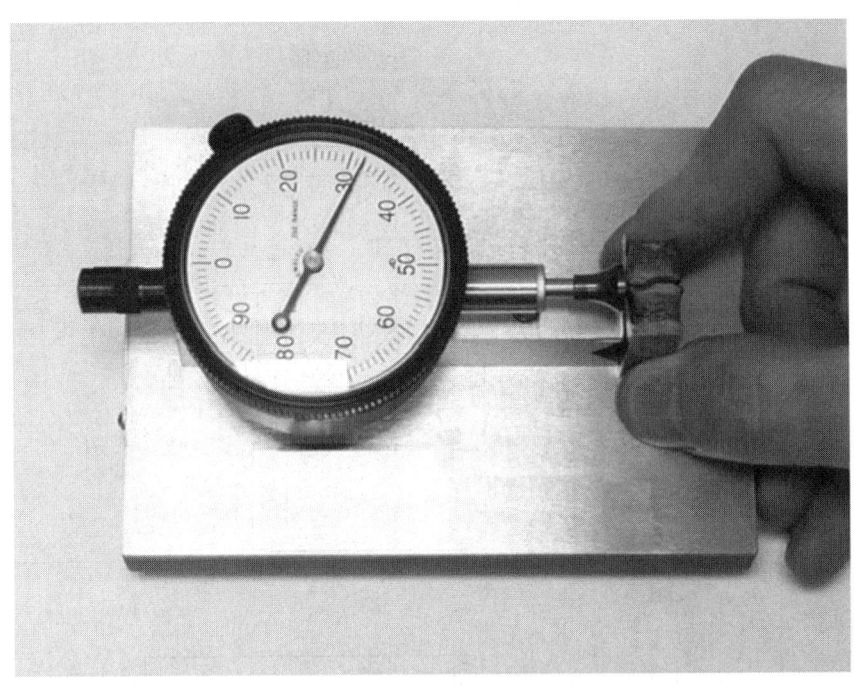

図 **B.3**－試験片の横膨出ゲージ

単位　mm

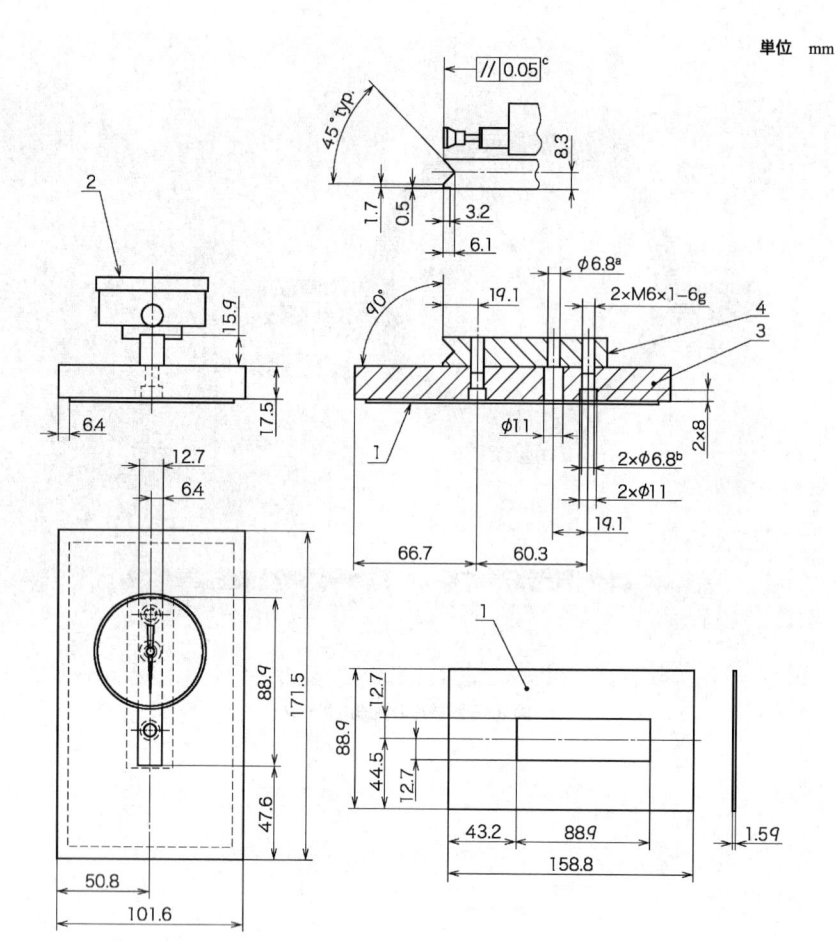

記号説明
1：ゴム製のパッド
2：インジケータ（範囲 10 mm，1/100 mm 目盛）
3：ステンレス製又はクロムめっきした基盤（ベースプレート）
4：ステンレス製又はクロムめっきしたダイヤル載せ台
a：インジケータを装着するための 7/8 インチ穴付 1/4-20 UNC ねじ
b：25 mm 穴付 M6×1 ねじ
c：組立時のラップ[*)]

注[*)]　測定器側面と試料接触面との最大かい離距離を意味する。

図 B.4 — 横膨出ゲージの組立て及び詳細

附属書 C
(規定)
破面率の求め方

C.1 一般

試験片の破面は，発生したせん断破壊の百分率（延性破面率）で評価することが多い。延性破面率が大きいほど，材料の切欠きじん性は，高い。ほとんどのシャルピー衝撃試験片の破面には，せん断と平たん（坦）な領域が混在している。せん断の領域 [延性破面 4)] は，完全に延性をもつとみなされるが，平たんな領域 [ぜい性破面 4)] は，延性，ぜい性又はこれらの破壊モードが混在する可能性がある。

注 4) この規格では，せん断の領域を"延性破面"，平たんな領域を"ぜい性破面"と呼んでいる。**ISO 148-1** では，平たんな領域を"へき開領域（cleavage area）"と呼んでいる。

注記1 **ISO 148-1** には，評価は，非常に主観的なものであるため，破面率を規格の規定に用いないことが望ましい，と記載されている。

注記2 繊維状破面（fibrous-fracture appearance）の用語は，延性破面の同意語として用いられる。へき開破面（cleavage fracture appearance）及び結晶破面（crystallinity）は，延性破面の反対語としてよく用いられる。

C.2 破面率の求め方

破面率は，試験片の破面（**図 C.1** 参照）を観察し，ぜい性破面率及び延性破面率は，それぞれ式(C.1)及び式(C.2)による。

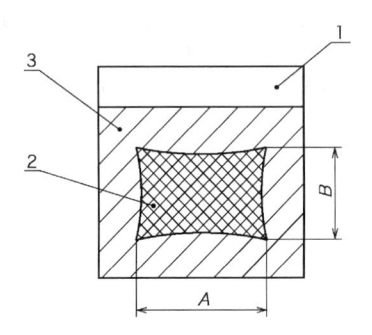

記号説明
1：ノッチ
2：ぜい性破面領域（平たんな領域）
3：延性破面領域（せん断の領域）
A：ぜい性破面率を見積もるために測定された寸法
B：ぜい性破面率を見積もるために測定された寸法

図 C.1－試験片の破面

$$BFA = \frac{C}{S} \times 100 \quad \cdots\cdots\cdots\cdots\cdots\cdots\cdots\cdots\cdots\cdots\cdots\cdots\cdots\cdots\text{(C.1)}$$

$$SFA = \frac{D}{S} \times 100 \quad \cdots\cdots\cdots\cdots\cdots\cdots\cdots\cdots\cdots\cdots\cdots\cdots\cdots\cdots\text{(C.2)}$$

ここで，
BFA :	ぜい性破面率（%）	
SFA :	延性破面率（%）	
C :	ぜい性破面領域の面積（mm²）	
D :	延性破面領域の面積（mm²）	
S :	破面の全面積（mm²）	

$$BFA + SFA = 100 \quad \cdots\cdots\cdots\cdots\cdots\cdots\cdots\cdots\cdots\cdots\cdots\cdots\cdots\cdots\text{(C.3)}$$

試験片破断部の変形が著しくない場合には，破面率の算出に際し，試験片のノッチ部の原断面積を，破面の全面積としてもよい。

破面率は，通常，次の方法のうち，いずれか一つによって測定する。

a) **図 C.1** で示すように，平たんな領域のぜい性破面部（光沢のある部分）の長さ及び幅を 0.5 mm 単位で測定し，**表 C.1** から延性破面率を求める。ぜい性破面率は，式(C.3)の関係から，求める。

b) 試験片の破面を**図 C.2** で示す破面の図と比較し，延性破面率を求める。ぜい性破面率は，式(C.3)の関係から求める。

　　注記　**図 C.2** は，**ASTM E23-16**[6]と整合している。

c) 破面を拡大し，事前に校正したオーバーレイ図と比較し，延性破面率を求める。ぜい性破面率は，式(C.3)の関係から，求める。

d) 適切な倍率で破面を撮影し，プラニメータでぜい性破面領域の面積を測定し，破面の全面積で除してぜい性破面率を測定する。延性破面率は，式(C.3)の関係から求める。破面の全面積からぜい性破面領域の面積を減じて，破面の全面積で除して延性破面率としてもよい。

e) 画像解析技法によって，ぜい性破面率及び／又は延性破面率を測定する。

表 C.1 －延性破面率換算表

B mm	A mm																		
	1.0	1.5	2.0	2.5	3.0	3.5	4.0	4.5	5.0	5.5	6.0	6.5	7.0	7.5	8.0	8.5	9.0	9.5	10
	破面率 %																		
1.0	99	98	98	97	96	96	95	94	94	93	92	92	91	91	90	89	89	88	88
1.5	98	97	96	95	94	93	92	92	91	90	89	88	87	86	85	84	83	82	81
2.0	98	96	95	94	92	91	90	89	88	86	85	84	82	81	80	79	77	76	75
2.5	97	95	94	92	91	89	88	86	84	83	81	80	78	77	75	73	72	70	69
3.0	96	94	92	91	89	87	85	83	81	79	77	76	74	72	70	68	66	64	62
3.5	96	93	91	89	87	85	82	80	78	76	74	72	69	67	65	63	61	58	56
4.0	95	92	90	88	85	82	80	77	75	72	70	67	65	62	60	57	55	52	50
4.5	94	92	89	86	83	80	77	75	72	69	66	63	61	58	55	52	49	46	44
5.0	94	91	88	85	81	78	75	72	69	66	62	59	56	53	50	47	44	41	37
5.5	93	90	86	83	79	76	72	69	66	62	59	55	52	48	45	42	38	35	31
6.0	92	89	85	81	77	74	70	66	62	59	55	51	47	44	40	36	33	29	25
6.5	92	88	84	80	76	72	67	63	59	55	51	47	43	39	35	31	27	23	19
7.0	91	87	82	78	74	69	65	61	56	52	47	43	39	34	30	26	21	17	12
7.5	91	86	81	77	72	67	62	58	53	48	44	39	34	30	25	20	16	11	6
8.0	90	85	80	75	70	65	60	55	50	45	40	35	30	25	20	15	10	5	0

A 及び B が 0 のとき，100 ％延性破断と報告しなければならない。

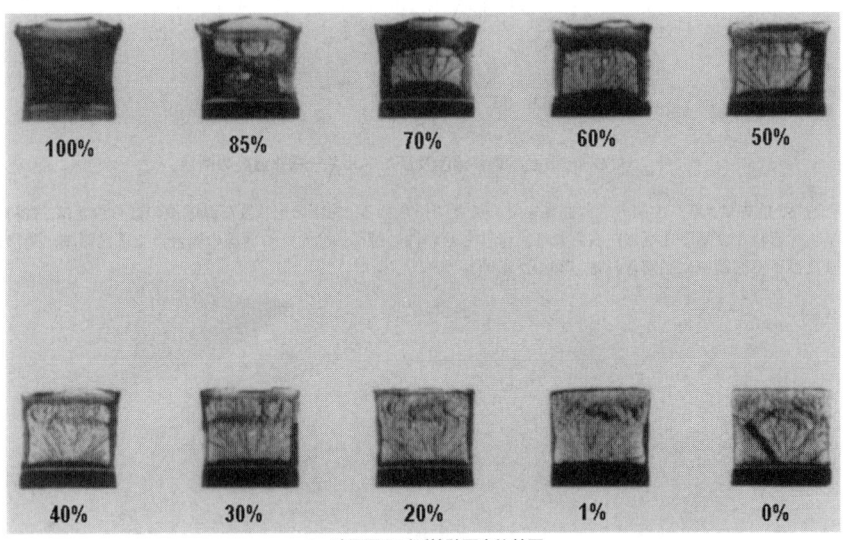

a) 破面図及び延性破面率比較図

b) 延性破面率推定のガイド

図 C.2 －破面の図

附属書 D
（規定）
遷移曲線，破面率遷移温度及びエネルギー遷移温度の求め方

D.1　遷移曲線の求め方

　遷移曲線を求める場合は，通常，延性破面率 100 %及びぜい性破面率 100 %に相当する温度を含む遷移温度領域において，適切な幾つかの試験温度を選んで試験を行う。遷移曲線は，縦軸に吸収エネルギー，延性（又はぜい性）破面率又は横膨出をとり，横軸に試験温度をとって，試験結果を表す各点のほぼ中央を通して描く（**図 D.1** 参照）。遷移曲線は，外挿によって描いては，ならない。

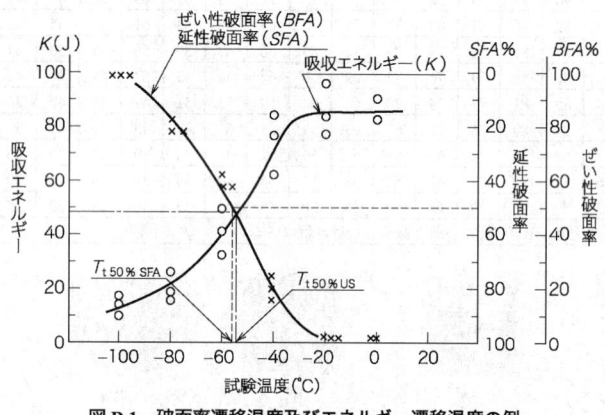

図 D.1 − 破面率遷移温度及びエネルギー遷移温度の例

　通常，曲線は，個々の値の近似曲線を描くことで得られる。曲線の形状及び試験値のばらつきは，材料，試験片形状及び衝撃速度に左右される。延性とぜい性の遷移領域をもつ曲線の場合，上部棚領域，遷移領域及び下部棚領域に区別される（**図 D.2** 参照）。

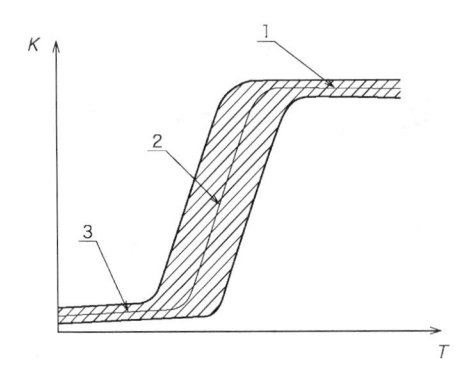

記号説明
　　T：温度
　　K：吸収エネルギー
　　1：上部棚領域
　　2：遷移領域
　　3：下部棚領域
　　注記　せん断破面及び横膨出に対する遷移曲線も一般的である。しかし，ここでは示していない。

図 D.2－概略的に示した試験温度に対する吸収エネルギーの関係

D.2　破面率遷移温度及びエネルギー遷移温度の求め方

　破面率遷移温度及びエネルギー遷移温度は，**D.1**で求めた遷移曲線から求める（**図 D.1**の例参照）。ここで，破面率遷移温度は，延性破面率 50 ％となる温度とする。また，エネルギー遷移温度は，延性破面率 100 ％となる最低温度に対応する吸収エネルギーと，ぜい性破面率 100 ％となる最高温度に対応する吸収エネルギーとの，平均吸収エネルギーに相当する温度とする。ただし，受渡当事者間の協定によって，延性破面率 100 ％となる最低温度における吸収エネルギーの 1/2 の値に相当する温度としてもよい。

　なお，これらの遷移温度を求めるための遷移曲線の試験温度の範囲は，必要とする遷移温度が補間によって求められる範囲でよい。

注記 1　遷移曲線の回帰モデルに用いられる最も一般的な方法は，双曲正接法である。

注記 2　遷移温度 T_t は，遷移曲線の吸収エネルギーが急に上昇している部分である。急激な上昇は，通常，かなり広い範囲に広がるため，遷移温度の一般的に適用できる定義は，ない。種々ある中では，次の基準が，遷移温度を求めるのに有用である。

a)　T_{t27}，規定の吸収エネルギーに対応，**例**　$KV_8 = 27$ J

b)　$T_{t50\%US}$，上部棚の吸収エネルギー値の特定の百分率に対応，**例**　50 ％

c)　$T_{t50\%SFA}$，延性破面率の特定の百分率に対応，**例**　50 ％

d)　$T_{t0.9}$，特定の横膨出に対応，**例**　0.9 mm

　遷移温度を定義するのに用いる方法の選択は，製品規格，仕様書又は受渡当事者間の協定で規定することが望ましい。

附属書E
(参考)
吸収エネルギー値 K の測定の不確かさ

E.1 記号及び単位

この附属書で用いる記号及び単位を表 E.1 に示す。ノッチ形状は，V 又は U で表示するが，ここでは，KV だけを例示した。

表 E.1－記号及び単位

記号	単位	定義
B_V	J	振子式衝撃試験機の間接検証で求められた偏り
k	—	包含係数
KV	J	V ノッチ試験片に対して，この規格に従って測定した吸収エネルギー
$\overline{KV}$	J	試験材料から得た一組の試験片の報告される平均 KV
KV_R	J	間接検証で用いた基準片の認証 KV 値
$\overline{KV}_V$	J	間接検証で試験された基準片の平均 KV 値
n	—	試験された試験片の数
r	J	計器の目盛の分解能
s_x	J	n 個の試験片に対して得られた値の標準偏差
T_x	J	温度の影響による測定された KV 値の誤差
$u(\overline{KV})$	J	$\overline{KV}$ の標準不確かさ
$U(\overline{KV})$	J	95 ％信頼限界の $\overline{KV}$ の拡張不確かさ
$u(r)$	—	試験機の分解能による標準不確かさ
u_T	K	試験温度の標準不確かさ
u_V	J	間接検証結果の標準不確かさ
$u(\bar{x})$	J	$\bar{x}$ の標準不確かさ
$\bar{x}$	J	偏りで補正していない試験材料から得られた n 個の一組の試験片の平均 KV 値
$\nu_{\overline{KV}}$	—	$u(\overline{KV})$ に対する自由度
ν_V	—	u_V に対する自由度
$\nu_{\bar{x}}$	—	$u(\bar{x})$ に対する自由度

E.2 測定の不確かさの求め方

E.2.1 一般

この附属書では，試験材の一組の試験片に対する平均吸収エネルギーに関連付けられる不確かさ $u(\overline{KV})$ を求めるロバスト法を記載する。その他の $u(\overline{KV})$ の評価法も，**ISO/IEC Guide 98-3**[4]の要求に適合すれば，開発可能であり，適用してもよい。

この方法では，基準片を用いて行う標準の機器の性能評価法である振子式シャルピー衝撃試験機の"間接検証"からのインプットが要求される（**JIS B 7722** 参照）。

注記 1 ISO 148 規格群に関しては，ISO 148-1，ISO 148-2 及び ISO 148-3 を基として，この規格，JIS B 7722 及び JIS B 7740 がそれぞれ作成されている。ISO 148 規格群で，シャルピー衝撃試験機は，直接検証及び間接検証の両方の要求事項に適合していることが要求される。直接検証は，

機器の構成に要求される全ての幾何学的及び機械的な内容のチェックを含んでいる（**JIS B 7722** 参照）。

シャルピー測定の計量トレーサビリティ連鎖における直接検証及び間接検証の役割を，**図 E.1** に示す。この連鎖は，**ISO 148** 規格群で記載される標準的方法で，測定量の定義，*KV* 又は吸収エネルギーとともに国際レベルから始まる。国際比較の可能性は，シャルピー基準試験機及び国家又は国際機関が基準試験機群を用いて製造した認証基準片の認証値の国際比較に依存している。

校正試験所は，基準試験機の検証のために認証基準片を用い，基準片（reference test piece）の値付け（characterize）及び製造のために，校正試験所の振子（pendulum）を用いることが可能である。使用者レベルでは，シャルピーの試験所は，信頼できる *KV* 値を得るために基準片で，使用者の振子を検証することが可能である。

注記 2　使用者は，校正試験所を通さず，国家又は国際機関から，認証基準片を入手することが選択可能である。

注記 3　認証基準片と基準片との差異に関する追加の情報は，**JIS B 7740**[1]の**附属書 A**（基準試験片の吸収エネルギー認証値の不確かさ）参照。

E.2.2　不確かさの不適用（Uncertainty disclaimer）

測定の不確かさの分析は，測定結果における不一致となる主な要因の識別に有用である。

この規格を基にした材料規格及び材料特性データベースは，測定の不確かさの寄与を含んだものである。それゆえ，測定の不確かさで更に調整することは，不適切であり，材料を不合格にする危険性がある。このため，この手順に従って得られた不確かさの見積りは，注文者の指定がない限り，参考情報である。

この規格で規定する試験条件及び許容限界は，注文者による特別な指示がない限り，測定の不確かさを考慮して調整しないことが望ましい。見積もられた測定の不確かさは，注文者による特別な指示がない限り，材料規格に適合性を評価するために測定結果に組み合わせないことが望ましい。むしろ，示された許容差が，許容範囲と解釈される[5]。この考え方は，暗に，許容される最大の測定の不確かさで測定されていると仮定している。可能な場合，この最大の測定の不確かさは，**ISO 148** 規格群の最新版で規定されている。測定の不確かさは，表示された値よりも小さくなることが望ましい。

E.3　一般手順

E.3.1　不確かさに寄与する要因

不確かさに寄与する主な因子は，次である。

a)　間接検証から推定される試験機の誤差

b)　試験材の均一性及び試験機の繰返し性

c)　試験温度

平均吸収エネルギー$\overline{KV}$を求める計測方程式は，式(E.1)である。

$$\overline{KV} = \bar{x} - B_\mathrm{V} - T_\mathrm{x} \cdots\cdots\cdots\cdots\cdots\cdots\cdots\cdots\cdots\cdots\cdots\cdots\cdots\cdots\cdots (\text{E.1})$$

ここで，　　　　　$\bar{x}$：　n 個の試験片で得られた平均吸収エネルギー
　　　　　　　　　B_V：　間接検証を基にした機器の偏り
　　　　　　　　　T_x：　温度による偏り

E.3.2 試験機の偏り

JCGM 106[5]によると，測定値は，既知の偏りで補正するのが望ましい。間接検証は，偏りの値を確立する一つの方法である。間接検証で求めた試験機の偏り B_V は，次の式(E.2)のように **JIS B 7722** で規定されている。

$$B_V = \overline{KV}_V - KV_R \quad\cdots\cdots\cdots\cdots\cdots\cdots\cdots\cdots\cdots\cdots\cdots\cdots\cdots\cdots\cdots (\text{E.2})$$

ここで，　　　　$\overline{KV}_V$：　間接検証で破断した基準片の平均値
　　　　　　　　KV_R：　基準片の認証値

B_V の値がどの程度認識されているかで，間接検証に付随する不確かさを取り扱う **JIS B 7722** で異なる方法が，提案されている。

a) B_V がよく知られており，安定している場合。この例外的な場合では，得られた値 $\bar{x}$ は，$\overline{KV}$ を得るために，B_V に等しい項で補正される。

b) 通常，B_V の値の安定性に確実な証拠がなく，この場合，偏りは，補正されないが，間接検証の結果の不確かさ u_V に寄与する。

いずれの場合も，間接検証の結果に付随する不確かさ u_V 及び試験機の偏りは，**JIS B 7722** で記載された手順に従って計算される。間接検証の不確かさの分析の結果は，値 u_V である。

$\overline{KV}_V$ と $\overline{KV}$ とに有意な差異がある場合は，B_V 及び u_V の値は，$\overline{KV}/\overline{KV}_V$ の比を乗じることが望ましい。

E.3.3 試験機の繰返し性及び材料の不均一性

n 個の試験片で得られた平均吸収エネルギー $\bar{x}$ の不確かさ $u(\bar{x})$ は，式(E.3)を用いて求める。

$$u(\bar{x}) = \frac{s_x}{\sqrt{n}} \quad\cdots\cdots\cdots\cdots\cdots\cdots\cdots\cdots\cdots\cdots\cdots\cdots\cdots\cdots\cdots (\text{E.3})$$

ここで，　　　　　　s_x：　n 個の試験片で得られた値の標準偏差

s_x は，次の二つの因子に起因する。

－　試験機の繰返し性
－　試験片間の材料の不均一性

これらの因子は，混同しているので，両方をこの項に含める。測定の総合不確かさは，材料の不均一性による KV のばらつきに対して，s_x の値を含めた保守的な方法として報告することが望ましい。

$u(\bar{x})$ の自由度 $v_{\bar{x}}$ の値は，$n-1$ として計算される。

E.3.4 温度の偏り

温度の偏り T_x の吸収エネルギーへの影響は，材料に非常に依存する。ぜい性－延性の遷移領域で鋼を試験する場合，温度の小さな変化が，吸収エネルギーの大きな違いになる。この規格の発行時点では，測定された温度の不確かさに対応する吸収エネルギーの不確かさへの寄与の，一般的でかつ受け入れられている計算方法を示すことは，不可能であった。代わって，吸収エネルギーの項の測定の不確かさ報告を，吸収エネルギーが測定された試験温度の不確かさ u_T に対する別個の報告に補足することを提案する（例として，**E.5** 参照）。

E.3.5 試験機の分解能

試験機の分解能の影響は，ほとんどの場合，不確かさに寄与する他の因子に比べて無視することが可能である（**E.3.1～E.3.4** 参照）。例外は，試験機の分解能が粗く，かつ，測定されたエネルギーが小さい場合である。この場合，対応する不確かさ $u(r)$ の寄与は，式(E.4)を用いて計算する。

$$u(r) = \frac{r}{\sqrt{3}} \cdots\cdots\cdots\cdots\cdots\cdots\cdots\cdots\cdots\cdots\cdots\cdots\cdots\cdots\cdots\cdots\cdots\cdots\cdots\cdots \text{(E.4)}$$

ここで， r： 試験機の分解能。対応する自由度は，無限大。

E.4 合成及び拡張不確かさ

$u(\overline{KV})$ を計算するために，不確かさに寄与する要因（**E.3** 参照）を合成することが望ましい。u_{T} は，別に取り扱われ，$u(\bar{x})$，u_{V} 及び $u(r)$ は，お互いに独立しているので，合成標準不確かさは，式(E.5)を用いて求める。

$$u(\overline{KV}) = \sqrt{u^2(\bar{x}) + u_{\mathrm{V}}^2 + u^2(r)} \cdots\cdots\cdots\cdots\cdots\cdots\cdots\cdots\cdots\cdots\cdots\cdots \text{(E.5)}$$

拡張不確かさを求めるためには，合成標準不確かさに適切な包含係数 k を乗じて算出される。k の値は，ν_{V} 及び ν_{x} の自由度を合成し，対応する u_{V} 及び $u(\bar{x})$ の不確かさの寄与を評価することによって，簡易 Welch-Satterwaite の近似を用いて計算することが可能な $u(\overline{KV})$ の有効自由度 $\nu_{\overline{KV}}$ に依存する。

$u(r)$ の自由度は，無限大であるので，試験機の分解能は，$\nu_{\overline{KV}}$ に寄与しない。式(E.6)を参照。

$$\nu_{\overline{KV}} = \frac{u^4(\overline{KV})}{\dfrac{u^4(\bar{x})}{\nu_{\bar{x}}} + \dfrac{u_{\mathrm{V}}^4}{\nu_{\mathrm{V}}}} \cdots\cdots\cdots\cdots\cdots\cdots\cdots\cdots\cdots\cdots\cdots\cdots\cdots\cdots \text{(E.6)}$$

注記 シャルピー衝撃試験の場合，試験片の数は，しばしば 5 又は 3 に限られる。加えて，試験片の不均一性が，$u(\bar{x})$ を大きな値にすることがある。これは，有効自由度の数値が，包含係数 k を 2 として用いることで，十分な大きさにならないことがよくある理由である。

95 ％の信頼限界に相当する包含係数 k は，GUM の t 分布表から $t_{95}(\nu_{\overline{KV}})$ として得ることが可能である（選択する t の値は，**表 E.5** を参照）。$\overline{KV}$ の拡張不確かさは，式(E.7)を用いて求める。

$$U(\overline{KV}) = k \times u(\overline{KV}) = t_{95}(\nu_{\overline{KV}}) \times u(\overline{KV}) \cdots\cdots\cdots\cdots\cdots\cdots\cdots\cdots \text{(E.7)}$$

E.5 計算例

この例では，特定の試験材から一組が $n=3$ の試験片の測定値の平均 $\bar{x}$ に対して測定の不確かさを計算した。**表 E.2** の結果は，直接検証及び間接検証の手順で適合していることが確認された振子に対して得られたものである。第 1 ステップとして，得られた平均 KV 値，$\bar{x}$ が，式(E.3)を用いて計算される標準不確かさ $u(\bar{x})$ と同様に計算される。

表 E.2 ― シャルピー試験のデータ

単位 J

試験結果	
KV, 試験片 1	105.8
KV, 試験片 2	109.3
KV, 試験片 3	112.2
平均 KV, $\bar{x}$	109.1
$n=3$ の KV 値の標準偏差, s_x	3.2
得られた平均 KV の標準不確かさ, $u(\bar{x})$ は, 式(E.3)に従って計算される。	1.9

第 2 ステップとして，生データ（偏りで補正していない。）を，異なるエネルギーレベル（例えば，20 J，120 J 及び 220 J）の基準片に対して行った直近の間接検証の結果と結合させる。試験材の吸収エネルギーのレベルは，120 J レベル（$\bar{x}=109.1$ J）に近い。それゆえ，このエネルギーレベルで得られた間接検証の結果を，不確かさの評価に用いる。偏り値 B_V は，JIS B 7722 に従った検証の基準値に適合している。B_V の安定性について確かな根拠がないので，測定された値は，偏りで補正されない。それゆえ，報告された KV 値である $\overline{KV}$ は，測定された値の平均値 $\bar{x}$ に等しい。測定値は，偏りで補正しないので，間接検証結果の不確かさ u_V に寄与する。間接検証の標準不確かさは，120 J では，自由度 7 で，$u_V=5.2$ J であった（**JIS B 7722** 参照）。この情報は，各検証で最新化される機器の関係書類で，入手できることが望ましい。

表 E.3 に測定の不確かさの計算手順を示す。

表 E.3 ― 拡張不確かさ $U(\overline{KV})$ の計算スキーム

生データ		120 J での間接検証結果	
$u(\bar{x})$	1.9 J	u_V	5.2 J
試験片数 $n=3$ の試験に対する自由度 v_x，$n-1$ として計算	2	校正認証書から得た，間接検証，v_V の自由度	7
式(E.5)から求めた合成標準不確かさ，$u(\overline{KV})$			5.5 J
式(E.6)から求めた $u(\overline{KV})$ の有効自由度，$v_{\overline{KV}}$			8
8 の $v_{\overline{KV}}$ 及び 95 ％信頼限界レベル，$t_{95}(v_{\overline{KV}})$ に対応する t 値			2.3
拡張不確かさ，$U(\overline{KV})$			12.6 J

表 E.4 は，試験結果及び測定の不確かさの報告に用いることが可能である。

表 E.4 ― 拡張不確かさ $U(\overline{KV})$ を含む結果 $\overline{KV}$ の集計表

n	s_x [a] J	$\overline{KV}$ J	$v_{\overline{KV}}$	$t_{95}(v_{\overline{KV}})$	$U(\overline{KV})$ [b, c] J
3	3.2	109.1	8	2.3	12.6

注 [a] この標準偏差は，試験材の不均一性の保守的（安全側）な見積り（値には，分離しては評価できない試験機の繰返し性からの寄与も含む。）である。

注 [b] この手順に従って計算した拡張不確かさは，95 ％信頼限界レベルに相当する。

注 [c] 引用されている不確かさは，測定された 2 K（信頼限界 95 ％）の温度の不確かさを対象としている。引用されている不確かさは，特定の特性の試験材で導き出されるものは，考慮していない。

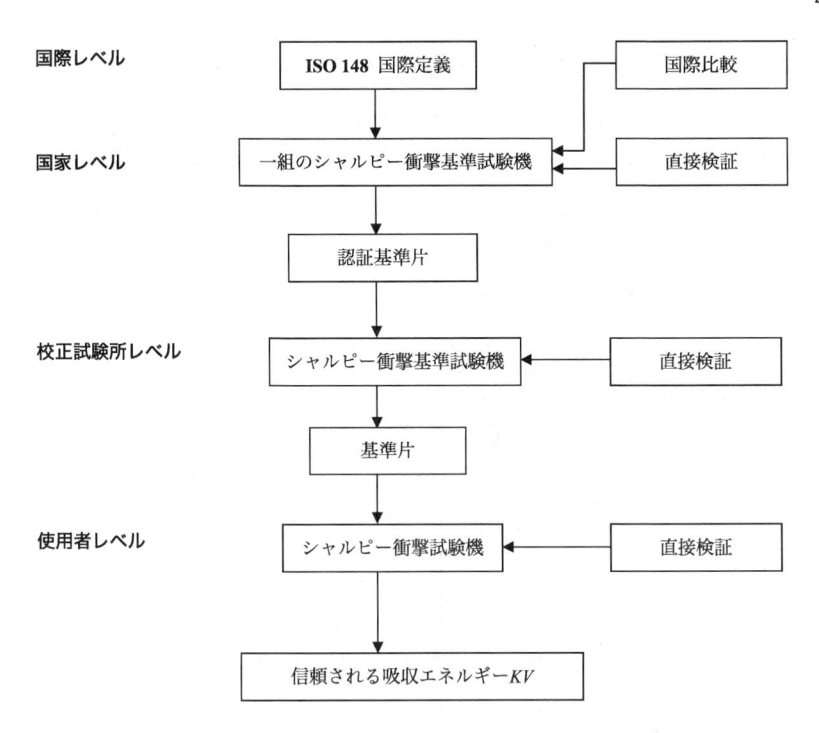

国際レベル　　　ISO 148　国際定義　　　国際比較

国家レベル　　　一組のシャルピー衝撃基準試験機　　　直接検証

認証基準片

校正試験所レベル　　　シャルピー衝撃基準試験機　　　直接検証

基準片

使用者レベル　　　シャルピー衝撃試験機　　　直接検証

信頼される吸収エネルギーKV

図 E.1－シャルピー衝撃試験の吸収エネルギーの定義及び普及のための
計量トレーサビリティ連鎖の構造

表 E.5－分布の$-t_p(\nu)$, $+t_p(\nu)$ の範囲の割合として定義される自由度 ν に対する
t 分布から得られる $t_p(\nu)$ の値[5]

自由度 ν	割合 $p=95$ %に対する $t_p(\nu)$
1	12.71
2	4.30
3	3.18
4	2.78
5	2.57
6	2.45
7	2.36
8	2.31
9	2.26
10	2.23
11	2.20
12	2.18
13	2.16
14	2.14
15	2.13
16	2.12
17	2.11
18	2.10
19	2.09
20	2.09
25	2.06
30	2.04
35	2.03
40	2.02
45	2.01
50	2.01
100	1.98
∞	1.96

参考文献

[1] **JIS B 7740**　金属材料のシャルピー衝撃試験－試験機の検証用基準試験片

　　　注記　対応国際規格では，**ISO 148-3**:2016, Metallic materials－Charpy pendulum impact test－Part 3: Preparation and characterization of Charpy V-notch test pieces for indirect verification of pendulum impact machines を記載している。

[2] **ISO 3785**，Metallic materials－Designation of test specimen axes in relation to product texture

[3] **JIS B 7755**　金属用シャルピー振り子式衝撃試験－計装化装置

　　　注記　対応国際規格では，**ISO 14556**, Metallic materials－Charpy V-notch pendulum impact test－Instrumented test method を記載している。

[4] **ISO/IEC Guide 98-3**:2008, Uncertainty of measurement－Part 3: Guide to the expression of uncertainty in measurement (GUM:1995)

[5] **JCGM 106**:2012, Evaluation of measurement data－The role of measurement uncertainty in conformity assessment

[6] **ASTM E23-16**, Standard Test Methods for Notched Bar Impact Testing of Metallic Materials

[7] LI H., ZHOU X., XU W C orrelation Between Charpy Absorbed Energy Using 2 mm and 8 mm Strikers. J. ASTM Int. 2011 October, 8 (9) [JAI]

[8] **JIS B 0601**　製品の幾何特性仕様（GPS）－表面性状：輪郭曲線方式－用語，定義及び表面性状パラメータ

[9] NANSTAD R.K., SWAIN R.L, BERGGREN R.G Influence of thermal conditioning media on Charpy specimen test temperature. Charpy Impact Test: Factors and Variables, ASTM STP 1072. ASTM, 1990, pp. 195.

附属書 JA
（参考）
JIS と対応国際規格との対比表

JIS Z 2242			ISO 148-1:2016，（MOD）	
a)　JIS の箇条番号	b)　対応国際規格の対応する箇条番号	c)　箇条ごとの評価	d)　JIS と対応国際規格との技術的差異の内容及び理由	e)　JIS と対応国際規格との技術的差異に対する今後の対策
3	3	追加	JIS G 0202 を引用規格として追加した。	技術的差異は，ない。
3.1.2	3.1.2	追加	注釈 2 として吸収エネルギーを求めることが可能な式を追加した。	ISO 規格で規定していないため，追加した。
3.1.3	3.1.3	追加	公称初期位置エネルギーの定義に"その試験機で試験可能な位置"を追加した。	技術的差異は，ない。
4	4	追加	BFA，β，β_3，K_3 及び K_T を追加した。	必要な記号を追加した。
		変更	β_2，K_2，及び M の定義を変更した。	技術的差異は，ない。
5	5	変更	横膨出及び破面率を求めることが可能であると変更した。	技術的差異は，ない。
5	5	変更	衝撃値を吸収エネルギーと記載した。	技術的差異は，ない。
5	5	変更	ISO 規格は，"この試験は…極めて重要になる。"を本文で記載しているが，JIS では，注記に変更した。	試験に関する情報を，内容は変更せずに，注記とした。
6.2.0A	6.2	追加	ぶら下がり段落となるため，細分箇条の番号を追加した。	技術的差異は，ない。
6.2.2	6.2.2	追加	実態の運用に合わせて"製品規格の規定又は受渡当事者間の協定によって，ノッチ深さ 2 mm 及びノッチ底半径 1 mm としてもよい。"を追加した。	日本独自の運用である。
6.3	6.3	削除	表 2 から公差等級の規定を削除した。	公差等級は，国内では，一般に使用されていないため，削除した。
6.3	6.3	追加	表 2 に注 ʲ) を追加した。	日本独自の運用である。
7.3	7.3	追加	衝撃刃の形式が製品規格で指定されていない場合の規定を追加した。	ISO 規格で規定していないため，追加した。
8.2.0A	8.2	追加	ぶら下がり段落となるため，細分箇条の番号を追加した。	技術的差異は，ない。
8.2.3 8.2.4	8.2.2	変更	ISO 規格の NOTE 1 に要求事項が記載されていたので，8.2.3 とした。また，ISO 規格の NOTE 1 の後の本文を 8.2.4 とした。	技術的差異は，ない。
8.4	8.4	追加	自動機などを想定し，より詳細に記載した。	ISO 規格で規定していないため，追加した。
9.1	9.1	追加	"試験報告書は，必要な場合に提出する。"を追加した。	日本独自の運用である。
9.1	9.1	追加	"受渡当事者間の協定によって，報告する項目は，次のうちから選択してもよい。"を追加した。	日本独自の運用である。

a) JISの箇条番号	b) 対応国際規格の対応する箇条番号	c) 箇条ごとの評価	d) JISと対応国際規格との技術的差異の内容及び理由	e) JISと対応国際規格との技術的差異に対する今後の対策
9.1	9.1	追加	e)に"(ノッチ形状と衝撃刃の半径とを識別できるように記載する。)"を追加した。	ISO 規格で規定していないため,追加した。
9.2	9.2	削除	JIS では,追加可能な報告項目から,"測定の不確かさ"を削除した。これに伴って,附属書 E の引用を8.8の注記に移動した。	国内独自の運用である。
附属書 A	Annex A	追加	記号説明を追加した。	技術的差異は,ない。
附属書 B	Annex B	変更	ISO 規格では,横膨出の求め方は参考であるが,国内取引に横膨出が使用されていることから,JIS では,規定に変更した。内容の基本的技術的差異は,ない。	国内独自の運用である。
		追加	JIS では,横膨出の有効数字桁数及び二つに破断した試験片の横膨出定義を追加した。	ISO 規格で規定していないため,追加した。
		追加	測定子を説明するため注 3)を追加した。	技術的差異は,ない。
		追加	c:組立時のラップを説明するため注 4)を追加した。	技術的差異は,ない。
附属書 C	Annex C	変更	ISO 規格では,破面率の求め方は参考であるが,他規格などから要求事項として引用される場合があることから,JIS では,規定に変更した。	国内独自の運用である。
		追加	破面率の求め方として BFA,SFA の式を追加した。	ISO 規格で規定していないため,追加した。
		追加	JIS では,延性破面率+ぜい性破面率=100%を追加した。	ISO 規格で規定していないため,追加した。
		追加	b)に注記として ASTM E23-16 と整合していることを追加した。	ISO 規格で規定していないため,追加した。
		追加	d) "延性破面率は,式(C.3)の関係から求める。破面の全面積からぜい性破面領域の面積を減じて,破面の全面積で除して延性破面率としてもよい。"を追加した。	ISO 規格で規定していないため,追加した。
		追加	e) "ぜい性破面率及び/又は"を追加した。	ISO 規格で規定していないため,追加した。
附属書 D	Annex D	変更	ISO 規格では,遷移曲線,破面率遷移温度及びエネルギー遷移温度の求め方は参考であるが,従来,JIS では,本体に規定しており,一般に使用されてきたことから,規定に変更した。	国内独自の運用である。
		追加	エネルギー遷移温度について,JIS G 0202 の定義を転載した。	JIS G 0202 で定義されている内容であるが,この規格での分かりやすさのために追加した。

注記1 箇条ごとの評価欄の用語の意味を,次に示す。
 — 削除:対応国際規格の規定項目又は規定内容を削除している。
 — 追加:対応国際規格にない規定項目又は規定内容を追加している。
 — 変更:対応国際規格の規定内容又は構成を変更している。
注記2 JIS と対応国際規格との対応の程度の全体評価の記号の意味を,次に示す。
 — MOD:対応国際規格を修正している。

ブリネル硬さ試験—第1部：試験方法 （ISO 6506-1：2014）
Brinell hardness test—Part 1：Test method

序文

この規格は，2014 年に第 3 版として発行された **ISO 6506-1** を基に，技術的内容及び構成を変更することなく作成した日本産業規格である。

なお，この規格で点線の下線を施してある参考事項は，対応国際規格にはない事項である。

1 適用範囲

この規格は，金属材料のブリネル硬さ試験方法について規定する。この規格は，固定式及び移動式の試験機に適用することができる。

ある特定の材料及び／又は製品に対しては，特定の規格（例えば，**ISO 4498**）があり，この規格を参照している。

注記 この規格の対応国際規格及びその対応の程度を表す記号を，次に示す。

ISO 6506-1:2014, Metallic materials—Brinell hardness test—Part 1: Test method (IDT)

なお，対応の程度を表す記号"IDT"は，**ISO/IEC Guide 21-1** に基づき，"一致している"ことを示す。

2 引用規格

次に掲げる規格は，この規格に引用されることによって，この規格の規定の一部を構成する。これらの引用規格は，その最新版（追補を含む。）を適用する。

JIS B 7724 ブリネル硬さ試験—試験機の検証及び校正

注記 対応国際規格：**ISO 6506-2**:2014, Metallic materials—Brinell hardness test—Part 2: Verification and calibration of testing machines (MOD)

JIS B 7736 ブリネル硬さ試験—基準片の校正

注記 対応国際規格：**ISO 6506-3**:2014, Metallic materials—Brinell hardness test—Part 3: Calibration of reference blocks (MOD)

JIS Z 2243-2 ブリネル硬さ試験—第 2 部：硬さ値表

注記 対応国際規格：**ISO 6506-4**:2014, Metallic materials—Brinell hardness test—Part 4: Table of hardness values (IDT)

ISO 4498, Sintered metal materials, excluding hardmetals—Determination of apparent hardness and microhardness

3 原理

直径 D の超硬合金球（tungsten carbide composite ball）の圧子を，試料（試験片）の表面に押し込み，その試験力（F）を解除した後，表面に残ったくぼみの直径（d）を測定する。ブリネル硬さは，試験力をくぼみの表面積で除した値に比例する。くぼみは，無負荷時の球圧子の形状と仮定し，表1の式を用いてくぼみの平均直径及び圧子の直径から，くぼみの表面積を求める。

4 記号及び表示

4.1 記号及びその定義は，表1及び図1による。

表1－記号及びその定義

記号	定義	単位
D	圧子の直径	mm
F	試験力	N
d	くぼみの平均直径 $\quad d=\dfrac{d_1+d_2}{2}$	mm
$d_1,\ d_2$	約 90° で測定したくぼみの直径	mm
h	くぼみの深さ $$h=\frac{D}{2}\left(1-\sqrt{1-\frac{d^2}{D^2}}\right)$$	mm
HBW	ブリネル硬さ＝定数[a]×$\dfrac{試験力}{くぼみの表面積}$ $$\mathrm{HBW}=0.102\times\frac{2F}{\pi D^2\left(1-\sqrt{1-\dfrac{d^2}{D^2}}\right)}$$	
$0.102\times F/D^2$	試験力－直径係数	N/mm^2

注[a] 定数＝$0.102\approx\dfrac{1}{9.806\,65}$

　　ここで，9.806 65 は，kgf から N への単位換算係数である。

4.2 ブリネル硬さは，次に示す例のように表示する。

例

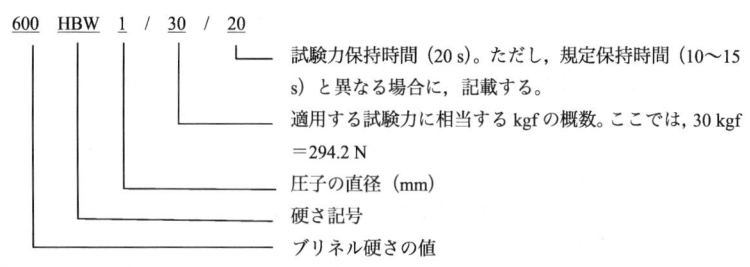

```
600  HBW  1 / 30 / 20
```
試験力保持時間（20 s）。ただし，規定保持時間（10～15 s）と異なる場合に，記載する。

適用する試験力に相当する kgf の概数。ここでは，30 kgf ＝294.2 N

圧子の直径（mm）

硬さ記号

ブリネル硬さの値

注記 従来の規格では，鋼球を使用する場合に，ブリネル硬さは，HB 又は HBS と表記していた。

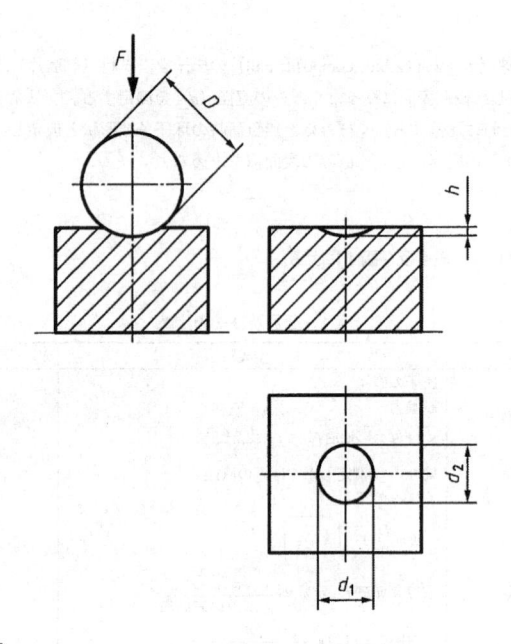

記号は，**表1**による。

図1－試験の原理

5 装置

5.1 試験機 JIS B 7724 に従い，9.807 N～29.42 kN の範囲であらかじめ決められた試験力を負荷できるもの。

5.2 圧子 JIS B 7724 に規定する研磨された超硬合金球。

5.3 くぼみ測定装置 JIS B 7724 に規定するもの。

6 試料（試験片）

6.1 試験面は，平面で滑らかで凹凸がなく，また，酸化スケール及び異物がなく，特に潤滑剤の付着していない表面とする。試料（試験片）は，くぼみの直径の測定が精確にできるような表面に仕上げる。

注記 小さな球圧子を用いてくぼみをつける場合には，くぼみをつける前に表面の研磨が必要なことがある。

6.2 前処理を行う場合は，過熱，冷間加工などによる表面の硬さの変化を最小限に抑える。

6.3 試料（試験片）の厚さは，少なくとも，くぼみの深さの 8 倍とする。くぼみの平均直径による試料（試験片）の最小厚さは，**附属書 B** による。

注記 試験片が薄すぎる場合には，試験片の裏側に目に見える変形を示すことがある。

7 試験

7.1 試験は，通常，周囲温度 10〜35 ℃の範囲内で行う。温度変化が試験結果に影響する可能性があるため，ブリネル試験を実施する者は，より狭い温度範囲，すなわち，23±5 ℃の温度を選択してもよい。

7.2 試験を実施する前に，**附属書 A** に従い試験機の検証が行われたことを確認しなければならない。

7.3 適用する試験力は，**表 2** とする。**表 2** に示されていない試験力及び試験力−直径係数を，受渡当事者間の協議によって使用してもよい。

7.4 試験力は，くぼみの直径 d が $0.24D$〜$0.6D$ になるように選択することが望ましい。くぼみの直径がこの条件から外れる場合には，くぼみの直径と球圧子の直径との比を試験報告書に記載しなければならない。**表 3** に，試料（試験片）の材質及び硬さに応じて用いることが望ましい試験力−直径係数 $(0.102F/D^2)$ の値を示す。試料（試験片）の代表部位を最も広い範囲で試験するために，できるだけ直径の大きな圧子を使用することが望ましい。

7.5 試料は頑丈な支持装置の上に置き，試験面は，異物（スケール，油，汚れなど）のないきれいな状態にする。試料（試験片）は，試験中に動かないようにする。

7.6 圧子を試験面に接触させ，その面に対して垂直方向に，規定の値に達するまで試験力を加える。このとき，衝撃，振動，過負荷などがないようにする。力を加え始めてから規定の試験力に達するまでの時間は，7^{+1}_{-5} s とする。

この試験力を 14^{+1}_{-1} s 保持する。一部の試料（試験片）には，これより長い保持時間が採用される場合があるが，その場合の許容誤差は±2 s とする。

> **注記** 時間範囲の要求が非対称な許容値で示されている。例えば，7^{+1}_{-5} s は，許容範囲は，2 秒（7 s−5 s）から 8 秒（7 s＋1 s）であるが，7 秒間が公称時間であることを示している。

7.7 試験機は，試験の間中，試験結果に影響を及ぼすような衝撃及び振動を受けないよう保護する。

7.8 くぼみの中心から試料（試験片）の縁までの距離は $2.5d$ 以上とする。また，隣接するくぼみの中心間の距離は，$3d$ 以上とする。

7.9 くぼみの直径の測定は，手動又は自動測定装置のいずれで行ってもよい。光学装置の視野は，均等に照明を当てることが望ましい。照明のタイプは，試験機の直接・間接検証及び日常点検中に用いたものから変えてはならない。

手動測定の場合，くぼみのほぼ直交する 2 方向の直径を測定し，算術平均したくぼみの平均直径から，ブリネル硬さを求める。

研削面をもつ試料（試験片）の場合には，くぼみの直径の測定方向は，研削方向に約 45°とすることが望ましい。

> **注記** 異方性をもつ材料，例えば，強い冷間加工をしたような場合，2 方向のくぼみの直径の長さの差が異なることがあり，注意することが望ましい。

自動測定システムを用いる場合に，平均直径を計算するのに他の検証されたアルゴリズムを用いてもよい。これらのアルゴリズムには，次を含む。

− 複数方向の直径の平均

− くぼみの投影面積からの評価

7.10 平面上の試験に対するブリネル硬さ値は，**表 1** の式を用いて計算し，結果を有効数字 3 桁に丸める。**JIS Z 2243-2** のブリネル硬さ算出表を用いてブリネル硬さを決めてもよい。

表 2－硬さ記号及び試験条件

硬さ記号	圧子の直径 D mm	試験力－直径係数 $0.102F/D^2$ N/mm^2	試験力 F	
HBW10/3 000	10	30	29.42	kN
HBW10/1 500	10	15	14.71	kN
HBW10/1 000	10	10	9.807	kN
HBW10/500	10	5	4.903	kN
HBW10/250	10	2.5	2.452	kN
HBW10/100	10	1	980.7	N
HBW5/750	5	30	7.355	kN
HBW5/250	5	10	2.452	kN
HBW5/125	5	5	1.226	kN
HBW5/62.5	5	2.5	612.9	N
HBW5/25	5	1	245.2	N
HBW2.5/187.5	2.5	30	1.839	kN
HBW2.5/62.5	2.5	10	612.9	N
HBW2.5/31.25	2.5	5	306.5	N
HBW2.5/15.625	2.5	2.5	153.2	N
HBW2.5/6.25	2.5	1	61.29	N
HBW1/30	1	30	294.2	N
HBW1/10	1	10	98.07	N
HBW1/5	1	5	49.03	N
HBW1/2.5	1	2.5	24.52	N
HBW1/1	1	1	9.807	N

表 3－材質及び硬さに対する試験力－直径係数 （$0.102F/D^2$）

材質	ブリネル硬さ HBW	試験力－直径係数 $0.102F/D^2$ N/mm^2
鋼, ニッケル合金, チタン合金		30
鋳鉄 [a]	＜140	10
	≧140	30
銅及び銅合金	＜35	5
	35〜200	10
	＞200	30
軽金属及びそれらの合金	＜35	2.5
	35〜80	5 10 15
	＞80	10 15
鉛, すず		1
焼結金属		**ISO 4498** による。

注 [a] 鋳鉄に対しては, 圧子の直径は, 2.5 mm, 5 mm 又は 10 mm のいずれかとする。

8 測定結果の不確かさ

不確かさの完全な評価は，参考文献[1]によって行うことが望ましい。

要因のタイプには関係なく，硬さの不確かさの評価は，次の二つの方法によって行うことができる。

— 直接検証に関わる全ての要因の評価を基にする方法（EURAMET ガイドライン[2]が，参考になる。）。

— 硬さ基準片（認証標準物質）を使用した間接検証を基にする方法（参考文献[2]～[5]を参照）。**附属書 C** に不確かさを求めるためのガイドラインを示す。

常に，全ての識別された不確かさ成分を定量化することができない場合がある。この場合，タイプ A の標準不確かさの見積りは，試料（試験片）の繰り返されたくぼみの統計分析から求めることができる。タイプ A 及びタイプ B の標準不確かさを合成する場合は，これらの寄与が重複しないように注意することを推奨する（参考文献[1]の **4.3.10** 参照）。

> **注記** タイプ A は，様々な不確かさの成分を，観測値の標準偏差によって評価することである。タイプ B は，タイプ A 以外の方法による評価で，測定実験データ以外の様々な情報による，標準偏差に相当する大きさの推定である。

9 試験報告書

少なくとも次の情報を記録し，受渡当事者間の協定のない限り，試験報告書に含めなければならない。

a) この規格によって試験した旨の表示（すなわち，**JIS Z 2243-1**）

b) 試料（試験片）の識別に必要な情報

c) 試験日

d) 試験温度（10～35 ℃以外の場合）

e) くぼみの直径と球圧子の直径との比（0.24～0.60 の範囲外の場合）

f) 得られた試験結果，HBW（**4.2** の表記に従い報告する）

g) 他の硬さスケールに換算した場合，換算の基準及び方法を規定しなければならない（参考文献[6]を参照）。

> **注記** ブリネル硬さを他の硬さスケール及び引張強さに正確に換算する一般的な方法はない。

h) この規格に規定していない，追加要求事項

i) 試験結果に影響を及ぼしたかもしれない出来事があれば，その詳細

附属書 A
（規定）
使用者による試験機の日常点検の手順

　試験機の点検は，試験機を使用する日ごとに，試験をする材料とほぼ同じ硬さレベルで，使用するそれぞれのスケールに対して行わなければならない。

　日常点検では，**JIS B 7736** に従って校正された硬さ基準片上に作られた少なくとも 1 個のくぼみを含む。平均測定硬さと認証値との差異が **JIS B 7724** の**表 3**（試験力・直径係数が 30 の場合に対する試験機の繰返し性及び誤差）及び**表 4**（他の試験力・直径係数の場合に対する試験機の繰返し性及び誤差）に示す誤差の許容差以下の場合は，その試験機は，要求を満足しているとみなすことができる。誤差の許容差を超える場合には，**JIS B 7724** の箇条 7（間接検証）で規定するように間接検証を行わなければならない。

　　注記　長期にわたる試験結果の記録を維持し，記録を再現性の測定及び試験機のドリフトをモニタするのに用いることは，よい計量的実践（metrological practice）である。

附属書 B

（規定）

くぼみの平均直径と試料（試験片）の最小厚さとの関係

表 B.1－試料（試験片）の最小厚さ（6.3 参照）

単位　mm

くぼみの平均直径	試験片の最小厚さ			
d	$D=1$	$D=2.5$	$D=5$	$D=10$
0.24	0.12			
0.3	0.18			
0.4	0.33			
0.5	0.54			
0.6	0.80	0.29		
0.7		0.40		
0.8		0.53		
0.9		0.67		
1.0		0.83		
1.1		1.02		
1.2		1.23	0.58	
1.3		1.46	0.69	
1.4		1.72	0.80	
1.5		2.00	0.92	
1.6			1.05	
1.7			1.19	
1.8			1.34	
1.9			1.50	
2.0			1.67	
2.2			2.04	
2.4			2.46	1.17
2.6			2.92	1.38
2.8			3.43	1.60
3.0			4.00	1.84
3.2				2.10
3.4				2.38
3.6				2.68
3.8				3.00
4.0				3.34
4.2				3.70
4.4				4.08
4.6				4.48
4.8				4.91
5.0				5.36
5.2				5.83
5.4				6.33
5.6				6.86
5.8				7.42
6.0				8.00

附属書 C
（参考）
測定した硬さ値の不確かさ

C.1 一般事項

この附属書で記載する不確かさの決定のための手順は，硬さ基準片（認証標準物質）に対する硬さ試験機の全体の測定性能に関する不確かさだけを考慮している。これらの不確かさは，全ての分割された不確かさ（間接検証）を合成した影響を反映したものである。この手順では，個々の試験機の構成要素が許容差内で操作されることが重要である。この手順は，直接検証合格後，最長でも1年以内で適用すべきである。

図 C.1 は，硬さ試験機を定義し，広く用いるために必要なトレーサビリティ体系（metrological chain）の四つのレベル構造を示す。トレーサビリティ体系は，国際間の比較をするための種々の硬さスケールの国際定義（international definition）を使用した国際レベル（international level）から始まる。多くの国家レベルの一次硬さ標準試験機（primary hardness standard machine）が，校正試験室レベル（calibration laboratory level）に対する一次硬さ基準片を製造する。通常，これらの試験機の直接校正及び検証（direct calibration and verification）は，最高の精度で実施することが望ましい。

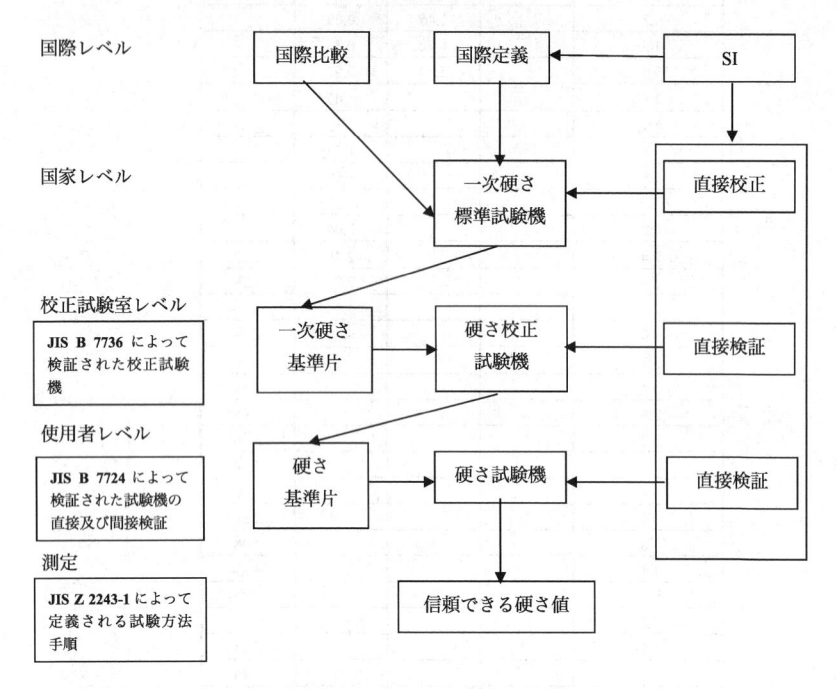

図 C.1－硬さ試験機の定義及び広く用いるためのトレーサビリティ体系

測定の不確かさの解析は，誤差の要因を究明し試験結果の差異を理解するのに有用な道具である。この附属書は，不確かさの見積りに対するガイダンスを示すものであり，得られた値は，顧客が特に指定しない限り，単に参考情報である。

ほとんどの製品規格の仕様は，主に製品の要求事項及び硬さを測定するのに用いる試験機の性能に対して長年をかけて得られた許容差をもっている。それゆえ，これらの許容差には硬さの測定の不確かさの寄与を包含しており，この不確かさを更に認め，例えば，硬さの測定の見積もった不確かさで規定の許容差を小さくすることは不適切である。言い換えれば，製品規格で製品の硬さ上限値又は下限値を規定している場合，製品規格に特に記載のない限り，測定し求めた硬さ値が規定に適合しなければならないということを単に規定していると解釈することが望ましい。

注記　適合の判定には不確かさを考慮しないことを意味している。

C.2　一般手順

この手順は，測定した硬さ値に伴う拡張不確かさ（U）を計算するものである。この計算には，二つの異なる方法があり，記号の詳細とともに表 C.1 及び表 C.2 に示す。いずれの場合も，多くの無相関の標準不確かさの要素を二乗和平方根法（RSS）によって結合し，包含係数 $k=2$ を乗じる。一つの方法は，試験機のシステムの因子（systematic source）からの不確かさの寄与をこの値に算術的に加える方法であり，他の方法は，このシステムの成分を補償するために測定結果を補正する方法である。

注記　この不確かさ見積り方法では，最後の校正の後で試験機に生じる偏りは，非常に小さいと仮定して考慮していない。例えば，この分析のほとんどは，試験機の校正後すぐに行われ，その結果は試験機の校正証明書（calibration certificate）に記載するのが一般的である。

C.3　試験機の偏り（bias）

硬さ試験機の偏り [b，誤差（error）ともいわれる。] は，次の項目の差異から導かれる。
－　硬さ基準片（認証標準物質）の校正値
－　硬さ試験機の校正中の硬さ基準片（認証標準物質）に付けられた 5 点の測定の平均値

偏り（b）は，不確かさの計算において，考慮する場合としない場合がある。

C.4　不確かさの計算の手順：硬さ測定値

注記　この附属書では，CRM は，硬さ試験の規格の認証硬さ基準片（Certified Reference Material）を意味する。認証硬さ基準片は，硬さ基準片と同じもので，すなわち，認証値及び不確かさをもった材料の一片である。

C.4.1　偏りを含めない手順（方法 1）

方法 1（以下，M1 という。）は，単純化された方法で硬さ試験機の偏り（systematic error）を考慮しないで使用できる。

M1 の場合の許容誤差（error limit）（試験機の読みと基準片の値との差異の許容される量）は，不確かさの成分（U_{mpe}）を定義するために用いられる。測定誤差によって，硬さ値を修正しない。

拡張不確かさ（U）は，表 C.1 に示す手順によって，式(C.1)を用いて求める（参考文献[1, 2]参照）。

$$U = k \times \sqrt{u_{\mathrm{CRM}}^2 + u_{\mathrm{H}}^2 + u_{\mathrm{ms}}^2 + \left(\frac{U_{\mathrm{mpe}}}{\sqrt{3}}\right)^2} \quad\cdots\cdots\cdots\cdots\cdots\cdots\cdots (C.1)$$

測定の結果は，式(C.2)で示される。

$$X = x \pm U \quad\text{……………………………………………………} (C.2)$$

C.4.2 偏り（bias）を含んだ手順（方法 2）

M1 に代わる方法として，方法 2（以下，M2 という。）が使用できる。これは，管理図（control chart）の実施と関連している。M2 は，おそらく M1 より小さめの不確かさになる。

偏り（b）（**表 C.2** のステップ 5）は，系統的影響（systematic effect）になると考えられる。GUM[1]では，このような系統的影響を打ち消すための補正を使用することを推奨している。これが，M2 の基礎である。許容誤差（error limit）の項 U_{mpe} は，不確かさの計算に含めないが，全ての計測された硬さ値は，b で補正するか，U_{corr} を b だけ増加させなければならない。U_{corr} は，**表 C.2** に示す手順によって，式(C.3)を用いて求める（参考文献[4, 5]参照）。

$$U_{\text{corr}} = k \times \sqrt{u_{\text{CRM}}^2 + u_{\text{H}}^2 + u_{\text{ms}}^2 + u_{\text{b}}^2} \quad\text{……………………………………} (C.3)$$

測定の結果は，式(C.4)又は式(C.5)で示される。

$$X_{\text{corr}} = (x - b) \pm U_{\text{corr}} \quad\text{………………………………………} (C.4)$$

又は，

$$X_{\text{ucorr}} = x \pm \left(U_{\text{corr}} + |b| \right) \quad\text{…………………………………} (C.5)$$

偏り（誤差）（b）を平均値の一部とみなすか，不確かさの一部とみなすかによる。

M2 を用いる場合には，採用した b の値に関連する RSS 項内の追加の不確かさ成分を含める必要がある。これは，特に次のような場合である。

― 測定した硬さ値が，試験機校正中に用いた基準片の硬さレベルと大きく異なる。

― 試験機の偏りの値が，校正範囲の中で大きく変化する。

― 測定する材料が，試験機の校正に用いた基準片の材料と異なる。

あらゆる状況下で，b に関連する不確かさの見積りに対してロバストな方法（robust method）が要求される。

C.5 測定結果の表し方

測定結果を報告する場合には，不確かさの見積りに用いた方法（M1 又は M2）を明記することが望ましい。

ステップ	不確かさの要因	記号	公式	文献／検定	例 [..] ＝HBW 2.5/187.5
1	最大許容誤差による 拡張不確かさ	U_{mpe}	$U_{\mathrm{mpe}} = E_{\mathrm{rel}} \times \bar{x}_{\mathrm{CRM}}$	X-258.8 HBW 2.5/187.5 に対する許容誤差 E_{rel} は，**ISO 6506-2** の**表 2** による。$\bar{x}_{\mathrm{CRM}}$ は，CRM の校正証明書による。	$U_{\mathrm{mpe}} = 0.025 \times 258.8 = 6.17$
2	CRM の硬さの 標準不確かさ （更に，詳細な計算には，**JIS B 7736** を参照）	u_{CRM}	$u_{\mathrm{CRM}} = \dfrac{U_{\mathrm{CRM}}}{2}$	u_{CRM} は，CRM の校正証明書による[a]。	$u_{\mathrm{CRM}} = \dfrac{2.2}{2} = 1.10$
3	CRM に対する測定の 平均値（$\bar{H}$）及び 標準偏差（s_{H}）	$\bar{H}$, s_{H}	$\bar{H} = \dfrac{\sum\limits_{i=1}^{n} H_i}{n}$ $s_{\mathrm{H}} = \sqrt{\dfrac{1}{n-1}\sum\limits_{i=1}^{n}\left(H_i - \bar{H}\right)^2}$	H_i は，**ISO 6506-2** の**5.8** による。	測定値 H_i 258, 257, 258, 258, 259 $\bar{H} = 258.0$ $s_{\mathrm{H}} = 0.71$
4	CRM を測定したときの 硬さ試験機の 標準不確かさ	u_{H}	$u_{\mathrm{H}} = t \times s_{\mathrm{H}}$	$n = 5$ に対して $t = 1.14$ （参考文献[1]の **G3** 及び**表 G.2** 参照）	$u_{\mathrm{H}} = 1.14 \times 0.71 = 0.81$
5	くぼみの径の測定装置の 分解能による 標準不確かさ	u_{ms}	$u_{\mathrm{ms}} = \dfrac{\delta_{\mathrm{ms}}}{2\sqrt{3}} \times \dfrac{HBW}{d} \times \dfrac{D + \sqrt{D^2 - d^2}}{\sqrt{D^2 - d^2}}$	$D = 2.5$ mm $\delta_{\mathrm{ms}} = 0.0025$ mm $d = 0.9475$ mm $HBW = 256$	$u_{\mathrm{ms}} = 0.41$
6	拡張不確かさの決定	U	$U = k \times \sqrt{u_{\mathrm{CRM}}^2 + u_{\mathrm{H}}^2 + u_{\mathrm{ms}}^2 + \left(\dfrac{U_{\mathrm{mpe}}}{\sqrt{3}}\right)^2}$	ステップ 1，2，4 及び 5 $k = 2$	$U = 2 \times \sqrt{1.10^2 + 0.81^2 + 0.41^2 + \left(6.17/\sqrt{3}\right)^2}$ $U = 7.7$ HBW
7	測定結果	X	$X = x \pm U$		$X = \left(256.0 \pm 7.7\right)$ HBW 2.5/187.5

注 [a] 必要な場合，CRM の硬さ変化を考慮しなければならない。

表 C.2－方法 2（M2）による測定結果の決定

ステップ	不確かさの要因	記号	公式	文献／検定	例 [..] = HBW 2.5/187.5
1	CRM の硬さの標準不確かさ [詳細な計算方法は，**JIS B 7736** の**表 A.4**（基準片の測定の不確かさ）を参照。]	u_{CRM}	$u_{CRM} = \dfrac{U_{CRM}}{2}$	U_{CRM} は，CRM の校正証明書による[a]。	$u_{CRM} = \dfrac{2.2}{2} = 1.10$
2	CRM に対する測定の平均値（$\overline{H}$）及び標準偏差（s_H）	$\overline{H}$, s_H	$\overline{H} = \dfrac{\sum\limits_{i=1}^{n} H_i}{n}$ $s_H = \sqrt{\dfrac{1}{n-1}\sum\limits_{i=1}^{n}\left(H_i - \overline{H}\right)^2}$	H_i は，**ISO 6506-2** の **5.8** による。	測定値 H_i 258, 257, 258, 258, 259 $\overline{H} = 258.0$ $s_H = 0.71$
3	CRM を測定したときの硬さ試験機の標準不確かさ	u_H	$u_H = t \times s_H$	$n = 5$ に対して $t = 1.14$（参考文献[1]の **G3** 及び**表 G2** 参照）	$u_H = 1.14 \times 0.71 = 0.81$
4	くぼみの径の測定装置の分解能による標準不確かさ	u_{ms}	$u_{ms} = \dfrac{\delta_{ms}}{2\sqrt{3}} \times \dfrac{HBW}{d} \times \dfrac{D + \sqrt{D^2 - d^2}}{\sqrt{D^2 - d^2}}$	$D = 2.5$ mm $\delta_{ms} = 0.0025$ mm $d = 0.9475$ mm $HBW = 256$	$u_{ms} = 0.41$
5	硬さ試験機の校正値からの偏り	b	$b = \overline{H} - \overline{x}_{CRM}$	ステップ 2 [b]	$b = 258.0 - 258.8 = -0.8$
6	補正した拡張不確かさの決定	U_{corr}	$U_{corr} = k \times \sqrt{u_{CRM}^2 + u_H^2 + u_{ms}^2 + u_b^2}$	ステップ 1，3，及び 4 $k = 2$	$U_{corr} = 2 \times \sqrt{1.10^2 + 0.81^2 + 0.41^2}$ $U_{corr} = 2.9$ HBW
7	補正硬さを伴う測定結果	X_{corr}	$X_{corr} = (x - b) \pm U_{corr}$	ステップ 5 及び 6	$X_{corr} = (256.8 \pm 2.9)$ HBW 2.5/187.5
8	補正不確かさを伴う測定結果	X_{ucorr}	$X_{ucorr} = x \pm \left(U_{corr} + |b|\right)$	ステップ 5 及び 6	$X_{ucorr} = (256.0 \pm 3.7)$ HBW 2.5/187.5

注 [a] 必要な場合，CRM の硬さ変化を考慮しなければならない。

[b] $0.8U_{mpe} < |b| < 1.0U_{mpe}$（$U_{mpe}$ は，**表 C.1** のステップ 1 の規定による。）の場合，CRM と試料（試験片）との硬さの関係を考慮することが望ましい。

参考文献

[1] JGM 100 (GUM 1995 with minor corrections), Evaluation of measurement data—Guide to the expression of uncertainty in measurement, BIPM/IEC/IFCC/ILAC/ISO/IUPAC/IUPAP/OIML, 2008

[2] EURAMET/cg-16/v.01, Guidelines on the Estimation of Uncertainty in Hardness Measurements, 2007

[3] GABAUER, W., Manual of Codes of Practice for the Determination of Uncertainties in Mechanical Tests on Metallic Materials, The Estimation of Uncertainties in Hardness Measurements, Project, No. SMT4-CT97-2165, UNCERT COP 14:2000

[4] GABAUER, W. and BINDER, O., Abschätzung der Messunsicherheit in der Härteprüfung unter Verwendung der indirekten Kalibriermethode, DVM Werkstoffprüfung, Tagungsband, 2000, pp.255-261

[5] POLZIN, T. and SCHWENK, D., Method for Uncertainty Determination of Hardness Testing; PC file for Determination, Materialprüfung. 2002, 44 pp.64-71

[6] **ISO 18265**, Metallic materials—Conversion of hardness values

ブリネル硬さ試験—第2部：硬さ値表

Brinell hardness test—Part 2：Table of hardness values

序文

この規格は，2014年に第2版として発行された **ISO 6506-4** を基に，技術的内容及び構成を変更することなく作成した日本産業規格である。

なお，この規格で点線の下線を施してある参考事項は，対応国際規格にはない事項である。

1 適用範囲

この規格は，平面で試験するブリネル硬さを求めるための表を示す。

注記1 この規格は，定義式（**JIS Z 2243-1** の**表1**参照）に基づいて計算したブリネル硬さである。**表1**を用いて，圧子の直径（D）及び試験力（F）−直径係数（$0.102F/D^2$）の値（**表1**参照）から試験力を求めることができる。**表2**を用いて，圧子の直径（D），くぼみの平均直径（d）及び $0.102F/D^2$ の値からブリネル硬さ HBW を求めることができる。

注記2 この規格の対応国際規格及びその対応の程度を表す記号を，次に示す。

ISO 6506-4:2014, Metallic materials−Brinell hardness test−Part 4: Table of hardness values（IDT）

なお，対応の程度を表す記号 "IDT" は，**ISO/IEC Guide 21-1** に基づき，"一致している" ことを示す。

2 ブリネル硬さの決定

表1及び**表2**を参照して，ブリネル硬さを求める。表に測定したくぼみの直径がない場合には，隣接する二つの値及び相当する硬さ値間の線形回帰で求めることが望ましい。それぞれの硬さ値は，有効数字 3 桁にするが，個々の試験力−直径係数で計算される硬さ値のばらつきを避けるために，特定の試験力の値からでなく，適用する試験力−直径係数から計算する。ある場合には，この計算方法は，最小有効数字が数字一つの誤差を生じる。

表1−圧子の直径及び試験力−直径係数と試験力との関係

圧子の直径 D mm	試験力−直径係数 $0.102F/D^2$					
	30	15	10	5	2.5	1
	試験力 F					
10	29.42 kN	14.71 kN	9.807 kN	4.903 kN	2.452 kN	980.7 N
5	7.355 kN	−	2.452 kN	1.226 kN	612.9 N	245.2 N
2.5	1.839 kN	−	612.9 N	306.5 N	153.2 N	61.29 N
1	294.2 N	−	98.07 N	49.03 N	24.52 N	9.807 N

表2－ブリネル硬さ算出表

圧子の直径 D mm				試験力－直径係数 $0.102F/D^2$					
10	5	2.5	1	30	15	10	5	2.5	1
くぼみの平均直径 d mm				ブリネル硬さ HBW					
2.40	1.200	0.600 0	0.240	653	327	218	109	54.5	21.8
2.41	1.205	0.602 5	0.241	648	324	216	108	54.0	21.6
2.42	1.210	0.605 0	0.242	643	321	214	107	53.5	21.4
2.43	1.215	0.607 5	0.243	637	319	212	106	53.1	21.2
2.44	1.220	0.610 0	0.244	632	316	211	105	52.7	21.1
2.45	1.225	0.612 5	0.245	627	313	209	104	52.2	20.9
2.46	1.230	0.615 0	0.246	621	311	207	104	51.8	20.7
2.47	1.235	0.617 5	0.247	616	308	205	103	51.4	20.5
2.48	1.240	0.620 0	0.248	611	306	204	102	50.9	20.4
2.49	1.245	0.622 5	0.249	606	303	202	101	50.5	20.2
2.50	1.250	0.625 0	0.250	601	301	200	100	50.1	20.0
2.51	1.255	0.627 5	0.251	597	298	199	99.4	49.7	19.9
2.52	1.260	0.630 0	0.252	592	296	197	98.6	49.3	19.7
2.53	1.265	0.632 5	0.253	587	294	196	97.8	48.9	19.6
2.54	1.270	0.635 0	0.254	582	291	194	97.1	48.5	19.4
2.55	1.275	0.637 5	0.255	578	289	193	96.3	48.1	19.3
2.56	1.280	0.640 0	0.256	573	287	191	95.5	47.8	19.1
2.57	1.285	0.642 5	0.257	569	284	190	94.8	47.4	19.0
2.58	1.290	0.645 0	0.258	564	282	188	94.0	47.0	18.8
2.59	1.295	0.647 5	0.259	560	280	187	93.3	46.6	18.7
2.60	1.300	0.650 0	0.260	555	278	185	92.6	46.3	18.5
2.61	1.305	0.652 5	0.261	551	276	184	91.8	45.9	18.4
2.62	1.310	0.655 0	0.262	547	273	182	91.1	45.6	18.2
2.63	1.315	0.657 5	0.263	543	271	181	90.4	45.2	18.1
2.64	1.320	0.660 0	0.264	538	269	179	89.7	44.9	17.9
2.65	1.325	0.662 5	0.265	534	267	178	89.0	44.5	17.8
2.66	1.330	0.665 0	0.266	530	265	177	88.4	44.2	17.7
2.67	1.335	0.667 5	0.267	526	263	175	87.7	43.8	17.5
2.68	1.340	0.670 0	0.268	522	261	174	87.0	43.5	17.4
2.69	1.345	0.672 5	0.269	518	259	173	86.4	43.2	17.3
2.70	1.350	0.675 0	0.270	514	257	171	85.7	42.9	17.1
2.71	1.355	0.677 5	0.271	510	255	170	85.1	42.5	17.0
2.72	1.360	0.680 0	0.272	507	253	169	84.4	42.2	16.9
2.73	1.365	0.682 5	0.273	503	251	168	83.8	41.9	16.8
2.74	1.370	0.685 0	0.274	499	250	166	83.2	41.6	16.6
2.75	1.375	0.687 5	0.275	495	248	165	82.6	41.3	16.5
2.76	1.380	0.690 0	0.276	492	246	164	81.9	41.0	16.4
2.77	1.385	0.692 5	0.277	488	244	163	81.3	40.7	16.3
2.78	1.390	0.695 0	0.278	485	242	162	80.8	40.4	16.2
2.79	1.395	0.697 5	0.279	481	240	160	80.2	40.1	16.0
2.80	1.400	0.700 0	0.280	477	239	159	79.6	39.8	15.9
2.81	1.405	0.702 5	0.281	474	237	158	79.0	39.5	15.8

表2－ブリネル硬さ算出表（続き）

圧子の直径 D mm				試験力－直径係数 $0.102F/D^2$					
10	5	2.5	1	30	15	10	5	2.5	1
くぼみの平均直径 d mm				プリネル硬さ HBW					
2.82	1.410	0.705 0	0.282	471	235	157	78.4	39.2	15.7
2.83	1.415	0.707 5	0.283	467	234	156	77.9	38.9	15.6
2.84	1.420	0.710 0	0.284	464	232	155	77.3	38.7	15.5
2.85	1.425	0.712 5	0.285	461	230	154	76.8	38.4	15.4
2.86	1.430	0.715 0	0.286	457	229	152	76.2	38.1	15.2
2.87	1.435	0.717 5	0.287	454	227	151	75.7	37.8	15.1
2.88	1.440	0.720 0	0.288	451	225	150	75.1	37.6	15.0
2.89	1.445	0.722 5	0.289	448	224	149	74.6	37.3	14.9
2.90	1.450	0.725 0	0.290	444	222	148	74.1	37.0	14.8
2.91	1.455	0.727 5	0.291	441	221	147	73.6	36.8	14.7
2.92	1.460	0.730 0	0.292	438	219	146	73.0	36.5	14.6
2.93	1.465	0.732 5	0.293	435	218	145	72.5	36.3	14.5
2.94	1.470	0.735 0	0.294	432	216	144	72.0	36.0	14.4
2.95	1.475	0.737 5	0.295	429	215	143	71.5	35.8	14.3
2.96	1.480	0.740 0	0.296	426	213	142	71.0	35.5	14.2
2.97	1.485	0.742 5	0.297	423	212	141	70.5	35.3	14.1
2.98	1.490	0.745 0	0.298	420	210	140	70.1	35.0	14.0
2.99	1.495	0.747 5	0.299	417	209	139	69.6	34.8	13.9
3.00	1.500	0.750 0	0.300	415	207	138	69.1	34.6	13.8
3.01	1.505	0.752 5	0.301	412	206	137	68.6	34.3	13.7
3.02	1.510	0.755 0	0.302	409	205	136	68.2	34.1	13.6
3.03	1.515	0.757 5	0.303	406	203	135	67.7	33.9	13.5
3.04	1.520	0.760 0	0.304	404	202	135	67.3	33.6	13.5
3.05	1.525	0.762 5	0.305	401	200	134	66.8	33.4	13.4
3.06	1.530	0.765 0	0.306	398	199	133	66.4	33.2	13.3
3.07	1.535	0.767 5	0.307	395	198	132	65.9	33.0	13.2
3.08	1.540	0.770 0	0.308	393	196	131	65.5	32.7	13.1
3.09	1.545	0.772 5	0.309	390	195	130	65.0	32.5	13.0
3.10	1.550	0.775 0	0.310	388	194	129	64.6	32.3	12.9
3.11	1.555	0.777 5	0.311	385	193	128	64.2	32.1	12.8
3.12	1.560	0.780 0	0.312	383	191	128	63.8	31.9	12.8
3.13	1.565	0.782 5	0.313	380	190	127	63.3	31.7	12.7
3.14	1.570	0.785 0	0.314	378	189	126	62.9	31.5	12.6
3.15	1.575	0.787 5	0.315	375	188	125	62.5	31.3	12.5
3.16	1.580	0.790 0	0.316	373	186	124	62.1	31.1	12.4
3.17	1.585	0.792 5	0.317	370	185	123	61.7	30.9	12.3
3.18	1.590	0.795 0	0.318	368	184	123	61.3	30.7	12.3
3.19	1.595	0.797 5	0.319	366	183	122	60.9	30.5	12.2
3.20	1.600	0.800 0	0.320	363	182	121	60.5	30.3	12.1
3.21	1.605	0.802 5	0.321	361	180	120	60.1	30.1	12.0
3.22	1.610	0.805 0	0.322	359	179	120	59.8	29.9	12.0
3.23	1.615	0.807 5	0.323	356	178	119	59.4	29.7	11.9
3.24	1.620	0.810 0	0.324	354	177	118	59.0	29.5	11.8

表 2－ブリネル硬さ算出表（続き）

圧子の直径 D mm				試験力－直径係数 $0.102F/D^2$					
10	5	2.5	1	30	15	10	5	2.5	1
くぼみの平均直径 d mm				ブリネル硬さ HBW					
3.25	1.625	0.812 5	0.325	352	176	117	58.6	29.3	11.7
3.26	1.630	0.815 0	0.326	350	175	117	58.3	29.1	11.7
3.27	1.635	0.817 5	0.327	347	174	116	57.9	29.0	11.6
3.28	1.640	0.820 0	0.328	345	173	115	57.5	28.8	11.5
3.29	1.645	0.822 5	0.329	343	172	114	57.2	28.6	11.4
3.30	1.650	0.825 0	0.330	341	170	114	56.8	28.4	11.4
3.31	1.655	0.827 5	0.331	339	169	113	56.5	28.2	11.3
3.32	1.660	0.830 0	0.332	337	168	112	56.1	28.1	11.2
3.33	1.665	0.832 5	0.333	335	167	112	55.8	27.9	11.2
3.34	1.670	0.835 0	0.334	333	166	111	55.4	27.7	11.1
3.35	1.675	0.837 5	0.335	331	165	110	55.1	27.5	11.0
3.36	1.680	0.840 0	0.336	329	164	110	54.8	27.4	11.0
3.37	1.685	0.842 5	0.337	326	163	109	54.4	27.2	10.9
3.38	1.690	0.845 0	0.338	325	162	108	54.1	27.0	10.8
3.39	1.695	0.847 5	0.339	323	161	108	53.8	26.9	10.8
3.40	1.700	0.850 0	0.340	321	160	107	53.4	26.7	10.7
3.41	1.705	0.852 5	0.341	319	159	106	53.1	26.6	10.6
3.42	1.710	0.855 0	0.342	317	158	106	52.8	26.4	10.6
3.43	1.715	0.857 5	0.343	315	157	105	52.5	26.2	10.5
3.44	1.720	0.860 0	0.344	313	156	104	52.2	26.1	10.4
3.45	1.725	0.862 5	0.345	311	156	104	51.8	25.9	10.4
3.46	1.730	0.865 0	0.346	309	155	103	51.5	25.8	10.3
3.47	1.735	0.867 5	0.347	307	154	102	51.2	25.6	10.2
3.48	1.740	0.870 0	0.348	306	153	102	50.9	25.5	10.2
3.49	1.745	0.872 5	0.349	304	152	101	50.6	25.3	10.1
3.50	1.750	0.875 0	0.350	302	151	101	50.3	25.2	10.1
3.51	1.755	0.877 5	0.351	300	150	100	50.0	25.0	10.0
3.52	1.760	0.880 0	0.352	298	149	99.5	49.7	24.9	9.95
3.53	1.765	0.882 5	0.353	297	148	98.9	49.4	24.7	9.89
3.54	1.770	0.885 0	0.354	295	147	98.3	49.2	24.6	9.83
3.55	1.775	0.887 5	0.355	293	147	97.7	48.9	24.4	9.77
3.56	1.780	0.890 0	0.356	292	146	97.2	48.6	24.3	9.72
3.57	1.785	0.892 5	0.357	290	145	96.6	48.3	24.2	9.66
3.58	1.790	0.895 0	0.358	288	144	96.1	48.0	24.0	9.61
3.59	1.795	0.897 5	0.359	286	143	95.5	47.7	23.9	9.55
3.60	1.800	0.900 0	0.360	285	142	95.0	47.5	23.7	9.50
3.61	1.805	0.902 5	0.361	283	142	94.4	47.2	23.6	9.44
3.62	1.810	0.905 0	0.362	282	141	93.9	46.9	23.5	9.39
3.63	1.815	0.907 5	0.363	280	140	93.3	46.7	23.3	9.33
3.64	1.820	0.910 0	0.364	278	139	92.8	46.4	23.2	9.28
3.65	1.825	0.912 5	0.365	277	138	92.3	46.1	23.1	9.23
3.66	1.830	0.915 0	0.366	275	138	91.8	45.9	22.9	9.18
3.67	1.835	0.917 5	0.367	274	137	91.2	45.6	22.8	9.12

表 2-ブリネル硬さ算出表（続き）

圧子の直径 D mm				試験力－直径係数 $0.102F/D^2$					
10	5	2.5	1	30	15	10	5	2.5	1
くぼみの平均直径 d mm				ブリネル硬さ HBW					
3.68	1.840	0.920 0	0.368	272	136	90.7	45.4	22.7	9.07
3.69	1.845	0.922 5	0.369	271	135	90.2	45.1	22.6	9.02
3.70	1.850	0.925 0	0.370	269	135	89.7	44.9	22.4	8.97
3.71	1.855	0.927 5	0.371	268	134	89.2	44.6	22.3	8.92
3.72	1.860	0.930 0	0.372	266	133	88.7	44.4	22.2	8.87
3.73	1.865	0.932 5	0.373	265	132	88.2	44.1	22.1	8.82
3.74	1.870	0.935 0	0.374	263	132	87.7	43.9	21.9	8.77
3.75	1.875	0.937 5	0.375	262	131	87.2	43.6	21.8	8.72
3.76	1.880	0.940 0	0.376	260	130	86.8	43.4	21.7	8.68
3.77	1.885	0.942 5	0.377	259	129	86.3	43.1	21.6	8.63
3.78	1.890	0.945 0	0.378	257	129	85.8	42.9	21.5	8.58
3.79	1.895	0.947 5	0.379	256	128	85.3	42.7	21.3	8.53
3.80	1.900	0.950 0	0.380	255	127	84.9	42.4	21.2	8.49
3.81	1.905	0.952 5	0.381	253	127	84.4	42.2	21.1	8.44
3.82	1.910	0.955 0	0.382	252	126	83.9	42.0	21.0	8.39
3.83	1.915	0.957 5	0.383	250	125	83.5	41.7	20.9	8.35
3.84	1.920	0.960 0	0.384	249	125	83.0	41.5	20.8	8.30
3.85	1.925	0.962 5	0.385	248	124	82.6	41.3	20.6	8.26
3.86	1.930	0.965 0	0.386	246	123	82.1	41.1	20.5	8.21
3.87	1.935	0.967 5	0.387	245	123	81.7	40.9	20.4	8.17
3.88	1.940	0.970 0	0.388	244	122	81.3	40.6	20.3	8.13
3.89	1.945	0.972 5	0.389	242	121	80.8	40.4	20.2	8.08
3.90	1.950	0.975 0	0.390	241	121	80.4	40.2	20.1	8.04
3.91	1.955	0.977 5	0.391	240	120	80.0	40.0	20.0	8.00
3.92	1.960	0.980 0	0.392	239	119	79.5	39.8	19.9	7.95
3.93	1.965	0.982 5	0.393	237	119	79.1	39.6	19.8	7.91
3.94	1.970	0.985 0	0.394	236	118	78.7	39.4	19.7	7.87
3.95	1.975	0.987 5	0.395	235	117	78.3	39.1	19.6	7.83
3.96	1.980	0.990 0	0.396	234	117	77.9	38.9	19.5	7.79
3.97	1.985	0.992 5	0.397	232	116	77.5	38.7	19.4	7.75
3.98	1.990	0.995 0	0.398	231	116	77.1	38.5	19.3	7.71
3.99	1.995	0.997 5	0.399	230	115	76.7	38.3	19.2	7.67
4.00	2.000	1.000 0	0.400	229	114	76.3	38.1	19.1	7.63
4.01	2.005	1.002 5	0.401	228	114	75.9	37.9	19.0	7.59
4.02	2.010	1.005 0	0.402	226	113	75.5	37.7	18.9	7.55
4.03	2.015	1.007 5	0.403	225	113	75.1	37.5	18.8	7.51
4.04	2.020	1.010 0	0.404	224	112	74.7	37.3	18.7	7.47
4.05	2.025	1.012 5	0.405	223	111	74.3	37.1	18.6	7.43
4.06	2.030	1.015 0	0.406	222	111	73.9	37.0	18.5	7.39
4.07	2.035	1.017 5	0.407	221	110	73.5	36.8	18.4	7.35
4.08	2.040	1.020 0	0.408	219	110	73.2	36.6	18.3	7.32
4.09	2.045	1.022 5	0.409	218	109	72.8	36.4	18.2	7.28
4.10	2.050	1.025 0	0.410	217	109	72.4	36.2	18.1	7.24

表2−ブリネル硬さ算出表 （続き）

圧子の直径 D mm				試験力−直径係数 $0.102F/D^2$					
10	5	2.5	1	30	15	10	5	2.5	1
くぼみの平均直径 d mm				ブリネル硬さ HBW					
4.11	2.055	1.027 5	0.411	216	108	72.0	36.0	18.0	7.20
4.12	2.060	1.030 0	0.412	215	108	71.7	35.8	17.9	7.17
4.13	2.065	1.032 5	0.413	214	107	71.3	35.7	17.8	7.13
4.14	2.070	1.035 0	0.414	213	106	71.0	35.5	17.7	7.10
4.15	2.075	1.037 5	0.415	212	106	70.6	35.3	17.6	7.06
4.16	2.080	1.040 0	0.416	211	105	70.2	35.1	17.6	7.02
4.17	2.085	1.042 5	0.417	210	105	69.9	34.9	17.5	6.99
4.18	2.090	1.045 0	0.418	209	104	69.5	34.8	17.4	6.95
4.19	2.095	1.047 5	0.419	208	104	69.2	34.6	17.3	6.92
4.20	2.100	1.050 0	0.420	207	103	68.8	34.4	17.2	6.88
4.21	2.105	1.052 5	0.421	205	103	68.5	34.2	17.1	6.85
4.22	2.110	1.055 0	0.422	204	102	68.2	34.1	17.0	6.82
4.23	2.115	1.057 5	0.423	203	102	67.8	33.9	17.0	6.78
4.24	2.120	1.060 0	0.424	202	101	67.5	33.7	16.9	6.75
4.25	2.125	1.062 5	0.425	201	101	67.1	33.6	16.8	6.71
4.26	2.130	1.065 0	0.426	200	100	66.8	33.4	16.7	6.68
4.27	2.135	1.067 5	0.427	199	99.7	66.5	33.2	16.6	6.65
4.28	2.140	1.070 0	0.428	198	99.2	66.2	33.1	16.5	6.62
4.29	2.145	1.072 5	0.429	198	98.8	65.8	32.9	16.5	6.58
4.30	2.150	1.075 0	0.430	197	98.3	65.5	32.8	16.4	6.55
4.31	2.155	1.077 5	0.431	196	97.8	65.2	32.6	16.3	6.52
4.32	2.160	1.080 0	0.432	195	97.3	64.9	32.4	16.2	6.49
4.33	2.165	1.082 5	0.433	194	96.8	64.6	32.3	16.1	6.46
4.34	2.170	1.085 0	0.434	193	96.4	64.2	32.1	16.1	6.42
4.35	2.175	1.087 5	0.435	192	95.9	63.9	32.0	16.0	6.39
4.36	2.180	1.090 0	0.436	191	95.4	63.6	31.8	15.9	6.36
4.37	2.185	1.092 5	0.437	190	95.0	63.3	31.7	15.8	6.33
4.38	2.190	1.095 0	0.438	189	94.5	63.0	31.5	15.8	6.30
4.39	2.195	1.097 5	0.439	188	94.1	62.7	31.4	15.7	6.27
4.40	2.200	1.100 0	0.440	187	93.6	62.4	31.2	15.6	6.24
4.41	2.205	1.102 5	0.441	186	93.2	62.1	31.1	15.5	6.21
4.42	2.210	1.105 0	0.442	185	92.7	61.8	30.9	15.5	6.18
4.43	2.215	1.107 5	0.443	185	92.3	61.5	30.8	15.4	6.15
4.44	2.220	1.110 0	0.444	184	91.8	61.2	30.6	15.3	6.12
4.45	2.225	1.112 5	0.445	183	91.4	60.9	30.5	15.2	6.09
4.46	2.230	1.115 0	0.446	182	91.0	60.6	30.3	15.2	6.06
4.47	2.235	1.117 5	0.447	181	90.5	60.4	30.2	15.1	6.04
4.48	2.240	1.120 0	0.448	180	90.1	60.1	30.0	15.0	6.01
4.49	2.245	1.122 5	0.449	179	89.7	59.8	29.9	14.9	5.98
4.50	2.250	1.125 0	0.450	179	89.3	59.5	29.8	14.9	5.95
4.51	2.255	1.127 5	0.451	178	88.9	59.2	29.6	14.8	5.92
4.52	2.260	1.130 0	0.452	177	88.4	59.0	29.5	14.7	5.90
4.53	2.265	1.132 5	0.453	176	88.0	58.7	29.3	14.7	5.87

表2－ブリネル硬さ算出表（続き）

圧子の直径 D mm				試験力－直径係数 0.102F/D²					
10	5	2.5	1	30	15	10	5	2.5	1
くぼみの平均直径 d mm				ブリネル硬さ HBW					
4.54	2.270	1.135 0	0.454	175	87.6	58.4	29.2	14.6	5.84
4.55	2.275	1.137 5	0.455	174	87.2	58.1	29.1	14.5	5.81
4.56	2.280	1.140 0	0.456	174	86.8	57.9	28.9	14.5	5.79
4.57	2.285	1.142 5	0.457	173	86.4	57.6	28.8	14.4	5.76
4.58	2.290	1.145 0	0.458	172	86.0	57.3	28.7	14.3	5.73
4.59	2.295	1.147 5	0.459	171	85.6	57.1	28.5	14.3	5.71
4.60	2.300	1.150 0	0.460	170	85.2	56.8	28.4	14.2	5.68
4.61	2.305	1.152 5	0.461	170	84.8	56.5	28.3	14.1	5.65
4.62	2.310	1.155 0	0.462	169	84.4	56.3	28.1	14.1	5.63
4.63	2.315	1.157 5	0.463	168	84.0	56.0	28.0	14.0	5.60
4.64	2.320	1.160 0	0.464	167	83.6	55.8	27.9	13.9	5.58
4.65	2.325	1.162 5	0.465	167	83.3	55.5	27.8	13.9	5.55
4.66	2.330	1.165 0	0.466	166	82.9	55.3	27.6	13.8	5.53
4.67	2.335	1.167 5	0.467	165	82.5	55.0	27.5	13.8	5.50
4.68	2.340	1.170 0	0.468	164	82.1	54.8	27.4	13.7	5.48
4.69	2.345	1.172 5	0.469	164	81.8	54.5	27.3	13.6	5.45
4.70	2.350	1.175 0	0.470	163	81.4	54.3	27.1	13.6	5.43
4.71	2.355	1.177 5	0.471	162	81.0	54.0	27.0	13.5	5.40
4.72	2.360	1.180 0	0.472	161	80.7	53.8	26.9	13.4	5.38
4.73	2.365	1.182 5	0.473	161	80.3	53.5	26.8	13.4	5.35
4.74	2.370	1.185 0	0.474	160	79.9	53.3	26.6	13.3	5.33
4.75	2.375	1.187 5	0.475	159	79.6	53.0	26.5	13.3	5.30
4.76	2.380	1.190 0	0.476	158	79.2	52.8	26.4	13.2	5.28
4.77	2.385	1.192 5	0.477	158	78.9	52.6	26.3	13.1	5.26
4.78	2.390	1.195 0	0.478	157	78.5	52.3	26.2	13.1	5.23
4.79	2.395	1.197 5	0.479	156	78.2	52.1	26.1	13.0	5.21
4.80	2.400	1.200 0	0.480	156	77.8	51.9	25.9	13.0	5.19
4.81	2.405	1.202 5	0.481	155	77.5	51.6	25.8	12.9	5.16
4.82	2.410	1.205 0	0.482	154	77.1	51.4	25.7	12.9	5.14
4.83	2.415	1.207 5	0.483	154	76.8	51.2	25.6	12.8	5.12
4.84	2.420	1.210 0	0.484	153	76.4	51.0	25.5	12.7	5.10
4.85	2.425	1.212 5	0.485	152	76.1	50.7	25.4	12.7	5.07
4.86	2.430	1.215 0	0.486	152	75.8	50.5	25.3	12.6	5.05
4.87	2.435	1.217 5	0.487	151	75.4	50.3	25.1	12.6	5.03
4.88	2.440	1.220 0	0.488	150	75.1	50.0	25.0	12.5	5.01
4.89	2.445	1.222 5	0.489	150	74.8	49.8	24.9	12.5	4.98
4.90	2.450	1.225 0	0.490	149	74.4	49.6	24.8	12.4	4.96
4.91	2.455	1.227 5	0.491	148	74.1	49.4	24.7	12.4	4.94
4.92	2.460	1.230 0	0.492	148	73.8	49.2	24.6	12.3	4.92
4.93	2.465	1.232 5	0.493	147	73.5	49.0	24.5	12.2	4.90
4.94	2.470	1.235 0	0.494	146	73.2	48.8	24.4	12.2	4.88
4.95	2.475	1.237 5	0.495	146	72.8	48.6	24.3	12.1	4.86
4.96	2.480	1.240 0	0.496	145	72.5	48.3	24.2	12.1	4.83

表 2－ブリネル硬さ算出表（続き）

圧子の直径 D mm				試験力－直径係数 $0.102F/D^2$					
10	5	2.5	1	30	15	10	5	2.5	1
くぼみの平均直径 d mm				ブリネル硬さ HBW					
4.97	2.485	1.242 5	0.497	144	72.2	48.1	24.1	12.0	4.81
4.98	2.490	1.245 0	0.498	144	71.9	47.9	24.0	12.0	4.79
4.99	2.495	1.247 5	0.499	143	71.6	47.7	23.9	11.9	4.77
5.00	2.500	1.250 0	0.500	143	71.3	47.5	23.8	11.9	4.75
5.01	2.505	1.252 5	0.501	142	71.0	47.3	23.7	11.8	4.73
5.02	2.510	1.255 0	0.502	141	70.7	47.1	23.6	11.8	4.71
5.03	2.515	1.257 5	0.503	141	70.4	46.9	23.5	11.7	4.69
5.04	2.520	1.260 0	0.504	140	70.1	46.7	23.4	11.7	4.67
5.05	2.525	1.262 5	0.505	140	69.8	46.5	23.3	11.6	4.65
5.06	2.530	1.265 0	0.506	139	69.5	46.3	23.2	11.6	4.63
5.07	2.535	1.267 5	0.507	138	69.2	46.1	23.1	11.5	4.61
5.08	2.540	1.270 0	0.508	138	68.9	45.9	23.0	11.5	4.59
5.09	2.545	1.272 5	0.509	137	68.6	45.7	22.9	11.4	4.57
5.10	2.550	1.275 0	0.510	137	68.3	45.5	22.8	11.4	4.55
5.11	2.555	1.277 5	0.511	136	68.0	45.3	22.7	11.3	4.53
5.12	2.560	1.280 0	0.512	135	67.7	45.1	22.6	11.3	4.51
5.13	2.565	1.282 5	0.513	135	67.4	45.0	22.5	11.2	4.50
5.14	2.570	1.285 0	0.514	134	67.1	44.8	22.4	11.2	4.48
5.15	2.575	1.287 5	0.515	134	66.9	44.6	22.3	11.1	4.46
5.16	2.580	1.290 0	0.516	133	66.6	44.4	22.2	11.1	4.44
5.17	2.585	1.292 5	0.517	133	66.3	44.2	22.1	11.1	4.42
5.18	2.590	1.295 0	0.518	132	66.0	44.0	22.0	11.0	4.40
5.19	2.595	1.297 5	0.519	132	65.8	43.8	21.9	11.0	4.38
5.20	2.600	1.300 0	0.520	131	65.5	43.7	21.8	10.9	4.37
5.21	2.605	1.302 5	0.521	130	65.2	43.5	21.7	10.9	4.35
5.22	2.610	1.305 0	0.522	130	64.9	43.3	21.6	10.8	4.33
5.23	2.615	1.307 5	0.523	129	64.7	43.1	21.6	10.8	4.31
5.24	2.620	1.310 0	0.524	129	64.4	42.9	21.5	10.7	4.29
5.25	2.625	1.312 5	0.525	128	64.1	42.8	21.4	10.7	4.28
5.26	2.630	1.315 0	0.526	128	63.9	42.6	21.3	10.6	4.26
5.27	2.635	1.317 5	0.527	127	63.6	42.4	21.2	10.6	4.24
5.28	2.640	1.320 0	0.528	127	63.3	42.2	21.1	10.6	4.22
5.29	2.645	1.322 5	0.529	126	63.1	42.1	21.0	10.5	4.21
5.30	2.650	1.325 0	0.530	126	62.8	41.9	20.9	10.5	4.19
5.31	2.655	1.327 5	0.531	125	62.6	41.7	20.9	10.4	4.17
5.32	2.660	1.330 0	0.532	125	62.3	41.5	20.8	10.4	4.15
5.33	2.665	1.332 5	0.533	124	62.1	41.4	20.7	10.3	4.14
5.34	2.670	1.335 0	0.534	124	61.8	41.2	20.6	10.3	4.12
5.35	2.675	1.337 5	0.535	123	61.5	41.0	20.5	10.3	4.10
5.36	2.680	1.340 0	0.536	123	61.3	40.9	20.4	10.2	4.09
5.37	2.685	1.342 5	0.537	122	61.0	40.7	20.3	10.2	4.07
5.38	2.690	1.345 0	0.538	122	60.8	40.5	20.3	10.1	4.05
5.39	2.695	1.347 5	0.539	121	60.6	40.4	20.2	10.1	4.04

表 2－ブリネル硬さ算出表（続き）

圧子の直径 D mm				試験力－直径係数 $0.102F/D^2$					
10	5	2.5	1	30	15	10	5	2.5	1
くぼみの平均直径 d mm				ブリネル硬さ HBW					
5.40	2.700	1.350 0	0.540	121	60.3	40.2	20.1	10.1	4.02
5.41	2.705	1.352 5	0.541	120	60.1	40.0	20.0	10.0	4.00
5.42	2.710	1.355 0	0.542	120	59.8	39.9	19.9	9.97	3.99
5.43	2.715	1.357 5	0.543	119	59.6	39.7	19.9	9.93	3.97
5.44	2.720	1.360 0	0.544	119	59.3	39.6	19.8	9.89	3.96
5.45	2.725	1.362 5	0.545	118	59.1	39.4	19.7	9.85	3.94
5.46	2.730	1.365 0	0.546	118	58.9	39.2	19.6	9.81	3.92
5.47	2.735	1.367 5	0.547	117	58.6	39.1	19.5	9.77	3.91
5.48	2.740	1.370 0	0.548	117	58.4	38.9	19.5	9.73	3.89
5.49	2.745	1.372 5	0.549	116	58.2	38.8	19.4	9.69	3.88
5.50	2.750	1.375 0	0.550	116	57.9	38.6	19.3	9.66	3.86
5.51	2.755	1.377 5	0.551	115	57.7	38.5	19.2	9.62	3.85
5.52	2.760	1.380 0	0.552	115	57.5	38.3	19.2	9.58	3.83
5.53	2.765	1.382 5	0.553	114	57.2	38.2	19.1	9.54	3.82
5.54	2.770	1.385 0	0.554	114	57.0	38.0	19.0	9.50	3.80
5.55	2.775	1.387 5	0.555	114	56.8	37.9	18.9	9.47	3.79
5.56	2.780	1.390 0	0.556	113	56.6	37.7	18.9	9.43	3.77
5.57	2.785	1.392 5	0.557	113	56.3	37.6	18.8	9.39	3.76
5.58	2.790	1.395 0	0.558	112	56.1	37.4	18.7	9.35	3.74
5.59	2.795	1.397 5	0.559	112	55.9	37.3	18.6	9.32	3.73
5.60	2.800	1.400 0	0.560	111	55.7	37.1	18.6	9.28	3.71
5.61	2.805	1.402 5	0.561	111	55.5	37.0	18.5	9.24	3.70
5.62	2.810	1.405 0	0.562	110	55.2	36.8	18.4	9.21	3.68
5.63	2.815	1.407 5	0.563	110	55.0	36.7	18.3	9.17	3.67
5.64	2.820	1.410 0	0.564	110	54.8	36.5	18.3	9.14	3.65
5.65	2.825	1.412 5	0.565	109	54.6	36.4	18.2	9.10	3.64
5.66	2.830	1.415 0	0.566	109	54.4	36.3	18.1	9.06	3.63
5.67	2.835	1.417 5	0.567	108	54.2	36.1	18.1	9.03	3.61
5.68	2.840	1.420 0	0.568	108	54.0	36.0	18.0	8.99	3.60
5.69	2.845	1.422 5	0.569	107	53.7	35.8	17.9	8.96	3.58
5.70	2.850	1.425 0	0.570	107	53.5	35.7	17.8	8.92	3.57
5.71	2.855	1.427 5	0.571	107	53.3	35.6	17.8	8.89	3.56
5.72	2.860	1.430 0	0.572	106	53.1	35.4	17.7	8.85	3.54
5.73	2.865	1.432 5	0.573	106	52.9	35.3	17.6	8.82	3.53
5.74	2.870	1.435 0	0.574	105	52.7	35.1	17.6	8.79	3.51
5.75	2.875	1.437 5	0.575	105	52.5	35.0	17.5	8.75	3.50
5.76	2.880	1.440 0	0.576	105	52.3	34.9	17.4	8.72	3.49
5.77	2.885	1.442 5	0.577	104	52.1	34.7	17.4	8.68	3.47
5.78	2.890	1.445 0	0.578	104	51.9	34.6	17.3	8.65	3.46
5.79	2.895	1.447 5	0.579	103	51.7	34.5	17.2	8.62	3.45
5.80	2.900	1.450 0	0.580	103	51.5	34.3	17.2	8.59	3.43
5.81	2.905	1.452 5	0.581	103	51.3	34.2	17.1	8.55	3.42
5.82	2.910	1.455 0	0.582	102	51.1	34.1	17.0	8.52	3.41

表2－ブリネル硬さ算出表（続き）

圧子の直径 D mm				試験力－直径係数 $0.102F/D^2$					
10	5	2.5	1	30	15	10	5	2.5	1
くぼみの平均直径 d mm				ブリネル硬さ HBW					
5.83	2.915	1.457 5	0.583	102	50.9	33.9	17.0	8.49	3.39
5.84	2.920	1.460 0	0.584	101	50.7	33.8	16.9	8.45	3.38
5.85	2.925	1.462 5	0.585	101	50.5	33.7	16.8	8.42	3.37
5.86	2.930	1.465 0	0.586	101	50.3	33.6	16.8	8.39	3.36
5.87	2.935	1.467 5	0.587	100	50.2	33.4	16.7	8.36	3.34
5.88	2.940	1.470 0	0.588	99.9	50.0	33.3	16.7	8.33	3.33
5.89	2.945	1.472 5	0.589	99.5	49.8	33.2	16.6	8.30	3.32
5.90	2.950	1.475 0	0.590	99.2	49.6	33.1	16.5	8.26	3.31
5.91	2.955	1.477 5	0.591	98.8	49.4	32.9	16.5	8.23	3.29
5.92	2.960	1.480 0	0.592	98.4	49.2	32.8	16.4	8.20	3.28
5.93	2.965	1.482 5	0.593	98.0	49.0	32.7	16.3	8.17	3.27
5.94	2.970	1.485 0	0.594	97.7	48.8	32.6	16.3	8.14	3.26
5.95	2.975	1.487 5	0.595	97.3	48.7	32.4	16.2	8.11	3.24
5.96	2.980	1.490 0	0.596	96.9	48.5	32.3	16.2	8.08	3.23
5.97	2.985	1.492 5	0.597	96.6	48.3	32.2	16.1	8.05	3.22
5.98	2.990	1.495 0	0.598	96.2	48.1	32.1	16.0	8.02	3.21
5.99	2.995	1.497 5	0.599	95.9	47.9	32.0	16.0	7.99	3.20
6.00	3.000	1.500 0	0.600	95.5	47.7	31.8	15.9	7.96	3.18

参考文献　**JIS Z 2243-1**　ブリネル硬さ試験－第1部：試験方法

ビッカース硬さ試験—第1部：試験方法
Vickers hardness test—Part 1 : Test method

序文

この規格は，2023 年に第 5 版として発行された **ISO 6507-1** を基とし，技術的内容を変更して作成した日本産業規格である。

なお，この規格で側線又は点線の下線を施してある箇所は，対応国際規格を変更している事項である。技術的差異の一覧表にその説明を付けて，**附属書 JA** に示す。

1 適用範囲

この規格は，硬質金属（hardmetals）及び他の超硬合金（cemented carbides）を含む金属材料に対する，3 種類の試験力範囲のビッカース硬さ試験方法について規定する（**表1** 参照）。

表1－試験力の範囲

試験力（F）の範囲 N	硬さ記号	分類
$F \geqq 49.03$	HV 5 以上	ビッカース硬さ試験
$1.961 \leqq F < 49.03$	HV 0.2 以上，HV 5 未満	低試験力ビッカース硬さ試験
$0.009\,807 \leqq F < 1.961$	HV 0.001 以上，HV 0.2 未満	マイクロビッカース硬さ試験

この規格で規定するビッカース硬さ試験は，くぼみの対角線長さ 0.020 mm～1.400 mm に適用する。ただし，受渡当事者間の協定によって，くぼみの対角線長さが 0.020 mm 未満，及び／又は試験力が 0.009 807 N 未満におけるビッカース硬さ試験に適用してもよい。

この規格で規定するビッカース硬さ試験は，電着皮膜，無電解皮膜，溶射皮膜，及びアルミニウムの陽極酸化皮膜を含む金属皮膜及びその他無機皮膜に対しても適用することが可能である。

皮膜の状態（平滑性，厚さなど）によって，くぼみの対角線を正確に読み取ることが可能である場合，この規格を皮膜表面の垂直方向の測定及び断面の測定に適用することが可能である。皮膜表面を垂直に測定する場合，この規格を 0.030 mm 以上の厚さの皮膜に適用する。

皮膜断面を測定する場合，この規格を 0.100 mm 以上の厚さの皮膜に適用する。**ISO 14577-1** は，より小さなくぼみから硬さを判定するために用いることが可能である。

この規格は，使用する試験機の使用者による定期的な点検方法についても規定している。

特定の金属材料及び／又は製品のビッカース硬さについては，それぞれに対応する規格がある。

注記1 くぼみの対角線長さが 0.020 mm 未満の試験では，測定の不確かさが大きくなるおそれがある。

注記 2　この規格の対応国際規格及びその対応の程度を表す記号を，次に示す。

　　　　ISO 6507-1:2023, Metallic materials－Vickers hardness test－Part 1: Test method（MOD）

　　　　なお，対応の程度を表す記号"MOD"は，**ISO/IEC Guide 21-1** に基づき，"修正している"ことを示す。

2　引用規格

　次に掲げる引用規格は，この規格に引用されることによって，その一部又は全部がこの規格の要求事項を構成している。これらの引用規格は，その最新版（追補を含む。）を適用する。

　　JIS B 7725　ビッカース硬さ試験－試験機の検証及び校正

　　JIS B 7735　ビッカース硬さ試験－基準片の校正

　　JIS G 0202　鉄鋼用語（試験）

3　用語及び定義

　この規格で用いる主な用語及び定義は，**JIS G 0202** による。

4　記号及び硬さの表示

4.1　記号及び内容

　記号及びその内容は，**表 2** 及び**図 1** による。

表 2－記号及びその内容

記号	内容
α	正四角すい圧子頂点の対面角（呼称角度 136°）（**図 1** 参照）
F	試験力（N）
d	くぼみの対角線長さ d_1 と d_2 との平均値（mm）（**図 1** 参照）
HV	ビッカース硬さ $=\dfrac{\text{試験力（kgf）}}{\text{くぼみの表面積（mm}^2\text{）}}$ $=\dfrac{1}{g_n}\times\dfrac{\text{試験力（N）}}{\text{くぼみの表面積（mm}^2\text{）}}$ $=\dfrac{1}{g_n}\times\dfrac{F}{d^2\Big/\left(2\sin\dfrac{\alpha}{2}\right)}=\dfrac{1}{g_n}\times\dfrac{2F\sin\dfrac{\alpha}{2}}{d^2}$ 呼称角度 $\alpha=136°$ 標準重力加速度 $g_n=9.806\ 65\ \text{m/s}^2$ ビッカース硬さ $\approx 0.189\ 1\times\dfrac{F}{d^2}$

不確かさを少なくするため，圧子の実角度 α を用いてビッカース硬さを計算してもよい。
注記　標準重力加速度は，kgf から N への換算係数である。

4.2　硬さの表示

　ビッカース硬さは，次の例のように表示する。

例

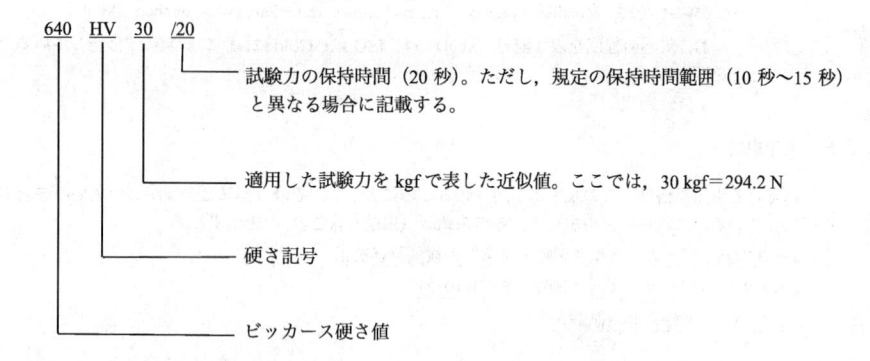

試験力の保持時間（20 秒）。ただし，規定の保持時間範囲（10 秒〜15 秒）と異なる場合に記載する。

適用した試験力を kgf で表した近似値。ここでは，30 kgf＝294.2 N

硬さ記号

ビッカース硬さ値

5 原理

ダイヤモンド圧子を，試験片の表面に押し込み，その試験力（F）を解除した後，表面に残ったくぼみの対角線長さを測定する（図1 参照）。ダイヤモンド圧子は，正四角すいで，頂点における対面角 α は，136°とする。

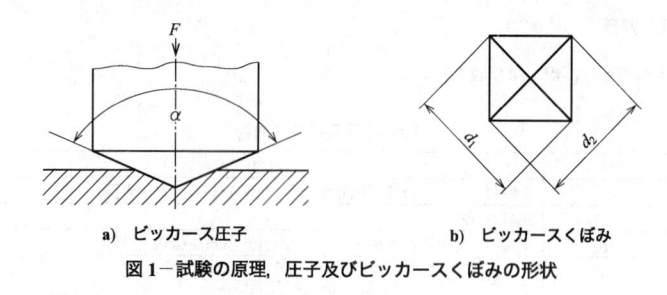

a) ビッカース圧子   b) ビッカースくぼみ

図1－試験の原理，圧子及びビッカースくぼみの形状

ビッカース硬さは，試験力を，底面が正方形で頂点の対面角が圧子と同じ正四角すいであると仮定したくぼみの表面積で除して得られる値に比例する。

注記1　正四角すいの頂点からの垂線の足は，底面の中心に一致している。

注記2　この規格は，適用可能な場合には，国際度量衡委員会（CIPM）の質量関連量諮問委員会（CCM）の枠組みの下で，硬さワーキンググループ（CCM-WGH）が定めた硬さ試験パラメータを採用している（**附属書 F** 参照）。

6 試験装置

6.1 試験機　試験機は，**JIS B 7725** に従って，所定の試験力又は規定された範囲の試験力を負荷できなければならない。

6.2 圧子　圧子は，**JIS B 7725** に規定された正四角すい形状のダイヤモンドでなければならない。

6.3 くぼみ測定装置 くぼみ測定装置は，JIS B 7725 の規定を満たさなければならない。

顕微鏡の倍率は，くぼみの対角線が最大視野の 25 ％を超え，75 ％未満に拡大できるように設定することが望ましい。対物レンズの多くの場合，視野の端部では，ゆがみを生じるからである。

測定にカメラを用いるくぼみ測定装置のカメラ視野が，光学系視野限界を考慮して設計されている場合，その 100 ％を用いることが可能である。

くぼみ測定装置に要求される分解能は，測定する最も小さいくぼみによって決まり，**表 3** による。測定装置の分解能を決定するには，光学顕微鏡の分解能，スケールのデジタル分解能及び全ての可動支持台の刻み幅を該当する場合に応じて考慮することが望ましい。

表 3 – 測定装置の分解能 [a]

くぼみの対角線長さ d mm	測定装置の分解能
$0.020 \leqq d < 0.080$	0.000 4 mm
$0.080 \leqq d \leqq 1.400$	d の 0.5 ％
注 [a] 対角線長さ 0.020 mm 未満のくぼみを測定する場合の分解能は，受渡当事者間の協定による。	

7 試験片

7.1 試験面

試験面は，特に材料規格で規定がない場合，平滑で，酸化皮膜（スケール）及び異物がなく，潤滑油を除去した状態とし，くぼみの対角線長さを正確に測定できるように仕上げる。

硬質金属の試験片では，表層を 0.2 mm 以上除去することが望ましい。

7.2 前処理

試験片の前処理は，試験面の損傷，過熱，冷間加工などによる表面硬さの変化が生じないような方法で行わなければならない。

マイクロビッカース硬さのくぼみが浅いので，試験片の仕上げに特に注意する。測定する材料の特性に適した研磨又は電解研磨方法を用いるのがよい。

7.3 厚さ

測定を行う試験片又は層の厚さは，くぼみの対角線長さの少なくとも 1.5 倍とし，**附属書 A** による。試験後の試験片の裏面に変形が認められてはならない。

硬質金属の試験片の厚さは，1 mm 以上であることが望ましい。

注記 くぼみの深さは，対角線長さのおよそ 1/7（0.143 d）である。

7.4 曲面の試験

曲面を試験する場合には，測定値に **表 B.1**～**表 B.6** に規定する補正係数を乗じて補正する。

7.5 不安定な試験片の支持

断面が小さいとき又は不規則な形のときには，試験片に試験力を加えている間，試験片が動かないように専用支持台を用いるか，又はミクロ組織試験と同様に適切な素材に埋め込み，適切に支持することが望ましい。

注記 試験片を樹脂に埋め込む場合には，樹脂の硬化に伴う発熱，プレス成形の際の圧力，温度などが試験片の硬さに影響することがある。

8 試験方法

8.1 試験温度

試験温度は，通常，10 ℃〜35 ℃の範囲内とする。この範囲外で試験した場合は，試験報告書に記載しなければならない。管理された条件下で試験を行う場合には，（23±5）℃で行う。

8.2 試験力

試験力の代表値を**表4**に示す。ただし，試験力は，980.7 N を超えてもよいが，受渡当事者間の協定がない限り，下限値を 0.009 807 N とし，くぼみの対角線長さが0.020 mm 以上となるように選択する。

硬質金属に対しては，試験力として 294.2 N （HV 30）が望ましい。

表4−試験力の代表値

ビッカース硬さ試験		低試験力ビッカース硬さ試験		マイクロビッカース硬さ試験	
硬さ記号	試験力 F N	硬さ記号	試験力 F N	硬さ記号	試験力 F N
HV 5	49.03	HV 0.2	1.961	HV 0.001	0.009 807
HV 10	98.07	HV 0.3	2.942	HV 0.002	0.019 61
HV 20	196.1	HV 0.5	4.903	HV 0.003	0.029 42
HV 30	294.2	HV 1	9.807	HV 0.005	0.049 03
HV 50	490.3	HV 2	19.61	HV 0.01	0.098 07
HV 100	980.7	HV 3	29.42	HV 0.015	0.147 1
−	−	−	−	HV 0.02	0.196 1
−	−	−	−	HV 0.025	0.245 2
−	−	−	−	HV 0.03	0.294 2
−	−	−	−	HV 0.05	0.490 3
−	−	−	−	HV 0.1	0.980 7

8.3 定期点検

試験を行う前の1週間以内に，定期点検を実施する。定期点検は，**附属書C**による。ただし，定期点検は，試験日に実施することが望ましい。定期点検は，試験力を変更した場合に実施することが望ましい。圧子を交換したときには，定期点検を実施しなければならない。

8.4 試験片の支持及び向き

試験片は，堅固な支持台の上に載せ，支持台の表面は，異物（スケール，油，汚れなど）のない状態にしておかなければならない。試験片は，試験中に試験結果に影響するずれが起こらないように，支持台上

にしっかり固定しておく。

大きな冷間加工を受けた材料などの異方性材料では，くぼみの2本の対角線長さが異なる場合がある。そのため，可能であれば，対角線を冷間加工方向に対して約45°の方向とすることが望ましい。また，製品規格で，2本の対角線長さの差の限度を規定してもよい。

8.5 試験面の顕微鏡焦点

試験面及び目的の試験位置が観察できるように，くぼみ測定装置の顕微鏡焦点を合わせる。

注記 顕微鏡焦点を試験面に合わせることが不要な試験機もある。

8.6 試験力の付与

圧子を試験面に接触させた後，試験面に対して垂直の方向に試験力を加える。そのとき，衝撃，振動又は過負荷を与えないようにして，規定の試験力に到達させる。規定の試験力に到達するまでの所要時間は，7^{+1}_{-5} 秒とする。

注記1 時間の許容幅が非対称となっている。例えば，7^{+1}_{-5} 秒は，7秒が公称時間で，2秒（7秒－5秒と計算する。）以上，8秒（7秒＋1秒と計算する。）以下が許容範囲である。

ビッカース硬さ試験及び低試験力ビッカース硬さ試験の場合，圧子の押込み速度は，0.2 mm/s を超えてはならない。マイクロビッカース硬さ試験の場合は，圧子の押込み速度は，70 μm/s 以下とする。

試験力の保持時間は，14^{+1}_{-4} 秒とする。ただし，保持時間に依存して硬さが変化する材料で，この範囲が不適切なものを除く。この規定時間の範囲を外れる試験の場合は，保持時間を，硬さの表示に明記しなければならない（**4.2** 参照）。

注記2 ひずみ速度に敏感で，それによって耐力値が変化する材料がある。押込み終了時に，この影響で硬さ値が変化する可能性がある。

8.7 衝撃及び振動の影響防止

試験中，試験機が衝撃及び振動を受けないようにする。

8.8 隣接するくぼみ間の最小距離

くぼみの中心間の距離及びくぼみの中心から試験片の縁までの距離の最小値を，**図2**に示す。

全てのくぼみの中心と試験片の縁との距離は，鋼，ニッケル合金，チタン合金，銅及び銅合金では，当該くぼみの対角線長さの平均値 d の 2.5 倍以上とし，軽金属（チタン合金を除く。），鉛及びすず並びにそれらの合金では，3倍以上とする。

隣接する二つのくぼみの中心間距離は，鋼，ニッケル合金，チタン合金，銅及び銅合金では，くぼみの対角線長さの平均値の3倍以上とし，軽金属（チタン合金を除く。），鉛及びすず並びにそれらの合金では，6倍以上とする。二つの隣接するくぼみの寸法が異なる場合には，大きい方のくぼみの対角線長さの平均値を基準とする。

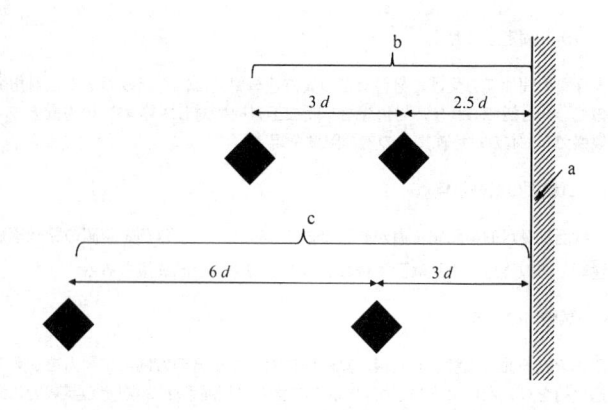

記号説明
- a：試験片端
- b：鋼，ニッケル合金，チタン合金，銅及び銅合金の場合
- c：軽金属（チタン合金を除く。），鉛及びすず並びにそれらの合金の場合

図2−ビッカースくぼみの最小間隔

8.9　対角線長さの測定

くぼみの2方向の対角線長さを測定して，その平均値から，ビッカース硬さを計算する。全ての試験において，くぼみの外側の境界は，顕微鏡の視野の中で明瞭な輪郭とならなければならない。

顕微鏡の倍率は，対角線長さが最大視野の25 %を超え，75 %未満になるようにするのがよい（**6.3** 参照）。

注記1　通常，試験力が小さくなると測定結果のばらつきが大きくなる。これは，くぼみの対角線測定において限界値が生じる，低試験力ビッカース硬さ試験及びマイクロビッカース硬さ試験において顕著である。マイクロビッカース硬さ試験では，光学顕微鏡を用いる場合，対角線長さの平均値を決定するための測定精度は，±0.001 mm よりよくなることはない。

注記2　ケーラー照明を用いた光学システムの調整に関わる有用な情報を，**附属書G** に示す。

平面では，対角線長さ間の差異が5 %以下であることが望ましい。この値を超える場合は，試験報告書に記載しなければならない。

8.10　硬さ値の計算

硬さ値は，**表2** の式によって求める。また，**JIS Z 2244-2** の表を用いて求めることも可能である。表面が曲面の場合は，**附属書B** に規定する補正係数を適用しなければならない。

8.11　金属皮膜及びその他無機皮膜の硬さ試験方法

金属皮膜及びその他無機皮膜の硬さ試験を行う場合は，皮膜に関する規格又は受渡当事者間の協定のない場合，**附属書H** による。

9　測定の不確かさ

不確かさの評価は，**JCGM 100**:2008 に従って行うことが望ましい。

要因のタイプに関係なく，硬さの不確かさの評価は，次の二つの方法によって行うことが可能である。

— 一つは，直接検証に関わる全ての要因の評価を基にする方法である。Euramet ガイドラインが，利用可能としている。

— もう一つは，基準片［認証標準物質（CRM）］を使用した間接検証を基にする方法である。**附属書 D** にガイドラインを示している。

不確かさに影響する全ての特性を定量化することは，必ずしも可能ではないかもしれない。このようなときには，試験片に繰り返して付けたくぼみの統計解析によって，タイプ A の標準不確かさが評価可能である。タイプ A 及びタイプ B の標準不確かさが集約された場合は，寄与を重複して評価してはならない（**JCGM 100**:2008 の**箇条 4** 参照）。

注記 タイプ A 評価は，定義された測定条件下で得られる測定された量の値の統計解析による測定不確かさの成分の評価である。タイプ B 評価は，測定不確かさのタイプ A 評価以外の方法で決定される測定不確かさの成分の評価である（**ISO/IEC Guide 99** 参照）。

10 試験報告書

試験報告書は，必要な場合に提出する。試験報告書に次の項目を記載する。ただし，受渡当事者間の協定によって，次のうちから選択してもよい。

a) この規格（すなわち，**JIS Z 2244-1**）によって試験した旨の表示

b) 試験片の識別に必要な情報

c) 得られた硬さ測定の結果（**4.2** の様式で報告する。）

d) 試験の温度（**8.1** に規定した範囲外の場合）

e) 異なる硬さに換算した場合，その換算の基準及び方法

　ビッカース硬さを他の硬さ又は引張強さに正確に換算する一般的な方法がないので，そのような換算は，比較試験によって信頼できる換算基準が得られない限り避けることが望ましい（**ISO 18265** 参照）。

　注記 硬さ値の厳密な比較は，同一の試験力を用いる場合に限られる。

f) 平面の試験で，対角線長さ間の差異が 5 ％を超えた場合，その内容

g) 曲面の試験で補正可能な場合，用いた補正係数

h) 試験日

i) この規格に規定されていない作業，又は任意とみなされている全ての作業

j) 結果に影響を及ぼした環境条件の詳細

附属書 A
（規定）
試験片の最小厚さ－試験力－硬さの関係

図 A.1 は，硬さ記号と硬さ値とから，試験片の厚さがくぼみの対角線の 1.5 倍になる厚さを求めるための図である。使用する硬さ記号の直線と Y 軸の硬さ値との交点の X 軸の値を，試験片の最小厚さとする。

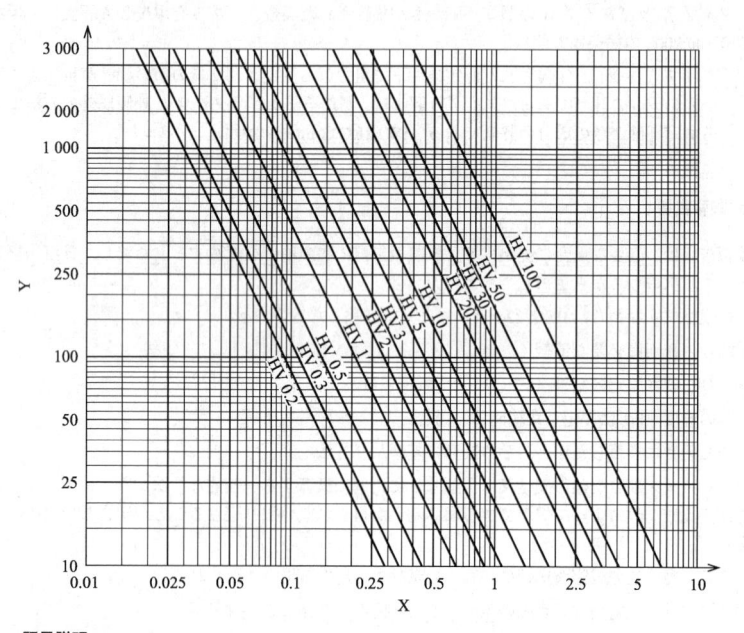

記号説明

X：試験片の厚さ（mm）

Y：ビッカース硬さ値，HV

図 A.1－試験力及び硬さ値による試験片の最小厚さ（HV 0.2～HV 100）

図 **A.2** のノモグラムは，試験片の最小厚さがくぼみの対角線長さの 1.5 倍必要であることを前提にして作成している。必要な試験片の厚さは，硬さ（左側の目盛）から試験力（右の目盛）までの直線（**図 A.2** の例では，二点鎖線で表示）が中央の試験片の最小厚さを示す目盛と交差した点で与えられる。

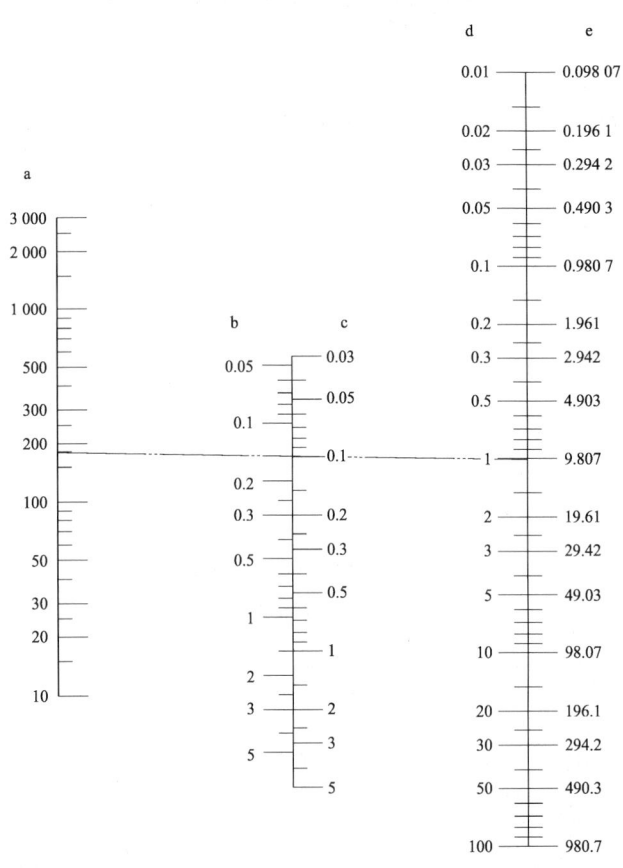

記号説明

  a：ビッカース硬さ値，HV
  b：試験片の最小厚さ，t（mm）
  c：くぼみの対角線長さ，d（mm）
  d：硬さ記号の表示に適用する，試験力を表す kgf の概数
  e：試験力，F（N）

図 A.2－試験片の最小厚さのノモグラム（HV 0.01～HV 100）

附属書 B
（規定）
曲面の試験における硬さの補正係数

B.1 球面

球面の試験を行うときの硬さの補正係数は，**表 B.1** 及び**表 B.2** による。これらの表にない d/D に対する補正係数は，内挿法によって求める。

補正係数は，くぼみの対角線長さの平均値 d と球の直径 D との比に対して一覧表にしている。

例　凸球面の直径　$D=10$ mm

試験力　$F=98.07$ N

くぼみの対角線長さの平均値　$d=0.150$ mm

$$\frac{d}{D}=\frac{0.15}{10}=0.015$$

ビッカース硬さ（未補正値）$=0.189\,1\times\frac{98.07}{0.15^2}=824$ HV 10

表 B.1 からの補正係数（内挿法による）$=0.983$

球面の硬さ $=824\times0.983=810$ HV 10

表 B.1－凸球面の硬さ補正係数

d/D	補正係数	d/D	補正係数
0.004	0.995	0.086	0.920
0.009	0.990	0.093	0.915
0.013	0.985	0.100	0.910
0.018	0.980	0.107	0.905
0.023	0.975	0.114	0.900
0.028	0.970	0.122	0.895
0.033	0.965	0.130	0.890
0.038	0.960	0.139	0.885
0.043	0.955	0.147	0.880
0.049	0.950	0.156	0.875
0.055	0.945	0.165	0.870
0.061	0.940	0.175	0.865
0.067	0.935	0.185	0.860
0.073	0.930	0.195	0.855
0.079	0.925	0.206	0.850

表 B.2－凹球面の硬さ補正係数

d/D	補正係数	d/D	補正係数
0.004	1.005	0.057	1.080
0.008	1.010	0.060	1.085
0.012	1.015	0.063	1.090
0.016	1.020	0.066	1.095
0.020	1.025	0.069	1.100
0.024	1.030	0.071	1.105
0.028	1.035	0.074	1.110
0.031	1.040	0.077	1.115
0.035	1.045	0.079	1.120
0.038	1.050	0.082	1.125
0.041	1.055	0.084	1.130
0.045	1.060	0.087	1.135
0.048	1.065	0.089	1.140
0.051	1.070	0.091	1.145
0.054	1.075	0.094	1.150

B.2 円筒面

円筒面の試験を行うときの硬さの補正係数は，**表 B.3〜表 B.6** による。これらの表にない d/D に対する補正係数は，内挿法によって求める。

補正係数は，対角線長さの平均値 d と円筒の直径 D との比に対して一覧表にしている。

例 凹円筒面（くぼみの一方の対角線と円筒の軸とが平行のとき）$D=5$ mm

　　試験力 $F=294.2$ N

　　くぼみの対角線長さの平均値 $d=0.415$ mm

$$\frac{d}{D}=\frac{0.415}{5}=0.083$$

　　ビッカース硬さ（未補正値）$=0.189\ 1\times\frac{294.2}{0.415^2}=323$ HV 30

　　表 B.6 からの補正係数 $=1.075$

　　円筒面の硬さ $=323\times1.075=347$ HV 30

表 B.3－凸円筒面の硬さ補正係数
（対角線方向が円筒軸と 45°のとき）

d/D	補正係数	d/D	補正係数
0.009	0.995	0.119	0.935
0.017	0.990	0.129	0.930
0.026	0.985	0.139	0.925
0.035	0.980	0.149	0.920
0.044	0.975	0.159	0.915
0.053	0.970	0.169	0.910
0.062	0.965	0.179	0.905
0.071	0.960	0.189	0.900
0.081	0.955	0.200	0.895
0.090	0.950	－	－
0.100	0.945	－	－
0.109	0.940	－	－

表 B.4－凹円筒面の硬さ補正係数
（対角線方向が円筒軸と 45°のとき）

d/D	補正係数	d/D	補正係数
0.009	1.005	0.127	1.080
0.017	1.010	0.134	1.085
0.025	1.015	0.141	1.090
0.034	1.020	0.148	1.095
0.042	1.025	0.155	1.100
0.050	1.030	0.162	1.105
0.058	1.035	0.169	1.110
0.066	1.040	0.176	1.115
0.074	1.045	0.183	1.120
0.082	1.050	0.189	1.125
0.089	1.055	0.196	1.130
0.097	1.060	0.203	1.135
0.104	1.065	0.209	1.140
0.112	1.070	0.216	1.145
0.119	1.075	0.222	1.150

表 B.5－凸円筒面の硬さ補正係数
（対角線方向が円筒軸と平行のとき）

d/D	補正係数	d/D	補正係数
0.009	0.995	0.085	0.965
0.019	0.990	0.104	0.960
0.029	0.985	0.126	0.955
0.041	0.980	0.153	0.950
0.054	0.975	0.189	0.945
0.068	0.970	0.243	0.940

表 B.6－凹円筒面の硬さ補正係数

（対角線方向が円筒軸と平行のとき）

d/D	補正係数	d/D	補正係数
0.008	1.005	0.087	1.080
0.016	1.010	0.090	1.085
0.023	1.015	0.093	1.090
0.030	1.020	0.097	1.095
0.036	1.025	0.100	1.100
0.042	1.030	0.103	1.105
0.048	1.035	0.105	1.110
0.053	1.040	0.108	1.115
0.058	1.045	0.111	1.120
0.063	1.050	0.113	1.125
0.067	1.055	0.116	1.130
0.071	1.060	0.118	1.135
0.076	1.065	0.120	1.140
0.079	1.070	0.123	1.145
0.083	1.075	0.125	1.150

附属書C
（規定）
使用者による試験機，くぼみ測定装置及び圧子の定期点検

C.1　定期点検

定期点検に使用する圧子は，試験に使用するものを用いなければならない。基準片は，試験機での使用が想定される試験力及び想定される硬さレベルで，**JIS B 7735** に従って校正されたものを選択しなければならない。

定期点検を実施する前に，くぼみ測定装置については，校正された基準片の参照くぼみを使用して間接検証をしなければならない。測定した値と基準片の認証値との差異は，0.001 mm 又は 1.25 %の大きい方以内であることが望ましい。くぼみ測定装置がこの試験に合格しない場合は，2 番目の参照くぼみを測定してもよい。この 2 番目の試験にも合格しない場合は，くぼみ測定装置を調整又は修理し，**JIS B 7725** に従って直接検証及び間接検証することが望ましい。定期点検において，偏りが許容範囲を超えない場合は，参照くぼみの検証を省略してよい。

定期点検は，基準片の校正された面を用いて，少なくとも 2 点の硬さを測定しなければならない。くぼみは，基準片の表面上に均一に分散させなければならない。読取値に対して，偏りの百分率 b_{rel} の値がプラス方向，マイナス方向共に**表 C.1** の許容値を超えなければ，試験機を合格とみなす。

偏りの百分率は，式(C.1)で求める。

$$b_{rel} = 100 \times \frac{\bar{H} - H_{CRM}}{H_{CRM}} \quad\text{……………………………………………} \text{(C.1)}$$

ここで，　　　　　　$\bar{H}$：　次の式(C.2)で求める平均硬さ値
　　　　　　　　　　H_{CRM}：　基準片の認証硬さ値

$$\bar{H} = \frac{HV_1 + \cdots + HV_n}{n} \quad\text{……………………………………………………} \text{(C.2)}$$

ここで，　　　　$HV_1, \cdots, HV_n$：　個々の測定硬さ
　　　　　　　　　　　　n：　くぼみの数

試験機がこの試験に合格しない場合には，圧子及び試験機が正常に作動することを検証し，定期点検を繰り返す。試験機の定期点検で再度不合格が継続する場合には，**JIS B 7725** に従って間接検証を実施しなければならない。定期点検の結果の記録は，一定の期間保持し，再現性の測定及び試験機のドリフトの監視に使用することが望ましい。

表 C.1－HV の偏りの最大許容値

対角線長さの平均値 $\bar{d}$ mm	試験機の HV 偏りの百分率 b_{rel} の値の最大許容値 ±%HV
$0.02 \leq \bar{d} < 0.14$	$0.21/\bar{d} + 1.5$
$0.14 \leq \bar{d} \leq 1.400$	3

注記　この規格で規定された試験機の性能に関する許容値は，長年をかけて開発され，見直された値である。試験機の特定の許容値を決める場合には，測定機器及び／又は基準片を用いることによる測定の不確かさも含まれていることになる。それゆえ，この不確かさを更に考慮に入れて，例えば，硬さ測定の不確かさで測定の許容差を狭めることは，不適切である。このことは，試験機の定期点検を実施する際に，全ての測定に該当する。

C.2　圧子の点検

　経験上，当初合格した圧子でも，比較的短期間の使用で欠点が生じるものが見られる。これは，圧子表面の小さな割れ，くぼみ又はその他のきずが原因である。そのような不具合が見つかったときには，再研磨によって再生してもよい。そうでないと，表面の小さな欠点が，圧子を急激に劣化させ，使用できなくなる。

－　試験機が使われる日ごとに，基準片のくぼみの状態を目視で確認して，圧子の状態を管理するのがよい。

－　圧子に欠点が見つかった場合，その時点でその圧子の点検は，不合格である。前回点検以降の試験値の有効性を確認するのがよい。

－　圧子の再研磨及び他の補修は，JIS B 7725 を満足しなければならない。

附属書 D
（参考）
硬さ値測定の不確かさ

D.1　一般

　測定の不確かさ分析は，誤差要因を特定し，試験結果の差を理解するのに役立つツールである。この附属書では，不確かさを見積もる指針を提供するが，顧客が具体的に指示しない限り，その方法は，参考扱いである。

　ほとんどの製品規格には，長年をかけて得られた許容範囲がある。それらは，主に製品要求事項，そして一部は，硬さを測定するのに用いる試験機の性能に基づいている。それゆえ，これらの許容値に硬さの測定の不確かさの寄与を包含しており，この不確かさを更に考慮に入れる，例えば，硬さの測定の不確かさで規定の許容差を狭めることは，不適切である。言い換えれば，製品規格において，硬さがある値以上又は以下と定められている場合，特に製品規格で別に定められていなければ，単に，計算された硬さ値がこの要求事項を満たさなければならないと解釈されることが望ましい。しかしながら，測定不確かさを許容範囲から差し引くのが適切であるような特別の状況がある可能性があるが，これは，受渡当事者間による協定に限定して行われることが望ましい。

　この附属書では，不確かさの決定方法は，基準片（CRM）に関係する硬さ試験機の総合的な性能に関連する不確かさだけを扱っている。この不確かさは，要素ごとの不確かさ（間接検証）を全て統合した結果である。このような手順であるため，個々の試験機の構成要素がそれぞれの許容範囲内で使用されることが大切である。この手順は，直接検証に合格してから最長 1 年の間に適用することを強く推奨する。

　附属書 E では，硬さ基準を定義し，普及させるために必要な校正の連鎖の 4 階層のレベルを示している。それは，国際的に相互比較するために，様々な硬さ基準の国際的定義を用いる国際レベルを頂点としている。国家レベルの一次硬さ標準試験機によって，校正レベルの一次基準片が作られる。当然，その試験機の直接校正及び検証は，達成できる最高精度であることが望ましい。

D.2　一般的な手順

　計算は，**表 D.1** に示す各項の二乗和の平方根（RSS）によって合成不確かさ u_H を求める。拡張不確かさ U は，u_H に包含係数 $k=2$ を乗じて求める。**表 D.1** に全ての記号及び内容を示している。

　次の値の差から求める硬さ試験機の偏り b（誤差ともいう。）は，不確かさを決定するために，様々な方法を適用することが可能である。

－　用いた基準片の認証校正値

－　硬さ試験機の校正時（**JIS B 7725** 参照）に上記の基準片に打った 5 点のくぼみから求めた硬さの平均値

　硬さ測定の不確かさ決定には，二つの方法が用いられる。

－　方法 M1 は，異なる二つの方法で硬さ試験機の体系的な偏りが説明される。一つは，体系的な偏りから不確かさの寄与を算術的に加算する方法で，もう一つは，体系的な偏りを補完するために測定結果を補正する方法である。

－ 方法 M2 は，体系的な偏りの大きさを考慮しないで不確かさを決定する方法である。

硬さの不確かさに関わる追加情報を参考文献に示す。

注記1 ドリフトは，前回校正からそれほど大きくないと仮定されるので，ここで示す不確かさを求める計算手順では，前回校正後の試験機性能上起こり得るドリフトは，考慮に入れていない。したがって，ここで示した分析は，多くの場合，試験機の校正直後に実施され，その結果が試験機の校正証明に記載されている。

注記2 この附属書では，CRM は，認証標準物質を表している。硬さ試験規格において，認証標準物質とは，基準片，例えば，認証値及び付随する不確かさの付いた材料片に相当している。

D.3 不確かさの計算手順：硬さ測定値

D.3.1 偏りを考慮した手順（方法 M1）

測定の不確かさを求める方法 M1 の手順を**表 D.1** に示す。硬さ試験機の測定の偏り b は，体系的な影響因子となり得る。**JCGM 100**:2008 では，補正は，体系的な影響因子を補完するために用い，これを M1 の基礎とするのが望ましいとしている。この方法を適用すると，全ての決定された硬さ測定値 x を b だけ小さくするか，又は拡張不確かさ U を b だけ大きくするといういずれかの結果になる。U_{M1} を決定する手順を，**表 D.1** に示す。

一つの硬さ測定値 x に対する複合拡張測定不確かさは，次の式(D.1)で求める。

$$U_{M1} = k \times \sqrt{u_H^2 + 2 \times u_{ms}^2 + u_{HTM}^2} \quad \cdots\cdots\cdots\cdots\cdots\cdots\cdots\cdots \text{(D.1)}$$

ここで，　　　u_H： 硬さ試験機の測定繰返し性の不足による測定不確かさ。

u_{ms}： 硬さ試験機の分解能による測定不確かさ。これには，長さ測定器の分解能及び測定顕微鏡の分解能の両方を考慮しなければならない。多くの場合，測定装置全体の分解能による不確かさは，対角線の両端を確認するため，U_{M1} を計算するときに 2 回取り込むのがよい。

u_{HTM}： 硬さ試験機がもっている測定の偏り b の不確かさ（この値は，**JIS B 7725** で定められた間接検証の結果として報告される。）による測定不確かさで，次の式(D.2)で求める。

$$u_{HTM} = \sqrt{u_{CRM}^2 + u_{HCRM}^2 + 2 \times u_{ms}^2} \quad \cdots\cdots\cdots\cdots\cdots\cdots\cdots\cdots \text{(D.2)}$$

ここで，　　　u_{CRM}： $k=1$ に対する校正証明書による CRM の認証値の校正不確かさに起因した測定不確かさの寄与。

u_{HCRM}： 次の 2 要素を複合した測定不確かさへの寄与。一つは，硬さ試験機の測定繰返し性の不足によるもの。もう一つは，CRM の硬さ不均一性によるもので，CRM を測定したときの硬さ測定値の平均に対する標準偏差として計算される。

u_{ms}： CRM を測定するときの硬さ試験機の分解能に起因する測定不確かさへの寄与。

測定の結果は，二つの方法で報告可能である。

－ X_{corr}：測定値 x を次の式(D.3)に従って，測定の偏り b で補正した値。

$$X_{\text{corr}} = (x - b) \pm U_{\text{M1}} \quad\cdots\cdots\cdots\cdots\cdots\cdots\cdots\cdots\cdots\cdots\cdots\cdots\cdots\cdots\cdots\cdots\cdots\text{(D.3)}$$

— X_{ucorr}：測定値 x を測定の偏り b では，補正せず，式(D.4)に従って拡張不確かさ U に偏り b の絶対値を加えた値。

$$X_{\text{ucorr}} = x \pm \left(U_{\text{M1}} + |b|\right) \quad\cdots\cdots\cdots\cdots\cdots\cdots\cdots\cdots\cdots\cdots\cdots\cdots\cdots\cdots\text{(D.4)}$$

方法 M1 を適用する場合には，採用した b 値に関連する不確かさの関与を RSS の項に追加するのが適切である。これは，次のようなケースがある。

— 測定された硬さが，試験機を校正したときに用いた CRM の硬さレベルと明らかに異なっているとき。

— 試験機の偏りが，校正範囲で明らかに変化しているとき。

— 測定する素材が，試験機の校正時に使用した基準片の素材と異なっているとき。

— 硬さ試験機の日々の性能（再現性）が，明らかに変化しているとき。

測定不確かさに追加するこれらの寄与の計算については，ここで述べていない。全ての状況で，b と関連付ける不確かさの評価に対しては，ロバスト法を用いなければならない。

D.3.2　偏りを用いない手順（方法 M2）

方法 M1 の代替法として，方法 M2 を用いることが可能な場合がある。当該試験機の偏りが最大許容偏差（**JIS B 7725** 参照）に適合していることを確かめる際に，偏り b 値だけではなく，$|b| + U_{\text{HTM}}$ を用いて，**JIS B 7725** に従った間接検証に合格した場合に，方法 M2 が有効となる。方法 M2 では，最大許容偏り b_{E}（試験機の読み値が，基準片と異なることが許容された正の値）は，**JIS B 7725** の**表 7**（試験結果の偏差の許容差）に規定されているように，不確かさの一要素 U_{M2} を定めるために用いられる。偏りの許容値に関して，硬さ値を補正しない。U_{M2} を決定する手順を，**表 D.1** に示す。

一つの硬さ測定に対する複合拡張測定不確かさは，次の式(D.5)で求める。

$$U_{\text{M2}} = k \times \sqrt{u_{\text{H}}^2 + 2 \times u_{\text{ms}}^2 + u_{\text{E}}^2} \quad\cdots\cdots\cdots\cdots\cdots\cdots\cdots\cdots\cdots\cdots\text{(D.5)}$$

ここで，　　u_{H}：　硬さ試験機の測定繰返し性の不足による測定不確かさ。

u_{ms}：　硬さ試験機の分解能による測定不確かさ。これには，長さ測定器の分解能と測定顕微鏡の分解能の両方を考慮しなければならない。多くの場合，測定装置全体の分解能による不確かさは，対角線の両端を確認するため，U_{M2} を計算するときに 2 回取り込むのがよい。

u_{E}：　偏りの最大許容偏差による測定不確かさの寄与，$u_{\text{E}} = b_{\text{E}} / \sqrt{3}$［く（矩）形分布］。ここで，$b_{\text{E}}$ は，**JIS B 7725** で規定される最大許容偏りで，測定の結果は，次の式(D.6)によって求める。

$$X = x \pm U_{\text{M2}} \quad\cdots\cdots\cdots\cdots\cdots\cdots\cdots\cdots\cdots\cdots\cdots\cdots\cdots\cdots\cdots\cdots\cdots\cdots\text{(D.6)}$$

D.4　測定結果の表現の例

一台の試験機で，一つの試験片に対してビッカース硬さを 1 点測定する。

硬さ測定値 x：$x = 410$ HV 30

対角線長さ d：d=0.368 4 mm

対角線長さ測定装置の分解能は，次の式(D.7)によって求める。

$$\delta_{\mathrm{ms}} = \sqrt{\delta_{\mathrm{OR}}^2 + \delta_{\mathrm{IR}}^2}$$ ·· (D.7)

δ_{ms} = 0.000 51 mm

ここで， δ_{ms}： 対角線長さ測定装置の分解能
δ_{OR}： 顕微鏡対物レンズの光学分解能で，0.000 5 mm
δ_{IR}： 測定装置の表示の分解能で，0.000 1 mm

前回の試験機の間接検証では，不確かさ U_{CRM} が 5.0 HV 30 と報告されている $\bar{H}_{\mathrm{CRM}}$ =401.6 HV 30 の CRM を用いて，偏りの不確かさ U_{HTM} と偏り b とを測定した。この CRM は，間接検証に用いる基準片の中で試験片の硬さに最も近いものであった。

試験機の測定偏り b：b=1.6 HV 30

試験機の測定偏りの不確かさ U_{HTM}：U_{HTM}=5.14 HV 30

試験機の測定繰返し性不足を測定するために，試験所で試験片と同じくらいの硬さの CRM を HV 30 で 5 点測定した。試験片の不均一性の影響を減らすために，要求事項を満たしながら，隣り合った点で 5 点 H_i 測定した。

測定値の 5 点，H_i=405.5 HV 30，399.0 HV 30，400.9 HV 30，403.4 HV 30，397.5 HV 30

測定値の平均 $\bar{H}$：$\bar{H}$ =401.3 HV 30

測定値の標準偏差 s_H：s_H=3.2 HV 30

JIS B 7725 に基づいた前回の間接検証の測定値による s_H の値を上記の繰返し性に代えてもよい。しかし，この標準偏差は，CRM の不均一性も含んでいるので，通常，測定繰返し不確かさ不足の影響を過大評価している。

例えば，

$|b| + U_{\mathrm{HTM}}$=1.62＋5.14=6.76 HV 30

b_{E}=410 HV 30 の 3 ％=12.3 HV 30

試験機の偏り及び偏りを決定するときの拡張不確かさの合計 $\left(|b|+U_{\mathrm{HTM}}\right)$ は，偏りの最大許容値 b_{E} の範囲内なので，方法 M1 又は方法 M2 のいずれかを用いてよい。

表 D.1－方法 M1 及び方法 M2 による拡張不確かさの決定

段階	不確かさの要素	記号	式	説明／出典，証明など	例
1 M1, M2	測定値	x	－		$x = 410$ HV 30
2 M1	偏り値 b 及び間接検証から得られた硬さ試験機の偏りの不確かさ U_{HTM}	b U_{HTM} u_{HTM}	$u_{HTM} = \dfrac{U_{HTM}}{2}$	$\bar{H}_{CRM} = 401.6$ HV 30 の CRM を用いた間接検証に従った b 及び U_{HTM}	$b = 1.62$ HV 30 $U_{HTM} = 5.14$ HV 30 $u_{HTM} = \dfrac{5.14}{2} = 2.57$ HV 30
3 M2	偏りの最大許容偏差	b_E	$b_E =$ 偏り許容値の最大値（正の値）	**JIS B 7725** の**表 7**（試験結果の偏差の許容差）による許容偏り	$b_E = 3\ \%$ $b_E = \dfrac{3 \times 410}{100} = 12.3$ HV 30
4 M2	偏りの最大許容偏差に起因した標準不確かさ	u_E	$u_E = b_E / \sqrt{3}$	く形分布	$u_E = \dfrac{12.3}{\sqrt{3}} = 7.10$ HV 30
5 M1, M2	繰返し測定による標準偏差	s_H	$s_H = \sqrt{\dfrac{1}{n-1} \displaystyle\sum_{i=1}^{n} \left(H_i - \bar{H} \right)^2}$	試験片と類似した硬さの CRM を試験所で 5 点測定する	$s_H = 3.2$ HV 30
6 M1, M2	繰返し性に起因する標準不確かさ	u_H	$u_H = t \times s_H$	$n = 5$ に対して $t = 1.14$ （JGCM 100:2008 参照）	$u_H = 1.14 \times 3.2 = 3.69$ HV 30
7 M1, M2	硬さ表示値の分解能による標準不確かさ	u_{ms}	$u_{ms} = -\dfrac{2x}{d} \times \dfrac{\delta_{ms}}{2\sqrt{3}}$	$\delta_{ms} = 0.000\,51$ mm $x = 410$ HV 30 $d = 0.368\,4$ mm （注記参照）	$u_{ms} = -\dfrac{2 \times 410.0}{0.368\,4} \times \dfrac{0.000\,51}{2 \times \sqrt{3}}$ $= -0.33$ HV 30
8 M1	拡張不確かさの決定	U_{M1}	$U_{M1} = k \times \sqrt{u_H^2 + 2 \times u_{ms}^2 + u_{HTM}^2}$	段階 2，6 及び 7 $k = 2$	$U_{M1} = 9.04$ HV 30 $x = 410$ HV 30
9 M1	修正硬さを用いた場合の測定値	X_{corr}	$X_{corr} = (x - b) \pm U_{M1}$	段階 1，2 及び 8	$X_{corr} = (408 \pm 9)$ HV 30
10 M1	修正不確かさを用いた場合の測定値	X_{ucorr}	$X_{ucorr} = x \pm \left(U_{M1} + |b| \right)$	段階 1，2 及び 8	$x = 410$ HV 30 $X_{ucorr} = (410 \pm 11)$ HV 30
11 M2	拡張不確かさの決定	U_{M2}	$U_{M2} = k \times \sqrt{u_H^2 + 2 \times u_{ms}^2 + u_E^2}$	段階 4，6 及び 7 $k = 2$	$U_{M2} = 16.0$ HV 30 $x = 410$ HV 30
12 M2	測定結果	X	$X = x \pm U_{M2}$	段階 1 及び 11	$X = (410 \pm 16)$ HV 30

$0.8 b_E < b < 1.0 b_E$ のときは，CRM と試験片との硬さの関係を検討するのが望ましい。

JIS B 7725 による前回の間接検証の測定に基づいた s_H の値を用いることが可能である。しかし，この標準偏差は，CRM の不均一性を含んでいるので，通常，繰返し性不足による測定不確かさの影響を過大評価している。一つの試験片で測定した複数の硬さ値の平均を報告するときは，段階 5 の s_H は，試験片で測定した複数の硬さ値の標準偏差を硬さ測定数の平方根で除した値に置き換えるのが望ましい。また，段階 6 の t 値が，n 点の測定に対して適切であることが望ましい（$u_H = t \times s_H / \sqrt{n}$ ）。計算された u_H も，試験片の不均一性を包含しているものとなる。

注記 感受性係数 $-2x/d$ は，ミリメートル（mm）単位の対角線長さの不確かさを HV の不確かさに換算するための $\partial x / \partial d$ から得られる。

附属書 E
(参考)
ビッカース硬さ測定のトレーサビリティ

E.1　トレーサビリティの定義

ビッカース硬さ測定のトレーサビリティの連鎖は，長さ又は温度のような他の多くの測定量と異なっている。その理由は，もともとビッカース硬さ測定などが，試験機を用いて，定められた試験手順に従って，試験中に力，長さ，時間などの異なる複数のパラメータを測定しているからである。これらの個々の測定値は，試験の他のパラメータと同様に，硬さの結果に影響を及ぼす。

国際計量計測用語（The International Vocabulary of Metrology/VIM3, 2012）では，計量計測トレーサビリティを次のように定義している。

計量計測トレーサビリティ－個々の校正が測定不確かさに寄与する，文書化された切れ目のない校正の連鎖を通じて，測定結果を計量参照に関連付けることが可能である測定結果の性質。

この定義によれば，測定結果がトレーサビリティをもつためには，二つの事柄が必要である。

a)　測定の不確かさに寄与する切れ目のない校正の連鎖

b)　トレーサビリティが明らかな基準片

これらは，計量計測トレーサビリティ連鎖と定義される。

E.2　校正の連鎖

JIS B 7725 では，校正及び検証に要求される手順を規定して，試験機がこの規格で使用してよいことを明らかにしている。校正手順には，使用する硬さ範囲の基準片の硬さ測定に加えて，試験力，圧子形状，くぼみ測定装置などの，試験機の性能に影響する様々な要素の直接測定が規定されている。個々の校正測定には，試験機が検証に合格するために必要な許容差が規定されている。歴史的に，試験機の構成部品の校正及び検証は，直接検証，また，基準片による試験機の校正及び検証は，間接検証と呼ばれてきた。

JIS B 7735 では，試験機の間接検証に用いられる基準片の校正に要求される手順，並びにこの基準片の校正に用いられる試験機の校正及び検証に要求される手順を規定している。試験機の測定トレーサビリティの条件となる"切れ目のない校正の連鎖"を考慮すると，試験のトレーサビリティは，直接検証又は間接検証のいずれかによって成立していることが明らかである。

直接検証では，試験機の個々の構成部品について，それぞれの測定が校正連鎖を経由して，国家計量標準機関（NMI）に認められた国際単位系（SI）にトレーサビリティをもつことが要求されている。この校正連鎖は，**図 E.1** の右側に示されている。総合的に，これらの校正連鎖は，試験機に対する潜在的なトレーサビリティ連鎖を形成している。

図 E.1 の左側では，国家レベル，校正レベル，使用者レベルなどの，校正の階層としての各レベルにおける個別の校正連鎖によるトレーサビリティ連鎖の構成を図示している。また，基準片の校正及びそれに続くビッカース試験機の間接検証を含んでいる。一次（国家レベル）硬さ標準試験機で一次基準片を校正し，これを用いて硬さ校正用試験機（校正レベル）を校正する。硬さ試験機（使用者レベル）を校正する

ために，最終的に使用される基準片をこの試験機で校正する。

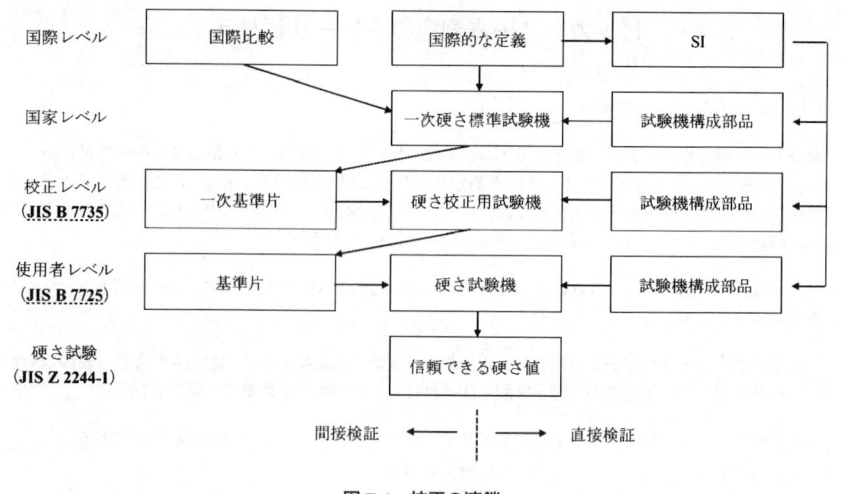

図 E.1－校正の連鎖

E.3 ビッカース硬さ基準

トレーサビリティを実現するためにもう一つ必要なものは，トレーサビリティが確立した基準片である。ビッカース硬さは，材料の基礎物性ではなく，定義された試験方法で求められる順序尺度量（ordinal quantity）である。理想的には，ビッカース硬さ測定に対する最上位の基準は，この測定方法の全ての試験パラメータの値を含めて国際的に合意された方法として定義することが望ましい。硬さのトレーサビリティは，この定義を試験所が完全に満たすか，又は定義を実際に具現することであり，その具現の正しさは，試験所の測定不確かさに反映され，国際比較によって確認される。国際的に合意された基準は，硬さの CCM ワーキンググループ（CCM-WGH）で開発され（**附属書 F** 参照），ビッカース硬さを標準化した NMI によって示される。このとき，CCM-WGH は，ビッカース硬さの基準を示していない。最上位の基準は，通常，NMI が選択した試験の定義に基づいたビッカース硬さを示したものである。NMI がビッカース硬さの基準片を校正しない場合，国内レベルの最上位の基準は，校正レベルの試験所がビッカース硬さの基準を示すこととしてもよい。

E.4 実用上の問題点

図 E.1（左側及び右側）に示している校正連鎖のいずれかによって，理論的に適切なビッカース硬さ基準のトレーサビリティが提供可能である。しかし，両者に考慮しなければならない実用上の問題がある。**図 E.1** の右側に示しているビッカース直接検証の連鎖では，硬さ測定値に影響する可能性がある全てのパラメータに対して，特定し，測定し，必要であれば補正するということは，極めて難しい。試験機が直接検証に合格したとしても，明らかに影響を及ぼすパラメータが一つでも管理できていない場合，又は特定できていない場合には，トレーサビリティとみなさない。このことは，しばしば起こり，校正の下位の階層でより問題となる。

図 E.1 の左側に示している間接検証の校正連鎖でも，考慮すべき問題が存在する。複数の構成部品からなる試験機を用いた場合，硬さ測定中に，測定に関わる一つの構成部品の誤差が他の構成部品の誤差によって補完されたり，相殺されたりする可能性がある。この場合，間接検証で試験した特定の硬さレベルの材料に対しては，結果として正確な硬さ測定ができてしまうことがある。しかし，別の硬さレベル又は材料の試験では，誤差が拡大する可能性がある。試験機の個々の構成部品の誤差が大きく影響する場合には，トレーサビリティとみなされないかもしれない。

E.5 ビッカース硬さ測定のトレーサビリティ

E.5.1 一般

E.4 のことから，ビッカース硬さ測定のトレーサビリティを実現するためには，一般的に，両方のトレーサビリティ連鎖が必要であると分かる。しかし，測定プロセスを念入りに調査し評価すれば，トレーサビリティは，二つの連鎖のうち，一方に基づくだけで実現できる可能性がある。例えば，国家レベルにおいては，NMI の一次硬さ標準試験機のトレーサビリティは，更に上位の認められた基準片が存在しないので，直接検証によって実現される。NMI は，通常，所有する測定装置を徹底的に評価することができ，不確かさのレベルを他の NMI と国際的に比較できるので，この連鎖によるトレーサビリティが可能となる。一方で，何十年にも及ぶビッカース硬さ測定の経験から，校正の下位の階層に対しては，トレーサビリティを確保し，不確かさを求める上では，間接検証の連鎖が最も実用的とされている。しかし，試験機の個々の構成部品の定量数値も重要である。このトレーサビリティのスキームによって，工業的にビッカース硬さ測定が適切であると示されている。

E.5.2 校正レベルのトレーサビリティ

校正レベルの測定のトレーサビリティは，国家レベルの NMI で校正された一次基準片を用いた間接検証の校正連鎖によって，最も適切に確立される。この連鎖は，測定不確かさを決定するのにも用いることが望ましい。しかしながら，同時に，構成部品を相殺する誤差が小さいことを確認するために，校正試験機の各構成部品を頻繁に校正することが望ましい。硬さのトレーサビリティは，ビッカース硬さの CCM-WGH の定義を NMI が具現化することが望ましい。又は CCM-WGH の定義がない場合は，NMI が自らの定義を決めて実現することが望ましい。NMI が，基準片を供給しない又は校正試験機との比較測定を実施しない場合，及び他の NMI の基準片を用いることが現実的でない場合，トレーサビリティが宣言された基準片には，この規格によって定義されたような国際的な試験方法に基づいたビッカース硬さを実現する校正試験所が必要となるかもしれない。この場合には，校正試験所の測定のトレーサビリティは，合意された基準片を用いた間接検証，又は相互比較によって確認された直接検証としてもよい。

E.5.3 使用者レベルのトレーサビリティ

使用者レベルの測定のトレーサビリティは，校正レベル又は国家レベルで校正された基準片を用いた間接検証の校正連鎖によって得るのが最適である。校正レベルのトレーサビリティと同様に，この方法は，最も実用的で，測定不確かさを決定するためにも用いられることが望ましい。試験機の構成部品を定期的に直接検証して，相殺された誤差が小さいことを確認することも要求されている。しかし，産業界では，通常，硬さ試験機を製造又は補修したときだけ，このような測定をすることをこの規格の最低限の要求としている。

　注記　この附属書で用いられている次の事項は，VIM3 に従っている。
- calibration：校正
- calibration hierarchy：校正の階層
- metrological traceability：計量計測トレーサビリティ
- metrological traceability chain：計量計測トレーサビリティ連鎖
- ordinal quantity：順序尺度量
- verification：検証

附属書 F
(参考)
CCM－硬さワーキンググループ

1999 年第 88 回国際度量衡委員会（CIPM）において，質量関連量諮問委員会（CCM）委員長は，"硬さの定義は，独自に選択した式を用いるという意味で，確かに慣用的なものである。しかし，その試験方法は，SI 単位によって表される物理的な数値の組合せで定義されている。硬さの基準は，ほとんどが国家計量標準機関（NMI）で確立され維持されており，その基準へのトレーサビリティは，産業界及びその他の業界から強く要求されている。"と述べた。引き続く議論で，硬さの基準は，相互承認協定（MRA）のために国際基幹比較データベース（KCDB）に含まれることが望ましいという結論になり，CCM の枠組みの中で，硬さワーキンググループ（CCM-WGH）が設立された。

CCM-WGH の設立によって，最上位の国家レベルにおける，測定の差異を少なくするための技術外交的な枠組みが提供された。この枠組みの中で，硬さに影響するパラメータについて検討し，NMI が用いる硬さ試験の国際的な定義を確立することが可能となった。国際的な合意が必要であるので，CCM-WGH は，硬さの適切な普及を着実に行うために，ISO/TC 164（金属の機械試験）/SC 3（硬さ試験）との密接な連携を保っている。CCM-WGH での定義の最も意味ある改善点は，硬さ試験のパラメータが，この試験方法で規定されているような許容値ではなく，特定の値を規定したことである。この規格では，可能な場合，CCM-WGH が定めた硬さ試験のパラメータを適用している。

CCM-WGH の情報は，https://www.bipm.org で公開されている。

附属書 G
(参考)
ケーラー照明システムの調整

G.1　一般

光学系は，調整ができないように設定されているものと，軽微な調整を行うようになっているものとがある。分解能が，最大となるように次の調整をすると有効な場合がある。

G.2　ケーラー照明

画像を鮮明にするために，平面に研磨した試験片表面にピントを合わせる。

光源を中心に合わせる。

視野の中心と開口部の絞りの中心とをそろ（揃）える。

視野からちょうど消えるように絞りを開く。

接眼レンズを外し，対物レンズの後側の焦点面を観察する。全ての部品が定位置にあれば，光源及び絞りでピントが鮮明になる。

最大解像力に対しては，解放絞りが望ましい。ぎらつきが過度な場合は，絞る。ただし，分解能が落ちて，回折現象によって測定に支障を来すおそれがあるので，開放の 3/4 より小さくしてはならない。

観察するのに光が強すぎる場合は，適切な減光フィルター又は抵抗器を使って強度を低減させる。

附属書 H
（規定）
金属皮膜及びその他無機皮膜のビッカース硬さの決定

H.1 一般

この附属書は，この規格を金属皮膜及びその他無機皮膜のビッカース硬さの決定に適用する場合の追加の手順及び要求事項を規定する。通常，皮膜の硬さ測定においては，小さなくぼみ（つまりマイクロビッカース硬さ試験範囲の試験力）が要求される。しかしながら，可能な限り最大のくぼみのサイズを選定するのが望ましいので，低試験力ビッカース硬さ試験及びビッカース試験の範囲の試験力も適用してもよい。この規格の適用範囲よりも小さなくぼみを用いる硬さ試験の場合は，ISO 14577-1 及び ISO 14577-4 に適合して実施することが可能である。

H.2 試験片

H.2.1 表面粗さ

試験片の表面が粗い場合，くぼみの対角線長さの正確な測定が不可能な場合がある。このため，通常，HV 0.5 以下の試験力で皮膜断面は，測定される。試験片は，化学的に，電気化学的に又は機械的に研磨してもよい。研磨を行う場合は，硬さ測定値を変化させるような局所的な熱又は加工硬化を最小限とするように実施する。

金属溶射皮膜のくぼみの測定は，金属溶射皮膜のその表面が粗いため，通常，断面に対して行う。断面を滑らかに研磨して測定を行うことが望ましい。試験面の表面粗さは，報告項目である（H.4 参照）。加工硬化しやすい皮膜は，金属組織試験片の調整方法によって常にある程度影響を受けるため，この影響が最小になるように注意する必要がある。

表面粗さは，算術平均粗さ Ra 0.3 μm 未満が推奨される。Ra について可能であれば最大押込み深さの 5 %が望ましいが，最大押込み深さの 5 %を超える場合，Ra を試験報告書に記載することが望ましい。

H.2.2 皮膜厚さ測定

硬さ試験の前に皮膜厚さを適切な方法，例えば，ISO 1463 に規定されている顕微鏡観察方法を用いて測定する。皮膜厚さを試験報告書に記載する。

H.2.3 断面測定のための試験片

皮膜断面の試験では，測定表面を正しく設置し（H.3.2 参照），くぼみの対角線の一辺が皮膜と基材との境界に直角となるような（H.3.4 参照）場合に，皮膜の厚さは，測定に問題のないくぼみを生成するに十分な大きさでなければならない。対角線長さ間の差異は，5 %以下であることが望ましい。試験片の皮膜厚さは，0.100 mm 以上でなければならない。ただし，受渡当事者間の協定によって 0.100 mm 以下の皮膜を測定してもよい。

断面方向の試験片に対して適切な方法，例えば，ISO 1463 に規定されている顕微鏡観察方法を用いて，埋め込み，研磨及びエッチングを行う。加工硬化を最小とする。可能であれば，試験面のエッチングは避ける。ただし，必要に応じてエッチングを行う場合は，その目的に応じた最小限のエッチングを行うこと

が望ましい。

H.2.4 代用試験片（test coupons）

代用試験片は，実際の試験片の代用として特別に準備された同等の試験片である。製品が硬さ試験として適さない形状の場合，代用試験片を用いてもよい。また，適切な文書によって規定されている場合，代用試験片を用いてもよい。試験片が製品と同一又は最も類似した製造方法によって作られた場合，代用試験は，有効である。めっき皮膜部品の場合，特に金めっきのような，めっき溶液の組成，そしてあらゆる電気めっきの変動要因に対して硬さが影響を受けやすい場合は，代用試験片を電解液の制御の有用な手段として用いてよい。

代用試験用の電気めっき条件，すなわち，電流密度，温度，かくはん（撹拌）及び溶液組成は，試験される製品の電気めっき条件にできるだけ近いものとする。

H.3 試験方法

H.3.1 試験温度

試験温度は，（23±5）℃で実施する。この範囲以外で試験した場合は，試験報告書に記載しなければならない。

H.3.2 試験面の傾き

試験面に対して圧子の軸が垂直でない場合，測定値が有効でない可能性がある。垂直に対する誤差が0.5°未満の場合，正確な結果となる。等方性の材料において対角線の長さが顕著に異なる場合，垂直性が確保されていない可能性がある。

H.3.3 くぼみの位置

硬さの値は，皮膜よりも母材の影響を受ける可能性がある。例えば，くぼみが基材に近接し，かつ，基材が皮膜より柔らかい場合，得られる測定値は，かなり低い可能性がある。材料に析出物又は介在物を含む場合，金属組織の不均一部の近傍でくぼみは，形がゆが（歪）む可能性がある。このような無効なくぼみは，正常な形でないくぼみによって検出することが可能である。

傾斜構造の皮膜の場合，皮膜厚さに従って，皮膜の硬さは変化してもよい。くぼみの位置は，受渡当事者間による協定によって合意をされることが望ましい。

H.3.4 皮膜断面の測定時のくぼみの向き及び間隔

皮膜の断面を試験する際に，くぼみの向きは，対角線の一つの軸が，皮膜と基材の境界に対しておおむね90°にならなければならない。くぼみの中心と皮膜と基材の境界の間隔は，鋼，銅又は銅合金の場合，くぼみの平均対角線長さの少なくとも2.5倍，また，軽金属，鉛，すず，及びそれらの合金においては3倍以上でなければならない。積層状の材料を試験する際のくぼみの間隔を決定するためには，接着表面を境界とみなす。

H.3.5 振動の排除

振動の排除は，特に低試験力における小さなくぼみに対して重要である。振動は，適用された試験力にかかわらず重大な誤差の原因であるが，低試験力においてその影響は，一層顕著である。一般に，振動に

よって硬さは低下する。誤差の原因は，既知の硬さをもつ試験片，例えば，**JIS B 7735** に適合し校正された硬さ基準片を測定し，硬さ値を比較することによって検出することが可能である。防振対策した支持台に置くなど試験機に適切な防振対策を行うことで，振動の影響を減少させることが可能である。

騒音による振動も硬さ測定の誤差の原因となり，値を低下させる可能性がある。振動の原因としては，冷却ファン，空調機，又は高速道路の騒音などがある。

H.3.6 試験力の選択

正確な皮膜硬さを得るために，皮膜の厚さに適した最大試験力を用いる（**H.2.3** 及び**図 H.1** 参照）。試験力が同じ場合は，試験結果が比較可能である。

皮膜の表面に対して垂直方向に試験を行う場合，皮膜の厚さがくぼみの対角線長さの 1.5 倍以上となるように試験力を選択する。

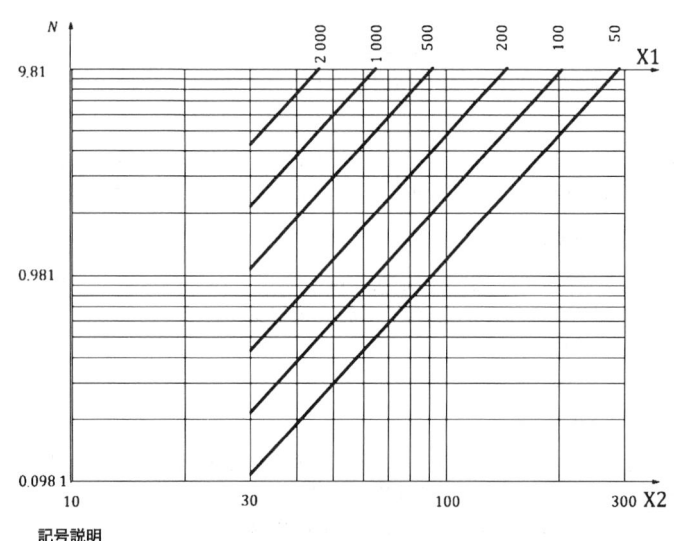

記号説明
X1：ビッカース硬さ値，HV
X2：最小皮膜厚さ，μm
N：試験力，F（N）

図 H.1－皮膜表面に対して垂直方向に試験するときの最小皮膜厚さと試験力及び硬さとの関係

H.3.7 測定の比較

皮膜試験の硬さ値は，9.807 N を超える試験力で行う硬さ試験よりも，試験力に影響される程度が大きい。皮膜内の異なる 2 か所の硬さを測定し比較する場合，又は試験箇所と（基準片を用いた）参照箇所との硬さを比較する場合は，比較可能な硬さ値を得るために最初の試験及び参照試験で使用する同じ標準試験力及び負荷時間を用いて試験を行う。非等方性を含む多くの要因があるので，試験片には，最初の試験及び参照試験を行った点をマーキングし，試験の位置を試験報告書に記録しなければならない。

H.3.8 硬さの計算

平均硬さ値 $\bar{H}$ は，それぞれの試験片における試験対象の表面に定められた代表する場所において最少5点のくぼみを測定し，この測定群の平均硬さを計算することで求める。

平均硬さ値 $\bar{H}$ を計算するため，n 点（5点以上）の測定された硬さ値 H_1, H_2, $\cdots$, H_n を大きい順に並べる。式(H.1)に従って $\bar{H}$ を計算する。

$$\bar{H} = \frac{H_1 + H_2 + \cdots + H_n}{n} \qquad\qquad\qquad (\text{H.1})$$

式(H.2)に従って硬さ測定の変動係数（相対標準偏差）C_v を求め，百分率で表す。

$$C_v = \frac{100 \times s}{\bar{H}} \qquad\qquad\qquad\qquad (\text{H.2})$$

ここで， s： $\bar{H}$ を求めるために測定した n 個の硬さ測定値の標準偏差であり，式(H.3)によって求める。

$$s = \sqrt{\frac{1}{n-1} \sum_{i=1}^{n} \left(\bar{H} - H_i \right)^2} \qquad\qquad\qquad (\text{H.3})$$

変動係数（相対標準偏差）は，通常，5%未満と期待されるが，5%を超えた値が得られた場合，試験報告書に記載する（**H.4** 参照）。最大値と最小値との差を測定結果の範囲として試験報告書に記載してもよい。

H.3.9 ぜい（脆）性皮膜材料

押込み中にクラックが発生した場合は，有効な硬さ値は得られない。この場合は，押込み速度又は試験力を低下させることによって解決してもよい。しかし，低試験力において大きい不確かさとなる可能性がある。

H.4 試験報告書

試験報告書は，必要な場合に提出する。試験報告書に箇条 10 に加えて次の項目を記載する。ただし，受渡当事者間の協定によって，次のうちから選択してもよい。
- 測定（例えば，断面又は表面に垂直）の位置及び参照領域
- 表面粗さ（**H.2.1** の条件から外れていた場合）
- 試験温度（**H.3.1** の条件から外れていた場合）
- 変動係数（相対標準偏差）
- 皮膜厚さ

参考文献

ISO 14577-1, Metallic materials — Instrumented indentation test for hardness and materials parameters — Part 1: Test method

ISO 14577-4, Metallic materials — Instrumented indentation test for hardness and materials parameters — Part 4: Test method for metallic and non-metallic coatings

ISO 1463, Metallic and oxide coatings — Measurement of coating thickness — Microscopical method

ISO 18265, Metallic materials — Conversion of hardness values

ISO/IEC Guide 99, International vocabulary of metrology — Basic and general concepts and associated terms (VIM)

JIS Z 2244-2 ビッカース硬さ試験 — 第2部：硬さ値表

　　注記 対応国際規格では，**ISO 6507-4**:2018，Metallic materials — Vickers hardness test — Part 4: Tables of hardness values を記載している。

JCGM 100:2008 (GUM 1995 with minor corrections), Evaluation of measurement data — Guide to the expression of uncertainty in measurement. BIPM/IEC/IFCC/ILAC/ISO/IUPAC/IUPAP/OIML, 2008

SANPONPUTE. T, MEESAPLAK, A, Vibration Effect on Vickers Hardness Measurement, Proceedings of IMEKO 2010 TC3, TC5 and TC22 Conferences, pp. 145-149

DENGEL D. Wichtige Gesichtspunkte für die Härtemessung nach Vickers und nach Knoop im Bereich der Kleinlast- und Mikrohärte, Z. f. Werkstofftechnik 4 (1973), pp. 292-298. (Note: short extract.)

Bückle H. Mikrohärteprüfung und ihre Anwendung. Verlag Berliner Union Stuttgart, 1965, pp. 296. (Note: very extensive.)

Bückle H. Echte und scheinbare Fehlerquellen bei der Mikrohärteprüfung: Ihre Klassifizierung und Auswirkung auf die Messwerte. VDI-Berichte 11 (1957), pp. 29-43. (Note: extensive.)

MATTHAEI E. Härteprüfung mit kleinen Prüfkräften und ihre Anwendung bei Randschichten (kritische Literaturbewertung), pp. 47, 192 Schrifttumshinweise. Verlag DGM-Informationsgesellschaft Oberursel, 1987. (Note: overall view of sources.)

EURAMET cg-16 Ver. 2.0, Guidelines on the Estimation of Uncertainty in Hardness Measurements, 2011

GABAUER W. Manual of Codes of Practice for the Determination of Uncertainties in Mechanical Tests on Metallic Materials, The Estimation of Uncertainties in Hardness Measurements, Project, No. SMT4-CT97-2165, UNCERT COP 14: 2000

GABAUER W., & BINDER O. Abschätzung der Messunsicherheit in der Härteprüfung unter Verwendung der indirekten Kalibriermethode, DVM Werkstoffprüfung, Tagungsband 2000, S. pp. 255-261

POLZIN T., & SCHWENK D. Estimation of Uncertainty of Hardness Testing; PC file for the determination, Materialprüfung, 3, 2002 (44), pp. 64-71

VIM. International vocabulary of metrology — Basic and general concepts and associated terms, VIM, 3rd edition (2008 version with minor corrections), JCGM 200: 2012 available via https://www.bipm.org/en/publications/guides/vim.html

IIZUKA K. Worldwide Activities Around Hardness Measurement — Activities in CCM/CIPM, IMEKO/TC5, OIML/TC10 and ISO/TC164 in Proceedings HARDMEKO 2007, Tsukuba, Japan, 2007, 1-4

附属書 JA
(参考)
JIS と対応国際規格との対比表

JIS Z 2244-1				ISO 6507-1:2023，（MOD）	
a) JIS の箇条番号	b) 対応国際規格の対応する箇条番号	c) 箇条ごとの評価	d) JIS と対応国際規格との技術的差異の内容及び理由		e) JIS と対応国際規格との技術的差異に対する今後の対策
1		追加	受渡当事者間の協定で対角線長さの短いもの，及び試験力の小さいものの適用を認めている。		日本独自の規定である。
1	1	変更	対応国際規格では，"0.030 mm 未満の厚さの皮膜には適用しない"と規定しているが，JIS では，"0.030 mm 以上の厚さの皮膜に適用する。"に変更した。技術的に差異はない。		－
1		変更	皮膜断面を測定する場合，対応国際規格では，"0.100 mm 未満の厚さの皮膜には適用しない"と規定しているが，JIS では，"0.100 mm 以上の厚さの皮膜に適用する。"とした。技術的に差異はない。		－
5	5	追加	対応国際規格では，Table 2 に対頂角が 136° であることが記載されているが，JIS では，対頂角が 136° であることを本文中に明記した。技術的に差異はない。		－
6.3	6.3	追加	国内事情に合わせて，"対角線長さ 0.020 mm 未満のくぼみを測定する場合の分解能は，受渡当事者間の協定による。"を追加した。		日本独自の規定である。
7.1	7.1	変更	国内事情に合わせて，硬質金属の場合の除去する表層厚さを推奨値とした。技術的に差異はない。		－
7.3	7.3	変更	対応国際規格では，試験片裏面に変形がないことを規定しているが，JIS では，硬質金属の場合の試験片厚さ下限を推奨事項とした。技術的に差異はない。		－
7.5	7.5	追加	試験片を樹脂に埋め込む場合の試験片の硬さへの影響を考慮して，"試験片を樹脂に埋め込む場合には，樹脂の硬化に伴う発熱，プレス成形の際の圧力，温度などが試験片の硬さに影響することがあるので注意する必要がある。"ことを注記として追加した。技術的に差異はない。		－
8.2	8.2	追加	対応国際規格では，試験力下限を規定していないが，JIS では，試験力下限を追加した。適用範囲と整合しているので技術的に差異はない。		－

a) JISの箇条番号	b) 対応国際規格の対応する箇条番号	c) 箇条ごとの評価	d) JISと対応国際規格との技術的差異の内容及び理由	e) JISと対応国際規格との技術的差異に対する今後の対策
8.2	8.2	追加	対応国際規格では，表4のマイクロビッカース硬さ試験に硬さ記号として HV 0.03 及び試験力 F に 0.294 2 の記載がないので追加した。技術的に差異はない。	—
8.8	8.8	追加	JIS では国内事情に合わせて"ニッケル合金，チタン合金"及び"軽金属（ニッケル合金を除く。"を追加した。	ISO への提案を検討する。
8.11	7.6	変更	対応国際規格では，7.6 で規定しているが，内容は試験方法であるので，JIS では，箇条 8 に移動した。	ISO への提案を検討する。
8.11	7.6	追加	対応国際規格では，細分箇条の題名が"金属皮膜及びその他無機皮膜"であるが，JIS では，題名に"硬さ試験方法"を追加した。	ISO への提案を検討する。
8.11	7.6	追加	国内事情に合わせて"皮膜に関する規格又は受渡当事者間の協定"を追加した。技術的に差異はない。	ISO への提案を検討する。
10	10	変更	国内事情に合わせて，"試験報告書は，必要な場合に提出する。試験報告書に次の項目を記載する。ただし，受渡当事者間の協定によって，次のうちから選択してもよい。"に変更した。技術的に差異はない。	日本独自の規定である。ISO への提案はせず，そのまま維持する。
10	10	追加	8.9 に"平面では，対角線長さ間の差異が 5 %以下であることが望ましい。この値を超える場合は，試験報告書に記載しなければならない。"と規定されているので，JIS では報告書の項目として追加した。	ISO への提案を検討する。
附属書 A（規定）	Annex A（normative）	変更	対応国際規格では，"硬さ記号と硬さ値と最小試験片の厚さは Figure A.1 で与えられる"としているが，目的を明確にするため，JIS では，"図 A.1 は，硬さ記号と硬さ値とから，試験片の厚さがくぼみの対角線の 1.5 倍になる厚さを求めるための図である。使用する硬さ記号の直線と Y 軸の硬さ値との交点の X 軸の値を，試験片の最小厚さとする。"に変更した。技術的な差異はない。	—
附属書 A（規定）	Annex A（normative）	変更	対応国際規格では，"硬さの記号，HV"としているが，硬さ記号だけでは不十分なため，JIS では，"硬さ記号の表示に適用する，試験力を表す kgf の概数"とした。技術的に差異はない。	—
附属書 B（規定）	Annex B（normative）	変更	表にない d/D に対する補正係数を求める場合に対応するため，表にない補正係数の求め方を追加した。技術的に差異はない。	—
附属書 C（規定）	Annex C（normative）	変更	国内で運用されている事情に合わせて，定期点検において，測定した値と基準片の認証値との差異の規定値を満足することが望ましいとした。	日本独自の規定である。ISO への提案はせず，そのまま維持する。

a) JISの箇条番号	b) 対応国際規格の対応する箇条番号	c) 箇条ごとの評価	d) JIS と対応国際規格との技術的差異の内容及び理由	e) JIS と対応国際規格との技術的差異に対する今後の対策
附属書C (規定)	Annex C (normative)	追加	試験機の検証の要求事項に合わせ，くぼみ測定装置の点検は，偏りが許容範囲を超えない場合は，省略可能であることにした。	日本独自の規定である。ISO への提案はせず，そのまま維持する。
附属書C (規定)	Annex C (normative)	変更	国内で運用されている事情に合わせて，偏りの算出式(C.1)は，硬さ測定値は，個々値ではなく平均値と CRM の硬さ値との差とした。	日本独自の規定である。ISO への提案はせず，そのまま維持する。
附属書C (規定)	Annex C (normative)	追加	JIS では，圧子の点検が不合格であった場合の遡及処置として，"前回点検以降の試験値の有効性を確認するのがよい。"を推奨事項として追加した。	ISO への提案を検討する。
附属書H (規定)	Annex H (normative)	変更	英文では equal or greater than 5%であり，前文と矛盾しているので，"を超える"と表現を変えた。	ISO への提案を検討する。
附属書H (規定)	Annex H (normative)	追加	対応国際規格には，ISO 4516:2006 にあった対角線長さに関する記載がないため，JIS では，"対角線長さ間の差異は，5 %以下であることが望ましい。"を追加した。	ISO への提案を検討する。
附属書H (規定)	Annex H (normative)	追加	0.100 mm 以下の皮膜を測定する場合もあるので，"ただし，受渡当事者間の協定によって0.100 mm 以下の皮膜を測定してもよい。"を追加した。	ISO への提案を検討する。
注記1 箇条ごとの評価欄の用語の意味を，次に示す。 － 追加：対応国際規格にない規定項目又は規定内容を追加している。 － 変更：対応国際規格の規定内容又は構成を変更している。 注記2 JIS と対応国際規格との対応の程度の全体評価の記号の意味を，次に示す。 － MOD：対応国際規格を修正している。				

JIS Z 2244-2
(2020)

ビッカース硬さ試験—第2部：硬さ値表
Vickers hardness test—Part 2 : Tables of hardness values

(ISO 6507-4：2018)

序文

この規格は，2018 年に第 2 版として発行された **ISO 6507-4** を基に，技術的内容及び構成を変更することなく作成した日本産業規格である。

なお，この規格で点線の下線を施してある参考事項は，対応国際規格にはない事項である。

1　適用範囲

この規格は，**JIS Z 2244-1** に従って表面が平たん（坦）な試験片に実施するビッカース硬さ試験に適用されるビッカース硬さ値表について規定する。

> 注記　この規格の対応国際規格及びその対応の程度を表す記号を，次に示す。
>
> **ISO 6507-4**:2018, Metallic materials—Vickers hardness test—Part 4: Tables of hardness values（IDT）
>
> なお，対応の程度を表す記号 "IDT" は，**ISO/IEC Guide 21-1** に基づき，"一致している" ことを示す。

2　引用規格

次に掲げる規格は，この規格に引用されることによって，この規格の規定の一部を構成する。この引用規格は，その最新版（追補を含む。）を適用する。

JIS Z 2244-1　ビッカース硬さ試験—第 1 部：試験方法

> 注記　対応国際規格：**ISO 6507-1,** Metallic materials—Vickers hardness test—Part 1: Test method（MOD）

3　用語及び定義

この規格には，定義する用語はない。

4　硬さ値表

表 1〜表 3 は，**JIS Z 2244-1** に従ったビッカース硬さの式から計算された値である。

HV 0.2 未満は，**表 1** による。

HV 0.2〜HV 3 は，**表 2** による。

HV 5〜HV 100 は，**表 3** による。

表1－HV 0.2 未満

対角線長さ の平均	試験力 F (N)							
	0.009 807	0.019 61	0.049 03	0.098 07	0.196 12	0.245 2	0.490 3	0.980 7
	ビッカース硬さ							
d mm	HV 0.001	HV 0.002	HV 0.005	HV 0.01	HV 0.02	HV 0.025	HV 0.05	HV 0.1
0.020 0	4.64	9.27	23.18	46.36	92.72	115.9	231.8	463.6
0.020 2	4.54	9.09	22.72	45.45	90.89	113.6	227.2	454.5
0.020 4	4.46	8.91	22.28	44.56	89.12	111.4	222.8	445.6
0.020 6	4.37	8.74	21.85	43.70	87.39	109.3	218.5	437.0
0.020 8	4.29	8.57	21.43	42.86	85.72	107.2	214.3	428.6
0.021 0	4.21	8.41	21.02	42.05	84.10	105.1	210.2	420.5
0.021 2	4.13	8.25	20.63	41.26	82.52	103.2	206.3	412.6
0.021 4	4.05	8.10	20.25	40.49	80.98	101.2	202.5	404.9
0.021 6	3.97	7.95	19.87	39.75	79.49	99.38	198.7	397.5
0.021 8	3.90	7.80	19.51	39.02	78.04	97.57	195.1	390.2
0.022 0	3.83	7.66	19.16	38.32	76.62	95.80	191.6	383.2
0.022 2	3.76	7.52	18.81	37.63	75.25	94.08	188.1	376.3
0.022 4	3.70	7.39	18.48	36.96	73.91	92.41	184.8	369.6
0.022 6	3.63	7.26	18.15	36.31	72.61	90.78	181.5	363.1
0.022 8	3.57	7.13	17.84	35.67	71.34	89.20	178.4	356.7
0.023 0	3.51	7.01	17.53	35.06	70.11	87.65	175.3	350.6
0.023 2	3.45	6.89	17.23	34.45	68.90	86.15	172.3	344.5
0.023 4	3.39	6.77	16.93	33.87	67.73	84.68	169.3	338.7
0.023 6	3.33	6.66	16.65	33.30	66.59	83.25	166.5	333.0
0.023 8	3.27	6.55	16.37	32.74	65.47	81.86	163.7	327.4
0.024 0	3.22	6.44	16.10	32.20	64.39	80.50	161.0	322.0
0.024 2	3.17	6.33	15.83	31.67	63.33	79.17	158.3	316.7
0.024 4	3.11	6.23	15.57	31.15	62.29	77.88	155.7	311.5
0.024 6	3.06	6.13	15.32	30.64	61.28	76.62	153.2	306.4
0.024 8	3.02	6.03	15.07	30.15	60.30	75.39	150.7	301.5
0.025 0	2.97	5.93	14.83	29.67	59.34	74.19	148.3	296.7
0.025 2	2.92	5.84	14.60	29.20	58.40	73.01	146.0	292.0
0.025 4	2.87	5.75	14.37	28.74	57.48	71.87	143.7	287.4
0.025 6	2.83	5.66	14.15	28.30	56.59	70.75	141.5	283.0
0.025 8	2.79	5.57	13.93	27.86	55.72	69.66	139.3	278.6
0.026 0	2.74	5.49	13.72	27.43	54.86	68.59	137.2	274.3
0.026 2	2.70	5.40	13.51	27.02	54.03	67.55	135.1	270.2
0.026 4	2.66	5.32	13.30	26.61	53.21	66.53	133.0	266.1
0.026 6	2.62	5.24	13.10	26.21	52.41	65.53	131.0	262.1
0.026 8	2.58	5.16	12.91	25.82	51.63	64.56	129.1	258.2
0.027 0	2.54	5.09	12.72	25.44	50.87	63.60	127.2	254.4
0.027 2	2.51	5.01	12.53	25.07	50.13	62.67	125.3	250.7
0.027 4	2.47	4.94	12.35	24.70	49.40	61.76	123.5	247.0
0.027 6	2.43	4.87	12.17	24.34	48.69	60.87	121.7	243.4
0.027 8	2.40	4.80	12.00	24.00	47.99	60.00	120.0	240.0

表 1－HV 0.2 未満（続き）

対角線長さの平均	試験力 F (N)							
	0.009 807	0.019 61	0.049 03	0.098 07	0.196 12	0.245 2	0.490 3	0.980 7
	ビッカース硬さ							
d	HV	HV	HV	HV	HV	HV	HV	HV
mm	0.001	0.002	0.005	0.01	0.02	0.025	0.05	0.1
0.028 0	2.37	4.73	11.83	23.65	47.30	59.14	118.3	236.5
0.028 2	2.33	4.66	11.66	23.32	46.64	58.31	116.6	233.2
0.028 4	2.30	4.60	11.50	22.99	45.98	57.49	115.0	229.9
0.028 6	2.27	4.53	11.33	22.67	45.34	56.69	113.3	226.7
0.028 8	2.24	4.47	11.18	22.36	44.71	55.90	111.8	223.6
0.029 0	2.21	4.41	11.02	22.05	44.10	55.13	110.2	220.5
0.029 2	2.18	4.35	10.87	21.75	43.50	54.38	108.7	217.5
0.029 4	2.15	4.29	10.73	21.46	42.91	53.64	107.3	214.6
0.029 6	2.12	4.23	10.58	21.17	42.33	52.92	105.8	211.7
0.029 8	2.09	4.18	10.44	20.88	41.76	52.21	104.4	208.8
0.030 0	2.06	4.12	10.30	20.61	41.21	51.52	103.0	206.1
0.030 2	2.03	4.07	10.17	20.33	40.66	50.84	101.7	203.3
0.030 4	2.01	4.01	10.03	20.07	40.13	50.17	100.3	200.7
0.030 6	1.98	3.96	9.90	19.81	39.61	49.52	99.02	198.1
0.030 8	1.95	3.91	9.77	19.55	39.09	48.88	97.74	195.5
0.031 0	1.93	3.86	9.65	19.30	38.59	48.25	96.48	193.0
0.031 2	1.91	3.81	9.52	19.05	38.10	47.63	95.25	190.5
0.031 4	1.88	3.76	9.40	18.81	37.61	47.03	94.04	188.1
0.031 6	1.86	3.71	9.28	18.57	37.14	46.43	92.85	185.7
0.031 8	1.83	3.67	9.17	18.34	36.67	45.85	91.69	183.4
0.032 0	1.81	3.62	9.05	18.11	36.22	45.28	90.54	181.1
0.032 2	1.79	3.58	8.94	17.89	35.77	44.72	89.42	178.9
0.032 4	1.77	3.53	8.83	17.67	35.33	44.17	88.32	176.7
0.032 6	1.74	3.49	8.72	17.45	34.90	43.63	87.24	174.5
0.032 8	1.72	3.45	8.62	17.24	34.47	43.10	86.18	172.4
0.033 0	1.70	3.41	8.51	17.03	34.06	42.58	85.14	170.3
0.033 2	1.68	3.36	8.41	16.82	33.65	42.07	84.12	168.2
0.033 4	1.66	3.32	8.31	16.62	33.24	41.56	83.11	166.2
0.033 6	1.64	3.28	8.21	16.43	32.85	41.07	82.12	164.3
0.033 8	1.62	3.25	8.12	16.23	32.46	40.59	81.16	162.3
0.034 0	1.60	3.21	8.02	16.04	32.08	40.11	80.20	160.4
0.034 2	1.59	3.17	7.93	15.86	31.71	39.64	79.27	158.6
0.034 4	1.57	3.13	7.83	15.67	31.34	39.18	78.35	156.7
0.034 6	1.55	3.10	7.74	15.49	30.98	38.73	77.45	154.9
0.034 8	1.53	3.06	7.66	15.31	30.62	38.29	76.56	153.1
0.035 0	1.51	3.03	7.57	15.14	30.27	37.85	75.69	151.4
0.035 2	1.50	2.99	7.48	14.97	29.93	37.42	74.83	149.7
0.035 4	1.48	2.96	7.40	14.80	29.59	37.00	73.99	148.0
0.035 6	1.46	2.93	7.32	14.63	29.26	36.59	73.16	146.3
0.035 8	1.45	2.89	7.23	14.47	28.94	36.18	72.34	144.7

表1－HV 0.2 未満（続き）

対角線長さ の平均	試験力 F (N)							
	0.009 807	0.019 61	0.049 03	0.098 07	0.196 12	0.245 2	0.490 3	0.980 7
	ビッカース硬さ							
d mm	HV 0.001	HV 0.002	HV 0.005	HV 0.01	HV 0.02	HV 0.025	HV 0.05	HV 0.1
0.036 0	1.43	2.86	7.15	14.31	28.62	35.78	71.54	143.1
0.036 2	1.42	2.83	7.08	14.15	28.30	35.38	70.75	141.5
0.036 4	1.40	2.80	7.00	14.00	27.99	35.00	69.98	140.0
0.036 6	1.38	2.77	6.92	13.84	27.69	34.61	69.21	138.4
0.036 8	1.37	2.74	6.85	13.69	27.39	34.24	68.46	136.9
0.037 0	1.35	2.71	6.77	13.55	27.09	33.87	67.73	135.5
0.037 2	1.34	2.68	6.70	13.40	26.80	33.51	67.00	134.0
0.037 4	1.33	2.65	6.63	13.26	26.51	33.15	66.28	132.6
0.037 6	1.31	2.62	6.56	13.12	26.23	32.80	65.58	131.2
0.037 8	1.30	2.60	6.49	12.98	25.96	32.45	64.89	129.8
0.038 0	1.28	2.57	6.42	12.84	25.68	32.11	64.21	128.4
0.038 2	1.27	2.54	6.35	12.71	25.41	31.77	63.54	127.1
0.038 4	1.26	2.51	6.29	12.58	25.15	31.44	62.88	125.8
0.038 6	1.24	2.49	6.22	12.45	24.89	31.12	62.23	124.5
0.038 8	1.23	2.46	6.16	12.32	24.63	30.80	61.59	123.2
0.039 0	1.22	2.44	6.10	12.19	24.38	30.48	60.96	121.9
0.039 2	1.21	2.41	6.03	12.07	24.13	30.17	60.34	120.7
0.039 4	1.19	2.39	5.97	11.95	23.89	29.87	59.73	119.5
0.039 6	1.18	2.36	5.91	11.83	23.65	29.57	59.12	118.3
0.039 8	1.17	2.34	5.85	11.71	23.41	29.27	58.53	117.1
0.040 0	1.16	2.32	5.79	11.59	23.18	28.98	57.95	115.9
0.040 2	1.15	2.29	5.74	11.48	22.95	28.69	57.37	114.8
0.040 4	1.14	2.27	5.68	11.36	22.72	28.41	56.81	113.6
0.040 6	1.13	2.25	5.62	11.25	22.50	28.13	56.25	112.5
0.040 8	1.11	2.23	5.57	11.14	22.28	27.85	55.70	111.4
0.041 0	1.10	2.21	5.52	11.03	22.06	27.58	55.16	110.3
0.041 2	1.09	2.18	5.46	10.93	21.85	27.32	54.62	109.3
0.041 4	1.08	2.16	5.41	10.82	21.64	27.05	54.09	108.2
0.041 6	1.07	2.14	5.36	10.72	21.43	26.79	53.58	107.2
0.041 8	1.06	2.12	5.31	10.61	21.23	26.54	53.06	106.1
0.042 0	1.05	2.10	5.26	10.51	21.02	26.29	52.56	105.1
0.042 2	1.04	2.08	5.21	10.41	20.83	26.04	52.06	104.1
0.042 4	1.03	2.06	5.16	10.32	20.63	25.79	51.57	103.2
0.042 6	1.02	2.04	5.11	10.22	20.44	25.55	51.09	102.2
0.042 8	1.01	2.02	5.06	10.12	20.25	25.31	50.61	101.2
0.043 0	1.00	2.01	5.01	10.03	20.06	25.08	50.14	100.3
0.043 2	—	1.99	4.97	9.94	19.87	24.85	49.68	99.37
0.043 4	—	1.97	4.92	9.85	19.69	24.62	49.22	98.46
0.043 6	—	1.95	4.88	9.76	19.51	24.39	48.77	97.56
0.043 8	—	1.93	4.83	9.67	19.33	24.17	48.33	96.67

表 1−HV 0.2 未満（続き）

対角線長さの平均	試験力 F (N)							
	0.009 807	0.019 61	0.049 03	0.098 07	0.196 12	0.245 2	0.490 3	0.980 7
	ビッカース硬さ							
d	HV	HV	HV	HV	HV	HV	HV	HV
mm	0.001	0.002	0.005	0.01	0.02	0.025	0.05	0.1
0.044 0	−	1.92	4.79	9.58	19.16	23.95	47.89	95.79
0.044 2	−	1.90	4.75	9.49	18.98	23.73	47.46	94.93
0.044 4	−	1.88	4.70	9.41	18.81	23.52	47.03	94.07
0.044 6	−	1.86	4.66	9.32	18.64	23.31	46.61	93.23
0.044 8	−	1.85	4.62	9.24	18.48	23.10	46.20	92.40
0.045 0	−	1.83	4.58	9.16	18.31	22.90	45.79	91.58
0.045 2	−	1.82	4.54	9.08	18.15	22.70	45.38	90.77
0.045 4	−	1.80	4.50	9.00	17.99	22.50	44.98	89.97
0.045 6	−	1.78	4.46	8.92	17.84	22.30	44.59	89.19
0.045 8	−	1.77	4.42	8.84	17.68	22.10	44.20	88.41
0.046 0	−	1.75	4.38	8.76	17.53	21.91	43.82	87.64
0.046 2	−	1.74	4.34	8.69	17.38	21.72	43.44	86.88
0.046 4	−	1.72	4.31	8.61	17.23	21.54	43.06	86.14
0.046 6	−	1.71	4.27	8.54	17.08	21.35	42.70	85.40
0.046 8	−	1.69	4.23	8.47	16.93	21.17	42.33	84.67
0.047 0	−	1.68	4.20	8.40	16.79	20.99	41.97	83.95
0.047 2	−	1.66	4.16	8.32	16.65	20.81	41.62	83.24
0.047 4	−	1.65	4.13	8.25	16.51	20.64	41.27	82.54
0.047 6	−	1.64	4.09	8.18	16.37	20.46	40.92	81.85
0.047 8	−	1.62	4.06	8.12	16.23	20.29	40.58	81.17
0.048 0	−	1.61	4.02	8.05	16.10	20.12	40.24	80.49
0.048 2	−	1.60	3.99	7.98	15.96	19.96	39.91	79.82
0.048 4	−	1.58	3.96	7.92	15.83	19.79	39.58	79.17
0.048 6	−	1.57	3.93	7.85	15.70	19.63	39.25	78.52
0.048 8	−	1.56	3.89	7.79	15.57	19.47	38.93	77.87
0.049 0	−	1.54	3.86	7.72	15.45	19.31	38.62	77.24
0.049 2	−	1.53	3.83	7.66	15.32	19.15	38.30	76.61
0.049 4	−	1.52	3.80	7.60	15.20	19.00	37.99	75.99
0.049 6	−	1.51	3.77	7.54	15.07	18.85	37.69	75.38
0.049 8	−	1.50	3.74	7.48	14.95	18.70	37.38	74.78
0.050 0	−	1.48	3.71	7.42	14.83	18.55	37.09	74.18
0.050 2	−	1.47	3.68	7.36	14.72	18.40	36.79	73.59
0.050 4	−	1.46	3.65	7.30	14.60	18.25	36.50	73.01
0.050 6	−	1.45	3.62	7.24	14.48	18.11	36.21	72.43
0.050 8	−	1.44	3.59	7.19	14.37	17.97	35.93	71.86
0.051 0	−	1.43	3.56	7.13	14.26	17.83	35.65	71.30
0.051 2	−	1.41	3.54	7.07	14.15	17.69	35.37	70.74
0.051 4	−	1.40	3.51	7.02	14.04	17.55	35.09	70.19
0.051 6	−	1.39	3.48	6.97	13.93	17.41	34.82	69.65
0.051 8	−	1.38	3.46	6.91	13.82	17.28	34.55	69.11

表1－HV 0.2 未満（続き）

対角線長さの平均	試験力 F (N)							
	0.009 807	0.019 61	0.049 03	0.098 07	0.196 12	0.245 2	0.490 3	0.980 7
	ピッカース硬さ							
d mm	HV 0.001	HV 0.002	HV 0.005	HV 0.01	HV 0.02	HV 0.025	HV 0.05	HV 0.1
0.052 0	－	1.37	3.43	6.86	13.72	17.15	34.29	68.58
0.052 2	－	1.36	3.40	6.81	13.61	17.02	34.03	68.06
0.052 4	－	1.35	3.38	6.75	13.51	16.89	33.77	67.54
0.052 6	－	1.34	3.35	6.70	13.40	16.76	33.51	67.03
0.052 8	－	1.33	3.33	6.65	13.30	16.63	33.26	66.52
0.053 0	－	1.32	3.30	6.60	13.20	16.51	33.01	66.02
0.053 2	－	1.31	3.28	6.55	13.10	16.38	32.76	65.52
0.053 4	－	1.30	3.25	6.50	13.01	16.26	32.51	65.03
0.053 6	－	1.29	3.23	6.46	12.91	16.14	32.27	64.55
0.053 8	－	1.28	3.20	6.41	12.81	16.02	32.03	64.07
0.054 0	－	1.27	3.18	6.36	12.72	15.90	31.80	63.60
0.054 2	－	1.26	3.16	6.31	12.62	15.78	31.56	63.13
0.054 4	－	1.25	3.13	6.27	12.53	15.67	31.33	62.67
0.054 6	－	1.24	3.11	6.22	12.44	15.55	31.10	62.21
0.054 8	－	1.23	3.09	6.18	12.35	15.44	30.87	61.75
0.055 0	－	1.23	3.06	6.13	12.26	15.33	30.65	61.31
0.055 2	－	1.22	3.04	6.09	12.17	15.22	30.43	60.86
0.055 4	－	1.21	3.02	6.04	12.08	15.11	30.21	60.42
0.055 6	－	1.20	3.00	6.00	12.00	15.00	29.99	59.99
0.055 8	－	1.19	2.98	5.96	11.91	14.89	29.78	59.56
0.056 0	－	1.18	2.96	5.91	11.83	14.79	29.56	59.14
0.056 2	－	1.17	2.94	5.87	11.74	14.68	29.35	58.72
0.056 4	－	1.17	2.91	5.83	11.66	14.58	29.15	58.30
0.056 6	－	1.16	2.89	5.79	11.58	14.47	28.94	57.89
0.056 8	－	1.15	2.87	5.75	11.50	14.37	28.74	57.48
0.057 0	－	1.14	2.85	5.71	11.41	14.27	28.54	57.08
0.057 2	－	1.13	2.83	5.67	11.33	14.17	28.34	56.68
0.057 4	－	1.13	2.81	5.63	11.26	14.07	28.14	56.29
0.057 6	－	1.12	2.79	5.59	11.18	13.98	27.95	55.90
0.057 8	－	1.11	2.78	5.55	11.10	13.88	27.75	55.51
0.058 0	－	1.10	2.76	5.51	11.02	13.78	27.56	55.13
0.058 2	－	1.09	2.74	5.47	10.95	13.69	27.37	54.75
0.058 4	－	1.09	2.72	5.44	10.87	13.60	27.18	54.38
0.058 6	－	1.08	2.70	5.40	10.80	13.50	27.00	54.00
0.058 8	－	1.07	2.68	5.36	10.73	13.41	26.82	53.64
0.059 0	－	1.07	2.66	5.33	10.65	13.32	26.63	53.28
0.059 2	－	1.06	2.65	5.29	10.58	13.23	26.46	52.92
0.059 4	－	1.05	2.63	5.26	10.51	13.14	26.28	52.56
0.059 6	－	1.04	2.61	5.22	10.44	13.05	26.10	52.21
0.059 8	－	1.04	2.59	5.19	10.37	12.97	25.93	51.86

表 1－HV 0.2 未満（続き）

対角線長さ の平均	試験力 F (N)							
	0.009 807	0.019 61	0.049 03	0.098 07	0.196 12	0.245 2	0.490 3	0.980 7
	ビッカース硬さ							
d mm	HV 0.001	HV 0.002	HV 0.005	HV 0.01	HV 0.02	HV 0.025	HV 0.05	HV 0.1
0.060 0	−	1.03	2.58	5.15	10.30	12.88	25.75	51.51
0.060 2	−	1.02	2.56	5.12	10.23	12.79	25.58	51.17
0.060 4	−	1.02	2.54	5.08	10.17	12.71	25.41	50.83
0.060 6	−	1.01	2.52	5.05	10.10	12.63	25.25	50.50
0.060 8	−	1.00	2.51	5.02	10.03	12.54	25.08	50.17
0.061 0	−	−	2.49	4.98	9.97	12.46	24.92	49.84
0.061 2	−	−	2.48	4.95	9.90	12.38	24.75	49.51
0.061 4	−	−	2.46	4.92	9.84	12.30	24.59	49.19
0.061 6	−	−	2.44	4.89	9.77	12.22	24.43	48.87
0.061 8	−	−	2.43	4.86	9.71	12.14	24.28	48.56
0.062 0	−	−	2.41	4.82	9.65	12.06	24.12	48.24
0.062 2	−	−	2.40	4.79	9.59	11.98	23.96	47.93
0.062 4	−	−	2.38	4.76	9.52	11.91	23.81	47.63
0.062 6	−	−	2.37	4.73	9.46	11.83	23.66	47.32
0.062 8	−	−	2.35	4.70	9.40	11.76	23.51	47.02
0.063 0	−	−	2.34	4.67	9.34	11.68	23.36	46.72
0.063 2	−	−	2.32	4.64	9.28	11.61	23.21	46.43
0.063 4	−	−	2.31	4.61	9.23	11.54	23.07	46.14
0.063 6	−	−	2.29	4.58	9.17	11.46	22.92	45.85
0.063 8	−	−	2.28	4.56	9.11	11.39	22.78	45.56
0.064 0	−	−	2.26	4.53	9.05	11.32	22.64	45.28
0.064 2	−	−	2.25	4.50	9.00	11.25	22.49	44.99
0.064 4	−	−	2.24	4.47	8.94	11.18	22.36	44.72
0.064 6	−	−	2.22	4.44	8.89	11.11	22.22	44.44
0.064 8	−	−	2.21	4.42	8.83	11.04	22.08	44.16
0.065 0	−	−	2.19	4.39	8.78	10.97	21.94	43.89
0.065 2	−	−	2.18	4.36	8.72	10.91	21.81	43.62
0.065 4	−	−	2.17	4.34	8.67	10.84	21.68	43.36
0.065 6	−	−	2.15	4.31	8.62	10.77	21.54	43.09
0.065 8	−	−	2.14	4.28	8.57	10.71	21.41	42.83
0.066 0	−	−	2.13	4.26	8.51	10.64	21.28	42.57
0.066 2	−	−	2.12	4.23	8.46	10.58	21.16	42.32
0.066 4	−	−	2.10	4.21	8.41	10.52	21.03	42.06
0.066 6	−	−	2.09	4.18	8.36	10.45	20.90	41.81
0.066 8	−	−	2.08	4.16	8.31	10.39	20.78	41.56
0.067 0	−	−	2.07	4.13	8.26	10.33	20.65	41.31
0.067 2	−	−	2.05	4.11	8.21	10.27	20.53	41.07
0.067 4	−	−	2.04	4.08	8.16	10.21	20.41	40.82
0.067 6	−	−	2.03	4.06	8.12	10.15	20.29	40.58
0.067 8	−	−	2.02	4.03	8.07	10.09	20.17	40.34

表1－HV 0.2 未満（続き）

対角線長さ の平均	試験力 F (N)							
	0.009 807	0.019 61	0.049 03	0.098 07	0.196 12	0.245 2	0.490 3	0.980 7
	ビッカース硬さ							
d mm	HV 0.001	HV 0.002	HV 0.005	HV 0.01	HV 0.02	HV 0.025	HV 0.05	HV 0.1
0.068 0	—	—	2.01	4.01	8.02	10.03	20.05	40.11
0.068 2	—	—	1.99	3.99	7.97	9.97	19.93	39.87
0.068 4	—	—	1.98	3.96	7.93	9.91	19.82	39.64
0.068 6	—	—	1.97	3.94	7.88	9.85	19.70	39.41
0.068 8	—	—	1.96	3.92	7.83	9.80	19.59	39.18
0.069 0	—	—	1.95	3.90	7.79	9.74	19.47	38.95
0.069 2	—	—	1.94	3.87	7.74	9.68	19.36	38.73
0.069 4	—	—	1.93	3.85	7.70	9.63	19.25	38.50
0.069 6	—	—	1.91	3.83	7.66	9.57	19.14	38.28
0.069 8	—	—	1.90	3.81	7.61	9.52	19.03	38.06
0.070 0	—	—	1.89	3.78	7.57	9.46	18.92	37.85
0.070 2	—	—	1.88	3.76	7.53	9.41	18.81	37.63
0.070 4	—	—	1.87	3.74	7.48	9.36	18.71	37.42
0.070 6	—	—	1.86	3.72	7.44	9.30	18.60	37.21
0.070 8	—	—	1.85	3.70	7.40	9.25	18.50	37.00
0.071 0	—	—	1.84	3.68	7.36	9.20	18.39	36.79
0.071 2	—	—	1.83	3.66	7.32	9.15	18.29	36.58
0.071 4	—	—	1.82	3.64	7.27	9.10	18.19	36.38
0.071 6	—	—	1.81	3.62	7.23	9.04	18.09	36.17
0.071 8	—	—	1.80	3.60	7.19	8.99	17.98	35.97
0.072 0	—	—	1.79	3.58	7.15	8.94	17.88	35.77
0.072 2	—	—	1.78	3.56	7.11	8.89	17.79	35.58
0.072 4	—	—	1.77	3.54	7.08	8.85	17.69	35.38
0.072 6	—	—	1.76	3.52	7.04	8.80	17.59	35.18
0.072 8	—	—	1.75	3.50	7.00	8.75	17.49	34.99
0.073 0	—	—	1.74	3.48	6.96	8.70	17.40	34.80
0.073 2	—	—	1.73	3.46	6.92	8.65	17.30	34.61
0.073 4	—	—	1.72	3.44	6.88	8.61	17.21	34.42
0.073 6	—	—	1.71	3.42	6.85	8.56	17.12	34.24
0.073 8	—	—	1.70	3.40	6.81	8.51	17.02	34.05
0.074 0	—	—	1.69	3.39	6.77	8.47	16.93	33.87
0.074 2	—	—	1.68	3.37	6.74	8.42	16.84	33.68
0.074 4	—	—	1.67	3.35	6.70	8.38	16.75	33.50
0.074 6	—	—	1.67	3.33	6.66	8.33	16.66	33.32
0.074 8	—	—	1.66	3.31	6.63	8.29	16.57	33.15
0.075 0	—	—	1.65	3.30	6.59	8.24	16.48	32.97
0.075 2	—	—	1.64	3.28	6.56	8.20	16.40	32.79
0.075 4	—	—	1.63	3.26	6.52	8.16	16.31	32.62
0.075 6	—	—	1.62	3.24	6.49	8.11	16.22	32.45
0.075 8	—	—	1.61	3.23	6.45	8.07	16.14	32.28

表1－HV 0.2 未満（続き）

対角線長さ の平均	試験力 F (N)							
	0.009 807	0.019 61	0.049 03	0.098 07	0.196 12	0.245 2	0.490 3	0.980 7
	ビッカース硬さ							
d	HV	HV	HV	HV	HV	HV	HV	HV
mm	0.001	0.002	0.005	0.01	0.02	0.025	0.05	0.1
0.076 0	－	－	1.61	3.21	6.42	8.03	16.05	32.11
0.076 2	－	－	1.60	3.19	6.39	7.99	15.97	31.94
0.076 4	－	－	1.59	3.18	6.35	7.94	15.88	31.77
0.076 6	－	－	1.58	3.16	6.32	7.90	15.80	31.61
0.076 8	－	－	1.57	3.14	6.29	7.86	15.72	31.44
0.077 0	－	－	1.56	3.13	6.26	7.82	15.64	31.28
0.077 2	－	－	1.56	3.11	6.22	7.78	15.56	31.12
0.077 4	－	－	1.55	3.10	6.19	7.74	15.48	30.96
0.077 6	－	－	1.54	3.08	6.16	7.70	15.40	30.80
0.077 8	－	－	1.53	3.06	6.13	7.66	15.32	30.64
0.078 0	－	－	1.52	3.05	6.10	7.62	15.24	30.48
0.078 2	－	－	1.52	3.03	6.06	7.58	15.16	30.33
0.078 4	－	－	1.51	3.02	6.03	7.54	15.08	30.17
0.078 6	－	－	1.50	3.00	6.00	7.51	15.01	30.02
0.078 8	－	－	1.49	2.99	5.97	7.47	14.93	29.87
0.079 0	－	－	1.49	2.97	5.94	7.43	14.86	29.71
0.079 2	－	－	1.48	2.96	5.91	7.39	14.78	29.56
0.079 4	－	－	1.47	2.94	5.88	7.35	14.71	29.42
0.079 6	－	－	1.46	2.93	5.85	7.32	14.63	29.27
0.079 8	－	－	1.46	2.91	5.82	7.28	14.56	29.12
0.080 0	－	－	1.45	2.90	5.79	7.24	14.49	28.98
0.080 2	－	－	1.44	2.88	5.77	7.21	14.41	28.83
0.080 4	－	－	1.43	2.87	5.74	7.17	14.34	28.69
0.080 6	－	－	1.43	2.85	5.71	7.14	14.27	28.55
0.080 8	－	－	1.42	2.84	5.68	7.10	14.20	28.41
0.081 0	－	－	1.41	2.83	5.65	7.07	14.13	28.27
0.081 2	－	－	1.41	2.81	5.62	7.03	14.06	28.13
0.081 4	－	－	1.40	2.80	5.60	7.00	13.99	27.99
0.081 6	－	－	1.39	2.79	5.57	6.96	13.92	27.85
0.081 8	－	－	1.39	2.77	5.54	6.93	13.86	27.72
0.082 0	－	－	1.38	2.76	5.52	6.90	13.79	27.58
0.082 2	－	－	1.37	2.74	5.49	6.86	13.72	27.45
0.082 4	－	－	1.37	2.73	5.46	6.83	13.66	27.31
0.082 6	－	－	1.36	2.72	5.44	6.80	13.59	27.18
0.082 8	－	－	1.35	2.70	5.41	6.76	13.52	27.05
0.083 0	－	－	1.35	2.69	5.38	6.73	13.46	26.92
0.083 2	－	－	1.34	2.68	5.36	6.70	13.39	26.79
0.083 4	－	－	1.33	2.67	5.33	6.67	13.33	26.66
0.083 6	－	－	1.33	2.65	5.31	6.63	13.27	26.53
0.083 8	－	－	1.32	2.64	5.28	6.60	13.20	26.41

表 1 − HV 0.2 未満（続き）

対角線長さの平均	試験力 F (N)							
	0.009 807	0.019 61	0.049 03	0.098 07	0.196 12	0.245 2	0.490 3	0.980 7
	ビッカース硬さ							
d mm	HV 0.001	HV 0.002	HV 0.005	HV 0.01	HV 0.02	HV 0.025	HV 0.05	HV 0.1
0.084 0	−	−	1.31	2.63	5.26	6.57	13.14	26.28
0.084 2	−	−	1.31	2.62	5.23	6.54	13.08	26.16
0.084 4	−	−	1.30	2.60	5.21	6.51	13.02	26.03
0.084 6	−	−	1.30	2.59	5.18	6.48	12.95	25.91
0.084 8	−	−	1.29	2.58	5.16	6.45	12.89	25.79
0.085 0	−	−	1.28	2.57	5.13	6.42	12.83	25.67
0.085 2	−	−	1.28	2.55	5.11	6.39	12.77	25.55
0.085 4	−	−	1.27	2.54	5.09	6.36	12.71	25.43
0.085 6	−	−	1.27	2.53	5.06	6.33	12.65	25.31
0.085 8	−	−	1.26	2.52	5.04	6.30	12.59	25.19
0.086 0	−	−	1.25	2.51	5.01	6.27	12.54	25.07
0.086 2	−	−	1.25	2.50	4.99	6.24	12.48	24.96
0.086 4	−	−	1.24	2.48	4.97	6.21	12.42	24.84
0.086 6	−	−	1.24	2.47	4.95	6.18	12.36	24.73
0.086 8	−	−	1.23	2.46	4.92	6.15	12.31	24.61
0.087 0	−	−	1.22	2.45	4.90	6.13	12.25	24.50
0.087 2	−	−	1.22	2.44	4.88	6.10	12.19	24.39
0.087 4	−	−	1.21	2.43	4.86	6.07	12.14	24.28
0.087 6	−	−	1.21	2.42	4.83	6.04	12.08	24.17
0.087 8	−	−	1.20	2.41	4.81	6.01	12.03	24.06
0.088 0	−	−	1.20	2.39	4.79	5.99	11.97	23.95
0.088 2	−	−	1.19	2.38	4.77	5.96	11.92	23.84
0.088 4	−	−	1.19	2.37	4.75	5.93	11.86	23.73
0.088 6	−	−	1.18	2.36	4.72	5.91	11.81	23.62
0.088 8	−	−	1.18	2.35	4.70	5.88	11.76	23.52
0.089 0	−	−	1.17	2.34	4.68	5.85	11.71	23.41
0.089 2	−	−	1.17	2.33	4.66	5.83	11.65	23.31
0.089 4	−	−	1.16	2.32	4.64	5.80	11.60	23.20
0.089 6	−	−	1.15	2.31	4.62	5.78	11.55	23.10
0.089 8	−	−	1.15	2.30	4.60	5.75	11.50	23.00
0.090 0	−	−	1.14	2.29	4.58	5.72	11.45	22.90
0.090 2	−	−	1.14	2.28	4.56	5.70	11.40	22.79
0.090 4	−	−	1.13	2.27	4.54	5.67	11.35	22.69
0.090 6	−	−	1.13	2.26	4.52	5.65	11.30	22.59
0.090 8	−	−	1.12	2.25	4.50	5.62	11.25	22.49
0.091 0	−	−	1.12	2.24	4.48	5.60	11.20	22.39
0.091 2	−	−	1.11	2.23	4.46	5.57	11.15	22.30
0.091 4	−	−	1.11	2.22	4.44	5.55	11.10	22.20
0.091 6	−	−	1.11	2.21	4.42	5.53	11.05	22.10
0.091 8	−	−	1.10	2.20	4.40	5.50	11.00	22.01

表1−HV 0.2 未満（続き）

対角線長さ の平均	試験力 F (N)							
	0.009 807	0.019 61	0.049 03	0.098 07	0.196 12	0.245 2	0.490 3	0.980 7
	ビッカース硬さ							
d mm	HV 0.001	HV 0.002	HV 0.005	HV 0.01	HV 0.02	HV 0.025	HV 0.05	HV 0.1
0.092 0	—	—	1.10	2.19	4.38	5.48	10.95	21.91
0.092 2	—	—	1.09	2.18	4.36	5.45	10.91	21.82
0.092 4	—	—	1.09	2.17	4.34	5.43	10.86	21.72
0.092 6	—	—	1.08	2.16	4.33	5.41	10.81	21.63
0.092 8	—	—	1.08	2.15	4.31	5.38	10.77	21.53
0.093 0	—	—	1.07	2.14	4.29	5.36	10.72	21.44
0.093 2	—	—	1.07	2.13	4.27	5.34	10.67	21.35
0.093 4	—	—	1.06	2.13	4.25	5.32	10.63	21.26
0.093 6	—	—	1.06	2.12	4.23	5.29	10.58	21.17
0.093 8	—	—	1.05	2.11	4.22	5.27	10.54	21.08
0.094 0	—	—	1.05	2.10	4.20	5.25	10.49	20.99
0.094 2	—	—	1.04	2.09	4.18	5.23	10.45	20.90
0.094 4	—	—	1.04	2.08	4.16	5.20	10.40	20.81
0.094 6	—	—	1.04	2.07	4.14	5.18	10.36	20.72
0.094 8	—	—	1.03	2.06	4.13	5.16	10.32	20.64
0.095 0	—	—	1.03	2.05	4.11	5.14	10.27	20.55
0.095 2	—	—	1.02	2.05	4.09	5.12	10.23	20.46
0.095 4	—	—	1.02	2.04	4.07	5.09	10.19	20.38
0.095 6	—	—	1.01	2.03	4.06	5.07	10.14	20.29
0.095 8	—	—	1.01	2.02	4.04	5.05	10.10	20.21
0.096 0	—	—	1.01	2.01	4.02	5.03	10.06	20.12
0.096 2	—	—	1.00	2.00	4.01	5.01	10.02	20.04
0.096 4	—	—	—	2.00	3.99	4.99	9.98	19.96
0.096 6	—	—	—	1.99	3.97	4.97	9.94	19.87
0.096 8	—	—	—	1.98	3.96	4.95	9.89	19.79
0.097 0	—	—	—	1.97	3.94	4.93	9.85	19.71
0.097 2	—	—	—	1.96	3.93	4.91	9.81	19.63
0.097 4	—	—	—	1.95	3.91	4.89	9.77	19.55
0.097 6	—	—	—	1.95	3.89	4.87	9.73	19.47
0.097 8	—	—	—	1.94	3.88	4.85	9.69	19.39
0.098 0	—	—	—	1.93	3.86	4.83	9.65	19.31
0.098 2	—	—	—	1.92	3.85	4.81	9.61	19.23
0.098 4	—	—	—	1.92	3.83	4.79	9.58	19.15
0.098 6	—	—	—	1.91	3.81	4.77	9.54	19.08
0.098 8	—	—	—	1.90	3.80	4.75	9.50	19.00
0.099 0	—	—	—	1.89	3.78	4.73	9.46	18.92
0.099 2	—	—	—	1.88	3.77	4.71	9.42	18.85
0.099 4	—	—	—	1.88	3.75	4.69	9.38	18.77
0.099 6	—	—	—	1.87	3.74	4.67	9.35	18.69
0.099 8	—	—	—	1.86	3.72	4.66	9.31	18.62

表1－HV 0.2 未満（続き）

対角線長さの平均	試験力 F (N)							
	0.009 807	0.019 61	0.049 03	0.098 07	0.196 12	0.245 2	0.490 3	0.980 7
	ビッカース硬さ							
d mm	HV 0.001	HV 0.002	HV 0.005	HV 0.01	HV 0.02	HV 0.025	HV 0.05	HV 0.1
0.100 0	—	—	—	1.85	3.71	4.64	9.27	18.55
0.100 2	—	—	—	1.85	3.69	4.62	9.23	18.47
0.100 4	—	—	—	1.84	3.68	4.60	9.20	18.40
0.100 6	—	—	—	1.83	3.66	4.58	9.16	18.32
0.100 8	—	—	—	1.83	3.65	4.56	9.12	18.25
0.101 0	—	—	—	1.82	3.64	4.55	9.09	18.18
0.101 2	—	—	—	1.81	3.62	4.53	9.05	18.11
0.101 4	—	—	—	1.80	3.61	4.51	9.02	18.04
0.101 6	—	—	—	1.80	3.59	4.49	8.98	17.97
0.101 8	—	—	—	1.79	3.58	4.47	8.95	17.90
0.102 0	—	—	—	1.78	3.56	4.46	8.91	17.82
0.102 2	—	—	—	1.78	3.55	4.44	8.88	17.76
0.102 4	—	—	—	1.77	3.54	4.42	8.84	17.69
0.102 6	—	—	—	1.76	3.52	4.40	8.81	17.62
0.102 8	—	—	—	1.75	3.51	4.39	8.77	17.55
0.103 0	—	—	—	1.75	3.50	4.37	8.74	17.48
0.103 2	—	—	—	1.74	3.48	4.35	8.71	17.41
0.103 4	—	—	—	1.73	3.47	4.34	8.67	17.35
0.103 6	—	—	—	1.73	3.46	4.32	8.64	17.28
0.103 8	—	—	—	1.72	3.44	4.30	8.61	17.21
0.104 0	—	—	—	1.71	3.43	4.29	8.57	17.15
0.104 2	—	—	—	1.71	3.42	4.27	8.54	17.08
0.104 4	—	—	—	1.70	3.40	4.25	8.51	17.01
0.104 6	—	—	—	1.69	3.39	4.24	8.47	16.95
0.104 8	—	—	—	1.69	3.38	4.22	8.44	16.89
0.105 0	—	—	—	1.68	3.36	4.21	8.41	16.82
0.105 2	—	—	—	1.68	3.35	4.19	8.38	16.76
0.105 4	—	—	—	1.67	3.34	4.17	8.35	16.69
0.105 6	—	—	—	1.66	3.33	4.16	8.31	16.63
0.105 8	—	—	—	1.66	3.31	4.14	8.28	16.57
0.106 0	—	—	—	1.65	3.30	4.13	8.25	16.51
0.106 2	—	—	—	1.64	3.29	4.11	8.22	16.44
0.106 4	—	—	—	1.64	3.28	4.10	8.19	16.38
0.106 6	—	—	—	1.63	3.26	4.08	8.16	16.32
0.106 8	—	—	—	1.63	3.25	4.07	8.13	16.26
0.107 0	—	—	—	1.62	3.24	4.05	8.10	16.20
0.107 2	—	—	—	1.61	3.23	4.03	8.07	16.14
0.107 4	—	—	—	1.61	3.22	4.02	8.04	16.08
0.107 6	—	—	—	1.60	3.20	4.00	8.01	16.02
0.107 8	—	—	—	1.60	3.19	3.99	7.98	15.96

表 1－HV 0.2 未満（続き）

対角線長さ の平均	試験力 F (N)							
	0.009 807	0.019 61	0.049 03	0.098 07	0.196 12	0.245 2	0.490 3	0.980 7
	ビッカース硬さ							
d	HV	HV	HV	HV	HV	HV	HV	HV
mm	0.001	0.002	0.005	0.01	0.02	0.025	0.05	0.1
0.108 0	－	－	－	1.59	3.18	3.98	7.95	15.90
0.108 2	－	－	－	1.58	3.17	3.96	7.92	15.84
0.108 4	－	－	－	1.58	3.16	3.95	7.89	15.78
0.108 6	－	－	－	1.57	3.14	3.93	7.86	15.72
0.108 8	－	－	－	1.57	3.13	3.92	7.83	15.67
0.109 0	－	－	－	1.56	3.12	3.90	7.80	15.61
0.109 2	－	－	－	1.56	3.11	3.89	7.78	15.55
0.109 4	－	－	－	1.55	3.10	3.87	7.75	15.50
0.109 6	－	－	－	1.54	3.09	3.86	7.72	15.44
0.109 8	－	－	－	1.54	3.08	3.85	7.69	15.38
0.110 0	－	－	－	1.53	3.06	3.83	7.66	15.33
0.110 2	－	－	－	1.53	3.05	3.82	7.63	15.27
0.110 4	－	－	－	1.52	3.04	3.80	7.61	15.22
0.110 6	－	－	－	1.52	3.03	3.79	7.58	15.16
0.110 8	－	－	－	1.51	3.02	3.78	7.55	15.11
0.111 0	－	－	－	1.51	3.01	3.76	7.53	15.05
0.111 2	－	－	－	1.50	3.00	3.75	7.50	15.00
0.111 4	－	－	－	1.49	2.99	3.74	7.47	14.94
0.111 6	－	－	－	1.49	2.98	3.72	7.44	14.89
0.111 8	－	－	－	1.48	2.97	3.71	7.42	14.84
0.112 0	－	－	－	1.48	2.96	3.70	7.39	14.78
0.112 2	－	－	－	1.47	2.95	3.68	7.36	14.73
0.112 4	－	－	－	1.47	2.94	3.67	7.34	14.68
0.112 6	－	－	－	1.46	2.93	3.66	7.31	14.63
0.112 8	－	－	－	1.46	2.91	3.64	7.29	14.58
0.113 0	－	－	－	1.45	2.90	3.63	7.26	14.52
0.113 2	－	－	－	1.45	2.89	3.62	7.24	14.47
0.113 4	－	－	－	1.44	2.88	3.61	7.21	14.42
0.113 6	－	－	－	1.44	2.87	3.59	7.18	14.37
0.113 8	－	－	－	1.43	2.86	3.58	7.16	14.32
0.114 0	－	－	－	1.43	2.85	3.57	7.13	14.27
0.114 2	－	－	－	1.42	2.84	3.56	7.11	14.22
0.114 4	－	－	－	1.42	2.83	3.54	7.08	14.17
0.114 6	－	－	－	1.41	2.82	3.53	7.06	14.12
0.114 8	－	－	－	1.41	2.81	3.52	7.04	14.07
0.115 0	－	－	－	1.40	2.80	3.51	7.01	14.02
0.115 2	－	－	－	1.40	2.79	3.49	6.99	13.97
0.115 4	－	－	－	1.39	2.78	3.48	6.96	13.93
0.115 6	－	－	－	1.39	2.78	3.47	6.94	13.88
0.115 8	－	－	－	1.38	2.77	3.46	6.91	13.83

表1－HV 0.2 未満（続き）

対角線長さの平均	試験力 F (N)							
	0.009 807	0.019 61	0.049 03	0.098 07	0.196 12	0.245 2	0.490 3	0.980 7
	ビッカース硬さ							
d mm	HV 0.001	HV 0.002	HV 0.005	HV 0.01	HV 0.02	HV 0.025	HV 0.05	HV 0.1
0.116 0	—	—	—	1.38	2.76	3.45	6.89	13.78
0.116 2	—	—	—	1.37	2.75	3.43	6.87	13.73
0.116 4	—	—	—	1.37	2.74	3.42	6.84	13.69
0.116 6	—	—	—	1.36	2.73	3.41	6.82	13.64
0.116 8	—	—	—	1.36	2.72	3.40	6.80	13.59
0.117 0	—	—	—	1.35	2.71	3.39	6.77	13.55
0.117 2	—	—	—	1.35	2.70	3.38	6.75	13.50
0.117 4	—	—	—	1.35	2.69	3.36	6.73	13.46
0.117 6	—	—	—	1.34	2.68	3.35	6.70	13.41
0.117 8	—	—	—	1.34	2.67	3.34	6.68	13.36
0.118 0	—	—	—	1.33	2.66	3.33	6.66	13.32
0.118 2	—	—	—	1.33	2.65	3.32	6.64	13.27
0.118 4	—	—	—	1.32	2.65	3.31	6.61	13.23
0.118 6	—	—	—	1.32	2.64	3.30	6.59	13.18
0.118 8	—	—	—	1.31	2.63	3.29	6.57	13.14
0.119 0	—	—	—	1.31	2.62	3.27	6.55	13.10
0.119 2	—	—	—	1.31	2.61	3.26	6.53	13.05
0.119 4	—	—	—	1.30	2.60	3.25	6.50	13.01
0.119 6	—	—	—	1.30	2.59	3.24	6.48	12.96
0.119 8	—	—	—	1.29	2.58	3.23	6.46	12.92
0.120 0	—	—	—	1.29	2.58	3.22	6.44	12.88
0.120 2	—	—	—	1.28	2.57	3.21	6.42	12.84
0.120 4	—	—	—	1.28	2.56	3.20	6.40	12.79
0.120 6	—	—	—	1.28	2.55	3.19	6.37	12.75
0.120 8	—	—	—	1.27	2.54	3.18	6.35	12.71
0.121 0	—	—	—	1.27	2.53	3.17	6.33	12.67
0.121 2	—	—	—	1.26	2.52	3.16	6.31	12.62
0.121 4	—	—	—	1.26	2.52	3.15	6.29	12.58
0.121 6	—	—	—	1.25	2.51	3.14	6.27	12.54
0.121 8	—	—	—	1.25	2.50	3.13	6.25	12.50
0.122 0	—	—	—	1.25	2.49	3.12	6.23	12.46
0.122 2	—	—	—	1.24	2.48	3.11	6.21	12.42
0.122 4	—	—	—	1.24	2.48	3.09	6.19	12.38
0.122 6	—	—	—	1.23	2.47	3.08	6.17	12.34
0.122 8	—	—	—	1.23	2.46	3.07	6.15	12.30
0.123 0	—	—	—	1.23	2.45	3.06	6.13	12.26
0.123 2	—	—	—	1.22	2.44	3.05	6.11	12.22
0.123 4	—	—	—	1.22	2.44	3.04	6.09	12.18
0.123 6	—	—	—	1.21	2.43	3.04	6.07	12.14
0.123 8	—	—	—	1.21	2.42	3.03	6.05	12.10

表1-HV 0.2 未満（続き）

対角線長さ の平均	試験力 F (N)							
	0.009 807	0.019 61	0.049 03	0.098 07	0.196 12	0.245 2	0.490 3	0.980 7
	ビッカース硬さ							
d mm	HV 0.001	HV 0.002	HV 0.005	HV 0.01	HV 0.02	HV 0.025	HV 0.05	HV 0.1
0.124 0	—	—	—	1.21	2.41	3.02	6.03	12.06
0.124 2	—	—	—	1.20	2.40	3.01	6.01	12.02
0.124 4	—	—	—	1.20	2.40	3.00	5.99	11.98
0.124 6	—	—	—	1.19	2.39	2.99	5.97	11.95
0.124 8	—	—	—	1.19	2.38	2.98	5.95	11.91
0.125 0	—	—	—	1.19	2.37	2.97	5.93	11.87
0.125 2	—	—	—	1.18	2.37	2.96	5.91	11.83
0.125 4	—	—	—	1.18	2.36	2.95	5.90	11.79
0.125 6	—	—	—	1.18	2.35	2.94	5.88	11.76
0.125 8	—	—	—	1.17	2.34	2.93	5.86	11.72
0.126 0	—	—	—	1.17	2.34	2.92	5.84	11.68
0.126 2	—	—	—	1.16	2.33	2.91	5.82	11.64
0.126 4	—	—	—	1.16	2.32	2.90	5.80	11.61
0.126 6	—	—	—	1.16	2.31	2.89	5.78	11.57
0.126 8	—	—	—	1.15	2.31	2.88	5.77	11.53
0.127 0	—	—	—	1.15	2.30	2.87	5.75	11.50
0.127 2	—	—	—	1.15	2.29	2.87	5.73	11.46
0.127 4	—	—	—	1.14	2.28	2.86	5.71	11.43
0.127 6	—	—	—	1.14	2.28	2.85	5.69	11.39
0.127 8	—	—	—	1.14	2.27	2.84	5.68	11.35
0.128 0	—	—	—	1.13	2.26	2.83	5.66	11.32
0.128 2	—	—	—	1.13	2.26	2.82	5.64	11.28
0.128 4	—	—	—	1.12	2.25	2.81	5.62	11.25
0.128 6	—	—	—	1.12	2.24	2.80	5.61	11.21
0.128 8	—	—	—	1.12	2.24	2.79	5.59	11.18
0.129 0	—	—	—	1.11	2.23	2.79	5.57	11.14
0.129 2	—	—	—	1.11	2.22	2.78	5.55	11.11
0.129 4	—	—	—	1.11	2.21	2.77	5.54	11.08
0.129 6	—	—	—	1.10	2.21	2.76	5.52	11.04
0.129 8	—	—	—	1.10	2.20	2.75	5.50	11.01
0.130 0	—	—	—	1.10	2.19	2.74	5.49	10.97
0.130 2	—	—	—	1.09	2.19	2.74	5.47	10.94
0.130 4	—	—	—	1.09	2.18	2.73	5.45	10.91
0.130 6	—	—	—	1.09	2.17	2.72	5.44	10.87
0.130 8	—	—	—	1.08	2.17	2.71	5.42	10.84
0.131 0	—	—	—	1.08	2.16	2.70	5.40	10.81
0.131 2	—	—	—	1.08	2.15	2.69	5.39	10.77
0.131 4	—	—	—	1.07	2.15	2.69	5.37	10.74
0.131 6	—	—	—	1.07	2.14	2.68	5.35	10.71
0.131 8	—	—	—	1.07	2.13	2.67	5.34	10.68

表1－HV 0.2 未満（続き）

対角線長さ の平均	試験力 F (N)							
	0.009 807	0.019 61	0.049 03	0.098 07	0.196 12	0.245 2	0.490 3	0.980 7
	ビッカース硬さ							
d mm	HV 0.001	HV 0.002	HV 0.005	HV 0.01	HV 0.02	HV 0.025	HV 0.05	HV 0.1
0.132 0	—	—	—	1.06	2.13	2.66	5.32	10.64
0.132 2	—	—	—	1.06	2.12	2.65	5.31	10.61
0.132 4	—	—	—	1.06	2.12	2.65	5.29	10.58
0.132 6	—	—	—	1.05	2.11	2.64	5.27	10.55
0.132 8	—	—	—	1.05	2.10	2.63	5.26	10.52
0.133 0	—	—	—	1.05	2.10	2.62	5.24	10.48
0.133 2	—	—	—	1.05	2.09	2.61	5.23	10.45
0.133 4	—	—	—	1.04	2.08	2.61	5.21	10.42
0.133 6	—	—	—	1.04	2.08	2.60	5.19	10.39
0.133 8	—	—	—	1.04	2.07	2.59	5.18	10.36
0.134 0	—	—	—	1.03	2.07	2.58	5.16	10.33
0.134 2	—	—	—	1.03	2.06	2.57	5.15	10.30
0.134 4	—	—	—	1.03	2.05	2.57	5.13	10.27
0.134 6	—	—	—	1.02	2.05	2.56	5.12	10.24
0.134 8	—	—	—	1.02	2.04	2.55	5.10	10.21
0.135 0	—	—	—	1.02	2.03	2.54	5.09	10.18
0.135 2	—	—	—	1.01	2.03	2.54	5.07	10.15
0.135 4	—	—	—	1.01	2.02	2.53	5.06	10.12
0.135 6	—	—	—	1.01	2.02	2.52	5.04	10.09
0.135 8	—	—	—	1.01	2.01	2.51	5.03	10.06
0.136 0	—	—	—	1.00	2.01	2.51	5.01	10.03
0.136 2	—	—	—	—	2.00	2.50	5.00	10.00
0.136 4	—	—	—	—	1.99	2.49	4.98	9.97
0.136 6	—	—	—	—	1.99	2.48	4.97	9.94
0.136 8	—	—	—	—	1.98	2.48	4.95	9.91
0.137 0	—	—	—	—	1.98	2.47	4.94	9.88
0.137 2	—	—	—	—	1.97	2.46	4.93	9.85
0.137 4	—	—	—	—	1.96	2.46	4.91	9.82
0.137 6	—	—	—	—	1.96	2.45	4.90	9.79
0.137 8	—	—	—	—	1.95	2.44	4.88	9.77
0.138 0	—	—	—	—	1.95	2.43	4.87	9.74
0.138 2	—	—	—	—	1.94	2.43	4.85	9.71
0.138 4	—	—	—	—	1.94	2.42	4.84	9.68
0.138 6	—	—	—	—	1.93	2.41	4.83	9.65
0.138 8	—	—	—	—	1.93	2.41	4.81	9.63
0.139 0	—	—	—	—	1.92	2.40	4.80	9.60
0.139 2	—	—	—	—	1.91	2.39	4.78	9.57
0.139 4	—	—	—	—	1.91	2.39	4.77	9.54
0.139 6	—	—	—	—	1.90	2.38	4.76	9.52
0.139 8	—	—	—	—	1.90	2.37	4.74	9.49

表 1－HV 0.2 未満（続き）

対角線長さ の平均	試験力 F (N)							
	0.009 807	0.019 61	0.049 03	0.098 07	0.196 12	0.245 2	0.490 3	0.980 7
	ビッカース硬さ							
d	HV	HV	HV	HV	HV	HV	HV	HV
mm	0.001	0.002	0.005	0.01	0.02	0.025	0.05	0.1
0.140 0	−	−	−	−	1.89	2.37	4.73	9.46
0.140 2	−	−	−	−	1.89	2.36	4.72	9.43
0.140 4	−	−	−	−	1.88	2.35	4.70	9.41
0.140 6	−	−	−	−	1.88	2.35	4.69	9.38
0.140 8	−	−	−	−	1.87	2.34	4.68	9.35
0.141 0	−	−	−	−	1.87	2.33	4.66	9.33
0.141 2	−	−	−	−	1.86	2.33	4.65	9.30
0.141 4	−	−	−	−	1.85	2.32	4.64	9.28
0.141 6	−	−	−	−	1.85	2.31	4.62	9.25
0.141 8	−	−	−	−	1.84	2.31	4.61	9.22
0.142 0	−	−	−	−	1.84	2.30	4.60	9.20
0.142 2	−	−	−	−	1.83	2.29	4.59	9.17
0.142 4	−	−	−	−	1.83	2.29	4.57	9.15
0.142 6	−	−	−	−	1.82	2.28	4.56	9.12
0.142 8	−	−	−	−	1.82	2.27	4.55	9.09
0.143 0	−	−	−	−	1.81	2.27	4.53	9.07
0.143 2	−	−	−	−	1.81	2.26	4.52	9.04
0.143 4	−	−	−	−	1.80	2.25	4.51	9.02
0.143 6	−	−	−	−	1.80	2.25	4.50	8.99
0.143 8	−	−	−	−	1.79	2.24	4.48	8.97
0.144 0	−	−	−	−	1.79	2.24	4.47	8.94
0.144 2	−	−	−	−	1.78	2.23	4.46	8.92
0.144 4	−	−	−	−	1.78	2.22	4.45	8.89
0.144 6	−	−	−	−	1.77	2.22	4.43	8.87
0.144 8	−	−	−	−	1.77	2.21	4.42	8.84
0.145 0	−	−	−	−	1.76	2.21	4.41	8.82
0.145 2	−	−	−	−	1.76	2.20	4.40	8.80
0.145 4	−	−	−	−	1.75	2.19	4.39	8.77
0.145 6	−	−	−	−	1.75	2.19	4.37	8.75
0.145 8	−	−	−	−	1.74	2.18	4.36	8.72
0.146 0	−	−	−	−	1.74	2.18	4.35	8.70
0.146 2	−	−	−	−	1.74	2.17	4.34	8.68
0.146 4	−	−	−	−	1.73	2.16	4.33	8.65
0.146 6	−	−	−	−	1.73	2.16	4.31	8.63
0.146 8	−	−	−	−	1.72	2.15	4.30	8.61
0.147 0	−	−	−	−	1.72	2.15	4.29	8.58
0.147 2	−	−	−	−	1.71	2.14	4.28	8.56
0.147 4	−	−	−	−	1.71	2.13	4.27	8.54
0.147 6	−	−	−	−	1.70	2.13	4.26	8.51
0.147 8	−	−	−	−	1.70	2.12	4.24	8.49

表 1－HV 0.2 未満（続き）

対角線長さ の平均	試験力 F (N)							
	0.009 807	0.019 61	0.049 03	0.098 07	0.196 12	0.245 2	0.490 3	0.980 7
	ビッカース硬さ							
d mm	HV 0.001	HV 0.002	HV 0.005	HV 0.01	HV 0.02	HV 0.025	HV 0.05	HV 0.1
0.148 0	－	－	－	－	1.69	2.12	4.23	8.47
0.148 2	－	－	－	－	1.69	2.11	4.22	8.44
0.148 4	－	－	－	－	1.68	2.11	4.21	8.42
0.148 6	－	－	－	－	1.68	2.10	4.20	8.40
0.148 8	－	－	－	－	1.67	2.09	4.19	8.38
0.149 0	－	－	－	－	1.67	2.09	4.18	8.35
0.149 2	－	－	－	－	1.67	2.08	4.17	8.33
0.149 4	－	－	－	－	1.66	2.08	4.15	8.31
0.149 6	－	－	－	－	1.66	2.07	4.14	8.29
0.149 8	－	－	－	－	1.65	2.07	4.13	8.26
0.150 0	－	－	－	－	1.65	2.06	4.12	8.24
0.150 2	－	－	－	－	1.64	2.06	4.11	8.22
0.150 4	－	－	－	－	1.64	2.05	4.10	8.20
0.150 6	－	－	－	－	1.64	2.04	4.09	8.18
0.150 8	－	－	－	－	1.63	2.04	4.08	8.16
0.151 0	－	－	－	－	1.63	2.03	4.07	8.13
0.151 2	－	－	－	－	1.62	2.03	4.06	8.11
0.151 4	－	－	－	－	1.62	2.02	4.04	8.09
0.151 6	－	－	－	－	1.61	2.02	4.03	8.07
0.151 8	－	－	－	－	1.61	2.01	4.02	8.05
0.152 0	－	－	－	－	1.61	2.01	4.01	8.03
0.152 2	－	－	－	－	1.60	2.00	4.00	8.01
0.152 4	－	－	－	－	1.60	2.00	3.99	7.98
0.152 6	－	－	－	－	1.59	1.99	3.98	7.96
0.152 8	－	－	－	－	1.59	1.99	3.97	7.94
0.153 0	－	－	－	－	1.58	1.98	3.96	7.92
0.153 2	－	－	－	－	1.58	1.98	3.95	7.90
0.153 4	－	－	－	－	1.58	1.97	3.94	7.88
0.153 6	－	－	－	－	1.57	1.97	3.93	7.86
0.153 8	－	－	－	－	1.57	1.96	3.92	7.84
0.154 0	－	－	－	－	1.56	1.96	3.91	7.82
0.154 2	－	－	－	－	1.56	1.95	3.90	7.80
0.154 4	－	－	－	－	1.56	1.94	3.89	7.78
0.154 6	－	－	－	－	1.55	1.94	3.88	7.76
0.154 8	－	－	－	－	1.55	1.93	3.87	7.74
0.155 0	－	－	－	－	1.54	1.93	3.86	7.72
0.155 2	－	－	－	－	1.54	1.92	3.85	7.70
0.155 4	－	－	－	－	1.54	1.92	3.84	7.68
0.155 6	－	－	－	－	1.53	1.92	3.83	7.66
0.155 8	－	－	－	－	1.53	1.91	3.82	7.64

表1−HV 0.2 未満（続き）

対角線長さの平均	試験力 F (N)							
	0.009 807	0.019 61	0.049 03	0.098 07	0.196 12	0.245 2	0.490 3	0.980 7
	ビッカース硬さ							
d mm	HV 0.001	HV 0.002	HV 0.005	HV 0.01	HV 0.02	HV 0.025	HV 0.05	HV 0.1
0.156 0	−	−	−	−	1.52	1.91	3.81	7.62
0.156 2	−	−	−	−	1.52	1.90	3.80	7.60
0.156 4	−	−	−	−	1.52	1.90	3.79	7.58
0.156 6	−	−	−	−	1.51	1.89	3.78	7.56
0.156 8	−	−	−	−	1.51	1.89	3.77	7.54
0.157 0	−	−	−	−	1.50	1.88	3.76	7.52
0.157 2	−	−	−	−	1.50	1.88	3.75	7.50
0.157 4	−	−	−	−	1.50	1.87	3.74	7.49
0.157 6	−	−	−	−	1.49	1.87	3.73	7.47
0.157 8	−	−	−	−	1.49	1.86	3.72	7.45
0.158 0	−	−	−	−	1.49	1.86	3.71	7.43
0.158 2	−	−	−	−	1.48	1.85	3.70	7.41
0.158 4	−	−	−	−	1.48	1.85	3.70	7.39
0.158 6	−	−	−	−	1.47	1.84	3.69	7.37
0.158 8	−	−	−	−	1.47	1.84	3.68	7.35
0.159 0	−	−	−	−	1.47	1.83	3.67	7.34
0.159 2	−	−	−	−	1.46	1.83	3.66	7.32
0.159 4	−	−	−	−	1.46	1.82	3.65	7.30
0.159 6	−	−	−	−	1.46	1.82	3.64	7.28
0.159 8	−	−	−	−	1.45	1.82	3.63	7.26
0.160 0	−	−	−	−	1.45	1.81	3.62	7.24
0.160 2	−	−	−	−	1.45	1.81	3.61	7.23
0.160 4	−	−	−	−	1.44	1.80	3.60	7.21
0.160 6	−	−	−	−	1.44	1.80	3.59	7.19
0.160 8	−	−	−	−	1.43	1.79	3.59	7.17
0.161 0	−	−	−	−	1.43	1.79	3.58	7.15
0.161 2	−	−	−	−	1.43	1.78	3.57	7.14
0.161 4	−	−	−	−	1.42	1.78	3.56	7.12
0.161 6	−	−	−	−	1.42	1.78	3.55	7.10
0.161 8	−	−	−	−	1.42	1.77	3.54	7.08
0.162 0	−	−	−	−	1.41	1.77	3.53	7.07
0.162 2	−	−	−	−	1.41	1.76	3.52	7.05
0.162 4	−	−	−	−	1.41	1.76	3.52	7.03
0.162 6	−	−	−	−	1.40	1.75	3.51	7.01
0.162 8	−	−	−	−	1.40	1.75	3.50	7.00
0.163 0	−	−	−	−	1.40	1.75	3.49	6.98
0.163 2	−	−	−	−	1.39	1.74	3.48	6.96
0.163 4	−	−	−	−	1.39	1.74	3.47	6.95
0.163 6	−	−	−	−	1.39	1.73	3.46	6.93
0.163 8	−	−	−	−	1.38	1.73	3.46	6.91

表1－HV 0.2 未満（続き）

対角線長さの平均	試験力 F (N)							
	0.009 807	0.019 61	0.049 03	0.098 07	0.196 12	0.245 2	0.490 3	0.980 7
	ビッカース硬さ							
d mm	HV 0.001	HV 0.002	HV 0.005	HV 0.01	HV 0.02	HV 0.025	HV 0.05	HV 0.1
0.164 0	—	—	—	—	1.38	1.72	3.45	6.90
0.164 2	—	—	—	—	1.38	1.72	3.44	6.88
0.164 4	—	—	—	—	1.37	1.72	3.43	6.86
0.164 6	—	—	—	—	1.37	1.71	3.42	6.84
0.164 8	—	—	—	—	1.37	1.71	3.41	6.83
0.165 0	—	—	—	—	1.36	1.70	3.41	6.81
0.165 2	—	—	—	—	1.36	1.70	3.40	6.80
0.165 4	—	—	—	—	1.36	1.69	3.39	6.78
0.165 6	—	—	—	—	1.35	1.69	3.38	6.76
0.165 8	—	—	—	—	1.35	1.69	3.37	6.75
0.166 0	—	—	—	—	1.35	1.68	3.36	6.73
0.166 2	—	—	—	—	1.34	1.68	3.36	6.71
0.166 4	—	—	—	—	1.34	1.67	3.35	6.70
0.166 6	—	—	—	—	1.34	1.67	3.34	6.68
0.166 8	—	—	—	—	1.33	1.67	3.33	6.67
0.167 0	—	—	—	—	1.33	1.66	3.32	6.65
0.167 2	—	—	—	—	1.33	1.66	3.32	6.63
0.167 4	—	—	—	—	1.32	1.65	3.31	6.62
0.167 6	—	—	—	—	1.32	1.65	3.30	6.60
0.167 8	—	—	—	—	1.32	1.65	3.29	6.59
0.168 0	—	—	—	—	1.31	1.64	3.28	6.57
0.168 2	—	—	—	—	1.31	1.64	3.28	6.56
0.168 4	—	—	—	—	1.31	1.64	3.27	6.54
0.168 6	—	—	—	—	1.30	1.63	3.26	6.52
0.168 8	—	—	—	—	1.30	1.63	3.25	6.51
0.169 0	—	—	—	—	1.30	1.62	3.25	6.49
0.169 2	—	—	—	—	1.30	1.62	3.24	6.48
0.169 4	—	—	—	—	1.29	1.62	3.23	6.46
0.169 6	—	—	—	—	1.29	1.61	3.22	6.45
0.169 8	—	—	—	—	1.29	1.61	3.22	6.43
0.170 0	—	—	—	—	1.28	1.60	3.21	6.42
0.170 2	—	—	—	—	1.28	1.60	3.20	6.40
0.170 4	—	—	—	—	1.28	1.60	3.19	6.39
0.170 6	—	—	—	—	1.27	1.59	3.19	6.37
0.170 8	—	—	—	—	1.27	1.59	3.18	6.36
0.171 0	—	—	—	—	1.27	1.59	3.17	6.34
0.171 2	—	—	—	—	1.27	1.58	3.16	6.33
0.171 4	—	—	—	—	1.26	1.58	3.16	6.31
0.171 6	—	—	—	—	1.26	1.57	3.15	6.30
0.171 8	—	—	—	—	1.26	1.57	3.14	6.28

表 1 － HV 0.2 未満 （続き）

対角線長さ の平均	試験力 F (N)							
	0.009 807	0.019 61	0.049 03	0.098 07	0.196 12	0.245 2	0.490 3	0.980 7
	ビッカース硬さ							
d mm	HV 0.001	HV 0.002	HV 0.005	HV 0.01	HV 0.02	HV 0.025	HV 0.05	HV 0.1
0.172 0	—	—	—	—	1.25	1.57	3.13	6.27
0.172 2	—	—	—	—	1.25	1.56	3.13	6.25
0.172 4	—	—	—	—	1.25	1.56	3.12	6.24
0.172 6	—	—	—	—	1.24	1.56	3.11	6.23
0.172 8	—	—	—	—	1.24	1.55	3.11	6.21
0.173 0	—	—	—	—	1.24	1.55	3.10	6.20
0.173 2	—	—	—	—	1.24	1.55	3.09	6.18
0.173 4	—	—	—	—	1.23	1.54	3.08	6.17
0.173 6	—	—	—	—	1.23	1.54	3.08	6.15
0.173 8	—	—	—	—	1.23	1.54	3.07	6.14
0.174 0	—	—	—	—	1.22	1.53	3.06	6.13
0.174 2	—	—	—	—	1.22	1.53	3.06	6.11
0.174 4	—	—	—	—	1.22	1.52	3.05	6.10
0.174 6	—	—	—	—	1.22	1.52	3.04	6.08
0.174 8	—	—	—	—	1.21	1.52	3.03	6.07
0.175 0	—	—	—	—	1.21	1.51	3.03	6.06
0.175 2	—	—	—	—	1.21	1.51	3.02	6.04
0.175 4	—	—	—	—	1.21	1.51	3.01	6.03
0.175 6	—	—	—	—	1.20	1.50	3.01	6.01
0.175 8	—	—	—	—	1.20	1.50	3.00	6.00
0.176 0	—	—	—	—	1.20	1.50	2.99	5.99
0.176 2	—	—	—	—	1.19	1.49	2.99	5.97
0.176 4	—	—	—	—	1.19	1.49	2.98	5.96
0.176 6	—	—	—	—	1.19	1.49	2.97	5.95
0.176 8	—	—	—	—	1.19	1.48	2.97	5.93
0.177 0	—	—	—	—	1.18	1.48	2.96	5.92
0.177 2	—	—	—	—	1.18	1.48	2.95	5.91
0.177 4	—	—	—	—	1.18	1.47	2.95	5.89
0.177 6	—	—	—	—	1.18	1.47	2.94	5.88
0.177 8	—	—	—	—	1.17	1.47	2.93	5.87
0.178 0	—	—	—	—	1.17	1.46	2.93	5.85
0.178 2	—	—	—	—	1.17	1.46	2.92	5.84
0.178 4	—	—	—	—	1.17	1.46	2.91	5.83
0.178 6	—	—	—	—	1.16	1.45	2.91	5.81
0.178 8	—	—	—	—	1.16	1.45	2.90	5.80
0.179 0	—	—	—	—	1.16	1.45	2.89	5.79
0.179 2	—	—	—	—	1.15	1.44	2.89	5.77
0.179 4	—	—	—	—	1.15	1.44	2.88	5.76
0.179 6	—	—	—	—	1.15	1.44	2.87	5.75
0.179 8	—	—	—	—	1.15	1.43	2.87	5.74

表1－HV 0.2 未満（続き）

対角線長さ の平均	試験力 F (N)							
	0.009 807	0.019 61	0.049 03	0.098 07	0.196 12	0.245 2	0.490 3	0.980 7
	ビッカース硬さ							
d mm	HV 0.001	HV 0.002	HV 0.005	HV 0.01	HV 0.02	HV 0.025	HV 0.05	HV 0.1
0.180 0	—	—	—	—	1.14	1.43	2.86	5.72
0.180 2	—	—	—	—	1.14	1.43	2.86	5.71
0.180 4	—	—	—	—	1.14	1.42	2.85	5.70
0.180 6	—	—	—	—	1.14	1.42	2.84	5.69
0.180 8	—	—	—	—	1.13	1.42	2.84	5.67
0.181 0	—	—	—	—	1.13	1.42	2.83	5.66
0.181 2	—	—	—	—	1.13	1.41	2.82	5.65
0.181 4	—	—	—	—	1.13	1.41	2.82	5.64
0.181 6	—	—	—	—	1.12	1.41	2.81	5.62
0.181 8	—	—	—	—	1.12	1.40	2.81	5.61
0.182 0	—	—	—	—	1.12	1.40	2.80	5.60
0.182 2	—	—	—	—	1.12	1.40	2.79	5.59
0.182 4	—	—	—	—	1.11	1.39	2.79	5.57
0.182 6	—	—	—	—	1.11	1.39	2.78	5.56
0.182 8	—	—	—	—	1.11	1.39	2.77	5.55
0.183 0	—	—	—	—	1.11	1.38	2.77	5.54
0.183 2	—	—	—	—	1.11	1.38	2.76	5.53
0.183 4	—	—	—	—	1.10	1.38	2.76	5.51
0.183 6	—	—	—	—	1.10	1.38	2.75	5.50
0.183 8	—	—	—	—	1.10	1.37	2.74	5.49
0.184 0	—	—	—	—	1.10	1.37	2.74	5.48
0.184 2	—	—	—	—	1.09	1.37	2.73	5.47
0.184 4	—	—	—	—	1.09	1.36	2.73	5.45
0.184 6	—	—	—	—	1.09	1.36	2.72	5.44
0.184 8	—	—	—	—	1.09	1.36	2.71	5.43
0.185 0	—	—	—	—	1.08	1.35	2.71	5.42
0.185 2	—	—	—	—	1.08	1.35	2.70	5.41
0.185 4	—	—	—	—	1.08	1.35	2.70	5.40
0.185 6	—	—	—	—	1.08	1.35	2.69	5.38
0.185 8	—	—	—	—	1.07	1.34	2.69	5.37
0.186 0	—	—	—	—	1.07	1.34	2.68	5.36
0.186 2	—	—	—	—	1.07	1.34	2.67	5.35
0.186 4	—	—	—	—	1.07	1.33	2.67	5.34
0.186 6	—	—	—	—	1.07	1.33	2.66	5.33
0.186 8	—	—	—	—	1.06	1.33	2.66	5.31
0.187 0	—	—	—	—	1.06	1.33	2.65	5.30
0.187 2	—	—	—	—	1.06	1.32	2.65	5.29
0.187 4	—	—	—	—	1.06	1.32	2.64	5.28
0.187 6	—	—	—	—	1.05	1.32	2.63	5.27
0.187 8	—	—	—	—	1.05	1.31	2.63	5.26

表1－HV 0.2 未満（続き）

対角線長さ の平均	試験力 F (N)							
	0.009 807	0.019 61	0.049 03	0.098 07	0.196 12	0.245 2	0.490 3	0.980 7
	ビッカース硬さ							
d	HV	HV	HV	HV	HV	HV	HV	HV
mm	0.001	0.002	0.005	0.01	0.02	0.025	0.05	0.1
0.188 0	—	—	—	—	1.05	1.31	2.62	5.25
0.188 2	—	—	—	—	1.05	1.31	2.62	5.24
0.188 4	—	—	—	—	1.04	1.31	2.61	5.22
0.188 6	—	—	—	—	1.04	1.30	2.61	5.21
0.188 8	—	—	—	—	1.04	1.30	2.60	5.20
0.189 0	—	—	—	—	1.04	1.30	2.60	5.19
0.189 2	—	—	—	—	1.04	1.30	2.59	5.18
0.189 4	—	—	—	—	1.03	1.29	2.58	5.17
0.189 6	—	—	—	—	1.03	1.29	2.58	5.16
0.189 8	—	—	—	—	1.03	1.29	2.57	5.15
0.190 0	—	—	—	—	1.03	1.28	2.57	5.14
0.190 2	—	—	—	—	1.03	1.28	2.56	5.13
0.190 4	—	—	—	—	1.02	1.28	2.56	5.12
0.190 6	—	—	—	—	1.02	1.28	2.55	5.10
0.190 8	—	—	—	—	1.02	1.27	2.55	5.09
0.191 0	—	—	—	—	1.02	1.27	2.54	5.08
0.191 2	—	—	—	—	1.01	1.27	2.54	5.07
0.191 4	—	—	—	—	1.01	1.27	2.53	5.06
0.191 6	—	—	—	—	1.01	1.26	2.53	5.05
0.191 8	—	—	—	—	1.01	1.26	2.52	5.04
0.192 0	—	—	—	—	1.01	1.26	2.52	5.03
0.192 2	—	—	—	—	1.00	1.26	2.51	5.02
0.192 4	—	—	—	—	1.00	1.25	2.50	5.01
0.192 6	—	—	—	—	—	1.25	2.50	5.00
0.192 8	—	—	—	—	—	1.25	2.49	4.99
0.193 0	—	—	—	—	—	1.24	2.49	4.98
0.193 2	—	—	—	—	—	1.24	2.48	4.97
0.193 4	—	—	—	—	—	1.24	2.48	4.96
0.193 6	—	—	—	—	—	1.24	2.47	4.95
0.193 8	—	—	—	—	—	1.23	2.47	4.94
0.194 0	—	—	—	—	—	1.23	2.46	4.93
0.194 2	—	—	—	—	—	1.23	2.46	4.92
0.194 4	—	—	—	—	—	1.23	2.45	4.91
0.194 6	—	—	—	—	—	1.22	2.45	4.90
0.194 8	—	—	—	—	—	1.22	2.44	4.89
0.195 0	—	—	—	—	—	1.22	2.44	4.88
0.195 2	—	—	—	—	—	1.22	2.43	4.87
0.195 4	—	—	—	—	—	1.21	2.43	4.86
0.195 6	—	—	—	—	—	1.21	2.42	4.85
0.195 8	—	—	—	—	—	1.21	2.42	4.84

表1─HV 0.2 未満（続き）

対角線長さ の平均	試験力 F (N)							
	0.009 807	0.019 61	0.049 03	0.098 07	0.196 12	0.245 2	0.490 3	0.980 7
	ビッカース硬さ							
d mm	HV 0.001	HV 0.002	HV 0.005	HV 0.01	HV 0.02	HV 0.025	HV 0.05	HV 0.1
0.196 0	─	─	─	─	─	1.21	2.41	4.83
0.196 2	─	─	─	─	─	1.20	2.41	4.82
0.196 4	─	─	─	─	─	1.20	2.40	4.81
0.196 6	─	─	─	─	─	1.20	2.40	4.80
0.196 8	─	─	─	─	─	1.20	2.39	4.79
0.197 0	─	─	─	─	─	1.19	2.39	4.78
0.197 2	─	─	─	─	─	1.19	2.38	4.77
0.197 4	─	─	─	─	─	1.19	2.38	4.76
0.197 6	─	─	─	─	─	1.19	2.37	4.75
0.197 8	─	─	─	─	─	1.19	2.37	4.74
0.198 0	─	─	─	─	─	1.18	2.36	4.73
0.198 2	─	─	─	─	─	1.18	2.36	4.72
0.198 4	─	─	─	─	─	1.18	2.36	4.71
0.198 6	─	─	─	─	─	1.18	2.35	4.70
0.198 8	─	─	─	─	─	1.17	2.35	4.69
0.199 0	─	─	─	─	─	1.17	2.34	4.68
0.199 2	─	─	─	─	─	1.17	2.34	4.67
0.199 4	─	─	─	─	─	1.17	2.33	4.66
0.199 6	─	─	─	─	─	1.16	2.33	4.65
0.199 8	─	─	─	─	─	1.16	2.32	4.65
0.200 0	─	─	─	─	─	1.16	2.32	4.64
0.200 2	─	─	─	─	─	1.16	2.31	4.63
0.200 4	─	─	─	─	─	1.15	2.31	4.62
0.200 6	─	─	─	─	─	1.15	2.30	4.61
0.200 8	─	─	─	─	─	1.15	2.30	4.60
0.201 0	─	─	─	─	─	1.15	2.29	4.59
0.201 2	─	─	─	─	─	1.15	2.29	4.58
0.201 4	─	─	─	─	─	1.14	2.29	4.57
0.201 6	─	─	─	─	─	1.14	2.28	4.56
0.201 8	─	─	─	─	─	1.14	2.28	4.55
0.202 0	─	─	─	─	─	1.14	2.27	4.54
0.202 2	─	─	─	─	─	1.13	2.27	4.54
0.202 4	─	─	─	─	─	1.13	2.26	4.53
0.202 6	─	─	─	─	─	1.13	2.26	4.52
0.202 8	─	─	─	─	─	1.13	2.25	4.51
0.203 0	─	─	─	─	─	1.13	2.25	4.50
0.203 2	─	─	─	─	─	1.12	2.25	4.49
0.203 4	─	─	─	─	─	1.12	2.24	4.48
0.203 6	─	─	─	─	─	1.12	2.24	4.47
0.203 8	─	─	─	─	─	1.12	2.23	4.46

表1－HV 0.2 未満（続き）

対角線長さ	試験力 F (N)							
の平均	0.009 807	0.019 61	0.049 03	0.098 07	0.196 12	0.245 2	0.490 3	0.980 7
	ビッカース硬さ							
d	HV	HV	HV	HV	HV	HV	HV	HV
mm	0.001	0.002	0.005	0.01	0.02	0.025	0.05	0.1
0.204 0	—	—	—	—	—	1.11	2.23	4.46
0.204 2	—	—	—	—	—	1.11	2.22	4.45
0.204 4	—	—	—	—	—	1.11	2.22	4.44
0.204 6	—	—	—	—	—	1.11	2.21	4.43
0.204 8	—	—	—	—	—	1.11	2.21	4.42
0.205 0	—	—	—	—	—	1.10	2.21	4.41
0.205 2	—	—	—	—	—	1.10	2.20	4.40
0.205 4	—	—	—	—	—	1.10	2.20	4.40
0.205 6	—	—	—	—	—	1.10	2.19	4.39
0.205 8	—	—	—	—	—	1.09	2.19	4.38
0.206 0	—	—	—	—	—	1.09	2.18	4.37
0.206 2	—	—	—	—	—	1.09	2.18	4.36
0.206 4	—	—	—	—	—	1.09	2.18	4.35
0.206 6	—	—	—	—	—	1.09	2.17	4.34
0.206 8	—	—	—	—	—	1.08	2.17	4.34
0.207 0	—	—	—	—	—	1.08	2.16	4.33
0.207 2	—	—	—	—	—	1.08	2.16	4.32
0.207 4	—	—	—	—	—	1.08	2.16	4.31
0.207 6	—	—	—	—	—	1.08	2.15	4.30
0.207 8	—	—	—	—	—	1.07	2.15	4.29
0.208 0	—	—	—	—	—	1.07	2.14	4.29
0.208 2	—	—	—	—	—	1.07	2.14	4.28
0.208 4	—	—	—	—	—	1.07	2.13	4.27
0.208 6	—	—	—	—	—	1.07	2.13	4.26
0.208 8	—	—	—	—	—	1.06	2.13	4.25
0.209 0	—	—	—	—	—	1.06	2.12	4.25
0.209 2	—	—	—	—	—	1.06	2.12	4.24
0.209 4	—	—	—	—	—	1.06	2.11	4.23
0.209 6	—	—	—	—	—	1.06	2.11	4.22
0.209 8	—	—	—	—	—	1.05	2.11	4.21
0.210 0	—	—	—	—	—	1.05	2.10	4.21
0.210 2	—	—	—	—	—	1.05	2.10	4.20
0.210 4	—	—	—	—	—	1.05	2.09	4.19
0.210 6	—	—	—	—	—	1.05	2.09	4.18
0.210 8	—	—	—	—	—	1.04	2.09	4.17
0.211 0	—	—	—	—	—	1.04	2.08	4.17

表2－HV 0.2～HV 3

対角線長さの平均	試験力 F (N)						
	1.961	2.942	4.903	9.807	19.61	24.52	29.42
	ビッカース硬さ						
d mm	HV 0.2	HV 0.3	HV 0.5	HV 1	HV 2	HV 2.5	HV 3
0.020 0	927	1 391	2 318	—	—	—	—
0.020 2	909	1 363	2 272	—	—	—	—
0.020 4	891	1 337	2 228	—	—	—	—
0.020 6	874	1 311	2 185	—	—	—	—
0.020 8	857	1 286	2 143	—	—	—	—
0.021 0	841	1 262	2 102	—	—	—	—
0.021 2	825	1 238	2 063	—	—	—	—
0.021 4	810	1 215	2 025	—	—	—	—
0.021 6	795	1 192	1 987	—	—	—	—
0.021 8	780	1 171	1 951	—	—	—	—
0.022 0	766	1 149	1 916	—	—	—	—
0.022 2	752	1 129	1 881	—	—	—	—
0.022 4	739	1 109	1 848	—	—	—	—
0.022 6	726	1 089	1 815	—	—	—	—
0.022 8	713	1 070	1 784	—	—	—	—
0.023 0	701	1 052	1 753	—	—	—	—
0.023 2	689	1 034	1 723	—	—	—	—
0.023 4	677	1 016	1 693	—	—	—	—
0.023 6	666	999	1 665	—	—	—	—
0.023 8	655	982	1 637	—	—	—	—
0.024 0	644	966	1 610	—	—	—	—
0.024 2	633	950	1 583	—	—	—	—
0.024 4	623	934	1 557	—	—	—	—
0.024 6	613	919	1 532	—	—	—	—
0.024 8	603	905	1 507	—	—	—	—
0.025 0	593	890	1 483	2 967	—	—	—
0.025 2	584	876	1 460	2 920	—	—	—
0.025 4	575	862	1 437	2 874	—	—	—
0.025 6	566	849	1 415	2 830	—	—	—
0.025 8	557	836	1 393	2 786	—	—	—
0.026 0	549	823	1 372	2 743	—	—	—
0.026 2	540	810	1 351	2 702	—	—	—
0.026 4	532	798	1 330	2 661	—	—	—
0.026 6	524	786	1 310	2 621	—	—	—
0.026 8	516	775	1 291	2 582	—	—	—
0.027 0	509	763	1 272	2 544	—	—	—
0.027 2	501	752	1 253	2 507	—	—	—
0.027 4	494	741	1 235	2 470	—	—	—
0.027 6	487	730	1 217	2 434	—	—	—
0.027 8	480	720	1 200	2 400	—	—	—

表 2 － HV 0.2 ～ HV 3 （続き）

対角線長さの平均	試験力 F (N)						
	1.961	2.942	4.903	9.807	19.61	24.52	29.42
	ビッカース硬さ						
d mm	HV 0.2	HV 0.3	HV 0.5	HV 1	HV 2	HV 2.5	HV 3
0.028 0	473	710	1 183	2 365	―	―	―
0.028 2	466	700	1 166	2 332	―	―	―
0.028 4	460	690	1 150	2 299	―	―	―
0.028 6	453	680	1 133	2 267	―	―	―
0.028 8	447	671	1 118	2 236	―	―	―
0.029 0	441	662	1 102	2 205	―	―	―
0.029 2	435	652	1 087	2 175	―	―	―
0.029 4	429	644	1 073	2 146	―	―	―
0.029 6	423	635	1 058	2 117	―	―	―
0.029 8	418	626	1 044	2 088	―	―	―
0.030 0	412	618	1 030	2 061	―	―	―
0.030 2	407	610	1 017	2 033	―	―	―
0.030 4	401	602	1 003	2 007	―	―	―
0.030 6	396	594	990	1 981	―	―	―
0.030 8	391	586	977	1 955	―	―	―
0.031 0	386	579	965	1 930	―	―	―
0.031 2	381	572	952	1 905	―	―	―
0.031 4	376	564	940	1 881	―	―	―
0.031 6	371	557	928	1 857	―	―	―
0.031 8	367	550	917	1 834	―	―	―
0.032 0	362	543	905	1 811	―	―	―
0.032 2	358	537	894	1 789	―	―	―
0.032 4	353	530	883	1 767	―	―	―
0.032 6	349	523	872	1 745	―	―	―
0.032 8	345	517	862	1 724	―	―	―
0.033 0	341	511	851	1 703	―	―	―
0.033 2	336	505	841	1 682	―	―	―
0.033 4	332	499	831	1 662	―	―	―
0.033 6	328	493	821	1 643	―	―	―
0.033 8	325	487	812	1 623	―	―	―
0.034 0	321	481	802	1 604	―	―	―
0.034 2	317	476	793	1 586	―	―	―
0.034 4	313	470	783	1 567	―	―	―
0.034 6	310	465	774	1 549	―	―	―
0.034 8	306	459	766	1 531	―	―	―
0.035 0	303	454	757	1 514	―	―	―
0.035 2	299	449	748	1 497	2 993	―	―
0.035 4	296	444	740	1 480	2 959	―	―
0.035 6	293	439	732	1 463	2 926	―	―
0.035 8	289	434	723	1 447	2 893	―	―

表2－HV 0.2～HV 3（続き）

対角線長さの平均	試験力 F (N)						
	1.961	2.942	4.903	9.807	19.61	24.52	29.42
	ビッカース硬さ						
d mm	HV 0.2	HV 0.3	HV 0.5	HV 1	HV 2	HV 2.5	HV 3
0.036 0	286	429	715	1 431	2 861	—	—
0.036 2	283	425	708	1 415	2 830	—	—
0.036 4	280	420	700	1 400	2 799	—	—
0.036 6	277	415	692	1 384	2 768	—	—
0.036 8	274	411	685	1 369	2 738	—	—
0.037 0	271	406	677	1 355	2 709	—	—
0.037 2	268	402	670	1 340	2 680	—	—
0.037 4	265	398	663	1 326	2 651	—	—
0.037 6	262	394	656	1 312	2 623	—	—
0.037 8	260	389	649	1 298	2 595	—	—
0.038 0	257	385	642	1 284	2 568	—	—
0.038 2	254	381	635	1 271	2 541	—	—
0.038 4	251	377	629	1 258	2 515	—	—
0.038 6	249	373	622	1 245	2 489	—	—
0.038 8	246	370	616	1 232	2 463	—	—
0.039 0	244	366	610	1 219	2 438	—	—
0.039 2	241	362	603	1 207	2 413	—	—
0.039 4	239	358	597	1 195	2 389	2 987	—
0.039 6	236	355	591	1 183	2 365	2 957	—
0.039 8	234	351	585	1 171	2 341	2 927	—
0.040 0	232	348	579	1 159	2 318	2 898	—
0.040 2	229	344	574	1 148	2 295	2 869	—
0.040 4	227	341	568	1 136	2 272	2 841	—
0.040 6	225	338	562	1 125	2 250	2 813	—
0.040 8	223	334	557	1 114	2 228	2 785	—
0.041 0	221	331	552	1 103	2 206	2 758	—
0.041 2	218	328	546	1 093	2 185	2 732	—
0.041 4	216	325	541	1 082	2 164	2 705	—
0.041 6	214	321	536	1 072	2 143	2 679	—
0.041 8	212	318	531	1 061	2 122	2 654	—
0.042 0	210	315	526	1 051	2 102	2 629	—
0.042 2	208	312	521	1 041	2 082	2 604	—
0.042 4	206	309	516	1 032	2 063	2 579	—
0.042 6	204	307	511	1 022	2 043	2 555	—
0.042 8	202	304	506	1 012	2 024	2 531	—
0.043 0	201	301	501	1 003	2 006	2 508	—
0.043 2	199	298	497	994	1 987	2 485	2 981
0.043 4	197	295	492	985	1 969	2 462	2 954
0.043 6	195	293	488	976	1 951	2 439	2 927
0.043 8	193	290	483	967	1 933	2 417	2 900

表2−HV 0.2〜HV 3（続き）

対角線長さの平均	試験力 F (N)						
	1.961	2.942	4.903	9.807	19.61	24.52	29.42
	ビッカース硬さ						
d mm	HV 0.2	HV 0.3	HV 0.5	HV 1	HV 2	HV 2.5	HV 3
0.044 0	192	287	479	958	1 915	2 395	2 874
0.044 2	190	285	475	949	1 898	2 373	2 848
0.044 4	188	282	470	941	1 881	2 352	2 822
0.044 6	186	280	466	932	1 864	2 331	2 797
0.044 8	185	277	462	924	1 848	2 310	2 772
0.045 0	183	275	458	916	1 831	2 290	2 747
0.045 2	182	272	454	908	1 815	2 270	2 723
0.045 4	180	270	450	900	1 799	2 250	2 699
0.045 6	178	268	446	892	1 783	2 230	2 675
0.045 8	177	265	442	884	1 768	2 210	2 652
0.046 0	175	263	438	876	1 752	2 191	2 629
0.046 2	174	261	434	869	1 737	2 172	2 606
0.046 4	172	258	431	861	1 722	2 154	2 584
0.046 6	171	256	427	854	1 708	2 135	2 562
0.046 8	169	254	423	847	1 693	2 117	2 540
0.047 0	168	252	420	840	1 679	2 099	2 518
0.047 2	166	250	416	832	1 665	2 081	2 497
0.047 4	165	248	413	825	1 650	2 064	2 476
0.047 6	164	246	409	818	1 637	2 046	2 455
0.047 8	162	243	406	812	1 623	2 029	2 435
0.048 0	161	241	402	805	1 609	2 012	2 415
0.048 2	160	239	399	798	1 596	1 996	2 395
0.048 4	158	237	396	792	1 583	1 979	2 375
0.048 6	157	236	393	785	1 570	1 963	2 355
0.048 8	156	234	389	779	1 557	1 947	2 336
0.049 0	154	232	386	772	1 544	1 931	2 317
0.049 2	153	230	383	766	1 532	1 915	2 298
0.049 4	152	228	380	760	1 520	1 900	2 280
0.049 6	151	226	377	754	1 507	1 885	2 261
0.049 8	150	224	374	748	1 495	1 870	2 243
0.055 0	123	184	306	613	1 226	1 533	1 839
0.055 2	122	183	304	609	1 217	1 522	1 826
0.055 4	121	181	302	604	1 208	1 511	1 813
0.055 6	120	180	300	600	1 200	1 500	1 800
0.055 8	119	179	298	596	1 191	1 489	1 787
0.050 0	148	223	371	742	1 483	1 855	2 225
0.050 2	147	221	368	736	1 472	1 840	2 208
0.050 4	146	219	365	730	1 460	1 825	2 190
0.050 6	145	217	362	724	1 448	1 811	2 173
0.050 8	144	216	359	719	1 437	1 797	2 156

表2－HV 0.2～HV 3（続き）

対角線長さの平均	試験力 F (N)						
	1.961	2.942	4.903	9.807	19.61	24.52	29.42
	ビッカース硬さ						
d mm	HV 0.2	HV 0.3	HV 0.5	HV 1	HV 2	HV 2.5	HV 3
0.051 0	143	214	356	713	1 426	1 783	2 139
0.051 2	141	212	354	707	1 415	1 769	2 122
0.051 4	140	211	351	702	1 404	1 755	2 106
0.051 6	139	209	348	697	1 393	1 741	2 089
0.051 8	138	207	346	691	1 382	1 728	2 073
0.052 0	137	206	343	686	1 371	1 715	2 057
0.052 2	136	204	340	681	1 361	1 702	2 042
0.052 4	135	203	338	675	1 351	1 689	2 026
0.052 6	134	201	335	670	1 340	1 676	2 011
0.052 8	133	200	333	665	1 330	1 663	1 996
0.053 0	132	198	330	660	1 320	1 651	1 981
0.053 2	131	197	328	655	1 310	1 638	1 966
0.053 4	130	195	325	650	1 300	1 626	1 951
0.053 6	129	194	323	646	1 291	1 614	1 936
0.053 8	128	192	320	641	1 281	1 602	1 922
0.054 0	127	191	318	636	1 272	1 590	1 908
0.054 2	126	189	316	631	1 262	1 578	1 894
0.054 4	125	188	313	627	1 253	1 567	1 880
0.054 6	124	187	311	622	1 244	1 555	1 866
0.054 8	123	185	309	618	1 235	1 544	1 853
0.056 0	118	177	296	591	1 182	1 479	1 774
0.056 2	117	176	294	587	1 174	1 468	1 761
0.056 4	117	175	291	583	1 166	1 458	1 749
0.056 6	116	174	289	579	1 158	1 447	1 737
0.056 8	115	172	287	575	1 149	1 437	1 724
0.057 0	114	171	285	571	1 141	1 427	1 712
0.057 2	113	170	283	567	1 133	1 417	1 700
0.057 4	113	169	281	563	1 125	1 407	1 689
0.057 6	112	168	279	559	1 118	1 398	1 677
0.057 8	111	167	278	555	1 110	1 388	1 665
0.058 0	110	165	276	551	1 102	1 378	1 654
0.058 2	109	164	274	547	1 095	1 369	1 642
0.058 4	109	163	272	544	1 087	1 360	1 631
0.058 6	108	162	270	540	1 080	1 350	1 620
0.058 8	107	161	268	536	1 073	1 341	1 609
0.059 0	107	160	266	533	1 065	1 332	1 598
0.059 2	106	159	265	529	1 058	1 323	1 587
0.059 4	105	158	263	526	1 051	1 314	1 577
0.059 6	104	157	261	522	1 044	1 305	1 566
0.059 8	104	156	259	519	1 037	1 297	1 556

表2－HV 0.2～HV 3（続き）

対角線長さの平均	試験力 F (N)						
	1.961	2.942	4.903	9.807	19.61	24.52	29.42
	ビッカース硬さ						
d mm	HV 0.2	HV 0.3	HV 0.5	HV 1	HV 2	HV 2.5	HV 3
0.060 0	103	155	258	515	1 030	1 288	1 545
0.060 2	102	154	256	512	1 023	1 279	1 535
0.060 4	102	152	254	508	1 016	1 271	1 525
0.060 6	101	151	252	505	1 010	1 263	1 515
0.060 8	100	150	251	502	1 003	1 254	1 505
0.061 0	99.7	150	249	498	997	1 246	1 495
0.061 2	99.0	149	248	495	990	1 238	1 485
0.061 4	98.4	148	246	492	984	1 230	1 476
0.061 6	97.7	147	244	489	977	1 222	1 466
0.061 8	97.1	146	243	486	971	1 214	1 457
0.062 0	96.5	145	241	482	965	1 206	1 447
0.062 2	95.8	144	240	479	958	1 198	1 438
0.062 4	95.2	143	238	476	952	1 191	1 429
0.062 6	94.6	142	237	473	946	1 183	1 420
0.062 8	94.0	141	235	470	940	1 176	1 411
0.063 0	93.4	140	234	467	934	1 168	1 402
0.063 2	92.8	139	232	464	928	1 161	1 393
0.063 4	92.3	138	231	461	923	1 154	1 384
0.063 6	91.7	138	229	458	917	1 146	1 375
0.063 8	91.1	137	228	456	911	1 139	1 367
0.064 0	90.5	136	226	453	905	1 132	1 358
0.064 2	90.0	135	225	450	900	1 125	1 350
0.064 4	89.4	134	224	447	894	1 118	1 341
0.064 6	88.9	133	222	444	889	1 111	1 333
0.064 8	88.3	132	221	442	883	1 104	1 325
0.065 0	87.8	132	219	439	878	1 097	1 317
0.065 2	87.2	131	218	436	872	1 091	1 309
0.065 4	86.7	130	217	434	867	1 084	1 301
0.065 6	86.2	129	215	431	862	1 077	1 293
0.065 8	85.6	128	214	428	856	1 071	1 285
0.066 0	85.1	128	213	426	851	1 064	1 277
0.066 2	84.6	127	212	423	846	1 058	1 269
0.066 4	84.1	126	210	421	841	1 052	1 262
0.066 6	83.6	125	209	418	836	1 045	1 254
0.066 8	83.1	125	208	416	831	1 039	1 247
0.067 0	82.6	124	207	413	826	1 033	1 239
0.067 2	82.1	123	205	411	821	1 027	1 232
0.067 4	81.6	122	204	408	816	1 021	1 225
0.067 6	81.1	122	203	406	811	1 015	1 217
0.067 8	80.7	121	202	403	807	1 009	1 210

表2−HV 0.2〜HV 3（続き）

対角線長さの平均	試験力 F (N)						
	1.961	2.942	4.903	9.807	19.61	24.52	29.42
	ビッカース硬さ						
d mm	HV 0.2	HV 0.3	HV 0.5	HV 1	HV 2	HV 2.5	HV 3
0.068 0	80.2	120	201	401	802	1 003	1 203
0.068 2	79.7	120	199	399	797	997	1 196
0.068 4	79.3	119	198	396	793	991	1 189
0.068 6	78.8	118	197	394	788	985	1 182
0.068 8	78.3	118	196	392	783	980	1 175
0.069 0	77.9	117	195	390	779	974	1 169
0.069 2	77.4	116	194	387	774	968	1 162
0.069 4	77.0	116	193	385	770	963	1 155
0.069 6	76.6	115	191	383	766	957	1 148
0.069 8	76.1	114	190	381	761	952	1 142
0.070 0	75.7	114	189	378	757	946	1 135
0.070 5	74.6	112	187	373	746	933	1 119
0.071 0	73.6	110	184	368	736	920	1 104
0.071 5	72.5	109	181	363	725	907	1 088
0.072 0	71.5	107	179	358	715	894	1 073
0.072 5	70.5	106	176	353	705	882	1 058
0.073 0	69.6	104	174	348	696	870	1 044
0.073 5	68.6	103	172	343	686	858	1 030
0.074 0	67.7	102	169	339	677	847	1 016
0.074 5	66.8	100	167	334	668	835	1 002
0.075 0	65.9	99	165	330	659	824	989
0.075 5	65.1	98	163	325	651	813	976
0.076 0	64.2	96	161	321	642	803	963
0.076 5	63.4	95	158	317	634	792	951
0.077 0	62.5	94	156	313	625	782	938
0.077 5	61.7	93	154	309	617	772	926
0.078 0	61.0	91	152	305	610	762	914
0.078 5	60.2	90	150	301	602	752	903
0.079 0	59.4	89	149	297	594	743	891
0.079 5	58.7	88	147	293	587	734	880
0.080 0	57.9	87	145	290	579	724	869
0.080 5	57.2	86	143	286	572	716	859
0.081 0	56.5	85	141	283	565	707	848
0.081 5	55.8	84	140	279	558	698	838
0.082 0	55.1	83	138	276	551	690	827
0.082 5	54.5	81.7	136	272	545	681	817
0.083 0	53.8	80.8	135	269	538	673	808
0.083 5	53.2	79.8	133	266	532	665	798
0.084 0	52.6	78.8	131	263	526	657	788
0.084 5	51.9	77.9	130	260	519	649	779

表 2−HV 0.2〜HV 3（続き）

対角線長さの平均	試験力 F (N)						
	1.961	2.942	4.903	9.807	19.61	24.52	29.42
	ビッカース硬さ						
d mm	HV 0.2	HV 0.3	HV 0.5	HV 1	HV 2	HV 2.5	HV 3
0.085 0	51.3	77.0	128	257	513	642	770
0.085 5	50.7	76.1	127	254	507	634	761
0.086 0	50.1	75.2	125	251	501	627	752
0.086 5	49.6	74.4	124	248	496	620	744
0.087 0	49.0	73.5	122	245	490	613	735
0.087 5	48.4	72.7	121	242	484	606	727
0.088 0	47.9	71.8	120	239	479	599	718
0.088 5	47.3	71.0	118	237	473	592	710
0.089 0	46.8	70.2	117	234	468	585	702
0.089 5	46.3	69.5	116	232	463	579	695
0.090 0	45.8	68.7	114	229	458	572	687
0.090 5	45.3	67.9	113	226	453	566	679
0.091 0	44.8	67.2	112	224	448	560	672
0.091 5	44.3	66.4	111	222	443	554	664
0.092 0	43.8	65.7	110	219	438	548	657
0.092 5	43.3	65.0	108	217	433	542	650
0.093 0	42.9	64.3	107	214	429	536	643
0.093 5	42.4	63.6	106	212	424	530	636
0.094 0	42.0	63.0	105	210	420	525	630
0.094 5	41.5	62.3	104	208	415	519	623
0.095 0	41.1	61.6	103	205	411	514	616
0.095 5	40.7	61.0	102	203	407	508	610
0.096 0	40.2	60.4	101	201	402	503	604
0.096 5	39.8	59.7	99.6	199	398	498	597
0.097 0	39.4	59.1	98.5	197	394	493	591
0.097 5	39.0	58.5	97.5	195	390	488	585
0.098 0	38.6	57.9	96.5	193	386	483	579
0.098 5	38.2	57.3	95.6	191	382	478	573
0.099 0	37.8	56.8	94.6	189	378	473	568
0.099 5	37.5	56.2	93.6	187	375	468	562
0.100	37.1	55.6	92.7	185	371	464	556
0.101	36.4	54.5	90.9	182	364	455	545
0.102	35.6	53.5	89.1	178	356	446	535
0.103	35.0	52.4	87.4	175	350	437	524
0.104	34.3	51.4	85.7	171	343	429	514
0.105	33.6	50.5	84.1	168	336	421	505
0.106	33.0	49.5	82.5	165	330	413	495
0.107	32.4	48.6	81.0	162	324	405	486
0.108	31.8	47.7	79.5	159	318	398	477
0.109	31.2	46.8	78.0	156	312	390	468

表2－HV 0.2～HV 3（続き）

対角線長さの平均	試験力 F (N)						
	1.961	2.942	4.903	9.807	19.61	24.52	29.42
	ビッカース硬さ						
d mm	HV 0.2	HV 0.3	HV 0.5	HV 1	HV 2	HV 2.5	HV 3
0.110	30.6	46.0	76.6	153	306	383	460
0.111	30.1	45.2	75.3	151	301	376	452
0.112	29.6	44.4	73.9	148	296	370	444
0.113	29.0	43.6	72.6	145	290	363	436
0.114	28.5	42.8	71.3	143	285	357	428
0.115	28.0	42.1	70.1	140	280	351	421
0.116	27.6	41.3	68.9	138	276	345	413
0.117	27.1	40.6	67.7	135	271	339	406
0.118	26.6	40.0	66.6	133	266	333	400
0.119	26.2	39.3	65.5	131	262	327	393
0.120	25.8	38.6	64.4	129	258	322	386
0.121	25.3	38.0	63.3	127	253	317	380
0.122	24.9	37.4	62.3	125	249	312	374
0.123	24.5	36.8	61.3	123	245	306	368
0.124	24.1	36.2	60.3	121	241	302	362
0.125	23.7	35.6	59.3	119	237	297	356
0.126	23.4	35.0	58.4	117	234	292	350
0.127	23.0	34.5	57.5	115	230	287	345
0.128	22.6	34.0	56.6	113	226	283	340
0.129	22.3	33.4	55.7	111	223	279	334
0.130	21.9	32.9	54.9	110	219	274	329
0.131	21.6	32.4	54.0	108	216	270	324
0.132	21.3	31.9	53.2	106	213	266	319
0.133	21.0	31.5	52.4	105	210	262	315
0.134	20.7	31.0	51.6	103	207	258	310
0.135	20.3	30.5	50.9	102	203	254	305
0.136	20.0	30.1	50.1	100	200	251	301
0.137	19.8	29.6	49.4	98.8	198	247	296
0.138	19.5	29.2	48.7	97.4	195	243	292
0.139	19.2	28.8	48.0	96.0	192	240	288
0.140	18.9	28.4	47.3	94.6	189	237	284
0.141	18.7	28.0	46.6	93.3	187	233	280
0.142	18.4	27.6	46.0	92.0	184	230	276
0.143	18.1	27.2	45.3	90.7	181	227	272
0.144	17.9	26.8	44.7	89.4	179	224	268
0.145	17.6	26.5	44.1	88.2	176	221	265
0.146	17.4	26.1	43.5	87.0	174	218	261
0.147	17.2	25.7	42.9	85.8	172	215	257
0.148	16.9	25.4	42.3	84.7	169	212	254
0.149	16.7	25.1	41.8	83.5	167	209	251

表 2 − HV 0.2〜HV 3 （続き）

対角線長さの平均	試験力 F (N)						
	1.961	2.942	4.903	9.807	19.61	24.52	29.42
	ビッカース硬さ						
d mm	HV 0.2	HV 0.3	HV 0.5	HV 1	HV 2	HV 2.5	HV 3
0.150	16.5	24.7	41.2	82.4	165	206	247
0.151	16.3	24.4	40.7	81.3	163	203	244
0.152	16.1	24.1	40.1	80.3	161	201	241
0.153	15.8	23.8	39.6	79.2	158	198	238
0.154	15.6	23.5	39.1	78.2	156	196	235
0.155	15.4	23.2	38.6	77.2	154	193	232
0.156	15.2	22.9	38.1	76.2	152	191	229
0.157	15.0	22.6	37.6	75.2	150	188	226
0.158	14.9	22.3	37.1	74.3	149	186	223
0.159	14.7	22.0	36.7	73.4	147	183	220
0.160	14.5	21.7	36.2	72.4	145	181	217
0.161	14.3	21.5	35.8	71.5	143	179	215
0.162	14.1	21.2	35.3	70.7	141	177	212
0.163	14.0	20.9	34.9	69.8	140	175	209
0.164	13.8	20.7	34.5	69.0	138	172	207
0.165	13.6	20.4	34.1	68.1	136	170	204
0.166	13.5	20.2	33.6	67.3	135	168	202
0.167	13.3	19.9	33.2	66.5	133	166	199
0.168	13.1	19.7	32.8	65.7	131	164	197
0.169	13.0	19.5	32.5	64.9	130	162	195
0.170	12.8	19.3	32.1	64.2	128	160	193
0.171	12.7	19.0	31.7	63.4	127	159	190
0.172	12.5	18.8	31.3	62.7	125	157	188
0.173	12.4	18.6	31.0	62.0	124	155	186
0.174	12.2	18.4	30.6	61.3	122	153	184
0.175	12.1	18.2	30.3	60.6	121	151	182
0.176	12.0	18.0	29.9	59.9	120	150	180
0.177	11.8	17.8	29.6	59.2	118	148	178
0.178	11.7	17.6	29.3	58.5	117	146	176
0.179	11.6	17.4	28.9	57.9	116	145	174
0.180	11.4	17.2	28.6	57.2	114	143	172
0.181	11.3	17.0	28.3	56.6	113	142	170
0.182	11.2	16.8	28.0	56.0	112	140	168
0.183	11.1	16.6	27.7	55.4	111	138	166
0.184	11.0	16.4	27.4	54.8	110	137	164
0.185	10.8	16.3	27.1	54.2	108	135	163
0.186	10.7	16.1	26.8	53.6	107	134	161
0.187	10.6	15.9	26.5	53.0	106	133	159
0.188	10.5	15.7	26.2	52.5	105	131	157
0.189	10.4	15.6	26.0	51.9	104	130	156

表2－HV 0.2～HV 3（続き）

対角線長さの平均	試験力 F (N)						
	1.961	2.942	4.903	9.807	19.61	24.52	29.42
	ビッカース硬さ						
d mm	HV 0.2	HV 0.3	HV 0.5	HV 1	HV 2	HV 2.5	HV 3
0.190	10.3	15.4	25.7	51.4	103	128	154
0.191	10.2	15.2	25.4	50.8	102	127	152
0.192	10.1	15.1	25.2	50.3	101	126	151
0.193	9.96	14.9	24.9	49.8	99.6	124	149
0.194	9.85	14.8	24.6	49.3	98.5	123	148
0.195	9.75	14.6	24.4	48.8	97.5	122	146
0.196	9.65	14.5	24.1	48.3	96.5	121	145
0.197	9.56	14.3	23.9	47.8	95.6	119	143
0.198	9.46	14.2	23.6	47.3	94.6	118	142
0.199	9.36	14.0	23.4	46.8	93.6	117	140
0.200	9.27	13.9	23.2	46.4	92.7	116	139
0.201	9.18	13.8	22.9	45.9	91.8	115	138
0.202	9.09	13.6	22.7	45.4	90.9	114	136
0.203	9.00	13.5	22.5	45.0	90.0	113	135
0.204	8.91	13.4	22.3	44.6	89.1	111	134
0.205	8.82	13.2	22.1	44.1	88.2	110	132
0.206	8.74	13.1	21.8	43.7	87.4	109	131
0.207	8.65	13.0	21.6	43.3	86.5	108	130
0.208	8.57	12.9	21.4	42.9	85.7	107	129
0.209	8.49	12.7	21.2	42.5	84.9	106	127
0.210	8.41	12.6	21.0	42.1	84.1	105	126
0.211	8.33	12.5	20.8	41.7	83.3	104	125
0.212	8.25	12.4	20.6	41.3	82.5	103	124
0.213	8.17	12.3	20.4	40.9	81.7	102	123
0.214	8.10	12.1	20.2	40.5	81.0	101	121
0.215	8.02	12.0	20.1	40.1	80.2	100	120
0.216	7.95	11.9	19.9	39.7	79.5	99.4	119
0.217	7.87	11.8	19.7	39.4	78.7	98.5	118
0.218	7.80	11.7	19.5	39.0	78.0	97.6	117
0.219	7.73	11.6	19.3	38.7	77.3	96.7	116
0.220	7.66	11.5	19.2	38.3	76.6	95.8	115
0.221	7.59	11.4	19.0	38.0	75.9	94.9	114
0.222	7.52	11.3	18.8	37.6	75.2	94.1	113
0.223	7.46	11.2	18.6	37.3	74.6	93.2	112
0.224	7.39	11.1	18.5	37.0	73.9	92.4	111
0.225	7.32	11.0	18.3	36.6	73.2	91.6	110
0.226	7.26	10.9	18.2	36.3	72.6	90.8	109
0.227	7.20	10.8	18.0	36.0	72.0	90.0	108
0.228	7.13	10.7	17.8	35.7	71.3	89.2	107
0.229	7.07	10.6	17.7	35.4	70.7	88.4	106

表 2－HV 0.2～HV 3（続き）

対角線長さの平均	試験力 F (N)						
	1.961	2.942	4.903	9.807	19.61	24.52	29.42
	ビッカース硬さ						
d mm	HV 0.2	HV 0.3	HV 0.5	HV 1	HV 2	HV 2.5	HV 3
0.230	7.01	10.5	17.5	35.1	70.1	87.7	105
0.231	6.95	10.4	17.4	34.8	69.5	86.9	104
0.232	6.89	10.3	17.2	34.5	68.9	86.1	103
0.233	6.83	10.2	17.1	34.2	68.3	85.4	102
0.234	6.77	10.2	16.9	33.9	67.7	84.7	102
0.235	6.71	10.1	16.8	33.6	67.1	84.0	101
0.236	6.66	9.99	16.6	33.3	66.6	83.3	99.9
0.237	6.60	9.90	16.5	33.0	66.0	82.5	99.0
0.238	6.55	9.82	16.4	32.7	65.5	81.9	98.2
0.239	6.49	9.74	16.2	32.5	64.9	81.2	97.4
0.240	6.44	9.66	16.1	32.2	64.4	80.5	96.6
0.241	6.38	9.58	16.0	31.9	63.8	79.8	95.8
0.242	6.33	9.50	15.8	31.7	63.3	79.2	95.0
0.243	6.28	9.42	15.7	31.4	62.8	78.5	94.2
0.244	6.23	9.34	15.6	31.1	62.3	77.9	93.4
0.245	6.18	9.27	15.4	30.9	61.8	77.2	92.7
0.246	6.13	9.19	15.3	30.6	61.3	76.6	91.9
0.247	6.08	9.12	15.2	30.4	60.8	76.0	91.2
0.248	6.03	9.05	15.1	30.2	60.3	75.4	90.5
0.249	5.98	8.97	15.0	29.9	59.8	74.8	89.7
0.250	5.93	8.90	14.8	29.7	59.3	74.2	89.0
0.251	5.89	8.83	14.7	29.4	58.9	73.6	88.3
0.252	5.84	8.76	14.6	29.2	58.4	73.0	87.6
0.253	5.79	8.69	14.5	29.0	57.9	72.4	86.9
0.254	5.75	8.62	14.4	28.7	57.5	71.9	86.2
0.255	5.70	8.56	14.3	28.5	57.0	71.3	85.6
0.256	5.66	8.49	14.1	28.3	56.6	70.8	84.9
0.257	5.61	8.42	14.0	28.1	56.1	70.2	84.2
0.258	5.57	8.36	13.9	27.9	55.7	69.7	83.6
0.259	5.53	8.29	13.8	27.6	55.3	69.1	82.9
0.260	5.49	8.23	13.7	27.4	54.9	68.6	82.3
0.261	5.44	8.17	13.6	27.2	54.4	68.1	81.7
0.262	5.40	8.10	13.5	27.0	54.0	67.5	81.0
0.263	5.36	8.04	13.4	26.8	53.6	67.0	80.4
0.264	5.32	7.98	13.3	26.6	53.2	66.5	79.8
0.265	5.28	7.92	13.2	26.4	52.8	66.0	79.2
0.266	5.24	7.86	13.1	26.2	52.4	65.5	78.6
0.267	5.20	7.80	13.0	26.0	52.0	65.0	78.0
0.268	5.16	7.75	12.9	25.8	51.6	64.6	77.5
0.269	5.12	7.69	12.8	25.6	51.2	64.1	76.9

表 2－HV 0.2～HV 3（続き）

対角線長さの平均	試験力 F (N)						
	1.961	2.942	4.903	9.807	19.61	24.52	29.42
	ビッカース硬さ						
d mm	HV 0.2	HV 0.3	HV 0.5	HV 1	HV 2	HV 2.5	HV 3
0.270	5.09	7.63	12.7	25.4	50.9	63.6	76.3
0.271	5.05	7.58	12.6	25.3	50.5	63.1	75.8
0.272	5.01	7.52	12.5	25.1	50.1	62.7	75.2
0.273	4.98	7.46	12.4	24.9	49.8	62.2	74.6
0.274	4.94	7.41	12.3	24.7	49.4	61.8	74.1
0.275	4.90	7.36	12.3	24.5	49.0	61.3	73.6
0.276	－	7.30	12.2	24.3	48.7	60.9	73.0
0.277	－	7.25	12.1	24.2	48.3	60.4	72.5
0.278	－	7.20	12.0	24.0	48.0	60.0	72.0
0.279	－	7.15	11.9	23.8	47.6	59.6	71.5
0.280	－	7.10	11.8	23.7	47.3	59.1	71.0
0.281	－	7.05	11.7	23.5	47.0	58.7	70.5
0.282	－	7.00	11.7	23.3	46.6	58.3	70.0
0.283	－	6.95	11.6	23.2	46.3	57.9	69.5
0.284	－	6.90	11.5	23.0	46.0	57.5	69.0
0.285	－	6.85	11.4	22.8	45.7	57.1	68.5
0.286	－	6.80	11.3	22.7	45.3	56.7	68.0
0.287	－	6.75	11.3	22.5	45.0	56.3	67.5
0.288	－	6.71	11.2	22.4	44.7	55.9	67.1
0.289	－	6.66	11.1	22.2	44.4	55.5	66.6
0.290	－	6.62	11.0	22.1	44.1	55.1	66.2
0.291	－	6.57	10.9	21.9	43.8	54.8	65.7
0.292	－	6.52	10.9	21.8	43.5	54.4	65.2
0.293	－	6.48	10.8	21.6	43.2	54.0	64.8
0.294	－	6.44	10.7	21.5	42.9	53.6	64.4
0.295	－	6.39	10.7	21.3	42.6	53.3	63.9
0.296	－	6.35	10.6	21.2	42.3	52.9	63.5
0.297	－	6.31	10.5	21.0	42.0	52.6	63.1
0.298	－	6.26	10.4	20.9	41.8	52.2	62.6
0.299	－	6.22	10.4	20.7	41.5	51.9	62.2
0.300	－	6.18	10.3	20.6	41.2	51.5	61.8
0.301	－	6.14	10.2	20.5	40.9	51.2	61.4
0.302	－	6.10	10.2	20.3	40.7	50.8	61.0
0.303	－	6.06	10.1	20.2	40.4	50.5	60.6
0.304	－	6.02	10.0	20.1	40.1	50.2	60.2
0.305	－	5.98	9.97	19.9	39.9	49.8	59.8
0.306	－	5.94	9.90	19.8	39.6	49.5	59.4
0.307	－	5.90	9.84	19.7	39.3	49.2	59.0
0.308	－	5.86	9.77	19.5	39.1	48.9	58.6
0.309	－	5.83	9.71	19.4	38.8	48.6	58.3

表2－HV 0.2～HV 3（続き）

対角線長さの平均	試験力 F (N)						
	1.961	2.942	4.903	9.807	19.61	24.52	29.42
	ビッカース硬さ						
d mm	HV 0.2	HV 0.3	HV 0.5	HV 1	HV 2	HV 2.5	HV 3
0.310	—	5.79	9.65	19.3	38.6	48.2	57.9
0.311	—	5.75	9.59	19.2	38.3	47.9	57.5
0.312	—	5.72	9.52	19.1	38.1	47.6	57.2
0.313	—	5.68	9.46	18.9	37.9	47.3	56.8
0.314	—	5.64	9.40	18.8	37.6	47.0	56.4
0.315	—	5.61	9.34	18.7	37.4	46.7	56.1
0.316	—	5.57	9.28	18.6	37.1	46.4	55.7
0.317	—	5.54	9.23	18.5	36.9	46.1	55.4
0.318	—	5.50	9.17	18.3	36.7	45.9	55.0
0.319	—	5.47	9.11	18.2	36.4	45.6	54.7
0.320	—	5.43	9.05	18.1	36.2	45.3	54.3
0.321	—	5.40	9.00	18.0	36.0	45.0	54.0
0.322	—	5.37	8.94	17.9	35.8	44.7	53.7
0.323	—	5.33	8.89	17.8	35.5	44.4	53.3
0.324	—	5.30	8.83	17.7	35.3	44.2	53.0
0.325	—	5.27	8.78	17.6	35.1	43.9	52.7
0.326	—	5.23	8.72	17.4	34.9	43.6	52.3
0.327	—	5.20	8.67	17.3	34.7	43.4	52.0
0.328	—	5.17	8.62	17.2	34.5	43.1	51.7
0.329	—	5.14	8.57	17.1	34.3	42.8	51.4
0.330	—	5.11	8.51	17.0	34.1	42.6	51.1
0.331	—	5.08	8.46	16.9	33.8	42.3	50.8
0.332	—	5.05	8.41	16.8	33.6	42.1	50.5
0.333	—	5.02	8.36	16.7	33.4	41.8	50.2
0.334	—	4.99	8.31	16.6	33.2	41.6	49.9
0.335	—	4.96	8.26	16.5	33.0	41.3	49.6
0.336	—	4.93	8.21	16.4	32.8	41.1	49.3
0.337	—	—	8.16	16.3	32.7	40.8	49.0
0.338	—	—	8.12	16.2	32.5	40.6	48.7
0.339	—	—	8.07	16.1	32.3	40.3	48.4
0.340	—	—	8.02	16.0	32.1	40.1	48.1
0.341	—	—	7.97	15.9	31.9	39.9	47.8
0.342	—	—	7.93	15.9	31.7	39.6	47.6
0.343	—	—	7.88	15.8	31.5	39.4	47.3
0.344	—	—	7.83	15.7	31.3	39.2	47.0
0.345	—	—	7.79	15.6	31.2	39.0	46.7
0.346	—	—	7.74	15.5	31.0	38.7	46.5
0.347	—	—	7.70	15.4	30.8	38.5	46.2
0.348	—	—	7.66	15.3	30.6	38.3	45.9
0.349	—	—	7.61	15.2	30.4	38.1	45.7

表 2－HV 0.2～HV 3（続き）

対角線長さの平均	試験力 F (N)						
	1.961	2.942	4.903	9.807	19.61	24.52	29.42
	ビッカース硬さ						
d mm	HV 0.2	HV 0.3	HV 0.5	HV 1	HV 2	HV 2.5	HV 3
0.350	—	—	7.57	15.1	30.3	37.9	45.4
0.351	—	—	7.53	15.1	30.1	37.6	45.2
0.352	—	—	7.48	15.0	29.9	37.4	44.9
0.353	—	—	7.44	14.9	29.8	37.2	44.6
0.354	—	—	7.40	14.8	29.6	37.0	44.4
0.355	—	—	7.36	14.7	29.4	36.8	44.1
0.356	—	—	7.32	14.6	29.3	36.6	43.9
0.357	—	—	7.27	14.6	29.1	36.4	43.7
0.358	—	—	7.23	14.5	28.9	36.2	43.4
0.359	—	—	7.19	14.4	28.8	36.0	43.2
0.360	—	—	7.15	14.3	28.6	35.8	42.9
0.361	—	—	7.11	14.2	28.5	35.6	42.7
0.362	—	—	7.08	14.2	28.3	35.4	42.5
0.363	—	—	7.04	14.1	28.1	35.2	42.2
0.364	—	—	7.00	14.0	28.0	35.0	42.0
0.365	—	—	6.96	13.9	27.8	34.8	41.8
0.366	—	—	6.92	13.8	27.7	34.6	41.5
0.367	—	—	6.88	13.8	27.5	34.4	41.3
0.368	—	—	6.85	13.7	27.4	34.2	41.1
0.369	—	—	6.81	13.6	27.2	34.1	40.9
0.370	—	—	6.77	13.5	27.1	33.9	40.6
0.371	—	—	6.74	13.5	26.9	33.7	40.4
0.372	—	—	6.70	13.4	26.8	33.5	40.2
0.373	—	—	6.66	13.3	26.7	33.3	40.0
0.374	—	—	6.63	13.3	26.5	33.1	39.8
0.375	—	—	6.59	13.2	26.4	33.0	39.6
0.376	—	—	6.56	13.1	26.2	32.8	39.4
0.377	—	—	6.52	13.0	26.1	32.6	39.1
0.378	—	—	6.49	13.0	26.0	32.5	38.9
0.379	—	—	6.45	12.9	25.8	32.3	38.7
0.380	—	—	6.42	12.8	25.7	32.1	38.5
0.381	—	—	6.39	12.8	25.5	31.9	38.3
0.382	—	—	6.35	12.7	25.4	31.8	38.1
0.383	—	—	6.32	12.6	25.3	31.6	37.9
0.384	—	—	6.29	12.6	25.1	31.4	37.7
0.385	—	—	6.26	12.5	25.0	31.3	37.5
0.386	—	—	6.22	12.4	24.9	31.1	37.3
0.387	—	—	6.19	12.4	24.8	31.0	37.1
0.388	—	—	6.16	12.3	24.6	30.8	37.0
0.389	—	—	6.13	12.3	24.5	30.6	36.8

表2−HV 0.2〜HV 3（続き）

対角線長さの平均	試験力 F (N)						
	1.961	2.942	4.903	9.807	19.61	24.52	29.42
	ビッカース硬さ						
d mm	HV 0.2	HV 0.3	HV 0.5	HV 1	HV 2	HV 2.5	HV 3
0.390	—	—	6.10	12.2	24.4	30.5	36.6
0.391	—	—	6.06	12.1	24.3	30.3	36.4
0.392	—	—	6.03	12.1	24.1	30.2	36.2
0.393	—	—	6.00	12.0	24.0	30.0	36.0
0.394	—	—	5.97	11.9	23.9	29.9	35.8
0.395	—	—	5.94	11.9	23.8	29.7	35.7
0.396	—	—	5.91	11.8	23.6	29.6	35.5
0.397	—	—	5.88	11.8	23.5	29.4	35.3
0.398	—	—	5.85	11.7	23.4	29.3	35.1
0.399	—	—	5.82	11.6	23.3	29.1	34.9
0.400	—	—	5.79	11.6	23.2	29.0	34.8
0.401	—	—	5.77	11.5	23.1	28.8	34.6
0.402	—	—	5.74	11.5	22.9	28.7	34.4
0.403	—	—	5.71	11.4	22.8	28.5	34.3
0.404	—	—	5.68	11.4	22.7	28.4	34.1
0.405	—	—	5.65	11.3	22.6	28.3	33.9
0.406	—	—	5.62	11.3	22.5	28.1	33.8
0.407	—	—	5.60	11.2	22.4	28.0	33.6
0.408	—	—	5.57	11.1	22.3	27.9	33.4
0.409	—	—	5.54	11.1	22.2	27.7	33.3
0.410	—	—	5.52	11.0	22.1	27.6	33.1
0.411	—	—	5.49	11.0	22.0	27.4	32.9
0.412	—	—	5.46	10.9	21.8	27.3	32.8
0.413	—	—	5.44	10.9	21.7	27.2	32.6
0.414	—	—	5.41	10.8	21.6	27.1	32.5
0.415	—	—	5.38	10.8	21.5	26.9	32.3
0.416	—	—	5.36	10.7	21.4	26.8	32.1
0.417	—	—	5.33	10.7	21.3	26.7	32.0
0.418	—	—	5.31	10.6	21.2	26.5	31.8
0.419	—	—	5.28	10.6	21.1	26.4	31.7
0.420	—	—	5.26	10.5	21.0	26.3	31.5
0.421	—	—	5.23	10.5	20.9	26.2	31.4
0.422	—	—	5.21	10.4	20.8	26.0	31.2
0.423	—	—	5.18	10.4	20.7	25.9	31.1
0.424	—	—	5.16	10.3	20.6	25.8	30.9
0.425	—	—	5.13	10.3	20.5	25.7	30.8
0.426	—	—	5.11	10.2	20.4	25.6	30.7
0.427	—	—	5.09	10.2	20.3	25.4	30.5
0.428	—	—	5.06	10.1	20.2	25.3	30.4
0.429	—	—	5.04	10.1	20.1	25.2	30.2

表2－HV 0.2～HV 3 （続き）

対角線長さの平均	試験力 F (N)						
	1.961	2.942	4.903	9.807	19.61	24.52	29.42
	ビッカース硬さ						
d mm	HV 0.2	HV 0.3	HV 0.5	HV 1	HV 2	HV 2.5	HV 3
0.430	—	—	5.01	10.0	20.1	25.1	30.1
0.431	—	—	4.99	9.98	20.0	25.0	29.9
0.432	—	—	4.97	9.94	19.9	24.8	29.8
0.433	—	—	4.95	9.89	19.8	24.7	29.7
0.434	—	—	4.92	9.85	19.7	24.6	29.5
0.435	—	—	4.90	9.80	19.6	24.5	29.4
0.436	—	—	—	9.76	19.5	24.4	29.3
0.437	—	—	—	9.71	19.4	24.3	29.1
0.438	—	—	—	9.67	19.3	24.2	29.0
0.439	—	—	—	9.62	19.2	24.1	28.9
0.440	—	—	—	9.58	19.2	24.0	28.7
0.441	—	—	—	9.54	19.1	23.8	28.6
0.442	—	—	—	9.49	19.0	23.7	28.5
0.443	—	—	—	9.45	18.9	23.6	28.3
0.444	—	—	—	9.41	18.8	23.5	28.2
0.445	—	—	—	9.36	18.7	23.4	28.1
0.446	—	—	—	9.32	18.6	23.3	28.0
0.447	—	—	—	9.28	18.6	23.2	27.8
0.448	—	—	—	9.24	18.5	23.1	27.7
0.449	—	—	—	9.20	18.4	23.0	27.6
0.450	—	—	—	9.16	18.3	22.9	27.5
0.451	—	—	—	9.12	18.2	22.8	27.4
0.452	—	—	—	9.08	18.2	22.7	27.2
0.453	—	—	—	9.04	18.1	22.6	27.1
0.454	—	—	—	9.00	18.0	22.5	27.0
0.455	—	—	—	8.96	17.9	22.4	26.9
0.456	—	—	—	8.92	17.8	22.3	26.8
0.457	—	—	—	8.88	17.8	22.2	26.6
0.458	—	—	—	8.84	17.7	22.1	26.5
0.459	—	—	—	8.80	17.6	22.0	26.4
0.460	—	—	—	8.76	17.5	21.9	26.3
0.461	—	—	—	8.73	17.4	21.8	26.2
0.462	—	—	—	8.69	17.4	21.7	26.1
0.463	—	—	—	8.65	17.3	21.6	26.0
0.464	—	—	—	8.61	17.2	21.5	25.8
0.465	—	—	—	8.58	17.1	21.4	25.7
0.466	—	—	—	8.54	17.1	21.4	25.6
0.467	—	—	—	8.50	17.0	21.3	25.5
0.468	—	—	—	8.47	16.9	21.2	25.4
0.469	—	—	—	8.43	16.9	21.1	25.3

表2－HV 0.2～HV 3（続き）

対角線長さの平均	試験力 F (N)						
	1.961	2.942	4.903	9.807	19.61	24.52	29.42
	ビッカース硬さ						
d mm	HV 0.2	HV 0.3	HV 0.5	HV 1	HV 2	HV 2.5	HV 3
0.470	—	—	—	8.40	16.8	21.0	25.2
0.471	—	—	—	8.36	16.7	20.9	25.1
0.472	—	—	—	8.32	16.6	20.8	25.0
0.473	—	—	—	8.29	16.6	20.7	24.9
0.474	—	—	—	8.25	16.5	20.6	24.8
0.475	—	—	—	8.22	16.4	20.6	24.7
0.476	—	—	—	8.18	16.4	20.5	24.6
0.477	—	—	—	8.15	16.3	20.4	24.5
0.478	—	—	—	8.12	16.2	20.3	24.3
0.479	—	—	—	8.08	16.2	20.2	24.2
0.480	—	—	—	8.05	16.1	20.1	24.1
0.481	—	—	—	8.02	16.0	20.0	24.0
0.482	—	—	—	7.98	16.0	20.0	23.9
0.483	—	—	—	7.95	15.9	19.9	23.8
0.484	—	—	—	7.92	15.8	19.8	23.7
0.485	—	—	—	7.88	15.8	19.7	23.7
0.486	—	—	—	7.85	15.7	19.6	23.6
0.487	—	—	—	7.82	15.6	19.6	23.5
0.488	—	—	—	7.79	15.6	19.5	23.4
0.489	—	—	—	7.76	15.5	19.4	23.3
0.490	—	—	—	7.72	15.4	19.3	23.2
0.491	—	—	—	7.69	15.4	19.2	23.1
0.492	—	—	—	7.66	15.3	19.2	23.0
0.493	—	—	—	7.63	15.3	19.1	22.9
0.494	—	—	—	7.60	15.2	19.0	22.8
0.495	—	—	—	7.57	15.1	18.9	22.7
0.496	—	—	—	7.54	15.1	18.8	22.6
0.497	—	—	—	7.51	15.0	18.8	22.5
0.498	—	—	—	7.48	15.0	18.7	22.4
0.499	—	—	—	7.45	14.9	18.6	22.3
0.500	—	—	—	7.42	14.8	18.5	22.3
0.501	—	—	—	7.39	14.8	18.5	22.2
0.502	—	—	—	7.36	14.7	18.4	22.1
0.503	—	—	—	7.33	14.7	18.3	22.0
0.504	—	—	—	7.30	14.6	18.3	21.9
0.505	—	—	—	7.27	14.5	18.2	21.8
0.506	—	—	—	7.24	14.5	18.1	21.7
0.507	—	—	—	7.21	14.4	18.0	21.6
0.508	—	—	—	7.19	14.4	18.0	21.6
0.509	—	—	—	7.16	14.3	17.9	21.5

表 2 － HV 0.2 ～ HV 3 （続き）

対角線長さの 平均	試験力 *F* (N)						
	1.961	2.942	4.903	9.807	19.61	24.52	29.42
	ビッカース硬さ						
d mm	HV 0.2	HV 0.3	HV 0.5	HV 1	HV 2	HV 2.5	HV 3
0.510	－	－	－	7.13	14.3	17.8	21.4
0.511	－	－	－	7.10	14.2	17.8	21.3
0.512	－	－	－	7.07	14.1	17.7	21.2
0.513	－	－	－	7.05	14.1	17.6	21.1
0.514	－	－	－	7.02	14.0	17.6	21.1
0.515	－	－	－	6.99	14.0	17.5	21.0
0.516	－	－	－	6.97	13.9	17.4	21.0
0.517	－	－	－	6.94	13.9	17.3	20.9
0.518	－	－	－	6.91	13.8	17.3	20.8
0.519	－	－	－	6.88	13.8	17.2	20.7
0.520	－	－	－	6.86	13.7	17.1	20.6
0.521	－	－	－	6.83	13.7	17.1	20.5
0.522	－	－	－	6.81	13.6	17.0	20.4
0.523	－	－	－	6.78	13.6	17.0	20.3
0.524	－	－	－	6.75	13.5	16.9	20.3
0.525	－	－	－	6.73	13.5	16.8	20.2
0.526	－	－	－	6.70	13.4	16.8	20.1
0.527	－	－	－	6.68	13.4	16.7	20.0
0.528	－	－	－	6.65	13.3	16.6	20.0
0.529	－	－	－	6.63	13.3	16.6	19.9
0.530	－	－	－	6.60	13.2	16.5	19.8
0.531	－	－	－	6.58	13.2	16.4	19.7
0.532	－	－	－	6.55	13.1	16.4	19.7
0.533	－	－	－	6.53	13.1	16.3	19.6
0.534	－	－	－	6.50	13.0	16.3	19.5
0.535	－	－	－	6.48	13.0	16.2	19.4
0.536	－	－	－	6.46	12.9	16.1	19.4
0.537	－	－	－	6.43	12.9	16.1	19.3
0.538	－	－	－	6.41	12.8	16.0	19.2
0.539	－	－	－	6.38	12.8	16.0	19.1
0.540	－	－	－	6.36	12.7	15.9	19.1
0.541	－	－	－	6.34	12.7	15.8	19.0
0.542	－	－	－	6.31	12.6	15.8	18.9
0.543	－	－	－	6.29	12.6	15.7	18.9
0.544	－	－	－	6.27	12.5	15.7	18.8
0.545	－	－	－	6.24	12.5	15.6	18.7
0.546	－	－	－	6.22	12.4	15.6	18.7
0.547	－	－	－	6.20	12.4	15.5	18.6
0.548	－	－	－	6.18	12.3	15.4	18.5
0.549	－	－	－	6.15	12.3	15.4	18.5

表2－HV 0.2〜HV 3（続き）

対角線長さの平均	試験力 F (N)						
	1.961	2.942	4.903	9.807	19.61	24.52	29.42
	ビッカース硬さ						
d mm	HV 0.2	HV 0.3	HV 0.5	HV 1	HV 2	HV 2.5	HV 3
0.550	—	—	—	6.13	12.3	15.3	18.4
0.551	—	—	—	6.11	12.2	15.3	18.3
0.552	—	—	—	6.09	12.2	15.2	18.3
0.553	—	—	—	6.06	12.1	15.2	18.2
0.554	—	—	—	6.04	12.1	15.1	18.1
0.555	—	—	—	6.02	12.0	15.1	18.1
0.556	—	—	—	6.00	12.0	15.0	18.0
0.557	—	—	—	5.98	12.0	14.9	17.9
0.558	—	—	—	5.96	11.9	14.9	17.9
0.559	—	—	—	5.93	11.9	14.8	17.8
0.560	—	—	—	5.91	11.8	14.8	17.7
0.561	—	—	—	5.89	11.8	14.7	17.7
0.562	—	—	—	5.87	11.7	14.7	17.6
0.563	—	—	—	5.85	11.7	14.6	17.6
0.564	—	—	—	5.83	11.7	14.6	17.5
0.565	—	—	—	5.81	11.6	14.5	17.4
0.566	—	—	—	5.79	11.6	14.5	17.4
0.567	—	—	—	5.77	11.5	14.4	17.3
0.568	—	—	—	5.75	11.5	14.4	17.2
0.569	—	—	—	5.73	11.5	14.3	17.2
0.570	—	—	—	5.71	11.4	14.3	17.1
0.571	—	—	—	5.69	11.4	14.2	17.1
0.572	—	—	—	5.67	11.3	14.2	17.0
0.573	—	—	—	5.65	11.3	14.1	16.9
0.574	—	—	—	5.63	11.3	14.1	16.9
0.575	—	—	—	5.61	11.2	14.0	16.8
0.576	—	—	—	5.59	11.2	14.0	16.8
0.577	—	—	—	5.57	11.1	13.9	16.7
0.578	—	—	—	5.55	11.1	13.9	16.7
0.579	—	—	—	5.53	11.1	13.8	16.6
0.580	—	—	—	5.51	11.0	13.8	16.5
0.581	—	—	—	5.49	11.0	13.7	16.5
0.582	—	—	—	5.47	10.9	13.7	16.4
0.583	—	—	—	5.46	10.9	13.6	16.4
0.584	—	—	—	5.44	10.9	13.6	16.3
0.585	—	—	—	5.42	10.8	13.5	16.3
0.586	—	—	—	5.40	10.8	13.5	16.2
0.587	—	—	—	5.38	10.8	13.5	16.1
0.588	—	—	—	5.36	10.7	13.4	16.1
0.589	—	—	—	5.35	10.7	13.4	16.0

表2－HV 0.2～HV 3（続き）

対角線長さの平均	試験力 F (N)						
	1.961	2.942	4.903	9.807	19.61	24.52	29.42
	ビッカース硬さ						
d mm	HV 0.2	HV 0.3	HV 0.5	HV 1	HV 2	HV 2.5	HV 3
0.590	—	—	—	5.33	10.7	13.3	16.0
0.591	—	—	—	5.31	10.6	13.3	15.9
0.592	—	—	—	5.29	10.6	13.2	15.9
0.593	—	—	—	5.27	10.5	13.2	15.8
0.594	—	—	—	5.26	10.5	13.1	15.8
0.595	—	—	—	5.24	10.5	13.1	15.7
0.596	—	—	—	5.22	10.4	13.1	15.7
0.597	—	—	—	5.20	10.4	13.0	15.6
0.598	—	—	—	5.19	10.4	13.0	15.6
0.599	—	—	—	5.17	10.3	12.9	15.5
0.600	—	—	—	5.15	10.3	12.9	15.5
0.601	—	—	—	5.13	10.3	12.8	15.4
0.602	—	—	—	5.12	10.2	12.8	15.4
0.603	—	—	—	5.10	10.2	12.8	15.3
0.604	—	—	—	5.08	10.2	12.7	15.2
0.605	—	—	—	5.07	10.1	12.7	15.2
0.606	—	—	—	5.05	10.1	12.6	15.1
0.607	—	—	—	5.03	10.1	12.6	15.1
0.608	—	—	—	5.02	10.0	12.5	15.0
0.609	—	—	—	5.00	10.0	12.5	15.0
0.610	—	—	—	4.98	9.97	12.5	15.0
0.611	—	—	—	4.97	9.93	12.4	14.9
0.612	—	—	—	4.95	9.90	12.4	14.9
0.613	—	—	—	4.94	9.87	12.3	14.8
0.614	—	—	—	4.92	9.84	12.3	14.8
0.615	—	—	—	4.90	9.80	12.3	14.7
0.616	—	—	—	—	9.77	12.2	14.7
0.617	—	—	—	—	9.74	12.2	14.6
0.618	—	—	—	—	9.71	12.1	14.6
0.619	—	—	—	—	9.68	12.1	14.5
0.620	—	—	—	—	9.65	12.1	14.5
0.621	—	—	—	—	9.62	12.0	14.4
0.622	—	—	—	—	9.58	12.0	14.4
0.623	—	—	—	—	9.55	11.9	14.3
0.624	—	—	—	—	9.52	11.9	14.3
0.625	—	—	—	—	9.49	11.9	14.2
0.626	—	—	—	—	9.46	11.8	14.2
0.627	—	—	—	—	9.43	11.8	14.2
0.628	—	—	—	—	9.40	11.8	14.1
0.629	—	—	—	—	9.37	11.7	14.1

表2－HV 0.2～HV 3（続き）

対角線長さの平均	試験力 F (N)						
	1.961	2.942	4.903	9.807	19.61	24.52	29.42
	ビッカース硬さ						
d mm	HV 0.2	HV 0.3	HV 0.5	HV 1	HV 2	HV 2.5	HV 3
0.630	—	—	—	—	9.34	11.7	14.0
0.631	—	—	—	—	9.31	11.6	14.0
0.632	—	—	—	—	9.28	11.6	13.9
0.633	—	—	—	—	9.25	11.6	13.9
0.634	—	—	—	—	9.23	11.5	13.8
0.635	—	—	—	—	9.20	11.5	13.8
0.636	—	—	—	—	9.17	11.5	13.8
0.637	—	—	—	—	9.14	11.4	13.7
0.638	—	—	—	—	9.11	11.4	13.7
0.639	—	—	—	—	9.08	11.4	13.6
0.640	—	—	—	—	9.05	11.3	13.6
0.641	—	—	—	—	9.03	11.3	13.5
0.642	—	—	—	—	9.00	11.2	13.5
0.643	—	—	—	—	8.97	11.2	13.5
0.644	—	—	—	—	8.94	11.2	13.4
0.645	—	—	—	—	8.91	11.1	13.4
0.646	—	—	—	—	8.89	11.1	13.3
0.647	—	—	—	—	8.86	11.1	13.3
0.648	—	—	—	—	8.83	11.0	13.2
0.649	—	—	—	—	8.80	11.0	13.2
0.650	—	—	—	—	8.78	11.0	13.2
0.651	—	—	—	—	8.75	10.9	13.1
0.652	—	—	—	—	8.72	10.9	13.1
0.653	—	—	—	—	8.70	10.9	13.0
0.654	—	—	—	—	8.67	10.8	13.0
0.655	—	—	—	—	8.64	10.8	13.0
0.656	—	—	—	—	8.62	10.8	12.9
0.657	—	—	—	—	8.59	10.7	12.9
0.658	—	—	—	—	8.56	10.7	12.8
0.659	—	—	—	—	8.54	10.7	12.8
0.660	—	—	—	—	8.51	10.6	12.8
0.661	—	—	—	—	8.49	10.6	12.7
0.662	—	—	—	—	8.46	10.6	12.7
0.663	—	—	—	—	8.44	10.5	12.7
0.664	—	—	—	—	8.41	10.5	12.6
0.665	—	—	—	—	8.39	10.5	12.6
0.666	—	—	—	—	8.36	10.5	12.5
0.667	—	—	—	—	8.34	10.4	12.5
0.668	—	—	—	—	8.31	10.4	12.5
0.669	—	—	—	—	8.29	10.4	12.4

表 2 — HV 0.2 〜 HV 3（続き）

対角線長さの平均	試験力 F (N)						
	1.961	2.942	4.903	9.807	19.61	24.52	29.42
	ビッカース硬さ						
d mm	HV 0.2	HV 0.3	HV 0.5	HV 1	HV 2	HV 2.5	HV 3
0.670	—	—	—	—	8.26	10.3	12.4
0.671	—	—	—	—	8.24	10.3	12.4
0.672	—	—	—	—	8.21	10.3	12.3
0.673	—	—	—	—	8.19	10.2	12.3
0.674	—	—	—	—	8.16	10.2	12.2
0.675	—	—	—	—	8.14	10.2	12.2
0.676	—	—	—	—	8.11	10.1	12.2
0.677	—	—	—	—	8.09	10.1	12.1
0.678	—	—	—	—	8.07	10.1	12.1
0.679	—	—	—	—	8.04	10.1	12.1
0.680	—	—	—	—	8.02	10.0	12.0
0.681	—	—	—	—	8.00	10.0	12.0
0.682	—	—	—	—	7.97	9.97	12.0
0.683	—	—	—	—	7.95	9.94	11.9
0.684	—	—	—	—	7.93	9.91	11.9
0.685	—	—	—	—	7.90	9.88	11.9
0.686	—	—	—	—	7.88	9.85	11.8
0.687	—	—	—	—	7.86	9.82	11.8
0.688	—	—	—	—	7.83	9.80	11.8
0.689	—	—	—	—	7.81	9.77	11.7
0.690	—	—	—	—	7.79	9.74	11.7
0.691	—	—	—	—	7.77	9.71	11.7
0.692	—	—	—	—	7.74	9.68	11.6
0.693	—	—	—	—	7.72	9.65	11.6
0.694	—	—	—	—	7.70	9.63	11.6
0.695	—	—	—	—	7.68	9.60	11.5
0.696	—	—	—	—	7.66	9.57	11.5
0.697	—	—	—	—	7.63	9.54	11.5
0.698	—	—	—	—	7.61	9.52	11.4
0.699	—	—	—	—	7.59	9.49	11.4
0.700	—	—	—	—	7.57	9.46	11.4
0.701	—	—	—	—	7.55	9.44	11.3
0.702	—	—	—	—	7.52	9.41	11.3
0.703	—	—	—	—	7.50	9.38	11.3
0.704	—	—	—	—	7.48	9.36	11.2
0.705	—	—	—	—	7.46	9.33	11.2
0.706	—	—	—	—	7.44	9.30	11.2
0.707	—	—	—	—	7.42	9.28	11.1
0.708	—	—	—	—	7.40	9.25	11.1
0.709	—	—	—	—	7.38	9.22	11.1

表 2－HV 0.2～HV 3（続き）

対角線長さの平均	試験力 F (N)						
	1.961	2.942	4.903	9.807	19.61	24.52	29.42
	ビッカース硬さ						
d mm	HV 0.2	HV 0.3	HV 0.5	HV 1	HV 2	HV 2.5	HV 3
0.710	—	—	—	—	7.36	9.20	11.0
0.711	—	—	—	—	7.34	9.17	11.0
0.712	—	—	—	—	7.31	9.15	11.0
0.713	—	—	—	—	7.29	9.12	10.9
0.714	—	—	—	—	7.27	9.10	10.9
0.715	—	—	—	—	7.25	9.07	10.9
0.716	—	—	—	—	7.23	9.04	10.9
0.717	—	—	—	—	7.21	9.02	10.8
0.718	—	—	—	—	7.19	8.99	10.8
0.719	—	—	—	—	7.17	8.97	10.8
0.720	—	—	—	—	7.15	8.94	10.7
0.721	—	—	—	—	7.13	8.92	10.7
0.722	—	—	—	—	7.11	8.89	10.7
0.723	—	—	—	—	7.09	8.87	10.6
0.724	—	—	—	—	7.07	8.85	10.6
0.725	—	—	—	—	7.05	8.82	10.6
0.726	—	—	—	—	7.04	8.80	10.6
0.727	—	—	—	—	7.02	8.77	10.5
0.728	—	—	—	—	7.00	8.75	10.5
0.729	—	—	—	—	6.98	8.72	10.5
0.730	—	—	—	—	6.96	8.70	10.4
0.731	—	—	—	—	6.94	8.68	10.4
0.732	—	—	—	—	6.92	8.65	10.4
0.733	—	—	—	—	6.90	8.63	10.4
0.734	—	—	—	—	6.88	8.61	10.3
0.735	—	—	—	—	6.86	8.58	10.3
0.736	—	—	—	—	6.85	8.56	10.3
0.737	—	—	—	—	6.83	8.54	10.2
0.738	—	—	—	—	6.81	8.51	10.2
0.739	—	—	—	—	6.79	8.49	10.2
0.740	—	—	—	—	6.77	8.47	10.2
0.741	—	—	—	—	6.75	8.44	10.1
0.742	—	—	—	—	6.74	8.42	10.1
0.743	—	—	—	—	6.72	8.40	10.1
0.744	—	—	—	—	6.70	8.38	10.1
0.745	—	—	—	—	6.68	8.35	10.0
0.746	—	—	—	—	6.66	8.33	10.0
0.747	—	—	—	—	6.65	8.31	9.97
0.748	—	—	—	—	6.63	8.29	9.94
0.749	—	—	—	—	6.61	8.27	9.92

表2－HV 0.2～HV 3（続き）

対角線長さの平均	試験力 F (N)						
	1.961	2.942	4.903	9.807	19.61	24.52	29.42
	ビッカース硬さ						
d mm	HV 0.2	HV 0.3	HV 0.5	HV 1	HV 2	HV 2.5	HV 3
0.750	—	—	—	—	6.59	8.24	9.89
0.751	—	—	—	—	6.57	8.22	9.86
0.752	—	—	—	—	6.56	8.20	9.84
0.753	—	—	—	—	6.54	8.18	9.81
0.754	—	—	—	—	6.52	8.16	9.79
0.755	—	—	—	—	6.51	8.13	9.76
0.756	—	—	—	—	6.49	8.11	9.73
0.757	—	—	—	—	6.47	8.09	9.71
0.758	—	—	—	—	6.45	8.07	9.68
0.759	—	—	—	—	6.44	8.05	9.66
0.760	—	—	—	—	6.42	8.03	9.63
0.761	—	—	—	—	6.40	8.01	9.61
0.762	—	—	—	—	6.39	7.99	9.58
0.763	—	—	—	—	6.37	7.96	9.56
0.764	—	—	—	—	6.35	7.94	9.53
0.765	—	—	—	—	6.34	7.92	9.51
0.766	—	—	—	—	6.32	7.90	9.48
0.767	—	—	—	—	6.30	7.88	9.46
0.768	—	—	—	—	6.29	7.86	9.43
0.769	—	—	—	—	6.27	7.84	9.41
0.770	—	—	—	—	6.25	7.82	9.38
0.771	—	—	—	—	6.24	7.80	9.36
0.772	—	—	—	—	6.22	7.78	9.33
0.773	—	—	—	—	6.21	7.76	9.31
0.774	—	—	—	—	6.19	7.74	9.29
0.775	—	—	—	—	6.17	7.72	9.26
0.776	—	—	—	—	6.16	7.70	9.24
0.777	—	—	—	—	6.14	7.68	9.21
0.778	—	—	—	—	6.13	7.66	9.19
0.779	—	—	—	—	6.11	7.64	9.17
0.780	—	—	—	—	6.10	7.62	9.14
0.781	—	—	—	—	6.08	7.60	9.12
0.782	—	—	—	—	6.06	7.58	9.10
0.783	—	—	—	—	6.05	7.56	9.07
0.784	—	—	—	—	6.03	7.54	9.05
0.785	—	—	—	—	6.02	7.52	9.03
0.786	—	—	—	—	6.00	7.51	9.01
0.787	—	—	—	—	5.99	7.49	8.98
0.788	—	—	—	—	5.97	7.47	8.96
0.789	—	—	—	—	5.96	7.45	8.94

表2－HV 0.2～HV 3（続き）

対角線長さの平均	試験力 F (N)						
	1.961	2.942	4.903	9.807	19.61	24.52	29.42
	ビッカース硬さ						
d mm	HV 0.2	HV 0.3	HV 0.5	HV 1	HV 2	HV 2.5	HV 3
0.790	—	—	—	—	5.94	7.43	8.91
0.791	—	—	—	—	5.93	7.41	8.89
0.792	—	—	—	—	5.91	7.39	8.87
0.793	—	—	—	—	5.90	7.37	8.85
0.794	—	—	—	—	5.88	7.35	8.82
0.795	—	—	—	—	5.87	7.34	8.80
0.796	—	—	—	—	5.85	7.32	8.78
0.797	—	—	—	—	5.84	7.30	8.76
0.798	—	—	—	—	5.82	7.28	8.74
0.799	—	—	—	—	5.81	7.26	8.71
0.800	—	—	—	—	5.79	7.24	8.69
0.801	—	—	—	—	5.78	7.23	8.67
0.802	—	—	—	—	5.77	7.21	8.65
0.803	—	—	—	—	5.75	7.19	8.63
0.804	—	—	—	—	5.74	7.17	8.61
0.805	—	—	—	—	5.72	7.16	8.59
0.806	—	—	—	—	5.71	7.14	8.56
0.807	—	—	—	—	5.69	7.12	8.54
0.808	—	—	—	—	5.68	7.10	8.52
0.809	—	—	—	—	5.67	7.08	8.50
0.810	—	—	—	—	5.65	7.07	8.48
0.811	—	—	—	—	5.64	7.05	8.46
0.812	—	—	—	—	5.62	7.03	8.44
0.813	—	—	—	—	5.61	7.02	8.42
0.814	—	—	—	—	5.60	7.00	8.40
0.815	—	—	—	—	5.58	6.98	8.38
0.816	—	—	—	—	5.57	6.96	8.36
0.817	—	—	—	—	5.56	6.95	8.33
0.818	—	—	—	—	5.54	6.93	8.31
0.819	—	—	—	—	5.53	6.91	8.29
0.820	—	—	—	—	5.51	6.90	8.27
0.821	—	—	—	—	5.50	6.88	8.25
0.822	—	—	—	—	5.49	6.86	8.23
0.823	—	—	—	—	5.47	6.85	8.21
0.824	—	—	—	—	5.46	6.83	8.19
0.825	—	—	—	—	5.45	6.81	8.17
0.826	—	—	—	—	5.44	6.80	8.15
0.827	—	—	—	—	5.42	6.78	8.13
0.828	—	—	—	—	5.41	6.76	8.11
0.829	—	—	—	—	5.40	6.75	8.10

表2－HV 0.2～HV 3（続き）

対角線長さの平均	試験力 F (N)						
	1.961	2.942	4.903	9.807	19.61	24.52	29.42
d mm	ビッカース硬さ						
	HV 0.2	HV 0.3	HV 0.5	HV 1	HV 2	HV 2.5	HV 3
0.830	—	—	—	—	5.38	6.73	8.08
0.831	—	—	—	—	5.37	6.71	8.06
0.832	—	—	—	—	5.36	6.70	8.04
0.833	—	—	—	—	5.34	6.68	8.02
0.834	—	—	—	—	5.33	6.67	8.00
0.835	—	—	—	—	5.32	6.65	7.98
0.836	—	—	—	—	5.31	6.63	7.96
0.837	—	—	—	—	5.29	6.62	7.94
0.838	—	—	—	—	5.28	6.60	7.92
0.839	—	—	—	—	5.27	6.59	7.90
0.840	—	—	—	—	5.26	6.57	7.88
0.841	—	—	—	—	5.24	6.56	7.87
0.842	—	—	—	—	5.23	6.54	7.85
0.843	—	—	—	—	5.22	6.52	7.83
0.844	—	—	—	—	5.21	6.51	7.81
0.845	—	—	—	—	5.19	6.49	7.79
0.846	—	—	—	—	5.18	6.48	7.77
0.847	—	—	—	—	5.17	6.46	7.75
0.848	—	—	—	—	5.16	6.45	7.74
0.849	—	—	—	—	5.14	6.43	7.72
0.850	—	—	—	—	5.13	6.42	7.70

表3－HV 5～HV 100

対角線長さの 平均 d mm	試験力 F (N)					
	49.03	98.07	196.1	294.2	490.3	980.7
	ビッカース硬さ					
	HV 5	HV 10	HV 20	HV 30	HV 50	HV 100
0.056	2 957	—	—	—	—	—
0.057	2 854	—	—	—	—	—
0.058	2 756	—	—	—	—	—
0.059	2 663	—	—	—	—	—
0.060	2 575	—	—	—	—	—
0.061	2 492	—	—	—	—	—
0.062	2 412	—	—	—	—	—
0.063	2 336	—	—	—	—	—
0.064	2 264	—	—	—	—	—
0.065	2 194	—	—	—	—	—
0.066	2 128	—	—	—	—	—
0.067	2 065	—	—	—	—	—
0.068	2 005	—	—	—	—	—
0.069	1 947	—	—	—	—	—
0.070	1 892	—	—	—	—	—
0.071	1 839	—	—	—	—	—
0.072	1 788	—	—	—	—	—
0.073	1 740	—	—	—	—	—
0.074	1 693	—	—	—	—	—
0.075	1 648	—	—	—	—	—
0.076	1 605	—	—	—	—	—
0.077	1 564	—	—	—	—	—
0.078	1 524	—	—	—	—	—
0.079	1 486	2 971	—	—	—	—
0.080	1 449	2 898	—	—	—	—
0.081	1 413	2 827	—	—	—	—
0.082	1 379	2 758	—	—	—	—
0.083	1 346	2 692	—	—	—	—
0.084	1 314	2 628	—	—	—	—
0.085	1 283	2 567	—	—	—	—
0.086	1 254	2 507	—	—	—	—
0.087	1 225	2 450	—	—	—	—
0.088	1 197	2 395	—	—	—	—
0.089	1 171	2 341	—	—	—	—
0.090	1 145	2 290	—	—	—	—
0.091	1 120	2 239	—	—	—	—
0.092	1 095	2 191	—	—	—	—
0.093	1 072	2 144	—	—	—	—
0.094	1 049	2 099	—	—	—	—
0.095	1 027	2 055	—	—	—	—

表3−HV 5〜HV 100（続き）

対角線長さの平均	試験力 F (N)					
	49.03	98.07	196.1	294.2	490.3	980.7
	ビッカース硬さ					
d mm	HV 5	HV 10	HV 20	HV 30	HV 50	HV 100
0.096	1 006	2 012	—	—	—	—
0.097	985	1 971	—	—	—	—
0.098	965	1 931	—	—	—	—
0.099	946	1 892	—	—	—	—
0.100	927	1 855	—	—	—	—
0.101	909	1 818	—	—	—	—
0.102	891	1 782	—	—	—	—
0.103	874	1 748	—	—	—	—
0.104	857	1 715	—	—	—	—
0.105	841	1 682	—	—	—	—
0.106	825	1 651	—	—	—	—
0.107	810	1 620	—	—	—	—
0.108	795	1 590	—	—	—	—
0.109	780	1 561	—	—	—	—
0.110	766	1 533	—	—	—	—
0.111	753	1 505	—	—	—	—
0.112	739	1 478	2 956	—	—	—
0.113	726	1 452	2 904	—	—	—
0.114	713	1 427	2 853	—	—	—
0.115	701	1 402	2 804	—	—	—
0.116	689	1 378	2 756	—	—	—
0.117	677	1 355	2 709	—	—	—
0.118	666	1 332	2 663	—	—	—
0.119	655	1 310	2 619	—	—	—
0.120	644	1 288	2 575	—	—	—
0.121	633	1 267	2 533	—	—	—
0.122	623	1 246	2 491	—	—	—
0.123	613	1 226	2 451	—	—	—
0.124	603	1 206	2 412	—	—	—
0.125	593	1 187	2 373	—	—	—
0.126	584	1 168	2 336	—	—	—
0.127	575	1 150	2 299	—	—	—
0.128	566	1 132	2 263	—	—	—
0.129	557	1 114	2 228	—	—	—
0.130	549	1 097	2 194	—	—	—
0.131	540	1 081	2 161	—	—	—
0.132	532	1 064	2 128	—	—	—
0.133	524	1 048	2 096	—	—	—
0.134	516	1 033	2 065	—	—	—
0.135	509	1 018	2 035	—	—	—

表 3 — HV 5〜HV 100 （続き）

対角線長さの平均	試験力 F (N)					
	49.03	98.07	196.1	294.2	490.3	980.7
	ビッカース硬さ					
d mm	HV 5	HV 10	HV 20	HV 30	HV 50	HV 100
0.136	501	1 003	2 005	—	—	—
0.137	494	988	1 976	2 964	—	—
0.138	487	974	1 947	2 921	—	—
0.139	480	960	1 919	2 879	—	—
0.140	473	946	1 892	2 838	—	—
0.141	466	933	1 865	2 798	—	—
0.142	460	920	1 839	2 759	—	—
0.143	453	907	1 813	2 721	—	—
0.144	447	894	1 788	2 683	—	—
0.145	441	882	1 764	2 646	—	—
0.146	435	870	1 740	2 610	—	—
0.147	429	858	1 716	2 575	—	—
0.148	423	847	1 693	2 540	—	—
0.149	418	835	1 670	2 506	—	—
0.150	412	824	1 648	2 473	—	--
0.151	407	813	1 626	2 440	—	—
0.152	401	803	1 605	2 408	—	—
0.153	396	792	1 584	2 377	—	—
0.154	391	782	1 564	2 346	—	—
0.155	386	772	1 543	2 316	—	—
0.156	381	762	1 524	2 286	—	—
0.157	376	752	1 504	2 257	—	—
0.158	371	743	1 485	2 229	—	—
0.159	367	734	1 467	2 201	—	—
0.160	362	724	1 449	2 173	—	—
0.161	358	715	1 431	2 146	—	—
0.162	353	707	1 413	2 120	—	—
0.163	349	698	1 396	2 094	—	—
0.164	345	690	1 379	2 068	—	—
0.165	341	681	1 362	2 043	—	—
0.166	336	673	1 346	2 019	—	—
0.167	332	665	1 330	1 995	—	—
0.168	328	657	1 314	1 971	—	—
0.169	325	649	1 298	1 948	—	—
0.170	321	642	1 283	1 925	—	—
0.171	317	634	1 268	1 903	—	—
0.172	313	627	1 253	1 881	—	—
0.173	310	620	1 239	1 859	—	—
0.174	306	613	1 225	1 838	—	—
0.175	303	606	1 211	1 817	—	—

表3－HV 5～HV 100（続き）

対角線長さの平均	試験力 F (N)					
	49.03	98.07	196.1	294.2	490.3	980.7
	ビッカース硬さ					
d mm	HV 5	HV 10	HV 20	HV 30	HV 50	HV 100
0.176	299	599	1 197	1 796	2 993	—
0.177	296	592	1 184	1 776	2 959	—
0.178	293	585	1 170	1 756	2 926	—
0.179	289	579	1 157	1 736	2 894	—
0.180	286	572	1 145	1 717	2 862	—
0.181	283	566	1 132	1 698	2 830	—
0.182	280	560	1 120	1 680	2 799	—
0.183	277	554	1 107	1 661	2 769	—
0.184	274	548	1 095	1 643	2 739	—
0.185	271	542	1 083	1 626	2 709	—
0.186	268	536	1 072	1 608	2 680	—
0.187	265	530	1 060	1 591	2 651	—
0.188	262	525	1 049	1 574	2 623	—
0.189	260	519	1 038	1 557	2 596	—
0.190	257	514	1 027	1 541	2 568	—
0.191	254	508	1 016	1 525	2 541	—
0.192	252	503	1 006	1 509	2 515	—
0.193	249	498	996	1 494	2 489	—
0.194	246	493	985	1 478	2 463	—
0.195	244	488	975	1 463	2 438	—
0.196	241	483	965	1 448	2 413	—
0.197	239	478	956	1 434	2 389	—
0.198	236	473	946	1 419	2 365	—
0.199	234	468	936	1 405	2 341	—
0.200	232	464	927	1 391	2 318	—
0.201	229	459	918	1 377	2 295	—
0.202	227	454	909	1 363	2 272	—
0.203	225	450	900	1 350	2 250	—
0.204	223	446	891	1 337	2 228	—
0.205	221	441	882	1 324	2 206	—
0.206	218	437	874	1 311	2 185	—
0.207	216	433	865	1 298	2 164	—
0.208	214	429	857	1 286	2 143	—
0.209	212	425	849	1 274	2 123	—
0.210	210	421	841	1 262	2 102	—
0.211	208	417	833	1 250	2 083	—
0.212	206	413	825	1 238	2 063	—
0.213	204	409	817	1 226	2 044	—
0.214	202	405	810	1 215	2 025	—
0.215	201	401	802	1 204	2 006	—

表3－HV 5～HV 100（続き）

対角線長さの平均	試験力 F (N)					
	49.03	98.07	196.1	294.2	490.3	980.7
	ビッカース硬さ					
d mm	HV 5	HV 10	HV 20	HV 30	HV 50	HV 100
0.216	199	397	795	1 192	1 987	―
0.217	197	394	787	1 181	1 969	―
0.218	195	390	780	1 171	1 951	―
0.219	193	387	773	1 160	1 933	―
0.220	192	383	766	1 149	1 916	―
0.221	190	380	759	1 139	1 898	―
0.222	188	376	752	1 129	1 881	―
0.223	186	373	746	1 119	1 864	―
0.224	185	370	739	1 109	1 848	―
0.225	183	366	732	1 099	1 831	―
0.226	182	363	726	1 089	1 815	―
0.227	180	360	720	1 080	1 799	―
0.228	178	357	713	1 070	1 784	―
0.229	177	354	707	1 061	1 768	―
0.230	175	351	701	1 052	1 753	―
0.231	174	348	695	1 043	1 738	―
0.232	172	345	689	1 034	1 723	―
0.233	171	342	683	1 025	1 708	―
0.234	169	339	677	1 016	1 693	―
0.235	168	336	671	1 007	1 679	―
0.236	166	333	666	999	1 665	―
0.237	165	330	660	990	1 651	―
0.238	164	327	655	982	1 637	―
0.239	162	325	649	974	1 623	―
0.240	161	322	644	966	1 610	―
0.241	160	319	638	958	1 596	―
0.242	158	317	633	950	1 583	―
0.243	157	314	628	942	1 570	―
0.244	156	311	623	934	1 557	―
0.245	154	309	618	927	1 545	―
0.246	153	306	613	919	1 532	―
0.247	152	304	608	912	1 520	―
0.248	151	302	603	905	1 507	―
0.249	150	299	598	897	1 495	―
0.250	148	297	593	890	1 483	―
0.251	147	294	589	883	1 472	―
0.252	146	292	584	876	1 460	―
0.253	145	290	579	869	1 448	―
0.254	144	287	575	862	1 437	―
0.255	143	285	570	856	1 426	―

表 3 − HV 5 〜 HV 100 （続き）

対角線長さの平均	試験力 F (N)					
	49.03	98.07	196.1	294.2	490.3	980.7
	ビッカース硬さ					
d mm	HV 5	HV 10	HV 20	HV 30	HV 50	HV 100
0.256	141	283	566	849	1 415	2 830
0.257	140	281	561	842	1 404	2 808
0.258	139	279	557	836	1 393	2 786
0.259	138	276	553	829	1 382	2 765
0.260	137	274	549	823	1 372	2 743
0.261	136	272	544	817	1 361	2 722
0.262	135	270	540	810	1 351	2 702
0.263	134	268	536	804	1 340	2 681
0.264	133	266	532	798	1 330	2 661
0.265	132	264	528	792	1 320	2 641
0.266	131	262	524	786	1 310	2 621
0.267	130	260	520	780	1 301	2 601
0.268	129	258	516	775	1 291	2 582
0.269	128	256	512	769	1 281	2 563
0.270	127	254	509	763	1 272	2 544
0.271	126	253	505	758	1 262	2 525
0.272	125	251	501	752	1 253	2 507
0.273	124	249	498	746	1 244	2 488
0.274	123	247	494	741	1 235	2 470
0.275	123	245	490	736	1 226	2 452
0.276	122	243	487	730	1 217	2 434
0.277	121	242	483	725	1 208	2 417
0.278	120	240	480	720	1 200	2 400
0.279	119	238	476	715	1 191	2 382
0.280	118	237	473	710	1 183	2 365
0.281	117	235	470	705	1 174	2 349
0.282	117	233	466	700	1 166	2 332
0.283	116	232	463	695	1 158	2 316
0.284	115	230	460	690	1 150	2 299
0.285	114	228	457	685	1 141	2 283
0.286	113	227	453	680	1 133	2 267
0.287	113	225	450	675	1 126	2 251
0.288	112	224	447	671	1 118	2 236
0.289	111	222	444	666	1 110	2 220
0.290	110	221	441	662	1 102	2 205
0.291	109	219	438	657	1 095	2 190
0.292	109	218	435	652	1 087	2 175
0.293	108	216	432	648	1 080	2 160
0.294	107	215	429	644	1 073	2 146
0.295	107	213	426	639	1 065	2 131

表3－HV 5～HV 100（続き）

対角線長さの平均 d mm	試験力 F (N)					
	49.03	98.07	196.1	294.2	490.3	980.7
	ビッカース硬さ					
	HV 5	HV 10	HV 20	HV 30	HV 50	HV 100
0.296	106	212	423	635	1 058	2 117
0.297	105	210	420	631	1 051	2 102
0.298	104	209	418	626	1 044	2 088
0.299	104	207	415	622	1 037	2 074
0.300	103	206	412	618	1 030	2 061
0.301	102	205	409	614	1 023	2 047
0.302	102	203	407	610	1 017	2 033
0.303	101	202	404	606	1 010	2 020
0.304	100	201	401	602	1 003	2 007
0.305	99.7	199	399	598	997	1 994
0.306	99.0	198	396	594	990	1 981
0.307	98.4	197	393	590	984	1 968
0.308	97.7	195	391	586	977	1 955
0.309	97.1	194	388	583	971	1 942
0.310	96.5	193	386	579	965	1 930
0.311	95.9	192	383	575	959	1 917
0.312	95.2	191	381	572	952	1 905
0.313	94.6	189	379	568	946	1 893
0.314	94.0	188	376	564	940	1 881
0.315	93.4	187	374	561	934	1 869
0.316	92.8	186	371	557	928	1 857
0.317	92.3	185	369	554	923	1 845
0.318	91.7	183	367	550	917	1 834
0.319	91.1	182	364	547	911	1 822
0.320	90.5	181	362	543	905	1 811
0.321	90.0	180	360	540	900	1 800
0.322	89.4	179	358	537	894	1 789
0.323	88.9	178	355	533	889	1 778
0.324	88.3	177	353	530	883	1 767
0.325	87.8	176	351	527	878	1 756
0.326	87.2	174	349	523	872	1 745
0.327	86.7	173	347	520	867	1 734
0.328	86.2	172	345	517	862	1 724
0.329	85.7	171	343	514	857	1 713
0.330	85.1	170	341	511	851	1 703
0.331	84.6	169	338	508	846	1 693
0.332	84.1	168	336	505	841	1 682
0.333	83.6	167	334	502	836	1 672
0.334	83.1	166	332	499	831	1 662
0.335	82.6	165	330	496	826	1 652

表 3 ― HV 5～HV 100（続き）

対角線長さの平均	試験力 F (N)					
	49.03	98.07	196.1	294.2	490.3	980.7
	ビッカース硬さ					
d mm	HV 5	HV 10	HV 20	HV 30	HV 50	HV 100
0.336	82.1	164	328	493	821	1 643
0.337	81.6	163	327	490	816	1 633
0.338	81.2	162	325	487	812	1 623
0.339	80.7	161	323	484	807	1 614
0.340	80.2	160	321	481	802	1 604
0.341	79.7	159	319	478	797	1 595
0.342	79.3	159	317	476	793	1 586
0.343	78.8	158	315	473	788	1 576
0.344	78.3	157	313	470	783	1 567
0.345	77.9	156	312	467	779	1 558
0.346	77.4	155	310	465	774	1 549
0.347	77.0	154	308	462	770	1 540
0.348	76.6	153	306	459	766	1 531
0.349	76.1	152	304	457	761	1 523
0.350	75.7	151	303	454	757	1 514
0.351	75.3	151	301	452	753	1 505
0.352	74.8	150	299	449	748	1 497
0.353	74.4	149	298	446	744	1 488
0.354	74.0	148	296	444	740	1 480
0.355	73.6	147	294	441	736	1 472
0.356	73.2	146	293	439	732	1 463
0.357	72.7	146	291	437	727	1 455
0.358	72.3	145	289	434	723	1 447
0.359	71.9	144	288	432	719	1 439
0.360	71.5	143	286	429	715	1 431
0.361	71.1	142	285	427	711	1 423
0.362	70.8	142	283	425	708	1 415
0.363	70.4	141	281	422	704	1 407
0.364	70.0	140	280	420	700	1 400
0.365	69.6	139	278	418	696	1 392
0.366	69.2	138	277	415	692	1 384
0.367	68.8	138	275	413	688	1 377
0.368	68.5	137	274	411	685	1 369
0.369	68.1	136	272	409	681	1 362
0.370	67.7	135	271	406	677	1 355
0.371	67.4	135	269	404	674	1 347
0.372	67.0	134	268	402	670	1 340
0.373	66.6	133	267	400	666	1 333
0.374	66.3	133	265	398	663	1 326
0.375	65.9	132	264	396	659	1 319

表3－HV 5〜HV 100（続き）

対角線長さの平均	試験力 F (N)					
	49.03	98.07	196.1	294.2	490.3	980.7
	ビッカース硬さ					
d mm	HV 5	HV 10	HV 20	HV 30	HV 50	HV 100
0.376	65.6	131	262	394	656	1 312
0.377	65.2	130	261	391	652	1 305
0.378	64.9	130	260	389	649	1 298
0.379	64.5	129	258	387	645	1 291
0.380	64.2	128	257	385	642	1 284
0.381	63.9	128	255	383	639	1 278
0.382	63.5	127	254	381	635	1 271
0.383	63.2	126	253	379	632	1 264
0.384	62.9	126	251	377	629	1 258
0.385	62.9	125	250	375	626	1 251
0.386	62.2	124	249	373	622	1 245
0.387	61.9	124	248	371	619	1 238
0.388	61.6	123	246	370	616	1 232
0.389	61.3	123	245	368	613	1 226
0.390	61.0	122	244	366	610	1 219
0.391	60.6	121	243	364	606	1 213
0.392	60.3	121	241	362	603	1 207
0.393	60.0	120	240	360	600	1 201
0.394	59.7	119	239	358	597	1 195
0.395	59.4	119	238	357	594	1 189
0.396	59.1	118	236	355	591	1 183
0.397	58.8	118	235	353	588	1 177
0.398	58.5	117	234	351	585	1 171
0.399	58.2	116	233	349	582	1 165
0.400	57.9	116	232	348	579	1 159
0.401	57.7	115	231	346	577	1 153
0.402	57.4	115	229	344	574	1 148
0.403	57.1	114	228	343	571	1 142
0.404	56.8	114	227	341	568	1 136
0.405	56.5	113	226	339	565	1 131
0.406	56.2	113	225	338	562	1 125
0.407	56.0	112	224	336	560	1 120
0.408	55.7	111	223	334	557	1 114
0.409	55.4	111	222	333	554	1 109
0.410	55.2	110	221	331	552	1 103
0.411	54.9	110	220	329	549	1 098
0.412	54.6	109	218	328	546	1 093
0.413	54.4	109	217	326	544	1 087
0.414	54.1	108	216	325	541	1 082
0.415	53.8	108	215	323	538	1 077

表3－HV 5〜HV 100（続き）

対角線長さの平均	試験力 F (N)					
	49.03	98.07	196.1	294.2	490.3	980.7
	ビッカース硬さ					
d mm	HV 5	HV 10	HV 20	HV 30	HV 50	HV 100
0.416	53.6	107	214	321	536	1 072
0.417	53.3	107	213	320	533	1 066
0.418	53.1	106	212	318	531	1 061
0.419	52.8	106	211	317	528	1 056
0.420	52.6	105	210	315	526	1 051
0.421	52.3	105	209	314	523	1 046
0.422	52.1	104	208	312	521	1 041
0.423	51.8	104	207	311	518	1 036
0.424	51.6	103	206	309	516	1 032
0.425	51.3	103	205	308	513	1 027
0.426	51.1	102	204	307	511	1 022
0.427	50.9	102	203	305	509	1 017
0.428	50.6	101	202	304	506	1 012
0.429	50.4	101	201	302	504	1 008
0.430	50.1	100	201	301	501	1 003
0.431	49.9	99.8	200	299	499	998
0.432	49.7	99.4	199	298	497	994
0.433	49.5	98.9	198	297	495	989
0.434	49.2	98.5	197	295	492	985
0.435	49.0	98.0	196	294	490	980
0.436	48.8	97.6	195	293	488	976
0.437	48.6	97.1	194	291	486	971
0.438	48.3	96.7	193	290	483	967
0.439	48.1	96.2	192	289	481	962
0.440	47.9	95.8	192	287	479	958
0.441	47.7	95.4	191	286	477	954
0.442	47.5	94.9	190	285	475	949
0.443	47.2	94.5	189	283	472	945
0.444	47.0	94.1	188	282	470	941
0.445	46.8	93.6	187	281	468	936
0.446	46.6	93.2	186	280	466	932
0.447	46.4	92.8	186	278	464	928
0.448	46.2	92.4	185	277	462	924
0.449	46.0	92.0	184	276	460	920
0.450	45.8	91.6	183	275	458	916
0.451	45.6	91.2	182	274	456	912
0.452	45.4	90.8	182	272	454	908
0.453	45.2	90.4	181	271	452	904
0.454	45.0	90.0	180	270	450	900
0.455	44.8	89.6	179	269	448	896

表3−HV 5〜HV 100（続き）

対角線長さの平均	試験力 F (N)					
	49.03	98.07	196.1	294.2	490.3	980.7
	ビッカース硬さ					
d mm	HV 5	HV 10	HV 20	HV 30	HV 50	HV 100
0.456	44.6	89.2	178	268	446	892
0.457	44.4	88.8	178	266	444	888
0.458	44.2	88.4	177	265	442	884
0.459	44.0	88.0	176	264	440	880
0.460	43.8	87.6	175	263	438	876
0.461	43.6	87.3	174	262	436	873
0.462	43.4	86.9	174	261	434	869
0.463	43.3	86.5	173	260	433	865
0.464	43.1	86.1	172	258	431	861
0.465	42.9	85.8	171	257	429	858
0.466	42.7	85.4	171	256	427	854
0.467	42.5	85.0	170	255	425	850
0.468	42.3	84.7	169	254	423	847
0.469	42.2	84.3	169	253	422	843
0.470	42.0	84.0	168	252	420	840
0.471	41.8	83.6	167	251	418	836
0.472	41.6	83.2	166	250	416	832
0.473	41.4	82.9	166	249	414	829
0.474	41.3	82.5	165	248	413	825
0.475	41.1	82.2	164	247	411	822
0.476	40.9	81.8	164	246	409	818
0.477	40.7	81.5	163	245	407	815
0.478	40.6	81.2	162	243	406	812
0.479	40.4	80.8	162	242	404	808
0.480	40.2	80.5	161	241	402	805
0.481	40.1	80.2	160	240	401	802
0.482	39.9	79.8	160	239	399	798
0.483	39.7	79.5	159	238	397	795
0.484	39.6	79.2	158	237	396	792
0.485	39.4	78.8	158	237	394	788
0.486	39.3	78.5	157	236	393	785
0.487	39.1	78.2	156	235	391	782
0.488	38.9	77.9	156	234	389	779
0.489	38.8	77.6	155	233	388	776
0.490	38.6	77.2	154	232	386	772
0.491	38.5	76.9	154	231	385	769
0.492	38.3	76.6	153	230	383	766
0.493	38.1	76.3	153	229	381	763
0.494	38.0	76.0	152	228	380	760
0.495	37.8	75.7	151	227	378	757

表3－HV 5～HV 100（続き）

対角線長さの平均	試験力 F (N)					
	49.03	98.07	196.1	294.2	490.3	980.7
d mm	ビッカース硬さ					
	HV 5	HV 10	HV 20	HV 30	HV 50	HV 100
0.496	37.7	75.4	151	226	377	754
0.497	37.5	75.1	150	225	375	751
0.498	37.4	74.8	150	224	374	748
0.499	37.2	74.5	149	223	372	745
0.500	37.1	74.2	148	223	371	742
0.501	36.9	73.9	148	222	369	739
0.502	36.8	73.6	147	221	368	736
0.503	36.6	73.3	147	220	366	733
0.504	36.5	73.0	146	219	365	730
0.505	36.4	72.7	145	218	364	727
0.506	36.2	72.4	145	217	362	724
0.507	36.1	72.1	144	216	361	721
0.508	35.9	71.9	144	216	359	719
0.509	35.8	71.6	143	215	358	716
0.510	35.6	71.3	143	214	356	713
0.511	35.5	71.0	142	213	355	710
0.512	35.4	70.7	141	212	354	707
0.513	35.2	70.5	141	211	352	705
0.514	35.1	70.2	140	211	351	702
0.515	35.0	69.9	140	210	350	699
0.516	34.8	69.7	139	209	348	697
0.517	34.7	69.4	139	208	347	694
0.518	34.6	69.1	138	207	346	691
0.519	34.4	68.8	138	207	344	688
0.520	34.3	68.6	137	206	343	686
0.521	34.2	68.3	137	205	342	683
0.522	34.0	68.1	136	204	340	681
0.523	33.9	67.8	136	203	339	678
0.524	33.8	67.5	135	203	338	675
0.525	33.6	67.3	135	202	336	673
0.526	33.5	67.0	134	201	335	670
0.527	33.4	66.8	134	200	334	668
0.528	33.3	66.5	133	200	333	665
0.529	33.1	66.3	133	199	331	663
0.530	33.0	66.0	132	198	330	660
0.531	32.9	65.8	132	197	329	658
0.532	32.8	65.5	131	197	328	655
0.533	32.6	65.3	131	196	326	653
0.534	32.5	65.0	130	195	325	650
0.535	32.4	64.8	130	194	324	648

表 3－HV 5〜HV 100 （続き）

対角線長さの平均	試験力 F (N)					
	49.03	98.07	196.1	294.2	490.3	980.7
	ビッカース硬さ					
d mm	HV 5	HV 10	HV 20	HV 30	HV 50	HV 100
0.536	32.3	64.6	129	194	323	646
0.537	32.2	64.3	129	193	322	643
0.538	32.0	64.1	128	192	320	641
0.539	31.9	63.8	128	191	319	638
0.540	31.8	63.6	127	191	318	636
0.541	31.7	63.4	127	190	317	634
0.542	31.6	63.1	126	189	316	631
0.543	31.4	62.9	126	189	314	629
0.544	31.3	62.7	125	188	313	627
0.545	31.2	62.4	125	187	312	624
0.546	31.1	62.2	124	187	311	622
0.547	31.0	62.0	124	186	310	620
0.548	30.9	61.8	123	185	309	618
0.549	30.8	61.5	123	185	308	615
0.550	30.6	61.3	123	184	306	613
0.551	30.5	61.1	122	183	305	611
0.552	30.4	60.9	122	183	304	609
0.553	30.3	60.6	121	182	303	606
0.554	30.2	60.4	121	181	302	604
0.555	30.1	60.2	120	181	301	602
0.556	30.0	60.0	120	180	300	600
0.557	29.9	59.8	120	179	299	598
0.558	29.8	59.6	119	179	298	596
0.559	29.7	59.3	119	178	297	593
0.560	29.6	59.1	118	177	296	591
0.561	29.5	58.9	118	177	295	589
0.562	29.4	58.7	117	176	294	587
0.563	29.3	58.5	117	176	293	585
0.564	29.1	58.3	117	175	291	583
0.565	29.0	58.1	116	174	290	581
0.566	28.9	57.9	116	174	289	579
0.567	28.8	57.7	115	173	288	577
0.568	28.7	57.5	115	172	287	575
0.569	28.6	57.3	115	172	286	573
0.570	28.5	57.1	114	171	285	571
0.571	28.4	56.9	114	171	284	569
0.572	28.3	56.7	113	170	283	567
0.573	28.2	56.5	113	169	282	565
0.574	28.1	56.3	113	169	281	563
0.575	28.0	56.1	112	168	280	561

表3-HV 5～HV 100（続き）

対角線長さの平均	試験力 F (N)					
	49.03	98.07	196.1	294.2	490.3	980.7
	ビッカース硬さ					
d mm	HV 5	HV 10	HV 20	HV 30	HV 50	HV 100
0.576	27.9	55.9	112	168	279	559
0.577	27.8	55.7	111	167	278	557
0.578	27.8	55.5	111	167	278	555
0.579	27.7	55.3	111	166	277	553
0.580	27.6	55.1	110	165	276	551
0.581	27.5	54.9	110	165	275	549
0.582	27.4	54.7	109	164	274	547
0.583	27.3	54.6	109	164	273	546
0.584	27.2	54.4	109	163	272	544
0.585	27.1	54.2	108	163	271	542
0.586	27.0	54.0	108	162	270	540
0.587	26.9	53.8	108	161	269	538
0.588	26.8	53.6	107	161	268	536
0.589	26.7	53.5	107	160	267	535
0.590	26.6	53.3	107	160	266	533
0.591	26.5	53.1	106	159	265	531
0.592	26.5	52.9	106	159	265	529
0.593	26.4	52.7	105	158	264	527
0.594	26.3	52.6	105	158	263	526
0.595	26.2	52.4	105	157	262	524
0.596	26.1	52.2	104	157	261	522
0.597	26.0	52.0	104	156	260	520
0.598	25.9	51.9	104	156	259	519
0.599	25.8	51.7	103	155	258	517
0.600	25.8	51.5	103	155	258	515
0.601	25.7	51.3	103	154	257	513
0.602	25.6	51.2	102	154	256	512
0.603	25.5	51.0	102	153	255	510
0.604	25.4	50.8	102	152	254	508
0.605	25.3	50.7	101	152	253	507
0.606	25.2	50.5	101	151	252	505
0.607	25.2	50.3	101	151	252	503
0.608	25.1	50.2	100	150	251	502
0.609	25.0	50.0	100	150	250	500
0.610	24.9	49.8	99.7	150	249	498
0.611	24.8	49.7	99.3	149	248	497
0.612	24.8	49.5	99.0	149	248	495
0.613	24.7	49.4	98.7	148	247	494
0.614	24.6	49.2	98.4	148	246	492
0.615	24.5	49.0	98.0	147	245	490

表3－HV 5～HV 100 （続き）

対角線長さの平均	試験力 F (N)					
	49.03	98.07	196.1	294.2	490.3	980.7
	ビッカース硬さ					
d mm	HV 5	HV 10	HV 20	HV 30	HV 50	HV 100
0.616	24.4	48.9	97.7	147	244	489
0.617	24.4	48.7	97.4	146	244	487
0.618	24.3	48.6	97.1	146	243	486
0.619	24.2	48.4	96.8	145	242	484
0.620	24.1	48.2	96.5	145	241	482
0.621	24.0	48.1	96.2	144	240	481
0.622	24.0	47.9	95.8	144	240	479
0.623	23.9	47.8	95.5	143	239	478
0.624	23.8	47.6	95.2	143	238	476
0.625	23.7	47.5	94.9	142	237	475
0.626	23.7	47.3	94.6	142	237	473
0.627	23.6	47.2	94.3	142	236	472
0.628	23.5	47.0	94.0	141	235	470
0.629	23.4	46.9	93.7	141	234	469
0.630	23.4	46.7	93.4	140	234	467
0.631	23.3	46.6	93.1	140	233	466
0.632	23.2	46.4	92.8	139	232	464
0.633	23.1	46.3	92.5	139	231	463
0.634	23.1	46.1	92.3	138	231	461
0.635	23.0	46.0	92.0	138	230	460
0.636	22.9	45.8	91.7	138	229	458
0.637	22.8	45.7	91.4	137	228	457
0.638	22.8	45.6	91.1	137	228	456
0.639	22.7	45.4	90.8	136	227	454
0.640	22.6	45.3	90.5	136	226	453
0.641	22.6	45.1	90.3	135	226	451
0.642	22.5	45.0	90.0	135	225	450
0.643	22.4	44.9	89.7	135	224	449
0.644	22.4	44.7	89.4	134	224	447
0.645	22.3	44.6	89.1	134	223	446
0.646	22.2	44.4	88.9	133	222	444
0.647	22.1	44.3	88.6	133	221	443
0.648	22.1	44.2	88.3	132	221	442
0.649	22.0	44.0	88.0	132	220	440
0.650	21.9	43.9	87.8	132	219	439
0.651	21.9	43.8	87.5	131	219	438
0.652	21.8	43.6	87.2	131	218	436
0.653	21.7	43.5	87.0	130	217	435
0.654	21.7	43.4	86.7	130	217	434
0.655	21.6	43.2	86.4	130	216	432

表 3－**HV 5～HV 100**（続き）

対角線長さの平均	試験力 F (N)					
	49.03	98.07	196.1	294.2	490.3	980.7
	ビッカース硬さ					
d mm	HV 5	HV 10	HV 20	HV 30	HV 50	HV 100
0.656	21.5	43.1	86.2	129	215	431
0.657	21.5	43.0	85.9	129	215	430
0.658	21.4	42.8	85.6	128	214	428
0.659	21.3	42.7	85.4	128	213	427
0.660	21.3	42.6	85.1	128	213	426
0.661	21.2	42.4	84.9	127	212	424
0.662	21.2	42.3	84.6	127	212	423
0.663	21.1	42.2	84.4	127	211	422
0.664	21.0	42.1	84.1	126	210	421
0.665	21.0	41.9	83.9	126	210	419
0.666	20.9	41.8	83.6	125	209	418
0.667	20.8	41.7	83.4	125	208	417
0.668	20.8	41.6	83.1	125	208	416
0.669	20.7	41.4	82.9	124	207	414
0.670	20.7	41.3	82.6	124	207	413
0.671	20.6	41.2	82.4	124	206	412
0.672	20.5	41.1	82.1	123	205	411
0.673	20.5	40.9	81.9	123	205	409
0.674	20.4	40.8	81.6	122	204	408
0.675	20.3	40.7	81.4	122	203	407
0.676	20.3	40.6	81.1	122	203	406
0.677	20.2	40.5	80.9	121	202	405
0.678	20.2	40.3	80.7	121	202	403
0.679	20.1	40.2	80.4	121	201	402
0.680	20.1	40.1	80.2	120	201	401
0.681	20.0	40.0	80.0	120	200	400
0.682	19.9	39.9	79.7	120	199	399
0.683	19.9	39.8	79.5	119	199	398
0.684	19.8	39.6	79.3	119	198	396
0.685	19.8	39.5	79.0	119	198	395
0.686	19.7	39.4	78.8	118	197	394
0.687	19.6	39.3	78.6	118	196	393
0.688	19.6	39.2	78.3	118	196	392
0.689	19.5	39.1	78.1	117	195	391
0.690	19.5	39.0	77.9	117	195	390
0.691	19.4	38.8	77.7	117	194	388
0.692	19.4	38.7	77.4	116	194	387
0.693	19.3	38.6	77.2	116	193	386
0.694	19.3	38.5	77.0	116	193	385
0.695	19.2	38.4	76.8	115	192	384

表3－HV 5〜HV 100（続き）

対角線長さの平均	試験力 F (N)					
	49.03	98.07	196.1	294.2	490.3	980.7
	ビッカース硬さ					
d mm	HV 5	HV 10	HV 20	HV 30	HV 50	HV 100
0.696	19.1	38.3	76.6	115	191	383
0.697	19.1	38.2	76.3	115	191	382
0.698	19.0	38.1	76.1	114	190	381
0.699	19.0	38.0	75.9	114	190	380
0.700	18.9	37.8	75.7	114	189	378
0.701	18.9	37.7	75.5	113	189	377
0.702	18.8	37.6	75.2	113	188	376
0.703	18.8	37.5	75.0	113	188	375
0.704	18.7	37.4	74.8	112	187	374
0.705	18.7	37.3	74.6	112	187	373
0.706	18.6	37.2	74.4	112	186	372
0.707	18.5	37.1	74.2	111	185	371
0.708	18.5	37.0	74.0	111	185	370
0.709	18.4	36.9	73.8	111	184	369
0.710	18.4	36.8	73.6	110	184	368
0.711	18.3	36.7	73.4	110	183	367
0.712	18.3	36.6	73.1	110	183	366
0.713	18.2	36.5	72.9	109	182	365
0.714	18.2	36.4	72.7	109	182	364
0.715	18.1	36.3	72.5	109	181	363
0.716	18.1	36.2	72.3	109	181	362
0.717	18.0	36.1	72.1	108	180	361
0.718	18.0	36.0	71.9	108	180	360
0.719	17.9	35.9	71.7	108	179	359
0.720	17.9	35.8	71.5	107	179	358
0.721	17.8	35.7	71.3	107	178	357
0.722	17.8	35.6	71.1	107	178	356
0.723	17.7	35.5	70.9	106	177	355
0.724	17.7	35.4	70.7	106	177	354
0.725	17.6	35.3	70.5	106	176	353
0.726	17.6	35.2	70.4	106	176	352
0.727	17.5	35.1	70.2	105	175	351
0.728	17.5	35.0	70.0	105	175	350
0.729	17.4	34.9	69.8	105	174	349
0.730	17.4	34.8	69.6	104	174	348
0.731	17.4	34.7	69.4	104	174	347
0.732	17.3	34.6	69.2	104	173	346
0.733	17.3	34.5	69.0	104	173	345
0.734	17.2	34.4	68.8	103	172	344
0.735	17.2	34.3	68.6	103	172	343

表3－HV 5～HV 100 （続き）

対角線長さの平均	試験力 F (N)					
	49.03	98.07	196.1	294.2	490.3	980.7
	ビッカース硬さ					
d mm	HV 5	HV 10	HV 20	HV 30	HV 50	HV 100
0.736	17.1	34.2	68.5	103	171	342
0.737	17.1	34.1	68.3	102	171	341
0.738	17.0	34.0	68.1	102	170	340
0.739	17.0	34.0	67.9	102	170	340
0.740	16.9	33.9	67.7	102	169	339
0.741	16.9	33.8	67.5	101	169	338
0.742	16.8	33.7	67.4	101	168	337
0.743	16.8	33.6	67.2	101	168	336
0.744	16.7	33.5	67.0	101	167	335
0.745	16.7	33.4	66.8	100	167	334
0.746	16.7	33.3	66.6	100	167	333
0.747	16.6	33.2	66.5	99.7	166	332
0.748	16.6	33.1	66.3	99.4	166	331
0.749	16.5	33.1	66.1	99.2	165	331
0.750	16.5	33.0	65.9	98.9	165	330
0.751	16.4	32.9	65.7	98.6	164	329
0.752	16.4	32.8	65.6	98.4	164	328
0.753	16.4	32.7	65.4	98.1	164	327
0.754	16.3	32.6	65.2	97.9	163	326
0.755	16.3	32.5	65.1	97.6	163	325
0.756	16.2	32.4	64.9	97.3	162	324
0.757	16.2	32.4	64.7	97.1	162	324
0.758	16.1	32.3	64.5	96.8	161	323
0.759	16.1	32.2	64.4	96.6	161	322
0.760	16.1	32.1	64.2	96.3	161	321
0.761	16.0	32.0	64.0	96.1	160	320
0.762	16.0	31.9	63.9	95.8	160	319
0.763	15.9	31.9	63.7	95.6	159	319
0.764	15.9	31.8	63.5	95.3	159	318
0.765	15.8	31.7	63.4	95.1	158	317
0.766	15.8	31.6	63.2	94.8	158	316
0.767	15.8	31.5	63.0	94.6	158	315
0.768	15.7	31.4	62.9	94.3	157	314
0.769	15.7	31.4	62.7	94.1	157	314
0.770	15.6	31.3	62.5	93.8	156	313
0.771	15.6	31.2	62.4	93.6	156	312
0.772	15.6	31.1	62.2	93.3	156	311
0.773	15.5	31.0	62.1	93.1	155	310
0.774	15.5	31.0	61.9	92.9	155	310
0.775	15.4	30.9	61.7	92.6	154	309

表3－HV 5～HV 100 （続き）

対角線長さの平均	試験力 F (N)					
	49.03	98.07	196.1	294.2	490.3	980.7
	ビッカース硬さ					
d mm	HV 5	HV 10	HV 20	HV 30	HV 50	HV 100
0.776	15.4	30.8	61.6	92.4	154	308
0.777	15.4	30.7	61.4	92.1	154	307
0.778	15.3	30.6	61.3	91.9	153	306
0.779	15.3	30.6	61.1	91.7	153	306
0.780	15.2	30.5	61.0	91.4	152	305
0.781	15.2	30.4	60.8	91.2	152	304
0.782	15.2	30.3	60.6	91.0	152	303
0.783	15.1	30.2	60.5	90.7	151	302
0.784	15.1	30.2	60.3	90.5	151	302
0.785	15.0	30.1	60.2	90.3	150	301
0.786	15.0	30.0	60.0	90.1	150	300
0.787	15.0	29.9	59.9	89.8	150	299
0.788	14.9	29.9	59.7	89.6	149	299
0.789	14.9	29.8	59.6	89.4	149	298
0.790	14.9	29.7	59.4	89.1	149	297
0.791	14.8	29.6	59.3	88.9	148	296
0.792	14.8	29.6	59.1	88.7	148	296
0.793	14.7	29.5	59.0	88.5	147	295
0.794	14.7	29.4	58.8	88.2	147	294
0.795	14.7	29.3	58.7	88.0	147	293
0.796	14.6	29.3	58.5	87.8	146	293
0.797	14.6	29.2	58.4	87.6	146	292
0.798	14.6	29.1	58.2	87.4	146	291
0.799	14.5	29.0	58.1	87.1	145	290
0.800	14.5	29.0	57.9	86.9	145	290
0.801	14.5	28.9	57.8	86.7	145	289
0.802	14.4	28.8	57.7	86.5	144	288
0.803	14.4	28.8	57.5	86.3	144	288
0.804	14.3	28.7	57.4	86.1	143	287
0.805	14.3	28.6	57.2	85.9	143	286
0.806	14.3	28.5	57.1	85.6	143	285
0.807	14.2	28.5	56.9	85.4	142	285
0.808	14.2	28.4	56.8	85.2	142	284
0.809	14.2	28.3	56.7	85.0	142	283
0.810	14.1	28.3	56.5	84.8	141	283
0.811	14.1	28.2	56.4	84.6	141	282
0.812	14.1	28.1	56.2	84.4	141	281
0.813	14.0	28.1	56.1	84.2	140	281
0.814	14.0	28.0	56.0	84.0	140	280
0.815	14.0	27.9	55.8	83.8	140	279

表3−HV 5〜HV 100（続き）

対角線長さの平均	試験力 F (N)					
	49.03	98.07	196.1	294.2	490.3	980.7
	ビッカース硬さ					
d mm	HV 5	HV 10	HV 20	HV 30	HV 50	HV 100
0.816	13.9	27.9	55.7	83.6	139	279
0.817	13.9	27.8	55.6	83.3	139	278
0.818	13.9	27.7	55.4	83.1	139	277
0.819	13.8	27.6	55.3	82.9	138	276
0.820	13.8	27.6	55.1	82.7	138	276
0.821	13.8	27.5	55.0	82.5	138	275
0.822	13.7	27.4	54.9	82.3	137	274
0.823	13.7	27.4	54.7	82.1	137	274
0.824	13.7	27.3	54.6	81.9	137	273
0.825	13.6	27.2	54.5	81.7	136	272
0.826	13.6	27.2	54.4	81.5	136	272
0.827	13.6	27.1	54.2	81.3	136	271
0.828	13.5	27.0	54.1	81.1	135	270
0.829	13.5	27.0	54.0	81.0	135	270
0.830	13.5	26.9	53.8	80.8	135	269
0.831	13.4	26.9	53.7	80.6	134	269
0.832	13.4	26.8	53.6	80.4	134	268
0.833	13.4	26.7	53.4	80.2	134	267
0.834	13.3	26.7	53.3	80.0	133	267
0.835	13.3	26.6	53.2	79.8	133	266
0.836	13.3	26.5	53.1	79.6	133	265
0.837	13.2	26.5	52.9	79.4	132	265
0.838	13.2	26.4	52.8	79.2	132	264
0.839	13.2	26.3	52.7	79.0	132	263
0.840	13.1	26.3	52.6	78.8	131	263
0.841	13.1	26.2	52.4	78.7	131	262
0.842	13.1	26.2	52.3	78.5	131	262
0.843	13.0	26.1	52.2	78.3	130	261
0.844	13.0	26.0	52.1	78.1	130	260
0.845	13.0	26.0	51.9	77.9	130	260
0.846	13.0	25.9	51.8	77.7	130	259
0.847	12.9	25.9	51.7	77.5	129	259
0.848	12.9	25.8	51.6	77.4	129	258
0.849	12.9	25.7	51.4	77.2	129	257
0.850	12.8	25.7	51.3	77.0	128	257
0.851	12.8	25.6	51.2	76.8	128	256
0.852	12.8	25.5	51.1	76.6	128	255
0.853	12.7	25.5	51.0	76.5	127	255
0.854	12.7	25.4	50.8	76.3	127	254
0.855	12.7	25.4	50.7	76.1	127	254

表3－HV 5～HV 100（続き）

対角線長さの平均	試験力 F (N)					
	49.03	98.07	196.1	294.2	490.3	980.7
	ビッカース硬さ					
d mm	HV 5	HV 10	HV 20	HV 30	HV 50	HV 100
0.856	12.7	25.3	50.6	75.9	127	253
0.857	12.6	25.3	50.5	75.7	126	253
0.858	12.6	25.2	50.4	75.6	126	252
0.859	12.6	25.1	50.3	75.4	126	251
0.860	12.5	25.1	50.1	75.2	125	251
0.861	12.5	25.0	50.0	75.0	125	250
0.862	12.5	25.0	49.9	74.9	125	250
0.863	12.4	24.9	49.8	74.7	124	249
0.864	12.4	24.8	49.7	74.5	124	248
0.865	12.4	24.8	49.6	74.4	124	248
0.866	12.4	24.7	49.4	74.2	124	247
0.867	12.3	24.7	49.3	74.0	123	247
0.868	12.3	24.6	49.2	73.8	123	246
0.869	12.3	24.6	49.1	73.7	123	246
0.870	12.2	24.5	49.0	73.5	122	245
0.871	12.2	24.4	48.9	73.3	122	244
0.872	12.2	24.4	48.8	73.2	122	244
0.873	12.2	24.3	48.7	73.0	122	243
0.874	12.1	24.3	48.5	72.8	121	243
0.875	12.1	24.2	48.4	72.7	121	242
0.876	12.1	24.2	48.3	72.5	121	242
0.877	12.1	24.1	48.2	72.3	121	241
0.878	12.0	24.1	48.1	72.2	120	241
0.879	12.0	24.0	48.0	72.0	120	240
0.880	12.0	23.9	47.9	71.8	120	239
0.881	11.9	23.9	47.8	71.7	119	239
0.882	11.9	23.8	47.7	71.5	119	238
0.883	11.9	23.8	47.6	71.4	119	238
0.884	11.9	23.7	47.5	71.2	119	237
0.885	11.8	23.7	47.3	71.0	118	237
0.886	11.8	23.6	47.2	70.9	118	236
0.887	11.8	23.6	47.1	70.7	118	236
0.888	11.8	23.5	47.0	70.6	118	235
0.889	11.7	23.5	46.9	70.4	117	235
0.890	11.7	23.4	46.8	70.2	117	234
0.891	11.7	23.4	46.7	70.1	117	234
0.892	11.7	23.3	46.6	69.9	117	233
0.893	11.6	23.3	46.5	69.8	116	233
0.894	11.6	23.2	46.4	69.6	116	232
0.895	11.6	23.2	46.3	69.5	116	232

表 3－HV 5～HV 100（続き）

対角線長さの平均	試験力 F (N)					
	49.03	98.07	196.1	294.2	490.3	980.7
	ビッカース硬さ					
d mm	HV 5	HV 10	HV 20	HV 30	HV 50	HV 100
0.896	11.5	23.1	46.2	69.3	115	231
0.897	11.5	23.0	46.1	69.1	115	230
0.898	11.5	23.0	46.0	69.0	115	230
0.899	11.5	22.9	45.9	68.8	115	229
0.900	11.4	22.9	45.8	68.7	114	229
0.901	11.4	22.8	45.7	68.5	114	228
0.902	11.4	22.8	45.6	68.4	114	228
0.903	11.4	22.7	45.5	68.2	114	227
0.904	11.3	22.7	45.4	68.1	113	227
0.905	11.3	22.6	45.3	67.9	113	226
0.906	11.3	22.6	45.2	67.8	113	226
0.907	11.3	22.5	45.1	67.6	113	225
0.908	11.2	22.5	45.0	67.5	112	225
0.909	11.2	22.4	44.9	67.3	112	224
0.910	11.2	22.4	44.8	67.2	112	224
0.911	11.2	22.3	44.7	67.0	112	223
0.912	11.1	22.3	44.6	66.9	111	223
0.913	11.1	22.2	44.5	66.7	111	222
0.914	11.1	22.2	44.4	66.6	111	222
0.915	11.1	22.2	44.3	66.4	111	222
0.916	11.1	22.1	44.2	66.3	111	221
0.917	11.0	22.1	44.1	66.2	110	221
0.918	11.0	22.0	44.0	66.0	110	220
0.919	11.0	22.0	43.9	65.9	110	220
0.920	11.0	21.9	43.8	65.7	110	219
0.921	10.9	21.9	43.7	65.6	109	219
0.922	10.9	21.8	43.6	65.4	109	218
0.923	10.9	21.8	43.5	65.3	109	218
0.924	10.9	21.7	43.4	65.2	109	217
0.925	10.8	21.7	43.3	65.0	108	217
0.926	10.8	21.6	43.2	64.9	108	216
0.927	10.8	21.6	43.2	64.7	108	216
0.928	10.8	21.5	43.1	64.6	108	215
0.929	10.7	21.5	43.0	64.5	107	215
0.930	10.7	21.4	42.9	64.3	107	214
0.931	10.7	21.4	42.8	64.2	107	214
0.932	10.7	21.3	42.7	64.0	107	213
0.933	10.7	21.3	42.6	63.9	107	213
0.934	10.6	21.3	42.5	63.8	106	213
0.935	10.6	21.2	42.4	63.6	106	212

表3−HV 5〜HV 100 （続き）

対角線長さの平均	試験力 F (N)					
	49.03	98.07	196.1	294.2	490.3	980.7
	ビッカース硬さ					
d mm	HV 5	HV 10	HV 20	HV 30	HV 50	HV 100
0.936	10.6	21.2	42.3	63.5	106	212
0.937	10.6	21.1	42.2	63.4	106	211
0.938	10.5	21.1	42.1	63.2	105	211
0.939	10.5	21.0	42.1	63.1	105	210
0.940	10.5	21.0	42.0	63.0	105	210
0.941	10.5	20.9	41.9	62.8	105	209
0.942	10.4	20.9	41.8	62.7	104	209
0.943	10.4	20.9	41.7	62.6	104	209
0.944	10.4	20.8	41.6	62.4	104	208
0.945	10.4	20.8	41.5	62.3	104	208
0.946	10.4	20.7	41.4	62.2	104	207
0.947	10.3	20.7	41.3	62.0	103	207
0.948	10.3	20.6	41.3	61.9	103	206
0.949	10.3	20.6	41.2	61.8	103	206
0.950	10.3	20.5	41.1	61.6	103	205
0.951	10.3	20.5	41.0	61.5	103	205
0.952	10.2	20.5	40.9	61.4	102	205
0.953	10.2	20.4	40.8	61.3	102	204
0.954	10.2	20.4	40.7	61.1	102	204
0.955	10.2	20.3	40.7	61.0	102	203
0.956	10.1	20.3	40.6	60.9	101	203
0.957	10.1	20.2	40.5	60.7	101	202
0.958	10.1	20.2	40.4	60.6	101	202
0.959	10.1	20.2	40.3	60.5	101	202
0.960	10.1	20.1	40.2	60.4	101	201
0.961	10.0	20.1	40.2	60.2	100	201
0.962	10.0	20.0	40.1	60.1	100	200
0.963	10.0	20.0	40.0	60.0	100	200
0.964	9.98	20.0	39.9	59.9	99.8	200
0.965	9.96	19.9	39.8	59.7	99.6	199
0.966	9.94	19.9	39.7	59.6	99.4	199
0.967	9.92	19.8	39.7	59.5	99.2	198
0.968	9.89	19.8	39.6	59.4	98.9	198
0.969	9.87	19.8	39.5	59.2	98.7	198
0.970	9.85	19.7	39.4	59.1	98.5	197
0.971	9.83	19.7	39.3	59.0	98.3	197
0.972	9.81	19.6	39.2	58.9	98.1	196
0.973	9.79	19.6	39.2	58.8	97.9	196
0.974	9.77	19.5	39.1	58.6	97.7	195
0.975	9.75	19.5	39.0	58.5	97.5	195

表 3 − HV 5〜HV 100（続き）

対角線長さの平均	試験力 F (N)					
	49.03	98.07	196.1	294.2	490.3	980.7
	ビッカース硬さ					
d mm	HV 5	HV 10	HV 20	HV 30	HV 50	HV 100
0.976	9.73	19.5	38.9	58.4	97.3	195
0.977	9.71	19.4	38.8	58.3	97.1	194
0.978	9.69	19.4	38.8	58.2	96.9	194
0.979	9.67	19.3	38.7	58.0	96.7	193
0.980	9.65	19.3	38.6	57.9	96.5	193
0.981	9.63	19.3	38.5	57.8	96.3	193
0.982	9.61	19.2	38.5	57.7	96.1	192
0.983	9.60	19.2	38.4	57.6	96.0	192
0.984	9.58	19.2	38.3	57.5	95.8	192
0.985	9.56	19.1	38.2	57.3	95.6	191
0.986	9.54	19.1	38.1	57.2	95.4	191
0.987	9.52	19.0	38.1	57.1	95.2	190
0.988	9.50	19.0	38.0	57.0	95.0	190
0.989	9.48	19.0	37.9	56.9	94.8	190
0.990	9.46	18.9	37.8	56.8	94.6	189
0.991	9.44	18.9	37.8	56.6	94.4	189
0.992	9.42	18.8	37.7	56.5	94.2	188
0.993	9.40	18.8	37.6	56.4	94.0	188
0.994	9.38	18.8	37.5	56.3	93.8	188
0.995	9.36	18.7	37.5	56.2	93.6	187
0.996	9.35	18.7	37.4	56.1	93.5	187
0.997	9.33	18.7	37.3	56.0	93.3	187
0.998	9.31	18.6	37.2	55.9	93.1	186
0.999	9.29	18.6	37.2	55.7	92.9	186
1.000	9.27	18.5	37.1	55.6	92.7	185
1.001	9.25	18.5	37.0	55.5	92.5	185
1.002	9.23	18.5	36.9	55.4	92.3	185
1.003	9.22	18.4	36.9	55.3	92.2	184
1.004	9.20	18.4	36.8	55.2	92.0	184
1.005	9.18	18.4	36.7	55.1	91.8	184
1.006	9.16	18.3	36.6	55.0	91.6	183
1.007	9.14	18.3	36.6	54.9	91.4	183
1.008	9.12	18.3	36.5	54.8	91.2	183
1.009	9.11	18.2	36.4	54.6	91.1	182
1.010	9.09	18.2	36.4	54.5	90.9	182
1.011	9.07	18.1	36.3	54.4	90.7	181
1.012	9.05	18.1	36.2	54.3	90.5	181
1.013	9.04	18.1	36.1	54.2	90.4	181
1.014	9.02	18.0	36.1	54.1	90.2	180
1.015	9.00	18.0	36.0	54.0	90.0	180

表3－HV 5～HV 100（続き）

対角線長さの平均	試験力 F (N)					
	49.03	98.07	196.1	294.2	490.3	980.7
	ビッカース硬さ					
d mm	HV 5	HV 10	HV 20	HV 30	HV 50	HV 100
1.016	8.98	18.0	35.9	53.9	89.8	180
1.017	8.96	17.9	35.9	53.8	89.6	179
1.018	8.95	17.9	35.8	53.7	89.5	179
1.019	8.93	17.9	35.7	53.6	89.3	179
1.020	8.91	17.8	35.6	53.5	89.1	178
1.021	8.89	17.8	35.6	53.4	88.9	178
1.022	8.88	17.8	35.5	53.3	88.8	178
1.023	8.86	17.7	35.4	53.2	88.6	177
1.024	8.84	17.7	35.4	53.1	88.4	177
1.025	8.82	17.7	35.3	53.0	88.2	177
1.026	8.81	17.6	35.2	52.8	88.1	176
1.027	8.79	17.6	35.2	52.7	87.9	176
1.028	8.77	17.5	35.1	52.6	87.7	175
1.029	8.76	17.5	35.0	52.5	87.6	175
1.030	8.74	17.5	35.0	52.4	87.4	175
1.031	8.72	17.4	34.9	52.3	87.2	174
1.032	8.71	17.4	34.8	52.2	87.1	174
1.033	8.69	17.4	34.8	52.1	86.9	174
1.034	8.67	17.3	34.7	52.0	86.7	173
1.035	8.66	17.3	34.6	51.9	86.6	173
1.036	8.64	17.3	34.6	51.8	86.4	173
1.037	8.62	17.2	34.5	51.7	86.2	172
1.038	8.61	17.2	34.4	51.6	86.1	172
1.039	8.59	17.2	34.4	51.5	85.9	172
1.040	8.57	17.1	34.3	51.4	85.7	171
1.041	8.56	17.1	34.2	51.3	85.6	171
1.042	8.54	17.1	34.2	51.2	85.4	171
1.043	8.52	17.0	34.1	51.1	85.2	170
1.044	8.51	17.0	34.0	51.0	85.1	170
1.045	8.49	17.0	34.0	50.9	84.9	170
1.046	8.47	16.9	33.9	50.8	84.7	169
1.047	8.46	16.9	33.8	50.8	84.6	169
1.048	8.44	16.9	33.8	50.7	84.4	169
1.049	8.43	16.9	33.7	50.6	84.3	169
1.050	8.41	16.8	33.6	50.5	84.1	168
1.051	8.39	16.8	33.6	50.4	83.9	168
1.052	8.38	16.8	33.5	50.3	83.8	168
1.053	8.36	16.7	33.4	50.2	83.6	167
1.054	8.35	16.7	33.4	50.1	83.5	167
1.055	8.33	16.7	33.3	50.0	83.3	167

表3−HV 5〜HV 100（続き）

対角線長さの平均	試験力 F (N)					
	49.03	98.07	196.1	294.2	490.3	980.7
	ビッカース硬さ					
d mm	HV 5	HV 10	HV 20	HV 30	HV 50	HV 100
1.056	8.31	16.6	33.3	49.9	83.1	166
1.057	8.30	16.6	33.2	49.8	83.0	166
1.058	8.28	16.6	33.1	49.7	82.8	166
1.059	8.27	16.5	33.1	49.6	82.7	165
1.060	8.25	16.5	33.0	49.5	82.5	165
1.061	8.24	16.5	32.9	49.4	82.4	165
1.062	8.22	16.4	32.9	49.3	82.2	164
1.063	8.21	16.4	32.8	49.2	82.1	164
1.064	8.19	16.4	32.8	49.1	81.9	164
1.065	8.17	16.4	32.7	49.0	81.7	164
1.066	8.16	16.3	32.6	49.0	81.6	163
1.067	8.14	16.3	32.6	48.9	81.4	163
1.068	8.13	16.3	32.5	48.8	81.3	163
1.069	8.11	16.2	32.4	48.7	81.1	162
1.070	8.10	16.2	32.4	48.6	81.0	162
1.071	8.08	16.2	32.3	48.5	80.8	162
1.072	8.07	16.1	32.3	48.4	80.7	161
1.073	8.05	16.1	32.2	48.3	80.5	161
1.074	8.04	16.1	32.1	48.2	80.4	161
1.075	8.02	16.0	32.1	48.1	80.2	160
1.076	8.01	16.0	32.0	48.1	80.1	160
1.077	7.99	16.0	32.0	48.0	79.9	160
1.078	7.98	16.0	31.9	47.9	79.8	160
1.079	7.96	15.9	31.9	47.8	79.6	159
1.080	7.95	15.9	31.8	47.7	79.5	159
1.081	7.93	15.9	31.7	47.6	79.3	159
1.082	7.92	15.8	31.7	47.5	79.2	158
1.083	7.90	15.8	31.6	47.4	79.0	158
1.084	7.89	15.8	31.6	47.3	78.9	158
1.085	7.88	15.8	31.5	47.3	78.8	158
1.086	7.86	15.7	31.4	47.2	78.6	157
1.087	7.85	15.7	31.4	47.1	78.5	157
1.088	7.83	15.7	31.3	47.0	78.3	157
1.089	7.82	15.6	31.3	46.9	78.2	156
1.090	7.80	15.6	31.2	46.8	78.0	156
1.091	7.79	15.6	31.2	46.7	77.9	156
1.092	7.78	15.6	31.1	46.7	77.8	156
1.093	7.76	15.5	31.0	46.6	77.6	155
1.094	7.75	15.5	31.0	46.5	77.5	155
1.095	7.73	15.5	30.9	46.4	77.3	155

表 3 − HV 5〜HV 100 （続き）

対角線長さの平均	試験力 F (N)					
	49.03	98.07	196.1	294.2	490.3	980.7
	ビッカース硬さ					
d mm	HV 5	HV 10	HV 20	HV 30	HV 50	HV 100
1.096	7.72	15.4	30.9	46.3	77.2	154
1.097	7.70	15.4	30.8	46.2	77.0	154
1.098	7.69	15.4	30.8	46.1	76.9	154
1.099	7.68	15.4	30.7	46.1	76.8	154
1.100	7.66	15.3	30.6	46.0	76.6	153
1.101	7.65	15.3	30.6	45.9	76.5	153
1.102	7.63	15.3	30.5	45.8	76.3	153
1.103	7.62	15.2	30.5	45.7	76.2	152
1.104	7.61	15.2	30.4	45.6	76.1	152
1.105	7.59	15.2	30.4	45.6	75.9	152
1.106	7.58	15.2	30.3	45.5	75.8	152
1.107	7.57	15.1	30.3	45.4	75.7	151
1.108	7.55	15.1	30.2	45.3	75.5	151
1.109	7.54	15.1	30.2	45.2	75.4	151
1.110	7.53	15.1	30.1	45.2	75.3	151
1.111	7.51	15.0	30.0	45.1	75.1	150
1.112	7.50	15.0	30.0	45.0	75.0	150
1.113	7.48	15.0	29.9	44.9	74.8	150
1.114	7.47	14.9	29.9	44.8	74.7	149
1.115	7.46	14.9	29.8	44.7	74.6	149
1.116	7.44	14.9	29.8	44.7	74.4	149
1.117	7.43	14.9	29.7	44.6	74.3	149
1.118	7.42	14.8	29.7	44.5	74.2	148
1.119	7.40	14.8	29.6	44.4	74.0	148
1.120	7.39	14.8	29.6	44.4	73.9	148
1.121	7.38	14.8	29.5	44.3	73.8	148
1.122	7.36	14.7	29.5	44.2	73.6	147
1.123	7.35	14.7	29.4	44.1	73.5	147
1.124	7.34	14.7	29.4	44.0	73.4	147
1.125	7.33	14.7	29.3	44.0	73.3	147
1.126	7.31	14.6	29.2	43.9	73.1	146
1.127	7.30	14.6	29.2	43.8	73.0	146
1.128	7.29	14.6	29.1	43.7	72.9	146
1.129	7.27	14.5	29.1	43.6	72.7	145
1.130	7.26	14.5	29.0	43.6	72.6	145
1.131	7.25	14.5	29.0	43.5	72.5	145
1.132	7.24	14.5	28.9	43.4	72.4	145
1.133	7.22	14.4	28.9	43.3	72.2	144
1.134	7.21	14.4	28.8	43.3	72.1	144
1.135	7.20	14.4	28.8	43.2	72.0	144

表3−HV 5〜HV 100 （続き）

対角線長さの平均	試験力 F (N)					
	49.03	98.07	196.1	294.2	490.3	980.7
	ビッカース硬さ					
d mm	HV 5	HV 10	HV 20	HV 30	HV 50	HV 100
1.136	7.18	14.4	28.7	43.1	71.8	144
1.137	7.17	14.3	28.7	43.0	71.7	143
1.138	7.16	14.3	28.6	43.0	71.6	143
1.139	7.15	14.3	28.6	42.9	71.5	143
1.140	7.13	14.3	28.5	42.8	71.3	143
1.141	7.12	14.2	28.5	42.7	71.2	142
1.142	7.11	14.2	28.4	42.7	71.1	142
1.143	7.10	14.2	28.4	42.6	71.0	142
1.144	7.08	14.2	28.3	42.5	70.8	142
1.145	7.07	14.1	28.3	42.4	70.7	141
1.146	7.06	14.1	28.2	42.4	70.6	141
1.147	7.05	14.1	28.2	42.3	70.5	141
1.148	7.04	14.1	28.1	42.2	70.4	141
1.149	7.02	14.0	28.1	42.1	70.2	140
1.150	7.01	14.0	28.0	42.1	70.1	140
1.151	7.00	14.0	28.0	42.0	70.0	140
1.152	6.99	14.0	27.9	41.9	69.9	140
1.153	6.97	13.9	27.9	41.8	69.7	139
1.154	6.96	13.9	27.8	41.8	69.6	139
1.155	6.95	13.9	27.8	41.7	69.5	139
1.156	6.94	13.9	27.7	41.6	69.4	139
1.157	6.93	13.9	27.7	41.6	69.3	139
1.158	6.91	13.8	27.7	41.5	69.1	138
1.159	6.90	13.8	27.6	41.4	69.0	138
1.160	6.89	13.8	27.6	41.3	68.9	138
1.161	6.88	13.8	27.5	41.3	68.8	138
1.162	6.87	13.7	27.5	41.2	68.7	137
1.163	6.85	13.7	27.4	41.1	68.5	137
1.164	6.84	13.7	27.4	41.1	68.4	137
1.165	6.83	13.7	27.3	41.0	68.3	137
1.166	6.82	13.6	27.3	40.9	68.2	136
1.167	6.81	13.6	27.2	40.9	68.1	136
1.168	6.80	13.6	27.2	40.8	68.0	136
1.169	6.78	13.6	27.1	40.7	67.8	136
1.170	6.77	13.5	27.1	40.6	67.7	135
1.171	6.76	13.5	27.0	40.6	67.6	135
1.172	6.75	13.5	27.0	40.5	67.5	135
1.173	6.74	13.5	27.0	40.4	67.4	135
1.174	6.73	13.5	26.9	40.4	67.3	135
1.175	6.72	13.4	26.9	40.3	67.2	134

表3 − HV 5〜HV 100 （続き）

対角線長さの 平均	試験力 F (N)					
	49.03	98.07	196.1	294.2	490.3	980.7
	ビッカース硬さ					
d mm	HV 5	HV 10	HV 20	HV 30	HV 50	HV 100
1.176	6.70	13.4	26.8	40.2	67.0	134
1.177	6.69	13.4	26.8	40.2	66.9	134
1.178	6.68	13.4	26.7	40.1	66.8	134
1.179	6.67	13.3	26.7	40.0	66.7	133
1.180	6.66	13.3	26.6	40.0	66.6	133
1.181	6.65	13.3	26.6	39.9	66.5	133
1.182	6.64	13.3	26.5	39.8	66.4	133
1.183	6.62	13.3	26.5	39.8	66.2	133
1.184	6.61	13.2	26.5	39.7	66.1	132
1.185	6.60	13.2	26.4	39.6	66.0	132
1.186	6.59	13.2	26.4	39.6	65.9	132
1.187	6.58	13.2	26.3	39.5	65.8	132
1.188	6.57	13.1	26.3	39.4	65.7	131
1.189	6.56	13.1	26.2	39.4	65.6	131
1.190	6.55	13.1	26.2	39.3	65.5	131
1.191	6.54	13.1	26.1	39.2	65.4	131
1.192	6.53	13.1	26.1	39.2	65.3	131
1.193	6.51	13.0	26.1	39.1	65.1	130
1.194	6.50	13.0	26.0	39.0	65.0	130
1.195	6.49	13.0	26.0	39.0	64.9	130
1.196	6.48	13.0	25.9	38.9	64.8	130
1.197	6.47	12.9	25.9	38.8	64.7	129
1.198	6.46	12.9	25.8	38.8	64.6	129
1.199	6.45	12.9	25.8	38.7	64.5	129
1.200	6.44	12.9	25.8	38.6	64.4	129
1.201	6.43	12.9	25.7	38.6	64.3	129
1.202	6.42	12.8	25.7	38.5	64.2	128
1.203	6.41	12.8	25.6	38.4	64.1	128
1.204	6.40	12.8	25.6	38.4	64.0	128
1.205	6.39	12.8	25.5	38.3	63.9	128
1.206	6.37	12.8	25.5	38.3	63.7	128
1.207	6.36	12.7	25.5	38.2	63.6	127
1.208	6.35	12.7	25.4	38.1	63.5	127
1.209	6.34	12.7	25.4	38.1	63.4	127
1.210	6.33	12.7	25.3	38.0	63.3	127
1.211	6.32	12.6	25.3	37.9	63.2	126
1.212	6.31	12.6	25.2	37.9	63.1	126
1.213	6.30	12.6	25.2	37.8	63.0	126
1.214	6.29	12.6	25.2	37.7	62.9	126
1.215	6.28	12.6	25.1	37.7	62.8	126

表3－HV 5～HV 100（続き）

対角線長さの平均	試験力 F (N)					
	49.03	98.07	196.1	294.2	490.3	980.7
	ビッカース硬さ					
d mm	HV 5	HV 10	HV 20	HV 30	HV 50	HV 100
1.216	6.27	12.5	25.1	37.6	62.7	125
1.217	6.26	12.5	25.0	37.6	62.6	125
1.218	6.25	12.5	25.0	37.5	62.5	125
1.219	6.24	12.5	25.0	37.4	62.4	125
1.220	6.23	12.5	24.9	37.4	62.3	125
1.221	6.22	12.4	24.9	37.3	62.2	124
1.222	6.21	12.4	24.8	37.3	62.1	124
1.223	6.20	12.4	24.8	37.2	62.0	124
1.224	6.19	12.4	24.8	37.1	61.9	124
1.225	6.18	12.4	24.7	37.1	61.8	124
1.226	6.17	12.3	24.7	37.0	61.7	123
1.227	6.16	12.3	24.6	37.0	61.6	123
1.228	6.15	12.3	24.6	36.9	61.5	123
1.229	6.14	12.3	24.6	36.8	61.4	123
1.230	6.13	12.3	24.5	36.8	61.3	123
1.231	6.12	12.2	24.5	36.7	61.2	122
1.232	6.11	12.2	24.4	36.7	61.1	122
1.233	6.10	12.2	24.4	36.6	61.0	122
1.234	6.09	12.2	24.4	36.5	60.9	122
1.235	6.08	12.2	24.3	36.5	60.8	122
1.236	6.07	12.1	24.3	36.4	60.7	121
1.237	6.06	12.1	24.2	36.4	60.6	121
1.238	6.05	12.1	24.2	36.3	60.5	121
1.239	6.04	12.1	24.2	36.2	60.4	121
1.240	6.03	12.1	24.1	36.2	60.3	121
1.241	6.02	12.0	24.1	36.1	60.2	120
1.242	6.01	12.0	24.0	36.1	60.1	120
1.243	6.00	12.0	24.0	36.0	60.0	120
1.244	5.99	12.0	24.0	35.9	59.9	120
1.245	5.98	12.0	23.9	35.9	59.8	120
1.246	5.97	11.9	23.9	35.8	59.7	119
1.247	5.96	11.9	23.8	35.8	59.6	119
1.248	5.95	11.9	23.8	35.7	59.5	119
1.249	5.94	11.9	23.8	35.7	59.4	119
1.250	5.93	11.9	23.7	35.6	59.3	119
1.251	5.92	11.8	23.7	35.5	59.2	118
1.252	5.91	11.8	23.7	35.5	59.1	118
1.253	5.91	11.8	23.6	35.4	59.1	118
1.254	5.90	11.8	23.6	35.4	59.0	118
1.255	5.89	11.8	23.5	35.3	58.9	118

表3－HV 5～HV 100 （続き）

対角線長さの平均	試験力 F (N)					
	49.03	98.07	196.1	294.2	490.3	980.7
	ビッカース硬さ					
d mm	HV 5	HV 10	HV 20	HV 30	HV 50	HV 100
1.256	5.88	11.8	23.5	35.3	58.8	118
1.257	5.87	11.7	23.5	35.2	58.7	117
1.258	5.86	11.7	23.4	35.2	58.6	117
1.259	5.85	11.7	23.4	35.1	58.5	117
1.260	5.84	11.7	23.4	35.0	58.4	117
1.261	5.83	11.7	23.3	35.0	58.3	117
1.262	5.82	11.6	23.3	34.9	58.2	116
1.263	5.81	11.6	23.2	34.9	58.1	116
1.264	5.80	11.6	23.2	34.8	58.0	116
1.265	5.79	11.6	23.2	34.8	57.9	116
1.266	5.78	11.6	23.1	34.7	57.8	116
1.267	5.78	11.6	23.1	34.7	57.8	116
1.268	5.77	11.5	23.1	34.6	57.7	115
1.269	5.76	11.5	23.0	34.5	57.6	115
1.270	5.75	11.5	23.0	34.5	57.5	115
1.271	5.74	11.5	23.0	34.4	57.4	115
1.272	5.73	11.5	22.9	34.4	57.3	115
1.273	5.72	11.4	22.9	34.3	57.2	114
1.274	5.71	11.4	22.8	34.3	57.1	114
1.275	5.70	11.4	22.8	34.2	57.0	114
1.276	5.69	11.4	22.8	34.2	56.9	114
1.277	5.69	11.4	22.7	34.1	56.9	114
1.278	5.68	11.4	22.7	34.1	56.8	114
1.279	5.67	11.3	22.7	34.0	56.7	113
1.280	5.66	11.3	22.6	34.0	56.6	113
1.281	5.65	11.3	22.6	33.9	56.5	113
1.282	5.64	11.3	22.6	33.8	56.4	113
1.283	5.63	11.3	22.5	33.8	56.3	113
1.284	5.62	11.2	22.5	33.7	56.2	112
1.285	5.61	11.2	22.5	33.7	56.1	112
1.286	5.61	11.2	22.4	33.6	56.1	112
1.287	5.60	11.2	22.4	33.6	56.0	112
1.288	5.59	11.2	22.4	33.5	55.9	112
1.289	5.58	11.2	22.3	33.5	55.8	112
1.290	5.57	11.1	22.3	33.4	55.7	111
1.291	5.56	11.1	22.2	33.4	55.6	111
1.292	5.55	11.1	22.2	33.3	55.5	111
1.293	5.55	11.1	22.2	33.3	55.5	111
1.294	5.54	11.1	22.1	33.2	55.4	111
1.295	5.53	11.1	22.1	33.2	55.3	111

表3－HV 5～HV 100（続き）

対角線長さの平均	試験力 F (N)					
	49.03	98.07	196.1	294.2	490.3	980.7
	ビッカース硬さ					
d mm	HV 5	HV 10	HV 20	HV 30	HV 50	HV 100
1.296	5.52	11.0	22.1	33.1	55.2	110
1.297	5.51	11.0	22.0	33.1	55.1	110
1.298	5.50	11.0	22.0	33.0	55.0	110
1.299	5.49	11.0	22.0	33.0	54.9	110
1.300	5.49	11.0	21.9	32.9	54.9	110
1.301	5.48	11.0	21.9	32.9	54.8	110
1.302	5.47	10.9	21.9	32.8	54.7	109
1.303	5.46	10.9	21.8	32.8	54.6	109
1.304	5.45	10.9	21.8	32.7	54.5	109
1.305	5.44	10.9	21.8	32.7	54.4	109
1.306	5.44	10.9	21.7	32.6	54.4	109
1.307	5.43	10.9	21.7	32.6	54.3	109
1.308	5.42	10.8	21.7	32.5	54.2	108
1.309	5.41	10.8	21.6	32.5	54.1	108
1.310	5.40	10.8	21.6	32.4	54.0	108
1.311	5.39	10.8	21.6	32.4	53.9	108
1.312	5.39	10.8	21.5	32.3	53.9	108
1.313	5.38	10.8	21.5	32.3	53.8	108
1.314	5.37	10.7	21.5	32.2	53.7	107
1.315	5.36	10.7	21.4	32.2	53.6	107
1.316	5.35	10.7	21.4	32.1	53.5	107
1.317	5.35	10.7	21.4	32.1	53.5	107
1.318	5.34	10.7	21.3	32.0	53.4	107
1.319	5.33	10.7	21.3	32.0	53.3	107
1.320	5.32	10.6	21.3	31.9	53.2	106
1.321	5.31	10.6	21.3	31.9	53.1	106
1.322	5.31	10.6	21.2	31.8	53.1	106
1.323	5.30	10.6	21.2	31.8	53.0	106
1.324	5.29	10.6	21.2	31.7	52.9	106
1.325	5.28	10.6	21.1	31.7	52.8	106
1.326	5.27	10.5	21.1	31.6	52.7	105
1.327	5.27	10.5	21.1	31.6	52.7	105
1.328	5.26	10.5	21.0	31.5	52.6	105
1.329	5.25	10.5	21.0	31.5	52.5	105
1.330	5.24	10.5	21.0	31.5	52.4	105
1.331	5.23	10.5	20.9	31.4	52.3	105
1.332	5.23	10.5	20.9	31.4	52.3	105
1.333	5.22	10.4	20.9	31.3	52.2	104
1.334	5.21	10.4	20.8	31.3	52.1	104
1.335	5.20	10.4	20.8	31.2	52.0	104

表3－HV 5〜HV 100（続き）

対角線長さの平均	試験力 F (N)					
	49.03	98.07	196.1	294.2	490.3	980.7
	ビッカース硬さ					
d mm	HV 5	HV 10	HV 20	HV 30	HV 50	HV 100
1.336	5.19	10.4	20.8	31.2	51.9	104
1.337	5.19	10.4	20.7	31.1	51.9	104
1.338	5.18	10.4	20.7	31.1	51.8	104
1.339	5.17	10.3	20.7	31.0	51.7	103
1.340	5.16	10.3	20.7	31.0	51.6	103
1.341	5.16	10.3	20.6	30.9	51.6	103
1.342	5.15	10.3	20.6	30.9	51.5	103
1.343	5.14	10.3	20.6	30.8	51.4	103
1.344	5.13	10.3	20.5	30.8	51.3	103
1.345	5.13	10.3	20.5	30.8	51.3	103
1.346	5.12	10.2	20.5	30.7	51.2	102
1.347	5.11	10.2	20.4	30.7	51.1	102
1.348	5.10	10.2	20.4	30.6	51.0	102
1.349	5.09	10.2	20.4	30.6	50.9	102
1.350	5.09	10.2	20.3	30.5	50.9	102
1.351	5.08	10.2	20.3	30.5	50.8	102
1.352	5.07	10.1	20.3	30.4	50.7	101
1.353	5.06	10.1	20.3	30.4	50.6	101
1.354	5.06	10.1	20.2	30.3	50.6	101
1.355	5.05	10.1	20.2	30.3	50.5	101
1.356	5.04	10.1	20.2	30.3	50.4	101
1.357	5.03	10.1	20.1	30.2	50.3	101
1.358	5.03	10.1	20.1	30.2	50.3	101
1.359	5.02	10.0	20.1	30.1	50.2	100
1.360	5.01	10.0	20.0	30.1	50.1	100
1.361	5.01	10.0	20.0	30.0	50.1	100
1.362	5.00	10.0	20.0	30.0	50.0	100
1.363	4.99	9.98	20.0	29.9	49.9	99.8
1.364	4.98	9.97	19.9	29.9	49.8	99.7
1.365	4.98	9.95	19.9	29.9	49.8	99.5
1.366	4.97	9.94	19.9	29.8	49.7	99.4
1.367	4.96	9.92	19.8	29.8	49.6	99.2
1.368	4.95	9.91	19.8	29.7	49.5	99.1
1.369	4.95	9.90	19.8	29.7	49.5	99.0
1.370	—	9.88	19.8	29.6	49.4	98.8
1.371	—	9.87	19.7	29.6	49.3	98.7
1.372	—	9.85	19.7	29.6	49.3	98.5
1.373	—	9.84	19.7	29.5	49.2	98.4
1.374	—	9.82	19.6	29.5	49.1	98.2
1.375	—	9.81	19.6	29.4	49.0	98.1

表3-HV 5～HV 100（続き）

対角線長さの平均	試験力 F (N)					
	49.03	98.07	196.1	294.2	490.3	980.7
	ビッカース硬さ					
d mm	HV 5	HV 10	HV 20	HV 30	HV 50	HV 100
1.376	―	9.79	19.6	29.4	49.0	97.9
1.377	―	9.78	19.6	29.3	48.9	97.8
1.378	―	9.77	19.5	29.3	48.8	97.7
1.379	―	9.75	19.5	29.3	48.8	97.5
1.380	―	9.74	19.5	29.2	48.7	97.4
1.381	―	9.72	19.4	29.2	48.6	97.2
1.382	―	9.71	19.4	29.1	48.5	97.1
1.383	―	9.70	19.4	29.1	48.5	97.0
1.384	―	9.68	19.4	29.0	48.4	96.8
1.385	―	9.67	19.3	29.0	48.3	96.7
1.386	―	9.65	19.3	29.0	48.3	96.5
1.387	―	9.64	19.3	28.9	48.2	96.4
1.388	―	9.63	19.2	28.9	48.1	96.3
1.389	―	9.61	19.2	28.8	48.1	96.1
1.390	―	9.60	19.2	28.8	48.0	96.0
1.391	―	9.58	19.2	28.8	47.9	95.8
1.392	―	9.57	19.1	28.7	47.8	95.7
1.393	―	9.56	19.1	28.7	47.8	95.6
1.394	―	9.54	19.1	28.6	47.7	95.4
1.395	―	9.53	19.1	28.6	47.6	95.3
1.396	―	9.52	19.0	28.5	47.6	95.2
1.397	―	9.50	19.0	28.5	47.5	95.0
1.398	―	9.49	19.0	28.5	47.4	94.9
1.399	―	9.48	18.9	28.4	47.4	94.8
1.400	―	9.46	18.9	28.4	47.3	94.6

JIS Z 2245
(2021)

ロックウェル硬さ試験—試験方法
Rockwell hardness test—Test method

JIS	(1955, 61, 76, 81, 92, 98, 05, 11, 16)	改正	
JIS	(1952)	制定	
JIS	B	7775	

序文

この規格は，2016 年に第 4 版として発行された **ISO 6508-1** を基とし，技術的内容を変更して作成した日本産業規格である。

なお，この規格で側線又は点線の下線を施してある箇所は，対応国際規格を変更している事項である。技術的差異の一覧表にその説明を付けて，**附属書 JA** に示す。

1　適用範囲

この規格は，金属材料に関する固定式又は携帯式の硬さ試験機のロックウェル硬さ及びロックウェルスーパーフィシャル硬さ試験方法について規定する。硬さの各スケール及び適用する範囲は，**表 1** 及び**表 2**に示す。

超硬合金のような特定の材料及び製品については，特定の規格（例えば，**ISO 3738-1**，**ISO 4498** など）を適用する。

注記 1　ISO 6508-1 では，ロックウェル硬さ及びロックウェルスーパーフィシャル硬さの球圧子は，タングステンカーバイド複合材（以下，超硬合金球という。）を用いることを標準とし，**附属書 A**による試験の場合だけ，鋼球圧子を使用することとしている。次回の改正時には，この規格においても，超硬合金球圧子を標準圧子とする予定である（**表 1**，**表 2**，**5.2**，**6.3**，及び**表 E.1** 参照）。ただし，**附属書 A** は鋼球を標準圧子とする予定である。

注記 2　超硬合金球によって得られた試験結果が，鋼球を用いたものに対して有意な差がでる可能性のある事実に注意を要する。

注記 3　ISO 6508-1 では，ロックウェル硬さをロックウェルレギュラー硬さ（Rockwell regular hardness）及びロックウェルスーパーフィシャル硬さ（Rockwell superficial hardness）と分類しているが，この規格では，それぞれを "ロックウェル硬さ" 及び "ロックウェルスーパーフィシャル硬さ"と記載している。

注記 4　この規格の対応国際規格及びその対応の程度を表す記号を，次に示す。

ISO 6508-1:2016, Metallic materials—Rockwell hardness test—Part 1: Test method（MOD）

なお，対応の程度を表す記号 "MOD" は，**ISO/IEC Guide 21-1** に基づき，"修正している" ことを示す。

警告　この規格に基づいて試験を行う者は，通常の試験室での作業に精通していることを前提とする。この規格は，その使用に関連して起こる全ての安全上の問題を取り扱おうとするものではない。この規格の利用者は，各自の責任において安全及び健康に対する適切な措置をとらなければならない。

2 引用規格

次に掲げる引用規格は，この規格に引用されることによって，その一部又は全部がこの規格の要求事項を構成している。これらの引用規格は，その最新版（追補を含む。）を適用する。

JIS B 7726 ロックウェル硬さ試験－試験機及び圧子の検証及び校正

JIS B 7730 ロックウェル硬さ試験－基準片の校正

JIS G 0202 鉄鋼用語（試験）

3 用語及び定義

この規格で用いる主な用語及び定義は，**JIS G 0202** による。

4 原理

この規格で規定する寸法，形状及び材質の圧子を，試験片表面に，**箇条 8** で規定する条件を用い，2 段階の試験力レベルで押し込む。まず，規定の初試験力を付与し，初期のくぼみ深さを測定する。規定の追加試験力を付与した後，追加試験力を解放し初試験力に戻して最終のくぼみ深さを測定する。ロックウェル硬さ値又はロックウェルスーパーフィシャル硬さ値を，最終のくぼみ深さと初期のくぼみ深さとの差異 h 並びに二つの定数 N 及び S を用いて，式(1)によって求める（**図 1，表 1，表 2 及び表 3** を参照）。

$$\text{ロックウェル硬さ又はロックウェルスーパーフィシャル硬さ} = N - \frac{h}{S} \quad \cdots (1)$$

注記 くぼみ深さは，圧子の侵入深さを意味する。

5 記号及び内容並びに硬さの表示

5.1 記号及び内容

記号及びその内容は，**図 1，表 1，表 2 及び表 3** による。

表1−ロックウェル硬さのスケール及びその内容

スケール	硬さ記号	圧子	初試験力 F_0 (N)	全試験力 F (N)	換算定数 S (mm)	スケールに固有の定数 N	適用する範囲
A	HRA	円すい形ダイヤモンド	98.07	588.4	0.002	100	20 HRA〜95 HRA
B	HRB	球[b] 1.587 5 mm	98.07	980.7	0.002	130	10 HRB〜100 HRB
C	HRC	円すい形ダイヤモンド	98.07	1471	0.002	100	20 [a] HRC〜70 HRC
D	HRD	円すい形ダイヤモンド	98.07	980.7	0.002	100	40 HRD〜77 HRD
E	HRE	球[b] 3.175 mm	98.07	980.7	0.002	130	70 HRE〜100 HRE
F	HRF	球[b] 1.587 5 mm	98.07	588.4	0.002	130	60 HRF〜100 HRF
G	HRG	球[b] 1.587 5 mm	98.07	1471	0.002	130	30 HRG〜94 HRG
H	HRH	球[b] 3.175 mm	98.07	588.4	0.002	130	80 HRH〜100 HRH
K	HRK	球[b] 3.175 mm	98.07	1471	0.002	130	40 HRK〜100 HRK

注[a] ダイヤモンド圧子の表面が，先端から 0.4 mm 以上のくぼみ深さに相当する部分まで研磨されていれば，10 HRC まで適用する範囲を広げてもよい。

注[b] 他に規定がない場合，超硬合金球を用い，硬さ記号の末尾（用いた球圧子の種類）に“W”を付ける（**5.2の例**参照）。他の規定によって，鋼球を用いた場合，“S”を付ける（**5.2の例**参照）。

表2−ロックウェルスーパーフィシャル硬さのスケール及びその内容

スケール	硬さ記号	圧子	初試験力 F_0 (N)	全試験力 F (N)	換算定数 S (mm)	スケールに固有の定数 N	適用する範囲
15N	HR15N	円すい形ダイヤモンド	29.42	147.1	0.001	100	70 HR15N〜94 HR15N
30N	HR30N	円すい形ダイヤモンド	29.42	294.2	0.001	100	42 HR30N〜86 HR30N
45N	HR45N	円すい形ダイヤモンド	29.42	441.3	0.001	100	20 HR45N〜77 HR45N
15T	HR15T	球[a] 1.587 5 mm	29.42	147.1	0.001	100	67 HR15T〜93 HR15T
30T	HR30T	球[a] 1.587 5 mm	29.42	294.2	0.001	100	29 HR30T〜82 HR30T
45T	HR45T	球[a] 1.587 5 mm	29.42	441.3	0.001	100	10 HR45T〜72 HR45T

注[a] 他に規定がない場合，超硬合金球を用い，硬さ記号の末尾（用いた球圧子の種類）に“W”を付ける（**5.2の例**参照）。他の規定によって，鋼球を用いた場合，“S”を付ける（**5.2の例**参照）。

製品規格の規定又は受渡当事者間の協定によって，直径 6.350 mm 及び 12.70 mm の球圧子を用いたスケールを用いてもよい。これらの球圧子を用いたスケールは，**ASTM E18**[11]を参照する。

注記1 ある材料では，表に示した適用する範囲を狭める場合がある。

注記2 ロックウェルスーパーフィシャル硬さのスケール記号の前の試験力を示す数字は，重量キログラム（kgf）の単位での全試験力を表している。例えば，30 kgf の全試験力は，294.2 N に変換されている。

表3−記号及びその内容

記号	内容	単位
F_0	初試験力	N
F_1	追加試験力（全試験力から初試験力を減じたもの）	N
F	全試験力	N
HRA，HRC，HRD	ロックウェル硬さ $=100-\dfrac{h}{0.002}$	—
HRB，HRE，HRF，HRG，HRH，HRK	ロックウェル硬さ $=130-\dfrac{h}{0.002}$	—
HRN，HRT	ロックウェルスーパーフィシャル硬さ $=100-\dfrac{h}{0.001}$	—
h	追加試験力を除去して，初試験力に戻したときの永久くぼみ深さ	mm
N	スケールに固有の定数	—
S	スケールに固有の 1 HR に対応する硬さ換算定数	mm

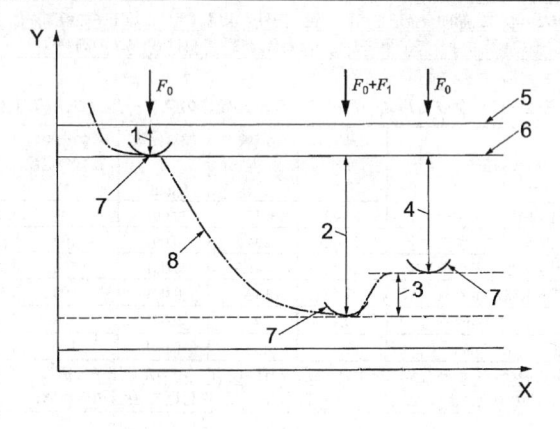

記号説明

X：時間
Y：圧子位置
1：初試験力 F_0 によるくぼみ深さ
2：追加試験力 F_1 によるくぼみ深さ
3：追加試験力 F_1 解放による弾性回復

4：永久くぼみ深さ h
5：試験片表面
6：永久くぼみ深さ測定の基準面
7：圧子の位置
8：くぼみ深さと時間との曲線

図1−ロックウェル硬さ及びロックウェルスーパーフィシャル硬さの原理図

5.2　硬さの表示

ロックウェル硬さ及びロックウェルスーパーフィシャル硬さの表示は，次の例による。

例

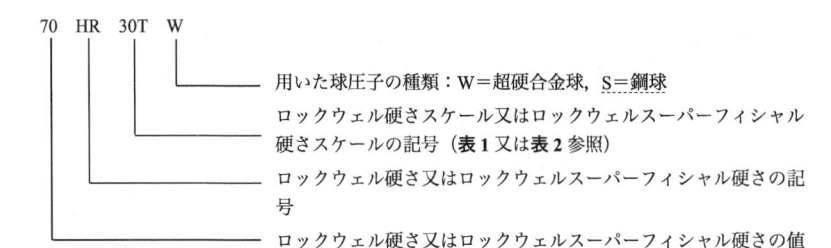

用いた球圧子の種類：W＝超硬合金球，S＝鋼球

ロックウェル硬さスケール又はロックウェルスーパーフィシャル硬さスケールの記号（**表 1** 又は**表 2** 参照）

ロックウェル硬さ又はロックウェルスーパーフィシャル硬さの記号

ロックウェル硬さ又はロックウェルスーパーフィシャル硬さの値

注記 1 **ISO 6508-1** では，超硬合金球の W だけが，圧子として記載されている。

注記 2 **ISO 6508-1** では，鋼球の使用は，**附属書 A** で規定する HR30TSm 及び HR15TSm だけに認められている。大文字 S 及び小文字 m は，それぞれ鋼球圧子及びダイヤモンドアンビルを示している。

6 試験機

6.1 試験機

試験機は，**表 1** 及び**表 2** に示す試験力の幾つか又は全てを，**箇条 8** で規定する手順で付与することができ，かつ，**JIS B 7726** の規定に適合しなければならない。

6.2 円すい形ダイヤモンド圧子

円すい形ダイヤモンド圧子（以下，ダイヤモンド圧子という。）は，**JIS B 7726** による。ダイヤモンド圧子は，使用に際し，次のいずれかに識別されたものを用いることが望ましい。

— ロックウェル硬さのダイヤモンドスケールだけ

— ロックウェルスーパーフィシャル硬さのダイヤモンドスケールだけ

— ロックウェル硬さ及びロックウェルスーパーフィシャル硬さのダイヤモンドスケール

6.3 球圧子

超硬合金球圧子及び鋼球圧子は，**JIS B 7726** による。他に規定がない場合，超硬合金球を用いる。

球圧子は，通常，球及び別に適切に設計されたホルダーで構成する。一体型の球圧子の場合は，**JIS B 7726** の **8.3**（球圧子）に規定する寸法，形状，仕上げ及び硬さの要求内容に適合したものを用いる。

7 試験片

7.1 試験片表面

試験は，製品又は材料の規格に別途指定のない限り，滑らかで凹凸がなく，酸化物の皮膜（スケール）及び異物（特に潤滑剤）の付着していない表面で行う。チタンのように圧子に反応し，付着する可能性がある材料は，例外とし，このような場合には，灯油などの適切な潤滑剤を用いてもよい。潤滑剤を使用したことは，記録しなければならない。

7.2 試験片の仕上げ

試験片の仕上げは，過熱，冷間加工などによる表面の硬さの変化を最小限に抑えるように行う。特に，浅いくぼみ深さで試験するときには，試験片の仕上げに注意する。

7.3 試験片又は試験対象となる層の最小厚さ

試験片又は試験対象となる層の最小厚さは，薄い試験片の適用が，硬さの測定値に影響がないことを証明しない限り，ダイヤモンド圧子のとき永久くぼみ深さ h の 10 倍，球圧子のとき永久くぼみ深さ h の 15 倍とする。ロックウェル硬さと試験片又は試験対象となる層の最小厚さとの関係は，**附属書 B** による。

一般的に，試験後，試験片の裏面に，目に見える変形がないことが望ましい。しかし，変形が見える全ての試験が，不適切とはいえない（**附属書 A** 参照）。

HR30Tm 及び HR15Tm スケールを用いる非常に薄い板状金属に対する特別な要求事項は，**附属書 A** による。

注記　ISO 6508-1 では，附属書 A における非常に薄い板状試験片には，鋼球とダイヤモンドアンビルとの組合せである HR30TSm 及び HR15TSm だけを認めている。

7.4 円筒面及び球面の試験片に対する試験

凸状の円筒面及び球面の試験片に対する試験は，**8.7** による。

8 試験

8.1 試験温度

試験温度は，10 ℃〜35 ℃の範囲内とする。規定の温度以外で試験を行う場合，その試験の影響の評価は，試験所の責任で行わなければならない。10 ℃〜35 ℃の温度範囲以外で試験を行う場合には，試験温度を記録し，報告しなければならない。

注記　試験及び／又は校正中に大きな温度変化がある場合，測定の不確かさの増大及び許容値を外れる可能性がある。

8.2 日常点検

附属書 E で規定する日常点検は，用いる硬さスケールごとに，その日の最初の試験前に行わなければならない。ダイヤモンド圧子の状態は，**附属書 F** によって，点検することが望ましい。

8.3 装置の取外し又は交換後の試験

ダイヤモンド圧子，球圧子及び試験片支持装置の，交換又は取外し取付け後，少なくとも 2 回試験を行い，その試験結果は，採用しない。その後，**附属書 E** に規定する手順に従って日常点検を行い，試験機に圧子及び試験片支持装置が適切に取り付けられていることを確認する。

8.4 ダイヤモンド圧子及び球圧子の適用及び検証

ダイヤモンド圧子及び球圧子は，前回（直前）の間接検証時に用いられたものを用いなければならない。圧子が，前回（直前）の間接検証時に用いられたものでなく，初めて用いるものの場合には，通常用いるロックウェルスケールごとに，**JIS B 7726 の表 2**（各スケールの検証に用いる基準片の硬さレベル）に規

定する低い硬さ及び高い硬さ範囲から一つずつ，少なくとも二つの基準片を用いて，**附属書 E** の日常点検に従って検証しなければならない。この手順は，球圧子の球の交換には適用しない。

8.5 試験片の支持

試験片は，しっかりした支持台の上に載せ，測定面が圧子の軸及び試験力の作用方向に対して垂直になるようにし，試験片が移動しないように支持する。

円筒形の試験片は，硬さが少なくとも 60 HRC の鋼製のセンタリング用 V ブロック又は二つの円筒上に適切に支持する。特に，圧子，試験片，センタリング用 V ブロック及び試験片支持装置が正しく配置・保持されているか注意する。特に，これらが垂直線上に配置されていない場合，正しい測定結果が得られない可能性がある。

8.6 試験力の付与

試験力の付与は，次による。

a) 衝撃，振動などを伴うことなく圧子を測定面に接触させ，初試験力 F_0 を付与する。初試験力に達するまでの時間は，2 秒以下が望ましい。初試験力の保持時間は，3^{+1}_{-2} 秒でなければならない。

注記 保持時間の要求は，非対称な許容範囲で示されている。

3^{+1}_{-2} 秒は，3 秒が公称の保持時間であり，許容範囲は，1 秒（3 秒−2 秒）以上，4 秒（3 秒＋1 秒）以下である。

b) 初くぼみ深さ（初試験力 F_0 によるくぼみの深さ）を測定する。多くの手動（ダイヤル指示）試験機では，指示ダイヤルを定値（set-point）又はゼロ点に設定する。多くの自動（デジタル）試験機では，深さ測定は，使用者の入力なしに自動で行われ，表示されない場合もある。

c) 追加試験力 F_1 を衝撃，振動，揺れ又は過負荷がないように付与し，初試験力 F_0 から全試験力 F に試験力を増加させる。ロックウェル硬さスケールでは，追加試験力 F_1 を 1 秒以上 8 秒以下で付与する。全てのロックウェルスーパーフィシャル硬さスケール HRN 及び HRT では，追加試験力 F_1 を 4 秒以内で付与する。間接検証で用いたものと同じ試験サイクルで行うことが望ましい。

ある材料では，ひずみ速度感受性が高く，降伏応力の値に小さな変化を及ぼすとの知見がある。くぼみ形成の最終期で同様の影響が硬さ値に違いをもたらす可能性がある。

d) 全試験力 F は，5^{+1}_{-3} 秒間保持しなければならない。追加試験力 F_1 を解放し，初試験力 F_0 を維持する。4^{+1}_{-3} 秒後，最後の指示値を読み取らなければならない。

全試験力保持中に過剰な塑性流動（押込みクリープ）を示す材料に対しては，圧子が侵入し続けるので，特別な考慮が必要となる場合がある。材料が，6 秒を超える全試験力保持時間を要する場合は，用いた全試験力の延長した保持時間を試験結果の後に記載しなければならない（例えば，HRFW/10 s）。

e) 初試験力 F_0 を付与した状態で最終くぼみ深さを測定する。ロックウェル硬さ値及びロックウェルスーパーフィシャル硬さ値は，式(1)並びに**表 1**，**表 2** 及び**表 3** の情報を用いて，永久くぼみ深さ h によって計算する。ほとんどのロックウェル硬さ及びロックウェルスーパーフィシャル硬さ試験機では，深さ測定は，ロックウェル硬さ値及びロックウェルスーパーフィシャル硬さ値を自動で計算し，表示する方法で行われる。

a)~e)のロックウェル硬さ及びロックウェルスーパーフィシャル硬さ試験の手順を，**図 1** に示す。

8.7 円筒面及び球面に対する試験

凸状の円筒面及び球面に対する試験では，試験片の硬さは，読取値に**附属書 C**（**表 C.1**，**表 C.2**，**表 C.3**

又は**表 C.4**）又は**附属書 D**（**表 D.1**）で与えられる補正値を加えなければならない。

凹状試験面に対する試験の補正値がない場合，そのような表面への試験は，受渡当事者間の協定による。

8.8　装置の衝撃及び振動からの保護

試験中，装置は，衝撃及び振動から保護されていなければならない。

8.9　隣接するくぼみの中心間の距離

二つの隣接するくぼみの中心間の距離は，くぼみの直径の 3 倍以上でなければならない。くぼみの中心から試験片の縁までの距離は，2.5 倍以上でなければならない。

9　試験結果の不確かさ

不確かさの評価は，**ISO/IEC Guide 98-3**[3]に従って行うことが望ましい。

要因のタイプとは関係なく，硬さの不確かさの評価には，次の二つの方法がある。

— 直接検証に関わる全ての関連する要因の評価を基にする方法。参考文献として EURAMET Guide CG-16[4]が利用できる。

— 硬さ基準片（以下，CRM という。）（参考文献[2]，[3]，[4]，[5]）を用いた間接検証に基づく方法。不確かさの見積りのガイドラインを**附属書 G** に示す。

> 注記　**附属書 G** には，製品規格で規定する特性を評価する試験に，この不確かさによって，更なる調整を行うことは，不適切であると記載している。

10　試験報告書

報告が必要な場合には，受渡当事者間の協定のない限り，少なくとも次の項目を含む。なお，受渡当事者間の協定によって，次の項目の一部を省略してもよい。

a)　この規格に準拠している表示

b)　試験片の識別に必要な詳細情報（試験片表面の曲面及びその補正値を含む。）

c)　試験温度（10 ℃〜35 ℃の温度範囲でない場合）

d)　得られた結果（**5.2** に規定する様式による。）

e)　この規格に規定されていない実施事項，又は任意とみなされている全ての実施事項

f)　結果に影響を及ぼしたおそれのある事象

g)　全試験力の保持時間が許容範囲を含め 6 秒を超えた場合の実際の付与時間

h)　試験実施日

i)　他の硬さスケールへの換算をした場合，その換算の根拠及び方法（**ISO 18265**[12]参照）。

11　他の硬さスケール又は引張強さへの換算

ロックウェル硬さ及びロックウェルスーパーフィシャル硬さを他の硬さスケールに，又はロックウェル硬さ及びロックウェルスーパーフィシャル硬さを引張強さに正確に変換する一般的方法はない。このため，そのような変換は，比較試験によって信頼できる換算の根拠がない限り避けることが望ましい（**ISO 18265**[12]も参照）。

附属書 A
（規定）
薄い製品に対する HR30Tm 及び HR15Tm 試験

A.1 概要

　この試験は，製品規格の規定又は受渡当事者間の協定のない限り，通常，最大 0.6 mm の厚さから製品規格で規定する最小厚さまでの製品に適用する。硬さが 82 HR30Tm 以下又は 93 HR15Tm 以下の製品に対して，適用する。

　ここで，m はダイヤモンドアンビルの使用を示し，記号は，鋼球圧子を用いる場合には，TSm とし，超硬合金球圧子を用いる場合には，TWm とする。

　HR30Tm 及び HR15Tm 試験を適用する場合には，製品規格の規定，又は受渡当事者間の協定による。圧子について，製品規格の規定又は受渡当事者間の協定がない場合，鋼球を適用する。

　この試験は，この規格で規定する HR30T 又は HR15T と同様の条件で行う。

　注記　ISO 6508-1 では，鋼球圧子とダイヤモンドアンビルとの組合せ（TSm）だけが認められている。

　試験前に，試験片支持装置（ダイヤモンドアンビル）が測定結果に影響しないことを検証するために，既知の硬さの薄板試料（試験片）で，硬さ試験を行うことが望ましい。

　本体の規定によるほかに，A.2〜A.5 の条件を満たさなければならない。

A.2 球圧子

　この試験に用いる球圧子は，直径 1.587 5 mm とし，JIS B 7726 に適合しなければならない。

A.3 試験片の支持台

　試験片の支持台は，表面が滑らかに研磨された直径約 4.5 mm のダイヤモンドとする。この支持台の表面の中心を圧子の軸と合わせ，圧子の軸と支持台表面との角度は，垂直とする。試験片の支持台は，試験機に正確に設置されるよう注意する。

A.4 試験片の前処理

　通常，試験片の前処理は行わない。試験片の表面を削り取る必要がある場合は，試験片の両面にその処理を行うことが望ましい。この処理に伴う加熱，加工硬化などによってベースメタル（地の金属）の状態が変化しないように注意する。ベースメタルが最小許容厚さより薄くなってはならない。

A.5 くぼみの位置

　二つの隣接するくぼみの中心間の距離及びくぼみの中心から試験片の縁までの距離は，特に指定のない限り，5 mm 以上とする。

附属書 B
（規定）
ロックウェル硬さ及び
ロックウェルスーパーフィシャル硬さ試験片の最小厚さ

試験片又は試験対象となる層の最小厚さを，**図 B.1**〜**図 B.3** に示す。

表 B.1 に，試験片の最小厚さ t（mm）の算出式を示す。

表 B.1－圧子及び硬さによる試験片の最小厚さ算出式

圧子	試験片の最小厚さ t（mm）	
	ロックウェル硬さ	ロックウェルスーパーフィシャル硬さ
ダイヤモンド圧子	10 h 又は 0.02(100 － H)	10 h 又は 0.01(100 － H)
球圧子	15 h 又は 0.03(130 － H)	15 h 又は 0.015(100 － H)
ここで，h：永久くぼみ深さ（mm），H：硬さ値		

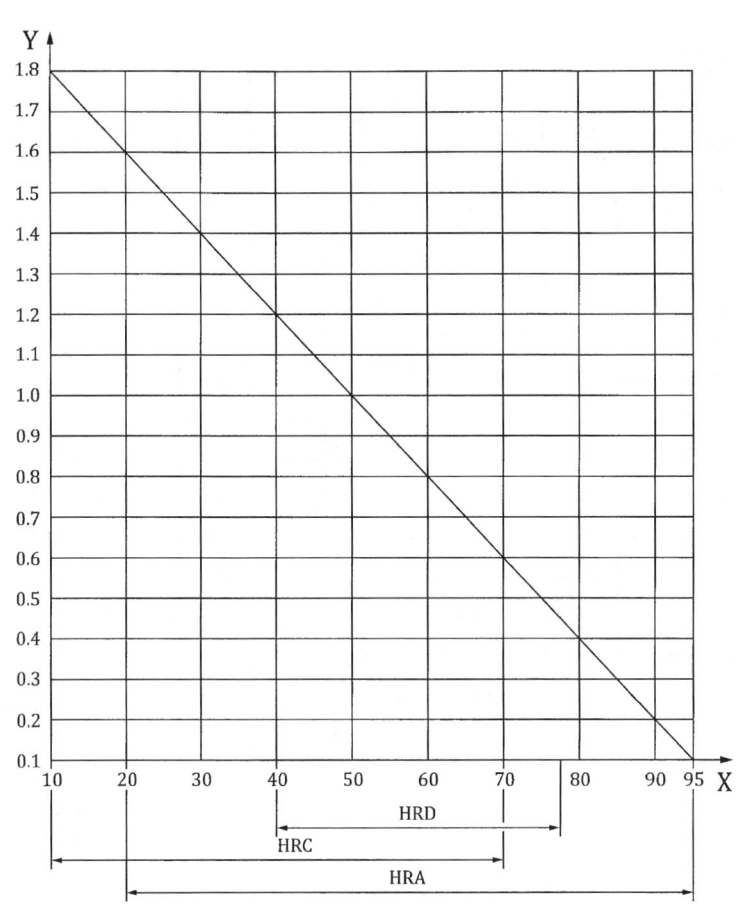

記号説明

X：ロックウェル硬さ

Y：試験片又は試験対象となる層の最小厚さ（mm）

図 B.1－ダイヤモンド圧子を用いる試験（A，C 及び D スケール）の試験片の最小厚さ

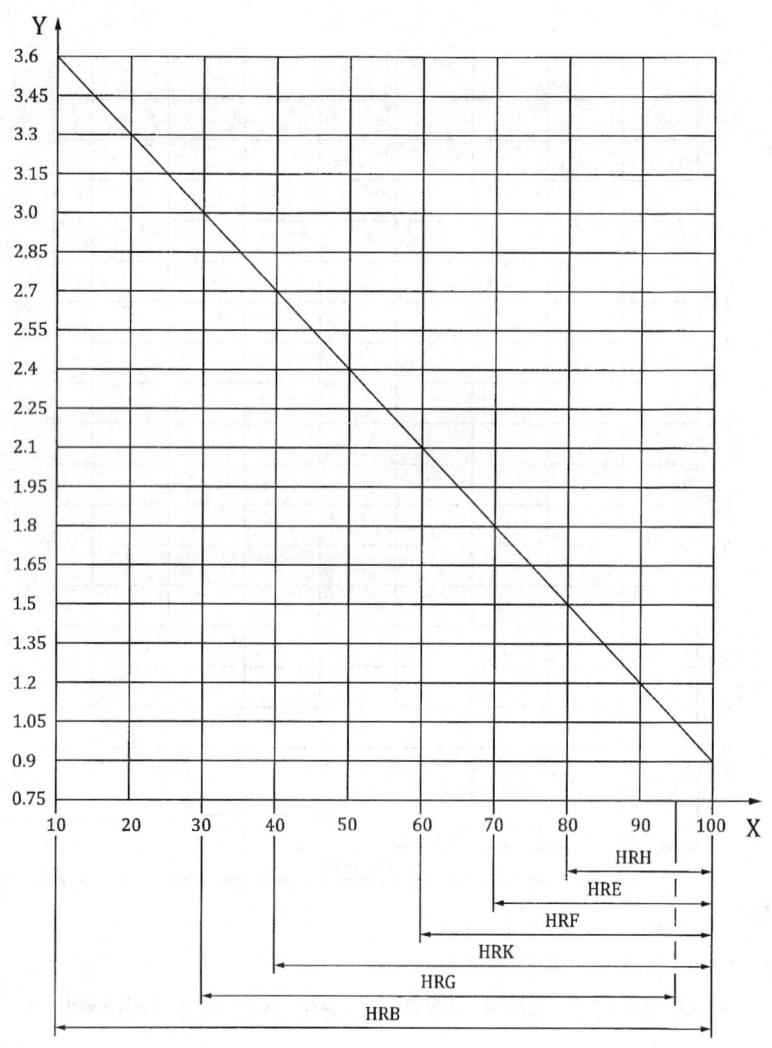

記号説明

X：ロックウェル硬さ

Y：試験片又は試験対象となる層の最小厚さ （mm）

図 B.2－球圧子を用いる試験 （B，E，F，G，H 及び K スケール） の試験片の最小厚さ

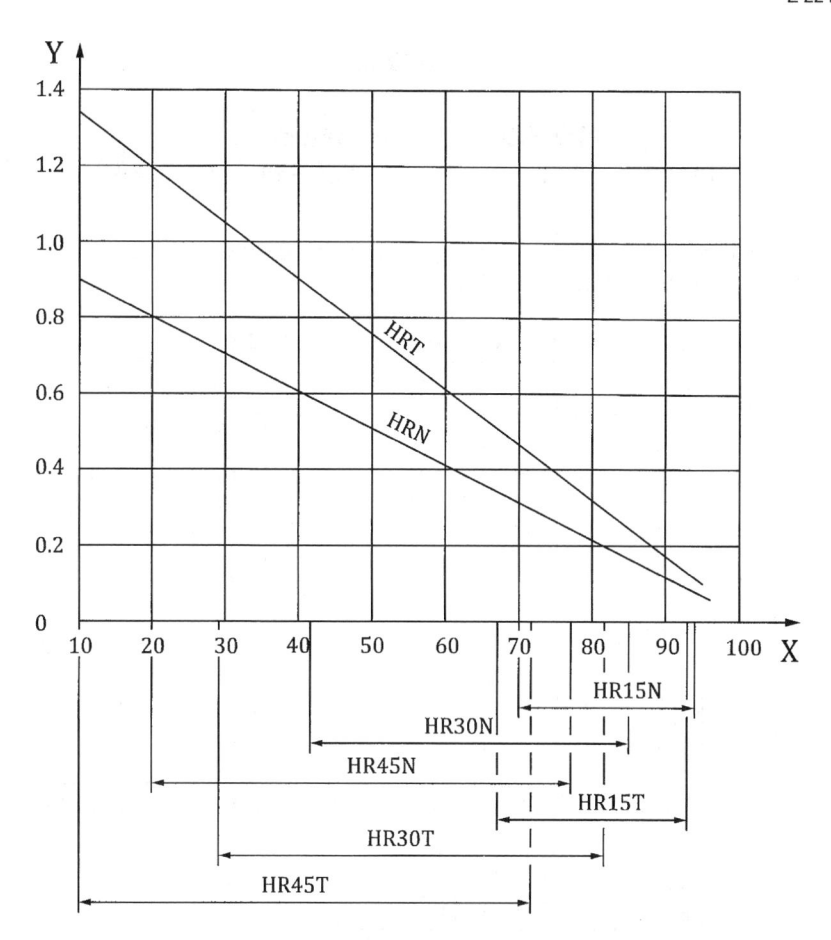

記号説明
  X：ロックウェル硬さ
  Y：試験片又は試験対象となる層の最小厚さ（mm）

図 B.3－ロックウェルスーパーフィシャル試験（N 及び T スケール）の試験片の最小厚さ

附属書 C
（規定）
円筒面のロックウェル硬さ値及び
ロックウェルスーパーフィシャル硬さ値に対する補正

凸状円筒面に対する試験については，**表 C.1〜表 C.4** に規定する補正値を，硬さ読取り値に加える。表に記載していない曲率半径の場合，直線補間によって補正値を導いてもよい。

表 C.1−A，C 及び D スケールに対する補正値

硬さ読取り値	測定部の曲率半径 （mm）								
	3	5	6.5	8	9.5	11	12.5	16	19
20	a)	a)	a)	2.5	2.0	1.5	1.5	1.0	1.0
25	a)	a)	3.0	2.5	2.0	1.5	1.0	1.0	1.0
30	a)	a)	2.5	2.0	1.5	1.5	1.0	1.0	0.5
35	a)	3.0	2.0	1.5	1.5	1.0	1.0	0.5	0.5
40	a)	2.5	2.0	1.5	1.0	1.0	1.0	0.5	0.5
45	3.0	2.0	1.5	1.0	1.0	1.0	0.5	0.5	0.5
50	2.5	2.0	1.5	1.0	1.0	0.5	0.5	0.5	0.5
55	2.0	1.5	1.0	1.0	0.5	0.5	0.5	0.5	0
60	1.5	1.0	1.0	0.5	0.5	0.5	0.5	0	0
65	1.5	1.0	1.0	0.5	0.5	0.5	0.5	0	0
70	1.0	1.0	0.5	0.5	0.5	0.5	0.5	0	0
75	1.0	0.5	0.5	0.5	0.5	0.5	0	0	0
80	0.5	0.5	0.5	0.5	0.5	0	0	0	0
85	0.5	0.5	0.5	0	0	0	0	0	0
90	0.5	0	0	0	0	0	0	0	0

注 a) 3 HRA，3 HRC 及び 3 HRD を超える補正は適切ではないため，表に含めていない。

表 C.2−B，F 及び G スケールに対する補正値

硬さ読取り値	測定部の曲率半径 （mm）						
	3	5	6.5	8	9.5	11	12.5
20	a)	a)	a)	4.5	4.0	3.5	3.0
30	a)	a)	5.0	4.5	3.5	3.0	2.5
40	a)	a)	4.5	4.0	3.0	2.5	2.5
50	a)	a)	4.0	3.5	3.0	2.5	2.0
60	a)	5.0	3.5	3.0	2.5	2.0	2.0
70	a)	4.0	3.0	2.5	2.0	2.0	1.5
80	5.0	3.5	2.5	2.0	1.5	1.5	1.5
90	4.0	3.0	2.0	1.5	1.5	1.5	1.0
100	3.5	2.5	1.5	1.0	1.0	1.0	0.5

注 a) 5 HRB，5 HRF 及び 5 HRG を超える補正は適切ではないため，表に含めていない。

表 C.3－N スケールに対する補正値 [a)] [b)]

硬さ読取り値	測定部の曲率半径（mm）					
	1.6	3.2	5	6.5	9.5	12.5
20	(6.0) [c)]	3.0	2.0	1.5	1.5	1.5
25	(5.5) [c)]	3.0	2.0	1.5	1.5	1.0
30	(5.5) [c)]	3.0	2.0	1.5	1.0	1.0
35	(5.0) [c)]	2.5	2.0	1.5	1.0	1.0
40	(4.5) [c)]	2.5	1.5	1.5	1.0	1.0
45	(4.0) [c)]	2.0	1.5	1.0	1.0	1.0
50	(3.5) [c)]	2.0	1.5	1.0	1.0	1.0
55	(3.5) [c)]	2.0	1.5	1.0	0.5	0.5
60	3.0	1.5	1.0	1.0	0.5	0.5
65	2.5	1.5	1.0	0.5	0.5	0.5
70	2.0	1.0	1.0	0.5	0.5	0.5
75	1.5	1.0	0.5	0.5	0.5	0
80	1.0	0.5	0.5	0.5	0	0
85	0.5	0.5	0.5	0	0	0
90	0	0	0	0	0	0

注 [a)] 補正値は近似値で，表に記載した曲率をもつ試験面で実際に多数の結果を観察した値の平均（0.5 単位で最も近いロックウェルスーパーフィシャル硬さ値）を表にしている。

注 [b)] 凸状円筒面に対する試験の精度は，試験片昇降ねじ，V アンビル及び圧子がずれていたり，表面仕上げ及び円筒の真直度が不完全だったりすると，かなりの影響を受ける。

注 [c)] 括弧内の補正値は，受渡当事者間の合意のない限り適用しない。

表 C.4－T スケールに対する補正値 [a)] [b)]

硬さ読取り値	測定部の曲率半径（mm）						
	1.6	3.2	5	6.5	8	9.5	12.5
20	(13.0) [c)]	(9.0) [c)]	(6.0) [c)]	(4.5) [c)]	(3.5) [c)]	3.0	2.0
30	(11.5) [c)]	(7.5) [c)]	(5.0) [c)]	(4.0) [c)]	(3.5) [c)]	2.5	2.0
40	(10.0) [c)]	(6.5) [c)]	(4.5) [c)]	(3.5) [c)]	3.0	2.5	2.0
50	(8.5) [c)]	(5.5) [c)]	(4.0) [c)]	3.0	2.5	2.0	1.5
60	(6.5) [c)]	(4.5) [c)]	3.0	2.5	2.0	1.5	1.5
70	(5.0) [c)]	(3.5) [c)]	2.5	2.0	1.5	1.0	1.0
80	3.0	2.0	1.5	1.5	1.0	1.0	0.5
90	1.5	1.0	1.0	0.5	0.5	0.5	0.5

注 [a)] 補正値は近似値で，表に記載した曲率をもつ試験面で実際に多数の結果を観察した値の平均（0.5 単位で最も近いロックウェルスーパーフィシャル硬さ値）を表している。

注 [b)] 凸状円筒面に対する試験の精度は，試験片昇降ねじ，V アンビル及び圧子がずれていたり，表面仕上げ及び円筒の真直度が不完全だったりすると，かなりの影響を受ける。

注 [c)] 括弧内の補正値は，受渡当事者間の合意のない限り適用しない。

附属書 D
（規定）
球面のロックウェル C スケール硬さ値に対する補正

凸球面に対する試験については，**表 D.1** に規定する補正値を，硬さ読取り値に加える。

表 D.1－C スケールに対する補正値 Δ*H*

硬さ読取り値	球面の直径 *d* （mm）								
	4	6.5	8	9.5	11	12.5	15	20	25
55 HRC	6.4	3.9	3.2	2.7	2.3	2.0	1.7	1.3	1.0
60 HRC	5.8	3.6	2.9	2.4	2.1	1.8	1.5	1.2	0.9
65 HRC	5.2	3.2	2.6	2.2	1.9	1.7	1.4	1.0	0.8

ロックウェル C スケール硬さに対する補正値 Δ*H*（**表 D.1**）は，式(D.1)による。

$$\Delta H = 59 \times \frac{\left(1 - \dfrac{H}{160}\right)^2}{d} \quad \cdots\cdots\cdots (D.1)$$

ここで， *H* : ロックウェル C スケール硬さの読取り値
（補正前の値）

d : 球面の直径 （mm）

附属書 E
（規定）
試験機の日常点検

E.1　一般

　試験機は，使用する日ごとに使用予定の各硬さスケールで試験を行うことによって，日常点検を実施する。表 E.1 に規定された範囲の中から，JIS B 7730 の要求に適合する少なくとも一つの硬さ基準片を選ぶ。選ぶ硬さレベルは，試験する対象物に近いことが望ましい。試験には，基準片の校正された面だけを用いる。各基準片に少なくとも二つのくぼみをつけ，式(E.1)及び式(E.3)を用いて，偏り（bias）と繰返し性を求める。偏り及び繰返し性は，表 E.1 の許容差内であれば，試験機は，適合しているとみなしてよい。そうでない場合は，圧子，試験片支持装置及び試験機が良好な状態であることを検証し，試験を繰り返す。試験機が日常点検で不合格を続ける場合は，JIS B 7726 の箇条 7 （試験機の間接検証）に規定する間接検証を実施しなければならない。

　日常点検結果の記録は，一定の期間にわたって保持し，再現性の測定及び試験機のドリフト（drift）の監視に用いることが望ましい。

E.2　偏り

　個々の検証（particular verification conditions）において試験機の偏り b は，式(E.1)による。

$$b = \overline{H} - H_{CRM} \quad\cdots\cdots\cdots\cdots\cdots\cdots\cdots\cdots\cdots\cdots\cdots\cdots\cdots\cdots\cdots\cdots\cdots\cdots\cdots\cdots\cdots (E.1)$$

$$\text{ここで，} \quad \overline{H} : \quad \text{式(E.2)で得られる平均硬さ}$$
$$H_{CRM} : \quad \text{用いた基準片の認証硬さ}$$

平均硬さ $\overline{H}$ は，式(E.2)による。

$$\overline{H} = \frac{H_1 + \cdots + H_n}{n} \quad\cdots\cdots\cdots\cdots\cdots\cdots\cdots\cdots\cdots\cdots\cdots\cdots\cdots\cdots\cdots\cdots\cdots\cdots (E.2)$$

$$\text{ここで，} \quad H_1, \cdots, H_n : \quad \text{個々の測定硬さ}$$
$$n : \quad \text{くぼみの数}$$

E.3　繰返し性の範囲（repeatability range）

　個々の基準片に対する繰返し性の範囲を求めるために，測定した硬さを昇順に $H_1, \cdots, H_n$ として並べる。

　個々の検証において，試験機の繰返し性 r は，式(E.3)による。

$$r = H_n - H_1 \quad\cdots\cdots\cdots\cdots\cdots\cdots\cdots\cdots\cdots\cdots\cdots\cdots\cdots\cdots\cdots\cdots\cdots\cdots\cdots\cdots\cdots\cdots (E.3)$$

表 E.1−試験機の許容繰返し性範囲及び偏り

ロックウェル硬さ又は ロックウェルスーパー フィシャル硬さスケール	基準片の硬さ範囲	許容される偏りb ロックウェル単位	試験機の許容される 繰返し性範囲 $a)$
A	20 HRA 以上 75 HRA 以下 75 HRA 超え 95 HRA 以下	±2 HRA ±1.5 HRA	0.02(100−$\overline{H}$)又は 0.8 HRA $b)$以下
B $c)$	10 HRB 以上 45 HRB 以下 45 HRB 超え 80 HRB 以下 80 HRB 超え 100 HRB 以下	±4 HRB ±3 HRB ±2 HRB	0.04(130−$\overline{H}$)又は 1.2 HRB $b)$以下
C	10 HRC 以上 70 HRC 以下	±1.5 HRC	0.02(100−$\overline{H}$)又は 0.8 HRC $b)$以下
D	40 HRD 以上 70 HRD 以下 70 HRD 超え 77 HRD 以下	±2 HRD ±1.5 HRD	0.02(100−$\overline{H}$)又は 0.8 HRD $b)$以下
E $c)$	70 HRE 以上 90 HRE 以下 90 HRE 超え 100 HRE 以下	±2.5 HRE ±2 HRE	0.04(130−$\overline{H}$)又は 1.2 HRE $b)$以下
F $c)$	60 HRF 以上 90 HRF 以下 90 HRF 超え 100 HRF 以下	±3 HRF ±2 HRF	0.04(130−$\overline{H}$)又は 1.2 HRF $b)$以下
G $c)$	30 HRG 以上 50 HRG 以下 50 HRG 超え 75 HRG 以下 75 HRG 超え 94 HRG 以下	±6 HRG ±4.5 HRG ±3 HRG	0.04(130−$\overline{H}$)又は 1.2 HRG $b)$以下
H $c)$	80 HRH 以上 100 HRH 以下	±2 HRH	0.04(130−$\overline{H}$)又は 1.2 HRH $b)$以下
K $c)$	40 HRK 以上 60 HRK 以下 60 HRK 超え 80 HRK 以下 80 HRK 超え 100 HRK 以下	±4 HRK ±3 HRK ±2 HRK	0.04(130−$\overline{H}$)又は 1.2 HRK $b)$以下
15N, 30N, 45N	全範囲	±2 HRN	0.04(100−$\overline{H}$)又は 1.2 HRN $b)$以下
15T $c)$, 30T $c)$, 45T $c)$	全範囲	±3 HRT	0.06(100−$\overline{H}$)又は 2.4 HRT $b)$以下

注 $a)$　$\overline{H}$ は，平均硬さ
注 $b)$　いずれか大きい方
注 $c)$　他に規定がない場合，超硬合金球を用いる。

例1　低い硬さの HRC 基準片で，次の日常点検の結果を得た。

24.0 HRC 及び 25.2 HRC

式(E.2)によって $\overline{H}$ =24.6 HRC，及び式(E.3)によって r =1.2 HRC が，導き出される。

表 E.1 によって，HRC スケールに対して，許容される繰返し性の範囲は，HRC 24.6 では，0.02(100 −24.6)=1.51 HRC ロックウェル単位となる。これは，0.8 HRC ロックウェル単位より大きいので，この基準片に対する試験機の許容される繰返し性の範囲は，1.51 HRC ロックウェル単位となる。

r =1.2 HRC ロックウェル単位であるので，試験機の繰返し性は，合格である。

例2　高い硬さの HRC 基準片で，次の日常点検の結果を得た。

63.1 HRC 及び 63.9 HRC

式(E.2)によって $\overline{H}$ =63.5 HRC，及び式(E.3)によって r =0.8 HRC が導き出される。

表 E.1 によって，HRC スケールに対して許容される繰返し性の範囲は，HRC 63.5 では，0.02(100 −63.5)=0.73 HRC となる。これは，0.8 HRC より小さいので，この基準片に対する試験機の許容される繰返し性の範囲は，0.8 HRC となる。

r =0.8 HRC であるので，試験機の繰返し性は，合格である。

附属書 F
（規定）
ダイヤモンド圧子の検査

　最初は問題のなかった圧子でも，比較的短期間の使用後に使用できなくなる場合がある。これは，表面の小さなき裂，くぼみ又はその他のきずが原因となっている。このようなきずが見つかった場合には，研磨し直すことで再生できる場合が多い。しかし，いかなる小さなきずでも，見落としていると，急速に悪化して圧子が使えなくなる。したがって，使用開始時及び使用中にも頻繁に，適切な光学機器（顕微鏡，拡大鏡など）で，圧子の状態の確認を行う。

－　圧子にきずを見つけた場合，圧子の検証は無効とする。

－　研磨し直すなどして再生した圧子は，**JIS B 7726** の規定に従って，再検証しなければならない。

附属書 G
(参考)
測定した硬さ値の不確かさ

G.1 一般要求事項

　測定の不確かさの分析は，誤差の原因の特定及び試験結果の違いを理解するのに有用なツールである。この附属書は，不確かさの見積りに対するガイダンスを示すものであり，特に顧客の指示がない限り導き出された値は，参考である。ほとんどの製品規格は，製品の要求内容に基づいて長年開発してきた許容差をもっているだけでなく，一部は硬さ測定を行うのに用いた試験機の性能にも基づいている。このため，これらの許容差は，硬さの測定の不確かさの寄与を含んでおり，この不確かさによって，例えば，硬さ測定の見積もった不確かさだけ規定の許容差を小さくするような調整を行うことは不適切である。言い換えれば，製品規格にある材料の硬さが，ある値より高いか低いかを規定している場合，製品規格に特別な記載のない限り，計算された硬さ値が，この要求に適合しているかどうかだけを規定しているものとみなす。しかしながら，測定の不確かさによって，許容範囲を小さくすることが適切であるような特別な場合があるかもしれない。この場合，受渡当事者間の協定によってだけ，行うことが望ましい。

　この附属書に記載する不確かさの測定手順は，CRM に対する硬さ試験機の総合性能の不確かさだけを対象としている。これらの性能の不確かさは，全ての個別の不確かさに結合効果として反映される。このようなアプローチであるので，個々の試験機の部品が許容差内で機能していることが重要である。この手順を検証及び校正に適合させた後，最大でも，検証及び校正に合格後 1 年以内に適用することを強く推奨する。

　附属書 I は，硬さ基準を，定義し普及させるのに必要な計量の連鎖（metrological chain）として，四つの階層を示している。この連鎖は，国際相互比較を行う，各種の硬さ基準の国際的定義を用いる国際レベル（international level）から始まる。第二の階層である国家レベル（national level）の一次硬さ標準試験機（primary hardness standard machine）によって，一次硬さ基準片が得られ，この基準片によって，第三階層である校正レベルの硬さ校正試験機が定められる。この校正試験機によって，第四階層である使用者レベルの硬さ基準片が得られる。通常，これらの試験機の直接校正及び検証は，最も高い精度で行われることが望ましい。

G.2 一般手順

　この手順では，測定した硬さ値に付随する拡張不確かさ U を計算する。この計算には，**表 G.1** 及び**表 G.2** に，用いた記号の詳細とともに示した二つの異なる方法がある。どちらの方法も，多くの相関関係のない標準不確かさの要因を各項の二乗和の平方根（RSS）によって結合し，包含係数 $k=2$ を乗じる。一つの方法では，系統要因からの不確かさの寄与は，この値に算術的に加えられる。もう一方の方法は，この系統要因の成分を相殺するために試験結果を修正する方法である。

　注記　この不確かさの計算方法では，校正の後，無視できる程度のものであるとみなし，試験機の性能のドリフトを考慮していない。このことから，この計算のほとんどが，試験機の校正の後すぐに行い，結果は試験機校正の認証に含まれる。

G.3 試験機の偏り

硬さ試験機の偏り b（"誤差"とも表記される。）は，次の差から導き出され，不確かさの見積りに異なる手順（**G.4.2** 及び **G.4.3**）で適用することができる ［式(E.1)を参照］。

― 硬さ基準片の認証校正値

― 試験機の校正中に，硬さ基準片に打たれた 5 点のくぼみから求めた平均硬さ値

G.4 硬さ測定値に対する不確かさの計算手順

G.4.1 一般

硬さ測定の不確かさを求めるには，二つの方法がある。方法 M1 は，二つの異なる手法で硬さ試験機の系統偏りを考慮する。方法 M2 は，系統偏りの大きさを考慮することなく不確かさを求めることを許容している。

硬さの不確かさに関する追加情報は，参考文献[3]及び[4]を参照。

注記　この附属書では，記号 CRM は，認証標準物質を意味している。硬さ試験規格の中では，認証標準物質は，基準片と同等である。すなわち，認証値及び付随する不確かさをもつ材料片に相当する。

G.4.2 偏りを含んだ手順（方法 M1）

測定の不確かさを求める方法 M1 の手順を，**表 G.1** に示す。

硬さ試験機の測定の偏り b は，系統影響因子になり得る。**ISO/IEC Guide 98-3**[3]では，系統影響を相殺する補正を推奨しており，これが M1 の偏りである。この方法を用いることによって，求めた全ての硬さ値 x から偏り b だけ減じなければならず ［式(G.3)参照］，又は不確かさ u_{corr} に b を加えなければならない ［式(G.4)参照］。U_{corr} を求める手順は，**表 G.1** で説明している。参考文献[6], [7]を参照。

一つの測定した硬さに対する合成拡張不確かさ U_{corr} は，式(G.1)による。

$$U_{corr} = k \times \sqrt{u_{H}^2 + u_{ms}^2 + u_{HTM}^2} \quad \cdots\cdots\cdots\cdots\cdots\cdots\cdots\cdots\cdots (G.1)$$

ここで，
- u_H: 硬さ試験機の測定の繰返し性の不足による測定の不確かさ
- u_{ms}: 硬さ試験機の分解能による測定の不確かさ
- u_{HTM}: 硬さ試験機によって生じる偏り b の測定の標準不確かさによる測定の不確かさ ［この値は，**JIS B 7726** に規定する間接検証の結果として報告され，式(G.2)に従って定義される。］
- k: 包含係数

$$u_{HTM} = \sqrt{u_{CRM}^2 + u_{HCRM}^2 + u_{ms}^2} \quad \cdots\cdots\cdots\cdots\cdots\cdots\cdots\cdots\cdots (G.2)$$

ここで，
- u_{CRM}: 校正証明書に記載された CRM の認証値の校正不確かさ（$k=1$）による測定の不確かさ
- u_{HCRM}: 硬さ試験機の測定の繰返し性の不足及び CRM の硬さの不均一さの合成による測定の不確かさ
- u_{ms}: CRM 測定時の硬さ試験機の分解能による測定の不確かさ

測定の結果は，式(G.3)及び式(G.4)による。

$$X_{\text{corr}} = (x - b) \pm U_{\text{corr}} \quad\cdots\cdots\cdots\cdots\cdots\cdots\cdots\cdots\cdots\cdots\cdots\cdots\cdots \text{(G.3)}$$

ここで，　　　　　　X_{corr}：　偏りbで硬さ測定値を補正した場合の硬さ測定値

及び

$$X_{\text{ucorr}} = x \pm \left(U_{\text{corr}} + |b|\right) \quad\cdots\cdots\cdots\cdots\cdots\cdots\cdots\cdots\cdots\cdots\cdots\cdots \text{(G.4)}$$

ここで，　　　　　　X_{ucorr}：　不確かさに偏りbを加えた場合の硬さ測定値

これは，偏り（誤差）bを平均値の一部とみるか，又は不確かさの一部とみるかによる。

方法 M1 を用いる場合，採用したbの値に関連する不確かさの関与を RSS 項に追加するのが適切である可能性がある。これは，次の特殊な場合である。

- 測定した硬さが，試験機の校正時に用いた基準片の硬さレベルと明らかに異なる
- 試験機の偏り値が，校正した範囲全体で明らかに変化する
- 測定する材料が，試験機の校正時に用いた基準片の材料と異なる
- 硬さ試験機の毎日の性能（再現性）が，明らかに変化する

測定の不確かさへのこれらの追加の寄与の計算は，ここでは記載しない。いかなる状況下でも，b に付随する不確かさの見積りに対して，ロバストな方法が要求される。

G.4.3　偏りを除外した手順（方法 M2）

方法 M1 の代替法として，ある状況下で方法 M2 を用いてもよい。方法 M2 は，硬さ試験機の系統誤差の大きさを考慮せずに用いることのできる簡略化した方法である。ただし，方法 M2 は，通常，実際の測定の不確かさを過大に評価する。

U を求める手順を，**表 G.2** に示す。

方法 M2 は，偏りの最大許容範囲への適合性を判断する際に，偏りbの値だけでなく，試験機の拡張不確かさを含んだ最大偏差 $\Delta H_{\text{HTMmax}} = |b| + U_{\text{HTM}}$ の値を用いる **JIS B 7726** に従った間接検証に合格した硬さ試験機に対してだけ有効である。

方法 M2 では，偏り（誤差）の限度（**JIS B 7726** で規定するように，試験機の読みの基準片の値からの許される差異の正の量）は，不確かさの一成分 b_{E} を定義するために用いる。偏りの限度によって，硬さ値は補正しない。

一つの硬さ測定に対する合成拡張不確かさ U は，式(G.5)による。

$$U = k \times \sqrt{u_{\text{H}}^2 + u_{\text{ms}}^2} + b_{\text{E}} \quad\cdots\cdots\cdots\cdots\cdots\cdots\cdots\cdots\cdots\cdots\cdots\cdots \text{(G.5)}$$

ここで，　　　　　u_{H}：　硬さ試験機の測定の繰返し性の不足による測定の不確かさ
　　　　　　　　　u_{ms}：　硬さ試験機の分解能による測定の不確かさ
　　　　　　　　　b_{E}：　**JIS B 7726** に規定する偏りの最大許容偏差
　　　　　　　　　k：　包合係数

測定の結果 X は，式(G.6)による。

$$X = x \pm U \quad\text{(G.6)}$$

G.5　測定結果の表し方

測定結果を報告する場合，不確かさを見積もるために用いた方法（M1 又は M2）も記載することが望ましい。

例　一台の硬さ試験機で，一つの試験片にロックウェル C スケール硬さ x を 1 点測定する。

単独硬さ測定値，x：　　　　　　　　$x = 60.5$ HRC

硬さ試験機の分解能，δ_{ms}：　　　　$\delta_{ms} = 0.1$ HRC

試験機の直前の間接検証で，$\overline{x}_{CRM} = 62.82$ HRC の CRM を用いて，偏りの不確かさ U_{HTM} をもつ測定の偏り b を求めた。CRM の硬さは，間接検証で用いた CRM の硬さの中で最も近いものであった。

試験機の測定の偏り，b：　　　　　　$b = -0.72$ HRC

試験機の測定の偏りの不確かさ，U_{HTM}：　$U_{HTM} = 0.66$ HRC

試験機の繰返し性の不足を求めるために，試験室は，試験片と同等の硬さをもつ CRM に HRC で 5 点測定を行う。5 点の測定は，基準片の不均一さの影響を減少するために，間隔の要求を守り，お互いに隣接させる。

測定値 5 点，H_i：　　　　　　　　61.7 HRC, 61.9 HRC, 62.0 HRC, 62.1 HRC, 62.1 HRC

平均測定値，$\overline{H}$：　　　　　　　$\overline{H} = 61.96$ HRC

測定値の標準偏差，s_H：　　　　　　$s_H = 0.17$ HRC

ここで，

$$\overline{H} = \frac{\sum_{i=1}^{n} H_i}{n} \quad\text{(G.7)}$$

及び

$$s_H = \sqrt{\frac{1}{n-1} \sum_{i=1}^{n} \left(H_i - \overline{H}\right)^2} \quad\text{(G.8)}$$

ここで，　$n = 5$

JIS B 7726 に従った直前の間接検証の測定を基にした s_H の値を，上記の繰返し試験を行う代わりに用いてもよい。ただし，標準偏差は，CRM の不均一さも含んでいるので，通常，繰返し性不足の不確かさ成分を過大評価する。

表 G.1－方法 M1 に従った測定結果の求め方

段階	不確かさの要素	記号	式	説明，出典，証明など	例 [..]＝HRC
1	間接検証から求めた硬さ試験機の偏りの値 b 及び偏りの不確かさ U_{HTM}	b U_{HTM} u_{HTM}	$u_{HTM} = \dfrac{U_{HTM}}{2}$	$\bar{x}_{CRM} = 62.82$ HRC の CRM を用いた間接検証の報告による b [a] 及び U_{HTM}	$b = -0.72$ HRC $U_{HTM} = 0.66$ HRC $u_{HTM} = \dfrac{0.66}{2}$ HRC $= 0.33$ HRC
2	繰返し性の標準偏差	s_H	$s_H = \sqrt{\dfrac{1}{n-1} \sum_{i=1}^{n}(H_i - \bar{H})^2}$	試験片と同等の硬さをもつ CRM に試験室によって五つの測定 [b] を行う	$s_H = 0.17$ HRC
3	繰返し性の不足による標準不確かさ	u_H	$u_H = t \times s_H$ [c]	$n = 5$ に対し $t = 1.14$ (**ISO/IEC Guide 98-3，G.3 及び表 G.2 参照**)	$u_H = (1.14 \times 0.17)$ HRC $= 0.19$ HRC
4	表示器の硬さ値の分解能による標準不確かさ	u_{ms}	$u_{ms} = \dfrac{\delta_{ms}}{2\sqrt{3}}$	$\delta_{ms} = 0.1$ HRC	$u_{ms} = \dfrac{0.1}{2\sqrt{3}} = 0.03$ HRC
5	補正した拡張不確かさの決定	U_{corr}	$U_{corr} = k \times \sqrt{u_H^2 + u_{ms}^2 + u_{HTM}^2}$	ステップ 1，3 及び 4 $k = 2$	$U_{corr} = 2 \times \sqrt{0.19^2 + 0.03^2 + 0.33^2}$ $U_{corr} = 0.76$ HRC
6	硬さを修正した測定結果	X_{corr}	$X_{corr} = (x - b) \pm U_{corr}$	ステップ 1 及び 5	$x = 60.5$ HRC $X_{corr} = (61.2 \pm 0.8)$ HRC
7	修正不確かさをもつ測定結果	X_{ucorr}	$X_{ucorr} = x \pm (U_{corr} + |b|)$	ステップ 1 及び 5	$x = 60.5$ HRC $X_{ucorr} = (60.5 \pm 1.5)$ HRC

注[a] $0.8 b_E < b < 1.0 b_E$ の場合，CRM と試験片との硬さの関係を考慮することが望ましい。

注[b] 基準片の不均一さを減らすために，測定は，間隔の要求を遵守しつつ互いに近い位置で行う。JIS B 7726 に従った直前の間接検証の測定を基にした s_H の値を用いてもよい。しかし，CRM の不均一さを含むため，繰返し性の不足による不確かさ成分は，通常，過大評価になる。

注[c] 一つの硬さ測定でなく，試験片への複数の硬さ測定の平均を報告する場合には，ステップ 3 の s_H の値は，試験片の複数の硬さ測定の標準偏差を硬さ測定の数 n の平方根によって除し，測定数 n に適切な t を用いた値（$u_H = t \times s_H / \sqrt{n}$）に置き換えることが望ましい。計算された不確かさ成分 u_H は，試験片の不均一さも織り込んだ値となる。

段階	不確かさの要素	記号	式	説明，出典，証明など	例 [..] ＝HRC
1	最大許容誤差（試験機の偏りの許容範囲）による拡張不確かさ	b_E	$b_E＝$許容される偏りの最大の正の値	**JIS B 7726** の**表 3**（試験機のかたより及び繰返し性の許容値）によって許容される偏り b	$b＝1.50$ HRC
2	繰返し性測定の標準偏差	s_H	$s_H＝\sqrt{\dfrac{1}{n-1}\sum_{i=1}^{n}(H_i-\overline{H})^2}$	試験片と同等の硬さをもつ CRM に試験室で行われた 5 点の測定	$s_H＝0.17$ HRC
3	繰返し性の不足による標準不確かさ	u_H	$u_H＝t \times s_H$	$t＝1.14$　$n＝5$ （**ISO/IEC Guide 98-3**，**G.3** 及び**表 G.2** 参照）	$u_H＝1.14 \times 0.17＝0.19$ HRC
4	硬さ値の表示器の分解能による標準不確かさ	u_{ms}	$u_{ms}＝\dfrac{\delta_{ms}}{2\sqrt{3}}$	$\delta_{ms}＝0.1$ HRC	$u_{ms}＝\dfrac{0.1}{2\sqrt{3}}＝0.03$ HRC
5	拡張不確かさの計算	U	$U＝k \times \sqrt{u_H^2＋u_{ms}^2}＋b_E$	ステップ 1，3，及び 4 $k＝2$	$U＝2 \times \sqrt{0.19^2＋0.03^2}＋1.50$ $U＝1.88$ HRC
6	測定の結果	X	$X＝x \pm U$		$x＝60.5$ HRC $X＝(60.5 \pm 1.9)$HRC

JIS B 7726 に従った直前の間接検証の測定を基にした s_H の値を用いてもよい，しかし，CRM の不均一さを含むため，繰返し性の不足の不確かさ成分は，通常，過大評価になる。一つの硬さ測定でなく，試験片への複数の硬さ測定の平均が報告される場合には，ステップ 3 の s_H の値は，試験片の複数の硬さ測定の標準偏差を硬さ測定の数 n の平方根によって除し，測定数 n に適切な t を用いた値（$u_H＝t \times s_H/\sqrt{n}$）に置き換えることが望ましい。計算された不確かさ成分 u_H は，試験片の不均一さも織り込んだものとなる。

附属書 H
(参考)
CCM－硬さワーキンググループ

1999 年第 88 回国際度量衡委員会（CIPM）において，質量関連量諮問委員会（CCM）委員長は，"硬さの定義は，独自に選択した式を用いるという意味で，確かに慣用的なものである。しかし，その試験方法は，SI 単位によって表される物理的な数値の組合せで定義されている。硬さの基準は，ほとんどが国家計量標準機関（NMI）で確立され維持されており，その基準へのトレーサビリティは，産業界及びその他の業界から強く要求されている。"と述べた。引き続く議論で，硬さの基準は，相互承認協定（MRA）のために国際基幹比較データベース（KCDB）に含まれることが望ましいという結論になり，CCM の枠組みの中で，硬さワーキンググループ（CCM-WGH）が設立された。

CCM-WGH の設立によって，最上位の国家レベルにおける，測定の差異を少なくするための技術外交的な枠組みが提供された。この枠組みの中で，硬さに影響するパラメータについて検討し，NMI が用いる硬さ試験の国際的な定義を確立することが可能となった。国際的な合意が必要であるので，CCM-WGH は，硬さの適切な普及を着実に行うために，**ISO/TC164**（金属の機械試験）**/SC3**（硬さ試験）との密接な連携を保っている。CCM-WGH での定義の最も意味ある改善点は，硬さ試験のパラメータが，この試験方法で規定されているような許容値ではなく，特定の値を規定したことである。この規格では，可能な場合，CCM-WGH が定めた硬さ試験のパラメータを適用している。

CCM-WGH の情報は，https://www.bipm.org で公開されている。

附属書 I
(参考)
ロックウェル硬さ測定のトレーサビリティ

I.1 トレーサビリティの定義

ロックウェル硬さ測定のトレーサビリティは，長さ又は温度などのような多くの他の測定量と比較すると異なっている。その理由は，もともとビッカース硬さ測定などが，試験機を用いて，定められた試験手順に従って，試験中に力，長さ，時間などの異なる複数のパラメータを測定しているからである。それぞれの測定は，他の試験のパラメータと同様に，硬さ結果に影響を及ぼす。

国際計量用語集（VIM3）[10]は，計量トレーサビリティを，"個々の校正が測定不確かさに寄与する，文書化された切れ目のない校正の連鎖を通じて，測定結果を計量参照に関連付けることができる測定結果の性質"と定義している。

この定義から，トレーサビリティをもつためには，測定の結果に対して，次の二つのことが必要となる。

a) 測定の不確かさに寄与する切れ目のない校正の連鎖

b) トレーサビリティが明らかな基準片

これらが，計量トレーサビリティの連鎖を決める。

I.2 校正の連鎖

JIS B 7726 は，試験機がこの規格に従って用いるのに適切であることを実証するために要求される校正及び検証の手順を規定している。校正手順には，基準片の硬さ範囲の硬さ測定と同様に，試験機の性能に影響する種々の構成要素，すなわち，試験力，圧子形状及び深さ測定装置の直接測定を含む。これらの個々の校正のための測定には，試験機が試験機の検証に合格するために，結果が示さなければならない許容限界がある。歴史的に，試験機の構成要素の校正及び検証は，試験機の直接検証と呼ばれ，基準片の測定による試験機の校正及び検証は，間接検証と呼ばれている。

JIS B 7730 は，試験機の間接検証に用いる基準片の校正に要求される手順，並びにこれらの基準片を校正するのに用いる試験機に要求される校正及び検証の手順の両方を規定している。

試験機に測定のトレーサビリティの条件となる"切れ目のない校正の連鎖"を考慮すると，これは直接検証又は間接検証手順のいずれかによって成立していることは明白である。

直接検証では，試験機の個々の構成要素について，それぞれの測定が校正連鎖を経由して，国家計量標準機関（NMI）に認められた国際単位系（SI）にトレーサビリティをもつことが要求されている。これらの校正の連鎖は，図 I.1 の右側に図示されている。また，これらの校正の連鎖は，試験機のトレーサビリティを形成する。

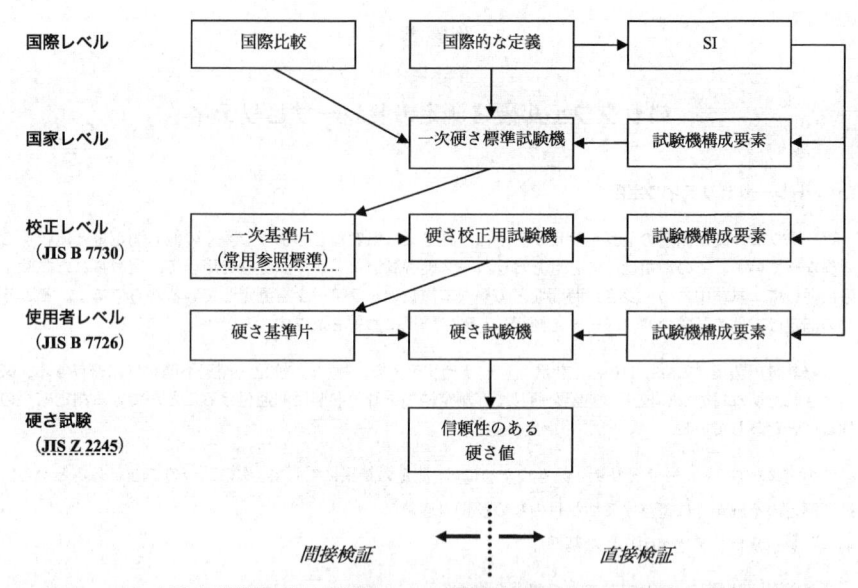

注記　この図の左側は，基準片の校正及び付随するロックウェル硬さ試験機の間接検証を含む校正の階層（すなわち，国家，校正及び使用者）の各々のレベルに対する，一つの校正の連鎖を通して作られるトレーサビリティを示している。一次硬さ標準試験機（国家レベル）は，硬さ校正試験機（校正レベル）の校正に用いる一次硬さ基準片［常用参照標準（試験片）］を校正する。硬さ校正試験機は，最終的に硬さ試験機（使用者レベル）を校正するのに用いる硬さ基準片を校正する。

図 I.1－校正の連鎖

I.3　ロックウェル硬さ基準

　トレーサビリティを実現するための他の要求事項は，トレーサビリティを実証するための基準である。ロックウェル硬さは，材料の基礎的な性能ではなく，規定された試験方法によって決まる順序量（ordinal quantity）である。理想的には，ロックウェル硬さの最上位の基準は，全ての試験パラメータの値を含む，この方法の国際的に合意された方法として定義することが望ましい。硬さのトレーサビリティは，この定義を試験所が完全に満たすか，又は定義を実際に具現することであり，その具現の正しさは，試験所の測定不確かさに反映され，国際比較によって確認される。国際的に合意された定義は，硬さに対する CCM のワーキンググループ（CCM-WGH）（附属書 H 参照。）で作成され，ロックウェル硬さを標準化する NMI によって実行される。現時点で，CCM-WGH は，ロックウェル硬さに対する基準をまだ作成していないので，定義されていないスケールに対しては，最上位の基準は，通常，独自に選択した試験の定義を基にロックウェルスケールをそれぞれの NMI が作成したものである。

I.4　実用上の問題

　図 I.1 の二つの校正連鎖のトレーサビリティ（左側及び右側）のうちのどちらかが，理論的に適切なロックウェル硬さ基準へのトレーサビリティを提供することが可能である。しかし，この二つに考慮しなけ

ればならない実用上の問題がある。**図 I.1** の右側に示される直接検証の連鎖では，測定の硬さ値に影響するかもしれない全てのパラメータを特定し，測定し，必要な場合補正することは非常に困難である。試験機が直接検証に合格したとしても，明らかに影響を及ぼすパラメータが一つでも管理できていない場合，又は特定できていない場合には，トレーサビリティとはみなさない。このようなケースはしばしば起こり，校正の下位の階層で問題となる。

図 I.1 の左側に示す間接検証の校正の連鎖にも，考慮すべき実用上の問題がある。硬さ試験中にそれぞれ測定を行う複数の構成要素をもつ試験機を用いる結果として，一つの構成要素の測定の誤差が，他の構成要素の測定の誤差によって相殺されることがある。この場合，間接検証中に試験する特定の硬さレベル及び材料に対する正確な硬さ測定を示すことがある。しかし，他の硬さレベル又は材料の場合には，測定誤差が大きくなる可能性がある。試験機の個々の部品の誤差が大きい場合には，トレーサビリティは保証されない可能性がある。

I.5　ロックウェル硬さ測定のトレーサビリティ

I.5.1　一般

I.4 の問題は，両タイプのトレーサビリティが，通常，ロックウェル硬さ測定のトレーサビリティを実現するために必要であることを示唆している。これは，測定プロセスの注意深い調査・評価を行えば，トレーサビリティが二つの連鎖のうちの一つだけを基に実現できる可能性がある。例えば，国家レベルで，NMI のロックウェル硬さ一次標準試験機のトレーサビリティは，更に上位の認められた硬さ標準がないので，直接検証の校正の連鎖によって実現される。NMI は，一般的に，その測定システムの全てを評価することができ，不確かさのレベルは，他国の NMI と国際的に比較できるので，この連鎖によるトレーサビリティが可能となる。その一方，ロックウェル硬さ測定の何十年にもわたる経験で，校正の下位の階層に対しては，トレーサビリティを確保し，不確かさを求める上では，間接検証の連鎖が最も実用的とされている。しかし，個々の試験機部品の量的な値の適切なトレーサビリティも重要である。このトレーサビリティのスキームによって，工業的なロックウェル硬さの測定に対しては適切であることが証明されている。

I.5.2　校正レベルのトレーサビリティ

校正レベルの測定のトレーサビリティは，国家レベル（NMI）で校正された一次基準片（常用参照標準）を用いる間接検証の校正の連鎖によって，最も適切に確立される。これは，測定の不確かさを求めるのに用いることが望ましい連鎖でもある。しかし，同時に，校正試験機の構成要素を相殺する誤差が小さいことを確認するために，頻繁に校正することが望ましい。硬さのトレーサビリティは，ロックウェルスケールの CCM-WGH の定義を NMI が具現化することが望ましい。CCM-WGH の定義がない場合には，NMI が独自に選んだ定義を NMI が具現化することが望ましい。NMI が校正した基準片を提供できないか，又は校正試験機との比較測定を行わず，他の NMI の基準片を用いることも現実的でない場合には，トレーサビリティが実証された基準には，国際的な試験方法，すなわち，この規格による規定に基づいて，ロックウェルスケール定義を校正試験所が具現化することが必要となる可能性がある。この場合，校正試験所の測定のトレーサビリティは，合意した基準片標準（consensus reference block standards）を用いた間接検証の連鎖，又は相互比較によって確認された直接検証の連鎖としてもよい。

I.5.3　使用者レベルのトレーサビリティ

使用者レベルの測定のトレーサビリティは，校正レベル又は国家レベルで校正された基準片を用いた間接検証の校正の連鎖によって，最も適切に確立される。校正レベルのトレーサビリティと同様に，これは最も実用的であり，測定の不確かさを求めるために用いることが望ましい。硬さ試験機の構成要素に対し

て，相殺された誤差が大きくないことを確認するために直接検証を定期的に行うことも望ましい。しかし，これらの測定は，この規格の最低限の要求である，硬さ試験機の製造又は修理時にだけ行うのが産業界の典型的な実態である。

注記　この附属書で用いた次の用語は，VIM3[10]に従うものである：校正（calibration），校正の階層（calibration hierarchy），計量計測トレーサビリティ（metrological traceability），計量トレーサビリティ連鎖（metrological traceability chain），順序量（ordinal quantity）及び検証（verification）

参考文献

[1] **ISO 3738-1**, Hardmetals－Rockwell hardness test (scale A)－Part 1: Test method

[2] **ISO 4498**, Sintered metal materials, excluding hardmetals－Determination of apparent hardness and microhardness

[3] **ISO/IEC Guide 98-3**, Uncertainty of measurement－Part 3: Guide to the expression of uncertainty in measurement (GUM:1995)

[4] Calibration Guide EURAMET CG-16, Guidelines on the Estimation of Uncertainty in Hardness Measurements, 2007 [http://www.euramet.org]

[5] Gabauer W., Manual of Codes of Practice for the Determination of Uncertainties in Mechanical Tests on Metallic Materials, The Estimation of Uncertainties in Hardness Measurements, Project, No. SMT4-CT97-2165, UNCERT COP 14: 2000

[6] Gabauer W., Binder O., Abschätzung der Messunsicherheit in der Härteprüfung unter Verwendung der indirekten Kalibriermethode, DVM Werkstoffprüfung, Tagungsband 2000, pp. 255–261

[7] Polzin T., Schwenk D., Method for uncertainty determination of hardness testing; PC file for the determination, Materialprüfung, 44 (2002) 3, pp. 64–71

[8] Iizuka K., Worldwide Activities Around Hardness Measurement－Activities in CCM/CIPM, IMEKO/TC5, OIML/TC10 and ISO/TC164 in Proceedings HARDMEKO 2007, Tsukuba, Japan, 2007, 1-4

[9] Seton Bennett and Joaquin Valdés, 2010 Metrologia 47, number 2, Materials metrology, doi:10.1088/0026-1394/47/2/E01

[10] VIM, International vocabulary of metrology－Basic and general concepts and associated terms, VIM, 3rd edition, JCGM 200:2008 available via http://www.bipm.org/en/publications/guides/vim.html

[11] **ASTM E18**, Standard Test Methods for Rockwell Hardness of Metallic Materials

[12] **ISO 18265**, Metallic materials－Conversion of hardness values

附属書 JA
(参考)
JIS と対応国際規格との対比表

JIS Z 2245		ISO 6508-1:2016，(MOD)		
a) JIS の箇条番号	**b)** 対応国際規格の対応する箇条番号	**c)** 箇条ごとの評価	**d)** JIS と対応国際規格との技術的差異の内容及び理由	**e)** JIS と対応国際規格との技術的差異に対する今後の対策
3		追加	JIS では，"用語及び定義"の箇条を追加した。	ISO への提案を検討する。
4	3	追加	JIS では，名称として"ロックウェルスーパーフィシャル硬さ"を追加した。	技術的差異は軽微である。
5	4	追加	JIS では，他に規定がなければ，超硬合金球圧子を適用を規定し，鋼球圧子の適用も許容した。	技術的差異は軽微である。
6	5	変更	ダイヤモンド圧子の識別について，全ての圧子の確認がとれないため，推奨事項とした。	技術的差異は軽微である。
10	9	追加	内容の明確化のため，"及びその補正値"を追加した。	技術的差異は軽微である。
附属書 A	Annex A	追加	JIS では，ダイヤモンドアンビルとの組合せに対して，超硬合金球圧子の適用も認めている。	ISO への提案を検討する。
		追加	JIS では，鋼球又は超硬合金球圧子の適用は，製品規格又は受渡当事者間の協定によることとし，これがない場合は，鋼球圧子を適用することにした。	ISO への提案を検討する。
附属書 B	Annex B	変更	JIS では，試験片の最小厚さ算出式を追加した。	技術的差異は軽微である。
附属書 E	Annex E	追加	JIS では，他に規定がなければ，超硬球圧子を適用を規定し，鋼球圧子の適用も許容した。	技術的差異は軽微である。

注記1 箇条ごとの評価欄の用語の意味を，次に示す。
－ 追加：対応国際規格にない規定項目又は規定内容を追加している。
－ 変更：対応国際規格の規定内容又は構成を変更している。
注記2 JIS と対応国際規格との対応の程度の全体評価の記号の意味を，次に示す。
－ MOD：対応国際規格を修正している。

ショア硬さ試験―試験方法
Shore hardness test―Test method

JIS (1956, 69, 75, 81, 92, 00) 改正
JIS (1952) 制定
JIS B 7776

1 適用範囲

この規格は，主に金属材料に適用するショア硬さ試験方法について規定する。適用する硬さの範囲は，5 HS〜105 HS とする。

2 引用規格

次に掲げる引用規格は，この規格に引用されることによって，その一部又は全部がこの規格の要求事項を構成している。これらの引用規格は，その最新版（追補を含む。）を適用する。

JIS B 0601 製品の幾何特性仕様（GPS）－表面性状：輪郭曲線方式－用語，定義及び表面性状パラメータ

JIS B 7727 ショア硬さ試験－試験機の検証

JIS B 7731 ショア硬さ試験－基準片の校正

JIS Z 8401 数値の丸め方

3 用語及び定義

この規格には，定義する用語はない。

4 原理

ショア硬さは，ダイヤモンドハンマ（以下，ハンマという。）を一定の高さから落下させ，その跳ね上がり高さに比例する値として求める。

注記 ショア硬さ試験機と類似した測定方法である速度比検出式試験機による試験方法が知られている（**附属書 A** 参照）。

5 記号及び内容

記号及び内容は，**表 1** による。

表1−記号及び内容

記号	内容
HS	ショア硬さ（硬さ記号）HS $= k \cdot \dfrac{h}{h_0}$
h	ハンマの跳ね上がり高さ
h_0	ハンマの落下高さ
k	跳ね上がり高さ比（h/h_0）をショア硬さに変換する係数。試験機の計測筒の形式によって異なる。k の値は，C 形試験機（目測形試験機）の場合，10 000/65，D 形試験機（指示形試験機）の場合，140 とする［**JIS B 7727 の附属書1表1**（計測筒の仕様）参照］。
HSC	C 形試験機によるショア硬さ
HSD	D 形試験機によるショア硬さ
VHS	ビッカース硬さからの換算ショア硬さ。換算式は **JIS B 7731** による。

6 試験機

試験機は，**JIS B 7727** による。

7 試験片

試験片は，次による。

a) 試験片の試験面は，平面とする。試験面が曲面の場合は，その適用は，受渡当事者間の協定による。

b) 試験片の質量は，0.1 kg 以上で，なるべく大きくする。

c) 試験片の厚さは，硬さの測定に，試料受台の硬さが影響しない厚さとする。

d) 試験面の表面粗さは，**JIS B 0601** によって，50 HS 未満の試験片では 1.6 µmRa 以下，50 HS 以上の試験片では 0.8 µmRa 以下にすることが望ましい。

8 試験

試験は，次による。

試験機のハンマのから打ち，試料受台へ直接打撃，計測筒の目盛部を下方にした持ち運びなどは，試験機の性能に悪い影響を与えるので避ける。

a) 一般に，試験は，10 ℃〜35 ℃の温度範囲内で行う。厳格に管理された条件下での試験が要求される場合は，(23±5) ℃とする。

b) 試験に先立って，試験する試験片の硬さに近い硬さ基準片を用いて，試験機に異常のないことを確認する。硬さ基準片は，**JIS B 7731** による。

c) 試験は，試験片を機枠の試料受台に置いて行う。ただし，試験片の形状，寸法などによっては，計測筒を機枠から取り外して，計測筒を手持ち又は特殊な支持台に取り付けて行ってもよい。

　計測筒を手持ち又は特殊な支持台に取り付けて測定する場合には，計測筒の姿勢が，鉛直になるように注意する。

d) 硬さを測定するとき，試験片を試料受台に押し付ける力は，約 200 N とする。ただし，試験片の質量が 20 kg 以上で，計測筒を手持ち又は特殊な支持台に取り付けて測定する場合には，計測筒を試験片

に押し付ける力は，測定筒が安定する程度の力でよい。

e) 試験機の操作は，注意深く行う。特に，D 形試験機における操作輪の操作は，操作開始からハンマの落下までの時間を約 1 s とし，その戻し操作は，緩やかに行う。C 形試験機においては，測定者は，瞬間的なハンマの最高位置の読取りを習熟する必要がある。

f) 硬さを測定する位置は，試験片の縁から約 4 mm 以上，くぼみ［打こん（痕）］相互の中心の距離は 1 mm 以上とする。

9 硬さ値の算出

ショア硬さの算出は，次による。

a) ショア硬さの各測定値は，少なくとも 0.5 HS まで読み取る。

b) 試験片のショア硬さは，連続して測定した 5 点の平均値とする。測定上の誤りと認められる測定値は，測定を無効とし，その試験をやり直して，測定値を置き換える。

c) 平均値は，JIS Z 8401 の規則 A によって，整数に丸める。

10 硬さの表示

ショア硬さの表示は，次による。

a) ショア硬さの表示は，硬さ値，硬さ記号の順に行う。

なお，試験機の形式（C 形試験機又は D 形試験機）に対応する記号を示す必要のないときは，硬さ記号を，HS としてもよい。

例 1 C 形試験機で測定したショア硬さが，32 のとき：32 HSC 又は 32 HS

例 2 D 形試験機で測定したショア硬さが，54 のとき：54 HSD 又は 54 HS

b) 硬さ記号 HS，HSC，HSD 及び VHS の異なる硬さ記号間の値に対して，差の計算及び補正を行ってもよい。その場合，差及び補正値に対する硬さ記号は，HS としてもよい。

差の計算及び補正は，受渡当事者間の協定によって実施することが望ましい。また，差の計算及び補正が実施されたことが識別できることが望ましい。

11 測定結果の不確かさ

不確かさの評価は，ISO/IEC Guide 98-3 に従って，硬さ基準片を用いた間接検証に基づく方法によって行うことが望ましい。

注記 JIS B 7727 の附属書 1 の備考では，"ショア硬さ試験機を直接検証しても，試験機の硬さ指示値の不確かさの有効な評価に結びつかない。"と記載している。

測定結果の不確かさは，測定値の合否判定に組み合わせてはならない。

12 試験報告書

試験報告書が必要な場合には，報告する事項は，次のうちから受渡当事者間の協定によって選択する。

a) この規格によって試験した表示

b) 試験片の識別に必要な情報

c) 得られた結果

d) 受渡当事者間の協定によって実施した事項

e) 結果に影響を及ぼしたかもしれない出来事があれば，その詳細

f) 試験温度（10 ℃〜35 ℃でない場合）

g) 計測筒の支持条件（手持ち測定又は支持台測定の表示）

附属書 A
(参考)
速度比検出式試験機による試験方法

A.1 一般

この附属書は，ショア硬さ試験機と類似した測定方法である速度比検出式試験機による試験方法について記載する。

A.2 硬さ測定方法

試験片にハンマを衝突させ，衝突前後のハンマの速度比によって硬さを求める。速度比は，電気的に検出し，実験式によって，速度比をショア硬さに変換する。

$$HSE = f(r_v) \quad \cdots\cdots\cdots\cdots\cdots\cdots\cdots\cdots\cdots\cdots\cdots\cdots\cdots\cdots\cdots\cdots\cdots\cdots\cdots\cdots\cdots (A.1)$$

$$r_v = \frac{v}{v_0} \quad \cdots\cdots\cdots\cdots\cdots\cdots\cdots\cdots\cdots\cdots\cdots\cdots\cdots\cdots\cdots\cdots\cdots\cdots\cdots\cdots (A.2)$$

ここで，　HSE：　ハンマの速度比から求める見掛け上のショア硬さ及びその硬さ記号
　　　　　　$f(r_v)$：　速度比 r_v による実験式
　　　　　　r_v：　速度比
　　　　　　v：　反発速度
　　　　　　v_0：　打撃速度

A.3 試験機

試験機は，**JIS B 7727** の**附属書 2**（参考）（速度比検出式試験機の検証方法）によって検証する。

A.4 試験

試験は，**箇条 8** によって行う。ただし，速度比検出式試験機による試験に適用することが困難な条件は，除外する。

A.5 硬さの表示

速度比検出式試験機によって求めた見掛け上のショア硬さの表示は，硬さ値，硬さ記号の順に行う。

なお，硬さ記号 HSE は，省略して HS とはしない。

例　硬さ値が 70 のとき：70 HSE

参考文献

[1] **ISO/IEC Guide 98-3**，Uncertainty of measurement − Part 3: Guide to the expression of uncertainty in measurement (GUM:1995)

JIS Z 2247
(2022)

エリクセン試験方法
Method of Erichsen cupping test

⌈JIS （1977, 93, 98, 06） 改正
⌊JIS 　　（1970）　　 制定

序文

この規格は，2013 年に第 2 版として発行された **ISO 20482** を基とし，技術的内容を変更して作成した日本産業規格である。

なお，この規格で点線の下線を施してある箇所は，対応国際規格を変更している事項である。技術的差異の一覧表にその説明を付けて，**附属書 JA** に示す。

1　適用範囲

この規格は，通常，厚さ 0.1 mm 以上 2 mm 以下，幅 90 mm 以上の金属薄板を標準試験片とし，その張出し加工時の塑性変形特性を試験する方法について規定する。

表 2 に示す標準試験片より厚い，又は狭い試験片に適用することが可能である。

注記　この規格の対応国際規格及びその対応の程度を表す記号を，次に示す。

ISO 20482:2013, Metallic materials － Sheet and strip － Erichsen cupping test（MOD）

なお，対応の程度を表す記号 "MOD" は，**ISO/IEC Guide 21-1** に基づき，"修正している" ことを示す。

2　引用規格

次に掲げる引用規格は，この規格に引用されることによって，その一部又は全部がこの規格の要求事項を構成している。これらの引用規格は，その最新版（追補を含む。）を適用する。

JIS B 7729　エリクセン試験機

JIS Z 8401　数値の丸め方

3　用語及び定義

この規格で用いる主な用語及び定義は，次による。

3.1
貫通割れ（through crack）
割れの長手方向に光が通過するのに十分な広がりをもつ試験片の全厚みを貫通する割れ

4 記号及びその内容

記号及びその内容を，**図1**及び**表1**に示す。

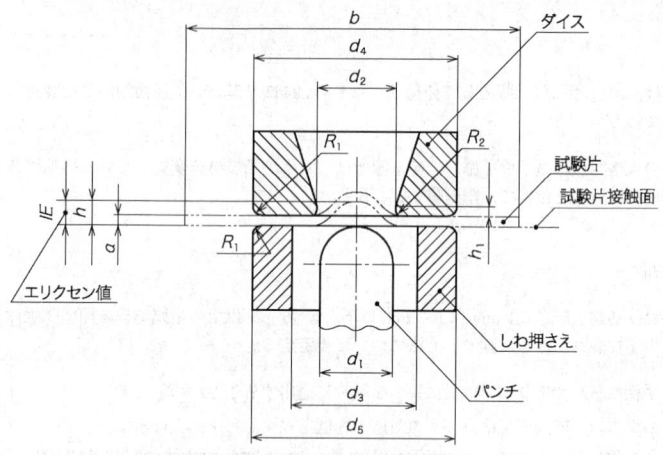

図1－試験工具及び試験片

表1－記号及びその内容

記号	内容
a	試験片の厚さ
b	試験片の幅又は直径
d_1	パンチ先端の球直径
d_2	ダイスの内径
d_3	しわ押さえの内径
d_4	ダイスの外径
d_5	しわ押さえの外径
R_1	ダイスの外側角の丸み半径及びしわ押さえの外側角の丸み半径
R_2	ダイスの内側角の丸み半径
h_1	ダイスの内側円筒部長さ
h	押込み深さ

5 原理

しわ押さえとダイスとの間に締め付けた試験片に対して，球形の端部をもったパンチを押し込むことによって，貫通割れが発生するまで，くぼみを成形する。パンチの移動距離が，測定する押込み深さを示し，試験の結果（エリクセン値）となる。

6 試験機

試験機は，**JIS B 7729**による。

7 試験片

7.1 試験片の寸法及びエリクセン値記号は，**表2**による。試験片は，平たん（坦）でなければならない。試験片の幅又は直径（**表2の** b）が 90 mm 以上の場合，くぼみの中心は，試験片端から 45 mm 以上離れ，かつ，試験片が条（帯）の場合で，複数回の試験を行うときには，隣り合うくぼみの中心から 90 mm 以上離れていなければならない。狭幅試験片（**表2の** b が 90 mm 未満）の場合は，くぼみの中心は，試験片幅中央とし，隣り合うくぼみの中心から試験片幅以上離れていなければならない。ただし，くぼみは，ダイスと干渉しない間隔とする。

表2－試験片及びエリクセン値記号

単位 mm

記号	内容	試験片及びエリクセン値記号			
		標準試験片	標準試験片より厚い，又は狭い試験片		
IE	エリクセン値記号	IE	IE_{40}	IE_{21}	IE_{11}
a	試験片の厚さ	0.1 以上 2 以下	2 を超え 3 以下	0.1 以上 2 以下	0.1 以上 1 以下
b	試験片の幅又は直径	90 以上	90 以上	55 以上 90 未満	30 以上 55 未満
注記　エリクセン値記号の添え字は，ダイスの内径 d_2 を表している［**JIS B 7729** の**表1**（記号及び定義）参照］。					

7.2 試験片の調製では，試験片を試験機にセットする妨げになるような，また，試験に影響する可能性があるようなばり又はゆがみを，端部に生じさせてはならない。

7.3 試験片の矯正は，できる限り避けるのがよく，矯正を必要とする場合には，できる限り材質に影響を及ぼさない方法を用いる。

8 試験条件

試験温度は，通常，10 ℃～35 ℃の間とする。注文者の要求によって，厳格に管理された条件下で試験を行う場合は，(23±5) ℃で行う。

9 手順

手順は，次による。

a) 試験片の厚さ（mm）は，**JIS Z 8401** の規則 A によって小数点以下第 2 位まで求める。

b) 装置を動かす前に，パンチ及びダイスに接触する試験片の表面にグラファイトグリースを，軽く塗布する。グラファイトグリースの推奨成分は，**附属書 A** に適合していることが望ましい。

c) しわ押さえとダイスとで試験片を締め付ける。締付け荷重は，約 10 kN とする。

d) 衝撃を与えないようにパンチを移動し，試験片に接触させる。この位置から押込み深さの測定を行う。

　　試験を開始する前に，パンチの先端はしわ押さえの上面と同一水平面とすることが望ましい（校正の基準点である。）。

e) 標準試験片に対しては，通常，パンチ押込み速度 5 mm/min～20 mm/min で，滑らかにくぼみを成形する。試験片の幅又は直径（**表2の** b）が 90 mm 未満の試験片に対しては，通常，5 mm/min～10 mm/min の速度とする。

　　手動装置の場合は，操作の終点近くで貫通割れが現れる瞬間を正確に決定するために，パンチの押し込む速度を規定の下限速度に下げることが望ましい。

　　コンピュータ制御された試験装置を使用する場合は，試験結果は，荷重－パンチ変位線図によって，直接得られるので，試験の終点近くで速度を下げる必要はない。

f) 試片の割れが，全厚を貫通した瞬間にパンチの動きを止める。

g) 押込み深さ h（**図1**参照）をミリメートル単位で小数点以下第1位まで測定する。

h) 製品規格で規定がない限り，3回の試験を行う。3回以上実施してもよい。測定値を平均して，**JIS Z 8401** の規則Aによって整数に丸め，エリクセン値 IE とする。別に要求がある場合は，更に下位まで求めてもよい。

10 報告

　　試験報告書が必要な場合には，報告する事項は，次の中から受渡当事者間の協定によって選択する。

a) この規格の番号（**JIS Z 2247**）

b) 試験片の識別（試験片の位置）

c) 試験片の厚さ

d) 使用した潤滑剤［**箇条9の b)** 以外のグリースを使用した場合］

e) 試験後の試験片の外観

f) エリクセン値（要求のある場合は，個々の値）

　　なお，標準試験片以外の場合は，IE に添え字を付けて示す（**表2**参照）。

附属書 A
（参考）
グラファイトグリースの推奨成分

試験結果は，使用するグリースの種類に依存することが知られている。適切であると知られている代表的なグリースは，次のような特徴をもっている。

グリースは，カルシウム石けん，精製鉱油及びグラファイト片からなる。

グリースは，腐食性物質，樹脂粒（grit resin），ワックス及び増量剤（fillers）を含まないことが望ましい。

グリース及びその成分は，**表 A.1** に適合していることが望ましい。

表 A.1−グラファイトグリースの推奨特性

構成物	特性	推奨値
グリース	25 ℃で 150 g の円すい（錐）浸透能（Worked penetration of cone [1]）	250〜280
	遊離酸	オレイン酸として 0.2 %[a]以下
	遊離アルカリ	Ca(OH)$_2$ として 0.3 %[a]以下
	水分	0.5 %〜1.2 %
	グラファイト分	23 %〜28 %[a]
グラファイト片	最大粒径	0.3 mm
	灰分	4.5 %[a]以下
鉱油	37.8 ℃の動粘度	100 cSt〜120 cSt
	引火点	177 ℃以上
	灰分	0.01 %[a]以下
	中和価	0.1 mgKOH/g 以下
注 [a] 質量分率		

参考文献

[1] **ASTM D217** Standard Test Methods for Cone Penetration of Lubricating Grease

附属書 JA
(参考)
JIS と対応国際規格との対比表

JIS Z 2247			ISO 20482:2013，（MOD）	
a) JIS の箇条番号	**b)** 対応国際規格の対応する箇条番号	**c)** 箇条ごとの評価	**d)** JIS と対応国際規格との技術的差異の内容及び理由	**e)** JIS と対応国際規格との技術的差異に対する今後の対策
1	1	追加	JIS では，規定した以外の厚さ及び幅にも適用できることを追加した。	ISO 規格は，本文中に規定しており，技術的差異は，軽微である。
6	6	変更	対応国際規格の箇条6の内容は，JIS では，JIS B 7729 に規定されている。	技術的差異は，軽微である。
7	7	変更	JIS では，試験片の矯正について，JIS Z 2241 の表現と整合させた。	技術的差異は，軽微である。
		追加	JIS では，狭幅試験片で，複数回の試験を行うときは，くぼみは，ダイスと干渉しない間隔とすることを追加した。	技術的差異は，軽微である。
9	9	変更	JIS では，実態を考慮して，試験速度を推奨事項とした。	技術的差異は，軽微である。
		変更	JIS では，丸めは，JIS Z 8401 の規則 A によることにした。また，測定値を丸めるのではなく，平均値を丸める手順とした。	技術的差異は，軽微であるが，丸めの手順は，ISO への提案を検討する。
10	10	変更	JIS では，報告項目は，受渡当事者間の協定によって選択するに変更した。	技術的差異は，軽微である。
		変更	JIS では，使用した潤滑剤の報告は，箇条9の b)以外の場合とした。	技術的差異は，軽微である。
		追加	標準試験片以外の試験片については，添え字で識別することにした。	ISO への提案を検討する。

注記1 箇条ごとの評価欄の用語の意味を，次に示す。
  － 追加：対応国際規格にない規定項目又は規定内容を追加している。
  － 変更：対応国際規格の規定内容又は構成を変更している。
注記2 JIS と対応国際規格との対応の程度の全体評価の記号の意味を，次に示す。
  － MOD：対応国際規格を修正している。

＊ JIS Z 2248：2022 は 2022 年 10 月 20 日に追補 1 によって改正。本規格と追補 1 を併読し用いてください。

JIS Z 2248 (2022)	**金属材料曲げ試験方法** Metallic materials－Bend test	JIS (1955, 69, 75, 96, 06, 14) 改正 JIS (1952) 制定 JIS B 7778

序文

この規格は，2020 年に第 4 版として発行された **ISO 7438** を基とし，技術的内容を変更して作成した日本産業規格である。

この規格で側線又は点線の下線を施してある箇所は，対応国際規格を変更している事項である。技術的差異の一覧表にその説明を付けて，**附属書 JA** に示す。

1　適用範囲

この規格は，金属材料の曲げ試験方法[1]について規定する。

附属書 B に，参考として，受渡当事者間の協定によって適用する，平面ひずみ条件での試験方法を示す。

注記　この規格の対応国際規格及びその対応の程度を表す記号を，次に示す。

　　　ISO 7438:2020, Metallic materials－Bend test（MOD）

　　　　なお，対応の程度を表す記号 "MOD" は，**ISO/IEC Guide 21-1** に基づき，"修正している" ことを示す。

注 [1]　**ISO 7438** では，"曲げ加工において金属材料の塑性変形能力を判定する手法" と記載している。

2　引用規格

次に掲げる引用規格は，この規格に引用されることによって，その一部又は全部がこの規格の要求事項を構成している。この引用規格は，その最新版（追補を含む。）を適用する。

　　JIS G 0202　鉄鋼用語（試験）

3　用語及び定義

この規格で用いる主な用語及び定義は，次によるほか，**JIS G 0202** による。

3.1
試験力
　試験の目的で試験片に加える力

4 記号及び内容

曲げ試験に用いる装置を図1〜図5に示し，記号及び内容を表1に示す。装置は，同様の機能をもつ別の形式でもよい。

表1−記号及び内容

記号	内容	単位
a	試験片の厚さ又は直径（又は多角形断面の内接円の直径）	mm
b	試験片の幅	mm
c	支持体の水平軸を含む平面と試験前の押金具の丸み部の中心点との距離	mm
D	押金具又は型の先端直径	mm
f	押金具の試験前の位置からの変位（附属書A参照）	mm
$\bar{\theta}$	荷重角度パラメータ（Load angle parameter），すなわち，ひずみ方向（附属書B参照）	—
L	試験片の長さ	mm
l	支持体間の距離	mm
η	三軸係数（Triaxiality factor）（附属書B参照）	—
p	各支持体の中心軸を含む垂直面と押金具の中心軸を含む垂直面との間の距離（附属書A参照）	mm
R	支持体の半径（附属書A参照）	mm
r [a]	内側半径	mm
α_B	曲げ角度	°
注 [a]	押金具又は型の先端半径に等しい。		

5 試験の原理

円形，正方形，長方形又は多角形断面の試験片を一定方向に規定の角度まで曲げ，試験片の湾曲部の外側のき裂の有無を調べる。曲げは，ねじれのないように，試験片の軸が曲げの軸に対して垂直な平面内に保たれるように行う。また，180°曲げの場合には，製品規格の要求によって，お互いに密着するまで曲げてもよい。また，規定の距離に保つための挟み物を挿入して，規定の距離で平行になるまで曲げることも可能である。

注記 試験装置（箇条6参照）及び試験方法（箇条8参照）は，試験片の形状，曲げ角度などによって，適切に選択される。

6 試験装置

6.1 一般

曲げ試験は，次のいずれかの装置を備えた試験機又はプレス機で実施する。同様の機能をもつ装置を用いてもよい。

a) 2か所の支持体及び押金具を備えた曲げ装置（図1参照）（押曲げ法）

b) クランプを備えた曲げ装置（図2参照）又は軸又は型を備えた曲げ装置（図3参照）（巻付け法）

c) Vブロック及び押金具を備えた曲げ装置（図4参照）（Vブロック法）

d) 試験片両端から押し込み可能な曲げ装置（図5参照）

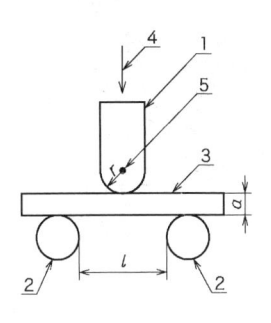
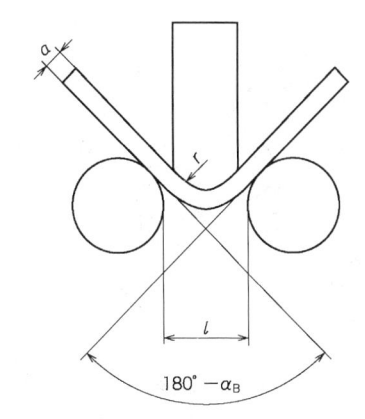

記号説明
- 1：押金具
- 2：支持体
- 3：試験片
- 4：試験力の方向
- 5：押金具半径の中心

図1－支持体及び押金具を備えた曲げ装置（押曲げ法）

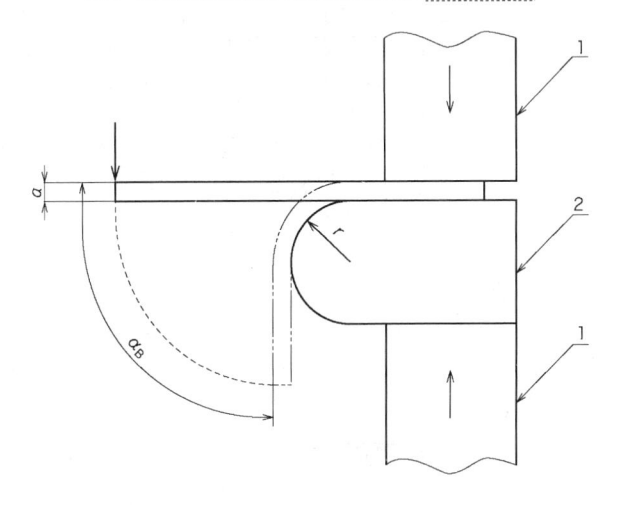

記号説明
- 1：クランプ
- 2：型

図2－クランプを備えた曲げ装置（巻付け法）

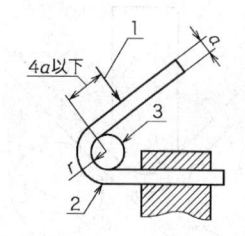 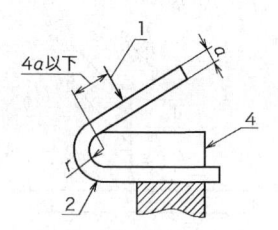

記号説明
　1：試験力
　2：試験片
　3：軸
　4：型

a)　軸を備えた場合　　　　　　　　　　**b)　型を備えた場合**

図 3－軸又は型を備えた曲げ装置（巻付け法）

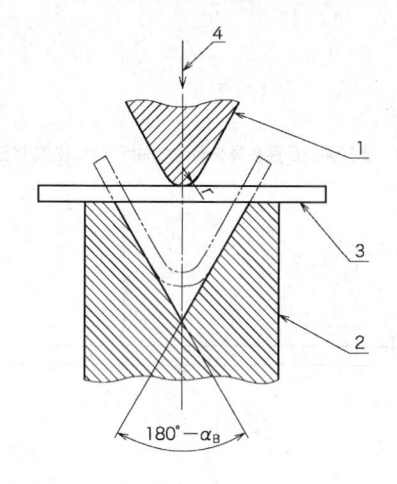

記号説明
　1：押金具
　2：V ブロック
　3：試験片
　4：試験力の方向

図 4－V ブロック及び押金具を備えた曲げ装置（V ブロック法）

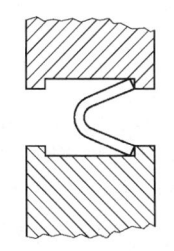

図5－試験片両端から押し込み可能な曲げ装置

6.2 支持体及び押金具を備えた曲げ装置（押曲げ法）

6.2.1 支持体の長さ及び押金具の幅は，試験片の幅又は直径より大きくなければならない。押金具の先端半径 r は，製品規格による（**図1**参照）。製品規格で規定のない場合，押金具の先端半径 r は，規定の曲げ内側半径以下とする（**8.2.1**参照）。ただし，内側半径が特に小さい場合は，適切な内側半径とする。支持体及び押金具は，十分な硬さでなければならない。

6.2.2 他に規定がなければ，支持体間の距離 l は，a が 10 mm を超える場合，式(1)による。a が 10 mm 以下の場合は，式(2)による。l は，試験中一定とする。

$$a > 10 \text{ mm の場合} \quad l = (D + 3a) \pm \frac{a}{2} \quad \cdots\cdots\cdots\cdots\cdots\cdots\cdots\cdots (1)$$

$$a \leqq 10 \text{ mm の場合} \quad l = (D + 3a) \pm 5 \quad \cdots\cdots\cdots\cdots\cdots\cdots\cdots\cdots (2)$$

> **注記** 支持体間の距離 l が，$D + 2a$ 以下と規定された場合，試験中に試験片を締め付けてしまい，引張成形（stretch forming）が発生する可能性がある。

6.2.3 支持体と押金具の軸とは，互いに平行とする。

6.2.4 支持体が試験片に接する部分は，円筒面とし，その半径は 10 mm 以上とする。

6.3 クランプを備えた曲げ装置（巻付け法）

装置は，十分な硬さのクランプ及び型で構成される。試験片に試験力を加えるためのレバーを装備してもよい。

クランプの左側の面の位置は，試験結果に影響を及ぼす可能性があるので，クランプの左側の面は，型の円弧部の中心を通る垂直線より，はみ出さない方がよい（**図2**参照）。

6.4 軸又は型を備えた曲げ装置（巻付け法）

試験片のほぼ中央部分が規定の形となるように，試験片の一方の側を押さえ，他の側を軸又は型の周りに巻き付ける装置で構成される（**図3**参照）。

6.5 V ブロック及び押金具を備えた曲げ装置（V ブロック法）

V ブロックのテーパー面は，$180° - \alpha_B$（**図4**参照）とする。角度 α_B 及び寸法は，製品規格で規定する（**8.2.4**参照）。

押金具の先端部は，試験片厚さの 1 倍～10 倍の半径とし，十分な硬さでなければならない。

7　試験片

7.1　一般事項

試験には，断面形状が，丸，正方形，長方形又は多角形の試験片を使用する。試験片採取の過程で，せん断，ガス切断又は同様の操作によって影響を受けた部分を全て除去することが望ましい。ただし，影響を受けた部分を除去していない試験片の試験でも，結果が合格であれば，結果は採用してもよい。

試験片は，その形状によって1号試験片，2号試験片及び3号試験片に区別し，それらの寸法は，**7.3** による。また，試験片の採取及び作製は，それぞれの日本産業規格の製品規格によって規定することとし，特に規定された場合のほかは，試験片となる部分への不必要な変形又は加熱を避ける。

受渡当事者間の協定によって，試験片の厚さ及び幅は，**7.3** に規定する値より大きくしてもよい（**7.5** 参照）。

7.2　く（矩）形断面の試験片の角部及び側面

く形断面の試験片の角部には，次の値以下の丸み半径を付けなければならない。

- 試験片厚さ 50 mm 以上の場合　　　　　3 mm
- 試験片厚さ 50 mm 未満 15 mm 以上の場合　1.5 mm
- 試験片厚さ 15 mm 未満 10 mm 以上の場合　厚さの 1/10
- 試験片厚さ 10 mm 未満の場合　　　　　1 mm

角部の丸みは，試験結果に悪影響を及ぼす可能性のある試験片幅方向ののばり，かききず又はへこみが生じないように加工することが望ましい。ただし，角部に丸みをつけていない試験片でも，結果が合格であれば，結果を採用してもよい。

切断加工によって生じた側面は，必要に応じて機械仕上げを行う。

7.3　試験片の形状及び寸法

7.3.1　1号試験片

この試験片は，主として製品厚さが 3 mm 以上の金属板，条及び形材に適用し，試験片の寸法は，**図 6** による。鋼板及び鋼帯から採取する試験片の厚さは，試験する製品と等しい厚さとしなければならない。製品厚さが，25 mm を超える場合，片面だけを削って仕上げた減厚試験片としてもよい。ただし，その場合は，試験片の厚さは，25 mm 以上とする。このような試験片を曲げる場合には，機械加工を行っていない面を曲げの外側に置く。製品厚さが 3 mm 以上の試験片の幅は，20 mm〜50 mm とする。製品幅が 20 mm 以下の場合，製品幅と等しくする。

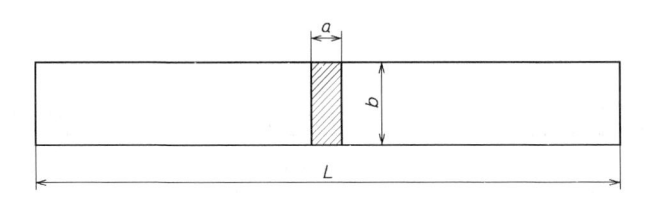

記号説明

a　：厚さ（製品の厚さ）

b　：幅 20 mm～50 mm（製品幅が 20 mm 以下の場合，製品の幅）

L　：長さ（試験片の厚さ及び使用する試験装置による。）

図 6―1 号試験片

7.3.2　2 号試験片

　この試験片は，断面が丸及び多角形断面で，主として棒鋼及び非鉄金属棒に適用する。断面が丸の場合は直径が，多角形の場合は内接円直径が，50 mm 以下の場合には，試験片は，製品と等しい断面とする（図 7 参照）。ただし，直径又は内接円直径が，30 mm 超 50 mm 以下の場合，直径又は内接円直径を 25 mm を下回らない範囲まで減じて試験片を加工してもよい。直径又は内接円直径が，50 mm 超の場合，直径又は内接円直径を 25 mm を下回らない範囲まで減じて試験片を加工しなければならない（図 8 参照）。

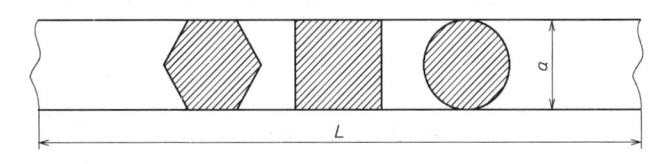

記号説明

$a^{a)}$　：直径（円形断面の場合）又は内接円直径（多角形断面の場合）

L　：長さ（長さは，試験片の a 及び使用する試験装置による。）

注 a)　製品の寸法とする。

図 7―2 号試験片

単位　mm

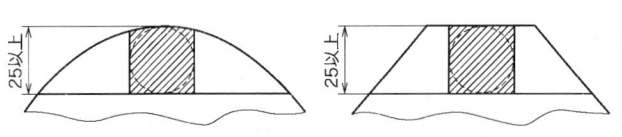

図 8―2 号試験片（試験片の直径及び内接円直径が 30 mm を超える場合）

7.3.3　3 号試験片

　この試験片は，主として製品厚さ 3 mm 未満の金属板に適用し，試験片の寸法は，図 9 による。試験片の幅は，15 mm～50 mm とする（図 9 参照）。試験片の厚さは，試験する製品と等しい厚さとしなければならない。

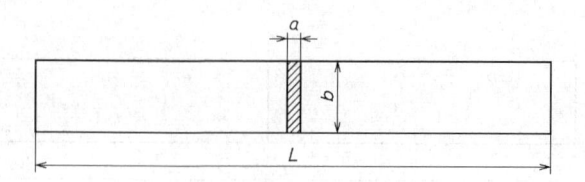

記号説明
- a ：厚さ（製品の厚さ）
- b ：幅［15〜50^a)］mm
- L ：長さ（試験片の厚さ及び使用する試験装置による。）
- **注^a)** ISO 7438 では，試験片幅上限値は，25 mm と規定されている。

図 9－3 号試験片

7.4 鍛造品，鋳造品及び半製品から採取する試験片

鍛造品，鋳造品及び半製品から採取する試験片の形状及び採取方法は，製品規格又は受渡当事者間の協定による。

7.5 厚く広幅の試験片に対する協定

受渡当事者間の協定によって，**7.3** に規定した幅及び厚さより大きな寸法の試験片を曲げ試験に適用してもよい。

8 試験方法

警告 試験中は，適切な安全上の対策及び防護装置を適用しなければならない。

8.1 試験温度

通常，試験は，10 ℃〜35 ℃の常温で実施する。注文者の要求によって，厳格に管理された条件下で試験を行う場合は，(23±5) ℃で行う。

8.2 試験手順

8.2.1 一般事項

試験手順は，以下による。

試験は，材料の自由塑性流動が可能であるように，試験力をゆっくり加えるのがよい。

注記 ISO 7438 では，"疑義がある場合，押金具の押込み速度は，(1±0.2) mm/s とする。"と規定している。

製品規格に規定する曲げ角度は，常に下限とし，それ以上の角度で曲げる。また，曲げの内側半径が規定されている場合は，その値を上限とし，それ以下の内側半径で曲げる。

受渡当事者間で，試験片厚さ 3 mm 超に対して，平面ひずみ条件（平面ひずみの定義は，**附属書 B** で説明している。）を協定することが可能である。この場合，曲げ試験は，**附属書 B** を参考にすることが望ましい。

8.2.2　押曲げ法

押曲げ法は，次による。

試験は，支持体及び押金具を備えた曲げ装置（**図1**参照）などを用いて，適切な試験力を加えて，試験片を支持体間の中央で曲げる。この方法で曲げる角度は，おおよそ 170° までとする。押金具及び支持体の試験片に接する面には潤滑剤（油など）を塗布してもよい。

曲げ角度 α_B は，**附属書 A** に示すように，押金具の変位によって算出することが可能である。

この方法で，試験片を指定角度まで曲げることが不可能な場合，試験片の両端を直接押し込むことによって，曲げを完了しなければならない（**図5**参照）。

曲げ角度が180°の場合には，**図1**の方法などで，おおよそ170°に曲げた後，**図10**の方法によって，試験片の両端を押し合う。プレス機の平行平板の間に置いてもよく，規定の内側半径の2倍の厚さをもつ挟み物を用いてもよい。

支持体及び押金具を備えた曲げ装置（**図1**参照）を用いて，支持体間の距離を $l=D+2a$ とし，その許容差を**表2**として，試験片が支持体間を通り抜けるまで押し込み，これを180°曲げとしてもよい。

表2－支持体間の距離の許容差

単位　mm

試験片の厚さ，直径又は内接円の直径 a	許容差	
	＋側	－側
10 を超えるもの	$a/2$	0
10 以下のもの	5	0

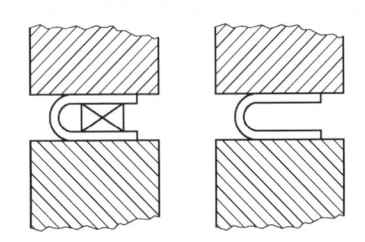

図10－互いに平行な試験片両端の状態

密着曲げの場合には，まず適切な内側半径で，おおよそ170°まで曲げた後，**図11**に示すように挟み物をせずに，試験片両端が密着するまで曲げる。

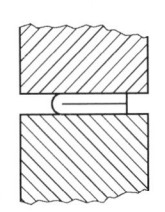

図11－密着した試験片両端の状態

8.2.3　巻付け法

巻付け法は，次による。

軸又は型を備えた曲げ装置（**図3**参照）などを用いて，試験片のほぼ中央が規定の形になるように，試験片の一方の側を押さえ，適切な試験力を加えながら，他の側を軸又は型の周りに規定の角度だけ巻き付ける。試験力を加える位置は，**図3**の**a)**及び**b)**による。

8.2.4　Ｖブロック法

試験片を Ｖ ブロック上に載せ，その中央部に押金具を当て，徐々に試験力を加えて所定の形に曲げる（**図4**参照）。Ｖブロック法は，製品規格によって指定された場合に行う。

9　結果の判定

結果の判定は，製品規格の要求に従って行う。要求がない場合は，試験片を曲げ装置から取り外した後，湾曲部の外側を肉眼等で観察し，き裂がない場合を合格とする。

　　注記　曲げ試験片の引張側の未機械加工面に酸化層が存在すると，結果の判定に影響を及ぼす。この点について，製品規格又は当事者によって考慮される場合がある。

10　報告

試験報告書が必要な場合には，報告する事項は，次の中から，受渡当事者間の協定によって選択する。

a)　この規格に従って試験したことの記述

b)　試験片の識別に必要な情報（材料の種類，溶鋼番号，試験片の製品軸方向など）

c)　試験片の形状・寸法

d)　試験方法

e)　受渡当事者間の協定によった事項

f)　試験の判定結果

附属書 A

（参考）

押金具の変位による曲げ角度の計算方法

この附属書は，試験力を加えたときの試験片の曲げ角度を計算する方法を示す。直接，曲げ角度を測定することは煩雑であるため，押金具の変位 f によって，曲げの角度を計算する方法を提案している。試験力を加えたときの試験片の曲げ角度 α_B は，押金具の変位量及び図 A.1 のそれぞれの値を用いて，次の式によって決定することが可能である。

$$\sin\frac{\alpha_B}{2} = \frac{p \times c + W \times (f-c)}{p^2 + \left(f-c\right)^2}$$

$$\cos\frac{\alpha_B}{2} = \frac{W \times p + c \times (f-c)}{p^2 + \left(f-c\right)^2}$$

ここで， α_B ： 試験片の曲げ角度

p ： 各支持体の中心軸を含む垂直面と押金具の中心軸を含む垂直面との間の距離

c ： $c = R + a + r$

a：試験片の厚さ

r：押金具先端半径

R：支持体の半径

W ： $\sqrt{p^2 + \left(f-c\right)^2 - c^2}$

f ： 押金具の試験前の位置からの変位

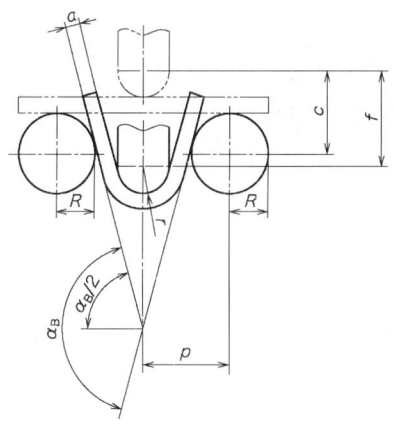

図 A.1－曲げ角度 α_B の計算のための数値

附属書 B

(参考)

平面ひずみ条件での曲げ試験

B.1　概要

この附属書は，受渡当事者間の協定によって適用する。

試験片幅を選択する指針として，**7.3.1** 及び **7.3.3** とは異なった試験片厚さと幅との組合せ及び平面ひずみに対する条件を **図 B.1** に示す。太線（**図 B.1** の記号 3）は，平面ひずみと非平面ひずみとを分離している。

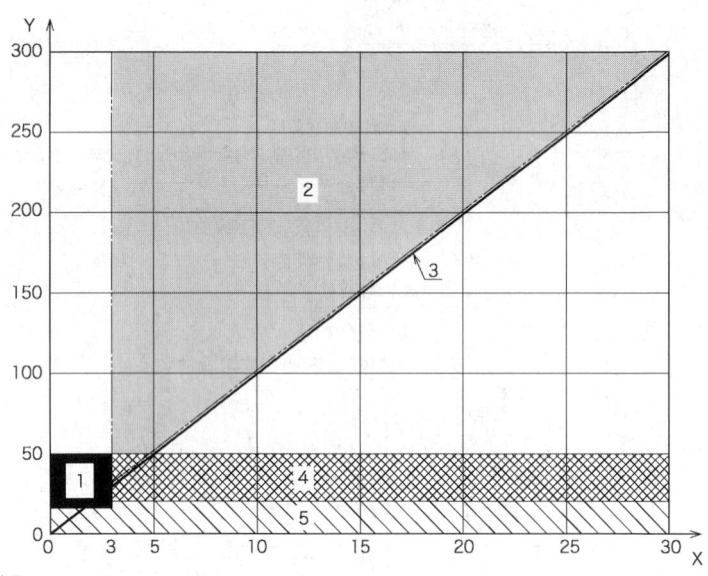

記号説明

X　　：厚さ a（mm）

Y　　：幅 b（mm）

1　　：$a<3$ mm の場合，15 mm$\leqq b\leqq 50$ mm［**7.3.3** 参照］

2　　：$a>3$ mm 及び $b\geqq 10\cdot a$

3　　：平面ひずみ条件，$b\geqq 10\cdot a$

4　　：$a\geqq 3$ mm の場合，20 mm$\leqq b\leqq 50$ mm［**7.3.1** 参照］

5　　：$b\leqq 20$ mm［**7.3.1** 参照］

図 B.1−7.3 で規定した試験片に対する平面ひずみ条件に関連する厚さ a 及び幅 b の組合せ

製品の全ての用途及び寸法に適した曲げ試験は，成形限界ひずみが最も低くなる状態で実施することが望ましい。成形限界ひずみが最も低くなる状態は，平面ひずみの場合に生じる。平面ひずみ条件とするためには，試験片の幅と厚さとの比(b/a)を 10 以上とすることが望ましい。試験片の幅が，小さすぎる場合に

は，この状態（平面ひずみ）にはならない。

しかし，この附属書の仕様は，次のような影響をもたらす可能性がある。

— **7.3** で規定した試験片幅に比較して，承認された曲げ角度 α_B の減少

— 結果として，試験片不合格

— 試験力の増加

— 試験片質量の増加

— 製品規格の曲げ要求事項を満たさない可能性

それにもかかわらず，この附属書に従った試験の結果は，適用内容によっては，より現実的である（**B.2**参照）。

断面形状が，丸又は六角の棒状試験片では，平面ひずみにはならないので，問題とはならない。

B.2　一般

切り板又は板材（長方形の試験片）の曲げ性は，試験片の幅に大きく依存する。試験片の幅が異なると，ひずみが異なった状態となる。曲げ試験に，幅が非常に狭い試験片を適用した場合，結果が，高い延性，すなわち，不合格が少ない傾向となる可能性がある。**図 B.2** には，これが，明確に示されている。等しい幅の押金具を用いているが，曲げの結果は，試験片の幅によって大きく異なっている。左側の試験片は，幅 b が，厚さ a の4倍である。幅 b が，厚さと比較して狭すぎて，（張力で）平面ひずみ条件を表す三軸係数（triaxiality factor）の境界値 $[\eta(\bar{\theta}=0)=+1/\sqrt{3}\approx 0.58]$ に達しない[1]。この値は，三軸係数 η と荷重角度パラメータ $\bar{\theta}$（[2]〜[4]［式(B.1)参照］との間の関係によって得られ，平面ひずみ経路となるように，荷重角度パラメータ $\bar{\theta}=0$ を設定し，解を計算している。

$$\cos\left[\frac{\pi}{2}\left(1-\bar{\theta}\right)\right]=-\frac{27}{2}\eta\left(\eta^2-\frac{1}{3}\right) \quad\cdots\cdots\cdots\cdots\cdots\cdots\cdots\cdots\cdots\cdots (B.1)$$

図 B.2 には，有限要素シミュレーションに基づいた，三軸係数の概算値を示しており，三軸係数が，平面ひずみ限界に達しない領域と達した領域との間のよい相互相関が確認できる。

注記　荷重角度パラメータ及び三軸係数は，平面ひずみの力学的背景の情報のために用いているが，試験では，直接使わない。**B.3** の規定を適用すれば，平面ひずみ条件となる。

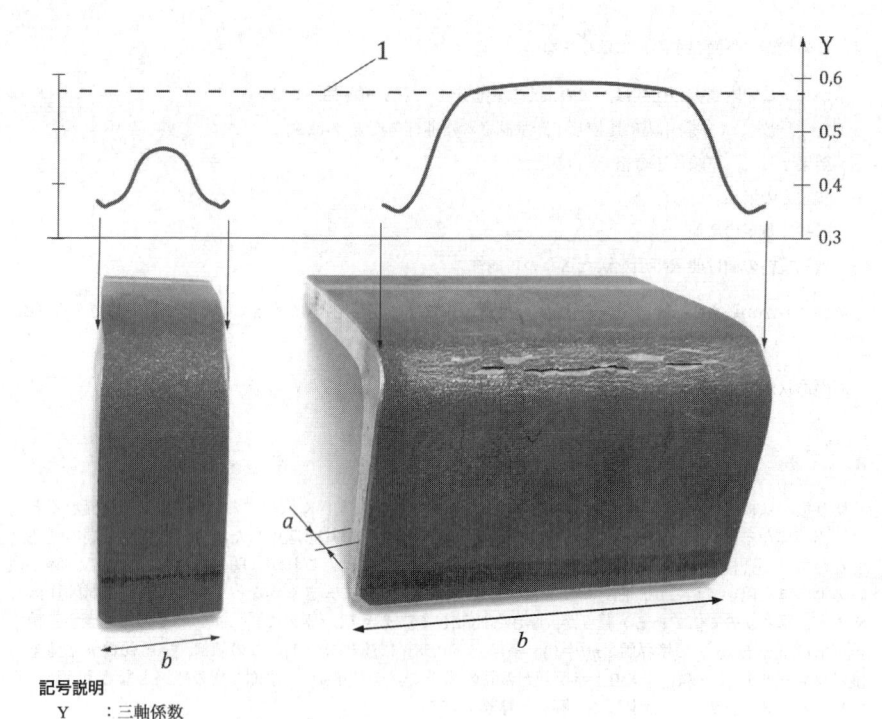

記号説明
Y　　：三軸係数
1　　：平面ひずみ条件の境界値

図 B.2－幅 b による曲げ性の違い

B.3　試験片

平面ひずみ条件を達成するためには，試験片幅と厚さとの比(b/a)は，10 以上でなければならない。

しかし，**図 B.1** に示すように，**7.3** の試験片のうち，厚さがある程度薄い部分では，この要求事項を満たしている。

B.4　評価

長方形試験片では，へり部が，調製不十分だった結果として，へり部からき裂が発生することがある。このへり部のき裂は，**7.1** で定義した，曲げ試験不合格を示すものではない。したがって，へり部から発生し，へりから厚さの 2 倍以下まで広がったき裂は，**7.1** の試験の解釈に含めてはならない。しかし，き裂が，へり部で発生し，厚さの 2 倍を超えて，幅方向に広がった場合には，その試験片を無効にしなければならない。

　注記　試験片幅が，厚さの 10 倍程度の場合，平面ひずみ領域は，全幅のおおよそ 60 %に相当する。平面ひずみ曲げを要求しているので，この領域だけで，き裂を評価し，この領域に広がっていないへり部で発生したき裂は，試験結果の評価には，加味されない。

B.5 報告

箇条 **10** の **a)**～**f)**で要求された情報に加えて，使用した試験片の寸法の情報を含めなければならない。さ らに，この附属書に従って試験したことの記述を含めなければならない。

例 JIS Z 2248，附属書 B

参考文献

[1] Li Y., Wierzbicki T. "Prediction of plane strain fracture of AHSS sheets with post-initiation softening", Int. Journal of Solids and Structures 47, 2316-2327, (2010)

[2] Bai Y., Wierzbicki T., "A new model of metal plasticity and fracture with pressure and Lode dependence", Int. Journal of Plasticity 24, 1071-1096, (2008)

[3] Wierzbicki T., Xue L., "On the Effect of the Third Invariant of the Stress Deviator on Ductile Fracture". Technical Report", Impact and Crashworthiness Laboratory, Massachusetts Institute of Technology, Cambridge, MA. (2005)

[4] Bai Y., Wierzbicki T. "Application of extended Mohr-Coulomb criterion on ductile fracture", Int. Journal of Fracture 161, 1-20 (2010)

附属書 JA
（参考）
JIS と対応国際規格との対比表

JIS Z 2248				ISO 7438:2020，（MOD）
a)　**JIS** の箇条番号	b)　対応国際規格の対応する箇条番号	c)　箇条ごとの評価	d)　**JIS** と対応国際規格との技術的差異の内容及び理由	e)　**JIS** と対応国際規格との技術的差異に対する今後の対策
1	1	追加	対応国際規格では本文に記載されている "曲げ加工において金属材料の塑性変形能力を判定する手法" を，**JIS** では注 [1] として記載した。	国内独自の運用である。
3	3	追加	**JIS** では，試験力の定義を追加した。	技術的差異は，軽微である。
4	4	追加	**JIS** では，ISO 規格以外の試験装置の具体例を追加した。	技術的差異は，軽微である。
5	5	追加	**JIS** では，き裂の有無を調べること及び試験片にねじれがないことを追加した。	技術的差異は，軽微である。
6.1	6.1	追加	**JIS** では，国内で用いられている試験装置の名称を追加した。	国内独自の運用である。
		追加	**JIS** では，図 3 を追加した。	国内独自の運用である。
6.2	6.2	追加	**JIS** では，円筒面の半径について，製品規格で規定のない場合，規定の曲げ内側半径以下にすることを追加した。	技術的差異は，軽微である。
		変更	**JIS** では，a が 10 mm 以下の場合の支持体間の距離を規定した。	ISO への提案を検討する。
		追加	**JIS** では，支持体と押金具の軸とは，互いに平行とすることを追加した。	技術的差異は，軽微である。
		追加	**JIS** では，支持体の半径を 10 mm 以上とすることを追加した。	ISO への提案を検討する。
6.4	－	追加	**JIS** では，軸又は型を備えた曲げ装置（巻付け法）を追加した。	国内独自の運用である。
7.1	7.3，7.4	追加	**JIS** では，1 号試験片〜3 号試験片を追加し，これらの寸法は図 6〜図 9 を規定した。	国内独自の運用である。
	7.1	追加	**JIS** では，"試験片の採取及び作製は，それぞれの日本産業規格の製品規格によって規定することとし，特に規定された場合のほかは，試験片となる部分への不必要な変形又は加熱を避ける。" を追加した。	国内独自の運用である。
7.2	7.2	変更	**JIS** では，試験片厚さ 10 mm〜50 mn の角部の半径の区分を，15 mm で区切った。	ISO への提案を検討する。
	7.3	変更	**JIS** では，製品厚さ 3 mm 未満の試験片の幅を 50 mm まで拡大した。	ただし書きがあるため，技術的差異は，軽微である。

a) JISの箇条番号	b) 対応国際規格の対応する箇条番号	c) 箇条ごとの評価	d) JIS と対応国際規格との技術的差異の内容及び理由	e) JIS と対応国際規格との技術的差異に対する今後の対策
8.2	7.3	変更	JIS では，"平面ひずみによる曲げ試験は，附属書 B を参考にすることが望ましい。"と変更した。	国内独自の運用である。
	8.3	削除	JIS では，疑義がある場合の押込み速度の規定は削除した。	押込み速度を測定できる試験機がないため，削除したが，実影響は小さい。
	8.3	追加	JIS では，押曲げ法で曲げる角度をおおよそ 170° までとした。	それ以上の角度は，実態としては，180° 曲げになるためで，技術的差異は，軽微である。
	8.2	変更	JIS では，試験手順を試験方法（装置）別に規定した。	技術的差異は軽微である。
	9.2	追加	JIS では，8.2.1 に移動して追加した。	技術的差異は軽微である。
附属書 B	附属書 B	変更	JIS では，附属書を参考と位置付けた。	国内では，実施している例がないため。

注記 1 箇条ごとの評価欄の用語の意味を，次に示す。
　－　削除：対応国際規格の規定項目又は規定内容を削除している。
　－　追加：対応国際規格にない規定項目又は規定内容を追加している。
　－　変更：対応国際規格の規定内容又は構成を変更している。
注記 2 JIS と対応国際規格との対応の程度の全体評価の記号の意味を，次に示す。
　－　MOD：対応国際規格を修正している。

金属材料曲げ試験方法（追補1）

Metallic materials－Bend test (Amendment 1)

JIS Z 2248:2022 を，次のように改正する。

7.3.2（2号試験片）を，次の文に置き換える。

7.3.2 2号試験片

　この試験片は，断面が丸及び多角形断面で，主として棒鋼及び非鉄金属棒に適用する。試験片は，製品と等しい断面とする（**図7**参照）。ただし，直径又は内接円直径が，30 mm 超の場合，直径又は内接円直径を 25 mm を下回らない範囲まで減じて試験片を加工してもよい（**図8**参照）。このように加工した試験片を曲げる場合には，機械加工を行っていない面を曲げの外側に置く。

附属書 JA（**JIS** と対応国際規格との対比表）において，7.2 の次に 7.3.2 を次のように追加する。

附属書 JA
(参考)
JIS と対応国際規格との対比表

JIS Z 2248			ISO 7438:2020，（MOD）	
a) JIS の箇条番号	b) 対応国際規格の対応する箇条番号	c) 箇条ごとの評価	d) JIS と対応国際規格との技術的差異の内容及び理由	e) JIS と対応国際規格との技術的差異に対する今後の対策
7.3.2	7.4.2	変更	試験片の直径又は内接円直径を減じて試験片を加工することについて，ISO 規格では，直径又は内接円直径 30 mm 超 50 mm 以下の場合は許容事項，50 mm 超の場合は要求事項としているが，JIS では，30 mm 超 50 mm 以下に加えて 50 mm 超の場合も許容事項に変更した。	ISO への提案を検討する。
注記 1　箇条ごとの評価欄の用語の意味を，次に示す。 ― 変更：対応国際規格の規定内容又は構成を変更している。 注記 2　JIS と対応国際規格との対応の程度の全体評価の記号の意味を，次に示す。 ― MOD：対応国際規格を修正している。				

コニカルカップ試験方法

Method of conical cup test

1 適用範囲

この規格は，厚さ 0.5 mm〜1.6 mm の薄鋼板のコニカルカップ値（CCV）を測定する方法について規定する。

警告 この規格に基づいて試験を行う者は，通常の試験室での作業に精通していることを前提とする。この規格は，その使用に関連して起こる全ての安全上の問題を取り扱おうとするものではない。この規格の利用者は，各自の責任において安全及び健康に対する措置をとらなければならない。

2 引用規格

次に掲げる引用規格は，この規格に引用されることによって，その一部又は全部がこの規格の要求事項を構成している。これらの引用規格は，その最新版（追補を含む。）を適用する。

JIS B 0601 製品の幾何特性仕様（GPS）－表面性状：輪郭曲線方式－用語，定義及び表面性状パラメータ

JIS B 1501 転がり軸受－鋼球

JIS G 0202 鉄鋼用語（試験）

JIS G 4401 炭素工具鋼鋼材

JIS G 4404 合金工具鋼鋼材

JIS K 2238 マシン油

JIS Z 8401 数値の丸め方

3 用語及び定義

この規格で用いる主な用語及び定義は，**JIS B 1501** 及び **JIS G 0202** による。

4 試験工具

4.1 試験工具の形状・寸法

試験片の寸法，並びに試験工具［ダイス，パンチ及びパンチ先端部の鋼球（**図1** 参照）］の型別及び形状は，**表1** による。

表1−試験片及び試験工具

項目		寸法, 型別及び形状			
試験片	公称厚さ　　(mm)	0.5 以上 0.8 未満	0.8 以上 1.0 未満	1.0 以上 1.3 未満	1.3 以上 1.6 以下
	試験片直径　d_0　(mm)	36.00	50.00	60.00	78.00
試験工具	型別	13 型	17 型	21 型	27 型
	ダイス開き角度　θ　(°)	60.00	60.00	60.00	60.00
	ダイス穴直径　d_2　(mm)	14.60	19.95	24.40	32.00
	ダイス肩半径 [a)]　r_d　(mm)	3.00	4.00	6.00	8.00
	パンチ直径　d_1　(mm)	12.70	17.46	20.64	26.99
	鋼球半径　r_p　(mm)	$d_1/2$	$d_1/2$	$d_1/2$	$d_1/2$
注 [a)]　ダイス肩半径は, 標準寸法とする。					

4.2　試験工具の寸法精度

試験工具の寸法精度は, 次による。

a) 試験工具の製作許容差は, 指定のない限り±0.02 mm とする。

b) ダイス開き角度の許容差は, ±0.05° とする。

c) 鋼球の寸法精度は, パンチ直径が 12.70 mm の場合は, 直径不同 [1)] 及び真球度 [2)] は, **JIS B 1501** に規定する G28 級とする。また, パンチ直径が 12.70 mm を超える場合は, 直径不同及び真球度は, **JIS B 1501** に規定する G40 級とする。

　　注 [1)]　1 個の鋼球の実測直径の最大値と最小値との差。(出典：**JIS B 1501**:2009 の **3.5**)

　　注 [2)]　鋼球表面の最小二乗平均球面の中心をその中心とする, 最小外接球面と最大内接球面との半径差。(出典：**JIS B 1501**:2009 の **3.6.1**)

d) ダイス開き角度及びダイス肩半径は, 通常, モデリングコンパウンド, せっこうなどで形をとり, その輪郭を拡大投影器などによって, おおよそ 5 倍以上に拡大して測定する。

e) ダイス穴直径は, **表 2** の限界ゲージを用いて, 互いに直角をなす 2 方向について測定する。

表2−ダイス穴直径用限界ゲージ

単位　mm

型別	通り側	止まり側
13 型	$14.58 \begin{smallmatrix} 0 \\ -0.005 \end{smallmatrix}$	$14.62 \begin{smallmatrix} +0.005 \\ 0 \end{smallmatrix}$
17 型	$19.93 \begin{smallmatrix} 0 \\ -0.005 \end{smallmatrix}$	$19.97 \begin{smallmatrix} +0.005 \\ 0 \end{smallmatrix}$
21 型	$24.38 \begin{smallmatrix} 0 \\ -0.005 \end{smallmatrix}$	$24.42 \begin{smallmatrix} +0.005 \\ 0 \end{smallmatrix}$
27 型	$31.98 \begin{smallmatrix} 0 \\ -0.005 \end{smallmatrix}$	$32.02 \begin{smallmatrix} +0.005 \\ 0 \end{smallmatrix}$

4.3　試験工具の材料

試験工具の材料は, 次による。

a) ダイスは, 焼入焼戻しを施したときの硬さが, 600 HV 以上 (又は 55 HRC 以上) の **JIS G 4401** 又は **JIS G 4404** の鋼材を用い, 仕上げの面の粗さは, 通常, **JIS B 0601** に規定する 1.5 μmRz〜3 μmRz とする。

b) 鋼球は, **JIS B 1501** に適合したものを用いる。

5 試験片

試験片は，次による。

a) 試験片は，通常，打抜きによって円板状に製作する。

b) 試験片は，**表 1** による。試験片直径 d_0 の許容差は，±0.02 mm とする。

c) 試験片は，試験前に全面を脱脂し，**JIS K 2238** に規定する ISO VG 46 又は相当のマシン油を試験片の両面に塗布する。

6 試験方法

6.1 一般

試験は，通常，10 ℃～35 ℃の範囲内で行う。厳格に管理された条件下での試験が要求される場合には，23 ℃±5 ℃で行う。

6.2 操作

図 1 のように円すい（錐）状のダイスに試験片を，打抜きのときに生じたばりをパンチ側に向け，かつ，パンチ軸心に対して垂直になるようにセットし，所定のパンチ（**表 1** 参照）で，**図 2** に示すように底部が破断するまでコニカルカップ状に成形する。底が，破断したときのカップ上縁部外径 D_0（**図 2** 参照）の最大及び最小を少なくとも 0.05 mm まで測定する。

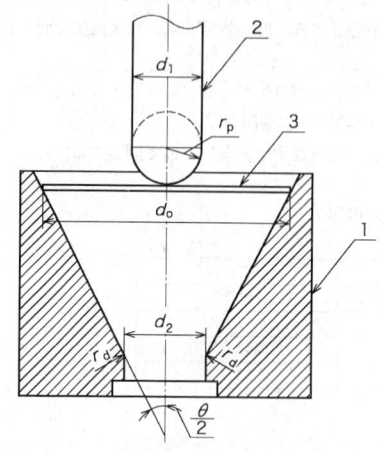

記号説明
1：ダイス［円すい（錐）状］
2：パンチ
3：試験片

図 1―試験工具及び試験片

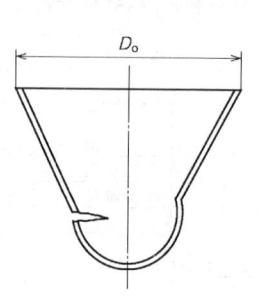

図 2―試験片の破断例

6.3 試験工具の取付け

パンチの中心軸とダイスの中心軸との偏りは，0.10 mm 以下とし，測定位置は，パンチ先端が試験片に接する点付近及びダイス穴付近に達した点の 2 点とする。

6.4 試験機

試験機は，材料試験機又はクランクプレスを用いるが，プレスの場合は，下死点近くの行程で試験片が破断するよう試験しなければならない。

7 表示

コニカルカップ値（CCV）は，ミリメートル単位で測定した D_0 の最大及び最小の算術平均値とし，**JIS Z 8401** の規則 A によって小数点以下 1 桁に丸める。

8 試験報告書

試験報告書が必要な場合には，報告する事項は，次のうちから，受渡当事者間の協定によって選択する。

a) この規格によって試験した旨の表示

b) 試験片の識別に必要な表示

c) 得られた結果

d) この規格に規定されていない作業又は任意とみなされている全ての作業

e) 結果に影響を及ぼしたかもしれないことがあれば，その詳細

f) 試験の温度（**6.1** に規定する厳格に管理された条件を適用した場合など）

ヌープ硬さ試験—第1部：試験方法

Knoop hardness test—Part 1 : Test method

序文

この規格は，2023年に第3版として発行された **ISO 4545-1** を基とし，技術的内容を変更して作成した日本産業規格である。

なお，この規格で側線又は点線の下線を施してある箇所は，対応国際規格を変更している事項である。技術的差異の一覧表にその説明を付けて，**附属書JA** に示す。

1 適用範囲

この規格は，試験力範囲が 0.009 807 N～19.613 N の金属材料のヌープ硬さ試験方法について規定する。

この規格で規定するヌープ硬さ試験は，くぼみの対角線長さ 0.020 mm 以上に適用する。

この規格で規定するヌープ硬さは，電着皮膜，無電解皮膜，溶射皮膜，及びアルミニウムの陽極酸化皮膜を含む金属皮膜及びその他無機皮膜に対しても適用することが可能である。

皮膜の状態（平滑性，厚さなど）によって，くぼみの対角線を正確に読み取ることが可能である場合，この規格を皮膜表面の垂直方向の測定及び断面の測定に適用することが可能である。皮膜表面を垂直に測定する場合，この規格を 0.007 mm 以上の厚さの皮膜に適用することが可能である。皮膜断面を測定する場合，この規格を 0.020 mm 以上の厚さの皮膜に適用することが可能である。より小さなくぼみから硬さを判定するために，**ISO 14577-1** を用いることが可能である。

この規格は，使用する試験機の使用者による定期的な点検方法についても規定している。

注記1 くぼみの対角線長さが 0.020 mm 未満の試験では，測定の不確かさが大きくなるおそれがある。

注記2 この規格の対応国際規格及びその対応の程度を表す記号を，次に示す。

ISO 4545-1:2023, Metallic materials—Knoop hardness test—Part 1: Test method（MOD）

なお，対応の程度を表す記号"MOD"は，**ISO/IEC Guide 21-1** に基づき，"修正している"ことを示す。

2 引用規格

次に掲げる引用規格は，この規格に引用されることによって，その一部又は全部がこの規格の要求事項を構成している。これらの引用規格は，その最新版（追補を含む。）を適用する。

JIS B 7734 ヌープ硬さ試験—試験機の検証及び校正

JIS G 0202 鉄鋼用語（試験）

3 用語及び定義

この規格で用いる主な用語及び定義は，**JIS G 0202** による。

4 記号及び硬さの表示

4.1 記号及び内容

記号及びその内容は，**表1**，**図1**及び**図2**による。

表1－記号及びその内容

記号	内容
F	試験力 (N)
d	くぼみの長い方の対角線長さ (mm)
d_s	くぼみの短い方の対角線長さ (mm)
α	ダイヤモンド四角すい圧子頂点のくぼみ対角線の長い方の対りょう角 (呼称角度 172.5°) (**図1** 参照)
β	ダイヤモンド四角すい圧子頂点のくぼみ対角線の短い方の対りょう角 (呼称角度 130°) (**図1** 参照)
V	測定装置の拡大率
c	くぼみの投影面積と長い方の対角線長さの二乗との関係である，圧子定数 $$c = \frac{\tan\dfrac{\beta}{2}}{2\tan\dfrac{\alpha}{2}} \approx 0.070\,28$$
HK	ヌープ硬さの硬さ記号 $$\text{ヌープ硬さ} = \frac{試験力\ (\mathrm{kgf})}{くぼみの投影面積\ (\mathrm{mm}^2)}$$ $$= \frac{1}{g_n} \times \frac{試験力\ (\mathrm{N})}{くぼみの投影面積\ (\mathrm{mm}^2)}$$ $$= \frac{1}{g_n} \times \frac{F}{cd^2}$$ 呼称圧子定数 $c \approx 0.070\,28$ 標準重力加速度 $g_n = 9.806\,65\ \mathrm{m/s^2}$ $$\text{ヌープ硬さ} \approx 1.451 \times \frac{F}{d^2}$$

不確かさを少なくするため，圧子の実角度 α 及び β を用いてヌープ硬さを計算することが可能である。

注記 標準重力加速度は，kgf から N への換算係数である。

4.2 硬さの表示

ヌープ硬さは，次の例のように表示する。

例

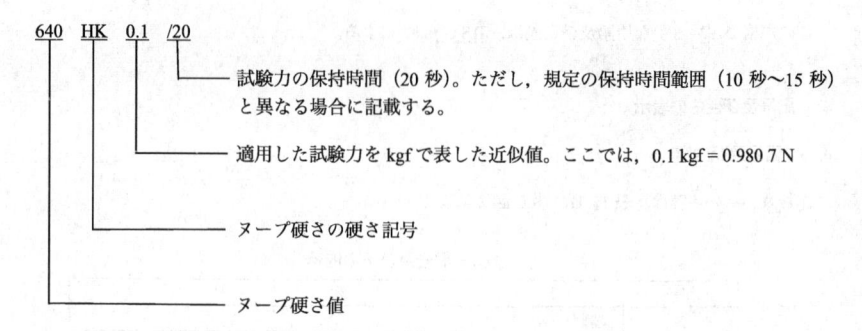

640　HK　0.1　/20

── 試験力の保持時間（20 秒）。ただし，規定の保持時間範囲（10 秒〜15 秒）と異なる場合に記載する。

── 適用した試験力を kgf で表した近似値。ここでは，0.1 kgf = 0.980 7 N

── ヌープ硬さの硬さ記号

── ヌープ硬さ値

5　原理

対りょう（稜）角（α 及び β）が 172.5° 及び 130° で，底面がひし形のダイヤモンド圧子を，試験片の表面に押し込み，その試験力 F を解除した後，表面に残ったくぼみの長い方の対角線長さ d を測定する（**図1** 及び **図2** 参照）。

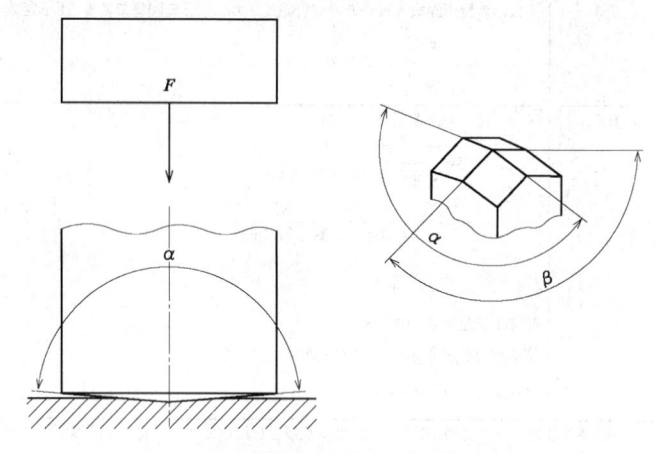

図1－試験の原理及び圧子の形状

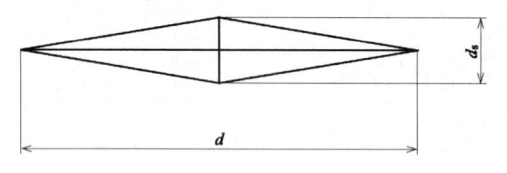

図2－ヌープくぼみ

ヌープ硬さは，試験力を，底面がひし形で頂点の対りょう角が圧子と同じと仮定したくぼみの投影面積で除して得られる値に比例する。

注記　この規格は，適用可能な場合には，国際度量衡委員会（CIPM）の質量関連量諮問委員会（CCM）の枠組みの下で，硬さワーキンググループ（CCM-WGH）が定めた硬さ試験パラメータを採用した（**附属書D**参照）。

6　試験装置

6.1　試験機

試験機は，**JIS B 7734** に従って，所定の試験力又は規定された範囲の試験力を付与できなければならない。

6.2　圧子

圧子は，**JIS B 7734** に規定された底面がひし形の四角すい形状のダイヤモンドでなければならない。

6.3　くぼみ測定装置

くぼみ測定装置は，**JIS B 7734** の規定を満たさなければならない。

顕微鏡の倍率は，くぼみの対角線が最大視野の25 %を超え，75 %未満に拡大可能なように設定することが望ましい。多くの対物レンズは，視野の端部においてゆがみが生じるからである。

注記　測定にカメラを用いるくぼみ測定装置が光学系視野限界の領域を考慮して設計されている場合は，カメラの視野の100 %を用いることが可能である。

くぼみ測定装置に要求される分解能は，測定する最も小さいくぼみによって決まり，**表2** による。測定装置の分解能を決定するには，光学顕微鏡の分解能，スケールのデジタル分解能及び全ての可動支持台の刻み幅を該当する場合に応じて考慮することが望ましい。

表2－測定装置の分解能[a]

くぼみの対角線 d mm	測定装置の分解能
$0.020 \leqq d < 0.080$	0.000 4 mm
$0.080 \leqq d$	d の 0.5 %
注[a]　対角線長さ 0.020 mm 未満のくぼみを測定する場合の分解能は，受渡当事者間の協定による。	

7　試験片

7.1　試験面

試験面は，特に材料規格で規定がない限り，平滑で，酸化物膜（スケール）及び異物がなく，潤滑油を除去した状態とし，表面は，くぼみの対角線長さを正確に測定可能なように仕上げる。

7.2 前処理

試験片の前処理は，試験面の損傷，過熱，冷間加工などによる表面硬さの変化ができるだけ生じないような方法で行わなければならない。

ヌープ硬さのくぼみは浅いので，試験片の仕上げには，特に注意する。測定する材料の特性に適した研磨，又は電解研磨方法を用いるのがよい。

7.3 厚さ

測定を行う試験片又は試験対象層の厚さは，くぼみの長い方の対角線長さの少なくとも 1/3 以上とする。試験後の試験片の裏面には，変形が認められてはならない。

注記　くぼみの深さは，長い方の対角線長さのおよそ 1/30 $(0.033\,d)$ である。

7.4 不安定な試験片の支持

断面が小さいとき又は不規則な形のときには，試験片に試験力が加えられている間，試験片が動かないように専用支持台を用いるか，又はミクロ組織試験と同様に適切な素材に埋め込み，適切に支持することが望ましい。

注記　試験片を樹脂に埋め込む場合には，樹脂の硬化に伴う発熱，プレス成形の際の圧力，温度などが試験片の硬さに影響することがある。

8 試験方法

8.1 試験温度

試験温度は，通常，10 ℃～35 ℃の範囲内とする。この範囲以外で試験した場合は，試験報告書に記載しなければならない。厳格な管理条件下で試験を行う場合には，(23 ± 5) ℃で行う。

8.2 試験力

試験力の代表値を**表 3** に示す。他の試験力を適用してもよい。受渡当事者間の協定がない限り，長い方の対角線が 0.020 mm より長くなる試験力を選択しなければならない。

表 3－試験力の代表値

硬さ記号	試験力 F	
	N	kgf[a] で表した近似値
HK 0.001	0.009 807	0.001
HK 0.002	0.019 61	0.002
HK 0.005	0.049 03	0.005
HK 0.01	0.098 07	0.010
HK 0.02	0.196 1	0.020
HK 0.025	0.245 2	0.025
HK 0.05	0.490 3	0.050
HK 0.1	0.980 7	0.100
HK 0.2	1.961	0.200
HK 0.3	2.942	0.300
HK 0.5	4.903	0.500
HK 1	9.807	1.000
HK 2	19.613	2.000

注 [a] SI 単位ではない。

8.3 定期点検

いずれの試験力に対しても試験を行う前の 1 週間以内に**附属書 A** に規定する定期点検を実施する。ただし，試験日に実施することが望ましい。試験力を変更した場合には，定期点検を実施することが望ましい。圧子を交換したときには，定期点検を実施しなければならない。

8.4 試験片の支持

試験片は，堅固な支持台の上に載せ，支持台の表面は，異物（スケール，油，汚れなど）のない状態にしておく。試験片は，試験中に試験結果に影響するずれが起こらないように，支持台上にしっかり固定しておくことが重要である。

8.5 試験面の顕微鏡焦点

試験面及び目的の試験位置が観察可能なように，くぼみ測定装置の顕微鏡の焦点を合わせる。

注記 顕微鏡の焦点を試験面に合わせることが不要な試験機もある。

8.6 試験力の付与

圧子を試験面に接触させた後，試験面に対して垂直の方向に試験力を加える。そのとき，衝撃，振動又は過負荷のないようにして，規定の試験力に到達させる。規定の試験力に到達するまでの所要時間は，7^{+1}_{-5} 秒とする。

注記 1 時間の許容幅は，非対称となっている。例えば，7^{+1}_{-5} 秒は，7 秒が公称時間で，2 秒（7 秒－5 秒と計算する。）以上，8 秒（7 秒＋1 秒と計算する。）以下が許容範囲である。

圧子の押込み速度は，70 μm/s 以下とする。

試験力の保持時間は，14^{+1}_{-4} 秒とする。ただし，保持時間に依存して硬さが変化する材料で，この範囲が不適切なものを除く。この規定時間の範囲を外れる試験の場合は，保持時間を，硬さの表示に明記しなければならない（**4.2** 参照）。

注記 2 ひずみ速度に敏感で，それによって耐力値が変化する材料がある。押込み終了時に，この効果

で硬さ値が変化する可能性がある。

8.7 衝撃及び振動の影響防止

試験中，試験機は，衝撃及び振動を受けないようにする。

8.8 隣接するくぼみ間の最小距離

くぼみの中心間の距離及びくぼみの中心から試験片の縁までの距離の最小値は，図3による。

試験片の縁と試験片の縁に平行なくぼみの中心との間の最小距離は，くぼみの短い方の対角線長さの少なくとも3.5倍でなければならない。試験片の縁と試験片の縁に直角なくぼみの中心との間の最小距離は，くぼみの長い方の対角線長さの少なくとも1倍でなければならない。

短い方の対角線方向に並んだ隣り合うくぼみの中心間の距離は，短い方の対角線の少なくとも3.5倍でなければならない。長い方の対角線方向に並んだ隣り合うくぼみの中心間の距離は，長い方の対角線の少なくとも2倍でなければならない。二つのくぼみの大きさが異なる場合には，くぼみの長い方の対角線を基準とする。

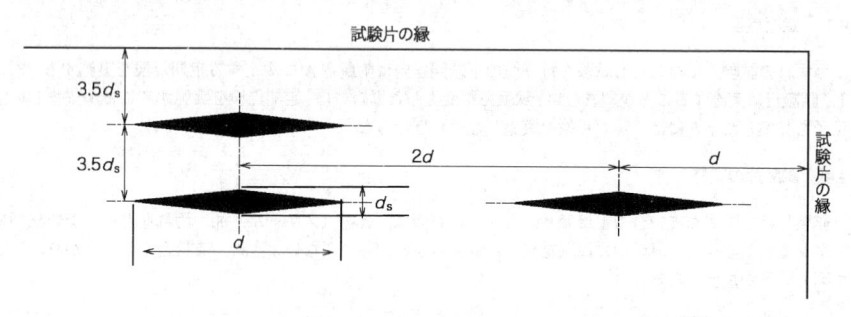

図3−ヌープくぼみの最小間隔

8.9 対角線長さの測定

くぼみの長い方の対角線の長さを測定して，その値から，ヌープ硬さを計算する。全ての試験において，くぼみの外側の境界は，顕微鏡の視野の中で明瞭な輪郭とならなければならない。

顕微鏡の倍率は，対角線長さが視野の25 %を超え，75 %未満になるようにするのがよい（6.3 参照）。

注記1 通常，試験力が小さくなると，測定結果のばらつきが大きくなる。長い方の対角線長さの測定精度は，±0.001 mm よりよくなることはない。

注記2 ケーラー照明を用いた光学システムの調整に関わる有用な技術は，**附属書 E** 参照。

くぼみ形状が対称でない場合は，長い方の対角線を短い方の対角線との交点で2分割し，分割された長さの差が長い方の5 %を超える場合には，支持台の面と試験片の測定面との平行を点検し，最終的には，試験片に対する圧子のアラインメントを点検する。差が5 %を超えている試験結果は，採用しないことが望ましい。

8.10　硬さ値の計算

硬さ値は，**表 1** の式によって求める。**JIS Z 2251-2** の表を用いて求めることも可能である。

8.11　金属皮膜及びその他無機皮膜の硬さ試験方法

金属皮膜及びその他無機皮膜のヌープ硬さ試験を行う場合は，追加の手順及び要求事項を規定した**附属書 F**，皮膜に関する規格又は受渡当事者間の協定のいずれかによる。

9　測定結果の不確かさ

不確かさの完全な評価は，**JCGM 100**:2008 に従って行うことが望ましい。

要因のタイプには関係なく，硬さの不確かさの評価は，次の二つの方法によって行うことが可能である。

— 一つは，直接検証に関わる全ての要因の評価を基にする方法である。EURAMET ガイドラインが，利用可能である。

— もう一つは，硬さ基準片［認証標準物質（CRM）］を使用した間接検証を基にする方法である。**附属書 B** にガイドラインを示す。

不確かさに対する全ての寄与を定量化することは，必ずしも可能ではないかもしれない。このようなときには，試験片に繰り返して付けたくぼみの統計解析によって，タイプ A の標準不確かさが評価可能なこともある。タイプ A 及びタイプ B の標準不確かさが集約された場合は，寄与を重複して評価しないように注意することが望ましい（**JCGM 100**:2008 の**箇条 4** 参照）。

> 注記　タイプ A 評価は，定義された測定条件下で得られる測定された量の値の統計解析による測定不確かさの成分の評価である。タイプ B 評価は，測定不確かさのタイプ A 評価以外の方法で決定される測定不確かさの成分の評価である（**ISO/IEC Guide 99** 参照）。

10　試験報告書

試験報告書は，必要な場合に提出する。試験報告書に次の項目を記載する。ただし，受渡当事者間の協定によって，次のうちから選択してもよい。

a) この規格によって試験した旨の表示，すなわち，**JIS Z 2251-1**

b) 試験片の識別に必要な全ての情報

c) 試験日

d) ヌープ硬さの測定結果（HK すなわち，**4.2** の様式で報告する。）

e) この規格に規定されていない全ての作業，又は任意とみなされている全ての作業

f) 結果に影響を及ぼした環境条件の詳細

g) 試験の温度（**8.1** に規定した範囲外の場合）

h) 異なる硬さに換算した場合，その換算の基準及び方法についても報告する。

ヌープ硬さを他の硬さ及び引張強さに正確に換算する一般的な方法はないので，そのような換算は，比較試験によって信頼可能な換算基準が得られない限り避けることが望ましい（**ISO 18265** も参照）。

> 注記　硬さ値の厳密な比較は，同一の試験力を用いる場合にだけ可能である。

附属書 A
（規定）
使用者による試験機，くぼみ測定装置及び圧子の定期点検

A.1 定期点検

定期点検に使用する圧子は，試験に使用するものを用いなければならない。硬さ基準片は，試験機での使用が想定される試験力及び想定される硬さレベルで，JIS B 7734 に従って校正されたものを選択しなければならない。

定期点検を実施する前に，くぼみ測定装置については，校正された硬さ基準片の参照くぼみを使用して間接検証をしなければならない。測定した値と硬さ基準片の認証値との差異は，0.001 mm 又は 1.25 %の大きい方以内であることが望ましい。くぼみ測定装置がこの試験に合格しない場合は，2 番目の参照くぼみを測定してもよい。この 2 番目の試験にも合格しない場合は，くぼみ測定装置を調整又は修理し，JIS B 7734 に従って直接検証及び間接検証することが望ましい。定期点検において，偏りが許容範囲を超えない場合は，参照くぼみの検証を省略してよい。

定期点検は，硬さ基準片の校正された面を用いて，少なくとも 2 点の硬さを測定しなければならない。くぼみは，硬さ基準片の表面上に均一に分散させなければならない。読取値に対して，偏りの百分率 b_{rel} の値がプラス方向，マイナス方向共に表 A.1 の許容値を超えなければ，試験機を合格とみなす。

偏りの百分率は，式(A.1)による。

$$b_{rel} = 100 \times \frac{\bar{H} - H_{CRM}}{H_{CRM}} \quad\text{.................................(A.1)}$$

ここで，　　　　　$\bar{H}$ ： 次の式(A.2)によって求める平均硬さ値
　　　　　　　　　H_{CRM} ： 硬さ基準片の認証硬さ値

$$\bar{H} = \frac{H_1 + \cdots + H_n}{n} \quad\text{.................................(A.2)}$$

ここで，　　H_1, $\cdots$, H_n ： 個々の測定硬さ
　　　　　　　　n ： くぼみの数

試験機がこの試験に合格しない場合には，圧子及び試験機が正常に作動することを検証し，定期点検を繰り返す。試験機の定期点検で再度不合格が継続する場合には，JIS B 7734 に従って間接検証を実施しなければならない。定期点検の結果の記録は，一定の期間保持し，再現性の測定及び試験機のドリフトの監視に使用することが望ましい。

表 A.1－HK の偏りの最大許容値

対角線の平均長さ $\bar{d}$ mm	試験機の HK 偏り（b_{rel}）の 最大許容百分率 ±%HK
$0.02 \leqq \bar{d} < 0.06$	$0.24/\bar{d}$
$0.06 \leqq \bar{d}$	4

注記　この規格で規定された試験機の性能に関する許容値は，長年をかけて開発され，見直された値で

ある。試験機の特定の許容値を決める場合には，測定機器及び／又は硬さ基準片を用いることによる不確かさも含まれていることになる。それゆえ，この不確かさを更に考慮に入れる，例えば，硬さ測定の不確かさで測定の許容差を狭めることは，不適切である。このことは，試験機の定期点検を実施する際に，全ての測定に適用される。

A.2　圧子の点検

経験上，初期に合格した圧子でも，比較的短期間の使用で欠点が生じるものが見られる。これは，圧子表面の小さな割れ，くぼみ又はその他のきずが原因である。そのような不具合が見つかったときには，再研磨によって再生してもよい。そうでないと，表面の小さな欠点が，圧子を急激に劣化させ，使用できなくなる。したがって，次による。

— 試験機が使われる日ごとに，硬さ基準片のくぼみの状態を目視で確認して，圧子の状態を管理するのがよい。

— 圧子に欠点が見つかった場合，その時点でその圧子の点検は，不合格である。前回点検以降の試験値の有効性を確認するのがよい。

— 圧子の再研磨及び他の補修は，JIS B 7734 を満足しなければならない。

附属書 B
(参考)
硬さ値測定の不確かさ

B.1　一般

測定の不確かさ分析は，誤差要因を特定し，試験結果の差を理解するのに役立つツールである。この附属書では，不確かさを見積もる指針を提供するが，顧客が具体的に指示しない限り，その方法は，参考扱いである。

ほとんどの製品規格には，長年をかけて得られた許容範囲がある。それらは，主に製品要求事項，そして一部は，硬さを測定するのに用いる試験機の性能に基づいている。それゆえ，これらの許容値には硬さの測定の不確かさによる寄与を包含しており，この不確かさを更に考慮に入れる，例えば，硬さの測定の不確かさで規定の許容差を狭めることは，不適切である。言い換えれば，製品規格において，硬さがある値以上又は以下と定められている場合，特に製品仕様で別に定められていなければ，単に計算された硬さ値がこの要求事項を満たさなければならないと解釈されることが望ましい。しかしながら，測定不確かさを許容範囲から差し引くのが適切であるような特別の状況がある可能性があるが，これは，受渡当事者間による協定に限定して行われることが望ましい。

この附属書では，不確かさの決定方法は，硬さ基準片（CRM）に関係する試験機の総合的な性能に関連する不確かさだけを扱っている。この性能の不確かさは，要素ごとの不確かさ（間接検証）を全て統合した結果である。このような手順であるため，個々の試験機の構成部品をそれぞれの許容範囲内で使用することが大切である。この手順は，直接検証に合格してから最長 1 年間に適用することを強く推奨する。

附属書 C では，硬さ基準を定義し，普及させるために必要な校正の連鎖の 4 階層のレベルを示している。それは，国際的に相互比較するために，様々な硬さ基準の国際的定義を用いた国際レベルを頂点としている。国家レベルの一次硬さ標準試験機によって，校正レベルの一次硬さ基準片が作られる。当然，その試験機の直接校正及び直接検証は，達成可能な最高精度であることが望ましい。

B.2　一般的な手順

計算は，**表 B.1** に示す各項の二乗和の平方根（RSS）によって合成不確かさ u_H を求める。拡張不確かさ U は，u_H に包含係数 $k = 2$ を乗じて求める。表 B.1 に全ての記号及び内容を示している。

次の値の差から求める試験機の偏り b（誤差ともいう。）は，不確かさを決定するために，様々な方法を適用することが可能である（**JIS B 7734** 参照）。

－　用いた硬さ基準片の認証校正値
－　試験機の校正時に上記の硬さ基準片に打った 5 点のくぼみから求めた硬さの平均値

硬さ測定の不確かさ決定には，二つの方法が用いられる。

－　方法 M1 は，異なる二つの方法で試験機の体系的な偏りが説明される。一つは，体系的な偏りから不確かさの寄与を算術的に加算する方法で，もう一つは，体系的な偏りを補完するために測定結果を補正する方法である。
－　方法 M2 は，体系的な偏りの大きさを考慮する必要がない不確かさを決定する方法である。

硬さの不確かさに関わる追加情報は，参考文献に示す。

注記 1 ドリフトは，前回校正からそれほど大きくないと仮定されるので，ここで示す不確かさを求める計算手順では，前回校正後の試験機性能上起こり得るドリフトは，考慮に入れていない。したがって，ここで示した分析は，多くの場合，試験機の校正直後に実施され，その結果が試験機の校正証明に記載されている。

注記 2 この附属書では，CRM という略称は，認証標準物質を表している。硬さ試験規格においては，認証標準物質とは，硬さ基準片，すなわち，認証値及び付随する不確かさの付いた基準片に相当する。

B.3 不確かさの計算手順：硬さ測定値

B.3.1 偏りを考慮した手順（方法 M1）

測定の不確かさを求める方法 M1 の手順を**表 B.1** に示す。試験機の測定の偏り b は，体系的な影響因子となり得る。**JCGM 100**:2008 では，補正は，体系的な影響因子を補完するために用い，これを M1 の基礎とするのが望ましいとしている。この方法を適用すると，全ての測定された硬さ値 x を b だけ小さくするか，又は拡張不確かさ U を b だけ大きくするといういずれかの結果になる。U_{M1} を決定する手順を**表 B.1** に示す。

一つの硬さ測定値 x に対する複合拡張測定不確かさは，式(B.1)による。

$$U_{\mathrm{M1}} = k \times \sqrt{u_{\mathrm{H}}^2 + 2 \times u_{\mathrm{ms}}^2 + u_{\mathrm{HTM}}^2} \quad \cdots\cdots\cdots\cdots\cdots\cdots\cdots\cdots\cdots\cdots\cdots\cdots\cdots\cdots\cdots (B.1)$$

ここで，　　u_{H}： 試験機の測定繰返し性の不足による測定不確かさ。

u_{ms}： 試験機の分解能による測定不確かさ。これには，長さ測定器の分解能及び測定顕微鏡の分解能の両方を考慮しなければならない。多くの場合，測定装置全体の分解能による不確かさは，対角線の両端を確認するため，U_{M1} を計算するときに 2 回取り込むのがよい。

u_{HTM}： 試験機がもっている測定の偏り b の不確かさ（この値は，**JIS B 7734** で定められた間接検証の結果として報告される。）による測定不確かさで，次の式(B.2)によって求める。

$$u_{\mathrm{HTM}} = \sqrt{u_{\mathrm{CRM}}^2 + u_{\mathrm{HCRM}}^2 + 2 \times u_{\mathrm{ms}}^2} \quad \cdots\cdots\cdots\cdots\cdots\cdots\cdots\cdots\cdots\cdots\cdots\cdots\cdots (B.2)$$

ここで，　　u_{CRM}： $k = 1$ に対する校正証明書による CRM の認証値の校正不確かさに起因した測定不確かさの寄与。

u_{HCRM}： 次の 2 要素を複合した測定不確かさへの寄与。一つは，試験機の測定繰返し性の不足によるもの。もう一つは，CRM の硬さ不均一性によるもので，CRM を測定したときの硬さ測定値の平均に対する標準偏差として計算される。

u_{ms}： CRM を測定するときの試験機の分解能に起因する測定不確かさへの寄与。

測定の結果は，二つの方法で報告される。

－　X_{corr}：測定値 x を次の式(B.3)に従って，測定の偏り b によって補正した値。

$$X_{\text{corr}} = (x - b) \pm U_{\text{M1}} \quad\cdots\cdots\cdots\cdots\cdots\cdots\cdots\cdots\cdots\cdots\cdots\cdots \text{(B.3)}$$

－ X_{ucorr}：測定値 x を測定偏り b によって補正せず，式(B.4)に従って，拡張不確かさ U に偏りの絶対値を加えた値。

$$X_{\text{ucorr}} = x \pm \left(U_{\text{M1}} + |b| \right) \quad\cdots\cdots\cdots\cdots\cdots\cdots\cdots\cdots\cdots\cdots \text{(B.4)}$$

方法 M1 を適用する場合には，採用した b 値に関連する不確かさの関与を RSS の項に加えるのが適切である。これは，次のようなケースがある。

－ 測定された硬さが，試験機を校正したときに用いた CRM の硬さレベルと明らかに異なっているとき。

－ 試験機の偏りが，校正範囲で明らかに変化しているとき。

－ 測定する素材が，試験機の校正時に使用した硬さ基準片の素材と異なっているとき。

－ 試験機の日々の性能（再現性）が，明らかに変化しているとき。

測定不確かさに追加するこれらの寄与の計算については，ここでは述べていない。全ての状況で，b と関連付ける不確かさの評価に対しては，ロバスト法を用いなければならない。

B.3.2　偏りを用いない方法（方法 M2）

方法 M1 の代替法として，ある場合において方法 M2 を用いることが可能である。当該試験機の偏りが最大許容偏差（**JIS B 7734** 参照）に適合していることを確かめる際に，偏り b 値だけではなく，$|b| + U_{\text{HTM}}$ を用いて，**JIS B 7734** に従った間接検証に合格した場合に，方法 M2 が有効となる。方法 M2 では，最大許容偏り b_{E}（試験機の読み値が硬さ基準片と異なることが許容された正の値）は，**JIS B 7734** の**表 5**（繰返し性 r_{rel} の許容値）に規定されており，不確かさの一要素 u_{E} を定めるために用いられる。偏りの許容値に対して硬さ値の補正は，ない。U_{M2} を決定する手順を**表 B.1** に示す。

一つの硬さ測定に対する複合拡張測定不確かさは，式(B.5)による。

$$U_{\text{M2}} = k \times \sqrt{u_{\text{H}}^2 + 2 \times u_{\text{ms}}^2 + u_{\text{E}}^2} \quad\cdots\cdots\cdots\cdots\cdots\cdots\cdots\cdots\cdots\cdots \text{(B.5)}$$

ここで，　　　　　　u_{H}：　試験機の測定繰返し性不足による測定不確かさ。

　　　　　　　　　　u_{ms}：　試験機の分解能による測定不確かさ。これには，長さ測定器の分解能及び測定顕微鏡の分解能の両方を考慮しなければならない。多くの場合，測定装置全体の分解能による不確かさは，対角線の両端を確認するため，U_{M2} を計算するときに 2 回取り込むのがよい。

　　　　　　　　　　u_{E}：　偏りの最大許容偏差による測定不確かさ ［く（矩）形分布］（**表 B.1** 参照）。ここで，b_{E} は，**JIS B 7734** で規定される繰返し性 r_{rel} の許容値である。

測定の結果は，次の式(B.6)によって求める。

$$X = x \pm U_{\text{M2}} \quad\cdots\cdots\cdots\cdots\cdots\cdots\cdots\cdots\cdots\cdots\cdots\cdots\cdots\cdots\cdots\cdots \text{(B.6)}$$

B.4 測定結果の表現の例

一台の試験機で，一つの試験片に対してヌープ硬さを 1 点測定する。

硬さ測定値 x：$x = 810$ HK 1

対角線長さ d：$d = 0.132\ 5$ mm

対角線長さ測定装置の分解能は，式(B.7)によって求める。

$$\delta_{ms} = \sqrt{\delta_{OR}^2 + \delta_{IR}^2} \quad\cdots\cdots (B.7)$$

$\delta_{ms} = 0.000\ 51$ mm

ここで，　　　δ_{ms}： 対角線長さ測定装置の分解能
δ_{OR}： 顕微鏡対物レンズの光学分解能で，0.000 5 mm
δ_{IR}： 測定装置の表示の分解能で，0.000 1 mm

前回の試験機の間接検証では，$\bar{H}_{CRM} = 802.7$ HK 1 の CRM を用いて，偏りの不確かさ U_{HTM} と偏り b とを測定した。この CRM は，間接検証に用いる硬さ基準片の中で試験片の硬さに最も近いものであった。

試験機の測定偏り b：$b = 1.0$ HK 1

試験機の測定偏りの不確かさ U_{HTM}：$U_{HTM} = 12.7$ HK 1

試験機の測定繰返し性不足を測定するために，試験所で試験片と同じくらいの硬さの CRM を HK 1 で 5 点測定した。試験片の不均一性の影響を減らすために，要求事項を満たしながら，隣り合った点で 5 点 H_i 測定した。

測定値の 5 点，$H_i = 806.5$ HK 1，803.0 HK 1，800.9 HK 1，803.4 HK 1，797.5 HK 1

測定値の平均 $\bar{H}$：$\bar{H} = 802.3$ HK 1

測定値の標準偏差 s_H：$s_H = 3.3$ HK 1

JIS B 7734 に基づいた前回の間接検証の測定値による s_H の値を上記の繰返し性に代えてもよい。しかし，この標準偏差は，CRM の不均一性も含んでいるので，通常，測定繰返し不確かさ不足の影響を過大評価している。

例えば，

$|b| + U_{HTM} = 1.0 + 12.7 = 13.7$ HK 1

$b_E = 810$ HK 1 の 4 % = 32.4 HK 1

試験機の偏り及び偏りを決定するときの拡張不確かさの合計（$|b| + U_{HTM}$）は，偏りの最大許容値 b_E の範囲内なので，方法 M1 又は方法 M2 のいずれかを用いてよい。

表 B.1－方法 M1 及び方法 M2 による拡張不確かさの決定

段階	不確かさの要素	記号	式	説明／出典，証明など	例
1 M1, M2	測定値	x	－	－	$x = 810$ HK 1
2 M1	偏り値 b 及び間接検証から得られた試験機の偏りの不確かさ U_{HTM}	b U_{HTM} u_{HTM}	$u_{HTM} = \dfrac{U_{HTM}}{2}$	$\bar{H}_{CRM} = 802.7$ HK 1 の CRM を用いた間接検証に従った b 及び U_{HTM}（**注記 1** 参照）	$b = 1.0$ HK 1 $U_{HTM} = 12.7$ HK 1 $u_{HTM} = \dfrac{12.7}{2} = 6.35$ HK 1
3 M2	偏りの最大許容偏差	b_E	$b_E =$ 許容偏りの正の最大値	**JIS B.7734** の**表 5** による許容偏り	$b_E = 4$ % $b_E = \dfrac{4 \times 810}{100} = 32.4$ HK 1
4 M2	偏りの最大許容偏差に起因した測定不確かさ	u_E	$u_E = b_E / \sqrt{3}$	く形分布	$u_E = \dfrac{32.4}{\sqrt{3}} = 18.7$ HK 1
5 M1, M2	繰返し性測定の標準偏差	s_H	$s_H = \sqrt{\dfrac{1}{n-1}\sum_{i=1}^{n}\left(H_i - \bar{H}\right)^2}$	試験片と類似した硬さの CRM を試験所で 5 点測定する	$s_H = 3.3$ HK 1
6 M1, M2	繰返し性に起因する測定不確かさ	u_H	$u_H = t \times s_H$	$n = 5$ に対して $t = 1.14$ （JCGM 100:2008 参照）	$u_H = 1.14 \times 3.3 = 3.8$ HK 1
7 M1, M2	硬さ値表示の分解能による標準不確かさ	u_{ms}	$u_{ms} = -\dfrac{2x}{d} \times \dfrac{\delta_{ms}}{2\sqrt{3}}$	$\delta_{ms} = 0.000\,51$ mm $x = 810$ HK 1 $d = 0.133$ mm （注記 2 参照）	$u_{ms} = -\dfrac{2 \times 810.0}{0.133} \times \dfrac{0.000\,51}{2 \times \sqrt{3}} = -1.80$ HK 1
8 M1	拡張不確かさの決定	U_{M1}	$U_{M1} = k \times \sqrt{u_H^2 + 2 \times u_{ms}^2 + u_{HTM}^2}$	段階 2，6 及び 7 $k = 2$	$U_{M1} = 15.6$ HK 1 $x = 810$ HK 1
9 M1	修正硬さを用いた場合の測定値	X_{corr}	$X_{corr} = (x - b) \pm U_{M1}$	段階 1，2 及び 8	$X_{corr} = (809 \pm 16)$ HK 1
10 M1	修正不確かさを用いた場合の測定値	X_{ucorr}	$X_{ucorr} = x \pm \left(U_{M1} + |b|\right)$	段階 1，2 及び 8	$x = 810$ HK 1 $X_{ucorr} = (810 \pm 17)$ HK 1
11 M2	拡張不確かさの決定	U_{M2}	$U_{M2} = k \times \sqrt{u_H^2 + 2 \times u_{ms}^2 + u_E^2}$	段階 4，6 及び 7 $k = 2$	$U_{M2} = 38.5$ HK 1 $x = 810$ HK 1
12 M2	測定結果	X	$X = x \pm U_{M2}$	段階 1 及び 11	$X = (810 \pm 39)$ HK 1

JIS B.7734 による前回の間接検証の測定に基づいた s_H の値を用いることが可能である。しかし，この標準偏差は，CRM の不均一性を含んでいるので，通常，繰返し性不足による測定不確かさの影響を過大評価している。一つの試験片で測定した複数の硬さ値の平均を報告するときに段階 5 の s_H は，試験片で測定した複数の硬さ値の標準偏差を硬さ測定数の平方根で割った値に置き換えるのが望ましい。また，段階 6 の t 値が，n 点の測定に対して適切であることが望ましい。（$u_H = t \times s_H / \sqrt{n}$）計算された u_H も，試験片の不均一性を包含しているものとなる。

注記 1 $0.8b_E < b < 1.0b_E$ のときは，CRM と試験片との硬さの関係を検討することが可能である。

注記 2 感受性係数 $-2x/d$ は，ミリメートル（mm）単位の対角線長さの不確かさを HK の不確かさに換算するための $\partial x/\partial d$ から得られる。

附属書 C
（参考）
ヌープ硬さ測定のトレーサビリティ

C.1　トレーサビリティの定義

ヌープ硬さ測定のトレーサビリティの連鎖は，長さ又は温度のような他の多くの測定量とは異なっている。これは，もともとヌープ硬さ測定などが，試験機を用いて，定められた試験手順に従って，試験中に力，長さ，時間などの異なる複数のパラメータを測定しているからである。これらの個々の測定値は，試験の他のパラメータと同様に，硬さの結果に影響を及ぼす。

国際計量計測用語（The International Vocabulary of Metrology/VIM3, 2012）では，計量トレーサビリティを次のように定義している。

計量トレーサビリティ－個々の校正が測定不確かさに寄与する，文書化された切れ目のない校正の連鎖を通じて，測定結果を計量参照に関連付けることが可能な測定結果の性質。

この定義によれば，測定結果がトレーサビリティをもつためには，二つの事柄が必要である。

a)　測定の不確かさに寄与する切れ目のない校正の連鎖

b)　トレーサビリティが明らかな硬さ基準片

これらは，計量トレーサビリティ連鎖と定義される。

C.2　校正の連鎖

JIS B 7734 では，校正及び検証に要求される手順を規定して，この規格で使用してよい試験機であることを明らかにしている。校正手順には，使用する硬さ範囲の硬さ基準片の硬さ測定に加えて，試験力，圧子形状，くぼみ測定装置などの試験機の性能に影響する様々な要素の直接測定が規定されている。個々の校正測定には，試験機が検証に合格するために必要な許容差が規定されている。歴史的に試験機の構成部品の校正及び検証は，直接検証，また，硬さ基準片による試験機の校正及び検証は，間接検証と呼ばれてきた。

JIS B 7734 では，試験機の間接検証に用いられる硬さ基準片の校正に要求される手順，並びにこの硬さ基準片の校正に用いられる試験機の校正及び検証に要求される手順を規定している。試験機の測定トレーサビリティの条件となる“切れ目のない校正の連鎖”を考慮すると，試験のトレーサビリティは，直接検証又は間接検証のいずれかによって成立していることが明らかである。

直接検証では，試験機の個々の構成部品について，それぞれの測定が校正連鎖を経由して，国家計量標準機関（NMI）に認められた国際単位系（SI）にトレーサビリティをもつことが要求されている。この校正連鎖は，**図 C.1** の右側に示されている。総合的に，これらの校正連鎖は，試験機に対する潜在的なトレーサビリティ連鎖を形成している。

図 C.1 の左側では，国家レベル，校正レベル，使用者レベルなどの校正の階層としての各レベルにおける個別の校正連鎖によってトレーサビリティ連鎖の構成を図示している。また，硬さ基準片の校正及びそれに続く試験機の間接検証を含んでいる。一次（国家レベル）硬さ標準試験機で一次硬さ基準片を校正し，

これを用いて硬さ校正用試験機（校正レベル）を校正する。試験機（使用者レベル）を校正するために使用される硬さ基準片をこの試験機で校正する。

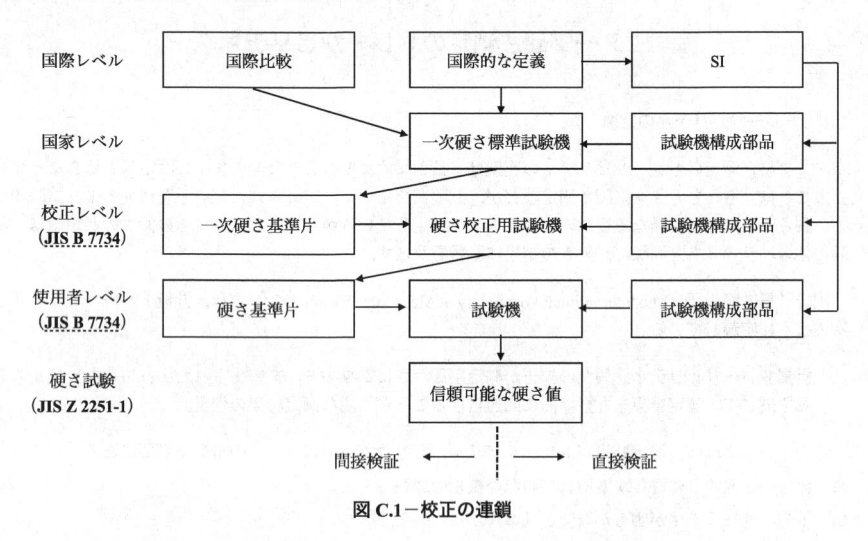

図 C.1－校正の連鎖

C.3 ヌープ硬さ基準

トレーサビリティ実現のためのもう一つ必要なものは，トレーサビリティが確立した硬さ基準片である。ヌープ硬さは，材料の基礎物性ではなく，定義された試験方法で求められる順序尺度量（ordinal quantity）である。理想的には，ヌープ硬さ測定に対する最上位の基準は，この測定方法の全ての試験パラメータを含めて国際的に合意された方法として定義することが望ましい。硬さのトレーサビリティは，この定義を試験所が完全に満たすか，又は定義を実際に具現することであり，その具現の正しさは，試験所の測定不確かさに反映され，国際比較によって確認される。国際的に合意された基準は，硬さワーキンググループ（CCM-WGH）で開発され（**附属書 D** 参照），ヌープ硬さを標準化した NMI によって示される。このとき，CCM-WGH は，ヌープ硬さの基準を示してはいない。最上位の基準は，通常，NMI が選択した試験の定義に基づいたヌープ硬さを示したものである。NMI がヌープ硬さの硬さ基準片を校正しない場合，国内レベルの最上位の基準は，校正レベルの試験所がヌープ硬さの基準を示すこととしてもよい。

C.4 実用上の問題点

図 C.1（左側及び右側）に示している校正連鎖のいずれかによって，理論的には適切なヌープ硬さ基準のトレーサビリティが提供可能である。しかし，両者に考慮しなければならない実用上の問題がある。**図 C.1** の右側に示しているヌープ直接検証の連鎖では，硬さ測定値に影響する可能性がある全てのパラメータに対して，特定し，測定し，必要であれば補正するということは極めて難しい。試験機が直接検証に合格したとしても，明らかに影響を及ぼすパラメータが一つでも管理できていない場合には，トレーサビリティとはみなさない。このことは，しばしば起こり，校正の下位の階層で更に問題となる。

図 C.1 の左側に示している間接検証の校正連鎖でも，考慮すべき問題が存在する。複数の構成部品から

なる試験機を用いた場合，硬さ測定中に，測定に関わる一つの構成部品の誤差が他の構成部品の誤差によって補完されたり，相殺されたりする可能性がある。この場合，間接検証で試験した特定の硬さレベルの材料に対しては，結果として正確な硬さ測定ができてしまうことがある。しかし，別の硬さレベル又は材料の試験では，誤差が拡大する可能性がある。試験機の個々の校正部品の誤差が大きく影響する場合には，トレーサビリティとはみなされないかもしれない。

C.5 ヌープ硬さ測定のトレーサビリティ

C.5.1 一般

C.4 のことから，ヌープ硬さ測定のトレーサビリティを実現するためには，一般的に，両方のトレーサビリティ連鎖が必要であると分かる。しかし，測定プロセスを念入りに調査し評価すれば，トレーサビリティは，二つの連鎖のうち，一方に基づくだけで実現の可能性がある。例えば，国家レベルにおいては，NMI の一次硬さ標準試験機のトレーサビリティは，更に上位の認められた硬さ基準片が存在しないので，直接検証によって実現される。NMI は，通常，所有する測定装置を徹底的に評価することができ，不確かさのレベルを他の NMI と国際的に比較可能であるので，この連鎖によるトレーサビリティが可能となる。一方で，何十年にも及ぶヌープ硬さ測定の経験から，校正の下位の階層に対しては，トレーサビリティを確保し，不確かさを求める上では，間接検証の連鎖が最も実用的とされている。しかし，試験機の個々の構成部品の定量数値も重要である。このトレーサビリティのスキームによって，工業的にヌープ硬さ測定が適切であると示されている。

C.5.2 校正レベルのトレーサビリティ

校正レベルのトレーサビリティは，国家レベルの NMI で校正された一次硬さ基準片を用いた間接検証の校正連鎖によって，最も適切に確立される。この連鎖は，測定不確かさを決定するのにも用いることが望ましい。しかし，同時に，構成部品を相殺する誤差が小さいことを確認するために，硬さ校正用試験機の各構成部品を頻繁に校正することが望ましい。硬さのトレーサビリティは，ヌープ硬さの CCM-WGH の定義を NMI が具現化することが望ましい。又は CCM-WGH の定義がない場合は，NMI が自らの定義を決めて実現することが望ましい。NMI が硬さ基準片を供給しないか，又は校正試験所との比較測定を実施しない場合，及び他の NMI の硬さ基準片を用いることが現実的でない場合，トレーサビリティが宣言された硬さ基準片には，この規格によって定義されたような国際的な試験方法に基づいたヌープ硬さを実現する校正試験所が必要となるかもしれない。この場合には，校正試験所の測定のトレーサビリティは，合意された硬さ基準片を用いた間接検証，又は相互比較によって確認された直接検証としてもよい。

C.5.3 使用者レベルのトレーサビリティ

使用者レベルの測定のトレーサビリティは，校正レベル又は国家レベルで校正された硬さ基準片を用いた間接検証の校正連鎖によって得るのが最適である。校正レベルのトレーサビリティと同様に，この方法は，最も実用的で，測定不確かさを決定するためにも用いられることが望ましい。試験機の構成部品を定期的に直接検証して，相殺された誤差が小さいことを確認することも要求されている。しかし，産業界では，通常，試験機を製造又は補修したときにだけ，このような測定をすることをこの規格で最低限の要求としている。

注記 この附属書で用いられている次の用語は，VIM3 に従っている。

- — calibration：校正
- — calibration hierarchy：校正の階層
- — metrological traceability：計量トレーサビリティ
- — metrological traceability chain：計量トレーサビリティ連鎖
- — ordinal quantity：順序尺度量
- — verification：検証

附属書 D
(参考)
CCM－硬さワーキンググループ

1999 年第 88 回国際度量衡委員会（CIPM）において，質量関連量諮問委員会（CCM）委員長は，"硬さの定義は，独自に選択した式を用いるという意味で，確かに慣用的なものである。しかし，その試験方法は，SI 単位によって表される物理的な数値の組合せで定義されている。硬さの基準は，ほとんどが国家計量標準機関（NMI）で確立され維持されており，その基準へのトレーサビリティは，産業界及びその他の業界から強く要求されている。"と述べた。引き続く議論で，硬さの基準は，相互承認協定（MRA）のために国際基幹比較データベース（KCDB）に含まれることが望ましいという結論になり，CCM の枠組みの中で，硬さワーキンググループ（CCM-WGH）が設立された。

CCM-WGH の設立によって，最上位の国家レベルにおける，測定の差異を少なくするための技術外交的な枠組みが提供された。この枠組みの中で，硬さに影響するパラメータについて検討し，NMI が用いる硬さ試験の国際的な定義を確立することが可能となった。国際的な合意が必要であるので，CCM-WGH は，硬さの適切な普及を着実に行うために，**ISO/TC 164**（金属の機械試験）**/SC 3**（硬さ試験）との密接な連携を保っている。CCM-WGH での定義の最も意味ある改善点は，硬さ試験のパラメータが，この試験方法で規定されているような許容値ではなく，特定の値を規定したことである。可能な場合，この規格では，CCM-WGH が定めた硬さ試験のパラメータを適用している。

CCM-WGH の定義は，https://www.bipm.org で公開されている。

附属書 E
(参考)
ケーラー照明システムの調整

E.1　一般

光学系は，調整ができないように設定されているものと，軽微な調整が可能になっているものとがある。分解能が最大となるように，次の調整をすると有効な場合がある。

E.2　ケーラー照明

画像を鮮明にするために，平面に研磨した試験片表面にピントを合わせる。

光源を中心に合わせる。

視野の中心と開口部の絞りの中心とをそろ（揃）える。

視野からちょうど消えるように絞りを開く。

接眼レンズを外し，対物レンズの後側の焦点面を観察する。全ての部品が定位置にあれば，光源及び絞りでピントは，鮮明になる。

最大解像力に対しては，解放絞りが望ましい。ぎらつきが過度な場合は，絞る。ただし，分解能が落ちて，回折現象によって測定に支障を来すおそれがあるので，開放の 3/4 より小さくしてはならない。

観察するのに光が強すぎる場合は，適切な減光フィルター又は抵抗器を使って強度を低減させる。

附属書 F
（規定）
金属皮膜及びその他無機皮膜のヌープ硬さの決定

F.1　一般

　この附属書は，この規格を金属皮膜及びその他無機皮膜のヌープ硬さの決定に適用する場合の追加の手順及び要求事項を規定する。通常，皮膜の硬さ測定においては，小さなくぼみが要求される。この規格の適用範囲よりも小さなくぼみを用いる硬さ試験の場合は，**ISO 14577-1** 及び **ISO 14577-4** に適合して実施することが可能である。技術的に皮膜の硬さ試験においては，可能な限り最大のくぼみのサイズを選定することが望ましい。

F.2　試験片

F.2.1　表面粗さ

　試験片の表面が粗い場合，くぼみの対角線長さの正確な測定が不可能な場合がある。このため，通常，HK 0.5 以下の試験力で，皮膜断面は，測定される。試験片は，化学的に，電気化学的に又は機械的に研磨してもよい。研磨を行う場合は，硬さ測定値を変化させるような局所的な熱又は加工硬化を最小限とするように実施する。

　金属溶射皮膜のくぼみの測定は，金属溶射皮膜のその表面が粗いため，通常，断面に対して行う。断面を滑らかに研磨して測定を行うことが望ましい。試験面の表面粗さは，報告項目である（**F.4** 参照）。加工硬化しやすい皮膜は，金属組織試験片の調整方法によって常にある程度影響を受けるため，この影響が最小になるように注意する必要がある。

　表面粗さは，算術平均粗さ Ra 0.3 μm 未満が推奨される。Ra について可能であれば最大押込み深さの 5 %未満が望ましいが，最大押込み深さの 5 %以上の場合，試験報告書に記載することが望ましい（**F.4** 参照）。

F.2.2　皮膜厚さ測定

　硬さ試験の前に皮膜厚さを適切な方法，例えば **ISO 1463** に規定されている顕微鏡観察方法を用いて測定する。皮膜厚さを試験報告書に記載する（**F.4** 参照）。

F.2.3　断面測定のための試験片

　皮膜断面の試験では，測定表面を正しく設置し（**F.3.2** 参照），くぼみの対角線の一辺が皮膜と基材との境界に直角となるような（**F.3.4** 参照）場合に，皮膜の厚さは，測定に問題のないくぼみを生成するに十分な大きさでなければならない。試験片の皮膜厚さは，0.020 mm 以上でなければならない。ただし，受渡当事者間の協定によって 0.020 mm 未満の皮膜を測定してもよい。

　断面方向の試験片に対して適切な方法，例えば **ISO 1463** に規定されている顕微鏡観察方法を用いて，埋め込み，研磨及びエッチングを行う。加工硬化を最小とする（**F.2.1** 参照）。可能な限り，エッチングされた表面を試験することを避ける。

F.2.4　代用試験片（test coupons）

代用試験片は，実際の試験片の代用として特別に準備された同等の試験片である。適切な文書によって規定されている場合，代用試験片を用いてもよい。また，製品が硬さ試験として適さない形状の場合，代用試験片を用いてもよい。代用試験片が製品と同一又は最も類似した製造方法によって作られた場合，試験は，有効である。めっき皮膜部品の場合，特に金めっきのような，めっき溶液の組成，及びあらゆる電気めっきの変動要因に対して硬さが影響を受けやすい場合は，代用試験片を電解液の制御の有用な手段として用いてよい。

代用試験片の電気めっき条件，すなわち電流密度，温度，かくはん（撹拌）及び溶液組成は，できるだけ試験する製品で行った電気めっきの条件とする。

F.3 試験方法

F.3.1 試験温度

試験温度は，(23±5) ℃で実施する。この範囲以外で試験した場合は，試験報告書（**F.4** 参照）に記載しなければならない。

F.3.2 試験面の傾き

試験面に対して圧子の軸が垂直でない場合，測定値が有効でない可能性がある。垂直に対する誤差が0.5°未満の場合，正確な結果となる。等方性の材料において対角線の長さが顕著に異なる場合，垂直性が確保されていない可能性がある。

F.3.3 くぼみの位置

硬さの値は，皮膜よりも母材の影響を受ける可能性がある。例えば，くぼみが基材に近接し，かつ，基材が皮膜より柔らかい場合，得られる測定値は，かなり低い可能性がある。材料に析出物又は介在物を含む場合，くぼみは，金属組織の不均一部の近傍において形がひずむ可能性がある。このような無効なくぼみは，正常な形でないくぼみによって検出することが可能である。

傾斜構造の皮膜の場合，皮膜厚さに従って皮膜の硬さは，変化することがある。くぼみの位置は，受渡当事者間で協定することが望ましい。

F.3.4 皮膜断面の測定時のくぼみの向き及び間隔

皮膜の断面を試験する際に，くぼみの向きは，長い方の対角線が，皮膜基材に対して平行にならなければならない。くぼみの中心と試験片の端部との間隔は，くぼみの短い対角線長さの少なくとも 3.5 倍以上でなければならない。積層状の材料を試験する際のくぼみの間隔を決定するためには，接着表面を境界とみなす。

F.3.5 振動の排除

振動の排除は，特に低試験力における小さなくぼみに対して重要である。振動は，適用された試験力にかかわらず重大な誤差の原因であるが，低試験力においてその影響は，一層顕著である。一般に，振動によって硬さは，低下する。誤差の原因は，既知の硬さをもつ試験片，例えば，**JIS B 7734** に適合し，校正された硬さ基準片を測定し，硬さ値を比較することによって検出することが可能である。防振対策した支持台に置くなど試験機に適切な防振対策を行うことで，振動の影響を減少させることが可能である。

F.3.6 試験力の選択

正確な皮膜硬さを得るために，皮膜の厚さに適した最大試験力を用いる（**図 F.1** 及び **F.2.3** 参照）。試験力が同じ場合は，試験結果が比較可能である。

皮膜の表面に対して垂直方向に試験を行う場合，皮膜の厚さがくぼみの長い方の対角線長さの 1/3 倍以上となるように試験力を選択する。

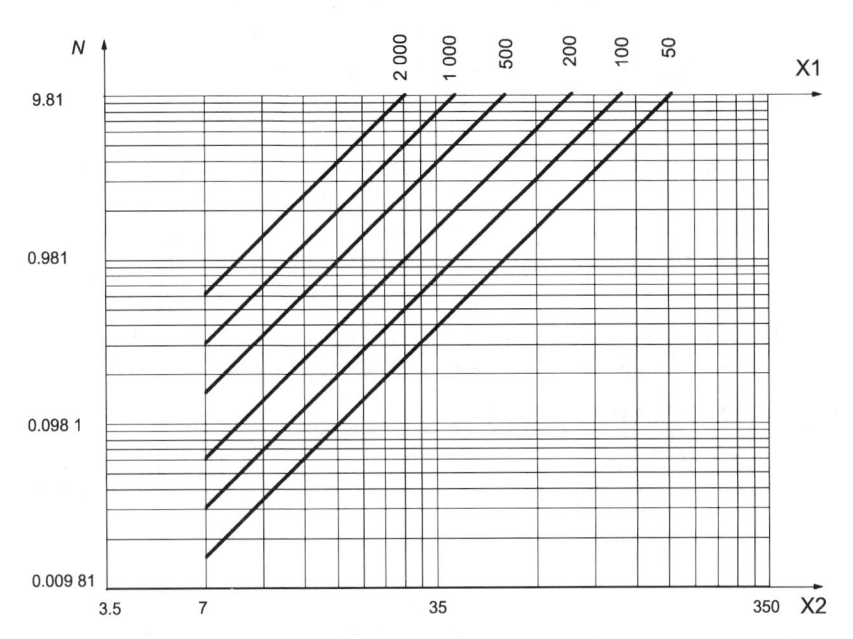

記号説明
　X1：硬さ値
　X2：最小皮膜厚さ（μm）
　N：試験力（N）

図 F.1−皮膜表面に対して垂直方向に試験するときの最小皮膜厚さと試験力及び硬さとの関係

F.3.7 測定の比較

皮膜試験の硬さ値は，9.807 N を超える試験力で行う硬さ試験よりも，試験力に影響される程度が大きい。皮膜内の異なる 2 か所の硬さを測定し比較する場合，又は試験箇所と（基準片を用いた）参照箇所との硬さを比較する場合は，比較可能な硬さ値を得るために，最初の試験及び参照試験で使用する同じ標準試験力（1 %以内）及び負荷時間を用いて試験を行う。

非等方性を含む多くの要因があるので，試験片には，最初の試験及び参照試験を行った点をマーキングし，試験の位置を試験報告書に記録しなければならない（**F.4** 参照）。

F.3.8 硬さの計算

平均硬さ値 $\bar{H}$ は，それぞれの試験片における試験対象の表面に定められた代表する場所において最少 5 点のくぼみを測定し，この測定群の平均硬さを計算することで求める。

平均硬さ値 $\bar{H}$ を計算するため，n 点（5 点以上）の測定された硬さ値 H_1, H_2, …, H_n を大きい順に並べる。式(F.1)に従って $\bar{H}$ を計算する。

$$\bar{H} = \frac{H_1 + H_2 + \cdots + H_n}{n} \quad\cdots\cdots\cdots\cdots\cdots\cdots\cdots\cdots\cdots\cdots\cdots\cdots (F.1)$$

式(F.2)に従って硬さ測定の変動係数（相対標準偏差）C_v を求め，百分率で表す。

$$C_v = \frac{100 \times s}{\bar{H}} \quad\cdots\cdots\cdots\cdots\cdots\cdots\cdots\cdots\cdots\cdots\cdots\cdots\cdots\cdots (F.2)$$

ここで，　　　　　　　　s: $\bar{H}$ を求めるために測定した n 個の硬さ測定値の標準偏差であり，式(F.3)によって求める。

$$s = \sqrt{\frac{1}{n-1} \sum_{i=1}^{n} \left(\bar{H} - H_i\right)^2} \quad\cdots\cdots\cdots\cdots\cdots\cdots\cdots\cdots\cdots (F.3)$$

変動係数（相対標準偏差）は，通常 5 %未満と期待されるが，5 %を超えた値が得られた場合，試験報告書に記載する（**F.4** 参照）。最大値と最小値との差を測定結果の範囲として試験報告書に記載してもよい。

F.3.9 ぜい（脆）性皮膜材料

押込み中にクラックが発生した場合は，有効な硬さ値は得られない。この場合は，押込み速度又は試験力を低下させることによって解決してもよい。しかし，低試験力では，不確かさが大きくなる可能性がある。

F.4 試験報告書

試験報告書は，必要な場合に提出する。試験報告書に箇条 **10** に加えて次の項目を記載する。ただし，受渡当事者間の協定によって，次のうちから選択してもよい。

— 測定（例えば，断面又は表面に垂直の位置及び参照領域）
— 表面粗さ（**F.2.1** の条件から外れていた場合）
— 試験温度（**F.3.1** の条件から外れていた場合）
— 変動係数（相対標準偏差）
— 皮膜厚さ

参考文献

[1] **ISO 1463**, Metallic and oxide coatings－Measurement of coating thickness－Microscopical method

[2] **ISO 4545-4**, Metallic materials－Knoop hardness test－Part 4: Table of hardness values

[3] **ISO 14577-1**, Metallic materials－Instrumented indentation test for hardness and materials parameters－Part 1: Test method

[4] **ISO 14577-2**, Metallic materials－Instrumented indentation test for hardness and materials parameters－Part 2: Verification and calibration of testing machines

[5] **ISO 14577-3**, Metallic materials－Instrumented indentation test for hardness and materials parameters－Part 3: Calibration of reference blocks

[6] **ISO 14577-4**, Metallic materials－Instrumented indentation test for hardness and materials parameters－Part 4: Test method for metallic and non-metallic coatings

[7] **ISO 18265**, Metallic materials－Conversion of hardness values

[8] **JCGM 100**:2008 (GUM 1995 with minor corrections), Evaluation of measurement data－Guide to the expression of uncertainty in measurement. BIPM/IEC/IFCC/ILAC/ISO/IUPAC/IUPAP/OIML, 2008

[9] Hardmeko report 2010, Tassanai Sanponpute Apichaya Meesaplak, Vibration effect on Vickers hardness measurement

[10] EURAMET cg-16 Ver. 2.0, Guidelines on the Estimation of Uncertainty in Hardness Measurements, 2011

[11] GABAUER, W. Manual of Codes of Practice for the Determination of Uncertainties in Mechanical Tests on Metallic Materials, The Estimation of Uncertainties in Hardness Measurements, Project, No. SMT4-CT97-2165, UNCERT COP 14:2000

[12] GABAUER, W., BINDER O. Abschätzung der Messunsicherheit in der Härteprüfung unter Verwendung der indirekten Kalibriermethode, DVM Werkstoffprüfung, Tagungsband 2000, S. pp. 255-261

[13] POLZIN, T., SCHWENK, D. Estimation of Uncertainty of Hardness Testing; PC file for the determination, Materialprüfung, 3, 2002 (44), pp. 64-71

[14] VIM. International vocabulary of metrology－Basic and general concepts and associated terms, VIM, 3rd edition (2008 version with minor corrections), JCGM 200:2012 available via https://www.bipm.org/en/publications/guides/vim.html

[15] IIZUKA K. Worldwide Activities Around Hardness Measurement－Activities in CCM/CIPM, IMEKO/TC5, OIML/TC10 and ISO/TC164 in Proceedings HARDMEKO 2007, Tsukuba, Japan, 2007, 1-4

[16] **JIS Z 2251-2** ヌープ硬さ試験－第2部：硬さ値表

[17] **ISO/IEC Guide 99**, International vocabulary of metrology－Basic and general concepts and associated terms (VIM)

附属書 JA
(参考)
JIS と対応国際規格との対比表

JIS Z 2251-1				ISO 4545-1:2023，（MOD）	
a) JIS の箇条番号	**b)** 対応国際規格の対応する箇条番号	**c)** 箇条ごとの評価	**d)** JIS と対応国際規格との技術的差異の内容及び理由		**e)** JIS と対応国際規格との技術的差異に対する今後の対策
1	1	変更	ISO 規格では，"0.007 mm 未満の厚さの皮膜には適用しない"と規定しているが，JIS では，"0.007 mm 以上の厚さの皮膜に適用することが可能である"に変更した。技術的に差異はない。		－
1	1	変更	皮膜断面を測定する場合，ISO 規格では，"0.020 mm 未満の厚さの皮膜には適用しない"と規定しているが，JIS では，"0.020 mm 以上の厚さの皮膜に適用することが可能である"とした。技術的に差異はない。		－
1	1	追加	測定精度に対する注意のため，注記として"くぼみの対角線長さが 0.020 mm 未満の試験では，測定の不確かさが大きくなるおそれがある。"を追加した。技術的に差異はない。		－
6.3	6.3	追加	0.020 mm 未満のヌープ硬さ試験を想定し，表 2 に注として"対角線長さ 0.020 mm 未満のくぼみを測定する場合の分解能は，受渡当事者間の協定による。"を追加した。		日本独自の規定である。ISO への提案をせず，そのまま維持する。
7.4	7.4	追加	試験片を樹脂に埋め込む場合の注意事項を注記として追加した。技術的に差異はない。		－
8.2	8.2	追加	硬さ測定の実態を反映し，受渡当事者間の協定で長い方の対角線長さが 0.020 mm 以下となる試験力を許容するため，"受渡当事者間の協定がない限り，長い方の対角線が 0.020 mm より長くなる試験力を選択しなければならない。"とした。		日本独自の規定である。ISO への提案をせず，そのまま維持する。
8.11	7.5	変更	ISO 規格では，7.5 に記載しているが，試験方法に関する規定のため，JIS では，箇条 8 に移動した。		ISO への提案を検討する。
8.11	7.5	追加	ISO 規格では，細分箇条の題名が"金属皮膜及びその他無機皮膜"であるが，JIS では，題名に"硬さの試験方法"を追加した。		ISO への提案を検討する。
8.11	7.5	追加	国内事情に合わせて，"皮膜に関する規格又は受渡当事者間の協定"を追加した。技術的に差異はない。		－
9	9	追加	タイプ A 評価及びタイプ B 評価に対する説明を注記として追加した。技術的な差異はない。		－

a) JISの箇条番号	b) 対応国際規格の対応する箇条番号	c) 箇条ごとの評価	d) JISと対応国際規格との技術的差異の内容及び理由	e) JISと対応国際規格との技術的差異に対する今後の対策
10	10	変更	国内事情に合わせて，"試験報告書は，必要な場合に提出する。試験報告書には次の項目を報告する。ただし，受渡当事者間の協定によって，次のうちから選択してもよい。"に変更した。技術的に差異はない。	日本独自の規定である。ISOへの提案をせず，そのまま維持する。
A.1	A.1	変更	硬さ基準片の校正は，JIS B 7734の中で規定されている。技術的に差異はない。	－
		変更	ブリネル硬さの規定に合わせて，国内で運用されている内容とし，測定した値と硬さ基準片の認証値との差異を満足することが"望ましい"とした。	日本独自の規定である。ISOへの提案をせず，そのまま維持する。
		変更	試験機の検証の要求事項に合わせて，くぼみ測定装置の点検は，偏りが許容範囲を超えない場合は，省略が可能なことにした。	ISOへの提案を検討する。
		変更	国内事情に合わせて，偏りの算出式(A.1)は，硬さ測定値は，個々値ではなく，平均値とCRMの硬さの差とした。	ISOへの提案を検討する。
		追加	平均値の計算方法として，算出式(A.2)を追加した。	ISOへの提案を検討する。
A.2	A.2	追加	ISO規格では，圧子が不合格であった場合の処置の規定がないので，遡及処置を推奨事項として追加した。	ISOへの提案を検討する。
B.4	B.4	追加	JISでは，δ_{ms}の説明として"δ_{ms}：対角線長さ測定装置の分解能"を加えた。技術的に差異はない。"	－
附属書D	Annex D	追加	ISO規格では，NMIとだけ記載し，略語の説明がなかったが，JISでは，他の略語と同様に正式名称を追加し，国家計量標準機関（NMI）とした。技術的な差異はない。	－
F.2	F.2	追加	国内事情に合わせて，受渡当事者間の協定によって0.020 mm未満の皮膜を測定してもよいとした。	日本独自の規定である。ISOへの提案をせず，そのまま維持する。
F.3	F.3	変更	硬さ基準片の校正は，JIS B 7734の中で規定されている。技術的に差異はない。	－
F.3	F.3	追加	ISO規格では，"同じ試験力"であったが，"標準"が欠落していると考えられるため"同じ標準試験力"とした。	ISOへの提案を検討する。
F.4	F.4	追加	国内事情に合わせて，受渡当事者間の協定によって選択してもよいとした。	日本独自の規定である。ISOへの提案をせず，そのまま維持する。

注記1　箇条ごとの評価欄の用語の意味を，次に示す。
　－　追加：対応国際規格にない規定項目又は規定内容を追加している。
　－　変更：対応国際規格の規定内容又は構成を変更している。
注記2　JISと対応国際規格との対応の程度の全体評価の記号の意味を，次に示す。
　－　MOD：対応国際規格を修正している。

ヌープ硬さ試験―第2部：硬さ値表

Knoop hardness test―Part 2 : Table of hardness values　　（ISO 4545-4：2017）

序文

この規格は，2017年に第2版として発行された **ISO 4545-4** を基に，技術的内容及び構成を変更することなく作成した日本産業規格である。

1　適用範囲

この規格は，**JIS Z 2251-1** に従って行う試験で使用するための，ヌープ硬さ値表について規定する。

注記　この規格の対応国際規格及びその対応の程度を表す記号を，次に示す。

ISO 4545-4:2017, Metallic materials―Knoop hardness test―Part 4: Table of hardness values（IDT）

なお，対応の程度を表す記号"IDT"は，**ISO/IEC Guide 21-1** に基づき，"一致している"ことを示す。

2　引用規格

次に掲げる引用規格は，この規格に引用されることによって，その一部又は全部がこの規格の要求事項を構成している。この引用規格は，その最新版（追補を含む。）を適用する。

JIS Z 2251-1　ヌープ硬さ試験―第1部：試験方法

注記　対応国際規格における引用規格：**ISO 4545-1**:2017, Metallic materials―Knoop hardness test―Part 1: Test method

3　用語及び定義

この規格には，定義する用語はない。

4　硬さ値表

表1 は，**JIS Z 2251-1** に従ったヌープ硬さ式から計算された値である。

表1－硬さ値表

対角線長さ	試験力 N												
d	0.009 807	0.019 61	0.049 03	0.098 07	0.196 13	0.245 17	0.490 33	0.980 7	1.961 3	2.942 0	4.903 3	9.807	19.613
mm	ヌープ硬さ												
	HK 0.001	HK 0.002	HK 0.005	HK 0.01	HK 0.02	HK 0.025	HK 0.05	HK 0.1	HK 0.2	HK 0.3	HK 0.5	HK 1	HK 2
0.020 0	35.57	71.14	177.9	355.7	711.4	889.3	1 779	3 557					
0.020 2	34.87	69.74	174.4	348.7	697.4	871.8	1 744	3 487					
0.020 4	34.19	68.38	171.0	341.9	683.8	854.8	1 710	3 419					
0.020 6	33.53	67.06	167.7	335.3	670.6	838.3	1 677	3 353					
0.020 8	32.89	65.78	164.4	328.9	657.8	822.2	1 644	3 289					
0.021 0	32.26	64.53	161.3	322.6	645.3	806.6	1 613	3 226					
0.021 2	31.66	63.32	158.3	316.6	633.2	791.5	1 583	3 166					
0.021 4	31.07	62.14	155.3	310.7	621.4	776.7	1 553	3 107					
0.021 6	30.50	60.99	152.5	305.0	609.9	762.4	1 525	3 050					
0.021 8	29.94	59.88	149.7	299.4	598.8	748.5	1 497	2 994					
0.022 0	29.40	58.80	147.0	294.0	588.0	735.0	1 470	2 940					
0.022 2	28.87	57.74	144.4	288.7	577.4	721.8	1 444	2 887					
0.022 4	28.36	56.72	141.8	283.6	567.2	708.9	1 418	2 836					
0.022 6	27.86	55.72	139.3	278.6	557.2	696.5	1 393	2 786					
0.022 8	27.37	54.74	136.9	273.7	547.4	684.3	1 369	2 737					
0.023 0	26.90	53.80	134.5	269.0	538.0	672.4	1 345	2 690					
0.023 2	26.44	52.87	132.2	264.4	528.7	660.9	1 322	2 644					
0.023 4	25.99	51.97	129.9	259.9	519.7	649.6	1 299	2 599					
0.023 6	25.55	51.09	127.7	255.5	510.9	638.7	1 277	2 555					
0.023 8	25.12	50.24	125.6	251.2	502.4	628.0	1 256	2 512					
0.024 0	24.70	49.41	123.5	247.0	494.1	617.6	1 235	2 470					
0.024 2	24.30	48.59	121.5	243.0	485.9	607.4	1 215	2 430					
0.024 4	23.90	47.80	119.5	239.0	478.0	597.5	1 195	2 390					
0.024 6	23.51	47.02	117.6	235.1	470.2	587.8	1 176	2 351					
0.024 8	23.13	46.27	115.7	231.3	462.7	578.4	1 157	2 313					
0.025 0	22.77	45.53	113.8	227.7	455.3	569.2	1 138	2 277					
0.025 2	22.41	44.81	112.0	224.1	448.1	560.2	1 120	2 241					
0.025 4	22.05	44.11	110.3	220.5	441.1	551.4	1 103	2 205					
0.025 6	21.71	43.42	108.6	217.1	434.2	542.8	1 086	2 171					
0.025 8	21.38	42.75	106.9	213.8	427.5	534.4	1 069	2 138					

表1－硬さ値表（続き）

対角線長さ d mm	試験力 N												
	0.009 807	0.019 61	0.049 03	0.098 07	0.196 13	0.245 17	0.490 33	0.980 7	1.961 3	2.942 0	4.903 3	9.807	19.613
	ヌープ硬さ												
	HK 0.001	HK 0.002	HK 0.005	HK 0.01	HK 0.02	HK 0.025	HK 0.05	HK 0.1	HK 0.2	HK 0.3	HK 0.5	HK 1	HK 2
0.026 0	21.05	42.10	105.2	210.5	421.0	526.2	1 052	2 105					
0.026 2	20.73	41.46	103.6	207.3	414.6	518.2	1 036	2 073					
0.026 4	20.42	40.83	102.1	204.2	408.3	510.4	1 021	2 042					
0.026 6	20.11	40.22	100.5	201.1	402.2	502.7	1 005	2 011					
0.026 8	19.81	39.62	99.05	198.1	396.2	495.3	990.5	1 981	3 962				
0.027 0	19.52	39.04	97.59	195.2	390.4	488.0	975.9	1 952	3 904				
0.027 2	19.23	38.46	96.16	192.3	384.6	480.8	961.6	1 923	3 846				
0.027 4	18.95	37.91	94.76	189.5	379.1	473.8	947.6	1 895	3 791				
0.027 6	18.68	37.36	93.39	186.8	373.6	467.0	933.9	1 868	3 736				
0.027 8	18.41	36.82	92.06	184.1	368.2	460.3	920.6	1 841	3 682				
0.028 0	18.15	36.30	90.74	181.5	363.0	453.7	907.4	1 815	3 630				
0.028 2	17.89	35.78	89.46	178.9	357.8	447.3	894.6	1 789	3 578				
0.028 4	17.64	35.28	88.21	176.4	352.8	441.0	882.1	1 764	3 528				
0.028 6	17.40	34.79	86.98	174.0	347.9	434.9	869.8	1 740	3 479				
0.028 8	17.15	34.31	85.77	171.5	343.1	428.9	857.7	1 715	3 431				
0.029 0	16.92	33.84	84.59	169.2	338.4	423.0	845.9	1 692	3 384				
0.029 2	16.69	33.38	83.44	166.9	333.8	417.2	834.4	1 669	3 338				
0.029 4	16.46	32.92	82.31	164.6	329.2	411.5	823.1	1 646	3 292				
0.029 6	16.24	32.48	81.20	162.4	324.8	406.0	812.0	1 624	3 248				
0.029 8	16.02	32.05	80.11	160.2	320.5	400.6	801.1	1 602	3 205				
0.030 0	15.81	31.62	79.05	158.1	316.2	395.2	790.5	1 581	3 162				
0.030 2	15.60	31.20	78.01	156.0	312.0	390.0	780.1	1 560	3 120				
0.030 4	15.40	30.79	76.98	154.0	307.9	384.9	769.8	1 540	3 079				
0.030 6	15.20	30.39	75.98	152.0	303.9	379.9	759.8	1 520	3 039				
0.030 8	15.00	30.00	75.00	150.0	300.0	375.0	750.0	1 500	3 000				
0.031 0	14.81	29.61	74.03	148.1	296.1	370.2	740.3	1 481	2 961				
0.031 2	14.62	29.23	73.09	146.2	292.3	365.4	730.9	1 462	2 923				
0.031 4	14.43	28.86	72.16	144.3	288.6	360.8	721.6	1 443	2 886				
0.031 6	14.25	28.50	71.25	142.5	285.0	356.2	712.5	1 425	2 850				
0.031 8	14.07	28.14	70.35	140.7	281.4	351.8	703.5	1 407	2 814				

表 1－硬さ値表（続き）

対角線長さ d mm	試験力 N												
	0.009 807	0.019 61	0.049 03	0.098 07	0.196 13	0.245 17	0.490 33	0.980 7	1.961 3	2.942 0	4.903 3	9.807	19.613
	ヌープ硬さ												
	HK 0.001	HK 0.002	HK 0.005	HK 0.01	HK 0.02	HK 0.025	HK 0.05	HK 0.1	HK 0.2	HK 0.3	HK 0.5	HK 1	HK 2
0.032 0	13.90	27.79	69.48	139.0	277.9	347.4	694.8	1 390	2 779				
0.032 2	13.72	27.45	68.62	137.2	274.5	343.1	686.2	1 372	2 745				
0.032 4	13.55	27.11	67.77	135.5	271.1	338.9	677.7	1 355	2 711				
0.032 6	13.39	26.78	66.94	133.9	267.8	334.7	669.4	1 339	2 678				
0.032 8	13.23	26.45	66.13	132.3	264.5	330.6	661.3	1 323	2 645	3 968			
0.033 0	13.07	26.13	65.33	130.7	261.3	326.6	653.3	1 307	2 613	3 920			
0.033 2	12.91	25.82	64.54	129.1	258.2	322.7	645.4	1 291	2 582	3 873			
0.033 4	12.75	25.51	63.77	127.5	255.1	318.9	637.7	1 275	2 551	3 826			
0.033 6	12.60	25.21	63.02	126.0	252.1	315.1	630.2	1 260	2 521	3 781			
0.033 8	12.45	24.91	62.27	124.5	249.1	311.4	622.7	1 245	2 491	3 736			
0.034 0	12.31	24.62	61.54	123.1	246.2	307.7	615.4	1 231	2 462	3 693			
0.034 2	12.17	24.33	60.83	121.7	243.3	304.1	608.3	1 217	2 433	3 650			
0.034 4	12.02	24.05	60.12	120.2	240.5	300.6	601.2	1 202	2 405	3 607			
0.034 6	11.89	23.77	59.43	118.9	237.7	297.1	594.3	1 189	2 377	3 566			
0.034 8	11.75	23.50	58.75	117.5	235.0	293.7	587.5	1 175	2 350	3 525			
0.035 0	11.62	23.23	58.08	116.2	232.3	290.4	580.8	1 162	2 323	3 485			
0.035 2	11.48	22.97	57.42	114.8	229.7	287.1	574.2	1 148	2 297	3 445			
0.035 4	11.35	22.71	56.77	113.5	227.1	283.9	567.7	1 135	2 271	3 406			
0.035 6	11.23	22.45	56.14	112.3	224.5	280.7	561.4	1 123	2 245	3 368			
0.035 8	11.10	22.20	55.51	111.0	222.0	277.6	555.1	1 110	2 220	3 331			
0.036 0	10.98	21.96	54.90	109.8	219.6	274.5	549.0	1 098	2 196	3 294			
0.036 2	10.86	21.72	54.29	108.6	217.2	271.5	542.9	1 086	2 172	3 257			
0.036 4	10.74	21.48	53.70	107.4	214.8	268.5	537.0	1 074	2 148	3 222			
0.036 6	10.62	21.24	53.11	106.2	212.4	265.5	531.1	1 062	2 124	3 187			
0.036 8	10.51	21.01	52.53	105.1	210.1	262.7	525.3	1 051	2 101	3 152			
0.037 0	10.39	20.79	51.97	103.9	207.9	259.8	519.7	1 039	2 079	3 118			
0.037 2	10.28	20.56	51.41	102.8	205.6	257.1	514.1	1 028	2 056	3 085			
0.037 4	10.17	20.34	50.86	101.7	203.4	254.3	508.6	1 017	2 034	3 052			
0.037 6	10.06	20.13	50.32	100.6	201.3	251.6	503.2	1 006	2 013	3 019			
0.037 8	9.96	19.92	49.79	99.58	199.2	249.0	497.9	995.8	1 992	2 987			

表1－硬さ値表（続き）

対角線長さ d mm	試験力 N												
	0.009 807	0.019 61	0.049 03	0.098 07	0.196 13	0.245 17	0.490 33	0.980 7	1.961 3	2.942 0	4.903 3	9.807	19.613
	ヌープ硬さ												
	HK 0.001	HK 0.002	HK 0.005	HK 0.01	HK 0.02	HK 0.025	HK 0.05	HK 0.1	HK 0.2	HK 0.3	HK 0.5	HK 1	HK 2
0.038 0	9.85	19.71	49.27	98.54	197.1	246.3	492.7	985.4	1 971	2 956			
0.038 2	9.75	19.50	48.75	97.51	195.0	243.8	487.5	975.1	1 950	2 925			
0.038 4	9.65	19.30	48.25	96.50	193.0	241.2	482.5	965.0	1 930	2 895			
0.038 6	9.55	19.10	47.75	95.50	191.0	238.7	477.5	955.0	1 910	2 865			
0.038 8	9.45	18.90	47.26	94.52	189.0	236.3	472.6	945.2	1 890	2 835			
0.039 0	9.35	18.71	46.77	93.55	187.1	233.9	467.7	935.5	1 871	2 806			
0.039 2	9.26	18.52	46.30	92.60	185.2	231.5	463.0	926.0	1 852	2 778			
0.039 4	9.17	18.33	45.83	91.66	183.3	229.1	458.3	916.6	1 833	2 750			
0.039 6	9.07	18.15	45.37	90.74	181.5	226.8	453.7	907.4	1 815	2 722			
0.039 8	8.98	17.97	44.91	89.83	179.7	224.6	449.1	898.3	1 797	2 695			
0.040 0	8.89	17.79	44.46	88.93	177.9	222.3	444.6	889.3	1 779	2 668			
0.040 2	8.80	17.61	44.02	88.05	176.1	220.1	440.2	880.5	1 761	2 641			
0.040 4	8.72	17.44	43.59	87.18	174.4	217.9	435.9	871.8	1 744	2 615			
0.040 6	8.63	17.26	43.16	86.32	172.6	215.8	431.6	863.2	1 726	2 590			
0.040 8	8.55	17.10	42.74	85.48	171.0	213.7	427.4	854.8	1 710	2 564			
0.041 0	8.46	16.93	42.32	84.64	169.3	211.6	423.2	846.4	1 693	2 539			
0.041 2	8.38	16.77	41.91	83.83	167.7	209.6	419.1	838.3	1 677	2 515			
0.041 4	8.30	16.60	41.51	83.02	166.0	207.5	415.1	830.2	1 660	2 491			
0.041 6	8.22	16.44	41.11	82.22	164.4	205.6	411.1	822.2	1 644	2 467			
0.041 8	8.14	16.29	40.72	81.44	162.9	203.6	407.2	814.4	1 629	2 443			
0.042 0	8.07	16.13	40.33	80.66	161.3	201.7	403.3	806.6	1 613	2 420			
0.042 2	7.99	15.98	39.95	79.90	159.8	199.7	399.5	799.0	1 598	2 397	3 995		
0.042 4	7.91	15.83	39.57	79.15	158.3	197.9	395.7	791.5	1 583	2 374	3 957		
0.042 6	7.84	15.68	39.20	78.41	156.8	196.0	392.0	784.1	1 568	2 352	3 920		
0.042 8	7.77	15.53	38.84	77.67	155.3	194.2	388.4	776.7	1 553	2 330	3 884		
0.043 0	7.70	15.39	38.48	76.95	153.9	192.4	384.8	769.5	1 539	2 309	3 848		
0.043 2	7.62	15.25	38.12	76.24	152.5	190.6	381.2	762.4	1 525	2 287	3 812		
0.043 4	7.55	15.11	37.77	75.54	151.1	188.9	377.7	755.4	1 511	2 266	3 777		
0.043 6	7.49	14.97	37.43	74.85	149.7	187.1	374.3	748.5	1 497	2 246	3 743		
0.043 8	7.42	14.83	37.08	74.17	148.3	185.4	370.8	741.7	1 483	2 225	3 708		

表1－硬さ値表（続き）

対角線長さ d mm	試験力 N												
	0.009 807	0.019 61	0.049 03	0.098 07	0.196 13	0.245 17	0.490 33	0.980 7	1.961 3	2.942 0	4.903 3	9.807	19.613
	ヌープ硬さ												
	HK 0.001	HK 0.002	HK 0.005	HK 0.01	HK 0.02	HK 0.025	HK 0.05	HK 0.1	HK 0.2	HK 0.3	HK 0.5	HK 1	HK 2
0.044 0	7.35	14.70	36.75	73.50	147.0	183.7	367.5	735.0	1 470	2 205	3 675		
0.044 2	7.28	14.57	36.42	72.83	145.7	182.1	364.2	728.3	1 457	2 185	3 642		
0.044 4	7.22	14.44	36.09	72.18	144.4	180.4	360.9	721.8	1 444	2 165	3 609		
0.044 6	7.15	14.31	35.77	71.53	143.1	178.8	357.7	715.3	1 431	2 146	3 577		
0.044 8	7.09	14.18	35.45	70.89	141.8	177.2	354.5	708.9	1 418	2 127	3 545		
0.045 0	7.03	14.05	35.13	70.27	140.5	175.7	351.3	702.7	1 405	2 108	3 513		
0.045 2	6.96	13.93	34.82	69.65	139.3	174.1	348.2	696.5	1 393	2 089	3 482		
0.045 4	6.90	13.81	34.52	69.03	138.1	172.6	345.2	690.3	1 381	2 071	3 452		
0.045 6	6.84	13.69	34.21	68.43	136.9	171.1	342.1	684.3	1 369	2 053	3 421		
0.045 8	6.78	13.57	33.92	67.83	135.7	169.6	339.2	678.3	1 357	2 035	3 392		
0.046 0	6.72	13.45	33.62	67.24	134.5	168.1	336.2	672.4	1 345	2 017	3 362		
0.046 2	6.67	13.33	33.33	66.66	133.3	166.7	333.3	666.6	1 333	2 000	3 333		
0.046 4	6.61	13.22	33.04	66.09	132.2	165.2	330.4	660.9	1 322	1 983	3 304		
0.046 6	6.55	13.10	32.76	65.52	131.0	163.8	327.6	655.2	1 310	1 966	3 276		
0.046 8	6.50	12.99	32.48	64.96	129.9	162.4	324.8	649.6	1 299	1 949	3 248		
0.047 0	6.44	12.88	32.21	64.41	128.8	161.0	322.1	644.1	1 288	1 932	3 221		
0.047 2	6.39	12.77	31.93	63.87	127.7	159.7	319.3	638.7	1 277	1 916	3 193		
0.047 4	6.33	12.67	31.67	63.33	126.7	158.3	316.7	633.3	1 267	1 900	3 167		
0.047 6	6.28	12.56	31.40	62.80	125.6	157.0	314.0	628.0	1 256	1 884	3 140		
0.047 8	6.23	12.45	31.14	62.27	124.5	155.7	311.4	622.7	1 245	1 868	3 114		
0.048 0	6.18	12.35	30.88	61.76	123.5	154.4	308.8	617.6	1 235	1 853	3 088		
0.048 2	6.12	12.25	30.62	61.25	122.5	153.1	306.2	612.5	1 225	1 837	3 062		
0.048 4	6.07	12.15	30.37	60.74	121.5	151.9	303.7	607.4	1 215	1 822	3 037		
0.048 6	6.02	12.05	30.12	60.24	120.5	150.6	301.2	602.4	1 205	1 807	3 012		
0.048 8	5.97	11.95	29.87	59.75	119.5	149.4	298.7	597.5	1 195	1 792	2 987		
0.049 0	5.93	11.85	29.63	59.26	118.5	148.2	296.3	592.6	1 185	1 778	2 963		
0.049 2	5.88	11.76	29.39	58.78	117.6	147.0	293.9	587.8	1 176	1 763	2 939		
0.049 4	5.83	11.66	29.15	58.31	116.6	145.8	291.5	583.1	1 166	1 749	2 915		
0.049 6	5.78	11.57	28.92	57.84	115.7	144.6	289.2	578.4	1 157	1 735	2 892		
0.049 8	5.74	11.47	28.69	57.37	114.7	143.4	286.9	573.7	1 147	1 721	2 869		

表1－硬さ値表（続き）

対角線長さ d mm	試験力 N												
	0.009 807	0.019 61	0.049 03	0.098 07	0.196 13	0.245 17	0.490 33	0.980 7	1.961 3	2.942 0	4.903 3	9.807	19.613
	ヌープ硬さ												
	HK 0.001	HK 0.002	HK 0.005	HK 0.01	HK 0.02	HK 0.025	HK 0.05	HK 0.1	HK 0.2	HK 0.3	HK 0.5	HK 1	HK 2
0.050 0	5.69	11.38	28.46	56.92	113.8	142.3	284.6	569.2	1 138	1 707	2 846		
0.050 2	5.65	11.29	28.23	56.46	112.9	141.2	282.3	564.6	1 129	1 694	2 823		
0.050 4	5.60	11.20	28.01	56.02	112.0	140.0	280.1	560.2	1 120	1 680	2 801		
0.050 6	5.56	11.11	27.79	55.57	111.1	138.9	277.9	555.7	1 111	1 667	2 779		
0.050 8	5.51	11.03	27.57	55.14	110.3	137.8	275.7	551.4	1 103	1 654	2 757		
0.051 0	5.47	10.94	27.35	54.71	109.4	136.8	273.5	547.1	1 094	1 641	2 735		
0.051 2	5.43	10.86	27.14	54.28	108.6	135.7	271.4	542.8	1 086	1 628	2 714		
0.051 4	5.39	10.77	26.93	53.86	107.7	134.6	269.3	538.6	1 077	1 616	2 693		
0.051 6	5.34	10.69	26.72	53.44	106.9	133.6	267.2	534.4	1 069	1 603	2 672		
0.051 8	5.30	10.61	26.51	53.03	106.1	132.6	265.1	530.3	1 061	1 591	2 651		
0.052 0	5.26	10.52	26.31	52.62	105.2	131.6	263.1	526.2	1 052	1 579	2 631		
0.052 2	5.22	10.44	26.11	52.22	104.4	130.5	261.1	522.2	1 044	1 567	2 611		
0.052 4	5.18	10.36	25.91	51.82	103.6	129.6	259.1	518.2	1 036	1 555	2 591		
0.052 6	5.14	10.29	25.71	51.43	102.9	128.6	257.1	514.3	1 029	1 543	2 571		
0.052 8	5.10	10.21	25.52	51.04	102.1	127.6	255.2	510.4	1 021	1 531	2 552		
0.053 0	5.07	10.13	25.33	50.65	101.3	126.6	253.3	506.5	1 013	1 520	2 533		
0.053 2	5.03	10.05	25.14	50.27	100.5	125.7	251.4	502.7	1 005	1 508	2 514		
0.053 4	4.99	9.98	24.95	49.90	99.80	124.7	249.5	499.0	998.0	1 497	2 495		
0.053 6	4.95	9.91	24.76	49.53	99.05	123.8	247.6	495.3	990.5	1 486	2 476		
0.053 8	4.92	9.83	24.58	49.16	98.32	122.9	245.8	491.6	983.2	1 475	2 458		
0.054 0	4.88	9.76	24.40	48.80	97.59	122.0	244.0	488.0	975.9	1 464	2 440		
0.054 2	4.84	9.69	24.22	48.44	96.87	121.1	242.2	484.4	968.7	1 453	2 422		
0.054 4	4.81	9.62	24.04	48.08	96.16	120.2	240.4	480.8	961.6	1 442	2 404		
0.054 6	4.77	9.55	23.86	47.73	95.46	119.3	238.6	477.3	954.6	1 432	2 386		
0.054 8	4.74	9.48	23.69	47.38	94.76	118.5	236.9	473.8	947.6	1 421	2 369		
0.055 0	4.70	9.41	23.52	47.04	94.07	117.6	235.2	470.4	940.7	1 411	2 352		
0.055 2	4.67	9.34	23.35	46.70	93.39	116.7	233.5	467.0	933.9	1 401	2 335		
0.055 4	4.64	9.27	23.18	46.36	92.72	115.9	231.8	463.6	927.2	1 391	2 318		
0.055 6	4.60	9.21	23.01	46.03	92.06	115.1	230.1	460.3	920.6	1 381	2 301		
0.055 8	4.57	9.14	22.85	45.70	91.40	114.2	228.5	457.0	914.0	1 371	2 285		

表1－硬さ値表（続き）

対角線長さ d mm	試験力 N												
	0.009 807	0.019 61	0.049 03	0.098 07	0.196 13	0.245 17	0.490 33	0.980 7	1.961 3	2.942 0	4.903 3	9.807	19.613
	ヌープ硬さ												
	HK 0.001	HK 0.002	HK 0.005	HK 0.01	HK 0.02	HK 0.025	HK 0.05	HK 0.1	HK 0.2	HK 0.3	HK 0.5	HK 1	HK 2
0.056 0	4.54	9.07	22.69	45.37	90.74	113.4	226.9	453.7	907.4	1 361	2 269		
0.056 2	4.51	9.01	22.53	45.05	90.10	112.6	225.3	450.5	901.0	1 352	2 253		
0.056 4	4.47	8.95	22.37	44.73	89.46	111.8	223.7	447.3	894.6	1 342	2 237		
0.056 6	4.44	8.88	22.21	44.42	88.83	111.0	222.1	444.2	888.3	1 332	2 221		
0.056 8	4.41	8.82	22.05	44.10	88.21	110.3	220.5	441.0	882.1	1 323	2 205		
0.057 0	4.38	8.76	21.90	43.79	87.59	109.5	219.0	437.9	875.9	1 314	2 190		
0.057 2	4.35	8.70	21.74	43.49	86.98	108.7	217.4	434.9	869.8	1 305	2 174		
0.057 4	4.32	8.64	21.59	43.19	86.37	108.0	215.9	431.9	863.7	1 296	2 159		
0.057 6	4.29	8.58	21.44	42.89	85.77	107.2	214.4	428.9	857.7	1 287	2 144		
0.057 8	4.26	8.52	21.30	42.59	85.18	106.5	213.0	425.9	851.8	1 278	2 130		
0.058 0	4.23	8.46	21.15	42.30	84.59	105.7	211.5	423.0	845.9	1 269	2 115		
0.058 2	4.20	8.40	21.00	42.01	84.01	105.0	210.0	420.1	840.1	1 260	2 100		
0.058 4	4.17	8.34	20.86	41.72	83.44	104.3	208.6	417.2	834.4	1 252	2 086		
0.058 6	4.14	8.29	20.72	41.44	82.87	103.6	207.2	414.4	828.7	1 243	2 072		
0.058 8	4.12	8.23	20.58	41.15	82.31	102.9	205.8	411.5	823.1	1 235	2 058		
0.059 0	4.09	8.18	20.44	40.88	81.75	102.2	204.4	408.8	817.5	1 226	2 044		
0.059 2	4.06	8.12	20.30	40.60	81.20	101.5	203.0	406.0	812.0	1 218	2 030		
0.059 4	4.03	8.07	20.16	40.33	80.65	100.8	201.6	403.3	806.5	1 210	2 016		
0.059 6	4.01	8.01	20.03	40.06	80.11	100.1	200.3	400.6	801.1	1 202	2 003		
0.059 8	3.98	7.96	19.89	39.79	79.58	99.47	198.9	397.9	795.8	1 194	1 989	3 979	
0.060 0	3.95	7.90	19.76	39.52	79.05	98.81	197.6	395.2	790.5	1 186	1 976	3 952	
0.060 2	3.93	7.85	19.63	39.26	78.52	98.16	196.3	392.6	785.2	1 178	1 963	3 926	
0.060 4	3.90	7.80	19.50	39.00	78.01	97.51	195.0	390.0	780.1	1 170	1 950	3 900	
0.060 6	3.87	7.75	19.37	38.75	77.49	96.86	193.7	387.5	774.9	1 162	1 937	3 875	
0.060 8	3.85	7.70	19.25	38.49	76.98	96.23	192.5	384.9	769.8	1 155	1 925	3 849	
0.061 0	3.82	7.65	19.12	38.24	76.48	95.60	191.2	382.4	764.8	1 147	1 912	3 824	
0.061 2	3.80	7.60	18.99	37.99	75.98	94.97	189.9	379.9	759.8	1 140	1 899	3 799	
0.061 4	3.77	7.55	18.87	37.74	75.49	94.36	188.7	377.4	754.9	1 132	1 887	3 774	
0.061 6	3.75	7.50	18.75	37.50	75.00	93.74	187.5	375.0	750.0	1 125	1 875	3 750	
0.061 8	3.73	7.45	18.63	37.26	74.51	93.14	186.3	372.6	745.1	1 118	1 863	3 726	

表1−硬さ値表（続き）

対角線長さ d mm	試験力 N												
	0.009807	0.01961	0.04903	0.09807	0.19613	0.24517	0.49033	0.9807	1.9613	2.9420	4.9033	9.807	19.613
	ヌープ硬さ												
	HK 0.001	HK 0.002	HK 0.005	HK 0.01	HK 0.02	HK 0.025	HK 0.05	HK 0.1	HK 0.2	HK 0.3	HK 0.5	HK 1	HK 2
0.062 0	3.70	7.40	18.51	37.02	74.03	92.54	185.1	370.2	740.3	1 110	1 851	3 702	
0.062 2	3.68	7.36	18.39	36.78	73.56	91.94	183.9	367.8	735.6	1 103	1 839	3 678	
0.062 4	3.65	7.31	18.27	36.54	73.09	91.36	182.7	365.4	730.9	1 096	1 827	3 654	
0.062 6	3.63	7.26	18.15	36.31	72.62	90.77	181.5	363.1	726.2	1 089	1 815	3 631	
0.062 8	3.61	7.22	18.04	36.08	72.16	90.20	180.4	360.8	721.6	1 082	1 804	3 608	
0.063 0	3.58	7.17	17.92	35.85	71.70	89.62	179.2	358.5	717.0	1 075	1 792	3 585	
0.063 2	3.56	7.12	17.81	35.62	71.25	89.06	178.1	356.2	712.5	1 069	1 781	3 562	
0.063 4	3.54	7.08	17.70	35.40	70.80	88.50	177.0	354.0	708.0	1 062	1 770	3 540	
0.063 6	3.52	7.04	17.59	35.18	70.35	87.94	175.9	351.8	703.5	1 055	1 759	3 518	
0.063 8	3.50	6.99	17.48	34.96	69.91	87.39	174.8	349.6	699.1	1 049	1 748	3 496	
0.064 0	3.47	6.95	17.37	34.74	69.48	86.85	173.7	347.4	694.8	1 042	1 737	3 474	
0.064 2	3.45	6.90	17.26	34.52	69.04	86.31	172.6	345.2	690.4	1 036	1 726	3 452	
0.064 4	3.43	6.86	17.15	34.31	68.62	85.77	171.5	343.1	686.2	1 029	1 715	3 431	
0.064 6	3.41	6.82	17.05	34.10	68.19	85.24	170.5	341.0	681.9	1 023	1 705	3 410	
0.064 8	3.39	6.78	16.94	33.89	67.77	84.71	169.4	338.9	677.7	1 017	1 694	3 389	
0.065 0	3.37	6.74	16.84	33.68	67.36	84.19	168.4	336.8	673.6	1 010	1 684	3 368	
0.065 2	3.35	6.69	16.74	33.47	66.94	83.68	167.4	334.7	669.4	1 004	1 674	3 347	
0.065 4	3.33	6.65	16.63	33.27	66.53	83.17	166.3	332.7	665.3	998.0	1 663	3 327	
0.065 6	3.31	6.61	16.53	33.06	66.13	82.66	165.3	330.6	661.3	991.9	1 653	3 306	
0.065 8	3.29	6.57	16.43	32.86	65.73	82.16	164.3	328.6	657.3	985.9	1 643	3 286	
0.066 0	3.27	6.53	16.33	32.66	65.33	81.66	163.3	326.6	653.3	979.9	1 633	3 266	
0.066 2	3.25	6.49	16.23	32.47	64.94	81.17	162.3	324.7	649.4	974.0	1 623	3 247	
0.066 4	3.23	6.45	16.14	32.27	64.54	80.68	161.4	322.7	645.4	968.2	1 614	3 227	
0.066 6	3.21	6.42	16.04	32.08	64.16	80.20	160.4	320.8	641.6	962.4	1 604	3 208	
0.066 8	3.19	6.38	15.94	31.89	63.77	79.72	159.4	318.9	637.7	956.6	1 594	3 189	
0.067 0	3.17	6.34	15.85	31.70	63.39	79.24	158.5	317.0	633.9	950.9	1 585	3 170	
0.067 2	3.15	6.30	15.75	31.51	63.02	78.77	157.5	315.1	630.2	945.3	1 575	3 151	
0.067 4	3.13	6.26	15.66	31.32	62.64	78.30	156.6	313.2	626.4	939.7	1 566	3 132	
0.067 6	3.11	6.23	15.57	31.14	62.27	77.84	155.7	311.4	622.7	934.1	1 557	3 114	
0.067 8	3.10	6.19	15.48	30.95	61.91	77.38	154.8	309.5	619.1	928.6	1 548	3 095	

表1－硬さ値表（続き）

対角線長さ d mm	試験力 N												
	0.009 807	0.019 61	0.049 03	0.098 07	0.196 13	0.245 17	0.490 33	0.980 7	1.961 3	2.942 0	4.903 3	9.807	19.613
	ヌープ硬さ												
	HK 0.001	HK 0.002	HK 0.005	HK 0.01	HK 0.02	HK 0.025	HK 0.05	HK 0.1	HK 0.2	HK 0.3	HK 0.5	HK 1	HK 2
0.068 0	3.08	6.15	15.39	30.77	61.54	76.93	153.9	307.7	615.4	923.1	1 539	3 077	
0.068 2	3.06	6.12	15.30	30.59	61.18	76.48	153.0	305.9	611.8	917.7	1 530	3 059	
0.068 4	3.04	6.08	15.21	30.41	60.83	76.03	152.1	304.1	608.3	912.4	1 521	3 041	
0.068 6	3.02	6.05	15.12	30.24	60.47	75.59	151.2	302.4	604.7	907.1	1 512	3 024	
0.068 8	3.01	6.01	15.03	30.06	60.12	75.15	150.3	300.6	601.2	901.8	1 503	3 006	
0.069 0	2.99	5.98	14.94	29.89	59.77	74.72	149.4	298.9	597.7	896.6	1 494	2 989	
0.069 2	2.97	5.94	14.86	29.71	59.43	74.28	148.6	297.1	594.3	891.4	1 486	2 971	
0.069 4	2.95	5.91	14.77	29.54	59.09	73.86	147.7	295.4	590.9	886.3	1 477	2 954	
0.069 6	2.94	5.87	14.69	29.37	58.75	73.43	146.9	293.7	587.5	881.2	1 469	2 937	
0.069 8	2.92	5.84	14.60	29.21	58.41	73.01	146.0	292.1	584.1	876.2	1 460	2 921	
0.070 0	2.90	5.81	14.52	29.04	58.08	72.60	145.2	290.4	580.8	871.2	1 452	2 904	
0.070 2	2.89	5.77	14.44	28.87	57.75	72.18	144.4	288.7	577.5	866.2	1 444	2 887	
0.070 4	2.87	5.74	14.35	28.71	57.42	71.77	143.5	287.1	574.2	861.3	1 435	2 871	
0.070 6	2.85	5.71	14.27	28.55	57.09	71.37	142.7	285.5	570.9	856.4	1 427	2 855	
0.070 8	2.84	5.68	14.19	28.39	56.77	70.96	141.9	283.9	567.7	851.6	1 419	2 839	
0.071 0	2.82	5.65	14.11	28.23	56.45	70.57	141.1	282.3	564.5	846.8	1 411	2 823	
0.071 2	2.81	5.61	14.03	28.07	56.14	70.17	140.3	280.7	561.4	842.0	1 403	2 807	
0.071 4	2.79	5.58	13.96	27.91	55.82	69.78	139.6	279.1	558.2	837.3	1 396	2 791	
0.071 6	2.78	5.55	13.88	27.76	55.51	69.39	138.8	277.6	555.1	832.7	1 388	2 776	
0.071 8	2.76	5.52	13.80	27.60	55.20	69.00	138.0	276.0	552.0	828.0	1 380	2 760	
0.072 0	2.74	5.49	13.72	27.45	54.90	68.62	137.2	274.5	549.0	823.4	1 372	2 745	
0.072 2	2.73	5.46	13.65	27.30	54.59	68.24	136.5	273.0	545.9	818.9	1 365	2 730	
0.072 4	2.71	5.43	13.57	27.15	54.29	67.86	135.7	271.5	542.9	814.4	1 357	2 715	
0.072 6	2.70	5.40	13.50	27.00	53.99	67.49	135.0	270.0	539.9	809.9	1 350	2 700	
0.072 8	2.68	5.37	13.42	26.85	53.70	67.12	134.2	268.5	537.0	805.4	1 342	2 685	
0.073 0	2.67	5.34	13.35	26.70	53.40	66.75	133.5	267.0	534.0	801.0	1 335	2 670	
0.073 2	2.66	5.31	13.28	26.55	53.11	66.39	132.8	265.5	531.1	796.6	1 328	2 655	
0.073 4	2.64	5.28	13.21	26.41	52.82	66.03	132.1	264.1	528.2	792.3	1 321	2 641	
0.073 6	2.63	5.25	13.13	26.27	52.53	65.67	131.3	262.7	525.3	788.0	1 313	2 627	
0.073 8	2.61	5.22	13.06	26.12	52.25	65.31	130.6	261.2	522.5	783.7	1 306	2 612	

表1−硬さ値表（続き）

対角線長さ d mm	試験力 N												
	0.009 807	0.019 61	0.049 03	0.098 07	0.196 13	0.245 17	0.490 33	0.980 7	1.961 3	2.942 0	4.903 3	9.807	19.613
	ヌープ硬さ												
	HK 0.001	HK 0.002	HK 0.005	HK 0.01	HK 0.02	HK 0.025	HK 0.05	HK 0.1	HK 0.2	HK 0.3	HK 0.5	HK 1	HK 2
0.074 0	2.60	5.20	12.99	25.98	51.97	64.96	129.9	259.8	519.7	779.5	1 299	2 598	
0.074 2	2.58	5.17	12.92	25.84	51.69	64.61	129.2	258.4	516.9	775.3	1 292	2 584	
0.074 4	2.57	5.14	12.85	25.71	51.41	64.26	128.5	257.1	514.1	771.2	1 285	2 571	
0.074 6	2.56	5.11	12.78	25.57	51.14	63.92	127.8	255.7	511.4	767.0	1 278	2 557	
0.074 8	2.54	5.09	12.72	25.43	50.86	63.58	127.2	254.3	508.6	762.9	1 272	2 543	
0.075 0	2.53	5.06	12.65	25.30	50.59	63.24	126.5	253.0	505.9	758.9	1 265	2 530	
0.075 2	2.52	5.03	12.58	25.16	50.32	62.90	125.8	251.6	503.2	754.8	1 258	2 516	
0.075 4	2.50	5.01	12.51	25.03	50.06	62.57	125.1	250.3	500.6	750.8	1 251	2 503	
0.075 6	2.49	4.98	12.45	24.90	49.79	62.24	124.5	249.0	497.9	746.9	1 245	2 490	
0.075 8	2.48	4.95	12.38	24.76	49.53	61.91	123.8	247.6	495.3	742.9	1 238	2 476	
0.076 0	2.46	4.93	12.32	24.63	49.27	61.59	123.2	246.3	492.7	739.0	1 232	2 463	
0.076 2	2.45	4.90	12.25	24.51	49.01	61.26	122.5	245.1	490.1	735.2	1 225	2 451	
0.076 4	2.44	4.88	12.19	24.38	48.75	60.94	121.9	243.8	487.5	731.3	1 219	2 438	
0.076 6	2.42	4.85	12.12	24.25	48.50	60.62	121.2	242.5	485.0	727.5	1 212	2 425	
0.076 8	2.41	4.82	12.06	24.12	48.25	60.31	120.6	241.2	482.5	723.7	1 206	2 412	
0.077 0	2.40	4.80	12.00	24.00	48.00	60.00	120.0	240.0	480.0	720.0	1 200	2 400	
0.077 2	2.39	4.77	11.94	23.87	47.75	59.69	119.4	238.7	477.5	716.2	1 194	2 387	
0.077 4	2.38	4.75	11.88	23.75	47.50	59.38	118.8	237.5	475.0	712.5	1 188	2 375	
0.077 6	2.36	4.73	11.81	23.63	47.26	59.07	118.1	236.3	472.6	708.9	1 181	2 363	
0.077 8	2.35	4.70	11.75	23.51	47.02	58.77	117.5	235.1	470.2	705.2	1 175	2 351	
0.078 0	2.34	4.68	11.69	23.39	46.77	58.47	116.9	233.9	467.7	701.6	1 169	2 339	
0.078 2	2.33	4.65	11.63	23.27	46.54	58.17	116.3	232.7	465.4	698.0	1 163	2 327	
0.078 4	2.31	4.63	11.57	23.15	46.30	57.87	115.7	231.5	463.0	694.5	1 157	2 315	
0.078 6	2.30	4.61	11.52	23.03	46.06	57.58	115.2	230.3	460.6	690.9	1 152	2 303	
0.078 8	2.29	4.58	11.46	22.91	45.83	57.29	114.6	229.1	458.3	687.4	1 146	2 291	
0.079 0	2.28	4.56	11.40	22.80	45.60	57.00	114.0	228.0	456.0	684.0	1 140	2 280	
0.079 2	2.27	4.54	11.34	22.68	45.37	56.71	113.4	226.8	453.7	680.5	1 134	2 268	
0.079 4	2.26	4.51	11.28	22.57	45.14	56.42	112.8	225.7	451.4	677.1	1 128	2 257	
0.079 6	2.25	4.49	11.23	22.46	44.91	56.14	112.3	224.6	449.1	673.7	1 123	2 246	
0.079 8	2.23	4.47	11.17	22.34	44.69	55.86	111.7	223.4	446.9	670.3	1 117	2 234	

表 1－硬さ値表（続き）

対角線長さ d mm	試験力 N												
	0.009 807	0.019 61	0.049 03	0.098 07	0.196 13	0.245 17	0.490 33	0.980 7	1.961 3	2.942 0	4.903 3	9.807	19.613
	ヌープ硬さ												
	HK 0.001	HK 0.002	HK 0.005	HK 0.01	HK 0.02	HK 0.025	HK 0.05	HK 0.1	HK 0.2	HK 0.3	HK 0.5	HK 1	HK 2
0.080 0	2.22	4.45	11.12	22.23	44.46	55.58	111.2	222.3	444.6	667.0	1 112	2 223	
0.080 2	2.21	4.42	11.06	22.12	44.24	55.30	110.6	221.2	442.4	663.7	1 106	2 212	
0.080 4	2.20	4.40	11.01	22.01	44.02	55.03	110.1	220.1	440.2	660.4	1 101	2 201	
0.080 6	2.19	4.38	10.95	21.90	43.81	54.76	109.5	219.0	438.1	657.1	1 095	2 190	
0.080 8	2.18	4.36	10.90	21.79	43.59	54.49	109.0	217.9	435.9	653.8	1 090	2 179	
0.081 0	2.17	4.34	10.84	21.69	43.37	54.22	108.4	216.9	433.7	650.6	1 084	2 169	
0.081 2	2.16	4.32	10.79	21.58	43.16	53.95	107.9	215.8	431.6	647.4	1 079	2 158	
0.081 4	2.15	4.29	10.74	21.47	42.95	53.69	107.4	214.7	429.5	644.2	1 074	2 147	
0.081 6	2.14	4.27	10.68	21.37	42.74	53.42	106.8	213.7	427.4	641.1	1 068	2 137	
0.081 8	2.13	4.25	10.63	21.26	42.53	53.16	106.3	212.6	425.3	637.9	1 063	2 126	
0.082 0	2.12	4.23	10.58	21.16	42.32	52.90	105.8	211.6	423.2	634.8	1 058	2 116	
0.082 2	2.11	4.21	10.53	21.06	42.12	52.65	105.3	210.6	421.2	631.8	1 053	2 106	
0.082 4	2.10	4.19	10.48	20.96	41.91	52.39	104.8	209.6	419.1	628.7	1 048	2 096	
0.082 6	2.09	4.17	10.43	20.85	41.71	52.14	104.3	208.5	417.1	625.6	1 043	2 085	
0.082 8	2.08	4.15	10.38	20.75	41.51	51.89	103.8	207.5	415.1	622.6	1 038	2 075	
0.083 0	2.07	4.13	10.33	20.65	41.31	51.64	103.3	206.5	413.1	619.6	1 033	2 065	
0.083 2	2.06	4.11	10.28	20.56	41.11	51.39	102.8	205.6	411.1	616.7	1 028	2 056	
0.083 4	2.05	4.09	10.23	20.46	40.91	51.14	102.3	204.6	409.1	613.7	1 023	2 046	
0.083 6	2.04	4.07	10.18	20.36	40.72	50.90	101.8	203.6	407.2	610.8	1 018	2 036	
0.083 8	2.03	4.05	10.13	20.26	40.52	50.65	101.3	202.6	405.2	607.9	1 013	2 026	
0.084 0	2.02	4.03	10.08	20.17	40.33	50.41	100.8	201.7	403.3	605.0	1 008	2 017	
0.084 2	2.01	4.01	10.03	20.07	40.14	50.17	100.3	200.7	401.4	602.1	1 003	2 007	
0.084 4	2.00	3.99	9.99	19.97	39.95	49.94	99.87	199.7	399.5	599.2	998.7	1 997	3 995
0.084 6	1.99	3.98	9.94	19.88	39.76	49.70	99.40	198.8	397.6	596.4	994.0	1 988	3 976
0.084 8	1.98	3.96	9.89	19.79	39.57	49.47	98.93	197.9	395.7	593.6	989.3	1 979	3 957
0.085 0	1.97	3.94	9.85	19.69	39.39	49.23	98.47	196.9	393.9	590.8	984.7	1 969	3 939
0.085 2	1.96	3.92	9.80	19.60	39.20	49.00	98.01	196.0	392.0	588.0	980.1	1 960	3 920
0.085 4	1.95	3.90	9.75	19.51	39.02	48.77	97.55	195.1	390.2	585.3	975.5	1 951	3 902
0.085 6	1.94	3.88	9.71	19.42	38.84	48.55	97.09	194.2	388.4	582.6	970.9	1 942	3 884
0.085 8	1.93	3.87	9.66	19.33	38.66	48.32	96.64	193.3	386.6	579.8	966.4	1 933	3 866

表1－硬さ値表（続き）

対角線長さ d mm	試験力 N												
	0.009 807	0.019 61	0.049 03	0.098 07	0.196 13	0.245 17	0.490 33	0.980 7	1.961 3	2.942 0	4.903 3	9.807	19.613
	ヌープ硬さ												
	HK 0.001	HK 0.002	HK 0.005	HK 0.01	HK 0.02	HK 0.025	HK 0.05	HK 0.1	HK 0.2	HK 0.3	HK 0.5	HK 1	HK 2
0.086 0	1.92	3.85	9.62	19.24	38.48	48.10	96.19	192.4	384.8	577.2	961.9	1 924	3 848
0.086 2	1.91	3.83	9.57	19.15	38.30	47.87	95.75	191.5	383.0	574.5	957.5	1 915	3 830
0.086 4	1.91	3.81	9.53	19.06	38.12	47.65	95.30	190.6	381.2	571.8	953.0	1 906	3 812
0.086 6	1.90	3.79	9.49	18.97	37.95	47.43	94.86	189.7	379.5	569.2	948.6	1 897	3 795
0.086 8	1.89	3.78	9.44	18.89	37.77	47.21	94.43	188.9	377.7	566.6	944.3	1 889	3 777
0.087 0	1.88	3.76	9.40	18.80	37.60	47.00	93.99	188.0	376.0	564.0	939.9	1 880	3 760
0.087 2	1.87	3.74	9.36	18.71	37.43	46.78	93.56	187.1	374.3	561.4	935.6	1 871	3 743
0.087 4	1.86	3.73	9.31	18.63	37.25	46.57	93.14	186.3	372.5	558.8	931.4	1 863	3 725
0.087 6	1.85	3.71	9.27	18.54	37.08	46.36	92.71	185.4	370.8	556.3	927.1	1 854	3 708
0.087 8	1.85	3.69	9.23	18.46	36.92	46.14	92.29	184.6	369.2	553.7	922.9	1 846	3 692
0.088 0	1.84	3.67	9.19	18.37	36.75	45.93	91.87	183.7	367.5	551.2	918.7	1 837	3 675
0.088 2	1.83	3.66	9.15	18.29	36.58	45.73	91.45	182.9	365.8	548.7	914.5	1 829	3 658
0.088 4	1.82	3.64	9.10	18.21	36.42	45.52	91.04	182.1	364.2	546.2	910.4	1 821	3 642
0.088 6	1.81	3.63	9.06	18.13	36.25	45.31	90.63	181.3	362.5	543.8	906.3	1 813	3 625
0.088 8	1.80	3.61	9.02	18.04	36.09	45.11	90.22	180.4	360.9	541.3	902.2	1 804	3 609
0.089 0	1.80	3.59	8.98	17.96	35.93	44.91	89.82	179.6	359.3	538.9	898.2	1 796	3 593
0.089 2	1.79	3.58	8.94	17.88	35.77	44.71	89.41	178.8	357.7	536.5	894.1	1 788	3 577
0.089 4	1.78	3.56	8.90	17.80	35.61	44.51	89.02	178.0	356.1	534.1	890.2	1 780	3 561
0.089 6	1.77	3.54	8.86	17.72	35.45	44.31	88.62	177.2	354.5	531.7	886.2	1 772	3 545
0.089 8	1.76	3.53	8.82	17.64	35.29	44.11	88.22	176.4	352.9	529.3	882.2	1 764	3 529
0.090 0	1.76	3.51	8.78	17.57	35.13	43.92	87.83	175.7	351.3	527.0	878.3	1 757	3 513
0.090 2	1.75	3.50	8.74	17.49	34.98	43.72	87.44	174.9	349.8	524.7	874.4	1 749	3 498
0.090 4	1.74	3.48	8.71	17.41	34.82	43.53	87.06	174.1	348.2	522.3	870.6	1 741	3 482
0.090 6	1.73	3.47	8.67	17.33	34.67	43.34	86.67	173.3	346.7	520.0	866.7	1 733	3 467
0.090 8	1.73	3.45	8.63	17.26	34.52	43.15	86.29	172.6	345.2	517.7	862.9	1 726	3 452
0.091 0	1.72	3.44	8.59	17.18	34.36	42.96	85.91	171.8	343.6	515.5	859.1	1 718	3 436
0.091 2	1.71	3.42	8.55	17.11	34.21	42.77	85.54	171.1	342.1	513.2	855.4	1 711	3 421
0.091 4	1.70	3.41	8.52	17.03	34.06	42.58	85.16	170.3	340.6	511.0	851.6	1 703	3 406
0.091 6	1.70	3.39	8.48	16.96	33.92	42.40	84.79	169.6	339.2	508.7	847.9	1 696	3 392
0.091 8	1.69	3.38	8.44	16.88	33.77	42.21	84.42	168.8	337.7	506.5	844.2	1 688	3 377

表1－硬さ値表（続き）

対角線長さ d mm	試験力 N												
	0.009 807	0.019 61	0.049 03	0.098 07	0.196 13	0.245 17	0.490 33	0.980 7	1.961 3	2.942 0	4.903 3	9.807	19.613
	ヌープ硬さ												
	HK 0.001	HK 0.002	HK 0.005	HK 0.01	HK 0.02	HK 0.025	HK 0.05	HK 0.1	HK 0.2	HK 0.3	HK 0.5	HK 1	HK 2
0.092 0	1.68	3.36	8.41	16.81	33.62	42.03	84.05	168.1	336.2	504.3	840.5	1 681	3 362
0.092 2	1.67	3.35	8.37	16.74	33.48	41.85	83.69	167.4	334.8	502.1	836.9	1 674	3 348
0.092 4	1.67	3.33	8.33	16.67	33.33	41.66	83.33	166.7	333.3	500.0	833.3	1 667	3 333
0.092 6	1.66	3.32	8.30	16.59	33.19	41.48	82.97	165.9	331.9	497.8	829.7	1 659	3 319
0.092 8	1.65	3.30	8.26	16.52	33.04	41.31	82.61	165.2	330.4	495.7	826.1	1 652	3 304
0.093 0	1.65	3.29	8.23	16.45	32.90	41.13	82.26	164.5	329.0	493.5	822.6	1 645	3 290
0.093 2	1.64	3.28	8.19	16.38	32.76	40.95	81.90	163.8	327.6	491.4	819.0	1 638	3 276
0.093 4	1.63	3.26	8.16	16.31	32.62	40.78	81.55	163.1	326.2	489.3	815.5	1 631	3 262
0.093 6	1.62	3.25	8.12	16.24	32.48	40.60	81.21	162.4	324.8	487.2	812.1	1 624	3 248
0.093 8	1.62	3.23	8.09	16.17	32.34	40.43	80.86	161.7	323.4	485.2	808.6	1 617	3 234
0.094 0	1.61	3.22	8.05	16.10	32.21	40.26	80.52	161.0	322.1	483.1	805.2	1 610	3 221
0.094 2	1.60	3.21	8.02	16.03	32.07	40.09	80.17	160.3	320.7	481.0	801.7	1 603	3 207
0.094 4	1.60	3.19	7.98	15.97	31.93	39.92	79.84	159.7	319.3	479.0	798.4	1 597	3 193
0.094 6	1.59	3.18	7.95	15.90	31.80	39.75	79.50	159.0	318.0	477.0	795.0	1 590	3 180
0.094 8	1.58	3.17	7.92	15.83	31.67	39.58	79.16	158.3	316.7	475.0	791.6	1 583	3 167
0.095 0	1.58	3.15	7.88	15.77	31.53	39.41	78.83	157.7	315.3	473.0	788.3	1 577	3 153
0.095 2	1.57	3.14	7.85	15.70	31.40	39.25	78.50	157.0	314.0	471.0	785.0	1 570	3 140
0.095 4	1.56	3.13	7.82	15.63	31.27	39.09	78.17	156.3	312.7	469.0	781.7	1 563	3 127
0.095 6	1.56	3.11	7.78	15.57	31.14	38.92	77.84	155.7	311.4	467.1	778.4	1 557	3 114
0.095 8	1.55	3.10	7.75	15.50	31.01	38.76	77.52	155.0	310.1	465.1	775.2	1 550	3 101
0.096 0	1.54	3.09	7.72	15.44	30.88	38.60	77.20	154.4	308.8	463.2	772.0	1 544	3 088
0.096 2	1.54	3.08	7.69	15.38	30.75	38.44	76.88	153.8	307.5	461.3	768.8	1 538	3 075
0.096 4	1.53	3.06	7.66	15.31	30.62	38.28	76.56	153.1	306.2	459.3	765.6	1 531	3 062
0.096 6	1.52	3.05	7.62	15.25	30.50	38.12	76.24	152.5	305.0	457.4	762.4	1 525	3 050
0.096 8	1.52	3.04	7.59	15.19	30.37	37.96	75.93	151.9	303.7	455.6	759.3	1 519	3 037
0.097 0	1.51	3.02	7.56	15.12	30.25	37.81	75.61	151.2	302.5	453.7	756.1	1 512	3 025
0.097 2	1.51	3.01	7.53	15.06	30.12	37.65	75.30	150.6	301.2	451.8	753.0	1 506	3 012
0.097 4	1.50	3.00	7.50	15.00	30.00	37.50	74.99	150.0	300.0	450.0	749.9	1 500	3 000
0.097 6	1.49	2.99	7.47	14.94	29.87	37.34	74.69	149.4	298.7	448.1	746.9	1 494	2 987
0.097 8	1.49	2.98	7.44	14.88	29.75	37.19	74.38	148.8	297.5	446.3	743.8	1 488	2 975

表1-硬さ値表（続き）

対角線長さ d mm	試験力 N												
	0.009 807	0.019 61	0.049 03	0.098 07	0.196 13	0.245 17	0.490 33	0.980 7	1.961 3	2.942 0	4.903 3	9.807	19.613
	ヌープ硬さ												
	HK 0.001	HK 0.002	HK 0.005	HK 0.01	HK 0.02	HK 0.025	HK 0.05	HK 0.1	HK 0.2	HK 0.3	HK 0.5	HK 1	HK 2
0.098 0	1.48	2.96	7.41	14.82	29.63	37.04	74.08	148.2	296.3	444.5	740.8	1 482	2 963
0.098 2	1.48	2.95	7.38	14.76	29.51	36.89	73.78	147.6	295.1	442.7	737.8	1 476	2 951
0.098 4	1.47	2.94	7.35	14.70	29.39	36.74	73.48	147.0	293.9	440.9	734.8	1 470	2 939
0.098 6	1.46	2.93	7.32	14.64	29.27	36.59	73.18	146.4	292.7	439.1	731.8	1 464	2 927
0.098 8	1.46	2.92	7.29	14.58	29.15	36.44	72.88	145.8	291.5	437.3	728.8	1 458	2 915
0.099 0	1.45	2.90	7.26	14.52	29.04	36.29	72.59	145.2	290.4	435.5	725.9	1 452	2 904
0.099 2	1.45	2.89	7.23	14.46	28.92	36.15	72.30	144.6	289.2	433.8	723.0	1 446	2 892
0.099 4	1.44	2.88	7.20	14.40	28.80	36.00	72.01	144.0	288.0	432.0	720.1	1 440	2 880
0.099 6	1.43	2.87	7.17	14.34	28.69	35.86	71.72	143.4	286.9	430.3	717.2	1 434	2 869
0.099 8	1.43	2.86	7.14	14.29	28.57	35.71	71.43	142.9	285.7	428.6	714.3	1 429	2 857
0.100 0	1.42	2.85	7.11	14.23	28.46	35.57	71.14	142.3	284.6	426.9	711.4	1 423	2 846
0.100 2	1.42	2.83	7.09	14.17	28.34	35.43	70.86	141.7	283.4	425.2	708.6	1 417	2 834
0.100 4	1.41	2.82	7.06	14.12	28.23	35.29	70.58	141.2	282.3	423.5	705.8	1 412	2 823
0.100 6	1.41	2.81	7.03	14.06	28.12	35.15	70.30	140.6	281.2	421.8	703.0	1 406	2 812
0.100 8	1.40	2.80	7.00	14.00	28.01	35.01	70.02	140.0	280.1	420.1	700.2	1 400	2 801
0.101 0	1.39	2.79	6.97	13.95	27.90	34.87	69.74	139.5	279.0	418.5	697.4	1 395	2 790
0.101 2	1.39	2.78	6.95	13.89	27.79	34.73	69.47	138.9	277.9	416.8	694.7	1 389	2 779
0.101 4	1.38	2.77	6.92	13.84	27.68	34.60	69.19	138.4	276.8	415.2	691.9	1 384	2 768
0.101 6	1.38	2.76	6.89	13.78	27.57	34.46	68.92	137.8	275.7	413.5	689.2	1 378	2 757
0.101 8	1.37	2.75	6.87	13.73	27.46	34.33	68.65	137.3	274.6	411.9	686.5	1 373	2 746
0.102 0	1.37	2.74	6.84	13.68	27.35	34.19	68.38	136.8	273.5	410.3	683.8	1 368	2 735
0.102 2	1.36	2.72	6.81	13.62	27.25	34.06	68.11	136.2	272.5	408.7	681.1	1 362	2 725
0.102 4	1.36	2.71	6.78	13.57	27.14	33.92	67.85	135.7	271.4	407.1	678.5	1 357	2 714
0.102 6	1.35	2.70	6.76	13.52	27.03	33.79	67.58	135.2	270.3	405.5	675.8	1 352	2 703
0.102 8	1.35	2.69	6.73	13.46	26.93	33.66	67.32	134.6	269.3	403.9	673.2	1 346	2 693
0.103 0	1.34	2.68	6.71	13.41	26.82	33.53	67.06	134.1	268.2	402.4	670.6	1 341	2 682
0.103 2	1.34	2.67	6.68	13.36	26.72	33.40	66.80	133.6	267.2	400.8	668.0	1 336	2 672
0.103 4	1.33	2.66	6.65	13.31	26.62	33.27	66.54	133.1	266.2	399.3	665.4	1 331	2 662
0.103 6	1.33	2.65	6.63	13.26	26.51	33.14	66.29	132.6	265.1	397.7	662.9	1 326	2 651
0.103 8	1.32	2.64	6.60	13.21	26.41	33.02	66.03	132.1	264.1	396.2	660.3	1 321	2 641

表1－硬さ値表（続き）

対角線長さ d mm	試験力 N												
	0.009 807	0.019 61	0.049 03	0.098 07	0.196 13	0.245 17	0.490 33	0.980 7	1.961 3	2.942 0	4.903 3	9.807	19.613
	ヌープ硬さ												
	HK 0.001	HK 0.002	HK 0.005	HK 0.01	HK 0.02	HK 0.025	HK 0.05	HK 0.1	HK 0.2	HK 0.3	HK 0.5	HK 1	HK 2
0.104 0	1.32	2.63	6.58	13.16	26.31	32.89	65.78	131.6	263.1	394.7	657.8	1 316	2 631
0.104 2	1.31	2.62	6.55	13.10	26.21	32.76	65.52	131.0	262.1	393.1	655.2	1 310	2 621
0.104 4	1.31	2.61	6.53	13.05	26.11	32.64	65.27	130.5	261.1	391.6	652.7	1 305	2 611
0.104 6	1.30	2.60	6.50	13.00	26.01	32.51	65.02	130.0	260.1	390.1	650.2	1 300	2 601
0.104 8	1.30	2.59	6.48	12.96	25.91	32.39	64.78	129.6	259.1	388.7	647.8	1 296	2 591
0.105 0	1.29	2.58	6.45	12.91	25.81	32.26	64.53	129.1	258.1	387.2	645.3	1 291	2 581
0.105 2	1.29	2.57	6.43	12.86	25.71	32.14	64.28	128.6	257.1	385.7	642.8	1 286	2 571
0.105 4	1.28	2.56	6.40	12.81	25.62	32.02	64.04	128.1	256.2	384.2	640.4	1 281	2 562
0.105 6	1.28	2.55	6.38	12.76	25.52	31.90	63.80	127.6	255.2	382.8	638.0	1 276	2 552
0.105 8	1.27	2.54	6.36	12.71	25.42	31.78	63.56	127.1	254.2	381.3	635.6	1 271	2 542
0.106 0	1.27	2.53	6.33	12.66	25.33	31.66	63.32	126.6	253.3	379.9	633.2	1 266	2 533
0.106 2	1.26	2.52	6.31	12.62	25.23	31.54	63.08	126.2	252.3	378.5	630.8	1 262	2 523
0.106 4	1.26	2.51	6.28	12.57	25.14	31.42	62.84	125.7	251.4	377.1	628.4	1 257	2 514
0.106 6	1.25	2.50	6.26	12.52	25.04	31.30	62.61	125.2	250.4	375.6	626.1	1 252	2 504
0.106 8	1.25	2.49	6.24	12.47	24.95	31.19	62.37	124.7	249.5	374.2	623.7	1 247	2 495
0.107 0	1.24	2.49	6.21	12.43	24.86	31.07	62.14	124.3	248.6	372.8	621.4	1 243	2 486
0.107 2	1.24	2.48	6.19	12.38	24.76	30.95	61.91	123.8	247.6	371.4	619.1	1 238	2 476
0.107 4	1.23	2.47	6.17	12.34	24.67	30.84	61.68	123.4	246.7	370.1	616.8	1 234	2 467
0.107 6	1.23	2.46	6.14	12.29	24.58	30.72	61.45	122.9	245.8	368.7	614.5	1 229	2 458
0.107 8	1.22	2.45	6.12	12.24	24.49	30.61	61.22	122.4	244.9	367.3	612.2	1 224	2 449
0.108 0	1.22	2.44	6.10	12.20	24.40	30.50	60.99	122.0	244.0	366.0	609.9	1 220	2 440
0.108 2	1.22	2.43	6.08	12.15	24.31	30.38	60.77	121.5	243.1	364.6	607.7	1 215	2 431
0.108 4	1.21	2.42	6.05	12.11	24.22	30.27	60.55	121.1	242.2	363.3	605.5	1 211	2 422
0.108 6	1.21	2.41	6.03	12.06	24.13	30.16	60.32	120.6	241.3	361.9	603.2	1 206	2 413
0.108 8	1.20	2.40	6.01	12.02	24.04	30.05	60.10	120.2	240.4	360.6	601.0	1 202	2 404
0.109 0	1.20	2.40	5.99	11.98	23.95	29.94	59.88	119.8	239.5	359.3	598.8	1 198	2 395
0.109 2	1.19	2.39	5.97	11.93	23.86	29.83	59.66	119.3	238.6	358.0	596.6	1 193	2 386
0.109 4	1.19	2.38	5.94	11.89	23.78	29.72	59.44	118.9	237.8	356.7	594.4	1 189	2 378
0.109 6	1.18	2.37	5.92	11.85	23.69	29.61	59.23	118.5	236.9	355.4	592.3	1 185	2 369
0.109 8	1.18	2.36	5.90	11.80	23.60	29.51	59.01	118.0	236.0	354.1	590.1	1 180	2 360

表1－硬さ値表（続き）

対角線長さ d mm	試験力 N												
	0.009 807	0.019 61	0.049 03	0.098 07	0.196 13	0.245 17	0.490 33	0.980 7	1.961 3	2.942 0	4.903 3	9.807	19.613
	ヌープ硬さ												
	HK 0.001	HK 0.002	HK 0.005	HK 0.01	HK 0.02	HK 0.025	HK 0.05	HK 0.1	HK 0.2	HK 0.3	HK 0.5	HK 1	HK 2
0.110 0	1.18	2.35	5.88	11.76	23.52	29.40	58.80	117.6	235.2	352.8	588.0	1 176	2 352
0.110 2	1.17	2.34	5.86	11.72	23.43	29.29	58.58	117.2	234.3	351.5	585.8	1 172	2 343
0.110 4	1.17	2.33	5.84	11.67	23.35	29.19	58.37	116.7	233.5	350.2	583.7	1 167	2 335
0.110 6	1.16	2.33	5.82	11.63	23.26	29.08	58.16	116.3	232.6	349.0	581.6	1 163	2 326
0.110 8	1.16	2.32	5.80	11.59	23.18	28.98	57.95	115.9	231.8	347.7	579.5	1 159	2 318
0.111 0	1.15	2.31	5.77	11.55	23.10	28.87	57.74	115.5	231.0	346.5	577.4	1 155	2 310
0.111 2	1.15	2.30	5.75	11.51	23.01	28.77	57.53	115.1	230.1	345.2	575.3	1 151	2 301
0.111 4	1.15	2.29	5.73	11.47	22.93	28.66	57.33	114.7	229.3	344.0	573.3	1 147	2 293
0.111 6	1.14	2.28	5.71	11.42	22.85	28.56	57.12	114.2	228.5	342.7	571.2	1 142	2 285
0.111 8	1.14	2.28	5.69	11.38	22.77	28.46	56.92	113.8	227.7	341.5	569.2	1 138	2 277
0.112 0	1.13	2.27	5.67	11.34	22.69	28.36	56.72	113.4	226.9	340.3	567.2	1 134	2 269
0.112 2	1.13	2.26	5.65	11.30	22.61	28.26	56.51	113.0	226.1	339.1	565.1	1 130	2 261
0.112 4	1.13	2.25	5.63	11.26	22.53	28.16	56.31	112.6	225.3	337.9	563.1	1 126	2 253
0.112 6	1.12	2.24	5.61	11.22	22.45	28.06	56.11	112.2	224.5	336.7	561.1	1 122	2 245
0.112 8	1.12	2.24	5.59	11.18	22.37	27.96	55.91	111.8	223.7	335.5	559.1	1 118	2 237
0.113 0	1.11	2.23	5.57	11.14	22.29	27.86	55.72	111.4	222.9	334.3	557.2	1 114	2 229
0.113 2	1.11	2.22	5.55	11.10	22.21	27.76	55.52	111.0	222.1	333.1	555.2	1 110	2 221
0.113 4	1.11	2.21	5.53	11.06	22.13	27.66	55.32	110.6	221.3	331.9	553.2	1 106	2 213
0.113 6	1.10	2.21	5.51	11.03	22.05	27.56	55.13	110.3	220.5	330.8	551.3	1 103	2 205
0.113 8	1.10	2.20	5.49	10.99	21.97	27.47	54.94	109.9	219.7	329.6	549.4	1 099	2 197
0.114 0	1.09	2.19	5.47	10.95	21.90	27.37	54.74	109.5	219.0	328.5	547.4	1 095	2 190
0.114 2	1.09	2.18	5.46	10.91	21.82	27.28	54.55	109.1	218.2	327.3	545.5	1 091	2 182
0.114 4	1.09	2.17	5.44	10.87	21.74	27.18	54.36	108.7	217.4	326.2	543.6	1 087	2 174
0.114 6	1.08	2.17	5.42	10.83	21.67	27.09	54.17	108.3	216.7	325.0	541.7	1 083	2 167
0.114 8	1.08	2.16	5.40	10.80	21.59	26.99	53.98	108.0	215.9	323.9	539.8	1 080	2 159
0.115 0	1.08	2.15	5.38	10.76	21.52	26.90	53.80	107.6	215.2	322.8	538.0	1 076	2 152
0.115 2	1.07	2.14	5.36	10.72	21.44	26.80	53.61	107.2	214.4	321.7	536.1	1 072	2 144
0.115 4	1.07	2.14	5.34	10.68	21.37	26.71	53.42	106.8	213.7	320.5	534.2	1 068	2 137
0.115 6	1.06	2.13	5.32	10.65	21.30	26.62	53.24	106.5	213.0	319.4	532.4	1 065	2 130
0.115 8	1.06	2.12	5.31	10.61	21.22	26.53	53.05	106.1	212.2	318.3	530.5	1 061	2 122

表 1 – 硬さ値表（続き）

対角線長さ d mm	試験力 N												
	0.009 807	0.019 61	0.049 03	0.098 07	0.196 13	0.245 17	0.490 33	0.980 7	1.961 3	2.942 0	4.903 3	9.807	19.613
	ヌープ硬さ												
	HK 0.001	HK 0.002	HK 0.005	HK 0.01	HK 0.02	HK 0.025	HK 0.05	HK 0.1	HK 0.2	HK 0.3	HK 0.5	HK 1	HK 2
0.116 0	1.06	2.11	5.29	10.57	21.15	26.44	52.87	105.7	211.5	317.2	528.7	1 057	2 115
0.116 2	1.05	2.11	5.27	10.54	21.08	26.34	52.69	105.4	210.8	316.1	526.9	1 054	2 108
0.116 4	1.05	2.10	5.25	10.50	21.00	26.25	52.51	105.0	210.0	315.1	525.1	1 050	2 100
0.116 6	1.05	2.09	5.23	10.47	20.93	26.16	52.33	104.7	209.3	314.0	523.3	1 047	2 093
0.116 8	1.04	2.09	5.21	10.43	20.86	26.07	52.15	104.3	208.6	312.9	521.5	1 043	2 086
0.117 0	1.04	2.08	5.20	10.39	20.79	25.99	51.97	103.9	207.9	311.8	519.7	1 039	2 079
0.117 2	1.04	2.07	5.18	10.36	20.72	25.90	51.79	103.6	207.2	310.8	517.9	1 036	2 072
0.117 4	1.03	2.06	5.16	10.32	20.65	25.81	51.62	103.2	206.5	309.7	516.2	1 032	2 065
0.117 6	1.03	2.06	5.14	10.29	20.58	25.72	51.44	102.9	205.8	308.7	514.4	1 029	2 058
0.117 8	1.03	2.05	5.13	10.25	20.51	25.63	51.27	102.5	205.1	307.6	512.7	1 025	2 051
0.118 0	1.02	2.04	5.11	10.22	20.44	25.55	51.09	102.2	204.4	306.6	510.9	1 022	2 044
0.118 2	1.02	2.04	5.09	10.18	20.37	25.46	50.92	101.8	203.7	305.5	509.2	1 018	2 037
0.118 4	1.01	2.03	5.07	10.15	20.30	25.37	50.75	101.5	203.0	304.5	507.5	1 015	2 030
0.118 6	1.01	2.02	5.06	10.12	20.23	25.29	50.58	101.2	202.3	303.5	505.8	1 012	2 023
0.118 8	1.01	2.02	5.04	10.08	20.16	25.20	50.41	100.8	201.6	302.5	504.1	1 008	2 016
0.119 0	1.00	2.01	5.02	10.05	20.10	25.12	50.24	100.5	201.0	301.4	502.4	1 005	2 010
0.119 2	1.00	2.00	5.01	10.01	20.03	25.04	50.07	100.1	200.3	300.4	500.7	1 001	2 003
0.119 4	1.00	2.00	4.99	9.98	19.96	24.95	49.90	99.81	199.6	299.4	499.0	998.1	1 996
0.119 6	0.99	1.99	4.97	9.95	19.89	24.87	49.74	99.47	198.9	298.4	497.4	994.7	1 989
0.119 8	0.99	1.98	4.96	9.91	19.83	24.79	49.57	99.14	198.3	297.4	495.7	991.4	1 983
0.120 0	0.99	1.98	4.94	9.88	19.76	24.70	49.41	98.81	197.6	296.4	494.1	988.1	1 976
0.120 2	0.98	1.97	4.92	9.85	19.70	24.62	49.24	98.48	197.0	295.4	492.4	984.8	1 970
0.120 4	0.98	1.96	4.91	9.82	19.63	24.54	49.08	98.16	196.3	294.5	490.8	981.6	1 963
0.120 6	0.98	1.96	4.89	9.78	19.57	24.46	48.92	97.83	195.7	293.5	489.2	978.3	1 957
0.120 8	0.98	1.95	4.88	9.75	19.50	24.38	48.75	97.51	195.0	292.5	487.5	975.1	1 950
0.121 0	0.97	1.94	4.86	9.72	19.44	24.30	48.59	97.18	194.4	291.6	485.9	971.8	1 944
0.121 2	0.97	1.94	4.84	9.69	19.37	24.22	48.43	96.86	193.7	290.6	484.3	968.6	1 937
0.121 4	0.97	1.93	4.83	9.65	19.31	24.14	48.27	96.55	193.1	289.6	482.7	965.5	1 931
0.121 6	0.96	1.92	4.81	9.62	19.25	24.06	48.11	96.23	192.5	288.7	481.1	962.3	1 925
0.121 8	0.96	1.92	4.80	9.59	19.18	23.98	47.96	95.91	191.8	287.7	479.6	959.1	1 918

表1－硬さ値表（続き）

対角線長さ d mm	試験力 N												
	0.009 807	0.019 61	0.049 03	0.098 07	0.196 13	0.245 17	0.490 33	0.980 7	1.961 3	2.942 0	4.903 3	9.807	19.613
	ヌープ硬さ												
	HK 0.001	HK 0.002	HK 0.005	HK 0.01	HK 0.02	HK 0.025	HK 0.05	HK 0.1	HK 0.2	HK 0.3	HK 0.5	HK 1	HK 2
0.122 0	0.96	1.91	4.78	9.56	19.12	23.90	47.80	95.60	191.2	286.8	478.0	956.0	1 912
0.122 2	0.95	1.91	4.76	9.53	19.06	23.82	47.64	95.29	190.6	285.9	476.4	952.9	1 906
0.122 4	0.95	1.90	4.75	9.50	18.99	23.74	47.49	94.97	189.9	284.9	474.9	949.7	1 899
0.122 6	0.95	1.89	4.73	9.47	18.93	23.67	47.33	94.66	189.3	284.0	473.3	946.6	1 893
0.122 8	0.94	1.89	4.72	9.44	18.87	23.59	47.18	94.36	188.7	283.1	471.8	943.6	1 887
0.123 0	0.94	1.88	4.70	9.40	18.81	23.51	47.02	94.05	188.1	282.1	470.2	940.5	1 881
0.123 2	0.94	1.87	4.69	9.37	18.75	23.44	46.87	93.74	187.5	281.2	468.7	937.4	1 875
0.123 4	0.93	1.87	4.67	9.34	18.69	23.36	46.72	93.44	186.9	280.3	467.2	934.4	1 869
0.123 6	0.93	1.86	4.66	9.31	18.63	23.28	46.57	93.14	186.3	279.4	465.7	931.4	1 863
0.123 8	0.93	1.86	4.64	9.28	18.57	23.21	46.42	92.84	185.7	278.5	464.2	928.4	1 857
0.124 0	0.93	1.85	4.63	9.25	18.51	23.13	46.27	92.54	185.1	277.6	462.7	925.4	1 851
0.124 2	0.92	1.84	4.61	9.22	18.45	23.06	46.12	92.24	184.5	276.7	461.2	922.4	1 845
0.124 4	0.92	1.84	4.60	9.19	18.39	22.99	45.97	91.94	183.9	275.8	459.7	919.4	1 839
0.124 6	0.92	1.83	4.58	9.16	18.33	22.91	45.82	91.65	183.3	274.9	458.2	916.5	1 833
0.124 8	0.91	1.83	4.57	9.14	18.27	22.84	45.68	91.36	182.7	274.1	456.8	913.6	1 827
0.125 0	0.91	1.82	4.55	9.11	18.21	22.77	45.53	91.06	182.1	273.2	455.3	910.6	1 821
0.125 2	0.91	1.82	4.54	9.08	18.15	22.69	45.39	90.77	181.5	272.3	453.9	907.7	1 815
0.125 4	0.90	1.81	4.52	9.05	18.10	22.62	45.24	90.48	181.0	271.5	452.4	904.8	1 810
0.125 6	0.90	1.80	4.51	9.02	18.04	22.55	45.10	90.20	180.4	270.6	451.0	902.0	1 804
0.125 8	0.90	1.80	4.50	8.99	17.98	22.48	44.95	89.91	179.8	269.7	449.5	899.1	1 798
0.126 0	0.90	1.79	4.48	8.96	17.92	22.41	44.81	89.62	179.2	268.9	448.1	896.2	1 792
0.126 2	0.89	1.79	4.47	8.93	17.87	22.34	44.67	89.34	178.7	268.0	446.7	893.4	1 787
0.126 4	0.89	1.78	4.45	8.91	17.81	22.26	44.53	89.06	178.1	267.2	445.3	890.6	1 781
0.126 6	0.89	1.78	4.44	8.88	17.76	22.19	44.39	88.78	177.6	266.3	443.9	887.8	1 776
0.126 8	0.88	1.77	4.42	8.85	17.70	22.12	44.25	88.50	177.0	265.5	442.5	885.0	1 770
0.127 0	0.88	1.76	4.41	8.82	17.64	22.05	44.11	88.22	176.4	264.7	441.1	882.2	1 764
0.127 2	0.88	1.76	4.40	8.79	17.59	21.99	43.97	87.94	175.9	263.8	439.7	879.4	1 759
0.127 4	0.88	1.75	4.38	8.77	17.53	21.92	43.83	87.67	175.3	263.0	438.3	876.7	1 753
0.127 6	0.87	1.75	4.37	8.74	17.48	21.85	43.70	87.39	174.8	262.2	437.0	873.9	1 748
0.127 8	0.87	1.74	4.36	8.71	17.42	21.78	43.56	87.12	174.2	261.4	435.6	871.2	1 742

表 1－硬さ値表（続き）

対角線長さ d mm	試験力 N												
	0.009 807	0.019 61	0.049 03	0.098 07	0.196 13	0.245 17	0.490 33	0.980 7	1.961 3	2.942 0	4.903 3	9.807	19.613
	ヌープ硬さ												
	HK 0.001	HK 0.002	HK 0.005	HK 0.01	HK 0.02	HK 0.025	HK 0.05	HK 0.1	HK 0.2	HK 0.3	HK 0.5	HK 1	HK 2
0.128 0	0.87	1.74	4.34	8.68	17.37	21.71	43.42	86.85	173.7	260.5	434.2	868.5	1 737
0.128 2	0.87	1.73	4.33	8.66	17.31	21.64	43.29	86.57	173.1	259.7	432.9	865.7	1 731
0.128 4	0.86	1.73	4.32	8.63	17.26	21.58	43.15	86.31	172.6	258.9	431.5	863.1	1 726
0.128 6	0.86	1.72	4.30	8.60	17.21	21.51	43.02	86.04	172.1	258.1	430.2	860.4	1 721
0.128 8	0.86	1.72	4.29	8.58	17.15	21.44	42.89	85.77	171.5	257.3	428.9	857.7	1 715
0.129 0	0.86	1.71	4.28	8.55	17.10	21.38	42.75	85.50	171.0	256.5	427.5	855.0	1 710
0.129 2	0.85	1.70	4.26	8.52	17.05	21.31	42.62	85.24	170.5	255.7	426.2	852.4	1 705
0.129 4	0.85	1.70	4.25	8.50	17.00	21.24	42.49	84.98	170.0	254.9	424.9	849.8	1 700
0.129 6	0.85	1.69	4.24	8.47	16.94	21.18	42.36	84.71	169.4	254.1	423.6	847.1	1 694
0.129 8	0.84	1.69	4.22	8.45	16.89	21.11	42.23	84.45	168.9	253.4	422.3	844.5	1 689
0.130 0	0.84	1.68	4.21	8.42	16.84	21.05	42.10	84.19	168.4	252.6	421.0	841.9	1 684
0.130 2	0.84	1.68	4.20	8.39	16.79	20.98	41.97	83.94	167.9	251.8	419.7	839.4	1 679
0.130 4	0.84	1.67	4.18	8.37	16.74	20.92	41.84	83.68	167.4	251.0	418.4	836.8	1 674
0.130 6	0.83	1.67	4.17	8.34	16.68	20.86	41.71	83.42	166.8	250.3	417.1	834.2	1 668
0.130 8	0.83	1.66	4.16	8.32	16.63	20.79	41.58	83.17	166.3	249.5	415.8	831.7	1 663
0.131 0	0.83	1.66	4.15	8.29	16.58	20.73	41.46	82.91	165.8	248.7	414.6	829.1	1 658
0.131 2	0.83	1.65	4.13	8.27	16.53	20.67	41.33	82.66	165.3	248.0	413.3	826.6	1 653
0.131 4	0.82	1.65	4.12	8.24	16.48	20.60	41.20	82.41	164.8	247.2	412.0	824.1	1 648
0.131 6	0.82	1.64	4.11	8.22	16.43	20.54	41.08	82.16	164.3	246.5	410.8	821.6	1 643
0.131 8	0.82	1.64	4.10	8.19	16.38	20.48	40.96	81.91	163.8	245.7	409.6	819.1	1 638
0.132 0	0.82	1.63	4.08	8.17	16.33	20.42	40.83	81.66	163.3	245.0	408.3	816.6	1 633
0.132 2	0.81	1.63	4.07	8.14	16.28	20.35	40.71	81.42	162.8	244.2	407.1	814.2	1 628
0.132 4	0.81	1.62	4.06	8.12	16.23	20.29	40.58	81.17	162.3	243.5	405.8	811.7	1 623
0.132 6	0.81	1.62	4.05	8.09	16.18	20.23	40.46	80.92	161.8	242.8	404.6	809.2	1 618
0.132 8	0.81	1.61	4.03	8.07	16.14	20.17	40.34	80.68	161.4	242.0	403.4	806.8	1 614
0.133 0	0.80	1.61	4.02	8.04	16.09	20.11	40.22	80.44	160.9	241.3	402.2	804.4	1 609
0.133 2	0.80	1.60	4.01	8.02	16.04	20.05	40.10	80.20	160.4	240.6	401.0	802.0	1 604
0.133 4	0.80	1.60	4.00	8.00	15.99	19.99	39.98	79.96	159.9	239.9	399.8	799.6	1 599
0.133 6	0.80	1.59	3.99	7.97	15.94	19.93	39.86	79.72	159.4	239.2	398.6	797.2	1 594
0.133 8	0.79	1.59	3.97	7.95	15.90	19.87	39.74	79.48	159.0	238.4	397.4	794.8	1 590

表1−硬さ値表（続き）

対角線長さ d mm	試験力 N												
	0.009 807	0.019 61	0.049 03	0.098 07	0.196 13	0.245 17	0.490 33	0.980 7	1.961 3	2.942 0	4.903 3	9.807	19.613
	ヌープ硬さ												
	HK 0.001	HK 0.002	HK 0.005	HK 0.01	HK 0.02	HK 0.025	HK 0.05	HK 0.1	HK 0.2	HK 0.3	HK 0.5	HK 1	HK 2
0.134 0	0.79	1.58	3.96	7.92	15.85	19.81	39.62	79.24	158.5	237.7	396.2	792.4	1 585
0.134 2	0.79	1.58	3.95	7.90	15.80	19.75	39.50	79.01	158.0	237.0	395.0	790.1	1 580
0.134 4	0.79	1.58	3.94	7.88	15.75	19.69	39.39	78.77	157.5	236.3	393.9	787.7	1 575
0.134 6	0.79	1.57	3.93	7.85	15.71	19.63	39.27	78.54	157.1	235.6	392.7	785.4	1 571
0.134 8	0.78	1.57	3.92	7.83	15.66	19.58	39.15	78.30	156.6	234.9	391.5	783.0	1 566
0.135 0	0.78	1.56	3.90	7.81	15.61	19.52	39.04	78.07	156.1	234.2	390.4	780.7	1 561
0.135 2	0.78	1.56	3.89	7.78	15.57	19.46	38.92	77.84	155.7	233.5	389.2	778.4	1 557
0.135 4	0.78	1.55	3.88	7.76	15.52	19.40	38.81	77.61	155.2	232.8	388.1	776.1	1 552
0.135 6	0.77	1.55	3.87	7.74	15.48	19.35	38.69	77.38	154.8	232.2	386.9	773.8	1 548
0.135 8	0.77	1.54	3.86	7.72	15.43	19.29	38.58	77.16	154.3	231.5	385.8	771.6	1 543
0.136 0	0.77	1.54	3.85	7.69	15.39	19.23	38.46	76.93	153.9	230.8	384.6	769.3	1 539
0.136 2	0.77	1.53	3.84	7.67	15.34	19.18	38.35	76.70	153.4	230.1	383.5	767.0	1 534
0.136 4	0.76	1.53	3.82	7.65	15.30	19.12	38.24	76.48	153.0	229.4	382.4	764.8	1 530
0.136 6	0.76	1.53	3.81	7.63	15.25	19.06	38.13	76.25	152.5	228.8	381.3	762.5	1 525
0.136 8	0.76	1.52	3.80	7.60	15.21	19.01	38.02	76.03	152.1	228.1	380.2	760.3	1 521
0.137 0	0.76	1.52	3.79	7.58	15.16	18.95	37.91	75.81	151.6	227.4	379.1	758.1	1 516
0.137 2	0.76	1.51	3.78	7.56	15.12	18.90	37.79	75.59	151.2	226.8	377.9	755.9	1 512
0.137 4	0.75	1.51	3.77	7.54	15.07	18.84	37.68	75.37	150.7	226.1	376.8	753.7	1 507
0.137 6	0.75	1.50	3.76	7.52	15.03	18.79	37.58	75.15	150.3	225.5	375.8	751.5	1 503
0.137 8	0.75	1.50	3.75	7.49	14.99	18.73	37.47	74.93	149.9	224.8	374.7	749.3	1 499
0.138 0	0.75	1.49	3.74	7.47	14.94	18.68	37.36	74.72	149.4	224.1	373.6	747.2	1 494
0.138 2	0.74	1.49	3.72	7.45	14.90	18.62	37.25	74.50	149.0	223.5	372.5	745.0	1 490
0.138 4	0.74	1.49	3.71	7.43	14.86	18.57	37.14	74.28	148.6	222.9	371.4	742.8	1 486
0.138 6	0.74	1.48	3.70	7.41	14.81	18.52	37.03	74.07	148.1	222.2	370.3	740.7	1 481
0.138 8	0.74	1.48	3.69	7.39	14.77	18.46	36.93	73.86	147.7	221.6	369.3	738.6	1 477
0.139 0	0.74	1.47	3.68	7.36	14.73	18.41	36.82	73.64	147.3	220.9	368.2	736.4	1 473
0.139 2	0.73	1.47	3.67	7.34	14.69	18.36	36.72	73.43	146.9	220.3	367.2	734.3	1 469
0.139 4	0.73	1.46	3.66	7.32	14.64	18.31	36.61	73.22	146.4	219.7	366.1	732.2	1 464
0.139 6	0.73	1.46	3.65	7.30	14.60	18.25	36.51	73.01	146.0	219.0	365.1	730.1	1 460
0.139 8	0.73	1.46	3.64	7.28	14.56	18.20	36.40	72.80	145.6	218.4	364.0	728.0	1 456

表1−硬さ値表（続き）

対角線長さ d mm	試験力 N												
	0.009 807	0.019 61	0.049 03	0.098 07	0.196 13	0.245 17	0.490 33	0.980 7	1.961 3	2.942 0	4.903 3	9.807	19.613
	ヌープ硬さ												
	HK 0.001	HK 0.002	HK 0.005	HK 0.01	HK 0.02	HK 0.025	HK 0.05	HK 0.1	HK 0.2	HK 0.3	HK 0.5	HK 1	HK 2
0.140 0	0.73	1.45	3.63	7.26	14.52	18.15	36.30	72.60	145.2	217.8	363.0	726.0	1 452
0.140 2	0.72	1.45	3.62	7.24	14.48	18.10	36.19	72.39	144.8	217.2	361.9	723.9	1 448
0.140 4	0.72	1.44	3.61	7.22	14.44	18.05	36.09	72.18	144.4	216.5	360.9	721.8	1 444
0.140 6	0.72	1.44	3.60	7.20	14.40	17.99	35.99	71.98	144.0	215.9	359.9	719.8	1 440
0.140 8	0.72	1.44	3.59	7.18	14.35	17.94	35.89	71.77	143.5	215.3	358.9	717.7	1 435
0.141 0	0.72	1.43	3.58	7.16	14.31	17.89	35.78	71.57	143.1	214.7	357.8	715.7	1 431
0.141 2	0.71	1.43	3.57	7.14	14.27	17.84	35.68	71.37	142.7	214.1	356.8	713.7	1 427
0.141 4	0.71	1.42	3.56	7.12	14.23	17.79	35.58	71.17	142.3	213.5	355.8	711.7	1 423
0.141 6	0.71	1.42	3.55	7.10	14.19	17.74	35.48	70.96	141.9	212.9	354.8	709.6	1 419
0.141 8	0.71	1.42	3.54	7.08	14.15	17.69	35.38	70.76	141.5	212.3	353.8	707.6	1 415
0.142 0	0.71	1.41	3.53	7.06	14.11	17.64	35.28	70.57	141.1	211.7	352.8	705.7	1 411
0.142 2	0.70	1.41	3.52	7.04	14.07	17.59	35.18	70.37	140.7	211.1	351.8	703.7	1 407
0.142 4	0.70	1.40	3.51	7.02	14.03	17.54	35.08	70.17	140.3	210.5	350.8	701.7	1 403
0.142 6	0.70	1.40	3.50	7.00	13.99	17.49	34.99	69.97	139.9	209.9	349.9	699.7	1 399
0.142 8	0.70	1.40	3.49	6.98	13.96	17.44	34.89	69.78	139.6	209.3	348.9	697.8	1 396
0.143 0	0.70	1.39	3.48	6.96	13.92	17.40	34.79	69.58	139.2	208.7	347.9	695.8	1 392
0.143 2	0.69	1.39	3.47	6.94	13.88	17.35	34.69	69.39	138.8	208.2	346.9	693.9	1 388
0.143 4	0.69	1.38	3.46	6.92	13.84	17.30	34.60	69.19	138.4	207.6	346.0	691.9	1 384
0.143 6	0.69	1.38	3.45	6.90	13.80	17.25	34.50	69.00	138.0	207.0	345.0	690.0	1 380
0.143 8	0.69	1.38	3.44	6.88	13.76	17.20	34.40	68.81	137.6	206.4	344.0	688.1	1 376
0.144 0	0.69	1.37	3.43	6.86	13.72	17.15	34.31	68.62	137.2	205.9	343.1	686.2	1 372
0.144 2	0.68	1.37	3.42	6.84	13.69	17.11	34.21	68.43	136.9	205.3	342.1	684.3	1 369
0.144 4	0.68	1.36	3.41	6.82	13.65	17.06	34.12	68.24	136.5	204.7	341.2	682.4	1 365
0.144 6	0.68	1.36	3.40	6.81	13.61	17.01	34.03	68.05	136.1	204.2	340.3	680.5	1 361
0.144 8	0.68	1.36	3.39	6.79	13.57	16.97	33.93	67.86	135.7	203.6	339.3	678.6	1 357
0.145 0	0.68	1.35	3.38	6.77	13.54	16.92	33.84	67.68	135.4	203.0	338.4	676.8	1 354
0.145 2	0.67	1.35	3.37	6.75	13.50	16.87	33.74	67.49	135.0	202.5	337.4	674.9	1 350
0.145 4	0.67	1.35	3.37	6.73	13.46	16.83	33.65	67.30	134.6	201.9	336.5	673.0	1 346
0.145 6	0.67	1.34	3.36	6.71	13.42	16.78	33.56	67.12	134.2	201.4	335.6	671.2	1 342
0.145 8	0.67	1.34	3.35	6.69	13.39	16.73	33.47	66.93	133.9	200.8	334.7	669.3	1 339

表1−硬さ値表（続き）

対角線長さ d mm	試験力 N												
	0.009 807	0.019 61	0.049 03	0.098 07	0.196 13	0.245 17	0.490 33	0.980 7	1.961 3	2.942 0	4.903 3	9.807	19.613
	ヌープ硬さ												
	HK 0.001	HK 0.002	HK 0.005	HK 0.01	HK 0.02	HK 0.025	HK 0.05	HK 0.1	HK 0.2	HK 0.3	HK 0.5	HK 1	HK 2
0.146 0	0.67	1.34	3.34	6.68	13.35	16.69	33.38	66.75	133.5	200.3	333.8	667.5	1 335
0.146 2	0.67	1.33	3.33	6.66	13.31	16.64	33.28	66.57	133.1	199.7	332.8	665.7	1 331
0.146 4	0.66	1.33	3.32	6.64	13.28	16.60	33.19	66.39	132.8	199.2	331.9	663.9	1 328
0.146 6	0.66	1.32	3.31	6.62	13.24	16.55	33.10	66.21	132.4	198.6	331.0	662.1	1 324
0.146 8	0.66	1.32	3.30	6.60	13.21	16.51	33.01	66.03	132.1	198.1	330.1	660.3	1 321
0.147 0	0.66	1.32	3.29	6.58	13.17	16.46	32.92	65.85	131.7	197.5	329.2	658.5	1 317
0.147 2	0.66	1.31	3.28	6.57	13.13	16.42	32.83	65.67	131.3	197.0	328.3	656.7	1 313
0.147 4	0.65	1.31	3.27	6.55	13.10	16.37	32.74	65.49	131.0	196.5	327.4	654.9	1 310
0.147 6	0.65	1.31	3.27	6.53	13.06	16.33	32.66	65.31	130.6	195.9	326.6	653.1	1 306
0.147 8	0.65	1.30	3.26	6.51	13.03	16.28	32.57	65.14	130.3	195.4	325.7	651.4	1 303
0.148 0	0.65	1.30	3.25	6.50	12.99	16.24	32.48	64.96	129.9	194.9	324.8	649.6	1 299
0.148 2	0.65	1.30	3.24	6.48	12.96	16.20	32.39	64.78	129.6	194.4	323.9	647.8	1 296
0.148 4	0.65	1.29	3.23	6.46	12.92	16.15	32.31	64.61	129.2	193.8	323.1	646.1	1 292
0.148 6	0.64	1.29	3.22	6.44	12.89	16.11	32.22	64.44	128.9	193.3	322.2	644.4	1 289
0.148 8	0.64	1.29	3.21	6.43	12.85	16.07	32.13	64.26	128.5	192.8	321.3	642.6	1 285
0.149 0	0.64	1.28	3.20	6.41	12.82	16.02	32.05	64.09	128.2	192.3	320.5	640.9	1 282
0.149 2	0.64	1.28	3.20	6.39	12.78	15.98	31.96	63.92	127.8	191.8	319.6	639.2	1 278
0.149 4	0.64	1.27	3.19	6.37	12.75	15.94	31.87	63.75	127.5	191.2	318.7	637.5	1 275
0.149 6	0.64	1.27	3.18	6.36	12.72	15.89	31.79	63.58	127.2	190.7	317.9	635.8	1 272
0.149 8	0.63	1.27	3.17	6.34	12.68	15.85	31.70	63.41	126.8	190.2	317.0	634.1	1 268
0.150 0	0.63	1.26	3.16	6.32	12.65	15.81	31.62	63.24	126.5	189.7	316.2	632.4	1 265
0.150 2	0.63	1.26	3.15	6.31	12.61	15.77	31.54	63.07	126.1	189.2	315.4	630.7	1 261
0.150 4	0.63	1.26	3.15	6.29	12.58	15.73	31.45	62.90	125.8	188.7	314.5	629.0	1 258
0.150 6	0.63	1.25	3.14	6.27	12.55	15.68	31.37	62.74	125.5	188.2	313.7	627.4	1 255
0.150 8	0.63	1.25	3.13	6.26	12.51	15.64	31.28	62.57	125.1	187.7	312.8	625.7	1 251
0.151 0	0.62	1.25	3.12	6.24	12.48	15.60	31.20	62.40	124.8	187.2	312.0	624.0	1 248
0.151 2	0.62	1.24	3.11	6.22	12.45	15.56	31.12	62.24	124.5	186.7	311.2	622.4	1 245
0.151 4	0.62	1.24	3.10	6.21	12.41	15.52	31.04	62.07	124.1	186.2	310.4	620.7	1 241
0.151 6	0.62	1.24	3.10	6.19	12.38	15.48	30.96	61.91	123.8	185.7	309.6	619.1	1 238
0.151 8	0.62	1.23	3.09	6.17	12.35	15.44	30.87	61.75	123.5	185.2	308.7	617.5	1 235

表 1－硬さ値表 （続き）

対角線長さ d mm	試験力 N												
	0.009 807	0.019 61	0.049 03	0.098 07	0.196 13	0.245 17	0.490 33	0.980 7	1.961 3	2.942 0	4.903 3	9.807	19.613
	ヌープ硬さ												
	HK 0.001	HK 0.002	HK 0.005	HK 0.01	HK 0.02	HK 0.025	HK 0.05	HK 0.1	HK 0.2	HK 0.3	HK 0.5	HK 1	HK 2
0.152 0	0.62	1.23	3.08	6.16	12.32	15.40	30.79	61.59	123.2	184.8	307.9	615.9	1 232
0.152 2	0.61	1.23	3.07	6.14	12.28	15.36	30.71	61.42	122.8	184.3	307.1	614.2	1 228
0.152 4	0.61	1.23	3.06	6.13	12.25	15.32	30.63	61.26	122.5	183.8	306.3	612.6	1 225
0.152 6	0.61	1.22	3.06	6.11	12.22	15.28	30.55	61.10	122.2	183.3	305.5	611.0	1 222
0.152 8	0.61	1.22	3.05	6.09	12.19	15.24	30.47	60.94	121.9	182.8	304.7	609.4	1 219
0.153 0	0.61	1.22	3.04	6.08	12.16	15.20	30.39	60.78	121.6	182.4	303.9	607.8	1 216
0.153 2	0.61	1.21	3.03	6.06	12.12	15.16	30.31	60.62	121.2	181.9	303.1	606.2	1 212
0.153 4	0.60	1.21	3.02	6.05	12.09	15.12	30.23	60.47	120.9	181.4	302.3	604.7	1 209
0.153 6	0.60	1.21	3.02	6.03	12.06	15.08	30.15	60.31	120.6	180.9	301.5	603.1	1 206
0.153 8	0.60	1.20	3.01	6.02	12.03	15.04	30.08	60.15	120.3	180.5	300.8	601.5	1 203
0.154 0	0.60	1.20	3.00	6.00	12.00	15.00	30.00	60.00	120.0	180.0	300.0	600.0	1 200
0.154 2	0.60	1.20	2.99	5.98	11.97	14.96	29.92	59.84	119.7	179.5	299.2	598.4	1 197
0.154 4	0.60	1.19	2.98	5.97	11.94	14.92	29.84	59.69	119.4	179.1	298.4	596.9	1 194
0.154 6	0.60	1.19	2.98	5.95	11.91	14.88	29.77	59.53	119.1	178.6	297.7	595.3	1 191
0.154 8	0.59	1.19	2.97	5.94	11.88	14.84	29.69	59.38	118.8	178.1	296.9	593.8	1 188
0.155 0	0.59	1.18	2.96	5.92	11.84	14.81	29.61	59.22	118.4	177.7	296.1	592.2	1 184
0.155 2	0.59	1.18	2.95	5.91	11.81	14.77	29.54	59.07	118.1	177.2	295.4	590.7	1 181
0.155 4	0.59	1.18	2.95	5.89	11.78	14.73	29.46	58.92	117.8	176.8	294.6	589.2	1 178
0.155 6	0.59	1.18	2.94	5.88	11.75	14.69	29.38	58.77	117.5	176.3	293.8	587.7	1 175
0.155 8	0.59	1.17	2.93	5.86	11.72	14.65	29.31	58.62	117.2	175.9	293.1	586.2	1 172
0.156 0	0.58	1.17	2.92	5.85	11.69	14.62	29.23	58.47	116.9	175.4	292.3	584.7	1 169
0.156 2	0.58	1.17	2.92	5.83	11.66	14.58	29.16	58.32	116.6	175.0	291.6	583.2	1 166
0.156 4	0.58	1.16	2.91	5.82	11.63	14.54	29.08	58.17	116.3	174.5	290.8	581.7	1 163
0.156 6	0.58	1.16	2.90	5.80	11.60	14.51	29.01	58.02	116.0	174.1	290.1	580.2	1 160
0.156 8	0.58	1.16	2.89	5.79	11.57	14.47	28.94	57.87	115.7	173.6	289.4	578.7	1 157
0.157 0	0.58	1.15	2.89	5.77	11.55	14.43	28.86	57.73	115.5	173.2	288.6	577.3	1 155
0.157 2	0.58	1.15	2.88	5.76	11.52	14.39	28.79	57.58	115.2	172.7	287.9	575.8	1 152
0.157 4	0.57	1.15	2.87	5.74	11.49	14.36	28.72	57.43	114.9	172.3	287.2	574.3	1 149
0.157 6	0.57	1.15	2.86	5.73	11.46	14.32	28.64	57.29	114.6	171.9	286.4	572.9	1 146
0.157 8	0.57	1.14	2.86	5.71	11.43	14.29	28.57	57.14	114.3	171.4	285.7	571.4	1 143

表1-硬さ値表（続き）

対角線長さ d mm	試験力 N												
	0.009 807	0.019 61	0.049 03	0.098 07	0.196 13	0.245 17	0.490 33	0.980 7	1.961 3	2.942 0	4.903 3	9.807	19.613
	ヌープ硬さ												
	HK 0.001	HK 0.002	HK 0.005	HK 0.01	HK 0.02	HK 0.025	HK 0.05	HK 0.1	HK 0.2	HK 0.3	HK 0.5	HK 1	HK 2
0.158 0	0.57	1.14	2.85	5.70	11.40	14.25	28.50	57.00	114.0	171.0	285.0	570.0	1 140
0.158 2	0.57	1.14	2.84	5.69	11.37	14.21	28.43	56.85	113.7	170.6	284.3	568.5	1 137
0.158 4	0.57	1.13	2.84	5.67	11.34	14.18	28.35	56.71	113.4	170.1	283.5	567.1	1 134
0.158 6	0.57	1.13	2.83	5.66	11.31	14.14	28.28	56.57	113.1	169.7	282.8	565.7	1 131
0.158 8	0.56	1.13	2.82	5.64	11.28	14.11	28.21	56.42	112.8	169.3	282.1	564.2	1 128
0.159 0	0.56	1.13	2.81	5.63	11.26	14.07	28.14	56.28	112.6	168.8	281.4	562.8	1 126
0.159 2	0.56	1.12	2.81	5.61	11.23	14.04	28.07	56.14	112.3	168.4	280.7	561.4	1 123
0.159 4	0.56	1.12	2.80	5.60	11.20	14.00	28.00	56.00	112.0	168.0	280.0	560.0	1 120
0.159 6	0.56	1.12	2.79	5.59	11.17	13.97	27.93	55.86	111.7	167.6	279.3	558.6	1 117
0.159 8	0.56	1.11	2.79	5.57	11.14	13.93	27.86	55.72	111.4	167.2	278.6	557.2	1 114
0.160 0	0.56	1.11	2.78	5.56	11.12	13.90	27.79	55.58	111.2	166.7	277.9	555.8	1 112
0.160 2	0.55	1.11	2.77	5.54	11.09	13.86	27.72	55.44	110.9	166.3	277.2	554.4	1 109
0.160 4	0.55	1.11	2.77	5.53	11.06	13.83	27.65	55.30	110.6	165.9	276.5	553.0	1 106
0.160 6	0.55	1.10	2.76	5.52	11.03	13.79	27.58	55.17	110.3	165.5	275.8	551.7	1 103
0.160 8	0.55	1.10	2.75	5.50	11.01	13.76	27.51	55.03	110.1	165.1	275.1	550.3	1 101
0.161 0	0.55	1.10	2.74	5.49	10.98	13.72	27.45	54.89	109.8	164.7	274.5	548.9	1 098
0.161 2	0.55	1.10	2.74	5.48	10.95	13.69	27.38	54.76	109.5	164.3	273.8	547.6	1 095
0.161 4	0.55	1.09	2.73	5.46	10.92	13.66	27.31	54.62	109.2	163.9	273.1	546.2	1 092
0.161 6	0.54	1.09	2.72	5.45	10.90	13.62	27.24	54.49	109.0	163.5	272.4	544.9	1 090
0.161 8	0.54	1.09	2.72	5.44	10.87	13.59	27.18	54.35	108.7	163.1	271.8	543.5	1 087
0.162 0	0.54	1.08	2.71	5.42	10.84	13.55	27.11	54.22	108.4	162.7	271.1	542.2	1 084
0.162 2	0.54	1.08	2.70	5.41	10.82	13.52	27.04	54.08	108.2	162.3	270.4	540.8	1 082
0.162 4	0.54	1.08	2.70	5.40	10.79	13.49	26.98	53.95	107.9	161.9	269.8	539.5	1 079
0.162 6	0.54	1.08	2.69	5.38	10.76	13.45	26.91	53.82	107.6	161.5	269.1	538.2	1 076
0.162 8	0.54	1.07	2.68	5.37	10.74	13.42	26.84	53.69	107.4	161.1	268.4	536.9	1 074
0.163 0	0.54	1.07	2.68	5.36	10.71	13.39	26.78	53.55	107.1	160.7	267.8	535.5	1 071
0.163 2	0.53	1.07	2.67	5.34	10.68	13.36	26.71	53.42	106.8	160.3	267.1	534.2	1 068
0.163 4	0.53	1.07	2.66	5.33	10.66	13.32	26.65	53.29	106.6	159.9	266.5	532.9	1 066
0.163 6	0.53	1.06	2.66	5.32	10.63	13.29	26.58	53.16	106.3	159.5	265.8	531.6	1 063
0.163 8	0.53	1.06	2.65	5.30	10.61	13.26	26.52	53.03	106.1	159.1	265.2	530.3	1 061

表 1－硬さ値表（続き）

対角線長さ d mm	試験力 N												
	0.009 807	0.019 61	0.049 03	0.098 07	0.196 13	0.245 17	0.490 33	0.980 7	1.961 3	2.942 0	4.903 3	9.807	19.613
	ヌープ硬さ												
	HK 0.001	HK 0.002	HK 0.005	HK 0.01	HK 0.02	HK 0.025	HK 0.05	HK 0.1	HK 0.2	HK 0.3	HK 0.5	HK 1	HK 2
0.164 0	0.53	1.06	2.65	5.29	10.58	13.23	26.45	52.90	105.8	158.7	264.5	529.0	1 058
0.164 2	0.53	1.06	2.64	5.28	10.55	13.19	26.39	52.77	105.5	158.3	263.9	527.7	1 055
0.164 4	0.53	1.05	2.63	5.26	10.53	13.16	26.32	52.65	105.3	157.9	263.2	526.5	1 053
0.164 6	0.53	1.05	2.63	5.25	10.50	13.13	26.26	52.52	105.0	157.6	262.6	525.2	1 050
0.164 8	0.52	1.05	2.62	5.24	10.48	13.10	26.20	52.39	104.8	157.2	262.0	523.9	1 048
0.165 0	0.52	1.05	2.61	5.23	10.45	13.07	26.13	52.26	104.5	156.8	261.3	522.6	1 045
0.165 2	0.52	1.04	2.61	5.21	10.43	13.03	26.07	52.14	104.3	156.4	260.7	521.4	1 043
0.165 4	0.52	1.04	2.60	5.20	10.40	13.00	26.01	52.01	104.0	156.0	260.1	520.1	1 040
0.165 6	0.52	1.04	2.59	5.19	10.38	12.97	25.94	51.89	103.8	155.7	259.4	518.9	1 038
0.165 8	0.52	1.04	2.59	5.18	10.35	12.94	25.88	51.76	103.5	155.3	258.8	517.6	1 035
0.166 0	0.52	1.03	2.58	5.16	10.33	12.91	25.82	51.64	103.3	154.9	258.2	516.4	1 033
0.166 2	0.52	1.03	2.58	5.15	10.30	12.88	25.76	51.51	103.0	154.5	257.6	515.1	1 030
0.166 4	0.51	1.03	2.57	5.14	10.28	12.85	25.69	51.39	102.8	154.2	256.9	513.9	1 028
0.166 6	0.51	1.03	2.56	5.13	10.25	12.82	25.63	51.26	102.5	153.8	256.3	512.6	1 025
0.166 8	0.51	1.02	2.56	5.11	10.23	12.79	25.57	51.14	102.3	153.4	255.7	511.4	1 023
0.167 0	0.51	1.02	2.55	5.10	10.20	12.75	25.51	51.02	102.0	153.1	255.1	510.2	1 020
0.167 2	0.51	1.02	2.54	5.09	10.18	12.72	25.45	50.90	101.8	152.7	254.5	509.0	1 018
0.167 4	0.51	1.02	2.54	5.08	10.16	12.69	25.39	50.78	101.6	152.3	253.9	507.8	1 016
0.167 6	0.51	1.01	2.53	5.07	10.13	12.66	25.33	50.65	101.3	152.0	253.3	506.5	1 013
0.167 8	0.51	1.01	2.53	5.05	10.11	12.63	25.27	50.53	101.1	151.6	252.7	505.3	1 011
0.168 0	0.50	1.01	2.52	5.04	10.08	12.60	25.21	50.41	100.8	151.2	252.1	504.1	1 008
0.168 2	0.50	1.01	2.51	5.03	10.06	12.57	25.15	50.29	100.6	150.9	251.5	502.9	1 006
0.168 4	0.50	1.00	2.51	5.02	10.03	12.54	25.09	50.17	100.3	150.5	250.9	501.7	1 003
0.168 6	0.50	1.00	2.50	5.01	10.01	12.51	25.03	50.06	100.1	150.2	250.3	500.6	1 001
0.168 8	0.50	1.00	2.50	4.99	9.99	12.48	24.97	49.94	99.87	149.8	249.7	499.4	998.7
0.169 0	0.50	1.00	2.49	4.98	9.96	12.45	24.91	49.82	99.64	149.5	249.1	498.2	996.4
0.169 2	0.50	0.99	2.49	4.97	9.94	12.43	24.85	49.70	99.40	149.1	248.5	497.0	994.0
0.169 4	0.50	0.99	2.48	4.96	9.92	12.40	24.79	49.58	99.17	148.8	247.9	495.8	991.7
0.169 6	0.49	0.99	2.47	4.95	9.89	12.37	24.73	49.47	98.93	148.4	247.3	494.7	989.3
0.169 8	0.49	0.99	2.47	4.94	9.87	12.34	24.68	49.35	98.70	148.1	246.8	493.5	987.0

表1－硬さ値表（続き）

対角線長さ d mm	試験力 N												
	0.009 807	0.019 61	0.049 03	0.098 07	0.196 13	0.245 17	0.490 33	0.980 7	1.961 3	2.942 0	4.903 3	9.807	19.613
	ヌープ硬さ												
	HK 0.001	HK 0.002	HK 0.005	HK 0.01	HK 0.02	HK 0.025	HK 0.05	HK 0.1	HK 0.2	HK 0.3	HK 0.5	HK 1	HK 2
0.170 0	0.49	0.98	2.46	4.92	9.85	12.31	24.62	49.23	98.47	147.7	246.2	492.3	984.7
0.170 2	0.49	0.98	2.46	4.91	9.82	12.28	24.56	49.12	98.24	147.4	245.6	491.2	982.4
0.170 4	0.49	0.98	2.45	4.90	9.80	12.25	24.50	49.00	98.01	147.0	245.0	490.0	980.1
0.170 6	0.49	0.98	2.44	4.89	9.78	12.22	24.44	48.89	97.78	146.7	244.4	488.9	977.8
0.170 8	0.49	0.98	2.44	4.88	9.75	12.19	24.39	48.77	97.55	146.3	243.9	487.7	975.5
0.171 0	0.49	0.97	2.43	4.87	9.73	12.17	24.33	48.66	97.32	146.0	243.3	486.6	973.2
0.171 2	0.49	0.97	2.43	4.85	9.71	12.14	24.27	48.55	97.09	145.6	242.7	485.5	970.9
0.171 4	0.48	0.97	2.42	4.84	9.69	12.11	24.22	48.43	96.87	145.3	242.2	484.3	968.7
0.171 6	0.48	0.97	2.42	4.83	9.66	12.08	24.16	48.32	96.64	145.0	241.6	483.2	966.4
0.171 8	0.48	0.96	2.41	4.82	9.64	12.05	24.10	48.21	96.42	144.6	241.0	482.1	964.2
0.172 0	0.48	0.96	2.40	4.81	9.62	12.02	24.05	48.10	96.19	144.3	240.5	481.0	961.9
0.172 2	0.48	0.96	2.40	4.80	9.60	12.00	23.99	47.98	95.97	144.0	239.9	479.8	959.7
0.172 4	0.48	0.96	2.39	4.79	9.57	11.97	23.94	47.87	95.75	143.6	239.4	478.7	957.5
0.172 6	0.48	0.96	2.39	4.78	9.55	11.94	23.88	47.76	95.52	143.3	238.8	477.6	955.2
0.172 8	0.48	0.95	2.38	4.77	9.53	11.91	23.83	47.65	95.30	143.0	238.3	476.5	953.0
0.173 0	0.48	0.95	2.38	4.75	9.51	11.89	23.77	47.54	95.08	142.6	237.7	475.4	950.8
0.173 2	0.47	0.95	2.37	4.74	9.49	11.86	23.72	47.43	94.86	142.3	237.2	474.3	948.6
0.173 4	0.47	0.95	2.37	4.73	9.46	11.83	23.66	47.32	94.65	142.0	236.6	473.2	946.5
0.173 6	0.47	0.94	2.36	4.72	9.44	11.80	23.61	47.21	94.43	141.6	236.1	472.1	944.3
0.173 8	0.47	0.94	2.36	4.71	9.42	11.78	23.55	47.11	94.21	141.3	235.5	471.1	942.1
0.174 0	0.47	0.94	2.35	4.70	9.40	11.75	23.50	47.00	93.99	141.0	235.0	470.0	939.9
0.174 2	0.47	0.94	2.34	4.69	9.38	11.72	23.44	46.89	93.78	140.7	234.4	468.9	937.8
0.174 4	0.47	0.94	2.34	4.68	9.36	11.70	23.39	46.78	93.56	140.3	233.9	467.8	935.6
0.174 6	0.47	0.93	2.33	4.67	9.33	11.67	23.34	46.67	93.35	140.0	233.4	466.7	933.5
0.174 8	0.47	0.93	2.33	4.66	9.31	11.64	23.28	46.57	93.14	139.7	232.8	465.7	931.4
0.175 0	0.46	0.93	2.32	4.65	9.29	11.62	23.23	46.46	92.92	139.4	232.3	464.6	929.2
0.175 2	0.46	0.93	2.32	4.64	9.27	11.59	23.18	46.36	92.71	139.1	231.8	463.6	927.1
0.175 4	0.46	0.92	2.31	4.62	9.25	11.56	23.12	46.25	92.50	138.7	231.2	462.5	925.0
0.175 6	0.46	0.92	2.31	4.61	9.23	11.54	23.07	46.14	92.29	138.4	230.7	461.4	922.9
0.175 8	0.46	0.92	2.30	4.60	9.21	11.51	23.02	46.04	92.08	138.1	230.2	460.4	920.8

表1-硬さ値表（続き）

対角線長さ	試験力 N												
d	0.009 807	0.019 61	0.049 03	0.098 07	0.196 13	0.245 17	0.490 33	0.980 7	1.961 3	2.942 0	4.903 3	9.807	19.613
mm	ヌープ硬さ												
	HK 0.001	HK 0.002	HK 0.005	HK 0.01	HK 0.02	HK 0.025	HK 0.05	HK 0.1	HK 0.2	HK 0.3	HK 0.5	HK 1	HK 2
0.176 0	0.46	0.92	2.30	4.59	9.19	11.48	22.97	45.93	91.87	137.8	229.7	459.3	918.7
0.176 2	0.46	0.92	2.29	4.58	9.17	11.46	22.92	45.83	91.66	137.5	229.2	458.3	916.6
0.176 4	0.46	0.91	2.29	4.57	9.15	11.43	22.86	45.73	91.45	137.2	228.6	457.3	914.5
0.176 6	0.46	0.91	2.28	4.56	9.12	11.41	22.81	45.62	91.25	136.9	228.1	456.2	912.5
0.176 8	0.46	0.91	2.28	4.55	9.10	11.38	22.76	45.52	91.04	136.6	227.6	455.2	910.4
0.177 0	0.45	0.91	2.27	4.54	9.08	11.35	22.71	45.42	90.83	136.3	227.1	454.2	908.3
0.177 2	0.45	0.91	2.27	4.53	9.06	11.33	22.66	45.31	90.63	135.9	226.6	453.1	906.3
0.177 4	0.45	0.90	2.26	4.52	9.04	11.30	22.61	45.21	90.43	135.6	226.1	452.1	904.3
0.177 6	0.45	0.90	2.26	4.51	9.02	11.28	22.56	45.11	90.22	135.3	225.6	451.1	902.2
0.177 8	0.45	0.90	2.25	4.50	9.00	11.25	22.50	45.01	90.02	135.0	225.0	450.1	900.2
0.178 0	0.45	0.90	2.25	4.49	8.98	11.23	22.45	44.91	89.82	134.7	224.5	449.1	898.2
0.178 2	0.45	0.90	2.24	4.48	8.96	11.20	22.40	44.81	89.62	134.4	224.0	448.1	896.2
0.178 4	0.45	0.89	2.24	4.47	8.94	11.18	22.35	44.71	89.41	134.1	223.5	447.1	894.1
0.178 6	0.45	0.89	2.23	4.46	8.92	11.15	22.30	44.61	89.21	133.8	223.0	446.1	892.1
0.178 8	0.45	0.89	2.23	4.45	8.90	11.13	22.25	44.51	89.02	133.5	222.5	445.1	890.2
0.179 0	0.44	0.89	2.22	4.44	8.88	11.10	22.20	44.41	88.82	133.2	222.0	444.1	888.2
0.179 2	0.44	0.89	2.22	4.43	8.86	11.08	22.15	44.31	88.62	132.9	221.5	443.1	886.2
0.179 4	0.44	0.88	2.21	4.42	8.84	11.05	22.11	44.21	88.42	132.6	221.1	442.1	884.2
0.179 6	0.44	0.88	2.21	4.41	8.82	11.03	22.06	44.11	88.22	132.3	220.6	441.1	882.2
0.179 8	0.44	0.88	2.20	4.40	8.80	11.00	22.01	44.01	88.03	132.0	220.1	440.1	880.3
0.180 0	0.44	0.88	2.20	4.39	8.78	10.98	21.96	43.92	87.83	131.7	219.6	439.2	878.3
0.180 2	0.44	0.88	2.19	4.38	8.76	10.95	21.91	43.82	87.64	131.5	219.1	438.2	876.4
0.180 4	0.44	0.87	2.19	4.37	8.74	10.93	21.86	43.72	87.44	131.2	218.6	437.2	874.4
0.180 6	0.44	0.87	2.18	4.36	8.72	10.91	21.81	43.62	87.25	130.9	218.1	436.2	872.5
0.180 8	0.44	0.87	2.18	4.35	8.71	10.88	21.76	43.53	87.06	130.6	217.6	435.3	870.6
0.181 0	0.43	0.87	2.17	4.34	8.69	10.86	21.72	43.43	86.86	130.3	217.2	434.3	868.6
0.181 2	0.43	0.87	2.17	4.33	8.67	10.83	21.67	43.34	86.67	130.0	216.7	433.4	866.7
0.181 4	0.43	0.86	2.16	4.32	8.65	10.81	21.62	43.24	86.48	129.7	216.2	432.4	864.8
0.181 6	0.43	0.86	2.16	4.31	8.63	10.79	21.57	43.15	86.29	129.4	215.7	431.5	862.9
0.181 8	0.43	0.86	2.15	4.31	8.61	10.76	21.53	43.05	86.10	129.2	215.3	430.5	861.0

表1－硬さ値表（続き）

対角線長さ d mm	試験力 N												
	0.009 807	0.019 61	0.049 03	0.098 07	0.196 13	0.245 17	0.490 33	0.980 7	1.961 3	2.942 0	4.903 3	9.807	19.613
	ヌープ硬さ												
	HK 0.001	HK 0.002	HK 0.005	HK 0.01	HK 0.02	HK 0.025	HK 0.05	HK 0.1	HK 0.2	HK 0.3	HK 0.5	HK 1	HK 2
0.182 0	0.43	0.86	2.15	4.30	8.59	10.74	21.48	42.96	85.91	128.9	214.8	429.6	859.1
0.182 2	0.43	0.86	2.14	4.29	8.57	10.72	21.43	42.86	85.72	128.6	214.3	428.6	857.2
0.182 4	0.43	0.86	2.14	4.28	8.55	10.69	21.38	42.77	85.54	128.3	213.8	427.7	855.4
0.182 6	0.43	0.85	2.13	4.27	8.53	10.67	21.34	42.67	85.35	128.0	213.4	426.7	853.5
0.182 8	0.43	0.85	2.13	4.26	8.52	10.65	21.29	42.58	85.16	127.7	212.9	425.8	851.6
0.183 0	0.42	0.85	2.12	4.25	8.50	10.62	21.24	42.49	84.98	127.5	212.4	424.9	849.8
0.183 2	0.42	0.85	2.12	4.24	8.48	10.60	21.20	42.40	84.79	127.2	212.0	424.0	847.9
0.183 4	0.42	0.85	2.12	4.23	8.46	10.58	21.15	42.30	84.61	126.9	211.5	423.0	846.1
0.183 6	0.42	0.84	2.11	4.22	8.44	10.55	21.11	42.21	84.42	126.6	211.1	422.1	844.2
0.183 8	0.42	0.84	2.11	4.21	8.42	10.53	21.06	42.12	84.24	126.4	210.6	421.2	842.4
0.184 0	0.42	0.84	2.10	4.20	8.41	10.51	21.01	42.03	84.05	126.1	210.1	420.3	840.5
0.184 2	0.42	0.84	2.10	4.19	8.39	10.48	20.97	41.94	83.87	125.8	209.7	419.4	838.7
0.184 4	0.42	0.84	2.09	4.18	8.37	10.46	20.92	41.85	83.69	125.5	209.2	418.5	836.9
0.184 6	0.42	0.84	2.09	4.18	8.35	10.44	20.88	41.75	83.51	125.3	208.8	417.5	835.1
0.184 8	0.42	0.83	2.08	4.17	8.33	10.42	20.83	41.66	83.33	125.0	208.3	416.6	833.3
0.185 0	0.42	0.83	2.08	4.16	8.31	10.39	20.79	41.57	83.15	124.7	207.9	415.7	831.5
0.185 2	0.41	0.83	2.07	4.15	8.30	10.37	20.74	41.48	82.97	124.5	207.4	414.8	829.7
0.185 4	0.41	0.83	2.07	4.14	8.28	10.35	20.70	41.40	82.79	124.2	207.0	414.0	827.9
0.185 6	0.41	0.83	2.07	4.13	8.26	10.33	20.65	41.31	82.61	123.9	206.5	413.1	826.1
0.185 8	0.41	0.82	2.06	4.12	8.24	10.30	20.61	41.22	82.43	123.7	206.1	412.2	824.3
0.186 0	0.41	0.82	2.06	4.11	8.23	10.28	20.56	41.13	82.26	123.4	205.6	411.3	822.6
0.186 2	0.41	0.82	2.05	4.10	8.21	10.26	20.52	41.04	82.08	123.1	205.2	410.4	820.8
0.186 4	0.41	0.82	2.05	4.10	8.19	10.24	20.48	40.95	81.90	122.9	204.8	409.5	819.0
0.186 6	0.41	0.82	2.04	4.09	8.17	10.22	20.43	40.86	81.73	122.6	204.3	408.6	817.3
0.186 8	0.41	0.82	2.04	4.08	8.16	10.19	20.39	40.78	81.55	122.3	203.9	407.8	815.5
0.187 0	0.41	0.81	2.03	4.07	8.14	10.17	20.34	40.69	81.38	122.1	203.4	406.9	813.8
0.187 2	0.41	0.81	2.03	4.06	8.12	10.15	20.30	40.60	81.21	121.8	203.0	406.0	812.1
0.187 4	0.41	0.81	2.03	4.05	8.10	10.13	20.26	40.52	81.03	121.5	202.6	405.2	810.3
0.187 6	0.40	0.81	2.02	4.04	8.09	10.11	20.21	40.43	80.86	121.3	202.1	404.3	808.6
0.187 8	0.40	0.81	2.02	4.03	8.07	10.09	20.17	40.34	80.69	121.0	201.7	403.4	806.9

表 1－硬さ値表（続き）

対角線長さ d mm	試験力 N												
	0.009 807	0.019 61	0.049 03	0.098 07	0.196 13	0.245 17	0.490 33	0.980 7	1.961 3	2.942 0	4.903 3	9.807	19.613
	ヌープ硬さ												
	HK 0.001	HK 0.002	HK 0.005	HK 0.01	HK 0.02	HK 0.025	HK 0.05	HK 0.1	HK 0.2	HK 0.3	HK 0.5	HK 1	HK 2
0.188 0	0.40	0.81	2.01	4.03	8.05	10.06	20.13	40.26	80.52	120.8	201.3	402.6	805.2
0.188 2	0.40	0.80	2.01	4.02	8.03	10.04	20.09	40.17	80.35	120.5	200.9	401.7	803.5
0.188 4	0.40	0.80	2.00	4.01	8.02	10.02	20.04	40.09	80.17	120.3	200.4	400.9	801.7
0.188 6	0.40	0.80	2.00	4.00	8.00	10.00	20.00	40.00	80.00	120.0	200.0	400.0	800.0
0.188 8	0.40	0.80	2.00	3.99	7.98	9.98	19.96	39.92	79.84	119.8	199.6	399.2	798.4
0.189 0	0.40	0.80	1.99	3.98	7.97	9.96	19.92	39.83	79.67	119.5	199.2	398.3	796.7
0.189 2	0.40	0.79	1.99	3.97	7.95	9.94	19.87	39.75	79.50	119.2	198.7	397.5	795.0
0.189 4	0.40	0.79	1.98	3.97	7.93	9.92	19.83	39.67	79.33	119.0	198.3	396.7	793.3
0.189 6	0.40	0.79	1.98	3.96	7.92	9.90	19.79	39.58	79.16	118.7	197.9	395.8	791.6
0.189 8	0.39	0.79	1.97	3.95	7.90	9.87	19.75	39.50	79.00	118.5	197.5	395.0	790.0
0.190 0	0.39	0.79	1.97	3.94	7.88	9.85	19.71	39.41	78.83	118.2	197.1	394.1	788.3
0.190 2	0.39	0.79	1.97	3.93	7.87	9.83	19.67	39.33	78.66	118.0	196.7	393.3	786.6
0.190 4	0.39	0.78	1.96	3.92	7.85	9.81	19.62	39.25	78.50	117.7	196.2	392.5	785.0
0.190 6	0.39	0.78	1.96	3.92	7.83	9.79	19.58	39.17	78.33	117.5	195.8	391.7	783.3
0.190 8	0.39	0.78	1.95	3.91	7.82	9.77	19.54	39.09	78.17	117.3	195.4	390.9	781.7
0.191 0	0.39	0.78	1.95	3.90	7.80	9.75	19.50	39.00	78.01	117.0	195.0	390.0	780.1
0.191 2	0.39	0.78	1.95	3.89	7.78	9.73	19.46	38.92	77.84	116.8	194.6	389.2	778.4
0.191 4	0.39	0.78	1.94	3.88	7.77	9.71	19.42	38.84	77.68	116.5	194.2	388.4	776.8
0.191 6	0.39	0.78	1.94	3.88	7.75	9.69	19.38	38.76	77.52	116.3	193.8	387.6	775.2
0.191 8	0.39	0.77	1.93	3.87	7.74	9.67	19.34	38.68	77.36	116.0	193.4	386.8	773.6
0.192 0	0.39	0.77	1.93	3.86	7.72	9.65	19.30	38.60	77.20	115.8	193.0	386.0	772.0
0.192 2	0.39	0.77	1.93	3.85	7.70	9.63	19.26	38.52	77.04	115.6	192.6	385.2	770.4
0.192 4	0.38	0.77	1.92	3.84	7.69	9.61	19.22	38.44	76.88	115.3	192.2	384.4	768.8
0.192 6	0.38	0.77	1.92	3.84	7.67	9.59	19.18	38.36	76.72	115.1	191.8	383.6	767.2
0.192 8	0.38	0.77	1.91	3.83	7.66	9.57	19.14	38.28	76.56	114.8	191.4	382.8	765.6
0.193 0	0.38	0.76	1.91	3.82	7.64	9.55	19.10	38.20	76.40	114.6	191.0	382.0	764.0
0.193 2	0.38	0.76	1.91	3.81	7.62	9.53	19.06	38.12	76.24	114.4	190.6	381.2	762.4
0.193 4	0.38	0.76	1.90	3.80	7.61	9.51	19.02	38.04	76.08	114.1	190.2	380.4	760.8
0.193 6	0.38	0.76	1.90	3.80	7.59	9.49	18.98	37.96	75.93	113.9	189.8	379.6	759.3
0.193 8	0.38	0.76	1.89	3.79	7.58	9.47	18.94	37.88	75.77	113.7	189.4	378.8	757.7

表1－硬さ値表（続き）

対角線長さ d mm	試験力 N												
	0.009 807	0.019 61	0.049 03	0.098 07	0.196 13	0.245 17	0.490 33	0.980 7	1.961 3	2.942 0	4.903 3	9.807	19.613
	ヌープ硬さ												
	HK 0.001	HK 0.002	HK 0.005	HK 0.01	HK 0.02	HK 0.025	HK 0.05	HK 0.1	HK 0.2	HK 0.3	HK 0.5	HK 1	HK 2
0.194 0	0.38	0.76	1.89	3.78	7.56	9.45	18.90	37.81	75.61	113.4	189.0	378.1	756.1
0.194 2	0.38	0.75	1.89	3.77	7.55	9.43	18.86	37.73	75.46	113.2	188.6	377.3	754.6
0.194 4	0.38	0.75	1.88	3.77	7.53	9.41	18.83	37.65	75.30	113.0	188.3	376.5	753.0
0.194 6	0.38	0.75	1.88	3.76	7.51	9.39	18.79	37.57	75.15	112.7	187.9	375.7	751.5
0.194 8	0.37	0.75	1.87	3.75	7.50	9.37	18.75	37.50	74.99	112.5	187.5	375.0	749.9
0.195 0	0.37	0.75	1.87	3.74	7.48	9.35	18.71	37.42	74.84	112.3	187.1	374.2	748.4
0.195 2	0.37	0.75	1.87	3.73	7.47	9.34	18.67	37.34	74.69	112.0	186.7	373.4	746.9
0.195 4	0.37	0.75	1.86	3.73	7.45	9.32	18.63	37.27	74.53	111.8	186.3	372.7	745.3
0.195 6	0.37	0.74	1.86	3.72	7.44	9.30	18.60	37.19	74.38	111.6	186.0	371.9	743.7
0.195 8	0.37	0.74	1.86	3.71	7.42	9.28	18.56	37.11	74.23	111.3	185.6	371.1	742.3
0.196 0	0.37	0.74	1.85	3.70	7.41	9.26	18.52	37.04	74.08	111.1	185.2	370.4	740.8
0.196 2	0.37	0.74	1.85	3.70	7.39	9.24	18.48	36.96	73.93	110.9	184.8	369.6	739.3
0.196 4	0.37	0.74	1.84	3.69	7.38	9.22	18.44	36.89	73.78	110.7	184.4	368.9	737.8
0.196 6	0.37	0.74	1.84	3.68	7.36	9.20	18.41	36.81	73.63	110.4	184.1	368.1	736.3
0.196 8	0.37	0.73	1.84	3.67	7.35	9.18	18.37	36.74	73.48	110.2	183.7	367.4	734.8
0.197 0	0.37	0.73	1.83	3.67	7.33	9.17	18.33	36.66	73.33	110.0	183.3	366.6	733.3
0.197 2	0.37	0.73	1.83	3.66	7.32	9.15	18.29	36.59	73.18	109.8	182.9	365.9	731.8
0.197 4	0.37	0.73	1.83	3.65	7.30	9.13	18.26	36.52	73.03	109.5	182.6	365.2	730.3
0.197 6	0.36	0.73	1.82	3.64	7.29	9.11	18.22	36.44	72.88	109.3	182.2	364.4	728.8
0.197 8	0.36	0.73	1.82	3.64	7.27	9.09	18.18	36.37	72.74	109.1	181.8	363.7	727.4
0.198 0	0.36	0.73	1.81	3.63	7.26	9.07	18.15	36.29	72.59	108.9	181.5	362.9	725.9
0.198 2	0.36	0.72	1.81	3.62	7.24	9.06	18.11	36.22	72.44	108.7	181.1	362.2	724.4
0.198 4	0.36	0.72	1.81	3.61	7.23	9.04	18.07	36.15	72.30	108.4	180.7	361.5	723.0
0.198 6	0.36	0.72	1.80	3.61	7.22	9.02	18.04	36.08	72.15	108.2	180.4	360.8	721.5
0.198 8	0.36	0.72	1.80	3.60	7.20	9.00	18.00	36.00	72.01	108.0	180.0	360.0	720.1
0.199 0	0.36	0.72	1.80	3.59	7.19	8.98	17.97	35.93	71.86	107.8	179.7	359.3	718.6
0.199 2	0.36	0.72	1.79	3.59	7.17	8.96	17.93	35.86	71.72	107.6	179.3	358.6	717.2
0.199 4	0.36	0.72	1.79	3.58	7.16	8.95	17.89	35.79	71.57	107.4	178.9	357.9	715.7
0.199 6	0.36	0.71	1.79	3.57	7.14	8.93	17.86	35.71	71.43	107.1	178.6	357.1	714.3
0.199 8	0.36	0.71	1.78	3.56	7.13	8.91	17.82	35.64	71.29	106.9	178.2	356.4	712.9

表1－硬さ値表（続き）

対角線長さ d mm	試験力 N												
	0.009 807	0.019 61	0.049 03	0.098 07	0.196 13	0.245 17	0.490 33	0.980 7	1.961 3	2.942 0	4.903 3	9.807	19.613
	ヌープ硬さ												
	HK 0.001	HK 0.002	HK 0.005	HK 0.01	HK 0.02	HK 0.025	HK 0.05	HK 0.1	HK 0.2	HK 0.3	HK 0.5	HK 1	HK 2
0.200 0	0.36	0.71	1.78	3.56	7.11	8.89	17.79	35.57	71.14	106.7	177.9	355.7	711.4

高温ビッカース硬さ試験方法

Test methods for Vickers hardness at elevated temperatures

1. 適用範囲 この規格は，主として金属材料の高温におけるビッカース硬さ試験方法について規定する。この場合，試験温度は常温を超えて800 ℃以下とする。

> **備考** この規格の引用規格を，次に示す。
>
> **JIS B 7725** ビッカース硬さ試験機
> **JIS B 7734** 微小硬さ試験機
> **JIS Z 8401** 数値の丸め方

2. 用語の定義 この規格で用いる主な用語の定義は，次による。

（1） **高温硬さ** くぼみの形成からくぼみの計測までを，常温を超える一定の温度で行って得た硬さ。

（2） **ビッカース硬さ** 対面角が136°のダイヤモンド又はサファイヤ正四角すい（錐）圧子を用い，試験面にくぼみを付けたときの試験荷重と，くぼみの対角線長さから求めた表面積とから，次の式によって求めた値。

$$HV = 0.102\frac{F}{S} = 0.102\frac{2F\sin\dfrac{\theta}{2}}{d^2} = 0.189\,1\frac{F}{d^2}$$

> ここに，　HV：ビッカース硬さ
> F：試験荷重 （N）
> S：くぼみの表面積 （mm²）
> d：くぼみの対角線の長さの平均 （mm）
> θ：圧子の対面角 （°）

（3） **硬さ記号** ビッカース硬さの記号HVに，試験荷重に比例する数値を付加した記号。

なお，硬さ記号と試験荷重の対応は，**表1**による。

表1 硬さ記号と試験荷重

硬さ記号	試験荷重 N	硬さ記号	試験荷重 N	硬さ記号	試験荷重 N
HV0.01	0.098 07	HV0.2	1.961	HV2.5	24.52
HV0.02	0.196 1	HV0.3	2.942	HV3	29.42
HV0.025	0.245 2	HV0.5	4.903	HV5	49.03
HV0.05	0.490 3	HV1	9.807	HV10	98.07
HV0.1	0.980 7	HV2	19.61	HV20	196.1

（4） **試験温度** 硬さを測定するときの試料の試験面温度。

（5） **設定温度** 温度調節計に設定した温度。

3. 試料 試料は，次による。

（1） 試料の試験面は，平面とする。

（2） 試験面の仕上がりは，鏡面仕上げとする。

（3） 試験面は，試料採取のときに生じた加工層を除去する。

また，試験面の仕上げの際，研磨などによる加工変質層が生じないように注意する。

（4） 試験面は，油や酸化物などの異物による汚れがあってはならない。

（5） 試料は，十分な厚さのものであって，原則として，くぼみが生じたためにその裏面に変化が認められてはならない。

> **備考1.** 試料の厚さは，一般にくぼみの対角線長さの1.5倍以上とする。
>
> **2.** 表面処理層の硬さを測定する場合など，試料の厚さについて上記の規定が適用できないときは，受渡当事者間の協定による。

4. 試験装置

4.1 試験機 高温硬さ試験に用いる試験機は，機枠，試料支持装置，圧子，負荷装置，計測顕微鏡，加熱装置，温度計測装置及び真空又は雰囲気調整装置を備えていなければならない。

また，試験機は，十分に安定性のある台上に置き，圧子の取付軸を鉛直にして使用する。

なお，試験機は，使用頻度に応じ，日常点検を行うことが望ましい。日常点検は，あらかじめビッカース硬さ試験機又は微小硬さ試験機を用いて常温硬さを比較して，くぼみ形状，硬さ測定値などの異常の有無を確かめるとともに加熱装置及び真空又は雰囲気装置に異常のないことを確かめる。

4.2 負荷装置 負荷装置は，JIS B 7725又はJIS B 7734に適合したものでなければならない。

4.3 圧子 圧子の材料は，ダイヤモンド又はサファイヤとする。ダイヤモンド圧子の形状及び仕上げは，JIS B 7725又はJIS B 7734に適合したものでなければならない。サファイヤ圧子の場合は，これに準じるものとする。

4.4 計測顕微鏡 計測顕微鏡は，JIS B 7725又はJIS B 7734による。

4.5 保持具 試料の保持具は，高温において寸法変化が少なく，化学的にも安定な材料を用い，かつ，硬さの測定に影響のない機構にしなければならない。

4.6 加熱装置 加熱装置は，毎分20 ℃以上の昇温速度が得られる性能をもつとともに，試料が均一に加熱されることが望ましい。設定温度における温度精度は，±5 ℃以下とする。

5. 試験 試験は，次による。

（1） 試料の試験面を圧子取付軸に垂直になるように置き，試料が試験温度に達するまで加熱する。試料の昇温速度は，特に指定がない限り毎分20 ℃を標準とする。

また，加熱は，できるだけアルゴンガスなどの不活性ガス雰囲気で行い，酸化などによる表面の変質を防ぐとともに圧子及びヒーターの損傷を防ぐ。

（2） 試験温度が所定温度になるように，温度計測位置との差を補正して設定温度を調節する。

なお，温度測定の位置は，試験面の温度を最少の温度差で補正できるような位置及び方法をとる。

（3） 試料の予熱時間([1])は，特に指定がない限り5分とする。

注([1]) 試料の予熱時間とは，試料が試験温度に到達した後の時間をいう。

（4） 圧子の予熱時間及び方法は，試験機に指定された方法による。

（5） 試験荷重の大きさは，できるだけ大きく選ぶのがよい。

（6） 荷重は，衝撃を伴うことなく，しかも運動部分の慣性による誤差を無視できる程度に徐々に増加して規定の大きさにする。

備考 負荷速度の適正値は，試験機の構造によって異なるから，その試験機に指定された負荷条件による。

（7） 荷重を規定の大きさに保つ時間は，特に指定がない限り30秒を標準とする。ただし，保持時間が特に指定された場合，その精度は±1秒とする。

（8） 試料の試験位置は，既にあるくぼみの中心から そのくぼみの対角線長さの4倍以上で，かつ，試料の縁から2.5倍以上であることが望ましい。

（9） 試験中にくぼみの大きさ，くぼみの面及びくぼみの形状に異常が認められたときは，直ちに試験を中止し，圧子の異常を調べる。

6. くぼみの測定及び高温ビッカース硬さの算出 くぼみの測定及び高温ビッカース硬さの算出は，次による。

（1） 試料を試験温度に保ち，試験荷重を除去した後，くぼみの2本の対角線長さをそれぞれ少なくとも1 μmの値まで読み取る。

（2） くぼみの2本の対角線長さの平均値を求め，その値を用いてビッカース硬さを算出する。

（3） 試験は，同一試験温度条件で2回行い，それぞれのビッカース硬さを求め，その平均値を高温ビッカース硬さとする。高温ビッカース硬さの値は，JIS Z 8401によって有効数字3けたに丸める。

7. 高温硬さの表示 高温硬さは，高温ビッカース硬さ，硬さ記号，試験温度(℃)の順に表示する。ただし，試験荷重又は試験温度を特定しない場合は，その特定しない項目を省略して表示してもよい。

例1． 120HV1 (500 ℃) ……高温ビッカース硬さ　　120
　　　　　　　　　　　　　試験荷重　　　　　　　9.807 N
　　　　　　　　　　　　　試験温度　　　　　　　500 ℃のとき

例2． HV …………………………試験荷重と温度を特定しないとき

例3． HV1…………………………温度を特定しないとき

例4． HV (500 ℃) …………荷重を特定しないとき

8. 報告 試験結果の報告には，試験温度，圧子の材質，試験機の種類，試験荷重，雰囲気の種類，昇温速度，試験片予熱時間，圧子の予熱方法及び荷重保持時間を付記する。その他の条件は，受渡当事者間の協定による。

JIS Z 2253
(2020)

薄板金属材料の加工硬化指数試験方法
Metallic materials－Sheet and strip－
Determination of tensile strain hardening exponent

JIS (2011) 改正
JIS (1996) 制定

序文

この規格は，2007 年に第 2 版として発行された **ISO 10275** を基とし，技術的内容を変更して作成した日本産業規格である。

なお，この規格で側線又は点線の下線を施してある箇所は，対応国際規格を変更している事項である。技術的差異の一覧表にその説明を付けて，**附属書 JA** に示す。

1　適用範囲

この規格は，薄板金属材料の加工硬化指数（以下，n 値という。）を測定する方法について規定する。

なお，この方法は，応力－ひずみ線図の塑性域における連続した単調な部分に対してだけ有効である（**8.3** 参照）。

加工硬化範囲で，のこぎり刃状の応力－ひずみ曲線を示すような材料 ［ポルトバンール・シャトリエ効果（Portevin－Le Chatelie effect）を示す材料，例えば，アルミニウム・マグネシウム合金］ の場合，再現性のある結果を得るためには，自動による測定方法（真応力の対数及び真ひずみの対数間の直線回帰，**8.5** 参照）を適用する場合がある。

注記 1　この規格では，加工硬化指数の計算に用いるひずみ値は，塑性ひずみの値を用いることとしているが，弾性ひずみが，計算に用いる全ひずみの 10 ％未満である場合には，塑性ひずみに代えて全ひずみを用いてもよいこととしている。

注記 2　この規格の対応国際規格及びその対応の程度を表す記号を，次に示す。
ISO 10275:2007，Metallic materials － Sheet and strip － Determination of tensile strain hardening exponent（MOD）

なお，対応の程度を表す記号 "MOD" は，**ISO/IEC Guide 21-1** に基づき，"修正している" ことを示す。

警告　この規格に基づいて試験を行う者は，通常の試験室での作業に精通していることを前提とする。この規格は，その使用に関連して起こる全ての安全上の問題を取り扱おうとするものではない。この規格の利用者は，各自の責任において安全及び健康に対する措置をとらなければならない。

2　引用規格

次に掲げる引用規格は，この規格に引用されることによって，その一部又は全部がこの規格の要求事項

を構成している。これらの引用規格は，その最新版（追補を含む。）を適用する。

JIS B 7721 引張試験機・圧縮試験機－力計測系の校正方法及び検証方法

JIS B 7741 一軸試験に使用する伸び計システムの校正方法

JIS G 0202 鉄鋼用語（試験）

JIS Z 2241 金属材料引張試験方法

JIS Z 2254 薄板金属材料の塑性ひずみ比試験方法

JIS Z 8401 数値の丸め方

3 用語及び定義

この規格で用いる主な用語及び定義は，次によるほか，**JIS G 0202** による。

3.1
加工硬化指数，n 値

試験力を単軸方向に適用したときの塑性ひずみ域における真応力の対数と真ひずみの対数との回帰直線の傾き

注釈 1 加工硬化指数は，式(1)における真ひずみ ε の指数 n である。

$$\sigma = C \times \varepsilon^{n} \quad\cdots\cdots\cdots\cdots\cdots\cdots\cdots\cdots\cdots\cdots\cdots (1)$$

ここで，$\quad\quad\quad \sigma$： 真応力（MPa）

$\quad\quad\quad\quad\quad\quad\quad C$： 強度定数（MPa）

注釈 2 式(1)は，式(2)に変換することが可能である。

$$\ln \sigma = \ln C + n \times \ln \varepsilon \quad\cdots\cdots\cdots\cdots\cdots\cdots\cdots\cdots\cdots (2)$$

4 記号及び内容

n 値を決定するために使用する記号及びその内容を，**表 1** に示す。

表 1－記号及びその内容

記号	内容	単位
A_e	降伏伸び	%
A_g	最大試験力における塑性伸び	%
C	強度定数	MPa
e	n 値の測定に使用する所定の塑性ひずみ	－
F	試験力	N
L	伸び計標点距離の瞬時値 $L = L_e + \Delta L$	mm
L_e	伸び計標点距離	mm
ΔL	伸び計伸びの瞬時値	mm
m_E	応力／伸び曲線の弾性域の傾き	MPa
N	n 値の測定に用いる測定点の数	－
n	n 値	－
R	応力	MPa
R_m	引張強さ	MPa
r	塑性ひずみ比	－

表1-記号及びその内容 （続き）

記号	内容	単位
S	真断面積（試験力 F における試験片平行部の断面積）	mm²
S_0	試験片平行部の原断面積	mm²
A, B, x, y	手動測定による n 値の評価に使用される変数	—
ε	真ひずみ	—
σ	真応力	MPa
注記1　文献によっては，他の記号を用いている場合がある。		
注記2　1 MPa = 1 N/mm²		

5　試験の原理

　試験片平行部に均一塑性ひずみが生じている範囲内で，一定速度の単軸方向引張ひずみを与える。n 値は，塑性ひずみ域の応力－ひずみ線図の一部分，又は全域を対象にして求める。

6　試験装置

6.1　引張試験機　引張試験機は，**JIS B 7721** の等級1級以上とする。試験片のつかみ方法は，**JIS Z 2241** の規定による。

6.2　伸び計　標点距離の変位を測定するために用いる伸び計は，**JIS B 7741** の等級2級以上とする（**JIS Z 2254** の塑性ひずみ比の測定の場合には，その使用範囲において等級1級以上が使用される。）。

6.3　寸法測定器　試験片平行部の幅及び厚さ測定に用いる寸法測定器は，**JIS Z 2241** に規定する試験片の寸法の許容差を測定できる精度とする。

　注記　**JIS Z 2241** の**箇条7**（原断面積の測定）には，"試験片の各寸法は，少なくとも0.5 %の数値まで測定する。ただし，2 mm 以下の寸法は，0.01 mm にとどめてもよい。"と規定している。

7　試験片

a)　試験片の採り方は，それぞれの材料規格による。特に規定のない場合は，受渡当事者間の協定による。試験片の寸法精度，形状の許容差及び表示は，**JIS Z 2241** による。

b)　塑性ひずみ比及び n 値を同時に測定する場合は，**JIS Z 2254** の条件を適用しなければならない。

c)　試験片の厚さは，特に規定のない場合は，薄板材料の元の厚さのままとする。

d)　試験片の表面は，かききずなど試験結果に影響を及ぼすような有害な欠点があってはならない。

8　試験

8.1　試験温度

　通常，試験温度は，10 ℃～35 ℃の範囲とし，厳格に管理された条件下での試験が要求される場合は，(23±5) ℃とする。ただし，材料規格に規定がある場合は，それによる。

8.2 試験の実施

試験片を，引張試験機に取り付け（**6.1** 参照），試験力を **JIS Z 2241** に従って軸方向に加える。

塑性域では，試験片平行部のひずみ速度は，それぞれの材料規格で規定のない限り $0.008\,\text{s}^{-1}$ を超えてはならない。この試験速度は，n 値の測定範囲中は一定に保たなければならない。

なお，測定時に耐力又は降伏点を同時に測定する場合は，**JIS Z 2241** による。

8.3 塑性ひずみの範囲

均一塑性ひずみ全域を使用して n 値を求める場合，計算に用いる塑性ひずみの最大値は，最大試験力の生じる直前の値とし，最小値については，次による。

a) 上降伏点及び／又は下降伏点を示さない材料の場合には，引張強さの測定を行うひずみ速度に到達した点よりも後の値とする（**図1** 参照）。

b) 降伏点（上降伏点及び／又は下降伏点）の現れる材料の場合には，均一な加工硬化の開始時及び引張強さの測定を行うひずみ速度に到達した点よりも後の値とする（**図2及び図3** 参照）。

なお，測定範囲の最大塑性ひずみ及び最小塑性ひずみは，記録しなければならない。

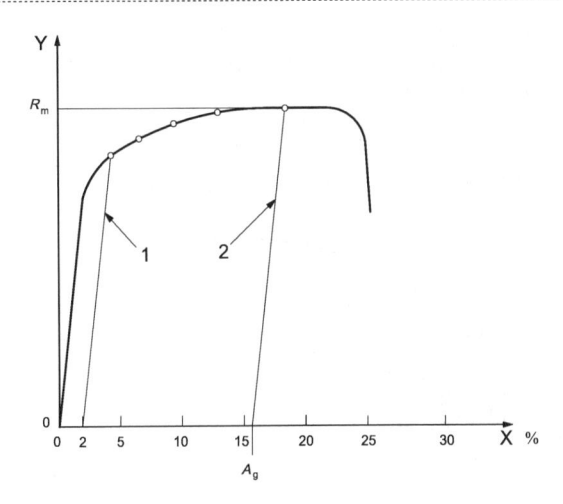

記号説明

　X：ひずみ　%

　Y：応力　MPa

　1：測定範囲の最小塑性ひずみ（2 %）

　2：測定範囲の最大塑性ひずみ（20 %。ただし A_g が 20 %未満の場合は，A_g）

注 [a]　n の添字の付け方については，**8.5** を参照。

図1 $-$ n_{2-20/A_g} [a] 又は n_{2-A_g} [a] の範囲

— Z 2253 —

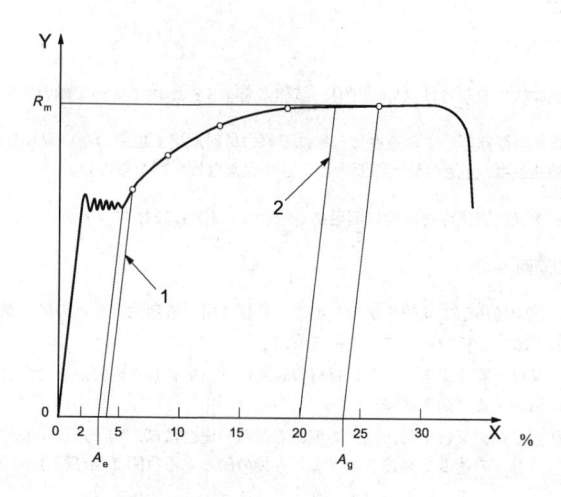

記号説明
X：ひずみ　％
Y：応力　MPa
1：測定範囲の最小塑性ひずみ（4 ％）
2：測定範囲の最大塑性ひずみ（20 ％，ただし A_g が 20 ％未満の場合は，A_g）
注 [a] n の添字の付け方については，**8.5** を参照。

図 2－n_{4-20/A_g} [a] 又は n_{4-20} [a] の範囲

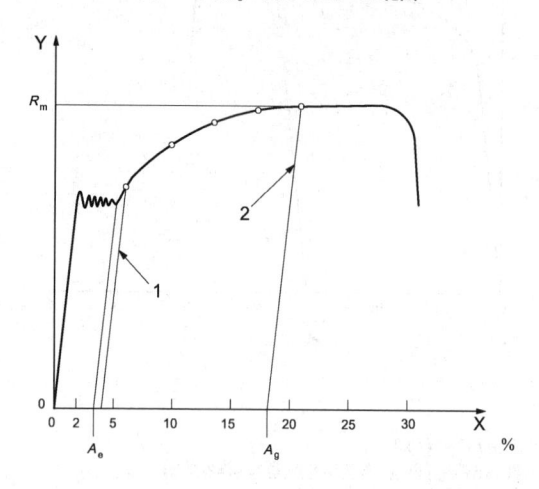

記号説明
X：ひずみ　％
Y：応力　MPa
1：測定範囲の最小塑性ひずみ（4 ％）
2：測定範囲の最大塑性ひずみ（20 ％，ただし A_g が 20 ％未満の場合は，A_g）
注 [a] n の添字の付け方については，**8.5** を参照。

図 3－n_{4-20/A_g} [a] 又は n_{4-A_g} [a] の範囲

8.4 真応力及び真ひずみの計算

試験力及び対応する塑性ひずみを用いて，次の式(3)によって真応力を計算する。

$$\sigma = \frac{F}{S_0} \times \frac{L_e + \Delta L}{L_e} \quad\cdots\cdots\cdots\cdots\cdots\cdots\cdots\cdots\cdots\cdots\cdots\cdots\cdots\cdots\cdots\cdots\cdots\cdots (3)$$

次の式(4)によって，真ひずみを計算する。

$$\varepsilon = \ln\left(\frac{L_e + \Delta L}{L_e} - \frac{F}{S_0 \times m_E}\right) \quad\cdots\cdots\cdots\cdots\cdots\cdots\cdots\cdots\cdots\cdots\cdots\cdots (4)$$

弾性ひずみが，全ひずみの 10 ％未満である場合には，式(4)に代えて式(5)によってもよい。

$$\varepsilon = \ln\frac{L_e + \Delta L}{L_e} \quad\cdots\cdots\cdots\cdots\cdots\cdots\cdots\cdots\cdots\cdots\cdots\cdots\cdots\cdots\cdots\cdots\cdots\cdots (5)$$

注記 1 **ISO 10275**:1993 では，n 値の計算は，全ひずみを用いて行っていた。従来のデータ及び取引で用いる多くの協定では，この計算方法［式(5)］で得られた結果を基に規定値が定められている。

注記 2 対応国際規格では，塑性ひずみによる式(4)だけを規定している。

物理的な観点によって，真ひずみを算出するためには，式(4)の原断面積 S_0 の代わりに，式(6)による真断面積 S を使用するのがよい。しかし，経験的に S 又は S_0 によって得られる結果に大きな差異のないことが証明されているので，計算を簡便にするために式(4)では原断面積 S_0 を使用することが望ましい。

$$S = S_0 \times \frac{L_e}{(L_e + \Delta L)} \quad\cdots\cdots\cdots\cdots\cdots\cdots\cdots\cdots\cdots\cdots\cdots\cdots\cdots\cdots\cdots\cdots (6)$$

注記 3 対応国際規格では，注記に推奨事項を記載していたので，本文として記載した。

8.5 *n* 値の計算

測定を限られたデータ点数で評価する場合は，等比数列的に少なくとも 5 点以上のデータを用いて，最小二乗法を使用して，式(2)によって n 値を計算する（**図 1** 参照）。この目的で，式(2)は，次のように書き直すことが可能である。

$$y = Ax + B$$
ここで，
$$
\begin{aligned}
y &= \quad \ln\sigma \\
x &= \quad \ln\varepsilon \\
A &= \quad n \\
B &= \quad \ln C
\end{aligned}
$$

この式から，n 値に対して式(7)が導きだされる。

$$n = \frac{N \sum_{i=1}^{N} x_i y_i - \sum_{i=1}^{N} x_i \sum_{i=1}^{N} y_i}{N \sum_{i=1}^{N} x_i^2 - \left(\sum_{i=1}^{N} x_i\right)^2} \quad\cdots\cdots\cdots\cdots\cdots\cdots\cdots\cdots\cdots\cdots\cdots (7)$$

自動で測定する場合には，n 値は，直接，自動引張試験機及びデータ処理プログラムによって得ることが可能である。

n 値は，真応力の対数と真ひずみの対数との直線回帰から求める。直線回帰を求める区間は，2 ％以上の塑性ひずみの範囲をもたなければならない。同じ試験を基に，異なる塑性ひずみの区間を用いて n 値を測

定することが可能である。

n 値の測定に用いた塑性ひずみの範囲は，下付きの添字によって表す（次の**例**を参照）。

例 n_{4-6}：4 %～6 %の塑性ひずみ域での直線回帰 $\log\sigma = n \times \log\varepsilon + \log C$

n_{10-15}：10 %～15 %の塑性ひずみ域での直線回帰 $\log\sigma = n \times \log\varepsilon + \log C$

$n_{10-20/Ag}$：A_g が 20 %未満のひずみの場合で，10 %～20 %の塑性ひずみ域で 20 %に代えて A_g までの直線回帰 $\log\sigma = n \times \log\varepsilon + \log C$

$n_{2-20/Ag}$：A_g が 20 %未満のひずみの場合で，2 %～20 %の塑性ひずみ域で 20 %に代えて A_g までの直線回帰 $\log\sigma = n \times \log\varepsilon + \log C$

最小ひずみ及び最大ひずみの範囲が指定されている場合（例えば，n_{10-15}）で，A_g の値が指定の最大ひずみよりも小さい場合は，n 値は測定できない。

なお，式(1)の指数式に従うことが既知な材料に対しては，n 値の測定に用いる最小データ数は二つでよい。

注記 2 点法の場合，式(7)は，式(8)となる。

$$n = \frac{y_1 - y_2}{x_1 - x_2} \quad\cdots\cdots\cdots\cdots\cdots\cdots\cdots\cdots\cdots\cdots\cdots\cdots\cdots (8)$$

真ひずみ ε と塑性ひずみ e との関係 $\varepsilon = \ln(1+e)$ を用いて式(8)を書き直すと式(9)となる。

$$n = \frac{\log\dfrac{(1+e_1)F_1}{(1+e_2)F_2}}{\log\dfrac{\log(1+e_1)}{\log(1+e_2)}} \quad\cdots\cdots\cdots\cdots\cdots\cdots\cdots\cdots\cdots\cdots\cdots (9)$$

ここで， $e_1,\ e_2$： それぞれ 2 点の塑性ひずみ
$F_1,\ F_2$： $e_1,\ e_2$ に対応した試験力（N）

したがって，n 値は，2 点の塑性ひずみ及び試験力だけを用いて式(9)によって算出することが可能である。

8.6 結果の丸め

n 値は，特に指定のない場合は，**JIS Z 8401** の規則 A によって，小数点以下 2 位に丸める。

9 報告

報告が必要な場合には，受渡当事者間の協定のない限り，少なくとも次の項目を含む。なお，受渡当事者間の協定によって，次の項目の一部を省略してもよい。

a) この規格に従って試験したことの記述

b) 試験材料を識別するために必要な情報

c) 使用した試験片の種類

d) n 値を測定した塑性ひずみの範囲（**8.5** の**例**を参照）

e) 手動で測定した場合は，n 値を測定するために使用したデータの数

f) 試験結果

g) この規格に規定のない（受渡当事者間の協定などによる）実施事項

附属書 JA
（参考）
JIS と対応国際規格との対比表

JIS Z 2253		ISO 10275:2007，（MOD）		
a)　JIS の箇条番号	b)　対応国際規格の対応する箇条番号	c)　箇条ごとの評価	d)　JIS と対応国際規格との技術的差異の内容及び理由	e)　JIS と対応国際規格との技術的差異に対する今後の対策
3	—	追加	JIS では，用語及び定義の箇条を追加した。	技術的差異は軽微である。
8.1	—	追加	JIS では，材料規格がある場合の試験温度の規定を追加した。	技術的差異は軽微である。
8.3	8.4	変更	JIS では，測定範囲の最大塑性ひずみ及び最小塑性ひずみを報告から記録に変更した。	技術的差異は軽微である。
8.4	8.5	追加	JIS では，全ひずみの適用に関する規定を追加した。	全ひずみ適用削除を検討する。
8.5	—	追加	JIS では，n 値の測定に用いた塑性ひずみの範囲を下付きの添字によって表すことを追加した。	技術的差異は軽微である。
8.6	7.8	追加	JIS では，JIS Z 8401 によって，結果を丸めることを追加した。	技術的差異は軽微である。
9	9	追加	JIS では，報告事項を受渡当事者間の協定によって一部省略できることにした。	国内の実態に合わせた。技術的差異は小さい。
注記 1　箇条ごとの評価欄の用語の意味を，次に示す。				
—　追加：対応国際規格にない規定項目又は規定内容を追加している。				
—　変更：対応国際規格の規定内容又は構成を変更している。				
注記 2　JIS と対応国際規格との対応の程度の全体評価の記号の意味を，次に示す。				
—　MOD：対応国際規格を修正している。				

薄板金属材料の加工硬化指数試験方法（追補１）

Metallic materials−Sheet and strip−
Determination of tensile strain hardening exponent (Amendment 1)

JIS Z 2253:2020 を，次のように改正する。

8.3（塑性ひずみの範囲）の第 1 段落を，次の文に置き換える。

8.3　塑性ひずみの範囲

　均一塑性ひずみ全域を使用して n 値を求める場合，計算に用いる塑性ひずみの最大値は，最大試験力時の値とし，最小値については，次による。

附属書 JA（**JIS** と対応国際規格との対比表）において，8.1 の次に 8.3 を次のように追加する。

附属書 JA
(参考)
JIS と対応国際規格との対比表

JIS Z 2253			ISO 10275:2007,（MOD）	
a) **JIS の箇条番号**	b) **対応国際規格の対応する箇条番号**	c) **箇条ごとの評価**	d) **JIS と対応国際規格との技術的差異の内容及び理由**	e) **JIS と対応国際規格との技術的差異に対する今後の対策**
8.3	7.4	変更	計算に用いる塑性ひずみの最大値は，ISO 規格では，最大試験力の生じる直前の値と規定しているが，JIS では，最大試験力時の値と変更し，図 1 と整合させた。	ISO への提案を検討する。
注記 1 箇条ごとの評価欄の用語の意味を，次に示す。 　－　変更：対応国際規格の規定内容又は構成を変更している。 **注記 2** JIS と対応国際規格との対応の程度の全体評価の記号の意味を，次に示す。 　－　MOD：対応国際規格を修正している。				

薄板金属材料の塑性ひずみ比試験方法

Metallic materials－Sheet and strip－
Determination of plastic strain ratio

序文

この規格は，2020 年に第 3 版として発行された **ISO 10113** を基とし，技術的内容を変更して作成した日本産業規格である。

なお，この規格で**附属書 JA** は，対応国際規格にはない事項である。また，この規格で側線又は点線の下線を施してある箇所は，対応国際規格を変更している事項である。技術的差異の一覧表にその説明を付けて，**附属書 JB** に示す。

1 適用範囲

この規格は，薄板金属材料の塑性ひずみ比試験方法について規定する。

また，**附属書 JA** に，ステンレス鋼を除く薄鋼板又は鋼帯の固有振動法による塑性ひずみ比試験方法について規定する。

注記 この規格の対応国際規格及びその対応の程度を表す記号を，次に示す。

ISO 10113:2020，Metallic materials－Sheet and strip－Determination of plastic strain ratio（MOD）

なお，対応の程度を表す記号"MOD"は，**ISO/IEC Guide 21-1** に基づき，"修正している"ことを示す。

2 引用規格

次に掲げる引用規格は，この規格に引用されることによって，その一部又は全部がこの規格の要求事項を構成している。これらの引用規格は，その最新版（追補を含む。）を適用する。

JIS B 7721 引張試験機・圧縮試験機－力計測系の校正方法及び検証方法

JIS B 7741 一軸試験に使用する伸び計システムの校正方法

JIS G 0202 鉄鋼用語（試験）

JIS Z 2241 金属材料引張試験方法

JIS Z 8401 数値の丸め方

3 用語及び定義

この規格で用いる主な用語及び定義は，次によるほか，**JIS G 0202** による。

3.1

塑性ひずみ比, r (plastic strain ratio)

板状引張試験片に単軸引張応力を付加することによって生じた，試験片の幅方向真塑性ひずみと厚さ方向真塑性ひずみとの比

注釈 1 r 値又はランクフォード値ともいい，式(1)による。

$$r = \frac{\varepsilon_{p\_b}}{\varepsilon_{p\_a}} \text{ .... (1)}$$

ここで，　ε_{p_a}： 厚さ方向の真塑性ひずみ
　　　　　ε_{p_b}： 幅方向の真塑性ひずみ

注釈 2 所定の塑性ひずみによる測定で使用する式(1)は，試験片に均一な塑性ひずみが生じている範囲においてだけ有効である。

注釈 3 試験片の厚さ方向の測定よりも，長さ方向の測定のほうが，容易でより精確であるため，塑性ひずみ比の算出に体積一定の法則から導いた式(2)が，最大試験力時の塑性ひずみ(A_g)まで使用されている。

$$r = \frac{\ln\left(\frac{b_1}{b_0}\right)}{\ln\left(\frac{L_0 b_0}{L_1 b_1}\right)} \text{ .... (2)}$$

注釈 4 塑性変形の間に相変化を示す材料の場合には，測定部の体積は，常に一定であるとはいえない。このような場合には，測定の手順を受渡当事者間で協議することが望ましい。

注釈 5 塑性ひずみ比は，測定時の塑性ひずみだけでなく圧延方向にも依存するため，圧延方向に対する試験片の方向と測定時の塑性ひずみの大きさを，r の記号に添字で付ける場合がある。

例　$r_{45/20}$（**表 1** 参照）

3.2

平均塑性ひずみ比, $\bar{r}$ (weighted average plastic strain ratio)

試験片を板面の圧延方向に対して平行，45°及び 90°の各方向から採取し，測定した塑性ひずみ比を用いて求めた加重平均値

注釈 1 平均塑性ひずみ比は，式(3)による。

$$\bar{r} = \frac{r_{0/y} + 2r_{45/y} + r_{90/y}}{4} \text{ .... (3)}$$

式(3)は，塑性ひずみ比を塑性ひずみ量 y で測定した場合である。塑性ひずみ比に塑性ひずみの範囲 $\alpha-\beta$ で測定した値（$r_{0/\alpha-\beta}$，$r_{45/\alpha-\beta}$ 及び $r_{90/\alpha-\beta}$）を適用することも可能である。

注釈 2 材料によっては，ここで規定する以外の試験片方向としてもよい。この場合には，式(3)以外の式による。

注釈 3 塑性ひずみ比は，試験片の各方向の測定に当たって，試験方法，評価方法及び塑性ひずみ量（塑性ひずみの範囲）を全て等しくする。

3.3

面内異方性, Δr (degree of planar anisotropy)

試験片を板面の圧延方向に対して平行及び 90°の各方向から採取して測定した塑性ひずみ比の平均値と試験片を圧延方向に対して 45°の方向から採取して測定した塑性ひずみ比との差

注釈 1 面内異方性は，式(4)による。

$$\Delta r = \frac{r_{0/y} - 2r_{45/y} + r_{90/y}}{2} \quad\cdots\cdots\cdots\cdots\cdots\cdots\cdots\cdots\cdots\cdots\cdots\cdots\cdots\cdots\cdots\cdots (4)$$

式(4)は，塑性ひずみ比を塑性ひずみ量 y で測定した場合の例である。塑性ひずみ比を塑性ひずみの範囲 $\alpha-\beta$ で測定した値（$r_{0/\alpha-\beta}$, $r_{45/\alpha-\beta}$ 及び $r_{90/\alpha-\beta}$）を適用することも可能である。

注釈2 材料によっては，ここで規定する以外の試験片方向としてもよい。この場合，式(4)以外の式による。

注釈3 塑性ひずみ比は，試験片の各方向の測定に当たって，試験方法，評価方法及び塑性ひずみ量（塑性ひずみの範囲）を全て等しくする。

4 記号

この規格で使用する記号及びその内容は，**表1**による。

表1－記号及びその内容

記号	その内容	単位
A_g	最大試験力時の塑性ひずみ	%
a	所定の塑性ひずみを付加したときの試験片の厚さ	mm
a_0	引張変形前の試験片の厚さ	mm
a_1	試験力付加及び解放後の試験片の厚さ	mm
b	所定の塑性ひずみを付加したときの試験片の幅	mm
b_0	引張変形前の試験片の幅（以下，試験片の原幅という。）	mm
b_1	試験力付加及び解放後の試験片の幅	mm
d	幅方向の反り	mm
e	所定の塑性ひずみ	%
e_{p_a}	厚さ方向塑性ひずみ	%
e_{p_b}	幅方向塑性ひずみ	%
e_{p_L}	長さ方向塑性ひずみ	%
F	試験力	N
L	所定の塑性ひずみを付加したときの標点間の距離	mm
L_0	原標点距離	mm
L_1	試験力付加及び解放後の標点間の距離	mm
L_e	伸び計の標点距離	mm
m_E	応力－ひずみ線図の弾性域の傾き	MPa
m_r	試験片の長さ方向の真塑性ひずみに対する幅方向の真塑性ひずみの関係を示す直線の傾き	—
r	塑性ひずみ比	—
$r_{x/y}$	塑性ひずみ比（圧延方向に対し $x°$ の方向／y %の量）	—
$r_{x/\alpha-\beta}$	塑性ひずみ比〔圧延方向に対し $x°$ の方向／[$(\alpha-\beta)$ %]の塑性ひずみ範囲〕	—
$\bar{r}$ [a]	平均塑性ひずみ比	—
R_m	引張強さ	MPa
$R_{p0.2}$	耐力（オフセット法，塑性伸びの値を 0.2 %とする。）	MPa
S_0	試験片平行部の原断面積	mm²
S_i	ひずみ付加時の瞬時断面積	mm²
Δb	試験片の幅の変化	mm
ΔL	測定した伸び	mm
Δr	面内異方性	—

表1−記号及びその内容（続き）

記号	その内容	単位
ε_{p_a}	試験片厚さ方向の真塑性ひずみ	−
ε_{p_b}	試験片幅方向の真塑性ひずみ	−
ε_{p_L}	試験片長さ方向の真塑性ひずみ	−
ν	ポアソン比（例えば，鋼：0.30，アルミニウム：0.33）	−
a, β, x, y	用いられる変量の添字記号	−

注記1　他の文書では，この表以外の記号が用いられている場合がある。
注記2　1 MPa＝1 N/mm^2
注 [a]　$\bar{r}$ の代わりに r_m と表示してもよい。

5 試験の原理

塑性ひずみ比は，材料の特性評価及び材料認定，並びに成形プロセスの数値シミュレーションにしばしば使用される。

引張試験によって，試験片に所定の水準まで均一な塑性ひずみを与えたときの，引張変形前後の試験片の幅及び厚さの値によって塑性ひずみ比を計算する。実用上は，塑性変形の前後での体積を一定と仮定し，変形前後の試験片の幅及び標点間の距離を測定することによって塑性ひずみ比を計算する［式(5)参照］。

$$\varepsilon_{p\_a}+\varepsilon_{p\_b}+\varepsilon_{p\_L}=0 \quad\cdots\cdots\cdots\cdots\cdots\cdots\cdots\cdots\cdots\cdots\cdots\cdots\cdots\cdots\cdots\cdots\cdots\cdots\cdots (5)$$

$$\text{ここで、}\qquad \varepsilon_{p\_a}：\quad \ln\left(\frac{a_1}{a_0}\right)$$
$$\varepsilon_{p\_b}：\quad \ln\left(\frac{b_1}{b_0}\right)$$
$$\varepsilon_{p\_L}：\quad \ln\left(\frac{L_1}{L_0}\right)$$

最大試験力時の塑性ひずみ A_g 以降は，局所的なネッキングが始まり，使用している数学的な手法は，もはや有効ではないので，体積一定則は，この点までの範囲だけ適用可能である。

ある種の材料は，A_g 以前に僅かな局所的ネッキングを示す。これによって，瞬間的な幅縮小を測定する幅計 [1] を特に標点距離の中央部だけで使用する場合，より高い瞬間的な幅縮小値及びより高い塑性ひずみ比の結果が出ることがある。この場合には，次の点を推奨する。

注 [1]　幅方向の寸法を測定する装置

a) 瞬間的な幅変化を測定することができる幅計（箇条6参照）は，理想的には，標点距離全体にわたって複数箇所を均等に測定することが望ましい。

b) 試験片の平行部長さは，試験片の原幅 b_0 の6倍以上とすることが望ましい。

塑性ひずみ比が 1 より大きい場合，試験片の塑性ひずみは，厚さ方向よりも幅方向の方が大きい（$|\varepsilon_{p\_b}|>|\varepsilon_{p\_a}|$ 図1参照）。塑性ひずみ比が 1 よりも小さい場合，試験片の塑性ひずみは，幅方向よりも厚さ方向の方が大きい（$|\varepsilon_{p\_b}|<|\varepsilon_{p\_a}|$ 図1参照）。塑性ひずみ比が1の場合，試験片の塑性ひずみは，幅方向と厚さ方向とが等しい（$\varepsilon_{p\_b}=\varepsilon_{p\_a}$ 図1参照）。

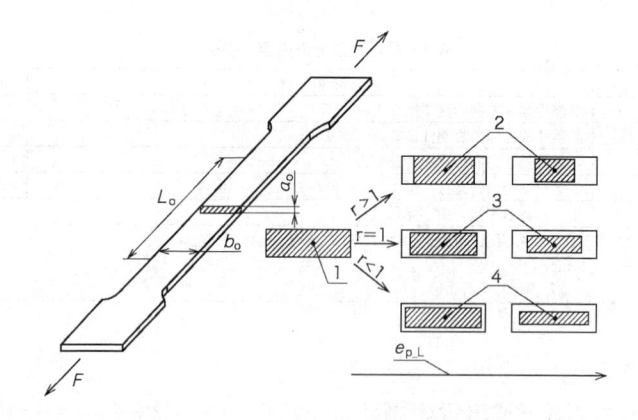

記号説明

1　　：平行部原断面
2　　：真塑性ひずみが，厚さ方向より幅方向の方が大きい試験片（$|\varepsilon_{p\_b}| \geq |\varepsilon_{p\_a}|$）
3　　：等方性材料［真塑性ひずみが，幅方向及び厚さ方向で等しい試験片（$\varepsilon_{p\_b} = \varepsilon_{p\_a}$）］
4　　：真塑性ひずみが，幅方向より厚さ方向の方が大きい試験片（$|\varepsilon_{p\_b}| < |\varepsilon_{p\_a}|$）
e_{p_L}　：塑性による伸びの増加

図1－異なる塑性ひずみ比に対する断面変形

6　試験装置

使用する引張試験機は，**JIS B 7721** の等級1級以上とする。

ただし，試験方法1に適用する試験機，及び試験方法2に適用する試験機のうち，ひずみ解放後に試験片長さを測定する場合を除く。

試験方法1［伸び計を使用しない方法（**8.2** 参照）］の場合，原標点距離及び塑性ひずみに達した後に試験力を解放した後の標点距離の測定装置は，±0.01 mm の精度で測定可能でなければならない。試験片の原幅及び塑性ひずみに達した後に試験力を解放した後の幅を測定する装置は，±0.01 mm の精度で測定可能でなければならない。

注記1　**ISO 10113** では，試験方法1で試験片幅を測定するための計測器の精度は，±0.005 mm と規定している。

試験方法2［伸び計だけを使用する方法（**8.3** 参照）］の場合，長さ測定用の伸び計は，その使用範囲において **JIS B 7741** の等級1級又はそれより優れた性能とする。試験片の原幅及び塑性ひずみに達した後に試験力を解放した後の幅を測定する装置は，±0.01 mm の精度で測定可能でなければならない。

注記2　**ISO 10113** では，試験方法2で試験片幅を測定するための計測器の精度は，±0.005 mm と規定している。

試験方法3［幅計及び伸び計を使用する方法（**8.4** 参照）］の場合，長さ測定用の伸び計は，その使用範囲において **JIS B 7741** の等級1級又はそれより優れた性能とする。試験片の幅を測定する装置は，±0.01 mm の精度で測定可能でなければならない。

注記3　**ISO 10113** では，試験方法3で試験片幅を測定するための計測器の精度は，±0.1 %と規定して

いる。

注記 4 長い標点距離を使用して伸び計伸びを適用する場合には，伸び計の等級 1 級の最大誤差は，±0.01 mm を超えることがある。

試験片のつかみ方法は，**JIS Z 2241** による。

7 試験片

試験片は，**JIS Z 2241** の規定によるほか，次による。

a) 試験片の採り方は，それぞれの材料規格の規定による。特に規定のない場合は，受渡当事者間の協定による。

b) 試験片形状は，それぞれの材料規格による。特に規定のない場合は，通常，**JIS Z 2241** の 5 号，13A 号又は 13B 号試験片のいずれかとする。

c) 試験片平行部の幅の寸法変化（最大値と最小値との差）は，標点間において，平均幅の 0.1 %以内とする。

d) 標点間で均一ひずみ分布とするために，5 号，13A 号又は 13B 号試験片の平行部長さ下限値は，それぞれ 60 mm，90 mm 及び 57 mm としなければならない。

　　注記　ISO 10113 では，平行部長さは，L_0+2b_0 以上としている。

e) 試験片の厚さは，特に規定のない場合は，材料の元の厚さのままとする。

f) 試験片の表面は，試験結果に影響を及ぼすようなきずがあってはならない。

8 試験

8.1 一般

試験は，次による。

a) 試験温度は，10 ℃～35 ℃の範囲内とし，厳格に管理された条件下での試験が要求される場合は，(23 ±5) ℃とする。ただし，材料規格に規定がある場合は，それによる。

b) 試験片平行部の推定ひずみ速度[2]は，0.008 /s 以下とする。ただし，材料規格に規定がある場合は，それによる。また，引張試験と併せて試験を実施する場合，平行部の推定ひずみ速度[2]は一定とし，その許容差は，±20 %とする。ひずみ速度変更は，ひずみが 0.2 %以上で，評価範囲に入る前に行うことが望ましい。

　　注記 1 表面に被覆（例えば，亜鉛めっき，有機被覆など）を行った材料の場合には，得られる塑性ひずみ比は，被覆のない状態の原板の値と異なることがある。

　　注 2) **JIS Z 2241** の**附属書 JB**［ひずみ速度制御による試験速度（方法 A）］参照。

c) 試験後，試験片がその幅方向に反りなどが生じ（**図 2** 参照），正確な幅測定ができない場合，試験結果に影響を及ぼす可能性があるため，試験は無効とみなし，試験をやり直さなければならない。

d) 試験は，四つの異なった方法（**8.2**，**8.3**，**8.4** 及び**附属書 JA** 参照）で実施してよい。特に指定がない限り，方法の選択は，製造業者又は製造業者によって指定された試験所による。

e) 異なる方法を用いた結果に差異がある場合は，その差異の原因を調査しなければならない。調査方法は，**附属書 A** を参考にすることが可能である。

f) 試験方法 1（**8.2** 参照）を基準試験方法[3]とする。

注 3) 疑義又は紛争を解決するための試験方法。

g) 塑性ひずみ比は，**JIS Z 8401** の規則 A によって小数点以下第 1 位に丸める。

注記 2 **ISO 10113** では，0.05 単位に丸めて報告すると規定している。

h) 圧延方向に対する試験片の方向及び塑性ひずみ比を測定する所定の塑性ひずみ量は，材料規格による。ただし，受渡当事者間に協定がある場合は，それによる。特に規定がない場合，標点距離及び塑性ひずみ量は，**表 2** による。なお，いかなる材料においても，付加する塑性ひずみ量は，それぞれの材料の最大試験力時の塑性ひずみ A_g より小さくする。

表 2―標点距離及び塑性ひずみ量

試験片形状	標点距離 mm	塑性ひずみ量 %
5 号	20, 25, 50	10〜20
13A 号	50, 80	10〜20
13B 号	20, 25, 50	10〜20
試験片形状 5 号又は 13B 号の標点距離は，20 mm 又は 25 mm とすることが望ましい。ただし，試験片形状 5 号又は 13B 号において，標点距離 50 mm を使用する場合，試験片幅測定は，均一なひずみ分布範囲内の 1 か所以上で行うこととし，このとき得られる塑性ひずみ比と標点距離 20 mm 又は 25 mm としたときに得られる塑性ひずみ比との差が 0.1 以下とする。		

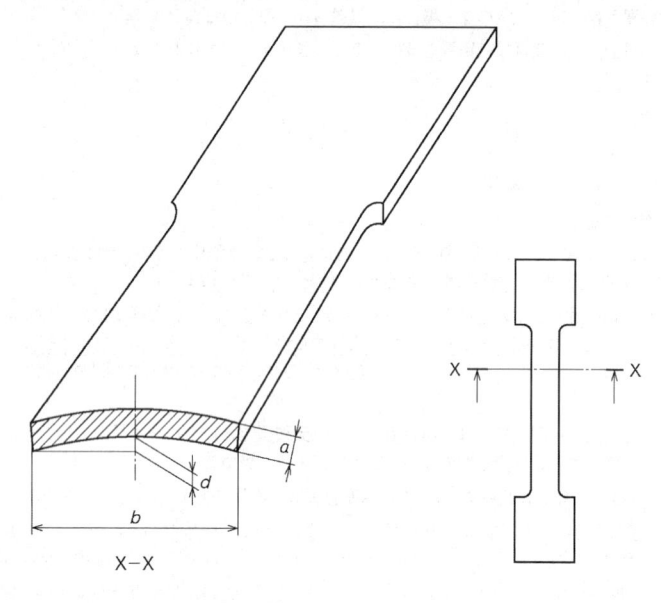

記号説明
a：所定の塑性ひずみを加えた後の試験片の厚さ
b：所定の塑性ひずみを加えた後の試験片幅
d：幅方向の反り

図 2―試験片断面の幅方向反りの概略図

8.2 伸び計を使用しない方法（試験方法 1）

8.2.1 一般

この方法は，塑性ひずみを与える前後の長さ及び幅に対して，伸び計及び幅計を用いない測定に基づいている。

8.2.2 試験

原標点距離 L_0 には，±1.0 ％の精度で明瞭なマーク又はけがき線で印を付ける。

試験片の原幅は，標点の位置に近い各 1 点の測定を含み，標点距離内で等間隔に少なくとも 3 点で±0.01 mm の精度で測定する。塑性ひずみ比の計算には，これらの幅測定値の算術平均を使用する。

試験片を試験機に取り付け，所定のひずみを与え，解放する。

注記 この方法を使用する場合，ひずみを与える前に予備試験力をかける必要はない。

ひずみ解放後，試験片の標点間の距離 L_1 及び幅 b_1 を，原標点距離及び試験片の原幅の場合と同じ方法及び同じ精度で測定する。

8.2.3 評価

個々の試験の塑性ひずみは，式(6)による。

$$e_{p\_L} = \frac{\left(L_1 - L_0\right)}{L_0} \times 100 \quad\cdots\cdots\cdots\cdots\cdots\cdots\cdots\cdots\cdots\cdots\cdots\cdots\cdots (6)$$

塑性ひずみ比は，式(7)による。

$$r = \frac{\ln\left(\dfrac{b_1}{b_0}\right)}{\ln\left(\dfrac{L_0 b_0}{L_1 b_1}\right)} \quad\cdots\cdots\cdots\cdots\cdots\cdots\cdots\cdots\cdots\cdots\cdots\cdots\cdots (7)$$

この塑性ひずみ比決定法は，塑性ひずみが均一である場合にだけ有効である。

8.3 伸び計だけを使用する方法（試験方法 2）

8.3.1 一般

この方法は，伸び計による長さ測定及び手動による幅測定の組合せに基づいている。幅測定は，自動化された幅測定装置を用いてもよい。

8.3.2 試験

伸び計標点距離の原標点距離に対する誤差が，1 ％以内であれば，伸び計標点距離を規定の原標点距離としてもよい。

試験片の原幅は，標点の位置に近い各 1 点の測定を含み，標点距離内で等間隔に少なくとも 3 点で±0.01 mm の精度で測定する。塑性ひずみ比の計算には，これらの幅測定値の算術平均を使用する。

試験片を試験機に取り付け，所定のひずみを与えた後，試験力を解放する。試験片寸法の長さ測定は，試験力解放前後のいずれでもよい。

試験力解放後，幅 b_1 は，試験片の原幅の場合と同じ方法及び同じ精度で測定する。

この塑性ひずみ比決定法は，標点距離内の塑性ひずみが均一である場合にだけ有効である。

試験片及び試験片つかみ装置の位置合わせを確実にするために，小さな予備試験力を使用してもよい。予備試験力は，規定された又は予想される耐力の 5 ％に相当する値以下とする。予備試験力の影響を考慮するために，伸び計信号のゼロ補正を実施することが望ましい。

8.3.3 評価

ひずみを解放する前に長さを測定する場合，個々の試験の塑性ひずみ及び塑性ひずみ比は，それぞれ式(8)及び式(9)による。

$$e_{p\_L} = \left(\frac{\Delta L}{L_e} - \frac{F}{S_o \cdot m_E} \right) \times 100 \ (\%) \quad \cdots\cdots\cdots\cdots\cdots\cdots\cdots\cdots\cdots\cdots \quad (8)$$

$$r = \frac{\ln\left(\frac{b_1}{b_o}\right)}{-\ln\left(1 + \frac{e_{p\_L}}{100}\right) - \ln\left(\frac{b_1}{b_o}\right)} \quad \cdots\cdots\cdots\cdots\cdots\cdots \quad (9)$$

ひずみを解放した後に長さを測定する場合は，式(6)及び式(7)による。

8.4 幅計及び伸び計を使用する方法（試験方法 3）

8.4.1 一般

この方法は，伸び計による長さ測定及び幅計による幅減少測定に基づいている。

8.4.2 試験

一般に，この方法は，他の引張試験特性を求めるための標準的な引張試験方法と併せて使用される。したがって，試験片は，A_g 又は破断まで連続的にひずみが与えられる。

伸び計標点距離の原標点距離に対する誤差が，1 ％以内であれば，伸び計標点距離を規定の原標点距離としてもよい。

この試験方法によって，使用者は，複数の塑性ひずみ量におけるそれぞれのひずみ比を測定することが可能である。また，試験中の塑性ひずみ範囲での塑性ひずみ比を測定するためにも使用することが可能である。

不均一挙動を示す材料（例えば，Portevin-Le Chatelier 効果を示す物質）については，塑性ひずみ比の測定に回帰による方法（8.4.3.3 参照）を用いることが望ましい。試験片の原幅は，標点の位置に近い各 1 点の測定を含み，標点距離内で等間隔に少なくとも 3 点で±0.01 mm の精度で測定する。塑性ひずみ比の計算には，これらの幅測定値の算術平均を使用する。

試験は，幅減少測定のために幅計を用いる。引張試験と同時に実施する場合は，JIS Z 2241 に従って実施する。塑性ひずみ比の計算には，幅測定値の算術平均を使用する。幅測定は，1 点でもよい。

試験片及び試験片つかみ装置の位置合わせを確実にするために，小さな予備試験力を使用してもよい。予備試験力は，規定された又は予想される耐力の 5 ％に相当する値を超えてはならない。予備試験力の影響を考慮するために，伸び計信号のゼロ補正を実施することが望ましい。

8.4.3 評価

8.4.3.1 一般

降伏現象のない材料の評価開始点は，塑性変形を開始した後，かつ，試験片平行部の推定ひずみ速度が引張強さ R_m を決定するための最終的な速度に達した後でなければならない。

降伏点（上降伏点及び／又は下降伏点）を示す材料の評価開始点は，降伏が終了した後，均一な加工硬化を開始し，かつ，試験片平行部の推定ひずみ速度が引張強さ R_m を決定するための最終的な速度に達した後でなければならない。

最大試験力時の塑性ひずみ A_g 到達後は，塑性ひずみ比の評価を行わない。

試験片の長さ方向の真塑性ひずみは，式(10)による。

$$\varepsilon_{p\_L}=\ln\left[\left(\frac{L_e+\Delta L}{L_e}\right)-\frac{F}{S_o \cdot m_E}\right] \quad\cdots\cdots\cdots\cdots\cdots\cdots\cdots (10)$$

試験片の幅方向の真塑性ひずみは，式(11)による。

$$\varepsilon_{p\_b}=\ln\left(\frac{b_o-\Delta b}{b_o}+\frac{v \cdot F}{S_o \cdot m_E}\right) \quad\cdots\cdots\cdots\cdots\cdots\cdots\cdots (11)$$

長さ方向の塑性ひずみは，式(8)による。

注記 式(12)による瞬時断面積 S_i のより正確な近似を，原断面積 S_o の代わりに使用して，長さ方向の真塑性ひずみ $\varepsilon_{p\,L}$，幅方向の真塑性ひずみ $\varepsilon_{p\,b}$ 及び長さ方向の塑性ひずみ $e_{p\,L}$ を計算することが可能である。実際には，S_o 又は S_i で得られた結果に有意差がないことが証明されているため，式(8)，式(10)及び式(11)で用いた原断面積 S_o を用いている。

$$S_i=\frac{S_o \cdot L_o}{(L_o+\Delta L)} \quad\cdots\cdots\cdots\cdots\cdots\cdots\cdots\cdots\cdots\cdots\cdots (12)$$

塑性ひずみ比の計算は，次の二つの異なった方法（**8.4.3.2** 及び **8.4.3.3** 参照）によってよい。相変態挙動を示す材料については，回帰法を用いてはならない。

8.4.3.2 単一点による方法（Single point method）

全ての試験データ列（力，伸び計伸び及び幅計の減幅値）に対して，式(13)に式(10)及び式(11)を併せて用いて，その列の塑性ひずみ比を計算してもよい。

$$r=-\frac{\varepsilon_{p\_b}}{\varepsilon_{p\_b}+\varepsilon_{p\_L}} \quad\cdots\cdots\cdots\cdots\cdots\cdots\cdots\cdots\cdots\cdots (13)$$

注記1 この一連の塑性ひずみ比は，式(8)によって計算された試験片長さ方向の塑性ひずみに対してプロットすることが可能である（例えば，**図 A.4** 参照）。

注記2 この手法によると，連続したデータ点から求めた塑性ひずみ比が大きくばらつく可能性がある。したがって，**8.4.3.3** に規定した回帰法を用いることが有益である。

8.4.3.3 回帰による方法

この手法は，所定の範囲の測定データ及び試験前の試験片の寸法に基づいて，信頼できる塑性ひずみ比を計算するために用いられる。

所定の範囲で，$\varepsilon_{p\,b}$ ［式(11)参照］と $\varepsilon_{p\,L}$ ［式(10)参照］とを原点を通るように直線回帰する（**図3** 参照）。

この回帰線の傾き m_r は，$[-r/(1+r)]$ となる。塑性ひずみ比は，式(14)による。

$$r = -\frac{m_r}{1+m_r} \quad\cdots\cdots\cdots\cdots\cdots\cdots\cdots\cdots\cdots\cdots\cdots\cdots\cdots\cdots\cdots\cdots\cdots\cdots (14)$$

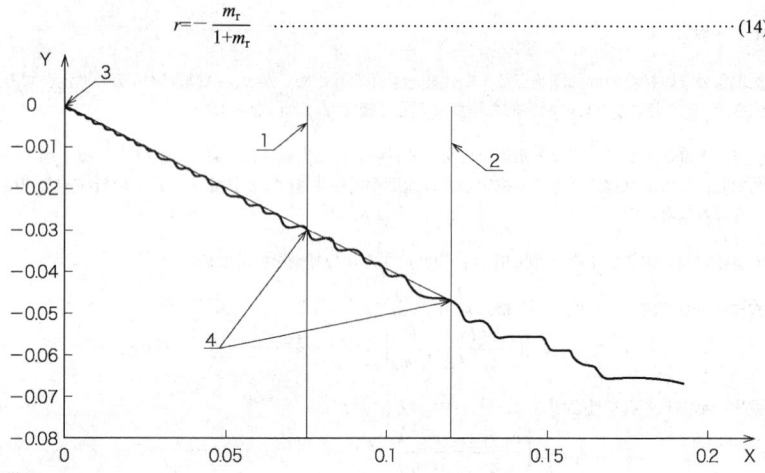

記号説明

X：試験片長さ方向の真塑性ひずみ，ε_{p_L}
Y：試験片幅方向の真塑性ひずみ，ε_{p_b}
1：下限：例えば，8 %塑性ひずみ
2：上限：例えば，12 %塑性ひずみ
3：試験開始点
4：試験開始点を通る，下限及び上限間の直線回帰

    $\varepsilon_{p\_b} = m_r \times \varepsilon_{p\_L}$
    $m_r = -0.398\,33$
    $r_{8-12} = 0.662$

注記　上下限値は，塑性ひずみで表され，X 軸は，長さ方向の真塑性ひずみを表している。

図3－試験片の幅方向の真塑性ひずみと長さ方向の真塑性ひずみとの関係の例

注記　この手法を用いれば（特に不均一挙動を示す材料の場合），塑性ひずみ比の値は，より安定する。その理由は，計算が，単一点のデータだけでなく，試験前の試験片の寸法測定及び評価範囲の全ての測定データに基づいているからである。複数の評価範囲によって，この手法は，信頼できる塑性ひずみ比を与える可能性がある。同一タイミングの複数範囲のデータは，長さ方向の塑性ひずみに対する塑性ひずみ比のプロットの信頼性を更に高めることに役立つ可能性がある。

9　追加試験結果

異方性（圧延方向に対して平行，45°及び90°）の試験片に対して試験を行うと，式(3)及び式(4)によって平均塑性ひずみ比 $\bar{r}$ 及び面内異方性 Δr を求めることが可能である。

10　報告

試験報告書が必要な場合には，報告する事項は，次のうちから受渡当事者間の協定によって選択する。

a)　この規格に従って試験したことの記述（例えば，**JIS Z 2254**）

b) 試験片の識別

c) 試験方法（試験方法 1，試験方法 2，試験方法 3 又は固有振動法）

d) 試験方法 3 による場合，評価方法（単一点による方法又は回帰による方法）

e) 使用した試験片の形状及び標点距離

f) 試験片の圧延方向に対する角度

g) 測定及び評価を行った塑性ひずみ量又は塑性ひずみ範囲

　　例　$r_{45/10}$：圧延方向に対する試験片の角度 45°／塑性ひずみ量 10 ％での単一点による方法

　　　　$r_{45/8-12}$：圧延方向に対する試験片の角度 45°／塑性ひずみ範囲 8 ％〜12 ％の間の回帰による方法

h) 試験結果

i) $\bar{r}$ 及び Δr の計算に用いた式［式(3)及び式(4)と異なる場合］

附属書 A

(参考)

塑性ひずみ比測定の誤差要因の調査方法

A.1 一般

塑性ひずみ比の測定は，様々なパラメータに非常に敏感に影響されることがある。この附属書では，これらの誤差の幾つかについて説明し，分析することを目的としている。

可能性のある影響を次に示す。

— 異なる試験方法及び評価方法

— 試験片と試験力付加方向のアライメント

— 試験片の準備［例えば，試験片の表面（端面）］

— 試験片の幅の"実際の"変化と信号との相関関係

— 伸び計標点距離，伸び計取付位置及び伸び計の種類（伸び計取付位置が，試験片円弧状肩部付近か，又は中心部か。測定が，同一線上か，又は複数線上か。）

— 試験片表面と伸び計標点距離との相対移動誤差

— 幅計のセトリング影響（settling effect）（**A.2** 参照）

— 振動，温度変化などの試験室の条件

— 試験片の不均一な変形（例えば，Portevin-Le Chatelier 影響）

A.2 セトリング影響及び表示の指針

セトリング影響は，試験の開始時にしばしば発生する。これによって，伸び計信号は，試験片上のひずみを示さずに，見掛け上の正又は負のひずみを示すという結果をもたらす。セトリングの原因の例としては，試験片の曲がり，ねじれ及び反り，並びに試験力のミスアライメントが挙げられる（**A.1** も参照）。

弾性域では塑性変形が生じないという理論に基づいて，次の方法によって，これらのセトリング影響をどのように明らかにできるかが説明される。比例限界までは，塑性ひずみは"0"のはずである。長さ方向の塑性ひずみの計算については，**8.3.3** の式(8)を参照し，幅方向の塑性ひずみは，式(A.1)による。

$$e_{\mathrm{p\_b}} = \left(-\frac{\Delta b}{b_0} + \frac{v \cdot F}{S_0 \cdot m_{\mathrm{E}}} \right) \times 100 \quad \text{(A.1)}$$

これによって，長さ方向の塑性ひずみ及び幅方向の塑性ひずみを応力に対してグラフ表示することが可能である。この例を図 **A.1**，図 **A.2** 及び図 **A.3** に示す。長さ方向の塑性ひずみ及び幅方向の塑性ひずみのグラフでは，比例限界までの塑性ひずみの値が"0"の垂直線になるはずである。

セトリング影響が発生すると，長さ方向の塑性ひずみ及び／又は幅方向の塑性ひずみは，明らかに"0"とは異なる。このグラフ表示によって，視覚的な検出が可能になる。

図 **A.1**，図 **A.2** 及び図 **A.3** に，三つの異なる例を示す。

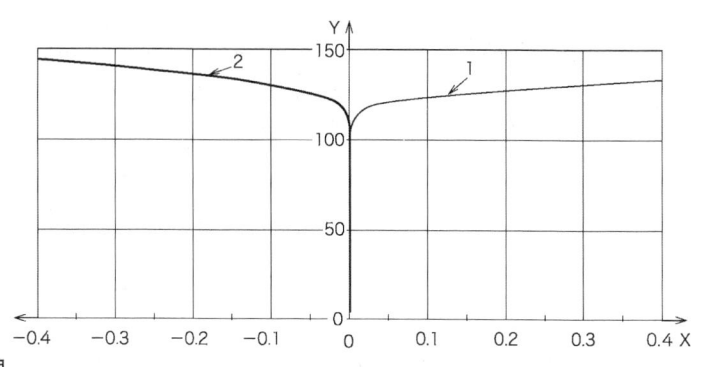

記号説明
　　X：塑性ひずみ（%）
　　Y：応力 R（MPa）
　　注記　セトリング影響は，見られない。

　　　　　　　　　　　　　　1：長さ方向の塑性ひずみ e_{p_L}
　　　　　　　　　　　　　　2：幅方向の塑性ひずみ e_{p_b}

図 A.1－塑性ひずみ量 "0" 近傍で垂直線となる長さ方向の塑性ひずみ及び幅方向の塑性ひずみ

　図 A.2 及び図 A.3 に示されているセトリング影響は，塑性ひずみ量の誤った調整，又は塑性ひずみ比の過大評価若しくは過小評価につながる可能性がある。

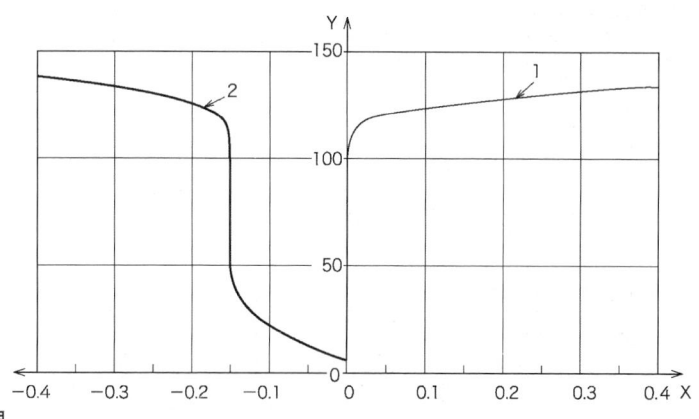

記号説明
　　X：塑性ひずみ（%）
　　Y：応力 R（MPa）

　　　　　　　　　　　　　　1：長さ方向の塑性ひずみ e_{p_L}
　　　　　　　　　　　　　　2：幅方向の塑性ひずみ e_{p_b}

図 A.2－幅方向の塑性ひずみが負にずれて，より大きな見掛け上の幅変化を示している塑性ひずみ

（塑性ひずみ比は，より大きな値となる。）

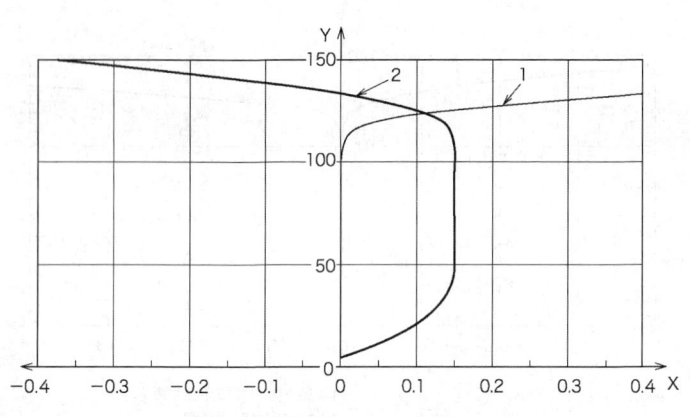

記号説明
　X：塑性ひずみ（%）
　Y：応力 R（MPa）

1：長さ方向の塑性ひずみ e_{p_L}
2：幅方向の塑性ひずみ e_{p_b}

図 A.3－幅方向の塑性ひずみが正にずれて，より小さな見掛け上の幅変化又は幅広がりを示している塑性ひずみ

（塑性ひずみ比は，より小さい値となる。）

　図 A.4，図 A.5 及び図 A.6 は，塑性ひずみ比対長さ方向塑性ひずみの関係を進展させた状況を示している。これらのグラフは，人為的に塑性ひずみ比を一定の 0.6 と仮定し，加えて，**図 A.1，図 A.2 及び図 A.3** のセトリング影響があるという仮定に基づいている。

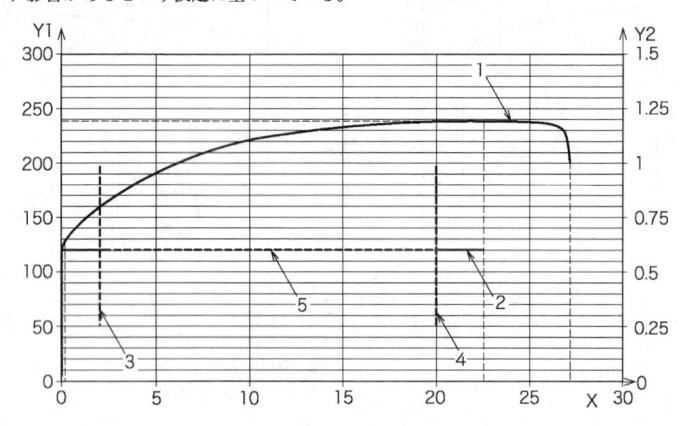

記号説明
　X：塑性ひずみ（%）
　Y1：応力 R（MPa）
　Y2：瞬時塑性ひずみ比（instantanous r-value）
　1：応力対長さ方向塑性ひずみ

2：単一点の塑性ひずみ比と長さ方向塑性ひずみとの関係
3：範囲下限（2 %長さ方向塑性ひずみ）
4：範囲上限（20 %長さ方向塑性ひずみ）
5：算術平均塑性ひずみ比（2 %～20 %長さ方向塑性ひずみ，この例では，$r_{2\text{-}20}=0.600$）

図 A.4－図 A.1 のデータ及び人為的に塑性ひずみ比を一定の 0.6 としたときの

塑性ひずみ比と長さ方向塑性ひずみとの関係

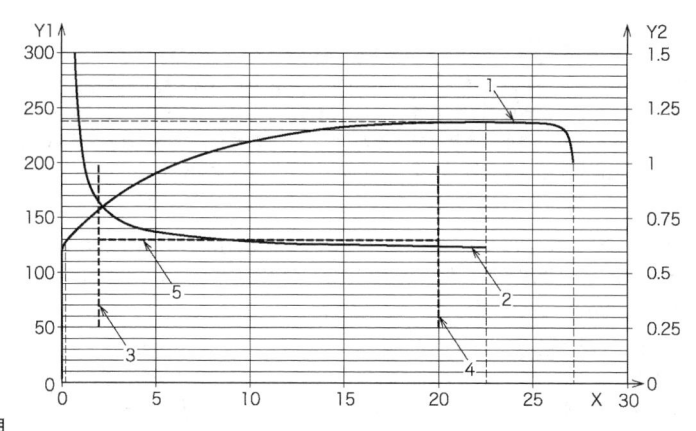

記号説明

X ：塑性ひずみ（%）
Y1 ：応力 R（MPa）
Y2 ：瞬時塑性ひずみ比（instantanous *r*-value）
1 ：応力と長さ方向塑性ひずみとの関係

2：単一点の塑性ひずみ比と長さ方向塑性ひずみとの関係
3：範囲下限（2 %長さ方向塑性ひずみ）
4：範囲上限（20 %長さ方向塑性ひずみ）
5：算術平均塑性ひずみ比（2 %～20 %長さ方向塑性ひずみ，この例では，$r_{2\text{-}20}=0.653$）

**図 A.5－図 A.2 のデータ及び人為的に塑性ひずみ比を一定の 0.6 としたときの
塑性ひずみ比と長さ方向塑性ひずみとの関係**

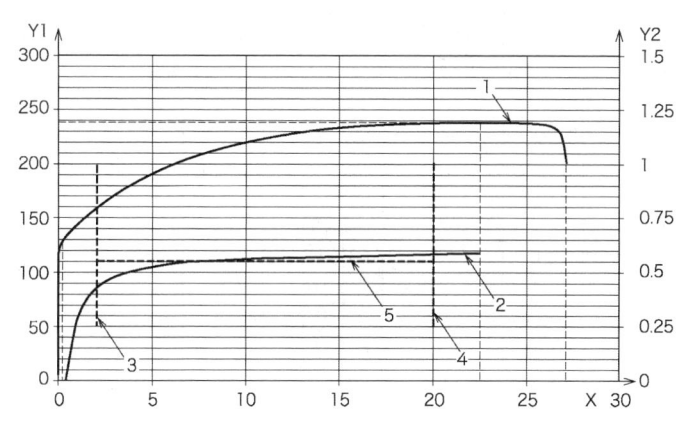

記号説明

X：塑性ひずみ（%）
Y1：応力 R（MPa）
Y2：瞬時塑性ひずみ比（instantanous *r*-value）
1：応力と長さ方向塑性ひずみとの関係

2：単一点の塑性ひずみ比と長さ方向塑性ひずみとの関係
3：範囲下限（2 %長さ方向塑性ひずみ）
4：範囲上限（20 %長さ方向塑性ひずみ）
5：算術平均塑性ひずみ比（2 %～20 %長さ方向塑性ひずみ，この例では，$r_{2\text{-}20}=0.552$）

**図 A.6－図 A.3 のデータ及び人為的に塑性ひずみ比を一定の 0.6 としたときの
塑性ひずみ比と長さ方向塑性ひずみとの関係**

A.3　自動チェックの実施

高度なソフトウェアを用いる試験機では，試験中の任意の瞬間における幅方向塑性ひずみ及び長さ方向塑性ひずみを測定することが可能かもしれない。その場合，セトリング影響が発生すると，弾性域が終わるまでに試験を中断したり，停止したりすることが可能かもしれない。これによって，試験片に永久変形を生じさせて，不正確な試験結果を得てしまうことなく，セトリング影響を発見することが可能であるので好都合である。

$R_{p0.2}$ の予測値が分かっている場合は，例えば，$R_{p0.2}$ の 65 ％までの長さ方向塑性ひずみ及び幅方向塑性ひずみを監視するのがよい。予想される塑性ひずみは，"0" に近いことが望ましく，試験を中断又は停止させるための適切な "0" からの許容差は，利用者の決定による。

これらの結果に基づく試験機の制御が望めない場合の代替方法は，事後確認によって，幅方向塑性ひずみ又は長さ方向塑性ひずみのいずれかが弾性域で "0" でないかどうかを調査し，更にその不一致の原因を調査することを操作者に助言することである。その際，許容差が有効である可能性がある。

次の例では，使用される基準を示している。

－　弾性域の終点：$R_{p0.2}$ の 65 ％

－　上記の終点までの範囲で許容される幅方向塑性ひずみの偏差：±0.05 ％

図 A.1，図 A.2，及び図 A.3 の例の合否について，図 A.7，図 A.8，及び図 A.9 に図示している。

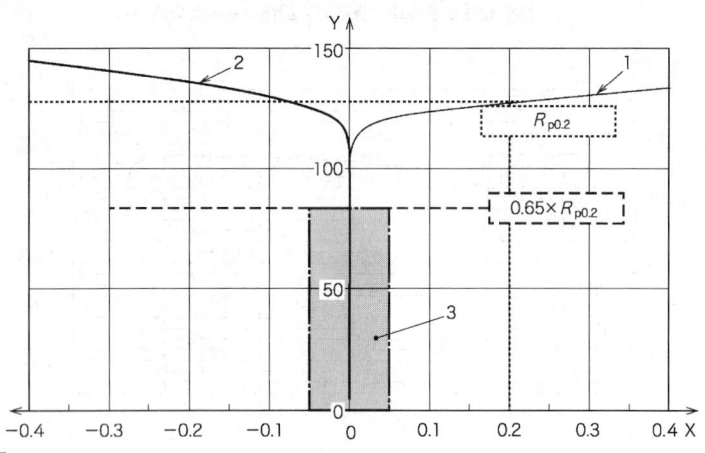

記号説明

X：塑性ひずみ（％）　　　　　　　　　2：幅方向塑性ひずみ e_{p_b}

Y：応力 R（MPa）　　　　　　　　　3："0" からの許容偏差の領域

1：長さ方向塑性ひずみ e_{p_L}

図 A.7－選択した合格基準（65 ％$R_{p0.2}$ 及び±0.05 ％塑性ひずみ）を図示した図 A.1 の例

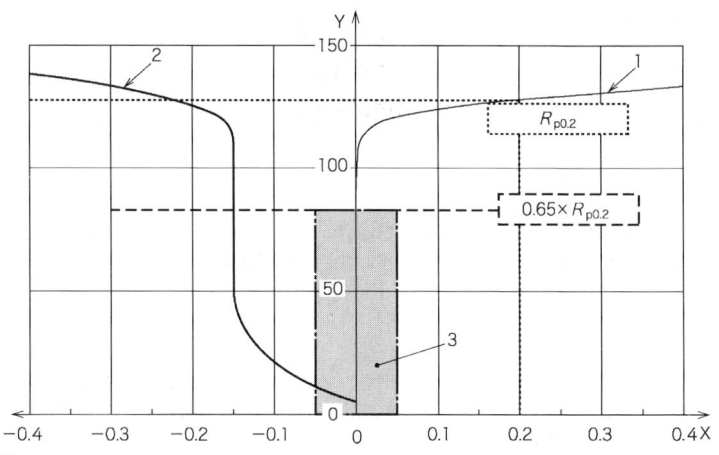

記号説明
X：塑性ひずみ（％）　　　　　　　　2：幅方向塑性ひずみ e_{p_b}
Y：応力 R（MPa）　　　　　　　　3："0" からの許容偏差の領域
1：長さ方向塑性ひずみ e_{p_L}

図 A.8－選択した合格基準（65 ％$R_{p0.2}$ 及び±0.05 ％塑性ひずみ）を図示した図 A.2 の例

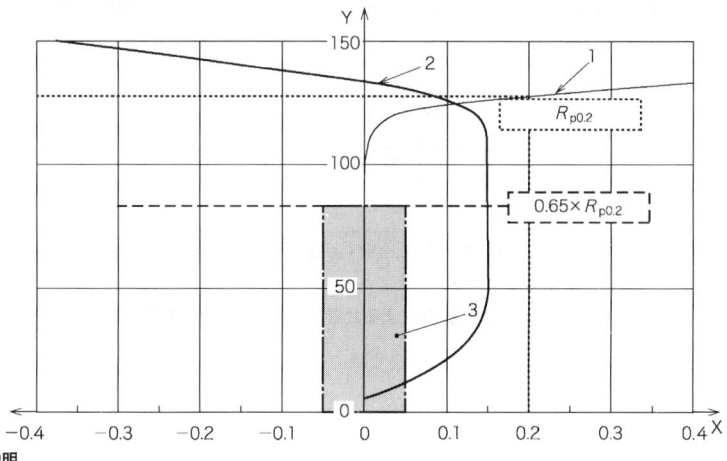

記号説明
X：塑性ひずみ（％）　　　　　　　　2：幅方向塑性ひずみ e_{p_b}
Y：応力 R（MPa）　　　　　　　　3："0" からの許容偏差の領域
1：長さ方向塑性ひずみ e_{p_L}

図 A.9－選択した合格基準（65 ％$R_{p0.2}$ 及び±0.05 ％塑性ひずみ）を図示した図 A.3 の例

附属書 JA
（規定）
固有振動法

JA.1 一般

日本産業規格の材料規格に試験方法の種類の指定がなく，対象材料がステンレス鋼を除く薄鋼板及び鋼帯の場合には，平均塑性ひずみ比は，この附属書に規定する固有振動法によってもよい。

JA.2 試験の原理

磁わい（歪）振動方式の共振法などによって平均ヤング率[1]を求め，これと引張試験によって求める平均塑性ひずみ比との相関が強いことを利用して，統計的解析によって得られている回帰式を用いて間接的に平均塑性ひずみ比を求める。

注記 磁わい振動方式の共振法による場合は，試験の対象は，強磁性体の材料が用いられる。

注 [1] ヤング率は，弾性域における応力（F/S_0）とひずみとの比である。

JA.3 試験装置

試験装置は，通常，**図 JA.1** のように構成され，励振コイルで試験片に高周波振動を加えて，検出コイルで共振周波数の検出が可能である。

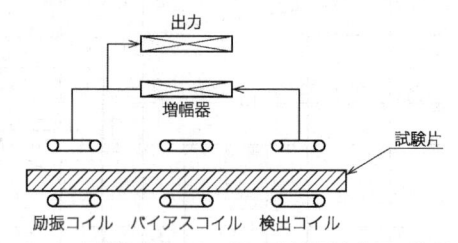

図 JA.1－固有振動法による共振周波数測定装置の構成例

JA.4 試験片

試験片は，次による。

a) 試験片の採り方は，それぞれの材料規格の規定による。特に規定のない場合は，受渡当事者間の協定による。

b) 試験片は，それぞれの測定器で定められた試験片を用いる。ただし，寸法の許容差は，±0.025 mm とする。

JA.5 試験

試験は，次による。

a) **試験温度** 試験温度は，10 ℃〜35 ℃の範囲内とし，厳格に管理された条件下での試験が要求される場合は，(23±5) ℃とする。

b) **試験片長さの測定** 試験片長さを±0.025 mm の精度で測定する。ただし，試験片の加工精度が寸法の許容差（±0.025 mm）内に十分管理されている場合は，呼び長さを用いてもよい。

c) **試験片の共振周波数の測定** 板面の圧延方向に対して平行，45°及び 90°各方向から採取した試験片の共振周波数を，**JA.3** の試験装置を用いて整数位まで測定する。

d) **平均塑性ひずみ比の算出** 平均塑性ひずみ比の計算手順は，次による。

1) 板面の圧延方向に対して平行，45°及び 90°各方向から採取した試験片のヤング率 [1]は，式(JA.1)による。

$$E_x = 4\rho l^2 f^2 \quad \cdots\cdots\cdots\cdots\cdots\cdots\cdots\cdots\cdots\cdots\cdots\cdots\cdots\cdots\cdots\cdots\cdots\cdots \text{(JA.1)}$$

ここで，　E： ヤング率（MPa）
　　　　　ρ： かさ密度（7.87 g/cm³）
　　　　　l： 試験片の長さ（mm）
　　　　　f： 共振周波数（Hz）
　　　　　x： 板面の圧延方向に対する角度（°）

注記　1 MPa＝1 N/mm²

2) 平均ヤング率は，式(JA.2)によって計算し，有効数字 4 桁に丸める。数値の丸め方は，**JIS Z 8401** の規則 A による。

$$\bar{E} = \frac{E_0 + 2E_{45} + E_{90}}{4} \quad \cdots\cdots\cdots\cdots\cdots\cdots\cdots\cdots\cdots\cdots\cdots\cdots\cdots\cdots \text{(JA.2)}$$

ここで，　E_0： 試験片を板面の圧延方向に対し平行に採取し測定したヤング率（MPa）
　　　　　E_{45}： 試験片を板面の圧延方向に対し 45°方向に採取し測定したヤング率（MPa）
　　　　　E_{90}： 試験片を板面の圧延方向に対し 90°方向に採取し測定したヤング率（MPa）

3) 平均塑性ひずみ比は，平均ヤング率を用いて式(JA.3)によって計算し，小数点以下第 1 位に丸める。数値の丸め方は，**JIS Z 8401** の規則 A による。

$$\bar{r} = \frac{101.44}{\left(145.0 \times \bar{E} \times 10^{-6} - 38.83\right)^2} - 0.564 \quad \cdots\cdots\cdots\cdots\cdots\cdots\cdots \text{(JA.3)}$$

4) 固有振動法によって得られた試験値に疑義が生じた場合は，引張試験による試験方法を標準試験方法とする。

JA.6 塑性ひずみ比による平均塑性ひずみ比の校正及び補正

引張試験による平均塑性ひずみ比を用いて校正曲線を作成し，固有振動法による平均塑性ひずみ比を補正する。ただし，両者の差が 0.1 以内の場合は，補正しなくてもよい。

附属書 JB
(参考)
JIS と対応国際規格との対比表

JIS Z 2254		ISO 10113:2020, (MOD)		
a) **JIS の箇条番号**	b) 対応国際規格の対応する箇条番号	c) 箇条ごとの評価	d) **JIS と対応国際規格との技術的差異の内容及び理由**	e) **JIS と対応国際規格との技術的差異に対する今後の対策**
1	1	追加	**JIS** では，適用範囲に附属書 JA を追加した。	**JIS** 独自の附属書である。
3	3	追加	**JIS** では，鉄鋼用語 (試験) の引用を追加した。	技術的な差異は軽微である。
		変更	**JIS** では，塑性変形の間に相変化を示す材料について，測定手順を受渡当事者間で協議することが望ましいに変更した。	**ISO** への提案を検討する。
		追加	**JIS** では，式(3)は，塑性ひずみ量に代えて，塑性ひずみ範囲を適用できることを追加した。	**ISO** への提案を検討する。
		変更	**JIS** では，異方性についての塑性ひずみ，試験方法及び評価方法の規定を追加試験結果の箇条から，用語及び定義の注釈に集約した。	技術的な差異は軽微である。
4	4	追加	試験片の幅及び標点距離をそれぞれ原幅及び原標点距離ということを追加した。	技術的な差異は軽微である。
		追加	**JIS** では，代表的な素材のポアソン比を例として追記した。	技術的な差異は軽微である。
5	5	追加	**JIS** では，材料規格に規定がない場合の塑性ひずみ量について，追加した。	**ISO** への提案を検討する。
6	6	変更	試験方法の名称として，手動，半自動及び自動は，日本での試験方法の概念から，必ずしもふさわしくないため，**JIS** では，それぞれ試験方法 1，試験方法 2 及び試験方法 3 と変更した。	技術的な差異は軽微である。
		追加	試験方法 1 に適用する試験機，及び試験方法 2 に適用する試験機のうち，ひずみ解放後に試験片長さを測定する場合は，**JIS B 7721** は適用しないことを追加した。	**ISO** への提案を検討する。
		変更	**JIS** では，多くの自動測定機で±0.01 mm の測定精度のものが利用されている実態を反映した。	**ISO** への提案を検討する。
7	7	追加	**JIS** では，使用する試験片を具体的に規定した。	技術的な差異は軽微である。
		変更	**JIS** では，試験片の平行部長さ下限値を試験片ごとに指定した。	**ISO** への提案を検討する。

a) JIS の箇条番号	b) 対応国際規格の対応する箇条番号	c) 箇条ごとの評価	d) JIS と対応国際規格との技術的差異の内容及び理由	e) JIS と対応国際規格との技術的差異に対する今後の対策
8	8	変更	試験方法の名称として,手動,半自動及び自動は,日本での試験方法の概念から,必ずしもふさわしくないため,JIS では,それぞれ試験方法 1,試験方法 2 及び試験方法 3 と変更した。	技術的な差異は軽微である。
		変更	試験方法 2 において,試験片長さ測定は,ひずみ解放前後のいずれでもよいことにした。また,その評価式について,ひずみ解放後の場合は,式(6)及び式(7)によることを追加した。	ISO への提案を検討する。
		変更	JIS では,塑性ひずみ比を試験する,材料の降伏後のひずみ速度は,引張試験に合わせて,推定ひずみ速度とした。	ISO への提案を検討する。
		追加	JIS では,ひずみ速度について,材料規格の規定がある場合,それによることを追加した。	技術的な差異は軽微である。
		変更	JIS では,実施してよい試験方法に,附属書 JA の固有振動法を追加して,四つの異なった方法とした。	JIS 独自法への対応である。
		変更	JIS では,附属書 A の調査方法について,参考に位置付けた。	附属書 A は,参考であり,技術的な差異は軽微である。
		追加	JIS では,試験方法 1 を基準試験方法と位置づけた。	ISO への提案を検討する。
		追加	JIS では,標点距離及び塑性ひずみ量が,材料規格又は受渡当事者間の協定がない場合に採用する値を追加した。	ISO への提案を検討する。
		追加	JIS では,伸び計標点距離を原標点距離としてよい条件を追加した。	ISO への提案を検討する。
	10	変更	JIS では,丸めは JIS Z 8401 によって,小数第 1 位に丸める(対応国際規格では,ISO 80000-1 によって,0.05 単位)ことにした。	特になし。
10	10	変更	JIS では,報告事項は,受渡当事者間で選択可能とした。	ISO への提案を検討する。
		追加	JIS では,試験方法に,附属書 JA の固有振動法を追加した。	JIS 独自法への対応である。
		追加	JIS では,評価方法の報告は,試験方法 3 の場合を追加し,具体的に,単一点による方法及び回帰による方法を追加した。	ISO への提案を検討する。

注記 1　箇条ごとの評価欄の用語の意味を,次に示す。
－　追加:対応国際規格にない規定項目又は規定内容を追加している。
－　変更:対応国際規格の規定内容又は構成を変更している。
注記 2　JIS と対応国際規格との対応の程度の全体評価の記号の意味を,次に示す。
－　MOD:対応国際規格を修正している。

超微小負荷硬さ試験方法

Method for ultra-low loaded hardness test

序文　この規格は，固体材料の微小領域の硬さを測定するための試験方法について制定した日本産業規格である。押込深さ検出技術の発達によって，材料の硬さを負荷状態の圧子への抵抗値として得ることができる硬さ測定装置が用いられるようになった。この方法によれば，くぼみの大きさの測定という観測者による誤差要因を排除できるだけでなく，より微小領域の硬さを測定できる。

　一方，この硬さはこれまでの除荷後のくぼみ測定による硬さと物理的意味を異にする。また，その測定値に影響する因子も少なくない。この方法の適切な利用のためにこの規格を制定した。

1.　適用範囲　この規格は，押込深さが 1 µm 以上の超微小負荷硬さ試験方法について規定する。

　　備考　測定対象は，10 µm 以上の厚さが必要である。

2.　引用規格　次に掲げる規格は，この規格に引用されることによって，この規格の規定の一部を構成する。この引用規格は，その最新版（追補を含む。）を適用する。

　　JIS B 7735　ビッカース硬さ試験－基準片の校正

3.　定義　この規格で用いる主な用語の定義は，次による。

a)　超微小負荷硬さ（HTL）　りょう（稜）間角が全て 115° のダイヤモンド製三角すい圧子を用い，試験面にくぼみを付けたときの試験力と，負荷状態でのくぼみの表面積とから求めた硬さ。負荷状態でのくぼみの表面積は，試験力をかけた状態で検出した表面位置からの押込深さから求める。

　　その硬さ値は，次の式によって算出する。

$$HTL = k\frac{P}{S} = 0.102\frac{P}{S} = \alpha\frac{F}{h^2}$$

　　ここに，　HTL：　超微小負荷硬さ

　　　　　　　k：　定数，$k = 1/9.806 \fallingdotseq 0.102$

　　　　　　　P：　試験力（N）（試験力をNで表した値）

　　　　　　　F：　試験力（mN）（試験力をmNで表した値）

　　　　　　　S：　負荷状態でのくぼみの表面積（mm²）

　　　　　　　α：　三角すい圧子のりょう間角による定数で次の式によって算出する。

$$\alpha = 0.102 \times \frac{3 - \tan^2(\theta/2)}{9\tan(\theta/2)} \times 10^3$$

　　　　　　　　　　りょう間角 115° の場合 $\alpha = 3.86$ となる。

　　　　　　　h：　押込深さ（µm）

　　　　　　　θ：　圧子のりょう間角（°）

b)　押込深さ　負荷時の圧子先端の試料表面からの深さ。

c)　呼び試験力　硬さを測定するために用いる試験力の目標値。硬さ記号の一部として，結果の表示に用いる。

4.　試験の原理　三角すいのダイヤモンド圧子を試料の表面に押し込み，その試験力を負荷した状態で，圧子の押込深さを測定する（**図 1** 参照）。

　　超微小負荷硬さは，試験力を底面が正三角形で，りょう間角が圧子の角度と同じ三角すい形と仮定したときの負荷状態でのくぼみの表面積で除した値に比例する。

5.　試験装置

5.1　試験機　試験機は，次による。

a)　試験機は機枠，試料支持装置，負荷装置，試料表面検出機構及び試験力－押込深さ関係の表示又は記録装置で構成し，圧子を備えていなければならない。

b)　試験機は，次の条件を満足しなければならない。

　1)　十分に安定性のある防振された台に置かれ，風防を備えている。

　2)　試料固定部の表面が水平である。

　3)　圧子の三角すいの軸と試料固定部の表面との成す角度が 90°±0.5° 以内である。

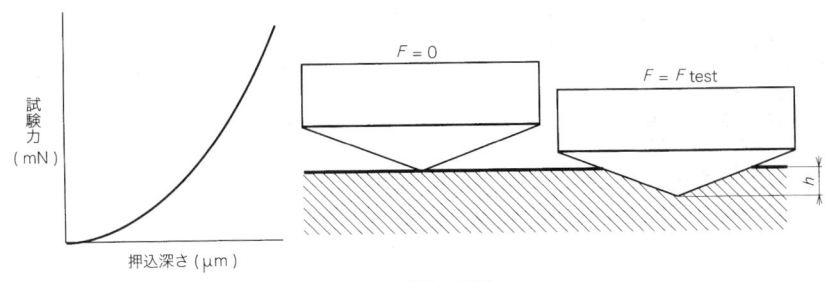

図 1 試験の原理

4)　試料底面と試料固定部とを密着させ，固定できる。

5)　2 mN 以上の試験力を，精度±1 ％で測定できる。

6)　試料表面を十分な精度で検出できる。

　備考　表面の検出許容値は，10 nm 又は押込深さの 1 ％以内のいずれか大きい方とする。

7)　負荷装置によって衝撃，振動などを伴うことなく，所定の試験力を所定の荷重速度で負荷し，保持することができる。

8)　試験力を充分な精度で負荷できる。

　備考　試験力の平均値と呼び試験力とのずれの許容値及びばらつきの許容値は，**表 1** による。ただし，2 mN 以上のずれ及びばらつきは，次の式によって算出する。

$$D\ (\%) = \frac{\overline{F} - F}{F} \times 100$$

$$S\ (\%) = \frac{F_{MAX} - F_{MIN}}{F} \times 100$$

　　　ここに，　　D：　試験力の平均値と呼び試験力とのずれ

　　　　　　　　$\overline{F}$：　試験力の平均値

　　　　　　　　F：　呼び試験力

　　　　　　　　S：　試験力のばらつき

　　　　　　　F_{MAX}：　試験力の最大値

　　　　　　　F_{MIN}：　試験力の最小値

表 1　試験力の平均値と呼び試験力とのずれの許容値及びばらつきの許容値

試験力	2 mN 未満	2 mN 以上
ずれの許容値	±0.02 mN	±1.0 ％
ばらつきの許容値	±0.02 mN	±1.0 ％

9)　試料表面を検出でき，押込深さを十分な精度で知ることができる。

10)　測定途中の試験力―押込深さ線図を，モニタできるか記録することができる。

11)　得られた押込深さから超微小負荷硬さを算出することができる。

5.2　圧子　超微小負荷硬さ試験に用いる圧子は，次による。

a)　圧子の試料と接する部分はダイヤモンド製で，りょう間角が 114.8～115.1° の三角すいとする。

b)　圧子の中心軸に対する 3 面の傾きの相互差は，0.5° 以下とする。

c)　圧子のダイヤモンド部分は，よく研磨された面であって，割れ又は表面のきずが認められないものとし，りょう線及び頂点は，十分鋭利でなければならない。

d)　押込深さが小さいとき（≦3 μm），硬さ値に大きな影響を与える圧子先端の仕上げ形状は，次の手順によって検査を行い，検査に合格した圧子を用いなければならない。

1)　**JIS B 7735** に適合する 400 HV の基準片を用いて，1 μm 以上の押込深さの得られる，2 水準の試験力を選定する。

　　なお，最小試験力水準は，押込深さ 1.5 μm を超えてはならない，また，2 水準の試験力での押込深さの差は，1 μm 以上とする。

2)　1)で選定した二つの試験力で，各々3回超微小負荷硬さ試験を行う。

3)　2)で得られた各々の試験力での硬さの平均値を算出する。

4)　小さい押込深さを示す試験力水準での硬さの平均値に対する，大きい押込深さのそれが120 ％未満であることを確認する。

5.3　深さ測定装置　深さ測定装置は，次による。

a)　深さ測定装置の最小測定単位は，0.01 μm 以下とする。

b)　深さ測定装置の精度は，直線性が測定装置のフルスケールの±2 ％以下とする。

6.　試料　試料は，次による。

a)　試験面には，異物があってはならない。

b)　試験面の仕上げは，押込深さと比較して十分に平滑でなければならない。

c)　試験面は，硬さ値に影響しないよう仕上げに注意し，試料採取や断面の硬さ試験のために切断，加工などを行った場合は，加工層の除去に留意する。

d)　試料は，試験による押込深さの 10 倍以上の厚さをもたなければならない。

e)　試料は，試験機の試料固定部と密着した状態で固定・保持できる形状である。

7.　試験　試験は，次による。

a)　試験温度は，一般的に 10〜35 ℃の範囲とし，1 回の試験の間での温度変化は 0.5 ℃以内でなければならない。必要があれば試験温度を記録する。

b)　試料の試験面は，圧子軸に垂直になるように固定する。

c)　試験力は，押込深さが少なくとも 1 μm 以上になるような値で，できるだけ大きく選ぶのがよい。

d)　試験力は，負荷機構の慣性による誤差が無視できる程度の速度によって増加し，規定の大きさにする。試験力を加え始めてから最大試験力をかけるまでの所要時間は，10〜30 秒とする。

e)　試験力を規定の大きさに保つ時間は，5〜15 秒とする。ただし，特に指定された場合はこの限りではない。

　　試験力を規定の大きさに保つ時間の精度は，±1 秒とする。

f)　硬さを測定するくぼみの中心間の距離は，鋼，銅及び銅合金の場合には，既にあるくぼみの押込深さの 20 倍以上，それ以外は 40 倍以上とし，更に，くぼみの中心から試料の縁までの距離はくぼみの押込深さの 20 倍以上とする。

g)　試験の開始から試験力の増加と深さとの関係をモニタするか，記録する。

h)　試験力−押込み深さ線図に異常が生じたとき，その測定値は採用しない。

8.　試験結果の表示

a)　**硬さ記号**　超微小負荷硬さを表す 3 英大文字 HTL に続けて，試験力に比例する数値を付加した記号。

　　なお，硬さ記号と試験力の対応を，**表 2** に例示するように，mN 単位での試験力に対応する。

表 2　硬さ記号と試験力との対応例

硬さ記号	試験力（mN）	硬さ記号	試験力（mN）	硬さ記号	試験力（mN）
HTL 0.1	0.1	HTL 2	2	HTL 50	50
HTL 0.2	0.2	HTL 5	5	HTL 100	100
HTL 0.5	0.5	HTL 10	10	HTL 200	200
HTL 1	1	HTL 20	20	HTL 500	500

b)　**超微小負荷硬さの表示**　超微小負荷硬さは硬さ値，硬さ記号の順に表示する。

　　更に，必要に応じて負荷時間，保持時間，押込深さを書き添える。

　　例1.　120HTL50　　　　　　　　　超微小負荷硬さ　120　　　試験力　50 mN

　　例2.　806HTL300／負荷時間30 s／保持時間5 s（押込深さ1.2 μm）

　　　　　　　　　　　　　　　　　　　超微小負荷硬さ　806　　　試験力　300 mN

　　　　　　　　　　　　　　　　　　　負荷時間　30 秒　保持時間　5 秒

　　　　　　　　　　　　　　　　　　　押込深さ　1.2 μm

9.　報告　試験報告書には，次の事項を記載する。

a)　この規格に適合している。

b)　試料の識別に必要な情報。

c)　得られた試験結果。

d) この規格に規定されていない，すなわち，任意とみなされる試験手順。

e) 試験の温度。

f) 結果に影響を及ぼしたかも知れない事項があれば，その詳細。

例えば，試料の表面状態（表面粗さや加工層の有無），測定中の床振動・空気振動・温度変化は結果の精度に影響する。

g) その他

金属材料の穴広げ試験方法
Metallic materials－Hole expanding test

序文

この規格は，2017 年に第 2 版として発行された **ISO 16630** を基とし，技術的内容を変更して作成した日本産業規格である。

なお，この規格で点線の下線を施してある箇所は，対応国際規格を変更している事項である。技術的差異の一覧表にその説明を付けて，**附属書 JA** に示す。

1 適用範囲

この規格は，厚さが 1.2 mm～6.0 mm を主とし，幅が 90 mm 以上の板状金属材料の穴広げ試験方法について規定する。

注記 1 この試験は，通常，板状金属材料に適用し，伸びフランジ成形のための材料の適性を評価するために使用される。

注記 2 この規格の対応国際規格及びその対応の程度を表す記号を，次に示す。

ISO 16630:2017，Metallic materials－Sheet and strip－Hole expanding test（MOD）

なお，対応の程度を表す記号 "MOD" は，**ISO/IEC Guide 21-1** に基づき，"修正している" ことを示す。

警告 この規格に基づいて試験を行う者は，通常の試験室での作業に精通していることを前提とする。この規格は，その使用に関連して起こる全ての安全上の問題を取り扱おうとするものではない。この規格の利用者は，各自の責任において安全及び健康に対する措置をとらなければならない。

2 引用規格

次に掲げる引用規格は，この規格に引用されることによって，その一部又は全部がこの規格の要求事項を構成している。これらの引用規格は，その最新版（追補を含む。）を適用する。

JIS G 0202 鉄鋼用語（試験）

JIS Z 8401 数値の丸め方

3 用語及び定義

この規格で用いる主な用語及び定義は，次によるほか，**JIS G 0202** による。

3.1

穴広げ率（limiting hole expansion ratio）

　試験片に開けた円形の打抜き穴を，円すい（錐）状の穴広げ用パンチで押し広げ，穴の縁に発生した割れが，最初に厚さ方向に貫通したときの穴の径の拡大量と初期の穴の径との比率

3.2

クリアランス（clearance）

　試験片に打抜き穴を開けたときの，打抜き用ダイスと打抜き用パンチとの間隙

　注釈1　クリアランスは，打抜き用ダイスと打抜き用パンチの間隙と試験片の厚さとの比で表す。

4　記号及び内容

　この規格で用いる記号及びその内容を，**表1**に示す。

表1－記号及び内容

記号	内容	単位
c	クリアランス	%
d_d	試験片の穴の打抜き用ダイスの内径	mm
d_p	試験片の穴の打抜き用パンチの径	mm
D_d	穴広げ用ダイスの内径	mm
D_h	穴広げ試験後の試験片の穴の平均径	mm
D_0	穴広げ試験前の試験片の穴の径	mm
D_p	穴広げ用パンチの径	mm
F	押し付け力	N
R	穴広げ用ダイスの角部の丸みの半径	mm
t	試験片の厚さ	mm
λ	穴広げ率	%
$\bar{\lambda}$	平均穴広げ率	%

5　原理

　穴広げ試験は，次の二つのステップで行う。

a)　**図1**に示すように試験片に穴を打ち抜く。

b)　**a)**で打ち抜かれた試験片の穴に円すい状の穴広げ用パンチを，試験片の穴の縁に発生する割れが最初に厚さ方向に貫通するまで押し込む（**図2**参照）。

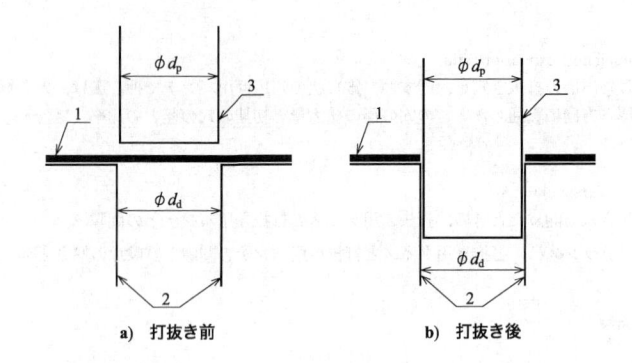

a) 打抜き前　　　　**b) 打抜き後**

記号説明
　1：試験片
　2：打抜き用ダイス
　3：打抜き用パンチ

図1－打抜きの概念図

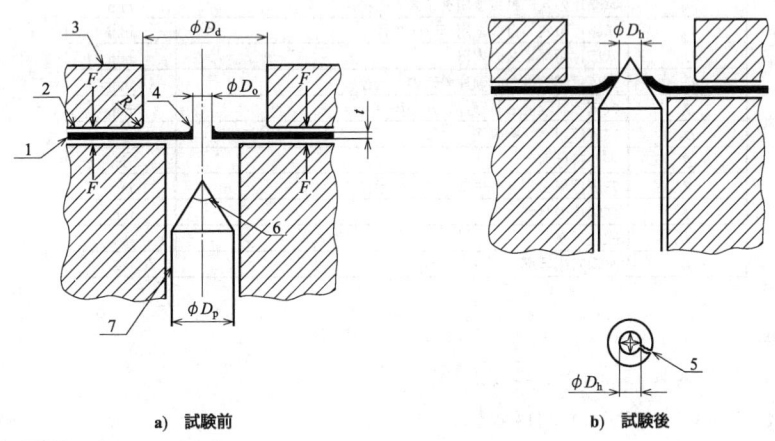

a) 試験前　　　　　　**b) 試験後**

記号説明
　1：試験片
　2：穴広げ用ダイスの肩部
　3：穴広げ用ダイス
　4：ばり
　5：貫通割れ
　6：穴広げ用パンチの先端の角度
　7：穴広げ用パンチ

図2－穴広げ試験の概念図

6 装置

6.1 一般

試験装置は，試験機及び試験工具によって構成する。

6.2 試験機

試験機は，穴広げ試験中に試験片を保持し，穴の縁に割れが発生し，割れが最初に厚さ方向に貫通したときに，直ちに穴広げ用の試験工具の動きを停止することができるものでなければならない。

さらに，試験機は，穴広げ用の試験工具の変位速度を制御できるものでなければならない。

試験機は，穴広げ専用試験機だけでなく，深絞り試験機，又はその他のプレス試験機を使用してもよい。

6.3 試験工具

穴広げ用パンチ及びダイスの寸法及び形状は，次による（図2参照）。

穴広げ用のパンチ及びダイスは，きずなどを定期的に目視検査し，必要に応じて，手入れ又は交換することが望ましい。

a) **穴広げ用パンチ**

1) 先端の角度が，60°±1°の円すい状の押し広げ用の工具とする。工具の円柱状の部分の径 D_p は，試験片の穴の縁に割れが発生する程度に穴を広げるのに十分な大きさをもたなければならない。

2) 硬さは，55 HRC 以上でなければならない。

b) **穴広げ用ダイス**

1) 内径 D_d は，測定する穴広げ率を考慮して決める。内径 D_d は，40 mm 以上が望ましい。

2) 穴広げ用ダイスの角部の丸みの半径 R は，2 mm〜20 mm でなければならない。推奨半径は，5 mm である。

7 試験片

7.1 試験片の個数

供試材から少なくとも3個の試験を行うことが可能なように試験片を採取しなければならない（図3及び8.2参照）。

7.2 試験片の寸法

試験片は，平らで穴の中心が，試験片の縁から 45 mm 以上であり，穴の中心の間隔は，90 mm 以上でなければならない。

単位　mm

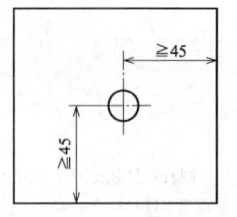

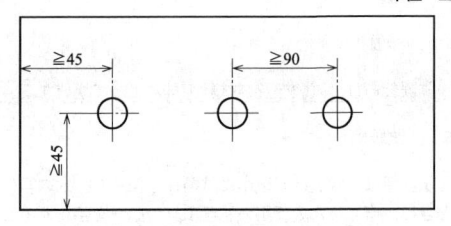

a)　試験片ごとに 1 個の試験を行う場合　　　　b)　1 枚の試験片で 3 個の試験を行う場合

図 3 − 試験片の寸法

7.3　試験片の調製

　試験片の調製は，次による。

a)　試験片の中心に 10 mm の径の打抜き用パンチを用いて穴を打ち抜く（**図 1** 参照）。

b)　打抜き用ダイスは，**表 2** のクリアランスを満足するように選ぶ。このためには，打抜き用ダイスの内径の選択は，0.1 mm ごとに行えるようにする。

表 2 − 打抜き用ダイス及びパンチ間のクリアランス

試験片の厚さ (t) mm	クリアランス (c) %
$2.0 > t$	12 ± 2
$2.0 \leqq t$	12 ± 1

　注記　**表 3** に，上記の要求に従う打抜き用ダイスの内径の例を示す。

表 3 − 打抜き用ダイスの内径の例

単位　mm

試験片の厚さ (t)	ダイスの内径 (d_d)
$1.2 \leqq t < 1.5$	10.30
$1.5 \leqq t < 1.9$	10.40
$1.9 \leqq t < 2.3$	10.50
$2.3 \leqq t < 2.7$	10.60
$2.7 \leqq t < 3.1$	10.70
$3.1 \leqq t < 3.6$	10.80
$3.6 \leqq t < 4.0$	10.90
$4.0 \leqq t < 4.4$	11.00
$4.4 \leqq t < 4.8$	11.10
$4.8 \leqq t < 5.2$	11.20
$5.2 \leqq t < 5.7$	11.30
$5.7 \leqq t < 6.0$	11.40

c)　打抜き面に試験値に影響する可能性があるようなきずがないように，注意して加工しなければならない。

7.4 試験片打抜き用工具

試験片の調製で用いられる打抜き用パンチ及びダイスの所定の寸法に対する許容差は，**表4**による。打抜き用のパンチ及びダイスは，きずなどを定期的に目視検査し，必要に応じて，手入れ又は交換することが望ましい。

表4－打抜き用パンチ及びダイスの所定の寸法に対する許容差

寸法	許容差 mm
打抜き用パンチの径 d_p（10 mm）	＋0.02 −0.03
打抜き用ダイスの内径 d_d（**表3**参照）	＋0.03 −0.02

クリアランスは，式(1)による。

$$c = \frac{d_d - d_p}{2t} \times 100 \quad\cdots\cdots\cdots (1)$$

ここで，　　　　c：　クリアランス（%）

d_d：　試験片の穴の打抜き用ダイスの内径（mm）

d_p：　試験片の穴の打抜き用パンチの径（d_p＝10 mm）

t：　試験片の厚さ（mm）

8 試験

8.1 試験温度

通常，試験温度は，10 ℃〜35 ℃とする。厳格に管理された条件下で試験を行う場合には，23 ℃±5 ℃で行う。

8.2 試験の実施

試験は，次による。

a) 3個の試験を行う。受渡当事者間の協定によって，試験数を増やしてもよい。

b) 試験片の打抜き穴の中心と円すい状の穴広げ用パンチの軸とが一致するように，また，試験片の平面が，円すい状の穴広げ用パンチの動作方向に垂直になるように試験片を設置する（**図2**参照）。さらに，試験片の打抜き穴の出側面（ばりのある側）は，ダイスの側にする。これは，穴の打抜き及び穴広げを同じ方向で行うことを意味している。

　　注記　試験片は，クランプしない状態又はあらかじめ穴広げ用パンチをクランプ部下部から少し突出させた状態で被せると，打抜き穴の中心と穴広げ用パンチの軸とを一致させやすい。

c) 試験中にクランプ部分から材料の流入がないように十分高い押し付け力をかける。

　　例　150 mm×150 mmの試験片では，50 kN以上の押し付け力が適用される。

　　試験後の試験片の押し付け接触面を観察し，すりきずがあるなど，材料の流入がある場合には，当該試験は無効[1]とし，試験をやり直さなければならない。

　　注[1]　"当該試験は無効"とは，試験片ごとに1個の試験を行う場合は，その試験片の試験が無効であることを，1枚の試験片で3個の試験を行う場合は，その試験に適用した穴の試験が無

　　効であることを，それぞれ意味する（**図 3** 参照）。

d) 円すい状の穴広げ用パンチを，試験片に最初の割れが発生したときに，試験を停止できる程度の速度で，試験片の打抜き穴に押し込む（**図 2** 参照）。円すい状の穴広げ用パンチの速度は，1 mm/s を超えないことが望ましい。

　　試験片は，拡大して観察してもよい。

e) 試験中，試験片の穴の縁を常に観察し，最初に割れが発生したときに，円すい状の穴広げ用パンチの押し込む速度を下げ，以降の穴の拡大を最小限にするのがよい。

f) 割れが，試験片に最初に厚さ方向に貫通した瞬間に穴広げ用パンチの動きを止める。試験後の試験片の穴の径をノギス又はその他の適切な装置（例えば，校正された投影機）を用いて，0.05 mm の単位で試験後の試験片の穴の径を測定する。測定は，割れの部分をはずして，直交する 2 方向で行う。

g) ある種の鋼材では，試験片の穴の縁の割れが発生しないまま，穴広げ用パンチの円柱部が通り抜けることがある。このような場合には，当該試験は無効[1)]とし，円柱部分が十分に大きい径の穴広げ用パンチを使用して試験をやり直さなければならない。

　　大きな径の穴広げ用パンチの適用ができない場合には，受渡当事者間の協定によって，打抜き穴の径を小さくしてもよい。

9　試験値の算出

　穴広げ率 λ の算出は，次による。

a) **8.2** によって測定した値を用いて穴の平均径を求める。

b) 小数点 1 桁で示された穴の平均径を用いて，試験それぞれの穴広げ率を，式(2)によって，試験前の穴の径に対する試験後の穴の径の増大率として求める。

$$\lambda = \frac{D_\mathrm{h} - D_0}{D_0} \times 100 \cdots\cdots (2)$$

　　ここで，　　　　λ：　穴広げ率（%）
　　　　　　　　　　D_0：　試験前の穴の径（$D_0 = 10$ mm）
　　　　　　　　　　D_h：　試験後（破断後）の穴の平均径（mm）

c) 3 個の試験の値を用いて，平均穴広げ率（$\overline{\lambda}$）を求める。$\overline{\lambda}$ は，**JIS Z 8401** の規則 A に従って，整数値に丸める。ただし，**8.2 の協定**によって，3 個を超える試験片を試験した場合は，その個数の試験の値を用いて平均穴広げ率（$\overline{\lambda}$）を求める。

10　試験報告書

　試験報告書が必要な場合には，報告する事項は，次のうちから，受渡当事者間の協定によって選択する。

a) この規格によって試験した旨の表示

b) 試験片の識別

c) 試験片の厚さ

d) 平均穴広げ率及び 3 個以上の試験を行った場合は，その数

e) 穴広げ率の範囲（要求がある場合に報告する。）

f) 受渡当事者間の協定によった事項

附属書 JA
(参考)
JIS と対応国際規格との対比表

JIS Z 2256	ISO 16630:2017,（MOD）

a) JIS の箇条番号	b) 対応国際規格の対応する箇条番号	c) 箇条ごとの評価	d) JIS と対応国際規格との技術的差異の内容及び理由	e) JIS と対応国際規格との技術的差異に対する今後の対策
3	3	追加	JIS では，用語及び定義に，鉄鋼用語 (試験) を追加した。	技術的差異は軽微である。
		変更	穴広げ率の定義は，率を表すために，穴の径の拡大量と初期の穴の径との比率に修正した。	ISO への提案を検討する
		削除	対応国際規格では，貫通割れ（through-thickness crack）及び微小割れ（microcrack）を定義しているが，JIS では，規定文でその内容を十分に理解できるため，削除した。	技術的差異は軽微である。
6	6	追加	試験装置の構成要素を明確にするために，一般の箇条を追加した。	技術的差異は軽微である。
		追加	穴広げ用パンチ及びダイスの目視検査を追加した。	ISO への提案を検討す
7	7	追加	JIS では，打抜き面に試験値に影響する可能性があるようなきずがないように注意することを追加した。	ISO への提案を検討する。
		変更	試験片打抜き用パンチ及びダイスの目視点検の対象は，対応国際規格では "摩耗" としているが，寸法許容差の測定と紛らわしいため，JIS では，"きずなど" に変更した。	技術的差異は軽微である。
		削除	対応国際規格では，試験片と穴広げ用パンチのアラインメントについて，規定しているが，JIS の 8.2 b)と重複するため，削除した。	技術的差異は軽微である。
8		追加	JIS では，試験時の材料流入がないことを確実にするため，押し付け接触面にすりきずなどがないことを目視確認することを追加した。	ISO への提案を検討す
		追加	JIS では，試験時の観察を容易にするため，拡大した観察を許容した。	ISO への提案を検討す
		変更	JIS では，試験の実態に合わせて，穴の拡大を最小限にするのがよいとした。	技術的差異は軽微である。
9		変更	JIS では，丸めは，JIS Z 8401 の規則 A によることとした。	技術的差異は軽微である。
10	10	変更	JIS では，報告事項を受渡当事者間協定によって選択できることにした。	技術的差異は軽微である。

注記 1　箇条ごとの評価欄の用語の意味を，次に示す。
 — 削除：対応国際規格の規定項目又は規定内容を削除している。
 — 追加：対応国際規格にない規定項目又は規定内容を追加している。
 — 変更：対応国際規格の規定内容又は構成を変更している。
注記 2　JIS と対応国際規格との対応の程度の全体評価の記号の意味を，次に示す。
 — MOD：対応国際規格を修正している。

JIS Z 2271
(2010)

金属材料のクリープ及び
クリープ破断試験方法

Metallic materials－Uniaxial creep testing in
tension－Method of test

JIS (1968, 78, 93, 99) 改正
JIS (1956) 制定

序文

この規格は，2009 年に第 2 版として発行された **ISO 204** を基とし，技術的内容を変更して作成した日本産業規格である。**ISO** 規格で規定する不連続（interrupted）クリープ試験の規定内容については，注記で，参考として記載している。また，連続（uninterrupted）クリープ試験については，本文では単に"クリープ試験"と表記している。

なお，この規格で点線の下線を施してある箇所は，対応国際規格を変更している事項である。変更の一覧表にその説明を付けて，**附属書 JB** に示す。

1 適用範囲

この規格は，クリープ試験の方法及びその試験によって得られる金属材料の特性の測定方法，特に，規定された温度でのクリープ伸び及びクリープ破断時間の測定について規定する。

ノッチ付き試験片を用いた応力破断試験についても，この規格で規定する。

注記 1 応力破断試験では，通常，試験中伸びを記録せず，所定の荷重下での破断までの時間だけを記録するか，又は，所定の試験力で決められた時間を超えるまでを観察する。

注記 2 この規格の対応国際規格及びその対応の程度を表す記号を，次に示す。

ISO 204:2009, Metallic materials－Uniaxial creep testing in tension－Method of test（MOD）

なお，対応の程度を表す記号"MOD"は，**ISO/IEC Guide 21-1** に基づき，"修正している"ことを示す。

警告 この規格に基づいて試験を行う者は，通常の試験室での作業に精通していることを前提とする。この規格は，その使用に関連して起こるすべての安全上の問題を取り扱おうとするものではない。この規格の利用者は，各自の責任において安全及び健康に対する措置をとらなければならない。

2 引用規格

次に掲げる規格は，この規格に引用されることによって，この規格の規定の一部を構成する。これらの引用規格は，その最新版（追補を含む。）を適用する。

JIS B 7741 一軸試験に使用する伸び計の検証方法

注記 対応国際規格：**ISO/DIS 9513**:1996, Metallic materials－Verification of extensometers used in uniaxial testing（MOD）

JIS G 0202 鉄鋼用語（試験）

ISO 286-2, ISO system of limits and fits－Part 2: Tables of standard tolerance grades and limit deviations for holes and shafts

ISO 783, Metallic materials－Tensile testing at elevated temperature

注記 対応日本産業規格：**JIS G 0567** 鉄鋼材料及び耐熱合金の高温引張試験方法（MOD）

ISO 7500-2, Metallic materials－Verification of static uniaxial testing machines－Part 2: Tension creep testing machines－Verification of the applied force

3 用語及び定義

この規格で用いる主な用語及び定義は，**JIS G 0202** によるほか，次による。

注記 この規格では，数種類の異なる標点距離及び基準長さを規定している。これらの距離は，各国の異なる試験所で実際に用いられているものである。クリープ伸びの測定に用いる適切な長さを決めるために，ある場合には，この距離は，試験片の上に線又はつばのような物理的な印で示すか，他の場合には，計算に基づく仮想長さとすることがある。ある試験片では，L_r，L_o，及び／又は L_e が同じ長さとなることがある（**3.1**，**3.2** 及び **3.5** 参照）。

3.1

基準長さ（reference length）

L_r

伸びの計算に用いる基準長さ。

注記　伸び計を平行部上のつば又は試験片の肩部に付けた試験片に対する計算の方法は，**7.5** に示す。

3.1.1

原基準長さ（original reference length）

L_{ro}

試験前に，室温で測定した基準長さ。

注記　通常，$L_{ro} \geqq 5D$（D は，試験片の径）

3.1.2

最終基準長さ（final reference length）

L_{ru}

破断後に室温で，二つの試験片をその軸が一直線になるように互いの破断箇所で突き合わせ測定した基準長さ。

3.2

原標点距離（original gauge length）

L_o

試験前に，室温で測定した試験片上の標点間距離。

注記1　通常，$L_o \geqq 5D$（D は，試験片の径）

注記2　L_o は，伸びの計算にも，用いてよい。

3.3

破断後の最終標点距離（final gauge length after rupture）

L_u

破断後に室温で，二つの試験片をその軸が一直線になるよう互いの破断箇所で突き合わせ測定した標点間の長さ。

3.4

平行部の長さ（parallel length）

L_c

試験片の平行部の長さ。

3.5

伸び計の標点距離（extensometer gauge length）

L_e

伸び計の測定点間の距離。

注記　$L_e = L_o$ の場合がある。

3.6

原断面積（original cross-sectional area）

S_o

試験前に室温で決定した，平行部の断面積。

3.7

破断後の最小断面積（minimum cross-sectional area after rupture）

S_u

破断後に室温で，二つの試験片をその軸が一直線になるように互いの破断箇所で突き合わせ測定した平行部の最小断面積。

3.8

初期応力（initial stress）

σ_o

試験力を試験片の原断面積（S_o）で除した値。

3.9
伸び（elongation）

ΔL_r

基準長さ（L_r）の増分（**6.2** 参照）。

3.10
伸び（%）（percentage elongation）

A

原標点距離（L_o）に対して百分率で表した伸び。

注記1　図1参照。
注記2　**3.10**〜**3.16** までの伸びの定義では，記号 A を ε に置き換えてもよい。ただし，ε を使用する場合は，次の定義を用いることを推奨する。
ε%：百分率で表したひずみ又は伸び
ε：絶対ひずみ

3.11
初期塑性伸び（%）（percentage initial plastic elongation）

A_i

試験力の負荷に対して，伸びが比例的に増加しない部分の原基準長さ（L_{ro}）に対する初期の百分率で表した伸び（**図1**参照）。

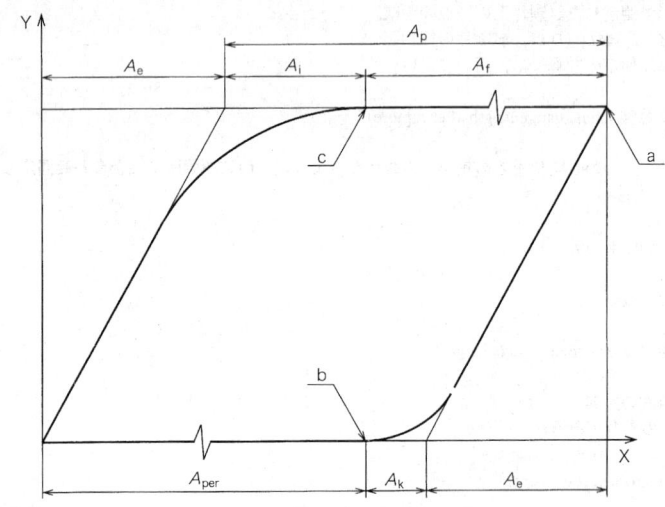

記号
X　伸び
Y　応力
A_e　弾性伸び
A_f　クリープ伸び
A_i　初期塑性伸び
A_k　非弾性伸び
A_p　全塑性伸び
A_{per}　永久伸び
a　除荷の開始
b　除荷の終わり
c　荷重増加の終わり［$t=0$（ゼロ時点）］

図1－表1の記号を説明した応力－伸び線図

3.12

クリープ伸び（%）（percentage creep elongation）

A_f

規定温度における t 時間後の基準長さの増分（ΔL_{rt}）の，原基準長さ（L_{ro}）に対する百分率。

$$A_f = \frac{\Delta L_{rt}}{L_{ro}} \times 100 \quad\cdots\cdots\cdots\cdots\cdots\cdots\cdots\cdots\cdots\cdots\cdots\cdots\cdots\cdots\cdots\cdots(1)$$

> **注記 1** 記号 A_f は，規定温度（T ℃）を上付きとし，メガパスカル表示の応力と時間 t（時間）を下付きとしてもよい。
>
> **注記 2** 慣例では，試験開始時間は，初期応力（σ_0）を試験片に負荷した瞬間としている（**図 1 参照**）。
>
> **注記 3** 下付き文字 f は，クリープのフランス語の "fluage" に由来する。

3.13

塑性伸び（%）（percentage plastic elongation）

A_p

試験力の負荷に対して，伸びが比例的に増加しない部分の時間 t における原基準長さ（L_{ro}）に対する塑性伸びの百分率（**図 1 参照**）。

$$A_p = A_i + A_f \quad\cdots\cdots\cdots\cdots\cdots\cdots\cdots\cdots\cdots\cdots\cdots\cdots\cdots\cdots\cdots\cdots\cdots(2)$$

3.14

非弾性伸び（%）（percentage anelastic elongation）

A_k

時間 t での除荷に対して，伸びが比例的に減少しない部分の原基準長さ（L_{ro}）に対する伸びの変化の百分率（**図 1 参照**）。

3.15

永久伸び（%）（percentage permanent elongation）

A_{per}

規定された時間 t で除荷した後の原基準長さ（L_{ro}）に対する全増分の百分率。

$$A_{per} = A_p - A_k \quad\cdots\cdots\cdots\cdots\cdots\cdots\cdots\cdots\cdots\cdots\cdots\cdots\cdots\cdots\cdots\cdots(3)$$

3.16

クリープ破断伸び（%）（percentage elongation after creep rupture）

A_u

破断後の基準長さの永久伸び（$L_{ru} - L_{ro}$）の，原基準長さ（L_{ro}）に対する百分率。

$$A_u = \frac{L_{ru} - L_{ro}}{L_{ro}} \times 100 \quad\cdots\cdots\cdots\cdots\cdots\cdots\cdots\cdots\cdots\cdots\cdots\cdots\cdots\cdots(4)$$

> **注記** 記号 A_u は，規定温度（T ℃）を上付きとし，メガパスカル表示の初期応力（σ_0）を下付きとしてもよい。

3.17

クリープ破断絞り（%）（percentage reduction of area after creep rupture）

Z_u

破断後に測定した断面積の最大変化量（$S_o - S_u$）の原断面積（S_o）に対する百分率。

$$Z_u = \frac{S_o - S_u}{S_o} \times 100 \quad\cdots\cdots\cdots\cdots\cdots\cdots\cdots\cdots\cdots\cdots\cdots\cdots\cdots\cdots(5)$$

> **注記** 記号 Z_u は，規定温度（T ℃）を上付きとし，メガパスカル表示の初期応力（σ_0）を下付きとしてもよい。

3.18

クリープ伸び時間（creep elongation time）

t_{fx}

規定の温度（T ℃）及び初期応力（σ_0）で，試験片が規定のクリープ伸び（x %）を示すのに要する時間。

> **例** $t_{f0.2}$

3.19

塑性伸び時間（plastic elongation time）

　t_{px}

　規定の温度（T ℃）及び初期応力（σ_o）で，試験片が規定の塑性伸び（x %）を示すのに要する時間。

3.20

クリープ破断時間（creep rupture time）

　t_u

　規定の温度（T ℃）及び初期応力（σ_o）に維持し，試験片が破断するまでに要する時間。

　　注記　記号 t_u は，規定温度（T ℃）を上付きとし，メガパスカル表示の応力を下付きとしてもよい。

3.21

単式試験機（single test piece machine）

　一度に 1 本の試験片にだけ，ひずみをかけられる試験機。

3.22

複式試験機（multiple test piece machine）

　同じ温度で 2 本以上の試験片に，同時にひずみをかけられる試験機。

4　記号及び内容

　記号及び対応する内容を，**表 1** に示す。

表 1 － 記号及び内容

記号 [a]	単位	内容
D	mm	円形断面試験片の平行部の直径
D_n	mm	ノッチを含む標点距離の径
d	mm	ノッチあり／なしを合成した試験片のノッチ部以外の標点距離の径（**図 C.1** 参照）
d_n	mm	円周ノッチ部の底の径 ノッチあり／なしを合成した試験片では，$d=d_n$
b	mm	正方形又は長方断面試験片の平行部の幅
L_r	mm	基準長さ
a	mm	正方形又は長方断面試験片の平行部の厚さ ［**図 2 b)**参照］
L_{ro}	mm	原基準長さ
L_{ru}	mm	最終基準長さ
ΔL_r	mm	伸び
ΔL_{rt}	mm	t 時間後の基準長さの増分
L_o	mm	原標点距離
L_n	mm	ノッチを含む試験片の平行部
L_u	mm	破断後の最終標点距離
L_c	mm	平行部の長さ
L_e	mm	伸び計の標点距離
R	mm	肩部の半径
r_n	mm	ノッチ底の半径
S_o	mm^2	原断面積
S_u	mm^2	破断後の最小断面積
σ_o	MPa	初期応力
A_e [b]	%	弾性伸び（%）
A_i [b]	%	初期塑性伸び（%）
A_k [b]	%	非弾性伸び（%）
A_p [b]	%	塑性伸び（%）
A_{per} [b]	%	永久伸び（%）

表1－記号及び内容（続き）

記号 [a]	単位	内容
A_f [b]	%	クリープ伸び（%） $$A_f = \frac{\Delta L_{ft}}{L_{ro}} \times 100$$ 注記 記号は，次のように全項目を記入してもよい。 $A_{ISO/5000}^{375}$：初期応力 50 MPa 及び規定温度 375 ℃で，5 000 時間後のクリープ 伸び（%）
A_u [b]	%	クリープ破断伸び（%） $$A_u = \frac{L_{ru} - L_{ro}}{L_{ro}} \times 100$$ 注記 記号は，次のように全項目を記入してもよい。 A_{u50}^{375}：初期応力 50 MPa 及び規定温度 375 ℃で試験した場合のクリープ破断 後の伸び（%）
Z_u	%	クリープ破断絞り（%） $$Z_u = \frac{S_o - S_u}{S_o} \times 100$$ 注記 記号は，次のように全項目を記入してもよい。 Z_{u50}^{375}：初期応力 50 MPa 及び規定温度 375 ℃で試験した場合のクリープ破断 絞り（%）
t_{fx}	h	クリープ伸び時間
t_{px}	h	塑性伸び時間
t_u	h	クリープ破断時間 注記 記号は，次のように全項目を記入してもよい。 t_{u50}^{375}：初期応力 50 MPa 及び規定温度 375 ℃で試験した場合のクリープ破断 時間
t_{un}	h	ノッチ付き試験片を使用した場合のクリープ破断時間
T	℃	規定温度
T_i	℃	表示温度
x	%	規定のクリープ伸び又は塑性伸び
n		クリープ指数（creep exponent）

注 [a] 記号の主な下付き文字（r, o 及び u）は，次のように使用する。
　　r：基準（reference）に対応する。
　　o：初期又は原（original）に対応する。
　　u：最終（破断後）［ultimate（after fracture）］に対応する。
　[b] 3.10 の注記2 を参照。

5 原理

　この試験は，規定された温度に試験片を加熱し，試験片の長手方向に一定の試験力又は一定の引張応力（注記1 参照）で試験片をひずませ，次の項目を測定する。

－ 規定のクリープ伸びまでの時間

－ クリープ破断時間

　注記1 "一定の応力"とは，実断面積に対する試験力の比を試験期間中，一定に保つことを意味する。一定応力と一定試験力とによって得られる試験結果は，通常，異なる。

　注記2 ISO 204 では，"不連続クリープ試験として，全試験期間中の適切な間隔での永久伸びの値及びクリープ破断時間"の項目がある。

6 試験装置

6.1 試験機

　試験機は，不注意による試験片への曲げ及びねじれを最小限にするようにし，試験片の軸方向に沿って試験力を加える。試験前に，試験機は，荷重棒（loading bar），グリップ，ユニバーサルジョイント及び付帯設備の管理が行き届いていることを確認するために目視で検査することが望ましい。

　試験力は，衝撃のないように試験片に加えることが望ましい。

試験機は，外部からの振動及び衝撃を受けないようにすることが望ましい。試験機は，試験片が破断した場合に，衝撃をできるだけ小さくするような装置を装備していることが望ましい。

> **注記** ISO 204 では，"現在までのところ，曲げのクリープ及びクリープ破断寿命への影響を定量的なデータを示した文献は，十分には得られていない。このような情報をもっている組織は，次回のこの規格の改正時に考慮をするので，ISO/TC164 に知らせてもらいたい。"との記載がある。

試験機は，ISO 7500-2 の等級1級の要求を満足していることが検証されたものでなければならない。

6.2 伸び計

試験片の伸びは，JIS B 7741 の等級1級以上のもの，又は試験を中断しなくても同等の正確さで測定できる装置を用いる。試験片に直接取り付ける方式か，又は非接触の伸び計を用いてよい（光学式，レーザー式伸び計など）。

伸び計は，予想されるクリープひずみを基に適切な範囲にわたって校正されたものであることが望ましい。

試験期間が，3年を超えない限り，伸び計の校正は，3年を超えない期間に行わなければならない。試験期間が，伸び計の校正期間を超えることが予想される場合は，クリープ試験の開始前に再校正を行う。

伸び計の標点距離は，少なくとも 10 mm 以上でなければならない。

伸び計は，試験片の片側又は両側の伸びを測定できるものを用いる。両側の伸びが測定できるものが望ましい。

使用した伸び計の種類（例えば，片側，両側，軸，直径など）を報告することが望ましい。両側を測定した場合には，平均伸びを報告することが望ましい。

> **注記1** 試験片の平行部に直接，伸び計を取り付け，L_e の全体に対するクリープ伸び（%）を測定する。

試験片のつかみ部に取り付けた伸び計で伸びを測定する場合には，測定された伸びが，試験片の基準長さの内側で完全に起きているとみなされるような試験片両端部の形状及び寸法とするのがよい。クリープ伸び（%）は，L_r の全長に対して測定する。

伸び計の標点距離は，通常，基準長さにできる限り近いものとする。精確なクリープ伸び測定をする場合，測定精度を高めるために，標点距離を可能な限り長くすることが望ましい。

> **注記2** クリープ破断伸び（%），又は規定の試験期間のクリープ伸び（%）だけを測定する場合は，伸び計は不要である。

> **注記3** 短い標点距離の試験片に対して，低クリープひずみ（例えば，≦1 %ひずみ）を測定する場合には，測定装置が，十分な分解能をもっていることを確認する必要がある。

> **注記4** クリープ試験に使用するトランスデューサの長期安定性の情報及び認証に関する事項は，参考文献[35]，[36]に参照情報がある。

ニッケル基合金の伸び計を使用した場合に，見かけのネガティブクリープを防ぐように留意をすることが望ましい（Loveday 及び Gibssons による Code of Practice 2007[38]参照）。

> **注記5** ISO 204 では，"不連続クリープ試験の場合には，定期的に試験片を除荷し，室温に冷却する。その後，適切な装置を用いて，標点距離に対する永久伸びを測定する。この装置の精度は，0.01 ΔL_r 又は 0.01 mm のいずれか大きい方を適用する。永久伸びの測定後，試験片を再加熱し，再び試験力を加える。"と規定している。

6.3 加熱装置

6.3.1 許容温度差

加熱装置は，規定の温度（T）に試験片を加熱できるものでなければならない。指示温度（T_i）と規定温度（T）との間の許容温度差及び試験片内の許容最大温度差を，表2に示す。

規定温度が，1 100 ℃を超える場合の許容温度差は，受渡当事者間の協定による。

指示温度（T_i）は，試験片の平行部の表面で測定される温度であり，すべての要因からの誤差を考慮し，かつ，あらゆる系統的誤差の補正をされたものである。

> **注記** 試験片表面の温度を測定することに代え，表2の許容差を満たすことが立証された加熱装置のそれぞれの加熱帯の温度の間接測定を行ってもよい。

伸び計を使用する場合は，加熱装置の周囲の空気の温度変化が，伸び計の長さの変化の測定に影響のないように加熱装置の外部の装置部を設計し，保護しなければならない。

試験装置の周囲の空気の温度変化は，±3 ℃を超えないことが望ましい。

注記　**ISO 204** では，"不連続クリープ試験の場合には，標点距離を測定する全期間を通して室温の変化は，±2 ℃を超えないことが望ましい。この範囲を超える場合は，室温変化による補正を行わなければならない。"と規定している。

表2－指示温度（T_i）と規定温度（T）との間の許容温度差及び試験片内の許容最大温度差

規定温度（T） ℃	指示温度（T_i）と規定温度（T）との間の 許容温度差 ℃	試験片内の許容最大温度差 ℃
$T \leqq$　600	±3	3
600＜$T\leqq$　800	±4	4
800＜$T\leqq$ 1 000	±5	5
1 000＜$T\leqq$ 1 100	±6	6

6.3.2　温度測定装置

6.3.2.1　一般事項

温度計測器の分解能は，少なくとも 0.5 ℃以下とする。温度測定装置は，±1 ℃以内の精度のものを用いる。

6.3.2.2　単式試験機

平行部長さが 50 mm 以下の試験片に対しては 2 個以上，平行部長さが 50 mm を超える試験片に対しては 3 個以上の熱電対を使用することが望ましい。熱電対は，試験片平行部の両端に取り付け，3 個目の熱電対がある場合には，試験片平行部の中央に取り付けることが望ましい。

試験片の温度変化が **6.3.1** で規定する許容差を超えないことが立証されている加熱装置及び試験片の条件の場合には，熱電対の数を，一つにまで減らしてもよい。

6.3.2.3　複式試験機

各々の試験片に熱電対を適用するのが望ましく，それぞれの試験片に熱電対が 1 個の場合は試験片平行部の中央に取り付ける。ただし，適切な位置に熱電対を取り付けることによって，試験片温度と指定温度との差が **6.3.1** で規定する許容差を満たしていることが立証されている場合には，熱電対の数を 3 個まで減らしてもよい。

間接的に温度を測定する場合には，それぞれの加熱帯の熱電対とそれに対応する位置の試験片との間の温度差を決定するための定期的な測定が要求される。この許容温度差（ただし，ドリフトは含まない。）は，800 ℃以下に対しては±2 ℃，及び 800 ℃超えに対しては±3 ℃を超えてはならない。

6.3.2.4　ノッチ付き試験片

ノッチ付き試験片の温度測定は，**6.3.2.2** 又は **6.3.2.3** に従って行わなければならない。ノッチ付き試験片では，熱電対の 1 個はノッチ近傍に取り付けることが望ましい。

6.3.2.5　熱電対

熱電対の測定接点は，試験片の表面と熱的によく接触し，炉壁からの放熱を避けるように適切に遮へい（蔽）し，熱電対のその他の炉内の部分は電気的に絶縁しなければならない。

注記　この項は，間接温度測定の場合には，適用しない。

6.3.3　熱電対及び計測器の校正

注記　異なる熱電対のタイプに関する情報を，**附属書 A** に示す。

6.3.3.1　熱電対の校正

短時間試験（特に 500 時間以下）に使用する貴金属熱電対は，少なくとも 12 か月ごとに校正することが望ましい。12 か月を超える試験に使用する熱電対は，次に従って校正することが望ましい。

－　$T\leqq600$ ℃：4 年ごと

－　600 ℃＜$T\leqq800$ ℃：2 年ごと

－　800 ℃＜T：1 年ごと

上記の校正期間を超える場合には，熱電対は，試験終了後校正しなければならない。熱電対を再溶接する場合は，使用前に再校正をしなければならない。

使用した熱電対の誤差は，試験温度又は試験温度を含む代表的な温度範囲で立証されなければならない。

熱電対のドリフトが，**6.3.1** に規定する温度許容差に影響しないことが立証されている場合は，校正の間隔を長くしてよい。

熱電対の出力の変化は，ドリフトを生じさせる汚染による化学変化だけでなく，取扱い中の物理的な損傷の結果として起こり得るものである。このような出力の変化の情報は，記録し，要求によって提示できるようにすることが望ましい。

注記1　熱電対のドリフトは，使用する熱電対のタイプ及び暴露期間による。

ドリフトが温度許容差に影響する場合は，校正の頻度を高くするか熱電対によって表示される温度の補正を行うべきである。

注記2　熱電対の校正方法に関する情報を**附属書B**に示す。

6.3.3.2　温度計測器の校正

温度計測器（ケーブル，結合部，冷接点，表示器又は記録計，データ線などを含む。）の校正は，温度の国際単位系（SI）にトレーサブルな方法によって行わなければならない。

実行可能であれば，校正は，装置によって測定される温度の全範囲を毎年行うことが望ましい。測定値は，校正報告書に記録しなければならない。

7　試験片

7.1　形状及び寸法

通常，試験片は，機械切削加工した円形断面の比例試験片（$L_{\mathrm{ro}}=k\sqrt{S_\mathrm{o}}$）とする（**図2**参照）。$k$ の値は，5.65 以上とし，使用した値は，試験報告書に記録しなければならない（例えば，$L_{\mathrm{ro}}\geqq 5D$）。

特殊な場合には，試験片の断面は正方形，長方形又は他の形状でもよい。円形断面の試験片の規定は，これらの特殊試験片には，適用しない。

通常，円形断面の試験片では，L_{ro} は，L_c を 10 ％以上超えない。正方形又は長方形の試験片の場合は，15 ％を超えない。

平行部は，試験機のつかみ部まで滑らかな曲線によってつながっていなければならない。肩部の半径（R）は，円形断面試験片に対しては 0.25D〜1D，長方形又は正方形断面の試験片に対しては 0.25b〜1b でなければならない。

供試材の寸法が許す限りは，原断面積（S_o）は，7 mm² 以上とする。

なお，特にもろい材料の場合は，肩部の半径は，1D より大きくしてもよい。

平行部につば（collar）の付いている試験片の場合には，つばの肩部半径は，0.25d よりも小さくてよいが，応力集中を極小化し，検査時にアンダーカットのないように選択することが望ましい。つば付きの試験片については，つば部とつかみ部の径の差は，原標点距離の径の 10 ％以下までつけてよい。これは，破断が標点距離内で起きることを確実にするために望ましい。

試験片のつかみ部は，次の同軸公差内で平行部と同じ軸でなければならない。

a)　円形断面試験片の場合：0.005 D 又は 0.03 mm の大きい方。

b)　正方形又は長方形断面試験片の場合：0.005 b 又は 0.03 mm の大きい方。

酸化が重要な因子である場合，より大きな原断面積（S_o）をもった試験片を使用することが望ましい。

原基準長さを測定する場合の精度は，±1 ％以内でなければならない。最終基準長さを測定する場合の精度は，±1％以内が望ましい。

ノッチ試験片を使用する場合は，形状及びノッチ位置を受渡当事者間の協定で決めることが望ましい。

7.2　試験片の調整

試験片は，残留変形又は表面欠陥を極力少なくするように，機械切削加工をしなければならない。

試験片形状の許容差を，円形断面試験片に対しては**表3**に，正方形及び長方形断面試験片に対しては**表4**に示す。

表3−円形断面試験片形状の許容差

単位　mm

公称直径 D	形状許容差 [a]
3 ＜D≦　6	0.02
6 ＜D≦ 10	0.03
10 ＜D≦ 18	0.04
18 ＜D≦ 30	0.05

注[a]　試験片の平行部全体に沿って測定した断面方向寸法の測定間の最大偏差
（**ISO 286-2** 参照）

表4－正方形又は長方形断面試験片の許容差

単位 mm

公称幅 b	形状許容差 [a)]
3 <b≦ 6	0.02
6 <b≦ 10	0.03
10 <b≦ 18	0.04
18 <b≦ 30	0.05
注 [a)] 試験片の平行部全体に沿って測定した幅方向寸法の測定間の最大偏差 **(ISO 286-2 参照)**	

最小の原断面積は，平行部又は基準長さの中心2/3のいずれか小さい方の内側にあることが望ましい。

試験片にノッチがあるときには，ノッチが材料規格で規定した許容差を満足していることを確認しなければならない（**附属書C**参照）。

7.3 原断面積の決定

原断面積（S_o）は，平行部内の適切な寸法の測定から計算する。それぞれの寸法は，±0.1 ％又は 0.01 mmのいずれか大きい方の精度内で測定しなければならない。

試験片の寸法は，標点距離に沿って3か所を測定し，断面積の最小計算値を規定応力に対する試験力の決定に用いなければならない。

7.4 原標点距離（L_o）の表示

原標点距離の両端は，細い印，けがき線又はその他の方法で表示しなければならない。ただし，早期破断の原因となるようなノッチは，使用してはならない。

原標点距離は，±1 ％の精度で表示しなければならない。

注記 試験片上に，標点距離に沿って描かれた軸方向に対して平行な線を描くのが助けになる場合がある。L_cの印は，つば付き試験片を使用する場合には，不要である［**図2 c)**参照］。

7.5 基準長さ（L_r）の決定

伸び計をつば部又は試験片の肩部に取り付ける場合は，基準長さは，次の式によって計算する。

$$L_r = L_c + 2\sum_i \left[(D/d_i)^{2n} l_i\right] \quad\text{(6)}$$

図2 e)を参照。

ここに，　　n： 評価中の材料に対する試験温度における応力指数（stress exponent）。不明の場合は，$n=5$とする。

l_i： 肩部の長さ増加量。経験的には，この計算には，0.1 mmの値が適切である。

この計算は，それぞれの試験片の形状に対して行わなければならない。試験片の寸法は，**7.1**及び**7.2**で規定された許容差内で作製する。作製したそれぞれの試験片ごとに再計算をする必要はない。

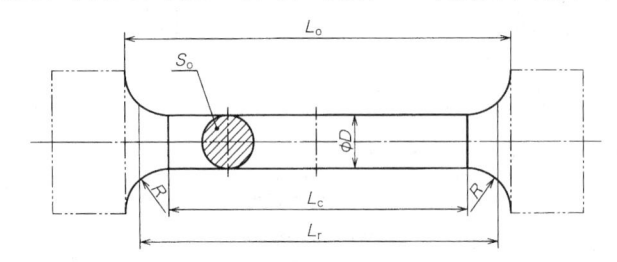

注記 L_rは，式(6)によって求めることが望ましい。

a) 肩部があり，平行部の外側に標点距離をもつ試験片

図2－表1の記号を説明した試験片 [a)] の例

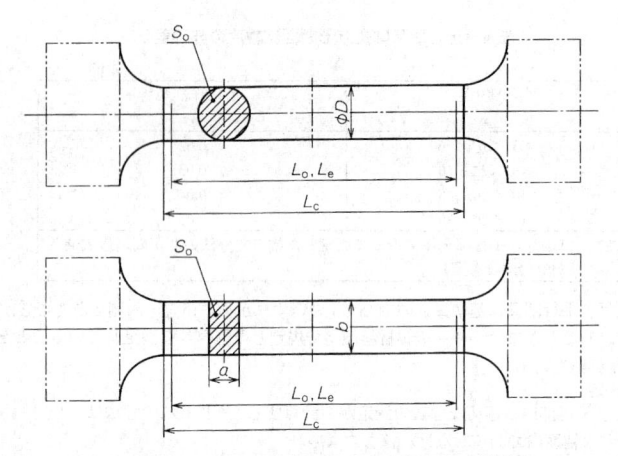

b) 肩部があり，平行部の内側に標点距離をもつ試験片

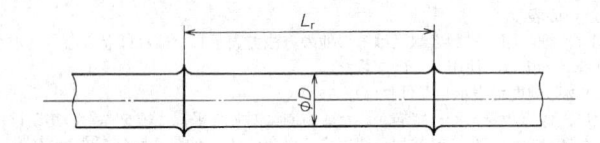

注記　通常，L_t は，L_o 又は L_e に等しい。

c) 小さなつば付き試験片

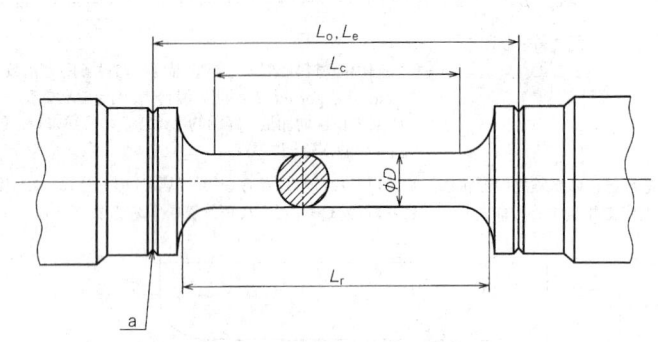

記号

a　V ノッチ（角度は，55°〜90° の間，深さは，0.15 mm）

　　注記　L_t は，式(6)によって求めることが望ましい。

d) 肩部があり，平行部の外側に標点距離をもつ試験片

図 2－表 1 の記号を説明した試験片 [a] の例（続き）

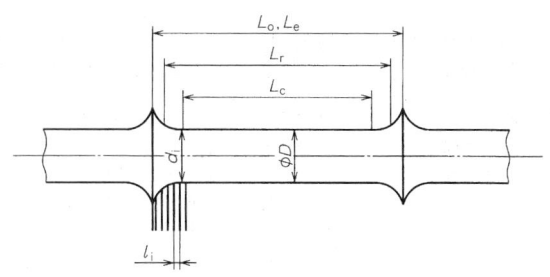

注記　7.2 参照。

e)　つば付き試験片

注 a)　試験片つかみ部は参考である。

図2－表1の記号を説明した試験片 a)の例（続き）

8　試験方法

8.1　試験片の加熱

試験片を規定温度（T）に加熱する。試験片，つかみ装置及び伸び計を，熱平衡状態にする。

材料規格に規定のない限り，試験片に試験力を負荷する前に，少なくとも1時間以上この状態を保持する。試験力を加える前の試験温度での保持時間は，最大でも24時間を超えてはならない。

加熱期間中，試験片の温度は，常に規定温度（T）の許容差を超えないようにすべきである。超えた場合には，試験報告書に記録する。

伸び計を用いたクリープ試験では，小さな予荷重（試験力の10％未満）を，試験片加熱中，荷重軸とのアライメントを保持するために試験片に加えてもよい（すなわち，$t=0$の前）。

注記　ISO 204では，"不連続クリープ試験では，試験力を加える前の保持時間は，3時間を超えてはならない。除荷した後，試験温度で，試験力の負荷されていない状態の時間は，1時間を超えるべきではない。"と規定している。

8.2　試験力の負荷

試験力は，試験片に曲げ及びねじれが最小になるような方法で試験軸の方向に負荷する。

負荷する試験力は，クリープ破断試験は，少なくとも±1％の精度で行う。ただし，クリープ試験は，少なくとも±0.5％の精度で行う。試験力は，できるだけ速やかに，かつ，衝撃力が加わらないように負荷する。

柔らかい面心立方格子（FCC）材料の負荷中には，非常に低い試験力又は室温でクリープを示す可能性があるので，特別の考慮を払うことが望ましい。

クリープ試験及びクリープ伸びの測定の開始は，試験片に初期応力に対する全試験力が加えられた時点（$t=0$）とする（**図1**参照）。

8.3　試験の中断

8.3.1　一般事項

注記　ISO規格では，不連続クリープ試験の一般事項として，"定期的な中断の回数は，十分なデータが得られるものとすることが望ましい。"と規定している。

8.3.2　一列に数個の試験片を試験中の複式試験機

一つの試験片が破断した後，試験力を取り替えるために試験装置から試験片を取り除かなければならない。試験の再開は，**8.1**及び**8.2**に従って行う。

8.3.3　試験の偶然の中断

加熱の不具合，停電などの事故による試験の中断後の試験再開状態は，試験報告書に記録する。負荷装置の部品の収縮に起因する試験片への試験力の過負荷が生じないようにする。また，初期試験力は，中断中も負荷されていることが望ましい。

8.4　温度及び伸びの記録

8.4.1　温度

試験片の温度測定は全試験期間中，連続的な記録を行うか，又は十分な回数の測定を行い，温度条件が，**6.3.1**の要求事項を満足していることを立証することが重要である。

8.4.2 伸び

伸びの測定は，クリープ曲線を描くため全試験期間中連続して，又は十分な回数行う（**図 3** 参照）。

規定の期間に対するクリープ伸びだけを測定する場合，クリープ曲線は不要である。試験の始めと最後の測定だけを記録する。

初期塑性伸び（%）A_i を測定する。

注記 1 弾性伸びと初期塑性伸びとの合計で測定する場合は，弾性伸びを差し引く。弾性伸びは，試験力を負荷中に逐次測定から求めるか，試験中に部分的に除荷して求めるか，又はクリープ試験と同じ荷重条件で **ISO 783** に従った高温引張試験から求める。

注記 2 **ISO 204** では，"不連続クリープ試験の場合は，伸びの測定に対する定期的な中断の回数は，クリープ曲線から補間法によって，時間と永久伸びとの関係を十分な精度で決定できるように選定する。

不連続クリープ試験で，初期塑性伸び（%）A_i を求めるには，**ISO 783** に従った高温引張試験を，各クリープ試験温度でクリープ試験と同じ荷重条件で追加として行わなければならない。

例 長時間試験の場合の中断ひずみ測定を行う一連の時間間隔の例は，100 h，250 h，1 000 h，2 500 h，5 000 h，以降 40 000 h まで 5 000 h ごと，それ以降は，10 000 h ごとに行う。3 000 h 以下の試験には，50 h を追加し，1 000 h 以下の試験には，更に 25 h を追加すべきである。"と規定している。

8.4.3　クリープ伸び－時間線図（elongation time diagram）

時間と伸びの記録から，クリープ伸び－時間線図を作成することができる（**図 3** 参照）。

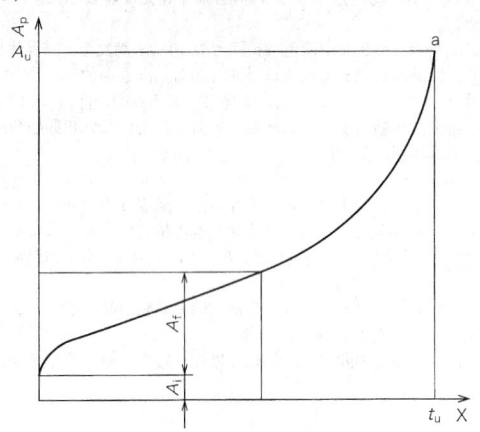

記号
X　負荷完了からの時間
a　破断

図 3－表 1 の記号を説明したクリープ伸び－時間線図

9　試験結果

試験の結果は，箇条 3 に示す定義を使用して測定記録から求める。

10　試験の有効性

破断伸びが，試験片の平行部（L_c）の外側で破断した場合，又は伸び計の標点距離（L_e）の外側で判断した場合は，無効とする。ただし，試験結果が，材料規格又は注文者の要求に適合する場合は，有効としてよい。

11 結果の正確さ

11.1 結果の表示

結果の表示は，数値の丸めの規則を考慮して次のけたまで表示しなければならない。

- 規定温度：1 ℃
- 試験片の直径 D：0.01 mm
- L_{ro}/D の比：小数点第 1 位
- 原基準長さ L_{ro}：0.1 mm
- 初期応力 σ_o：有効数字 3 けた
- 時間 t_{fx}, t_{px}：有効数字 3 けた
- 時間 t_u, t_{un}：1 % 又は時間（h）の小さい方
- 伸び（%）$A_e, A_i, A_f, A_p, A_{per}$：有効数字 3 けた
- クリープ破断伸び（%）A_u：有効数字 2 けた
- クリープ破断絞り（%）Z_u：有効数字 2 けた

11.2 試験結果の不確かさ

試験結果の不確かさは，試験する材料の特性及び試験条件によるものであるため，不確かさの精確な値を得ることは困難である。

幾つかの材料の不確かさの見積りの例を，**附属書 D** に示す。

12 報告

12.1 材料規格で規定していない報告事項については，**12.2** 又は **12.2** 及び **12.3** に従って報告する。結果の表し方及び図による外挿法については，**附属書 E** に示す。

12.2 試験報告書には，該当する場合，次の項目を含む。

- この規格によって試験した旨の表示
- 材料名称及び試験片の識別
- 試験片の名称又は形状寸法（比例係数 k の値及び使用した基準長さを含む。）
- 規定温度及び表示温度（許容温度差の範囲外の場合）
- 初期応力
- 一定の試験力又は一定応力
- 試験結果
- 破断位置（平行部の中央の 2/3 から外側の場合）
- 初期塑性伸び（%）
- 試験の偶然の中断及び再開の条件
- 試験の結果に影響を及ぼした可能性のある事項，例えば，規定許容差からの外れ。
  - **注記 ISO** 規格では，"不連続クリープ試験又は連続クリープ試験"の区別の項目がある。

12.3 適切な場合には，注文時の要求によって利用可能とすることが望ましい項目を次に示す。

- 試験機の種類（単式試験機，複式試験機など）
- 試験力の負荷時間
- ひずみ－時間線図（線図を精確に作成するのに十分な記録をもったもの）
- 試験力による弾性伸び（%）（**8.4.2** を参照）
- 除荷及び除荷時間による弾性及び非弾性伸び（%）（**8.4.2** を参照）
- **6.3.1** に規定された許容温度から外れた表示温度の記録値に関する情報
- 伸び計の種類
- 全試験期間中の熱電対のドリフト
- 供試材に関する推奨追加情報については，**E.6** を参照

12.4 この規格で規定する試験条件及び許容値は，注文者による指示のない限り，測定の不確かさによって調整してはならない（**附属書 D** 参照）。

12.5 見積もられた測定の不確かさは，注文者による指示のない限り，材料規定に適合していることを評価するための結果に結び付けてはならない（**附属書 D** 参照）。

附属書 A
(参考)
異なるタイプの熱電対に関する情報

A.1 異なるタイプの熱電対に関する情報

IEC 60584-1[1]及び IEC 60584-2[2]で規定する異なるタイプの熱電対に関する情報を示す。

貴金属熱電対の使用は，タイプ S 又は R が，400 ℃以上の温度に推奨される。

卑金属熱電対タイプ K は，400 ℃未満，又は高温で 1 000 時間未満の場合にだけ使用するのが望ましい。

卑金属熱電対タイプ N は，600 ℃未満，又は高温で 3 000 時間未満の場合に使用可能であり，再使用はしない方がよい。

熱電対は，校正期間内で次の値以上のドリフトがないことが望ましい。

- $T \leqq 600$ ℃：±1 ℃
- 600 ℃＜$T \leqq 800$ ℃：±1.5 ℃
- 800 ℃＜$T \leqq 1 100$ ℃：±2 ℃

貴金属熱電対は，通常，次の校正期間を適用する。

- $T \leqq 600$ ℃：4 年
- 600 ℃＜$T \leqq 800$ ℃：2 年
- 800 ℃＜$T \leqq 1 100$ ℃：1 年

附属書 B
(参考)
熱電対の校正方法に関する情報

B.1 熱電対の校正方法に関する情報

熱電対の校正に関しては，二つの手段が推奨される。両者の目的は，校正温度において熱電対によって示される起電力が，適切な IEC 60584-1[1]の参考表のその温度に規定している起電力とできる限り近づけることである（必要な場合，すべての系統的な誤差に対して修正される。）。二つの手段は，国家標準に直接トレーサビリティがある基準熱電対 (reference thermocouple) を使用する。事前条件として，新しい熱電対の校正許容差は，IEC 60584-2[2]のクラス 1 か又は同等のものを用いる。温度測定装置の校正は，別に行ってもよいし，熱電対の校正中に行ってもよい。

手段 1 は，熱電対の現場校正を基にする。すなわち，クリープ試験用の炉か校正用の炉に同じ深さに挿入し，熱電対ワイヤに沿って同じ温度こう（勾）配をもつようにする。現場校正中に測定された誤差は，熱電対の規定温度の補正に用いる。誤差が，挿入深さによる不確かさの限界を超える場合には，熱電対を廃棄する。挿入中及び引抜き中（active and passive service）の挿入深さの変化による基準熱電対のドリフトを調査し，最小限にするのがよい。

手段 2 は，試験炉内の熱電対と同じ挿入深さをもった校正炉内の熱電対の校正を行うものである。校正において，挿入深さの影響も含め試験室の許容差を超えている場合は，熱電対を切り詰めて高温接点で再溶接し，必要な場合，焼なましてから再校正を行う。再校正後，試験室許容差を超えている場合は，その熱電対は廃棄する。

附属書 C
（規定）
Ｖ又は鈍角なノッチのある試験片を用いたクリープ試験

C.1　適用

円周上にノッチを付けた試験片は，次の試験に採用してもよい。

a)　顕著に応力集中を起こさせる形状の試験，例えばねじの溝のような部品の一部の鋭い変化

b)　多軸応力下の試験

a)は，C.2 による Ｖノッチ形状を使用して評価し，一方 b)は，C.3 による鈍角又は半円状のノッチを使用して行われる。

C.2　Ｖノッチ試験片

円周 Ｖノッチ試験片は，部品中のねじのような形状をもった材料の引張試験及びクリープ試験の両方における特性を評価するために使用されている。しばしば，図 C.1 のように，同じ試験片のより大きな径の部分に機械加工されたノッチのど部断面が，平行軸部と同じ断面をもつ混合試験片形状として使用される。このような試験片は，主に，"ノッチ強化"材，すなわち平行部で最初に破断するもの，又は"ノッチぜい（脆）弱化"材，すなわち，ノッチ断面で破断するような材料に使用される。明らかに，ノッチ強化又はぜい（脆）弱化の程度は，混合試験片の形状を使用して定量化することはできない。そのような情報が必要な場合は，同じ応力下で，ノッチのない試験片とノッチのある試験片とを，別々に試験する必要がある。

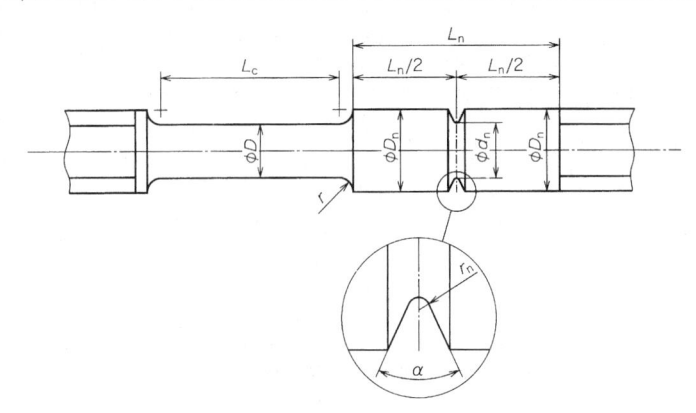

図 C.1－ノッチありなし混合試験片

表 C.1 にない寸法の試験片については，D_n/d_n を 1.33～1.34 及び d_n/r_n を 38～46 にし，更に半径 r_n の許容差を±12.5 ％とする。

表 C.1－弾性応力集中係数（$K_t=4.5±0.5$）の円周断面のノッチをもつ試験片の例[3]

単位　mm

溝部の直径 d_n	軸部の直径 D_n	ノッチ半径 r_n	r_n に対する許容差
許容差　±0.02	許容差　±0.1		
$3 < d_n \leqq 6$	$4 < D_n \leqq 8$	$0.07 < r_n \leqq 0.14$	±0.02
$6 < d_n \leqq 10$	$8 < D_n \leqq 13.3$	$0.14 < r_n \leqq 0.24$	±0.03
$10 < d_n \leqq 18$	$13.3 < D_n \leqq 23.9$	$0.24 < r_n \leqq 0.43$	±0.05
$18 < d_n \leqq 30$	$23.9 < D_n \leqq 40$	$0.43 < r_n \leqq 0.72$	±0.09

初期の規格は，ノッチ形状の詳細が異なっていた。しかし，欧州共同クリープ委員会（ECCC）のもとで研究調査が行われ，**図 C.2** に示すタイプ E の形状が，ノッチ強化及びぜい（脆）弱化材にかかわらず評価に適しているものとして推奨される（Scholz ら）[4]。

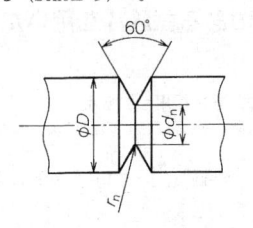

形状	試験片タイプ		
	DIN	BS	E
D/d_n	1.25	1.41	$\sqrt{1.25 \times 1.41} = 1.33$
D/r_n	50	35	$\sqrt{50 \times 35} = 42$

図 C.2－試験片タイプ DIN，BS，E の形状

C.3　鈍角な円周ノッチ

鈍角な円周ノッチの加工を引張クリープ試験片に施すことは，使用条件下における多くの工業的な部品が受ける条件と同様の多軸応力状態下での材料の挙動を評価する単純でコスト効率の良い方法である。

このようなノッチの試験片の最初の提唱者は，1952 年，Bridgman [5] である。Bridgman のノッチ付き試験片の "Code of Testing Practice for Creep Rupture Testing" は，高温機械試験委員会（HTMTC）のワーキンググループによって 1990 年代の初めに作成された（Webster ら，1992）[6]。この後の文書は，EU Funded Project[8]を基に，最近更新された（Webster ら，2001）[7]。

さらに，現在，軸方向又は直径方向伸び計（axial or diametral extensometer）を使用して行われるであろうクリープひずみ測定を範囲に含める実践基準（Code of Practice）の改正が行われた[9]。ノッチ付きクリープ試験片に対する軸方向ひずみの測定に関する情報[10], [11]及び軸方向の伸び計の校正に関する情報[12]も発行された。

V ノッチよりも，3 軸引張応力状態のより広い範囲で，また，このような環境下でどのようにクリープひずみが蓄積されるかを示す材料のクリープ特性の研究が，産業界からのニーズとしてある。ノッチバー引張試験は，この目的に到達する最も直接的な経験的な方法である。特に広い範囲の応力状態が，ノッチ形状の変化によってノッチのど部の断面に発生する。三つの一般的なノッチ形状を，**図 C.3** に示す。

このようなノッチを使用して得たデータの解釈は，複雑で，Webster らの文献[9]に詳細が述べられている。

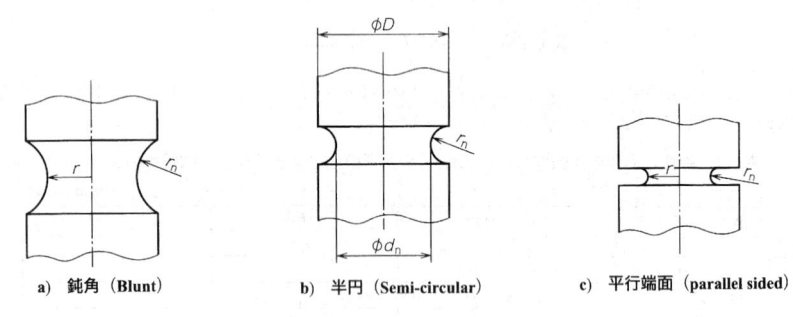

a) 鈍角（Blunt）　　b) 半円（Semi-circular）　　c) 平行端面（parallel sided）

図 C.3－Bridgman ノッチの三つの可能性のある試験片タイプ（Webster ら[9]）

附属書 D
（参考）
ISO "不確かさの表現のガイド"（GUM）に従った測定の不確かさの評価方法

D.1 一般

測定の不確かさの分析は，測定結果の不整合の主原因を識別するのに有用である。この規格及び以前の規格を基にした製品規格及び材料の特性データは，測定の不確かさを内在したものである。したがって，測定の不確かさによって更に調整することは，不適切であるし，適合した製品を不合格とする危険性がある。この理由から，次の手順に従った不確かさの見積りは，注文者の指定がない限り，参考情報である。

D.2 序論

この附属書は，クリープ特性が既知の材料を用いて，この規格に従って実行する測定の不確かさの評価方法のガイドを示すものである。しかし，材料に依存し及び材料から独立して寄与する不確かさがあるので，この試験方法に対する不確かさの絶対的な記述を与えることは不可能であることを考慮すべきである。したがって，測定の不確かさの計算が可能になる前に，温度及び応力に対する材料のクリープ特性の事前の知識が必要である。

この試験規格を遵守していることを評価するために，欧州クリープ標準物質 (the European Creep Certified reference Material) CRM 425 を使い，測定の不確かさの見積方法をも示す。

D.3 不確かさの記述
D.3.1 背景

認定された試験室を使用する注文者は，ときどき試験結果の正確さの不確かさの総合的な見積りを要求する。このことは，**ISO** 及び **CEN/ECISS** の宣言された指針（試験技術にかかわるすべての新規格は，不確かさの記述を含むか，又は関連する規格に規定された許容値を基に試験方法の精度の計算の方法を含むことが望ましい。）に従ったものである。同様に，ほとんどの品質保証システムが，測定の不確かさの評価を要求している（**EN 45001**[13]及び **ISO/IEC Guide 25**[14]を参照）。

さらに，二つの重要な文書が，ISO 規格委員会 (ISO Standard Committee) から提出された。これらは，**ISO 5725**[15]及び **ISO** の "不確かさの表現のガイド (Guide to the express of uncertainty in measurement)" である。これらの文書は，大部分 VIM, 1993[16]に示される項目や用語を使用している。

1995 年に "不確かさの表現のガイド" が，幾つかの権威ある標準化団体すなわち，**BIPM, IEC, IFCC, ISO, IUPAC, IUPAP** 及び **OIML** によって共同で発行された（以下，GUM という。）。2008 年に GUM は，**ISO/IEC Guide 98-3**[17]として，軽微な修正とともに再発行された。GUM は，幾つかの要因の不確かさの総和に対する厳密な統計的方法を基にした包括的な文書である。その複雑さのため，多くの機関によって GUM の簡易版を作成することとなった。例えば，アメリカ合衆国の "National Institute of Science and Technology (NIST)" (Taylor and Kuyatt[18])，イギリスの "National Measurement Accreditation Service (NAMAS)" (NIS 80[19]及び NIS 3003[20])，"British Measurement and Testing Association (BMTA[21])" がある。これらの文書はすべて，"不確かさバジェット"の概念を基に測定の不確かさの評価の方法のガイドを与えるものである。更なる情報は，"A Beginners Guide" (Bell)[22]及び "Estimating Uncertainty in testing"，(Birch)[23]を参照することによって得られる。ここで適用する引張試験の不確かさバジェット (Loveday)[24]は，クリープ標準物質 CRM425 を使用したクリープ試験の不確かさバジェット (Loveday)[25]と同様のものである。不確かさの包括的な記述は，EU の出資プロジェクト "Uncert" (Kandil ら)[26]の一部として現在発行されたところである。さらに，追加文献として **CEN** に承認された技術作業協定 (Technical Workshop Agreement, CWA 15261-1)[27]が，クリープの不確かさを記載して発行された。

次の分析は，GUM の概念を基礎に，クリープ試験の不確かさの評価に対する簡略化した方法である。**図 D.1** に概要を示す。測定の総合不確かさは，適切な方法によって寄与するすべての因子を合計することによって求める。すべての寄与を定量化することが必要であり，評価の初期の段階で，どの寄与が無視できるかを決め，次の計算への考慮をする。最も実際的な測定に対しては，材料分野では，最大の成分の 1/5 より小さい成分は，無視できるものとみなす。GUM の分類では，二つの不確かさの評価方法としてタイ

プ A 及び B がある。タイプ A は，繰返し観測によって得られるもので，十分なデータを使用する。例えば，9 以上の観測値によって，古典的な統計分析を用いて標準偏差 s が求められる。

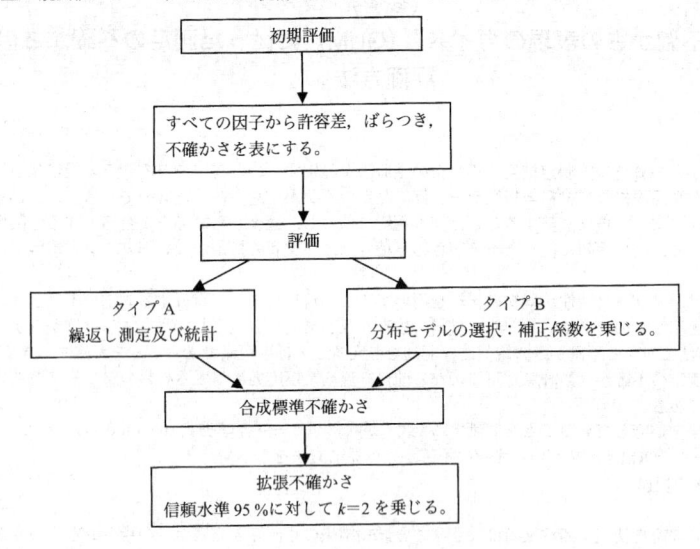

図 D.1－不確かさの評価の手順概要

　タイプ B の評価は，タイプ A 以外の手段によって行われる。例えば，規格に規定している許容値，測定データ，製造者の仕様，校正証明書及びほとんどの場合，成分間の関係の簡単なモデル及び成分の考えられる分布モデルの知識である。例えば，規格で許容値が $\pm a$ の場合，他の知見がない場合，く（矩）形分布モデルとみなすことが適切であろう。不確かさは，$u_\mathrm{s}=a/\sqrt{3}$ となる。

　よりよい知見があり，三角分布がより適切な場合，$u_\mathrm{s}=a/\sqrt{6}$ となる（GUM 参照）。次の手順は，通常，根二乗和法を用いて，標準不確かさを合計することによって，合成標準不確かさ u_c を求める。拡張不確かさ U_E は，包含係数 k を 95 ％信頼水準に対して $k=2$ として u_c に乗じることによって求める。**図 D.2** にこの手順の概要を示す。

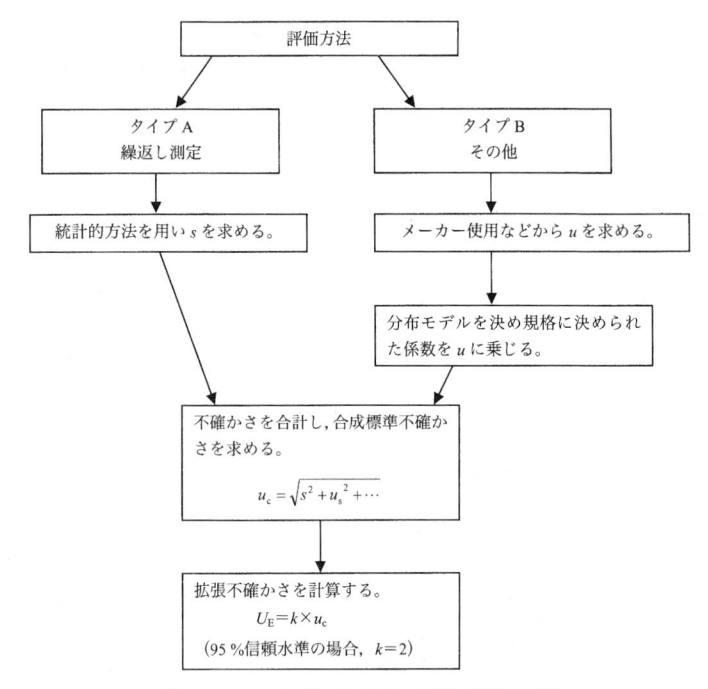

図 D.2－GUM に従った不確かさ評価の詳細手順

D.3.2　不確かさの記述：クリープ試験

　ほとんどの金属材料の場合，応力限界範囲内で最小クリープ速度 $\dot{\varepsilon}_{min}$ は，負荷応力 σ 及び温度 T に関係するであろう。関係式は，式(D.1)になる。

$$\dot{\varepsilon}_{min} = A\sigma^n \exp(-Q/RT) \quad\cdots\cdots (D.1)$$

ここに，　　A：　材料定数
　　　　　　n：　ノートンクリープ則の応力指数
　　　　　　Q：　活性化エネルギー
　　　　　　R：　ガス定数

　ほとんどの材料で，一次近似で，破断時間 t_u は，最小クリープ速度の逆数に直接比例する。t_u 及び $\dot{\varepsilon}_{min}$ の誤差は，式(D.1)の二つの独立した成分 σ 及び T の誤差となる。σ 及び T の許容値は，試験規格に規定されている。しかしパラメータ n 及び Q は，材料によるものであるので，この規格に従って試験をするすべての材料に適用できる総括的な不確かさの値として用いることはできない。

　式(D.1)を使用して，クリープ活性化エネルギー，$Q=345$ kJmol^{-1}，応力指数 $n=6$，とし，温度と応力許容値をこの規格として，固溶ニッケル基合金，Nimonic 75 の 95 ％信頼水準の拡張不確かさ $U_E=20.2$ ％であることが，他（Loveday[25]）に示されている。

　同じように，Granacher 及び Holdsworth[28]は，特に不連続クリープ試験及びクリープ試験の 0.2 ％及び 1 ％塑性ひずみに達するまでの時間の測定の不確かさを評価するために，ひずみ測定システムの精度に対する全体の不確かさへの寄与を含んだ不確かさバジェットを用いた。二つのフェライト鋼（500 ℃：2-1/4Cr-1Mo，550 ℃：1Cr-1Mo-0.5Ni-0.25V），一つのマルテンサイト鋼（600 ℃：12Cr-1Mo-0.3V）及び一つのオーステナイト鋼（600 ℃：17Cr-13Ni-2Mo-0.2N）を試験した。時間は，通常，30 000 時間の範囲で行った。許容値は，く（矩）形分布をするとして測定の不確かさの評価のまとめは，GUM に従って信頼水準 95 ％で，**表 D.1** に示す。

表 D.1 — $t_{p0.2}$ 及び t_{p1} の不確かさの範囲

不連続クリープ試験 %	クリープ試験 %
27～38	27～32

試験片の曲がり又は試験片のつかみの方法などのクリープ特性の測定に影響する可能性のある他の因子が追加としてあることに留意することが望ましい。しかし、これらの効果については、利用できる十分な量のデータがなく、現状では不確かさバジェットにこれらを含めることはできない。この不確かさバジェットの方法は、測定技術に対する不確かさの評価だけを与えるもので、材料の不均一に起因する試験結果の固有のばらつきに対する許容量を作成するものではない。

ここで記述する不確かさバジェットは、この規格に従って試験を実施した試験室に対する測定の不確かさの上限とみなすことができる。

D.4 クリープ試験の標準物質

D.4.1 一般事項

最近、機械試験の分野で認証標準物質（CRM）の使用の利点が認識されてきた。Community Bureau of Reference（BCR）の支援を受けて、クリープ試験の標準物質の開発が進められてきた（Gould and Loveday[29]：表 D.2 を参照）。

表 D.2 — Nimonic 75 標準物質の認証値，CRM 425

特性 a)	認証値 b)	不確かさ c)
400 h でのクリープ速度	$71.8 \times 10^{-6}\ h^{-1}$	$5 \times 10^{-6}\ h^{-1}$
t_{p2}	278 h	16 h
t_{p4}	557 h	30 h

注 a) 試験条件：$T=600\ ℃$，$\sigma_0=160\ MPa$
    b) この値は、認証された特性の 5 つの別々の測定をした九つの試験室の結果の非重み付け平均である。
    c) 不確かさは、b)で決められた平均値の 95 ％信頼区間の半分とみなした。

CRM 425 は BCR Reference Materials, (Community Bureau of Reference), Management of Reference Material (MRM) Unit, Joint Research Centre, Institute for Reference Materials and Measurement (IRMM), Retieseweg, B-2440, Geel, Belguim から入手できる。

D.4.2 不確かさ評価への CRM 425 の使用

Nimonic 75 の標準物質に関しては、この規格に従って 600 ℃で行った試験で、温度許容差±3 ℃，応力測定の許容差±1 ％のときの総合不確かさは、GUM に従った計算（D.3 を参照）では、～20.2 ％となる。

試験の許容差に、認証値の不確かさを加える場合は、根二乗和法を用いて表 D.3 に示すように、一つの試験で得られたデータがもつ総合誤差の範囲を計算することができる。

表 D.3 — クリープ標準物質 CRM425 を使用したクリープ試験の許容データ範囲

パラメータ	認証値	信頼水準 95 ％の 不確かさ	試験の許容差 a) （±20.2 ％）	総合不確かさ ～21 ％	
				値	範囲
400 h のクリープ速度 （$10^{-6}\ h^{-1}$）	72	5	±14.5	±15.3	56.7～87.3
t_{p2} (h)	278	16	±56.2	±58.4	219.6～336.4
t_{p4} (h)	557	30	±112.5	±116.4	440.6～673.4

注 a) $\Delta T=\pm3\ ℃$, $\Delta\sigma=1\ \%$, 応力指数 $n=6$, 及びクリープ活性化エネルギー $Q=345\ kJmol^{-1}$ とする。

D.5 単結晶ニッケル基スーパーアロイの 1 100 ℃でのクリープ試験の不確かさ

超高温での先進的なガスタービンの操業の必要性がある。ガスタービンに使用する材料のクリープ特性を、高温で評価及び検証する必要がある。この意味で、1 000 ℃を超える温度での使用に対するクリープ試験方法の確立が重要である。

1 000 ℃を超える温度でスーパーアロイのクリープ破断特性を求める試験方法を確立するために、ラウンドロビン試験（RRT）をニューマテリアルセンター（NMC）高温クリープ及びクリープ破断試験規格委

員会によって準備されたプログラムのもとで実施した。九つの研究機関及び会社が，このプログラムに参加した。試験した供試材は，独立行政法人物質・材料研究機構の高温材料 21 プロジェクトで開発された新ニッケル基単結晶スーパーアロイ（TMS-82＋）である。137 MPa 及び 1 100 ℃の条件で，五つの試験室において 3 回の繰返しクリープ破断試験が行われた。この試験条件での，以前に報告されているクリープ破断時間は，340 h であった。1 000 ℃を超える温度での単結晶スーパーアロイのクリープ及びクリープ破断特性をこのラウンドロビン試験の結果から求めるために GUM に従い，1 100 ℃クリープ試験の結果の不確かさの評価を行った（文献[30]，[31]及び[32]参照）。

表 D.4－試験した合金の化学成分

単位 ％

材料	Co	Cr	Mo	W	Al	Ti	Ta	Hf	Re	Ni
TMS-82＋	7.8	4.9	1.9	8.7	5.3	0.5	6.0	0.1	2.4	残部
固溶化処理　1 300 ℃，1 h　→1 320 ℃，5h，Ar ガスによるファン空冷										
二段時効処理　1 100 ℃，4 h，Ar ガスによるファン空冷，870 ℃，20 h，Ar ガスによるファン空冷										

表 D.5－5 試験室で報告されたクリープ破断試験の合計

特性	n	データ範囲	平均値
破断時間	19	238.6～460.8（h）	333.9　（h）
伸び	19	6.3～13.4（％）	10.3　（％）
絞り	19	24.7～38.9（％）	33.7　（％）

95 ％信頼水準を求めるために，包含係数 2 を標準不確かさに適用する。
ニッケル基単結晶スーパーアロイ（TMS-82＋）1 100 ℃，137 MPa

破断時間：334±59 h
伸び　　：10.0±5.2 ％
絞り　　：34.0±8.2 ％

附属書 E
（参考）
結果の表示及び図による外挿法

E.1　一般

この附属書は，European Creep Collaborative Committee[33]で開発された方法論を適用する使用者の助けとなる重要な情報をまとめたものである。

E.2　強度値に関する引用と記号

E.2.1　ひずみ（Strain）

クリープ破断伸び％（A_u）を除き，ひずみに対しては ε を使用する。
ほとんどの場合，非弾性ひずみ ε_k は，無視できる，塑性ひずみ ε_p 及び永久ひずみ ε_{per} との間に差はない。

E.2.2　クリープ破断強度（Creep rupture strength）

温度 T のクリープ破断強度は，負荷応力 σ_o である。一定の引張試験力のもとで，ある試験期間（クリープ破断時間 t_u）後に破断して求められる。
クリープ破断強度には，記号 R_u を用いる。2 番目の下付き記号にクリープ破断時間 t_u を時間単位で，及び 3 番目の下付き記号に試験温度 T を℃単位で入れる。

> **例**　クリープ破断時間 t_u＝100 000 h 及び試験温度 T＝550 ℃の場合のクリープ破断強度の短縮した記号の例を次に示す。
>
> $R_{u\ 100\ 000/550}$

E.2.3　規定塑性ひずみ応力（Stress-to-specific-plastic-strain）

規定塑性ひずみ応力は，一定の試験力である試験時間（規定塑性ひずみ t_{px} に達するまでの時間）後に事前に決められた塑性ひずみ x になる負荷応力 σ_o である。

規定塑性ひずみ応力は，記号 R_p を用いる。2 番目の下付き記号に塑性ひずみ x の最大値を%単位で示し，3 番目の下付き記号に規定塑性ひずみに達するまでの時間，及び 4 番目の下付き記号に試験温度 T を℃単位で入れる。

例　T＝650 ℃，最大塑性ひずみ x＝0.2 %，及び規定塑性ひずみに達するまでの時間 1 000 h の場合の規定塑性ひずみ応力の短縮した記号を次に示す。

$$R_\mathrm{p0.2\,1\,000/650}$$

E.3　試験片

E.3.1　ノッチなし試験片の形状及び寸法

標点距離の端部近くでの破断を防ぐため，標点距離の中心まで形状許容差の半分のテーパを付けることが望ましい。

E.3.2　ノッチ付き試験片の形状及び寸法

通常，円形断面をもつ試験片が使われる。円形断面でない試験片の形状と寸法は，特別に記載しておくことが望ましい。

表 E.1－弾性応力係数 K_t＝4.5±0.5 の円周断面のノッチ付き試験片の寸法の例（図 E.1 参照）

	6	8	10	12
溝部の径 d_n (mm)　　±0.01 mm	6	8	10	12
軸の径 D_n (mm)　　±0.1 mm	8	10.6	13.3	16
ノッチ半径 r_n (mm)	0.14	0.20	0.25	0.3
ノッチ半径 r_n の許容差 (mm)	±0.02	±0.03	±0.04	±0.04

表 E.1 の寸法と異なる場合は，$D_\mathrm{n}/d_\mathrm{n}$ が 1.33～1.34，$d_\mathrm{n}/r_\mathrm{n}$ が 38～46 及びノッチ半径の許容差が半径 r_n の ±12.5 %を適用できる。

弾性応力集中係数は，次の式で計算する。

$$K_\mathrm{t} = 1 + \left[\frac{1}{2} \times \frac{r_\mathrm{n}/d_\mathrm{n}}{D_\mathrm{n}/d_\mathrm{n}-1} + \frac{r_\mathrm{n}}{d_\mathrm{n}} \times \left(1 + 2 \times \frac{r_\mathrm{n}}{d_\mathrm{n}} \right)^2 \right]^{-1/2} \quad \cdots\cdots\cdots (E.1)$$

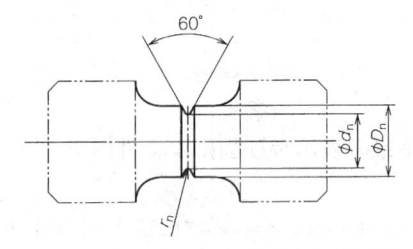

図 E.1－円周断面のノッチ付き試験片の概略図

E.4　評価

E.4.1　一般

一つの温度に対する個々の材料の試験結果は，多くの線図によって表し評価できる（**図 E.2 及び図 E.3** 参照）。これらの線図の中の外挿曲線は，外挿した測定点を括弧で示し，外挿線は，破線で示す。E.5 にデータの外挿に対する見解を示す。

E.4.2　対数クリープ線図

クリープ曲線を表示するために，塑性ひずみ ε_p を，両対数で時間 t に対応してプロットする［**図 E.2 a)** 参照］。

クリープ曲線は，滑らかに又は測定データを結んだ 1 本の曲線として表示できる。ある特定の塑性ひずみまでの時間 t_px が，このような線図から求められる。

E.4.3　クリープ破断線図

クリープひずみ線図を作成するために，所定のひずみ値（例えば，$t_\mathrm{p0.2}$ に相当するひずみ）になるまでの時間を，対数目盛で初期応力 σ_0 に応じてプロットする［**図 E.2 b)** を参照］。曲線は，滑らかにすることが望ましい。この線図から，応力－ひずみ $R_{x,\,t,\,T}$ が求められる。

クリープ破断線図を作成するために，破断時間 t_u を同じ線図の中に初期応力に応じてプロットし，滑らかな曲線とする。

この曲線から，応力－破断 $R_{u,t,T}$ を求める。

高温引張試験から，破断強さ及び応力－ひずみをある時間ごと（例えば，0.1 h）にこの線図に入れる。この場合，これを図の中に，適切に示さなければならない。

さらに，ノッチ付き試験片の初期応力 σ_o による破断時間をこの線図に，手引きとしてプロットする。材料挙動の追加の判断は，この方法でなされる。

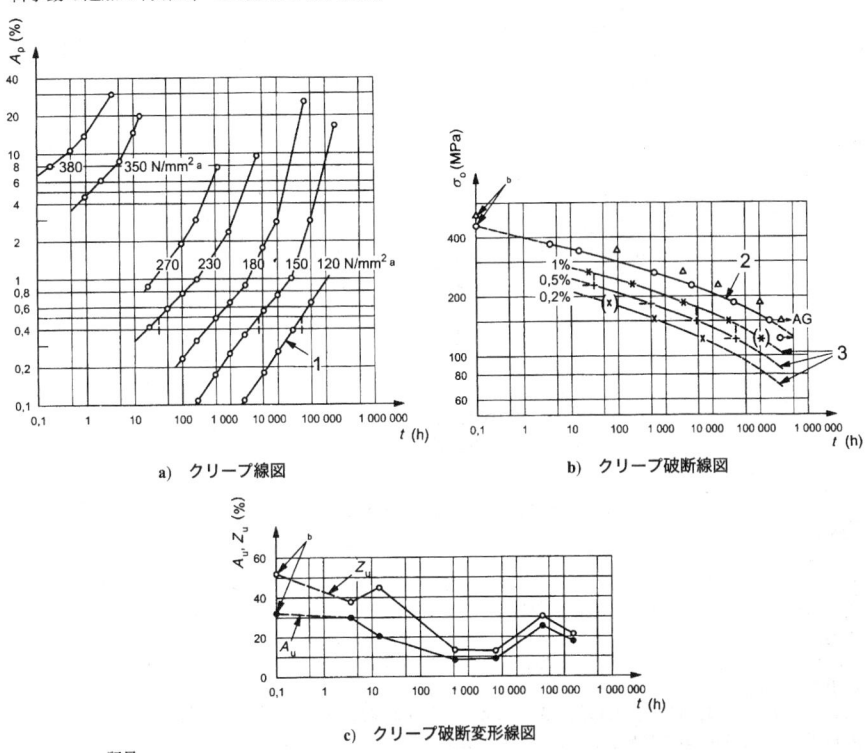

a) クリープ線図   b) クリープ破断線図

c) クリープ破断変形線図

記号
1　クリープ曲線
2　クリープ破断曲線
3　クリープひずみ曲線
○　つばなし試験片（破断）
△　ノッチ付き試験片（破断）
a　初期応力
b　高温引張試験

○▶AG　破断前試験中止
○▶　試験中
△▶AG　破断前試験中止
△▶　試験中
－－　外挿

図 E.2－一定温度及び一定引張力での試験結果の表現例

E.4.4　クリープ破断－伸び線図

この線図では，クリープ破断ひずみ A_u 及びクリープ破断後の絞り Z_u を，クリープ破断時間 t_u の対数に対してプロットする。

高温引張試験から求めた破断ひずみ及び絞りを手引きとして，ある時間（例えば，0.1 h）にプロットする。この場合，これは，図の中に適切に示さなければならない。

E.4.5 均等目盛クリープ線図

クリープ曲線を表すために，塑性ひずみ ε_p を両軸とも均等目盛で時間 t に対してプロットする（図 E.3 参照）。クリープ曲線は，滑らかに又は測定データを結んだ 1 本の曲線として表示できる。

この曲線の傾きから時間 t でのクリープ速度を全最小クリープ速度と同じように求める。遷移時間 $t_{1/2}$ 及び $t_{2/3}$ は，この線図から，第一次から第二次クリープへの遷移（$t_{1/2}$）及び第二次から第三次への遷移（$t_{2/3}$）を示すものとして表す。すべてのクリープ線図が，第一次，第二次及び第三次の区別を示すとは限らない。

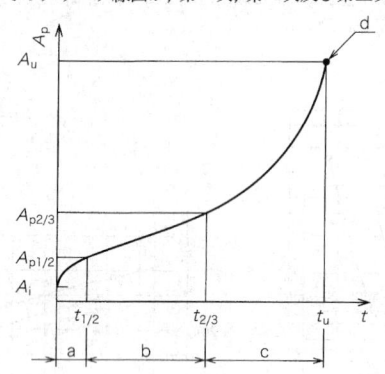

記号
a　第一次クリープ（遷移クリープ）段階
b　第二次クリープ（定常クリープ）段階
c　第三次クリープ（加速クリープ）段階
d　破断

図 E.3－引張クリープ曲線（概要）

E.5　外挿

E.5.1　一般

クリープデータを評価する際，ファクター q_e によって，最も長い試験時間を超えるクリープ破断強度又は応力－ひずみの値を求める必要がある場合がある。このファクター q_e は，外挿時間比として知られており 3 を超えないことが望ましい。

同じ材料に対して外挿クリープ強度が最低初期応力レベル σ_{omin} より低くなる場合には，常に外挿時間比 q_e を示すことを推奨する。

外挿するときには，時間及び／又は試験温度によるミクロ組織又はクリープ破断変形値の変化を考慮することが望ましい。外挿の手順を示しておくことが望ましい。

E.5.2　図に外挿入及びクリープ破断線図

しばしば，外挿は，クリープ破断曲線及び／又はクリープ応力曲線の図の延長によって行われる。同じ試験温度の隣り合うクリープ曲線間［図 E.4 b)参照］又は異なる，望ましくはより高温の比較できるクリープ曲線［図 E.4 c)参照］を，外挿する手がかりとして使用してもよい。同じことが，クリープひずみ曲線の延長からも行える。更なる助言は，ECCC[33] が利用できる。

隣接する曲線を使用して図の外挿を行った場合，小さな外挿時間比 q_e を示すことがある［図 E.4 b)又は c)参照］。

E.5.3　時間－温度パラメータを用いた外挿

しばしば，応力 σ_o の対数は，試験温度及びクリープ破断時間又はひずみまでの時間から求めた時間－温度パラメータに対してプロットされる。これらのデータ点は，マスターカーブと呼ばれるものによって合わせられる。

試験結果に合うように最適化した時間及び試験温度に依存する時間－温度パラメータを使用することを推奨する。さらに，より長時間の試験は，重み付けして用いることが望ましい。データの小さなばらつきが，外挿の精度を保証するものでないことを記載しておくことが望ましい。

マスターカーブから得られたクリープ破断強度又は規定ひずみまでの時間に対して，外挿は，所定の試験温度で行う。外挿の精度を上げるため，外挿値をクリープひずみ（破断）線図にプロットし，測定値と比較することが望ましい。評価と外挿に関する更なる助言は，文献[34]に示されている。

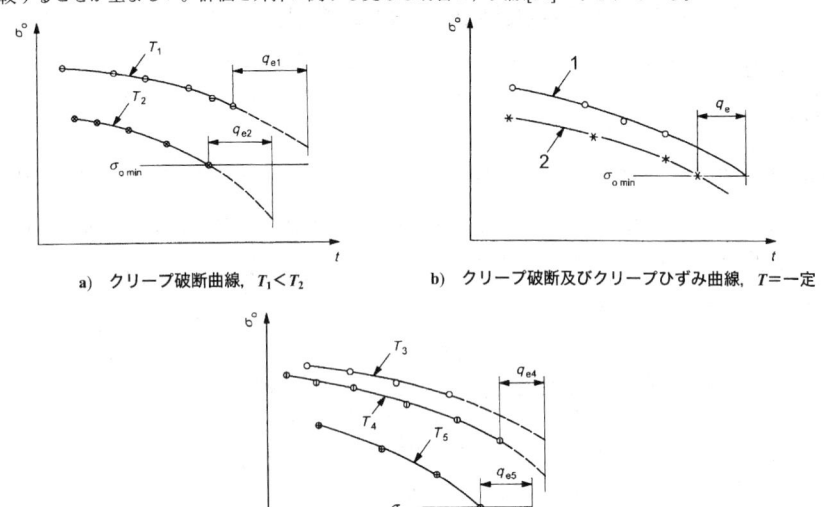

a) クリープ破断曲線，$T_1 < T_2$

b) クリープ破断及びクリープひずみ曲線，$T = $一定

c) クリープ破断曲線，$T_3 < T_4 \ll T_5$

記号
1 クリープ破断曲線
2 ひずみまでの時間曲線

図 E.4－クリープひずみ（又は破断）曲線の外挿の例

E.6 試験報告及び推奨する追加情報

試験報告には，次の追加情報を含むことが望ましい。
− 供試材に関する情報
− 材料及び材料の番号（例えば，文献[37]）
− 製造業者
− 溶解番号，溶解質量
− 製造工程，製鋼工程
− 供試材（ブロック／ピース）の質量
− 特記すべき測定事項，半製品形状
− 供試材（ブロック／ピース）の中の試験片の位置
− 化学成分，熱処理
− 常温での引張試験結果
− 衝撃試験のデータ（シャルピー，アイゾットなど）
− 高温引張試験結果
− ミクロ組織
− 適切な場合，外挿手順及び外挿時間比

附属書 JA
（規定）
安定した特性値を得る試験片

JA.1　適用範囲
　この附属書は，安定した試験結果が得られている試験片の形状及び寸法について規定する。

JA.2　試験片
　試験片は，次による。

a)　引張クリープ試験片　試験片は，平行部の直径が 10 mm の円形断面とし，直径 6 mm, 8 mm 又は 12 mm を使用してもよい。

b)　クリープ破断試験片　試験片は，平行部の直径が 6 mm の円形断面とし，直径 4 mm, 8 mm, 10 mm 又は 12 mm を使用してもよい。

c)　標点距離　標点距離は，直径の 5 倍とするが，その長さがとれない場合には，原断面積の平方根の 5 倍以上でもよい（図 JA.1～図 JA.3 参照）。

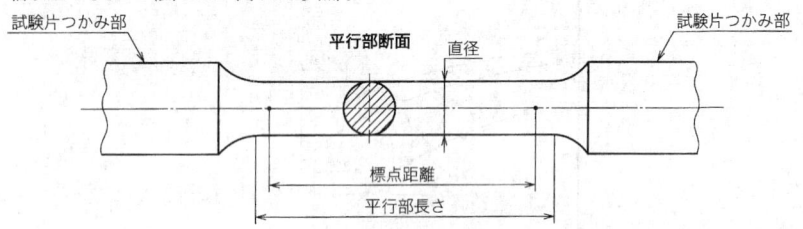

図 JA.1－円形断面試験片の例

注 a)　伸び計の標点距離は，試験片の標点距離と同一とみなす。

図 JA.2－つば付き円形断面試験片の例

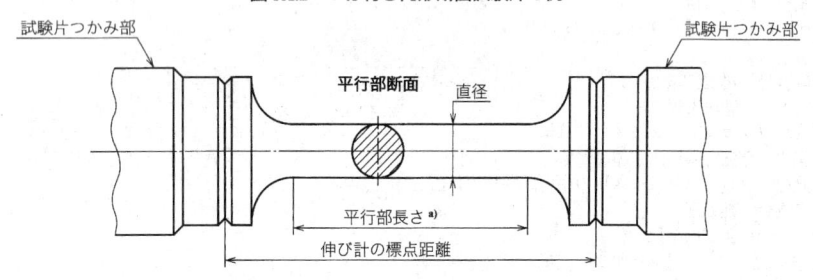

注 a)　平行部の長さは，試験片の標点距離と同一とみなす。

図 JA.3－V ノッチ付き円形断面試験片の例

参考文献

1 この規格に参照されている文献

[1] **IEC 60584-1,** Thermocouples ― Part 1: References tables

[2] **IEC 60584-2,** Thermocouples ― Part 2: Tolerances

[3] PETERSEN, C. Forsch.-Ing. Wes. 17, Issue 1, 1951, pp. 16/20

[4] SCHOLZ, A., SCHWIENHEER, M. and MORRIS, P.F. European Notched Test Piece for Creep Rupture Testing. Proc. of Tagung Werkstoffpruefung 2003, Bad Neuenahr, 2003, pp. 308/314

[5] BRIDGMAN, P.W. Studies in large plastic flow and fracture. McGRAW HILL, New York, 1952

[6] WEBSTER, G.A., APLIN, P.F., CANE, B.J., DYSON, B.F. and LOVEDAY, M.S. A Code of Practice for Notched Bar Creep Rupture Testing: Procedures and Interpretation of Data for Design ― Chapter 15, pp. 295-330. In: Harmonisation of Testing Practice for High Temperature Material (Eds. LOVEDAY, M.S. and GIBBONS. T.B.), Elsevier Applied Science, 1992

[7] WEBSTER, G.A., HOLDSWORTH, S.R., LOVEDAY, M.S., PERRIN, I.J. and PURPER, H. A Code of Practice for Conducting Notched Bar Creep Rupture Tests and for Interpretation of the Data. ESIS P10-02, ISBN 1616-2129, 2001

[8] AL-ABED, B., TIMMINS, R., WEBSTER, G.A. and LOVEDAY, M.S. Validation of a Code of Practice for Notched Bar Creep Rupture Testing: Procedures and Interpretation of Data for Design. Materials at High Temperatures, 16(3), 1999, pp. 143-158

[9] WEBSTER, G.A., HOLDSWORTH, S.R., LOVEDAY, M.S., NIKBIN, K., PERRIN, I.J., PURPER, H., SKELTON, R.P. and SPINDLER, M.W. A Code of Practice for Conducting Notched Bar Creep Tests and for Interpreting the Data, Fatigue & Fracture of Engineering Materials & Structures, 27(4), 2004, pp. 319-342

[10] LOVEDAY, M.S. Considerations on the Measurement of Creep Strain in Bridgman Notches. Materials at High Temperatures, 21 (3), 2004, pp. 169-174

[11] KERR, D.C., NIKBIN, K.M., WEBSTER, G.A. and WALTERS, D.J. Creep Strain Determination Across the Root of a Notch. In: 'Local Strain and Temperature Measurements in Non-Uniform Fields at Elevated Temperatures. (Eds. J. ZIEBS, J. BRESSERS, H. FRENZ, D.R. HAYHURST, H. KLINGLELHOFFER and S. FORREST), pp. 263-273, Proc Symp. held in Berlin, 14-15 March 1996. Pub: Woodhead, Cambridge, UK, 1996

[12] LOVEDAY, M.S. and RODGER, G. Calibration and Traceability of Notch Creep Strain Measurements. Materials at High Temperatures, 21(3), 2004, pp. 161-167

[13] **EN 45001,** General criteria for the operation of testing laboratories

[14] **ISO/IEC Guide 25,** General requirements for the competence of calibration and testing laboratories

[15] **ISO 5725 (all parts),** Accuracy (trueness and precision) of measurement methods and results

[16] International vocabulary of basic and general terms in metrology (VIM), BIPM, IEC, IFCC, ISO, UPAC, IUPAP, OIML, 1993

[17] **ISO/IEC Guide 98-3,** Uncertainty of measurement ― Part 3: Guide to the expression of uncertainty in measurement (GUM:1995)

[18] TAYLOR, B.N. and KUYATT, C.E. Guidelines for Evaluating and Expressing the Uncertainty of NIST Measurement Results. NIST Technical Note 1297, 1993

[19] NIS 80, Guide to the Expression of Uncertainties in Testing. Pub. NAMAS, 1994

[20] NIS 3003, The Expression of Uncertainty and Confidence in Measurement for Calibrations. Pub. NAMAS, 1995

[21] BMTA, Estimating Uncertainties in Testing. Pub. British Measurement and Testing Association, PO Box 101, Middlesex, TW11 0NQ, 1994

[22] BELL, S.A. A Beginner's Guide to Uncertainty of Measurement. Measurement Good Practice Guide No. 11, issue 2, ISSN 1386-6550, Pub: National Physical Laboratory, Teddington, TW11 0LW. March 2001. [Free download from http://publications.npl.co.uk/npl_web/pdf/mgpg11.pdf]

[23] BIRCH, K. Estimating Uncertainties in Testing. Measurement Good Practice Guide No. 36, Pub: British Measurement and Testing Association/National Physical Laboratory, Teddington, TW11 0LW, UK. ISSN 1368-6550, March 2001

[24] LOVEDAY, M.S. Room Temperature Tensile Testing: A Method for Estimating Uncertainty of Measurement. CMMT (MN) 048 Pub: National Physical Laboratory, UK, 1999. [Free download from http://publications.npl.co.uk/npl_web/pdf/cmmt_mn48.pdf]

[25] LOVEDAY, M.S. Creep Testing: Reference Materials and Uncertainty of Measurement. In: The Donald McLean Symposium "Structural Materials: Engineering Applications Through Scientific Insight" . (Eds. HONDROS, E.D. AND McLEAN, M.), Pub. Inst. of Materials, London, 1996, pp. 277-293

[26] KANDIL, F.A., LORD, J.D., BULLOUGH, C.K., GEORGSSON, P., LEGENDRE, L., MONEY, G., MULLIGAN, E., A.T. FRY, GORLEY, T.A.E. and LAWRENCE, K.M. The UNCERT Manual of Codes of Practice for the Determination of Uncertainties in Mechanical Tests on Metallic Materials. [CD-ROM, available from NPL] ISBN 0-0946754-41-1, 2000 (Available on the web at http://www.npl.co.uk/server.php?show = ConWebDoc.2962)

[27] **CWA 15261-2**:2005, Measurement uncertainties in mechanical tests on metallic materials — The evaluation of uncertainties in tensile testing

[28] Acceptability Criteria for Creep, Creep Rupture, Stress Rupture and Stress Relaxation Data. (Eds. GRANACHER, J. and HOLDSWORTH, S.R.), European Collaboration Creep Committee — Working Group 1, Volume 3, Pub. ERA Technology, 1994

[29] GOULD, D. and LOVEDAY, M.S. A Reference Material for Creep Testing, Chapter 6, Harmonisation of Testing Practice for High Temperature Materials, (Eds. LOVEDAY, M.S. and GIBBONS, T.B.), CHAPMAN and HALL, London (formerly published by Elsevier Applied Science), 1992, pp. 85-109

[30] HINO, T., KOBAYASHI, T., KOIZUMI, Y., HARADA, H. and YAMAGATA, T. Development of a New Single Crystal Superalloy for Industrial Gas Turbines, Superalloys 2000, (Eds. POLLOCK, T.M. et al.), TMS, 2000, pp. 729-736

[31] YAMAZAKI, M., YAGI, K. and TANAKA, R. Creep rupture properties of single crystal nickel-base superalloy at 1 100 °C, A report on a Round Robin test in Japan, Uncert 2003 conference Oxford, 2003, pp. 1-4

[32] YAMAZAKI, M., YAGI, K. and TANAKA, R. Uncertainties in creep testing of single crystal nickel-base superalloy at 1 100 °C, Uncert-AM conference Session III, MPA Stuttgart, 2003

[33] HOLDSWORTH, S.R. (Ed.), European Creep Collaborative Committee, ECCC Recommendations, Issue 5, 2003, Creep Data Validation and Assessment Procedures, ECCC-Document, May 2001, Pub. ERA Technology Ltd, Leatherhead, Surrey, England, 2003

[34] HOLDSWORTH, S.R. (Ed.), Guidance for the Assessment of Creep Rupture, Creep Strain and Stress Relaxation Data, European Creep Collaborative Commitee — Working Group 1, 5(5), 2003. Pub. ERA Technology Ltd, Leatherhead, Surrey, England, 2003

[35] FERRERO, C. ANOVA Statistical Procedure to Verify Transducers Metrological Characteristic Long Term Stability, IMGC Technical Report, Torino, Italy, 2005

[36] FERRERO, C. The interlaboratory comparison to recognize the equivalence in accreditation. In: Advances in Experimental Mechanics, McGraw-Hill, 2004, p. 572

[37] **ISO/TS 4949**, Steel names based on letter symbols

[38] LOVEDAY, M.S. and GIBBONS, T.B. Measurement of Creep Strain : a) The Influence of Order-Disorder Transformations in Ni-Cr-base Alloys and b) A Code of Practice for the Use of Ni-base Alloy Extensometers. Materials at High Temperatures, 24(2), 2007, pp. 113-118

[39] LOVEDAY, M.S. Creep, Bending and Standards. Materials at High Temperatures, 25 (4), December 2008, pp. 277-286

2　クリープ試験に関する文献

[40] European Creep Collaborative Committee, Data Validation Assessment Procedures, Edition 2, ECCC-WG1 Recommendation Volume 3 (Issue 3), Acceptability Criteria for Creep, Creep Rupture, Stress Rupture and Stress Relaxation Data, Pub. ERA Technology Ltd, Leatherhead, Surrey, England, 1996

[41] GRANACHER, J., OEHL, M. and PREUSSLER, T. Comparison of interrupted and uninterrupted creep rupture tests. Steel Research, 63, 1992, pp. 39-45

[42] GRANACHER, J. and SCHOLZ, J. Materialprüf., 15, 1973, pp. 116/123

3　熱電対及び温度測定に関する文献

[43] DESVAUX, M.P.E. The practical realisation of temperature measurement standards in high temperature mechanical testing — Chapter 7. In: Measurement of high temperature mechanical properties of materials. (Eds. Loveday, M.S, Day, M.F and Dyson, B.F.), HMSO London, 1982

[44] BROOKES, C., CHANDLER, T.R.D. and CHU, B. Nicrosil-nisil: a new high stability thermocouple for the industrial user. Measurement and Control, 18, 1985, pp. 245-248

[45] RUSBY, R.L., CARTER, D.F. and BESWICK, A. An evaluation of sheathed Nicrosil/Nisil thermocouples up to 1 300 °C. Materials at High Temperatures, 10(3), 1992, pp. 193-300

[46] COGGIOLA, G., CROVINI, L. and MANGANO, A. Behaviour of KP, KN, Nicrosil and Nisil thermoelectric wires between 0 °C and 750 °C. High Temperatures — High Pressures, 20, 1988, pp. 419-432

附属書 JB
(参考)
JIS と対応国際規格との対比表

JIS Z 2271:2010　金属材料のクリープ及びクリープ破断試験方法			**ISO 204**:2009　Metallic materials−Uniaxial creep testing in tension−Method of test		

(I) **JIS** の規定		(II) 国際規格番号	(III) 国際規格の規定		(IV) **JIS** と国際規格との技術的差異の箇条ごとの評価及びその内容		(V) **JIS** と国際規格との技術的差異の理由及び今後の対策
箇条番号及び題名	内容		箇条番号	内容	箇条ごとの評価	技術的差異の内容	
1 適用範囲	連続クリープ試験によるクリープ試験及びクリープ破断試験の方法		1	連続クリープ試験及び不連続クリープ試験及びクリープ破断試験の方法	削除	**JIS** には，不連続クリープ試験を採用していない。	国内で不連続クリープ試験が認知された段階で，採用を検討する。
2 引用規格			2				
3 用語及び定義			3		一致		
4 記号及び内容			4		一致		
5 原理			5		削除	**JIS** は，不連続クリープ試験を採用していない。	国内で不連続クリープ試験が認知された段階で，採用を検討する。
6 試験装置			6		削除	**JIS** は，不連続クリープ試験の規定を注記として示した。	国内で不連続クリープ試験が認知された段階で，採用を検討する。
7 試験片			7		一致		

(I)JISの規定		(II)国際規格番号	(III)国際規格の規定		(IV)JISと国際規格との技術的差異の箇条ごとの評価及びその内容		(V)JISと国際規格との技術的差異の理由及び今後の対策
箇条番号及び題名	内容		箇条番号	内容	箇条ごとの評価	技術的差異の内容	
8 試験方法	8.2 試験力の負荷 クリープ破断試験については, 負荷する試験力の精度は, ±1 %。 クリープ試験については, 負荷する試験力の精度は, ±0.5 % 8.4.2 伸び 不連続クリープ試験の伸びの測定は, 注記で記載。		8	8.2 試験力の負荷 クリープ試験及びクリープ破断試験ともに, 負荷する試験力は, ±1 %。 8.4.2 伸び 不連続クリープ試験の伸びの測定は, 中断回数について十分な精度が得られるように選定。	変更	JISは, クリープ試験の精度については, 従来JISの精度を確保するため±0.5 %としている。 JISは, 不連続クリープ試験については, 注記で記載。	ISOへの提案を検討する。 国内で不連続クリープ試験が認知された段階で, 採用を検討する。
9 試験結果			9		一致		
10 試験の有効性			10		一致		
11 結果の正確さ			11		一致		
12 報告	JISは, ISO規格に不連続クリープ試験か連続クリープ試験かの識別の報告項目があることを注記としている。		12	不連続クリープ試験か連続クリープ試験かの識別を報告。	削除	JISは, ISO規格に不連続クリープ試験か連続クリープ試験かの識別の報告があることを注記としている。	国内で不連続クリープ試験が認知された段階で, 採用を検討する。
附属書A (参考)	異なるタイプの熱電対に関する情報				一致		
附属書B (参考)	熱電対の校正方法に関する情報				一致		

(I) JIS の規定		(II) 国際規格番号	(III) 国際規格の規定		(IV) JIS と国際規格との技術的差異の箇条ごとの評価及びその内容		(V) JIS と国際規格との技術的差異の理由及び今後の対策
箇条番号及び題名	内容		箇条番号	内容	箇条ごとの評価	技術的差異の内容	
附属書 C (規定)	V 又は鈍角なノッチのある試験片を用いたクリープ試験				一致		
附属書 D (参考)	ISO（GUM）に従った測定の不確かさの評価方法				一致		
附属書 E (参考)	結果の表示及び図による外挿法				一致		
附属書 JA (規定)	安定した特性値を得る試験片				追加		

JIS と国際規格との対応の程度の全体評価：ISO 204:2009，MOD
注記 1　箇条ごとの評価欄の用語の意味は，次による。 　－　一致……………技術的差異がない。 　－　削除……………国際規格の規定項目又は規定内容を削除している。 　－　追加……………国際規格にない規定項目又は規定内容を追加している。 　－　変更……………国際規格の規定内容を変更している。 注記 2　JIS と国際規格との対応の程度の全体評価欄の記号の意味は，次による。 　－　MOD……………　国際規格を修正している。

JIS Z 2271
(2019)

金属材料のクリープ及びクリープ破断試験方法
（追補 1）

Metallic materials—Uniaxial creep testing in tension—Method of test
（Amendment 1）

JIS Z 2271:2010 を，次のように改正する。

箇条 10（試験の有効性）を，次の文に置き換える。

10 試験の有効性

試験片が，平行部の外側で破断した場合，又は伸び計の標点の外側で破断した場合，試験結果が材料規格又は注文者の要求に適合しない限り，破断伸びを無効とする。

金属材料の回転曲げ疲労試験方法

Testing method of rotating bending fatigue of metallic materials

序文

この規格は，2021 年に第 3 版として発行された ISO 1143 を基とし，技術的内容を変更して作成した日本産業規格である。

なお，附属書 JA，附属書 JB 及び附属書 JC は，対応国際規格にはない事項である。また，側線又は点線の下線を施してある箇所は，対応国際規格を変更している事項である。技術的差異の一覧表にその説明を付けて，附属書 JD に示す。

1　適用範囲

この規格は，金属材料の室温又は高温の大気中で試験片を回転させる回転曲げ疲労試験方法について規定する。

実際の回転曲げ疲労試験には，この規格で推奨された以外の大小種々の試験片若しくは実物の機械要素と同じ形状の試験片を用いる場合，又は低温の下若しくは特殊な雰囲気中で試験を行う場合があるが，これらの場合にもこの規格を準用してもよい。

切欠き試験片に対する疲労試験は，この規格では適用対象としていない。ただし，この規格に規定している疲労試験方法は，切欠き試験片の疲労試験にも適用してもよい。

注記　この規格の対応国際規格及びその対応の程度を表す記号を，次に示す。

ISO 1143:2021，Metallic materials－Rotating bar bending fatigue testing（MOD）

なお，対応の程度を表す記号 "MOD" は，ISO/IEC Guide 21-1 に基づき，"修正している" ことを示す。

2　引用規格

次に掲げる引用規格は，この規格に引用されることによって，その一部又は全部がこの規格の要求事項を構成している。これらの引用規格は，その最新版（追補を含む。）を適用する。

JIS B 7728　一軸試験機の検証に使用する力計の校正方法

注記　対応国際規格における引用規格：ISO 376，Metallic materials－Calibration of force-proving instruments used for the verification of uniaxial testing machines

JIS Z 8401　数値の丸め方

ISO 12107，Metallic materials－Fatigue testing－Statistical planning and analysis of data

3 用語及び定義

この規格で用いる主な用語及び定義は，次による。

3.1
疲労（fatigue）
応力又はひずみを繰り返し負荷することによって金属材料に生じ，割れ又は破断に至る可能性のある特性の変化過程

3.2
疲労寿命，N_f（fatigue life, N_f）
定義された破断基準を達成するために負荷する繰返し数

3.3
S-N 図（S-N diagram）
応力と疲労寿命（**3.2**）との関係を示す図

3.4
S-N 曲線（S-N curve）
S-N 図上で試験結果を近似的に表すように描いた曲線

3.5
支点間距離，L（length of lever arm, L）
支持点から着力点までの距離
　注釈1　図1～図7を参照。

3.6
曲げモーメント，M（bending moment, M）
試験力と試験温度における支点間距離（**3.5**）との積

4 記号

記号及びその名称を，**表1**に示す。

表1－記号

記号	名称	単位
D	試験片のつかみ部又は負荷部の直径	mm
d	応力が最大となる部分（危険断面）の試験片の直径	mm
L	支点間距離	mm
F	試験力	N
M	曲げモーメント	Nmm
σ	応力	MPa
N_f	疲労寿命，破断繰返し数	cycle
r	試験部直径 d から肩部又はつかみ部へ移行するフィレット半径	mm

5 試験の原理

同一形状の試験片を用い，回転させながら一定の曲げモーメントを作用させる。曲げモーメントを発生させる力は回転させない。1点又は2点負荷の場合は片持ちはりとして，4点負荷（4点曲げ）の場合は両端支持はりとして試験片を取り付ける。試験片が破断するまで，又はあらかじめ決められた応力繰返し数に達するまで試験を続ける。

　注記　1回の応力繰返し数は，試験片が1回転することに相当する。

6 試験片の形状及び寸法

6.1 試験片の形状

試験片の形状は，次のいずれかによる。

a)　丸棒で，片方の端又は両方の端に接線方向のフィレットがあるもの（**図1，図4及び図5**参照）

b)　テーパ型（**図2**参照）

c)　砂時計型（**図3，図6及び図7**参照）

　注記1　2点及び4点負荷では，平滑試験片の平行部の材料は等しく最大応力下で試験される。他の全
　　　　ての負荷条件，並びに平滑試験片及び砂時計型試験片の両方においては，材料の一部分だけが
　　　　最小断面で最大応力下にある。

いずれの試験片の場合も，試験部は円形断面でなければならない。

　注記2　試験部の形状は，採用する負荷の種類に依存する。平滑試験片及び砂時計型の試験片は，両端
　　　　支持はりとして，又は片持ちはりとして1点，2点，若しくは4点で負荷するが，テーパ型試
　　　　験片は，片持ちはりとして1点負荷だけで使用される。**図1〜図7**は，様々な実用的なケース
　　　　における曲げモーメント及び公称応力図を模式的に示している。

最大応力を受ける材料の体積は，試験片の形状によって異なり，必ずしも同一の結果を与えるとは限らない。最も大きな体積に最大の応力が負荷される試験を推奨する。

1点負荷試験機を使用する場合は，十分な注意が必要である。主な欠点は，曲げモーメントが試験片に沿って一定でないことである。応力が最大になる部分及びそれに対応する応力は，試験片の形状だけでなく，支点間の距離にも依存する。この種の試験機では，最大の応力が最小径部近傍で発生するので砂時計型の試験片形状を推奨する。

経験上，試験片のつかみ領域と試験部分の断面積との比率は，2：1以上を推奨する。また，大きな応力集中のないつかみ具を推奨する。

材料によっては，高応力と高速との組み合わせ下では，試験片に過度のヒステリシス加熱が発生することがある。この影響は，材料の体積を小さくするか又は繰返し速度を遅くすることによって軽減が可能である（**10.4**参照）。試験片を冷却した場合，その媒体を報告することが望ましい。

6.2 試験片の寸法

疲労寿命測定のための一連の試験で使用する全ての試験片は，寸法及び形状が同じで，かつ，直径の公差も同じでなければならない。

要求される応力を得るために負荷する試験力を計算するには，各試験片の実際の最小直径を 0.01 mm 以

内の精度で測定しなければならない。試験前の試験片の測定時には，表面にきずをつけないように注意しなければならない。

　図4及び図5のような一定の曲げモーメントを受ける丸棒試験片では，平行部は 0.025 mm 以下の円筒度でなければならない。曲げモーメントが一定ではない図1のような形状の丸棒試験片の場合，平行部は 0.05 mm 以下の円筒度でなければならない。材料特性測定のため，試験片両端のフィレットは 3d 以上の半径をもっていることが望ましい。また，図2のような形状のテーパ型試験片を片持ちはりとして使用する場合，最大応力発生位置と着力点との距離が L' の 1/8〜1/4 となるようにすることが望ましい。砂時計型試験片の場合，連続した半径で形成される部分の半径は 5d 以上であることが望ましい。試験片の直径は，4 mm，6 mm，8 mm 及び 10 mm を推奨する。

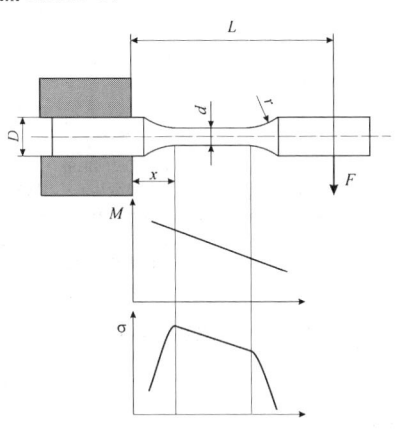

記号説明
D：試験片のつかみ部又は負荷部の直径	M：曲げモーメント
d：応力が最大となる部分の試験片の直径	r：フィレット半径（**表1** 参照）
F：試験力	σ：応力
L：支点間距離	x：固定軸受面から最大応力面までの試験片軸方向距離

図1−平滑試験片（1点負荷）

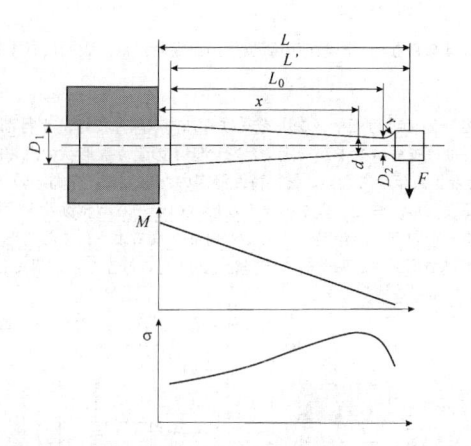

記号説明

D_1：試験片テーパ部の最大直径（つかみ部側）
D_2：試験片テーパ部の最小直径（負荷部側）
d：応力が最大となる部分の試験片の直径
F：試験力
σ：応力
M：曲げモーメント

L：支点間距離
L'：試験片テーパ部の端から着力点までの距離
L_0：テーパ部の長さ
r：フィレット半径（**表1**参照）
x：固定軸受面から最大応力面までの試験片軸
　　方向距離

図2－テーパ型試験片（1点負荷）

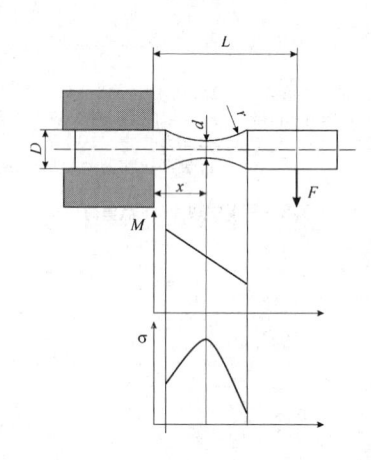

記号説明

D：試験片のつかみ部又は負荷部の直径
d：応力が最大となる部分の試験片の直径
F：試験力
L：支点間距離
r：フィレット半径（**表1**参照）

M：曲げモーメント
σ：応力
x：固定軸受面から最大応力面まで
　　での試験片軸方向距離

図3－砂時計型試験片（1点負荷）

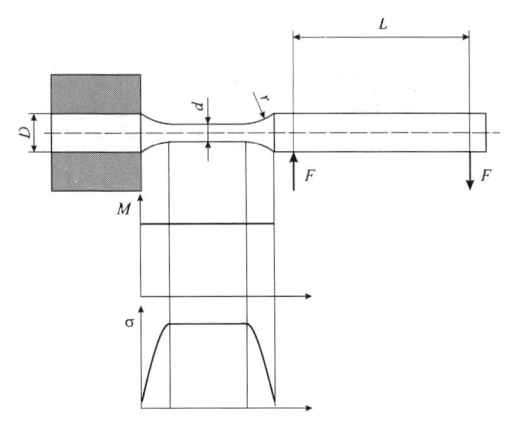

記号説明
D：試験片のつかみ部又は負荷部の直径　　　　M：曲げモーメント
d：応力が最大となる部分の試験片の直径　　　σ：応力
F：試験力　　　　　　　　　　　　　　　　　r：フィレット半径（**表1** 参照）
L：支点間距離

図 4 － 平滑試験片（2 点負荷）

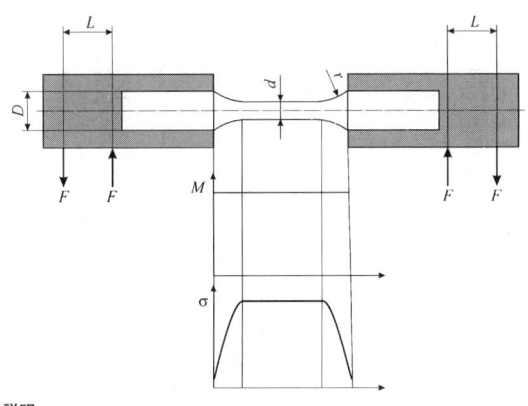

記号説明
D：試験片のつかみ部の直径　　　　　　　　　M：曲げモーメント
d：応力が最大となる部分の試験片の直径　　　σ：応力
F：試験力　　　　　　　　　　　　　　　　　r：フィレット半径（**表1** 参照）
L：支点間距離

図 5 － 平滑試験片（4 点負荷）

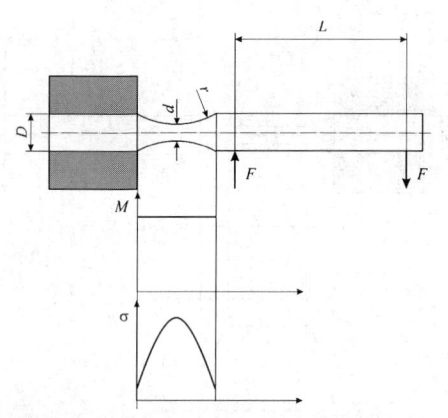

記号説明
　D：試験片のつかみ部又は負荷部の直径　　*L*：支点間距離
　d：応力が最大となる部分の試験片の直径　*M*：曲げモーメント
　F：試験力　　　　　　　　　　　　　　　σ：応力
　r：フィレット半径（**表 1** 参照）

図 6－砂時計型試験片（2 点負荷）

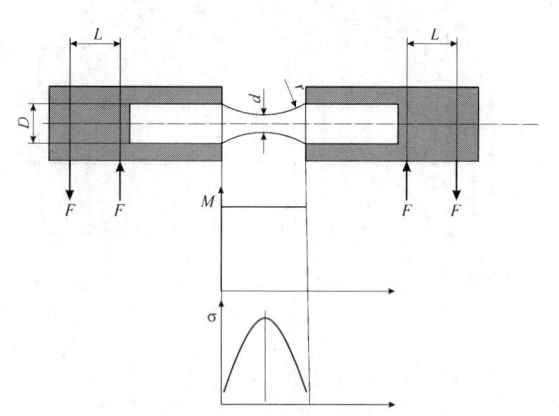

記号説明
　D：試験片のつかみ部の直径　　　　　　　*M*：曲げモーメント
　d：応力が最大となる部分の試験片の直径　*r*：フィレット半径（**表 1** 参照）
　F：試験力　　　　　　　　　　　　　　σ：応力
　L：支点間距離

図 7－砂時計型試験片（4 点負荷）

7 試験片の作製

7.1 一般

材料固有の性質を特徴付けるために設計された回転曲げ疲労試験プログラムでは，試験片の準備において，次の7.2〜7.4の推奨事項を遵守することが重要である。これらの推奨事項から逸脱する理由として考えられるのは，試験プログラムが推奨事項とは相いれない特定の要因（表面処理，酸化など）の影響を調べることを目的としている場合である。全ての場合において，その逸脱を試験報告書に記載しなければならない。

7.2 試験片採取図及びマーキング

半製品又は部品からの試験片の採取位置及び方向は，試験によって得られる結果に大きな影響を及ぼすことがあるため，各試験片には固有のマーク又は識別番号を付与し，その採取位置を記録した採取図を作成しなければならない。各試験片の固有のマーク又は識別番号は，その全ての準備段階において保持しなければならない。このマーク又は識別番号は，機械加工中に消失の可能性がなく，かつ，試験の品質に悪影響を与える可能性がない場所に，任意の信頼できる方法を用いて付与してもよい。機械加工が完了した時点で，各試験片の両端には，試験片が破断した後でも各半分を識別できるように同一のマークを付与することが望ましい。

7.3 機械加工手順

7.3.1 試験片の熱処理

熱処理は，一般的に粗加工した試験片に対して行う。その後，熱処理工程による試験片の変形を取り除くために，試験片に対して最終的な機械加工及び研磨を行うことが望ましい。それが不可能な場合は，試験片の酸化を防ぐために，真空中又は不活性ガス中で熱処理を行う。この場合，その後の残留応力除去を推奨する。残留応力除去処理は，対象材料の微視組織を変化させてはならない。熱処理及び機械加工手順の詳細は，試験結果とともに報告しなければならない。

7.3.2 機械加工基準

選択した機械加工手順によっては，試験結果に影響を与える可能性のある残留応力が試験片表面に発生することがある。これらの応力は，機械加工段階での温度勾配によって引き起こされることもあれば，材料の変形又は微視組織の変化と関連していることもある。これらの応力は，温度が上昇すると部分的又は全体的に緩和されるため，高温での試験においてはその影響はあまり顕著ではない。しかし，特に，最終研磨工程の前に適切な最終加工手順を行うことで，これらの影響を軽減することが望ましい。硬い材料では，旋盤加工又はフライス加工ではなく，研削加工を行うことが望ましい。

研削及び研磨は，次による。
- 研削：最終直径＋0.1 mmの直径から，0.005 mm/pass以下の速度で行う。
- 研磨：最終的に0.025 mmを，粒度を小さくした研磨材で除去する。最終的な研磨の方向は，試験片の軸方向でなければならない。

試験片のフィレット部を加工する場合には，フィレット底を削り込むことがないように，十分注意して加工しなければならない。切欠き試験片を使用する場合は，切欠きを加工する際の諸条件が試験結果に著しく影響するので，疲労強度に影響するような加工の影響が切欠き底に残らないように加工に注意しなければならない。材料の微視組織の変化現象は，温度上昇及び機械加工によって引き起こされるひずみ硬化

に起因するものである。相の変化であったり，表面の再結晶であることが多い。このような場合，試験片はもはや元の材料を代表するものではなくなる。したがって，このリスクを避けるために機械加工中の温度上昇及び強変形を低減するなどの予防措置を講じる必要がある。

特定の元素又は化合物の存在によって材料の機械的特性が劣化する場合にコンタミネーションが発生する可能性がある。例えば，塩素が鋼又はチタン合金に与える影響はその一例である。したがって，使用する製品（切削液など）には，これらの元素を含まないようにすることが望ましい。また，保管前の試験片の洗浄及び脱脂を推奨する。

7.3.3 試験片の表面状態

試験片の表面状態は，試験結果に影響を与える。この影響は，一般的に次の複数の要因と関連している。
- 試験片の表面粗さ
- 残留応力の存在
- 材料の微視組織の変化
- コンタミネーションの混入

次の推奨事項によって，これらの要因の影響を最小限に抑えることが可能である。

表面状態は，一般的に平均粗さ又はそれと同等の値（例えば，十点平均粗さ，又は最大高さ粗さ）で定量化が可能である。表面粗さが疲労寿命に与える影響は試験条件に大きく依存し，その影響は試験片の表面腐食又は塑性変形によって低減する。

どのような試験条件であっても，平均粗さ Ra を 0.2 μm（又は平均粗さと同等の値）未満に規定することが望ましい。

平均粗さに含まれないもう一つの重要な要因は，局所的な加工きずの有無である。低倍率の検査（20 倍程度）で円周方向のきず及び異常が認められてはならない。

接線方向のフィレットをもつ試験片では，しばしばフィレット部から平滑部への移行部にアンダーカットが観察される。試験片は，アンダーカット部で破断する可能性がある。アンダーカットは簡単に測定することはできないが，平角の下で表面の反射を目視検査することで見つけることが可能である。目に見えるアンダーカットは許容しない。

7.3.2 に規定した手順に従って試験片を製造していない場合，又は正しい加工に疑問がある場合は，試験結果の明確な解釈を容易にするため，次の測定又は評価を行い，試験結果とともに観察した値を記載することを推奨する。
- 残留応力状態，できれば深さ方向の残留応力分析結果
- 表面粗さ分析結果
- 表面硬さ

7.3.4 寸法検査

各試験片について試験部の直径を測定しなければならない。この場合，同一断面の互いに直交する 2 方向について試験部の直径を測定し，その算術平均をその断面の直径とする。試験片が平行部をもち，かつ，その平行部が一様な応力を受ける場合は，試験片軸に沿って最低 3 か所の位置で直径を測定し，その最小値を試験部の直径とする。この測定は，試験片に損傷を与えない方法で行わなければならない。

7.4　保管及び取扱い

　試験片は作成後，損傷（接触によるきず，酸化など）の危険性を避ける方法で保管しなければならない。保管には，個別の箱又はエンドキャップ付きのチューブの使用を推奨するが，これらの保管では損傷が避けられない場合は，真空中又はシリカゲルを入れたデシケーター中での保管が必要である。

　試験片を手で触れることは必要最小限にとどめなければならない。状況にかかわらず，試験部には触れないことが望ましい。万一触れた場合は，アルコールで試験片を洗浄するとよい。

8　試験機の精度

　試験機は，軸方向の力及びねじりモーメントが試験片に作用しないような構造でなければならない。回転曲げ疲労試験機には，様々なタイプのものが使用されている。図 1〜図 7 に主なタイプの試験機の負荷方法を示す。図 8 に 4 点負荷回転曲げ疲労試験機の概略図を示す。その動作は，適用する曲げモーメントの誤差が 1 ％以内の要件を満たすものでなければならない。回転曲げ疲労試験機の曲げモーメントの検証手順は，附属書 A による。また，試験機は，繰返し数計数装置，及び再起動防止装置を備えていなければならない。さらに，試験機は，最大試験力までの使用に長期間耐え，かつ，1 ％以内の誤差の範囲内の最大モーメントの精度を維持できるものでなければならない。なお，試験片取付け軸と回転軸との一致の点検については，参考として附属書 JA に示す。

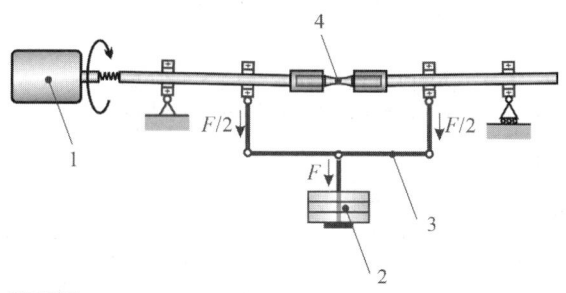

記号説明
　1：モータ
　2：重すい
　3：つ（吊）り下げフック
　4：試験片
　F：試験力

図 8−4 点負荷回転曲げ疲労試験機の概略図

9　加熱装置及び温度測定

9.1　試験片の加熱

　試験片は，加熱炉又は同等の装置で加熱する。

9.2　試験温度

　試験温度は，試験片試験部分の表面温度とする。

10.6.3 の規定に従って，試験片の温度は試験中均一に保たなければならない。

9.3 温度測定装置の校正

温度を測定又は記録するために，使用する熱電対，補償線，温度制御装置及び温度測定器は，温度測定装置として一緒に校正しなければならない。校正間隔は，製品規格及び適正な計量法に従わなければならない。

9.4 温度測定器

温度測定器は，0.5 ℃以上の分解能をもち，±1 ℃の範囲内の精度をもっていなければならない。

10 試験手順

10.1 一般

既に繰返し応力を受けた試験片を再使用してはならない。例えば，10⁷回まで繰返し応力を加えて破断しなかった試験片であっても再使用してはならない。

注記　一般に，既に繰返し応力を受けた試験片は，未使用の試験片とは同等の試験結果を示さない。

また，繰返し数計数装置，再起動防止装置などは，試験開始時に，事前にその作動状態の良否を確認しておくことが望ましい。

なお，低温の下で，又は特殊な雰囲気中で試験を行う場合に，この規格を準用するに当たっては，雰囲気，繰返し速度などの影響について，それぞれ特別な注意を払う必要がある。

10.2 試験片の取付け

各試験片は，試験断面に過大な応力（試験力によって生じるものを除く。）が加わらないようにして試験機に取り付けなければならない。分割コレットによって，力を伝達する軸受が試験片に固定されている場合，初期ねじりひずみが発生するのを防ぐために，試験片を試験機に取り付ける前に位置決めして完全に締め付けることが望ましい。また，しまりばめによって固定する場合も同様の作業が必要なことがある。

試験中の振動を避けるため，試験片及び試験機の駆動軸の軸心は，ほぼ許容値内に維持しなければならない。その許容誤差は，1点負荷試験機及び種々の2点負荷試験機の場合，チャック端で±0.025 mm 及び自由端で±0.013 mm とする。その他のタイプの回転曲げ疲労試験機については，実際の試験部に沿った2か所で測定した偏心に対する許容誤差は，±0.013 mm を超えてはならない。負荷する前に必要な軸合わせをしておかなければならない。

注記　これらの測定は，通常，ダイヤルゲージを用いて行われる。

10.3 負荷方法

与えられた応力から重すい質量による試験力を計算する具体的な公式は，一般に回転曲げ疲労試験機の使用説明書に記載されているが，**表2**に示す式によって計算してもよい。

試験力 *F* は，直接負荷式の重すいの質量によって与えられる。

所定の負荷を達成するための一般的な手順は，各試験片について同じでなければならない。試験機のスイッチを"ON"にして，負荷を開始する前に所定の回転速度に到達させなければならない。その後，衝撃

を与えず，できるだけ早く必要な値に達するまで，試験力を段階的又は連続的に増加させる。特定の繰返し速度に設定する場合は，軽微な回転速度の調整を行うことが可能である。

表2－適用する試験力の計算

試験機のタイプ	F
片持ち曲げ－ 平滑試験片（**図1**）又は 砂時計型試験片（**図3**）	$F = \sigma \dfrac{\pi d^3}{32(L-x)}$
片持ち曲げ－ テーパ型試験片（**図2**）	$F = \sigma \dfrac{27\pi(D_2 - D_1)\left[D_1 L_0 - L'(D_1 - D_2)\right]^3}{128 L_0^{\;3}\left[D_1 L_0 - 3(D_1 - D_2)L'\right]}$
2点負荷（**図4，図6**） 又は 4点負荷（**図5，図7**）	$F = \sigma \dfrac{\pi d^3}{32L}$
記号説明 σ：要求される試験応力 F：試験力 L：支点間距離（**A.4.3** 参照） d：応力が最大となる部分（危険断面）の試験片の直径 x：固定軸受面から最大応力面までの試験片軸方向距離	

10.4 繰返し速度の選択

選択した繰返し速度は，材料，試験片及び試験機の特定の組合せに適したものでなければならない。試験速度は，与えられた一連の試験について同一にすることが望ましい。試験中，試験片の異常振動を避けなければならない。

高温での試験の場合，その温度は **10.6.3** に規定する許容温度変動の範囲内に保たなければならない。試験は，通常，15 Hz～200 Hz（すなわち，毎分900回～12 000回）の間の繰返し速度で実施する。

高い繰返し速度では，試験片の自己発熱が発生し，結果として得られる疲労寿命に影響を与える可能性がある。自己発熱が発生した場合は，繰返し速度を下げることを推奨する。室温試験においては，試験片の自己発熱を監視し記録することが望ましい。試験片温度が 35 ℃を超える場合は，試験片温度を測定して報告しなければならない。試験片温度は，試験する材料の疲労挙動に影響を与えない範囲を超えることは望ましくない。疑義がある場合，繰返し速度及び温度の影響がないことを証明するために，より低い繰返し速度及び温度で参照試験を行わなければならない。

注記　環境の影響が大きい場合，試験結果は繰返し速度に依存する可能性が高い。

10.5 試験の終了

試験は，試験片が破断するまで，又は要求された繰返し数（例えば，10^7回又は10^8回）に達するまで継続する。やむを得ず試験を中断した場合には，試験片に作用させる力を速やかにゼロとし，かつ，試験中断の時期，試験期間などを記録し，試験報告書に記載することが必要である。試験打切りの繰返し数は，個々の材料及び製品規格又は受渡当事者間の協定によって，事前に定めておくことが望ましい。破断位置が試験部の外側にある場合，試験結果は無効とする。

10.6　高温下での試験手順

10.6.1　表面温度と試験片近傍の雰囲気温度との関係

回転曲げ疲労試験の性質上，温度を直接測定することができない場合がある。この場合，間接的に温度測定をしなければならない。試験片試験部分の表面温度と試験片近傍の雰囲気温度との関係を測定する場合は，**附属書 JB** の測定例を参考にするとよい。

10.6.2　間接的な温度測定

試験片の温度を測定するためには，三つの方法がある。

第一の方法は，熱電対の先端を試験片表面に接触させるのではなく，試験片表面から約 1 mm～2 mm の距離に置く方法である。この方法を用いる場合，試験片の表面温度と測定用熱電対が示す温度との間の関係を求めなければならない。この関係は，試験片温度を決めるための補正係数を導き出すために使用する。

第二の方法は，直接測定，すなわち熱電対の先端を直接試験片の表面に接触させる方法である。この方法を用いるには，試験機を定期的に停止させ，試験力を取り除くことが必要であり，その後，試験片表面の温度を測定する。

第三の方法は，加熱装置の静的校正である。この校正は，試験に用いるものと形状及び材質が同じ試験片の中央部に熱電対を溶接して行う。溶接の方法は，次のいずれかによる。

- 砂時計型試験片に対して 1 本の熱電対（最小断面部に溶接）
- 平行部長さが 15 mm 未満の丸棒試験片に対して 2 本の熱電対（長さの 1/3 及び 2/3 の位置に溶接）
- 平行部長さが 15 mm 以上の丸棒試験片に対して 3 本の熱電対（長さの中央，1/3，及び 2/3 の位置に溶接）

これらの方法の目的は，試験片温度及び炉内温度の関係を求めることである。測定値は，記録しなければならない。

試験中，炉の温度を観察し，試験片の温度が試験条件と一致していることを確認する。

注記 1　試験中に試験片が自己発熱する材料に対しては，この方法は試験温度を制御することに適していない。

注記 2　試験片表面に近い炉内の定点に配置された参照熱電対によって，温度ドリフト及び試験片の自己発熱を検出及び測定して情報を得ることが可能である。

10.6.3　試験開始までの保持時間及び温度許容範囲

試験を開始する前に，試験片を設定温度まで加熱し，約 30 分間安定させなければならない。試験全体を通じて，指示された試験片温度の経時的変動は，摂氏（℃）単位の設定試験温度の±0.6 ％又は±3 ℃のいずれか大きい温度差以下でなければならない。

試験部の軸方向温度分布は，摂氏（℃）単位の設定試験温度の±0.6 ％又は±5 ℃のいずれか大きい温度差以下でなければならない。なお，試験片のゲージ長に沿った温度分布は，一般的に試験機固有のものである。それを求めるには，ゲージ長に沿った 3 本の熱電対をもつ試験片を試験機に挿入するとともに，温度を制御し，監視するための熱電対を組み込んだ炉を設定温度まで加熱し，炉が設定温度で安定したときに試験片の温度を測定するのがよい。

10.6.4 温度測定器

温度測定器で表示される温度は，周囲温度の変化に対して±1 ℃の範囲内で安定することが望ましい。

制御温度のあらゆるドリフトを検知して測定しなければならない（**10.6.2** 参照）。制御温度のドリフト，すなわち，試験片温度のドリフトが発生する試験については，その結果が異常値であるか否かを **ISO 12107** に従って決定しなければならない。データが S-N 曲線（**12.2** 参照）から大きく外れている場合，通常，無効な結果であることが多い。

11 試験報告書

疲労試験報告書には，**a)～m)**に示す必須項目を含めなければならない。

a) 試験した材料及びその金属学的特性

> **注記** 金属学的特性は，参照文又は材料の製造された仕様書（ミルシート）として作成されることがある。

b) 試験片番号

c) 半製品又は部品から試験片を採取した場合，次の事項

－ 半製品又は部品から取り出した各試験片の位置

－ 半製品が加工された特徴的な方向（適宜，圧延，押出しなどの方向）

－ 各試験片の固有の識別番号

d) 熱処理及び機械加工手順の詳細

> 熱処理は，通常，試験片の機械加工の前に行われるが，加工後にひずみ取りなどの目的で再び熱処理を行った場合には，特に明記する。

e) 応力の負荷方法及び使用した試験機の種類

f) 試験片の種類，寸法及び表面状態並びに着力点

g) 応力繰返し速度

h) 試験片温度と炉内温度との関係

i) 試験温度及び自己発熱が発生した場合の試験片の温度（35 ℃を超える場合）

j) 室温及び相対湿度の 1 日の最大値及び最小値

k) 試験終了の判断基準，すなわち，その継続期間（例えば，10^6 回，10^7 回，10^8 回），又は試験片の完全な破断，その他の判断基準

> やむを得ず試験を中断した場合，試験中断の時期又は試験期間を明記する。

l) 試験中の試験条件との差異

m) 試験結果

> 試験報告書には，次の **n)～s)**に示す疲労試験に関する任意の情報を追加してもよいが，追加する内容については，必要に応じて受渡当事者間で協議して定めることが望ましい。

n) 引張試験

> 引張試験片についても，必要があれば素材からの試験片採取条件（採取方法，採取部位，採取方向など），及び熱処理条件を記載する。

o) 表面状態

p) 試験応力（疲労強度の決定方法，応力レベルの間隔）の明記

SI 単位の使用が既に一般に普及しており，また，学術論文を始め，種々のデータベースの大半で用いられていることを考慮して，応力の単位として MPa（＝10^6 Pa）を用いることが望ましい。応力値は，**JIS Z 8401** の規則 B によって，有効数字 3 桁に丸めることが望ましい。

q) 試験結果の繰返し数の計数

試験結果の繰返し数には，所定の試験力に到達するまでの試験力調整中の繰返し数は含めない。

r) 試験結果の繰返し数の定義

試験結果の繰返し数とは，試験片の破断まで，又は試験打切りまでの繰返し数をいう。

s) 7.2〜7.4 の推奨事項から逸脱した場合は，その理由

任意の情報は，混乱を避けるため，必須項目から明確に分離しなければならない。

試験報告書の例を，**附属書 B** に示す。

12 疲労試験結果の表示

12.1 表形式での提示

疲労試験結果は，表形式で報告することが望ましいが必須ではない。表形式を使用する場合，少なくとも，試験片の識別番号，試験順序，元の材料における試験片の方位（表面からの距離，表面基準の方位，及びフライス方向を基準とした方位），試験機における試験片の方位，き裂発生位置（定義した位置を基準として測定したき裂長さ及び試験片の方向を基準とした角度），試験応力範囲，疲労寿命又は試験終了までの繰返し数を含めなければならない。時間強度及び疲労限度の求め方を，**附属書 JC** に参考として示す。

12.2 図形式の表示

疲労試験データの最も一般的な図表示は，*S-N* 図である（**図 9** 参照）。試験結果である疲労寿命は，横軸に対数目盛でプロットする。試験条件である最大応力，応力範囲及び応力振幅は，メガパスカル（MPa）で表され，縦軸に対数目盛又は線形目盛でプロットする。また，*S-N* 図において，破断しなかった試験片に対する試験結果を表す点には，右向きの矢印を付ける。

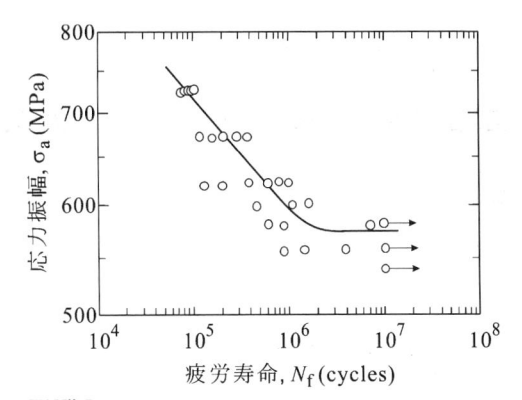

記号説明

矢印の付いた印（○）：10⁷回（打切り）での未破断

図 9−S-N 図

S-N 図に示すことが望ましい最小限の情報としては，呼称，仕様又は特性値，材料の等級，引張強さ，試験片の表面状態，該当する場合は切欠きの応力集中係数，疲労試験の種類，繰返し速度，環境，試験温度及び相対湿度がある。

およそ 50 ％の破断確率をもたらす曲線を近似する目的で，疲労試験データに適切な数学的関係を当てはめることが行われる。一般的に，多くの応力レベルに対してデータが存在し，応力の関数として一定の分散をもつ対数正規分布の連続した単一分布で表される。このような S-N 曲線の統計的な推定については，ISO 12107 及び JSMS-SD-6-08 （参考文献[7]）が参考になる。

13 測定の不確実性

13.1 一般

測定結果の不一致の主な原因を特定するために，測定の不確実性の解析をすることは有用である。

この規格に基づく製品規格及び材料特性データベースには，測定の不確実性が本質的に寄与している。したがって，測定の不確実性に対して更なる調整を行うことは不適切であり，それに従った製品が不合格になるリスクがある。このため，測定の不確実性の解析に従って導き出された不確実性の評価は，情報提供だけである。

13.2 試験条件

この規格で定義された試験条件及び許容値は，測定の不確実性を考慮するために調整することは望ましくない。

13.3 試験結果

見積もった不確かさを，製品規格の規定値と組み合わせることは，合格の製品を不合格とする危険性があるため不適切である。このため，不確かさの見積もりを製品の合否を判定するために用いることは望ましくない。

不確かさについては，金属材料回転曲げ疲労特性の不確かさを計算するための標準的な手順の指針である文献（参考文献[6]及び[7]）が参考となる。

附属書 A
（規定）
回転曲げ疲労試験機の曲げモーメントの検証

A.1　回転曲げ疲労試験機の検証の考え方

回転曲げ疲労試験機の検証には，二つの考え方が一般的に使用されている。第一の方法は寸法測定とそれに基づいた計算とによるものであり，第二の方法はひずみゲージを貼付した試験片を使用するものである。

この附属書では，検定機器，検定前検査，検証手順（寸法測定法又はひずみゲージ法のいずれか），検定データの評価，検定期間，及びそれによる要求性能について規定する。

A.2　検定機器

A.2.1　一般

回転曲げ疲労試験機の性能を検証するために，様々な機器を使用する。校正済みの重すいによって再現可能な試験力が得られる。校正した測定器，一般的にはマイクロメータ及び／又はノギスを使用して寸法の測定を行う。

A.2.2　重すい

検定の負荷に使用する重すいの質量は，誤差が±0.1 %の範囲内の精度をもち，5 年以内ごとに検証しなければならない。

A.2.3　寸法測定

回転曲げ疲労試験機の曲げモーメントに寄与する寸法の測定に使用するマイクロメータ又はノギスは，0.01 mm 以下の分解能及び 0.03 mm 以上の精度でなければならない。

A.3　検定前の試験機の検査

試験機の構成部品の摩耗を検定前に検査し，必要に応じて交換し，試験機の保守記録に交換について記録しなければならない。

A.4　検証手順－寸法測定による検証

A.4.1　一般

回転曲げ疲労試験機は，寸法測定及び試験力測定の組合せを併用して検証することが可能である。負荷する力を試験片の負荷モーメントに変換するためのアームの長さは，非常に正確に測定しなければならない（**A.4.3** 参照）。

A.4.2　温度の安定化

検証装置を平衡した温度に到達させるために十分な時間をかける。検証開始時及び終了時の温度を記録する。

A.4.3　平均支点間距離の測定

各支点の両側で，マイクロメータ又はノギスを使用して，支点間距離 L（4 点負荷試験機の場合は，L_1 及び L_2）を測定する（**図 1〜図 7 及び図 A.1** を参照）。これらの測定を 3 回繰り返す。それらの平均値を計算し，平均支点間距離 L として記録する。個々の測定値は，5 %を超える変動のないことが望ましい。試験機が 4 点負荷の場合，L_1 及び L_2 の測定値の平均は，それぞれ 1 %の範囲内でなければならない。

平均支点間距離及び**表 2** に示した式によって，要求された試験応力を発生させるのに必要な力を計算する。

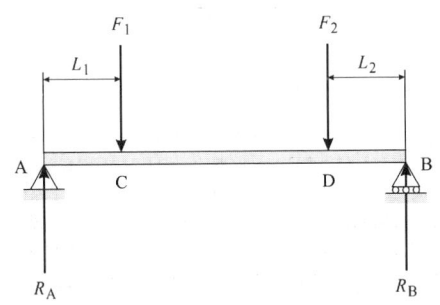

記号説明
A：左回転支持点
B：右移動支持点
C：左着力点
D：右着力点
R_A：左支持力
R_B：右支持力
F_1, F_2：試験力
L_1, L_2：負荷アーム長さ

図 A.1－支点間距離決定の概略（4 点負荷曲げ）

A.4.4　要求特性の計算－試験力の相対的精度誤差, q

試験力の相対的精度誤差 q は，その試験用重すいの校正証明書に報告されているパーセント誤差とする。

A.4.5　要求特性の計算－試験力の相対的再現性誤差, b

試験力の相対的再現性誤差 b は，試験用重すい質量の精度に基づく。これは，試験用重すいの校正証明書に記載されている計量等級によって求められる。試験用重すい質量に対するパーセントとして表す。

A.4.6　要求特性の計算

支点間距離の相対的精度誤差 q' は，次の式(A.1)で計算する。

$$q' = \frac{L_\mathrm{s} - \overline{L}}{\overline{L}} \times 100 \quad \cdots\cdots\cdots\cdots\cdots\cdots\cdots\cdots\cdots\cdots\cdots\cdots\cdots\cdots \text{(A.1)}$$

ここで，　L_s：　支点間距離の公称値
　　　　　$\overline{L}$：　測定した支点間距離の平均値

A.4.7　要求性能特性

最大許容誤差値は，次のとおりとする。

a)　試験力の相対的精度誤差（q）：±1 %

b)　試験力の相対的再現性誤差（b）：±1 %

c)　支点間距離の相対的精度誤差（q'）：±0.3 %

A.5　検証手順－ひずみゲージ付き試験片を使用した検証

A.5.1　一般

回転曲げ疲労試験機を検証するための第二の方法は，試験で使用したものと同種の，ひずみゲージ付き試験片を使用することである。このような検証試験片の準備において，ひずみゲージによる測定を実施する前に最大応力位置を測定しなければならない。典型的な検証試験片は，180°離れた二つの軸方向ひずみゲージ（ゲージ No.1 及び No.2）を備えている。この方法は，一つのひずみゲージ（ゲージ No.1）だけを貼付した検証試験片を使用して実施してもよい。ひずみゲージで測定した試験片材料の弾性係数 E，測定した最大応力位置の直径 d, 及び**表2**中の該当する式を使用して，ひずみゲージ出力を試験力に変換する。この負荷試験力と計算された試験力との関係から，引き続き行う全ての試験に対する試験力を決定することが可能である。

A.5.2　温度の安定化

検証装置を平衡した温度に到達させるために十分な時間をかける。一連の試験力測定の適用開始時及び終了時の温度を記録する。必要に応じて，**JIS B 7728** に規定する校正証明書に記載されている式を使用して，検定装置の温度補正を行う。

A.5.3　検定前の調整

機器の動作が良好であることを確認するため，ひずみゲージを貼付した試験片を用いて，回転曲げ疲労試験機及び校正機器又は校正装置を初期負荷及び検証する最大負荷の間で3回負荷することが必要である。3回目の負荷後，負荷した試験力をゼロに戻す。校正機器又は校正装置に力計が組み込まれている場合は，出力をリセットしゼロにする。

A.5.4　試験力の選択

試験力の選択のため，試験力レンジの20 %と試験機の最大試験力との間，又は使用する最小試験力と最大試験力との間の少なくとも5点以上のほぼ等間隔の試験力を計算する。

A.5.5　片持ちはり式試験機

A.5.5.1　1点負荷試験機の場合，測定値が平均化されることを避けるため，試験力検証用のひずみゲージは，できる限り小さな寸法のものでなければならない。

A.5.5.2 ひずみゲージを貼付した試験片をモータ側で試験機に取り付け，負荷側は取り付けないままにする。ひずみゲージをブリッジボックスに接続して，信号が連続して出力することを確認する。その後，試験片，試験機部品及び電子機器を 30 分間熱的に安定させる。この期間後，電子機器及びひずみゲージ出力をゼロにする。

A.5.5.3 曲げ負荷棒を試験片に取り付け，負荷装置に取り付ける。次に，1 ゲージ（又はゲージが二つある試験片ではゲージ No.1）からの出力が最大になるまでひずみゲージを貼付した試験片を回転させ，ひずみゲージ出力を記録する。各試験力条件においてこの手順を繰り返し，ひずみゲージが貼付された試験片を僅かに回転させ，各試験力において最大曲げモーメントが測定されることを確認する。

A.5.5.4 試験力の増加は，質量が既知の重すいによって行う。

A.5.5.5 最初の試験力増分サイクルが完了すれば，負荷した試験力を除荷する。ただし，曲げ負荷棒はそのままにしておく。次に，試験力増分サイクル No.2 及び No.3 を繰り返す。試験力増分サイクル No.3 が完了したら，ひずみゲージを貼付した試験片を約 180°回転させる。三つの試験力増分サイクルの 2 番目を開始し，各測定でゲージ No.2 からの出力を最大にするか，又は 1 ゲージ試験片の場合は圧縮ひずみの出力を最大にする。

A.5.5.6 これらの測定完了後，負荷装置及び曲げ負荷棒を取り外して，ひずみゲージ出力の最終測定値を記録する。次に，記録したひずみゲージ測定値を，同タイプの試験機に該当する**表 2** の式，ひずみゲージ貼付試験片に対する適切な弾性係数 E 及びこの特定のひずみゲージ貼付試験片に対して測定したゲージ断面直径 d を用いて，試験片に負荷される試験力に変換する。

A.5.6 4 点負荷試験機

A.5.6.1 試験機における初期試験片の設定を除いて，4 点負荷試験機の検定については，**A.5.5** で規定したものと同一の手順を実施する。この場合，ひずみゲージを貼付した試験片の一端をモータ側で試験機に取り付け，他端は支持しない。ひずみゲージをブリッジボックスに接続し，信号が連続して出力することを確認する。その後，試験片，試験機部品及び電子機器を 30 分間熱的に安定させる。この期間後，**A.5.5.2** に従って，電子機器の出力をゼロにする。

A.5.6.2 試験片のモータの反対側を試験機に接続し，全てを負荷装置に取り付ける。ここで，**A.5.5.3**〜**A.5.5.5** に従って各試験力増分におけるひずみゲージ出力の最大化及び記録を含む後続の検定手順を開始する。三つの繰返し負荷条件のそれぞれについて全てのデータを記録後，**A.5.5.6** に従って，同タイプの試験機に該当する**表 2** の式，ひずみゲージ貼付試験片に対する適切な弾性係数 E 及びこの特定のひずみゲージ貼付試験片に対して測定したゲージ断面直径 d を用いて，試験片に負荷される試験力に変換する。

A.5.7 ひずみゲージ貼付試験片を使用して検証した試験機類

ひずみゲージを使用した検証手順から得たデータは，試験機に作用する重すい以外の風袋力（最小試験力）及び負荷した力と試験片に作用する力との関係を求めるために使用する。この関係は，その後，指定した試験応力に必要な試験力を決めるため，並びに **A.5.8** 及び **A.5.9** に規定する試験機の要求特性への適切な値を決定するために使用する。

A.5.8 要求特性の計算−試験力の相対的精度誤差，q

試験力の相対的精度誤差 q は，試験用重すいの校正証明書に報告されたパーセント誤差に加え，試験力のパーセントとして表した無負荷時の試験力誤差とする。

A.5.9　要求特性の計算－試験力の相対的再現性誤差，*b*

試験力の相対的再現性誤差 *b* は，試験用重すい質量の精度に基づく。これは，試験用重すいの校正証明書に記載されている計量等級によって求められる。試験用重すい質量に対するパーセントとして表す。

A.5.10　要求性能特性

試験機は，ひずみゲージを貼付した試験片を用いて検証するが，その最大許容誤差値は，次のとおりとする。

a)　試験力の相対的精度誤差（*q*）は，±1 %

b)　試験力の相対的再現性誤差（*b*）は，±1 %

A.6　検定期間

試験機は，毎年又は要求に応じてより頻繁に検証しなければならない。参考値として，**ISO 7500-2** [3]の勧告に従って，12 か月以下の期間を選択することが可能である。

附属書 B
（参考）
試験報告書の例

回転曲げ疲労試験結果の解析を，**表 B.1** に示す。

表 B.1－回転曲げ疲労試験結果の解析

試験終了日：
試験材料（規格）
－　化学組成
－　熱処理
－　表面状態
－　特別仕様
引張試験結果
試験条件
－　応力のかけ方（試験力を負荷する箇所）
－　試験機
－　応力比
－　試験片の種類
－　試験片の寸法
－　繰返し速度
－　試験波形
－　試験温度
－　自己発熱が発生した場合の試験片の温度
－　室温（最大値及び最小値）
－　相対湿度（最大値及び最小値）
－　試験打切りの繰返し数（例：10^6回，10^7回，10^8回）
－　破断の定義
－　試験中の要求条件からの逸脱

試験片番号	試験温度 ℃	危険断面における 試験片直径 mm	最大応力 MPa	疲労寿命 N_f cycles	備考

附属書 JA
（参考）
試験片取付け軸と回転軸との一致の点検

箇条 **8** で規定したように，この規格では，試験装置の曲げモーメントの精度を構造的に求めることにした。1 点負荷及び 2 点負荷の場合では問題はないが，4 点負荷の場合，支持部において作用する可能性がある試験力以外の力による曲げモーメントが試験片に加わらないようにするためには，試験機の回転軸はバランスがとれていて，かつ，試験片の取付け軸と回転軸とが一致していなければならない。次に示す点検方法は，比較的簡便に行えるにもかかわらず，感度がよいので，実用的な方法として推奨する。

a) 最初に，試験力が $F=0$ の状態で，切断していない試験片を試験機に取り付け，試験片の試験部の高さを，トースカン，ハイトゲージなどで測定する。

b) 次に，**a)**で用いた切断していない試験片を取り外し，試験部の長さの中央で切断した試験片を試験機に取り付け，**a)**で測定した高さに，切断部の両側の試験片の切断端が垂直方向にそろっているかどうかを確認する（目視でよい。）。そろっていない場合は，バランスを調整してそろえる。

c) **a)**及び **b)**の手順で，同様に水平方向のずれ（支点の摩耗などに伴って生じやすいずれ）も点検するとよい。

また，負荷機構の支点における摩擦力が十分に小さいことを確認するため，試験力 $F=0$ の状態に対して最大試験力の 1/1 000 に相当する曲げモーメントを加えたとき，試験片の切断端の変位が，目視などで明瞭に認められるものでなければならない。

なお，アンバランス又は軸の偏心による曲げモーメントの誤差を，定量的に求めたい場合及び 1 点負荷又は 2 点負荷によって曲げモーメントを負荷する試験機の場合は，ひずみゲージによる方法を用いてもよい。例えば，切断していない試験片にひずみゲージを貼付し，その試験片を試験機に取り付けて，手で回転させながら試験力を段階的に適宜増加させ，各段階において最大及び最小のひずみを測定する。最大ひずみと最小ひずみとの差からひずみ振幅を求め，更にひずみ振幅と試験力との関係を求めて，ひずみ振幅がゼロに対応する試験力を外挿し，誤差とするのがよい。また，最大ひずみ及び最小ひずみが得られたときの試験片の回転位置から，誤差の方向が推定される。

4 点負荷試験機の場合，ひずみゲージによる方法では，試験片の左右それぞれのアンバランスを検出しにくいため，**b)**に示した切断試験片による方法との併用が望ましい。また，ひずみ振幅と試験力との関係の直線性，ひずみゲージのクリープ，ヒステリシスなどは，測定技術的に種々の注意を必要とする。

附属書 JB
(参考)
試験片試験部分の表面温度と試験片近傍の雰囲気温度との関係

　試験片近傍の雰囲気温度を測定して試験片表面温度に換算する予備試験の方法，並びにそれによって試験片表面温度及び雰囲気温度を測定した結果の一例を，次に示す。

　測定条件を表 JB.1 に，試験片と温度測定位置との関係を図 JB.1 に示す。測定は，回転曲げ疲労試験の二つ割りの電気抵抗加熱炉を用い，疲労試験の場合と同じ試験片つかみ状態で行った。試験片は，平行部の長さは 20 mm，試験部の直径は 8 mm で，材質はインコネル 718 である。Type K の熱電対を使用して，温度測定した。

表 JB.1－炉内雰囲気温度及び試験片表面温度の測定条件

試験温度　　（℃）	600, 700, 800, 900, 1 000
繰返し速度　　（Hz）	16.7（600 ℃及び 1 000 ℃），50，100（600 ℃）
試験片表面からの測定位置　　（mm）	試験片表面: 0，雰囲気: 5，10，15
温度測定時期	試験片回転前，試験片回転中（試験片表面を除く。）及び試験片回転停止直後

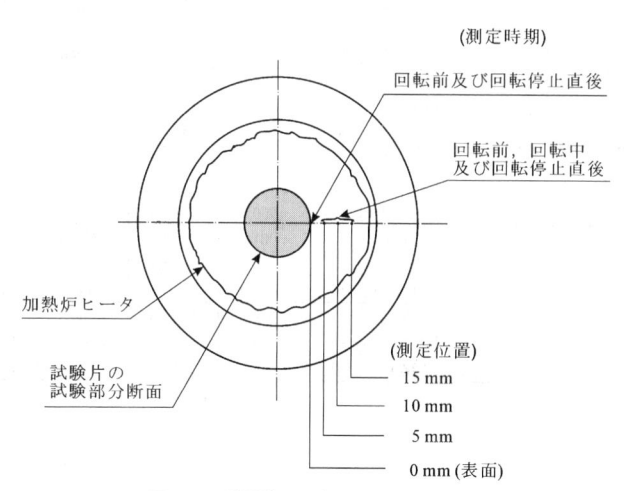

図 JB.1－試験片と温度測定位置との関係

　測定結果を，表 JB.2 及び図 JB.2 に示す。図 JB.2 の各測定位置での雰囲気温度は，試験片表面温度との温度差で表示した。すなわち，試験片回転前の温度については，そのときの試験片表面温度を基準とし，試験片回転中及び回転停止直後の温度については，回転停止直後の試験片表面温度を基準とし，それぞれの値の差を温度差とした。

　試験片回転前，試験片回転中及び回転停止直後のいずれの場合も，試験片近傍の雰囲気温度は，試験片

表面温度より高く，試験片表面から離れるほど高くなる傾向にある。これは，試験片表面から離れること
は，加熱炉の発熱体に近づくことによるためと考えられる。

なお，測定位置 10 mm に比べて測定位置 5 mm での温度差が大きくなる傾向にあるが，この原因は，測
定誤差によるものか，試験片からの放射の影響によるものか明らかでない。また，試験片表面温度及び雰
囲気温度の差の分布は，試験片回転前と回転停止直後とでほぼ同じで，明瞭な相違は認められない。しか
し，回転中及び回転停止直後の雰囲気温度は，回転中の方が 2 ℃〜3 ℃高くなる場合がある。

表 JB.2 −試験片表面温度及び試験片近傍雰囲気温度の測定結果

目標試験温度 (℃)	繰返し速度 (Hz)	測定時期	表面からの各測定位置における温度 (℃)			
			0 mm (表面)	5 mm	10 mm	15 mm
600	16.7	回転前	599.1	604.5	604.3	608.7
		回転中	−	607.7	606.3	609.7
		回転停止直後	599.6	604.8	604.8	609.2
	50	回転前	598.9	603.8	604.0	608.2
		回転中	−	608.6	607.0	610.0
		回転停止直後	601.0	606.0	606.2	610.1
	100	回転前	597.7	603.4	603.6	608.2
		回転中	−	602.5	603.4	607.7
		回転停止直後	601.8	605.2	605.3	609.0
700	50	回転前	699.6	703.3	703.2	708.0
		回転中	−	707.4	705.2	708.8
		回転停止直後	701.2	705.5	705.0	708.8
800	50	回転前	800.8	804.7	803.2	808.8
		回転中	−	807.9	805.4	809.4
		回転停止直後	801.5	806.0	804.3	809.0
900	50	回転前	901.1	902.1	903.2	905.9
		回転中	−	904.8	904.7	906.4
		回転停止直後	900.9	902.5	902.3	905.7
1 000	16.7	回転前	1 001.4	1 003.3	1 002.8	1 005.8
		回転中	−	1 004.7	1 003.3	1 006.2
		回転停止直後	1 002.0	1 004.5	1 003.3	1 006.2
	50	回転前	999.6	1 001.3	1 000.3	1 003.8
		回転中	−	1 004.1	1 002.6	1 005.7
		回転停止直後	1 000.9	1 002.1	1 001.2	1 004.4

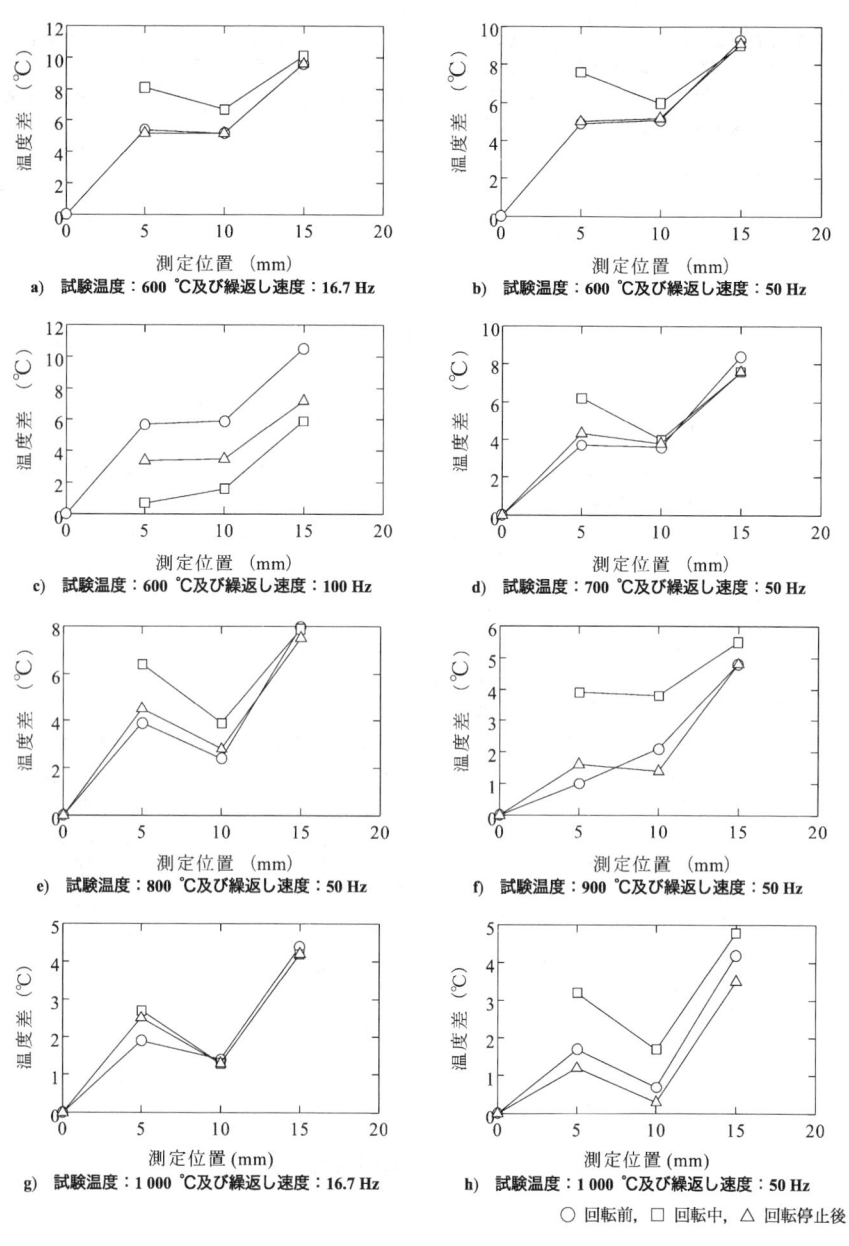

図 JB.2－試験片表面と試験片近傍雰囲気との温度差

試験片表面と試験片近傍雰囲気との温度差の試験温度依存性を，**図 JB.3** に示す。繰返し速度 50 Hz で，回転中及び回転停止直後の測定位置 5 mm 及び測定位置 15 mm での温度差を試験温度に対してプロットしたものである。試験片表面と試験片近傍雰囲気との温度差は試験温度に依存し，600 ℃～1 000 ℃の範囲では試験温度が高いほど温度差は小さくなる傾向にある。

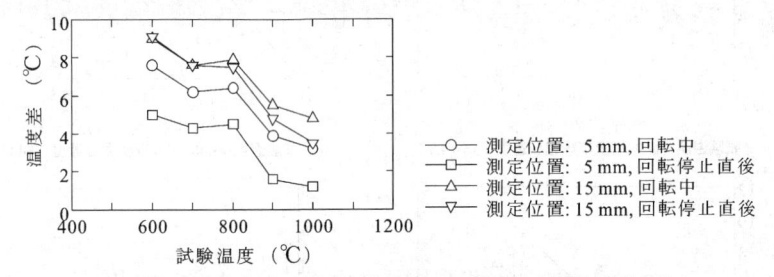

図 JB.3－試験片表面と試験片近傍雰囲気との温度差の試験温度依存性

試験片表面と試験片近傍雰囲気との温度差の繰返し速度依存性を，**図 JB.4** に示す。試験温度 600 ℃及び 1 000 ℃で，回転中及び回転停止直後の測定位置 5 mm 及び測定位置 15 mm での温度差を繰返し速度に対してプロットしたものである。試験片表面と試験片近傍雰囲気との温度差については，繰返し速度の速い方が温度差は多少小さくなる傾向が認められる。

測定した結果をまとめると，次のようになる。

― 試験片表面温度より試験片近傍雰囲気温度の方が高い。

― 試験片回転中及び回転停止直後の試験片近傍雰囲気温度は，回転中の方が高い。

― 試験片表面と試験片近傍雰囲気との温度差は，試験片からの距離に依存する。

― 試験片表面と試験片近傍雰囲気との温度差は，試験温度に依存し，試験温度が高い方が小さい。

― 試験片表面と試験片近傍雰囲気との温度差は，繰返し速度に依存する可能性があり，速度の速い方が小さい傾向にある。

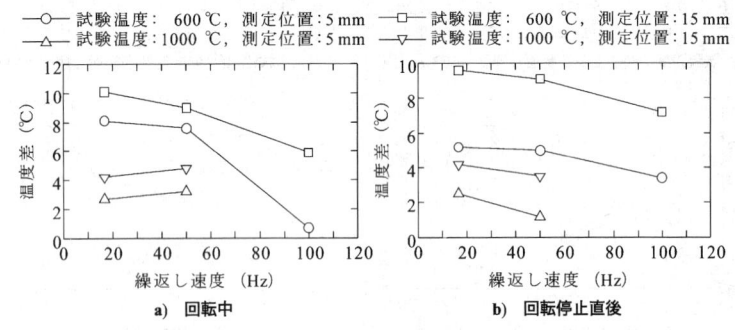

図 JB.4－試験片表面と試験片近傍雰囲気との温度差の繰返し速度依存性

附属書 JC
(参考)
時間強度及び疲労限度の求め方

JC.1 S-N 図

S-N 図を得るために，多くの応力レベルにおいて試験を行う場合は，相隣る二つの応力の比が，S-N 曲線の傾斜部分では 1.05～1.5，また，疲労限度付近では 1.02～1.05 となるように，等間隔の応力レベルをそれぞれ選ぶことが望ましい。S-N 図によらずに時間強度を求めるために，時間強度付近の幾つかの応力レベルで試験を行う場合は，相隣る二つの応力の比が 1.02～1.05 となるように，等間隔の応力レベルを選ぶのが望ましい。S-N 曲線を求めるために必要な応力レベルの数又は範囲は，それぞれ試験の目的によって異なるので，必要に応じて受渡当事者間で協議しておくことが望ましい。

JC.2 時間強度の決定

JC.2.1 時間強度を求める場合の繰返し数

時間強度を求める場合の繰返し数は，次のいずれかに設定することを推奨する。この繰返し数は，試験報告書に付記することが望ましい。

$$10^4, \quad 2 \times 10^4, \quad 5 \times 10^4, \quad 10^5, \quad 2 \times 10^5, \quad 5 \times 10^5, \quad 10^6, \quad 2 \times 10^6, \quad 5 \times 10^6,$$
$$10^7, \quad 2 \times 10^7, \quad 5 \times 10^7, \quad 10^8$$

時間強度の決定は，**JC.2.2** 又は **JC.2.3** のいずれかの方法によることが望ましい。

JC.2.2 S-N 曲線によって時間強度を決定する方法

試験結果を表す各点のほぼ中央に S-N 曲線を引き，指定された繰返し数に対応する応力を S-N 曲線上に求め，その応力値を時間強度とするのがよい。ただし，S-N 曲線は，外挿によって引いてはならない。この時間強度には，A の記号を付けて，例えば，σ (A10⁵)＝280 MPa のように表示する。

なお，S-N 曲線の傾斜部分は，直線的な場合もあるが，材料又は試験条件によってわん曲していることも多い。したがって，S-N 図から時間強度を求める場合には，応力レベルの間隔の定め方に注意することが望ましい。

この規格では，破断確率の推定値 P は，次のように定義する。ある応力レベルで n 本の試験片を用いて疲労試験を行い，その応力レベルで指定された繰返し数までに m 本が破断したとき，破断確率（百分率の推定値）を "P (%)＝(m/n)×100" によって定義する。ただし，時間強度について実際に破断確率を考慮して取り扱う場合には，統計的手法による疲労試験を行うことが望ましい（参考文献[7]）。

JC.2.3 S-N 曲線によらず時間強度を決定する方法

破断繰返し数が指定の繰返し数付近となるような幾つかの応力レベル（**JC.1** 参照）で，各応力レベルにおいて 2 個以上の試験片を試験した結果から，次のいずれかによる応力を時間強度とするのがよい。

a) 応力レベルごとの試験片の半数以上が指定された繰返し数で未破断であった応力レベルのうち，最大の応力レベルの応力とするのがよい。ただし，それより低い応力レベルで，指定の繰返し数で未破断

の試験片の数が過半数であることを推奨する。

b) **a)** で，時間強度として求められる応力レベルでの試験片が，指定の繰返し数で全て未破断であった場合は，その応力レベルとその1レベル上の応力レベルとの平均の応力とするのがよい。ただし，それより低い応力レベルでは，指定の繰返し数で破断した試験片があってはならない。

この方法によって時間強度を求める場合には，応力レベルの間隔の定め方に注意することを推奨する。破断確率を正確に求めるためには，当該応力レベルで試験する試験片本数 n としては，多い方が望ましいが，実用的でないため，2本以上とするのがよい。

なお，必要な場合には，受渡当事者間の協議によって，応力レベルごとの試験片の本数を決め，統計的処理によって時間強度を求めてもよい。この方法によって時間強度を求めた場合には，試験した応力レベルの間隔を，試験報告書に付記することが望ましい。

JC.3 疲労限度を決定する方法

S-N 曲線が水平部をもつ場合には，水平線の表す応力を疲労限度とするのがよい。ただし，水平線の表す応力は，**JC.1** に示す応力レベルごとに2本以上の試験片を試験した結果から，次のいずれかによって求めた応力とするのがよい。

a) 試験片の半数以上が未破断となった応力レベルのうち，最大の応力とするのがよい。ただし，それより低い応力レベルで，未破断の試験片の数が過半数であることを推奨する。

b) **a)** で，水平線を表す応力として求められる応力レベルでの試験片が全て未破断であった場合は，その応力レベルと，その1レベル上の応力レベルとの平均の応力とするのがよい。ただし，それより低い応力レベルでは，破断した試験片があってはならない。

なお，必要な場合には，受渡当事者間の協議によって，応力レベルごとの試験片の本数を決め，統計的処理によって疲労限度を求めてもよい。

疲労強度が，指定された値以上であることを保証することが望ましい場合には，その指定された繰返し応力で3個の試験片を試験し，いずれの試験片も所定の繰返し数において未破断であることを示せばよい。

JC.4 指定値以上の疲労強度の保証

疲労強度が指定された値以上であることを保証することが望ましい場合には，3試験片法，又は3本非破断の方法と呼ばれる方法を用いてもよい。この試験方法を用いる場合は，3本の試験片が全て未破断となるような応力レベルを求めることになるので，その応力レベルにおける破断確率の推定値は50％よりかなり小さくなる。なお，一般に，材料又は試験条件の異なる *S-N* 曲線は，平行とはならないため，2種類以上の材料について疲労強度を比較する場合には，その疲労強度を定めた繰返し数において直接求めた値を用いて比較することが望ましい。ある繰返し数で求めた疲労強度の差がそのまま別の繰返し数についても認められるとは限らない。

参考文献

[1] **JIS G 0416**　鋼及び鋼製品－機械試験用供試材及び試験片の採取位置並びに調製

　　　注記　対応国際規格における参考文献：**ISO 377，**　Steel and steel products－Location and preparation of samples and test pieces for mechanical testing

[2] **ISO 3785，** Metallic materials－Designation of test specimen axes in relation to product texture

[3] **ISO 7500-2，** Metallic materials－Verification of static uniaxial testing machines－Part 2: Tension creep testing machines－Verification of the applied force

[4] Manson, S.S. and Halford, G.R. Fatigue and Durability of Structural Materials. ASM International, Materials Park, OH, 2006

[5] Hänel B., Haibach E., Seeger T., Wirtgen G., Zenner H., Analytical Stress Assessment. VDMA-Verlag, Germany, Fifth Edition, 2003

[6] Gao Y., Liang X., Standard processes for calculating uncertainty for metallic material rotating bar bending fatigue properties. ASTM Journal of Testing and Evaluation. 2017 May, V45 (3). DOI: 10.1520/ JTE20150204

[7] JSMS-SD-6-08　金属材料疲労信頼性評価標準【S-N 曲線回帰法】

附属書 JD
（参考）
JIS と対応国際規格との対比表

JIS Z 2274				ISO 1143:2021，（MOD）

a) JIS の箇条番号	b) 対応国際規格の対応する箇条番号	c) 箇条ごとの評価	d) JIS と対応国際規格との技術的差異の内容及び理由	e) JIS と技術的差異に対する今後の対策
1	1	追加	推奨された以外の試験片を用いる場合，及び低温又は特殊な雰囲気中で試験を行う場合にもこの規格を準用してもよいことを追加した。	技術的差異は軽微であるため，対応国際規格への提案は行わない。
2	2	変更	JIS で技術的に不要な対応国際規格の引用規格を削除し，JIS では必要な JIS を追加した。	我が国の事情のため，対応国際規格への提案は行わない。
3.4	—	追加	我が国では多く使用している用語であるが，対応国際規格では定義していない。	我が国の事情のため，対応国際規格への提案は行わない。
表 1	Table 1	変更	JIS で使用していない記号 M_{lr} 及び W を削除し，使用している記号 F，及び σ を追加した。	対応国際規格の改訂提案を行う。
図 1～図 7	Figure 1～7	変更	対応国際規格は応力分布の図が不正確である。	対応国際規格の改訂提案を行う。
図 5 及び図 7	Figure 5 and 7	変更	対応国際規格では，左側の着力点間距離と右側の着力点間距離とを別々に定義し，両者が等しいとしているが，両者を同一として定義し，説明を簡略にした。	技術的差異はないため，対応国際規格への提案は行わない。
6.2	6.2	変更	対応国際規格の推奨寸法はインチをミリメートルに換算したものであるので SI 単位で合理的な寸法に変更した。	技術的差異は軽微であるため，対応国際規格への提案は行わない。
6.2	6.2	変更	対応国際規格では，試験片の表面を parallel と規定しているが，parallel は二つ以上の線又は面を比較するものであり，一つの表面について用いることは不適切であるため，円筒度とした。	対応国際規格の改訂提案を行う。
—	Figure 8	削除	寸法公差の記載が，本文の記載と整合しない。	我が国独自の運用であるため，対応国際規格への提案は行わない。
—	Figure 9	削除	対応国際規格の Figure 9 の試験片は，我が国では，用いていない形状である。	我が国の事情のため，対応国際規格への提案は行わない。
6.2	6.2	追加	対応国際規格では，テーパ型試験片を片持ちはりとして使用する場合，最大応力発生位置と着力点との距離に関して必要事項を規定していないため，JIS では規定した。	技術的差異は軽微であるため，対応国際規格への提案は行わない。

a) JISの箇条番号	b) 対応国際規格の対応する箇条番号	c) 箇条ごとの評価	d) JIS と対応国際規格との技術的差異の内容及び理由	e) JIS と対応国際規格との技術的差異に対する今後の対策
7.3.2	7.3.2	追加	対応国際規格は，試験片のフィレット部を加工する場合の必要事項を規定していないため，JIS では規定した。	技術的差異は軽微であるため，対応国際規格への提案は行わない。
7.3.4	7.3.4	変更	対応国際規格は，十分な精度を規定していないため，JIS では厳密に規定した。	技術的差異は軽微であるため，対応国際規格への提案は行わない。
8	8	変更	対応国際規格は，試験機の構造及び耐久性について必要事項を規定していないため，JIS では規定した。また，附属書 A を参照しているだけであったため，引用する規定文に変更した。	技術的差異は軽微であるため，対応国際規格への提案は行わない。
図8	Figure 10	変更	我が国で主に使用している形式の試験機の模式図に置き換えた。	我が国の事情のため，対応国際規格への提案は行わない。
9	9	追加	対応国際規格は，細分箇条の題名の記載がないので，JIS では追加した。	技術的差異はないため，対応国際規格への提案は行わない。
9.2	9.2	追加	対応国際規格は，試験温度の測定位置について必要な定義をしていないので，JIS では追加した。	技術的差異は軽微であるため，対応国際規格への提案は行わない。
10.1	―	追加	未破断試験片の再使用禁止について，対応国際規格では規定していないので，JIS では規定した。また，試験開始時の注意事項についても，JIS では追加した。	技術的差異は軽微であるため，対応国際規格への提案は行わない。
10.5	10.4	追加	対応国際規格は，やむを得ず試験を中断した場合に関して必要事項を詳細に規定していないため，JIS では規定した。	我が国独自の運用であるため，対応国際規格への提案は行わない。
10.6	10.5	追加	対応国際規格は，細分箇条の題名の記載がないので，JIS では追加した。	技術的差異はないため，対応国際規格への提案は行わない。
10.6.2	10.4	追加	対応国際規格は，必要な定義をしていない。	技術的差異は軽微であるため，対応国際規格への提案は行わない。
10.6.3	10.5.3	変更	対応国際規格よりも旧規格の方が厳しい条件になっていたが，試験結果の精度を維持するために，旧規格を採用することとした。	技術的差異は軽微であるため，対応国際規格への提案は行わない。
10.6.4	10.5.4	追加	対応国際規格は説明が不明確なため，JIS では説明文を追加した。	技術的差異は軽微であるため，対応国際規格への提案は行わない。
11	11	追加	対応国際規格は，本文で報告書に記載すべきであると書かれている項目が網羅されていないため，JIS では説明文を追加した。	対応国際規格の改訂提案を行う。
12.2	12.2	変更	対応国際規格は，必要な定義をしていないので，JIS では定義した。	我が国独自の運用であるため，対応国際規格への提案は行わない。

a) JISの箇条番号	b) 対応国際規格の対応する箇条番号	c) 箇条ごとの評価	d) JIS と対応国際規格との技術的差異の内容及び理由	e) JIS と対応国際規格との技術的差異に対する今後の対策
—	A.4.4	削除	我が国で使用しておらず，今後ともに使用する可能性がない試験機に関する事項である。	我が国の事情のため，対応国際規格への提案は行わない。
—	A.4.5.1	削除	我が国で使用しておらず，今後ともに使用する可能性がない試験機に関する事項である。	我が国の事情のため，対応国際規格への提案は行わない。
A.4.4	A.4.5.2	変更	我が国で使用しておらず，今後ともに使用する可能性がない試験機に関する部分を削除した。	我が国の事情のため，対応国際規格への提案は行わない。
—	A.4.6.1	削除	我が国で使用しておらず，今後ともに使用する可能性がない試験機に関する事項である。	我が国の事情のため，対応国際規格への提案は行わない。
—	A.4.6.3	削除	我が国で使用しておらず，今後ともに使用する可能性がない試験機に関する事項である。	我が国の事情のため，対応国際規格への提案は行わない。
—	A.5.8.1	削除	我が国で使用しておらず，今後ともに使用する可能性がない試験機に関する事項である。	我が国の事情のため，対応国際規格への提案は行わない。
A.5.8	A.5.8.2	変更	我が国で使用しておらず，今後ともに使用する可能性がない試験機に関する部分を削除した。	我が国の事情のため，対応国際規格への提案は行わない。
—	A.5.9.1	削除	我が国で使用しておらず，今後ともに使用する可能性がない試験機に関する事項である。	我が国の事情のため，対応国際規格への提案は行わない。
—	A.5.9.3	削除	我が国で使用しておらず，今後ともに使用する可能性がない試験機に関する事項である。	我が国の事情のため，対応国際規格への提案は行わない。
—	A.4.9 d)	削除	我が国で使用しておらず，今後ともに使用する可能性がない試験機に関する事項である。	我が国の事情のため，対応国際規格への提案は行わない。

注記1 箇条ごとの評価欄の用語の意味を，次に示す。
 — 削除：対応国際規格の規定項目又は規定内容を削除している。
 — 追加：対応国際規格にない規定項目又は規定内容を追加している。
 — 変更：対応国際規格の規定内容又は構成を変更している。
注記2 JIS と対応国際規格との対応の程度の全体評価の記号の意味を，次に示す。
 — MOD：対応国際規格を修正している。

JIS Z 2275
(1978)

金属平板の平面曲げ疲れ試験方法（抜粋）

〔JIS (1974) 制定〕

Method of Plane Bending Fatigue Testing of Metal Plates

1. 適用範囲 この規格は，繰返し数 10^4 回以上の疲れ寿命を対象として，室温大気中で行う標準試験片による金属平板の平面曲げ疲れ試験方法について規定する。ここで平面曲げとは，平板状試験片に，その軸を含みその板面に直交する面内の曲げモーメントを繰返し与える荷重方法をいう。

3. 試 験 片

3.1 試験片は，平板状のものを用いる。

3.2 試験片に均一曲げを与える場合の標準試験片の形状・寸法は，図1又は図2のとおりとする。

3.3 試験片を片持はりとして荷重を与える場合は，試験片の形状・寸法は，使用する疲れ試験機と素材の板厚によって決めるものとする。

3.4 試験片の両板面は，原則として，仕上げるものとする。ただし，必要があれば，加工せず，与えられた素材表面をそのまま残しても差し支えない。試験片表面を仕上げない場合は，その表面の状態を記録しておくことが望ましい。

3.5 試験片を切削又は研削により機械加工する場合には，試験片にむしれや著しい加工ひずみを生じないように，また試験片が加熱されることのないように注意しなければならない。

3.6 試験片を試験機に取り付けたときに，試験片にねじれ，段違い，面内曲げなどの予定しない荷重が加わらないように，試験片のつかみ部，全面の平面度，平行度，取付けボルト穴の遊びなどについて，試験片の加工時に十分注意しなければならない。

3.7 試験片の両側面の縁部には，半径 0.1 mm 程度の丸みをつけるものとする。

3.8 機械加工を終えた試験片は，切削又は研削による条こんを除去するために，順次細かい粒度の研摩布紙を使用し，最後に 320 番より細かいものを使用して，研摩するものとする。

3.9 試験片は，仕上げた後，さびさせたり，傷つけたりしないように，十分注意して取り扱わなければならない。

3.10 両板面と両側面を仕上げた試験片の厚さと幅は，0.5% よりよい精度で測定しなければならない。ただし，厚さ又は幅が 2 mm 以下の場合は，0.01 mm の精度で測定するものとする。仕上げない試験片の場合は，上記に準じて行うものとする。

3.11 試験片の厚さは，最小断面において，少なくとも 3 箇所以上で測定し，その算術平均をその断面の厚さとする。

4. 試 験 機

4.1 試験機は，試験片に，その軸を含みその板面に直交する面内の曲げモーメントを繰返し与えることができるものでなければならない。

4.2 試験機は，試験片に，前項の曲げモーメント以外の力やモーメントが作用しない構造のものでなければならない。また，試験機は，曲げモーメントを測定又は指示する装置，試験片が破断するまでの繰返し数が求められる装置，及び停電その他の理由で試験機が停止したとき，自動的に再起動することを防止する機構を備えなければならない。

4.3 試験機は，ひょう量までの使用に十分長期間耐え，かつ 4.4 に規定する精度を維持できるものでなければならない。

4.4 曲げモーメントを測定又は指示する装置は，ひょう量とその $\frac{1}{5}$ との範囲において，試験片に実際に動的に作用する曲げモーメントの値に対して，測定から得られる曲げモーメント又は指示される曲げモーメントの誤差が 5% を超えないものでなければならない。ただし，必要な場合には，測定値に対して，試験機の運動部分の慣性力の補正を行うものとする。

5. 試 験 方 法

5.1 試験片の取付けは，その軸が加えられる曲げモーメントにより生ずる応力の方向と一致するように，また板厚の中心が曲げ応力の中立面と一致するように注意して行い，所定の曲げモーメント以外の荷重が試験片に加わらないようにしなければならない。また，試験片は，試験中緩むことがないように，試験機に取り付けなければならない。

図 1　1号試験片

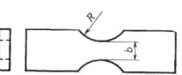

記 号	b (mm)	R
1—15	15	
1—20	20	
1—25	25	b 以上
1—30	30	
1—40	40	

図 2　2号試験片

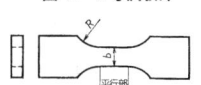

記 号	b (mm)	R
2—15	15	
2—20	20	
2—25	25	b 以上
2—30	30	
2—40	40	

5.2 負荷の開始から所定の曲げモーメントに調整し終わるまでの繰返し数は，なるべく少なくするようにしなければならない。また，試験中，曲げモーメントはなるべく一定になるように調整しなければならない。この際，調整中の応力が所定の最大応力・最小応力間の範囲を超えてはならない。

5.3 $S-N$ 線図を求めるため，多くの応力段階において試験を行う場合は，相隣る二つの応力の比が，$S-N$ 線図の傾斜部分では，$1.05～1.5$，また疲れ限度付近では，$1.02～1.05$ となるように，等間隔の応力段階をそれぞれ選ぶのが望ましい。また，**6.12.2** の方法によって時間強さを求めるため，時間強さ付近のいくつかの応力段階で試験を行う場合は，相隣る二つの応力の比が，$1.02～1.05$ となるように，等間隔の応力段階を選ぶのが望ましい。

5.4 荷重の繰返し速度は，原則として，毎分 $1000～5000$ 回とする。一連の試験は，同一の繰返し速度で行うことが望ましい。

5.5 試験は，原則として，同一試験片について開始から終了まで休止することなく行うものとする。ただし，試験機の構造上，曲げモーメントの変化の測定又は調整などのため，試験を途中で一時停止した場合は，停止までの繰返し数，停止時間，調整結果などを記録しておくものとする。

5.6 特に，指定された場合を除き，繰返し数 10^7 まで試験して破壊しなかった場合には，試験を打切ることができる。

5.7 破壊しなかった試験片は，再使用してはならない。

6. 試験結果の取扱い

6.1 応力は，応力振幅，平均応力，最大応力，最小応力などを区別して明示しなければならない。

6.2 呼び応力は，最大応力を生ずる断面について，曲げモーメントを断面係数で除した値を用いる。

6.3 応力に疑義を生じやすい場合には，算出方法を明示しておかなければならない。

6.4 応力の単位は，kgf/mm^2 又は N/mm^2 とし，応力値は，**JIS Z 8401**（数値の丸め方）によって，原則として，有効数字 3 けたに丸める。

6.5 繰返し数は，原則として，試験片への負荷が所定の試験荷重に達したときから数え始めるものとし，曲げモーメント調整中の繰返し数も，全繰返し数の中に含めて数える。

6.6 破壊までの繰返し数には，原則として，破断までの繰返し数をとる。ただし，その破断は，必ずしも完全な分離ではなく，き裂が十分進行した程度のものであればよいものとする。

6.7 **6.6** 以外の場合には，破壊までの繰返し数の定め方を，試験結果の報告に付記しておかなければならない。

6.8 試験の結果の繰返し数は，例えば 2.34×10^6 の倍数で表し，有効数字 3 けたに丸める。

6.9 $S-N$ 線図は，縦軸に応力振幅，応力の範囲又は最大応力を，横軸に繰返し数をとって描く。横軸の目盛は，対数目盛とし，縦軸の目盛は，対数目盛 又は等間隔目盛とする。

6.10 $S-N$ 線図において，破壊しなかった 試験片に対する 試験結果を表す点には，右向きの矢印を付ける（**図 3**）。　**JIS Z 2273** の図 7 に同じ。

6.11 時間強さを求める場合の繰返し数は，原則として，次のいずれかに指定する。

$$10^4,\quad 2 \times 10^4,\quad 5 \times 10^4,\quad 10^5,\quad 2 \times 10^5,\quad 5 \times 10^5,\quad 10^6,\quad 2 \times 10^6,\quad 5 \times 10^6,\quad 10^7,\quad 2 \times 10^7$$

6.12 時間強さの決定は，次の二つの方法のいずれかによる。

（1） $S-N$ 曲線により時間強さを決定する方法　$S-N$ 曲線を試験結果を表す各点のほぼ中央に引き，指定された繰返し数に対応する応力を $S-N$ 曲線上に求め，時間強さとする。ただし，$S-N$ 曲線は，外そうによって引いてはならない。　この時間強さには，A の記号を付けて，例えば $\sigma(A10^5)=28.0\,kgf/mm^2\,\{274.6\ N/mm^2\}$ のように示す。また，使用した $S-N$ 線図は，試験結果の報告に明示しなければならない。

（2） $S-N$ 曲線によらず時間強さを決定する方法　破壊までの繰返し数が指定の繰返し数付近となるようないくつかの応力段階（**5.3** 参照）で，各応力段階ごとに 2 個以上の試験片を試験した結果から，次のいずれかによる応力を時間強さとする。

（a） 応力段階ごとの試験片の半数以上が指定された繰返し数で未破壊であった応力段階のうち，最大の応力。ただし，それより低い応力段階で，指定の繰返し数で未破壊の試験片が過半数でなければならない。

（b） （a）で，時間強さとして求められる応力段階での試験片が指定の繰返し数ですべて未破壊であった場合は，その応力段階とその一段上の応力段階との平均の応力。ただし，それより低い応力段階では，指定の繰返し数までに破壊した試験片があってはならない。

なお，必要な場合には，当事者間の協議により，応力段階ごとの試験片の個数を決め，統計的処理によって時間強さを求めるものとする。　この方法による時間強さには，B の記号を付けて，例えば $\sigma(B10^5)=28.0\,kgf/mm^2\,\{274.6\ N/mm^2\}$ のように示す。また，この方法により時間強さを求めた場合には，試験した応力段階の間隔を試験結果の報告に付記することが望ましい。

6.13 $S-N$ 曲線が水平となる場合には，水平線の表す応力を疲れ限度とする。ただし，水平線の表す応力は，**5.3** に示す応力段階ごとに 2 個以上の試験片を試験した結果から，次のいずれかによって求めた応力とする。

（1） 応力段階ごとの試験片の半数以上が未破壊であった応力段階のうち，最大の応力。ただし，それより低い応

力段階で，未破壊の試験片が過半数でなければならない。

(2) (1)で，水平線を表す応力として求められる応力段階での試験片がすべて未破壊であった場合は，その応力段階とその1段階上の応力段階との平均の応力。ただし，それより低い応力段階では，破壊した試験片があってはならない。

なお，必要な場合には，当事者間の協議により，応力段階ごとの試験片の個数を決め，統計的処理によって疲れ限度を求めるものとする。

6.14 疲れ強さが指定された値以上であることを保証すればよい場合には，その指定された繰り返し応力で3個の試験片を試験し，いずれの試験片も所定の繰返し数で未破壊であることを示せばよい。

6.15 疲れ限度線図又は時間強さ線図は，原則として，縦軸に応力振幅を，横軸に平均応力をとって表す（図4）か，又は縦軸に最大応力を，横軸に最小応力をとって表す（図5）。 JIS Z 2273 の図8，図9に同じ。

7. 試験結果の報告 JIS Z 2273 の 7. に同じ。

金属材料の引張リラクセーション試験方法

Method of tensile stress relaxation test for metallic materials

$$\left[\begin{array}{ll} \text{JIS （2000）} & \text{改正} \\ \text{JIS （1975）} & \text{制定} \end{array}\right]$$

序文

この規格は，2010 年に第 2 版として発行された ISO 15630-3 を基とし，技術的内容を変更して作成した日本産業規格である。ISO 15630-3 は，PC 鋼棒及びより線に対する室温における引張リラクセーション試験方法だけを規定したものであり，この規格では，特に，室温を超える試験に対する，独自な規定を追加している。

なお，この規格で側線又は点線の下線を施してある箇所は，対応国際規格を変更している事項である。変更の一覧表にその説明を付けて，**附属書 JA** に示す。

1 適用範囲

この規格は，一定の引張全ひずみ及び一定温度の条件の下で，金属材料の引張試験力（応力）のリラクセーション［試験力（応力）の時間的変化］を測定する引張リラクセーション試験方法について規定する。

注記 この規格の対応国際規格及びその対応の程度を表す記号を，次に示す。

ISO 15630-3:2010, Steel for the reinforcement and prestressing of concrete－Test methods－Part 3: Prestressing steel（MOD）

なお，対応の程度を表す記号"MOD"は，**ISO/IEC Guide 21-1** に基づき，"修正している"ことを示す。

警告 この規格に基づいて試験を行う者は，通常の試験室での作業に精通していることを前提とする。この規格は，その使用に関連して起こる全ての安全上の問題を取り扱おうとするものではない。この規格の利用者は，各自の責任において安全及び健康に対する適切な措置をとらなければならない。

2 引用規格

次に掲げる規格は，この規格に引用されることによって，この規格の規定の一部を構成する。これらの引用規格は，その最新版（追補を含む。）を適用する。

JIS B 7721 引張試験機・圧縮試験機－力計測系の校正方法及び検証方法

注記 対応国際規格：**ISO 7500-1**, Metallic materials－Verification of static uniaxial testing machines－Part 1: Tension/compression testing machines－Verification and calibration of the force-measuring system（MOD）

JIS B 7741 一軸試験に使用する伸び計の検証方法

注記 対応国際規格：**ISO 9513**, Metallic materials－Calibration of extensometers used in uniaxial testing（MOD）

JIS C 1602 熱電対

JIS G 0202 鉄鋼用語（試験）

3 用語及び定義

この規格で用いる主な用語及び定義は，**JIS G 0202** によるほか，次による。

3.1
試験力

試験の目的で試験片に加える力。

3.2
リラクセーション値

規定の時間における初期試験力の減少量を，初期試験力の百分率で表したもの。

4 試験の原理

　この規格は，試験片を規定された温度に保持して，試験片の長手方向に試験力を加えて規定の初期試験力 F_o（初期応力）又は全ひずみに達した後，全ひずみが一定に保たれた条件の基で，試験力（応力）の時間的変化を求めるものである（図1参照）。

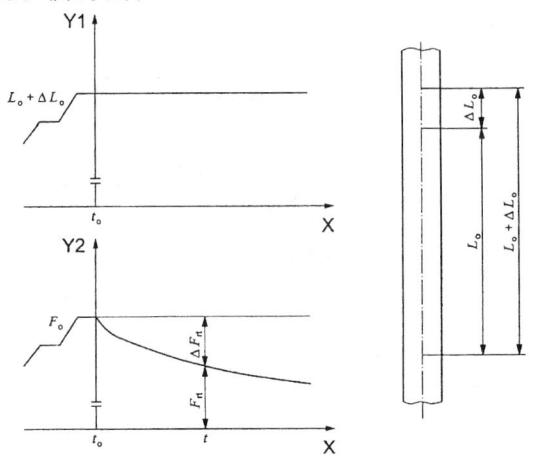

X	時間
Y1	標点距離長さ
Y2	試験力 [a]
F_n	時間 t における試験力
ΔF_n	時間 t における試験力の減少量
L_o	標点距離
ΔL_o	標点距離の増分（全ひずみに対応する）

注 [a]　全ひずみを規定する場合は，規定の全ひずみを発生させたときの試験力を F_o とする。

図1－リラクセーション試験の原理

5 試験装置

5.1 引張リラクセーション試験機

5.1.1 試験機の形式

　試験機は，油圧式，ねじ式，てこ式，又はばね式の引張試験力負荷方式のものを用いる。

5.1.2 試験力の精度

　試験機の試験力の精度は，その最大試験力容量の 5～100 ％の範囲で，**JIS B 7721** に従い**表 1** の試験力の相対指示誤差以下でなくてはならない。また，試験力の相対指示誤差は，試験力減少及び試験力増加の両方で校正する。

表1－試験力の相対指示誤差

試験機の最大試験力容量 kN	試験力の相対指示誤差 %
200 以下	± 0.5
200 を超え 1 000 以下	± 1.0
1 000 を超えるもの	± 2.0

注記　**ISO 15630-3** では，“ロードセルは，**ISO 7500-1**（JIS B 7721）に従って，1 000 kN までを± 1 ％，1 000 kN 超えを± 2 ％の精度で，校正されなければならない。その他の装置についても，ロードセルと同じ精度でなければならない。試験力測定装置の出力の分解能は，5×10^{-4} F_o より小さくなくてはならない。”と規定されている。

5.1.3 試験機の据付け

試験機は，外部からの振動及び衝撃の影響を試験中に受けないように据え付ける。試験機は，大きな温度変化がある部屋に据え付けてはならない。

なお，特に高温試験においては，風による温度変化を防ぐため，加熱装置 (5.2) 及び伸び測定装置 (5.4) の周囲を風防で囲むことが望ましい。

5.1.4 負荷機構

試験機の負荷機構は，振動及び衝撃を生じないものとし，試験片に対して，ねじれ又は曲げを誘発させることなく，軸方向に円滑に試験力を加えられる機構とする。また，試験機は，試験中において全ひずみを許容範囲内で一定に保ち得るよう，自動又は手動で試験力を調節し得る機構をもつものとする。

5.2 加熱装置

試験片を加熱する場合には，温度調整装置を備えた加熱炉を用い，加熱装置は，試験中常に試験片の標点距離の全範囲にわたって，規定温度と指示温度との差が**表 2** の許容範囲内で一様，かつ，一定に加熱することができるものとする。

なお，規定温度が 1 100 ℃を超える場合及び試験期間が長時間にわたる場合の温度許容差は，受渡当事者間の協定による。

表 2 － 規定温度と指示温度との差の許容差

単位　℃

規定温度 (T)	指示温度 (T_i) と規定温度 (T) との許容温度差	試験片内の許容最大温度差
$T \leqq 600$	±3	3
$600 < T \leqq 800$	±4	4
$800 < T \leqq 1\,000$	±5	5
$1\,000 < T \leqq 1\,100$	±6	6

5.3 温度測定装置

室温（10〜35 ℃）での試験の場合には，抵抗式測温体又は同等の装置によって，室温を測定する。温度測定装置の分解能は，0.5 ℃以下及び精度は，±1 ℃以内のものを用いる。

室温を超える温度での試験の場合には，熱電対を用いて試験片の温度を測定する。この場合，温度測定装置は，次の熱電対と計測器とからなり，それらの温度に関する分解能は，0.5 ℃以下で，精度は，±1 ℃以内のものを用いる。

a)　熱電対　熱電対は，**JIS C 1602** によるほか，次による。

1) 熱電対の材料は，長時間試験に十分耐え得るものを用いる。また，素線の直径は，使用中に熱起電力が変化しない範囲で，なるべく小さくすることが望ましい。

2) 熱電対の校正は，素線のロットから代表熱電対を取り出して行ってもよい。

3) 熱電対を再使用する場合は，適宜その校正を行い，熱起電力の値が **JIS C 1602** で規定される許容差の範囲内であることを確認する。

4) 熱電対の測温接点は，試験片の表面と熱的によく接触し，炉壁からの放射熱を避けるように適切な方法で遮蔽する。熱電対は，炉内部分を絶縁する。

5) 平行部長さが 50 mm 以下の試験片に対しては 2 個以上，平行部長さが 50 mm を超える試験片に対しては 3 個以上の熱電対を使用することが望ましい。熱電対は，試験片平行部の両端に取り付け，3 個目の熱電対がある場合には，試験片平行部の中央に取り付けることが望ましい。試験片の温度変化が**表 2** で規定する許容差を超えないことが立証されている加熱装置及び試験の条件の場合には，熱電対の数は，一つにまで減らしてもよい。

b)　計測器　計測器は，測定する温度全範囲にわたって，試験片温度が **5.2** の許容差を満足することを保証するのに十分なものを用いる。

5.4 伸び測定装置

伸び測定装置は，試験片の軸方向両側の伸びを測定できるもので，**JIS B 7741** の等級 1 級以上のものを用いる。

a)　伸びの調節感度　伸び測定装置と試験力制御機構とによって，試験片にかかる試験力の変動を生じさせる自動追尾式試験機を用いる場合，試験力の変動を生じさせる伸びの最小値（伸びの感度）は，1 µm 以内とする。

b) **伸び検出用棒**　伸び検出用棒は，試験中試験温度に十分耐え得ることのできる材料で作られたものとし，曲がり又はねじれがないものとする。

6　試験片

材料規格に規定のない場合は，次の試験片を用いる。

a) **標準試験片**

1) 標準試験片は，円形断面で，その径は 10 mm とするが，場合によっては，6 mm，8 mm 又は 12 mm を使用してもよい。標点距離は，いずれも 100 mm とする。

2) 標準試験片の円形断面は，各部一様で，平行部の径の不同に対する偏差（最大値と最小値との差）は，0.04 mm 以下とし，平行部とつかみ部は，同心とする。

3) 原標点距離の精度は，±1 % 以内とする。

4) 標準試験片の平行部は，滑らかで切削きずなどがあってはならない。

b) 標準試験片が作製できない場合には，受渡当事者間の協定によって，規定以外の径及び標点距離の試験片並びに円形断面以外の試験片を適用してもよい。ただし，標点距離は，50 mm 未満であってはならない。

c) PC 鋼材において，鋼材そのものについてのリラクセーションデータが要求される場合は，鋼材規格の規定の箇所から試験片を採取して試験を行うものとする。その場合の標点距離は，100 mm 以上とする。

7　試験方法

7.1　試験温度

7.1.1　室温の場合

室温（10〜35 ℃）で試験を行う場合，材料規格又は受渡当事者間の協定のない限り，試験中の試験室の温度を（20±2）℃の範囲内に制御するものとする。また，試験片は，試験に先立ち試験室に少なくとも 24 時間放置し，試験室の温度と同じになるようにしなければならない。

7.1.2　室温を超えて加熱する場合

試験片を規定温度近くまで加熱するのに要する昇温時間は，1 時間以上とする。規定温度以上の加熱は避ける。試験片を熱平衡させるため，昇温後に均熱を行い，この場合の均熱時間は，標準試験片については，16〜24 時間とする。

試験中の試験片の保持温度は，**表 2** に規定する許容差の範囲内とする。

7.2　負荷方法

7.2.1　室温試験の場合

初期試験力 F_o の 20 % までは，適宜の速度で力を加えてよい。F_o の 20 % から 80 % までは，連続的又は，3 段階以上のステップ又は，一定の負荷速度で力を加え，6 分以内に完了しなければならない。F_o の 80 % から 100 % の間は，80 % に到達後，連続的に，かつ，2 分以内に完了しなければならない。

注記　ISO 15630-3 では，（200±50）MPa/min の負荷速度を，一定の速度とみなしている。

初期試験力 F_o に到達したら，試験力を，2 分間維持しなければならない。2 分間が経過したら，すぐに，時間 t_o とし，記録しなければならない。

これ以降の試験力の調整は，$L_o + \Delta L_o$ を一定に維持するためにだけなされる。

試験力の適用例は，**図 2** に概略的に図示している。

7.2.2　室温を超える試験の場合

試験片の温度を規定温度に設定した後，初期試験力（初期応力）を負荷する前に初期試験力の 10 % 以下に相当する試験力を数分間かけ，その試験力の全部又は一部を除いて試験機の作動を確かめる。その後，試験力に衝撃及び振動を与えないよう速やかに初期試験力を負荷し，かつ，速やかにリラクセーションの測定を開始する。

なお，負荷速度及び負荷完了後リラクセーション測定開始までの時間が，受渡当事者間の協定によって定められている場合は，それによってもよい。

7.2.3　負荷条件

7.2.3.1　負荷条件の種類

初期試験力（初期応力）は，試験片の全ひずみ又は初期試験力が設定された値になるように負荷するが，できるだけ全ひずみの値を規定して試験することが望ましい。

7.2.3.2 初期試験力（初期応力）を規定する場合

初期試験力（初期応力）を規定する場合には，次の条件を満足しなければならない。

a) 初期試験力

その初期試験力の値は，材料規格の規定又は受渡当事者間の協定による。初期試験力の測定された値は，**表3**で示す規定の許容差内でなければならない。

b) 試験中の試験力

試験中の試験力は，いかなる場合も，**表3**に規定する初期試験力の許容差の上限を超えてはならない。

7.2.4 全ひずみ保持の許容差

全ひずみは，試験中，測定した初期値の±1.5 ％の許容差の範囲内とする。

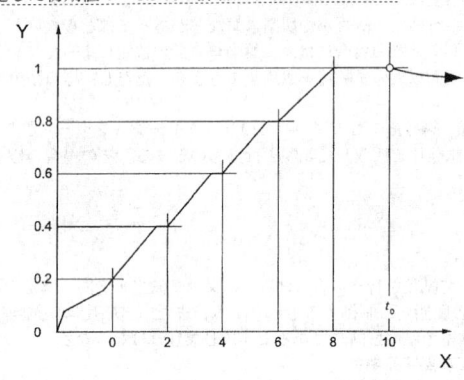

X 時間（min）
Y 適用する初期試験力 F_o と試験力との比

図2－リラクセーション試験の試験力の適用例

表3－初期試験力 F_o の許容差

F_o の値	F_o の許容差
$F_o \leqq 1\,000$ kN	±1 %
$F_o > 1\,000$ kN	±2 %

7.3 温度，伸び及び試験力の測定方法

7.3.1 温度の測定

試験温度が，室温を超える場合の試験片の温度の測定は，**5.3 a) 5)**による。

試験温度が室温の場合，試験片の温度は，全試験期間における試験室の温度とする。

7.3.2 温度測定間隔

室温試験の場合には，試験室の温度が**7.1.1**に規定する温度範囲内であること，また室温を超える試験の場合には，試験片の温度が**表2**の温度の許容差内であることを確認するために，全試験期間中，それらの温度を連続的に記録するか，又は十分な回数測定をする。

7.3.3 伸びの測定間隔

伸びの値は，その値が全試験期間にわたり全ひずみの保持の許容差の範囲内にあることを確認するために，できれば連続的に又は十分な回数，測定記録することが望ましい。

7.3.4 試験力の測定間隔

試験片に加わっている試験力の値は，全試験期間にわたりリラクセーション曲線（残留応力－時間又は試験力変化率－時間曲線）が明瞭に描けるように，連続的に又は十分な回数，測定記録する。特に，試験中伸びの測定を行ったときは，同時に試験力も測定することが望ましい。

注記　**ISO 15630-3** では，次の規定がある。

　　試験力は，連続的に記録するか，少なくとも試験開始後，**表4**で規定する標準時間近傍で測定し，以降1週間に1回測定しなければならない。

表4－試験力記録の標準時間

分　（min）	1	2	4	8	15	30	60
時間　（h）	2	4	6	24	48	96	120

7.3.5　室温試験の場合の試験期間

　試験期間は，120時間以上でなければならない。

　注記1　通常，試験期間は，120時間又は1 000時間である。

　1 000時間（又は以上）のリラクセーションの値は，外挿で得た1 000時間（又は以上）の値が，実際の1 000時間（又は以上）の値と同等であるとの十分な証拠があれば120時間以上で完了した試験から外挿してもよい。この場合，外挿法は，試験報告書に記載しなければならない。

　注記2　外挿の現在の方法は，通常，次の式を用いている。

$$\log\rho = A\log t + B$$

　　ここに，　　A, B：　定数

　　　　　　　　ρ：　一般的に％で表示されるリラクセーション値

　　　　　　　　t：　時間　（h）

7.4　試験片断面積の測定方法

　試験片平行部の原断面積は，標点間内における各標点近傍と中央部1か所の合計3か所で測定し，その平均値をとる。原断面積を定めるための試験片寸法（直径又は幅，厚さなど）は，規定寸法の少なくとも0.2％の数値まで測定する。また，円形断面の場合，平行部各箇所の断面積を決めるための直径は，それぞれ互いに直交する2方向の平均値とする。

8　報告

8.1　試験結果報告書

　試験結果報告書が必要な場合には，報告する事項は，次のうちから，受渡当事者間の協定によって選択する。

a)　試験材料

　1)　材料名称

　2)　種類又は種類の記号

b)　試験片の名称又は形状寸法

c)　試験条件

　1)　試験温度（規定温度）

　2)　規定温度と指示温度との差が許容差の範囲から外れた場合の指示温度

　3)　昇温時間

　4)　均熱時間

　5)　負荷完了後リラクセーション測定開始までの時間

d)　試験結果　リラクセーション値又はリラクセーション曲線若しくはこの曲線を正確に描くのに足るだけの十分な測定値

8.2　記録

　試験結果報告書には，次の項目についての記録を付記することが望ましい。

a)　素材の室温における機械的性質

b)　素材からの試験片採取条件

c)　試験前の試験片の表面状態

d)　試験片平行部の断面寸法の実測値（平均値）

e)　試験機の形式及び伸び測定装置の形式と等級

f)　試験機の試験力の精度

附属書 JA
(参考)
JIS と対応国際規格との対比表

JIS Z 2276:2012　金属材料の引張リラクセーション試験方法			ISO 15630-3:2010　Steel for the reinforcement and prestressing of concrete－Test methods－Part 3: Prestressing steel				
(Ⅰ)**JIS** の規定		(Ⅱ)国際規格番号	(Ⅲ)国際規格の規定		(Ⅳ)**JIS** と国際規格との技術的差異の箇条ごとの評価及びその内容		(Ⅴ)**JIS** と国際規格との技術的差異の理由及び今後の対策
箇条番号及び題名	内容		箇条番号	内容	箇条ごとの評価	技術的差異の内容	
1 適用範囲				室温における PC 鋼材の引張リラクセーション試験を対象とする。	追加	対応する国際規格の一部分が本試験であり，本試験だけに対する適用範囲の箇条はない。また，室温を超える試験に対しては，**JIS** で追加した。	室温を超える試験方法の **ISO** への提案を今後検討する。
2 引用規格							
3 用語及び定義	試験力及びリラクセーション値の用語を規定している。				追加	**JIS** として必要な用語を追加した。	**ISO** への提案を検討する。
4 試験の原理	全ひずみが一定の条件のもとで，試験力の変化を求める。		8.1		一致		
5 試験装置	5.1　引張リラクセーション試験機形式及び精度などを規定特に高温試験で，風による温度変化を防ぐことを記載。		8.3	試験機の精度は，1 000 kN 以下は，±1.0 %1 000 kN を超は，±2.0 %	変更／追加	試験機の精度は，**JIS** では，200 kN 以下を±0.5 %以下とする細分化を行っている。また，高温試験における設備的な考慮を追加している。	室温を超える試験の **ISO** への提案を今後検討する。
	5.2　加熱装置				追加	**ISO** 規格は，室温試験を対象としており，この項目はない。	室温を超える試験の **ISO** への提案を今後検討する。

(I) JISの規定		(II) 国際規格番号	(III) 国際規格の規定		(IV) JISと国際規格との技術的差異の箇条ごとの評価及びその内容		(V) JISと国際規格との技術的差異の理由及び今後の対策
箇条番号及び題名	内容		箇条番号	内容	箇条ごとの評価	技術的差異の内容	
	5.3 温度測定装置				追加	ISO規格は、室温試験を対象としており、この項目はない。	室温を超える試験の ISO への提案を今後検討する。
	5.4 伸び測定装置		8.3.3	伸び計の精度は、±1%以上で、出力又は目盛の校正の分解能が、1×10⁻⁶でなければならない。	変更	JISでは、伸び計の規格 JIS B 7741の等級1級以上とし、精度は、ISO規格と同等である。	室温を超える試験の ISO への提案を今後検討する。
6 試験片	a) 標準試験片 b) 標準試験片が作製できない場合 c) PC鋼材		8.2	PC鋼材に対して、標点距離は、200 mm以上。	追加／変更	JISでは、通常、室温を超える試験で用いる標準試験片を規定している。PC鋼材に対して JISは、100 mm以上の標点距離に範囲を拡大している。	室温を超える試験の ISO への提案を今後検討する。
7 試験方法	7.1 試験温度 7.1.1 室温の場合		8.4.1 8.4.6	試験前に試験室の24時間放置する。試験室の温度を(20±2)℃に管理する。	一致		
	7.1.2 室温を超えて加熱する場合				追加		室温を超える試験の ISO への提案を今後検討する。
	7.2 負荷方法 7.2.1 室温試験の場合		8.4.2		一致		
	7.2.2 室温を超える試験の場合				追加	ISO規格は、室温試験を対象としており、この項目はない。	室温を超える試験の ISO への提案を今後検討する。
	7.2.3 負荷条件の種類 7.2.3.1 負荷条件の種類		8.4.3	負荷条件は、初期試験力だけを規定。	追加	ISO規格は、室温試験を対象としており、この項目はない。	室温を超える試験の ISO への提案を今後検討する。
	7.2.3.2 初期応力を規定する場合		8.4.3	初期試験力の許容差は、1 000 kN以下で、±1%、1 000 kN超えで、±2%	一致	JISは、ひずみ又は初期応力を設定した値にする2種類があることを記載している。	

(I) JISの規定		(II) 国際規格番号	(III) 国際規格の規定		(IV) JISと国際規格との技術的差異の箇条ごとの評価		(V) JISと国際規格との技術的差異の理由及び今後の対策
箇条番号及び題名	内容		箇条番号	内容	箇条ごとの評価	技術的差異の内容	
7.2.4 全ひずみ保持の許容差 ±1.5 %			8.4.5	200 mm 以上の標点距離に対して 5×10^{-6} 又は 5 μmのどちらか大きい方。	変更	**JIS**では、標準試験片(標点距離 100 mm)を対象に規定している。室温試験も、従来からこの規定に従っている。	**ISO** への提案を検討する。
7.3 温度、伸び及び試験力の測定方法 7.3.1 温度の測定 7.3.2 温度測定間隔 7.3.3 伸びの測定間隔 7.3.4 試験力の測定間隔 7.3.5 室温試験の場合の試験期間			8.4.7 8.4.8		追加	**JIS**では、特に、室温を超える試験の場合の温度測定方法について追加した。また、**JIS**では、伸びの測定間隔を追加した。室温試験の試験力測定に関しては一致している。	室温を超える試験の案を今後検討する。室温試験に関しては、技術的差異は、ほとんどない。
7.4 試験片断面積の測定方法					追加	**JIS**では、**JIS Z 2241** に従った方法を追加した。	**ISO** への提案を検討する。
8 報告			16		変更	**ISO**規格は、PC鋼材に関するもので多くの試験方法に対するものであり、**JIS**では、引張りラクセーションに対応した内容に変更している。	室温を超える試験の案を今後検討する。

JIS と国際規格との対応の程度の全体評価：**ISO 15630-3:2010, MOD**

注記1 箇条ごとの評価欄の用語の意味は、次による。
- 一致……………技術的差異がない。
- 追加……………国際規格にない規定項目又は規定内容を追加している。
- 変更……………国際規格の規定内容を変更している。

注記2 **JIS** と国際規格との対応の程度の全体評価欄の記号の意味は、次による。
- MOD……………国際規格を修正している。

JIS Z 2316-1
(2014)

非破壊試験—渦電流試験—第 1 部：一般通則

Non-destructive testing－Eddy current testing－Part 1: General principles

序文

この規格は，2008 年に第 1 版として発行された **ISO 15549** を基とし，技術的内容を一部変更して作成した日本産業規格である。

なお，この規格で点線の下線を施してある箇所は，対応国際規格を変更している事項である。変更の一覧表にその説明を付けて，**附属書 JA** に示す。

1 適用範囲

この規格は，製品及び材料に渦電流試験を適用する場合に，再現性よく実施するための，一般的な原則について規定する。

この規格には，特定の製品に渦電流試験を適用する場合の，特定の要求事項を記載する関連する文書を準備するときの指針を含む。

注記 この規格の対応国際規格及びその対応の程度を表す記号を，次に示す。

ISO 15549:2008，Non-destructive testing－Eddy current testing－General principles（MOD）

なお，対応の程度を表す記号"MOD"は，**ISO/IEC Guide 21-1** に基づき，"修正している"ことを示す。

2 引用規格

次に掲げる規格は，この規格に引用されることによって，この規格の規定の一部を構成する。これらの引用規格は，その最新版（追補を含む。）を適用する。

JIS G 0431 鉄鋼製品の雇用主による非破壊試験技術者の資格付与

JIS Z 2300 非破壊試験用語

JIS Z 2305 非破壊試験技術者の資格及び認証

注記 対応国際規格：**ISO 9712,** Non-destructive testing－Qualification and certification of NDT personnel（MOD）

JIS Z 2316-2 非破壊試験－渦電流試験－第 2 部：渦電流試験器の特性及び検証

JIS Z 2316-3 非破壊試験－渦電流試験－第 3 部：プローブの特性及び検証

JIS Z 2316-4 非破壊試験－渦電流試験－第 4 部：システムの特性及び検証

3 用語及び定義

この規格で用いる主な用語及び定義は，**JIS Z 2300** によるほか，次による。

3.1

渦電流試験

　試験体に生じる渦電流の変化を利用して，きず，厚さ，形状，材質などを評価する試験方法。

4　一般原理

　渦電流試験は，導体中の電流の誘導を基本としている。測定量及び解析量は，誘導電流の分布に関連する。交流で励磁することから，測定量は複素平面内のベクトル量で示す。

　材料の深さ方向の渦電流の分布は，物理法則に支配され，電流の密度は深さの増加に伴って，著しく減少する。その減少の仕方は，深さの指数関数で表す。

a)　試験する製品（以下，試験品という。）の次の性質の一つ又はそれらの組合せは，測定量に影響する。

　1)　材料の導電率

　2)　材料の透磁率

　3)　試験品の寸法・形状

　4)　渦電流試験プローブ（以下，プローブという。）と試験品との幾何学的関係

　測定量を複素平面に表示することによって，更に詳細な情報が得られる。

b)　この渦電流試験は，次の利点をもつ。

　1)　製品に非接触で使用できる。

　2)　水のような接触媒質なしで使用できる。

　3)　高速試験ができる。

5　技術者の資格

　渦電流試験は，対象とする製品，試験方法などに関する必要な知識・能力のある技術者によって実施しなければならない。この場合，JIS Z 2305，JIS G 0431 又はこれらに同等な認証規格に従って資格付けされることが望ましい。

6　試験の目的及び試験品

　渦電流試験の目的，試験品の例及び適用例は，次による。

a)　渦電流試験の目的は，次のいずれかとする。

　1)　製品中の機能を損ねるような不連続部を明らかにする。

　2)　被膜又は層の厚さを測定する。

　3)　幾何学的寸法又は形状を測定する。

　4)　製品の金属学的・機械的特性を測定する。

　5)　製品の導電率及び／又は透磁率を測定する。

　6)　上記の特性に基づき，製品を選別する。

b)　試験品の例を，次に示す。

　1)　管，形鋼，棒又は線材

　2)　自動車工業又は機械工業における部品

　3)　鋳鍛鋼製品

　4)　航空産業における多層構造部材

c) 渦電流試験の適用例を，次に示す。

  1) 圧延ライン，精整ライン，引抜きラインでのオンライン試験

  2) 熱交換器，復水器などの冷却管（熱交換器細管）の供用中検査

  3) 大量生産の部品・半製品の特性の確認

  4) 航空機の保守検査

  5) 圧力容器，タンクなどに設けられたノズル継手部の内外表面検査

7 測定技術

測定は，静的又は動的に行うことが可能である。動的測定では，プローブと試験体との間に相対的な動きが必要である。

走査は，手動又は走査線を制御する機械装置を使用することで実施する。

一般的に適用する測定技術を，次に示す。

a) **絶対値測定** 基準点における基準値と，もう一方の測定値との偏差を結果とする測定である。その基準値は手順書によって定義し，基準点に置かれたコイル又は参照電圧によって発生させることができる。この技術は物理的性質（例えば，硬さ），形状又は材質の識別に用いることができる。また，連続又は徐々に変化する不連続部の確認に用いることができる。

b) **比較測定** 二つのプローブを用いて二つの測定値を取り，その一つを基準値（参照）とした測定である。この技術は，通常，製品を種類別に識別するときに用いられる。

c) **差動測定** 一定間隔の二つのコイルの測定値の差を結果とする測定である。この測定技術は，試験体の緩やかな変化によるバックグラウンドノイズを減少する。

d) **ダブル差動測定** 距離間隔を一定とした2か所でそれぞれ差動測定を行い，二つの差動測定の差をとる測定である。この測定技術は，リフトオフノイズ及び速度効果を軽減することができる。

e) **疑似差動測定** 単一のプローブの測定信号を用いて，信号処理によって差動をとる測定である。差動をとる二つの測定値は，一定間隔の測定値である。

8 装置

8.1 渦電流試験システムの構成要素

渦電流試験は，渦電流試験器，プローブ及びその接続ケーブルを使用する。渦電流試験システムの構成要素としては，渦電流試験器，プローブ（接続ケーブルも含む。）に加えて，走査，判定及び選別を行う機構部，並びにデータ保存のための周辺機器などの附属装置によって構成する。

その試験システムの主要構成要素は，関連した試験手順書又は受注時に同意した手順書の中に定義しなければならない。

試験に影響する要因は，次のものがある。

a) 製品を製造する材料の種類及び金属学的な条件

b) 製品の形，寸法及びそれらの表面状況

c) 測定の目的（例えば，割れの検出又は厚さの決定）

d) 明らかにするべき不連続部の種類，位置及び方向

e) 測定を実施するときの環境条件

8.2 渦電流試験器

渦電流試験器の選定は試験の目的に合わせて行う。特に重要な項目は，渦電流試験器の調整パラメータ，

パラメータの調整範囲，及び信号の表示形式である。

　試験に関連する渦電流試験器の調整パラメータは，試験手順を決めた手順書に記載し，適用する規格によって，特性を与えられなければならない。

8.3　プローブ

　プローブの選定は，試験の目的に合わせて行う。

　試験に関係するプローブの仕様は，試験手順書に記載し，それは適用規格に従い，特性を与えられなければならない。

8.4　対比試験片

　渦電流試験の適用には，対比試験片を使用する。対比試験片は，試験システムの調整，機能チェック，試験システムの性能点検，校正曲線の作成などに適用できる既知の特性をもつものとする。

　通常，対比試験片は，試験品と同等な材質及び仕上げ状態とする。

　代わりの方法で試験を行う場合は，その同等性を実証しなければならない。

　対比試験片の特性は，次の形態とすることができる。

a)　決められた寸法のドリルホール又はノッチ

b)　既知の特性をもつ自然きず又は人工きず（例えば，疲労試験で誘起したクラック）

c)　様々な既知の被覆厚さ

d)　様々な既知の材質

　対比試験片の特性は，時間とともに著しく変化してはならない。

9　試験の準備

9.1　渦電流試験器の設定

　渦電流試験器の設定は，試験の目的及び製品から決められる。幾つかの設定（例えば，フィルタ，位相，感度）は，対比試験片を用いて行う。

9.2　プローブの設定

　プローブの位置合わせ及び追従性は，試験の有効性に影響を与える。また，プローブと試験体との間隔の変動は，試験の感度に影響する。

　プローブと試験体との間隔変化の信号は，感度の制御に使用できる。

　自動探傷の場合には，試験中のプローブ移動速度及び走査パスは，試験手順書で規定する許容限界範囲内の値を維持しなければならない。

10　渦電流試験システムの検証

10.0A　一般

　確実で有効な渦電流試験を実施するために，渦電流試験システム全体の性能及びシステムの各構成要素の性能が許容範囲内に維持されていることを検証することが必要である。この検証のために，総合機能点検，日常点検及び定期点検を行い，必要であれば，その是正処置を行う。

10.1　点検の周期

　試験システムの性能を維持するために，試験現場で行う点検及び／又は試験室で行う点検を，定められた周期で実施しなければならない。

10.2　総合機能点検

　総合機能点検は，定められた周期で，少なくとも同一試験の開始時・終了時，装置の部品の交換時，及び／又は検査員の交代時に実施しなければならない。

　一度調整した試験条件は，試験中維持しなければならない。その変動範囲は，適用する規格又は受注時に同意した手順書に従わなければならない。また，総合機能点検方法の手順は，JIS Z 2316-4 を参照して作成する。

　総合機能点検の結果，不適切と認められた場合は，点検内容及び是正処置内容を記録にとどめ，結果が適正であった前回の点検以降に試験した製品の全ては，試験していないものとする。

10.3 定期点検

　渦電流試験システムの構成要素については，少なくとも年一回行う定期点検を実施する。

　その手順書は，JIS Z 2316-2，JIS Z 2316-3，JIS Z 2316-4 及び／又は適用規格から必要事項を選択して作成する。点検結果における性能の偏差及び是正処置の内容は，記録しなければならない。

11　試験体の準備

11.1　表面の準備

　試験体の，次の表面性状は，試験の有効性に影響する。

a)　汚れ

b)　スケール

c)　厚さが変化する非導電性被膜

d)　導電性のあるその他の表面処理

e)　表面粗さ

f)　溶接スパッタ

g)　油，グリース及び水

　試験に影響する表面性状を改善できないときは，試験の有効性を実証しなければならない。

11.2　試験品の識別

　試験品は，個別又は試験のロットとして識別しなければならない。

　不連続部の位置を記録にとどめる必要がある場合，明確に記録する。

12　試験

12.1　試験の工程

　渦電流試験の詳細な工程は，試験手順書の中に明記しなければならない。

12.2　安全予防及び環境保護

　事故防止，電気的安全，危険物の取扱い，並びに環境保護に関する国家及び地方の規則は，常に留意しなければならない。

12.3　試験の範囲

　製品は，適用する規格の要求事項又は受注時に同意した手順書によって，走査しなければならない。

　これらの手順書には，次の事項をできるだけ含むことが望ましい。

a)　走査する又は走査しない範囲

b)　走査方向

c)　プローブの形式・寸法

d) プローブと試験面との相対速度

e) プローブの応答幅

走査ピッチは，プローブの応答幅によって決定するが，装置のデータ収集速度及び試験面に対するプローブの相対速度も影響する。

表面を完全にカバーするためには，走査線の間隔は，プローブの応答幅より大きくしてはならない。

12.4 信号の評価

判定をできるようにするには，試験結果は，割れ，磨耗及び物理特性のような試験した製品の特徴と関係付けなければならない。

適用に関わる文書又は受注時などに同意した手順書は，次の事項を含める。

a) 試験の記録に関する要求事項

b) 評価に関する要求事項

c) 報告に関する要求事項

信号は，振幅，位相，又は特定領域内の両者の組合せのような特性に関して評価する。

指示の分類は，簡単な機械的選別装置から，一つ以上の校正曲線に基づく複数パラメータ相関技術によって分類することができる。

12.5 判定基準

製品に対する判定基準及びその後の処置は，適用に関わる文書（**13.2** 参照）又は受注時に同意した手順書の中に明記しなければならない。

13 文書類

13.1 一般

文書類は，試験手順書及び試験報告書からなる。

製品に対する渦電流試験の適用及び使用に対する一般要求事項は，例えば，次の文書に記載する。

a) 製品規格

b) 仕様書

c) 実施規則

d) 契約文書

13.2 試験手順書

試験手順書には，適用する文書から必要なパラメータを選び出し，留意すべき予防処置と同様に，全ての必要な項目を記載しなければならない。

a) 試験手順書には，次の事項を含める。

  1) 試験の目的

  2) 試験品の詳細

  3) 適用した文書

  4) 技術者の資格・認証の詳細

  5) 試験の範囲

  6) 走査箇所の計画

  7) 表面の前処理

8) 環境条件

9) 対比試験片

10) 試験システムの構成

11) 機器及びプローブの点検間隔

12) 信号評価への要求事項

13) 試験の詳細及びその試験の各ステップの順番

14) 試験報告書に含める内容

b) 試験手順を決める前に，次のうちの幾つか又は全ての情報が必要である。

1) 試験の目的

2) 試験品の詳細

3) 試験を実施する空間の状況

4) 表面の前処理の要求事項

5) 試験工程で発生する製品の許容表面変形の度合い

6) 試験品の検査カバー範囲

7) 試験の感度

8) 感度の検証に用いる方法

9) 規定がある場合は，許容限界

10) 試験報告書に関連する要望事項

11) 技術者認証の詳細

13.3 試験報告書

試験報告書は，将来，試験を再現することを可能にする十分な情報を含むべきである。

少なくとも次の事項を含む。

a) 製造業者の名称

b) 試験体の識別番号

c) 参照した関連文書及び試験手順書

d) 試験手順書が試験方法，機器，及び機器の調整に対して変更を認めている場合，その方法の詳細を与える技術シート（又はそれと同等な資料）

e) 試験システムの名称，特に，使用する機器及びプローブの形式を特定するのに必要な詳細事項

f) 機器の調整値

g) 使用した対比試験片の識別番号

h) 試験の結果

i) 試験手順書との変更点

j) 試験の責任組織

k) 試験員の氏名・資格

l) 試験員の署名及び／又は責任者の氏名・署名

m) 試験日及び試験場所

試験報告書の様式は，受注時に同意しておくことが望ましい。

附属書 JA
(参考)
JIS と対応国際規格との対比表

JIS Z 2316-1:2014　非破壊試験－渦電流試験－第 1 部：一般通則				ISO 15549:2008　Non-destructive testing－Eddy current testing－General principles			
(I) JIS の規定		(II)国際規格番号	(III) 国際規格の規定		(IV) JIS と国際規格との技術的差異の箇条ごとの評価及びその内容		(V) JIS と国際規格との技術的差異の理由及び今後の対策
箇条番号及び題名	内容		箇条番号	内容	箇条ごとの評価	技術的差異の内容	
3 用語及び定義	用語及び定義		3	JIS に同じ	追加	"渦電流試験" を追加した。	技術的な差異はない。
5 技術者の資格	技術者の資格		5	ISO 9712 を規定	変更	JIS Z 2305, JIS G 0431 に変更した。	国内事情に合わせるため変更した。
6 試験の目的及び試験品	c) 5)		6	JIS に同じ	変更	日本で分かりやすい表現とした。	技術的な差異はない。
10 渦電流試験システムの検証	10.0A 一般		10		追加	検証の意味を明確にした。	通則及び性能測定方法の関連を明確にする点を，ISO 規格の改正時に提案する。
	10.2 総合機能点検		10.2	JIS に同じ	追加	参照規格を明記した。	技術的な差異はない。
	10.3 定期点検		10.3	JIS に同じ	追加	参照規格を明記した。	技術的な差異はない。

JIS と国際規格との対応の程度の全体評価：ISO 15549:2008, MOD
注記1　箇条ごとの評価欄の用語の意味は，次による。 　　　－　追加……………国際規格にない規定項目又は規定内容を追加している。 　　　－　変更……………国際規格の規定内容を変更している。 注記2　JIS と国際規格との対応の程度の全体評価欄の記号の意味は，次による。 　　　－　MOD…………国際規格を修正している。

JIS Z 2319
(2018)

漏えい(洩)磁束探傷試験方法

Methods for magnetic flux leakage testing

JIS (1991) 制定

1 適用範囲

この規格は，鋼などの強磁性体の棒，管，板，それらの構造物，機械部品，ワイヤロープなどの表面，表面下及び裏面に存在するきずを検出することを目的とする漏えい（洩）磁束探傷試験方法の一般事項について規定する。

2 引用規格

次に掲げる規格は，この規格に引用されることによって，この規格の規定の一部を構成する。これらの引用規格は，その最新版（追補を含む。）を適用する。

JIS G 0431 鉄鋼製品の雇用主による非破壊試験技術者の資格付与

JIS Z 2300 非破壊試験用語

JIS Z 2305 非破壊試験技術者の資格及び認証

3 用語及び定義

この規格で用いる主な用語及び定義は，**JIS Z 2300** によるほか，次による。

3.1

探傷ヘッド（Detecting head）

試験体との相対運動によってきずなどを検出する目的で使用される，磁化器及び磁気センサ（群）。

3.2

センサ応答幅（Effective width of sensing coverage）

磁気センサ（群）が漏えい磁束を検出できる幅（走査方向に直交な方向の有効検知幅）。

3.3

走査ピッチ（Scanning pitch）

走査の間隔（走査線に直交する方向への走査の送りピッチ）。棒，管などをら旋運動で探傷する場合は，ら旋の軸方向の間隔。

4 一般原理

強磁性体の試験体を磁化器によって磁化し，試験体にきずなどの不連続部が存在すると，磁束が試験体外部に漏えいする。漏えい磁束探傷試験は，このきずから漏えいする磁束の分布及び強度を磁気センサを用いて測定し，きずを検出するものである。漏えい磁束探傷試験は，磁気センサが試験体に非接触で，かつ，高速の試験が可能となるため，鋼材などの製造ライン中での検査，機械部品の検査，ワイヤロープなどの保守検査に適する非破壊試験である。

5 技術者の資格

試験を行う者は、漏えい磁束探傷試験について十分な知識及び経験をもつ者でなければならない。**JIS G 0431**，**JIS Z 2305**（ET 及び／又は MT）又は同等規格で資格付けされていることが望ましい。

6 漏えい磁束探傷試験システム

6.1 システムの構成要素

漏えい磁束探傷試験システムは，探傷ヘッド，探傷試験装置，走査装置，附属装置などで構成される。簡易的機器では，これらが一体となったものもある。これらの探傷ヘッド及び装置は，電気的安全及び機械的安全に関する我が国の法令及び法規を遵守しなければならない。

6.2 探傷ヘッド

探傷ヘッドは，磁化器及び磁気センサから成る。探傷ヘッドは，磁極面と試験体表面間とのクリアランスを一定に保持できることが必要である。

6.2.1 磁化器

磁化器には，次に示すコイル磁化器，電磁石磁化器及び永久磁石磁化器がある。磁極面と試験体表面間とのクリアランスの変化は，試験体表層の磁束密度を変化させるため探傷信号に影響を及ぼす。

a) **コイル磁化器** 空心コイルを用いた磁化器。励磁電流は，直流又は交流を用いる。

b) **電磁石磁化器** 鉄心とコイルとを組み合わせた磁化器。交流を用いた交流磁化器及び直流を用いた直流磁化器に分類できる。

c) **永久磁石磁化器** 永久磁石と鉄心とを組み合わせた磁化器。

6.2.2 磁気センサ

磁気センサは，試験の目的及び探傷方式によって適切なものを用いる。

漏えい磁束を検出する磁気センサとして，サーチコイル，ホール素子，磁気抵抗素子，磁気インピーダンス素子などがある。磁気センサに高透磁率材料を組み合わせ，感度向上及び探傷領域の改善を図ることがある。

磁気センサの信号出力は，リフトオフの変化に大きく影響を受ける。そのため，磁気センサは，試験体表面とのクリアランスを一定に保つことのできる倣い機能を設けて保持されることが望ましい。磁気センサを試験面に接触させながら試験を行うときは，磁気センサを保護するための保護シューが用いられる。保護シューには，超硬プレート，ステンレスプレート，樹脂などがある。

磁気センサで測定する漏えい磁束は，試験体の表面に対して垂直方向成分 $\varPhi_z$ 又は平行方向成分 $\varPhi_x$ である。きず中央からの距離を X とするとき，試験体の表面に対して垂直方向成分の漏えい磁束を計測した信号は，**図 1** に示すように，きずの中心で零となり，その前後でピークをもつ信号が出力される。また，試験体の表面に対して平行方向成分の漏えい磁束を計測した信号は，**図 2** に示すように，きずの中心で最大値を示す信号が出力される。試験では，測定する漏えい磁束の方向成分を選択する。

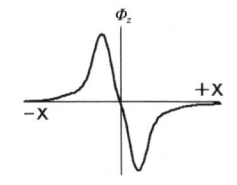

図1－垂直方向成分の漏えい磁束

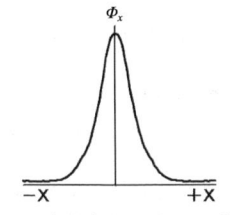

図2－平行方向成分の漏えい磁束

6.3 探傷試験装置

6.3.1 探傷試験装置の構成

探傷試験装置は，励磁電源装置，信号処理装置，信号評価装置及び表示装置から成る。探傷試験装置は，外部及び内部からの電気的雑音に対して保護されるものとする。

6.3.2 励磁電源装置

励磁電源装置は，コイル磁化器のコイル又は電磁石磁化器の巻線に電流を供給して磁界を発生させるための装置で，次に示す機能をもつ。

a) 励磁電源装置には，電流調整の機能を備える。

b) 磁化器を交流で励磁する場合は，商用電源を用いるか，又は設定される周波数の交流電流を供給するための発信器を備える電源を用いる。

c) 励磁電源装置は，試験体が磁化器に近接したとき，発生する突入電流の増加及び逆起電力に十分耐えるものでなければならない。

6.3.3 信号処理装置

信号処理装置は，磁気センサから得られる微弱な信号を信号評価装置で取り扱える電気信号に変換する装置である。信号処理装置は，増幅器及び信号変換器を備え，また，必要に応じて増幅度調整器，ハイパスフィルタ，ローパスフィルタなども備える。また，磁化器を交流を用いて励磁する場合には，必要に応じて位相検波器，位相調整器などを備えるものとする。

6.3.4 信号評価装置

信号評価装置は，きず判別処理機能及びパラメータ設定機能を備えたものとする。また，必要に応じて異常監視・警報機能，外部との通信機能などを選択装備する。信号評価装置の機能は，次による。

a) **きず判別処理機能**　信号処理装置の出力信号を判断してきずのイベント信号を出力し，きず位置の座標マッピングなどを行う。きず位置マッピングなどの処理データを外部に出力するほか，必要な場合にはデータ保存機能をもつ。

b) **パラメータ設定機能**　信号処理装置の増幅度，フィルタの設定，しきい（閾）値レベルの設定，励磁電源装置の電流設定などを行う。また，交流を用いる装置では，更に励磁周波数及び位相調整の機能をもつ。

c) **異常監視・警報機能**　磁気センサの断線，磁気センサの感度異常，信号処理回路異常などの動作機能の監視を行う。異常箇所が検出されたときは，外部に出力する。

d) **外部通信機能**　外部通信機能を備え，外部装置との間での探傷データ及び／又は情報の通信，遠隔保守などを可能にする機能を，必要に応じて付加する。

6.3.5 表示装置

表示装置は，信号処理装置及び／又は信号評価装置から得られた信号の表示を行う。

6.4 走査装置

6.4.1 走査装置の構成

走査装置は，探傷ヘッドと試験体表面とのクリアランスを一定に保ちながらそれらを相対的に走査させる装置で，探傷ヘッド又は試験体の回転装置，ら旋（ヘリカル）送り装置，直進送り装置などから成る。

6.4.2 探傷ヘッドと試験体との相対速度

探傷ヘッドと試験体との相対速度は，磁気センサの寸法，形状，検出すべききず寸法などを考慮し決定する。また，交流磁化の場合，その励磁周波数又はフィルタの遮断周波数は，相対速度を考慮して決定する。相対速度は，探傷試験中一定に保たなければならない。

6.5 附属装置

6.5.1 附属装置の種類

附属装置は，位置検出装置，マーキング装置，記録装置及び脱磁装置から成り，必要に応じて選択する。

6.5.2 位置検出装置

位置検出装置は，試験体の測定位置をデジタル又はアナログ出力するものである。

6.5.3 マーキング装置

マーキング装置は，マーカ及びその制御装置から成り，きず判別処理装置の出力信号に応じて，試験体のきず位置に直接，又は試験体の端部などの定められた範囲にきずの存在を示すマーキングができる機能をもつ。

6.5.4 記録装置

記録装置は，漏えい磁束探傷試験システムから出力されるデジタル又はアナログ出力を記録する。

6.5.5 脱磁装置

脱磁装置は，試験体に交流磁界又は反転する直流磁界を作用させて残留磁気を除去するものである。

試験体の残留磁気が，後工程に影響を及ぼすことがある場合には，必要に応じて脱磁装置を用いて試験体の残留磁気を除去する。

7 対比試験片

7.1 対比試験片の使用目的

対比試験片は，探傷試験装置の感度などの調整，日常点検，定期点検及び総合点検を行うときに用いる。

7.2 対比試験片に用いる材料

対比試験片は，人工きずを加工したもの又は自然きずの存在するものを用いる。化学成分及び／又は熱処理条件が試験体と同じでない場合には，電磁気的特性が同等であることを確認する。

7.3 人工きずの加工

対比試験片の人工きずは，放電加工，機械加工，エッチングなどによって加工する。

人口きずの種類，寸法及びそれぞれの許容差は，試験手順書に明記する。

7.4 対比試験片に用いる人工きず

対比試験片に用いる代表的な人工きずは，次による。

a) 対比試験片に用いる人工きずの種類は，スリット（角溝），貫通孔又は平底のドリル穴とする（**図 3 ～ 図 5** 参照）。

b) 人工きずの呼び方は，人工きずの種類の記号及び人工きずの寸法で表し，次による。

1) 人工きずの種類の記号は，スリットは N，ドリル穴は D とする。

2) 人工きずの寸法は，スリットでは深さ，幅，長さ（mm）を，ドリル穴では，ドリル穴の深さ，直径（mm）を表す。さらに，貫通孔の場合は，深さの数値の代わりに P と示し，人工きずを探傷面と反対側に施す場合は，末尾に B を示す。

次に表示例を示す。また，人工きずの深さを板厚に関して相対値で表してもよい。その場合，深さを板厚に関して相対値で表し，表示では%の記号を付与する。

例1　N-0.3/0.5-25　（深さ 0.3 mm，幅 0.5 mm，長さ 25 mm のスリット）

例2　D-3/1.2　（深さ 3 mm，直径 1.2 mm の平底のドリル穴）

例3　D-P/1.2　（直径 1.2 mm の貫通孔）

例4　D-3/1.2B　（探傷面と反対側の面に施した深さ 3 mm，直径 1.2 mm の平底のドリル穴）

例5　N-0.3/0.5-25B　（探傷面と反対側の面に施した深さ 0.3 mm，幅 0.5 mm，長さ 25 mm のスリット）

例6　D-30%/1.2　（板厚に関して深さ 30 %，直径 1.2 mm の平底のドリル穴）

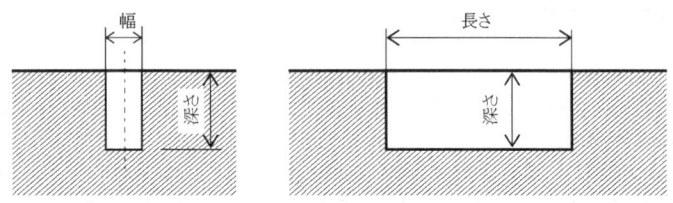

注記　スリットの場合，形状がU字形となることがあるが，これはスリットとみなす。

図3－スリットの断面形状

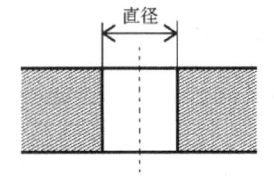

図4－貫通孔の断面形状

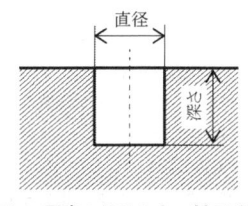

図5－平底のドリル穴の断面形状

8　試験の準備

8.1　試験体の準備

8.1.1　試験面の準備

試験の有効性に影響する表面性状に関わる要因には，次のものが考えられる。

a)　よごれ

b)　スケール

c)　表面粗さ

d)　溶接スパッタ

e)　ばり

f)　油，グリース又は水

g) 塗装

これらの要因が試験の有効性を阻害する場合には，表面性状を改善する必要がある。試験に影響する表面性状要因を改善できない場合は，試験の有効性を実証しなければならない。

8.1.2　試験体の識別

試験体は，それぞれ個別に又は同一ロット群ごとに識別しなければならない。

8.2　磁化条件の決定

試験体の形状及び検出対象とするきずを考慮して最適な磁化条件を決定しなければならない。このための磁化方向，励磁電流値，直流又は交流の選択，また，交流である場合は励磁周波数を決定する。

交流の場合にはその周波数に応じた渦電流が試験体表面に発生する。また，交流・直流によらず，探傷ヘッドと試験体との相対速度によっても渦電流が発生する。この渦電流は，磁束が試験体に侵入することを妨げるように働くので，このことを考慮して磁化条件を設定しなければならない。

決定された磁化条件が適正であるかどうかを確認できる対比試験片を準備する。

8.3　漏えい磁束探傷試験システムの設定

8.3.1　一般

漏えい磁束探傷試験システムの設定は，試験対象及び試験の目的で決められる。幾つかの設定（例えば，直流又は交流での励磁周波数，励磁電流，感度，位相，フィルタなど）は，対比試験片を用いて行う。

8.3.2　探傷ヘッドの設定

探傷ヘッドの設定は，試験の有効性に影響を与える。探傷ヘッドと試験体表面間とのクリアランスの変動は，試験の感度に影響するため，探傷ヘッドの位置合わせ及び倣い装置が有効に機能するよう設定する。

8.3.3　探傷試験装置の設定

励磁電源装置は，試験対象及び試験の目的に応じて，その励磁電流値，及交流の場合にはその周波数を，適正な値に設定する。

信号処理装置は，設定した磁化条件に応じて，検出対象とするきずに対して十分な大きさの信号振幅が得られるように調整する。

利得などが可変の場合，表示装置において対比試験片の人工きずによる指示が，十分表示されるように信号評価装置を設定する。

8.3.4　走査装置の設定

探傷ヘッドのクリアランス，相対速度及び走査ピッチは，センサ応答幅及び検出対象とするきずの長さを考慮して，適正に設定する必要がある。

試験の実施中において，試験体と探傷ヘッドとの相対速度などが適切な速度範囲内に維持できるように走査装置を設定する。

8.3.5　附属装置の設定

附属装置の設定は，次による。

a)　マーキング装置　対比試験片を用いて正常にマーキングするように設定する。

b)　記録装置　対比試験片の人工きずの検出が正常に記録できるように設定する。

c)　脱磁装置　脱磁の必要がある場合には，必要な限度まで脱磁できるように設定する。

9　試験

9.1　試験の実施

試験は，試験手順書に従って実施する。

9.2 安全予防

試験の実施においては，電気的安全，危険物の取扱いに関する国内及び関連する地方の法令及び法規を遵守し，事故防止に努めなければならない。

9.3 信号の評価

試験で得られる信号は，きず形状，励磁周波数，試験速度，試験体の電磁気的特性などに関係するため，各試験条件に応じたきずの検出特性をあらかじめ求めておく。

検出信号によるきずの診断は，信号の振幅値をもって評価する。ただし，交流磁化で位相検波を用いている場合は，振幅だけでなく位相の情報を使って評価することもできる。

信号には，きず信号だけでなく材料の磁気特性の不均一，リフトオフ変動，支持板などの試験体以外の構造物によるノイズ，その他の電磁気的なノイズなどが含まれるので，それらの識別法を検討しておくことが望ましい。

信号をきずの検出特性に基づいて評価を行う場合，多様な因子の識別手順，及び判定基準，さらに，その後の処置などについては試験手順書の中に明記しなければならない。

10 システムの構成要素の点検

10.1 一般

確実で有効な漏えい磁束探傷試験を実施するために，漏えい磁束探傷試験システムの各構成要素の性能及び特性が，許容範囲内に維持されていることを確認しなければならない。そのための点検手順書を作成し，日常点検，定期点検を行い，必要がある場合は，その是正処置を行う。

10.2 日常点検

漏えい磁束探傷試験システムの各構成要素の性能が，指定した範囲内にあることを確認するために，試験現場で日常的に実施する。

10.3 定期点検

一定の継続期間後の点検は，漏えい磁束探傷試験システムの各構成要素の特性が維持されていることを確認するために実施する。

10.4 是正処置

日常点検及び定期点検において，漏えい磁束探傷試験システムの各構成要素の性能又は特性が指定の範囲にないとき，それらが許容範囲内になるように処置しなければならない。また，その処置内容を記録する。

11 システムの全体機能の検証

11.1 総合機能点検

システムの総合機能点検は，漏えい磁束探傷試験システムによって行った試験の有効性を検証するために対比試験片などを用いて実施し，漏えい磁束探傷試験システムの各構成要素の個別点検の実施の有無にかかわらず，システム全体で実施する。

この点検は，定められた周期で，少なくとも同一試験の開始時・終了時，及び／又は装置の部品の交換時総合機能点検の手順書に規定した手順に従い実施する。

11.2 是正処置

総合機能点検を実施した結果，漏えい磁束探傷システム全体の設定された性能が許容限度から外れていた場合には，この結果を記録し，許容限度内の性能に復帰させる処置を行わなければならない。

さらに，前回の正常な総合機能点検以降に試験した全ての製品は，試験していないものと考えて，これらの製品に対する是正処置方法（例えば，再調整後の再試験，他の非破壊試験法による試験の実施など）を決定し，その実施結果を記録する。

12 文書類

12.1 一般

文書類は，試験手順書，試験報告書及び点検手順書から成る。

製品に対する漏えい磁束探傷試験の適用及び使用に対する一般的な要求事項は，例えば，次のような文書に記載されている。

a) 試験体の規格

b) 契約文書

12.2 試験手順書

試験手順書には，適用する文書から必要な項目を選び出し記載しなければならない。必要があれば関連する技術情報を収集して記載する。

試験手順書には，次のような事項がある。

a) 試験の目的

b) 試験体の詳細

c) 適用した文書

d) 技術者の資格・認証の詳細

e) 試験の範囲

f) 試験方法

g) 試験体の前処理

h) 環境条件

i) 対比試験片

j) 探傷試験装置の構成

k) システムの構成要素の点検は，次による。

　1) 日常点検の項目

　2) 定期点検の周期及び項目

l) 総合機能点検の周期及び項目

m) 試験条件

n) 信号評価方法及び項目

o) 合否判定基準

p) 試験報告書に含める内容

12.3 試験報告書

試験報告書は，将来，試験を再現することを可能にする十分な情報を含む必要がある。試験報告書の様式は，受渡当事者間で受注時に同意しておく。受渡当事者間の協定がない限り，次の事項を含むことが望ましい。

a) 製品製造業者の名称

b) 試験体の識別番号

c) 参照した関連文書及び試験手順書。試験手順書が試験方法，漏えい磁束探傷試験システム，及び漏え

い磁束探傷試験システムの設定値に対して変更を認めている場合，その方法の詳細を与える技術資料
又はそれと同等な資料

d) 漏えい磁束探傷試験システムの名称，特に，使用する探傷ヘッド，探傷試験装置の形式を特定するの
に必要な詳細事項

e) 日常点検結果，定期点検結果及び総合機能点検結果

f) 探傷試験装置の調整値

g) 脱磁の有無

h) 使用した対比試験片の識別番号

i) 試験の結果

j) 試験手順書との変更点

k) 試験の責任組織

l) 試験員の名前・資格

m) 試験員の署名又は責任者の名前・署名

n) 試験日及び試験場所

12.4 点検手順書

点検手順書は，点検を実施するための手順書であり，少なくとも次の事項を含むことが望ましい。

a) **日常点検に関する項目** 日常点検に関する項目は，次による。

 1) 対比試験片

 2) 点検手順

 3) 是正処置手順

b) **定期点検に関する項目** 定期点検に関する項目は，次による。

 1) 点検の周期

 2) 対比試験片

 3) 点検手順

 4) 是正処置手順

c) **総合機能点検に関する項目** 総合機能点検に関する項目は，次による。

 1) 点検の周期：定められた周期，同一試験の開始時・終了時，装置の部品の交換時など

 2) 対比試験片

 3) 点検項目：励磁電流，探傷試験感度，対比試験片のきず信号など

 4) 漏えい磁束探傷試験システムの設定及び校正手順

 5) 検出特性の評価基準

 6) 各項目ごとの点検方法及び点検結果の記録方法

 7) 是正処置の内容

d) **試験員に関する項目** 試験員に関する項目は，次による。

 1) 試験の責任組織

 2) 試験員の資格

非破壊試験—磁粉探傷試験—第1部：一般通則

Non-destructive testing—Magnetic particle testing—
Part 1：General principles

序文

この規格は，2015年に第2版として発行された **ISO 9934-1** を基とし，国内の事情に合わせるため，技術的内容を変更して作成した日本産業規格である。

なお，この規格で側線又は点線の下線を施してある箇所は，対応国際規格を変更している事項である。変更の一覧表にその説明を付けて，**附属書JB** に示す。

1　適用範囲

この規格は，強磁性体の磁粉探傷試験のための一般的な通則について規定する。磁粉探傷試験は表面きず，特に割れの検出に適用できる。表面直下のきずも検出できるが，その検出感度はきずの位置が表面から深くなると急激に低下する。また，この規格は，試験体表面の処理，磁化方法，検出媒体への要求事項及び適用方法，並びに結果の記録及びその解釈を含むが，判定基準については規定しない。個別製品についての特別な追加要求は，製品規格（関連する規格を参照）によって規定される。

注記　この規格の対応国際規格及びその対応の程度を表す記号を，次に示す。

　　　　ISO 9934-1:2015, Non-destructive testing—Magnetic particle testing—Part 1: General principles（MOD）

　　　　　　なお，対応の程度を表す記号 "MOD" は，**ISO/IEC Guide 21-1** に基づき，"修正している" ことを示す。

2　引用規格

次に掲げる規格は，この規格に引用されることによって，この規格の規定の一部を構成する。これらの引用規格は，その最新版（追補を含む。）を適用する。

JIS C 2504　電磁軟鉄

JIS G 0431　鉄鋼製品の雇用主による非破壊試験技術者の資格付与

JIS Z 2300　非破壊試験用語

JIS Z 2305　非破壊試験技術者の資格及び認証

　　注記　対応国際規格：**ISO 9712**, Non-destructive testing—Qualification and certification of NDT personnel（MOD）

JIS Z 2320-2　非破壊試験—磁粉探傷試験—第2部：検出媒体

　　注記　対応国際規格：**ISO 9934-2**, Non-destructive testing—Magnetic particle testing—Part 2: Detection media（MOD）

JIS Z 2320-3 非破壊試験－磁粉探傷試験－第 3 部：装置

　　注記 　対応国際規格：**ISO 9934-3,** Non-destructive testing－Magnetic particle testing－Part 3: Equipment
　　　　　（MOD）

JIS Z 2323 非破壊試験－浸透探傷試験及び磁粉探傷試験－観察条件

　　注記 　対応国際規格：**ISO 3059,** Non-destructive testing－Penetrant testing and magnetic particle testing
　　　　　－Viewing conditions（IDT）

3　用語及び定義

　この規格で用いる主な用語及び定義は，**JIS Z 2300** によるほか，次による。

3.1

探傷有効範囲（effective testing region）

　1 回の探傷操作（検出媒体の適用）で試験できる範囲。

3.2

衝撃流（impulse current）

　ごく短い時間に衝撃的に流れる電流。

3.3

軸通電法（longitudinal direct contact technique）

　電極の間に試験体を挟んで軸方向に電流を流して磁化する方法。

3.4

プロッド法（prods technique）

　試験体の表面に 2 個の電極（プロッド）を押し当て，電流を流して磁化する方法。

3.5

直角通電法（cross current flow technique）

　試験体の軸に対して直角な方向に直接電流を流して磁化する方法。

4　試験技術者の資格及び認証

　試験は，十分な能力及び資格をもつ技術者によって遂行されなければならない。資格が適切であること
を証明するためには，**JIS Z 2305，JIS G 0431** 又はそれと同等な公的に認知された規格によって認証され
た資格者であることが望ましい。

5　安全上の予防措置

　試験の実施に当たっては，健康，安全及び環境については，国内法令に準拠しなければならない。

　磁粉探傷試験は，試験体及び磁化装置の周囲に強い磁界を作る。これらの磁界に影響されやすい器具類
は，この領域の外に置く必要がある。

　磁粉探傷試験は，有害，可燃性又は揮発性の材料を使用する場合があるため，安全に注意し，一般的に
は次のような予防措置を講じなければならない。

a) 　皮膚又は粘膜が，有機溶剤分散検査液，有機分散媒及びコントラストペイントに広範に，かつ，繰り
　　返し触れることは避ける。

b) 　試験区域は，労働安全衛生法及び消防法の法的規制に従って適正に換気し，熱源，火花及び火炎から
　　離れた場所に設置する。

c) 検出媒体及び探傷装置は，製造業者が提供する使用説明書に従って使用する。

d) 紫外線照射装置を用いる場合は，紫外線が試験技術者の目に直接入らないように注意する。また，A 領域紫外線の放射照度（紫外線強度）が強い場合又は長時間の作業の場合は，作業時に長袖，手袋などを着用し，皮膚を紫外線から保護する必要がある。紫外線フィルタは，常に良好な状態に維持する。

6 試験手順書

全ての試験は承認された手順書に従って実施するか又は関連する規格を参照して実施しなければならない。

検査仕様書などによって要求があった場合には，磁粉探傷試験は文書化された手順書に従って実施しなければならない。

手順書は，この規格及びほかの適切な規格を参照した簡潔な技術シートの形式のものでもよい。また，試験が反復可能なように，試験条件を詳細に指定する。

7 前処理

前処理は，次による。

a) 前処理の範囲は，試験範囲より広くとる。

b) 試験体表面には，検出感度に影響する汚れ，スケール，剥離性のさび，溶接スパッタ，グリース，油及びほかの異物が付着していてはならない。

c) 表面の状態に対する要求の程度は，検出すべききずの大きさ及び方向に依存する。疑似模様と磁粉模様とを区別できるように，試験体表面を処理する。

d) 試験体は，組立部品で，分解が可能であるものは通常，単一部品に分解して探傷する。

e) 探傷に影響するような強い残留磁気が残っている場合など，必要に応じて脱磁する。

f) 試験体の焼損を防ぎ，電流が流れやすくなるようにするために，プロッド法など直接試験体に通電する方法では接触部分をきれいに磨き，また，必要に応じて電極に接触パッドを取り付ける。

g) 油孔，その他の孔などで試験後に内部の磁粉を除去するのが困難な箇所には，試験前に，磁粉が入らないように処置をしておく。

h) 密着しているペンキ層のように，およそ厚さ 50 µm までの非磁性のコーティングは，通常，検出感度に影響しないが，より厚いコーティングは，感度を低下させるおそれがあるため，感度の確認を行う。

i) 磁粉模様と試験面との間には，十分な視覚的なコントラストがなければならない。非蛍光磁粉を用いる場合は，コントラストペイントを用いてもよい（均一な薄い層に塗る。）。

j) 乾式用磁粉を用いる場合は，表面をよく乾燥しておく。

8 磁化

8.1 一般

磁化するときは，装置の特性，試験体の磁気特性，形状，寸法，表面状態及び予測されるきずの性質などによって，磁化の時期，必要な磁界の方向・強さ及び探傷有効範囲を決定し，磁化方法，磁化電流の種類（直流，脈流，交流，衝撃流）及び電流値を選定する。

探傷有効範囲においては，磁界の方向は試験面になるべく平行にする。また，反磁界を少なくするよう磁化方法を考慮する。

連続法は試験体を磁化しながら検出媒体を適用する方法であり，残留法は磁化終了後に検出媒体を適用

する方法である。

残留法では，試験体が磁気飽和する以上の磁界を与える。

連続法では，試験面の最小磁束密度は 1T 程度が望ましい。低合金鋼及び低炭素鋼において，これを達成するための磁界の強さは材料の比透磁率によって決まる。この比透磁率は，材料，温度及び適用される磁界の強さによって変わる。したがって，適用する磁界の強さを一意に規定することはできない。しかし，一般的には試験面に平行な磁界の強さとして 2 000 A/m が必要と考えられる。

磁界を発生するために時間的に変動する電流を使用する場合（磁界も時間的に変動する）は，再現を可能とするために，波高率（波形）及び電流の測定方法を管理することが重要である。測定値は波高値及び実効値の両方が一般的に使われており，計測器の特性に影響される。そのため，測定は波形に忠実に応答する計測器だけを使用しなければならない（例えば，正確な実効値の測定には適切な波高率対応範囲をもった真の実効値計測器）。真の実効値以外の値から計算によって導かれた波高値又は実効値を表示する計測器は用いてはならない。これは磁界の測定に使用される計測器にも適用される。

ひずみのない波形は波高率が低く，波高値と真の実効値との差も少なく，磁粉探傷試験に適していると考えられる。波高率（波高値を実効値で除した割合）が 3 以上の波形は，その技法の有効性の文書化された証明がない限り，使用しない。

多軸磁化を用いる場合は，磁化電流は単純な正弦波であるか又は位相が制御され位相カットする範囲が 90°以下でなければならない。その技法が全ての方向に対して有効であることを実証しなければならない（例えば，既知のきずをもつ試験体，標準試験片又はシムタイプ試験片を用いる。）。

試験体の透磁率が標準的な範囲で，確立された測定手法に基づき測定された電流値を用いて計算によって求めた磁界の強さが 2 000 A/m であれば有効な探傷が可能である。波高率が分かっているならば，波高値又は真の実効値の両方を使ってもよい。磁化電流の波形全体を知ることは最善であるが，波高率が 3 以下の場合は，既知の正弦波及び整流波の波高率を実用的に近似値として計算に用いることができる。ひずみのない正弦波の波高値，平均値，実効値の関係を，**表 A.1** に示す。計算に基づく手法は適用前に承認されなければならない。

注記 1　比透磁率の低い鉄鋼材料には，より高い磁界の強さが必要となる。磁化が強すぎる場合は，バックグラウンドによる模様が現れ，きずによる磁粉模様を覆い隠すことがある。

割れ又は他の線状きずが特定の方向に並ぶ場合は，磁束がきずの方向にできるだけ直交するようにしなければならない。

注記 2　この磁束の方向が最適な方向から 60°以内であれば有効と考えてよい。したがって，直交 2 方向からの試験面の磁化によって，あらゆる方向を向いたきずを検出できる。

磁粉探傷試験は表面きずの検出に有効な非破壊試験方法である。表面近傍のきずの検出も可能であるが，時間的に変化する電流波形では，磁化の深さ（表皮深さ）は電流波形の周波数に依存し，表面近傍のきずによる漏えい磁束は，その表面からの距離によって急激に減衰する。そのため，磁粉探傷試験は表面きず以外の検出には推奨できないが，平滑な直流又は脈流を使用する場合は，表面直下のきずの検出も可能である。

磁化電流は，特に次の **a)～e)** を考慮して，最も適した種類の磁化電流を使用する。

a)　交流の場合，表面下の磁化は，表皮効果の影響によって直流に比べて弱くなるため，表面下のきずを検出する場合は，直流又は脈流を使用する。

b)　交流を用いて磁化する場合は，通常，連続法に限る。

c)　直流及び脈流を用いて磁化する場合は，連続法及び残留法に使用できる。

d) 脈流は，それに含まれる交流成分が大きいほど，内部のきずの検出性能が劣る。

e) 衝撃流を用いて磁化する場合は，残留法に限る。

8.2 磁化の確認

次の一つ又は二つ以上の方法によって，試験体表面が磁粉探傷試験に必要な磁界の強さとなっていることを確認する。ただし，残留法においては，**a)**, **c)** 又は **d)** のいずれかの方法で確認する。

a) 最も適切な位置に検出すべき自然きず又は人工きずをもつ試験体を試験する。

b) 表面にできるだけ接近して，試験体表面に平行な磁界の強さを測定する。

試験体表面に平行な磁界の強さの測定方法は，**JIS Z 2320-3** による。

c) 通電法の場合は，試験体表面に平行な磁界の強さを計算する。

多くの場合，単純な計算によってこれは可能である。**附属書 A** の中で指定する電流値は，これによって求めたものである。

d) 確立された原理に基づいたほかの方法を使用する。

確立された原理の一例として，連続法の場合には**附属書 JA** に規定する A 型又は C 型標準試験片を用いることができる。

8.3 磁化方法

8.3.1 一般

ここでは，磁化方法の分類を示す。

多軸磁化は，任意の方角を向いたきずを見付けるために使用することができる。

単純形状の試験体について，試験体表面に平行な磁界の強さを与えるために必要な電流の近似値を求める計算式を，**附属書 A** に示す。

磁化装置は，**JIS Z 2320-3** に規定する装置に対する要求事項を満たすとともに，その規格に従って使用されなければならない。

全試験表面において，全ての方向のきずを見付けるために，一つ又はそれ以上の磁化方法が必要になることがあり，その場合に以前の磁化による残留磁気の影響が無視できないときは，脱磁が必要となることがある。

試験を実施するときの注意事項は，次による。

a) 磁化，磁粉の適用，観察と続く 1 回の連続した試験操作によって，試験面全体を試験できない場合は，試験面を幾つかの探傷有効範囲に分割した後，必要な回数，試験操作を繰り返す。この場合，隣接する探傷有効範囲は，その端部を必ず必要な幅だけ重複させなければならない。

b) 残留法を用いる場合には，磁化操作終了後から磁粉模様の観察終了までの間に，試験面にほかの試験体又はその他の強磁性体を接触させてはならない。

c) 通電時間は，次による。

　1) 連続法では，適用した磁粉の動きが停止するまでとする。

　2) 残留法では，通常，1/4〜1 秒とする。ただし，衝撃流の場合には 1/120 秒以上とし，通常，3 回以上繰り返す必要があるが，十分な起磁力を与えることができる場合は，この限りでない。

磁化方法の種類を次に示す。**8.1** の要求事項を満たして適切な磁化を行うことが可能なときには，次に示す方法以外の方法を用いて磁化してもよい。

8.3.2 通電法

8.3.2.1 軸通電法

軸通電法では，**図 1** に示すように，電極の間に試験体を挟んで通電して磁化する。電流を試験体に流す

ときは，接触パッドによって良好な電気的接触を保たなければならない。

電流が試験体表面上に均一に分布すると仮定して，電流値を円筒試験体の円周の寸法に基づいて決定する。

軸通電法は，試験体円周面に存在し得るきずのうち，電流の方向（軸方向）と平行なきずを検出する場合に感度が高い。

試験体表面に平行な磁界の強さの規定値を達成するのに必要な電流値を与える近似式の例を，**A.2** に示す。

電気的な接点で試験体が損傷しないように注意しなければならない。

起こり得る損傷としては，過度の熱による焼損及びスパーク損傷がある。接触パッドの接触部は清潔で，作業実施上問題ない広さがあり，かつ，試験体に影響を与えない材料を用いる。

8.3.2.1A 直角通電法

直角通電法では，**図1A** に示すように，試験体の軸に対して直角な方向に電極を挟み，直接電流を流して磁化する。電流を試験体に流すときは，軸通電法と同様に電気的な接点で試験体が損傷しないように注意し，接触パッドによって良好な電気的接触を保たなければならない。

8.3.2.2 プロッド法

プロッド法では，**図2** に示すように，試験体の表面に2個のプロッド（電極）を押し当てて通電して磁化する。携帯型又はクランプ方式のプロッドを用いて試験体に電流を流す。両プロッドは試験全領域をカバーするために，規定されたパターンに従ってプロッドを移動させなければならない。探傷有効範囲の一例を**図2** に，さらにそのオーバラップの一例を**図3** に示す。

プロッド法は，試験体表面において流れる電流の方向と平行なきずを検出する場合に感度が高い。プロッド法では大きな試験体表面の部分探傷を実施することができる。

試験体表面に平行な磁界の強さの規定値を達成するのに必要な電流値を与える近似式の例を，**A.3** に示す。

プロッドによる試験体の焼損又は電極材料の試験体中への溶け込みによる表面の損傷を回避するために，**8.3.2.1** の場合と同様に，特別な注意が必要である。スパークによる損傷又は過度の加熱は，合否判定を必要とするきずとして扱われなければならない。そのような損傷を受けた領域上で，更に試験が要求される場合は，異なる試験方法を使用しなければならない。

8.3.2.3 磁束貫通法

磁束貫通法では，**図4** に示すように，リング状の試験体を変圧器の2次側として働かせ，試験体の中に誘導される電流で，試験体を磁化する。磁束貫通法には，交流を用いなければならない。

試験体表面に平行な磁界の強さの規定値を達成するのに必要な電流値を与える近似式の例を，**A.4** に示す。

8.3.3 磁束投入法

8.3.3.1 電流貫通法

電流貫通法では，**図5** に示すように，孔のある試験体の孔の部分に導体（絶縁された電流貫通棒など）を通して電流を流し，電流の周りに形成される円形磁界によって試験体を磁化する。

電流貫通法は，試験体の円周面における軸方向のきず及び端面における半径方向のきずに対して最も高い感度を示す。

A.2 に示す近似式の例は，試験体の孔の中心軸上に配置した電流貫通棒の場合にも適用可能である。電流貫通棒が中心軸にない場合の試験体表面に平行な磁界の強さは，測定して確認する。

8.3.3.2 隣接電流法

隣接電流法では，**図6**及び**図7**に示すように，1本又はそれ以上の電流ケーブル又は棒状導体を試験体の表面と平行に，試験する範囲に隣接して設置し，電流を流す。電流の周りに形成される磁界によって試験体を磁化する。

試験体は一方向へ流れる電流のすぐ近くに配置する。ケーブル又は導体の中心から試験体表面までの距離を d とすると，1回の試験範囲の幅は，$2d$ であり，電流の復路用ケーブルは，可能な限り試験範囲から離れた位置に配置する。全ての場合に，この距離は $10d$ より大きくなければならない。

試験範囲が重複することを保証するために，ケーブルは $2d$ 未満の間隔で試験体表面上を移動する。

試験体表面に平行な磁界の規定値を達成するのに必要な電流値を与える近似式の例を，**A.6** に示す。

> 注記　隣接電流法は，直線状導体に電流が流れるとき（**図6**参照），その周りに形成される磁界によって平板状試験体を磁化するものである。電流貫通法と類似点をもつ磁化方法であるが，試験体に生じる磁束の流れが閉磁路となる電流貫通法と異なり開磁路となるため，反磁界による有効磁界の大幅な減少に留意する必要がある。

8.3.3.3 極間法（定置型）

極間法（定置型）では，**図8**に示すように，試験体又は試験体の一部を電磁石の磁極に接して設置し，試験体の中に磁束を投入して試験体を磁化する。

8.3.3.4 極間法（可搬型）

交流極間式磁化器（ヨーク）の磁極は，**図9**に示すように，試験体表面に設置する。探傷有効範囲は，両磁極間の内接円で囲まれる範囲を超えてはならない，かつ，両磁極近傍の不感帯部を除くものとする。適切な探傷有効範囲の一例を，**図9**に示す。

8.1 で規定する磁化の要求事項は，交流電磁石に対してだけ適用する。直流電磁石及び永久磁石は，検査仕様書などで合意した場合だけ用いてもよい。

8.3.3.5 コイル法（固定）

コイル法（固定）では，**図10**に示すように，コイルの中に入れた試験体をコイルが作る磁界によって磁化する。試験体はコイルの軸と平行な方向へ磁化するように，電流の流れているコイル内に置く。

ら旋形の固定コイルを使用する場合は，ら旋のピッチはコイル直径の 25 %未満でなければならない。

直径に対する長さの比が 5 未満である短い試験体の場合は，継鉄棒を用いることが望ましい。継鉄棒を使用すると，必要な磁化をするのに要する電流は減少する。

コイル法（固定）は，コイル軸に垂直方向のきずを検出する場合に最も高い感度を示す。

試験体表面に平行な磁界の規定値を達成するのに必要な電流値を与える近似式の例を，**A.7** に示す。

8.3.3.6 コイル法（ケーブル）

コイル法（ケーブル）では，**図11**に示すように，電流の流れているケーブルをたるみがないように試験体に巻き付けることによってコイルを形成し，コイルが作る磁界によって試験体を磁化する。試験範囲は，**図11**に示すように，コイルの長さ以内でなければならない。

試験体表面に平行な磁界の規定値を達成するのに必要な電流値を与える近似式の例を，**A.8** に示す。

9 検出媒体

9.1 検出媒体の特性及び選択

検出媒体の特性は，**JIS Z 2320-2** による。磁粉探傷試験には様々なタイプの検出媒体を使用することができる。検出媒体は，分散媒の中に非蛍光性（黒色を含む。）又は蛍光性の磁粉を懸濁させたものとする。

水を分散媒とする場合には，検出媒体の中には界面活性剤及び防せい（錆）剤も含むものとする。各種の乾式磁粉も利用可能とする。一般に，乾式磁粉は，微細な表面きずを指示する能力が湿式法に比べて劣る。磁粉は，試験体の材質，表面状況及びきずの性質に応じて，適切な磁性，粒度，分散性，懸濁性及び色調をもつものを使用する。蛍光磁粉の場合には，磁粉の粒度のほかに，磁粉の適用時間及び適用方法を考慮して磁粉分散濃度を定め，過剰な濃度は避けなければならない。検出媒体の濃度は，通常，非蛍光湿式法では 2 g/L～10 g/L，蛍光湿式法では 0.2 g/L～2 g/L の範囲とする。

　前処理が適切であり，磁粉模様のコントラストが最大になるように排液を行い，観察条件（箇条 10 参照）が適切な場合に，蛍光性の検出媒体は，最高感度を示す。もし，試験体表面とのコントラストが十分であれば，非蛍光性の検出媒体も，高い感度を示す。黒色及びほかの色の磁粉を用いることができる。

　きずと試験面との色調のコントラストをよくするために，箇条 7 及び箇条 10 に従ってコントラストペイントを薄く塗布し，この層の上から検出媒体を適用してもよい。

9.2　検出媒体の性能試験

　磁粉探傷試験の前又は途中に定期的に行う性能試験は，**JIS Z 2320-2** による。この試験が必ず要求される場合と，推奨される場合とがあり，検出性能の確認は，適切な対比試験片，標準試験片又は自然きずをもつ試験体を用いて，**JIS Z 2320-2** に従って，試験の前又はその途中に定期的に実施しなければならない。

　検出媒体を再使用する場合，又は再循環して使用する場合は，その性能を維持するために特別の注意を払う必要がある。

9.3　検出媒体の適用

　検出媒体の適用において，連続法の場合は，磁化の直前及び磁化中に実施し，磁化が終了する前に検出媒体の適用を完了する。試験体を動かしたり調べたりする前に，十分な時間をかけて磁粉模様を形成させる。残留法では，磁化操作終了後に検出媒体を適用する。

　乾式磁粉を使用する場合は，磁粉及び試験面が十分に乾燥していることを確認した後，適量の磁粉を静かに散布する。この場合，できるだけ磁粉模様の形成を妨げないように適用する。

　湿式法において検出媒体の適用は，試験面全面が検出媒体に対してぬれ性の良い状態になっていることを確認した後，試験体に検出媒体をかけるか，又は磁粉がよく分散されている検出媒体中に試験体を浸してから徐々に取り出すことによって行う。いずれの場合においても，試験面上における検査液の流速があまり速くならないように注意しなければならない。検出媒体は適用後，磁粉模様のコントラストを向上させるために，排液できるようになっていなければならない。

10　磁粉模様の観察

　観察条件は，**JIS Z 2323** の規定による。

　磁粉模様の観察は，通常，磁粉模様が形成された後に行う。試験手順の次の段階に移る前に，試験対象とした試験面全域を観察する。観察に支障がある場合には，試験体又は設備を移動して，試験対象とした試験面全域を適切に観察できるようにする。磁化が終了した後，試験体の観察及び磁粉模様の記録が完了するまでは，磁粉模様が乱れないように十分注意する。

11　総合性能試験

　試験を始める前に，総合性能試験を実施しなければならない。総合的な性能試験は，試験手順，磁化方法又は検出媒体のいずれかの問題点を明らかにできるものでなければならない。

　最も確実な性能試験は，種類，位置，寸法及び分布が既知の自然きず又は人工きずを含んでいる試験体

の代表的な部分を試験することである。試験体は脱磁し，以前の試験に起因する磁粉模様があってはならない。

　既知のきずをもつ実機試験体がない場合は，標準試験片又はB型対比試験片のような，人工きずをもつ試験片を用いてもよい。

12　磁粉模様の分類，記録及びきずに関する情報

12.1　磁粉模様の分類

磁粉模様の分類は，次の手順によって行う。

a)　磁粉模様が現れた場合は，**12.2**によって，きずによる磁粉模様か，又はきずによらない疑似模様かを確かめる。

b)　きずによる磁粉模様は，**12.3**によって分類する。

12.2　疑似模様の確認

疑似模様の確認は，次による。

a)　疑似模様には，次のようなものがある。

1)　すりきず指示

2)　磁気ペン跡

3)　断面急変指示

4)　電流指示

5)　電極指示

6)　磁極指示

7)　表面粗さ指示

8)　材質境界指示

b)　確認された磁粉模様がきずによるものであると判定しにくいときは，次の操作によって，磁粉模様が疑似模様であるかどうかを確認することができる。

1)　磁気ペン跡は，脱磁後再試験すると疑似模様が現れない。

2)　電流指示は，電流を小さくするか，又は残留法で再試験すると疑似模様が現れない。

3)　表面粗さ指示は，電流を小さくするか，又は試験面を滑らかにして再試験を行うと疑似模様が現れない。

4)　材質境界指示は，マクロ試験，顕微鏡試験などの磁粉探傷試験以外の試験で確かめる。

12.3　きずによる磁粉模様の分類

磁粉探傷試験で得られたきずによる磁粉模様を，形状及び集中性によって次のように分類する。

a)　**独立磁粉模様**　独立して存在する個々の磁粉模様は，次の3種類に分類する。

1)　**割れによる磁粉模様**　試験体表面の割れの多くは，磁粉模様を取り除いて表面を拡大鏡（ルーペなど）で拡大して観察することによって，割れと識別できる。

　　注記　割れは試験体の強度に与える影響度が大きいため，割れと判断できる場合は，線状磁粉模様と区別して，割れによる磁粉模様と分類する。

2)　**線状磁粉模様**　磁粉模様においてその長さが幅の3倍を超えるもの。

3)　**円形状磁粉模様**　円形又はだ円形の磁粉模様であって，長さが幅の3倍以下のもの。

b)　**連続磁粉模様**　複数個の磁粉模様がほぼ同一直線上に連なって存在し，その相互の間隔が2 mm以下の磁粉模様。磁粉模様の長さは，特に指定がない場合，磁粉模様の個々の長さと相互の間隔とを加え

合わせた値とする。

c) **分散磁粉模様** 一定の面積内に複数個の磁粉模様が分散して存在する磁粉模様。

12.4 磁粉模様の記録

全ての磁粉模様は，明らかに疑似模様と判断できない場合は，規格の要求によって記録しなければならない。

磁粉模様は，必要に応じて，写真撮影，スケッチ又は転写（粘着性テープ，磁気テープなど）によって記録し，また，適切な材料（透明ワニス，透明ラッカーなど）で試験面に固定する。

注記1 磁粉模様から試験体表面におけるきずの長さを得ることができるが，きずの深さを推定することは，一般的に困難である。

注記2 合否の判定及び記録すべききずが，きずの実寸法で規定される場合には，磁粉模様を除去し，5～10倍のルーペを用いて実際のきずの長さを測定する。

13 脱磁

検査仕様書などによって脱磁を要求された場合には，試験後に適切な方法によって試験体を脱磁し，残留磁気を許容される値以下とする。もし，脱磁後に磁粉模様を観察する場合には，磁粉模様を何らかの方法によって保護しておかなければならない。

試験体の残留磁気が，金属の切削くずを付着したり，磁化の方向と反対であったり，又は疑似模様の原因となるような場合には，検査の有効性が制限されることがある。このような場合には，試験を実施する前に脱磁を行う。

磁化後の残留磁気は，ホール素子を用いたテスラメータ又は適切な物理的方法（例えば，コンパスを用いる方法）によって確認することができる。これは，一般に磁気の影響を受ける全ての部品に要求され，最大値を観察する。ホール素子を用いた磁気測定器を用いる場合は，磁気感受面の方向に注意して使用する。

注記 脱磁は，磁化に用いられた磁界の強さ又はそれ以上の値から始めて，次第に減少させる交番磁界を用いる。

一般に完全な脱磁を達成することは非常に困難である。特に，直流を用いて試験体を磁化した場合には難しい。直流を用いて磁化した試験体については，低周波の交流又は正負が繰り返し逆転する直流によって脱磁を行う。

14 清掃及び防食

要求された場合には，試験及び合否判定の後に，検出媒体を除去するために全ての試験体を清掃しなければならない。さらに，腐食から試験体を保護することが必要になることがある。

15 試験報告書

試験報告書が要求される場合は，試験報告書には，次の項目が含まれていなければならない。

a) **試験体** 品名，寸法，材質，熱処理状態，表面状態，試験時期（熱処理の前後，又は最終機械加工の前後など）及び試験の実施のための前処理（表面の手入れなど）について記載する。

b) **引用規格** 使用した規格，試験手順書及び技術シートを明示する。

c) **試験条件** 試験条件は，次による。

1) **磁化条件** 磁化条件は，次による。

1.1) 磁化方法 **8.3** の分類によって記載する。

1.2) 連続法又は残留法の別 連続法又は残留法かの別を記載する。

1.3) 磁化電流値，磁化電流の種類及び磁化の確認 適用した電流値及びその種類（直流，脈流，交流又は衝撃流）を記載する。また，試験体表面に平行な磁界の強さ又は磁化の確認方法を記載する。なお，脈流の場合は，その整流方式を付記する。

例 1 000 A（波高値），脈流・単相半波整流，テスラメータ

1.4) 磁化器の形状・配置 極間法の場合は磁極間隔，形状，配置，コイル法の場合はコイルの寸法，巻数，プロッド法の場合は電極間隔，配置などに関する情報を付記する。

2) 試験装置 装置名称，型式名及び製造業者名を記載する。

3) 検出媒体，磁粉の分散媒及び磁粉分散濃度 磁粉（製造業者名，型番，粒度，蛍光又は非蛍光の別，色及び湿式法又は乾式法の別），分散媒の種類及び磁粉分散濃度を記載する。

例 ○○○（株）製 MT111，5 μm〜30 μm，黒色磁粉，湿式法，水，10 g/L

4) コントラストペイント（使用した場合） 製造業者名及び型番を記載する。

5) 対比試験片 使用した対比試験片のタイプ又は標準試験片の名称を記載する。B 型対比試験片を使用した場合は，材質及び主要寸法を記載する。

6) 観察条件 非蛍光性の検出媒体の場合は，試験面の明るさ，蛍光性の検出媒体の場合は，試験面における A 領域紫外線の放射照度及び周囲の明るさを記載する。

7) 試験後の残留磁界の最大値など 試験終了後（脱磁を行った場合は脱磁後）の試験体の残留磁界についての情報が必要な場合は，その最大値などを記載する。

d) 試験結果 磁粉模様の有無及びその位置，磁粉模様及びその分類など，磁粉模様の詳細な記録を記載する。磁粉模様の分類は，箇条 **12** によって記載する。また，磁粉模様を受渡当事者間で定めた合否判定基準に照らして，合否の判定結果を記載する。

e) その他

1) 試験技術者 試験を担当した技術者の氏名，資格及び署名を記載する。

2) 試験年月日

3) 試験場所

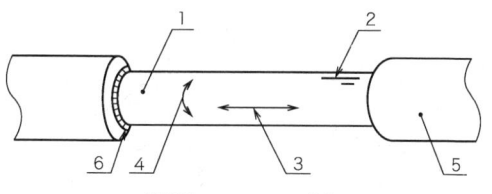

1 試験体   4 磁束
2 きず   5 接触器ヘッド
3 電流   6 接触パッド

図1－軸通電法

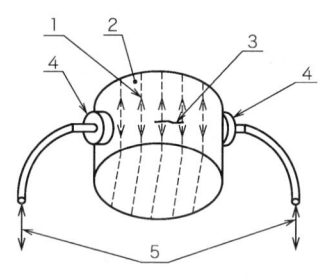

1 磁束   4 電極
2 試験体   5 電流
3 きず

図1A－直角通電法

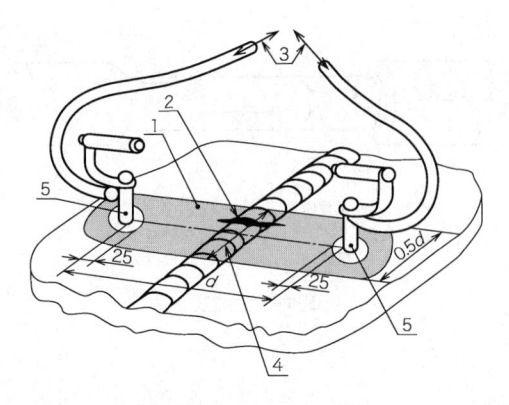

1	探傷有効範囲	4	磁束
2	きず	5	プロッド
3	電流		

図 2－プロッド法（1）

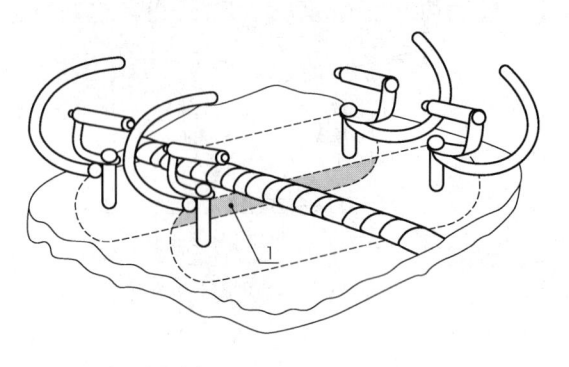

1　オーバラップ

図 3－プロッド法（2）

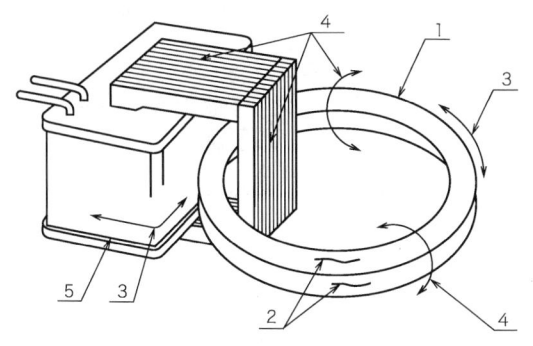

1	試験体	4	磁束
2	きず	5	変圧器一次コイル
3	電流		

図 4－磁束貫通法

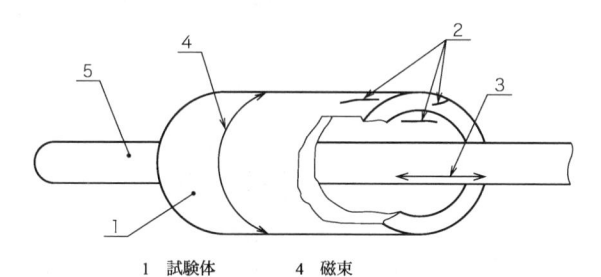

1	試験体	4	磁束
2	きず	5	絶縁された電流貫通棒
3	電流		

図 5－電流貫通法

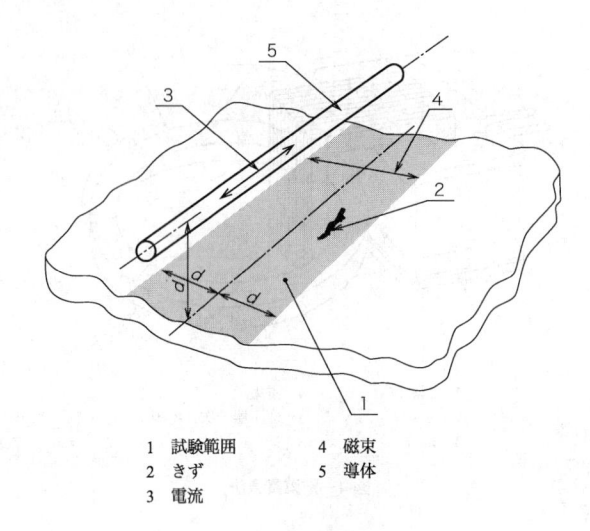

1　試験範囲　　　4　磁束
2　きず　　　　　5　導体
3　電流

図6－隣接電流法

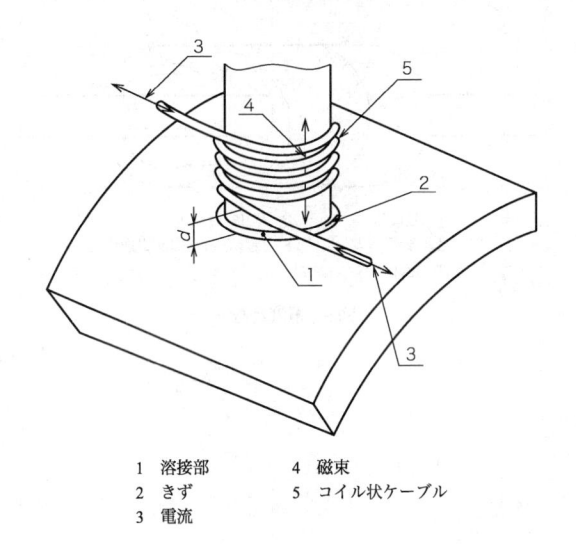

1　溶接部　　　　4　磁束
2　きず　　　　　5　コイル状ケーブル
3　電流

図7－隣接電流法（コイル状ケーブルによる）

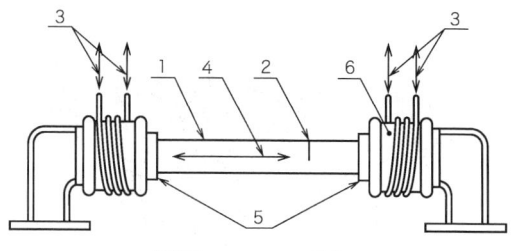

1 試験体　　　　4 磁束
2 きず　　　　　5 磁極部分
3 電流　　　　　6 コイル

図8－極間法（定置型）

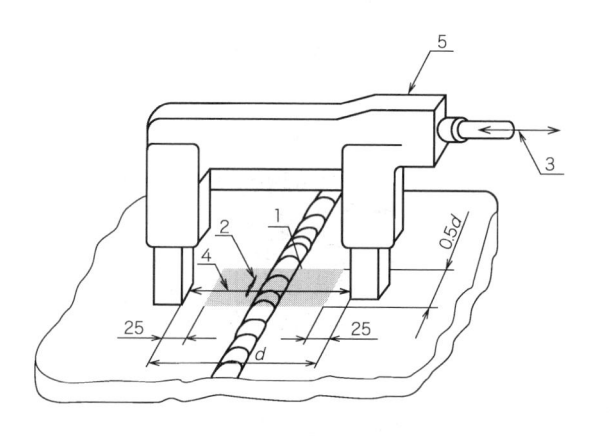

1 探傷有効範囲　　4 磁束
2 きず　　　　　　5 磁化器（ヨーク）
3 電流

図9－極間法（可搬型）

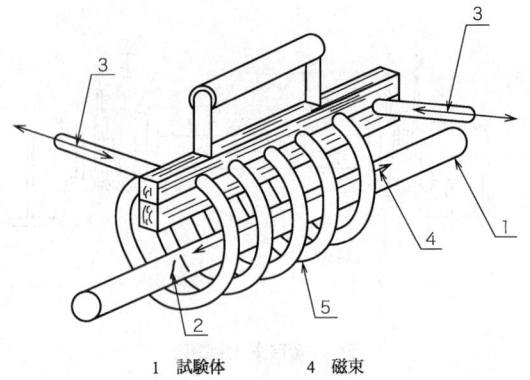

1	試験体	4	磁束
2	きず	5	コイル
3	電流		

図 10－コイル法（固定）

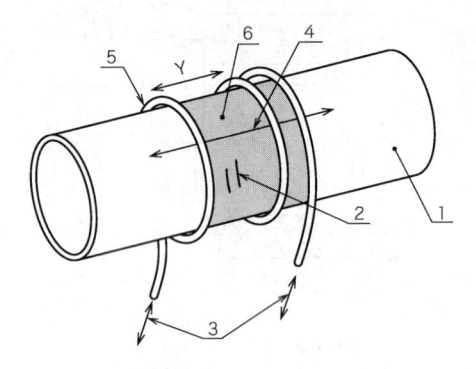

1	試験体	5	コイル（ケーブル）
2	きず	6	試験範囲
3	電流	Y	**A.8** 参照
4	磁束		

図 11－コイル法（ケーブル）

附属書 A

（参考）

各種磁化方法に対して指定された試験体表面に平行な
磁界の強さを達成するために必要な電流の決定の例

A.1 一般

全ての計算式は，単純な形の試験体又はより大きな試験体の一部分を適切に磁化するのに必要な電流の近似値を得るために，使用することができる。時間とともに変化する電流によって磁化させる場合，実効値が必要とされる値である。8.3.2 で要求されるように，電流は，試験範囲の周辺における試験体表面に平行な磁界（H）を用いて表される。様々な磁化方法に対して指定された，試験体表面に平行な磁界の強さを得るために必要な電流の決定の例を，次に示す。

A.2 軸通電法（8.3.2.1 及び図 1）

必要な電流は，式(A.1)による。

$$I = Hp \quad \cdots\cdots\cdots\cdots\cdots\cdots\cdots\cdots\cdots\cdots\cdots\cdots\cdots\cdots\cdots\cdots\cdots\cdots\cdots\cdots (A.1)$$

ここに，　　I： 電流（A）
　　　　　　p： 試験体の周囲長さ（円筒の場合，円周）（m）
　　　　　　H： 試験体表面に平行な磁界（A/m）

断面が場所によって変化する試験体において，最大及び最小の断面を磁化するのに必要な電流値の比率が 1.5：1 未満であるときだけ，単一の電流値を用いてもよい。単一の電流値を使用する場合，最大の断面に対する電流値を与える。

A.3 プロッド法（8.3.2.2，図 2 及び図 3）

図 2 及び図 3 に示すような長方形の試験範囲を検査する場合，電流値は，式(A.2)による。

$$I = 2.5\,Hd \quad \cdots\cdots\cdots\cdots\cdots\cdots\cdots\cdots\cdots\cdots\cdots\cdots\cdots\cdots\cdots\cdots\cdots\cdots (A.2)$$

ここに，　　I： 電流値（A）
　　　　　　d： プロッド間隔（m）
　　　　　　H： 試験体表面に平行な磁界（A/m）

この計算式は，d が 200 mm 以下の場合に適用する。

別の見方としては，試験範囲をプロッド間に記した円としてもよい。この場合，各プロッドの周辺から 25 mm 以内の範囲を除く。

この場合，電流値は，式(A.3)による。

$$I = 3\,Hd \quad \cdots\cdots\cdots\cdots\cdots\cdots\cdots\cdots\cdots\cdots\cdots\cdots\cdots\cdots\cdots\cdots\cdots\cdots (A.3)$$

上記のいずれの場合においても，これらの式は試験体表面の曲率半径がプロッド間隔の半分を超える場合に対して，信頼できる。

A.4 磁束貫通法（8.3.2.3 及び図 4）

必要な誘導電流は，式(A.4)による。

$$I_{\text{ind}} = Hp \quad\text{……………………………………………………………} \text{(A.4)}$$

ここに， I_{ind}： 誘導電流（A）

　　　　p： 試験体の断面周長さ（m）

　　　　H： 試験体表面に平行な磁界（A/m）

　断面が場所によって変化する試験体において，最大及び最小の断面を磁化するのに必要な電流値の比率が 1.5：1 未満であるときだけ，単一の電流値を用いてもよい。単一の電流値を使用する場合，最大の断面に対する電流値を与える。

　注記　誘導電流を一次電流から計算することは，容易ではない。

A.5　電流貫通法（8.3.3.1 及び図 5）

　中央の電流貫通棒に流す電流は，式(A.1)によって与えられる。試験部品が中空のパイプ又はそれに類似した試験体である場合には，外表面を試験するときは外表面の直径に基づいて，また，内表面を試験するときは内表面の直径に基づいて，電流値を計算する。

A.6　隣接電流法（8.3.3.2，図 6 及び図 7）

　必要な磁化を達成するために，ケーブルの中心線を，試験体表面から垂直の距離（d）にあるように設置しなければならない。ケーブルの中心線の両側に設定する有効な試験範囲の幅が d であるとき，ケーブルの中で流れる電流の実効値は，式(A.5)による。

$$I = 4\pi dH \quad\text{………………………………………………………} \text{(A.5)}$$

ここに，　I： 電流の実効値（A）

　　　　d： 試験体表面からケーブルまでの距離（m）

　　　　H： 試験体表面に平行な磁界（A/m）

　試験が円筒状の試験体又は枝管継手（**例**　スタブ－ヘッダ溶接部）上のコーナで行われる場合には，ケーブルを試験体又は枝管の表面を包むように設置してもよく，また，何巻かは，**図 7** に示すように密に巻き付けたコイルの形にして束ねてよい。この場合，試験体表面は，ケーブル又はコイル巻線から距離（d）以内とする。ここに，$d = NI/(4\pi H)$，N は巻数とする。

A.7　コイル法（固定）（8.3.3.5 及び図 10）

　試験体がコイル断面積の 10 ％未満で，それをコイル底で軸方向に置く場合は，式(A.6)が適用できる。試験体がコイルの長さより長い場合には，コイルの長さの間隔で繰り返す。

$$NI = \frac{0.4\,HK}{L/D} \quad\text{………………………………………………} \text{(A.6)}$$

ここに，　N： コイルの有効な巻数

　　　　I： 電流（A）

　　　　H： 試験体表面に平行な磁界（A/m）

　　　　L/D： 試験体の長さ L（m）と直径 D（m）との比率 "円形断面をもつ試験体の場合［断面が円形でない試験体の場合は，D（m）の代わりに試験体の周長 R（m）を円周率 π で除した値 R/π を用いる。］"

　　　　試験体の L/D が 20 を超える場合には，L/D は 20 とする。

K： 係数
$K=22$ ［交流（実効値）及び全波整流（平均値）の場合］
$K=11$ ［半波整流（平均値）の場合］

短い試験体（L/D が 5 未満）の場合には，式(A.6)からは，大きめの電流値が与えられる。

電流を小さくするには，試験体の有効な長さを増加させるために継鉄棒を使用する。

A.8 コイル法（ケーブル）（8.3.3.6 及び図 11）

直流又は整流を用いて必要な磁化を行う場合は，ケーブルに流れる電流の実効値の最小値は，式(A.7)による。

$$I = 3H(T + Y^2/4T) \cdots\cdots (A.7)$$

ここに， I： 電流の実効値（A）
H： 試験体表面に平行な磁界（A/m）
T： 試験体の板厚又は半径（試験体が円形断面をもつ棒の形をしている場合）（m）
Y： コイル中の隣接した巻線の間隔（m）

交流を用いて必要な磁化を行う場合は，ケーブルに流れる電流の実効値の最小値は，式(A.8)による。

$$I = 3H(0.01 + 25Y^2) \cdots\cdots (A.8)$$

A.9 波形

表 A.1－様々な正弦波及び整流波（脈流）に対する波高値，平均値，及び実効値の間の関係

電流波形	波高値	平均値	実効値	実効値／平均値
交流	I	0	$0.707\,I$ $(=I/\sqrt{2})$	－
単相半波整流	I	$0.318\,I$ $(=I/\pi)$	$0.5\,I$	1.57
単相全波整流	I	$0.637\,I$ $(=2\,I/\pi)$	$0.707\,I$ $(=I/\sqrt{2})$	1.11
三相半波整流	I	$0.827\,I$	$0.841\,I$	1.02
三相全波整流	I	$0.955\,I$ $(=3\,I/\pi)$	－	－

附属書 JA
(規定)
標準試験片及び対比試験片

JA.1　A 型標準試験片

A 型標準試験片は，次による。

a) A 型標準試験片は，装置，磁粉，検査液の性能，連続法における試験体表面の有効磁界の強さ，方向，探傷有効範囲及び試験操作の適否を調べるもので，人工きずの寸法が許容差を十分に満足することが客観的データに基づき証明されたものでなければならない。

b) A 型標準試験片の名称及び材質は，**表 JA.1** による。また，形状及び寸法は，**図 JA.1** による。

表 JA.1－A 型標準試験片の名称及び材質

	名称		材質
1 類	A1-7/50 A1-15/50 A1-30/50 A1-15/100 A1-30/100 A1-60/100	直線形 円形	電磁軟鉄（**JIS C 2504** の SUY-1 種）又は純鉄を焼なまし（不活性ガス雰囲気中 600 ℃，1 時間保持，100 ℃まで同雰囲気中で徐冷）したもの。
2 類	A2-7/50 A2-15/50 A2-30/50 A2-15/100 A2-30/100 A2-60/100	直線形	電磁軟鉄（**JIS C 2504** の SUY-1 種）又は純鉄の冷間圧延のままのもの。
注記 1　試験片の名称のうち，斜線の左は人工きずの深さを，斜線の右は板の厚さを示し，寸法の単位は μm とする。			
注記 2　人工きずの深さの許容差は，人工きずの深さが 7 μm の場合は±2 μm，15 μm の場合は±4 μm，30 μm の場合は±8 μm，60 μm の場合は±15 μm とする。			

単位　mm

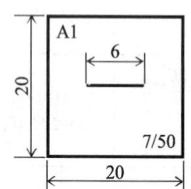
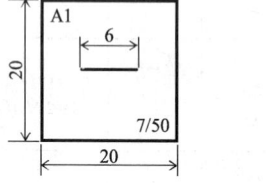

a)　円形　　　　　　　　　　　b)　直線形

図 JA.1－A 型標準試験片の形状及び寸法

c) A 型標準試験片の A2（2 類）は，A1（1 類）よりも高い有効磁界の強さで磁粉模様が現れ，また，その名称の分数値の小さいものほど，順次高い有効磁界の強さで磁粉模様が現れる。

d) A 型標準試験片の適用に当たっては，明確な試験条件の下に最も検出性能がよくない位置において，きずが検出できる条件が確認できる標準試験片を選定する。又は，試験体表面の有効磁界の強さが分かっているときは，それが確認できる標準試験片を選定する。

> **注記** 標準試験片に明瞭な磁粉模様が現れるときの磁界の強さについて，黒色磁粉を適用した場合の例を，**図 JA.2** に示す。

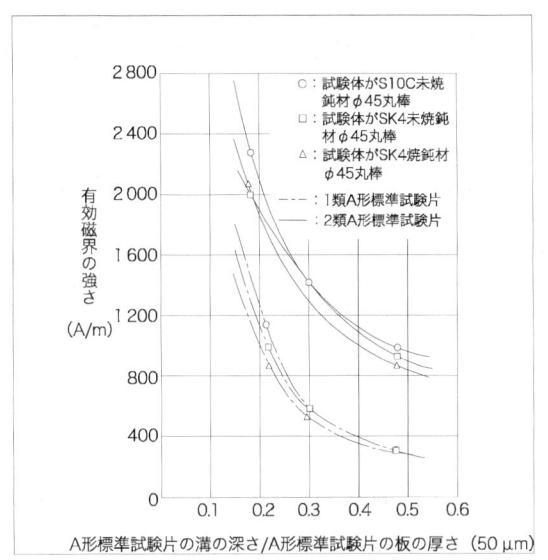

(出典：**JIS G 0565**:1992 解説)

図 JA.2－A 型標準試験片の磁粉模様と φ45 丸棒試験体の磁界の強さとの関係

e) **図 JA.2** に示す A 型標準試験片の磁界の強さを超えて，より強い有効磁界を必要とする場合には，次の例に示すように標準試験片の名称の倍数で表す。

> **例** （A2-7/50）×2：A2-7/50 で磁粉模様が得られた磁化電流値の 2 倍の磁化電流値で試験することを示す。

f) A 型標準試験片は，人工きずのある面が試験面によく密着するように，適切な粘着性テープを用いて試験面に貼り付ける。この場合，粘着性テープが標準試験片の人工きずの部分を覆ってはならない。

g) A 型標準試験片への磁粉の適用は，連続法で行う。

h) A 型標準試験片は，初期の形状・寸法・磁気特性に変化を生じた場合は，用いてはならない。

JA.2 C 型標準試験片

C 型標準試験片は，次による。

a) C 型標準試験片は，溶接部の開先面などの狭い部分で，寸法的に A 型標準試験片の適用が困難な場合に，A 型標準試験片の代わりに用いるもので，人工きずの寸法が許容公差を十分に満足することが客観的データに基づき証明されたものとする。

b) C 型標準試験片の名称及び材質は，**表 JA.2** による。また，形状及び寸法は，**図 JA.3** による。板の厚さは，50 μm とする。

表 JA.2－C 型標準試験片の名称及び材質

名称	材質
C1	電磁軟鉄（JIS C 2504 の SUY-1 種）又は純鉄を焼なまし（不活性ガス雰囲気中 600 ℃，1 時間保持，100 ℃まで同雰囲気中で徐冷）したもの。
C2	電磁軟鉄（JIS C 2504 の SUY-1 種）又は純鉄の冷間圧延のままのもの。

単位　mm

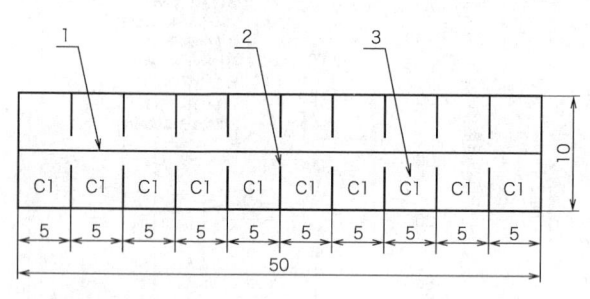

1　人工きず
2　分割線
3　表示の刻印

図 JA.3－C 型標準試験片の形状及び寸法（表示は C1 の場合）

c) C 型標準試験片の人工きずの寸法は，深さ 8 μm±1 μm，幅 50 μm±8 μm とする。

d) C 型標準試験片の C1 は A1-7/50, C2 は A2-7/50 にそれぞれ近い値の有効磁界で磁粉模様が現れるものとする。

e) C 型標準試験片は，分割線に従って 5 mm×10 mm の小片に切り離し，人工きずのある面が試験面によく密着するように適切な両面粘着テープ又は接着剤によって試験面に貼り付けて用いる。この場合，両面粘着テープなどの厚さは，100 μm 以下とする。

f) C 型標準試験片への磁粉の適用は，連続法で行う。

g) C 型標準試験片は，初期の形状，寸法及び磁気特性に変化を生じた場合には，用いてはならない。

JA.3　B 型対比試験片

B 型対比試験片は，次による。

a) B 型対比試験片は，装置，磁粉及び検査液の性能を調べるのに用いる。

b) B 型対比試験片の形状及び寸法は，**図 JA.4** によるものとし，通常，**JIS C 2504** に規定する材料を用いる。ただし，用途によっては試験体と同じ材質及び径のものを用いてもよい。

c) B 型対比試験片は，被覆した導体を貫通孔の中心に通し，連続法で円筒面に磁粉を適用して用いる。

単位 mm

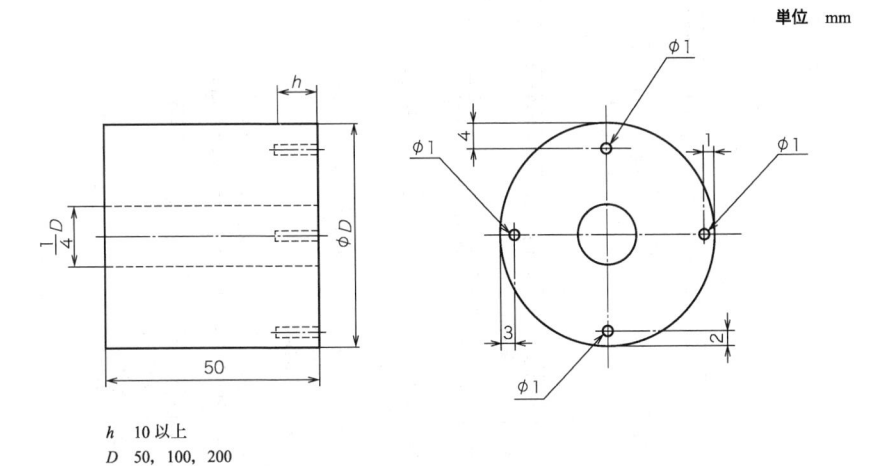

h 10 以上
D 50, 100, 200

図 JA.4－B 型対比試験片の形状及び寸法

附属書 JB
（参考）
JIS と対応国際規格との対比表

JIS Z 2320-1:2017　非破壊試験－磁粉探傷試験－第 1 部：一般通則			ISO 9934-1:2015, Non-destructive testing－Magnetic particle testing－Part 1: General principles				
(I) JIS の規定		(II) 国際規格番号	(III) 国際規格の規定		(IV) JIS と国際規格との技術的差異の箇条ごとの評価及びその内容		(V) JIS と国際規格との技術的差異の理由及び今後の対策
箇条番号及び題名	内容		箇条番号	内容	箇条ごとの評価	技術的差異の内容	
1 適用範囲	磁粉探傷試験の一般通則		1	JIS にほぼ同じ	変更	ISO 規格では残留法は適用しないとしているが，JIS では残留法についても適用している。	今後，ISO へ提案を検討する。
3 用語及び定義	JIS Z 2300 を引用。その他の用語		3	EN 1330-1, -2, -7 及び ISO 12707 を引用	変更	用語を規定した JIS を引用し，その他の用語を規定。	実質的な技術的差異はない。
5 安全上の予防措置	有害，可燃性又は揮発性の材料を使用する場合の予防措置		5	JIS にほぼ同じ	追加	安全性及び環境上の要求について，具体的に詳細な内容を追加。	実質的な技術的差異はない。
7 前処理	前処理方法		7	JIS にほぼ同じ	追加	前処理範囲，分解脱磁，電極接触面の処理，油孔などの処置及び乾式用磁粉の適用の場合の試験体表面の乾燥の詳細を追加した。	実質的な技術的差異はない。
8 磁化	8.1 一般		8.1	JIS にほぼ同じ	追加	残留法の適用方法を追加。磁化方法及び電流値の選定について具体的な方法を追加。	実質的な技術的差異はない。今後，ISO へ提案を検討する。
	8.2 磁化の確認		8.2 d)	JIS にほぼ同じ	追加	旧 JIS において蓄積されていたノウハウとして，磁化の確認に A 型又は C 型標準試験片の使用を追加。	今後，ISO へ提案を検討する。
	8.3.1 一般		8.3.1	JIS にほぼ同じ	追加	試験を実施するときの注意事項について，具体的に詳細な内容を追加。	実質的な技術的差異はない。

8 磁化（続き）	8.3.2.1A 直角通電法		—	—		追加	通電法の技法を細分化し，旧 JIS で適用されていた直角通電法を追加。	実質的な技術的差異はない。
	図 1A		—	—		追加	旧 JIS で適用されていた直角通電法の図 1A を追加。	実質的な技術的差異はない。
9 検出媒体	9.1 検出媒体の特性及び選択		9.1	JIS にほぼ同じ		追加	適切な磁粉の使用及び検出媒体の濃度範囲について具体的な内容を追加。	実質的な技術的差異はない。
	9.2 検出媒体の性能試験		9.2	JIS にほぼ同じ		追加	性能試験に使用する試験体に，標準試験片及び自然きずをもつ試験体を追加。	実質的な技術的差異はない。
	9.3 検出媒体の適用		9.3	JIS にほぼ同じ		追加	旧 JIS において蓄積されていた，残留法の適用及び湿式法の適用を追加。	今後，ISO へ提案を検討する。
12 磁粉模様の分類，記録及びきずに関する情報	12.2 疑似模様の確認		12	JIS にほぼ同じ		追加	旧 JIS において蓄積されていた，磁粉模様がきずによるものか，又は疑似模様かを判定する方法を具体的に追加。	実質的な技術的差異はない。
	12.3 きずによる磁粉模様の分類		12	JIS にほぼ同じ		追加	旧 JIS において蓄積されていた，磁粉模様の分類に連続した磁粉模様及び分散した磁粉模様を追加。	実質的な技術的差異はない。
	12.4 磁粉模様の記録		12	JIS にほぼ同じ		追加	旧 JIS において蓄積されていた，磁粉模様の記録方法を追加。	実質的な技術的差異はない。
15 試験報告書	試験報告書		15	JIS にほぼ同じ		追加	分かりやすく，具体的に規定するため，記載項目の詳細を追加。	実質的な技術的差異はない。
附属書 JA（規定）	標準試験片及び対比試験片		—	—		追加	旧 JIS において蓄積されていた，A 型又は C 型標準試験片及び B 型対比試験片を追加。	今後，ISO へ提案を検討する。

JIS と国際規格との対応の程度の全体評価：**ISO 9934-1**:2015，MOD
注記 1 箇条ごとの評価欄の用語の意味は，次による。 　　－　追加 ……………国際規格にない規定項目又は規定内容を追加している。 　　－　変更 ……………国際規格の規定内容を変更している。 **注記 2** **JIS** と国際規格との対応の程度の全体評価欄の記号の意味は，次による。 　　－　MOD …………国際規格を修正している。

JIS Z 2320-2
(2017)

非破壊試験—磁粉探傷試験—第2部：検出媒体 ⌈ JIS （2007） 制定 ⌉

Non-destructive testing—Magnetic particle testing—
Part 2：Detection media

序文

この規格は，2015 年に第 2 版として発行された **ISO 9934-2** を基とし，国内の事情に合わせるため，技術的内容を変更して作成した日本産業規格である。

なお，この規格で側線又は点線の下線を施してある箇所は，対応国際規格にはない事項である。変更の一覧表にその説明を付けて，**附属書 JC** に示す。

1 適用範囲

この規格は，検出媒体，磁粉，分散媒及びコントラストペイントの磁粉探傷試験材料の特性項目及び特性の試験方法について規定する。

注記 この規格の対応国際規格及びその対応の程度を表す記号を，次に示す。

ISO 9934-2:2015，Non-destructive testing－Magnetic particle testing－Part 2: Detection media（MOD）

なお，対応の程度を表す記号"MOD"は，**ISO/IEC Guide 21-1** に基づき，"修正している"ことを示す。

2 引用規格

次に掲げる規格は，この規格に引用されることによって，この規格の規定の一部を構成する。これらの引用規格は，その最新版（追補を含む。）を適用する。

JIS B 8313 小形渦巻ポンプ

JIS G 0415 鋼及び鋼製品－検査文書

JIS G 4051 機械構造用炭素鋼鋼材

JIS G 5501 ねずみ鋳鉄品

JIS K 2203 灯油

J1S K 2246 さび止め油

JIS K 2283 原油及び石油製品－動粘度試験方法及び粘度指数算出方法

注記 対応国際規格：**ISO 3104**，Petroleum products－Transparent and opaque liquids－Determination of kinematic viscosity and calculation of dynamic viscosity（MOD）

JIS K 2513 石油製品－銅板腐食試験方法

注記 対応国際規格：**ISO 2160**，Petroleum products－Corrosiveness to copper－Copper strip test（MOD）

JIS R 3503 化学分析用ガラス器具

JIS Z 2300 非破壊試験用語

JIS Z 2320-1 非破壊試験－磁粉探傷試験－第 1 部：一般通則
　注記　対応国際規格：**ISO 9934-1,** Non-destructive testing－Magnetic particle testing－Part 1: General principles（MOD）

JIS Z 2320-3 非破壊試験－磁粉探傷試験－第 3 部：装置
　注記　対応国際規格：**ISO 9934-3,** Non-destructive testing－Magnetic particle testing－Part 3: Equipment（MOD）

JIS Z 2323 非破壊試験－浸透探傷試験及び磁粉探傷試験－観察条件
　注記　対応国際規格：**ISO 3059,** Non-destructive testing－Penetrant testing and magnetic particle testing－Viewing conditions（IDT）

JIS Z 8802 pH 測定方法

JIS Z 8803 液体の粘度測定方法

JIS Z 8815 ふるい分け試験方法通則
　注記　対応国際規格：**ISO 2591-1,** Test sieving－Part 1: Methods using test sieves of woven wire cloth and perforated metal plate（MOD）

3 用語及び定義

この規格で用いる主な用語及び定義は，**JIS Z 2300** による。

4 安全上の予防措置

安全上の予防措置は，**JIS Z 2320-1** の箇条 5（安全上の予防措置）による。

5 分類

5.1 一般

磁粉探傷試験材料を次のように分類する。

5.2 磁粉

磁粉は，その適用時における分散媒の違いによって，乾式用と湿式用とに分け，更に観察方法の違いによって，蛍光磁粉と非蛍光磁粉とに分類する。

5.3 湿式法に用いられる検出媒体（検査液）

湿式法に用いられる検出媒体は，次による。

a) 検出媒体は，細かく粉砕された非蛍光又は蛍光磁粉を適切な液体分散媒中に分散させたものとする。検出媒体はかくはんしたとき，均一な懸濁液とならなければならない。

　検出媒体は，磁粉がペースト状及び粉末状を含む濃縮物として供給される製品から，又はすぐに使用できる調製済みの製品から作製してもよい。

b) 湿式法には，**JIS K 2203** による灯油などの有機分散媒を用いる有機溶剤分散検出媒体，又は水などを分散媒として用いて，必要に応じて適切な防せい剤及び界面活性剤（又は分散剤）を加えた水分散検出媒体を用いる。製造業者によってあらかじめ調製された検出媒体の特性は，**7.1,　7.3,　7.6,　7.7,　7.9,　7.12 及び 7.15** に従って提示する。

c) 検出媒体中の磁粉分散濃度は，実際に適用する位置での検出媒体の単位体積（1 L）中に含まれる磁粉の質量（g），又は検出媒体の単位体積（100 mL）中に含まれる磁粉の沈殿体積（mL）で表し，磁粉の種類及び粒度を考慮して設定する。製造業者によってあらかじめ調製された検出媒体では，**7.14** に

従って磁粉分散濃度（g/L）又は沈殿体積（mL）を提示する。

5.4 乾式法に用いられる検出媒体（乾式磁粉）

乾式法に用いられる検出媒体は，細かく粉砕された非蛍光又は蛍光磁粉を空気中に分散させたものとする。

5.5 コントラストペイント

コントラストペイントは白又はそれに近い色調のものとし，試験面に塗布後速やかに乾燥し，検出媒体の分散媒に溶解せず，ぬれ性に優れ，試験終了後に試験面からの剥離性がよいものとする。

6 試験及び試験証明書

6.1 形式試験及びバッチ試験

磁粉探傷試験材料の形式試験及びバッチ試験は，**JIS Z 2320-1** 及び **JIS Z 2320-3** 並びにこの規格の要求条件に従って実施しなければならない。

形式試験は，使用目的に対する製品の適応性を実証するために実施する。バッチ試験は，製品の形式に対して規定されたバッチの特性が一致することを実証するために実施する。

磁粉探傷試験材料の供給者又は製造業者は，この規格への適合を示す試験証明書を提供しなければならない。この証明書は，得られた結果とその対象範囲とを示したものでなければならない。

磁粉探傷試験材料の設計，製造ラインなどに何らかの変更が加えられた場合には，新規に形式試験を行わなければならない。

> 注記1　形式試験とは，供給者又は製造業者が供給する製品の名称ごとに，この規格に示す特性を確認し，製品固有の形式（仕様）を決定するための試験をいう。
>
> 注記2　バッチ試験とは，形式試験で決定された製品別の形式（仕様）に対して，製造バッチ（ロット）の特性が一致することを確認するために製造業者が実施する品質管理上の試験をいう。
>
> 注記3　供給者とは，商社，代理店，販売店など製造業者を含む顧客への直接の販売者・納入者をいう。

6.2 使用期間中試験

使用期間中試験は，検出媒体の性能が維持されていることを実証するために実施する。

7 要求事項及び試験方法

7.1 性能

7.1.1 形式試験及びバッチ試験

形式試験及びバッチ試験は，**附属書 B** に規定する対比試験片のタイプ1又はタイプ2を用いて，**附属書A** の手順に従って実施しなければならない。

7.1.2 使用期間中試験

使用期間中試験は，**附属書 A** の手順に従って，**附属書 B** に規定する対比試験片のタイプ1若しくはタイプ2のいずれか又は試験体で通常発見されるきずと同等のきずをもつ試験体を用いて実施しなければならない。

このようなきずをもつ試験体が使用できない場合には，**附属書 JA** の手順に従って **JIS Z 2320-1** の**附属書 JA**（標準試験片及び対比試験片）に規定する A 型標準試験片又は C 型標準試験片を用いて実施するか，又は **JIS Z 2320-1** の**附属書 JA** に規定する B 型対比試験片を用いてもよい。

7.1.3 コントラストペイント

形式試験及びバッチ試験は，コントラストペイントの製造業者の指示に従ってコントラストペイントを塗布した後，**7.1.1** に従い形式試験に適合した適切な検出媒体を用いて実施しなければならない。

7.2 色彩

探傷試験の作業条件の下で使用される磁粉（検出媒体）の色は，供給者又は製造業者によって示される色とする。示された色と目視とによって比較し，違いがあってはならない。

形式試験サンプルの色とバッチ試験サンプルの色とは，目視で比較したとき違いがあってはならない。

7.3 磁粉の粒子径

7.3.1 粒子径の決定方法

粒子径を決定する方法は，粒子径の分布の範囲による。

湿式検出媒体の粒子径の分布は，コールター法 [1]，**附属書 JB** の顕微鏡法又はこれらと同等な方法による。

> 注 [1] **BS 3406-5**, Methods for determination of particle size distribution. Recommendations for electrical
> sensing zone method (the Coulter principle) 参照。

7.3.2 粒子径の定義

粒子径の範囲は，次のとおりでなければならない。

— 粒子径の下限 d_l：d_l より小さい磁粉粒子は，磁粉の全体体積の 10 %以下。

— 平均粒子径 d_a：粒子の分布範囲の 50 %の位置における粒子径（中央値）

— 粒子径の上限 d_u：d_u より大きな磁粉粒子は，磁粉の全体体積の 10 %以下。

次のいずれかを報告しなければならない。

— 粒子径の下限 d_l，粒子径の上限 d_u 及び平均粒子径 d_a

— ふるい分けによる累積分布の 10 %及び 90 %を示す粒子径，及び平均粒子径 d_a

乾式磁粉は，一般に $d_l \geqq 40$ μm である。

7.4 耐熱性

供給者が指定する最高温度で 5 分間加熱したとき，製品に変化が生じてはならない。

これは，**7.1.1** に規定する形式試験の繰返しによって評価する。

7.5 蛍光係数及び蛍光安定性

この試験は乾燥した磁粉を用いて行う。

7.5.1 形式試験

7.5.1.1 試験方法

蛍光係数 β （cd/W）は，次の式(1)から算出する。

$$\beta = L / E_e \quad\cdots\cdots\cdots\cdots\cdots\cdots\cdots\cdots\cdots\cdots\cdots\cdots\cdots\cdots\cdots\cdots\cdots\cdots\cdots\cdots (1)$$

ここに，　　　β： 蛍光係数（cd/W）
　　　　　　　　L： 平らにした磁粉の表面における輝度（cd/m²）
　　　　　　　　E_e： 磁粉表面における紫外線放射照度（W/m²）

蛍光係数測定装置の配置の例を **図 1** に示す。

磁粉表面を，**JIS Z 2320-3** に規定する紫外線照射装置（以下，ブラックライトという。）による A 領域紫外線によって 45°±5°の角度で均一に照射する。輝度は，±10 %又はそれよりも高精度の測定器を用いて測定する。輝度は，磁粉表面の輝度を測定し，測定対象範囲外の影響を受けないようにしなければならない。紫外線放射照度は，磁粉表面の中心位置（輝度測定点）に UV センサを置いて，**JIS Z 2323** に規定する測定器（紫外線強度計）を用いて測定する。

　装置の配置の一例として，200 cd/m^2 の測定レンジをもつ視野角（a）20°の輝度計を，直径 40 mm の平らな磁粉表面から 80 mm 上方に設置する方法がある。ブラックライトは，磁粉表面の輝度が均一となるように配置し，E_e が 10 W/m^2 と 15 W/m^2 との間の値になるようにするとよい。

　注記　**図1** は測定の例であり，この図を参考にして再現できる配置を用いて測定してもよい。

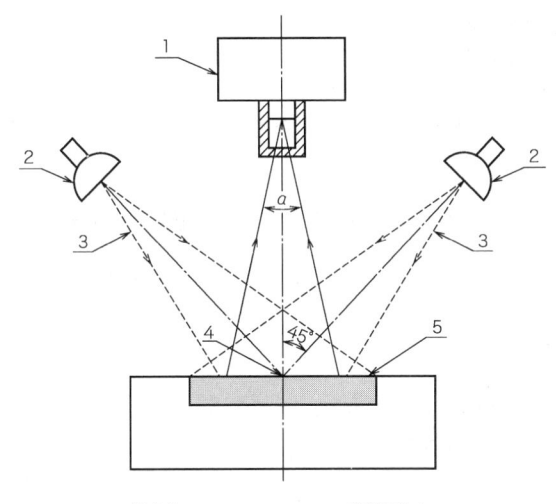

1	輝度計	4	輝度測定点
2	ブラックライト	5	磁粉表面
3	A 領域紫外線照射		

図 1 － 磁粉の蛍光係数 β の測定装置

7.5.1.2　補足条件

　蛍光係数 β は，1.5 cd/W 以上が望ましい。

7.5.1.3　蛍光安定性

　最初にサンプルの蛍光係数を **7.5.1.1** に従って測定する。

　次にサンプルを 20 W/m^2（最小）の A 領域紫外線に 30 分間照射した後，再び **7.5.1.1** によって蛍光係数を測定する。照射の前後で蛍光係数は，5 ％以上減少してはならない。

7.5.2　バッチ試験の蛍光係数

　バッチ試験は **7.5.1.1** によって試験を行う。

　蛍光係数は，形式試験の蛍光係数の ±10 ％でなければならない。

7.6　分散媒の蛍光

　分散媒の蛍光は，10 W/m^2 以上の A 領域紫外線を照射し，硫酸キニーネ溶液の蛍光の強さとの目視による比較で確認する。

　硫酸キニーネ溶液の濃度は，0.1N-H$_2$SO$_4$ の中において 7×10^{-9} mol とする。

　分散媒の蛍光は，硫酸キニーネ溶液の蛍光の強さ以上の蛍光を示してはならない。

7.7 引火点

有機溶剤分散検出媒体については，分散媒の引火点（オープンカップ法又はクローズドカップ法）を報告しなければならない。

注記　有機分散媒の引火点（クローズドカップ法）は 70 ℃以上であることが望ましい。

7.8 検出媒体による腐食

7.8.1 鋼及び鋳鉄の腐食試験

鋼及び鋳鉄に対する腐食の影響は，附属書 C によって試験を行い報告する。

7.8.2 銅の腐食試験

銅に対する腐食の影響は，JIS K 2513 によって試験を行う。JIS K 2513 は灯油などの有機溶剤分散の製品に使用できる。

7.9 分散媒の粘度

粘度は JIS K 2283 若しくは JIS Z 8803 又は製造業者によって確立された方法（フローカップ法など）によって測定する。

動的又は静的粘度は，38 ℃±2 ℃で 3 mm^2/s 以下又は 20 ℃±2 ℃で 5 mPa·s 以下でなければならない。

注記　使用する際に 20 ℃±2 ℃より低い温度の場合は 5 mm^2/s 以下が望ましい。

7.10 機械的安定性試験

7.10.1 長期試験（耐久性試験）

製造業者は，検出媒体が使用によって影響を受けるかどうかを，一般的な磁化台で 120 時間以上にわたって循環使用して確認しなければならない。

これは，磁化台又は模擬試験をする試験機によって証明できる。望ましい耐久性試験機の例を次に示す。

検出媒体のサンプル 40 L を，渦巻ポンプを取り付けた耐食性のタンクに貯蔵し，渦巻ポンプによって検出媒体を循環させ，その流れを，バルブによって断続できる装置である。

技術的データ：

排水ポンプの型式：JIS B 8313 による（望ましい渦巻ポンプの吐出能力は 160 L/min）。

循環流路の直径：呼径 1 インチ（25A）NB パイプ

サイクルタイム

－　バルブ開　5 秒±0.5 秒

－　バルブ閉　5 秒±0.5 秒

検出媒体は，試験前及び 120 時間試験後に，対比試験片を用いて確認する（7.1.1 参照）。

磁粉模様に識別できる変化がある場合は，不合格の要因となる。ただし，エアゾールに充填された検出媒体は対象としない。

7.10.2 短期試験

7.10.2.1 装置

次に示すかくはん装置（図 2 参照）又はこれと同等若しくは類似の装置，及び次に示す器具を使用する。

a)　かくはん羽根の回転速度：3 000 $_{-300}^{0}$ rpm

b)　かくはん容器：容量 2 L

c)　附属書 B に規定する対比試験片タイプ 1 及びタイプ 2

d)　JIS Z 2323 の要求に合致する，10 W/m^2 の放射照度が得られるブラックライト

7.10.2.2 手順

検出媒体のサンプルをかくはん装置で，2 時間かくはんする。附属書 B に規定する対比試験片のタイプ

1 及びタイプ 2 を用いて，かくはん後とかくはん前との対比サンプルによって得られる磁粉模様を，ブラックライトの下で観察し比較する。

7.10.3　補足

磁粉模様に識別できる変化がある場合は，不合格の要因となる。ただし，エアゾールに充填された検出媒体は対象としない。

7.11　起泡性

起泡性は **7.10.1** 又は **7.10.2** の試験中に起泡の状態を観察する。

泡が容器からあふれるような多量の泡立ちは，不合格の要因となる。

7.12　pH

水分散媒の pH は **JIS Z 8802** によって測定する。

測定値を試験報告書に記載する。

7.13　貯蔵安定性

使用期限はそれぞれの製品容器に記載する。

7.14　磁粉分散濃度

湿式検出媒体の磁粉含有量（g/L）又は単位体積（100 mL）中に含まれる磁粉の沈殿体積（mL）は，供給者又は製造業者によって提供されなければならない。

7.15　硫黄及びハロゲンの含有量

次に示すとおり，硫黄及びハロゲンを少なく設計した製品では，硫黄及びハロゲン含有量は，硫黄及びハロゲンが 200 mg/L（200 ppm）のとき ±10 mg/L（10 ppm）まで正確に測定できる方法によって測定しなければならない。

－　硫黄含有量は，200 mg/L（200 ppm）未満

－　ハロゲン含有量は，200 mg/L（200 ppm）未満（ハロゲンは塩素＋ふっ素とする。）

8　試験に要求される項目

磁粉探傷試験材料の供給者又は製造業者は，箇条 9 の試験報告に従い，**表 1 の注** [a] を付した特性に関し，形式試験及びバッチ試験を実施しなければならない。ただし，顧客からの特別な要求がある場合には，磁粉探傷試験材料の形式試験及びバッチ試験は，箇条 7 に従って実施しなければならない。

顧客からの特別な要求がある場合を含め，磁粉，検出媒体及びコントラストペイントの試験は，**表 1** の要求項目に従って実施しなければならない。

形式試験（Q）及びバッチ試験（B）は，磁粉探傷試験材料の供給者又は製造業者の責任である。使用期間中試験（P）は，使用者の責任である。

なお，水分散検出媒体又は有機溶剤分散検出媒体をエアゾールに充填したものについては，使用期間中試験は必要としない。

　　注記　水分散検出媒体に使用する分散剤の試験においては，製造業者の推奨する濃度で作成した分散剤水溶液について，試験を実施する。

9　試験報告

発注時に受渡当事者間で合意した場合は，磁粉探傷試験用材料の製造業者又は供給者は，**JIS G 0415** の規定に従った検査証明書を用意しなければならない。

要求する試験の項目は箇条 8 に従い，通常は**表 1 の注** [a] に示す内容とし，顧客から特別な要求があった

場合には，**表1**で要求する全ての試験結果を報告する。

10　包装及びラベル

　包装及びラベルは，適用される全ての国内法規及び地方条例に従わなければならない。容器は検出媒体に対応したものでなければならない。容器には，次の項目を表示しなければならない。

a)　製品の名称

b)　検出媒体の種類

c)　バッチ番号

d)　製造年月

e)　使用期限

　ただし，製造年月及び使用期限は，包装及びラベルへの記載が困難な場合にはほかの周知方法，試験成績書などへの記載でもよい。

表1−コントラストペイント，有機分散媒及び検出媒体の適用特性項目

特性	コントラストペイント	湿式用磁粉	乾式検出媒体	分散剤	有機分散媒	水分散検出媒体	有機溶剤分散検出媒体	適用箇条 箇条	適用箇条 試験方法など
性能 [a]	Q/B	Q/B	Q/B/P			Q/B/P	Q/B/P	7.1	
色彩 [a]	Q/B/P	Q/B/P	Q/B/P	Q/B	Q	Q/B/P	Q/B/P	7.2	比較による。
粒子径 [a]		Q/B	Q/B			Q/B	Q/B	7.3	
耐熱性 [a]	Q	Q	Q	Q	Q	Q	Q	7.4	
蛍光係数 [a]		Q/B	Q/B			Q/B	Q/B	7.5	
蛍光安定性		Q	Q			Q	Q	7.5.1.3	
引火点 [a]	Q/B				Q/B		Q/B	7.7	
分散媒の蛍光 [a] [b]				Q/B	Q/B			7.6	比較による。
鋼及び鋳鉄の腐食性 [b]	Q			Q		Q		7.8.1	
銅の腐食性 [b]				Q			Q	7.8.2	JIS K 2513
分散媒の粘度 [a] [b]				Q/B	Q	Q/B	Q/B	7.9	JIS K 2283
機械的安定性 長期試験（耐久性試験）[b]				Q		Q	Q	7.10.1	
機械的安定性 短期試験 [b]				Q		Q/B	Q/B	7.10.2	
起泡性 [b]				Q/B	Q	Q/B	Q/B	7.11	
pH（水分散）[b]				Q/B		Q		7.12	JIS Z 8802
貯蔵安定性	Q		Q/B	Q/B	Q/B	Q/B	Q/B	7.13	
硫黄及びハロゲンの含有量	B			B	B	B	B	7.15	硫黄及びハロゲンを少なく設計した製品だけ
磁粉分散濃度 [a]						Q/B/P	Q/B/P	7.14	

Q：形式試験

B：バッチ試験

P：使用期間中試験

注 [a] 通常，試験成績書に記載する項目

　　[b] 分散剤の試験において，製造業者の推奨する濃度で作成した分散剤水溶液について試験する項目

単位　mm

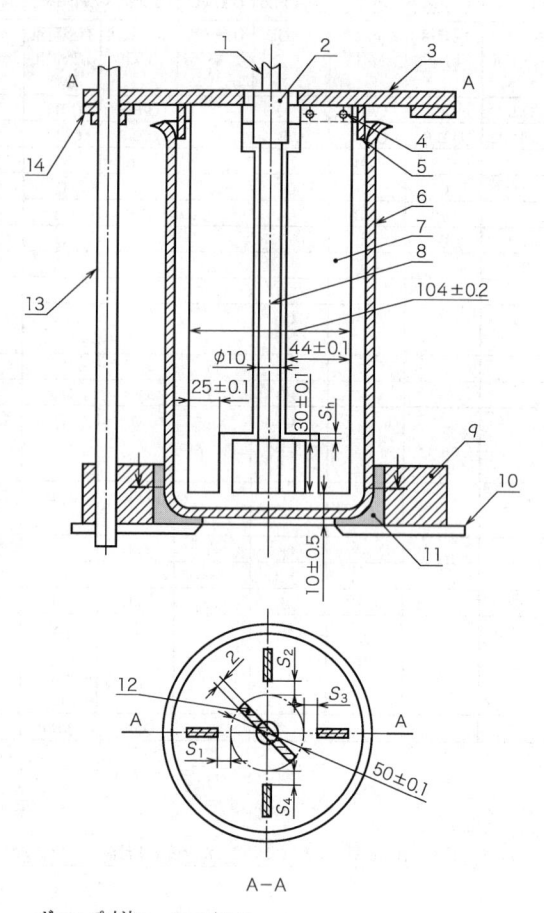

ギャップ寸法：　$S_h=2\pm0.5$
$S_1, S_2, S_3, S_4=2\pm0.5$　　$(S_1+S_3)/2=2\pm0.2$　　$(S_2+S_4)/2=2\pm0.2$

1　モータシャフト	6　**JIS R 3503** に規定された 2 L のビーカ	10　基礎盤
2　クラッチ	7　4 枚の固定プレート	11　滑り止めパッド
3　支持プレート	厚さ 2 mm 支持点の高さ 170 mm	12　羽根
4　アングル側面で固定	8　軸	13　支持部（可変）
5　飛まつ防止板	9　固定リング	14　支持リングの距離設定は底から 10 mm

注記 1　固定プレートと羽根の隙間 S は 4 枚の固定プレートの位置で確保される。
注記 2　材料は耐腐食性非磁性鋼とする。

図 2 − かくはん装置の構造

附属書 A
（規定）
形式試験，バッチ試験及び使用期間中試験の手順

A.1 検出媒体の準備

検出媒体は，製造業者の指示書に従って準備しなければならない。

A.2 対比試験片の清掃

対比試験片は，蛍光物質，酸化物，汚れ及びグリースが除去され，水ぬれ性が確保されることを保証する適切な方法で清掃する。

A.3 検出媒体の適用

検出媒体は，**JIS Z 2320-1** の規定に従って，**附属書 B** に規定する対比試験片のタイプ 1 及びタイプ 2 に適用する。

－ 適用：3 秒〜5 秒
－ 対比試験片角度：45°±10°
－ 適用方向：対比試験片の試験面に対して 90°±10°

A.4 検査及び解釈

A.4.1 検査

試験片は，**JIS Z 2323** に規定する観察条件に従って検査する。

A.4.2 解釈

A.4.2.1 形式試験

試験は 3 回行い，その平均値を用いる。磁粉模様は，目視又はこれと同等な測定方法によって評価しなければならない。

A.4.2.1.1 対比試験片タイプ 1

形式試験の対象製品は対比試験片タイプ 1 によって試験し，その結果は写真又は他の適切な方法によって記録する。

A.4.2.1.2 対比試験片タイプ 2

磁粉模様の累積長さを，報告する。

A.4.2.2 バッチ試験

A.4.2.2.1 対比試験片タイプ 1

磁粉模様は，形式試験時に作られたものと比較する。これは，幾つかの適切な方法，例えば，写真による方法又は適切なサンプルが保存される方法で行う。

その結果を報告する。

A.4.2.2.2 対比試験片タイプ 2

磁粉模様の累積長さを，報告する。

A.4.2.3 使用期間中試験

A.4.2.3.1 対比試験片タイプ 1 又はタイプ 2 を使用する方法

　　対比試験片のタイプ1又はタイプ2を用いて得られた磁粉模様を，既知の結果と比較する。

A.4.2.3.2　通常発見されるきずと同等のきずをもつ試験体を使用する方法

　　通常，発見されるきずと同等のきずをもつ実際の試験体を用い，通常の探傷試験と同じ磁化条件によって得られた磁粉模様を，既知の結果と比較する。

A.5　コントラストペイント

　　コントラストペイントは，製造業者の指示に従って対比試験片を清掃した後（**A.2** 参照）に適用すること以外は，**A.1～A.4.2.1** の手順に従って試験する。コントラストペイントを塗布して検出媒体の使用期間中試験を実施する場合は，製造業者の指示に従って対比試験片を清掃した後（**A.2** 参照）に適用すること以外は，**A.1～A.4.2.1** の手順に従って試験する。

附属書 B
（規定）
対比試験片

B.1 対比試験片タイプ1

B.1.1 一般事項

対比試験片は，図 B.1 に示すような表面に2種類の自然割れをもった円盤状とする。対比試験片は，それぞれグラインダ研磨及び応力腐食によって作った大きめの割れ及び微細な割れを含むものでなければならない。対比試験片は，電流貫通法によって残留法で磁化しなければならない。検出媒体の評価は，磁粉模様の目視による比較又は他の適切な方法による比較によってもよい。

注記　情報として，対比試験片タイプ1はドイツ特許 G 01 N 27/84　23 57 220 に記載されていた。この特許は 1990 年に期限が切れている。

B.1.2 製作

製作は，次の手順によって行う。

a) 鋼（等級 90MnCrV8）を用い，表面が 9.80 mm±0.05 mm になるまで平滑にグラインダをかけ，860 ℃±10 ℃で2時間保持した後，油中で焼入れして，表面の硬さが 63 HRC～70 HRC になるようにする。

b) a) の処理を行った鋼の表面を速度 35 m/s で，研削と（低）石 46J7 によって表面当たり 0.05 mm の削り代で，2.0 mm を目標に研磨する。黒色酸化は，145 ℃～150 ℃で 1.5 時間とする。

c) 電流貫通法によって DC 1 000 A（波高値）で磁化する。

B.1.3 検証

検証は，次による。

a) 初期評価　蛍光検出媒体を使用し，結果を記録する。

b) 識別　各々の対比試験片は，個々に識別できなければならない。対比試験片とともに，この規格の規定に適合することを示す証明書を提供する。

単位　mm

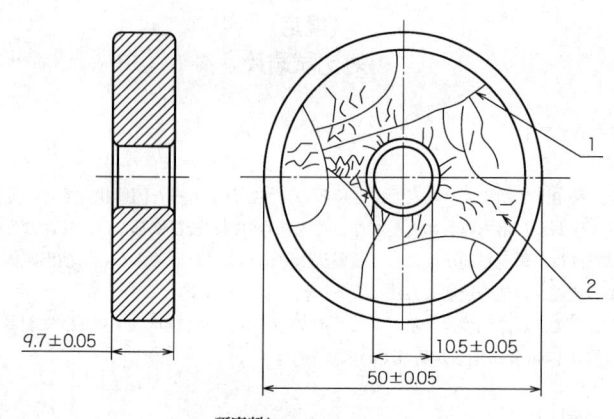

9.7±0.05

10.5±0.05

50±0.05

1　研磨割れ
2　応力腐食割れ

図 B.1－代表的な対比試験片タイプ 1

B.2　対比試験片タイプ 2

B.2.1　一般事項

　対比試験片タイプ 2 は，外部からの磁化を必要としない，自己完結したユニットとする。

　図 B.2 に示すように，中心で 0.015 mm のギャップをもった，10 mm×10 mm×100 mm の 2 本の鋼角棒と二つの永久磁石とで構成する。

　鋼角棒表面に付けられた＋4 マークの位置で＋100 A/m，－4 マークの位置で－100 A/m を示すように校正する。

　磁粉模様の長さは，性能の程度を表す。磁粉模様は，両端から始まり中心に向かって減少する。磁粉模様の長さが長いほど，性能がよいことを示す。結果は，左右の磁粉模様の長さ（L_G, L_D）を合算した長さとする。

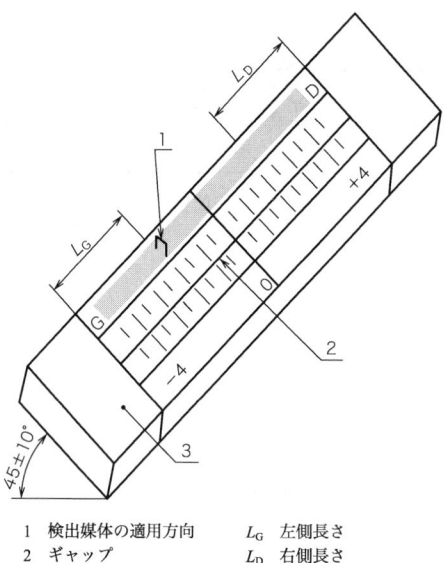

1 検出媒体の適用方向 　L_G　左側長さ
2 ギャップ 　L_D　右側長さ
3 保護先端

注記　中心で 0.015 mm のギャップをもった，10 mm×10 mm×100 mm の 2 本の鋼角棒。
　　　網線部分に検出媒体を適用する。

図 B.2－対比試験片タイプ 2

B.2.2　製作

製作は，次の手順によって行う。

a)　**JIS G 4051** に規定する S15C の鋼を用いて，2 本の鋼角棒を機械加工によって製作する。棒は，一辺が 10 mm の正方形とし，長さは，100.5 mm±0.5 mm とする。磁石を保持し保護するため，非磁性材料を用いて，棒ホルダ及び二つの保護先端を機械加工によって製作する（**図 B.2** 参照）。

b)　それぞれの棒の一つの表面を，Ra＝1.6 μm，平滑度が 5 μm 未満となるように，研磨する。

　　注意　棒の温度が，50 ℃を超えないように注意する。

c)　2 本の棒の脱磁を行う。

d)　2 本の棒の研磨した面の間に，厚さ 15 μm の 1 枚のアルミニウムはくを挿入し，そのまま棒ホルダにセットする。

e)　棒を適切な位置に留める。

f)　磁石の保護先端を組み合わせる。

g)　組立品の上側表面を Ra＝1.6 μm になるように研磨する。

h)　磁石の保護先端を取り去る。

i)　**図 B.3** に示すような磁石を挿入する。厚さ 0.2 mm の鋼製のスペーサを，磁界の強さの値を調節するために使用する。

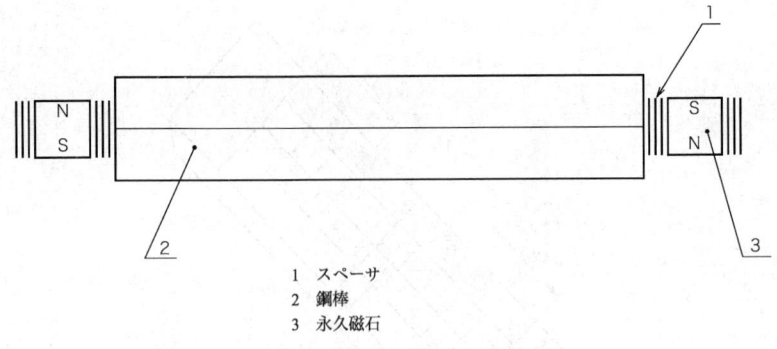

1 スペーサ
2 鋼棒
3 永久磁石

図 B.3－挿入した磁石を示す図

j) 磁石の保護先端を組み立てる。

k) **図 B.4** に示すように，上面に目盛を刻む。目盛は，ギャップに 2 mm 以上接近しないようにする。

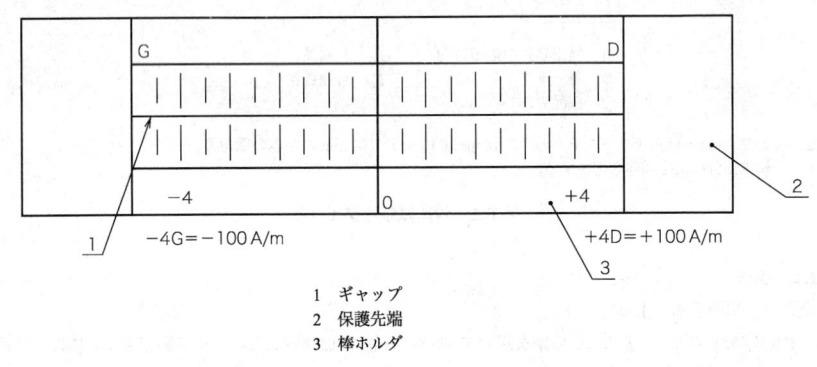

1 ギャップ
2 保護先端
3 棒ホルダ

図 B.4－対比試験片タイプ 2 の目盛

B.2.3 検証

B.2.3.1 磁界の測定

試験体表面に平行な磁界を測定する測定器を用いて，＋4 及び－4 の目盛の所で人工欠陥（ギャップ）に直角な磁界を測定する。

B.2.3.2 合否判定基準

目盛－4 での磁界の値：－100 A/m±10 ％

目盛＋4 での磁界の値：＋100 A/m±10 ％

これらの値が満たされない場合は，**B.2.2** の **i)～k)** 及び **B.2.3.1** の手順を繰り返し，スペーサを用いて磁界の値を調節する。

B.2.3.3 識別

各々の対比試験片タイプ 2 は，通し番号によって識別する。

対比試験片とともに，この規格の規定に適合することを示す証明書を提供する。

附属書 C
（規定）
鋼及び鋳鉄の腐食試験

C.1　要旨

検出媒体の腐食特性は，指定された条件において，液体で湿らせた鋼などの粒子によって，ろ紙上に残された腐食の痕跡を，目視検査によって評価し，決定する。

腐食試験後に，磁粉探傷試験材料の製造業者は，腐食試験に使用した粒子の状況を報告する。試験の再現性が得られる粒子を使用することが望ましい。

磁粉探傷試験材料の使用者と製造業者とが相互に同意した場合は，製造業者が腐食試験で使用するために，使用者は指定された鋼などの粒子を供給する。

これらの粒子が利用できない場合，又は議論がある場合は，**C.3** の **f)** 又は **g)** で定義する鋼粒子及び鋳鉄粒子を用いる。

なお，必要に応じて **JIS K 2246** に規定された試験片，試験方法などを用いることができる。

C.2　器具

器具は，次による。

a)　**ペトリ皿**　ガラス製，外径 100 mm

b)　**ピペット**　1 mL の目盛付き

c)　**円形ろ紙**　消えないインクなどで直径 40 mm の円を描いた直径 90 mm のもの。

d)　**さじ**　ステンレス製

e)　**ふるい**　JIS Z 8815 に規定する目開き 4 mm のもの。

f)　**はかり**　0.1 g を正確に量れるもの。

C.3　試薬及び材料

試薬及び材料は，次による。

a)　**アセトン**

b)　**キシレン**

c)　**蒸留水**

d)　**貯蔵溶液**

　1)　**貯蔵溶液 A**　塩化カルシウム水和物（$CaCl_2 \cdot 6H_2O$）40 g を蒸留水に溶解し，蒸留水で液量を 1 L とする。

　2)　**貯蔵溶液 B**　硫酸マグネシウム水和物（$MgSO_4 \cdot 7H_2O$）44 g を蒸留水に溶解し，蒸留水で液量を 1 L とする。

e)　**混合溶液**

　1)　**混合溶液 A**　貯蔵溶液 A［**d) 1)**］2.9 mL 及び貯蔵溶液 B［**d) 2)**］0.5 mL を 1 L の蒸留水に加える。

　2)　**混合溶液 B**　貯蔵溶液 A［**d) 1)**］10.7 mL 及び貯蔵溶液 B［**d) 2)**］1.7 mL を 1 L の蒸留水に加える。

　3)　**混合溶液 C**　貯蔵溶液 A［**d) 1)**］19.0 mL 及び貯蔵溶液 B［**d) 2)**］3.0 mL を 1 L の蒸留水に加える。

f)　**鋼粒子**　JIS G 4051 に規定する S40C の粒子で，乾燥状態で機械加工された約 2.5 mm×2.5 mm×2.5

mm のものを用いる。使用するとき，適切な装置の中でキシレンで注意深く脱脂する。

g) **鋳鉄粒子** **JIS G 5501** に規定するねずみ鋳鉄（片状黒鉛鋳鉄）（硫黄含有量＞0.18 %，りん含有量＜0.12 %）の粒子で，乾燥状態で機械加工された約 2.5 mm×2.5 mm×2.5 mm のものを用いる。使用するとき，適切な装置の中でキシレンで注意深く脱脂する。

C.4 試験手順

C.4.1 試験溶液（100 mL）の準備

試験は，次による。

a) 初めに 3 個の 100 mL の全量フラスコに，試験する製品（磁粉と界面活性剤の混合物，ペースト状製品の磁粉など）の一定量を同量ずつ採る。

b) 次に，**C.3 e)** で準備した混合溶液 A ［**C.3 e) 1)**］，混合溶液 B ［**C.3 e) 2)**］及び混合溶液 C ［**C.3 e) 3)**］をそれぞれ標線まで加えて希釈し，かくはんする。これらを各々試験溶液 A，試験溶液 B 及び試験溶液 C と呼ぶ。

試験する製品の濃度を変化させ 3 種類の濃度について，各試験溶液（合計 9 種類）を作成する。

C.4.2 粒子及びろ紙の準備

準備は，次による。

a) 脱脂した鋳鉄及び鋼の粒子は，初めにさびの有無を目視検査によって調べる。

b) 鉛筆などで直径 40 mm の円を描いた必要枚数の円形ろ紙を用意する。

c) 次のものを，各々の磁粉探傷試験材料の製品の試験に用いる。

－ 鋼粒子による試験のための 9 枚の円形ろ紙（3 種類の異なった硬度の水から作成された，分散剤の濃度などを変化させた 3 種類の試験溶液）

－ 鋳鉄粒子による試験のための 9 枚の円形ろ紙

d) 細かい粒子及びごく微量のほこりを取り除くため，鋳鉄及び鋼の粒子をふるいにかける。

e) ペトリ皿 ［**C.2 a)**］に円形ろ紙 ［**C.2 c)**］をそれぞれ 1 枚ずつ置く。9 個のペトリ皿には鋳鉄粒子を，ほかの 9 個のペトリ皿には鋼粒子を，それぞれ 2 g±0.1 g ずつ，ろ紙の限定された部分にまき散らす。

C.4.3 腐食試験

腐食試験は，次による。

a) **C.4.1** で準備した試験溶液 A の 2 mL を 1 回の操作で適用し，それぞれのペトリ皿 1 枚の粒子を湿らせる。

b) それぞれの試験溶液について鋼粒子及び鋳鉄粒子に対して同じ操作を繰り返す。

c) 泡がろ紙の下にないことを確認し，ペトリ皿に蓋をする。

d) 室温（23±1）℃で 2 時間±10 分間，ペトリ皿を無風の暗所に放置する。

e) 放置時間の終わりに，ろ紙を手で裏返して粒子を除去する。

f) ろ紙に付着している粒子の除去のために，洗浄瓶を用いて多量の蒸留水ですすぐ。

g) アセトンに 2 度浸せきし，室温で乾燥する。

C.5 試験結果の解釈

洗浄乾燥後のろ紙に残された腐食マークを，光学機器を使用せずに目視によって直ちに観察する。**表 C.1** に等級分類を示す（**図 C.1** 参照）。

さびの付着した面の定量的評価は，透明な方眼紙（1 mm の正方形）を用いて行うことができる。

表 C.1－ろ紙に付着した腐食さびの等級分類

等級	意味	表面の状態
0	腐食なし	さびなし
1	腐食痕跡あり	直径 1 mm 未満のさびが最大 3 個
2	腐食程度低	表面の 1 ％未満
3	腐食程度中	表面の 1 ％を超え 5 ％未満
4	腐食程度強	表面の 5 ％を超える

C.6　試験結果の記録

等級の判断に迷う場合は，大きい番号の等級を採用する。

判定結果は，次の項目とともに記録する。

－　試験した製品の名称

－　試験溶液中の製品の濃度及び試験溶液の硬度

－　試験に関して要求された全てのコメント

－　試験実施日

C.7　試験の不確かさの評価

試験結果の適切さは，次の試験内容によって評価する。

－　反復性の評価

　　同じ条件下で一人の試験員によって実施された 2 回の試験は，2 回の試験にて対応する測定の等級が 1 等級以内であれば，その試験は適正とみなし有効とする。

－　再現性及び精度の評価

　　再現性のある類似の条件下で二つの異なった試験所で実施された試験は，同様の測定の等級が 1 等級以内であれば，その試験は適正とみなし有効とする。

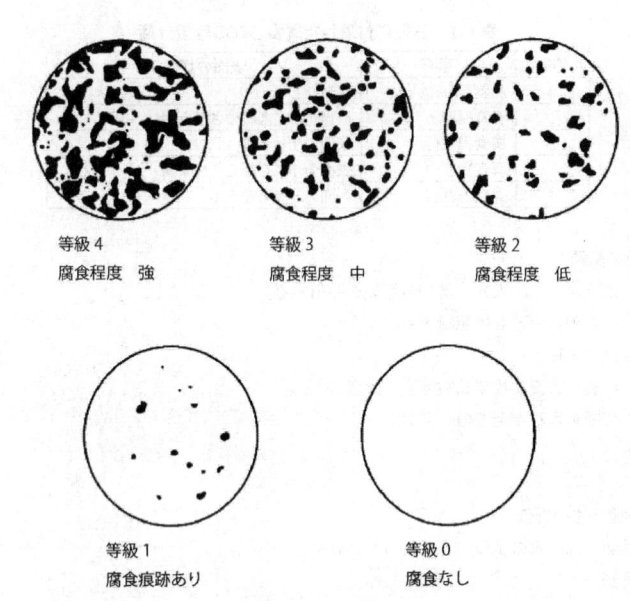

等級 4
腐食程度　強

等級 3
腐食程度　中

等級 2
腐食程度　低

等級 1
腐食痕跡あり

等級 0
腐食なし

図 C.1－腐食マーク

附属書 JA
（規定）
使用期間中試験の手順（A 型標準試験片などを用いて実施する方法）

JA.1　検出媒体の準備

検出媒体は，製造業者の指示書に従って準備しなければならない。

JA.2　対比試験片の清掃

蛍光物質，酸化物，汚れ及びグリースが除去され，水ぬれ性が確保されることを保証する適切な方法で試験体，標準試験片及び対比試験片を清掃する。

JA.3　検出媒体の適用

検出媒体は，実際の試験体，試験部位及び試験面に適用する試験条件と同じ条件で，試験面に貼付した A 型標準試験片，C 型標準試験片及び B 型対比試験片に適用する。

JA.4　検査及び解釈
JA.4.1　検査

試験片は，JIS Z 2323 に規定する観察条件に従って検査しなければならない。

JA.4.2　解釈

解釈は次による。

a)　**A 型標準試験片又は C 型標準試験片を使用する方法**　A 型標準試験片又は C 型標準試験片に得られた磁粉模様を，既知の結果と比較することで判定しなければならない。

b)　**B 型対比試験片を使用する方法**　B 型対比試験片に得られた磁粉模様を，既知の結果と比較することで判定しなければならない。

JA.5　コントラストペイント

コントラストペイントを塗布して検出媒体の使用期間中試験を実施する場合は，試験面に貼付した A 型標準試験片，C 型標準試験片及び B 型対比試験片を清掃した後に，製造業者の指示に従ってコントラストペイントを適用すること以外は，JA.1～JA.4 の手順に従って試験する。

附属書 JB
（規定）
顕微鏡法による粒子径の分布測定

スライドガラス上に取った試料を界面活性剤を入れた適切な液体によく分散させ，顕微鏡下又は顕微鏡写真で**図 JB.1** のように，定方向径 d を計 1 000 個以上測定する。測定値は**表 JB.1** のように整理し，**図 JB.2** のような累積分布曲線を描く。

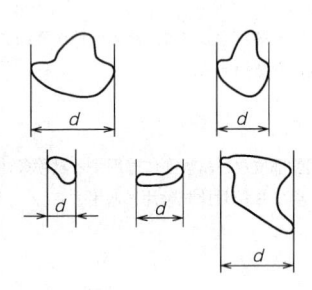

d：定方向径

図 JB.1－粒子の定方向径の測定

表 JB.1－粒子個数，粒子頻度及び累積分布のまとめ方の例

定方向径のグループ間隔 (µm)	粒子個数 n (個)	粒子頻度 (%)	累積分布 (%)
45 以上	40	3.9	3.9
40～45	9	0.9	4.8
35～40	12	1.2	6.0
〜	〜	〜	〜
計	1 013	100	100

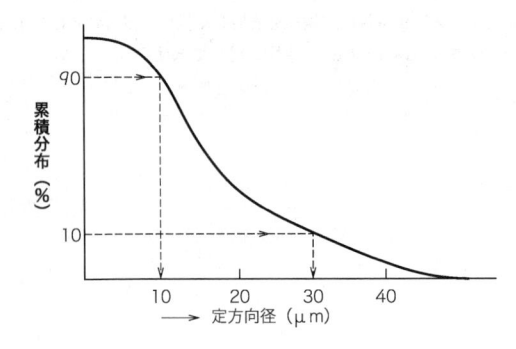

図 JB.2－累積分布，定方向径の関係

附属書 JC
（参考）
JIS と対応国際規格との対比表

JIS Z 2320-2:2017　非破壊試験－磁粉探傷試験－第 2 部：検出媒体						ISO 9934-2:2015, Non-destructive testing－Magnetic particle testing－Part 2: Detection media			
(I) JIS の規定			(II) 国際規格番号	(III) 国際規格の規定		(IV) JIS と国際規格との技術的差異の箇条ごとの評価及びその内容		(V) JIS と国際規格との技術的差異の理由及び今後の対策	
箇条番号及び題名	内容			箇条番号	内容	箇条ごとの評価	技術的差異の内容		
3 用語及び定義	**JIS Z 2300** を引用。			3	**EN 1330-1, -2 及び prEN ISO 12707** を引用	変更	用語を規定した **JIS** を引用した。		実質的な技術的差異はない。
4 安全上の予防措置	**JIS Z 2320-1** の箇条 5 を引用。			4	安全に関する国内法規などに従うと規定。	変更	関連 **JIS** を引用して具体的に内容を規定した。		実質的な技術的差異はない。
5 分類	5.2 磁粉　種類を大別して分類。			5.3	磁粉探傷試験用材料を分類。	追加	磁粉探傷試験用材料を分類した。検出媒体（磁粉及び検査液）について，一部構成を変更し具体的内容を分類して規定した。		実質的な技術的差異はない。
	5.3 湿式法に用いられる検出媒体（検査液）			5.2	湿式検出媒体を規定。	追加	検出媒体（検査液）について，具体的内容を分類して規定した。		実質的な技術的差異はない。
	5.5 コントラストペイント			7.1.3	コントラストペイントを規定。	変更	構成を変更し，コントラストペイントの特性を具体的に規定した。		実質的な技術的差異はない。
6 試験及び試験証明書	6.1 形式試験及びバッチ試験			6.1	試験の実施と試験証明書提供者を規定	追加	製造業者を追加した。		—
7 要求事項及び試験方法	7.1 性能　7.1.1 形式試験及びバッチ試験，7.1.2 使用期間中試験，7.1.3 コントラストペイントの試験を規定。			7.1	7.1 性能　7.1.2 使用期間中試験　7.1.3 コントラストペイントの試験方法について規定。	追加	**JIS Z 2320-1** に従い，使用期間中試験に A 型標準試験片などの使用を追加した。		実用上有用なため規定した。実質的な技術的差異はない。
	7.2 色彩　磁粉の色彩を規定。			7.2	磁粉の色彩について規定。	追加	製造業者を追加した。		—

(I) JISの規定		(II) 国際規格番号	(III) 国際規格の規定		(IV) JISと国際規格との技術的差異の箇条ごとの評価及びその内容		(V) JISと国際規格との技術的差異の理由及び今後の対策
箇条番号及び題名	内容		箇条番号	内容	箇条ごとの評価	技術的差異の内容	
7 要求事項及び試験方法（続き）	7.3 磁粉の粒子径 測定方法及び粒子径を規定。		7.3	粒子径について 7.3.2 で規定。	追加	実用上有用な顕微鏡法及びそれによる粒子径を追加した。	実質的な技術的差異はない。
	7.5 蛍光係数及び蛍光安定性		7.5	蛍光係数の測定方法、要求条件、蛍光安定性について規定。	変更	蛍光係数の数値を補足条件とし、望ましい値に変更した。図1は実用上、国内の機器では配置を再現できないため、測定装置の配置図1は測定の例であり、再現できる他の配置でもよいことを記載した。	今後、ISO に提案を検討する。
	7.7 引火点		7.7	引火点の試験方法について規定。	選択	実用上多用されているクローズドカップ法を追加し選択可とした。	今後、ISO に提案を検討する。
	7.8.1 鋼及び鋳鉄の腐食試験		7.8	被検媒体による腐食試験について規定。	変更	国際規格の不足部分を追加した。	実質的な技術的差異はない。
	7.9 分散媒の粘度		7.9	分散媒の粘度について規定。	選択	JIS Z 8803 又は製造業者によって確立された方法（フローカップ法など）を追加し選択可とした。	今後、ISO に提案を検討する。
	7.10.1 長期試験（耐久性試験）		7.10.1	被検媒体の長期試験（耐久性試験）について規定。	変更	対応する部材を規定した、国際規格に対応する JIS を引用した。実用上適用できない項目を確認し、エアゾール製品は試験の対象外とした。	今後、ISO に提案を検討する。
	7.10.2.1 装置		7.10.2.1	短期試験の装置を例示。	変更	国際規格に対応する JIS から用語を引用した。	実質的な技術的差異はない。
	7.10.3 補足		7.10.2.3	―	追加	実用上適用できない項目を確認し、エアゾール製品は試験の対象外とした。	今後、ISO に提案を検討する。
	7.11 起泡性		7.11	被検媒体の起泡性について規定。	変更	泡立ちについて、内容を具体的に規定した。	実質的な技術的差異はない。
	7.14 磁粉分散濃度		7.14	被検媒体中の磁粉分散濃度について規定。	追加	実用上多用されている沈殿体積を追加した。	実質的な技術的差異はない。

(I) JISの規定		(II)国際規格番号	(III)国際規格の規定		(IV) JISと国際規格との技術的差異の箇条ごとの評価及びその内容		(V) JISと国際規格との技術的差異の理由及び今後の対策
箇条番号及び題名	内容		箇条番号	内容	箇条ごとの評価	技術的差異の内容	
8 試験に要求される項目	検出媒体に要求される試験の項目を規定。		8	検出媒体に要求される試験の項目について規定。表1に検出媒体などに要求される項目及び試験の種類について表示。	変更	各試験項目の中から、実用上有用な項目を、通常、証明書で報告すべき要求事項として選定した。表1にこれを表示するとともに、不足項目、追加項目を追加した。	今後、ISOに提案を検討する。
9 試験報告	試験報告書の発行及び内容を規定。		9	試験報告書の発行及び内容を規定。	変更	ASTMなど海外規格との整合を図り、通常、報告すべき要求事項を選定した。	実質的な技術的差異はない。
10 包装及びラベル	包装及びラベルの表示を規定。		10	包装及びラベルの表示を規定。	変更	製造年月及び使用期限はほぼ公知となっているため、表記方法の限定を外した。	実質的な技術的差異はない。
附属書A（規定）	A.4.2.3.2 通常発見されるきずと同等のきずをもつ試験体を使用する方法 A.5 コントラストペイント		—	—	追加	規格本文と内容を一致させ、説明を追加した。7.1.2の記載に従い使用期間中試験での使用を規定した。コントラストペイントを塗布した場合の使用期間中試験に言及した。	今後、ISOに提案を検討する。
附属書B（規定）	B.1.2 製作 B.2.1 一般事項 B.2.2 製作		B.1.2 B.2.1 B.2.2	材質及び製作方法を規定。	変更	対応する材質を規定したJISを引用した。B.2.1及び図面上に分かりやすく説明を付加した。	実質的な技術的差異はない。
附属書C（規定）	C.1 要旨		C.1	鋼及び鋳鉄の腐食試験	追加	実用上試験が容易でないため、他の腐食試験の方法として、JIS K 2246を追加した。	実質的な技術的差異はない。
	C.3のf）及びg）		C.3	材質、大きさ及び使用方法を規定。	変更	対応する材質を規定したJISを引用した。	実質的な技術的差異はない。
	C.4.1及びC.4.2		C.4	試験の手順を規定。	変更	手順を分かりやすく説明した。	実質的な技術的差異はない。
附属書JA（規定）	使用期間中試験の手順（A型標準試験片などを用いて実施する方法）		—	—	追加	JIS Z 2320-1に従い、使用期間中試験にA型標準試験片などによる試験方法を追加し具体的に規定した。	実質的な技術的差異はない。

(I) JIS の規定		(II) 国際規格番号	(III) 国際規格の規定		(IV) JIS と国際規格との技術的差異の箇条ごとの評価及びその内容		(V) JIS と国際規格との技術的差異の理由及び今後の対策
箇条番号及び題名	内容		箇条番号	内容	箇条ごとの評価	技術的差異の内容	
附属書 JB（規定）	顕微鏡法による粒子径の分布測定		—	—	追加	実用上有用なため追加した。	実質的な技術的差異はない。

JIS と国際規格との対応の程度の全体評価：ISO 9934-2:2015，MOD
注記 1　箇条ごとの評価欄の用語の意味は，次による。 　－　追加 ……………… 国際規格にない規定項目又は規定内容を追加している。 　－　変更 …………… 国際規格の規定内容を変更している。 　－　選択 …………… 国際規格の規定内容とは異なる規定内容を追加し，それらのいずれかを選択するとしている。
注記 2　JIS と国際規格との対応の程度の全体評価欄の記号の意味は，次による。 　－　MOD ………… 国際規格を修正している。

<table>
<tr><td>JIS Z 2320-3
(2017)</td><td>**非破壊試験―磁粉探傷試験―第3部：装置**
Non-destructive testing－Magnetic particle testing－
Part 3：Equipment</td><td>⌈ JIS （2007） 制定 ⌉</td></tr>
</table>

序文

この規格は，2015 年に第 2 版として発行された **ISO 9934-3** を基とし，これまで行われてきた手法にも適合するように，技術的内容を変更して作成した日本産業規格である。

なお，この規格で点線の下線を施してある箇所は，対応国際規格を変更している事項である。変更の一覧表にその説明を付けて，**附属書 JA** に示す。

1　適用範囲

この規格は，磁粉探傷試験のための次の 3 様式の装置について規定する。

a)　可搬形電磁石

b)　定置形磁化台

c)　専用試験システム：基本的には部品を連続的に検査する特殊な検査システムで，一連の製造ラインの中で連続的に行う検査工程台

この規格は，磁化装置，脱磁装置，照明装置，測定装置及び観察装置についても規定する。

この規格では，装置供給者によって提供されるべき仕様，用途に適合する最小要求事項及び特定の要素の測定方法について規定している。測定及び校正に関する要求事項並びに使用中における点検項目も必要に応じて適宜規定している。

　　注記　この規格の対応国際規格及びその対応の程度を表す記号を，次に示す。

　　　　ISO 9934-3:2015，Non-destructive testing－Magnetic particle testing－Part 3: Equipment（MOD）

　　　　　　なお，対応の程度を表す記号 "MOD" は，**ISO/IEC Guide 21-1** に基づき，"修正している"ことを示す。

2　引用規格

次に掲げる規格は，この規格に引用されることによって，この規格の規定の一部を構成する。これらの引用規格は，その最新版（追補を含む。）を適用する。

　　JIS C 0920　電気機械器具の外郭による保護等級（IP コード）

　　　　注記　対応国際規格：**IEC 60529**，Degrees of protection provided by enclosures (IP Code)（IDT）

　　JIS G 3101　一般構造用圧延鋼材

　　JIS G 4051　機械構造用炭素鋼鋼材

　　JIS Z 2300　非破壊試験用語

　　JIS Z 2320-1　非破壊試験－磁粉探傷試験－第 1 部：一般通則

　　　　注記　対応国際規格：**ISO 9934-1**，Non-destructive testing－Magnetic particle testing－Part 1: General principles（MOD）

JIS Z 2323　非破壊試験－浸透探傷試験及び磁粉探傷試験－観察条件

　　注記　対応国際規格：**ISO 3059，** Non-destructive testing－Penetrant testing and magnetic particle testing
　　　　－Viewing conditions（IDT）

2A　用語及び定義

　この規格で用いる主な用語及び定義は，**JIS Z 2300** による。

3　安全上の予防措置

　安全上の予防措置は，**JIS Z 2320-1** の箇条 **5**（安全上の予防措置）による。

4　装置の様式

4.1　可搬形電磁石

4.1.1　一般

　可搬形電磁石（交流極間式磁化器又はヨーク式磁化器ともいう。）は，二つの磁極間に磁界を発生させる
（**JIS Z 2320-1** の規定に従って試験を行うとき，直流を使用する電磁石は，受渡当事者間で合意した場合に
限って使用する。）。

　磁化の程度は，電磁石の磁極面の中心をつなぐ線の中心点において，試験面に平行な磁界の強さ H_t を測
定することによって決定する。磁極間隔 s の電磁石を**図 1** に示すような鋼板の上に置く。鋼板の寸法は，
（500±25）mm×（250±13）mm×（10±0.5）mm とし，**JIS G 4051** に規定する S20C 若しくは S25C 又
は **JIS G 3101** に規定する SS400 に適合した鋼板を用いる。

　定期的な機能点検は，上記の試験面に平行な磁界の強さ H_t を測定する方法で行うか，又は次に示すリフ
ティングパワーテストによって行ってもよい。

　電磁石は，S20C，S25C 又は SS400 に適合した鋼板又は長方形の棒を支持できるものとし，適切な磁極
間隔にセットされた状態で，最小 4.5 kg の質量を持ち上げられるものとする。鋼板又は棒の主な寸法は，
電磁石の磁極間隔 s より大きくなければならない。

　　注記　質量 4.5 kg の鋼板を持ち上げるには，44 N のリフティングパワーを必要とする。

単位 mm

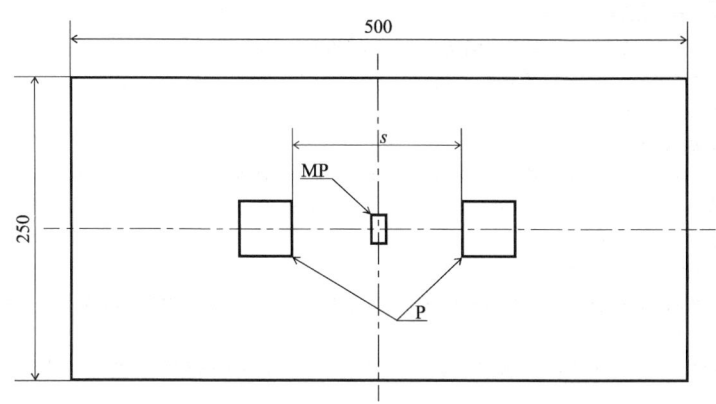

MP：試験体表面に平行な磁界の強さの測定点
s：磁極間隔（内のり寸法）
P：磁極

図1－可搬形電磁石の磁界測定

4.1.2 技術的なデータ

　装置提供者が提供するデータとしては，次のような項目があるが，提供内容については，受渡当事者間で協議し，決定する。

a) 奨励される磁極間隔（最大及び最小の磁極間隔）（s_{max}, s_{min}）及び磁極数

b) 磁極の断面寸法

c) 電源（電圧，電流及び周波数）

d) 絶縁抵抗及び耐電圧

e) 電流波形

f) 電流制御の方法及び波形による影響（**例** サイリスタ）

g) 最大出力時の最大使用率（全時間に対する電流“ON”の時間の比率をパーセントで表す。）

h) 最大電流時の最大通電時間

i) s_{max} 及び s_{min} における試験体表面に平行な磁界の強さ H_t

j) 装置の全長

k) 装置の総質量（kg）

l) 規定の電気保護等級（IP）。**JIS C 0920** の規定による。

m) 全磁束は，**図1** に示す鋼板に巻いたコイルに接続した交流磁束計によって求める，又はコイルの端子電圧を測定し，磁束を計算によって求める。

4.1.3 装置の要求仕様

　可搬形電磁石は，周囲温度 25 ℃±5 ℃において，次の仕様を満たさなければならない。

a) 使用率≧10 %

b) 通電時間≧5 秒

c) にぎり部の表面温度≦40 ℃

d) s_{max} における試験体表面に平行な磁界の強さ≧2 000 A/m（実効値）

e) リフティングパワー≧44 N

f) 絶縁抵抗は 500 V 絶縁抵抗計で 2 MΩ 以上

4.1.4 追加要求事項

電磁石には，にぎり部に，電源の ON/OFF スイッチを取り付ける。

注記 一般に，電磁石は，片手で使用できることが望ましい。

4.2 磁化電源

4.2.1 一般

磁化装置に電流を供給するために使用する電源は，無負荷電圧 U_0，短絡電流 I_k 及び定格電流 I_r（実効値）によって表す。

定格電流 I_r は，特に指定のない限り，電源の使用率 10 %で，通電時間 5 秒と定められた場合の最大電流とする。

無負荷電圧 U_0 及び短絡電流 I_k は，フィード・バック制御を外した状態で，電源の負荷特性から求める。電源の負荷特性は，電源に二つの異なる長さの負荷ケーブルを順次接続することによって求める。最初に一つの負荷ケーブルを用いて，ケーブルに流れる電流 I_1 と出力端子間電圧 U_1 とによって，**図 2** の点 P_1 を求める。次にもう一つの負荷ケーブルを用いて，点 P_2 を求める。特性は，P_1 及び P_2 の 2 点を結ぶ直線を引くことによって作図し，その負荷特性と両軸との交点（**図 2** 参照）を無負荷電圧 U_0 及び短絡電流 I_k として表す。

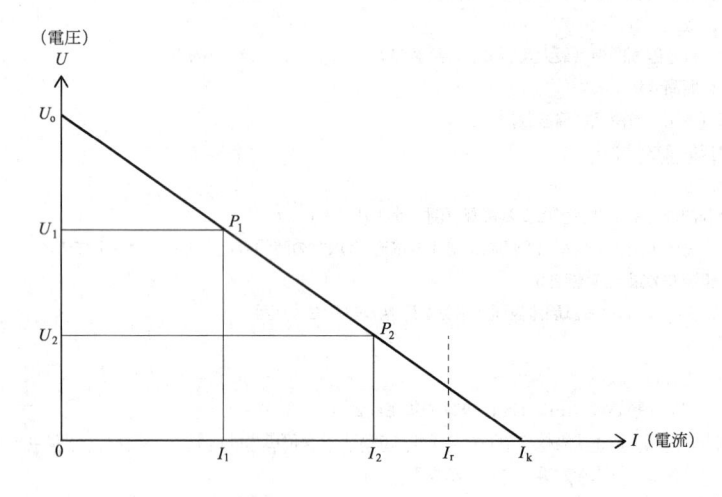

P_1，P_2：負荷特性の決定用の測定点

図 2－電源の負荷特性

4.2.2 技術的なデータ

装置提供者が提供するデータとしては，次のような項目があるが，提供内容については，受渡当事者間で協議し，決定する。

a) 無負荷電圧 U_o（実効値）

b) 短絡電流 I_k（実効値）

c) 定格電流 I_r（実効値）

d) 最大出力時の最大使用率（特に指定がある場合以外）

e) 最大電流時の最大通電時間（特に指定がある場合以外）

f) 電流波形

g) 電流制御の方法及び波形による影響

h) 調整可能な電流の可変範囲及び可変ステップ

i) 定電流制御（機能が備わっている場合）

j) 計器の種類（デジタル又はアナログ）

k) 電流出力計器の精度及び分解能

l) 最大電流出力時の電源供給に対する要求事項（電圧，相数，周波数及び電流）

m) 指定された電気的な保護等級（IP）（**JIS C 0920** 参照）

n) 装置の全体寸法

o) 装置の総質量（kg）

p) 脱磁の形式（利用可能な場合）（箇条 **8** 参照）

4.2.3 装置の要求仕様

磁化電源は，周囲温度 25 ℃±5 ℃及び定格電流 I_r において，少なくとも次の要件を満たさなければならない。

a) 使用率≧10 %

b) 通電時間≧5 秒

　　　注記　高頻度試験を行う場合は，より高い使用率を要求することになる。

4.3 定置形磁化台

4.3.1 一般

定置形磁化台は，通電法及び磁束投入法のための設備が含まれたものでよい。磁束は，電磁石磁極又は固定コイル（**JIS Z 2320-1** に規定）によって投入する。磁化電源の負荷特性は，**4.2** による。

多方向磁化用の設備が含まれている場合は，各回路は独立して制御しなければならない。磁化は，全ての方向において，要求される検出能力を満足させるのに十分なものとする。

電磁石磁極の特性を，丸棒試験体表面に平行な磁界の強さ H_t（A/m）で表し，丸棒の長さ方向の中央で測定する。この丸棒は **JIS G 4051** に規定する S20C 若しくは S25C 又は **JIS G 3101** に規定する SS400 に適合し，装置の仕様範囲内の適切な寸法（長さ及び直径）のものとする。

磁束投入法で 1 m 以上の試験体を分割して磁化する場合には，装置提供者は適切な条件設定及び手順を示さなければならない。これには，適切な長さ及び直径をもつ丸棒における試験体表面に平行な磁界の強さも含まれるものとする。

4.3.2 技術的なデータ

装置提供者が提供するデータとしては，次のような項目があるが，提供内容については，受渡当事者間で協議し，決定する。

a) 使用可能な磁化のタイプ

b) 使用可能な電流波形

c) 電流制御の方法及び波形による影響

d) 調整可能な電流の可変範囲及び可変ステップ

e) 定電流制御の方法（機能が備わっている場合）

f) 磁化電流の波形チャート

g) 磁化通電時間の範囲

h) 自動化機能

i) 最大出力時の最大使用率

j) 最大電流時の最大通電時間（特に指定がある場合以外）

k) 試験体表面に平行な磁界の強さ H_t（**4.3.1** 参照）

l) 無負荷電圧 U_o（実効値）

m) 短絡電流 I_k（実効値）

n) 定格電流 I_r（実効値）

o) 磁極断面の寸法

p) 最大クランプ長さ

q) クランプ方法

r) 圧縮空気圧力

s) 主軸台とベッドとの間の最大寸法

t) 試験体の最大直径

u) 試験体の最大質量（支持ありの場合又は支持なしの場合）

v) 使用可能な検出媒体の種類（水性及び油性）

w) 装置配置図の概要（電源，制御盤及び検出媒体槽の位置）

x) 計器の種類（デジタル又はアナログ）

y) 計器の精度及び分解能

z) 最大電流出力時の電源供給に対する要求事項（電圧，相数，周波数及び電流）

aa) 装置の全体寸法

ab) 装置の総質量（kg）

ac) コイルの特性

  1) 巻き数

  2) 最大アンペア・ターン

  3) コイルの長さ

  4) コイルの内径又は内寸面の各長さ（コイルが長方形の場合）

  5) コイルの中心における磁界の強さ

4.3.3 装置の要求仕様

定置形磁化台は，25 ℃±5 ℃において，次の要件を満たさなければならない。

a) 最大出力時の使用率≧10 %

b) 通電時間≧5 秒

c) 試験体表面に平行な磁界の強さ≧2 000 A/m（**4.3.1** 参照）

d) 検出能力。ただし，詳細は，受渡当事者間で協議し，決定する。

4.3.4　追加要求事項

装置提供者は，指定された試験体に対する検出能力を検証しなければならない。

4.4　専用試験システム

専用試験システムは，通常，自動化され，専門業務用に設計されている。複雑な形の試験体の場合は，多方向磁化の使用が要求されることがある。そのとき，磁化回路の数及び磁化の設定値は，観察されるきず模様の位置及び方向に応じて決定する。

なお，専用試験システムのきずの検出能力は，適切な範囲において，適切な方向を向いた，自然きず又は人工きずをもつ試験体で検証することができる。

4.4.1　技術的なデータ

装置提供者が提供するデータとしては，次のような項目があるが，提供内容については，受渡当事者間で協議し，決定する。

a)　磁化回路の数及び形式

b)　磁化回路の特性

c)　電流波形

d)　電流制御方法及び波形による影響

e)　調整可能な電流の可変範囲及び可変ステップ

f)　定電流制御の方法（機能が備わっている場合）

g)　磁化電流の波形チャート

h)　サイクル時間

i)　事前塗布及び散布時間

j)　磁化時間

k)　磁化後の待ち時間

l)　計器の種類（デジタル又はアナログ）

m)　計器の精度及び分解能

n)　最大出力時の最大使用率

o)　最大電流時の最大通電時間（4.2 に指定されている場合以外）

p)　最大電流出力時の電源供給に対する要求事項（電圧，相数，周波数及び電流）

q)　脱磁のタイプ

r)　使用可能な検出媒体のタイプ（水性及び油性）

s)　装置の概要配置図（電源，制御盤及び検出媒体の液槽の位置）

t)　圧縮空気圧力

u)　装置の全体寸法

v)　装置質量（kg）

4.4.2　装置の要求仕様

専用試験システムは，周囲温度25 ℃±5 ℃において，少なくとも次の要件を満たさなければならない。

a)　合意された検出能力に合致する。

b)　合意されたサイクル時間に合致する。

c)　各回路は独立して制御できる。

5 紫外線照射装置

5.1 一般

紫外線照射装置（以下，ブラックライトという。）の紫外線に関する特性は，**JIS Z 2323** による。

5.2 技術的なデータ

装置提供者が提供するデータとしては，次のような項目があるが，提供内容については，受渡当事者間で協議し，決定する。

a) 点灯開始から 1 時間後のブラックライト本体の表面温度

b) 冷却の方式（**例** 熱交換器）

c) 電源供給の要求事項（電圧，相数，周波数及び電流）

d) 装置の全体寸法

e) 装置質量（kg）

f) 規定電圧でのブラックライトのフィルタ面から 400 mm の距離における次のデータ

   1) 照射領域（表面における紫外線放射照度の最大値の半分以上の強度で照射される領域の直径又は長さ×幅）

   2) 15 分運転後の紫外線放射照度

   3) 200 時間連続運転後の紫外線放射照度（代表的な値）

   4) 15 分運転後の可視光照度（**5.3** 参照）

   5) 200 時間連続運転後の可視光照度（代表的な値）

5.3 装置の要求仕様

ブラックライトは，周囲温度 25 ℃±5 ℃において，少なくとも次の要件を満たさなければならない。

a) 検出媒体の飛散に対するフィルタの防護

b) 設置位置における手持ち式装置の危険防護

c) ブラックライトの光源から 400 mm の距離における紫外線放射照度が 10 W/m² 以上

d) LED 及び光ファイバを使用したブラックライトは，試験面で紫外線放射照度が 10 W/m² 以上

e) ブラックライトの光源から 400 mm の距離における可視光照度が 20 lx 以下

f) 取っ手（にぎり部）の表面温度が 40 ℃以下

6 検出媒体循環システム

6.1 一般

通常，定置形磁化台及び専用試験システムでは，検出媒体を，液槽，散布装置及び排水トレーの中で循環させる。

6.2 技術的なデータ

装置提供者は，次のデータを提供する。

a) かくはん方法

b) 液槽，散布装置及び排水トレーの材質

c) 腐食防護

d) 適用される検出媒体の種類（水性及び油性）

e) 検出媒体の吐出量

f) 液槽の容量

g) ポンプの電源供給に対する要求事項（装置と分離している場合）

h) 手動及び自動式散布

i) 定置式及び可搬式散布装置

j) 手持ちホース

6.3 装置の要求仕様

検出媒体循環システムは，少なくとも次の要件を満たさなければならない。

a) 検出媒体循環システムに耐食性がある。

b) 検出媒体の吐出量の制御ができる。

7 検査室

7.1 一般

蛍光性の検出媒体を使用する場合，きずによる磁粉模様とバックグラウンドとのコントラストを確実にするために，周辺可視光の照度を低くして検査を行う（**JIS Z 2323** 参照）。この目的のために，検査室が必要である。

7.2 技術的なデータ

装置提供者は，次のデータを提供する。

a) A 領域紫外線のない場合の可視光の照度

b) 可燃性の等級

c) 構造材料

d) 換気のタイプ

e) 寸法及び入出路

7.3 装置の要求仕様

検査室は，少なくとも次の要件を満たさなければならない。

a) 可視光照度≦20 lx

なお，より強い A 領域紫外線を用いて，対象試験体と同様のきず磁粉模様又は標準試験片の磁粉模様が確認されるならば，20 lx 以上の可視光照度であってもよい。

b) 難燃性材料

c) 検査員の視野内に可視光線及び／又は A 領域紫外線の反射があってはならない。

8 脱磁装置

8.1 一般

脱磁設備は，磁化装置と一体となっている場合と磁化装置とは別置きの場合とがある。磁粉模様の観察が脱磁後に行われる場合には，磁粉模様が適切な方法によって保持されるものでなければならない。

8.2 技術的なデータ

装置提供者は，次のデータを提供する。

a) 脱磁方式

b) 電流制御の方式

c) 磁界の強さ（可能な場合，空芯脱磁コイルの中心）

d) 指定された試験体の残留磁気

e) 最大電流出力時の電源供給に対する要求事項（電圧，相数，周波数及び電流）（磁化装置と別置きの場合）

f) 装置の全体寸法（磁化装置と別置きの場合）

g) 装置の総質量（kg）（磁化装置と別置きの場合）

8.3 装置の要求仕様

脱磁装置は，少なくとも次の要件を満たさなければならない。

装置は指定されたレベル（一般に 400 A/m〜1 000 A/m）まで脱磁できる（受渡当事者間で別の取決めがない場合に限る。）。

注記 一般に 400 A/m〜1 000 A/m は，空間では 0.5 mT〜1.2 mT に対応する。

9 測定

9.1 一般

装置提供者は，次のデータを提供する。

a) 装置特性の決定

b) 検査パラメータの確認

全ての電流及び磁界の測定は，波形に忠実に応答する測定器だけを用いなければならない。真の実効値以外の値から計算によって導かれた波高値又は実効値の測定器は用いてはならない。真の実効値測定器が実効値の測定に用いられる場合には，測定器の波高率は被測定波形の波高率より大きく，通常は 5 を下回ってはならない。

9.2 電流測定

ひずみのない正弦波交流の測定はクランプメーター又は従来の測定器が使用できる。位相制御された電流の測定は簡単ではないので，正確に測定できているかを確認する必要がある。正確に電流を測定するためには，シャント抵抗などを用いて電流波形を観察しなければならない。

9.3 磁界測定

9.3.1 一般

磁化状態は，ホール素子プローブなどを用いて，試験体表面に平行な磁界の強さを測定することによって決定する。要求される磁界の強さを得る場合，磁化方法及び測定位置に関して，次の三つの要因を考慮する。

a) 磁気センサの向き 感受面は，試験体表面に対して垂直に置く。

   注記 垂直な磁界成分が存在する場合には，素子の傾斜は本質的な誤差を招く。

b) 磁気センサの表面への接近 磁界が表面からの高さに応じて大きく変わる場合は，表面での値を推定するために，異なる高さで 2 回測定して外挿して求めてもよい。

c) 磁界の方向 磁界の方向及び大きさを決定するために，プローブを回転させ，最大値を読み取る。

9.3.2 技術的なデータ

装置提供者は，次のデータを提供する。

a) 測定値

b) プローブの形式及び寸法

c) プローブ表面からのセンサの距離

d) 感受面の配置

e) 測定機器のタイプ

f) 測定機器の寸法

g) 測定機器の電源（バッテリ又は商用電源）

9.3.3 要求仕様

測定装置は，少なくとも次の要件を満たさなければならない。

－ 測定精度±10 %以内

9.4 観察条件

観察装置の要求仕様は，**JIS Z 2323** による。

9.5 機器の検証及び校正

校正間隔期間中の測定誤差がこの規格の規定範囲内となるように，機器の検証及び校正を，手順に従って実施する。この作業は，機器の製造業者の推奨に従うか，又は使用者の品質保証システムに沿って行う。

附属書 JA
（参考）
JIS と対応国際規格との対比表

JIS Z 2320-3:2017　非破壊試験－磁粉探傷試験－第3部：装置			ISO 9934-3:2015, Non-destructive testing－Magnetic particle testing－Part 3: Equipment				

(I) JIS の規定		(II) 国際規格番号	(III) 国際規格の規定		(IV) JIS と国際規格との技術的差異の箇条ごとの評価及びその内容		(V) JIS と国際規格との技術的差異の理由及び今後の対策
箇条番号及び題名	内容		箇条番号	内容	箇条ごとの評価	技術的差異の内容	
2A 用語及び定義	**JIS Z 2300** を規定。		―	―	追加	用語の箇条を設け，用語を規定した JIS を引用した。	実質的な技術的差異はない。
3 安全上の予防措置	**JIS Z 2320-1** の箇条 5 を引用。		3	**JIS** とほぼ同じ。	変更	国内の事情に合わせて安全上の記載を追加した。	実質的な技術的差異はない。
4 装置の様式	4.1 可搬形電磁石 4.1.1 一般 特性試験に使用する鋼板		4	**EN 10084** 鋼種（C22）を規定。	変更	国ごとに鋼種に関する規格は異なるので，相当する入手しやすい S25C 及び SS400 を追加した。	実質的な技術的差異はない。
	4.1.2 技術的なデータ		4.1.2		追加	提供するデータの詳細は，受渡当事者間で協議し，決定するとした。	実質的な技術的差異はない。
	4.1.2 d) 絶縁抵抗及び耐電圧のデータ提供を追加				追加	**ISO** 規格にはない絶縁抵抗及び耐電圧の測定を安全性確認のため追加した。	今後，**ISO** に提案を検討する。
	4.1.2 m) 全磁束のデータ提供を追加				追加	**ISO** 規格にはない全磁束の測定を装置の性能データとして追加した。	今後，**ISO** に提案を検討する。
	4.1.3 装置の要求仕様周囲温度		4.1.3	＋30 ℃	変更	日本の気候条件に対応するため周囲温度 25 ℃±5 ℃に変更した。	実質的な技術的差異はない。
	4.1.3 f) 絶縁抵抗値を規定				追加	絶縁抵抗値を追加した。	安全性確認のため追加した。今後，**ISO** へ提案する。
5 紫外線照射装置	5.3 d) LED 及び光ファイバによる試験面での紫外線放射照度		5		追加	**ISO** 規格にはない LED 及び光ファイバを使用したブラックライトの試験面での紫外線放射照度を追加した。	今後，**ISO** に提案を検討する。

(I) JISの規定		(II)国際規格番号	(III)国際規格の規定		(IV) JISと国際規格との技術的差異の箇条ごとの評価及びその内容		(V) JISと国際規格との技術的差異の理由及び今後の対策
箇条番号及び題名	内容		箇条番号	内容	箇条ごとの評価	技術的差異の内容	
7 検査室	7.3 a) 可視光照度		7.3	20 lx 以下	追加	紫外線強度が強い場合には 20 lx 以上でもよいとした。	今後，ISO に提案を検討する。

JISと国際規格との対応の程度の全体評価：**ISO 9934-3**:2015，MOD

注記1　箇条ごとの評価欄の用語の意味は，次による。
　　　－　追加 ……………… 国際規格にない規定項目又は規定内容を追加している。
　　　－　変更 ……………… 国際規格の規定内容を変更している。
注記2　JISと国際規格との対応の程度の全体評価欄の記号の意味は，次による。
　　　－　MOD ………… 国際規格を修正している。

非破壊試験—浸透探傷試験—第1部：一般通則：　[JIS　(2001)　制定]
浸透探傷試験方法及び浸透指示模様の分類

Non-destructive testing—Penetrant testing—
Part 1 : General principles—Method for liquid penetrant testing
and classification of the penetrant indication

序文

　この規格は，2013年に第2版として発行された **ISO 3452-1** を基に，技術的内容及び対応国際規格の構成を変更することなく作成した日本産業規格であるが，対応国際規格には規定されていない規定項目（浸透指示模様，きずの分類，表示など）を日本産業規格として追加している。

　なお，この規格で側線又は点線の下線を施してある箇所は，対応国際規格を変更している事項である。変更の一覧表にその説明を付けて，**附属書JA** に示す。

1　適用範囲

　この規格は，製造中，供用中の材料及び製品（以下，試験体という。）の表面に開口しているきず，例えば，亀裂，重なり，しわ，ポロシティ，融合不良などを検出するために用いる浸透探傷試験方法（以下，試験という。）並びにきずによる浸透探傷指示模様の分類方法について規定する。試験は主として金属材料に適用されるが，探傷試験用材料に侵されず，あまり多孔質（ポーラス）でなければ他の材料にも適用できる。適用材料の例としては，鋳造品，鍛造品，溶接部，セラミックスなどがある。

　この規格は，プロセス管理試験を含む。

　この規格は，合格基準のために用いることを意図したものではなく，また，特殊な試験方法に対する個々の試験システムの妥当性又は試験装置に対する要求事項に関する情報を提供するものでもない。

　　注記1　使用する浸透探傷試験用の製品（以下，探傷剤という。）の基本的な性質を判断し監視する方法は，**JIS Z 2343-2** 及び **JIS Z 2343-3** に規定する。

　　注記2　この規格で用いる技術用語の“きず”の意味には，合格又は不合格に関する評価は含まないものとする。

　　注記3　この規格の対応国際規格及びその対応の程度を表す記号を，次に示す。

　　　　ISO 3452-1:2013, Non-destructive testing—Penetrant testing—Part 1: General principles（MOD）
　　　　　なお，対応の程度を表す記号“MOD”は，**ISO/IEC Guide 21-1** に基づき，“修正している”ことを示す。

2 引用規格

次に掲げる規格は，この規格に引用されることによって，この規格の規定の一部を構成する。これらの引用規格は，その最新版（追補を含む。）を適用する。

JIS G 0431 鉄鋼製品の雇用主による非破壊試験技術者の資格付与

注記 対応国際規格：**ISO 11484**:2009, Steel products － Employer's qualification system for non-destructive testing (NDT) personnel（MOD）

JIS Z 2300 非破壊試験用語

JIS Z 2305 非破壊試験技術者の資格及び認証

注記 対応国際規格：**ISO 9712**:2012, Non-destructive testing－Qualification and certification of NDT personnel（MOD）

JIS Z 2323 非破壊試験－浸透探傷試験及び磁粉探傷試験－観察条件

注記 対応国際規格：**ISO 3059**, Non-destructive testing－Penetrant testing and magnetic particle testing －Viewing conditions（IDT）

JIS Z 2343-2 非破壊試験－浸透探傷試験－第2部：浸透探傷剤の試験

注記 対応国際規格：**ISO 3452-2,** Non-destructive testing－Penetrant testing－Part 2: Testing of penetrant materials（IDT）

JIS Z 2343-3 非破壊試験－浸透探傷試験－第3部：対比試験片

注記 対応国際規格：**ISO 3452-3**:2013, Non-destructive testing－Penetrant testing－Part 3: Reference test blocks（MOD）

JIS Z 2343-4 非破壊試験－浸透探傷試験－第4部：装置

注記 対応国際規格：**ISO 3452-4,** Non-destructive testing－Penetrant testing－Part 4: Equipment（IDT）

JIS Z 2343-5 非破壊試験－浸透探傷試験－第5部：50 ℃を超える温度での浸透探傷試験

注記 対応国際規格：**ISO 3452-5,** Non-destructive testing－Penetrant testing－Part 5: Penetrant testing at temperatures higher than 50 ℃（IDT）

JIS Z 2343-6 非破壊試験－浸透探傷試験－第6部：10 ℃より低い温度での浸透探傷試験

注記 対応国際規格：**ISO 3452-6,** Non-destructive testing－Penetrant testing－Part 6: Penetrant testing at temperatures lower than 10 ℃（IDT）

3 用語及び定義

この規格で用いる主な用語及び定義は，**JIS Z 2300** によるほか，次による。

3.1

ワイプオフ法（Wipe-off technique）

試験によって得られた指示模様がきずに起因するものか，疑似指示によるものかの判断に役立つ情報を得るため，指示模様を除去した後，その部分に再度速乾式現像剤を薄く塗布する方法。

4 安全上の予防措置

探傷剤は，引火性又は揮発性の材料を用いており，ときには有害となるため，何らかの予防措置を行わなければならない。

これらの探傷剤は，皮膚又は粘膜に対して長期間にわたる接触又は繰返し接触することを避けなければならない。試験区域は，労働安全衛生法，消防法などの法的規制に従って適正に換気しなければならない。

また，熱源，火花及び火炎から離れた場所に設置しなければならない。

探傷剤及び装置は，注意して取り扱わなければならない。また，常に探傷剤製造業者によって提供された使用説明書に従わなければならない。

紫外線照射灯（以下，ブラックライトという。）を用いる場合は，紫外線が試験員の眼に直接入らないように注意しなければならない。紫外線透過フィルタはブラックライトに組み込まれている又は単独であっても，常に良好な状態に維持しなければならない。

ブラックライトについては，健康上及び安全上に関しての法的規制を受ける。

5 一般事項

5.1 一般

一般事項を次に示す。

a) 試験方法の選定試験を実施するに当たっては，あらかじめ試験体に予測されるきずの種類，大きさ，試験体の用途，表面粗さ，寸法，数量，探傷剤の性質などを考慮して，**表1**の分類のうちから適用する探傷剤を選定し同時に箇条**8**の要領を基にして，操作の細目を定めておくものとする。

b) 試験は熟練者で適切な教育を受け，かつ，資格をもつ技術者が実施しなければならない。可能であれば，雇用者又は雇用者の委任者が指名した有能な技術者，又は試験を担当する検査会社の監督の下で実施しなければならない。適切な資格をもつことを示すために，技術者は **JIS Z 2305** 又は **JIS G 0431** と同等の資格システムで認証又は資格付けされた技術者が望ましい。技術者の作業許可は，手順書にのっとり雇用者によって発行しなければならない。別段の合意がない限り，試験は雇用者が認めた有能で資格をもち監督のできる技術者（レベル3又は同等の者）が認可しなければならない。

c) 探傷剤を組み合わせて試験を行う場合は，製造業者が推奨する組合せで使用する。それ以外の組合せで試験を行う場合は，その組合せが適用可能であることを確認してから使用しなければならない。

d) 特に受渡当事者間で合意されていない場合は，一般に染色浸透探傷試験の後に蛍光浸透探傷試験を適用してはならない。

5.2 方法概要

浸透探傷試験に先立って，試験面は清浄かつ乾燥していなければならない。次に浸透液を試験体に適用し，表面に開口したきずに浸透させる。浸透時間経過後，余剰の浸透液を表面から除去し現像剤を適用する。現像剤はきずに浸透し残留した浸透液を吸収し，可視的に明瞭に強調されたきずによる浸透指示模様を示す。

他の非破壊試験が必要な場合で，受渡当事者間に合意がなければ，開口きずを汚染させないために，最初に浸透探傷試験を行わなければならない。もし，浸透探傷試験が他の非破壊試験の後に行う場合は，試験表面は浸透液適用前に汚染物を取り除くための処理を十分に行わなければならない。

5.3 試験順序

一般的に，試験は，次の順序で行う。

a) 準備及び前処理（**8.2** 参照）

b) 浸透液の適用（**8.4** 参照）

c) 余剰浸透液の除去（**8.5** 参照）

d) 現像剤の適用（**8.6** 参照）

e) 観察（**8.7** 参照）

f) 記録（**8.7.4** 参照）

g) 後処理（**8.8.1 参照**）

主要工程の手順は，**附属書 A** による。

5.4 装置

試験を実施するための装置は，試験体の数量，寸法及び形状によって決まる。

装置に関する要求事項については，**JIS Z 2343-4** による。

5.5 有効性

試験の有効性は，次による。

a) 探傷剤及び試験装置の種類

b) 表面仕上げ及び表面条件

c) 試験体及び予想されるきずの種類

d) 試験体表面の温度

e) 浸透時間及び現像時間

f) 観察条件

適切な試験条件で実施されていることを確認するため，プロセス管理試験を行わなければならない。プロセス管理試験は，**附属書 B** による。

6 探傷剤の組合せ，感度及び分類

6.1 探傷剤の組合せ

探傷剤の組合せを**表 1** に示す。組合せは浸透液，余剰浸透液除去剤（方法 A は除く。）及び現像剤で構成する。溶剤除去性浸透探傷試験において形式試験が **JIS Z 2343-2** に基づく場合は，浸透液及び除去剤は，同一製造業者の製品でなければならない。認定された探傷剤の組合せだけを使用しなければならない。

6.2 探傷剤の分類

探傷剤の分類は，**表 1** による。

表 1－探傷剤

浸透液		余剰浸透液除去剤		現像剤	
タイプ	呼称	方法	呼称	フォーム	呼称
I	蛍光浸透液	A	水	a	乾式
II	染色浸透液	B	後乳化 油ベース乳化剤	b	水溶性湿式
III	二元性浸透液 （蛍光浸透液及び染色浸透液の両者を含有）	C	有機溶剤（除去剤）[a] － クラス1 ハロゲン化 － クラス2 非ハロゲン化 － クラス3 特殊用途用	c	水懸濁性湿式
		D	後乳化 水ベース乳化剤	d	有機溶剤ベース（タイプ I 用速乾式）
		E	水及び有機溶剤	e	有機溶剤ベース（タイプ II 及びタイプ III 用速乾式）
				f	特殊用途用

特別な用途については，引火性，硫黄，ハロゲン，ナトリウム含有量及び他の汚染物に関する特別要求事項を満たす探傷剤を使用する必要がある（**JIS Z 2343-2** を参照）。

注 [a] 方法 C のクラスは，方法を分類したものではない。

6.3 感度

探傷剤の組合せによる感度レベルは，**JIS Z 2343-3** に規定する対比試験片を用いて決定し，また，承認された探傷剤の組合せの試験で行った試験で感度レベルを評価する。

6.4 探傷剤の組合せの呼称

試験に使用する推奨された探傷剤の組合せは，浸透液のタイプ，余剰浸透液除去剤による方法及び現像剤のフォーム並びに **JIS Z 2343-3** に規定するタイプ 1 対比試験片を用いて実施した試験で得られる感度レベルを示す数字から構成される呼称が与えられる。

例えば，この規格並びに **JIS Z 2343-2** を適用した蛍光浸透液（I），余剰浸透液除去剤としての水（A），乾式現像剤（a）及びシステム感度レベル 2 で構成する推奨された探傷剤の組合せと試験方法の呼称は，次による。

探傷剤組合せ：**JIS Z 2343-2**，IAa レベル 2

7 探傷剤と試験体との適合性

7.1 一般事項

探傷剤は，試験体及び試験体が計画されている使用目的に適合したものでなければならない。

7.2 探傷剤の適合性

探傷剤は，お互いに適合できるものでなければならない。

探傷剤が減少した場合の追加は，ロットは異なってもよいが，同じ探傷剤で同じ製造業者でなければならない。

7.3 試験体への探傷剤の適合性

探傷剤及び試験体の適合性は，次による。

a) ほとんどの場合，探傷剤と試験体との適合性は，**JIS Z 2343-2** に規定する腐食試験の結果によって使用前に確認できる。

b) 探傷剤は，幾つかの非金属の化学的又は物理的性質に悪影響を及ぼすことがあるため，このような材料から製造された部品又は組立品を試験する場合は，事前に適合性を確かめておかなければならない。

c) 探傷剤が燃料，潤滑油，流体などに混入する可能性のある場合は，それが有害な影響を及ぼさないことを確かめておく。

d) 過酸化物ロケット燃料，爆発物保持物（これらは爆発性推進薬，起爆材料，花火材料などをもつ全ての品目を含む。），酸素装置又は原子力機器への適用に関しては，探傷剤の適合性は特別の配慮を必要とする。

8 試験手順

8.1 試験手順書

全ての試験は承認された試験手順書に基づいて行わなければならない。試験手順は該当する製品の作業手順に規定又は含まれていてもよい。

8.2 準備及び前処理

8.2.1 一般事項

試験体がスケール，さび，油脂，グリス，塗料などで汚染されている場合は，機械的方法若しくは化学的方法又はこれらの方法を組み合わせて，除去しなければならない。

試験面に残存物がなく，浸透液がどのようなきずにも浸透できるものであることを前処理によって確か

めておかなければならない。前処理を行う範囲は，試験面が隣接する領域から汚染物による影響を受けない十分な広さとしなければならない。

8.2.2　機械的前処理

スケール，スラグ，さびなどは，ブラシ，磨き，研磨，ブラスト，高水圧ブラストなどのような適切な方法を用いて除去しなければならない。これらの方法は表面から汚染物を除去できるが，通常，きずの内部に入っている汚染物まで除去できない。全ての方法，特にショットブラストの注意として，塑性変形又は研磨材料の詰まりによってきず開口部が覆い隠されないことを確かめなければならない。必要な場合には，きずを開口させるために引き続きエッチング処理を実施し，その後で適切なすすぎ及び乾燥を行わなければならない。

8.2.3　化学的前処理

グリス，油脂，塗料又はエッチング剤のような残存物を除去するために，適切な化学的洗浄剤を用いて化学的前処理を実施しなければならない。

化学的前処理剤の残さは，浸透液と反応し検出感度を著しく低下させることがある。特に酸及びクロム酸塩は，蛍光浸透液の蛍光輝度と染色浸透液の色調を著しく低下させることがある。このことから，使用した化学的洗浄剤は，水すすぎを含む適切な洗浄方法を用いて試験面から除去しなければならない。

8.2.4　乾燥

前処理の最終段階として，水又は有機溶剤がきず内に残存しないように試験体を完全に乾燥しなければならない。

8.3　温度

探傷剤，試験面及び周囲の温度は 8.2.4 の乾燥を除いて，10 ℃～50 ℃でなければならない。急激な温度変化は結露の原因となる可能性があり，試験の妨げとなるので避けなければならない。

10 ℃未満又は 50 ℃を超える温度での試験は，**JIS Z 2343-5** 又は **JIS Z 2343-6** に基づいて実施しなければならない。

8.4　浸透液の適用

8.4.1　適用方法

浸透液は，試験体にスプレ法，はけぬり法，注ぎかけ法，一部分の浸せき法又は全浸せき法によって適用できる。

浸透時間中は，試験面が完全にぬれていることを保証するために注意を払わなければならない。

8.4.2　浸透時間

適切な浸透時間は，浸透液の性質，適用温度，試験体及び検出すべききずの種類によって左右される。

浸透時間は，5 分～60 分とし，要求感度レベルに対して製造業者の推奨浸透時間より短くしてはならない。浸透時間は試験手順書に記録されなければならない。

8.5　余剰浸透液の除去

8.5.1　一般事項

除去剤の適用では，きず内部に浸透液が残っているようにしなければならない。

8.5.2　水

余剰浸透液は，水スプレによる洗浄，水中への浸せき又は湿した布による拭き取りによって除去しなければならない。スプレなどによる機械的作用の影響が最小となるように注意を払わなければならない。

8.5.3　有機溶剤

一般的に，最初に清潔な糸くずの出ない布（又は紙）を用いて余剰浸透液を除去しなければならない。

次に除去剤で少し湿らせた清潔な糸くずの出ない布（又は紙）によって除去処理を実施しなければならない。

これ以外の除去方法の場合は，受渡当事者間で承認がなされていなければならない。特に，除去剤を試験面に直接吹き付ける場合は，注意する。

8.5.4　乳化剤

8.5.4.1　水ベース（水希釈性）乳化剤

試験面から後乳化性浸透液の除去を可能とするためには，乳化剤の適用によって浸透液に水洗性をもたせなければならない。乳化剤の適用に先立ち，水によって試験面から大部分の余剰浸透液を除去する。このことは，続いて適用される水ベース乳化剤が均一に作用することになる。

浸せき法又は泡立て装置を用いて乳化剤を適用しなければならない。使用者は，探傷剤製造業者の使用説明書に従った予備試験を実施し，乳化剤の濃度及び乳化時間を決めなければならない。決められた乳化時間を超えて乳化処理をしてはならない。乳化時間が経過した後，**8.5.2** の規定に基づき最終洗浄を実施しなければならない。

8.5.4.2　油ベース乳化剤

試験面から後乳化性浸透液の除去を可能とするためには，乳化剤の適用によって浸透液に水洗性をもたせなければならない。適用方法は浸せき法又は注ぎかけ法による。使用者は，探傷剤製造業者の使用説明書に従った予備試験を実施し乳化時間を決めなければならない。

この乳化時間は，次の洗浄工程において試験面から余剰浸透液を十分除去できることを可能にできる時間としなければならない。決められた乳化時間を超えて乳化処理をしてはならない。乳化時間が経過した後直ちに **8.5.2** の規定に基づき洗浄を実施しなければならない。

8.5.5　水及び有機溶剤

余剰の水洗性浸透液は，最初，水で除去しなければならない（**8.5.2** 参照）。次に糸くずの出ない清潔な布又は紙で拭き取る。このときに，糸くずの出ない清潔な布又は紙に有機溶剤を軽く湿らせて用いることができる。

8.5.6　余剰浸透液の除去確認

余剰浸透液除去処理中は，試験面に残留している浸透液の程度を確認しなければならない。蛍光浸透液については，A 領域紫外線照射の下で実施しなければならない。試験面における最小 A 領域紫外線の放射照度は，$1\,W/m^2$（$100\,\mu W/cm^2$）未満であってはならない。試験面における照度は $100\,lx$ を超えてはならない。

染色浸透液に対しては，試験面での白色光の照度は $350\,lx$ 以上でなければならない。

適切な資格所有者が承認した場合を除いて通常，過剰なバックグラウンドになった場合は前処理から再度処理しなければならない。

8.5.7　乾燥

余分な水を速やかに乾燥させるため，試験体から水滴及び水たまりを除去しなければならない。

湿式現像剤を用いる場合を除いて，余剰浸透液を除去した後，次の方法の一つを用いて可能な限り速やかに試験面を乾燥させなければならない。

a)　清潔で乾いた糸くずの出ない布又は紙で拭く。

b)　温水中に浸せき後室温で乾燥

c)　高温での乾燥

d)　強制的空気循環

e) 上記 a)~d)の方法の組合せ

圧縮空気を用いる場合は，その空気は水分及び油脂を含んでおらず，試験面での圧力を可能な限り低く保持できるように注意を払わなければならない。

熱風循環システム（例 乾燥器）を使用する場合，空気の温度は 70 ℃を超えてはならない。乾燥時間は試験面温度が 50 ℃を超えないように設定しなければならない。

きずに浸透している浸透液が乾燥しない方法で，試験面の乾燥を実施しなければならない。

特別に認められている場合を除いて，乾燥中の試験面温度は 50 ℃を超えてはならない。

8.6 現像剤の適用

8.6.1 一般事項

現像剤は，均質な状態に維持し試験面に一様に適用しなければならない。

現像剤の適用は余剰浸透液の除去後できるだけ速やかに実施しなければならない。

水洗性浸透液に湿式現像剤を適用する場合，過剰に浸透液がきず内部から除去されないように注意しなければならない。

> **注記** **ASTM E1417, Standard Practice for Liquid Penetrant Testing** では，受渡当事者間で合意があった場合に，鋳造アルミニウム合金及び鋳造マグネシウム合金の製造中の試験にはタイプ I 浸透液では無現像法でもよいとの記載がある。この場合，現像剤は適用しないで観察前に乾燥後，10 分以上待たなければならない。また，2 時間を超えてはならず，2 時間を超えた場合には前処理からやり直さなければならない。

8.6.2 乾式現像剤

乾式現像剤は，蛍光浸透探傷法に限り適用してよい。乾式現像剤は次の方法の一つによって試験面に均一に適用しなければならない。

適用方法：散布法，静電噴霧法，粉末塗布ノズル法，流動床法又は浸せき法

試験面は，現像剤で薄く覆われ，また，現像剤が局部的に密集することを避けなければならない。

過剰な現像剤は現像時間経過後，観察前に指示模様を乱さないような方法で除去しなければならない。

8.6.3 水懸濁性現像剤

現像剤を薄く均一に適用するためには，かくはんされた懸濁液中に浸せきするか承認された手順書に従って適切な装置で吹き付ける。現像剤の浸せき時間及び温度は，製造業者の使用説明書に従った予備試験を通じ使用者が決めなければならない。最適の結果を確保するために，浸せき時間は可能な限り短くしなければならない。

試験体は，蒸発又は熱風循環式乾燥器の使用によって乾燥させなければならない。

8.6.4 速乾式現像剤

現像剤は，スプレ法によって均一な塗膜ができるように適用しなければならない。スプレ法は，現像剤が試験面を軽く湿らせ薄く均一な層を形成できるものでなければならない。

8.6.5 水溶性現像剤

現像剤を薄く均一に適用するためには，浸せきするか，承認された試験手順書に従って適切な装置で吹き付ける。現像剤の浸せき時間及び温度は，製造業者の使用説明書に従った予備試験を通じ使用者が決めなければならない。最適の結果を確保するために，浸せき時間は可能な限り短くしなければならない。

試験体は，蒸発又は熱風循環式乾燥器の使用によって乾燥させなければならない。

8.6.6 特殊用途用（例 剥離可能な現像剤）

記録する必要のある浸透指示模様を検出した場合は，剥離可能な現像剤を用いて記録することができる。

その手順は，次による。

a) 清潔で乾いた糸くずの出ない布又は紙で現像剤を拭く。

b) 同じ浸透液を適切な方法で適用する。その後の処理は，現像剤の適用まで最初に用いた方法と全く同様の方法で行う。

c) 余剰浸透液の除去及び試験面の乾燥後，製造業者の推奨する剝離現像剤を適用する。

d) 現像時間が経過した後，現像剤の皮膜を注意深く引き剝がす。試験面に直接接触した塗膜面上に浸透指示模様が現れる。

8.6.7　現像時間

現像時間は，10 分〜30 分とすることが望ましい。受渡当事者間で，更に長い時間を決めてもよい。現像時間の開始は，次による。

a) 乾式現像剤が適用された場合は，適用直後とする。

b) 湿式及び速乾式現像剤が適用された場合は，乾燥直後とする。

8.7　観察

8.7.1　観察条件

8.7.1.1　一般事項

観察条件は，**JIS Z 2323** によらなければならない。

8.7.1.2　蛍光浸透探傷試験

検査場所での試験員の眼を暗順応させるために要する必要な時間は，通常，少なくとも 1 分間としなければならない。

A 領域紫外線を使用することが有用である。

試験面での A 領域紫外線放射照度は，10 W/m^2（1 000 μW/cm^2）以上でなければならない。A 領域紫外線照射灯及び周囲からの照度の合計は 20 lx 以下でなければならない。

8.7.1.3　染色浸透探傷試験

観察では試験面における照度は 500 lx 以上でなければならない。

8.7.2　一般事項

浸透探傷試験の指示模様はきずの形状及び寸法について限られた情報を提供する場合がある。現像剤適用直後，又は現像剤が乾燥後，直ちに観察を行うと現像による指示模様の拡大前の形状を知ることができるので，指示模様の評価が容易になることがある。

最終検査の観察は，現像時間の経過後に実施しなければならない。

拡大鏡のような観察補助具を使用することができる。

ワイプオフ法（**8.7.3** 参照）による評価は，指示模様解釈の手助けになる場合がある。

8.7.3　ワイプオフ法

ワイプオフ法はきずの性状の評価を手助けするために用いられ，最初の指示模様の除去と引き続き行われる現像処理によって構成される。この技法は不十分な除去処理のような不適切な試験手順を修正するために使用するものではない。正確な手順は受渡当事者間での合意事項としてもよい，又は該当する合否基準として規定してもよい。

特に受渡当事者間で合意されている場合を除いて，この技法を繰り返し実施してはならない。

この技法で指示模様が再現しなかった場合，それだけで疑似指示模様であると判断してはならない。この技法は最初の指示模様の解釈（例えば，水滴跡又は表面汚染）が正しいことを確認するため，又は立会検査員が再現像時間の中で指示模様が変化することによって有用な追加情報を得るために使用される。

手順は，次による。

a)　糸くずの出ない小形の綿棒を用いて，指示模様のある付近の表面の探傷剤を拭き取る（1回だけ）。

b)　探傷剤が完全に除去されていることを確認するため，観察条件で拭き取った箇所を確認する。

c)　速乾式現像剤の薄い膜を作るため，現像剤を適用する。受渡当事者間で合意されていなければ速乾式現像剤は適用後直ちに乾燥するような距離で適用しなければならない。

d)　現像剤適用後，直ちに該当箇所を観察する。

e)　一定間隔及び10分後に観察する。

8.7.4　記録

記録は，適切な方法によって行う。例えば，筆記説明，スケッチ又は写真。

8.8　後処理及び保護処理

8.8.1　後処理

探傷剤が試験体に対し後の加工工程又は稼動条件に影響を与える場合は，最終検査後に後処理を行う必要がある。

8.8.2　保護処理

必要のある場合には，適切な防食処理をしなければならない。

8.9　再試験

浸透指示模様の評価が不明確で再試験が必要な場合には，前処理から全ての試験手順を繰り返さなければならない。

必要な場合，より好ましい試験条件を選定しなければならない。きず内部に残っている浸透液を完全に取り除くことができない場合には，前回と異なった種類の浸透液又は異った製造業者の浸透液は，用いてはならない。

9　試験報告書及び様式

9.1　試験報告書

試験報告書には，この規格に関連する次の事項を含まなければならない。

a)　試験体の情報

　1)　名称

　2)　寸法

　3)　材質

　4)　表面状態

　5)　工程上の段階

b)　試験の適用範囲

c)　ロット番号，製造業者名及びその製品名並びに 6.4 で規定した探傷剤の分類の名称

d)　試験手順書番号

e)　手順書からの逸脱（該当する場合）

f)　試験結果（検出されたきずの説明）

g)　試験場所，試験年月日，試験員の氏名

h)　試験監督者の氏名，認定証明書及び署名

9.2　試験報告書の様式

試験報告に用いることができる様式の割り付けを附属書C に示す。このデータは，適宜試験体の種類に

よって修正するのがよいが，**附属書 C** には試験結果の評価に重要となる試験方法の全詳細及び試験体に関する追加の情報を含んでいる。他の様式を使用する場合，**9.1** の **a)～h)** に記載した全ての事項を含まなければならない。

試験手順書が **9.1** の **a)～d)** に記載した事項を含み **8.1** の要求事項を充足し，かつ，適切な方法で **9.1** の **e)～h)** の事項が文書化されている場合，試験報告書は省略してもよい。

10 浸透指示模様及びきずの分類

10.1 浸透指示模様の分類の手順

浸透指示模様の分類は，次の手順によって行う。

a) 浸透指示模様の分類は，箇条 8 に示した方法によって浸透指示模様を検出し，指示模様が疑似指示でないことを確認してから行う。

b) 浸透指示模様の分類は，補修又は手直しを必要とするものについては，補修又は手直しの前後で行うものとする。

10.2 指示模様の分類

浸透指示模様は，形状及び存在の状態から，次のように分類する。

なお，浸透指示模様からの情報では，割れ，線状又は円形状の分類ができない場合は，**10.3** による。

a) **独立浸透指示模様** 独立して存在する個々の浸透指示模様は，次の3種類に分類する。

1) **割れによる浸透指示模様** 割れであることが確認されたきず指示模様

2) **線状浸透指示模様** 割れによらない浸透指示模様のうち，その長さが幅の3倍以上のもの

3) **円形状浸透指示模様** 割れによらない浸透指示模様のうち，線状浸透指示模様以外のもの

b) **連続浸透指示模様** 複数個の指示模様がほぼ同一直線上に連なって存在し，その相互の距離が 2 mm 以下の浸透指示模様。浸透指示模様の指示の長さは，特に指定がない場合，浸透指示模様の個々の長さ及び相互の距離を加え合わせた値とする。

c) **分散浸透指示模様** 一定の面積内に，複数個の浸透指示模様が分散して存在する浸透指示模様。

10.3 きずの分類の手順

きずの分類は，次の手順によって行う。

a) きずの分類は，浸透指示模様を **10.2** によって分類した後に行う。

b) 指示模様の現像剤を取り除いて試験体表面に現れたきずを観察し，寸法を測定して記録する。この場合，きずが認めにくい場合には，拡大鏡，エッチングなど適切な方法を用いる。

10.4 きずの分類

きずは，形状及び存在の状態から，次のように分類する。

a) **独立したきず** 独立して存在するきずは，次の3種類に分類する。

1) **割れ** 割れと認められたもの

2) **線状のきず** 割れ以外のきずで，その長さが幅の3倍以上のもの

3) **円形状のきず** 割れ以外のきずで，線状きずでないもの

b) **連続したきず** 割れ，線状きず及び円形状きずが，ほぼ同一直線上に存在し，その相互の距離と個々の長さとの関係から，一つの連続したきずと認められるもの。きずの長さは，特に指定がない場合は，きずの個々の長さ及び相互の距離を加え合わせた値とする。

c) **分類したきず** 定められた面積の中に存在する 1 個以上のきず。分散したきずは，きずの種類，個数又は個々の長さの合計値によって評価する。

11 表示

表示は，次による。

試験を実施し，合格した試験体で表示を要するものについては，次によって表示を行う。表示は，その後の取扱いによって消失又は変色のおそれがない方法を選択しなければならない。

a) 全数検査の場合 全数検査の場合は，次による。

 1) 刻印，腐食又は着色（えび茶）によって，試験体にPの記号を表示する。

 2) 試験体にPの表示を行うことが困難な場合には，えび茶に着色して表示する。

 3) 上記の表示ができない場合は，試験記録に記載した方法による。

b) 抜取検査の場合 合格したロットの全ての試験体に，**a)**に準じてPの記号又は着色（黄色に限る。）によって表示する。

附属書 A
（規定）
浸透探傷試験の主要工程

浸透探傷試験の主要工程は，次による。

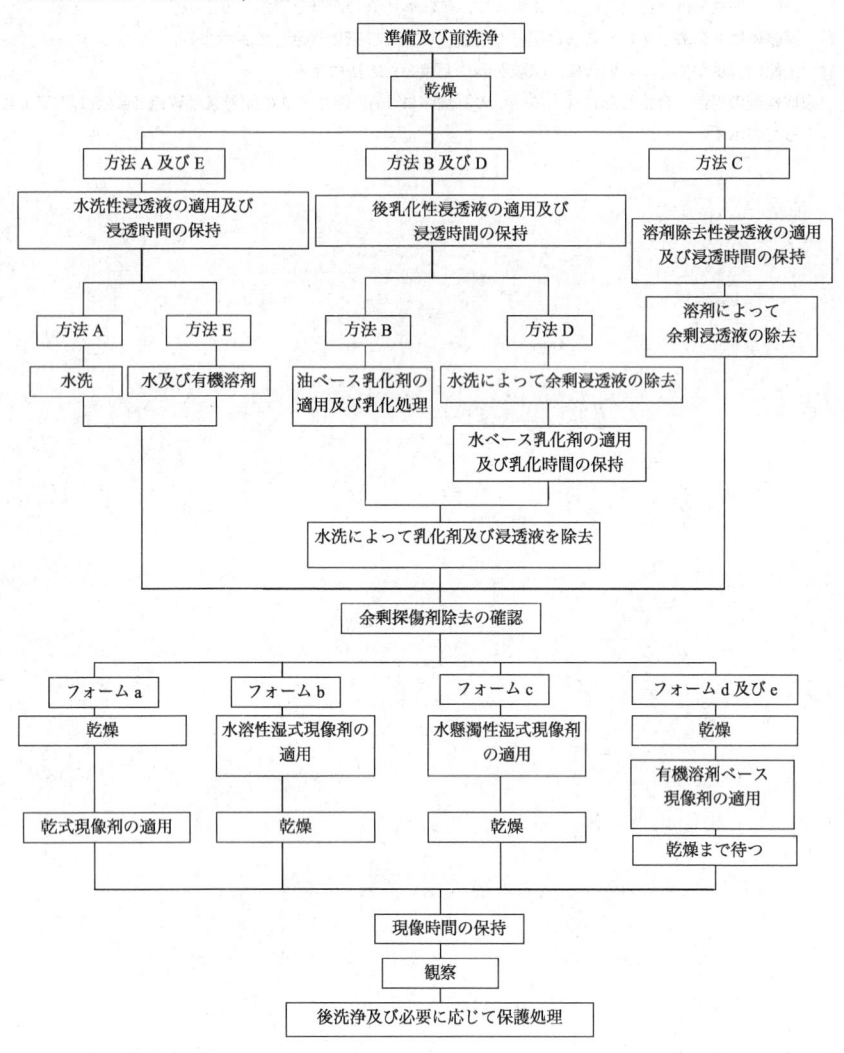

附属書 B
（規定）
プロセス管理試験

B.1　一般事項

この附属書は，試験の実施を監視するために行うプロセス管理試験について示す。

浸透探傷試験のプロセスの正常性を維持するために，探傷試験全体及び探傷システムの個々の処理工程はそれらが要求されている基準を満足していることを保証するために定期的に確認しなければならない。この要求事項は探傷剤が再利用される探傷システムに適用される。エアゾール又はチキソトロピタイプの浸透液は繰り返し使用されることはなく，1回の検査にだけ使用するので JIS Z 2305 に規定するレベル3などの判断によって試験の項目の削減又は削除をしてもよい。

表 B.1 は，実施すべき点検試験とそれらの頻度とについて示している。JIS Z 2305 に規定するレベル3又は同等の資格のある試験員は，特定の探傷法に，どの点検試験が適しているかを判断する責任がある。正しい探傷操作状態を保証するために，必要ならばこの点検試験はもっと頻繁に行ってもよいし，また，追加の試験を行ってもよい。

試験は表 B.1 に基づいて，適切な資格をもつ試験員，例えば，JIS Z 2305 に規定するレベル2によって実施し，記録しなければならない。

注記　チキソトロピタイプとは，振とうするだけで液化し放置すると再固化するゲルの性質をいう。

B.2　記録

プロセス管理試験結果の記録は別々に各探傷プラントごとに保管しなければならない。この規定からの逸脱が発見された場合には責任者に報告し，必要な是正処置を取らなければならない。

次の情報は記録に含まれていなければならない。

a)　会社名及び試験場所

b)　探傷システムの識別番号

c)　日付

d)　シフト

e)　氏名及び資格

f)　署名

B.3　管理試験

B.3.1　探傷剤の量（詰替え式スプレシステムを含む。）

使用する探傷剤の液面は，探傷しなければならない機器に対し十分な量であることを確実にするため，目視で確認しなければならない。探傷剤が不足している場合は，試験を実施する前に追加の探傷剤を補充し，かくはんしておく。

B.3.2　システムの性能

この試験は，JIS Z 2343-3 で規定するタイプ2又はタイプ3対比試験片を用いて実施しなければならない。適切な資格所有者，例えば JIS Z 2305 レベル3によって承認された場合には，代替として既知のきずをもつ試験片を用いてもよい。通常は，検出が必要とされるきずを代表する既知のきずを付与した試験片

を用いることが望ましい。

バックグラウンドの状態を含むきずを示す方法として適正なレプリカ法,写真法又は他の適正な方法によって記録を通常使用するものと同じパラメータを用いて作成し,参考用として保管しなければならない。この記録は,日常のシステム性能確認と同じ試験によって得られた実用的な結果との比較として用いなければならない。レプリカタイプの現像剤から得られた指示模様は,基準現像剤を用いて得られたものと同じではない。タイプ2対比試験片のクロムめっき側の指示模様,タイプ3対比試験片の指示模様又は既知のきずをもつ試験片の指示模様は,同じ探傷剤と同じ操作手順を用いて作成された記録の指示模様と同数で同じ指示模様を示さなければならない。同様にバックグラウンドのレベルは,記録に示されたものと同じ外観を示さなければならない。

B.3.2.1　対比試験片の洗浄

対比試験片又は既知のきずをもつ試験片はシステム条件の変化を捉えるような状態に維持管理していなければならない。特に前回の試験での浸透液は除去されている必要がある。溶剤又は除去剤の中に試験片を保管しておくことが望ましい。

物理的にきずを変更することはしてはならない。

B.3.3　浸透液の外観

浸透液にどのような異常もないことを確認しなければならない(例えば,ミルク状の外観,可視的な汚染,浸透液の底部又は上部における水の体積)。

B.3.4　洗浄水の外観

再循環水を利用する場合は,洗浄水の不透明性,蛍光性,泡及び着色のないことを確認しなければならない。これらのいずれかがある場合は,再処理システムが有効に機能していないことを示唆している。

B.3.5　洗浄水の温度

洗浄水の温度が規定範囲内にあることを確認しなければならない。

B.3.6　乾燥器の温度

乾燥器内の試験体を置く箇所の温度は,規定範囲内にあることを確認しなければならない(8.5.7 参照)。

B.3.7　試験場所

試験場所は,清潔で整頓されていなければならない。蛍光浸透探傷システムで処理した機器を検査する場合は,例えば,検査台上又は検査領域の近くに白紙のような反射面があってはならない。さらに,検査領域近くに白色光の漏えいがあってはならない。

B.3.8　圧縮空気のフィルタ

トラップが汚染されていないことを確認しなければならない。

B.3.9　ブラックライトのA領域紫外線ランプ

ランプは正しく,良好な状態で作動することを確認しなければならない。フィルタは破損していないことを確認しなければならない。

B.3.10　ブラックライトのA領域紫外線放射照度

JIS Z 2323 の方法で,ブラックライトのA領域紫外線放射照度を測定しなければならない。

B.3.11　検査室(蛍光浸透探傷)の可視光の照度

JIS Z 2323 の方法で,検査室内の可視光の最大照度を測定しなければならない。

B.3.12　可視光の照度(染色浸透探傷)

JIS Z 2323 の方法で,作業場所の最小白色光の照度を測定しなければならない。可視光が含まれるなどのため,照度が変化する場合は,試験の頻度を増やさなければならない。

B.3.13 蛍光光度の強さ

JIS Z 2343-2 の方法で蛍光光度を測定しなければならない。

品質要求事項：蛍光光度は標準液の 90 ％～110 ％の範囲になければならない。

B.3.14 染色浸透液の色調の強さ

染色浸透液の色調の強さは，次による。

a) 引火点の高い白灯油，又は他の適正な非揮発性有機溶剤でうすめた 1 ％，0.9 ％，0.8 ％及び 0.7 ％基準浸透液から作製した対比試料を使用する。対比試料を作製するため，最初に 10 ％，9 ％，8 ％及び 7 ％の希釈液を作り，次にそれらを 10 倍にうすめる方法が推奨される。これらの作製した対比試料は，遮光された密閉容器内で保管しなければならない。

b) a)で用いたのと同様の有機溶剤で試験をする浸透液の 1 ％溶液を作製する。

c) 試験管を用い，均一な分布の白色光の下で，試験をする浸透液の色調を対比試料と比較する。色調の類似している対比試料の濃度を記録する。

要求事項：色調は，対比試料の色調の 80 ％を超えていなければならない。

B.3.15 探傷剤製造業者による確認

使用中の浸透液から代表的な試料を 1 年に 1 回採取し，再確認のために探傷剤製造業者又は他の適切な専門研究機関に送らなければならない。これ以外の場合は，浸透液は廃棄し，交換しなければならない。

確認を実施する探傷剤製造業者は，試験に用いている浸透液の物理的，化学的パラメータが新品の浸透液の基準値と比較した場合，全て許容範囲内にあることを記載した報告書を発行しなければならない。報告書は文章だけでなく，実際の数値を示すことが望ましい。

どのパラメータを調べるかを選定するのは，探傷剤製造業者の責任である。

B.3.16 水ベース乳化剤の濃度

試験は，新しく調製した溶液だけについて行い，屈折計を用いて実施する。

試験に用いる屈折計は，新しい水ベース乳化剤で正確に調製した溶液を用いて校正しなければならない。少なくとも五つの溶液を使用する。一つは公称濃度の溶液とし，公称濃度より高いものが二つ，低いものが二つとする。数値は，グラフで表示しなければならない。

水ベース乳化剤の濃度を評価するため，新しく調製した製品の試料による数値を読み取り，グラフからその濃度を決定しなければならない。

試験の全ては，常温で実施しなければならない。この結果は，記録しなければならない。

要求事項：要求値に濃度を調製しなければならない。再調査する前によくかくはんしなければならない。外観上，何らかの変化が認められた場合には追加の試験を実施しなければならない。

B.3.17 現像剤

B.3.17.1 乾式現像剤の外観

粉末は，水分がなく，ふわふわしていて固まっていないことを確認しなければならない。

B.3.17.2 乾式現像剤の蛍光

試験に影響があるような蛍光性のないことを確認するため，粉末の試料は，A 領域紫外線を照射して調べなければならない。指針として，探傷システムにおいて 10 000 mm² 当たり 10 個（例えば，100 mm 直径の円において 8 個）より多くの蛍光が認められることは望ましくない。

B.3.17.3 水溶性現像剤

B.3.17.3.1 濃度

この試験は，現像剤の濃度を決定するために探傷剤製造業者が作製した検量線図を用いて行う。

a) タンクの液面の高さを確認し水を追加することによってその液面の高さを元の液面の高さに復帰させ十分かくはんする。

b) タンクから試料を採取し温度を 20 ℃に調整するか又は比重計が校正されたときの温度に調整する。

c) 比重計を用いて試料の密度を測定する。

密度を確認することによって，検量線図から現像剤の濃度を決定できる。

B.3.17.3.2 ぬれ性

タイプ 2 対比試験片の上に現像剤を適用した場合，その全表面が均等に現像剤で覆われることを確認しなければならない。

B.3.17.3.3 温度

現像剤の温度が規定範囲にあることを確認しなければならない。

B.3.17.3.4 溶液の蛍光性

蛍光性のないことを確認するために溶液の試料に A 領域紫外線を照射して調べなければならない。

B.3.17.4 水懸濁性現像剤

B.3.17.4.1 濃度

この試験は，現像剤の濃度を決定するために探傷剤製造業者が作製した検量線図を用いて行う。

a) タンクの液面の高さを確認し水を追加することによってその液面の高さを元の液面の高さに復帰させ十分かくはんする。

b) タンクから試料を採取し温度を 20 ℃に調整するか又は比重計が校正されたときの温度に調整する。

c) 比重計を用いて試料の密度を測定する。

密度を確認することによって，検量線図から現像剤の濃度を決定できる。

B.3.17.4.2 温度

現像剤の温度が規定範囲にあることを確認しなければならない。

B.3.17.4.3 懸濁液の蛍光性

粉末が懸濁していることを確認するため，現像剤の槽を十分かくはんしなければならない。蛍光性がないことを確認するため，懸濁させた現像剤の試料は A 領域紫外線を照射して調べなければならない。

B.3.18 紫外線強度計の校正

使用する紫外線強度計には，校正結果を示すラベル又は **JIS Z 2323** を参照したことを表示しなければならない。

強度計を使用する前に，試験員は有効期限，校正実施日などを確認しなければならない。少なくとも 12 か月ごとに装置を校正しなければならない。

B.3.19 照度計の校正

照度計は，校正結果を示すラベル又は **JIS Z 2323** を参照したことを表示しなければならない。

照度計を使用する前に，試験員は有効期限，校正実施日などを確認しなければならない。少なくとも 12 か月ごとに装置を校正しなければならない。

B.3.20 温度計の校正

温度計は，±1 ℃以上の精度で校正されなければならない。

B.3.21 圧力計の校正

全ての圧力計は，適用する処理手順書に記載されている圧力に設定されていることを確認しなければならない。圧力計は，校正の表示があることを確認しなければならない。

B.3.22 試験片の校正

対比試験片のきずが変化すると試験結果に影響する。それゆえ，対比試験片は安定性を実証するために再試験を実施しなければならない。再試験の方法は，レプリカ又は写真付きの未使用対比試験片と比較することによって行ってもよい（**B.3.2** 参照）。試験片に何らかの変化が認められた場合には，適切な資格者，例えば，**JIS Z 2305** のレベル 3 によって適切な是正処置をとらなければならない。

表 B.1－プロセス管理試験

プロセス管理試験	附属書箇条	頻度				記録	
		作業期間の開始時	週ごと	月ごと	年ごと	規定数値	目視による評価(査印)
システム確認							
探傷剤の液面	**B.3.1**	○					○
タイプ 2 又はタイプ 3 対比試験片を用いたシステムの性能	**B.3.2**	○					○
一般確認							
浸透液の外観	**B.3.3**	○					○
洗浄水の外観	**B.3.4**	○					○
洗浄水の温度	**B.3.5**	○				○	
乾燥器の温度	**B.3.6**	○				○	
試験場所	**B.3.7**	○					○
圧縮空気のフィルタ	**B.3.8**		○				○
ブラックライトのランプ	**B.3.9**	○					○
ブラックライトの A 領域紫外線放射照度	**B.3.10**			○		○	
検査室（蛍光浸透探傷）の可視光の照度	**B.3.11**			○		○	
可視光の照度（染色浸透探傷）	**B.3.12**			○		○	
浸透液							
蛍光光度の強さ a)	**B.3.13**			○			○
染色浸透液の色調の強さ a)	**B.3.14**			○			○
探傷剤製造業者による確認	**B.3.15**				○		○
乳化剤							
水ベース乳化剤の濃度	**B.3.16**			○		○	
現像剤							
乾式現像剤の外観	**B.3.17.1**	○					○
乾式現像剤の蛍光	**B.3.17.2**	○				○	
水溶性現像剤							
a) 濃度	**B.3.17.3.1**	○				○	
b) ぬれ性	**B.3.17.3.2**	○				○	
c) 温度	**B.3.17.3.3**	○				○	
d) 溶液の蛍光性	**B.3.17.3.4**	○					○
水懸濁性現像剤							
a) 濃度	**B.3.17.4.1**	○				○	
b) 温度	**B.3.17.4.2**	○				○	
c) 懸濁液の蛍光性	**B.3.17.4.3**	○					○

表 B.1 − プロセス管理試験（続き）

プロセス管理試験	附属書箇条	頻度				記録	
		作業期間の開始時	週ごと	月ごと	年ごと	規定数値	目視による評価（査印）
校正							
紫外線強度計	**B.3.18**				○		○
照度計	**B.3.19**				○		○
温度計	**B.3.20**				○		○
圧力計	**B.3.21**				○	○	
試験片	**B.3.22**				○	○	○
○：実施することを示す。							
注 a)　エアゾール缶には適用しない。							

附属書 C
（参考）
試験報告書例

試験報告書			
会社名：	参照番号：		
部名：	副参照番号：		
浸透探傷試験 報告書番号：			
	何枚目／総ページ：	／	
プロジェクト：	品名：		
指示者：	製造番号：		
指示書のオーダー番号：	図面番号：		
被験個所：	別の詳細，例えば溶接プラン番号：		
寸法：	溶接番号：	試験フォローアッププラン番号：	
	ユニット番号：	シート番号：	
材質：	鋳造番号：	部品番号：	
表面状態：		型番号：	
熱処理条件：			
前処理：			
試験指示：	（例えば仕様書，試験方向，出荷条件）		
試験の適用範囲：			
浸透探傷システム：			
呼称：	（追加詳細，例えば JIS Z 2343-2 に従う腐食成分を含有してはならない。）		
製造業者名：			
製品名称：			
浸透液：	製造番号（ロット）：		
余剰浸透液除去剤：	製造番号（ロット）：		
現像剤：	製造番号（ロット）：		
試験要領：			
試験温度：	余剰浸透液除去（追加詳細，例えば耐食剤）：		
前処理：	乳化時間：		
乾燥：	乾燥：		
浸透時間：	現像時間：		
	後処理：		
試験指示書からの逸脱：			
JIS Z 2343-1 からの逸脱：			
試験結果：	（例えば，きず部：位置，種類，分布，寸法，個数の詳細：スケッチ）		
試験の場所：	試験の日付：	試験員の氏名：	
評価（試験指示書に従った）：	合格：	不合格：	
所見：			
試験監督者氏名：	認証：	日付：	署名：
又は部長若しくは専門家：		日付：	署名：
又は検査会社：		日付：	署名：

附属書 JA
（参考）
JIS と対応国際規格との対比表

JIS Z 2343-1:2017　非破壊試験－浸透探傷試験－第 1 部：一般通則：浸透探傷試験方法及び浸透指示模様の分類					ISO 3452-1:2013,　Non-destructive testing－Penetrant testing－Part 1: General principles	
(I) **JIS** の規定		(II) 国際規格番号	(III) 国際規格の規定		(IV) **JIS** と国際規格との技術的差異の箇条ごとの評価及びその内容	(V) **JIS** と国際規格との技術的差異の理由及び今後の対策
箇条番号及び題名	内容		箇条番号	内容	箇条ごとの評価	技術的差異の内容	
3 用語及び定義	3.1 ワイプオフ法				追加	ワイプオフ法を追加した。	技術的な差異はない。
5 一般事項	5.1 一般		5.1	**JIS** とほぼ同じ	追加	試験方法の選定法を追加した。探傷剤の組合せ法を追加した。一般に染色浸透探傷試験の後に蛍光浸透探傷試験は適用してはならないことを追加した。	技術的な差異はない。
8.6 現像剤の適用	8.6.1 一般事項		8.6.1		追加	注記として無現像法を紹介，例示した。	
10 浸透指示模様及びきずの分類	10.1 浸透指示模様の分類の手順				追加	浸透指示模様の分類手順を追加した。	
	10.2 指示模様の分類				追加	指示模様の分類を追加した。	
	10.3 きずの分類の手順				追加	きずの分類の手順を追加した。	
	10.4 きずの分類				追加	きずの分類を追加した。	
11 表示	11 表示				追加	合格した試験体の表示を追加した。	

JIS と国際規格との対応の程度の全体評価：**ISO 3452-1**:2013，MOD
注記 1　箇条ごとの評価欄の用語の意味は，次による。 　－　追加 …………… 国際規格にない規定項目又は規定内容を追加している。
注記 2　**JIS** と国際規格との対応の程度の全体評価欄の記号の意味は，次による。 　－　MOD …………… 国際規格を修正している。

JIS Z 2344
(1993)

金属材料のパルス反射法による
超音波探傷試験方法通則

$$\left[\begin{array}{ll} \text{JIS} & (1973,78,87) \text{ 改正} \\ \text{JIS} & (1958) \text{ 制定} \end{array}\right]$$

General rule of ultrasonic testing of metals
by pulse echo technique

1. 適用範囲　この規格は，パルス反射法による基本表示(Aスコープ表示)方式で，金属材料の不健全部を検出し評価する超音波探傷試験(以下，試験という。)の一般事項について規定する。

　　備考　この規格の引用規格を，次に示す。
　　　　JIS Z 2300　非破壊試験用語
　　　　JIS Z 2345　超音波探傷用標準試験片
　　　　JIS Z 2350　超音波探触子の性能測定方法
　　　　JIS Z 2352　超音波探傷装置の性能測定方法
　　　　JIS Z 2354　超音波パルス反射法による固体の超音波減衰係数の測定方法

2. 用語の定義　この規格に用いる主な用語の定義は，JIS Z 2300による。

3. 探傷図形の表示

3.1 基本記号　探傷図形を表す基本記号は，次のとおりとし，その例を図1に示す。
　　T：送信パルス　　　　　　　　　　　　　S：表面エコー(水浸法など)
　　F：きずエコー　　　　　　　　　　　　　W：側面エコー
　　B：底面エコー(端面エコー)

図1　探傷図形の基本記号

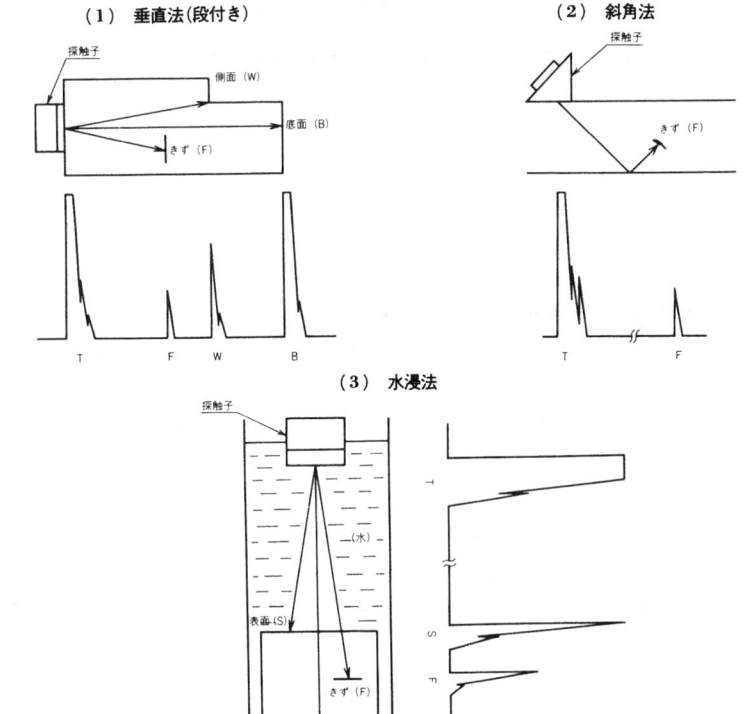

(1)　垂直法(段付き)

(2)　斜角法

(3)　水浸法

3.2 付帯記号 付帯記号は，次による。

(1) 識別符号 同一の基本記号を用いて表示しなければならないエコーについて，反射源が2個以上ある場合には，図2(きずが2個の場合を示す。)に示す基本記号の右下にa, b, c,……の英小文字を付けて区別する。

図2 基本記号で表示しなければならないエコーの反射源が2個以上ある場合の記号表示

[反射源(きず)が2個の場合]

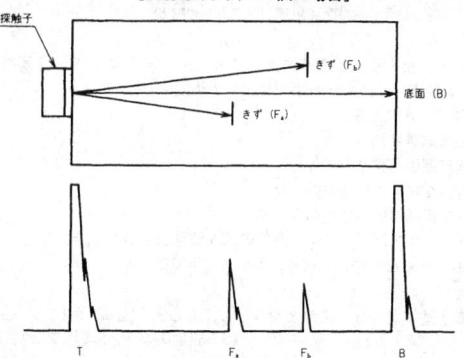

(2) 多重反射の記号 多重反射図形において，同一の反射源からのエコーを区別する必要がある場合には，図3(底面反射4回の場合を示す。)のように基本記号の右下に1, 2, ……, nの記号を付けて区別する。

　また，板及び条などの垂直探傷では，同一のきずによるエコーの記号を，図4に示すように表示することができる。

図3 同一の反射源からの多重エコーを基本記号で表示する場合の記号表示

(底面多重エコーが4回の場合)

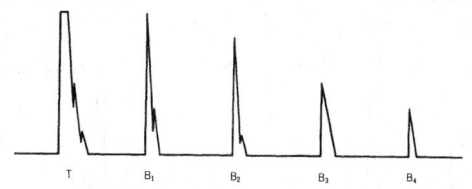

図4 板及び条などの探傷図形における同一きずからの多重エコーの記号表示

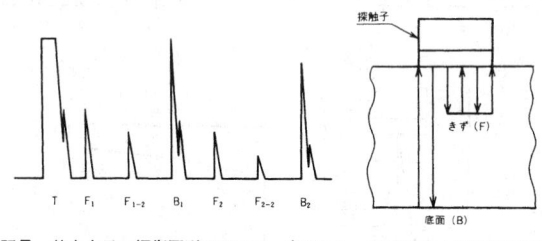

(3) 底面エコーの記号 基本表示の探傷図形において，底面エコーを区別する必要がある場合には，図5に示すように，試験体の健全部と思われる部分の第1回底面エコー(B₁)をB_G，きずを含んだ部分の第1回底面エコー(B₁)をB_Fとする。

図5 底面エコーの記号

（1） 健全部と思われる部分の第1回底面エコー

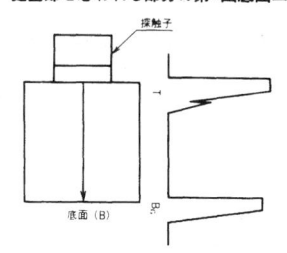

（2） きずを含んだ部分の第1回底面エコー

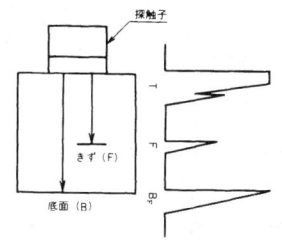

（4） **遅れエコーの記号** 同一の反射源からのエコーの経路が異なるために，途中で振動様式の変換などのために遅れて到着したものには，基本記号の右上に'，"，"'を付けて区別する。送信パルスの遅れにも用いる。

（5） **くさび内エコーの記号** 斜角探触子のくさび内エコー群などは，図6に示すようにT'と表示する。
なお，時間軸上における超音波ビーム軸の入射点を0と表示する。

図6 くさび内エコーの記号表示

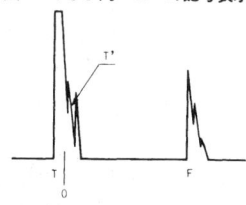

（6） **板波の記号** 周波数と板厚によって決まる板波の振動様式のうち，対称モードはS，非対称モードはAで，基本モードはそれぞれS_0，A_0で表し，高次のモードは，S_1，S_2，S_3，……及びA_1，A_2，A_3，……と表示する。

4. 指定事項 試験に関しては，次の事項を指定する。

（1） 試験の方法
（2） 超音波探傷器の性能
（3） 探触子の種類と性能
（4） 関連規格など
（5） その他の必要事項

5. 試験技術者 試験を行う者は，必要な資格又はそれに相当する十分な知識，技能及び経験をもつものとする。

6. 超音波探傷装置の性能 超音波探傷装置の性能は，**JIS Z 2352**で測定し，試験の目的に適合したものとする。
なお，探触子の種類は，**JIS Z 2350**の中から試験の目的に適合したものを選定する。
参考 超音波探傷器の電気的性能の測定方法は，**JIS Z 2351**に規定する。

7. 探傷装置の点検

7.1 日常点検 日常点検は，超音波試験が正常に行われるかどうかを，探触子及び附属品を含めて実施する。

7.2 定期点検 定期点検は，1年に1回以上定期的に行う。測定項目及び測定方法は，**JIS Z 2352**の5.によって測定し，関連規格などで示される所定の性能が維持されていることを確認する。

7.3 特別点検 特別点検は，次の場合に行う。

（1） 性能にかかわる修理を行った場合。
（2） 特殊な環境下で使用し，異常と思われた場合。
（3） その他，特別に点検を行う必要があると判断された場合。
また，点検事項及びその方法は，7.2に準じる。

8. 試験の方法

8.1 試験を行う時期 試験に当たっては，次のいずれかの適切な時期を選定する。

（1） きずの発生が予想される時期。例えば，鋳造，鍛造，圧延，熱処理，溶接などの製造工程の後及び他の同種製品にきずが発見されたとき。
（2） 試験を実施しやすく，かつ，早い時期。例えば，粗仕上げ後，複雑な切削加工の前，表面が粗くなる熱処理の前。
（3） きずを検出しやすい時期。例えば，減衰を少なくするような熱処理の後又は精密仕上げの後。
（4） 製品完成時（出荷前又は受入時）

（5） 定期点検時（使用開始時を含む）
（6） その他，試験の目的に適した時期。
8.2 探傷方法の選定 次の諸要因を考慮して選定する。
（1） 製品又は材料の種類，形状，製造方法から予想されるきずの種類，形状，存在位置及び分布状態
（2） 製品又は材料の形状，寸法及び表面状況
（3） 検出しなければならないきずの種類，形状，向き，大きさ及び存在位置
（4） 探傷する面及び範囲
（5） 要求する探傷精度（定量性）
（6） 探傷作業を行う場所（環境）
（7） その他，必要な事項
8.3 探傷方向及び探傷面
8.3.1 探傷方向及び探傷面 探傷方向及び探傷面は，検出しなければならないきずの種類，向きなどによって定める。
8.3.2 走査範囲 走査の範囲は，検出しなければならないきずの種類，向き，大きさ，位置及び材料使用上における
きずの影響度を考慮して決める。
　走査は，試験体の種類，形状及び用途によって，次のいずれかを選定する。
（1） 全面連続
（2） ある面の範囲又は線上を連続
（3） 全面又は特定部分について間隔を置いた点
　なお，全面と指定する場合には，探触子の走査間隔及び方向を明確にする。
8.3.3 走査方法 きずの見落しを防ぎ，きずを評価するために，探触子の走査方法として，左右走査及び前後操作
などを指定する。
8.3.4 走査速度 走査速度は，きずを検出できる速度とする。
8.4 周波数の選定 公称周波数の選定に当たっては，検出しなければならないきずの大きさ，必要とする近距離分
解能又は遠距離分解能，きずの性状，探傷面の粗さ，減衰などを考慮して適切なものを選定する。
8.5 振動子の寸法及び屈折角の選定 振動子の寸法は，きずまでの距離，検出しなければならないきずの大きさな
どを考慮して定める。屈折角は，板厚又は管の肉厚と外径との比，開先形状などを考慮して適切なものを選定する。
8.6 探傷面の状態 探傷面は，平滑で，超音波の入射を妨げるようなものが付着していてはならない。この面に，
スパッタ，浮いたスケール，超音波の伝達を妨げるような著しいさび，塗料などの異物が存在する場合にはこれらを
除去する。
　また，面が粗いときは，状況に応じて適切な仕上げを行う。
8.7 音響結合方法及び接触媒質
8.7.1 音響結合方法 音響結合の方法は，試験の目的に応じ，次の方法から選定する。
（1） 直接接触法
（2） 水浸法
（3） 局部水浸法
8.7.2 接触媒質 直接接触法に用いる接触媒質は，次のものから選定する。
（1） 各種液体（水，油，グリセリンなど）
（2） 各種糊状のもの
（3） ゲル状のもの（プラスチックゲルなど）
8.8 超音波探傷器の調整 超音波探傷器の調整は，実際に使用する超音波探傷器と探触子とを組み合わせ，電源ス
イッチを入れてから5分以上経過した後に行う。
8.8.1 感度の調整 感度を調整する方式は，次の中から選定する。
（1） 試験片方式
（2） 底面エコー方式
（3） その他試験の目的に適した方法
　なお，感度の確認は，試験の前後だけではなく，中間にも必要に応じて行う。
8.8.2 感度補正 感度の調整に用いた標準試験片又は対比試験片，試験体の曲率・表面の性状，減衰などの要因に
よって，試験の結果に差を及ぼすことが予想される場合は，垂直法では底面多重エコー，斜角法ではV走査などを
用いてそれらの差異を測定する。測定の結果に基づいて，感度補正が必要と判断された場合は，この測定値を用いて
感度補正を行う。
8.8.3 測定範囲及びゲートの選定 測定範囲及びゲートの選定は，次の要因を考慮して定める。
（1） 垂直法では，きずを検出しようとする範囲又は表示器に表示する底面多重エコーの回数。

(2) 斜角法では，屈折角及び試験体の厚さから，作図又は計算によってきずの見落しが生じない範囲。

(3) ゲートを用いる場合は，これらの測定範囲内で試験の目的に応じてゲートの位置を定める。

8.8.4 リジェクション 試験に際しては，原則としてリジェクションは使用しない。

8.8.5 パルス繰返し周波数 パルス繰返し周波数は，次の要因を考慮して決める。

(1) 走査速度が速い場合には，きずの見落しがないように高くすること。

(2) 減衰の少ない試験体の場合には，残留エコーによる誤った判断を下すことがないように必要以上に高くしないこと。

8.8.6 距離振幅補償 きずからのエコーの高さによって，その大きさを推定するために電子的に振幅補償をする場合は，種々の位置に縦穴又は横穴などの反射源を設けた対比試験片などによって試験の目的に適した調整を行う。

8.8.7 エコー高さ区分線の設定 距離振幅特性曲線を用いてきずを評価するためのエコー高さ区分線は，実際に使用する超音波探傷器と探触子との組合せを用いて設定する。

8.9 エコー高さ及び位置の測定並びに記録方法

8.9.1 エコー高さ及び位置の測定 エコー高さ及び位置の測定は，次のいずれかによる。

(1) エコー高さは，探傷図形上のエコーのうち，指定されたエコーの最も高い部分を，表示器の縦軸目盛で読み取る。ただし，指定されたエコーの最も高い部分を，デジタル表示器上に数値に表示する機能をもつ超音波探傷器では，その表示器の表示値を用いてもよい。

(2) エコーの位置は，探傷図形上のエコーのうち，指定されたエコーの立ち上がり部分を，表示器の横軸目盛で読み取る。ただし，指定されたエコーの立ち上がり部分又は最も高い部分の位置を，デジタル表示器上に数値で表示する機能をもつ超音波探傷器では，その表示器の表示値を用いてもよい。

8.9.2 エコー高さ及び位置の記録

(1) エコー高さは，次のいずれかの方法で記録する。

　(a) 表示器目盛のフルスケールに対する百分率(%)。

　(b) あらかじめ設定した基準線又は特定エコー高さとの比のデシベル(dB)値。

　(c) あらかじめ設定した"エコー高さを区分する領域"の符号。

(2) エコーの位置は，原則として，探傷図形上の入射点からの距離(mm)で記録する。

8.10 きずの寸法の測定

8.10.1 きずの指示長さ きずの指示長さの測定には，次に示す方法の中から選定する。

(1) 最大のエコー高さの$\frac{1}{2}$(-6 dB)を超える範囲の探触子の移動距離。

(2) きずのエコー高さが，あらかじめ定めたレベルを超える範囲の探触子の移動距離。

(3) その他の適切な方法

8.10.2 きずの指示高さ きずの指示高さを測定する場合は，探触子を走査し，計算又は図表によって求める。

8.10.3 等価欠陥直径 等価欠陥直径は，きずを超音波ビームの中心軸に直交する円形平面きずと仮定して，エコーの高さ，エコーの位置とJIS Z 2350の5.で測定した探触子の試験周波数，**JIS Z 2350**の7.で測定した有効寸法及び試験体の減衰特性を**JIS Z 2354**で測定し，その値を考慮して，DGS線図又は計算によって求める。

8.11 きずの位置の記録 きずの位置は，次のいずれかで記録する。

(1) 最大エコー高さを示す位置

(2) きずの指示長さの中央又は端の位置

(3) その他，試験の目的に適した位置

9. 超音波試験結果の評価 超音波試験の結果を評価する場合は，次に示す項目を考慮して評価する。

(1) きずのエコー高さ

(2) 健全部の第1回底面エコー(B_1)に対するきずエコー高さF_1との比：F_1/B_G

(3) きずがある部分における第1回底面エコー(B_1)に対するきずエコー高さF_1との比：F_1/B_F

(4) 等価欠陥直径

(5) きずの指示長さ

(6) きずの指示高さ

(7) きずの広がり

(8) きずの位置

(9) 減衰(ある高さ以上の底面エコーの回数又は単位長さ当たりの減衰値で表示する。)

(10) (1)から(9)までの適当な項目の組合せ

　また，この結果に応じて等級分類する場合は，同一試験体において2方向以上から探傷して，同一のものと思われるきずの等級分類が異なる場合は，下位の等級を採用する。

10. 記録及び報告 試験結果の記録又は報告は，原則として，次の事項を含むものとする。ただし，試験要領書などに具体的に示されている項目については，要領書を添付するか又は引用することによって，個々の記録から除外してもよい。

(1) 試験日時
(2) 試験技術者名及び資格
(3) 試験器材
  (a) 超音波探傷器の名称，形式及び製造番号
  (b) 超音波探傷器の附属装置の名称，形式及び製造番号
  (c) 探触子の名称，形式及び製造番号
  (d) 探触子ケーブルの種類，形式及び長さ
  (e) JIS Z 2345などで規定する標準試験片又は対比試験片の名称及び製造番号
  (f) 音響結合方法及び接触媒質の種類
  (g) 超音波探傷器の性能(JIS Z 2352によって測定した数値)及び前回実施の定期点検年月日
  (h) 探触子の性能(JIS Z 2350によって測定した数値)
  (i) 探触子の附属品の有無及び種類
(4) 試験体
  (a) 試験体の種類，形状，寸法及び識別番号
  (b) 試験体の熱処理状態
  (c) 探傷面の状態及び手入れの状態
(5) 試験条件
  (a) 試験仕様書又は関連規格
  (b) 試験方法
  (c) 探傷方向及び走査方法
  (d) 使用した周波数
  (e) 超音波探傷器の各つまみの調度
  (f) 探傷感度
  (g) 検出レベル
  (h) 感度補正量
(6) 記録(きずの情報)
  (a) きずがある部分の位置，寸法などの推定スケッチ
  (b) きずのエコー高さ及び底面多重エコーの状態など
  (c) 必要と思われる場合は，探傷図形など
  (d) きずの位置及び範囲
  (e) 最大エコー高さ
  (f) きずの指示長さ
  (g) きずの評価結果
(7) その他，参考となる事項

JIS Z 2345-1
(2018)

超音波探傷試験用標準試験片—
第1部：A1形標準試験片

Standard test blocks for ultrasonic testing—Part 1 : A1 Standard Test Block

序文

この規格は，2012年に第2版として発行されたISO 2400を基に，技術的内容を変更して作成した日本産業規格である。

この規格は，1973年に標準試験片を一括して制定し，その後2000年に改正したJIS Z 2345について，対応国際規格ISO 2400:2012及び対応国際規格ISO 7963:2006との整合化を考慮して，第1部：A1形標準試験片，第2部：A7963形標準試験片，第3部：垂直探傷試験用標準試験片及び第4部：斜角探傷試験用標準試験片として分割して制定したうちの，第1部：A1形標準試験片について規定したものである。

なお，この規格で側線又は点線の下線を施してある箇所は，対応国際規格を変更している事項である。変更の一覧表にその説明を付けて，附属書JAに示す。

1 適用範囲

この規格は，手動探傷試験に用いる超音波試験装置を校正するためのA1形標準試験片の寸法，材料及び製造についての必要事項を規定する。

注記 この規格の対応国際規格及びその対応の程度を表す記号を，次に示す。

ISO 2400:2012, Non-destructive testing—Ultrasonic testing—Specification for calibration block No.1 (MOD)

なお，対応の程度を表す記号"MOD"は，ISO/IEC Guide 21-1に基づき，"修正している"ことを示す。

2 引用規格

次に掲げる規格は，この規格に引用されることによって，この規格の規定の一部を構成する。これらの引用規格は，その最新版（追補を含む。）を適用する。

JIS G 3106 溶接構造用圧延鋼材

JIS G 4051 機械構造用炭素鋼鋼材

JIS K 2238 マシン油

JIS Z 2300 非破壊試験用語

JIS Z 2345-3 超音波探傷試験用標準試験片—第3部：垂直探傷試験用標準試験片

ASTM A105, Standard Specification for Carbon Steel Forgings for Piping Applications

3 用語及び定義

この規格で用いる主な用語及び定義は，**JIS Z 2300** による。

4 名称及び主な使用目的

名称及び主な使用目的は，次による。

a) この標準試験片は，A1 形標準試験片（以下，STB-A1 という。）と称す。

b) STB-A1 は，斜角探触子の入射点・屈折角測定，斜角探触子のその他の特性測定，斜角探傷の測定範囲の調整，斜角探傷の探傷感度の調整及び垂直探傷の測定範囲の調整に主に用いる。

5 製造

5.1 材料

STB-A1 に用いる材料は，**a)**及び **b)**の要件を備えるものとする。

a) 試験片は，次のいずれかから製造する。

1) **JIS G 3106** に規定する SM400C 又は SM490C

2) **JIS G 4051** に規定する機械構造用炭素鋼鋼材

3) **ASTM A105** に規定する配管用炭素鋼鍛鋼品又は圧力容器用炭素鋼鍛鋼品

b) 材料は，超音波の伝搬特性に異常を生じるような音響異方性がないものとする。すなわち，材料の厚さ方向に伝わる横波の偏波（振動）方向を主圧延方向にした場合の音速と直角方向にした場合の音速との差は，1 %以下とする。

5.2 形状及び寸法

STB-A1 の形状及び寸法は，**図 1** による。規定がない箇所の寸法許容差は，±0.1 mm とする。ϕ 50 mm 部分へのアクリルのはめ込みはなくてもよい。

5.3 機械加工，熱処理，超音波探傷試験及び表面仕上げ

機械加工，熱処理，超音波探傷試験及び表面仕上げは，次による。

a) 試験片の材料は，**b)**によって熱処理を行う前に 320 mm $^{+5}_{-15}$ mm × 120 mm $^{0}_{-15}$ mm × 30 mm $^{+8}_{-2}$ mm の寸法に粗加工し，その後熱処理することとする。

b) 熱処理は，焼ならし及び焼入焼戻しとし，この処理を標準とする。

c) 最終加工に先立って，試験片の内部に不連続部がないことを証明する。この目的のため，次の超音波探傷試験を行う。

1) 熱処理後に，局部水浸法によって，周波数 10 MHz，公称直径 10 mm の探触子を用いて，試験片を両面の全面から垂直探傷し，**JIS Z 2345-3** に規定する STB-G V2 の平底穴エコー高さの 1/16（−24 dB）を超えるきずエコーがないものとする。

2) 熱処理前に超音波探傷試験を行う場合には，**1)** における試験と同等にきずが検出されるよう，適正なきず検出しきい値をあらかじめ求めておく。

d) 機械仕上げによって，全ての外表面を**図 1** に示した算術平均粗さ値（*Ra*）となるよう仕上げる。

e) 表面粗さのパラメータ（算術平均粗さ）は，ロットごとの代表試験片について，表面粗さ測定器を用いて測定する。

5.4 試験片のマーキング

試験片のマーキングは，次による。

a) 試験片の基準目盛及び角度目盛数値は，**図 1** 及び**表 1** に示すように付与する。

b) 目盛線の位置の精度は，±0.15 mm，目盛線の長さの精度は，長さ 4 mm の目盛線については±0.4 mm，長さ 2.5 mm の目盛線については±0.25 mm とする。

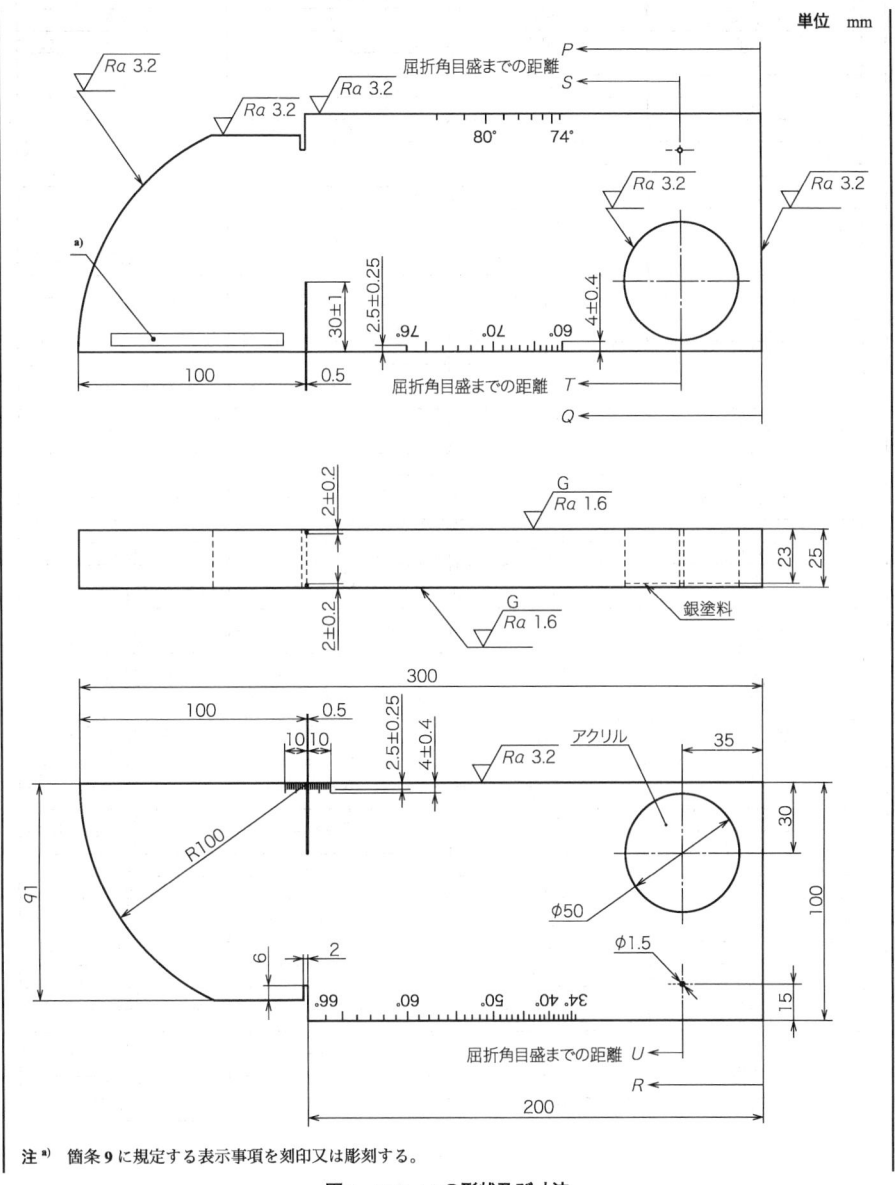

注 a) 箇条 9 に規定する表示事項を刻印又は彫刻する。

図 1－STB-A1 の形状及び寸法

表 1 － STB-A1 の目盛位置

距離 R mm	距離 U mm	角度数値付き目盛	角度数値なし目盛
82.2	47.2	34°	－
84.0	49.0	－	35°
85.9	50.9	－	36°
87.7	52.7	－	37°
89.7	54.7	－	38°
91.7	56.7	－	39°
93.7	58.7	40°	－
95.9	60.9	－	41°
98.0	63.0	－	42°
100.3	65.3	－	43°
102.6	67.6	－	44°
105.0	70.0	－	45°
107.5	72.5	－	46°
110.1	75.1	－	47°
112.7	77.7	－	48°
115.5	80.5	－	49°
118.4	83.4	50°	－
121.4	86.4	－	51°
124.6	89.6	－	52°
127.9	92.9	－	53°
131.3	96.3	－	54°
135.0	100.0	－	55°
138.8	103.8	－	56°
142.8	107.8	－	57°
147.0	112.0	－	58°
151.5	116.5	－	59°
156.2	121.2	60°	－
161.3	126.3	－	61°
166.7	131.7	－	62°
172.4	137.4	－	63°
178.5	143.5	－	64°
185.1	150.1	－	65°
192.2	157.2	66°	－
距離 Q mm	距離 T mm	角度数値付き目盛	角度数値なし目盛
87.0	52.0	60°	－
89.1	54.1	－	61°
91.4	56.4	－	62°
93.9	58.9	－	63°
96.5	61.5	－	64°
99.3	64.3	－	65°
102.4	67.4	－	66°
105.7	70.7	－	67°
109.3	74.3	－	68°
113.2	78.2	－	69°
117.4	82.4	70°	－
122.1	87.1	－	71°
127.3	92.3	－	72°
133.1	98.1	－	73°
139.6	104.6	－	74°
147.0	112.0	－	75°
155.3	120.3	76°	－

表 1－STB-A1 の目盛位置（続き）

距離 P mm	距離 S mm	角度数値付き目盛	角度数値なし目盛
87.3	52.3	74°	－
91.0	56.0	－	75°
95.2	60.2	－	76°
100.0	65.0	－	77°
105.6	70.6	－	78°
112.2	77.2	－	79°
120.1	85.1	80°	－
129.7	94.7	－	81°
141.7	106.7	－	82°

6 試験片の音速

試験片の音速測定方法及び音速の許容値は，次による。

a) 試験片の縦波及び横波の音速を，**附属書 A** に規定する方法によって測定する。

b) 試験片の縦波及び横波の音速の測定頻度は，製造ロットごとに 1 回以上とする。

c) 音速測定の最大許容誤差は，±0.2 ％とする。すなわち，測定値の誤差は，縦波について±12 m/s，横波について±6 m/s である。

d) STB-A1 の縦波速度は，5 920 m/s±30 m/s，横波速度は，3 245 m/s±15 m/s とする。

7 超音波測定

7.1 測定に用いる装置

測定に用いる装置は，**表 2** による。

表 2－測定装置

装置			仕様
超音波探傷器	周波数		必要とする周波数範囲を含む周波数切替え機能をもつ探傷器
	リジェクション		使用不可
超音波探触子	種類		斜角探触子
	振動子材料		セラミックス
	周波数	MHz	5
	振動子寸法	mm	10×10
	屈折角	°	70
接触媒質			**JIS K 2238** に規定するマシン油 ISO VG10
探触子安定用おもり			測定精度を保つための適切な押付圧を与えるおもり
測定用基準片			性能が証明されている STB-A1

7.2 測定方法及び測定条件

STB-A1 の測定方法及び測定条件は，**表 3** による（以下，測定される試験片を単に"試験片"という。）。

表3－測定方法及び測定条件

項目		内容
反射源		R100 面
基準感度		測定用基準片の反射源エコー高さを 60 %～80 %に調整
測定項目及び測定方法	エコー高さ dB	試験片の反射源エコー高さの基準感度からの偏差
	入射点位置 mm	あらかじめ測定用基準片を用いて探触子入射点設定。R100 面のエコー高さが最大となるように探触子を前後走査し，最大エコーの位置に探触子を止めたときの，探触子の入射点と R100 面の中心との偏差測定。偏差符号は R100 面の中心から R100 面寄りをプラス，逆方向をマイナス。
測定回数		試験片と測定用基準片とについて，それぞれ 2 回測定
読取りの単位	エコー高さ dB	0.1
	入射点位置 mm	0.2
再測定を必要とする 2 回の測定値の差	エコー高さ dB	0.5 を超える場合
	入射点位置 mm	0.4 を超える場合

8 合否の判定

a)～d) の条件を満たす試験片を，STB-A1 とする。ただし，入射点の測定値は，2 回の測定値の平均値とする。

なお，2 回の測定値間に**表 3** の"再測定を必要とする 2 回の測定値の差"の欄に規定した値を超える差がある場合，再測定を行い，エコー高さについては 0.5 dB を超えない二つの測定値を用い，入射点位置については 0.4 mm を超えない二つの測定値を用いる。

a) 試験片の R100 面のエコー高さが，測定用基準片と比べて±1.5 dB である。

b) 試験片の R100 面による入射点測定位置の測定値が，測定用基準片を基にして定めた基準値に対して±0.5 mm である。

c) 試験片の寸法及び表面粗さが**図 1** に示す値以内である。また，変形型の試験片にあっては，その寸法が**図 2** に示す許容差以内である。

d) 測定した音速が，箇条 **6 d)** に示す値の範囲内である。

9 表示

測定値に基づく合否判定に合格した試験片には，**図 1** に示す位置に刻印又は彫刻によって次の内容を表示する。

a) 製造業者の略称及び STB-A1 記号

b) 試験片ごとの製造番号

例

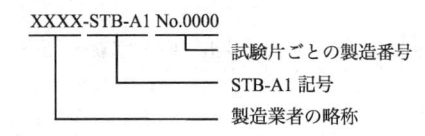

XXXX-STB-A1 No.0000

― 試験片ごとの製造番号
― STB-A1 記号
― 製造業者の略称

10 適合の証明

製造業者は，それぞれの試験片に製造番号を付した上で，試験片ごとに文書によって次の証明をしなけ

ればならない。

a) STB-A1 がこの規格に適合していることの証明

b) 測定された縦波速度の値（箇条 **6** 参照）

c) 測定された横波速度の値（箇条 **6** 参照）

11 STB-A1 の変形型の作製

11.1 一般事項

STB-A1 の変形型は，**11.2** によって作製する。

11.2 R 溝付き

R100 mm の中心位置から半径 25 mm の R 溝加工を行った STB-A1 を作製することができる。R 溝付き STB-A1 の溝の形状を**図 2** に示す。規定がない箇所の寸法許容差は，±0.1 mm とする。

斜角探触子では，R100 面から 100 mm，225 mm 及び 350 mm，R25 溝から 25 mm，150 mm 及び 275 mm のビーム路程の校正信号が得られる（**図 3** 参照）。

単位　mm

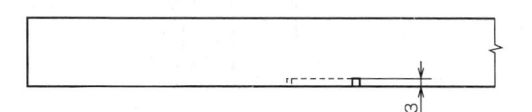

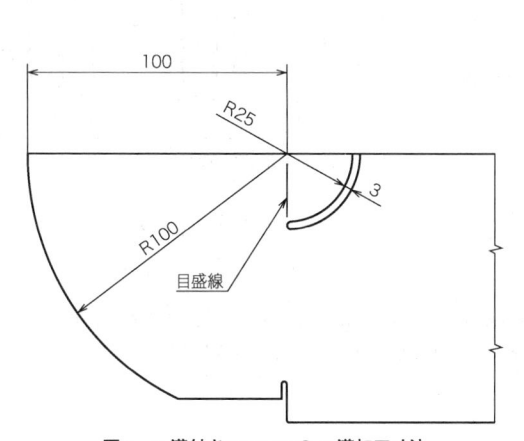

図 2−R 溝付き STB-A1 の R 溝加工寸法

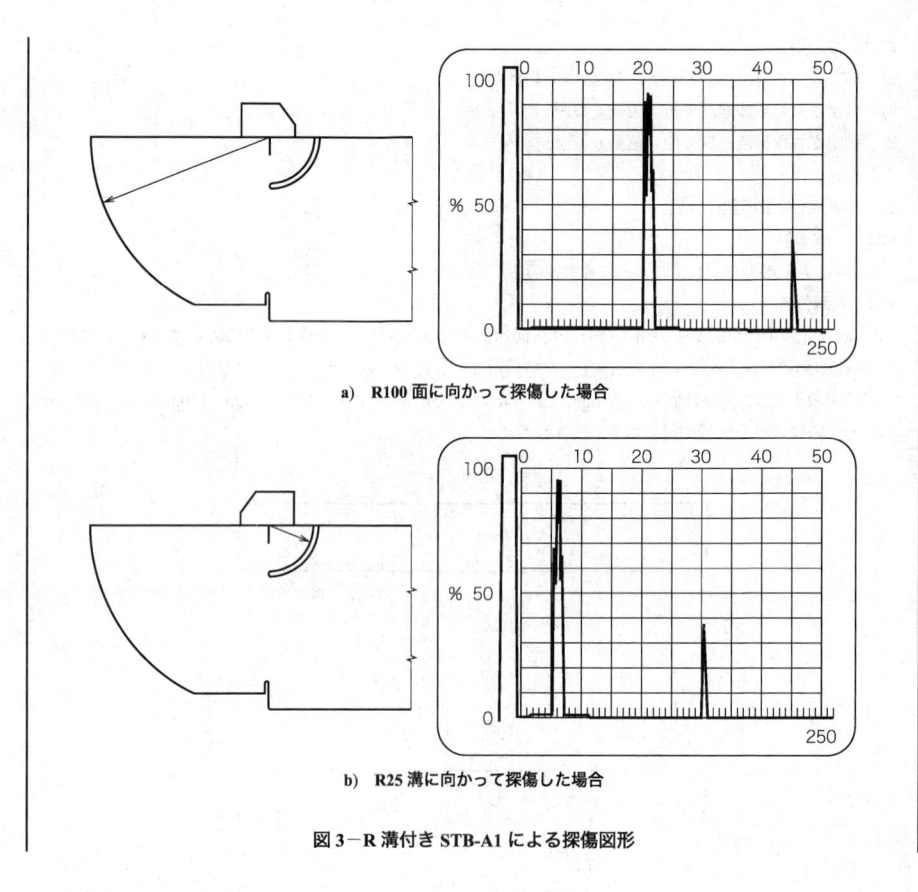

a) R100 面に向かって探傷した場合

b) R25 溝に向かって探傷した場合

図 3－R 溝付き STB-A1 による探傷図形

12 既存の試験片

　既に製造された STB-A1 は，それらが音速（箇条 6 参照）及び寸法（5.2 及び 5.4 参照）についての要求事項に適合している場合，この規格の要件を満たしているとする。

附属書 A
（規定）
試験片の音速測定方法

A.1　一般

　この附属書は，試験片の 25 mm 厚さ方向及び 100 mm 厚さ方向の縦波及び横波の音速を測定する方法について規定する。

A.2　音速測定の一般事項

　試験片の音速測定は，次による。

a)　最初に，音速測定部の試験片の寸法を 0.01 mm の精度で機械的に測定する。

b)　測定を行う部位には，探触子面の範囲に厚さ 0.01 mm 以上の変動がないことを確認する。

c)　垂直探触子と計測機器とを用いて，伝搬時間を測定する（伝搬時間の測定誤差は，±0.2 %）。

d)　測定した伝搬時間と厚さとを用いて音速を計算する（音速＝伝搬距離／時間）。

e)　伝搬時間は，異なる方向で測定する。25 mm 厚さを通過する方向については，二つの離れた位置（R100 面の位置及び φ50 mm 穴に近い位置）において測定を行う。100 mm 厚さを通過する方向については，一つの位置において測定を行う。

f)　測定時の室温は，20 ℃〜26 ℃の温度範囲とする。

A.3　縦波音速の測定

　使用する垂直探触子は，公称周波数が 5 MHz 以上，広帯域パルスで，振動子直径が 6 mm〜15 mm とする。第 1 回底面エコーと第 2 回底面エコーとの時間差を測定する。

A.4　横波音速の測定

　使用する垂直横波探触子は，公称周波数 4 MHz〜5 MHz，広帯域パルスで，振動子直径が 6 mm〜15 mm とする。全ての方向について，第 1 回底面エコーと第 2 回底面エコーとの時間差を測定する。

　横波は偏波しているので，二つの測定を各々の探触子位置において行う（**図 A.1** 参照）。1 回目の測定における偏波方向は，試験片の一つの側面の方向 P に平行になるようにし，2 回目の測定における偏波方向は，P に直角な方向 Q に平行になるようにする。したがって，試験片ごとに少なくとも 6 個の横波速度測定値が得られる。

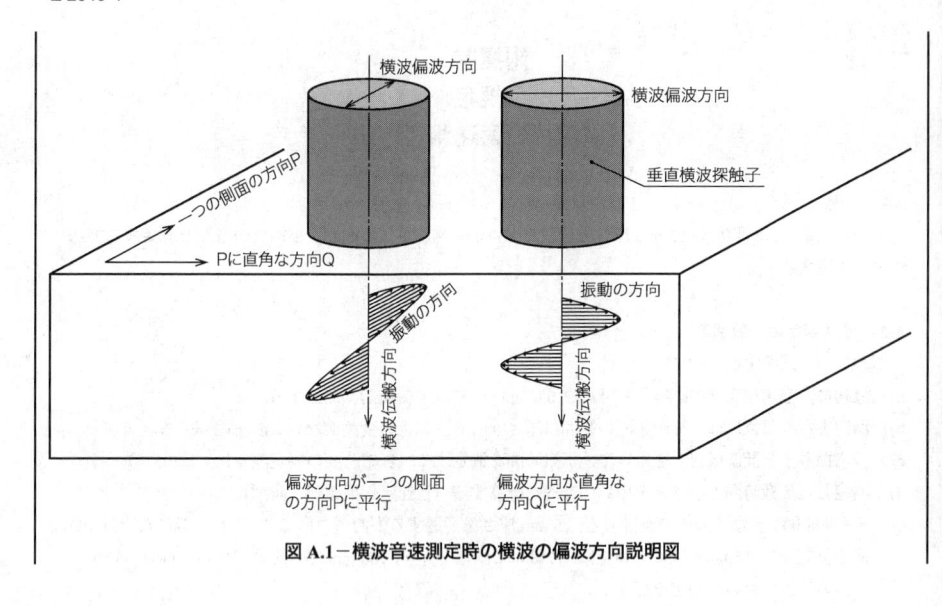

図 A.1－横波音速測定時の横波の偏波方向説明図

参考文献 **JIS Z 2344** 金属材料のパルス反射法による超音波探傷試験方法通則

JIS Z 2350 超音波探触子の性能測定方法

JIS Z 2352 超音波探傷装置の性能測定方法

ASTM E 428, Standard Practice for Fabrication and Control of Metal, Other than Aluminum, Reference Blocks Used in Ultrasonic Testing

附属書 JA
（参考）
JIS と対応国際規格との対比表

JIS Z 2345-1:2018　超音波探傷試験用標準試験片－第 1 部：A1 形標準試験片			ISO 2400:2012, Non-destructive testing－Ultrasonic testing－Specification for calibration block No.1			
(I)**JIS** の規定		(II)国際規格番号	(III)国際規格の規定		(IV)**JIS** と国際規格との技術的差異の箇条ごとの評価及びその内容	(V)**JIS** と国際規格との技術的差異の理由及び今後の対策
箇条番号及び題名	内容		箇条番号	内容	箇条ごとの評価／技術的差異の内容	
1 適用範囲			1	寸法，材料及び製造についての必要事項を規定	変更／**JIS** は，A1 形標準試験片と試験片の呼称を適用範囲に記載している。**ISO** 規格は，規格の名称に calibration block No. 1 と記載している。	国内では，従来からの呼称である A1 形標準試験片が一般的になっており，混乱を招かないため，従来の呼称を継続する。
2 引用規格			2	用語規格として **ISO 5577** 及び **EN 1330-4** を引用，構造用鋼として **EN 10025-2** を引用	変更／**JIS** は用語規格として **JIS Z 2300** を引用。構造用鋼として **JIS G 3106** 及び **JIS G 4051** を引用した。	国内での事情を考慮した。
3 用語及び定義			3	**ISO 5577**:2000 及び **EN 1330-4**:2010 に規定の用語及び定義を適用	変更／**JIS** は，**JIS Z 2300** 非破壊試験用語を適用した。	国内での事情を考慮した。
4 名称及び主な使用目的			－	－	追加／**JIS** は，名称及び使用目的を明記した。	国内での事情を考慮した。

(I) JIS の規定		(II) 国際規格番号	(III) 国際規格の規定		(IV) JIS と国際規格との技術的差異の箇条ごとの評価及びその内容		(V) JIS と国際規格との技術的差異の理由及び今後の対策
箇条番号及び題名	内容		箇条番号	内容	箇条ごとの評価	技術的差異の内容	
5 製造	5.1 材料		4 4.1	製造について規定 材料は、EN 10025-2: 2005 に規定の S355J0 又は同等の鋼と規定	変更	EN 10025-2 の S355J0 に相当する JIS の材料を規定し、超音波特性が同等の材料を追加した。 JIS は、音響異方性について測定し、一定レベル以下と規定した。	国内での事情を考慮した。 ISO に提案を検討。
	5.2 形状及び寸法		4.2	形状及び寸法について規定	変更	貫通横穴は、ISO 規格がφ3.0 mm に対し、JIS は、従来と同様のφ1.5 mm とした。	国内での事情を考慮した。
	5.3 機械加工、熱処理、超音波探傷試験及び表面仕上げ		4.3	機械加工、熱処理、超音波探傷試験及び表面仕上げについて規定	変更	JIS は、粗加工時の材料寸法に許容範囲を設けた。	国内での事情を考慮した。
					変更	JIS は、熱処理条件を従来の条件とした。	国内での事情を考慮した。
					変更	JIS は、超音波探傷試験を STB-G V2 のエコー高さの 1/16（−24 dB）を超えるきずエコーがないものとした。	国内での事情を考慮した。
	5.4 試験片のマーキング		4.4	試験片の基準目盛及び角度目盛の数値を規定	変更	JIS は、角度目盛の数値を従来の数値とした。	国内での事情を考慮した。
6 試験片の音速	試験片の音速		5	音速測定方法及び音速の許容値を規定　横波音速を 3 255 m/s ±15 m/s と規定	変更	横波音速は、ISO 規格の 3 255 m/s ±15 m/s に対し、JIS は 3 245 m/s ±15 m/s とした。	国内での事情を考慮した。
7 超音波測定	7.1 測定に用いる装置		—	—	追加	試験片のエコー高さ及び入射点の測定のための装置について追加した。	国内での事情を考慮した。
	7.2 測定方法及び測定条件		—	—	追加	試験片のエコー高さ及び入射点の測定のための測定方法について追加した。	国内での事情を考慮した。
8 合否の判定			—	—	追加	試験片の合否判定要領について追加した。	国内での事情を考慮した。

(I) JISの規定		(II) 国際規格番号	(III) 国際規格の規定		(IV) JISと国際規格との技術的差異の箇条ごとの評価及びその内容		(V) JISと国際規格との技術的差異の理由及び今後の対策
箇条番号及び題名	内容		箇条番号	内容	箇条ごとの評価	技術的差異の内容	
9 表示			6	次を表示すると規定 a) 規格番号 (ISO 2400) b) 製造番号及び箇条	変更	JISは、規格番号の代わりに試験片名称を表示している。	国内での事情を考慮した。
11 STB-A1の変形型の作製			8	入射点測定位置に両側に溝加工したもの、入射点測定位置から円弧状反射源の加工したもの及び厚さのより厚い試験体の作製についての規定			
			8.1		削除	厚さの異なる試験片の作製については削除した。	国内での事情を考慮した。
			8.2		追加	R溝付きSTB-A1による探傷図形を追加した。	国内での事情を考慮した。
			8.3				
			8.4		変更	JISは、斜角探触子のビーム路程の距離をR100面から100 mm, 225 mm, 350 mm, R25面から25 mm, 150 mm, 275 mmと記載した。	国内での事情を考慮した。
附属書A (規定) 試験片の音速測定方法			Annex A (normative)	縦波及び横波の音速を測定する方法について規定	変更	測定時の室温は、ISO規格の17 ℃～23 ℃に対し、JISは、20 ℃～26 ℃の温度範囲とした。振動子の直径をISO規格の10 mm～15 mmを、6 mm～15 mmとした。	国内での事情を考慮した。

JISと国際規格との対応の程度の全体評価：ISO 2400:2012, MOD

注記1 箇条ごとの評価欄の用語の意味は、次による。
　　　－ 削除 ………………… 国際規格の規定項目又は規定内容を削除している。
　　　－ 追加 ………………… 国際規格にない規定項目又は規定内容を追加している。
　　　－ 変更 ………………… 国際規格の規定内容を変更している。

注記2 JISと国際規格との対応の程度の全体評価欄の記号の意味は、次による。
　　　－ MOD …………………… 国際規格を修正している。

超音波探傷試験用標準試験片—
第2部：A7963形標準試験片

Standard test blocks for ultrasonic testing—Part 2 : A7963 Standard Test Block

序文

この規格は，2006年に第2版として発行されたISO 7963を基に，技術的内容を変更して作成した日本産業規格である。

この規格は，1973年に標準試験片を一括して制定し，その後2000年に改正したJIS Z 2345について，対応国際規格ISO 2400:2012及び対応国際規格ISO 7963:2006との整合化を考慮して，第1部：A1形標準試験片，第2部：A7963形標準試験片，第3部：垂直探傷試験用標準試験片及び第4部：斜角探傷試験用標準試験片として分割して制定したうちの，第2部：A7963形標準試験片について規定したものである。

なお，この規格で側線又は点線の下線を施してある箇所は，対応国際規格を変更している事項である。変更の一覧表にその説明を付けて，**附属書JB**に示す。

1 適用範囲

この規格は，手動探傷試験に用いる超音波試験装置を校正するためのA7963形標準試験片についての必要事項を規定する。

注記 この規格の対応国際規格及びその対応の程度を表す記号を，次に示す。

ISO 7963:2006, Non-destructive testing—Ultrasonic testing—Specification for calibration block No.2 （MOD）

なお，対応の程度を表す記号"MOD"は，**ISO/IEC Guide 21-1**に基づき，"修正している"ことを示す。

2 引用規格

次に掲げる規格は，この規格に引用されることによって，この規格の規定の一部を構成する。これらの引用規格は，その最新版（追補を含む。）を適用する。

JIS G 3106 溶接構造用圧延鋼材

JIS G 4051 機械構造用炭素鋼鋼材

JIS K 2238 マシン油

JIS Z 2300 非破壊試験用語

JIS Z 2345-3 超音波探傷試験用標準試験片—第3部：垂直探傷試験用標準試験片

ASTM A105, Standard Specification for Carbon Steel Forgings for Piping Applications

3 用語及び定義

この規格で用いる主な用語及び定義は，**JIS Z 2300** による。

4 名称及び主な使用目的

名称及び主な使用目的は，次による。

a) この標準試験片は，A7963 形標準試験片（以下，STB-A7963 という。）と称す。

b) この標準試験片は，斜角探触子の入射点・屈折角の測定，斜角探触子のその他の特性の測定，斜角探傷の測定範囲の調整，斜角探傷の探傷感度の調整及び垂直探傷の測定範囲の調整に主に用いる。

5 製造

5.1 材料

STB-A7963 に用いる材料は，**a)**及び **b)**の要件を備える材料とする。

a) 試験片は，次のいずれかから製造する。

1) **JIS G 3106** に規定する SM400C 又は SM490C

2) **JIS G 4051** に規定する機械構造用炭素鋼鋼材

3) **ASTM A105** に規定する圧力容器用炭素鋼鍛鋼品又は配管用炭素鋼鍛鋼品

b) 材料は，超音波の伝搬特性を変化させるような音響異方性がないものとする。すなわち，材料の厚さ方向に伝わる横波の偏波（振動）方向を主圧延方向にした場合の音速と直角方向にした場合の音速との差は，1 ％以下とする。

5.2 形状及び寸法

STB-A7963 の形状，寸法及び目盛は，**図 1** による。規定がない箇所の寸法許容差は，±0.1 mm とする。

5.3 熱処理，機械加工，超音波探傷試験及び表面仕上げ

熱処理，機械加工，超音波探傷試験及び表面仕上げは，次による。

a) 熱処理は，機械加工前に行う。熱処理は焼ならし及び焼入焼戻しとし，この処理を標準とする。

b) 最終加工に先立って，試験片の内部に不連続部がないことを証明するため，次に示す超音波探傷試験を行う。

1) 熱処理後に，局部水浸法によって，周波数 10 MHz，公称直径 10 mm の探触子を用いて両面の全面から垂直探傷し，**JIS Z 2345-3** に規定する STB-G V2 の平底穴エコー高さの 1/16（−24 dB）を超えるきずエコーがないものとする。

2) 熱処理前に超音波探傷試験を行う場合には，1) における試験と同等にきずが検出されるよう，適正なきず検出しきい値をあらかじめ求めておく。

c) 機械加工及び表面仕上げは，次による。

1) 熱処理後，全ての表面を少なくとも 2 mm，切削除去しなければならない。寸法及び表面仕上げは，**図 1** に示すとおりである。

2) 妨害エコーを防止するために，彫刻目盛の深さは，0.1 mm±0.05 mm とする。

3) 目盛線の長さの許容差は次に示すとおりとし，目盛線の位置の許容差は，±0.2 mm とする。

− 長さ 6 mm の目盛線：±0.5 mm とする。

− 長さ 2.5 mm の目盛線：±0.25 mm とする。

− 長さ 1.5 mm の目盛線：±0.2 mm とする。

4) 全ての外表面を，機械仕上げによって**図 1** に示した算術平均粗さ値（*Ra*）となるよう仕上げる。

5) 表面粗さのパラメータ（算術平均粗さ）は，ロットごとの代表試験片について，表面粗さ測定機を用いて測定する。

5.4 試験片のマーキング

試験片のマーキングは，次による。

STB-A7963 の目盛及び角度数値は，**図 1** のとおり付与する。

単位　mm

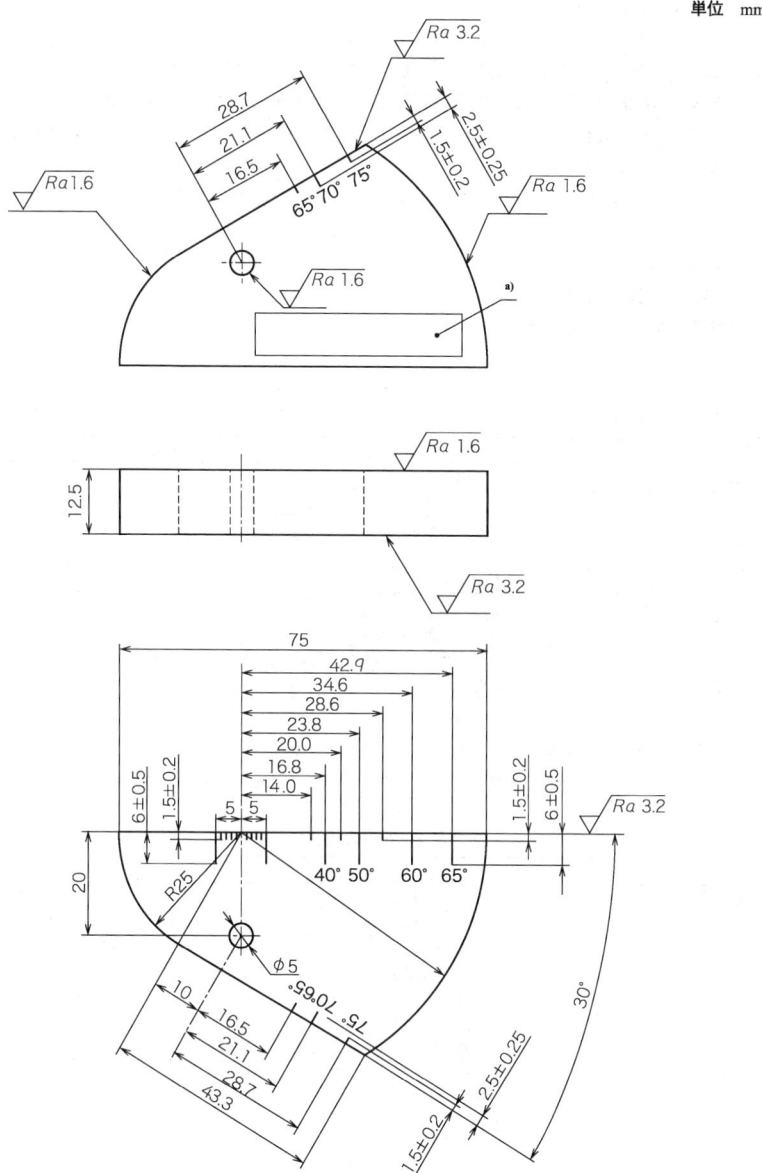

注 a)　箇条 9 に規定する表示事項を刻印又は彫刻する。

図 1－STB-A7963 の形状，寸法及び目盛

6 試験片の音速

試験片の音速測定方法及び音速の許容値は，次による。

a) 試験片の縦波及び横波の音速を，**附属書 JA** に規定する方法によって測定する。

b) 試験片の縦波及び横波の音速の測定頻度は，製造ロットごとに 1 回以上とする。

c) 音速測定の最大許容誤差は，±0.2 % とする。すなわち，測定値の誤差は，縦波について ±12 m/s，横波について ±6 m/s である。

d) STB-A7963 の縦波の音速は，5 920 m/s±30 m/s，横波音速は，3 245 m/s±15 m/s とする。

7 超音波測定

7.1 測定に用いる装置

試験片の測定に用いる装置は，**表 1** による。

表 1－測定装置

装置			仕様
超音波探傷器	周波数		必要とする周波数範囲を含む周波数切替え機能をもつ探傷器
	リジェクション		使用不可
超音波探触子	種類		斜角探触子
	振動子材料		セラミックス
	周波数	MHz	5
	振動子寸法	mm	10×10
	屈折角	°	70
接触媒質			**JIS K 2238** に規定するマシン油 ISO VG10
探触子安定用おもり			測定精度を保つための適切な押付圧を与えるおもり
測定用基準片			性能が証明されている STB-A7963

7.2 測定方法及び測定条件

試験片の測定方法及び測定条件は，**表 2** による（以下，測定される試験片を単に"試験片"という。）。

表 2－測定方法及び測定条件

項目		内容
反射源		R50 面（半径が 50 mm の円筒面）
基準感度		測定用基準片の反射面からのエコー高さを 60 %～80 % に調整
入射点位置		R50 面のエコー高さが最大となるように探触子を前後走査し，最大エコー高さの位置に探触子を止め，探触子の入射点と R50 面の中心との偏差測定。偏差符号は，R50 面の中心から前方（R50 面に向かう方向）をプラス，後方をマイナス。
測定回数		試験片及び測定用基準片について，それぞれ 2 回測定
読取りの単位	mm	0.2
再測定を必要とする 2 回の測定値の差	mm	0.4

8 合否の判定

a)～c) の条件を満足する試験片を STB-A7963 とする。ただし，入射点の測定値は，2 回の測定値の平均値とする。

　なお，2回の測定値に，**表2**の"再測定を必要とする2回の測定値の差"の欄に規定した値を超える差がある場合には，再測定を行い，上記の規定値を超えない二つの測定値を用いる。

a)　試験片のR50面による入射点測定位置の測定値が，測定用基準片を基にして定めた基準値に対して±1.0 mmである。

b)　試験片の寸法及び表面粗さが**図1**に示す値以内である。

c)　測定した音速が，箇条 **6 d)**に示す値の範囲内である。

9　表示

　測定値に基づく合否判定に合格した試験片には，**図1**に示す位置に刻印又は彫刻によって，次の内容を表示する。

a)　製造業者の略称及びSTB-A7963 記号

b)　試験片ごとの製造番号

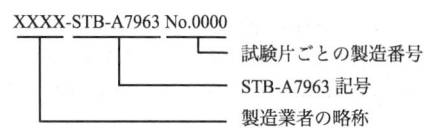

　例

　　　XXXX-STB-A7963 No.0000

　　　　　　　　　　　　　　── 試験片ごとの製造番号
　　　　　　　　　　　　── STB-A7963 記号
　　　　　　　　── 製造業者の略称

10　適合の証明

　製造業者は，それぞれの試験片に製造番号を付した上で，試験片ごとに文書によって次の証明をしなければならない。

a)　STB-A7963 が，この規格に適合していることの証明

b)　測定された縦波速度の値（箇条 6 参照）

c)　測定された横波速度の値（箇条 6 参照）

11　使用方法

11.1　時間軸の調整

　時間軸を調整するには，繰返しエコーの立上り（左端）が，測定装置表示器の適切な目盛に一致するように調整を行う。

　ビーム路程は，試験される材料における超音波の音速に依存する。

11.1.1　縦波垂直探触子による測定範囲 50 mm までの調整

　探触子を，繰返しエコーが観察可能な面へ**図2 a)**のように配置する。**図2 b)**は，装置の測定範囲を50 mmに調整するためのAスコープ表示を示している。

　　　注記　使用する探触子の振動子寸法と周波数との組合せによって，試験片板厚の10倍以上の距離を校正する場合，困難が生じることがある。

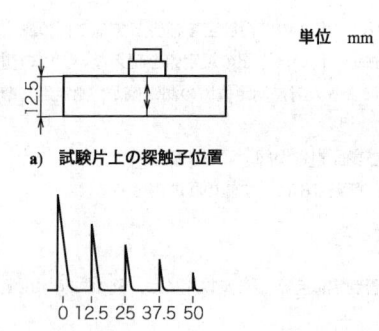

単位　mm

a)　試験片上の探触子位置

0 12.5 25 37.5 50

b)　測定範囲を 50 mm に校正するときの A スコープ表示

図 2―縦波垂直探触子を用いた測定範囲 50 mm の時間軸の調整

11.1.2　小型斜角探触子を用いた測定範囲 100 mm 又は 125 mm の調整

　測定範囲を 125 mm に調整する場合には，小型横波斜角探触子を**図 3 a)**の位置に配置し，また測定範囲を 100 mm に調整する場合には，探触子を**図 3 b)**の位置に配置する。これらの二つの測定範囲調整における A スコープ表示を概略的に**図 3 の a)及び b)**に示す。

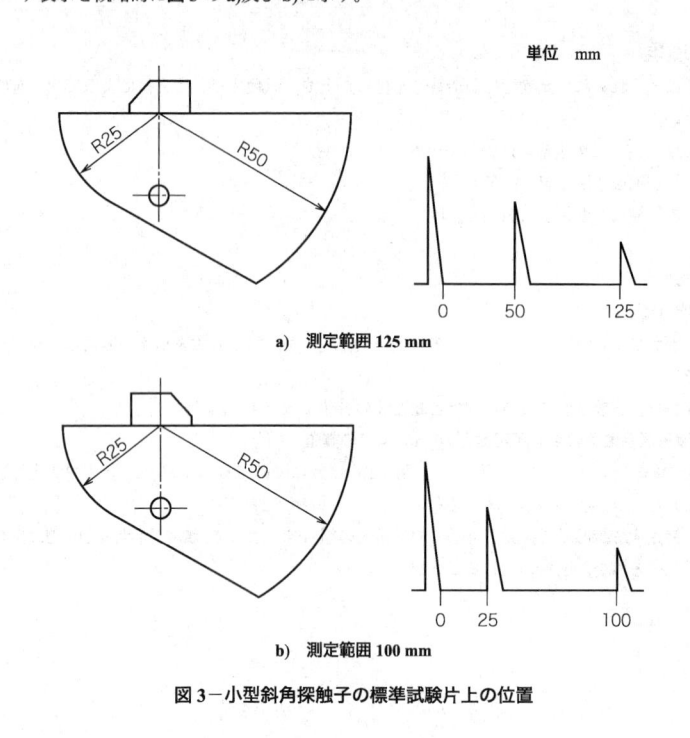

単位　mm

0　　　50　　　　125

a)　測定範囲 125 mm

0　25　　　　100

b)　測定範囲 100 mm

図 3―小型斜角探触子の標準試験片上の位置

11.2 感度調整及び探触子の点検

11.2.1 一般

感度調整には，多くの因子が影響を与える（**A.2** 参照）。

11.2.2 縦波垂直探触子の感度調整

探触子を**図 4 a)**の位置"a"に置き，繰返しエコーの A スコープ表示を感度調整の基準として用いる。

直径 5 mm の穴からの反射も感度調整の基準として用いてよい。**図 4 b)**の位置"b"のように，探触子を
エコーの振幅が最大になる位置に置く。

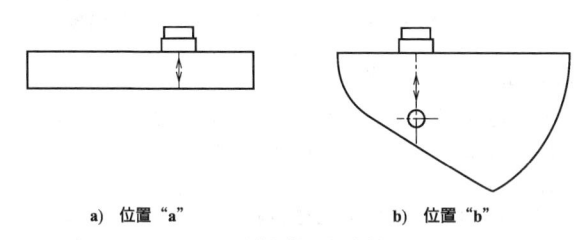

a) 位置"a"　　　　　　b) 位置"b"

図 4－垂直探触子の感度調整

11.2.3 小型斜角探触子

11.2.3.1 感度調整

直径 5 mm の穴からの最大エコーを感度調整の基準として用いる（**図 5** の位置"a"参照）。

代わりに，円筒面からの反射を利用することも可能である。利用可能な円筒面の半径は，50 mm 及び 25
mm である。その場合，次の二つの方法が可能である。

a) はじめに円筒面エコーの振幅を表示器の 80 %に合わせ，その後，望ましいレベルに調整する（**図 5** の
位置"b"参照）。

b) 円筒面からの繰返しエコーを用いることもできる（**図 6** 参照）。

探触子を点検するときには，音響結合が重要な因子である。また，探触子を比較するときには，同じ接
触媒質を使用する。

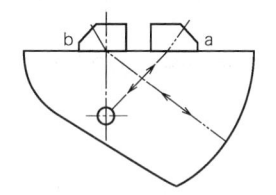

図 5－小型斜角探触子の感度調整

単位　mm

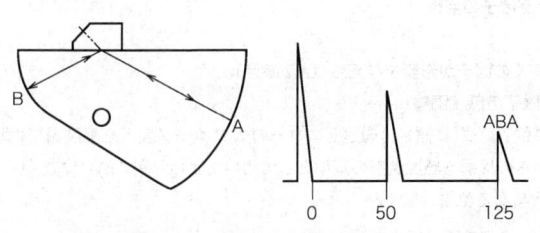

図6－円筒面反射を利用した小型斜角探触子の感度調整

11.2.3.2　探触子入射点位置の決定

　小型斜角探触子を**図3**の**a)**又は**b)**に示す位置に配置して，前後に移動させ，円筒面エコーが最大となる位置に止めれば，探触子入射点は，試験片のミリメートル目盛の中央目盛と一致する。

11.2.3.3　屈折角の測定

　直径5mmの穴から得られるエコーを用いて，屈折角を決定する。

　小型横波斜角探触子を，標準試験片の平たんな側面部分（**図7**に示すP-Q面又はR-S面）に沿って前後に移動させ，直径5mmの穴からのエコーが最大となる位置に止め，屈折角を**a)**又は**b)**によって求める。

a)　探触子の入射点と合致している目盛がある場合：標準試験片に彫られた目盛から直接読み取る。

b)　探触子の入射点がどの目盛とも合致しない場合：補間法によって読み取る。

　図7に示した位置において，屈折角45°，60°及び70°の探触子の屈折角を測定できる。

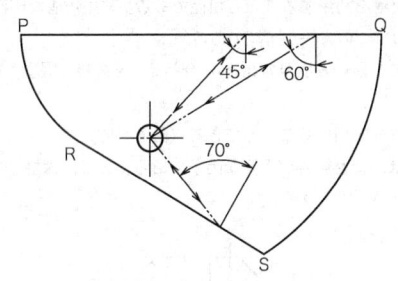

図7－小型斜角探触子の屈折角の測定方法

附属書 A
（規定）
STB-A7963 の特性及び使用

A.1　大型探触子校正のための試験片の厚さ

大型探触子を使用する場合，例えば，厚さ 20 mm 又は 25 mm の試験片を使用することができる。

A.2　感度調整において考慮する因子

感度調整において，次に示す a)～d)の四つにグループ分けされる因子を考慮する。

a)　装置：パルスエネルギー，周波数，パルス波形，増幅度など

b)　使用探触子：型式，寸法，音響インピーダンス，ダンパー，分極など

c)　試験材：表面状態（音響結合に関して），材料の種類（その減衰）など

d)　欠陥分析：形状，方向，性状など

附属書 JA
（規定）
試験片の音速測定方法

JA.1　一般

この附属書は，試験片の 12.5 mm 厚さ方向の縦波及び横波の音速を測定する方法について規定する。

JA.2　音速測定の一般事項

試験片の音速測定は，次による。

a)　最初に，音速測定部の試験片の寸法を 0.01 mm の精度で機械的に測定する。

b)　測定を行う部位には，探触子面の範囲に厚さ 0.01 mm 以上の変動がないことを確認する。

c)　垂直探触子と計測機器とを用いて，伝搬時間を測定する（伝搬時間の測定誤差は，±0.2 %）。

d)　測定した伝搬時間と厚さを用いて音速を計算する（音速＝伝搬距離／時間）。

e)　伝搬時間は，12.5 mm 厚さを通過する方向について測定する。

f)　測定時の室温は，20 ℃～26 ℃の温度範囲とする。

JA.3　縦波音速の測定

使用する垂直探触子は，公称周波数が 5 MHz 以上，広帯域パルスで，振動子直径が 6 mm～15 mm とする。第 1 回底面エコーと第 2 回底面エコーとの時間差を測定する。

JA.4　横波音速の測定

使用する垂直横波探触子は，公称周波数 4 MHz～5 MHz，広帯域パルスで，振動子直径が 6 mm～15 mm とする。第 1 回底面エコーと第 2 回底面エコーとの時間差を測定する。

横波は偏波しているので，二つの測定を行う（図 JA.1 参照）。1 回目の測定における偏波方向は，試験片の一つの側面の方向 P に平行になるようにし，2 回目の測定における偏波方向は，P に直角な方向 Q に平行になるようにする。したがって，試験片ごとに少なくとも 2 個の横波速度測定値が得られる。

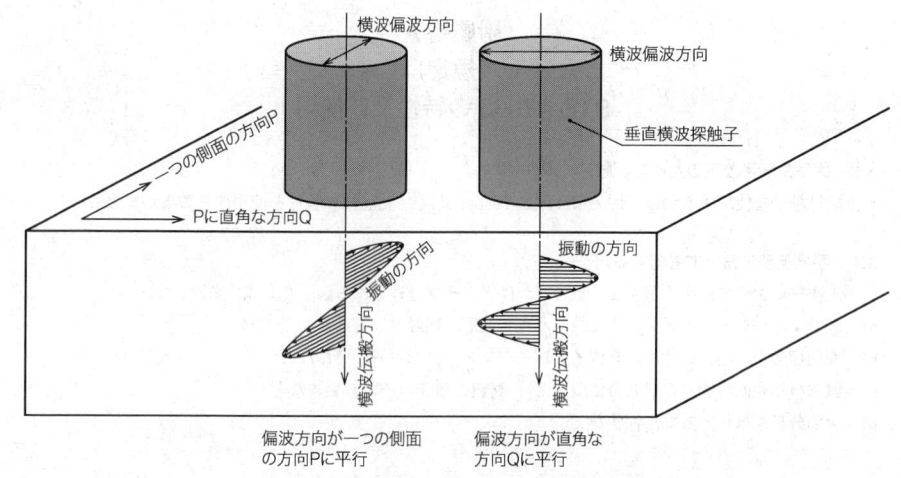

図 JA.1－横波音速測定時の横波の偏波方向説明図

参考文献 **JIS Z 2344** 金属材料のパルス反射法による超音波探傷試験方法通則

JIS Z 2350 超音波探触子の性能測定方法

JIS Z 2352 超音波探傷装置の性能測定方法

ISO 2400, Non-destructive testing－Ultrasonic testing－Specification for calibration block No. 1

ASTM E 428, Standard Practice for Fabrication and Control of Metal, Other than Aluminum, Reference Block Used in Ultrasonic Testing

附属書 JB
(参考)

JIS と対応国際規格との対比表

JIS Z 2345-2:2018 超音波探傷試験用標準試験片－第 2 部：A7963 形標準試験片			ISO 7963:2006, Non-destructive testing－Ultrasonic testing－Specification for calibration block No.2			
(I) JIS の規定		(II) 国際規格番号	(III) 国際規格の規定		(IV) JIS と国際規格との技術的差異の箇条ごとの評価及びその内容	(V) JIS と国際規格との技術的差異の理由及び今後の対策
箇条番号及び題名	内容		箇条番号	内容	箇条ごとの評価 ／ 技術的差異の内容	
1 適用範囲			1	寸法，材料，製造及び超音波試験機器の校正及び点検への使用方法についての必要事項を規定	変更／JIS は，A7963 形標準試験片と試験片の呼称を適用範囲に記載している。ISO 規格は，規格の名称を calibration block No. 2 と記載している。	国内では，従来からの呼称である A7963 形標準試験片が一般的になっており，混乱を招かないため，従来の呼称を継続する。
2 引用規格			2	用語規格として ISO 5577 及び EN 1330-4 を引用，並びに構造用鋼として EN 10025-2 を引用	変更／JIS は用語規格として JIS Z 2300 を引用。構造用鋼として JIS G 3106 及び JIS G 4051 を引用した。	国内での事情を考慮した。
3 用語及び定義			3	ISO 5577:2000 に規定の用語及び定義を適用	変更／JIS は，JIS Z 2300 非破壊試験用語を適用した。	国内での事情を考慮した。
4 名称及び主な使用目的			—	—	追加／JIS は，名称及び使用目的を明記した。	国内での事情を考慮した。
5 製造			5	材料は，EN 10025-1:2005 に規定の S355J0 又は同等の鋼と規定	変更／EN 10025-1 の S355J0 に相当する JIS の材料を規定し，超音波特性が同等の材料を追加した。	国内での事情を考慮した。
	5.1 材料		5	—	追加／JIS は，音響異方性について測定し，一定レベル以下と規定した。	国内での事情を考慮した。ISO に提案を検討。

(I) JISの規定 箇条番号及び題名	内容	(II) 国際規格番号	(III) 国際規格の規定 箇条番号	内容	(IV) JISと国際規格との技術的差異の箇条ごとの評価及びその内容 箇条ごとの評価	技術的差異の内容	(V) JISと国際規格との技術的差異の理由及び今後の対策
5 製造（熱処理、機械加工、超音波探傷試験及び表面仕上げ）	5.3 熱処理、機械加工、超音波探傷試験及び表面仕上げ		6	機械加工、熱処理、超音波探傷試験及び表面仕上げについて規定	変更	JISは、超音波探傷試験はSTB-G V2のエコー高さの1/16（−24 dB）を超えるきずエコーがないものとした。	国内での事情を考慮した。
6 試験片の音速			6	音速測定方法及び音速の許容値を規定 横波音速を3 255 m/s ±15 m/s と規定	変更	横波音速は、ISO規格の3 255 m/s ±15 m/s に対し、JISは3 245 m/s ±15 m/s とした。	国内での事情を考慮した。
7 超音波測定に用いる装置	7.1 測定に用いる装置		—	—	追加	試験片の入射点の測定のための装置について追加した。	国内での事情を考慮した。
	7.2 測定方法及び測定条件		—		追加	試験片の入射点の測定方法について追加した。	国内での事情を考慮した。
8 合否の判定	8 合否の判定		—	—	追加	試験片の合否判定要領について追加した。	国内での事情を考慮した。
9 表示	9 表示		7	次を表示すると規定 a)製造業者のトレードマーク b)規格番号（ISO 7963） c)製造番号	変更	JISは、規格番号の代わりに試験片名称を表示している。	国内での事情を考慮した。
11 使用方法	11.1.1 縦波斜直探触子による時間軸の調整		8.1.1	縦波斜直探触子による250 mmまでの時間軸の調整	変更	JISは、測定範囲を50 mmまでとした。	国内での事情を考慮した。

(I) JISの規定		(II)国際 規格番号	(III)国際規格の規定		(IV) JISと国際規格との技術的差異の箇条ごとの評価及びその内容		(V) JIS と国際規格との技術的差異の理由及び今後の対策
箇条番号 及び題名	内容		箇条番号	内容	箇条ごとの評価	技術的差異の内容	
附属書A (規定)	STB-A7963 の特性及び使用		Annex A	校正試験片の厚さ，素材検査及び感度調整において考慮すべき因子について規定	削除	JIS は，素材検査を削除した（JISは，5.3 に規定）。	国内での事情を考慮した。
附属書 JA (規定)	試験片の音速測定方法		−	−	追加	JIS は，A7963 形標準試験片の音速測定方法について規定した。	国内での事情を考慮した。

JIS と国際規格との対応の程度の全体評価：**ISO 7963**:2006, MOD

注記 1 箇条ごとの評価欄の用語の意味は，次による。
　　− 削除 …………… 国際規格の規定項目又は規定内容を削除している。
　　− 追加 …………… 国際規格にない規定項目又は規定内容を追加している。
　　− 変更 …………… 国際規格の規定内容を変更している。
注記 2 JIS と国際規格との対応の程度の全体評価の記号の意味は，次による。
　　− MOD …………… 国際規格を修正している。

超音波探傷試験用標準試験片—
第3部：垂直探傷試験用標準試験片

Standard test blocks for ultrasonic testing—
Part 3 : Standard test blocks for normal ultrasonic testing

序文

この規格は，1973年に標準試験片を一括して制定し，その後2000年に改正した **JIS Z 2345** について，対応国際規格 **ISO 2400**:2012 及び対応国際規格 **ISO 7963**:2006 との整合化を考慮して，第1部：A1形標準試験片，第2部：A7963形標準試験片，第3部：垂直探傷試験用標準試験片及び第4部：斜角探傷試験用標準試験片として分割して制定したうちの，第3部：垂直探傷試験用標準試験片について規定したものである。

なお，対応国際規格は現時点で制定されていない。

1 適用範囲

この規格は，主に垂直探傷試験の手動探傷試験に用いる超音波試験装置を校正するための標準試験片についての必要事項を規定する。

2 引用規格

次に掲げる規格は，この規格に引用されることによって，この規格の規定の一部を構成する。これらの引用規格は，その最新版（追補を含む。）を適用する。

JIS G 3106 溶接構造用圧延鋼材

JIS G 4051 機械構造用炭素鋼鋼材

JIS G 4053 機械構造用合金鋼鋼材

JIS G 4805 高炭素クロム軸受鋼鋼材

JIS K 2238 マシン油

JIS Z 2300 非破壊試験用語

JIS Z 2354 固体の超音波減衰係数の測定方法

ASTM A105, Standard Specification for Carbon Steel Forgings for Piping Applications

3 用語及び定義

この規格で用いる主な用語及び定義は，**JIS Z 2300** による。

3.1

G 形標準試験片

垂直探傷において，超音波探傷装置の探傷感度の調整及び垂直探触子の性能測定に使用する標準試験片

（以下，STB-G という。）。

3.2

N1 形標準試験片

　垂直探傷において，超音波探傷装置の測定範囲の調整及び探傷感度の調整に使用する標準試験片（以下，STB-N1 という。）。

4　標準試験片の名称，記号及び主な使用目的

　標準試験片の名称，記号及び主な使用目的は，**表1**による。

表1－標準試験片の名称，記号及び主な使用目的

標準試験片の名称	記号	探傷方法	探傷の対象物の例	主な使用目的
G 形標準試験片	STB-G V2 STB-G V3 STB-G V5 STB-G V8 STB-G V15-1 STB-G V15-1.4 STB-G V15-2 STB-G V15-2.8 STB-G V15-4 STB-G V15-5.6	垂直	極厚板，条鋼及び鍛造品	垂直探傷の探傷感度の調整，垂直探触子の特性の測定，探傷器の総合性能の測定
N1 形標準試験片	STB-N1		厚板	垂直探傷の探傷感度の調整，垂直探傷の測定範囲の調整

5　製造

5.1　材料

　材料は，標準試験片の種類に応じ，それぞれ**表2**による。STB-G の材料は削り出しによって取得してもよい。

表2－材料

標準試験片の名称	材料			熱処理	その他
	種類	規格番号	種類記号		
STB-G	高炭素クロム軸受鋼鋼材	**JIS G 4805**	SUJ2	球状化焼なまし	超音波の伝搬特性を変化させるような残留応力がないもの
	機械構造用合金鋼鋼材	**JIS G 4053**	SNCM439	焼入焼戻しを標準	
			SCM440		
	機械構造用炭素鋼鋼材	**JIS G 4051**	S50C		
STB-N1	溶接構造用圧延鋼材	**JIS G 3106**	SM400C SM490C	焼ならし及び／又は焼入焼戻しを標準	超音波の伝搬特性に異常を生じるような音響異方性がないもの，すなわち，材料の厚さ方向に伝わる横波の偏波（振動）方向を主圧延方向にした場合の音速と直角方向にした場合の音速との差は，1％以下
	機械構造用炭素鋼鋼材	**JIS G 4051**	特定なし		
	圧力容器用炭素鋼鍛鋼品又は配管用炭素鋼鍛鋼品	**ASTM A105**	－		

注記　上記の材料を用いれば，箇条6の超音波測定において合格する試験片が作製できることを保証するものではない。

5.2 材料検査

材料検査は，標準試験片の種類に応じ，それぞれ**表3**によって超音波探傷試験を行う。

表3－材料検査

標準試験片の名称	材料検査	
STB-G	a)	**JIS Z 2354** に従い，縦波減衰係数を測定し，その値が，周波数 5 MHz で 5 dB/m 以下，10 MHz で 20 dB/m 以下とする。
	b)	水浸法又は局部水浸法によって，周波数 10 MHz，公称直径 10 mm の探触子を用いて，隣接する2側面から垂直探傷し，STB-G V2 のエコー高さの 1/16 （−24 dB）を超えるきずエコーがあってはならない。
STB-N1	a)	熱処理前に，局部水浸法によって，周波数 10 MHz，公称直径 10 mm の探触子を用いて片面の全面から垂直探傷し，STB-G V2 のエコー高さの 1/16 （−24 dB）を超えるきずエコーがあってはならない。
	b)	縦波及び横波の音速を，**附属書A** に規定する方法によって，製造ロットごとに1回以上測定し，縦波速度は 5 920 m/s±30 m/s，横波速度は 3 245 m/s±15 m/s とする。

5.3 形状及び寸法

各標準試験片の形状及び寸法は，次による。

a) **STB-G** 試験片の形状及び寸法を，**図1**に示す。規定がない箇所の寸法許容差は，±0.5 mm とする。栓は，鋼製とし，長さ約 10 mm とする。

B面には，**図1 b)**に示すように吸音材を取り付ける。このため，外観上の全長は表中の L より 5 mm 長くなる。T の値が 60 mm の場合には，D の値は 55 mm，T の値が 50 mm の場合には，D の値は 45 mm とする。吸音材は，金属粉末と合成樹脂との混合物とする。

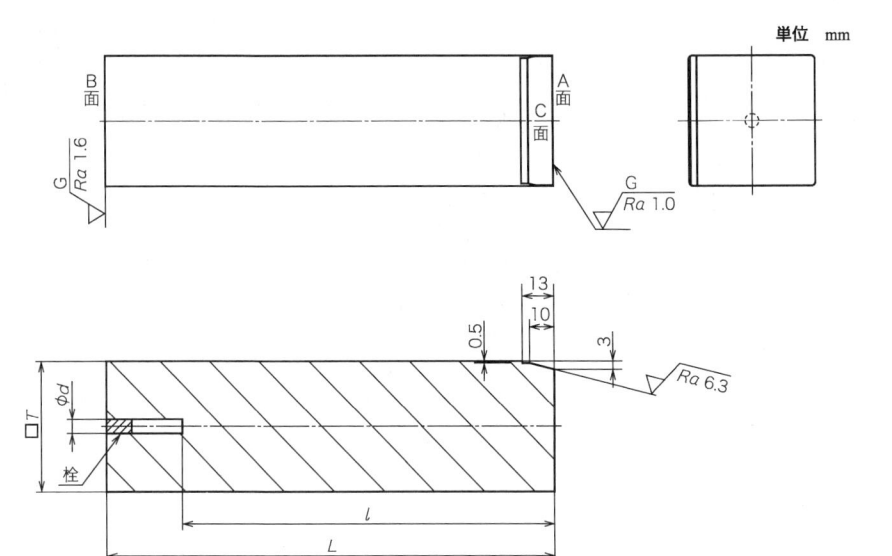

側面 ： 酸洗, りん酸塩処理
A面 ： 平面研磨の後, 油といし仕上げ
穴 ： 穴底は平底

標準試験片	l	d	L	T
STB-G V2	20	2±0.1	40	60±1.2
STB-G V3	30	2±0.1	50	60±1.2
STB-G V5	50	2±0.1	70	60±1.2
STB-G V8	80	2±0.1	100	60±1.2
STB-G V15-1	150	1±0.05	180	50±1.0
STB-G V15-1.4	150	1.4±0.07	180	50±1.0
STB-G V15-2	150	2±0.1	180	50±1.0
STB-G V15-2.8	150	2.8±0.14	180	50±1.0
STB-G V15-4	150	4±0.2	180	50±1.0
STB-G V15-5.6	150	5.6±0.28	180	50±1.0

a) 形状及び寸法を示した図

図1−STB-G の形状及び寸法

単位　mm

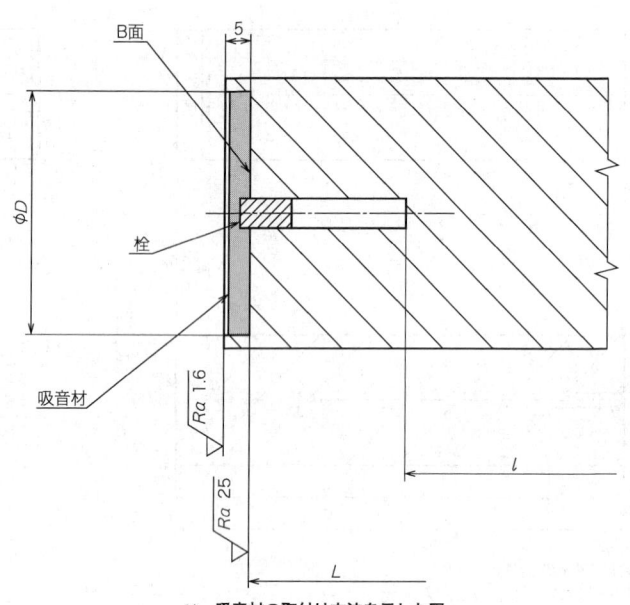

b)　吸音材の取付け方法を示した図

図1−STB-G の形状及び寸法（続き）

b)　**STB-N1**　試験片の形状及び寸法を，**図2** に示す。規定がない箇所の寸法許容差は，±0.1 mm とする。栓は，鋼製とし，長さ約 5 mm とする。また，各標準試験片とも，表面粗さのパラメータ（算術平均粗さ）は，ロットごとの代表試験片について，表面粗さ測定器を用いて測定する。

単位　mm

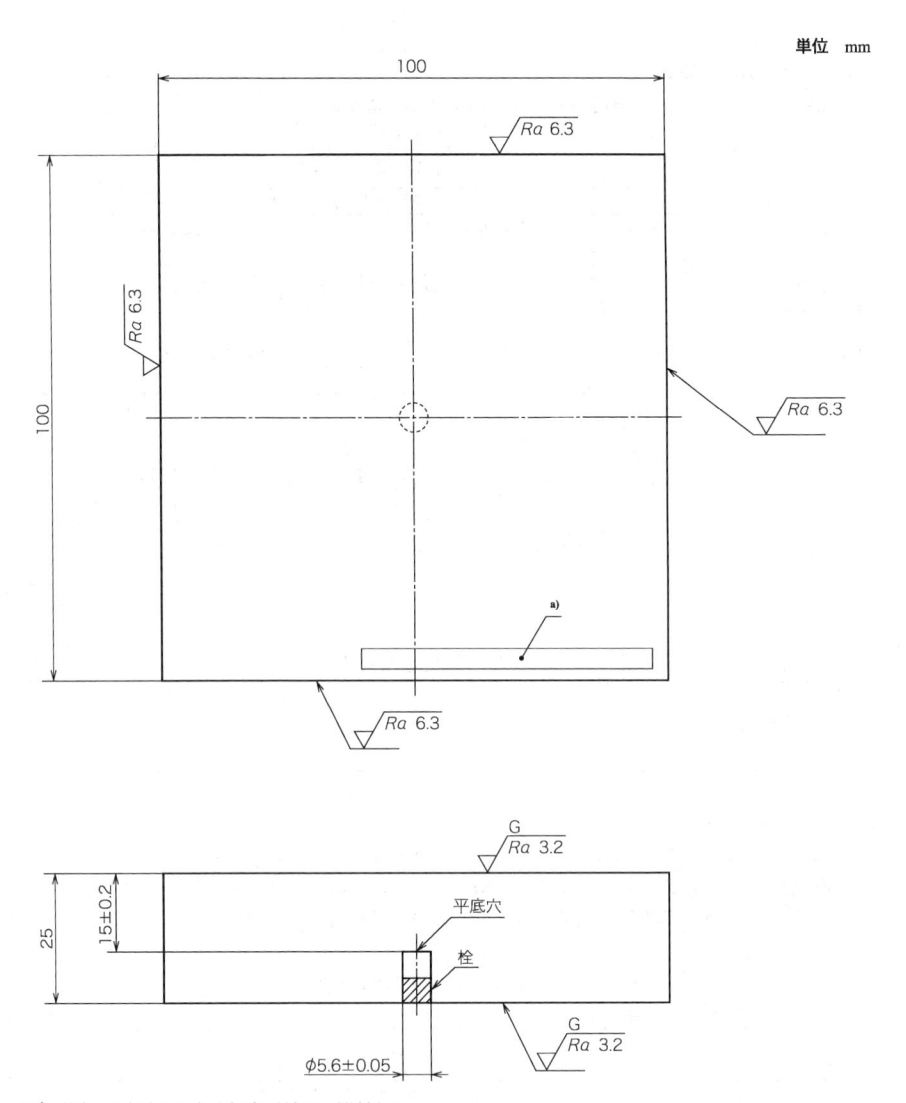

注 a)　箇条 **8** に規定する表示事項を刻印又は彫刻する。

図 2－STB-N1 の形状及び寸法

6 超音波測定

6.1 測定に用いる装置

測定に用いる装置は，標準試験片に応じ，それぞれ**表4**による。

表4−測定装置

装置に関わる項目		標準試験片ごとの仕様						
		STB-G V15-1〜V15-5.6		STB-G V2〜STB-G V3		STB-G V5〜STB-G V8			STB-N1
超音波探傷器		必要とする周波数範囲を含む周波数切替え機能をもつ探傷器						
超音波探触子	種類	垂直探触子		垂直探触子		垂直探触子			水浸垂直探触子
	電極形状	規定なし		反射源からのエコーが近距離音場の影響を受けない形状					規定なし
	振動子材料	水晶又はセラミックス							
	周波数 MHz	2（又は2.25）	5	5	10	2（又は2.25）	5	10	5
	振動子寸法 mm	φ28	φ20	φ20	φ20又はφ14	φ28	φ20	φ20又はφ14	φ20
	遅延材付き	不可	不可	不可	可	不可	不可	可	不可
接触媒質		**JIS K 2238** に規定するマシン油 ISO VG10							水，水距離：50 mm〜100 mmの水浸法
探触子安定用おもり		測定精度を保つための適切な押付圧を与えるおもり							利用不可
測定用基準片		性能が証明されている STB-G							性能が証明されているSTB-N1

6.2 測定方法及び測定条件

測定方法及び測定条件は，**表5**による（以下，測定される試験片を単に"試験片"という。）。2 回の測定値間に**表5**の"再測定を必要とする 2 回の測定値の差"の欄に規定した値を超える差がある場合には，再測定を行い，上記の規定値を超えない二つの測定値を採用する。

表5−測定方法及び測定条件

測定方法及び測定条件に関わる項目		仕様
反射源		人工きず
基準感度		測定用基準片の人工きずからのエコー高さを 60 %〜80 %に調整
超音波パルス繰返し周波数		残留エコーが生じない繰返し周波数
リジェクション		使用不可
測定項目		試験片の人工きずエコー高さの基準感度からの偏差
読取り単位 dB		0.1
測定回数		試験片及び測定用基準片について，それぞれ 2 回測定
再測定を必要とする 2 回の測定値の差 dB		0.5 を超える場合

7 合否の判定

a)及び b)の条件を満足した試験片は，合格とする。

a) 標準試験片に応じ，それぞれ**表 6** に示す値を満足したもの。

b) 標準試験片に応じ，**図 1** 及び**図 2** に規定する寸法及び表面粗さのパラメータ（算術平均粗さ）を満足したもの。

表 6－合否判定

標準試験片	判定基準
STB-G	**a)** 反射源エコー高さの 2 回測定の平均値が，測定用基準片を基にして定めた基準値に対して次の数値を満足。 　　　　周波数 2（又は 2.25）MHz の場合　　：±1 dB 　　　　周波数 5 MHz の場合　　　　　　　：±1 dB 　　　　周波数 10 MHz の場合　　　　　　 ：±2 dB **b)** 試験片内の反射源 ^{a)} からのエコー以外のエコーは，反射源のエコーの近傍において，それより 10 dB 以上低い高さ **c)** STB-G V15-1～STB-G V15-5.6 をセットにして扱う場合は，反射源直径が隣り合う試験片の反射源エコー高さの差（dB）は，**表 7** の値±1 dB を満足
STB-N1	試験片の反射源エコー高さの測定値が，測定用基準片を基にして定めた基準値±1 dB
注 ^{a)}　反射源は，**表 5** による。	

表 7－反射源直径が隣り合う試験片の反射源エコー高さの差

探触子	反射源直径が隣り合う試験片の反射源エコー高さの差　dB				
	STB-G V15-1 及び STB-G V15-1.4	STB-G V15-1.4 及び STB-G V15-2	STB-G V15-2 及び STB-G V15-2.8	STB-G V15-2.8 及び STB-G V15-4	STB-G V15-4 及び STB-G V15-5.6
周波数　2（又は 2.25）MHz　直径　28 mm	4.8	6.2	5.8	6.1	5.6
周波数　5 MHz　直径　20 mm	5.9	6.1	5.7	5.9	5.3

8 表示

測定値に基づく合否判定に合格した試験片には，**図 2** に示す位置に刻印又は彫刻によって次の内容を表示する。ただし，STB-G については，**図 1 a)** の C 面に表示する。

a) 製造業者の略称及び標準試験片記号

b) 試験片ごとの製造番号

c) STB-G で SUJ 鋼を素材とする場合以外は，材料名の記号

　　例

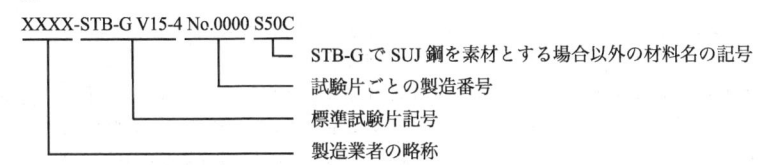

XXXX-STB-G V15-4 No.0000 S50C
　　　　　　　　　　　　　　 └─ STB-G で SUJ 鋼を素材とする場合以外の材料名の記号
　　　　　　　　　　　　　└─ 試験片ごとの製造番号
　　　　　　　　　└─ 標準試験片記号
　　　　　　└─ 製造業者の略称

9 適合の証明

9.1 STB-G

製造業者は，それぞれの試験片について製造番号を付した上で，試験片ごとに文書によって STB-G がこの規格に適合していることの証明をしなければならない。

9.2 STB-N1

製造業者は，それぞれの試験片に製造番号を付した上で，試験片ごとに文書によって次の証明をしなければならない。

a) STB-N1 がこの規格に適合していることの証明

b) 測定された縦波速度の値（**表 3** 参照）

c) 測定された横波速度の値（**表 3** 参照）

附属書 A
（規定）
試験片の音速測定方法

A.1 一般

この附属書は，試験片の縦波及び横波の音速を測定する方法について規定する。

A.2 音速測定の一般事項

試験片の音速測定は，次による。

a) 最初に，音速測定部の試験片の寸法を 0.01 mm の精度で機械的に測定する。

b) 測定を行う部位には，探触子面の範囲に厚さ 0.01 mm 以上の変動がないことを確認する。

c) 垂直探触子と計測機器とを用いて，伝搬時間を測定する（伝搬時間の測定誤差は，±0.2 %）。

d) 測定した伝搬時間と厚さとを用いて音速を計算する（音速＝伝搬距離／時間）。

e) 測定時の室温は，20 ℃〜26 ℃の温度範囲とする。

A.3 縦波音速の測定

使用する垂直探触子は，公称周波数が 5 MHz 以上，広帯域パルスで，振動子直径が 6 mm〜15 mm とする。第 1 回底面エコーと第 2 回底面エコーとの時間差を測定する。

A.4 横波音速の測定

使用する垂直横波探触子は，公称周波数 4 MHz〜5 MHz，広帯域パルスで，振動子直径が 6 mm〜15 mm とする。第 1 回底面エコーと第 2 回底面エコーとの時間差を測定する。

横波は偏波しているので，二つの測定を行う（**図 A.1** 参照）。1 回目の測定における偏波方向は，試験片の一つの側面の方向 P に平行になるようにし，2 回目の測定における偏波方向は，P に直角な方向 Q に平行になるようにする。したがって，試験片ごとに少なくとも二つの横波速度測定値が得られる。

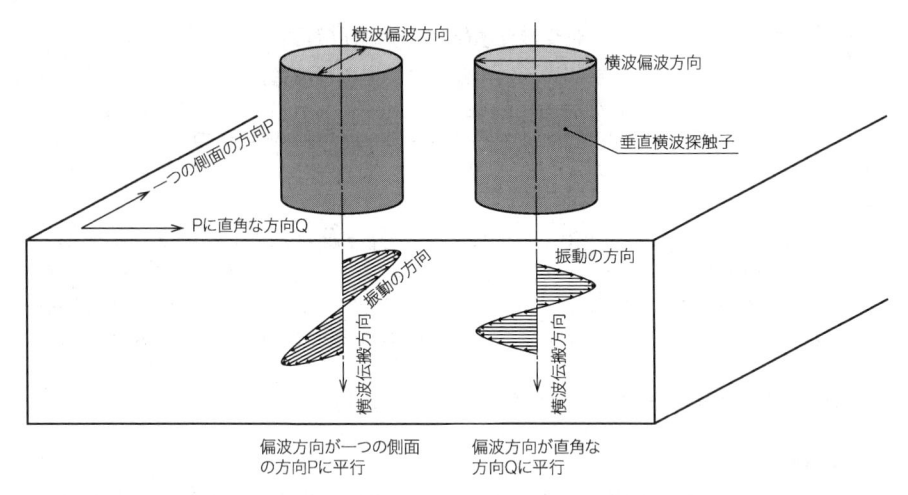

図 A.1−横波音速測定時の横波の偏波方向説明図

参考文献 **JIS Z 2344** 金属材料のパルス反射法による超音波探傷試験方法通則

JIS Z 2350 超音波探触子の性能測定方法

JIS Z 2352 超音波探傷装置の性能測定方法

ASTM E 428, Standard Practice for Fabrication and Control of Metal, Other than Aluminum, Reference Blocks Used in Ultrasonic Testing

超音波探傷試験用標準試験片—
第4部：斜角探傷試験用標準試験片
Standard test blocks for ultrasonic testing—
Part 4 : Standard test blocks for angle beam ultrasonic testing

序文

この規格は，1973 年に標準試験片を一括して制定し，その後 2000 年に改正した **JIS Z 2345** について，対応国際規格 **ISO 2400**:2012 及び対応国際規格 **ISO 7963**:2006 との整合化を考慮して，第 1 部：A1 形標準試験片，第 2 部：A7963 形標準試験片，第 3 部：垂直探傷試験用標準試験片及び第 4 部：斜角探傷試験用標準試験片として分割して制定したうちの，第 4 部：斜角探傷試験用標準試験片について規定したものである。

なお，対応国際規格は現時点で制定されていない。

1　適用範囲

この規格は，主に斜角探傷試験の手動探傷試験に用いる超音波試験装置を校正するための標準試験片についての必要事項を規定する。

2　引用規格

次に掲げる規格は，この規格に引用されることによって，この規格の規定の一部を構成する。これらの引用規格は，その最新版（追補を含む。）を適用する。

JIS G 3106　溶接構造用圧延鋼材

JIS G 4051　機械構造用炭素鋼鋼材

JIS K 2238　マシン油

JIS Z 2300　非破壊試験用語

JIS Z 2345-3　超音波探傷試験用標準試験片—第 3 部：垂直探傷試験用標準試験片

ASTM A105, Standard Specification for Carbon Steel Forgings for Piping Applications

3　用語及び定義

この規格で用いる主な用語及び定義は，**JIS Z 2300** によるほか，次による。

3.1

A2 形系標準試験片

探傷感度の調整及び超音波探傷器（以下，探傷器という。）の総合性能の測定に用いる STB-A2, STB-A21 及び STB-A22 の 3 種類の標準試験片の総称（以下，A2 形系 STB という。）。

3.2

A3 形系標準試験片

　斜角探触子の入射点及び屈折角の測定, 探傷感度の調整及び測定範囲の調整に用いる STB-A3, STB-A31, 及び STB-A32 の 3 種類の標準試験片の総称 (以下, A3 形系 STB という。)。

4　標準試験片の名称, 記号及び主な使用目的

　標準試験片の名称, 記号及び主な使用目的は, **表 1** による。

表 1－標準試験片の名称, 記号及び主な使用目的

標準試験片の名称	記号	探傷方法	探傷の対象物の例	主な使用目的
A2 形系 STB	STB-A2 STB-A21 STB-A22	斜角	溶接部及び管	探傷感度の調整, 探傷器の総合性能の測定
A3 形系 STB	STB-A3 STB-A31 STB-A32		溶接部	斜角探触子の入射点及び屈折角の測定, 探傷感度の調整及び測定範囲の調整

5　製造

5.1　材料

　材料は, 標準試験片の種類に応じ, それぞれ**表 2** による。

表 2－材料

標準試験片の名称	材料			熱処理	その他
	種類	規格番号	種類記号		
A2 形系 STB	溶接構造用圧延鋼材	**JIS G 3106**	SM490 C	焼ならし及び／又は焼入焼戻しを標準	超音波の伝搬特性に異常を生じるような音響異方性がないもの, すなわち, 材料の厚さ方向に伝わる横波の偏波 (振動) 方向を主圧延方向にした場合の音速と直角方向にした場合の音速との差は, 1 ％以下
	機械構造用炭素鋼鋼材	**JIS G 4051**	特定なし		
	圧力容器用炭素鋼鍛鋼品又は配管用炭素鋼鍛鋼品	**ASTM A105**	－		
A3 形系 STB	溶接構造用圧延鋼材	**JIS G 3106**	SM490C	焼ならし及び／又は焼入焼戻しを標準	超音波の伝搬特性に異常を生じるような音響異方性がないもの, すなわち, 材料の厚さ方向に伝わる横波の偏波 (振動) 方向を主圧延方向にした場合の音速と直角方向にした場合の音速との差は, 1 ％以下
	機械構造用炭素鋼鋼材	**JIS G 4051**	特定なし		
	圧力容器用炭素鋼鍛鋼品又は配管用炭素鋼鍛鋼品	**ASTM A105**	－		

5.2　材料検査

　材料検査は, それぞれ**表 3** によって超音波探傷試験を行う。

表3－材料検査

標準試験片	材料検査
A2 形系 STB	**a)** 熱処理前に，局部水浸法によって，周波数 10 MHz，公称直径 10 mm の探触子を用いて片面の全面から垂直探傷し，**JIS Z 2345-3** に規定する STB-G V2 のエコー高さの 1/16（−24 dB）を超えるきずエコーがあってはならない。
A3 形系 STB	**b)** 縦波及び横波の音速を，**附属書 A** に規定する方法によって製造ロットごとに 1 回以上測定し，縦波速度は 5 920 m/s±30 m/s，横波速度は 3 245 m/s±15 m/s とする。

5.3 形状及び寸法

各標準試験片の形状及び寸法を，**図1～図6** に示す。寸法許容差は次による。

なお，規定がない箇所の寸法許容差は，±0.1 mm とする。

a) STB-A2，STB-A21 及び STB-A22：穴の深さの寸法許容差は，±0.2 mm とする。

b) STB-A3：直径 8 mm の穴の寸法許容差は±0.1 mm，直径 4 mm，深さ 4 mm の穴の寸法許容差は直径では±0.1 mm，深さでは± 0.2 mm とする。

c) STB-A31：直径 4 mm，深さ 4 mm の穴の寸法許容差は直径では±0.1 mm，深さでは±0.2 mm とする。

d) STB-A32：直径 16 mm の穴の寸法許容差は±0.1 mm，直径 4 mm，深さ 4 mm の穴の寸法許容差は直径では±0.1 mm，深さでは，±0.2 mm とする。

なお，表面粗さのパラメータ（算術平均粗さ）は，ロットごとの代表試験片について粗さ測定器を用いて測定する。また，目盛線の位置の精度は，±0.15 mm 以内，目盛線の長さの精度は，長さ 4 mm の目盛線については±0.4 mm，長さ 2 mm の目盛線については±0.2 mm とする。

単位　mm

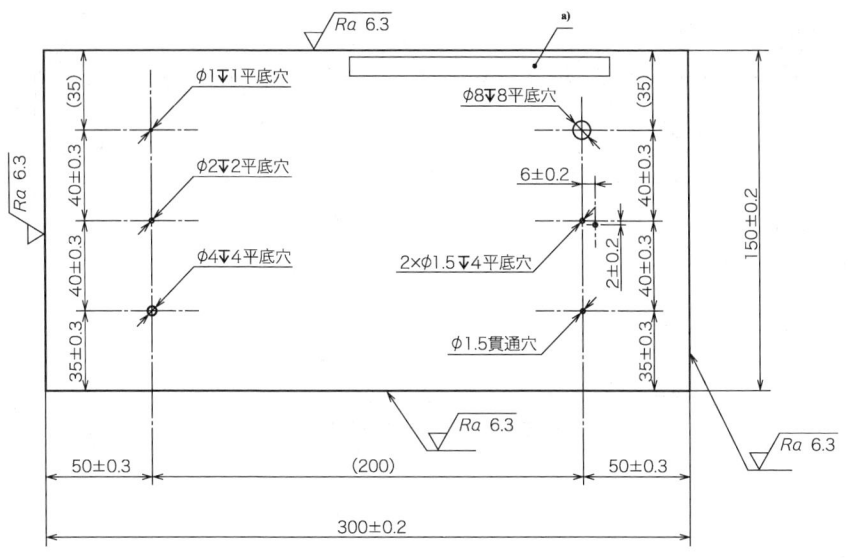
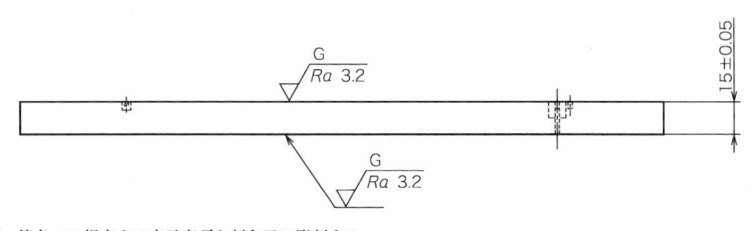

注 a)　箇条 8 に規定する表示事項を刻印又は彫刻する。

図 1－STB-A2 の形状及び寸法

単位 mm

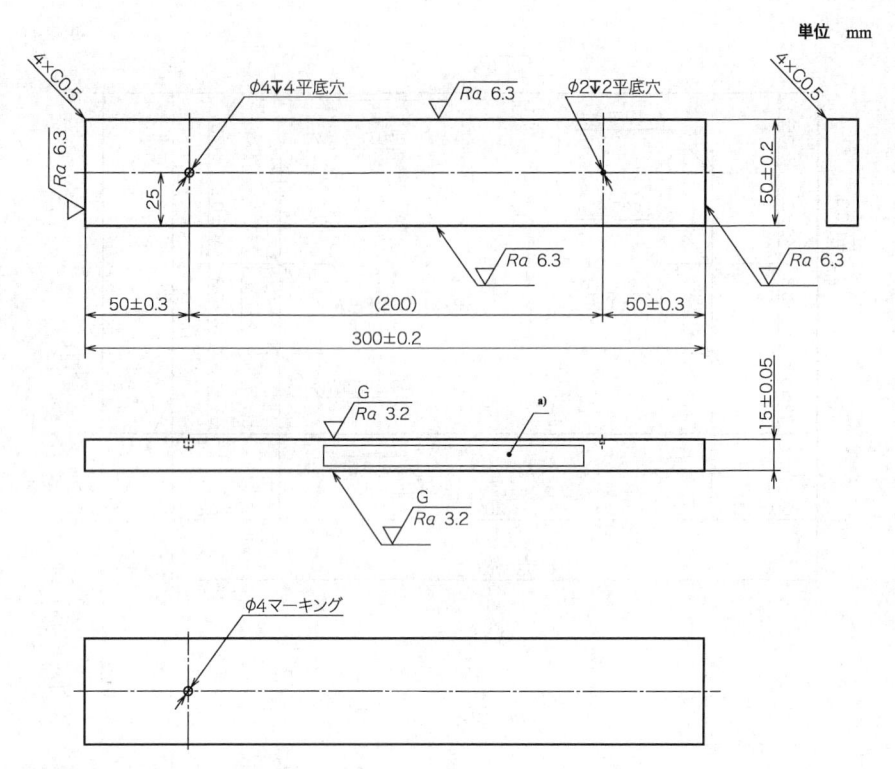

注 a) 箇条 8 に規定する表示事項を刻印又は彫刻する。

図 2－STB-A21 の形状及び寸法

単位　mm

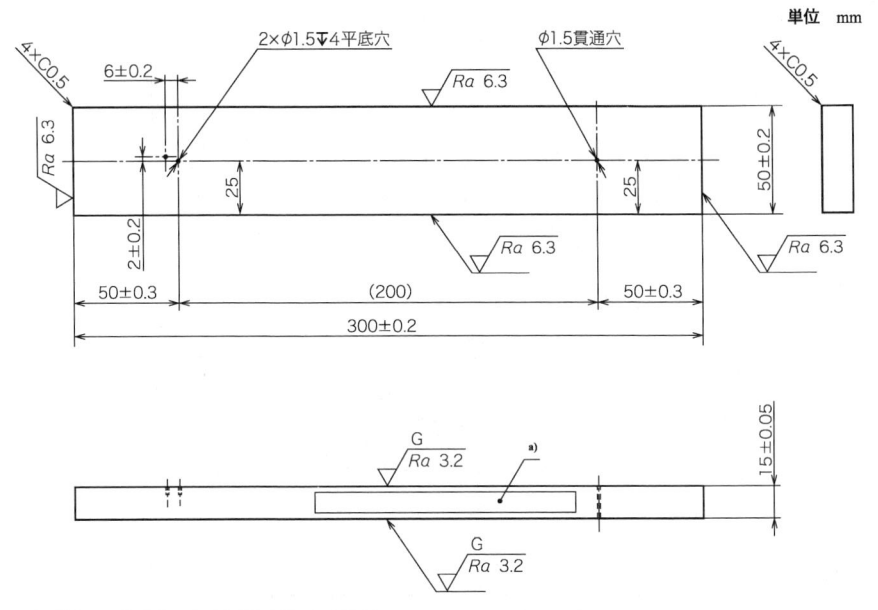

注 a) 箇条 8 に規定する表示事項を刻印又は彫刻する。

図 3－STB-A22 の形状及び寸法

単位　mm

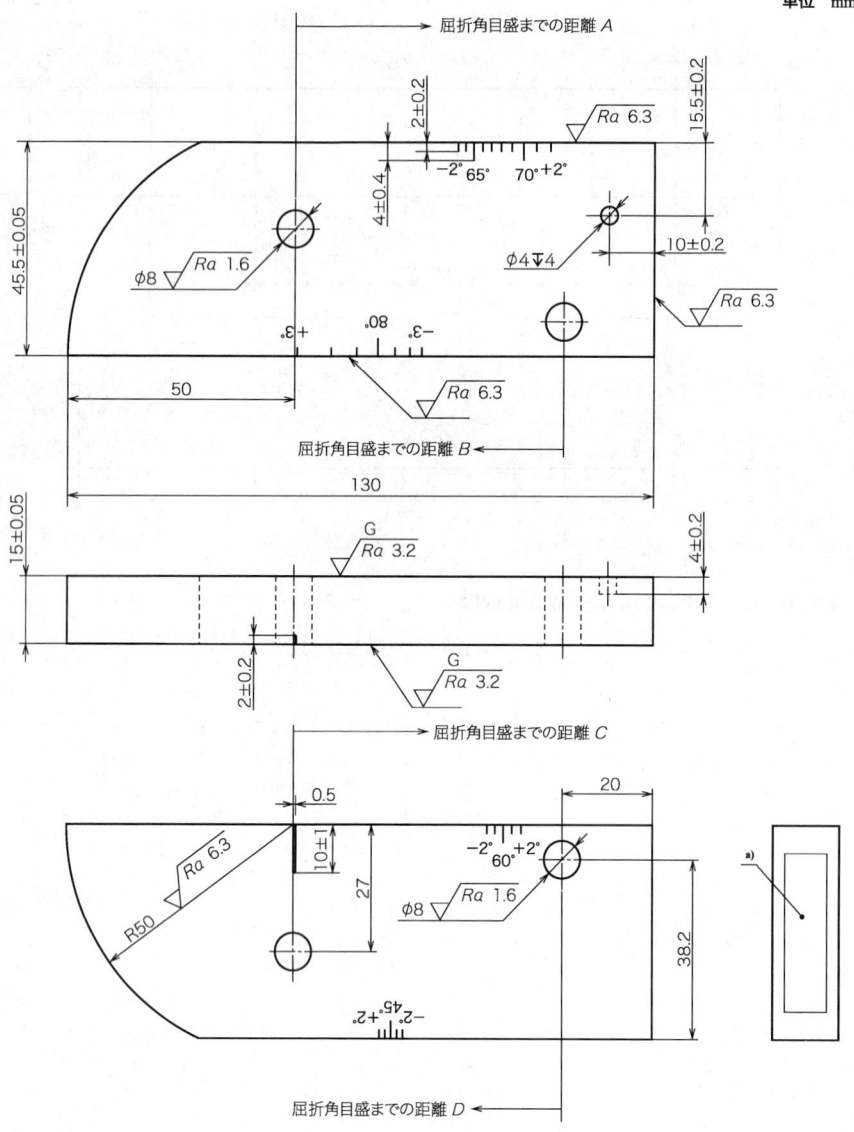

注 a)　箇条 **8** に規定する表示事項を刻印又は彫刻する。

図 4－STB-A3 の形状及び寸法

距離 *A*　mm	角度数値付き目盛	角度数値なし目盛
36.3	−2°　（63°）	−
37.9	−	64°
39.7	65°	−
41.6	−	66°
43.6	−	67°
45.8	−	68°
48.2	−	69°
50.8	70°	−
53.7	−	71°
56.9	+2°　（72°）	−
距離 *B*　mm	角度数値付き目盛	角度数値なし目盛
31.6	−3°　（77°）	−
34.3	−	78°
37.6	−	79°
41.4	80°	−
46.1	−	81°
51.9	−	82°
59.5	+3°　（83°）	−
距離 *C*　mm	角度数値付き目盛	角度数値なし目盛
43.2	−2°　（58°）	−
44.9	−	59°
46.8	60°	−
48.7	−	61°
50.8	+2°　（62°）	−
距離 *D*　mm	角度数値付き目盛	角度数値なし目盛
35.6	−2°　（43°）	−
36.9	−	44°
38.2	45°	−
39.6	−	46°
41.0	+2°　（47°）	−

図 4−**STB-A3** の形状及び寸法（続き）

単位　mm

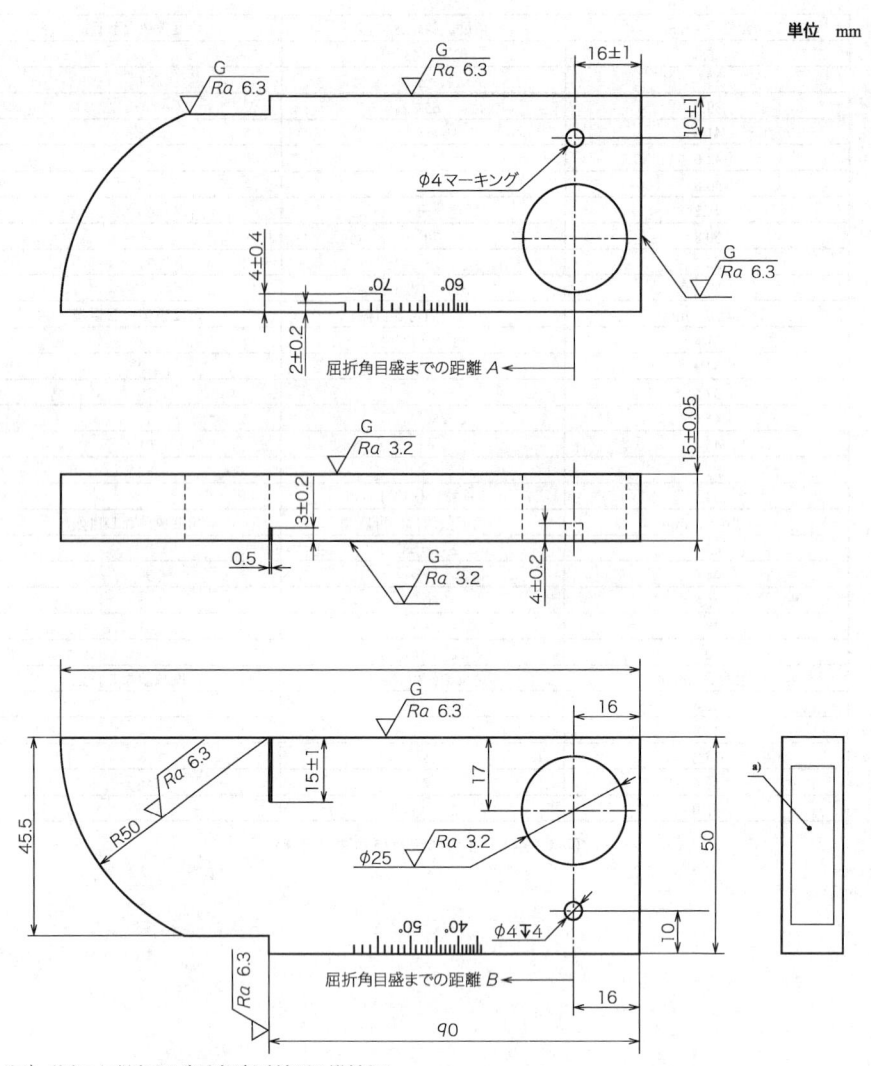

注 a)　箇条 8 に規定する表示事項を刻印又は彫刻する。

図 5−STB-A31 の形状及び寸法

距離 A　mm	角度数値付き目盛	角度数値なし目盛
26.2	—	57°
27.2	—	58°
28.3	—	59°
29.4	60°	—
30.7	—	61°
32.0	—	62°
33.4	—	63°
34.9	—	64°
36.5	—	65°
38.2	—	66°
40.0	—	67°
42.1	—	68°
44.3	—	69°
46.7	70°	—
49.4	—	71°
52.3	—	72°
55.6	—	73°
距離 B　mm	**角度数値付き目盛**	**角度数値なし目盛**
22.3	—	34°
23.1	—	35°
24.0	—	36°
24.9	—	37°
25.8	—	38°
26.7	—	39°
27.7	40°	—
28.7	—	41°
29.7	—	42°
30.8	—	43°
31.9	—	44°
33.0	—	45°
34.2	—	46°
35.4	—	47°
36.7	—	48°
38.0	—	49°
39.3	50°	—
40.8	—	51°
42.2	—	52°
43.8	—	53°
45.4	—	54°
47.1	—	55°
48.9	—	56°
50.8	—	57°
52.8	—	58°

図 5−STB-A31 の形状及び寸法（続き）

単位　mm

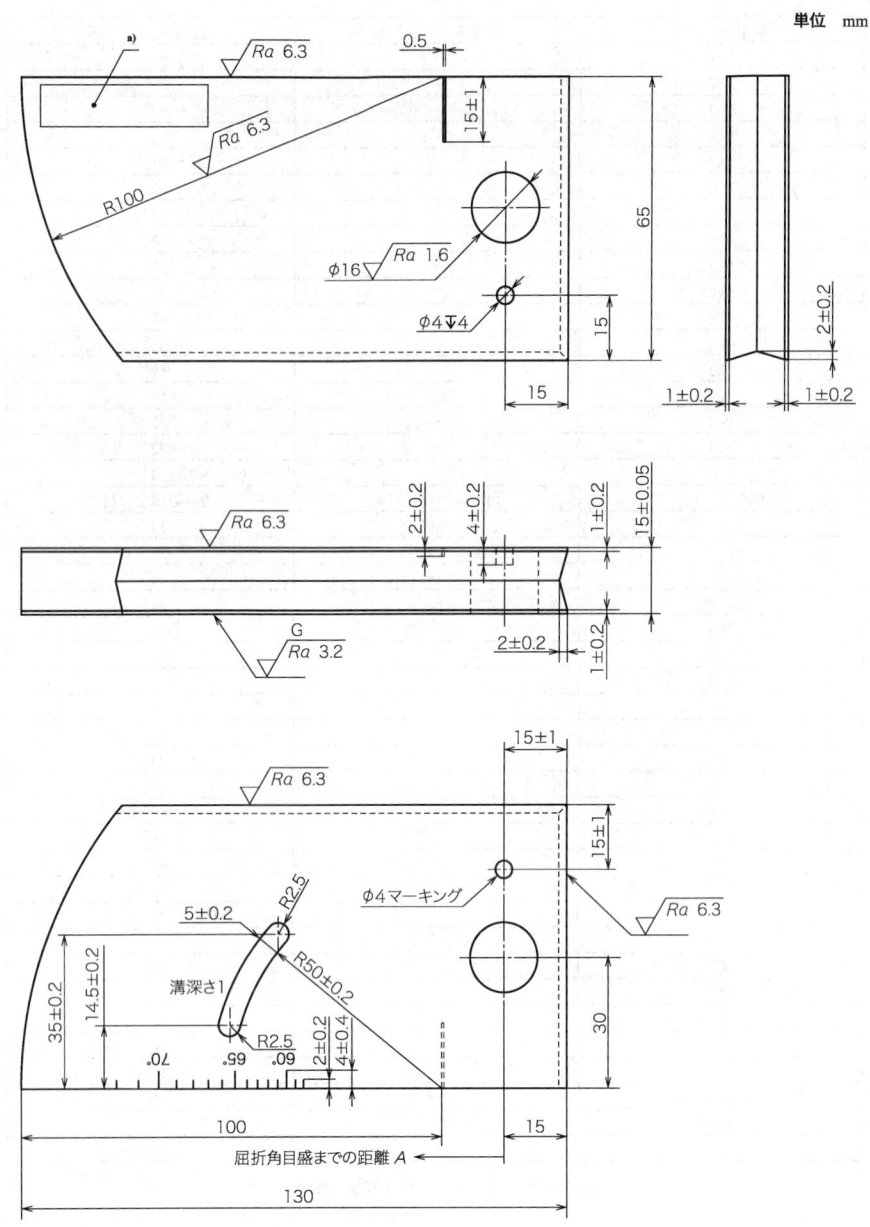

図 6−STB-A32 の形状及び寸法

注 a)　箇条 8 に規定する表示事項を刻印又は彫刻する。

距離 A mm	角度数値付き目盛	角度数値なし目盛
48.0	−	58°
49.9	−	59°
52.0	60°	−
54.1	−	61°
56.4	−	62°
58.9	−	63°
61.5	−	64°
64.3	65°	−
67.4	−	66°
70.7	−	67°
74.3	−	68°
78.2	−	69°
82.4	70°	−
87.1	−	71°
92.3	−	72°

図6−STB-A32 の形状及び寸法（続き）

6 超音波測定

6.1 測定に用いる装置

測定に用いる装置は，標準試験片に応じ，それぞれ**表4**による。

表4−測定装置

測定装置に関わる項目		標準試験片ごとの仕様			
		A2 形系 STB			A3 形系 STB
		STB-A2	STB-A21，STB-A22		
超音波探傷器	周波数	必要とする周波数範囲を含む周波数切替え機能をもつ探傷器			
	リジェクション	使用不可			
超音波探触子	種類	斜角探触子			
	振動子材料	セラミックス			
	周波数 MHz	2	5	5	5
	振動子寸法 mm	10×10	10×10	10×10	10×10
	屈折角 °	45	45 及び 70		70
接触媒質		**JIS K 2238** に規定するマシン油 ISO VG10			
探触子安定用おもり		測定精度を保つための適切な押付圧を与えるおもり			
測定用基準片		性能が証明されている STB-A2			性能が証明されている STB-A3，STB-A31 及び STB-A32

6.2 測定方法及び測定条件

各標準試験片の測定方法及び測定条件は，標準試験片に応じて，**表5**及び**表6**による（以下，測定される試験片を単に"試験片"という。）。2回の測定値間に**表5**の"再測定を必要とする2回の測定値の差"の欄に規定した値を超える差がある場合には，再測定を行い，上記の規定値を超えない二つの測定値を採用する。

表5－測定方法及び測定条件

測定方法及び測定条件に関わる項目			標準試験片ごとの仕様	
			A2形系STB STB-A2, STB-A21, STB-A22	A3形系STB
反射源			φ2×2 (φ2又は2) 平底穴、φ4×4 (φ4又は4) 平底穴及びφ1.5貫通穴	R50面又はR100面及びφ4×4 (φ4又は4) 平底穴
感度設定			測定用基準片の人工きず又は反射面からのエコー高さを60%又は80%として、反射源が人工きずの場合には、そのときの感度を基準感度に設定	
測定項目及び測定方法	エコー高さ	dB	屈折角45°の場合は2スキップで、屈折角70°の場合は1スキップで最大エコー高さの得られる位置とし、試験片の人工きずエコー高さ測定	φ4×4 (φ4又は4) の穴について、屈折角70°、0.5スキップで最大エコーの得られる位置とし、エコー高さ測定
	入射点測定位置	mm	—	表6参照
	屈折角目盛	°	—	表6参照
測定回数			試験片及び測定用基準片について、それぞれ2回測定	
読取りの単位	エコー高さ	dB	0.1	
	入射点測定位置	mm	0.2	
	屈折角目盛	°	0.2	
再測定を必要とする2回の測定値の差	エコー高さ	dB	0.5を超える場合	0.5を超える場合
	入射点測定位置	mm	—	0.4を超える場合
	屈折角目盛	°		0.4を超える場合

表6－A3形系STBの測定方法

測定項目	内容
入射点位置	あらかじめ測定用基準片を用いて探触子入射点位置設定。R50面又はR100面のエコー高さが最大となるように探触子を前後走査し、最大エコーの位置に探触子を止めたときの、探触子の位置、入射点と面の中心からの偏差を測定。R面の中心から、R面前をプラス、逆方向をマイナス。
屈折角目盛	屈折角70°の目盛に対して、屈折角70°の穴を用いて探触で探触。測定する目盛に対して測定する目盛の位置に探触子を止め、その位置における最大のエコー高さが最大となる位置に探触子を止め屈折角を求め、あらかじめ求めた測定用基準片の屈折角と、測定用基準片の屈折角と試験片の屈折角との差が大きい方をプラス、小さい方をマイナス。

7 合否の判定

a)～c)に示す条件を満足する試験片は、合格とする。

a) 標準試験片に応じ、それぞれ表7に示す数値を満足するもの。

b) 試験片のR面による入射点測定位置の測定値が、測定用基準片を基にして定めた基準値を満足するもの。

c) 試験片の寸法及び表面粗さが、標準試験片に応じ、図1～図6に示す規定値を満足したもの。

表7-合否判定

標準試験片の種類	判定基準		
A2 形系 STB	試験片の反射源 a)エコー高さの 2 回測定の平均値が，測定用基準片を基にして定めた基準値に対して±1.5 dB		
A3 形系 STB	試験片についての測定値が，測定用基準片を基にして定めた基準値に対して次の数値を満足。		
	$\phi 4 \times 4$（$\phi 4 \dot{I}$ 4）穴のエコー高さ	dB	±1.5
	入射点測定位置	mm	±1
	屈折角目盛	°	±0.6
注 a)　反射源は，表5による。			

8　表示

合否判定に合格したものには，標準試験片に応じ，**図 1～図 6** に示す位置に刻印又は彫刻によって次の内容を表示する。

a)　製造業者の略称及び標準試験片記号

b)　試験片ごとの製造番号

例

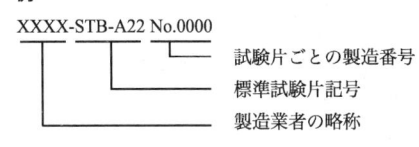

XXXX-STB-A22 No.0000

— 試験片ごとの製造番号
— 標準試験片記号
— 製造業者の略称

9　適合の証明

製造業者は，それぞれの試験片に製造番号を付した上で，試験片ごとに文書によって次の証明をしなければならない。

a)　それぞれの標準試験片がこの規格に適合していることの証明

b)　測定された縦波速度の値（**表 3** 参照）

c)　測定された横波速度の値（**表 3** 参照）

10　既存の試験片

既に製造された STB-A3 は，63°～67°の屈折角測定用目盛及び 77°～83°の屈折角測定用目盛がなくとも，それらが音速（箇条 6 参照）及び上記の屈折角測定用目盛を除く形状寸法（**5.3** 参照）についての要求事項を満足するならば，この規格の要求事項を満たしているとする。

附属書 A
(規定)
試験片の音速測定方法

A.1 一般

この附属書は，試験片の縦波及び横波の音速を測定する方法について規定する。

A.2 音速測定の一般事項

試験片の音速測定は，次による。

a) 最初に，音速測定部の試験片の寸法を 0.01 mm の精度で機械的に測定する。

b) 測定を行う部位には，探触子面の範囲に厚さ 0.01 mm 以上の変動がないことを確認する。

c) 垂直探触子と計測機器とを用いて，伝搬時間を測定する（伝搬時間の測定誤差は，±0.2 %）。

d) 測定した伝搬時間と厚さとを用いて音速を計算する（音速＝伝搬距離／時間）。

e) 測定時の室温は，20 ℃～26 ℃の温度範囲とする。

A.3 縦波音速の測定

使用する垂直探触子は，公称周波数が 5 MHz 以上，広帯域パルスで，振動子直径が 6 mm～15 mm とする。第 1 回底面エコーと第 2 回底面エコーとの時間差を測定する。

A.4 横波音速の測定

使用する垂直横波探触子は，公称周波数 4 MHz～5 MHz，広帯域パルスで，振動子直径が 6 mm～15 mm とする。第 1 回底面エコーと第 2 回底面エコーとの時間差を測定する。

横波は偏波しているので，二つの測定を行う（**図 A.1** 参照）。1 回目の測定における偏波方向は試験片の一つの側面の方向 P に平行になるようにし，2 回目の測定における偏波方向は，P に直角な方向 Q に平行になるようにする。したがって，試験片ごとに少なくとも 2 個の横波速度測定値が得られる。

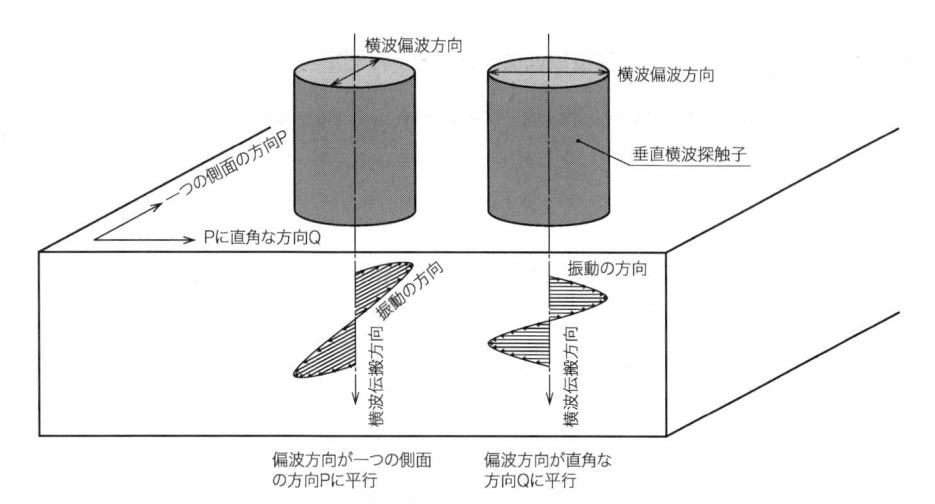

図 A.1－横波音速測定時の横波の偏波方向説明図

参考文献　**JIS Z 2344**　金属材料のパルス反射法による超音波探傷試験方法通則

　　　　　　JIS Z 2350　超音波探触子の性能測定方法

　　　　　　JIS Z 2352　超音波探傷装置の性能測定方法

　　　　　ASTM E 428, Standard Practice for Fabrication and Control of Metal, Other than Aluminum, Reference Blocks Used in Ultrasonic Testing

非破壊試験—超音波厚さ測定—
第1部：測定方法
Non-destructive testing—Ultrasonic thickness measurement—
Part 1 : Measurement method

序文

この規格は，2012年に第1版として発行された**ISO 16809**を基とし，国内における超音波厚さ計の運用実態を踏まえ，その円滑な運用を可能とするため，技術的内容を変更して作成した日本産業規格である。

なお，この規格で側線又は点線の下線を施してある箇所は，対応国際規格を変更している事項である。変更の一覧表にその説明を付けて，**附属書JE**に示す。

1　適用範囲

この規格は，超音波パルスによる超音波厚さ測定装置（以下，測定装置という。）を用いて，金属材料及び非金属材料に対して<u>保守検査又は製品検査を行う場合</u>の厚さ測定方法について規定する。

注記　この規格の対応国際規格及びその対応の程度を表す記号を，次に示す。

ISO 16809:2012, Non-destructive testing—Ultrasonic thickness measurement（MOD）

なお，対応の程度を表す記号"MOD"は，**ISO/IEC Guide 21-1**に基づき，"修正している"ことを示す。

2　引用規格

次に掲げる規格は，この規格に引用されることによって，この規格の規定の一部を構成する。これらの引用規格は，その最新版（追補を含む。）を適用する。

JIS B 0601　製品の幾何特性仕様（GPS）—表面性状：輪郭曲線方式—用語，定義及び表面性状パラメータ

JIS G 0431　鉄鋼製品の雇用主による非破壊試験技術者の資格付与

JIS Z 2300　非破壊試験用語

JIS Z 2305　非破壊試験技術者の資格及び認証

JIS Z 2353　超音波パルス法による固体の音速の測定方法（対比試験片を用いる方法）

JIS Z 2355-2　非破壊試験—超音波厚さ測定—第2部：厚さ計の性能測定方法

3　用語及び定義

この規格で用いる主な用語及び定義は，**JIS Z 2300**によるほか，次による。

3.1

残存厚さ

元厚（製造時の厚さ）から減厚値（腐食，壊食又は磨耗による減少厚さ）を差し引いた値。

3.2

グリセリンペースト

グリセリンに少量の界面活性剤と粘性剤とを添加した接触媒質。

3.3

表示値

厚さ測定器の表示部に厚さとして表示される数値。

3.4

測定値

最終測定結果として採用した値。

4 測定方式

図1に示すように試験体を通過する超音波の伝搬時間を計測し，その値及び既知の音速（**JIS Z 2353** 参照）から，式(1)によって厚さを求める。

$$d = \frac{1}{n} C \times t \quad\cdots\cdots\cdots\cdots\cdots\cdots\cdots\cdots\cdots\cdots\cdots\cdots\cdots\cdots\cdots\cdots\cdots\cdots\cdots\cdots\cdots (1)$$

ここに，	d：	試験体の厚さ （m）
	C：	試験体の音速 （m/s）
	t：	超音波が試験体中を伝搬する時間 （s）
	n：	試験体を通過した回数

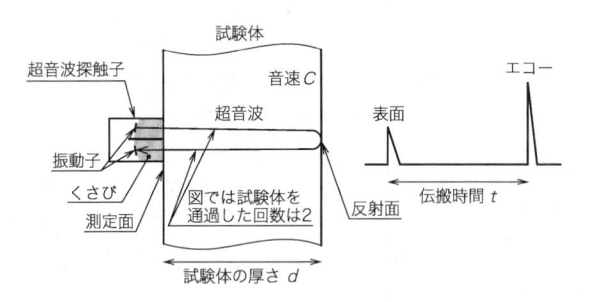

図1－超音波厚さ測定の原理

測定方式は，**表1**のとおり区分する。

表1－測定方式の区分

	測定方式及び使用探触子例	エコーの種類	Aスコープ表示
方式1	ゼロ点・第1回底面エコー方式 （R－B₁）方式 使用する探触子例 　二振動子垂直探触子	指定された試験片，及び使用する探触子を用いて，ゼロ点を設定する。そのゼロ点と，第1回底面エコー（B₁）との間隔から厚さを求める。ゼロ点とは試験体の表面に相当する時間的な位置である。	
方式2	表面エコー・第1回底面エコー方式 （S－B₁）方式 使用する探触子例 　二振動子垂直探触子 　遅延材付一振動子垂直探触子 　水浸探触子	測定箇所の表面エコー（S）と第1回底面エコー（B₁）との間隔から厚さを求める。 ①　二振動子垂直探触子 　　試験体表面からのエコー（S）と第1回底面エコー（B₁）との間隔から厚さを求める。 ②　遅延材付一振動子垂直探触子 　　試験体表面（遅延材底面）からのエコー（S）と第1回底面エコー（B₁）との間隔から厚さを求める。 ③　水浸探触子 　　試験体表面からのエコー（S）と第1回底面エコー（B₁）との間隔から厚さを求める。	
方式3	多重エコー方式 ①（B₁－B₂）方式 使用する探触子例 　一振動子垂直探触子 　水浸探触子 　二振動子垂直探触子 ②（Bₘ－Bₙ）方式 使用する探触子例 　一振動子垂直探触子 　水浸探触子	底面の多重エコーの間隔から厚さを求める。状況に応じて使用する底面エコーを変える必要がある。 ①　（B₁－B₂）方式 　　B₁エコーが明瞭に確認でき，B₂エコーとの識別が十分可能な場合に用いる。 ②　（Bₘ－Bₙ）方式 　　B₁エコーが確認できない場合に用いる。nはm+1である。	
方式4	透過方式 使用する探触子例 　一振動子垂直探触子	試験体を透過したパルスを用いて厚さを求める。エコーが得られにくい高減衰材の測定に用いることができる。	

5 一般的要求事項

5.1 測定装置

測定装置の性能は，使用目的を達成し得る次の厚さ測定器と探触子との組合せとする。

5.1.1 厚さ測定器

厚さ測定器は，次による。

a) **超音波厚さ計**

 1) **数値表示超音波厚さ計**　表 1 の測定方式によって厚さを測定し，測定結果をデジタル値で表示する，小形で一般に用いられる超音波厚さ計。

 2) **A スコープ表示器付き超音波厚さ計**　数値表示超音波厚さ計に，超音波探傷器同様の A スコープ表示機能が付加された超音波厚さ計。腐食部の厚さ測定でエコーの状況を確認したり，複合材料，コーティングなどの上からの厚さ測定で適切なエコーを選択するためには，A スコープ表示器付き超音波厚さ計を用いることが望ましい。

b) **超音波探傷器**　材料中に放射された超音波パルスの，反射源からの応答挙動を観察するための装置で，A スコープ図形からきずなどの位置寸法を判定できるもの。

5.1.2 探触子

探触子は，次の形式の探触子を用いる。

a) 二振動子垂直探触子

b) 一振動子垂直探触子

探触子ケーブルは，測定装置の製造業者によって指定されたケーブルを用いる。

探触子の選定は **6.3** を参照できる。

5.2 接触媒質

水浸法以外で特に指定のない場合は，測定面の粗さに応じて，**表 2** によって選定する。表面粗さ μmRz は，**JIS B 0601** による。

表 2 －接触媒質の選定

測定面の粗さ	
25 μmRz 未満	25 μmRz 以上
規定しない。ただし，試験技術者，試験体及び測定装置に有害でないもの。	濃度 75 ％以上のグリセリン水溶液，グリセリンペースト又はこれらと同等の音響結合が得られることが確認されたもの。かつ，試験技術者，試験体及び測定装置に有害でないもの。

5.3 対比試験片

測定装置は，測定対象を代表する 1 点の厚さ又は複数の厚さの対比試験片で調整する。対比試験片は，音速及び厚さが試験体にほぼ等しいもので，測定面と反射面とが平行なものが望ましい。使用する対比試験片は測定対象の厚さの範囲を網羅していることが望ましい。

5.4 試験体

試験体は，次による。

a) 試験体は，超音波が伝搬する材料であり，探触子と音響結合が可能な表面をもっていなければならない。

b) 測定面に超音波の伝搬を阻害するような汚れ，グリース，綿くず，スケール，溶接のフラックス及びスパッタ，油その他の異物がある場合は，それを除去する。

c) 測定面にコーティング層がある場合は，そのコーティング層は材料に対して音響的に結合していなければならない。そうでない場合はコーティングを除去する。

5.5 試験技術者

試験技術者は，測定装置を調整して測定作業を実施するとともに，測定結果を記録・分類・報告するために必要な資格，経験，知識及び技能をもつものとする。

なお，試験技術者の資格及び認証は，**JIS G 0431** 又は **JIS Z 2305** に規定する超音波探傷試験の資格者又はこれと同等の有資格者とする。

6 超音波厚さ測定の適用

6.1 表面状態及び測定面の処理

測定面に測定の妨げになるものがある場合には，前処理を行う。前処理に当たっては，その方法などを受渡当事者間で協議し，測定面をきずつけたり，うねらせたりしないように注意を払って除去し，厚さ測定が可能な状態にする。

6.2 厚さ測定

6.2.1 一般

a) **測定点又は測定線の選定** 測定点又は測定線は，特に指定がない場合，測定目的，試験体，測定する範囲，使用状況，経年変化，腐食状況などに応じて，次のいずれかの方法を参考にして，受渡当事者間で選定する。

  1) 試験体を適宜に区分した各範囲を代表する1点

  2) 試験体の形状変化部などを適宜に区分した各範囲内の数点

  3) 測定する範囲に適切な間隔で設けた格子線の交点

  4) 試験体の減厚状況によって選定された必要な点又は線

b) **測定方式の選定** 表1によって測定方式を選定する。

c) **測定方法の選定** 表3によって測定方法を選定する。測定方法は，測定結果を求める手順によって，次に示す5種類に区分する。

表3－測定方法の種類

	測定方法	二振動子垂直探触子の場合の音響隔離面の方向
個別測定点による測定方法	1回測定法	規定しない
	2回測定法	90度異なる方向
測定線上の移動による測定方法	連続測定法	隔離面の方向は測定線と直角
測定範囲の拡大による測定方法	多点測定法	規定しない
	精密測定法	規定しない

  1) **1回測定法** 指定された測定点を1回測定する方法。この測定方法では音響隔離面の方向については規定しない。

  2) **2回測定法** 二振動子垂直探触子によって直角2方向について各々測定する方法。同一の測定点において，音響隔離面の向きを90度異なる2方向で各々測定し，得られた小さい方の表示値を測定値とする。

  3) **連続測定法** 測定線上を1回測定法を用いて，二振動子垂直探触子の直接接触法の場合は指定された測定間隔で，又は直接接触法でない場合は連続的に，探触子を移動させながら厚さを測定する方

法。測定線に沿う厚さ変化を断面表示することが可能である。

なお，測定間隔の指定がない場合は 5 mm 以下とするとともに，二振動子垂直探触子で測定する場合，音響隔離面の向きは測定線と直角に保つものとする。

4) **多点測定法** 一測定点を中心に，測定範囲を拡大し，その範囲内の多数の点を測定して，表示値の最も小さい値を測定値とする。測定範囲の拡大は，通常，腐食又は減厚の状況によって判断され，受渡当事者間で選定する。指定のない場合は，拡大の大きさは直径 30 mm 円内を多点測定の範囲としてもよい。本測定方法では二振動子垂直探触子の音響隔離面の方向については規定しない。

5) **精密測定法** 指定された範囲について測定点を増加させ，厚さの変化状態を推定する。測定の結果は，等高線などによって平面表示してもよい。測定範囲の指定がない場合，適用する探触子及び測定間隔を受渡当事者間で適宜選定する。

6.2.2 製品検査における厚さの測定

測定装置は，**5.1** から選定する。探触子の選定には測定を行う試験体の厚さ，形状，要求精度などを考慮し，探触子の種類（二振動子又は一振動子），周波数，振動子寸法，接触面の寸法，遅延材の要否などを決定する。**図 A.1** 及び**図 A.2** が選定の参考となる。

なお，二振動子垂直探触子を用いる場合は測定する厚さに対して交軸範囲，交軸距離が適切なものを選定する。集束型探触子を用いる場合は，同様に集束範囲が適切なものを選定する。

特に超音波の減衰が大きく，反射波を利用できない場合には透過方式（方式 4）とするのがよい。多くの場合，周波数は 1 MHz 以下とすることが望ましい。

6.2.3 保守検査における残存厚さの測定

6.2.3.1 一般

測定装置は，**5.1** から選定する。

なお，探触子の選定には，測定を行う試験体の予想される厚さ，形状などを考慮し，探触子の種類（二振動子又は一振動子），周波数，振動子寸法，接触面の寸法，遅延材の要否などを決定する。**図 A.3** 及び**図 A.4** が選定の参考となる。

二振動子垂直探触子を用いる場合は測定する厚さに対して交軸範囲，交軸距離が適切なものを選定する。集束型探触子を用いる場合は，同様に集束範囲が適切なものを選定する。

二振動子垂直探触子を直接接触法で用い，2 回測定法，連続測定法などにおいて，探触子の向きを変えたり，移動をする場合は，その都度測定面から探触子を離す。

6.2.3.2 一般的な平面試験体の厚さ測定

a) 数値表示超音波厚さ計を用い，異常がない場合，表示値を測定値とする。

なお，異常とは次の場合をいう。

1) 表示値が，推定した厚さの 2 倍程度の場合

2) 表示値が，推定した厚さの 1/2 程度の場合

3) 表示値がばらつく場合（受渡当事者間で決めた許容値以上の誤差又は表示値が安定しないとき）

4) 表示値が得られない場合

b) 異常がある場合，次のいずれかの方法によって，その原因に関する所見及び表示値を記録することが望ましい。

1) 多点測定法のほか，連続測定法又は精密測定法を追加し，測定点近傍の全般的な状況から原因を判断する。

2) 超音波探傷器又は表示器付き超音波厚さ計を用い，その A スコープから，きずエコーの有無，底面

エコーの現れ方などを観察して，ビーム路程によって厚さを求める。

6.2.3.3 腐食部の厚さ測定における留意点

容器，配管などにおける腐食は，異なるメカニズムによって発生し得る。各種腐食の原因及びメカニズムについて**附属書 B** に参考として示す。

測定面又は裏面に腐食が予測される試験体の場合は，次の点に留意する。

a) **測定面が腐食している場合**　測定面に腐食による凹凸がある場合には，超音波の透過性を低下させるため，表示値が得られない場合又は接触媒質の層によって表示値が誤って表示される場合がある。

b) **裏面が腐食している場合**　比較的なだらかな形状をした腐食は，表示値が比較的安定した測定が可能である。しかし，針状の孔食は，その孔食の先端からのエコーは得られにくく，周辺のなだらかな腐食部分の厚さを表示する場合又は表示値が得られない場合がある。

c) **処置方法**　腐食又は孔食によって表示値が安定しない，又は表示値が得られない場合は，A スコープ表示器付き超音波厚さ計又は超音波探傷器を用い，A スコープからエコーを観察し，腐食の状況・程度・残存厚さを測定する。腐食部からのエコーは**図 2** に示されるように多峰性となる場合が多く，残存厚さを読み取る場合は，ピーク位置ではなくエコーの立ち上がりを用いる。

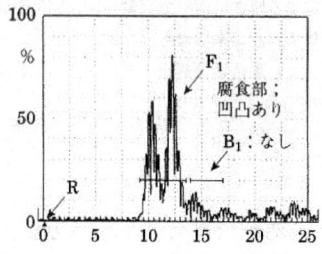

R：ゼロ点
F_1：腐食部からのエコー
B_1：底面エコー

図 2－腐食部からのエコーの例[1]

6.2.3.4 管材の厚さ測定

附属書 JA に管材の厚さ測定における留意点を参考として示す。

6.3 探触子の選定

探触子の選定は，次による。

a) **6.2** に従って適切な測定手順を選び，探触子の種類（二振動子又は一振動子）を選定する。その後，探触子が測定条件に適合するように，他の条件を考慮して選定する。

b) 薄いシート又はコーティング層を測定する場合は，狭帯域探触子に比べてパルスが短く，分解能のよい広帯域探触子を用いる。

c) 超音波が減衰しやすい材料の試験体を測定する場合は，安定したエコーが得られるよう，より低い周波数の探触子又は広帯域探触子を用いる。

d) 振動子寸法及び周波数は，エコーの発生領域が判別しやすい狭い音響ビームで測定範囲がカバーされるように選定する。

e) 試験体が特に薄い場合は，遅延材付き一振動子垂直探触子を使用する。測定方式は，**表 1** における方式 2 又は方式 3 とする。遅延材の材料が試験体と同じ場合は，境界面エコーが発生しない可能性があるため，遅延材の材料は適切なものを選定する。金属上のプラスチック遅延材のように遅延材の材料の音響インピーダンスが試験体よりも小さいと，境界面エコーの位相が変化する。そのため，正確な

結果を得るには補正が必要となるが，超音波厚さ計によってはこの補正を自動で行う機能をもつものもある。

f) 高温の測定面では，探触子に適した温度範囲とそれらの温度での使用時間を明示した探触子製造業者のデータシートを参考にして遅延材付き探触子を用いる。この場合，温度が遅延材の音響的な性質へ与える影響（減衰及び音速の変化）は既知でなければならない。

6.4 厚さ測定器の選定

厚さ測定器は，5.1.1 から選定する。

6.5 対比試験片とは異なる材料

附属書 C を参照。音速による表示値の補正を行えば，他の試験片を用いてもよい。

6.6 特別な測定条件

6.6.1 一般

特別な測定条件における一般事項は，次による。

a) 厚さ測定を行う環境又は試験体について，化学的及び電気的な安全性に関連する法規を遵守する。

b) 高精度の厚さ測定が要求される場合，使用する調整試験片又は対比試験片の温度は試験体の温度と同じでなければならない。

6.6.2 低温での厚さ測定

測定面が 0 ℃未満の場合は，次による。

a) 接触媒質は，その音響的な性質が保たれ，その凝固点は測定面の温度以下でなければならない。

b) 一般的な探触子の仕様は，0 ℃～50 ℃の温度範囲が多く，0 ℃未満の温度では，測定温度で動作が保証された専用の探触子を用いる。

c) 接触時間は，製造業者が推奨する最小時間とする。

6.6.3 高温での厚さ測定

測定面が 50 ℃を超える場合は，次による。

a) 探触子は，高温用探触子を用いる。

b) 接触媒質は，測定面の温度で十分性能を発揮するものを使用する。

c) 超音波探傷器を用いる場合は，探傷波形記録機能付き探傷器を用いることが望ましい。

d) 探触子の接触時間は，製造業者が推奨する測定に必要な最小時間とする。

附属書 JB に高温試験体の厚さ測定における留意点を参考として示す。

6.6.4 有害な雰囲気

有害な雰囲気内で厚さ測定を行う場合は，次による。

a) 厚さ測定を行う環境及び試験体について，安全規則又は規範に関連する法規を遵守する。

b) 爆発の危険のある雰囲気内では探触子，ケーブル及び厚さ測定器の組合せが本質的に安全であり，関連のある安全性の証明を使用前に確認する。

c) 腐食性の雰囲気内では，接触媒質は環境雰囲気に悪影響を与えることなく音響的な性質を保つ必要がある。

6.6.5 コーティング上からの厚さ測定

コーティング上からの厚さ測定は，$B_1-B_1(B_m-B_n)$方式を適用する。
なお，コーティング層と試験体との境界面が得られる場合には，境界エコーを表面エコーとみなした S-B 方式（I-B 方式ともいう。）を適用できる。

附属書 JC にコーティング上からの厚さ測定における留意点を参考として示す。

7 厚さ測定器の調整

7.1 一般

厚さ測定器の調整は，厚さ測定に使用するものと同じ測定装置で行う。また，その手順は，製造業者の使用説明書，手順書，又は **JIS Z 2355-2** の **9.15**（調整）に従って行う。

7.2 方法

7.2.1 一般

厚さ測定器の調整方法は，測定方式及び使用する測定装置に適した方法で実施する。また，調整は試験体の厚さ測定時と同じ環境条件で行う。

附属書 **C** に厚さ測定器の調整方法を選ぶ手引を示す。

7.2.2 超音波厚さ計

超音波厚さ計の調整は，次による。

a) $R-B_1$ 方式を用いる場合は，ゼロ点を調整し，調整用試験片を用いて表示値がその厚さを示すように音速を調整する（超音波厚さ計の設定音速が試験体の音速と一致するように調整してもよい。）。

b) B_1-B_2 (B_m-B_n) 方式又は $S-B_1$ 方式を用いる場合は，調整用試験片を用いて表示値がその厚さを示すように音速を調整する（超音波厚さ計の設定音速が試験体の音速と一致するように調整してもよい。）。

7.2.3 超音波探傷器

超音波探傷器を用いて A スコープ表示から厚さを読み取る場合の時間軸の調整は，次による。

a) **音速の調整** 対比試験片の多重エコーの間隔のビーム路程が，対比試験片の厚さに対応するように時間軸を調整する ［**図 3 a)** 及び **図 3 b)**］。

b) **時間軸の位置の調整** $R-B_1$ 方式又は $S-B_1$ 方式の場合は，送信パルスは表示させず，境界面エコーは目盛のほぼゼロに合わせる。次に最初の底面エコーを対比試験片の既知の厚さに対応するビーム路程の目盛位置に合わせる ［**図 3 c)**］。

B_m-B_n 方式の場合は，最初の底面エコーを対比試験片の既知の厚さに対応するビーム路程の位置に合わせ，次に第 n 回底面エコーを対比試験片の既知の厚さの n 倍に対応するビーム路程の位置に合わせる ［**図 3 d)**］。

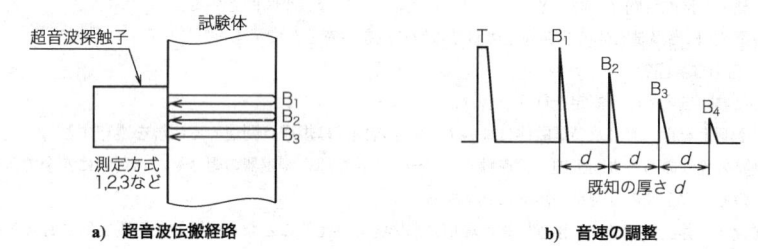

a) 超音波伝搬経路	b) 音速の調整

図 3－A スコープの時間軸の調整

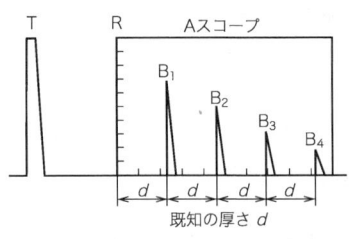 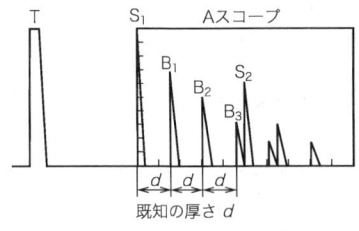

c)　R−B₁方式又は B₁−B₂(Bₘ−Bₙ)方式の　　　d)　S−B₁方式の時間軸の調整
　　時間軸の位置の調整

T 　　：送信パルス
R 　　：ゼロ点
S₁, S₂ ：表面エコー
B₁〜Bₙ：底面エコー

図 3−A スコープの時間軸の調整（続き）

7.3　調整値の確認

　特に指定がない場合，測定開始時，測定終了後及び必要に応じて測定中任意の時間内に，調整値の確認を行い，調整値が前回の調整値に比べ受渡当事者間の取決めによる許容値を超えている場合，前回の調整値を確認してから測定した箇所について再測定を実施する。また，次の場合には必ず調整を行う。

a)　超音波上の問題ではなく，測定装置の動作不良などの異常があると判断した場合

b)　測定装置の全部又は一部を交換した場合

c)　試験技術者が交替した場合

d)　電源を再投入した場合

e)　試験体の材料が異なる場合

f)　試験体又は測定装置の温度が著しく変化した場合

7.4　測定装置の保守及び点検

7.4.1　一般

測定装置の保守は，次による。

a)　探触子の接触面にきず，凹凸，片減りなどがある場合，エコー高さの低下及び測定値のばらつきの原因になるため，接触面を平滑にした後，探触子の性能測定を行い，必要とする性能（交軸距離，交軸範囲）を満足しない場合は探触子を交換する。

b)　接触媒質が長時間にわたって付着している場合，内部に浸透して機器損傷の原因になるため，探触子，探触子ケーブルの接栓，又は超音波厚さ計の本体に付着している接触媒質は，測定後，確実に拭き取る。また，探触子の接触面の接触媒質は測定終了後（又は自動カット OFF 機能が作動した場合も），確実に拭き取る。

7.4.2　日常点検

　JIS Z 2355-2 の箇条 11 ［試験区分 3（日常点検）］による。

　なお，**附属書 JD** には日常点検記録表の例を示す。

7.4.3　定期点検

　JIS Z 2355-2 の箇条 10（試験区分 2）によって，1 年以内ごとに行い，その結果を記録する。

7.4.4　特別点検

　測定装置が落下した場合，運搬中に衝撃を与えた場合，温度など環境条件が供給者の仕様範囲を超えた場合などは，定期点検と同様の点検を実施する。

8　測定精度への影響

8.1　作業上の条件

　測定体の状態は，次のように測定値に影響することを考慮する。

8.1.1　測定面の状態

a) **清浄度**　測定面の清浄度は測定値に影響し，測定面の前処理が不適切な場合は，測定値が不正確になることがある。このため，付着した汚れ又はスケールは，測定前にブラシ掛けなどによって除去する。

b) **表面粗さ**　表面粗さは，探触子と測定面との接触面積を減少させ超音波の透過性を低下させるほか，著しく粗いところでは，超音波のビーム路程が増加するため厚さが誤って表示される原因となる。

　なお，厚さ測定の不確かさは，厚さが減少するほど増加する。また，入射面の反対側の表面（底面）が粗い場合，エコーが変化し，測定誤差の原因になり得る。

c) **表面形状**　平滑でない測定面上を直接接触型の探触子で測定するときには，部分的に接触媒質層が厚くなる場合があり（**図4**参照），$R-B_1$方式及び透過方式では接触媒質層の伝搬時間が表示値に含まれ，誤差が大きくなる。接触媒質と材料との音速比が $1:4$ のときには，この誤差は接触媒質の実際の厚さの4倍になる。また，表面エコーを検出した場合には実際の厚さよりも薄い値が表示される場合もある。

8.1.2　表面温度

　温度変化は，探触子の遅延材内及び試験体の音速と超音波との減衰量に影響を与えるため，より正確に測定する必要がある場合には，温度変化及び次の項目に対する影響を考慮する。

a) 参照基準：標準，ゲージ，試験片

b) 厚さ測定器，探触子など

c) 手順及び方法：接触媒質，試験体

　音速は，多くの金属及びプラスチックでは温度が上がると減少するが，ガラス及びセラミックスでは増加する場合がある。温度変化が金属の音速へ与える影響は，通常は無視できるほど小さい。鋼の場合，縦波の音速はおよそ 0.8 m/s/℃の割合で減少する。

　くさびとして一般的に使われるアクリル樹脂の音速は，2.5 m/s/℃の割合で減少する。そのため，温度変化がくさびの音速に与える影響は大きく，補正が必要な場合もある。

8.1.3　コーティング

　コーティングは，測定値の誤差要因となるため，コーティング上からの測定方法は，**附属書 JC** によることが望ましい。

8.1.4　形状

　形状に対する要求は，次による。

a) **平行度**　試験体（部品）の両面は平行であることが望ましい。傾斜がある場合，底面エコーがひず（歪）んだり減衰したりするため，測定が困難又は不正確になる場合がある。

b) **曲面**　測定面が曲率をもつ場合，探触子と試験体との接触面積が減少し，超音波の透過性及び測定の再現性が低下する。そのため，探触子は，超音波が試験体の曲率中心に向かうように配置する。表示値がばらつく場合，超音波の透過性を向上させるために，探触子の接触面を曲面に合わせて成形するとよい。

c) **凹面及び凸面**　探触子の接触面は，常に十分な音響結合が得られるようにする。試験体の半径が小さい場合は，直径の小さい探触子を選定する。

d) **厚さの範囲**　正確な測定は，厚さ方向に沿った材料の均一性に依存する。組成の局部的又は全面的な変化は，対比試験片の材料と比べた音速のずれによる測定誤差が発生する。

8.2　測定装置

8.2.1　分解能

測定装置の真の分解能は，そのシステムによって確認できる測定値の変化の最小値である。例えば，0.001 mm の見掛けの分解能で表示する超音波厚さ計は，0.01 mm の分解能で測定できるだけかもしれない。超音波探傷器の分解能は，サンプリングレート，画面の分解能（ピクセル数），時間軸の調整などの要因に依存している。

測定装置の分解能は，探触子の種類及び周波数の影響を受ける。探触子の周波数が高くなると，周波数が低いときよりも厚さの分解能は上がる。これは基本的に周波数の高いパルスでは波形が鋭くなることによる。

8.2.2　測定範囲

超音波厚さ計の表示の桁数は単に表示できる数字の範囲だけを意味しており，実際の測定範囲は測定条件によって影響される。測定可能な厚さの最小値及び最大値は，一般に探触子の周波数及び／又は用途（材料の条件など）によって左右される。

探触子は，厚さ測定器とは独立に測定範囲に影響し，測定可能な厚さの最小値は主に探触子の周波数と試験体との音速で定まる。一般的に，1 波長以下の厚さを測定することは困難である。

$$\lambda = \frac{C}{f}$$

ここに，　λ：　波長（m）
C：　試験体の音速（m/s）
f：　探触子の周波数（Hz）

試験体の材料によって音速と減衰とは異なるため，探触子の周波数は，試験体の材料及び厚さに応じて選定する。高い周波数は低い周波数より材料を透過しにくいため，周波数は測定できる最大厚さにも影響する。

厚さ測定器は，測定する試験体の厚さがその測定範囲内に含まれているものを選定する。超音波探傷器でAスコープを用いて厚さ測定する場合には，厚さの測定に必要な分解能を満たすように時間軸を設定する。時間軸の範囲は，測定する厚さの範囲の両端が表示されるように調整することを推奨する。

8.3　測定精度に影響するパラメータ

測定精度の評価は，幾つかの測定要素，計算方法などに影響される。

　　注記　測定精度に影響する重要なパラメータ及びその対応方法を**附属書 D** に示す。

9　材料の影響

9.1　一般

鍛造又は圧延された金属は，通常，超音波の減衰が小さく，音速はほぼ一定であるため，これらの材料は箇条4の標準的な手順によって容易に厚さ測定できる。

9.2　不均一性

合金元素及び不純物を含む材料組成と材料の加工プロセスとは，結晶粒組織の構造と方向性とに影響し，

そのことによって金属組織の均一性に影響する。

このことは局部的に試験体内部の音速又は超音波の減衰の変動の要因となり，誤差の発生又は測定値が得られない原因になり得る。

9.3 音響異方性

音響異方性のある材料では，組織の向きに対する超音波の入射方向によって音速が異なる場合があるので留意する。圧延又は押出し成型によって加工された材料，特にオーステナイト鋼，銅及び銅合金，鉛及び全ての繊維強化樹脂などの例がある。音速の違いによる誤差を最小にするためには，測定面の組織に対する方向は，対比試験片及び試験体のどちらも合わせる必要がある。

9.4 超音波の減衰

超音波の減衰は，エコー高さの低下又は波形の変化の原因となる。減衰は吸収（例えば，ゴム）によるエネルギーの損失又は散乱（例えば，粗い結晶粒）によって起きる。

一般的に鋳物の測定では，散乱による減衰があり，表示値の消失又は誤差の原因となる。プラスチックの測定では，吸収だけで超音波が大きく減衰する。

9.5 表面状態

9.5.1 一般 表面状態の確認不足がある場合，測定値が得られない又は測定誤差の原因となる場合がある。

9.5.2 接触面 測定面がコーティングされている場合，コーティング材が母材に対して音響的に結合していればコーティングを通して厚さ測定が可能である（6.6.5 参照）。コーティング材と母材との間に隙間が生じている場合は塗膜を剥離する必要がある。

磨耗及び／又は腐食による測定面の表面粗さは，音響結合の状態と測定精度への影響が大きい。測定面の表面粗さが大きいと，$S-B_1$ 方式及び $B_1-B_2(B_m-B_n)$方式は不適切であり，$R-B_1$ 方式だけが有効となる。表面粗さの影響で超音波が試験体へ透過しない場合は，測定面を研磨することで厚さ測定ができるようになる可能性があるが，残厚の少ない部分を更に削ることになるので実施には注意を要する。

得られた測定値は，表面状態が許容する以上の精度になることは考えられない。**図4**は，この例として凹部を測定している場合を図示している。この位置において方式1を用いた場合の測定値には，接触媒質層の厚さ換算値を含んでいる。

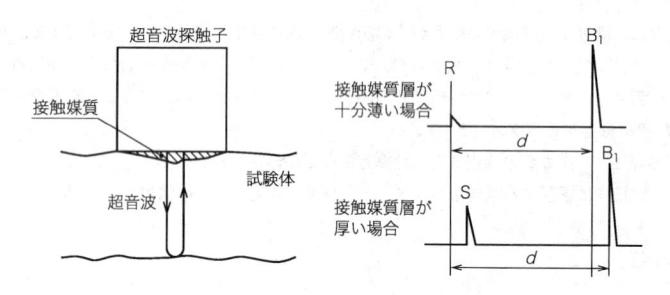

図4－接触媒質層が厚い場合の伝搬経路

9.5.3 反射面

供用中に発生した腐食又は侵食部分の測定を行う場合，それらは異常な反射面となるため，予想される腐食の種類についての知識をもち，磨耗，腐食又は侵食の具体的な種類に応じた測定方法を適用する。

9.5.4 腐食

石油，ガス，発電などのエネルギーの配送，製品の貯蔵，輸送などの産業では，圧延鋼板，継目無鋼管及び溶接接合物などの金属材料で作られた容器及びパイプが使用されており，これらは腐食の発生に結び付いている。

鋼の容器及び配管類の腐食に適用する超音波技術を選定する場合，次の様式の腐食タイプを考慮する。

a) 均一腐食

b) 孔食

c) 析出腐食

d) 隙間腐食

e) 電解腐食

f) 流れ誘起腐食（流れ加速腐食）

g) 溶接部腐食

h) 上記の腐食の種類の二つ以上の組合せ

表 B.1 は，考慮することが必要な腐食タイプ及び反射面の形と分布とを示している。

10 報告書

10.1 一般

受渡当事者間で取り決めた特定の要求も考慮して，**10.2** 及び **10.3** に示した項目の内容を記録する。

10.2 一般情報

一般情報は，次による。

a) **準拠した図書** 手順書，規格，仕様書

b) **測定年月日**

c) **測定者名（試験技術者名）及び保有資格**

d) **測定器材** 測定器材は，次による。

　1) 厚さ測定器の形式，製造番号など

　2) 探触子の形式，製造番号など

　3) 点検年月日

　4) 測定時に使用した調整用試験片の名称及び管理番号

　5) 接触媒質の種類又は名称

e) **測定条件** 測定条件は，次による。

　1) 試験体の名称

　2) 試験体の材料及び厚さ

　3) 測定物表面の状態（表面仕上げ，腐食の程度，塗膜の有無及び種類，塗膜の厚さなど）

　4) 測定箇所（必要なときは，詳細図の表示）

　5) 測定方式及び測定方法の種類

10.3 測定データ

測定データは，次による。

a) **測定結果** 測定結果は，次による。

　1) **測定値** 一つの測定点ごとの測定値を記録するか，又は受渡当事者間で取り決めた値以下の測定値及びその位置を記録する。また，必要に応じ，測定線に沿う厚さ変化を断面表示するか，測定範囲

内の同一の厚さの点を線で結んだ等高線などによって平面表示して記録する。また，各測定部位での設定音速値及び測定部位の表面温度は記載する。ただし，測定値へ温度の影響がないことが確認されている範囲では記録は不要である。

  2) **特記事項**

b) **その他の事項**　指定事項，立会者，所見など

附属書 A
（参考）
測定条件の選定

A.1 測定条件の選定

測定条件の選定は，次の**図 A.1**〜**図 A.4** のフローチャートによる。

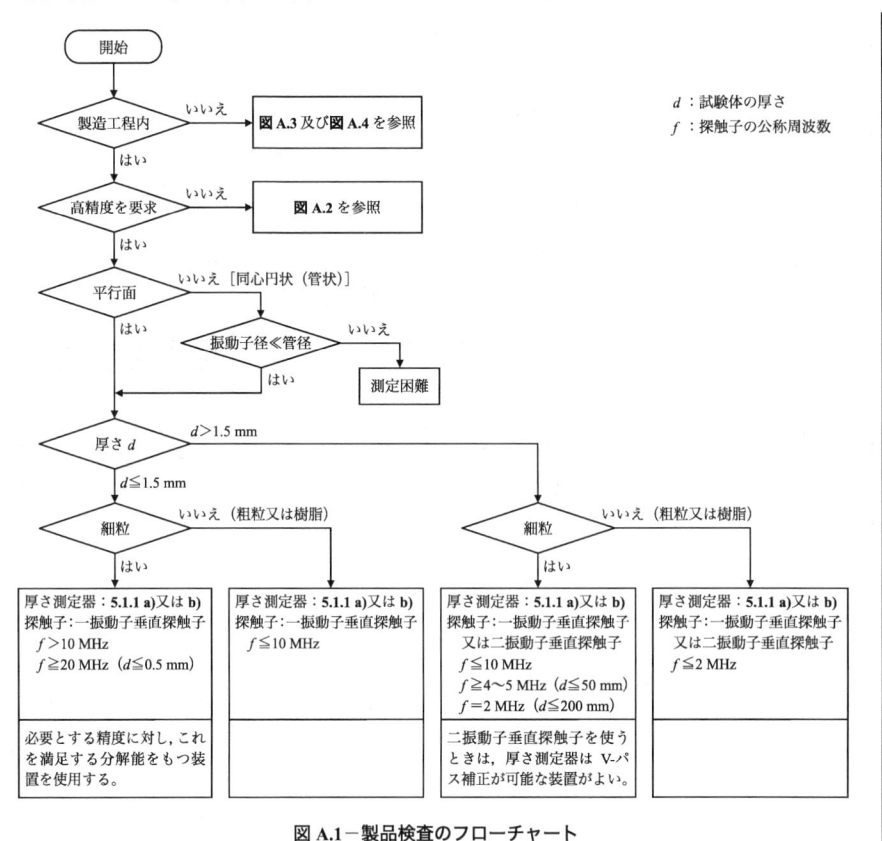

図 A.1−製品検査のフローチャート

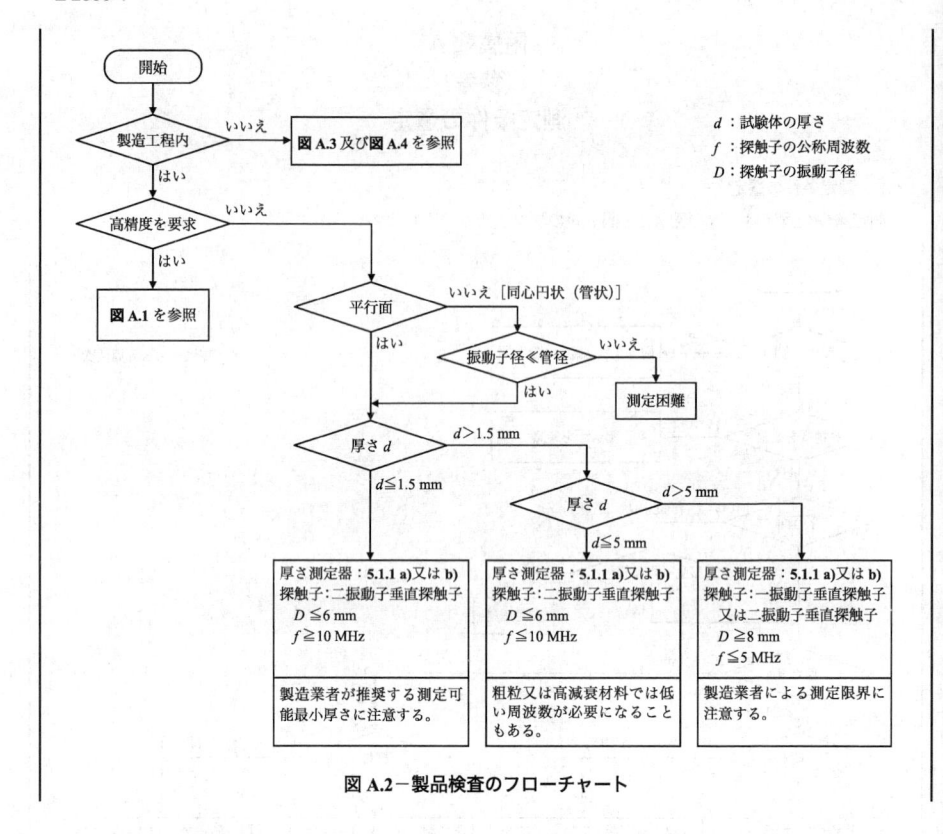

図 A.2－製品検査のフローチャート

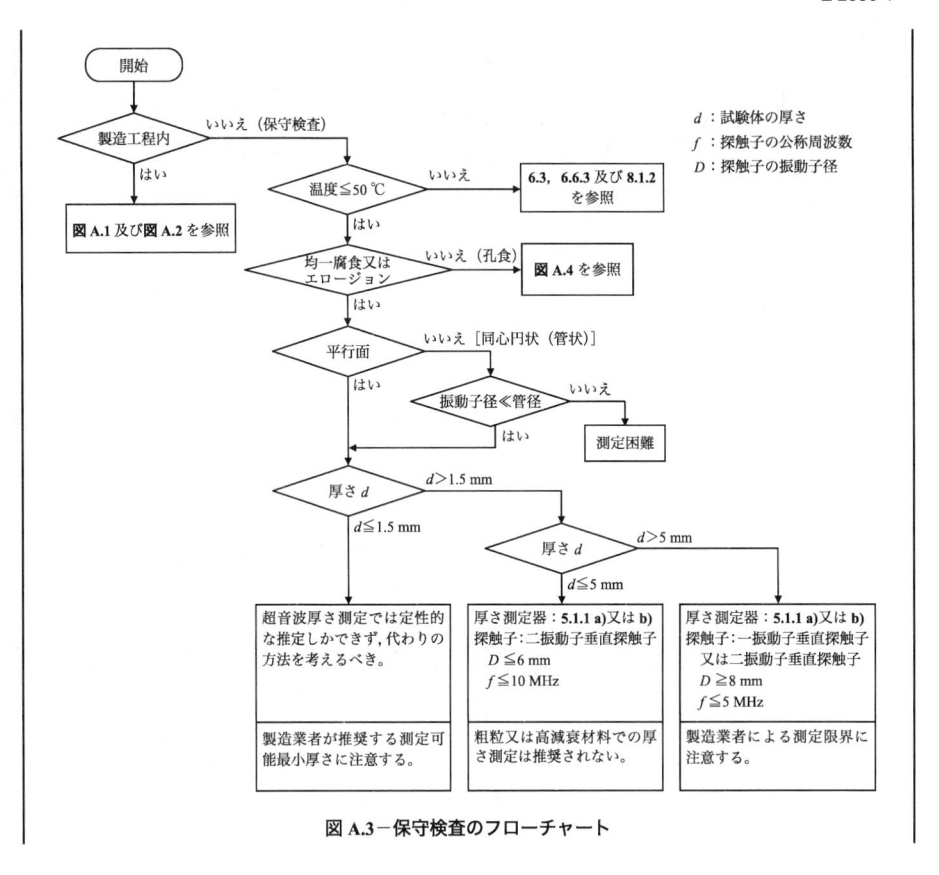

図 A.3－保守検査のフローチャート

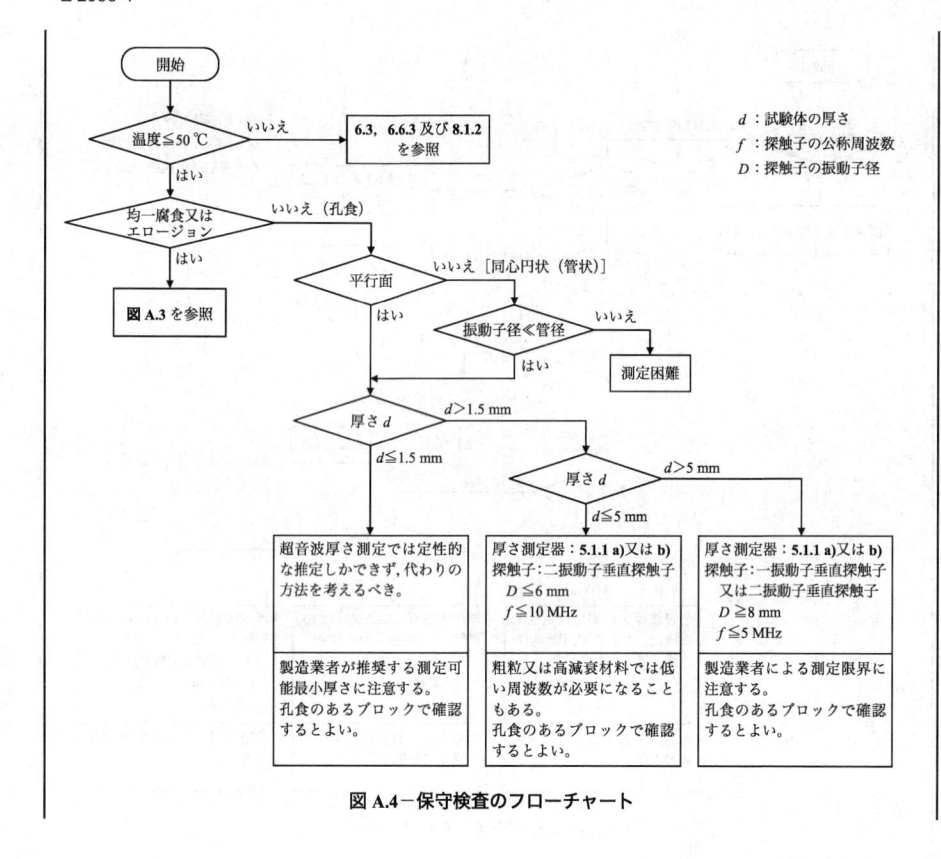

図 A.4−保守検査のフローチャート

附属書 B
（参考）
鋼の腐食

B.1 鋼の腐食の分類

鋼の腐食の分類は，**表 B.1** による。

表 B.1－鋼の腐食分類

No.	種類	典型的な腐食原因及びそのメカニズム	説明図	推奨する超音波技術
1	均一腐食[a]又はエロージョン[a]	次のような腐食環境で起きる。 － 酸素で飽和した水 － 酸性溶液 － 湿潤気体からの凝縮水		6.2.3.3 参照
2	孔食[a]	腐食領域には明確な境界があり，その周囲は典型的には未腐食である。 孔食は材料の結晶構造と集合組織，表面状態によって形態が異なる。		6.2.3.3 参照
2a	孔食[a]	分布パターン		注[a] 参照
3	析出腐食[a] 隙間腐食[a]	堆積物の下又は水で満たされた狭い隙間で起きる。		注[a] 参照
4	電解腐食[a]	異種金属		注[a] 参照
5	流れ誘起腐食[a]			注[a] 参照

表 B.1－鋼の腐食分類（続き）

No.	種類	典型的な腐食原因及び そのメカニズム	説明図	推奨する 超音波技術
6	乱流腐食 [a]			注[a] 参照
7	メサ型腐食 [a]			注[a] 参照
8	キャビテーション腐食 [a]			注[a] 参照
9	溶接部腐食 [a]			注[a] 参照
注[a]	これらの腐食形式は腐食の検出と定量化を達成するときに出会う可能性と困難性とを図解するために示している。図解は情報として示すことだけを目的にしている。個々の場合に適用する技術は対象への接近条件，材料の厚さその他のパラメータによるため，それについて具体的に推奨することはできない。			

附属書 C
(参考)
装置の調整

C.1 装置の調整

装置の調整は，**表 C.1** 及び**表 C.2** による。

表 C.1－複数段対比試験片による装置の調整

操作	対比試験片によって選定する			
	同じ材料		異なる材料	
	同じ表面状態	異なる表面状態	同じ表面状態	異なる表面状態
装置の調整	測定厚さ範囲の上下の厚さで調整			
中間のステップでの直線性の確認	2 段を超えるステップが利用できるとき			
設定の修正	不必要	試験体上でゼロ点調整の確認と修正	可能な場合は，試験体上での再調整又は表示値を既知の音速で補正	可能な場合は，試験体上での再調整又は試験体上でゼロ点調整の確認と修正，及び既知の音速値の使用
装置の調整に影響する要因	対比試験片の厚さの精度			
	2 ステップだけを使うときの直線性			
		試験体の表面状態		試験体の表面状態又は既知の音速値の妥当性
			試験体の厚さの精度又は既知の音速値の妥当性	試験体の厚さの精度

表 C.2－単一厚さ対比試験片又は対比試験片無しによる装置の調整

操作	対比試験片によって選定する		
	同じ材料		同じ材料の対比試験片を使えない
	同じ表面状態	異なる表面状態	
装置の調整	音速とゼロ点を既知の値と厚さに一致するように設定		音速を試験体の既知の値に設定 ゼロ点を既知の値又は方式 3 又は探触子を自動認識することによって設定
中間のステップでの直線性の確認	不可能		
設定の修正	不必要	試験体上でゼロ点調整の確認及び修正	不可能
装置の調整に影響する要因	対比試験片の厚さの精度		既知の数値の妥当性
	直線性		
		試験体の表面状態	

附属書 D
（参考）
精度に影響のあるパラメータ

D.1 精度に影響のあるパラメータ

精度に影響のあるパラメータを，**表 D.1** に示す。

表 D.1−精度に影響のあるパラメータの表

項目		パラメータ	結果	可能性のある改良
試験体	材料	組成	減衰, 吸収, 散乱, 音速の局所変動	試験体と同じ材料による装置の調整
		構造		
		異方性		
	表面状態	清浄さ	表面状態の局所変動による接触媒質厚さの変動	清浄にする
		粗さ		要求に従った測定面の研磨
		表面形状		径の小さい探触子を使う
	塗膜	コーティング	母材音速と塗膜音速との差による不正確性	コーティングの除去又は方式 3 の利用（**附属書 JC** 参照。）
		塗料		
		表面処理		
	形状	非平行性	底面エコーの消失又はひず（歪）み	平行度は探触子の指向角以内（±1.22 arcsin λ/d）
		曲率	音響結合効率の低下	径のより小さい探触子を使う
		範囲	減衰による底面エコーのひず（歪）み	方式 1 で低周波数探触子を使う 方式 4 を使う
参照	方法	調整法	不正確な表示値	試験部を代表する対比試験片を使う，厚さの予想値より薄いステップと厚いステップ，調整法の選定（**附属書 B** 参照）
	対比試験片	厚さ及び音速	測定精度は試験片の精度	試験片厚さと音速の正確な測定
測定	装置	分解能	精度はシステムの分解能を超えない	高精度の装置, 高周波数の探触子及び広帯域探触子を使う
		ケーブル長	余分なケーブル長は信号にひず（歪）みを生じさせる	短いケーブルを使い，同じケーブルで調整する
		装置のドリフト	不正確な表示値	装置をウォーミングアップして表示値の安定を待つか，又は安定した機器を使う
		伝搬時間	精度は伝搬時間の測定精度を超えない	より高精度の装置を使う
		直線性	不正確な表示値	システムの直線性を確実にする
		トリガー点	不正確な表示値	最良なトリガー点の選定
	操作	V-パス	超音波の経路（路程）が厚さ（表面−裏面最短距離）と異なることによる不正確な表示値	V-パス補正のある厚さ計を使うか，又は（二振動子の）ルーフ角と間隔を考慮する 一振動子探触子を使う
		位相のシフト	誤った表示値	位相のシフトを考慮する

表 D.1－精度に影響のあるパラメータの表（続き）

項目		パラメータ	結果	可能性のある改良
再現性	方法	方法	不適切な操作	正しい手順又は取扱説明の提供 再現性試験の実施
		音響結合	音響結合の不良による表示値のばらつき	表面状態に合った接触媒質の選定 可能ならば方式3を使う
		ユーザ訓練	表示値の誤差	作業者訓練
その他	温度	音速の変動	表示値の誤差	試験体と同じ温度で調整，又は音速の変化に対して調整値を補正

附属書 JA
(参考)
管材の厚さ測定方法

JA.1 一般

この附属書は，超音波パルス反射法によって，管材の厚さ測定をするときの留意点などについて記載するもので，規定の一部ではない。

JA.2 管材の測定方法

管材の厚さ測定は管材の内外面を測定面とする2方法があり，その測定面の状況に応じて適切な測定条件を設定する必要がある。超音波厚さ計は 5.1.1，探触子は 5.1.2 から選定する。

探触子の選定には測定を行う管材の外径，内径，厚さなどを考慮し，探触子の種類，周波数，振動子寸法，接触面の寸法，遅延材の要否などを決定する。

決定に際しては模擬試験片を作成し，装置と探触子との組合せによって確認試験を行うことを推奨する。

JA.2.1 数値表示超音波厚さ計を用いる場合

数値表示超音波厚さ計と二振動子垂直探触子とを組み合わせて用いる場合，1回測定では音響隔離面の向きを管軸に対し直角（**図 JA.1** 参照）に配置して測定するが，2回測定法では音響隔離面の向きを管軸に対し直角と平行に配置して測定する。

なお，接触媒質は線接触の音響結合が可能な限り良好に得られる方法で塗布する必要がある。

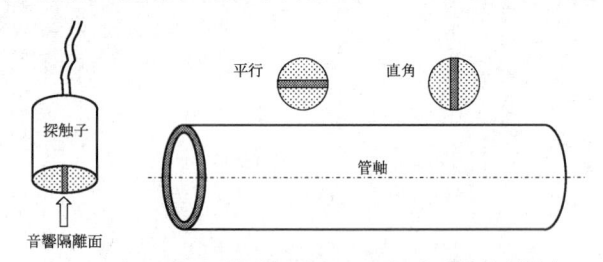

図 JA.1－音響隔離面と管材管軸方向との関係（一般管材直管部）

a) 管材の厚さ測定を行う場合，薄い厚さの管材が多いことから始業前点検にて測定下限の確認を行い記録しておくことを推奨する。

b) 管材の外径が小さくなると安定した厚さ測定が困難になる場合がある。このような状況の場合は，探触子の種類などを適切に決定する必要がある。

c) 管材の厚さが薄い場合，$R-B_1$ 方式の測定方法では厚さ測定が困難になる場合がある。この場合は多重エコー方式 $[B_1-B_2(B_m-B_n)$ 方式] にて厚さ測定を行うことを推奨する。この場合，**JA.2.2** の表示器付き超音波厚さ計又は超音波探傷器の使用を推奨する。

JA.2.2 表示器付き超音波厚さ計又は超音波探傷器を用いる場合

図 JA.2 に管材内面からの厚さ測定例を示し，**図 JA.3** に管材内面からの腐食部の厚さ測定例を示す。

なお，近年では遅延材付き垂直探触子で遅延材の接触面又は振動子寸法のごく小さいもの，又は周波数が 20 MHz 以上の広帯域垂直探触子などが多く使用されている。

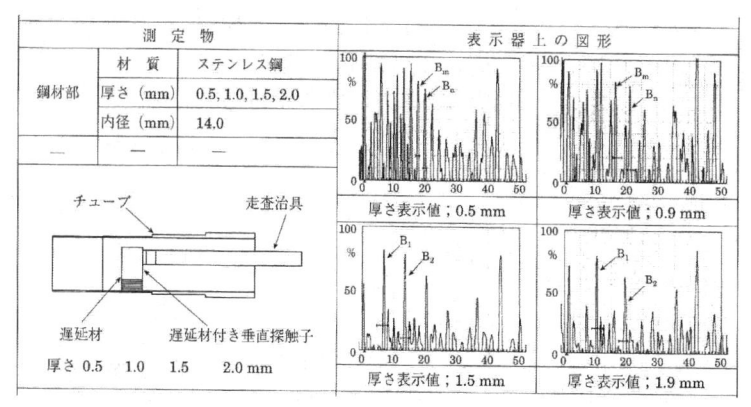

図 JA.2－管材内面からの厚さ測定（遅延材付き広帯域垂直探触子の場合）の例[2]

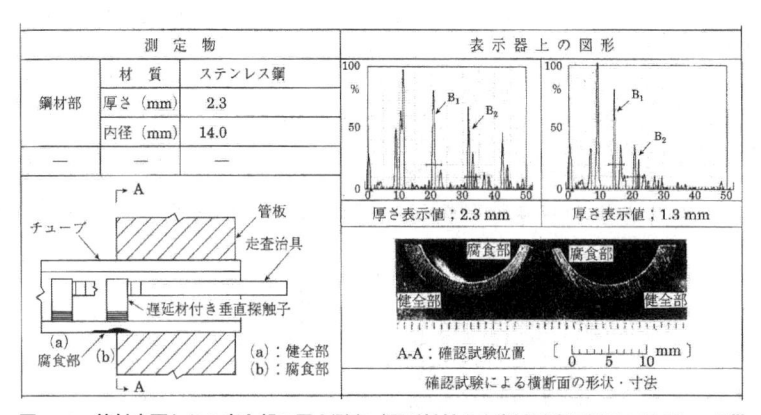

図 JA.3－管材内面からの腐食部の厚さ測定（遅延材付き広帯域垂直探触子の場合）の例[2]

附属書 JB
(参考)
高温試験体の厚さ測定方法

JB.1 一般

この附属書は，超音波パルス反射法によって高温試験体の厚さを測定するときの留意点について記載するもので，規定の一部ではない。

なお，ここでいう高温試験体とは，測定面の温度が 50 ℃を超えるものをいう。

JB.2 高温試験体の厚さ測定における注意点

高温試験体の厚さ測定を行う場合，高温に耐えられる遅延材などを介して超音波を伝搬するのが一般的な方法である。この遅延材などの種類によっては試験体の表面温度が 300 ℃～500 ℃まで厚さ測定が可能なものもある。

a) 接触媒質は，高温専用のものを使用する必要がある。

b) 試験体の温度が高温になっているときは，音速も常温のときと比べて変化している。図 JB.1 に鋼材の温度による音速変化の一例を示す。音速は温度が高くなると遅くなるため，厚さ測定での表示値に対して音速の補正が必要であることから，各測定点での厚さ測定時には測定面の温度の測定を併せて行っておくことを推奨する。また，表面の温度と内部の温度とが異なる場合もあるため，温度分布についての考慮も必要である。

c) 高温の厚さ測定を行う場合，使用する垂直探触子によって適用温度範囲，高温試験体への接触時間，探触子の冷却方法，冷却時間などが製造業者から指定されている場合があることから探触子の取扱いには十分に注意が必要である。

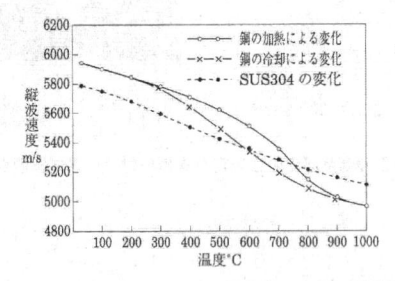

図 JB.1－鋼材の温度による縦波音速の変化の測定例[3]

附属書 JC
(参考)
コーティング上からの厚さ測定方法

JC.1 一般

この附属書は，超音波パルス反射法によって，測定面にコーティングが施された試験体の厚さを測定する場合の留意点などについて記載するもので，規定の一部ではない。コーティングには，樹脂系，金属系，ゴム系，ガラス系など様々な材料が用いられている。

JC.2 コーティング上からの厚さ測定

超音波厚さ計は，**5.1.1**，探触子は **5.1.2** から選定する。

なお，探触子の選定には測定を行う試験体の予想される厚さ，腐食の程度，使用されている塗膜材料などを考慮し，探触子の種類，周波数，振動子寸法，接触面の寸法，遅延材の要否などを決定する。

また，決定に際しては模擬試験片を作成し，装置と探触子との組合せによって確認試験を行うことを推奨する。

JC.2.1 数値表示超音波厚さ計を用いる場合

コーティング上からの厚さ測定には，多重エコー方式（B_1-B_2 方式又は B_m-B_n 方式）が適用できる。また，コーティング材と試験体との境界面エコーを明瞭に分離できる場合は，$I-B_1$ 方式も適用できる。

$R-B_1$ 方式及びコーティング面からの表面エコーを用いた $S-B_1$ 方式の場合は，**図 JC.1** に示されるように表示値にコーティングの影響が含まれる。コーティングの音速 Cc 及び厚さ Tc が分かれば，次の式(JC.1)によってコーティング厚さを減じて試験体の厚さを算出することができる。

$$T=Dm-(Tc\times C/Cc) \cdots\cdots\cdots\cdots\cdots\cdots\cdots\cdots\cdots\cdots\cdots\cdots\cdots (JC.1)$$

ここで Dm は表示値，Tc はコーティングの厚さ，Cc はコーティングの音速，C は測定材の音速である。

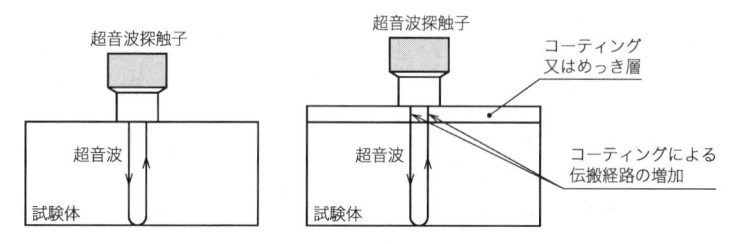

図 JC.1－コーティングの通過による音響経路の増加

$R-B_1$ 方式，$S-B_1$ 方式におけるコーティングの影響は次のとおりである。

a) **金属コーティング**　クラッドされている材料は，クラッド材（構造，組成，厚さ，クラッド加工法，層の数など）を考慮しないと，材料厚さの見掛けの増加（又は熱処理材の場合には見掛けの減少さえも）が起こり得る。

　　めっきを考慮するかどうかは要求される測定精度による。

　　例えば，鋼用に調整した装置では，

- 鋼 $\quad$ 1 mm, $v=5\,920$ m/s
- 亜鉛 $\quad$ 20 μm, $v=4\,100$ m/s
- 実際の厚さ $\quad$ 1 mm＋20 μm＝1.02 mm

$$\frac{\left(1\times10^{-3}\right)}{5\,920}+\frac{\left(20\times10^{-6}\right)}{4\,100}=1.738^{-7}\,s \quad\cdots\cdots\cdots\cdots\cdots\cdots\cdots\cdots\cdots\cdots\cdots\text{(JC.2)}$$

$$1.738^{-7}\times5\,920=1.029\ \text{mm} \quad\cdots\cdots\cdots\cdots\cdots\cdots\cdots\cdots\cdots\cdots\cdots\cdots\text{(JC.3)}$$

- 測定厚さ $\quad$ 1.029 mm
- 偏差 $\quad$ 0.009 mm

クラッド厚さは測定することができる。測定精度は母材の測定と同じパラメータに依存する。

b) 非金属コーティング

コーティング上から厚さを測定する場合の測定誤差は，コーティング材と試験体の音速の差による（**図 JC.1** 参照）。

- 鋼 $\quad$ 1 mm, $v=5\,920$ m/s
- 塗料 $\quad$ 100 μm, $v=2\,100$ m/s （これは一般的な数値で代表値ではない。）
- 実際の厚さ $\quad$ 1 mm＋100 μm＝1.1 mm

$$\frac{\left(1\times10^{-3}\right)}{5\,920}+\frac{\left(100\times10^{-6}\right)}{2\,100}=2.165^{-7}\,s \quad\cdots\cdots\cdots\cdots\cdots\cdots\cdots\cdots\cdots\text{(JC.4)}$$

$$2.165^{-7}\times5\,920=1.282\ \text{mm} \quad\cdots\cdots\cdots\cdots\cdots\cdots\cdots\cdots\cdots\cdots\cdots\text{(JC.5)}$$

- 測定厚さ $\quad$ 1.282 mm
- 偏差 $\quad$ 0.182 mm

もし，コーティング材料が次の場合は，期待どおりの測定が難しいこともある。

- 試験体と同じような音響的な性質の材料
- 厚さが試験体に比べて十分に薄くない場合

JC.2.2 コーティング上からの厚さ測定における留意点

コーティング上からの厚さ測定を行う場合，次の状況が考えられることから **c)**の処置を推奨する。

a) 超音波減衰及び腐食の有無 $\quad$ コーティング上からの厚さ測定で判断することが望ましい重要な点は，そのコーティング内の超音波減衰と厚さ及び腐食の有無である。これらに起因し，試験体の厚さを表示しない，又は測定値が安定しない場合がある。

b) 腐食がある場合 $\quad$ 裏面側に腐食がある場合，エコーB_1，B_n ともエコー高さが低下し，装置のしきい値をエコー高さが超えないために，厚さ測定が困難になる。

c) 処置方法 $\quad$ **a)**，**b)**などの状況となった場合は，**JC.2.3** の表示器付き超音波厚さ計又は超音波探傷器を用い，A スコープからのエコーを観察し，適切なエコー高さ，測定条件に装置を調整し，厚さを測定する。

JC.2.3 表示器付き超音波厚さ計又は超音波探傷器を用いる場合

図 JC.2 にコーティング上からの腐食をもつ鋼板の厚さ測定例を示し，**図 JC.3** にゴムコーティングされた鋼板の厚さ測定例を示す。

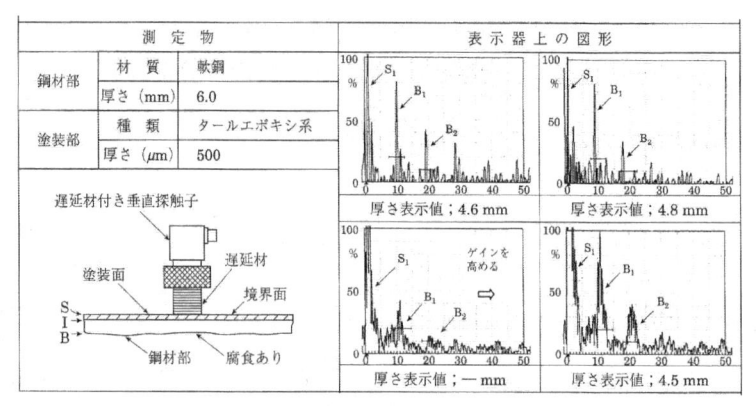

図 JC.2 －塗装鋼板の塗膜上からの鋼材部の厚さ測定の例[4]

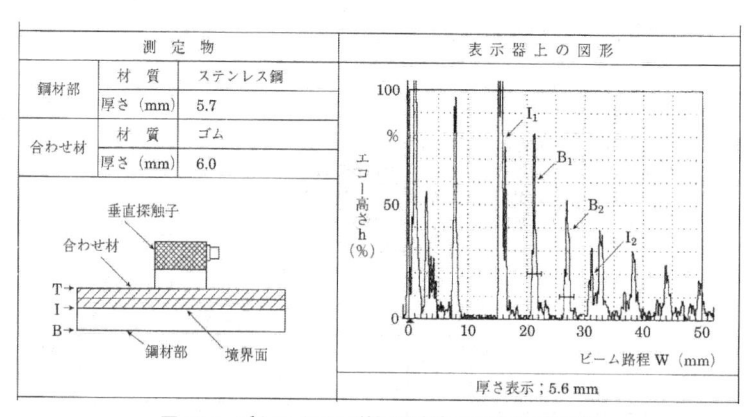

図 JC.3 －ゴムライニング材の鋼材部の厚さ測定の例[4]

附属書 JD
（参考）
点検記録例

JD.1 一般

表 JD.1 は "始業前点検記録表" 様式例，表 JD.2 は "始業前点検及び日常点検記録表" 様式例である。

表 JD.1－日常点検記録表の様式例

超音波厚さ測定装置　始業前点検記録表

	承　認

【点検日時】　平成　　　年　　　月　　　日，　　　　時　　　分

【使用装置及び点検者】

点検者名	資格種別	資格番号	測定対象物の材料，設計板厚など
			材料：　　　，板厚：　　　　mm

	管理番号	形式	製造番号	製造業者名	定期点検有効期限
超音波厚さ測定装置					

	形式	製造番号	種別	周波数	振動子寸法
垂直探触子			一振動子二振動子	MHz	mm

【目視点検結果】

区分	点検項目	点検基準及び試験基準	合否判定
厚さ測定装置	外観	接触媒質などの付着及び損傷のないこと。	合・否
	ねじ締付部	ねじ類の脱落及び締付部にがたのないこと。	合・否
	コネクター部	接触媒質などの付着及び緩みのないこと。	合・否
探触子	外観	変形及び損傷がないこと。	合・否
	接触面	接触面が平滑で損傷のないこと。	合・否
	コネクター部	接触媒質などの付着及び緩みのないこと。	合・否
ケーブル	外観	被覆などに損傷がなく使用時に異常が予想されないこと。	合・否
	コネクター部	接触媒質などの付着及び緩みのないこと。	合・否

始業前点検の結果，異常が認められた場合は修理依頼する。

【性能測定結果】

接触媒質：　　　　　　　，温度：　　　　　℃

1. 誤差の測定　（測定方法：JIS Z 2355-2）　試験片形式：　　　　　管理番号：

試験片厚さ（mm）		表示値（mm）					測定値 M (mm)	誤差 |T－M| (mm)	調整値の確認	
公称厚さ	機械的寸法 T	1回目	2回目	3回目	4回目	5回目			測定前	測定後

音速設定値：　　　　　　m/s　　　　　　誤差の最大値　　　　　　mm

2. 測定下限の測定　（測定方法：JIS Z 2355-2）　試験片形式：　　　　　管理番号：

試験片厚さ（mm）						調整値の確認	
測定値　　（mm）						測定前	測定後
測定下限値（mm）	mm						

測定下限の測定は必要に応じて実施する。

表 JD.2－日常点検記録表の様式例

超音波厚さ測定装置　始業前点検及び日常点検記録表

承　認

【点検日時】　平成　　　年　　　月　　　日，　　　時　　　分

【使用装置及び点検者】

点検者名	資格種別	資格番号	測定対象物の材料，設計板厚など
			材料：　　　　，板厚：　　　　　　mm

超音波厚さ 測定装置	管理番号	形式	製造番号	製造業者名	定期点検有効期限

垂直探触子	形式	製造番号	種別	周波数	振動子寸法
			一振動子 二振動子	MHz	mm

【目視点検結果】

区分	点検項目
厚さ測定装置	外観，ねじ締付部，接栓部
垂直探触子	外観，接触面，接栓部
ケーブル	外観，接栓部
点検結果	※異常が認められた場合，下記に列記する。

【性能測定結果】

接触媒質：　　　　　　　　　　　，温度：　　　　　　℃

1. 誤差の測定 （測定方法：JIS Z 2355-2）　　試験片形式：　　　　　　管理番号：

試験片厚さ （mm）		表示値 （mm）					測定値 M (mm)	誤差 ｜T－M｜ (mm)	調整値の確認	
公称 厚さ	機械的寸法 T	1回目	2回目	3回目	4回目	5回目			測定前	測定後

音速設定値：　　　　　　m/s　　　　　　　誤差の最大値　　　　　　mm

2. 測定下限の測定 （測定方法：JIS Z 2355-2）　　試験片形式：　　　　　　管理番号：

試験片厚さ （mm）		調整値の確認	
測定値 （mm）		測定前	測定後
測定下限値 （mm）	mm		

測定下限の測定は必要に応じて実施する。

【日常点検：調整値の確認】

時間	測定前	：	：	：	：	：	：	：	測定後
試験片厚さ （mm）									

参考文献 [1] 日本非破壊検査協会編　超音波厚さ測定 I（2009 年版）p.56

[2] 日本非破壊検査協会編　超音波厚さ測定 I（2001 年版）p.74

[3] 日本非破壊検査協会編　超音波厚さ測定 I（2009 年版）p.76

[4] 日本非破壊検査協会編　超音波厚さ測定 I（2001 年版）p.75

附属書 JE
(参考)
JIS と対応国際規格との対比表

JIS Z 2355-1:2016　非破壊試験－超音波厚さ測定－第 1 部：測定方法						ISO 16809:2012，Non-destructive testing－Ultrasonic thickness measurement	

(I) JIS の規定		(II) 国際規格番号	(III) 国際規格の規定		(IV) JIS と国際規格との技術的差異の箇条ごとの評価及びその内容		(V) JIS と国際規格との技術的差異の理由及び今後の対策
箇条番号及び題名	内容		箇条番号	内容	箇条ごとの評価	技術的差異の内容	
1 適用範囲	金属材料及び非金属材料に対して，保守検査又は製品検査を行う場合の厚さ測定方法。		1	金属及び非金属材料を超音波パルスの伝搬時間だけに基づいて，直接接触法によって超音波厚さ測定する原則。	変更	**JIS** では，検査の適用目的を記述するとともに，直接接触法の規定は外した。	旧 **JIS** では主として金属構造物の保守検査を対象としていたが，今回の制定では **ISO** 規格にある製品検査を明確に含めたため，適用範囲に適用目的を記述した。また，製品検査では水浸法も用いられているため，直接接触法の限定はしなかった。 5 年目の見直し時に，市場の普及によって，**ISO** 規格の規定に合わせるかどうかを判断する。
2 引用規格							
3 用語及び定義	**JIS Z 2300** によるほか，残存厚さ，グリセリンペースト，表示値，測定値を記述。		3	**ISO 5507** 及び **EN 1330-4** に記載された用語及び定義。	変更	**JIS** の用語に合わせるほか，旧 **JIS** の用語を見直して残した。また，旧 **JIS** から用いられている表示値及び測定値について定義を明確にした。	
4 測定方式	使用する探触子例に水浸探触子を記述。		4	水浸探触子は含んでいない。	変更	**JIS** では適用範囲を直接接触法に限定していないため，使用する探触子例に水浸探触子を明記した。	5 年目の見直し時に，市場の普及によって，**ISO** 規格の規定に合わせるかどうかを判断する。

(I) JISの規定		(II) 国際規格番号	(III) 国際規格の規定		(IV) JISと国際規格との技術的差異の箇条ごとの評価及びその内容		(V) JISと国際規格との技術的差異の理由及び今後の対策
箇条番号及び一般的要求事項	内容		箇条番号	内容	箇条ごとの評価	技術的差異の内容	
5 一般的要求事項	5.1 測定装置		5.1	測定装置には探触子は含んでいない。	変更	JISでは測定装置は厚さ計（厚さ計及び超音波探傷器）と探触子との組合せとしている。	厚さ測定の性能は、厚さ計だけでなく探触子にも依存するため、組合せとして規定した。
	5.1.2 探触子		5.2	探触子ケーブルの規定はない。	追加	JISでは測定装置の製造業者によって指定されたケーブルを用いるとしている。	厚さ測定においてケーブルも測定下限などの性能に影響するため規定した。
	5.2 接触媒質		5.3	表面粗さによる規定はない。	変更	JISでは表面粗さ25 μmRz以上でアリセリンペーストを規定。	5年目の見直し時に、市場の普及によって、ISO規格の規定に合わせるかどうかを判断する。
	5.3 対比試験片		5.4	試験片形状について、同じような寸法、材料及び構造を規定。	変更	JISでは、音速及び厚さが試験体にほぼ等しいので、測定面と反射面とが平行なものが望ましいと規定。	JISでは試験片がもつべき仕様をより具体的に明確化した。
	5.5 対比試験片		5.6	ISO 9712又は同等の規準に従って認証されていることを推奨。	変更	ISO 規格では認証を推奨しているが、JISでは有資格者と規定した。	国内では厚さ測定UM1の認証制度が成長くあること、及び製造現場では雇用主認証が適用されているため、有資格者と規定した。
6 超音波厚さ測定の適用	6.1 表面状態及び測定面の処理		6.1	腐食した表面で行う場合、接触面を研磨しなければならないと規定。	変更	JISでは表面の研磨は規定していない。	腐食が進んでいる試験体の場合、研磨によってより薄くしてしまう場合があり、現場の実情を考慮した。
	6.2.1 一般		6.2.1	測定方法の規定はない。	変更	JISでは2回測定法などの測定方法を規定。	5年目の見直し時に、市場の普及によって、ISO規格の規定に合わせるかどうかを判断する。
	6.2.2 製品検査における厚さの測定		6.2.2	集束範囲に関する規定はない。	追加	JISでは適切な交軸範囲・集束範囲を選定するとしている。ISO規格では6.3に一部記載あり。	試験体に対して集束範囲が不適切であると集束度が低下して測定できない場合があるため、この規定を追加した。
	6.2.3 保守検査における残存厚さの測定		6.2.3	同上。	追加	同上。	同上。

(I) JIS の規定		(II) 国際規格番号	(III) 国際規格の規定		(IV) JIS と国際規格との技術的差異の評価及びその内容		(V) JIS と国際規格との技術的差異の理由及び今後の対策
箇条番号及び題名	内容		箇条番号	内容	箇条ごとの評価	技術的差異の内容	
6 超音波厚さ測定の適用（続き）							
6.2.3 保守検査における残存厚さの測定			6.2.3	これらの規定はない。	変更	JIS では二振動子垂直探触子を用いる場合、移動の際に持ち上げる規定、表示値の扱い方の規定を入れている。	5年目の見直し時に、市場の普及によって、ISO 規格の規定に合わせるかどうかを判断する。
6.2.3.3 腐食部の厚さ測定における留意点			6.2.3	これらの記載はない。	追加	JIS では測定面及び裏面の腐食時の現象を述べ、処理方法を規定。ISO 規格では附属書 A（参考）に同様の内容が記載。	腐食部位が多い保守検査においては表示値が安定しない場合があり、処置方法は規定とした。
6.2.3.4 管材の厚さ測定			6.2.3	これらの記載はない。	追加	JIS では附属書 JA を引用し、管材の測定における留意点を記載、ISO 規格では 8.1.5.3 に部分的に記載。	保守検査においては配管の測定が多いため、旧 JIS の附属書 4（規定）管材の厚さ測定方法の内容を見直して、留意点として附属書 JA を追加した。
6.3 探触子の選定			6.3	低周波数の探触子についての規定はない。	追加	JIS では減衰材料の測定においては低い周波数の探触子が望ましいとした。	減衰材料においては低周波数の探触子を用いると測定しやすくなるため、この規定を追加した。
6.4 厚さ測定器の選定			6.4	装置と測定方式との対応を記述している。	変更	JIS では装置と測定方式との対応は明示していない。	ISO 規格の対応付けは不適切と考えられるため、その部分は削除した。ISO 規格の見直し時に提案するか判断する。
6.5 対比試験片とは異なる材料			6.5	表示値の補正については記述されていない。	追加	音速による表示値の補正を行えば、他の試験片を用いてもよいことを追加。	4の(V)に同じ。
6.6.2 低温での厚さ測定			6.6.2	一般的な探触子の温度範囲を −20 ℃〜60 ℃と規定。	変更	JIS では一般的な探触子の使用温度範囲を 0 ℃〜50 ℃に規定。	国内で流通している探触子の実態に合わせて変更した。ISO 規格の見直し時に提案するか判断する。

(I) JIS の規定		(II) 国際規格番号	(III) 国際規格の規定		(IV) JIS と国際規格との技術的差異の箇条ごとの評価及びその内容		(V) JIS と国際規格との技術的差異の理由及び今後の対策
箇条番号及び題名	内容		箇条番号	内容	箇条ごとの評価	技術的差異の内容	
6 超音波厚さ測定の適用（続き）	6.6.3 高温での厚さ測定		6.6.3	高温の範囲を 60 ℃を超える温度と規定。高温試験体に関する留意点の附属書はない。	変更	高温の範囲を 50 ℃を超える温度と規定。附属書 JB に高温物の厚さ測定における留意点を示した。	国内で流通している探触子の実態に合わせて変更した。また，旧 JIS の附属書 5（規定）高温測定物の厚さ測定方法の内容を見直し，留意点として附属書 JB を追加した。
	6.6.5 コーティング上からの厚さ測定			－	追加	B_1－B_2 で測定できること，附属書 JC にコーティング上からの厚さ測定の留意点を示した。ISO 規格では箇条 8（精度への影響）に記述されている。	コーティング上からの厚さ測定は特殊な測定条件であり，分かりやすさのため追加した。ISO 規格の見直し時に提案するか判断する。
7 厚さ測定器の調整	7.2.2 超音波厚さ計		7.2.2	数値で表示するデジタル厚さ計の調整方法を規定。	変更	JIS では厚さ計について記述。ISO 規格では JIS の数値表示厚さ計について記述。	A スコープ表示器付き厚さ計の調整方法は数値表示厚さ計と同じであるためこちらに含めた。ISO 規格の見直し時に提案するか判断する。
	7.2.3 超音波探傷器		7.2.3	A スコープ装置の調整方法を規定。	変更	JIS では超音波探傷器を用いて A スコープから読み取る場合とし，各種測定方式での調整方法の説明図を挿入した。	A スコープ表示器付き厚さ計は 7.2.2 に含めることとしたので，7.2.3 は超音波探傷器を用いる場合と明確化し，分かりやすさのため説明図を追加した。ISO 規格の見直し時に提案するか判断する。
	7.3 調整値の確認		7.3	再測定の規定はない。	変更	JIS では再測定を規定。	4 の(V)に同じ。
	7.4 測定装置の保守及び点検			－	追加	日常点検，定期点検及び特別点検を規定。	4 の(V)に同じ。

(I) JIS の規定		(II) 国際規格番号	(III) 国際規格の規定		(IV) JIS と国際規格との技術的差異の箇条ごとの評価及びその内容		(V) JIS と国際規格との技術的差異の理由及び今後の対策
箇条番号及び題名	内容		箇条番号	内容	箇条ごとの評価	技術的差異の内容	
8 測定精度への影響	8.1 作業上の条件		8.1	説明文はない。	追加	**JIS** では，測定体の状態が測定値に影響し考慮すべきことを記載。	**ISO** では説明文のない箇条があり，**JIS** では説明が必要なため追加した。
	8.1.1 c) 表面形状		8.1.1.3	表面エコーを検出してしまう場合についての説明はない。	追加	表面エコーを検出した場合には実際の厚さよりも薄い値が表示される場合もあることを記述。	表面形状の影響によっては薄い値が出る場合もあるため，**JIS** ではその説明も追加した。
	8.1.3 コーティング		8.1.3	コーティングの影響について数値例を記載。	変更	コーティング測定における留意点を附属書 JC を呼んで記載。	コーティング上からの測定を行う場合は多いため，旧 **JIS** の附属書 3（規定）塗膜をもつ測定物の厚さ測定方法の内容を見直し，**ISO** 規格の 8.1.3 の内容も含めて留意点として附属書 JC を追加した。
	8.1.4 a) 平行度		8.1.5.1	±10°以内で平行であるべきと記述。	変更	平行度の具体的な数値は削除。	測定条件によって値は変わるため，値の記述については削除した。6.4 の (V) に同じ。
	8.3 測定精度に影響するパラメータ		8.3.3	不確かさの計算方法を記載。	削除	不確かさの計算方法は削除。	不確かさの表記の普及度合いを鑑み削除した。5 年目の見直し時に，市場の普及によって，**ISO** 規格の規定に合わせるかどうかを判断する。
9 材料の影響	9.5.2 接触面		9.5.2	コーティング厚さの減算について記述。	変更	コーティング厚さの減算の記述は削除。	コーティング厚さの減算は現場的には実施が困難な場合が多いため規定からは外し，附属書 JC にて記述した。**ISO** 規格の見直し時に提案するか判断する。

(I) JISの規定		(II) 国際規格番号	(III) 国際規格の規定		(IV) JISと国際規格との技術的差異の箇条ごとの評価及びその内容		(V) JISと国際規格との技術的差異の理由及び今後の対策
箇条番号及び題名	内容		箇条番号	内容	箇条ごとの評価	技術的差異の内容	
10 報告書	10.2 一般情報		10.2	作業者の署名を規定。	変更	作業者の署名は規定されていない。	国内では署名は普及していないため削除した。5年目の見直し時に、ISO規格の規定に合わせるかどうかを判断する。
	10.3 測定データ		10.3	―	追加	各測定部位での設定音速値と測定部位の表面温度の記載を規定。	設定音速値と測定部位の表面温度は測定精度への影響が大きいため、この規定を追加した。ISO規格の見直し時に提案するか判断する。
附属書A (参考)	測定条件の選定		附属書D		変更	探触子の径及び開放数については、我が国にて一般に適用されている範囲に変更。	ISO規格の見直し時に提案するか判断する。
附属書D (参考)	精度に影響のあるパラメータ		附属書C	C.2に不確かさの計算方法を記載。	変更	C.2では不確かさの計算方法を削除。	8.3の(V)に同じ。
附属書JA (参考)	管材の厚さ測定方法				追加	JISでは管材の厚さ測定における留意点を記述。	旧JISにおける附属書4(規定)管材の厚さ測定方法の内容を見直し、留意点を参考として残した。ISO規格の見直し時に提案するか判断する。
附属書JB (参考)	高温試験体の厚さ測定方法			―	追加	JISでは高温試験体の厚さ測定における留意点を記述。	旧JISにおける附属書5(規定)高温測定物の厚さ測定方法の内容を見直し、留意点を参考として残した。ISO規格の見直し時に提案するか判断する。
附属書JC (参考)	コーティング上からの厚さ測定方法			―	追加	JISではコーティング上からの厚さ測定における留意点を記述。	旧JISにおける附属書3(規定)管膜をもつ測定物の厚さ測定の内容を見直し、留意点を参考として残した。ISO規格の見直し時に提案するか判断する。

(I) JIS の規定		(II) 国際規格番号	(III) 国際規格の規定		(IV) JIS と国際規格との技術的差異の箇条ごとの評価及びその内容		(V) JIS と国際規格との技術的差異の理由及び今後の対策
箇条番号及び題名	内容		箇条番号	内容	箇条ごとの評価	技術的差異の内容	
附属書 JD (参考)	点検記録例		—		追加	**JIS** では点検記録例を記述。	本体の 7.4 の測定装置の保守及び点検に対応し，始業前点検記録表などの様式例を示した。

JIS と国際規格との対応の程度の全体評価：**ISO 16809**:2012，MOD
注記 1 箇条ごとの評価欄の用語の意味は，次による。 　　－　削除 ……………… 国際規格の規定項目又は規定内容を削除している。 　　－　追加 ……………… 国際規格にない規定項目又は規定内容を追加している。 　　－　変更 ……………… 国際規格の規定内容を変更している。 **注記 2** **JIS** と国際規格との対応の程度の全体評価欄の記号の意味は，次による。 　　－　MOD ………… 国際規格を修正している。

非破壊試験—超音波厚さ測定—
第2部：厚さ計の性能測定方法

Non-destructive testing—Ultrasonic thickness measurement—
Part 2 : Method for evaluating performance characteristics of
ultrasonic thickness measuring equipment

序文

この規格は，2012年に第1版として発行されたISO 16831を基とし，国内における超音波厚さ計の運用実態を踏まえ，その円滑な運用を可能とするため，技術的内容を変更して作成した日本産業規格である。

なお，この規格で側線又は点線の下線を施してある箇所は，対応国際規格を変更している事項である。変更の一覧表にその説明を付けて，**附属書JC**に示す。

1　適用範囲

この規格は，超音波パルス反射法を用いた超音波厚さ計のうち，一振動子又は二振動子探触子を使用した超音波厚さ計の性能測定方法及び合格基準について規定する。

なお，この規格は，超音波探傷器を用いて厚さ測定をする場合にも適用することができる。

注記　この規格の対応国際規格及びその対応の程度を表す記号を，次に示す。

ISO 16831:2012, Non-destructive testing—Ultrasonic testing—Characterization and verification of ultrasonic thickness measuring equipment（MOD）

なお，対応の程度を表す記号"MOD"は，**ISO/IEC Guide 21-1**に基づき，"修正している"ことを示す。

2　引用規格

次に掲げる規格は，この規格に引用されることによって，この規格の規定の一部を構成する。これらの引用規格は，その最新版（追補を含む。）を適用する。

JIS G 0801　圧力容器用鋼板の超音波探傷検査方法

JIS G 3103　ボイラ及び圧力容器用炭素鋼及びモリブデン鋼鋼板

JIS G 3106　溶接構造用圧延鋼材

JIS Z 2300　非破壊試験用語

JIS Z 2345　超音波探傷試験用標準試験片

JIS Z 2350　超音波探触子の性能測定方法

JIS Z 2351　超音波探傷器の電気的性能測定方法

JIS Z 2355-1　非破壊試験—超音波厚さ測定—第1部：測定方法

3　用語及び定義

この規格で用いる主な用語及び定義は，**JIS Z 2300** によるほか，次による。

3.1
供給者

超音波厚さ計を顧客に直接供給する者。製造業者，輸入・販売業者，代理店，賃貸業者などをいう。

4　一般的要求事項

超音波厚さ計がこの規格に適合するためには，次の全ての条件を満たさなければならない。

a) 超音波厚さ計は，この規格群の技術的要件に従っている。

b) 厚さが既知の試験片を用いて，試験片の厚さと超音波厚さ計測定値との関係が明らかにされた試験報告書がある。

c) 超音波厚さ計に，供給者名又はその略号，形式及びシリアル番号が表示されている。

d) 取扱説明書がある。

e) この規格に従った供給者の技術仕様書がある。

5　超音波厚さ計仕様

5.1　一般

供給者は，超音波厚さ計の仕様が対応している範囲内で，**5.2〜5.6** の各項目についてのデータを技術仕様書で提供する。この規格における超音波厚さ計の測定性能に関わる数値は，鋼に対しての値とする。

5.2　一般仕様

超音波厚さ計には，次の事項を記載する。

a) 寸法：外形寸法

b) 質量：超音波厚さ計（バッテリーを含む。）の質量を表記する。

c) 電源仕様

d) 探触子コネクタ種別

　　　注記　専用探触子だけを使用する場合は省略してもよい。

e) 使用温度範囲

f) 電池電圧低下表示方法

g) 電池動作時間：動作条件（測定サイクル及び温度）を併記する。

h) 送信パルス繰返し周波数（PRF）

i) 測定異常時の表示

j) コーティング上からの試験体厚さ測定可否

k) 最小及び最大測定可能厚さ：使用する探触子の形式及び試験片の音速を併記する。

l) 測定誤差：使用する探触子の形式及び試験片の音速を併記する。

5.3　表示器

表示器の技術仕様書には，次の事項を記載する。

a) 表示方式

b) 表示器寸法

c) 波形表示画面仕様

5.4 送信器

送信器の技術仕様書には，次の事項を記載する。

a) 送信パルス立ち上がり時間

b) 送信パルス幅

c) 送信パルス振幅

5.5 受信器

受信器の技術仕様書には，次の事項を記載する。

a) ゲイン調整機能

b) 動作周波数範囲

5.6 その他

その他の技術仕様書には，次の事項を記載する。

a) 音速設定範囲

b) ゼロ点調整機能の有無

c) 表示更新回数

　　注記 1秒間当たりの画面表示更新回数である。

d) 測定分解能（mm）

e) データ保存及びデータ出力機能

f) 保存データ読出し及び表示方法

g) 印刷機能

h) その他，性能に関する項目

6 試験片

超音波厚さ計の性能測定に使用する試験片は，次のものから選択する。

a) JIS G 0801 に規定する対比試験片 RB-E

b) JIS Z 2345 に規定する標準試験片

c) 附属書 JA に規定する対比試験片 RB-T

d) 附属書 JB に規定する対比試験片 RB-I

e) 厚さが既知の対比試験片

7 超音波厚さ計の性能確認試験区分

超音波厚さ計が，この規格に適合するための試験項目は，**表1** による。また，試験の実施区分及び試験の実施者は，**7.1～7.3** による。

7.1 試験区分1

供給者が，超音波厚さ計の技術的仕様に対し当該機器の仕様を確認するための試験である。

7.2 試験区分2

全ての超音波厚さ計に対して行われる試験であり，実施の時期によって次の三つに区分する。

a) **試験区分2-1（出荷前検査）** 供給者によって行われる出荷前試験。

b) **試験区分2-2（定期点検）** 超音波厚さ計の所有者又はその代理者によって，超音波厚さ計が規定の性能を維持していることを確認するための試験であり，使用期間中少なくとも一年に 1 回以上，定期的に行う。

　なお，ここで代理者とは超音波厚さ計の製造業者，代理店又は保守点検サービス業者など所有者の委託を受け点検を実施する機関などをいう。

c) 試験区分 2-3（特別点検） 次の場合に行う。

　1) 超音波厚さ計の性能に関わる修理を行った場合。試験項目の詳細については，受渡当事者間で協議し決定する。

　2) 超音波厚さ計を落としたり，運搬中に衝撃を与えた場合など，特別に点検を行う必要があると判断された場合。

7.3　試験区分 3（日常点検）

　試験技術者などによる超音波厚さ計の健全性確認のために，日常点検として行う試験である。

表1－試験リスト

	試験項目	試験区分 1	試験区分 2-1（出荷前検査）	試験区分 2-2（定期点検）	試験区分 2-3（特別点検）	試験区分 3（日常点検）
物理的	目視点検		10.2 参照	10.2 参照	10.2 参照	10.2 参照
一般特性	使用温度範囲	9.3 参照				
	電池電圧低下表示	9.4 参照				
	電池動作時間	9.5 参照				
	動作電圧範囲	9.6 参照				
	動作電流値	9.7 参照				
	動作温度範囲	9.8 参照				
送信器	送信パルス繰返し周波数	9.9 参照				
	送信パルス特性	9.10 参照				
受信器	動作周波数範囲	9.11 参照				
性能	最小及び最大測定可能厚さ	9.12 参照	9.12 参照	9.12 参照	9.12 参照	
	測定誤差	9.13 参照	9.13 参照	9.13 参照	9.13 参照	11.2.2 参照
	測定下限			11.2.3 参照 [a]	11.2.3 参照 [a]	11.2.3 参照 [a]
	音速設定範囲	9.14 参照				
	調整値の確認	9.15 参照	9.15 参照	9.15 参照	9.15 参照	
	調整設定保存	9.16 参照				11.2.4 参照 [a]
表示，データ	データ保存	9.17 参照				11.2.5 参照 [a]
	印刷	9.18 参照				
	保存データ表示	9.19 参照				
	表示更新回数	9.20 参照				
探触子		箇条 8 参照				
注 [a] 必要に応じて行う。						

8　探触子

　超音波厚さ計に使用する探触子の中心周波数の測定は，**JIS Z 2350** の **7.1**（周波数応答性）による。

9　試験区分 1

9.1　一般

　この試験は，供給者が超音波厚さ計の技術的仕様を確認するための試験である。

　この試験のうち，試験項目が超音波厚さ計の仕様に該当していないなど，供給者が不要と判断する試験については省略してもよい。

9.2　使用機材

　試験を実施するために使用する機材は，次による。

a)　アッテネータ又は高圧プローブを装備した，100 MHz 以上の帯域幅をもつオシロスコープ

b)　50 Ω±1 ％又は 75 Ω±1 ％の無誘導抵抗

c)　直流可変電源

d)　電圧計

e)　電流計又は電流を測定するための機器

f)　恒温槽

　使用する測定機器などは，校正されたものとする。

9.3　周囲温度に対する安定性

9.3.1　確認方法

　周囲温度に対する安定性は，超音波厚さ計の周囲温度を変化させたときの測定誤差の確認による。確認方法は，次による。

a)　試験片は，**6.1** で規定されたもののうち，超音波厚さ計の測定範囲のおおむね中間に相当する厚さのものを選定する。

b)　測定誤差の求め方は，**9.13.1 c)～f)**による。

c)　**a)**で選定した試験片を用いて，室温相当の温度（20 ℃～25 ℃）にて超音波厚さ計の測定誤差を求める。

d)　超音波厚さ計を恒温槽に入れ，使用温度範囲の最低温度で供給者の指定する時間保持した後に，同じ試験片によって超音波厚さ計の測定誤差を求める。

e)　同様にして順次，使用温度範囲の最高温度，室温（20 ℃～25 ℃）として供給者の指定する時間保持した後に，同じ試験片によって超音波厚さ計の測定誤差を求める。

f)　この試験は，供給者が推奨する形式の探触子に対して行う。

　注記　**d)**及び **e)**で設定する温度の順番は変更してもよい。

9.3.2　合格基準

　測定誤差は，供給者の仕様範囲内とする。

9.4　電池電圧低下表示

9.4.1　確認方法

　電池の電圧低下表示が適正であるかを確認する方法は，次による。

a)　超音波厚さ計から電池を取り外し，電源部に直流可変電源を接続する。

b)　電源端子に電圧計を接続し，供給電圧を測定する。

c)　直流可変電源の電圧を，供給者が指定する超音波厚さ計の動作電圧範囲の中間電圧となるように設定した後，超音波厚さ計を測定状態とする。

d)　**c)**の状態で，直流可変電源の電圧を徐々に下げて，電池の電圧低下表示が表示されたときの電圧値を読み取る。

9.4.2　合格基準

　電池の電圧低下表示は，供給者の仕様範囲内の場合は，合格とする。

　なお，電池の電圧低下表示が出るまでは供給者の仕様範囲の性能を維持しているものとする。

9.5　電池動作時間

9.5.1　測定方法

電池による超音波厚さ計の動作時間を測定する方法は，次による。

a) 超音波厚さ計の電池を，未使用品に交換する。

b) 充電式電池を使用する場合は，取扱説明書に従い規定の充電を行う。

c) 供給者が指定する測定サイクルで，超音波厚さ計の測定を繰り返す。

d) 電池電圧低下表示が出るまでの経過時間を測定し，これを電池動作時間とする。

e) この試験は，供給者が推奨する全ての種類の電池に対して行う。

f) 試験条件（測定サイクル及び温度条件）を記録する。

9.5.2 合格基準

電池動作時間は，供給者の仕様で指定する時間以上の場合は，合格とする。

9.6 動作電圧範囲

9.6.1 確認方法

動作電圧範囲が適正であることを確認するために，超音波厚さ計本体の供給電圧を変化させたときの測定誤差を確認する。確認方法は，次による。

a) 試験片は **6.1** で規定する試験片のうち，超音波厚さ計の測定範囲のおよそ中間に相当する厚さのものを選定する。

b) 測定誤差の求め方は，**9.13.1 c)~f)** による。

c) 超音波厚さ計を **9.4.1** と同様の構成とする。直流可変電源の電圧を，供給者が指定する超音波厚さ計の動作電圧範囲の中間電圧となるように設定する。

d) **a)** で選定した試験片を用いて，超音波厚さ計の測定誤差を求める。

e) 供給電圧を動作電圧範囲の最小値及び最大値として，**a)** で選定した試験片を用いて，超音波厚さ計の測定誤差を求める。

f) この試験は，供給者が推奨する形式の探触子に対して行う。

9.6.2 合格基準

測定誤差は，供給者の仕様範囲内の場合は，合格とする。

9.7 動作電流値

9.7.1 測定方法

動作電流値を測定する方法は，次による。

a) 超音波厚さ計を **9.4.1** と同様の構成とする。動作電流値を測定するために，電流計又は電流を測定するための機器を接続する。

b) **9.6.1** の動作電圧範囲試験を行い，最小動作電圧及び最大動作電圧におけるそれぞれの動作電流値を測定する。

c) この試験は，供給者が推奨する形式の探触子に対して行う。

9.7.2 合格基準

測定された電流値は，供給者の仕様範囲内の場合は，合格とする。

9.8 動作温度範囲

9.8.1 一般

使用温度範囲を超える温度で使用する場合は，次の確認が必要である。この試験は測定装置と接触媒質とに対する試験である。

9.8.2 確認方法

動作温度範囲の確認方法は，次による。

a) 試験片は **6.1** で規定する試験片のうち，超音波厚さ計の測定範囲内の少なくとも 3 種類の試験片の厚さのものを選定する。

b) 試験片を評価する温度とする。

c) 本体の温度は仕様範囲内とする。

d) 探触子と接触媒質とはその温度で推奨されるものを用いる。

e) **9.13.1 c)～f)** によって測定誤差を求める。

9.8.3 合格基準

動作温度範囲に関する合格基準は，次による。

a) 測定誤差は，供給者の仕様範囲内とする。

b) この試験において，探触子は，損傷を受けないものとする。

9.9 送信パルス繰返し周波数

9.9.1 測定方法

送信パルス繰返し周波数（PRF）を測定する方法は，**JIS Z 2351** の **5.1.2**（送信パルス繰返し周波数）による。

9.9.2 合格基準

送信パルス繰返し周波数は，供給者の仕様範囲内の場合は，合格とする。

9.10 送信パルス特性

9.10.1 測定方法

送信パルス特性の測定方法は，次による。

a) 送信パルス立ち上がり時間 送信パルス立ち上がり時間の測定は，**JIS Z 2351** の **5.1.3**（送信パルスの立上がり時間）による。

b) 送信パルス幅 送信パルス幅の測定は，**JIS Z 2351** の **5.1.4**（送信パルス幅）による。

c) 送信パルス振幅 送信パルス振幅の測定は，**JIS Z 2351** の **5.1.6**（送信パルスの振幅）による。

9.10.2 合格基準

それぞれの測定値が，供給者の仕様範囲内の場合は，合格とする。

9.11 動作周波数範囲

9.11.1 確認方法

この試験は，動作周波数を変更できる超音波厚さ計について，動作周波数が適正に設定されていることを確認するために，超音波厚さ計と探触子とを組み合わせて性能を確認するものであり，確認方法は次による。

なお，動作周波数を変更しない超音波厚さ計については，この試験を省略してもよい。

a) 試験片は，**6.1** で規定する試験片のうち，超音波厚さ計の測定範囲のおよそ中間に相当する厚さのものを選定する。

b) 測定誤差の求め方は，**9.13.1 c)～f)** による。

c) **a)** で選定した試験片を用いて，超音波厚さ計の測定誤差を求める。

d) この試験は，供給者が推奨する形式の探触子の中から，異なる公称周波数のものを選択して行う。

9.11.2 合格基準

測定誤差は，供給者の仕様範囲内の場合は，合格とする。

9.12 最小及び最大測定可能厚さ

9.12.1 一般

試験区分 1, 試験区分 2-1 又は試験区分 2-3 において, 供給者が超音波厚さ計の性能を確認するために行う場合は, 次の **9.12.1A** によって, 最小及び最大測定可能厚さの試験片を測定し, その測定誤差が仕様範囲内に入っていることを確認する。

9.12.1A 確認方法

確認方法は, 次による。

a) 試験片は, **6.1** で規定する試験片のうち, 超音波厚さ計の最小測定可能厚さに相当する試験片及び最大測定可能厚さに相当する試験片を選定する。

b) 測定誤差の求め方は, **9.13.1 c)〜f)** による。

c) **a)**で選定した試験片を用いて超音波厚さ計の測定誤差を求める。

d) この試験は, 供給者が推奨する形式の探触子に対して行う。

9.12.2 合格基準

それぞれの測定誤差は, 供給者の仕様範囲内の場合, 合格とする。

9.13 測定誤差

9.13.1 測定方法

超音波厚さ計の測定誤差の求め方は, 次による。

a) 試験片は, **6.1** で規定する試験片のうち, 超音波厚さ計の測定範囲内の適切な 3 段階以上の厚さの試験片を選定する。

b) 一つの試験片で必要な厚さを選定できない場合は, 複数の試験片を用いてもよいが, 試験片が複数になる場合は, 互いに同等の音速をもつものとする。

c) 試験片の厚さは, マイクロメータ, ノギスなどで一つの測定面について 3 点以上測定し, それらを平均した値 (T), 又は厚さが既知の場合はその値 (T) とする。この値 (T) は, 同一試験片を用いる場合には毎回測定する必要はない。

d) 必要に応じて音速調整を行う。音速調整は, 次の方法による。

   1) あらかじめ音速値が分かっている試験片の場合は, 供給者指定の方法でその値に調整する。

   2) 音速値が不明の試験片の場合は, 使用する試験片を用いて, 供給者指定の方法で音速を確認し, その値に調整する。

e) 必要に応じてゼロ点調整を行う。ゼロ点調整は, 供給者が指定した方法で行う。

f) 測定誤差の求め方は, 次による。

   1) ゲインを選定できる場合, 適切なゲインに設定する。

   2) **a)**で選定した試験片の測定を 5 回繰り返し, その最小値を測定値 (M) とする。

   3) **2)**の測定値 (M) と厚さ (T) の値との差が最も大きくなる値 $|T-M|$ を求め, これを測定誤差とする。

g) この試験は, 供給者が推奨する形式の探触子に対して行う。

9.13.2 合格基準

測定誤差は, 供給者の仕様範囲内の場合は, 合格とする。

9.14 音速設定範囲

音速設定範囲を確認するための試験は, 供給者指定の方法による。

9.15 調整

9.15.1 一般

超音波厚さ計の調整とは, ゼロ点調整及び音速調整である。ゼロ点調整は **JIS Z 2355-1** の箇条 4 (測定

方式）の方式 3（多重エコー方式）以外の方式の場合に必要である。

9.15.2 調整方法

調整方法は，次による。

a) 供給者が指定した方法で，必要に応じてゼロ点調整を行う。

b) 供給者が指定した方法で，必要に応じて音速調整を行う。

c) 調整終了後，供給者指定の試験片又は測定範囲のおおむね中間に相当する厚さの試験片を測定し，試験片厚さと測定値の差を確認する。

9.15.3 合格基準

試験片厚さと測定値の差は，供給者の仕様範囲内の場合は，合格とする。

9.16 調整設定保存

9.16.1 確認方法

ゼロ点調整及び音速調整後の調整設定保存を確認する方法は，次による。

a) 試験片は，**6.1** で規定する試験片のうち，超音波厚さ計の測定範囲のおよそ中間に相当する厚さのものを使用する。

b) **9.13.1 c)～f)** によって，測定誤差を求める。

c) 超音波厚さ計の電源を切り，3 分以上の適切な時間が経過した後，再度電源を入れる。

d) 同じ試験片を測定して，表示値を記録する。

9.16.2 合格基準

測定誤差は，供給者の仕様範囲内の場合は，合格とする。

9.17 データ保存

9.17.1 確認方法

データ保存機能の確認方法は，次による。

a) 適切な試験体の測定を行い，データを保存する。

b) 保存データ数が超音波厚さ計の最大保存数となった状態で，更に 1 回測定を行う。

9.17.2 合格基準

データ保存機能の適合基準は，次による。

a) 最大保存件数分のデータが保存できる。

b) 最大保存件数を超えたときのデータの扱い，表示動作などは，供給者の仕様による。

9.18 印刷

9.18.1 確認方法

供給者が推奨するプリンタについて，印刷機能の確認を行う。

9.18.2 合格基準

供給者が指定する様式で，誤りなく印刷項目が印刷される場合は，合格とする。

9.19 保存データ表示

9.19.1 確認方法

保存データ表示機能を確認する方法は，次による。

a) 適切な試験体の測定を行い，測定データを保存する。

b) 保存された測定データを，表示させる。

9.19.2 合格基準

供給者の指定の様式で，保存データのとおりに誤りなく表示される場合は，合格とする。

9.20 表示更新回数
9.20.1 測定方法
供給者の指定の方法によって，表示更新回数の確認を行う。ただし，表示更新回数が毎秒１回を超える場合は確認を省略してもよい。
9.20.2 合格基準
表示更新回数は，供給者の仕様範囲内の場合は，合格とする。

10 試験区分 2
10.1 一般
この試験は，全ての超音波厚さ計に対して行われる試験であり，**7.2** に示す区分とする。
10.2 目視点検
供給者の取扱説明書及び次に従い，目視などによって点検を行う。
a) 超音波厚さ計本体の損傷の有無
b) 探触子の表面の平滑さ及び損傷の有無
c) 探触子保持具の操作性
d) 探触子ケーブルの異常及び損傷の有無
e) 探触子コネクタの異常の有無
10.3 最小及び最大測定可能厚さ
最小及び最大測定可能厚さの測定は，**9.12** による。
10.4 測定誤差
測定誤差の求め方は，**9.13** による。
10.5 測定下限
試験区分 2-2（定期点検）及び試験区分 2-3（特別点検）において，必要と判断される場合は測定下限を求める。測定下限の求め方は **11.2.3** による。
10.6 調整値の確認
調整値の確認は，**9.15** による。

11 試験区分 3（日常点検）
11.1 一般
超音波厚さ計の日常点検は始業前点検によって行うものとし，次による。
11.2 始業前点検
始業前点検は，目視点検及び測定誤差の確認を行う。また，必要に応じて測定下限の確認，調整設定保存及びデータ保存の確認を行う。
11.2.1 目視点検
目視点検は，**10.2** による。
11.2.2 測定誤差
6.1 の対比試験片 RB-E，RB-T などを用い，超音波厚さ計及び探触子の組合せごとに通常使用する環境下で，かつ，当日に測定する厚さの範囲において，測定誤差を求める。
測定誤差の求め方は，次による。
a) **試験片** 測定誤差の確認に使用する試験片は，次による。

1) **6.1** で規定する試験片などを組み合わせて，適切な 3 段階以上の厚さの試験片寸法を選定する。適切な 3 段階の厚さとは，測定を行う試験体の設計板厚などを中心厚さとして，使用する測定範囲の上下限の厚さをいう。

2) 鋼以外の材料の厚さ測定を行う場合は，使用する測定範囲内の適切な 3 段階以上の厚さの試験片寸法を選定する。測定に使用する試験片が複数になる場合は，互いに同等の音速をもつものとする。

3) 試験片の厚さは，マイクロメータ，ノギスなどで一つの測定面について 3 点以上測定し，それらを平均した値 (T) とする。この値 (T) を記録することによって，同一試験片の場合，次回の測定に用いることができる。

b) **ゼロ点調整** ゼロ点調整を要する超音波厚さ計は，供給者が指定した方法，又は **a) 1)** で選定した試験片を用い，ゼロ点を調整する。

c) **音速調整** 音速の調整は，次による。

1) 特に指定がない場合は，**a) 1)** 又は **2)** で選定した試験片のうち，中間厚さ程度の試験片を用いる。
なお，厚さの異なる 2 個の試験片を選定する場合は，使用する測定範囲内で適切な厚さを選定する。

2) 選定した試験片の厚さを表示するように音速を調整する。

d) **測定方法** 測定方法は，次による。

1) ゲインを選定できる場合，適切なゲインに設定する。また，エコー高さを変更できる場合，適切なエコー高さに設定する。

2) **a) 1)** 又は **2)** で選定した試験片に対して 5 回測定を繰り返す。この測定において，表示値に不安定のないことが確認された表示値の最小値を，測定値 (M) とする。

3) 測定値 (M) と厚さ (T) の値との差が最も大きくなる値 $|T-M|$ を求め，これを測定誤差とする。

11.2.3 測定下限

厚さ測定において必要と判断される場合は，測定下限を求める。設計板厚が 6 mm 以下の場合は，測定下限の確認を推奨する。

測定下限の求め方は，次による。

a) **試験片** **6.1** で規定する RB-T 若しくは **11.2.2 a)** の試験片と同一の材料，又は **11.2.2 a)** の試験片と同等の音速をもつ材料で作製し，**11.2.2 a) 3)** と同様に測定した試験片を用いる。

b) **ゼロ点調整** **11.2.2 b)** を行った厚さの試験片によって，調整又は確認する。

c) **音速調整** **11.2.2 c)** を行った厚さの試験片によって，調整又は確認する。

d) **測定方法** 測定方法は，次による

1) ゲインを選定できる場合には，適切なゲインに設定する。また，エコー高さを変更できる場合，適切なエコー高さに設定する。

2) RB-T 又は同等の試験片の厚い方から薄い方へ測定を行い，測定値と **11.2.2 a) 3)** で測定した厚さとの差が 0.1 mm 又は **9.13.1 f)** で求めた測定誤差のうち，大きい方の値より大きくなる直前の試験片厚さを求め，これを測定下限値とする。

11.2.4 調整設定保存

この試験は，調整設定値が適切に保存されていることを確認するものであり，次の方法に従って行う。
なお，この試験は使用者の判断によって省略してもよい。

a) **確認方法** 調整設定保存機能を確認する方法は，次による。

1) 測定誤差の求め方は，**9.13.1 c)～f)** による。

2) 超音波厚さ計の電源を切り，3分以上の時間が経過した後，再度電源を入れる。

3) 同じ試験片を測定して，表示値を読み取り，記録する。

b) **合格基準** 測定誤差は，使用者の指定範囲内の場合は，合格とする。

11.2.5 データ保存

この試験は，データの保存及び表示機能が正常に動作することを確認するものであり，次の方法に従って行う。

なお，この試験は使用者の判断によって省略してもよい。

a) **確認方法** データ保存及び表示機能を確認する方法は，次による。

1) 適切な試験体の測定を行い，測定データを保存する。

2) 保存されたデータを表示させる。

b) **合格基準** 供給者の指定の様式で保存データのとおりに誤りなく表示される場合は，合格とする。

附属書 JA
（規定）
超音波厚さ測定用対比試験片（RB-T）

JA.1 材料

JIS G 3103 の SB410 又は **JIS G 3106** の SM490C で，焼ならしを行ったものとするが，同等の音響特性を
もつ **JIS G 3106** の圧延鋼材などを用いてもよい。

なお，鋼以外の材料の厚さ測定を行う場合は，測定を行う材料と同等の材料を用いる。

JA.2 形状及び寸法

対比試験片の形状及び寸法は，次による。

a) **厚さの系列**　2.0 mm，1.5 mm，1.0 mm 及び 0.8 mm とする。

なお，厚さの許容差は，±0.05 mm 以内とする。

b) **面積**　それぞれの厚さごとに 20 mm×20 mm 以上とする。

c) **表面仕上げ**　表面の粗さは，両面とも *Rz* 6.3 とする。

d) **形状・寸法**　形状・寸法の一例を，**図 JA.1** に示す。

図 JA.1－RB-T の形状・寸法例

附属書 JB
（規定）
超音波厚さ測定用対比試験片（RB-I）

JB.1 材料

材料は，**JIS G 3103** の SB410 又は **JIS G 3106** の SM490C で，焼ならしを行ったものとする。

JB.2 形状及び寸法

対比試験片の形状及び寸法は，次による。

JB.2.1 寸法

対比試験片 RB-I の形状は円柱とし，寸法は，**表 JB.1** による。

表 JB.1－対比試験片 RB-I の寸法

試験片	試験片厚さ L	直径 D
A	L_A	$\geqq 0.5 \times L$
B	$L_A + 0.25 \times (L_E - L_A)^{a)}$	$\geqq 0.5 \times L$
C	$L_A + 0.50 \times (L_E - L_A)^{a)}$	$\geqq 0.5 \times L$
D	$L_A + 0.75 \times (L_E - L_A)^{a)}$	$\geqq 0.5 \times L$
E	L_E	$\geqq 0.5 \times L$

注記 $L_A < 0.1 L_E$ の場合，L_A の減算は省略してもよい。
注 [a] L_A（最小厚さ）は試験片 A の厚さ，L_E（最大厚さ）は試験片 E の厚さ。

円柱の直径 D は，探触子表面対角寸法の 3 倍以上とし，試験片 B，C 及び D の規定厚さ L は，±10 ％の範囲で変更してもよい。また，試験片測定面の厚さ許容差は，$3 \times 10^{-4} \times L$ 以下とする。試験片中央部において，試験片厚さは $10^{-4} \times L$ の精度で測定する。試験片には，試験片厚さ L 及び識別番号を刻印しなければならない。

JB.2.2 表面仕上げ

測定表面粗さは，$Ra\,0.8$ に加工されていなければならない。

なお，試験片表面に，試験片厚さの 0.5 ％以下の厚さのクロムめっき又はニッケルめっきを行ってもよい。

JB.2.3 形状・寸法

形状・寸法の一例を，**図 JB.1** に示す。

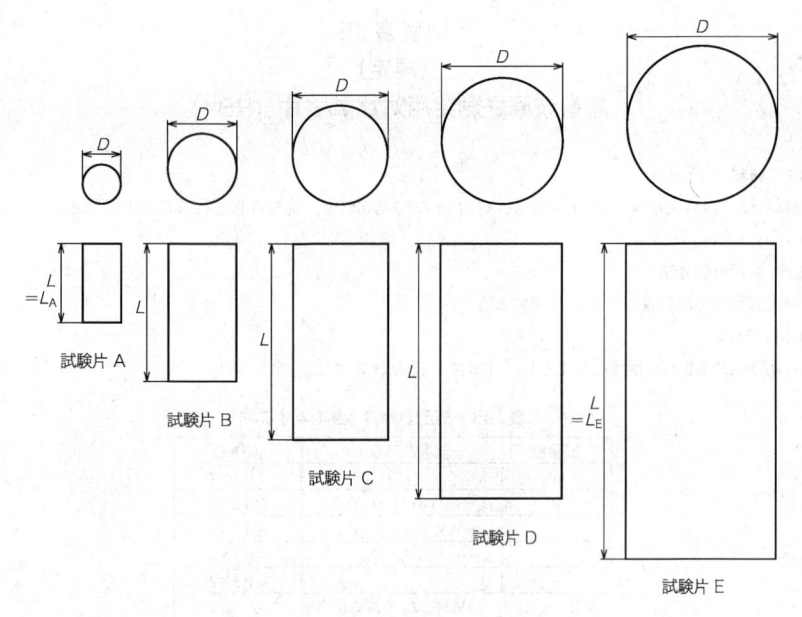

図 JB.1－RB-I の形状・寸法例

附属書 JC
（参考）
JIS と対応国際規格との対比表

JIS Z 2355-2:2016　非破壊試験－超音波厚さ測定－第2部：厚さ計の性能測定方法			ISO 16831:2012, Non-destructive testing－Ultrasonic testing－Characterization and verification of ultrasonic thickness measuring equipment				

<table>
<tr><td colspan="2">(I) JIS の規定</td><td>(II)
国際
規格
番号</td><td colspan="2">(III) 国際規格の規定</td><td colspan="2">(IV) JIS と国際規格との技術的差異の箇条
ごとの評価及びその内容</td><td>(V) JIS と国際規格との技術的差異の理由及び今後の対策</td></tr>
<tr><td>箇条番号
及び題名</td><td>内容</td><td></td><td>箇条
番号</td><td>内容</td><td>箇条ごと
の評価</td><td>技術的差異の内容</td><td></td></tr>
<tr><td>1 適用範囲</td><td>超音波探傷器を適用範囲に含める。</td><td></td><td>1</td><td>EN 12688 で規定される装置が適用される。</td><td>変更</td><td>EN 12688 で規定される装置を超音波探傷器に変更した。</td><td>国内で運用するため変更した。</td></tr>
<tr><td>2 引用規格</td><td></td><td></td><td></td><td></td><td></td><td></td><td></td></tr>
<tr><td>3 用語及び定義</td><td>供給者</td><td></td><td>3</td><td>ISO 5577 及び EN 1330-4 の用語及び定義</td><td>追加</td><td>用語の説明を追記した。</td><td>内容補足のため追加した。</td></tr>
<tr><td>4 一般的要求事項</td><td>b) この規格に適合する試験報告書について規定</td><td></td><td>4</td><td>b)適合宣言書，証明書，試験報告書について規定。</td><td>変更</td><td>b) ISO 9001 に従って認証された組織が発行する適合宣言，又は ISO/IEC 17050-1, ISO/IEC 17050-2 に従って認定された組織が発行した証明書の規定を変更した。</td><td>国内の実態に合わせるため変更した。これらの品質保証システムを取り込むことは今後の課題である。</td></tr>
<tr><td>5 超音波厚さ計仕様</td><td>5.1 一般</td><td></td><td>5.1</td><td>超音波厚さ測定装置の製造業者仕様について，最低限必要とする項目を規定している。性能試験で得られる値は，限界を示す公称値として扱う。</td><td>追加</td><td>仕様が対応している範囲内で，とした。また，測定値は鋼に対しての値に限定した。</td><td>国内の実態に合わせるため追記した。</td></tr>
<tr><td></td><td>5.2 d) 探触子コネクタ種別</td><td></td><td>5.2 d)</td><td>d) 探触子コネクタタイプ</td><td>変更</td><td>専用探触子の場合は省略可とした。</td><td>専用探触子を使用する場合は，誤接続のおそれはないため。</td></tr>
<tr><td></td><td>5.2 g) 電池動作時間</td><td></td><td>5.2 g)</td><td>バッテリー電圧低下で超音波機器の性能が仕様外となったときの表示の形式としている。</td><td>変更</td><td>その際の動作条件の表記が規定されていない。</td><td>試験条件（測定サイクル及び温度条件）によって電池の動作時間が変動するため，これを記録するとした。</td></tr>
</table>

(I) JIS の規定 箇条番号及び題名	(I) 内容	(II) 国際規格番号	(III) 箇条番号	(III) 内容	(IV) 箇条ごとの評価	(IV) 技術的差異の内容	(V) JIS と国際規格との技術的差異の理由及び今後の対策
5 超音波厚さ計仕様（概要）	5.2 l) 測定誤差		5.2 l)	l) 精度及び分解能	変更	精度を測定誤差に変更し、分解能を削除した。使用する探触子の形式及び試験片の音速を併記するとした。	国内の実態に合わせ測定誤差に変更した。また、分解能を確認することは困難であるため削除した。
	5.6 a) 音速設定範囲		—		追加	音速設定範囲を追加した。	超音波厚さ計として基本機能の一つであるため。
	5.6 b) ゼロ点調整機能の有無		—		追加	ゼロ点調整機能の有無を追加	超音波厚さ計としてゼロ点調整は基本機能の一つであるため。
	5.6 c) 表示更新回数		5.6	e) 表示応答時間	変更	表示応答時間を表示更新回数に変更した。	単位時間当たりの表示更新回数の表示が適切であるため。
	5.6 d) 測定分解能 (mm)		—		追加	音速設定範囲を追加した。	超音波厚さ計として測定分解能は基本機能の一つであるため。
	—		5.6	サンプリング用周波数、パルス繰り返し周波数、信号処理アルゴリズムへの原理を規定。	削除	これらの項目は削除した。	これらの内部処理方法はメーカ各社によって異なる点、直ちに厚さ計の性能を表す項目ではない点を考慮した。
6 試験片			6.1	試験片の鋼幅を EN 規格を引用して規定し、音速、表面粗さ、寸法、形状を規定。	変更	本体及び附属書 JA で規定された試験片に変更し、厚さが既知の試験片の試験片を追加した。	国内の実態に合わせ旧 JIS Z 2355 で規定された試験片に変更した。また、この規格で規定する試験片の詳細は附属書に記載した。
7 超音波厚さ計の性能確認試験区分	7.1 試験区分 1		7	Group 1 として規定 抜取り試験として規定	変更	7.1 として項目立てをした。抜取り試験を削除した。	分かりやすい構成に変更し、試験と限定する必要がないため。
	7.2 試験区分 2		7	Group 2 として規定 全数試験として規定	変更	7.2 として項目立てをした。検収前試験を出荷前検査、性能維持の確認を定期点検、修理後試験を特別点検に名称変更した。	分かりやすい構成に変更し、実態に合わせるため変更した。
	7.3 試験区分 3		7	Group 3 として規定 作業の開始時、完了時に行う。	変更	7.3 として項目立てをし日常点検とした。	分かりやすい構成に変更し、実態に合わせるため変更した。

(I) JIS の規定		(II) 国際規格番号	(III) 国際規格の規定		(IV) JIS と国際規格との技術的差異の箇条ごとの評価	技術的差異の内容	(V) JIS と国際規格との技術的差異の理由及び今後の対策
箇条番号及び題名	内容		箇条番号	内容	箇条ごとの評価		
7 超音波厚さ計の性能確認試験区分（続き）	表1 試験リスト		7	表2 試験リスト	変更	試験項目を変更した。	使用者では実施困難な試験があり、また、全数検査不要な試験があるためこれらを削除し、必要な試験項目を追加した。
8 探触子	中心周波数の測定は JIS Z 2350 による。		8	中心周波数の測定は EN 12668-2 による。	変更	探触子の中心周波数の測定は JIS Z 2350 による。	EN 規格を呼ぶことができないため対応する JIS に変更した。
9 試験区分1	9.1 一般		9.1	試験項目省略の規定はない。	変更	機器の仕様で該当しない項目の試験は省略してもよいとした。	ISO 規格の規定には超音波厚さ計の仕様によって、実施不要と考えられる試験があるため。
	9.2 使用機材		9.2	e) デジタル又はアナログ電流計	変更	電流を測定するための機器を追加した。	電流測定には電流計以外に定電流電源の付加機能、カレントプローブのような波形測定手法などもあるため、それらを含めて測定できるようにした。
	9.3.1 確認方法		9.3.1	試験対象は測定装置（機器）及び探触子	変更	ISO 規格では超音波探触子及び探触子としていることに対し、JIS では超音波厚さ計本体についての試験とした。	環境温度が探触子に及ぼす影響を除き、超音波厚さ計だけが影響を受けるため、JIS では超音波厚さ計本体について評価するため。
	9.4.2 合格基準		9.4.2	読取値は規定の精度及び分解能内。警報表示は規定電圧の±5%以内	変更	読取値の規定を削除。表示値は供給者の指定による。	この試験は電池電圧低下表示の確認を行うためのものであり、厚さ読取値については 9.6 で確認を行っている。また、規定範囲については、JIS では供給者の仕様範囲内に納まっていることを基本的な考え方とした。
	9.5.1 測定方法		9.5.1	電池及び充電式電池の条件についての規定はない。	追加	JIS では電池及び充電式電池の条件を定めた。	電池動作時間は電池、充電式電池の条件によって影響されるため。
	9.5.2 合格基準		9.5.2	規定時間の±5%以内	変更	適合範囲は供給者の指定による。	電池容量にはばらつきが許容されている。規定範囲については 9.4.2 の (V) と同様である。

(I) JIS の規定		(II) 国際規格番号	(III) 国際規格の規定		(IV) JIS と国際規格との技術的差異の箇条ごとの評価及びその内容		(V) JIS と国際規格との技術的差異の理由及び今後の対策
箇条番号及び題名	内容		箇条番号	内容	箇条ごとの評価	技術的差異の内容	
9 試験区分1 (続き)	9.6.1 測定方法		9.6.1	測定方法を規定しているが, 詳細な方法は規定されていない。	変更	試験片の選択を規定した。誤差の測定方法を規定した。探触子を供給者が推奨するものとした。	測定方法を明確にするため。
	9.6.2 合格基準		9.6.2	規定の精度及び分解能の範囲内	変更	精度を測定誤差に変更し, 分解能を削除した。	分解能を確認することは困難であるとともに, 確認する必要性はないため。
	9.7.1 測定方法		9.7.1	探触子を全ての推奨タイプとしている。	変更	探触子を供給者が推奨するものとした。	使用する探触子を明確にするため。
	9.7.2 合格基準		9.7.2	最小電圧及び最大電圧で規定値の±10 %以内	変更	適合範囲は供給者の指定による。	測定中の動作電流はパルス状となる場合があり, 正確に測定することは困難である。規定範囲については 9.4.2 の (V) と同様である。
	9.8.2 確認方法		9.8.2	試験片についての規定は温度だけ。探触子及び接触媒質は規定のものを規定するとされる。	追加	試験片は測定範囲内の少なくとも 3 種類の厚さのものとした。ISO 規格は厚さ計の温度が不明確である。	確認方法を明確にするため追記した。
	9.9.2 合格基準		9.9.2	技術的仕様の±20 %以内	変更	適合範囲は供給者の指定による。	規定範囲については 9.4.2 の (V) と同様である。
	9.10.1 測定方法		9.10.1	測定方法を規定している。ただし, 詳細な測定方法は規定されていない。	変更	JIS Z 2351 で送信パルス立ち上がり時間, 送信パルス幅, 送信パルスの振幅の測定が規定されているため, これを引用した。	測定方法を明確にするため。
	9.10.2 合格基準		9.10.2	各特性値について具体的に規定。	変更	それぞれの合格範囲は供給者の指定によるとした。	各規定値の数値の根拠が不明であり, 本来, 供給者の設計仕様によるため。
	9.11.1 確認方法		9.11.1	用いる試験片と探触子とについてだけ規定。	変更	試験の目的を明記するとともに試験方法を具体的に規定した。また, 動作周波数を変更しない超音波厚さ計は, 試験を省略できるとした。	試験方法を明確にするため。

(I) JISの規定		(II) 国際規格番号	(III) 国際規格の規定		(IV) JISと国際規格との技術的差異の箇条ごとの評価		(V) JISと国際規格との技術的差異の理由及び今後の対策
箇条番号及び題名	内容		箇条番号	内容	箇条ごとの評価	技術的差異の内容	
9 試験区分1 (続き)	9.11.2 合格基準		9.11.2	製造者規定の精度及び分解能の範囲内	変更	精度を測定誤差に変更し、分解能を削除した。	分解能を確認することは困難であるとともに、確認する必要性は小さい。
	9.12.1A 確認方法		9.13.1	製造者規定の精度及び分解能の範囲内	変更	精度を測定誤差に変更し、分解能を削除した。	5.2 1) に合わせるため、測定誤差の確認方法をそのものに関しては、内容の補足であり技術的な差異はない。
	9.13.2 合格基準		9.12.2	製造者規定の精度及び分解能の範囲内	変更	精度を測定誤差に変更し、分解能を削除した。	分解能を確認することは困難であるとともに、確認する必要性は小さい。
	9.14 音速設定範囲		9.14	具体的な規定はない。	変更	試験は供給者指定の方法による。	ISO規格には試験方法に関する具体的な記述がないため、また、音速設定は厚さ計取扱方法に依存するため。
	9.16.1 確認方法		9.16.1	厚さを計をオフにする方法を具体的に規定	変更	厚さ計をオフにする方法を規定しない。	超音波厚さ計オフによる保存の確認が目的であり、オフにする方法は超音波厚さ計の取扱方法に依存する。
	9.16.2 合格基準		9.16.2	製造者規定の精度及び分解能の範囲内	変更	精度を測定誤差に変更し、分解能を削除した。	分解能を確認することは困難であるとともに、確認する必要性は小さい。
	9.17.1 確認方法		9.17.1	実際に読取りを行う。	変更	実測定の代わりに測定データの書込みも許容した。	効率的に確認を行うためであり、データ保存の確認に関しての技術的な差異はない。
	9.17.2 合格基準		9.17.2	保存データを72時間後に確認	変更	データ保存は供給者仕様による。	確認時間である72時間前後の根拠が不明であるため。
	9.20.1 測定方法		9.20.1	規定の時間で得られた読取値は製造業者規定の精度及び分解能の範囲内	変更	表示応答時間を表示更新回数に変更した。測定方法を変更した。	ISO規格に規定する方法では表示応答時間を測定できない。また、超音波厚さ計の使用者にとって必要なのは表示応答時間ではなく、単位時間当たりの測定回数であるため。
	9.20.2 合格基準		9.20.2	分解能試験片を用いて測定	変更	精度及び分解能に関する規定を削除した。	精度及び分解能の確認は表示更新回数とは無関係であるため。
10 試験区分2	10.2 目視点検		10.4	物理的損傷を外部から目視で検査など	変更	目視点検内容を具体的に記述した。	国内で運用するためJIS Z 2355-1と整合させるために追加。

(I) JISの規定		(II) 国際規格番号	(III) 国際規格の規定		(IV) JISと国際規格との技術的差異の箇条ごとの評価		(V) JISと国際規格との技術的差異の理由及び今後の対策
箇条番号及び題名	内容		箇条番号	内容	箇条ごとの評価	技術的差異の内容	
10 試験区分2 (続き)	10.3 最小及び最大測定可能厚さ		—		追加	最小及び最大測定可能厚さの測定に関する項目を追加した。	測定項目を明確にするため追加。
	10.4 測定誤差		—		追加	測定誤差に関する項目を追加した。	測定項目を明確にするため追加。
	10.5 測定下限		—		追加	測定下限の測定に関する項目を追加した。	測定項目を明確にするため追加。
	10.6 調整値の確認		—		追加	調整値の確認に関する項目を追加した。	測定項目を明確にするため追加。
11 試験区分3	11.2 始業前点検		11.2	取扱説明書を確認する。	変更	始業前点検内容を具体的に規定した。	JIS Z 2355-1 と整合させるために変更。
附属書JA (規定)	超音波厚さ測定用対比試験片 (RB-T)		—		追加	旧 JIS Z 2355 で規定された試験片 RB-T を追加した。	国内で運用するための旧 JIS Z 2355 で規定された試験片を追加した。
附属書JB (規定)	超音波厚さ測定用対比試験片 (RB-I)		—		追加	ISO規格の 6.2 及び 6.3.1 で規定する試験片を対比試験片 RB-I と定義し、附属書記載とした。6.3.2 で規定された試験片は削除した。	RB-T に合わせて附属書とした。また、ISO規格の 6.3.2 で規定された試験片は使用しない。
	JB.1 材料		6.2	EN 10025-2 で規定。また、熱処理について規定。	変更	JIS で規定された試験片の材料に変更した。	国内における試験片材料入手の利便性を考慮した。
			6.2	縦波音速は5 920±30 m/s であること。	変更	音速の規定を削除した。	国内において音速が保証された材料を入手することは困難である。
	—		6.3.2	分解能試験片	削除	6.3.2 で規定された試験片を削除した。	分解能を測定しないため。

JIS と国際規格との対応の程度の全体評価：ISO 16831:2012, MOD

注記1　箇条ごとの評価欄の用語の意味は、次による。
　　　— 削除 ·················· 国際規格の規定内容を削除している。
　　　— 追加 ·················· 国際規格にない規定項目又は規定内容を追加している。
　　　— 変更 ·················· 国際規格の規定内容を変更している。
注記2　JIS と国際規格との対応の程度の全体評価欄の記号の意味は、次による。
　　　— MOD ················· 国際規格を修正している。

JIS Z 2356
（2006）

黒鉛素材の超音波自動探傷検査方法

Method of automatic ultrasonic inspection for graphite ingot

1. 適用範囲 この規格は，等方性黒鉛材料のあらゆる方位を向いた面状きずを，一探触子を使ったパルス反射法を利用して，水中で行う超音波自動探傷検査の方法について規定する。

2. 引用規格 次に掲げる規格は，この規格に引用されることによって，この規格の規定の一部を構成する。これらの引用規格は，その最新版（追補を含む。）を適用する。

JIS Z 2300 非破壊試験用語

JIS Z 2305 非破壊試験－技術者の資格及び認証

JIS Z 3070 鋼溶接部の超音波自動探傷方法

3. 定義 この規格で用いる主な用語の定義は，**JIS Z 2300** 及び **JIS Z 3070** の **3.**（定義）によるほか，次による。

a) 面走査 探触子の移動方向及び間隔を設定する方法のうち，試験体入射面に沿った二次元走査。二種の入射面に応じて **3. b)** の R－X 走査又は **3. c)** の R－Z 走査のいずれかを実施する。

b) R－X 走査 面走査のうち，平面である試験体上下面からの入射のときに行う試験体回転－試験体径方向の走査（**図 1** 参照）。

c) R－Z 走査 面走査のうち，曲面である試験体側面からの入射のときに行う試験体回転－試験体高さ方向の走査（**図 2** 参照）。

d) 入射角走査 探触子の移動方向及び間隔を設定する方法のうち，面走査のときの入射角を順次変更する走査。入射面に対応して $i_1 - i_2$ 走査又は $i_1 - o_{\text{ff}}$ 走査のいずれかを，直交走査又は千鳥走査のいずれかの方法で実施する。

e) $i_1 - i_2$ 走査 入射角走査のうち，試験体上下面からの入射のときに行う上下角（探触子傾斜角）i_1 －水平角（探触子旋回角）i_2 の走査（**図 1** 参照）。それぞれの走査点（データ収録点）ごとに R－X 走査を行う。

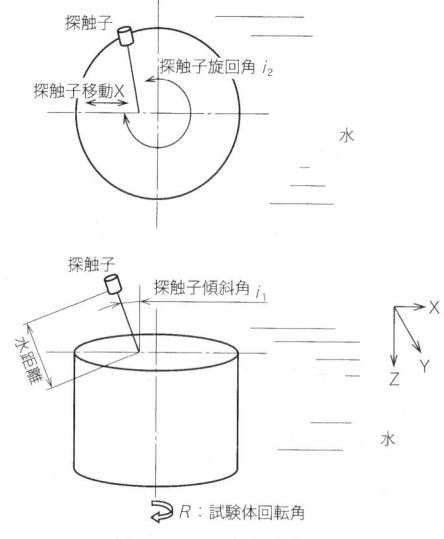

図 1　R－X 走査の模式図

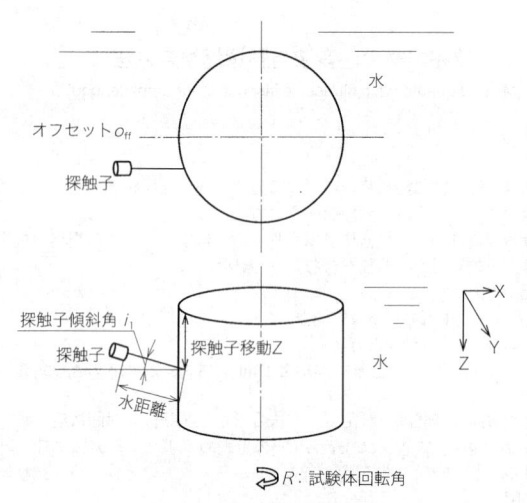

図 2　R−Z 走査の模式図

f)　**$i_1 - o_{ff}$ 走査**　入射角走査のうち，試験体側面からの入射のときに行う上下角（探触子傾斜角）i_1 −オフ
セット o_{ff} の走査（**図 2** 参照）。それぞれの走査点（データ収録点）ごとに R−Z 走査を行う。

g)　**直交走査**　入射角走査において，走査点が正方格子を描くような走査。

h)　**千鳥走査**　入射角走査において，走査点数削減のため，走査点が正六角格子を描き，互い違いの千鳥
模様になるような走査（**図 3** 参照）。

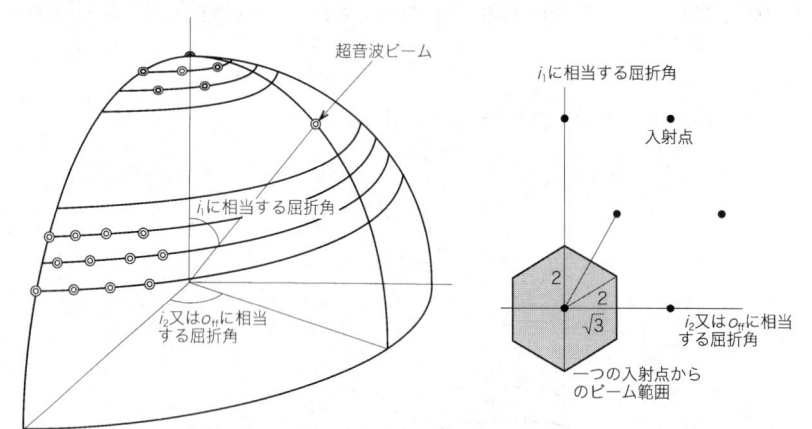

図 3　入射角走査における千鳥走査の模式図

i)　**一次探傷**　二段階の探傷の始めに行うもの。比較的大きな見かけのビーム幅に相当する走査ピッチで，
比較的高い探傷感度で行い，二次探傷すべき部位を特定する。

j)　**二次探傷**　二段階の探傷の二番目に行うもの。一次探傷で特定された部位に対し，比較的小さな見か
けのビーム幅に相当する走査ピッチで，ビーム端補正だけ一次探傷より低い探傷感度で行い，試験体
の合否判定を行う。

k)　**2 軸首振り走査**　基準感度設定のため平底穴のエコー高さを測定するときに，黒鉛中を伝搬する超音

波ビームの波頭の揺らぎを補償するため，入射角を 2 軸で走査し，最大エコー高さを求める走査。

l) **幾何学的屈折角** 黒鉛中の平均音速を用いて，入射角からスネルの法則によって計算した屈折角。ただし，ここでの音速としては有効数字二けたの概略値を使用する。

m) **面方向ビーム幅** 検出きず相当の平底穴に対して面走査を行ったとき，最大エコー高さより規定の強度低下内でエコーが出現する面方向の範囲。

n) **角度方向ビーム幅** 検出きず相当の平底穴に対して角度走査を行ったとき，最大エコー高さより規定の強度低下内でエコーが出現する角度方向の範囲。

o) **見かけの減衰補正率** 探傷感度の設定を行うときに，2 軸首振り走査によって波頭の揺らぎを補償しても残る対比試験片と試験体の最大エコー高さとの差を，黒鉛素材のロットごとの減衰率の差と見なして行う探傷感度補正の割合。

4. 検査の原理 この探傷検査方法では，伝搬する超音波ビームに波頭の揺らぎが見られる素材を対象とするため，試験体ごとに超音波伝搬特性の測定を行った後に，試験体全体を水没させ一探触子のパルス反射法を用いた垂直及び斜め入射によって超音波自動探傷を行う。さらに，黒鉛のような焼結体においては，きずの方位を限定できないことから，あらゆる方位の面状きずを検出するため，一つの入射面に対して平面の走査に加え，独立した二つの入射角を変えて走査する。

5. 試験体及び検出対象きず この規格で用いる試験体は，直径と高さとの比が 1 対 1 程度の任意の大きさの円柱形状であり，直径及び高さの最大値はそれぞれ 225 mm とする。検出対象きずの最小寸法は，等価直径 3 mm 以上の任意の値に設定する。

> **備考1.** ここでいう等方性黒鉛とは，静水圧成形法を適用して製造されたものをいう。
>
> **2.** 探傷検査方法の前提として，設計において許容欠陥の寸法，位置及び方向を評価しておくことが要求され，検出対象きずの最小寸法は，この許容欠陥寸法以下で，かつ，等価直径 3 mm 以上の任意の値に設定する。

6. 技術者 黒鉛素材の超音波探傷試験に従事する技術者は，**JIS Z 2305** の UT レベル 2 の有資格者又は相当の技術者とし，黒鉛材料に関する知識及びその探傷についての十分な知識をもち，かつ，超音波自動探傷装置の使用に関する教育及び訓練を受けた者とする。

7. 超音波自動探傷装置の構成

7.1 装置の基本構成 使用する装置は，超音波探傷器，探触子，走査装置及び画像表示・収録装置で構成する。装置の構成を，**図 4** に示す。

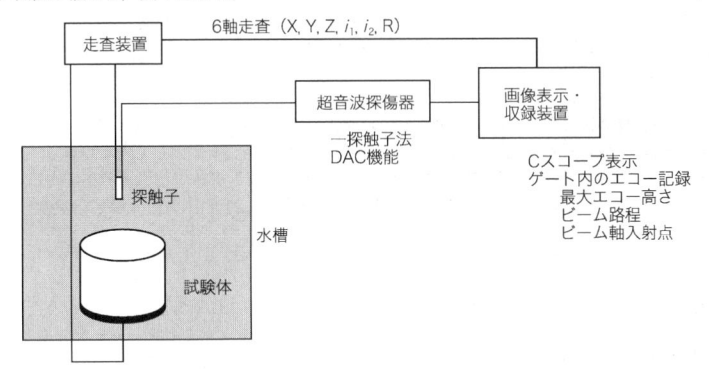

図 4 超音波自動探傷装置の構成

7.2 超音波探傷器 超音波探傷器は，**JIS Z 3070** の **6.**（超音波自動探傷器に必要な機能及び性能）に規定する機能及び性能をもつとともに，**7.2.1** に示すエコー収録ゲート機能，距離振幅補償機能（DAC 回路），データ出力及びメモリ機能をもつものを使用する。

7.2.1 エコー収録ゲート 最低一つのエコー収録ゲートをもつものとする。

7.2.2 距離振幅補償 探傷を行うビーム路程内の 6 点以上のエコー高さから DAC カーブを作成する。DAC 回路は，30 dB 以上補償できる性能がなければならない。

7.2.3　データ出力及びメモリ機能　超音波探傷器は，各走査条件において，エコー収録ゲート内の最大エコー高さを示すエコーのエコー高さ及びビーム路程を出力するとともに，A スコープ図形のメモリ機能をもつ。

7.3　探触子　探触子は，長いビーム路程間において黒鉛素材の組織雑音及び検出対象きずの最小寸法の等価直径をもつ面状きずに対して良好な SN 比を得ることを目的に，公称周波数が 1〜2 MHz，振動子の公称直径が 25 mm 程度で，かつ，周波数帯域が比較的広い非集束水浸探触子を使用する。

7.4　走査装置　走査装置は，円柱試験体に対してあらゆる方位のきず検出を対象とすることから，XYZの 3 軸に加え，試験体の回転並びに探触子の傾斜及び旋回を行い，垂直入射及び斜め入射が可能な駆動機構と水槽とを用いる。

7.4.1　走査装置に必要な機能　走査装置は，自動及び手動で次の事項の制御を行う。

a)　**X 軸**　手動による移動及び自動走査（ピッチ及び速度）

b)　**Y 軸**　手動による移動及び自動走査（ピッチ及び速度）

c)　**Z 軸**　手動による移動及び自動走査（ピッチ及び速度）

d)　**探触子傾斜角 i_1**　手動による移動

e)　**探触子施回角 i_2**　手動による移動

f)　**試験体回転角 R**　手動による移動及び自動走査（ピッチ及び速度）

7.4.2　走査装置に必要な性能　走査装置は，所定のデータ収録点において，次の走査範囲及び精度をもつものとする。

a)　**X, Y, Z 軸**　分解能及び最小ピッチは，0.5 mm 以下とする。

b)　**探触子傾斜角**　走査範囲は，−90〜90°で，分解能は，0.1°以下とする。

c)　**探触子施回角**　走査範囲は，0〜360°で，分解能は，0.1°以下とする。

d)　**試験体回転角**　走査範囲は，0〜360°で，分解能及び最小ピッチは，0.2°以下とする。

7.5　画像表示・収録装置　画像表示では，円柱試験体の上下面及び側面に対する C スコープ表示機能をもち，エコー収録ゲート内の最大エコーを示すエコーのエコー高さ及びビーム路程，並びに探触子入射点位置，入射角及び試験体回転角の収録機能をもつものを用いる。

7.5.1　画像表示・収録装置に必要な機能　画像表示・収録装置は，次の機能をもつものとする。

a)　試験体上下面からの入射時の C スコープ表示

b)　試験体側面からの入射時の C スコープ表示

c)　エコー収録ゲート内の最大エコー高さを示すエコーのエコー高さ及びビーム路程

d)　エコー収録ゲート内の最大エコー高さ位置における探触子の入射位置 (X, Y, Z) 及び入射角(i_1, i_2)並びに試験体回転角(R)の記録

e)　収録されたデータの保存媒体への記録

7.5.2　画像表示・収録装置に必要な性能　画像表示・収録装置は，次の性能をもつものとする。

a)　表示するエコー高さ又は領域の下限は，測定後においても任意の高さに変更して表示できる。

b)　C スコープの各座標軸は，検出対象きずの最小寸法以下の分解能で反射源の位置を表示できる。

c)　表示されるすべての反射源は，収録したエコー高さ又は領域別に，2 種類以上の濃淡又は色合いで確認できる。

8.　超音波自動探傷試験の条件設定

8.1　試験片

8.1.1　試験片の表面処理　試験片は，表面粗さ（中心線平均粗さ）Ra3.2 以下で機械加工を行った後，十分に乾燥させる。防水処理として浸透性の小さなエポキシ樹脂コーティング剤などを表面に薄く塗布する。

8.1.2　試験機器の校正　この探傷試験における試験機器の校正は，指定の対比試験片を用いて行う。

8.1.3　対比試験片　次の測定項目を満たす対比試験片を準備する。対比試験片の寸法・形状及び測定方法は，附属書 1 による。

　なお，減衰補正については，**8.9 c)**に基づき，対比試験片を使用しないで，試験体そのもので行うものとする。

a)　**距離振幅補償**　距離振幅の補償方法は，**8.5** による。

b)　**見かけのビーム幅**　見かけのビーム幅の測定は，**8.6** による。

c)　**基準感度調整**　基準感度の調整方法は，**10.1 a)**による。

d)　**探傷感度補正**　探傷感度の補正は，**8.9** による。

8.2 水距離 試験体と探触子との水距離は，試験体内の探傷領域内において距離振幅曲線に乱れがない条件において，S_2 表面エコーが B_1 底面エコーのビーム路程外になるように設定する。

8.3 ビーム軸入射点 斜め入射において，探触子の幾何学的中心軸の延長線と試験体との交点をビーム軸入射点とする。

8.4 探傷に必要な走査及び監視範囲 あらゆる方位の面状きずを探傷するため，試験体上下面及び試験体側面からそれぞれ傾き約 70° までの傾いたきずを探傷する。それに必要な走査範囲は，次による。

8.4.1 試験体上下面からの入射 試験体上下面からの入射は，次による。

a) **R 軸走査範囲** 0〜360°

b) **X 軸走査範囲** 試験体中心〜試験体側面（距離：試験体半径）

c) **i_1 軸走査範囲** 幾何学的屈折角が 0〜70°

d) **i_2 軸走査範囲** 0〜360°

8.4.2 試験体側面からの入射

a) **R 軸走査範囲** 0〜360°

b) **Z 軸走査範囲** 試験体上面〜試験体下面（距離：試験体高さ）

c) **i_1 軸走査範囲** 幾何学的屈折角が 0〜70°

d) **o_{ff} 軸走査範囲** 幾何学的屈折角が 0〜70°

8.4.3 監視範囲の設定及び必要走査範囲の確認 幾何学的屈折角 0°，10°，20°，30° 及び 45° における傾いたきずに対する探傷範囲を作図し，それをもとに，各走査条件における監視範囲を設定する。同時にこの作図によって，未探傷領域がすべての条件において，**9.1.1** で規定する試験体の外周幅 5 mm 及び端部 12 mm 角に収まることを確認する。さらに，附属書 1 の **5.** に基づき全方位探傷の確認を行う。

8.5 距離振幅補償方法 附属書 1 の **2.2** に基づき，試験体上下面からの垂直入射について，必要なビーム路程まで，DAC 回路を用いて電子的に距離振幅補償を行う。この補償は，30 dB 以下とする。この距離振幅補償は，試験体上下面からの斜め入射並びに試験体側面からの垂直及び斜め入射に対しても，そのまま適用する。

8.6 見かけのビーム幅の測定 附属書 1 の **2.3** 及び附属書 1 の **3.2** に基づき，試験体上下面及び試験体側面からの垂直入射における面走査及び入射角走査について見かけのビームプロファイルを測定し，検出対象きずの最小寸法に応じて，**表 1** に示す値を基本とした強度低下に対応する見かけのビーム幅を求める。この測定は，必要ビーム路程までの対比試験片すべてに行い，その中の最小値を，面方向及び角度方向それぞれの一次探傷ビーム幅及び二次探傷ビーム幅とする。

表 1 面方向及び角度方向の一次探傷ビーム幅及び二次探傷ビーム幅に対する強度低下

単位 dB

検出対象きずの最小寸法	一次探傷ビーム幅に対する強度低下	二次探傷ビーム幅に対する強度低下
3 mm 以上 5 mm 未満	−3	−1
5 mm 以上	−6	−3

8.7 面走査におけるデータ収録点間隔の選定 試験体上下面からの入射においては R−X 走査，試験体側面からの入射においては R−Z 走査を行うが，それぞれ **8.6** で設定された面方向一次探傷ビーム幅及び面方向二次探傷ビーム幅を基準として，未探傷領域がないよう走査条件を設定する。ここで R 走査は，入射点間隔が面方向ビーム幅の 1/5 以下になる角度ピッチで行い，X 走査及び Z 走査は，面方向ビーム幅以下の探傷ピッチで行う。**図 1** 及び **図 2** にそれぞれ R−X 走査及び R−Z 走査の模式図を示す。

8.8 入射角走査におけるデータ収録点間隔の選定 試験体上下面からの入射においては i_1−i_2 走査，試験体側面からの入射においては i_1−o_{ff} 走査を行うが，それぞれ **8.6** で設定された角度方向一次探傷ビーム幅及び角度方向二次探傷ビーム幅を基準として，直交走査又は千鳥走査（**図 3**）を用いて，未探傷領域がないよう走査条件を設定する。ここで i_1 走査は，幾何学的屈折角が角度方向ビーム幅以下になる探傷ピッチで行う。i_2 走査及び o_{ff} 走査は，それぞれ i_1 が最大入射角付近においては，幾何学的屈折角で表示したデータ収録点が正方格子（直交走査の場合）又は正六角格子（千鳥走査の場合）を描くよう設定する。i_1 が小さくなるにつれ，i_2 及び o_{ff} の探傷ピッチは大きくしてよいが，探傷条件の単純化のために，ピッチが 1 段前の整数倍以上になるときにだけその整数倍に変更することが望ましい。

なお，この直交走査又は千鳥走査で未探傷領域をなくすためには，見かけのビーム幅が **8.6** で設定された角度方向ビーム幅の 1.42 倍（直交走査の場合）又は 1.15 倍（千鳥走査の場合）必要となるので，ビーム端における強度低下を **8.9 d)** でビーム端補正として導入する。

8.9　探傷感度補正量の評価　探傷感度 G_R (dB)は，**10.2 c)** 及び **10.3 c)** で規定するように，**10.1 a)** で求める検出対象きずの最小寸法と同じ直径の平底穴（検出対象きず相当の平底穴）のエコー高さが表示器目盛りの 80 % となるように基準感度 G_T を設定し，これに次の補正項を測定し，付加したものとする。

a)　入射面補正 ΔG_p　附属書 1 の **4.1** に基づき，平面である試験体上下面からの入射に対する曲面である試験体側面からの入射による補正量を入射面補正 ΔG_p として求める。

b)　入射角補正 ΔG_θ　附属書 1 の **4.2** に基づき，垂直入射に対する斜め入射による補正量を入射角ごとに入射角補正 ΔG_θ として求める。この入射角それぞれにおける補正量は，必要ビーム路程すべてに適用できる単一の補正量とすることを基本とする。ただし，入射角が大きく補正量が大きい場合には，ビーム路程を幾つかの区間に区切ってその区間ごとに設定してもよい。

c)　減衰補正 $2\alpha W_{max}$　附属書 2 の **3.** に基づき，見かけの減衰補正率 α を求め，最大ビーム路程を W_{max} として，試験体内の最大減衰量 $2\alpha W_{max}$ を求め，これを全走査面に一律に減衰補正として適用する。

d)　ビーム端補正 ΔG_s　面方向及び角度方向のビーム幅に対する強度低下量の和をビーム端補正 ΔG_s として求める。ここで，面方向ビーム幅に対する強度低下量は **8.6** で設定したものを用いる。角度方向ビーム幅に対する強度低下量は，**8.6** で設定したものに，**8.8** で定める 1.42 倍又は 1.15 倍したものを用いる。

e)　コーナ入射補正 ΔG_c　附属書 1 の **4.3** に基づき，探傷面コーナからの入射の場合に必要な補正量をコーナ入射補正 ΔG_c として求める。

9.　超音波自動探傷試験の手順

9.1　試験体

9.1.1　探傷領域　探傷領域は，図 5 に示す直径と高さとの比が 1 対 1 に近い円柱状試験体の中で，未探傷領域として設定した，各探傷面の深さ 5 mm までの外周部及び上下側面端部の 12 mm 角を除く全体積である。

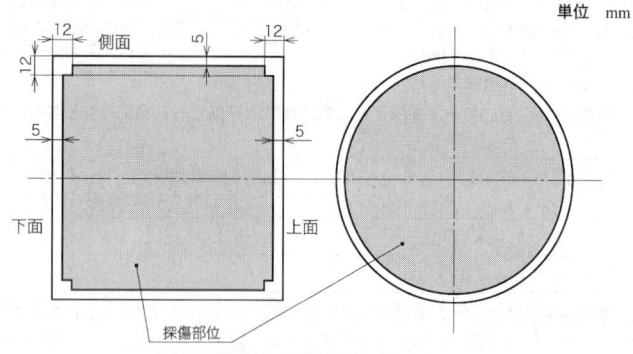

図 5　試験体の探傷領域の断面図

9.1.2　表面処理　試験体は，表面粗さ（中心線平均粗さ）Ra3.2 以下で機械加工を行った後，十分乾燥させる。防水処理として浸透性の小さなエポキシ樹脂コーティング剤などを表面に薄く塗布する。

9.2　探傷の時期及び内容　探傷は，試験体伝搬特性試験と超音波自動探傷試験とに分け，前者は，底面エコー監視試験と見かけの減衰補正率測定試験とに分ける。その実施時期は，一試験体において次の 3 回とする（図 6 参照）。

a)　底面エコー監視試験　超音波伝搬特性試験の最初に行う試験で，見かけの減衰が小さな部位と大きな部位とを選別し，基準反射源となる平底穴加工位置を特定するため行う試験である（**附属書 2 の 2.** 参照）。このとき，36 点の底面エコーの伝搬時間から試験体の音速の平均値を求める。

b)　見かけの減衰補正率測定試験　超音波伝搬特性試験において平底穴加工後に行う試験で，基準感度を補正するために底面エコー監視試験後に加工された平底穴のエコー高さを 2 軸首振り走査によって測

定する試験である（**附属書2の3.**参照)。このとき，複数の位置に加工された平底穴の最大エコー高さを2軸首振り走査によって測定し，その最大エコー高さの最小値を基準とし，その伝搬距離から見かけの減衰補正率αを求める。

c) **超音波自動探傷試験**　見かけの減衰補正率測定試験後に，加工された平底穴加工面を切削加工で除去し探傷を行う試験であり，一次探傷及び二次探傷の2段階からなる。一次探傷は，比較的大きな見かけのビーム幅に相当する走査ピッチで，比較的高い探傷感度で行い，二次探傷すべき部位を特定する。二次探傷は，一次探傷で特定された部位に対し，比較的小さな見かけのビーム幅に相当する走査ピッチで，ビーム端補正の分だけ低い探傷感度で行い，試験体の合否判定を行う。

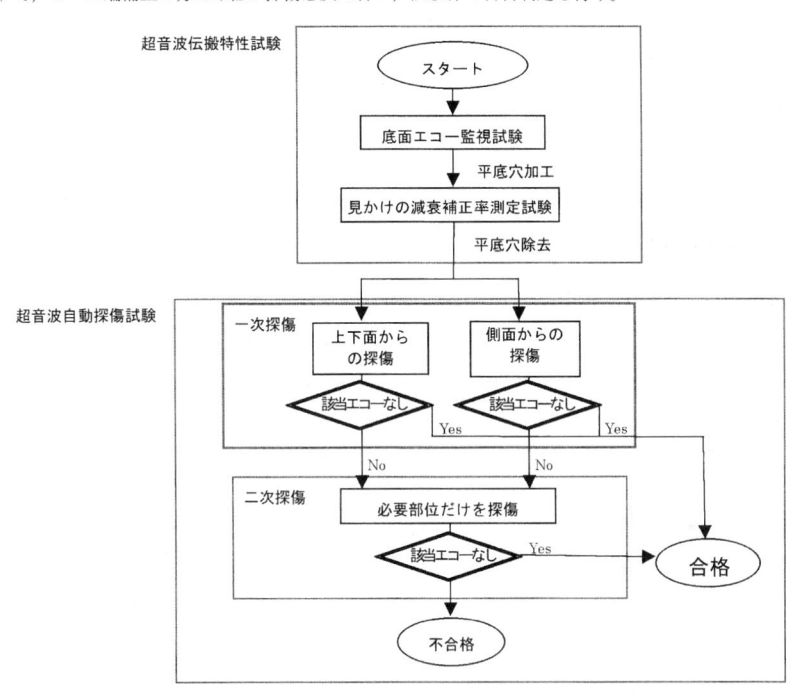

図 6　探傷の時期及び内容

10. 超音波自動探傷試験

10.1　試験準備　作業日ごとに，次の a)〜d)を設定する。

a) **基準感度調整**　**附属書1**に示す RB-F 形対比試験片に含まれる最大ビーム路程の検出対象きず相当の平底穴を用いて，2軸首振り走査によるエコー高さが表示器目盛りの80%となるように探傷器の基準感度 G_T を設定する。その後，面走査を行う。面走査を行った結果の A スコープ及び C スコープ図形を記録する。

b) **試験体の軸合わせ**　試験体側面の表面エコーを用いて試験体回転軸位置の調整を行う。

c) **ビーム軸合わせ**　試験体各探傷面の表面エコーを用いてビーム軸合わせ及び入射点の設定を行う。

d) **水距離設定**　試験体各探傷面の表面エコーを用いて水距離の設定を行う。

10.2　一次探傷　一次探傷は，**8.6**で設定した一次探傷ビーム幅を基準とし，次によって探傷を行う。

a) **データ収録点間隔の調整**　**8.7**に基づき，入射面，探触子傾斜角，探触子旋回角又はオフセットごとに設定する。

b) **監視範囲の調整**　**8.4.3**に基づき，入射面，探触子傾斜角，探触子旋回角又はオフセットごとにエコー収録ゲートを設定する。

c) 探傷感度の補正及び調整 探傷感度 G_R は，次の式(1)によって求める。

$$G_R = G_T + \Delta G_P + \Delta G_\theta + 2\alpha W_{max} + \Delta G_S + \Delta G_C \quad\cdots\cdots\cdots\cdots\cdots\cdots\cdots(1)$$

ここに，　　G_T： **10.1 a)** によって検出対象きず相当の平底穴のエコー
高さが表示器目盛りの 80%となるように設定した基
準感度

　　　　　　ΔG_P： **8.9 a)** で評価した入射面補正

　　　　　　ΔG_θ： **8.9 b)** で評価した入射角補正

　　　　　$2\alpha W_{max}$： **8.9 c)** で評価した減衰補正

　　　　　　ΔG_S： **8.9 d)** で評価したビーム端補正

　　　　　　ΔG_C： **8.9 e)** で評価したコーナ入射補正

　　各入射条件の探傷感度をこの補正式を用いてあらかじめ求め各々の入射条件に適用するが，操作の
単純化のため任意の範囲の探傷条件でその最大値を一律に適用してもよい。また，探傷感度の補正相
当量を **10.2 d)** の二次探傷実施判定基準のエコー高さを変えることで置き換えてもよい。

d) 二次探傷実施基準 検出対象きず相当の平底穴に相当する表示器目盛りの 80%以上のエコーを示す
反射源に対しては，**10.3** の二次探傷を実施する。

10.3 二次探傷 一次探傷において二次探傷すべき部位が認められた場合には，その部位について二次探
傷を実施する。二次探傷は，**8.6** で求めた二次探傷ビーム幅を基準として探傷を行う。

a) データ収録点間隔の調整 **8.7** に基づき，入射面，探触子傾斜角，探触子旋回角又はオフセットごとに
設定する。

b) 監視範囲の調整 **8.4.3** に基づき，入射面，探触子傾斜角，探触子旋回角又はオフセットごとにエコー
収録ゲートを設定する。

c) 探傷感度の補正及び調整 探傷感度 G_R は，式(1)を用いて求める。各入射条件の探傷感度をあらかじ
め求め各々の入射条件に適用するが，操作の単純化のため任意の範囲の探傷条件でその最大値を一律
に適用してもよい。また，探傷感度の補正相当量を **11.** の合否判定基準のエコー高さを変えることで置
き換えてもよい。

11. 合否判定基準 検出対象きず相当の平底穴に相当する表示器目盛りの 80%以上のエコー高さを示す
反射源が存在する場合には，検出対象きずを含有するものとして，その試験体は不合格とする。

12. 記録

12.1 試験実施成績書 試験実施成績書には，次の事項を記載する。

a) 規格番号

b) 試験年月日

c) 技術者名

d) 試験体識別番号

e) 試験体材質及び寸法

f) 超音波自動探傷器形式番号

g) 探触子形式番号

h) 合否判定結果

12.2 走査方法及びエコー収録ゲート 各入射条件における次の事項を記録する。

a) 探傷面

b) 探触子傾斜角 i_1

c) 探触子旋回角 i_2（試験体上下面からの入射時）又はオフセット o_{ff}（試験体側面からの入射時）

d) エコー収録ゲート範囲

12.3 探傷条件 探傷条件は，次の事項を記録する。

a) 対比試験片の識別番号又は形状

b) 対比試験片の A スコープ及び C スコープ図形

c) 試験体の平均音速

d) 各入射面における距離振幅補正データ

e) 感度補正量

12.4 探傷データ 二次探傷を行った反射源について，次の事項を記録する。

a) 探傷面

b) 探触子傾斜角 i_1

c) 探触子旋回角 i_2（試験体上下面からの入射時）又はオフセット o_{ff}（試験体側面からの入射時）

d) 入射点位置

e) ビーム路程

f) エコー高さ

附属書1（規定）黒鉛素材の超音波特性測定用対比試験片及び測定方法

序文　この附属書は，黒鉛素材の超音波特性測定用対比試験片及び測定方法について規定する。

1. 対比試験片　対比試験片は，次による。

a) RB-F 形試験片　RB-F 形試験片は，平面である試験体上下面からの垂直入射における距離振幅補償，基準感度設定及び見かけのビーム幅測定用の試験片である。形状は，**附属書1図1** に示す直方体で，その寸法，並びに反射源及びそのビーム路程を**附属書1表1** に示す。ただし，このうちで必要ビーム路程までの試験片を用意するものとする。

なお，反射源は，各試験片に2個以上とし，そのうちの検出強度の小さいものを使用する。

附属書1表1　RB-F 形試験片の寸法，並びに反射源及びそのビーム路程　　　　　単位　mm

対比試験片名	寸法			反射源：検出対象きず相当の平底穴			ビーム路程
	a	b	c	ϕd	L	個数	
RB-F1	100 以上	100 以上	20 以上	相当直径	10 以上	2 以上	10±5
RB-F2	100 以上	100 以上	40 以上	相当直径	10 以上	2 以上	30±5
RB-F3	100 以上	100 以上	70 以上	相当直径	10 以上	2 以上	60±5
RB-F4	100 以上	100 以上	110 以上	相当直径	10 以上	2 以上	100±10
RB-F5	100 以上	100 以上	160 以上	相当直径	10 以上	2 以上	150±10
RB-F6	100 以上	100 以上	230 以上	相当直径	10 以上	2 以上	220±10

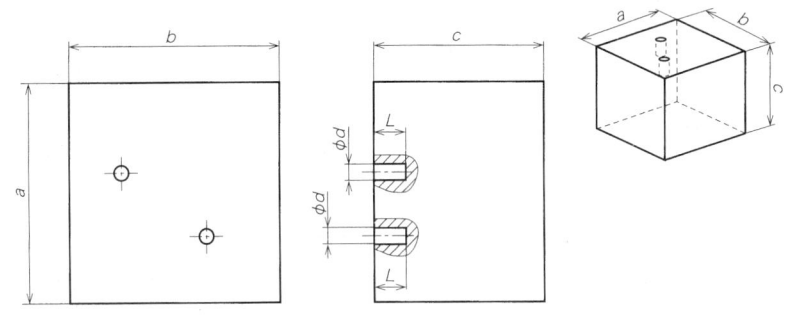

附属書1図1　　RB-F 形試験片の形状及び寸法

b) RB-G 形試験片　RB-G 形試験片は，曲面である試験体側面からの垂直入射における探傷感度の入射条件補正及び見かけのビーム幅測定用の試験片である。形状は，**附属書1図2** に示す円柱で，直径は，探傷試験体の直径と同じものを基本とする。その寸法，並びに反射源及びそのビーム路程を**附属書1**

表2 に示す。

なお，反射源は，2 個以上とし，そのうちの検出強度の小さいものを使用する。

附属書 1 表 2　RB-G 形試験片の寸法，並びに反射源及びそのビーム路程

単位　mm

対比試験片名	寸法		反射源：検出対象きず相当の平底穴			ビーム路程
	ϕD	H	ϕd	L	個数	
RB–G	探傷試験体と同一を基本とする	40 以上	相当直径	10	2 以上	$\phi D - 10$

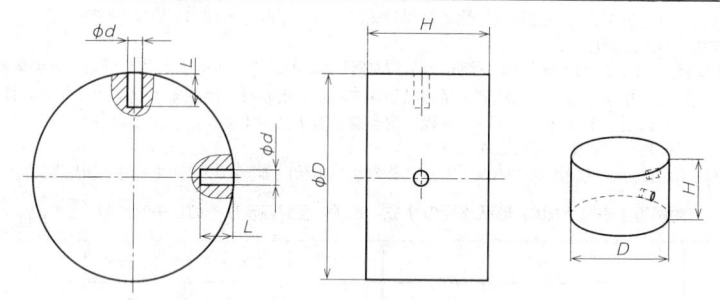

附属書 1 図 2　　RB-G 形試験片の形状及び寸法

c) **RB-H 形試験片**　RB-H 形試験片は，曲面である試験体側面からの斜め入射における探傷感度の入射角補正測定及び全方位探傷確認用の試験片である。形状は，**附属書 1 図 3** に示す円柱で，直径は，探傷試験体の直径と同じものを基本とする。寸法，並びに反射源及び反射源と外周の距離を**附属書 1 表 3** に示す。

d) **RB-L 形試験片**　RB-L 形試験片は，垂直及び斜め入射におけるコーナ（試験体角部）入射の影響による補正測定用の試験片である。形状は，**附属書 1 図 4** に示す直方体で，その寸法，並びに反射源及びそのビーム路程を**附属書 1 表 4** に示す。

なお，反射源は，それぞれ 2 個以上とし，そのうちの検出強度の小さいものを使用する。

附属書 1 表 3　RB-H 形試験片の寸法，並びに反射源及び反射源と外周の距離

単位　mm

対比試験片名	寸法		反射源：$\phi 2$ 横穴				
	ϕD	H	No.	ϕd	L	個数	外周からの距離 e
RB–H1	探傷試験体と同一を基本とする	50 以上	1	2	40	1	2.5
			2	2	40	1	7.5
			3	2	40	1	72.5 ± 10
			4	2	40	1	$\phi D/2$
RB–H2	探傷試験体と同一を基本とする	50 以上	1	2	40	1	12.5
			2	2	40	1	22.5 ± 5
			3	2	40	1	37.5 ± 5
			4	2	40	1	$\phi D/2$

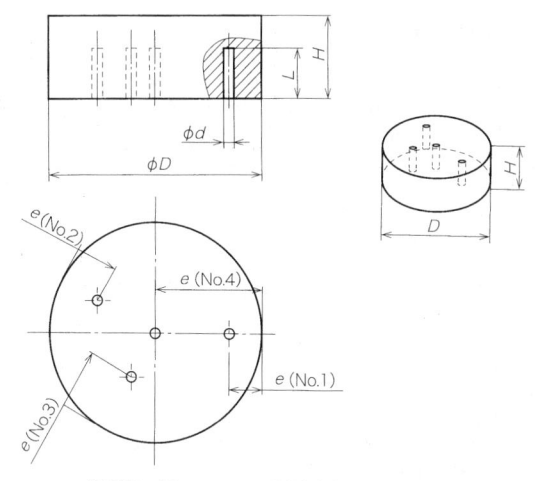

附属書1図3　RB-H形試験片の形状及び寸法

附属書1表4　RB-L形試験片の寸法，並びに反射源及びそのビーム路程

単位　mm

対比試験片名	寸法			反射源：45°傾き検出対象 きず相当の平底穴			コーナから の距離 d	ビーム路程
	a	b	c	φd	L	個数		
RB-L	100	90	50以上	相当直径	14	2以上	0	93
				相当直径	14	2以上	20	107

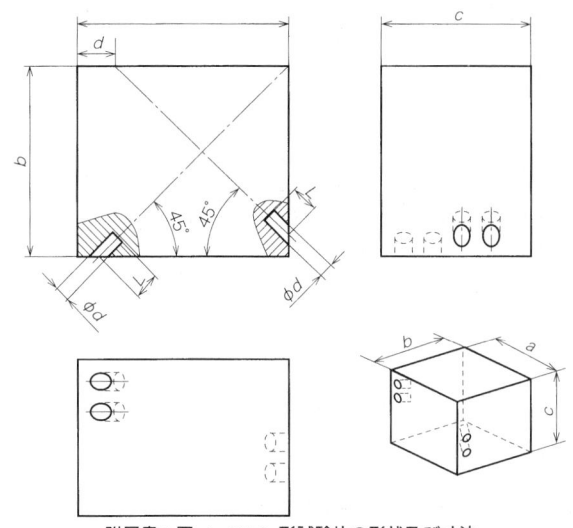

附属書1図4　RB-L形試験片の形状及び寸法

2. 試験体上下面からの入射用測定方法

2.1 ビーム軸入射点 ビーム軸入射点は，探触子の幾何学的中心軸の延長線と試験体との交点とする。

2.2 距離振幅補償方法 各ビーム路程の RB-F 形試験片を用い，複数の検出対象きず相当の平底穴に対し最大エコー高さを 2 軸首振り走査によって測定し，エコー高さが最も低いものが基準エコー高さと同じになるようゲイン調整することによって，距離振幅補償を行う。

2.3 見かけのビーム幅測定方法 見かけのビーム幅の測定方法は，次による。

a) **見かけの面方向ビーム幅** 各ビーム路程の RB-F 形試験片において，2 軸首振り走査を行い検出きず相当の平底穴の最大エコー高さが得られた位置を基準として左右走査を行い，一次探傷ビーム幅及び二次探傷ビーム幅に対応する強度低下時の移動距離を求める。得られた全ビーム路程の中の最小移動距離を見かけの面方向ビーム幅とする。

b) **見かけの角度方向ビーム幅** 角度方向ビーム幅（ビーム拡がり角）については，各ビーム路程の RB-F 形試験片の入射角 i_i を変化させて面走査を行い，検出きず相当の平底穴の最大エコー高さのプロファイルを作成し，一次探傷ビーム幅及び二次探傷ビーム幅に対応する強度低下時の角度の振り幅を求める。得られた全ビーム路程の中の最小振り角を見かけの角度方向ビーム幅とする。

3. 試験体側面からの入射用測定方法

3.1 ビーム軸入射点 探触子の幾何学的中心軸の延長線と試験体との交点をビーム軸入射点とする。

3.2 見かけのビーム幅測定方法 見かけのビーム幅の測定方法は，次による。

a) **見かけの面方向ビーム幅** 附属書 1 の 2.3 の試験体上下面からの入射で得られた面方向ビーム幅を試験体側面からの入射における見かけの面方向ビーム幅とみなす。

b) **見かけの角度方向ビーム幅** 各ビーム路程の RB-G 形試験片を用い，オフセット o_{ff} を 0 mm を中心に変化させて面走査を行い，検出対象きず相当の平底穴の最大エコー高さのプロファイルを作成し，一次探傷ビーム幅及び二次探傷ビーム幅に対応する強度低下時の角度の振り幅を求める。得られた全ビーム路程の中の最小振り角を見かけの角度方向ビーム幅とする。

4. 探傷感度補正測定方法

4.1 入射面補正 最大ビーム路程の RB-F 形試験片及び RB-G 形試験片を用いて，垂直入射における平面及び曲面の感度差を測定し，入射面感度差 ΔG_p として求める。

4.2 入射角補正 RB-H 形試験片を用いて，幾何学的に求めた屈折角条件における横穴の最大エコー高さを求め，その位置で横穴軸方向に走査し，最大エコー高さを求める。各反射源のエコー高さ及びビーム路程から，その入射角における距離振幅特性を求める。その距離振幅特性を同様に求めた垂直入射における距離振幅特性と比較し，その入射角における入射角補正 ΔG_θ を求める。この入射角それぞれにおける補正量は，必要ビーム路程すべてに適用できる単一の補正量とするが，入射角が大きく補正量が大きい場合，ビーム路程を幾つかの区間に区切ってその区間ごとに設定してもよい。

4.3 コーナ入射補正 RB-L 形試験片を用い，45° 入射におけるコーナ入射時と探傷面内部入射時との感度差を測定し，コーナ入射補正 ΔG_c として求める。

5. 全方位探傷確認方法

5.1 屈折角 RB-H 形試験片の側面からの入射を用いて，不感帯との境界位置にある反射源の検出を確認し，そのときの最大及び最小屈折角を求め，設定条件を満たしているか確認する。

5.2 ビーム路程 RB-H 形試験片の側面からの入射を用いて，不感帯との境界位置にある反射源の検出を確認し，そのときの最大及び最小ビーム路程を求め，設定条件を満たしているか確認する。

5.3 不感帯 RB-H 形試験片の側面からの入射を用いて，不感帯との境界位置にある反射源の検出を確認する。

附属書 2（規定） 黒鉛素材の超音波伝搬特性試験方法

序文 この附属書は，黒鉛素材の超音波伝搬特性試験方法について規定する。

1. 超音波伝搬特性試験の概要

1.1 超音波伝搬特性試験の目的 黒鉛素材には伝搬する超音波ビームに波頭の揺らぎが見られるので，試験体ごとに音速及び減衰特性を測定し，幾何学的屈折角の設定及び対比試験片で設定した基準感度の補

正を行う。

1.2 超音波伝搬特性試験の実施時期 超音波自動探傷試験の前に実施する。

1.3 超音波伝搬特性試験の内容 超音波伝搬特性試験の内容は，次による。

a) **底面エコー監視試験** 超音波伝搬特性試験の最初に行う試験で，見かけの減衰が小さな部位と大きな部位とを選別し，基準反射源となる平底穴加工位置を特定するため行う試験。このとき，複数の底面エコーの伝搬時間から試験体の音速の平均値を求める。

b) **見かけの減衰補正率測定試験** 超音波伝搬特性試験において平底穴加工後に行う試験で，基準感度を補正するために底面エコー監視試験後に加工された平底穴のエコー高さを 2 軸首振り走査によって測定する試験。このとき，複数の平底穴の最大エコー高さを 2 軸首振り走査を行うことで測定し，そのエコー高さの最小値を基準とし，その伝搬距離から見かけの減衰補正率 α を求める。

2. 底面エコー監視試験方法

2.1 試験体 試験体は，探傷試験体より高さが 15 mm 高い円柱形状とする。

2.2 超音波探傷装置 測定に用いる探触子及び探触子の水距離，探傷器，並びに走査装置は，探傷試験に用いるものと同じもので同じ条件を用いる。

2.3 底面エコー監視測定方法 底面エコー監視測定方法は，次による。

a) **走査方法** 試験体上下面は Y−Z 走査，及び試験体側面は R−Z 走査で行う。

b) **走査ピッチ** Y 方向 0.5 mm，Z 方向 0.5 mm，及び R 方向 0.2° ピッチとする。

c) **測定感度** 最大底面エコー高さが 100 ％となる感度で測定を行う。

2.4 底面エコー監視表示方法及び記録 底面エコー高さの C スコープ図形を表示し，これを記録する。

2.5 音速分布測定方法 試験体上下面及び試験体側面に広く分布したそれぞれ 16 点及び 20 点の測定点を定め，それぞれの点において表面エコーと底面エコーとの伝搬時間差を 1 μs 以下の分解能で測定し，試験体直径又は高さ（伝搬距離）から音速を求める。

2.6 音速記録 各位置における音速（36 点）を基に，試験体の平均音速を求める。

3. 見かけの減衰補正率測定方法

3.1 試験体 試験体は，探傷試験体より高さが 15 mm 大きな円柱形状とする。試験体の底端部には，底面エコー監視試験で得られた底面エコー高さの C スコープ図形から，エコー高さの最大位置 1 か所，エコー高さの最小位置 1 か所，エコー高さの低い位置 1 か所以上に，検出対象きず相当の平底穴（長さ 10 mm）を加工する。

3.2 超音波探傷装置 測定に用いる探触子及び探触子の水距離，探傷器，並びに走査装置は，探傷試験に用いるものと同じもので同じ条件を用いる。

3.3 測定方法 各反射源の最大エコー高さを 2 軸首振り走査によって求める。

3.4 記録 各位置における，最大エコー高さ及びビーム路程を記録する。

3.5 見かけの減衰補正率 α 見かけの減衰補正率は，探傷感度の設定を行うときに，監視範囲の最大ビーム路程による補正を行うときに用いる。見かけの減衰補正率 α(dB/mm)は，式(1)及び式(2)によって求める。

$$\alpha = \frac{\Delta G}{2(c-10)} \quad\text{..(1)}$$

$$\Delta G = -\left(G_\mathrm{F}^{\ max} - G_\mathrm{T}^{\ min}\right) \quad\text{..(2)}$$

ここに， c : 試験体高さ (mm)

$G_\mathrm{F}^{\ max}$: RB-F 形対比試験片の最大ビーム路程の検出対象きず相当の平底穴のうち最大エコー高さが最も高いものについて表示器目盛りの 80 ％に調整したときの探傷器の感度 (dB)

$G_\mathrm{T}^{\ min}$: 試験体の検出対象きず相当の平底穴のうち最大エコー高さが最も低いものについて表示器目盛りの 80 ％に調整したときの探傷器の感度 (dB)

塩水噴霧試験方法
Methods of salt spray testing

序文

この規格は，2012 年に第 3 版として発行された **ISO 9227** を基とし，技術的内容を変更して作成した日本産業規格である。

なお，この規格で側線又は点線の下線を施してある箇所は，対応国際規格を変更している事項である。変更の一覧表にその説明を付けて，**附属書 JD** に示す。

1 適用範囲

この規格は，金属材料，及びめっきなどの無機皮膜又は塗膜などの有機被膜を施した金属材料の耐食性試験として，中性塩水噴霧試験，酢酸酸性塩水噴霧試験及びキャス試験を行う場合，必要となる塩溶液，試験装置及び手法（腐食性に関わる装置の再現性の検証方法，試験片，試験条件，試験結果の表し方など）について規定する。

警告 この規格に基づいて試験を行う者は，通常の試験室での作業に精通していることを前提とする。この規格は，その使用に関して起こる全ての安全上の問題を取り扱おうとするものではない。この規格の利用者は，各自の責任において，安全及び健康に対する適切な措置をとらなければならない。

注記 この規格の対応国際規格及びその対応の程度を表す記号を，次に示す。

ISO 9227:2012, Corrosion tests in artificial atmospheres－Salt spray tests（MOD）

なお，対応の程度を表す記号"MOD"は，**ISO/IEC Guide 21-1** に基づき，"修正している"ことを示す。

2 引用規格

次に掲げる規格は，この規格に引用されることによって，この規格の規定の一部を構成する。これらの引用規格は，その最新版（追補を含む。）を適用する。

JIS G 3141 冷間圧延鋼板及び鋼帯

JIS K 5600-1-4 塗料一般試験方法－第 1 部：通則－第 4 節：試験用標準試験板

    注記 対応国際規格：**ISO 1514**:2004, Paints and varnishes－Standard panels for testing（MOD）

JIS K 5600-1-7 塗料一般試験方法－第 1 部：通則－第 7 節：膜厚

    注記 対応国際規格：**ISO 2808**:2007, Paints and varnishes－Determination of film thickness（MOD）

JIS K 8145 塩化銅（II）二水和物（試薬）

JIS K 8150 塩化ナトリウム（試薬）

JIS K 8180 塩酸（試薬）

JIS K 8284　くえん酸水素二アンモニウム（試薬）

JIS K 8355　酢酸（試薬）

JIS K 8576　水酸化ナトリウム（試薬）

JIS K 8847　ヘキサメチレンテトラミン（試薬）

JIS Z 8802　pH測定方法

3　用語及び定義

この規格で用いる主な用語及び定義は，次による。

3.1

中性塩水噴霧試験，NSS（neutral salt spray test）

塩水噴霧試験装置などを使用して，中性の塩化ナトリウム溶液を噴霧した雰囲気において，耐食性を調べる試験。

3.2

酢酸酸性塩水噴霧試験，AASS（acetic acid salt spray test）

塩水噴霧試験装置などを使用して，酢酸を添加した酸性の塩化ナトリウム溶液を噴霧した雰囲気において，耐食性を調べる試験。

3.3

キャス試験，CASS（copper-accelerated acetic acid salt spray test）

塩水噴霧試験装置などを使用して，酢酸を添加した酸性の塩化ナトリウム溶液に，さらに，塩化銅（II）二水和物を加えた溶液を噴霧した雰囲気において，耐食性を調べる試験。

4　試験用の塩溶液

4.1　試験用の塩溶液の調製

試験用の塩溶液の調製は，次による。

a)　試験用の塩溶液の塩は，**JIS K 8150**に規定する特級の塩化ナトリウム又はこれと同等以上の塩化ナトリウムを用いる。

なお，同等以上の塩化ナトリウムとは，原子吸光分析法又はこれと同じ精度のその他の分析方法で測定した場合，銅含有量が質量分率0.001 %未満，及びニッケル含有量が質量分率0.001 %未満とする。さらに，よう化ナトリウムが質量分率 0.1 %を超えないか又は乾燥塩換算で不純物総量が質量分率0.5 %を超えてはならない。固結防止剤は，腐食の促進又は抑制として働く懸念があるため含有してはならない。

b)　水は，25 ℃±2 ℃で電気伝導率20 μS/cm以下の脱イオン水又は蒸留水を用いる。

なお，電気伝導率を1 μS/cm以下にすることが望ましい。

c)　樹脂などの不活性な材料の容器にa)の塩及びb)の水を入れ，濃度が50 g/L±5 g/Lになるように溶解して，塩溶液とする。十分にかくはん（撹拌）し，25 ℃±2 ℃にした後，比重計で測定し，比重を1.029～1.036にする。塩溶液の濃度の測定は，塩濃度計などの他の電気的測定器を用いて確認してもよい。

なお，この範囲を外れたときには，再度調製する。

注記1　調製した塩溶液のpHが，25 ℃±2 ℃でpH 5.0～8.0でない場合は，塩溶液を再度調製する。

　　注記2　水中のシリカ成分が高い場合，試験結果に影響を与える可能性がある。

4.2　試験用の塩溶液の pH の調整

4.2.1　中性塩水噴霧試験

　中性塩水噴霧試験用の塩溶液は，**4.1** で調製した塩溶液を用いる。塩溶液の pH は，噴霧室内で噴霧して採取した塩溶液（以下，噴霧液という。）が 25 ℃±2 ℃で pH 6.5～7.2 の範囲に調整しなければならない。

　pH は，**JIS K 8576** に規定する特級の水酸化ナトリウムの溶液又は **JIS K 8180** に規定する特級の塩酸を添加し，よくかくはんしてから pH を測定し調整する。

　pH の測定は，25 ℃±2 ℃で **JIS Z 8802** によって行う。

　なお，日常の確認では，0.2 目盛間隔で読み取りが可能な pH 試験紙を用いて，pH の値を調べてもよい。

　　注記　水酸化ナトリウムの溶液及び塩酸の濃度は，0.1 mol/L を用いることが望ましい。

4.2.2　酢酸酸性塩水噴霧試験

　酢酸酸性塩水噴霧試験用の塩溶液の pH の調整は，次の手順による。

a)　**JIS K 8355** に規定する特級の酢酸を，**4.1** で調製した塩溶液 1 L 当たり 1 mL 添加し，よくかくはんしてから pH を測定する。

b)　試験用の塩溶液の pH が 25 ℃±2 ℃で 3.0～3.1 でない場合は，**JIS K 8355** に規定する特級の酢酸又は **JIS K 8576** に規定する特級の水酸化ナトリウムの溶液を更に追加して，よくかくはんしてから pH を再度測定する。

c)　これを繰り返して，25 ℃±2 ℃で pH を 3.0～3.1 に調整する。

d)　噴霧室内で噴霧して採取した噴霧液の pH が，25 ℃±2 ℃で，3.1～3.3 の範囲にあることを確認する。

　pH の測定は，25 ℃±2 ℃で **JIS Z 8802** によって行う。

　　注記　水酸化ナトリウムの溶液の濃度は，0.1 mol/L を用いることが望ましい。

4.2.3　キャス試験

　キャス試験用の塩溶液の pH の調整は，次の手順による。

a)　**JIS K 8145** に規定する特級の塩化銅（Ⅱ）二水和物を，**4.1** で調製した塩溶液 1 L 当たり 0.26 g±0.02 g 溶解させる。この溶液は，塩化第二銅 0.205 g/L±0.015 g/L に相当する。

b)　**JIS K 8355** に規定する特級の酢酸を，塩溶液 1 L 当たり 1 mL 添加し，よくかくはんしてから pH を測定する。試験用の塩溶液の pH が 25 ℃±2 ℃で 3.0～3.1 でない場合は，さらに，**JIS K 8355** に規定する特級の酢酸又は **JIS K 8576** に規定する特級の水酸化ナトリウムの溶液を追加して，よくかくはんしてから pH を再度測定する。

c)　これを繰り返して，25 ℃±2 ℃で pH を 3.0～3.1 に調整する。

d)　噴霧室内で噴霧して採取した噴霧液の pH が，25 ℃±2 ℃で，3.1～3.3 の範囲にあることを確認する。

　pH の測定は，25 ℃±2 ℃で **JIS Z 8802** によって行う。

　　注記　水酸化ナトリウムの溶液の濃度は，0.1 mol/L を用いることが望ましい。

4.3　懸濁物のろ過

　試験用の塩溶液は，噴霧前に懸濁物があってはならない。よくかくはんしても懸濁物が消失しない場合には，ろ紙などを用いてろ過したものを用いる。噴霧塔又は噴霧ノズルの開口部を詰まらせる懸念がある場合は，装置の塩溶液補給タンク内に入れる前に塩溶液をろ過して固形物を取り除く。

5 装置

5.1 一般

この試験に必要な装置は，噴霧塔又は噴霧ノズル，塩溶液貯槽，試験片保持器，噴霧液採取容器などを備えた噴霧室，塩溶液補給タンク，圧縮空気供給器，空気飽和器，温度調節装置，排気ダクトなどで構成し，次による。

a) 装置は，試験が正常に行えるように維持・管理しなければならない。

b) 排気ダクトは，外気の風圧の影響を受けないようにしなければならない。

c) 装置は，試験後の噴霧液を大気に放出する前に，環境保全のため適切に処理できるとともに，噴霧液を処理した水を排水設備に排水する前に適切に処理できる設備をもっていることが望ましい（**附属書 A 参照**）。

5.2 構成部品の保護

塩溶液及び噴霧液と接触する全ての構成部品（噴霧室，試験片保持器など）は，塩溶液及び噴霧液の腐食性に影響を与えたり，それ自体が腐食するような材料であってはならない。

5.3 噴霧室

噴霧室は，次による。

a) 噴霧室は，噴霧室内の噴霧液及び温度の分布が均一に調整できれば，噴霧室の形及び大きさは任意でよい。ただし，噴霧室の容積が $0.4\ \mathrm{m}^3$ よりも小さい場合は，噴霧及び温度の分布に十分注意する必要がある。

b) 噴霧塔又は噴霧ノズルは，プラスチックなどの不活性な材料でなければならない。また，噴霧室の上部から噴霧液を試験片に均等に噴霧する性能をもつものとする（**附属書 A 参照**）。

c) 噴霧は，噴霧液の自由落下とし，噴霧液が試験片に直接かからない方向に噴霧塔又は噴霧ノズルを調節する。噴霧塔は，この目的に適している。噴霧室の天井にたまった噴霧液の滴が，試験片の上に落ちてはならない。

d) 噴霧室内の噴霧液及び温度は，外気の影響を受けないものとする。

e) 試験片保持器は，試験片を規定の角度に保持できるものとする[1]。

> 注[1] 試験片保持器の材料は，プラスチックなどの不活性な材料又はそれらで被覆された材料とし，試験片の底裏又は側面から保持するのがよい。試験片が規定の位置に保たれるならば，ガラスかぎ又はビニルひもでつるしてもよく，この場合，必要であれば試験片の底を保持する。

5.4 温度制御

噴霧室内の試験片保持器付近の温度は，中性塩水噴霧試験及び酢酸酸性塩水噴霧試験の場合は $35\ ℃±2\ ℃$，キャス試験の場合は $50\ ℃±2\ ℃$ に保たなければならない。温度の測定は，壁から少なくとも $100\ \mathrm{mm}$ 以上離した位置とする。

5.5 噴霧装置

噴霧装置は，次による。

a) 塩溶液を噴霧するための噴霧塔又は噴霧ノズルへ送る圧縮空気は，油及びほこりが除去されており，圧力が $70\ \mathrm{kPa}～170\ \mathrm{kPa}$ の範囲でなければならない。

　なお，圧力は，$98\ \mathrm{kPa}±10\ \mathrm{kPa}$ に保つことが望ましい。

b) 噴霧液からの水の蒸発を防ぐために，噴霧塔又は噴霧ノズルへ送る圧縮空気は，加湿器又は空気飽和器の中を通過させて加湿しなければならない。また，噴霧塔又は噴霧ノズルへ送る圧縮空気は，塩溶液と混合したとき，噴霧室内の温度が著しく乱れないように加熱しなければならない。圧縮空気の加

湿及び加熱を制御するために，空気飽和器を用いることが望ましい。**表 1**に，空気飽和器における圧縮空気の圧力と空気飽和器内の水の温度との組合せの目安値を示す。

c) 噴霧塔又は噴霧ノズルへ送る圧縮空気を加湿する加湿器又は空気飽和器に使用する水は，**4.1 b)**による。

> **注記** 水中のシリカ成分が高い場合，ヒータ及び水位センサの性能に影響を与える可能性があるので注意する。

d) 噴霧塔又は噴霧ノズルに供給する塩溶液は，連続的，かつ，均一な噴霧となるように保持しなければならない。噴霧を安定させるためには，塩溶液貯槽内の塩溶液の液面高さを制御するか，又は噴霧塔若しくは噴霧ノズルに供給する塩溶液の流れを制御する。

表 1－空気飽和器内における圧縮空気の圧力と水の温度との組合せの目安値

圧縮空気の圧力 kPa	水の温度 ℃	
	中性塩水噴霧試験及び 酢酸酸性塩水噴霧試験	キャス試験
70	45	61
84	46	63
98	47	63
112	49	66
126	50	67
140	52	69

5.6 噴霧液採取容器

噴霧液採取容器は，次による。

a) 噴霧液を採取する噴霧液採取容器は，プラスチックなどの不活性な材料でなければならない。

b) 噴霧液採取容器は，水平採取面の直径約 100 mm，面積約 80 cm² の清浄な容器とし，噴霧の均一性が確認できるような 2 か所以上の位置に置く。例えば，試験片の近くで，一つは噴霧塔又は噴霧ノズルの近くに，他の一つは遠い所に置く。

c) 噴霧液採取容器は，噴霧室の天井及び試験片にたまった噴霧液の滴の落下ではなく，噴霧塔又は噴霧ノズルからの噴霧液だけを採取できるように配置しなければならない。

5.7 装置の再使用

酢酸酸性塩水噴霧試験，キャス試験，又は中性塩水噴霧試験以外の溶液による噴霧試験に用いた装置は，中性塩水噴霧試験に再使用してはならない。

ただし，やむを得ず再使用する場合は，装置を完全に洗浄した後，箇条 6 の規定を満足することを確認しなければならない。

6 腐食性に関わる装置の再現性の検証方法

6.1 一般

試験結果の再現性及び繰返し性を確認するため，**6.2～6.4** に従って装置を定期的に検証しなければならない。

> **注記** 適切な検証期間は，連続的な使用状況では，通常 3 か月である。

この検証には，鋼の照合試験片を使用しなければならない。必要ならば，鋼の照合試験片に加えて，高純度の亜鉛の照合試験片を用いてもよい（**附属書 B** 参照）。

6.2　中性塩水噴霧試験

6.2.1　照合試験片

腐食性に関わる装置の再現性の検証方法に用いる照合試験片は，次による。

a)　照合試験片は，**JIS G 3141** による **SPCE** の冷間圧延鋼板で，150 mm×70 mm，厚さ 1 mm±0.2 mm の，表面にきずがなく，つや消し仕上げ（表面粗さ Ra＝0.8 μm±0.3 μm）のものを 4 個，又は噴霧室の大きさなどに応じて 6 個用いる。

b)　照合試験片は，試験結果に影響を与える懸念のある粉じん，油分又はその他の不純物を取り除くため，清浄な柔らかいブラシ又は超音波洗浄装置を使用して，エタノールなどの有機溶剤で十分に洗浄する。洗浄は，エタノールなどの有機溶剤を満たした容器の中に照合試験片を浸せきして行う。洗浄後，新しいエタノールなどの有機溶剤ですすぎ，その後乾燥する。

c)　照合試験片の質量を 1 mg の桁まで測定する。

d)　照合試験片の暴露しない面を，可はく性の被覆材，例えば，粘着テープで保護する。必要ならば，さらに，照合試験片の端部を，粘着テープで保護してもよい。

6.2.2　照合試験片の配置及び試験

腐食性に関わる装置の再現性の検証方法に用いる照合試験片の配置及び試験は，次による。

a)　4 個の照合試験片は，噴霧室内の試験片保持器の四隅に 1 個ずつ置き（6 個の照合試験片を用いる場合は，四隅を含めた適切な 6 か所の位置に置く。），可はく性の被覆材で保護していない暴露する面を上向きにして，鉛直線に対し 20°±5°の角度に傾けて置く。

b)　照合試験片の試験片保持器の材料は，プラスチックなどの不活性な材料又はそれらで被覆された材料としなければならない。照合試験片は，その下端が噴霧液採取容器の上端とほぼ同じ位置に置く。

c)　照合試験片が置かれていない試験片保持器の全ての箇所は，プラスチック又はガラスのような不活性な擬似試験片で満たす。

d)　受渡当事者間の協定がある場合は，プラスチック又はガラスのような不活性な擬似試験の代わりに，試験片を噴霧室内の試験片保持器に配置して，照合試験片と同時に試験を行ってもよい。この場合には，その旨を試験報告書に記載する。

　　注記　照合試験片と試験片とが互いの試験結果に影響を及ぼさないように注意する。

e)　**表 2** に示す試験条件によって，試験を 48 時間行う。

6.2.3　腐食減量の測定

腐食性に関わる装置の再現性の検証方法における腐食減量の測定は，次による。

a)　試験の終了後，直ちに照合試験片を噴霧室から取り出し，可はく性の被覆材を取り除く。その後，40 ℃以下の流水で洗浄し，軽くブラシをかけるなどの機械的及び化学的洗浄によって腐食生成物を取り除く。化学的洗浄では，照合試験片を **JIS K 8284** に規定するくえん酸水素二アンモニウム [$(NH_4)_2HC_6H_5O_7$] 200 g に蒸留水を加え 1 L にした溶液に，23 ℃±2 ℃で 10 分間浸せきする。

　　なお，化学的洗浄に使用する溶液は，**JIS K 8180** に規定する塩酸 500 mL に **4.1 b)** の水 500 mL を加えて調製した溶液 1 L につき，腐食抑制剤として **JIS K 8847** に規定するヘキサメチレンテトラミン ($C_6H_{12}N_4$) 3.5 g を加えた溶液を用いてもよい。

b)　腐食生成物を除去した後，照合試験片を 40 ℃以下の流水で洗浄し，軽くブラシをかけ，次に，エタノールなどの有機溶剤ですすぎ，その後乾燥する。

c)　照合試験片の質量を 1 mg の桁まで測定し，質量減をグラム毎平方メートル (g/m^2) の単位で表示する。さらに，減量の変化がほとんどなくなるまで数回腐食生成物を除去し，腐食減量を決定する。

注記　腐食生成物除去用の溶液は，新しく作ったものを使用することが望ましい。

6.2.4　装置の検証

各照合試験片の腐食減量が 48 時間運転で 70 g/m² ± 20 g/m² であれば，装置は正常であるものとみなす。

6.3　酢酸酸性塩水噴霧試験

6.3.1　照合試験片

腐食性に関わる装置の再現性の検証方法に用いる照合試験片は，次による。

a)　照合試験片は，JIS G 3141 による SPCE の冷間圧延鋼板で，150 mm×70 mm，厚さ 1 mm±0.2 mm の，表面にきずがなく，つや消し仕上げ（表面粗さ $Ra=0.8$ μm±0.3 μm）のものを 4 個，又は噴霧室の大きさなどに応じて 6 個用いる。

b)　照合試験片は，試験結果に影響を与える懸念のある粉じん，油分又はその他の不純物を取り除くため，清浄な柔らかいブラシ又は超音波洗浄装置を使用して，エタノールなどの有機溶剤で十分に洗浄する。洗浄は，エタノールなどの有機溶剤を満たした容器の中に照合試験片を浸せきして行う。洗浄後，新しいエタノールなどの有機溶剤ですすぎ，その後乾燥する。

c)　照合試験片の質量を 1 mg の桁まで測定する。

d)　照合試験片の暴露しない面を，可はく性の被覆材，例えば，粘着テープで保護する。必要ならば，さらに，照合試験片の端面を，粘着テープで保護してもよい。

6.3.2　照合試験片の配置及び試験

腐食性に関わる装置の再現性の検証方法に用いる照合試験片の配置及び試験は，次による。

a)　4 個の照合試験片は，噴霧室内の試験片保持器の四隅に 1 個ずつ置き（6 個の照合試験片を用いる場合は，四隅を含めた適切な 6 か所の位置に置く。），可はく性の被覆材で保護していない暴露する面を上向きにして，鉛直線に対し 20°±5°の角度に傾けて置く。

b)　照合試験片の試験片保持器の材料は，プラスチックなどの不活性な材料又はそれらで被覆された材料としなければならない。照合試験片は，その下端を噴霧液採取容器の上端とほぼ同じ位置に置く。

c)　照合試験片が置かれていない試験片保持器の全ての箇所は，プラスチック又はガラスのような不活性な擬似試験片で満たす。

d)　受渡当事者間の協定がある場合は，プラスチック又はガラスのような不活性な擬似試験片の代わりに，試験片を噴霧室内の試験片保持器に配置して，照合試験片と同時に試験を行ってもよい。この場合には，その旨を試験報告書に記載する。

　　注記　照合試験片と試験片とが互いの試験結果に影響を及ぼさないように注意する。

e)　表 2 に示す試験条件によって，試験を 24 時間行う。

6.3.3　腐食減量の測定

腐食性に関わる装置の再現性の検証方法における腐食減量の測定は，次による。

a)　試験の終了後，直ちに照合試験片を噴霧室から取り出し，可はく性の被覆材を取り除く。その後，40 ℃以下の流水で洗浄し，軽くブラシをかけるなどの機械的及び化学的洗浄によって腐食生成物を取り除く。化学的洗浄では，照合試験片を JIS K 8284 に規定するくえん酸水素二アンモニウム〔(NH₄)₂HC₆H₅O₇〕200 g に蒸留水を加え 1 L にした溶液に，23 ℃±2 ℃で 10 分間浸せきする。

　　なお，化学的洗浄に使用する溶液は，JIS K 8180 に規定する塩酸 500 mL に 4.1 b) の水 500 mL を加えて調製した溶液 1 L につき，腐食抑制剤として JIS K 8847 に規定するヘキサメチレンテトラミン（C₆H₁₂N₄）3.5 g を加えた溶液を用いてもよい。

b)　腐食生成物を除去した後，照合試験片を 40 ℃以下の流水で洗浄し，軽くブラシをかけ，次に，エタ

ノールなどの有機溶剤ですすぎ，その後乾燥する。

c) 照合試験片の質量を 1 mg の桁まで測定し，質量減をグラム毎平方メートル (g/m^2) の単位で表示する。さらに，減量の変化がほとんどなくなるまで数回腐食生成物を除去し，腐食減量を決定する。

   注記 腐食生成物除去用の溶液は，新しく作ったものを使用することが望ましい。

6.3.4 装置の検証

各照合試験片の腐食減量が 24 時間運転で $40 \ g/m^2 \pm 10 \ g/m^2$ であれば，装置は正常であるものとみなす。

6.4 キャス試験

6.4.1 照合試験片

腐食性に関わる装置の再現性の検証方法に用いる照合試験片は，次による。

a) 照合試験片は，**JIS G 3141** による SPCE の冷間圧延鋼板で，150 mm×70 mm，厚さ $1 \ mm \pm 0.2 \ mm$ の，表面にきずがなく，つや消し仕上げ（表面粗さ $Ra = 0.8 \ \mu m \pm 0.3 \ \mu m$）のものを 4 個，又は噴霧室の大きさなどに応じて 6 個用いる。

b) 照合試験片は，試験結果に影響を与える懸念のある粉じん，油分又はその他の不純物を取り除くため，清浄な柔らかいブラシ又は超音波洗浄装置を使用して，エタノールなどの有機溶剤で十分に洗浄する。洗浄は，エタノールなどの有機溶剤を満たした容器の中に照合試験片を浸せきして行う。洗浄後，新しいエタノールなどの有機溶剤ですすぎ，その後乾燥する。

c) 照合試験片の質量を 1 mg の桁まで測定する。

d) 照合試験片の暴露しない面を，可はく性の被覆材，例えば，粘着テープで保護する。必要ならば，さらに，照合試験片の端面を，粘着テープで保護してもよい。

6.4.2 照合試験片の配置及び試験

腐食性に関わる装置の再現性の検証方法に用いる照合試験片の配置及び試験は，次による。

a) 4 個の照合試験片は，噴霧室内の試験片保持器の四隅に 1 個ずつ置き（6 個の照合試験片を用いる場合は，四隅を含めた適切な 6 か所の位置に置く。），可はく性の被覆材で保護していない暴露する面を上向きにして，鉛直線に対し 20°±5°の角度に傾けて置く。

b) 照合試験片の試験片保持器の材料は，プラスチックなどの不活性な材料又はそれらで被覆された材料としなければならない。照合試験片は，その下端が噴霧液採取容器の上端とほぼ同じ位置に置く。

c) 照合試験片が置かれていない試験片保持器の全ての箇所は，プラスチック又はガラスのような不活性な擬似試験片で満たす。

d) 受渡当事者間の協定がある場合は，プラスチック又はガラスのような不活性な擬似試験片の代わりに，試験片を噴霧室内の試験片保持器に配置して，照合試験片と同時に試験を行ってもよい。この場合には，その旨を試験報告書に記載する。

   注記 照合試験片と試験片とが互いの試験結果に影響を及ぼさないように注意する。

e) **表 2** に示す試験条件によって，試験を 24 時間行う。

6.4.3 腐食減量の測定

腐食性に関わる装置の再現性の検証方法における腐食減量の測定は，次による。

a) 試験の終了後，直ちに照合試験片を噴霧室から取り出し，可はく性の被覆材を取り除く。その後，40 ℃以下の流水で洗浄し，軽くブラシをかけるなどの機械的及び化学的洗浄によって腐食生成物を取り除く。化学的洗浄では，照合試験片を **JIS K 8284** に規定するくえん酸水素二アンモニウム [$(NH_4)_2HC_6H_5O_7$] 200 g に蒸留水を加え 1 L にした溶液に，$23 \ ℃\pm2 \ ℃$で 10 分間浸せきする。

   なお，化学的洗浄に使用する溶液は，**JIS K 8180** に規定する塩酸 500 mL に **4.1 b)** の水 500 mL を加

えて調製した溶液 1 L につき，腐食抑制剤として **JIS K 8847** に規定するヘキサメチレンテトラミン（$C_6H_{12}N_4$）3.5 g を加えた溶液を用いてもよい。

b) 腐食生成物を除去した後，照合試験片を 40 ℃以下の流水で洗浄し，軽くブラシをかけ，次に，エタノールなどの有機溶剤ですすぎ，その後乾燥する。

c) 照合試験片の質量を 1 mg の桁まで測定し，質量減をグラム毎平方メートル（g/m^2）の単位で表示する。さらに，減量の変化がほとんどなくなるまで数回腐食生成物を除去し，腐食減量を決定する。

注記　腐食生成物除去用の溶液は，新しく作ったものを使用することが望ましい。

6.4.4 装置の検証

各照合試験片の腐食減量が 24 時間運転で 55 g/m^2 ± 15 g/m^2 であれば，装置は正常であるとみなす。

7 試験片

7.1 試験片の取扱い

試験片の取扱いは，素手で行わず，手袋を用いる。

7.2 試験片の大きさ

試験片の寸法及び形状は，150 mm×70 mm×1 mm の平板が望ましい。ただし，受渡当事者間の協定によって，他の寸法若しくは製品，又は製品などから切り出した部材でもよい。

注記　腐食に影響を及ぼす懸念のある異種金属の試験片は，同時に試験しないことが望ましい。

7.3 試験片の調製

試験片は，汚れ，きずなどがあってはならない。試験片の調製は，次による。

a) 無機皮膜又は有機被膜で被覆した製品から試験片を切り出す場合には，皮膜又は被膜が試験片の端面周辺で破損しないように切り出さなければならない。受渡当事者間の協定がない限り，試験片の端面は，試験の条件下で安定な塗料，ワックス，粘着テープなどの被覆材で，適切に保護する。

b) 試験片は，あらかじめ表面の状態及び汚れに応じた適切な方法で清浄にしておかなければならない。試験片の表面を損なうような研磨剤又は溶剤を用いてはならない。ただし，金属及び金属皮膜の試験片は，ペースト状の沈降性炭酸カルシウム，酸化アルミニウム及び酸化マグネシウムからなる研磨剤を用いてもよい。また，試験片を処理した後，再び汚さないようにしなければならない。

c) 無機皮膜又は有機被膜で被覆した試験片は，試験前に洗浄又は他の処理をしてはならない。ただし，試験に影響を及ぼさないように，指紋，油などの付着物は除去してよい。

d) 損傷部からの腐食の進行を測定することが必要な場合には，試験前に素地金属が露出するように，皮膜又は被膜に切り込みきずのような人工きずを作る。この場合，切り込みきずの作り方は，受渡当事者間の協定による。

e) 塗膜などの有機被膜をもつ試験片を用いる場合において，受渡当事者間の協定がないときは，**附属書 C** によって試験片を作製する。

8 試験片の配置

試験中，噴霧室内での試験片の角度及び位置は，次の条件に適合しなければならない。ただし，製品などから切り出した部材の場合には，受渡当事者間の協定による。

a) 試験片の角度は，鉛直線に対してできる限り 20°に保持するようにし，その限度は 15°〜25°の範囲とする。ただし，製品などから切り出した部材の場合には，暴露する面ができる限り同じ範囲の角度になるように置く。

なお，受渡当事者間の協定によって他の角度を用いてもよい。

b) 試験片の表面は，噴霧液の自由落下にさらされるようにし，噴霧塔又は噴霧ノズルからの噴霧の流れ方向に直行しないように噴霧室内に置く。

c) 試験片は，試験片保持器以外のものに触れてはならない。

d) 試験片の位置及び試験片同士の間隔は，他の試験片に対する噴霧液の自由落下を妨げないようにしなければならない。

e) 試験片からの噴霧液の滴は，他の試験片に落ちないようにしなければならない。

f) 試験が 96 時間を超える場合は，試験片の位置の入れ換えをしてもよい。この場合，試験報告書に記載する。

   なお，受渡当事者間の協定によっては，試験片の位置の入れ換えに代えて，噴霧塔の周りを試験片が回転する装置を用いてもよい。

   注記　試験片の置き方及び位置については，**附属書 JA** を参照する。

9 試験条件

試験条件は，次による。

a) 試験に先だって，まず噴霧室内の試験片保持器をプラスチック又はガラスのような不活性な擬似試験片で満たし，**表 2** に示す試験条件を確認する。

b) 試験条件が規定の範囲内であることを確認した後に，塩溶液の噴霧を止め，試験片保持器に取り付けた不活性な擬似試験片を取り外した後，試験片を試験片保持器に取り付け，試験を開始する。

c) 噴霧液採取容器 (**5.6**) で採取した噴霧液は，**表 2** に示す塩濃度及び pH でなければならない。

   注記　中性塩水噴霧試験の場合，比重計を用いて測定したときの比重が，25 ℃±2 ℃で 1.029〜1.036 の範囲であれば，噴霧液の塩濃度は規定に適合しているとみなす。

d) 噴霧液は，少なくとも 24 時間の連続噴霧の間，噴霧液採取容器内に採取しなければならない。

e) 噴霧に使用した塩溶液は，再使用してはならない。

f) 試験中，塩濃度及び pH の変動を防ぐため，塩溶液には，周囲の空気及び不純物を混入させてはならない。

表 2―試験条件

項目	試験方法		
	中性塩水噴霧	酢酸酸性塩水噴霧	キャス
噴霧室温度	35 ℃±2 ℃	35 ℃±2 ℃	50 ℃±2 ℃
空気飽和器内の水の温度	47 ℃±2 ℃[a)]	47 ℃±2 ℃[a)]	63 ℃±2 ℃[a)]
圧縮空気の圧力	70 kPa〜170 kPa[b)]		
約 80 cm² の水平採取面積における噴霧液の平均採取量	1.5 mL/h±0.5 mL/h		
塩濃度（採取した噴霧液）	50 g/L±5 g/L		
pH（採取した噴霧液）	6.5〜7.2	3.1〜3.3	3.1〜3.3

注 [a)] 圧縮空気の圧力が 98 kPa±10 kPa の場合。
　[b)] 98 kPa±10 kPa に保つことが望ましい。

10 試験時間

試験時間は，試験する材料，製品規格などで規定したものとする。規定がない場合は，受渡当事者間の

協定による。

　なお，推奨する試験時間は，2 時間，6 時間，24 時間，48 時間，96 時間，168 時間，240 時間，480 時間，720 時間及び 1 000 時間とする。

11　試験中の注意事項

　試験中の注意事項は，次による。

a) 規定の試験時間中に，試験片の短時間の目視観察及び試験片の位置の入れ換えなどのために試験を中断する場合は，試験片が中断による影響を受けないように噴霧だけを止めて行い，その中断の時間は最短にしなければならない。

b) 試験片に腐食が発生した時点で終了する試験を行う場合は，試験中に試験片を，適宜，目視観察しなければならない。その際は，規定の試験時間の試験が必要な試験片と一緒に試験しないことが望ましい。

12　試験後の試験片の処理

　試験の終了後，噴霧液の滴が試験片に落ちないようにして，噴霧室の蓋を開ける。試験片の処理は，次による。

a) 試験片を，噴霧室内の試験片保持器から取り外し，腐食生成物が取り除かれる懸念を減らすために，洗い流す前に試験片を約 1 時間静置する。

b) 試験片の表面に付着した塩化ナトリウムを除くために，試験片を 40 ℃以下の流水で洗い流し，はけ，スポンジなどを用いて洗浄し，直ちに乾燥する。

　　注記　200 kPa を超えない圧力の空気で，約 300 mm 離れた位置から空気を当てて，試験片を乾燥させてもよい。

c) 腐食生成物の除去は，ブラシ掛け，超音波照射，細粒噴射，水噴射などの機械的方法，化学的方法若しくは電解による方法（**附属書 JB** 参照）又はこれらを組み合わせた方法によって行う。

d) **a)**〜**c)** 以外の処理方法は，あらかじめ受渡当事者間で定めておく。

13　試験結果の表し方

　試験結果の表し方は，次の事項から選択する。

　なお，試験する材料，製品又は部材によって，受渡当事者間で適切な試験結果の表し方を設定してもよい。

a) 腐食面積　**附属書 JC** に規定するレイティングナンバ方法によって判定する[2]。

　　注[2]　腐食面積によって腐食結果を判定する場合は，150 mm×70 mm×1 mm の平板を用いることが望ましい。

b) 腐食減量　試験前の試験片の質量と試験後の腐食生成物を取り除いた試験片との質量を比較して判定する。

c) 試験後の試験片表面の腐食生成物を取り除く前の外観

d) 試験後の試験片表面の腐食生成物を取り除いた後の外観

e) 腐食欠陥の数及び分布（塗膜などの有機被膜の場合は，切り込みきずからのピット，ひび割れ，膨れ，さび，クリープなど）

　　なお，塗膜などの有機被膜については，**JIS K 5600-8-1**，**JIS K 5600-8-2** 及び **JIS K 5600-8-3** に規定

されている方法で評価してもよい。

f) 腐食の発生までの時間

g) 顕微鏡観察によって明らかになった変質

h) 引張り強度などの機械的特性の変化

14 試験報告書

試験報告書には，次の事項を記載する。ただし，受渡当事者間の協定によって記載する事項を一部省略してもよい。

a) この規格の番号：JIS Z 2371

b) 試験年月日

c) 試験の種類（中性塩水噴霧試験，酢酸酸性塩水噴霧試験，キャス試験）

d) 装置の名称，形式及び噴霧装置の方式

e) 試験に用いた塩溶液に関する次の事項

  1) 塩溶液の調製に用いた塩の種類

  2) 塩溶液の調製に用いた水の種類及び電気伝導率

  3) 塩溶液の pH

f) 腐食性に関わる装置の再現性の検証に用いた照合試験片に関する次の事項

  1) 噴霧室内に置いた照合試験片の種類

  2) 照合試験片の腐食減量

g) 試験した材料又は製品

h) 試験片の寸法及び形状，並びに製品などから切り出した部材の場合，試験した範囲及びその表面の状態

i) 試験片の皮膜又は被膜の特徴及び状態

j) 試験片の調製方法

  1) 端面又はその他の面に施した保護

  2) 清浄処理の方法

  3) 試験片に切り込みきずを付けた場合は，その大きさ及びきずを付けた器具

k) 試験片の数

l) 試験片の角度

m) 噴霧室内の試験温度

n) 採取した噴霧液に関する次の事項

  1) 約 80 cm^2 の水平採取面積における噴霧液の 1 時間当たりの平均採取量

  2) 採取した噴霧液の塩濃度又は比重計による比重の測定値（中性塩水噴霧試験の場合）

  3) 採取した噴霧液の pH

o) 試験時間

p) 目視観察を行った場合には，その間隔及び結果

q) 試験片の位置を置き換えた場合には，その回数

r) 試験後の試験片の処理（箇条 12 による。）

s) 試験結果の表し方（箇条 13 による。）

t) その他の試験結果

u) 必要な場合には，試験片の写真

v) 試験中に認められた特記事項

  1) 試験を断続的に行った場合には，噴霧した時間及び噴霧を休止した時間

  2) 試験を中断した場合には，その理由及び中断時間，並びに中断中の試験片の処置方法

  3) その他

附属書 A
（参考）
噴霧液の排出及び排水の処理装置をもった装置の一例

A.1　一般

本体の要求している条件に合う装置の基本的な構造及びレイアウトの一例を，**図 A.1** に示す。

A.2　噴霧室内の調整

塩水噴霧の塩濃度の変動をなくすため，供給空気の相対湿度は，95 ％〜98 ％でなければならない。このためには，中性塩水噴霧試験で供給空気の圧力が 98 kPa±10 kPa の場合，空気飽和器の温度を 47 ℃±2 ℃に保持する。また，空気飽和器の水は，空気中の不純物の除去ができるように，一定期間ごとに取り替えなければならない。

噴霧室は，外気温の変動に影響されないようにするため，保温を考慮した構造でなければならない。温度調節及び温度・湿度表示のためのセンサは，噴霧室内の壁から少なくとも 100 mm 以上離したところに置き，温度及び湿度が外部から読み取ることができなければならない。

A.3　排気

排気は，強制排気とせず，また，外気の風圧がかからないようにしなければならない。

噴霧液を大気に放出する前に，環境保全のため排気処理装置を使用して噴霧液を適切に処理するとともに，噴霧液を処理した水を排水する前に，排水処理装置を使用して適切に処理することが望ましい。

A.4　長時間運転

長時間の運転をする場合，塩溶液補給タンクには，自動塩溶液補給装置を設けることが望ましい。塩溶液補給タンク及び自動塩溶液補給装置中の塩溶液には，塩濃度及び pH の変動を防ぐために，周囲の空気及び不純物を混入させてはならない。

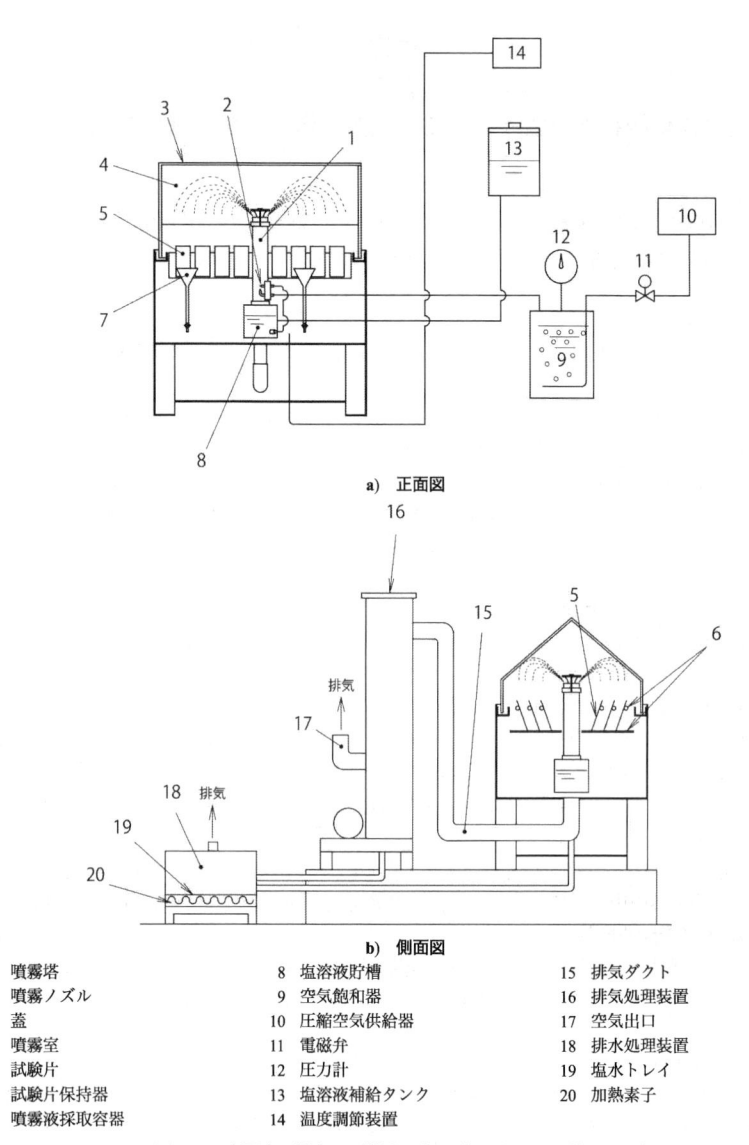

a) 正面図

b) 側面図

1	噴霧塔	8	塩溶液貯槽	15	排気ダクト
2	噴霧ノズル	9	空気飽和器	16	排気処理装置
3	蓋	10	圧縮空気供給器	17	空気出口
4	噴霧室	11	電磁弁	18	排水処理装置
5	試験片	12	圧力計	19	塩水トレイ
6	試験片保持器	13	塩溶液補給タンク	20	加熱素子
7	噴霧液採取容器	14	温度調節装置		

図 A.1−噴霧液の排出及び排水の処理装置をもった装置の一例

附属書 B
(参考)
腐食性に関わる装置の再現性の検証方法（亜鉛の照合試験片）

B.1　一般

装置の中性塩水噴霧試験，酢酸酸性塩水噴霧試験及びキャス試験の再現性及び繰返し性を検証するために，鋼の照合試験片に加えて，亜鉛の照合試験片を用いて行う方法について記載する。

B.2　照合試験片

不純物が質量分率 0.1 %未満の 100 mm×50 mm×約 1 mm の亜鉛板を 4 個，又は噴霧室の大きさなどに応じて 6 個用いる。

照合試験片は，試験結果に影響を与える懸念のある粉じん，油分又はその他の不純物を取り除き，照合試験片をエタノールなどの有機溶剤で注意深く洗浄する。

乾燥後，照合試験片の質量を 1 mg の桁まで測定する。

照合試験片の暴露しない面を，可はく性の被覆材，例えば，粘着テープで保護する。必要ならば，さらに，照合試験片の端面を，粘着テープで保護してもよい。

B.3　照合試験片の配置及び試験

4 個の照合試験片は，噴霧室内の試験片保持器の四隅に 1 個ずつ置き（6 個の照合試験片を用いる場合は，四隅を含めた適切な 6 か所の位置に置く。），可はく性の被覆材で保護していない暴露する面を上向きにして，鉛直線に対し 20°±5°の角度に傾けて置く。

照合試験片の試験片保持器の材料は，プラスチックなどの不活性な材料又はそれらで被覆された材料としなければならない。照合試験片は，その下端が噴霧液採取容器の上端とほぼ同じ位置に置く。

照合試験片が置かれていない試験片保持器の全ての箇所は，プラスチック又はガラスのような不活性な擬似試験片で満たす。

受渡当事者間の協定がある場合は，プラスチック又はガラスのような不活性な擬似試験片の代わりに，試験片を噴霧室内の試験片保持器に配置して，照合試験片と同時に試験を行ってもよい。この場合には，その旨を試験報告書に記載する。

注記　照合試験片と試験片とが互いの試験結果に影響を及ぼさないように注意する。

表 2 に示す試験条件によって，試験を表 B.1 に従って試験する。

B.4　腐食減量の測定

試験の終了後，直ちに照合試験片を噴霧室から取り出し，可はく性の被覆材を取り除く。その後，40 ℃以下の流水で洗浄し，軽くブラシをかけるなどの機械的及び化学的洗浄によって腐食生成物を取り除く。化学的洗浄では，照合試験片を脱イオン水又は蒸留水 1 L 当たり 250 g±5 g のグリシン（$C_2H_5NO_2$）の溶液を用い，5 分間の浸せきを繰り返すことが望ましい。

腐食生成物を除去した後，照合試験片を 40 ℃以下の流水で洗浄し，軽くブラシをかけ，次に，エタノール又はアセトンなどの有機溶剤ですすぎ，その後乾燥する。

照合試験片の質量を，1 mg の桁まで測定し，質量減をグラム毎平方メートル（g/m^2）の単位で表示する。

さらに，質量の変化がほとんどなくなるまで数回腐食生成物を除去し，腐食生成物の除去回数と質量とのグラフを作成する。

腐食生成物の除去回数と質量とのグラフから，腐食生成物除去後の試験片の質量を測定する。この試験前の照合試験片の初期質量から腐食生成物除去後の質量を減じ，得た値を照合試験片の暴露した面積で除して，照合試験片の質量減をグラム毎平方メートル（g/m^2）で表示する。

注記 1 腐食生成物除去用の溶液は，新しく作ったものを使用することが望ましい。

注記 2 腐食生成物の効率的な溶解については，腐食生成物除去用の溶液をかくはんし続けることが重要である。腐食生成物の溶解を増大させるために，超音波洗浄装置の使用が望ましい。

B.5 装置の検証

各照合試験片の腐食減量が，**表 B.1** に示す各試験方法の試験時間に対応する値に入っていれば，装置は正常であるものとする。

表 B.1－亜鉛照合試験片の試験時間及び腐食減量

試験方法	試験時間 h	亜鉛照合試験片の腐食減量 g/m^2	（参考）鋼板照合試験片の腐食減量 g/m^2
中性塩水噴霧試験	48	50 ± 25	70 ± 20 (**6.2.4** 参照)
酢酸酸性塩水噴霧試験	24	30 ± 15	40 ± 10 (**6.3.4** 参照)
キャス試験	24	50 ± 20	55 ± 15 (**6.4.4** 参照)

附属書 C

（規定）

塗膜などの有機被膜をもつ試験片の作製

C.1　一般

この附属書は，塗膜などの有機被膜をもつ試験片を用いる場合における，試験片の作製方法について規定する。

C.2　試験片の作製及び塗膜

塗膜などの有機被膜をもつ各試験片は，他に規定又は受渡当事者間の協定がない場合には，**JIS K 5600-1-4** に従って調製し，その後，試験をする製品又は塗装系で規定する方法によって塗装する。試験片の裏面及び端面は，製品で使用した同じ塗料で塗装する。製品と異なるもので塗装する場合は，製品で使用した塗料よりも腐食耐久性のよいものでなければならない。

C.3　乾燥及び状態調節

製品に規定された条件下で規定時間，各試験片の乾燥（又は加熱乾燥），養生などを行う。その後，他に規定がない場合には，23 ℃±2 ℃の温度及び 50 %±5 %の相対湿度で，空気が自由に循環し，かつ，直接の光を避ける環境で，少なくとも 16 時間試験片を養生する。その後，試験操作は，できるだけ早く実施しなければならない。

C.4　膜厚の測定

有機被膜の乾燥膜厚は，**JIS K 5600-1-7** に規定する非破壊的試験方法の一つによって，マイクロメートル（μm）の単位まで測定する。

C.5　切り込みきずの作製

切り込みきずを付ける場合は，次による。

　　注記　切り込みきずを付ける場合は，試験結果の再現性を確保するために，刃先の角度及び素地に押し付ける力を一定にするなどの注意が必要である。

a) 有機被膜を貫いて素地に達する真っすぐな切り込みきずを付ける。

b) 切り込みきずを付けるときは，硬い先端をもった切り込み具を使用する。切り込み具は，均一の形状の切り込みきずを生むことが望ましい。

c) 切り込みきずは，素地上で 0.2 mm～1.0 mm 幅をもち，側面が平行か又は有機被膜表面に向かって扇形に広がった断面をしたものでなければならない。

d) 切り込みきずの周辺に生じる破片は，取り除く。

e) 切り込みきずの付け方は，次のような方法（**図 C.1 参照**）とするが，受渡当事者間の協定によってこれ以外の方法でもよい。

　　1) 試験片の全面又は試験片の長い方の下 1/2～1/3 に，試験片の端面から少なくとも 20 mm 内側に対角状に交差する切り込みきずを付ける。

　　2) 一つ又は二つの平行な切り込みきずを試験片の長辺に沿って付ける。

なお，受渡当事者間の協定がない場合には，全ての切り込みきずは，試験片の端面及び互いの切り込みきずから少なくとも 20 mm 以上離れていなければならない。

単位　mm

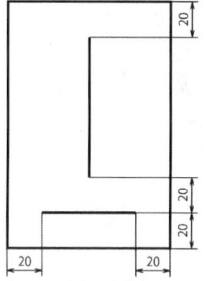

a)　対角状に交差する例

b)　長辺に平行な例

c)　相互に垂直で交差しない例

図 C.1－有機被膜をもつ試験片の表面に付ける切り込みきずの例

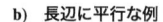

附属書 JA
(参考)
試験片の置き方及び位置

JA.1　試験片の置き方及び位置

試験片の置き方及び位置を，**図 JA.1** に示す。

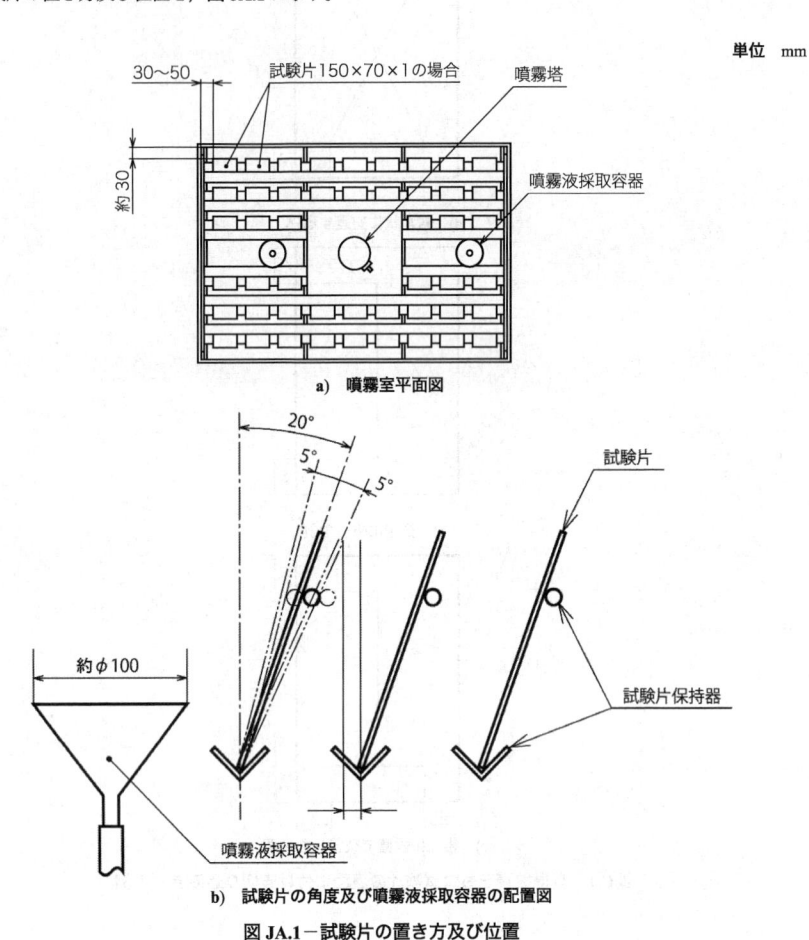

a)　噴霧室平面図

b)　試験片の角度及び噴霧液採取容器の配置図

図 JA.1－試験片の置き方及び位置

附属書 JB
(参考)
腐食生成物の除去方法

JB.1 腐食生成物の除去方法

腐食生成物の化学的除去方法を**表 JB.1** に，腐食生成物の電解による除去方法を**表 JB.2** に示す。

表 JB.1－腐食生成物の化学的除去方法

材料	薬品及び作製方法	時間	温度	注記
アルミニウム及びアルミニウム合金	りん酸（**JIS K 9005**）35 mL 酸化クロム（VI）(CrO_3）20 g 蒸留水を加えて 1 000 mL にする。	10 分間	95～100 ℃	腐食生成物の膜が残っているときは，次の硝酸による方法を続けて行う。
	硝酸（**JIS K 8541**）	1～5 分間	20～25 ℃	素地金属の過剰な除去を誘引する反応を防ぐため，外周の付着物及びかさのある腐食生成物を取り除く。
アルミニウム陽極酸化皮膜	塩酸（**JIS K 8180**）10 mL 蒸留水を加えて 110 mL にする。	1～5 分間	20～25 ℃	溶液を浸したナイロンブラシなどを用いて洗浄し，水洗後，通風乾燥する。腐食生成物が残っているときは，この操作を繰り返す。
銅及び銅合金	塩酸（**JIS K 8180**）500 mL 蒸留水を加えて 1 000 mL にする。	1～3 分間	20～25 ℃	純度の高い窒素による溶液の空気除去は，素地金属の除去を抑制する。
	シアン化ナトリウム（**JIS K 8447**）4.9 g 蒸留水を加えて 1 000 mL にする。	1～3 分間	20～25 ℃	上記の塩酸による方法で除去されない硫化銅のような腐食生成物を除去する。
	硫酸（**JIS K 8951**）100 mL 蒸留水を加えて 1 000 mL にする。	1～3 分間	20～25 ℃	試験片表面上に銅の再付着するのを抑えるために，処理前にかさのある腐食生成物を取り除く。
	硫酸（**JIS K 8951**）120 mL 二クロム酸ナトリウム二水和物 ($Na_2Cr_2O_7$・$2H_2O$）30 g 蒸留水を加えて 1 000 mL にする。	5～10 秒間	20～25 ℃	上記の硫酸による方法によって生じる銅の再付着を除く。
	硫酸（**JIS K 8951**）54 mL 蒸留水を加えて 1 000 mL にする。	30～60 秒間	40～50 ℃	窒素で酸素を液から分離する。腐食生成物を取り除くため，試験片のブラシ掛けを行った後，3～4 秒間再び浸すことが望ましい。

表 JB.1－腐食生成物の化学的除去方法（続き）

材料	薬品及び作製方法	時間	温度	注記
鉄及び鋼	塩酸（JIS K 8180）1 000 mL 酸化アンチモン(III)（JIS K 8407）20 g 塩化すず(II)二水和物（JIS K 8136）60 g	1～ 25 分間	20～25 ℃	溶液はよくかくはんするか，試験片をブラシ掛けする。必要な場合には，より長時間行ってもよい。
	水酸化ナトリウム（JIS K 8576）50 g 粒状亜鉛（JIS K 8012）の細片 200 g 蒸留水を加えて 1 000 mL にする。	30～ 40 分間	80～90 ℃	空気に触れると自然発火することがあるので，亜鉛粉末の使用に際しては注意が必要。
	水酸化ナトリウム（JIS K 8576）50 g 粒状亜鉛（JIS K 8012）の細片 20 g 蒸留水を加えて 1 000 mL にする。	30～ 40 分間	80～90 ℃	空気に触れると自然発火することがあるので，亜鉛粉末の使用に際しては注意が必要。
	くえん酸水素二アンモニウム（JIS K 8284）200 g 蒸留水を加えて 1 000 mL にする。	20 分間	75～90 ℃	－
	塩酸（JIS K 8180）500 mL ヘキサメチレンテトラミン（JIS K 8847）3.5 g 蒸留水を加えて 1 000 mL にする。	10 分間	20～25 ℃	必要な場合には，より長時間行ってもよい。
鉛及び鉛合金	酢酸（JIS K 8355）10 mL 蒸留水を加えて 1 000 mL にする。	5 分間	煮沸	－
	酢酸アンモニウム（JIS K 8359）50 g 蒸留水を加えて 1 000 mL にする。	10 分間	60～70 ℃	－
	酢酸アンモニウム（JIS K 8359）250 g 蒸留水を加えて 1 000 mL にする。	10 分間	60～70 ℃	－
マグネシウム及びマグネシウム合金	酸化クロム(VI)(CrO₃) 100 g クロム酸銀（Ag₂CrO₄）100 g 蒸留水を加えて 1 000 mL にする。	1 分間	煮沸	クロム酸銀は，塩化物を沈殿させるためのもの。
	酸化クロム(VI)(CrO₃) 200 g 硝酸銀（JIS K 8550）10 g 硝酸バリウム（JIS K 8565）20 g 蒸留水を加えて 1 000 mL にする。	1 分間	20～25 ℃	硝酸バリウムは，硫化物を沈殿させるためのもの。
ニッケル及びニッケル合金	塩酸（JIS K 8180）150 mL 蒸留水を加えて 1 000 mL にする。	1～ 3 分間	20～25 ℃	－
	硫酸（JIS K 8951）100 mL 蒸留水を加えて 1 000 mL にする。	1～ 3 分間	20～25 ℃	－
ステンレス鋼	硝酸（JIS K 8541）100 mL 蒸留水を加えて 1 000 mL にする。	20 分間	60 ℃	－
	くえん酸二水素アンモニウム 150 g 蒸留水を加えて 1 000 mL にする。	10～ 60 分間	70 ℃	－
	くえん酸一水和物（JIS K 8283）110 g 硫酸（JIS K 8951）50 mL 抑制剤（ジオルソトリルチオユリア，キノリンエチダイド又は β ナフトールキノリン）2 g 蒸留水を加えて 1 000 mL にする。	5 分間	60 ℃	－

表 JB.1－腐食生成物の化学的除去方法（続き）

材料	薬品及び作製方法	時間	温度	注記
ステンレス鋼 （続き）	水酸化ナトリウム（**JIS K 8576**）200 g 過マンガン酸カリウム（**JIS K 8247**）30 g くえん酸二水素アンモニウム 100 g 蒸留水を加えて 1 000 mL にする。	5 分間	煮沸	－
	硝酸（**JIS K 8541**）100 mL ふっ化水素酸（**JIS K 8819**）20 mL 蒸留水を加えて 1 000 mL にする。	5〜 20 分間	20〜25 ℃	－
	水酸化ナトリウム（**JIS K 8576**）200 g 亜鉛粉末（**JIS K 8013**）50 g 蒸留水を加えて 1 000 mL にする。	20 分間	煮沸	空気に触れると自然発火するので注意する。
すず及び すず合金	りん酸三ナトリウム・12 水（**JIS K 9012**）150 g 蒸留水を加えて 1 000 mL にする。	10 分間	煮沸	－
	塩酸（**JIS K 8180**）50 mL 蒸留水を加えて 1 000 mL にする。	10 分間	20 ℃	－
亜鉛及び 亜鉛合金	アンモニア水（**JIS K 8085**）150 mL 蒸留水を加えて 1 000 mL にする。	5 分間	20〜25 ℃	アンモニア水で処理した後に，更に酸化クロム（VI）で処理を行い，腐食生成物を除去する。
	酸化クロム（VI）(CrO_3）50 g 硝酸銀（**JIS K 8550**）10 g 蒸留水を加えて 1 000 mL にする。	15〜 20 秒間	煮沸	硝酸銀は水に溶かし，沸騰した酸化クロム水溶液を加えて過剰なクロム酸銀の結晶化を防ぐ。 亜鉛の素地金属のアタックを避けるため，酸化クロムには硫酸塩が混じっていてはならない。
	塩化アンモニウム（**JIS K 8116**）100 g 蒸留水を加えて 1 000 mL にする。	2〜 5 分間	70 ℃	－
	酸化クロム（VI）(CrO_3）200 g 蒸留水を加えて 1 000 mL にする。	1 分間	80 ℃	塩霧囲気中に形成されている腐食生成物からの酸化クロム溶液の汚染は，亜鉛の素地金属のアタックを防ぐために取り除く。
	ペルオキソ二硫酸アンモニウム （**JIS K 8252**）100 g 蒸留水を加えて 1 000 mL にする。	5 分間	20〜25 ℃	電気めっきした試験片に特によい。
	酢酸アンモニウム（**JIS K 8359**）100 g 蒸留水を加えて 1 000 mL にする。	2〜 5 分間	70 ℃	－
	グリシン（**JIS K 8291**）250 g 蒸留水を加えて 1 000 mL にする。	5 分間	20〜25 ℃	－
注記 薬品名の後の括弧内の **JIS** 番号は，その日本産業規格による。				

表 JB.2－腐食生成物の電解による除去方法

材料	薬品及び作製方法	時間	温度	注記
鉄 鋳鉄 鋼	水酸化ナトリウム（JIS K 8576）75 g 硫酸ナトリウム（JIS K 8987）25 g 炭酸ナトリウム（JIS K 8625）75 g 蒸留水を加えて 1 000 mL にする。	20～ 30 分間	20～25 ℃	電流密度 100～200 A/m^2 で陰極処理をする。 陽極には，炭素，白金又はステンレス鋼を用いる。
	硫酸（JIS K 8951）28 mL 抑制剤（ジオルソトリルチオユリア，キノリンエチダイド又は β ナフトールキノリン）0.5 g 蒸留水を加えて 1 000 mL にする。	3 分間	75 ℃	電流密度 2 000 A/m^2 で陰極処理をする。 陽極には，炭素又は白金を用いる。
	くえん酸水素二アンモニウム（JIS K 8284）100 g 蒸留水を加えて 1 000 mL にする。	5 分間	20～25 ℃	電流密度 100 A/m^2 で陰極処理をする。 陽極には，炭素又は白金を用いる。
鉛及び鉛合金	硫酸（JIS K 8951）28 mL 抑制剤（ジオルソトリルチオユリア，キノリンエチダイド又は β ナフトールキノリン）0.5 g 蒸留水を加えて 1 000 mL にする。	3 分間	75 ℃	電流密度 2 000 A/m^2 で陰極処理をする。 陽極には，炭素又は白金を用いる。
銅及び銅合金	塩化カリウム（JIS K 8121）7.5 g 蒸留水を加えて 1 000 mL にする。	1～ 3 分間	20～25 ℃	電流密度 100 A/m^2 で陰極処理をする。 陽極には，炭素又は白金を用いる。
亜鉛及びカドミウム	りん酸水素二ナトリウム（JIS K 9020）50 g 蒸留水を加えて 1 000 mL にする。	5 分間	70 ℃	電流密度 110 A/m^2 で陰極処理をする。試験片は浸せきに先立ち，活性化する。陽極には，炭素，白金又はステンレス鋼を用いる。
	水酸化ナトリウム（JIS K 8576）100 g 蒸留水を加えて 1 000 mL にする。	1～ 2 分間	20～25 ℃	電流密度 100 A/m^2 で陰極処理をする。試験片は浸せきに先立ち，活性化する。陽極には，炭素，白金又はステンレス鋼を用いる。

注記　薬品名の後の括弧内の JIS 番号は，その日本産業規格による。

附属書 JC
（規定）
レイティングナンバ方法

JC.1 一般

この附属書は，塩水噴霧試験方法における試験結果の判定に用いるレイティングナンバ方法について規定する。

JC.2 試験結果の比較方法

試験片の評価対象面として，少なくとも 5 000 mm^2 の面積を選ぶ（**図 JC.1 参照**）。評価する面を決めるために，100 mm×50 mm の窓をもったマスクを用いてもよい。

評価対象面の腐食欠陥の寸法及び数を，**図 JC.2～図 JC.13** の標準図 [1] と比較し，試験片に最も近い標準図のナンバ，例えば，9.8-2, 9.5-5 などのように判定する。ただし，端面から生じた腐食欠陥は評価から除く。

注 [1] レイティングナンバ標準図は，個々のレイティングナンバの最大腐食面積率で表したものである。

なお，レイティングナンバ 10 は，肉眼で識別できない腐食を示し，レイティングナンバ 0 は，腐食欠陥の最大値を示す。

試験結果の表示は，判定したレイティングナンバによって行う。また，レイティングナンバと腐食面積率との関係を，**表 JC.1** に示す。

表 JC.1－レイティングナンバと腐食面積率との関係

レイティングナンバ（RN）	腐食面積率，A（%）
10	0.00
9.8	0.00 を超え 0.02 以下
9.5	0.02 を超え 0.05 以下
9.3	0.05 を超え 0.07 以下
9	0.07 を超え 0.10 以下
8	0.10 を超え 0.25 以下
7	0.25 を超え 0.50 以下
6	0.50 を超え 1.00 以下
5	1.00 を超え 2.50 以下
4	2.50 を超え 5.00 以下
3	5.00 を超え 10.00 以下
2	10.00 を超え 25.00 以下
1	25.00 を超え 50.00 以下
0	50.00 を超えるもの

レイティングナンバ（RN）と腐食面積率（A）との関係は，次のとおりである。

$$RN = 3 (2 - \log_{10} A)$$

ただし，レイティングナンバ（RN）が 9.3～9.8 の場合は，次の式となる。

$$RN = 10 - A/0.1$$

単位　mm

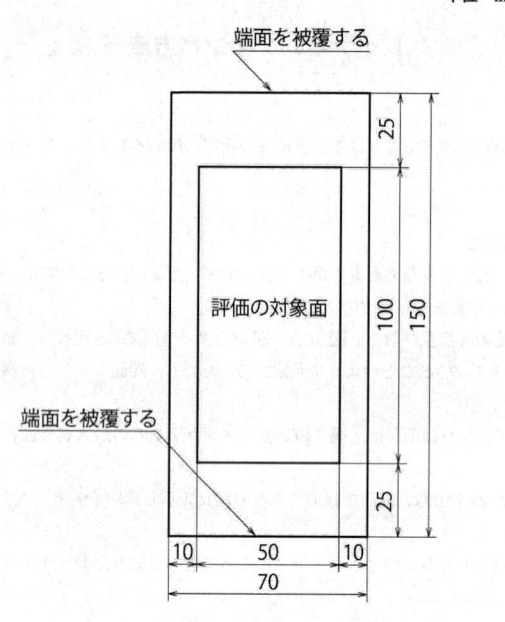

図 JC.1－試験片の評価対象面

9.8-1　　　　9.8-2　　　　9.8-3

9.8-4　　　　9.8-5　　　　9.8-6

図 JC.2－レイティングナンバ 9.8 標準図

この図は，本書掲載にあたり原図を縮小していますので，判定の際は必ず規格票原本を参照してください。

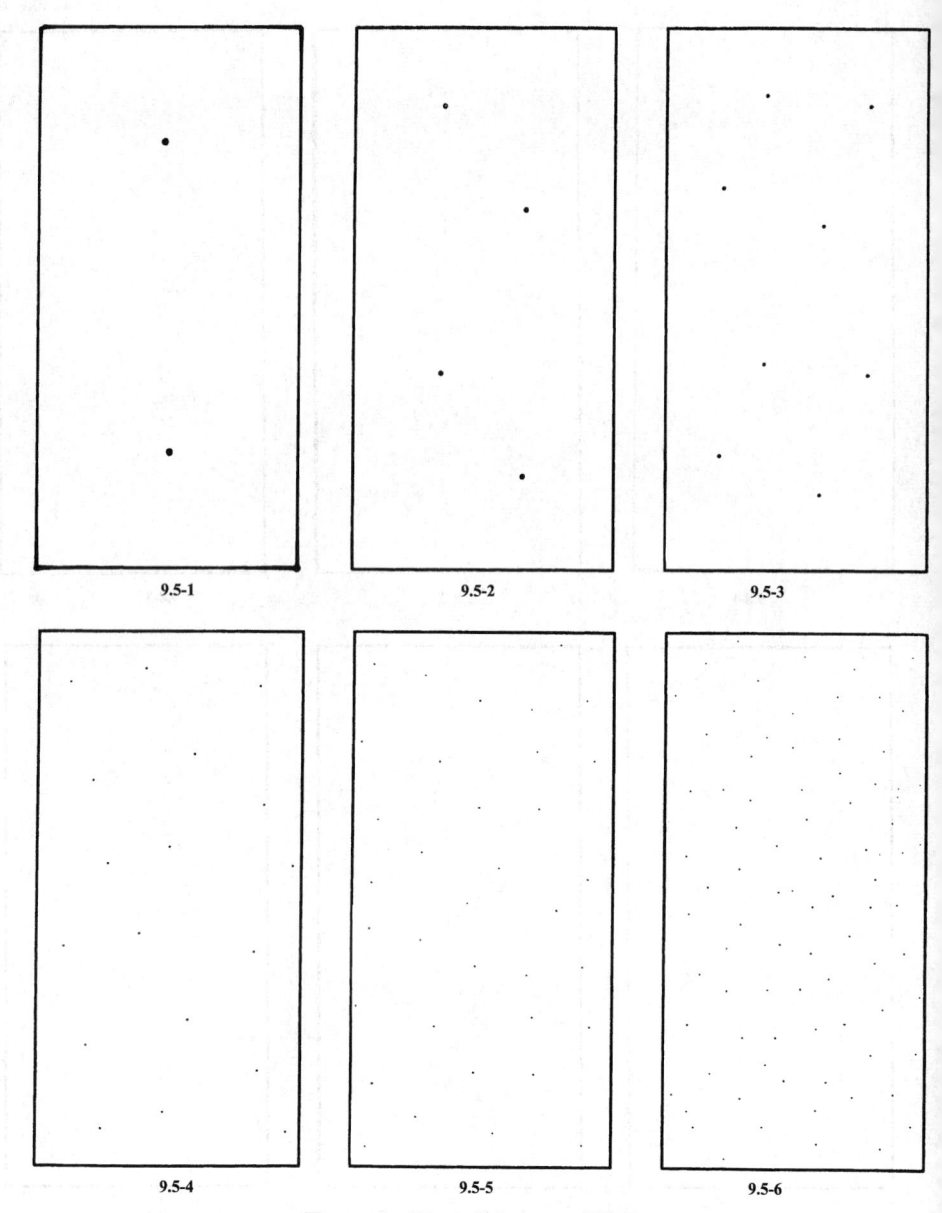

図 JC.3―レイティングナンバ 9.5 標準図

この図は，本書掲載にあたり原図を縮小していますので，判定の際は必ず規格票原本を参照してください。

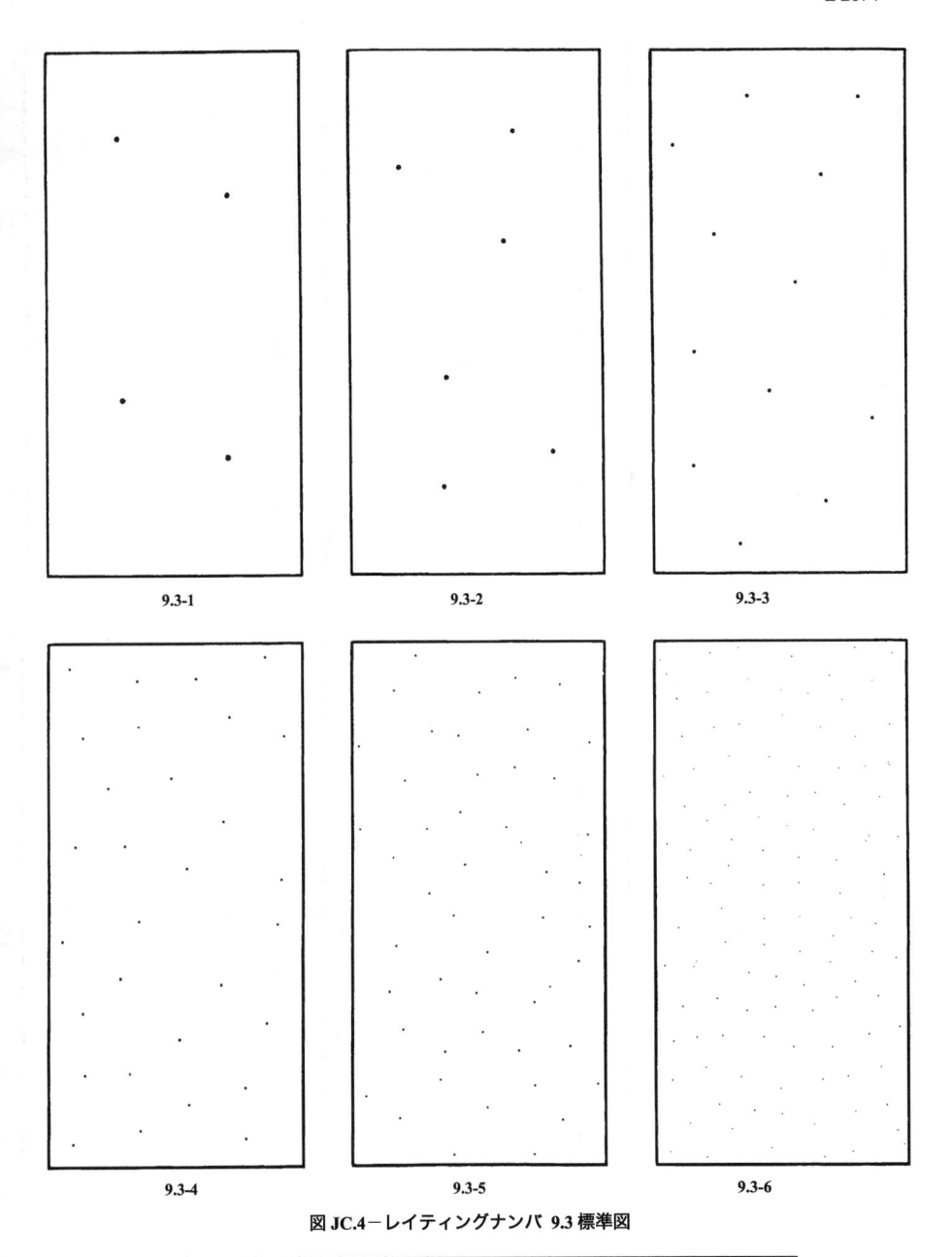

図 JC.4－レイティングナンバ 9.3 標準図

この図は，本書掲載にあたり原図を縮小していますので，判定の際は必ず規格票原本を参照してください。

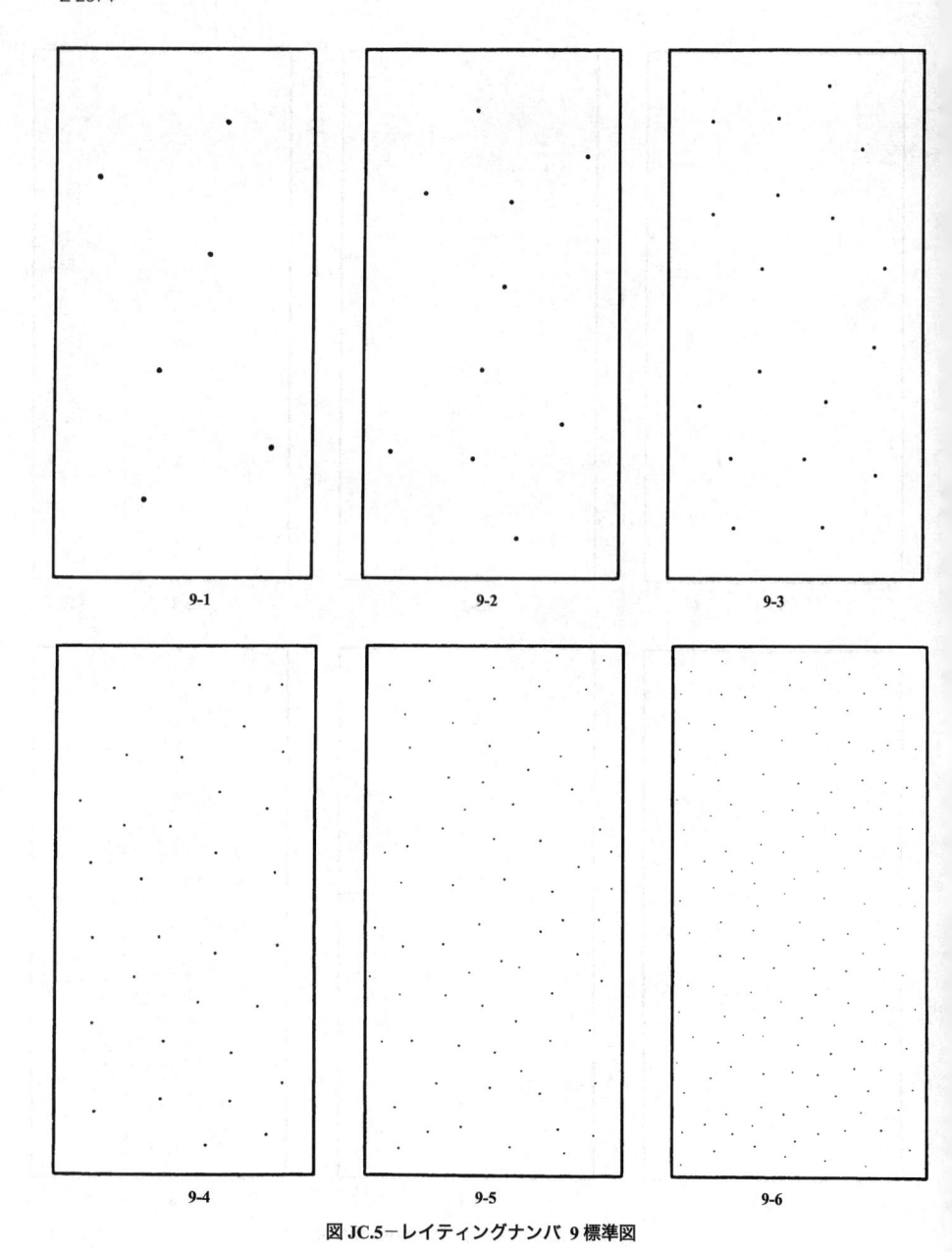

図 JC.5−レイティングナンバ 9 標準図

この図は，本書掲載にあたり原図を縮小していますので，判定の際は必ず規格票原本を参照してください。

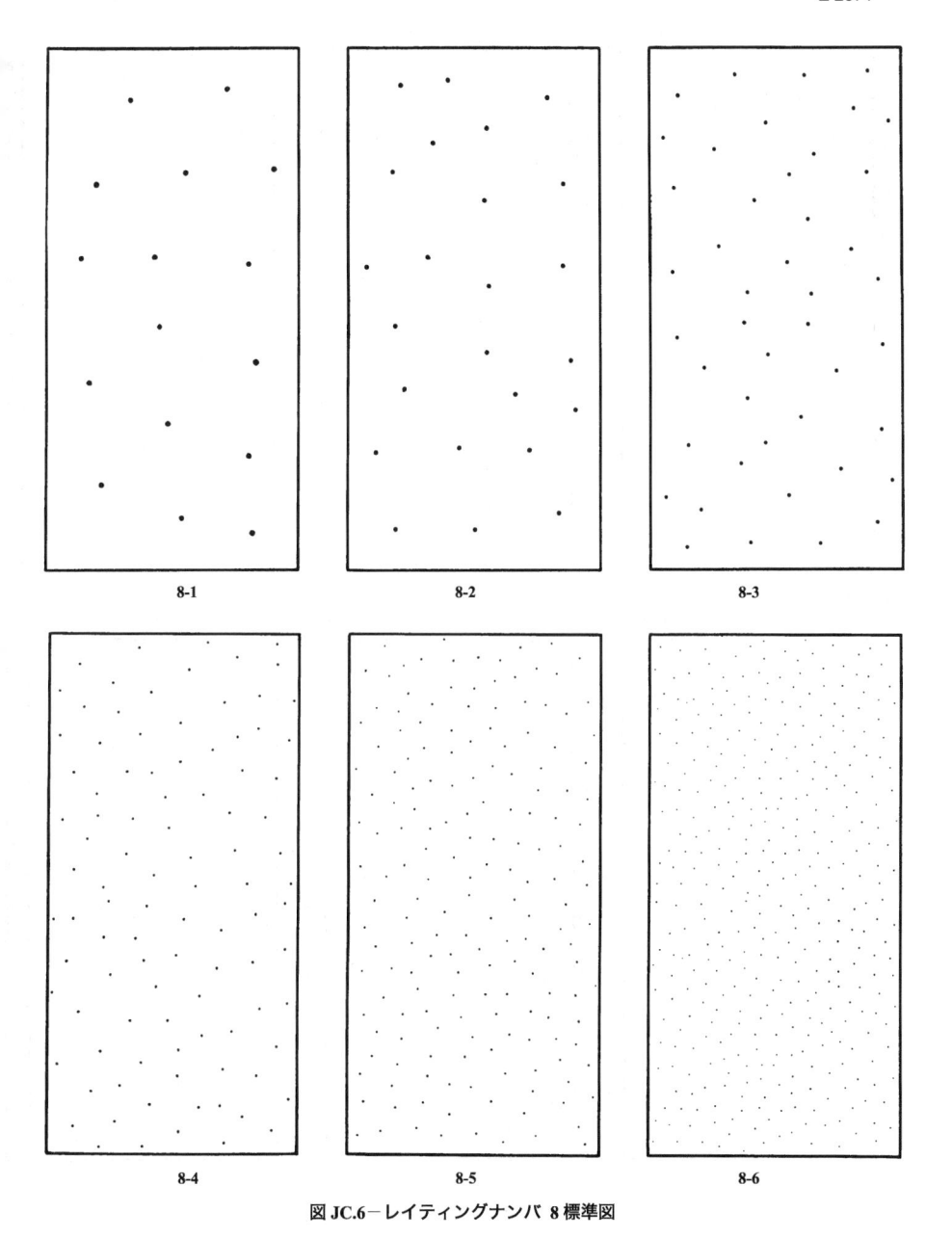

図 JC.6−レイティングナンバ 8 標準図

この図は，本書掲載にあたり原図を縮小していますので，判定の際は必ず規格票原本を参照してください。

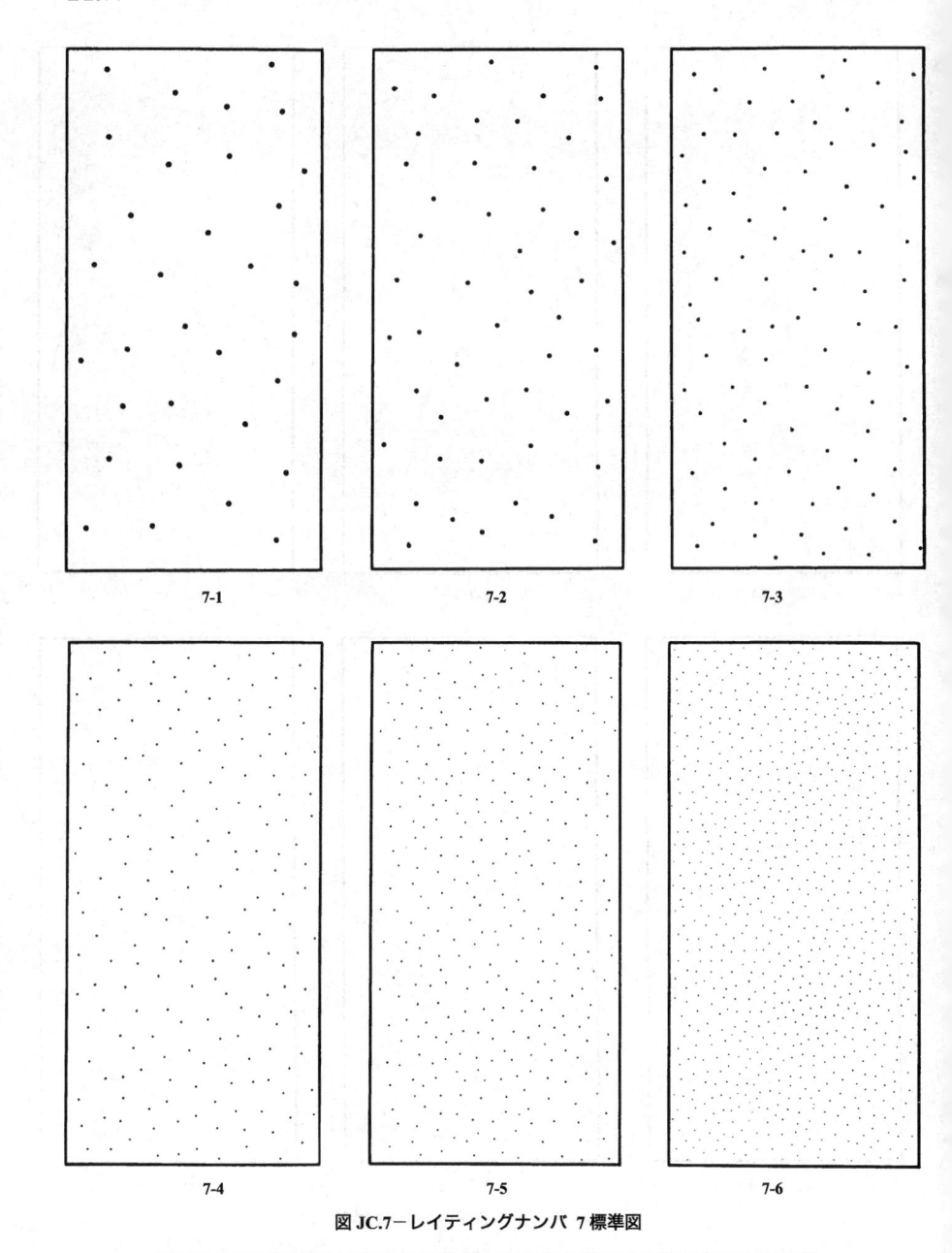

図 JC.7―レイティングナンバ 7 標準図

この図は，本書掲載にあたり原図を縮小していますので，判定の際は必ず規格票原本を参照してください。

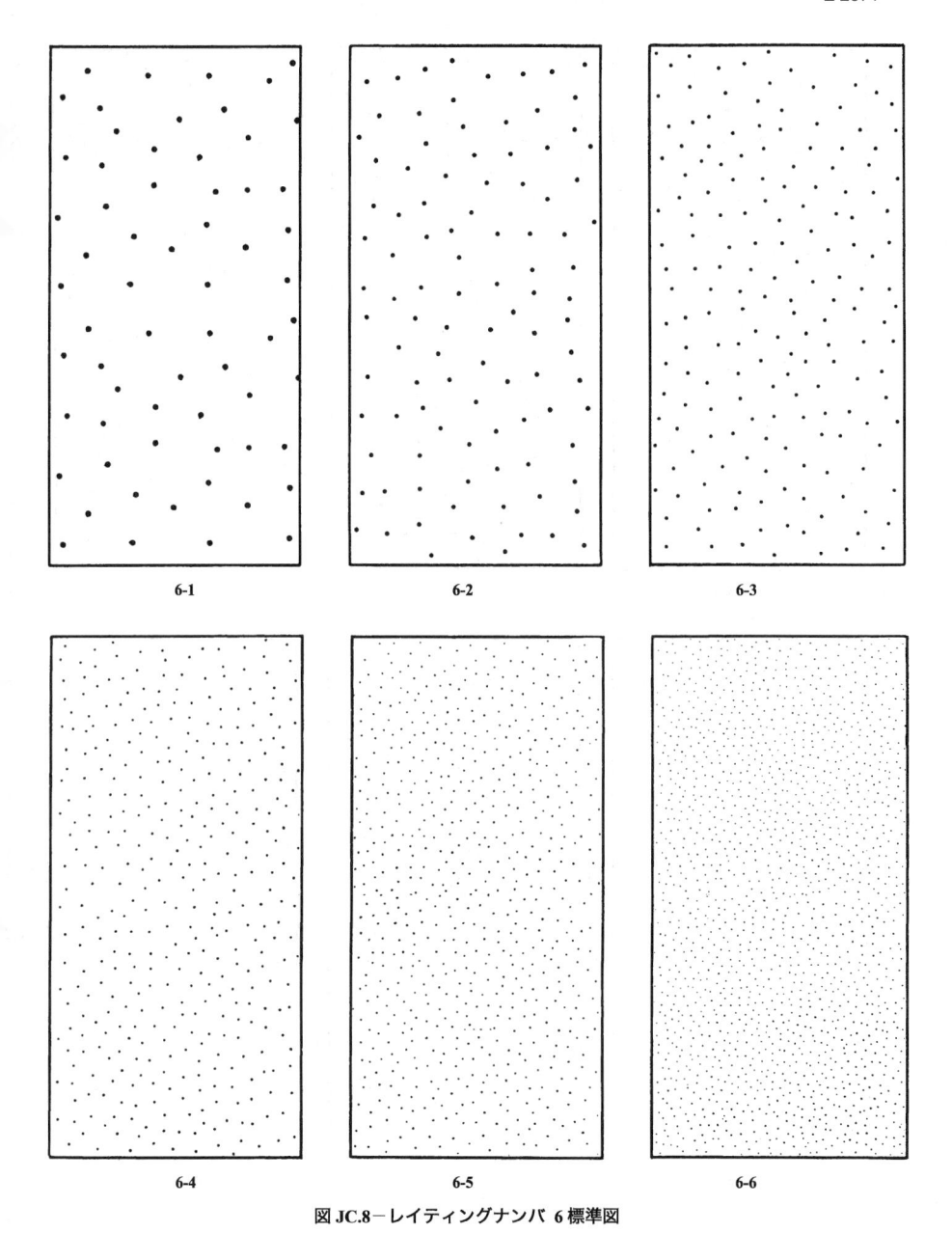

図 JC.8－レイティングナンバ 6 標準図

この図は，本書掲載にあたり原図を縮小していますので，判定の際は必ず規格票原本を参照してください。

図 JC.9－レイティングナンバ 5 標準図

この図は，本書掲載にあたり原図を縮小していますので，判定の際は必ず規格票原本を参照してください。

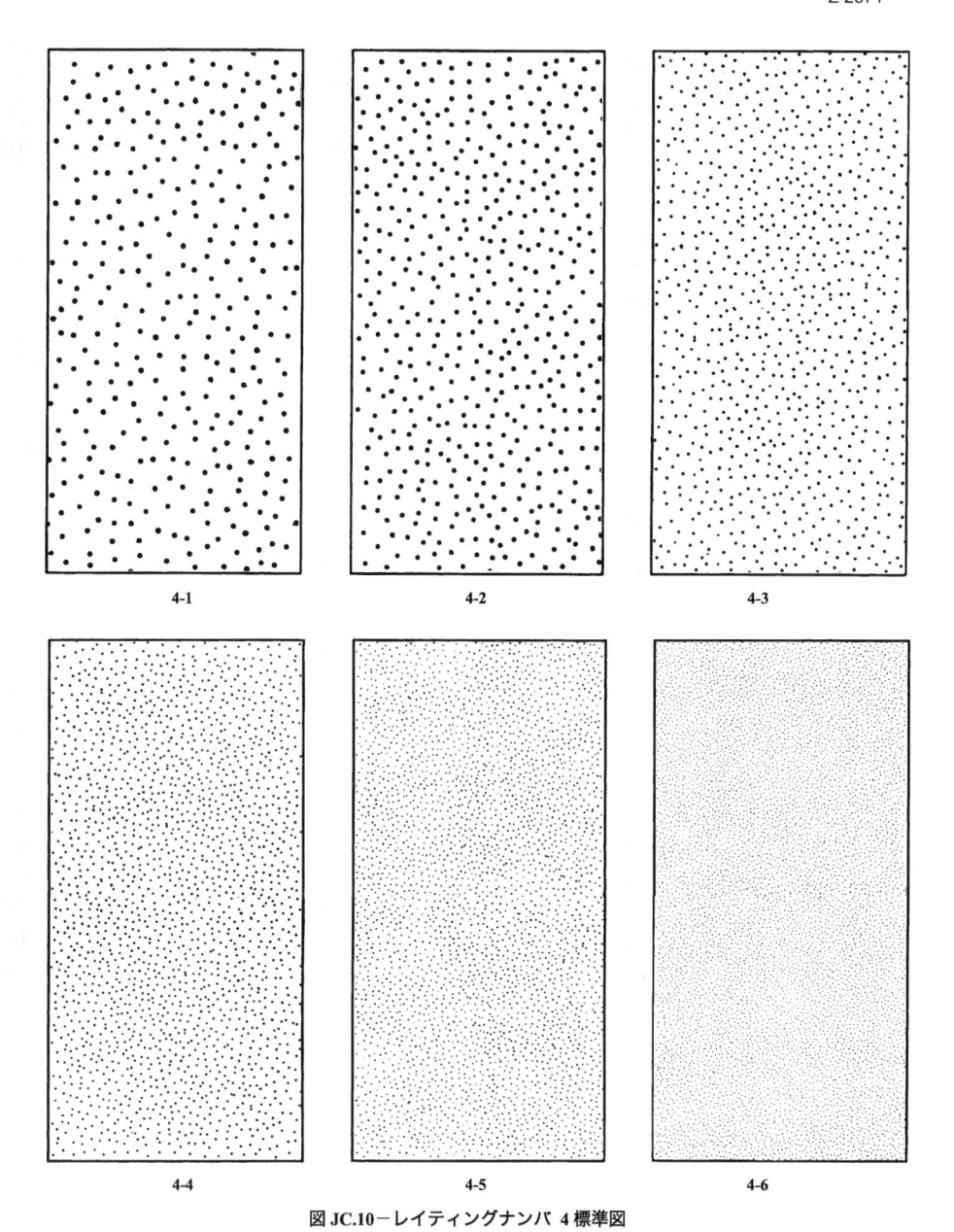

図 JC.10−レイティングナンバ 4 標準図

> この図は，本書掲載にあたり原図を縮小していますので，判定の際は必ず規格票原本を参照してください。

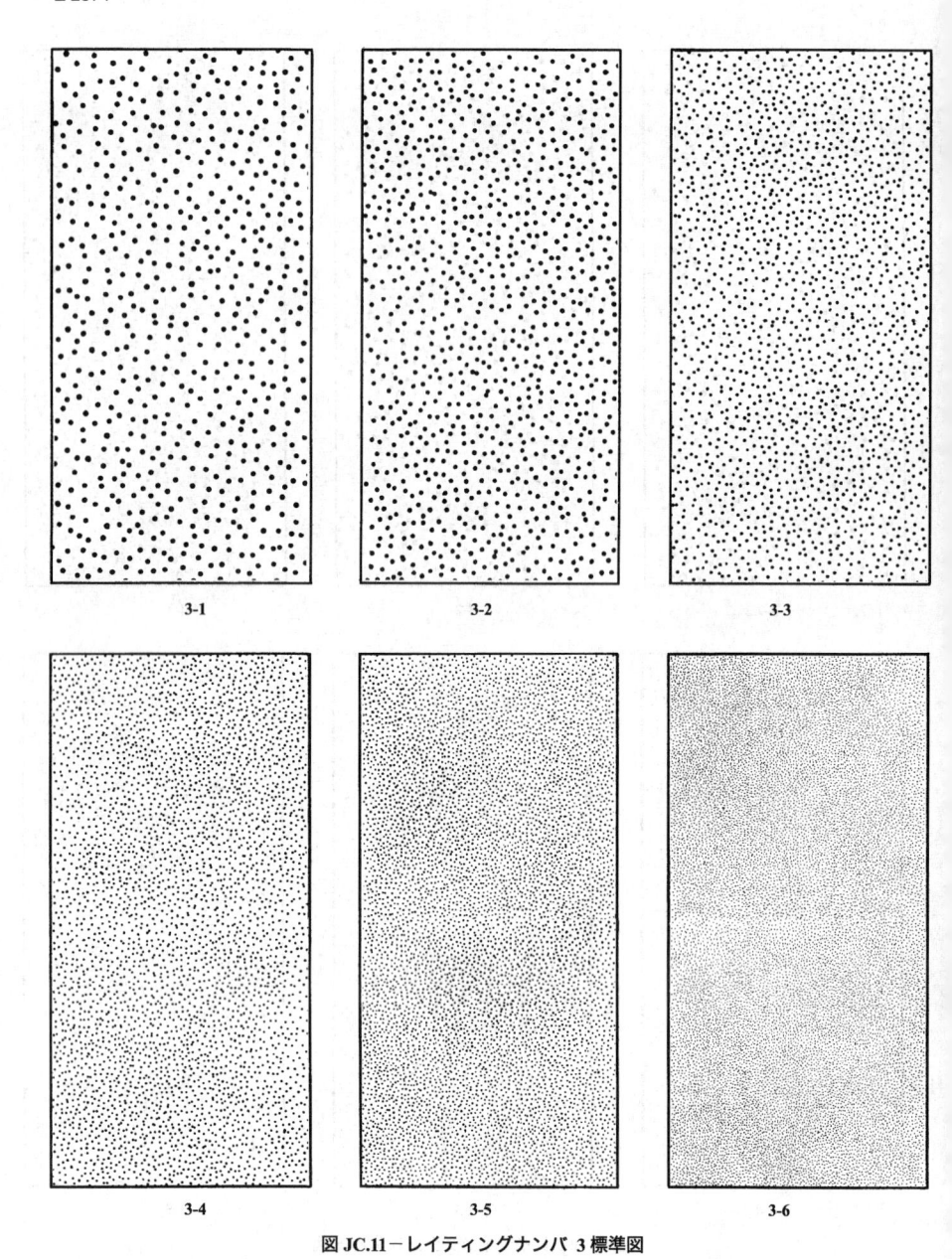

図 JC.11−レイティングナンバ 3 標準図

この図は，本書掲載にあたり原図を縮小していますので，判定の際は必ず規格票原本を参照してください。

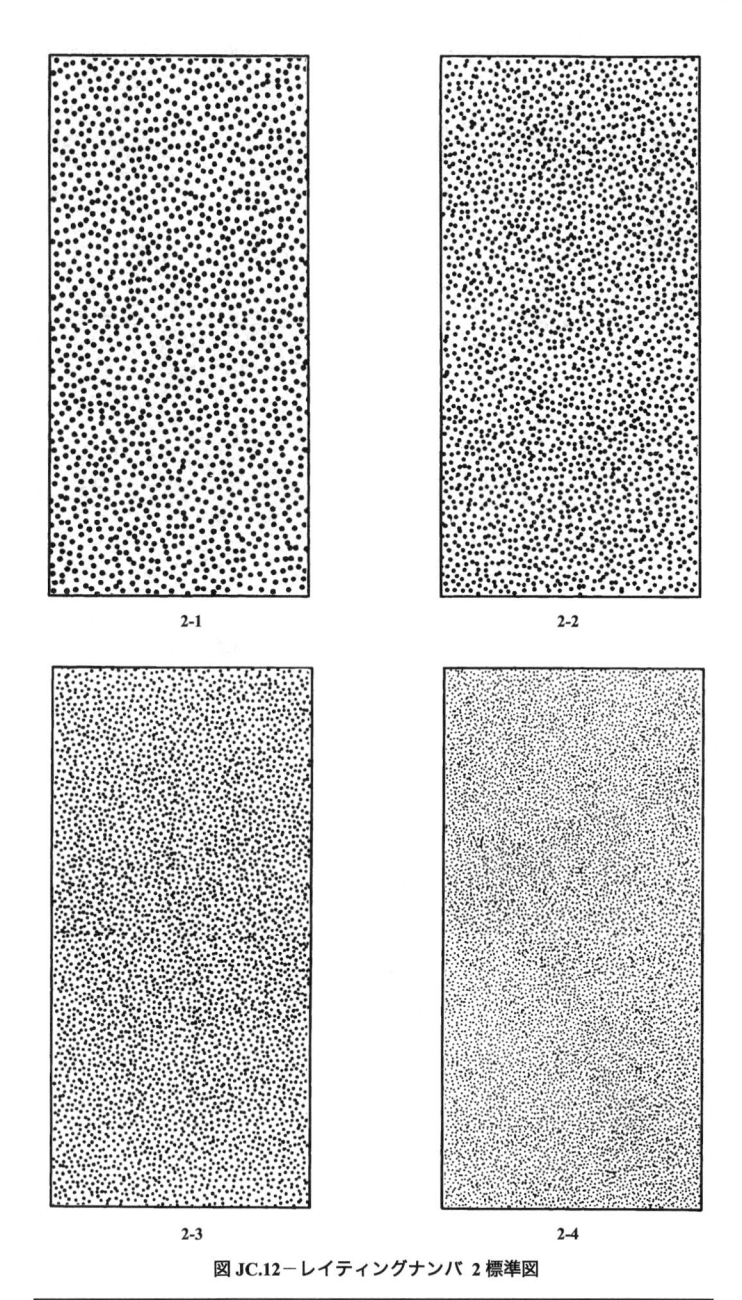

2-1

2-2

2-3

2-4

図 JC.12－レイティングナンバ 2 標準図

この図は，本書掲載にあたり原図を縮小していますので，判定の際は必ず規格票原本を参照してください。

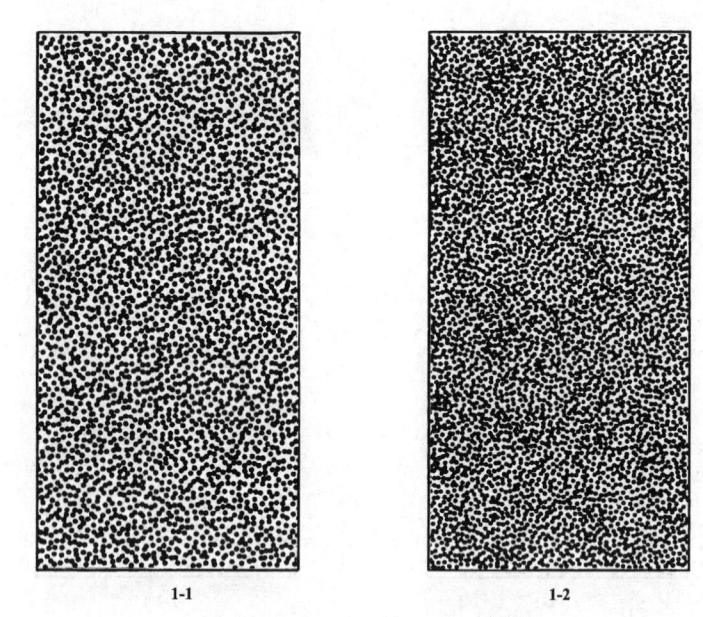

1-1　　　　　　　　　　　　　　　　1-2

図 JC.13－レイティングナンバ 1 標準図

この図は，本書掲載にあたり原図を縮小していますので，判定の際は必ず規格票原本を参照してください。

参考文献 **JIS H 8679-1** アルミニウム及びアルミニウム合金の陽極酸化皮膜に発生した孔食の評価方法
－第 1 部：レイティングナンバ方法

注記 対応国際規格：**ISO 8993**:2010, Anodizing of aluminium and its alloys－Rating system for the evaluation of pitting corrosion－Chart method（MOD）

JIS K 5600-8-1 塗料一般試験方法－第 8 部：塗膜劣化の評価－欠陥の量，大きさ及び外観の変化に関する表示－第 1 節：一般原則及び等級

注記 対応国際規格：**ISO 4628-1**:2003, Paints and varnishes－Evaluation of degradation of coatings－Designation of quantity and size of defects, and of intensity of uniform changes in appearance－Part 1: General introduction and designation system（MOD）

JIS K 5600-8-2 塗料一般試験方法－第 8 部：塗膜劣化の評価－第 2 節：膨れの等級

注記 対応国際規格：**ISO 4628-2**:2003, Paints and varnishes－Evaluation of degradation of coatings－Designation of quantity and size of defects, and of intensity of uniform changes in appearance－Part 2: Assessment of degree of blistering（IDT）

JIS K 5600-8-3 塗料一般試験方法－第 8 部：塗膜劣化の評価－第 3 節：さびの等級

注記 対応国際規格：**ISO 4628-3**:2003, Paints and varnishes－Evaluation of degradation of coatings－Designation of quantity and size of defects, and of intensity of uniform changes in appearance－Part 3: Assessment of degree of rusting（IDT）

ISO 4628-4:2003, Paints and varnishes－Evaluation of degradation of coatings－Designation of quantity and size of defects, and of intensity of uniform changes in appearance－Part 4: Assessment of degree of cracking

ISO 4628-5:2003, Paints and varnishes－Evaluation of degradation of coatings－Designation of quantity and size of defects, and of intensity of uniform changes in appearance－Part 5: Assessment of degree of flaking

ISO 4628-8:2012, Paints and varnishes－Evaluation of degradation of coatings－Designation of quantity and size of defects, and of intensity of uniform changes in appearance－Part 8: Assessment of degree of delamination and corrosion around a scribe or other artificial defect

ISO 8407:2009, Corrosion of metals and alloys－Removal of corrosion products from corrosion test specimens

ISO 10289:1999, Methods for corrosion testing of metallic and other inorganic coatings on metallic substrates－Rating of test specimens and manufactured articles subjected to corrosion tests

ISO 17872:2007, Paints and varnishes－Guidelines for the introduction of scribe marks through coatings on metallic panels for corrosion testing

神戸 徳蔵，須賀 蓊，"ISO 9227（塩水噴霧試験方法）の改正およびサイクル腐食試験の確立"，表面技術，Vol. 58, No.9, p.526-537 (2007)

Shigeru Suga and Shigeo Suga, Report on the results from the ISO/TC 156/WG 7 International Round Robin Test Programme on ISO 9227 Salt spray tests; J. Surface Finish. Soc. Japan; Vol. 56, p. 28 (2005)

附属書 JD
(参考)
JIS と対応国際規格との対比表

JIS Z 2371:2015　塩水噴霧試験方法				ISO 9227:2012,　Corrosion tests in artificial atmospheres－Salt spray tests				
(I) **JIS** の規定		(II) 国際 規格 番号	(III)国際規格の規定		(IV) **JIS** と国際規格との技術的差異の箇条ごとの評価及びその内容			(V) **JIS** と国際規格 との技術的差異の 理由及び今後の対 策
箇条番号 及び題名	内容		箇条 番号	内容	箇条ごと の評価	技術的差異の内容		
1 適用範囲	－		1		一致	**ISO** 規格では適用皮膜・被膜及び 3 種類の試験方法の内容を記載しているが，**JIS** では **ISO** 規格の内容を簡潔に整理して記載した。技術的差異はない。		－
2 引用規格								
3 用語及び 定義	3.1 3.2 3.3		－	－	追加	**ISO** 規格では "用語及び定義" は記載されていないが，**JIS** では，"中性塩水噴霧試験"，"酢酸酸性塩水噴霧試験"，及び "キャス試験" を規定した。技術的差異はない。		－
4 試験用の 塩溶液	4.1 試験用の塩溶液の調製		3.1	**JIS** とほぼ同じ	追加	**JIS** では，**ISO** 規格の規定に補足事項を追加するとともに，細別に記載した。技術的差異はない。		－
	4.2 試験用の塩溶液の pH の調整 4.2.1 中性塩水噴霧試験 4.2.2 酢酸酸性塩水噴霧試験 4.2.3 キャス試験		3.2	**JIS** とほぼ同じ	追加 削除	**JIS** では，使用する試薬として **JIS K 8576**，**JIS K 8180** 及び **JIS K 8355** を追加するとともに，細別に記載した。また，**ISO** 規格では，中性塩水噴霧試験用の塩溶液の pH は，日常の確認において，"0.3 目盛間隔で読み取りが可能な pH 試験紙" を使用してもよいとしているが，我が国で市販されている pH 試験紙は 0.2 目盛間隔であるため，**JIS** では現状に合わせて修正した。さらに，**ISO** 規格では，酢酸酸性塩水噴霧試験及びキャス試験用の塩溶液の pH は，日常の確認において，"0.1 目盛間隔で読み取り可能な pH 試験紙" を使用してもよいとしているが，我が国ではそのような pH 試験紙は市販されていないので，**JIS** では削除した。技術的差異はない。		－
	4.3 懸濁物のろ過		3.3	**JIS** とほぼ同じ	追加	**JIS** では，噴霧前に懸濁物がないことを追加した。技術的差異はない。		－

(I) JIS の規定 箇条番号及び題名	(I) 内容	(II) 国際規格番号	(III) 国際規格の規定 箇条番号	(III) 内容	(IV) 箇条ごとの評価	(IV) 技術的差異の内容	(V) JIS と国際規格との技術的差異の箇条ごとの理由及び今後の対策
5 装置	5.1 一般		—	—	追加	JIS では、装置の一般規定として、試験に必要な装置の構成・装置の維持管理に関する事項・排気ダクトに関する事項を追加して記載した。また、ISO 規格の 4.2 の環境保全に関する規定を 5.1 c) に移動するとともに、細別に記載した。技術的差異はない。	—
	5.2 構成部品の保護		4.1	JIS とほぼ同じ	一致		ISO で審議中。
	5.3 噴霧室		4.2 7.4		追加	JIS では、噴霧室の容積が 0.4 m³ より小さい場合の注意を追加した。さらに、ISO 規格の 7.4 の試験片保持器に関する規定を 5.3 e) に移動するとともに、細別に記載した。技術的差異はない。	ISO で審議中。
	5.4 温度制御		4.3		一致		—
	5.5 噴霧装置		4.4	JIS とほぼ同じ	追加	JIS では、"加湿器による圧縮空気の加湿"、"圧縮空気の加熱"及び"塩溶液の流れの制御"を追加するとともに、細別に記載した。	ISO で審議中。
					変更	また、表 1 の中で、圧縮空気 98 kPa での水の温度が、ISO 規格では 48 ℃及び 64 ℃になっているが、JIS では、それぞれ 47 ℃及び 63 ℃に変更した。技術的差異はない。	
	5.6 噴霧液採取容器		4.5		一致		—
	5.7 装置の再使用		4.6		一致		—
6 腐食性に関わる装置の再現性の検証方法	6.1 一般		5.1		一致		—
	6.2 中性塩水噴霧試験 6.2.1 照合試験片 6.2.2 照合試験片の配置及び試験 6.2.3 腐食減量の測定 6.2.4 装置の検証		5.2	JIS とほぼ同じ	追加	JIS では、受渡当事者間の協定がある場合には、照合試験片と試験片とを同時に試験する場合の記載を追加した。また、試薬などの JIS の引用及び洗浄に用いる流水の温度を追加するとともに、細別に記載した。技術的差異はない。	ISO で審議中。

(I) JIS の規定		(II) 国際規格番号	(III) 国際規格の規定		(IV) JIS と国際規格との技術的差異の箇条ごとの評価及びその内容			(V) JIS と国際規格との技術的差異の理由及び今後の対策
箇条番号及び題名	内容		箇条番号	内容	箇条ごとの評価	技術的差異の内容		
6 腐食性に関わる装置の再現性の検証方法（続き）	6.3 酢酸酸性塩水噴霧試験 6.3.1 照合試験片 6.3.2 照合試験片の配置及び試験 6.3.3 腐食減量の測定 6.3.4 装置の検証		5.3	JIS とほぼ同じ	追加	JIS では，受渡当事者間の協定がある場合には，照合試験片と試験片とを同時に試験する場合の記載を追加した。また，試薬などの JIS の引用及び洗浄に用いる流水の温度を追加するとともに，細別に記載した。技術的差異はない。		ISO で審議中。
	6.4 キャス試験 6.4.1 照合試験片 6.4.2 照合試験片の配置及び試験 6.4.3 腐食減量の測定 6.4.4 装置の検証		5.4	JIS とほぼ同じ	追加	JIS では，受渡当事者間の協定がある場合には，照合試験片と試験片とを同時に試験する場合の記載を追加した。また，試薬などの JIS の引用及び洗浄に用いる流水の温度を追加するとともに，細別に記載した。技術的差異はない。		ISO で審議中。
7 試験片	7.1 試験片の取扱い		—	—	追加	JIS では，試験片の取扱いについて追加した。技術的差異はない。		—
	7.2 試験片の大きさ		6.1	JIS とほぼ同じ	削除変更	ISO 規格では，特に規定のない限り，塗膜のような有機被膜をもつ試験片を用いると規定しているが，JIS では，国内の使用状況を考慮して，削除した。また，試験片の寸法を変更した。技術的差異はない。		—
	7.3 試験片の調製		6.2 6.3	JIS とほぼ同じ	追加	JIS では，"皮膜又は被膜をもつ試験片の洗浄"及び"切り込みきず"を追加するとともに，細別に記載した。また，ISO 規格の 6.1 の塗膜のような有機被膜をもつ試験片の作製に関する規定を 7.3 e) に移動した。技術的差異はない。		—
8 試験片の配置	—		7.1 7.2 7.3		追加	JIS では，試験片の配置について，"製品などから切り出した部材の場合には，受渡当事者間の協定による。"ことを追加した。技術的差異はない。		—
9 試験条件	—		8	JIS とほぼ同じ	追加	JIS では，表 2 に"空気飽和器内の水の温度"及び"圧縮空気の圧力"を追加するとともに，細別として記載した。技術的差異はない。		—

(I) JISの規定		(II) 国際規格番号	(III) 国際規格の規定		(IV) JISと国際規格との技術的差異の箇条ごとの評価及びその内容		(V) JISと国際規格との技術的差異の理由及び今後の対策
箇条番号及び題名	内容		箇条番号	内容	箇条ごとの評価	技術的差異の内容	
10 試験時間			9.1		追加	JISでは、試験時間を"規定がない場合は、受渡当事者間の協定による。"ことを追加した。技術的差異はない。	―
11 試験中の注意事項			9.2 9.3 9.4		変更	ISO規格では"噴霧してはならない"としているが、JISでは、旧規格と同様に、噴霧を中断する場合を規定した。	―
12 試験後の試験片の処理			10		追加	JISでは、試験後の試験片の処理について、細則に記載するとともに、試験終了後の噴霧室の蓋の開け方、試験片の洗浄方法及び腐食生成物の除去方法を追加した。技術的差異はない。	―
13 試験結果の表し方	―		11	JISとほぼ同じ	追加	JISでは"腐食面積"及び"腐食減量"が一般的なため、冒頭に追加記載した。技術的差異はない。	―
14 試験報告書	―		12	JISとほぼ同じ	追加	JISでは、"記載する事項を一部省略してもよい。"ことを追加した。技術的差異はない。	―
附属書A(参考)							―
附属書B(参考)							―
附属書C(規定)			Annex C	JISとほぼ同じ	追加 削除	JISでは、"切り込みきずの付け方"の例を追加し、アルミニウムについては削除するとともに、図C.1を追加した。技術的差異はない。	―
―			Annex D	―	削除	ISO規格のAnnex Dは、JISの箇条13の内容と重複するため、JISでは削除した。	―
附属書JA(参考)							―
附属書JB(参考)							―
附属書JC(規定)	レイティングナンバ方法		―	―	追加	JISでは、"試験結果の表し方"として、"レイティングナンバ方法"を追加した。	―

JISと国際規格との対応の程度の全体評価：ISO 9227:2012, MOD

注記 1 箇条ごとの評価欄の用語の意味は，次による。
- 一致……………… 技術的差異がない。
- 削除……………… 国際規格の規定項目又は規定内容を削除している。
- 追加……………… 国際規格にない規定項目又は規定内容を追加している。
- 変更……………… 国際規格の規定内容を変更している。

注記 2 **JIS** と国際規格との対応の程度の全体評価欄の記号の意味は，次による。
- MOD…………… 国際規格を修正している。

＊ JIS G 0306：1988 は 2009 年 2 月 20 日に追補 1 によって改正。本規格と追補 1 を併読し用いてください。

JIS G 0306
(1988)

鍛鋼品の製造，試験及び検査の通則

(JIS (1978) 改正)
(JIS (1975) 制定)

Steel Forgings—General Technical Requirements

1. 適用範囲　この規格は，鍛鋼品の製造，試験及び検査に共通な一般事項について規定する。

2. 用語の意味　この規格で用いる主な用語の意味は，次による。

(1) **鍛 鋼 品**　鋼塊，鋼塊を鍛造若しくは圧延した鋼材又は鋼塊に鍛造と圧延を組み合わせて製造した鋼材を
　　 プレス，ハンマ，鍛造ロール，リングミルなどによって熱間加工し，通常，所定の機械的性質を与えるため
　　 に熱処理を施したもの。

(2) **軸　状**　直軸，段付き軸，フランジ付き軸，軸付きピニオンなどの円形断面のものでその軸方向の長さが外
　　 径を超えるもの又は これに準じるもの。軸の変形とみられる形状のものも含む。

(3) **円 筒 状**　鍛造形状が円筒状で，その軸方向の長さが外径を超えるもの。ただし，円筒状鍛鋼品は中空鍛錬
　　 を必要とするもので，単にパンチ又は機械加工によって穴あけして円筒状としたものは含まない。

(4) **リング状**　鍛造形状が輪状で，その軸方向の長さが外径以下のもの。ただし，リング状鍛鋼品は穴広げ鍛錬
　　 を必要とするもので，単にパンチ又は機械加工によって穴あけして輪状としたものは含まない。

(5) **ディスク状**　鍛造形状が円板状及びこれに準ずるもの（部分的に凹凸のあるものも含む。）で，その軸方向
　　 の長さが外径以下のもの。ただし，ディスク状鍛鋼品は，最終工程に据込鍛錬を必要とするもので，軸状の
　　 ものを切断して円板状としたものは含まない。

3. 製造方法

3.1 鋼　塊　鋼塊は，キルド鋼を使用し，有害なパイプ及び偏析が除去されるように十分な切捨てを行う。

3.2 鍛　造　鍛造は，鋼塊をプレス，ハンマ，鍛造ロール，リングミルなどを用いて熱間加工を行う。ただし，
鋼塊の代わりに鋼塊を鍛造若しくは圧延した鋼材又は鋼塊に鍛造と圧延を組み合わせて製造した鋼材を用いること
ができる。

なお，熱間加工及び鍛錬成形比は，次による。

(1) **熱間加工**　熱間加工は，鍛鋼品の各部が中心まで均一に加工されるように行い，鍛鋼品の使用中の応力に
　　 適したメタルフローが得られるように最終形状，寸法にできるだけ近づけなければならない。

(2) **鍛錬成形比** (¹)　鍛鋼品の鍛錬成形比は，(a)～(d) による。

　(a) 軸状及び円筒状鍛鋼品は，鍛造だけの場合は主体部 3 S 以上，その他の部分は 1.5 S 以上，圧延と鍛
　　　 造による場合は主体部 5 S 以上，その他の部分は 3 S 以上にそれぞれ相当する熱間加工を行う。

　(b) リング状鍛鋼品は，プレス，ハンマ又は リングミルによって穴広げ鍛錬を行い，鋼塊から 3 S 以上に
　　　 相当する熱間加工を行う。

　(c) ディスク状鍛鋼品は，鋼塊から据込みだけで鍛錬するときは $\frac{1}{3}$ U 以上，その他の場合も，$\frac{1}{3}$ U 以上に
　　　 それぞれ相当する熱間加工を行う。

　(d) (a)～(c) 以外の形状のものの鍛錬成形比については，受渡当事者間の協定による。

　　 注 (¹) **JIS G 0701** (鋼材鍛錬作業の鍛錬成形比の表わし方) 参照。

3.3 熱 処 理　熱処理は，各規格の規定による。

なお，鍛鋼品に熱処理を施した後に熱間加工を行う場合は，再び規定の熱処理を施さなければならない。

3.4 溶接補修　検査によって検出された欠陥は，受渡当事者間の協議によって溶接補修を行うことができる。

4. 試験方法

4.1 分析試験

4.1.1 化学成分　化学成分は，特に規定のない限り，溶鋼分析値による。ただし，注文者の要求がある場合は，
製品分析を行うことができる。

また，その分析元素は，各規格の規定による。

4.1.2 試料の採り方　試料の採り方は，次による。

(1) 溶鋼分析の試料は，原則として 1 溶鋼ごとに全鋳込みの中間から必要量を採る。

（2） 製品分析の試料は，原則として JIS G 0321（鋼材の製品分析方法 及び その許容変動値）の 3. によって採る。ただし，機械試験片の残材を分析試料とすることができる。

4.1.3 分析方法 及び 分析値 分析方法は，各規格の規定による。分析値は，百分率で表し，規定された数値の有効最下位の次のけたまで算出して，JIS Z 8401（数値の丸め方）によって丸める。

炭素当量を表すときは，各規格に規定する計算式によって，その総和を JIS Z 8401 によって丸める。

4.2 機械試験

4.2.1 試験の種類 試験の種類は，各規格の規定による。

4.2.2 供試材 及び 試験片の採り方，その数 並びに 試験方法 供試材 及び 試験片の採り方，その数 並びに 試験方法は，（1），（2）による。

（1） 圧力容器用鍛鋼品の場合

（1.1） 供試材の採り方 供試材は，鍛鋼品本体 又は 本体余長部から採る。ただし，受渡当事者間の協定によって，（a）〜（d）の条件が満たされる場合，別鍛供試材を作製し，試験に供することができる。

（a） 鍛鋼品と同一溶鋼の鋼塊，ブルーム，ビレット 又は スラブを用い，鍛鋼品と同一種類の熱間加工を行うもの。

（b） 最大鍛錬成形比が，鍛鋼品の最小鍛錬成形比以下。

（c） 鍛鋼品と同一熱処理炉で，同時に熱処理を行うもの。

（d） 厚さ 又は 直径は，鍛鋼品の最大厚さ 又は 最大直径以上。

（1.2） 試験片の採り方 試験片の採り方は，次による。

（1.2.1） 試験片の採取方向は，主鍛造方向に平行とする。

（1.2.2） 焼なまし，焼ならし 若しくは 焼ならし焼戻しを行う鍛鋼品 又は オーステナイト系ステンレス鋼鍛鋼品の試験片の中心は，$\frac{1}{4}T$ 以上内側とする。ここで，T は鍛鋼品 又は 別鍛供試材の熱処理時の最大厚さ 又は 直径を示す。

試験片採取要領の例を図1に示す。

図1 試験片採取要領の例：$\frac{1}{4}T$

（1） 主鍛造方向が軸方向の場合　　（2） 主鍛造方向が円周方向の場合

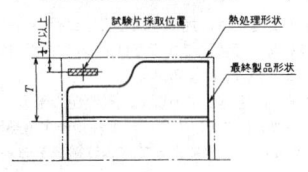 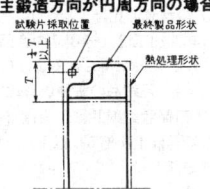

（1.2.3） 焼ならし時に加速冷却を施し，焼戻しを行う鍛鋼品 又は 焼入焼戻しを行う鍛鋼品の試験片の採取位置は，次のいずれかによる。

（a） 試験片の中心は，一つの熱処理面から $\frac{1}{4}T$ 以上で，かつ，二つめの熱処理面から T 以上離れた位置とする。

試験片採取要領の例を図2に示す。

（b） 熱処理前に，製品に近い形状にまで成形 又は 機械加工される複雑な形状の鍛鋼品の場合，試験片の中心は，あらかじめ指示された高応力面とそれに最も近接した熱処理面との距離のうち最大距離（t_{max}）以上熱処理面から離れたところにあり，かつ，二つめの熱処理面から t_{max} の2倍以上離れたところとする。ただし，試験片の中心は，一つの熱処理面から 20 mm 以上，二つめの熱処理面から 40 mm 以上離れていなければならない。試験片採取要領の例を図3に示す。

（c） 熱緩衝材を用いて熱処理する鍛鋼品の場合，試験片を採る部分の端面に熱処理前に断面 $T \times T$ 以上で，長さが 3 T 以上の大きさの炭素鋼 又は 低合金鋼製の熱緩衝材を溶接し，熱処理を行う。熱処理後，緩衝材の長さ方向の中心部付近で，かつ，長さの $\frac{1}{3}$ に相当する距離で覆われる緩衝面を含むように鍛鋼品から供試材の切出しを行い，これから試験片を採る。試験片の中心は，緩衝面から 15 mm 以上で，かつ，熱処理面から $\frac{1}{4}T$ 以上離れたところとする。

試験片採取要領の例を図4に示す。

（d） 別鍛供試材から試験片を採取する場合，T（厚さ）$\times 2T$（幅）$\times 2T$（長さ）以上の別鍛供試材か

ら一つの熱処理面から $\frac{1}{4}T$ 以上，他の熱処理面から T 以上離れた位置から採取する。

試験片採取要領の例を図 5 に示す。

図 2 試験片採取要領の例：$\frac{1}{4}T \times T$

（1） 主鍛造方向が軸方向の場合　　（2） 主鍛造方向が円周方向の場合

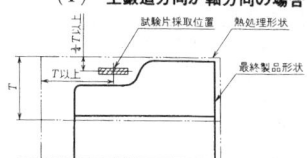

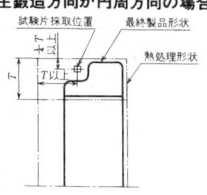

図 3 試験片採取要領の例：$t_{max} \times 2\,t_{max}$

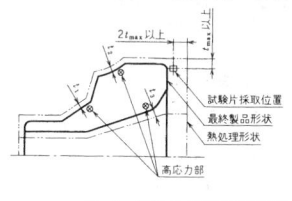
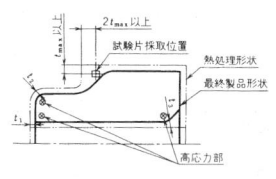

図 4 試験片採取要領の例（熱緩衝材を使用した場合）

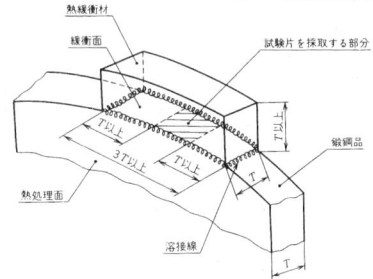
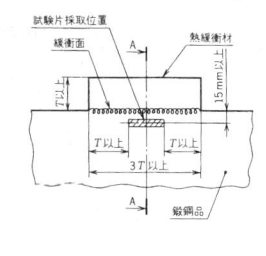
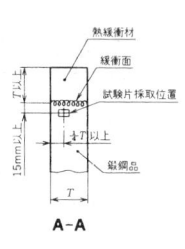

A－A

図 5 試験片採取要領の例（別鍛供試材を使用した場合）

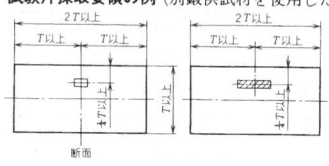

（1.2.4） 供試材は，特に規定のない限り鍛鋼品から採取した後，機械的性質に影響するいかなる処理も行ってはならない。

（1.2.5） 引張試験片は，JIS Z 2201（金属材料引張試験片）の 14 A 号試験片とする。

（1.2.6） 衝撃試験片は，JIS Z 2202（金属材料衝撃試験片）の 4 号試験片とする。

（1.2.7） 硬さ試験片は，引張試験片の余長部を用いることができる。

（1.3） **供試材及び試験片の数**　供試材及び試験片の数は，（a）〜（c）による。ただし，多数の鍛鋼品を接続して鍛造し，熱処理する場合は，接続した全体を 1 個の鍛鋼品として取り扱う。

　　　　なお，熱処理時の単重，全長及び軸方向の長さには，本体余長部を含まないものとする。試験片一組の構成は引張試験 1 個，衝撃試験 3 個及び硬さ試験 1 個とする。ただし，衝撃試験及び硬さ試験の規定のない場合は，その試験片を採取しなくてよい。

（a） 炭素鋼鍛鋼品の供試材及び試験片の数は，**表 1** による。

表 1 圧力容器用炭素鋼鍛鋼品の供試材 及び 試験片の数

熱処理時単重 kg	供試材の数	試験片採取組数		ロット
		熱処理時全長 又は 軸方向の長さ mm		
		3 000 未満	3 000 以上	
500 未満	ロットごとに 1 個	一組	両端各一組 (計二組)	同一とりべ，同時熱処理 及び 類似寸法とする。
500 以上 4 000 未満	全 数	一組	両端各一組 (計二組)	—
4 000 以上	全 数	一端二組	両端各一組 (計二組)	—

> **備 考** 一端で二組の試験片を採取する場合は，同一側面で 180° 離れた位置とし，両端で各一組の試験片を採取する場合は，180° 離れた対角位置とする。

（ **b** ） 合金鋼鍛鋼品の供試材の数は **表2**，試験片の数は **表3** による。

表 2 圧力容器用合金鋼鍛鋼品の供試材の数

熱処理時単重 kg	供試材の数	ロット
500 未満	ロットごとに 1 個	同一とりべ，同時熱処理 及び 類似寸法とする。
500 以上	全 数	—

表 3 圧力容器用合金鋼鍛鋼品の試験片の数

形 状	熱処理時単重 kg	熱処理時全長 又は 軸方向の長さ mm	試験片採取組数
軸状 又は 円筒状	3 000 未満	3 000 未満	一組
		3 000 以上	両端各一組 (計二組)
	3 000 以上	—	両端各一組 (計二組)
リング状	—	1 000 未満	一組
		1 000 以上	一端二組
ディスク状		400 未満	一組
		400 以上	一端二組

> **備 考** 一端で二組の試験片を採取する場合は，同一側面で 180° 離れた位置とし，両端で各一組の試験片を採取する場合は，180° 離れた対角位置とする。

（ **c** ） ステンレス鋼鍛鋼品の供試材 及び 試験片の数は，**表4** による。

表 4 圧力容器用ステンレス鋼鍛鋼品の供試材 及び 試験片の数

熱処理時単重 kg	供試材の数	試験片採取組数	ロット
2 500 未満	ロットごとに 1 個	一組	同一とりべ，同時熱処理 及び 類似寸法とする。
2 500 以上	全 数	一組	—

（ **1.4** ） **引張試験方法** 引張試験方法は，**JIS Z 2241**（金属材料引張試験方法）による。ただし，オーステナイト系ステンレス鋼鍛鋼品の引張試験については，試験温度 20±5℃ を標準とし，引張速度は次による。

（ **a** ） 耐力の測定は，その規定値に対応する荷重の $\frac{1}{2}$ の荷重までは適宜の速度で荷重を加えてもよいが，$\frac{1}{2}$ 荷重を超えた後は，耐力までの平均応力増加率を 10～30 N/mm²/s とする。

（b） 引張強さの測定は，試験片平行部のひずみ増加率が 40～80%/min になるような速度とする。

（1.5） **衝撃試験方法**　衝撃試験方法は，JIS Z 2242（金属材料衝撃試験方法）による。

（1.6） **硬さ試験方法**　硬さ試験方法は，JIS Z 2243（ブリネル硬さ試験方法）又は JIS Z 2245（ロックウェル硬さ試験方法）による。

（2）　**圧力容器用以外の鍛鋼品の場合**

（2.1）　**供試材 及び 試験片の採り方**　供試材は，鍛鋼品本体 又は 本体余長部から採る。ただし，軸状合金鋼鍛鋼品の供試材は，軸方向については鍛鋼品の端部，切線方向については胴端部から採る。

なお，受渡当事者間の協定によって，同一ロットから別鍛供試材を作製し，試験に供することができる。

試験片の採り方は，（a）～（e）による。

なお，供試材 及び 試験片の採り方 並びに その数について，（2.1），（2.2），（2.3）及び（2.4）を適用できない場合は，受渡当事者間の協定による。

（a）　試験片の採取方向は，鍛鋼品の鋼種 及び 形状に応じて **表9**，**表10**，**表11**，**表12** 及び **表13** による。ただし，軸状合金鋼鍛鋼品の軸方向は同位置で切線方向に替えることができる。この場合，機械的性質は該当する切線方向の規定値とする。

試験片採取要領の例を**図6**，**図7**，**図8** 及び **図9** に示す。

（b）　試験片は，鍛鋼品の表面に近い部分から採取する。ただし，各規格に採取位置が定められている場合は，その規定による。

（c）　供試材は，特に規定のない限り鍛鋼品から採取した後，機械的性質に影響するいかなる処理も行ってはならない。

（d）　引張試験片は，JIS Z 2201 に規定する 14 A 号試験片とする。

（e）　衝撃試験片は，JIS Z 2202 に規定する 3 号試験片とする。

図 6　軸状鍛鋼品の試験片採取要領の例

（1）　軸方向1組

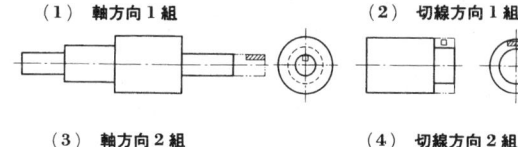

（2）　切線方向1組

（3）　軸方向2組

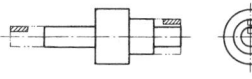

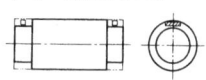

（4）　切線方向2組

（5）　軸方向1組，切線方向1組

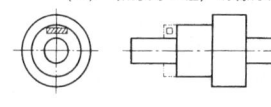
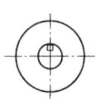
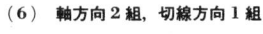
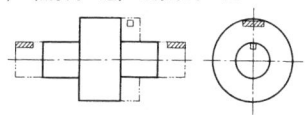

（6）　軸方向2組，切線方向1組

（7）　軸方向1組，切線方向2組

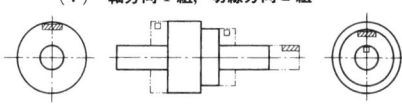
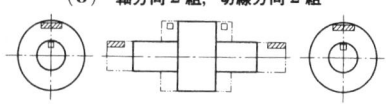

（8）　軸方向2組，切線方向2組

備　考　図中の2点鎖線は，本体余長部を示す。

図 7　円筒状鍛鋼品の試験片採取要領の例

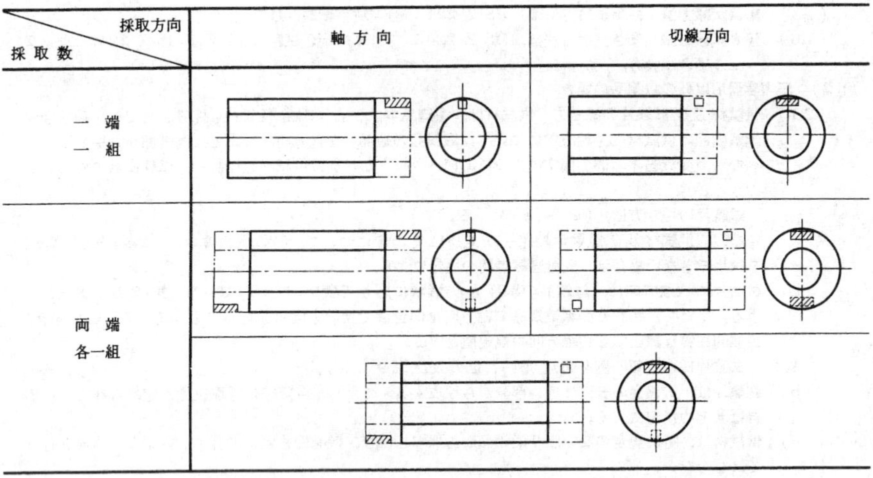

採取数 ＼ 採取方向	軸　方　向	切線方向
一　端 一　組		
両　端 各一組		

備　考　図中の2点鎖線は，本体余長部を示す。

図 8　リング状鍛鋼品の試験片採取要領の例

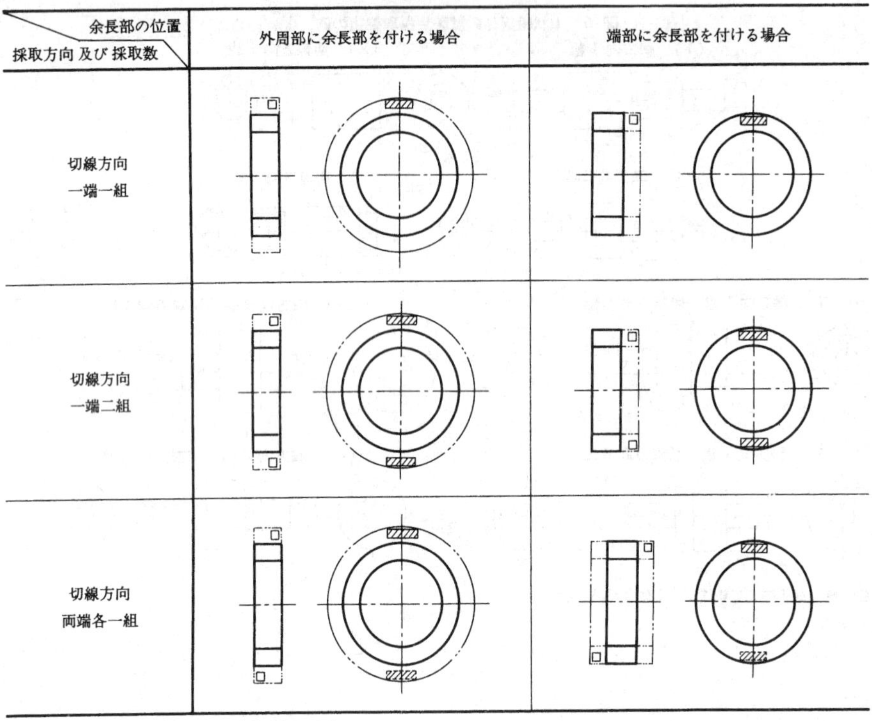

採取方向及び採取数 ＼ 余長部の位置	外周部に余長部を付ける場合	端部に余長部を付ける場合
切線方向 一端一組		
切線方向 一端二組		
切線方向 両端各一組		

備　考　図中の2点鎖線は，本体余長部を示す。

図 9 ディスク状鍛鋼品の試験片採取要領の例

余長部の位置 / 採取方向 及び 採取数	外周部に余長部を付ける場合	端部に余長部を付ける場合
切線方向 一端一組		
切線方向 一端二組		
切線方向 両端各一組		

備 考　図中の2点鎖線は，本体余長部を示す。

（2.2）　**供試材の数**　供試材の数は，鋼種によって（**a**），（**b**）又は（**c**）のいずれかによる。ただし，類似寸法の多数の鍛鋼品を接続して鍛造し，熱処理する場合は，接続した全体を1個の鍛鋼品として取り扱う。

なお，**熱処理時の単重は，本体余長部を含まないものとする。**

（**a**）　炭素鋼鍛鋼品の試験項目及び供試材の数は，**表5**による。

表 5　炭素鋼鍛鋼品の試験項目及び供試材の数

区 分	試験項目	供試材の数				
		熱処理時 単重 kg	全数 又は 抜取り	硬さ試験	引張試験 （及び衝撃 試験）[2]	ロット
A—1	硬さ試験	500 未満	抜 取 り	10%（ただし， 最低4個）	—	同一とりべ，同時熱処理 及び類似寸法とする。
		500 以上	全 数	全 数	—	
A—2	引張試験 （及び衝撃 試験）[2]	1 000 未満	抜 取 り	—	1個	同一とりべ，同時熱処理 及び類似寸法とする。
		1 000 以上	全 数	—	全 数	
A—3	引張試験 （及び衝撃 試験）[2]， 硬さ試験	500 未満	抜 取 り	10%（ただし， 最低4個）	1個	同一鋼塊，同時熱処理 及び類似寸法とする。
		500 以上	全 数	全 数	全 数	—

注 (²) 衝撃試験は，各規格で規定された場合に行う。

備 考 同一ロットの製品個数が，抜取個数に満たない場合は，全数とする。

（**b**） 合金鋼鍛鋼品の試験項目 及び 供試材の数は，**表 6** による。

表 6 合金鋼鍛鋼品の試験項目 及び 供試材の数

区 分	試験項目	供試材の数				ロット
		熱処理時単重 kg	全数 又は抜取り	硬さ試験	引張試験及び衝撃試験	
B—1	硬さ試験	500 未満	抜 取 り	10%（ただし，最低 4 個）	—	同一とりべ，同時熱処理及び 類似寸法とする。
		500 以上	全 数	全 数	—	
B—2	引張試験，衝撃試験	1 000 未満	抜 取 り	10%（ただし，最低 4 個）	1 個	同一とりべ，同時熱処理及び 類似寸法とする。
		1 000 以上	全 数	全 数	全 数	
B—3	及び硬さ試験	250 未満	抜 取 り	10%（ただし，最低 4 個）	1 個	同一鋼塊，同時熱処理及び 類似寸法とする。
		250 以上	全 数	全 数	全 数	—

備 考 同一ロットの製品個数が，抜取個数に満たない場合は，全数とする。

（**c**） ステンレス鋼鍛鋼品の試験項目 及び 供試材の数は，オーステナイト系，オーステナイト・フェライト系 及び 析出硬化系については**表 7**，フェライト系 及び マルテンサイト系については**表 8** による。

注文者は，**表 5**，**表 6**，**表 7** 又は **表 8** に定められた区分をあらかじめ指定することができる。ただし，注文者から区分の指定がない場合，A-2，B-2，C-2 又は D-2 のいずれかによる。

なお，各規格に定められている場合は，その規定による。

また，（**a**）〜（**c**）以外の鋼種 及び 試験項目については，受渡当事者間の協定による。

表 7 オーステナイト系，オーステナイト・フェライト系 及び 析出硬化系ステンレス鋼鍛鋼品の試験項目 及び 供試材の数

区 分	試験項目	供試材の数				ロット
		熱処理時単重 kg	全数 又は抜取り	硬さ試験	引張試験	
C—1	硬さ試験	500 未満	抜 取 り	5%（ただし，最低 2 個）	—	同一とりべ，同時熱処理及び 類似寸法とする。
		500 以上	抜 取 り	10%（ただし，最低 4 個）	—	
C—2	引張試験及び硬さ試験	—	抜 取 り	5%（ただし，最低 1 個）	1 個 (³)	同一とりべ，同時熱処理及び 類似寸法とする。
C—3		2 500 未満	抜 取 り	10%（ただし，最低 4 個）	1 個	同一とりべ，同時熱処理及び 類似寸法とする。
		2 500 以上	全 数	全 数	全 数	—

注 (³) 区分 C—2 の引張試験片は，（**2.1**）によって別鍛供試材から採取することができる。

備 考 同一ロットの製品個数が，抜取個数に満たない場合は，全数とする。

表 8 フェライト系及びマルテンサイト系ステンレス鋼鍛鋼品の試験項目及び供試材の数

区 分	試験項目	供試材の数					ロ ッ ト
		熱処理時単重 kg	全数 又は抜取り	硬さ試験	引張試験	衝撃試験	
D—1	硬さ試験	500 未満	抜 取 り	10%（ただし，最低4個）	—	—	同一とりべ，同時熱処理及び類似寸法とする。
		500 以上	抜 取 り	20%（ただし，最低8個）	—	—	
D—2	引張試験及び硬さ試験	2 500 未満	抜 取 り	10%（ただし，最低4個）	1個	—	同一とりべ，同時熱処理及び類似寸法とする。
		2 500 以上	全 数	全 数	全数	—	
D—3	引張試験，衝撃試験及び硬さ試験	2 500 未満	抜 取 り	10%（ただし，最低4個）	1個		同一とりべ，同時熱処理及び類似寸法とする。
		2 500 以上	全 数	全 数	全数		—

備 考 同一ロットの製品個数が，抜取個数に満たない場合は，全数とする。

（2.3） **試験片の数** 試験片の数は，(2.3.1)〜(2.3.4) による。ただし，各規格に定められている場合は，その規定による。

（2.3.1） 試験片一組の構成は，(a)〜(c) による。

 （a） 炭素鋼鍛鋼品のうち，焼なまし，焼ならし又は焼ならし焼戻材については，引張試験片1個をもって一組とし，焼入焼戻材については，引張試験片1個と衝撃試験片1個をもって一組とする。

 （b） 合金鋼鍛鋼品については，引張試験片1個と衝撃試験片1個をもって一組とする。

 （c） ステンレス鋼鍛鋼品のうち，オーステナイト系，オーステナイト・フェライト系及び析出硬化系については引張試験片1個をもって一組とし，フェライト系及びマルテンサイト系については，引張試験片1個又は引張試験片1個と衝撃試験片1個をもって一組とする。

（2.3.2） 炭素鋼鍛鋼品の試験片の数は，**表 9** による。ただし，熱処理時の単重，全長及び軸方向の長さは，本体余長部を含まないものとする。

表 9 炭素鋼鍛鋼品の試験片の採取方向及び数

区 分	熱処理時単重 kg	熱処理時全長 又は軸方向の長さ mm	試験片採取方向及び組数
A—2及びA—3	4 000 未満	3 000 未満	軸方向 又は 切線方向　一組
		3 000 以上	軸方向 又は 切線方向　両端各一組（計二組）
	4 000 以上	—	軸方向 又は 切線方向　両端各一組（計二組）

（2.3.3） 合金鋼鍛鋼品の試験片の数は，形状及び区分別によって (a)〜(d) による。ただし，熱処理時の単重，主体部直径，主体部長さ，全長及び軸方向の長さは，本体余長部を含まないものとする。

 （a） 軸状合金鋼鍛鋼品の試験片の数は，**表 10** による。

表 10 軸状合金鋼鍛鋼品の試験片の採取方向及び数

区 分	熱処理時単重 kg	熱処理時主体部寸法 mm		熱処理時全長 mm	試験片採取方向及び組数	
		直 径	長 さ		軸 方 向	切線方向
B—2	3 000 未満	—		3 000 未満	軸方向 又は 切線方向　一組	
				3 000 以上	軸方向 又は 切線方向　両端各一組 (計二組)	
	3 000 以上	—		—	軸方向 又は 切線方向　両端各一組 (計二組)	
B—3	—	200 未満	—	1 200 未満	一組	—
				1 200 以上	両端各一組 (計二組)	—
	—	200 以上	750 未満	1 200 未満	一組	一組
				1 200 以上	両端各一組 (計二組)	一組
			750 以上	1 200 未満	一組	両端各一組 (計二組)
				1 200 以上	両端各一組 (計二組)	両端各一組 (計二組)

（**b**）　円筒状合金鋼鍛鋼品の試験片の数は，**表 11** による。

表 11 円筒状合金鋼鍛鋼品の試験片の採取方向及び数

区 分	熱処理時単重 kg	熱処理時全長 mm	試験片採取方向及び組数
B—2 及び B—3	3 000 未満	3 000 未満	軸方向 又は 切線方向　一組
		3 000 以上	軸方向 又は 切線方向　両端各一組 (計二組)
	3 000 以上	—	軸方向 又は 切線方向　両端各一組 (計二組)

　　備 考　両端で各一組の試験片を採取する場合は，180°離れた対角位置とする。

（**c**）　リング状合金鋼鍛鋼品の試験片の数は，**表 12** による。

表 12 リング状合金鋼鍛鋼品の試験片の採取方向及び数

区 分	熱処理時軸方向の長さ mm	試験片採取方向及び組数
B—2	1 000 未満	切線方向　一組
	1 000 以上	切線方向　一端二組
B—3	1 000 未満	切線方向　一端二組
	1 000 以上	切線方向　両端各一組 (計二組)

　　備 考　一端で二組の試験片を採取する場合は，同一側面で180°離れた位置とし，両端で各一組の試験片を採取する場合は，180°離れた対角位置とする。

（**d**）　ディスク状合金鋼鍛鋼品の試験片の数は，**表 13** による。

表 13 ディスク状合金鋼鍛鋼品の試験片の採取方向及び数

区 分	熱処理時軸方向の長さ mm	試験片採取方向及び組数
B—2	400 未満	切線方向　一組
	400 以上	切線方向　一端二組
B—3	400 未満	切線方向　一端二組
	400 以上	切線方向　両端各一組 (計二組)

　　備 考　一端で二組の試験片を採取する場合は，同一側面で180°離れた位置とし，両端で各一組の試験片を採取する場合は，180°離れた対角位置とする。

（**2.3.4**）　ステンレス鋼鍛鋼品の試験片の数は，軸方向 又は 切線方向から一組とする。

（**2.4**）　**硬さ測定位置及び測定数**　鍛鋼品の硬さ測定位置は，原則として鍛鋼品本体表面とし，その測定

数は，(2.4.1)～(2.4.5) による。ただし，各規格に定められている場合は，その規定による。

(2.4.1) 炭素鋼鍛鋼品の硬さ測定数は，表 14 による。

表 14 炭素鋼鍛鋼品の硬さ測定数

区 分	測 定 数
A—1	1 か所
A—3	2 か所

(2.4.2) 合金鋼鍛鋼品の硬さ測定数は，(a)～(c) による。

(a) 軸状 及び 円筒状合金鋼鍛鋼品の硬さ測定数は，表 15 による。

表 15 軸状 及び 円筒状合金鋼鍛鋼品の硬さ測定数

区 分	熱処理時全長 mm		熱処理時主体部長さ mm		
	3 000 未満	3 000 以上	750 未満	750 以上 1 500 未満	1 500 以上
B—1	1 か所	2 か所	—	—	—
B—2	2 か所	3 か所	—	—	—
B—3	—	—	2 か所	4 か所	6 か所

(b) リング状合金鋼鍛鋼品の硬さ測定数は，表 16 による。

表 16 リング状合金鋼鍛鋼品の硬さ測定数

区 分	熱処理時外径 mm		
	500 未満	500 以上 1 000 未満	1 000 以上
B—1	1 か所		2 か所
B—2	1 か所		2 か所
B—3	2 か所	2 か所	4 か所

(c) ディスク状合金鋼鍛鋼品の硬さ測定数は，表 17 による。

表 17 ディスク状合金鋼鍛鋼品の硬さ測定数

区 分	熱処理時外径 mm		
	400 未満	400 以上 800 未満	800 以上
B—1	1 か所		2 か所
B—2	1 か所		2 か所
B—3	2 か所	2 か所	4 か所

(2.4.3) ステンレス鋼鍛鋼品の硬さ測定数は，表 18 による。

表 18 ステンレス鋼鍛鋼品の硬さ測定数

種 類	区 分	測 定 数
オーステナイト系及び オーステナイト・フェライト系	C—1，C—2，C—3	1 か所
析出硬化系	C—1	1 か所
	C—2，C—3	2 か所
フェライト系及び マルテンサイト系	D—1	1 か所
	D—2，D—3	2 か所

(2.4.4) 硬さ試験は，引張試験片などの硬さをもってその位置の硬さとし，同位置の硬さ測定は，省略することができる。

(2.4.5) (2.4.1)～(2.4.3) の規定が適用できない鍛鋼品の硬さ測定数については，受渡当事者間の協定による。

(2.5) **引張試験方法** 引張試験方法は，**JIS Z 2241** による。

（2.6）　**衝撃試験方法**　衝撃試験方法は，**JIS Z 2242** による。

（2.7）　**硬さ試験方法**　硬さ試験方法は，**JIS Z 2243** 又は **JIS Z 2246**（ショア硬さ試験方法）による。

4.3　外観試験　鍛鋼品の外観試験は，規定 又は 指定された表面状態において，原則として目視によって行う。その他の方法によるときは，受渡当事者間の協定による。

4.4　超音波探傷試験　鍛鋼品は，原則として超音波探傷試験を行う。その試験方法は，各規格の規定による。

4.5　形状 及び 寸法　鍛鋼品の形状 及び 寸法の測定は，許容差に対し適切な精度をもった測定器によって行う。

4.6　その他の試験　その他の試験は，各規格による。

5. 再 試 験

5.1　機械試験　機械試験の再試験は，（1）〜（4）による。

（1）　機械試験の成績の一部が規定に適合しない場合は，更にその試験片を採った供試材から試験片を採り，規定に適合しなかった試験について再試験を行うことができる。そのときの試験片の数は，所定の試験片の2倍とする。ただし，2倍の試験片が採取できない場合には，受渡当事者間の協定による。

　　　この場合の成績が，すべて規定に適合したときは，合格とする。

（2）　試験片の仕上げが不良であるか，又は 材質に関係がないと認められるきずがあったときは，その供試材又は 鍛鋼品から試験片を採り直すことができる。

（3）　引張試験において，試験片が標点間の中央から標点距離の $\frac{1}{4}$ 以外で切断し，その成績が規定に適合しないときは，その試験を無効として更に最初の試験片を採った供試材から試験片を採り試験をやり直すことができる。

（4）　機械試験の成績が規定に適合しないときは，鍛鋼品を再熱処理して再試験することができる。この場合，機械試験の全部をやり直さなければならない。熱処理のやり直しは，2回までを限度とする。再試験の試験片の数は，最初と同一数とする。

5.2　溶接補修後の試験　3.4 によって溶接補修を行う場合，試験の種類，試験方法，試験の時期などは受渡当事者間で協定しなければならない。

6.　検査の一般事項　検査の一般事項は，（1）〜（2）による。

（1）　検査の項目，合否判定基準は，各規格の検査の項の規定による。

（2）　検査は，原則として製造所で，鍛鋼品の出荷前に行う。

　　　注文者が立会検査を要求する場合は，製造業者と事前に協定する。

7.　表　示　検査に合格した鍛鋼品は，鍛鋼品ごと 又は ロットごとに適当な方法で，次の事項を明示する。ただし，注文者の承認を得た場合には，その一部を省略することができる。

（1）　種類の記号

（2）　溶解番号

（3）　製造業者名 又は その略号

8.　報　告　製造業者は，各規格に規定してある試験の成績，溶解番号，数量 及び 必要によって熱処理条件，寸法などを記載した鍛鋼品の成績表を注文者に提出する。

JIS G 0306
(2009)

鍛鋼品の製造，試験及び検査の通則
（追補 1）
Steel forgings－General technical requirements
(Amendment 1)

JIS G 0306：1988 を，次のように改正する。

1.（適用範囲）の**備考**の全文を，削除する。

引用規格欄の **JIS Z 2202**　金属材料衝撃試験片を，削除する。

引用規格欄の **JIS Z 2242**　金属材料衝撃試験方法を，**JIS Z 2242**　金属材料のシャルピー衝撃試験方法に置き換える。

引用規格欄の **JIS Z 2243**　ブリネル硬さ試験方法を，**JIS Z 2243**　ブリネル硬さ試験－試験方法に置き換える。

引用規格欄の **JIS Z 2245**　ロックウェル硬さ試験方法を，**JIS Z 2245**　ロックウェル硬さ試験－試験方法に置き換える。

引用規格欄の **JIS Z 2246**　ショア硬さ試験方法を，**JIS Z 2246**　ショア硬さ試験－試験方法に置き換える。

4.1.2（試料の採り方）の **(2)** の“**JIS G 0321**（鋼材の製品分析方法及びその許容変動値）の 3.”を，“**JIS G 0321**（鋼材の製品分析方法及びその許容変動値）の 4.”に置き換える。

4.2.2（供試材及び試験片の採り方，その数並びに試験方法）の **(1.2.6)** の“**JIS Z 2202**（金属材料衝撃試験片）の 4 号試験片とする。”を，“**JIS Z 2242**（金属材料のシャルピー衝撃試験方法）の V ノッチ試験片とする。”に置き換える。

4.2.2（供試材及び試験片の採り方，その数並びに試験方法）の **(1.4)**（引張試験方法）の **(a)** の“耐力までの平均応力増加率を 1〜3 kgf/mm^2/s {9.8〜29 N/mm^2/s}とする。ただし，耐力までの平均応力増加率 1〜3 kgf/mm^2/s {9.8〜29 N/mm^2/s} は，昭和 66 年 1 月 1 日から 10〜30 N/mm^2/s とする。”を，“耐力までの平均応力増加率を 10〜30 N/mm^2/s とする。”に置き換える。

4.2.2（供試材及び試験片の採り方，その数並びに試験方法）の **(1.5)**（衝撃試験方法）の"**JIS Z 2242**（金属材料衝撃試験方法）による。"を，"**JIS Z 2242**（金属材料のシャルピー衝撃試験方法）による。"に置き換える。

4.2.2（供試材及び試験片の採り方，その数並びに試験方法）の **(1.6)**（硬さ試験方法）の"**JIS Z 2243**（ブリネル硬さ試験方法）又は **JIS Z 2245**（ロックウェル硬さ試験方法）による。"を，"**JIS Z 2243**（ブリネル硬さ試験－試験方法）又は **JIS Z 2245**（ロックウェル硬さ試験－試験方法）による。"に置き換える。

4.2.2（供試材及び試験片の採り方，その数並びに試験方法）の **(2.1)**（供試材及び試験片の採り方）**(e)** の"**JIS Z 2202** に規定する 3 号試験片とする。"を，"**JIS Z 2242** に規定する U ノッチ試験片（ノッチ深さ 2 mm）とする。"に置き換える。

4.2.2（供試材及び試験片の採り方，その数並びに試験方法）の **(2.7)**（硬さ試験方法）の"**JIS Z 2243** 又は **JIS Z 2246**（ショア硬さ試験方法）による。"を，"**JIS Z 2243** 又は **JIS Z 2246**（ショア硬さ試験－試験方法）による。"に置き換える。

JIS G 0307
(2014)

鋳鋼品の製造，試験及び検査の通則

Steel castings－General technical delivery requirements

$$\begin{bmatrix} \text{JIS (1998) 改正} \\ \text{JIS (1989) 制定} \end{bmatrix}$$

序文

　この規格は，2003 年に第 2 版として発行された **ISO 4990** を基とし，技術的内容を変更して作成した日本産業規格である。

　なお，この規格で側線又は点線の下線を施してある箇所は，対応国際規格を変更している事項である。変更の一覧表にその説明を付けて，**附属書 JA** に示す。

1　適用範囲

　この規格は，試験片及びサンプルを含め，鋼，ニッケル合金及びコバルト合金の鋳造品（以下，鋳鋼品という。）の製造，試験及び検査の通則について規定する。

　材料又は鋳鋼品の製品規格がこの規格と相違する場合は，その個別製品規格を優先する。また，この規格は，鋳鋼品に適用してよい一連の追加要求事項についても規定している。これらの追加要求は，注文者による追加試験及び検査の要求がある場合にだけ適用する。

　　注記　この規格の対応国際規格及びその対応の程度を表す記号を，次に示す。

　　　　ISO 4990:2003, Steel castings－General technical delivery requirements（MOD）

　　　　なお，対応の程度を表す記号"MOD"は，**ISO/IEC Guide 21-1** に基づき，"修正している"ことを示す。

2　引用規格

　次に掲げる規格は，この規格に引用されることによって，この規格の規定の一部を構成する。これらの引用規格は，その最新版（追補を含む。）を適用する。

　　JIS B 0403　鋳造品－寸法公差方式及び削り代方式

　　JIS B 0659-1　製品の幾何特性仕様（GPS）－表面性状：輪郭曲線方式；測定標準－第 1 部：標準片

　　JIS G 0203　鉄鋼用語（製品及び品質）

　　JIS G 0320　鋼材の溶鋼分析方法

　　JIS G 0415　鋼及び鋼製品－検査文書

　　JIS G 0417　鉄及び鋼－化学成分定量用試料の採取及び調製

　　JIS G 0553　鋼のマクロ組織試験方法

　　JIS G 0567　鉄鋼材料及び耐熱合金の高温引張試験方法

　　JIS G 0575　ステンレス鋼の硫酸・硫酸銅腐食試験方法

　　JIS G 0581　鋳鋼品の放射線透過試験方法

　　JIS G 0585　鋳鋼品の放射線透過検査

JIS G 0588 鋳鋼品鋳肌の外観試験方法及び等級分類

JIS G 1201 鉄及び鋼－分析方法通則

JIS H 1270 ニッケル及びニッケル合金の分析方法通則

JIS Z 2241 金属材料引張試験方法

JIS Z 2242 金属材料のシャルピー衝撃試験方法

JIS Z 2320-1 非破壊試験－磁粉探傷試験－第1部：一般通則

JIS Z 2343-1 非破壊試験－浸透探傷試験－第1部：一般通則：浸透探傷試験方法及び浸透指示模様の分類

JIS Z 2344 金属材料のパルス反射法による超音波探傷試験方法通則

JIS Z 3422-1 金属材料の溶接施工要領及びその承認－溶接施工法試験－第1部：鋼のアーク溶接及びガス溶接並びにニッケル及びニッケル合金のアーク溶接

JIS Z 8401 数値の丸め方

ISO 18265, Metallic materials－Conversion of hardness values

3 用語及び定義

この規格で用いる主な用語及び定義は，**JIS G 0203**，**JIS Z 3422-1** によるほか，次による。

3.1

検査文書（inspection document）

鋳鋼品の技術的要求事項を満足していることを確認するための文書（**JIS G 0415** 参照）。

3.2

溶解ロット（cast, heat）

ロットを決めるなかで，一つの溶解炉で溶かされた全ての溶鋼，又は二つ以上の溶解炉で溶かされた全ての溶鋼で一つの取鍋（とりべ）に注がれた溶鋼。

注記 次に例を示す。

- － 一つ又は複数の溶解炉から一つの取鍋に受鋼された全ての溶鋼
- － 一つの溶解炉で溶かされた全ての溶鋼
  一つの取鍋及び一つの溶解炉は，鋳造及び溶解を定義するための基準とする。

4 注文者によって提供される情報

4.1 引合い及び発注要件

引合い時及び発注時には，次の情報を引合い及び発注の文書に含める。注文者がこれらの情報を明確にできない場合，受渡当事者間で協議する。

a) 模型番号及び／又は図面による鋳鋼品は，次のように明確化する。

1) 模型が支給される場合，模型一式の明細を明記する。

2) 図面が支給されない場合，鋳鋼品は模型に基づいたものとする。その場合，製造業者は寸法に関する責務をもたない。

3) 寸法公差及び削り代は，**JIS B 0403** から選択することができる。

4) 製造業者の技術的要求事項のために図面に加えられる全ての修正は，受渡当事者間の協定による。

b) 製品規格，納入状態，及び鋳鋼品の種類

c) 適用される非破壊検査手順，非破壊試験の範囲，及び合否判定基準

d) 供給時提供される検査文書の形式

4.2 追加情報

必要に応じて，引合い時及び発注時には追加情報を含める。例えば，次の項目がある。

a) 箇条 6 による追加要求事項

b) 試験ロットの大きさ（**6.2.2.1** 参照）

c) 箇条 7 による表示の方法，機械加工，防せい（錆），こん（梱）包，積載，発送日及び納入先

d) 試作鋳鋼品を認定するための量産前の立会い（**A.1.2** 参照）

e) 使用される統計的管理の方法

f) <u>附属書 B による追加要求事項</u>

g) 製造業者の工場で行えない場合の検査場所（検査方法は**附属書 A** 参照）。

5 製造方法

5.1 溶解，鋳造，熱処理などの方法

引合い時及び発注時に，受渡当事者間協定又は製品規格に規定がなければ，溶解，鋳造，熱処理などの方法は，製造業者が決定する。

5.2 鋳仕上げ

全ての鋳鋼品は，**6.2.3** の要求事項に適合するよう鋳仕上げを行う。追加の鋳仕上げは，引合い時及び発注時の協定による。

5.3 溶接補修

溶接補修は，引合い時及び発注時に指定された場合，溶接要領は受渡当事者間で協定する。引合い時及び発注時，指定がなければ，鋳鋼品は注文者の事前の了解なしに溶接することができる。ただし，その場合，<u>JIS Z 3422-1 を適用してもよい。</u>

大欠陥の仕上げ補修溶接の補足規定は，**B.8** を参照する。

6 検査及び試験

6.1 随時検査及び試験

随時検査及び試験は，次による。

a) 随時検査及び試験は，製造業者によって計画され，鋳鋼品が指定された要件に適合していることを確かめるために実施される。

b) 引合い時及び発注時に注文者が指定した場合に限り，製造業者は，随時検査及び試験に基づいて，**JIS G 0415** の中から指定された検査文書を提出する。

6.2 受渡検査及び試験

6.2.0A 受渡検査及び試験

受渡検査及び試験は，**6.2.2，6.2.3** 及び**附属書 A** によって実施する。

6.2.1 検査文書

検査文書は，次による。

a) 検査文書は，引合い時及び発注時に同意しなければならない。検査文書は，**JIS G 0415** による。

b) 引合い時及び発注時に注文者が指定した場合に限り，製造業者は，受渡検査及び試験に基づいて，**JIS G 0415** の中から指定された検査文書を提出する。

c) 検査文書は，化学成分及び機械試験の結果で構成され，仕様書及び注文者によって要求されるその他

の試験の結果が含まれる。また，これには鋳鋼品が仕様書の要件に従って製造されたことを示す声明が含まれる。

d) 検査文書は，その妥当性確認に責任のある者によって，適切な方法で署名又は押印されなければならない。

e) 電子文書の場合には，印刷又は電子形式による製造業者の証明書は，注文者と製造業者との間で存在する合意に従うとき，証明を行う者の施設で印刷された検査文書と同等の有効性をもつとみなされる。

f) 検査文書は，それらが代表する鋳鋼品に要求されたトレーサビリティを備えなければならない。ここでのトレーサビリティとは，検査文書に記載された項目，鋳鋼品に残された識別記号などから，受渡しの時点で相互に特定が可能であることをいう。

　発注時に指定がない場合，製造業者は検査文書などを提出する必要はない。また，引合い時及び発注時での合意によって，上記 **a)**〜**f)** の全てを適用しなくてもよい。

6.2.2　サンプリング，試験片準備，機械的・化学的試験方法及び要件

6.2.2.0A　一般

注文者及び製造業者は，**6.2.2.1**〜**6.2.2.5** に規定する事項について協定する。

6.2.2.1　試験ロットの構成

試験ロットの構成は，鋳鋼品の大きさ，数などによって次のように定められ，注文書に明示される。

a) **材質・熱処理による区分**　同じ材質で，同じ条件の熱処理によるものとし，区分の量は鋳鋼品の個数又は総質量によって受渡当事者間で定める。

b) **熱処理による区分**　同じ溶解ロットから鋳造された鋳鋼品で，同一の炉内で同じ熱処理を受けたもの。

c) **個別による区分**　技術的要件によって必要とされる特定の製品。

d) **補足的同意による区分**（**B.2.3** 参照）。

e) **その他の区分**　その他の統計的手法による区分。鋳鋼品のロットごとに供試材を準備し，機械試験を行う。

6.2.2.2　供試材

供試材は，次による。

a) 供試材は，鋳鋼品に鋳込まれたものと同じ溶解ロットから，鋳鋼品と別に鋳込むか，又は鋳鋼品に付帯若しくは一体化して鋳込む。

　なお，複数の溶鋼を1個の取鍋に集めた場合には，これを1溶解ロットとする。また，1個の鋳鋼品が複数の溶鋼で鋳込まれる場合は，鋳込まれた鋳鋼品を1溶解ロットとし，供試材は鋳鋼品に付帯又は一体化して鋳込む。それが困難な場合の処置，供試材の取付位置及び取付方法については，受渡当事者間で協定し，指定がない場合は，製造業者が決定する。

b) 供試材の形状は，次の**1)**又は**2)**による。また，その採取位置は，次の**3)**による。

　1) 供試材の試験片採取部位の断面寸法が，28 mm×28 mm となる形状（**B.6.1** 参照）。

　2) 供試材の形状は，**図1**の **a)**，**b)**，**c)**又は **d)**とする。

　3) 機械試験に用いる試験片は，それらの軸が供試材の表面から 7 mm 以上となるように採取する。

c) 供試材の熱処理は，応力除去処理なども含め，供試材が代表する鋳鋼品と同じ手順で，現場炉内で同一の熱処理を行う。同一の熱処理とは，鋳鋼品と同時に積み込んで熱処理するか，又は保持温度及び保持時間が同じ管理範囲内で，かつ，冷却が同じ方法であることをいう。

d) 鋳鋼品を代表する機械的性質を確認するため，**a)**〜**c)**以外の供試材を受渡当事者間で協定することが

できる。この場合，次の事項を協定する。

1) 供試材の種類及び採取方法
2) 付帯供試材の種類及び取付方法
3) 製品からの採取位置及び採取方法
4) 別鋳込み供試材
5) 供試材の寸法及び形状
6) 供試材の採取時期
7) 供試材からの試験片の採取位置及び切断方法
8) 機械的性質

e) 試験結果は，鋳込まれた鋳鋼品の材質を代表しているものであり，必ずしも鋳鋼品本体の特性を示すものではない。鋳鋼品本体の特性は，凝固状態及び熱処理時の冷却速度によって影響を受けることがあり，これは，また，鋳鋼品の厚さ，寸法及び形状によって影響を受ける。

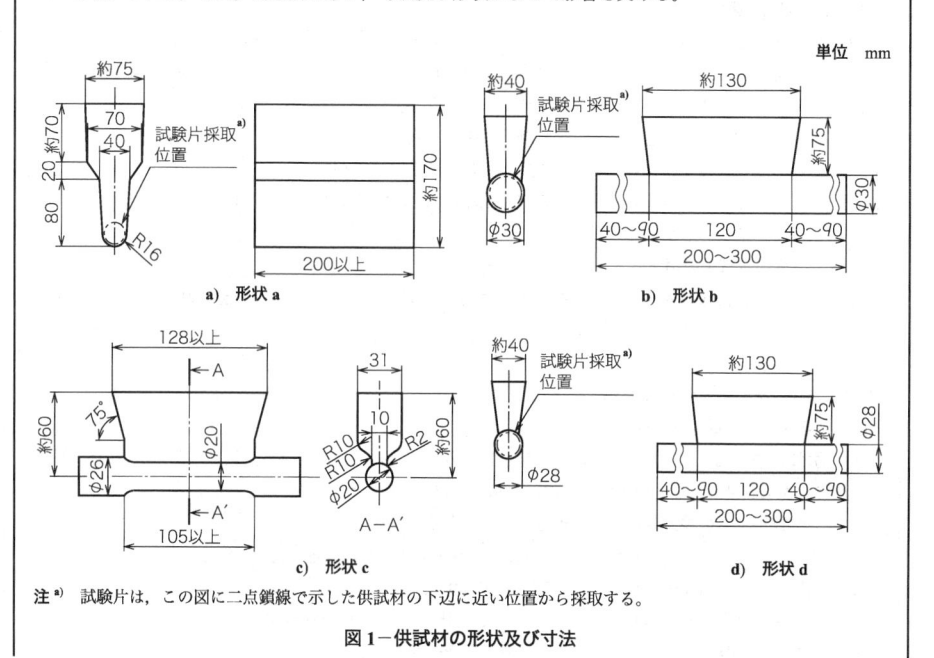

単位 mm

a) 形状 a

b) 形状 b

c) 形状 c

d) 形状 d

注 a) 試験片は，この図に二点鎖線で示した供試材の下辺に近い位置から採取する。

図1－供試材の形状及び寸法

6.2.2.3 機械試験

6.2.2.3.1 引張試験

各試験ロットごとに（**6.2.2.1** 参照）引張試験片を採取し，室温での引張試験を1回行う。試験片の形状，寸法及び採取方法並びに試験方法は，**表1**による。試験の結果は，注文された製品規格に適合しなければならない。

6.2.2.3.2 衝撃試験

各試験ロットごとに3個のVノッチシャルピー試験片を採取し，衝撃試験を行う。試験片の形状，寸法

及び採取方法並びに試験方法は，**表1**による。試験温度は，材料仕様書に示されたとおりとする。試験の結果は，注文された製品規格に適合しなければならない。

表1－機械試験の種類及び試験方法

種類	試験片の形状，寸法及び採取方法 [a]		試験方法
引張試験	**JIS Z 2241** の 14A 号試験片（ただし，平行部の直径 14 mm）を用い，**6.2.2.2** に従って1個採取する。		**JIS Z 2241** による。
衝撃試験	**JIS Z 2242** の 6.（試験片）のうち，1辺が 10 mm の正方形断面をもつ3個のVノッチ試験片 [b] を **6.2.2.2** に従って採取する。		**JIS Z 2242** による。
注 [a]	遠心力鋳鋼管の場合の試験片採取方法は，受渡当事者間の協定による。		
[b]	遠心力鋳鋼管では，寸法の都合によって試験片の幅を 7.5 mm，5.0 mm に変更してもよい。		

6.2.2.4　再試験

6.2.2.4.1　無効試験

仕様書に適合しない試験結果のうち，次の **a)〜d)** に該当する場合は試験を無効とする。

いずれの場合にも，同じ供試材から，又は同じ試験ロットに属する別の供試材から新しい試験片を採って試験をやり直し，得られた結果で代用することができる。

a) 試験片の試験機への組込み不良又は試験機の動作不良

b) 試験片の製作不良又は材質に関係がないと認められるきずの存在

c) 引張試験において，標点間の中心から標点距離の 1/4 以外で破断し，その値が規定に適合しない場合

d) 試験片に異常がある場合

6.2.2.4.2　不適合試験の再試験

試験結果が材料仕様の要件に適合しないときは，引合い時及び発注時で別に同意されている場合を除き，**6.2.2.4.2.1** 及び **6.2.2.4.2.2** に示す手順に従って再試験ができる。

6.2.2.4.2.1　再試験

再試験は，次のいずれかによる。

a) **JIS 鋼種**　JIS 鋼種の再試験は，次による。

　1) **引張試験**　規定値に適合しなかった試験について，その試験片を採った供試材から所定の試験片の2倍数の試験片（2個の予備試験片）を採って再試験を行う。

　　　全数が全ての規定値に適合の場合は，合格とする。

　　　いずれかが不合格の場合は，**6.2.2.4.2.2** の再熱処理試験の規定に従って行う。

　2) **衝撃試験**　衝撃試験の再試験は，次のいずれかによる。

　2.1) **3個の平均値の規定がある場合**　3個の平均値が，規定値に適合しないが，その平均値が規定値の85 %以上のときには，更に3個の試験片を採って再試験を行う。

　　　それらの6個の平均値が規定値に適合するときは，合格とする。

　2.2) **3個の平均値及び個別の規定値がある場合**　3個の試験値が各々個別の規定値に適合しているが，その平均値が規定値未満で，かつ，規定値の85 %以上のとき，又は3個の平均値が規定値に適合しているが，3個の中の1個の試験値が個別の規定値未満のときには，更に3個の試験片を採って，再試験を行う。

　　　その3個の試験値が各々，個別の規定値以上であって，かつ，6個の平均値が規定値に適合する場合は合格とする。

2.3) 2.1)又は2.2)のいずれかが不合格の場合　6.2.2.4.2.2の再熱処理試験の規定に従ってよい。

b)　ISO規格鋼種　ISO規格鋼種の再試験は，次による。

1)　引張試験　規定値に適合しなかった試験について，その試験片を採った供試材から所定の試験片の2倍数の試験片（2個の予備試験片）を採って再試験を行う。

その結果のうち，いずれかが仕様書の要件に適合しないときは，製造業者は再熱処理試験（6.2.2.4.2.2）に示す手順を実施することができる。

2)　衝撃試験　3個の試験結果の平均値が最小規定値に達しない場合，又は個々の値のうちの一つが最小規定値70％に達しない場合，製造業者は3個の追加試験片を試験することができる。

追加試験片は問題となっている鋳鋼品を代表するように，同じ供試材から選ぶか，又は同じ鋳造（又は溶解）及び熱処理から得た別の供試材から選ぶ。

これらの追加試験の結果を，先に得た結果に追加し，平均値を再計算する。この新しい平均値が最小規定値に達する場合は，合格とする。

新しい平均値が最小規定値に達しない場合，又は新しい試験結果のうちのいずれかが最小規定値の70％未満である場合，製造業者は再熱処理試験（6.2.2.4.2.2）に示す手順を実施することができる。

6.2.2.4.2.2　再熱処理試験

機械試験が規定値に適合しない場合は，供試材と本体を同時に再熱処理して再試験することができる。この場合，再試験の試験片の数は，最初と同一として機械試験の全部（注文者に要求されているときは，粒界腐食試験も含む。）をやり直す。

熱処理のやり直しは，2回までを限度とし（ただし，焼戻しは除く。），鋳鋼品本体も再熱処理を行う。3回以上の追加熱処理（ただし，焼戻しは除く。）を行う場合は，注文者の承認を得なければならない。

6.2.2.5　化学成分

6.2.2.5.1　一般

化学成分は，特に指定がない場合は，溶鋼分析値による。ただし，チェック分析，又は製品分析を実施してもよい。チェック分析はロット又は鋳鋼品を代表する供試材若しくは試験片において，製品分析は完成鋳鋼品において実施してもよい。

6.2.2.5.2　溶鋼分析

溶鋼分析は，次による。

a)　溶鋼分析に使用する分析用試料は，溶鋼から採取する。

b)　溶鋼分析値は，鋳鋼品製品規格による。

c)　溶鋼分析の試料の採り方は，次による。

1)　溶鋼分析の試料は，取鍋から1溶解ロットごとに必要量を採取する。ただし，最終調整を終えた一つの溶解炉の溶鋼を複数の取鍋に分けて受鋼して鋳造する場合，及び，複数の溶解炉から溶鋼を1個の取鍋に集めて鋳造する場合は，これらも1溶解ロットとして取り扱う。

2)　溶鋼を1個の取鍋に集めずに，1個の鋳鋼品が複数の取鍋からの溶鋼で鋳込む場合は，各取鍋ごとの溶鋼の分析値を報告し，かつ，各取鍋の値が規格に合致しなければならない。

3)　溶鋼分析の試料は，3回の分析に十分な量を確保する。

d)　分析方法は，**JIS G 0320**による。ただし，ニッケル合金及びコバルト合金の鋳鋼品の分析方法は，受渡当事者間の協定による。また，分析用試料の採取方法は**JIS G 0417**又は**JIS H 1270**による。ただし，コバルト合金の鋳鋼品の分析用試料の採取方法は，受渡当事者間の協定による。

e) 分析値は百分率で表し，規定による数値の最下位の次の桁まで求め，数値の丸め方は，**JIS Z 8401** の規則 A による。

f) 受渡当事者間でこの分析値又は分析結果について，疑義がある場合は，**JIS G 1201** 又は受渡当事者間の協定によって確認することができる。

6.2.2.5.3　チェック分析

チェック分析は，次による。

a) 溶解ロット，又は鋳鋼品を代表する供試材若しくは試験片について，受渡当事者間の協定によってチェック分析を実施してもよい。

b) 試料の数は，受渡当事者間の協定による。

c) 試料は，鋳鋼品肉厚部分が 15 mm を超えるときは，鋳鋼品表面から少なくとも 6 mm 下から採取する。

d) 第三者検査機関が行ったチェック分析の規格値に対する許容変動値は，**表 2** 又は発注時の受渡当事者間の協定による。

6.2.2.5.4　製品分析

製品分析は，次による。

a) 溶解ロット又は鋳鋼品を代表する完成鋳鋼品において，受渡当事者間の協定によって製品分析を実施してもよい。

b) 試料の数及び採取位置は，受渡当事者間の協定による。

c) 試料は，鋳鋼品肉厚部分が 15 mm を超えるときは，鋳鋼品表面から少なくとも 6 mm 下から採取する。

d) 注文者が行った製品分析の規格値に対する許容変動値は，発注時の受渡当事者間の協定による。

表2－化学成分規格値に対するチェック分析の許容変動値

単位　％

元素	化学成分規格値		規格値に対する許容変動値	元素	化学成分規格値		規格値に対する許容変動値
C		0.03 以下	＋0.005	Ni		1.00 以下	±0.07
	0.03 を超え	0.08 以下	±0.01		1.00 を超え	2.00 以下	±0.10
	0.08 を超え	0.30 以下	±0.02		2.00 を超え	5.00 以下	±0.15
	0.30 を超え	0.60 以下	±0.03		5.00 を超え	10.00 以下	±0.20
	0.60 を超え	1.20 以下	±0.05		10.00 を超え	20.00 以下	±0.25
	1.20 を超え	2.00 以下	±0.06		20.00 を超え	30.00 以下	±0.30
	2.00 超		±0.08		30.00 超		±0.50
Si		2.00 以下	±0.10	Nb		1.00 以下	±0.05
	2.00 超		±0.20		1.00 超		±0.10
Mn		0.70 以下	±0.06	Mo		1.00 以下	±0.07
	0.70 を超え	2.00 以下	±0.10		1.00 を超え	2.00 以下	±0.10
	2.00 を超え	10.00 以下	±0.25		2.00 を超え	5.00 以下	±0.15
	10.00 超		±0.40		5.00 を超え	30.00 以下	±0.35
S, P		0.045 以下	＋0.005	V		0.30 以下	±0.03
	0.045 を超え	0.060 以下	＋0.010		0.30 を超え	1.00 以下	±0.07
Cr		2.00 以下	±0.10	W		1.00 以下	±0.05
	2.00 を超え	10.00 以下	±0.20		1.00 を超え	3.00 以下	±0.10
	10.00 を超え	15.00 以下	±0.30		3.00 を超え	6.00 以下	±0.15
	15.00 を超え	20.00 以下	±0.40	Co		25.00 以下	±0.40
	20.00 超		±0.50		25.00 超		±0.70
Cu		2.00 以下	±0.10	N		0.30 以下	±0.02
	2.00 を超え	5.00 以下	±0.20				

6.2.3　鋳鋼品の外観，非破壊試験及び寸法に関する要求事項

6.2.3.1　外観試験及び検査

外観試験及び検査は，次による。

a) 鋳鋼品の試験及び検査の可能な表面の外観試験は，目視によって行う（**B.9.5** 参照）。

b) 引合い時及び発注時に記載がない場合，鋳鋼品は機械加工されない状態で納入される。ただし，押湯及び湯道は取り除かれる。

c) 外観試験は，適切な明るさ及び角度で行う。

d) 外観試験を妨げる鋳鋼品表面の砂，スケールなどの付着物は，研削，ショットブラスト，サンドブラストなどによって除去する。

e) 鋳鋼品の適切な使用に有害なきず・割れ・鋳巣があってはならない。

6.2.3.2　非破壊試験

非破壊試験は，浸透探傷試験，磁粉探傷試験，放射線透過試験及び超音波探傷試験について，注文前に受渡当事者間で適用試験内容及び次の項目について協定してもよい（**B.9.1～B.9.4** 参照）。

a) 注文者は，製造業者に対して非破壊試験に従事する非破壊試験技術者の資格認定（技量の格付け）を要求することができる。

b) 製造業者は，非破壊試験に従事する非破壊試験技術者の資格試験要領を定め，非破壊試験技術者の技量評価を行い，注文者の要求があったときは，非破壊試験作業前に，これらの関連書類をいつでも提示できるように準備しておかなければならない。

6.2.3.3 形状，寸法及び寸法許容差

6.2.3.3.1 形状，寸法，機械加工代及び寸法許容差

形状，寸法，機械加工代及び寸法許容差は，次による。

a) 鋳鋼品の形状及び寸法は，図面，模型又はゲージ型板による。

b) 鋳鋼品の納入状態については，受渡当事者間の協定による。

c) 受渡当事者間の協定がない場合，砂型鋳鋼品の長さ，肉厚，抜け勾配などの鋳放し寸法の許容差は，**JIS B 0403** による。

d) 疑義が生じた場合，寸法の立証は納入状態の鋳鋼品において実施する。

6.2.3.3.2 機械加工の基準点

注文者は，発注前に製造業者に対して，機械加工の基準点を指示するか，又は鋳鋼品の機械加工図面を，必要に応じて支給する。

7 表示

受渡当事者間で鋳鋼品の識別方法及び表示位置を協定し，識別方法には，次の項目を含む。

a) 製造業者名又は略号

b) ロット（確認）識別

c) 種類

d) 注文者が要求した他の識別

受渡当事者間の協定によって，小さな鋳鋼品は，ロット又は分割したロットごとに仕分けし，仕分け区分に対しラベルなどにまとめて識別表示を行うことができる。

8 苦情処理

苦情処理は，次の要領による。

a) 苦情が出た場合，製造業者にその苦情の真偽を調査するための適切な時間を与える。

b) 苦情の対象となる鋳鋼品は，調査可能な状態に保管又は保存する。

c) 苦情の処理は，受渡当事者間で調査し，解決する。

附属書 A
（規定）
受渡検査及び試験に関する一般的条件

A.1 検査及び試験の条件

A.1.1 一般事項

検査文書及び条件は，発注時に合意されなければならない。検査文書は，**JIS G 0415** に基づいて記載される。

A.1.2 検査の場所

検査及び試験は，製造業者，注文者の双方が合意した場所で実施する。

供試材は，製造業者の事業所で選択することができる。供試材は，試験の種類によってブロック形状又は製品を代表する鋳鋼品でもよい。

A.1.3 検査の提供

製造業者は，双方の合意に基づき検査の提供日を注文者と設定する。

検査の代理人は，検査する製品が製造・保管されている場所に，いつでも自由に出入りする権利をもつ。代理人は，仕様に基づいて供試材を選定できる。また，代理人は，供試材の選定，試験片の準備（機械加工及び熱処理）及び試験の実施に立ち会う権利をもつ。しかし，製造業者を訪問する代理人は，事業所の全ての安全規則を尊重するとともに，事業所側は可能な限り付添人を付けなければならない。

A.1.4 受入条件

発注時協定仕様及びこの規格の全ての要求事項が満たされれば，後に注文者の事業所で行われる可能性のある検査において損害を生じない限り，試験のロットは適合するとみなされ，注文者に受け入れられる。ただし，注文者の事業所での検査は，製造業者と注文者との合意によって取り決めた期限内に行う。

A.2 試験結果の端数処理

A.2.1 機械的及び化学的特性値

機械的及び化学的試験の結果は，**JIS Z 8401** の規則 A の規定に従って端数の処理を行う。

A.2.2 寸法特性値

寸法測定の結果は，数値を丸めない。

A.3 記録

発注時に特に指定がない限り，製造業者は，製造業者で実施した試験の記録を少なくとも 5 年間保存しなければならない。

A.4 報告文書

製造業者及び注文者は，発注前に **JIS G 0415** の**表 1**（検査文書の総括表）の中から注文合格書，試験報告書及び検査証明書を指定するとともに，記録類の内容について協定しておかなければならない。発注時に指定がない場合，製造業者から検査証明書などを提出する必要はない。

附属書 B
（規定）
追加要求事項

B.1 一般

発注書面によって定められた場合，次の追加要求事項のうち，いずれか又は幾つかを適用してもよい。これらの追加要求事項の詳細は，引合い時及び発注時に受渡当事者間で協定し，鋳鋼品の出荷に先立ち実施しなければならない。要求がある場合，成績及び記録を提出する。

B.2 製造上の考慮事項

B.2.1 製鋼プロセス

製鋼プロセスを注文者に報告する。

B.2.2 製造方法の協定

鋳鋼品を量産する場合は，注文者は製造業者に対し，注文者による製造方法の承認を要求できる。製造及び検査の計画は，受渡当事者間で協定する。受渡当事者は，十分な数の予備試験及び鋳鋼品の試作の製造を協定する。これらの協定が，注文者による製造業者の承認試験となる。その結果に満足すれば，注文者は，この製造及び検査計画どおり，製造業者に注文してもよい。

B.2.3 試験ロットの質量

試験ロットの質量は，500 kg，1 000 kg 及び 5 000 kg のいずれかによる。ただし，これらの質量のほか，統計的手法を用いて，試験ロットを決めてもよい。このような代替の方法による場合は，量産品の引合い時及び発注時に指定する。

B.2.4 質量及び質量許容差

質量及び質量許容差を適用する場合は，引合い時及び発注時に協定する。

B.3 残留元素の成分分析

残留元素の成分分析は，次による。

a) 製造業者は，注湯する鋳鋼品製品規格で残留元素（意図的に添加しない元素）が示されている場合は，分析し，注文者に報告することが望ましい。

b) 規格に含まれないその他の残留元素の成分分析は，受渡当事者間で協定する。

B.4 機械試験

B.4.0A 一般

引張試験は，硬さ試験で置き換えてもよい。硬さの範囲は，引合い時及び発注時における受渡当事者間の協定による。

B.4.1 高温引張試験

高温引張試験の試験片の寸法は，JIS Z 2241 による。試験方法及び高温での耐力の判定は，JIS G 0567 による。試験温度及び耐力は，製品規格に規定されているとおりとするか，又は受渡当事者間の協定による。

B.4.2 硬さ試験

注文者は，鋳鋼品本体の硬さ試験を指定する場合は，次の事項を受渡当事者間で協定する。

a) 試験の種類

b) 抜取個数又は抜取率

c) 測定位置

d) 合否判定基準

B.4.3 硬さ試験の代替方法

受渡当事者間で規定された硬さ試験以外の硬さ試験を適用してもよい。測定値の換算は，ISO 18265 による。

B.4.4 低温衝撃試験

低温衝撃試験の試験温度及び吸収エネルギー値は，それぞれの製品規格に定められているとおりとするか，又は受渡当事者間の協定による。それ以外に，次のような特性値を規定してもよい。

a) 横膨出量

b) 破面率（%）

B.4.5 へん平試験

へん平試験は，遠心力鋳鋼管の場合に適用し，そのへん平性については，受渡当事者間の協定による。

B.5 試験ロットの均質性

ロットの均質性を証明するために鋳鋼品本体の硬さ試験を行う場合は，次の事項を受渡当事者間で協定する。

a) 試験の種類

b) 抜取個数又は抜取率

c) 測定位置

d) 許容範囲

e) 硬さ試験結果が不適合の場合は，そのロットの全ての鋳鋼品を試験し，均質性の条件に適さない鋳鋼品だけに再熱処理を行うか，又は全ての鋳鋼品に再熱処理を行う。

B.6 供試材

B.6.1 鋳鋼品を代表する供試材

B.6.1.1 概要

鋳造された供試材［6.2.2.2 b)参照］の大きさ，形状，相当する機械的性質及び採取条件（試験片採取位置，付帯部分，切断など）は，受渡当事者間で協定する。

B.6.1.2 供試材 $t \times t$（30 mm$< t \leqq$56 mm）

供試材の断面寸法は，6.2.2.2 b)に示されている形状以外に，$t \times t$ でもよい。t は，鋳鋼品代表断面肉厚（30 mm$< t \leqq$56 mm）である。鋳鋼品代表断面肉厚 t は，引合い時及び発注時に注文者が指定する。

試験片は，中心線が供試材の表面から 14 mm 以上となるように，採取する。

B.6.1.3 供試材 $t \times 3t \times 3t$（56 mm$< t$）

鋳鋼品の代表断面肉厚が 56 mm を超えるとき，供試材の寸法は，$t \times 3t \times 3t$ とする。鋳鋼品代表断面肉厚 t は，引合い時及び発注時に注文者が指定する。供試材の最大寸法は，500 mm とする。

試験片は，中心線が供試材の表面から $t/4 \sim t/3$ の位置となるように，図 B.1 に示す位置から採取する。

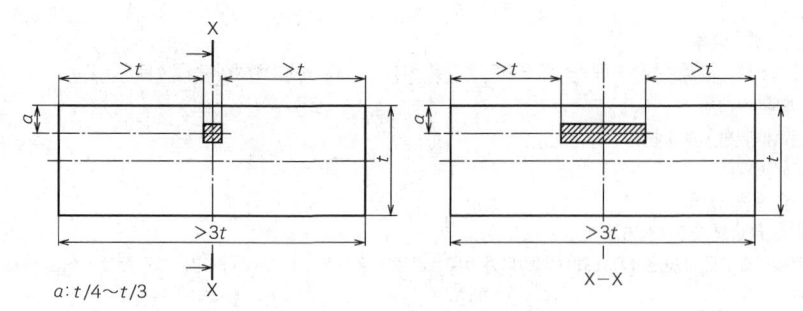

図 B.1－試験片の採取位置及び寸法

B.6.2 個別鋳造供試材の熱処理

供試材は，それが代表する鋳鋼品とともに同じ炉で熱処理する。

B.6.3 鋳鋼品に付帯する供試材

供試材を鋳鋼品に付帯する場合は，付帯部位及び付帯方法は，受渡当事者間で協定する。

付帯供試材は，製造業者がその鋳鋼品の熱処理完了前に，又は注文者若しくはその代理人がこれらの試験に立ち会う場合，注文者又は代理人によるマーキングの前に切り離してはならない。

供試材は，熱処理後にマーキングされる。ただし，鋳鋼品の加工工程上支障のある場合は，これを取り外すことができる。熱処理時には，最適な方法で再び本体に付帯させる。

B.7 熱処理

B.7.1 熱処理の方法

鋳鋼品に適用された熱処理の方法を注文者に報告する。

B.7.2 熱処理の詳細

受渡当事者間で引合い時及び発注時に合意されている場合は，熱処理時間，温度及び冷却方法を注文者に報告する。

B.8 仕上げ補修溶接

B.8.1 大欠陥補修に関する事前協定

別に取り決めていなければ，肉厚の 40 %か，25 mm のいずれか小さい方を超える深さの欠陥を熱処理後に仕上げ補修溶接したものを，大欠陥補修とみなす。

製品規格で指定されないとき，大欠陥補修は，注文者の事前承認を受けることを，引合い時及び発注時に合意しておくことが望ましい。

B.8.2 溶接補修記録（スケッチ）

大欠陥溶接補修は，溶接部の位置及び範囲を示す図面，又は写真で記録する。これらの記録を納入時に注文者に提出する。

B.9 非破壊試験

B.9.1 浸透探傷試験

鋳鋼品は，表面欠陥を検出するために，浸透探傷試験によって試験する。試験方法は，<u>JIS Z 2343-1</u> による。試験範囲及び合否判定基準は，受渡当事者間で協定する。

B.9.2 磁粉探傷試験

鋳鋼品は，表面上及び近傍の欠陥を検出するために，磁粉探傷試験によって試験する。試験方法は，<u>JIS Z 2320-1</u> による。試験範囲及び合否判定基準は，受渡当事者間で協定する。

B.9.3 放射線透過試験

鋳鋼品は，内部欠陥を検出するために，放射線透過試験によって試験する。試験方法は，<u>JIS G 0581</u> 及び <u>JIS G 0585</u> による。試験範囲及び合否判定基準は，受渡当事者間で協定する。

B.9.4 超音波探傷試験

鋳鋼品は，内部欠陥を検出するために，超音波探傷試験によって試験する。試験方法は，<u>JIS Z 2344</u> 又は受渡当事者間の協定による。試験範囲及び合否判定基準は，受渡当事者間で協定する。

B.9.5 外観試験

鋳鋼品の外観試験は，目視によって行う。試験範囲及び検査基準は受渡当事者間で協定する。

B.9.5.1 鋳肌粗さ

注文者は，鋳肌の粗さについて次の事項を，発注前に協定する。表面粗さについては，<u>JIS B 0659-1</u> による。

a) 粗さ指定部位

b) 指定粗さ

c) 粗さ測定方法又は外観限度見本の取交し

B.9.5.2 鋳肌外観など

注文者は，次の事項について鋳肌外観，押湯，及びせき（堰）除去後に関する合否判定基準を注文前に協定する。

a) 適用部位

b) <u>JIS G 0588</u> 又は受渡当事者間の協定に基づく許容限度

c) その他の許容限度基準

B.9.6 製品溶接前後の試験

仕上げ及び組立溶接を含む製品溶接部は，引合い時及び発注時に指定した非破壊試験方法によって試験する。

鋳鋼品に溶接補修を行う製造業者は，溶接補修前後に，許容できない欠陥が存在しないことを確認するため，鋳鋼品に要求される各種試験方法に応じて，**表 B.1** によって，溶接補修部位の試験を行う。

試験は，適用する試験方法に応じて，**B.9.1**〜**B.9.5** に規定した要求条件に従って行う。

合否判定基準は，受渡当事者間で協定する。特に明記しない限り，同一領域の母材と同じ合否判定基準が要求される。

表 B.1－溶接補修部位の試験

鋳鋼品に要求される試験方法	欠陥除去後開先内試験 a)	溶接補修後の試験 b)	
		試験方法	試験時期
外観試験（VT）	VT c)	VT c)	溶接補修後 d)
浸透探傷試験（PT）	PT	PT	溶接補修後 d)
磁粉探傷試験（MT）	MT	MT	溶接補修後 d)
超音波探傷試験（UT）	PT（又は MT）e)	UT f)	溶接補修後 d)
放射線透過試験（RT）	PT（又は MT）e)	RT f)	最終熱処理前 g)

注 a) 鋳鋼品ごとに指定された，試験方法による許容できない欠陥が除去されていることの確認のために，溶接開先部の試験を行う。

b) 溶接補修部は，引合い時及び発注時に指定された非破壊試験方法によって，試験する。

c) VT の補助手段として PT（又は MT）の併用は，受渡当事者間の協定によって実施する。

d) 溶接補修した後に熱処理を行う場合は，最終熱処理後に試験を行う。

e) UT（又は RT）によって検出された不合格欠陥の完全除去確認のための UT（又は RT）の適用は，製造業者が決定する。

f) PT（又は MT）を併用しなければならない。

g) 試験は，最終熱処理後でもよい。

B.10 特殊試験

B.10.0A 一般

注文者は，受渡当事者間の協定によって，**B.10.1～B.10.4** の特殊試験を要求してもよい。

B.10.1 組織試験

注文者は，本体又は付帯供試材の組織試験を指定してもよい。

試験位置及び合否判定基準は，引合い時及び発注時に受渡当事者間で協定する。

B.10.1.1 粒界腐食試験

試験方法は，**JIS G 0575** 又は受渡当事者間の協定による。

B.10.1.2 ミクロ組織試験

試験方法は，受渡当事者間の協定による。

B.10.1.3 マクロ組織試験

試験方法は，**JIS G 0553** 又は受渡当事者間の協定による。

B.10.2 磁気特性試験

磁気特性として通常は，透磁率が指定される。

試験方法の選択及び合否判定基準は，受渡当事者間で協定する。

B.10.3 耐圧試験

耐圧試験は，次による。

a) 鋳鋼品は，鋳放し又は加工後に，指定された流体で，指定された圧力・時間の試験を行う。

　試験時期，試験圧力，試験時間などの条件は，受渡当事者間の協定によるか又は該当する規格による。大気圧下で，引合い時に指定された液体を入れておくだけの耐圧試験を受ける鋳鋼品は，漏れがないことを確認するのに必要な時間，液体で満たす。

b) 試験に供する鋳鋼品は，酸化した状態であってはならず，また，試験前にいかなる保護被膜，被覆，又は防護策を施してはならない。

c) 圧力容器用鋳鋼品の場合は，これらの容器の試験規格に示された試験条件を参照する。

d) 製造業者は，鋳鋼品の耐圧試験において，満足できる性能に責任がある。

e) 耐圧試験で不合格となった鋳鋼品は，受渡当事者間の協定によって溶接補修した後又はその他の方法
によって補修した後，再試験を行うことができる。

B.10.4 その他の試験

その他の試験は，受渡当事者間の協定による。

B.11 保護処理

受渡当事者間で協定した方法に従い，機械加工の有無にかかわらず，鋳鋼品に保護処理を実施する。

附属書 JA
（参考）
JIS と対応国際規格との対比表

JIS G 0307:2014　鋳鋼品の製造，試験及び検査の通則							ISO 4990:2003, Steel castings－General technical delivery requirements	
(I) JIS の規定		(II) 国際規格番号	(III) 国際規格の規定			(IV) JIS と国際規格との技術的差異の箇条ごとの評価及びその内容		(V) JIS と国際規格との技術的差異の理由及び今後の対策
箇条番号及び題名	内容		箇条番号	内容		箇条ごとの評価	技術的差異の内容	
3 用語及び定義	3 用語及び定義		3	用語及び定義		変更	対応 JIS 規格を追加。	順次 ISO 規格との整合を図る。
	3.1 検査文書		3.1	検査文書		追加	JIS では，検査文書を規定している JIS G 0415 を追加。技術的差異はない。	－
4 注文者によって提供される情報	4.1 引合い及び発注要件		4.1	引合い及び発注要件		追加	"注文者がこれらの情報を明確にできない場合，受渡当事者間で協議する。"を追加。ISO 規格では，抜け勾配の規定がないため，"寸法公差は JIS B 0403 から選択"を追加。	我が国での実態を反映させた。
	4.2 追加情報		4.2	追加情報		追加	附属書 B による追加要求事項を明記。	ISO 規格では，追加要求事項を規定している附属書 B の使用が明確ではなく，理解しやすくするために追加した。
5 製造方法	5.3 溶接補修		5.3	製品の溶接（溶接補修）		変更	JIS では，"溶接要領は受渡当事者間で協定する。ただし，その場合，JIS Z 3422-1 を適用してもよい。"に変更。	ISO 規格で規定されている ISO 11970 に整合した JIS がないため，JIS 化を今後検討する。
6 検査及び試験	6.1 随時検査及び試験		6.2.1	非特定検査		変更	ISO 規格では，注文適合証明書又は試験報告書を提出することになっているが，JIS では指定された文書を提出することに変更。	市場の混乱を招くおそれがあるため，指示の選択範囲を拡大。

(I) JISの規定		(II) 国際規格番号	(III) 国際規格の規定		(IV) JISと国際規格との技術的差異の箇条ごとの評価及びその内容		(V) JISと国際規格との技術的差異の理由及び今後の対策
箇条番号及び題名	内容		箇条番号	内容	箇条ごとの評価	技術的差異の内容	
6 検査及び試験（続き）	6.2.0A 受渡検査及び試験		—	—	追加	受渡検査及び試験の実施について明記した。実質的差異はない。	—
	6.2.1 検査文書		6.2.1	文書	追加	**ISO** 規格では，検査文書への署名を規定しているが，**JIS** では署名又は押印に変更。 **ISO** 規格では，トレーサビリティの定義が明確でないため，**JIS** では定義を追加。 **JIS** では検査文書などの提出を受渡当事者間の合意とした。	**ISO** 規格では検査文書はいかなる場合にも提出が義務化されているように読み取れるので理解しやすいように追加。
	6.2.2.0A 一般		—	—	追加	**JIS** では，サンプリング，試験片準備，機械的・化学的試験方法及び要件を協定すると明記した。実質的差異はない。	—
	6.2.2.1 試験ロットの構成		6.2.2.1	試験ロットの構成	追加	**JIS** では，理解の容易化のため"バッチ"の表現を明確化するとともに，その他の区分として統計的手法によるものを追加。技術的差異はない。	—
	6.2.2.2 供試材		6.2.2.2	供試材	追加	**JIS** では，二つ以上の取鍋を使って鋳込まれる製品で付帯が困難な場合の協定，供試材の形状及び寸法，及び鋳鋼品を代表する機械的性質の確認を行う場合に受渡当事者間で協定する事項を含むため追加。	従来 **JIS** に従う図 1 及び **ISO** 規格から選択する意図を示すため追加。

(I)JIS の規定		(II)国際規格番号	(III)国際規格の規定		(IV)JIS と国際規格との技術的差異の箇条ごとの評価及びその内容		(V)JIS と国際規格との技術的差異の理由及び今後の対策
箇条番号及び題名	内容		箇条番号	内容	箇条ごとの評価	技術的差異の内容	
6 検査及び試験（続き）	6.2.2.3.1 引張試験		6.2.2.3.1	室温での引張試験	追加	従来 JIS で使用していた 14A 号試験片を追加。遠心力鋳鋼管の試験片採取方法を追加。	JIS 規定の鋼種においては,各鋼種規格の評価が必要なため追加。遠心力鋳鋼管 JIS もこの規格を運用するため追加。
	6.2.2.3.2 衝撃試験		6.2.2.3.2	衝撃試験	変更	**ISO** 規格に記載されている判定基準を,**JIS** では 6.2.2.4 再試験に集約。技術的差異はない。	
					変更	試験の結果の取扱いについて変更。	
					追加	遠心力鋳鋼管の試験片採取方法及びサブサイズ試験片を追記。	遠心力鋳鋼管 JIS もこの規格を運用するため追加。
	6.2.2.4 再試験		6.2.2.4	再試験	変更	無効試験と不適合試験とに分類し,細分箇条として記載。	—
	6.2.2.4.1 無効試験		6.2.2.4	再試験	追加	**JIS** では,無効となる試験として,標点外破断を標点間の中心から標点距離の 1/4 以外で破断し,その値が規定に適合しない場合を追加。	鋼種によっては,標点上又は標点外破断が主の場合を考慮。
	6.2.2.4.2.1 再試験		6.2.2.4	再試験	選択	**JIS** 鋼種に対する再試験の手順を追加。	鋳鍛鋼 **JIS** では,個別の規定を設けている鋼種もあるため追加。
	6.2.2.4.2.2 再熱処理試験		6.2.2.4	再試験	選択	再熱処理試験の手順を追加。	国内市場の混乱を招くおそれがあるため追加。
	6.2.2.5 化学成分		6.2.2.5	化学成分	変更	**JIS** では,溶鋼分析,チェック分析,製品分析に分類し,細分箇条として記載。	—
	6.2.2.5.2 溶鋼分析		6.2.2.5	化学成分	追加	**JIS** では,試料の採り方,分析方法,分析値の丸め方及び分析値に疑義のある場合の対応を追加。	我が国での実態を反映させた。

(I) JIS の規定		(II) 国際規格番号	(III) 国際規格の規定		(IV) JIS と国際規格との技術的差異の箇条ごとの評価及びその内容		(V) JIS と国際規格との技術的差異の理由及び今後の対策
箇条番号及び題名	内容		箇条番号	内容	箇条ごとの評価	技術的差異の内容	
6 検査及び試験（続き）	6.2.2.5.3 チェック分析		6.2.2.5	化学成分	追加	**JIS** では，チェック分析の実施，試料の数，及び許容変動値は受渡当事者間の協定によることを追加。	我が国での実態を反映させた。
	6.2.2.5.4 製品分析		6.2.2.5	化学成分	追加	**JIS** では，対象を完成鋳鋼品に限定した。	対象を限定。
	6.2.3.1 外観試験及び検査		—	—	追加	**JIS** では，外観試験及び検査の評価方法を追加。	我が国での実態を反映させた。
	6.2.3.2 非破壊試験		6.2.3.1	非破壊試験	追加	**ISO** 規格では，非破壊試験技術者の資格は規定していないため，**JIS** では注文者は非破壊試験技術者の資格を要求できること，及び製造業者は非破壊試験技術者の資格試験要領を定めておくことを追加。	非破壊試験に対する非破壊試験技術者の資格等に関する要求製品に対応することがあるため，**JIS** の規定を採用した。
	6.2.3.3.1 形状，寸法，機械加工代及び寸法許容差		6.2.3.2.1	形状及び寸法	追加	**ISO** 規格では，納入状態は黒皮を基本としているが，協定によることとした。**JIS** では，受渡当事者間の協定がない場合，長さ，肉厚，抜け勾配などの鋳放し寸法の許容差は，**JIS B 0403** によることを追加。	国内の市場の混乱を招くおそれがあるため追加。
	6.2.3.3.2 機械加工の基準点		6.2.3.2.2	機械加工の基準点	追加	**JIS** では，注文者は機械加工図面を必要に応じて支給することを追加。	国内の市場の混乱を招くおそれがあるため追加。
7 表示	7 表示		7	表示	削除	**ISO** 規格で表示項目として規定されている代替識別マークを削除。	国内市場の混乱を招くおそれがあるため変更。
8 苦情処理	8 苦情処理		8	苦情	追加	c) 受渡当事者間での調査を追加。	国内市場の混乱を招くおそれがあるため追加。

(I) JIS の規定		(II) 国際規格番号	(III) 国際規格の規定		(IV) JIS と国際規格との技術的差異の箇条ごとの評価及びその内容		(V) JIS と国際規格との技術的差異の理由及び今後の対策
箇条番号及び題名	内容		箇条番号	内容	箇条ごとの評価	技術的差異の内容	
附属書 A（規定）	A.2.2 寸法特性値		A.2	試験結果の端数処理	追加	"寸法特性値"を追加。	我が国での実態を反映させた。
	A.4 報告文書		—	—	追加	報告文書の提出について追加。	我が国での実態を反映させた。
附属書 B（規定）	B.1 一般		B.1	一般	追加	"要求がある場合, 成績及び記録を提出する。"を追加。技術的差異はない。	—
	B.3 残留元素の成分分析		B.3	残留元素の化学分析	変更	"残留元素分析及び報告"について追加。	我が国での実態を反映させた。
	B.4.0A 一般		—	—	追加	"引張試験を硬さ試験で代替できる規定"を追加。	我が国での実態を反映させた。
	B.4.1 高温引張試験		B.4.1	高温引張試験	変更	試験片寸法を JIS Z 2241 に, 判定を JIS G 0567 に変更。	我が国での実態を反映させた。
	B.4.2 硬さ試験		B.4.2	ブリネル硬さ試験	変更	ブリネル硬さに限定せず, 試験の種類, 抜取個数又は抜取率, 測定位置, 合否判定基準を協定することに変更。	我が国では, 製品本体をブリネルでは計測できない場合があるため, 変更。
	B.4.3 硬さ試験の代替方法		B.4.3	硬さ試験の代替方法	変更	ブリネル硬さ以外の硬さ試験からの代替も許すよう変更。測定値の換算に関して, ISO 4964 から ISO 18265 に変更。	我が国での実態を反映させた。
	B.4.5 へん平試験		—	—	追加	へん平試験に関する項目を追加。	遠心力鋳鋼管 JIS もこの規格を運用するため追加。
	B.5 試験ロットの均質性		B.5	試験ロットの均質性	変更	ISO 規格では, 抜取りを行うとしているが, JIS では, 硬さ試験の方法等を協定によるものに変更。	我が国での実態を反映させた。
	B.6.1 鋳鋼品を代表する供試材		B.6.1	鋳鋼品を代表する供試材	変更 追加	供試材断面の最小肉厚を, ISO 規格で規定されている 28 mm から 30 mm に変更するとともに, 切断方法の規定を追加。	我が国での実態を反映させた。

(I) JIS の規定		(II) 国際規格番号	(III) 国際規格の規定		(IV) JIS と国際規格との技術的差異の箇条ごとの評価及びその内容		(V) JIS と国際規格との技術的差異の内容、その理由及び今後の対策
箇条番号及び題名	内容		箇条番号	内容	箇条ごとの評価	技術的差異の内容	
附属書 B（規定）（続き）	B.6.3 鋳鋼品に付帯する供試材		B.6.3	鋳鋼品に付帯する供試材	追加	JIS では、立会い時のマーキング及び加工工程上支障ある場合に供試材の取り外しを可能とした。	我が国での実態を反映させた。
	B.8.1 大欠陥補修に関する事前協定		B.8.1	大欠陥補修に関する事前協定	変更	ISO 規格では、大欠陥を部材使用前の溶接全てを含んでいるが、JIS では、熱処理後の溶接に限定。	我が国での実態を反映させた。
	B.9.1 浸透探傷試験		B.9.1	浸透探傷試験	選択	試験方法として JIS Z 2343-1 を追加。	我が国での実態を反映させた。
	B.9.2 磁粉探傷試験		B.9.2	磁粉探傷試験	選択	試験方法として JIS Z 2320-1 を追加。	我が国での実態を反映させた。
	B.9.3 放射線透過試験		B.9.3	放射線透過試験	選択	試験方法として JIS G 0581 及び JIS G 0585 を追加。	我が国での実態を反映させた。
	B.9.4 超音波探傷試験		B.9.4	超音波探傷試験	選択	試験方法として JIS Z 2344 を追加。	我が国での実態を反映させた。
	B.9.5 外観試験		B.9.5	外観試験	追加	ISO 規格に規定がない"鋳肌粗さの試験方法"及び"外観試験の具体的な項目"を追加。	ISO 規格に規定されている判定等級 (ISO 11971) が JIS 化されていないため、ISO 11971 の規格の規定項目を記載し、記載のない粗さ試験を追加。
	B.9.6 製品溶接前後の試験		B.9.6	製品溶接を行うことなる明先部の試験	追加	溶接補修部位の試験に関する表を明確化のため追加。技術的差異はない。	—
	B.10 特殊試験		B.10.1	種々の試験	追加	数界試験方法として、JIS G 0575 を追加。ISO 規格に規定がないミクロ組織試験及びマクロ組織試験を追加。	適合性評価を適切に行うことができるために追加。
	B.10.0A 一般		—	—	追加	"注文者は、受渡当事者間の協定によって、次の特殊試験を要求してもよい。"を追加。	—

(I) JIS の規定		(II) 国際規格番号	(III) 国際規格の規定		(IV) JIS と国際規格との技術的差異の箇条ごとの評価及びその内容		(V) JIS と国際規格との技術的差異の理由及び今後の対策
箇条番号及び題名	内容		箇条番号	内容	箇条ごとの評価	技術的差異の内容	
附属書 B（規定）（続き）	B.10.3 耐圧試験		B.10.3	耐圧試験	追加	耐圧試験の具体的方法及び再試験に関する規定を追加。	適合性評価を適切に行うことができるために追加。
	B.10.4 その他の試験		—	—	追加	"その他の試験は，受渡当事者間の協定による。"を追加。	適合性評価を適切に行うことができるために追加。
	B.11 保護処理		B.11	表面処理	変更	保護処理を要求事項に変更。	我が国での実態を反映させた。

JIS と国際規格との対応の程度の全体評価：ISO 4990:2003，MOD
注記 1　箇条ごとの評価欄の用語の意味は，次による。 　　　— 削除 ……………… 国際規格の規定項目又は規定内容を削除している。 　　　— 追加 ……………… 国際規格にない規定項目又は規定内容を追加している。 　　　— 変更 ……………… 国際規格の規定内容を変更している。 　　　— 選択 ……………… 国際規格の規定内容とは異なる規定内容を追加し，それらのいずれかを選択するとしている。 注記 2　JIS と国際規格との対応の程度の全体評価欄の記号の意味は，次による。 　　　— MOD …………… 国際規格を修正している。

JIS G 0320		
(2022)		

鋼材の溶鋼分析方法
Standard test method for heat analysis of steel products

| JIS (2009, 15, 17) 改正 |
| JIS (2004) 制定 |

1 適用範囲

この規格は，鋼材の化学成分値を決定する溶鋼分析方法について規定する。

2 引用規格

次に掲げる引用規格は，この規格に引用されることによって，その一部又は全部がこの規格の要求事項を構成している。これらの引用規格は，その最新版（追補を含む。）を適用する。

JIS G 0404 鋼材の一般受渡し条件

JIS G 1201 鉄及び鋼－分析方法通則

JIS G 1211-1 鉄及び鋼－炭素定量方法－第 1 部：燃焼－二酸化炭素重量法

JIS G 1211-2 鉄及び鋼－炭素定量方法－第 2 部：燃焼－ガス容量法

JIS G 1211-3 鉄及び鋼－炭素定量方法－第 3 部：燃焼－赤外線吸収法

JIS G 1211-4 鉄及び鋼－炭素定量方法－第 4 部：表面付着・吸着炭素除去－燃焼－赤外線吸収法

JIS G 1211-5 鉄及び鋼－炭素定量方法－第 5 部：遊離炭素定量方法

JIS G 1212 鉄及び鋼－けい素定量方法

JIS G 1213 鉄及び鋼－マンガン定量方法

JIS G 1214 鉄及び鋼－りん定量方法

JIS G 1215-1 鉄及び鋼－硫黄定量方法－第 1 部：鉄分離硫酸バリウム重量法

JIS G 1215-2 鉄及び鋼－硫黄定量方法－第 2 部：クロマトグラフ分離硫酸バリウム重量法

JIS G 1215-3 鉄及び鋼－硫黄定量方法－第 3 部：硫化水素気化分離メチレンブルー吸光光度法

JIS G 1215-4 鉄及び鋼－硫黄定量方法－第 4 部：高周波誘導加熱燃焼－赤外線吸収法

JIS G 1216-1 鉄及び鋼－ニッケル定量方法－第 1 部：ジメチルグリオキシムニッケル重量法

JIS G 1216-2 鉄及び鋼－ニッケル定量方法－第 2 部：ジメチルグリオキシム沈殿分離エチレンジアミン四酢酸二水素二ナトリウム・亜鉛逆滴定法

JIS G 1216-3 鉄及び鋼－ニッケル定量方法－第 3 部：ジメチルグリオキシム吸光光度法

JIS G 1217 鉄及び鋼－クロム定量方法

JIS G 1218 鉄及び鋼－モリブデン定量方法

JIS G 1219 鉄及び鋼－銅定量方法

JIS G 1220 鉄及び鋼－タングステン定量方法

JIS G 1221 鉄及び鋼－バナジウム定量方法

JIS G 1222　鉄及び鋼－コバルト定量方法

JIS G 1223　鉄及び鋼－チタン定量方法

JIS G 1224　鉄及び鋼－アルミニウム定量方法

JIS G 1225　鉄及び鋼－ひ素定量方法

JIS G 1226　鉄及び鋼－すず定量方法

JIS G 1227　鉄及び鋼－ほう素定量方法

JIS G 1228　鉄及び鋼－窒素定量方法

JIS G 1229　鋼－鉛定量方法

JIS G 1232-1　鉄及び鋼－ジルコニウム定量方法－第1部：キシレノールオレンジ吸光光度法

JIS G 1232-2　鉄及び鋼－ジルコニウム定量方法－第2部：ふっ化物共沈分離キシレノールオレンジ吸光光度法

JIS G 1233　鋼－セレン定量方法

JIS G 1234　鉄及び鋼－テルル定量方法－塩化すず（II）還元吸光光度法

JIS G 1235-1　鉄及び鋼－アンチモン定量方法－第1部：塩化物抽出分離ローダミンB吸光光度法

JIS G 1235-2　鉄及び鋼－アンチモン定量方法－第2部：ブリリアントグリーン抽出分離吸光光度法

JIS G 1236　鋼中のタンタル定量方法

JIS G 1237　鉄及び鋼－ニオブ定量方法

JIS G 1239　鉄及び鋼－酸素定量方法－不活性ガス融解－赤外線吸収法

JIS G 1253　鉄及び鋼－スパーク放電発光分光分析方法

JIS G 1256　鉄及び鋼－蛍光X線分析方法

JIS G 1257-1　鉄及び鋼－原子吸光分析方法－第1部：マンガン定量方法－酸分解フレーム法

JIS G 1257-2　鉄及び鋼－原子吸光分析方法－第2部：りん定量方法－モリブドりん酸抽出間接フレーム法

JIS G 1257-3　鉄及び鋼－原子吸光分析方法－第3部：ニッケル定量方法－酸分解フレーム法

JIS G 1257-4　鉄及び鋼－原子吸光分析方法－第4部：クロム定量方法－酸分解フレーム法

JIS G 1257-5　鉄及び鋼－原子吸光分析方法－第5部：モリブデン定量方法－酸分解フレーム法

JIS G 1257-6　鉄及び鋼－原子吸光分析方法－第6部：銅定量方法－酸分解フレーム法

JIS G 1257-7　鉄及び鋼－原子吸光分析方法－第7部：バナジウム定量方法－酸分解フレーム法

JIS G 1257-8　鉄及び鋼－原子吸光分析方法－第8部：コバルト定量方法－酸分解フレーム法

JIS G 1257-9　鉄及び鋼－原子吸光分析方法－第9部：チタン定量方法－酸分解フレーム法

JIS G 1257-10-1　鉄及び鋼－原子吸光分析方法－第10部：アルミニウム定量方法－第1節：酸分解フレーム法

JIS G 1257-10-2　鉄及び鋼－原子吸光分析方法－第10部：アルミニウム定量方法－第2節：酸可溶性アルミニウム定量方法

JIS G 1257-10-3　鉄及び鋼－原子吸光分析方法－第10部：アルミニウム定量方法－第3節：鉄分離フレーム法

JIS G 1257-10-4　鉄及び鋼－原子吸光分析方法－第10部：アルミニウム定量方法－第4節：電気加熱法

JIS G 1257-11-1　鉄及び鋼－原子吸光分析方法－第11部：すず定量方法－第1節：よう化物抽出フレーム法

JIS G 1257-11-2　鉄及び鋼－原子吸光分析方法－第 11 部：すず定量方法－第 2 節：電気加熱法

JIS G 1257-12-1　鉄及び鋼－原子吸光分析方法－第 12 部：鉛定量方法－第 1 節：酸分解フレーム法

JIS G 1257-12-2　鉄及び鋼－原子吸光分析方法－第 12 部：鉛定量方法－第 2 節：よう化物抽出フレーム法

JIS G 1257-12-3　鉄及び鋼－原子吸光分析方法－第 12 部：鉛定量方法－第 3 節：電気加熱法

JIS G 1257-13　鉄及び鋼－原子吸光分析方法－第 13 部：マグネシウム定量方法－酸分解フレーム法

JIS G 1257-14　鉄及び鋼－原子吸光分析方法－第 14 部：カルシウム定量方法－酸分解フレーム法

JIS G 1257-15-1　鉄及び鋼－原子吸光分析方法－第 15 部：亜鉛定量方法－第 1 節：酸分解フレーム法

JIS G 1257-15-2　鉄及び鋼－原子吸光分析方法－第 15 部：亜鉛定量方法－第 2 節：よう化テトラヘキシルアンモニウム・トリオクチルアミン抽出フレーム法

JIS G 1257-16-1　鉄及び鋼－原子吸光分析方法－第 16 部：ビスマス定量方法－第 1 節：よう化物抽出フレーム法

JIS G 1257-16-2　鉄及び鋼－原子吸光分析方法－第 16 部：ビスマス定量方法－第 2 節：電気加熱法

JIS G 1257-17-1　鉄及び鋼－原子吸光分析方法－第 17 部：アンチモン定量方法－第 1 節：よう化物抽出フレーム法

JIS G 1257-17-2　鉄及び鋼－原子吸光分析方法－第 17 部：アンチモン定量方法－第 2 節：電気加熱法

JIS G 1257-18-1　鉄及び鋼－原子吸光分析方法－第 18 部：テルル定量方法－第 1 節：よう化物抽出フレーム法

JIS G 1257-18-2　鉄及び鋼－原子吸光分析方法－第 18 部：テルル定量方法－第 2 節：電気加熱法

JIS G 1257-19-1　鉄及び鋼－原子吸光分析方法－第 19 部：ひ素定量方法－第 1 節：電気加熱法

JIS G 1257-20　鉄及び鋼－原子吸光分析方法－第 20 部：セレン定量方法－電気加熱法

JIS G 1258-1　鉄及び鋼－ICP 発光分光分析方法－第 1 部：多元素定量方法－酸分解・二硫酸カリウム融解法

JIS G 1258-2　鉄及び鋼－ICP 発光分光分析方法－第 2 部：多元素定量方法－硫酸りん酸分解法

JIS G 1258-3　鉄及び鋼－ICP 発光分光分析方法－第 3 部：多元素定量方法－酸分解・炭酸ナトリウム融解法

JIS G 1258-4　鉄及び鋼－ICP 発光分光分析方法－第 4 部：ニオブ定量方法－硫酸りん酸分解法又は酸分解・二硫酸カリウム融解法

JIS G 1258-5　鉄及び鋼－ICP 発光分光分析方法－第 5 部：ほう素定量方法－硫酸りん酸分解法

JIS G 1258-6　鉄及び鋼－ICP 発光分光分析方法－第 6 部：ほう素定量方法－酸分解・炭酸ナトリウム融解法

JIS G 1258-7　鉄及び鋼－ICP 発光分光分析方法－第 7 部：ほう素定量方法－ほう酸トリメチル蒸留分離法

JIS G 1258-8　鉄及び鋼－ICP 発光分光分析方法－第 8 部：タングステン定量方法－硫酸りん酸分解法

3　用語及び定義

　この規格で用いる主な用語及び定義は，**JIS G 1201** の**箇条 3**（用語及び定義）及び **JIS G 0404** の**箇条 3**（用語及び定義）による。

4 溶鋼分析方法

4.1 一般事項

溶鋼分析方法に関する一般事項は，次によるほか，**JIS G 1201** による。

a) 標準物質の使用方法 分析に使用する標準物質の使用方法は，次による。

1) 認証標準物質 認証標準物質は，次の場合に使用する。

- **JIS G 1201** の **7.2 a)**（真度の検討）に規定する分析方法の真度の検討

- 赤外線吸収法，熱伝導度法などの化学分析方法において，標準物質による検量線作成が規格に認められている場合の検量線の作成

- 機器分析方法において，試料の熱履歴などによる組織の影響がない場合の検量線の作成

2) 作業用標準物質 作業用標準物質は，次の場合に使用する。

- 機器分析方法において，試料の熱履歴などによる組織の影響がある場合の検量線の作成

- 化学分析方法及び機器分析方法による日常的な分析精度の管理など

  注記 化学分析方法及び機器分析方法は，**JIS G 1201** に定義されている。

b) 再分析 機器分析方法による分析値に疑義が生じた場合は，再分析を実施してもよい。この場合の再分析は，化学分析方法による。

c) 審判分析 審判分析が必要になった場合は，化学分析方法で実施する。

d) 立会分析 注文者が立会分析を要求する場合は，製造業者と事前に協議するものとする。この場合，立会者は，製造業者の作業を妨げないように配慮しなければならない。

4.2 分析用試料の採取及び調製

溶鋼分析用試料の採取，及び採取試料からの分析試料の調製は，**JIS G 0404** の**箇条 8**（化学成分）**b)**による。

4.3 各成分定量方法

分析試料中の各成分の定量方法は，次のいずれかの方法の中から，各成分の予想含有率に適した分析方法を選択する。

a) 各製品規格に規定する化学成分の場合

1) **表 1** に掲げる規格に規定された化学分析方法

2) **表 1** に掲げる規格に規定された機器分析方法

b) 各製品規格に規定しない化学成分の場合 **a)**によるほか，**a)**が適用できない成分，又は成分含有率の場合は，受渡当事者間で合意した独自の分析方法による。独自の分析方法は，**JIS** に規定されていない，次のいずれかに該当する分析方法をいう。

1) 公知の方法 鉄鋼製造業者，鉄鋼使用者，研究機関などにおいて開発され，そう（叢）書，論文などによって公知となった分析方法で，認証標準物質などによって精確さが検証された方法。

2) 変更された方法 化学分析方法の **JIS** の操作の一部[1]を変更し，その適用範囲を拡大した方法で，**JIS G 1201** の **7.2**（分析値の精確さの検討）又は **7.3**（許容差が規定されていない場合の取扱い方）で規定する対標準物質許容差，併行許容差及び室内再現許容差を満足することを確認した方法。

  注[1] 操作の一部とは，例えば，試料のはかりとり量，分取比，抽出溶媒の量などを指す。

表1－定量成分及び適用規格

定量成分	適用規格	
	化学分析方法	機器分析方法
炭素	JIS G 1211-1, JIS G 1211-2, JIS G 1211-3, JIS G 1211-4	JIS G 1253
遊離炭素	JIS G 1211-5	－
けい素	JIS G 1212, JIS G 1258-1, JIS G 1258-3	JIS G 1253, JIS G 1256
マンガン	JIS G 1213, JIS G 1257-1, JIS G 1258-1, JIS G 1258-2, JIS G 1258-3	JIS G 1253, JIS G 1256
りん	JIS G 1214, JIS G 1257-2, JIS G 1258-1, JIS G 1258-3	JIS G 1253, JIS G 1256
硫黄	JIS G 1215-1, JIS G 1215-2, JIS G 1215-3, JIS G 1215-4	JIS G 1253, JIS G 1256
ニッケル	JIS G 1216-1, JIS G 1216-2, JIS G 1216-3, JIS G 1257-3, JIS G 1258-1, JIS G 1258-2, JIS G 1258-3	JIS G 1253, JIS G 1256
クロム	JIS G 1217, JIS G 1257-4, JIS G 1258-1, JIS G 1258-2, JIS G 1258-3	JIS G 1253, JIS G 1256
モリブデン	JIS G 1218, JIS G 1257-5, JIS G 1258-1, JIS G 1258-2, JIS G 1258-3	JIS G 1253, JIS G 1256
銅	JIS G 1219, JIS G 1257-6, JIS G 1258-1, JIS G 1258-2, JIS G 1258-3	JIS G 1253, JIS G 1256
タングステン	JIS G 1220, JIS G 1258-2, JIS G 1258-8	JIS G 1253, JIS G 1256
バナジウム	JIS G 1221, JIS G 1257-7, JIS G 1258-1, JIS G 1258-2, JIS G 1258-3	JIS G 1253, JIS G 1256
コバルト	JIS G 1222, JIS G 1257-8, JIS G 1258-1, JIS G 1258-2, JIS G 1258-3	JIS G 1253, JIS G 1256
チタン	JIS G 1223, JIS G 1257-9, JIS G 1258-1, JIS G 1258-2, JIS G 1258-3	JIS G 1253, JIS G 1256
アルミニウム	JIS G 1224, JIS G 1257-10-1, JIS G 1257-10-3, JIS G 1257-10-4, JIS G 1258-1, JIS G 1258-3	JIS G 1253, JIS G 1256
酸可溶性ア　　ルミニウム	JIS G 1257-10-2	－
ひ素	JIS G 1225, JIS G 1257-19-1, JIS G 1258-1, JIS G 1258-2, JIS G 1258-3	JIS G 1253, JIS G 1256
すず	JIS G 1226, JIS G 1257-11-1, JIS G 1257-11-2	JIS G 1253, JIS G 1256
ほう素	JIS G 1227, JIS G 1258-5, JIS G 1258-6, JIS G 1258-7	JIS G 1253
窒素	JIS G 1228	JIS G 1253
鉛	JIS G 1229, JIS G 1257-12-1, JIS G 1257-12-2, JIS G 1257-12-3	JIS G 1253, JIS G 1256
ジルコニウム	JIS G 1232-1, JIS G 1232-2, JIS G 1258-1, JIS G 1258-2	JIS G 1253, JIS G 1256
セレン	JIS G 1233, JIS G 1257-20	JIS G 1253, JIS G 1256
テルル	JIS G 1234, JIS G 1257-18-1, JIS G 1257-18-2	JIS G 1253, JIS G 1256
アンチモン	JIS G 1235-1, JIS G 1235-2, JIS G 1257-17-1, JIS G 1257-17-2	JIS G 1253, JIS G 1256
タンタル	JIS G 1236	JIS G 1253, JIS G 1256
ニオブ	JIS G 1237, JIS G 1258-2, JIS G 1258-4	JIS G 1253, JIS G 1256
酸素	JIS G 1239	－
マグネシウム	JIS G 1257-13, JIS G 1258-1, JIS G 1258-2, JIS G 1258-3	JIS G 1253, JIS G 1256
カルシウム	JIS G 1257-14, JIS G 1258-1, JIS G 1258-2, JIS G 1258-3	JIS G 1253, JIS G 1256
ランタン	－	JIS G 1253, JIS G 1256
セリウム	－	JIS G 1253, JIS G 1256
亜鉛	JIS G 1257-15-1, JIS G 1257-15-2, JIS G 1258-1	JIS G 1256
ビスマス	JIS G 1257-16-1, JIS G 1257-16-2	JIS G 1256
プラセオジム	－	JIS G 1256
ネオジム	－	JIS G 1256

鋼材の製品分析方法及びその許容変動値
Product analysis and its tolerance for wrought steel

JIS　(2002, 05, 10, 15)　改正
JIS　　　(1966)　　制定

1　適用範囲

この規格は，圧延又は鍛造された炭素鋼，合金鋼，ステンレス鋼，耐熱鋼などのキルド鋼の製品（以下，鋼材という。）の製品分析方法及びその許容変動値について規定する。

2　引用規格

表 1 に示す規格は，この規格に引用されることによって，この規格の規定の一部を構成する。これらの引用規格は，その最新版（追補を含む。）を適用する。

3　用語及び定義

この規格で用いる主な用語及び定義は，**JIS G 0417** 及び **JIS G 1201** によるほか，次による。

3.1
溶鋼分析

日本産業規格又は文書化された一定の手順に従って，製造業者が実施する溶鋼の代表値を求める化学成分の分析。通常，溶鋼がとりべから鋳型に注入され，凝固するまでの一連の過程において採取した分析用試料[1] について行う化学成分の分析。

> 注[1]　真空アーク溶解（VAR），エレクトロスラグ再溶解（ESR）など溶鋼から分析用試料が採取できない場合は，鋼塊，鋼片又は鋼材から採取した分析用試料によって分析を行い，溶鋼分析に適用する。

3.2
製品分析

鋼材から採取した分析用試料について行う化学成分の分析。

> 注記　製品分析値は，偏析によって，溶鋼分析値と異なる場合があり，また，分析用試料相互間でも異なった値を示す場合がある。

3.3
製品分析の許容変動値

製品分析の個々の値が鋼材規格に規定された溶鋼分析の上限値及び／又は下限値を超えて変動を許される数値。

> 注記　例えば，鋼材規格の炭素（C）の溶鋼分析の規定上限値が 0.25 ％であり，鋼材規格で指定されたこの規格に従った製品分析のプラス側の許容変動値が＋0.03 ％の場合には，製品分析の許容上限値は，0.28 ％である。

3.4

独自の分析方法

JIS に規定されていない分析方法で，次に示す項目のいずれかに該当する分析方法。

a) 鉄鋼製造業者，鉄鋼使用者，研究機関などにおいて開発され，そう（叢）書，論文などによって公知となり，認証標準物質などによって精確さを検証された適切な鋼の分析方法。

b) 該当する化学分析方法の JIS の操作の一部[2]を変更し，その化学分析方法の適用範囲を拡大した方法で，JIS G 1201 の 7.2（分析値の精確さの検討）又は 7.3（許容差が規定されていない場合の取扱い方）で規定する対標準物質許容差，併行許容差及び室内再現許容差を満足する方法。

注[2] 試料はかりとり量，分取比，抽出溶媒の量など。

3.5

供試製品

検査及び／又は試験のために試験単位から採取した製品。

4 製品分析用試料

4.1 分析用試料採取方法

分析用試料採取方法は，次による。

a) 分析用試料は，元の鋼片横断面の平均的な化学成分を代表する位置から採取しなければならない。

製品規格又は製品の注文書の要求事項に試料採取方法が規定されていない場合は，分析用試料を機械試験用の供試材又は試験片から採取するか，供試製品から直接採取してもよい。

b) 分析用試料は，スケール，さび，塗料，被覆金属，脱炭層，汚物などを含んではならない。また，保管中に酸化，さび，汚染などが生じたものを使用してはならない。

なお，機械加工によって削片として採取する場合は，JIS G 0417 の 4.4（試料の調製）による。

c) 供試製品から製品分析の化学分析用試料を直接採取する場合は，JIS G 0417 の 10.（鋼材）による。ただし，JIS G 0417 の 10.（鋼材）によって分析用試料が採取できない鋼材は，上記の a) 及び b) に従って適切な方法によって分析用試料を採取する。この場合，分析用試料採取方法は，受渡当事者間の協定による。

d) 供試製品から製品分析の発光分光分析及び蛍光 X 線分析用試料を直接採取する場合は，JIS G 0417 の 10.（鋼材）に従い，JIS G 1253 又は JIS G 1256 に適合する分析用試料を採取する。ただし，機器分析用試料が上記の a) に従って採取できない場合は，分析を行ってはならない。

4.2 分析用試料の数

鋼材規格に分析用試料の数についての規定がない場合には，分析用試料は同一溶鋼から製造された製品を一組として，1 個採取する。

5 各成分定量方法

分析用試料中の各成分の定量方法は，次のいずれかの方法から，各成分の予想含有率に適した分析方法を選択する。機器分析方法による分析値に疑義が生じた場合は，化学分析方法によって再分析してもよい。

a) **各鋼材規格に規定する化学成分の場合**

1) 次に掲げる規格に規定された化学分析方法

JIS G 1211-1，JIS G 1211-2，JIS G 1211-3，JIS G 1211-4，JIS G 1211-5，JIS G 1212，JIS G 1213，JIS G 1214，JIS G 1215-1，JIS G 1215-2，JIS G 1215-3，JIS G 1215-4，JIS G 1216，JIS G 1217，

> JIS G 1218, JIS G 1219, JIS G 1220, JIS G 1221, JIS G 1222, JIS G 1223, JIS G 1224, JIS G 1225,
> JIS G 1226, JIS G 1227, JIS G 1228, JIS G 1229, JIS G 1232, JIS G 1233, JIS G 1234, JIS G 1235,
> JIS G 1236, JIS G 1237, JIS G 1239, JIS G 1257-1, JIS G 1257-2, JIS G 1257-3, JIS G 1257-4,
> JIS G 1257-5, JIS G 1257-6, JIS G 1257-7, JIS G 1257-8, JIS G 1257-9, JIS G 1257-10-1, JIS G
> 1257-10-2, JIS G 1257-10-3, JIS G 1257-10-4, JIS G 1257-11-1, JIS G 1257-11-2, JIS G 1257-12-1,
> JIS G 1257-12-2, JIS G 1257-12-3, JIS G 1257-13, JIS G 1257-14, JIS G 1257-15-1, JIS G 1257-15-2,
> JIS G 1257-16-1, JIS G 1257-16-2, JIS G 1257-17-1, JIS G 1257-17-2, JIS G 1257-18-1, JIS G
> 1257-18-2, JIS G 1257-19-1, JIS G 1257-20, JIS G 1258-1, JIS G 1258-2, JIS G 1258-3, JIS G 1258-4,
> JIS G 1258-5, JIS G 1258-6, JIS G 1258-7, JIS G 1258-8, JIS G 1281

2) 次に掲げる規格に規定された機器分析方法

> JIS G 1253, JIS G 1256

b) **各鋼材規格に規定しない化学成分の場合** a) によるほか，a) が適用できない成分又は成分含有率の場合は，受渡当事者間で合意した独自の分析方法による。

6 製品分析の許容変動値

製品分析の許容変動値は，次による。

a) 製品分析の許容変動値は，**表2〜表5**による。

主として，炭素鋼鋼材には**表2**又は**表3**を，合金鋼鋼材（ステンレス鋼及び耐熱鋼を除く。）には**表4**を，また，ステンレス鋼及び耐熱鋼鋼材には**表5**を適用する。その適用については，それぞれの製品規格の規定による。

b) 製品分析によって得られた値は，溶鋼分析の化学成分規定範囲の最大値及び／又は最小値に対して，**表2〜表5**の許容変動値の上限を最大値に加えた値以下，下限を最小値から減じた値以上でなければならない。ただし，許容変動値は，化学成分規定値の最大値によって許容変動値の表から求める。また，最小値だけが規定された場合は，化学成分規定値の最小値によって許容変動値の表から求める。

c) 1種類の鋼材の許容変動値は，一つの表の全部又は一部を用いるものとし，二つ以上の表から混用してはならない。

7 分析用試料の再採取及び再分析

分析結果が，それぞれの製品規格の規定に合格しない場合は，受渡当事者間の協定によって分析用試料の再採取及び再分析を行ってもよい。

表1－引用規格

JIS G 0417	鉄及び鋼－化学成分定量用試料の採取及び調製
JIS G 1201	鉄及び鋼－分析方法通則
JIS G 1211-1	鉄及び鋼－炭素定量方法－第1部：燃焼－二酸化炭素重量法
JIS G 1211-2	鉄及び鋼－炭素定量方法－第2部：燃焼－ガス容量法
JIS G 1211-3	鉄及び鋼－炭素定量方法－第3部：燃焼－赤外線吸収法
JIS G 1211-4	鉄及び鋼－炭素定量方法－第4部：表面付着・吸着炭素除去－燃焼－赤外線吸収法
JIS G 1211-5	鉄及び鋼－炭素定量方法－第5部：遊離炭素定量方法
JIS G 1212	鉄及び鋼－けい素定量方法
JIS G 1213	鉄及び鋼－マンガン定量方法
JIS G 1214	鉄及び鋼－りん定量方法
JIS G 1215-1	鉄及び鋼－硫黄定量方法－第1部：鉄分離硫酸バリウム重量法
JIS G 1215-2	鉄及び鋼－硫黄定量方法－第2部：クロマトグラフ分離硫酸バリウム重量法
JIS G 1215-3	鉄及び鋼－硫黄定量方法－第3部：硫化水素気化分離メチレンブルー吸光光度法
JIS G 1215-4	鉄及び鋼－硫黄定量方法－第4部：高周波誘導加熱燃焼－赤外線吸収法
JIS G 1216	鉄及び鋼－ニッケル定量方法
JIS G 1217	鉄及び鋼－クロム定量方法
JIS G 1218	鉄及び鋼－モリブデン定量方法
JIS G 1219	鉄及び鋼－銅定量方法
JIS G 1220	鉄及び鋼－タングステン定量方法
JIS G 1221	鉄及び鋼－バナジウム定量方法
JIS G 1222	鉄及び鋼－コバルト定量方法
JIS G 1223	鉄及び鋼－チタン定量方法
JIS G 1224	鉄及び鋼－アルミニウム定量方法
JIS G 1225	鉄及び鋼－ひ素定量方法
JIS G 1226	鉄及び鋼－すず定量方法
JIS G 1227	鉄及び鋼－ほう素定量方法
JIS G 1228	鉄及び鋼－窒素定量方法
JIS G 1229	鋼－鉛定量方法
JIS G 1232	鋼中のジルコニウム定量方法
JIS G 1233	鋼－セレン定量方法
JIS G 1234	鋼中のテルル定量方法
JIS G 1235	鉄及び鋼中のアンチモン定量方法
JIS G 1236	鋼中のタンタル定量方法
JIS G 1237	鉄及び鋼－ニオブ定量方法
JIS G 1239	鉄及び鋼－酸素定量方法－不活性ガス融解－赤外線吸収法
JIS G 1253	鉄及び鋼－スパーク放電発光分光分析方法
JIS G 1256	鉄及び鋼－蛍光X線分析方法
JIS G 1257-1	鉄及び鋼－原子吸光分析方法－第1部：マンガン定量方法－酸分解フレーム法

表1－引用規格（続き）

JIS G 1257-2	鉄及び鋼－原子吸光分析方法－第2部：りん定量方法－モリブドりん酸抽出間接フレーム法
JIS G 1257-3	鉄及び鋼－原子吸光分析方法－第3部：ニッケル定量方法－酸分解フレーム法
JIS G 1257-4	鉄及び鋼－原子吸光分析方法－第4部：クロム定量方法－酸分解フレーム法
JIS G 1257-5	鉄及び鋼－原子吸光分析方法－第5部：モリブデン定量方法－酸分解フレーム法
JIS G 1257-6	鉄及び鋼－原子吸光分析方法－第6部：銅定量方法－酸分解フレーム法
JIS G 1257-7	鉄及び鋼－原子吸光分析方法－第7部：バナジウム定量方法－酸分解フレーム法
JIS G 1257-8	鉄及び鋼－原子吸光分析方法－第8部：コバルト定量方法－酸分解フレーム法
JIS G 1257-9	鉄及び鋼－原子吸光分析方法－第9部：チタン定量方法－酸分解フレーム法
JIS G 1257-10-1	鉄及び鋼－原子吸光分析方法－第10部：アルミニウム定量方法－第1節：酸分解フレーム法
JIS G 1257-10-2	鉄及び鋼－原子吸光分析方法－第10部：アルミニウム定量方法－第2節：酸可溶性アルミニウム定量方法
JIS G 1257-10-3	鉄及び鋼－原子吸光分析方法－第10部：アルミニウム定量方法－第3節：鉄分離フレーム法
JIS G 1257-10-4	鉄及び鋼－原子吸光分析方法－第10部：アルミニウム定量方法－第4節：電気加熱法
JIS G 1257-11-1	鉄及び鋼－原子吸光分析方法－第11部：すず定量方法－第1節：よう化物抽出フレーム法
JIS G 1257-11-2	鉄及び鋼－原子吸光分析方法－第11部：すず定量方法－第2節：電気加熱法
JIS G 1257-12-1	鉄及び鋼－原子吸光分析方法－第12部：鉛定量方法－第1節：酸分解フレーム法
JIS G 1257-12-2	鉄及び鋼－原子吸光分析方法－第12部：鉛定量方法－第2節：よう化物抽出フレーム法
JIS G 1257-12-3	鉄及び鋼－原子吸光分析方法－第12部：鉛定量方法－第3節：電気加熱法
JIS G 1257-13	鉄及び鋼－原子吸光分析方法－第13部：マグネシウム定量方法－酸分解フレーム法
JIS G 1257-14	鉄及び鋼－原子吸光分析方法－第14部：カルシウム定量方法－酸分解フレーム法
JIS G 1257-15-1	鉄及び鋼－原子吸光分析方法－第15部：亜鉛定量方法－第1節：酸分解フレーム法
JIS G 1257-15-2	鉄及び鋼－原子吸光分析方法－第15部：亜鉛定量方法－第2節：よう化テトラヘキシルアンモニウム・トリオクチルアミン抽出フレーム法
JIS G 1257-16-1	鉄及び鋼－原子吸光分析方法－第16部：ビスマス定量方法－第1節：よう化物抽出フレーム法
JIS G 1257-16-2	鉄及び鋼－原子吸光分析方法－第16部：ビスマス定量方法－第2節：電気加熱法
JIS G 1257-17-1	鉄及び鋼－原子吸光分析方法－第17部：アンチモン定量方法－第1節：よう化物抽出フレーム法
JIS G 1257-17-2	鉄及び鋼－原子吸光分析方法－第17部：アンチモン定量方法－第2節：電気加熱法
JIS G 1257-18-1	鉄及び鋼－原子吸光分析方法－第18部：テルル定量方法－第1節：よう化物抽出フレーム法
JIS G 1257-18-2	鉄及び鋼－原子吸光分析方法－第18部：テルル定量方法－第2節：電気加熱法
JIS G 1257-19-1	鉄及び鋼－原子吸光分析方法－第19部：ひ素定量方法－第1節：電気加熱法
JIS G 1257-20	鉄及び鋼－原子吸光分析方法－第20部：セレン定量方法－電気加熱法
JIS G 1258-1	鉄及び鋼－ICP発光分光分析方法－第1部：多元素定量方法－酸分解・二硫酸カリウム融解法
JIS G 1258-2	鉄及び鋼－ICP発光分光分析方法－第2部：多元素定量方法－硫酸りん酸分解法
JIS G 1258-3	鉄及び鋼－ICP発光分光分析方法－第3部：多元素定量方法－酸分解・炭酸ナトリウム融解法
JIS G 1258-4	鉄及び鋼－ICP発光分光分析方法－第4部：ニオブ定量方法－硫酸りん酸分解法又は酸分解・二硫酸カリウム融解法
JIS G 1258-5	鉄及び鋼－ICP発光分光分析方法－第5部：ほう素定量方法－硫酸りん酸分解法

表1-引用規格（続き）

JIS G 1258-6	鉄及び鋼－ICP 発光分光分析方法－第6部：ほう素定量方法－酸分解・炭酸ナトリウム融解法
JIS G 1258-7	鉄及び鋼－ICP 発光分光分析方法－第7部：ほう素定量方法－ほう酸トリメチル蒸留分離法
JIS G 1258-8	鉄及び鋼－ICP 発光分光分析方法－第8部：タングステン定量方法－硫酸りん酸分解法
JIS G 1281	ニッケルクロム鉄合金分析方法

表2-炭素鋼鋼材の製品分析の許容変動値（1）

単位 ％

成分	化学成分規定値の最大値		許容変動値	
			下限	上限
C		0.15 以下	0.02	0.03
	0.15 を超え	0.40 以下	0.03	0.04
	0.40 を超え	0.80 以下	0.03	0.05
	0.80 を超えるもの		0.03	0.06
Si		0.30 以下	0.02	0.03
	0.30 を超え	0.60 以下	0.05	0.05
Mn		0.60 以下	0.03	0.03
	0.60 を超え	1.15 以下	0.04	0.04
	1.15 を超え	1.65 以下	0.05	0.05
P		0.060 以下	－	0.010
S		0.060 以下	－	0.010
Cu	最小値規定の場合		0.02	－

表3-炭素鋼鋼材の製品分析の許容変動値（2）

単位 ％

成分	化学成分規定値の最大値		製品断面積に対する許容変動値							
			65 000 mm^2 以下		65 000 mm^2 を超え 130 000 mm^2 以下		130 000 mm^2 を超え 260 000 mm^2 以下		260 000 mm^2 を超え 520 000 mm^2 以下	
			下限	上限	下限	上限	下限	上限	下限	上限
C		0.25 以下	0.02	0.02	0.03	0.03	0.04	0.04	0.05	0.05
	0.25 を超え	0.55 以下	0.03	0.03	0.04	0.04	0.05	0.05	0.06	0.06
	0.55 を超えるもの		0.04	0.04	0.05	0.05	0.06	0.06	0.07	0.07
Si		0.35 以下	0.02	0.02	0.02	0.02	0.03	0.03	0.04	0.04
	0.35 を超え	0.60 以下	0.05	0.05	－	－	－	－	－	－
Mn		0.90 以下	0.03	0.03	0.04	0.04	0.06	0.06	0.07	0.07
	0.90 を超え	1.65 以下	0.06	0.06	0.06	0.06	0.07	0.07	0.08	0.08
P		0.050 以下	－	0.008	－	0.010	－	0.010	－	0.015
S		0.060 以下	－	0.008	－	0.010	－	0.010	－	0.015
Cu	最小値規定の場合		0.02	－	0.03	－	－	－	－	－

表4－合金鋼鋼材の製品分析の許容変動値

単位　%

成分	化学成分規定値の最大値		製品断面積に対する許容変動値							
			65 000 mm² 以下		65 000 mm² を超え 130 000 mm² 以下		130 000 mm² を超え 260 000 mm² 以下		260 000 mm² を超え 520 000 mm² 以下	
			下限	上限	下限	上限	下限	上限	下限	上限
C		0.30 以下	0.01	0.01	0.02	0.02	0.03	0.03	0.04	0.04
	0.30 を超え	0.75 以下	0.02	0.02	0.03	0.03	0.04	0.04	0.05	0.05
	0.75 を超えるもの		0.03	0.03	0.04	0.04	0.05	0.05	0.06	0.06
Si		0.35 以下	0.02	0.02	0.02	0.02	0.03	0.03	0.04	0.04
	0.35 を超え	2.20 以下	0.05	0.05	0.06	0.06	0.06	0.06	0.07	0.07
Mn		0.90 以下	0.03	0.03	0.04	0.04	0.05	0.05	0.06	0.06
	0.90 を超え	2.10 以下	0.04	0.04	0.05	0.05	0.06	0.06	0.07	0.07
P		0.050 以下	－	0.005	－	0.010	－	0.010	－	0.010
S		0.060 以下	－	0.005	－	0.010	－	0.010	－	0.010
Cu		1.00 以下	0.03	0.03	－	－	－	－	－	－
	1.00 を超え	2.00 以下	0.05	0.05	－	－	－	－	－	－
Ni		1.00 以下	0.03	0.03	0.03	0.03	0.03	0.03	0.03	0.03
	1.00 を超え	2.00 以下	0.05	0.05	0.05	0.05	0.05	0.05	0.05	0.05
	2.00 を超え	5.30 以下	0.07	0.07	0.07	0.07	0.07	0.07	0.07	0.07
	5.30 を超え	10.00 以下	0.10	0.10	0.10	0.10	0.10	0.10	0.10	0.10
Cr		0.90 以下	0.03	0.03	0.04	0.04	0.04	0.04	0.05	0.05
	0.90 を超え	2.10 以下	0.05	0.05	0.06	0.06	0.06	0.06	0.07	0.07
	2.10 を超え	10.00 以下	0.10	0.10	0.10	0.10	0.12	0.12	0.14	0.14
Mo		0.20 以下	0.01	0.01	0.01	0.01	0.02	0.02	0.03	0.03
	0.20 を超え	0.40 以下	0.02	0.02	0.03	0.03	0.03	0.03	0.04	0.04
	0.40 を超え	1.15 以下	0.03	0.03	0.04	0.04	0.05	0.05	0.06	0.06
V		0.10 以下	0.01	0.01	0.01	0.01	0.01	0.01	0.01	0.01
	0.10 を超え	0.25 以下	0.02	0.02	0.02	0.02	0.02	0.02	0.02	0.02
	0.25 を超え	0.50 以下	0.03	0.03	0.03	0.03	0.03	0.03	0.03	0.03
	最小値規定の場合		0.01	－	0.01	－	0.01	－	0.01	－
W		1.00 以下	0.04	0.04	0.05	0.05	0.05	0.05	0.06	0.06
	1.00 を超え	4.00 以下	0.08	0.08	0.09	0.09	0.10	0.10	0.12	0.12
Al		1.50 以下	0.10	0.10	0.10	0.10	0.10	0.10	0.10	0.10

表5－ステンレス鋼及び耐熱鋼鋼材の製品分析の許容変動値

単位 %

成分	化学成分規定値の最大値		許容変動値	
			下限	上限
C		0.030 以下	－	0.005
	0.030 を超え	0.20 以下	0.01	0.01
	0.20 を超え	0.60 以下	0.02	0.02
	0.60 を超え	1.20 以下	0.03	0.03
Si		1.00 以下	－	0.05
	1.00 を超え	4.50 以下	0.10	0.10
	4.50 を超え	7.00 以下	0.15	0.15
Mn		1.00 以下	0.03	0.03
	1.00 を超え	3.00 以下	0.04	0.04
	3.00 を超え	6.00 以下	0.05	0.05
	6.00 を超え	10.00 以下	0.06	0.06
P		0.045 以下	－	0.005
	0.045 を超え	0.20 以下	0.010	0.010
S		0.040 以下	－	0.005
	0.040 を超え	0.20 以下	0.010	0.010
Ni		1.00 以下	－	0.03
	1.00 を超え	5.00 以下	0.07	0.07
	5.00 を超え	10.00 以下	0.10	0.10
	10.00 を超え	20.00 以下	0.15	0.15
	20.00 を超え	27.00 以下	0.20	0.20
	27.00 を超え	30.00 以下	0.25	0.25
	30.00 を超え	40.00 以下	0.30	0.30
Cr	4.00 を超え	10.00 以下	0.10	0.10
	10.00 を超え	15.00 以下	0.15	0.15
	15.00 を超え	20.00 以下	0.20	0.20
	20.00 を超え	35.00 以下	0.25	0.25
Mo	0.20 を超え	0.60 以下	0.03	0.03
	0.60 を超え	2.00 以下	0.05	0.05
	2.00 を超え	8.00 以下	0.10	0.10
Cu		0.50 以下	－	0.03
	0.50 を超え	1.00 以下	0.05	0.05
	1.00 を超え	3.00 以下	0.10	0.10
	3.00 を超え	5.00 以下	0.15	0.15
W		1.00 以下	0.03	0.03
	1.00 を超え	2.00 以下	0.05	0.05
	2.00 を超え	5.00 以下	0.07	0.07
Ti		1.00 以下	0.05	0.05
	1.00 を超え	3.00 以下	0.07	0.07
Nb		1.50 以下	0.05	0.05
Nb＋Ta		1.50 以下	0.05	0.05
Al		0.15 以下	0.005	0.01
	0.15 を超え	0.50 以下	0.05	0.05
	0.50 を超え	2.00 以下	0.10	0.10
	2.00 を超え	5.00 以下	0.20	0.20

表5－ステンレス鋼及び耐熱鋼鋼材の製品分析の許容変動値（続き）

単位　%

成分	化学成分規定値の最大値		許容変動値	
			下限	上限
N		0.02 以下	0.005	0.005
	0.02 を超え	0.19 以下	0.01	0.01
	0.19 を超え	0.25 以下	0.02	0.02
	0.25 を超え	0.35 以下	0.03	0.03
	0.35 を超え	0.45 以下	0.04	0.04
	0.45 を超え	0.55 以下	0.05	0.05
Co	15.00 を超え	22.00 以下	0.20	0.20
V		0.50 以下	0.03	0.03
Se	全て		0.03	0.03
B	0.001 以上	0.010 以下	0.000 4	0.001
Zr	0.10 を超え	0.80 以下	0.05	0.05

| JIS G 0404 | 鋼材の一般受渡し条件 | JIS (2005, 10, 14) 改正 |
| (2023) | Steel and steel products-General technical delivery requirements | JIS (1999) 制定 |

序文

この規格は，2013 年に第 3 版として発行された **ISO 404** 及び 2022 年に発行された Amendment 1 を基とし，技術的内容を変更して作成した日本産業規格である。ただし，追補 (amendment) については，編集し，一体とした。

なお，この規格で点線の下線を施してある箇所は，対応国際規格を変更している事項である。技術的差異の一覧表にその説明を付けて，**附属書 JA** に示す。

1　適用範囲

この規格は，**JIS G 0203** に定義されている鋼材の一般受渡し条件について規定する。ただし，鍛鋼品・鋳鋼品及び粉末冶金製品を除く。

注文時に合意した受渡し条件又は製品規格に規定された受渡し条件がこの規格の規定と異なる場合は，通常，注文時に合意した受渡し条件又は製品規格に規定された受渡し条件を適用する。

注記 1　鋼材と類似する合金などの製品に，この規格が適用される場合がある。

注記 2　製品規格（例えば，日本産業規格）と注文時に合意した受渡し条件との規定が異なる場合，注文時に合意した受渡し条件を適用すると，製品の製品規格適合性が維持不可能なときがある。

注記 3　この規格の対応国際規格及びその対応の程度を表す記号を，次に示す。

ISO 404:2013, Steel and steel products － General technical delivery requirements ＋ Amendment 1:2022 （MOD）

なお，対応の程度を表す記号"MOD"は，**ISO/IEC Guide 21-1** に基づき，"修正している"ことを示す。

2　引用規格

次に掲げる引用規格は，この規格に引用されることによって，その一部又は全部がこの規格の要求事項を構成している。これらの引用規格は，その最新版（追補を含む。）を適用する。

JIS G 0201　鉄鋼用語（熱処理）

JIS G 0202　鉄鋼用語（試験）

JIS G 0203　鉄鋼用語（製品及び品質）

JIS G 0320　鋼材の溶鋼分析方法

JIS G 0321　鋼材の製品分析方法及びその許容変動値

JIS G 0415　鋼及び鋼製品－検査文書

JIS G 0416　鋼及び鋼製品－機械試験用供試材及び試験片の採取位置並びに調製

JIS G 0417　鉄及び鋼－化学成分定量用試料の採取及び調製

JIS Q 9001　品質マネジメントシステム－要求事項

JIS Z 8401　数値の丸め方

3　用語及び定義

この規格で用いる主な用語及び定義は，次によるほか，**JIS G 0201**，**JIS G 0202** 及び **JIS G 0203** による。

3.1
検査（inspection）

製品又はサービスの特性を測定，調査，試験及び測寸し，それらを規定された要求事項と比較し，適合するかどうかを検証する行為

3.2
試験（testing）

材料又は製品の性質又は特性を決める操作又は行為

3.3
受渡検査（specific inspection）

出荷品そのもの又は出荷品がその一部を構成する試験単位に対して，出荷品が注文書の要求事項を満足するかどうかを検証するために，受渡し前に製品仕様によって行われる検査

3.4
検査代表者（inspection representative）

次のいずれかの個人又は複数の者

a)　製造業者によって任命され，製造部門から独立した検査の代表者

b)　注文者によって認められた検査の代表者

c)　第三者機関によって指定された検査員

3.5
試験単位（test unit）

製品規格又は注文書の要求事項によって，供試製品に対して実施した試験結果に基づいて，一括して合格又は不合格とされる製品の集団

注釈1　図1参照。

3.6
供試製品（sample product）

検査及び／又は試験のために試験単位から選んだ製品（例　1枚の鋼板）

注釈1　図1参照。

3.7
供試材（sample）

試験片を調製するために，供試製品から採取した十分な量の材料

注釈1 図1参照。

注釈2 供試材は,供試製品そのものとなる場合がある。

3.8
粗試験片(rough specimen)

試験片を調製するために,機械加工,更に必要によって熱処理を行う供試材の一部分

注釈1 図1参照。

3.9
試験片(test piece)

規定の寸法をもち,所定の試験に供する状態の供試材の一部分

注釈1 図1参照。

注釈2 試験片は,供試材そのもの又は粗試験片そのものとなる場合がある。

3.10
溶鋼分析[cast (heat) analysis]

日本産業規格又は文書化された一定の手順によって製造業者が実施する溶鋼の代表値を求める化学成分の分析

注釈1 通常,溶鋼がとりべから鋳型に注入され,凝固するまでの一連の過程において採取した分析用試料について行う化学成分の分析。

注釈2 真空アーク再溶解(VAR),エレクトロスラグ再溶解(ESR)など溶鋼から分析用試料の採取が不可能な場合は,鋼塊,鋼片又は鋼材から採取した分析用試料によって分析を行い,溶鋼分析に代えて溶鋼の代表値としてもよい。

3.11
製品分析(product analysis)

製品について実施する化学成分の分析

注釈1 溶鋼分析値の規定範囲(上限値及び/又は下限値)に対して,製品分析の許容変動値を規定している(JIS G 0321 参照)。

3.12
組試験(sequential testing)

注文書及び/又は製品規格の要求事項を満足していることを示すために,平均及び/又は個々の試験結果を求める一組の試験

3.13
製造業者(manufacturer)

注文書の要求事項,及び関連する製品仕様によって製品を製造する組織

3.14
中間業者(intermediary)

製造業者によって製品を供給され,その製品に加工を全く加えないか,又は注文書及び関連する製品仕様に指定された特性に影響を与えない範囲での切断加工などを行う組織

注釈1 中間業者としては,コイルセンタ,シヤリング業者,問屋などがある。

3.15

加工業者

製造業者によって製品を供給され，製品に加工を加える組織

注釈 1 製造業者が発行する検査文書の取扱い及び加工業者の追加文書については，**箇条 6** を参照。

3.16

受渡状態 (as-delivered condition)

製造工程において，成形後及び／又は熱処理後の機械的性質が受渡し時と同じ状態

注釈 1 余長部の機械的性質が，受渡し時と同じ状態であれば受渡状態とみなされる。

注釈 2 ボイラ及び圧力容器用の鋼板，チェーン用の丸鋼などでは，製造業者が注文者の指定する熱処理条件によって供試材又は試験片に熱処理を実施する場合を受渡状態とみなされる。

注釈 3 金属組織の変化を伴わない熱処理（応力除去焼なましなど）前の状態で，機械的性質が受渡し時と同じ状態の場合は，受渡状態とみなされる。

4 注文者によって提示される情報

4.1 注文者は，意図する加工方法及び用途を考慮して，鋼の種類，製品の形状及び寸法を選定する。その選定に当たって，製造業者の助言を参考にしてもよい。

注文書は，次に示すような製品，要求特性，及び受渡しに関する詳細を，提示する。

a) 注文製品の質量，長さ，面積，数量

b) 製品形状（場合によっては，例えば，図面番号）

c) 表示寸法

d) a) 及び c) の許容差

e) 鋼の種類の記号

f) 注文者が指定する製造方法（熱処理の種類，表面処理など）

g) 表面品質及び／又は内質の特別要求

h) 製品規格で規定していない場合，検査文書の種類及び検査・試験の要求事項

i) **JIS Q 9001** の品質マネジメントシステムを適用する場合は，その規格番号

j) 表示，包装及び荷積みに関する要求事項

k) 製品規格のオプション（選択）要求事項

4.2 4.1 の諸情報は，次のいずれかの方法で規定する。

a) 一つ以上の日本産業規格を引用する。

b) 日本産業規格を発効年の指定なしで引用した場合，注文が成立した時点での有効な最新版を適用する。日本産業規格の発効年を指定する場合は，適用する年版について受渡当事者間の協定による。

c) 日本産業規格がない場合，要求される特性及び条件を規定する。

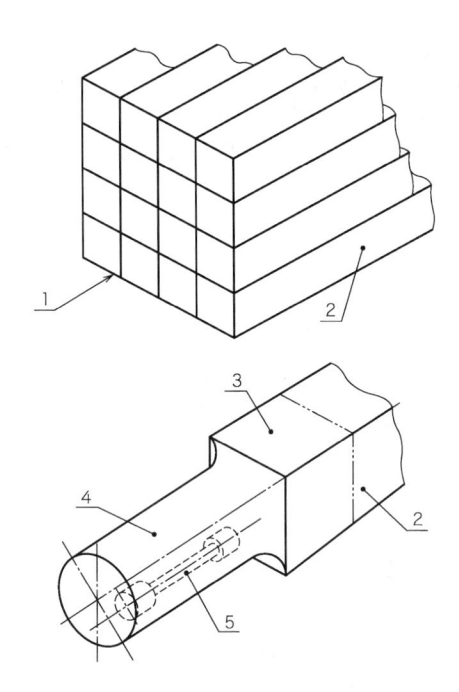

記号説明
　1：試験単位（**3.5**）
　2：供試製品（**3.6**）
　3：供試材（**3.7**）
　4：粗試験片（**3.8**）
　5：試験片（**3.9**）

図1－箇条3に定義する用語の例

5　製造工程

　製造工程は，受渡当事者間の協定がある場合又は製品規格に規定している場合を除いて，製造業者の選択による。

　注記　製造工程には，製品受渡しまでの全ての作業を含んでいる。

6　中間業者又は加工業者による供給

　中間業者又は加工業者は，注文者の要求がある場合，**JIS G 0415** に規定する製造業者の検査文書を注文者へ提出する。

　この製造業者からの文書には，製品と文書との関連性を明確にするための適切な識別手段を含まなければならない（**箇条14** 参照）。

　中間業者は，製品の寸法 [注] を変更した場合，この新しい変更を示す付帯的な文書を注文者に提出する。

加工業者は，製品規格の規定及び注文書の内容に関して，加工によって変化する特性について，加工業者が自ら検査し，追加文書に加工の種類及び検査結果を記載する。ただし，リコイリングなどの軽度な加工，又は切断時の局部的な加熱若しくは塑性変形は含まない。

注[1]　ここでの寸法とは，例えば，鋼板・鋼帯の幅及び長さ，又は棒鋼の長さのことであり，板厚及び径を含んでいない。

7　一般要求

7.1　一般

製品は，注文書の要求事項に適合しなければならない。製造業者は，要求される検査文書の種類に関係なく，出荷品が注文書の要求事項に適合することを確かめるために，適切な工程管理，試験及び検査を行わなければならない。試験を実施する際に，安全及び健康に対する危害の可能性がある場合，規格の利用者は，その責任において安全及び健康に対する適切な措置をとらなければならない。

7.2　立会検査

製造業者は，立会検査を要求された場合，出荷品の一部又は全量についての受渡試験及び検査が実施可能な期日を，検査代表者へ通知しなければならない。立会検査は，注文時に要求しなければならない。製造業者及び検査代表者は，工場の通常操業を妨げないように，試験・検査の日時を合意しなければならない。

製造業者は，立会検査の対象となる注文を記載した検査通知書を，試験・検査作業の開始に遅れることなく検査代表者へ届けなければならない。

製造業者は，検査代表者と合意した試験・検査を行う場合，合意した時間において，試験・検査対象製品の在庫場所への自由な出入りを確保しなければならない。また，検査代表者は，製品規格の規定又は注文者の指定によって，供試材を採取する供試製品を試験単位から選んでもよい。検査代表者は，供試材の採取，試験片の調製（機械加工及び処理），試験などに立ち会う権利をもつ。ただし，検査代表者は，製造業者の工場内で適用される全ての強制規則，特に安全規則を遵守しなければならない。工場は，工場の代表一人を検査代表者に同行させる権利をもつ。試験・検査作業は，通常の生産の流れへの妨げが最小となるように，行わなければならない。

7.3　受渡検査及び試験

7.3.1　引合い及び注文時に提示される情報

製品規格に規定されていない場合，引合い及び注文は，次の項目を全て含まなければならない。

a)　要求される検査文書の種類，例えば，**JIS G 0415** の**表 1**（検査文書の総括表）に規定する検査証明書 3.1 又は検査証明書 3.2 など

注記 1　検査証明書 3.1 は，**JIS G 0415**:1999 の検査証明書 3.1.B である。ただし，この注記は，次回改正時に削除予定である。

注記 2　製品規格の報告の箇条で，"特に指定がない場合は，検査文書の種類は，**JIS G 0415** の**表 1** の 3.1.B（検査証明書 3.1.B）とする。"と記載されている場合があるが，これは，**JIS G 0415** の検査証明書 3.1 のことを示している。ただし，この注記は，次回改正時に削除予定である。

b) 試験頻度 (**9.2** 参照)

c) 供試材・試験片の採取及び調製のための要求事項 (**7.6** 参照)

d) 必要によって試験単位の識別表示

e) 試験方法 (**7.5** 参照)

f) 検査証明書又は検査報告書が外部検査員によって承認される場合には，検査団体の所在地

7.3.2 受渡検査及び試験の場所

検査及び試験は，製造業者の工場に必要な設備がない場合，受渡当事者間で合意した場所，又は公認組織によって認定された施設で実施する。公認組織によって認定された施設で実施する場合，製造業者は，試験結果が判明するまで，製品を出荷してはならない。

7.4 試験中のトレーサビリティ

製造業者は，試験作業中，供試材及び試験片とそれらを採取した試験単位とのトレーサビリティを確保する。ただし，製造業者は，**9.8.2.2** によって再試験を行う場合，供試製品と試験単位とのトレーサビリティの確保などによって，供試製品を試験単位から取り除いたり，供試製品において再試験を行えるようにする。

7.5 試験方法及び機器

試験方法は，製品規格の規定による。製品規格に規定がない場合は，注文時に受渡当事者間で合意したほかの試験方法による [**4.1 h)** 参照]。

製造業者は，注文書又は製品規格に規定されている特性を試験する。最終検査・試験に使用する機器は，国家標準又はそれに準じる標準がある場合，それをトレーサブルな標準に対して校正し，かつ，調整して，その状態に維持する。そのような標準が存在しない場合は，校正の基準 (basis) を文書化する。製造業者は，それらの機器の校正記録を維持する。測定・試験機器の精度は，規定値及びその許容差に対して十分でなければならない。

化学組成は，化学的，又は物理的 (蛍光 X 線分析方法，発光分光分析方法など) 分析方法で定量してもよい。係争を調停する場合は，採用する分析方法を協定する。

試験に適用する主な日本産業規格を参考文献に示す。

7.6 試験片採取条件及び試験片

機械試験用供試材の調製は，JIS G 0416 に規定している。化学分析用試料の調製は，JIS G 0417 に規定している。

試験片の採取位置，方向及び調製は，JIS G 0416 及び JIS G 0417，並びに製品規格の規定又は注文書の要求事項による。試験片の採取方向は，製品規格の規定又は注文書に特に指定がない場合，次による。

a) 棒鋼・線材・線・形鋼・平鋼は，圧延方向 (軸方向) とする。

b) 鋼板・鋼帯・鋼管は，圧延方向 (軸方向) 又はその直角方向とする。

硬さ試験片は，製品規格の規定又は注文書に特に指定がない場合，引張試験片などほかの試験片の一部を用いてもよい。

製品規格の規定で 2 種類以上の試験片の使用が認められている場合，製品規格の規定又は注文書に特に指定がない場合，使用する試験片は，製造業者の選択による。

機械試験に供される供試材及び試験片の採り方は，鋼材の種類に応じて次の A 類 [**JIS G 0416** の **5.3.2** （受渡状態での試験）参照] 又は B 類 [**JIS G 0416** の **5.3.3** （B 類での試験）参照] の方法によるものとし，このいずれによるかは，製品規格の規定による。

c) A 類は，受渡状態の鋼材（余長部を含む。）から供試材を採取し，**JIS G 0416** によって試験片を調製し，機械試験を行う方法であり，次のいずれかの場合による。

1) 供試材から直接試験片を調製する場合

2) 供試材に熱処理を実施するよう規定している場合。なお，供試材の厚さ，径などの寸法を変えずに規定の熱処理を実施する。

供試材は，試験片を採取する箇所の特性を変化させない方法で，採取する。試験片を調製するため，供試材の平たん化又は直線化が必要な場合，製品規格で特に規定のないときは，常温で行う。

d) B 類は，標準供試材を作製し，これに規定の熱処理を施した後，試験片を調製し，機械試験を行う場合に用いる試験方法であり，次による。

1) 標準供試材は，直径 25 mm とし，鋼材又は鋼片から軸方向に鍛伸又は切削して調製する。ただし，鋼材の寸法が 25 mm 以下の場合，又は連続鋳造ままの鋼片の場合は，次による。

－ 鋼材の径，対辺距離又は厚さが 25 mm 以下の場合は，そのまま標準供試材としてもよい。

－ 連続鋳造ままの鋼片の場合は，軸方向に鍛伸して調製する。この場合，鍛錬成形比は，4 以上とする。

2) 試験片は，標準供試材に製品規格の規定による熱処理を実施後，調製する。

7.7 測定の不確かさ

測定の不確かさは，試験の合否を評価する場合，製品規格の規定値に組み合わせてはならない。

8 化学成分

化学成分は，次による。

a) 化学成分に関する要求事項は，明確に製品分析と規定していない限り，溶鋼分析とし，分析方法は，**JIS G 0320** による。

b) 溶鋼分析用の試料は，溶鋼を代表する位置から採取する。試料の採り方及び調製方法は，**JIS G 0417** による。

c) 製品分析は，注文者の要求がある場合に行う。この場合，試料の採り方は，**JIS G 0417** による。分析元素及び化学成分の規格値に対する許容変動値は，各規格の規定による。各規格に許容変動値の規定がない場合は，受渡当事者間の協定によって，**JIS G 0321** の許容変動値の表番号を指定する。

d) 分析値は，質量分率（百分率）で表し，単位は，%と表示してもよい。分析値は，**JIS Z 8401** の規則 A によって規定値の有効桁数に丸める。製品規格に炭素当量，溶接割れ感受性組成及び溶融亜鉛めっき割れ感受性当量が規定された場合は，それぞれの計算式に含まれる全ての元素を分析し，規定された式に基づいて算出した値を，**JIS Z 8401** の規則 A によって規定値の有効桁数に丸める。

9 機械的性質

9.1 機械試験（引張試験，衝撃試験，硬さ試験，曲げ試験など）

試験方法及び試験片の種類は，各製品規格の規定による。

9.2 試験頻度

9.2.1 試験単位の形成

試験単位は，試験の種類に応じ，製品規格の規定又は注文書による。

通常，試験単位は，a) 及び b) による。

a) 次の要素の組合せ

1) 同一溶鋼

2) 同一鋳込み

3) 同一圧延単位

4) 同一熱処理条件又は同時熱処理

5) 同一製品形状

6) 同一厚さの範囲

7) 同一径又は対辺距離の範囲

b) 試験単位の質量又は個数

試験単位は，個々の製品の場合もある。

9.2.2 供試製品，供試材及び試験片の数

各試験について，各試験単位から採取する供試製品の数，各供試製品から採取する供試材の数，及び各供試材から採取する試験片の数は，製品規格の規定又は注文書による。

9.3 適用寸法

製品規格で機械的性質を厚さ，径などの寸法区分によって規定している場合，適用寸法は，機械試験用試験片を採取する規定位置における製品の公称寸法を用いる。

9.4 適用する製品状態

機械的性質は，製品規格の規定又は注文書に特に指定がない場合，受渡状態における性質とする。

9.5 衝撃試験の吸収エネルギー値の評価

衝撃試験の吸収エネルギー値は，製品規格の規定又は注文書に特に指定がない場合，個々の試験の平均値とし，9.6 によって評価する。

9.6 組試験の結果の評価

一組の組試験結果の評価は，組試験の方法による。衝撃試験の場合は，次による。ほかの組試験，例えば厚さ方向の引張試験の評価の場合は，衝撃試験の場合を例として類似の方法で行う。

a) 一組を構成する三つの試験片の平均値は，規定値を満足しなければならない。個々の試験片の値の一

つは，規定値未満でもよいが，規定値の 70 %以上でなければならない。

b) **a)** を満足しない場合，規定値未満の試験片が二つ以下であり，かつ，規定の 70 %未満の試験片が一つ以下の場合，製造業者は，一組を構成する三つの追加試験片を同じ供試材から採取し，試験をしてもよい。その試験単位を合格と判定するためには，次の条件を同時に満足しなければならない。

1) 六つの試験片の平均値は，規定値以上とする。

2) 六つの試験片の個々の値のうち，規定値未満は，二つ以下とする。

3) 六つの試験片の個々の値のうち，規定値の 70 %未満の試験値は，一つ以下とする。

c) **a)** 又は **b)** の条件を満たさない場合，供試製品は除かれ，試験単位の残りについて再試験を行う（**9.8.2.3** 参照）。

9.7 残製品の扱い

注文者は，注文寸法の鋼材から供試材の採取を要求した場合，供試材を採取した残りの注文寸法に満たない鋼材も注文寸法の鋼材として受け入れなければならない。

9.8 再試験

9.8.1 試験の無効

次のような不適切な試験片採取，試験片の調製又は試験の実施による試験結果は，無効とする。

a) 試験前に試験片の加工不良が認められたとき，又は材質に関係がないと認められるきずがあった場合

b) 試験操作に誤りがあったと認められる場合

9.8.2 再試験の方法

9.8.2.1 一般

製造業者は，一つ又はそれ以上の試験の結果が規定値に適合しない場合，その試験単位を不合格とするか，又は **9.8.2.2** 及び **9.8.2.3** に規定する手順によって再試験を行ってもよい。

注記 試験結果が対象鋼種の規定値から異常に大きく外れている場合には，異材混入が懸念されるため，再試験は，**9.9** に規定する手順に基づいて適切に行うよう注意を要する。

9.8.2.2 個々の値で判定する試験

規定値が平均値ではなく，個々の値に対して規定されている試験（例えば，引張試験，曲げ試験又は一端焼入試験）が不合格となった場合，次の手順を実施する。

a) 試験単位が製品 1 個のとき（**図 2** 参照）

規定値を満足しなかった試験と同じ試験を，新たに 2 回実施する。2 回の再試験結果は，共に規定値を満足しなければならない。規定値を満足しない場合，製品は，除かれる。

b) 試験単位が製品 2 個以上のとき［**例** 圧延ロット単位，鋳込み又は熱処理条件単位など（**図 3** 参照）］

規定値を満足しなかった試験結果が得られた供試製品を試験単位の中にとどめるかどうかは，製造業者が判断し，次による。

1) その供試製品を試験単位から除くときは，検査代表者は，同じ試験単位の中から二つほかの供試製品を指定する。この二つの供試製品から各々採取した試験片で，規定値を満足しなかった試験を前回と同じ条件で実施し，共に規定値を満足しなければならない。

2) その供試製品を試験単位の中にとどめるときは，1) に示す手順のうち，一つの試験片は，試験単位の中にとどめられた供試製品から採取する。受渡当事者間の協定によって，2 個の再試験片とも前回規定値を満足しなかった供試製品から採取してもよい。再試験結果は，二つとも規定値を満足しなければならない。

　なお，製品規格の表示規定で，結束又はこん（梱）包ごとの表示が認められている場合，次の条件を満たす製品群（結束，こん包など）は，同一供試製品とみなしてもよい。

・ 溶接鋼管：同一コイル，同一成形タイミング及び同一条件で製造された製品群

・ 棒鋼，形鋼，継目無鋼管：同一鋼片から製造された製品群

9.8.2.3　組試験

9.6 に規定する衝撃試験の結果が規定値を満足しなかった場合，次の組試験を実施する（**図 4** 参照）。

　規定値を満足しなかった供試製品は，**9.6** によって除かなければならない。この場合，**9.8.2.2 b) 1)** に示す手順によって，試験単位の残りから選択した異なる二つの供試製品から，それぞれ三つの試験片を一組とする試験片を採取し，合計六つの試験片で試験を行い，それら二組の試験結果は，規定値を満足しなければならない。この場合，**9.6 b)** は，適用しない。

9.9　選別又は再処理

　製造業者は，再試験の前又は後で製品を選別したり，又は規定値を満足しなかった製品の再処理（例えば，熱処理，機械加工，圧延，引抜きなど。）を行い，**9.2** によって新しい試験単位とする権利をもつ。再処理を行わず選別だけの場合は，最初の試験・検査で規定値を満足しなかった項目だけの試験・検査を行う。受渡当事者間で協定した場合，製造業者は，検査代表者へ採用した選別法又は再処理法を通知する。

10　その他の性質

　その他の性質（化学成分及び機械的性質以外）についての試験は，各製品規格の規定による。

11　表面及び内部品質

11.1　一般

　製品は，使用又は加工に適した仕上げ品質をもっていなければならない。通常の製造条件で生じる小さな表面きず及び内部のきずは，不採用の根拠としてはならない。

　表面及び内部品質の詳細な要求事項は，必要に応じて，引合い及び注文時に，適切な日本産業規格（又は日本産業規格がない場合，ほかの該当規格）を引用することによって，受渡当事者間で協定する。

11.2　きずの検出

　きずを検出するための特別な試験（放射線透過試験，超音波探傷試験，磁気探傷試験など）の適用は，製品規格又は注文時の受渡当事者間の協定による。その場合の試験製品数及び合否判定基準は，製品規格又は受渡当事者間の協定による。

11.3　きずの除去

きず除去後の製品の寸法及び特性が，注文書，製品規格，寸法規格又は表面品質の規格の規定を満足する場合は，機械的又は熱的方法で表面きずを除去してもよい。

11.4　溶接補修

注文者は，製品規格の規定又は注文書に特に指定がない場合，部分的な溶接補修を許可してもよい。

12　形状，寸法及び質量

鋼材の形状，寸法及び質量の検査を行う場合，その測定は，許容差に対し適切な精度をもった測定器によって行う。

13　報告

13.1　機械試験及び化学分析の結果の丸め方

機械試験及び化学分析の結果は，製品規格の規定又は注文書に指定がない場合，規定値と同じ有効数字の最下位の次の桁まで算出し，**JIS Z 8401** の規則 A によって，規定値と同じ有効桁数に丸める。

　注記　デジタル表示の測定装置を使用する場合，表示される数字の桁数が試験装置及び／又は試験方法の精度以上に表示される場合がある。

13.2　検査証明書，試験及び検査の種類

注文者は，注文時に，製品規格で規定する以外の検査文書が必要な場合，検査文書の種類（**JIS G 0415**）を指示する［**4.1 h)** 参照］。

14　表示

製造業者は，製品又は出荷品を識別するために，製品規格の規定又は注文時の合意に従った表示内容を表示する。要求がない場合，識別のための表示内容は，製造業者の選択による。

検査文書を発行する場合，製品及び受渡ロットは，検査文書と関連付けられるように表示する。

　注記　種類の記号などの表示は，内容が明確に識別できればよいため，文字間のブランクの有無については特に規定していない。

15　係争

係争の場合，係争対象の特性を評価するために使用される試験片採取条件及び試験方法は，**7.5** 及び **7.6** 又は関連する日本産業規格による。

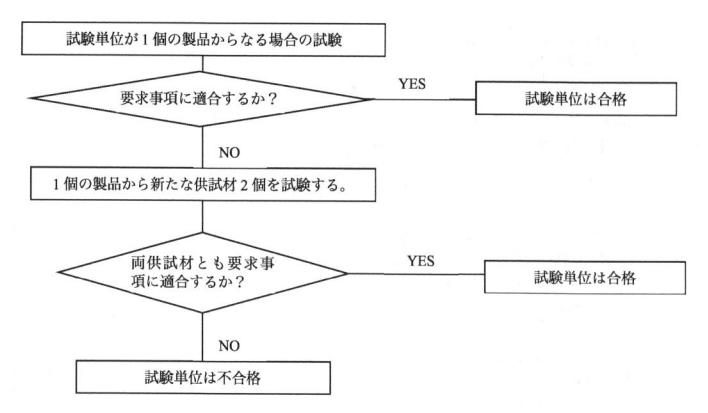

図2－試験結果の判定が試験結果の個々の値について行われ，かつ，試験単位が1個の製品である場合のフローチャート（例：引張試験）

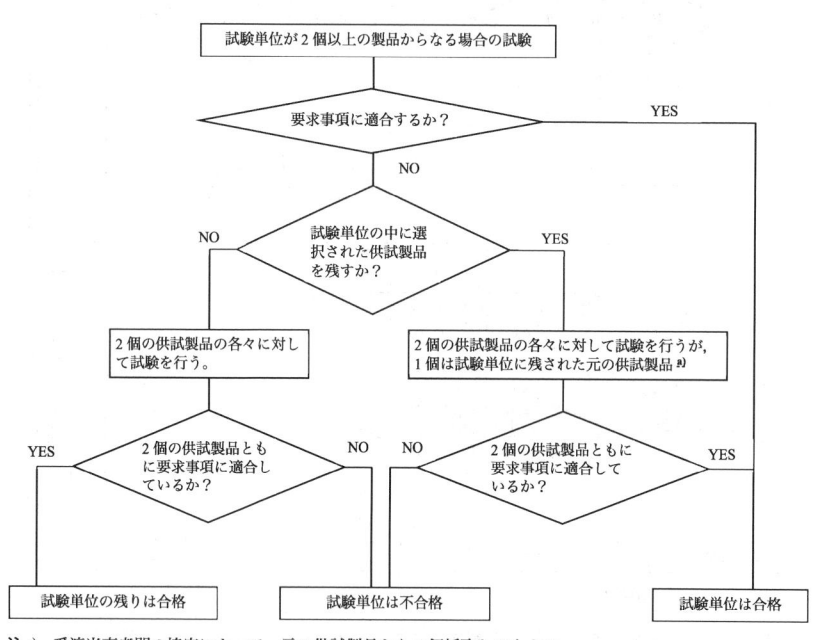

注 a) 受渡当事者間の協定によって，元の供試製品から2個採取してもよい。

図3－試験結果の判定が試験結果の個々の値について行われ，かつ，試験単位が2個以上の製品で成り立っている場合のフローチャート（例：引張試験）

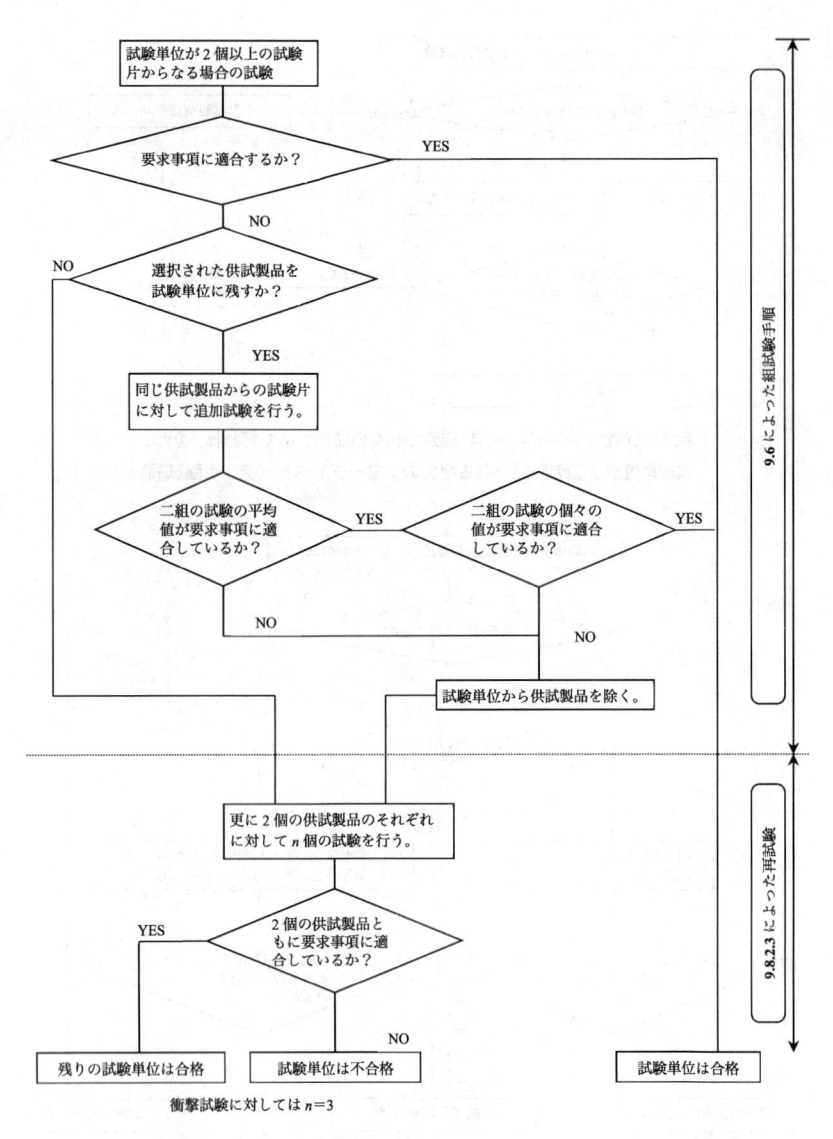

図4－組試験及びその再試験に関するフローチャート（例：シャルピー衝撃試験）

参考文献

[1] **JIS G 0567** 鉄鋼材料及び耐熱合金の高温引張試験方法

[2] **JIS Z 2241** 金属材料引張試験方法

[3] **JIS Z 2242** 金属材料のシャルピー衝撃試験方法

[4] **JIS Z 2243-1** ブリネル硬さ試験－第1部：試験方法

[5] **JIS Z 2244-1** ビッカース硬さ試験－第1部：試験方法

[6] **JIS Z 2245** ロックウェル硬さ試験－試験方法

[7] **JIS Z 2248** 金属材料曲げ試験方法

附属書 JA
(参考)
JIS と対応国際規格との対比表

JIS G 0404		ISO 404:2013＋Amd 1:2022,（MOD）		
a) **JIS の箇条番号**	b) 対応国際規格の対応する箇条番号	c) 箇条ごとの評価	d) **JIS** と対応国際規格との技術的差異の内容及び理由	e) **JIS** と対応国際規格との技術的差異に対する今後の対策
1	1	削除	**ISO** 規格は,鋳鋼品・粉末冶金製品を適用対象外としているが,この規格は,鍛鋼品も適用対象外としている。	**JIS** は,国内の技術基準に対応しており,現状を維持する。
		追加	**JIS** は,鋼材と類似する合金などの製品での使用を注記に記載している。	
3	3	削除	**JIS** は,使用しない用語（non-specific inspection）を削除している。	**JIS** は,国内の技術基準及び商流に対応しており,現状を維持する。
		追加	**JIS** は,**ISO** 規格の用語定義に対して,国内での利用に関して必要な定義を追加している。	
			JIS は,"加工業者"及び"受渡状態"を用語に追加している。	
4	4	変更	**JIS** は,**ISO** 規格より明確に規定している。	**JIS** は,国内の商流に対応しており,現状を維持する。
6	6	変更	**JIS** は,中間業者及び加工業者の用語定義の修正に伴い変更している。	**JIS** は,国内の商流に対応しており,現状を維持する。
7	8	削除	**JIS** は,国内で適用しない "non-specific inspection" に関する規定を削除している。	**JIS** は,国内の技術基準に対応しており,現状を維持する。
		変更	**JIS** は,試験片の採取位置,方向及び調製に関して,規定の優先順位を明確に記載している。	
			JIS は,試験片及び試験供試製品とのトレーサビリティについて,結束ロットとしてトレース可能としている。	
		追加	**JIS** は,旧規格（**JIS G 0303**）からの独自の規定を追加している。	
8	7.2	追加	**JIS** は,化学分析の共通的な内容を記載している。	**JIS** は,国内の技術基準に対応しており,現状を維持する。
9	8.3 8.4 9	追加	**JIS** は,取引の明確化のため追加している。	**JIS** は,国内の商流に対応しており,現状を維持する。
10	—	追加	旧規格（**JIS G 0303**）からの規定であり,基本的な共通項目として,記載している。	**JIS** は,国内の技術基準に対応しており,現状を維持する。

a) JIS の箇条番号	b) 対応国際規格の対応する箇条番号	c) 箇条ごとの評価	d) JIS と対応国際規格との技術的差異の内容及び理由	e) JIS と対応国際規格との技術的差異に対する今後の対策
12	—	追加	旧規格（JIS G 0303）からの規定であり，基本的な共通項目として，記載している。	JIS は，国内の技術基準に対応しており，現状を維持する。
13	8.5	変更	丸めの規格は，JIS を引用している。	JIS は，国内の技術基準に対応しており，現状を維持する。
14	10	変更	JIS は，種類の記号などの表示について，誤解が生じないように明確に記載している。	JIS は，国内の技術基準に対応しており，現状を維持する。

注記1　箇条ごとの評価欄の用語の意味を，次に示す。
　　－　削除：対応国際規格の規定項目又は規定内容を削除している。
　　－　追加：対応国際規格にない規定項目又は規定内容を追加している。
　　－　変更：対応国際規格の規定内容又は構成を変更している。
注記2　JIS と対応国際規格との対応の程度の全体評価の記号の意味を，次に示す。
　　－　MOD：対応国際規格を修正している。

鋼及び鋼製品—検査文書

Steel and steel products—Inspection documents

序文

この規格は，2013 年に第 2 版として発行された **ISO 10474** を基とし，技術的内容を変更して作成した日本産業規格である。

なお，この規格で点線の下線を施してある箇所は，対応国際規格を変更している事項である。技術的差異の一覧表にその説明を付けて，**附属書 JA** に示す。

1 適用範囲

この規格は，日本産業規格で規定された鋼及び鋼製品の出荷のため，注文書の要求事項に従って注文者へ提出される種々の検査文書について規定する。

この規格は，次の一般受渡し技術条件を規定する規格とともに使用される。

- 鋼及び鋼製品　**JIS G 0404**
- 鋳鋼品　**JIS G 0307**

注記 1　この規格は，その他の金属製品に適用される場合がある。

注記 2　この規格の対応国際規格及びその対応の程度を表す記号を，次に示す。

ISO 10474:2013，Steel and steel products—Inspection documents（MOD）

なお，対応の程度を表す記号"MOD"は，**ISO/IEC Guide 21-1** に基づき，"修正している"ことを示す。

2 引用規格

次に掲げる引用規格は，この規格に引用されることによって，その一部又は全部がこの規格の要求事項を構成している。これらの引用規格は，その最新版（追補を含む。）を適用する。

JIS G 0203　鉄鋼用語（製品及び品質）

JIS G 0307　鋳鋼品の製造，試験及び検査の通則

JIS G 0404　鋼材の一般受渡し条件

注記　**JIS G 0307** 及び **JIS G 0404** は，要求事項の一部を構成する規格ではないが，対応国際規格どおり引用規格の箇条に記載した。

3 用語及び定義

この規格で用いる主な用語及び定義は，次によるほか，**JIS G 0203** による。

3.1

随時検査（non-specific inspection）

製造業者が自らの手順に従って，同一製造工程で製造された製品が注文書の要求事項に適合していることを検証するために行う検査

注釈1　検査及び試験される製品は，実際に出荷される製品と異なってもよい。

3.2

受渡検査（specific inspection）

出荷品そのもの又は出荷品がその一部を構成する試験単位に対して，出荷品が注文書の要求事項に適合していることを検証するために，受渡し前に製品仕様（3.3）によって行われる検査

3.3

製品仕様（product specification）

関連する規格，その他の規定など文書として記載された注文書の技術的要求事項

3.4

製造業者（manufacturer）

注文書の要求事項，及び関連する製品仕様によって製品を製造する組織

3.5

中間業者（intermediary）

製造業者によって製品が供給され，その製品に加工を全く加えないか，又は注文書及び関連する製品仕様の特性に影響を与えない範囲で切断加工などを行う組織

注釈1　中間業者としては，コイルセンタ，シヤリング業，問屋などがある。

3.6

加工業者

製造業者によって製品が供給され，製品に加工を加える組織

注釈1　製造業者が発行する検査文書の取扱い及び加工業者の追加文書については，**箇条6**を参照。

4 随時検査に基づく検査文書

4.1 注文合格書"2.1"

製造業者が試験結果を記載せずに，出荷製品が注文書の要求事項に適合していることを宣言し発行する文書（**表1**の記号2.1）。

4.2 試験報告書"2.2"

製造業者が随時検査による試験結果を記載し，出荷製品が注文書の要求事項に適合していることを宣言し発行する文書（**表1**の記号2.2）。

注記　**JIS G 0415**:1999 では，受渡試験報告書'2.3'が記載されていた。なお，この注記は，次回改正時に削除予定である。

5 受渡検査に基づく検査文書

5.1 検査証明書 3.1

製造業者が受渡検査による試験結果を記載し，注文書の要求事項に適合していることを宣言し発行する文書（**表 1** の記号 3.1）。

試験単位及び試験方法は，製品仕様及び／又は注文書による。

製造業者は，一次製品を購入し，それを自らの製品の製造に用いる場合，検査証明書 3.1 に一次製品の受渡検査における該当試験結果を転記してもよい。ただし，検査証明書への転記は，一次製品のトレーサビリティを確保し，かつ該当の一次製品の検査文書を提供可能な場合に可能である。

検査証明書 3.1 は，製造部門から独立し権限を与えられた検査代表者によって妥当性が確認されなければならない。

注記 1 検査証明書 3.1 は，**JIS G 0415**:1999 の検査証明書 3.1.B である。なお，この注記は，次回改正時に削除予定である。

注記 2 製品規格の報告の箇条で，"特に指定がない場合は，検査文書の種類は，**JIS G 0415** の**表 1** の記号の 3.1.B（検査証明書 3.1.B）とする。"と規定されている場合があるが，これは，この規格の検査証明書 3.1 のことを示している。なお，この注記は，次回改正時に削除予定である。

5.2 検査証明書 3.2

製造業者が受渡検査による試験結果を記載し，注文書の要求事項に適合していることを宣言し発行する文書（**表 1** の記号 3.2）。

試験単位及び試験方法は，製品仕様及び／又は注文書による。

製造業者は，一次製品を購入し，それを自らの製品の製造に用いる場合，検査証明書 3.2 に一次製品の受渡検査における該当試験結果を転記してもよい。ただし，検査証明書への転記は，一次製品のトレーサビリティを確保し，かつ該当の一次製品の検査文書を提供可能な場合に可能である。

検査証明書 3.2 は，製造業者の製造部門から独立し権限を与えられた代表者と，注文者によって権限を与えられた代表者又は第三者によって指名された検査員とによって，妥当性が確認されなければならない。

6 中間業者又は加工業者から交付される検査文書

中間業者又は加工業者は，製品を供給する場合，注文者の要求があるとき，この規格に規定する製造業者の検査文書の原本又は複製を注文者へ提出しなければならない。この場合，検査文書の修正及び追加を一切行ってはならない。

検査文書の複製が認められるのは，次の場合である。

— 　トレーサビリティが確保されている。

— 　要求があれば，原本が利用可能である。

中間業者は，何らかの方法で製品の識別，寸法又は数量に変更を加えた場合，この新しい条件に適合する旨の追加文書を提出しなければならない。これには，製品と文書とのトレーサビリティを確保するための適切な製品識別も含まれる（**JIS G 0404** 参照）。中間業者による鋼材の種類の記号の変更は，中間業者に

よって新しく試験が実施された場合でも，行ってはならない。

　加工業者は，製品規格の規定及び注文書の内容に関して，加工によって変化する特性について，加工業者が自ら検査し，追加文書に加工の種類及び検査結果を記載する。ただし，リコイリングなどの軽度な加工，又は切断時の局部的な加熱若しくは塑性変形は含まない。

7　検査文書の妥当性確認

　責任者は，この規格に規定する全ての検査文書の妥当性を確認し，責任者の地位，氏名及び署名[1]（又はマーク）を記載しなければならない。ただし，検査文書を適正なデータ処理システムによって作成する場合，署名（又はマーク）を記載しなくてもよい。検査文書の複製に追加情報を記載する場合にも（**箇条6**参照），同様の方法で妥当性を確認しなければならない。

　文書の保管及び配送は，電子情報又は印刷物のいずれでもよい。

　注[1]　**ISO 10474** では，責任者の署名は必要ないとしている。

8　文書の総括

　この規格で規定する文書を，**表1**に示す。

表1－検査文書の総括表

記号	文書	検査の種類	文書の内容	妥当性確認者
2.1	注文合格書	随時検査	試験結果を記載せずに，注文書の要求事項に適合していることの製造業者の宣言	製造業者
2.2	試験報告書		随時検査による試験結果の記載，及び注文書の要求事項に適合していることの製造業者の宣言	
3.1	検査証明書 3.1	受渡検査	受渡検査による試験結果の記載，及び注文書の要求事項に適合していることの製造業者の宣言	製造業者の製造部門から独立し権限を与えられた検査代表者
3.2	検査証明書 3.2			製造業者の製造部門から独立し権限を与えられた代表者と，注文者によって権限を与えられた代表者又は第三者機関によって指名された検査員

附属書 JA
（参考）
JIS と対応国際規格との対比表

JIS G 0415			ISO 10474:2013，（MOD）	
a) JIS の箇条番号	b) 対応国際規格の対応する箇条番号	c) 箇条ごとの評価	d) JIS と対応国際規格との技術的差異の内容及び理由	e) JIS と対応国際規格との技術的差異に対する今後の対策
1	1	変更	JIS は，JIS で規定した製品を対象としている。	JIS は，国内技術基準に準拠しており，現状を維持する。
3	3	追加	JIS は，中間業者に"シヤリング業"を追加している。JIS は，加工業者を用語に追加している。	JIS は，国内の取引実態に合わせており，現状を維持する。
4	4	追加	JIS は，次回の改正時に注記を削除することを記載している。	JIS は，国内技術基準に準拠しており，現状を維持する。
5	5	追加	JIS は，次回の改正時に注記 1 及び注記 2 を削除することを記載している。	JIS は，国内技術基準に準拠しており，現状を維持する。
6	6	追加	JIS は，加工業者の検査義務及び追加文書への記載義務を追加している。	JIS は，国内技術基準に準拠しており，現状を維持する。
7	7	変更	JIS Q 1000 で署名に関する規定があるため，JIS では地位，氏名及び署名を記載することを規定している。ただし，適正なデータ処理システムによる場合は，従来の規定どおりとし，署名を記載不要としている。	JIS は，国内技術基準に準拠しており，現状を維持する。

注記 1　箇条ごとの評価欄の用語の意味を，次に示す。
　−　追加：対応国際規格にない規定項目又は規定内容を追加している。
　−　変更：対応国際規格の規定内容又は構成を変更している。
注記 2　JIS と対応国際規格との対応の程度の全体評価の記号の意味を，次に示す。
　−　MOD：対応国際規格を修正している。

JIS G 0416
(2023)

鋼及び鋼製品—機械試験用供試材
及び試験片の採取位置並びに調製

[JIS (2006, 08, 14, 22) 改正
  JIS   (1999)   制定]

Steel and steel products—Location and preparation of samples
and test pieces for mechanical testing

序文

この規格は，2017 年に第 4 版として発行された **ISO 377** を基とし，技術的内容を変更して作成した日本産業規格である。

なお，この規格で，**附属書 JA** は，対応国際規格にない事項である。また，側線又は点線の下線を施してある箇所は，対応国際規格を変更している事項である。技術的差異の一覧表にその説明を付けて，**附属書 JB** に示す。

1 適用範囲

この規格は，**JIS G 0203** に定義されている形鋼，棒鋼，線材，鋼板（鋼帯及び平鋼を含む。）及び鋼管の各鋼材又は鋼片から採取する機械試験用供試材・試験片の識別表示，採取位置及び調製について規定する。

注文時に合意した受渡し条件又は製品規格に規定された受渡し条件がこの規格の規定と異なる場合は，通常，注文時に合意した受渡し条件又は製品規格に規定された受渡し条件を適用する。

注記 1 この規格は，その他の金属製品に適用される場合がある。

注記 2 製品規格（例えば，日本産業規格）と注文時に合意した受渡し条件との規定が異なる場合，注文時に合意した受渡し条件を適用すると，製品の製品規格適合性が維持不可能なときがある。

注記 3 この規格の対応国際規格及びその対応の程度を表す記号を，次に示す。

ISO 377:2017, Steel and steel products—Location and preparation of samples and test pieces for mechanical testing（MOD）

なお，対応の程度を表す記号 "MOD" は，**ISO/IEC Guide 21-1** に基づき，"修正している" ことを示す。

2 引用規格

次に掲げる引用規格は，この規格に引用されることによって，その一部又は全部がこの規格の要求事項を構成している。これらの引用規格は，その最新版（追補を含む。）を適用する。

JIS G 0201 鉄鋼用語（熱処理）

JIS G 0202 鉄鋼用語（試験）

JIS G 0203 鉄鋼用語（製品及び品質）

JIS G 0404　鋼材の一般受渡し条件

3　用語及び定義

この規格で用いる主な用語及び定義は，次によるほか，**JIS G 0201，JIS G 0202 及び JIS G 0203** による。

3.1
試験単位（test unit）
　製品規格又は注文書の要求事項によって，供試製品に対して実施した試験結果に基づいて，一括して合格又は不合格とされる製品の集団
　注釈1　**図1** 参照。

3.2
供試製品（sample product）
　検査及び／又は試験のために試験単位から選んだ製品（**例　1** 枚の鋼板）
　注釈1　**図1** 参照。

3.3
供試材（sample）
　試験片を調製するために，供試製品から採取した十分な量の材料
　注釈1　**図1** 参照。
　注釈2　供試材は，供試製品そのものとなる場合がある。

3.4
粗試験片（rough specimen）
　試験片を調製するために，機械加工，更に必要によって熱処理を行う供試材の一部分
　注釈1　**図1** 参照。

3.5
試験片（test piece）
　規定の寸法をもち，所定の試験に供する状態の供試材の一部分
　注釈1　**図1** 参照。
　注釈2　試験片は，供試材又は粗試験片そのものとなる場合がある。

3.6
模擬熱処理状態（reference condition）
　供試材，粗試験片又は試験片に対して，製品の目的とする最終状態を表すように，製品とは別に熱処理を行った場合の供試材，粗試験片又は試験片の状態
　注釈1　この状態の供試材，粗試験片又は試験片を，それぞれ参照供試材，参照粗試験片又は参照試験片と呼ぶ。
　注釈2　**JIS G 0404** の **7.6**（試験片採取条件及び試験片）の B 類は，模擬熱処理状態に含まれる。

3.7
受渡状態（as-delivered condition）
　製造工程において，成形後及び／又は熱処理後の機械的性質が受渡し時と同じ状態

注釈 1　余長部の機械的性質が，受渡し時と同じ状態であれば受渡状態とみなされる。

注釈 2　ボイラ及び圧力容器用の鋼板，チェーン用の丸鋼などでは，製造業者が注文者の指定する熱処理条件によって供試材又は試験片に熱処理を実施する場合を受渡状態とみなされる。

注釈 3　金属組織の変化を伴わない熱処理（応力除去焼なましなど）前の状態で，機械的性質が受渡し時と同じ状態の場合は，受渡状態とみなされる。

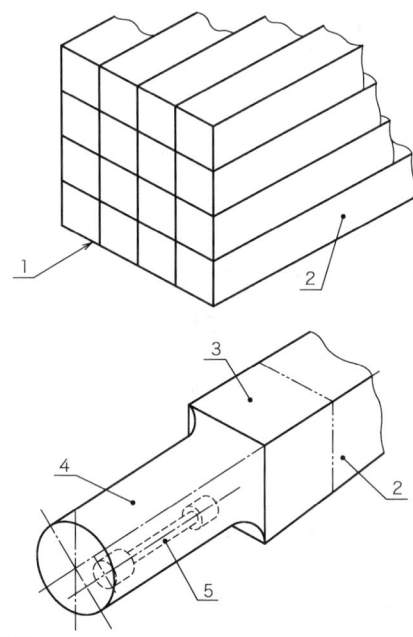

記号説明
1：試験単位（**3.1**）
2：供試製品（**3.2**）
3：供試材（**3.3**）
4：粗試験片（**3.4**）
5：試験片（**3.5**）

図 1－箇条 3 に定義する用語の例

4　一般要求

4.1　試験の代表性

　附属書 A によって採取した供試材，粗試験片及び試験片は，製品を代表するものとみなすことができなければならない。

　注記　一連の生産工程（例えば，溶解，鋳込み，熱間加工及び／又は冷間加工，熱処理など）の結果，鋼製品は，均質ではない。異なった場所から採取した供試材の機械的性質は，異なる場合がある。製造業者は，この規格によって採取した試験片の機械的性質の合否が，試験単位全体の代表と考

えている。

4.2 供試製品，供試材，粗試験片及び試験片の識別表示

供試製品，供試材，粗試験片及び試験片には，それを採取した試験単位，採取した製品の採取位置及び採取方向が追跡可能な識別表示を行う。供試材，粗試験片及び／又は試験片の調製の過程で識別表示の消滅が避けられない場合には，例えば，その識別表示が消える前に，又は自動機器のときは試験片を機器から取り出す前に，その表示の写し替えなどによって，識別表示を確実に維持する。受渡検査（Specific inspection）の場合で，かつ，注文者が要求する場合，識別表示の写し替えは，注文者の代表の立会いの下で行う。

試験片製作及び試験を全自動化システムで行う場合は，供試材，粗試験片及び試験片の識別表示はなくてもよい。ただし，システム故障時の対応手順を明確に規定する。

5 供試材の調製及び試験片の採取

5.1 供試材・試験片の採取位置及び供試材の寸法

供試材は，**附属書 A** に示す位置から試験片が採取可能となるように，採取する。その寸法は，規定の試験用の試験片，及び必要に応じて，再試験用の試験片採取が可能な十分な大きさとする。また，硬さ試験片は，製品規格の規定又は注文書に特に指定がない場合，引張試験片など他の試験片の一部を用いてもよい。

5.2 試験片軸の方向

製品製造の主圧延方向に対する試験片軸の方向は，製品規格の規定又は注文書による。また，試験片の採取方向は，製品規格の規定又は注文書に特に指定がない場合，次による。

a) 棒鋼・線材・線・形鋼・平鋼は，圧延方向（軸方向）とする。

b) 鋼板・鋼帯・鋼管は，圧延方向（軸方向）又はその直角方向とする。

5.3 供試材の状態及び採取方法

5.3.1 一般

製品規格には，次のいずれの状態の特性を試験しようとしているのかを明確にする。

a) 受渡状態 ［JIS G 0404 の **7.6**（試験片採取条件及び試験片）の A 類］（**5.3.2** 参照）

b) B 類 ［JIS G 0404 の **7.6**（試験片採取条件及び試験片）の B 類］（**5.3.3** 参照）

> 注記　JIS G 0416:2022 の **5.3.1 b)** では，"模擬熱処理状態" と記載していたが，鋼材 JIS でこの用語を使用しないため，"B 類" に変更している（**3.6** の**注釈 2** 参照）。

5.3.2 受渡状態での試験

受渡状態（A 類）の鋼材（余長部を含む。）から採取する供試材で，次のいずれかの場合とする。

a) 供試材から直接試験片を調製する場合

b) 供試材に熱処理を実施するよう規定している場合。なお，採取した供試材に熱処理を実施するよう規定している場合は，供試材の厚さ，径などの寸法を変えずに熱処理を実施する。

　供試材は，試験片を採取する箇所の特性を変化させない方法で，採取する。試験片を調製するために，供試材の平たん化又は直線化が必要な場合，製品規格で特に規定のないときは，常温で行う。

5.3.3　B類での試験

　B類は，標準供試材を作製し，これに規定の熱処理を施した後，試験片を調製し，機械試験を行う場合に用いる試験方法であり，次による。

a)　標準供試材は，直径 25 mm とし，鋼材又は鋼片から軸方向に鍛伸又は切削して調製する。ただし，鋼材の寸法が 25 mm 以下の場合，又は連続鋳造ままの鋼片の場合は，次による。

　—　鋼材の径，対辺距離又は厚さが 25 mm 以下の場合は，そのまま標準供試材としてもよい。

　—　連続鋳造ままの鋼片の場合は，軸方向に鍛伸して調製する。この場合，鍛錬成形比は，4 以上とする。

b)　試験片は，標準供試材に製品規格の規定による熱処理を実施後，調製する。

　注記　JIS G 0416:2022 の 5.3.3（模擬熱処理状態での試験）は，参考として**附属書 JA** に示す。

6　試験片の調製

6.1　切断及び機械加工

　供試材及び粗試験片から試験片を調製するために切断及び／又は機械加工する場合は，機械的性質を変化させるような表面の加工硬化及び材料の加熱を避けるように注意する。機械加工後，試験片表面に工具による痕跡が残っており，それが試験結果に影響する場合，試験片の寸法及び形状がその試験規格で規定された許容差内に収まるときには，グラインダ研削（十分な冷却剤を供給しながら）又は研磨によって，痕跡を除去する。

　試験片の寸法許容差は，その試験片又は試験方法に関する規定による。

6.2　B類の熱処理

　B類の熱処理の規定は，5.3.3 b)による。

附属書 A
（規定）
供試材及び試験片の採取位置

A.1　一般

この附属書は，次の形状の製品における供試材及び試験片の採取位置について規定する。

－　形鋼

－　棒鋼及び線材

－　鋼板（鋼帯及び平鋼を含む。）

－　鋼管

引張試験片及び衝撃試験片の採取位置は，図 A.1〜図 A.15 による。図の規定の位置から試験片採取が不可能な場合は，これに近い位置から採取する。曲げ試験片の幅方向の採取位置は，引張試験片の採取位置と同じとする。また，その他の試験用も含めて規定された同じ位置から複数の試験片の採取が必要な場合は，互いに隣接して採取してもよい。

A.2　形鋼

A.2.1　幅方向の試験片採取位置

引張試験片及び衝撃試験片のフランジ幅方向の採取位置は，図 A.1 による。

ただし，傾斜厚フランジをもつ形鋼，フランジ幅が 150 mm 未満の H 形鋼及び不等辺山形鋼の場合は，次によってもよい。

a)　傾斜厚フランジをもつ形鋼［図 A.1 b) 及び d) 参照］は，次による。

　　1)　傾斜厚フランジから引張試験片を採取する場合，傾斜厚で引張試験を行えないときは，フランジ内面側を試験片の厚さが最大となるように機械加工にて，く（短）形形状の試験片としてもよい。

　　2)　あらかじめ引合い及び注文時に合意した場合は，試験片をウェブから採取してもよい。

b)　フランジ幅が 150 mm 未満の H 形鋼の場合には，試験片をウェブから採取してもよい［図 A.1 f) 参照］。

c)　不等辺山形鋼の場合，試験片は，いずれの辺から採取してもよい。

A.2.2　厚さ方向の試験片採取位置

A.2.2.1　引張試験片

引張試験片のフランジ厚さ方向の採取位置は，図 A.2 による。機械加工が可能で，試験機の能力がある場合は，全厚試験片［図 A.2 a) 参照］を使用する。丸形棒状試験片の場合は，フランジ内面側又は外面側のいずれとしてもよい。

A.2.2.2　衝撃試験片

衝撃試験片のフランジ厚さ方向の採取位置は，図 A.3 による。ただし，厚さ 28 mm 以下の場合，厚さ方

向の採取位置は，フランジ内面側又は外面側のいずれとしてもよい。

製品規格の規定又は注文書に特に指定がない場合，厚さ 28 mm 超えの試験片の採取位置は，図 A.3 b)による。

A.3 丸鋼及び線材

A.3.1 引張試験片

引張試験片の採取位置は，図 A.4 による。機械加工が可能で，試験機の能力がある場合は，全断面試験片［図 A.4 a) 参照］を使用する。

A.3.2 衝撃試験片

衝撃試験片の採取位置は，図 A.5 による。製品規格の規定又は注文書に特に指定がない場合，図 A.5 a)，c)又は d)による。

A.4 六角鋼

A.4.1 引張試験片

引張試験片の採取位置は，図 A.6 による。機械加工が可能で，試験機の能力がある場合は，全断面試験片［図 A.6 a) 参照］を使用する。

A.4.2 衝撃試験片

衝撃試験片の採取位置は，図 A.7 による。製品規格の規定又は注文書に特に指定がない場合，図 A.7 a)，c) 又は d)による。

A.5 角鋼

A.5.1 引張試験片

引張試験片の採取位置は，図 A.8 による。機械加工が可能で，試験機の能力がある場合は，全断面試験片又は全厚試験片［図 A.8 a)，b) 又は c) 参照］を使用する。

A.5.2 衝撃試験片

衝撃試験片の採取位置は，図 A.9 による。

A.6 鋼板，鋼帯及び平鋼

A.6.1 引張試験片

引張試験片の採取位置は，図 A.10 による。引張試験片には，全厚試験片［図 A.10 a)］，減厚試験片［図 A.10 b)］及び丸形棒状試験片［図 A.10 c)］がある。機械加工が可能で，試験機の能力がある場合は，全厚試験片［図 A.10 a) 参照］を使用する。

減厚試験片は，製品厚さ 30 mm 以上，かつ，試験片の厚さ 30 mm 以上の場合に用いることが可能である［**図 A.10 b)** 参照］。ただし，焼入焼戻し又は熱加工制御された鋼板に対しては，製品厚さ 30 mm 以上，かつ，試験片の厚さを製品厚さの片側半分とする。この場合，試験片厚さは，30 mm 以上である必要はない。

図 A.10 の c) の丸形棒状試験片の適用は，製品規格の規定又は注文書によって，厚さ 20 mm 以上 25 mm 未満に適用してもよい。この場合の試験片の採取位置は，試験片の軸心が厚さの中心になるように採取する。

幅方向の試験片の採取位置は幅の 1/4 の位置と規定しているが，その位置から採取不可能な場合は，試験片の中心がこれに近い位置になるように採取する。

A.6.2 衝撃試験片

衝撃試験片の採取位置は，**図 A.11** による。製品規格の規定又は注文書に特に指定がない場合，厚さ 28 mm 以下は，**図 A.11 a)** の位置，厚さ 28 mm 超えは，**図 A.11 b)** の位置とする。

A.7 鋼管製品

A.7.1 鋼管

A.7.1.1 引張試験片

引張試験片の採取位置は，**図 A.12** による。機械加工が可能で，試験機の能力がある場合は，全断面試験片［**図 A.12 a)** 参照］を使用する。溶接鋼管の場合で，板状試験片を用いて溶接部の試験を行うときは，溶接部を試験片の中心にもってくる。製品規格の規定又は注文書に特に指定がない場合，試験片の採取位置の選択は，製造業者による。

注記 1 図 A.12 a) の全断面試験片は，次のような試験にも使用されている。

－ へん平試験
－ 押し広げ試験
－ 曲げ試験

注記 2 図 A.12 b) の試験片は，板状曲げ試験にも使用されている。

A.7.1.2 衝撃試験片

衝撃試験片の採取位置は，**図 A.13** による。この位置は，継目無管及び溶接鋼管の双方に適用する。製品規格の規定又は注文書に特に指定がない場合，試験片の採取位置の選択は，製造業者による。試験片の採取方向は，管の寸法によって制約を受ける。管軸に対し直角方向の試験片が要求された場合，試験片厚さが，2.5 mm〜10 mm の間の可能な最大寸法の試験片を調製する。

このような試験片を調製するのに必要な管の最小直径 D_{min} は，次の式(A.1)によって算出する。

$$D_{min} = (t-2.5) + \frac{756.25}{t-2.5} \quad\cdots\cdots\cdots\cdots\cdots\cdots\cdots\cdots\cdots\cdots\cdots\cdots\cdots\cdots\cdots\cdots \text{(A.1)}$$

ここで，　　　　t：　管材の厚さ（mm）

直角方向から最小寸法（2.5 mm）の試験片も採取不可能な場合には，管軸方向から試験片幅 2.5 mm〜10 mm の間の可能な最大寸法の試験片を調製する。

A.7.2　角形鋼管

A.7.2.1　引張試験片

　引張試験片の採取位置は，**図 A.14** による。機械加工が可能で，試験機の能力がある場合は，全断面試験片［**図 A.14 a)** 参照］を使用する。

A.7.2.2　衝撃試験片

　衝撃試験片の採取位置は，**図 A.15** による。

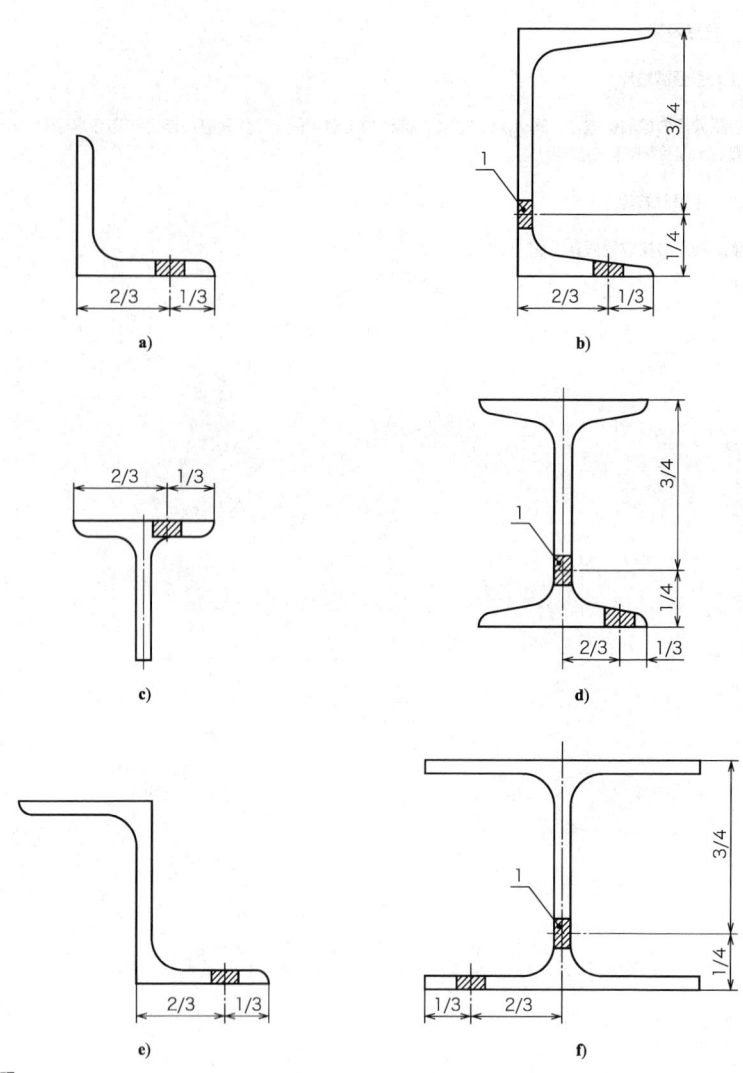

記号説明
　1：**A.2.1 a)** 及び **b)** 参照

図 A.1－形鋼－引張試験片及び衝撃試験片のフランジ幅方向の採取位置（A.2.1 参照）

単位 mm

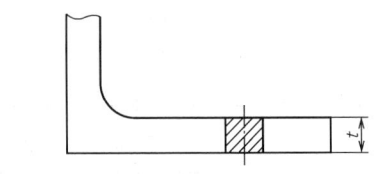

a) *t* ≦ 50 mm の場合 全厚試験片

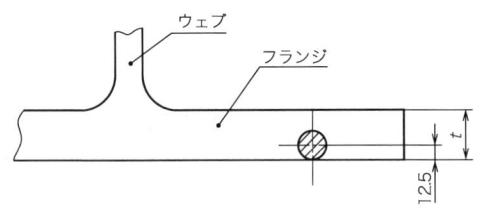

b) *t* ≦ 50 mm の場合 丸形棒状試験片 ª⁾

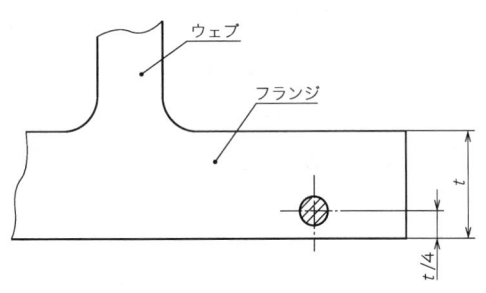

c) *t* > 50 mm の場合 丸形棒状試験片 ª⁾

注 ª⁾ b) 及び c) の丸形棒状試験片の場合，フランジ内面側又は外面側のいずれとしてもよい（A.2.2.1 参照）。

図 A.2−形鋼−引張試験片のフランジ厚さ方向の採取位置（A.2.2.1 参照）

単位 mm

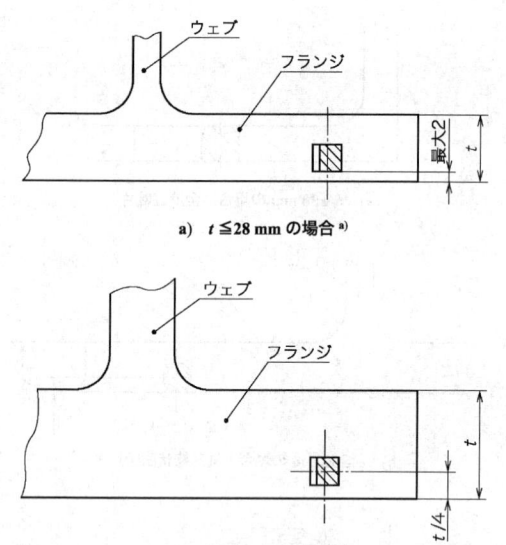

a) $t \leqq 28$ mm **の場合** a)

b) $t > 28$ mm **の場合** b)

注 a) 試験片の厚さ方向の採取位置は，フランジ内面側又は外面側のいずれとしてもよい。
注 b) 試験片の中心は，表面から厚さの 1/4 の位置とする。

図 A.3－形鋼－衝撃試験片のフランジ厚さ方向の採取位置（A.2.2.2 参照）

単位　mm

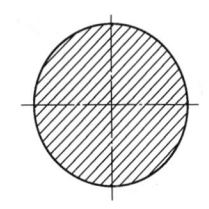

a)　全断面試験片［可能な場合（A.3.1 参照）］

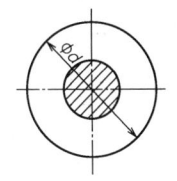

b)　$d \leqq 25$ mm の場合　丸形棒状試験片

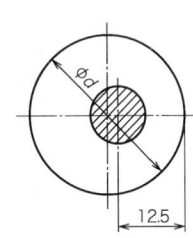

c)　25 mm $< d \leqq 50$ mm の場合　丸形棒状試験片

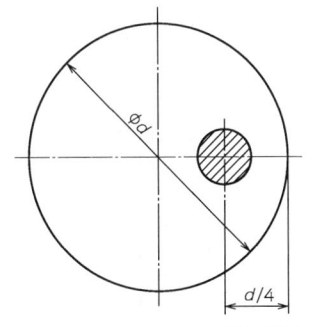

d)　$d > 50$ mm の場合　丸形棒状試験片

図 A.4－丸鋼及び線材－引張試験片の採取位置（A.3.1 参照）

単位　mm

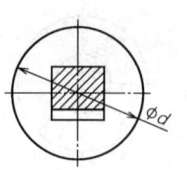

a)　$d \leqq 25$ mm の場合

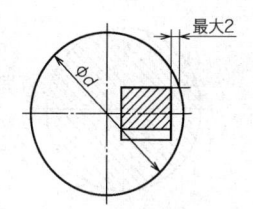

b)　$d > 25$ mm（表層近傍採取）の場合

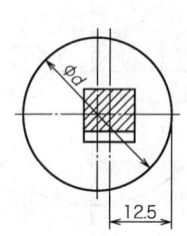

c)　25 mm $< d \leqq 50$ mm の場合

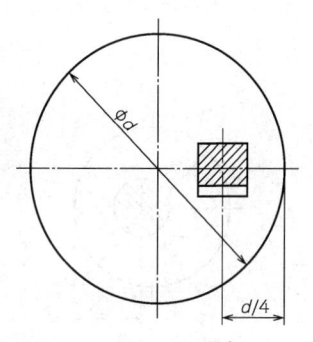

d)　$d > 50$ mm の場合

図 A.5－丸鋼及び線材－衝撃試験片の採取位置（A.3.2 参照）

単位 mm

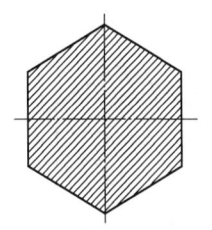

a) 全断面試験片［可能な場合（A.4.1 参照）］

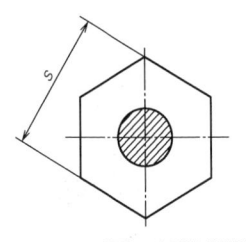

b) $s \leqq 25$ mm の場合　丸形棒状試験片

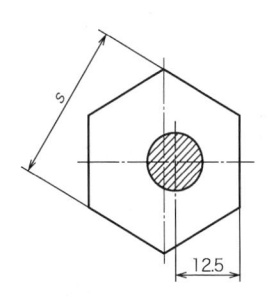

c) 25 mm $< s \leqq 50$ mm の場合　丸形棒状試験片

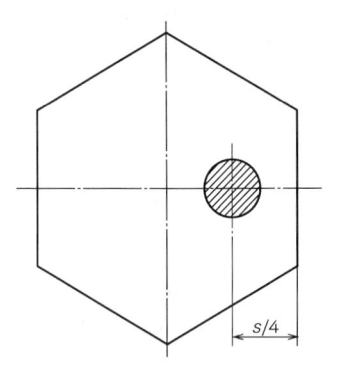

d) $s > 50$ mm の場合　丸形棒状試験片

図 A.6－六角鋼－引張試験片の採取位置（A.4.1 参照）

単位　mm

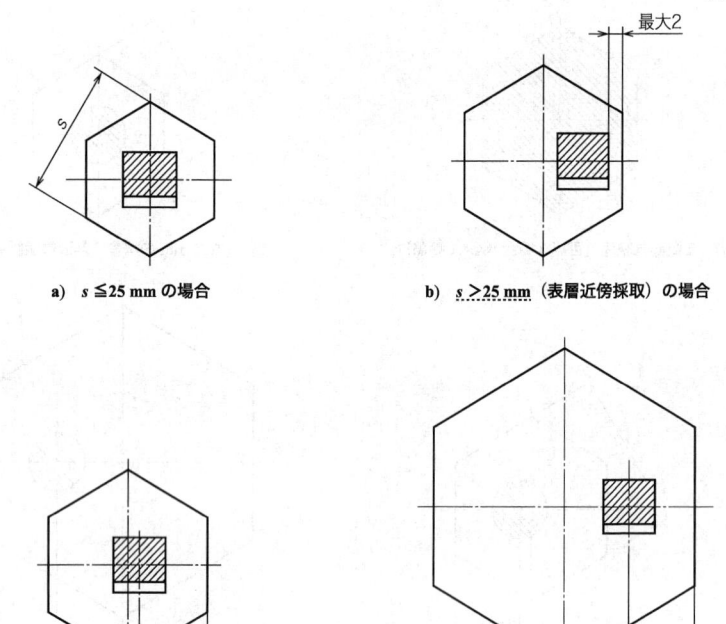

a)　$s \leqq 25$ mm の場合　　　　　　b)　$s > 25$ mm（表層近傍採取）の場合

c)　25 mm＜$s \leqq 50$ mm の場合　　　　d)　$s > 50$ mm の場合

図 A.7－六角鋼－衝撃試験片の採取位置（A.4.2 参照）

単位 mm

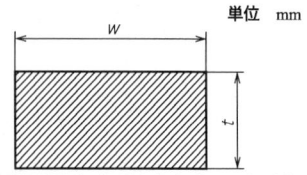

a) 全断面試験片［可能な場合（**A.5.1** 参照）］

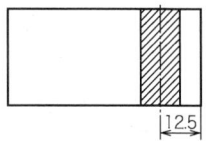

b) $w ≦ 50$ mm の場合 板状（全厚）試験片

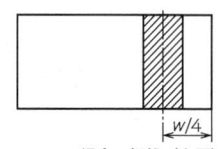

c) $w > 50$ mm の場合 板状（全厚）試験片

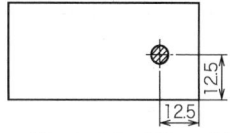

d) $w ≦ 50$ mm かつ $t ≦ 50$ mm の場合
丸形棒状試験片

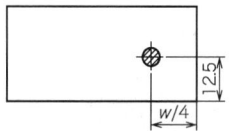

e) $w > 50$ mm かつ $t ≦ 50$ mm の場合
丸形棒状試験片

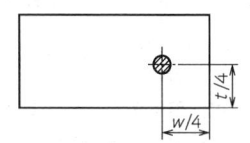

f) $w > 50$ mm かつ $t > 50$ mm の場合
丸形棒状試験片

図 A.8－角鋼－引張試験片の採取位置
（A.5.1 参照）

単位 mm

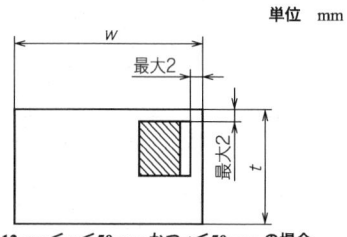

a) 12 mm$≦ w ≦ 50$ mm かつ $t ≦ 50$ mm の場合

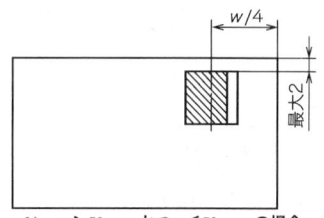

b) $w > 50$ mm かつ $t ≦ 50$ mm の場合

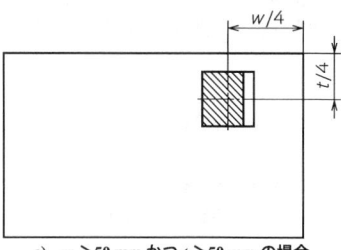

c) $w > 50$ mm かつ $t > 50$ mm の場合

図 A.9－角鋼－衝撃試験片の採取位置
（A.5.2 参照）

単位　mm

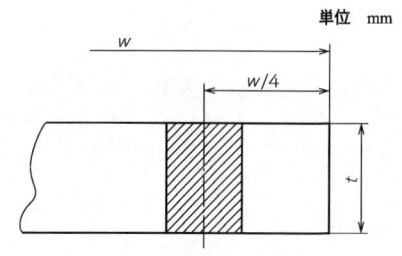

a)　全厚試験片（可能な場合，A.6.1 参照）

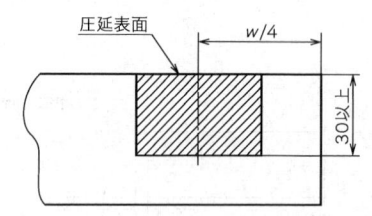

圧延表面

b)　減厚試験片　t ≧ 30 mm の場合 a)

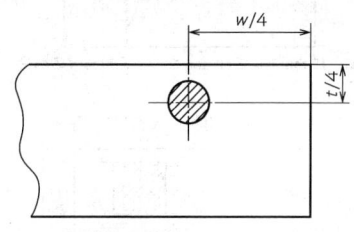

c)　丸形棒状試験片　t ≧ 25 mm の場合 b)

注 a)　焼入焼戻し又は熱加工制御された鋼板に対して **b)** を適用する場合，試験片の厚さは，製品厚さの片側半分の厚さとする。この場合の試験片厚さは，30 mm 以上である必要はない（A.6.1 参照）。

注 b)　A.6.1 によって，厚さ 20 mm 以上 25 mm 未満に丸形棒状試験片を適用してもよい。この場合の試験片の採取位置は，試験片の軸心が厚さの中心になるように採取する。

図 A.10－鋼板，鋼帯及び平鋼－引張試験片の採取位置（A.6.1 参照）

単位　mm

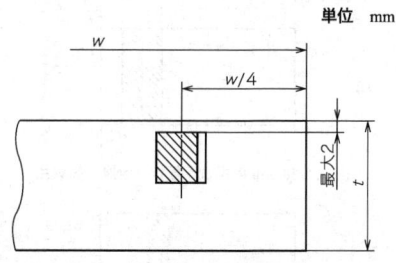

a)　t ≦ 28 mm の場合

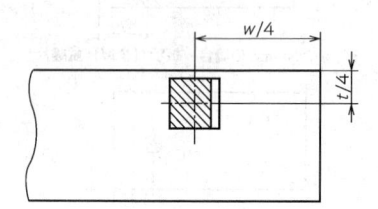

b)　t ＞ 28 mm の場合

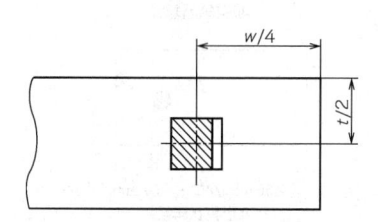

c)　t ≧ 40 mm（1/2t 採取）の場合 a)

注 a)　ISO 規格では，厚さ 40 mm 以上の場合の試験片採取位置を規定している。

図 A.11－鋼板，鋼帯及び平鋼－衝撃試験片の採取位置（A.6.2 参照）

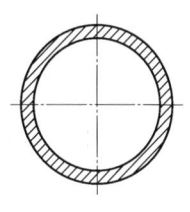

a) 全断面試験片

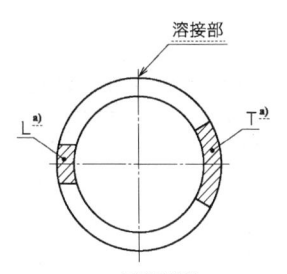

b) 板状試験片

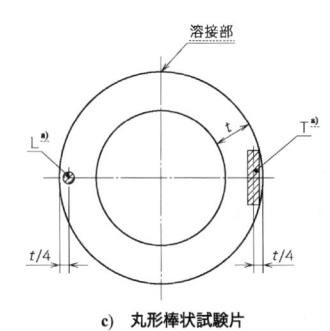

c) 丸形棒状試験片

記号説明

L：管軸方向試験片

T：管軸直角方向試験片

注 a) 試験片は，溶接部を含まない位置から採取する。

図 A.12 − 鋼管の引張試験片の採取位置 （A.7.1.1 参照）

単位　mm

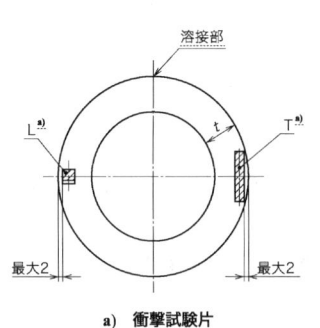

a) 衝撃試験片

b) t ＞ 40 mm の衝撃試験片

記号説明

L：管軸方向試験片

T：管軸直角方向試験片

注 a) 試験片は，溶接部を含まない位置から採取する。

図 A.13 − 鋼管の衝撃試験片の採取位置 （A.7.1.2 参照）

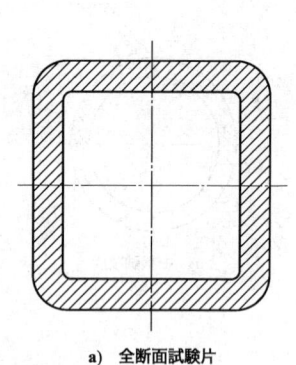 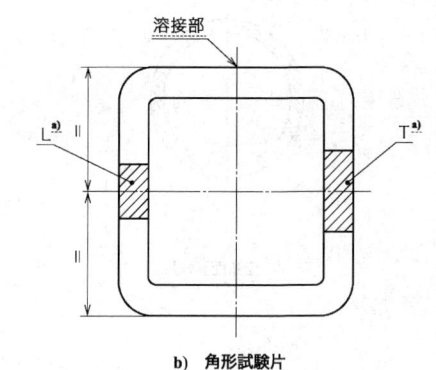

a)　全断面試験片　　　　　　　　　　　b)　角形試験片

記号説明
　L：管軸方向試験片
　T：管軸直角方向試験片
　注 a)　試験片は，溶接部を含まない位置から採取する。

図 A.14－角形鋼管の引張試験片の採取位置（A.7.2.1 参照）

単位　mm

記号説明
　L：管軸方向試験片
　T：管軸直角方向試験片
　注 a)　試験片は，溶接部を含まない位置から採取する。

図 A.15－角形鋼管の衝撃試験片の採取位置（A.7.2.2 参照）

附属書 JA
（参考）
模擬熱処理状態での試験

JA.1 供試材

模擬熱処理状態での試験に用いる供試材は，製品規格の規定又は注文書に指定された製造段階の鋼材又は鋼片から採取する。供試材は，試験片を採取する箇所の特性を変化させない方法で採取する。平たん化又は直線化が必要な場合には，熱処理前に常温又は熱間で，平たん化又は直線化を行うことが可能である。ただし，熱間で行う場合は，最終の熱処理温度より低い温度で行わなければならない。

JA.2 粗試験片

模擬熱処理状態での試験に用いる粗試験片は，次のように処理する。

a) **熱処理前の機械加工処理** 熱処理を行うために供試材を減寸する場合，製品規格は，その減寸後の寸法及びその加工方法（例えば，鍛造，圧延，機械加工）を規定する。

b) **熱処理** 粗試験片の熱処理は，温度の均一性が十分に保証され，かつ，校正された温度計で測温している雰囲気中で行う。熱処理の内容は，製品規格の規定又は注文書による。

附属書 JB
(参考)
JIS と対応国際規格との対比表

JIS G 0416				ISO 377:2017, (MOD)	
a) JIS の箇条番号	b) 対応国際規格の対応する箇条番号	c) 箇条ごとの評価	d) JIS と対応国際規格との技術的差異の内容及び理由		e) JIS と対応国際規格との技術的差異に対する今後の対策
3	3	追加	JIS は,"受渡状態"を用語定義に追加している。		ISO 規格の次回定期見直し時に提案を検討する。
4	4	追加	JIS は,注記で代表性について記載している。		JIS は,国内の技術基準に対応しており,現状を維持する。
5	5	追加	旧規格 (JIS G 0303) からの独自の規定を追加している。		JIS は,国内の技術基準に対応しており,現状を維持する。
		変更	JIS は,ISO 3785 に対応する規格はなく,それに代わる規定を記載している。		
6	6	変更	JIS は,試験片の調製について,ISO 規格より明確に規定している。		ISO 規格の次回定期見直し時に提案を検討する。
A.1	A.1	追加	JIS は,規定どおりの位置で試験片採取が不可能な場合について,ISO 規格より明確に規定している。		JIS は,規定によっては,ISO 規格より具体的な規定となっており,現状を維持する。また,ISO 規格の次回定期見直し時に,この規定内容の一部提案を検討する。
A.2	A.2	変更	JIS は,傾斜厚フランジをもつ形鋼について,ISO 規格より明確に規定している。		
		変更	ISO 規格は,引張試験片の採取位置を"外面側"と規定しているが,JIS は,"内面側又は外面側"に変更している。		
		変更	JIS は,衝撃試験片の厚さ方向の採取位置について,フランジ内面側からの採取を認めている。また,厚さ 28 mm 超えの試験片採取位置を独自に規定している。		
A.3 A.4	A.3 A.4	変更	JIS は,径又は対辺距離が 25 mm 超え 50 mm 以下の場合,試験片採取の規定を指定している。		
A.6	A.6	追加	JIS は,試験片採取に関して,ISO 規格より具体的に規定している。		
A.7	A.7	削除	JIS には,"circular hollow sections"という用語を使用していない。		
			JIS にない全断面試験 (flanging test) を削除している。		
		変更	JIS は,"rectangular hollow sections"に対応する用語として,JIS G 0203 の"角形鋼管"に変更している。		
			JIS は,引張試験及び衝撃試験の採取位置の図を,鋼管の製品規格に合わせた記載に変更している。		

a) JISの箇条番号	b) 対応国際規格の対応する箇条番号	c) 箇条ごとの評価	d) JIS と対応国際規格との技術的差異の内容及び理由	e) JIS と対応国際規格との技術的差異に対する今後の対策
		変更	ISO 規格は,衝撃試験片の最小厚さは 5 mm である。	
附属書 JA (参考)	－	追加	ISO 規格は,"模擬熱処理状態での試験"を規定として本体に記載しているが,JIS は,参考として附属書に記載している。	JIS は,国内の技術基準に対応しており,現状を維持する。

注記1 箇条ごとの評価欄の用語の意味を,次に示す。
　　－　削除：対応国際規格の規定項目又は規定内容を削除している。
　　－　追加：対応国際規格にない規定項目又は規定内容を追加している。
　　－　変更：対応国際規格の規定内容又は構成を変更している。
注記2 JIS と対応国際規格との対応の程度の全体評価の記号の意味を,次に示す。
　　－　MOD：対応国際規格を修正している。

鉄及び鋼―化学成分定量用試料の採取及び調製

Steel and iron—Sampling and preparation of samples for the determination of chemical composition

序文 この規格は，1996年に第1版として発行された**ISO 14284**，Steel and iron—Sampling and preparation of samples for the determination of chemical compositionを翻訳し，技術的内容及び規格票の様式を変更することなく作成した日本工業規格である。

なお，この規格で側線又は点線の下線を施してある箇所は，原国際規格にはない事項である。

1. 適用範囲 この規格は，銑鉄，鋳鉄及び鋼の化学組成を定量するための，試料採取及び試料調製方法について規定する。これらの方法は，溶融金属及び固体金属に適用する。

2. 引用規格 次に掲げる規格は，この規格に引用されることによって，この規格の規定の一部を構成する。これらの引用規格は，この規格の発行時点では発行版表示は正しいものであるが，規格はすべて改正されるものであるので，この規格を使用することに同意した当事者は，その最新版の規格を参照するように努力しなければならない。IEC及びISOのメンバーには，最新の国際規格のリストが配布されている。

> **JIS G 1253** 鉄及び鋼―スパーク放電発光分光分析方法
>
> **JIS R 6001** 研削といし用研磨材の粒度
>
> **ISO 377-1：1989** Steel and steel products—Location of samples and test pieces for mechanical testing.
>
> **ISO 9147：1987** Pig-irons—Definition and classification.
>
> **参考 ISO 377-1：1989**は，次の規格で置き換えられている。
>
> > **ISO 377：1997** Steel and steel products—Location and preparation of samples and test pieces for mechanical testing.

3. 定義 この規格に用いる主な用語の定義は，次による。

3.1 化学的分析方法(chemical method of analysis) 化学反応を用いて，試料中の化学組成を定量する方法。

3.2 物理的分析方法(physical method of analysis) 例えば，発光分光分析方法，蛍光X線分析方法などのように，化学反応を用いないで化学組成を定量する方法。

3.3 熱的分析方法(thermal method of analysis) 試料を加熱，燃焼又は溶融することによってその化学組成を定量する方法。

3.4 溶湯(melt) 試料を採取する溶融金属。

3.5 スプーンによる試料採取(spoon sampling) 溶湯又は注入中の溶湯から，長い柄のついたスプーンで試料を採取して小さな鋳型に鋳込む方法。

3.6 スプーン試料(spoon sample) スプーンを用いて溶湯から採取して小さな鋳型に鋳込んだ試料。

3.7 プローブによる試料採取(probe sampling) 溶湯に挿入した市販の試料採取用プローブを用いて，溶湯から試料を採取する方法。

3.8 浸せきによる試料採取(immersion sampling) プローブを溶湯中に挿入した場合に，プローブ内の試料チャンバが，鉄の静圧又は重力によって満たされる方式のプローブによる試料採取方法。

3.9 吸引による試料採取(suction sampling) プローブを溶湯中に挿入した場合に，プローブ内の試料チャンバが，吸引することによって満たされる方式のプローブによる試料採取方法。

3.10 流れからの試料採取(stream sampling) プローブを溶融金属の流れの中に挿入した場合に，プローブ内の試料チャンバが，金属の流れる力で満たされる方式のプローブによる試料採取方法。

3.11 プローブ試料(probe sample) 市販の試料採取用プローブを用いて溶湯から採取した試料。

3.12 鋳造品(cast products) 例えば，インゴット，連続鋳造で得られた半製品，鋳鉄品など変形加工を受けなかった鉄と鋼。

3.13 圧延鋼材(wrought products) 例えば，棒鋼，ビレット，板，帯鋼，管，線材など圧延，延伸鍛造及びその他の方法で変形加工した鋼の製品。

3.14 供試材(sample product) 試料を採取する目的で，提供されたものから選んだ鉄又は鋼の規定されたもの。

3.15 未処理試料(preliminaly sample) 一つ又はそれ以上の分析用試料を得るために，供試材から採取した十分な量の金属。

3.16 分析用試料(sample for analysis) 分析に供するのに必要な条件を備えた供試材の一部又はその供試材から採取した未処理試料の一部，若しくは溶湯から採取した試料の一部。

分析用試料は，供試材そのもの又は溶湯から採取した試料でもよい。

備考1. 分析用試料は，種類別に次のように分類する。
- 塊状 (solid mass) 試料
- 再溶解試料
- 切削によって得たチップ状の試料
- 破砕によって得た破片状の試料
- 粉砕によって得た粉末状の試料

3.17 分析試料 (test portion) 実際に分析する分析用試料の一部，又は溶湯から採取した試料の一部。
分析試料は，供試材自体から採取してもよい場合もある。

備考2. プローブ試料から塊状の試料として得る分析試料には，次のような特殊なタイプがある。
- 一般にコインといわれている打ち抜きによって得た小さいディスク状の試料。
- 一般に突起物といわれている小さな付加物の形をした試料。
- 一般にピンといわれている切断によって得た小さな径の棒状の試料。

3. 分析試料がチップ又は粉末状の場合及び熱的分析方法によって塊状の試料を分析する場合には，分析試料のはかり採りを行う。物理的分析方法の場合には，実際に分析するのは分析試料のうちの微少量の部分にすぎない。発光分光分析方法の放電で蒸発する金属の量は約0.5 g～1 mgで，蛍光X線分析方法での特性X線は，試料の極く薄い表面層から発生している。

3.18 グラインダ研削 (grinding) 分析用試料の表面を回転と(砥)石で研磨する，物理的分析方法用の金属試料の調製方法。

3.19 リニッシング (linishing) 分析用試料の表面を研磨材を塗布した自在な回転ディスク又は連続ベルト(ベルトサンダ)で研磨する，物理的分析方法用の金属試料の調製方法。

3.20 フライス研削 (milling) 試料の表面を回転刃切削バイトで切削して，チップ試料又は物理的分析方法用の金属試料表面を調製する方法。

3.21 コンサインメント (consignment)(ロット) 一測定単位に供給される金属の量。

3.22 インクリメント (increment) コンサインメントから，1回の試料採取によって得られる金属の量。

3.23 スプラッシ試料 スプーンを用いて溶湯から採取して鉄板上に流し，急冷・凝固させた後，破砕した試料。

4. 試料採取及び調製に対する要求事項

4.1 一般事項 ここでは，鉄及び鋼についての試料自体，試料採取及び調製に必要な一般的な要求事項について規定する。溶融金属及び固体金属には，各カテゴリー別に特別な要求事項が適用される。これらについては関連する箇条で規定する。

溶銑，溶鋼，鋳鉄及び鋼材についての試料採取及び試料調製の手順を図1に示す。

銑鉄には特別な配慮がなされている(8.参照)。

4.2 試料

4.2.1 品質 試料を採取する場合には，溶湯及び供試材の平均的な化学組成を代表する分析用試料が採取できるように，あらかじめ工夫する。

分析用試料の不均質さによって分析の誤差変動が大きくならないように，分析用試料の化学組成は十分に均質にする。

しかし，溶湯から採取した試料では，分析の同一試料内及び試料間での若干の変動は避けられない。この変動によって分析の併行精度及び再現精度の本質的な部分が形成されるものと思われる。

分析用試料は，表面被覆層，水分，ごみ，その他の汚染物質を取り除く。

分析用試料には，ボイド，クラック，孔，ばり，重なり，その他の表面欠陥ができるだけ存在しないようにするのが望ましい。

それにもかかわらず，溶湯から採取した試料が均質でなかったり，汚染していることが予想される場合には，分析用試料を採取して調製するときに特別な注意を払う。

溶湯から採取した試料は，その化学組成及び金属組織が試料間で差異を生じないような手段で冷却する。

物理的分析方法による場合には，試料の金属組織によって影響される場合がある。特に白銑鋳鉄及びねずみ鋳鉄，鋳込みのまま及び圧延状態の鉄鋼の場合では，大きな影響を受けるので，このことをよく認識しておくことが重要である。

4.2.2 大きさ 塊状の未処理試料は，代わりの分析方法を用いる必要が生じた場合に，再分析用の試料が追加して採れるように十分に大きいものとする。

分析用試料は，どのような再分析の要求にも応じられるように，十分な量を準備する。一般にはチップ又は粉末状の試料として100 gもあれば十分である。

塊状の分析用試料に要求される大きさは，適用する分析方法によって異なる。発光分光分析方法及び蛍光X線分析

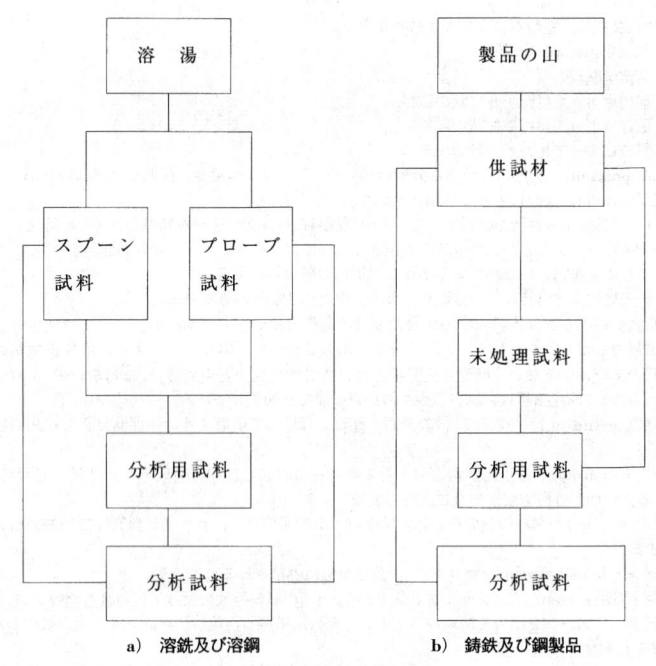

a) 溶銑及び溶鋼　　　　b) 鋳鉄及び鋼製品

図1　試料採取及び調製の手順

方法では，試料の形状及び寸法は試料チャンバ又は試料ホルダの大きさによって決まる。この規格に述べている分析用試料の寸法は，単なる目安である。

4.2.3　試料の識別　分析用試料を採取した供試材溶湯を判別し，必要ならば溶湯の製造工程条件，供試材からの未処理試料及び分析用試料の採取位置を知ることができるように，分析用試料を特定できる標識を付ける。

銑鉄の分析用試料は，コンサインメント全体又はその一部，及びコンサインメントから採取したインクリメントを識別できるように，特定の標識を付ける。

選定した標識が分析用試料と関連付けられていることを確かめるために，ラベル又は同等のマーキング方法を用いる。

分析と記録を照合する項目に関して混乱がおきないように，試料の標識，状態及び条件を記録する。

4.2.4　保存　分析用試料を隔離して保護するために，適切な保管設備を用意する。試料調製の途中又は終了後に，分析用試料は汚染又は化学変化しないような方法で保管する。

未処理試料は塊の状態で保存し，必要な場合にそれから分析用試料を調製してもよい。

塊状の分析用試料又は未処理試料が，長期にわたって保管できるように，試験室を完全な状態に保つ。

4.2.5　審判　審判分析用の試料の場合には，分析用試料は受渡当事者又は代理人によって，共同で準備する。分析用試料調製に用いた方法について，記録を残す。

審判分析のための分析用試料を入れた容器は，受渡当事者双方又は代理人によって封印する。もし反対がなければ，これらのコンテナは試料調製に責任を負っている受渡当事者の代理人が保管してもよい。

4.3　試料の採取

4.3.1　溶湯から採取した試料　プロセスをモニタリングしたり制御するために，製造工程のいろいろな段階から，溶湯を採取する。化学組成が鋳造品の仕様に従っていることを証明するために，溶湯を鋳込んでいる途中で試料を採取する。鋳造用の溶融金属の場合には，分析用試料は，製品規格に従って機械試験を行うために鋳込むものと同じ金属から特に鋳込んだ試験片又は供試材から採取してもよい。

実際に溶湯を採取する場合には，試料の品質に対する必要条件に従って（**4.2.1**参照），その製造プロセスの途中から試料を採取するように工夫する。溶湯から採取した試料は，通常小さなインゴット状，シリンダ状又は長方形の

ブロック状，若しくは急冷鋳込みディスク状又は1本以上のピンのついたディスクとの組み合わせた形状をしている。ある場合には，ディスク状の試料に小さな突起物がついていることもある。

備考4. 溶銑及び溶鋼から試料を採取する試料採取プローブは，多くの機器製造業者から入手できる。**附属書1及び附属書2**には，種々の異なったタイプのプローブのうち，主な特徴を分類して参考までに寸法も示した。

4.3.2 製品から採取した試料 未処理試料又は分析用試料は，機械試験用の材料選択の製品規格に示された位置の供試材から採取することができる。

鉄鋳造品の場合には，鋳造品の上に鋳込んだバー又はブロックから分析用試料を採取できる。

鍛造品の分析用試料は，鍛造初めの最初の材料又は鍛造後長時間経たもの，又は付加的な鍛造材料のいずれから採取してもよい。

製品規格又は製品の注文仕様に要求事項が規定されていない場合には，受渡当事者間の協定によって，分析用試料を機械試験用の試料又は試験片，若しくは供試材から直接採取できる。

未処理試料又は分析用試料は，切削又は切断トーチを用いて供試材から採取できる。特定の元素を定量するために試料採取する場合には，特別な配慮が必要である。

4.4 試料の調製

4.4.1 前処理 例えば，酸化されたために，試料の一部が化学組成を代表していないような場合には，組成の変化の特徴及びその範囲を検討して，試料の変化した部分を試料から取り除いてもよい。このような措置をした場合には，試料の組成がそれ以上変化しないように防護する。

製造中に付いた皮膜を取り除く必要があるときは，適切な手段を用いて切削しようとする金属の表面を完全に露出しておく。

必要ならば，金属の表面は適切な溶媒で脱脂するが，それによって分析の精確さに影響を与えないように注意しなければならない。

4.4.2 チップ状の分析用試料 分析用試料は，一定の寸法及び形状をもったチップとする。これらの試料は，ドリルによるせん(穿)孔，フライス切削，旋盤加工，打ち抜きなどによって採取する。チップは，切断トーチによる熱影響を受けた部分から採取してはならない。

試料を調製する場合に用いるバイト，機械装置，コンテナなどは，分析用試料を汚染しないように，あらかじめ清浄にしておく。

切削は，チップの色が変化(例えば，青化又は黒化)するほど過熱しないような方法で行う。例えば，マンガン鋼及びオーステナイト鋼のような種の合金鋼から採取したチップが，変色するのを避けることは困難であるが，適切なバイトを用い，適切な切削速度を選べば最小限に抑えることができる。

試料を軟らかくして切削しやすいように，熱処理を加えてもよい。

冷却剤を用いて切削することは例外的には許されるが，その後で析出物が取り除かれないような適切な溶媒を使って，チップを洗浄する。

分析試料をはかり採る前に，チップは完全に混合する。それには，平らな面の上で容器を転がしたり，及び/又は静かに容器の転倒を繰り返して混合すれば，ほとんどの場合十分である。

4.4.3 粉末又は破片状の分析用試料 チップを採取するために試料をドリルでせん孔できない場合には，試料を切断又は破砕した後に，その小片を衝撃乳鉢(percussion mortar)，ディスクミル，リングミルなどの振動ミルを用いて粉砕し，全量が規定の孔径のふるいを通るような粉末状にして分析用試料を得る。

熱的分析方法で炭素を定量する場合には，試料を衝撃乳鉢で砕き，粒径が約1 mm〜2 mmの範囲の破片状にする。

粉砕に用いる工具は，試料の成分に影響しない材料で作られているものとする。工具によって分析用試料の組成に影響がないことを，適切な試験によって示す必要がある。

遊離炭素含有鉄の試料の調製に粉砕法を用いてはならない。

ふるい分け操作によって，材料が汚染されたり損失したりしないように，十分に注意を払う必要がある。硬い材料をふるい分けする場合には，ふるいの織布を損傷しないように注意する。

分析用試料は，分析試料をはかり採る前に均質にしておく。粉末はかき混ぜることによって均質化できる。

注意 粒径を約150 µm以下に細かくした金属は，発火する危険がある。粉砕時には，良好な通風状態であるかを確認する。

4.4.4 塊状の分析用試料

4.4.4.1 分析用試料の採取 分析用試料は，供試材又は未処理試料から分析方法に適した寸法及び形状のものを切り出す。試料は，のこぎり，と石切断，せん(剪)断又は打ち抜きによって切り出す。

製品規格に採取位置の記載のない場合の物理的分析方法は，十分な厚さのある材料でできている製品横断面に対応する試料部位から切り出された試料について行う。

4.4.4.2　分析用試料の表面の調製　分析用試料は，分析方法に適した表面を露出するように調製する。切断トーチの熱によって影響を受けた部位から，分析試料の表面の調製を行ってはならない。試料調製に用いる装置は，試料が加熱されないように，しかも適切な冷却システムを組み入れるように設計されているのがよい。

　表面調製に用いる装置は，主として4種類に分けることができる。

a)　切削するのに適切な硬度範囲内にある試料に対し，あらかじめ決めておいた金属の深さに，繰り返し同じ操作で取り除くことのできるフライス切削装置。必要ならば装置は溶湯から採取したまだ熱い試料を取り扱えるものが望ましい。

b)　あらかじめ決めておいた金属の深さに，繰り返し同じ操作で取り除くことのできる固定式，回転式又は周期的に振動するヘッドを備えた研削装置。

c)　表面の仕上げの粗さを変えるために，分析用試料の表面を種々な表面仕上げに調製できる研削と石又は，エンドレスの研磨ベルトを備えたリニッシング装置。

d)　砂又はと粒又は金属粒を吹き付ける装置で，分析用試料又は分析試料の表面を清浄にするための特殊な用途に用いることのできる装置。

　調製後の分析用試料の表面は平滑で，分析の精確さに影響する欠陥があってはならない。

　切断及び表面の調製は，手動でも自動でも行うことができる。溶湯から採取した試料では，試料調製の各段階を自動的に実行できる市販のシステムを用いてもよい。

　二段階の厚さをもつ段つきプローブ試料[附属書1の2.3 c)参照]を自動的に表面調製したり，分析試料のコインを打ち抜くシステムに試料をサンドブラストする装置及び打ち抜き前に試料を軟らかくするための熱処理装置を組み合わせてもよい。

　分析用試料の調製の最終段階で用いる研磨材は，試料表面を定量予定の元素で汚染するものを避けて選択する。研磨材のと粒のサイズは，その分析方法に必要な表面仕上げの度合いによって決める。

　発光分光分析方法では，一般的には **JIS R 6001** に規定する#36～#240番が適している。蛍光X線分析方法では，表面調製するために選択された方法によって，試料と試料の間の表面仕上げが再現性よく行われることを確認することが大切である。また，表面が汚れていてはならない。

　　参考　ISO 14284 では，"グリット60番から120番のグレードの研磨材"であるが，**JIS G 1253** の7.(試料の調製)で引用した#36～#240番とした。

　研磨材の影響は，分析方法によって異なる。発光分光分析方法を用いる場合には，予備放電操作によって研磨による汚染物質は蒸発し，分析用試料の表面は一般には清浄となる。

　しかし，新しい研磨ディスクを用いるときには，表面汚染を避けるように特に注意する。

　蛍光X線分析方法を用いる場合には，表面調製のすべての段階で，可能性のある表面汚染の影響について調査する。

　調製した分析用試料には，表面に粒子状物質が付着していないこと，また欠陥がないことを目視で調べる。もし欠陥があったならば，その試料表面を再仕上げするか，又は廃棄する。分析用試料は乾燥させ，調製した表面を汚染しないように注意する。

4.4.5　再溶解による分析用試料の調製　小片又はチップ状の試料又は供試材自体の一部を，市販の溶解装置を用いてアルゴン雰囲気中で再溶解し，試料を物理的分析方法に適した，直径30 mm～40 mm，厚さ約6 mmのディスクにすることができる。ある種類の再容解装置には，ディスク試料を遠心鋳造する機能が組み込まれている。

　再溶解のプロセスの途中で，幾つかの元素の一部が消失することがある。元素の選択的な揮散又は偏析，その他の組成変化が定量的に把握されていて，それらが分析結果に大きな影響を与えないことを確かめておくことが重要である。組成の変化が少なくて再現性のあることを示すために，適切な方法で試験を実施しておく。

　再溶解に採用する装置及び方法は，組成変化を妨げるか又は最小に抑えることができて，しかもその変化には再現性があることが保証できるように設計する。再溶解のときに脱酸剤，例えば，ジルコニウムを0.1 %(m/m)程度使用することが望ましい。分析の測定値の校正に用いる方法は，発生し得るどのような変化をも考慮したものとする。

　すべての鉄金属を，この方法で再溶解することはできない。成分に大きな影響を与え，再現性のない変動を示す元素を定量するための試料調製方法として，再溶解法を用いてはならない。

4.5　安全に関する注意

4.5.1　身体の保護　試料採取及びその調製中の怪我の危険を最小にするために，身体の防護器具を備えておく。用意する物の中には，溶融金属の採取の場合に用いる溶融金属の飛まつを防ぐための防護服，手の保護具及び顔面遮光面を含む。同様に，固体金属の採取及び試料調製のときに用いる保護服，手，目，耳の保護具及び必要な場合に使用するように呼吸用保護具も用意する。

4.5.2　機械装置　試料採取及びその調製に機械装置を使用する場合には，その国の該当する規格に従う。表面調製のために用いる研削操作は，国の法律の対象とされていることもある。

4.5.3 危険物質 試料，分析試料などを清浄にして乾燥するために溶媒を使用する場合には，それに関する国の適切な規制を参考にする。

5. 製鋼用及び型銑製造用の溶銑

5.1 一般事項 次の方法は，いわゆるホットメタルと称する製鋼用及び型銑鋳込み用の高炉の溶銑を採取する場合に適用する。溶銑は，通常は溶湯をトピードのとりべの中に注ぐときの高炉の湯道から試料採取したり，移動容器から又はとりべ中で二次処理を行う途中又は銑鉄を鋳込んでいる最中に採取する。

溶銑の化学組成は，高炉から流出している間に変動する。そのため，時間をおいて溶湯から二つ又はそれ以上の試料を採取し，平均値を決定することが望ましい。

物理的分析方法を用いる場合には，選定した分析方法に必要とする金属組織であることを保証するような，溶融金属を急冷できる試料採取方法であることが望ましい。

5.2 スプーンによる試料採取

5.2.1 方法 なべ中の溶湯から試料を採取する場合には，あらかじめ加熱したスプーンを溶湯中に浸し，溶銑を満たす。スプーンを引き上げ，すくい取るようにして溶銑の表面からスラグを取り除く。

流出中の溶湯から試料を採取する場合には，予熱したスプーンをとりべからの流れに浸し，溶銑を満たす。

スプーンの溶銑を直ちに金属製などの鋳型に注ぎ，できるだけ早く鉄を冷却する。試料を鋳型から取り外し，湯口部を除去する。

溶銑は，適切なチル化が行えるように，あらかじめ冷却してある鋳型に注入する。必要であれば，使用する前に鋳型を空気で冷却する。鋳型には水分が付着していてはならない。

一般にコイン試料といわれているディスク状の試料は，二分割できる鋼製の鋳型を用いる。試料の代表的なサイズは，直径35 mm〜40 mmで厚さは6 mm〜12 mmである。鋳型は，使用するときにクランプで留められる二つの部分からできている。片方は平らな冷却板であり，もう一方は鋳込みのための空げきをもったブロックである。鋳型の空げきの端は，直径が例えば，32 mm〜38 mmのこう配がついていて，鋳型から試料が取り外しやすいようになっている。コイン試料は，垂直又は水平に鋳込む。

1本又はそれ以上のピンのついたコイン試料は，組合せ型の鋳型を用いる。ピンはディスクを砕いて取り外し，必要であれば，熱的分析方法用の分析試料として用いる(鋳鉄製造用の溶銑に用いる組合せ型の鋳型を**図2**に示す。)。

端が丸くて薄いスラブ型の試料は，鋳鉄又は鋼製の分割鋳型を用いて採取する。試料の代表的なサイズは，厚さ4 mmで70 mm×35 mmである。鋳型の二つの部分は，鋳造品押湯の上端が傾斜しており，使用するときにはクランプで一つに留められるようになっている。このタイプの鋳型は，炭素含有量の高い溶銑によく用いられている。

5.2.2 器具の保守・整備 試料採取用のスプーン及び鋳型を，清浄で乾燥した状態に維持することが大切である。使用した後は，スラグ及びなべに付いた地金を取り除き，ワイヤブラシで鋳型の表面をブラシがけを行う。

使用した鋳型内部の表面が，荒れて凸凹になったときには再加工しなければならない。これによって，試料の表面調製のときに余分な切削を避けることができる。

5.3 プローブによる試料採取

5.3.1 一般事項 高炉銑から試料を採取するのに用いる異なったタイプのプローブを**附属書1**に示した。プローブは，選定された物理的分析方法の仕様を満足する深さをもった白銑組織のディスク試料が作られるように工夫されている。

プローブによる試料採取は，溶湯中にサンプラを浸す角度及び深さなどの因子によって影響を受け，しかも浸す時間は溶銑の温度によって変わる。これらの因子はそれぞれ当該の製鉄法について決定し，その後は分析用試料の品質を維持すべく厳しく管理する。

5.3.2 方法 溶湯から試料を採取する場合には，適切な浸せきプローブサンプラを，垂直面にできるだけ近い角度で溶湯中に浸す。

高炉の湯道から試料を採取する場合には，プローブサンプラを浸すのに十分な溶湯深さのある位置を選ぶ。ほとんどのタイプの試料採取用プローブでは，約200 mmの深さが適切である。

溶銑の流れから試料を採取する場合には，適切な吸引型のプローブサンプラをとりべの流れに挿入する。その角度は垂直面に対して約45度で，容器のノズルにできるだけ近い位置とする。

あらかじめ設定した時間が経過した後に，プローブサンプラを溶湯から引き出し，それを砕いて試料を空気中に放置して冷却する。

5.4 分析用試料の調製

5.4.1 前処理 溶湯から採取した試料から，採取の過程で分析用試料を汚染した表面の酸化膜を取り除く。

5.4.2 化学的分析方法のための分析用試料 試料を砕いて小片とし，衝撃乳鉢又は振動ミルを用いてその小片を粉砕し，望ましくは150 μm以下の粒径の分析用試料を十分な量だけ採取する。若しくは，8.3.1で述べるように，せん孔速度を遅くしたドリルでチップを採取する。

単位 mm

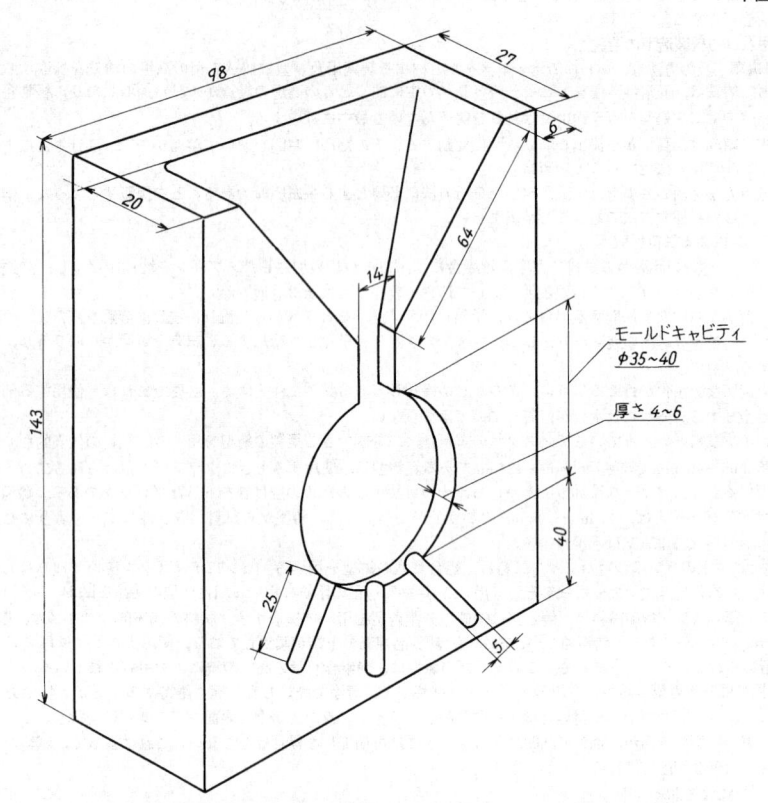

備考　平面冷却板(示されていない)も，全部同じような寸法である。

図2　鋳鉄製造用の溶銑の採取に用いる組合せタイプの縦形鋳型

5.4.3　熱的分析方法のための分析用試料　ディスク状試料のピンを折って，分析試料として使うのに十分な量の小片にするか，又はプローブ試料の突起部を分析試料とする。分析試料を決められた数だけ分析し，平均値を求める。

又はピン若しくは突起部を衝撃乳鉢を使って破砕し，粒径約1 mm～2 mmとした，十分な量の分析用試料を採取する。粉砕中に，試料を余り細かくしないようにする。スラブの形状をした試料の場合には試料を砕いて小片とし，同じような方法で粉砕する。

5.4.4　物理的分析方法のための分析用試料　ディスク型の試料の場合には，必要に応じて突起物又はピンを取り除き，試料表面を研磨して，試料を代表する白銑組織を露出させる。このようにして取り除く物質の量は，当該の鉄の化学組成及び試料採取条件によって決める。除去する層の厚さは，通常は0.5 mm～1 mmである(**附属書1**の**6.**参照)。

スラブの形をした試料の場合にはスラブを二分割し，分析に適したサイズの試料とする。グラインダで研磨したり，リニッシングによって試料表面を調製する。試料を過熱しないように研磨は湿式で行うが，最終面仕上げは乾燥した状態でリニッシングする。又は研磨した後に水に浸して試料を冷却し，乾式のリニッシングによって仕上げる。

薄い試料の表面を調製する場合には，特に注意が必要である。つかみ具は，研磨及びリニッシングの操作中に試料を安全に保持できるように，特に設計しておく。

6.　鋳鉄品製造用の溶銑

6.1　一般事項　次の方法は，キュポラ及び電気炉，合せ湯法の保持炉，とりべ及び処理用のなべからの溶銑を採取

するのに適用する。

鋳鉄品を製造するための溶銑は，不均質になりやすい。そのため当該の製造プロセスの要求に合うように，試料採取の全体の段取り及び方法の設定に特別の注意を要する。例えば，保持炉中の溶銑は層状になりやすいので，採取する場合には，溶湯全体を代表する部分から分析用試料が採取されることを確かめる。

バッチ工程では，溶湯の約1/3及び2/3が排出されたときに，溶解炉から二つ又はそれ以上の数の試料を採取し，平均分析値を決定する。工程が連続している場合には，試料は一定の時間間隔をおいて採取する。

通常は，スプーンから鋳込む溶湯試料をできるだけ早く冷却して，黒鉛の含まれていない白銑の金属組織となるように，試料採取方法を工夫している。

一般に物理的分析方法で分析するには，急冷鋳込みによって得た白銑組織が必要である。

急冷しない試料を使う場合もある。この場合には，特に試料をスプーンから鋳込むか，又は機械試験用に作られた試験片若しくは供試材から分析用試料を採取する。試験片又は供試材には，鋳鉄品の別鋳込みと本体付けとがある。

大きな鋳鉄品又は大量の鋳鉄品が作られる場合には，注文者の同意があれば，二つ又はそれ以上の試料を採取してもよい。

水素，酸素及び窒素の定量のために溶銑を採取し，試料調製する場合には特別な配慮が必要である(**6.5**参照)。

6.2 スプーンによる試料採取

6.2.1 一般事項 接種剤を溶湯に加える前にも試料を採取するのがよい。接種剤を加えた後に試料を採取する場合には，添加による直接的な影響がなくなるだけの十分な時間をとるか，又は試料採取する前に，溶湯をよくかき混ぜる。試料を採取する前に十分な放置時間をとらないと，採取した試料は厳密にはその溶湯を代表していないことになる。

球状黒鉛鋳鉄は，製造工程の途中で浮きかすによって汚染される可能性があるために，試料を採取するのが特に難しい。この場合には，セラミックスのディスクを使って溶湯をろ過することによって，適切な試料を採取することができる。

> **備考5.** 接種剤を添加する以前に試料採取を行った場合には，得た試料は鋳鉄品の化学組成を代表していないものと考えたほうがよい。

6.2.2 方法 黒鉛製スプーン又はガニスターのような層状耐火物でライニングした鋼製のスプーンは，次のいずれかの方法で使用する。

a) すくい取るようにして溶湯の表面からスラグを取り除き，次に，あらかじめ加熱しておいたスプーンを溶湯に浸して，溶銑を満たす。

b) 注入途中の流れの中にあらかじめ加熱しておいたスプーンを差し出し，溶銑を満たす。

6.2.3 チルした試料 スプーンから溶銑を，ヘマタイト鉄，銅製の分割鋳型などに直ちに注入し，厚さが4 mm～8 mmの小さな平滑な板状の試料を作る。鋳型が過熱されるのを防ぐためと，試料が破損する危険を避けるために，凝固したらできるだけ早く試料を鋳型から取り外し，湯口部を除去する。

一般にコイン試料といわれている試料の形状は，円形，長方形又は正方形で，それぞれの代表的なサイズは，直径35 mm～40 mm，50 mm×27 mm又は50 mm×50 mmである。通常のディスク試料は垂直に鋳込むが，長方形及び正方形の試料は水平に鋳込む。

鋳型は，使用するときにはクランプで留めて一体になる二つの部分からできている。片方は平らな冷却板であり，もう一方は鋳込みのための空げきをもったブロックである。鋳型の空げきの端は，鋳型から試料が取り外しやすいようにこう配がついている。

一つ又はそれ以上のピンがついたコイン試料は，組合せタイプの鋳型を用いて作ることができる。ピンはディスクから折り取られ，必要ならば熱的分析方法の分析試料として使用する。このタイプの垂直鋳型は，一般にはブック型鋳型といわれ，りん含有率が低くて炭素含有率が高いねずみ鋳鉄，黒鉛，銅又は水冷する銅から作られている。それを図2に示す。得られる試料はディスク状で，直径35 mm～40 mm，厚さ4 mm～6 mm，直径5 mmの3本のピンがついている。

スプーンの中の溶銑の温度は，鋳型の材料が耐え得る，できるだけ高い温度でなければならない。白銑組織の分析用試料をつくるため，急冷できるように鋳型を冷却することが大切である。しかも必要に応じて，鋳型は使用する前に空気で冷却しておく。鋳型には水分が付着していてはならない。

試料を頻繁に採取する必要のある工程では，冷却した鋳型が直ちに使えるように，幾つかの鋳型を用意しておく。

試料を過熱することによって生じる熱ひずみのために，コイン試料が破損することがあるので過熱は避けなければならない。

6.2.4 チルしない試料 スプーンの溶銑を，砂型鋳型に素早く注入し，直径が約50 mmで長さが40 mm～50 mmの円筒状の試料を作る。

又は分析用試料は機械試験片用の別鋳込み供試材若しくは本体付き供試材から採取できる。試験片又は供試材は，

スプーンを用いてとりべから採取した溶銑を鋳込むか，又は小さな手なべを使う場合には，そのとりべ自身から直接鋳込んで作る。代表的な試料片の大きさは，直径30 mm，長さ150 mmで砂鋳型中に垂直又は水平に鋳込む。

試料は完全に冷えるまで放置した後で，鋳型から取り外す。

6.2.5　器具の保守・整備　試料採取用のスプーン及び鋳型は，清浄で乾燥した状態に維持することが大切である。使用した後は，スラグ及びなべに付いた地金を除去し，ワイヤブラシで鋳型の表面をブラシかけを行う。

使用した鋳型内部の表面が，荒れて凸凹になったときには再加工する。これによって，試料の表面調製のときに余分な切削を避けることができる。

6.3　プローブによる試料採取　プローブによる試料採取は，鋳鉄品の製造での限られた場合だけに使用する。その場合，採取用プローブは，分析に必要な品質及び金属組織の試料が得られるように設計されていなければならない。

6.4　分析用試料の調製

6.4.1　前処理　砂型鋳込み試料の表面に付着している砂を，スクラッチ・ブラシ又はショットブラストによって取り除き，更に研磨によって表面酸化した部分を取り除く。選定された分析方法に応じて，**6.4.2～6.4.4**の操作のいずれかの方法に従って試料を調製する。

6.4.2　化学的分析方法のための分析用試料

6.4.2.1　一般事項　切削は，タングステンカーバイドのバイトを用い，低速度（100～150回転/分）で，ドリルによるせん孔又は旋盤加工によって行い，チップを得る。このとき微粒子のない同じサイズのチップを作るように，機械の速度及び送り量を調節する。

試料及びバイトが過熱されないように注意する。

チップは，粉々に砕けたり，黒鉛が消失したりするのを防ぐために，約10 mg（約100チップ/g）の質量の，できるだけ固く，かつ，ち密なものとする。金属と黒鉛の分布が変わるおそれがあるため，チップは溶剤で洗ったり磁気処理をしてはならない。ドリルでチップを採取するときは，直径10 mmのバイトが適切である。

全炭素量を定量するためのチップのサイズは，1 mm～2 mmが適切である。

切削加工ができない場合には，試料を砕いて小片とし，その小片を衝撃乳鉢又は振動ミルを用いて破砕し，粒径150 μm以下の分析用試料を得る。この方法は，粉砕によって試料が汚染されないことが分かっている場合だけに使用する。

6.4.2.2　方法　チルした試料は，できるならばドリルでせん孔し，試料表面から採ったチップは廃棄する。

チルしない円筒状のブロックの場合には，ドリルでブロックの長手方向の1/3の位置に，横方向に孔をあける。次に，その反対側に別の孔をドリルであける。両方向の半径の1/3までの深さから採ったチップを廃棄した後，ブロックの中心部分を連続してドリルで孔をあけて分析用試料を得る。

試験片の場合には，次の方法のうちいずれかを使用する。

a)　試験片の向かい合う二つの平面をグラインダ研磨し，その1/3の長さのところを片方の側から反対側へドリルで孔をあける。

b)　旋盤を使って，試験片を0.25 mm以下に切削し，切削油又は冷却剤を使用しない。表面から中心へ向かって半径方向の切削をするか，又はその断面を表面切削する。試験片の表面だけを切削してチップを採取しない。その表面から得たチップは廃棄する。

切削できない試料では，試料を砕いて小片を採取するか，又は試験片の底近くの断面から約3 mmのスライス又ははディスクを切り出す。これらの小片を衝撃乳鉢又は振動ミルを使って粉砕し，150 μm以下の粒径の十分な量の分析用試料を採取する。

6.4.3　熱的分析方法のための塊状試料　チル試料に対しては，試料からピンを折り取り，分析試料として用いるために小片に折るか切断する。

又は衝撃乳鉢でピンを破砕し，粒径が約1 mm～2 mmの分析用試料を採取する。ただし，細粒になり過ぎないようにする。

チルしない試料に対しては，円筒状のブロック又は試験片の断面からのこぎりを使って，約3 mmのディスク又はスライスを切り出し，切断して分析試料として使用するのに十分な量の小片にする。

必要な数の分析試料を分析して平均値を得る。分析試料として選択された小片の質量は，約0.3 g以下でないほうがよい。

6.4.4　物理的分析方法のための分析用試料　チル試料に対してはピンを取り除き，次に固定ヘッド研削盤を用いて，試料を代表する白銑組織を露出させる。この方法で取り除かれるべき物質の量は，該当する鋳鉄の化学組成及び試料採取の状態によって決まるが，除去すべき層の厚さは，通常少なくとも1 mmである。

研磨中は，空冷することが望ましい。研磨は，試料が過熱されるのを防ぐために湿式でもよいが，最終処理は乾燥状態で研磨又はリニッシングを行う。試料のチル層を超えて，余分な研磨を行うと分析誤差となるので注意を要する。

チルした試料は，調製した試料の金属組織が分析方法に適していることを保証するために，日常分析する際に定期的に確認する。

チルしない試料は，研磨装置又はリニッシング装置を用いて，試料の表面から厚さ約1 mmの層を取り除く。研磨中は空冷することが望ましい。液状の冷却剤を使用しない。

例えば，りんの含有率の高い合金鋳鉄(engineering iron)，けい素含有率の高い球状黒鉛鋳鉄，可鍛鋳鉄(malleable iron)などの偏析の影響を受けやすい鋳鉄に対しては，平均値を得るために分析用試料の両側の表面を調製しておく。

表面調製の際に試料が過熱しないようにする。過熱によって，分析値の精確さに影響する表面ひび割れが生じることがある。

薄いコイン試料の表面を調製する場合には，注意が必要である。つかみ工具は研磨操作中に，試料を安全に保持できるように，特に設計する。

備考6. 表面調製のためには，固定ヘッド研削盤の方が揺動式研削盤よりも好ましい。後者のタイプの装置では，分析用試料の表面は平たんにならないことがある。

6.5 酸素，窒素及び水素定量用試料の採取及び調製

6.5.1 一般事項 酸素，窒素及び水素の定量は，鋳鉄品製造の限定された場合にだけ必要とする。

試料の採取及び調製方法は，水素の損失が最小で酸素，窒素又は水素によって試料が汚染されるのを避ける方法が望ましい(7.5及び7.6参照)。

6.5.2 方法 水素定量用の試料は，急速冷却することが必要である。凝固したら直ちに試料を鋳型から取り出し，素早く水で急冷し，冷却剤の中に浸して保管する。冷却剤としては液体窒素又はアセトン/ドライアイス若しくはエタノール/ドライアイスのスラリーが適切である。

参考 ISO 14284では，"急冷には，アセトン及びドライアイスをスラリー状にした混合物が適している"とあるが，アセトンは引火性があるので，いったん水で急冷してから冷却剤に保管することにした。

酸素及び窒素の定量には，急冷鋳込み試料から折り採ったピンが一般には適している。この試料は，溶湯からスプーンを使って採取し，6.2で述べたように，溶銑をブック型組合せ鋳型に鋳込んで，直径6 mm～8 mmのピン状の試料を得る。

そのための図2に示した鋳型の構造は，三つのピン形の空きを大きくすることによって，必要な直径のピンが製造できるように改造する。

6.5.3 分析試料の調製 タングステンカーバイドのチップのついたバイトと旋盤を用いて切削することによって，ピンの表面からすべての酸化物のこん跡を取り除く。分析に適した質量の分析試料を得るために，二またのバイトでピンを切断する。水素定量用の分析試料を調製するときには，ピンが過熱されないようにする。砕いたドライアイスで頻繁に冷却する。

分析試料を調製したら，直ちに分析を行う。

参考 グラインダなどで表面の酸化物を取り除き，高速切断機などで試料を切断してもよい。

7. 鋼製品用の溶鋼

7.1 一般事項 次の方法は，溶解炉，とりべ及びその他の容器並びに精錬中，二次処理及び鋳込み中のタンディッシュ及び鋳型から溶鋼を採取するのに適用する。

酸素(7.5)と水素(7.6)の定量のために溶鋼から試料を採取し調製する場合には，別の特別な配慮が必要である。

7.2 スプーンによる試料採取

7.2.1 方法 溶湯から試料を採取する場合には，スラグを通して溶湯にスプーンを低く挿入し，溶鋼を満たす。チル化を防ぎ，スプーンに試料が付着することを防ぐために，初めスプーンをスラグ層に浸してスラグで覆う。スプーンを引き出し，スプーンの中の溶鋼の表面をすくうようにしてスラグを除く。

溶鋼の流れから試料採取する場合には，とりべからの流れにスプーンを入れて溶鋼を満たし，スプーンを引き出す。

プローブサンプラを注入中の溶鋼に差し込む場合には，ノズルから吹き出す溶鋼の力に注意が必要である。場合によっては，試料採取の場合に注入速度を落とすことも必要である。

必要に応じて，スプーンの中の溶鋼に，正確にはかった脱酸剤を添加する。溶鋼の反応が収まったら，(10秒間待った後)直ちにこう配付きの円筒状試料が採れるように設計した，一体型の鋳型に溶鋼を注入する。試料の寸法は，上端の直径が約25 mm～40 mmで，底部の直径は約20～35 mm，長さは40 mm～75 mmである。

試料を鋳型から外し，ひび割れが発生しないような方法で冷却する。切削を容易にするために，試料は十分にゆっくりと冷却しなければならない。

ステンレス鋼を採取する場合には，鋳鉄の板の上に置いた耐火物のリングが鋳型として使用できる。リングの壁の厚さは10～12 mmである。耐火物を砕いて試料を鋳型から外す。

備考7. スプーンによる試料採取の脱酸剤としてアルミニウムのワイヤが用いられるが，これはアルミニウ

ムが分析を妨害しないで，しかも溶湯中のアルミニウム含有量を定量する必要がないためである。添加されるアルミニウムの量は，普通は0.1～0.2 %(m/m)である。チタン，ジルコニウムなどの脱酸剤も同じような制約のもとに使用できる。

　高炭素鋼を採取する場合には，スプラッシ試料採取が適用できる。スロープのついた清浄な鉄板(**附属書3図1参照**)に，スプーンで採取した溶鋼を流し，凝固した板状試料を得る。

7.2.2　器具の保守・整備　試料採取用のスプーン及び金属鋳型は，清浄で乾燥した状態に維持することが大切である。使用した後は，スラグ及びなべに付いた地金を取り除き，ワイヤブラシで鋳型の表面をブラシがけを行う。

　使用した鋳型内部の表面が，荒れて凸凹になったときには再加工する。これによって試料の表面調製のときに余分な切削を避けることができる。

7.3　プローブによる試料採取

7.3.1　一般事項　市販されている溶鋼用の種々の種類の試料採取用プローブの特徴を**附属書1**に分類した。

　プローブによる試料採取は，サンプラを浸すときの角度及び深さ，溶湯中での浸す時間などの要因によって影響を受ける。これらの要因は，鋼の組成，温度などの個々の条件によって決まっており，分析に必要な品質基準を維持するために厳密に管理することが必要である。

　低い含有率の元素を定量するために試料の採取を行う場合には，プローブによって当該の溶鋼試料が汚染されないように注意する。

　採取用プローブに用いる材料の選択，ふた及び溶鋼注入口の設計及び脱酸方法を選択することによって，(脱酸剤自身以外からの)の汚染の危険をできるだけ小さくするようにしなければならない。

7.3.2　方法　溶解炉及びとりべのような深い溶鋼から試料を採取する場合には，適切なプローブサンプラをできるだけ溶湯の中心近くに，90度に近い角度で，スラグ層を通して素早く浸す。

　タンディッシュ，インゴットの鋳型の上部及び連続鋳造の鋳型のような浅い溶湯から試料を採取する場合には，吸引型の採取用のプローブの吸引管を，スラグ又は被覆用パウダを通過して溶湯中に挿入する。鋳型を満たすために，約2秒間吸引してサンプラの中を部分的に真空にする。

　ある種のタンディッシュでは，浸せき用採取プローブが使えるように，溶鋼が十分に深くなっているものもある。

　とりべに注入中の溶鋼の流れから試料を採取する場合には，適切な流れからの試料採取用プローブをとりべのノズルのできるだけ近い位置に，45度の角度で挿入する。プローブサンプラを注入中の溶鋼に差し込む場合には，注意しなければならない。試料採取の間に注入速度を落とすことも必要となる場合がある。

　あらかじめ設定した時間が経過した後，溶湯からプローブサンプラを引き上げて砕く。プローブ試料をしばらく空気中に放置して鈍い赤色になるまで冷却し，ひび割れないように水で急冷する。

　ある場合には，プローブ試料は，まだ熱いままの状態で分析室に運ばれることもある。

7.4　分析用試料の調製

7.4.1　前処理　溶鋼から採取した試料から，採取の過程で分析用試料を汚染した表面酸化物を取り除く。

7.4.2　化学的分析方法のための分析用試料　スプーン試料の場合には，円筒状の試料の底から1/3の位置を，試料の中心に向かってドリルでせん孔して採取する。試料の表面層から得たチップは廃棄する。

　又は切断装置を用いて円筒状の試料の底から1/3を切り放し，残材の横断面全体をフライス研削する。試料が硬くて切削が不可能な場合は，熱処理が必要である。

　スプラッシの場合には，ハンマなどで10 mm～20 mmに破砕した後，鉄製鋳型(**附属書3図2参照**)に入れ，飛散しないように注意しながら鉄棒で破砕して1 mm～2 mmの破砕粒を分析用試料とする。

　プローブ試料の場合には，**10.4.2**で述べるように，ドリルせん孔又は切削によって試料のディスク部分からチップを採取する。

7.4.3　熱的分析方法のための分析用試料　突起のついたプローブ試料の場合には，突起の1本を折り採って分析試料とする。

　二段階の厚さをもった段付きプローブ試料の場合には，分析試料とするために，ディスクの薄い部分からコイン状の試料を打ち抜く。試料の硬さがロックウェルで約25 HRCを超える場合には，打ち抜きやすいように熱処理して軟化してもよい。

　ディスクピンの一体型のプローブ試料の場合には，分析に適した量だけピンから分析試料を切断する。円筒状の試料の場合には，ドリルせん孔又は切削によって，チップを採取する。低炭素鋼中の炭素を定量するための試料の場合には，分析試料を調製するときに汚染がおきないように特に注意が必要である。試料の取扱いには，ピンセットを使用する。

7.4.4　物理的分析方法のための分析用試料　円筒状試料の場合には，と石切断機又は切断工具を用いて試料の底部を通常20 mm～30 mmの厚さに切断し，分析用試料とする。と石切断の場合には，分析の前に切断した表面をリニッシングしなければならないが，切断工具による場合にはしなくてもよい。

　プローブ試料の場合には，必要に応じて突起物又はピンを取り除き，ディスクの表面を研削又はリニシングして分析用表面を露出させる。このようにして取り除く物質の量は，当該の鋼の化学組成及び試料採取条件によって決める。除去する層の厚さは，普通は1〜2 mm(附属書1の6.参照)である。二段階の厚さをもった段付きプローブ試料の場合には，ディスクの厚い部分を調製する。

　鉛快削鋼の場合には，表面調製に用いる装置は密閉し，集じん排気装置を取り付ける。

　　　　注意　鉛快削鋼の表面調製によって舞い上がる削りくず及び集じんフィルタで採取されたダストは，集めた後，鉛含有廃棄物に関する地方自治体の規制に従って，安全上問題が生じないように処置する。

7.5　酸素定量のための試料の採取及び調製

7.5.1　試料採取方法　酸素定量のために溶鋼を採取する方法は，市販の採取用プローブを使うことを前提としている。種々のプローブの形状の主な特徴を，**附属書1**に分類した。試料採取の操作によって，溶湯中の炭素及び酸素の反応の平衡状態が影響されないように，使用方法が配慮されていなければならない。試料の汚染を避けること及び試料調製の各段階で表面酸化物を全部取り除くことが大切である。

　直径5 mm以下のピン，突起物などのプローブ試料の小さな付加物は，一般には表面酸化物のない分析試料として調製するのには適していない。二段階の厚さをもった段つきプローブ試料から打ち抜きによって得たコインであれば満足できる。重力を利用する採取用プローブを用いて，より大きな試料を得ることが望ましい場合もある。

7.5.2　分析試料の調製　過熱しないように研磨することによって，プローブ試料の表面から酸化生成物を取り除く。

　プローブ試料のディスクからスライスを切り出し，このスライスから分析に適した重さの立方形の分析試料を切り取る。

　分析試料をステンレス鋼製の保管用ブロックの中又は別の容器に入れて，しっかりと保管する。細密やすりを用いて表面を研磨する。すべての操作には，ピンセットを使用する。

　分析試料をアセトン，エチルアルコールなどに浸し，空気中で乾燥するか低真空中で乾燥し直ちに分析する。分析試料の調製及び分析の間には遅れがないようにする。

7.6　水素定量のための試料の採取及び調製

7.6.1　一般事項　水素定量用の溶鋼を試料採取する方法は，市販の採取用プローブを使うことを前提としている。種々のプローブの形状の主なものを**附属書2**に示した。試料採取の途中，試料の保管中及び分析試料調製中に起きるプローブ試料からの水素の急速な拡散を最小にするか，又はそれを制御できるように，使用方法が工夫されていることが望ましい。拡散による水素の逸失は，室温では特に直径の小さい試料の場合に大きい。

　プローブ試料は，ひび割れや表面の空孔及び湿分，特にトラップされた水分がないのがよい。分析試料の状態は，分析の測定値に大きな影響を与える。分析方法は，試料中の水分の存在によって感度が違ってくる。吸引式試料採取プローブを用いる場合には，試料に湿分が入る危険を避けるように，操作方法が工夫されていることが望ましい。

　試料採取方法は，溶湯の温度，分析の方法及び必要とされる分析精度に応じて選択される。これらの相互関係をよく検討し，必要な品質の試料を作るための当該の製鋼方法に適した方法を確立する。分析の質の一貫性を保つために，操作法の詳細に至るまで厳密に実行する。

　試料採取に続くすべての段階，保管中及び試料調製中は，プローブ試料及び分析試料をできるだけ低い温度に維持しておくことが大切である。試料は冷却剤中に保管しておくとよい。冷却剤としては，液体窒素又はアセトン/ドライアイス若しくはエタノール/ドライアイスをスラリー状にしたものが適切である。

　　　　備考8.　このような保存は，フェライト鋼に対して必ず必要である。オーステナイト鋼の水素の拡散は少ない。しかし，ある特定の材料に対して，実験による確証のない場合は，提案された冷却剤保管法を用いた方がよい。

　プローブ試料及び分析試料は，試料を切断したり分析試料を調製している間，冷却するのが望ましい。氷で冷やされた水，できれば寒剤中に浸して冷却するのがよい。分析試料の表面に付着した湿分は，冷却した後に取り除くのがよい。分析試料はアセトンなどに浸し，その後，低真空中に数秒間放置して乾燥するのがよい。

　冷却及び保管が不備な試料は，廃棄する。

　研磨によって分析試料の表面を調製することは，酸化生成物及び表面欠陥を取り除くのに必要であるが，最小に止める。分析試料は，調製した後，直ちに分析することが望ましい。

7.6.2　試料採取方法　さまざまな直径のピン形又は鉛筆形の試料を提供できるように，広い範囲で使えるように設計された市販の採取用プローブが入手可能である(**附属書2**参照)。選定した採取用プローブは，機器製造業者の取扱説明書に従って使用する。

　プローブ試料は，冷水中で急冷する。急冷中はその水を連続して強くかき混ぜることが望ましい。試料を採取した後，10秒以内に急冷することが重要で，遅れがないことが望ましい。素早く冷却するために，試料の鋳型として用いたシリカの覆いを急いで取り除くのがよい。

　試料が十分に冷却したら，プローブ試料を保管のために冷却剤中に浸し，試験室に運ぶ。

拡散性の水素を捕集するようにプローブが設計されている場合には，ハンドリングできるように十分冷やすために，プローブを急冷するのがよい。

7.6.3　分析試料の調製　プローブ試料の中央部分から，分析に適した量の分析試料を切り出す。プローブ試料が最小限の加熱しか受けないように切断する。切断中は大量の冷却した液体を流すか，又は頻繁に試料を冷却するか，若しくは両者の冷却方法の組合せを用いる。

分析試料の表面は，やすり掛け，グリットブラスト（grit-blasting）又は軽く研削することによって調製する。やすり掛けをする場合には，手で細密やすりを使って表面を研削する。グリットブラストを用いる場合には，グリットから汚染物質が混入しないように，グリットブラスト装置は，もっぱらこの目的だけに使う専用機にする。研削を使う場合には，頻繁に分析試料を冷却する。

分析試料をアセトンなどに浸して脱脂し，低真空中で乾燥し直ちに分析する。又は分析試料を2-プロパノール（イソプロピルアルコール）に浸した後，ジエチルエーテルを使って乾燥する。

8.　型銑

8.1　一般事項　次の方法は型銑として知られ，通常，二重のひし形又は類似した形状をした，簡単な形をした塊に鋳込んで高炉から鉄を採取するのに適用する。

ISO 9147には，種々のタイプの型銑が分類されている。これ以外のタイプの鉄は鋳鉄品の製造，例えば，キュポラ又は電気溶解炉で作る鉄などに用いられる。

銑鉄から代表的な試料を採取する場合には，特に注意しなければならない。

8.2　インクリメントによる試料の採取

8.2.1　インクリメントの数　インクリメント試料として採取する型銑の数は，バッチやコンサインメントを代表するものでなければならない。バルクとして供給されるコンサインメントの場合には，受渡当事者間に他の協定がない限り，コンサインメントから採取する型銑の最も少ない数は，**ISO 9147**（**表1**参照）による。

表1　銑鉄のコンサインメントからインクリメント試料として採取する型銑の最小の数

コンサインメントの量 t	型銑の数
10未満	9
10〜 20	11
20〜 40	12
40〜 80	14
80〜160	16
160〜300	18
300〜600	21
600を超えるもの	24

8.2.2　方法　荷を降ろしたり載せたりする場合又はコンサインメントを別の場所に置き換える場合には，ほぼ等しい時間又は量ごとに，型銑をインクリメント試料として採取する。

ワゴン車又はトラックで運ばれてきたコンサインメントの場合のサンプリングの位置は，一定の規則に従って処理する。例えば，5か所から，すなわち，ワゴン車の中央と二つの対角線に沿って，隅から1/6の距離のところから採取する。

たい積して保管している（ストックパイル）の場合には，幾つかの結び目を作ったロープをパイルの上に投げて，これらの結び目の触れた型銑を採取する。この操作を，十分な数の型銑を得るまで繰り返す。

ストックパイルの表面全体に接近できない場合とか，ストックパイルに近づくのが危ない場合の採取点は，ストックパイルの表面を一定の規則に従って処置する。

又は無秩序に選んだストックパイルの位置から，多数のサブサンプルを採取するのに機械シャベルを用いる。そして各サブサンプルから，無秩序に一つの型銑を選ぶ。

8.2.3　混合した銑鉄のコンサインメント　銑鉄のコンサインメントには，異なった発生源から生じた，多数の異なったバッチが含まれている可能性がある。コンサインメントの中に，違った形状とサイズの型銑が見られたならば，

目視で判断して存在する銑鉄を各タイプごとの比率に分ける。

そのとき，コンサインメントの加重平均分析値が得られるように型銑の個々のサブサンプルを構成するために，インクリメント試料は，コンサインメント中の各種の銑鉄から採取する。

8.3　分析用試料の調製

8.3.1　一般事項　インクリメント試料として採取した型銑が，電磁式のクレーンを用いてハンドリングしたために残留磁気のある場合には，消磁コイルで消磁して，ドリルで試料採取する場合に，細かい粒子と粗い粒子が分離しないようにするのがよい。

チップを採取するために試料を切断する場合には，新しく研いだドリル刃を用いて，100～150回転/分の遅い速度でドリルを回し，細かくサイズのそろったチップを採取するように速度及び送り量を調整するのがよい。チップを採取する場合には，直径12 mm～14 mmのドリルが適切である。ドリルは，頻繁に削り直して，試料及びバイトの両者が過熱されないように注意する。

例えば，酸素を吹き込んだ鉄(oxgen-blown iron)のような，あるタイプの鉄に対しては，タングステンカーバイドのチップのドリルを使う必要がある。

粉砕されて黒鉛が消失しないように，チップはできるだけ強固でち密なものとする。炭素定量用のチップの粒径範囲は，おおよそ1 mm～2 mmが適切である。

フライス研削は，粒度の細かいものの割合が高くなるため使用しない。

調製した試料を，溶媒で洗ったり電磁石で取り扱ってはならない。それは金属及び黒鉛の分布が変わる危険がある。

8.3.2　化学的分析方法のための分析用試料　それぞれのインクリメント試料を調製する方法は，次の方法のうちのいずれかによる。

a)　切削可能な鉄については，少なくても直径50 mmの広さで，型銑の長さ及び幅の各半分の位置を研磨して，金属面を露出する。ドリルで型銑の断面方向にせん孔し，反対側の面から約5 mmの位置で孔をあけるのを止める。必要であれば，最初の孔に平行に更にもう一つ孔をあける[**図3a)**，**図3b)**，**図3c)**及び**図3d)**参照]。

b)　切削できない鉄に対しては，型銑を長さの半分の位置で壊す。割った面から小片をはく離し，これらの小片を約5 mmの粒径に破砕し，更に振動ミルを用いて，粒径150 µm以下に粉砕する。

それぞれの型銑から採取した材料を等量ずつ混合する。この混合物から分析に十分な量の試料を，円すい四分法によって採取する。

又は各型銑から採取した材料を別々に分析し，コンサインメントの平均値を求める。

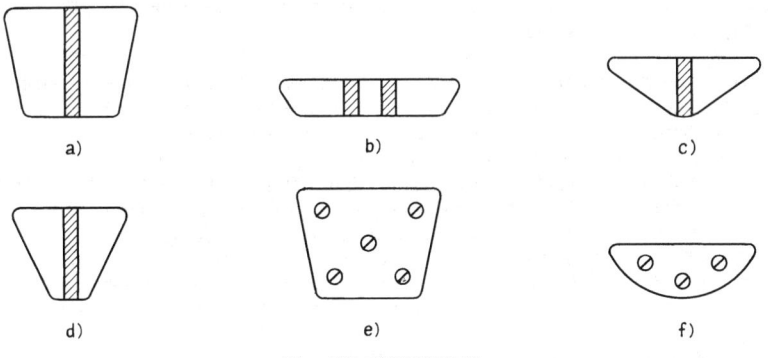

a)　　　　　　　　　　b)　　　　　　　　　　c)

d)　　　　　　　　　　e)　　　　　　　　　　f)

図3　銑鉄の試料採取位置

8.3.3　熱的分析方法のための分析用試料

8.3.3.1　一般事項　それぞれのインクリメント試料を調製する方法は，型銑の状態と分析に必要な試料の種類によって，次の箇条のうちのいずれかによる。

8.3.3.2　チップ又は破片の形状をした試料　切削可能な鉄では，各型銑の中央の相反する面に，直径12 mm～14 mmの孔をあける。型銑の両面の孔の周りのスケール，その他の不純物を取り除く。約1 mm～2 mmの寸法の大きなチップが得られるように，直径20 mm～24 mmの初めの孔と同軸の別の孔をあける。

切削できない鉄に対しては**6.3.2 b)**で述べたように，型銑から小片を採取し，それを衝撃乳鉢を用いて粒径約1 mm～2 mmの中間の大きさになるように砕く。

各型銑から採取した材料を等量ずつ混合する。この混合物から，円すい四分法によって分析用試料を得る。

又は各型銑から採取した材料を別々に分析し，コンサインメントの平均値を求める。

8.3.3.3 塊状試料 型銑の長さの半分の位置から，約3 mmの厚さの全断面スライスを切り出し，研磨して端を清浄にする。このスライスから，**図3 e)** 又は**図3 f)** に示した位置から小片を切り出し，分析に適した質量の分析試料を採取する。

又は型銑の長さの半分の位置を切断するか破壊する。約3 mmの直径のピンを得るために，**図3 e)** 及び**図3 f)** に示した位置に三つか四つの孔をトレパン工具 (trepanning tool) を用いてせん孔する。分析に適した質量の分析試料となるように，ピンを破壊する。

各型銑の平均値を得るために，分析試料を代表する数だけ分析する。

8.3.4 物理的分析方法のための分析用試料 普通は銑鉄から得た試料を物理的分析方法で分析することはない。もし物理的分析方法を用いるならば，試料の調製方法は，鉄の組織を考慮した，代表する分析面を露出する方法による。

又は試料の小片を再溶解して適切な形状にした試料を用意してもよい (**4.4.5**)。

9. 鋳鉄品

9.1 一般事項 鋳鉄品から未処理試料又は分析用試料を採取する場合には，**9.2.2**，**9.2.3** 又は **9.2.4** に述べる方法の一つについて受渡当事者間で，試料採取の場所と方法を協定しておく必要がある。

分析用試料は，機械試験用の試験片又は供試材から採取することもできる。

鋳鉄品から代表する分析用試料を採取するためには，特別な注意が必要である。採取した試料と鋳込んだ製品の化学組成が異なっていることがある。特に炭素，硫黄，りん，マンガン及びマグネシウムの濃度が異なっている場合が多い。

偏析する元素は，鋳鉄品の上表面及び下方の中心部に向かって濃縮している。このような場所は，未処理試料及び分析用試料を採取する場合には避けなければならない。断面の寸法及び位置によっても加熱又は冷却に差が生じるので，代表する試料を採取する位置には，特別な注意が必要である。りん含有率の高い合金鋳鉄，可鍛鋳鉄及び球状黒鉛鋳鉄を採取する場合の方針を立てる場合には，注意深い配慮が必要である。ねずみ鋳鉄を採取する場合で特に偏析のおそれのある場合には，分析用試料の化学組成が製品を代表していることを，特に注意して確かめる必要がある。

9.2 試料採取及び調製

9.2.1 一般事項 試料採取とその調製は，鉄の種類と鋳造のタイプ及び選択した分析方法に従って行う。

供試材又は未処理試料に付着した砂の粒子を，スクラッチブラッシング，研削又はショットブラストによって取り除いて清浄にし，金属表面部分を分析に供する。中空の鋳鉄品は内側と外側の面が清浄であることを確かめる。

9.2.2 化学的分析方法のための分析用試料

9.2.2.1 一般事項 チップを採取するために試料を切削する場合には，タングステンカーバイドのチップのついたドリルを用いて，100〜150回転/分の遅い速度でせん孔して，最少量の細かくて寸法のそろったチップを採取するように回転速度と送り量を調節する。試料とバイトが過熱しないように注意する。カーバイドのチップのドリルを用いると，バイトが破損する危険がある。ドリルが破損した場合には，そのチップ試料は廃棄する。

フライス研削は，細かい試料の割合が高くなるので使用しない。

チップ試料は，粉砕されて黒鉛が損失するのを防ぐために，約10 mg (1 g 当たり100チップ) の，できるだけ強固でち密なものとする。金属と黒鉛の分布が変わるおそれがあるため，チップを溶剤で洗ったり磁石で取り扱ったりしてはならない。ドリルで孔をあけてチップを採取するのには，直径約10 mmのドリル径が適切である。

炭素又は窒素定量用のチップ試料の粒径は，約1 mm〜2 mmがよい。

切削加工ができない場合には，試料を砕いて小片とし，その小片を衝撃乳鉢又は振動ミルを用いて破砕し，粒径150 μm以下の十分な量の試料を得る。この方法は，粉砕によって試料が汚染されないことが分かっている場合だけに使用する。

9.2.2.2 方法 試料採取とその調製方法は，鋳鉄品のタイプによって，次による。

a) ねずみ鋳鉄の場合は，鋳鉄品の中央部分，すなわち，本体の全断面の約1/3の範囲からチップを採取する。鋳込みのままの表面から採取したチップは，分析に使用してはならない。分析値が本体の位置によって変わる可能性のある場合には，できれば本体の数箇所の位置をドリルでせん孔してチップを採取する。この方法で得たチップを混合して分析試料とする。

大きな断面の鋳鉄品については，その中を貫通するまでドリルでせん孔することは実用的ではない。このような場合には，断面の半分の深さまでせん孔することを目標とする。

パイプのような中空鋳鉄品は，パイプの両端と中央を三つのドリルの孔が互いに120度となるようにパイプの壁を通してドリルで貫通させる。

大きな鋳鉄品の場合には，トレパン工具を用いて直径3 mm〜5 mmの未処理試料を採取する。

試料を小片に破砕し，その小片を衝撃乳鉢又は振動ミルを用いて粉砕し，粒径150 μm以下の十分な量の試料を得るようにする。

b) 可鍛鋳鉄の場合は，焼なまし前であればどこからでも分析用試料を採取できる。

焼なましすると大きな偏析が起きるので，焼なましした後の鋳鉄品から採取する場合は，その全断面を代表していることが大切である。厚さが異なっている部分から試料を採取する場合には，特別な注意が必要である。

焼なましした材料を分析しなければならない場合には，切削によって全断面を切り出し，砕いて小片とし，衝撃乳鉢又はディスクミルで破砕する。150 μmのふるいを用いて，各部の粗い部分と細かいものとに分けて，それぞれの質量を求める。分離している分級物のそれぞれを完全に混ぜ合わせ，それぞれの量に比例してはかり採り，全体を代表する分析用試料とする。

c) 白銑及び合金鉄の場合は，**9.2.2.2 a)** で述べたようにドリルでせん孔することによって，分析用試料を採取できる。

ドリルで試料採取するのが困難な場合には，供試材又は未処理試料の，できれば断面全体から，のこぎり又は必要ならば切断と石を用いて薄いスライスを切り出す。切断と石を使う場合には熱影響部を取り除く。

そのスライスを砕いて小片とし，衝撃乳鉢又はディスクミルで破砕し，粒径150 μm以下の十分な量の試料を得るようにする。

備考9. 可鍛鋳鉄品は，マンガンと硫黄の比が2：1を超えると，硫化マンガンの偏析が起きやすい。

9.2.3 熱的分析方法のための塊状試料　**9.2.2.2 c)** で述べたように，供試材又は未処理試料から薄いスライスを切り出す。

大きな鋳鉄品の場合には，トレパン工具を用いて直径3 mm〜4 mmの分析用試料を採取する。分析用試料から小片をはく離するかのこぎりを用いて切断して，分析に適した質量の分析試料を採取する。代表する数だけ小片を分析し平均値を求める。

分析試料として採取する小片の一つの質量は，0.3 g以上が望ましい。

9.2.4 物理的分析方法のための分析用試料　供試材又は未処理試料から，適切な寸法の分析用試料を切り出すには，のこぎり又は切断と石を使用する。

固定ヘッド機械装置による研削又はリニッシングしたり，又はこの二つの方法の組合せで，切断した表面の仕上げを行う。試料が過熱しないように，空冷することが望ましい。液状の冷却剤は使用してはならない。

又は試料を再溶解（**4.4.5**）して分析用としてもよい。未処理試料を砕いて，その全断面から小片採取する。これらの小片を代表する数だけ再溶解して，分析用試料とする。

再溶解した試料は，白銑組織のチル試料にする。ある種の元素については消失するおそれがあるので，**4.4.5**に規定した要求事項に，特に注意を払う。

備考10. 表面を調製するには，固定ヘッド研削盤の方が揺動研削盤よりも好ましい。後者のタイプの装置では，分析用試料の平たんな表面ができないことがある。

11. 遊離の黒鉛を含んでいる鋳鉄品から採取した試料を発光分光分析方法又は蛍光X線分析方法で分析した場合には，高精度の分析結果は得られない。このような場合には，**9.2.2及び9.2.3**に記載するように，適切な試料が使える別の分析方法を用いるのがよい。

10. 鋼材

10.1 一般事項　供試材から未処理試料又は分析用試料を採取する場合には，**10.2及び10.3**に述べる方法について受渡当事者間で，試料採取の場所と方法を協定しておく必要がある。

未処理試料又は分析用試料は，機械試験のための材料の採取に関する製品規格又は**ISO 377-1**に規定している場所の供試材から採取する（**4.3.2**参照）。

鉛快削鋼（**10.5**），酸素（**10.6**）及び水素（**10.7**）の定量のための鋼製品の試料採取とその調製には，特別な配慮が必要である。

10.2 鋳鋼品からの未処理試料又は分析用試料の採取　断面の大きな鋳鋼製品では，軸に平行してドリルでせん孔することによって，その部分の中心と外側との中間の位置から，チップ試料を採取する。これが実行できないようであれば，側面から断面をドリルせん孔し，中心と外側の中間の位置のチップを集めて，分析用試料とする。

又は塊状の試料が必要な場合には，製品の断面の半分又は1/4の位置を切削したり，切断トーチを用いて，製品から未処理試料を切断する。

10.3 圧延鋼材からの未処理試料又は分析用試料の採取

10.3.1 一般事項　圧延鋼材の未処理試料は，圧延方向と垂直な断面で，製品の片方の端から採取する。

塊状又はチップ状の分析用試料を採取する方法を，種々の異なった断面の製品について，次に例示する。

10.3.2 形鋼　供試材を横断して，スライス状の未処理試料を切り出す。

塊状の分析用試料を採取する場合には，未処理試料から，分析方法に適した大きさの小片を切り出す。

　チップ試料を採取する場合には，未処理試料の断面全体をフライス研削する。フライス研削が使えない場合には，ドリルでせん孔してもよいが，リムド鋼には適用できない。最も適切なドリルのせん孔位置は，次のように断面の形状によって決まる。

a) 　左右が対称的な形鋼，例えば，ビレット，丸鋼，スラブなどの場合には，中心と外縁の間の点で，長さ方向に平行に切断面をドリルでせん孔してチップを採取する[**図4a**)及び**図4b**)参照]。

b) 　例えば，山形鋼，T形鋼，溝形鋼，ビームなどの複雑な形状の場合には，ドリルの周りに少なくとも1 mmの余裕を残して，**図4c**)，**図4d**)，**図4f**)及び**図4g**)に示した位置をせん孔してチップを採取する。

c) 　レールの場合には，レールの中心線から端までの中間の位置で，レールの頭の部分に直径20〜25 mmの孔をドリルであけてチップを採取する[**図4h**)及び**図4i**)参照]。

　形鋼の末端又は切断面をドリルで孔をあけることが困難な場合には，長さ方向に垂直の表面から内部へドリルでせん孔し，チップを採取する。

10.3.3　厚板 　塊状又はチップ状の分析用試料を調製する場合には，厚板の中心線と外縁の中間の点から適切な寸法の未処理試料を採取する[**図4j**)の例では，未処理試料の幅は50 mmである。]。これを実際に行うことが難しい場合には，鋼片の成分を代表するものとして，受渡当事者間で協定された位置から試料を採取する。

10.3.4　軽量形鋼，棒鋼，鋼板，帯鋼及び線材 　供試材が十分広い断面積をもっている場合には，未処理試料として横断面からスライスを切り取り，**10.3.2**に述べたようにして分析用試料を採取する。

　例えば，薄板，帯鋼，線材などのように横断面積が十分でない供試材の場合には，適切な長さに切断した後，鋼材を束ねたり折り曲げたりして得た結束した横断切片を切削する。

　試料とする板又はコイルの断面が薄いが十分な幅をもつ場合には，同じ手段で得られた板又は帯鋼の中心線と外縁の中間点から[**図4j**)の例示参照]，長さ方向又は横断面に結束し，フライス切削する。

　シート又は圧延方向が分からない板の場合には，直交する二つの長さ方向に板をとり，得られた試料を混合する。

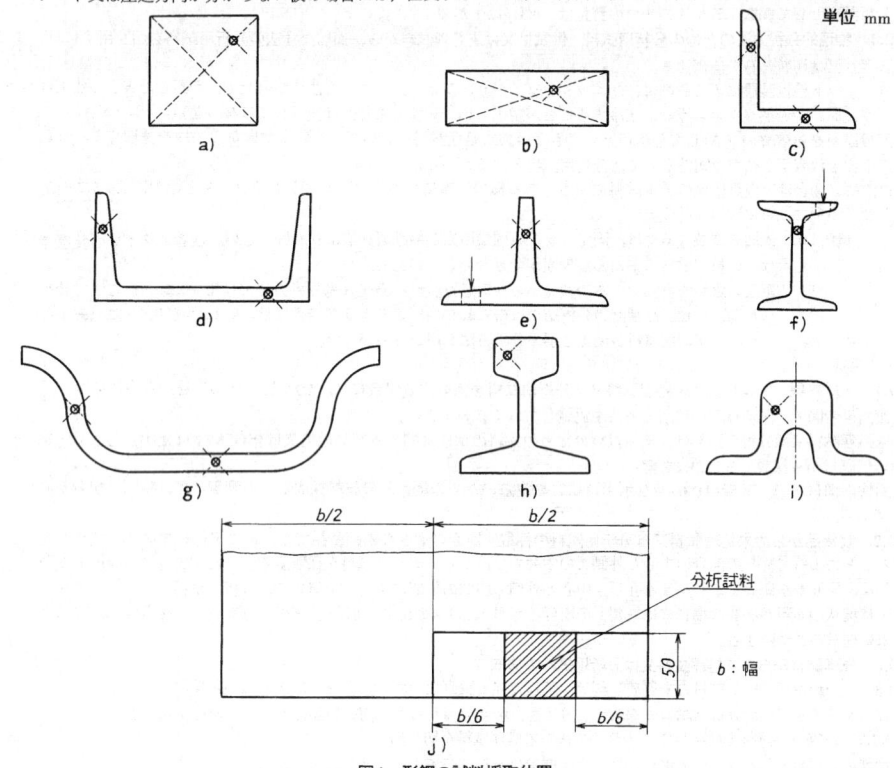

図4　形鋼の試料採取位置

10.3.5 鋼管 試料採取は，次の方法のうちのいずれか一つに従って行う。

a) 溶接製品の溶接部から90度の位置で，未処理試料を切り出す。

b) 鋼管を切断し，切断面を切削してチップ状の分析用試料を得る。肉厚の薄い管は，研削する前に平らにする。

c) 鋼管の円周上の数箇所を板厚方向にドリルでせん孔し，チップ状の分析用試料を得る。

10.4 分析用試料の調製

10.4.1 一般事項 鋼製品の試料調製方法は，4.4による。その他の特別な要求事項は，次による。

10.4.2 チップ状の分析用試料 切削によって得たチップは，分析用試料を調製するための破砕の作業を行わないか，簡略化するように，できるだけ小さな寸法にする。チップの大きさは，個々のチップの重さが，炭素鋼及び低合金鋼では約10 mg（1 g当たり100チップ），高合金鋼では約2.5 mg（1 g当たり400チップ）がよい。

チップの寸法が，分析するのに大きすぎるときには，衝撃乳鉢でチップを粉砕する。

微粉ができるだけできないように切削する。分析用試料に微粉，すなわち，約50 µm（黒鉛，硫黄などチップの大きさによって偏析しやすい元素に対しては，500 µm）以下の大きさのものを含んでいる場合には，粗い粒子と細かい粒子とを分けて，寸法ごとの分級物の重さを求める。各分級物に比例した質量をはかり採り，分析の代表試料とする。

窒素定量用の試料の場合には，微粉が大気中で窒化されるため，切削の途中でチップが汚染される可能性がある。未処理試料を切削して分析用試料を得る場合には，できるだけ約50 µm以下の粒子が生じないように，できればアルゴン雰囲気中で行うようにする。チップは密閉できる容器に保管する。

炭素定量用の分析用試料，例えば，IF鋼（interstitial free steel）のように，非常に少量の炭素しか存在しない場合には，空気中又は他の汚染源からの炭素質の物質の存在のため，チップは汚染される可能性がある。チップは気密性の容器に，望ましくは不活性ガス雰囲気中に保管する。

定量の前に，予備加熱によって表面汚染炭素を除去するか，波形分離などによって表面炭素と内部炭素を分離定量することが望ましい。

又は打ち抜きによって得たコインのように，強固な分析試料を選択してもよい。

10.4.3 塊状の分析用試料 帯鋼又は鋼板のような断面の薄い製品の場合には，熱的分析方法用の分析試料はニブリング（nibbling）によって，製品の縁から小片として作製する。又は厚さが4 mm〜6 mmのコインを打ち抜くことによって得ることができる。

厚さが約1.5 mm以下の供試材の場合には，発光分光分析方法を用いたときに生じる電気放電による局部的な加熱を少なくする必要がある。例えば，分析用試料の縁を電気溶接して鋼の小さなブロックとしたり，又は試料を，例えば，分析する表面を残してすずの中に埋め込む。

10.5 鉛快削鋼の試料採取 試料採取及びその調製中に，粉じん粒子ができるのを最小限にするように注意しなければならない。

のこぎりを用いて供試材を切断して，未処理試料を採取する。

チップは，試料が過熱されたり粉じんが発生したりするのを避けるために，遅い速度で切削して採取する。

物理的分析方法用の分析用試料の表面仕上げに用いる装置は密閉し，粉じん排気装置を取り付ける。

> **注意** 鉛快削鋼の切削及び表面仕上げによって発生する削りくず及び集じん装置のフィルタで採取されたダストは，集めた後，鉛含有廃棄物に関する地方自治体の規制に従って安全上問題が生じないように処置する。

10.6 酸素定量用の試料の採取及び調製

10.6.1 一般事項 試料の採取及びそれを調製する際の各段階で，汚染を避けることと表面酸化物を除去することが必要である。

手で分析試料に触れることは許されない。取り扱うときにはピンセットを用いる。酸素濃度が非常に低い鋼の場合には，分析試料の切削は不活性ガスで保護しながら行うのが望ましい。

10.6.2 試料採取方法 次の方法の一つに従って，試料を採取する。

a) 機械のこぎりを用いて，未処理試料を適切な形に切断する。例えば，試料を小さな板状又はディスク状にする。のこぎりを用いて，この試料から分析に適した質量の分析試料を切り出す。

b) 未処理試料を，厚さ3 mm〜4 mmのスライス状に切断する。グリッド60番の炭化けい素研磨紙を用いて試料の表面をリニッシングする。次に，バール（burr）と称する回転刃を用いて，約30 000回転/分の早さで研磨する。

調製後の試料の表面の状態は，平滑で金属光沢があり欠陥のないものとする。

直径4 mm〜6 mmのパンチを用いて，適切な量の分析試料のコインを打ち抜き，分析試料とする。アルゴン又は窒素で置換したガラスの容器に分析試料を落とすようにパンチし，ふた又は栓を閉める。

c) 断面約10 mmで，辺の長さ100 mmの直方体の未処理試料を切り出す。旋盤を用いて約1 000回転/分の速度で試料を切削し，直径約7 mmとする。引き続き800〜1 000回転/分の速度で1回転当たり約0.1 mm〜0.15 mmに制御

された送り速度で試料を切削し，試料を直径6 mmまで細くする。

調製した後の試料表面の状態は，平滑で金属光沢があり欠陥がないものでなければならない。

潤滑性の冷却剤を，切削工程の最終段階まで使用してはならない。

のこぎりを用いて，回転している試料から分析に適した質量の分析試料を切り出す。

10.6.3 分析試料の調製 上記10.6.2 b)の場合には，分析試料と分析用試料が酸化していなければ，打ち抜きされたものを直接（又は短時間ガラス瓶に保管した後）分析試料として使用してもよい。

10.6.2 a)及びc)の場合には，分析試料をステンレス鋼製の保持ブロック又はしっかりと保持するその他の工具の上に置き，細密やすりを用いるか，**10.6.2 b)**で述べた別の工具で表面を研磨する。

10.6.2 c)で述べた方法を用いて得た分析試料の場合には，分析試料の円筒状の表面は，やすりかけが必要ではないくらい十分に平滑であるのがよい。しかし，両端の面は，それぞれやすりを使って手入れする必要がある。分析試料をアセトンに浸し，空気中又は低真空中にさらして乾燥する。

分析試料を調製したら，直ちに分析するのが望ましい。

10.7 水素定量用の試料採取及び調製

10.7.1 一般事項 試料採取の途中，保管中及び分析試料調製中に起こる，試料からの水素の急速な拡散放出を最小限に抑えるように，採取方法を工夫する。試料は，ひび割れ，表面の空孔及び湿分のないものがよい。分析試料の状態は，分析の測定値に大きな影響を与える。分析方法は，水の存在によって感度が違ってくる。

分析の質を同じにするために，分析手順は詳細に至るまで厳密に守るのがよい。

拡散による試料からの水素の逸失は，室温の場合が大きく，特に断面の薄い試料からのものが大きい。未処理試料，分析用試料及び分析試料を採取したり保管したり調製したりするすべての段階で，できるだけ低い温度に維持することが必要である。

分析用試料は，寒剤中に保管するのがよい。寒剤としては，液体窒素又はアセトン若しくはエタノールとドライアイスのスラリー状の混合物が適している。

試料を切断したり分析試料を調製している間，試料及び分析試料は冷却された状態を維持するのが望ましい。すべての切削の作業中は，多量の冷却剤を用いるか，又は試料を頻繁に冷却するか，若しくは上記の二つの方法を組み合わせて使用するのが望ましい。氷水の中か，できれば冷却剤中に浸して冷却するのがよい。断面の大きな試料の場合は，ドライアイスと一緒に袋詰めして，試料とドライアイスの間の熱的な接触がうまくいくようにするのがよい。切削の待ち時間が生じたときは，試料の粗切断材は保管のため，冷却剤中に戻すのがよい。

冷却した後の分析試料の表面に付着している水分は，取り除くのがよい。分析試料は，アセトンに浸し，次に低真空中に数秒間入れて乾燥する。

冷却及び保管が不備な試料は，使用しないほうがよい。研磨によって分析試料の表面を調製することは，酸化物及び表面欠陥を取り除くのに必要であるが，最小にとどめる。分析試料は，調製した後，直ちに分析するのが望ましい。

10.7.2 試料採取方法 小片又は製品の幾何学的な形状に従って，切削，フライス切削，切断，薄く切ったり孔をあけたりする適切な工具などを使って，一次試料（initial sample）を調製する。

鋳込み製品及び鍛造品の，水素の最も濃縮している中央部分から，適切な寸法の分析用試料を採取する。

長い圧延製品の場合は，のこぎり又は切断と石を使用して，製品の中心線と外縁の中間の幅の位置で，片端から少なくても板厚の半分の距離に等しいところから未処理試料を採取する。未処理試料から分析用試料を得るために，切削によって適切な寸法の小片を切り出す。

分析用試料を冷却剤中に保管する。

10.7.3 分析試料の調製 分析用試料から，試料の加熱が最小になるように，適切な質量の分析試料を切り出す。頻繁に試料を冷却する。

分析試料の表面は，やすり掛け，グリットブラスト（grit-blasting）又は軽く研削することによって調製する。やすり掛けをする場合には，手で細密やすりを使って表面を研削する。

グリットブラストを用いる場合には，グリットから汚染が混入しないように，グリットブラスト装置は，もっぱらこの目的だけに使う専用機にする。研削を使う場合には，頻繁に分析試料を冷却する。

分析試料をアセトンなどに浸して脱脂し，低真空中で数秒間乾燥し直ちに分析する。又は分析試料を2-プロパノール（イソプロピルアルコール）に浸した後，ジエチルエーテルを使って乾燥する。

JIS G 0511
(2014)

金属及び合金の逆 U 曲げ試験片を用いた
応力腐食割れ試験方法

Stress corrosion cracking testing of metals and alloys
using reverse U-bend test method

[JIS (2006) 制定]

序文

この規格は，2013 年に第 1 版として発行された **ISO 7539-10** を基とし，技術的内容を変更して作成した日本産業規格である。

なお，この規格で側線又は点線の下線を施してある箇所は，対応国際規格を変更している事項である。変更の一覧表にその説明を付けて，**附属書 JC** に示す。また，**附属書 JA 及び附属書 JB** は対応国際規格にはない事項である。

1 適用範囲

この規格は，主にオーステナイト系の鉄基合金及びニッケル基合金の高温高圧水環境中における応力腐食割れ感受性を，逆 U 曲げ試験片を用いて評価する試験方法について規定する。

　　注記 この規格の対応国際規格及びその対応の程度を表す記号を，次に示す。

　　　　ISO 7539-10:2013, Corrosion of metals and alloys－Stress corrosion testing－Part 10: Reverse U-bend method（MOD）

　　　　なお，対応の程度を表す記号 "MOD" は，**ISO/IEC Guide 21-1** に基づき，"修正している" ことを示す。

　　警告 この規格に基づいて試験を行う者は，通常の実験室での作業に精通していることを前提とする。この規格は，その使用に関連して起こる全ての安全上の問題を取り扱おうとするものではない。この規格の利用者は，各自の責任において安全及び健康に対する処置をとらなければならない。

2 引用規格

次に掲げる規格は，この規格に引用されることによって，この規格の規定の一部を構成する。これらの引用規格は，その最新版（追補を含む。）を適用する。

　　JIS R 6251　研磨布

　　JIS R 6252　研磨紙

　　JIS R 6253　耐水研磨紙

　　JIS Z 2241　金属材料引張試験方法

3 用語及び定義

この規格で用いる主な用語及び定義は，次による。

3.1

応力腐食割れ

腐食環境及び静的引張応力が同時に作用することによって，金属に割れの発生及びその進展が起こる現象。しばしば，金属構造物の耐荷重特性を著しく低下させる。

3.2

試験環境（test environment）

試験片をばく（曝）露する運転環境又は実験室環境。環境条件を一定に維持するか，又は変化させるかは，あらかじめ合意された取決めによる。

3.3

試験開始（start of test）

試験片が試験環境にばく露された時点。

3.4

割れ検出時間

試験開始から基準を超える割れが観察されるまでに経過した時間。

4　原理

逆U曲げ試験は，応力腐食割れ感受性を評価するための特に厳しい試験である。この試験は，ニッケル基合金など高耐食性をもつ金属への適用を主として意図しており，従来のU曲げ試験などの試験法と比べて応力の緩和を著しく抑制する点で優れている。この試験は，配管及び伝熱管から採取した管類，板，棒及び溶接材を含むその他の製品に対して，主に選定試験に用いられる。さらに，運転時の性能に対して受渡当事者間の合意を得るための受入試験に用いることができる。

この試験の原理は，高耐食金属に極めて高い応力を負荷し，かつ，応力緩和を最小化し，応力腐食割れ発生の可能性を高めることである。

この試験では，管内面を背にして管軸の長手方向に沿ってU字形に曲げ（いわゆる，逆U曲げ），その管内面の大部分において初期引張応力がその材料の降伏応力を超えた状態で保持した逆U曲げ試験片を，腐食試験液にばく露する。この試験では，実際の運転状態でも存在し得る複雑な2軸応力が負荷されるため，応力腐食割れの発生が加速される。逆U曲げ試験片を作製する過程で，程度の異なる冷間加工を施すことができ，応力腐食割れの傾向に及ぼす冷間加工の影響を評価できる。

この試験は，通常，実験室で試験片を実運転模擬環境にばく露して実施される。さらに，この試験では，異なる材料パラメータの影響を比較かつ評価することも目的とする。

主たる優れた点は，その簡便さとともに，選定試験が速く実施できることである。従来のU曲げ及びC曲げ試験片を573 K（300 ℃）以上の高温溶液中で選定試験に用いると，著しい応力緩和が生じて評価に長時間を要する。しかし，逆U曲げ試験片での応力緩和は，その2軸応力のために，従来のU曲げ及びC曲げ試験片よりも小さい。したがって，逆U曲げ試験片を用いることによって，選定試験は比較的短時間で実施できる。

不都合なことは，応力状態が複雑であるため，正確な定量値を得るのが難しいことである。正確な応力状態で試験が要求される場合は，代替の方法を用いることが望ましい。

理想的な逆U曲げ試験片を用いて試験を実施するときでさえも，任意の金属及び環境に対して試験結果が広く分布することがあるため，複数以上の試験が必要である。

異なる寸法の管から試験片を作製したり，異なる手順で逆U曲げ試験片に応力を負荷したりすると，試

験結果の分布がより大きくなることがある。

5　試験片

5.1　一般

　逆 U 曲げ試験片は，配管若しくは伝熱管から採取した管類，その他の中空円筒の製品を縦方向に半割りにした半割れ管，又は板，棒若しくはその他の製品を軸方向に沿って半割れ管形状に成形した半割れ管に，逆 U 曲げ加工を行ったものである。

　試験片の切断方法は，材質に与える影響の少ない，のこぎり切断などの方法で行い，その後，切削によって試験片形状に仕上げる。特に，側面は切断時のばりなどを除去し，JIS R 6251 に規定する研磨布又は JIS R 6252 若しくは JIS R 6253 に規定する研磨紙で，試験片の昇温を避けながら順次粒度 P600 まで仕上げる。

5.2　逆 U 曲げ試験片の作製方法

5.2.1　配管又は伝熱管から採取した管類

　配管又は伝熱管から採取した管類は，管内表面が試験面となることから，特別な試験目的がない限り，通常，入手した管の表面状態を維持するのがよく，表面手入れなどは行わない。熱処理を追加する場合は，その最終熱処理を，曲げ（及び，予ひずみを付与する場合は，予ひずみ付与）の前までに行う。管類からの逆 U 曲げ試験片の作製手順は，附属書 A 及び附属書 B による。逆 U 曲げ試験片の種類は，附属書 JA によって 1 号試験片，2 号試験片及び 3 号試験片とする。

5.2.2　その他の製品

　種々の棒及び板，他の鍛造又は圧延材並びに溶接された材料にも適用することができる。これらの材料は，最終的な熱処理後に板状の短冊に加工し，成形用のジグに押し付けて半割れ管形状にする。半割れ管形状に成形する前に，最終的な試験面となる弧状内面を平板段階で，JIS R 6251 に規定する研磨布又は JIS R 6252 若しくは JIS R 6253 に規定する研磨紙で順次粒度 P600 まで仕上げる。板材からの逆 U 曲げ試験片の作製手順は，附属書 A 及び附属書 B による。逆 U 曲げ試験片の種類は，附属書 JA によって 1 号試験片，4 号試験片及び 5 号試験片とする。

　溶接部を試験する際，逆 U 曲げ試験片の軸方向と溶接方向との関係を必ず報告する。試験は，溶接金属，又は溶接継手（溶接金属及び熱影響部を含む。）に対して行ってもよい。

5.3　逆 U 曲げ加工

　逆 U 曲げ加工の際は，専用の成形用のジグ（図 A.1 及び図 B.1 参照）を用いて滑らかな U 字が得られるよう，受渡当事者間の協定で決めた逆 U 曲げ半径（R_{RUB}）で曲げ加工する。半割れ管形状の逆 U 曲げ試験片（1 号試験片）は，オーステナイト系ステンレス鋼製の半割棒（補助材）を使用して U 曲げ頂部の屈曲を防止する。他方，平行部のある逆 U 曲げ試験片［JIS Z 2241 の 14B 引張試験片に準じて加工した予ひずみを付与しない試験片，又は更に予ひずみを付与した試験片（2 号試験片～5 号試験片）］は，直接逆 U 曲げ加工を行う。押込み側のジグ先端は，管の外径に合わせた凹形の曲率とし，受け側のローラは，管の内径に合わせた凸形の曲率とする。逆 U 曲げ試験片は，逆 U 曲げ加工時に，U 曲げ頂部に割れを生じない範囲で適用する。割れの生じたものは，試験片として採用しない。

　平行部のある逆 U 曲げ試験片（2 号試験片～5 号試験片）を用いて試験するとき（単なる逆 U 曲げ方式では，ひずみが減少するので応力が低下する。），目標とする応力レベルに到達させるために，予ひずみを付与することができる（3 号試験片又は 5 号試験片）。

　半割れ管形状の逆 U 曲げ試験片（1 号試験片）の作製手順は，附属書 A による。平行部のある逆 U 曲げ

試験片（2号試験片〜5号試験片）の作製手順は，**附属書 B** による。

5.4 ボルト・ナットによる応力負荷方法

逆 U 曲げ試験片にボルト・ナットで応力を負荷するとき，逆 U 曲げ加工の最終段階で付与された変位を超えるように注意する必要がある。ボルト・ナットによって締め付けた逆 U 曲げ試験片の最終形状は，図 1 に示すように脚間寸法（L）が逆 U 曲げ半径（R_{RUB}）の 2 倍より約 1 mm 狭くなるように締め付ける。その最大の締付け量は 2 mm までとする。過度に締め付けすぎた場合，その逆 U 曲げ試験片は除外し，ボルト・ナットを緩めて調節してはならない。

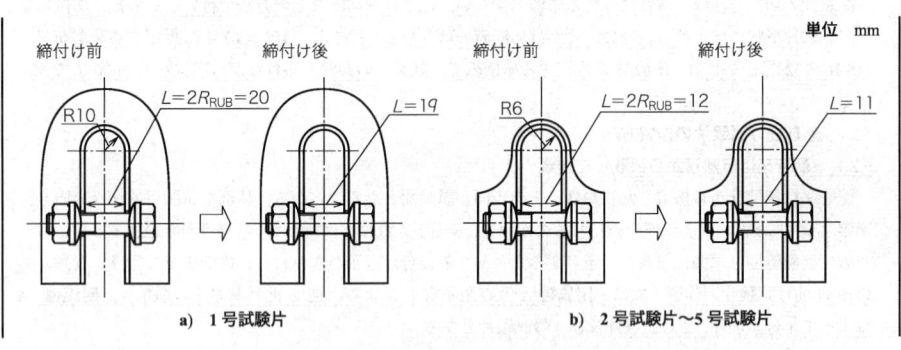

a) 1号試験片　　　　　　b) 2号試験片〜5号試験片

図 1−逆 U 曲げ試験片の脚間寸法（L）における締付け量の例

締付けのためのボルト・ナットは，かまぼこ型又は半球状の座金形状とする。締付けのためのボルト材質は，線膨張係数が逆 U 曲げ試験片の材質と同じ又は小さいものを用いることが望ましい。ボルトの緩みを低減させるようなダブルナットを用いることも効果的である。

還元性環境又は水酸化ナトリウム水溶液環境では，逆 U 曲げ試験片と同一材の座金を用いてもよい。水酸化ナトリウム水溶液では，酸化処理を行ったジルコニウム合金の絶縁座金を用いてはならない。一方，酸化性の高温高圧水環境中では，絶縁性を高めるために酸化処理を行ったジルコニウム合金の絶縁座金とともに，逆 U 曲げ試験片をボルト・ナットで締め付けることが望ましい。

6 試験手順

試験手順は，次による。

a)　試験片数　同一条件における試験回数が複数となるよう，試験片数を用意する。損傷確率の経時変化を調べるためには，異なる試験時間で試験を中断し，割れの有無を確認する。十分な繰返し数の試験を行うことで，各試験時間での統計学的な取扱いができる。

b)　逆 U 曲げ試験片準備　逆 U 曲げ試験片は，試験前にアセトンなどで脱脂後，イオン交換水又はエタノールで洗浄し，乾燥する必要がある。脱脂後は，汚れないよう取扱いに注意する。

逆 U 曲げ試験片は，逆 U 曲げ加工して試験環境にばく露する前に，割れの有無を必ず検査しなければならない。可能であれば，試験後の比較用として，応力を負荷し，試験環境にばく露しない試験片を準備しておくことが望ましい。逆 U 曲げ試験片の識別のために刻印する必要がある場合，試験結果に影響を及ぼさないよう，逆 U 曲げ試験片上の刻印の位置に注意する。例えば，逆 U 曲げ試験片の端

部といった，試験領域からできるだけ離れた位置にするのがよい。逆 U 曲げ試験片は，脱脂，応力付与及び検査を終えた後，速やかに試験装置に設置しなければならない。

c) **試験装置** 試験装置は，対象とする高温高圧水を封入保持できる圧力容器（オートクレーブ）を用いる。圧力容器には，水の入れ替わりのない静置式（バッチ式）と，外部から供給した高温高圧水を循環して水質を一定に保つことのできる循環式とがある。目的に応じて，いずれの圧力容器を用いてもよい。

d) **試験** 逆 U 曲げ試験片をボルト・ナットによって締め付け，応力負荷したままの状態で，圧力容器内に設置する。静置式圧力容器の場合は，あらかじめ対象とする試験液を入れた後，圧力容器の蓋を締め付ける。循環式圧力容器の場合は，圧力容器の蓋を締め付けた後，試験液を循環する。圧力容器を加熱し，所定の温度に達した時点を試験開始とし，所定の一定時間に保持する。試験温度及び保持時間は，受渡当事者間の協定によって決める。

　なお，試験液は，受渡当事者間の協定によって決める。試験装置内に複数の種類の金属が存在する場合，試験環境によっては異種金属接触に伴う電位差腐食（ガルバニック）効果を避けるために逆 U 曲げ試験片と試験装置とを電気的に絶縁する必要がある。絶縁体を用いる場合，絶縁体は変形してはならない。試験条件に対し十分な耐食性及び強度があれば，セラミックの絶縁体が望ましい。

　試験終了後，イオン交換水又はエタノールで試験片を洗浄し，乾燥する。

e) **試験の継続** 試験後の逆 U 曲げ試験片の外観観察によって割れが認められない場合，d) の試験手順に従い，応力腐食割れ試験を継続する。

f) **試験時間** 試験時間は，受渡当事者間の協定によって決める。

　なお，試験時間は，所定の試験環境にばく露されていた通算の時間をいう。**表 B.1 及び附属書 JB** に試験条件の例を示す。

7 試験後評価

浸せき（漬）後の逆 U 曲げ試験片の割れに対する評価は，次による。

　割れの有無は，試験装置の停止・開放後に，逆 U 曲げ試験片を取り出し，ボルト・ナットで応力を負荷した状態のままで，イオン交換水又はエタノールで洗浄・乾燥後，目視又は 10 倍〜40 倍の拡大鏡で，U 曲げ部の外側表面を観察し確認する。定期的に割れの有無を確認し，割れを観察したときを割れ検出時間とする。割れが観察されなかった試験片に対しては，試験としての成立性を判断するため，応力負荷したボルトの破断及び緩みの有無を確認する必要がある。

　割れが観察され，応力腐食割れ以外の明確な理由がない場合は，応力腐食割れと判断する。

　この試験は，基本的に割れの有無を確認する試験である。この試験方法は，基本的には合否試験とみなすべきある。割れ検出時間，割れ長さなどの個々の値は重視すべきではない。試験片数が豊富にある場合には，損傷の累積確率を時間の関数として，例えば，ワイブル分布のような確率分布則で近似する解析方法は，割れ発生時間に対して説明性を高めるために有用である。

8 試験報告

試験報告には，次の事項を記載する。

a) 材料の名称又は種類の記号，素材の形状，化学成分，熱処理条件及び材料組織条件

b) 逆 U 曲げ試験片の種類（号数），逆 U 曲げ試験片の寸法（外径，厚さ，逆 U 曲げ半径及び脚間寸法，平行部のある場合は，平行部の幅），溶接部を試験する場合は，逆 U 曲げ試験片の軸方向と溶接方向

　　との関係

c)　予ひずみ量：予ひずみを付与する荷重負荷装置で計測する伸び量（3号試験片又は5号試験片）

d)　試験環境条件

e)　逆U曲げ試験片観察手順（割れの有無の観察に用いた顕微鏡の種類及び観察倍率）

f)　試験時間及び割れの有無：割れが検出された場合は，割れが認められなかった最終確認時間及び割れ検出時間

g)　試験結果に対して統計処理によって評価した場合は，その手法

附属書 A
(規定)
半割れ管形状の逆 U 曲げ試験片の作製手順

半割れ管は，次のように，半円断面形状を維持して逆 U 曲げ試験片に加工する。2 段階の曲げ加工となる（図 A.1 参照）。

a) ボルト・ナット取付け用の穴を "半割れ管" にあける。

b) "半割れ管" の半円断面形状を維持して逆 U 曲げ加工するために，オーステナイト系ステンレス鋼製 "半割棒（補助材）" を用いる。

c) 成形用のジグ及び荷重負荷装置を用いて 45° 程度の角度となるように半割れ管に逆 U 曲げ加工を施す。

　半割れ管と半割棒（補助材）との摩擦によって曲げ加工時に生じる半割れ管の引張りを低減するために，半割れ管と半割棒（補助材）との間には薄い紙を挿入してもよい。

d) オーステナイト系ステンレス鋼製の "半割棒（補助材）" を取り除く。バイスを用いて，逆 U 曲げ試験片のボルト・ナット取付け部が平行になるまで曲げ加工を行う。ボルト・ナットの取付けは，逆 U 曲げ試験片がバイスで締め付けられた状態で行い，締め付ける脚間寸法 (L) が逆 U 曲げ半径 (R_{RUB}) の 2 倍よりも約 1 mm 狭くなるまでボルト・ナットで締め付ける。

e) 還元性環境又は水酸化ナトリウム水溶液環境では，逆 U 曲げ試験片と同一材の座金を用いてもよい。水酸化ナトリウム水溶液環境では，酸化処理を行ったジルコニウム合金の絶縁座金を用いてはならない。一方，酸化性の高温高圧水環境中では，絶縁性を高めるために酸化処理を行ったジルコニウム合金の絶縁座金とともに，逆 U 曲げ試験片をボルト・ナットで締め付けることが望ましい。

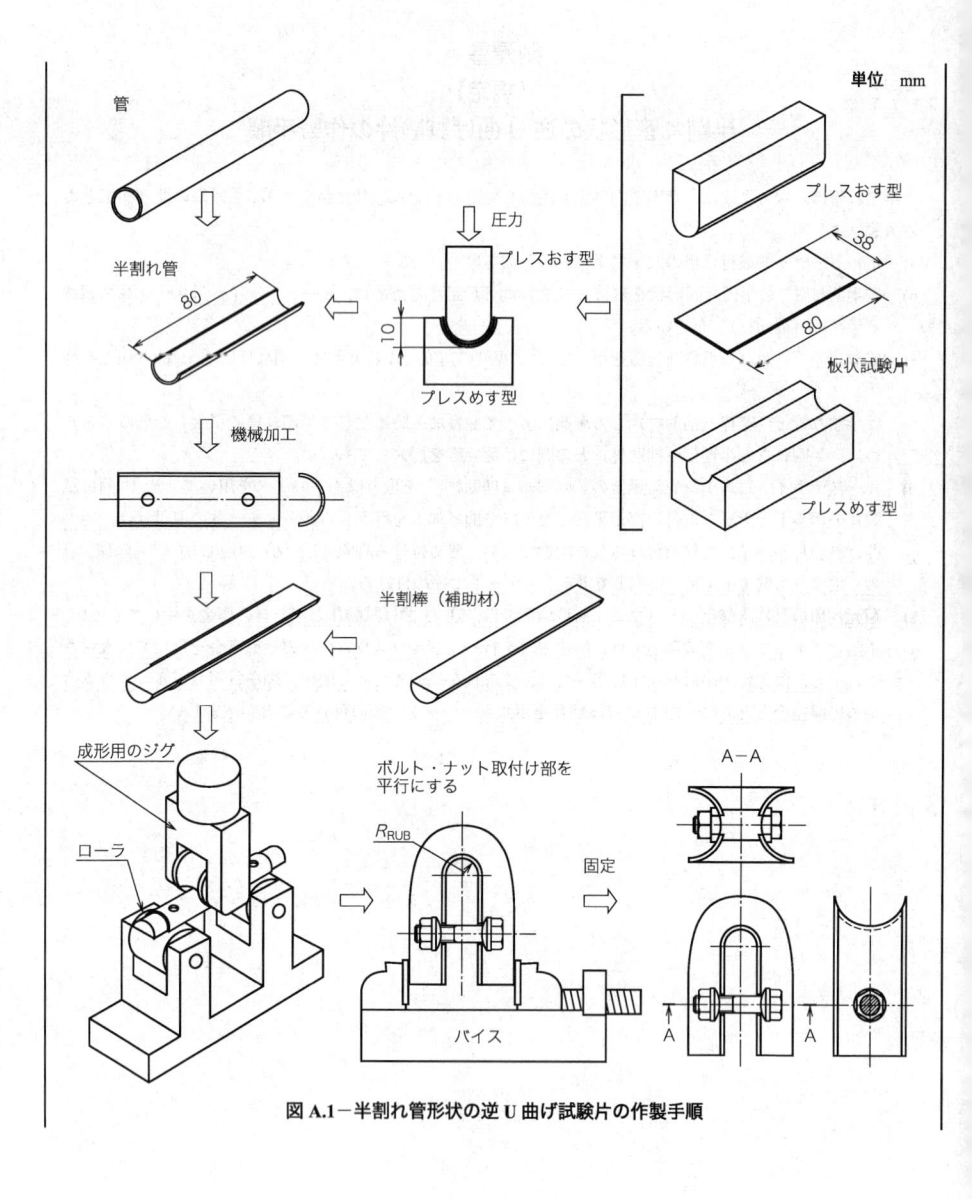

図 A.1－半割れ管形状の逆 U 曲げ試験片の作製手順

附属書 B
(規定)
平行部のある逆 U 曲げ試験片の作製手順

　半割れ管は，次のように，半円断面形状を維持して平行部のある逆 U 曲げ試験片に加工する。2 段階の曲げ加工となる（**図 B.1** 参照）。

a) 　ボルト・ナット取付け用の二つ穴をもつ平行部のある半割れ管を作製する。

b) 　平行部のある半割れ管に，0 %，5 %，10 %，15 %，20 %又は 25 %の予ひずみを，荷重負荷装置を用いて付与する。

c) 　半割れ管内面形状にあったローラ，半割れ管外面形状にあった成形用のジグ及び荷重負荷装置を用いて，平行部のある半割れ管に逆 U 曲げ加工を施す。

d) 　バイスを用いて，逆 U 曲げ試験片のボルト・ナット取付け部が平行になるまで曲げ加工を行う。ボルト・ナットの取付けは，逆 U 曲げ試験片がバイスで締め付けられた状態で行い，締め付ける脚間寸法（L）が逆 U 曲げ半径（R_{RUB}）の 2 倍よりも約 1 mm 狭くなるまでボルト・ナットで締め付ける。

e) 　還元性環境又は水酸化ナトリウム水溶液環境では，逆 U 曲げ試験片と同一材の座金を用いてもよい。水酸化ナトリウム水溶液環境では，ジルコニウム合金の絶縁座金を用いてはならない。一方，酸化性の高温高圧水環境中では，絶縁性を高めるために酸化処理を行ったジルコニウム合金の絶縁座金とともに，逆 U 曲げ試験片をボルト・ナットで締め付けることが望ましい。

　平行部のある逆 U 曲げ試験片による NCF600 合金の応力腐食割れ試験結果の例を**表 B.1** に示す。

単位 mm

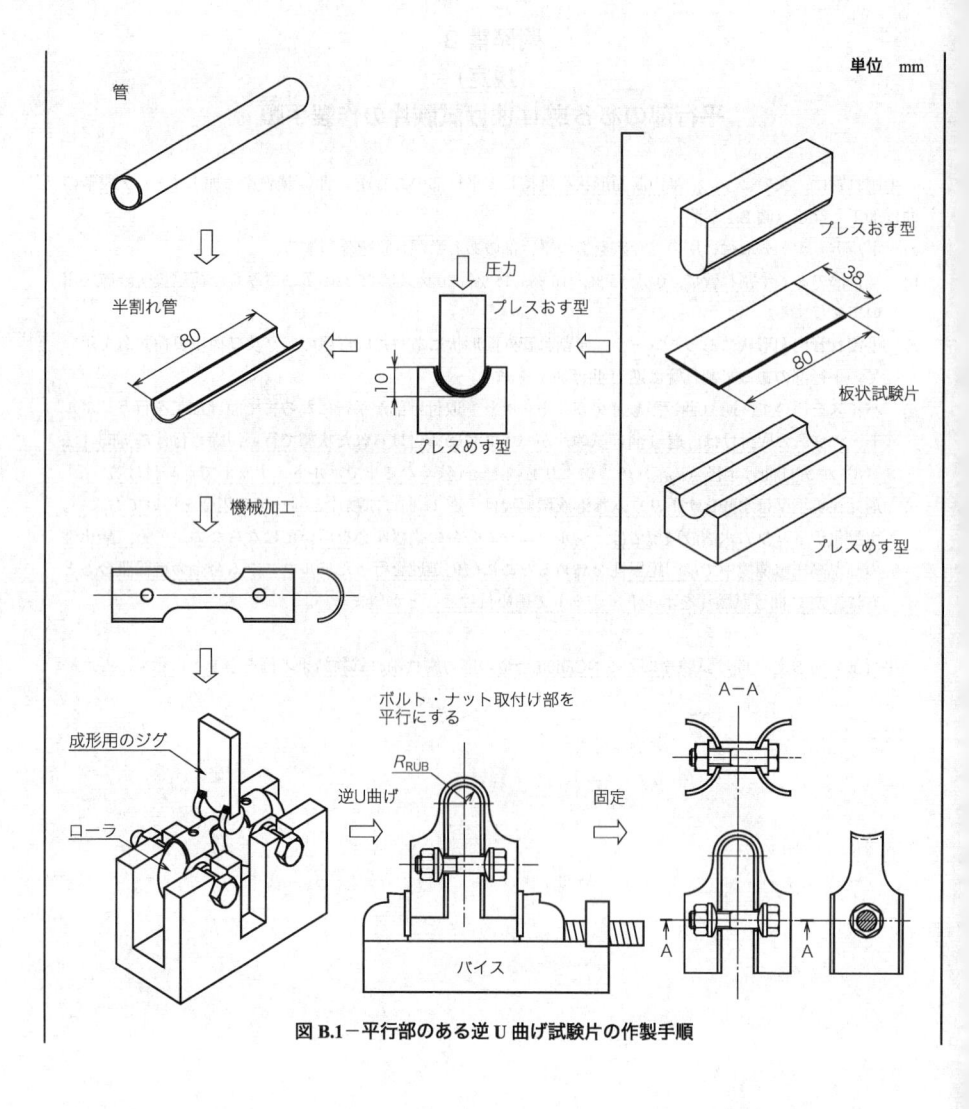

図 B.1－平行部のある逆 U 曲げ試験片の作製手順

表 B.1－平行部のある逆 U 曲げ試験片による NCF600 合金の応力腐食割れ試験結果の例

材料			試験条件				試験結果	
素材・形状	C量 %	熱処理	温度 ℃	予ひずみ量 %	号数	負荷応力 [a] MPa	割れが認められなかった最終確認時間 h	割れ検出時間 h
NCF600TB 外径 19.0 mm 板厚 1.0 mm	0.027	975 ℃ 焼なまし	360	0	2 号	549	3 568	4 569
							3 568	4 569
							3 568	4 569
				5	3 号	598	832	1 616
							832	1 616
							832	1 616
				10	3 号	774	500	832
							500	832
							500	832
				15	3 号	794	200	500
							300	832
							200	500
				20	3 号	823	100	300
							100	300
							100	300
		925 ℃ 焼なまし 700 ℃ － 15 h 時効	360	0	2 号	549	12 300	－
							12 300	－
							12 300	－
				5	3 号	598	10 700	－
							5 581	6 200
							10 700	－
				10	3 号	774	2 568	3 068
							1 085	2 067
							3 068	3 568
				15	3 号	794	832	1 616
							1 616	2 067
							500	1 085
				20	3 号	823	500	832
							500	832
							500	832
NCF600CP 外径 22.2 mm 板厚 1.3 mm	0.026	900 ℃ 焼なまし	360	20	5 号	823	250	500
							250	500
							250	500

注 [a]　図に示す方向の応力を，試験片をボルト・ナットによって締め付けた後，X 線法で計測した値。

　　　試験環境条件：加圧水型原子炉の 1 次系水模擬環境

　　　割れ観察手法：目視又は 10 倍～40 倍の拡大鏡

応力方向

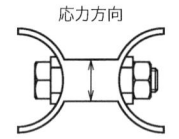

附属書 JA
（規定）
逆 U 曲げ試験片の種類

JA.1　逆 U 曲げ試験片の種類

逆 U 曲げ試験片の種類は，**表 JA.1** による。

なお，適用する逆 U 曲げ試験片の種類は，評価部材の形状・寸法によって，次の 1～5 号試験片から選定する。

表 JA.1－逆 U 曲げ試験片の種類

種類	予ひずみ付与	採取方法
1 号試験片	なし	管材を軸方向に 2 分割，又は板を半割れの管状に成形した平行部のない逆 U 曲げ試験片
2 号試験片	なし	管材から採取した平行部のある逆 U 曲げ試験片
3 号試験片	あり	
4 号試験片	なし	板を半割れの管状に成形し採取した平行部のある逆 U 曲げ試験片
5 号試験片	あり	

a)　**1 号試験片**　管材を軸方向に 2 分割，又は板状の短冊を成形用のジグに押し付け，半割れの管形状とした後，作製する逆 U 曲げ試験片。外径は 19 mm 以上 23 mm 以下，厚さ（t）は 1.0 mm 以上 1.4 mm 以下の管材に適用できる。逆 U 曲げ試験片の寸法は，実管を使った試験実績から，外径 19 mm に対しては厚さ（t）1.0 mm，外径 23 mm に対しては厚さ（t）1.3 mm であることが望ましい。外径 19 mm の場合の寸法例を，**図 JA.1** に示す。また，板状の短冊を成形用のジグに押し付け，半割れの管形状とする加工手順例を，**図 JA.2** に示す。

単位 mm

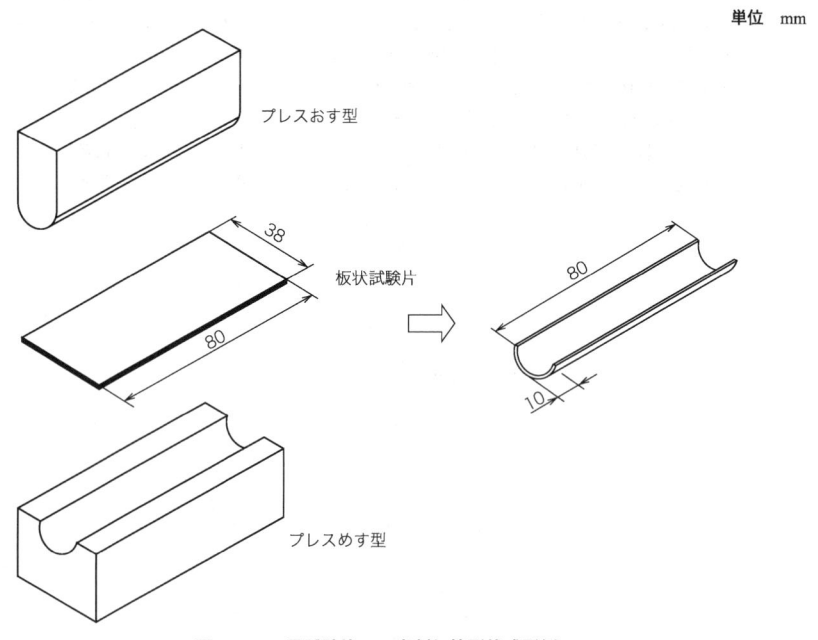

図 JA.1−1 号試験片での半割れ管寸法例（管材 2 分割）

単位 mm

図 JA.2−1 号試験片での半割れ管形状成形例

b) **2 号試験片** 管材を **JIS Z 2241** の 14B 引張試験片に準じて加工した後，作製する逆 U 曲げ試験片（予ひずみを付与しないもの）。外径は 19 mm 以上 23 mm 以下，厚さ（t）は 1.0 mm 以上 1.4 mm 以下の管材に適用できる。逆 U 曲げ試験片の寸法は，実管を使った試験実績から，外径 19 mm に対しては厚さ（t）1.0 mm，外径 23 mm に対しては厚さ（t）1.3 mm であることが望ましい。逆 U 曲げ試験片の平行部の幅（W）は，逆 U 曲げ半径（R_{RUB}）に対して，1.3 R_{RUB} ≦ W ≦ 3.0 R_{RUB} の範囲が望ましい。外径 19 mm，逆 U 曲げ半径 6 mm の場合の寸法例を，**図 JA.3** に示す。

単位 mm

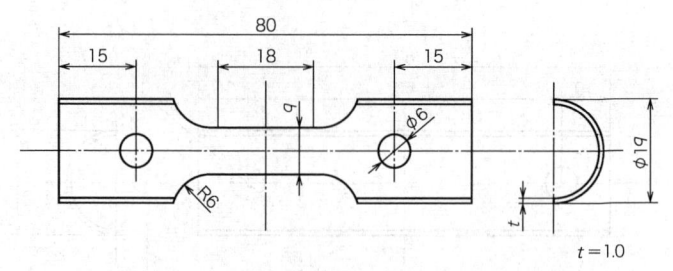

図 JA.3－2 号試験片での平行部のある半割れ管寸法例

c) **3 号試験片** 逆 U 曲げ加工前に，荷重負荷装置によって所定の引張予ひずみを一様伸びの範囲内で付与し，管材から 2 号試験片と同様の手順で作製する逆 U 曲げ試験片（予ひずみを付与するもの）。予ひずみ付与は，逆 U 曲げ試験片に 5 %，10 %，15 %，20 %又は 25 %のひずみを荷重負荷装置を用いて付与する。予ひずみ付与前の半割れ管寸法は 2 号試験片に準じる。

d) **4 号試験片** 板状の短冊を成形用のジグに押し付け，半割れ管形状とした後，2 号試験片と同様の手順で作製する逆 U 曲げ試験片（予ひずみを付与しないもの）。

e) **5 号試験片** 板状の短冊を成形用のジグに押し付け，半割れ管形状とした後，3 号試験片と同様の手順で作製する逆 U 曲げ試験片（予ひずみを付与するもの）。予ひずみ付与は，3 号試験片に準じる。

附属書 JB
（参考）
試験条件

JB.1 試験条件

表 JB.1 に試験条件の例を示す。

表 JB.1－逆 U 曲げ試験条件の例

材料	温度 ℃	試験液	絶縁 （ボルト材質）	割れ検出時間	試験目的	出典
NCF600	360	加圧水型原子炉の 1 次系水模擬環境（ほう酸及び水酸化リチウム添加によって弱アルカリ性 pH に調整され，溶存酸素は脱気，溶存水素を含有する環境）	不要 （NCF600）	20 %予ひずみを付与した 3 号試験片によって，100〜500 h 程度で割れを検出	応力腐食割れ感受性の検出，材料比較	[1]
NCF600	320	同上	不要 （SUS316）	20 %予ひずみを付与した 3 号試験片は，3 000〜10 000 h 程度で割れを検出	温度依存性の確認	[2]
NCF690	360	同上	不要 （NCF600）	20 %予ひずみを付与した 3 号試験片であっても，20 000 h 以上割れを生じない	長期信頼性の確認	[1]
NCF600 相当材	360	脱気純水	不要 （記載なし）	1 号試験片によって，2 500〜5 000 h 程度で割れを検出	応力腐食割れ感受性の検出，材料比較	[3]
NCF690 相当材	307	10〜25 %NaOH 溶液環境	不要 （記載なし）	1 号試験片によって，200〜2 100 h の試験で割れ感受性を評価	応力腐食割れ感受性の検出，材料比較	[4]

【出典】

[1] 米澤利夫，"Ni 基合金の高温純水中の応力腐食割れに関する研究"，早稲田大学博士学位論文，(1987)

[2] N. Ogawa, T. Nakashiba, M. Yamada, R. Umehara, S. Okamoto, and T. Tsuruta, Proc. of the 8th International Symp. on Environmental Degradation of Materials in Nuclear Power Systems, ANS, p.395 (1997)

[3] G. Airey, Proc. of the International Symp. on Environmental Degradation of Materials in Nuclear Power Systems, NACE, p.462 (1983)

[4] D. A. Metz, P. T. Duda, P. N. Pica, and G. L. Spahr, Proc. of the 7th International Symp. on Environmental Degradation of Materials in Nuclear Power Systems, NACE, p.477 (1995)

附属書 JC

(参考)

JIS と対応国際規格との対比表

JIS G 0511:2014　金属及び合金の逆 U 曲げ試験片を用いた応力腐食割れ試験方法			ISO 7539-10:2013　Corrosion of metals and alloys－Stress corrosion testing－Part 10: Reverse U-bend method				
(I) JIS の規定		(II) 国際規格番号	(III) 国際規格の規定		(IV) JIS と国際規格との技術的差異の箇条ごとの評価及びその内容		(V) JIS と国際規格との技術的差異の理由及び今後の対策
箇条番号及び題名	内容		箇条番号	内容	箇条ごとの評価	技術的差異の内容	
1 適用範囲	主にオーステナイト系の鉄基合金及びニッケル基合金の応力腐食割れ感受性の評価について規定。		1	金属及び合金の応力腐食割れ感受性の評価について規定。	変更	JIS では，主にオーステナイト系の鉄基合金及びニッケル基合金の高温高圧水環境中における応力腐食割れ感受性の評価に変更した。	JIS は，我が国において試験実績のある適用範囲に限定した。
3 用語及び定義			3	用語及び定義（ISO 7539-1 を引用）	変更	この規格の理解に特に必要な用語について，ISO 7539-1 の定義から抜粋し，一部変更して規定した。技術的差異はない。	JIS 使用者に具体的な定義を示すためであり，ISO 規格改正時に提案しない。
4 原理			4	原理	追加	試験温度 573 K に（300 ℃）を追加した。技術的差異はない。	－
5 試験片	5.1 一般		5.1	一般	削除	ISO 規格で規定している"成形した製品の逆 U 曲げ工程での応力除去熱処理"を削除した。	成形した製品の熱処理は 5.3 で規定しており，重複するため，ISO 規格改正時に提案する。
					追加	試験片の切断方法及び表面仕上げについて追加した。	試験片に関して必要な規定であるため，ISO 規格改正時に提案する。
	5.2 逆 U 曲げ試験片の作製方法		5.2	配管及び伝熱管から採取した管類その他の製品	追加	試験片の種類を附属書 JA として追加した。	我が国での実態を反映させた。
			5.3			逆 U 曲げ試験片の表面仕上げ方法を追加した。	適正な加工を行うために，ISO 規格改正時に提案する。

(I) JISの規定		(II) 国際規格番号	(III) 国際規格の規定		(IV) JISと国際規格との技術的差異の箇条ごとの評価及びその内容		(V) JISと国際規格との技術的差異の理由及び今後の対策
箇条番号及び題名	内容		箇条番号	内容	箇条ごとの評価	技術的差異の内容	
5 試験片（続き）	5.3 逆U曲げ加工				削除	ISO規格で規定している "1段又は2段での曲げ加工時のスプリングバック" は、削御が難しく、許容するものであるため削除した。	不要な規定であるため、ISO規格改正時に提案する。
					追加	試験片の加工方法を追加した。	適正な加工を行うために、ISO規格改正時に提案する。
	5.4 ボルト・ナットによる応力負荷方法				変更	締付け加工要領を変更した。	適正な加工を行うために、ISO規格改正時に提案する。
					追加	図1（締付け量の例）を追加した。技術的差異はない。	—
						締付けナットの座金形状及び環境ごとの最適な座金材質を追加した。	適正な応力負荷を行うために、ISO規格改正時に提案する。
					変更	試験片数を複数個以上とした。	応力腐食割れという現象が確率的要素を含むため、ISO規格改正時に提案する。
6 試験手順			6	試験手順	追加	洗浄手順としてアセトンなどでの洗浄手段を追加した。	適正な試験片準備として、ISO規格改正時に提案する。
						ISO規格で引用しているISO 7539-1の内容を本文に記載した。技術的差異はない。	—
						JISが高温高圧水環境としていることに伴って必要となる試験装置、試験手順、試験時間などの規定を追加するとともに、高温高圧水環境の試験条件例を、附属書JBとして追加した。	JISは適用範囲を高温高圧水環境としているが、ISO規格は試験環境を規定していないため、ISO規格改正時に提案しない。

(I) JISの規定		(II) 国際規格番号	(III) 国際規格の規定		(IV) JISと国際規格との技術的差異ごとの評価及びその内容		(V) JISと国際規格との技術的差異の理由及び今後の対策
箇条番号及び項目名	内容	番号	箇条番号	内容	箇条ごとの評価	技術的差異の内容	
6 試験手順（続き）			6		削除	ISO規格で参照しているISO 8407は、腐食試験の重量減を測定する手法であり、試験後の処理として不適切なため削除した。	適正な試験片処理法となるようISO規格改正時に提案する。
					追加	試験の継続方法を追加した。	適正な試験となるようISO規格改正時に提案する。
7 試験後評価			7	試験後評価	追加	割れの有無を判断する基準として、試験片観察手法の規定を追加した。	ISO規格では割れの有無を判断する基準が示されていないことから、ISO規格改正時に提案する。
					削除	ISO規格で規定している"レプリカ観察"、"SEM及び断面での詳細"及び"腐食環境での確認"は、適切な内容を用いなかったため削除した。	適切な試験を実施するのに不要な規定であるため、ISO規格改正時に提案する。
					変更	ISO規格で規定している"Pass/fail試験"は、材料の合否を判定する試験と解釈される可能性があるため、"割れの有無を確認する試験"に変更した。技術的差異はない。	—
8 試験報告			8	試験報告	追加	付与したひずみ量の記載を追加した。	予ひずみ付与試験片では必要な報告事項であるため、ISO規格改正時に提案する。
					追加	材料の名称又は種類の記号、試験片の種類（号数）及び割れの有無を追加した。	我が国での実態を反映させた。

(I)JIS の規定		(II) 国際規格番号	(III)国際規格の規定		(IV)JIS と国際規格との技術的差異の箇条ごとの評価及びその内容		(V)JIS と国際規格との技術的差異の理由及び今後の対策
箇条番号及び題名	内容		箇条番号	内容	箇条ごとの評価	技術的差異の内容	
附属書A（規定）	半割れ管形状の逆U曲げ試験片の作製手順		附属書A（参考）	半割れ管形状の逆U曲げ試験片の作製手順	変更	半割れ管形状の逆U曲げ試験片の作製手順を変更し，要求事項として規定した。図中に作製手順を具体的に示す図面を追加した。	試験片作製手順を適切に示す必要があるため，ISO規格改正時に提案する。
附属書B（規定）	平行部のある逆U曲げ試験片の作製手順		附属書B（参考）	平行部のある逆U曲げ試験片の作製手順	変更	平行部のある逆U曲げ試験片の作製手順を変更し，要求事項として規定した。図中に作製手順を具体的に示す図面を追加した。	試験片作製手順を適切に示す必要があるため，ISO規格改正時に提案する。
附属書JA（規定）	逆U曲げ試験片の種類		—	—	追加	試験片の種類を附属書として追加した。	我が国での実態を反映させた。
附属書JB（参考）							

JIS と国際規格との対応の程度の全体評価：ISO 7539-10:2013, MOD
注記1 箇条ごとの評価欄の用語の意味は，次による。 　　− 削除………………国際規格の規定項目又は規定内容を削除している。 　　− 追加………………国際規格にない規定項目又は規定内容を追加している。 　　− 変更………………国際規格の規定内容を変更している。 **注記2** **JIS** と国際規格との対応の程度の全体評価欄の記号の意味は，次による。 　　− MOD…………… 国際規格を修正している。

JIS G 0551
(2020)

鋼—結晶粒度の顕微鏡試験方法
Steels—Micrographic determination
of the apparent grain size

| JIS (1977, 98, 05, 13) | 改正 |
| JIS (1956) | 制定 |

序文

この規格は，2012 年に第 3 版として発行された **ISO 643** を基とし，技術的内容を変更して作成した日本産業規格である。

なお，この規格で側線又は点線の下線を施してある箇所は，対応国際規格を変更している事項である。変更の一覧表にその説明を付けて，**附属書 JE** に示す。また，**附属書 JA～附属書 JD** は対応国際規格にはない事項である。

1 適用範囲

この規格は，鋼のフェライト及びオーステナイトの結晶粒度を測定するための顕微鏡試験方法について規定する。また，この規格は，結晶粒界の現出方法及び一様に結晶粒が分布する試験片の平均結晶粒度の求め方について規定する。

注記 1 実際の結晶粒の形状は，立体的（三次元）であるため，顕微鏡試料の切断面は，結晶粒の端部から最大直径の部分までの任意の箇所になり得る。たとえ結晶粒が完全に同じ大きさであっても，平面上（二次元）に現れる結晶粒の大きさは，ある範囲にばらつく。

注記 2 この規格の対応国際規格及びその対応の程度を表す記号を，次に示す。

ISO 643:2012，Steels—Micrographic determination of the apparent grain size（MOD）

なお，対応の程度を表す記号"MOD"は，**ISO/IEC Guide 21-1** に基づき，"修正している"ことを示す。

警告 この規格に基づいて試験を行う者は，通常の試験室での作業に精通していることを前提とする。この規格は，その使用に関連して起こる全ての安全上の問題を取り扱おうとするものではない。この規格の利用者は，各自の責任において安全及び健康に対する措置をとらなければならない。

2 引用規格

次に掲げる規格は，この規格に引用されることによって，この規格の規定の一部を構成する。これらの引用規格は，その最新版（追補を含む。）を適用する。

JIS G 0561 鋼の焼入性試験方法（一端焼入方法）

ISO 3785，Metallic materials—Designation of test specimen axes in relation to product texture

ASTM E112，Standard Test Methods for Determining Average Grain Size

3 用語及び定義

この規格で用いる主な用語及び定義は，次による。

3.1

結晶粒（grain）

　顕微鏡観察のために研磨及び調製された試験片の平らな断面上に現出する，多少湾曲した側面を伴う閉じた多角形の形状。

　結晶粒は，次のように区別する。

3.1.1

オーステナイト結晶粒（austenitic grain）

　面心立方の結晶粒。焼なまし双晶を含むことがある。

3.1.2

フェライト結晶粒（ferritic grain）

　体心立方の結晶粒。焼なまし双晶は含まない。

　　　注記　フェライト結晶粒は，通常は炭素含有率が 0.25 ％（質量分率）以下の炭素鋼又はフェライト系ステンレス鋼に対して適用している。フェライト結晶粒と同等の寸法のパーライトの島が存在する場合は，その島をフェライト結晶粒としている。

3.2

粒度番号（index）

　観察した試験面の 1 mm^2 当たりの平均結晶粒数 m を用いて，次の式で表される G の値。正数又はゼロだけではなく，負数の場合もある。

$$m = 8 \times 2^{G}$$

　　　注記1　定義によると，m が 16 の場合，G は 1 となる。

　　　注記2　結晶粒度標準図との比較による評価方法（比較法）においては，0.5 単位及び総合判定において，平均粒度番号を小数点以下一桁で表す場合もある。

3.3

捕捉結晶粒数，N（intercept）

　直線又は曲線の試験線が通過又は捕捉した結晶の数［**図 1 a)**参照］。

　　　注記　試験線が直線の場合，通常，両端は，結晶粒内で終わる。直線の両端部分各々は，捕捉結晶の 1/2 として計数される。$\overline{N}$ は，様々な位置で無作為に適用した試験線が捕捉又は通過した結晶粒の数を多数回計数して得た平均値である。$\overline{N}$ を測定に用いた線長 L_T で除することによって単位長さ（通常は，ミリメートル単位）当たりの捕捉結晶粒数 $\overline{N_L}$ が得られる。

3.4

交点の数，P（intersection）

　結晶粒界と一本の直線又は曲線の試験線との交点の数［**図 1 b)**参照］。

　　　注記　$\overline{P}$ は，様々な位置で無作為に適用した試験線と結晶粒界とが交わった回数について，多数回計数して得た平均値である。$\overline{P}$ を測定に用いた線長 L_T で除することによって，単位長さ（通常は，ミリメートル単位）当たりの結晶粒界の交点の数 $\overline{P_L}$ が得られる。

3.5

細粒鋼及び粗粒鋼

　細粒鋼は，粒度番号 5 以上の鋼。粗粒鋼は，粒度番号 5 未満の鋼。この判定に適用する試験方法は，通常，**6.3.2** が適用される。

3.6

混粒

 1視野内において，最大頻度をもつ粒度番号の粒からおおむね3以上異なった粒度番号の粒が偏在し，これらの粒が約20％以上の面積を占める状態にあるもの，又は視野間において3以上異なった粒度番号の視野が存在するもの。

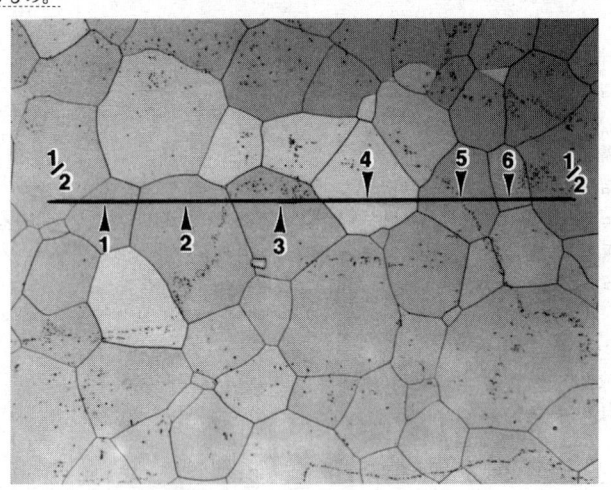

 矢印点1〜6までが結晶粒を捕捉していて，線の両端部分が結晶粒内で終わっている（2×1/2=1）。したがって，$N=7$である。

a) 単相結晶粒組織上の直線による捕捉結晶粒数 N の計数

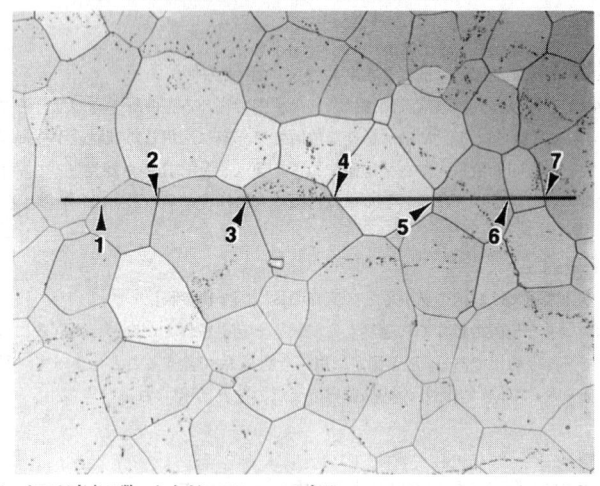

 矢印点7までが交点の数。したがって，$P=7$である。

b) 単相結晶粒組織上の直線による交点の数 P の計数

図1－捕捉結晶粒数 N 及び交点の数 P の例

4 記号

この規格で用いる記号を、表1に示す。

表1－記号

記号	定義	式及び値
$\bar{a}$	平均結晶粒面積（単位：mm²）	$\bar{a} = \dfrac{1}{m}$
A_F	観察視野（投射映像又は顕微鏡写真）の面積（単位：mm²）	—
$\bar{d}$	平均結晶粒径（単位：mm）	$\bar{d} = \dfrac{1}{\sqrt{m}}$
D	顕微鏡のすりガラス投影スクリーン上の円の直径、又は試験片の試験面を撮い込む顕微鏡又は顕微鏡写真上の円の直径	79.8 mm（面積＝5 000 mm²）
g	画像（投射映像又は顕微鏡写真）の長さ倍率	通常は100倍
G	粒度番号	—
K	長さ倍率 g から長さ倍率100への変換係数	$K = \dfrac{g}{100}$
l	結晶粒内を横切る試験線の1結晶粒当たりの平均線分長（単位：mm）	$l = 1/\bar{N}_L = 1/\bar{P}_L$
L_T	測定に用いた試験線長さを倍率で除した、真の試験線長さ（単位：mm）	—
m	観察した試験面の1 mm² 当たりの結晶粒数	$m = 2n_{100}$（倍率 100） $m = 2K^2 n_g$（倍率 g）
M	g が100でない場合の、最も近い結晶粒度標準図番号	—
n_g	直径 D の画像上で測定した結晶粒の等価総数（倍率 g）	—
n_1	直径 D の円の中に完全に入っている結晶粒の数	—
n_2	直径 D の円周と交差している結晶粒の数	—
n_{100}	直径 D の円内で測定した結晶粒の等価総数（倍率 100）	$n_{100} = n_1 + \dfrac{n_2}{2}$
$\bar{N}$	単位長さ L 当たりの、捕捉した結晶粒の平均数	—
$\bar{N}_L$	試験線の単位長さ当たりの、捕捉した結晶粒の平均数	$\bar{N}_L = \dfrac{\bar{N}}{L_T}$
N_x	圧延方向の1 mm 当たりの捕捉した結晶数	—
N_y	圧延直角方向の1 mm 当たりの捕捉した結晶数	—
N_z	厚さ方向の1 mm 当たりの捕捉した結晶数	—
$\bar{P}$	結晶粒界と無作為に適用した試験線との交点の数の平均数	—
$\bar{P}_L$	試験線の単位長さ当たりの結晶粒界との交点の数の平均数	$\bar{P}_L = \dfrac{\bar{P}}{L_T}$

N_x、N_y 及び N_z の方向を指定する方法は、ISO 3785 による。

注記 ISO 3785（試験片の軸の定義）は、特に金属材料の延伸及びじん（靱）性を測定する試験片に対して、その結晶粒の展伸方向及び座標軸が存在するものと仮定して、金属材料の試験片の方向の指定方法を規定している。座標軸については、次のように記載されている。

a) X軸：結晶粒の主展伸方位と一致する方向（圧延方向）

b) Z軸：主加工力が働く方向（厚さ方向）

c) Y軸：X軸及びZ軸に垂直な方向（圧延直角方向）

5 原理

結晶粒の大きさを，鋼種又はその他の情報によって，適切な方法で処理された試験片の研磨面で，顕微鏡によって測定する。

鋼材規格又は受渡当事者間の合意によって結晶粒の現出方法を規定していない場合，結晶粒の現出方法は，製造業者の任意でよい。

平均結晶粒度は，特に指定のない場合，製造業者の任意によって，次の a)又は b)によって測定する。必要な場合，**A.3** によって測定してもよい。

a) 次に示すいずれかによって得られた粒度番号

1) 結晶粒度標準図と比較する（**7.2** 参照）。

2) 単位面積当たりの結晶粒の平均数を測定する（計数方法：planimetric method）（**A.1** 参照）。

b) 結晶粒内を横切る試験線の 1 結晶粒当たりの平均線分長（切断法）（**A.2** 参照）

結晶粒内を横切る試験線の 1 結晶粒当たりの平均線分長から，**表 A.1** によって粒度番号を求める。

なお，切断法によるフェライト結晶粒度の測定に，**附属書 JB** を用いてもよい。

6 試験片の採取及び調製

6.1 試験片の採取

試験片の数及び製品から試験片を採取する箇所が，鋼材規格又は受渡当事者間の合意によって定められていない場合は，これらを製造業者が決める。

評価する試験片の数を増すと測定精度が良くなることが判明しているので，二つ以上の切断部分を評価することが望ましい。製品の端，試験片を採取するためにせん断加工したものなどに見られる，激しく変形した部分は避け，試験片が製品の大半を代表するように注意する。

試験片の研磨面が鋼材規格又は受渡当事者間の合意によって定められていない場合，研磨面は，圧延方向，すなわち，製品における主加工方向に平行な面とする。結晶粒が等軸でない場合，圧延方向に直角な面としてもよい。

6.2 フェライト結晶粒界の現出

フェライト結晶粒界は，体積分率 2 %～5 %ナイタル[1]，又は適切な腐食液を用いて現出させる。

注[1] 指定された体積分率の硝酸[（質量分率 60 %～62 %），以下硝酸という。]を含むエタノール溶液。

6.3 オーステナイト及び旧オーステナイト結晶粒界の現出

6.3.1 一般事項

常温で単相又は二相のオーステナイト［オーステナイト母相中のデルタ（δ）フェライト］組織をもつ鋼の場合は，腐食液を用いて，結晶粒界を現出させる。

単相のオーステナイト系ステンレス鋼に対して通常使われる腐食液は，グリセレジア（glyceregia），カーリング（Kalling）試薬（No.2）及びマーブル（Marble）試薬である。

単相又は二相のオーステナイト系ステンレス鋼に対する最良の電解腐食の方法は，結晶粒界は現出するが双晶が現出しないように，硝酸中で直流 1.4 V を 60 秒～120 秒負荷することである。

注記 質量分率 10 %しゅう酸水溶液を用い，直流 6 V を 60 秒まで負荷する方法は，よく用いられるが，硝酸を用いる方法より粒界は，明瞭ではない。

常温でオーステナイト組織でない鋼に対しては，**6.3.2** 又は **6.3.3** に規定するいずれかの方法を適用する。

6.3.2　浸炭粒度試験方法［925 ℃での浸炭によるマッケイドエーン（McQuaid-Ehn）法］

6.3.2.1　適用分野

これは，925 ℃で，一定時間保持して浸炭することによってオーステナイト結晶粒界を現出させる方法である。その他の熱処理条件で実際に現出される結晶は，適切でないことがある。

6.3.2.2　熱処理

試験片は，脱炭層又は表面のさびを除去する。冷間，熱間，機械的などの前処理が，結晶粒の形状に影響を及ぼすことがある。これらの事項を特に考慮することが望ましい場合は，受渡当事者間によって，測定前に実行すべきこれらの処理を規定する。

浸炭剤を充填した容器の中に試験片を埋めて封入し，電気炉又はその他の適切な加熱炉に装入して加熱する。約2時間で925 ℃に昇温し，この温度で6時間保持した後，徐冷し，浸炭層の結晶粒界に過共析セメンタイトを析出させる。600 ℃まで30 ℃/h～150 ℃/h で徐冷することが望ましい。通常，約1 mm の浸炭層が得られる。

浸炭剤は，乾燥した粒状木炭（質量分率60 %～80 %）と炭酸バリウム（質量分率40 %～20 %）との混合物を用いる。ただし，鋼種によっては，これ以外の混合比を用いてもよい。浸炭剤の使用量は，試験片体積の30倍以上が望ましい。浸炭剤は，その都度，新しいものを使用する。

6.3.2.3　調製及び腐食

浸炭した試験片を，浸炭表面に直角に切断し，顕微鏡試験用に調製する。その断面を，次のいずれかによって腐食させるのが望ましい。

a) アルカリ性ピクリン酸ナトリウムで腐食させる。必要に応じて，電解腐食（直流6 V で 60 秒間）を適用する。

b) 体積分率2 %～5 %ナイタルによって腐食させる。

c) a)又は b)と同一の結果が得られる場合は，ピクリン酸－エタノール溶液又はその他の試薬を使用してもよい。

　　　　注記　アルカリ性ピクリン酸ナトリウムの例として"le Chatelier・Igewski"試薬（ピクリン酸2 g，水酸化ナトリウム25 g 及び水 100 mL）がある。

6.3.3　熱処理粒度試験方法

熱処理粒度試験方法は，**表2** のいずれかの方法による。これらは，鋼の焼なまし，焼ならし，焼入れ，固溶化熱処理など実際の熱処理に当たり，最高加熱温度における粒度測定に適用する。各試験方法の詳細は，**附属書JA** による。

表2−熱処理粒度試験方法の種類

熱処理粒度試験方法の種類	適用鋼種	附属書
ピクリン酸飽和水溶液で腐食する Bechet-Beaujard 法	主として，0.005 %以上のりんを含むマルテンサイト，焼戻しマルテンサイト及びベイナイト鋼	**JA.2** 参照
初析フェライト法	主として，炭素含有率 0.25 %〜0.6 %の粗粒炭素鋼及び低合金鋼。例，マンガン−モリブデン鋼，1 %クロム−モリブデン鋼，1.5 %ニッケル−クロム鋼	**JA.3** 参照
オーステナイト系ステンレス及びオーステナイトマンガン鋼[a]の鋭敏化熱処理法	主として，炭素含有率 0.025 %を超える非安定化オーステナイト又は二相ステンレス鋼	**JA.4** 参照
徐冷法	主として，炭素含有率中位以上の亜共析鋼。ただし，過共析鋼の場合は，Ac_cm 点以上の温度における粒度を測定する場合に限る。	**JA.5** 参照
焼入焼戻し法	主として，機械構造用炭素鋼及び機械構造用合金鋼	**JA.6** 参照
一端焼入法	主として，焼入性の低い鋼種で，炭素含有率中位以上の亜共析鋼及び共析鋼	**JA.7** 参照
酸化法	主として，機械構造用炭素鋼及び機械構造用合金鋼	**JA.8** 参照
焼入法	主として，高速度工具鋼及び合金工具鋼	**JA.9** 参照
注[a]　オーステナイトマンガン鋼は，482 ℃〜704 ℃で鋭敏化すると，粒界に微細な炭化物が析出する。		

7　結晶粒度の評価方法

7.1　一般事項

結晶粒度の評価方法には，結晶粒度標準図[2]との比較（**7.2** 参照）又は単位面積当たりの結晶粒数を計数して求めた粒度番号（**A.1** 参照）によって評価する方法と，試験線 1 mm 当たりの捕捉した結晶粒数 N 又は交点の数 P によって評価する切断法（**A.2** 参照）とがある。

注[2]　結晶粒度標準図は，**ASTM E112** のプレート I 及びプレート IV に掲載されている。

粒度番号は，切断法で求めた 1 mm 当たりの平均捕捉結晶粒数 $\overline{N_L}$ 又は 1 mm 当たりの平均交点数 $\overline{P_L}$ から結晶粒内を横切る試験線の 1 結晶粒当たりの平均線分長 l を求め，**表 A.1** を用いて求めることができる。

粒度番号は，**3.2** に従い，次の式(1)で定義する。

$$m = 8 \times 2^G \cdots\cdots(1)$$

式(1)から得られる式(2a)又は式(2b)によって，粒度番号を算出する。

$$G = \frac{\log m}{\log 2} - 3 \cdots\cdots(2a)$$

$$G = \frac{\log m}{0.301} - 3 \cdots\cdots(2b)$$

ここに，　　m：　観察した試験面の 1 mm² 当たりの平均結晶粒数
　　　　　　　G：　粒度番号

7.2　結晶粒度標準図との比較による評価方法（比較法）

投影像（又は顕微鏡写真）の試験視野を，結晶粒度標準図又はオーバーレイ（結晶粒度測定用に設計された接眼鏡の標準図が **ASTM E112** に準拠したものであれば，利用することができる。）と比較する。倍率が 100 倍の結晶粒度標準図に付けられた，−1(00)から 10 までの数字は，粒度番号 G を表す。

注記　通常，浸炭粒度試験方法［925 ℃での浸炭によるマッケイドエーン（McQuaid-Ehn）法］には，プレート IV が用いられる。

結晶粒度標準図プレートの種類は，測定中に変更しないことが望ましい。

試験片の試験視野の粒度に最も近い粒度をもつ結晶粒度標準図を決定する。結晶粒度標準図のプレートIV の場合は，粒度番号の中間に相当すると認めるとき，低位の粒度番号に 0.5 を加える。

各試験片について，無作為に選択した少なくとも 3 視野（5～10 の視野数が望ましい。）を評価する。

投影像又は顕微鏡写真の画像倍率 g が 100 でない場合，粒度番号 G は，次の式(3)によって，最も近い結晶粒度標準図番号 M を倍率比係数で修正した値になる。

$$G = M + 6.64 \log \frac{g}{100} \cdots\cdots\cdots (3)$$

通常使用する倍率に対する各粒度番号の関係を表 3 に示す。

表 3 − 画像倍率に対する各粒度番号の関係

画像倍率 g	標準図番号で識別された画像に対する，金属結晶の粒度番号 G							
25	−3	−2	−1	0	1	2	3	4
50	−1	0	1	2	3	4	5	6
100	1	2	3	4	5	6	7	8
200	3	4	5	6	7	8	9	10
400	5	6	7	8	9	10	11	12
500	5.6	6.6	7.6	8.6	9.6	10.6	11.6	12.6
800	7	8	9	10	11	12	13	14

なお，フェライト−パーライト混在組織の場合は，受渡当事者間の協定によって**附属書 JD** を適用してもよい。この場合，表示方法についても受渡当事者間の協定による。

7.3 総合判定方法

比較法，計数方法又は切断法によって得た各視野の判定結果から，次の式(4)によって平均粒度番号を算出し，これを鋼の結晶粒度とする。平均粒度番号は，小数点以下一桁に丸める。

視野数は，5～10 が望ましい。表 4 に，平均粒度番号算出の例を示す。

$$\overline{G} = \frac{\Sigma(a \times b)}{\Sigma b} \cdots\cdots\cdots (4)$$

ここに，　$\overline{G}$：　平均粒度番号
a：　各視野における粒度番号
b：　同一粒度番号を示す視野数

表 4 − 平均粒度番号算出の例

各視野における粒度番号 a	視野数 b	$a \times b$	平均粒度番号 $\overline{G}$
6	2	12	$\dfrac{65}{10} = 6.5$
6.5	6	39	
7	2	14	
合計	10	65	

なお，混粒の場合は，**附属書 JC** による。

8 結晶粒度の表示

8.0A 一般事項

結晶粒の種類による記号，粒度番号，視野数，最高加熱温度（熱処理粒度試験方法の場合）及び保持時間を，**8.1** 及び **8.2** に従って表示する。混粒の場合の表示方法は，**附属書 JC** による。

8.1 フェライト結晶粒度の表示

8.1.1 フェライト結晶粒度の表示記号

フェライト結晶粒度の記号は，次による。

FG

8.1.2 フェライト結晶粒度の表示例

FG$-3.5_{(10)}$　　　　（10 視野の総合判定による粒度番号が 3.5 の場合）

8.2 オーステナイト結晶粒度の表示

8.2.1 オーステナイト結晶粒度の表示記号

オーステナイト結晶粒度の表示記号は，オーステナイト結晶粒界の現出方法によって，次の記号を用いる。

G ：製品まま（**6.3.1**）

G_c ：浸炭粒度試験方法［925 ℃での浸炭によるマッケイドエーン（McQuaid-Ehn）法］（**6.3.2**）

G_b ：ピクリン酸飽和水溶液で腐食する Bechet-Beaujard 法（**JA.2**）

G_p ：初析フェライト法（**JA.3**）

G_m ：オーステナイト系ステンレス及びオーステナイトマンガン鋼の鋭敏化熱処理法（**JA.4**）

G_f ：徐冷法（**JA.5**）

G_h ：焼入焼戻し法（**JA.6**）

G_j ：一端焼入法（**JA.7**）

G_o ：酸化法（**JA.8**）

G_q ：焼入法（**JA.9**）

8.2.2 オーステナイト結晶粒度の表示例

a) 細粒鋼

$G_c 8.5_{(10)}$［**6.3.2** の浸炭粒度試験方法で 10 視野の総合判定による粒度番号が 8.5（細粒鋼）の場合］

$G_f 6.5_{(10)}$（920 ℃×1.5 h）［**JA.5** の徐冷法で 920 ℃に 1.5 時間保持して 10 視野の総合判定による粒度 6.5 の場合］

b) 粗粒鋼

$G_c 3.6_{(10)}$［**6.3.2** の浸炭粒度試験方法で 10 視野の総合判定による粒度番号が 3.6（粗粒鋼）の場合］

9 報告

試験報告書が必要な場合には，次の事項から報告事項を受渡当事者間の協定によって選択する。

a) 試験した鋼材の種類の記号

b) 測定した結晶粒の種類（フェライト又はオーステナイト）

c) 試験方法（結晶粒度標準図による比較法，計数方法又は切断法），操作条件及び評価方法（例えば，手動又は自動画像解析）

d) 粒度番号又は結晶粒内を横切る試験線の 1 結晶粒当たりの平均線分長

ただし，粒度番号で報告する場合は，箇条 **8** の表示記号を用いる。

附属書 A
（規定）
結晶粒度の評価

A.1 計数方法（Planimetric method）

従来から，すりガラス投影スクリーン上の投影像又は顕微鏡写真に，直径 79.8 mm の円を描くか，又は円を重ね合わせている。倍率を，円の領域に少なくとも 50 個の結晶粒を取り込むように調整する（図 A.1 参照）。

注記 1　この倍率は，円形試験パターンでの計数誤差を最小限に抑えるために推奨されている。

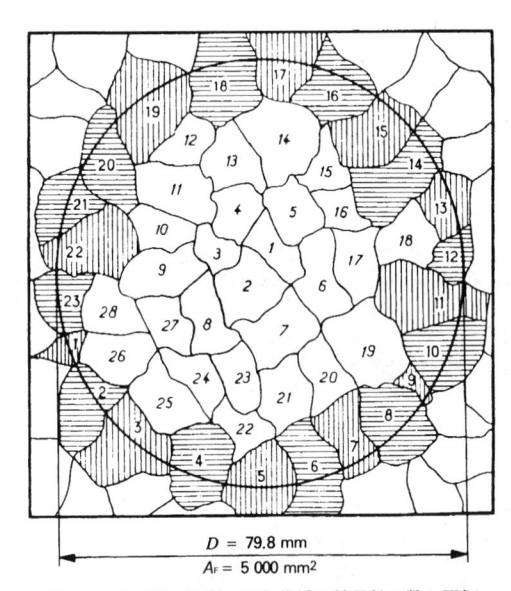

$$D = 79.8 \text{ mm}$$
$$A_F = 5\,000 \text{ mm}^2$$

図 A.1－円によって囲まれた領域の結晶粒の数の評価

2 種類（n_1，n_2）の計数を行う。n_1 は，試験円内に完全に入っている結晶粒の数，n_2 は，試験円と交差した結晶粒の数とする。

あらかじめ測定方法の正確さについて，十分な範囲で相関性が立証されていることを条件として，適用される材料の結晶粒度を測定するために自動画像解析などを利用してもよい。

相当結晶粒の総数は，次の式(A.1)によって算出する。

$$n_{100} = n_1 + \frac{n_2}{2} \quad\cdots\cdots\cdots\cdots\cdots\cdots\cdots\cdots\cdots\cdots\cdots\cdots\cdots\cdots\cdots\cdots\cdots\cdots (\text{A.1})$$

投影像又は顕微鏡写真の倍率が 100 倍の場合，試験片表面上にある 1 mm² 当たりの結晶粒数 m は，次の式(A.2)によって算出する。

$$m = 2n_{100} \quad\cdots\cdots\cdots\cdots\cdots\cdots\cdots\cdots\cdots\cdots\cdots\cdots\cdots\cdots\cdots\cdots\cdots\cdots\cdots\cdots\cdots (\text{A.2})$$

また，任意の倍率 g の場合には，m は，次の式(A.3)によって算出する。

$$m = \left(\frac{g^2}{5\ 000}\right)n_g \qquad\qquad (A.3)$$

ここに，　5 000：　試験円の面積（mm²）

この方法では，おおむね，円形試験線と交差した結晶粒は，半分（1/2）が円内にあり，半分（1/2）は円外にあるものと仮定している。この仮定は，結晶組織を通過する直線には有効だが，曲線には有効でない。生じるバイアスは，円形試験線内の結晶粒の数が減少するにつれて，増加する。円形試験線内の結晶粒の数が少なくとも 50 個の場合は，バイアスは約 2 ％である。

このバイアスを回避する簡単な方法は，試験線内の結晶粒の数とは無関係に，正方形又は長方形を使うことである。ただし，計数手順を少しだけ修正しなければならない。まず，四隅のそれぞれに交わる結晶粒を，おおむね，試験線内が 1/4 及び試験線外が 3/4 と想定する。これらの四隅の結晶粒は，試験線枠内で一緒になって，一つの結晶粒に等しくなるとみなす。

四隅の結晶粒を除いて，完全に試験線内にある結晶粒 n_1，及び試験線の四つの側線と交わった結晶粒 n_2 について，計数を行う（図 A.2 参照）。式(A.1)は，次の式(A.4)となる。

$$n_{100} = \left(n_1 + 0.5n_2 + 1\right) \qquad\qquad (A.4)$$

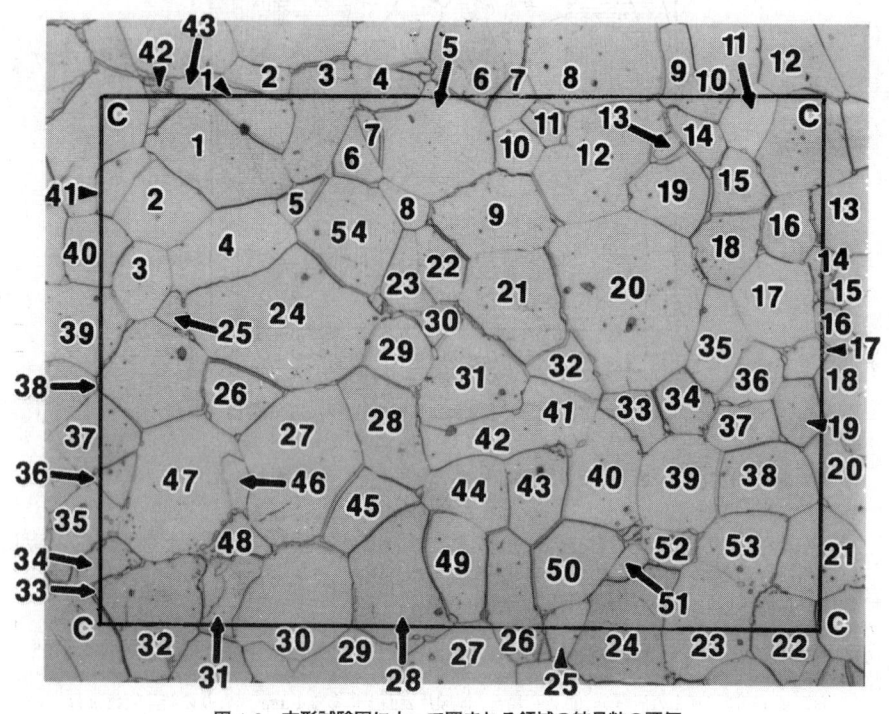

図 A.2－方形試験図によって囲まれる領域の結晶粒の評価

試験片表面上の1 mm² 当たりの結晶粒数 m は、次の式(A.5)によって算出する。

$$m = \left(\frac{g^2}{A_F}\right) n_g \quad \text{(A.5)}$$

ここに、 A_F: 結晶粒の計数に用いる観察視野の面積 (mm²)

1個当たりの平均結晶粒面積 (mm²) は、次の式(A.6)によって算出する。

$$\bar{a} = \frac{1}{m} \quad \text{(A.6)}$$

注記2 次の式(A.7)によって平均結晶粒径を計算するが、これまでの一般的方法であった。しかし、この式は、結晶粒が切断面で正方形であることを前提としているので、実際にはそうでないので、この方法を用いることは、望ましくない。

$$\bar{d} = \bar{a}^{1/2} \quad \text{(A.7)}$$

m は、粒度番号 G の各値に対応している。表 A.1 に示す範囲内で式(A.2)、式(A.3)又は式(A.5)で計算される m の値は、粒度番号 G の値に対して与えられる。

表 A.1 — 結晶粒数の各変数の関係

粒度番号 G	1 mm² 当たりの結晶粒数 m	限界値 超え	以下	平均結晶粒径 $\bar{d}$ b) mm	平均結晶粒面積 $\bar{a}$ mm²	結晶粒内を横切る試験線の1結晶粒当たりの平均線分長 l mm	試験線の1 mm当たりの、捕捉した結晶粒の平均数 $\bar{N}_L$
−7	0.062 5	0.046	0.092	4	16	3.577	0.279
−6	0.125	0.092	0.185	2.828	8	2.529	0.395
−5	0.25	0.185	0.37	2	4	1.788	0.559
−4	0.50	0.37	0.75	1.414	2	1.265	0.790
−3	1	0.75	1.5	1	1	0.894	1.118
−2	2	1.5	3	0.707	0.5	0.632	1.582
−1(00)a)	4	3	6	0.500	0.25	0.447	2.237
0	8	6	12	0.354	0.125	0.320	3.125
1	16	12	24	0.250	0.062 5	0.226	4.42
2	32	24	48	0.177	0.031 2	0.160	6.25
3	64	48	96	0.125	0.015 6	0.113	8.84
4	128	96	192	0.088 4	0.007 81	0.080	12.5
5	256	192	384	0.062 5	0.003 90	0.056 6	17.7
6	512	384	768	0.044 2	0.001 95	0.040 0	25.0
7	1 024	768	1 536	0.031 2	0.000 98	0.028 3	35.4
8	2 048	1 536	3 072	0.022 1	0.000 49	0.020 0	50.0
9	4 096	3 072	6 144	0.015 6	0.000 244	0.014 1	70.7
10	8 192	6 144	12 288	0.011 0	0.000 122	0.010 0	100
11	16 384	12 288	24 576	0.007 8	0.000 061	0.007 07	141
12	32 768	24 576	49 152	0.005 5	0.000 030	0.005 00	200
13	65 536	49 152	98 304	0.003 9	0.000 015	0.003 54	283
14	131 072	98 304	196 608	0.002 8	0.000 007 5	0.002 50	400
15	262 144	196 608	393 216	0.002 0	0.000 003 7	0.001 70	588
16	524 288	393 216	786 432	0.001 4	0.000 001 9	0.001 20	833
17	1 048 576	786 432	1 572 864	0.001 0	0.000 000 95	0.000 87	1 149

表 A.1－結晶粒数の各変数の関係（続き）

注記	この表は，等軸結晶粒の各種パラメータ間の値を示す。
注 a)	"−1"は，"00"と表記してもよい。
b)	$\bar{d}$ は，式(A.7)によって得られる参考値である。

A.2 切断法

A.2.1 切断法の原理

既知の倍率 g で，試験片を代表する部分の，既知の長さの試験線によって捕捉した結晶粒の数 N，又は試験線と結晶粒界との交点の数 P を，投影スクリーン上，レチクル（目盛付きレンズ）上，テレビ型モニター上又は顕微鏡写真上で計数する。

試験線は，直線でも円でもよい。推奨される計測格子を，**図 A.3** に示す。

図 A.3 の三つの円の寸法を，それぞれ**表 A.2** に示す。**図 A.3** の三つの同心円は，総線長が 500 mm になる。

表 A.2－三つの同心円の円周長さ

単位 mm

直径	円周
79.58	250.0
53.05	166.7
26.53	83.3
合計	500.0

円形試験線は，結晶粒の異方性を平均化し，直線試験線のように試験線が結晶粒内で終わることがない。また，**図 A.3** には 4 本の直線があり，その内訳は，縦線，横線及び 2 本の対角線とする。各対角線の長さは 150 mm で，横及び縦線のそれぞれの長さは 100 mm とする。これらの直線は，結晶粒の異方性を平均化する。また，結晶粒の展伸を考慮する場合は，計測格子の横線を変形軸に平行に，縦線が変形軸と直交するように位置決めし，縦線と横線とについて別々に，結晶粒を計数する（**A.2.4** の**注記**参照）。いずれの視野でも，一つの視野で，試験線が少なくとも 50 個の結晶粒を捕捉するように，倍率を決定する。少なくとも五つの無作為に選択した視野で，少なくとも合計 250 個の試験線が捕捉した結晶粒数を用いて評価する。

この計測格子は，一つの試験視野ごとに一度だけ適用する。計測格子は，有効な結果を得るため無作為かつ適切な視野数に適用する。

必要な試験線が捕捉する結晶粒の数を得るために，倍率を変更する必要がある場合は，異方性の影響を考慮して測定線の方向を調整し，かつ，その測定線の長さを倍率に応じて変更してよい。

単位　mm

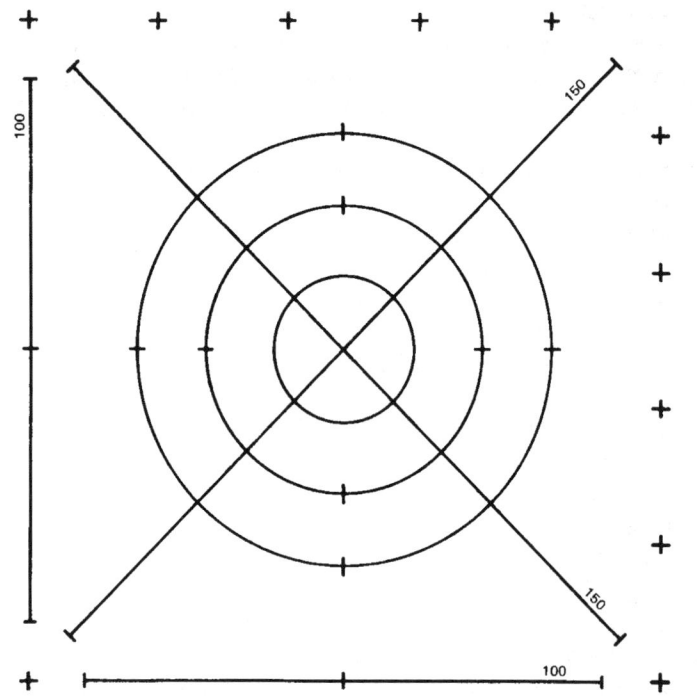

図 A.3－切断法に推奨される計測格子

A.2.2　直線試験線による切断法

A.2.2.0A　一般事項

　直線の試験線が捕捉する結晶粒の数（捕捉結晶粒数 N 又は交点の数 P）を計数する。

　捕捉結晶粒数 N 及び交点の数 P の計数は，試験線と結晶粒との交差の形態によって，次に定める数を適用する。

A.2.2.1　捕捉結晶粒数 N を計数する場合

a)　試験線が結晶粒を通過する場合，$N=1$

b)　試験線が結晶粒内で終了する場合，$N=0.5$

c)　試験線が結晶粒界に接している場合，$N=0.5$

　　　注記　**A.2.2.2** に規定するスナイダーグラフ（Snyder-Graff）法は，工具鋼（高速度鋼）に対する直線試験線による切断法の捕捉結晶粒数 N を計数する場合の代表例である。

A.2.2.2　スナイダーグラフ（Snyder-Graff）法

A.2.2.2.1　適用分野

　この方法は，直線試験線による切断法を用いて，焼入れ焼戻し処理された高速度鋼のオーステナイト結晶

粒度を判定するために使用する。

A.2.2.2.2 調製及び腐食

通常,焼入焼戻し処理済みの製品から採取された試験片は,いかなる追加の熱処理もしてはならない。

研磨後,試験片を,体積分率 10 %以下のナイタルを使って,腐食させる。試験片は,旧オーステナイト結晶粒界が明瞭に現れるまで十分に長く腐食させる。数回の研磨及び腐食の繰り返しが必要となってもよい。

> **注記** 製品が受けた熱処理の種類によって,試験片の表面が多少変色することがある。

A.2.2.2.3 測定

倍率を 1 000 として,125 mm 長の試験線が捕捉した結晶粒の数を計数する。無作為に選択された視野内の異なった方向で,5 回測定を実施する。

A.2.2.2.4 測定結果

指定がない限り,5 回の測定における捕捉した結晶粒の数の算術平均値を求める。この値から,結晶粒内を横切る試験線の 1 結晶粒当たりの平均線分長を決定する。

A.2.2.3 交点の数 P を計数する場合

a) 試験線が結晶粒界を通過する場合,$P=1$

b) 試験線が結晶粒界に接している場合,$P=1$

c) 試験線が三重点に交わる場合,$P=1.5$

A.2.3 円形試験線による切断法

図 A.3 に示した円形の形を推奨する。

試験線は,**図 A.3** に示す一組の三つの同心円又は一つの円とする。

図 A.3 に示す三つの円周の合計長さは 500 mm である。倍率は,計測格子を試験視野上に置いたとき,試験線が 40 個～50 個の結晶粒を捕捉するように選択する。

一つの円の場合は,円周が 250 mm の最大の円を使用する。この場合,使用する倍率は,試験線が捕捉する結晶粒数が少なくとも 25 個以上になるように選択しなければならない。

円形試験線による切断法は,やや低めの交点の数を示す傾向がある。これを補正するため,結晶粒の三重点と試験線との交点を,直線試験線による切断法のように 1.5 とするのではなく,2 として計数する。

A.2.4 結果の評価

捕捉結晶粒数 N 又は交点の数 P の計数は,無作為に選ばれた幾つかの視野で行う。次に,捕捉結晶粒数 N 又は交点の数 P の平均値を計算する。

L_T を測定に用いた試験線の実長さとすると,次の式(A.8)が得られる。

$$\overline{N_L} = \overline{N}/L_T \ \text{及び} \ \overline{P_L} = \overline{P}/L_T \cdots\cdots\cdots\cdots\cdots\cdots\cdots\cdots\cdots\cdots\cdots\cdots\cdots (A.8)$$

非等軸結晶粒組織の場合は,三つの基本方向(圧延方向,圧延直角方向及び厚さ方向)の試験線によって,捕捉結晶粒数 N 又は交点の数 P を計数する。三つの基本試験面(圧延方向,圧延直角方向及び厚さ方向)のうちの,いずれか二面のそれぞれ二つの基本方向を試験することによって,三つの基本方向の計数値が得られる。

1 mm 当たりの平均捕捉結晶粒数 $\overline{N_L}$,又は 1 mm 当たりの平均交点の数 $\overline{P_L}$ は,上記の三つの基本方向の測定値の積の立方根として,次の式(A.9)によって求める。

$$\overline{N_L} = \left(\overline{N_{Lx}} \times \overline{N_{Ly}} \times \overline{N_{Lz}}\right)^{1/3} \ \text{及び} \ \overline{P_L} = \left(\overline{P_{Lx}} \times \overline{P_{Ly}} \times \overline{P_{Lz}}\right)^{1/3} \cdots\cdots\cdots\cdots\cdots (A.9)$$

ここで，記号の上のバー記号は，幾つかの測定値の平均値であることを示し，また，X，Y 及び Z は基本方向（圧延方向，圧延直角方向及び厚さ方向）を示す。

試験線の単位長さ当たりの，捕捉した結晶粒の平均数 $\overline{N_L}$ 又は試験線の単位長さ当たりの結晶粒界の交点の数の平均数 $\overline{P_L}$ から，結晶粒内を横切る試験線の 1 結晶粒当たりの平均線分長 l を求め，表 A.1 を用いて，粒度番号を求めてもよい。

あらかじめ測定方法の正確さについて，十分な範囲で相関性が立証されていることを条件として，適用される材料の結晶粒度を測定するために，超音波法，自動画像解析などを利用してもよい。

ほかに規定がない場合は，双晶は無視して一つの結晶粒として計数する（図 A.4 参照）。

注記　非等軸結晶粒の場合，結晶粒の形状は，線形試験線による切断法によって求めた圧延方向の結晶粒の平均線分長を，圧延方向と直角な結晶粒の平均線分長で除することによって表現することが可能である。これは，結晶展伸度又は異方性指数と呼ばれる。

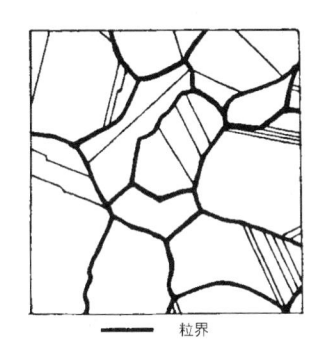

━━━ 粒界

図 A.4－結晶粒の評価（双晶）

A.3　その他の粒度番号定義方法

A.3.1　一般事項

この規格に規定する粒度番号の定義方法のほかに，米国で用いられている方法がある。

この方法では，次の A.3.2 で定義した，ASTM 粒度番号と呼ばれている G(ASTM)によって，粒度番号を規定する（ASTM E112 参照）。

A.3.2　結晶粒内を横切る試験線の 1 結晶粒当たりの平均線分長による方法

粒度番号 G(ASTM)＝0 は，倍率 100 で測定されたとき，結晶粒内を横切る試験線の 1 結晶粒当たりの平均線分長 l が，32.0 mm に対応する。

0 以外の粒度番号は，次の式(A.10)又は式(A.11)によって求める。

a)　結晶粒内を横切る試験線の 1 結晶粒当たりの平均線分長の場合

$$G(\mathrm{ASTM}) = -3.287\,7 - 6.643\,9 \log l \quad\cdots\cdots\cdots\cdots\cdots\cdots\cdots\cdots(\text{A.10})$$

b)　試験線の単位長さ当たりの，捕捉した結晶粒の平均数の場合

$$G(\mathrm{ASTM}) = -3.287\,7 + 6.643\,9 \log \overline{N_L} \quad\cdots\cdots\cdots\cdots\cdots\cdots\cdots\cdots(\text{A.11})$$

A.3.3　計数方法

定義によって，粒度番号 G(ASTM)＝1 は，単位面積（1 mm²）当たり 15.5 個の結晶粒数に対応する。

粒度番号を単位面積（1 mm²）当たりの結晶粒数の関数として与える式を，次の式(A.12)に示す。

$$G(\mathrm{ASTM}) = -2.954\,2 + 3.321\,9\log m \quad\cdots\cdots\cdots\cdots\cdots\cdots\cdots\cdots\cdots\cdots\cdots\cdots\cdots(\mathrm{A.12})$$

A.3.4 通常の組織における粒度番号間の数値比較

ASTM 粒度番号は，この規格の本体で規定したものよりやや大きい粒度を与えるが，違いは 1 粒度番号単位の 1/20 より小さく，粒度番号の推定が最も好ましい条件の場合でも，約 1/2 粒度番号単位の精度であることから，無視できる程度のものである。

7.1 に示した式(2a)又は式(2b)に相当する式は，次の式(A.13)のようになる。

$$G = -3 + 3.321\,9\log m \quad\cdots\cdots\cdots\cdots\cdots\cdots\cdots\cdots\cdots\cdots\cdots\cdots\cdots\cdots\cdots(\mathrm{A.13})$$

この式を式(A.12)と比較すると，次の式(A.14)の値が得られる。

$$G(\mathrm{ASTM}) - G = 0.045\,8 \quad\cdots\cdots\cdots\cdots\cdots\cdots\cdots\cdots\cdots\cdots\cdots\cdots\cdots\cdots(\mathrm{A.14})$$

附属書 JA
（規定）
熱処理粒度試験方法によるオーステナイト結晶粒界現出方法

JA.1　一般事項

この附属書は，熱処理を行い，オーステナイト及び旧オーステナイト結晶粒界を現出させる方法を規定する。

結晶粒界現出方法は，**JA.2～JA.9** のいずれかによる。ただし，加熱温度は，実際作業の熱処理温度より30 ℃を超えてはならず，保持時間は，実際作業の保持時間の 1.5 倍を超えてはならない。これらの数値及び試験方法は，あらかじめ定めておく。

JA.2　ピクリン酸飽和水溶液で腐食する Bechet-Beaujard 法
JA.2.1　一般

この方法は，試験片の熱処理中に形成されるオーステナイト結晶粒を現出させる方法である。この方法は，マルテンサイト又はベイナイト組織をもつ試験片に適用する。

> 注記　鋼中のりん（P）が 0.005 ％以上存在している場合，ピクリン酸飽和水溶液を用いると粒界が現出しやすい。

JA.2.2　熱処理

試験片がマルテンサイト又はベイナイト組織をもつ場合は，通常，追加の熱処理は，不要である。

試験片の熱処理条件が鋼材規格に規定されておらず，熱処理条件を規定する仕様書がない場合は，熱処理条件には次の条件を（熱処理用構造用炭素鋼及び低合金鋼の場合に）適用し，熱処理後の試験片を，水中又は油中に急冷する。

a)　炭素含有率が 0.35 ％を超える鋼では，850 ℃±10 ℃で 1.5 時間

b)　炭素含有率が 0.35 ％以下の鋼では，880 ℃±10 ℃で 1.5 時間

JA.2.3　研磨及び腐食

顕微鏡試験のために，熱処理後の試験片の表面を研磨する。研磨された面は，ピクリン酸飽和水溶液に，体積分率 0.5 ％以上のアルキル硫酸ナトリウム又は他の適切な界面活性剤を加えた腐食液によって十分な時間腐食させる。

試験片の結晶粒界が素地に対して十分なコントラストを得るためには，腐食と研磨とを数回繰り返して行うことが必要になることがある。無心焼入鋼の場合は，試験片を採取する前に焼戻しを実施してもよい。

> 注記　腐食時間は，数分間から 1 時間以上まで変わることがある。例えば，溶液を 60 ℃に加熱すると，腐食時間を短くすることができる。

> 警告　ピクリン酸溶液を加熱する場合は，溶液が沸騰乾固してピクリン酸が爆発しやすくなるので注意を要する。

JA.3　初析フェライト法
JA.3.1　一般

この方法は，炭素含有率が約 0.25 ％～0.6 ％の炭素鋼及びマンガン－モリブデン鋼，1 ％クロム鋼，1 ％クロム－モリブデン鋼，1.5 ％ニッケル－クロム鋼などの低合金鋼に適している。旧オーステナイト結晶粒

界は，初析フェライトの網目状組織として現出する。

JA.3.2 熱処理

鋼材規格に規定するオーステナイト化条件で熱処理を行う。炭素鋼又はその他の焼入性の低い鋼については，オーステナイト結晶粒界にフェライトが析出するように，試験片を空冷，炉内冷却又は部分的に恒温変態させる。

合金鋼の場合は，オーステナイト化後に，試験片を 650 ℃～720 ℃の適切な温度で部分的に恒温変態させ，次に水中で急冷する。

注記 1 変態に必要な時間は，鋼によって異なり，通常，1 分～5 分間で十分なフェライトが析出するが，場合によっては，最大で約 20 分間必要になることもある。

注記 2 合金鋼で，恒温処理中に一様な変態を得るためには，12 mm×6 mm×3 mm の試験片が適している。

JA.3.3 調製及び腐食

熱処理後の試験片を，顕微鏡で測定するために切り出し，研磨した後，塩酸・ピクリン酸－エタノール溶液などの腐食液で，腐食させる。

JA.4 オーステナイト系ステンレス及びオーステナイトマンガン鋼の鋭敏化熱処理法

試験片を鋭敏化熱処理温度範囲（482 ℃～704 ℃）で加熱して，炭化物の析出によって結晶粒界を現出させる。エッチングには，炭化物を現出させる適切な腐食液を用いる。

この方法は，炭素含有率の非常に低い鋼種には使用しない方が望ましい。

JA.5 徐冷法

任意の大きさの試験片を，所定のオーステナイト化温度に所定時間加熱した後，徐々に冷却する。冷却後の試験片の表面を研磨仕上げし，ピクリン酸－エタノール，ナイタルなどで腐食させた後，パーライト結晶粒を取り囲んだ網目状初析フェライト又は初析セメンタイトによって結晶粒界を現出させる。試験片の炭素含有率が低い場合は，所定の焼入温度から，その等温変態図で示される A_3 変態点以下の適切な温度の熱浴中に焼入れ，適切な時間保持し，粒界に少量のフェライトを析出した状態から水中に焼き入れる。この試験片の表面を研磨仕上げし，結晶粒界を現出させる。

JA.6 焼入焼戻し法

径又は対辺距離 5 mm～15 mm，長さ 10 mm～15 mm の試験片を所定の焼入温度に所定時間保持し，適切な方法で完全に焼入れし，適正な温度で 1 時間以上焼戻しした後冷却する。冷却後の試験片の表面を研磨仕上げし，ナイタル，塩化鉄（III）1 g 及び塩酸（比重 1.18）1.5 mL をエタノール 100 mL に溶解した腐食液などで腐食させ，結晶粒界を現出させる。

JA.7 一端焼入法

径約 15 mm，長さ約 40 mm の試験片を，所定の焼入温度に所定時間加熱した後，試験片の一端約 10 mm を垂直に水中に浸して急冷する。冷却後，試験片の表面を軸方向に厚さ約 5 mm を削り取って研磨仕上げし，界面活性剤を使用したピクリン酸飽和水溶液，ナイタル，ピクリン酸－エタノールなどで腐食し，マルテンサイト組織の周囲を少量の微細パーライトで囲むことによって，結晶粒界を現出させる。

なお，**JIS G 0561** に規定する試験片を同様に腐食させ，結晶粒界を現出させてもよい。

JA.8 酸化法

あらかじめ研磨仕上げした試験片を，管状電気炉又はその他適切な加熱炉に入れ所定の温度に所定時間加熱し，必要な時間酸化させた後，取り出して水中に焼き入れる。この際，酸化は，加熱時間の最後に行い，酸化時間以外の加熱時間中は，被検面を鉄板などで覆って過度の酸化を防止するのがよい。試験片表面に付着している酸化物を，結晶粒界に形成された網目状の酸化物が保たれるように注意しながら，細かい研磨剤を使って軽く研磨し除去する。その後，体積分率15％塩酸－エタノール溶液などの適切な腐食液を用いて結晶粒界を現出させる。

　　注記　対応国際規格では，コーン（Kohn）法が同等の方法として規定されている。

JA.9 焼入法

任意の大きさの試験片を，所定の焼入温度に所定時間保持した後，速やかに油冷する。冷却後の試験片の焼入変質層を完全に研削除去した後，試験片の軸と平行な面を研磨仕上げし，ナイタルなどで腐食させ，結晶粒界を現出させる。

附属書 JB
(規定)
フェライト結晶粒度の切断法による評価方法

JB.1　一般事項

この附属書は，切断法によるフェライト結晶粒度評価方法を規定する。通常，結晶粒度標準図との比較によるが，フェライト結晶粒が著しく展伸している場合又は精密を要する場合には，切断法によるのがよい。

JB.2　測定方法

腐食面に現れた結晶粒を顕微鏡で観察するか又は顕微鏡写真に撮影し，一定の長さの直交する二つの線分で切断されるフェライト結晶粒の数を計数する。

この場合，線分の両端にあって一部分しか切断されないフェライト結晶粒は，一方だけを数え，切断されないフェライト結晶粒が線分の一端だけの場合は，これを数えない。また，1本の線分で切断されるフェライト結晶粒の数は，1視野で少なくとも10個以上になるように顕微鏡の倍率を選定し，総計50個以上になるまで数視野測定する。

注記1　顕微鏡で観察する方法は，目視観察によるほかに，顕微鏡写真上又はすりガラス投影スクリーン上での観察がある。

次の式(JB.1)及び式(JB.2)によって粒度番号を算出する。粒度番号は，小数点以下一桁に丸める。

$$n = 500 \left(\frac{g}{100} \right)^2 \times \frac{I_1 \times I_2}{L_1 \times L_2} \cdots\cdots\cdots\cdots\cdots\cdots\cdots\cdots\cdots\cdots\cdots (JB.1)$$

$$G = \frac{\log n}{0.301} + 1 \cdots\cdots\cdots\cdots\cdots\cdots\cdots\cdots\cdots\cdots\cdots\cdots\cdots (JB.2)$$

ここに，

G：　粒度番号

n：　顕微鏡の倍率100倍における25 mm平方中の結晶粒の数

g：　画像（投射映像又は顕微鏡写真）の長さ倍率

L_1（又はL_2）：　互いに直交する線分のうち1方向の線分長さの総和（単位 mm）

I_1（又はI_2）：　L_1（又はL_2）によって切断された結晶粒数の総和

注記2　図JB.1は，式(JB.2)のnとGとの関係をグラフにしたものである。

JB.3　各視野における評価方法

各視野における評価方法は，次による。

a)　計数した測定したフェライト結晶粒の数から，式(JB.2)又は図JB.1によって粒度番号を判定する。

b)　パーライトなどが多量に混在する場合は，適切な方法[1]によって，混在組織とフェライト結晶粒との面積百分率を求め，次に，切断法によって，腐食面の100倍における25 mm平方中の結晶粒の数を測定し，これを25 mm平方当たりのフェライト結晶粒の数に換算して，式(JB.2)又は図JB.1によって粒度番号を判定する。

注[1]　点算法，重量法，光電管法，リニアアナリシス法などがある。

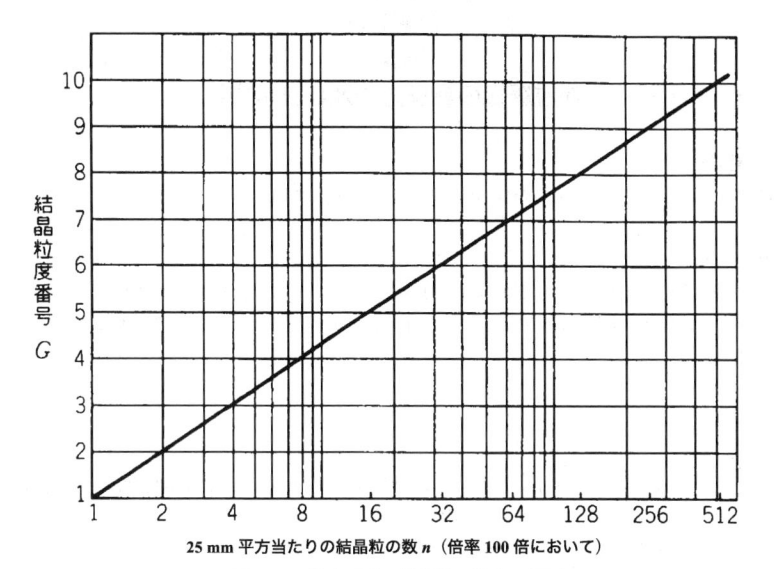

25 mm 平方当たりの結晶粒の数 *n*（倍率 100 倍において）

図 JB.1－粒度番号と結晶粒の数との関係

附属書 JC
（規定）
混粒組織の評価方法及び表示方法

JC.1　一般事項

この附属書は，混粒組織の評価及び表示の方法について規定する。

JC.2　評価方法

混粒の場合，大粒部と小粒部との面積割合を目測によって算出し，その総合平均値によって混粒の割合を判定する。この場合，混粒の程度に応じて，視野数は，判定の結果が信頼し得る程度に十分に多くなければならない。

JC.3　表示

JC.3.1　一般

7.3 の総合判定結果に従い，結晶粒の種類による記号，粒度，混粒の面積割合，視野数，最高加熱温度（熱処理粒度試験方法の場合）及び保持時間を，次の例に従って表示する。

JC.3.2　混粒の場合のフェライト結晶粒度の表示例

$$FG-[3(70\%)+6(30\%)]_{(10)}：10 視野全部が混粒で総合判定において粒度 3 が 70\%，粒度 6 が 30\% ある場合$$

JC.3.3　混粒の場合のオーステナイト結晶粒度の表示例

例1　混粒を含む視野が一部ある場合

$$G_f6.3_{(13)}+[6.8(67\%)+2.5(33\%)]_{(7)} \cdots (920\,℃×1.5\,h)：JA.5 の徐冷法で 920 ℃に 1.5 時間保持したとき，視野数 20 のうち 13 視野の総合判定による粒度が 6.3 で，残りの 7 視野が混粒で，粒度 6.8 が 67\%，粒度 2.5 が 33\% ある場合$$

例2　各視野に混粒を含まないが，総合判定において混粒の場合

$$G_f6.3_{(3)}+2.5_{(7)} \cdots (920\,℃×1.5\,h)：JA.5 の徐冷法で 920 ℃に 1.5 時間保持したとき，視野数 10 のうち 3 視野の総合判定による粒度が 6.3 で，7 視野の総合判定による粒度が 2.5 である混粒の場合$$

例3　各視野が全部混粒の場合

$$G_f[6.8(67\%)+2.5(33\%)]_{(20)} \cdots (920\,℃×1.5\,h)：JA.5 の徐冷法で 920 ℃に 1.5 時間保持したときの 20 視野が全部混粒で，総合判定において粒度 6.8 が 67\%，粒度 2.5 が 33\% ある場合$$

附属書 JD
（規定）
フェライト－パーライト混在組織の評価方法

JD.1 一般事項

この附属書は，フェライト－パーライト組織が混在する場合の結晶粒度評価方法について規定する。

JD.2 判定方法

フェライト結晶粒にパーライトなどが多量に混在する場合は，混在する状態が帯状又は粒状のものに限り，混在組織とフェライト結晶粒との面積百分率を目測によって求め，次に，フェライト結晶粒の部分だけについて，結晶粒度標準図（プレート I）と比較して，その相当する粒度番号を判定する。

注記　パーライト相混在組織の例を，図 JD.1 に示す。

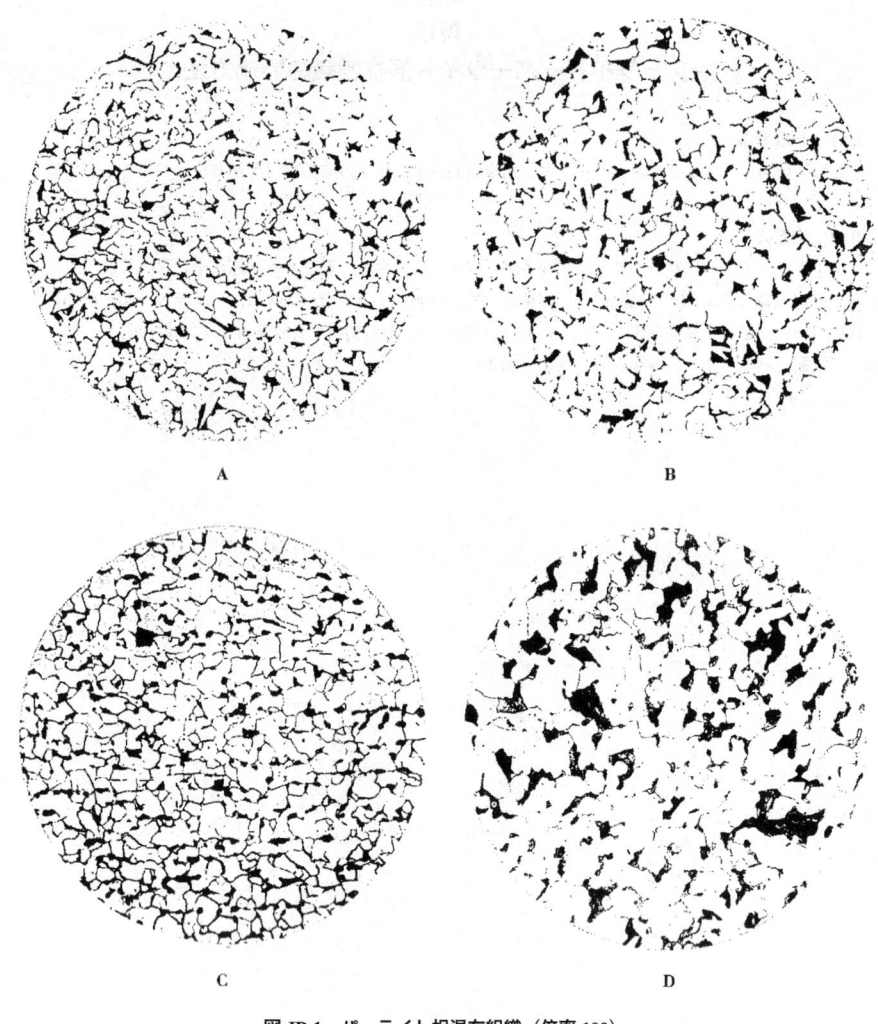

A

B

C

D

図 JD.1－パーライト相混在組織（倍率 100）

この図は，本書掲載にあたり原図を縮小していますので，判定の際は必ず規格票原本を参照してください。

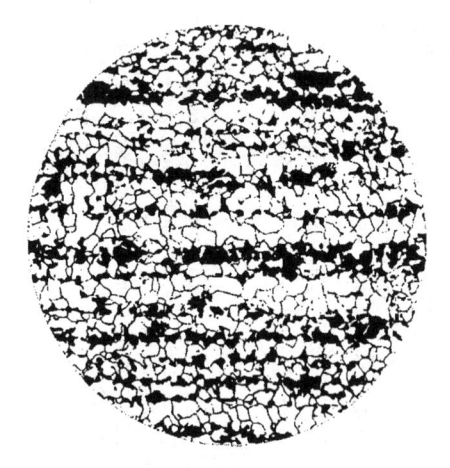

写真符号	パーライト面積 %	粒度番号	備考
A	5.9	7	粒状
B	8.8	6.5	粒状
C	8.3	7	帯状
D	15.2	6	粒状
E	20.4	7.5	帯状

E

図 JD.1－パーライト相混在組織（倍率 100）（続き）

この図は，本書掲載にあたり原図を縮小していますので，判定の際は必ず規
格票原本を参照してください。

附属書 JE
(参考)
JIS と対応国際規格との対比表

JIS G 0551:2020　鋼－結晶粒度の顕微鏡試験方法			ISO 643:2012,　Steels－Micrographic determination of the apparent grain size			
(I) JIS の規定		(II) 国際規格番号	(III) 国際規格の規定		(IV) JIS と国際規格との技術的差異の箇条ごとの評価及びその内容	(V) JIS と国際規格との技術的差異の理由及び今後の対策
箇条番号及び題名	内容		箇条番号	内容	箇条ごとの評価 / 技術的差異の内容	
3 用語及び定義	用語の定義		3	用語の定義	追加 / JIS には,細粒鋼,粗粒鋼及び混粒の定義を追加。	従来 JIS を踏襲し用語を追加した。今後,ISO への提案を検討する。
5 原理	結晶粒度の求め方として標準図との比較法,計数方法及び切断法を規定。		5	結晶粒度の求め方として標準図との比較法,計数方法及び切断法を規定。	追加 / 切断法による粒度番号の算出,及び附属書 JB の切断法によるフェライト結晶粒度の測定を追加した。	粒度番号の算出は,ISO 規格でもこの規格の表 A.1 は記載されており,技術的差異はない。附属書 JB は,JIS 独自で従来から使用されているものであり,今後 ISO への提案を検討する。
6.2	フェライト結晶粒界の現出方法を規定。		6.2	フェライト結晶粒界の現出方法を規定。	変更 / 腐食液(ナイタル)濃度を 5 %に変更した。	国内の実態に合わせた。
6.3.2 浸炭粒度試験方法	925 ℃で,一定時間浸炭することによって,オーステナイト結晶粒界を現出させる試験方法を規定。		6.3.4	925 ℃で,一定時間浸炭することによって,オーステナイト結晶粒界を現出させる試験方法を規定。	追加 / JIS は,浸炭時の徐冷条件などを追加。	技術的差異は,軽微である。
6.3.3 熱処理粒度試験方法	熱処理粒度試験方法として浸炭粒度試験方法以外の 8 種類の試験方法を規定。		6.3	6.3.1 で規定する室温で,オーステナイト組織である鋼に対する方法以外の 5 種類の方法を規定。	追加／削除 / JIS は,ISO 規格で規定している以外の試験方法も追加している。JIS は,規格構成も,従来からよく用いられている,浸炭粒度試験方法を箇条を別にして規定した。	国内の実態に合わせて ISO 規格の 1 方法を削除し,JIS 独自の 4 方法を追加した。JIS の試験方法を ISO へ提案を検討する。

(I) JIS の規定		(II) 国際規格番号	(III) 国際規格の規定		(IV) JIS と国際規格との技術的差異の箇条ごとの評価及びその内容		(V) JIS と国際規格との技術的差異の理由及び今後の対策
箇条番号及び題名	内容		箇条番号	内容	箇条ごとの評価	技術的差異の内容	
7.1 一般事項	粒度番号を求める一般事項を規定。		7.1.1	粒度番号の計算式を規定。	追加	JIS は、粒度番号の計算式に加え、比較法、計数法及び切断法の 3 種類で測定されることを追加。	技術的な差異はない。
7.2 比較法	結晶粒標準図との比較による評価方法を規定。		7.1.2	結晶粒度標準図との比較による評価方法を規定。	追加	JIS は、浸炭数度試験方法に対応する、ASTM E112 のプレート IV の使用を追加。	国内の実態を反映した。ISO へ提案を検討する。
7.3 総合判定方法	平均粒度番号の算出式を規定。		7.1.4	粒度番号は整数に丸めることを規定。	変更／追加	JIS は、平均粒度の求め方の式を追加。また、粒度番号は、小数点一桁で示すこととしている。さらに、視野数も 5〜10 が望ましいことを追加。	国内の実態を反映した。ISO への提案を検討する。
8 結晶粒度の表示	試験方法の種類の表示を含む結果の表示方法を規定。		—	—	追加	ISO 規格には、結果の表示に関する規定はない。	技術的差異は、軽微であるが、今後、ISO への提案を検討する。
9 報告	報告の内容を規定。		8	報告の内容を規定。	追加	粒度番号で報告する場合は、箇条 8 の表示記号を用いることを追加。	技術的差異は軽微である。
附属書 A	結晶粒度の評価		附属書 C	評価方法	変更	規定内容は、変更ないが、JIS では、相互関係から規定の順序を入れ替えた。	技術的差異は軽微である。
	切断法による評価方法を規定。		7.2	切断法による評価方法を規定。	追加	JIS では、求めた平均線分長から粒度番号を求める方法を追加。	ISO へ提案する。
附属書 JA	8 種類の熱処理試験方法を規定。		6.3.2 6.3.3 6.3.5 6.3.6 6.3.7 6.3.8	—	追加及び変更	ISO 規格でも、6.3.8 に、その他の旧オーステナイト結晶粒界を現出させる方法として認めているが、JIS では具体的な方法を箇条として規定。焼入焼戻し法の適用寸法下限を 10 mm から 5 mm に変更。	熱処理方法の技術的差異は軽微である。焼入焼戻し法を現出し、ISO へ提案を検討する。

(I) JIS の規定		(II) 国際規格番号	(III) 国際規格の規定		(IV) JIS と国際規格との技術的差異の箇条ごとの評価及びその内容		(V) JIS と国際規格との技術的差異の理由及び今後の対策
箇条番号及び題名	内容		箇条番号	内容	箇条ごとの評価	技術的差異の内容	
附属書 JB	フェライト結晶粒度の切断法による評価方法		－	－	追加	**ISO** 規格には，規定されていない。	国内での実態を反映。**ISO** への提案を検討する。
附属書 JC	混粒組織の評価方法及び表示方法		－	－	追加	**ISO** 規格には，規定されていない。	国内での実態を反映。**ISO** への提案を検討する。
附属書 JD	フェライトーパーライト混在組織の評価方法		－	－	追加	**ISO** 規格には，規定されていない。	国内での実態を反映。**ISO** への提案を検討する。
－			附属書 A	結晶粒界の現出方法の概要を参考として表として記載。	削除	**JIS** では，国内で適用されている方法を表 2 として記載。	技術的差異は小さい。
－	－		附属書 B	**ASTM E112** の結晶粒度標準図を掲載。	削除	掲載が不許可となったため，削除。	**ISO** も同様の処置で改正される予定。

JIS と国際規格との対応の程度の全体評価：**ISO 643:2012，MOD**

注記 1 箇条ごとの評価欄の用語の意味は，次による。
 － 削除 ……………国際規格の規定項目又は規定内容を削除している。
 － 追加 ……………国際規格にない規定項目又は規定内容を追加している。
 － 変更 ……………国際規格の規定内容を変更している。

注記 2 **JIS** と国際規格との対応の程度の全体評価欄の記号の意味は，次による。
 － MOD ……………国際規格を修正している。

JIS G 0551
(2022)

鋼—結晶粒度の顕微鏡試験方法（追補1）

Steels－Micrographic determination of the apparent grain size (Amendment 1)

JIS G 0551:2020 を，次のように改正する。

6.1（試験片の採取）の第3段落を，次に置き換える。

　試験片の研磨面が鋼材規格又は受渡当事者間の合意によって定められていない場合，研磨面は，圧延方向，すなわち，製品における主加工方向に平行な面とする。結晶粒が等軸の場合，圧延方向に直角な面としてもよい。

鋼のマクロ組織試験方法

Steel－Macroscopic examination by etching

序文

この規格は，2015 年に第 2 版として発行された **ISO 4969** を基とし，技術的内容を変更して作成した日本産業規格である。

なお，この規格で側線又は点線の下線を施してある箇所は，対応国際規格を変更している事項である。変更の一覧表にその説明を付けて，**附属書 JB** に示す。

1　適用範囲

この規格は，鋼材 [1] の表面を，温間エッチング，常温エッチング又は電解エッチングによってマクロ組織を試験する方法について規定する。

この試験方法は，要求される目的を満たすことができるように，次のような条件を選択することによって，広範囲に適用される。

－　腐食液の種類，濃度及び温度

－　エッチング装置

－　試験片表面の調製条件

　　　注記 1　マクロ組織試験では，細かい空隙及び ひび を観察してそれらを識別し，更にはそれらの性質を明らかにすることは，難しい。

　　　注記 2　この規格の対応国際規格及びその対応の程度を表す記号を，次に示す。

　　　　　ISO 4969:2015, Steel－Etching method for macroscopic examination（MOD）

　　　　　　なお，対応の程度を表す記号"MOD"は，**ISO/IEC Guide 21-1** に基づき，"修正している"ことを示す。

　　　注 [1]　鋼材には，鋼片を含む。

2　引用規格

次に掲げる規格は，この規格に引用されることによって，この規格の規定の一部を構成する。この引用規格は，その最新版（追補を含む）を適用する。

　　　JIS B 0601　製品の幾何特性仕様（GPS）－表面性状：輪郭曲線方式－用語，定義及び表面性状パラメータ

3　用語及び定義

この規格で用いる主な用語及び定義は，次による。ただし，次の用語及び括弧内に示す表示記号は，組織の不均一性を表すもので，必ずしも欠点を意味するものではない。

なお，**図1**にキルド鋼鋼塊によって製造した鋼材のマクロ組織を例示する。また，**図2**に連続鋳造によって得られた鋼片から製造した鋼材のマクロ組織を例示する。

3.3及び**3.6**は，鋼塊から製造した鋼材に対してだけ適用し，**3.16**は連続鋳造によって得られた鋼片から製造した鋼材に対してだけ適用する。その他は，鋼塊及び連続鋳造によって得られた鋼片から製造した鋼材に対して適用する。

3.1

多孔質（L 又は Lc）

エッチングが短時間に進行して鋼材断面全体が海綿状になったもの（L），又は鋼材断面中心部だけが海綿状になったもの（Lc）。

3.2

もめ割れ（F）

不適切な鍛造又は圧延作業によって，中心部に生じた割れ。

3.3

斑点（SP）

周囲とは異なるエッチングコントラストを呈する箇所が存在する斑点模様などの不均一な（異常な）エッチングパターン。

3.4

皮下割れ（Cb，Cd 又は Cs）

鋼塊の鋳型表面下に発生し，通常，鋼材表面に平行な割れ（Cb）。連続鋳造によって得られた鋼片の表層近傍の対角線部分の割れ（Cd）。さらに，チル層の直下にあるチル層に平行な割れ（Cs）。

　　注記　対角線部分とは，柱状晶又は樹枝状晶の成長の交わる部分をいう。

3.5

樹枝状晶（D）

凝固中に発生する樹枝状の結晶が，鋼材内部にその痕跡をとどめたもの。

3.6

インゴットパターン（I）

鋼の凝固過程における結晶状態の変化又は成分の偏りのため，輪郭状に黒色，白色などのエッチングの濃度差が現れたもの。

3.7

中心部偏析（Sc）

鋼の凝固過程における成分の偏りのため，中心部にエッチングの濃度差が現れたもの。

3.8

等軸晶（E）

鋼材断面の外層部のチル晶・柱状晶とは異なる，特定の方向性をもたない結晶組織がエッチングによって断面の中央部に現れたもの。

3.9

ピット（T 又は Tc）

エッチングによって，肉眼で見える大きさに点状の孔が鋼材断面全体に生じたもの（T），又は鋼材断面中心部に生じたもの（Tc）。

3.10

気泡（B）

　ブローホール又はピンホールが完全に圧着されず，鋼材断面に斑点状にその痕跡をとどめたもの。

3.11

介在物（N）

　肉眼で認められる非金属介在物。マクロ組織を現出させる腐食液によって，介在物が溶解し，気泡となる場合がある。鋼材の表面又は表面直下に存在するが，内部にも存在する場合がある。

3.12

パイプ（P）

　鋼の凝固収縮工程で発生する収縮孔又は熱間加工時に発生した割れが完全に圧着されず，内部にその痕跡をとどめたもの。

3.13

毛割れ（H）

　通常，鋼材断面の中心部と表面との中間に現れる毛状の割れ。

3.14

周辺きず（K，Kb 又は Kr）

　周辺気泡によるきず（Kb），圧延若しくは鍛造によるきず（Kr），又はその他鋼材の外周部に生じたきず（K）。

3.15

内部割れ（CM）

　鋼材の内部から表面方向に発生し，鋼材断面のほぼ中間に現れる割れ又は割れ模様。

3.16

ホワイトバンド（W）

　連続鋳造で電磁かくはん（攪拌）を行った場合の痕跡として，通常，鋼材の中心部と表層の中間とに発生する白色の帯状模様。

4　原理

4.1　マクロエッチングによって，金属試験片のマクロ組織及び全体的な物理的又は化学的不均一性を現出する。

4.2　試薬が，金属表面の異なる部位を固有の速さで溶かし，観察可能なレベルの差異ができる。

　試験の詳細及び特別な状況で観察された結果の解釈のための条件の詳細は，製品規格又は受渡当事者間の協定で定める。

4.3　エッチング後にマクロ組織を観察すると，化学的な不均一（成分の偏析），物理的な不均一（割れ又は多孔質部），例えば，硬化，脱炭及び肌焼入れによって引き起こされる意図した又は偶発的な組織上の変化が明らかになる。

4.4　試験片の調製及び／又はエッチングの条件を変えることで感度を上げることができる。例えば，金属のデンドライト組織を明らかにしたり，介在物又は微小な欠点を明らかにすることが可能になる。

5　試験片の採取

5.1　試験片の採取位置及び数は，製品規格，仕様書，契約書又は注文書の要求による。特に要求がない

場合，試験片は，製造工程及び評価されるグレードを考慮して採取しなければならない。

5.2 マクロ組織試験を鉄鋼製品の検査に適用するときは，通常，試験片は 13 mm〜25 mm の厚さとする。特に指定のない場合，試験片は製品長手方向に垂直な断面を用いるが，仕様書，契約書又は注文書によって製品長手方向に平行な断面を含めてもよい。通常，圧延製品の場合，製品長手方向に平行な断面の試験片は，エッチング面が圧延製品の中心線に平行になるようにし，試験片は，両側表面を含み，長手方向の長さは，製品厚さ又は直径の 1.5 倍以上となるように採取される。

5.3 試験片は，適切な方法で冷間切断してもよい。鋸及び切断といしが使いやすい。トーチ切断又は熱間切断は，大きな供試材から試験片を切り出す必要があるときだけに適用するのがよい。被検面は，熱間切断面から十分に離して，変形，熱影響，ひびなどの試験片採取時に生じる欠点を除去した断面とすることが望ましい。

5.4 大きな供試材は，扱いやすく，安全上の要求を満たすように小割にしてもよい。大きな供試材を小割にするときに，小割の中心部に影響が出ないようにすることが望ましい。

6 試験片の加工・調製

6.1 試験片表面の加工・調製の度合いは，エッチングによるマクロ組織試験で要求される精度による。試験片の被検面は，通常，**JIS B 0601** の算術平均粗さ Ra 30 μm〜3.5 μm に仕上げる。

6.2 比較的粗い面となる粗加工は，例えば，パイプ（**3.12** 参照）を検出する日常検査のような特定の内容には十分であるが，一般には，更に入念な調製が求められる。

6.3 加工・調製時の基準は，次のようなものである。

a) 例えば，不適切な加工・調製，過度な切込み速度，大きすぎる旋盤の送りなどの結果として生じる，工具による切断痕が残らないことが望ましい。一般的には，0.1 mm 程度送ると良好である。

b) 次のような工具を用いる場合，冷間加工はできる限り少なくすることが望ましい。

  1) 金属に適さない工具又は適切に研がれていない工具

  2) 不適切な回転といし（例えば，**JIS R 6001-1** の F100 未満）

6.4 通常，試験片の加工・調製には，次のような手段が使用される。

a) 研削（予備加工あり又はなし）

b) 速度調整機付旋盤による成形及び加工

6.5 非常に小さい欠点又は組織上の不均一（例えば，異種溶接部）を観察する場合，注意して研磨することが望ましい。より滑らかに研磨するとより詳細に検査できる。

6.6 表面調製した後，試験片は，適切な溶剤で注意深く洗浄する。グリス，油脂又は他の残さい（滓）によってエッチングが不均一になる。洗浄後は，試験片表面に触れたり，汚染しないように注意することが望ましい。

7 溶液

7.1 エッチングに用いられる溶液は，各試験方法に対応して，**8.1.9 及び附属書 JA** にまとめている。多くの場合，良質な試薬グレードが望ましいが，化学的に純粋である又は分析に適した品質である必要はない。通常は，商用の品質で十分である。溶液は，正常かつ透明で，懸濁物，かすなどがないことが望ましい。

7.2 溶液の混合時は注意しなければならない。大半の腐食液は，強酸である。いかなる場合も化学物質は，かくはん（撹拌）しながら水又は溶媒にゆっくり加えるのが望ましい。ふっ化水素酸を用いる場合に

は，溶液は，ポリエチレン製容器内で混合し，使用するのが望ましい。

警告 ふっ化水素酸は，皮膚についた場合，直ちに洗い流さないと痛みを伴う深刻な潰瘍を引き起こすので，皮膚に触れないようにしなければならない。

7.3 鉄及び鋼のマクロエッチングに最も一般的に用いられる溶液は，塩酸及び王水である。

7.4 効果的にエッチングするために濃度が下がりすぎた場合には，適時溶液を新しくする。

8 試験

8.1 温間エッチング及び常温エッチング

8.1.1 試験片を酸浴に浸す。酸浴は，加熱してもよい。大型試験片の場合には，試験片を酸浴の温度まで予熱しておくとよい。

8.1.2 多くの溶液は，活性が高く，刺激性及び腐食性のヒュームを放出する可能性がある。エッチングは，換気のよい部屋で行い，ドラフトを使用することが望ましい。溶液は，耐腐食性のトレイ又は皿に入れ，試験温度にする。

8.1.3 酸浴は，少なくとも試験片 10 cm 四方当たり 1 L の割合で適切な量とする。加えて，試験片の上面が少なくとも 25 mm 浸るような十分な深さとしなければならない。ただし，試験片が大きくて浸りきれない場合は，**8.1.6** による。

8.1.4 試験片は，反応性のない支持台上に置くのが望ましい。しばしば酸浴の底にガラス棒が置かれ，試験片が直接その上に置かれる。

8.1.5 複数の試験片を同じ酸浴に入れてエッチングする場合，試験片同士が触れないようにして，不均一及び不適切なエッチングにならないようにする。

8.1.6 造塊鋼片のように試験片が大きくて浸りきれない場合は，塗りつけるのが唯一の現実的なマクロエッチング法となる場合がある。ステンレス鋼製又はニッケル製などの腐食されにくい材質のトングでつかんだ綿の塊を腐食液に浸して，試験片の表面を拭う。できるだけ早く表面全体を腐食液で湿らせるのがよい。初めに湿らせた後，溶液に浸した綿の塊で表面を頻繁に拭って溶液を供給する。溶液は，表面に均一に供給する。組織が適切に現れたら，水に浸した綿の塊で拭いながら試験片をすすぐか，更によいのは流水で洗い流す。水ですすいだ後，衝風をかけて試験片を乾燥する。

8.1.7 十分にエッチングできたら，エッチングされた表面に触れないように十分に注意して試験片を酸浴から取り出し，流水で洗って非金属製のブラシで注意してこすってエッチングかすを取り除く。その後，乾燥する。汚れ（smut）除去を要求された場合，試験片を 3 %～5 %炭酸ナトリウム（Na_2CO_3）溶液又は 10 %～15 %硝酸溶液のような二次溶液に浸す。

8.1.8 エッチング面の観察は，目視とする。ただし，受渡当事者間の協定によって，注文者は，10 倍までの拡大鏡による観察を指定してもよい。

8.1.9 試験方法は，次のいずれか又は**附属書 JA** を用いる。

注記 **附属書 JA** には，**ISO 4969** に規定された内容を示している。

a) 塩酸法

1) 腐食液は，塩酸をほぼ等容量の水に希釈して（HCl として質量分率約 20 %）調製し，これを耐酸容器中で 60 ℃～80 ℃に加熱して使用する。

2) 試験片は，被検面を上向き又は垂直にして，互いに接触しないように 1)の腐食液に浸せきし，液温はなるべく一定に保持する。試験片は，浸せき前に温水中で予熱するとよい。この場合の標準予熱温度は，60 ℃～80 ℃とする。腐食液は，エッチング後の被検面に濃淡が生じないよう十分な量を

使用する。また，腐食液は，通常，新液を使用し，エッチングの反応を見ながら適宜交換する。

3) 腐食液による鋼材のエッチング時間は，通常，10 分〜40 分とする。

b) **塩化銅アンモニウム法**

1) 腐食液は，水 1 000 mL に対して，工業用塩化銅（II）アンモニウム二水和物 100 g〜350 g の割合で溶解して調製し，エッチングは常温（5 ℃〜35 ℃）で行う。

2) 試験片は，被検面を上向き又は垂直にして腐食液に浸せきするか，又は被検面を上向きにして腐食液を注ぐ。腐食液は，エッチング後の被検面に濃淡が生じないよう十分な量を使用する。また，腐食液は，通常，新液を使用し，エッチングの反応を見ながら適宜交換する。

3) エッチングが進むに従って表面に銅が析出してくるが，約 5 分間放置した後，析出した銅をブラシ又は布で除き，適切なエッチング状態が得られるまで，これを繰り返す。通常，3 回〜10 回で適切なエッチングが得られる。

c) **硝酸エタノール法（ナイタール法）**

1) 腐食液は，体積分率が 5 %〜10 %[2]になるように硝酸（62 %硝酸と同等のもの。）のエタノール溶液を調製し，エッチングは常温において行う。

　　注[2] 体積比で 1：（9〜19）を意味している。

　　警告 硝酸濃度が 10 %以上になると爆発する危険があるので，注意しなければならない。

2) 試験片は，被検面を上向き又は垂直にして腐食液に浸せきする。腐食液は，エッチング後の被検面に濃淡が生じないよう十分な量を使用する。また，腐食液は，通常，新液を使用し，エッチングの反応を見ながら適宜交換する。

3) 腐食液による鋼材のエッチング時間は，通常，3 分〜10 分とする。

d) **硝酸法**

1) 腐食液は，体積分率が 5 %〜10 %[3]になるように硝酸（62 %硝酸と同等のもの。）の水溶液を調製し，エッチングは常温において行う。

　　注[3] 体積比で 1：（9〜19）を意味している。

2) 試験片は，被検面を上向き又は垂直にして腐食液に浸せきする。腐食液は，エッチング後の被検面に濃淡が生じないよう十分な量を使用する。また，腐食液は，通常，新液を使用し，エッチングの反応を見ながら適宜交換する。

3) 腐食液による鋼材のエッチング時間は，通常，3 分〜10 分とする。

e) **王水法**

1) 腐食液は，体積分率が 9.1 %〜25 %[4]になるように硝酸（62 %硝酸と同等のもの。）の塩酸溶液を調製し，エッチングは 5 ℃〜80 ℃において行う。

　　注[4] 体積比で 1：（3〜10）を意味している。

2) 試験片は，被検面を上向き又は垂直にして腐食液に浸せきする。腐食液は，エッチング後の被検面に濃淡が生じないよう十分な量を使用する。また，腐食液は，通常，新液を使用し，エッチングの反応を見ながら適宜交換する。

3) 腐食液による鋼材のエッチング時間は，通常，5 分〜20 分とする。

8.1.10 鋼種及び推奨する試験方法を，**表 1** に示す。

表 1－鋼種及び推奨する試験方法 a)

試験方法	鋼種	
	炭素鋼及び合金鋼	ステンレス鋼及び耐熱鋼
塩酸法	◎	◎
塩化銅アンモニウム法	◎	－
硝酸エタノール法 (ナイタール法)	◎	－
硝酸法	◎	－
王水法	－	◎
注 a)　◎を付した試験方法が，推奨する試験方法。		

8.1.11 腐食液の種類に対して，腐食液による鋼材のエッチング時間は，試験温度，鋼材のグレード及び試験の種類によって異なる。エッチング処理は，熟練者が指示して，適切なエッチングと判断したところで終了することが望ましい。一般的には，過度のエッチングによってしばしば誤判断に結びつくことがある。個別に指示された時間は，単に目標を意図している。適切に組織を現出させる実際の時間は，指示されたものとかなり異なる可能性がある。

8.1.12 試験片が過度にエッチングされた場合には，エッチングされた表面の痕跡が残らないように再研磨しなければならない。過度にエッチングされた深さ及び試験片の平滑度によっては，1 mm 以上の研磨が必要な場合がある。

8.2　電解エッチング

8.2.1　交流電源

8.2.1.1 交流電源による電解エッチング図を，図 3 に示す。

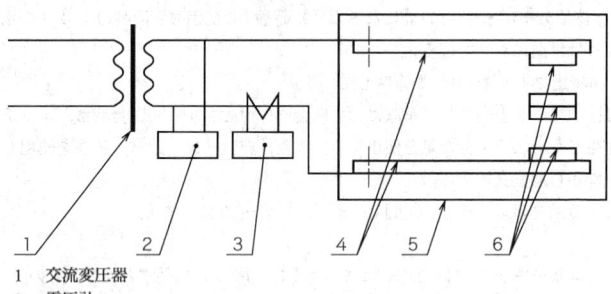

1　交流変圧器
2　電圧計
3　電流計
4　電極
5　酸浴
6　試験片

図 3－交流電源による電解エッチング図

8.2.1.2 交流電源による電解エッチングには，15 ％〜30 ％塩酸（濃塩酸）を常温で用いてよい。

8.2.1.3 試験片は，溶液に浸し，表面は電極と平行に置く。電源は交流とする。通常は，実用電流は 400 A 未満，電圧は 36 V 未満である。エッチング時間は，5 分〜30 分程度である。

8.2.1.4 同じ酸浴中で複数の試験片をエッチングする場合には，試験片同士が接触しないようにする。ガルバニック結合（galvanic couple）ができると不均一又は不適切なエッチングを生じることがある。

8.2.1.5 十分にエッチングされたと判断したら，試験片を流水で洗って非金属製のブラシで注意してこすってエッチングかすを取り除き，その後乾燥する。

8.2.2 直流電源

8.2.2.1 直流電源による電解エッチング図を，**図 4** に示す。

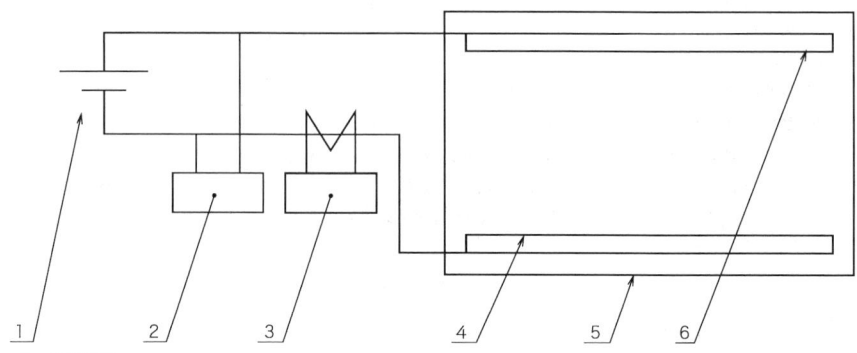

1　直流電源
2　電圧計
3　電流計
4　陰極電極
5　酸浴
6　試験片（陽極電極）

図 4－直流電源による電解エッチング図

8.2.2.2 直流電源による電解エッチングには，130 cm^2 未満の試験片に対して水 100 mL に 6 mL〜12 mL の濃塩酸を加えた溶液，又は 130 cm^2 以上の試験片に対して水 100 mL に 6 mL の濃塩酸及び 1 g のほう酸を加えた溶液を，常温で用いることが可能である。

8.2.2.3 試験片は，溶液に浸され，陽極として機能する。130 cm^2 未満の試験片に対しては，実用電流 1 mm^2 当たり 8 mA〜16 mA がよい。130 cm^2 以上の試験片に対しては，実用電流 1 mm^2 当たり 48 mA〜64 mA がよい。

8.2.2.4 エッチング後，植物繊維（vegetable fibre）のブラシを用いて，10 ％くえん酸ナトリウム溶液で試験片を清浄にする。最終的には，衝風をかけて試験片を乾燥する。

9　試験片の保管

試験片の洗浄によって試薬が完全に除去できるとは限らない。その試薬が浸出して試験片表面が更にエッチングしてしまうのを防止するため，次の 2 方法が推奨される。

a) エタノールに 10 ％のアンモニア水を加えた溶液に試験片を浸して中和する。

b) 硝酸（62 ％硝酸と同等のもの。）中に約 5 秒間浸せきして，表面を安定化処理する。

安定化処理の後，試験片は熱水で洗浄し，乾燥する。

しかしながら，この2方法は，短期の保管だけに適用することができる。試験片を長期間保管するには，試験片表面をプラスチックフィルム，ニス（cellulose varnish）又は同様のもので覆う必要がある。

10 報告

報告が必要な場合には，受渡当事者間の協定のない限り，少なくとも次の項目を含む。

なお，受渡当事者間の協定によって，次の項目の一部を省略してもよい。

a) 試験した鋼材のグレード

b) 溶鋼番号

c) 被検面の位置

d) 腐食液の種類

e) 試験結果（エッチング面の表示記号又はスケッチ，写真）

表示記号の例：D−Sc−T−N　樹枝状晶−中心部偏析−断面全体のピット−介在物

注記　通常，受渡当事者間で，限度見本となる写真，スケッチなどによって許容限度を決めている。表示記号は，受渡当事者間で，その使用方法を決めて適用するものである。

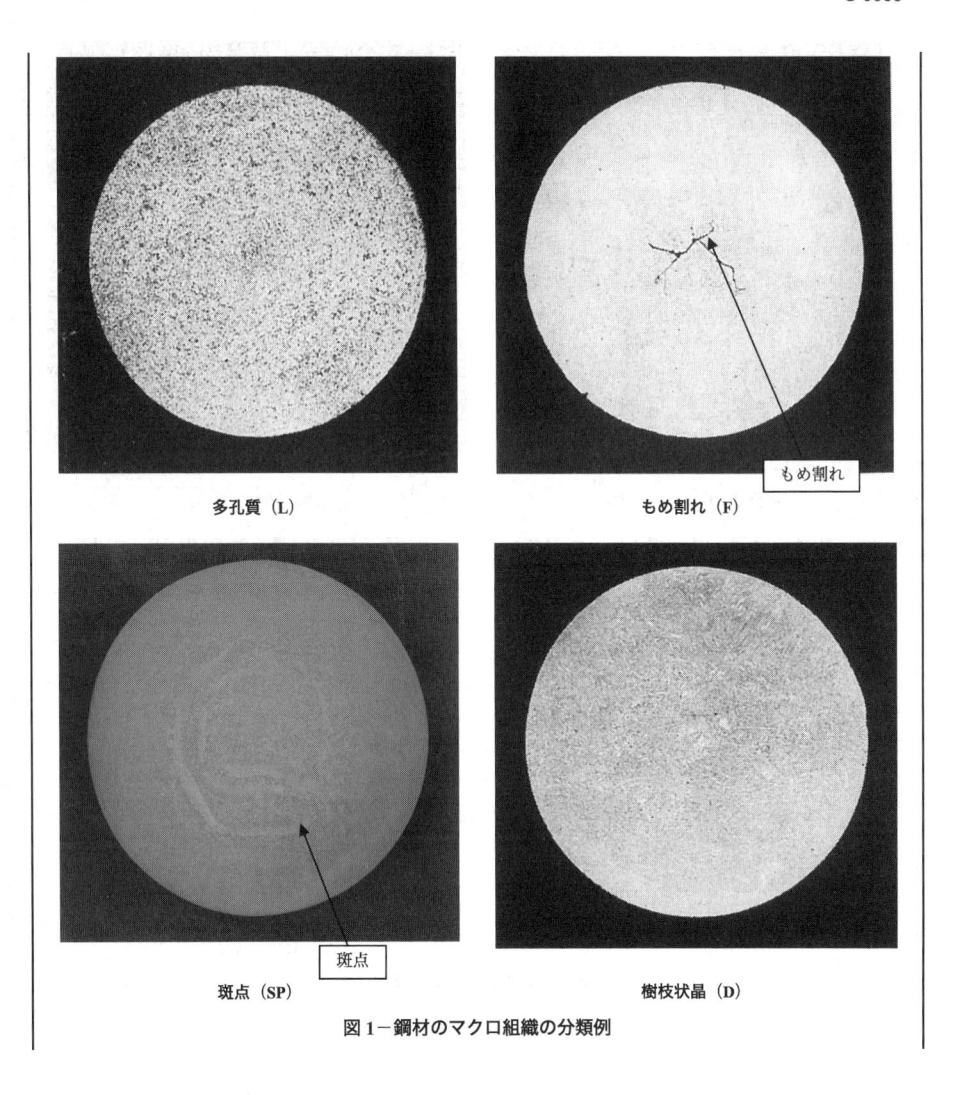

多孔質（L）

もめ割れ（F）

もめ割れ

斑点

斑点（SP）

樹枝状晶（D）

図 1－鋼材のマクロ組織の分類例

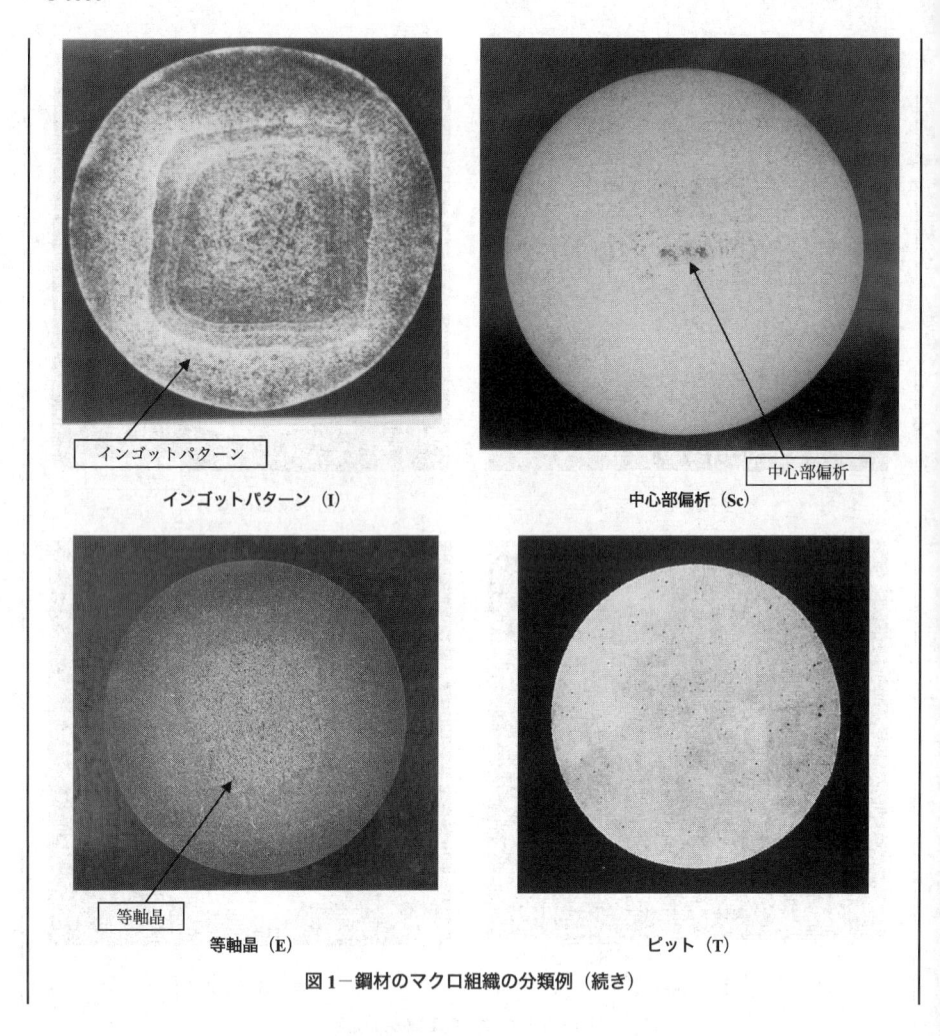

インゴットパターン（I）

中心部偏析（Sc）

等軸晶（E）

ピット（T）

図1－鋼材のマクロ組織の分類例（続き）

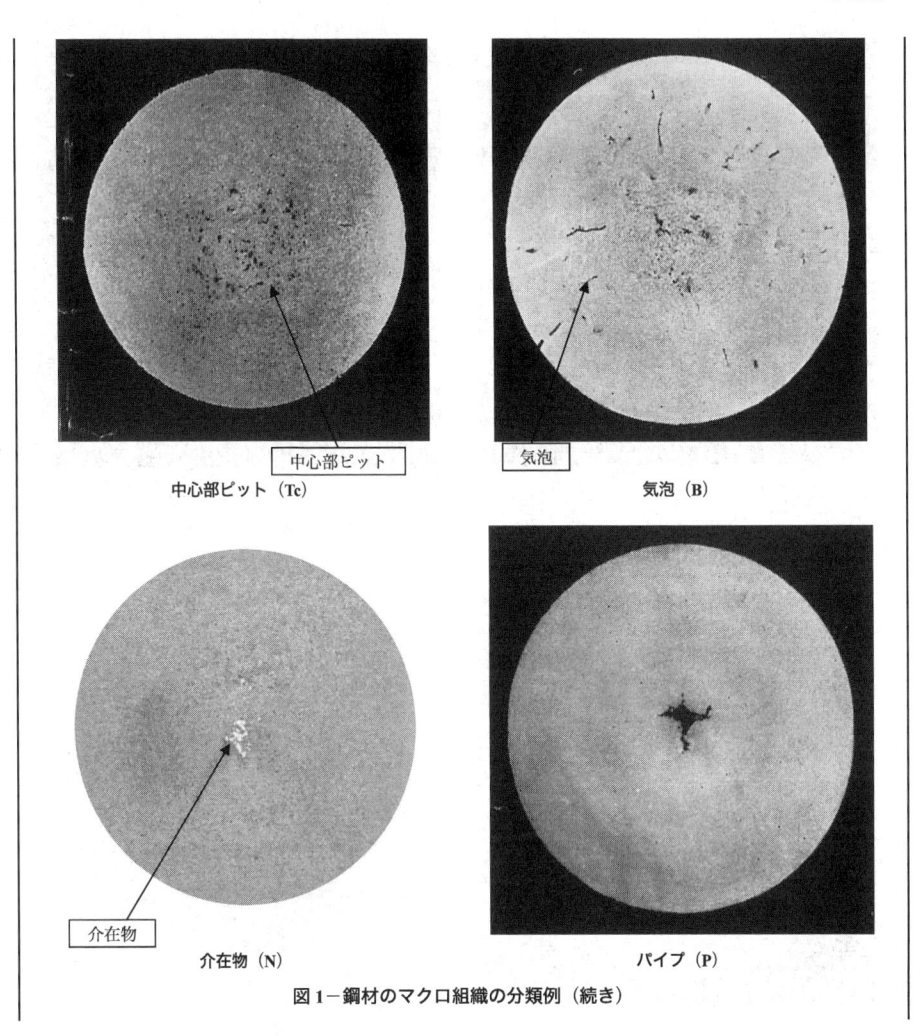

中心部ピット（Tc）　　　　　　気泡（B）

介在物（N）　　　　　　パイプ（P）

図 1−鋼材のマクロ組織の分類例（続き）

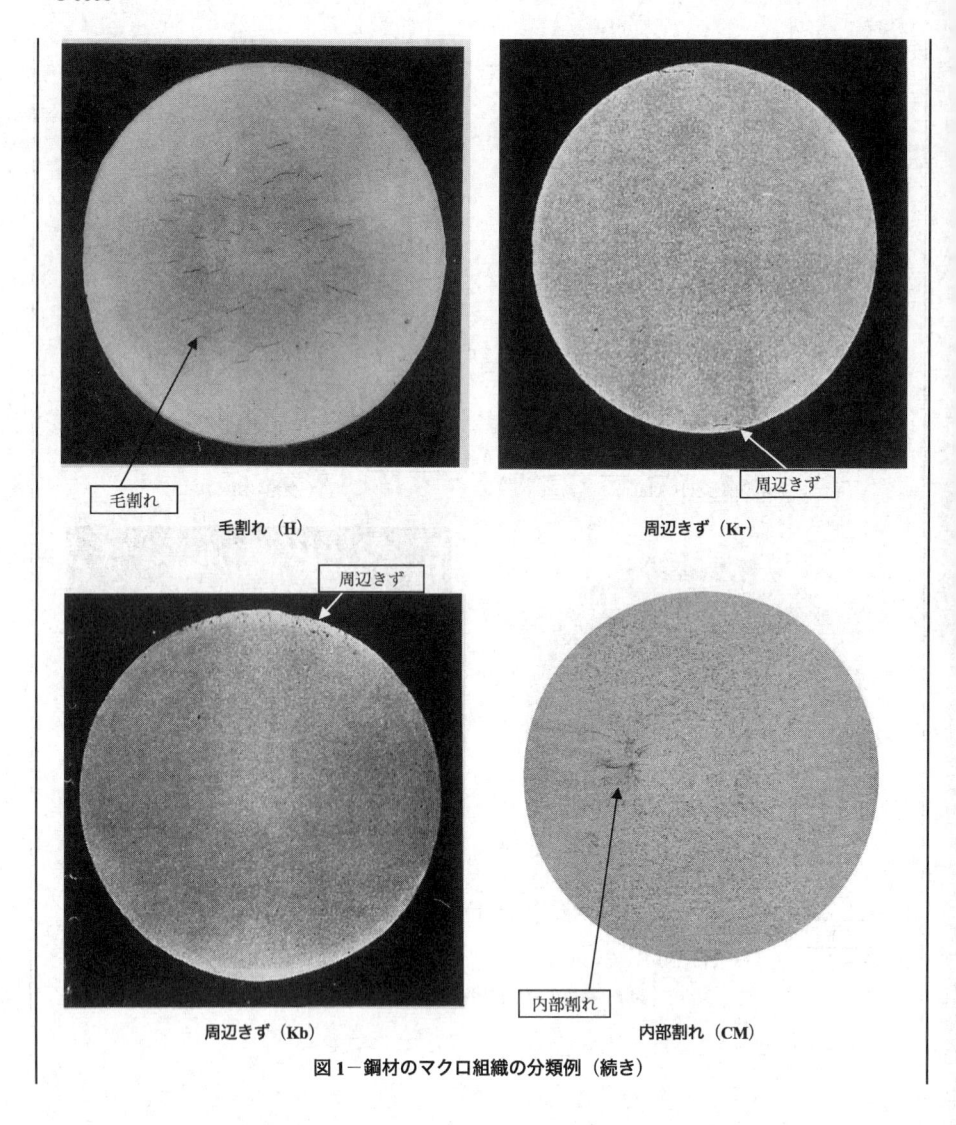

毛割れ（H）

周辺きず（Kr）

周辺きず（Kb）

内部割れ（CM）

図1－鋼材のマクロ組織の分類例（続き）

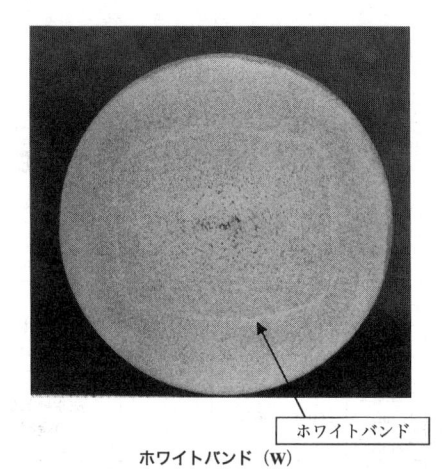

ホワイトバンド（W）

図 2－連続鋳造によって製造した鋼材のマクロ組織の分類例

附属書 JA
（規定）
ISO 4969 に規定された腐食液，
エッチング時間及びエッチング温度

JA.1 温間エッチング

表 JA.1－温間エッチング

番号	溶液		温度	時間	鋼種	注記
1	HCl	50 mL	60 °C～80 °C	5 分～ 40 分	炭素鋼及び 合金鋼	－
	H_2O	50 mL				
2	HCl	38 mL	60 °C～80 °C	15 分～ 45 分	炭素鋼及び 合金鋼	－
	H_2SO_4	12 mL				
	H_2O	50 mL				
3	HCl	100 mL	60 °C～70 °C	5 分～ 25 分	高合金鋼	－
	HNO_3	10 mL				
	H_2O	100 mL				
4	HCl（濃塩酸）	50 mL	≦75 °C	－	オーステナイト系 ステンレス鋼	マーブル（Marble）試薬による軽エッチングで，マクロ組織試験に適している。 難腐食の場合，HCl：$CuSO_4$ を 1：1 に増やしてもよい。
	$CuSO_4$ 飽和水溶液	25 mL				
5	HCl	50 mL	70 °C～80 °C	－	ステンレス鋼及び 高合金鋼	HCl と H_2O とを混ぜた後に 70 °C～80 °C に加熱する。 試験片を浸せきし，数か所に H_2O_2 を添加する。かくはん（攪拌）しない。気泡の発生が収まってから，更に H_2O_2 を加える。
	H_2O	50 mL				
	H_2O_2 (30 %)	20 mL				
6	H_2SO_4	15 mL	60 °C～80 °C	－	炭素鋼及び 合金鋼	－
	H_2O	85 mL				
7	HCl	75 mL	≦40 °C	－	ステンレス鋼	－
	HNO_3	25 mL				

JA.2 常温エッチング

表 JA.2 — 常温エッチング

番号	溶液		鋼種	注記
1	HCl	500 mL	炭素鋼及び合金鋼	—
	H_2SO_4	35 mL		
	$CuSO_4 \cdot 5H_2O$	150 g		
2	$FeCl_3 \cdot 6H_2O$	200 g		—
	HNO_3	300 mL		
	H_2O	100 mL		
3	HCl	300 mL		—
	$FeCl_3 \cdot 6H_2O$	500 g		
	H_2O	$\leqq 1\,000$ mL		
4	HCl（濃塩酸）	50 mL	高合金鋼	体積分率が 25 %〜33 %[a]になるように硝酸（62 %硝酸と同等のもの。）の濃塩酸溶液を調製する。常温で試験片を 10 分〜15 分溶液に浸せきする。温水で洗い流して乾燥する。
	HNO_3（62 %硝酸と同等のもの。）	25 mL		
	H_2O	25 mL		
5	$(NH_4)_2S_2O_4$[b]	10 mL 〜 20 mL	炭素鋼及び合金鋼	—
	H_2O	90 mL 〜 80 mL		
6	HNO_3	10 mL 〜 40 mL		—
	H_2O	90 mL 〜 60 mL		
7	$CuCl_2 \cdot 2NH_4Cl \cdot 2H_2O$	100 g 〜 350 g		—
	H_2O	1 000 mL		
8	$(NH_4)_2S_2O_8$（ペルオキソ二硫酸アンモニウム）	10 g		常温で試験片に溶液を塗りつける。洗い流して乾燥する。溶接物の結晶粒度。
	H_2O	100 mL		
9	$CuCl_2 \cdot 2H_2O$	2.5 g	—	ステッド（Stead）試薬。塩酸及び少量の温水に溶解した塩でりん濃化部及びりんしま（縞）を浮かび上がらせる。銅光沢が現れるまで常温で溶液に浸せきする。徹底的に水洗して乾燥する。
	$MgCl_2 \cdot 6H_2O$	10 g		
	HCl（濃塩酸）	5 mL		
	希釈用エタノール（Alcohol-up to）	250 mL		
10	HCl	75 mL	合金鋼	—
	HNO_3	25 mL		
11	$CuSO_4 \cdot 5H_2O$	100 g		—
	HCl	500 mL		
	H_2O	500 mL		

表 JA.2－常温エッチング（続き）

番号	溶液		鋼種	注記
12	HCl	10 mL	ステンレス鋼及び 高 Cr 鋼	ビレラ試薬 コントラストが現れるまで常温で試験片を溶液に浸せきする。洗い流して乾燥する。
	エタノール	100 mL		
	ピクリン酸	1 g		
13	H_2SO_4	15 mL	炭素鋼及び合金鋼	－
	H_2O	85 mL		

注記 ISO 規格には，HNO_3，$FeCL_3$ 飽和水溶液，H_2O を混合して調製する腐食液が規定されているが，H_2O の量が規定されていないため，この表の規定から削除した。
注 a) 体積比で 1：2～1：3 を意味している。
  b) 入手が難しい場合がある。
警告 ピクリン酸は，不安定で爆発性の可燃物であることから，取扱い及び保管に注意しなければならない。

参考文献　JIS R 6001-1　研削といし用研削材の粒度－第 1 部：粗粒

附属書 JB
(参考)

JIS と対応国際規格との対比表

JIS G 0553:2019 鋼のマクロ組織試験方法		ISO 4969:2015, Steel—Etching method for macroscopic examination					
(I) JIS の規定		(II) 国際規格番号	(III) 国際規格の規定		(IV) JIS と国際規格との技術的差異の箇条ごとの評価及びその内容		(V) JIS と国際規格との技術的差異の理由及び今後の対策
箇条番号及び題名	内容		箇条番号	内容	箇条ごとの評価	技術的差異の内容	
3 用語及び定義			—	—	追加	JIS では、16 個の用語及び定義を追加した。	ISO への提案を検討する。なお、マクロ組織の分類例（図 1 及び図 2）は ISO へ提案済で、一部を除き、採用方が決定されている。
4 原理			2	原理	変更	JIS では、拡大した観察は受渡当事者間の協定事項としている。	技術的な差異は軽微である。
6 試験片の加工・調製	6.1		4	加工・調製	追加	JIS では、"試験片の被検面は、通常、JIS B 0601 の算術平均粗さ Ra 30 μm〜3.5 μm に仕上げる。" と下限を追加している。	JIS では、下限値を 3.5 μm として追加しているが、技術的差異はない。
7 溶液			5	溶液	変更	ISO 規格で規定されている "表 1 及び表 2" を、JIS では、"8.1.9 及び附属書 JA" に変更している。	技術的差異はない。
8 試験	8.1.9		6	手順	追加	JIS では、試験方法として塩酸法、塩化鋼アンモニウム法、硝酸エタノール法（ナイタール法）、硝酸法及び王水法の手順を規定している。	改正前 JIS でも規定された内容で、国内で使用されている方法だけを規定した。
	8.1.10		—	—	追加	国内で使用されている試験方法を推奨する鋼種を追加した。	国内で使用されている試験方法に関わる内容である。
10 報告			8	試験報告	追加	JIS では、表示記号の例を追加している。	記号の例の追加であり、技術的差異はない。

(I) JIS の規定		(II) 国際規格番号	(III) 国際規格の規定		(IV) JIS と国際規格との技術的差異の箇条ごとの評価及びその内容		(V) JIS と国際規格との技術的差異の理由及び今後の対策
箇条番号及び題名	内容		箇条番号	内容	箇条ごとの評価	技術的差異の内容	
附属書 JA（規定）	ISO 4969 に規定された腐食液，エッチング時間及びエッチング温度		6	手順	変更	JIS では，ISO 規格の表 1 及び表 2 で規定された腐食液を附属書 JA として規定している。	JIS 本体では，国内で使用されている方法だけを規定した。

JIS と国際規格との対応の程度の全体評価：ISO 4969:2015, MOD

注記 1　箇条ごとの評価欄の用語の意味は，次による。
　　－　追加 …………… 国際規格にない規定項目又は規定内容を追加している。
　　－　変更 …………… 国際規格の規定内容を変更している。
注記 2　JIS と国際規格との対応の程度の全体評価欄の記号の意味は，次による。
　　－　MOD ………… 国際規格を修正している。

JIS G 0555
(2023)

鋼の非金属介在物の顕微鏡試験方法

Microscopic testing method for the non-metallic inclusions in steel

JIS (1977, 98, 03, 15, 20) 改正
JIS (1956) 制定

序文

この規格は，2013 年に第 3 版として発行された **ISO 4967** を基とし，技術的内容を変更して作成した日本産業規格である。

なお，この規格で，箇条番号及び細分箇条番号の後に "A" から始まるラテン文字の大文字を付記した箇条及び細分箇条並びに**附属書 JA** は，対応国際規格にはない事項である。また，側線又は点線の下線を施してある箇所は，対応国際規格を変更している事項である。技術的差異の一覧表にその説明を付けて，**附属書 JB** に示す。

1 適用範囲

この規格は，鍛錬成形比が 3 以上の圧延又は鍛造された鋼製品中の非金属介在物(以下，介在物という。)を，標準図との比較 (以下，標準図法という。)，介在物の形状の計測 (以下，計測法という。) 及び点算法によって測定する顕微鏡試験方法について規定する。

この規格は，画像解析技術を用いて介在物を測定する方法も規定している (**附属書 D**)。

注記 1 これらの方法は，鋼の使用目的に対する適性を評価するのに広く使われている。ただし，測定者の影響によって，非常に多数の試験片を用いた場合であっても，再現性のある試験結果を得るのが困難であるため，これらの方法を使用するときには，注意が必要である。

注記 2 ある種の鋼 (例えば，快削鋼) においては，この規格の標準図を適用できない場合がある。

なお，顕微鏡で鋼の介在物の種類及び数量を測定し，その清浄度を判定する顕微鏡試験方法は，**附属書 JA** を適用する。

注記 3 この規格の対応国際規格及びその対応の程度を表す記号を，次に示す。

ISO 4967:2013, Steel－Determination of content of nonmetallic inclusions－Micrographic method using standard diagrams (MOD)

なお，対応の程度を表す記号 "MOD" は，**ISO/IEC Guide 21-1** に基づき，"修正している" ことを示す。

2 引用規格

次に掲げる引用規格は，この規格に引用されることによって，その一部又は全部がこの規格の要求事項を構成している。これらの引用規格は，その最新版 (追補を含む。) を適用する。

JIS G 0202 鉄鋼用語 (試験)

JIS Z 8401　数値の丸め方

3　用語及び定義

この規格で用いる主な用語及び定義は，次によるほか，**JIS G 0202** による。

3.1
標準図法

鋼製品中の介在物を測定する方法であり，所定の倍率で得た観察視野の画像について，介在物グループごとの標準図と比較して指数付けを行う方法

3.2
計測法

鋼製品中の介在物を測定する方法であり，観察視野の介在物の形状（長さ，直径）を測定又は介在物の個数を数えて計測し，介在物グループごとの指数付けを行う方法

3.3
点算法

鋼製品中の介在物を測定する方法であり，所定の倍率で得た観察視野の画像について，規定の格子線を重ねて装入して被検面を検鏡し，介在物によって占められた格子点の中心の数を数える方法

注釈 1　附属書 **JA** 参照。

4　原理

4.1　一般事項

この方法は，介在物のそれぞれの系（硫化物系，アルミナ系，シリケート系，粒状酸化物系，個別粒状介在物系）について，次の 2 種類の原理で構成する。

－　標準図法：観察視野とこの規格で定義する標準図とを比較する方法

－　計測法　：観察視野の介在物の形状（長さ，直径）を測定又は介在物の個数を数える方法

画像処理の場合には，各視野は，**附属書 D** に示す関係に従い格付けする。

なお，標準図は，縦断面の 0.50 mm² を 100 倍の倍率で観察した正方形視野に相当する。

4.2　介在物の種類

介在物の形状及び分布によって，標準図は，A，B，C，D 及び DS の 5 種類の主要グループに分ける。

これら 5 種類のグループは，次のように，最も一般的に観察される介在物の種類及び形態を表している。

－　**グループ A（硫化物系）**：高延伸性で，一般的に端が丸く，アスペクト比（長さ／厚さ）が広い範囲をとる灰色の個別の粒子。

－　**グループ B（アルミナ系）**：単体粒子は，変形しないで，角張っており，低アスペクト比（一般的に 3 未満）をとる，変形方向に整列した，（三つ以上の）黒又は青みがかった粒子群。

－　**グループ C（シリケート系）**：高延伸性で，一般的に端が鋭く，広い範囲のアスペクト比（一般的に 3 を超え）をとる，黒又は濃い灰色の個別の粒子。

- **グループ D（粒状酸化物系）**：変形しないで，角張っているか又は円形で，低アスペクト比（一般的に3未満）をとり，ランダムに分布する，黒又は青みがかった粒子。
- **グループ DS（個別粒状介在物系）**：円形又は円形に近く，直径が13 μm 以上の単独の粒子。

一般的ではない介在物の系についても，これら五つの形態と比較して，及び化学的性質に基づいて分類してもよい。例えば，粒状硫化物は，グループ D として分類し，説明の添字（例えば D_{sulf}）を試験報告書に定義する。D_{cas} は，硫化カルシウムを，D_{RES} は，希土類の硫化物を，D_{Dup} は，硫化カルシウムの周囲をアルミナで覆われているような2相の粒状介在物を示す。

ほう化物，炭化物，窒化炭素又は窒化物のように析出する系の場合，前項で示したように，前述の五つの形態と比較して，及び化学的性質に関する記述に基づいて分類してもよい。

それぞれの主要グループの標準図は，二つのサブグループからなり，その各サブグループは，介在物の量の増加程度を表す6段階の標準図からなる。このサブグループへの分類は，単に介在物の厚さの違いによって類別する。

介在物グループごとの標準図は，**附属書 A** による。

4.3　介在物の格付け及び厚さパラメータ

標準図は，**表 1** に定義する 0.5 から 3 までの指数番号 i と，**表 2** に定義する厚さとで表される。その指数番号は，グループ A，B 及び C では，介在物の合計長さによって，グループ D では，介在物の個数によって，及びグループ DS では，介在物の直径によって決める。例えば，A2 とは，顕微鏡で観察された介在物の形状は，グループ A に一致し，介在物の分布と量とが指数番号 2 に一致していることを示す。

表 1 − 格付け

標準図の指数番号 i	介在物グループ [b]				
	A [a] 合計長さ μm	B [a] 合計長さ μm	C [a] 合計長さ μm	D 個数	DS 直径 μm
0.5	37 以上　127 未満	17 以上　77 未満	18 以上　76 未満	1 以上　4 未満	13 以上　19 未満
1	127 以上　261 未満	77 以上　184 未満	76 以上　176 未満	4 以上　9 未満	19 以上　27 未満
1.5	261 以上　436 未満	184 以上　343 未満	176 以上　320 未満	9 以上　16 未満	27 以上　38 未満
2	436 以上　649 未満	343 以上　555 未満	320 以上　510 未満	16 以上　25 未満	38 以上　53 未満
2.5	649 以上　898 未満	555 以上　822 未満	510 以上　746 未満	25 以上　36 未満	53 以上　76 未満
3	898 以上 1 181 未満	822 以上 1 147 未満	746 以上 1 029 未満	36 以上　49 未満	76 以上 107 未満

注 [a]　グループ A，B 及び C の合計長さは，**附属書 D** の式で計算された値を，**JIS Z 8401** の規則 A によって整数値に丸めたものである。

注 [b]　表の範囲を超える介在物は，**附属書 D** によって格付けすることが可能である。

表 2－介在物厚さパラメータ

単位　μm

グループ	薄いシリーズ 厚さ又は直径	厚いシリーズ[b] 厚さ又は直径
A	2 以上　4 以下	4 超え　12 以下
B	2 以上　9 以下	9 超え　15 以下
C	2 以上　5 以下	5 超え　12 以下
D[a]	2 以上　8 以下	8 超え　13 以下
注[a]　グループ D においては，介在物粒子の最大長さを直径とみなす。		
注[b]　厚いシリーズの最大厚さを超える介在物は，個別に記載する。		

5　試験片の採取

介在物の形状は，鋼の鍛錬成形比の程度に大きく左右されるため，比較試験は，同程度の変形を受けたサンプルから採取する試験片の断面だけで実施してよい。

介在物の測定に用いる試験片の被検面は，約 200 mm^2（原則 20 mm×10 mm）とし，被検面は，製品の圧延方向又は鍛錬軸に平行で，外面と中心との間に位置していなければならない。

試験片採取方法は，製品規格，受渡当事者間の協定，又は次に規定する方法のいずれかによる。

— 直径又は断面の辺が 40 mm を超える棒鋼又は角鋼：被検面は，中心を通る断面で，外面と中心との間とする（図 1 参照）。

— 直径又は断面の辺が 25 mm を超え 40 mm 以下の棒鋼又は角鋼：被検面は，中心を通る断面で，中心から試験片の端までとする（図 2 参照）。

— 直径が 25 mm 以下の棒鋼：被検面は，中心を通る断面全部から構成され，約 200 mm^2 の面を得るのに十分な長さとする（図 3 参照）。ただし，1.0 mm 未満の直径の試験片に関しては，通常，小断面試験片を 10 個埋め込む[1]。

— 厚さが 25 mm 以下の板：幅方向 1/4 の板厚方向断面で，全板厚を含む面とする（図 4 参照）。ただし，1.0 mm 未満の厚さの試験片に関しては，通常，小断面試験片を 10 個埋め込む[1]。

   注[1]　この場合，試験片の被検面が約 200 mm^2（原則 20 mm×10 mm）よりも小さくなる可能性がある。ASTM E45 では，小断面試験片の埋込み数を 10 個とし，ASTM E45 で規定する被検面 160 mm^2（16 mm×10 mm）よりも小さくなる可能性があると規定している[1]。

— 厚さが 25 mm を超え 50 mm 以下の板：幅方向 1/4 の板厚方向断面で，表面から板厚中心までとする（図 5 参照）。

— 厚さが 50 mm を超える板：幅方向 1/4 の板厚方向断面で，表面と板厚中心との間の位置で，かつ，板厚の 1/4 の幅とする（図 6 参照）。

採取する供試材及び試験片の数は，製品規格又は受渡当事者間の協定による。

これら以外の製品に対してのサンプリング方法は，受渡当事者間の協定による。

単位　mm

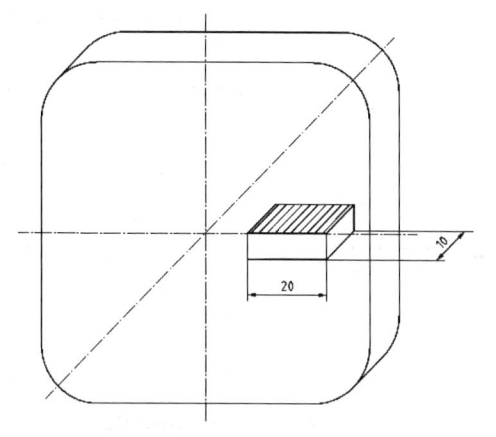

図1−直径又は断面の辺が 40 mm を超える棒鋼又は角鋼の試験片

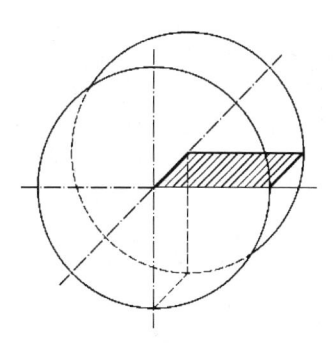

図2−直径又は断面の辺が 25 mm を超え 40 mm 以下の棒鋼又は角鋼の試験片

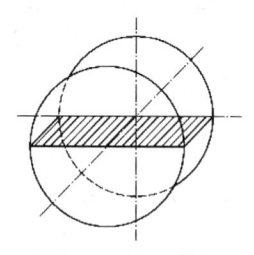

図3−直径が 25 mm 以下の棒鋼の試験片

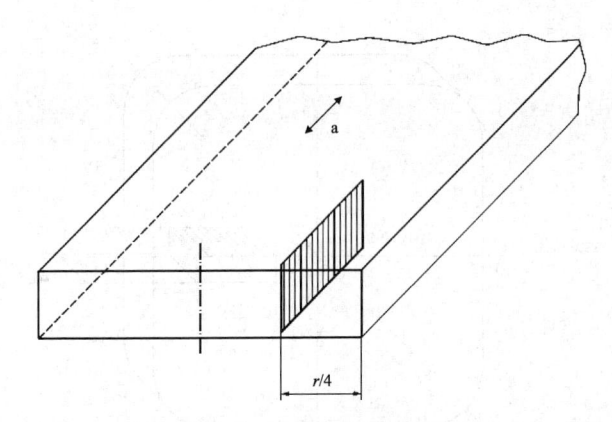

記号説明
 r：幅
 a：圧延方向

図4－厚さが 25 mm 以下の板の試験片

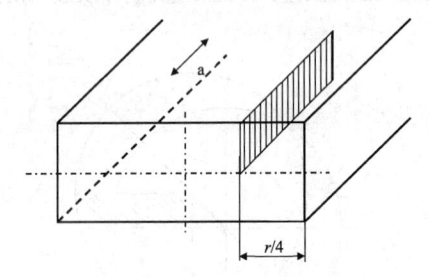

記号説明
 r：幅
 a：圧延方向

図5－厚さが 25 mm を超え 50 mm 以下の板の試験片

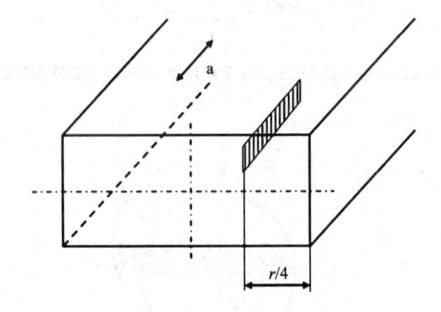

記号説明
 r：幅
 a：圧延方向

図6－厚さが 50 mm を超える板の試験片

6　試験片の調製

　被検面が得られるように試験片を切断する。平らな表面を得るため及び試験片端面のだれを防止するた

めに，研磨時に試験片を機械的に保持するか，又は埋め込む。

試験片の研磨時には，表面を可能な限り清浄に保って介在物の形状に影響を及ぼさないようにするために，介在物の脱落，変形又は研磨面の汚れを避けることが重要である。介在物が小さい場合には，これらに特に注意することが大切である。研磨には，ダイヤモンドペーストを使うのがよい。場合によっては，試験片に可能な限りの硬さを与えるために，研磨前に熱処理を施してもよい。

7 介在物の測定

7.1 観察する方法（標準図法）

顕微鏡による観察は，次のいずれか又は同等の装置による。
— すりガラス上に投影
— 接眼鏡による観察
— モニタスクリーン

選んだ観察する方法は，測定中，それを継続しなければならない。

像がすりガラス若しくはモニタスクリーン又は同等の装置に投影されるとき，投影面での倍率は，100 倍 ±2 倍でなければならない。すりガラス若しくはモニタスクリーン又は同等の装置の投影面に重ねて，一辺 71 mm の正方形（実面積 0.50 mm²）の透明なプラスチック板（**図 7**）を置く。標準図（**附属書 A**）と，この正方形内の像とを比較する。

試験に先立ち，一般的ではない介在物の特徴を識別するため，100 倍よりも高い倍率で観察してもよい。

顕微鏡で接眼鏡を使用して介在物を測定する場合には，顕微鏡の適切な場所に，通常，**図 7** に示すパターンの焦点板を装着し，視野面積が 0.50 mm² になるようにする。

あらかじめ測定方法の正確さについて，十分な範囲で相関性が立証されていることを条件として，適用される材料の介在物を評価するために，自動画像解析を利用してもよい。

特別な場合においては，100 倍を超える倍率を使用し，その倍率で標準図を適用してよい。その場合には，試験報告書にその旨を記載しなければならない。

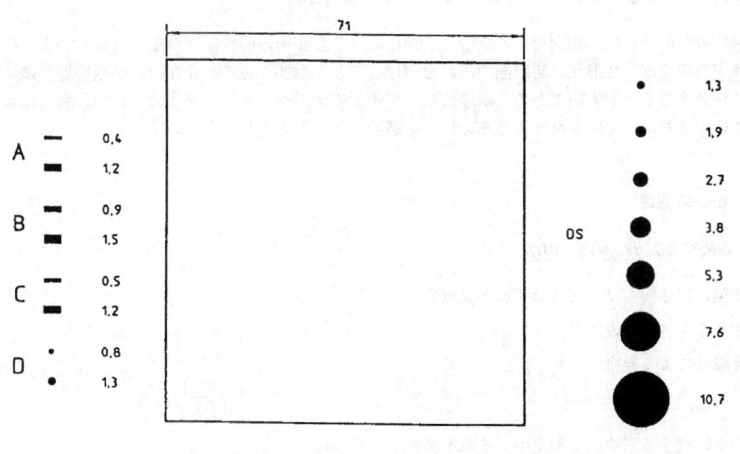

図 7－格子状プラスチック板又は焦点板のテストパターン

7.1A　観察する方法（計測法）

計測法による観察する方法は，標準図法による観察する方法と同様とする。ただし，計測法による場合は，介在物の測定に適切な観察の方法（倍率など）を適用してもよい。

7.2　試験

7.2.1　一般事項

試験方法は，**7.2.2** 又は **7.2.3** による。

7.2.2　試験方法 A

研磨された全被検面を試験し，介在物の各グループに対し，薄いシリーズ又は厚いシリーズごとに，介在物レベルが最も悪い視野[2]に相当する標準図の指数番号[3]を記入する。

注[2]　介在物の合計長さ，個数又は直径が最も大きい視野。

注[3]　標準図の指数番号は，**表 1** 及び**附属書 A** の標準図の横に示している。

7.2.3　試験方法 B

研磨された全被検面を試験し，試験片のそれぞれの視野を標準図法又は計測法で評価する。観察した各視野について，介在物の各グループに対し，薄いシリーズ又は厚いシリーズごとに相当する標準図の指数番号を記入する。

定められた手順に従って，視野の削減及び視野の配分を行い，試験片の部分測定を合意してもよい。た

だし，試験される視野の数及びこれらの配置は，あらかじめ受渡当事者間で協定しなければならない。

7.2.4　試験方法 A 及び試験方法 B の共通規定

それぞれの視野を，標準図法又は計測法で評価する。介在物のある視野が二つの指数番号の間に位置するときは，小さい方の指数番号とする。

単一の介在物で視野の範囲（0.710 mm）よりも長い介在物，又は厚いシリーズの最大値（**表 2** 参照）を超える厚さ又は直径をもつ介在物は，長さ，厚さ又は直径のサイズオーバーとする。サイズオーバーの介在物は，寸法を別に記載する。ただし，その視野の指数番号付けをするときは，サイズオーバーの介在物を含める。

グループ A，B 及び C は，介在物の合計長さ，グループ DS は，介在物の直径，グループ D は，介在物の個数を計測法で実測又は計数すれば，測定の再現性が改善される。計測法は，**図 7** の格子状プラスチック板，焦点板又は同等の画像解析技術を用いて，**表 1** 及び**表 2** の区分値並びに**附属書 A** の標準図に模式化された 4.2 の形態分類の記述に従って指数番号を決定する。

一般的ではない介在物の場合は，図で形態が最も似ているグループ（A，B，C，D 及び DS）に従って指数番号を決める。その介在物の合計長さ，個数及び厚さ又は直径を決めるために，それらを**附属書 A** の各グループと比較するか，又は**表 1** 及び**表 2** を用いて，最も適切な介在物の指数番号及び厚さの分類（薄いシリーズ，厚いシリーズ又はサイズオーバー）を決める。その場合は，一般的ではない介在物の組成をグループ記号に添字として付ける。その添字の定義を試験報告書に含める。

グループ A，B 及び C の介在物では，長さ l_1 と l_2 との二つの個別の介在物が直線上にあろうとなかろうと，その間隔 d が 40 μm 以下かつ介在物の中心間距離 s が 10 μm 以下のときは，一つの介在物とみなす（**図 8** 及び**図 9** 参照）。

連なっている介在物が異なった厚さを示すときには，最も大きい介在物の厚さを採用する。

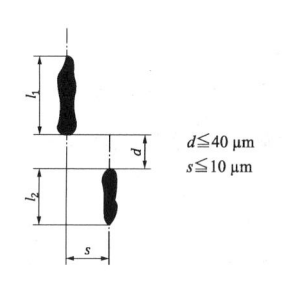

$d \leqq 40\ \mu\mathrm{m}$
$s \leqq 10\ \mu\mathrm{m}$

図 8 − グループ A 及び C の介在物

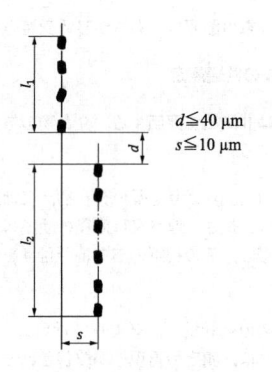

$d \leqq 40\ \mu m$

$s \leqq 10\ \mu m$

図 9−グループ B の介在物

8　結果の表示

8.1　一般事項

製品規格に規定がない限り，結果は，適用した方法（試験方法 A 又は試験方法 B）で決められた **8.2** 又は **8.3** に従って表示する。

8.2　試験方法 A の場合

介在物のグループごとかつ厚さシリーズごとに（**附属書 B** による。），介在物のグループを示す記号に引き続き，観察した視野数 N の中から最も悪い視野に相当する標準図の指数番号を付ける。サイズオーバーの介在物が存在する場合，厚さサイズオーバーには文字 e を，それ以外のサイズオーバーには文字 s を付けて示す。

例　A2, B1e, C3, D1, B2s, DS0.5

一般的でない介在物を表す添字は，定義した上で用いる。

各試験片に付けられた指数番号に基づいて，各介在物のグループごとかつ厚さシリーズごとの算術平均値を，溶鋼単位で評価する。

8.3　試験方法 B の場合

観察した視野数 N に対し，介在物のグループごとかつ厚さシリーズごとに，同じ指数となった合計視野数を示す。

介在物の種々のグループに関し，同じ指数を示す合計視野数の一組の数字から全体を表すために，例えば，総合指数 i_{tot} 又は平均指数 i_{moy} といった特別な方法で結果を表示してもよい。これらは，受渡当事者間の協定による。

例　グループ A の介在物の場合：　指数 0.5 の視野の数として　n_1

指数 1 の視野の数として　n_2

指数 1.5 の視野の数として　n_3

指数 2 の視野の数として　n_4

指数 2.5 の視野の数として n_5

指数 3 の視野の数として n_6 とすると,

$$i_{tot}=(n_1\times0.5)+(n_2\times1)+(n_3\times1.5)+(n_4\times2)+(n_5\times2.5)+(n_6\times3)$$

$$i_{moy}=\frac{i_{tot}}{N}$$

ここで, N：測定した全視野数

結果の表示例を**附属書 C** に示す。

9　試験報告

試験報告書は，必要な場合に提出する。試験報告書には次の項目を報告する。ただし，受渡当事者間の協定によって，次のうちから選択してもよい。

a)　この規格（すなわち，**JIS G 0555**）に従って試験したことの記述

b)　材料の種類又は種類の記号，及び溶解番号

c)　製品の記号及び寸法

d)　試験片の採取方法及び被検面の位置

e)　選択した方法（標準図法又は計測法，観察する方法及び試験方法）

f)　標準図法で測定倍率が 100 倍よりも大きい場合は，その倍率

g)　観察視野数又は観察面積

h)　試験結果（サイズオーバーの介在物の数，寸法及び種類を含む。）

i)　一般的ではない介在物を定義した場合の添字の内容

j)　試験報告書の番号及び日付

k)　試験者名（自動画像解析の場合は省略する。）

附属書A
（規定）
グループ A，B，C，D 及び DS 介在物の標準図

<u>グループ A</u>

（硫化物系）

薄いシリーズ	最小合計長さ	厚いシリーズ
厚さ：2 µm 以上 4 µm 以下		厚さ：4 µm を<u>超え</u> 12 µm 以下

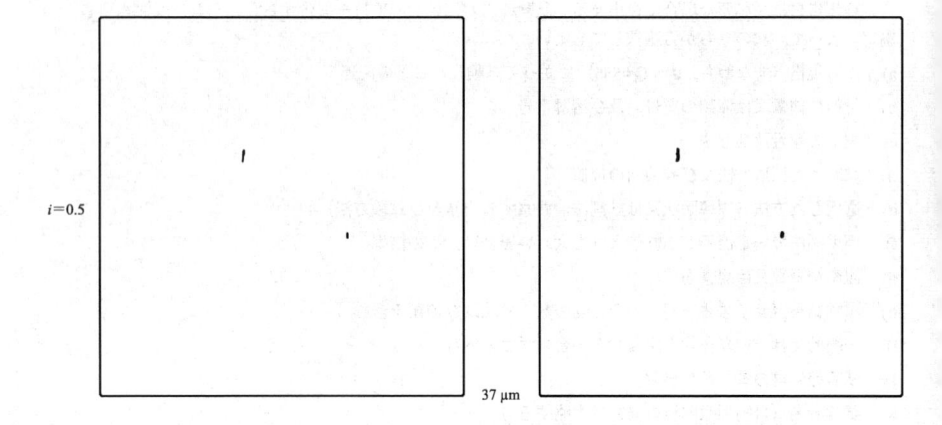

$i=0.5$

37 µm

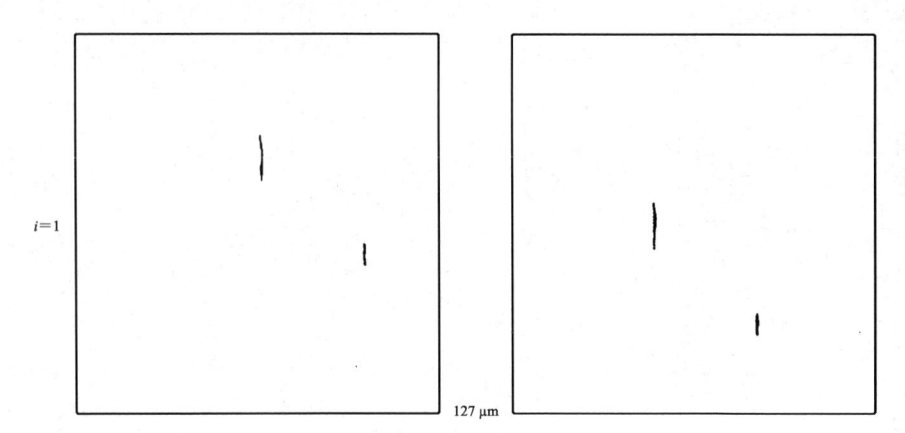

$i=1$

127 µm

倍率：×100

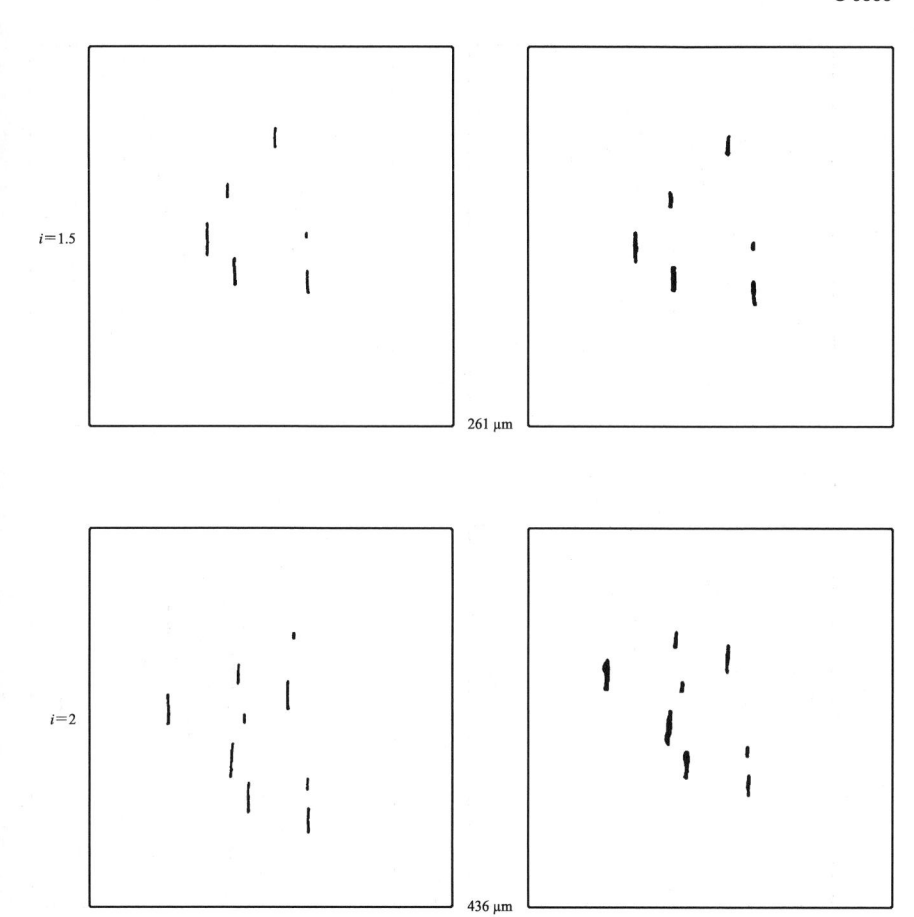

倍率：×100

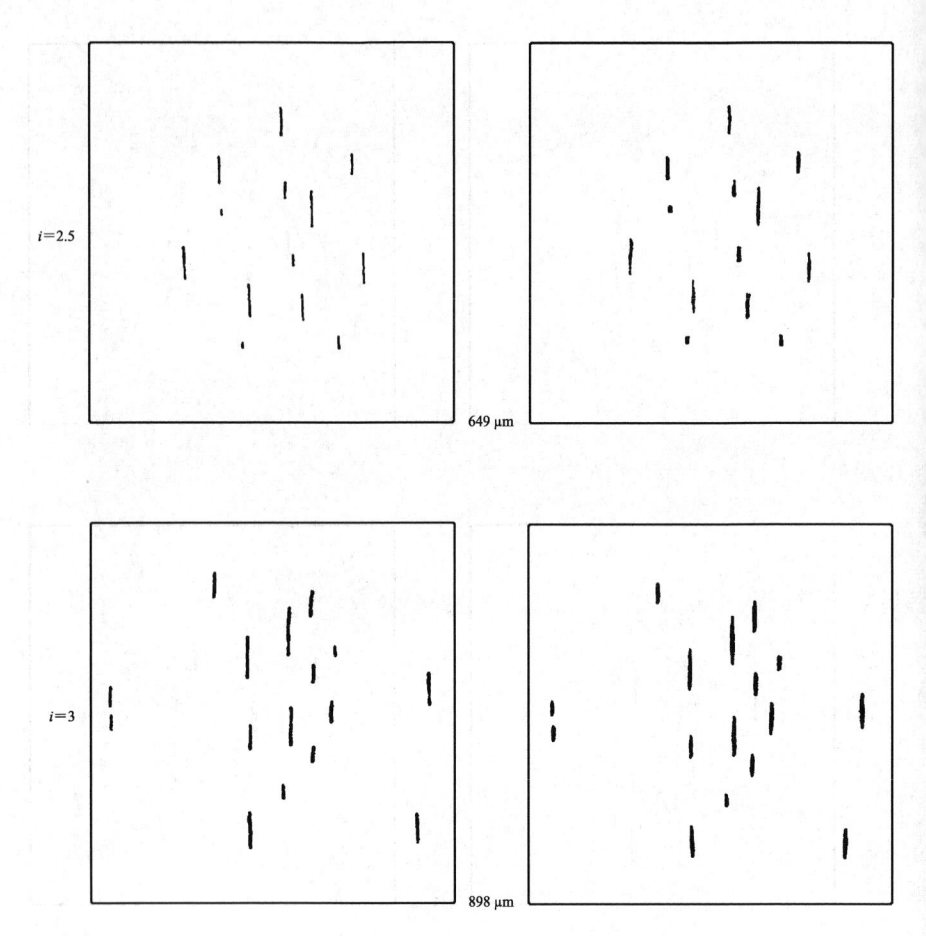

倍率：×100

<u>グループ B</u>

（アルミナ系）

薄いシリーズ	最小合計長さ	厚いシリーズ
厚さ：2 μm 以上 9 μm 以下		厚さ：9 μm <u>を超え</u> 15 μm 以下

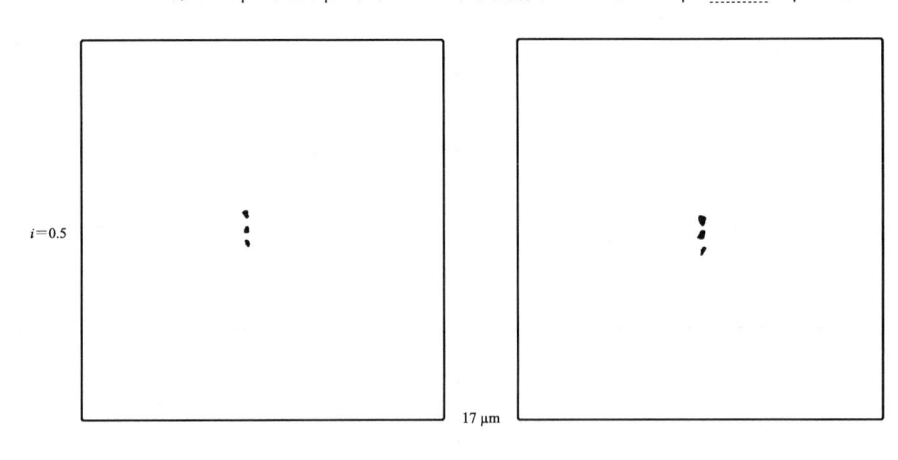

$i=0.5$ 17 μm

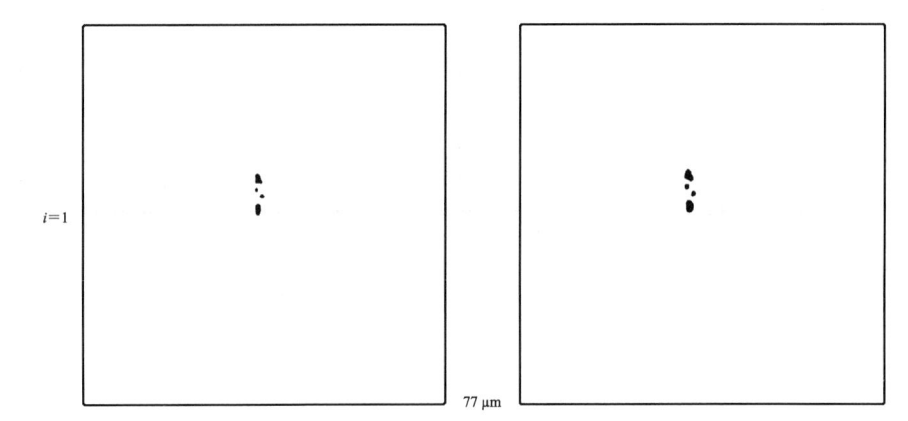

$i=1$ 77 μm

倍率：×100

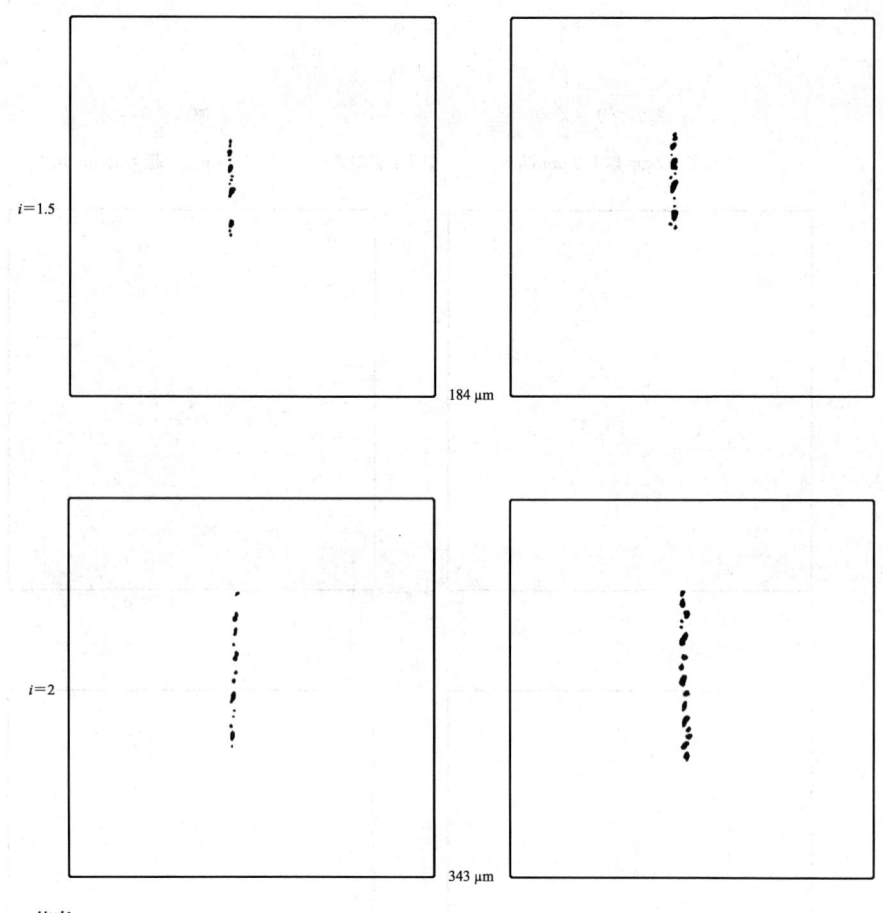

倍率：×100

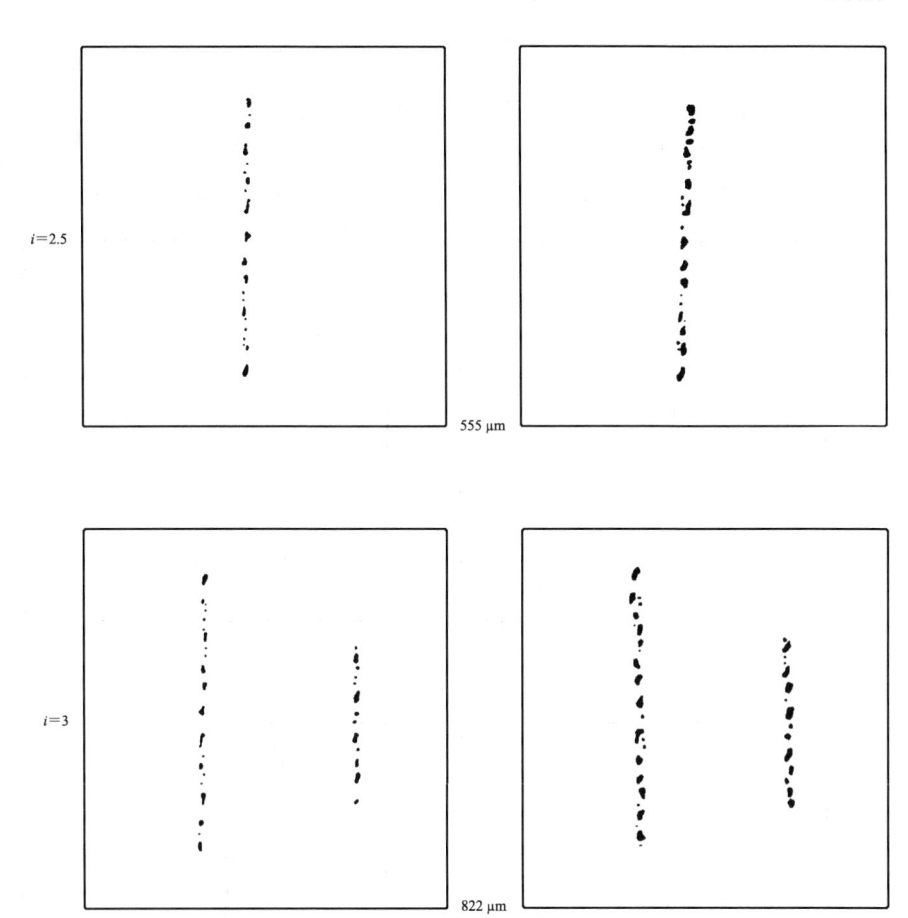

$i=2.5$

555 μm

$i=3$

822 μm

倍率：×100

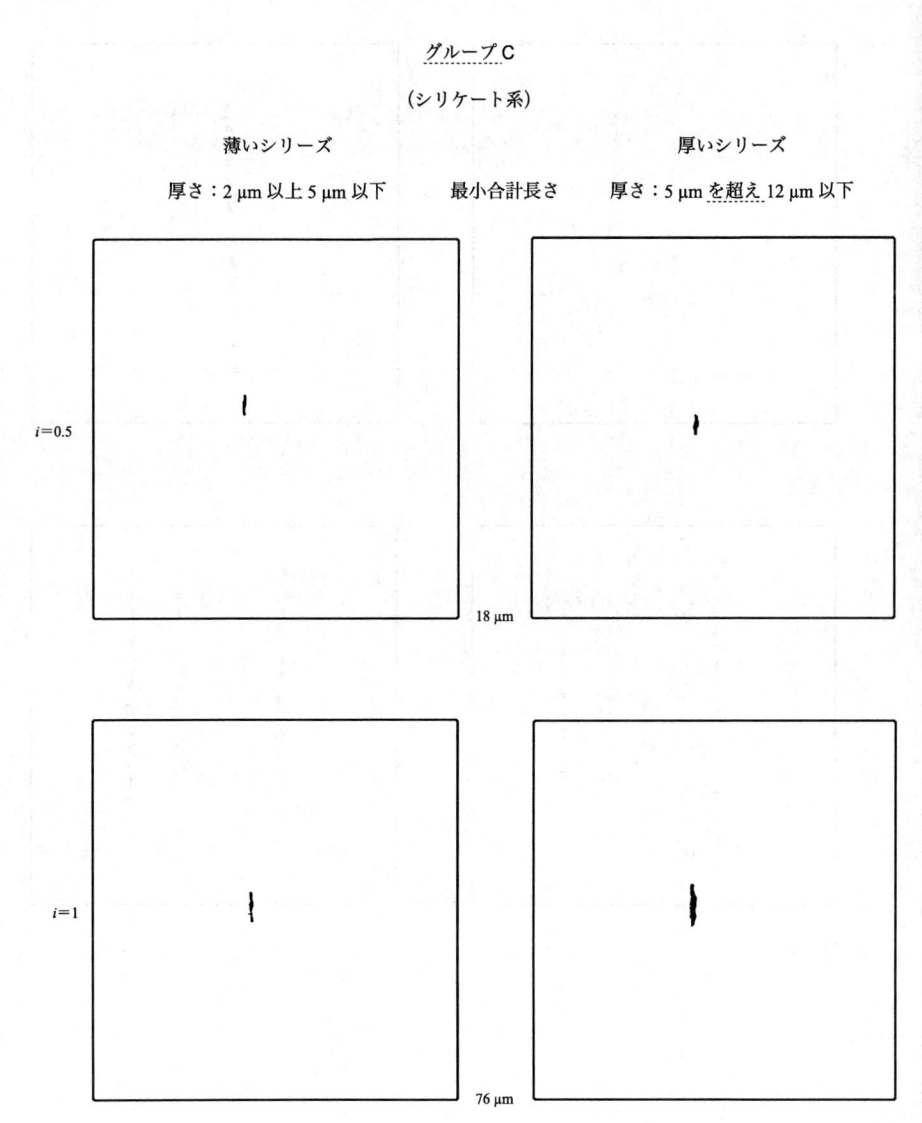

グループC

(シリケート系)

薄いシリーズ　　　　　　　　　　　　　　　　厚いシリーズ

厚さ：2 μm 以上 5 μm 以下　　最小合計長さ　　厚さ：5 μm を超え 12 μm 以下

i＝0.5

18 μm

i＝1

76 μm

倍率：×100

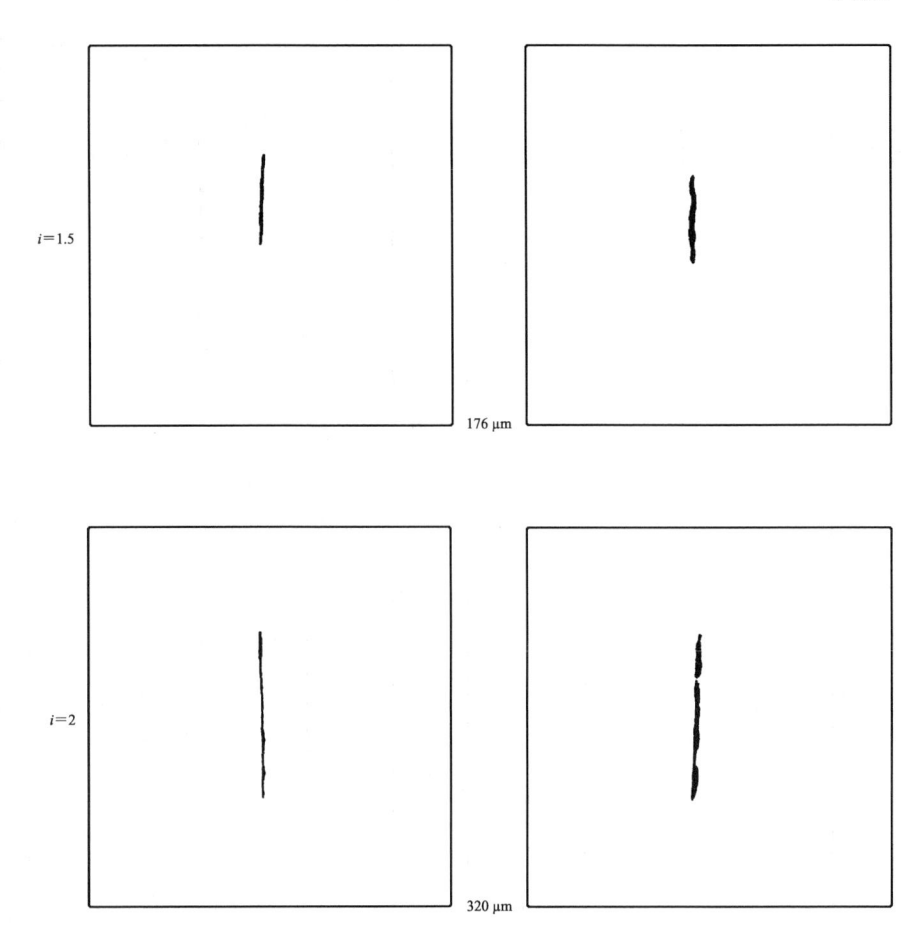

倍率：×100

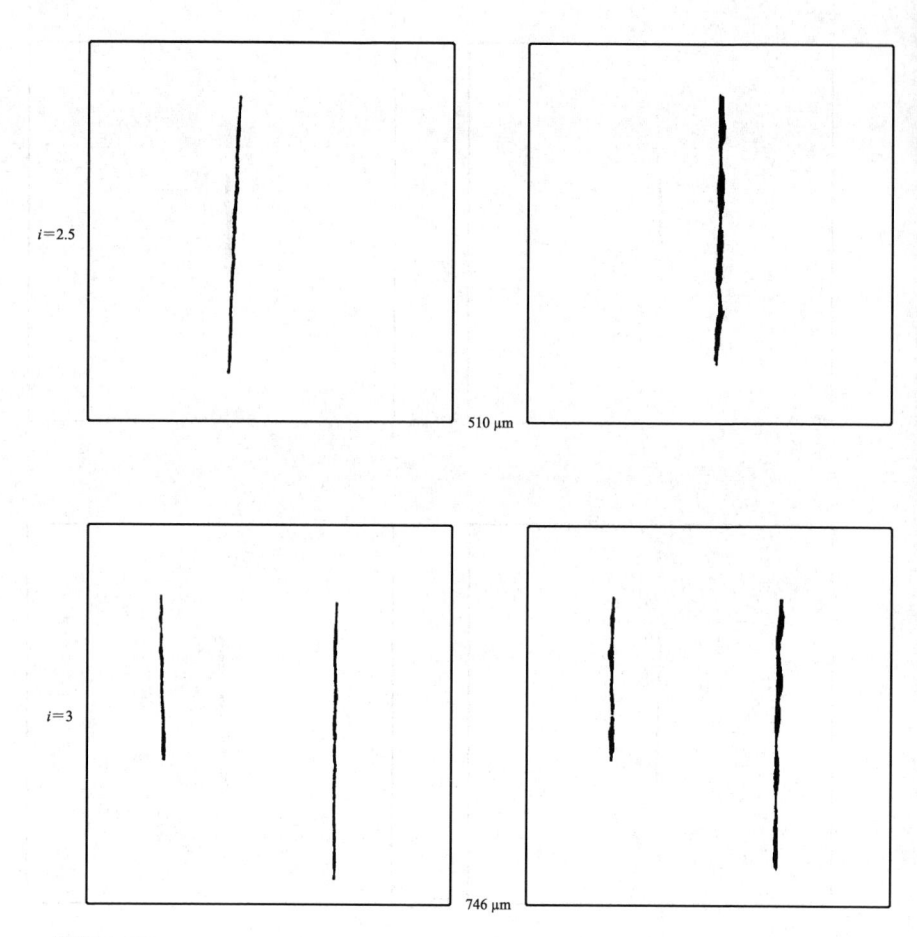

$i=2.5$

510 μm

$i=3$

746 μm

倍率：×100

グループD

(粒状酸化物系)

薄いシリーズ	最小合計個数	厚いシリーズ
厚さ：2 μm 以上 8 μm 以下		厚さ：8 μm を<u>超え</u> 13 μm 以下

$i=0.5$

1

$i=1$

4

倍率：×100

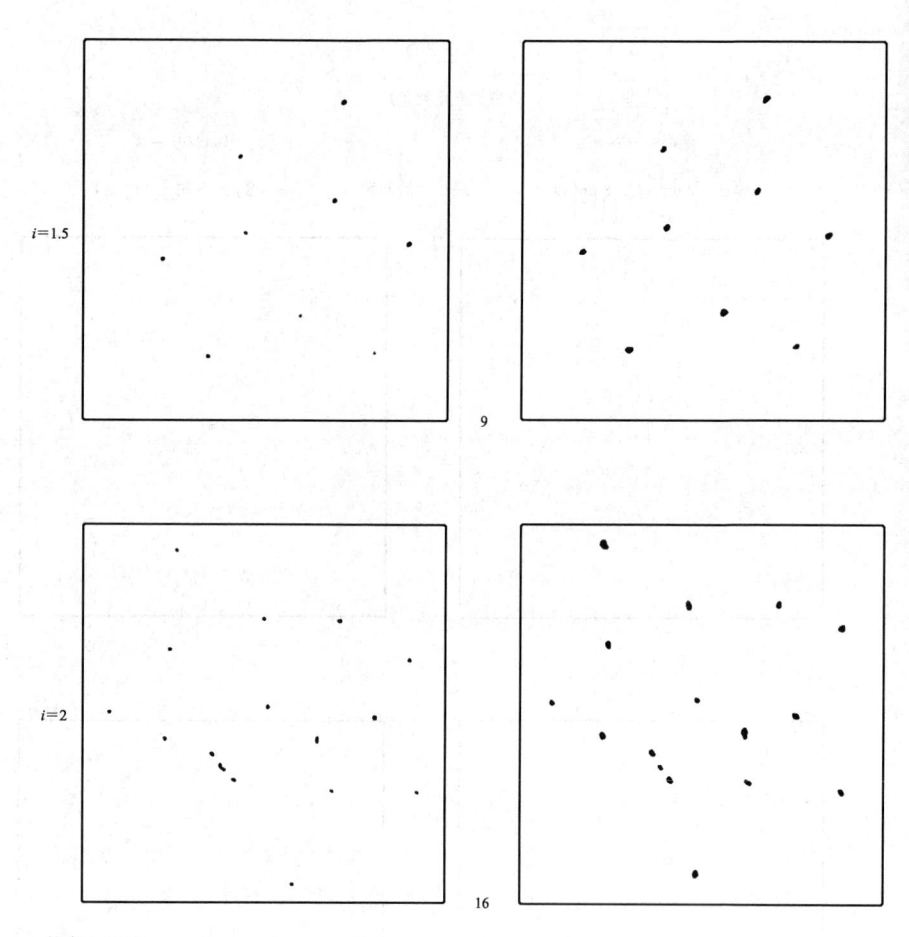

倍率：×100

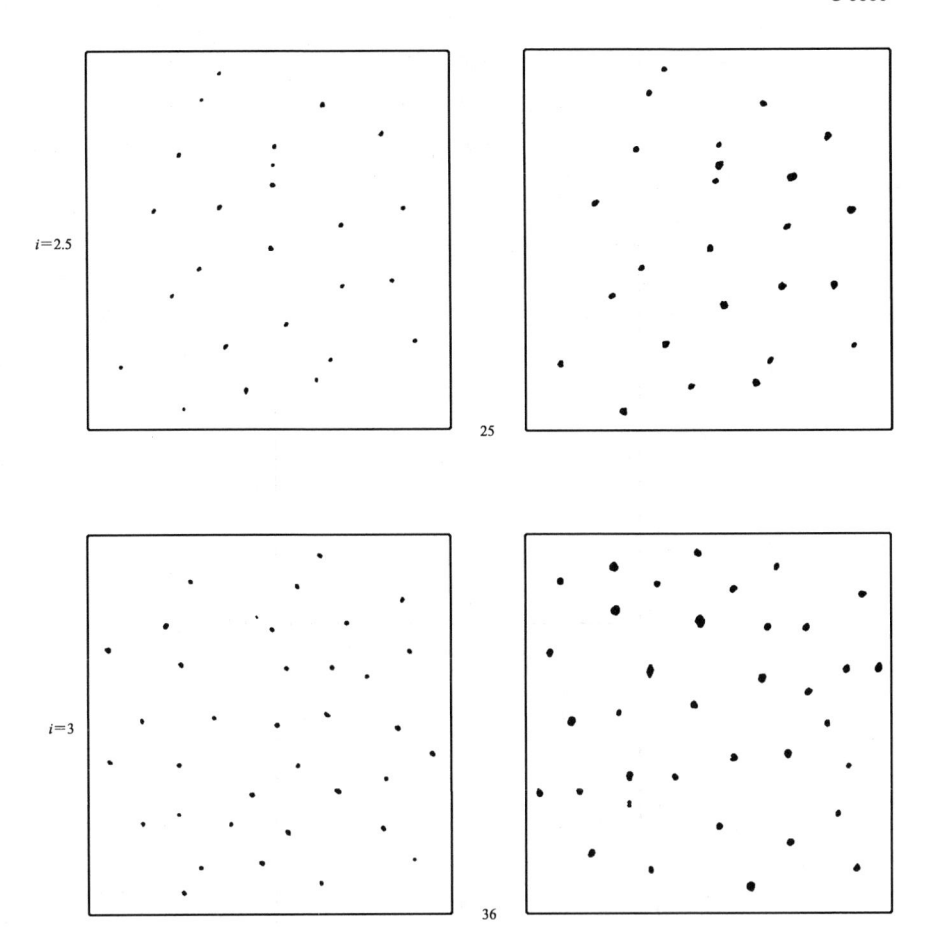

$i=2.5$

25

$i=3$

36

倍率：×100

グループ DS

(個別粒状介在物系)

最小直径

直径：13 μm 以上 76 μm 未満

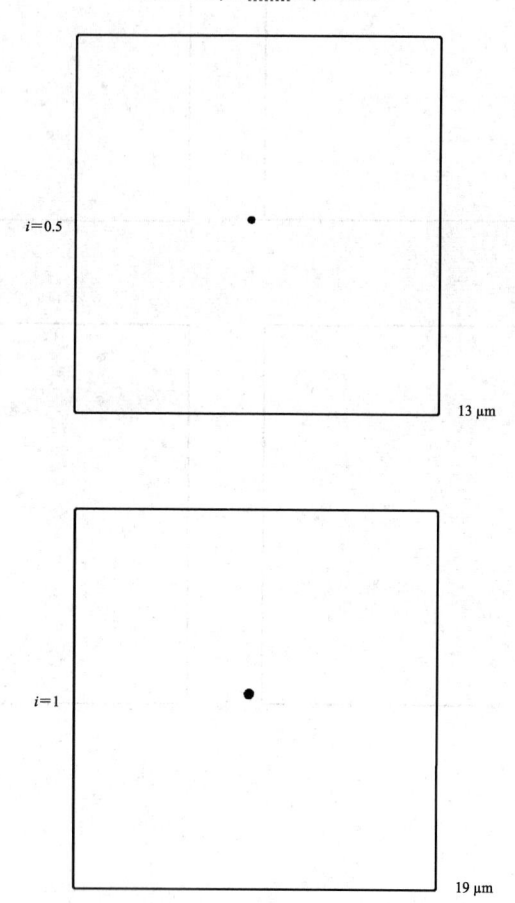

倍率：×100

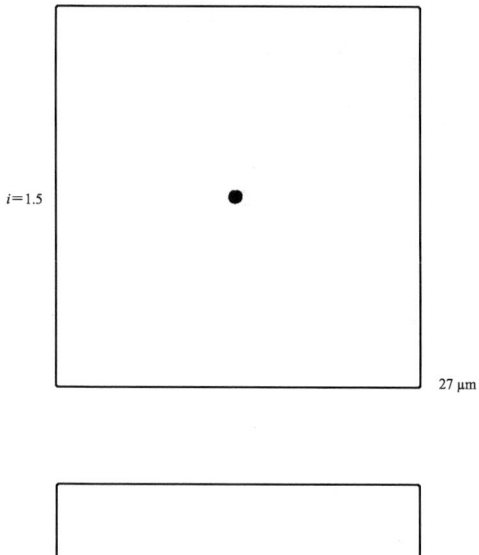

$i=1.5$

27 µm

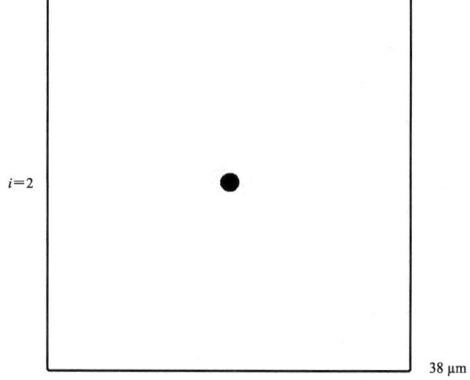

$i=2$

38 µm

倍率：×100

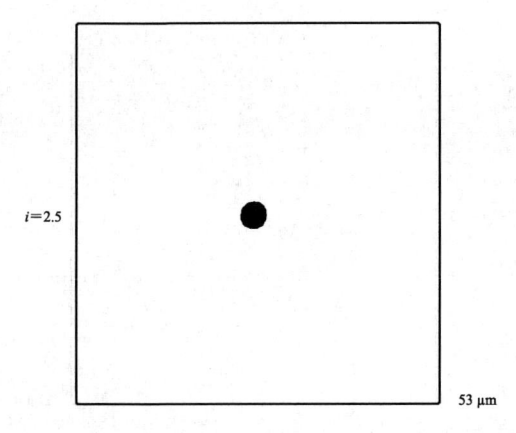

i=2.5

53 μm

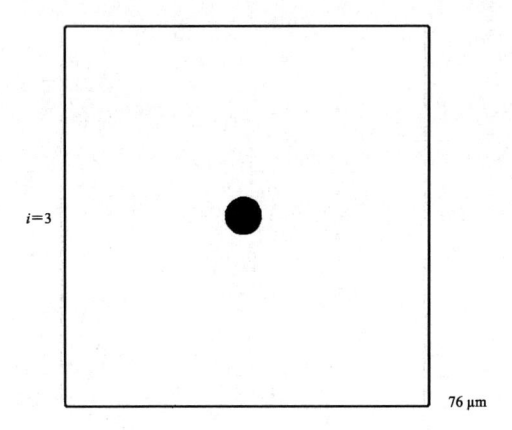

i=3

76 μm

倍率：×100

附属書 B
（規定）
視野の評価及びサイズオーバー介在物の評価

B.1 視野の評価例（図 B.1 参照）

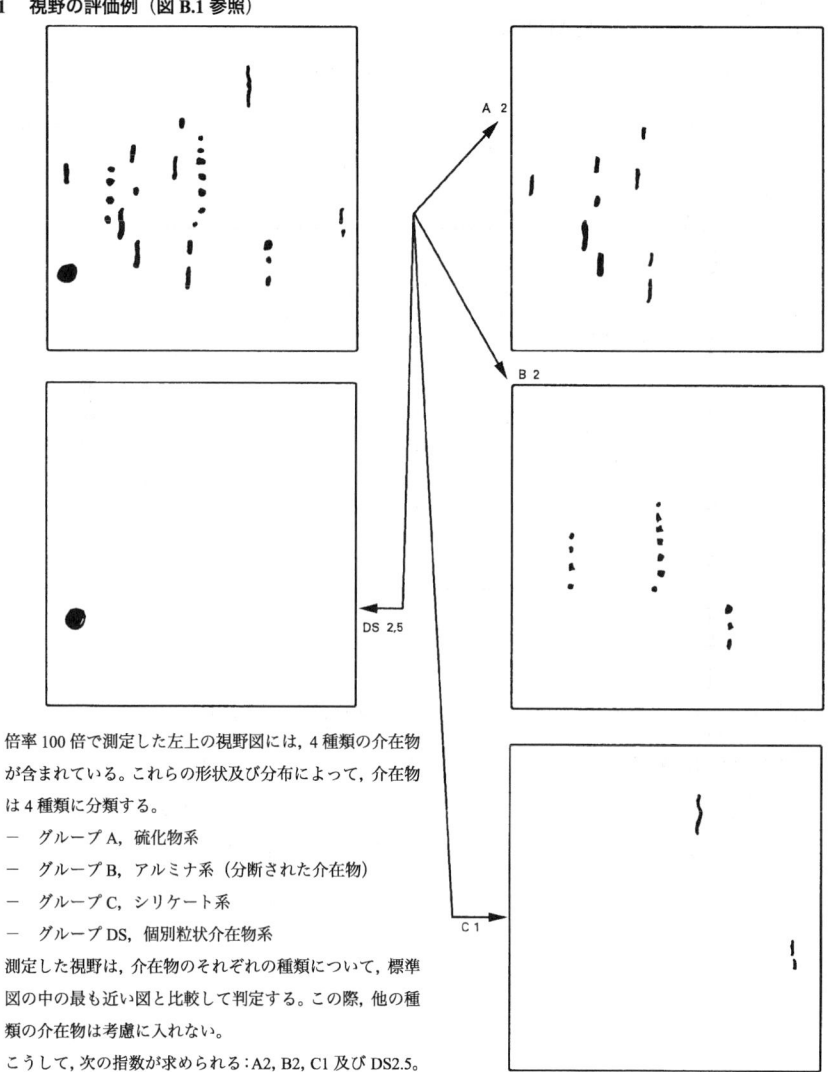

倍率 100 倍で測定した左上の視野図には，4 種類の介在物が含まれている。これらの形状及び分布によって，介在物は 4 種類に分類する。

－ グループ A，硫化物系
－ グループ B，アルミナ系（分断された介在物）
－ グループ C，シリケート系
－ グループ DS，個別粒状介在物系

測定した視野は，介在物のそれぞれの種類について，標準図の中の最も近い図と比較して判定する。この際，他の種類の介在物は考慮に入れない。

こうして，次の指数が求められる：A2, B2, C1 及び DS2.5。

図 B.1－視野の評価

B.2 サイズオーバー介在物の評価例

介在物の長さだけがサイズオーバーの場合，同一視野での同じグループの介在物について，試験方法 A では 0.710 mm を，及び試験方法 B では，視野内のその介在物の部分の長さを，残りの介在物の長さに加える ［図 B.2 a)参照］。

介在物が厚さ又は直径（グループ D の場合）でサイズオーバーの場合，その視野での厚いシリーズに格付けすることが望ましい ［図 B.2 b)参照］。

グループ D で 49 よりも介在物数が多い場合，指数番号は，附属書 D の計算式によって計算可能である。

グループ DS で 0.107 mm を超える直径の場合，指数番号は，附属書 D の計算式によって計算可能である。

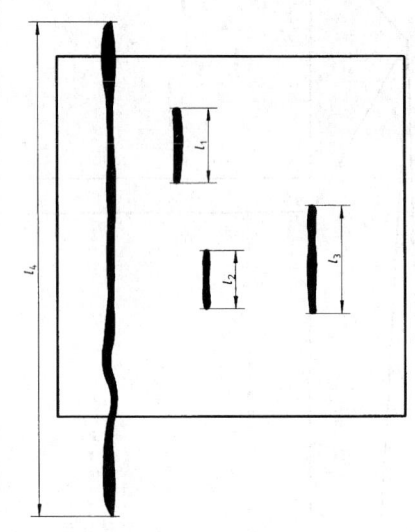

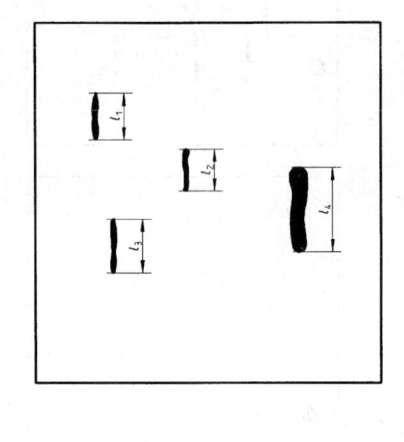

視野の格付けは，合計長さ L に基づく。

$L=0.710+l_1+l_2+l_3$

ここで，0.710 は，長さがサイズオーバーした介在物の長さ l_4

a)　長さだけがサイズオーバーした介在物

視野の格付けは，合計長さ L に基づく。

$L=l_1+l_2+l_3+l_4$

ここで，厚さがサイズオーバーした介在物の長さ l_4

b)　厚さ又は直径がサイズオーバーした介在物

図 B.2－サイズオーバー介在物の視野の評価

附属書 C
（参考）
典型的な結果の表示例
（介在物の種類ごとに指数付けした，測定した全視野）

C.1 視野及び介在物の種類ごとの指数番号

表 C.1 は，例を簡単にするため，20 の視野について観察し，介在物の種類ごとに求めた結果の表示例である。ただし，一般に最低 100 視野の試験を行う。

表 C.1－結果（指数）

視野	介在物グループ								DS
	A		B		C		D		
	薄い シリーズ	厚い シリーズ	薄い シリーズ	厚い シリーズ	薄い シリーズ	厚い シリーズ	薄い シリーズ	厚い シリーズ	
1	—	0.5	1	—	0.5	—	—	—	—
2	0.5	—	—	—	0.5	—	—	—	—
3	0.5	—	0.5	—	—	0.5	—	—	0.5
4	1	—	—	0.5	1.5	—	—	0.5	—
5	—	—	—	1.5	—	1	—	—	—
6	1.5	—	—	—	—	—	0.5	—	1
7	—	1s	1.5	—	—	0.5	—	—	—
8	—	—	1	1	—	—	1	—	—
9	0.5	—	0.5	—	0.5	—	—	—	—
10	—	0.5	1	—	0.5	—	—	—	—
11	1	—	0.5	—	—	0.5	—	—	1
12	0.5	—	—	—	—	—	—	1s	—
13	—	—	—	0.5	—	1.5	1	—	—
14	2	—	—	1	—	—	—	—	—
15	—	—	—	—	0.5	—	—	—	—
16	0.5	—	1	—	—	1	—	—	—
17	0.5	—	0.5	—	—	—	—	0.5	1.5
18	—	—	—	1.5	1	—	—	—	—
19	—	2	—	3	0.5	—	0.5	—	—
20	—	—	0.5	—	—	0.5	—	—	—

C.2 介在物の種類ごとの合計視野数

C.1 の結果に基づき，介在物の種類ごと及び指数ごとに，該当する視野数の合計を求める。表 C.2 は，視野数の合計を求めたものである。

表 C.2－視野数合計 a)

指数番号	介在物グループ								DS
	A		B		C		D		
	薄いシリーズ	厚いシリーズ	薄いシリーズ	厚いシリーズ	薄いシリーズ	厚いシリーズ	薄いシリーズ	厚いシリーズ	
0.5	6	2	5	2	6	4	2	2	1
1	2	1	3	2	2	2	1	2	2
1.5	1	0	1	2	1	1	0	0	1
2	1	1	0	0	0	0	0	0	0
2.5	0	0	0	0	0	0	0	0	0
3	0	0	0	1	0	0	0	0	0

注 a) 視野の範囲を超えた介在物又は表 2 よりも大きい厚さ若しくは直径をもつ介在物は，標準図に従って格付けし，かつ，個別に試験報告書に記録する。

C.3 総合指数 i_{tot} 及び平均指数 i_{moy} の計算方法

C.3.0A 一般事項

表 C.2 の視野数の合計を用いて，介在物グループごと及びシリーズごとの総合指数及び平均指数を求めることが可能である。

C.3.1 グループ A 介在物について

a) 薄いシリーズ

$$i_{tot}=(6\times0.5)+(2\times1)+(1\times1.5)+(1\times2)=8.5$$

$$i_{moy}=\frac{i_{tot}}{N}=\frac{8.5}{20}=0.425$$

ここで，　　N：　観察視野の総数

b) 厚いシリーズ

$$i_{tot}=(2\times0.5)+(1\times1)+(1\times2)=4$$

$$i_{moy}=\frac{4}{20}=0.20 \quad (\text{後ろに "1 s" の表示を付ける。})$$

C.3.2 グループ B 介在物について

a) 薄いシリーズ

$$i_{tot}=(5\times0.5)+(3\times1)+(1\times1.5)=7$$

$$i_{moy}=\frac{7}{20}=0.35$$

b) 厚いシリーズ

$$i_{tot}=(2\times0.5)+(2\times1)+(2\times1.5)+(1\times3)=9$$

$$i_{moy}=\frac{9}{20}=0.45$$

C.3.3　グループ C 介在物について

a)　薄いシリーズ

$$i_\mathrm{tot}=(6\times0.5)+(2\times1)+(1\times1.5)=6.5$$

$$i_\mathrm{moy}=\frac{6.5}{20}=0.325$$

b)　厚いシリーズ

$$i_\mathrm{tot}=(4\times0.5)+(2\times1)+(1\times1.5)=5.5$$

$$i_\mathrm{moy}=\frac{5.5}{20}=0.275$$

C.3.4　グループ D 介在物について

a)　薄いシリーズ

$$i_\mathrm{tot}=(2\times0.5)+(1\times1)=2$$

$$i_\mathrm{moy}=\frac{2}{20}=0.10$$

b)　厚いシリーズ

$$i_\mathrm{tot}=(2\times0.5)+(2\times1)=3$$

$$i_\mathrm{moy}=\frac{3}{20}=0.15$$

C.3.5　グループ DS 介在物について

$$i_\mathrm{tot}=(1\times0.5)+(2\times1)+(1\times1.5)=4$$

$$i_\mathrm{moy}=\frac{4}{20}=0.20$$

C.4　重み係数

　介在物の量を基に全体的な清浄度を計算するため，各指数番号に対して重み付けをすることが可能である。重み係数は，**表 C.3** を用いる。

表 C.3－重み係数

指数番号 i	重み係数 f_i
0.5	0.05
1	0.1
1.5	0.2
2	0.5
2.5	1
3	2

　清浄度指数 C_i は，次の式で計算する。

$$C_i=\left[\sum_{i=0.5}^{3}f_i\times n_i\right]\times1\,000/S$$

ここで，　f_i：　重み係数
n_i：　指数 i の視野数
S：　サンプルの合計検査面積（mm^2）

附属書 D
(規定)
標準図の指数と介在物計測値との関係

D.0A 一般事項

標準図の指数と介在物グループ A，B，C，D 及び DS の計測値 [長さ（μm），直径（μm）又は視野当たりの数] との関係を，図 D.1〜図 D.5 に示す。D.1 及び D.2 の式は，計測値から指数を計算する場合又は指数から計測値を計算する場合，例えば，3 を超える標準図の指数が必要となったときに用いることが可能である。

D.1 計測値から標準図の指数を計算する場合

グループ A 硫化物系，合計長さ L（μm）

$\log(i) = [0.560\,5 \log(L)] - 1.179$

グループ B アルミナ系，合計長さ L（μm）

$\log(i) = [0.462\,6 \log(L)] - 0.871$

グループ C シリケート系，合計長さ L（μm）

$\log(i) = [0.480\,7 \log(L)] - 0.904$

グループ D 粒状酸化物系，視野当たりの数 n

$\log(i) = [0.5 \log(n)] - 0.301$

グループ DS 個別粒状介在物系，直径 d（μm）

$i = [3.311 \log(d)] - 3.22$

グループ DS を除き，i を得るためには，逆対数とする。

D.2 指数から介在物の計測値を計算する場合

グループ A 硫化物系，合計長さ L（μm）

$\log(L) = [1.784 \log(i)] + 2.104$

グループ B アルミナ系，合計長さ L（μm）

$\log(L) = [2.161\,6 \log(i)] + 1.884$

グループ C シリケート系，合計長さ L（μm）

$\log(L) = [2.08 \log(i)] + 1.88$

グループ D 粒状酸化物系，視野当たりの数 n

$\log (n) = [2 \log (i)] + 0.602$

グループ DS 個別粒状介在物系，直径 d（μm）

$\log (d) = [0.302\, i] + 0.972$

計測値を得るためには，逆対数とする。

以上の線形回帰式において，R^2 は，全て 0.999 9 以上である。

（図 D.1〜図 D.5 参照）

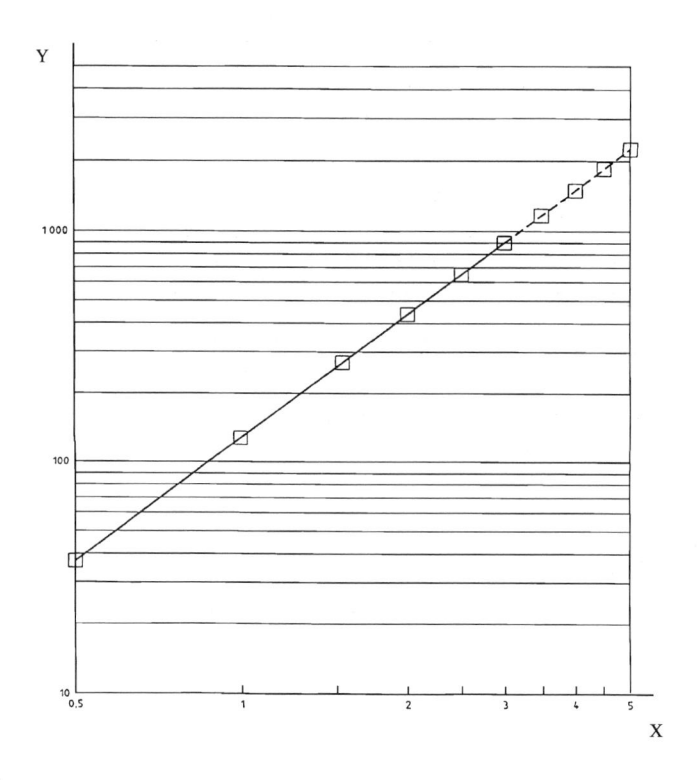

記号説明
　X：標準図の指数
　Y：合計長さ（μm）

図 D.1－グループ A：硫化物系

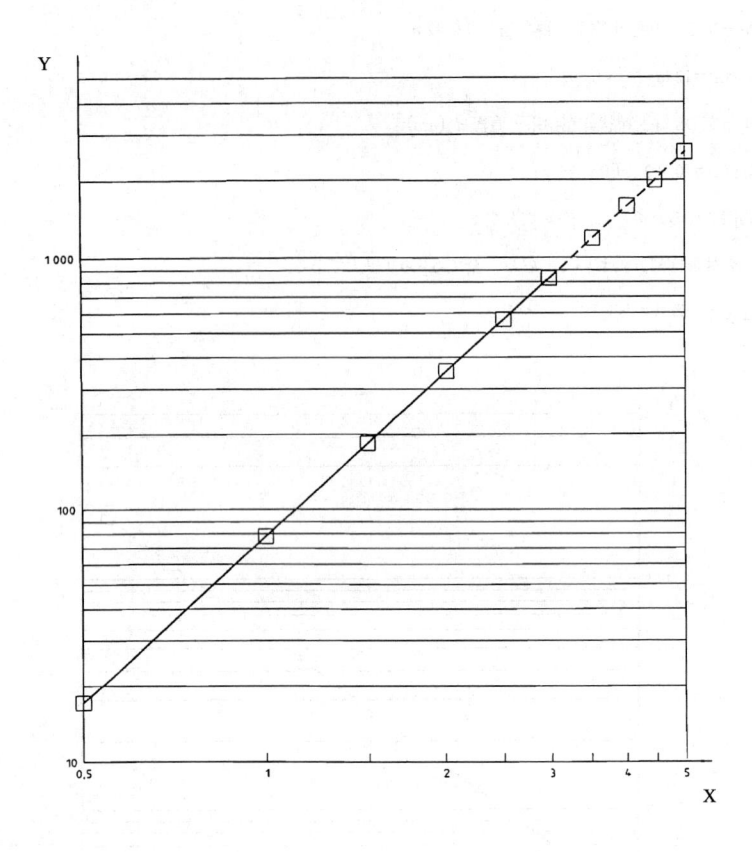

記号説明
  X：標準図の指数
  Y：合計長さ（μm）

図 D.2－グループ B：アルミナ系

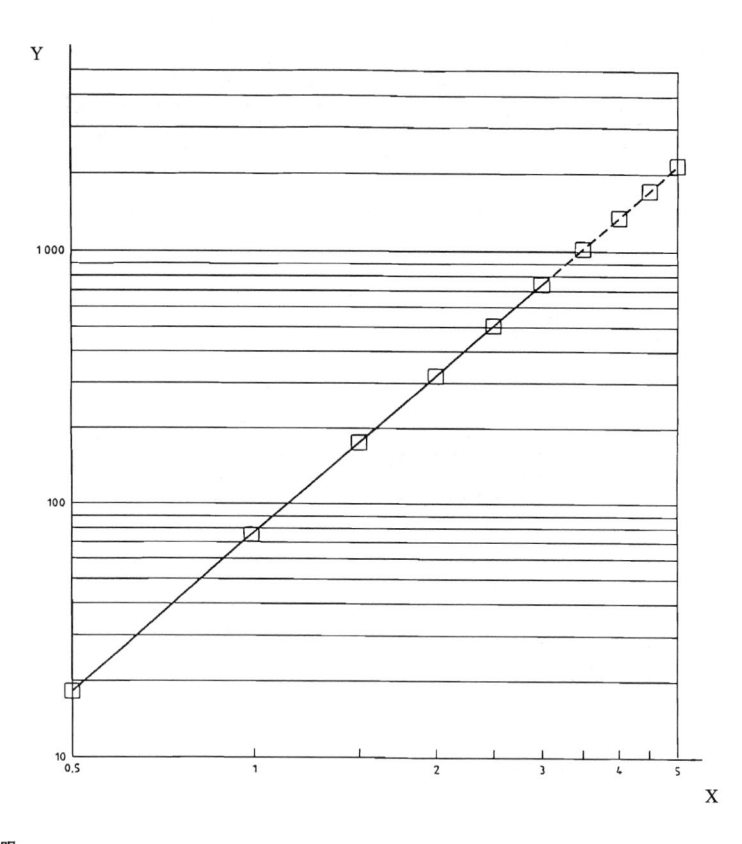

記号説明
　X：標準図の指数
　Y：合計長さ（μm）

図 D.3－グループ C：シリケート系

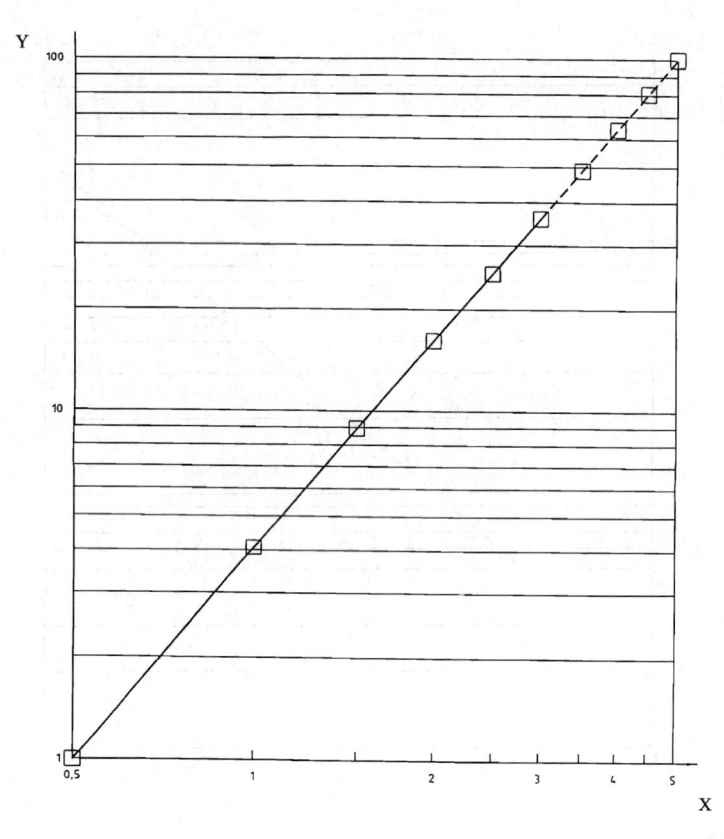

記号説明
　X：標準図の指数
　Y：視野当たりの数

図 D.4－グループ D：粒状酸化物系

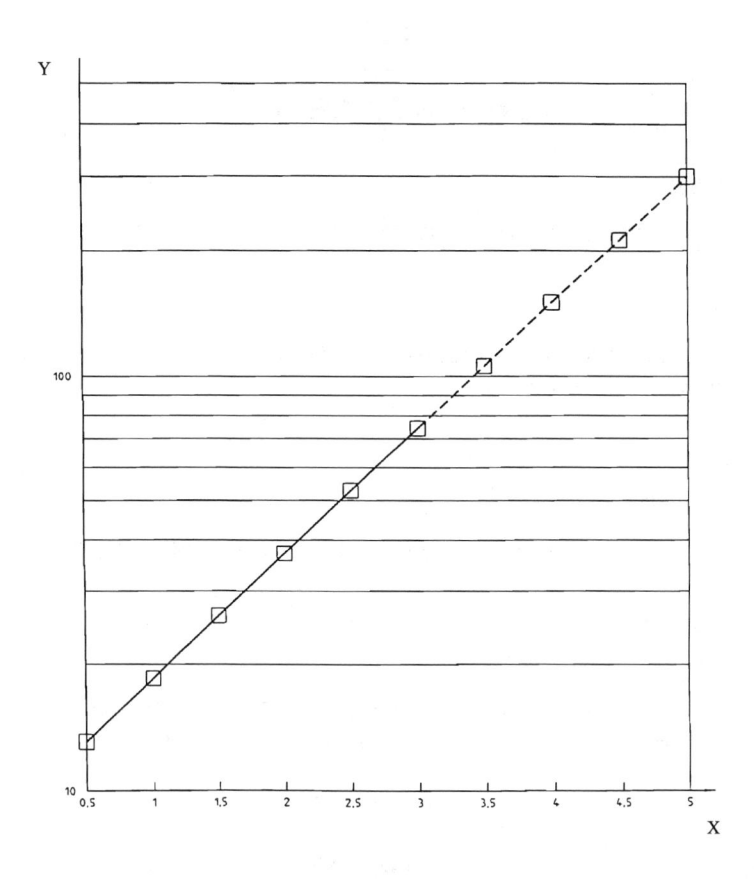

記号説明
  X：標準図の指数
  Y：直径（µm）

図 D.5−グループ DS：個別粒状介在物系

附属書 JA
（規定）
点算法による顕微鏡試験方法

JA.1　一般事項

この附属書は，点算法による顕微鏡試験方法を規定する。

JA.2　原理

供試材から規定の試験片を切り出し，規定の寸法の被検面に研磨して仕上げた後，検鏡して介在物の種類及びその面積百分率を測定する。

JA.3　試験片

JA.3.1　供試材の採取

供試材は，圧延又は鍛造された鋼材から圧延方向又は鍛錬軸に垂直に，試験片を採取するのに十分な長さに切断して採取する。

JA.3.2　試験片の採取

試験片は，次による。

a)　試験片は，供試材を圧延方向又は鍛錬軸に平行に，その中心線を通って切断し採取する。

b)　試験片は，供試材の表面から中心線を含む面を被検面とするように作成し，被検面積は，通常，300 mm² とする。

丸鋼及び角鋼の場合の試験片の採り方は，それぞれ**図 JA.1** 及び**図 JA.2** による。

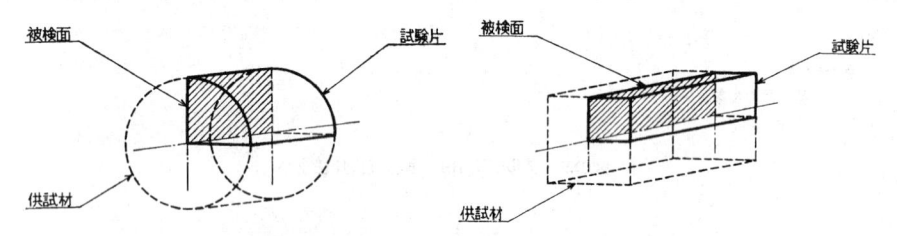

図 JA.1－丸鋼の場合の試験片の採り方　　　　図 JA.2－角鋼の場合の試験片の採り方

c)　供試材の厚さ，幅，径，辺又は対辺距離が 60 mm 以上の場合は，供試材の表面と中心軸との間の位置で試験片を採取し，圧延方向又は鍛錬軸に平行な面を被検面としてもよい。この場合の被検面の寸法は，通常，幅 15 mm，高さ 20 mm とする。

径が 60 mm 以上の丸鋼，及び厚さ，幅，辺又は対辺距離が 60 mm 以上の角鋼の場合の試験片の採り方は，それぞれ**図 JA.3** 及び**図 JA.4** による。

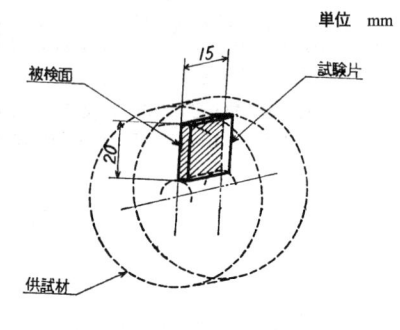

単位 mm

図 JA.3−径が 60 mm 以上の丸鋼の場合の
試験片の採り方

図 JA.4−厚さ，幅，辺又は対辺距離が 60 mm
以上の角鋼の場合の試験片の採り方

d) 供試材の厚さ，幅，径，辺又は対辺距離が 20 mm 以下の場合は，中心線を通る切断面を被検面とする
ように試験片を採取してもよい。この場合の被検面積は，あらかじめ定めておく。

径が 20 mm 以下の丸鋼，及び厚さ，幅，辺又は対辺距離が 20 mm 以下の角鋼の場合の試験片の採
り方は，それぞれ図 JA.5 及び図 JA.6 による。

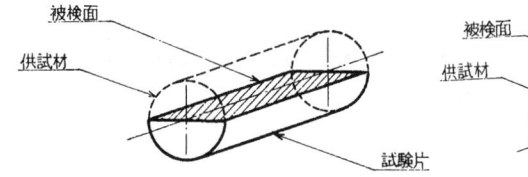

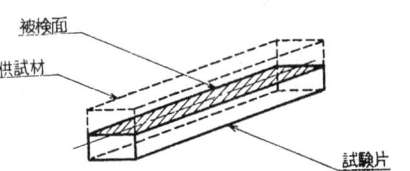

図 JA.5−径が 20 mm 以下の丸鋼の場合の試験片
の採り方

図 JA.6−厚さ，幅，辺又は対辺距離が 20 mm
以下の角鋼の場合の試験片の採り方

e) 供試材が鋼板，鋼管又は形鋼の場合は，受渡当事者間で，適宜試験片の採取方法を協定する。

f) 試験片の採取位置及び被検面積は，判定結果に必ず付記する。

JA.3.3 試験片の調整

試験片は，必要な場合は，適切に焼入硬化するか又は被検面を浸炭焼入れした後，被検面を研磨紙及び
バフで研磨して仕上げる。この際，粗雑な研磨のため，介在物の脱落又は隠蔽，ピット，かききずの生成，
さびの発生などがないよう十分に注意する。

JA.4 介在物の種類

介在物は，次のように分類する。

a) **A 系介在物** 加工によって粘性変形したもの（硫化物，シリケートなど）。必要な場合には，更に硫化
物とシリケートとに分け，前者を A_1 系介在物，後者を A_2 系介在物という。

b) B系介在物　粒状の介在物が，加工方向に集団をなして不連続的に並んだもの（アルミナなど）。Nb，Ti 及び Zr（単独又は 2 種類以上）を含む鋼において，必要な場合には，更にアルミナなどの酸化物系と Nb，Ti 及び Zr の炭窒化物系とに分け，前者を B_1 系介在物，後者を B_2 系介在物という。

c) C系介在物　粘性変形をしないで不規則に分散するもの（粒状酸化物など）。Nb，Ti 及び Zr（単独又は 2 種類以上）を含む鋼において，必要な場合には，更に酸化物系と Nb，Ti 及び Zr の炭窒化物系とに分け，前者を C_1 系介在物，後者を C_2 系介在物という。

JA.5 試験

試験は，次による。

a) 倍率は，通常，400 倍とする。ただし，観察する方法によって適切な倍率を適用してもよい。

b) 一つの視野に対して縦，横各々20 本の格子線を重ね，被検面を観察し，介在物によって占められた格子点中心の数を数える。格子線は，任意の角度で重ねてよい。

c) 測定する視野数は，通常，60 とし，30 以上でなければならない。かつ，有効な結果を得るために無作為かつ適切に視野を選定し，測定しなければならない。

あらかじめ測定方法の正確さについて，十分な範囲で相関性が立証されていることを条件として，適用される材料の介在物を評価するために，自動画像解析を利用してもよい。

JA.6 清浄度の算出

視野内の総格子点数，視野数及び介在物によって占められた格子点中心の数によって，次の式で介在物の占める清浄度 d（%）を算出する。

$$d = \frac{n}{p \times f} \times 100$$

ここで，　　p：　視野内の総格子点数
　　　　　　f：　視野数
　　　　　　n：　f 個の視野における全介在物によって占められる格子点中心の数

JA.7 表示

清浄度の算出結果によって，次の例に示すとおり表示する。

例 1　$d60 \times 400 = 0.34$ %　　　（測定視野数が 60，倍率が 400 倍で，清浄度が 0.34 %の場合）

例 2　$d\mathrm{A}60 \times 400 = 0.15$ %
　　　　$d\mathrm{B}60 \times 400 = 0.02$ %　　　測定視野数が 60，倍率が 400 倍で，A 系，B 系及び C 系介在物の清浄度がそれぞれ 0.15 %，0.02 %及び 0.09 %の場合
　　　　$d\mathrm{C}60 \times 400 = 0.09$ %

JA.8 試験報告

試験報告書は，必要な場合に提出する。試験報告書には，次の項目を報告する。ただし，受渡当事者間の協定によって，次のうちから選択してもよい。

a) この規格の番号及び方法（点算法）

b) 材料の種類又は種類の記号，及び溶解番号

c) 試験片の採取位置及び被検面積

d) 試験結果［清浄度 d（%）］

e) 試験報告書の番号及び日付

参考文献

[1]　**ASTM E45,**　Standard Test Methods for Determining the Inclusion Content of Steel

附属書 JB
(参考)
JIS と対応国際規格との対比表

JIS G 0555		ISO 4967:2013,（MOD）		
a) **JIS の箇条番号**	b) **対応国際規格の対応する箇条番号**	c) **箇条ごとの評価**	d) **JIS と対応国際規格との技術的差異の内容及び理由**	e) **JIS と対応国際規格との技術的差異に対する今後の対策**
1	1	追加	**ISO** 規格では，標準図との比較（標準図法）だけであるが，**JIS** では計測法及び点算法を追加した。	国内独自の運用である。
		変更	**ISO** 規格では，"これらの方法は，鋼の使用目的に対する適性を…"を本体に記載しているが，**JIS** では，注記として記載した。	国内独自の運用である。
2	—	—		
3	—	追加	標準図法，計測法及び点算法を定義するとともに，これら以外の用語は **JIS G 0202** による旨を追加した。	—
4	2	追加	4.1（一般事項），4.2（介在物の種類），4.3（介在物の格付け及び厚さパラメータ）に分割して記載した。	
4.3	2	追加	表1注[a)]に **JIS Z 8401** の規則Aの丸めを追加した。	国内独自の運用であるが，技術的に差はない。
		追加	表1注[b)]として表の範囲を超える介在物は，附属書Dによって格付けすることが可能であることを追加した。	国内独自の運用であるが，技術的に差はない。
		追加	表2の見出し欄に"又は直径"を追加した。注[b)]として"厚いシリーズの最大厚さを超える介在物は，個別に記載すること"を追加した。	—
5	3	追加	**ISO** 規格では，小断面試験片の処置について規定はないが，**JIS** では，小断面試験片の埋め込みを行った際に，被検面が $200\ mm^2$ より小さくなる可能性があることを注[1)]として追加した。	**ASTM** 規格でも同様の考え方を規定しており，今後 **ISO** への提案を検討する。
		追加	**ISO** 規格では，サンプルの数だが，**JIS** では供試材及び試験片の数とした。	国内独自の運用であるが，技術的に差はない。
7	5	追加	7.1A を追加し，標準図法及び計測法における観察方法の違いを明確にした。	国内独自の運用であるが，技術的に差はない。
		追加	モニタスクリーン又は同等の装置を追加した。	各国でも実施しているものであり，技術的な差異はない。
		追加	"試験に先立ち，一般的ではない介在物の特徴を識別するため，100 倍よりも高い倍率で観察してもよい。"を手順として追加した。	日本独自の記述であるが，手順であり，技術的な差異はない。

a) JIS の箇条番号	b) 対応国際規格の対応する箇条番号	c) 箇条ごとの評価	d) JIS と対応国際規格との技術的差異の内容及び理由	e) JIS と対応国際規格との技術的差異に対する今後の対策
		追加	焦点板だけでなく対物ミクロメータを用いるケースもあることから，通常を追加した。	—
		追加	"あらかじめ測定方法の正確さについて，十分な範囲で相関性が立証されていることを条件として，適用される材料の介在物を評価するために，自動画像解析を利用してもよい。"を追加した。	既に開発されている技術であり，ISO への提案を検討する。
9	7	追加	"試験報告書は，必要な場合に提出する。試験報告書には次の項目を報告する。ただし，受渡当事者間の協定によって，次のうちから選択してもよい。"を追加した。	国内独自の運用である。
		追加	e)に標準図法又は計測法を追加した。	日本独自の運用である。
		削除	e)で標準図及び結果の表示方法を削除した。	試験方法で明確になるので，技術的に差異はない。
		追加	f)に標準図法を追加した。	日本独自の運用である。
附属書 B	Annex B	変更	参考を規定とした。	—
附属書 D	Annex D	変更	参考を規定とした。	—
附属書 JA	—	追加	点算法を規定した。	日本独自の運用である。
参考文献	—	追加	ASTM E45 を追加した。	ASTM 規格自体は周知されているので，特に提案は不要である。

注記 1　箇条ごとの評価欄の用語の意味を，次に示す。
　　　—　削除：対応国際規格の規定項目又は規定内容を削除している。
　　　—　追加：対応国際規格にない規定項目又は規定内容を追加している。
　　　—　変更：対応国際規格の規定内容又は構成を変更している。
注記 2　JIS と対応国際規格との対応の程度の全体評価の記号の意味を，次に示す。
　　　—　MOD：対応国際規格を修正している。

鋼の地きずの肉眼試験方法
Method of macro-streak-flaw test for steel

序文

この規格は，1976 年に第 1 版として発行された **ISO 3763** を基とし，技術的内容を変更して作成した日本産業規格である。

なお，この規格で，**附属書 JA** 及び**附属書 JB** は，対応国際規格にはない事項である。また，側線又は点線の下線を施してある箇所は，対応国際規格を変更している事項である。技術的差異の一覧表にその説明を付けて，**附属書 JC** に示す。

1　適用範囲

この規格は，肉眼又は適切な倍率で拡大して，圧延又は鍛造された鋼の地きず（ピンホール，ブローホール，非金属介在物，異物の介在など）を評価する段削り試験方法，青熱破壊試験方法及び磁粉探傷試験方法について規定する。

注記 1　対応国際規格では，倍率は 10 倍以下と規定されている。

注記 2　この規格の対応国際規格及びその対応の程度を表す記号を，次に示す。

　　ISO 3763:1976, Wrought steels − Macroscopic methods for assessing the content of non-metallic inclusions（MOD）

　　　なお，対応の程度を表す記号“MOD”は，**ISO/IEC Guide 21-1** に基づき，“修正している”ことを示す。

2　引用規格

次に掲げる引用規格は，この規格に引用されることによって，その一部又は全部がこの規格の要求事項を構成している。これらの引用規格は，その最新版（追補を含む。）を適用する。

JIS B 0601　製品の幾何特性仕様（GPS）−表面性状：輪郭曲線方式−用語，定義及び表面性状パラメータ

JIS G 0202　鉄鋼用語（試験）

JIS G 0701　鋼材鍛錬作業の鍛錬成形比の表わし方

JIS Z 2320-1　非破壊試験−磁粉探傷試験−第 1 部：一般通則

JIS Z 8401　数値の丸め方

3 用語及び定義

この規格で用いる主な用語及び定義は，次によるほか，**JIS G 0202** による。

3.1
地きず

鋼の仕上面において，肉眼又は適切な倍率で拡大して認められるピンホール，ブローホールなどによる線状のきず，非金属介在物による線状のきず，砂などの異物の介在による線状のきずなど

注釈 1 この場合，明らかに加工きず又は割れと認められるきずは，含まない。

4 試験方法の種類

試験方法の種類は，**表 1** による。その選択は，鋼材規格又は受渡当事者間の協定による。

表 1－試験方法の種類

種類
段削り試験方法
青熱破壊試験方法
磁粉探傷試験方法

5 段削り試験方法

5.1 原理

段削り試験方法は，切削によって，円柱状の段削り試験片の表面に現れる縦方向の地きずの数及び分布の測定による。

5.2 試験片

試験片は，次による。

a) 圧延又は鍛造された丸形断面の鋼材を，通常，**表 2** の寸法に機械仕上げする。

　　なお，受渡当事者間の協定によって，ほかの寸法に機械仕上げしてもよい。

b) 仕上面の粗さは，通常，**JIS B 0601** の Ra 3.2 μm～Ra 6.3 μm とするが，必要に応じ適切な粗さとしてもよい。ただし，供試材が丸形断面以外の場合は，受渡当事者間の協定による。

表 2－段削り寸法

単位　mm

呼び径 D	一段直径 $d\,\mathrm{I}$	二段直径 $d\,\mathrm{II}$	三段直径 $d\,\mathrm{III}$	各段の長さ l
20 以上　　30 以下	$D-2$	—	—	63.6
30 を超え 75 未満	$D-4$	$D\times\dfrac{2}{3}$	$D\times\dfrac{1}{2}$	63.6
75 以上　150 以下	$D-6$	$D\times\dfrac{2}{3}$	$D\times\dfrac{1}{2}$	63.6
呼び径 20 mm 未満又は 150 mm を超える鋼材については，受渡当事者間の協定による。				

5.3 試験

試験は，次による。

a) 試験片の各段の仕上面について，地きずの長さ及びその数を測定する。ただし，長さ 0.5 mm 以下の地きずは，測定対象としない。

b) 地きずの長さ及び数は，全て肉眼又は適切な倍率で拡大して測定する。2 個の地きずが相接して存在するときは，その距離が 0.5 mm 以下のとき，又は間隔について 0.2 mm 以下のときは，1 個の地きずとして長さを測定する（**図 1** 参照）。

　　注記 対応国際規格では，倍率は 10 倍以下と規定されている。

c) あらかじめ測定方法の正確さについて，十分な範囲で相関性が立証されていることを条件として，適用される材料の地きずの長さ及び数を測定するために自動画像解析などを利用してもよい。

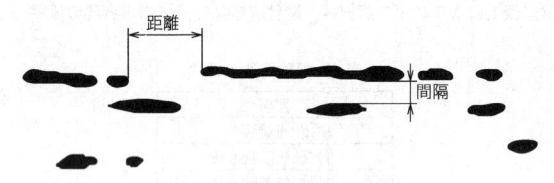

図 1－地きずの間隔及び距離

5.4 判定

判定は，次による。

a) 地きずは，その長さ及び数によって判定する。

b) 地きずの長さは，**表 3** に示す地きず番号で表す。

表 3－地きず番号

単位　mm

地きず番号	地きず長さ		地きず番号	地きず長さ	
1	0.5 を超え	1.0 以下	15	12.0 を超え	15.0 以下
2	1.0 を超え	2.0 以下	20	15.0 を超え	20.0 以下
3	2.0 を超え	3.0 以下	25	20.0 を超え	25.0 以下
4	3.0 を超え	4.0 以下	30	25.0 を超え	30.0 以下
5	4.0 を超え	5.0 以下	40	30.0 を超え	40.0 以下
6	5.0 を超え	6.0 以下	50	40.0 を超え	50.0 以下
8	6.0 を超え	8.0 以下	60	50.0 を超え	60.0 以下
10	8.0 を超え	10.0 以下	70	60.0 を超えるもの	
12	10.0 を超え	12.0 以下			

c) 地きずの数は，試験片の各段ごとに同一地きず番号に属する地きず数を，式(1)によって 100 mm×100 mm の面積当たりの数に換算して求める（以下，これを換算個数という。）。この場合，**JIS Z 8401** の規則 A に従って小数点以下 1 位に丸める。

　　換算個数が，0.05 以下となるときは，これを 0.0 とする。

$$n = N \times \frac{100 \times 100}{3.14 \times d \times l} \cdots\cdots\cdots\cdots\cdots\cdots\cdots\cdots\cdots\cdots\cdots\cdots\cdots\cdots\cdots\cdots\cdots\cdots\cdots (1)$$

ここで，　　　n：　100 mm×100 mm の面積に換算した地きずの数
　　　　　　　N：　観察した実際の地きずの数
　　　　　　　d：　地きずを観察した段の直径
　　　　　　　l：　地きずを観察した段の長さ

5.5　表示

受渡当事者間の協定がない場合の表示は，次による。

a)　表示する段を I, II 及び III で示す。

b)　試験結果の表示方法は，次のいずれかによる。

1)　**地きずの長さとその数とを表示する場合**　各段ごとに，各地きず番号とその換算個数とを表示する（**例 1** 参照）。段内に複数の地きず番号が存在する場合，地きず番号ごとの表示を "＋" で結ぶ。

地きず番号が一つの場合　段番号－(地きず番号×換算個数)

地きず番号が複数の場合　段番号－[地きず番号(1)×換算個数(1)＋地きず番号(2)×換算個数(2)＋…]

2)　**地きずの総長さと総数とを表示する場合**　各段の地きずの総換算個数と地きずの長さの総和とを順に表示し，次に最大地きず長さの属する地きず番号を括弧内に表示する（**例 2** 参照）。

なお，地きず長さの総和は，"各地きず番号に属する地きず総換算個数" に "地きず番号" を乗じたものの総和とする。

3)　**地きずの分布を表示する場合**　各段ごとの地きずの位置に "－" を記入し，その上に地きず番号を記入した展開図を添付する（**例 3** 参照）。

例 1　呼び径 70 mm の径の棒鋼を試験した場合の計算及び表示：

一段（直径 66 mm，長さ 63.6 mm）の仕上面に

地きず番号 2 に属するもの ………………………………　1 個

二段（直径 47 mm，長さ 63.6 mm）の仕上面に

地きず番号 2 に属するもの …………………………………　2 個

地きず番号 3 に属するもの …………………………………　2 個

地きず番号 4 に属するもの …………………………………　1 個

三段（直径 35 mm，長さ 63.6 mm）の仕上面に

地きず番号 3 に属するもの …………………………………　2 個

地きず番号 4 に属するもの …………………………………　2 個

各段の各地きず番号の換算した地きずの数の計算結果は，式(1)によって次のようになる。

一段仕上面に，

地きず番号 2 に属するもの：0.8 個

$$n = 1 \times \frac{100 \times 100}{3.14 \times 66 \times 63.6} = 0.8$$

二段仕上面に，

地きず番号 2 に属するもの：2.1 個

　　　地きず番号 3 に属するもの：2.1 個

　　　地きず番号 4 に属するもの：1.1 個

三段仕上面に，

　　　地きず番号 3 に属するもの：2.9 個

　　　地きず番号 4 に属するもの：2.9 個

観察結果は，次のように表す。

　　Ⅰ－(2×0.8)

　　Ⅱ－(2×2.1＋3×2.1＋4×1.1)

　　Ⅲ－(3×2.9＋4×2.9)

例 2　**例 1** と同じ地きずがある場合の計算及び表示：

各段の仕上面の地きずの総換算個数は，

　　一段仕上面：0.8 個

　　二段仕上面：2.1＋2.1＋1.1＝5.3 個

　　三段仕上面：2.9＋2.9＝5.8 個

地きず長さの総和は，

　　一段仕上面：0.8×2＝1.6 mm

　　二段仕上面：2.1×2＋2.1×3＋1.1×4＝14.9 mm

　　三段仕上面：2.9×3＋2.9×4＝20.3 mm

最大地きず番号は，

　　一段仕上面：地きず番号 2

　　二段仕上面：地きず番号 4

　　三段仕上面：地きず番号 4

観察結果は，次のように表す。

　　Ⅰ－0.8－1.6－(2)

　　Ⅱ－5.3－14.9－(4)

　　Ⅲ－5.8－20.3－(4)

例 3　**例 1** の地きず分布の展開図の例を，**図 2** に示す。

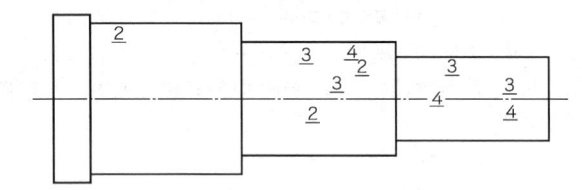

図 2－地きず分布の展開図の例

c)　必要ある場合は，供試材の鍛錬成形比を付記する。鍛錬成形比の表示は，**JIS G 0701** による。

6　青熱破壊試験方法

青熱破壊試験方法を用いる場合は，**附属書 JA** による。

7　磁粉探傷試験方法

磁粉探傷試験方法を用いる場合は，**附属書 JB** による。

8　試験報告書

試験報告書が必要な場合には，報告する事項は，次のうちから，受渡当事者間の協定によって選択する。

a)　この規格で試験された旨の記述：**JIS G 0556**

b)　試験片の識別

c)　材料の種類（分かっている場合）

d)　適用した試験方法

e)　試験片の採取位置及び採取方向（分かっている場合）

f)　試験結果

附属書 JA
（規定）
青熱破壊試験方法

JA.1 原理

青熱破壊試験方法は，青熱焼戻しを受けた破壊面において，目に見える非金属介在物の全数及び分布を決定するものである。この破壊は，製品の鍛造又は圧延長手方向に沿って行う。介在物は，通常白い糸状として現れる。

JA.2 適用製品

青熱破壊試験方法は，広範囲の鍛造及び圧延製品に適用することが可能である。一般に試験は，半製品で行う。

JA.3 試験片のサンプリング及び準備

JA.3.1 サンプリング

試験片は，その厚さが鍛造又は圧延長手方向に平行になるように，供試材が熱間状態又は冷間状態できょ（鋸）断又はガス切断にて採取する。その厚さは，製品の寸法による（例えば，5 mm〜20 mm）が，一般に 10 mm が望ましい。

ガス切断で試験片を採取する場合，切断による熱影響部の外側で，青熱破壊が生じるように，十分に注意を払わなければならない。試験片の数及び位置は，受渡当事者間の協定による。

JA.3.2 準備

試験片は，試験片の破壊をしやすくするため，主要な面（すなわち，製品の鍛造又は圧延長手方向に垂直な面）の一方の中央に，溝を付けてもよい。溝の形状は，特に規定しないが，その深さは，試験片の残存厚さが **JA.3.1** に決めた条件に合うようにしなければならない。

JA.4 手順

必要によって焼きならし処理をした後，試験片は，試験開始時に青熱ぜい性温度（300 ℃〜350 ℃）に空気中で加熱した後破壊するか，又は室温で破壊した後二つの断片を青熱ぜい性温度まで加熱しなければならない。

受渡当事者間の合意がある場合は，試験片を焼入焼戻ししてもよい。

試験片の壊れた二つの部分の一方に生じた破面は，肉眼又は 10 倍以下の拡大鏡を用いて観察しなければならない。

JA.5 結果

JA.5.1 試験方法

試験は，**JA.5.2** の定性試験による。ただし，受渡当事者間の協定によって，**JA.5.3** の定量試験によってもよい。

JA.5.2 定性試験

定性試験は，**図 JA.1** の 10 個の標準図と比較することによって行わなければならない。

図 JA.1 と関連して評価する際に，断面内の介在物の位置，例えば，中心，表面，又は一様な分布かを含まなければならない。

JA.5.3 定量試験

定量試験は，介在物を数え，そして次のパラメータの一つ（又は両方）を用いて行わなければならない。
－ 長さ
－ 厚さ

選ばれたパラメータに従って，介在物の分布は，**表 JA.1** 又は**表 JA.2** によって表さなければならない。

JA.5.4 結果の評価

得られた結果を評価する方法は，受渡当事者間の協定による。

JA.6 注意事項

比較試験を行う場合は，類似の熱間圧延を受けた製品で行う。また，介在物はある硬さ範囲ではっきりと現れる。したがって，軟鋼に対しては，試験片の前処理（焼戻しをしない硬化処理）を行うことが望ましい。

線状に現れたフェライト組織又は糸状に現れた炭化物を含む鋼を試験する場合，それらを糸状の介在物と混同するかもしれないので，注意しなければならない。

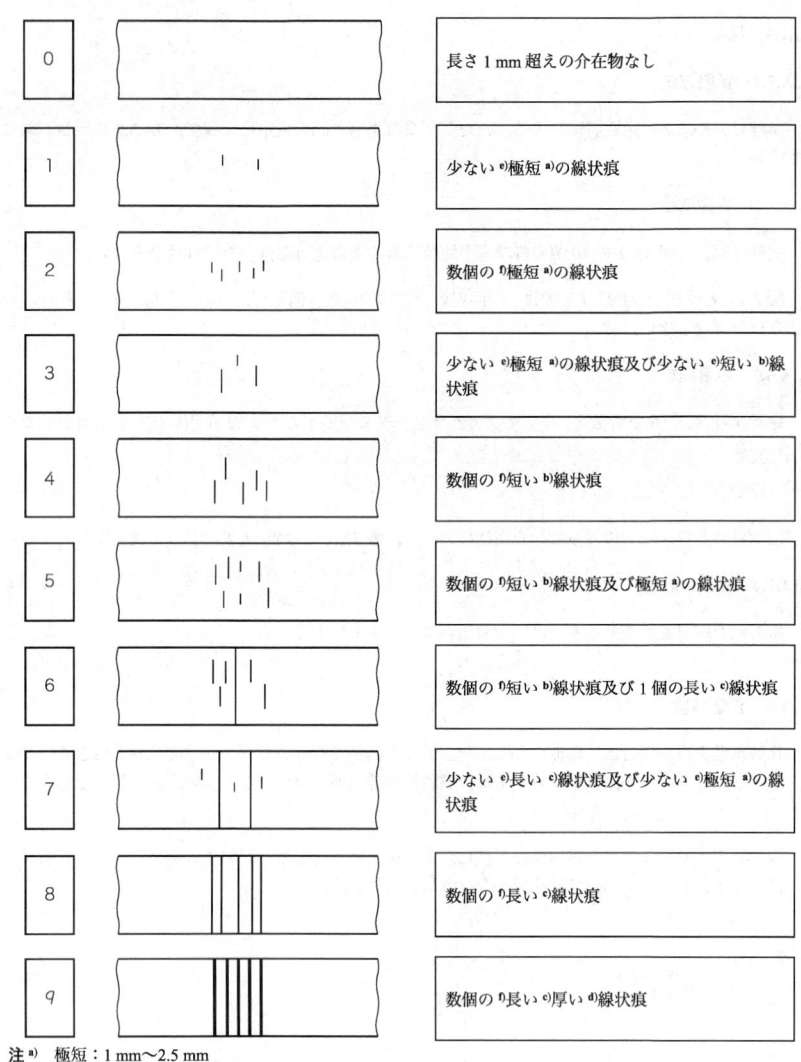

注 a)	極短：1 mm～2.5 mm
注 b)	短い：2.5 mm 超，5 mm 以下
注 c)	長い：5 mm 超
注 d)	厚い：0.5 mm 超
注 e)	少ない：3 個以下
注 f)	数個の：3 個超

図 JA.1 ― 青熱破壊試験方法の標準図

表 JA.1－介在物の長さを基にした介在物分布

単位　mm

記号	介在物の長さ　l
L0	目で見える介在物なし
L1	$1.0 \leqq l \leqq 2.5$
L2	$2.5 < l \leqq 5.0$
L3	$5.0 < l \leqq 10$
L4	$10 < l$

表 JA.2－介在物の厚さを基にした介在物分布

単位　mm

記号	介在物の厚さ　e
T0	目で見える介在物なし
T1	$0.1 \leqq e \leqq 0.25$
T2	$0.25 < e \leqq 0.50$
T3	$0.50 < e \leqq 1.00$
T4	$1.00 < e$

附属書 JB
(規定)
磁粉探傷試験方法

JB.1 原理

試験は，試験片又は製品の切り出した表面を磁化し，強磁性粉末が浮遊している液体を塗布し，磁粉模様を観察することによって行う。

非金属介在物は，誘導磁場の漏えい（洩）の原因となる。この誘導磁場の漏えいは強磁性粉末を引きつけ，目に見える指示を示す。

JB.2 適用分野

磁粉探傷試験は，強磁性鋼だけに適用する。一般に，スラブ，棒，ビレット及び管のような製品に対して使用されている。

JB.3 操作方法

JB.3.1 表面の調製

試験面は，製品の圧延長手方向の面でなければならない。使用される試験片の状態は，製品の形状又は行われる試験によって大きく変更してもよい。

サンプリング方法，試験片の数及びそれらの位置は，受渡当事者間の協定による。

棒，ビレット及び丸鋼の場合には，次のいずれかの試験表面から選んでもよい。

a) 微細な研磨後の製品の表面

b) 製品の軸断面

c) この規格に規定されている段削り試験方法の試験面

d) 切削又は鍛造によって調製した円柱状の試験片，及び製品の断面の 1/4 から製品の軸が試験片の表面として含まれるように切削した円柱状試験片 [製品の軸には，印を付けることが望ましい（**図 JB.1** 参照）]。

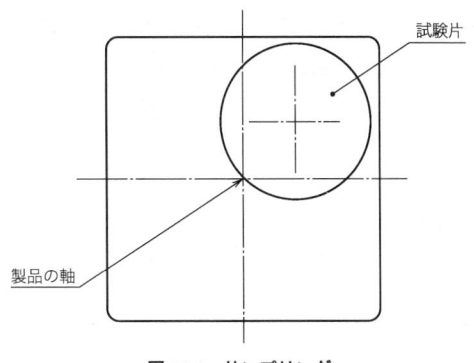

図 JB.1－サンプリング

a), b)及び c)のタイプの試験表面は，一般には，直径又は側面が 100 mm より小さい製品に対して使用する。d)のタイプの試験表面は，大断面の製品に対して使用する。

試験片の表面又は試験片の調製は，試験する介在物が，どのような機械加工のマークとも区別でき，また，介在物の全体が引き剥がされてしまわないように，圧延方向に垂直に微細な研磨によって仕上げなければならない。

試験する介在物が小さいほど，調製をより慎重に行うように注意することが望ましい。試験片の両端は，磁化しやすいように機械加工しなければならない。

不均一組織の場合には，試験片の熱処理を行ってもよい。

JB.3.2　手順

磁粉探傷試験の手順は，**JIS Z 2320-1** による。

磁粉は，通常，分散媒に懸濁させて用いる湿式法による。ただし，受渡当事者間の協定によって，各種の乾式磁粉を用いる乾式法によってもよい。

磁粉探傷試験では，き裂，ブローホール，収縮き裂などのような金属中の他の不規則なものも指示されてしまうことに注意する。得られた観察結果が非金属介在物と正しく対応することを確かめるため，浸透探傷試験などによってあらかじめ確認しておくことが望ましい。

観察しようとする表面を直接に測定する代わりに，表面のレプリカを用いることが可能である。この方法は，像の記録を提出するのに便利である。このためには，透明な粘着テープを表面に接触させ，粘着側を試験片に向けて置く。このテープは，磁粉がテープに付着するように試験片に対して押し付ける。このような操作は，磁気像の変化を避けるために，可能な限り電流を流しながら行う。電源を切った後，テープを試験片から取り去り，白い紙か又は透明なプラスチックの薄板のいずれかに貼り付ける。

JB.4　結果

磁気による像は，十分な散光（diffused light）の下で試験しなければならない。通常，蛍光白色光が適用される。

　糸状介在物の数及びその長さは，直接表面又はレプリカ上のいずれかで測定しなければならない。

　結果の評価基準については，受渡当事者間の協定による。

JB.5　注意事項

　磁粉処理後の計数の結果は，単に切削後の表面試験で得た結果とは異なることがある。事実，磁粉探傷試験を行う場合，たとえ介在物の大半の部分が試験した表面の下にあっても，糸状介在物はそれらの最大長さで示されることになる。また，大きな介在物であっても表面下にある場合には，指示がはっきりしないことがある。

　糸状炭化物のような組織成分が，間違った結果をもたらすことに留意することが望ましい。

附属書 JC
（参考）
JIS と対応国際規格との対比表

JIS G 0556			ISO 3763:1976，（MOD）	
a) JIS の箇条番号	**b)** 対応国際規格の対応する箇条番号	**c)** 箇条ごとの評価	**d)** JIS と対応国際規格との技術的差異の内容及び理由	**e)** JIS と対応国際規格との技術的差異に対する今後の対策
1	1	変更	JIS では，モニタによる観察などの実態を反映して，倍率を"適切な倍率"に変更した。	ISO 規格改訂時に提案を検討する。
3	—	追加	JIS では，用語及び定義の箇条を追加し，地きずを定義するとともに，JIS G 0202 を引用した。	ISO 規格改訂時に提案を検討する。
5	4	変更	ISO 規格では，仕上面の定量的な粗さ規定はない。 段削り寸法が，JIS と ISO 規格とで異なる。 地きずの結果分類方法が JIS と ISO 規格とで異なる。 JIS は，結果の表示方法について規定しているが，ISO 規格は，受渡当事者間で取り決めることとしている。	ISO 規格改訂時に提案を検討する。
6	3	変更	JIS では附属書（規定）とした。	技術的内容に差異はない。
7	5	変更	JIS では附属書（規定）とした。	技術的内容に差異はない。
8	—	追加	ISO 規格には，試験報告書の箇条がない。	ISO 規格改訂時に提案を検討する。
附属書 JA	3 ANNEX A	変更	JIS は，ISO 規格の本文(箇条3)及び ANNEX A に規定している内容を翻訳し，技術的内容を変更することなく結合して附属書 JA として規定している。	技術的内容に差異はない。
附属書 JB	5 ANNEX B	変更	JIS は，ISO 規格の本文(箇条5)及び ANNEX B に規定している内容を翻訳し，技術的内容を変更して結合して附属書 JB として規定している。	ISO 規格改訂時に提案を検討する。

注記1　箇条ごとの評価欄の用語の意味を，次に示す。
　　－　追加：対応国際規格にない規定項目又は規定内容を追加している。
　　－　変更：対応国際規格の規定内容又は構成を変更している。
注記2　JIS と対応国際規格との対応の程度の全体評価の記号の意味を，次に示す。
　　－　MOD：対応国際規格を修正している。

鋼の浸炭硬化層深さ測定方法

Methods of measuring case depth hardened
by carburizing treatment for steel

序文

この規格は，2016 年に第 1 版として発行された ISO 18203 を基とし，浸炭硬化層深さ測定方法に関わる内容だけを抜き出して規定するため，技術的内容を変更して作成した日本産業規格である。

なお，この規格で側線又は点線の下線を施してある箇所は，対応国際規格を変更している事項である。変更の一覧表にその説明を付けて，**附属書 JA** に示す。

1 適用範囲

この規格は，鋼の浸炭焼入れ又は浸炭浸窒焼入れによる硬化層深さ（以下，硬化層深さという。）を測定する方法について規定する。有効硬化層深さ決定のための内挿法を，**附属書 A** に規定する。

注記 この規格の対応国際規格及びその対応の程度を表す記号を，次に示す。

ISO 18203:2016, Steel－Determination of the thickness of surface-hardened layers（MOD）

なお，対応の程度を表す記号 "MOD" は，**ISO/IEC Guide 21-1** に基づき，"修正している"ことを示す。

2 引用規格

次に掲げる規格は，この規格に引用されることによって，この規格の規定の一部を構成する。これらの引用規格は，その最新版（追補を含む。）を適用する。

JIS B 0601 製品の幾何特性仕様（GPS）－表面性状：輪郭曲線方式－用語，定義及び表面性状パラメータ

JIS B 7725 ビッカース硬さ試験－試験機の検証及び校正

注記 対応国際規格：**ISO 6507-2**, Metallic materials－Vickers hardness test－Part 2: Verification and calibration of testing mechines

JIS B 7734 ヌープ硬さ試験－試験機の検証

注記 この規格の改正時点では，**JIS B 7734** は，**ISO 4546**:1993 に対応したものであるが，**ISO 4546** は，廃止されて **ISO 4545-2** へ移行し，2017 年版が発行されている。

JIS G 0201 鉄鋼用語（熱処理）

JIS G 0202 鉄鋼用語（試験）

JIS Z 2244 ビッカース硬さ試験－試験方法

注記 対応国際規格：**ISO 6507-1**, Metallic materials－Vickers hardness test－Part 1: Test method

JIS Z 2251 ヌープ硬さ試験－試験方法

注記　対応国際規格：**ISO 4545-1**，Metallic materials－Knoop hardness test－Part 1: Test method

3　用語及び定義

この規格で用いる主な用語及び定義は，**JIS G 0201** 及び **JIS G 0202** によるほか，次による。

3.1
有効硬化層深さ

焼入れのまま，又は 200 ℃を超えない温度で焼戻しした硬化層の表面から，限界硬さである，**JIS Z 2244** に従った 550 HV の位置までの距離，又は **JIS Z 2251** の相当するヌープ硬さの位置までの距離（**図 4** 参照）。

4　測定の原理

4.1　一般

有効硬化層深さは，表面からの硬さ変化を描いた硬さ推移曲線から求める。

全硬化層深さ [1]は，硬さ変化又は顕微鏡観察による組織変化から求める。

> 注 [1]　全硬化層深さは，**JIS G 0202**［鉄鋼用語（試験）］の番号 3223 参照。

4.2　硬さ試験による測定

硬さ試験による測定は，表面に垂直な断面の硬さ変化から硬化層深さを決定する。

4.3　マクロ組織試験による測定

試験片の切断面をエッチングして，低倍率の拡大鏡で観察し，硬化層深さを測定する。簡便法としてマクロ組織試験による測定を用いる。

5　試験装置

ビッカース硬さを測定する硬さ試験機は，**JIS B 7725** に従って検証及び校正しなければならない。

受渡当事者間の協定によって，ヌープ硬さの測定を用いてもよい。ヌープ硬さを測定する硬さ試験機は，**JIS B 7734** に従って検証及び校正しなければならない。

6　試験片

6.1　一般

試験片は，通常，製品そのものを用いる。

6.2　試験片の加工・調製

特に受渡当事者間で協定しない限り，次に規定する条件で断面を加工・調製する。

－　製品の長手方向に垂直な部位。

－　長手方向がない場合には，受渡当事者間で協定する部分の表面から垂直な部位。

硬化層が薄い場合には，受渡当事者間の協定によって，次の階段状試験片及び傾斜面状試験片を適用する場合がある。

階段状試験片及び傾斜面状試験片は，断面測定とは異なる結果となる場合があるので，断面測定では，マイクロビッカース試験を含む低試験力を適用するのがよい。

－　階段状試験片：階段は，製品表面から生地になる点まで精密加工して，段は 0.05 mm 又は 0.10 mm 厚とする。階段状試験片は，限定された範囲に硬化層厚さを指定された場合に適用する。**図 1** 参照。

－　傾斜面状試験片：**図 2** 参照。

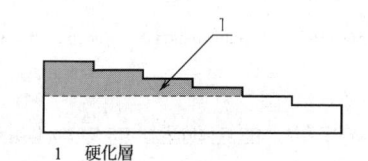

1　硬化層

図1－階段状試験片

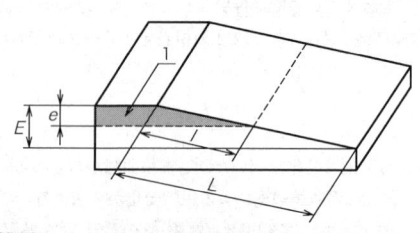

1	硬化層	L	傾斜面の長さ
l	測定距離	E	傾斜部の高さ
e	求める深さ[a]		

注[a]　求める深さ e は，測定距離 l を，傾き E/L で補正するのが望ましい。
　　　求める深さは，有効硬化層深さ又は全硬化層深さに相当する。

図2－傾斜面状試験片

6.3　被検面の前処理

　試験片に加工ひずみ，切削熱などの負荷がかからないように注意して，前処理のために試験片を切断する。試験片は，必要な場合，端部が丸くならないように樹脂に埋め込む。端部が丸くならないようにしながら，切出しきず及び研削きずを研削し，研磨する。試験片の前処理で対象部位に影響が出ないように注意して処理する。試験力が小さいほど，一層注意して前処理しなければならない。研磨後，必要な場合，前処理が適切かどうか見極め，表面に問題がないかどうか確かめるために，適切な溶液を用いて試験片をエッチングする。前処理が不適切な場合，最終的な前処理操作を繰り返す。表面の被膜又は残さい（滓）を注意深く取り除く。表面を指で触れてはならない。マイクロビッカース硬さを適用する場合は，エッチングしない研磨したままの表面を試験するのがよい。マクロ組織試験を適用する場合は，異なる組織を現出させ，区別するように適切にエッチングする。

7　測定方法

7.1　硬さ試験による測定方法

　表面に垂直な1本又は幅 1.5 mm の範囲 W 内にある複数本の線に沿ってくぼみをつける（**図3**参照）。複数本の線の場合，線の間隔は，**JIS Z 2244** 又は **JIS Z 2251** の要求事項を満足しなければならない。

　隣り合うくぼみ間の距離 Δd は，くぼみの対角線長さの3倍以上とする（**図3**参照）。表面から連なる各くぼみ間のずれ（例　d_2-d_1）は 0.1 mm 以下とし，表面からの距離は，±25 μm の精度で測定しなければならない。ただし，表面硬化層が厚い場合は，限界硬さ近傍を除き，0.1 mm を超えてもよい。くぼみの対角線長さは，**JIS B 7725** 又は **JIS B 7734** に規定された精度で測定しなければならない。

　表面に最も近いくぼみの中心は，表面から，そのくぼみの対角線長さの 2.5 倍以上の距離になければな

らない。ビッカース圧子又はヌープ圧子を用いる試験では，試験力は，通常，HV 0.3 を適用し，HV 0.1〜HV 1 を使用してもよい。ただし，受渡当事者間の協定によって，その他の試験力及び試験方法を使用してもよい。くぼみの測定は，光学顕微鏡を使用し，適切な照度になるようにする。これには，カメラが附属する場合と附属しない場合とがあり，接眼レンズ又はスクリーンの幅若しくは高さの 25 %〜75 %の範囲に拡大し，くぼみの端部にゆがみがなく，焦点を合わせられなければならない。

注記　図 3 に示したくぼみの間隔のために，通常，0.980 7 N〜2.942 N の試験力が適用されている。

受渡当事者間で合意した位置の二つ以上の範囲で前処理された表面を測定し，各範囲の結果を表面からの距離の関係として硬さ推移曲線[2]を描く。

注[2]　硬さ推移曲線は，JIS G 0202 ［鉄鋼用語（試験）］の番号 3224 参照。

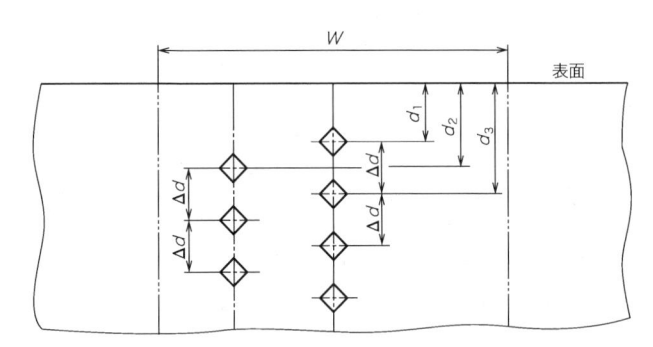

図 3−硬さ測定点の位置

7.2　マクロ組織試験による測定方法

マクロ組織試験による測定は，次の手順によって行う。

a)　試験片を硬化面に垂直に切断し，切断面を研磨仕上げして被検面とする。切断又は研磨によって，被検面の組織に影響を及ぼさないように，十分注意する。被検面の粗さは，通常，JIS B 0601 の最大高さ粗さ Rz を，1.6 μm 程度以下とする。

b)　被検面を 5 %ナイタール[3]中で，明瞭な着色状態が得られるように適切な時間エッチングし，このエッチング面をエタノール又は水で洗浄した後，20 倍を超えない倍率の拡大鏡でエッチングによる着色状況を調べる。

注[3]　体積分率が 5 %になるように硝酸（62 %硝酸と同等のもの。）のエタノール溶液を調製したもの。体積分率 5 %とは，体積比で 1 ： 19 を意味している。

8　結果の評価

8.1　硬さ試験

7.1 で規定した測定方法に従って，表面から限界硬さ（3.1 参照）又は硬さが生地と同じになる位置までの距離を定める。この距離が，有効硬化層深さ又は全硬化層深さとなる（図 4 参照）。

表面から硬化層（550 HV の硬さ値で定めた深さ）の 3 倍の距離の位置の硬さがビッカース硬さ 450 を超えるものについては，受渡当事者間の協定によって，限界硬さは，ビッカース硬さ 550 を超える（ビッカース硬さ 25 刻みの）硬さを用いることができる。

　受渡当事者間の協定によって，7.1 で規定した測定を 2 回実施して，硬さ推移曲線を 2 本作成し，それぞれから得られた硬化層深さの平均値を採用してもよい。

　なお，両者の差が 0.1 mm を超えるときは，試験を繰り返す。

　全硬化層深さの決定が困難な場合，受渡当事者間の協定によって，硬化層のおおよその深さの 2 倍の深さで測った生地の硬さより 30 HV〜50 HV だけ高い点を，全硬化層深さを決定する硬さとしてもよい。

　注記　測定の不確かさは，測定結果に影響する主な要因を特定するために有用である。

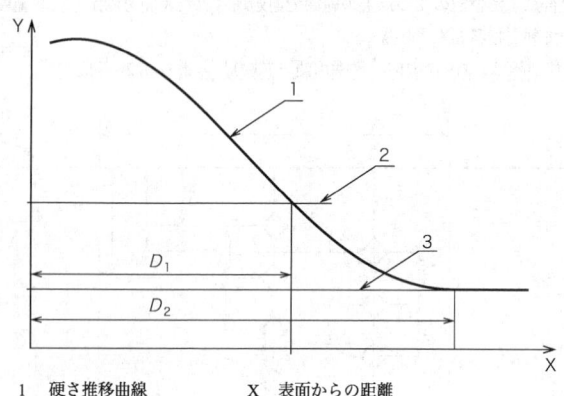

1	硬さ推移曲線	X	表面からの距離
2	限界硬さ	Y	硬さ
3	生地と同じ硬さ		
D_1	有効硬化層深さ		
D_2	全硬化層深さ		

図 4−硬化層深さを決定するための硬さ推移曲線

8.2　マクロ組織試験

　全硬化層深さは，生地と異なって着色されている部分の，表面からの深さを測定することによって求める。

9　表示

　硬化層深さの表示は，次による。

a)　硬化層深さは，ミリメートルで示し，小数点以下 1 位までとする。

b)　硬化層深さの表示記号は，**表 1** による。

表1−硬化層深さの表示記号

硬化層深さ	測定方法	
	硬さ試験による測定方法 [a] ビッカース硬さ [c]	マクロ組織試験による測定方法
有効硬化層深さ	CHD (DC-H△-E) [b]	−
全硬化層深さ	DC-H△-T	DC-M-T

注 [a] 硬化層深さの表示の例は，次による。△には **JIS Z 2244** の**表3**（硬さ記号と試験力）における
硬さ記号の数字を記入する。

例1　CHD = 2.5 mm

（箇条7のビッカース硬さ試験による測定方法で，試験力2.9 Nで測定し，有効硬化
層深さ 2.5 mm の場合）

例2　DC-H1-T1.1

（箇条7のビッカース硬さ試験による測定方法で，試験力9.8 Nで測定し，全硬化層
深さ 1.1 mm の場合）

例3　DC-M-T2.2

（箇条7のマクロ組織試験による測定方法で測定し，全硬化層深さ 2.2 mm の場合）

ビッカース硬さの有効硬化層深さについては，他の試験力又は異なる限界硬さを使用する場
合は，CHD の後に次のように示す。

例4　CHD 575 HV5（試験力 49.03 N，限界硬さ 575 HV）

[b] 受渡当事者間の協定によって，DC-H-E の表記を使用してもよい。ビッカース硬さ試験の試
験力が2.9 Nの場合は，△の記入を省略してもよい。

例　DC-H-E2.5

（箇条7のビッカース硬さ試験による測定方法で，試験力2.9 Nで測定し，有効硬化層
深さ 2.5 mm の場合）

[c] ヌープ硬さ試験による測定方法で行った場合の表示記号は，受渡当事者間の協定による。

10 報告

報告が必要な場合には，受渡当事者間の協定のない限り，少なくとも次の項目を含む。

なお，受渡当事者間の協定によって，次の項目の一部を省略してもよい。

a) この規格に基づいて測定した旨の記載（**JIS G 0557**）

b) 試験方法（硬さ試験方法，試験力，倍率，複数本の線に沿ってくぼみをつけた場合は平行線間の距離）

c) 測定の結果（箇条9参照）

d) 試験片名称，識別番号，試験位置など

e) 測定時に発生した特記事項

f) 試験片（製品又は同一鋼種の鋼材）の区分

g) 熱処理条件

附属書 A
（規定）
有効硬化層深さ決定のための内挿法

A.1 一般

浸炭硬化層深さが規定された場合，次の内挿法によって有効硬化層深さを求めてもよい。ここで定義している浸炭硬化層深さの終点境界領域では硬さの変化率が直線近似できるため，内挿法の適用が可能である。

A.2 有効硬化層深さ決定のための内挿法

垂直断面上で表面からの距離が d_1, d_2 である部分において 5 点以上の硬さ測定を行う（**図 A.1** 参照）。d_1 及び d_2 は検証したい有効硬化層深さよりそれぞれ小さい値及び大きい値になるよう設定し，$d_2 - d_1$ は 0.3 mm 以下とする。

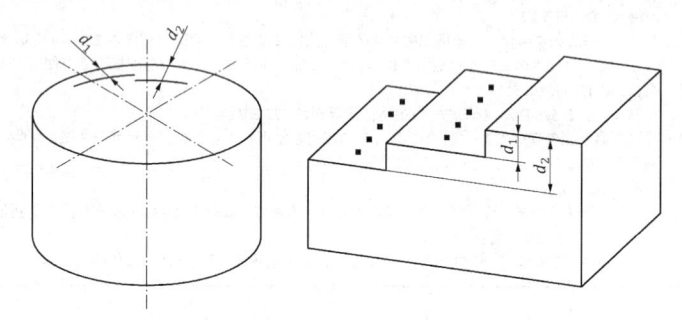

図 A.1－硬さ測定部位

有効硬化層深さは，次の式(A.1)で算出される。

$$\text{CHD} = d_1 + \frac{(d_2 - d_1)(\overline{H_1} - 550)}{\overline{H_1} - \overline{H_2}} \quad\quad\quad\quad\quad\quad\quad\quad (\text{A.1})$$

ここに，$\overline{H_1}$ 及び $\overline{H_2}$ は，それぞれ d_1 及び d_2 で測定された値の算術平均値である（**図 A.2** 参照）。

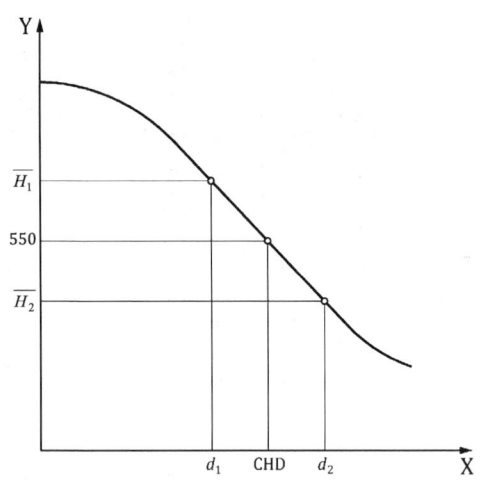

$\overline{H_1}$ 距離 d_1 における硬さ値の算術平均値
$\overline{H_2}$ 距離 d_2 における硬さ値の算術平均値
X　表面からの距離
Y　ビッカース硬さ HV 又は相当するヌープ硬さ HK

図 A.2－有効硬化層深さ決定のための内挿法

　内挿法を適用する場合，表面直下の硬さを確認するのがよい。表層下に残留オーステナイトが過剰に存在すると，この領域の硬さは限界硬さの 550 HV を下回る場合がある。

附属書 JA
(参考)
JIS と対応国際規格との対比表

JIS G 0557:2019　鋼の浸炭硬化層深さ測定方法				ISO 18203:2016, Steel－Determination of the thickness of surface-hardened layers				
(I) JIS の規定		(II) 国際 規格番号	(III) 国際規格の規定		(IV) JIS と国際規格との技術的差異の箇条ごと の評価及びその内容			(V) JIS と国際規格との技術的差 異の理由及び今後の対策
箇条番号 及び題名	内容		箇条 番号	内容	箇条ごと の評価	技術的差異の内容		
1 適用範囲			1	適用範囲	削除	JIS では，炎焼入及び高周波焼入硬 化層深さ測定方法を適用範囲から 削除した。		炎焼入及び高周波焼入硬化層深さ 測定方法は，JIS G 0559 として規 定しているため，削除している。
3 用語及び 定義			3	用語及び定義	変更	ISO 規格では，有効硬化層深さ以外 に表面硬化層深さなど 4 用語を定 義しているが，JIS では，引用規格 として JIS G 0201 及び JIS G 0202 に変更した。		定義を明確にするために変更し た。技術的差異はない。
	3.1 有効硬化層深さ		3	3.1 有効硬化層深さ	追加	JIS では，"焼入れのまま，又は 200 ℃を超えない温度で焼戻しし た硬化層の表面から，限界硬さであ る，"を追加した。		定義を明確にするために追加し た。技術的差異はない。
4 測定の原 理	4.3 マクロ組織試験 による測定		5	原理	追加	JIS では，マクロ組織試験による測 定方法を追加した。		国内では，簡便方法として用いら れている。
6 試験片	6.1 一般		7	試験片	追加	JIS では，"試験片は，通常，製品 そのものを用いる。"を追加した。		試験片の規定を明確にするため， 追加した。
	6.3 被検面の前処理			7.2 被検面の前処理	変更	ISO 規格では，単に "gentle" と表 現されており，JIS では，具体的に "試験片に加工ひずみ，切削熱など の負荷がかからないように注意し て，前処理のために試験片を切断す る。"に変更した。		前処理について，より具体的な表 現としたが，技術的な差異はない。

(I) JIS の規定		(II) 国際規格番号	(III) 国際規格の規定		(IV) JIS と国際規格との技術的差異の箇条ごとの評価及びその内容		(V) JIS と国際規格との技術的差異の理由及び今後の対策
箇条番号及び題名	内容		箇条番号	内容	箇条ごとの評価	技術的差異の内容	
7 測定方法	7.1 硬さ試験による測定方法		8	8.1 硬さ測定方法	追加	JIS では，"ただし，表面硬化層が厚い場合は，限界硬さ近傍を除き，0.1 mm を超えてもよい。"を追記した。	効率的な測定を意図して追記したが，技術的な差異はない。
					変更	ISO 規格では，"試験力は，0.980 7 N～9.807 N を適用すると規定しているが，JIS では，"試験力は，通常，HV 0.3 を適用し，HV 0.1～HV 1 を使用してもよい。"に変更した。	JIS では，通常適用する試験力を追記したが，技術的な差異はない。
	7.2 マクロ組織試験による測定方法		—	—	追加	JIS では，マクロ組織試験による測定方法を追加したことに対応してこの試験の測定手順を追加した。	国内では，簡便方法として用いられている。
8 結果の評価	8.1 硬さ試験		9	9.1 有効硬化層深さの場合	追加	JIS では，"受渡当事者間の協定によって行う 2 本の硬さ推移曲線を用いた評価方法及び全硬化層深さの決定が困難な場合の評価方法"を追加した。	ISO 規格の複数本の評価について，従来から規定していた 2 本の硬さ推移曲線を用いた評価方法として，具体的に示した。技術的差異は小さい。全硬化層深さの決定が困難な場合の評価方法は，JIS 独自の規定で，ISO への提案を検討する。
	8.2 マクロ組織試験		—	—	追加	JIS では，この試験結果による全硬化層深さの求め方を追加した。	マクロ組織試験による測定方法を追加したことに対応して評価を追加した。
9 表示			—	—	追加	JIS では，表示方法を追加した。	国内で運用されている表示記号を追加した。

(I) JISの規定		(II) 国際規格番号	(III) 国際規格の規定		(IV) JISと国際規格との技術的差異の箇条ごとの評価及びその内容		(V) JISと国際規格との技術的差異の理由及び今後の対策
箇条番号及び題名	内容		箇条番号	内容	箇条ごとの評価	技術的差異の内容	
10 報告			10	試験報告	追加	JISでは，"受渡当事者間の協定によって，次の項目の一部を省略してもよい。"を追加した。	JISでは，報告の実態を反映した。
	f), g)				追加	JISで従来から要求されていた報告項目を追加した。	JISでは，報告の実態を反映した。

JISと国際規格との対応の程度の全体評価：ISO 18203:2016, MOD

注記1 箇条ごとの評価欄の用語の意味は，次による。
　－　削除 ……………国際規格の規定項目又は規定内容を削除している。
　－　追加 ……………国際規格にない規定項目又は規定内容を追加している。
　－　変更 ……………国際規格の規定内容を変更している。
注記2 JISと国際規格との対応の程度の全体評価欄の記号の意味は，次による。
　－　MOD ……………国際規格を修正している。

＊ JIS G 0558:2020 は 2023 年 12 月 20 日に追補 1 によって改正。本規格と追補 1 を併読し用いてください。

JIS G 0558
(2020)

鋼の脱炭層深さ測定方法
Steels－Determination of depth of decarburization

| JIS (1977, 98, 07) 改正 |
| JIS (1966) 制定 |

序文

この規格は，2017 年に第 3 版として発行された **ISO 3887** を基とし，技術的内容を変更して作成した日本産業規格である。

なお，この規格で側線又は点線の下線を施してある箇所は，対応国際規格を変更している事項である。変更の一覧表にその説明を付けて，**附属書 JA** に示す。

1 適用範囲

この規格は，鋼の脱炭層の深さを測定する方法について規定する。

注記 この規格の対応国際規格及びその対応の程度を表す記号を，次に示す。

ISO 3887:2017, Steels－Determination of the depth of decarburization（MOD）

なお，対応の程度を表す記号"MOD"は，**ISO/IEC Guide 21-1** に基づき，"修正している"ことを示す。

2 引用規格

次に掲げる規格は，この規格に引用されることによって，この規格の規定の一部を構成する。これらの引用規格は，その最新版（追補を含む。）を適用する。

JIS G 0201 鉄鋼用語（熱処理）

JIS G 0202 鉄鋼用語（試験）

JIS G 1211-3 鉄及び鋼－炭素定量方法－第 3 部：燃焼－赤外線吸収法

JIS G 1211-4 鉄及び鋼－炭素定量方法－第 4 部：表面付着・吸着炭素除去－燃焼－赤外線吸収法

JIS G 1253 鉄及び鋼－スパーク放電発光分光分析方法

JIS K 0144 表面化学分析－グロー放電発光分光分析方法通則

注記 対応国際規格：**ISO 14707**, Surface chemical analysis－Glow discharge optical emission spectrometry (GD-OES)－Introduction to use

JIS K 0189 マイクロビーム分析－電子プローブマイクロ分析－波長分散 X 線分光法のパラメータの決定方法

注記 対応国際規格：**ISO 14594**, Microbeam analysis－Electron probe microanalysis－Guidelines for the determination of experimental parameters for wavelength dispersive spectroscopy

JIS Z 2244-1 ビッカース硬さ試験－第 1 部：試験方法

JIS Z 2251 ヌープ硬さ試験－試験方法

3 用語及び定義

この規格で用いる主な用語及び定義は，次によるほか，**JIS G 0201** 及び **JIS G 0202** による。

3.1

脱炭層（decarburization）

鋼の熱間加工又は熱処理によって，表層部の炭素含有率が減少した部分。

> 注記　部分脱炭層深さ d_3 と表面から炭素が検出されるまでの距離として測られる完全脱炭層深さ d_1 とがある（**図 1** 参照）。

3.2

全脱炭層深さ，d_4（depth of total decarburization）

鋼材の表面から，脱炭層と生地との化学的性質又は物理的性質の差異が，もはや区別できない位置までの距離。ここでいう化学的性質は，ミクロ組織又は炭素含有率で判定し，物理的性質は，硬さで判定する（**図 1** 参照）。

3.3

フェライト脱炭層深さ

鋼材の表層部において，脱炭してフェライトだけとなった層の表面からの深さ。ここでいうフェライト脱炭層深さは，ミクロ組織で判定する。

3.4

特定残炭率脱炭層深さ

鋼材の表面からある一定の残炭率（生地の炭素含有率に対し残存している炭素含有率の割合）をもつ位置までの距離。ここでいう残炭率脱炭層深さは，ミクロ組織で判定する。

3.5

実用脱炭層深さ，d_2

鋼材の表面から実用上差し支えない硬さが得られる位置までの距離。実用上差し支えない硬さとは，材料規格などに規定された最低硬さなどとする。

> 注記　対応国際規格では，鋼材の表面から実用上差し支えない炭素含有率又は硬さが得られる位置までの距離とし，**図 1** の d_2 として例示している。

3.6

硬さ推移曲線（depth profile of hardness）

鋼材の表面からの垂直距離と硬さとの関係を表す曲線。

3.7

炭素含有率推移曲線（depth profile of carbon content）

鋼材の表面からの垂直距離と炭素含有率との関係を表す曲線。

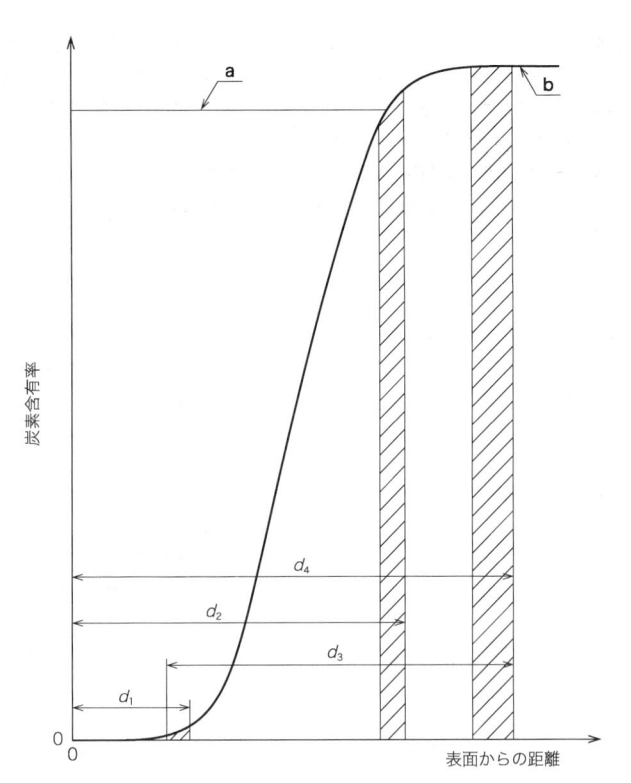

a 材料規格に規定する最低炭素含有率 d_1 完全脱炭層深さ
b 生地の炭素含有率 d_2 実用脱炭層深さ
   d_3 部分脱炭層深さ
   d_4 全脱炭層深さ

注記 図1で示す斜線の帯は，実際の測定時に評価のばらつきがあることを示している。

図1－脱炭層をもつ代表的な鋼の各脱炭層深さの例

4 測定方法の種類

　脱炭層深さの測定方法の種類は，材料規格による規定又は受渡当事者間の協定のない限り，脱炭の程度，ミクロ組織，鋼材の炭素含有率，鋼材の形状及び必要とする測定精度によって，試験を行う者が決める。通常，次のいずれかの方法による。

a)　顕微鏡による測定方法　試験片の切断面を腐食して顕微鏡で観察し，脱炭層深さ（全脱炭層深さ，フェライト脱炭層深さ及び特定残炭率脱炭層深さ）を測定する。この方法は，主として鋳造のまま，鍛造又は圧延のまま，焼ならし状態，及び焼なまし状態のものに適用する。顕微鏡による測定が困難な鋼種（例えば，ステンレス鋼，耐熱鋼，高マンガン鋼，高合金工具鋼など）は，**b)**の硬さ試験による測定方法が望ましく，また，必要に応じて **c)**の炭素含有率による測定方法を用いてもよい。

b)　硬さ試験による測定方法　試験片の切断面について，**JIS Z 2244-1** に従ったビッカース硬さ試験，又

は **JIS Z 2251** に従ったヌープ硬さ試験を行って，脱炭層深さ（全脱炭層深さ及び実用脱炭層深さ）を測定する。この方法は，主として焼入状態及び焼入焼戻し状態のものに適用する。過共析鋼では，表層が共析成分まで脱炭しても生地と硬さがほとんど変わらないので，硬さ試験による測定方法よりも顕微鏡による測定方法の方がよい。

c) **炭素含有率による測定方法** 試験片の切断面若しくは研磨面，又は機械加工によって採取された切粉について炭素分析を行って，脱炭層深さ（全脱炭層深さ）を測定する。この方法は，全ての供試材の状態に適用してよい。

5 試験片

試験片は，通常，試験の対象となる鋼材そのものから採取する。ただし，試験の対象となる鋼材自体からの採取が難しい場合は，鋼材と同一条件で処理した同一鋼種の鋼材を用いてもよい。試験片の個数及び採取位置は，材料規格による。規定のない場合は，受渡当事者間の協定による。

6 測定方法

6.1 顕微鏡による測定方法

6.1.1 一般事項

特に指定がない限り，この方法は，炭素含有率によってミクロ組織変化が生じるような場合にだけ適用する。特に焼なまし又は焼ならし組織（フェライト・パーライト組織）を示す鋼材に有効である（**附属書A** 参照）。

なお，組織変化の判定が難しい焼入れ又は焼入焼戻しの組織をもつ鋼材でも，組織変化が明瞭な場合には，適用してよい。

6.1.2 試験片調製

供試材を圧延方向に垂直に切断し，その切断面を研磨仕上げして試験片の被検面とする。圧延方向に垂直以外に切断する供試材の被検面は，受渡当事者間の協定による。

なお，小さな試験片（4 cm² 未満の断面積）の場合は，できる限り試験片の全外周を測定する。大きな試験片の場合は，試験片が対象とする鋼材を代表するように幾つかの部分から採取する。この場合，指定がない限り，異常な脱炭を示す可能性のあるすみ角部を含まないようにする。また，試験片の数及び位置については，受渡当事者間の協定によって決める。

切断又は研磨の際，被検面の端部が丸くならないように，十分注意する。被検面の端部の丸み防止には，合成樹脂などに埋め込むか，留め金などで押さえて研磨するのがよい。全自動又は半自動試験片調製装置を使用するのがよい。

体積分率 1.5 ％〜4 ％ナイタル [1] 又は体積分率 2 ％〜5 ％ピクリン酸アルコール溶液によって，被検面を鋼の組織が現れるように腐食する。

注 [1] 指定された体積分率の硝酸（質量分率 60 ％〜62 ％）を含むエタノール溶液。

6.1.3 測定方法

通常，炭素含有率の減少は，次によって決定する。

- **亜共析鋼**（フェライト・パーライト組織）：パーライトの減少から求める。
- **共析鋼**（パーライト組織）：パーライトの減少から求める。
- **過共析鋼**（パーライト・初析セメンタイト組織）：パーライト又は初析セメンタイトの減少から求める。
- **分散炭化物組織**（フェライト素地に炭化物が分散した組織）：フェライト素地中の炭化物の減少から求

める。

測定方法は，次による。

a) 脱炭層深さは，読取り寸法のある接眼鏡を用いるか，スクリーングラスに投影するか又は写真を用いるかのいずれかの方法で測定する。測定倍率は，特に規定のない場合，脱炭層深さによって，適切な倍率を選定する。通常の標準組織状態では 100 倍がよく，100 倍では判定し難い組織（例えば，球状化焼なまし組織など）では 200 倍～500 倍を使用するのがよい。

b) 脱炭層深さは，被検面の中で，脱炭層帯が最も深く一様に存在している位置を測定する。ただし，脱炭層深さが極端に深い部分は，受渡当事者間の協定によって除外できる。

c) 脱炭層が明瞭に判別できない場合は，受渡当事者間の協定によって，脱炭層深さに変化を与えない雰囲気中で焼なまし又は焼ならし処理を行ってもよい。

焼入焼戻し後の組織状態では，脱炭層の判定が非常に困難なので，焼なまし又は焼ならしを行い，標準組織の状態で判定することが望ましい。

球状化焼なましを行う鋼種（軸受鋼，工具鋼など）で，球状化焼なまし状態で判定が困難な場合は，焼なまし又は焼ならしを行い，標準組織の状態で判定することが望ましい。標準組織とは，通常，焼ならしで得られるフェライト・パーライト組織，又はパーライト・初析セメンタイト組織で，組織変化によって脱炭層の測定が容易な組織をいう。

6.2 硬さ試験による測定方法

6.2.1 一般事項

測定は，ビッカース硬さ試験又はヌープ硬さ試験によって行う。二つの方法はいずれも，供試材表面に垂直な直線又は斜めの直線に沿って，供試材の断面の硬さの変化を測定する。

なお，この方法は，焼入焼戻し又は他の熱処理を施した亜共析鋼及び顕微鏡による測定方法では，脱炭層深さが明瞭に判別できない，焼入れ処理を行った鋼材に適用する。

6.2.2 試験片調製

供試材を表面に垂直に切断し，その切断面を研磨仕上げして試験片の被検面とする。切断又は研磨する場合は，被検面の硬さに影響を及ぼさないように，又は端部が丸くならないように，十分注意する。

なお，試験片調製時の留意点は，**6.1.2** による。

6.2.3 測定方法

6.2.3.1 硬さ測定方法

研磨のままの被検面についてビッカース硬さ試験又はヌープ硬さ試験を行い，表面から生地の硬さが得られる位置又は指定された硬さが得られる位置までの硬さ推移曲線を作成する。鋼種，生地の硬さ，脱炭層深さの程度などに応じて，ビッカース硬さ試験の試験力は，0.98 N～9.8 N の中から選択し，ヌープ硬さに対しては，適切な範囲のものから選択する。

測定は，直角測定法（**図 2**）又は斜め測定法（**図 3**）による。

直角測定法は，脱炭層深さが大きい場合に，斜め測定法は，小さい場合に用いるとよい。直角測定法の場合，直角一列でなく，直角千鳥法を採用すれば測定間隔を更に細かくすることができる。いずれの場合も，表面からの距離を，測微顕微鏡又はマイクロメータのついた支持台その他適切な装置及び方法によって正確に測定することが必要である。

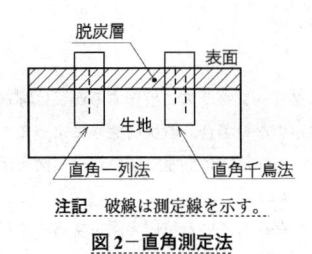

注記　破線は測定線を示す。

図2－直角測定法

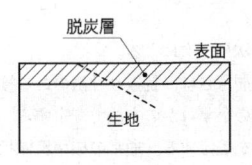

注記　破線は測定線を示す。

図3－斜め測定法

6.2.3.2　硬さ推移曲線の作成

硬さ推移曲線の作成は，次による。

a) 被検面の測定する位置について，その表面に対し垂直な直線又は斜めの直線に沿って順次ビッカース硬さ又はヌープ硬さを測定し，硬さ推移曲線を作る。

b) ビッカース硬さ試験による硬さ推移曲線を作る場合の測定点の表面からの間隔は，通常，0.1 mm 以下とする。その場合，隣り合うくぼみの中心の間隔は，**JIS Z 2244-1** 又は **JIS Z 2251** の規定を満たさなければならない。

c) ただし，必要のある場合は，表面の 1.5 mm の範囲内に 2 点～5 点をとり，それぞれの点から表面に垂直な直線上で硬さ測定を行い，1 本の硬さ推移曲線を作ってもよい（**図4参照**）。

単位　mm

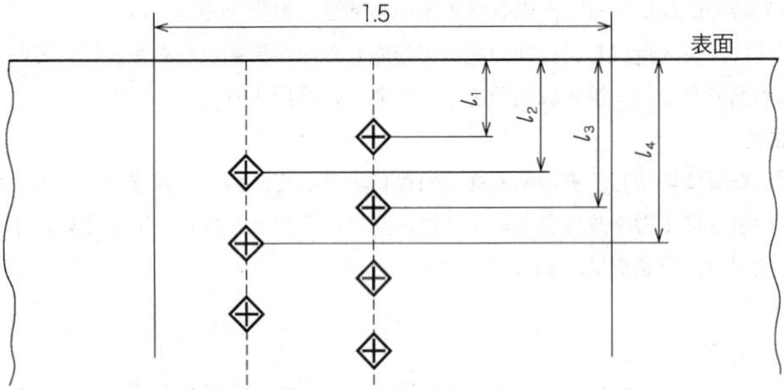

l_2-l_1, l_3-l_2, l_4-l_3……は，いずれも 0.1 以下とする。

図4－硬さ測定点の配置（直角千鳥法）

6.2.3.3　脱炭層深さの求め方

硬さ推移曲線からの脱炭層深さの求め方は，次による。

a) 全脱炭層深さは，1 本の硬さ推移曲線上で表面から生地の硬さが得られる位置までの距離で表す。

b) 実用脱炭層深さは，1 本の硬さ推移曲線上で表面から指定された硬さが得られる位置までの距離で表す。ただし，推移曲線によらず，指定した硬さが規定した深さの位置で得られるかどうかによって判定する場合もある。

　　なお，実用脱炭層深さで鋼材の合否を判定する場合には，受渡当事者間の事前の協定による。

受渡当事者間の協定によって，できるだけ離れた場所で作成された最低2本の硬さ推移曲線から得られた値の平均値として，全脱炭層深さ及び実用脱炭層深さを求めてもよい。ただし，硬さ試験による測定方法で脱炭層深さが判定できない場合は，受渡当事者間の協定によって，脱炭層深さに変化を与えない条件で焼入れ処理を行ってもよい。

6.3　炭素含有率による測定方法

6.3.1　一般事項

6.3.2～6.3.6 に規定する方法によって，表面から垂直方向の炭素含有量変化を決定する。これらの方法は，鋼の組織に関わりなく適用できる。

6.3.2　化学分析

6.3.2.1　一般事項

化学分析は，単純な形状（円筒状又は平面で囲まれた多面体）をもち，かつ，機械加工に適した大きさの製品で，表面全体が脱炭されている場合だけに適用する。

6.3.2.2　試験片の選択及び試験

汚染の影響がないようにしながら，試験片の表面と平行に乾式機械加工[2]で 0.1 mm 厚ごとの層を連続的に採取する。酸化物層は，あらかじめ取り除く[3]。

鋼材が硬くて切削し難い場合は，受渡当事者間の合意によって，脱炭層深さに変化を与えない雰囲気を用いて，適切な温度で熱処理を行ってから切削してもよい。

> **注** [2]　切粉試料の炭素含有率への影響がないように，バイト刃先の著しい摩耗及び脱落に十分注意する必要がある。
>
> [3]　酸洗が一般的な方法である。

各試料採取ごとに，**JIS G 1211-3** 又は **JIS G 1211-4** に従って，炭素含有率を分析する。

6.3.3　発光分光分析（Spectrographic analysis）

6.3.3.1　一般事項

発光分光分析は，十分な大きさをもち，かつ，平たん（坦）な表面の製品だけに適用する。

炭素の定量分析は，**JIS G 1253** を適用し，その分析方法は受渡当事者間で協定した方法によって行う[4]。

> **注** [4]　対応国際規格では，具体的な分析方法について特に規定していないが，測定時の混乱を避けるため **JIS** の引用を追加している。

6.3.3.2　試験片の選択及び試験

深さ 0.1 mm ごとに連続的に研削作業して，平面の被検面とする。各深さの炭素含有量を放電が重ならないようにして，発光分光分析によって，測定する。

6.3.4　結果の解釈（化学分析法及び発光分光分析法）

6.3.2 及び **6.3.3** に規定する方法によって，表面から炭素含有量が規定された最小値になった位置までの距離を測定することによって，実用脱炭層深さを決定してよい。また，全脱炭層深さは，表面から炭素含有量が一定となる位置（例えば，製品中心部）までの距離を測定して決めることができる。ただし，分析値の許容変動を考慮して，実際には，測定した炭素含有率と生地の炭素含有率との差が，式(1)に規定する最大許容偏差以下になる位置までの距離とする。

$$A = 0.05 \times B \tag{1}$$

ここに，　A：最大許容偏差（質量分率 %）。A の最小値は，0.03 とする。

B：生地の炭素含有率（質量分率 %）

6.3.5 電子プローブマイクロ分析（Electron probe microanalysis：EPMA）

6.3.5.1 一般事項

この方法は，**JIS K 0189** によって行う。

この方法は，特に単層組織で，硬化又は調質された鋼材に適している。複層構造の製品に対して，炭素含有量変化の解釈が難しくなる場合に，適用してもよい。

6.3.5.2 試験片調製

炭素含有量の測定を円滑にするためには，エッチングしてはならないが，試験片調製は，顕微鏡による測定方法（**6.1** 参照）と同様にしなければならない。

6.3.5.3 測定

被検面に垂直方向に EPMA の線分析又は点分析を連続的に行って，炭素含有量を求める。脱炭層の表面から生地の炭素含有率が得られる位置までの炭素含有率推移曲線を作成する。脱炭層深さは，この推移曲線から決定する。

全脱炭層深さは，表面から炭素含有量が一定となる位置（例えば，製品中心部）までの距離を測定して決めることができる。ただし，分析値の許容変動を考慮して，実際には，測定した炭素含有率と生地の炭素含有率との差が，式(1)に規定する最大許容偏差以下になる位置までの距離とする。

全脱炭層深さは，受渡当事者間の協定によって，少なくとも 4 本の推移曲線から得られた値の平均値としてもよい。

6.3.6 グロー放電発光分光分析（Glow discharge optical emission spectrometry：GD-OES）

6.3.6.1 一般事項

この方法は，**JIS K 0144** によって行う。

この方法は，適切な大きさの平面表面の製品で，脱炭層深さが 0.1 mm 未満の製品だけに適用する。試験片の大きさは，使用するグロー放電源に適したものであることが望ましい。通常，20 mm〜100 mm（直径，幅及び／又は長さ）の円形又は長方形が適している。

6.3.6.2 試験片調製

油分又は付着物を除去するために，適切な溶剤（高純度アセトン又はエタノール）で試験片表面を洗浄する。不活性ガス（アルゴン又は窒素）又は清浄で油分を含まない圧縮空気を吹き付けて，表面を乾かす。その際に，送風チューブが試験片表面に触れないようにする。表面が湿っている場合は，油分又は付着物を除去しやすいようにするため，湿らせた柔らかくて糸くずが出ないような布又は紙で，軽く拭き取ってもよい。拭き取った後，溶剤で流し，上記の方法で乾かす。

6.3.6.3 測定

アルゴンイオン流によって，試験片表面をスパッタリングする。スパッタされた原子は，低圧プラズマ中で励起され，その結果生じる発光を試験片の成分定量に用いる。脱炭された表面から製品中心部の炭素含有量を示す位置までの，深さ方向の炭素含有率推移曲線を作る。脱炭層深さは，この推移曲線から決定する。

全脱炭層深さは，表面から炭素含有量が一定となる位置（例えば，製品中心部）までの距離を測定して決めてよい。ただし，分析値の許容変動を考慮して，実際には，測定した炭素含有率と生地の炭素含有率との差が，式(1)に規定する最大許容偏差以下になる位置までの距離とする。

全脱炭層深さは，受渡当事者間の協定によって，少なくとも 2 本の推移曲線から得られた値の平均値としてもよい。

7　表示方法及び表示記号

脱炭層深さは，ミリメートルで示し，顕微鏡による測定方法の場合は，小数点以下2位まで，硬さ試験及び炭素含有率による測定の場合は，小数点以下1位までとする。

脱炭層深さの表示記号は，**表1**による。

表1－脱炭層深さの表示記号

脱炭層深さ	測定方法					
	顕微鏡による測定方法	硬さ試験による測定方法 [a]	炭素含有率による測定方法			
			化学分析	スパーク発光分光分析	電子プローブマイクロ分析	グロー放電発光分光分析
全脱炭層深さ	DM-T	DH-T	DC-T	DS-T	DE-T	GT-T
フェライト脱炭層深さ	DM-F	—	—	—	—	—
特定残炭率脱炭層深さ	DM-S	—	—	—	—	—
実用脱炭層深さ	—	DH-P	—	—	—	—

例1　DM-T0.28　顕微鏡による測定方法で，全脱炭層深さ0.28 mm。

例2　DH (2.9) -T0.2　試験力2.9 Nのビッカース硬さ試験機を用いてビッカース硬さを測定する方法で，全脱炭層深さ0.2 mm。

例3　DM-F0.05　顕微鏡による測定方法で，フェライト脱炭層深さ0.05 mm。

例4　DM-S (70) 0.10　顕微鏡による測定方法で，残炭率70 %の脱炭層深さ0.10 mm。

例5　DM-F0.05-S (50) 0.15-T0.28　顕微鏡による測定方法で，フェライト脱炭層深さ0.05 mm，残炭率50 %の脱炭層深さ0.15 mm，全脱炭層深さ0.28 mm。

例6　DH (2.9) -P (450) 0.2　試験力2.9 Nのビッカース硬さ試験機を用いてビッカース硬さを測定する方法で，450 HVの実用脱炭層深さ0.2 mm。

例7　DC-T0.3　化学分析による炭素分析測定方法で，全脱炭層深さ0.3 mm。

例8　DS-T0.3　スパーク発光分光分析装置を用いる炭素分析測定方法で，全脱炭層深さ0.3 mm。

例9　DE-T0.3　電子プローブマイクロ分析装置を用いる炭素分析測定方法で，全脱炭層深さ0.3 mm。

例10　GT-T0.3　グロー放電発光分光分析装置を用いる炭素分析測定方法で，全脱炭層深さ0.3 mm。

注記　対応国際規格では，全脱炭層深さをDDで表す（例えば，DD＝0.08 mm）。

注 [a]　表示記号は，ビッカース硬さ試験による場合を示す。ヌープ硬さ試験によった場合の表示記号は，受渡当事者間の協定による。

8　試験報告書

試験報告書が必要な場合には，報告する事項は，次のうちから受渡当事者間の協定によって選択する。

a)　鋼種又は化学成分

b)　試験片（試験の対象となる鋼材又は同一鋼種の鋼材）の区別

c)　採取した試験片の数及び位置

d)　使用した測定方法

e)　試験結果

附属書 A
（参考）
典型的な脱炭ミクロ組織の例

　顕微鏡による測定においては，脱炭層深さは，表面の炭素含有量変化に起因するミクロ組織変化の評価に基づいて，求められている。焼なまし又は焼ならしされたフェライト及びパーライトミクロ組織に対しては，**図 A.1** に示すように，パーライト量の減少から脱炭層を決めることができる。硬化，焼入れ及び調質されたマルテンサイトミクロ組織に対しては，**図 A.2** に示すように，粒間フェライト量の減少から脱炭層を決めることができる。球状化焼鈍ミクロ組織に対しては，**図 A.3** に示すように，炭化物又はラメラ状パーライトの生成から脱炭層を決めることができる。

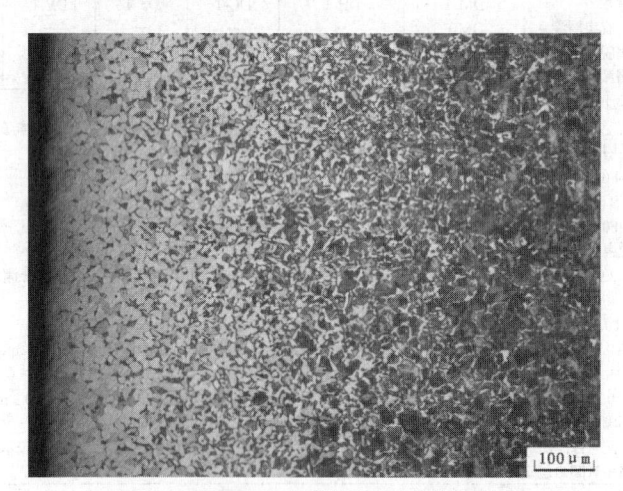

図 A.1－熱処理された高炭素鋼の部分脱炭の例

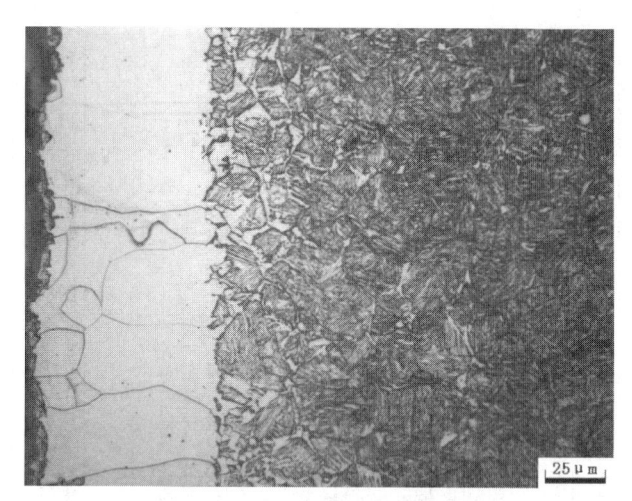

図 A.2－熱処理されたばね鋼の完全脱炭の例

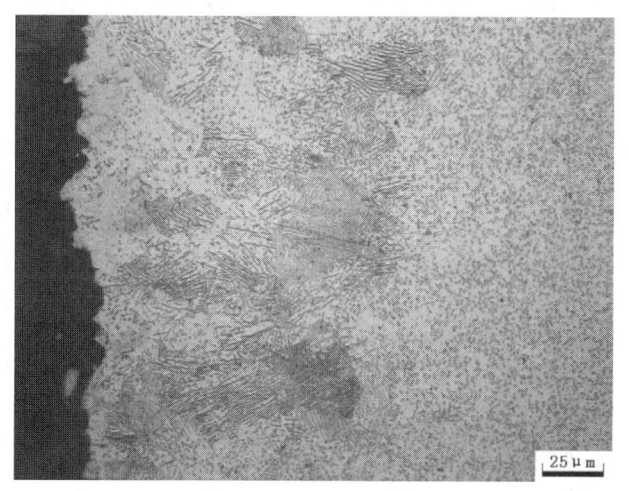

図 A.3－球状化焼鈍処理された工具鋼の部分脱炭の例

附属書 JA
(参考)
JIS と対応国際規格との対比表

(I) JIS の規定		(II) 国際規格番号	(III) 国際規格の規定		(IV) JIS と国際規格との技術的差異の箇条ごとの評価及びその内容		(V) JIS と国際規格との技術的差異の理由及び今後の対策
箇条番号及び題名	内容		箇条番号	内容	箇条ごとの評価	技術的差異の内容	
3 用語及び定義	3.1 脱炭層 3.2 全脱炭層深さ 3.3 フェライト脱炭層深さ 3.4 特定残炭率脱炭層深さ 3.5 実用脱炭層深さ 3.6 硬さ推移曲線 3.7 炭素含有率推移曲線		3	3.1 脱炭層 3.2 実用脱炭層深さ 3.3 全脱炭層深さ 3.4 炭素含有率推移曲線 3.5 硬さ推移曲線	追加及び削除	国内で使用する定義を追加。全脱炭層深さでは、ISO 規格では、炭素含有率だけであるが、JIS では、硬さを含めた物理的性質を入れている。 実用脱炭層深さでは、ISO 規格では硬さ、炭素含有率の二方法を認めているが、JIS では硬さだけに限定。	JIS の定義の追加を ISO へ提案する。
4 測定方法の種類	a) 顕微鏡による測定方法 b) 硬さ試験による測定方法 c) 炭素含有率による測定方法		4	・顕微鏡による方法 ・硬さ試験による方法 ・炭素含有率による方法	追加	基本的な測定方法に関しては一致している。JIS は、より詳細な方法の記述及び留意点を追加した。	技術的差異は軽微である。
5 試験片	対象鋼材そのもの又は同一条件で製造したもの			—	追加	JIS では、試験片採取の一般的事項の項を設けて記載している。	ISO への提案を行う。

JIS G 0558:2020 鋼の脱炭層深さ測定方法

ISO 3887:2017, Steels – Determination of the depth of decarburization

(I) JISの規定			(II)国際規格番号	(III)国際規格の規定			(IV) JISと国際規格との技術的差異の箇条ごとの評価及びその内容		(V) JISと国際規格との技術的差異の理由及び今後の対策
箇条番号及び題名	内容			箇条番号	内容		箇条ごとの評価	技術的差異の内容	
6 測定方法	6.1.2 試験片の調製			5.2.2	試験片の調製		追加	**JIS**では，異常な脱炭を示す可能性のあるすみ角部を含まないことを明記した。	技術的差異は軽微である。
	6.2 硬さ試験による測定方法			5.3	硬さ試験による測定方法		追加及び変更	**JIS**は，ビッカース硬さの試験力の範囲が狭く，また，硬さ推移曲線を作成することとしている。	**ISO**への提案を行う。
	6.3 炭素含有率による測定方法			5.4	炭素含有率による測定方法		追加	化学分析試験片の採取に際し，試料が硬くて切削し難い場合は，熱処理してもよいことを追加した。	**ISO**への提案を行う。
								JISは，発光分光分析において，炭素の定量分析方法を追加している。	**ISO**への提案を行う。
								JISは，分析許容変動を考慮して，脱炭層深さを判断するため計算式を規定した。	**ISO**への提案を行う。
7 表示方法及び表示記号	全脱炭層深さフェライト脱炭層深さ特定残炭率脱炭層深さ実用脱炭層深さ			3.36	全脱炭層深さの平均をDDで示す。		追加及び変更	**JIS**の定義の表示及び記号を追加。**JIS**では，測定結果を示す数値の桁数を規定した。	**ISO**への提案を行う。
8 試験報告書	鋼種又は化学成分試験片の区別試験片の数及び位置測定方法試験結果			6	試験片の識別試験片の数及び位置試験結果手順からの相違点など試験日		追加	**JIS**では，受渡当事者間の協定によって，報告項目を選択できるとした。また，供試材の内容を示す鋼種及び試験片が対象材そのものか，同一鋼種によるものかの区別を記載するとした。	**ISO**への提案を行う。

JISと国際規格との対応の程度の全体評価：**ISO 3887**:2017, **MOD**

注記1 箇条ごとの評価欄の用語の意味は，次による。
－ 削除 ……………… 国際規格の規定項目又は規定内容を削除している。
－ 追加 ……………… 国際規格にない規定項目又は規定内容を追加している。
－ 変更 ……………… 国際規格の規定内容を変更している。
注記2 **JIS**と国際規格との対応の程度の全体評価欄の記号の意味は，次による。
－ **MOD** ………… 国際規格を修正している。

鋼の脱炭層深さ測定方法
（追補 1）

Steels-Determination of depth of decarburization
(Amendment 1)

JIS G 0558:2020 を，次のように改正する。

6.1.1（一般事項）を次に置き換える。

6.1.1　一般事項

特に指定がない限り，この方法は，炭素含有率によってミクロ組織変化が生じるような場合にだけ適用する。特に焼なまし又は焼ならし組織（フェライト・パーライト組織）を示す鋼材に有効である（**附属書 A** 参照）。

なお，組織変化の判定が難しい焼入れ又は焼入焼戻しの組織をもつ鋼材でも，組織変化が明瞭な場合には，適用してよい。

あらかじめ測定方法の正確さについて，十分な範囲で相関性が立証されていることを条件として，適用される材料の脱炭層深さを測定するために，自動画像解析を利用してもよい。

附属書 JA（**JIS** と対応国際規格との対比表）において，**6** 測定方法に関して次のように追加する。

附属書 JA
(参考)
JIS と対応国際規格との対比表

JIS G 0558:2023　鋼の脱炭層深さ測定方法				ISO 3887:2017，Steels－Determination of the depth of decarburization		
(I) JIS の規定		(II)国際 規格番号	(III)国際規格の規定		(IV) JIS と国際規格との技術的差異の箇条ごと の評価及びその内容	(V) JIS と国際規格との技術的差 異の理由及び今後の対策
箇条番号 及び題名	内容		箇条 番号	内容	箇条ごと の評価 　　　技術的差異の内容	
6 測定方法	6.1.1 一般事項		5.2.1	一般事項	追加　　　JIS では "あらかじめ測定方法の正 確さについて，十分な範囲で相関性 が立証されていることを条件とし て，適用される材料の脱炭層深さを 測定するために，自動画像解析を利 用してもよい。" を追加した。	ISO への提案を行う。

JIS と国際規格との対応の程度の全体評価：ISO 3887:2017，MOD
注記 1　箇条ごとの評価欄の用語の意味は，次による。
－　追加 ………… 国際規格にない規定項目又は規定内容を追加している。
注記 2　JIS と国際規格との対応の程度の全体評価欄の記号の意味は，次による。
－　MOD ………… 国際規格を修正している。

鋼の炎焼入及び高周波焼入硬化層深さ測定方法

Steel－Determination of case depth after flame hardening
or induction hardening

JIS（1977, 96, 08）改正
JIS　　（1967）　制定

序文

この規格は，2016 年に第 1 版として発行された **ISO 18203** を基とし，炎焼入及び高周波焼入硬化層深さ測定方法に関わる内容だけを抜き出して規定するため，技術的内容を変更して作成した日本産業規格である。

なお，この規格で側線又は点線の下線を施してある箇所は，対応国際規格を変更している事項である。変更の一覧表にその説明を付けて，**附属書 JA** に示す。

1　適用範囲

この規格は，通常，0.3 mm を超える，鋼の炎焼入れ及び高周波焼入れによる硬化層深さ（以下，硬化層深さという。）を測定する方法について規定する。ただし，受渡当事者間の協定によって，0.3 mm 以下の硬化層深さの測定に使用してもよい。

注記　この規格の対応国際規格及びその対応の程度を表す記号を，次に示す。

ISO 18203:2016, Steel－Determination of the thickness of surface-hardened layers（MOD）

なお，対応の程度を表す記号“MOD”は，**ISO/IEC Guide 21-1** に基づき，“修正している”ことを示す。

2　引用規格

次に掲げる規格は，この規格に引用されることによって，この規格の規定の一部を構成する。これらの引用規格は，その最新版（追補を含む。）を適用する。

JIS B 7725　ビッカース硬さ試験－試験機の検証及び校正

注記　対応国際規格：**ISO 6507-2**, Metallic materials－Vickers hardness test－Part 2：Verification and calibration of testing mechines

JIS B 7726　ロックウェル硬さ試験－試験機及び圧子の検証及び校正

JIS B 7734　ヌープ硬さ試験－試験機の検証

注記　この規格の改正時点では，**JIS B 7734** は，**ISO 4546**:1993 に対応したものであるが，**ISO 4546** は，廃止されて **ISO 4545-2** へ移行し，2017 年版が発行されている。

JIS G 0201　鉄鋼用語（熱処理）

JIS G 0202　鉄鋼用語（試験）

JIS R 6010　研磨布紙用研磨材の粒度

JIS Z 2244　ビッカース硬さ試験－試験方法

注記　対応国際規格：**ISO 6507-1**, Metallic materials－Vickers hardness test－Part 1：Test method

JIS Z 2245　ロックウェル硬さ試験－試験方法

JIS Z 2251　ヌープ硬さ試験－試験方法

注記　対応国際規格：**ISO 4545-1**, Metallic materials－Knoop hardness test－Part 1：Test method

3　用語及び定義

この規格で用いる主な用語及び定義は，**JIS G 0201** 及び **JIS G 0202** によるほか，次による。

3.1

有効硬化層深さ

焼入れのまま，又は焼入れ焼戻しした硬化層の表面から，**表1** に規定する限界硬さの位置までの距離。

通常，焼戻し温度は，200 ℃以下とする。

次の式の限界硬さを用いる場合がある。

$$H_{\text{limit}} = 0.80 \times H_{\text{min}}$$

ここに，　　　H_{limit}：　限界硬さ

　　　　　　　H_{min}：　最小表面硬さ

最小表面硬さとは，要求された表面硬さをいい，その値については，受渡当事者間の協定による。

表1－有効硬化層の限界硬さ

鋼の炭素含有率 [a]　　%	ビッカース硬さ　HV	ロックウェル硬さ C スケール HRC	ロックウェルスーパーフィシャル硬さ		
			HR15N	HR30N	HR45N
0.23 以上　0.33 未満	350	36	78	56	38
0.33 以上　0.43 未満	400	41	81	60	44
0.43 以上　0.53 未満	450	45	83	64	49
0.53 以上	500	49	85	68	54
注 [a]　鋼の炭素含有率は，測定しようとする鋼の規格に規定された炭素含有率範囲の中央値とする。					

4　測定の原理

4.1　一般

有効硬化層深さは，表面からの硬さ変化を描いた硬さ推移曲線から求める。

全硬化層深さ [1]は，硬さ変化又は顕微鏡観察による組織変化から求める。

注 [1]　全硬化層深さは，**JIS G 0202**［鉄鋼用語（試験）］の番号 3223 参照。

4.2　硬さ試験による測定

硬さ試験による測定は，表面に垂直な断面の硬さ変化から硬化層深さを決定する。

4.3　マクロ組織試験による測定

試験片の切断面をエッチングして，低倍率の拡大鏡で観察し，硬化層深さを測定する。簡便法としてマクロ組織試験による測定を用いる。

5　試験装置

ビッカース硬さを測定する硬さ試験機は，**JIS B 7725** に従って検証及び校正しなければならない。

受渡当事者間の協定によって，ヌープ硬さ又はロックウェル硬さの測定を用いてもよい。ヌープ硬さを測定する硬さ試験機は，**JIS B 7734** に，ロックウェル硬さを測定する硬さ試験機は，**JIS B 7726** に，それ

それ従って検証及び校正しなければならない。

6 試験片

6.1 一般

試験片は，通常，製品そのものを用いる。

6.2 試験片の加工・調製

特に受渡当事者間で協定しない限り，次に規定する条件で断面を加工・調製する。

－ 製品の長手方向に垂直な部位。

－ 長手方向がない場合には，受渡当事者間で協定する部分の表面から垂直な部位。

硬化層が薄い場合には，受渡当事者間の協定によって，次の階段状試験片及び傾斜面状試験片を適用する場合がある。

階段状試験片及び傾斜面状試験片は，断面測定とは異なる結果となる場合があるので，断面測定では，マイクロビッカース試験を含む低試験力を適用するのがよい。

－ 階段状試験片：階段は，製品表面から生地になる点まで精密加工して，段は 0.05 mm 又は 0.10 mm 厚とする。階段状試験片は，限定された範囲に硬化層厚さを指定された場合に適用する。**図 1** 参照。

－ 傾斜面状試験片：**図 2** 参照。

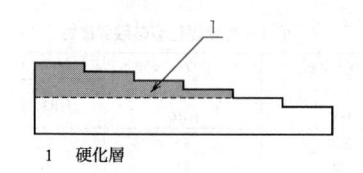

1　硬化層

図 1－階段状試験片

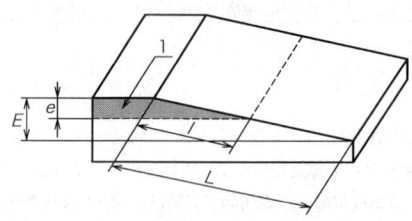

1	硬化層	L	傾斜面の長さ
l	測定距離	E	傾斜部の高さ
e	求める深さ[a]		

注[a]　求める深さ e は，測定距離 l を，傾き E/L で補正するのが望ましい。
求める深さは，有効硬化層深さ又は全硬化層深さに相当する。

図 2－傾斜面状試験片

6.3 被検面の前処理

試験片に加工ひずみ，切削熱などの負荷がかからないように注意して，前処理のために試験片を切断する。試験片は，必要な場合，端部が丸くならないように樹脂に埋め込む。端部が丸くならないようにしな

がら，切出しきず及び研削きずを研削し，研磨する。試験片の前処理で対象部位に影響が出ないように注意して処理する。試験力が小さいほど，一層注意して前処理しなければならない。研磨後，必要な場合，前処理が適切かどうか見極め，表面に問題がないかどうか確かめるために，適切な溶液を用いて試験片をエッチングする。前処理が不適切な場合，最終的な前処理操作を繰り返す。表面の被膜又は残さい（滓）を注意深く取り除く。表面を指で触れてはならない。マイクロビッカース硬さを適用する場合は，エッチングしない研磨したままの表面を試験するのがよい。マクロ組織試験を適用する場合は，異なる組織を現出させ，区別するように適切にエッチングする。

7 測定方法

7.1 硬さ試験による測定方法

表面に垂直な1本又は幅1.5 mmの範囲 W 内にある複数本の線に沿ってくぼみをつける（**図3** 参照）。複数本の線の場合，線の間隔は，**JIS Z 2244**，**JIS Z 2245** 又は **JIS Z 2251** の要求事項を満足しなければならない。

隣り合うくぼみ間の距離 Δd は，くぼみの対角線長さの3倍以上とする（**図3** 参照）。表面から連なる各くぼみ間のずれ（例 $d_2 - d_1$）は0.1 mm 以下とし，表面からの距離は，±25 μm の精度で測定しなければならない。ただし，表面硬化層が厚い場合は，限界硬さ近傍を除き，0.1 mm を超えてもよい。くぼみの対角線長さは，**JIS B 7725**，**JIS B 7726** 又は **JIS B 7734** に規定された精度で測定しなければならない。

表面に最も近いくぼみの中心は，表面から，そのくぼみの対角線長さの2.5倍以上の距離になければならない。ビッカース圧子又はヌープ圧子を用いる試験では，試験力は，通常，HV 0.3 を適用し，HV 0.1～HV 10 を使用してもよい。くぼみの測定は，光学顕微鏡を使用し，適切な照度になるようにする。これには，カメラが附属する場合と附属しない場合とがあり，接眼レンズ又はスクリーンの幅若しくは高さの25 %～75 %の範囲に拡大し，くぼみの端部にゆがみがなく，焦点を合わせられなければならない。

注記 図3に示したくぼみの間隔のために，通常，0.980 7 N～2.942 N の試験力が適用されている。

受渡当事者間で合意した位置の二つ以上の範囲で前処理された表面を測定し，各範囲の結果を表面からの距離の関係として硬さ推移曲線[2)]を描く。

注[2)] 硬さ推移曲線は，**JIS G 0202**［鉄鋼用語（試験）］の番号3224参照。

JIS Z 2245 のロックウェル硬さ試験又はロックウェルスーパーフィシャル硬さ試験，若しくは **JIS Z 2251** のヌープ硬さ試験を行い，硬さ推移曲線を作る場合は，受渡当事者間で協定した方法によって行う。

硬さ試験の一般事項は，**JIS Z 2244**，**JIS Z 2245** 又は **JIS Z 2251** による。

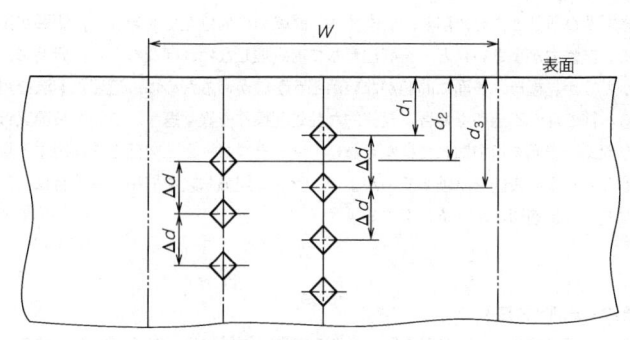

図3－硬さ測定点の位置

7.2 マクロ組織試験による測定方法

マクロ組織試験による測定は，次の手順によって行う。

a) 試験片を硬化面に垂直に切断し，切断面を研磨仕上げして被検面とする。切断又は研磨によって，被検面の組織に影響を及ぼさないように，十分注意する。被検面は，通常，**JIS R 6010** の研磨材の粒度 P240 以上の研磨布紙で仕上げる。

> **注記** 研磨材の粒度 P240 で仕上げたとき，JIS B 0601 の最大高さ粗さ R_z は，6.3 μm 程度となる。

b) 被検面を 5 ％ナイタール[3]又は硝酸（1＋19）[4]で明瞭な着色状態が得られるように適切な時間エッチングし，このエッチング面をエタノール又は水で洗浄した後，20 倍を超えない倍率の拡大鏡でエッチングによる着色状況を調べる。

> **注[3]** 体積分率が 5 ％になるように硝酸（62 ％硝酸と同等のもの。）のエタノール溶液を調製したもの。体積分率 5 ％とは，体積比で 1：19 を意味している。
>
> **[4]** 体積分率が 5 ％になるように硝酸（62 ％硝酸と同等のもの。）の水溶液を調製したもの。体積分率 5 ％とは，体積比で 1：19 を意味している。

8 結果の評価

8.1 硬さ試験

7.1 で規定した測定方法に従って，表面から限界硬さ（**3.1** 参照）又は硬さが生地と同じになる位置までの距離を定める。この距離が，有効硬化層深さ又は全硬化層深さとなる（**図4** 参照）。

> **注記** 測定の不確かさは，測定結果に影響する主な要因を特定するために有用である。

受渡当事者間の協定によって，**7.1** で規定した測定を 2 回実施して，硬さ推移曲線を 2 本作成し，それぞれから得られた硬化層深さの平均値を採用してもよい。

なお，両者の差が 0.1 mm を超えるときは，試験を繰り返す。

全硬化層深さの決定が困難な場合，受渡当事者間の協定によって，硬化層のおおよその深さの 2 倍の深さで測った生地の硬さより 30 HV～50 HV だけ高い点を，全硬化層深さを決定する硬さとしてもよい。

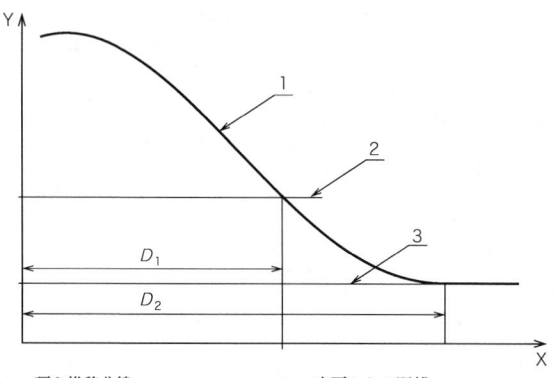

1	硬さ推移曲線	X 表面からの距離
2	限界硬さ	Y 硬さ
3	生地と同じ硬さ	
D_1	有効硬化層深さ	
D_2	全硬化層深さ	

図4－硬化層深さを決定するための硬さ推移曲線

8.2 マクロ組織試験

全硬化層深さは，生地と異なって着色されている部分の，表面からの深さを測定することによって求める。

9 表示

硬化層深さの表示は，次による。

a) 硬化層深さは，ミリメートルで示し，小数点以下1位までとする。

b) 硬化層深さの表示記号は，表2による。

表2－硬化層深さの表示記号

硬化層深さ	適用限界硬さ	測定方法		
		硬さ試験による測定方法 [a]		マクロ組織試験
		ビッカース硬さの場合 [b]	ロックウェル硬さの場合	による測定方法
高周波焼入	**表1**による限界硬さ	HD-H△-E( )	HD-H□-E( )	－
有効硬化層深さ	H_{limit}	DS-H△-H( )	DS-H□-H( )	－
炎焼入	**表1**による限界硬さ	FD-H△-E( )	FD-H□-E( )	－
有効硬化層深さ	H_{limit}	DS-H△-F( )	DS-H□-F( )	－
高周波焼入 全硬化層深さ	－	HD-H△-T	HD-H□-T	HD-M-T
炎焼入 全硬化層深さ	－	FD-H△-T	FD-H□-T	FD-M-T

表 2－硬化層深さの表示記号（続き）

注 a) 硬化層深さの表示の例は，次による。△には **JIS Z 2244** の**表 3**（硬さ記号と試験力）における硬さ記号の数字，□には **JIS Z 2245** の**表 1**（ロックウェル硬さのスケール及びその内容）又は**表 2**（ロックウェルスーパーフィシャル硬さのスケール及びその内容）におけるスケール，及び（　）内には**表 1** の限界硬さ又は受渡当事者間で協定した最小表面硬さの 80 ％の限界硬さの値を記入する。

 例 1 HD-H0.3-E(450)1.5：箇条 7 のビッカース硬さ試験によって試験力 2.9 N で測定し，450 HV までの高周波焼入有効硬化層深さ 1.5 mm の場合

 例 2 FD-HC-E(41)1.8：箇条 7 のロックウェル硬さ C スケール試験によって測定し，41 HRC までの炎焼入有効硬化層深さ 1.8 mm の場合

 例 3 HD-H30N-E(60)1.0：箇条 7 のロックウェルスーパーフィシャル硬さ試験によって測定し，60 HR30N までの高周波焼入有効硬化層深さ 1.0 mm の場合

 例 4 HD-M-T3.2：箇条 7 のマクロ組織試験によって測定し，高周波焼入全硬化層深さ 3.2 mm の場合

 例 5 DS-H0.3-H(500)1.5：箇条 7 のビッカース硬さ試験によって試験力 2.9 N で測定し，500 HV までの高周波焼入有効硬化層深さ 1.5 mm の場合

 例 6 DS-HC-H(50)1.8：箇条 7 のロックウェル硬さ C スケール試験によって測定し，50 HRC までの高周波焼入有効硬化層深さ 1.8 mm の場合

 b) ヌープ硬さ試験による測定方法で行った場合の表示記号は，受渡当事者間の協定による。

10 報告

報告が必要な場合には，受渡当事者間の協定のない限り，少なくとも次の項目を含む。

なお，受渡当事者間の協定によって，次の項目の一部を省略してもよい。

a) この規格に基づいて測定した旨の記載（**JIS G 0559**）

b) 試験方法（硬さ試験方法，試験力，倍率，複数本の線に沿ってくぼみをつけた場合は平行線間の距離，マクロ組織試験方法によった場合は腐食液）

c) 測定の結果（箇条 9 参照）

d) 試験片名称，識別番号，試験位置など

e) 測定時に発生した特記事項

f) 試験片（製品又は同一鋼種の鋼材）の区分

g) 熱処理条件

参考文献 **JIS B 0601** 製品の幾何特性仕様（GPS）－表面性状：輪郭曲線方式－用語，定義及び表面性状パラメータ

附属書 JA
(参考)
JIS と対応国際規格との対比表

JIS G 0559:2019　鋼の炎焼入及び高周波焼入硬化層深さ測定方法					ISO 18203:2016,　Steel－Determination of the thickness of surface-hardened layers		
(I) JIS の規定		(II) 国際規格番号	(III) 国際規格の規定		(IV) JIS と国際規格との技術的差異の箇条ごとの評価及びその内容		(V) JIS と国際規格との技術的差異の理由及び今後の対策
箇条番号及び題名	内容		箇条番号	内容	箇条ごとの評価	技術的差異の内容	
1　適用範囲	－		1	適用範囲	削除	JIS では，浸炭硬化層深さ測定方法を適用範囲から削除した。	浸炭硬化層深さ測定方法は，JIS G 0557 として規定しているため，削除している。
3　用語及び定義			3	用語及び定義	変更	ISO 規格では，有効硬化層深さ以外に表面硬化層深さなど 4 用語を定義しているが，JIS では，引用規格として JIS G 0201 及び JIS G 0202 に変更した。	定義を明確にするために追加した。技術的差異はない。
	3.1　有効硬化層深さ		3	3.1　有効硬化層深さ	追加	JIS では，表 1 を適用することとし，計算式は，許容事項とした。JIS では，"焼入れのまま，又は 200 ℃を超えない温度で焼戻しした硬化層の表面から"を追加した。	国内の実態に合わせた。 定義を明確にするために追加した。技術的差異はない。
4　測定の原理	4.3　マクロ組織試験による測定		－	－	追加	JIS では，マクロ組織試験による測定方法を追加した。	国内では，簡便方法として用いられている。
5　試験装置			－	－	追加	JIS では，ロックウェル硬さ試験を許容したので，この試験の校正方法を追加した。	国内の実態に合わせた。

(I) JIS の規定		(II) 国際 規格番号	(III) 国際規格の規定		(IV) JIS と国際規格との技術的差異の箇条ごと の評価及びその内容		(V) JIS と国際規格との技術的差 異の理由及び今後の対策
箇条番号 及び題名	内容		箇条 番号	内容	箇条ごと の評価	技術的差異の内容	
6 試験片	6.1 一般		7	試験片	追加	JIS では，"試験片は，通常，製品 そのものを用いる。"を追加した。	試験片の規定を明確にするため， 追加した。
	6.3 被検面の前処理			7.2 被検面の前処理	変更	ISO 規格では，単に"gentle"と表 現されており，JIS では，具体的に "試験片に加工ひずみ，切削熱など の負荷がかからないように注意し て，前処理のために試験片を切断す る。"に変更した。	前処理について，より具体的な表 現としたが，技術的な差異はない。
7 測定方法	7.1 硬さ試験による 測定方法		8	8.1 硬さ測定方法	追加	JIS では，"ただし，表面硬化層が 厚い場合は，限界硬さ近傍を除き， 0.1 mm を超えてもよい。"を追加し た。	効率的な測定を意図して追記した が，技術的な差異はない。
					変更	ISO 規格では，"試験力は，0.980 7 N〜9.807 N を適用すると規定して いるが，JIS では，"試験力は，通 常，HV 0.3 を適用し，HV 0.1〜HV 10を使用してもよい。"に変更した。	JIS では，通常適用する試験力を 追記したが，技術的な差異はない。
					追加	許容した硬さ試験方法の適用につ いて，追加した。	許容した硬さ試験方法の適用につ いて，追加した。
	7.2 マクロ組織試験 による測定方法		―	―	追加	JIS では，マクロ組織試験による測 定方法を追加したことに対応して， この試験の測定手順を追加した。	国内では，簡便方法として用いら れている。

(I) JIS の規定		(II) 国際規格番号	(III) 国際規格の規定		(IV) JIS と国際規格との技術的差異の箇条ごとの評価及びその内容		(V) JIS と国際規格との技術的差異の理由及び今後の対策
箇条番号及び題名	内容		箇条番号	内容	箇条ごとの評価	技術的差異の内容	
8 結果の評価	8.1 硬さ試験		9	9.1 有効硬化層深さの場合	追加	JIS では、"受渡当事者間の協定によって行う 2 本の硬さ推移曲線を用いた評価方法及び全硬化層深さの決定が困難な場合の評価方法"を追加した。	ISO 規格の複数本の評価について、従来から規定していた 2 本の硬さ推移曲線を用いた評価方法として、具体的に示した。技術的差異は小さい。全硬化層深さの決定が困難な場合の評価方法は、JIS 独自の規定で、ISO への提案を検討する。
	8.2 マクロ組織試験		—	—	追加	JIS では、この試験結果による全硬化層深さの求め方を追加した。	マクロ組織試験による測定方法を追加したことに対応して評価を追加した。
9 表示			—	—	追加	JIS では、表示方法を追加した。	国内で運用されている表示記号を追加した。
10 報告			10	試験報告	追加	JIS では、"受渡当事者間の協定によって、次の項目の一部を省略してもよい。"を追加した。	JIS では、報告の実態を反映した。
	f), g)				追加	JIS で従来から要求されていた報告項目を追加した。	JIS では、報告の実態を反映した。

JIS と国際規格との対応の程度の全体評価：ISO 18203:2016, MOD
注記1 箇条ごとの評価欄の用語の意味は、次による。 　　− 削除 …………… 国際規格の規定項目又は規定内容を削除している。 　　− 追加 …………… 国際規格にない規定項目又は規定内容を追加している。 　　− 変更 …………… 国際規格の規定内容を変更している。 注記2 JIS と国際規格との対応の程度の全体評価欄の記号の意味は、次による。 　　− MOD ………… 国際規格を修正している。

鋼のサルファプリント試験方法
Method of sulphur print for steel

序文

この規格は，2022 年に第 2 版として発行された **ISO 4968** を基とし，技術的内容を変更して作成した日本産業規格である。

なお，この規格で側線又は点線の下線を施してある箇所は，対応国際規格を変更している事項である。技術的差異の一覧表にその説明を付けて，**附属書 JA** に示す。

1 適用範囲

この規格は，鋼のサルファプリント試験方法について規定する。この方法は，硫黄含有率が 0.40 ％未満の鋼に適用する。また，この規格は，鋳鋼品にも適用可能である。

注記 この規格の対応国際規格及びその対応の程度を表す記号を，次に示す。

ISO 4968:2022，Steel－Macrographic examination by sulphur print (Baumann method)（MOD）

なお，対応の程度を表す記号"MOD"は，**ISO/IEC Guide 21-1** に基づき，"修正している"ことを示す。

2 引用規格

次に掲げる引用規格は，この規格に引用されることによって，その一部又は全部がこの規格の要求事項を構成している。この引用規格は，その最新版（追補を含む。）を適用する。

JIS G 0202 鉄鋼用語（試験）

3 用語及び定義

この規格で用いる主な用語及び定義は，**JIS G 0202** による。

4 一般

4.1 サルファプリント試験は，本来，定性的試験であるので，サルファプリントだけで，対象とする鋼材の硫黄含有率の評価を行うのは，適切でない。

4.2 経験的には，印画紙に写る陰影の程度は，鋼の硫黄含有率に必ずしも比例していない。ある要因は，大なり小なりサルファプリントの現れ方に影響を与える可能性がある。例えば，次のようなことがある。

－ 鋼の化学成分：ある成分の存在が硫化物のタイプ及び形態を変え，その結果，得られるサルファプリ

ントを変えてしまう。例えば，チタンの含有率が 0.1 ％以上の場合，硫化物が現出しないプリントになる。

― 試験片の表面の状態：冷間加工を施した場合，サルファプリントの現れ方が変化することがある。

― 印画紙の感度

4.3 この試験を行うこと及び得られた結果の解釈の仕方は，場合によって異なる。詳細は，製品規格の規定，又は受渡当事者間の協定による。

5 試験の目的及び原理

5.1 サルファプリントによるマクロ試験は，硫酸などの酸を含有する試薬の中に，前もって浸せきした印画紙に硫黄含有率が高く分布する部分を焼き付けすることによって，様々な化学的形態で材料の中に存在する硫化物の位置を検出することを目的とする。

> **注記** 写真印画紙の代わりにフラット・フィルム（flat film）を使うことは，可能である。フラット・フィルムから得られたポジプリント及び透明転写のプリントを使って直接ネガ版を作ることは，可能である。

5.2 硫黄含有率が高く分布する部分に，硫化水素を発生させ，その結果として，ハロゲン化銀が硫化銀に変化し，印画紙の感光乳剤が黒ずむ。

5.3 このプロセスによって検出される硫化物の分布及びサイズを試験することによって，試験断面から材料の均質性の程度を評価することが可能である。このようにして，サルファプリントは，化学的不均一性（例えば，快削鋼の偏析）を明らかにし，また，物理的不均一性（例えば，クラック及びポロシティ）を明らかにすることもある。さらに，リムド鋼とキルド鋼とを区別するために使用することもある。機械試験又は化学分析試験の採取位置の判別に用いることもある。

6 印画紙及び試薬

6.1 印画紙

適切な大きさに切断した印画紙（又はフラット・フィルム）。感光側を使用してサルファプリントを作成する。一般に，印画紙は，薄いゼラチン層をもった薄いマット紙を使用する。例えば，ブロマイド紙がある。このタイプの明らかな利点は，適用したときに滑りにくいということである。

6.2 試薬

試薬は，濃硫酸などの酸と水とを体積分率で 1 ％〜5 ％に（体積比で 1：99 から 1：19 の比で）混合したものを，通常，使用するのが望ましい。硫黄含有率が 0.10 ％を超える場合は，試薬の濃度を薄めるとよい。参考として，対応国際規格における推奨試薬の種類及び濃度を**表 1** に示す。

表1－推奨試薬の種類及び濃度（参考）

鋼材の硫黄含有率 [a), b)] ％	試薬の種類	試薬の濃度
0.005〜0.015	硫酸	体積分率 5 ％〜10 ％
0.015〜0.035	硫酸	体積分率 2 ％
0.10〜0.40	硫酸	体積分率 0.2 ％〜0.5 ％
	酢酸	体積分率 10 ％〜15 ％
	くえん酸	質量分率 10 ％〜15 ％

注 [a)]　硫黄含有率が 0.035 ％〜0.10 ％の鋼材にサルファプリント試験が使用されることは，まれである。その場合は，2 ％の硫酸溶液を使用する。

注 [b)]　硫黄含有率が 0.005 ％未満の場合，試薬の選択は試験者の裁量に任されている。

7　定着液

特に指定がない場合は，市販の写真用印画紙定着液又は質量分率 15 ％〜40 ％のチオ硫酸ナトリウム水溶液を通常使用するのが望ましい。

8　試験片

試験は，鋼材に対して行ってもよいし，鋼材から切り取った試験片に対して行ってもよい。一般に，試験は，棒鋼，ビレット及び丸鋼のような製品に対しては，圧延若しくは鍛伸方向と直角な面で行うか，又は受渡当事者間の協定によって，この他の適切な表面を選択してもよい。

9　試験片採取

製品規格に規定がない場合には，試験を行う試験面の数及び位置は，受渡当事者間の協定による。

特に，熱間シャー切断又はガス切断を行った際には，切断面から離れた位置を試験面とするのがよい。

熱間シャー切断を行った部分は，介在物及び組織の流れを変形させ，偏析を大幅に消失させてしまう可能性がある。

ガス切断を行った部分は，硬い鋼の場合，局部硬化，収縮割れ又は局部焼戻しが発生することがある。

10　試験片加工

10.1　試験片の表面処理は，正確なサルファプリントを得るために最も重要である。相対的に粗い表面となる粗加工で十分な場合（例えば，収縮孔を発見するための日常検査）もあるが，一般的には，できるだけ慎重に加工を行うことが要求される。

加工時の基準は，次による。

a)　工具による次のような切断痕が残らないことが望ましい。例えば，不適切な加工・調製，過度な切込み速度，大きすぎる形削り盤（シェーパ）又は旋盤の送りなどの結果として生じる切断痕である。一般的には，0.1 mm 程度送ると良好である。

b)　冷間加工は，可能な限り少なくすることが望ましい。例えば，次のような工具を用いる場合である。

- 金属加工に適さない工具又は適切に研がれていない工具
- 不適切な回転といし

10.2 通常，使われている機械加工で，良好なサルファプリントを得る方法としては，次の加工方法がある。

- 研削加工（事前の機械加工の有り又は無し）
- 形削り又は旋盤加工（速度調整機付旋盤による）

10.3 鏡面研磨は，試験片上の印画紙が滑りやすくなる。一般的に，研磨後は，算術平均粗さ (Ra) [1] 3.2 µm 以下に仕上げることが望ましい。

注 [1] 算術平均粗さ (Ra) は，**JIS B 0601** 参照。

10.4 硫化物の偏析として間違った解釈となるような黒点を避けるためにも，試験面の表面をアルコール，アセトンなどによって適切に清浄しなければならない。

11 試験方法

11.1 印画紙 **(6.1)** を常温の試薬 **(6.2)** 中に浸し，十分に試薬をしみ込ませる（約 5 分間）。

11.2 印画紙を，引き上げて紙に挟むか，又は脱脂綿などで過剰な試薬を取り除いた後，まだ湿った状態の感光面を，清浄で油脂などがない試験面に密着させる。小さな試験片のサルファプリントを得る場合は，試薬を十分にしみ込ませた印画紙の上に試験片を密着させるとよい。試験を通して，滑らせることなく試験片と印画紙とを固く密着させることを確実に行わなければならない。必要に応じて密着させるために重しを載せる。

11.3 十分に密着させるために，印画紙がずれないようにして，脱脂綿，ゴムローラーなどで押さえながら気泡及び液を除く。

11.4 印画紙が鋼に含まれている硫化物と反応して適切な濃度に着色するのに十分な時間（通常，1 分間〜3 分間）[2]が経過した後，印画紙を試験面から剥がす。

注 [2] 対応国際規格では，30 秒間〜10 分間としている。

11.5 被検面から剥がした印画紙は，ぬれた脱脂綿などで軽くこすった後，約 10 分間，流水で洗浄する。定着液 **(箇条 7)** に 5 分間〜10 分間浸し，定着させた後，30 分間以上，流水で洗浄し，注意深く乾燥する。定着及び水洗の後，乾燥した印画紙について，硫化物の分布状況を調べる。

11.6 ほとんどの場合，一つの研磨面から使用可能なサルファプリントは，1 枚だけ作成可能である。同じ表面から 2 回目のプリントを行うと，通常，試験することができないような薄いサルファプリントになる。硫黄含有率の高い鋼（硫黄含有率 0.10 %超え）の場合，最初のプリントは，一般に非常に濃いので，より薄い 2 回目のプリントの方が良い結果をもたらす場合がある。同じ試験片から複数の使用可能なサルファプリントを作成する必要がある場合，試験面を前の試験の影響がなくなるまで再研削する[3]。

注 [3] 対応国際規格では，0.5 mm 以上再研削するとしている。

12　試験結果の分類

　サルファプリント試験において，硫化物の分布状況の分類及び記号は，**表2**による。**附属書A**にサルファプリント試験結果の分類例を示す。

表2－硫化物の分布状況の分類及び記号

分類	記号	摘要
正偏析	S_N	一部の鋼材に普通に見られる偏析であって，硫化物が鋼材の外周部から中心部に向かって増加して分布し，外周部より中心部の方が濃く着色されて現れたもの。リムド鋼のリム部は，特に着色度が低い。
逆偏析（負偏析）	S_I	硫化物が鋼材の外周部から中心部に向かって減少して分布し，外周部より中心部の方がうすく着色されて現れたもの。
中心部偏析	S_C	硫化物が鋼材の中心部に集中して分布し，特に濃厚な着色部が現れたもの。
点状偏析	S_D	硫化物の偏析が，濃厚に着色した点状をなして現れたもの。
線状偏析	S_L	硫化物の偏析が，濃厚に着色した線状をなして現れたもの。
柱状偏析	S_{CO}	形鋼などに見られる偏析であって，中心部偏析が柱状をなして現れたもの。
記号は，全て大文字で表示してもよい。		

13　報告

　試験報告書は，必要な場合に提出する。試験報告書に次の項目を記載する。ただし，受渡当事者間の協定によって，次のうちから選択してもよい。

a)　鋼種

b)　溶鋼番号

c)　試験面の位置

d)　試薬の種類及び濃度

e)　試験結果

f)　この規格によって試験した旨の表示

附属書 A
（参考）
サルファプリント試験結果の分類

A.1 一般

一般的に使用されるサルファプリント試験結果は，6タイプある。

— 正偏析
— 逆偏析（負偏析）
— 中心部偏析
— 点状偏析
— 線状偏析
— 柱状偏析

A.2 正偏析

試験片の硫黄成分は，徐々に表面から中心に向けて増加する。サルファプリント印画紙上の硫化物の密度及び大きさは，図 A.1 のように表面から中心に向けて徐々に増加する。

図 A.1－正偏析

A.3 逆偏析（負偏析）

試験片の硫黄成分は，表面から中心に向けて徐々に減少する。サルファプリント印画紙上の硫化物の密度及び大きさは，**図 A.2** のように表面から中心に向けて徐々に減少する。

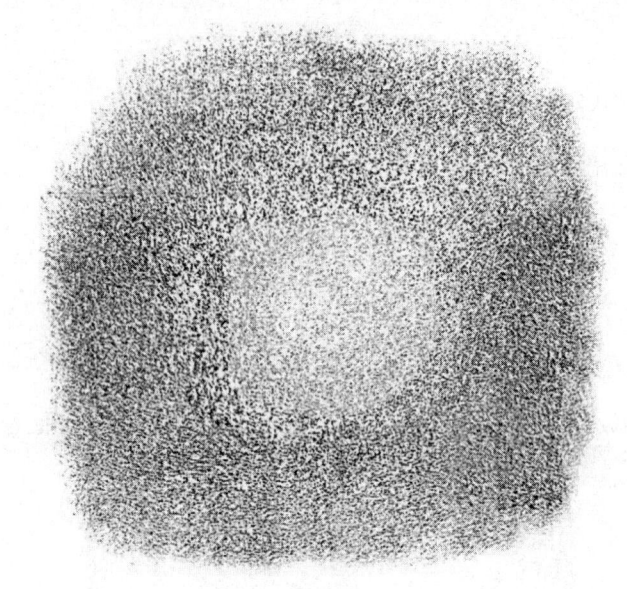

図 A.2－逆偏析（負偏析）

A.4　中心部偏析

　硫黄成分は，試験片の中心に濃化する。**図 A.3** に示すように，硫化物のほとんどは，サルファプリント
の印画紙上の中心に分布するが，一方で残りの部分の硫化物は，明確に検出されない。

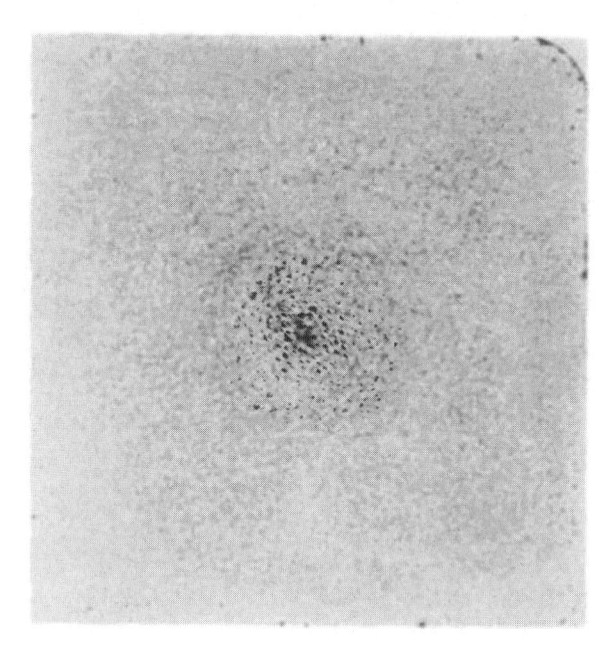

図 A.3－中心部偏析

A.5　点状偏析

　硫黄成分は，試験片内に分散している。サルファプリント印画紙上の硫化物は，**図 A.4** のように黒点として分散する。

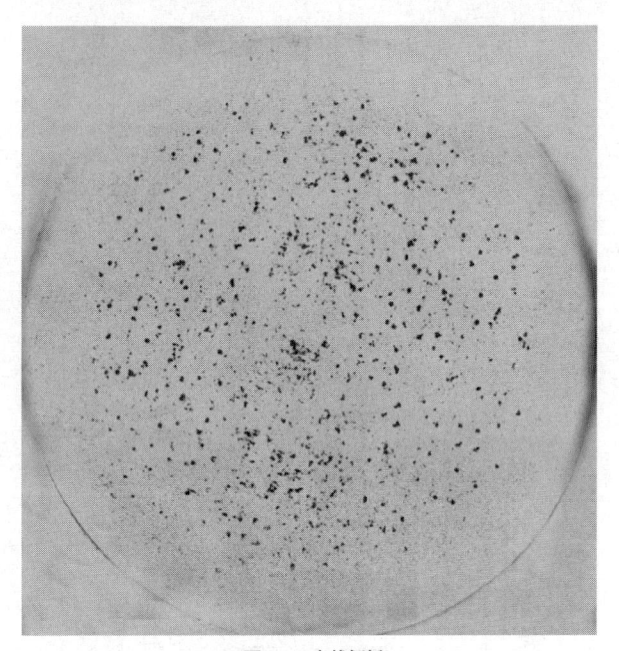

図 A.4－点状偏析

A.6 線状偏析

硫黄成分は，試験片上に線状に濃化する。サルファプリント印画紙上において硫化物は，**図 A.5** のように線状に現れる。

図 A.5－線状偏析

A.7 柱状偏析

形鋼などに見られる偏析であって，**図 A.6** のように硫化物は，サルファプリント印画紙上に中心部偏析が柱状をなして現れる。

図 A.6－柱状偏析

参考文献

[1] **JIS B 0601** 製品の幾何特性仕様（GPS）－表面性状：輪郭曲線方式－用語，定義及び表面性状パラメータ

附属書 JA
(参考)
JIS と対応国際規格との対比表

JIS G 0560			ISO 4968:2022,（MOD）	
a) **JIS の箇条番号**	b) 対応国際規格の対応する箇条番号	c) **箇条ごとの評価**	d) **JIS と対応国際規格との技術的差異の内容及び理由**	e) **JIS と対応国際規格との技術的差異に対する今後の対策**
6.2	6.2	変更	対応国際規格では，試薬としては，硫酸，くえん酸及び酢酸溶液の使用を推奨しているが，**JIS G 0560**:2008 を踏襲し，参考とした。技術的な差異はない。	－
7	7	変更	対応国際規格では，チオ硫酸ナトリウムの 15 ％〜20 ％水溶液を使用するとしているが，**JIS G 0560**:2008 を踏襲し，15 ％〜40 ％とした。技術的な差異はない。	－
8	8	追加	鍛伸を追加した。技術的な差異はない。	－
10.3	10.3	追加	**JIS B 0601** 参照を追加した。技術的な差異はない。	－
11.2	11.2	変更	対応国際規格では，"水切りなどで"としているが，**JIS G 0568**:2008 を踏襲し"引き上げて紙に挟むか，又は脱脂綿などで"とした。技術的に差異はない。	－
11.3	11.3	変更	対応国際規格では，"ゴムローラー，スキージー又はスポンジ"としているが，**JIS G 0568**:2008 を踏襲し"脱脂綿，ゴムローラーなどで"とした。技術的な差異はない。	－
11.4	11.4	変更	対応国際規格では，30 秒間〜10 分間としているが，**JIS G 0560**:2008 を踏襲し，十分な時間（通常，1 分間〜3 分間）とした。技術的な差異はない。	－
11.4	11.4	変更	対応国際規格では，"検査する材料に関しての入手可能な情報（例えば，化学成分）から，また，判定すべき状態のタイプによって対応する印画紙と試験片の付着時間をあらかじめ決めなければならない"としているが，**JIS G 0560**:2008 を踏襲し，"印画紙が鋼に含まれている硫化物と反応して適切な濃度に着色するのに十分な時間（通常，1 分間〜3 分間）が経過した後，印画紙を試験面から剝がす。"とした。技術的な差異はない。	－
11.4	11.4	削除	対応国際規格には，標準化に関する記載があったが，**JIS** では 4.3 に同様の記載があるため，**JIS G 0560**:2008 を踏襲し，不要とした。技術的な差異はない。	－

a) JIS の箇条番号	b) 対応国際規格の対応する箇条番号	c) 箇条ごとの評価	d) JIS と対応国際規格との技術的差異の内容及び理由	e) JIS と対応国際規格との技術的差異に対する今後の対策
11.4	11.4	変更	対応国際規格では，適切な濃度に着色するのに十分な時間を 30 秒間～10 分間としており，注として記載した。技術的な差異はない。	－
11.5	11.5	追加	対応国際規格では "概ね 10 分" としているが JIS G 0560:2008 を踏襲し "5 分～10 分" とした。また，"定着及び水洗の後，乾燥した印画紙について，硫化物の分布状況を調べる。" を追加した。技術的な差異はない。	－
11.6	11.6	変更	対応国際規格では，同じ面で再度サルファプリントを採取する際には，試験面を 0.5 mm 研磨するとしているが，JIS G 0560:2008 を踏襲し "試験面を前の試験の影響がなくなるまで（対応国際規格では，0.5 mm）再研削する" とした。技術的な差異はない。	－
12	－	追加	JIS G 0560:2008 を踏襲し，"箇条 12 試験結果の分類" を追加した。技術的な差異はない。	－
13	12	変更	JIS では，"試験報告書は，必要な場合に提出する。試験報告書に次の項目を記載する。ただし，受渡当事者間の協定によって，次のうちから選択してもよい。" とした。	日本独自の規定である。ISO への提案をせず，そのまま維持する。
13	12	追加	JIS G 0560:2008 を踏襲し，"この規格によって試験した旨の表示" を追加した。	ISO への提案を検討する。
附属書 A	Annex A	追加	JIS G 0560:2008 を踏襲して柱状偏析を追加した。	日本独自の記載である。ISO への提案をせず，そのまま維持する。
注記 1 箇条ごとの評価欄の用語の意味を，次に示す。 － 削除：対応国際規格の規定項目又は規定内容を削除している。 － 追加：対応国際規格にない規定項目又は規定内容を追加している。 － 変更：対応国際規格の規定内容又は構成を変更している。 注記 2 JIS と対応国際規格との対応の程度の全体評価の記号の意味を，次に示す。 － MOD：対応国際規格を修正している。				

鋼の焼入性試験方法（一端焼入方法）

Method of hardenability test for steel
(End quenching method)

序文

この規格は，1999 年に第 2 版として発行された ISO 642 を基とし，技術的内容を変更して作成した日本産業規格である。

なお，**附属書 JA** は，対応国際規格にはない事項である。また，側線又は点線の下線を施してある箇所は，対応国際規格を変更している事項である。技術的差異の一覧表にその説明を付けて，**附属書 JB** に示す。

1 適用範囲

この規格は，鋼の焼入性をジョミニー式一端焼入方法によって測定する試験方法について規定する。

注記 この規格の対応国際規格及びその対応の程度を表す記号を，次に示す。

ISO 642:1999, Steel－Hardenability test by end quenching (Jominy test)（MOD）

なお，対応の程度を表す記号"MOD"は，**ISO/IEC Guide 21-1** に基づき，"修正している"ことを示す。

警告 この規格に基づいて試験を行う者は，通常の試験室での作業に精通していることを前提とする。この規格は，その使用に関連して起こる全ての安全上の問題を取り扱おうとするものではない。この規格の利用者は，各自の責任において安全及び健康に対する適切な措置をとらなければならない。

2 引用規格

次に掲げる引用規格は，この規格に引用されることによって，その一部又は全部がこの規格の要求事項を構成している。これらの引用規格は，その最新版（追補を含む。）を適用する。

JIS G 0201 鉄鋼用語（熱処理）

JIS G 0202 鉄鋼用語（試験）

JIS G 0203 鉄鋼用語（製品及び品質）

JIS G 4053 機械構造用合金鋼鋼材

JIS G 4801 ばね鋼鋼材

JIS Z 2244-1 ビッカース硬さ試験－第 1 部：試験方法

JIS Z 2245 ロックウェル硬さ試験－試験方法

3 用語及び定義

この規格で用いる主な用語及び定義は，**JIS G 0201**，**JIS G 0202** 及び **JIS G 0203** による。

4 記号及び内容

この規格で用いる記号及びその内容を，**表 1** に示す。

表 1－記号及びその内容

記号	内容	値
a	垂直の水噴出管の内径	(12.5±0.5) mm
D	試験片の直径	($25^{+0.5}_{0}$) mm
d	焼入端から硬さ測定点までの距離，mm	－
e	硬さを測定する平面の研削深さ	0.4 mm〜0.5 mm
h	試験片がないときの水の噴水自由高さ	(65±10) mm
L	試験片の全長	(100±0.5) mm
l	試験片の底部から水噴出管の端までの距離	(12.5±0.5) mm
T	冷却水の温度	5 ℃〜30 ℃
t	試験片の加熱保持時間	30 分〜35 分
t_m	炉から試験片を取り出してから焼入れ開始までの最大遅れ時間	5 秒
$Jd \text{ mm}^{a)}=xx$	ロックウェル HRC による，距離 d (mm) での焼入性指数 xx は硬さ値 受渡当事者間の協定によって，対応国際規格の表記である Jxx-d と表してもよい。	
$Jd \text{ mm}^{a)}=xx \text{ HV}$	ビッカース HV 30 による，距離 d (mm) での焼入性指数 xx は硬さ値 受渡当事者間の協定によって，対応国際規格の表記である JHVxx-d と表してもよい。	
注 a) 単位 mm は，表記しなくてもよい。		

5 原理

円柱形の試験片を，オーステナイト域の規定温度で規定時間加熱し，その一端面に水を吹き付けて焼入れした後，選ばれた 2 点又は試験片に作られた長さ方向の所定の点の硬さを測定し，硬さの変化によって鋼の焼入性を決定する。

6 焼入装置

6.1 試験片支持台

試験片支持台は，次による。

a) フランジ付き試験片の支持台は，**図 1** に示すとおりとし，試験片を垂直に設置し，焼入れする下端面を正しく噴水口の直上の距離 l が(12.5±0.5) mm の位置に支持することができる構造とする。

b) アンダーカット付き試験片の支持台は，瞬時に正確な位置に試験片を設置できる適切な支持手段を用いる。

c) 試験片は，支持台に取り付けるとき及び一端焼入れ処理前は，乾燥状態でなければならず，支持台に取り付けた後，処理中は，試験片側面に水しぶきがかからないようにしなければならない。

単位　mm

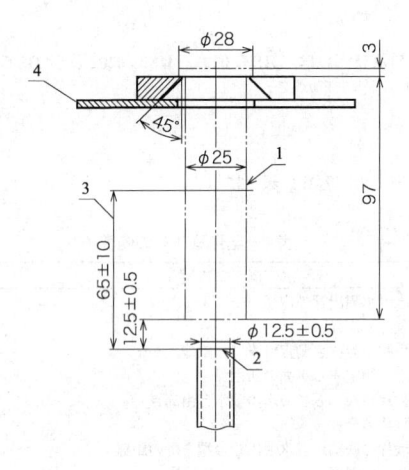

記号説明
　1：試験片
　2：冷却水噴出口
　3：噴水自由高さ
　4：試験片の支持台

図1－焼入装置

6.2　冷却用噴水装置

　冷却用水噴出管の内径 a は，(12.5±0.5) mm とし，試験片がないときの管の口からの噴水自由高さ h は，(65±10) mm とする。

　水冷の開始後，直ちに規定の噴水自由高さの噴水が得られるようにし，冷却中，その噴水自由高さが変化してはならない。そのためには，あふれ出し装置をもつ水槽を用いて一定水圧高さが得られることが望ましい。

　急作動式コックの場合には，コック背後の給水パイプの長さは，乱流のない水流を確保するために，50 mm 以上とする。

　試験片は，冷却中に風による影響を受けないようにする。

7　試験片

7.1　試験片の寸法

　試験片の寸法は，**図2**による。フランジ付き試験片又はアンダーカット付き試験片のいずれを用いるかは，製品規格による。ただし，個別の製品規格に規定のない場合は，試験者の任意とする。

単位 mm

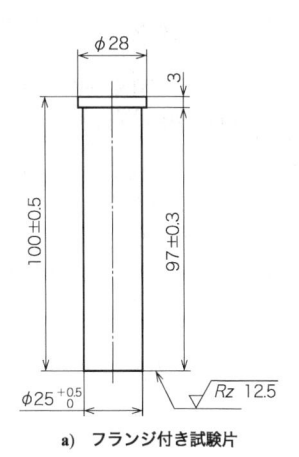

a) フランジ付き試験片

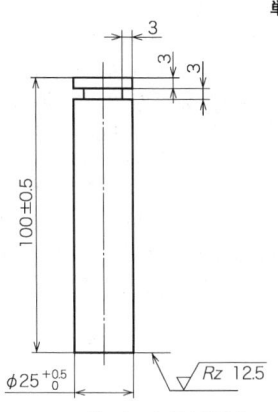

b) アンダーカット付き試験片

図 2－試験片の寸法

7.2 試験片の調製方法

製品規格に規定のない場合，試験片の調製方法は，次による。

a) 鋼材の径，辺又は対辺距離が 30 mm〜32 mm の場合は，これをそのまま供試材とし，鋼材の径，辺又は対辺距離が 32 mm を超える場合，又は鋼片の場合は，径 30 mm〜32 mm に鍛造又は圧延して供試材とする。

b) 試験片の機械加工前の成形工程において，製品の変形は，できる限り断面方向で一様であることが望ましい。

なお，標準試験片を別に鋳造して作製する場合は，成形前の鋳片の断面積は，供試材の直径である 30 mm〜32 mm に相当する断面積の少なくとも 3 倍以上が望ましい。

c) 他に規定がない場合は，表 2 に示す焼ならし温度に 60 分間保持して焼ならしを施した後，表面の脱炭層を除去し，直径 D が$(25^{+0.5}_{0})$ mm 及び全長 L が(100 ± 0.5) mm の試験片を削り出して，冷却する側の端面を精密に仕上げる（図 2 参照）。ただし，受渡当事者間の協定によって，供試材の焼ならしを省略してもよい。

表 2－供試材・試験片の焼ならし及び焼入温度

化学成分の規格値又は規格値の最大値		焼ならし温度[a]	焼入温度[a]
Ni ％	C ％	℃	℃
3.00 以下	0.25 以下	925	925
	0.26 以上　0.36 以下	900	870
	0.37 以上	870	845
3.00 を超えるもの	0.25 以下	925	845
	0.26 以上　0.36 以下	900	815
	0.37 以上	870	800
JIS G 4801 の SUP6，SUP7，SUP9，SUP9A，SUP10，SUP11A，SUP12，SUP13		900	870
JIS G 4053 の SACM645		980	925
注[a]　温度の許容差は，±5 ℃とする。			

d) 供試材に焼ならし以外の熱処理を行った場合及び試験片に熱処理を行った場合は，熱処理履歴を記録して報告しなければならない。

e) 鋼材の径，辺又は対辺距離が 32 mm を超える場合，又は，鋼片の場合，圧減比（鍛錬成形比）が 4 以上であれば，鍛造又は圧延を省略して径 30 mm の供試材を削り出し，c)と同様に焼ならしした後，規定寸法の試験片を削り出してもよい。また，受渡当事者間の協定によって，焼ならしを省略してもよい。ただし，試験片の中心軸は，もとの鋼材又は鋼片の表面から 20 mm〜25 mm の位置とする。9.1 で規定するもとの鋼材又は鋼片の中心から等距離の位置（図 3 参照）の硬さを測定する。

　　注記 1　対応国際規格では，鋼片の場合，最小圧減比は，8：1 が望ましいと規定されている。

　　注記 2　通常，鋼材又は鋼片の中心から等距離の位置の硬さを測定するために，供試材（又は試験片）に測定位置が判別できる印を付けている。

f) 協定がある場合は，試験片を鋳造によって作製してもよい。

g) 試験片の円筒面は，機械仕上げし，端面は，研磨仕上げが望ましく，ばりがないことが望ましい。

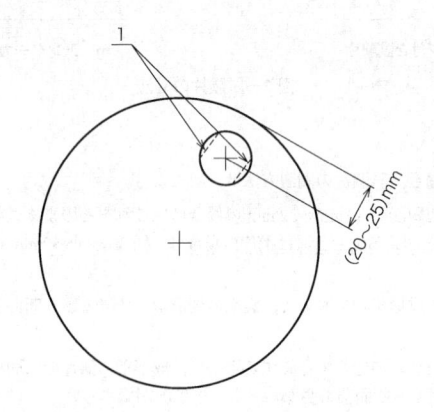

記号説明
　1：硬さ測定面

図 3－試験片の機械加工によるサンプリングの例

8　焼入方法

8.1　加熱方法

　加熱方法は，次による。

a) 試験片は，**表 2** に示す焼入温度に保たれている炉に装入し，少なくとも 20 分をかけて中心部まで均一に昇温した後，その温度の保持時間 T を 30 分〜35 分間とする。ただし，受渡当事者間の協定によって，**表 2** 以外の焼入温度によってもよい。

b) 加熱時間は，あらかじめ試験片の中心部に熱電対を差し込んで温度を測定した結果によって，必要とする最短時間を決めてもよい。

c) 加熱の際，適切な方法 1) を用いて，試験片の脱炭又は浸炭が最小限になるようにし，スケールの生成を伴う著しい酸化を防止しなければならない。

注[1] 例えば，保護ガスを応用する，焼入れする端面を黒鉛又は鋳鉄切粉中に埋める，又は特殊な耐熱鋼製キャップをはめる方法が用いられている。

8.2 焼入作業

焼入作業は，次による。

a) 焼入温度に加熱した試験片を試験片支持台に垂直に設置し，噴水の阻止装置を速やかに開き，試験片全体が冷却するまで少なくとも 10 分間冷却する。それ以後は水中で冷却してもよい。

b) 試験片支持台は，焼入開始時にぬ（濡）れていてはならない。

c) 試験片を加熱炉から取り出してから焼入れ開始までの時間 t_m はできるだけ短くし，5 秒以内にしなければならない。試験片は，加熱炉からの取出し及び試験片支持台に設置の際に，その端部をはさみジグで保持するだけとし，フランジ及びアンダーカットの側面が焼入れされないようにする。

8.3 焼入剤

焼入剤は，水とし，その温度 T は，5 ℃〜30 ℃とする。15 ℃〜25 ℃の水を用いることが望ましい。

注記 1 対応国際規格では，水温は，15 ℃〜25 ℃と規定されている。

注記 2 対応国際規格では，比較試験を実施する場合は，等しい水温で実施すると規定されている。

9 試験片の硬さの測定方法

9.1 試験片の調製

硬さを測定するための試験片は，次による。

a) 冷却した試験片は，互いに 180°隔てた相対応する位置を，試験片の全長にわたり各々 e（硬さを測定する平面の深さ）が 0.4 mm〜0.5 mm となるように研削して除去し，その両面の硬さを測定する（図 4 参照）。

b) 径 32 mm を超える鋼材から直接試験片を削り出した場合，通常はもとの鋼材の中心から等距離の位置の硬さを測定する（図 3 参照）。

c) 試験片の研削は，研削熱で組織変化を起こさないように注意しなければならない。研削熱による組織変化の検出は，次による。

  1) **腐食液**
      第 1 液 ……………体積分率 硝酸（密度 1.38 g/mL〜1.42 g/mL）5 ％＋水 95 ％
      第 2 液 ……………体積分率 塩酸（密度 1.18 g/mL）50 ％＋水 50 ％

  2) **方法** 試験片を温水で洗浄し，第 1 液が黒くなるまで（約 30 秒〜60 秒間）腐食する。次に温水で洗浄し，第 2 液に 3 秒間浸した後，更に温水で洗浄して微風で乾燥し，腐食面を観察する。腐食面にまだらが生じた場合は，研削中に組織が変化したことを示す。研削によって起きた組織上の変化は，硬さ試験を行う前に取り除き，表面再仕上げ及び再腐食を行う。ただし，組織変化のはなはだしい場合は，別に新たに平たん面を作り，硬さ測定面としなければならない。

9.2 硬さ測定位置

硬さの測定位置は，次による。

a) 硬さの測定位置は，試験片の軸方向に焼入端から 1.5 mm 以上離れた測定点とし，いずれの点にする

かは必要に応じて定める。

b) 焼入性曲線を描くときは，通常，焼入端から 1.5 mm－3 mm－5 mm－7 mm－9 mm－11 mm－13 mm－15 mm 及びそれ以降 5 mm 間隔の各点とする。

c) 製品規格で規定される低い焼入性の鋼の焼入性曲線を描く場合は，最初の測定点は焼入端から 1.0 mm とし，以降，焼入端から 11 mm までは 1.0 mm の間隔とする。最後の五つの測定点は，焼入端から 13 mm－15 mm－20 mm－25 mm－30 mm の各点とする。

単位 mm

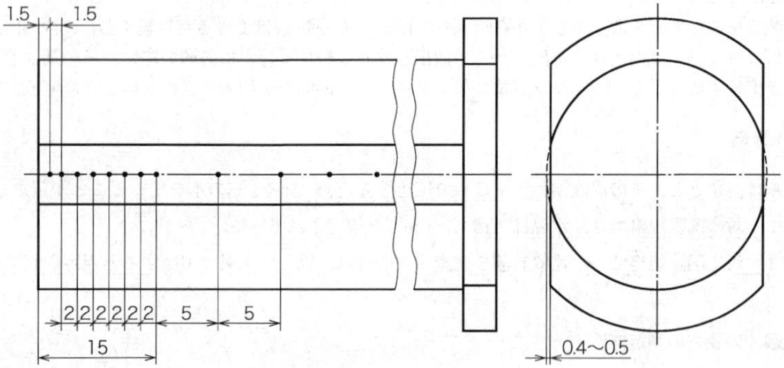

図4－硬さ試験片及び硬さ測定点

9.3 硬さの測定

硬さの測定は，次による。

a) 硬さの測定は，ロックウェル C スケール硬さ又はビッカース硬さで行う。ロックウェル C スケール硬さ及びビッカース硬さを測定する方法は，**9.2** によるほか，**JIS Z 2245** 及び **JIS Z 2244-1** による。硬さの測定には適切な試験片台を使用し，正しい測定位置を保つことを確実にしなければならない。

b) 硬さ測定機上の試験片移動装置は，測定面の中心を正確に位置出しし，硬さの圧痕間隔を±0.1 mm の精度で移動することができる装置とする。V ブロックは，試験片が傾くため使用しないのが望ましい。既に硬さを測定した研磨面の裏側の面を使用して硬さを測定する場合には，既にある測定くぼみの影響がないように注意しなければならない。

10 記録

試験片の両面で得られた対応する測定点の硬さの平均値を求め，軸方向にわたる硬さの推移を記録する。記録には，**附属書 JA** に示す焼入性図表を用いることが可能である。焼入性図表は，ロックウェル C スケール硬さ目盛又はビッカース硬さ目盛のいずれか一方を省略した図表を用いてよい。図表の縦横の軸比は，通常，2 対 3 にとる。図表の縦軸は，対応する測定点の硬さの平均値を，横軸は，試験片の焼入端面から測定点までの距離を示す。

なお，溶鋼番号，オーステナイト結晶粒度 ［粒度番号及び試験方法（**JIS G 0551** による表示）］，化学成分，熱処理温度，試験片の採取位置，水温及びその他特殊な熱処理履歴を記録しておくとよい。

焼入性指数は，次の例に従って示す。

例1 焼入端からの距離が 12 mm における硬さが 36 HRC 又は 354 HV の場合

J12 mm＝36　又は J12 mm＝354 HV

ただし，受渡当事者間の協定によって，対応国際規格の表記方法である　J36-12 又は JHV 354-12 を使用することがある。

例2 硬さ 45 HRC 又は 446 HV に対する焼入端からの距離が 6 mm の場合

J45＝6 mm 又は　J446 HV＝6 mm

ただし，受渡当事者間の協定によって，対応国際規格の表記方法である　J 45-6 又は J HV 446-6 を使用することがある。

11　報告

試験報告書が必要な場合には，次の事項のうちから，受渡当事者間の協定によって選択する。

a)　この規格によって試験した旨の表示

b)　鋼材の種類

c)　溶鋼番号

d)　化学成分

e)　サンプリングの方法

f)　焼ならし処理及び試験片の焼入加熱の条件

g)　硬さ試験方法

h)　試験結果

注記　対応国際規格では，試験結果の相互比較が可能なように，水温を記録することが推奨されている。

附属書 JA
（参考）
焼入性図表

JA.1　一般

この附属書は，焼入性図表の記録に用いることが可能な様式例を示している。括弧内は，そこに記載する内容，その項目の注意事項などを示している。

JA.2　焼入性図表の例

焼入性図表の例を次に示す。

試験日　　　年　　　月　　　日

試 験 場 所　　　　　　　　　

試験担当者　　　　　　　　　

鋼種	溶鋼番号	オーステナイト粒度番号	化学成分　%											熱処理温度　℃		水温
			C	Si	Mn	P	S	Ni	Cr	Mo	Cu			焼ならし	焼入れ	℃

注記　（記録の注記として，特殊な熱処理履歴，試験片の採取位置など，その他の情報を記録する）

オーステナイト結晶粒度試験方法（**JIS G 0551** に従って表示する）

硬さ試験機（右のどちらか一方を消す）　　　　　　ロックウェル　　　　　　ビッカース

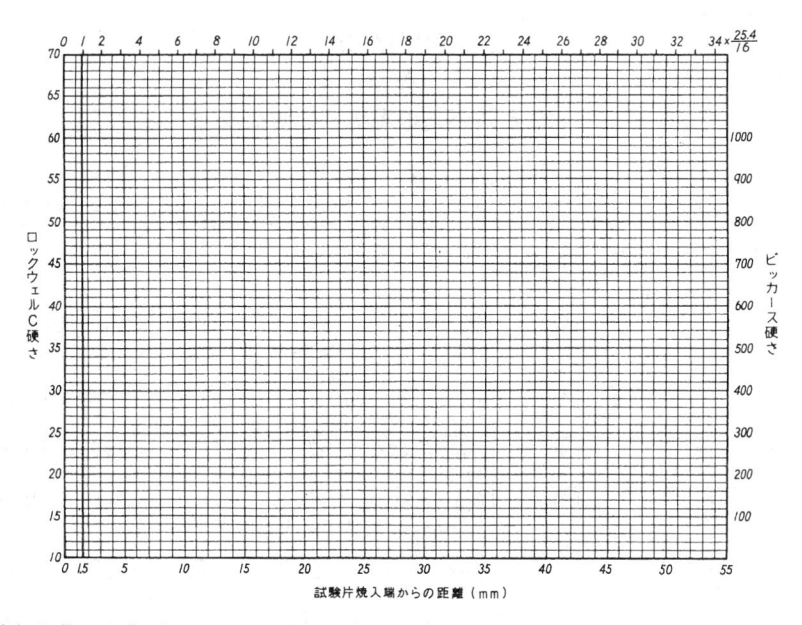

（硬さ目盛は，必ずいずれか一方を消す。ロックウェルC硬さの目盛とビッカース硬さの目盛は，互いに関連性がない。）

参考文献

[1]　**JIS G 0551**　鋼－結晶粒度の顕微鏡試験方法

附属書 JB
(参考)
JIS と対応国際規格との対比表

JIS G 0561			ISO 642:1999, （MOD）	
a) JIS の箇条番号	b) 対応国際規格の対応する箇条番号	c) 箇条ごとの評価	d) JIS と対応国際規格との技術的差異の内容及び理由	e) JIS と対応国際規格との技術的差異に対する今後の対策
1	1	削除	対応国際規格では，試験片寸法を適用範囲に規定しているが，JIS では本文に規定しているため，適用範囲から除外した。	技術的差異は軽微である。
3	—	追加	JIS では，用語及び定義の箇条を追加した。	技術的差異は軽微である。
4 及び 8	4	変更	冷却水の温度を国内実態に合わせて 5 ℃〜30 ℃とした。	冷却水温度の影響を見極める。
5	3	追加	硬さ測定点について，対応国際規格では，所定の点と規定しているが，JIS では選ばれた 2 点を追加した。	技術的差異は軽微である。
6	6	追加	JIS では，条件をより具体的に規定した。	技術的差異は軽微である。
7	7	追加	JIS では，試験片形状の選択が試験者によることを追加した。	技術的差異は軽微である。
		追加	JIS では，他に規定がない場合の焼ならし温度及び保持時間を追加した。	ISO 規格への提案を検討する。
		変更	JIS では，圧減比が 4 以上であれば，供試材を削り出してよいことを追加した。	ISO 規格への提案を検討する。
		変更	JIS では，測定位置判別のための印は，要求事項ではなく，注記とした。	技術的差異は軽微である。
		変更	JIS では，研削などで得られる適切な平滑表面を研磨仕上げが望ましいとした。	技術的差異は軽微である。
8	6	変更	JIS では，焼入剤（水）の温度を 5 ℃〜30 ℃とした。	ISO 規格への提案を検討する。
		変更	比較試験方法を規定する必要はないとして，JIS では，比較試験について，注記とした。	技術的差異は軽微である。
		追加	JIS では，"試験片支持台は，焼入開始時にぬ（濡）れていてはならない。"を追加した。	技術的差異は軽微である。
9	—	追加	JIS では，V ブロックは使用しないのが望ましいとしている。	ISO 規格への提案を検討する。
	8	変更	JIS では，第 1 液に加えて，第 2 液を用いて検出する方法としている。	ISO 規格への提案を検討する。
10	9	追加	JIS では，焼入性図表の詳細及び記録が望ましい条件を追加した。	技術的差異は軽微である。
11	10	変更	JIS では，報告事項は，受渡当事者間の協定によって選択することにした。	ISO 規格への提案を検討する。

注記1　箇条ごとの評価欄の用語の意味を，次に示す。
　　　　　　－　削除：対応国際規格の規定項目又は規定内容を削除している。
　　　　　　－　追加：対応国際規格にない規定項目又は規定内容を追加している。
　　　　　　－　変更：対応国際規格の規定内容又は構成を変更している。
注記2　**JIS** と対応国際規格との対応の程度の全体評価の記号の意味を，次に示す。
　　　　　　－　MOD：対応国際規格を修正している。

鉄鋼の窒化層深さ測定方法

Method of measuring nitrided case depth for iron and steel

1. 適用範囲 この規格は,鉄鋼の窒化及び軟窒化加工(以下,加工という。)などによる窒化層深さ(以下,窒化層深さという。)を測定する方法について規定する。

備考1. 加工などは,JIS B 6915による。

2. この規格の引用規格を,次に示す。

JIS B 0601 表面粗さの定義と表示

JIS B 6915 鉄鋼の窒化及び軟窒化加工

JIS G 0201 鉄鋼用語(熱処理)

JIS Z 2244 ビッカース硬さ試験方法

JIS Z 2251 ヌープ硬さ試験方法

2. 用語の定義 この規格で用いる主な用語の定義は,JIS G 0201のほか次による。

(1) **化合物層深さ** 窒化物・炭化物・炭窒化物などを主体とする層の表面からの深さ。

(2) **拡散層深さ** 化合物層を除いた,窒素・炭素などの拡散が認められる層の深さ。

(3) **窒化層深さ** 窒化層の表面から,窒化層と生地の物理的又は化学的性質の差違が区別できない点に至るまでの距離。窒化層深さは,化合物層深さと拡散層深さの和。

(4) **実用窒化層深さ** 窒化層の表面から,生地のビッカース硬さ値又はヌープ硬さ値より50高い硬さの点に至るまでの距離。

(5) **硬さ推移曲線** 窒化層の表面からの垂直距離と硬さとの関係を表す曲線。

3. 測定方法の種類

3.1 硬さ試験による測定方法 試験品の切断面について硬さ試験を行い,窒化層深さを測定する。

3.2 金属組織試験による測定方法 試験品の切断面を腐食して金属顕微鏡で観察し,窒化層深さを測定する。

4. 試験品 試験品は,製品そのものを用いる。ただし,やむを得ない場合には,製品と同一条件で処理した同一鋼種の鉄鋼材料を用いてもよい。

5. 硬さ試験による測定方法

5.1 硬さ試験 硬さ試験は,次による。

(1) 試験品を加工面に垂直に切断し,切断面を研磨仕上げして被検面とする。切断又は研磨の際に,被検面の硬さに影響を及ぼさないよう,また,端部が欠けたり,丸くならないように十分に注意しなければならない。

(2) 被検面について,JIS Z 2244のビッカース硬さ試験又はJIS Z 2251のヌープ硬さ試験を行い,硬さ推移曲線を作成し,その曲線から窒化層深さ又は実用窒化層深さを測定する(**附属書付図1参照**)。

なお,硬さ試験の試験荷重は,2.942 N以下とする。

(3) 拡散層深さ測定法は,**附属書**による。

5.2 硬さ推移曲線の作成 硬さ推移曲線の作成は,次による。

(1) 被検面の測定しようとする位置について,その表面に対して垂直な直線に沿って順次硬さを測定し,硬さ推移曲線を作る。ただし,必要がある場合には,表面の1.5 mm幅の範囲内に2〜5列にそれぞれ表面に垂直な直線上で硬さを測定して(**図1参照**)1本の硬さ推移曲線を作る。

図1 硬さ測定点の配置

(2) **ヌープ硬さ試験**

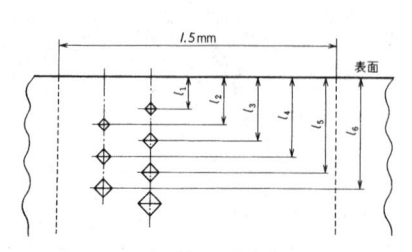

備考 $l_{i+1} - l_i \leqq 0.1$ mmとする。

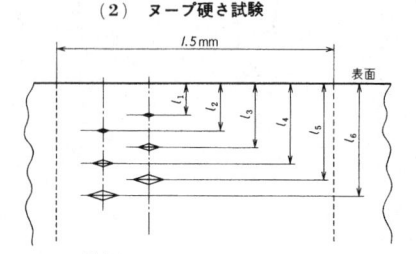

備考 $l_{i+1} - l_i \leqq 0.1$ mmとする。

(2) 硬さ推移曲線における測定点の間隔は，0.1 mm以下とする。そのときの隣り合うくぼみの中心の間隔は，くぼみの対角線長さ(¹)の2.5倍以上でなければならない。

　　注(¹)　ヌープ硬さ試験では，長い方の対角線の2倍以上又は短い方の対角線の約4倍以上とする。

6. 金属組織試験による測定方法　金属組織試験による測定は，次による。

(1) 試験品を加工面に垂直に切断し，切断面を研磨仕上げして被検面とする。切断又は研磨の際に，被検面の金属組織に影響を及ぼさないように十分に注意する。被検面の表面粗さは**JIS B 0601**の0.40 a程度とする。

(2) 被検面は，約3 ％硝酸アルコール溶液(²)中で，明りょう(瞭)な着色の状態が得られるように適切な時間腐食する。この腐食面をアルコール又は水で洗浄した後，金属顕微鏡で腐食による着色状況を調べる。

　　注(²)　着色が困難な場合には他の腐食液を使用してもよい。

(3) 窒化層深さを求めるには，生地と異なった着色をした部分の，表面からの深さを測定する(**附属書付図2参照**)。

(4) 化合物層深さ及び拡散層深さ測定法は，**附属書**による。

　　備考　窒化層深さの測定点は，受渡当事者間の協定による。

7. 表示　表示は，次による。

(1) 窒化層深さ及び実用窒化層深さは，mmで表し，小数点以下第2位とする。ただし，これら窒化層深さの薄い場合には，μmで表してもよいが，この場合には，数値末尾に単位記号を記載する。

(2) 窒化層深さ及び実用窒化層深さの表示記号は，**表1**による。

表1　窒化層深さ及び実用窒化層深さの表示記号

項目	測定方法		金属組織試験に による測定方法
	硬さ試験による測定方法		
	ビッカース硬さ	ヌープ硬さ	
窒化層深さ	ND-HV△-T	ND-HK△-T	ND-M-T
実用窒化層深さ	ND-HV△-P	ND-HK△-P	－

備考1.　NDは，窒化層深さ(**参考**：nitrided case depth)を示す。

　　2.　△は，試験荷重に対応する硬さ記号の数字を記入する。
　　　　なお，受渡当事者間の協定によって，△は省略してもよい。

　　3.　Mは，金属組織(**参考**：microstructure)を表す。

　　4.　Tは，窒化層の全深さ(**参考**：total depth)を表す。

　　5.　Pは，窒化層の実用深さ(**参考**：practical depth)を表す。

　　　例1.　ビッカース硬さ試験による測定方法によって，試験荷重
　　　　　　2.942 Nで測定し，窒化層深さが0.74 mmの場合。
　　　　　　ND-HV0.3-T0.74

　　　例2.　ビッカース硬さ試験による測定方法によって，試験荷重
　　　　　　2.942 Nで測定し，実用窒化層深さが0.23 mmの場合。
　　　　　　ND-HV0.3-P0.23

　　　例3.　ヌープ硬さ試験による測定方法によって，試験荷重
　　　　　　1.961 Nで測定し，実用窒化層深さが0.35 mmの場合。
　　　　　　ND-HK0.2-P0.35

　　　例4.　金属組織試験による測定方法で測定し，窒化層深さが50
　　　　　　μmの場合。
　　　　　　ND-M-T50 μm

附属書　化合物層深さ及び拡散層深さ測定方法

1. 適用範囲　この附属書は，鉄鋼の窒化及び軟窒化加工などによる化合物層深さ及び拡散層深さを測定する方法について規定する。

2. 測定方法の種類

2.1 硬さ試験による測定方法 試験品の切断面について硬さ試験を行い，拡散層深さを測定する。

2.2 金属組織試験による測定方法 試験品の切断面を腐食して金属組織を金属顕微鏡で観察し，化合物層及び拡散層深さを測定する。

3. 硬さ試験による拡散層深さ測定方法 拡散層深さの測定は，次による。

（**1**） 本体**5.1**（**1**）及び（**2**）によって，試験品の被検面について硬さ試験を行う（**附属書付図1**参照）。

（**2**） 硬さ推移曲線の作成は，本体**5.2**による。

（**3**） 硬さ推移曲線によって窒化層深さ(ND)を測定する。

（**4**） 拡散層深さ(DD)は，次の式で求める。

$$DD = ND - CL$$

ここに，ND：窒化層深さ

CL：**4.1**で求めた化合物層深さ

4. 金属組織試験による測定方法

4.1 化合物層深さ 化合物層深さの測定は，次による。

（**1**） 本体**6.**（**1**）及び（**2**）によって試験品の被検面を腐食，洗浄する。

（**2**） 被検面について，金属顕微鏡で観察して，**附属書付図2**のように表面近傍における腐食されない化合物層について，表面からの深さを測定して化合物層深さ(CL)とする。

4.2 拡散層深さ 拡散層深さの測定は，次による。

（**1**） **4.1**（**2**）の化合物層の境界から，窒化層と生地の金属組織の差違が区別できない点に至るまでの距離を測定して，拡散層深さ(DD)とする。

　　参考 試験品は，受け入れのままでは拡散層を観察しにくい場合には，析出熱処理などを施すことによって，拡散層を明確に観察することができる場合がある。

（**2**） 拡散層深さは，次の式で求めてもよい。

$$DD = ND_M - CL$$

ここに，DD　：拡散層深さ

ND_M：金属組織試験による測定方法で求めた窒化層深さ

CL　：化合物層深さ

5. 表示 表示は，次による。

（**1**） 化合物層深さは，μm[(1)]で表し，小数点以下第1位とする。

（**2**） 拡散層深さは，mmで表し，小数点以下第2位とする。ただし，拡散層深さの薄い場合には，μmで表してもよい。[(1)][(2)]

　　注[(1)] 　μmで表す場合には，数値末尾に単位記号を記載する。

　　[(2)] 　小数点以下第1位とする。

（**3**） 化合物層深さ及び拡散層深さの表示記号は，**附属書表1**による。

附属書表1 化合物層深さ及び拡散層深さの表示記号

項目	測定方法		金属組織試験による測定方法
	硬さ試験による測定方法		
	ビッカース硬さ	ヌープ硬さ	
化合物層深さ	—	—	CL-M
拡散層深さ	DD-HV△	DD-HK△	DD-M

備考1. DDは，拡散層深さ(**参考**：diffusion depth)を示す。

　　2. CLは，化合物層深さ(**参考**：compound layer)を示す。

　　3. △は，試験荷重に対応する硬さ記号の数字を記入する。

　　　　なお，受渡当事者間の協定によって，△は省略してもよい。

　　　　例1. ビッカース硬さ試験による測定方法によって，試験荷重0.980 7 Nで測定し，拡散層深さが0.45 mmの場合。

　　　　DD-HV0.1-0.45

　　　　例2. ヌープ硬さ試験による測定方法によって，試験荷重

1.961 Nで測定し，拡散層深さが35.2 μmの場合。

DD-HK0.2-35.2 μm

例3. 金属組織試験による測定方法によって，化合物層深さが10.5 μmの場合。

CL-M-10.5 μm

例4. 金属組織試験による測定方法によって，拡散層深さが0.51 mmの場合。

DD-M-0.51

附属書付図1 硬さ推移曲線の一例

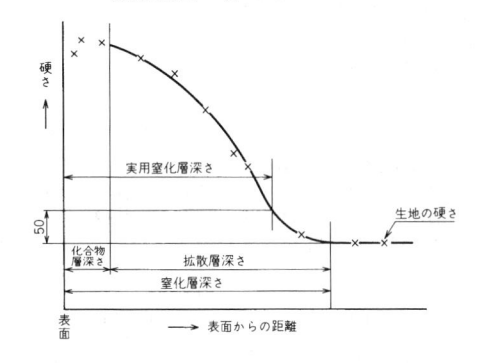

附属書付図2 金属組織試験結果の一例

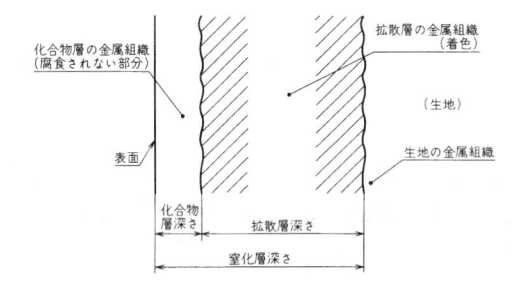

鉄鋼の窒化層表面硬さ測定方法

Method of measuring surface hardness for nitrided iron and steel

1. 適用範囲 この規格は，鉄鋼の窒化及び軟窒化加工(以下，加工という。)などによる窒化層の表面硬さ(以下，表面硬さという。)を測定する方法について規定する。

　　　備考1. 加工などは，JIS B 6915による。
　　　　　2. この規格の引用規格を，次に示す。
　　　　　　　JIS B 6915　鉄鋼の窒化及び軟窒化加工
　　　　　　　JIS G 0201　鉄鋼用語(熱処理)
　　　　　　　JIS Z 2244　ビッカース硬さ試験方法
　　　　　　　JIS Z 2245　ロックウェル硬さ試験方法
　　　　　　　JIS Z 2246　ショア硬さ試験方法
　　　　　　　JIS Z 2251　ヌープ硬さ試験方法

2. 用語の定義 この規格で用いる主な用語の定義は，JIS G 0201によるほか次による。

(1) **ビッカース表面硬さ**　ビッカース硬さ試験によって測定した鉄鋼の窒化層表面の硬さ。

(2) **ヌープ表面硬さ**　ヌープ硬さ試験によって測定した鉄鋼の窒化層表面の硬さ。

(3) **ロックウェルスーパーフィシャル15N表面の硬さ**　ロックウェルスーパーフィシャル15N硬さ試験によって測定した鉄鋼の窒化層表面の硬さ。

(4) **ショア表面硬さ**　ショア硬さ試験によって測定した鉄鋼の窒化層表面の硬さ。

(5) **化合物層深さ**　窒化物・炭化物・炭窒化物などを主体とする層の表面からの深さ。

(6) **拡散層深さ**　化合物層を除いた，窒素・炭素などの拡散が認められる層の深さ。

(7) **窒化層深さ**　窒化層の表面から，窒化層と生地の物理的又は化学的性質の差違が区別できない点に至るまでの距離。窒化層深さは，化合物層深さと拡散層深さの和。

3. 試験品 試験品は，製品そのものを用いる。ただし，やむを得ない場合には，製品と同一条件で処理した同一鋼種の鉄鋼材料を用いてもよい。

4. 表面硬さ測定方法

4.1 ビッカース表面硬さ測定方法　窒化層深さが約0.01 mm以上の試験品に適用する。被検表面について，**JIS Z 2244**のビッカース硬さ試験を行い硬さを測定する。

　　なお，試験荷重は，0.980 7 N以下とする。

4.2 ヌープ表面硬さ測定方法　窒化層深さが約0.01 mm以上の試験品に適用する。被検表面について，**JIS Z 2251**のヌープ硬さ試験を行い硬さを測定する。

　　なお，試験荷重は，0.980 7 N以下とする。

4.3 ロックウェルスーパーフィシャル15N表面硬さ測定方法　窒化層深さが約0.2 mm以上の試験品に適用する。被検表面について，**JIS Z 2245**のロックウェルスーパーフィシャル15N硬さ試験を行い硬さを測定する。

4.4 ショア表面硬さ測定方法　窒化層深さが約0.3 mm以上の試験品に適用する。被検表面について，**JIS Z 2246**のショア試験を行い硬さを測定する。

　　　備考　表面硬さの測定方法は，加工したままの試験品について硬さ試験を行う。ただし加工の目的によっては，化合物層を除去した試験品について硬さ試験を行う。この場合には，化合物層深さに相当する層を研磨によって除去してから硬さ試験を行う。

　　　　　なお，研磨の際に，被検表面の硬さに影響を及ぼさないように，十分に注意しなければならない。

5. 表示 表示は，次による。

(1) 表面硬さの数値は，原則として整数第1位とする。ただし，ロックウェルスーパーフィシャル15N表面硬さ及びショア表面硬さは，小数点第1位で表してもよい。

(2) 表面硬さの表示記号は，**表1**による。

表1 表面硬さの表示記号

表面硬さ	記号
ビッカース表面硬さ	NS-○○HV△
ヌープ表面硬さ	NS-○○HK△
ロックウェルスーパーフィシャル15N表面硬さ	NS-○○HR15N
ショア表面硬さ	NS-○○HS

備考1. NSは，窒化層表面(**参考**：nitrided surface)を示す。
　　2. NSDは，化合物層を除去した拡散層(**参考**：diffusion zone)を示す。
　　3. ○○は硬さ値を記入し，△は，試験荷重に対応する硬さ記号の数字を記入する。
　　例1. ビッカース表面硬さ(試験荷重0.980 7 N)988の場合。
　　　　NS-988 HV 0.1
　　例2. ヌープ表面硬さ(試験荷重0.490 3 N)846の場合。
　　　　NS-846 HK 0.05
　　例3. ロックウェルスーパーフィシャル15N表面硬さ91の場合。
　　　　NS-91HR15N
　　例4. ショア表面硬さ86の場合。
　　　　NS-86HS
　　例5. 化合物層除去の試験品で，ビッカース表面硬さ(試験荷重0.980 7 N)680の場合。
　　　　NSD-680HV0.1

鋼の火花試験方法

Method of spark test for steels

JIS (1980) 改正
JIS (1966) 制定

1 適用範囲

この規格は，鋼塊，鋼片，鋼材及びその他の鋼製品（以下，試験品という。）の鋼種の推定及び異材の鑑別を実施するためのグラインダによる火花試験（以下，試験という。）方法について規定する。

2 引用規格

次に掲げる引用規格は，この規格に引用されることによって，その一部又は全部がこの規格の要求事項を構成している。これらの引用規格は，その最新版（追補を含む。）を適用する。

JIS G 0202 鉄鋼用語（試験）

JIS G 0203 鉄鋼用語（製品及び品質）

JIS G 0320 鋼材の溶鋼分析方法

JIS G 0321 鋼材の製品分析方法及びその許容変動値

JIS R 6210 ビトリファイド研削といし

3 用語及び定義

この規格で用いる主な用語及び定義は，**JIS G 0202** 及び **JIS G 0203** による。

4 火花の形及び名称

火花の形及び名称は，**図 1** による。

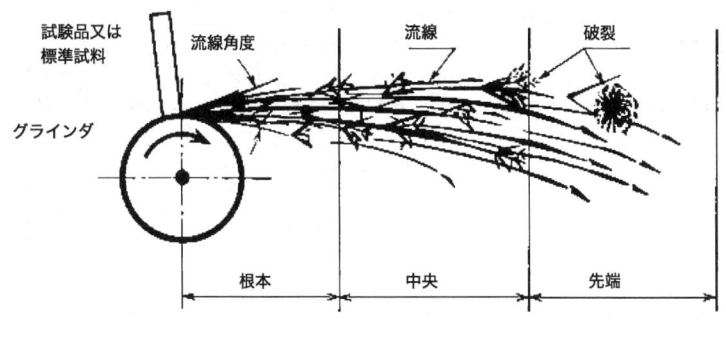

図1－火花の形及び名称

5 試験器具

　試験器具は，次による。試験の条件をそろ（揃）えるために，常に同一の器具を使用することが望ましい。

a) **グラインダ**　電動形又は圧縮空気形のいずれでもよく，固定式でも可動式でもよいが，観察するのに十分な火花を放出させる能力をもち，研削及び観察を安全に行い得るものでなければならない。

b) **といし**　JIS R 6210 に規定する粒度 F36 又は粒度 F46，及び結合度 P 又は結合度 Q のといしを用い，通常，20 m/s 以上の円周速度で使用する。

c) **補助器具**　風の影響を防ぐ，直射光を避ける，及び／又は周囲の明るさを調節する必要があるときは，暗幕，ついたて，可動暗箱などを使用するのがよい。

6 標準試料

　標準試料は，次による。

a) 化学成分既知の棒鋼などを各種用意して，標準試料とするのがよい。

b) 標準試料の化学成分の決定は，**JIS G 0320** 又は **JIS G 0321** による。

c) 標準試料は，脱炭層，浸炭層，窒化層，ガス切断層，スケールなどを除去し，その鋼種を代表する火花を発生するものでなければならない。

d) 標準試料は，試験品と同様な熱履歴であることが望ましい。

7 試験方法

7.1 試験方法一般

　試験方法の一般事項は，次による。

a) 試験は，常に同一器具を使用し，同一条件で行うことが望ましい。

b) 試験は，通常，適切に薄暗い室内で行う。屋外又は明るい場所で行う場合には，補助器具を用いて，火花に直射光の当たるのを防ぎ，背景の明るさが火花の色又は明るさに影響しないように調節する。

c) 試験を行う場合，風の影響を避ける必要がある。特に風上に向かって火花を放出させてはならない。

d) 試験品の研削は，母材の化学成分を代表する火花を生じる部分において行わなければならない。鋼材の表面の脱炭層，浸炭層，窒化層，ガス切断層，スケールなどは母材と異なる火花を生じるため，この部分を避けなければならない。**図 C.1 及び図 C.2** に，浸炭層及び窒化層の火花のスケッチ例を示す。

e) 試験品をグラインダに押しつける圧力又はグラインダを試験品に押しつける圧力は，可能な限り，等しくなければならない。押圧力は 0.2 %C 程度の炭素鋼の火花の長さが，500 mm 程度になるようにする。

f) 火花は，水平又は斜め上方に飛ばし，通常，前方に火花を飛ばし，流線の後方から火花を観察（見送り式）するか又は流線の横から火花を観察（傍見式）する。

g) 火花を観察するには，根本，中央及び先端の各部分にわたり，流線，破裂などの特徴について，次の項目に基づいて注意深く観察しなければならない。

1) 流線（色，明るさ，長さ，太さ及び数）

2) 破裂［形，大きさ，数及び花粉（**図 3** 参照）］

3) 手応え

7.2 鋼種推定試験

鋼種推定試験は，次による。

a) 鋼種の推定を行う場合には，**7.1** に従って試験を行い，**箇条 8** に基づいて，流線及び破裂の特徴を観察し，炭素量並びに合金元素の種類及び量を推測して鋼種を推定する。

b) 鋼種の推定は，**8.2** に示す手順によるのがよい。

c) **b)** によって鋼種を概略推定した後，必要な場合，試験品の火花を，推定した鋼種の標準試料の火花と比較して推定の結果を補正する。

7.3 異材鑑別試験

異材鑑別試験は，次による。

a) 試験品に該当する鋼種の標準試料について試験を行い，その火花を確認する。

b) 試験品全数について **7.1** に従って試験を行い，**箇条 8** に基づいて火花を観察し，次のように処理する。

1) 全ての観察項目について，標準試料と差異のない場合，異材の混入はないと推定する。

2) 観察項目の一つ以上に標準試料と明白な差異を認める場合，その差異のある試験品を異材として区別する。

3) 観察項目中に，標準試料と差異がないとは判断できない場合，更に分析試験又は他の試験を併用して確認を行わなければならない。

8 鋼種推定基準

8.1 鋼種推定方法

次に示す火花特性及び火花のスケッチ例を参考として，標準試料の火花と比較して鋼種を推定する。

a) **炭素鋼**

1) **火花特性** **表1，図2及び図3** に炭素鋼の火花特性を示す[1]。

注[1] 特に記載のない限り，火花のスケッチ例はキルド鋼の例である。

2) **火花のスケッチ例**　図 A.1〜図 A.8 に炭素鋼の火花のスケッチ例を示す。

また，**図 A.9 及び図 A.10** にリムド鋼の火花のスケッチ例を示す。

表 1 − 炭素鋼の火花特性表

C %	流線					破裂				手応え
	色	明るさ	長さ	太さ	数	形	大きさ	数	花粉	
0.05未満	だいだい色	暗い	長い	太い	少ない	破裂なし[a]				軟らかい
0.05						2本破裂	小さい	少ない	なし	
0.1						3本破裂			なし	
0.15						数本破裂			なし	
0.2						3本破裂2段咲き			なし	
0.3						数本破裂2段咲き			つき始める	
0.4						数本破裂3段咲き			あり	
0.5		明るい	長い	太い			大きい			
0.6										
0.7										
0.8										
0.8 超	赤色	暗い	短い	細い	多い	複雑	小さい	多い	多い	硬い

注[a]　破裂はないが，とげは，認められる。

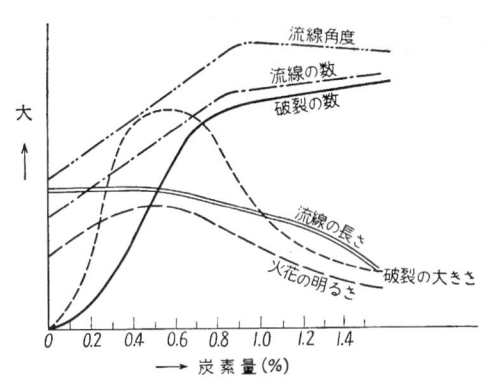

図 2 − 炭素鋼の火花特性図

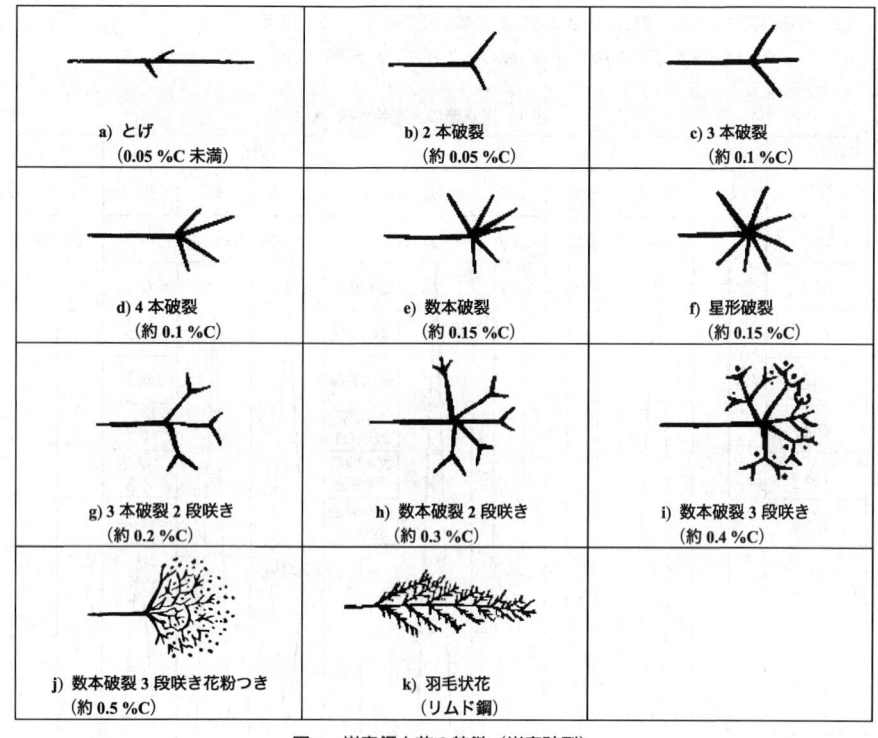

図 3－炭素鋼火花の特徴（炭素破裂）

b) **合金元素**

1) **火花特性** 表 2 及び図 4 に合金元素の火花特性を示す。

2) **火花のスケッチ例** 図 B.1～図 B.30 に合金鋼の火花のスケッチ例を示す。

表 2－火花特性に及ぼす合金元素の影響

影響大別	合金元素	流線				破裂				手応え	特徴	
		色	明るさ	長さ	太さ	色	形	数	花粉		形	位置
炭素破裂助長	Mn	黄みの白	明るい	短い	太い	白	複雑, 細かい樹枝状	多い	あり	軟らかい	花粉	中央
	Cr	だいだい	暗い	短い	細い	だいだい	菊状花	変わらない	あり	硬い	花	先端
	V	変化少ない				変化少ない	細かい	多い	－	－	－	－
炭素破裂阻止	W	暗い赤	暗い	短い	細い, 波状と断続	赤	小滴きつねの尾	少ない	なし	硬い	きつねの尾	先端
	Si	黄	暗い	短い	太い	白	白玉	少ない	なし	－	白玉	中央
	Ni	赤みの黄	暗い	短い	細い	赤みの黄	ふくれせん光	少ない	なし	硬い	ふくれせん光	中央
	Mo	赤みのだいだい	暗い	短い	細い	赤みのだいだい	やり先	少ない	なし	硬い	やり先	先端

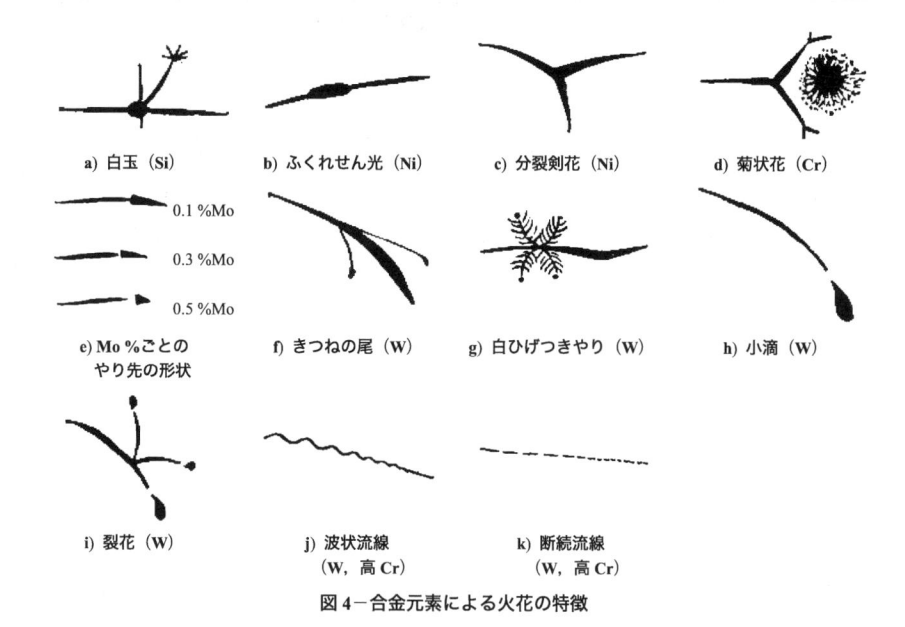

a) 白玉（Si）　　b) ふくれせん光（Ni）　　c) 分裂剣花（Ni）　　d) 菊状花（Cr）

e) Mo%ごとのやり先の形状　0.1 %Mo　0.3 %Mo　0.5 %Mo

f) きつねの尾（W）　　g) 白ひげつきやり（W）　　h) 小滴（W）

i) 裂花（W）　　j) 波状流線（W, 高 Cr）　　k) 断続流線（W, 高 Cr）

図 4－合金元素による火花の特徴

8.2 鋼種推定手順

　火花試験方法によって鋼種を推定する手順は，次による。

a) 炭素鋼及び低合金鋼の群と高合金鋼の群とに大別

　　炭素破裂の有無によって，炭素鋼及び低合金鋼の群と高合金鋼の群とに大別する（**表 3** の第 1 分類及び**表 4** の第 1 分類参照）。

b) 炭素鋼及び低合金鋼の群に大別

1) 炭素破裂の多少によって C 含有量を推定し，0.25 %C 以下と，0.25 %C を超え 0.5 %C 以下と，0.5 %C を超えるものとに大別する（**表 3** の第 2 分類参照）。

2) 0.5 %C 以下の場合，Ni，Cr，Si，Mn，Mo などが含まれていることがある。0.5 %C を超える場合，前記元素のほかに W，V などが含まれていることがある。したがって，これらの合金元素の有無を調べ，炭素鋼であるか低合金鋼であるかを推定する（**表 3** の第 3 分類参照）。

3) 低合金鋼の場合，合金元素の特徴を観察して，その種類及び量から鋼種を推定する。

c) 高合金鋼の場合

主として流線の色によって，ステンレス鋼，耐熱鋼，高速度工具鋼及び合金工具鋼に分ける（**表 4** の第 2 分類及び第 3 分類参照）。これらの高合金鋼には Ni，Cr，Mo，W，V，Co などが含まれているため，火花の特徴によって，合金元素の種類及び量を観察して鋼種を推定する。

9 火花判別が不可能又は困難な鋼種

火花が極めてよく類似していて，鋼種どうしの判別が非常に困難な鋼種又は，判別のできない鋼種がある。このような場合には，化学分析方法又はその他の試験方法を併用して判別するとよい。

10 安全

グラインダ及びその使用については，労働安全衛生法及び労働安全衛生規則に規定されているため，これに従う。

第1分類			第2分類			第3分類			鋼種推定	
観察	特徴	分類	観察	特徴	分類	観察	特徴	分類	特徴	推定鋼種例
炭素破裂の有無	炭素破裂あり	炭素破裂系	破裂の多少	数本破裂	0.25%C 以下	特殊火花	特殊火花なし 炭素火花単味	炭素鋼	－	炭素鋼（S10C，S15CK） 普通鋼（SS400）
									羽毛状	リムド鋼
							特殊火花あり	低合金鋼	ふくれせん光，分裂剣花　Ni 菊状花，手応えが硬い 根本付近の破裂がすっきり　Cr やり先　Mo	ニッケルクロム鋼（SNC415） クロム鋼（SCr420） クロムモリブデン鋼（SCM415）
				数本，数片破裂	0.25%C を超え 0.5%C 以下	特殊火花	特殊火花なし 炭素火花単味	炭素鋼	－	炭素鋼鍛鋼品（SF55） 炭素鋼（S30C，S45C）
							特殊火花あり	低合金鋼	ふくれせん光，分裂剣花　Ni 菊状花，手応えが硬い 根本付近の破裂がすっきり　Cr やり先　Mo	ニッケルクロム鋼（SNC631） クロム鋼（SCr440） クロムモリブデン鋼（SCM440） ニッケルクロムモリブデン鋼 SNCM447） マンガンクロム鋼（SMnC443）
				破裂多し 樹枝状	0.5%C を超えるもの	特殊火花	特殊火花なし 炭素火花単味	炭素鋼	－	炭素工具鋼（SK3，SK5） ばね鋼（SUP3，SUP4）
							特殊火花あり	低合金鋼	菊状花，手応えが硬い 根本付近の破裂がすっきり　Cr	軸受鋼（SUJ2，SUJ3）
									白玉　Si	ばね鋼（SUP6，SUP7）

表 4－鋼種推定手順-2

第1分類			第2分類			第3分類			鋼種推定	
観察	特徴	分類	観察	特徴	分類	観察	特徴	分類	特徴	推定鋼種例
炭素破裂の有無	破裂なし	流線系	流線の色	だいだい系	だいだい色系	特殊火花	破裂なし	純鉄	－	SUY1[a]
				赤みのだいだい	だいだい色系	特殊火花	先端ふくれ	ステンレス鋼	磁石につく	SUS420J2
									磁石につきにくい	SUS304
				暗い赤	暗い赤色系	特殊火花	破裂なし 先端ふくれ	耐熱鋼	－	SUH3
						特殊火花	破裂なし	高速度工具鋼	裂花, 小滴	SKH2
							断続波状流線		裂花, 小滴	SKH3
									裂花, 小滴なし	SKH4
									先端ふくれ花つき	SKH51
				流線は細い		特殊火花	白ひげつきやり	合金工具鋼 (SKS系)	－	SKS2, SKS3, SKS4
						特殊火花	細かい菊状花にぎやか	合金工具鋼 (SKD系)	－	SKD1, SKD11

注 [a]　電磁軟鉄

附属書 A
（参考）
炭素鋼の火花のスケッチ例

約 0.05 %C 鋼	単位 ％		
	C	Si	Mn
	0.05	0.14	0.28

a)　ほとんど流線だけで，流線自体が太く見える。
b)　破裂は，2 本破裂が若干認められる程度。

図 A.1－約 0.05 %C 鋼

約 0.1 %C 鋼	単位 ％		
	C	Si	Mn
	0.09	0.25	0.45

a)　破裂は，3 本破裂，4 本破裂が認められる。
b)　全体的には流線が目立つ。

図 A.2－約 0.1 %C 鋼

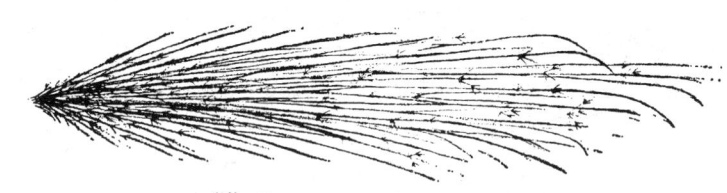

約 0.2 %C 鋼	単位 ％		
	C	Si	Mn
	0.23	0.23	0.43

a)　破裂は，3 本破裂 2 段咲きが認められる。
b)　全体的には流線が目立つ。

図 A.3－約 0.2 %C 鋼

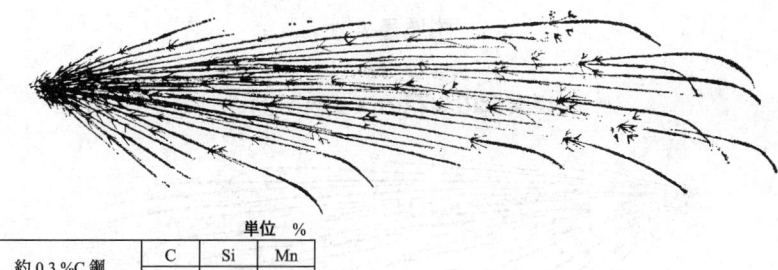

単位 %

約 0.3 %C 鋼	C	Si	Mn
	0.32	0.24	0.74

a) 破裂は，数本破裂 2 段咲きで，破裂の大きさがやや大きい。
b) 根本に小さな破裂が認められるようになる。

図 A.4－約 0.3 %C 鋼

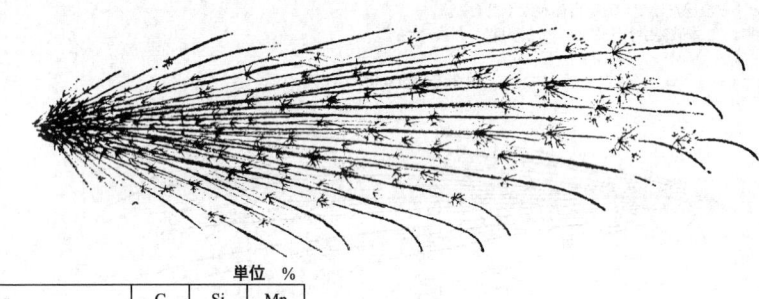

単位 %

約 0.4 %C 鋼	C	Si	Mn
	0.41	0.22	0.70

a) 破裂は，数本破裂 3 段咲き以上で，大きく複雑な破裂形体となる。
b) 流線は，細く見える。

図 A.5－約 0.4 %C 鋼

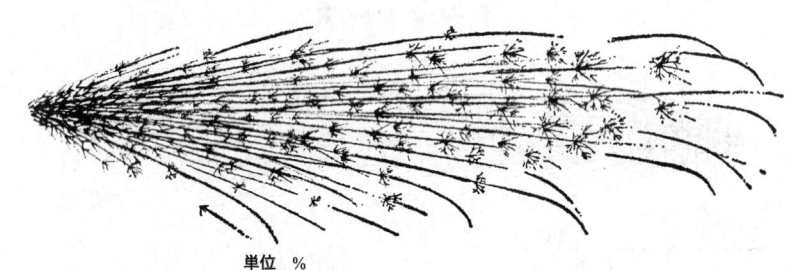

単位 %

約 0.5 %C 鋼	C	Si	Mn
	0.51	0.26	0.75

a) 破裂は，非常に大きく花粉がつく。
b) 流線は，細く見え，多い。

図 A.6－約 0.5 %C 鋼

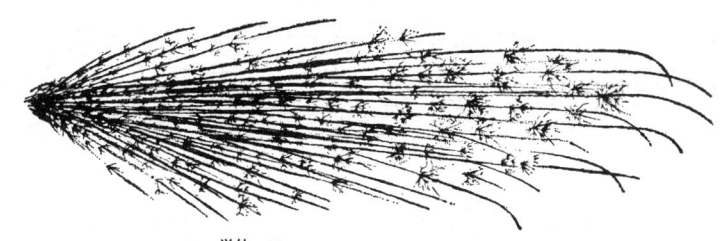

単位 %			
約 0.6 %～0.8 %C 鋼	C	Si	Mn
	0.74	0.24	0.33

a) 破裂は，小さく複雑で，数は多い。
b) 流線は，短く，赤みを帯びる。

図 A.7－約 0.6 %～0.8 %C 鋼

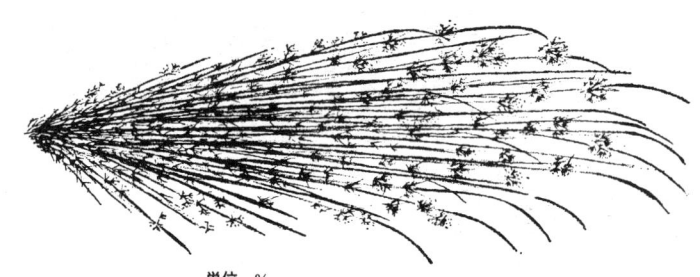

単位 %			
約 0.9 %～1.2 %C 鋼	C	Si	Mn
	1.03	0.21	0.34

a) 破裂は，非常に小さく，数は非常に多い。
b) 流線が短く，**図 A.7** の火花よりも赤みを帯びる。

図 A.8－約 0.9 %～1.2 %C 鋼

	単位　%		
	C	Si	Mn
リムド鋼 (1)	0.08	0.01 以下	0.37

a) それぞれの流線には，とげ状の破裂が数箇所に認められる。
最先端部破裂には 2 段咲きのものもある。

b) 流線の明るさは，一様である。

図 A.9－リムド鋼 (1)

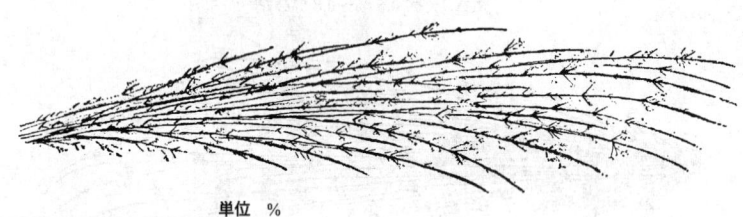

	単位　%		
	C	Si	Mn
リムド鋼 (2)	0.24	0.01 以下	0.46

a) それぞれの流線から発生する破裂は，数箇所で認められる。
（炭素量が同等のキルド鋼に比べて破裂が多い。）

b) 流線の明るさは一様である。

c) 最先端部破裂では，羽毛状花がうかがえる。

図 A.10－リムド鋼 (2)

附属書 B
（参考）
合金鋼の火花のスケッチ例

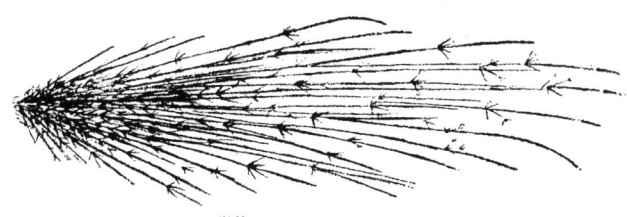

単位　%

SCr420	C	Si	Mn	Cr
	0.21	0.28	0.74	1.02

a) 根本付近の破裂がややすっきりしている。

b) SCr420 と約 0.2 %C 鋼との根本付近の破裂の特徴を比較した図を，次に示す。

約 0.2 %C 鋼　　　SCr420

図 B.1－SCr420

単位　%

SCr440	C	Si	Mn	Cr
	0.39	0.22	0.70	1.01

a) 根本付近の破裂がややすっきりしている。

図 B.2－SCr440

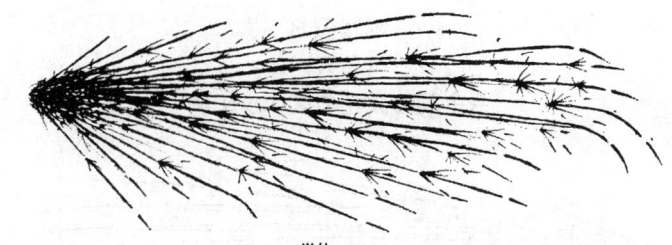

単位 ％

SCM420	C	Si	Mn	Cr	Mo
	0.20	0.26	0.74	1.06	0.17

a) 約 0.2 ％C 鋼の特徴に加えて，Mo の特徴であるやり先が認められる。

図 B.3－SCM420

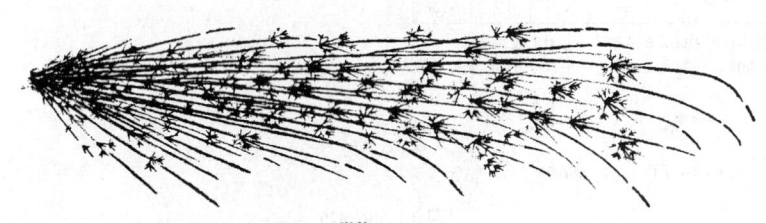

単位 ％

SCM440	C	Si	Mn	Cr	Mo
	0.40	0.25	0.77	1.04	0.15

a) 約 0.4 ％C 鋼の特徴に加えて，Mo の特徴であるやり先が認められるが，炭素破裂の影響を受けて Mo の特徴はやや見づらい。

図 B.4－SCM440

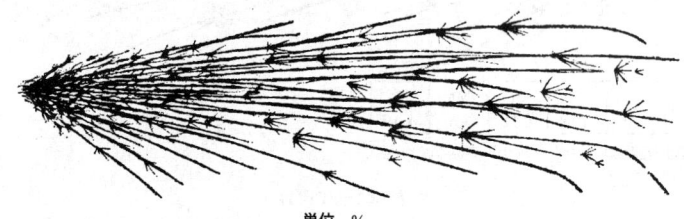

単位 ％

SNC415	C	Si	Mn	Ni	Cr
	0.16	0.26	0.56	2.04	0.37

a) 根本から中央にかけて Ni の特徴であるふくれせん光が認められる。

b) 流線は，全体的にやや赤みを帯びる。

図 B.5－SNC415

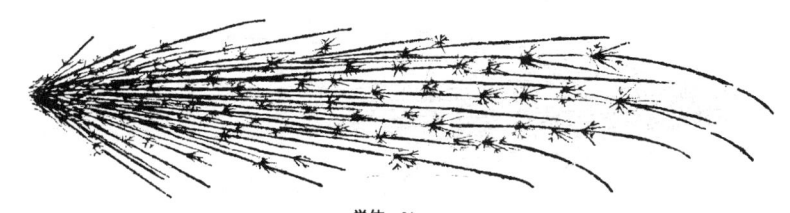

単位　%

SNC631	C	Si	Mn	Ni	Cr
	0.32	0.29	0.49	2.68	0.66

a) 全体的に赤みを帯び，流線の伸びがなくなる。

b) Ni の特徴であるふくれせん光の判別は，やや難しい。

図 B.6－SNC631

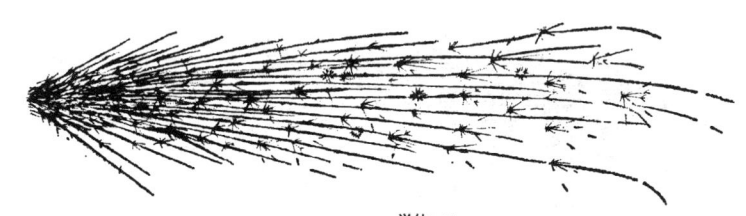

単位　%

SNCM420	C	Si	Mn	Ni	Cr	Mo
	0.18	0.30	0.53	1.70	0.52	0.20

a) 根本から中央にかけて特徴的なふくれせん光が認められる。

b) 根本から中央のふくれせん光の特徴を次に示す。

SNCM420　　　　　他の含 Ni 鋼

c) 流線の根本はやや暗く，Mo のやり先は明瞭である。

図 B.7－SNCM420

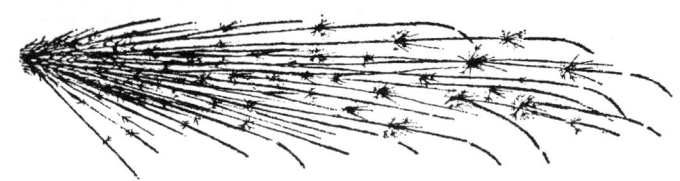

単位　%

SNCM447	C	Si	Mn	Ni	Cr	Mo
	0.48	0.33	0.90	1.85	0.71	0.16

a) 破裂は小さく，全体的に赤みを帯びる。

b) Ni の特徴であるふくれせん光が認められるが，Mo の特徴は見にくい。

図 B.8－SNCM447

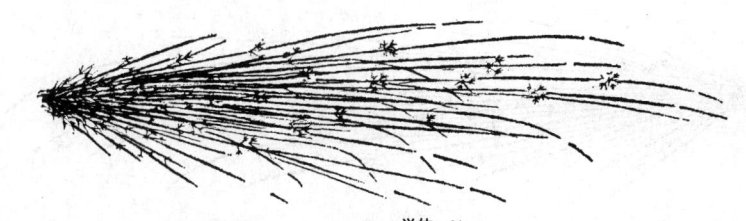

単位　%

SACM645	C	Si	Mn	Cr	Mo	Al
	0.44	0.44	0.54	1.48	0.18	0.92

a) 破裂は少なく，小さな破裂が認められる。

b) Mo の特徴であるやり先は，明りょうである。

図 B.9－SACM645

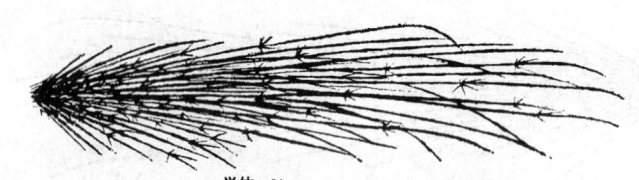

単位　%

3.5 %Ni 鋼	C	Si	Mn	Ni
	0.12	0.31	0.86	3.66

a) 赤みを帯びた太い流線が認められる。

図 B.10－3.5 %Ni 鋼

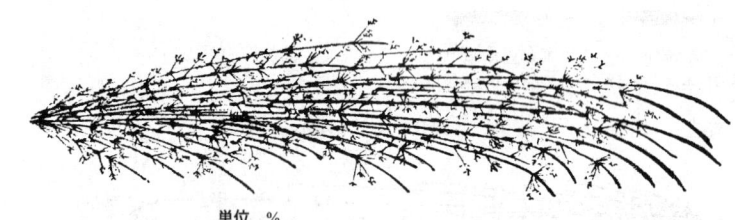

単位　%

SUP6	C	Si	Mn
	0.63	1.57	0.85

a) 流線の先端は，やや太くなる。

b) 全体が黄色である。

c) 不鮮明であるが，Si の特徴である白玉が発生する。

d) 破裂形状が細かい。

図 B.11－SUP6

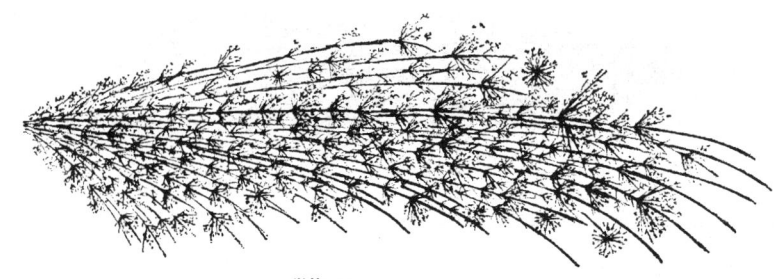

単位 %

SUP9	C	Si	Mn	Cr
	0.59	0.30	0.91	0.85

a) 火花全体がやや明るい。

b) 活発な破裂であり，破裂形状は鋭利である。

c) 星状の破裂がある。

d) 破裂の大きさは，一様な感じである。

図 B.12－SUP9

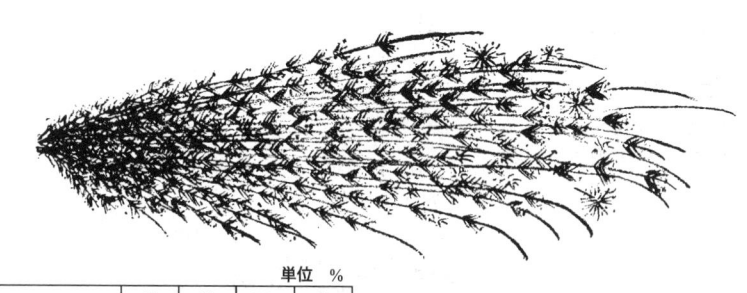

単位 %

SUJ2	C	Si	Mn	Cr
	0.98	0.17	0.30	1.33

a) 炭素破裂が多く活発である。

b) 流線は，細く見える。

c) 中央部から先端に花粉がつき，約 0.9 %C 鋼に比べて，根本の破裂がすっきりしている。

図 B.13－SUJ2

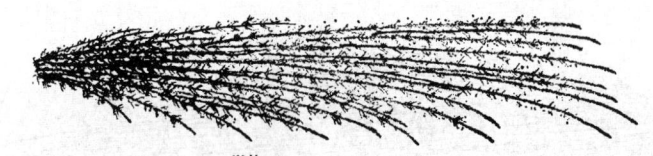

		単位 %		
SUJ3	C	Si	Mn	Cr
	0.97	0.52	1.07	1.08

a) SUJ2 に比べて炭素破裂が小さくなる。

b) SUJ2 に比べて色が赤みを増し，花粉が更に多くなる。

図 B.14−SUJ3

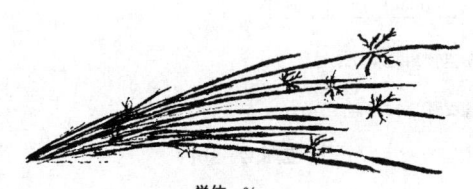

		単位 %			
SKS2	C	Si	Mn	Cr	W
	1.05	0.25	0.52	0.56	1.10

a) 炭素破裂なし。

b) 流線は，細く，暗赤色である。

c) 白ひげつきやりが認められる。

図 B.15−SKS2

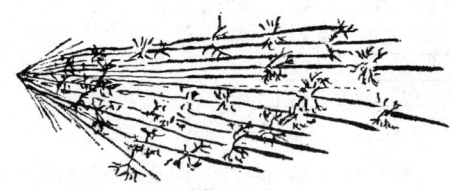

		単位 %			
SKS3	C	Si	Mn	Cr	W
	0.99	0.30	0.99	0.59	0.54

a) SKS2 に比べて裂花が多いが，その他の特徴は SKS 2 と同じ。

図 B.16−SKS3

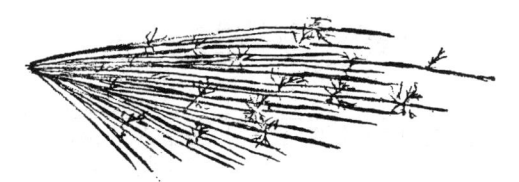

				単位 %	
SKS4	C	Si	Mn	Cr	W
	0.47	0.26	0.47	0.68	0.75

a) SKS2 及び SKS3 に比べて，やや裂花が少なく，流線がやや太い。

図 B.17 — SKS4

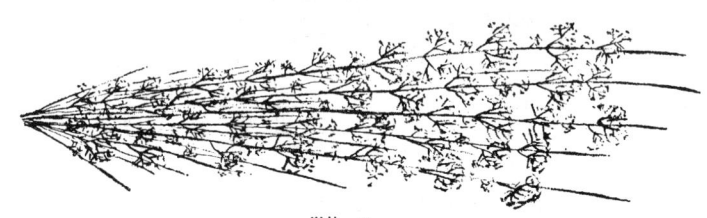

				単位 %	
SKS43	C	Si	Mn	Cr	V
	1.02	0.11	0.13	0.05	0.15

a) SKS3 と間違いやすいが，より明るい。火花が多く，大きく，花粉を伴った小花がつく。

図 B.18 — SKS43

					単位 %			
SKH2	C	Si	Mn	Cr	W	Mo	V	Co
	0.77	0.23	0.33	4.08	17.60	0.54	0.86	0.25

a) 断続波状流線だけで短い。
b) 裂花があり，先端に小滴が認められる。
c) 全体に暗赤色であり，炭素破裂はない。

図 B.19 — SKH2

			単位 %					
SKH3	C	Si	Mn	Cr	W	Mo	V	Co
	0.81	0.27	0.29	4.10	18.00	0.74	0.85	4.52

a) 断続波状流線であるが，SKH2 に比べてやや少なく，短い。
b) 裂花及び小滴はあるが，SKH2 に比べてやや小さくなる。
c) 全体に暗赤色であり，炭素破裂はない。

図 B.20－SKH3

			単位 %					
SKH4	C	Si	Mn	Cr	W	Mo	V	Co
	0.74	0.23	0.28	4.10	17.25	0.56	1.13	9.15

a) 裂花及び小滴は，ない。
b) SKH3 に比べて断続波状流線は，やや短くなる。
c) 全体に暗赤色であり，炭素破裂は，ない。

図 B.21－SKH4

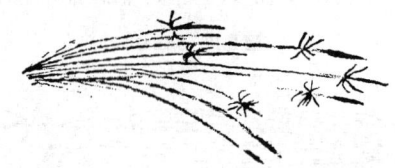

			単位 %				
SKH51	C	Si	Mn	Cr	W	Mo	V
	0.85	0.20	0.30	4.10	6.06	4.90	1.89

a) 先端部に花がつき，その先にふくれの部分が認められる。
b) 小滴はない。
c) 暗赤色であり，断続波状流線は SKH2 に比べてやや太く，明るい。

図 B.22－SKH51

単位 %

SKD6	C	Si	Mn	Cr	Mo	V
	0.32	1.02	0.40	4.85	1.44	0.30

a) 長めに破断された流線を生じ，流線はやや太目である。
b) 流線の先端がふくれ，花がつく。

図 B.23－SKD6

単位 %

SKD11	C	Si	Mn	Cr	Mo	V
	1.48	0.22	0.41	11.60	0.88	0.26

a) 流線は，細く短い。
b) 小さな菊状花が多く認められる。

図 B.24－SKD11

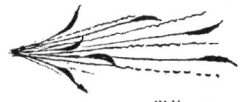

単位 %

SUH3	C	Si	Mn	Ni	Cr	Mo
	0.38	1.94	0.38	0.41	10.64	0.82

a) 炭素破裂はない。
b) 流線は，暗赤色で短く，一部に断続流線が認められる。
c) 中央部及び先端に白いふくれがある。

図 B.25－SUH3

単位 %

SUH31	C	Si	Mn	Ni	Cr	W
	0.41	1.75	0.53	13.85	15.10	2.33

a) 炭素破裂がない。
b) 流線は，暗赤色で短く，一部に断続流線が認められる。

図 B.26－SUH31

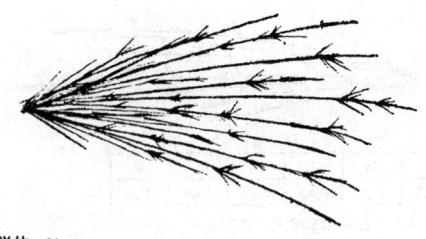

	単位　%	
SUS410	C	Cr
	0.12	12.25

a) 中央から先端にかけて数本破裂が認められ，先端はやや太い。

b) ステンレス鋼の中では流線は，太くて長く，数も多い。

図 B.27－SUS410

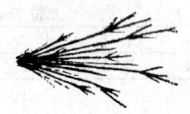

	単位　%	
SUS430	C	Cr
	0.06	16.00

a) 流線の長さは，SUS410 の約半分である。

b) 中央部よりやや先端に 3 本破裂が認められる。

図 B.28－SUS430

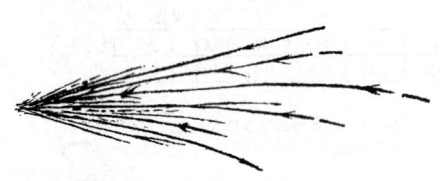

	単位　%		
SUS304	C	Ni	Cr
	0.07	8.66	18.12

a) ほとんど流線だけであり，中央から先端にかけて，とげが僅かに認められる。

b) 根本付近に時おり暗赤色の断続流線及び波状流線が見られる。

図 B.29－SUS304

		単位 %		
	C	Cr	Ni	Mo
SUS316	0.07	17.28	12.26	2.32

a) SUS304 と非常に類似しているが，とげは，ほとんど認められない。

図 B.30－SUS316

附属書 C
（参考）
浸炭層及び窒化層の火花のスケッチ例

a) 根本から中央にかけて流線は，非常に暗い。

b) 破裂は，非常に小さい。

図 C.1－浸炭層の火花のスケッチ例（SCM420）

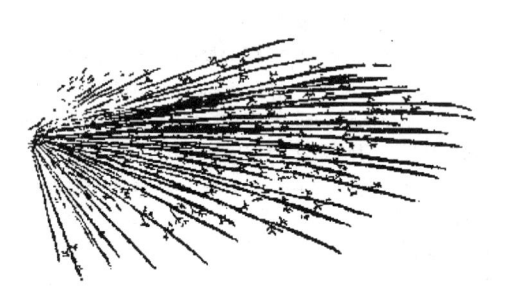

a) 根元から中央にかけて流線は，暗いが，先端は，太く明るい。

b) 根本付近には，流線は，認められず，小さな破裂だけが認められる。

c) といしの巻きつきが非常に多いので，流線角度が大きい。

図 C.2－窒化層の火花のスケッチの例（SACM645）

鉄鋼材料及び耐熱合金の高温引張試験方法

Method of elevated temperature tensile test for
steels and heat-resisting alloys

序文

　この規格は，2018 年に第 2 版として発行された **ISO 6892-2** を基とし，技術的内容を変更して作成した日本産業規格である。

　なお，この規格で側線又は点線の下線を施してある箇所は，対応国際規格を変更している事項である。変更の一覧表にその説明を付けて，**附属書 JA** に示す。

1　適用範囲

　この規格は，室温を超える温度における鉄鋼材料，耐熱合金などの引張試験方法について規定する。

　注記　この規格の対応国際規格及びその対応の程度を表す記号を，次に示す。

　　　　ISO 6892-2:2018，Metallic materials－Tensile testing－Part 2: Method of test at elevated temperature
　　　　（MOD）

　　　　なお，対応の程度を表す記号"MOD"は，**ISO/IEC Guide 21-1** に基づき，"修正している"ことを示す。

　警告　この規格に基づいて試験を行う者は，通常の試験室での作業に精通していることを前提とする。この規格は，その使用に関連して起こる全ての安全上の問題を取り扱おうとするものではない。この規格の利用者は，各自の責任において安全及び健康に対する措置をとらなければならない。

2　引用規格

　次に掲げる規格は，この規格に引用されることによって，この規格の規定の一部を構成する。これらの引用規格は，その最新版（追補を含む。）を適用する。

　　JIS B 7721　引張試験機・圧縮試験機－力計測系の校正方法及び検証方法

　　　注記　**ISO 7500-1**，Metallic materials－Verification of static uniaxial testing machines－Part 1: Tension/compression testing machines－Verification and calibration of the force-measuring system

　　JIS B 7741　一軸試験に使用する伸び計システムの校正方法

　　　注記　**ISO 9513**，Metallic materials－Calibration of extensometers used in uniaxial testing

　　JIS G 0202　鉄鋼用語（試験）

　　JIS Z 2241　金属材料引張試験方法

　　　注記　**ISO 6892-1**，Metallic materials－Tensile testing－Part 1: Method of test at room temperature

　　JIS Z 8401　数値の丸め方

3　用語及び定義

この規格で用いる主な用語及び定義は，次によるほか，**JIS G 0202** 及び **JIS Z 2241** による。

通常，試験片の全ての形状及び寸法は，室温で測定したものを基にする。伸び計の標点距離については，例外としてもよい（**3.3** 及び **10.2.2** 参照）。

注記　次の特性については，材料規格又は受渡当事者間の協定のない限り，通常，高温での測定は，行わない。

- 　耐力（永久伸び法）(permanent set strength)，R_r
- 　永久伸び（%）(percentage permanent elongation/extension)
- 　降伏点伸び（%）(percentage yield point extension)，A_e
- 　最大試験力時全伸び（%）(percentage total extension at maximum force)，A_{gt}
- 　最大試験力時塑性伸び（%）(percentage plastic extension at maximum force)，A_g
- 　破断時全伸び（%）(percentage total extension at fracture)，A_t

3.1

原標点距離 (original gauge length)，L_o

試験片を加熱する前及び試験力を負荷する前に室温で測定した標点距離。

3.2

破断伸び（%） (percentage elongation after fracture)，A

破断後の室温での永久伸び $(L_u - L_o)$ を原標点距離 L_o に対して百分率で表したもの。

注記　詳細は，**JIS Z 2241** を参照。**JIS Z 2241** では，最終標点距離 L_u は，破断後に室温で測定する，試験片にしるされた標点距離と定義されている。

3.3

伸び計標点距離 (extensometer gauge length)，L_e

伸び計を使って伸びの測定に用いる伸び計の標点距離。

3.4

伸び計伸び (extension)

試験中の所定のときの伸び計標点距離 L_e の増分。

3.4.1

伸び計伸び（%） (percentage extension)

伸び計標点距離 L_e (**3.3**) の増分を伸び計標点距離 L_e に対して百分率で表したもの。

3.5

絞り（%） (percentage reduction of area)，Z

試験中に発生した断面積の最大変化量 $(S_o - S_u)$ を室温での寸法を基に計算して，原断面積 S_o の百分率で表したもの。

注記1　S_u は，破断後の最小断面積。
注記2　詳細は，**JIS Z 2241** を参照。

3.6

応力 (stress)，R

試験中の任意の時点の試験力を試験片の原断面積 S_o で除した値。

注記　この規格で参照する全ての応力は，室温で測定した寸法によって求めた試験片の原断面積を用いて計算した応力 (engineering stress) である。

3.7

均熱時間（soaking time），t_s

試験力を負荷する前の，試験片の温度を均一にするための時間。

4　記号及び内容

この規格に用いる記号及び内容は，**JIS Z 2241 の表 1**（記号及び内容）によるほか，**表 1** による。

表 1 − 記号及び内容

記号	単位	内容
T	℃	試験を実施する規定温度
T_i	℃	試験片平行部の表面の測定温度
t_s	min	均熱時間

5　原理

試験は，箇条 3 に規定する一つ又は複数の機械的性質を測定するために，試験片に引張試験力を加え，ひずみを与える。

試験は，35 ℃を超える温度（**JIS Z 2241** で規定する室温よりも高い温度）で実施する。

6　試験片

試験片に関する要求事項は，**JIS Z 2241 の箇条 6**（試験片）による。つば付き（環状のナイフエッジをもつ）試験片としてもよい（**A.5** 参照）。

　　注記　追加の試験片例を，**附属書 A** に示す。

7　原断面積 S_0 の測定

原断面積の測定に関する要求事項は，**JIS Z 2241 の箇条 7**（原断面積の測定）による。

　　注記　この値は，室温で測定したものから求められる。

8　原標点距離 L_0 のマーキング

原標点距離のマーキングに関する要求事項は，**JIS Z 2241 の箇条 8**（原標点距離のマーキング）による。

9　試験装置

9.1　試験機

試験機の力計測系は，**JIS B 7721** による等級 1 級以上とする。

9.2　伸び計

耐力の測定（オフセット法又は全伸び法）に使用する伸び計は，適用する伸びの範囲で，**JIS B 7741** の等級 2 級以上を用いる。

　　注記　対応国際規格では，耐力の測定に用いる伸び計は，等級 1 級以上を，その他の特性の測定には，等級 2 級以上を用いることが規定されている。

伸び計標点距離は，10 mm 以上とし，試験片の平行部の中心に相当する位置とする。

加熱炉外に出ている伸び計の部分は，風の影響を受けないように設計，又は保護をして，室温の変動が

読みに与える影響を最小限にする。試験装置の周りの温度及び通気速度を適切に安定させるのがよい。

9.3 加熱装置

9.3.1 温度の許容範囲

試験片の加熱装置は，試験片を，規定の温度 T に加熱できるものでなければならない。

測定温度 T_i は，試験片の平行部の表面で測定し，既知の誤差を補正した温度とする。ただし，温度測定装置の不確かさは考慮しない。

測定温度 T_i と規定温度 T との許容差，及び試験片内の許容最大温度変化は，**表2**による。

1 100 ℃を超える規定温度に対しては，許容差は，事前に受渡当事者間で決めなければならない。

表2－T_i と T との許容差及び試験片内の許容最大温度変化

単位 ℃

規定温度 T	T_i と T との許容差	試験片内の許容最大温度変化
$T \leqq 600$	± 3	3
$600 < T \leqq 800$	± 4	4
$800 < T \leqq 1\,000$	± 5	5
$1\,000 < T \leqq 1\,100$	± 6	6

9.3.2 温度測定

標点距離が50 mm未満の場合，平行部の両端の温度をそれぞれ一つの温度センサで測定する。標点距離が50 mm以上の場合には，3個目の温度センサで，平行部の中心近傍を測定しなければならない。

加熱炉及び試験片の一般的な構成において，試験片の温度が，経験上，**9.3.1**に規定する許容範囲を超えないことが既知の場合には，温度センサの数を減らしてもよい。ただし，少なくとも一つの温度センサで，直接試験片の温度を測定しなければならない。

温度センサの測温接点は，試験片の表面と熱的によく接触し，加熱炉の炉壁からの放射熱を適切に遮蔽しなければならない。

9.3.3 温度測定装置の検証

温度測定装置は，少なくとも 1 ℃以内の分解能をもち，$\pm 0.004T$ ℃又は± 2 ℃のいずれか大きい方を超えない精度がなければならない。

　　　注記　温度測定装置には，測定系の全ての構成要素（センサ，ケーブル，指示装置及び測温接点）を含む。

温度測定装置の全ての構成要素は，12か月を超えない期間に検証及び校正をしなければならない。誤差は，校正報告書に記録しなければならない。温度測定装置は，国家標準にトレーサブルなものを用いる。

10 試験条件

10.1 試験力のゼロ点調整

試験力の測定装置は，試験装置の組立てが完了し，試験片をつかみ装置に実際にセットする前にゼロ点調整を行う。ゼロ点調整を行った後は，試験力測定装置は，試験中いかなる変更も加えてはならない。

　　　注記　この方法を用いることで，つかみ装置の質量が試験力の測定に及ぼす影響を相殺し，さらに，試験片をつかむことによって生じる力が，試験力のゼロ点に影響しないようになる。

10.2 試験片のつかみ，伸び計の設置及び試験片の加熱

10.2.1 試験片のつかみ方法

試験片をつかむ方法に関する要求事項は，**JIS Z 2241** の **10.2**（つかみの方法）による。

加熱及び均熱の間，予備的な試験力（例えば，負荷制御による小さな引張）をかけておくことによって，熱膨張による圧縮を避けることが可能である。

10.2.2 伸び計の取付け及び標点距離の設定

10.2.2.1 一般

実際には，幾つかの異なる方法が標点距離の設定に用いられる。これによって，試験結果に，僅かな相違をもたらす可能性がある。用いた方法を試験報告書に記載しなければならない。

10.2.2.2 室温の伸び計標点距離（方法 1）

室温で，規定の標点距離の伸び計を試験片に取り付ける。伸び計伸び（%）は，試験温度で測定し，伸び計伸び（%）は，室温の標点距離に対して計算する。

試験片の熱膨張を考慮しない。

10.2.2.3 試験温度の伸び計標点距離（方法 2）

この標点距離は，試験片の熱膨張を含む。

注記　ここでいう試験温度は，規定温度 T を意図している。

10.2.2.3.1 試験温度の伸び計標点距離を用いる方法（方法 2a）

試験力を負荷する前に，試験温度になった試験片に規定の標点距離の伸び計を取り付ける。

10.2.2.3.2 室温で標点距離を減じる方法（方法 2b）

試験温度になったときに，規定の標点距離になるように，室温であらかじめ熱膨張分を減じた標点距離で伸び計を試験片に取り付ける。

伸び計伸び（%）の計算には，規定の標点距離を用いる。

10.2.2.3.3 試験温度で標点距離を補正する方法（方法 2c）

室温で，規定の標点距離に伸び計を取り付け，伸び計伸び（%）の計算には，試験温度で補正した標点距離（室温での標点距離＋熱膨張分）を用いる。

10.2.3 試験片の加熱

試験片を規定の温度 T に加熱し，試験力を負荷する前に少なくとも 10 分間その温度に保持しなければならない（均熱時間）。材料の断面全体を規定の温度まで加熱するには，更に長い時間が必要な場合がよくある。試験力の負荷は，伸び計の出力が一定値（熱膨張が完了）になってから開始しなければならない。

加熱中，試験片の温度は，受渡当事者間の特別な協定のない限り，規定温度の許容差の範囲を超えてはならない。

10.3 ひずみ速度制御による試験方法（方法 A）

10.3.1 一般

この試験方法は，ひずみ速度の影響を受けやすい特性を測定する場合に試験速度の変動を最小化し，試験結果の測定の不確かさを最小化しようとするものである。

ひずみ速度制御（方法 A）による試験速度は，次の要求に従わなければならない。

a) 上降伏応力 R_{eH}，耐力（オフセット法）R_p 又は耐力（全のび法）R_t の測定を行うまでの範囲では，規定ひずみ速度 $\dot{e}_{L_e}$ ［**JIS Z 2241** の **3.7**（試験速度）参照］を適用する。この範囲では，ひずみ速度を正確に制御するため，試験片に取り付けられた伸び計が必要となる。これは，引張試験機の剛性の影響を除去するためである（ひずみ速度によって試験機が制御できない場合には，平行部の推定ひずみ速

度 $\dot{e}_{L_e}$ を用いる方法でもよい。）。

b) 不連続な降伏を示す間は，平行部の推定ひずみ速度 $\dot{e}_{L_e}$［**JIS Z 2241** の **3.7** 参照］を適用するのがよい。この間では，伸び計標点距離の外側で局所降伏（local yielding）が起こる可能性があるため，伸び計を用いたひずみ速度制御が不可能となる。平行部の推定ひずみ速度は，平行部長さから計算したクロスヘッド変位速度 v_c［**JIS Z 2241** の **3.7** 参照］を一定にすることによって，十分正確に維持することができる。平行部の推定ひずみ速度は，式(1)によって求める。

$$v_c = L_c \times \dot{e}_{L_e} \cdots\cdots\cdots\cdots\cdots\cdots\cdots\cdots\cdots\cdots\cdots\cdots\cdots\cdots\cdots\cdots\cdots\cdots\cdots (1)$$

ここに， $\dot{e}_{L_e}$： 平行部の推定ひずみ速度

L_c： 試験片の平行部長さ

c) R_p，R_t 又は降伏の終了以降［**JIS Z 2241** の **3.7** 参照］は，$\dot{e}_{L_e}$ 又は $\dot{e}_{L_e}$ を使用してもよい。伸び計標点距離の外側でネッキングが発生した場合の制御の問題を避けるため，$\dot{e}_{L_e}$ を適用するのがよい。

10.3.2～10.3.4 によるひずみ速度は，材料の特性を測定する間，保持しなければならない（**図 1** 参照）。

他のひずみ速度又は制御モードに移り変わる間，引張強さ R_m，最大試験力時塑性伸び（%）A_g 又は最大試験力時全伸び（%）A_{gt} の値が，不正確となるような応力－伸び曲線の不連続が生じないようにすることが望ましい［**JIS Z 2241** の **図 10**（応力－伸び曲線中の許容できない不連続部の説明図）参照］。この間の速度を適切に段階的に変化させることによって，この影響は小さくできる。

加工硬化域の応力－伸び曲線の形状も，ひずみ速度によって影響される可能性がある。適用した試験速度は，記録するとよい。

通常，室温の引張試験で測定する全ての特性を高温引張試験で測定することはない。それゆえ，測定する特性に対して適切な試験速度を用いなければならない（**図 1** 参照）。

10.3.2 上降伏応力 R_{eH}，又は耐力 R_p 及び要求された場合の R_t の測定時のひずみ速度

上降伏応力 R_{eH}，又は耐力 R_p 及び要求された場合の R_t を測定するまでの間，ひずみ速度は，できる限り一定にしなければならない。これらの材料の測定中，ひずみ速度 $\dot{e}_{L_e}$ は，次の二つのうちのいずれか一つの規定範囲にしなければならない（**図 1** 参照）。

範囲 1： $\dot{e}_{L_e} = 0.000\,07\ \text{s}^{-1}$（$0.004\,2\ \text{min}^{-1}$ に相当）±20 %（規定のない限り推奨する範囲）

範囲 2： $\dot{e}_{L_e} = 0.000\,25\ \text{s}^{-1}$（$0.015\ \text{min}^{-1}$ に相当）±20 %

試験機がひずみ速度を直接制御できない場合には，平行部の推定ひずみ速度 $\dot{e}_{L_e}$ すなわち，クロスヘッド変位速度を用いなければならない。この変位速度は，式(1)を用いて計算しなければならない。

実際に試験片にかかるひずみ速度は，試験機の剛性を考慮しないので，規定のひずみ速度よりも低くなる。**JIS Z 2241** の **附属書 F**（試験機の剛性を考慮したクロスヘッド変位速度の見積り）に，その解説が示されている。

10.3.3 下降伏応力 R_{eL} 及び降伏点伸び（%）A_e が要求された場合の測定時のひずみ速度

要求された場合，上降伏応力が現れた後の下降伏応力 R_{eL} 及び降伏点伸び（%）A_e を測定する平行部の推定ひずみ速度 $\dot{e}_{L_e}$ は，不連続な降伏が終わるまで次の二つのうちのいずれか一つの規定範囲にしなければならない（**図 1** 参照）。

範囲 1： $\dot{e}_{L_e} = 0.000\,07\ \text{s}^{-1}$（$0.004\,2\ \text{min}^{-1}$ に相当）±20 %

範囲 2： $\dot{e}_{L_e} = 0.000\,25\ \text{s}^{-1}$（$0.015\ \text{min}^{-1}$ に相当）±20 %

クロスヘッド変位速度制御が望ましい。

10.3.4　引張強さ R_{m}，破断伸び（％）A，及び絞り（％）Z，並びに要求された場合の最大試験力時全伸び（％）A_{gt}，及び最大試験力時塑性伸び（％）A_{g} の測定時のひずみ速度

降伏応力又は耐力の測定の後，引張強さ R_{m}，破断伸び（％）A，及び絞り（％）Z，並びに要求された場合の最大試験力時全伸び（％）A_{gt}，及び最大試験力時塑性伸び（％）A_{g} を測定する平行部の推定ひずみ速度 $\dot{e}_{L_{\mathrm{c}}}$ は，次の規定範囲のうちのいずれか一つに変更しなければならない（**図 1** 参照）。

範囲 1：$\dot{e}_{L_{\mathrm{c}}}=0.000\,07\ \mathrm{s}^{-1}$（$0.004\,2\ \mathrm{min}^{-1}$ に相当）$\pm 20\,\%$

範囲 2：$\dot{e}_{L_{\mathrm{c}}}=0.000\,25\ \mathrm{s}^{-1}$（$0.015\ \mathrm{min}^{-1}$ に相当）$\pm 20\,\%$

範囲 3：$\dot{e}_{L_{\mathrm{c}}}=0.001\,4\ \mathrm{s}^{-1}$（$0.084\ \mathrm{min}^{-1}$ に相当）$\pm 20\,\%$（規定のない限り推奨する範囲）

範囲 4：$\dot{e}_{L_{\mathrm{c}}}=0.006\,7\ \mathrm{s}^{-1}$（$0.4\ \mathrm{min}^{-1}$ に相当）$\pm 20\,\%$

クロスヘッド変位速度制御が望ましい。

引張試験の目的が引張強さだけを測定する場合は，全試験期間を通して，試験片平行部の推定ひずみ速度を範囲 3 にしてもよい。

10.4　ひずみ速度範囲を拡大した試験方法（方法 B）

10.4.1　一般

この試験方法は，通常のひずみ速度範囲で行うものである。

注記　この試験方法のひずみ速度範囲は，**JIS G 0567**:1998 と同じ速度範囲である。

金属のひずみ速度感受性は，室温よりも，高温の方がより高い可能性があることを考慮するのがよい。試験速度が，規定範囲内であっても，測定する特性の値に影響を与える場合がある。

10.4.2　降伏強さ又は耐力の測定時の速度

上降伏応力，下降伏応力及び耐力を対象として，測定時の速度を規定する。

試験開始から測定する降伏応力までの試験片の平行部のひずみ速度は，$0.000\,016\,7\ \mathrm{s}^{-1}\sim0.000\,083\,3\ \mathrm{s}^{-1}$（$0.001\ \mathrm{min}^{-1}\sim0.005\ \mathrm{min}^{-1}$）までの間とする。

試験装置がひずみ速度を表示できない場合は，弾性域の応力増加速度を，ひずみ速度が $0.000\,05\ \mathrm{s}^{-1}$（$0.003\ \mathrm{min}^{-1}$）未満になるように設定しなければならない。いかなる場合も，応力増加速度は，弾性域で $5\ \mathrm{MPa}\cdot\mathrm{s}^{-1}$（$300\ \mathrm{MPa}\cdot\mathrm{min}^{-1}$）を超えてはならない。

10.4.3　引張強さの測定時の速度

引張強さだけを測定する場合には，試験片のひずみ速度は，$0.000\,33\ \mathrm{s}^{-1}\sim0.003\,3\ \mathrm{s}^{-1}$（$0.02\ \mathrm{min}^{-1}\sim0.20\ \mathrm{min}^{-1}$）までの間とする。

降伏応力も同じ試験片で測定する場合には，**10.4.2** に規定する試験速度からの変化は，滑らかで，かつ，規定のひずみ速度を超えない（オーバーシュートしない）ようにしなければならない。

10.5　方法及び速度の選択

受渡当事者間の協定のない限り，方法 A 又は方法 B，及び試験速度の選択は，この規格の要求に適合するように，製造業者又は製造業者によって指名された試験室が任意に行う。

10.6　選択した試験条件の記録

試験の制御モード及び試験速度を簡略化した様式で記録するために，次の略号を用いてもよい。

JIS G 0567 Annn，又は **JIS G 0567** Bn

ここで，"A" は方法 A（ひずみ速度制御）を表し，"B" は方法 B（拡大したひずみ速度範囲）を表す。方法 A では，**図 1** で定義しているように，"nnn" は，試験の各段階で用いた速度を参照する三つまでの一

連の数字である。また，方法 B では，"n"は，選択したひずみ速度（s⁻¹）に対応する数字である。

例1　**JIS G 0567** A 113 は，**図 1 a)** に示す範囲 1，範囲 1 及び範囲 3 を順に適用したひずみ速度制御による試験を表す。

例2　**JIS G 0567** B は，**10.4.2** に従った，拡大したひずみ速度範囲又は拡大した応力増加速度による試験を表す。

11　特性値の測定及び計算

JIS Z 2241 に従って行う。

12　試験報告書

試験報告書が必要な場合には，受渡当事者間の協定のない限り，少なくとも次の事項を含まなければならない。

なお，受渡当事者間の協定によって，次の項目の一部を省略してもよい。

a)　この規格で試験をした旨及び **10.6** に規定する試験条件の表示：例えば，**JIS G 0567** A113

b)　試験片の識別

c)　材料の種類（分かっている場合）

d)　試験片の形状

e)　試験片の採取位置及び採取方向（分かっている場合）

f)　**10.3** 及び **10.4** に規定する推奨試験方法及び推奨速度と異なる場合，試験の制御，及び試験速度又は試験速度範囲（**10.6** 参照）。

g)　均熱時間

h)　試験温度

i)　伸び計標点距離 L_e の設定方法

j)　試験結果

試験結果は，材料規格に規定のない限り，次に示す精度以上に，**JIS Z 8401** の規則 A に従って丸めることが望ましい。

― 強度値：MPa の整数

― 降伏点伸び A_e：0.1 %

― 破断伸び A：1 %

― その他の全ての伸び：0.5 %

― 絞り Z：1 %

13　測定の不確かさ

測定の不確かさに関する要求事項は，**JIS Z 2241** の箇条 23（測定の不確かさ）による。また，参考情報を**附属書 B** に示す。

14　図

JIS Z 2241 の図 1〜図 8 及び図 10〜図 15 は，そのまま有効である。ただし，**JIS Z 2241** の図 9（R_{eH}, R_{eL}, R_p, R_t, R_m, A_g, A_{gt}, A, A_t 及び Z を測定する場合の試験中に使用するひずみ速度の説明図）を，次の**図 1**

に置き換える。

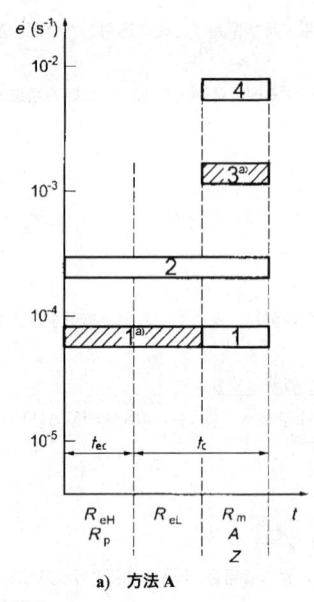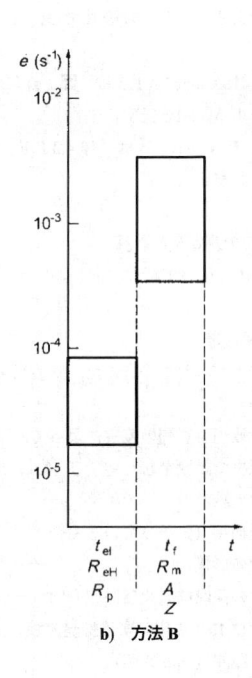

| a) 方法 A | b) 方法 B |

$\dot{e}$：ひずみ速度

t：引張試験の経過時間

t_C：クロスヘッド変位制御時間

t_{eC}：伸び計による制御時間又はクロスヘッド変位制御時間

t_{el}：記載された特性を測定する時間範囲（弾性挙動）（定義については，**JIS Z 2241** の**図 9** 参照）

t_f：記載された特性を測定する時間範囲（通常，破断まで）（定義については，**JIS Z 2241** の**図 9** 参照）

1　範囲 1：$\dot{e} = 0.000\ 07\ \mathrm{s}^{-1}$（$0.004\ 2\ \mathrm{min}^{-1}$）$\pm 20\ \%$

2　範囲 2：$\dot{e} = 0.000\ 25\ \mathrm{s}^{-1}$（$0.015\ \mathrm{min}^{-1}$）$\pm 20\ \%$

3　範囲 3：$\dot{e} = 0.001\ 4\ \mathrm{s}^{-1}$（$0.084\ \mathrm{min}^{-1}$）$\pm 20\ \%$

4　範囲 4：$\dot{e} = 0.006\ 7\ \mathrm{s}^{-1}$（$0.4\ \mathrm{min}^{-1}$）$\pm 20\ \%$

注 [a]　推奨される範囲

図 1－R_{eH}，R_{eL}，R_p，R_m，A 及び Z を測定する場合の引張試験中に用いるひずみ速度の説明図

15　附属書

次の **JIS Z 2241** の附属書は，この規格でも有効である。

－　**JIS Z 2241 附属書 B**：厚さ 0.1 mm〜3 mm（未満）の薄板材料に使用される試験片の種類

－　**JIS Z 2241 附属書 C**：径又は辺が 4 mm 未満の線及び棒に使用される線状又は棒状試験片の種類

－　**JIS Z 2241 附属書 D**：厚さ 3 mm 以上の板及び径又は対辺距離が 4 mm 以上の線及び棒の試験片の種類（ただし，**図 D.7** を除く。）

－　**JIS Z 2241 附属書 E**：管に使用する試験片の種類

－　**JIS Z 2241 附属書 F**：試験機の剛性を考慮したクロスヘッド変位速度の見積り

この規格の**附属書A**に，試験片の形状及び可能性のある試験片のつかみ方法についての追加情報を示す。

附属書 A
（参考）
JIS Z 2241 の附属書 B～附属書 E に対する追加事項

A.1　一般

通常，**JIS Z 2241** の**附属書 B～附属書 E** の規定に従う全ての試験片形状は，この規格の試験に使用できる。次に，試験片形状に関する詳細な情報を幾つかの例とともに記載する。

A.2　厚さ 0.1 mm 以上 3 mm 未満の薄板材料に使用される試験片

実際には，異なるつかみの方法 [例えば，くさび形 (wedge grip)，平行形 (parallel grip)，肩付き (shoulder grip) など] が適用可能である。高温 ($T>250\,℃$) では，くさび形及び平行形 (friction gripping) は，非常に問題となる可能性がある。それゆえ，試験片は，**図 A.1** に示すようなボルト又は肩部 (form fit) でつかむことがよくある。

試験片を肩部 (form fit) でつかむ場合は，穴は，不要である。肩部の半径の許容差は，$\pm0.1\,mm$ が望ましい。

薄板材料に使用される試験片の例を，**図 A.1** 及び**表 A.1** に示す。

　　注記　穴が裂けたり，部分的な座屈をしたりすることを防止するために穴の周りを補強するのは，よい方法である。

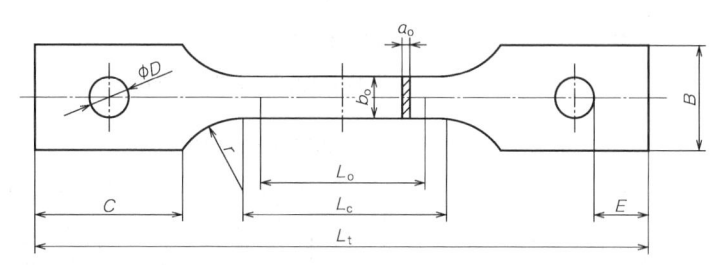

a_o	試験前の試験片の厚さ	L_o	原標点距離 ($L_o=50\,mm$)
b_o	試験前の平行部の幅	L_c	平行部長さ ($L_c \geqq L_o+b_o$)
r	肩部半径	L_t	試験片の全長
B	つかみ部の幅	D	穴の直径
C	つかみ部の長さ	E	試験片端から穴までの距離

図 A.1－厚さ 0.1 mm 以上～3 mm 未満の薄板材料に使用される試験片の例

表 A.1－厚さ 0.1 mm 以上～3 mm 未満の薄板材料に使用される試験片の例

単位　mm

a_o	b_o	L_o	r	B	C	D	E	L_c	L_t [a]
0.1 以上　3.0 未満	12.5	50	25	35	50	15	17	62.5 以上	205 以上

注 [a]　平行部長さ L_c が規定の下限値の場合，試験片の全長 L_t も下限値でよい。

A.3 厚さ 3 mm 以上の板に使用される試験片

実際には，異なるつかみの方法［例えば，くさび形 (wedge grip)，平行形 (parallel grip)，肩付き (shoulder grip) など］が適用可能である。高温 ($T > 250$ ℃) では，くさび形及び平行形 (friction gripping) は，非常に問題となる可能性がある。それゆえ，試験片は，**図 A.2** にその一つを示すようなボルト又は肩部 (form fit) でつかむことがよくある。

試験片を肩部（form fit）でつかむ場合は，穴は，不要である。肩部の半径の許容差は，±0.1 mm が望ましい。

厚さ 3 mm 以上の板に使用される試験片の例を，**図 A.2** 及び**表 A.2** に示す。

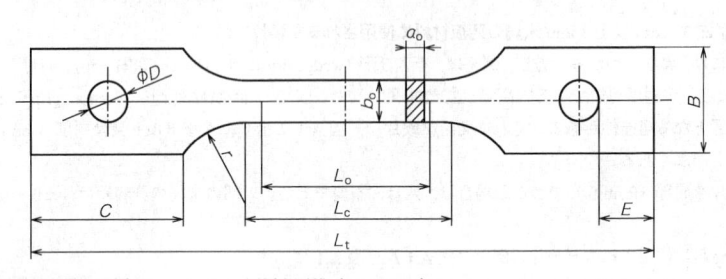

記号	説明	記号	説明
a_o	試験前の試験片の厚さ	L_o	原標点距離 ($L_o = 50$ mm)
b_o	試験前の平行部の幅	L_c	平行部長さ ($L_c \geqq L_o + b_o$)
r	肩部半径	L_t	試験片の全長
B	つかみ部の幅	D	穴の直径
C	つかみ部の長さ	E	試験片端から穴までの距離

図 A.2－厚さ 3 mm 以上の板に使用される試験片の例

表 A.2－厚さ 3 mm 以上の板に使用される試験片の例

単位 mm

a_o		b_o	L_o	r	B	C	D	E	L_c	L_t [a]
3 以上	3.5 以下		35						48 以上	190 以上
3.5 を超え	4.5 以下		40						54 以上	196 以上
4.5 を超え	5.7 以下	12.5	45	25	35	50	15	17	61 以上	203 以上
5.7 を超え	6.9 以下		50						67 以上	209 以上
6.9 を超え	8.3 以下		55						73 以上	215 以上

注 [a] 平行部長さ L_c が規定の下限値の場合は，試験片の全長 L_t も下限値でよい。

A.4 径又は辺が 4 mm 以上の線及び棒の試験片

これらの試験片には，ねじ付きのグリップがよく用いられる（**図 A.3** 及び**表 A.3** 参照）。

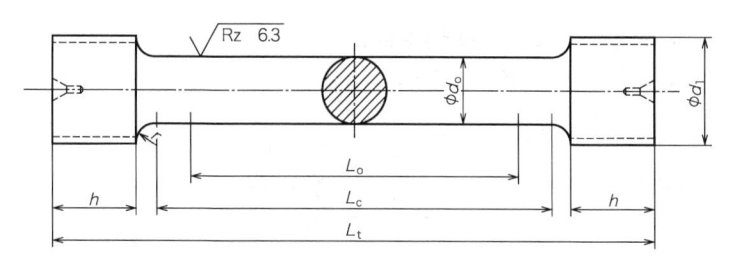

d_0	試験前の平行部の径
d_1	メートルねじの径
r	肩部の半径
h	つかみ部の長さ

L_0	原標点距離 $(L_0＝5d_0)$
L_c	平行部長さ $(L_c≧L_0＋d_0)$
L_t	試験片の全長

図 A.3－ねじ付きのつかみ部をもった棒状試験片の例

表 A.3－ねじ付きのつかみ部をもった棒状試験片の例

単位 mm

d_0	L_0	d_1 [a]	r	h	L_c	L_t [b]
4	20	M6	3 以上	6 以上	24 以上	41 以上
5	25	M8	4 以上	7 以上	30 以上	51 以上
6	30	M10	5 以上	8 以上	36 以上	60 以上
8	40	M12	6 以上	10 以上	48 以上	77 以上
10	50	M16	8 以上	12 以上	60 以上	97 以上
12	60	M18	9 以上	15 以上	72 以上	116 以上
14	70	M20	11 以上	17 以上	84 以上	134 以上
16	80	M24	12 以上	20 以上	96 以上	154 以上
18	90	M27	14 以上	22 以上	108 以上	173 以上
20	100	M30	15 以上	24 以上	120 以上	191 以上
25	125	M33	20 以上	30 以上	150 以上	234 以上

注 [a] メートルねじの呼び。
[b] 肩部の半径 r, つかみ部の長さ h 及び平行部長さ L_c が規定の下限値の場合は, 試験片の全長 L_t も下限値でよい。

　加熱装置によっては, 試験片が大きいために, 試験片内の温度差が規定を満足できない場合がある。このような場合には, より小さな試験片を使用することが望ましい。

A.5 つば付き（環状のナイフエッジをもつ）試験片

つば付き試験片の例を，**図 A.4 及び表 A.4** に示す。

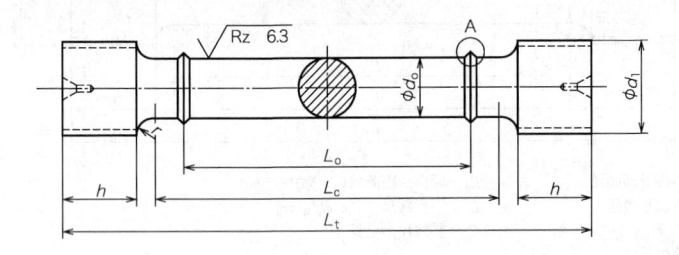

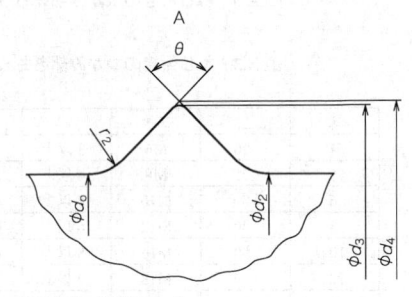

注記　A 部の詳細な個々の部分に関する目標値は，次による（単位　mm）。

$d_2 = d_0 + 0.2$
$d_3 = d_0 + 1.8$
$d_4 = d_0 + 2.0$
$r_2 = 0.5$
$\theta = 90°$

図 A.4－つば付き（環状のナイフエッジをもった）棒状試験片の例

表 A.4－つば付き（環状のナイフエッジをもった）棒状試験片の例

単位　mm

d_0	L_0	d_1 [a]	r [b]	h	L_c	L_t [c]
6	30	M10 以上	4.5 以上	8 以上	$5.5\,d_0 \sim 7.5\,d_0$	57 以上
8	40	M12 以上	6 以上	10 以上	$5.5\,d_0 \sim 7.5\,d_0$	73 以上
10	50	M16 以上	7.5 以上	12 以上	$5.5\,d_0 \sim 7.5\,d_0$	91 以上
12	60	M18 以上	9 以上	15 以上	$5.5\,d_0 \sim 7.5\,d_0$	110 以上

注 [a] メートルねじの呼び
　 [b] **JIS Z 2241** による下限値
　 [c] 肩部の半径 r 及びつかみ部の長さ h が規定の下限値で，かつ，平行部長さ L_c が $5.5\,d_0$ の場合は，試験片の全長 L_t も下限値でよい。

附属書 B
(参考)
測定の不確かさ

試験結果の測定の不確かさを見積もる場合には，ISO 6892-1 の**附属書 J**［棒，線材及び線のネッキングを伴わない場合の組成伸び（％）の測定］及び次の情報を参照する。

表 B.1 は，ISO 6892-1 に温度及びひずみ速度の成分を追加して作り直したものである。温度及びひずみ速度のばらつきは，室温におけるよりも高温において，引張試験に大きな影響を及ぼす可能性がある。それゆえ，試験結果の測定の不確かさを見積もる場合には，試験中の温度及びひずみ速度のばらつきに関する不確かさの成分を考慮することが望ましい。**表 B.1** に示すように，温度及びひずみ速度は，表にある全ての材料特性の結果に影響する可能性がある。

表 B.1 − 測定結果に寄与する不確かさ

因子	試験結果					
	R_{eH}	R_{eL}	R_m	R_p	A	Z
試験力	X	X	X	X	−	−
伸び	−	−	−	X	X	−
標点距離	−	−	−	X	X	−
S_o	X	X	X	X	−	X
S_u	−	−	−	−	−	X
温度	X	X	X	X	X	X
ひずみ速度	X	X	X	X	X	X
注記 X：関連する 　　　 −：関連しない						

表 B.1 に記載された試験結果の不確かさを決定するために，試験装置に関連する不確かさの寄与は，試験結果の測定に用いた装置の校正証明書の値を用いる（ISO 6892-1 を参照）。しかしながら，温度及びひずみ速度のばらつきによって影響を受ける試験結果の不確かさは，これらの不確かさの値が材料に非常に大きく左右されるため，試験によって決めなければならない。この理由から，現時点で，例として用いる，温度及びひずみ速度の成分に対する予測値を与えることはできない。**図 B.1** 及び**図 B.2** に，一つの特定の合金に対する，二つの異なる試験温度における応力−ひずみ曲線への異なるひずみ速度の影響例を示す。

試験結果の測定の拡張不確かさを見積もるために，不確かさの成分の決定，数学的な結合及び表し方をどのようにするかは，ISO 6892-1 を参照する。

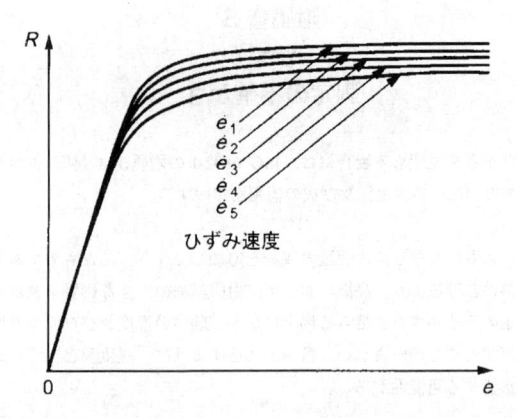

R 応力（MPa）
e 伸び（%）（ひずみ）

図 B.1－室温における異なるひずみ速度に対する応力－ひずみ曲線の例

図 B.1 は，室温で，異なるひずみ速度に対して示している。材料特性への影響は小さい（$\dot{e}_1 > \dot{e}_2 > \dot{e}_3 > \dot{e}_4 > \dot{e}_5$）。

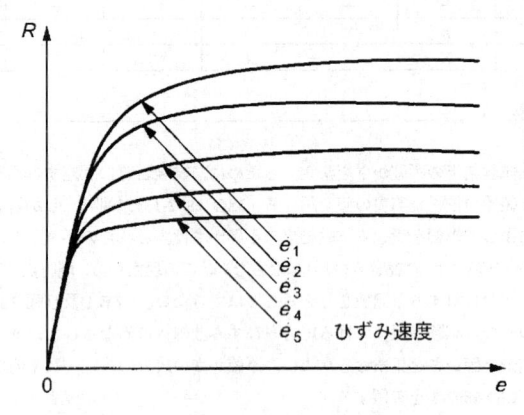

R 応力（MPa）
e 伸び（%）（ひずみ）

図 B.2－850 ℃における異なるひずみ速度に対する応力－ひずみ曲線の例

図 B.2 は，高温で，異なるひずみ速度に対して示している。材料特性は大きく異なる（$\dot{e}_1 > \dot{e}_2 > \dot{e}_3 > \dot{e}_4 > \dot{e}_5$）。

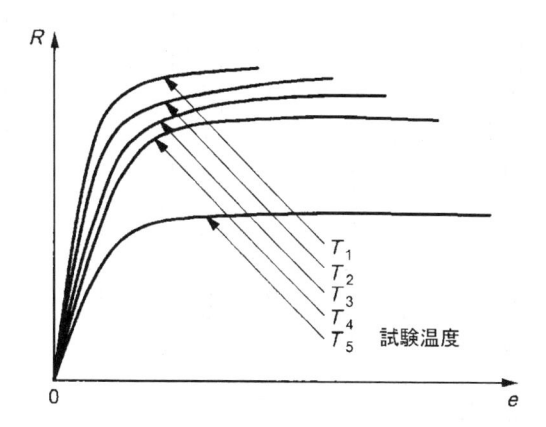

R 応力（MPa）
e 伸び（%）（ひずみ）

図 B.3－異なる温度及び所定のひずみ速度に対する応力－ひずみ曲線の例

図 B.3 は，所定のひずみ速度及び異なる温度に関するものである。材料特性は，大きく異なる（$T_1 < T_2 < T_3 < T_4 < T_5$）。

参考文献

[1] **ISO 377,** Steel and steel products－Location and preparation of samples and test pieces for mechanical testing

[2] **ISO 2142** [1]**,** Wrought aluminium, magnesium and their alloys－Selection of specimens and test pieces for mechanical testing

　　注 [1] 廃止。

[3] **ISO 2566-1,** Steel－Conversion of elongation values－Part 1: Carbon and low alloy steels

[4] **ISO 2566-2,** Steel－Conversion of elongation values－Part 2: Austenitic steels

[5] **ISO 6892-1,** Metallic materials－Tensile testing－Part 1: Method of test at room temperature

附属書 JA
(参考)
JIS と対応国際規格との対比表

JIS G 0567:2020 鉄鋼材料及び耐熱合金の高温引張試験方法			ISO 6892-2:2018, Metallic materials－Tensile testing－Part 2: Method of test at elevated temperature				
(I) JIS の規定		(II) 国際規格番号	(III) 国際規格の規定		(IV) JIS と国際規格との技術的差異の箇条ごとの評価及びその内容		(V) JIS と国際規格との技術的差異の理由及び今後の対策
箇条番号及び題名	内容		箇条番号	内容	箇条ごとの評価	技術的差異の内容	
3 用語及び定義	JIS G 0202 及び JIS Z 2241 を引用		3	ISO 6892-1 を引用。	追加	JIS では,引用規格に JIS G 0202 を追加した。	技術的な差異はない。
4 記号及び内容	JIS Z 2241 の表 1 を引用		4	ISO 6892-1 を引用。	追加	JIS では,"表 1(記号及び内容)"を追加した。	技術的な差異は,軽微である。
6 試験片	JIS Z 2241 の箇条 6 を引用 つば付き試験片とすることができる。		6	ISO 6892-1 を引用。	追加	JIS では,"箇条 6(試験片)"を追加した。	同上。
				—		JIS では,つば付き試験片を許容することを明確にした。	同上。
7 原断面積 S_0 の測定	JIS Z 2241 の箇条 7 を引用		7	ISO 6892-1 を引用。	追加	JIS では,"箇条 7(原断面積の測定)"を追加した。	同上。
8 原標点距離 L_0 のマーキング	JIS Z 2241 の箇条 8 を引用		8	ISO 6892-1 を引用。	追加	JIS では,"箇条 8(原標点距離のマーキング)"を追加した。	同上。
9.2 伸び計	JIS B 7741 の等級 2 級以上を使用する。		9.2	耐力の測定は,等級 1 級以上とし,その他の特性は,等級 2 級以上とする。	変更	耐力測定時の伸び計の等級が JIS は,2 級も認めている。	国内の実態を考慮した。将来 JIS の改正を行う。
10.2.1 試験片のつかみ方法	試験片のつかみ方法を規定		10.2.1	試験片のつかみ方法を規定	変更	ISO 規格では NOTE として記載している箇所を,JIS では規定事項として本文に移した。	技術的な差異はない。

(I) JIS の規定		(II) 国際規格番号	(III) 国際規格の規定		(IV) JIS と国際規格との技術的差異の箇条ごとの評価及びその内容		(V) JIS と国際規格との技術的差異の理由及び今後の対策
箇条番号及び題名	内容		箇条番号	内容	箇条ごとの評価	技術的差異の内容	
10.3 ひずみ速度制御による試験方法（方法A）	ひずみ速度制御による試験速度を規定		10.3.2	ひずみ速度制御による試験速度を規定	追加	JISでは、ひずみ速度を直接制御できない場合、クロスヘッド変位速度を用いることを追加した。	ISOへの提案を検討する。
12 試験報告書	試験報告項目を規定		12	試験報告項目を規定	追加	JISでは、試験報告書は、必要な場合にだけ発行することを明記し、更に受渡当事者間の協定で項目を削除してよいことを追記した。	技術的な差異は、軽微である。
					追加	破断伸びの丸めについて追記した。	国内の実態を反映した。

JIS と国際規格との対応の程度の全体評価：ISO 6892-2:2018, MOD

注記1 箇条ごとの評価欄の用語の意味は、次による。
－ 追加 …………… 国際規格にない規定項目又は規定内容を追加している。
－ 変更 …………… 国際規格の規定内容を変更している。
注記2 JIS と国際規格との対応の程度の全体評価欄の記号の意味は、次による。
－ MOD …………… 国際規格を修正している。

ステンレス鋼のしゅう酸エッチング試験方法

Method of oxalic acid etching test for stainless steels

1. 適用範囲 この規格は，オーステナイト系ステンレス鋼をしゅう酸溶液中で電解エッチング（以下，エッチングという。）後，顕微鏡でエッチング面の組織を観察して，硫酸・硫酸第二鉄腐食試験（**JIS G 0572**），65 %硝酸腐食試験（**JIS G 0573**）又は硫酸・硫酸銅腐食試験（**JIS G 0575**）の熱酸腐食試験を行う必要があるかどうかを判別する方法について規定する。

2. 引用規格 次に掲げる規格は，この規格に引用されることによって，この規格の規定の一部を構成する。これらの引用規格は，その最新版（追補を含む。）を適用する。

  JIS G 0572 ステンレス鋼の硫酸・硫酸第二鉄腐食試験方法

  JIS G 0573 ステンレス鋼の 65 %硝酸腐食試験方法

  JIS G 0575 ステンレス鋼の硫酸・硫酸銅腐食試験方法

  JIS K 8252 ペルオキソ二硫酸アンモニウム（試薬）

  JIS K 8519 しゅう酸二水和物（試薬）

3. 試験装置 試験装置は，次による。

a) 試験装置は，試験片をエッチングするのに十分な容量の電流を供給できる直流電源とエッチング回路の電流を制御するための可変抵抗器及び電流計を使用する。

b) 陰極は，オーステナイト系ステンレス鋼製ビーカー又は十分な表面積をもつオーステナイト系ステンレス鋼の小片を使用する。

c) 試験片を陽極として試験溶液中に保持できる適切な形状のホルダを使用する。

4. 試験溶液 試験溶液は，**JIS K 8519** に規定する特級品 100 g を蒸留水又は脱イオン水 900 ml に溶解して 10 %しゅう酸溶液を調製する。

  備考 含モリブデン鋼種で段状組織の現れにくい場合は，10 %しゅう酸溶液の代わりに 10 %ペルオキソ二硫酸アンモニウム溶液を使用してもよい。この場合の溶液は，**JIS K 8252** に規定する特級品 100 g を蒸留水又は脱イオン水 900 ml に溶解して，10 %ペルオキソ二硫酸アンモニウム溶液を調製する。

5. 試験片 試験片は，次による。

a) 試験片は，エッチング・検鏡面が，加工方向に直角となるように採取する。溶接部を含む場合は，母材，熱影響部及び溶着金属を含む断面とする。複雑形状の場合には，受渡当事者間の協定によって検鏡面の方向を変更してもよい。

b) 試験片の切断方法は，通常のこぎり切断による。せん断による場合は，切断面を切削又は研削で再仕上げして，せん断の影響部分を除く。

c) エッチングして検鏡する面は，バフ研磨を行う。

d) エッチング・検鏡面以外は，絶縁物質によって試験溶液と絶縁する。

6. 試験片の鋭敏化熱処理 試験片の鋭敏化熱処理は，極低炭素鋼種（炭素 0.030 %以下）及び安定化鋼種（チタン又はニオブ添加）だけについて行う。熱処理は研磨前に行い，熱処理条件は 700±10 ℃で 30 分加熱し水冷とする。ただし，受渡当事者間の協定によって，これ以外の鋭敏化熱処理条件に替えてもよい。

7. 試験方法 試験方法は，次による。

a) 試験溶液の温度は，20〜50 ℃とする。

b) 試験片のエッチング面を陽極として 10 %しゅう酸試験溶液中に入れ，エッチング面積 1 cm^2 当たりの電流を 1 A に調整して 90 秒エッチングする。

  備考 10 %ペルオキソ二硫酸アンモニウム溶液を試験溶液として使用する場合は，エッチング面積 1 cm^2 当たりの電流を 1 A に調整して 5〜10 分エッチングする。

c) エッチング後，試験溶液から試験片を取り出し，流水で洗浄，乾燥してから，エッチング面の全域を顕微鏡で観察して，**表 1** 及び**表 2**，**図 1〜7** によって，エッチング組織の分類判定を行う。

  なお，エッチング面の検鏡倍率は，圧延及び鍛造品では 200〜500 倍，鋳鋼品，溶接部などでは，約

250 倍とする。

8. エッチング組織の分類 エッチング組織の分類は，次による。

a) 結晶粒界の状態を示すエッチング組織の分類は，**表 1** による。

表 1　結晶粒界の状態を示す分類

エッチング組織		説明
記号	名称	
A	段状組織	結晶方位ごとに腐食速度が異なるために現れる，結晶粒界に溝のない段状の組織（**図 1**）。
B	混合組織	結晶粒界に部分的に溝のある組織。ただし，完全に溝で囲まれた結晶粒が一つもないもの（**図 2**）。
C	溝状組織	完全に溝で囲まれた結晶粒が一つ以上ある組織（**図 3**）。
D	遊離フェライト組織	鋳鋼品，溶接部などに認められるオーステナイト地とフェライトの間が段状となっている組織（**図 4**）。
E	樹枝状晶間溝状組織	鋳鋼品，溶接部などに認められる溝状組織が深く連続している組織（**図 5**）。

b) ピットの状態を示すエッチング組織の分類は，**表 2** による。

表 2　ピットの状態を示す分類

エッチング組織		説明
記号	名称	
P_1	ピット組織 I	浅いピットが多く，深いピットが少ない組織（**図 6**）。
P_2	ピット組織 II	浅いピットが少なく，深いピットが多い組織（**図 7**）。

9. 判定　熱酸腐食試験を行う必要があるかどうかの判定は，**8.** エッチング組織の分類（**表 1** 及び**表 2**）に基づき**表 3** に従う。

参考　10 ％しゅう酸エッチング試験で熱酸腐食試験の要否を判定できる鋼種及び熱酸腐食試験で検出されるクロム炭化物と σ 相を**参考表 1** に示す。

表 3　エッチング組織と適用すべき熱酸腐食試験

試験素材		エッチング組織		
種類の記号	状態	溝状組織　C	溝状組織　C ピット組織 II　P_2	溝状組織　C
SUS304	受入れのまま（固溶化熱処理）	硫酸・硫酸第二鉄腐食試験（**JIS G 0572**）	65 ％硝酸腐食試験（**JIS G 0573**）	硫酸・硫酸銅腐食試験（**JIS G 0575**）
SUS316 SUS316J1 SUS317				
SUS304L	鋭敏化熱処理	硫酸・硫酸第二鉄腐食試験（**JIS G 0572**）	65 ％硝酸腐食試験（**JIS G 0573**）	硫酸・硫酸銅腐食試験（**JIS G 0575**）
SUS316L SUS316J1L SUS317L			—	
SUS321 SUS347		—		

参考表 1 10 ％しゅう酸エッチング試験で熱酸腐食試験の要否を判定できる鋼種

及び熱酸腐食試験で検出されるクロム炭化物と σ 相

熱酸腐食試験	10 ％しゅう酸エッチング試験で熱酸腐食試験の要否を判別できるステンレス鋼の種類	熱酸腐食試験で検出されるクロム炭化物又は σ 相
硫酸・硫酸第二鉄腐食試験方法 (**JIS G 0572**)	SUS304, SUS304L SUS316, SUS316L SUS316J1, SUS316J1L SUS317, SUS317L	クロム炭化物： 　SUS304, SUS304L, SUS316, SUS316L 　SUS316J1, SUS316J1L, SUS317, SUS317L クロム炭化物と σ 相： 　SUS321
65 ％硝酸腐食試験方法 (**JIS G 0573**)	SUS304, SUS304L	クロム炭化物： 　SUS304, SUS304L クロム炭化物と σ 相： 　SUS316, SUS316L, SUS317, SUS317L 　SUS321, SUS347, SUS316J1, SUS316J1L
硫酸・硫酸銅腐食試験方法 (**JIS G 0575**)	SUS304, SUS304L SUS316, SUS316L SUS316J1, SUS316J1L SUS317, SUS317L SUS321, SUS347	クロム炭化物： 　SUS304, SUS304L, SUS316, SUS316L 　SUS316J1, SUS316J1L, SUS317, SUS317L, 　SUS321, SUS347

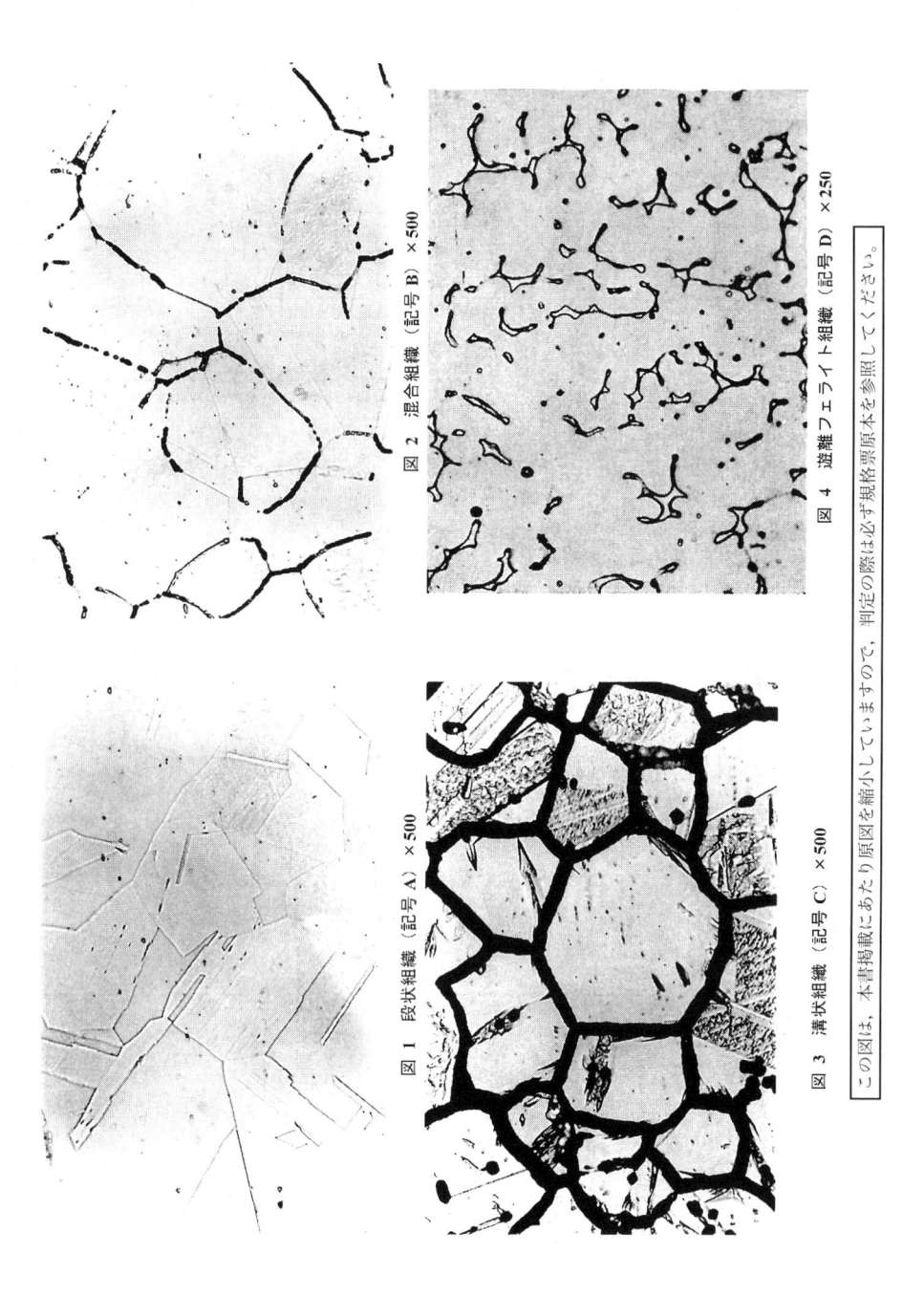

図 2　混合組織（記号 B）×500

図 4　遊離フェライト組織（記号 D）×250

図 1　段状組織（記号 A）×500

図 3　溝状組織（記号 C）×500

この図は，本書掲載にあたり原図を縮小していますので，判定の際は必ず規格票原本を参照してください。

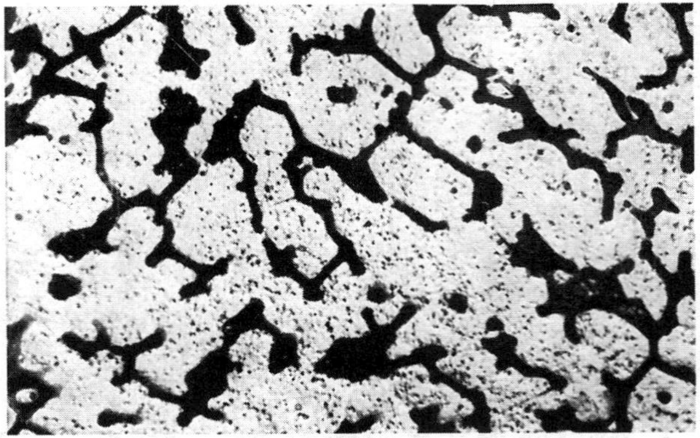

図 6　ビット組織 I（記号 P_1）×500

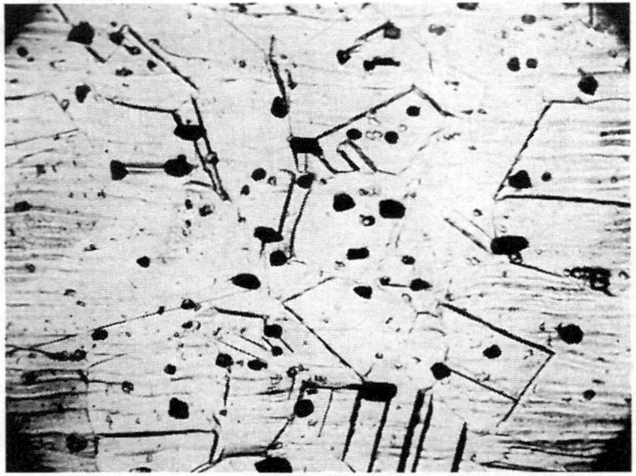

図 7　ビット組織 II（記号 P_2）×500

図 5　連続溝状組織（記号 E）×250

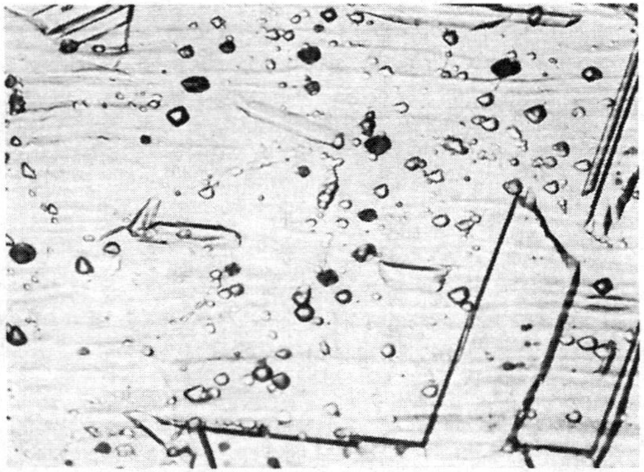

この図は，本書掲載にあたり原図を縮小していますので，判定の際は必ず規格票原本を参照してください。

JIS G 0572
(2006)

ステンレス鋼の硫酸・硫酸第二鉄腐食試験方法
Method of ferric sulfate-sulfuric acid test for stainless steel

JIS (1980,84) 改正
JIS (1970) 制定

序文 この規格は，1998 年に第 2 版として発行された **ISO 3651-2**, Determination of resistance to intergranular corrosion of stainless steels − Part 2 : Ferritic, austenitic and ferritic-austenitic (duplex) stainless steels − Corrosion test in media containing sulfuric acid を翻訳し，技術的内容を変更して作成した日本産業規格である。

なお，この規格で側線又は点線の下線を施してある箇所は，原国際規格を変更している事項である。変更の一覧表をその説明を付けて，附属書（参考）に示す。

1. 適用範囲 この規格は，オーステナイト系ステンレス鋼の沸騰硫酸・硫酸第二鉄溶液中の腐食減量を測定して，粒界腐食の程度を試験する方法について規定する。

備考 この規格の対応国際規格を，次に示す。

なお，対応の程度を表す記号は，**ISO/IEC Guide 21** に基づき，IDT（一致している），MOD（修正している），NEQ（同等でない）とする。

ISO 3651-2, Determination of resistance to intergranular corrosion of stainless steels − Part 2 : Ferritic, austenitic and ferritic-austenitic (duplex) stainless steels − Corrosion test in media containing sulfuric acid (MOD)

2. 引用規格 次に掲げる規格は，この規格に引用されることによって，この規格の規定の一部を構成する。これらの引用規格は，その最新版（追補を含む。）を適用する。

JIS K 8951 硫酸（試薬）
JIS K 8981 硫酸鉄 (Ⅲ) n 水和物（試薬）*
JIS R 6251 研磨布
JIS R 6252 研磨紙
JIS R 6253 耐水研磨紙
JIS Z 8401 数値の丸め方
JIS Z 8804 液体比重測定方法
注* 慣用名は硫酸第二鉄

3. 試験装置 試験装置は，次による。
a) 試験容器は，十分な冷却面積をもつガラス製の立型逆流コンデンサを，テーパすり合わせで結合したガラス製の三角フラスコ（容量約 1 L）を用いる。
b) 試験片を，試験溶液の中に保持できる適切な形状のガラス製ホルダを使用する。
c) 加熱装置は，試験中の試験溶液を静かな沸騰状態に保持できるものを用いる。

4. 試験溶液 試験溶液は，次による。
a) **JIS K 8951** に規定する硫酸特級品（密度 約 1.84）と蒸留水又は脱イオン水とによって約 50 ％（質量分率％）の硫酸溶液を調合し，その濃度を，**JIS Z 8804** に規定する比重測定か，又は中和滴定によって 50±0.3 ％（質量分率％）の硫酸溶液に調製する。
b) この調製した溶液 600 mL に対し，**JIS K 8981** に規定する硫酸第二鉄特級品を 25 g の割合で加え，加温し，十分に溶解して試験溶液とする。
なお，所要試験溶液量は 7. b)による。

5. 試験片 試験片は，次による。
a) 試験片は，全表面積が 10～35 cm^2 で，圧延又は鍛造方向に直角の断面の面積が全表面積の 1/2 以下になるように供試材から採取する。鋳鋼品，溶着金属などの試験片採取方法は，それぞれの規格の規定による。
b) 試験片の切断方法は，通常，のこぎり切断による。せん断による場合は，切断面を切削又は研削で再仕上げして，せん断の影響部分を除く。
c) 試験片にスケールが付着している場合には，切削又は研削によって除去する。
d) 試験片の表面は，**JIS R 6251** 又は **JIS R 6252** に規定する P 120 以上で乾式研磨を行うか，又は **JIS R 6253** に規定する P 80 以上で湿式研磨を行う。

e) 表面仕上げした試験片は，適切な溶剤又は洗剤（非塩化物）で脱脂後，乾燥する。

6. 試験片の鋭敏化熱処理　試験片の鋭敏化熱処理は，極低炭素鋼種（炭素 0.030 ％以下）及び安定化鋼種（チタン，ニオブを添加）だけについて行う。熱処理は研磨前に施し，熱処理条件は 700±10 ℃で 30 分間保持後に水冷する又は 650±10 ℃で 10 分間保持後に水冷する。ただし，受渡当事者間の協定によって，これ以外の鋭敏化熱処理条件に代えてもよい。

7. 試験方法　試験方法は，次による。

a) 沸騰試験前後において，試験片質量を少なくとも 1 mg まではかる。

b) 試験溶液を試験容器に入れ，その量は，試験片の表面積 1 cm^2 当たり 20 mL 以上とする。

c) 試験片をガラス製ホルダを用いて試験溶液の中位に保持するようにして入れ，加熱装置にて連続 120 時間の沸騰試験を行う。ただし，受渡当事者間の協定によって，連続 72 時間の沸騰試験に代えてもよい。

　なお，一つの試験容器の中では，試験片 1 個を試験する。

d) 沸騰試験後，試験溶液から試験片を取り出し，付着している腐食生成物を流水中で柔らかいブラシなどを用いて除去し，乾燥後，質量をはかり減量を求める。

e) 試験溶液は，試験ごとに新しいものを使用し，一度試験した液を繰り返し使用してはならない。

8. 腐食度　腐食度は，沸騰試験後の質量減の単位面積，単位時間当たりの値を g/m^2·h^{-1} 単位で，**JIS Z 8401** の規則 A によって，小数点以下 2 けたに丸めて表す。

9. 報告　報告には，通常，次の項目について記載する。

a) 規格番号

b) 試験した鋼の種類の記号又は化学成分

c) 表面仕上げの条件

d) 鋭敏化熱処理条件（行った場合）

e) 腐食度

f) 試験中の特記事項（試験片面積，試験時間など）

関連規格　**JIS G 0571**　ステンレス鋼のしゅう酸エッチング試験方法

附属書（参考）JIS と対応する国際規格との対比表

JIS G 0572 :2006　ステンレス鋼の硫酸・硫酸第二鉄腐食試験方法			ISO 3651-2:1998　ステンレス鋼の耐粒界腐食性試験方法 第 2 部－フェライト，オーステナイト 及びフェライト－オーステナイト（2 相）ステンレス鋼－硫酸を含む環境における腐食試験			
（Ⅰ）JIS の規定		（Ⅱ）国際規格番号	（Ⅲ）国際規格の規定		（Ⅳ）JIS と国際規格との技術的差異の項目ごとの評価及びその内容 表示箇所：本体 表示方法：点線の下線又は実線の側線		（Ⅴ）JIS と国際規格との技術的差異の理由及び今後の対策
項目番号	内容		項目番号	内容	項目ごとの評価	技術的差異の内容	
1. 適用範囲	オーステナイト系ステンレス鋼に限定	ISO 3651-2	1	フェライト系，オーステナイト系，二相ステンレス鋼に適用	MOD/削除	日本ではフェライト系，二相ステンレス鋼系への適用事例がない。	ISO に両鋼種への適用事例を求めていく。
2. 引用規格	JIS K 8951，JIS K 8981，JIS R 6251，JIS R 6252，JIS R 6253，JIS Z 8401，JIS Z 8804		—		MOD/追加	引用規格欄を追加	実質的な差異はなし。
3. 試験装置	試験容器，コンデンサ（立型逆流），試験片支持方法について規定		5	試験容器，コンデンサ（4 球アリン型），試験片支持方法について規定	IDT		
4. 試験溶液	試験溶液の濃度，作製方法について規定		6.3.1	試験溶液の濃度，作製方法について規定	MOD/変更	試験溶液の組成が異なる。 JIS：50 % 硫酸＋25 g/600 mL の硫酸第二鉄 ISO：40 % 硫酸＋25 g/L の硫酸第二鉄	共同実験の結果 ISO 規格の条件では判定不可，条件の修正を提案していく。
5. 試験片	試験片の採取，切断，前処理方法について規定		4.2	試験片の形状，前処理方法について規定	MOD/変更	試験片の表面積が異なる。 JIS：10〜35 cm² ISO：15〜35 cm² ISO 規格には溶接試験片の規定と，前処理方法の一つとして化学的前処理法がある。	試験片の表面積を ISO 規格と整合させた。

（Ⅰ）JIS の規定			（Ⅱ）国際規格番号	（Ⅲ）国際規格の規定			（Ⅳ）JIS と国際規格との技術的差異の項目ごとの評価及びその内容 表示箇所：本体 表示方法：点線の下線又は実線の側線		（Ⅴ）JIS と国際規格との技術的差異の理由及び今後の対策
項目番号		内容		項目番号		内容	項目ごとの評価	技術的差異の内容	
6. 試験片の鋭敏化熱処理		鋭敏化熱処理条件を規定	ISO 3651-2	3		鋭敏化熱処理条件を規定	IDT		
7. 試験方法		試験片の質量測定方法，比液量，沸騰試験時間を規定		6.3.2		比液量，沸騰試験時間を規定	MOD/変更	比液量，沸騰試験時間が異なる。 **JIS**：20 mL/cm² 以上，120 h **ISO**：10 mL/cm² 以上，20 ±5 h	共同実験の結果，ISO 規格の条件では判定不可，条件の修正を提案していく。
8. 腐食度		腐食度の算出方法について規定		7		曲げ試験片の粒界腐食判定方法について規定	MOD/削除 MOD/追加	粒界腐食性の判定基準が異なる。**JIS** は腐食度だが，**ISO** 規格では曲げによる。	共同実験の結果，曲げでの判定は不可。
9. 報告		報告の項目について規定		8		**JIS** とほぼ同じ	MOD/変更	—	実質的な差異はなし。

JIS と国際規格との対応の程度の全体評価：MOD

備考1. 項目ごとの評価欄の記号の意味は，次のとおりである。
　　　 — IDT……………… 技術的差異がない。
　　　 — MOD/削除……… 国際規格の規定項目又は規定内容を削除している。
　　　 — MOD/追加……… 国際規格にない規定項目又は規定内容を追加している。
　　　 — MOD/変更……… 国際規格の規定内容を変更している。
　　 2. JIS と国際規格との対応の程度の全体評価欄の記号の意味は，次のとおりである。
　　　 — MOD…………… 国際規格を修正している。

＊ JIS G 0573：1999 は 2012 年 1 月 20 日に追補 1 によって改正。本規格と追補 1 を併読し用いてください。

JIS G 0573
(1999)

ステンレス鋼の65％硝酸腐食試験方法

$\left[\begin{array}{l}\text{JIS (1980) 改正}\\\text{JIS (1970) 制定}\end{array}\right]$

Method of 65 per cent nitric acid test for stainless steels

序文 この規格は，1970年に制定され今日に至っているが，ISO 3651-1との整合化を目指して，今回見直しを行った。整合化部分は技術内容を変更することなく取り込まれた。主な改正点は，次のとおりである。

a) 適用鋼種に，フェライト・オーステナイト (2相) 系ステンレス鋼を加え，**ISO**との整合を図った。

b) 鋭敏化熱処理条件を，700±10 ℃30 min保持後水冷と改正し，**ISO**との整合を図った。

c) 試験報告事項を追加し，**ISO**との整合を図った。

1. 適用範囲 この規格は，オーステナイト系，フェライト・オーステナイト (2相) 系ステンレス鋼の沸騰65 ％硝酸中の腐食減量を測定して，粒界腐食の程度を試験する方法について規定する。

備考 この規格の国際対応規格を次に示す。

ISO 3651-1 Determination of resistance to intergranular corrosion of stainless steels—Part 1 : Austenitic and ferritic-austenitic (duplex) stainless steels—Corrosion test in nitric acid medium by measurement of loss in mass.

2. 引用規格 次に掲げる規格は，この規格に引用されることによって，この規格の規定の一部を構成する。これらの引用規格は，その最新版を適用する。

JIS K 8541 硝酸 (試薬)

JIS R 6251 研磨布

JIS R 6252 研磨紙

JIS R 6253 耐水研磨紙

JIS R 6254 エンドレス研磨ベルト

JIS Z 8401 数値の丸め方

JIS Z 8804 液体比重測定方法

3. 試験装置 試験装置は，次による。

a) **試験容器** 試験容器は，コールドフィンガー型コンデンサを付けた，三角フラスコ (容量約1 l) を使用する。ただし，受渡当事者間の協定によって条件を定めれば，十分な冷却面積をもつガラス製の立型逆流コンデンサ (¹) をテーパすり合わせで結合した，ガラス製の三角フラスコ (容量約1 l) を使用してもよい。

注(¹) 逆流コンデンサの使用によって得られる腐食度は，蒸発損失が大きいためコールドフィンガー型コンデンサよりも少々高くなる傾向がある。

b) **試験片ホルダ** 試験片を試験溶液の中位に保持できる適切な形状のガラス製ホルダを使用する。

c) **加熱装置** 加熱装置は，試験中の試験溶液を静かな沸騰状態に保持できるものを使用する。

4. 試験溶液 試験溶液は，**JIS K 8541**の特級品 (密度1.42 g/ml) と蒸留水又は脱イオン水とによって65 ％硝酸に調製する。試験溶液の濃度は65±0.2 ％ (質量%) とし，その検定は，**JIS Z 8804**の密度測定によるか，又は**JIS K 8541**の中和滴定法による。

5. 試験片 試験片は，次による。

a) 試験片は，全表面積が10～30 cm² で，圧延又は鍛造方向に直角の断面の面積が全表面積の $\frac{1}{2}$ 以下になるように供試材から採取する。鋳鋼品，溶着金属などの試験片採取方法は，それぞれの規格による。

b) 試験片の切断方法は，通常のこぎり切断による。せん断による場合は切断面を切削又は研削で再仕上げし，せん断の影響部分を除く。

c) 試験片にスケールが付着している場合には，切削又は研削によって除去する。

d) 試験片の表面は，**JIS R 6251**，**JIS R 6252**若しくは**JIS R 6254**のP120以上で乾式研磨を行うか，又は**JIS R 6253**のP80以上で湿式研磨を行う。

e) 表面仕上げした試験片は，適切な溶剤又は洗剤 (非塩化物) で脱脂後，乾燥する。

6. 試験片の鋭敏化熱処理 試験片の鋭敏化熱処理は，極低炭素鋼種 (炭素0.030 ％以下) 及び安定化鋼種 (チタン，ニオブを添加) だけについて行う。

熱処理は研磨前に行い，熱処理条件は700±10 ℃30 min保持後水冷とする。ただし，受渡当事者間の協定によって，これ以外の鋭敏化熱処理条件に代えることもできる (²)。

注(²) **ISO 3651-1**では，鋭敏化熱処理条件を700±10 ℃30 min保持後水冷を標準としているが，**JIS G 0573**：1980では，650 ℃で2時間保持後空冷となっていた。鋭敏化熱処理条件は，試験の目的その他で

いろいろ変化するので，受渡当事者間の協定によって目的に応じて変更すればよい。

7. 試験方法 試験方法は，次による。

a) 沸騰試験前後において試験片質量を少なくとも1 mgのけたまではかる。

b) 試験溶液の量は，試験片の表面積1 cm² 当たり20 ml以上とする。

c) 試験片をガラス製ホルダを用いて試験溶液の中位に保持するようにして入れ連続48時間沸騰試験を行う。一つの試験溶液の中では，試験片1個を試験する。ただし，すべて同一熱処理条件の同一鋼種で，それぞれが絶縁され5 mm以上離れている場合には，複数個の試験片を同時に試験してもよい。

d) 沸騰試験後，試験溶液から試験片を取り出し，付着している腐食生成物を流水で，柔らかいブラシなどを用いて除去し，乾燥後，質量をはかり減量を求める。

e) 同じ試験片を新しい試験溶液に入れて，同様の方法によって，沸騰48時間試験を行う。

f) このようにして合計5回，沸騰試験を繰り返す。ただし，受渡当事者間の協定によって条件を定めれば，試験回数を変更（**例** 48時間3回繰り返し）することができる。

8. 腐食度 腐食度は，各沸騰48時間試験ごとの質量減の単位面積 単位時間当たりの値を$g/m^2/h$単位で求め，5回の平均値を**JIS Z 8401**によって，小数点以下第2位に丸めて表す。

9. 報告 報告は，通常次の項目について行う。

a) このJISの番号

b) 試験した鋼の種類の記号又は化学成分

c) 表面仕上げ条件

d) 使用したコンデンサの型式

e) 鋭敏化熱処理条件（行った場合）

f) 平均腐食度（$g/m^2/h$）

g) 試験中の特記事項

JIS G 0573
(2012)

ステンレス鋼の65%硝酸腐食試験方法
（追補 1）

Method of 65 % nitric acid test for stainless steels
（Amendment 1）

JIS G 0573:1999 を，次のように改正する。

---

2. （引用規格）の **JIS R 6254**　エンドレス研磨ベルトを，削除する。

5. （試験片）**d)**の"**JIS R 6251，JIS R 6252** 若しくは **JIS R 6254** の P120 以上"を，"**JIS R 6251** 若しくは **JIS R 6252** の P120 以上"に置き換える。

＊JIS G 0575:1999 は 2012 年 1 月 20 日に追補 1 によって改正。本規格と追補 1 を併読し用いてください。

JIS G 0575
(1999)

ステンレス鋼の
硫酸・硫酸銅腐食試験方法

(JIS (1980) 改正)
(JIS (1970) 制定)

Method of copper sulfate-sulfuric acid test for
stainless steels

序文 この規格は，1970年に制定され今日に至っているが，ISO 3651-2との整合を目指して今回見直しを行った。整合化部分は技術的内容を変えることなく取り込まれた。主な改正点は，次のとおりである。

a) 適用鋼種に，フェライト系及びフェライト・オーステナイト (2相) 系ステンレス鋼を追加し，ISOとの整合を図った。

b) 試験片に，溶接試験片の規定を追加し，ISOとの整合を図った。

c) 鋭敏化熱処理条件を，700±10 ℃30 min保持後水冷又は650±10 ℃10 min保持後水冷に変更し，ISOとの整合を図った。

d) 曲げ試験の曲げ条件を変更し，ISOとの整合を図った。

e) 試験報告事項を追加し，ISOとの整合を図った。

f) 整合化に際して，この規格に取り込めない部分は，**附属書A (規定)** 40 % 硫酸/硫酸第二鉄試験 (ストライファー試験)，**附属書B (参考)** 35 % 硫酸/硫酸銅試験及び**附属書C (参考)** 適用例とし，利用者の便を図った。

1. 適用範囲 この規格は，フェライト系，オーステナイト系及びフェライト・オーステナイト (2相) 系ステンレス鋼を沸騰硫酸・硫酸銅溶液中に入れて試験後，曲げ試験による割れの観察を行って，粒界腐食の程度を試験する方法について規定する。

備考 この規格の国際対応規格を次に示す。

ISO 3651-2 Determination of resistance to intergranular corrosion of stainless steels—Part 2 : Ferritic, austenitic and ferritic-austenitic (duplex) stainless steels—Corrosion test in media containing sulfuric acid

2. 引用規格 次に掲げる規格は，この規格に引用されることによって，この規格の規定の一部を構成する。これらの引用規格は，その最新版を適用する。

JIS G 0572 ステンレス鋼の硫酸・硫酸第二鉄腐食試験方法

JIS H 3100 銅及び銅合金の板及び条

JIS K 8951 硫酸 (試薬)

JIS K 8983 硫酸銅 (II) 五水和物 (試薬)

JIS R 6251 研磨布

JIS R 6252 研磨紙

JIS R 6253 耐水研磨紙

JIS R 6254 エンドレス研磨ベルト

3. 試験装置 試験装置は，次による。

a) **試験容器** 試験容器は，十分な冷却面積をもつガラス製の立型逆流コンデンサをテーパすり合わせで結合したガラス製のフラスコ (容量 約1 *l*) を使用する。

b) **加熱装置** 加熱装置は，試験中の試験溶液を静かな沸騰状態に保持できるものを使用する。

4. 試験溶液 試験溶液は，JIS K 8983の特級品100 gを蒸留水又は脱イオン水700 mlに溶解し，JIS K 8951の特級品 (密度 約1,84 g/ml) 100 mlを加え，蒸留水又は脱イオン水によって1 000 mlに薄めた硫酸・硫酸銅溶液に調製したのち，JIS H 3100のC 1100又はそれと同等の品質をもつ銅片を試験終了後も残存するように添加する。

5. 試験片 試験片は，次による。

a) **溶接していない試験片**

1) 試験片は，表1の形状及び寸法のものを使用する。

2) 試験片の切断方法は，通常，のこぎり切断による。せん断による場合は，面を切削又は研削で再仕上げして，せん断の影響部分を除く。

3) 試験片にスケールが付着している場合には，切削又は研削によって除去する。

4) 試験片の表面は，曲げ面の外側の頂に当たる部分をJIS R 6251, JIS R 6252若しくはJIS R 6254のP220以上で乾式研磨を行うか，又はJIS R 6253のP150以上で湿式研磨を行う。

5) 表面仕上げした試験片は，適当な溶剤又は洗剤 (非塩化物) で脱脂後，乾燥する。

表1 曲げ試験の条件

供試材の形状	試験片		曲げ条件
	形状	寸法	
板，帯，管（厚さ5 mmを超え，外径38 mmを超えるもの），棒，線（径5 mm以上）	板（又は半棒）[2]	厚さ　5 mm以下 幅　25 mm以下 長さ　30〜70 mm	圧延・鍛造品 　曲げ半径：試験片厚さの1.0倍以内 　曲げ角度：≧90° 鋳鋼品 　曲げ半径：試験片厚さの2.0倍以内 　曲げ角度：≧90° 溶着金属 　曲げ半径：試験片厚さの2.0倍以内 　曲げ角度：≧90°
線（径5 mm未満）	線	長さ　30〜70 mm	曲げ半径：試験片厚さの1.0倍以内 曲げ角度：≧90°
管（外径38 mm以下）	輪	幅　15〜25 mm	試験片を，2枚の平板間に挟んで，平板の距離がH[1]になるまで圧縮してへん平にする。ただし，溶接管の場合は，溶接線を圧縮方向に直角にする。
管（厚さ5 mm以下，外径38 mmを超えるもの）	円弧	厚さ　5 mm以下 幅　15〜25 mm 長さ　50 mm以上	曲げ半径：試験片厚さの1.0倍以内 曲げ角度：≧90°

注[1]　　$H = (1+e)\,t/(e+t/D)$

ここで，H：平板の距離 (mm)

t：板の厚さ (mm)

D：管の外径 (mm)

e：0.09 (定数)

e：0.09 (定数)

[2]　半棒とは，棒を軸方向に切削したものをいう。

b) 溶接試験片

1) 平らな製品（板・帯など）については，長さ約100 mm，幅約50 mmの2枚の板を突合せ溶接して，図1のように溶接線の両側20 mmの位置で切断し，約100 mm×40 mmの試験片を採取する。

2) 円周溶接した管については，試験片は，図2のように，1) と同様に試験片を採取する。

3) 4個の試験片が十字溶接される場合には，図3のように，最初の溶接が長手方向になるようにしなければならない。試験片の採取方法は，1) と同様に採取する。

4) 材料の厚さが6 mmを超える場合は，試験片を片側から6 mmまで切削しなければならない。切削した逆側が，曲げた後の試験片の凸側になるようにしなければならない。

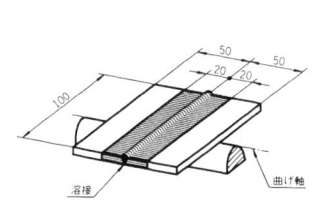

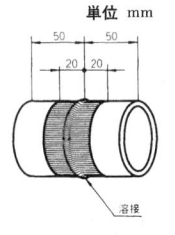

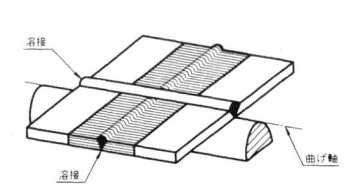

図1　突合せ溶接継手をもつ板及び帯の試験片

図2　突合せ溶接継手をもつ管の試験片

図3　十字溶接継手をもつ板及び帯の試験片

6. 試験片の鋭敏化熱処理　試験片の鋭敏化熱処理は，極低炭素鋼種（炭素0.030 %以下）及び安定化鋼種（チタン，ニオブを添加）だけについて行う。熱処理は研磨前に行い，熱処理条件は，オーステナイト系及びフェライト・オーステナイト（2相）系ステンレス鋼について700±10 ℃ 30 min保持後水冷又は650±10 ℃ 10 min保持後水冷とする。ただし，受渡当事者間の協定によって，これ以外の鋭敏化熱処理条件に代えることもできる [3]。

　　　注[3]　ISO 3651-2では，鋭敏化熱処理条件を上記の条件を標準としているが，従来のJISでは，650 ℃で2時間保持後空冷となっていた。

　　　　　　鋭敏化熱処理条件は，試験の目的その他でいろいろ変化するので，受渡当事者間の協定によって目的に応じて変更してもよい。

7. 試験方法　試験方法は，次による。
a) 試験溶液の量は，試験片の表面積1 cm²当たり8 ml以上とする。
b) 試験片を試験溶液中に完全に入れ，連続16時間沸騰試験 [4] を行う。試験片は，試験中に常に銅片と接触させるようにする。

　　　一つの試験容器中で試験する試験片の数は，同一鋼種においては，液量の制限範囲内であれば，何個でもよい。

　　　注[4]　ISO 3651-2では，15～24時間の沸騰試験を規定し，係争の場合には，20時間試験を行うとしている。

c) 沸騰試験後，試験溶液から試験片を取り出し，材料規格で特に規定のない限り，**表1**に示す曲げ試験の条件で曲げ，曲げ面の外側の頂を拡大鏡（5～15倍）で観察して粒界腐食の有無を調べる。ただし，頂の断面を顕微鏡（100～200倍）を用いて観察してもよい。
d) 試験溶液は，試験ごとに新しいものを使用し，一度試験した液を繰り返し使用してはならない。

8. 報告　報告は，通常次の項目について行う。
a) このJISの番号
b) 試験した鋼の種類の記号又は化学成分
c) 表面仕上げの条件
d) 試験片の種類
e) 鋭敏化熱処理条件（行った場合）
f) 曲げ条件
g) 試験結果
h) 試験中の特記事項

附属書A（規定）　40 % 硫酸/硫酸第二鉄試験（ストライファー試験）

ISO/DIS 3651-2には，この規格に取り込めなかった方法がある。

方法C，40 % 硫酸/硫酸第二鉄試験（ストライファー試験）を附属書（規定）として次に示す。

1. 試験溶液の調製　試験溶液は，分析用試薬を用いて次のように調製する。

硫酸（$\rho_{20}=1.84$ g/ml）280 mlを，720 mlの蒸留水に注意して添加し，更に25 gの硫酸第二鉄 [$Fe_2(SO_4)_2 \cdot xH_2O$，約75 %の硫酸第二鉄を含む。] をその温溶液中に溶解する。

2. 試験方法　試験溶液の量が試験片の全表面積について，平方センチメートル当たり最少10 mlあれば，1個以上の試験片を試験してもよい。溶液は，20±5 h沸騰を継続しなければならない。係争の場合は，試験時間を20 hとしなければならない。

試験溶液の使用は，1回限りとする。

なお，方法Cと同じ目的の試験方法に，**JIS G 0572**がある。

附属書B（参考）　35 % 硫酸/硫酸銅試験

この参考は，本体及び附属書の規定に関連する事柄を補足するもので，規定の一部ではない。

ISO 3651-2には，この規格に取り込めなかった方法がある。

方法B，35 % 硫酸/硫酸銅試験を附属書（参考）として次に示す。

1. 試験溶液の調整　試験溶液は，分析用試薬を用いて次のように調整する。

硫酸（ρ_{20} 1.84 g/ml）250 mlを，1 000 mlの蒸留水に注意して添加する。更にその温溶液中に110 gの硫酸銅

$(CuSO_4 \ 5H_2O)$ を溶解する。

2. 試験方法 試験溶液の量が試験片の全表面積について，平方センチメートル当たり最少10 mlあれば1個以上の試験片を試験してもよい。試験片は，フラスコの底で電気銅片に埋まるようにする。銅の量は，溶液リッター当たり50 gなければならない。試験片は，銅と金属的に接触させ，試験片同士は接触させないようにしなければならない。溶液は，20±5 h沸騰を継続しなければならない。係争の場合は，試験時間を20 hとしなければならない。銅片は，各試験後に熱水で洗浄すれば，再使用してもよい。試験溶液は，変色がなく密度が変わっていなければ再使用してもよい。

附属書C（参考） 適用例

この参考は，本体及び附属書の規定に関連する事柄を補足するもので，規定の一部ではない。

ISO 3651-2には，各方法の適用例が示されているので，附属書（参考）として次に示す。

適用される方法は，製品規格に規定されるか，又は協定で決めなければならない。

次の例は，適用例である。特別な鋼種では，複数の試験方法が適用される場合もあり得る。

方法A （JIS G 0575に取り込んだ方法）

　　　　Cr16 ％を超えMo3 ％以下のオーステナイト鋼

　　　　Cr16～20 ％でMo0～1 ％のフェライト鋼

　　　　Cr16 ％を超えMo3 ％以下のフェライト・オーステナイト（2相）鋼

方法B　Cr20 ％を超えMo2～4 ％のオーステナイト鋼

　　　　Cr20 ％を超えMo2 ％を超えるフェライト・オーステナイト（2相）鋼

方法C　Cr17 ％を超えMo3 ％を超えるオーステナイト鋼

　　　　Cr25 ％を超えMo2 ％を超えるオーステナイト鋼

　　　　Cr25 ％を超えMo2 ％を超えるフェライト鋼

　　　　Cr20 ％を超えMo3 ％以上のフェライト・オーステナイト（2相）鋼

ステンレス鋼の硫酸・硫酸銅腐食試験方法
（追補 1）

Method of copper sulfate-sulfuric acid test for stainless steels
(Amendment 1)

JIS G 0575:1999 を，次のように改正する。

2.（引用規格）の **JIS H 3100** 銅及び銅合金の板及び条を，**JIS H 3100** 銅及び銅合金の板並びに条に置き換える。

2.（引用規格）の **JIS R 6254** エンドレス研磨ベルトを，削除する。

5.（試験片）**a)**（溶接していない試験片）**4)**の "**JIS R 6251，JIS R 6252** 若しくは **JIS R 6254** の P220 以上" を，"**JIS R 6251** 若しくは **JIS R 6252** の P220 以上" に置き換える。

＊ JIS G 0576：2001 は 2012 年 1 月 20 日に追補 1 によって改正。本規格と追補 1 を併読し用いてください。

JIS G 0576
(2001)

ステンレス鋼の応力腐食割れ試験方法

[JIS (1975) 制定]

Stress corrosion cracking test for stainless steels

1. 適用範囲 この規格は，ステンレス鋼の応力腐食割れ試験方法について，A法：42 ％塩化マグネシウム応力腐食割れ試験方法，及びB法：30 ％塩化カルシウム応力腐食割れ試験方法を規定する。

2. 引用規格 次に掲げる規格は，この規格に引用されることによって，この規格の規定の一部を構成する。これらの引用規格は，その最新版（追補を含む。）を適用する。

JIS K 8123 塩化カルシウム（試薬）

JIS K 8159 塩化マグネシウム六水和物（試薬）

JIS K 8180 塩酸（試薬）

JIS K 8575 水酸化カルシウム（試薬）

JIS R 6252 研磨紙

JIS R 6253 耐水研磨紙

3. 試験方法 A法：42 ％塩化マグネシウム応力腐食割れ試験方法

3.1 試験溶液 試験溶液は，次による。

試験溶液は，JIS K 8159に規定する，塩化マグネシウム六水和物と蒸留水又は脱イオン水とによって，沸点を143±1 ℃に調整する。この塩化マグネシウム溶液の濃度は，42 ％である。

なお，使用塩化マグネシウムの20 ％水溶液のpHは，常温において3～7の範囲でなければならない。

3.2 試験

3.2.1 単軸引張試験 単軸引張試験は，次による。

a) 引張試験機は，荷重精度±1 ％の単軸引張試験機を使用する。また，荷重分銅は，計量法に定められた公差に合格したものを使用する。

b) 試験容器は，試験を行うのに必要十分な容量と，試験溶液の濃縮を防ぐために十分な冷却能力とをもつ，逆流コンデンサ付きのものを使用する。

c) 加熱装置は，試験中の溶液を静かな沸騰状態に保持できるものを使用する。

d) **試験片** 試験片は，次による。

  1) 試験片は，板状又は棒状とし，試験片の平行部の標準寸法は，次による。

    板状：厚さ2 mm，幅3 mm，長さ30 mm，又は厚さ4 mm，幅5 mm，長さ30 mm

    棒状：直径3 mm又は5 mm，長さ30 mm

    つかみ部などの他の部分の寸法は，特に定めない。

  2) 試験片の切断方法は，材質に与える影響の少ないのこぎり切断などの方法で行い，その後，切削によって使用試験機に適合した試験片の形状に仕上げる。

  3) 試験片の平行部は，JIS R 6252又はJIS R 6253に規定する研磨紙で，順次600番まで研磨を行う。研磨終了後適切な溶剤で洗浄して脱脂する。また，試験目的によって必要に応じ，残留応力の影響を除去するための熱処理を行う。

  4) 試験容器中で気相部にさらされる試験片の面は，塗料又は他の適切な方法で完全に被覆しなければならない。

e) **試験方法** 試験方法は，次による。

  1) 試験溶液の量は，試験片1個につき250 ml以上とする。

  2) 試験装置に試験片を装着し，あらかじめ冷却逆流コンデンサ付きフラスコで沸騰させた試験溶液を，試験容器に注ぎ加熱する。再び沸騰を開始したら荷重を負荷し，この時点から試験片が破断した時点までの時間を計り，これを破断時間とする。

  3) 試験溶液の沸点は，全試験期間を通じて143±1 ℃に保持する。

3.2.2 U字曲げ試験 U字曲げ試験は，次による。

a) 試験溶液は，試験溶液の濃縮を防ぐのに十分な冷却能力をもつガラス製の立形逆流コンデンサを，テーパすり合わせで結合した，ガラス製のフラスコ（容量約1 000 ml）を使用する。

b) 加熱装置は，試験中の試験溶液を，静かな沸騰状態に保持できるものを使用する。

c) **試験片** 試験片は，次による。

  1) 試験片は，板状とし，その寸法は，厚さ1～3 mm，幅10 mm又は15 mm，及び長さ75 mmとする。厚さ3 mm以上のものは，片面だけ切削して厚さを3 mmとする。この場合の試験面は，非切削面とする。

2) 試験片の切断方法は、材質に与える影響の少ないのこぎり切断などの方法で行う。せん断による場合は、切断面を切削又は研削で再仕上げして、せん断の影響部分を除去する。

3) 試験片の表面は、全面を**JIS R 6252**又は**JIS R 6253**に規定する研磨布又は研磨紙で、順次600番まで研磨を行う。研磨終了後、適切な溶剤で洗浄して脱脂する。また、試験目的によって必要に応じ、残留応力の影響を除去するための熱処理を行う。

d) 試験方法 試験方法は、次による。

1) 試験片は、図1のように、内側半径8 mmのポンチを用い、両脚が平行となるようローラ曲げを行う。ローラ曲げ後、図2に示すように、適切な締付けジグを用いて、スプリングバックで広くなった試験片の両脚が、平行になるまで締め付ける（図2は、ボルト締付け時の例を示す。）。締付けジグと試験片との間には、適切な絶縁材をはさむ。

2) 試験溶液の量は、試験片1個につき250 ml以上とする。

3) 試験溶液の沸点は、全試験期間を通じて、143±1 ℃に保持する。

4) 試験溶液が完全に沸騰してから、1)によって応力を付与した試験片を入れ、この時点を試験開始時とする。この場合、1個の試験容器の中に入れる試験片の数は、同一鋼種2個までとし、異鋼種を同時に入れてはならない。

5) 一定時間ごとにジグで締め付けたまま試験片を取り出して水洗し、試験面の割れの状況を拡大鏡(5〜15倍)で観察する。この操作は、できるだけ短時間で行う。

6) 観察終了後、再び試験片を沸騰溶液に入れて、試験を継続する。

7) 5)及び6)の操作を繰り返して行い、試験開始から拡大鏡で割れが認められるまでの所要時間［マクロ割れ発生時間(h)］及び試験開始から割れが試験片の板幅を横断するまでの所要時間［割れ横断時間(h)］を調べる。マクロ割れ発生時間及び割れ横断時間は、試験片を沸騰溶液中に入れている時間の合計をいう。

3.2.3 記録 記録は、次による。

a) 単軸引張試験

1) 材料の名称又は種類の記号

2) 試験片平行部寸法　板状　厚さ×幅×長さ(mm)
　　　　　　　　　　　棒状　直径×長さ(mm)

3) 試験片の熱処理条件

4) 負荷応力(N/mm²)

5) 破断時間(h)

b) U字曲げ試験

1) 材料の名称又は種類の記号

2) 試験片寸法　厚さ×幅×長さ(mm)

3) マクロ割れ発生時間(h)

4) 割れ横断時間(h)

4. 試験方法　B法：30 ％塩化カルシウム応力腐食割れ試験方法。

4.1 試験溶液 試験溶液は、次による。

a) 1 000 ml程度の蒸留水又は脱イオン水に、**JIS K 8180**による塩酸を添加し、pH＝3.5±0.1に調整して原液とする。

b) **JIS K 8123**による無水塩化カルシウムを300 gひょう量し、a)で作製した原液700 gの中に溶かし込み、30 ％塩化カルシウム水溶液とする。

　　備考　塩化カルシウムを一度に溶かし込むと発熱するので徐々に加える。

c) b)で作製した30 ％塩化カルシウム水溶液の温度が室温になったことを確認してから、1 ％塩酸を添加し30 ％塩化カルシウム水溶液のpHを3.5±0.1に調整し試験溶液とする。この際、ごく少量の1 ％塩酸添加でpHが大きく変化するため、ピペットなどを用いて少量ずつ添加する。
なお、pHが3.5以下に下がり過ぎた場合には、水酸化カルシウム（**JIS K 8575**）水溶液を用いて調整する。

4.2 試験

4.2.1 試験装置 試験装置は、次による。

a) **試験容器** 試験容器は、容量約1 000 mlのガラス製のフラスコ、ビーカなどを使用する。
なお、容器の上部には冷却用コンデンサ、時計皿などを使用し、試験溶液の濃縮を防ぐ。

b) **加熱装置** 加熱装置は、試験中の溶液温度を80±1 ℃に維持できる恒温槽を使用する。

4.2.2 試験片 試験片は、次による。

a) 試験片は板状とし、その寸法は、厚さ1〜3 mm、幅10 mm及び長さ75 mmとする。ただし、原板の厚さが3 mm以上の場合には、片面だけ切削して厚さ3 mmとし、非切削面を試験面とする。

b) 試験片の切断方法は、塑性変形量の少ない、のこぎり切断などの方法で行う。せん断による場合は、切断面を切削又は研削で再仕上げして、せん断の影響部分を除去する。

c) 試験片の表面は、全面を**JIS R 6252**又は**JIS R 6253**に規定する研磨布又は研磨紙で、順次600番まで研磨を行う。研磨終了後、適切な溶剤で洗浄して脱脂する。また、試験目的によって必要に応じ、残留応力の影響を

除去するための熱処理を行う。

d) 試験片断面のコーナ部は，適切な方法で1～3 mmの曲率をつける。

e) 試験片の加工は，図1に示すように，内側半径8 mmのポンチを用い，両脚が平行となるようにU字曲げ加工を行う。

f) ローラ曲げ加工後の試験片は，20 ％硝酸溶液中(50 ℃)に2時間浸せきし，不動態化処理を行い，図2に示すように，適切な締付けジグを用いて，スプリングバックで広くなった試験片の両脚が平行になるまで締め付ける(図2は，ボルト締付け時の例を示す。)。

なお，締付けジグと試験片との間には適切な絶縁材を挿入する。

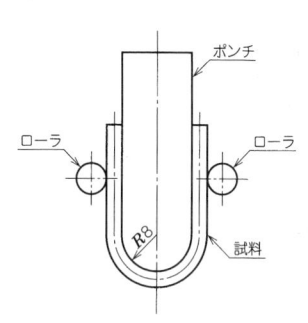

図1　試験片のU字曲げ加工方法

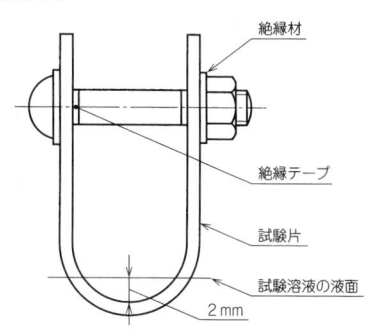

図2　U字曲げ試験体の一例

4.2.3　試験方法　試験方法は，次による。

a) 試験片の溶液に浸せきする部分，並びに気液界面の直上部分の面及び端面を，**JIS R 6252**又は**JIS R 6253**に規定する研磨紙で，順次600番まで浸せき直前に研磨する。研磨終了後の表面は，蒸留水又は脱イオン水によって十分に洗浄し，乾燥後直ちに試験を行う。

b) 試験溶液の容量は，試験片1個につき100 ml以上とする。

c) 試験溶液の温度は，試験期間を通じて80±1 ℃に保持する。

d) 1個の試験容器の中に入れる試験片は，同一鋼種だけとし，異鋼種の試験片は，同時に入れてはならない。

なお，同一試験容器の中に複数個の試験片を入れる場合には，試験片が互いに接触してはならない。

e) 試験溶液が所定の温度に達してから，**4.2.2**によって作製した試験片を，適切なジグを用いて曲げ部の内側が液面から2～3 mm程度の深さになるように浸せきし保持する(図2参照)。浸せき時点を試験開始時刻とする。また，万一ねじ部まで浸せきさせてしまった場合には，直ちに引き上げ，蒸留水又は脱イオン水で洗浄・乾燥後，試験を再開する。

f) 一定時間ごとにジグで締め付けたまま試験片を取り出して水洗し，試験表面に発生した孔食及び割れの発生状況を拡大鏡で観察する(拡大倍率：5～15)。この作業はできるだけ短時間に行う。

g) 観察終了後，再び乾燥した試験片を，溶液に浸せきし試験を継続する。

h) **f)** 及び**g)**の操作を繰り返して行い，拡大鏡観察で認められる，孔食の発生する時間(孔食発生時間：t_P)，割れの発生する時間(マクロ割れ発生時間：t_0)及び割れが試験片の板幅を横断する時間(割れ横断時間：t_F)を調査・記録する。横断割れが発生した場合は，その時点で試験を中止する。時間は，いずれも浸せきしている時間の合計とする。

i) 試験個数は，同一試験条件で複数個以上の試験を行う。

j) 観測時間は，受渡当事者間の協定による。

4.3　記録　記録は，次による。

a) 材料の種類の記号又は名称

b) 試験片の板厚

c) **4.1 c)** で作製した，30 ％塩化カルシウム水溶液のpH，及び試験終了後の溶液のpH

d) 孔食発生時間(t_P)

e) マクロ割れ発生時間(t_0)

f) 割れ横断時間(t_F)

ステンレス鋼の応力腐食割れ試験方法
（追補 1）

Stress corrosion cracking test in chloride solution for stainless steels
(Amendment 1)

JIS G 0576:2001 を，次のように改正する。

英文規格名称を "Stress corrosion cracking test in chloride solution for stainless steels" に置き換える。

3.2.1（単軸引張試験）**d)**（試験片）**3)** の "順次 600 番まで" を，"順次 P600 まで" に置き換える。

3.2.2（U 字曲げ試験）**c)**（試験片）**3)** の "**JIS R 6252** 又は **JIS R 6253** に規定する研磨布又は研磨紙で，順次 600 番まで" を，"**JIS R 6252** 又は **JIS R 6253** に規定する研磨紙で，順次 P600 まで" に置き換える。

4.2.2（試験片）**c)** の "**JIS R 6252** 又は **JIS R 6253** に規定する研磨布又は研磨紙で，順次 600 番まで" を，"**JIS R 6252** 又は **JIS R 6253** に規定する研磨紙で，順次 P600 まで" に置き換える。

4.2.3（試験方法）**a)** の "順次 600 番まで" を，"順次 P600 まで" に置き換える。

JIS G 0577
(2014)

ステンレス鋼の孔食電位測定方法

Methods of pitting potential measurement for stainless steels

JIS (2005) 改正
JIS (1981) 制定

1 適用範囲

この規格は，ステンレス鋼の塩化ナトリウム水溶液中における動電位法による孔食電位の測定方法について規定する。

2 引用規格

次に掲げる規格は，この規格に引用されることによって，この規格の規定の一部を構成する。これらの引用規格は，その最新版（追補を含む。）を適用する。

JIS G 0202 鉄鋼用語（試験）

JIS K 8150 塩化ナトリウム（試薬）

JIS P 3801 ろ紙（化学分析用）

JIS R 6252 研磨紙

JIS R 6253 耐水研磨紙

3 用語及び定義

この規格で用いる主な用語及び定義は，JIS G 0202 による。

4 試験方法

試験方法は，次による。

a) **A 法（1 mol・L^{-1}塩化ナトリウム水溶液試験方法）** この方法は，1 mol・L^{-1}塩化ナトリウム水溶液中における動電位法による孔食電位測定法である。

b) **B 法［3.5 %（質量分率）塩化ナトリウム水溶液試験方法］** この方法は，3.5 %（質量分率）塩化ナトリウム水溶液中における動電位法による孔食電位測定法である。

5 測定装置

測定装置は，試験電極，ポテンショスタット，電位掃引装置，記録計，電解槽，照合電極及び恒温槽を組み合わせたものとする。測定装置の一例を**図 1** に示す。さらに，すきま腐食防止電極を用いる場合は，蒸留水給排水装置を組み合わせる。照合電極には，銀・塩化銀（Ag/AgCl）電極などを使用する。照合電極は，通常，液絡及び塩橋を介して電解槽と接続する。

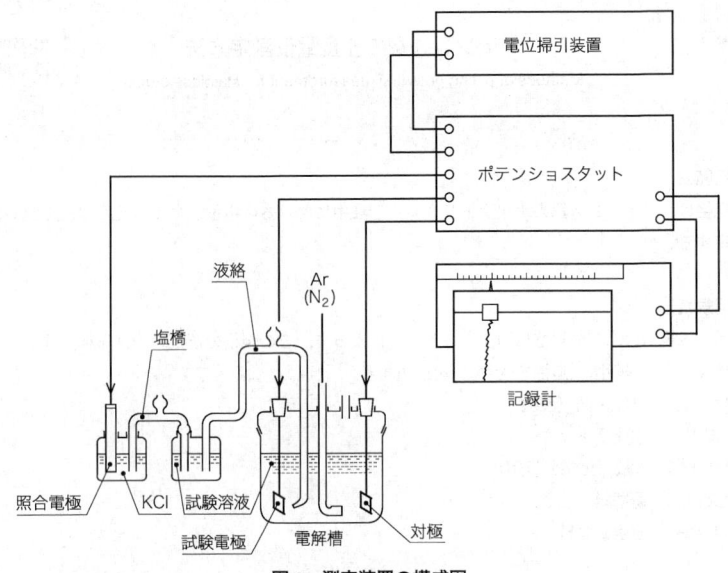

図1－測定装置の構成図

6 試験溶液

試験溶液は，次による。

a) **A法（1 mol·L^{-1}塩化ナトリウム水溶液）の場合**　試験溶液は，**JIS K 8150** に規定された塩化ナトリウムの特級品 58.44 g を蒸留水又はイオン交換水に溶解し 1 000 mL として，1 mol·L^{-1}塩化ナトリウム水溶液を調製する。

b) **B法［3.5 %（質量分率）塩化ナトリウム水溶液］の場合**　試験溶液は，**JIS K 8150** に規定された塩化ナトリウムの特級品 35 g を蒸留水又はイオン交換水 965 mL に溶解して 3.5 %（質量分率）塩化ナトリウム水溶液を調製する。

7 試験電極

7.1 試験電極の種類

試験電極は，すきま腐食防止電極，樹脂などの絶縁物を用いた塗布形電極の2種類があり，いずれの電極を用いてもよい。ただし，すきま腐食防止電極のほうがすきま腐食発生による測定の失敗が少ない。

7.2 すきま腐食防止電極

すきま腐食防止電極は，次による。

a) 試験片を板状の供試材から採取する場合は，1 cm^2 の試験面が板状供試材の圧延面となるように採取する。丸棒，鋼塊など板状供試材以外からの試験片の採取方法は，受渡当事者間の協定による。

b) 試験片の採取方法は，通常，のこぎり切断，切削，研削又はせん断による。ただし，せん断による場合は，試験面にせん断の影響が及ばないようにするため，せん断の影響が及ぶ領域を切削又は研磨によって除去する。

c) 試験面は，**JIS R 6253** に規定する P600 研磨紙で研磨を行う。研磨方法は，試験面の温度上昇を避けるため湿式研磨とする。

d) 試験面は，測定直前に **JIS R 6252** に規定する P600 研磨紙で注意深く乾式研磨する。その後，蒸留水又はイオン交換水，次いでエタノールなどで十分に洗浄し，すきま腐食防止電極に装着する。**図 2** にすきま腐食防止電極の構成の一例を示す。すきま腐食防止電極は，アクリル樹脂製ホルダ，ふっ素ゴム（FPM）製ガスケット，φ11 mm に開口したろ紙（**JIS P 3801** に規定する 5 種 A），四ふっ化エチレン樹脂製チューブ（内径 0.96 mm, 外径 1.56 mm），試験片，導線付保持板及びアクリル樹脂製ねじ（M5：**JIS B 0123** 参照）からなる。

e) すきま腐食防止電極の作製手順を，**図 3** に示す。

  1) シリコーン樹脂などの耐水性接着剤を使用してふっ素ゴム製ガスケットに蒸留水流入，流出用の四ふっ化エチレン樹脂製チューブを取り付ける。ガスケット上にろ紙及び蒸留水を供給するチューブを装着した後，試験片の試験面側をろ紙に向けて静かに置く ［**図 3 b)** 及び **図 3 c)** 参照］。

  2) 導線付保持板を載せた後，アクリル樹脂製ホルダに挿入する ［**図 3 d)** 参照］。

  3) ガスケットの開口部とホルダの開口部との位置を合わせた後，アクリル樹脂製ねじによってガスケット，試験片及び保持板をホルダに固定する。ホルダ裏面からのアクリル樹脂製ねじによる締付けトルクは約 15 N·cm が適する。

  4) サイフォン式又はポンプによる給排水装置を用いて，すきま腐食防止電極内部へ蒸留水又はイオン交換水を供給する [1]。すきま腐食防止電極の作製後，蒸留水がホルダ内に漏れないことを確認する。

  　　注 [1] 試験片とガスケットとのすきま部分に，ろ紙が挿入されており，ろ紙から蒸留水又はイオン交換水が試験溶液中にしみ出すことによって，すきま腐食の発生を防止する構造となっている。

  5) 蒸留水流入側の予備加熱用四ふっ化エチレン樹脂製チューブを **図 2** に示すようにループ状に束ね，アクリル樹脂製ホルダ背面のアクリル樹脂製ねじに引っ掛け固定する。ループ長さは 0.5 m 以上がよい。このとき，すきま腐食防止電極内へ供給する蒸留水などによる試験片表面温度低下を防止するため，ループ状にしたチューブは，測定中，試験液に浸せき（漬）させる。

7.3　樹脂などの絶縁物を用いた塗布形電極

樹脂などの絶縁物を用いた塗布形電極は，次による。

a) 試験片を板状の供試材から採取する場合は，約 20 mm×約 30 mm の試験面が板状供試材の圧延面となるように採取する。丸棒，鋼塊など板状供試材以外からの試験片の採取方法は，受渡当事者間の協定による。

b) 試験片の採取方法は，通常，のこぎり切断，切削，研削又はせん断による。ただし，せん断による場合は，試験面にせん断の影響が及ばないようにするため，せん断の影響が及ぶ領域を切削又は研磨によって除去する。

c) 試験面は，**JIS R 6253** に規定する P600 研磨紙で研磨を行う。研磨方法は，試験面の温度上昇を避けるため湿式研磨とする。

d) すきま腐食の発生を防止するため，研磨後，不動態化処理（50 ℃の質量分率 20〜30 %硝酸に 1 時間以上の浸せき）を行うことが望ましい。

e) 試験片の一端に導線を，はんだ付け又はスポット溶接する。

単位　mm

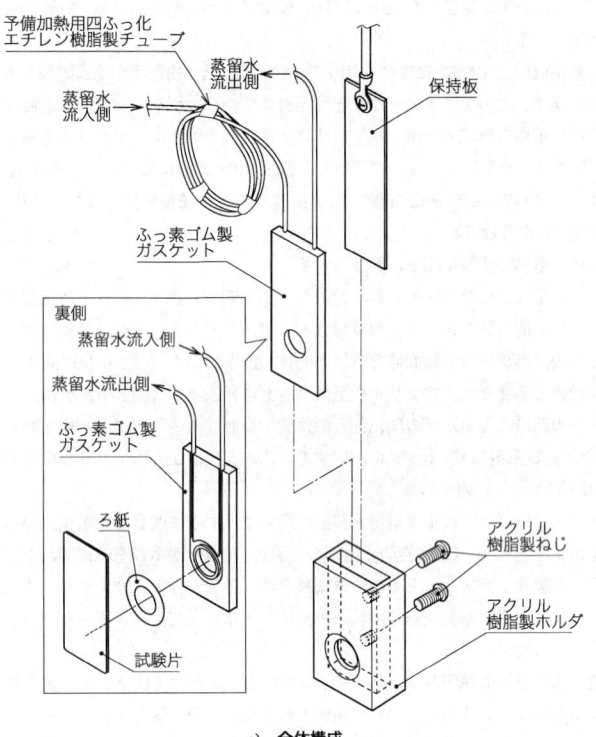

予備加熱用四ふっ化
エチレン樹脂製チューブ

蒸留水
流出側

蒸留水
流入側

保持板

ふっ素ゴム製
ガスケット

裏側

蒸留水流入側

蒸留水流出側

ふっ素ゴム製
ガスケット

ろ紙

試験片

アクリル
樹脂製ねじ

アクリル
樹脂製ホルダ

a)　全体構成

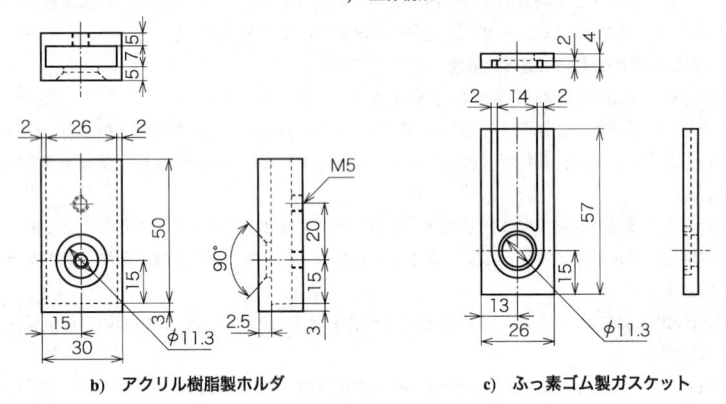

b)　アクリル樹脂製ホルダ

c)　ふっ素ゴム製ガスケット

図2－すきま腐食防止電極の構成

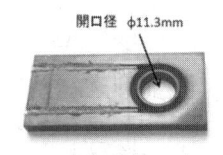

開口径 φ11.3mm

a) ふっ素ゴム製ガスケット

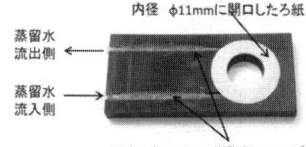

内径 φ11mmに開口したろ紙

蒸留水
流出側

蒸留水
流入側

四ふっ化エチレン樹脂製チューブ

b) ろ紙とチューブとを装着したガスケット

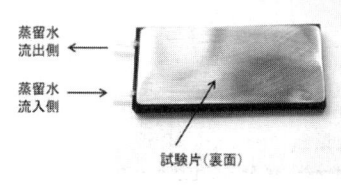

蒸留水
流出側

蒸留水
流入側

試験片(裏面)

c) ろ紙とチューブとを装着したガスケット上に
試験片を置いたところ

アクリル樹脂製ホルダ

導線　　保持板

d) 試験片上に導線付き保持板を載せ,アクリル
樹脂製ホルダに挿入したところ

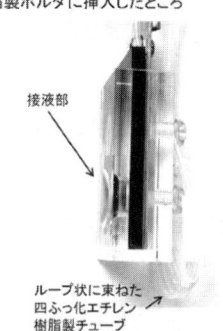

接液部

ループ状に束ねた
四ふっ化エチレン
樹脂製チューブ

e) ガスケット,試験片及び保持板をアクリル樹脂
製ホルダに挿入したところの側面図

図3－すきま腐食防止電極作製手順

f) 試験面の最終露出部分が 10 mm×10 mm となるように,残りの表面及び導線をエポキシ樹脂,塩化ビ
ニル樹脂,シリコーン樹脂などの絶縁物によって被覆又は埋込みを行う。この場合,10 mm×10 mm
の露出部分は,はんだ付又はスポット溶接による熱影響のない試験面となるようにする。**図4** に絶縁
塗料による塗布形電極の一例を示す。

なお,不動態化処理を行った場合は,通常,約 11 mm×約 11 mm の試験面を残して被覆する。

g) 試験面は,測定直前に試験面の 10 mm×10 mm だけを,**JIS R 6252** に規定する P600 研磨紙で注意深
く乾式研磨する。その後,蒸留水又はイオン交換水,次いでエタノールなどで十分洗浄する。ただし,
油脂などの汚れが付着した場合は,適切な溶剤で洗浄して脱脂する。

h) このようにして作製した試験片の試験面の面積を,1 cm^2 とみなす。

i) 電極は**図5** に示すような方法などによって支持して測定を実施する。

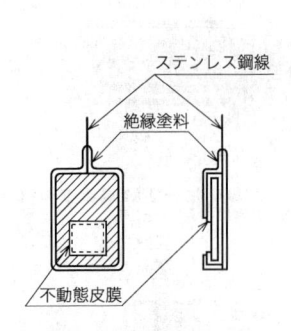

図4－絶縁塗料による塗布形電極の一例

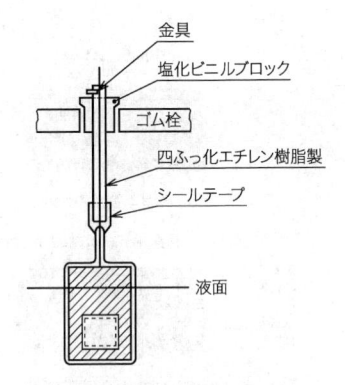

図5－電極の支持法の一例

8　測定方法

8.1　すきま腐食防止電極による測定方法

すきま腐食防止電極による測定方法は，次による。

a)　試験溶液の温度は，30±1 ℃とする。

b)　試験電極面への蒸留水又はイオン交換水のしみ出し量を，2～6 mL·h^{-1} に調整する。

c)　電解槽に入れた試験溶液に高純度の窒素又はアルゴンを 30 分間以上通じることによって，脱気を行う。ガス量は，400 mL の液量に対して 50 mL·min^{-1} 以上とする。試験溶液の脱気完了後は，液中へのガスの供給は止め，液をかくはん（撹拌）しない。

d)　アノード分極曲線の測定は，脱気した試験溶液中に試験面を完全に浸し，10 分間放置後，ポテンショスタットによって自然電位から電位掃引速度 20 mV·min^{-1} の動電位法で，アノード電流密度が 500～1 000 μA·cm^{-2} に達するまで行う。ただし，装置などの都合によって 20 mV·min^{-1} の条件がとれない場合は，これに近い掃引速度で行ってもよい。

e)　孔食電位は，アノード分極曲線において電流密度 10 μA·cm^{-2} 又は 100 μA·cm^{-2} に対応する電位のうち，それぞれの最も高い値（記号 V'_{c10} 又は V'_{c100}）で表す。アノード分極曲線の一例を，**図6** に示す。

f)　測定後の試験片は，20 倍以上の拡大鏡などを用いて観察し，すきま腐食の有無を調べる。すきま腐食が認められた場合は，試験結果から除外する。

g)　試験片及び試験溶液は，試験ごとに新しいものを使用する。

h)　測定回数は，2 回以上とする。ただし，ばらつきを考慮すると 5 回以上が望ましい。孔食電位は，各測定値及びその平均値を記録する。その単位は，ボルト（V）で表し，小数点以下第 3 位まで記録する。

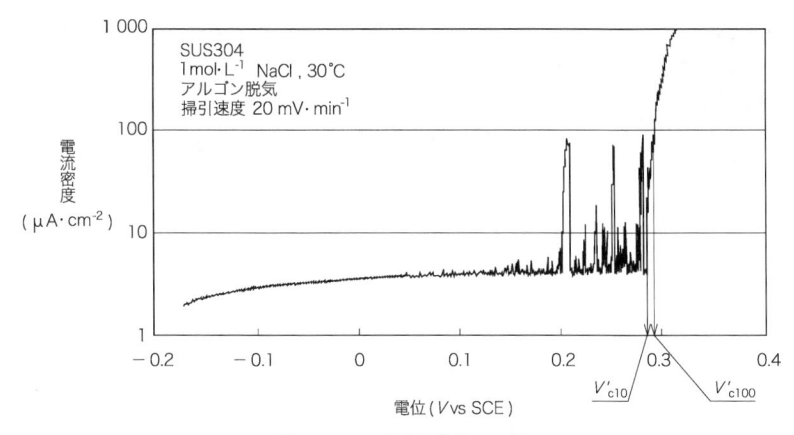

図6－アノード分極曲線の一例

8.2　樹脂などの絶縁物を用いた塗布形電極による測定方法

　樹脂などの絶縁物を用いた塗布形電極による測定方法は，次による。

a)　試験溶液の温度は，30±1 ℃とする。

b)　電解槽に入れた試験溶液に高純度の窒素又はアルゴンを 30 分間以上通じることによって，脱気を行う。ガス量は 400 mL の液量に対して 50 mL・min^{-1}以上とする。試験溶液の脱気完了後は，液中へのガスの供給は止め，液をかくはんしない。

c)　アノード分極曲線の測定は，脱気した試験溶液中に試験面を完全に浸し，10 分間放置後，ポテンショスタットによって自然電位から電位掃引速度 20 mV・min^{-1}の動電位法で，アノード電流密度が 500～1 000 μA・cm^{-2}に達するまで行う。ただし，装置などの都合によって 20 mV・min^{-1}の条件がとれない場合は，これに近い掃引速度で行ってもよい。

d)　孔食電位は，アノード分極曲線において電流密度 10 μA・cm^{-2}又は 100 μA・cm^{-2}に対応する電位のうち，それぞれの最も高い値（記号 V'_{c10} 又は V'_{c100}）で表す。

e)　測定後の試験片は，20 倍以上の拡大鏡などを用いて観察し，すきま腐食の有無を調べる。すきま腐食が認められた場合は，試験結果から除外する。

f)　試験片及び試験溶液は，試験ごとに新しいものを使用する。

g)　測定回数は，2 回以上とする。ただし，ばらつきを考慮すると 5 回以上が望ましい。孔食電位は，各測定値及びその平均値を記録する。その単位は，ボルト（V）で表し，小数点以下第 3 位まで記録する。

9　記録

9.1　必須事項

　測定記録には，次の事項を記載する。

a)　材料の種類の記号又は名称

b)　試験方法（A 法又は B 法）

c)　照合電極の種類

d) 電位掃引速度

e) 孔食電位（各測定値及びその平均値）

9.2　推奨事項

受渡当事者間の協定によって，次の事項を測定記録に記載するのがよい。

a) 試験片の熱処理

b) 脱気に用いたガスの種類

参考文献　山崎修，柴田俊夫：材料と環境，51，30(2002)

ASTM G 150-99："Annual books of ASTM Standards，Vo1.03.02"，p.638(1999)

C.Docke1&J'Weber：Werks Korr.，22686(1971)

塩原国雄，森岡進：日本金属学会誌，36，385(1972)

社団法人腐食防食協会第9専門委員会　ステンレス鋼の局部腐食試験法分科会：防食技術，26，539(1997)

社団法人腐食防食協会編："防食技術便覧"，日刊工業新聞社，p.756(1986)

金子雅人，小野幸子，西方篤，水流徹：材料と環境2003，D-103(2003)

ステンレス鋼腐食標準試料分科会：防食技術，29，410(1980)

柴田俊夫，竹山太郎：防食技術，26，25(1977)

＊ JIS G 0578：2000 は 2013 年 3 月 21 日に追補 1 によって改正。本規格と追補 1 を併読し用いてください。

JIS G 0578
(2000)

ステンレス鋼の塩化第二鉄腐食試験方法 ［ＪＩＳ(1981) 制定］

Method of ferric chloride tests for stainless steels

1. 適用範囲　この規格は，ステンレス鋼の6 ％塩化第二鉄溶液中の腐食度を測定して，耐孔食性を評価する，塩化第二鉄腐食試験方法［以下，試験方法(A)という。］及び高耐食ステンレス鋼の6 ％塩化第二鉄溶液中における，孔食発生臨界温度［以下，CPT[(1)]という。］を測定して，耐孔食性を評価する，孔食発生臨界温度試験方法［以下，試験方法(B)という。］について規定する。

　　注[(1)]　CPT：Critical Pitting Temperatureの略

2. 引用規格　次に掲げる規格は，この規格に引用されることによって，この規格の規定の一部を構成する。これらの引用規格は，その最新版(追補を含む。)を適用する。

　　JIS K 8142　塩化鉄(Ⅲ)六水和物(試薬)
　　JIS K 8180　塩酸(試薬)
　　JIS R 6251　研磨布
　　JIS R 6252　研磨紙
　　JIS R 6253　耐水研磨紙
　　JIS Z 8401　数値の丸め方

3. 試験装置　試験装置は，次による。

a) 試験容器は，ガラス製のビーカ又はフラスコを使用する。

b) 試験片のホルダは，試験片を試験溶液の中位に水平に保持でき，試験片との接触面積の小さいものを使用する。

c) 恒温槽は，試験中の試験溶液の温度を，所定の温度に保持できるものを使用する。

4. 試験溶液　試験溶液は，JIS K 8180に規定する塩酸と蒸留水又は脱イオン水によって調整した，N/20塩酸溶液900 mlにJIS K 8142に規定する塩化鉄(Ⅲ)六水和物を溶解して，塩酸酸性6 ％塩化第二鉄溶液に調整する。

5. 試験片　試験片は，次による。

a) 試験片は，全表面積が10 cm²以上で，圧延又は鍛造方向に直角の断面積が，全表面積の$\frac{1}{2}$以下になるように，供試材から採取する。

b) 試験片を切断後，切断面を切削又は研削で再仕上げして，切断の影響部分を取り除く。

c) 試験片の表面は，JIS R 6251，JIS R 6252又はJIS R 6253に規定する研磨布又は研磨紙で，試験片の昇温を避けながら順次240番まで研磨し，その後600番まで湿式研磨を行う。

d) 表面仕上げした試験片は，適切な溶剤又は洗剤(非塩化物)で脱脂後乾燥する。

6. 試験方法　試験方法は，次による。

6.1 塩化第二鉄腐食試験方法―試験方法(A)　試験方法は，次による。

a) 試験前後において，試験片質量を，少なくとも1 mgのけたまではかる。

b) 試験溶液の量は，試験片の表面積1 cm²当たり20 ml以上とする。

c) 試験温度は，標準として，35±1 ℃又は50±1 ℃とする。ただし，試験温度は，受渡当事者間の協定によって変更することができる。

d) 恒温槽中に試験容器を入れ，試験溶液が所定の温度になるまで加熱する。

e) 試験溶液が所定の温度に達した後，試験片をホルダによって試験溶液の中位に水平に保持するようにして入れ，連続24時間浸せき試験を行う。

　　なお，試験中は時計皿などで，試験溶液の蒸発を防止する。

f) 一つの試験容器の中では，同一鋼種，同一熱処理の場合以外は，1個の試験片だけを試験する。

g) 24時間試験後，試験溶液から試験片を取り出し，付着している腐食生成物を除去する。洗浄し乾燥後，質量をはかり減量を求める。

　　なお，孔食の深さ及び孔食の密度の測定は，受渡当事者間の協定による。

h) 試験溶液は，試験ごとに新しい溶液を使用し，一度試験した溶液を繰り返し使用してはならない。

6.2 孔食発生臨界温度試験方法―試験方法(B)　試験方法は，次による。

a) 試験前後において，試験片質量を，少なくとも1 mgのけたまではかる。

b) 試験溶液の量は，試験片の表面積1 cm²当たり20 ml以上とする。

c) 試験開始温度は，特に規定しないが，開始温度の目安として，次の式を用いてもよい。

$$t(℃) = 2.5(\text{mass\%Cr}) + 7.6(\text{mass\%Mo}) + 31.9(\text{mass\%N}) - 41.0$$

d) 恒温槽中に試験容器を入れ，試験溶液が所定の温度になるまで加熱し，±1 ℃の範囲に保持する。

e) 試験溶液が，所定の温度に達した後，試験片をホルダによって，試験溶液の中位に水平に保持するようにして入れ，連続72時間浸せき試験を行う。ただし，浸せき時間は，受渡当事者間の協定によって変更することができる。

　　なお，試験中は時計皿などで試験溶液の蒸発を防止する。

f) 一つの試験容器の中では，同一鋼種，同一熱処理の場合以外は，1個の試験片だけを試験する。

g) 試験後，試験溶液から試験片を取り出し，付着している腐食生成物を除去する。洗浄し乾燥後，孔食深さを測定し，0.025 mm以上の深さの孔食が発生する，最低の温度をCPT(℃)とする。ただし，CPT(℃)より5 ℃下げた温度において，0.025 mm以上の孔食が発生しないことを確認しなければならない。

h) 試験溶液は，試験ごとに新しい溶液を使用し，一度試験した溶液を繰り返し使用してはならない。

7. 評価

7.1　試験方法(A)　腐食度は，24時間浸せき試験後の質量減の単位面積，単位時間当たりの値を，$g/m^2 \cdot h$単位で，**JIS Z 8401**によって，小数点以下2けたに丸めて表す。

　なお，孔食の深さ及び孔食の密度の評価については，受渡当事者間の協定による。

7.2　試験方法(B)　連続浸せき時間，試験温度，最大孔食深さ及び決定されたCPT(℃)を併記する。

JIS G 0578
(2013)

ステンレス鋼の塩化第二鉄腐食試験方法
（追補 1）
Method of ferric chloride tests for stainless steels
(Amendment 1)

JIS G 0578:2000 を，次のように改正する。

---

4. （試験溶液）を，次の文に置き換える。

4. 試験溶液 試験溶液は，**JIS K 8180** に規定する塩酸と蒸留水又は脱イオン水とによって調製した，M/20 塩酸溶液 900 ml に **JIS K 8142** に規定する塩化鉄（III）六水和物 100 g を溶解して，塩酸酸性 6 ％塩化第二鉄［酸化鉄（III）］溶液に調製する。

5.（試験片）**c)** の"順次 240 番まで研磨し，その後 600 番まで湿式研磨を行う"を，"順次 P240 まで研磨し，その後 P600 まで湿式研磨を行う"に置き換える。

JIS G 0579
(2007)

ステンレス鋼のアノード分極曲線測定方法

$\left[\text{JIS (1983) 制定}\right]$

Method of anodic polarization curves measurement for stainless steels

序文

　この規格は，1983 年に制定して以来改正が行われておらず，最近の測定機器の進歩の取り込みによる実験効率の向上を図るとともに，ステンレス鋼の腐食試験方法の関連規格との試験片表面仕上げなどの整合性及び記述の適正化を図る必要があるために改正した。

　なお，対応国際規格は現時点で制定されていない。

1　適用範囲

　この規格は，ステンレス鋼の 5 ％ 及び 20 ％（いずれも質量分率）硫酸水溶液中におけるアノード分極曲線を測定する方法について規定する。

2　引用規格

　次に掲げる規格は，この規格に引用されることによって，この規格の規定の一部を構成する。これらの引用規格は，その最新版（追補を含む。）を適用する。

　JIS K 8951　硫酸（試薬）

　JIS R 6253　耐水研磨紙

　JIS Z 8804　液体比重測定方法

3　測定装置

　測定装置は，試験電極，ポテンシオスタット，電位掃引装置，記録計＊，電解槽，対極，照合電極及び恒温槽を組み合わせたものとする。測定装置の例を，**図 1** に示す。

a)　電解槽は，通常，ガラス製で，試料室と対極室との試験溶液の混合を防止した構造とする。

b)　対極は，表面積が約 100 mm^2 以上の白金を用いる。

c)　照合電極には，飽和甘こう電極，銀・塩化銀電極などを使用する。照合電極は，液橋又は塩橋を介して電解槽と接続する。電位測定用キャピラリーの先端は，試験片の試験面の中央部分で表面から 1 mm 程度の位置に設置する。

　＊　記録計は，X－Y 記録計又はパーソナルコンピュータとする。

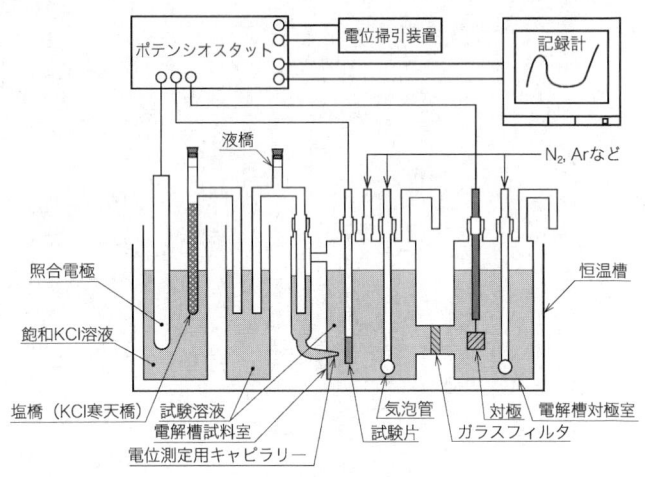

図 1－測定装置の例

4　試験溶液

試験溶液は，**JIS K 8951** に規定する硫酸を比電導度 2 μS・cm⁻¹ 以下の蒸留水又はイオン交換水に加え，
5.0±0.1 ％ 又は20.0±0.1 ％（いずれも質量分率）硫酸水溶液に調製し，その検定は，**JIS Z 8804** に規定
する比重測定方法又は **JIS K 8951** に規定する試験方法（純度）による。1 回の分極曲線測定に，この溶液
400 ml 以上を用い，測定ごとに溶液を更新する。

5 試験電極

5.1 試験片の採取

試験片を板状の供試材から採取する場合は，100 mm² の試験面が板状供試材の圧延面となるように採取
する。丸棒，鋼塊など板状供試材以外から試験片を採取した場合は，その採取方法を **7.2** の試験条件の記
録に付記する。

5.2 試験片の切断

試験片の切断は，通常，のこぎり切断，切削又はせん断による。ただし，せん断による場合は，試験面
にせん断の影響が及ばないようにするため，せん断の影響が及ぶ領域を切削又は研磨によって除却する。

5.3 試験片の研磨

試験面の研磨は，**JIS R 6253** に規定する研磨紙 600 番以上で研磨する。研磨方法は，試験面の温度上昇
を避けるため，湿式研磨とする。

5.4 試験面の処理

試験面は，研磨処理をした後，蒸留水，イオン交換水，エタノールなどで十分に洗浄し，室温にて乾燥
する。測定は，この試験面の処理を行った後，5 時間以上経過してから行う。

5.5 試験片の導線

導線は，はんだ付け，スポット溶接又は電導性塗料で試験片の一端に接続する。

5.6 試験面の調整

試験面の最終露出部分が 100 mm² となるように，残りの表面及び導線をエポキシ樹脂，ビニル樹脂，シ
リコーン樹脂などの絶縁物により被覆又は埋込みを行う。この場合，100 mm² の露出部分は，はんだ付け
又はスポット溶接などによる熱影響のない試験面となるようにする。このようにして作製した試験片の面
積を，100 mm² とみなす。**図 2** に，電極の例として，ホルダー形電極，樹脂埋込み形電極及び塗布形電極
を示す。

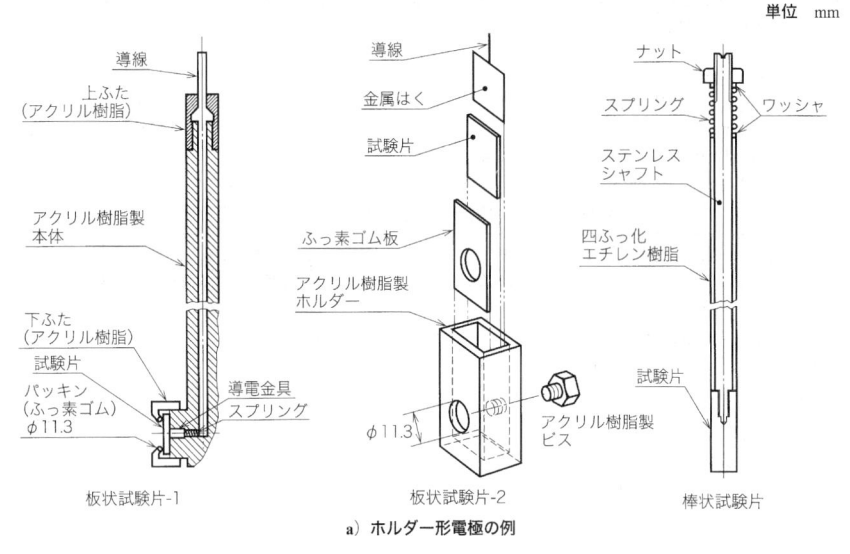

a）ホルダー形電極の例

図 2－試験電極の例

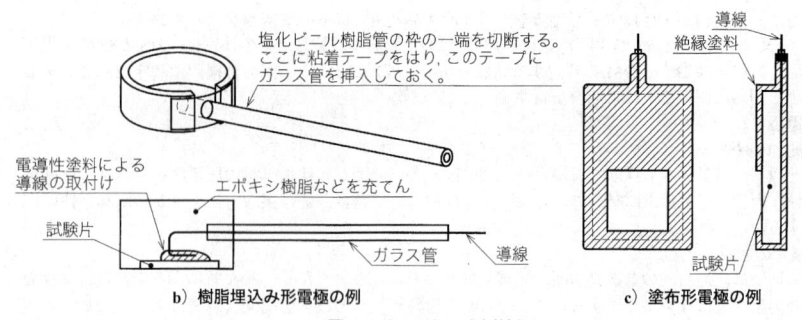

b) 樹脂埋込み形電極の例   c) 塗布形電極の例

図 2－試験電極の例（続き）

6 測定方法

測定方法は，次による。

a) 試験溶液の温度は，30.0±0.5 ℃とする。

b) 脱気に使用するガスは高純度の窒素，アルゴンなどで，この脱気用ガスを電解槽に入れた試験溶液に 30 分以上通じて脱気を行う。ガス流量は，400 ml の液量に対して 50 ml・min^{-1} 以上とする。

c) 脱気用ガスでかくはんしている試験溶液に試験片を完全に浸し，速やかに電位測定用キャピラリーの位置を調整し，直ちにポテンシオスタットで試験片の電位を−0.7 V ［飽和甘こう電極基準（以下，"SCE"と略す。）］に設定し，10 分間のカソード処理を行う。次に電位設定を解除した後，脱気用ガスを電解槽試料室だけに流し，試験片を不通電状態の自然電位で 10 分間放置する。次いでポテンシオスタットによって自然電位から電位掃引速度 20 mV・min^{-1} の動電位法で，アノード分極曲線を測定する。終点の電位は＋1.1 V（SCE）以上とする。電位を段階的（例えば，20 mV ずつ）に上げる定電位ステップ法のときは，電位の平均変化速度を 20 mV・min^{-1} とする。

d) 測定後，試験面を観察し，被覆部に明らかな腐食が認められる場合には測定結果から除外する。

注記 測定技術検定方法については，参考として附属書 A に示す。

7 測定結果

7.1 分極曲線の表示

測定した分極曲線は，横軸に直線目盛の電位（SCE，単位 V），縦軸に対数目盛の電流密度（単位は，通常，μA・cm^{-2}）をとる。照合電極に銀・塩化銀電極を用いる場合は，測定した電位の値に表 1 の加算値を加えると，SCE の電位値となる。アノード分極曲線の例を図 3 に示す。

その他の方法として，分極曲線で示す代わりに表 2 に示す特性値で示してもよい。

表 1－SCE への換算値表 （30 ℃の場合）

銀・塩化銀電極内部電解液の KCl 濃度 （kmol・m^{-3}）	3.3	4	飽和
加算値 (V)	−0.038 3	−0.042 5	−0.047 3

7.2 試験条件の記録

測定結果には，次の試験条件について記録する。

a) 試験片の採取方法，加工方法及び表面処理方法

b) 試験溶液の濃度

c) 試験電極の形

d) 電位掃引方法の種類

  1) 動電位法：掃引速度

  2) 電位ステップ法：保持時間及び電位ステップ幅

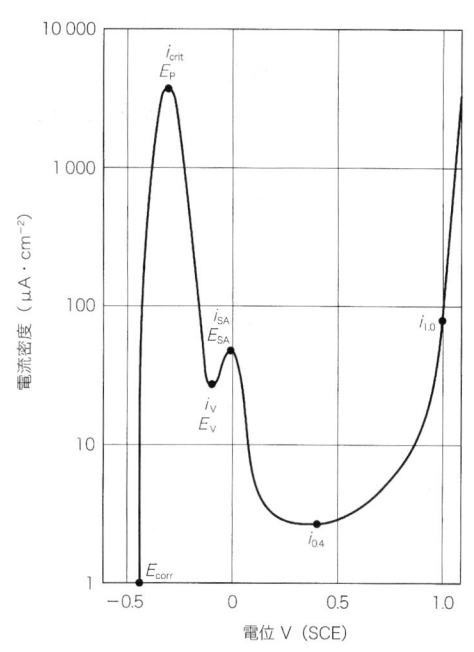

図3－アノード分極曲線の例

表2－アノード分極曲線の特性値

記号	特性値
E_{corr}	不通電状態で10分間放置後の自然電位（V）
i_{crit}	不動態化のために現れる第1の山の最大電流密度（不動態化電流密度）
E_P	i_{crit} を示す電位（V）（不動態化電位）
i_{SA}	不動態域で示される第2の山の最大電流密度
E_{SA}	i_{SA} を示す電位（V）
i_V	第1の山と第2の山との間の谷の最小電流密度
E_V	i_V を示す電位（V） （i_{SA}, E_{SA}, i_V, E_V は第2の山を認める場合だけ記録する。）
$i_{0.4}$	＋0.4 V における電流密度（不動態維持電流密度）
$i_{1.0}$	＋1.0 V における電流密度
注記	表中の V は，SCE の電位。

附属書 A
(参考)
ステンレス鋼のアノード分極曲線測定技術検定方法

序文

　この附属書は，ステンレス鋼のアノード分極曲線に関する自己の測定技術を検定し，以後の分極曲線測定の信頼性を確保するため，腐食試験用 SUS304（試料記号 304-78）[1] の 5 ％ 及び 20 ％（いずれも質量分率）硫酸水溶液中におけるアノード分極曲線の測定方法及び測定技術検定方法を示すもので，規定の一部ではない。**表 A.1** に SUS304-78 の化学成分を示す。

　注 [1]　ステンレス協会［東京都千代田区岩本町 1-10-5，電話 (03) 5687-7831］で頒布されている。

表 A.1－化学分析結果

単位　％（質量分率）

鋼種	記号	C	Si	Mn	P	S	Ni	Cr	Mo	Cu
SUS304	304-78	0.066	0.58	0.82	0.029	0.002	8.75	18.29	0.14	0.14

A.1　アノード分極曲線の測定

　SUS304-78 の圧延面だけを使用し，箇条 **3**〜箇条 **7** の方法に従って，5 ％ 及び 20 ％（いずれも質量分率）硫酸水溶液を用い，分極曲線を測定する。

A.2　測定技術の検定方法

　測定した分極曲線が**図 A.1** 又は**図 A.2** に示す分極曲線[2] の 2 本の曲線の範囲内にあれば，十分再現性のある分極曲線が測定できる状態にあるものと判断する。この範囲を外れる曲線が測定されるときは，測定装置，試験溶液，脱気方法，試験片の調製方法，被覆材，被覆方法などの測定技術に関する諸項について再検討する。通例の検討事項のほかに**表 A.2** の検討指針を参考にして検討するとよい。

　注 [2]　ステンレス鋼のアノード分極曲線測定方法工業標準原案作成委員会に属する 20 機関が参加し，この規格に基づき測定・検討したアノード分極曲線の結果を範囲で示したものである。

表 A.2－検討指針

得られた結果	検討項目
卑な自然電位，過大な i_{crit}	Cl⁻の混入，試験片被覆材，硫酸濃度，純度
貴な自然電位，過少な i_{crit}	試験片被覆材，脱気不十分，硫酸濃度，純度
過大な i_{crit}	掃引速度過大，大きいすきまの発生 ホルダーのリーク（不動態域も大きい） 硫酸濃度，純度
−0.2 V 近傍で低い電流 （極端な場合はカソード電流）	脱気不十分 試験片被覆材
0.1 V〜0.9 V における高めの電流	すきま腐食
0.5 V 近傍でのふくらみ	すきま腐食
0 V 近傍での低い電流 （又はカソード電流）	液の再使用などによる汚染
注記　表中の V は，SCE の電位	

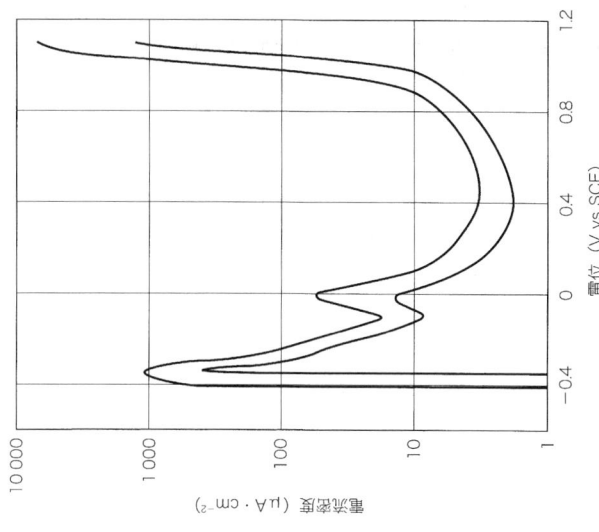

図 A.2 — SUS304-78 の 20 %硫酸溶液中における分極曲線の範囲

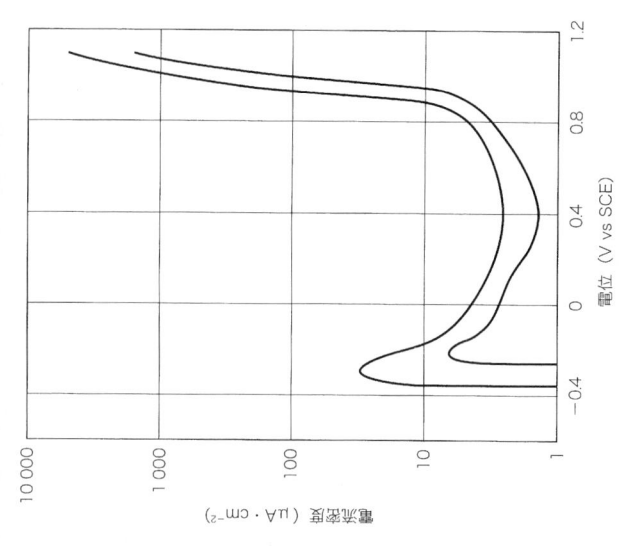

図 A.1 — SUS304-78 の 5 %硫酸溶液中における分極曲線の範囲

ステンレス鋼のアノード分極曲線測定方法
(追補 1)

Method of anodic polarization curves measurement for stainless steels
(Amendment 1)

JIS G 0579:2007 を，次のように改正する。

5.3 (試験片の研磨) の"研磨紙 600 番以上で研磨する。"を，"研磨紙 P600 以上で研磨する。"に置き換える。

JIS G 0580
(2003)

ステンレス鋼の電気化学的 再活性化率の測定方法

［JIS (1986) 制定］

Method of electrochemical potentiokinetic reactivation ratio measurement for stainless steels

1. 適用範囲 この規格は，オーステナイト系ステンレス鋼のチオシアン酸カリウムを含む硫酸溶液中における往復アノード分極曲線から，電気化学的再活性化率［以下，再活性化率 (R) という。］を測定する方法について規定する。

2. 引用規格 次に掲げる規格は，この規格に引用されることによって，この規格の規定の一部を構成する。これらの引用規格は，その最新版（追補を含む。）を適用する。

JIS G 0551 鋼のオーステナイト結晶粒度試験方法

JIS K 8951 硫酸（試薬）

JIS K 9001 チオシアン酸カリウム（試薬）

JIS R 6253 耐水研磨紙

JIS Z 8401 数値の丸め方

3. 測定装置 測定装置は，ポテンショスタット，電位掃引装置，記録計，照合電極，電解槽及び恒温槽を組み合わせたものとする。照合電極は，通常，液橋や寒天橋を介してルギン管と接続する。ルギン管の先端は，試験片の試験面中央部で表面から 1 mm 程度の位置に設置する。図 1 に測定装置の一例を示す。

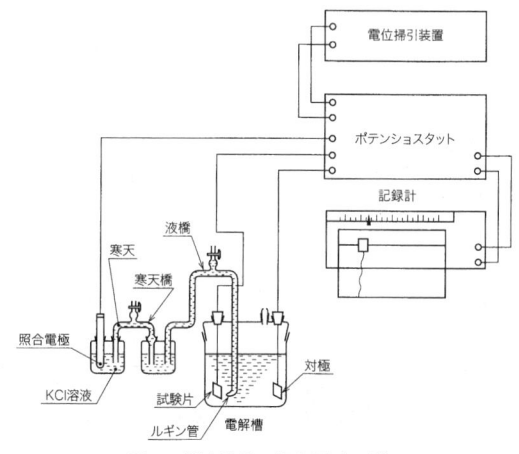

図 1 測定装置の組立図（一例）

4. 試験溶液 試験溶液は，**JIS K 8951** に規定する特級品（密度約 1.84）と蒸留水又は脱イオン水によって，0.5 ± 0.05 mol/l 硫酸溶液（密度 1.032）とし，**JIS K 9001** に規定する特級品 1.0 g をこの 0.5 mol/l 硫酸溶液で溶解して 1 000 ml として 0.5 mol/l 硫酸－0.01 mol/l チオシアン酸カリウム溶液に調製する。

参考 チオシアン酸カリウムは，潮解性が高いのでひょう量瓶で，素早くひょう量する必要がある。

5. 試験片 試験片は，次による。

a) 試験面積は，通常 1 cm^2 とする。

b) 試験片の作製方法は，通常切削又は研削による。やむを得ずせん断による場合は，試験面にひずみによる影響が及ばないようにするため，せん断の影響の及ぶ領域を切断又は研磨によって除去する。

c) 試験面は，切断，はんだ付けなどによる熱影響のない試験片表面を用いる。

d) 試験面は **JIS R 6253** に規定する研磨紙で P120 以上まで湿式で研磨し，水又はアルコールなどで十分に洗浄する。

e) 試験片と導線との接続は，はんだ付け，スポット溶接，電導性塗料などによる。

f) 試験面以外の部分は，耐薬品性の優れた絶縁物で被覆する (¹)。

g) 試験面又は試験面と同等の面の結晶粒度番号を，**JIS G 0551** によって求める。

注(¹) 絶縁物の選定及び被覆方法は，結果に影響することがあるので注意を要する。

6. 測定方法　測定方法は，次による。

a) 試験溶液の温度は，30±1 ℃とする。

b) 試験溶液の量は，200 ml 以上とする。

c) 試験溶液は，試験ごとに新しいものを使用する。

d) 電位掃引速度は，100±5 mV/min とする。

e) 試験溶液に試験面を完全に浸し，速やかにルギン管の位置を調整し，この状態で 5 分間放置する。次に電位計によって，試験片の自然電極電位が活性態にあることを確かめてから，ポテンショスタットと電位掃引装置によって，自然電極電位からアノード分極する，+0.3 V（飽和甘こう電極基準）に到達後，直ちに電位を逆方向に掃引し，再活性化後，再びアノード電流が零となる電位を終点とする。

　なお，浸せきした試験片が−0.35 V（飽和甘こう電極基準）以下の自然電極電位を示さない場合には，−1.0 V（飽和甘こう電極基準）で 1 分間定電位に保持した後，開回路状態で 5 分間放置して活性化させる。

参考　活性態の電位は，一般には−0.35V（飽和甘こう電極基準）以下である。

f) 記録計などによって得られた**図 2** に示すアノード分極曲線から往路及び復路の活性態における最大アノード電流密度 i_a, i_r を求める。

g) 試験後，試験面を 10 倍以上の拡大鏡などで観察し，被覆部に明らかな腐食が認められる場合には試験結果から除外する。

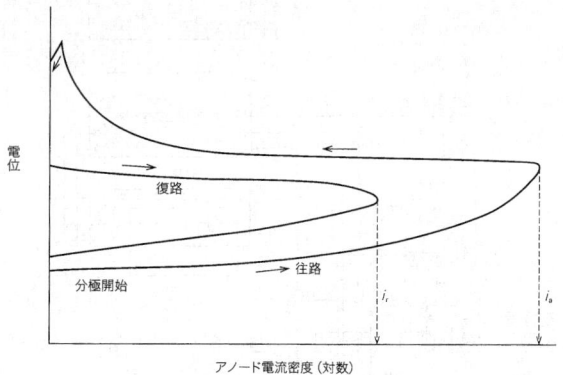

図 2　往復アノード分極曲線図

7. 再活性化率 (R)　再活性化率 (R) は，次による。

a) 再活性化率の測定値 (R_m) を，次の式によって求める。

$$R_m = \frac{i_r}{i_a} \times 100$$

ここに，　R_m：再活性化率の測定値 (%)

i_r：復路の活性態における最大アノード電流密度

i_a：往路の活性態における最大アノード電流密度

b) 再活性化率 (R) は，次の式によって，再活性化率の測定値 (R_m) を結晶粒度補正して求める。

$$R = \frac{R_m}{10^{-3} \times (2^{N+5})^{1/2}}$$

ここに，　R：再活性化率 (%)

R_m：再活性化率の測定値

N：試験面の結晶粒度番号

数値は **JIS Z 8401** によって，小数点以下第 2 位に丸めて表示する。

JIS G 0581
(1999)

鋳鋼品の放射線透過試験方法

$$\left(\begin{array}{l}\text{JIS (1984) 改正}\\\text{JIS (1968) 制定}\end{array}\right)$$

Methods of radiographic examination for steel castings

序文 この規格は，1998年に提案されたISO 5579, Non-destructive testing—Radiographic examination of metallic materials by X-and gamma rays—Basic rulesを元に，対応する部分については対応国際規格を翻訳し，技術的内容を変更することなく作成した日本産業規格であるが，従来のJIS G 0581にあって，対応国際規格にない規格項目を日本産業規格として追加した。

1. 適用範囲 この規格は，鋳鋼品のX線又はγ線によるきずの検出を目的とした，工業用X線フィルムを用いた直接撮影法による，放射線透過試験方法について規定する。

> **備考1.** 放射線透過試験を行う場合は，"労働安全衛生法"，"放射性同位元素等による放射線障害の防止に関する法律"などを順守し，放射線による被ばくの防止に十分注意する必要がある。
>
> **2.** この規格の国際対応規格を，次に示す。
>
> ISO 5579, Non-destructive testing—Radiographic examination of metallic materials by X-and gamma rays—Basic rules

2. 引用規格 次に掲げる規格は，この規格に引用されることによって，この規格の一部を構成する。これらの引用規格は，その最新版を適用する。

- JIS K 7627 工業用X線写真フィルム—第1部：工業用X線写真フィルムシステムの分類
- JIS Z 2300 非破壊試験用語
- JIS Z 2306 放射線透過試験用透過度計
- JIS Z 4560 工業用γ線装置
- JIS Z 4561 工業用放射線透過写真観察器
- JIS Z 4606 工業用X線装置

3. 定義 この規格で用いる主な用語の定義は，JIS Z 2300によるほかは次による。

a) **呼称厚さ nominal thickness, t** 試験の対象となる部分の材料の呼称厚さ。製造上の誤差は考慮しない。

b) **透過厚さ penetrated thickness, w** 試験部の放射線束の方向における材料の厚さ。呼称厚さに基づいて計算してもよい。二重壁撮影法における厚さは，呼称厚さから計算する。

c) **フィルムシステム Film system** フィルム並びにフィルム製造業者及び/又は処理薬品製造業者の推奨する処理条件を組み合わせたもの。

4. 透過写真の像質の種類 透過写真の像質は，A級及びB級とする。A級は，製品の形状が複雑で，かつ，試験部の肉厚変化が大きいものに適用し，一般的な撮影方法によって得られる。B級は，試験部の肉厚変化が小さく，平板試験体に近いものに適用し，A級では検出能力が不十分な場合に適用する。

5. 試験員の資格認証 放射線透過試験は資格認証された試験員が実施する。製造業者は，放射線透過試験に従事する試験員の資格認証要領を定め，試験員の技術評価を行い，注文者の要求があったときは，試験実施前にこれらの関連書類をいつでも提示できるよう準備しておく。試験員の技術評価には，鋳鋼品に関する知識及び放射線装置，放射線の透過へ，写真処理を含む放射線透過試験方法に関する技術と経験について含まなければならない。

6. 受渡当事者間の協定 試験する鋳鋼品についての透過写真の像質，撮影方法，撮影範囲，きずの許容範囲は，その用途，設計及び仕様を検討し，あらかじめ受渡当事者間で協定しなければならない。

7. 放射線透過試験用装置及び付属機器

7.1 放射線透過試験用装置 放射線透過試験用装置は，JIS Z 4606に規定するX線装置，電子加速器によるX線発生装置及びJIS Z 4560に規定するγ線装置並びにこれらと同等以上の性能をもつ装置とする。

7.2 感光材料 工業用X線フィルム(以下，フィルムという。)は，JIS K 7627による。増感紙は，金属はく(箔)増感紙とする。各像質に対するフィルムシステムと金属はく増感紙の厚さについては表1による。

7.3 透過度計 透過度計は，JIS Z 2306に規定する一般形のF形又はS形の透過度計を使用する。

7.4 観察器 観察器は，JIS Z 4561によるか，又はこれと同等以上の性能をもつものとする。

表1 放射線透過試験のためのフィルムシステムのクラス及び金属はく増感紙

放射線源	透過厚さ mm	フィルムシステム クラス(1) A級	B級	金属はく増感紙の種類及び厚さ A級	B級
100 kV以下のX線装置		T3	T2	使用しないか，フロント，バックとも0.03 mmまでの鉛はく増感紙	
100 kVを超え150 kV以下のX線装置				フロント，バックとも0.15 mm以下の鉛はく増感紙	
150 kVを超え250 kV以下のX線装置				フロント，バックとも0.02〜0.15 mmの鉛はく増感紙	
250 kVを超え500 kV以下のX線装置	50以下	T3	T2	フロント，バックとも0.02〜0.2 mmの鉛はく増感紙	
	50を超えるもの		T3	フロント0.1〜0.3 mmの鉛はく増感紙(2) バック0.02〜0.3 mmの鉛はく増感紙	
^{192}Ir		T3	T2	フロント0.02〜0.2 mmの鉛はく増感紙	フロント0.1〜0.2 mmの鉛はく増感紙(2)
				バック0.02〜0.2 mmの鉛はく増感紙	
^{60}Co	100以下	T3	T3	フロント，バックとも0.25〜0.7 mm鋼又は銅はく増感紙(3)	
	100を超えるもの				
1MeV以上4MeV以下のX線装置	100以下	T3	T2	フロント，バックとも0.25〜0.7 mm鋼又は銅はく増感紙(3)	
	100を超えるもの				
4MeVを超え12MeV以下のX線装置	100以下	T2	T2	フロント1 mm以下の銅，鋼又はタンタル(4) バック1 mm以下の銅又は鋼，及び0.5 mm以下のタンタル(4)	
	100を超え300以下	T3	T2		
	300を超えるもの		T3		
12MeVを超えるX線装置	100以下	T2	—	フロント1 mm以下のタンタル(5)バックは使用しない	
	100を超え300以下	T3	T2		
	300を超えるもの		T3	フロント1 mm以下のタンタル(5) バック0.5 mm以下のタンタル	

注(1) より良好なフィルムシステムのクラスを使用しても差し支えない。

(2) 0.03 mmまでの前面鉛はくを入れたレディーパックフィルムは，0.1 mmの鉛はくを試験体とフィルムの間に追加して置けば使用しても差し支えない。

(3) A級では0.5〜2.0 mm鉛はく増感紙を使用しても差し支えない。

(4) A級では受渡当事者間の協定によって，0.5〜1 mmの鉛はく増感紙を使用しても差し支えない。

(5) タングステン増感紙は受渡当事者間の協定によって使用して差し支えない。

8. 透過写真の撮影方法

8.1 放射線の照射方向 放射線束は，試験される部分の中心に向け，試験体の表面に垂直な方向から放射線を照射して撮影する。ただし，異なる方向からの照射によって，きずの検出がよくなると考えられる場合は，その限りではない。

8.2 透過度計の使用 透過度計の使用は，次による。

a) 図1〜図4に示すように，識別最小線径（**表3**）を含む透過度計を，試験部の線源側の表面の上に置いて，試験部と同

時に撮影する。ただし，透過度計を試験部の線源側の面上に置くことが困難な場合は，透過度計を試験部のフィルム側の面上に密着させて置くことができる。この場合，透過度計とフィルム間の距離は，**9.1**の**表3**に示す透過度計の識別最小線径の10倍以上離して撮影する。この場合には透過度計の部分にFの記号をつけて，透過写真上でフィルム側に置いたことが分かるようにする。

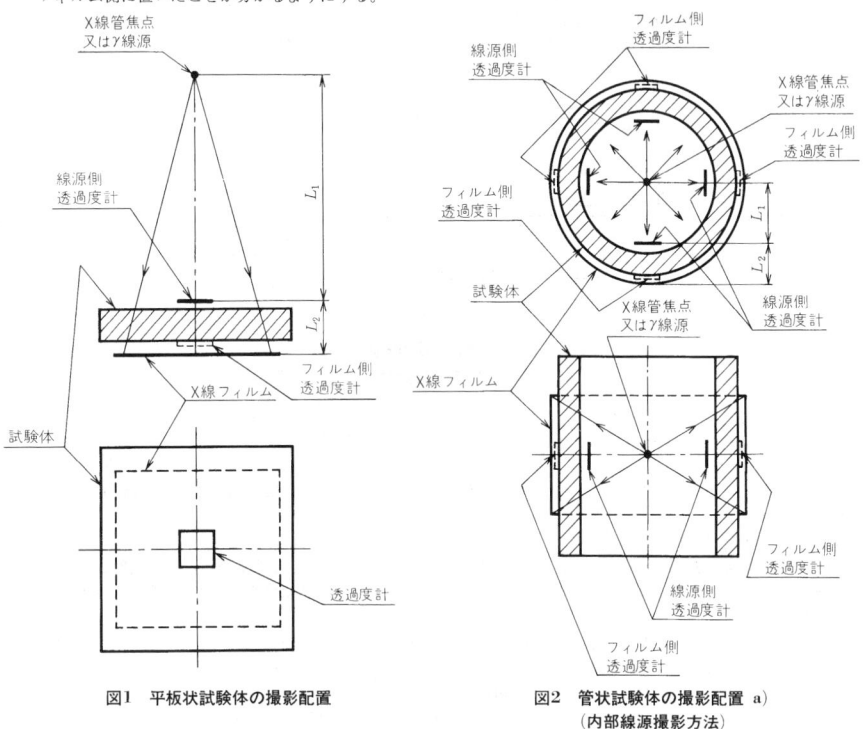

図1　平板状試験体の撮影配置

図2　管状試験体の撮影配置　a）
（内部線源撮影方法）

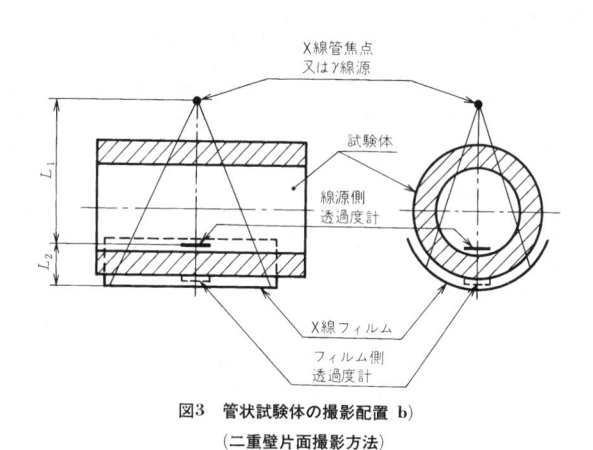

図3　管状試験体の撮影配置　b）
（二重壁片面撮影方法）

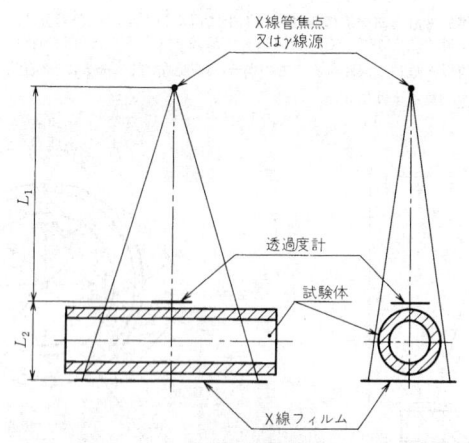

図4 管状試験体の撮影配置 c)
(二重壁両面撮影方法)

b) 透過度計は，透過厚さの変化が少ない場合は，その透過厚さを代表する箇所に1個置く。

c) 透過度計は，透過厚さの変化が大きい場合は，厚い部分を代表する箇所及び薄い部分を代表する箇所にそれぞれ1個置かなければならない。

d) 管状の試験体において，**図2**のように全周同時撮影を行う場合は，通常円周をほぼ4等分するような位置に4個の透過度計を置く。

8.3　撮影配置　線源，透過度計及びフィルムの関係位置は，**図1～図4**のいずれかに示す配置とする。

a)　線源と試験体間距離L_1の最小値は，線源寸法fと試験体の線源側裏面とフィルム間距離L_2によって決まる。線源と試験体間距離L_1と線源寸法fとの比L_1/fの値は，各像質に対して次の式（1）又は式（2）によって算出される値以上でなければならない。

$$\text{A級の場合}\quad L_1/f \geqq 7.5\ L_2{}^{2/3} \ \cdots\cdots\cdots\cdots\cdots\cdots\cdots\cdots\cdots\cdots\cdots\cdots\cdots\cdots\cdots\ (1)$$

$$\text{B級の場合}\quad L_1/f \geqq 15\ L_2{}^{2/3} \ \cdots\cdots\cdots\cdots\cdots\cdots\cdots\cdots\cdots\cdots\cdots\cdots\cdots\cdots\cdots\ (2)$$

$$\text{ここに，}\ f,\ L_1,\ L_2\text{の値はmm}$$

距離L_2が呼称厚さtの1.2倍より小さい場合は，式（1）及び式（2）並びに**図7**におけるL_2の値は，呼称厚さtと置き換えてもよい。

b)　線源と試験体間距離L_1の最小値を決めるために，**図7**を使用してもよい。

c)　上記の撮影配置の規定を満足しない場合でも，**9.1**の**表3**の透過度計の最小識別線径を満足する場合は，この限りでない。

8.4　透過写真と試験部との照合　撮影に際しては，透過写真上で明りょう（瞭）に認められるフィルムマークを試験部に付けて同時に撮影し，透過写真と試験部が照合できるようにしなければならない。

8.5　フィルムの重なり　2枚又はそれ以上のフィルムで一つの部分を撮影する場合は，フィルムは撮影される部分が完全に収まるように，十分に重ね合わせなければならない。その重なりは，試験体上に取り付けたフィルムマークによって透過写真上で確認できなければならない。

8.6　X線管電圧及び放射線源の選択　透過厚さに対して適用できるX線管電圧は，各像質に対して**図5**に示す最大値を超えてはならない。また，γ線及び1Mevを超えるX線に対する透過厚さの範囲は，**表2**による。ただし，**9.1**の**表3**の透過度計の最小識別線径を満足する場合は，この限りでない。

8.7　フィルムシステム及び増感紙の組合せの選択　各種のX線装置，γ線源と試験体の透過厚さwに対するフィルムシステム及び増感紙の組合せは，各像質について**表1**に示す。ただし，**9.1**の**表3**の透過度計の最小識別線径を満足する場合は，この限りでない。

8.8　複合フィルム撮影方法　製品の形状が複雑で，かつ，試験部の透過厚さの変化が大きい場合は，**図6**に示す複合フィルム撮影方法を適用してもよい。複合フィルム撮影方法とは，一つのフィルムカセットの中に同一感度又は異なる感度のフィルムを2枚以上装てん（塡）して撮影する方法をいう。

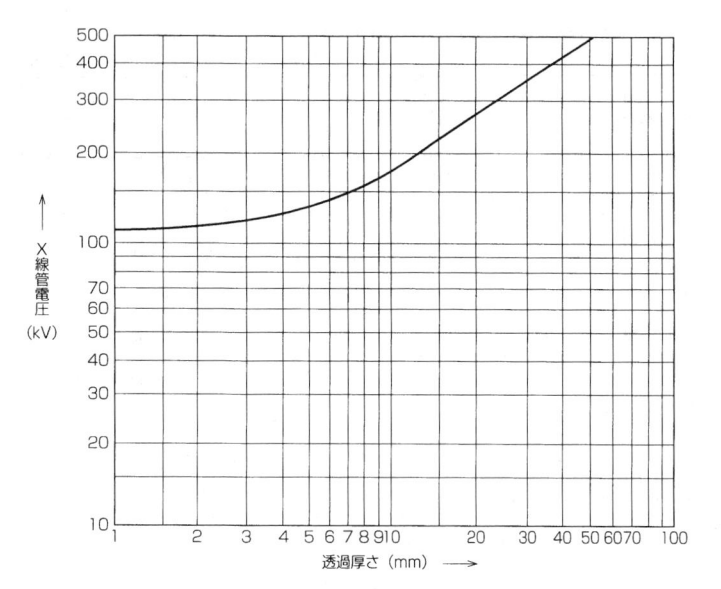

図5　500 kV以下のX線装置についての透過厚さと最高管電圧との関係

表2　γ線及び1MeVを超えるX線装置に対する適用透過厚さ

放射線源	適用透過厚さ　mm	
	A級	B級
^{192}Ir	20以上100以下	20以上 90以下
^{60}Co	40以上200以下	60以上150以下
1MeV以上4MeV以下のX線装置	30以上200以下	50以上180以下
4MeVを超え12MeV以下のX線装置	50以上	80以上
12MeVを超えるX線装置	80以上	100以上

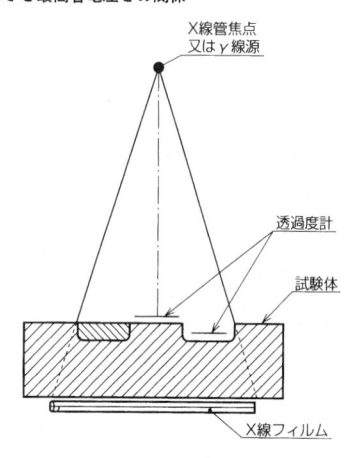

図6　複合フィルム撮影方法の撮影配置

9.　透過写真の必要な条件

9.1　透過度計の識別最小線径　撮影された透過写真の試験部において，識別される透過度計の最小線径は，**表3**に示す値以下でなければならない。

9.2　試験部の写真濃度　試験部の写真濃度は，次による。

a)　試験部のきず以外の部分の写真濃度は，**表4**に示す範囲に入っていなければならない。ただし，**表4**に示す写真濃度範囲を満足しない場合でも，**9.1**の透過度計の識別最小線径の規定を満足する場合は，この限りでない。

b)　複合フィルム撮影方法によって撮影した透過写真の濃度は，一枚ずつで観察する場合は，**表4**の写真濃度を満足しなければならない。二枚重ねて観察する場合は，それぞれの透過写真の最低濃度は，0.8以上とし，2枚重ねた場合の最高濃度は4.0以下でなければならない。

表3 透過厚さと識別されなければならない透過度計の最小線径

単位 mm

透過厚さ		識別最小線径	透過厚さ		識別最小線径
A級	B級		A級	B級	
5 未満	6.4未満	0.10	50以上 63未満	56以上 70未満	1.00
5 以上 6.4未満	6.4以上 8 未満	0.125	63以上 80未満	70以上 90未満	1.25
6.4以上 8 未満	8 以上10 未満	0.16	80以上100未満	90以上120未満	1.60
8 以上10 未満	10 以上13 未満	0.20	100以上140未満	120以上150未満	2.00
10 以上13 未満	13 以上16 未満	0.25	140以上180未満	150以上190未満	2.50
13 以上16 未満	16 以上20 未満	0.32	180以上225未満	190以上240未満	3.20
16 以上20 未満	20 以上25 未満	0.40	225以上280未満	240以上300未満	4.00
20 以上26 未満	25 以上32 未満	0.50	280以上360未満	300以上380未満	5.00
26 以上32 未満	32 以上45 未満	0.63	360以上	380以上	6.30
32 以上50 未満	45 以上56 未満	0.80			

表4 写真濃度範囲

像質の種類	濃度範囲
A級	1.0以上 4.0以下
B級	1.5以上 4.0以下

9.3 透過写真の仕上り 透過写真の仕上りは，処理不良などに起因するフィルムきずや現像むらなど，きずの像の分類に支障を来すものがあってはならない。

10. 透過写真の観察

10.1 観察器 透過写真の観察には，**7.4**に規定する観察器を**表5**の区分で用いる。

10.2 観察方法 透過写真の観察は，暗い部屋で透過写真の寸法に適合した固定マスクを用いて行う。

11. 散乱線の低減 フィルムに到達する散乱線は，像質低下の重要な原因の一つである。特に150 kVから400 kVの範囲のX線による撮影では顕著である。

散乱線の低減方法は次による。

a) 散乱線を低減させるためには，放射線束を試験体の必要最小限の範囲になるように，X線装置の放射口に照射筒又は絞り板を装着することが望ましい。また，フィルムの背面や側面の物体からの散乱線を遮へいする目的でフィルムの背面に1～4 mmの鉛板を敷くことが望ましい。

b) パノラマ放射などの場合のように，放射線束を制限する器具が使用できない場合は，可能な限り広い照射室で撮影を行うことが望ましい。また，試験体は床面から可能な限り離して配置し，試験体の近くの床面は鉛板で覆うことが望ましい。

c) 背面からの散乱線の影響は，Bの文字の鉛マークで，各配置ごとにチェックすることが望ましい。Bのマークは高さ10 mm，厚さ最低1.5 mmのものをカセットの裏側に密着して張り付けて撮影を行い，写真処理後の透過写真上で，このマークが見えなければ，背面からの散乱線の影響はないものと考えられる。

表5 観察器の使用区分

観察器の種類	透過写真の最高濃度
D10形	1.5以下
D20形	2.5以下
D30形	3.5以下
D35形	4.0以下

備考 個々の透過写真において，試験部の示す濃度の最大値

12. きずの像の分類方法 透過写真によるきずの像の分類は，**附属書**によって行う。

13. 記録 試験を行った後，次の事項のうち必要な事項を記録し，その記録と試験部とが常時照合できるようにしておかなければならない。

a) 試験実施社名
b) 材料又は製品名
c) 撮影年月日
d) 透過写真の識別記号
e) 材質
f) 呼称厚さ
g) 透過厚さ
h) 放射線透過試験装置
i) 線源寸法
j) 使用管電圧又はγ線源
k) 使用管電流又はベクレル値
l) 露出時間
m) 使用したフィルムシステム
n) 増感紙
o) 透過度計
p) 線源とフィルム間距離
q) 透過写真の像質(透過度計の最小識別線径，写真濃度範囲)
r) 試験部の位置その他の必要事項
s) 試験員の認定資格及び署名
t) その他特記事項

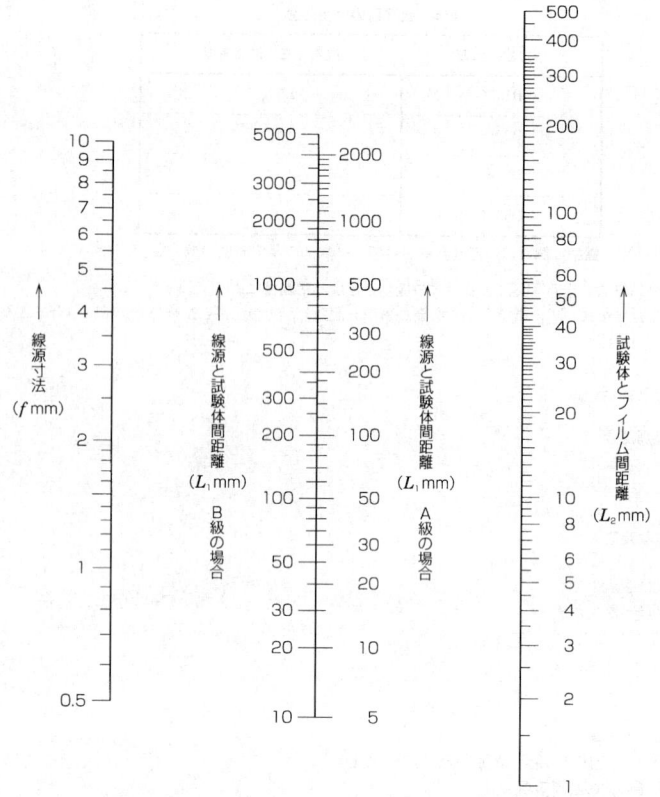

図7 試験体とフィルム間距離と線源寸法の関係から線源と試験体間距離の
　　最低値を決めるためのノモグラム

附属書(規定)　透過写真によるきずの像の分類方法

1. **適用範囲**　この附属書は，鋳鋼品の透過写真におけるきずの像の分類について規定する。
2. **分類手順**　きずの像(以下，きずという。)の分類は，次の手順による。
a) 分類を行う透過写真は，本体10.によって観察する。
b) 分類を行う透過写真が本体9.に適合することを確認する。
c) 対象とするきずの種類は，ブローホール，砂かみ及び介在物，引け巣及び割れとする。
d) きずの像の分類は，すべて呼称厚さを用いて行う。
e) きずの像の分類を行うには，ブローホール並びに砂かみ及び介在物については3.1，引け巣については3.2によって，呼称厚さに応じた試験視野を設定する。ここで呼称厚さとは，呼称厚さの最小値とする。
f) きずの像の分類を行うには，試験部に存在するきずの寸法を測定する。なお，測定は，次による。
　1) 透過写真を観察して明りょうにきずであると判断される陰影だけに着目し，不明りょうな陰影は対象から除外する。
　2) きずの寸法を測定する場合，明りょうな部分だけを測定し，周囲のぼけは測定範囲に入れない。
　3) 2個以上のきずが透過写真上で重なり合っていると見られる陰影については，個々に切り離して測定する。

g) きずの像の分類は，次による。

1) ブローホールについては，**3.1**によってきず点数を求め，**4.1**によって類を決定する。

2) 砂かみ及び介在物については，**3.1**によってきず点数を求め，**4.2**によって類を決定する。

3) 引け巣は，その形状によって線状の引け巣及び樹枝状の引け巣に分ける。線状の引け巣については，**3.2**によってきず長さを求め，**4.3**によって類を決定する。樹枝状の引け巣については，**3.2**によってきず面積を求め，**4.3**によって類を決定する。

4) 割れが存在する場合は**4.4**によって，常に6類とする。

5) ブローホール，砂かみ及び介在物並びに引け巣の1類は，**附属書表1**及び**附属書表3**の数えないきずの最大寸法の適用区分"1類"によって，きずの像を分類した結果が1類である場合だけ，1類と決定する。適用区分の"1類"によって分類した結果が2類以下で，適用区分"2類以下"によって分類した結果が1類となる場合の類は，すべて2類とする。2類以下の類は，数えないきずの最大寸法"2類以下"によって分類した結果に基づいて決定する。

6) 2種類以上のきずが混在する場合は，きずの種類別にそれぞれ分類する。それらの結果を総合して，類を決定する必要のある場合は，それらのうちから最も下位の類を総合類とする。

なお，同一試験視野内において，最も下位の類が二つ以上ある場合は，その類より一つ下位の類を総合類とする。ただし，1類については，きず点数，きず長さ及びきず面積の許容限度の1/2を超えるものが2種類以上ある場合だけ2類とする。

また，**附属書表7**及び**附属書表9**の制限によって2類になったもの，又は**附属書表3**及び**附属書表5**の数えないきずの最大寸法の適用区分"2類"の適用の場合の類が1類で，"1類"の適用によって2類となったものについては，ほかに混在するきずが2類であっても，3類には下げないものとする。

3. きず点数，きず長さ，きず面積

3.1 ブローホール，砂かみ及び介在物のきず点数

ブローホール，砂かみ及び介在物は，試験部の全面積のうちで，きず点数が最も多い部分の試験視野内を対象とする。試験視野の大きさは，呼称厚さについて**附属書表1**に示す大きさとする。きずが1個の場合のきず点数は，きず寸法に応じて**附属書表2**の値を用いる。ただし，各呼称厚さについて**附属書表3**に示す寸法のきずは，きず点数に加えない。この数えないきずの決定に当たっては，きずの濃度の高い部分だけを測定し，周囲のぼけは測定範囲に入れない。

きずが2個以上の場合のきず点数は，試験視野内に存在するきずのきず点数の総和とする。

附属書表1　呼称厚さと試験視野の大きさ
（ブローホール及び砂かみ及び介在物の場合）

単位 mm

呼称厚さ	10以下	10を超え 20以下	20を超え 40以下	40を超え 80以下	80を超え 120以下	120を超えるもの
試験視野の大きさ（直径）	20	30	50		70	

附属書表2　きず寸法ときず点数

きず寸法 mm	2.0以下	2.0を超え 4.0以下	4.0を超え 6.0以下	6.0を超え 8.0以下	8.0を超え 10.0以下	10.0を超え 15.0以下	15.0を超え 20.0以下	20.0を超え 25.0以下	25.0を超え 30.0以下
きず点数	1	2	3	5	8	12	16	20	40

附属書表3　数えないきずの最大寸法

単位 mm

適用区分	呼称厚さ					
	10以下	10を超え 20以下	20を超え 40以下	40を超え 80以下	80を超え 120以下	120を超えるもの
1類	0.4	0.7	1.0		1.5	
2類以下	0.7	1.0	1.5		2.0	

また，対象とする部分に存在するきずのうち，きずの類に影響を与える主なものを試験視野の内側に入れるように位置を決め，その結果やむを得ずきずが試験視野の境界線上にかかる場合は，視野外の部分も含めて測定する。

3.2　引け巣のきず長さ及びきず面積　引け巣は試験部の全面積のうちで，きず長さ又はきず面積が最も大きい部分の試験視野内を対象とする。2個以上のきずが隣接している場合には，個々のきず長さ，又は面積が最も大きいきずを，できる限り広範囲に含むように試験視野を設定する。試験視野径を超える大きさのきずが存在する場合には，最も大きいきずを視野の中心に位置するように試験視野を設定する。なお，試験視野の大きさは，呼称厚さについて**附属書表4**に示す大きさとする。また，各呼称厚さについて**附属書表5**に示す大きさのきずは，きず長さに加えない。

a)　線状の引け巣のきず長さは，連続とみなせるきずの最大長さとする。きずが2個以上の場合は，その長さの総和をそのきず群のきず長さとする。きずが試験視野の境界線上にかかる場合は，視野外の部分も含めて測定する。

b)　樹枝状の引け巣のきず面積は，連続とみなせるきずの最大長さ及びそれと直交する幅の寸法の相乗積とする。きずが2個以上の場合は，その面積の総和をそのきず群のきず面積とする。きずが試験視野の境界線上にかかる場合は，視野外の部分も含めて測定する。また，樹枝状の引け巣に線状の引け巣が混在している場合は，線状の引け巣とせずに，長さの1/3の値を幅と考えて，樹枝状の引け巣として取り扱うこととする。この場合，1/3の値はmm単位で整数値に丸める。

附属書表4　呼称厚さと試験視野の大きさ（引け巣の場合）

単位 mm

呼称厚さ	10以下	10を超え20以下	20を超え40以下	40を超え80以下	80を超え120以下	120を超えるもの
試験視野の大きさ（直径）	50			70		

附属書表5　数えないきずの最大寸法及び最大面積

適用区分		呼称厚さ　mm					
		10以下	10を超え20以下	20を超え40以下	40を超え80以下	80を超え120以下	120を超えるもの
1類	線状　mm	5.0					
	樹枝状　mm²	10					
2類以下	線状　mm	5.0		10		20	
	樹枝状　mm²	30		50		90	

4.　きずの像の分類

4.1　ブローホールの場合のきずの像の分類　透過写真上のきずがブローホールである場合のきずの像の分類は，**附属書表6**による。ただし，1類については，**附属書表7**に示す寸法を超えるブローホールがあってはならない。

また，呼称厚さの1/2又は15 mmを超える寸法のきずがあるものは6類とする。

附属書表6　ブローホールのきずの分類

分類	呼称厚さ　mm					
	10以下	10を超え20以下	20を超え40以下	40を超え80以下	80を超え120以下	120を超えるもの
1類	3以下	4以下	6以下	8以下	10以下	12以下
2類	4以下	6以下	10以下	16以下	19以下	22以下
3類	6以下	9以下	15以下	24以下	28以下	32以下
4類	9以下	14以下	22以下	32以下	38以下	42以下
5類	14以下	21以下	32以下	42以下	49以下	56以下
6類	きず点数が5類より多いもの。呼称厚さの1/2又は15 mmを超える寸法のきずのあるもの。					

備考1.　表中の分類の規定値は，きず点数の許容限度を示す。

　　　2.　きずが試験視野の境界線上にかかる場合は，視野外の部分も含めて測定する。

附属書表7　1類に許容されるブローホールの最大寸法

単位 mm

呼称厚さ	10以下	10を超え 20以下	20を超え 40以下	40を超え 80以下	80を超え 120以下	120を超え るもの
ブローホールの最大寸法	3.0	4.0	5.0	7.0	9.0

4.2　砂かみ及び介在物の場合のきずの像の分類　透過写真上のきずが砂かみ及び介在物である場合のきずの像の分類は，**附属書表8**による。ただし，1類については，**附属書表9**に示す寸法を超える砂かみ及び介在物があってはならない。

また，呼称厚さ又は30 mmを超える寸法のきずがあるものは6類とする。

4.3　引け巣の場合のきずの像の分類　引け巣の場合のきずの像の分類は次による。

a)　透過写真上のきずが線状の引け巣である場合のきずの像の分類は，**附属書表10**による。

b)　透過写真上のきずが樹枝状の引け巣である場合のきずの像の分類は，**附属書表11**による。

附属書表8　砂かみ及び介在物のきずの分類

分類	呼称厚さ　mm					
	10以下	10を超え 20以下	20を超え 40以下	40を超え 80以下	80を超え 120以下	120を超え るもの
1類	5以下	8以下	12以下	16以下	20以下	24以下
2類	7以下	11以下	17以下	22以下	28以下	34以下
3類	10以下	16以下	23以下	29以下	36以下	44以下
4類	14以下	23以下	30以下	38以下	46以下	54以下
5類	21以下	32以下	40以下	50以下	60以下	70以下
6類	きず点数が5類より多いもの。呼称厚さ又は30 mmを超える寸法のきずのあるもの。					

備考1.　表中の分類の規定値は，きず点数の許容限度を示す。
　　2.　きずが試験視野の境界線上にかかる場合は，視野外の部分も含めて測定する。

附属書表9　1類に許容される砂かみ及び介在物の最大寸法

単位 mm

呼称厚さ	10以下	10を超え 20以下	20を超え 40以下	40を超え 80以下	80を超え 120以下	120を超え るもの
砂かみ及び介在物の 最大寸法	6.0	8.0	10.0	14.0	18.0

附属書表10　線状の引け巣のきずの分類

単位 mm

分類	呼称厚さ					
	10以下	10を超え 20以下	20を超え 40以下	40を超え 80以下	80を超え 120以下	120を超え るもの
1類	12以下		18以下		30以下	50以下
2類	23以下		36以下		63以下	110以下
3類	45以下		63以下		110以下	145以下
4類	75以下		100以下		160以下	180以下
5類	120以下		145以下		230以下	250以下
6類	5類より長いもの。					

備考1.　表中の分類の規定値は，きず長さ(mm)の許容限度を示す。
　　2.　きずが試験視野の境界線上にかかる場合は，視野外の部分も含めて測定する。

附属書表11　樹枝状の引け巣のきずの分類

単位 mm

分類	呼称厚さ					
	10以下	10を超え 20以下	20を超え 40以下	40を超え 80以下	80を超え 120以下	120を超え るもの
1類	250以下		600以下	800以下		1 000以下
2類	450以下		900以下	1 350以下		2 000以下
3類	800以下		1 650以下	2 700以下		3 000以下
4類	1 600以下		2 700以下	5 400以下		8 000以下
5類	3 600以下		6 300以下	9 000以下		12 000以下
6類	5類より広いもの。					

備考1. 表中の分類の規定値は，きず面積 (mm^2) の許容限度を示す。

2. きずが試験視野の境界線上にかかる場合は，視野外の部分も含めて測定する。

4.4　割れの場合のきずの像の分類　透過写真上のきずが割れである場合はすべて6類とする。

JIS G 0582
(2022)

鋼管の自動超音波探傷検査方法
Automated ultrasonic examination of steel pipes and tubes

JIS (1990, 98, 04,
12, 15) 改正
JIS (1978) 制定

序文

この規格は，2011 年に第 1 版として発行された **ISO 10893-10，ISO 10893-11** 及び 2020 年に発行された
それぞれの Amendment 1，並びに 2010 年に第 2 版として発行された **ISO 10332** を基とし，技術的内容を変
更して作成した日本産業規格である。

なお，この規格で側線又は点線の下線を施してある箇所は，対応国際規格を変更している事項である。
技術的差異の一覧表にその説明を付けて，**附属書 JA** に示す。

1 適用範囲

この規格は，通常，外径 10 mm 以上の継目無鋼管の管軸方向のきず及び溶接鋼管（サブマージアーク溶
接鋼管を除く。）の溶接部の管軸方向のきずを検査する自動超音波斜角探傷検査方法（フェーズドアレイ探
触子を用いた方法を含む。）について規定する。

ただし，製品規格の規定又は受渡当事者間の協定によって，継目無鋼管の検査の場合は，管円周方向の，
溶接鋼管の場合は，母材部の管軸方向の，きず検査に適用可能である。

注記 1 この規格は，通常，管の厚さと外径との比が 20 %以下の鋼管に適用されている。

注記 2 **ISO 10332，ISO 10893-10** 及び **ISO 10893-11** では，管軸方向のきずの検査にラム波を用いるこ
とを許容している。

注記 3 この規格の対応国際規格及びその対応の程度を表す記号を，次に示す。

ISO 10332:2010，Non-destructive testing of steel tubes － Automated ultrasonic testing of seamless and
welded (except submerged arc-welded) steel tubes for verification of hydraulic leak-tightness

ISO 10893-10:2011，Non-destructive testing of steel tubes － Part 10: Automated full peripheral ultrasonic
testing of seamless and welded (except submerged arc-welded) steel tubes for the detection of
longitudinal and/or transverse imperfections ＋ Amendment 1:2020

ISO 10893-11:2011，Non-destructive testing of steel tubes － Part 11: Automated ultrasonic testing of the
weld seam of welded steel tubes for the detection of longitudinal and/or transverse imperfections ＋
Amendment 1:2020（全体評価：MOD）

なお，対応の程度を表す記号 "MOD" は，**ISO/IEC Guide 21-1** に基づき，"修正している" こ
とを示す。

2 引用規格

次に掲げる引用規格は，この規格に引用されることによって，その一部又は全部がこの規格の要求事項

を構成している。これらの引用規格は，その最新版（追補を含む。）を適用する。

JIS G 0203 鉄鋼用語（製品及び品質）

JIS G 0431 鉄鋼製品の雇用主による非破壊試験技術者の資格付与

JIS Z 2300 非破壊試験用語

JIS Z 2305 非破壊試験技術者の資格及び認証

JIS Z 2350 超音波探触子の性能測定方法

JIS Z 2352 超音波探傷装置の性能測定方法

3 用語及び定義

この規格で用いる主な用語及び定義は，次によるほか，**JIS G 0203，JIS G 0431 及び JIS Z 2300** による。

3.1

人工きず（reference standard）

非破壊試験装置の感度調整，警報レベルの設定及び感度の確認に用いる人工的に加工されたきず

注釈 1　ドリル穴，角溝，Ⅴ溝などがある。

3.2

対比試験片（reference sample）

人工きずを含んだ鋼管又はその一部からなる供試材

注釈 1　ISO 10332，ISO 10893-10 及び ISO 10893-11 では，"対比試験鋼管"の用語を対比試験片も含ん
だ意味で用いている。

3.3

製造業者（manufacturer）

関連する規格に従って製品を製造し，供給する製品が，全ての関連する規格の規定を満たしていること
を宣言する組織

3.4

デジタル式自動探傷器

出力信号をデジタル式に処理するような機能を備えている超音波探傷器

3.5

走査装置

きずを検出するため，鋼管及び探傷探触子を相対的に移動させる装置

注釈 1　鋼管の送り装置，芯だし装置，鋼管回転装置又は探触子回転装置を含む。

3.6

マーキング装置

信号の高さが判定基準を超えたとき，鋼管の信号発生部分を塗料などで識別する装置

3.7

自動警報装置

信号の高さが判定基準を超えたとき，光又は音で警報を出す装置

4 一般要求事項

4.1 検査の時期

製品規格の規定又は受渡当事者間の協定がない限り，この規格で規定する超音波探傷検査は，全ての主要な製造工程（例えば，熱間仕上げ，冷間仕上げ，熱処理などの超音波特性又は鋼管の形状を変える工程）が終わった後に行わなければならない。

4.2 鋼管の性状

鋼管は，探傷に影響を与えるような曲がりがあってはならない。鋼管の表面は，検査の障害となるような異物などが付着していてはならない。

4.3 検査技術者

この検査は，**JIS G 0431**，**JIS Z 2305** 又はこれらと同等の資格を付与され，訓練された検査技術者によって行わなければならない。また，製造業者によって指名された力量のある検査技術者によって監督されなければならない。第三者による検査の場合は，このことを受渡当事者間で協定しなければならない。

雇用主によって与えられる検査技術者への作業実施許可は，文書化された手順に従ったものでなければならない。非破壊検査手順は，雇用主によって権限を与えられた非破壊試験技術者によって承認されなければならない。非破壊検査手順を承認する非破壊試験技術者は，レベル3の資格をもっていることが望ましい。

注記 **JIS G 0431** 及び **JIS Z 2305** の中で，非破壊試験技術者の資格レベルとして，レベル1，レベル2及びレベル3を規定している。

5 探傷装置

5.1 構成

自動探傷における探傷装置は，探傷器及び探触子のほか，走査装置，マーキング装置（又は選別装置），自動警報装置，記録装置など必要な装置で構成する。

5.2 探傷器

空調された室内に格納されている自動探傷用探傷器は，3年以内に1回，その他の自動探傷用探傷器は，1年以内に1回定期点検を行い，次の性能を備えていなければならない。

増幅直線性は，**JIS Z 2352** の箇条6（性能測定方法）によって標準試験片若しくは対比試験片の底面エコー又は電気的擬似信号を適切なレベルに設定し，理論値を基準として，測定値との正及び負の最大偏差の絶対値の和から求める。この和の値が，デジタル式自動探傷器の場合は 2.5 dB 以下，アナログ式Aスコープ表示をもつ自動探傷器の場合は 8 %以下とする。

5.3 探触子

5.3.1 探触子の性能

探触子の性能は，対比試験片の人工きずが明瞭に検出可能でなければならない。

5.3.2 振動子の寸法

振動子の寸法は，次による。

a) 管軸方向きずの探傷において，斜角探触子又は水浸法を採用する場合の垂直探触子の振動子の公称寸法は，管軸方向の長さが 25 mm 以下とする。鋼管の外径が 50 mm 以下の U1 区分に用いる探触子の管軸方向の振動子長さは，通常，最大 12.5 mm とする。また，フェーズドアレイ探触子を使用して管軸方向にリニア走査する場合，振動子の管軸方向の見掛け寸法は，**7.2.1.2** に規定する角溝の最大長さ又は 35 mm のいずれか小さい方以下とする。

b) 管円周方向きずの探傷の場合，斜角探触子又は水浸法を採用する場合の垂直探触子の振動子の公称寸法は，管円周方向の長さが 25 mm 以下とする。

5.3.3 周波数

振動子の周波数は，斜角探傷検査方法の場合，1 MHz〜15 MHz の範囲とし，検査対象の鋼管の超音波特性，厚さ及び表面状性によって選択する。

5.3.4 屈折角

屈折角は，次による。

a) 斜角探触子を用いる場合は，対比試験片の内外面の人工きずを明瞭に検出するのに適した探触子を使用する。通常，**表 1** に示した公称屈折角をもつ探触子が推奨される。

b) 垂直探触子を用いて斜角探傷をする場合は，**表 1** を参考として，対比試験片の内外面の人工きずを明瞭に検出するのに適した屈折角が得られるように調整する。

表 1－斜角探触子の公称屈折角

厚さ対外径比（t/D）		公称屈折角
	2.3 %以下	70° 60° 45° 40°
2.3 %超え	5.8 %以下	60° 45° 40°
5.8 %超え	13 %以下	45° 40°
13 %超え	20 %以下	40° 35°
斜角探触子の屈折角は，**JIS Z 2350** に従って測定する。		

5.4 マーキング装置及び自動警報装置

装置は，マーキング又は選別機能をもつ自動警報システムを用いて，合格材と嫌疑材とを選別できるものでなければならない。

6 探傷方法

6.1 一般

鋼管は，管軸方向及び／又は管円周方向のきずを検出するために，斜角探傷法を用いて検査を行う。

なお，探傷形式は，水浸法，ギャップ法又は直接接触法とする。また，接触媒質は，通常，水とする。

また，鋼管の厚さと外径との比が 20 %超えの鋼管の管軸方向のきずの検査に適用する探傷方法は，受渡当事者間の協定による。適用する探傷方法の例を**附属書 A** に示す。

6.2 カバー率及び検査速度

検査中，振動子の寸法に基づいて計算したカバー率で，振動子群が鋼管の全表面を探傷するように走査しなければならない。溶接鋼管の場合は，溶接部を全長にわたって探傷しなければならない。検査中の探触子の相対速度は，±10％以上変化してはならない。

注記 鋼管の両端については，検査できない短い部分が存在する。

6.3 探傷方向

受渡当事者間の協定がない限り，検査中，鋼管は，二つの反対方向の超音波ビームで探傷されなければならない。すなわち，管軸方向のきずに対しては，時計周り及び反時計回りで探傷し，管円周方向のきずに対しては，管軸2方向で探傷する。

7 人工きず

7.1 一般

人工きずの一般事項は，次による。

a) 探傷装置の感度調整のための適切な人工きずを規定する。これらの人工きずの寸法は，装置によって検知できるきずの最小サイズと考えない方がよい。

b) 管軸方向きずの探傷の場合，探傷装置は，対比試験片の内外面に加工した管軸方向の角溝人工きずによって調整しなければならない。受渡当事者間の協定によって，継目無鋼管の管円周方向のきず探傷を行う場合は，対比試験片の内外面に加工した管円周方向の角溝人工きずによって調整しなければならない。ただし，管軸方向及び管円周方向のきず探傷において，角溝の深さが，0.5 mm 未満の規定溝深さになる場合には，製造業者の選択によって，角溝に代え，V溝を使用してもよい。

　　鋼管の内径が 15 mm 未満の場合には，内面の人工きずを使用しなくてもよい。

c) 対比試験片は，検査する鋼管と同じ公称寸法及び表面状態並びに同等の材質及び熱処理状態，すなわち同等の音響特性（例えば，音速，減衰係数など）をもたなければならない。

d) 明確に識別できる信号を得るために，人工きずは，対比試験片の管端及び他の人工きずから十分離れていなければならない。

e) 角溝及びV溝に代えて，ドリル穴を用いてもよい。ただし，対応するドリル穴の寸法が規定されていない場合には，ドリル穴の寸法は，受渡当事者間の協定による。

7.2 人工きずの種類及び寸法許容差

7.2.1 角溝

7.2.1.1 一般

角溝の一般事項は，次による。

a) 角溝は，図1に示す形状とし，管軸方向角溝の場合は，管軸方向に平行に，また，管円周方向角溝の場合は，管軸方向に直角に加工しなければならない。角溝の側面は，平行で，底部は，側面に対して直角でなければならない。

b) 角溝は，機械加工，放電加工又は他の適切な方法で加工しなければならない。底部及び底部の角は，丸みがあってもよい。

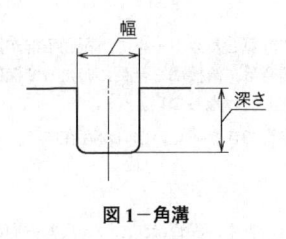

図 1－角溝

7.2.1.2　角溝の寸法

角溝の寸法は，次による。

a)　幅（図1参照）　角溝の幅は，1.0 mm 以下とする。ただし，角溝の深さが 0.5 mm 以下の場合は，深さの 2 倍以下にするのが望ましい。ただし，**表3**の区分を適用する場合には，1.5 mm 以下としてもよい。

b)　深さ（図1参照）　それぞれの許容レベル及び区分の角溝の深さは，**7.4** による。ただし，次の条件を満足しなければならない。

－　最小深さは，**表2**及び**表3**の規定による。

－　最大深さは，1.5 mm とする。ただし，厚さ 50 mm を超える鋼管については，受渡当事者間の協定がない限り，3.0 mm まで深くしてもよい。

深さの許容差は，角溝深さの±15 %（最小値は，±0.03 mm）とする。

なお，深さの許容差の下限（マイナス側）については，製造業者の責任において拡大してもよい。

c)　長さ　製品規格の規定又は受渡当事者間の協定がない限り，管軸方向きず探傷の場合の角溝の長さは，一つの振動子又はフェーズドアレイの一つの見掛けの振動子幅より大きくなければならない。

人工きずの最大長さは，探傷方向によらず 50 mm とする。ただし，角溝深さが公称厚さの 10 %以下で，冷間引抜き，冷間ピルガー圧延又は機械仕上げの鋼管に対しては，最大長さは，25 mm とする。

7.2.2　V 溝

7.2.2.1　一般

V 溝は，**図2**に示す形状とし，管軸方向 V 溝の場合は管軸方向に平行に，また，管円周方向 V 溝の場合は管軸方向に直角に，加工されなければならない。溝底の角度は，60°とする。

底部の角は，丸みがあってもよい。

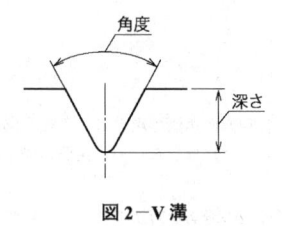

図 2－V 溝

7.2.2.2 V溝の寸法

V溝の寸法は，次による。

a) **深さ（図2参照）** V溝の深さの許容差は，**7.2.1.2 b)** の規定による。ただし，角溝をV溝に置き換える。

b) **長さ** V溝の長さは，**7.2.1.2 c)** の規定による。ただし，角溝をV溝に置き換える。

7.2.3 ドリル穴

ドリル穴は，**図3**に示す形状とし，それぞれの許容レベルに対応するドリル穴の径は，**7.4**に規定する値を超えてはならない。ただし，**表3**の区分を適用する場合，ドリル穴の公称径が1.0 mm以下の場合には，±0.1 mm，ドリル穴の公称径が1.0 mmを超える場合には，±0.2 mmの許容差をそれぞれ用いてもよい。ドリル穴は，機械加工，放電加工又は他の適切な方法で加工する。

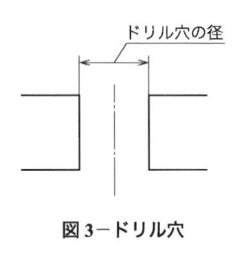

図3－ドリル穴

7.3 人工きずの確認

人工きずの寸法及び形状は，**7.2**及び**7.4**で規定する値であることを適切な方法によって確認する。

7.4 許容レベル及び区分に対応する人工きずの寸法

7.4.1 許容レベルU1〜U5に対応する角溝及びV溝

許容レベルU1〜U5の人工きずは，角溝又はV溝とし，そのきず寸法は，**表2**による。

表2－許容レベル及び対応する人工きずの深さ

許容レベル	角溝又はV溝深さ [b] 公称厚さに対する比 %	最小溝深さ mm
U1 [a]	3	0.3 [c]
U2	5	0.3 [c]
U3	10	0.3 [c]
U4	12.5	0.5 [c]
U5	15	0.5

注記　ISO 10893-10 では，この表に加えて，最小角溝深さを規定したサブカテゴリ A～D が規定されている。

注 [a]　区分 U1 は，継目無鋼管で表面性状の極めて良好な特殊用途の鋼管で，受渡当 事者間の協定がある場合にだけ適用する。

注 [b]　V溝は，人工きずの深さが，0.5 mm 以下の場合にだけ適用する。

注 [c]　冷間加工材（冷間引抜き，又は冷間ピルガー圧延）及び機械仕上げ材は，0.2 mm とする。

7.4.2　区分 UO～UE に対応する人工きず

区分 UO～UE が指定された場合の人工きずの寸法は，表3に示す値とする。

表3－区分 UO～UE に対応する人工きず

区分	使用する人工きずの種類			角溝及びV溝の 最小深さ
	角溝深さ 公称厚さに対する比	V溝深さ [b] 公称厚さに対する比	ドリル穴径	
UO [a]	3 %	3 %	—	0.3 mm [c]
UA	5 %	5 %	—	0.3 mm [c]
UB	8 %	8 %	—	0.3 mm [c]
UC	10 %	10 %	3.2 mm	0.3 mm [c]
UD	12.5 %	12.5 %	3.2 mm	0.5 mm [c]
UE	15 %	15 %	3.2 mm	0.5 mm

注 [a]　区分 UO は，継目無鋼管で表面性状の極めて良好な特殊用途の鋼管で，受渡当事者間の協定があ る場合にだけ適用する。

注 [b]　V溝は，人工きずの深さが，0.5 mm 以下の場合にだけ適用する。

注 [c]　冷間加工材（冷間引抜き，又は冷間ピルガー圧延）及び機械仕上げ材は，0.2 mm とする。

注記　表3の区分は，従来から日本産業規格の製品規格に引用されている。

8　装置の感度調整及び感度の確認

8.1　一般

それぞれの探傷作業の開始時に，装置は，人工きずから常に明瞭な信号が得られるように感度調整しな ければならない。装置の警報レベルを設定するのに，これらの信号を用いる。

8.2　感度及び警報レベルの調整

感度及び警報レベルの調整は，次による。

a) 一つの警報レベルを用いる場合には，内外面の人工きずからの信号レベルが，できる限り同じになるように調整し，二つの信号レベルの低い方の信号を装置の警報レベルの設定に用いなければならない。

b) 内外面の人工きずに対して，別々の警報レベルを用いる場合には，それぞれの人工きずからの信号を，装置の警報レベルの設定に用いなければならない。ゲートの位置及び幅は，鋼管の全厚さを検査するように設定しなければならない。

c) 外面の人工きずだけを用いる場合には，内面のゲート時間（internal time-period）の直後に発生する外面人工きずからのエコー高さを，その内面ゲート位置における内面人工きずの信号レベルとして用いなければならない。

8.3 感度の確認

感度の確認は，次による。

a) 感度の確認は，同じ公称外径，公称厚さ及び種類の鋼管のオンライン検査中に，**8.2** で用いた対比試験片を装置に通過させ，定期的に確認しなければならない。

感度の確認は，鋼管の検査作業（同一設定条件下での作業）ごと，並びに作業の開始及び終了時に行い，かつ，少なくとも 8 時間ごとに行う。

なお，感度の確認は，受渡当事者間の協定によって 4 時間ごと又は 10 本ごとのいずれか長い時間ごとに行ってもよい。

> 注記 1　ISO 10332, ISO 10893-10 及び ISO 10893-11 では，感度の確認は，4 時間ごとに行うことを要求している。

b) 感度の確認は，対比試験片と探傷装置との相対速度が，鋼管の検査時と同じ速度で行わなければならない。鋼管の検査時と同じ相対速度で感度の確認を行えない場合には，製造業者は，実施する感度の確認の方法が，感度調整の要求事項を満足することを示さなければならない。

c) 装置の使用中に，感度調整時に用いたパラメータが変更された場合，再感度調整をしなければならない。

d) 検査中の感度の確認で，感度調整の要求事項を満足しない場合には，直前の装置の感度調整又は感度の確認以降に検査をした全ての鋼管について，装置の再感度調整後に，再検査を行わなければならない。

> 注記 2　"感度調整の要求事項を満足する"とは，鋼管の検査時と同じ相対速度の状態で，規定の人工きずからの信号によって正常に警報が作動し，マーキング又は選別可能であることをいう。

9 結果の判定

9.1 結果の判定

結果の判定は，次による。

a) 発生した信号が警報レベル未満の鋼管は，検査に合格したとみなす。

b) 発生した信号が警報レベル以上の鋼管は，嫌疑材とするか，製造業者の判断で再検査をしてもよい。再検査において，信号が警報レベル未満の場合は，その鋼管を合格したものとみなし，発生した信号が警報レベル以上の鋼管は，嫌疑材とする。

9.2 嫌疑材の処置

嫌疑材は，製品規格の規定のない限り，次の一つ又はそれ以上の処置を行わなければならない。

a) 嫌疑部分を適切な方法で，研削又は切削し，鋼管の残厚さが許容値内であることを確認した後，最初の検査に適用した同じ方法（**附属書 B** を含む。）で検査しなければならない。**警報レベル**以上の信号がなければ，合格とする。

   嫌疑部分を，最初の検査と同等以上の他の非破壊検査，検査方法及び許容レベルを用いて検査をしてもよい。

b) 嫌疑部分を切り捨てる。

c) 鋼管を不合格とする。

10 検査報告書

注文者の指定がある場合には，製造業者は，次の中から必要事項を選択し，検査報告書を注文者に提出しなければならない。

a) この規格によって検査した旨の表示

b) 検査年月日

c) 検査技術者

d) 鋼管の種類の記号及び寸法

e) 探傷器の形式

f) 公称周波数

g) 探触子の種類の記号

h) 探傷形式（水浸法，ギャップ法，直接接触法の別）

i) 人工きず，及び許容レベル又は区分。人工きずの種類を表す記号として，D（ドリル穴），N（角溝）又は V（V 溝）を用いてもよい。

j) 接触媒質

k) 検査結果

l) 受渡当事者間の協定内容

附属書 A

（規定）

規定厚さと規定外径との比（t/D）が 20 %を超える鋼管の管軸方向のきずに対する超音波探傷検査方法

規定厚さと規定外径[1] との比（t/D）が 20 %を超える場合には，**A.1** 又は **A.2** を受渡当事者間の協定によって，適用してもよい。

注[1] ここでいう規定厚さとは，肉厚許容差の中央値をいう。規定外径とは，公称外径をいう。

A.1 t/D が 20 %を超え 25 %以下の場合

t/D が 20 %を超え，25 %以下の場合には，内面側の長手方向の人工きず深さは，**表 A.1** に示すように，外面側の人工きず深さに応じて深く加工する。**A.2** に示す，モード変換を適用してもよい。

A.2 t/D が 25 %を超え 33 %以下の場合

t/D が 25 %を超え，33 %以下の場合には，モード変換を利用して斜角探傷を行うことを推奨する（**図 A.1** 参照）。この場合，内外面の人工きず深さの比は，受渡当事者間の協定による。ただし，1.0 未満又は**表 A.1** に規定された値より大きくなってはならない。

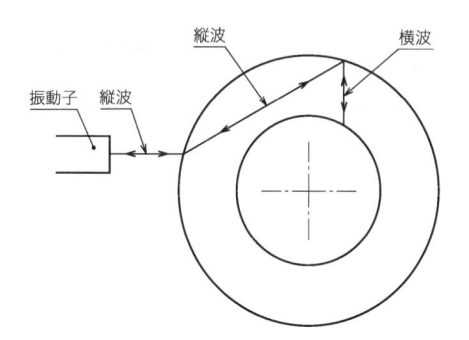

図 A.1－縦波から横波へのモード変換

表 A.1－内面側／外面側人工きず深さ比

厚さ対外径比（t/D）		内面側／外面側人工きず深さ比
20 %超え	21 %以下	1.6
21 %超え	22 %以下	1.9
22 %超え	23.5 %以下	2.2
23.5 %超え	25 %以下	2.5
25 %超え	33 %以下	2.5

附属書 B
（規定）
嫌疑部分の手動超音波探傷検査方法

B.1　嫌疑部分

　自動超音波探傷検査において，嫌疑ありとみなされた鋼管の嫌疑部分については，必要に応じて，自動超音波探傷検査を手動で行う。その場合は，**B.2** の制約条件の下，当初の自動超音波探傷検査と同じ探傷感度（人工きず深さ）及び探傷条件で，嫌疑部分の全体を探傷しなければならない。

B.2　手動超音波探傷検査の制約条件

　嫌疑部分の手動超音波探傷適用時の制約条件は，次による。

a)　手動超音波探傷検査で使用する振動子の大きさ及び鋼中のビーム屈折角は，自動超音波探傷検査に用いたものと同等程度でなければならない。

b)　走査は，自動超音波探傷検査にて嫌疑材と判断した超音波の方向と同じ方向に伝搬するように行わなければならない。

c)　鋼管表面の走査速度は，150 mm/s を超えてはならない。

d)　手動超音波探傷検査で用いる探触子は，直接接触法，ギャップ法又は水浸法のいずれかとする。探触子が，鋼管表面と適切な間隔を確実に維持するような方法を用いなければならない。例えば，直接接触法では，探触子の前面にある "保護面（wear face）" は，検査する鋼管の表面の曲面に沿うようなものでなければならない。

e)　手動超音波探傷検査に用いる探触子の周波数は，自動超音波探傷検査に用いた周波数の ±1 MHz を超えて変えてはならない。

附属書 JA
(参考)
JIS と対応国際規格との対比表

JIS G 0582		ISO 10332:2010, ISO 10893-10:2011＋Amd 1:2020, ISO 10893-11:2011＋Amd 1:2020,（MOD）		
a) JIS の箇条番号	b) 対応国際規格の対応する箇条番号	c) 箇条ごとの評価	d) JIS と対応国際規格との技術的差異の内容及び理由	e) JIS と対応国際規格との技術的差異に対する今後の対策
1	1	削除	ISO 規格では, ラム波の適用も認めているが, JIS では, 国内の使用ニーズ及び実態がほとんどないことから, 削除している。	次回 ISO 規格改訂時に提案する。
2	—	—	—	—
3	3.2	削除	JIS では, 対比試験鋼管は, 対比試験片に含めており, 特に対比試験鋼管と対比試験片を識別する必要がない。	次回 ISO 規格改訂時に提案する。
3.4, 3.5, 3.6, 3.7	—	追加	JIS として, 必要な用語規格及び用語を追加した。	ISO 規格とは異なる用語も定義しているため, 現状ままとする。
4.3	4.3	変更	ISO 規格では, レベル 3 による手順承認が要求事項であるが, JIS では, 推奨事項とした。	ISO 規格が国際的な傾向であり, 次回 JIS 改正時に ISO 規格への整合を検討する。
5	5	追加	ISO 規格には, 装置に関する詳細な規定がないが, 試験方法に装置の箇条は必要であり, JIS では追加している。	次回 ISO 規格改訂時に提案する。
6	5	追加	探傷形式及び接触媒質も重要な規定であり, JIS では, 追加している。	JIS では, 重要な規定と考えており, 現状ままとする。
	5.5	削除	ISO 規格では, ラム波の適用も認めているが, JIS では, 国内の使用ニーズ及び実態がほとんどないことから, 削除している。	次回 ISO 規格改正時に提案する。
7.1. b)	6.1.2	削除	ISO 規格では, 継目無鋼管に対して管軸方向及び管円周方向以外の方向の人工きずの適用を受渡当事者間の協定で認めているが, 特に国内では, ニーズを含めまだ十分に対応できる状況にないため, JIS では, 削除した。	次回 JIS 改正時に ISO 規格の規定への移行の可否を検討する。
7.1. e)	6.1.3	変更	ISO 規格では, 角溝及び V 溝に代えてドリル穴を用いる場合, 使用者に対して実証し, 同等の感度であることを証明すると規定しているが, 国内では適用されていないため, JIS では, "ドリル穴の寸法は, 受渡当事者間の協定による。"に変更した。	次回 JIS 改正時に ISO 規格の規定への移行の可否を検討する。
7.2.1.2	6.2	変更	JIS では, 角溝の幅について, 従来の区分を適用する場合の寸法を規定している。	JIS では, 重要な規定と考えており, 現状ままとする。

a) JISの箇条番号	b) 対応国際規格の対応する箇条番号	c) 箇条ごとの評価	d) JIS と対応国際規格との技術的差異の内容及び理由	e) JIS と対応国際規格との技術的差異に対する今後の対策
7.2.3	6.3	変更	JIS では，ドリル穴の径について，従来の区分を適用する場合の寸法許容差を規定している。	JIS では，重要な規定と考えており，現状ままとする。
7.4.1	6.3	削除	ISO 規格には，サブカテゴリによる最小角溝深さが規定されているが，国内では使用されていないことから削除している。	次回 ISO 規格改訂時に提案する。
7.4.2	—	変更	JIS では，従来の区分による人工きず寸法表を残している。	次回 JIS 改正時に ISO 規格の規定への移行の可否を検討する。
8.3	7.3.1	変更	JIS では，国内の実態を踏まえ，感度の確認を従来の 8 時間ごととしている。	次回 JIS 改正時に検討する。
10	9	変更	検査報告事項は，ISO 規格と一致しているが，JIS では，工場内のデータの授受のケースも考慮し，必要な項目を選択できることとしている。	次回 ISO 規格改訂時に提案する。
A.2	A.1.3	追加	JIS では，国内の知見を反映し，t/D が 25 % 超えの人工きず深さ比を追加した。	次回 ISO 規格改訂時に提案する。

注記 1　箇条ごとの評価欄の用語の意味を，次に示す。
－　削除：対応国際規格の規定項目又は規定内容を削除している。
－　追加：対応国際規格にない規定項目又は規定内容を追加している。
－　変更：対応国際規格の規定内容又は構成を変更している。
注記 2　JIS と国際規格との対応の程度の全体評価の記号の意味を，次に示す。
－　MOD：対応国際規格を修正している。

JIS G 0583
(2021)

鋼管の自動渦電流探傷検査方法

Automated eddy current examination of steel pipes and tubes

JIS (2000, 04, 12) 改正
JIS (1978) 制定

序文

この規格は，2011 年に第 1 版として発行された **ISO 10893-1** 及び **ISO 10893-2**，並びに 2020 年に発行されたそれぞれの Amendment 1 を基とし，技術的内容を変更して作成した日本産業規格である。ただし，追補（amendment）については，編集し，一体とした。

なお，この規格で側線又は点線の下線を施してある箇所は，対応国際規格を変更している事項である。技術的差異の一覧表にその説明を付けて，**附属書 JA** に示す。

1 適用範囲

この規格は，継目無鋼管及び溶接鋼管（サブマージアーク溶接鋼管を除く。）（以下，鋼管という。）のきずの自動渦電流探傷検査方法について規定する。試験は，貫通コイル法又はプローブコイル法があり，貫通コイル法は，通常，外径 250 mm 以下の鋼管に適用する。

注記 1 ISO 10893-1 及び ISO 10893-2 では，セグメントコイル法も規定されているが，国内での使用実態が，ほとんどないことから，この規格には，規定していない。

注記 2 この規格の対応国際規格及びその対応の程度を表す記号を，次に示す。

ISO 10893-1:2011，Non-destructive testing of steel tubes－Part 1: Automated electromagnetic testing of seamless and welded (except submerged arc-welded) steel tubes for the verification of hydraulic leaktightness＋Amendment 1:2020

ISO 10893-2:2011，Non-destructive testing of steel tubes－Part 2: Automated eddy current testing of seamless and welded (except submerged arc-welded) steel tubes for the detection of imperfections＋Amendment 1:2020（全体評価：MOD）

なお，対応の程度を表す記号 "MOD" は，**ISO/IEC Guide 21-1** に基づき，"修正している" ことを示す。

2 引用規格

次に掲げる引用規格は，この規格に引用されることによって，その一部又は全部がこの規格の要求事項を構成している。これらの引用規格は，その最新版（追補を含む。）を適用する。

JIS G 0203 鉄鋼用語（製品及び品質）

JIS G 0431 鉄鋼製品の雇用主による非破壊試験技術者の資格付与

JIS Z 2300 非破壊試験用語

JIS Z 2305 非破壊試験技術者の資格及び認証

JIS Z 2315 渦流探傷装置の総合性能の測定方法

3 用語及び定義

この規格で用いる主な用語及び定義は，次によるほか，**JIS G 0203**，**JIS G 0431** 及び **JIS Z 2300** による。

3.1
人工きず（reference standard）
非破壊試験の装置の感度調整，警報レベルの設定及び感度の確認に用いる人工的に付けられたきず
注釈1 ドリル穴，角溝，やすり溝などがある。

3.2
対比試験片（reference sample）
人工きずを含んだ鋼管，又はその一部分からなる供試材
注釈1 ISO 10893-1 及び ISO 10893-2 では，"対比試験鋼管"の用語を対比試験片も含んだ意味で用いている。

3.3
製造業者（manufacturer）
関連する規格に従って製品を製造し，供給する製品が，関連する規格の全ての適用される規定に従っていることを宣言する組織

3.4
プローブコイル法
プローブコイルを用いて鋼管表面のきずを探傷する試験法

3.5
プローブコイル
プローブコイル法に用いる試験コイル
注釈1 上置プローブ，回転プローブ，アレイプローブなどがある（**JIS Z 2300** 参照）。

3.6
走査装置
きずを検出するため，鋼管及び探傷コイルを相対的に移動させる装置
注釈1 鋼管の送り装置，貫通コイル法の探傷コイルの芯だし装置，上置プローブ法における鋼管回転装置及びプローブ回転装置を含む。

3.7
マーキング装置
信号の高さが判定基準を超えたとき，鋼管の信号発生部分を塗料などで識別する装置

3.8
自動警報装置
信号の高さが判定基準を超えたとき，光又は音で警報を出す装置

3.9
ストレートナーマーク

鋼管の矯正時に鋼管の内外面に発生するら（螺）旋状の模様

3.10

かききず

鋼管の表面が引っかかれてできたきず

3.11

すりきず

鋼管の表面が軽くすられてできたきず

3.12

びびり

鋼管の引抜き工程で発生するもので，内外面とも円周方向の蛇腹状又は凹凸状の模様

3.13

バイトびびり

電気抵抗溶接鋼管のビード削り工程で発生するもので，バイトの削り跡が小さいピッチで波形に連続して残った模様

4　一般要求事項

4.1　検査の時期

製品規格の規定又は受渡当事者間の協定のない限り，この規格で規定する渦電流探傷検査は，全ての主要な製造工程（例えば，熱間仕上げ，冷間仕上げ，熱処理など渦電流特性又は管の形状を変える工程）が終わった後に行わなければならない。

4.2　鋼管の性状

鋼管は，有効な検査ができるように，探傷に影響を与えるような曲がりがあってはならない。鋼管の表面は，検査の障害となるような異物などが付着していてはならない。

4.3　検査技術者

この検査は，JIS G 0431，JIS Z 2305又はこれらと同等の資格を付与された，訓練された検査技術者によって行われなければならない。また，製造業者によって指名された力量のある技術者によって監督されなければならない。第三者による検査の場合は，このことを受渡当事者間で協定しなければならない。

雇用主によって与えられる検査技術者への作業実施許可は，文書化された手順に従ったものでなければならない。非破壊検査手順は，雇用主によって権限を与えられた非破壊試験技術者によって承認されなければならない。非破壊検査手順を承認する非破壊試験技術者は，レベル3の資格をもっていることが望ましい。

注記　JIS G 0431及びJIS Z 2305の中で，非破壊試験技術者の資格レベルとしてレベル1，レベル2及びレベル3を規定している。

5 探傷装置

5.1 構成

探傷装置は，探傷器，探傷コイル，走査装置，磁気飽和装置，マーキング装置（又は選別装置），自動警報装置，記録装置など必要な装置で構成する。

5.2 探傷器

探傷器は，発振器，電気的信号を処理する電気装置，きずによる信号の表示装置などからなり，次による。

a) 型式，探傷周波数，信号の表示方式などは，検査の目的に合っていなければならない。

b) 0 ℃〜40 ℃の環境温度及び±15 %の電源電圧の変動において長時間安定に作動し，かつ，外部からの電気雑音に対して保護されていなければならない。

5.3 探傷コイル

探傷コイルは，貫通コイル法については，主に自己比較方式とする。

5.4 走査装置，磁気飽和装置，マーキング装置（又は選別装置），自動警報装置及び記録装置

走査装置，磁気飽和装置，マーキング装置（又は選別装置），自動警報装置及び記録装置は，探傷作業上及び結果の判定作業上十分な性能をもたなければならない。探傷コイルと鋼管との相対速度は，±10 %を超えて変動してはならない。

5.5 探傷装置の総合性能

探傷装置の総合性能の測定は，定期点検時及び必要に応じて行い，貫通コイル法は，JIS Z 2315，また，プローブコイル法は，適切な方法によって行う。その性能は，探傷作業上及び結果の判定作業上十分でなければならない。

6 探傷方法

6.1 一般事項

鋼管の探傷方法は，6.2 又は 6.3 による。

注記1 鋼管の両端については，試験できない短い部分が存在する。

注記2 渦電流探傷試験法の制約に関するガイドラインを，附属書 A に示す。

6.2 貫通コイル法

貫通コイル法は，図 1 に示す形式のコイルを用いて鋼管の探傷を行う。

注記 試験の感度は，試験コイルに近い鋼管の表面で最大であり，鋼管の厚さが増えるに従い減少する（附属書 A 参照）。

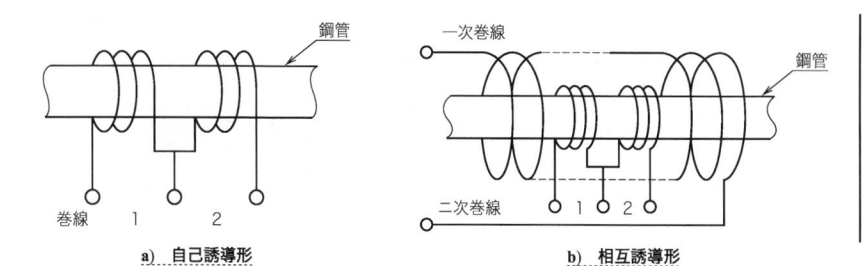

| a) 自己誘導形 | b) 相互誘導形 |

注記 この図は，例えば，分割主コイル（split primary coils），双差動コイル（twin differential coil），校正コイル（calibrator coil）などを含む多コイル配置の形式を簡素化している。

図1－貫通コイル法の簡略図

6.3 プローブコイル法

　プローブコイル法は，鋼管の全表面を探傷するため，**図2**に示すように，鋼管とプローブコイルとを相対的に動かすか，又はプローブコイルを鋼管の円周方向に等間隔に配置し，周期的・電子的に走査することによって，全表面を探傷するようにしなければならない。この試験方法には，鋼管の最大外径の制約はない。

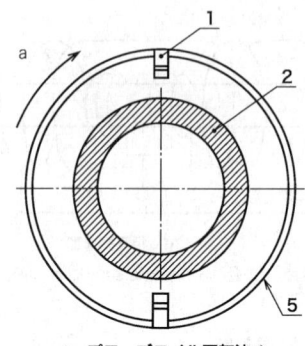 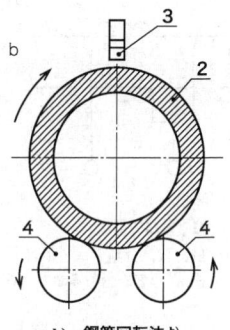

a) プローブコイル回転法 ᵃ⁾　　　　**b)** 鋼管回転法 ᵇ⁾

記号説明
　1：プローブコイル
　2：鋼管
　3：固定プローブコイル
　4：回転ロール
　5：プローブコイル回転体
　a：プローブ回転方向
　b：鋼管回転方向
　注記　**a)**及び **b)**のプローブコイルは，用いる装置及び他の要因によって，異なった形式の場
　　　　　合がある。例えば，シングルコイル，種々の形状の多重コイル。
　注 ᵃ⁾　回転するプローブコイルの中に鋼管を直進させる。
　注 ᵇ⁾　回転する鋼管上をプローブコイルが直線的に移動するか，又はプローブコイルは固定
　　　　　で，鋼管を回転させながら直進させる。

図 2−プローブコイル法の簡略図

7　対比試験片及び人工きず

7.1　一般

対比試験片及び人工きずの一般事項は，次による。

a) この規格で規定する人工きずは，非破壊試験装置の感度調整を行うためのものである。これらの人工
　きずの寸法は，装置によって検知できるきずの最小サイズと考えない方がよい。

b) 対比試験片は，検査する鋼管と同等の材質，公称寸法，表面状態及び熱処理状態のものとする。ただ
　し，5 mm 以上の厚さの鋼管の場合には，探傷感度が同等以上に維持できれば，検査する鋼管の公称厚
　さ以上の鋼管を用いてもよい。角溝を用いる場合には，その深さは，検査する鋼管の公称厚さから求
　める。また，検査する鋼管と異なる公称厚さの鋼管を用いる場合には，製造業者は，注文者の要求が
　あれば，適用した方法の有効性を証明しなければならない。

c) それぞれの試験方法に使用する人工きずは，次による。

　1) 貫通コイル法を用いる場合には，ドリル穴は，**7.3.1** による。ただし，ドリル穴に代えて，管軸方向
　　　の角溝又は円周方向のやすり溝を使用してもよい。この場合，対応する角溝及びやすり溝の規定が
　　　ないときには，受渡当事者間の協定による。

　2) プローブコイル法を用いる場合には，**表 2** で規定する角溝とする。

d) 人工きず（7.2〜7.4 参照）は，明瞭な信号を得るために，管軸方向に互いに十分に分離し，また，対比試験片の鋼管端から十分に離さなければならない。

7.2 貫通コイル法における対比試験片及び人工きず

貫通コイル法における対比試験片及び人工きずは，次による。

a) 対比試験片には，厚さ方向に貫通した三つ又は四つのドリル穴を加工しなければならない。ドリル穴は，それぞれの場合で，円周方向に 120°又は 90°の位置とする。

b) 代替法の場合は，厚さ方向に貫通したただ一つのドリル穴を加工した対比試験片を用いて，ドリル穴を 0°，90°，180°及び 270°の位置に変えて装置を通過させ，感度調整及び感度の確認をしなければならない。

7.3 人工きずの種類及び寸法許容差

7.3.1 ドリル穴

ドリル穴は，**図 3** に示す形状とし，許容レベル又は区分に対応するドリル穴の径は，**7.4** に規定する値以下とする。ただし，**表 3** の区分を適用する場合は，ドリル穴の公称径が 1.0 mm 以下には，±0.1 mm，ドリル穴の公称径が 1.0 mm 超えには，±0.2 mm の許容差を用いてもよい。ドリル穴は，機械加工，放電加工などの適切な方法で加工する。

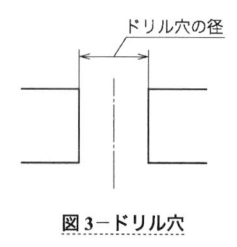

図 3−ドリル穴

7.3.2 角溝

7.3.2.1 一般

角溝の一般事項は，次による。

a) 角溝は，**図 4** に示す形状とし，鋼管の軸方向に平行に加工しなければならない。角溝の側面は，ほぼ平行で，底部は，側面に対してほぼ直角でなければならない。

b) 角溝は，機械加工，放電加工又は他の適切な方法で加工しなければならない。底部及び底部の角は，丸みがあってもよい。

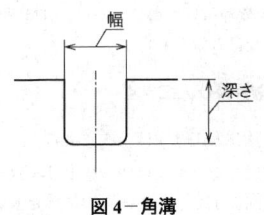

図 4－角溝

7.3.2.2 角溝の寸法

a) 幅（図 4 参照）　角溝の幅は，1 mm 以下とする。ただし，**表 3** の区分を適用する場合の幅の上限は，1.5 mm 又は深さの 3 倍のいずれか小さい方とする。

b) 深さ（図 4 参照）　それぞれの許容レベル又は区分の角溝の深さは，**7.4** による。ただし，次の条件を満足しなければならない。

－　最小深さ：0.3 mm（ただし，冷間仕上継目無鋼管及びステンレス溶接鋼管の場合は，0.2 mm）
　　深さの許容差は，角溝深さの±15 %（ただし，最小値は±0.05 mm）とする。

c) 長さ　製品規格の規定又は受渡当事者間の協定がない限り，角溝の長さは，次による。

－　プローブコイル法：個々のプローブコイル幅の 2 倍以上。ただし，50 mm 以下。

－　貫通コイル法：25 mm 以下

7.3.3 やすり溝

7.3.3.1 一般

やすり溝は，**図 5** に示す形状とし，三角やすりによって，鋼管外面円周方向に加工しなければならない。溝底の角度は，ほぼ 60° とする。

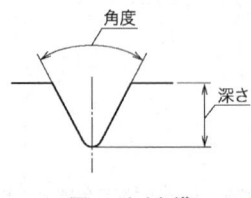

図 5－やすり溝

7.3.3.2 やすり溝の寸法

a) 深さ（図 5 参照）　それぞれの許容レベル又は区分のやすり溝の深さは，**7.4.3** による。ただし，やすり溝の最大深さ部分において，次の条件を満足しなければならない。

－　最小深さ：0.3 mm（ただし，冷間仕上継目無鋼管及びステンレス溶接鋼管の場合は，0.2 mm）

－　最大深さ：1.5 mm
　　深さの許容差は，やすり溝深さの±10 %（ただし，最小値は±0.05 mm）とする。

b) 長さ　やすり溝の長さは 20 mm 以下とする。

7.3.4 人工きずの確認

人工きずは，7.4 で規定する値であることを適切な方法によって確認する。

7.4 許容レベル及び区分に対応する人工きずの寸法

7.4.1 許容レベル E1H〜E4H に対応するドリル穴の径

許容レベル E1H〜E4H の人工きずは，ドリル穴とし，ドリル穴の径は，**表1** に示す値以下とする。ただし，貫通コイル法にだけ適用する。

表1−許容レベルに対応するドリル穴の径（貫通コイル法）

単位 mm

鋼管の公称外径 D	許容レベルに対応する ドリル穴の径			鋼管の公称外径 D	許容レベルに対応 するドリル穴の径
	E1H	E2H	E3H		E4H
$4 \leqq D \leqq 10$	0.6	0.7	0.8	$4 \leqq D \leqq 15.8$	1.2
$10 < D \leqq 20$	0.7	0.8	1.0	$15.8 < D \leqq 26.9$	1.4
$20 < D \leqq 44.5$	0.8	1.0	1.3	$26.9 < D \leqq 48.3$	1.7
$44.5 < D \leqq 76.1$	1.0	1.2	1.6	$48.3 < D \leqq 63.5$	2.2
$76.1 < D \leqq 180$	1.2	1.4	2.0	$63.5 < D \leqq 114.3$	2.7
				$114.3 < D \leqq 139.7$	3.2
				$139.7 < D \leqq 180$	3.7
				$180 < D \leqq 250$ [a]	3.7

注記 ISO 10893-1 では，耐漏れ性の検証のために E4H を用いている。
注 [a] ステンレス鋼管については，十分な感度（例えば，SN 比 3 以上）が得られる場合には，鋼管の公称外径 320 mm まで適用してもよい。

7.4.2 許容レベル E2〜E5 に対応する角溝深さ

許容レベル E2〜E5 に対応する角溝深さは，プローブコイル法に適用し，**表2** による。ただし，受渡当事者間の協定によって，貫通コイル法に適用してもよい。

表2−許容レベルに対応する外面角溝（プローブコイル法）

許容レベル	角溝深さ [a] %
E2	5
E3	10
E4	12.5
E5	15

注 [a] 角溝深さは，公称厚さに対する比率で示す。

7.4.3 区分 EU〜EZ に対応する人工きずの寸法

区分 EU〜EZ が指定された場合のきず寸法は，**表3** による。ただし，この表は，貫通コイル法にだけ適用する。

注記 **表3** の区分は，従来から日本産業規格の製品規格に引用されている。

表 3－区分 EU～EZ に対応する人工きず（貫通コイル法）

区分	公称外径 50.8 mm 以下			公称外径 50.8 mm 超え 180 mm 以下			公称外径 180 mm 超え 250 mm 以下 [a]		
	ドリル穴径	角溝深さ	やすり溝深さ	ドリル穴径	角溝深さ	やすり溝深さ	ドリル穴径	角溝深さ	やすり溝深さ
EU	1.0 mm	15 %	10 %	1.2 mm	20 %	12 %	－	－	－
EV	1.2 mm	20 %	12 %	1.6 mm	25 %	15 %	－	－	－
EW	1.6 mm	25 %	15 %	2.0 mm	30 %	20 %	－	－	－
EX	2.0 mm	30 %	20 %	2.5 mm	40 %	25 %	2.5 mm	40 %	25 %
EY	2.5 mm	40 %	25 %	3.2 mm	50 %	30 %	3.2 mm	50 %	30 %
EZ	3.2 mm	50 %	30 %	3.2 mm	50 %	30 %	3.2 mm	50 %	30 %

角溝及びやすり溝の深さは，公称厚さに対する比率で示す。

注 [a] ステンレス鋼管については，十分な感度（例えば，SN 比 3 以上）が得られる場合には，公称外径 320 mm まで適用してもよい。

8 装置の感度調整及び感度の確認

8.1 感度調整及び警報レベルの設定

各探傷作業の開始時に行う装置の感度調整は，製品規格又は受渡当事者間の協定によって規定する許容レベル又は区分の人工きずから，常に（例えば，装置に 3 回連続して対比試験片を通す。），明瞭に識別できる信号が得られなければならない。次に示す方法によって警報レベルを設定する。

a) 対比試験片に複数の人工きずを使用する場合 [**7.2 a)**参照] は，人工きずから得られる信号のうち，最小の信号で警報が作動するように，感度調整を行う。一つの人工きずだけを使用する場合は，**7.2 b)** で規定するように対比試験片を装置に通過させ，人工きずから得られる信号のうち，最小の信号で警報が作動するように感度調整を行う。

b) プローブコイル法で，角溝を使用する場合には，角溝から得られる信号を検出できるように，装置の警報レベルを設定しなければならない。

感度調整中の対比試験片とプローブコイルとの相対的な速度は，鋼管を試験するときと同じでなければならない。また，同じ装置設定［例えば，周波数，感度，位相差（phase discrimination），フィルタ（filtering），及び最終磁気飽和（eventual magnetic saturation）］を用いなければならない。

8.2 感度の確認

装置の感度の確認は，同じ材質，公称寸法，表面状態及び熱処理状態の鋼管の試験中に，**8.1** で用いた対比試験片を装置に通過させて行わなければならない。

感度の確認は，鋼管の検査作業（同一設定条件下での作業）ごと，並びに作業の開始及び終了時に行い，かつ，少なくとも 8 時間ごとに行う。

なお，感度の確認は，受渡当事者間の協定によって，4 時間ごと又は 10 本ごとのいずれか長い時間ごとに行ってもよい。

注記 ISO 10893-1 及び **ISO 10893-2** では，感度の確認は，4 時間ごとに行うことを要求している。

8.3 再感度調整

装置は，感度調整時に用いたパラメータが変更された場合には，再感度調整をしなければならない。

8.4 再試験

製造中の感度の確認で，感度調整の要求を満足しない場合（規定された人工きずからの信号が警報レベルに達しない場合）には，前回の装置の感度調整以降の試験をした全ての鋼管は，装置を再感度調整した後，再試験を行わなければならない。

9 結果の判定

9.1 結果の判定

結果の判定は，次による。

a) 警報レベルより低い信号の鋼管は，検査を合格したとみなす。

b) 警報レベル以上の信号を発した鋼管は，嫌疑材とするか，製造業者の判断で再検査をしてもよい。再検査において，信号が警報レベルより低い場合は，その鋼管を合格したものとみなし，警報レベル以上の信号を発した鋼管は，嫌疑材とする。

9.2 嫌疑材の処置

嫌疑材は，製品規格の規定のない限り，次の一つ以上の処置を行わなければならない。

a) 嫌疑部分を適切な方法で，研削又は切削し，鋼管の残厚さが許容値内であることを確認した後，前に設定した同じ探傷条件で鋼管を検査しなければならない。警報レベル以上の信号がない場合には，合格とする。

嫌疑部分を，もとの検査と同等以上の他の非破壊試験法（NDT 方法），試験方法（NDT 技法）及び許容レベルで検査をしてもよい。

b) 嫌疑部分を切り捨てる。製造業者は，全ての嫌疑部分が，完全に除去されたことを確認しなければならない。

c) 鋼管を不合格とする。

d) 次に掲げるきずによる信号は，製造業者の責任のもとで，目視検査及び／又は他の非破壊検査によって，実用的に有害でないと判断された場合，特に製品規格の規定又は受渡当事者間の協定によって指定されない限り，合格としてよい。

1) ストレートナーマーク

2) かききず又はすりきず

3) びびり

4) バイトびびり

5) その他の類似きず

10 検査報告書

注文者の指定がある場合には，製造業者は，次の中から必要事項を選択し，検査報告書を注文者に提出しなければならない。

a) この規格によって試験した旨の表示

b) 検査年月日

c) 検査技術者

d) 鋼管の種類の記号

e) 鋼管の寸法

f) 探傷装置

g) 人工きず，及び許容レベル又は区分。人工きずの種類を表す記号として，D（ドリル穴），N（角溝）又は F（やすり溝）を用いてもよい。

h) 探傷コイル

i) 探傷周波数

j) 探傷方法，探傷条件（探傷速度，探傷感度，位相など）

k) 検査結果

l) 受渡当事者間の協定内容

附属書 A
（参考）
渦電流探傷試験法の制約に関するガイドライン

A.1 渦電流探傷試験の一般事項

鋼管の渦電流探傷試験中，試験の感度は，試験コイルの近傍の鋼管表面で最大になり，試験コイルから離れるに従い減少することが知られている。表皮下又は内面のきずからの信号は，同じ大きさの外表面のきずより小さくなる。表皮下又は内面のきずを検出する装置の能力は，種々の要因によって決まる。しかし，主に試験される鋼管の厚さ及び渦電流の励磁周波数によって影響される。

試験コイルに適用する励磁周波数は，厚さ方向へ浸透する磁束の強さの程度で決める。励磁周波数を高めるほど，浸透が小さくなり，反対に励磁周波数を低めるほど，浸透が大きくなる。特に，鋼管の物理的な特性（導電率，透磁率など）を考慮するのがよい。

A.2 貫通コイル法

この方法は，試験コイル近傍の表面又は表皮下の管軸方向のきず及びある程度の幅（体積）をもつ円周方向のきずを探傷することが可能である。

探傷できる管軸方向のきずの最小長さは，原理的に，探傷コイルの配列及びきずの長さ方向に沿った断面の変化率によって決まる。

鉄鋼製品（磁性体）にこの試験方法を適用する場合には，試験される製品は，外周を強く磁化した磁場の中に入れ，磁気的に飽和しなければならない。この飽和状態にする意図は，渦電流の表皮深さを増大させ，材料自身からの磁気的ノイズが生じる可能性を小さくするために，材料の透磁率を正規化して減少させるためである。

A.3 プローブコイル法

この方法は，一つ以上のプローブコイルで，鋼管表面をら旋状の軌跡を描くようにして試験する。このため，この方法は，試験コイルの幅及び試験をするら旋状のピッチによって，検出できる管軸方向のきずの最小長さが決まる。通常，円周方向のきずは，検出することが不可能である。

貫通コイル法に比較して励磁周波数が著しく高いため，試験コイル近傍の鋼管表面の開口したきずの検出に適している。

附属書 JA
(参考)
JIS と対応国際規格との対比表

JIS G 0583				ISO 10893-1:2011＋Amd 1:2020, ISO 10893-2:2011＋Amd 1:2020, （MOD）
a) JIS の箇条番号	b) 対応国際規格の対応する箇条番号	c) 箇条ごとの評価	d) JIS と対応国際規格との技術的差異の内容及び理由	e) JIS と対応国際規格との技術的差異に対する今後の対策
1	1	削除	JIS では，渦電流探傷検査だけを対象としている。 また，セグメントコイル法を削除した。	今後 ISO へセグメントコイル法削除の提案を検討する。
3	3	削除 追加	JIS では，"鋼管の種類"の用語及び定義を削除し，"装置及びきずの種類"に関する用語及び定義を追加した。	技術的な差異は，軽微である。
4	4	変更	JIS では，検査技術者の要件として関連する JIS を引用した。	技術的差異は，軽微である。
		変更	ISO 規格では，レベル 3 による手順承認が要求事項であるが，JIS では，推奨事項とした。	次回の JIS 改正時に ISO 規格への整合を検討する。
5	5.2	追加	JIS では，装置性能の規定の詳細を追加した。 JIS では，セグメントコイル法を削除した。	今後 ISO へセグメントコイル法削除の提案を検討する。
6	5	削除	JIS では，セグメントコイル法を削除した。	今後 ISO へセグメントコイル法削除の提案を検討する。
7	6	追加	JIS では，やすり溝を追加した。 角溝については，深さの許容差に最小値±0.05 mm を追加した。また，貫通コイル法に角溝を用いる場合の長さ制限を追加した。 JIS では，従来の人工きずの区分表を追加し，ドリル穴及び角溝の許容差に従来のプラスマイナス許容差を用いることを可とした。 また，ドリル穴の径の規定値を小数点以下一桁とし，貫通コイル法の適用外径を，ステンレス鋼管については，320 mm まで適用可とした（ISO 規格は，250 mm まで）。	ステンレス鋼管の貫通コイル法外径適用範囲の拡大は，ISO へ実績をもとに提案する。 人工きずのプラスマイナス許容差は，今後 ISO への提案を検討する。
8	7	追加	JIS では，感度の確認の頻度を 8 時間ごととし，製品規格又は受渡当事者間の協定によって変更できることを追加した。	確認頻度については，今後 ISO への提案を検討する。

a) JISの箇条番号	b) 対応国際規格の対応する箇条番号	c) 箇条ごとの評価	d) JISと対応国際規格との技術的差異の内容及び理由	e) JISと対応国際規格との技術的差異に対する今後の対策
9	8	変更 追加	嫌疑部分の手入れ後の検査を他の非破壊試験法等で行う場合に，ISO規格では，受渡当事者間の協定を求めているが，JISでは，同等以上の検査であれば，製造業者の任意で適用可能とした。 JISでは，嫌疑材に対して，製造業者が，目視検査及び/又は他の非破壊検査によって実用的に有害でないきずの処置規定を追加している。	嫌疑部分の手入れ後の検査については，今後ISOへの提案を検討する。
10	9	変更	ISO規格では，全ての事項を報告することに規定されているが，JISでは，必要事項を選択するものとしている。	技術的な相違は，軽微である。
A.3	A.3	変更	JISでは，実態に合わせて，開口したきずに関する記載を変更している。	今後ISOへの修正提案を検討する。

注記1 箇条ごとの評価欄の用語の意味を，次に示す。
　－ 削除：対応国際規格の規定項目又は規定内容を削除している。
　－ 追加：対応国際規格にない規定項目又は規定内容を追加している。
　－ 変更：対応国際規格の規定内容又は構成を変更している。
注記2 JISと対応国際規格との対応の程度の全体評価の記号の意味を，次に示す。
　－ MOD：対応国際規格を修正している。

アーク溶接鋼管の超音波探傷検査方法
Ultrasonic examination for arc welded steel pipes

JIS (1990, 98, 04, 14) 改正
JIS   (1983)   制定

序文

この規格は，2011 年に第 1 版として発行された **ISO 10893-11** 及び 2020 年に発行された Amendment 1 を基とし，技術的内容を変更して作成した日本産業規格である。

なお，この規格で側線又は点線の下線を施してある箇所は，対応国際規格を変更している事項である。技術的差異の一覧表にその説明を付けて，**附属書 JA** に示す。

1　適用範囲

この規格は，内外両面を長手方向又はスパイラル状に自動アーク溶接法によって製造した，炭素鋼鋼管及びフェライト系合金鋼鋼管（以下，鋼管という。）の溶接部に適用される超音波探傷検査方法（自動又は手動）について規定する。

注記1　通常，外径 350 mm 以上，かつ，厚さ 6 mm 以上の鋼管に適用される。

注記2　通常，溶接線に平行な方向のきず検査に適用され，溶接線に直角方向のきずの探傷については，受渡当事者間の協定によって適用される。

注記3　この規格の対応国際規格及びその対応の程度を表す記号を，次に示す。

ISO 10893-11:2011，Non-destructive testing of steel tubes－Part 11: Automated ultrasonic testing of the weld seam of welded steel tubes for the detection of longitudinal and/or transverse imperfections＋Amendment 1:2020（MOD）

なお，対応の程度を表す記号 "MOD" は，**ISO/IEC Guide 21-1** に基づき，"修正している" ことを示す。

2　引用規格

次に掲げる引用規格は，この規格に引用されることによって，その一部又は全部がこの規格の要求事項を構成している。これらの引用規格は，その最新版（追補を含む。）を適用する。

JIS G 0202　鉄鋼用語（試験）

JIS G 0203　鉄鋼用語（製品及び品質）

JIS G 0431　鉄鋼製品の雇用主による非破壊試験技術者の資格付与

JIS Z 2300　非破壊試験用語

JIS Z 2305　非破壊試験技術者の資格及び認証

JIS Z 2352　超音波探傷装置の性能測定方法

JIS Z 3104　鋼溶接継手の放射線透過試験方法

3 用語及び定義

この規格で用いる主な用語及び定義は，次によるほか，JIS G 0202，JIS G 0203 及び JIS Z 2300 による。

3.1
人工きず（reference standard）

非破壊試験の装置の感度調整，警報レベルの設定及び感度の確認に用いる人工的に加工されたきず

注釈 1 ドリル穴，角溝などがある。

3.2
対比試験片（reference sample）

人工きずを含んだ鋼管又はその一部からなる供試材

注釈 1 ISO 10893-11 では，"対比試験鋼管"の用語を対比試験片も含んだ意味で用いている。

3.3
製造業者（manufacturer）

関連する規格に従って製品を製造し，供給する製品が，全ての関連する規格の規定を満たしていることを宣言する組織

3.4
マーキング装置

きず信号の高さが警報レベルを超えたとき，鋼管の信号発生部分を塗料などで識別する装置

3.5
自動警報装置

きず信号の高さが警報レベルを超えたとき，光又は音で警報を出す装置

4 一般要求事項

4.1 検査の時期

製品規格の規定又は受渡当事者間の協定がない限り，この規格で規定する超音波探傷検査は，全ての主要な製造工程（例えば，熱間仕上げ，冷間仕上げ，熱処理などの超音波特性又は鋼管の形状を変える工程）が終わった後に行わなければならない。

4.2 鋼管の性状

鋼管は，探傷に影響を与えるような曲がりがあってはならない。鋼管の表面は，検査の障害となるような異物などが付着していてはならない。

4.3 検査技術者

この検査は，JIS G 0431，JIS Z 2305 又はこれらと同等の資格を付与され，訓練された検査技術者によって行わなければならない。また，製造業者によって指名された力量のある検査技術者によって監督されなければならない。第三者による検査の場合は，このことを受渡当事者間で協定しなければならない。

雇用主によって与えられる検査技術者への作業実施許可は，文書化された手順に従ったものでなければならない。非破壊検査手順は，雇用主によって権限を与えられた非破壊試験技術者によって承認されなけ

ればならない。非破壊検査手順を承認する非破壊試験技術者は，レベル 3 の資格をもっていることが望ましい。

注記 JIS G 0431 及び JIS Z 2305 の中で，非破壊試験技術者の資格レベルとして，レベル 1，レベル 2 及びレベル 3 を規定している。

5 探傷装置

5.1 構成

自動探傷装置は，探傷器及び探触子のほか，送り装置，溶接線追従装置，自動警報装置，マーキング装置，記録装置など必要な装置で構成する。手動探傷の場合は，探傷器及び探触子で構成する。

5.2 探傷器

探傷器は，パルス反射式とし，空調された室内に格納されている自動探傷用探傷器は 3 年以内に 1 回，その他の自動探傷用探傷器及び手動探傷用探傷器は 1 年以内に 1 回定期点検を行い，次の性能を備えていなければならない。なお，探傷器は，自動感度制御装置又は音響結合装置を備えていることが望ましい。

a) **自動探傷用探傷器** 探傷器の増幅直線性は，JIS Z 2352 の箇条 6（性能測定方法）によって標準試験片若しくは対比試験片などの底面エコー又は電気的擬似信号を適切なレベルに設定し，このときの感度及びこの感度から −6 dB，−12 dB の各点で測定し，理論値を基準として，測定値との正及び負のそれぞれの最大偏差を求める。この正及び負の最大偏差の和は，8 %以下とする。

b) **手動探傷用探傷器** 探傷器の増幅直線性及び遠距離分解能は，次による。

1) 増幅直線性は，使用する公称周波数において，a)と同様に測定し，正及び負の最大偏差の和は，8 %以下とする。

2) 遠距離分解能は，使用する公称周波数において，JIS Z 2352 の 6.3（垂直探傷における分解能）によって，RB-RA 形対比試験片を用いて測定する場合，9 mm 以下，又は JIS Z 2352 の 6.4（斜角探傷における分解能）によって，RB-RD 形対比試験片を用いて測定する場合，7 mm 以下とする。

5.3 探触子

5.3.1 探触子の性能

探触子の性能は，対比試験片の人工きずが明瞭に検出可能でなければならない。

5.3.2 振動子の寸法

振動子の寸法は，次による。

a) 溶接線に平行な方向のきずの探傷に使用する斜角探触子の寸法，及び垂直探触子を用いて水浸法で斜角探傷を行う場合の振動子の寸法は，溶接線に平行な方向の長さが 25 mm 以下とする。フェーズドアレイ探触子を使用して管軸方向にリニア走査する場合，振動子の管軸方向の見掛け寸法は，7.2 に規定する角溝の最大長さ，又は 35 mm のいずれか小さい方の寸法以下とする。

b) 溶接線に直角方向のきずの探傷に使用する斜角探触子の寸法，及び垂直探触子を用いて水浸法で斜角探傷を行う場合の振動子の寸法は，溶接線に直角方向の長さが 25 mm 以下とする。

5.3.3 周波数

振動子の周波数は，1 MHz〜5 MHz の範囲とし，試験対象の鋼管の超音波特性，厚さ及び表面性状によ

って製造業者が選択する。

5.3.4　屈折角

屈折角は，次による。

a)　ストレートシーム溶接鋼管

  1)　斜角探触子の屈折角は，一般に**図 1** の$(t/D)_c$曲線を超えない 40°〜70° の範囲で対比試験片の人工きずを明瞭に検出可能な角度とする。

  2)　垂直探触子を用いて斜角探傷を行う場合の屈折角は，**図 1** を参考に，鋼管への入射ビームの屈折角が一般に 40°〜70° の範囲で対比試験片の人工きずを明瞭に検出するように調整する。

b)　スパイラルシーム溶接鋼管

斜角探触子の屈折角は，鋼管の厚さ t，外径 D 及び鋼管の軸方向と探触子の方向（溶接線に対して直角）との偏角（θ_c，**図 2** 参照）から，**図 3** を用いて t/D' を求め，**図 1** の t/D とし，$(t/D)_c$ 曲線を超えない，一般に 40°〜70° の範囲で，対比試験片の人工きずを明瞭に検出可能な探触子を選定する。

5.4　送り装置及び溶接線追従装置

送り装置及び溶接線追従装置は，探傷作業上十分な性能を備えていなければならない。

5.5　自動警報装置，マーキング装置及び記録装置

自動警報装置，マーキング装置及び記録装置は，判定システムと組み合わせ，合否を識別する十分な性能を備えていなければならない。

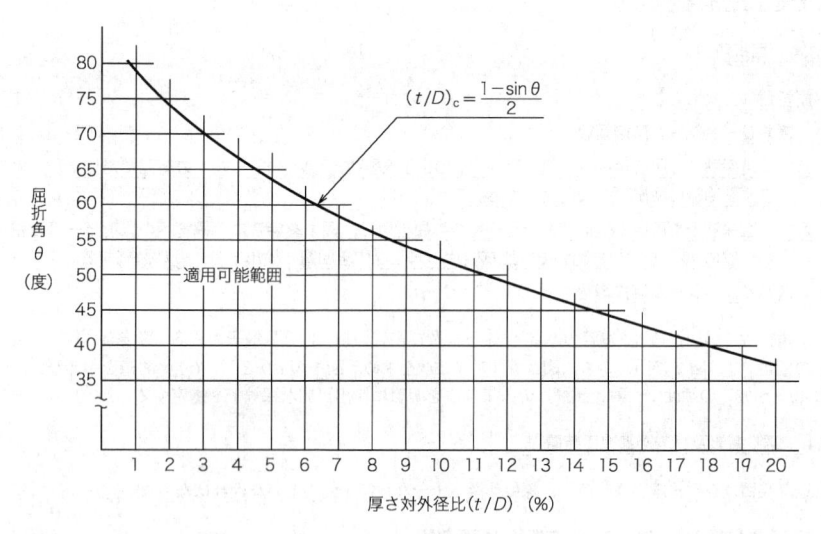

記号説明
　t：厚さ
　D：外径
　$(t/D)_c$：厚さ対外径比の限界値
　θ：屈折角

図1―屈折角と厚さ対外径比との関係

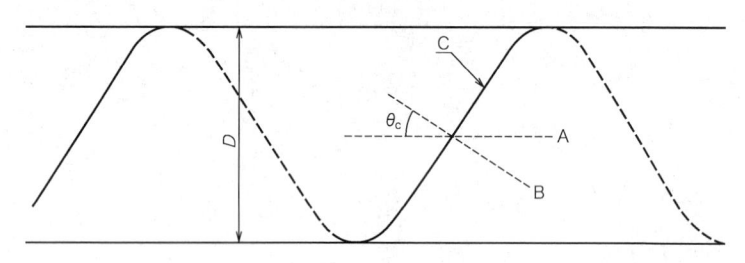

記号説明
　A：スパイラルシーム溶接鋼管の軸方向
　B：探触子の方向（溶接線に対して直角）
　C：溶接線
　D：スパイラルシーム溶接鋼管の外径
　θ_c：偏角

図2―スパイラルシーム溶接鋼管の軸方向と探触子の方向（溶接線に対して直角）との偏角 θ_c

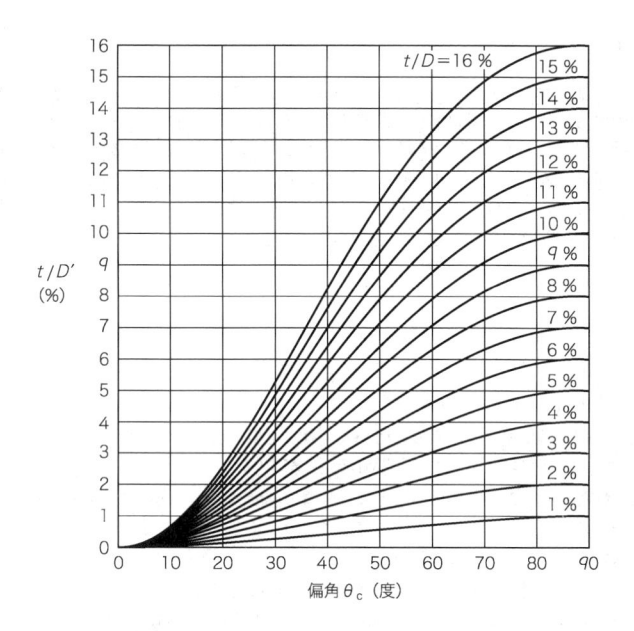

記号説明
D'：探傷方向断面の見掛け上の外径（t/D'については，**JIS Z 3060**[1]を参照）。

図3－偏角 θ_c と t/D とから t/D' を求める線図

6 探傷方法

6.1 一般

鋼管は，溶接線に平行な方向及び／又は直角方向のきずを検出するために，斜角探傷法を用いて検査を行う。なお，探傷形式は，水浸法，ギャップ法又は直接接触法とする。また，接触媒質は，通常，水とする。

6.2 カバー率及び検査速度

溶接部を全長にわたって探傷しなければならない。自動探傷の場合，検査中の探触子の相対速度は，±10 %以上変化してはならない。

> **注記** 自動探傷の場合，鋼管の両端については，検査できない短い部分が存在する。製造業者の選択によって，この規格の **6.4**，**JIS Z 3104**，**ISO 10893-6**[2]又は **ISO 10893-7**[3]に規定する放射線透過試験によって検査をすることが可能である。

6.3 探傷方向

受渡当事者間の協定がない限り，検査中，鋼管の溶接部は，二つの反対方向の超音波ビームで探傷されなければならない。

6.4　手動探傷

　手動探傷で溶接部の検査を行う場合は，**6.1**，**6.2**及び**6.3**の規定に加えて，鋼管の被検査部位に十分超音波ビームが照射するように，必要に応じて前後走査しなければならない。ジグザグ走査を行うとき，溶接線に平行な方向の移動ピッチは，振動子幅の90％以下とする。振動子の周波数は，1 MHz〜5 MHzとする。被検査部位の全厚さをカバーするために行うジグザグ走査において，見落としを防ぐために，探傷の厚さ部位を分割して（例えば，外面側及び内面側），それぞれ別に実施してもよい。装置の感度調整及び感度の確認に関する事項は，**8.2**及び**8.3**の対応する規定による。

7　人工きず

7.1　一般

　人工きずの一般事項は，次による。

a)　非破壊試験装置の感度調整のための適切な人工きずを規定する。これらの人工きずの寸法は，装置によって検知できるきずの最小サイズと考えない方がよい。

b)　溶接線に平行な方向のきず探傷に対しては，装置の感度調整は，溶接部近傍の母材部の溶接線に平行な方向の四つの角溝（外表面に二つ，内表面に二つ）及び／又は溶接部中心に位置するドリル穴を用いて行わなければならない（**図4**参照）。

　　代替法として，受渡当事者間の協定によって，装置の感度調整は，溶接部に位置する内面及び外面角溝を用いてもよい。この場合，角溝の深さは，溶接部近傍の母材部の角溝から得られる信号と同程度となるものを受渡当事者間で協定する。

　　溶接線に直角方向のきず探傷を行う場合には，装置の感度調整は，溶接部に直角な方向の二つの角溝（外表面に一つ，内表面に一つ）及び／又は溶接部中心に位置するドリル穴を用いて行わなければならない。

　　7.4.2の区分を適用する場合，角溝又はドリル穴のいずれを用いるかは，製造業者の選択による。

c)　対比試験片は，検査する鋼管と同じ公称寸法及び表面状態，並びに同等の材質，熱処理状態（例えば，圧延まま，焼ならし，焼入焼戻しなど）及び音響特性（例えば，音速，減衰係数など）をもたなければならない。製造業者は，鋼管本体の曲面に沿わない鋼管の内面及び外面の溶接ビードを除去してもよい。

d)　外面角溝，内面角溝及びドリル穴は，明確に識別できる信号を得るために，対比試験片の管端及び他の人工きずから十分離れていなければならない。

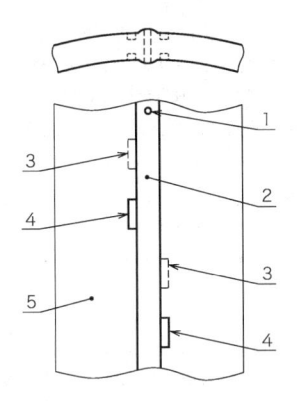

記号説明
　　1：ドリル穴
　　2：サブマージアーク溶接部
　　3：溶接線に平行な方向の内面角溝
　　4：溶接線に平行な方向の外面角溝
　　5：対比試験片

図4－対比試験片の人工きず配置図

7.2　人工きずの寸法及び寸法許容差

7.2.1　角溝

7.2.1.1　一般

角溝の一般事項は，次による。

a) 角溝は，**図5**に示す形状とし，溶接線に平行な方向の角溝の場合は，溶接線に平行な方向に，また，溶接線に直角な方向の角溝の場合は，溶接線に直角に加工しなければならない。角溝の側面は，平行で，底部は，側面に対して直角でなければならない。

b) 角溝は，機械加工，放電加工又は他の適切な方法で加工しなければならない。底部及び底部の角は，丸みがあってもよい。

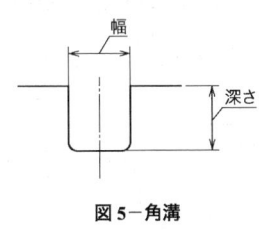

図5－角溝

7.2.1.2　角溝の寸法

角溝の寸法は，次による。

a) **幅**（**図5**参照）　角溝の幅は，1.5 mm 以下とし，深さの2倍以下にするのが望ましい。

b) **深さ**（**図5**参照）　それぞれの許容レベル及び区分の角溝の深さは，**7.4** による。ただし，次の条件を満足しなければならない。また，最小深さ及び最大深さは，**表1**及び**表3**による。

　　深さの許容差は，角溝深さの±15 %（最小値は，±0.05 mm）とする。

　　なお，深さの許容差の下限（マイナス側）については，製造業者の責任において拡大してもよい。

c) **長さ**　製品規格の規定又は受渡当事者間の協定がない限り，溶接線に平行な方向のきず探傷の場合の角溝の長さは，一つの振動子又はフェーズドアレイ探触子の一つの見掛けの振動子幅より大きくなければならない。人工きずの最大長さは，探傷方向によらず 50 mm とする。

7.2.2　ドリル穴

　ドリル穴は，**図6**に示す形状とし，それぞれの許容レベルに対応するドリル穴の径は，**7.4** に規定する値を超えてはならない。ただし，**表3**の区分を適用する場合は，±0.2 mm の許容差を用いてもよい。ドリル穴は，機械加工，放電加工又は他の適切な方法で加工しなければならない。

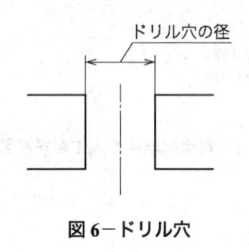

ドリル穴の径

図6−ドリル穴

7.3　人工きずの確認

　人工きずの寸法及び形状は，**7.2** 及び **7.4** で規定する値であることを適切な方法によって確認する。

7.4　許容レベル及び区分に対応する人工きずの寸法

7.4.1　角溝の許容レベル U2〜U5 及びドリル穴の許容レベル U2H〜U4H

　許容レベル U2〜U5 の人工きずは，角溝とし，その寸法は，**表1**による。

表1−許容レベル及び対応する角溝深さ

許容レベル	角溝深さ （公称厚さに対する比） %	最小溝深さ mm
U2	5 [a]	0.3
U3	10 [a]	0.3
U4	12.5 [a]	0.5
U5	15 [a]	0.5
注記　許容レベルは，**ISO 10893-11** に規定されている判定レベルである。 **注** [a]　最大深さは，1.5 mm とする。		

　許容レベル U2H〜U4H の人工きずは，ドリル穴とし，その寸法は，**表2**による。

表2-許容レベル及び対応するドリル穴径

許容レベル	最大ドリル穴径 mm
U2H	1.6
U3H	3.2
U4H	4.0
注記　許容レベルは，**ISO 10893-11** に規定されている判定レベルである。	

7.4.2　区分 UX～UZ に対応する人工きず

区分 UX～UZ が指定された場合の人工きずの寸法は，**表3** に示す値とする。

表3-区分及び判定レベル

区分	人工きずの種類	人工きずの寸法 [a]	判定レベル
UX	ドリル穴	1.6 mm	エコー高さ
	角溝	5 % [b]	エコー高さ
	ドリル穴	3.2 mm	エコー高さの 1/3
	角溝	10 % [b]	エコー高さの 1/3
UY	ドリル穴	3.2 mm	エコー高さ
	角溝	10 % [b]	エコー高さ
UZ	ドリル穴	4.0 mm	エコー高さ
	角溝	12.5 % [b]	エコー高さ

角溝の最小深さ及び最大深さは，規定しない。
注 [a]　人工きずの寸法は，ドリル穴に対してはその直径を示し，角溝に対しては
　　　その深さを公称厚さに対する比率で示す。
注 [b]　公称厚さ 13 mm 以下の鋼管には適用しない。

8　装置の感度調整及び感度の確認

8.1　一般

それぞれの探傷作業の開始時に，装置は，人工きずから常に明瞭な信号が得られるように感度調整しなければならない。装置の警報レベルを設定するのに，これらの信号を用いる。

8.2　感度及び警報レベルの調整

感度及び警報レベルの調整は，次による。

a) 一つの警報レベルを用いる場合には，内外面の人工きずからの信号レベルが，できる限り同じになるように調整し，二つの信号レベルの低い方の信号を装置の警報レベルの設定に用いなければならない。

b) 内外面の人工きずに対して，別々の警報レベルを用いる場合には，それぞれの人工きずからの信号を，装置の警報レベルの設定に用いなければならない。

c) ゲートの位置及び幅は，鋼管の全溶接部を検査するように設定しなければならない。

8.3　感度の確認

感度の確認は，次による。

a) 感度の確認は，同じ公称外径，公称厚さ及び種類の鋼管のオンライン検査中に，**8.2** で用いた対比試験

片を装置に通過させ，定期的に確認しなければならない。

感度の確認は，鋼管の検査作業（同一設定条件下での作業）ごと，並びに作業の開始及び終了時に行い，かつ，少なくとも8時間ごとに行う。

なお，感度の確認は，受渡当事者間の協定によって4時間ごと又は10本ごとのいずれか長い時間ごとに行ってもよい。

注記1　ISO 10893-11 では，感度の確認は，4時間ごとに行うことを要求している。

b)　感度の確認は，対比試験片と探傷装置との相対速度が，鋼管の検査時と同じ速度で行わなければならない。鋼管の検査時と同じ相対速度で感度の確認を行えない場合には，製造業者は，実施する感度の確認の方法が，感度調整の要求事項を満足することを示さなければならない。

c)　装置の使用中に，感度調整時に用いたパラメータが変更された場合，再感度調整をしなければならない。

d)　検査中の感度の確認で，感度調整の要求事項を満足しない場合には，直前の装置の感度調整又は感度の確認以降に検査をした全ての鋼管について，装置の再感度調整後に，再検査を行わなければならない。

注記2　"感度調整の要求事項を満足する"とは，鋼管の検査時と同じ相対速度の状態で，規定の人工きずからの信号によって正常に警報が作動し，マーキング又は選別可能であることをいう。

9　結果の判定

9.1　結果の判定

結果の判定は，次による。

a)　警報レベル以上の信号を発しない鋼管は，検査に合格したとみなす。

b)　警報レベル以上の信号を発した鋼管は，嫌疑材とするか，製造業者の判断で再検査をしてもよい。再検査において，信号が警報レベルより低い場合は，その鋼管を合格したものとみなし，警報レベル以上の信号を発した鋼管は，嫌疑材とする。

9.2　嫌疑材の処置

嫌疑材は，製品規格の規定がない限り，次の一つ又はそれ以上の処置を行わなければならない。

a)　嫌疑部分が溶接きず以外の原因，例えば，ビードエコーなどによる妨害エコーかどうかを確認し，自動探傷の場合は，1)又は2)，手動探傷の場合は，2)に適合する場合，合格とする。

　1)　嫌疑部分を附属書A によって手動探傷し，妨害エコーと判定された場合。

　2)　嫌疑部分を JIS Z 3104 によって，像質区分A 級で放射線透過試験を行い，次のいずれかの場合。

　　−　区分 UX については，JIS Z 3104 の附属書4（透過写真によるきずの像の分類方法）におけるきずの分類が1類又は2類。

　　−　区分 UY 及び UZ については，JIS Z 3104 の附属書4におけるきずの分類が1類，2類又は3類。

受渡当事者間の協定によって，嫌疑部分を，最初の検査と同等以上の他の非破壊検査，検査方法及び許容レベルを用いて検査をしてもよい。

b)　嫌疑部分を切り捨てる。

c) 鋼管を不合格とする。

10 検査報告書

注文者の指定がある場合には，製造業者は，次の中から必要事項を選択し，検査報告書を注文者に提出しなければならない。

a) この規格によって検査した旨の表示

b) 検査年月日

c) 検査技術者

d) 鋼管の種類の記号及び寸法

e) 探傷器の形式

f) 公称周波数

g) 探触子の種類の記号

h) 探傷形式（水浸法，ギャップ法，直接接触法の別）

i) 人工きず，及び許容レベル又は区分。人工きずの種類を表す記号として，D（ドリル穴）又は N（角溝）を用いてもよい。

j) 接触媒質

k) 検査結果

l) 受渡当事者間の協定内容

附属書 A
（規定）
嫌疑部分の手動超音波探傷検査方法

A.1 嫌疑部分

自動超音波探傷検査において，嫌疑ありとみなされた鋼管の嫌疑部分については，必要に応じて，自動超音波探傷検査を手動で行う。その場合は，**A.2** の制約条件の下，当初の自動超音波探傷検査と同じ探傷感度（人工きず深さ）及び探傷条件で，嫌疑部分の全体を探傷しなければならない。

A.2 手動超音波探傷検査の制約条件

嫌疑部分の手動超音波探傷適用時の制約条件は，次による。

a) 手動超音波探傷検査で使用する振動子の大きさ及び鋼中のビーム屈折角は，自動超音波探傷検査に用いたものと同等程度でなければならない。

b) 走査は，自動超音波探傷検査にて嫌疑材と判断した超音波の方向と同じ方向に伝搬するように行わなければならない。

c) 鋼管表面の走査速度は，150 mm/s を超えてはならない。

d) 手動超音波探傷検査で用いる探触子は，直接接触法，ギャップ法又は水浸法のいずれかとする。探触子が，鋼管表面と適切な間隔を確実に維持するような方法を用いなければならない。例えば，直接接触法では，探触子の前面にある"保護面（wear face）"は，検査する鋼管の表面の曲面に沿うようなものでなければならない。

e) 手動超音波探傷検査に用いる探触子の周波数は，自動超音波探傷検査に用いた周波数の±1 MHz を超えて変えてはならない。

参考文献

[1] **JIS Z 3060** 鋼溶接部の超音波探傷試験方法

[2] **ISO 10893-6,** Non-destructive testing of steel tubes－Part 6: Radiographic testing of the weld seam of welded steel tubes for the detection of imperfections

[3] **ISO 10893-7,** Non-destructive testing of steel tubes－Part 7: Digital radiographic testing of the weld seam of welded steel tubes for the detection of imperfections

附属書 JA
（参考）
JIS と対応国際規格との対比表

JIS G 0584		ISO 10893-11:2011＋Amd 1:2020， （MOD）		
a) JIS の箇条番号	**b)** 対応国際規格の対応する箇条番号	**c)** 箇条ごとの評価	**d)** JIS と対応国際規格との技術的差異の内容及び理由	**e)** JIS と対応国際規格との技術的差異に対する今後の対策
1	1	削除	電気抵抗溶接法によって製造された鋼管の超音波探傷検査方法は，JIS G 0582 に規定しているため，自動アーク溶接法によって製造した鋼管に限定している。	規格構成は異なるが，技術的相違は少ないため，現状のままとする。
		追加	国内の実態を反映して，手動による探傷検査を追加している。	必要に応じて，手動探傷検査を ISO に提案することを検討する。
2	－	－	－	－
3	3.5 3.6	削除	JIS の用語規格で規定されている鋼管などについて削除している。	不要な用語を削除しているため，現状のままとする。
3.4 3.5	－	追加	JIS として，必要な用語規格及び用語を追加した。	ISO 規格とは異なる用語も定義しているため，現状のままとする。
4	4.1	削除	ISO 規格では，冷間拡管工程がある場合は，その後に検査を行うことを明記しているが，JIS では，主要な製造工程で例示する冷間仕上げに含まれるものであり，削除している。	技術的相違は少ないため，現状のままとする。
4.3	4.3	変更	ISO 規格では，レベル 3 の技術者が，手順書を承認することが義務付けられているが，JIS では，推奨事項としている。	ISO 規格が国際的な傾向であり，次回 JIS 改正時に ISO 規格への整合を検討する。
5	5	追加	JIS では，装置性能の規定の詳細を追加している。	次回 ISO 規格改訂時に提案する。
5.3.3	5.5	変更	振動子の周波数は，ISO 規格では 1 MHz〜15 MHz と規定しているが，JIS では 1 MHz〜5 MHz と規定している。	ISO 規格の範囲に入っており，現状のままとする。
6.1	5	追加	JIS では，探傷形式に水浸法，ギャップ法又は直接接触法があり，接触媒質が通常，水であることを従来より規定している。	JIS では，国内で主に適用されている条件を規定しているため，現状のままとする。
6.4	附属書 A	変更	JIS では，管端部の未探傷部分の検査は，6.4 に規定しており，ISO 規格では，附属書 A に規定している。	技術的相違は少ないため，現状のままとする。
7.2.2	6.3	変更	JIS では，ドリル穴の径について，従来の区分を適用する場合の寸法許容差を規定している。	JIS では，重要な規定と考えており，現状のままとする。

a) JISの箇条番号	b) 対応国際規格の対応する箇条番号	c) 箇条ごとの評価	d) JIS と対応国際規格との技術的差異の内容及び理由	e) JIS と対応国際規格との技術的差異に対する今後の対策
7.4.2	6	追加	JIS の製品規格に，従来より JIS に規定していた人工きずの区分を引用しているため，追加している。	次回 JIS 改正時に ISO 規格の規定への移行の可否を検討する。
8.3 a)	7.3.1	変更	感度の確認において，ISO 規格では 4 時間ごととしているが，JIS では，他の非破壊検査 JIS に合わせ，少なくとも 8 時間ごととしている。	次回 JIS 改正時に ISO 規格への整合を検討する。
9.2 a)	8.3	追加	JIS では，妨害エコーの判定の方法の詳細について追加している。	今後 ISO 規格への追加を提案することを検討する。
9.2	8.3 b)	削除	ISO 規格にある嫌疑部分を研削などによって手入れをして再探傷する処置方法を削除している。	JIS では ISO 規格より厳しい規定としており，現状ままとする。
10	9	変更	ISO 規格では，全ての事項を報告するように規定されているが，JIS では必要事項を選択するものとしている。	次回 ISO 規格改訂時に提案する。
附属書 A	附属書 A	削除	JIS では，管端部の未探傷部分の検査は，6.4 の手動探傷でカバーされているため，削除している。	技術的相違は少ないため，現状ままとする。
注記1 箇条ごとの評価欄の用語の意味を，次に示す。 　－　削除：対応国際規格の規定項目又は規定内容を削除している。 　－　追加：対応国際規格にない規定項目又は規定内容を追加している。 　－　変更：対応国際規格の規定内容又は構成を変更している。 注記2 JIS と対応国際規格との対応の程度の全体評価の記号の意味を，次に示す。 　－　MOD：対応国際規格を修正している。				

JIS G 0585　　　　　　　　　　**鋳鋼品の放射線透過検査**

（2002）　　　　　　　　Radiographic inspection for steel castings

序文　この規格は，1987年に第1版として発行された**ISO 4993**，Steel castings—Radiographic inspectionを翻訳し，技術的内容を一部変更して作成した日本産業規格である。

なお，この規格で側線を施してある箇所は，原国際規格を変更している事項である。

変更の一覧表をその説明を付けて，附属書に示す。

1.　適用範囲　この規格は，**JIS G 0581**及び**JIS Z 2306**で与えられる手順に従って実施される鋳鋼品のX線又はγ線を用いた放射線透過検査に対する一般的な要求について規定する。

　　　備考　この規格の対応国際規格を，次に示す。

　　　　　なお，対応の程度を表す記号は，**ISO/IEC Guide 21**に基づき，IDT（一致している），MOD（修正している），NEQ（同等でない）とする。

　　　　　ISO 4993 : 1987　Steel castings—Radiographic inspection（MOD）

2.　引用規格　次に掲げる規格は，この規格に引用されることによって，この規格の規定の一部を構成する。これらの引用規格は，その最新版（追補を含む。）を適用する。

　　　JIS G 0581　鋳鋼品の放射線透過試験方法

　　　備考　ISO 5579 : 1998, Non-destructive testing—Radiographic examination of metallic materials by X-and gamma rays—Basic rulesからの引用事項は，この規格の該当事項と同等である。

　　　JIS Z 2306　放射線透過試験用透過度計

　　　備考　ISO 1027 : 1983, Radiographic image quality indicators for non-destructive testing—Principles and identificationからの引用事項は，この規格の該当事項と同等である。

　　　ASTM E 186　Standard Reference Radiographs for Heavy—Walled（2 to $4^1/_2$-in.（51 to 114　mm）Steel Castings

　　　ASTM E 192　Standard Reference Radiographs for Investment Steel Castings of Aerospace Applications

　　　ASTM E 280　Standard Reference Radiographs for Heavy—Walled（$4^1/_2$ to 12 in.（114 to 305　mm）Steel Castings

　　　ASTM E 446　Standard Reference Radiographs for Steel Casting Up to 2 in.（51　mm）in Thickness

3.　購買上の基本事項

3.1　注文者は，放射線透過検査に対する要求及び識別度，適用範囲，合否基準などの検査に関連するすべての情報を引合い及び注文時に指定する。

3.2　引合い及び注文時に指定がない場合，放射線透過検査の適用要領として，試作品を検査する方式と正規の製品を検査する方式の2方式がある。いずれの方式を適用する場合も，製造業者は，製造計画を作成し，検査範囲，検査時期及び検査頻度について示し，受渡当事者間で協定する。

3.3　注文者は，**JIS**で承認されていない要求若しくは**JIS**以外の規格又は文書の適用を要求する場合は，その要求についての詳細な仕様を与える。

4.　検査時期

4.1　引合い及び注文時に指定がない場合，放射線透過検査は，最終熱処理の前又は後のいずれの製造工程で実施してもよい。

4.2　検査部の表面は，放射線透過写真のきずの像が表面の凹凸で隠されたり，きずと間違わないように必要に応じて滑らかに整える。

4.3　注文者によって指定された識別度が確認できる場合には，いかなる形式の透過度計又は像質計を使用してもよい。

5.　検査員の資格認証　放射線透過検査は，資格認証された検査員が実施する。製造業者は，放射線透過検査に従事する検査員の資格認証要領を定め，検査員の技量評価を行い，注文者の要求があった場合には，検査実施前にこれらの関連書類を提出し，合意を得る。

6.　撮影要領書

6.1　試作品用撮影要領書　引合い及び注文時に要求された場合，製造業者は，注文者の承認を受けるために提出する試作品の放射線透過検査に用いる試作品用撮影要領書を作成する。試作品用撮影要領書には，検査範囲及び各照射に対する次の事項を含める。

a)　γ線源又は使用X線装置

b)　撮影範囲に関連する線源及びフィルムの配置

c) 線源寸法

d) フィルムの有効範囲

e) フィルムの取付位置及びマーカの位置

f) 線源－フィルム間距離

g) 像質計又は透過度計の取付位置並びに識別最小線径又は識別最小厚さ及び孔径

h) 検査部の透過厚さ

i) 使用フィルム

j) 透過写真の識別記号

k) 使用増感紙

l) 写真濃度範囲

m) 写真処理条件

6.2 製品用撮影要領書 受渡当事者間で合意された場合，試作品用撮影要領書は最初の製品の検査のときに調整してもよい。その後の製品は，承認された最新版の製品用撮影要領書に従って検査する。その製品用撮影要領書には**6.1 a)～m)**の事項を含む。製品の放射線透過検査のために，検査範囲の変更又は判定基準の変更のような新しい基準が設定された場合は，製品用撮影要領書に指示しなければならない。

7. 合否基準 注文者は，発注仕様書に合否判定基準を規定しなければならない。

合否判定のための透過写真によるきずの像の分類方法は，**JIS G 0581**による。

なお，注文者が指示した場合，次に示す**ASTM**規格を適用してもよい。

a) **ASTM E 186**

b) **ASTM E 192**

c) **ASTM E 280**

d) **ASTM E 446**

8. 製造業者の責任 引合い及び受注時に特別な要求がない限り，製造業者は，放射線透過検査を要求された鋳鋼品又は鋳鋼品の部分が注文仕様に規定された基準を満足させる責任がある。

製造業者が放射線透過検査を要求されていない鋳鋼品又は鋳鋼品の部分については，納入後に実施されたいかなる放射線透過検査の結果も不合格の理由にはならない。また，製造業者で合格と判断された放射線透過写真に対し，納入後に再試験を実施した場合，もし，それらの検査が引合い又は注文時に合意された以外の撮影要領によって実施された場合及び/又は最新版の撮影要領書に定められている内容と異なる方法で実施された場合は，不合格の理由にならない。

9. 記録 受渡当事者間での指定がない限り，製造業者は，放射線透過検査の記録を最低5年間保管する。

附属書（参考）　JISと対応する国際規格との対比表

JIS G 0585：2002　鋳鋼品の放射線透過検査						ISO 4993：1987　鋳鋼品—放射線透過検査	
（Ⅰ）JISの規定		（Ⅱ）国際 規格番号	（Ⅲ）国際規格の規定		（Ⅳ）JISと国際規格との技術的 差異の項目ごとの評価及びそ の内容 　表示箇所：本体，附属書 　表示方法：側線		（Ⅴ）JISと国際規格 との技術的差異の理 由及び今後の対策
項目番号	内容		項目 番号	内容	項目ごと の評価	技術的差異の内容	
1.適用範囲	JIS G 0581及び JIS Z 2306を引用	ISO 4993	1	ISO 5579 及びISO 1027を引用	IDT	—	
2.引用規格	JIS G 0581 JIS Z 2306 ASTM E 186 ASTM E 192 ASTM E 280 ASTM E 446		2	ISO 1027 ISO 5579 ASTM E 186 ASTM E 192 ASTM E 280 ASTM E 446	IDT	—	
3.購買上の 基本事項	3.1 3.2 3.3		3	3.1 3.2 3.3	IDT	—	
4.検査時期	4.1 4.2 4.3		4	4.1 4.2 4.3	IDT	—	
5.検査員の 資格認証	資格認証要領を製 造業者が定め，注文 者の合意を得る。		5	認証システム を受渡当事者 間で合意	IDT	—	
6.撮影要領 書	6.1　試作品用撮影 要領書 a)〜m)　13項目を規 定 6.2　製品用撮影要 領書		6	6.1　試作品用 撮影要領書 6.1.1 〜 6.1.14 14項目を規定 6.2　製品用撮 影要領書	MOD/削除 IDT	幾何学的ぼけを削 除	この規格ではISO 5579と整合させた JIS G 0581の撮影 配置によって撮影す る。この撮影配置に 従えば"幾何学的ぼ け"の問題は起こら ないため削除した。
7.合否基準	きずの像の分類方 法は，JIS G 0581 による。 ASTM E 186, E 192, E 280, E 446も適用可。		7	きずの分類方 法は，ASTM E 186, E 192, E 280,E 446 に基づく。	MOD/変更	JIS G 0581によ る分類方法に変更 した。	JIS G 0581の分類 方法は，ISOが推奨 するASTMの分類方 法と対応が図られて いるため，採用した。
8.製造業者 の責任			8		IDT	—	
9.記録			9		IDT	—	
JIS と国際規格との対応の程度の全体評価：MOD							

備考1. 項目ごとの評価欄の記号の意味は，次のとおりである。
　　— IDT ……………技術的差異がない。
　　— MOD/削除 ……国際規格の規定項目又は規定内容を削除している。
　　— MOD/変更 ……国際規格の規定内容を変更している。
　2. JISと国際規格との対応の程度の全体評価欄の記号の意味は，次のとおりである。
　　— MOD ……………国際規格を修正している。

鋼管の自動漏えい（洩）磁束探傷検査方法

Automated flux leakage examination of steel pipes and tubes

JIS (2012) 制定

序文

この規格は，2011 年に第 1 版として発行された **ISO 10893-1** 及び 2020 年に発行された Amendment 1，並びに 2011 年に第 1 版として発行された **ISO 10893-3**，2019 年に発行された Amendment 1 及び 2020 年に発行された Amendment 2 を基とし，技術的内容を変更して作成した日本産業規格である。ただし，追補（amendment）については，編集し，一体とした。

なお，この規格で側線又は点線の下線を施してある箇所は，対応国際規格を変更している事項である。技術的差異の一覧表にその説明を付けて，**附属書 JA** に示す。

1 適用範囲

この規格は，継目無鋼管及び溶接鋼管（サブマージアーク溶接鋼管を除く。）（以下，鋼管という。）の自動漏えい磁束探傷検査方法について規定する。

この規格は，外径 10 mm 以上の鋼管に適用する。また，製品規格の規定又は受渡当事者間の協定がない限り，主に管軸方向のきずの検査に適用する。

注記　この規格の対応国際規格及びその対応の程度を表す記号を，次に示す。

ISO 10893-1:2011，Non-destructive testing of steel tubes－Part 1: Automated electromagnetic testing of seamless and welded (except submerged arc-welded) steel tubes for the verification of hydraulic leaktightness＋Amendment 1:2020

ISO 10893-3:2011，Non-destructive testing of steel tubes－Part 3: Automated full peripheral flux leakage testing of seamless and welded (except submerged arc-welded) ferromagnetic steel tubes for the detection of longitudinal and/or transverse imperfections＋Amendment 1:2019＋Amendment 2:2020（全体評価：MOD）

なお，対応の程度を表す記号"MOD"は，**ISO/IEC Guide 21-1** に基づき，"修正している"ことを示す。

2 引用規格

次に掲げる引用規格は，この規格に引用されることによって，その一部又は全部がこの規格の要求事項を構成している。これらの引用規格は，その最新版（追補を含む。）を適用する。

JIS G 0203　鉄鋼用語（製品及び品質）

JIS G 0431　鉄鋼製品の雇用主による非破壊試験技術者の資格付与

JIS Z 2300　非破壊試験用語

JIS Z 2305　非破壊試験技術者の資格及び認証

JIS Z 2319　漏えい（漏）磁束探傷試験方法

3　用語及び定義

この規格で用いる主な用語及び定義は，次によるほか，**JIS G 0203，JIS G 0431 及び JIS Z 2300** による。

3.1
人工きず（reference standard）

非破壊試験の装置の感度調整，警報レベルの設定及び感度の確認に用いる人工的に付けられたきず

注釈 1　ドリル穴，角溝，やすり溝などがある。

3.2
対比試験片（reference sample）

人工きずを含んだ鋼管又はその一部分からなる供試材

注釈 1　**ISO 10893-1 及び ISO 10893-3** では，"対比試験鋼管"の用語を対比試験片も含んだ意味で用いている。

3.3
製造業者（manufacturer）

関連する規格に従って製品を製造し，供給する製品が，関連する規格の全ての適用される規定に従っていることを宣言する組織

3.4
検出センサ（transducer）

漏えい磁束探傷装置において漏えい磁束を検知するセンサ

4　一般要求事項

4.1　検査の時期

製品規格の規定又は受渡当事者間の協定のない限り，この規格で規定する漏えい磁束探傷検査は，全ての主要な製造工程（例えば，熱間仕上げ，冷間仕上げ，熱処理など電磁気特性又は管の形状を変える工程）が終わった後に行わなければならない。

4.2　鋼管の性状

鋼管は，有効な検査ができるように，探傷に影響を与えるような曲がりがあってはならない。鋼管の表面は，検査の障害となるような異物などが付着していてはならない。

4.3　検査技術者

この検査は，**JIS G 0431，JIS Z 2305** 又はこれらと同等の資格を付与された，訓練された検査技術者によって行われなければならない。また，製造業者によって指名された力量のある検査技術者によって監督されなければならない。第三者による検査の場合は，このことを受渡当事者間で協定しなければならない。

雇用主によって与えられる検査技術者への作業実施許可は，文書化された手順に従ったものでなければ

ならない。非破壊検査手順は，雇用主によって権限を与えられた非破壊試験技術者によって承認されなければならない。非破壊検査手順を承認する非破壊試験技術者は，レベル 3 の資格をもっていることが望ましい。

注記 1 JIS G 0431 及び JIS Z 2305 の中で，非破壊試験技術者の資格レベルとしてレベル 1，レベル 2 及びレベル 3 を規定している。

注記 2 JIS Z 2305 を適用する場合，JIS Z 2305 の ET 又は MT のいずれの資格も有効である。

5 探傷装置及び探傷方法

5.1 探傷装置

探傷装置は，JIS Z 2319 の箇条 6（漏えい磁束探傷試験システム）による。装置は，マーキング又は選別の機能をもつ自動警報装置を用いて合格材と嫌疑材とを分類することが可能でなければならない。

5.2 探傷方法

5.2.1 一般事項

鋼管は，主に管軸方向の外面きずの検査のために，漏えい磁束探傷法によって試験される（図 1 参照）。また，鋼管の内面きずの検査及び鋼管の円周方向のきずの検査（図 2 参照）は，製品規格の規定又は受渡当事者間の協定によって行う。鋼管の厚さの制限は，設けない。この探傷方法の制約（直流磁化の場合）は，附属書 A による。

注記 鋼管の両端については，試験できない短い部分が存在する。

5.2.2 試験速度

試験中，鋼管及び検出センサは，鋼管の全表面をカバーするように走査しなければならない。鋼管及び検出センサの探傷中の相対的な速度は，±10 % を超えて変化してはならない。

5.2.3 検出センサ幅

個々の検出センサの幅は，検出対象きずの方向に平行に最大 30 mm とする。

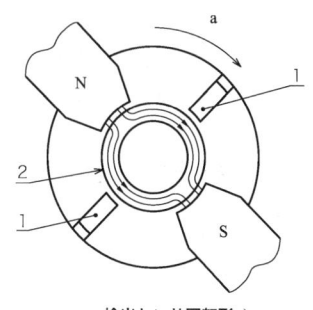

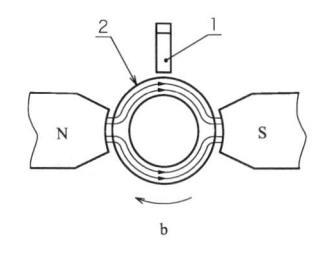

a) 検出センサ回転形 [a)]　　　　　　　　b) 鋼管回転形 [b)]

記号説明

1：検出センサ
2：鋼管
N：N極
S：S極
a：検出センサ回転方向
b：鋼管回転方向
注 [a)]　磁極と検出センサとを回転させ，鋼管を回転させずに管軸方向に直線的に移動する方式。
注 [b)]　磁極と検出センサとを固定し，鋼管を回転させながら直進させる方式。

図1－管軸方向のきず検査のための回転形漏えい磁束探傷法の簡略図　(直流磁化の場合)

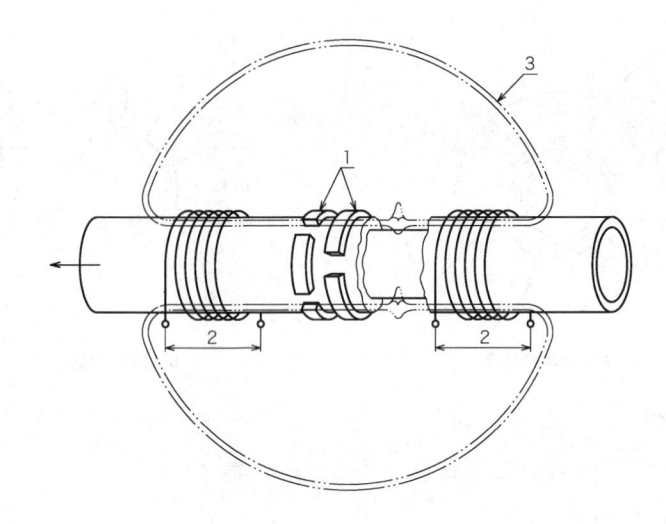

記号説明
1：千鳥配列の検出センサ
2：磁化コイル（直流又は交流）
3：磁束
注記　検出センサの形状は，使用される装置及び他の要因によって異なる形状が用いられる［例えば，単一方式（absolute），差動方式（differential）］。管軸方向に平行な磁気を誘起する方法は，ここに示した以外の方法もある。

図 2－円周方向のきず検査のための漏えい磁束探傷法の簡略図

6　対比試験片及び人工きず

6.1　一般

対比試験片及び人工きずの一般事項は，次による。

a)　この規格で規定する人工きずは，非破壊試験装置の感度調整を行うためのものである。これらの人工きずの寸法は，装置によって検知できるきずの最小サイズと考えない方がよい。

b)　探傷装置は，対比試験片の外面の角溝，又は外面及び内面の角溝を用いて感度調整しなければならない。ただし，受渡当事者間の協定によって，角溝に代えて，ドリル穴を用いて，感度調整をしてもよい。この場合，規定の許容レベルに対するドリル穴の最大径は，受渡当事者間で協定しなければならない。また，製造業者は，ドリル穴で得られる探傷感度及び装置の設定（例えば，フィルタリング）が規定の角溝及び協定で合意した内面の角溝で得られるものと同等であることを証明しなければならない。

　　注記　ISO 10893-3 では，鋼管のきず検査用にドリル穴を用いる場合は，ドリル穴の径は，鋼管の用途及びその他の適切な基準を含めた要素をもとに，0.80 mm～3.2 mm の範囲で決めることを推奨している。また，ISO 10893-1 では，鋼管の耐漏れ性の試験に用いるドリル穴として，表 2 の F4H（1.2 mm～3.7 mm）が規定されている。

　　内面の角溝は，管の内径が 20 mm 未満の場合，受渡当事者間の協定がない限り，使用しなくてもよい。また，管の厚さが 20 mm を超える場合には，附属書 A に示す技術的制約のため，受渡当事者間の

協定がない限り，内面の角溝は，使用しなくてもよい。

c) 対比試験片は，検査する鋼管と同等の材質，同じ公称寸法，表面状態及び熱処理状態のものとする。ただし，直流の磁化電流を使用する場合で，10 mm 以上の厚さの鋼管のときには，公称厚さ以上の鋼管を用いてもよい。交流の磁化電流を使用する場合は，受渡当事者間の協定によってもよい。角溝を用いる場合には，その深さは，検査する鋼管の公称厚さから求める。また，検査する鋼管と異なる公称厚さの鋼管を用いる場合には，製造業者は，注文者の要求があれば，適用した方法の有効性を証明しなければならない。

d) 人工きずは，明瞭な信号を得るために，管軸方向に互いに十分に分離し，また，対比試験片の鋼管端から十分に離さなければならない。

6.2 角溝

6.2.1 一般

角溝の一般事項は，次による。

a) 角溝は，図 3 に示す形状とし，鋼管の管軸方向に平行に加工する。製品規格の規定又は受渡当事者間の協定によって鋼管の円周方向のきず探傷を行う場合には，角溝は，鋼管の円周方向に加工しなければならない。

b) 角溝の側面は，ほぼ平行で，底部は，側面にほぼ直角でなければならない。

c) 角溝は，機械加工，放電加工又はその他の方法で加工する。底部及び底部の角は，丸みがあってもよい。

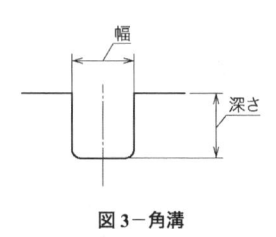

図 3－角溝

6.2.2 角溝の寸法

角溝の寸法は，次による。

a) 幅（図 3 参照）　角溝の幅は，1 mm 以下とする。

b) 深さ（図 3 参照）　それぞれの許容レベルの角溝の深さは，6.5 による。ただし，次の条件を満足しなければならない。

－ 最小深さ：0.3 mm（許容レベル F2 及び F3 の場合），0.5 mm（許容レベル F4 及び F5 の場合）

－ 最大深さ：1.5 mm

深さの許容差は，角溝深さの±15 %（最小値±0.05 mm）とする。

内面の角溝の深さは，受渡当事者間の協定による。ただし，規定された外面角溝の深さ以上（最小内面角溝深さは，0.4 mm）で，かつ，表 A.1 に規定する最大比（内外面の角溝深さの比）以下（最大内面角溝深さは，3.0 mm）の深さを適用することが望ましい（附属書 A 参照）。

c) **長さ** 製品規格の規定又は受渡当事者間の協定のない限り，角溝の長さは，個々の検出センサの長さ（検出対象きず方向に平行）以上で 50 mm 以下とする。

> **注記** ISO 10893-3 では，円周方向のきず探傷を行う場合には，最小角溝長さは，25 mm としている。

6.3 ドリル穴

ドリル穴は，**図4** に示す形状とし，ドリル穴の径は，**6.5.2** に規定する値以下とする。

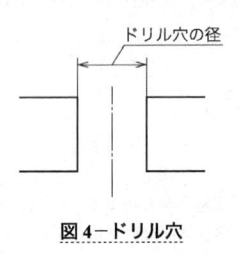

ドリル穴の径

図4―ドリル穴

6.4 人工きずの確認

人工きずは，**6.2** 及び **6.3** で規定する値であることを適切な方法によって確認する。

6.5 許容レベルに対応する人工きずの寸法

6.5.1 許容レベル F2～F5 に対応する角溝

許容レベル F2～F5 の人工きずは，角溝とし，そのきず寸法は，**表1** による。

注記 F4 の人工きずレベルは，**ISO 10893-1** で，鋼管の耐漏れ性試験の検証用として用いられている。

表1―許容レベル F2～F5 に対応する角溝深さ

許容レベル	鋼管の公称厚さに対する角溝の深さ %
F2	5
F3	10
F4	12.5
F5	15

6.5.2 許容レベル F4H に対応するドリル穴

許容レベル F4H のドリル穴寸法は，**表2** に示す値とする。

注記 F4H の人工きずレベルは，**ISO 10893-1** で，鋼管の耐漏れ性試験の検証用として用いられている。

表2－許容レベル F4H に対応するドリル穴の径

単位　mm

鋼管の公称外径 D	許容レベル F4H に対応する ドリル穴の径
$4 \leqq D \leqq 26.9$	1.2
$26.9 < D \leqq 48.3$	1.7
$48.3 < D \leqq 63.5$	2.2
$63.5 < D \leqq 114.3$	2.7
$114.3 < D \leqq 139.7$	3.2
$139.7 < D$	3.7

7　装置の感度調整及び感度の確認

7.1　感度調整及び警報レベルの設定

　各探傷作業の開始時に行う装置の感度調整は，製品規格又は受渡当事者間の協定によって規定された許容レベルの人工きずから，常に（例えば，装置に3回連続して対比試験片を通す。），明瞭に識別できる信号が得られなければならない。これらの信号によって，装置の警報が作動するように警報レベルを設定しなければならない。

7.2　感度確認時の探傷速度

　感度確認中の対比試験片と検出センサとの相対的な速度は，鋼管を試験するときと同じでなければならない。

　装置の感度の確認は，同じ材質，公称寸法，表面状態及び熱処理状態の鋼管の試験中に，**7.1** で用いた対比試験片を装置に通過させて行わなければならない。

7.3　感度の確認

　感度の確認は，鋼管の検査作業（同一設定条件下での作業）ごと，並びに作業の開始及び終了時に行い，かつ，少なくとも8時間ごとに行う。

　なお，感度の確認は，製品規格の規定又は受渡当事者間の協定によって，4時間ごと又は10本ごとのいずれか長い時間ごとに行ってもよい。

　注記　ISO 10893-3 では，感度の確認は，4時間ごとに行うことを要求している。

7.4　再感度調整

　装置は，感度調整時に用いたパラメータが変更された場合には，再感度調整をしなければならない。

7.5　再試験

　製造中の感度の確認で，感度調整の要求を満足しない場合（規定された人工きずからの信号が警報レベルに達しない場合）には，直前の装置の感度調整以降に試験をした全ての鋼管は，装置を再感度調整した後，再試験を行わなければならない。

8 結果の判定

8.1 結果の判定

結果の判定は，次による。

a) 警報レベルより低い信号の鋼管は，検査を合格したとみなす。

b) 警報レベル以上の信号を発した鋼管は，嫌疑材とするか，製造業者の判断で再検査をしてもよい。再検査において，信号が警報レベルより低い場合は，その鋼管を合格したものとみなし，警報レベル以上の信号を発した鋼管は，嫌疑材とする。

8.2 嫌疑材の処置

嫌疑材は，製品規格の規定のない限り，次の一つ以上の処置を行わなければならない。

a) 嫌疑部分を適切な方法で，研削又は切削し，鋼管の残厚さが許容値内であることを確認した後，前に設定した同じ探傷条件で鋼管を検査しなければならない。警報レベル以上の信号がない場合には，合格とする。

　　嫌疑部分を，もとの検査と同等以上の他の非破壊試験法（NDT 方法），試験方法（NDT 技法）及び許容レベルで検査をしてもよい。

b) 嫌疑部分を切り捨てる。製造業者は，全ての嫌疑部分が，完全に除去されたことを確認しなければならない。

c) 鋼管を不合格とする。

9 検査報告書

注文者の指定がある場合には，製造業者は，次の中から必要事項を選択し，検査報告書を注文者に提出しなければならない。

a) この規格によって試験した旨の表示

b) 検査年月日

c) 検査技術者

d) 鋼管の種類の記号

e) 鋼管の寸法

f) 走査方法（センサ回転，管回転など）

g) 探傷条件［磁化電流（交流，直流）区分，探傷速度など］

h) 人工きず及び許容レベル。人工きずの種類を表す記号として，D（ドリル穴）又は N（角溝）を用いてもよい。

i) 検出センサの種類

j) 検査結果

k) 受渡当事者間の協定内容

附属書 A
（規定）
漏えい磁束探傷試験法の制約（直流磁化の場合）

A.1　一般

この方法を使用する場合には，試験される製品を強い磁場の中に入れ，磁気的に飽和な状態にしなければならない。飽和させる目的は，不連続部からの磁束の漏れ・磁束の分流を生じさせるためである。

鋼管の漏えい磁束探傷試験の間，試験の感度は，磁気センサの近くの鋼管表面で最大となる。鋼管の厚さが厚くなるほど，外表面に比較して内表面きずからの漏えい磁束は，より減少する。このため，鋼管の厚さが厚くなると，同じ大きさのきずであれば，内面のきずからの信号は，外面のきずからの信号よりも，更に小さくなる。

結果として，内面の角溝の深さは，受渡当事者間の協定によって合意した値だけ，外面の角溝の深さに対する規定より大きくすることが必要となる。これは，例えば，使用する装置のタイプ及び試験する鋼管の表面状態によって変わる。通常，表 A.1 に示す最大比を適用する。

表 A.1－鋼管の厚さによる内外面の角溝の深さ最大比

鋼管の厚さ T mm	内面／外面角溝深さの最大比	
	F2	F3/F4/F5
$8 < T \leqq 12$	2.0	1.2
$12 < T \leqq 15$	2.5	1.5
$15 < T \leqq 20$	3.0	2.0

A.2　鋼管又は検出センサ回転法

この試験法では，一つ以上の検出センサで，鋼管の表面をらせん状の軌跡を描くように使用する。このため，これらの試験法は，管軸方向のきずを検出するが，検出する最小長さは，検出センサの幅及びらせん状の検査ピッチによる。円周方向のきずは，通常，検出することが不可能である。

A.3　多検出センサ法

この試験法は，鋼管を回転させずに管軸方向に直線的に移動させ，鋼管の周りの多数の固定検出センサを用いて試験する。このため，この試験法は，主に円周方向のきずを検出するが，検出する最小長さは，検出センサの円周方向の寸法による。管軸方向のきずは，円周方向のきず成分（斜め方向）が十分でない限り，通常，検出することが不可能である。

附属書 JA
（参考）
JIS と対応国際規格との対比表

JIS G 0586			ISO 10893-1:2011＋Amd 1:2020, **ISO 10893-3**:2011＋Amd 1:2019＋Amd 2:2020, （MOD）		
a) JIS の箇条番号	**b)** 対応国際規格の対応する箇条番号	**c)** 箇条ごとの評価	**d)** JIS と対応国際規格との技術的差異の内容及び理由		**e)** JIS と対応国際規格との技術的差異に対する今後の対策
1	1	削除	JIS では，漏れ性の検証についての記載を削除した。		技術的差異は，軽微である。
3	3	削除 追加	JIS では，対比試験鋼管は，対比試験片に含めている。JIS として，必要な用語を追加した。		技術的差異は，軽微である。
4	4	変更	JIS では，検査技術者の要件として関連する JIS を引用した。		技術的差異は，軽微である。
		変更	ISO 規格では，レベル 3 による手順承認が要求事項であるが，JIS では，推奨事項とした。		次回の JIS 改正時に ISO 規格への整合化を検討する。
5	5	追加	JIS は，試験装置として JIS Z 2319 を引用した。		今後 ISO へ交流磁化方式を明確にするように提案する。
		変更	JIS では，探傷方法の記載を実態に合わせて変更した。		
		削除	ISO 規格の直流をベースとして記載された記号などを削除した。		
6	6	変更	ISO 規格では，内面の角溝の使用を推奨事項として規定しているが，JIS では，許容事項としている。		技術的差異は，軽微である。
		追加	JIS では，交流の磁化電流を使用する場合の対比試験片に関する規定を追加した。		今後 ISO へ交流磁化方式を明確にするように提案する。
		変更	JIS では，ドリル穴の径の規定値を小数点以下 1 桁とした。		技術的差異は，軽微である。
7	7	変更	JIS では，感度の確認を従来の 8 時間とした。		確認頻度については，今後 ISO への提案を検討する。
8	8	変更	嫌疑部分の手入れ後の検査を他の非破壊試験法等で行う場合に，ISO 規格では，受渡当事者間の協定を求めているが，JIS では，同等以上の検査であれば，製造業者の任意で適用可能とした。		嫌疑部分の手入れ後の検査については，今後 ISO への提案を検討する。
9	9	変更	ISO 規格では，全ての事項を報告することに規定されているが，JIS では，必要事項を選択するものとしている。		技術的な差異は，軽微である。

注記 1 箇条ごとの評価欄の用語の意味を，次に示す。
- 削除：対応国際規格の規定項目又は規定内容を削除している。
- 追加：対応国際規格にない規定項目又は規定内容を追加している。
- 変更：対応国際規格の規定内容又は構成を変更している。

注記 2 JIS と対応国際規格との対応の程度の全体評価の記号の意味を，次に示す。
- MOD：対応国際規格を修正している。

JIS G 0587	炭素鋼鍛鋼品及び低合金鋼鍛鋼品の	JIS (1995) 改正
(2007)	超音波探傷試験方法	JIS (1987) 制定

Method for ultrasonic examination for carbon steel and
low alloy steel forgings

序文

この規格は，1987 年に制定され，その後 2 回の改正を経て今日に至っている。前回の改正は 1995 年に行われたが，その後精度の向上した DGS 線図の採用，感度校正用人工きずの規定付加のため改正した。

なお，対応国際規格は現時点で制定されていない。

1 適用範囲

この規格は，厚さ 20 mm 以上及び外径部の曲率半径が 50 mm 以上の炭素鋼及び低合金鋼の鍛鋼品（以下，鍛鋼品という。）の，パルス反射法を用いた基本表示の超音波探傷器による超音波探傷試験（以下，試験という。）方法について規定する。

なお，ステンレス鋼鍛鋼品については，超音波の減衰を考慮した上で，試験要領について受渡当事者間で合意した場合は，この規格を準用して探傷することができる。

2 引用規格

次に掲げる規格は，この規格に引用されることによって，この規格の規定の一部を構成する。これらの引用規格は，その最新版（追補を含む。）を適用する。

JIS B 0601 製品の幾何特性仕様（GPS）－表面性状：輪郭曲線方式－用語，定義及び表面性状パラメータ

JIS G 0431 鉄鋼製品の非破壊試験技術者の資格及び認証

JIS K 2238 マシン油

JIS Z 2300 非破壊試験用語

JIS Z 2305 非破壊試験－技術者の資格及び認証

JIS Z 2345 超音波探傷試験用標準試験片

JIS Z 2352 超音波探傷装置の性能測定方法

3 用語及び定義

この規格で用いる主な用語及び定義は，**JIS Z 2300** によるほか，次による。

3.1

Q 値

使用する超音波探傷器と超音波探触子とを組み合わせた状態で，周波数分析を行い，測定された中心周波数を帯域幅で除した値。

4 試験技術者

鍛鋼品の試験に従事する技術者は，**JIS G 0431，JIS Z 2305** 若しくはそれらと同等の規格によって資格付けられる者，又はそれに相当する十分な知識，技能及び経験をもつ者で，かつ，試験の対象となる鍛鋼品の製造方法，発生するきずの性状及びその探傷について十分な知識及び経験をもつ者でなければならない。

5 超音波探傷装置

5.1 超音波探傷器

試験に用いる超音波探傷器は，次による。

a) 超音波探傷器は，パルス反射法による基本表示の表示器をもつものとし，1 MHz〜5 MHz の範囲の周波数で使用できるものとする。

b) 増幅直線性は，**JIS Z 2352** の **4.1**（増幅直線性）によって測定し，最大偏差が±3 ％以内とする。

c) 時間軸直線性は，**JIS Z 2352** の **4.2**（時間軸直線性）によって測定し，最大誤差が±1 ％以内とする。

d) ゲイン調整器は，1 ステップが 2 dB 以下で，合計の調整量が 70 dB 以上のものとする。

e) 表示器は，表示される探傷図形が，明るい場所でも観察に支障のないように鮮明で，エコーの立上り及び頭部は，特に鮮明で見やすいものとする。

f) 探傷器に取り付ける補助目盛板は，容易に着脱でき，視差による測定誤差が小さいものとする。

   補助目盛板を必要としないデジタル探傷器においては，この限りではない。

5.2 垂直探触子

試験に用いる垂直探触子は，次による。

a) 振動子の形状は円形とし，公称直径は探触子の公称周波数に応じ，**表1**のものとする。ただし，（　）内の範囲に示す公称直径の振動子を使用することができる。

表1－垂直探触子の公称周波数及び振動子の公称直径

公称周波数　MHz	公称直径　mm
1	20，24，28，30（20～30）
2 又は 2.25	20，24，28，30（10～30）
4 又は 5	10，14，20，24（10～25）

b) 試験周波数は，公称周波数の 85 ％～115 ％の範囲とする。

c) 探触子の Q 値は，使用する超音波探傷器と探触子との組合せで，1.8～3.3 の範囲とする。

d) 感度余裕値は，**JIS Z 2352** の 4.3（垂直探傷の感度余裕値）によって測定し，30 dB 以上とする。

e) 遠距離分解能は，**JIS Z 2352** の 4.4（垂直探傷の遠距離分解能）に規定する垂直探傷の遠距離分解能測定用試験片 RB－RA 形試験片を用いて表示し，2 MHz 以上の周波数において 9 mm 以下とする。

f) 軟質保護膜は，試験周波数に適合したものとする。

6 試験の方法及び準備

試験の方法及び準備は，次による。

a) 試験は，パルス反射法の直接接触法による垂直探傷試験とする。ただし，リング状又は円筒状で外径対内径の比が 1.4 以下で軸方向の長さが 50 mm を超える鍛鋼品について特に指定された場合は，**附属書A** による斜角探傷試験を行う。

b) 試験は，きずをきずエコー高さで評価する場合には，底面エコー方式又は試験片方式のいずれかで行う。きずを底面エコーの低下量で評価する場合は，底面エコー方式とする。

c) 探傷時期は，熱処理後で，溝，テーパ，穴などの加工前とする。ただし，熱処理後の形状が探傷に適切でない場合は，熱処理前でもよい。この場合，熱処理後にもできる限りの範囲について再度探傷を行う。

d) 探傷面は，**JIS B 0601** に規定する粗さ 25 μmRz 以下に仕上げ，試験の支障となる，むしれ，異物などが付着していないものとする。

e) 接触媒質は，**JIS K 2238** の ISO VG46～100 マシン油又はこれと同等品を用いる。ただし，受渡当事者間で協定した場合には，グリセリンペースト，グリセリン水溶液又はそれらに相当する接触媒質を用いてもよい。

7 試験の条件

試験を行うときの条件は，次による。

a) 探傷方向は，鍛鋼品の製造形態に応じ，**図1** に示す基本的探傷方向とする。補助的探傷方向は，必要に応じて実施する。

b) 探傷範囲は，検出しなければならないきずの種類，方向，大きさ及び使用上の影響度を考慮して，全範囲又はある特定の範囲とする。

c) 探触子の走査方法は，指定された探傷範囲について，次のいずれかによる。

1) 全面

2) ある特定の線上

3) ある特定の間隔をおいた点

d) 全面を走査する場合の探触子の走査ピッチは，振動子の公称直径の 85 ％以下とする。

e) 探触子の走査速度は，毎秒 150 mm 以下とする。

f) 試験に使用する公称周波数は，1 MHz，2 MHz 又は 2.25 MHz とする。ただし，厚さ 100 mm 以下の鍛鋼品及び探傷面の近傍に対する試験には，4 MHz 又は 5 MHz を用いてもよい。

8 減衰係数の測定

試験に先立ち，試験対象部の代表的な 3 か所について，試験に使用する探触子によって，減衰係数を測定する。減衰係数の計算は，式(1)による。

$$\alpha = \frac{[-(B_1 - B_2)] - L}{2 \times T} \quad\text{...........(1)}$$

ここに，　α：　減衰係数（dB/m）
　　　　　　B_1：　第 1 回底面エコー高さ（dB）
　　　　　　B_2：　第 2 回底面エコー高さ（dB）
　　　　　　L：　底面エコーの拡散損失（dB）。使用する探触子に応じた**図 10〜
　　　　　　　　　図 28** のいずれかの DGS 線図から求めた値。B_1 が近距離音場限
　　　　　　　　　界距離の 4 倍以上の遠距離音場内の場合は 6 dB
　　　　　　T：　鍛鋼品の厚さ（m）

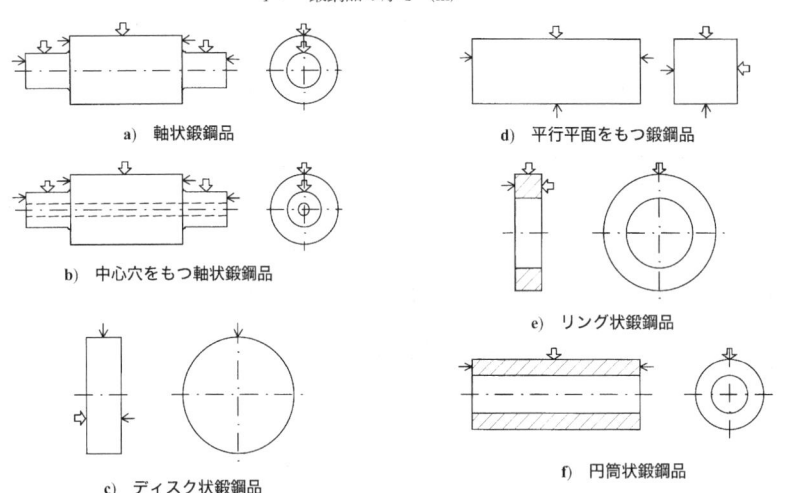

a)　軸状鍛鋼品　　　　　　　　　　d)　平行平面をもつ鍛鋼品

b)　中心穴をもつ軸状鍛鋼品

e)　リング状鍛鋼品

c)　ディスク状鍛鋼品

f)　円筒状鍛鋼品

注記　◇：基本的探傷方向
　　　←：補助的探傷方向

図 1－探傷方向

9　探傷感度の調整
9.1　一般事項
　きずの評価を，きずエコー高さで評価する場合の探傷感度の調整は，**9.2** 又は **9.3** による。きずの評価を，底面エコーの低下量で評価する場合は，健全部の第 1 回底面エコー高さ（B_G）を目盛板上で 100 ％に調整し，これを探傷感度とする。

9.2　底面エコー方式
9.2.1　底面エコー高さによる探傷感度の調整
a)　底面エコー高さによる探傷感度の調整は，直径又は厚さの異なる部位ごとに行い，健全部における第 1 回底面エコー高さ（B_G）を表示器の目盛板上で 80 ％に調整する。

b)　探傷範囲で直径 4 mm の円形平面きずからのエコー高さが表示器の目盛板上で最低でも 10 ％になるように，**図 2〜図 4** に示す感度補正量（dB）だけ感度を高める。ここで，片面探傷，軸状鍛鋼品での半周探傷及び中心穴をもつ軸状鍛鋼品の探傷の場合には，底面に対する感度補正量を用いる。これらの場合，探傷可能範囲は，直径又は厚さまでとする。その他の場合は，中心に対する感度補正量を用い，探傷可能範囲は，直径又は厚さの 1/2 以内とする。

c)　中心穴をもつ軸状鍛鋼品の径方向探傷では，**b)** の補正をした探傷感度より**図 5** の中心穴による底面エコーの曲率補正量（dB）だけ，感度を下げた探傷感度とする。

d)　**a)〜c)** の調整で定めた感度を，探傷感度とする。ただし，**b)** の感度補正量と **c)** の曲率補正量との合計が，負になる場合には，**b)** 及び **c)** の感度補正を行わない。

9.2.2　距離振幅特性曲線の作成及び検出レベル
　9.2.1 によって調整された探傷感度における距離振幅特性曲線を，**図 10〜図 28** の DGS 線図によって目盛板上に作図する。この例を**図 6** に示す。この探傷感度における距離振幅特性曲線を検出レベルとする。

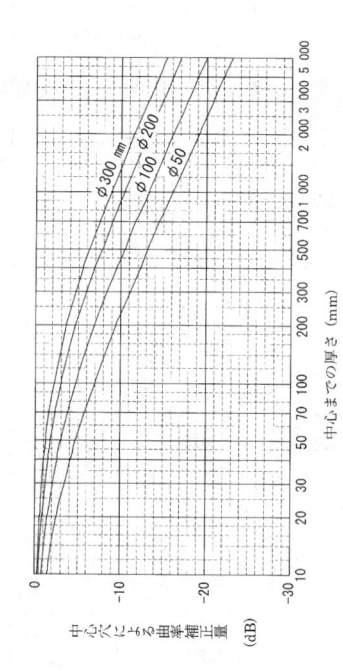

図 5 — 中心穴による曲率補正

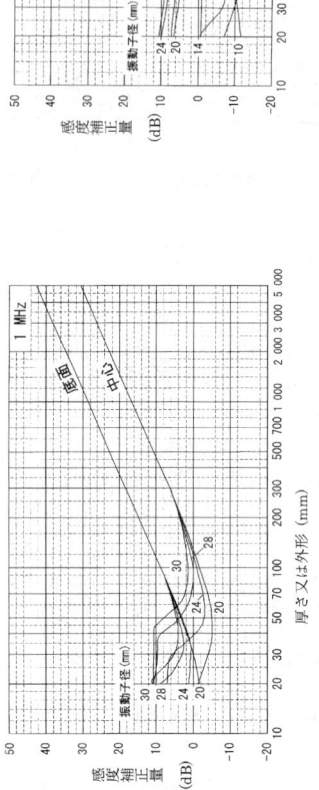

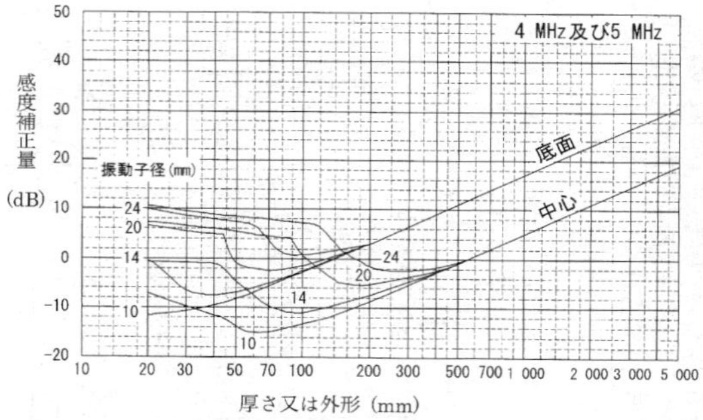

図 4 — 周波数 4 MHz 及び 5 MHz，並びに振動子公称直径 10 mm，
14 mm，20 mm 及び 24 mm の場合の感度補正量

図 2 — 周波数 1 MHz，並びに振動子公称直径 20 mm，
24 mm，28 mm 及び 30 mm の場合の感度補正量

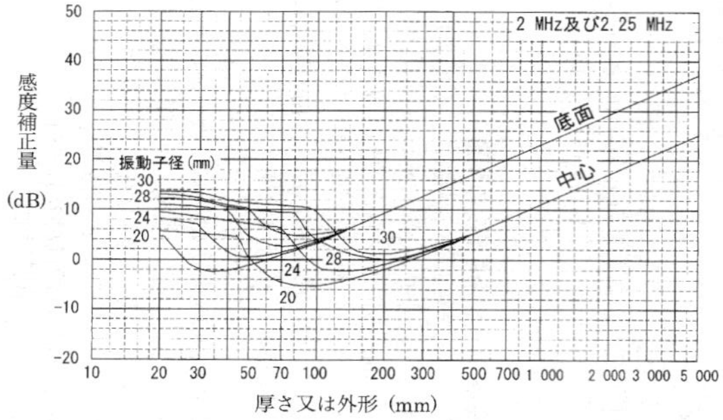

図 3 — 周波数 2 MHz 及び 2.25 MHz，並びに振動子公称直径 20 mm，
24 mm，28 mm 及び 30 mm の場合の感度補正量

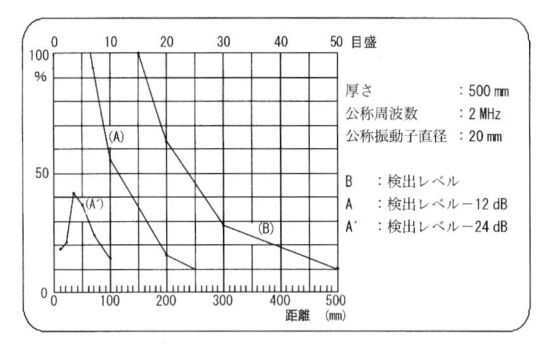

図 6 – 目盛板上の検出レベルの例

9.2.3　検出しなければならない最小単独きずの等価きず直径が 4 mm と異なる場合の探傷感度

図 7 に示す感度補正量を用いて補正した探傷感度とする。

ここで，**9.2.1〜9.2.3** で使用する探触子が**図 2〜図 4** に示されていない場合には，感度補正量（dB）及び距離振幅特性曲線は，**図 10〜図 28** の該当する探触子の DGS 線図から求める。また，探触子の製造者によって指定された DGS 線図を用いて，感度補正量を求め，距離振幅特性曲線を描いてもよい。

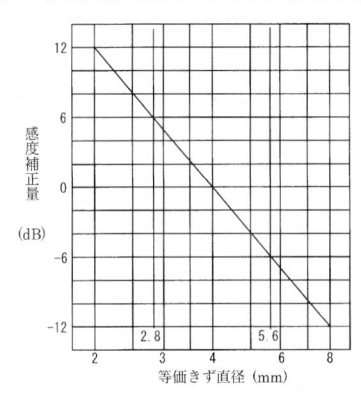

図 7 – 記録しなければならない最小の単独きずの等価きず直径及び感度補正量

9.3　試験片方式

9.3.1　使用する対比試験片

a)　対比試験片は，超音波減衰の程度が鍛鋼品と同等又は，減衰係数が既知の材料を用いる。

b)　対比試験片は，距離（位置）20 mm，30 mm，50 mm，80 mm 及び 150 mm 近傍にそれぞれ同一直径の平底穴をもつものとする。平底穴の直径は，4 mm とする。ただし，必要によっては，2 mm から 8 mm の範囲の直径でもよい。

c)　対比試験片として **JIS Z 2345** の STB-G V2，STB-G V3，STB-G V5，STB-G V8 及び STB-G V15-2 を使用することができる。

d)　鍛鋼品の探傷面と探傷面の曲率半径が異なる対比試験片を使用する場合には，鍛鋼品探傷面の曲率と同等の曲率をもち，かつ，平底穴をもつ曲率補正用試験片を少なくとも 1 体は用意しなければならない。ここで，平底穴までの距離は使用する探触子の遠距離音場にあるものとする。また，対比試験片の曲率半径は鍛鋼品と同等，又は大きくなければならない。同等の曲率半径とは，鍛鋼品の探傷面の曲率半径の 0.7〜1.1 倍の範囲とし，曲率半径 4 000 mm 以上は平面とみなす。

e)　平底穴の代わりに横穴（ドリル穴）を用いてもよい。横穴のエコーを用いて平底穴のエコー高さへ換

算する場合には，式(2)によって横穴の径から平底穴の径を求める。このとき使用する横穴までの距離は，使用する探触子に対して十分遠距離音場にあるものとする。

$$D_{\mathrm{DSR}} = \sqrt{0.45 \times \lambda \sqrt{x \times D_{\mathrm{SDH}}}} \quad \cdots\cdots\cdots\cdots\cdots\cdots\cdots\cdots\cdots\cdots\cdots\cdots\cdots\cdots\cdots\cdots\cdots\cdots\cdots\cdots\cdots\cdots\cdots\cdots\cdots\cdots\cdots \quad (2)$$

ここに，　D_{DSR}： 平底穴の直径（mm）
　　　　　λ： 波長（mm）
　　　　　x： 横穴表面までの距離（mm）
　　　　　　　　ただし，$x > 2N$
　　　　　　　　　　N：近距離音場限界距離（mm）
　　　　　D_{SDH}： 横穴（ドリル穴）の直径（mm）

9.3.2　距離振幅特性曲線の作成及び検出レベル

a) 対比試験片を用いて，直径 4 mm の平底穴の距離振幅特性曲線を作成する。作成は，対比試験片のうち，最大エコー高さを示すものを目盛板上で 80 ％になるように調整し，この感度で残りの試験片を探傷する。そのとき得られたビーム路程でのエコー高さを目盛板上に 4 点以上プロット又は認識し，これらの点を直線で結ぶ。

b) 150 mm より遠い範囲の距離振幅特性曲線を作成する必要がある場合は，式(3)によって求めたい距離のエコーの高さを求め，それらの点を直線で結ぶ。

$$D = \left[20 \times \log_{10}(R/150) \right] \times 2 \quad \cdots\cdots\cdots\cdots\cdots\cdots\cdots\cdots\cdots\cdots\cdots\cdots\cdots\cdots\cdots\cdots\cdots\cdots\cdots\cdots\cdots\cdots \quad (3)$$

ここに，　D： 距離 150 mm のところのエコー高さから減じる量（dB）
　　　　　R： 150 mm より遠い任意の距離（mm）

c) 距離振幅特性曲線は，最大探傷距離でその高さが 10 ％以上となるように，必要に応じて感度を高めて作成する。

d) このようにして得られる距離振幅特性曲線を検出レベルとする。

e) 鍛鋼品の探傷面と曲率が異なる対比試験片の場合には，同一感度で曲率補正用試験片を探傷し，このエコー高さと同一ビーム路程にある距離振幅特性曲線の高さの差を，感度に加えて曲率補正を行う。

f) 試験片の平底穴の直径が 4 mm と異なる場合は，平底穴の直径に応じて，**図 8** の感度補正量を用いて感度を補正する。

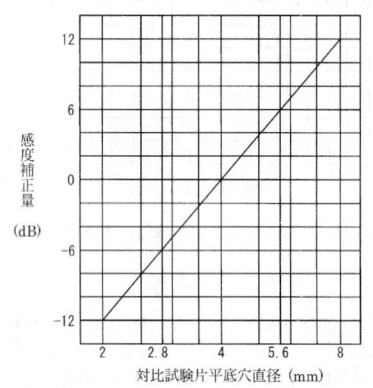

図 8−対比試験片の平底穴の直径と感度補正量

g) 横穴を用いて平底穴の直径に換算した場合，換算した直径が 4 mm と異なる場合は，平底穴の直径に応じて，**図 8** の感度補正量を用いて感度を補正する。

h) 鍛鋼品及び対比試験片の超音波減衰の程度が，探傷範囲の最大ビーム路程の距離において 3 dB を超える場合は，この超える量（dB）を検出レベルを定めた感度に加えて減衰補正を行う。

i) e)による曲率補正量と g)による感度補正量との合計が 3 dB 以下の場合には，e)及び g)の補正は行わなくてもよい。

j) このようにして定めた感度を探傷感度とする。

9.3.3 検出しなければならない最小単独きずの等価きず直径が 4 mm と異なる場合の探傷感度

図7の感度補正量を用いて探傷感度を補正する。

10 きずの記録及び評価方法

10.1 記録しなければならない試験結果

きずエコーの高さ，底面エコーの低下量など，鍛鋼品の評価に必要な記録事項については，あらかじめ受渡当事者間で協定する。特に指定のある場合を除き，一般に，次に示す試験結果を記録する。

a) 等価きず直径が 4 mm を示す検出レベルを超える単独きずエコーについては，最大エコー高さ（検出レベルに対する dB 値）及びきずの位置。

b) 密集きずエコーについては，それぞれの最大エコー高さ，きずの位置及び分布並びに代表的な探傷図形。

c) 表 B.1 に示す 1 類又は 2 類の等価きず直径に相当する単独きずエコーを検出した場合には，底面エコーの低下量（B_G/B_F）の dB 値。ただし，（B_G/B_F）≦6 dB の場合は，6 dB 以下と記録する。

d) きずによる底面エコーの低下量で評価する場合は，表 B.2 に示す底面エコーの低下量（B_G/B_F）の dB値。

10.2 きずの評価方法

垂直探傷試験によるきずの分類は，附属書 B によって行う。

10.2.1 きずエコー高さで評価する場合

a) 底面エコー方式の場合は，きずエコー高さ（F）と健全部の第 1 回底面エコー高さ（B_G）との比（F/B_G）の値を dB 単位で測定し，感度調整に使用した DGS 線図によって等価きず直径を求める。

b) 試験片方式の場合は，検出レベルに対するきずエコー高さを dB 単位で測定し，図 9 に示す換算図によって等価きず直径を求める。

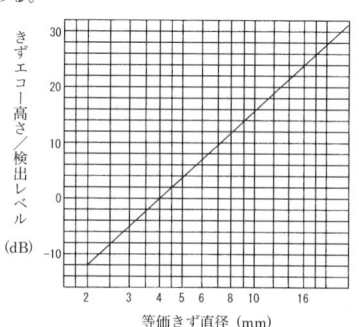

図 9−試験片方式による場合のきずエコー高さから等価きず直径への換算図

c) 9.2 の探傷感度の調整によって，超音波減衰の補正を行った場合は，減衰補正を行ってから等価きず直径を求める。

d) きずエコー高さで評価する場合は，等価きず直径を求め，表 B.1 によってきずの分類を行う。

10.2.2 きずによる底面エコーの低下量で評価する場合

a) 健全部の第 1 回底面エコー高さ（B_G）ときずエコーが認められる部位の第 1 回底面エコー高さ（B_F）との比（B_G/B_F）（dB）によって評価する。

b) きずの分類は，表 B.2 によって行う。

11 報告

11.1 一般事項

鍛鋼品の試験を行った場合，次に示す項目について記録し，報告しなければならない。あらかじめ受渡当事者間で取り決めた場合はその協定による。

11.2 試験期日及び試験技術者

a) 試験年月日

b) 試験技術者名

11.3 鍛鋼品

a) 品名

b) 製造業者又はその略号

c) 製造番号

d) 注文番号

e) 材質

f) 図面番号

g) 主要部の寸法

h) 探傷面の粗さ

i) 探傷時期

11.4 探傷装置

a) 超音波探傷器の形式及び製造業者又はその略号

b) 探触子の特性（公称周波数，振動子材料，公称寸法，屈折角及び Q 値）

11.5 試験条件

a) 対比試験片

b) 基準ノッチの寸法と位置（斜角探傷試験の場合）

c) 試験方法（垂直探傷試験，斜角探傷試験の別）

d) 探傷方式（底面エコー方式，試験片方式の別）

e) 探傷感度

f) 探傷方向及び探傷範囲

g) 接触媒質の種類

h) 減衰補正

i) その他必要と認められる事項

11.6 試験結果

a) 規格番号

b) きずの位置，等価きず直径又は最大エコー高さ，及び分布状態

c) きずの分類

d) きずによる底面エコーの低下量

e) その他（減衰係数など）

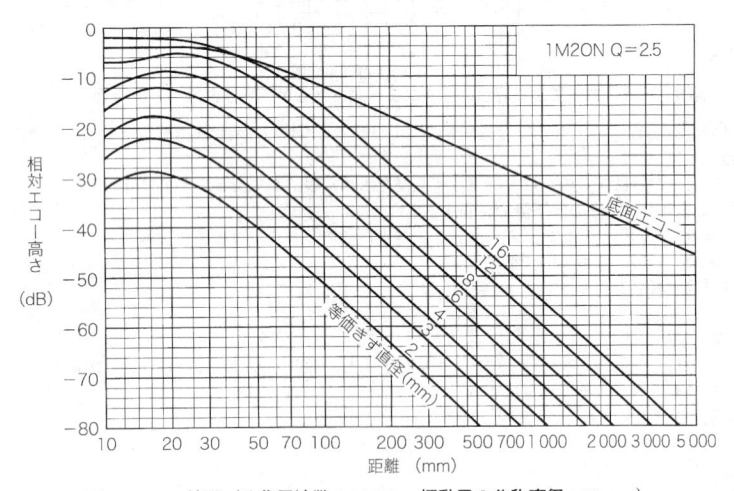

図 10 − DGS 線図 （公称周波数：1 MHz，振動子の公称直径：20 mm）

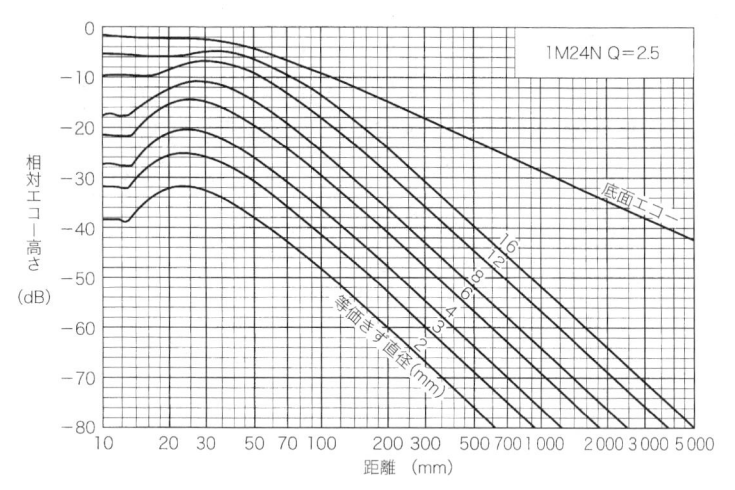

図 11－DGS 線図（公称周波数：1 MHz，振動子の公称直径：24 mm）

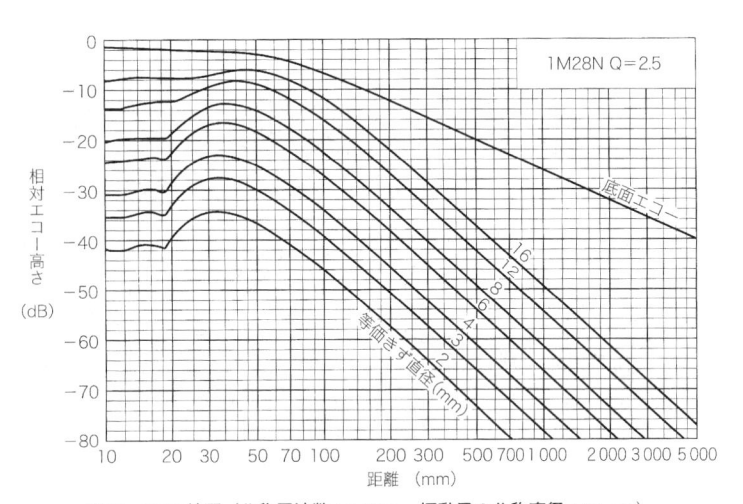

図 12－DGS 線図（公称周波数：1 MHz，振動子の公称直径：28 mm）

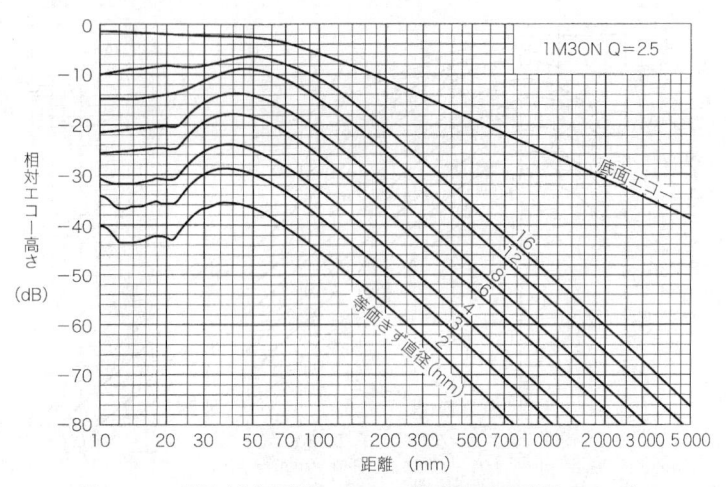

図 13−DGS 線図（公称周波数：1 MHz，振動子の公称直径：30 mm）

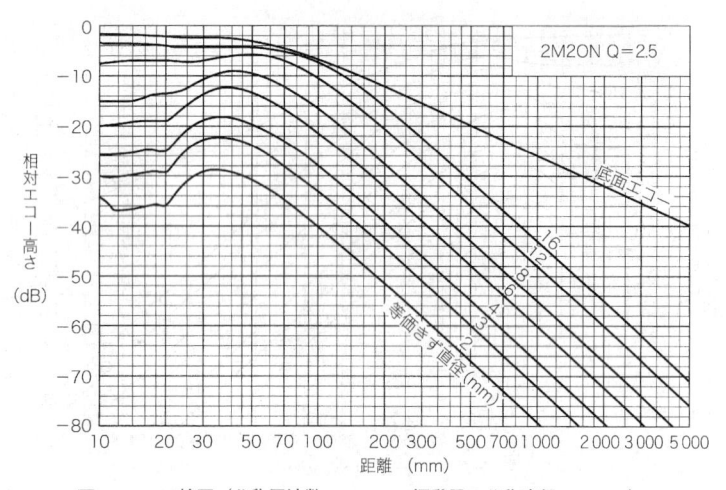

図 14−DGS 線図（公称周波数：2 MHz，振動子の公称直径：20 mm）

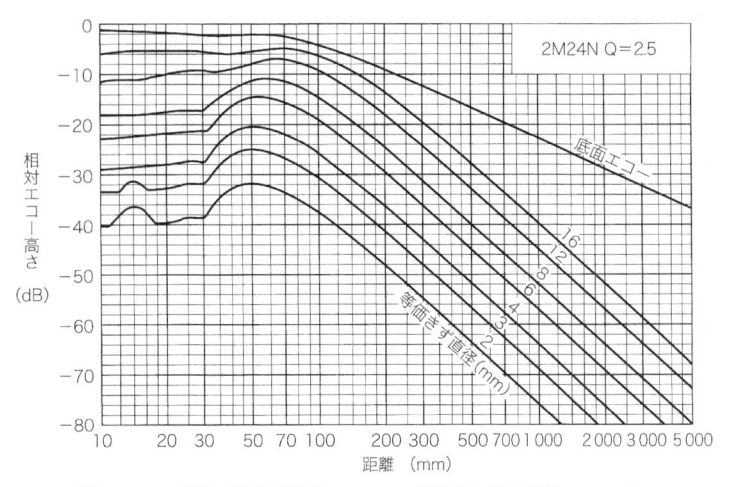

図 15－DGS 線図（公称周波数：2 MHz，振動子の公称直径：24 mm）

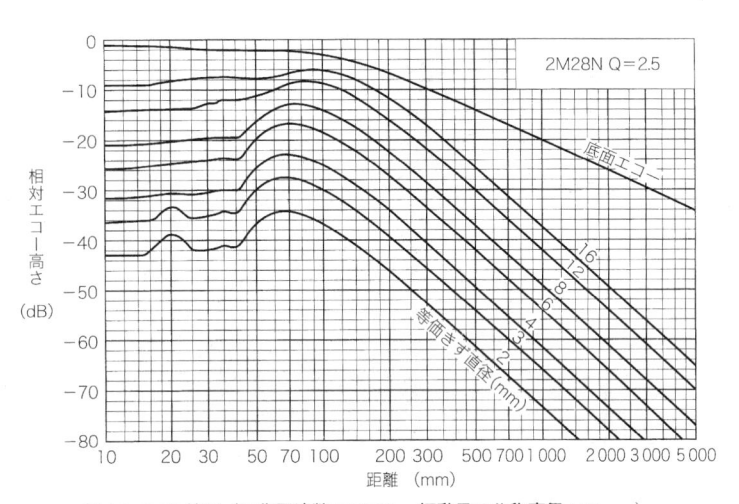

図 16－DGS 線図（公称周波数：2 MHz，振動子の公称直径：28 mm）

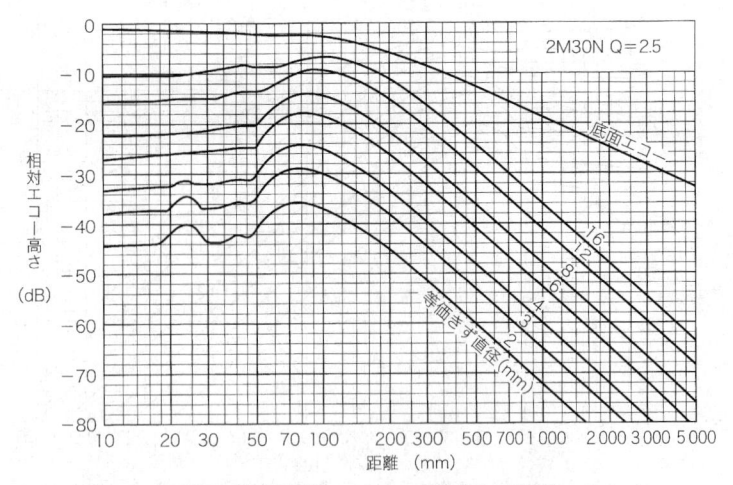

図 17−DGS 線図（公称周波数：2 MHz, 振動子の公称直径：30 mm）

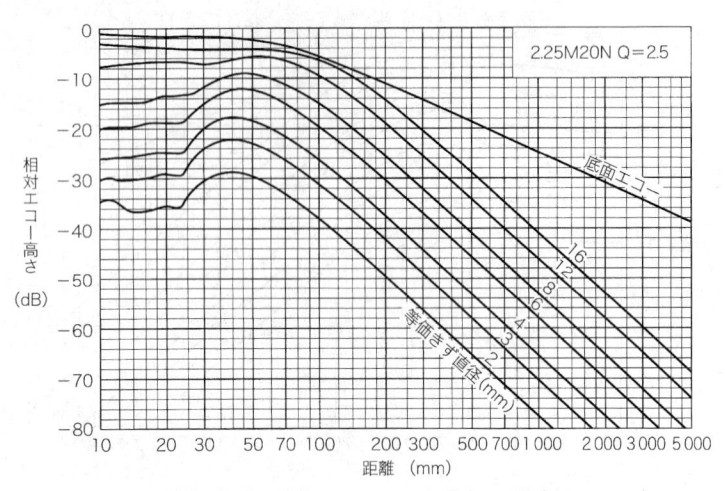

図 18−DGS 線図（公称周波数：2.25 MHz, 振動子の公称直径：20 mm）

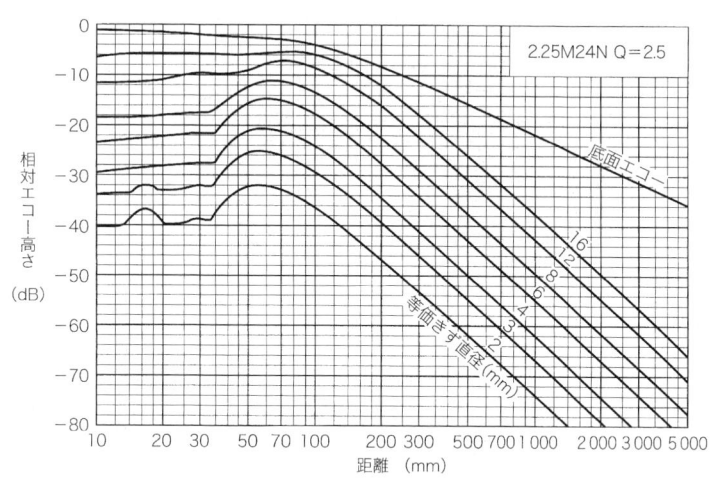

図 19－DGS 線図（公称周波数：2.25 MHz，振動子の公称直径：24 mm）

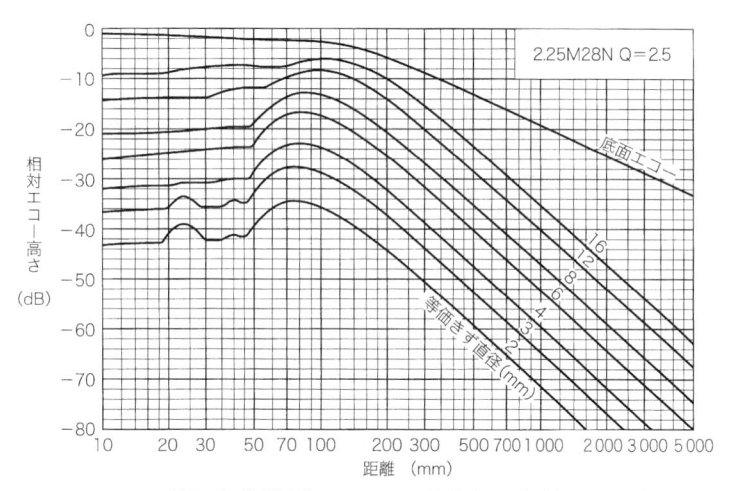

図 20－DGS 線図（公称周波数：2.25 MHz，振動子の公称直径：28 mm）

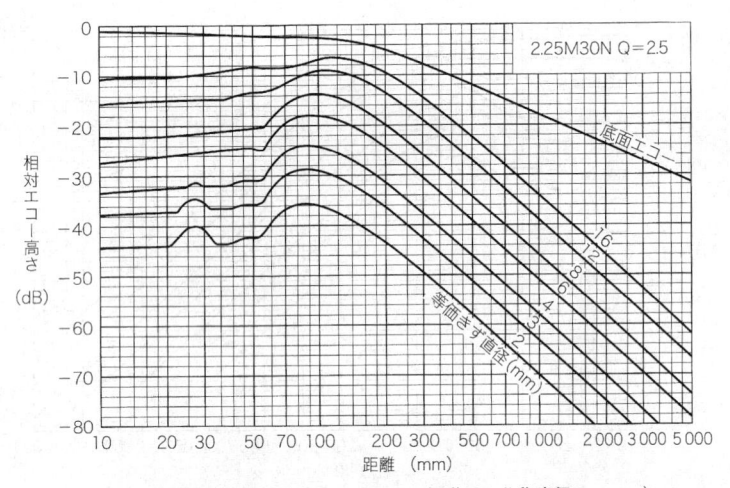

図 21－DGS 線図（公称周波数：2.25 MHz，振動子の公称直径：30 mm）

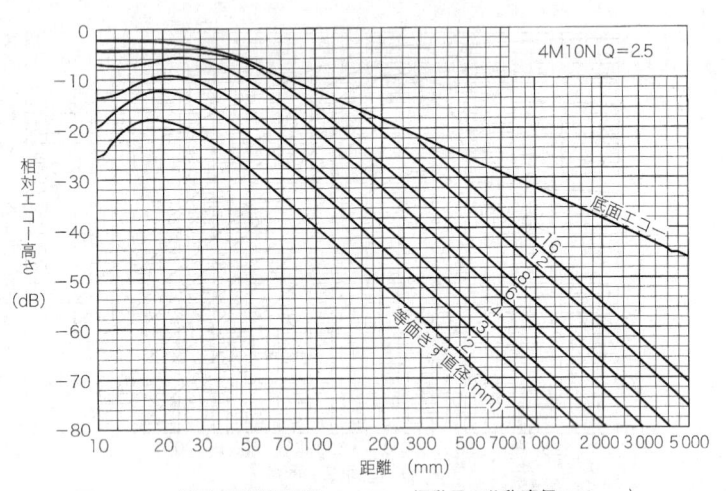

図 22－DGS 線図（公称周波数：4 MHz，振動子の公称直径：10 mm）

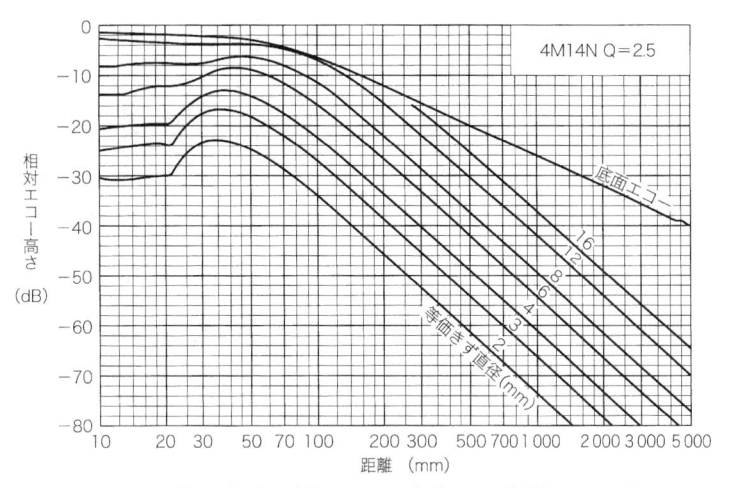

図 23 − DGS 線図（公称周波数：4 MHz，振動子の公称直径：14 mm）

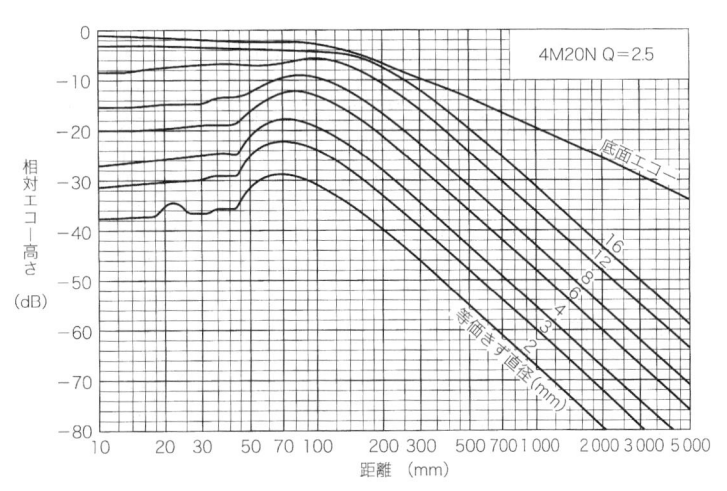

図 24 − DGS 線図（公称周波数：4 MHz，振動子の公称直径：20 mm）

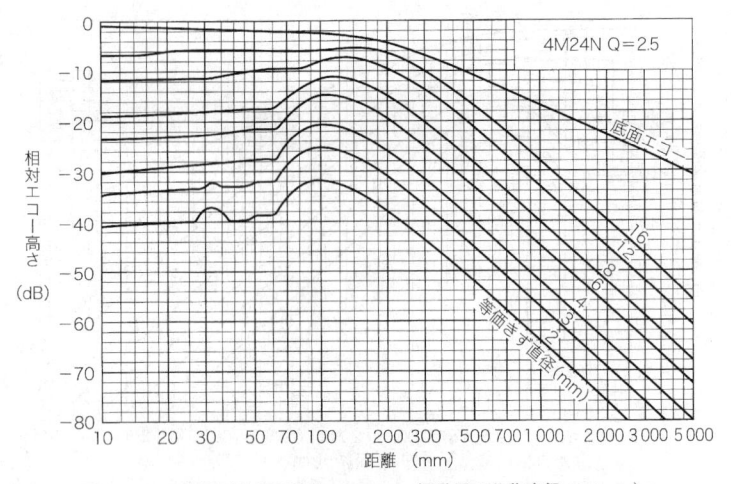

図 25－DGS 線図（公称周波数：4 MHz，振動子の公称直径：24 mm）

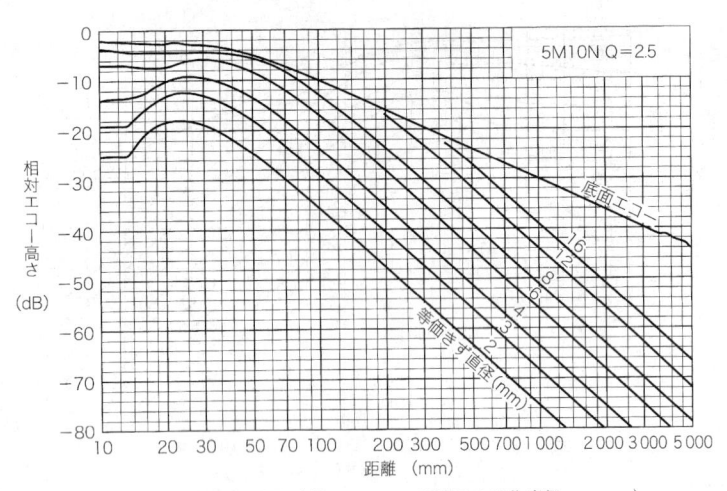

図 26－DGS 線図（公称周波数：5 MHz，振動子の公称直径：10 mm）

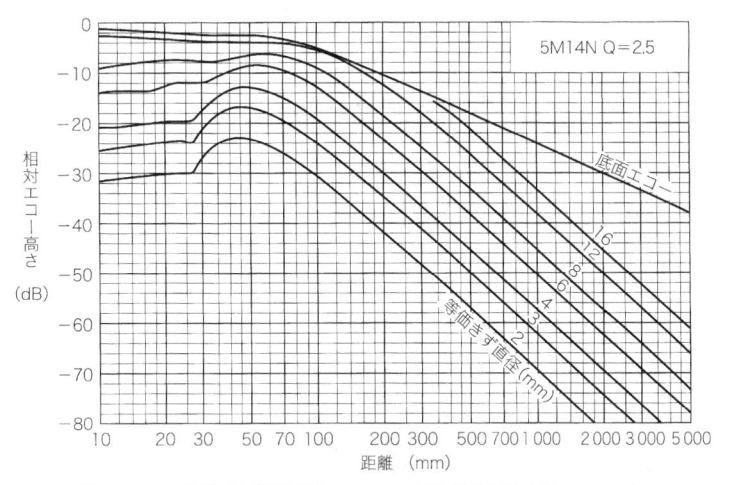

図 27－DGS 線図（公称周波数：5 MHz，振動子の公称直径：14 mm）

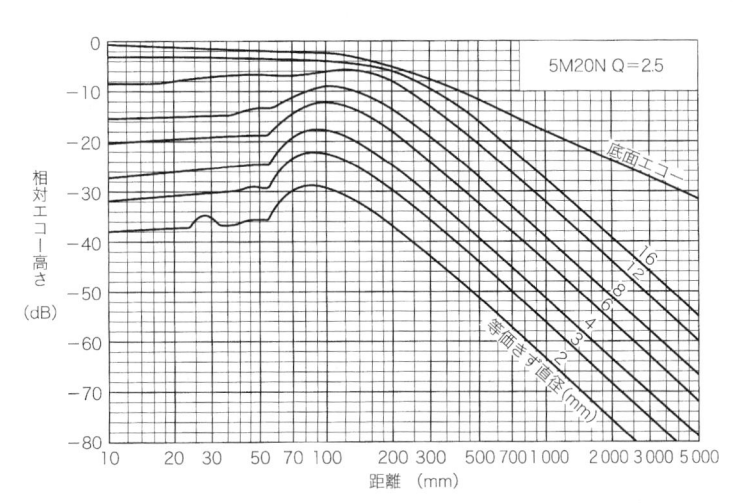

図 28－DGS 線図（公称周波数：5 MHz，振動子の公称直径：20 mm）

附属書 A

（規定）

鍛鋼品の斜角探傷試験方法

序文

この附属書は，リング状又は円筒状で，外径対内径の比が 1.4 以下で，軸方向の長さが 50 mm を超える鍛鋼品の斜角探傷試験方法について規定する。

A.1　探傷装置の性能

A.1.1　超音波探傷器

試験に用いる超音波探傷器は，5.1 による。

A.1.2　斜角探触子

斜角探触子は，次による。

a) 振動子の形状及び寸法は，一辺が 8 mm〜22 mm の角形とする。

b) 屈折角は，45°とする。ただし，鍛鋼品の形状及び寸法によっては，適切な屈折角のものを使用することができる。

c) 公称周波数は，1 MHz〜2.25 MHz の範囲のものを使用する。ただし，厚さ 100 mm 以下の鍛鋼品及び探傷面の近傍に対する試験には，4 MHz〜5 MHz の範囲のものを用いてもよい。

d) 探触子は，探傷面の形状に合わせた曲面シューを装着して使用するものとする。

A.2　試験の方法

A.2.1　試験の条件

試験の条件は，次による。

a) 探傷範囲は，図 **A.1** に示すように，外周面から時計方向，及び反時計方向の 2 方向からの全面とする。ただし，形状及び寸法によっては内周面から行ってもよい。

b) 走査ピッチは，振動子の幅 85 %以下とする。

c) 探触子の走査速度は，毎秒 150 mm 以下とする。

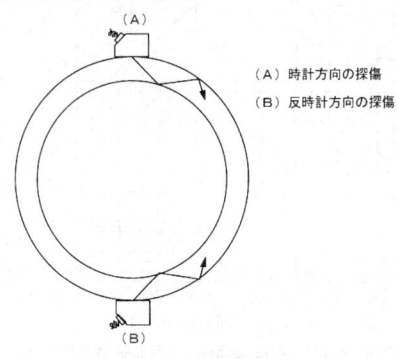

（A）時計方向の探傷

（B）反時計方向の探傷

図 A.1－探傷方向

A.2.2　標準ノッチ

標準ノッチは，鍛鋼品の余肉部又は余長部の内周面，及び外周面に加工した，軸方向の長さが 25 mm，深さが試験部の肉厚の 3 %又は 6.0 mm のいずれか小さいほうの角溝又は V 溝とする。ただし，角溝との対応が得られる場合は，ドリル横穴を使用することができる。

A.2.3　探傷感度の調整

探傷感度の調整は，次による。

a) 鍛鋼品の外周面から内面面の標準ノッチを直射法（0.5 スキップ）で探傷し，その最大エコー高さが，目盛板上で 80 %の高さになるようにゲインを調整し，その値を目盛板上にプロットする。これを探

傷感度とする。

b) このままの感度で探触子を移動して外周面の標準ノッチを 1 スキップで探傷し，そのエコー高さを目盛板上にプロットし，この 2 点間を直線で結ぶ。

c) この直線を必要な試験範囲まで延長して，距離振幅特性曲線を作成する。

d) 内周面から試験する場合は，**a)**〜**c)**と同様の手順によって探傷感度の調整を行う。

A.3 きずの評価方法

距離振幅特性曲線の 1/2 を超えるきずエコーが検出された場合は，最大エコー高さの距離振幅特性曲線に対する dB 値で表示する。

A.4 試験結果の分類

試験結果の分類は，受渡当事者間の協定による。

附属書 B

（規定）

垂直探傷試験によるきずの分類方法

序文

この附属書は，垂直探傷試験によるきずの分類方法について規定する。

B.1 試験結果の分類

B.1.1 等価きず直径によるきずの分類

a) きずエコー高さによって評価する場合は，測定した等価きず直径により**表 B.1** によってきずの分類を行う。

b) 鋼中距離 50 mm（50 mm×50 mm×50 mm）の範囲に等価きず直径 4 mm の検出レベルを超えるきずエコーが 5 個以上内在している場合は，密集きずとし，その分類方法は受渡当事者間の協定による。

表 B.1−等価きず直径によるきずの分類

単位 mm

分類	1 類	2 類	3 類	4 類
等価きず直径 (d)	$d \leqq 4$	$4 < d \leqq 8$	$8 < d \leqq 16$	$16 < d$

B.1.2 底面エコーの低下量によるきずの分類

底面エコーの低下量によってきずの評価をする場合のきずの分類は，**表 B.2** による。

表 B.2−底面エコー低下量によるきずの分類

単位 dB

分類	1 類	2 類	3 類	4 類
底面エコー低下量 $(B_\mathrm{G}/B_\mathrm{F})$	$(B_\mathrm{G}/B_\mathrm{F}) \leqq 6$	$6 < (B_\mathrm{G}/B_\mathrm{F}) \leqq 12$	$12 < (B_\mathrm{G}/B_\mathrm{F}) \leqq 20$	$20 < (B_\mathrm{G}/B_\mathrm{F})$

鋳鋼品鋳肌の外観試験方法及び等級分類

Visual examination and classification
of surface quality for steel castings

1. **適用範囲** この規格は，砂型鋳鋼品の機械加工面以外の鋳肌の外観試験方法及び等級分類について規定する。

備考 この規格の引用規格を，次に示す。

JIS G 0307 鋳鋼品の製造，試験及び検査の通則

2. **用語の定義** この規格で用いる主な用語の定義は，次による。

(1) **砂かみ，のろかみ** 鋳物砂の強度不足，鋳型の清掃不十分，鋳込みの不良などによって，砂やのろなどが混入したもの。

(2) **ガスホール（ピンホール，ブローホール）** 溶湯中のガスや鋳型の水分などによって生じたくぼみ。直径3 mm未満のものをピンホール，直径3 mm以上のものをブローホールという。

(3) **湯じわ** 鋳込温度の低すぎ，鋳込速度の遅すぎなどによって生じる底の見えるしわ。

(4) **ケレン跡** 中子保持に使うケレンの座が，溶け込み不十分のため，残存したもの。

(5) **ガス・ガウジング流し跡** 押湯，せき（堰）などの切断面を流した跡。

(6) **ガス切断跡** 押湯，せき（堰）などをガス切断した跡。

(7) **鋳ばり** 鋳型と鋳型（上型と下型，中子と上型・下型など）の境に湯が浸透し，鋳鋼品に生じた出っ張り。

(8) **焼着き** 鋳込温度の高すぎ，砂の耐火度の低いことなどが原因となって，鋳鋼品の表面に鋳物砂が焼き着いている状態。

(9) **溶接跡** 溶接を行った箇所のビードをグラインダー加工した後の表面状態。

(10) **いぼ，へこみ** 鋳物砂の部分的脱落，のろの付着などによって鋳肌に生じた凹凸。

(11) **きられわ** 鋳型中の水分などガス発生を引き起こす物質に溶湯が接し，その部分にガスによる吹かれ穴を生じた状態。穴の形状は丸みを帯び，かなり大きいものもある。

(12) **鋳ぐるみ跡** 内冷し金，鋳ぐるみ，支え足などが鋳肌に露見している部分。

(13) **差込み，肌荒れ** 鋳型が高温の溶湯と接触する部分又は突き固め不完全な部分に生じる鋳物砂と金属との混合物，若しくは鋳物砂に溶湯がしみ込んで生じた鋳肌の凹凸。

(14) **標準写真** 100×60 mmの写真で欠陥種類別に，その程度を5段階の等級別で示したもの（**付図1～9参照**）。

3. **欠陥の種類** 鋳鋼品の目視による鋳肌欠陥の種類及びそれに対応する標準写真は，**表1**のとおり9種類とする。

表1 欠陥の種類

欠陥の種類	標準写真
砂かみ，のろかみ（いぼ，へこみ）*	付図1
ガスホール（きられわ）*	付図2
湯じわ	付図3
ケレン跡（鋳ぐるみ跡）*	付図4
ガス・ガウジング流し跡	付図5
ガス切断跡	付図6
鋳ばり	付図7
焼着き（差込み，肌荒れ）*	付図8
溶接跡	付図9

注* 括弧内は外観形状が類似の欠陥。

備考 表1以外の欠陥の適用については，使用条件や機能を考慮して受渡当事者間の協定とする。

4. **試験方法及び等級分類方法** 鋳肌の外観試験方法及び等級分類方法は，次による。

(1) 試験方法の一般事項は，**JIS G 0307**の3.4（外観試験）（1）による。ただし，本試験は目視によって行い，拡大鏡は使用しない。

（2） 試験時期は，原則として出荷前とする。

（3） 試験の対象となる箇所は，受渡当事者間の協定による。試験を行う1視野の大きさは，原則として100×60 mmとする。

（4） 試験視野内の鋳肌外観を標準写真と比較し，1～5級に等級分類する。

（5） 等級分類は，試験の対象となる箇所それぞれにおいて，欠陥の程度の最も悪い試験視野内で行う。

（6） 1視野内に2種類以上の欠陥が存在する場合の等級分類は，各欠陥ごとに行う。

5. 報告 製造業者は，必要に応じて試験結果を報告する。この場合，特に指定のない限り次の項目について報告する。

（1） 試験年月日

（2） 試験品

（2.1） 品名

（2.2） 材質

（2.3） 鋳肌仕上げ状況

（3） 試験条件

（3.1） 試験時に使用した補助具（鏡）

（4） 試験結果

（4.1） 試験の対象とした箇所

（4.2） 欠陥の種類ごとの等級分類

付図1　砂かみ，のろかみ

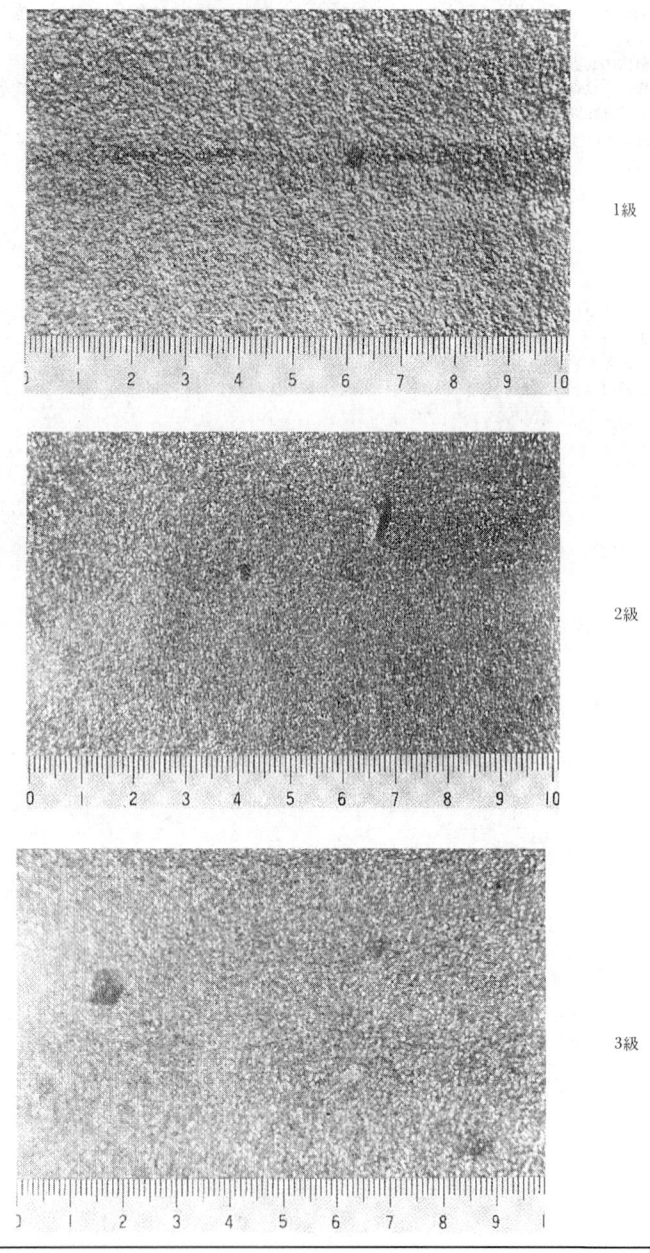

1級

2級

3級

この図は，本書掲載にあたり原図を縮小していますので，判定の際は必ず規格票原本を参照してください。

付図1　砂かみ，のろかみ　（続き）

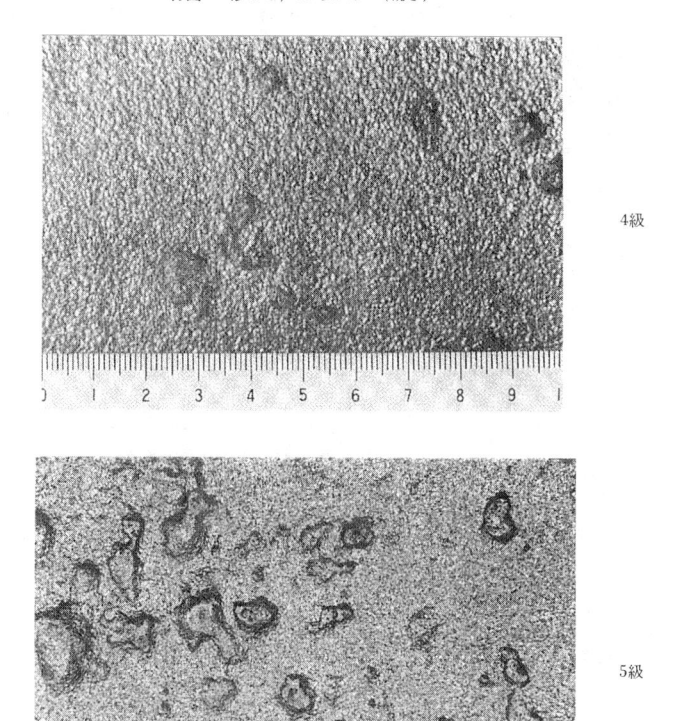

4級

5級

この図は，本書掲載にあたり原図を縮小していますので，判定の際は必ず規格票原本を参照してください。

付図2　ガスホール（ピンホール）
　　　　　　　　　　　（ブローホール）

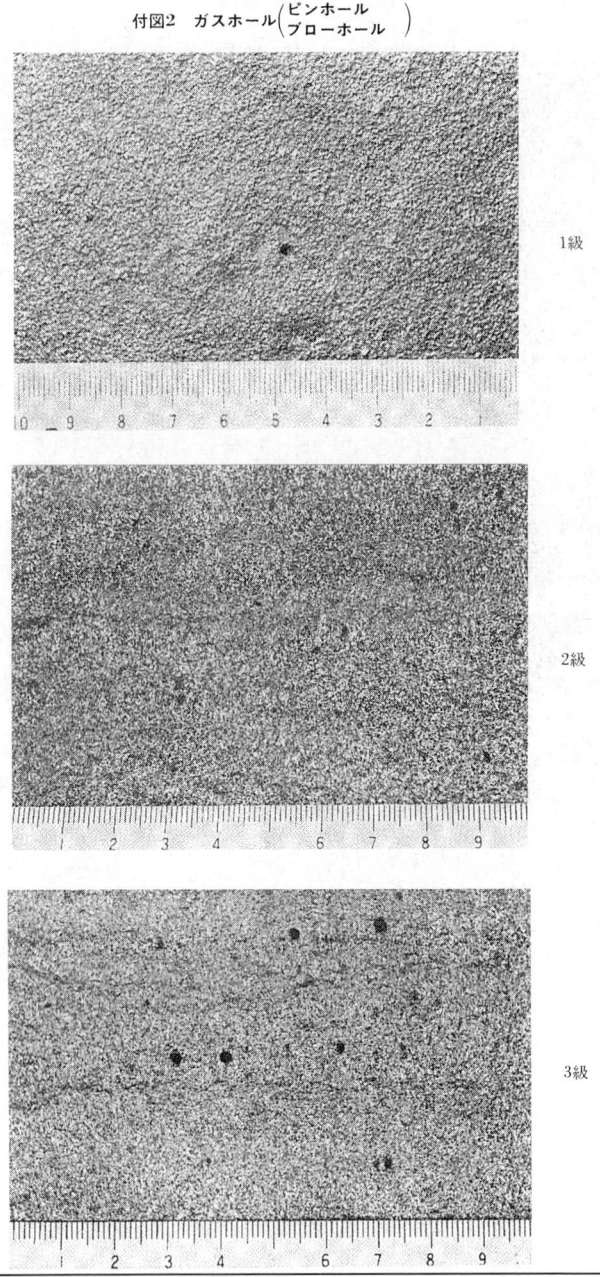

1級

2級

3級

この図は，本書掲載にあたり原図を縮小していますので，判定の際は必ず規
格票原本を参照してください。

付図2　ガスホール$\left(\begin{array}{c}\text{ピンホール}\\\text{ブローホール}\end{array}\right)$　（続き）

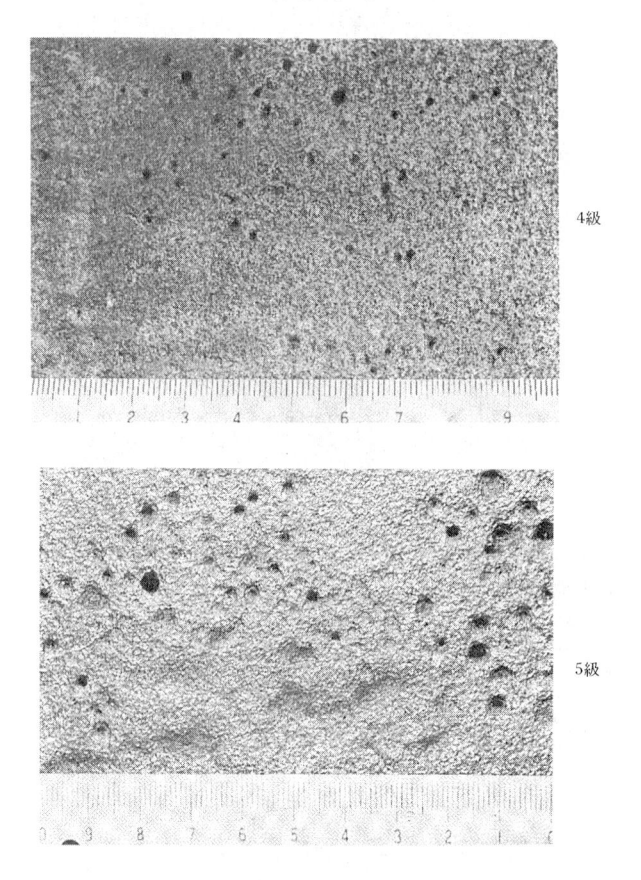

4級

5級

この図は，本書掲載にあたり原図を縮小していますので，判定の際は必ず規格票原本を参照してください。

付図3 湯じわ

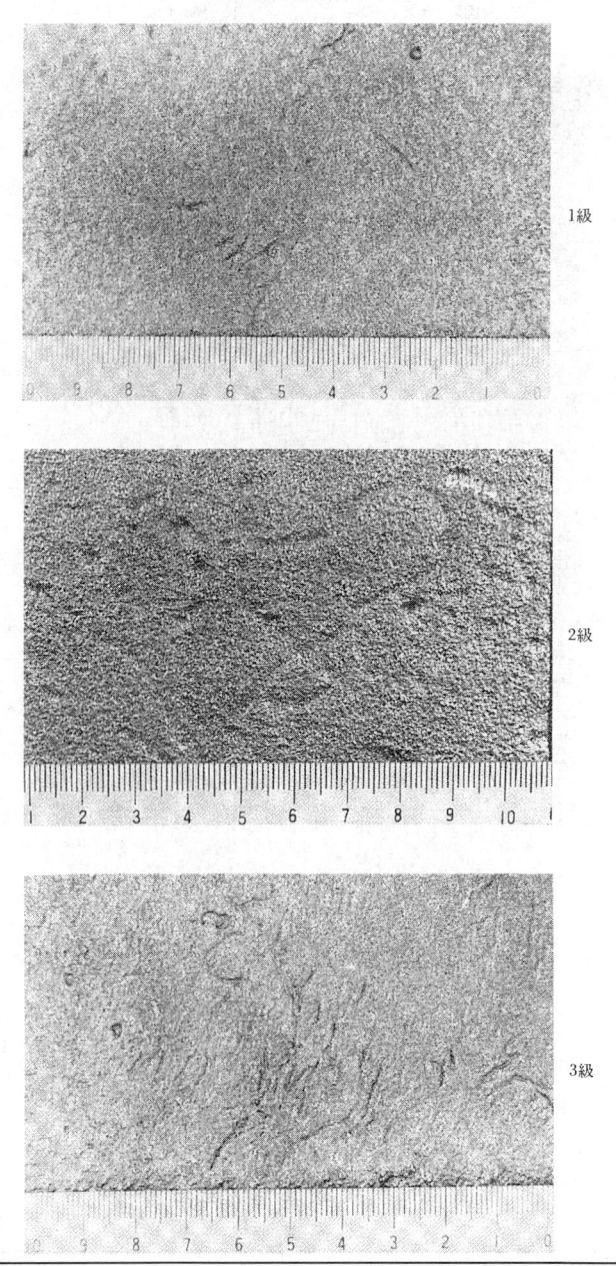

1級

2級

3級

この図は，本書掲載にあたり原図を縮小していますので，判定の際は必ず規格票原本を参照してください。

付図3　湯じわ　（続き）

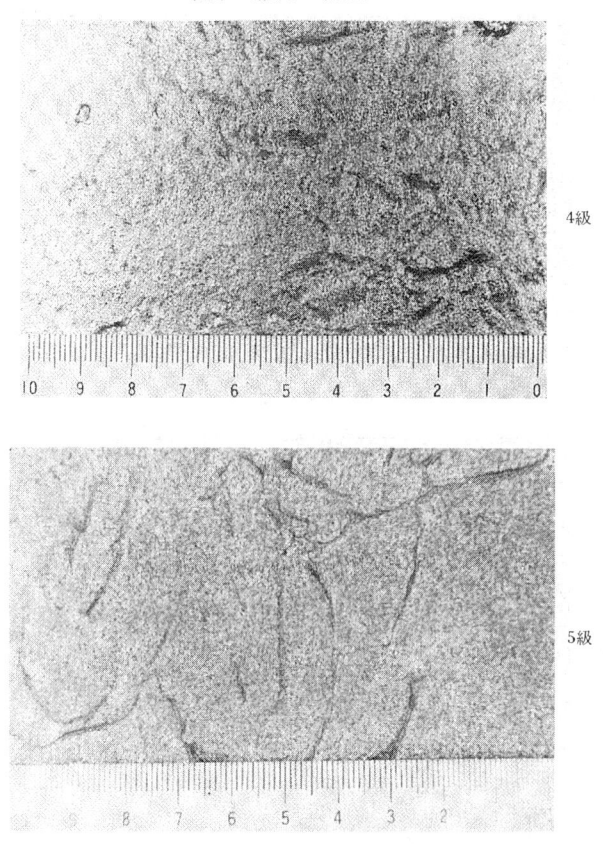

4級

5級

この図は，本書掲載にあたり原図を縮小していますので，判定の際は必ず規格票原本を参照してください。

付図4　ケレン跡

この図は，本書掲載にあたり原図を縮小していますので，判定の際は必ず規格票原本を参照してください。

付図4　ケレン跡　（続き）

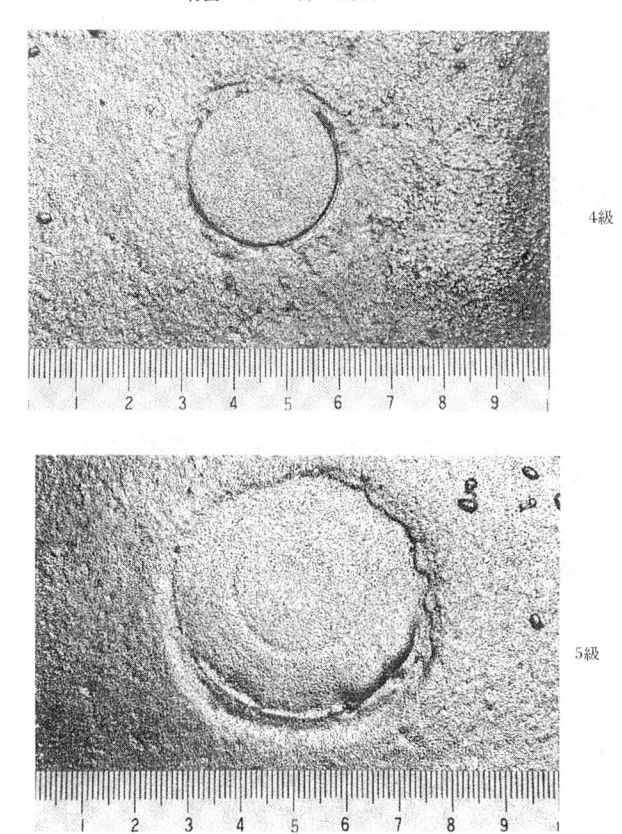

4級

5級

この図は，本書掲載にあたり原図を縮小していますので，判定の際は必ず規格票原本を参照してください。

付図5　ガス・ガウジング流し跡

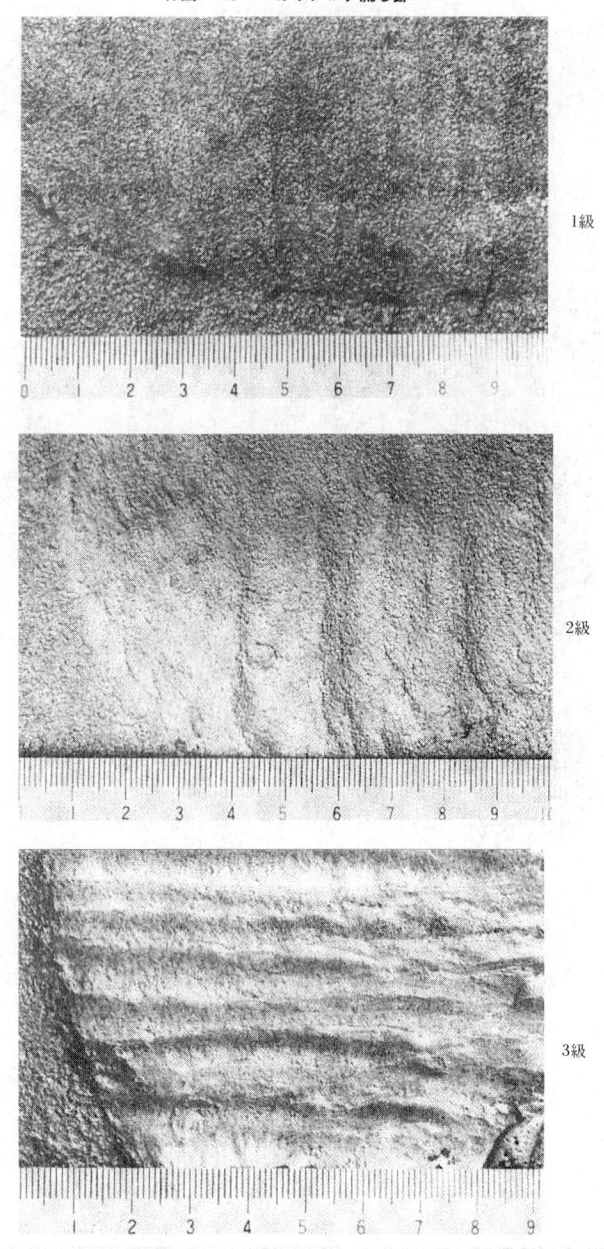

この図は，本書掲載にあたり原図を縮小していますので，判定の際は必ず規格票原本を参照してください。

付図5　ガス・ガウジング流し跡　（続き）

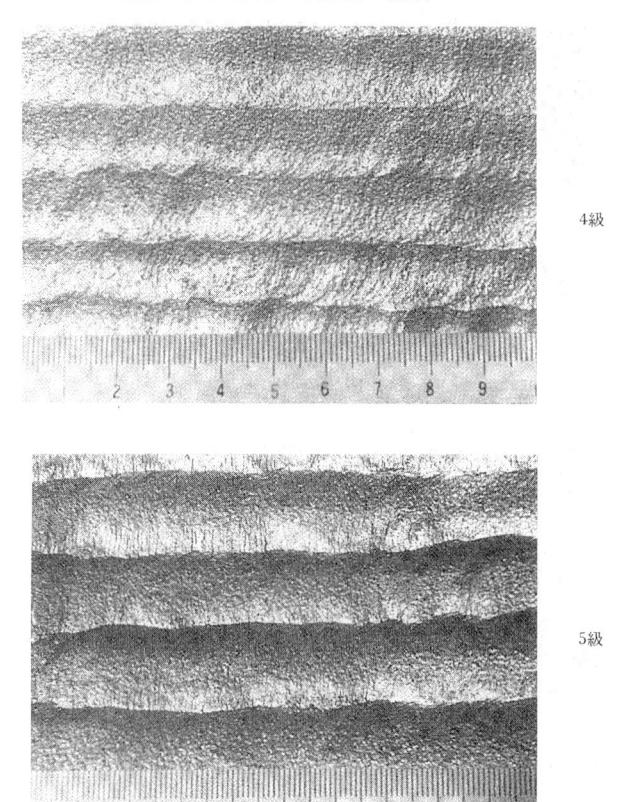

4級

5級

この図は，本書掲載にあたり原図を縮小していますので，判定の際は必ず規
格票原本を参照してください。

付図6 ガス切断跡

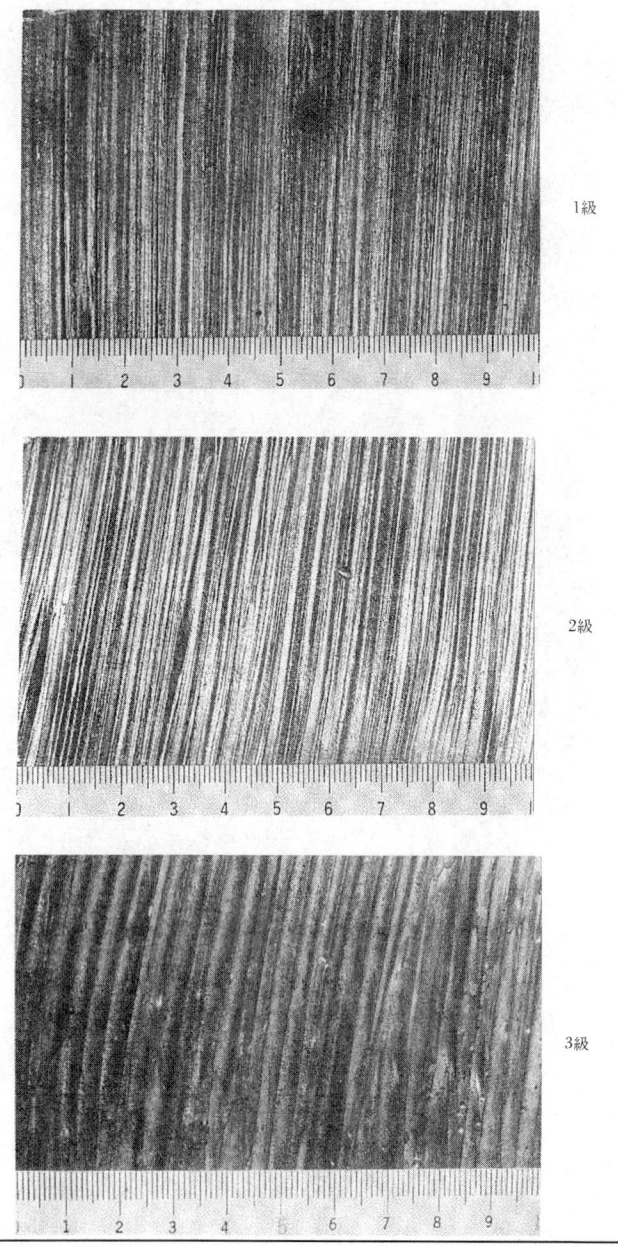

1級

2級

3級

この図は，本書掲載にあたり原図を縮小していますので，判定の際は必ず規格票原本を参照してください。

付図6　ガス切断跡　（続き）

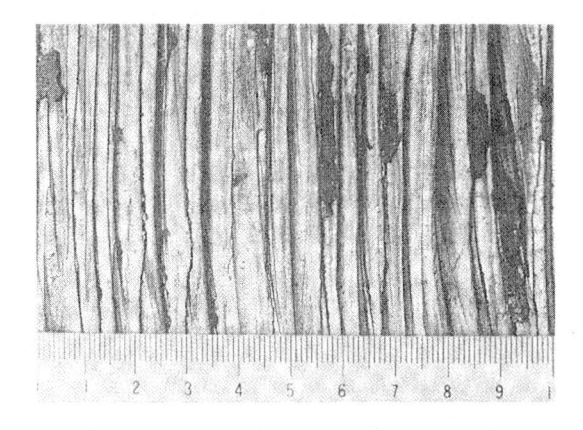

4級

5級

この図は，本書掲載にあたり原図を縮小していますので，判定の際は必ず規格票原本を参照してください。

付図7　鋳ばり

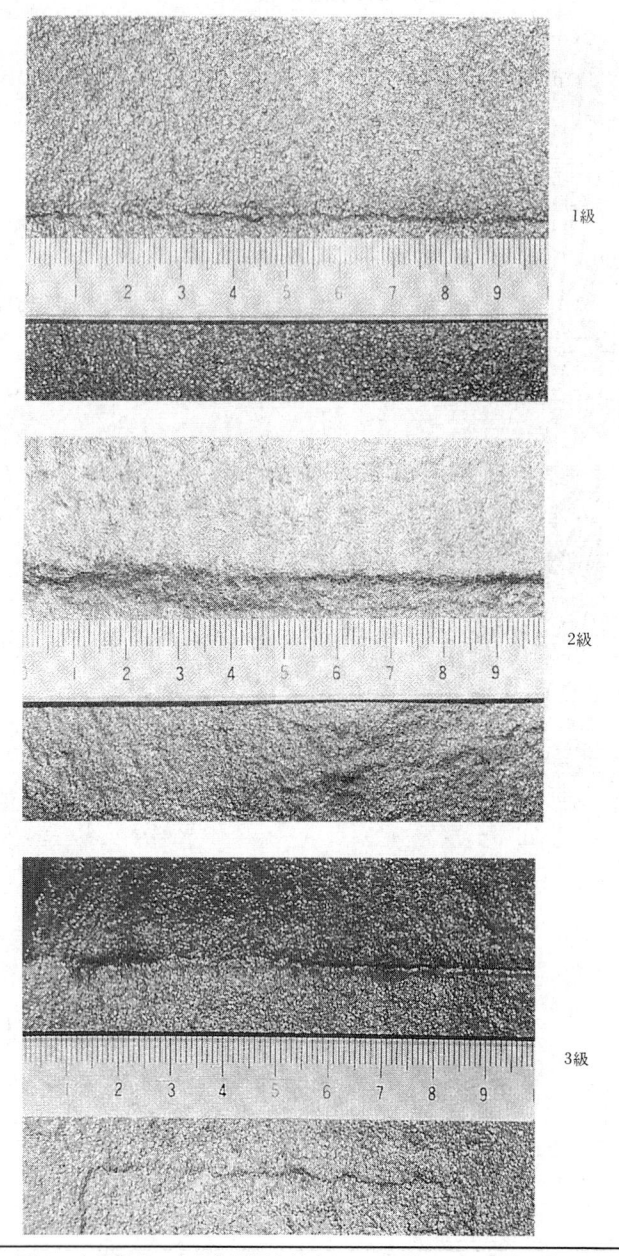

この図は，本書掲載にあたり原図を縮小していますので，判定の際は必ず規格票原本を参照してください。

付図7　鋳ばり　（続き）

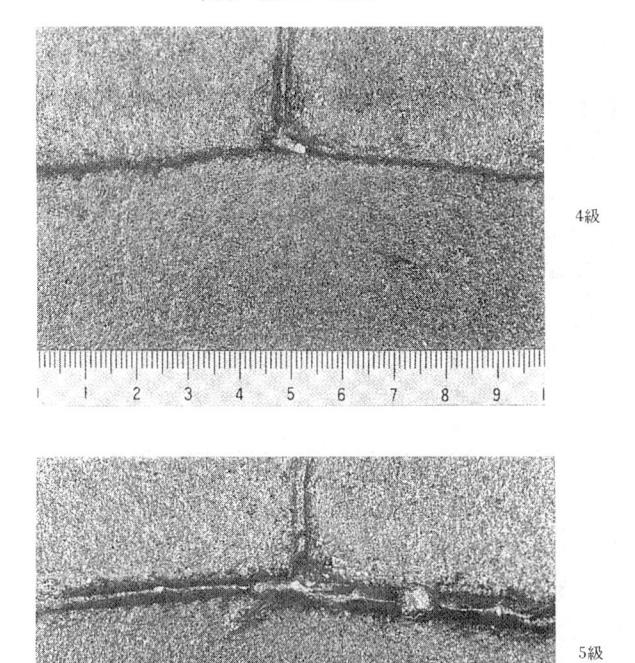

4級

5級

この図は，本書掲載にあたり原図を縮小していますので，判定の際は必ず規格票原本を参照してください。

付図8　焼着き

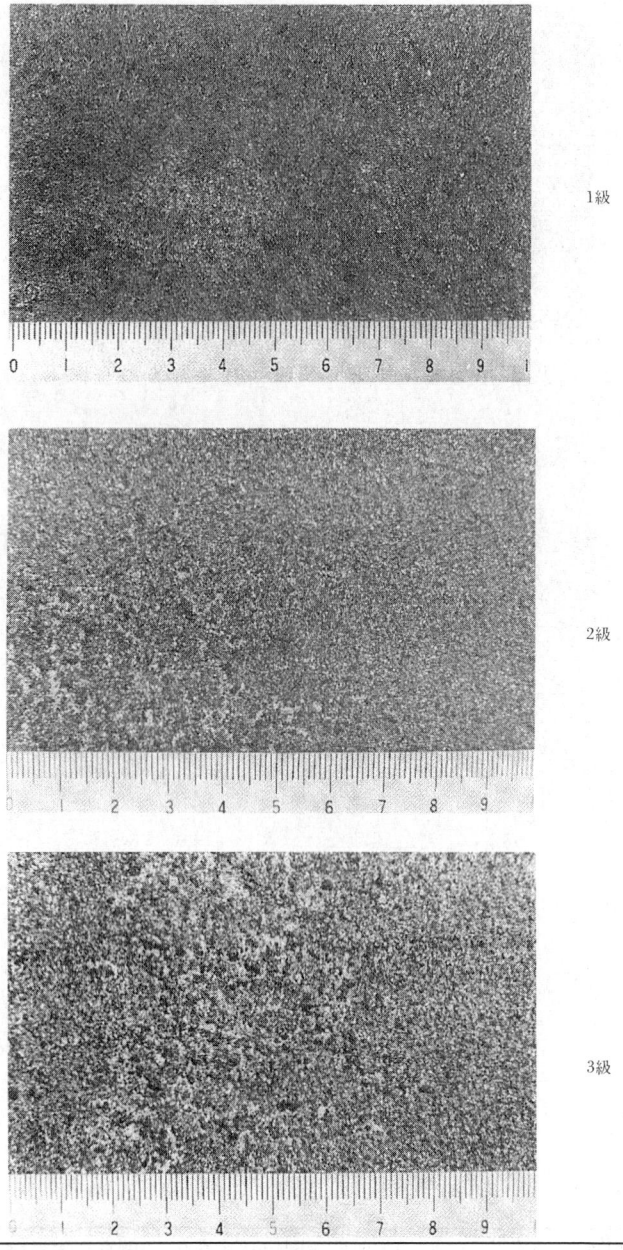

1級

2級

3級

この図は，本書掲載にあたり原図を縮小していますので，判定の際は必ず規格票原本を参照してください。

付図8　焼着き　（続き）

4級

5級

この図は，本書掲載にあたり原図を縮小していますので，判定の際は必ず規格票原本を参照してください。

付図9　溶接跡

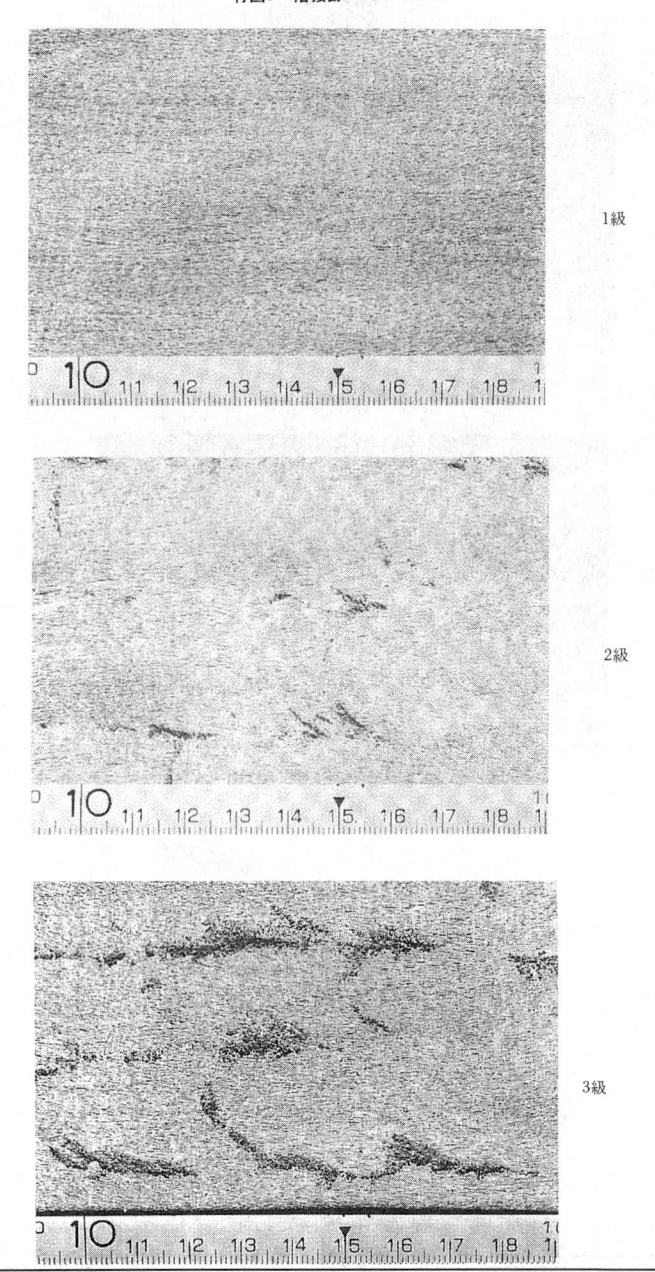

この図は，本書掲載にあたり原図を縮小していますので，判定の際は必ず規格票原本を参照してください。

付図9 溶接跡 （続き）

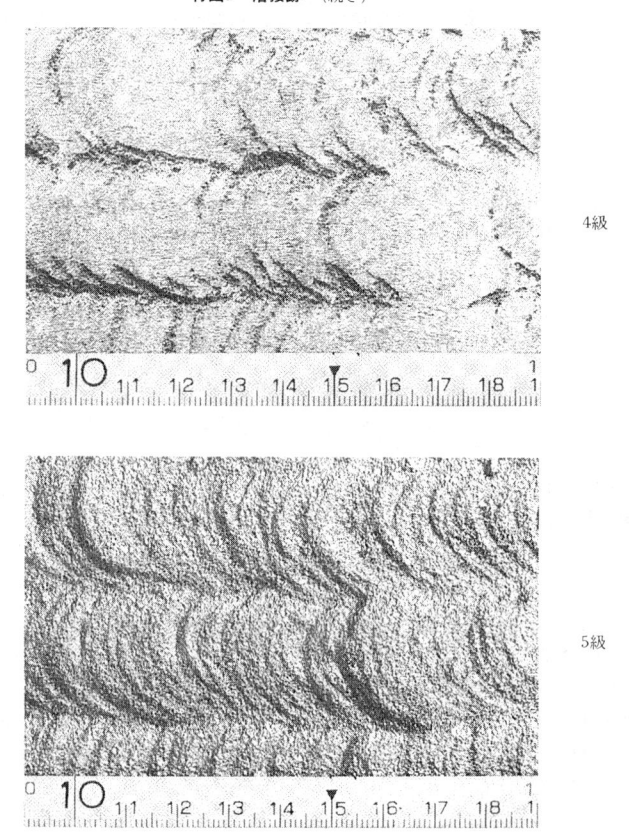

4級

5級

この図は，本書掲載にあたり原図を縮小していますので，判定の際は必ず規格票原本を参照してください。

鋼管の全周自動超音波厚さ検査方法
Automated full peripheral ultrasonic thickness examination
of steel pipes and tubes

序文

この規格は，2011 年に第 1 版として発行された **ISO 10893-12** 及び 2020 年に発行された Amendment 1 を基とし，技術的内容を変更して作成した日本産業規格である。ただし，追補（amendment）については，編集し，一体とした。

なお，この規格で，**附属書 JA** は，対応国際規格にはない事項である。また，点線の下線を施してある箇所は，対応国際規格を変更している事項である。技術的差異の一覧表にその説明を付けて，**附属書 JB** に示す。

1 適用範囲

この規格は，継目無鋼管及び溶接鋼管（サブマージアーク溶接鋼管を除く。）の鋼管全周自動超音波厚さ検査に関する要求事項について規定する。

この規格は，受渡当事者間の協定のない場合，外径 25.4 mm 以上及び厚さ 2.6 mm 以上の鋼管に適用する。

注記 1 ここでいう鋼管全周とは，鋼管表面を 100 %の表面面積率で検査することを意味するものではない（**5.2** 参照）。

注記 2 この規格の対応国際規格及びその対応の程度を表す記号を，次に示す。

ISO 10893-12:2011，Non-destructive testing of steel tubes－Part 12: Automated full peripheral ultrasonic thickness testing of seamless and welded (except submerged arc-welded) steel tubes＋Amendment 1:2020（MOD）

なお，対応の程度を表す記号 "MOD" は，**ISO/IEC Guide 21-1** に基づき，"修正している" ことを示す。

2 引用規格

次に掲げる引用規格は，この規格に引用されることによって，その一部又は全部がこの規格の要求事項を構成している。これらの引用規格は，その最新版（追補を含む。）を適用する。

JIS G 0201 鉄鋼用語（熱処理）

JIS G 0203 鉄鋼用語（製品及び品質）

JIS G 0431 鉄鋼製品の雇用主による非破壊試験技術者の資格付与

JIS Z 2300 非破壊試験用語

JIS Z 2305　非破壊試験技術者の資格及び認証

3　用語及び定義

この規格で用いる主な用語及び定義は，次によるほか，JIS G 0201，JIS G 0203，JIS G 0431 及び JIS Z 2300 による。

3.1
対比試験片（reference sample）
既知の厚さ部位をもち，装置の校正，精度の確認に使用する鋼管又は鋼管の一部

注釈 1　　ISO 10893-12 では，"対比試験鋼管"の用語を対比試験片も含んだ意味で用いている。

3.2
製造業者（manufacturer）
注文書の要求事項，及び関連する製品仕様によって製品を製造する組織

4　一般要求事項

4.1　検査の時期

製品規格の規定又は受渡当事者間の協定がない場合，この規格で規定する自動超音波厚さ検査は，全ての主要な製造工程（例えば，熱間仕上げ，冷間仕上げ，熱処理などの超音波特性又は鋼管の形状を変える工程）が終わった後に行わなければならない。

4.2　鋼管の性状

鋼管は，検査に影響を与えるような曲がりがあってはならない。鋼管の表面は，検査の障害となるような異物などが付着していてはならない。

4.3　検査技術者

この検査は，JIS G 0431，JIS Z 2305 又はこれらと同等の資格を付与され，訓練された技術者が行わなければならない。また，製造業者によって指名された力量のある技術者が監督しなければならない。第三者による検査の場合は，これらのことを受渡当事者間で協定しなければならない。

雇用主によって与えられる検査技術者への作業実施許可は，文書化された手順に従ったものでなければならない。非破壊検査手順は，雇用主によって権限を与えられた非破壊試験技術者が承認しなければならない。非破壊検査手順を承認する非破壊試験技術者は，レベル 3 の資格をもっていることが望ましい。

注記　　JIS G 0431 及び JIS Z 2305 の中では，非破壊試験技術者の資格レベルとしてレベル 1，レベル 2 及びレベル 3 を規定している。

5　検査方法

5.1　一般

圧電式又は電磁超音波式の一振動子若しくは二振動子垂直探触子を用いたパルス反射法によって検査しなければならない。超音波を，鋼管の表面に垂直に伝搬させて検査する。

なお，検査形式は，水浸法，ギャップ法又は直接接触法とする。また，接触媒質は，通常，水とする。

5.2 走査方法

鋼管表面全長にわたって等間隔にらせん状の軌跡で検査可能となるように，鋼管及び探触子は，検査中，相対的に動かさなければならない。製品規格の規定，又は受渡当事者間の協定がない場合，走査する鋼管の表面面積率は，10 ％以上とする。

受渡当事者間の協定によって他の走査パターンを用いてもよい。

5.3 探触子

個々の探触子の最大幅は，鋼管の管軸方向に平行に 25 mm とする。

5.4 マーキング装置（又は選別装置）及び記録装置

検査装置は，合格材と嫌疑材との分類を，マーキング又は選別機能をもつ警報システムによって自動的に行うか，又は検査記録を基に手動で行う。

6 対比試験片

6.1 一般

検査装置は，検査する鋼管と同じ公称寸法及び表面状態並びに同等の材質及び熱処理状態（例えば，圧延のまま，焼ならし，焼入焼戻しなど），すなわち同等の音響特性（例えば，音速，減衰係数など）をもつ対比試験片を用いて校正する。対比試験片は，鋼管又は鋼管の一部とする。ただし，機械加工によって作製してもよい。

6.2 対比試験片の種類及び許容差

対比試験片は，次のいずれかとし，選択は，製造業者の任意とする。

a) 既知の厚さをもつ対比試験片。厚さの許容差は，±0.10 mm 又は±0.2 ％のいずれか大きい方とする。

b) 鋼管の公差下限の厚さだけをもつ対比試験片，又は鋼管の公差下限の厚さ及び公差内の任意の厚さの二つの厚さをもつ対比試験片のいずれかとする。通常，機械加工で作製され，厚さの許容差は，±0.05 mm 又は±0.2 ％のいずれか大きい方とする。

7 検査装置の校正及び精度の確認

7.1 検査装置の校正

鋼管の検査開始前に，検査装置は，選択した対比試験片によって校正を行い，±0.10 mm 又は±2 ％の大きい方よりも高い精度で，対比試験片の厚さを示さなければならない。

自動警報システムを使用する場合は，規定の厚さの許容差を超えるとき，警報レベルとなるように調整する。

なお，静的校正だけを実施する場合は，鋼管の動的自動検査においても同様の精度であることを確認しなければならない。

7.2 測定速度

鋼管の検査中，鋼管と探触子との回転及び移動の相対速度は，**5.2** の規定に従うように，選択しなければならない。鋼管と探触子との相対速度は，±10 %を超えて変動してはならない。

7.3 精度の確認

精度の確認は，次による。

a) 精度の確認は，同じ公称外径，公称厚さ及び種類の鋼管のオンライン検査中に，検査装置の校正に用いた対比試験片を装置に通過させ，定期的に確認しなければならない。

精度の確認は，鋼管の検査作業（同一設定条件下での作業）ごと，並びに作業の開始及び終了時に行い，かつ，少なくとも 8 時間ごとに行う。

なお，精度の確認は，受渡当事者間の協定によって 4 時間ごと又は 10 本ごとのいずれか長い時間ごとに行ってもよい。

注記 **ISO 10893-12** では，精度の確認は，4 時間ごとに行うことを要求している。

b) 精度の確認は，対比試験片と検査装置との相対速度が，鋼管の検査時と同じ速度で行わなければならない。鋼管の検査時と同じ相対速度で精度の確認を行えない場合には，製造業者は，実施する精度の確認の方法が，校正の要求事項を満足することを示さなければならない。

7.4 再校正

検査装置の使用中に，校正時に用いたパラメータが変更された場合，再校正を行わなければならない。

7.5 再検査

検査中の精度の確認で，規定を満足しない場合には，直前の精度の確認以降に検査をした全ての鋼管について，装置の再校正後に，再検査を行わなければならない。

8 結果の判定

8.1 一般

結果の判定は，次による。

a) 警報レベル未満の鋼管，又は測定した厚さ記録が許容差を満足する鋼管は，合格したものとみなす。

b) 警報レベル以上の鋼管，又は測定した厚さ記録が許容差を超える鋼管は，嫌疑材とするか，製造業者の判断で再検査をしてもよい。再検査において，厚さが警報レベル未満の鋼管，又は厚さ記録が許容差を満足する鋼管は，合格したものとみなす。再検査において，合格とみなさなかった鋼管は，嫌疑材とする。

8.2 嫌疑材の処置

嫌疑材は，製品規格の規定に従い，次の一つ以上の処置を行わなければならない。

a) 製造業者は，嫌疑部分が，厚さに起因するものでないことが立証可能な場合には，その鋼管は，厚さの規定を満たしているものとみなしてもよい。

b) 補修が許される場合は，上限を超えた厚さを示す鋼管の嫌疑部分を適切な方法で，研削してもよい。研削した場合は，最初の検査に適用した同じ方法又は**附属書 JA** によって，残厚さを再検査し，規定

の許容差内であることを確認し，その鋼管を検査に合格したものとする。

c) 嫌疑部分を切り捨てる。

d) 鋼管を不合格とする。

9 検査報告書

　注文者の指定がある場合には，製造業者は，次の中から必要事項を選択し，検査報告書を注文者に提出しなければならない。

a) この規格によって検査した旨の表示

b) 検査年月日

c) 検査技術者

d) 鋼管の種類の記号及び寸法

e) 公称周波数

f) 探触子の種類

g) 検査形式（水浸法，ギャップ法，直接接触法の別）

h) 検査結果

i) 受渡当事者間の協定内容

附属書 JA
（規定）
嫌疑部分の手動超音波厚さ検査方法

JA.1　嫌疑部分

鋼管の全周自動超音波厚さ検査において，嫌疑ありとみなされた鋼管の嫌疑部分については，必要に応じて，超音波厚さ検査を手動で行う。その場合は，**JA.2** の制約条件の下，当初の自動超音波厚さ検査と同じ精度（対比試験片）及び検査条件で，嫌疑部分の全体を検査しなければならない。

JA.2　手動超音波厚さ検査の制約条件

嫌疑部分の手動超音波厚さ検査適用時の制約条件は，次による。

a)　手動超音波厚さ検査で使用する振動子の大きさは，自動超音波厚さ検査に用いたものと同等程度でなければならない。

b)　走査は，自動超音波厚さ検査にて嫌疑材と判断した超音波の方向と同じ方向に伝搬するように行わなければならない。

c)　鋼管表面の走査速度は，150 mm/s を超えてはならない。

d)　手動超音波厚さ検査で用いる探触子は，直接接触法，ギャップ法又は水浸法のいずれかとする。探触子が，鋼管表面と適切な間隔を確実に維持するような方法を用いなければならない。例えば，直接接触法では，探触子の前面にある"保護面（wear face）"は，検査する鋼管の表面の曲面に沿うようなものでなければならない。

e)　手動超音波厚さ検査に用いる探触子の周波数は，自動超音波厚さ検査に用いた周波数の±1 MHz を超えて変えてはならない。

附属書 JB
(参考)
JIS と対応国際規格との対比表

JIS G 0589			ISO 10893-12:2011＋Amd 1:2020，（MOD）	
a)　JIS の箇条番号	b)　対応国際規格の対応する箇条番号	c)　箇条ごとの評価	d)　JIS と対応国際規格との技術的差異の内容及び理由	e)　JIS と対応国際規格との技術的差異に対する今後の対策
3	3	削除	JIS として規定の不要な用語を削除した。	技術的な差異は，軽微であり，現状のままとする。
4.3	4.3	変更	ISO 規格では，非破壊検査手順は，レベル 3 の承認を要求事項としているが，JIS では，国内実態に合わせて，推奨事項とした。	国内の体制が整備された時点で，ISO 規格との整合化を図る。
5.1	－	追加	JIS では，検査形式及び接触媒質に関する規定を明記した。	技術的な差異は，軽微であり，現状のままとする。
5.3	5.3	削除	探触子について，ISO 規格では，25 mm 以上の幅のものについても，同じ結果が得られることを証明できれば使用可能となっているが，JIS では削除した。	技術的な差異は，軽微であり，現状のままとする。
5.4	5.4	追加	合格材と嫌疑材との分類装置については，JIS では，国内実態に合わせて，自動装置だけでなく，厚さ測定後に，チャートなどで記録されたデータを基にする手動判定を追加した。	次回 ISO 規格改訂時に提案する。
6.2	6.2	追加	JIS では，対比試験片として既知の厚さをもつ対比試片を使用する場合の要求精度として，厚い材料の精度を考慮し，±0.2 %を追加した。	次回 ISO 規格改訂時に提案する。
7.3	7.3	変更	ISO 規格では，精度の確認頻度を 4 時間ごととしているが，JIS では，他の非破壊検査 JIS に合わせた 8 時間ごととした。また，JIS では，精度の確認に使用する対比試験片及び相対速度を明記した。	次回 JIS 改正時に検討する。次回 ISO 規格改訂時に相対速度の規定を提案する。
－	7.6	削除	ISO 規格では，追加の精度許容差を規定しているが，国内での実態がなく混乱の可能性もあることから削除した。	次回 ISO 規格改訂時に提案する。
－	7.7	削除	ISO 規格では，"協定で装置が用いる送り速度及び繰返し周波数が，不具合な厚さを検出するのに十分であることを証明をしなければならない。"との規定があるが，校正の要求内容で対応できているものと考えられるため，混乱を防止する目的で，JIS としては，削除した。	技術的な差異は，軽微であり，現状のままとする。
8.1	8.1 8.2	追加	JIS では，嫌疑材の判定方法について，検査した厚さ記録によって選別する方法を追加した。	次回 ISO 規格改訂時に提案する。

a) JISの箇条番号	b) 対応国際規格の対応する箇条番号	c) 箇条ごとの評価	d) JIS と対応国際規格との技術的差異の内容及び理由	e) JIS と対応国際規格との技術的差異に対する今後の対策
8.2	8.3	変更	ISO 規格では，厚さ以外の原因で嫌疑部分として判定される原因（介在物など）が例示されているが，JIS では，具体的な例を挙げるのは好ましくないと判断し，表現を変更した。JIS では，嫌疑材の再検査方法を明記し，手動超音波厚さ検査方法（附属書 JA）を適用可能とした。	技術的な差異は，軽微であり，現状ままとする。 手動による再検査を，次回 ISO 規格改訂時に提案する。
9	9	変更	ISO 規格では，報告項目は，全て報告が必要であるが，JIS では，国内の実態を反映し，必要事項を選択可能であるとした。ISO 規格では，装置の校正方法及び対比試験片の項目があるが，JIS では削除した。これに替えて検査装置の詳細項目を追加した。	技術的な差異は，軽微であり，現状ままとする。
附属書 JA	−	追加	ISO 規格では，嫌疑部分の手動超音波厚さ検査方法に関する規定はないが，JIS では，附属書 JA で規定した。	次回 ISO 規格改訂時に提案する。
注記1　箇条ごとの評価欄の用語の意味を，次に示す。 　　−　削除：対応国際規格の規定項目又は規定内容を削除している。 　　−　追加：対応国際規格にない規定項目又は規定内容を追加している。 　　−　変更：対応国際規格の規定内容又は構成を変更している。 注記2　JIS と対応国際規格との対応の程度の全体評価の記号の意味を，次に示す。 　　−　MOD：対応国際規格を修正している。				

ステンレス鋼の臨界孔食温度測定方法

Method of critical pitting temperature measurement for stainless steels

1. 適用範囲 この規格は，ステンレス鋼の塩化ナトリウム水溶液中における定電位法による臨界孔食温度の測定方法について規定する。

2. 引用規格 次に掲げる規格は，この規格に引用されることによって，この規格の規定の一部を構成する。これらの引用規格は，その最新版（追補を含む。）を適用する。

   JIS K 8150 塩化ナトリウム（試薬）

   JIS R 6252 研磨紙

   JIS R 6253 耐水研磨紙

3. 測定装置 測定装置は，試験電極，ポテンショスタット，照合電極，記録計，昇温可能な電解槽，及び温度調節器を組み合わせたものとする。**図 1** に測定装置の一例を示す。さらに，すきま腐食防止電極を用いる場合は，蒸留水給排水装置を組み合わせる。照合電極には，銀・塩化銀電極，飽和甘こう電極又は硫酸第一水銀電極等を使用する。照合電極は，原則として液橋又は塩橋を介して電解槽と接続する。

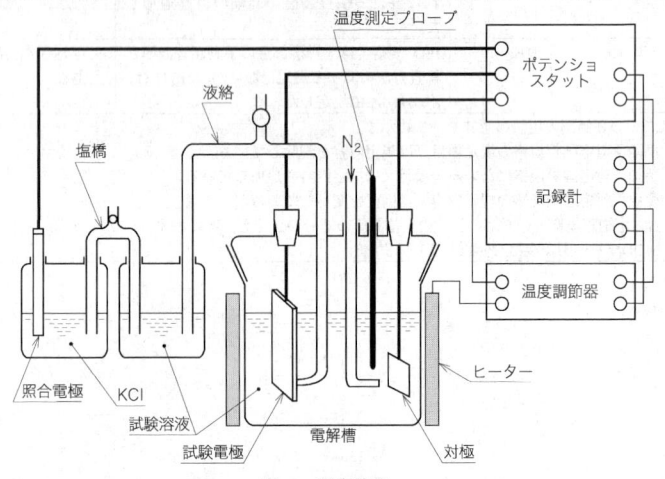

図 1　測定装置

4. 試験溶液 試験溶液は，**JIS K 8150** に規定された塩化ナトリウムの特級品 58.44 g を蒸留水又はイオン交換水 1 000 ml に溶解し，1 kmol・m^{-3} の塩化ナトリウム水溶液とする。

5. 試験片 臨界孔食温度測定には，フラッシュド・ポート・セル(Avesta cell)，すきま腐食防止電極，及び塗布型電極を使用して測定する方法があり，これらの試験片は，次による。

5.1　フラッシュド・ポート・セル（Avesta cell）用の試験片

a) 試験片を板状の供試材から採取する場合は，1 cm^2 の試験面が板状供試材の圧延面となるように採取する。丸棒，鋼塊など板状供試材以外からの試験片の採取方法は，受渡当事者間の協定による。

b) 試験片の採取方法は，通常，のこぎり切断，切削，研削，又はせん断による。ただし，せん断による場合は，試験面にせん断の影響が及ばないようにするため，せん断の影響が及ぶ領域を切削，又は研磨によって除去する。

c) 試験面は，**JIS R 6253** に規定された研磨紙で 600 番まで研磨を行う。研磨方法は，試験面の温度上昇を避けるため湿式研磨とする。

d) 試験面は，測定直前に **JIS R 6252** に規定された 600 番研磨紙で注意深く乾式研磨する。その後，蒸留

水，イオン交換水，アルコールなどで十分に洗浄し，フラッシュド・ポート・セルに装着する。

5.2 すきま腐食防止電極用の試験片

a) 試験片を板状の供試材から採取する場合は，1 cm² の試験面が板状供試材の圧延面となるように採取する。丸棒，鋼塊など板状供試材以外からの試験片の採取方法は，受渡当事者間の協定による。

b) 試験片の採取方法は，通常，のこぎり切断，切削，研削，又はせん断による。ただし，せん断による場合は，試験面にせん断の影響が及ばないようにするため，せん断の影響が及ぶ領域を切削，又は研磨によって除去する。

c) 試験面は，**JIS R 6253** に規定された研磨紙で 600 番まで研磨を行う。研磨方法は，試験面の温度上昇を避けるため湿式研磨とする。

d) 試験面は，測定直前に **JIS R 6252** に規定された 600 番研磨紙で注意深く乾式研磨する。その後，蒸留水，イオン交換水，アルコールなどで十分に洗浄し，すきま腐食防止電極に装着する。

5.3 塗布型電極用の試験片

a) 試験片を板状の供試材から採取する場合は，約 20 mm×30 mm の試験面が板状供試材の圧延面となるように採取する。丸棒，鋼塊など板状供試材以外からの試験片の採取方法は，受渡当事者間の協定による。

b) 試験片の採取方法は，通常，のこぎり切断，切削，研削，又はせん断による。ただし，せん断による場合は，試験面にせん断の影響が及ばないようにするため，せん断の影響が及ぶ領域を切削，又は研磨によって除去する。

c) 試験面は，**JIS R 6253** に規定された研磨紙で 600 番まで研磨を行う。研磨方法は，試験面の温度上昇を避けるため湿式研磨とする。

d) すきま腐食の発生を防止するため，研磨後，不動態化処理（50 ℃の質量分率 20～30 ％硝酸水溶液に 1 時間以上浸せき）を行うことが望ましい。

e) 試験片の一端に導線を，はんだ付け，又はスポット溶接する。

f) 試験面の最終露出部分が 10 mm×10 mm となるように，残りの表面及び導線をエポキシ樹脂，ビニル樹脂，シリコーン樹脂などの絶縁物により被覆又は埋め込みを行う([1])。その際，10 mm×10 mm の露出部分は，はんだ付け，又はスポット溶接による熱影響のない試験面となるようにする。

注([1]) 不動態化処理を行った場合は，通常，約 11 mm×11 mm の試験面を残して被覆する。

g) 試験面は，測定直前に試験面の 10 mm×10 mm だけを **JIS R 6252** に規定された 600 番研磨紙で注意深く乾式研磨する。その後，蒸留水，イオン交換水，アルコールなどで十分に洗浄する。

h) このようにして作製した試験片の試験面の面積を，1 cm² とみなす。

6. 測定方法

測定方法は，次による。フラッシュド・ポート・セル又はすきま腐食防止電極を使用した測定が望ましいが，器具がない場合は塗布型電極を使用した方法でもよい。

6.1 フラッシュド・ポート・セルによる測定方法

a) 図 2 にフラッシュド・ポート・セルの構成を示す。フラッシュド・ポート・セルは電解槽一体型電極であるため，構成図全体が図 1 の電解槽に相当する。

b) 溶液温度の均一化を図るため，試験溶液を測定開始前から測定終了まで，N_2 ガス・バブリングなどによって十分にかくはん（攪拌）する。

c) 試験溶液を 25 ℃に調整後，10 分間保持する。その後，試験電極を 700 mV［飽和甘こう電極（SCE）基準］に分極して 10 分間保持した後，試験溶液を 25 ℃から 1 ℃・min⁻¹ の速度で上昇させ，溶液温度－電流密度曲線を求めながら，アノード電流密度が 500～1 000 µA・cm⁻² に達するまで溶液温度を上昇させる。ただし，25 ℃で孔食が発生する材料については，昇温開始温度を 0 ℃とする。

d) 溶液温度－電流密度曲線において，電流密度 100 µA・cm⁻² に対応する溶液温度（試験片表面温度）を臨界孔食温度（CPT）とする。

なお，臨界孔食温度近傍において電流密度に振動現象が認められた場合には，電流密度 100 µA・cm⁻² に対応する最も高い溶液温度（試験片表面温度）を CPT とする。溶液温度－電流密度曲線の一例を，図 3 に示す。フラッシュド・ポート・セルによる測定では，溶液温度に比べて試験片表面温度が低くなるため，溶液温度から試験片表面温度への校正が必要であり，校正後の試験片表面温度を臨界孔食温度（CPT）とする（附属書参照）。

e) 電極面への蒸留水又はイオン交換水のしみ出し流量は，4～5 ml・h⁻¹ が適する。

f) 測定後，試験面を 20 倍以上の拡大鏡などを用いて観察し，孔食が発生していることを確認する。

なお，すきま腐食が認められた場合には，試験結果から除外する。

g) 試験片及び試験溶液は，試験ごとに新しいものを使用する。

h) 測定回数は 2 回以上，ばらつきを考慮すると 7 回以上が望ましい。

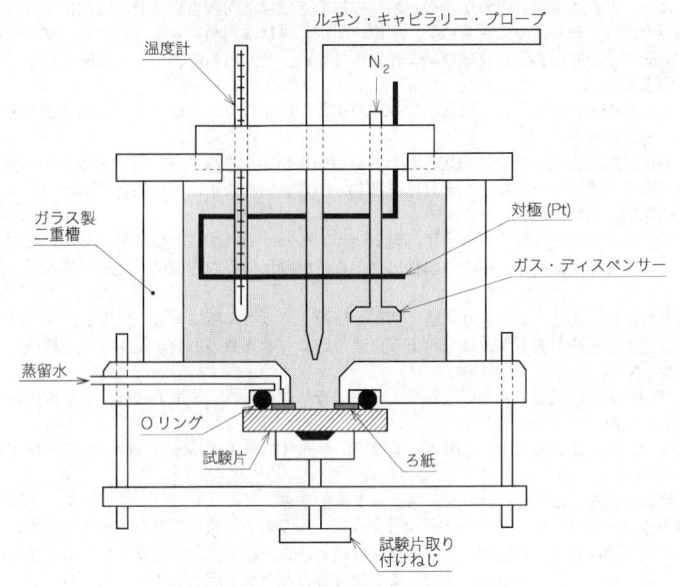

図 2　フラッシュド・ポート・セルの構成

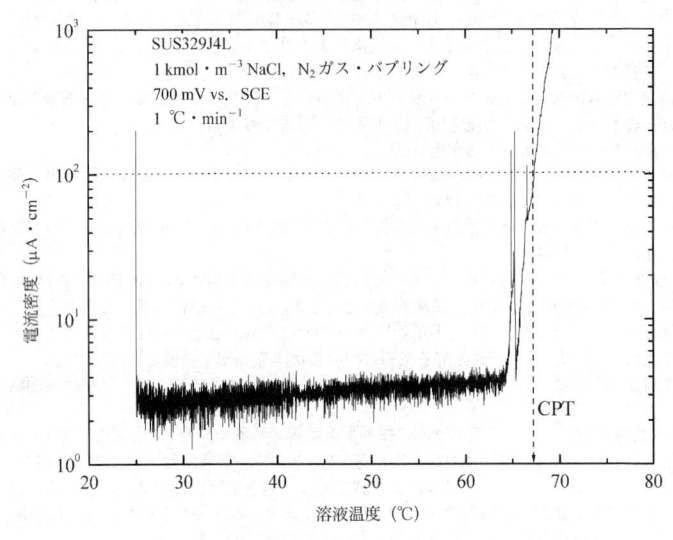

図 3　溶液温度－電流密度曲線の一例

6.2　すきま腐食防止電極による測定方法

a) 図4にすきま腐食防止電極の構成を示す。

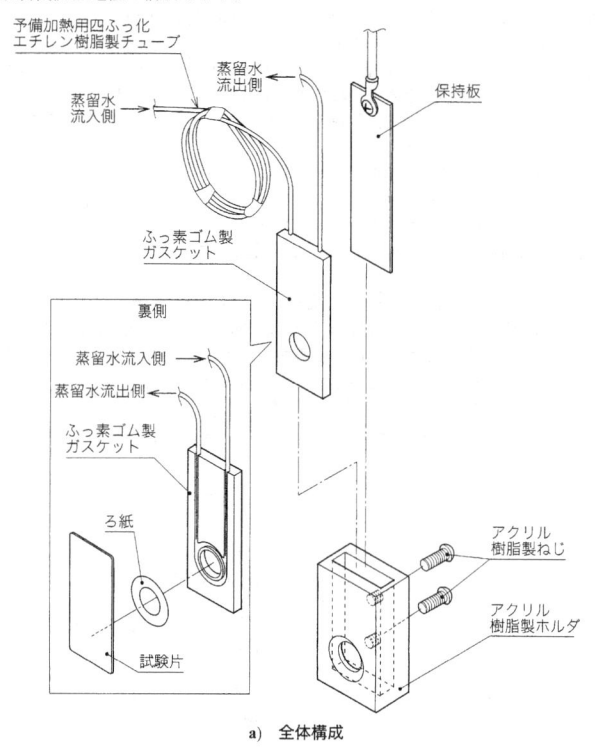

a) 全体構成

単位 mm

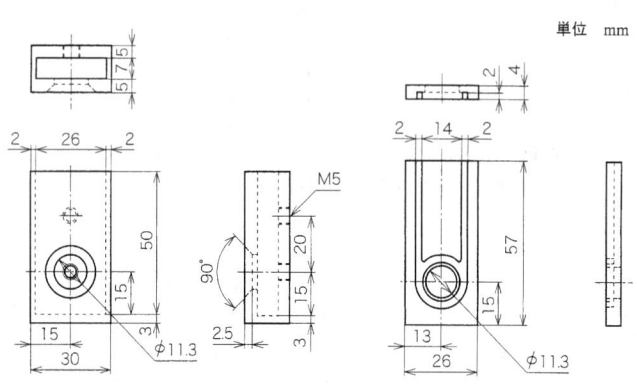

b) アクリル樹脂製ホルダ　　**c) ふっ素ゴム製ガスケット**

**図 4　すきま腐食防止電極の構成とアクリル樹脂製ホルダ及び
ふっ素ゴム製ガスケットの形状**

b) 溶液温度の均一化を図るため，試験溶液を測定開始前から測定終了まで，N₂ガス・バブリングなどに

よって十分にかくはん（攪拌）する。

c) 試験溶液を 25 ℃に調整後，10 分間保持する。その後，試験電極を 700 mV［飽和甘こう電極（SCE）基準］に分極して 10 分間保持した後，試験溶液を 25 ℃から 1 ℃・min^{-1}の速度で上昇させ，溶液温度－電流密度曲線を求めながら，アノード電流密度が 500〜1 000 μA・cm^{-2}に達するまで溶液温度を上昇させる。ただし，25 ℃で孔食が発生する材料については，昇温開始温度を 0 ℃とする。

d) 溶液温度－電流密度曲線において，電流密度 100 μA・cm^{-2}に対応する溶液温度（試験片表面温度）を臨界孔食温度（CPT）とする。

なお，臨界孔食温度近傍において電流密度に振動現象が認められた場合には，電流密度 100 μA・cm^{-2}に対応する最も高い溶液温度（試験片表面温度）を CPT とする。溶液温度－電流密度曲線の一例を，**図 3** に示す。すきま腐食防止電極による測定では，溶液温度に比べて試験片表面温度が低くなるため，溶液温度から試験片表面温度への校正が必要であり，校正後の試験片表面温度を臨界孔食温度(CPT)とする（**附属書**参照）。

e) 電極面への蒸留水又はイオン交換水のしみ出し流量は，2〜6 ml・h^{-1}が適する。

f) 裏側からのアクリル樹脂製ねじによる締め付けトルクは，約 15 N・cm が適する。

g) 測定後，試験面を 20 倍以上の拡大鏡などを用いて観察し，孔食が発生していることを確認する。

なお，すきま腐食が認められた場合には，試験結果から除外する。

h) 試験片及び試験溶液は，試験ごとに新しいものを使用する。

i) 測定回数は 2 回以上，ばらつきを考慮すると 7 回以上が望ましい。

6.3 塗布型電極による測定方法

a) 図 5 に塗布型電極を示す。

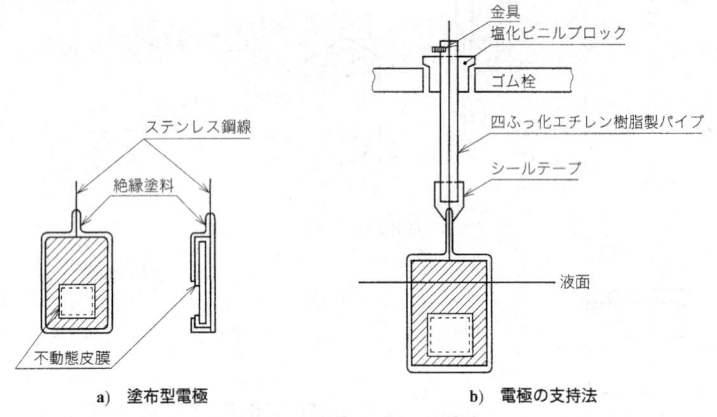

a) 塗布型電極　　　　b) 電極の支持法

図 5　塗布型電極及び電極の支持法

b) 溶液温度の均一化を図るため，試験溶液を測定開始前から測定終了まで，N$_2$ガス・バブリングなどによって十分にかくはん（攪拌）する。

c) 試験溶液を 25 ℃に調整後，10 分間保持する。その後，試験電極を 700 mV［飽和甘こう電極（SCE）基準］に分極して 10 分間保持した後，試験溶液を 25 ℃から 1 ℃・min^{-1}の速度で上昇させ，溶液温度－電流密度曲線を求めながら，アノード電流密度が 500〜1 000 μA・cm^{-2}に達するまで溶液温度を上昇させる。ただし，25 ℃で孔食が発生する材料については，昇温開始温度を 0 ℃とする。

d) 溶液温度－電流密度曲線において，電流密度 100 μA・cm^{-2}に対応する溶液温度（試験片表面温度）を臨界孔食温度（CPT）とする。

なお，臨界孔食温度近傍において電流密度に振動現象が認められた場合には，電流密度 100 μA・cm^{-2}に対応する最も高い溶液温度（試験片表面温度）を CPT とする。溶液温度－電流密度曲線の一例を，**図 3** に示す。

e) 測定後，試験面を 20 倍以上の拡大鏡などを用いて観察し，孔食が発生していることを確認する。

　なお，すきま腐食が認められた場合には，試験結果から除外する。

f)　試験片及び試験溶液は，試験ごとに新しいものを使用する。

g)　測定回数は 2 回以上，ばらつきを考慮すると 7 回以上が望ましい。

7.　記録　臨界孔食温度の単位は℃で表し，小数点以下第 1 位まで記録する。

附属書（参考）試験片の温度校正方法

　この附属書は，本体に関連する事柄を補足するもので，規定の一部ではない。

1.　フラッシュド・ポート・セルの温度校正方法　試験片表面温度は，試験片裏側から試験片接液面中央に当たる箇所にせん（穿）孔をあけ，内部に熱電対を挿入して，できるだけ表面に近い位置（1 mm 以内）を測定する。試験片表面温度の校正は，事前に溶液温度と試験片表面温度との関係を求め，実際の測定で得られた CPT を示す溶液温度から試験片表面温度への校正を行う。

2.　すきま腐食防止電極の温度校正方法

2.1　温度校正例 1（溶液温度測定による校正）　試験片表面温度の測定は，試験片接液面中央に当たる箇所に熱電対を溶接して測定する。試験片表面の温度校正は，試験片板厚，四ふっ化エチレン樹脂製チューブのループ長さ，蒸留水流量を設定し，溶液温度を 25 ℃から 1 ℃・min^{-1}の速度で上昇させて，事前に溶液温度と試験片表面温度との関係を求めておき，実際の測定で得られた CPT を示す溶液温度から試験片表面温度への校正を行う。試験片表面と試験溶液との温度差の校正例を，**附属書図 1** に示す。

2.2　温度校正例 2（試験片エッジ部温度測定による校正）　溶液温度を 25 ℃から 1 ℃・min^{-1}の速度で上昇させ，試験片の表面（接液面）温度と溶液面近傍のエッジ部を同時に測定した結果を，**附属書図 2** に示す。附属書図 2 から明らかなように，試験片の表面（接液面）と溶液面近傍エッジ部との温度差はほぼ 1 ℃であり，この温度差からは，試験片の板厚の影響は認められない。したがって，事前に溶液温度と試験片の接液面近傍エッジ部温度との関係を求めたうえで，実際の測定で得られた CPT を示す溶液温度から試験片の接液面近傍エッジ部の温度を求め，これに 1 ℃加えることによって，試験片表面温度への校正を行う。

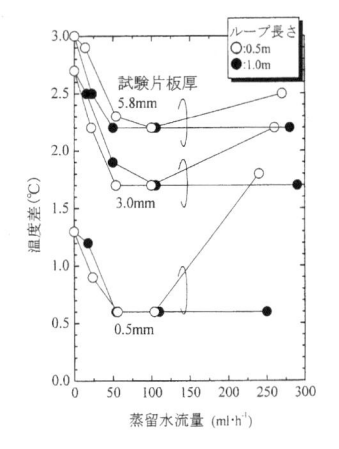

附属書図 1　試験片表面と試験溶液との温度差

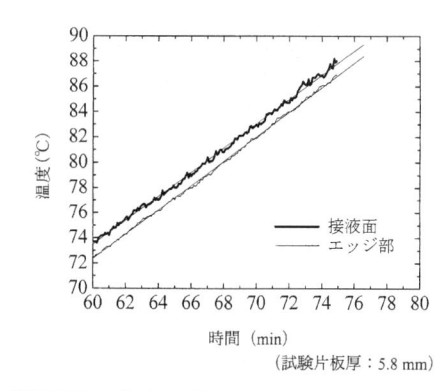

附属書図 2　接液面近傍エッジ部温度と接液面温度との関係

ステンレス鋼の臨界孔食温度測定方法
（追補1）

Method of critical pitting temperarure measurement for stainless steels
(Amendment 1)

JIS G 0590 :2005 を，次のように改正する。

4.（試験溶液）を，次の文に置き換える。

4. 試験溶液 試験溶液は，**JIS K 8150** に規定された塩化ナトリウムの特級品 58.44 g を蒸留水又は脱イオン水に溶解し 1 000 ml とし，1 M の塩化ナトリウム水溶液とする。

5.1 ［フラッシュド・ポート・セル（Avesta cell）用の試験片］**c)** の "研磨紙で 600 番まで" を，"研磨紙で P600 まで" に置き換える。

5.1 ［フラッシュド・ポート・セル（Avesta cell）用の試験片］**d)** の "600 番研磨紙" を，"P600 研磨紙" に置き換える。

5.2（すきま腐食防止電極用の試験片）**c)** の "研磨紙で 600 番まで" を，"研磨紙で P600 まで" に置き換える。

5.2（すきま腐食防止電極用の試験片）**d)** の "600 番研磨紙" を，"P600 研磨紙" に置き換える。

5.3（塗布型電極用の試験片）**c)** の "研磨紙で 600 番まで" を，"研磨紙で P600 まで" に置き換える。

5.3（塗布型電極用の試験片）**g)** の "600 番研磨紙" を，"P600 研磨紙" に置き換える。

＊ JIS G 0591：2000 は 2012 年 1 月 20 日に追補 1 によって改正。本規格と追補 1 を併読し用いてください。

JIS G 0591
(2000)

ステンレス鋼の硫酸腐食試験方法
Method of sulfuric acid test for stainless steels

$$\left[\begin{array}{lll} JIS & (1980) & 改正 \\ JIS & (1970) & 制定 \end{array}\right]$$

1. 適用範囲 この規格は，ステンレス鋼の沸騰硫酸中の腐食減量を測定して，全面腐食の程度を試験する方法について規定する。

2. 引用規格 次に掲げる規格は，この規格に引用されることによって，この規格の規定の一部を構成する。これらの引用規格は，その最新版（追補を含む。）を適用する。

　JIS K 8541 硝酸（試薬）
　JIS K 8951 硫酸（試薬）
　JIS R 6251 研磨布
　JIS R 6252 研磨紙
　JIS R 6253 耐水研磨紙
　JIS Z 8401 数値の丸め方
　JIS Z 8804 液体比重測定方法

3. 試験装置 試験装置は，次による。

a) 試験容器は，十分な冷却面積をもつガラス製の立形逆流コンデンサをテーパすり合わせで結合したガラス製のフラスコ（容量 約1 000 ml）を使用する。

b) ガラス製ホルダは，試験片を試験溶液の中位に保持できる，適切な形状のものを使用する。

c) 加熱装置は，試験中の試験溶液を静かな沸騰状態に保持できるものを使用する。

4. 試験溶液 試験溶液は，**JIS K 8951**に規定する硫酸（密度約1.84）と蒸留水又は脱イオン水によって調製する。試験溶液の濃度は，5.0〜50（質量%）とし，その検定は，**JIS Z 8804**に規定する比重測定によるか，又は**JIS K 8951**に規定する中和滴定による。

5. 試験片 試験片は，次による。

a) 試験片は，全表面積が10〜30 cm²で，圧延又は鍛造方向に直角の断面積が，全体面積の1/2以下になるように，供試材から採取する。鋳造品，溶着金属などの試験片採取方法は，それぞれの規格の規定による。

b) 試験片を切断後，切断面を切削又は研削で仕上げして，切断の影響部分を除く。

c) 試験片の表面は，**JIS R 6251**，**JIS R 6252**又は**JIS R 6253**に規定する研磨紙で，試験片の昇温を避けながら順次240番まで研磨し，その後600番まで湿式研磨を行う。

d) 表面仕上げした試験片は，適切な溶剤又は洗剤（非塩化物）で脱脂後乾燥する。

6. 試験方法 試験方法は，次による。

a) 沸騰試験前後において，試験片質量を，少なくとも1 mgのけたまではかる。

b) 試験溶液の量は，試験片の表面積1 cm²当たり25〜30 mlとする。

c) 試験片をガラス製のホルダを用いて，試験溶液の中位に保持するようにして入れ，連続6時間沸騰試験を行う。
　一つの試験溶液の中では，同一鋼種，同一熱処理材だけを試験する。ただし，試験時間については，受渡当事者間で変更することができる。

d) 沸騰試験後，試験溶液から試験片を取り出し，付着している腐食生成物を，**JIS K 8541**を用いて調製した30％硝酸（室温）で，洗浄・水洗して除去するか，又は流水のもとで柔らかいブラシなどを用いて除去し，乾燥後質量をはかり減量を求める。

e) 試験溶液は，試験ごとに新しい溶液を使用し，一度試験した溶液を繰り返し使用してはならない。

7. 評価 腐食度は，沸騰試験後の質量減［単位面積，単位時間当たりの値（単位：g/m²·h）］を，**JIS Z 8401**によって，小数点以下2けたに丸める。

ステンレス鋼の硫酸腐食試験方法
(追補 1)

Method of sulfuric acid test for stainless steels
(Amendment 1)

JIS G 0591:2000 を，次のように改正する。

5.（試験片）の **c)** を，次の文に置き換える。

c) 試験片の表面は，**JIS R 6251，JIS R 6252** 又は **JIS R 6253** に規定する研磨布又は研磨紙で，試験片の昇温を避けながら順次 P240 まで研磨し，その後 P600 まで湿式研磨を行う。

JIS G 0592　　　　　**ステンレス鋼の腐食すきま再不動態化電位測定方法**
(2002)　　　　　Method of determining the repassivation potential for
crevice corrosion of stainless steels

1. 適用範囲　この規格は，塩化物イオンを含む中性水溶液中におけるステンレス鋼の往復アノード分極実験から，腐食すきま再不動態化電位を測定する方法について規定する。

2. 引用規格　次に掲げる規格は，この規格に引用されることによって，この規格の規定の一部を構成する。これらの引用規格は，その最新版（追補を含む。）を適用する。

　　JIS K 8150　塩化ナトリウム（試薬）
　　JIS R 6252　研磨紙
　　JIS R 6253　耐水研磨紙

3. 試験方法

3.1 測定装置　測定装置は，ポテンショ・ガルバノスタット，電位掃引装置，記録計，電解槽及び恒温槽を組み合わせたものとする。付図1に測定装置の一例を示す。

　　備考　電位掃引装置及び記録計の代わりにパーソナルコンピュータを用いてもよい。

3.2 試験溶液　試験溶液は，JIS K 8150に規定する塩化ナトリウム特級品330 mgを蒸留水又は脱イオン水に溶解して1000 mlとすることによって，200 ppm塩化物イオン（Cl⁻）水溶液に調整する。試験溶液の温度は50±1 ℃とする。ただし，受渡当事者間の協定によって条件を定めれば，これ以外の試験環境条件を採用してもよい。

3.3 測定　腐食すきま再不動態化電位の測定は，次による。

3.3.1 試験片　試験片は，次による。

a)　試験片は，付図2に示すような金属・金属のすきま試験片とし，試験面が板の圧延面となるように供試材から採取する。板以外の試験片の採取方法は，受渡当事者間の協定による。
　　なお，受渡当事者間の協定によって，他の寸法及び形状のすきま試験片を用いることもできる。

b)　試験片の採取方法は，のこぎり切断，切削又は研削による。せん断による場合は，試験面（すきま部）にせん断の影響が及ばないようにするため，せん断の影響が及ぶ領域を切削，又は研磨によって除去する。

c)　試験面は，JIS R 6252又はJIS R 6253に規定する研磨紙で，試験片の昇温を避けながら順次240番以上まで研磨し，次いでJIS R 6253に規定する研磨紙で順次600番まで湿式研磨を行う。
　　なお，試験対象すきま部以外の試験片表面における局部腐食を防止するため，研磨後，不動態化処理（例えば，50 ℃の20～30 ％硝酸に1時間以上浸せき）を行ってもよい。

d)　導線は，試験片の一端にはんだ付け又はスポット溶接する。

e)　試験片の最終研磨は，測定直前に試験面のすきま部だけをJIS R 6252又はJIS R 6253に規定する600番研磨紙で行い，その後，水又はアルコールで十分に洗浄する。

f)　試験片の組立は，試験面すきま部を試験溶液でぬらした状態でボルトナットで締め付け，すきまを形成させる。

3.3.2 測定方法　測定方法は，次による（付図3参照）。

a)　試験片は，すきま部が完全に水没し，かつ導線接続部が完全に気相部にあるように，脱気した試験溶液に半浸せきする。

b)　アノード方向への往路分極は，ポテンショスタットによって自然電極電位から電位掃引速度30 mV/minの動電位法でアノード電流が200 μAに達するまで行う。ただし，装置などの都合によって，30 mV/minの条件が取れない場合は，これに近い掃引速度で行ってもよい。また，受渡当事者間の協定によって条件を定めれば，自然浸せき電位よりも高い（貴な）電位からの電位掃引，又は受渡当事者間の協定で定めた電位での定電位保持で行ってもよい。

c)　腐食すきま成長は，b)の往路分極でアノード電流が200 μAに達した後，直ちに定電流保持に切り替え，

200 μA で 2 時間保持することによって行う。ただし，200 μA に定電流保持する代わりに定電位法を用い，アノード電流が 200±20 μA に収まるように設定電位を制御してもよい。

d) 逆（カソード）方向への復路分極は，**c)**で 200 μA で 2 時間定電流保持した後，直ちにその時の電極電位より 10 mV 低い（卑な）電極電位に定電位保持し，電流のアノード方向への増加傾向が認められたら，これよりもさらに 10 mV 低い電位で再び定電位保持し，2 時間の定電位保持で電流のアノード方向への増加傾向が認められなくなるまで，この操作を繰り返す。ただし，受渡当事者間の協定によって，アノード電流が 50 μA に到達するまでは，電位掃引速度 10 mV/min の動電位法で分極してもよい。

4. 評価 評価は，次による。

a) 腐食すきま再不動態化電位は，**3.3.2 d)** の 2 時間の定電位保持で電流のアノード方向への増加傾向が認められなくなる最も高い（貴な）値（記号 $E_{R,CREV}$）で表す。

b) 測定後の試験片は，全表面を 10 倍以上の拡大鏡などを用いて観察し，すきま部以外の場所で局部腐食が認められた場合は，試験結果から除外する。さらに，試験対象すきま部（両面）における最大侵食深さを光学顕微鏡又はレーザー顕微鏡などを用いて測定し，試験面における最大侵食深さが 40 μm に達していない場合は，試験結果から除外する。ただし，同一鋼種，同一形状の試験片についての同一条件での測定結果が十分にあって，最大侵食深さが 40 μm を確実に超えることが知られていることを前提として，受渡当事者間の協定によって，腐食すきま深さ測定を省略することができる。

5. 記録 記録は，次による。

a) 腐食すきま再不動態化電位の単位は，ボルトで表し，小数点以下第 3 位まで記録する。

b) 照合電極について，その種類，内部溶液濃度及びその温度を記録する。

c) 腐食すきま再不動態化電位の標準水素電極基準への換算値を記録する。

d) 測定された腐食すきまの最大侵食深さを記録する。

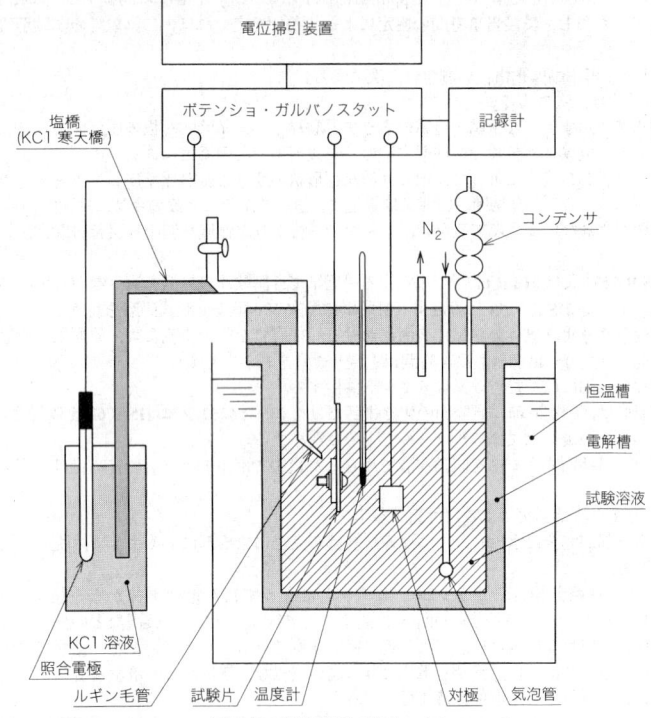

付図 1 測定装置の組立て図

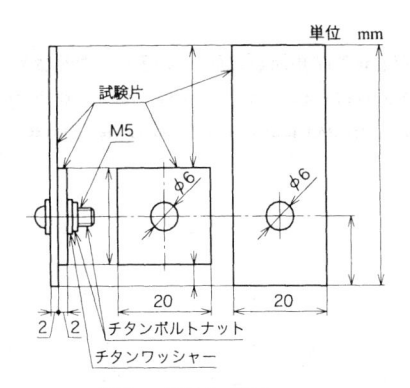

単位　mm

試験片

M5

φ6　　φ6

20　　20

2　2

チタンボルトナット

チタンワッシャー

付図 2　試験片の組立て図

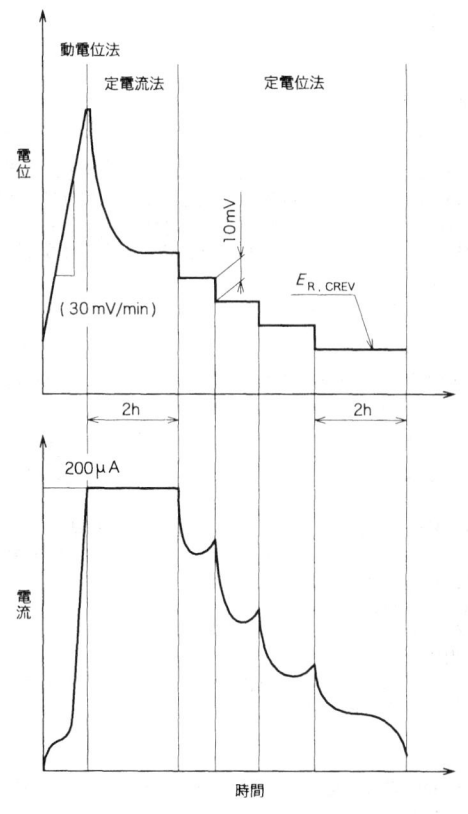

動電位法

定電流法　　定電位法

電位

10mV

$E_{\mathrm{R,CREV}}$

(30 mV/min)

2h　　　2h

200μA

電流

時間

付図 3　腐食すきま再不動態化電位測定手順の模式図

水処理剤の腐食及びスケール防止評価試験方法

Testing method for corrosion and scale inhibition performance of

water treatment additives in cooling water system

1. 適用範囲 この規格は，淡水を使用する開放循環冷却水系の金属伝熱面における水処理剤の腐食及び
スケール付着の防止効果を評価する方法について規定する。

2. 引用規格 次に掲げる規格は，この規格に引用されることによって，この規格の規定の一部を構成す
る。これらの引用規格は，その最新版（追補を含む。）を適用する。

JIS G 3141 冷間圧延鋼板及び鋼帯

JIS G 3445 機械構造用炭素鋼鋼管

JIS G 3459 配管用ステンレス鋼管

JIS K 0101 工業用水試験方法

JIS K 0116 発光分光分析通則

JIS K 0119 蛍光 X 線分析方法通則

JIS K 0121 原子吸光分析通則

JIS R 6252 研磨紙

3. 試験装置 試験装置は，次による。

a) 試験装置の全体は，**付図 1** に示すように，冷却塔，水温制御装置，水槽，液面制御装置，水処理剤注
入装置，循環ポンプ，電気伝導率測定・制御装置，流量計，熱交換器及び試験片保持器で構成する開
放循環冷却水系とし，水槽の水温及び電気伝導率の制御ができるものとする。

b) 熱交換器の外管には**付図 2** に示すガラス管を使用し，内部に試験用伝熱管を挿入する。ガラス管の寸
法は，次による。

> ガラス管寸法：外径 　25.0±0.1 mm
> 　　　　　　　内径 　20.2±0.1 mm
> 　　　　　　　長さ 　310±5 mm

c) 加熱装置は，**付図 3** に示す電気ヒータを使用する。電気ヒータは，**4.1** の試験用伝熱管内に挿入して使
用する。電気ヒータの寸法及びヒータ容量は，次による。

> 電気ヒータ寸法：外径 　　10.0$^{+0.3}_{0}$ mm
> 　　　　　　　　発熱長 　300±5 mm

> ヒータ容量：**5.1 c)** の条件を満たすものとする。

d) 冷却塔は，誘引通風向流接触型のものを使用し，冷却能力は，6 kW 以上（1.5 冷凍トン）とする。

e) 水槽及び配管材質は，ステンレス鋼（**JIS G 3459** の SUS 304）又は耐腐食性有機材料を使用する。有機
材料を使用する場合は，60 ℃まで耐える材料とする。

f) 水槽及び配管を含む系全体の水容量は，60±5 L とする。

g) 水槽内の水位を一定に保つように液面制御装置を設置する。

h) 水温の変動は±1 ℃以内に保つ。

i) 循環水の電気伝導率を連続的に測定し，電気伝導率が設定範囲を超えた場合には，補給水を追加する
などして，その変動幅を±10 ％以内に保つ。

4. 試験材

4.1 試験用伝熱管 試験用伝熱管は，次による。

a) 材質は，炭素鋼（**JIS G 3445** の STKM11A）を標準とし，必要に応じて他の材料（銅，銅合金又はス
テンレス鋼）を使用してもよい。

b) 形状及びヒータとのはめあいは，次による。

公称外径：12.7 mm，肉厚 1.2 mm

長さ：500～510 mm

試用用伝熱管内径とヒータ外径の差が，0.6 mm 以下になるようにヒータの外径を調整する。

c) 表面仕上は，**JIS R 6252** に規定する 400 番研磨紙によって研磨仕上げする。ただし，表面仕上げは，当事者間の協定によって変更してもよい。

d) 試験用伝熱管は，試験前に適切な溶剤で脱脂・洗浄後，乾燥して，質量を 0.1 mg のけたまで求め，試験前質量 (M_a) とする。

4.2 試験片 試験片は，次による。

a) 材質は，炭素鋼（**JIS G 3445** の STKM11 A，又は **JIS G 3141** の SPCC）を標準とし，必要に応じて他の材料（銅，銅合金及びステンレス鋼）を使用してもよい。

b) 形状は，循環水の表面流速が，試験用伝熱管と同一になるような寸法とする。

c) 表面仕上げ及び試験前質量の測定は，**4.1** に準じて行う。

5. 試験

5.1 試験条件 試験条件は，次による。

a) 試験装置の各部は，試験前に水，0.3～0.5 ％過酸化水素水溶液，0.5～1 ％クエン酸水溶液などを用いて十分に洗浄する。

b) 水槽の水温は，30±1 ℃を標準とする。

c) 熱交換器の熱流束は，70±2 kW/m² を標準とする。

熱流束の計算式は，次による。

$$Q = C / (D \cdot \pi \cdot L)$$

ここに， Q：熱流束　kW/m²

C：ヒータ容量　kW

D：試験用伝熱管の外径　m

L：ヒータ発熱長　m

d) 循環水量は，350±10 L/h を，試験用伝熱管評価部の線流速は，0.5 m/s を標準とする。ただし，**b)**，**c)** 及び **d)** は，当事者間の合意によって変更することができる。

5.2 水処理 水処理は，次による。

a) 水処理剤の初期投入量，設定水質（電気伝導率など）及び水処理剤の設定濃度は，評価しようとする水処理剤の使用基準による。

b) 微生物を制御する目的で処理剤を使用する場合は，その処理剤の使用基準による。

5.3 水質測定項目 水質測定項目は，次による。

試験水は，次の項目を **JIS K 0101** に規定する方法によって測定し，記録する。

a) pH

b) 電気伝導率

c) カルシウム硬度

d) マグネシウム硬度

e) 酸消費量 (pH 4.8)

f) 塩化物イオン

g) 硫酸イオン

h) シリカ

i) 全鉄

j) 濁度

必要に応じて，

k) COD_{Mn}

l) 一般細菌数

5.4 試験方法

5.4.1 オンサイト試験 オンサイト試験は，次による。

a) 試験水は，実プラントの開放循環冷却水系に供給している水を使用する。

b) 試験用伝熱管を，**付図 2** に示す熱交換器に装着する。試験用伝熱管とヒータが **4.1 b)** に従って密着していることを確認する。

c) 熱交換器数は**付図1**に示すように，6段とする。この際，ガラス管部は，必ず遮光する。

d) 水槽に試験水を所定水位まで加え，水処理剤を **5.2** によって投入し，水質を調整した後，水循環を開始する。

e) **5.1**の条件で熱負荷をかけ，試験水が**5.2**で設定した電気伝導率に達するまで，測定を行いながら循環水系を稼動させる。

f) 試験水が目標の電気伝導率に達するまでの濃縮移行期間は，7日間を目途とする。

g) 濃縮移行期間の水質測定は，次による。

1) 水質測定は，2日ごとに行い記録する。

2) 測定項目は，**5.3**及び水処理剤濃度とする。

h) 目標電気伝導率に達したら，電気伝導率が一定となるように制御し，次の処置をとる。

1) 水質測定は，7日ごとに行い記録する。測定項目は，**5.3**及び水処理剤濃度とする。

2) 水処理剤は，設定濃度を保持するように補給する。

3) この定常運転期間は，20日以上とする。

4) 試験用伝熱管のスケールの付着状況は，7日ごとに観察し記録する。

5) 汚れ係数は，温度測定結果と合わせて，7日ごとに記録する。

6) 微生物制御を行う場合は，処理剤の使用方法及び一般細菌数の測定・記録を7日ごとに行う。

5.4.2　オンライン試験　オンライン試験は，次による。

a) 試験水は，実プラントの熱交換器に供給している開放循環冷却水を直接流量計を介して熱交換器に通水する。通過した試験水は排水するか，又は実際の冷却水系へ戻す。

b) 他はオンサイト試験に同じ。

ただし，試験水の温度条件は，実プラントの条件に従う。

5.4.3　試験片を用いた腐食度の測定　試験片を用いた腐食度の測定は，次による。

試験片による腐食度の測定は，試験片を熱交換器の下流に設けた試験片保持器に装着して行う。

6. 評価

6.1　試験用伝熱管の評価　試験用伝熱管の評価は，次による。

a) 付着物の質量測定及び成分分析は，次による。

1) 試験終了後，試験用伝熱管を熱交換器から取り出し，電気ヒータを取りはずしたのち，外観を写真撮影する。

2) 試験用伝熱管を，付着物が脱落しないように注意しながら，ドライヤ又は 105～110 ℃の乾燥器中で2時間乾燥させ，質量を 0.1 mg のけたまで求め，試験後質量（M_b）とする。

3) 付着物の適量をスクレーパで除去・採取し，その質量を測定し，更に 600～900 ℃で2時間加熱後，冷却して質量を測定し，その質量差を強熱減量とする。

4) 付着物の分析は，**JIS K 0119** の 8.（定量分析），**JIS K 0121** の 7.（定量）又は **JIS K 0116** の 6.8（定量分析）によって，各元素を定量し，下記の酸化物として含有量（％）を算出する。

酸化物：CaO，MgO，Fe_2O_3，CuO，SO_3，SiO_2，P_2O_5，ZnO，及び Al_2O_3（必要によって MnO，NiO，Cr_2O_3，MoO_3）

5) 試験用伝熱管は，残存している付着物を流水条件下で非金属のブラシを用いて除去し，アルコールで洗浄後乾燥し質量を 0.1 mg のけたまで求め，付着物除去後質量（M_c）とする。目視で付着物が残存している場合は，市販の酸洗浄用腐食抑制剤を加えた，室温で約 15 ％の塩酸に浸漬し除去する。

6) 付着物除去後の外観写真を撮影する。

b) 腐食度の算出は，次による。

$$W = (M_a - M_c)/(S \cdot T)$$

ここに，　W：腐食度　$mg/dm^2 \cdot day$

M_a：試験前質量　mg

M_c：付着物除去後質量　mg

S：表面積　dm^2

T：全試験期間　day

c) 付着速度の算出は，次による。

$$V_p = (M_b - M_c)/(S \cdot T_s)$$

ここに，　V_p：付着速度　$mg/dm^2 \cdot day$

M_b：試験後質量　mg

T_s：定常運転期間（全試験期間－濃縮移行期間）の日数　day

d) 腐食度及び付着速度は，小数点以下 1 けたまで求める。

e) 汚れ係数　汚れ係数は，次による。

$$f = (H_s - H_0)/Q$$

ここに，　　f：汚れ係数　m²・℃/kW

H_s：表面温度測定値　℃

H_0：表面温度初期値　℃

ここで，表面温度初期値は，熱負荷を開始してから 1 時間後の表面温度とする。

f) 腐食深さは，最大腐食深さを 0.1 mm のけたまで求める。

6.2　試験片の評価　試験片の評価を実施する場合には，**6.1** に準じて行う。

7.　記録　記録は，次による。

a) 5.1 によって設定した試験条件を記録する（**附属書表 1** 参照）。

b) 5.2 によって設定した水処理剤の初期投入量，水質（電気伝導率など）及び濃度を記録する（**附属書表 2** 参照）。

c) 5.3 及び **5.4** によって測定した試験水の水質を記録する（**附属書表 3** 参照）。

d) 6.1 によって観察・測定した腐食状況を記録する（**附属書表 4** 参照）。

e) 6.1 によって測定した付着物の質量を記録する（**附属書表 5-1** 参照）。

f) 6.1 によって分析した成分を記録する（**附属書表 5-2** 参照）。

g) 6.1 によって外観を写真撮影によって記録する。

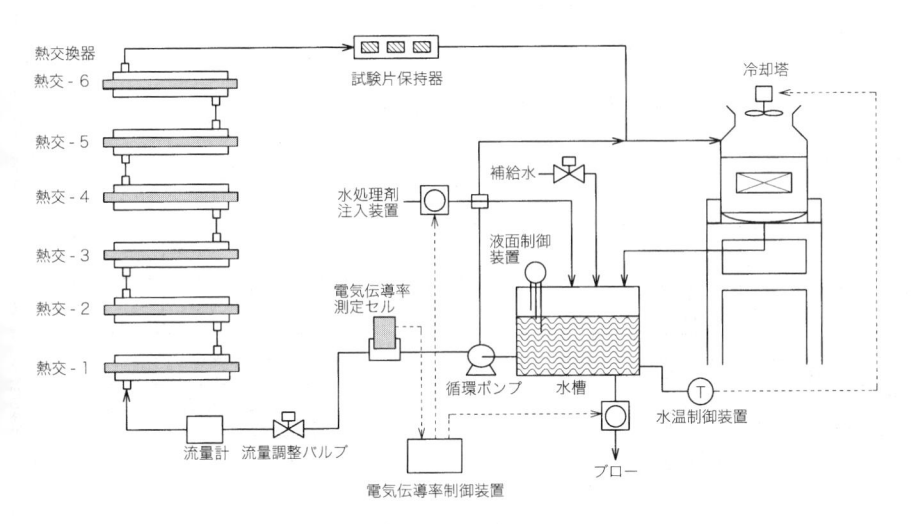

付図 1　試験装置

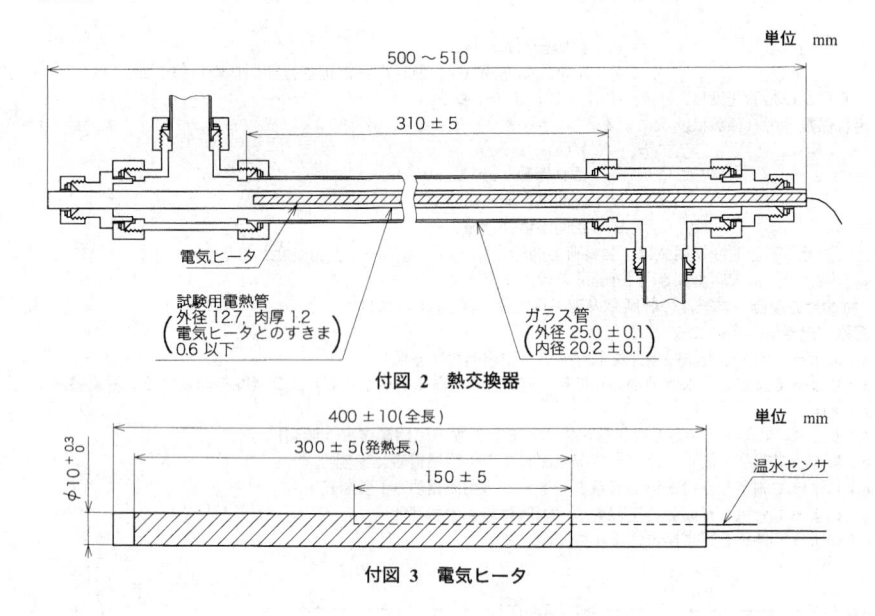

付図 2　熱交換器

付図 3　電気ヒータ

附属書（参考）　データシート

この附属書（参考）は，本体に関連する事柄を補足するもので，規定の一部ではない。

附属書表 1　試験条件

試験用伝熱管	番号	1	2	3	4	5	6
	材質						
試験片	番号	1	2	3	4	5	6
	材質						

ヒータ伝熱長さ	mm	
循環水流量	L/h	
評価部線流速	m/s	
熱流束	kW/m²	
水温：入口/出口	℃	
保有水量	L	
滞留時間	h	
補給水速度	L/h	
ブローダウン速度	L/h	
濃縮倍数	倍	
試験期間		
全試験期間	d	
水質安定までの期間	d	

附属書表 2　設定した水処理剤の条件

	名称	目標投入量，濃度等 (mg/L)
試験開始期		
水処理剤 A		
水処理剤 B		
水処理剤 C		
水質安定期		
水処理剤 A		
水処理剤 B		
水処理剤 C		
電気伝導率		
pH		

附属書表 3　試験水の水質測定結果

測定　日時

		補給水			循環水			
		平均値	最大値	最小値	目標値	平均値	最大値	最小値
pH (25 ℃)								
電気伝導率	mS/m							
カルシウム硬度[1]	mg CaCO$_3$/L							
マグネシウム硬度[1]	mg MgCO$_3$/L							
酸消費量 (pH 4.8)	mg CaCO$_3$/L							
塩化物イオン	mg Cl$^-$/L							
硫酸イオン	mg SO$_4^-$/L							
シリカ	mg SiO$_2$/L							
全鉄	mg Fe/L							
濁度	度							
COD$_{Mn}$	mg O$_2$/L							
一般細菌数	CFU/mL							
水処理剤濃度								

注[1]　CaCO$_3$ 濃度に換算

附属書表 4　腐食状況の測定結果

試験用伝熱管						
番号	1	2	3	4	5	6
試験前質量 (M_a)　　g						
試験後質量 (M_b)　　g						
付着物除去後質量 (M_c)　g						
腐食減量 $(M_a)-(M_c)$　g						
腐食度　　　mg/dm²·d						
腐食最大深さ　伝熱部　mm						
非伝熱部　mm						

試験片						
番号	1	2	3	4	5	6
腐食度						
試験前質量 (m_a)　　g						
試験後質量 (m_b)　　g						
付着物除去後質量 (m_c)　g						
腐食減量 $(m_a)-(m_c)$　g						
腐食度　　　mg/dm²·d						
腐食最大深さ　　　mm						

附属書表 5.1　付着物の質量測定結果

	試験用伝熱管					
番号	1	2	3	4	5	6
付着物量 $(M_b)-(M_c)$　g						
付着速度　　mg/cm²·d						
表面温度上昇値　平均　℃						
最大　℃						
汚れ係数　m²·℃/kW						

附属書表 5.2　付着物の成分分析結果

物質		質量 (mass%)
マグネシウム	MgO	
アルミニウム	Al₂O₃	
ケイ素	SiO₂	
りん	P₂O₅	
硫黄	SO₃	
カルシウム	CaO	
クロム	Cr₂O₃	
マンガン	MnO	
鉄	Fe₂O₃	
ニッケル	NiO	
銅	CuO	
亜鉛	ZnO	
モリブデン	MoO₃	
炭酸	CO₂	
強熱減量　（　　℃）		
同定結晶		

◆この規格には，特許権などの存在が確認されています。巻末参考の「JIS の"まえがき"の省略」を参照
してください。

JIS G 0594
(2019)

表面処理鋼板のサイクル腐食促進試験方法

[JIS (2004) 制定]

Methods of accelerated cyclic corrosion tests
for surface treated steel sheet

序文

この規格は，2005 年に第 1 版として発行された **ISO 16151** 及び 2013 年に第 1 版として発行された **ISO 16539** を基とし，技術的内容を変更して作成した日本産業規格である。この規格には，B 法，C 法及び D 法の 3 種類の試験方法を規定している。また，**ISO 16151** の A 法は，**JIS H 8502** の **8.2**（人工酸性雨サイクル試験方法）に規定されている。

なお，この規格で側線又は点線の下線を施してある箇所は，対応国際規格を変更している事項である。変更の一覧表にその説明を付けて，**附属書 JB** に示す。また，**附属書 JA** は，対応国際規格にはない事項である。

1 適用範囲

この規格は，亜鉛めっき鋼板などの表面処理鋼板に適用するサイクル腐食促進試験のうち，海塩粒子が飛来する腐食環境に対応する 3 種類の試験方法[1] について規定する。

> **警告** この規格に基づいて試験を行う者は，通常の試験室での作業に精通していることを前提とする。この規格は，その使用に関して起こる全ての安全上の問題を取り扱おうとするものではない。この規格の利用者は，各自の責任において，安全及び健康に対する適切な措置をとらなければならない。
>
> **注記** この規格の対応国際規格及びその対応の程度を表す記号を，次に示す。
>
> **ISO 16151**:2005, Corrosion of metals and alloys－Accelerated cyclic tests with exposure to acidified salt spray, "dry" and "wet" conditions
>
> **ISO 16539**:2013, Corrosion of metals and alloys－Accelerated cyclic corrosion tests with exposure to synthetic ocean water salt-deposition process－"Dry" and "wet" conditions at constant absolute humidity （全体評価：MOD）
>
> なお，対応の程度を表す記号"MOD"は，**ISO/IEC Guide 21-1** に基づき，"修正している"ことを示す。
>
> **注 [1]** 酸性塩水噴霧サイクル試験（**3.3.1** 参照），中性塩水噴霧サイクル試験（**3.3.2** 参照）及び塩分付着サイクル試験（**3.3.3** 参照）。

2 引用規格

次に掲げる規格は，この規格に引用されることによって，この規格の規定の一部を構成する。これらの引用規格のうちで，西暦年を付記してあるものは，記載の年の版を適用し，その後の改正版（追補を含む。）

は適用しない。西暦年の付記がない引用規格は，その最新版（追補を含む。）を適用する。

JIS K 8150 塩化ナトリウム（試薬）

JIS K 8541 硝酸（試薬）

JIS K 8951 硫酸（試薬）

JIS Z 0103 防せい防食用語

JIS Z 2371 塩水噴霧試験方法

ISO 11130:2010, Corrosion of metals and alloys－Alternate immersion test in salt solution

3 用語及び定義

この規格で用いる主な用語及び定義は，次によるほか，**JIS Z 0103** による。

3.1

酸性雨

pH が 5.6 以下の降雨。

3.2

海塩粒子

海岸の波打ち際及び／又は海上で波頭が砕けたときに発生する海水ミストが，風で運ばれた粒子。

3.3

サイクル腐食促進試験

塩水噴霧などの塩分付着環境，乾燥環境及び湿潤環境を順次繰り返す雰囲気内に鋼板を置き，鋼板の腐食を促進する試験。

3.3.1

酸性塩水噴霧サイクル試験

酸性の塩水噴霧環境，乾燥環境及び湿潤環境を順次繰り返す試験（以下，B 法という。）。

注記 B 法は，海塩粒子が飛来し，かつ，酸性雨が降る大気環境による鋼板の腐食を模した試験である。

3.3.2

中性塩水噴霧サイクル試験

中性の塩水噴霧環境，乾燥環境及び湿潤環境を順次繰り返す試験（以下，C 法という。）。

注記 C 法は，海塩粒子が飛来し，かつ，酸性雨の影響の少ない大気環境による鋼板の腐食を模した試験である。

3.3.3

塩分付着サイクル試験

一定量の塩分を付着する工程，乾燥環境及び湿潤環境を順次繰り返す試験（以下，D 法という。）。

注記 D 法は，一定量の海塩粒子が飛来する大気環境による鋼板の腐食を模した試験である。試験条件として塩分量を設定できるため，塩分量の異なる様々な大気環境を摸することができる。

3.4

人工海水

海水に近似した成分及び濃度となるよう，人工的に調製した水溶液（**附属書 JA** 参照）。

3.5

混合塩

人工海水中に含まれる無機塩の混合物。

3.6

噴霧液

B 法及び C 法において，噴霧装置によって，ミスト状に噴霧された試験液。

3.7

移行時間

試験環境として規定された温度及び相対湿度に，その前の試験環境から移行するまでに要する時間。

3.8

腐食試験片

サイクル腐食促進試験に使用する試験片。

3.9

疑似片

試験槽が腐食試験片で満たされていない場合に，空きスペースに配置する小片。疑似片は，腐食試験片の腐食に影響を及ぼさない材質とする。

注記 疑似片には，通常，化学的に不活性な材料，例えば，プラスチック，ガラスなどが使用される。

3.10

予備試験片

混合塩の付着量の事前確認に使用する試験片。

注記 通常，腐食試験片と同一の材料を使用する。

3.11

乾湿サイクル

腐食試験片に対し，乾燥環境と湿潤環境とを繰り返す試験（**4.3.6** 参照）。

3.12

週間サイクル

腐食試験片に対し，混合塩の付着，サイクル試験，洗浄，混合塩の付着，サイクル試験及び洗浄を連続して行う，7 日間の一連の試験（**図 2** 参照）。

4　腐食促進試験方法

4.1　酸性塩水噴霧サイクル試験（B 法）

4.1.1　水及び試験液

水及び試験液は，次による。

a)　**水**　脱イオン水又は蒸留水とする。電気伝導率は，25 ℃±2 ℃で 20 μS/cm 以下が望ましい。

b)　**人工海水**　人工海水の調製は，**附属書 JA** による。

c)　**B 法用試験液（酸性塩溶液）**　B 法用試験液は，次による。

　1)　**混酸の調製**　ガラス製などの容器に適量の水を入れた後，**JIS K 8541** に規定する硝酸（特級）16.2 g 及び **JIS K 8951** に規定する硫酸 42.5 g を混合し，更に水で希釈して液量を 1 L とする。

　　　なお，調製する液量を 1 L 以外としてもよい。その場合，硝酸及び硫酸は，調製する液量が 1 L の場合と同じ濃度とする。

　　　注記　混酸のモル比（硝酸／硫酸）は，約 0.4 である。

　2)　**試験液の調製**　人工海水 [**b)**] を水 [**a)**] で 6 倍に希釈後，25 ℃±2 ℃で pH が 2.5±0.1 となるよう

調整する。pH の調整には，混酸 [**c) 1)**] を用いる。

3) 試験液の処理　B 法の試験液は，適切な排水処理を行った後，排水する。屋外へ直接排水してはならない。

4.1.2　試験装置

試験装置は，次による。試験装置の例を，**図 A.1** に示す。試験装置には，耐食性の材料を使用することが望ましい。

a)　試験槽　試験槽は 0.4 m³ 以上の容積とする。試験槽の上部は，噴霧液が水滴となって，腐食試験片上に落下しない構造とする。試験槽内には，噴霧装置，噴霧液採取容器及び試験片保持具を備え，試験片保持具は，ガラス，プラスチック又はその他の化学的に不活性な材料を用いる。

b)　温湿度調整装置　温湿度調整装置は，試験槽内の温度及び湿度を，規定の範囲に制御できる構造及びシステムを備えていなければならない。また，制御のための温度の測定を，槽壁から少なくとも 100 mm 離れた位置で行える構造とする。

c)　噴霧装置　試験液を噴霧する装置は，規定の噴霧量が得られるように，圧力及び湿度を調整した清浄な空気を送ることができる供給機，試験液を貯めるタンク及び 1 個以上の噴霧器で構成する。噴霧装置に使用する圧縮空気は，フィルタによって油分などを除去する。噴霧器は，ガラス，プラスチックなどの化学的に不活性な材料で構成する。

　　注記　圧縮空気の圧力は，通常，98 kPa である。

d)　空気飽和器　空気飽和器は，噴霧する水滴からの水分の蒸発を防ぐため，空気を試験槽内の温度よりも数度高い温水の入ったタンク内を通過させ，湿気を含ませることができる構造とする。

e)　噴霧液採取容器　噴霧液採取容器は，プラスチック，ガラス又はその他の化学的に不活性な材料でできた採取面積が約 80 cm² の清浄な漏斗を挿入した目盛付シリンダー又は類似の容器とする。噴霧量の分布の均一性を確認するために，少なくとも 2 個の噴霧液採取容器を，噴霧装置からの距離が異なる位置に設置する。噴霧液採取容器は，容器の上端が腐食試験片の下端とほぼ同じ高さとなるよう配置する。噴霧液採取容器は，腐食試験片又は試験片から落下する液を採取しないよう配置し，噴霧液だけを採取する。

f)　乾燥空気供給装置　乾燥空気供給装置は，乾燥環境において，試験槽内が規定する相対湿度となるよう，乾燥空気を供給できる装置とする。

g)　排気装置　排気装置は，試験槽内の試験液を屋外に放出しない構造とする。

4.1.3　腐食試験片

4.1.3.1　腐食試験片の数及び寸法

腐食試験片の数及び寸法は，試験実施者と試験依頼者との合意による。

4.1.3.2　腐食試験片の洗浄

腐食試験片は，表面の状態及び汚れに応じた適切な方法で，あらかじめ清浄にしておかなければならない。また，化成処理された腐食試験片は，試験前に化成処理層が損傷するような処理をしてはならない。腐食試験片の洗浄及び方法は，試験実施者と試験依頼者との合意による。

4.1.3.3　腐食試験片の端面の保護

腐食試験片は，試験面の反対面及び端面を，粘着テープ，塗料，ワックスなどの，試験の条件下で安定な被覆材で，適切に保護する。ただし，端面での腐食評価が必要な場合の端面の保護方法は，試験実施者と試験依頼者との合意による。

4.1.3.4　腐食試験片の人工きず

損傷部からの腐食の進行を測定することが必要な場合には，めっき面に切り込みきずのような人工きずを作る。人工きずの入れ方（長さ，角度，深さなど）は，試験実施者と試験依頼者との合意による。

4.1.4 試験前の確認

4.1.4.1 噴霧量の確認

試験槽を疑似片で満たした後，試験液を 24 時間以上連続で噴霧し，80 cm^2 当たりの噴霧液の採取量を測定する。全ての噴霧液採取容器において，24 時間当たりの採取量が 36.0 mL±4.8 mL（以下，噴霧量範囲という。）であることを確認する。採取量が噴霧量範囲を外れる場合は，噴霧条件を調整して，再度，採取量を測定し，採取量が噴霧量範囲であることを確認する。

4.1.4.2 温度及び湿度の確認

試験槽を疑似片で満たした後，4.1.6 の試験条件で 3 サイクル以上の試験を実施し，温度及び湿度が規定する範囲内であることを確認する。

4.1.5 腐食試験片の配置

腐食試験片の配置は，次による。

a) 腐食試験片は，試験する面に噴霧液が自然落下するように試験槽内に配置する。腐食試験片及び試験片保持具に落下した噴霧液が液滴となる場合には，液滴が他の腐食試験片に落下しない配置とする。

b) 試験槽内が腐食試験片で満たされていない場合は，疑似片で空きスペースを満たす。

c) 腐食試験片の角度は，鉛直に対し 20°±5° の範囲とし，できるだけ 20° に近い角度で，試験する面を上向きに置く。

なお，板状以外の腐食試験片の角度は，試験実施者と試験依頼者との合意による。

d) 腐食試験片は，試験槽と接触しないように配置する。

4.1.6 サイクル試験方法（B 法）

B 法のサイクル試験方法は，次による。

a) 試験槽内を温度 35 ℃±1 ℃とし，B 法用試験液 [4.1.1 c)] を約 1 時間噴霧（以下，B 法塩水噴霧という。）する。ただし，サイクル試験を塩水噴霧から開始する場合以外は，湿潤環境から塩水噴霧への移行時間は，噴霧時間に含める。

b) 一度噴霧した試験液は，再利用してはならない。

c) B 法塩水噴霧の完了後，試験槽内が温度 60 ℃±1 ℃，相対湿度 30 %rh 以下（以下，B 法乾燥環境という。）となるよう 30 分以下で移行する。

d) B 法乾燥環境を，約 4 時間保持する。ただし，B 法塩水噴霧から B 法乾燥環境への移行時間は，保持時間に含める。

e) B 法乾燥環境の完了後，試験槽内が温度 40 ℃±1 ℃，相対湿度 85 %rh±5 %rh（以下，B 法湿潤環境という。）となるよう 15 分以下で移行する。

f) B 法湿潤環境を，約 3 時間保持する。ただし，B 法乾燥環境から B 法湿潤環境への移行時間は，保持時間に含める。

g) B 法湿潤環境の完了後，a)の B 法塩水噴霧に 30 分以下で移行する。

h) a)～g)による塩水噴霧開始から次の塩水噴霧開始までを，1 サイクルとする。1 サイクルの合計時間は，約 8 時間とする。

i) 必要なサイクル数が完了した場合は，f)の B 法湿潤環境までで試験終了とする。

j) B 法の試験方法の総括表を，表 1 に示す。

表 1－試験方法の総括表（B法）

項　目		条　件
B法塩水噴霧	温度	35 ℃±1 ℃
	試験液	**4.1.1 c)**によるB法用試験液
	噴霧時間	約1 h（湿潤環境から塩水噴霧への移行時間を含む。）
塩水噴霧から乾燥環境への移行	移行時間	30 min 以下
B法乾燥環境	温度	60 ℃±1 ℃
	相対湿度	30 %rh 以下
	保持時間	約4 h（塩水噴霧から乾燥環境への移行時間を含む。）
乾燥環境から湿潤環境への移行	移行時間	15 min 以下
B法湿潤環境	温度	40 ℃±1 ℃
	相対湿度	85 %rh±5 %rh
	保持時間	約3 h（乾燥環境から湿潤環境への移行時間を含む。）
湿潤環境から塩水噴霧への移行	移行時間	30 min 以下
1サイクルの合計時間		約8 h

4.1.7　試験の中断時の処置

　試験は，試験期間中連続して行わなければならない。ただし，試験中の腐食試験片を次によって適切に処置する場合は，中断してもよい。中断時間は，できる限り短くする。

a)　中断が短時間（3時間以内が目安）の場合は，試験槽内に腐食試験片を配置したままとする。

b)　中断が長時間（3 時間以上が目安）の場合は，腐食試験片を試験槽から取り出し，そのままの状態で乾燥し，試験を再開するまでデシケータ中に保管する。腐食試験片表面の付着物及び腐食生成物が脱落しないように注意する。腐食試験片の耐食性は，試験によって堆積した塩の影響を受けるので，腐食試験片を洗浄してはならない。

c)　試験を再開する場合は，試験工程の中断した時点から続けて，残りの工程を実施する。

d)　中断時間を記録する。

e)　**a)**～**c)**によって処置できない場合は，試験実施者と試験依頼者とによって，中断後の腐食試験片の処置を協議してもよい。

4.1.8　試験期間

　試験期間は，次による。

a)　試験期間は，試験実施者と試験依頼者との合意による。

b)　試験期間は，1サイクル単位とする。

　　　注記　試験期間は，通常，12サイクルの倍数である。

4.1.9　試験後の腐食試験片の洗浄

　必要な場合，試験後，腐食試験片を洗浄し，腐食試験片に残った噴霧液を除去する。腐食試験片表面の付着物及び腐食生成物が脱落しないように注意する。

4.2　中性塩水噴霧サイクル試験（C法）

4.2.1　水及び試験液

　水及び試験液は，次による。

a)　水　水は，**4.1.1 a)**による。

b)　**0.1 mol/L 水酸化ナトリウム水溶液**

c)　**C法用試験液（中性塩溶液）**　JIS K 8150 に規定する塩化ナトリウム 1.0 g を水 [a)] で溶かし，液量

を1Lとした後, 25 ℃±2 ℃での pH を 6.0〜7.0 とする。pH を調整する場合は, 0.1 mol/L 水酸化ナトリウム水溶液 [**b**)] による。この溶液を, C 法用試験液とする。

　なお, 調製する液量を 1 L 以外としてもよい。その場合, 塩化ナトリウムは, 調製する液量が 1 L の場合と同じ濃度とする。

4.2.2　試験装置

試験装置は, **4.1.2** による。

4.2.3　腐食試験片

腐食試験片は, **4.1.3** による。

4.2.4　試験前の確認

試験前の確認は, **4.1.4** による。

4.2.5　腐食試験片の配置

腐食試験片の配置は, **4.1.5** による。

4.2.6　サイクル試験方法 (C 法)

C 法のサイクル試験方法は, 次による。

a)　試験槽内を温度 35 ℃±1 ℃とし, C 法用試験液 [**4.2.1 c**)] を約 1 時間噴霧 (以下, C 法塩水噴霧という。) する。ただし, サイクル試験を塩水噴霧から開始する場合以外は, 湿潤環境から塩水噴霧への移行時間は, 噴霧時間に含める。

b)　一度噴霧した試験液は, 再利用してはならない。

c)　C 法塩水噴霧の完了後, 試験槽内が温度 50 ℃±1 ℃, 相対湿度 30 %rh 以下 (以下, C 法乾燥環境という。) となるよう 30 分以下で移行する。

d)　C 法乾燥環境を, 約 4 時間保持する。ただし, C 法塩水噴霧から C 法乾燥環境への移行時間は, 保持時間に含める。

e)　C 法乾燥環境の完了後, 試験槽内が温度 40 ℃±1 ℃, 相対湿度 90 %rh±5 %rh (以下, C 法湿潤環境という。) となるよう 15 分以下で移行する。

f)　C 法湿潤環境を, 約 3 時間保持する。ただし, C 法乾燥環境から C 法湿潤環境への移行時間は, 保持時間に含める。

g)　C 法湿潤環境の完了後, **a**)の C 法塩水噴霧に 30 分以下で移行する。

h)　**a**)〜**g**)による塩水噴霧開始から次の塩水噴霧開始までを 1 サイクルとする。1 サイクルの合計時間は, 約 8 時間とする。

i)　必要なサイクル数が完了した場合は, **f**)の C 法湿潤環境までで試験終了とする。

j)　C 法の試験方法の総括表を, **表 2** に示す。

表2－試験方法の総括表（C法）

項　　目		条　　件
C法塩水噴霧	温度	35 ℃±1 ℃
	試験液	**4.2.1 c)**によるC法用試験液
	噴霧時間	約1 h（湿潤環境から塩水噴霧への移行時間を含む。）
塩水噴霧から乾燥環境への移行	移行時間	30 min 以下
C法乾燥環境	温度	50 ℃±1 ℃
	相対湿度	30 %rh 以下
	保持時間	約4 h（塩水噴霧から乾燥環境への移行時間を含む。）
乾燥環境から湿潤環境への移行	移行時間	15 min 以下
C法湿潤環境	温度	40 ℃±1 ℃
	相対湿度	90 %rh±5 %rh
	保持時間	約3 h（乾燥環境から湿潤環境への移行時間を含む。）
湿潤環境から塩水噴霧への移行	移行時間	30 min 以下
1サイクルの合計時間		約8 h

4.2.7　試験の中断時の処置

試験の中断時の処置は，**4.1.7** による。

4.2.8　試験期間

試験期間は，**4.1.8** による。

4.2.9　試験後の腐食試験片の洗浄

試験後の腐食試験片の洗浄は，**4.1.9** による。

4.3　塩分付着サイクル試験（D法）

4.3.1　水及び試験液

水及び試験液は，次による。

a)　**水**　水は，**4.1.1 a)**による。

b)　**人工海水**　人工海水の調製は，**附属書 JA** による。

c)　**0.1 mol/L 水酸化ナトリウム水溶液**

d)　**D法用試験液（中性塩溶液）**　D法用試験液は，次による。

1)　**試験液の種類**　試験液の種類は，原液，10倍希釈液及び100倍希釈液とする。試験液の種類は，試験実施者と試験依頼者との合意による。

　　この規格で使用する標準的な試験液の種類，試験液中の混合塩の濃度，及び試験液を 28.0 g/m^2 付着した場合の試験片の混合塩の付着量を，**表3** に示す。

　　注記　この規格では，いずれの試験液を用いる場合も，試験液の付着量の目標は，28.0 g/m^2 である（**4.3.4.1** 参照）。

表3－試験液の種類及び混合塩の濃度

試験液の種類	混合塩の濃度 g/L	試験液を 28.0 g/m^2 付着した場合の 混合塩の付着量 mg/m^2
原液	36	1 000
10倍希釈液	3.6	100
100倍希釈液	0.36	10

2) **原液の調製**　人工海水 [b]）に，水酸化ナトリウム水溶液 [c]）を添加し，溶液温度 25 ℃±2 ℃において，pH を 8.2±0.1 とする。この溶液を，試験液の原液とする。この原液 1 L 中には，36 g の混合塩が含まれる。

3) **10 倍希釈液の調製**　原液を，水 [a]）で 10 倍にうすめて，10 倍希釈液とする。この溶液 1 L 中には，3.6 g の混合塩が含まれる。

4) **100 倍希釈液の調製**　原液を，水 [a]）で 100 倍にうすめて，100 倍希釈液とする。この溶液 1 L 中には，0.36 g の混合塩が含まれる。

4.3.2　試験装置

4.3.2.1　試験装置の構成　試験装置は，混合塩水付着装置及び試験槽で構成する。自動化試験装置の例を，図 B.1 に示す。

4.3.2.2　混合塩水付着装置　混合塩水付着装置は，次による。手動による混合塩水付着装置の例を，図 1 に示す。

a)　混合塩水付着装置は，4.3.4 による試験液の付着が適切に実施できる構造とする。

b)　混合塩水付着装置は，ステンレス鋼，チタン，ガラス，プラスチックなどの耐食性の材料で構成する。

c)　次の項目を変化させて，試験片に付着させる試験液の質量を制御できる構造とする。

1)　噴霧ノズルの口径

2)　噴霧ノズルと試験片との距離

3)　試験液の噴霧時間

4)　試験液の噴霧圧力

　　注記　標準的な混合塩水付着装置の設定値の例を，表 4 に示す。

表 4－標準的な混合塩水付着装置の設定値の例

項目	設定値の例
噴霧ノズル口径	0.8 mm
噴霧ノズルと試験片との距離	500 mm
試験液の噴霧時間	10 s
試験液の噴霧圧力	100 kPa～150 kPa

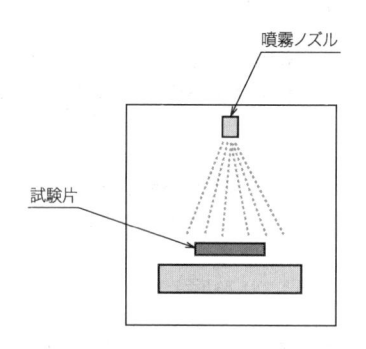

図 1－混合塩水付着装置の例（手動）

4.3.2.3　試験槽　試験槽は，次による。

a)　試験槽は，必要な数の腐食試験片を設置できる大きさとし，温湿度調整装置を備えていなければならない。

b)　試験槽内は，ステンレス鋼，チタン，ガラス，プラスチックなどの耐食性の材料を用いる。

c)　温湿度調整装置は，槽内の温度及び相対湿度を，**4.3.8** によるサイクル試験で目的とする条件に制御できなければならない。

4.3.3　腐食試験片

腐食試験片は，**4.1.3** による。

　　注記　D 法において，板状の供試材から腐食試験片を採取する場合，標準的な寸法は，70 mm×70 mm である。また，端面を被覆した場合の試験面の標準的な寸法は，50 mm×50 mm である。

4.3.4　試験液の付着方法

4.3.4.1　予備試験片による試験液付着量の確認

腐食試験片への試験液付着の前に，予備試験片を用いて，混合塩水付着装置による試験液の付着量を測定する。試験液を付着させる前と後との予備試験片の質量変化を 1 mg の単位で測定し，試験液の付着量が 28.0 g/m^2±2.8 g/m^2（以下，付着量範囲という。）であることを確認する。試験液は，腐食促進試験に使用する液を用いる。

なお，付着量範囲を外れる場合は，予備試験片を水洗・乾燥した後，**4.3.2.2 c)** の項目を変化させて試験液を付着させ，再度，質量変化を測定し，試験液の付着量が付着量範囲内であることを確認する。

4.3.4.2　腐食試験片への試験液の付着

腐食試験片への試験液の付着は，次による。

a)　腐食試験片は，乾燥した状態で水平又は垂直に配置し，噴霧ノズルは腐食試験片に対して垂直に配置する。

b)　**4.3.4.1** で確認した条件によって，腐食試験片に試験液を噴霧後，腐食試験片に付着した試験液の質量を測定する。質量は，1 mg の単位で測定する。質量の測定は，付着させた試験液の乾燥を避けるため，できるだけ迅速に実施する。

c)　試験液を付着させた腐食試験片は，室温で自然乾燥させる。

d)　一度噴霧した試験液は，再利用してはならない。

4.3.5　腐食試験片の配置

試験液を付着した腐食試験片は，試験槽内に試験面を上向きに，水平に置く。ただし，試験依頼者の指示がある場合は，水平以外の角度としてもよい。製品などから切り出した部材の場合には，試験面を同じ角度になるように置く。

4.3.6　乾湿サイクル試験

乾燥及び湿潤環境を繰り返す乾湿サイクル試験の方法は，次による。

a)　乾燥環境として，60 ℃±1 ℃の温度，35 %rh±5 %rh の相対湿度（以下，D 法乾燥環境という。）を，約 3 時間保持する。

b)　湿潤環境として，40 ℃±1 ℃の温度，95 %rh±5 %rh の相対湿度（以下，D 法湿潤環境という。）を，約 3 時間保持する。

c)　乾燥環境から湿潤環境への移行時間，又は湿潤環境から乾燥環境への移行時間は約 1 時間とし，温度と相対湿度とが移行時間に対して線形に変化するよう制御する。

d)　試験中，試験槽の圧力は大気圧とする。

4.3.7　洗浄

乾湿サイクル試験後の腐食試験片の洗浄は，次による。

a)　腐食試験片は，清浄な流水で洗浄した後，水 ［4.3.1 a)］ で洗浄する。

b)　洗浄処理後の腐食試験片は，速やかにエアブローによって水分を除去し，その後，自然乾燥させる。

　　　注記　200 kPa を超えない圧力の空気で，約 300 mm 離れた位置から空気を当てて，腐食試験片を乾燥させる方法が一般的である。

4.3.8　サイクル試験方法（D 法）

D 法のサイクル試験の方法は，次による。

a)　4.3.4.2 によって，腐食試験片に試験液を付着した後，4.3.5 によって腐食試験片を配置し，4.3.6 によって乾湿サイクル試験を開始する。

b)　4.3.6 の a)〜c)による D 法乾燥環境から次の D 法乾燥環境までを 1 乾湿サイクルとし，8 サイクル完了後，速やかに腐食試験片を試験槽から取り出し，4.3.7 によって洗浄する。洗浄後，4.3.4.2 によって試験液を付着させ，4.3.5 によって腐食試験片を配置し，4.3.6 の a)〜c)を 11 サイクル実施する。11 サイクル完了後，速やかに腐食試験片を試験槽から取り出し，4.3.7 によって洗浄する。この 8 サイクル実施前の試験液の付着から，11 サイクル完了後の洗浄までを 1 週間サイクルとし，必要な回数の週間サイクルを繰り返す。

c)　8 サイクル又は 11 サイクル実施後，4.3.7 による洗浄及び 4.3.4.2 による試験液の付着を経て，次の D 法乾燥環境を開始するまでの時間は，約 8 時間とする。

　　　注記　8 サイクルの試験時間は約 64 時間，11 サイクルの試験時間は約 88 時間である。週間サイクルの日数は，7 日間（約 168 時間）である。

d)　D 法の試験方法の総括表を表 5 に，週間サイクルのフローチャートを図 2 に示す。

表 5−試験方法の総括表（D 法）

	項　　目		条　　件
混合塩付着	付着温度		室温
	試験液		4.3.1 d)で調製した原液，10 倍希釈液又は 100 倍希釈液
	乾燥		室温で自然乾燥
乾湿サイクル	D 法乾燥環境	温度	60 ℃±1 ℃
		相対湿度	35 %rh±5 %rh
		保持時間	約 3 h
	乾湿移行	移行時間	約 1 h
	D 法湿潤環境	温度	40 ℃±1 ℃
		相対湿度	95 %rh±5 %rh
		保持時間	約 3 h
	湿乾移行	移行時間	約 1 h
	1 乾湿サイクルの合計時間		約 8 h
洗浄	洗浄液		清浄な流水で洗浄後，水 ［4.3.1 a)］
	乾燥		エアブロー後，自然乾燥。

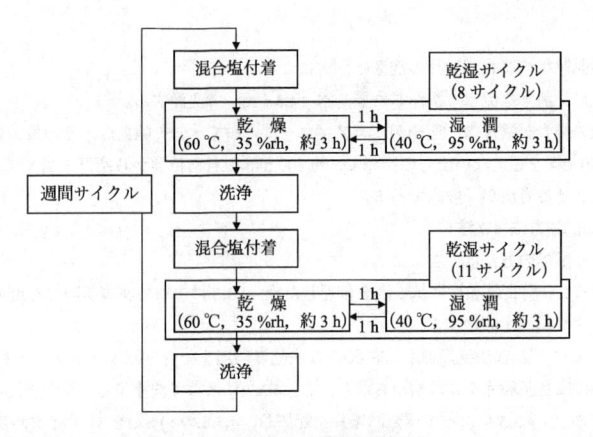

図 2 − D 法における週間サイクル

4.3.9　試験の中断時の処置

　試験の中断時の処置は，**4.1.7** による。ただし，約 3 時間以上にわたって試験を中断する場合及び試験を再開する場合は，次による。

a)　約 3 時間以上にわたって試験を中断する場合は，腐食試験片を試験槽から取り出し，洗浄処理を行った状態で乾燥し，試験を再開するまでデシケータ中に保管する。

b)　試験を再開する場合は，**4.3.4.2** によって試験液を付着した後，試験工程の中断した時点から続けて，残りの工程を実施する。

4.3.10　試験期間

　試験期間は，次による。

a)　試験期間は，試験実施者と試験依頼者との合意による。

b)　試験期間は，週間サイクルを単位とする。

　　なお，試験期間は，4 週間サイクル又は 8 週間サイクルが推奨される。

5　腐食生成物の除去方法

　腐食生成物の除去が必要な場合は，**JIS Z 2371** の**表 JB.1**（腐食生成物の化学的除去方法）のうち "亜鉛及び亜鉛合金" に示す方法のいずれかによる。

6　腐食試験片の評価項目

　試験後の腐食試験片の評価項目は，試験実施者と試験依頼者との合意による。一般的な評価項目の例を，次に示す。

a)　腐食の発生までの時間

b)　表面の外観

c)　腐食欠陥の数及び分布

d)　表面の腐食生成物を取り除いた後の外観

e)　腐食減量

f) 顕微鏡観察によって明らかになった変質

g) 腐食生成物の分析（X 線回折など）

7 試験報告書

　試験報告書の項目は，試験実施者と試験依頼者との合意による。一般的な報告項目の例を，次に示す。

a) この規格の番号：**JIS G 0594**

b) 試験方法の名称：B 法，C 法又は D 法

c) 試験装置の形式

d) 腐食試験片の材質及び製品の種類，めっき製品の場合はめっき付着量

e) 腐食試験片の寸法及び形状並びに被試験面の面積

f) 腐食試験片表面を清浄にした方法（**4.1.3.2** 参照）

g) 腐食試験片の端面の保護方法（**4.1.3.3** 参照）

h) 腐食試験片表面の化成処理及び人工きずの有無（**4.1.3.4** 参照）

i) 試験液の種類

j) 試験液の実績値：B 法及び C 法の場合は，**4.1.4.1** による噴霧液の採取量。D 法の場合は，**4.3.4.1** による試験液の付着量

k) 温度及び相対湿度の実績値：B 法及び C 法の場合は，塩水噴霧，乾燥環境及び湿潤環境の実績値。D 法の場合は，乾燥環境，乾湿移行，湿潤環境及び湿乾移行の実績値

l) 試験を中断した場合には，中断した時間，及び中断時の腐食試験片の処置方法

m) 試験期間：B 法及び C 法の場合は，サイクル数又は試験時間。D 法の場合は，週間サイクル数

n) 試験後に腐食生成物の除去を行った場合，**JIS Z 2371** の**表 JB.1** のうちの，適用した方法

o) 腐食減量などの試験結果（箇条 **6** 参照。）

附属書 A
（参考）
B 法及び C 法のサイクル腐食促進試験装置の例

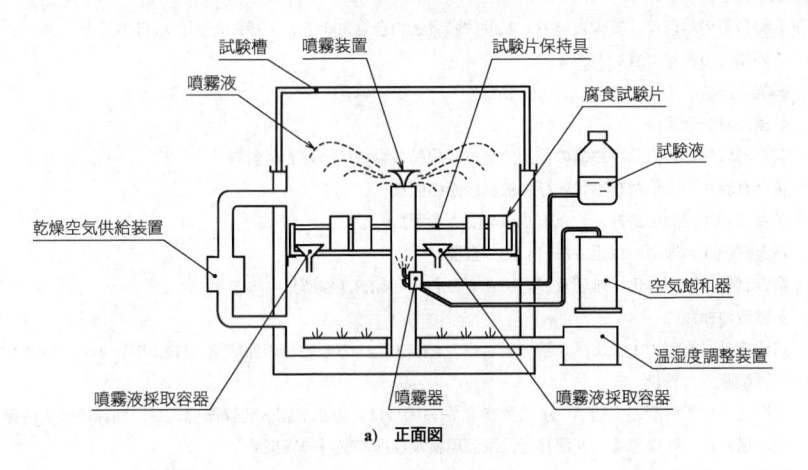

a) 正面図

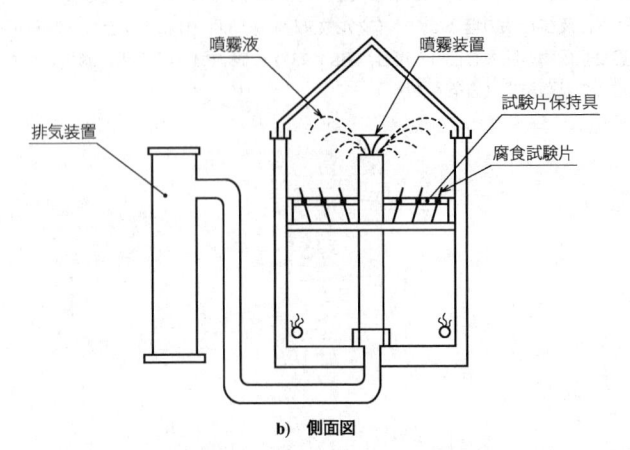

b) 側面図

図 A.1－B 法及び C 法のサイクル腐食促進試験装置の例

附属書 B
（参考）
D 法のサイクル腐食促進試験装置の例

　自動化試験装置の例を，**図 B.1** に示す。

　腐食試験片は，混合塩水付着装置と試験槽との間を移動する。混合塩水付着装置では，試験液の付着のほかに試験後の洗浄が行われる。試験槽では，乾燥及び湿潤環境を繰り返す乾湿サイクル試験が行われる。

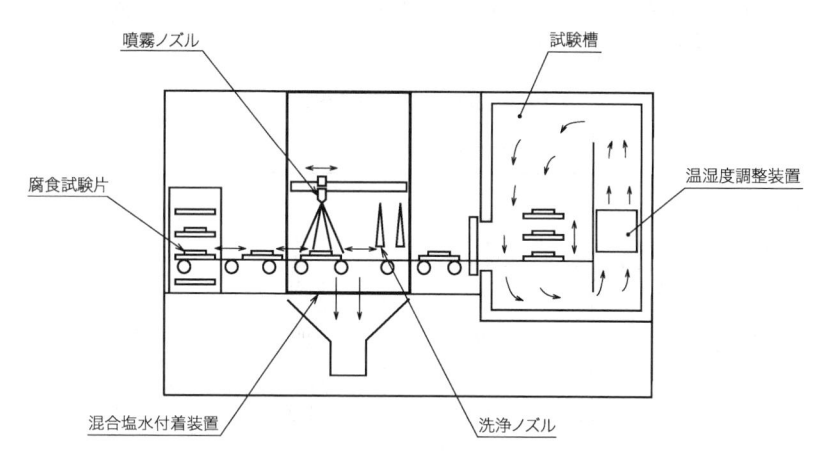

図 B.1－D 法のサイクル腐食促進試験装置の例

附属書 JA
（規定）
人工海水の調製方法

人工海水の調製は，**ISO 11130**:2010 の **A.3.2**（Preparation of substitute ocean water）による。ただし，試験実施者の判断によって，**ISO 11130**:2010 の **A.3.2** と同等の組成の得られる市販の人工海水を使用してもよい。

注記　**ISO 11130**:2010 の **A.3.2** による人工海水は，**表JA.1** に示す各試薬が含有される溶液に相当する。この溶液 1 000 mL 中には，36.0 g の混合塩が含まれる。

表 JA.1 − 人工海水に含有される各試薬及びその量 （参考）

試薬の種類	含有量 g/L
NaCl	24.53
$MgCl_2$	5.20
Na_2SO_4	4.09
$CaCl_2$	1.16
KCl	0.695
$NaHCO_3$	0.201
KBr	0.101
H_3BO_3	0.027
$SrCl_2$	0.025
NaF	0.003

参考文献　JIS H 8502　めっきの耐食性試験方法

附属書 JB
（参考）
JIS と対応国際規格との対比表

<table>
<tr>
<td colspan="2">JIS G 0594:2019　表面処理鋼板のサイクル腐食促進試験方法</td>
<td colspan="4">ISO 16151:2005, Corrosion of metals and alloys－Accelerated cyclic tests with exposure to acidified salt spray, "dry" and "wet" conditions
ISO 16539:2013, Corrosion of metals and alloys－Accelerated cyclic corrosion tests with exposure to synthetic ocean water salt-deposition process－"Dry" and "wet" conditions at constant absolute humidity</td>
</tr>
<tr>
<td colspan="2">(I) JIS の規定</td>
<td>(II)
国際規格
番号</td>
<td colspan="2">(III) 国際規格の規定</td>
<td>(IV) JIS と国際規格との技術的差異の箇条ごとの評価及びその内容</td>
<td>(V) JIS と国際規格との技術的差異の理由及び今後の対策</td>
</tr>
<tr>
<td>箇条番号及び題名</td>
<td>内容</td>
<td></td>
<td>箇条番号</td>
<td>内容</td>
<td>箇条ごとの評価</td>
<td>技術的差異の内容</td>
<td></td>
</tr>
<tr>
<td>1 適用範囲</td>
<td>三つの試験方法（B法，C法及びD法）について規定している。</td>
<td>ISO 16151

ISO 16539</td>
<td>1

1</td>
<td>二つの試験方法（A法及びB法）について規定している。
D法について規定している。</td>
<td>削除，追加</td>
<td>JIS は，ISO 16151 の A 法を削除し，C 法を追加している。</td>
<td>A 法は，JIS H 8502 として制定済みである。C 法は，日本独自の方法である。</td>
</tr>
<tr>
<td>2 引用規格</td>
<td></td>
<td></td>
<td></td>
<td></td>
<td></td>
<td></td>
<td></td>
</tr>
<tr>
<td>3 用語及び定義</td>
<td>用語及び定義を規定している。</td>
<td>ISO 16151
ISO 16539</td>
<td>—</td>
<td>—</td>
<td>追加</td>
<td>JIS は，必要な用語及び定義を追加している。</td>
<td>JIS は，用語の定義を明確にするため，追加している。</td>
</tr>
<tr>
<td>4 腐食促進試験方法</td>
<td>4.1 酸性塩水噴霧サイクル試験（B法）</td>
<td>ISO 16151</td>
<td>3.2
7</td>
<td>B 法の試験方法について規定している。</td>
<td>追加</td>
<td>JIS は，試験実施者と試験依頼者との合意による事項を追加している。試験方法として，ISO 規格との間に技術的な差異はない。</td>
<td>JIS は，国内実態を反映した規定を追加している。</td>
</tr>
<tr>
<td></td>
<td>4.2 中性塩水噴霧サイクル試験（C法）</td>
<td>—</td>
<td>—</td>
<td>—</td>
<td>追加</td>
<td>JIS は，C 法の規定を追加している。</td>
<td>C 法は，日本独自の方法である。</td>
</tr>
<tr>
<td></td>
<td>4.3 塩分付着サイクル試験（D法）</td>
<td>ISO 16539</td>
<td>3，4
8</td>
<td>D 法の試験方法について規定している。</td>
<td>追加</td>
<td>JIS は，参考情報としての例を追加している。試験方法として，ISO 規格との間に技術的な差異はない。</td>
<td>JIS では，規格利用者の利便性のため，必要な例を追加している。</td>
</tr>
</table>

(I) JIS の規定		(II) 国際規格番号	(III) 国際規格の規定		(IV) JIS と国際規格との技術的差異の箇条ごとの評価及びその内容		(V) JIS と国際規格との技術的差異の理由及び今後の対策
箇条番号及び題名	内容		箇条番号	内容	箇条ごとの評価	技術的差異の内容	
5 腐食生成物の除去方法	腐食生成物の除去方法を規定している。	ISO 16151 ISO 16539	10 9	試験後の試験片の取扱いについて規定している。	追加	腐食生成物の除去方法について、ISO 規格では、明確な規定がない。	JIS は、国内実態を反映した規定を追加している。
6 腐食試験片の評価項目	腐食試験片の評価項目の例を示している。	ISO 16151 ISO 16539	11 12	腐食試験片の評価項目の例を示している。	追加	JIS は、評価項目を試験実施者との合意によるとしている。ISO 規格と JIS との間に、評価項目に関して技術的な差異はない。	JIS は、国内実態を反映した規定を追加している。
7 試験報告書	試験報告書の項目の例を示している。	ISO 16151 ISO 16539	12 13	試験報告書の項目の例を示している。	追加	JIS は、報告項目を試験実施者との合意によるとしている。ISO 規格と JIS との間に、報告項目に関して技術的な差異はない。	JIS は、国内実態を反映した規定を追加している。
附属書 A（参考）	B 法及び C 法の試験装置の例を示している。	ISO 16151	Annex B	B 法の試験装置の例を示している。	追加	附属書の題名に "C 法" を追加している。	C 法の試験装置の例も B 法の例と同じであるため、追加している。
附属書 B（参考）	D 法の試験装置の例を示している。	ISO 16539	Annex A	D 法の試験装置の例を示している。	一致	—	
附属書 JA（規定）	人工海水の調製方法を規定している。	ISO 16151 ISO 16539	3.2 3.1	試薬による調製方法を規定している。	追加	JIS は、市販の人工海水を使用してもよいとしている。ISO 規格と JIS との間に、調製方法に関して技術的な差異はない。	JIS は、国内実態を反映した規定を追加している。
—	—	ISO 16151 ISO 16539	Annex C Annex E	参考として、腐食促進性の確認方法を記載している。	削除	JIS は、削除している。	国内実態に合わない参考情報のため、JIS では削除している。

JIS と国際規格との対応の程度の全体評価：(ISO 16151:2005, ISO 16539:2013, MOD)

注記1　箇条ごとの評価欄の用語の意味は、次による。
　　—　一致 …………… 技術的差異がない。
　　—　削除 …………… 国際規格の規定項目又は規定内容を削除している。
　　—　追加 …………… 国際規格にない規定項目又は規定内容を追加している。

注記2　JIS と国際規格との対応の程度の全体評価欄の記号の意味は、次による。
　　—　MOD ………… 国際規格を修正している。

JIS G 0595
(2004)

ステンレス鋼の表面さび発生程度評価方法

Rating method of rust and stain of atmospheric corrosion for
stainless steels

1. 適用範囲 この規格は，ステンレス鋼の外観上重要な，表面さびの発生程度を標準写真を用いて定量的に評価する方法について規定する。

2. 標準写真 表面さび発生程度の評価には，さび発生面積率が 0〜100 %の間で変化した 10 種類の標準写真（付図 **1〜10**）を使用する。それぞれのレイティングナンバ（以下，RN と略す。）は 0, 1, 2, 3, 4, 5, 6, 7, 8 及び 9 とし，RN 0 は，ほぼ 100 %のさび発生面積率に，RN 9 は，0.01 %以下のさび発生面積率に対応する。画像解析データに基づいて求めた平均さび発生面積率と RN の関係を，**表 1** に示す。

表 1 レイティングナンバ (RN) とさび発生面積率の関係

RN	さび発生面積率 (%)
0	100
1	69
2	47
3	32
4	22
5	15
6	2.7
7	0.41
8	0.062
9	0.009 3

3. 評価方法 試験材 100×150 mm 程度の部分の表面さび発生程度を標準写真と比較し，試験材表面と最も近似した標準写真の RN を用いて，例えば，RN 6 などのように判定する。

なお，実構造物の表面のさび発生程度を評価する場合にも，評価すべき箇所の 100×150 mm 程度の部分について，試験材の場合と同様な手順で評価する。

4. 記録 判定した RN を記録する。実構造物の表面について評価した場合には，評価した箇所を明記する。

試料の大きさ：100×150 mm

付図 1 標準写真 RN 0

この図は，原規格では色刷になっています。また，本書掲載にあたり原図を
縮小していますので，判定の際は必ず規格票原本を参照してください。

試料の大きさ：100×150 mm

付図 2　標準写真　RN 1

この図は，原規格では色刷になっています。また，本書掲載にあたり原図を
縮小していますので，判定の際は必ず規格票原本を参照してください。

試料の大きさ：100×150 mm

付図 3 標準写真 RN 2

この図は，原規格では色刷になっています。また，本書掲載にあたり原図を縮小していますので，判定の際は必ず規格票原本を参照してください。

試料の大きさ：100×150 mm

付図 4 標準写真 RN 3

この図は，原規格では色刷になっています。また，本書掲載にあたり原図を
縮小していますので，判定の際は必ず規格票原本を参照してください。

試料の大きさ：100×150 mm

付図 5 標準写真 RN 4

この図は，原規格では色刷になっています。また，本書掲載にあたり原図を縮小していますので，判定の際は必ず規格票原本を参照してください。

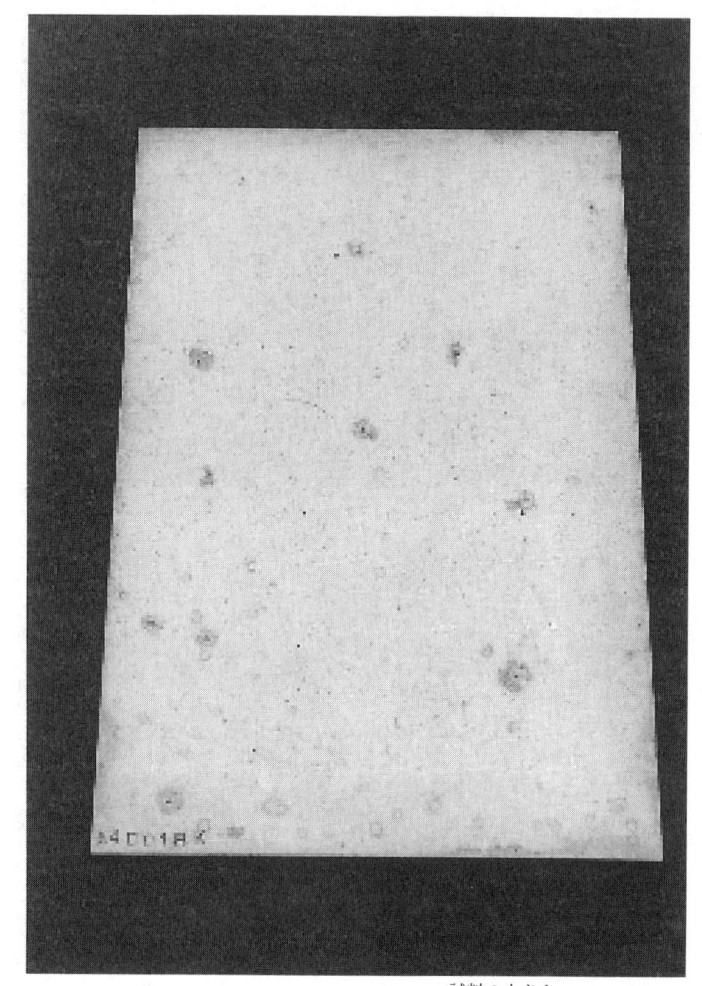

試料の大きさ：100×150 mm

付図 6　標準写真　RN 5

この図は，原規格では色刷になっています。また，本書掲載にあたり原図を
縮小していますので，判定の際は必ず規格票原本を参照してください。

試料の大きさ：100×150 mm

付図 7　標準写真　RN 6

この図は，原規格では色刷になっています。また，本書掲載にあたり原図を
縮小していますので，判定の際は必ず規格票原本を参照してください。

試料の大きさ：100×150 mm

付図 8　標準写真　RN 7

この図は，原規格では色刷になっています。また，本書掲載にあたり原図を
縮小していますので，判定の際は必ず規格票原本を参照してください。

試料の大きさ：100×150 mm

付図 9　標準写真　RN 8

この図は，原規格では色刷になっています。また，本書掲載にあたり原図を
縮小していますので，判定の際は必ず規格票原本を参照してください。

試料の大きさ：100×150 mm

付図 10　標準写真　RN 9

この図は，原規格では色刷になっています。また，本書掲載にあたり原図を
縮小していますので，判定の際は必ず規格票原本を参照してください。

ステンレス鋼配管継手の腐食試験方法
Method of corrosion test for stainless steel tube fittings

序文

この規格は，ステンレス鋼の遊離残留塩素に対する耐食性の評価を目的としており，ビルなどの遊離残留塩素を含む給湯水循環環境を模擬代替した環境を用いるステンレス鋼配管継手の腐食試験方法である。

1　適用範囲

この規格は，外径 60.5 mm 以下のステンレス鋼配管継手の自然電位及び腐食発生電位の測定方法について規定する。主にメカニカル継手について記載しているが，溶接継手，ねじ込み継手，フランジ式継手などにも適用できる。

2　引用規格

次に掲げる規格は，この規格に引用されることによって，この規格の規定の一部を構成する。この引用規格は，その最新版（追補を含む。）を適用する。

　　JIS K 8150　塩化ナトリウム（試薬）

3　用語及び定義

この規格で用いる主な用語及び定義は，次による。

3.1

ステンレス鋼配管継手

複数本のステンレス鋼配管をステンレス鋼継手で接合した部位及びその周辺部。

3.2

自然電位

試験電極の自然浸せき電位。

3.3

腐食発生電位

試験電極の電位を段階的に上げながら 10 μA 以上の電流値が 48 時間以上継続的に流れ始めたときの電位。

3.4

腐食電流

腐食発生時に試験電極に流れた電流の最終値。

4　測定装置

測定装置は，試験電極，ポテンショスタット，照合電極，記録計，電解槽，蛇管冷却器，温度計及び恒温槽を組み合わせたものとする。**図1** に測定装置の一例を示す。

照合電極には，銀－塩化銀電極又は水銀－塩化第一水銀電極（甘こう電極）を使用する。

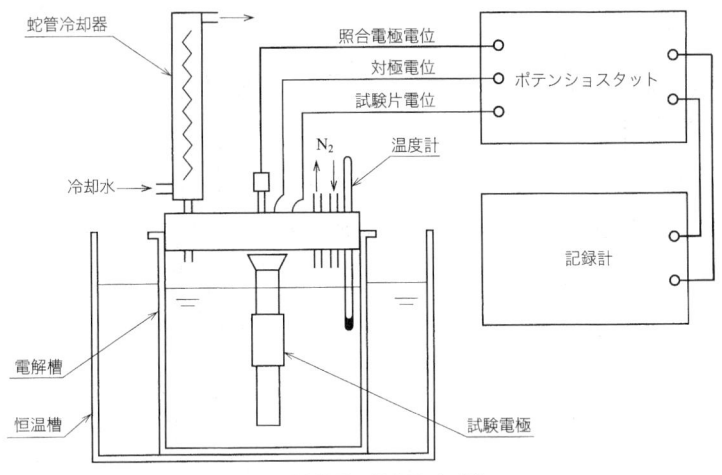

図1－測定装置の組立図（一例）

5 試験溶液

試験溶液は，**JIS K 8150** に規定する塩化ナトリウムを蒸留水又はイオン交換水に溶かして，200 mg/L 塩化物イオン（Cl⁻）水溶液を調製する。

6 試験片

試験片は，次による。

a) 試験片は，継手近傍部を適切な長さに切断したものとする。**図2** に試験片の一例を示す。

b) 試験片の切断方法は，継手と配管との接合状態を変形させず，継手中央部付近の金属組織及び表面不動態皮膜に影響を及ぼさない方法であればよい。例えば，回転式のチューブカッターを用いる方法が簡便である。

c) 試験片は受け入れのままとし，表面研磨は行わない。

d) 試験片表面は，アセトンなどの有機溶剤を使用して脱脂する。

e) 試験片の一端に導線をはんだ付け，又はスポット溶接する。

f) 継手と配管とがすきま部を形成する配管接合部の継手内面及び配管内外面を残し，それ以外の部分をエポキシ樹脂，塩化ビニル樹脂，シリコーン樹脂などの絶縁物で被覆する（**図3** 参照）。

7 試験電極

試験電極は，次による。

a) 試験片に照合電極と対極（白金線）とを組み合わせて試験電極を作製する。**図3** に試験電極の一例を示す。

b) 照合電極と対極の組み合わせは，照合電極の先端に直径 0.5〜1 mm の白金線を巻き付け，ゴム栓を使用して電極上部で固定し一体とする。巻き付ける間隔は 5 mm 程度とし，対極の電極面積として 10〜15 cm² が目安である。

c) 試験電極は，照合電極と対極が一体になったものを試験片の内部に挿入してゴム栓で固定して仕上げる。挿入した照合電極の先端が配管の接合部中央となる位置が目安である。

d) 対極が試験片内部に接触するのを防ぐため，スペーサーなどを利用するとよい。

e) ゴム栓には通気孔をあけ，試験電極内部の液面が電解槽の液面と同じになるようにする。

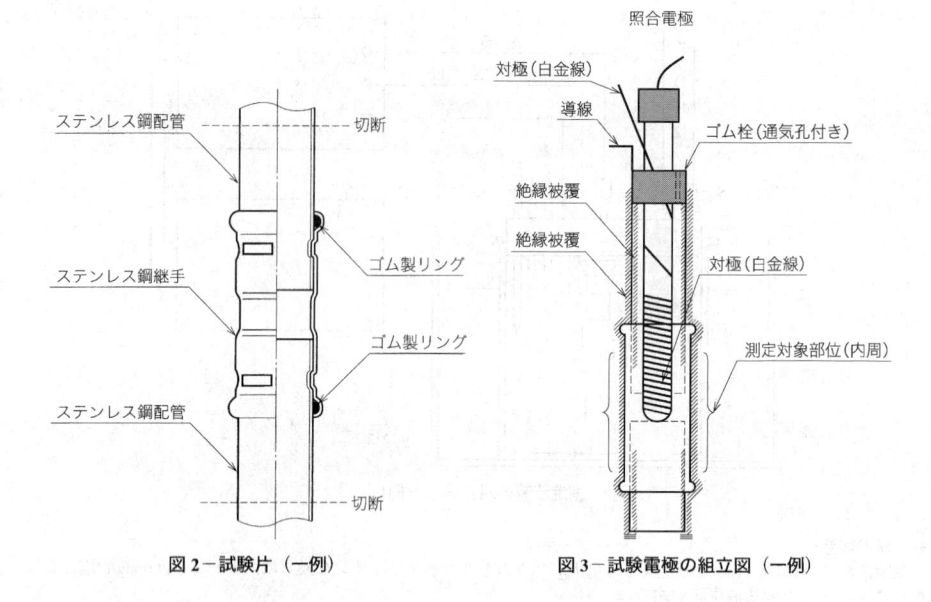

図 2 − 試験片（一例）　　　　　図 3 − 試験電極の組立図（一例）

8　試験方法
試験方法は，次による。

a)　自然電位測定

1) 試験溶液の液量は，500〜1 000 mL とする。

2) 恒温槽によって試験溶液の温度を 40〜60 ℃の間の一定値に±1 ℃以内で設定する。ただし，設定温度は，受渡当事者間の協定によって変更することができる。

3) 試験溶液の脱気は行わず，大気開放のまま測定を行う。

4) 試験電極を試験溶液に浸せきした直後から測定を開始し，100 時間以上の自然電位の推移を記録する。

5) 測定後の試験片は，管軸方向に半割切断後，腐食生成物の有無及び表面状況を記録する。継手と配管との間に形成されるすきま部については，継手内面及び配管内外面を 5〜20 倍のルーペで観察し，すきま腐食及び孔食の有無を調べる。

6) 測定回数は 2 回以上が望ましい。

b)　腐食発生電位測定

1) 試験溶液の液量は，500〜1 000 mL とする。

2) 恒温槽によって試験溶液の温度を 40〜60 ℃の間の一定値に±1 ℃以内で設定する。ただし，設定温度は，受渡当事者間の協定によって変更することができる。

3) 測定前に 30 分間以上，窒素，アルゴンなどの不活性なガスを試験溶液中に通気し，試験溶液の脱気を行う。ガス量は 500 mL の液量に対して 50 mL/min 以上とする。測定開始後は，試験溶液の静止状態を乱さずに脱気するため，気相部に通気する。

4) 試験電極を試験溶液に浸せきした直後に試験片の電位を 0.10 V（飽和銀−塩化銀電極基準）に設定し，48 時間定電位に保持し電流値の変化を記録する。次に，電位を 0.05 V 上げ 0.15 V（飽和銀−塩化銀電極基準）に設定し，48 時間電位を保持しながら電流変化を記録する。同様に 48 時間ごとに 0.05 V ずつ段階的に電位を上げながら電流変化を記録し，10 µA 以上の電流値が 48 時間以上継続したところで測定を終了する。腐食発生電位は，試験片に 10 µA 以上の電流値が 48 時間以上継続的に流れ始めたときの電位とする。

5) 測定後の試験片は，管軸方向に半割切断後，腐食生成物の有無及び表面状況を記録する。継手と配管との間に形成されるすきま部については，継手内面及び配管内外面を 5〜20 倍のルーペで観察し，すきま腐食及び孔食の有無を調べる。被覆部と非被覆部との境界部に腐食が認められる場合は，試験結果から除外する。

6) 測定回数は 2 回以上が望ましい。

9 報告

報告には，次の項目について記載する。記録チャート（図 4 参照）及び写真を含めるかどうかは受渡当事者間の協議による。

a) 自然電位測定

1) 規格番号　　**JIS G 0596**
2) 試験片　　継手の種類，サイズ及び鋼種
3) 試験溶液　　塩化物イオン濃度，温度及び液量
4) 照合電極　　種類，内部液濃度及び試験電極内部における取付け位置
5) 測定装置　　機種
6) 電位データ　　初期値，100 時間後電位値及び最高値
7) 試験片観察結果　　腐食発生有無及び発生部位
8) 特記事項

b) 腐食発生電位測定

1) 規格番号　　**JIS G 0596**
2) 試験片　　継手の種類，サイズ及び鋼種
3) 試験溶液　　塩化物イオン濃度，温度及び液量
4) 照合電極　　種類，内部液濃度及び試験電極内部における取付け位置
5) 対極　　材料，電極面積及び取付け位置
6) 測定装置　　機種及び電流レンジ（手動切替えの場合）
7) 測定データ　　腐食発生電位及び腐食電流値
8) 試験片観察結果　　腐食発生有無及び発生部位
9) 特記事項

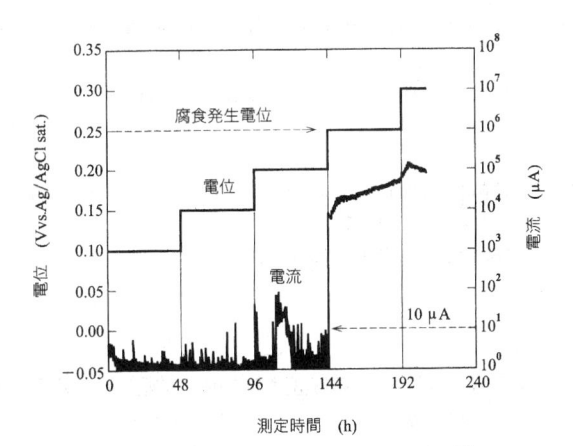

図 4−腐食発生電位測定の記録チャート（一例）

◆この規格は，一部色刷です。色をご覧になりたい場合は，規格票原本を参照してください。

JIS G 0597
(2017)

絶対湿度一定下におけるステンレス鋼の
乾湿繰返し促進腐食試験方法

Accelerated cyclic corrosion tests with dry and wet conditions
at constant absolute humidity for stainless steels

序文

　この規格は，2013 年に第 1 版として発行された **ISO 16539** を基とし，国内実情を反映するため，技術的内容を変更して作成した日本産業規格である。

　なお，この規格で側線又は点線の下線を施してある箇所は，対応国際規格を変更している事項である。変更の一覧表にその説明を付けて，**附属書 JB** に示す。

1　適用範囲

　この規格は，大気環境におけるステンレス鋼の腐食挙動を評価する促進腐食試験方法について規定する。この規格は，腐食試験で使用する装置も規定する。この腐食試験には，塩分付着条件，及び絶対湿度 [1]一定下における乾燥・湿潤条件を含む。

　　注記　この規格の対応国際規格及びその対応の程度を表す記号を，次に示す。

　　　　ISO 16539:2013, Corrosion of metals and alloys－Accelerated cyclic corrosion tests with exposure to synthetic ocean water salt-deposition process－"Dry" and "wet" conditions at constant absolute humidity（MOD）

　　　　なお，対応の程度を表す記号 "MOD" は，**ISO/IEC Guide 21-1** に基づき，"修正している"ことを示す。

　　注 [1]　絶対湿度とは，体積 1 m^3 の空気中に含まれる水蒸気の質量（g）をいう。

2　引用規格

　次に掲げる規格は，この規格に引用されることによって，この規格の規定の一部を構成する。この引用規格は，その最新版（追補を含む。）を適用する。

　　JIS G 0595　ステンレス鋼の表面さび発生程度評価方法

3　試験溶液

3.1　混合塩溶液

　本試験で使用する混合塩溶液は，市販の人工海水又は**附属書 JA** で規定する代替用海水溶液若しくは **3.2** の規定で作製する混合塩溶液を使用する。

3.2　混合塩溶液の作製

　この混合塩溶液の組成は，**附属書 JA** に示す代替用海水溶液と同じである。溶液の作製は，**3.2** 及び**附属**

書 JA による。

表1に示す試薬を 25 ℃±2 ℃で 20 μS/cm 以下の伝導率をもつ蒸留水又は脱イオン水に溶解し，濃度が 36.0 g/L±3.6 g/L の混合塩溶液を作製する。試薬は全て特級を使用する。

表1－混合塩溶液の試薬及びその濃度

単位　g/L

試薬	濃度
塩化ナトリウム （NaCl）	24.53
塩化マグネシウム （$MgCl_2$）	5.20
硫酸ナトリウム （Na_2SO_4）	4.09
塩化カルシウム （$CaCl_2$）	1.16
塩化カリウム （KCl）	0.695
炭酸水素ナトリウム （$NaHCO_3$）	0.201
臭化カリウム （KBr）	0.101
ほう酸 （H_3BO_3）	0.027
塩化ストロンチウム （$SrCl_2$）	0.025
ふっ化ナトリウム （NaF）	0.003

警告　塩化ストロンチウム（$SrCl_2$）及びふっ化ナトリウム（NaF）の取扱いは危険であり，熟練した作業者が使用するか又は熟練した作業者の管理の下で実施する。

溶液の pH を調整するため，0.125 mol/L 水酸化ナトリウム（NaOH）溶液を用いる。この溶液を作製するため，5.0 g±0.5 g の水酸化ナトリウムを蒸留水又は脱イオン水に溶解し，全容積 1 L に希釈する。25 ℃±2 ℃において pH を 8.2±0.1 に調整するため，作製した混合塩溶液にこの溶液を適量加える。

3.3　試験溶液の作製

試験溶液は，**3.2** の混合塩溶液を原液のまま，並びに濃度が 1/5 及び 1/25 になるように希釈して，36.0 g/L±3.6 g/L，7.20 g/L±0.72 g/L 及び 1.44 g/L±0.144 g/L の混合塩溶液とする。

なお，濃度が指定されていない場合は，試験溶液の濃度は受渡当事者間の協定による。

4　試験装置

4.1　構成部品の耐食性　試験溶液と接触する全ての構成部品は，試験溶液に対して耐食性があり，また，噴霧された試験溶液の腐食性に影響を与えない材料によって製作するか又はライニングする。試験装置は，**4.2**～**4.4** に規定する構成部品を含まなければならない。

4.2　暴露試験槽　暴露試験槽の温度及び湿度を制御できるものでなければならない。

4.3　塩分付着装置　噴霧器は，耐食材料（例えば，ガラス，プラスチック，チタンなど）を使用する。噴霧された試験溶液は，試験片表面に均一に付着させる。また，試験溶液の付着量を制御し，所定の塩分量を試験片表面に付着させる。

なお，試験片表面に付着する液滴の大きさを均一に制御するため，塩分付着装置から噴霧する試験溶液の直径は微細なものであることが望ましい。

試験溶液の付着量は，次の方法で制御することができる。

a)　連続噴霧の場合には，噴霧時間を制御する。

b)　試験溶液の量，噴霧圧力及び噴霧器の移動速度を制御する。噴霧器に供給する圧縮空気は，微量な油及び固形物を全て取り除くためフィルターを通す。

c)　手動噴霧の場合には，あらかじめ噴霧量を調整したスプレーの噴霧回数を制御する。

4.4 温度及び湿度制御装置 試験片周囲の温度及び湿度を検出し，制御できるものでなければならない。温度及び湿度の移行期間では，目標値及び試験時間に対して乾球温度を直線的に制御できなければならない。また，乾球温度に対して相対湿度を制御することによって，絶対湿度を一定に保たなければならない。

4.5 試験装置の種類 4.2～4.4 に規定する要件を満足する 3 種類の試験装置は，次のいずれかとする。

a) **2 試験槽型（自動式）** 試験片は，塩分付着装置と暴露試験槽との間を移動する。噴霧器は，前後左右に移動し，各試験片の塩分付着量を変えることが可能である。次に，試験片は暴露試験槽に移動し，湿潤・乾燥サイクルと洗浄処理とが自動的に実施される（**附属書 A** 参照）。

b) **1 試験槽型（自動式）** 一つの試験槽に試験片を入れる。噴霧器をセットし，湿潤・乾燥サイクルと洗浄処理とが自動的に実施される（**附属書 B** 参照）。

c) **1 試験槽型（手動式）** 手作業による塩分付着後（4.3），試験片は湿潤・乾燥サイクル用の試験槽に入れる。湿潤・乾燥サイクル終了後，試験片をこの試験槽から取り出して洗浄処理を実施する。塩分付着後，試験片はなるべく早く試験槽に入れなければならない（**附属書 C** 参照）。

5 試験片

5.1 試験片の種類，その数及び寸法

試験片の種類（種類の記号，表面仕上げなど）及びその数は，試験対象の材料又は製品の仕様に従って選ばなければならない。個別規格に規定がない場合は，受渡当事者間の協定による。また，試験片の寸法は，50 mm×50 mm とするのが望ましい。

5.2 試験片の表面状態の調整

試験片は，塩分付着前に表面状態をそろえるため，次の手順で脱脂処理を行う。

a) 市販の中性洗剤で試験片表面を洗浄する。ビニール製などの手袋を使用して試験片のエッジをつかみ，脱脂綿に中性洗剤（少量）及び水道水を含ませて，試験片の表面を軽くこする。

b) 洗浄後，直ちに試験片の表裏面を丁寧に水道水で洗い流す。中性洗剤は，ステンレス鋼を腐食する成分を含むため，十分に洗い流す。

c) その後，試験片表面を乾燥させることなく，直ちに蒸留水又は脱イオン水をかけることで水道水を洗い流す。

d) 空気（温風でもよい。）又は窒素ガスを吹き付けて乾燥させる。試験片面上に，水滴を残さない。

e) エタノール中で超音波洗浄を 1 分間行う。

f) 空気（温風でもよい。）又は窒素ガスを吹き付けて乾燥させる。試験片面上に，液滴を残さない。

6 塩分付着量の測定方法

試験溶液は，試験片の表面に塩分を付着させるために使用する。平均塩分付着量は，塩分付着工程の前後における試験片の質量変化から求める。質量の計測は，1 mg の桁まで測定する。この測定は，付着した液滴が乾燥するのを防止するため，なるべく手早く実施する。

7 試験片の配置

試験片への塩分付着の後，試験片は試験槽に入れる。試験片は試験槽に接触しないように配置する。試験槽のある高さに置かれた試験片又は試験片支持具から，その下に置かれた試験片の上に，結露した水滴が落ちない限り，複数の試験片を試験槽内の異なる高さに置いてもよい。

8 操作条件及び手順

試験は，図中に示す温度，相対湿度及び処理時間に設定し，**図1**の操作手順に従って次のとおり実施する。**表2**に操作条件，試験装置で設定する温度，相対湿度及び時間を示す。

なお，塩分付着に使用された試験溶液のうち噴霧して試料に付着せずに飛び散った試験溶液は，再使用してはならない。また，試験中，試験槽内の圧力は大気圧に維持する。

a) 温度30±1 ℃，相対湿度（RH）90±5 %に設定した試験装置内に，試験溶液噴霧後の試験片を，噴霧面を上にして水平に設置する。

b) その後，**図1 b)**の温度湿度パターンを1サイクル実施する。温度及び相対湿度は，指定された時間間隔で直線的に変化させなければならない（**図1**及び**表2**の⑥参照）。

c) 試験片表面に付着している塩分を洗い流すため，水道水，蒸留水又は脱イオン水を静かに試験片にかける。

d) 試験片の表面から腐食生成物を取り除かないように空気(温風でもよい。)又は窒素ガスを吹き付けて，乾燥させる。

e) 乾燥後，再度，試験溶液の噴霧を行い，**表2**の①～④の手順を所定の試験期間繰り返す。

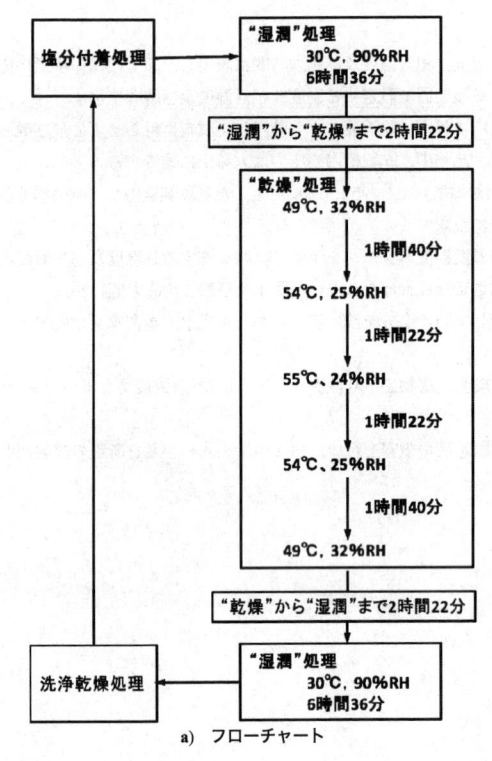

a) フローチャート

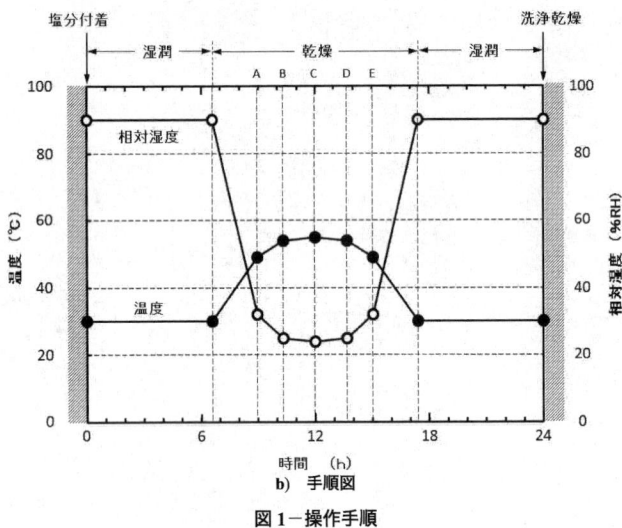

b) 手順図

図1-操作手順

表2－操作条件

手順	条件	
① 塩分付着処理		
1) 温度	1) 室温（25±2 ℃）	
2) 試験溶液	2) 箇条3に規定	
3) 頻度	3) 試験開始時及び各サイクルの後	
4) 付着量	4) 試験片に付着した試験溶液の量は, 0.025 g/cm² ±0.002 5 g/cm² でなければならない。	
② 乾燥処理	温度	相対湿度（RH）
1) A	(49±1) ℃	(32±5) %RH
2) B	(54±1) ℃	(25±5) %RH
3) C	(55±1) ℃	(24±5) %RH
4) D	(54±1) ℃	(25±5) %RH
5) E	(49±1) ℃	(32±5) %RH
③ 湿潤処理	(30±1) ℃	(90±5) %RH
④ 洗浄乾燥処理	水道水，蒸留水又は脱イオン水を用いて洗浄する。ただし，水温は40 ℃を超えてはならない。試験片の表面から腐食生成物を取り除かないように空気（温風でもよい。）又は窒素ガスを吹き付けて，乾燥させる。	
⑤ 単一暴露サイクルの長さ及び構成（単一暴露サイクルは24時間）	"湿潤"　　6時間36分 "乾燥"　 10時間48分 "湿潤"　　6時間36分	
⑥ 単一暴露サイクル内において規定条件に達するまでの時間	"湿潤"から"乾燥A"まで2時間22分 "乾燥A"から"乾燥B"まで1時間40分 "乾燥B"から"乾燥C"まで1時間22分 "乾燥C"から"乾燥D"まで1時間22分 "乾燥D"から"乾燥E"まで1時間40分 "乾燥E"から"湿潤"まで2時間22分	
注記1 温度及び相対湿度は，指定された時間間隔で直線的に変化させなければならない（この表の⑥参照）。連続した乾燥Aから乾燥Eは，同じ露点30 ℃の絶対湿度を与える。 注記2 温度，相対湿度及び時間の値は，試験装置の設定値を表す。		

9 試験後の試験片の処理

試験期間終了後，試験片を試験槽から取り出して洗浄する前に，腐食生成物が除去されるリスクを減らすため，0.5時間から1時間乾燥しなければならない。試験片を調べる前に，噴霧された溶液の残留物を表面から注意深く除去するため，試験片を40 ℃以下の流水（水道水，蒸留水又は脱イオン水）に静かに浸し，次に，直ちに0.2 MPa以下の圧力で噴出させた大気，窒素ガスなどの不活性ガスの気流中（25±2 ℃）で乾燥させる。

10 試験の継続

試験は，試験期間中は中断せずに続けることが望ましい。操作を中断する必要がある場合，中断期間は最小限にしなければならない。

試験を中断する必要がある場合，試験片を試験槽から取り出して箇条9に規定する方法で処理し，その後試験が再開されるまでデシケーター（温度25±2 ℃，相対湿度30 %以下）の中で保管しなければならない。

11 試験期間

試験期間は，試験対象の材料又は製品を扱う仕様と必要性に応じ，注文者が指定する。指定されない場合，試験期間は，受渡当事者間の協定又は試験実施者の選定による。

推奨する試験期間は，次のとおりである。

3 サイクル（72 時間），7 サイクル（168 時間），12 サイクル（288 時間），21 サイクル（504 時間）及び 42 サイクル（1 008 時間）

12 試験結果の表し方

試験結果の表し方は，次の事項から選択する。

a) 腐食発生までの経過時間

b) 試験後の外観

c) **JIS G 0595** によるレイティングナンバ（**附属書 D 参照**）

d) 表面の腐食生成物を取り除いた後の外観［腐食生成物除去方法は，**JIS Z 2371** の**表 JB.1**（腐食生成物の化学的除去方法）又は **ISO 8407** を参照］

e) 質量の変化

f) 孔食深さ（測定方法は，受渡当事者間の協定による。）

　　注記　孔食深さの測定方法には，探針式接触測定法，光学顕微鏡による焦点深度法，レーザ顕微鏡による三次元形状測定法などがある。

13 試験報告書

試験報告書には，次の事項を記載する。

a) この規格で試験した旨の記載：**JIS G 0597**

b) 試験装置の説明

c) 試験した材料の説明

d) 試験片の寸法，形状及び表面仕上げ，並びに試験面積

e) 試験前の洗浄処理及び端部保護を含めた試験片作製の詳細

f) 試験溶液の濃度，塩分付着量及び塩分付着手順

g) 各塩分付着工程及び試験時の"乾燥"及び"湿潤"条件における温度及び相対湿度

h) 中断の頻度及び期間

i) 試験期間

j) 試験後に試験片を洗浄するために用いた方法

k) 試験結果

l) 必要な場合には，試験片の外観写真

附属書 A
(参考)
塩分付着ユニットを用いる複合サイクル試験装置 (2 試験槽型)

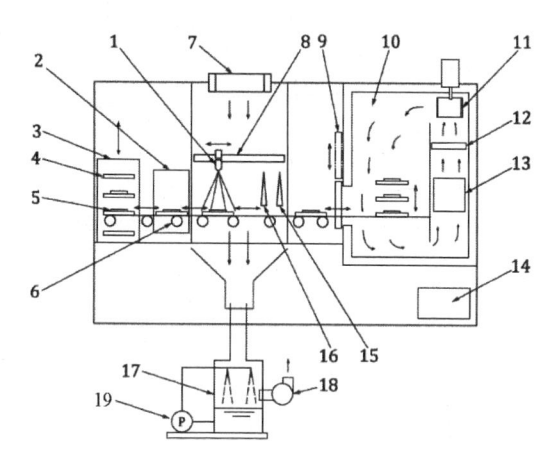

記号

1 噴霧器
2 乾燥室
3 試験片保持器
4 試験片トレイ
5 試験片
6 試験片移動用ローラー・試験片駆動ユニット
7 フィルター
8 ノズル駆動ユニット
9 ホスティングドア
10 暴露試験槽

11 ブロア用モーター
12 空気加熱器
13 冷却ユニット
14 冷却装置
15 洗浄用ノズル
16 ブロワ (水滴除去用)
17 排出物処理ユニット
18 排気ブロワ
19 ポンプ

図 A.1−塩分付着ユニットを用いる複合サイクル試験装置 (2 試験槽型)

附属書 B
(参考)
塩分付着ユニットを用いる複合サイクル試験装置（1 試験槽型）

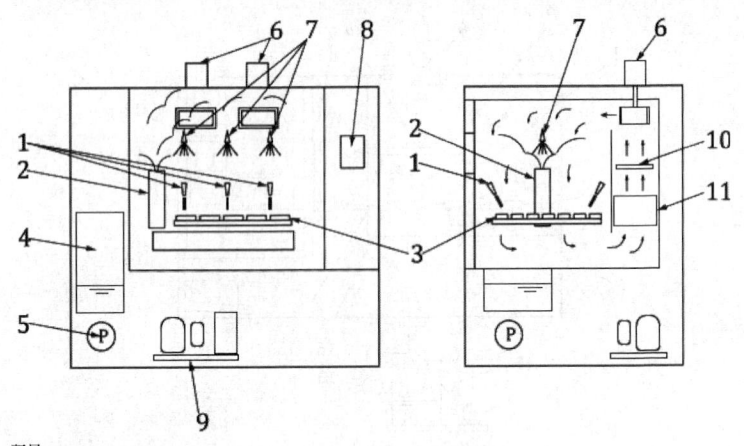

記号
1	ブロワ（水滴除去用）	7	洗浄用ノズル
2	噴霧器	8	制御盤
3	試験片	9	冷却装置
4	溶液供給槽	10	空気加熱器
5	溶液供給ポンプ	11	冷却ユニット
6	ブロア用モーター		

図 B.1－塩分付着ユニットを用いる複合サイクル試験装置（1 試験槽型）

附属書 C
(参考)
手動噴霧による塩分付着方法

C.1　装置

装置は，次のいずれかによる。

a) 試験溶液を噴霧する装置は，ノズル先端を回転させて噴霧量が調整できる手動式スプレーを使用することが望ましい。ノズルの調整は，例えば，1/5 に希釈した試験溶液を使用した場合，30 回のスプレー噴霧で 0.025 g/cm²±0.002 5 g/cm² の付着塩水量になるように行う。調整後は，ノズルが回転しないようにテープなどで固定する。

b) 試験溶液を噴霧する装置は，清浄な空気，制御された圧力の供給，及び噴霧される溶液を含む容器で構成することが望ましい。

噴霧圧力は，0.12 MPa～0.3 MPa とし，できるだけ一定圧の 0.15 MPa に制御することが望ましい。

C.2　塩分付着方法

塩分付着方法は，次による。

a) 箇条 5 によって表面状態を調整した試験片を，塩分付着装置の前に水平に置くことが望ましい。

b) 噴霧ノズルから試験片までの距離を 300 mm とする。試験片の高さはノズルから 50 mm 低くする。

c) 試験溶液は，試験片の表面に塩分を付着させるために必要な噴霧回数で噴霧することが望ましい。

d) 平均塩分付着量は，塩分付着工程の前後における試験片の質量変化によって 1 mg の桁まで測定する。この測定は，試験片が乾燥するのを防止するため，なるべく手早く実施する。

e) 塩分付着は，気流の影響がないところで実施する。

附属書 D
(参考)
この規格の試験結果と実環境暴露試験との相関

ISO 9223 の腐食性区分に従って C3〜C5 と分類された海浜及び海洋環境（千葉県銚子市，沖縄県宮古島市及び沖縄県うるま市）において直接暴露された試験片の腐食と，この規格で規定した促進腐食試験との相関関係を調査した代表的な結果を以下に示す。

海浜及び海洋環境において暴露されたステンレス鋼と，この規格の促進腐食試験によって得られた試験片の表面観察から得られたレイティングナンバとの相関関係を**表 D.1** に示す。使用されたステンレス鋼の表面仕上げは，SUS447J1 は **JIS G 4305** に規定された BA であり，他の 7 種類は No.2B である。

この相関関係は，あくまでも相対的な評価結果であり，ステンレス鋼の耐食性に対する絶対的な評価結果を示すものではない。

表 D.1－異なる腐食試験におけるさび発生程度の比較

種類の記号 (**ISO** 番号)	**JIS G 0595** によるレイティングナンバ	
	この規格による促進腐食試験[a] （混合塩溶液 1/5 希釈） 12 サイクル	実環境暴露試験[b] （1 年，直接暴露試験）
SUS410L（4030-410-90-X）	2〜3	0〜2
SUS430（4016-430-00-I）	3〜4	1.5〜4
SUS445J1（4128-445-92-J）	3.5〜5	5〜7
SUS447J1（4135-447-92-C）	6〜9	8〜9
SUS304（4301-304-00-I）	2.5〜3	1.5〜3
SUS316（4401-316-00-I）	4〜5	3〜5.5
SUS312L（4547-312-54-I）	4〜6	7〜8
SUS329J4L（4481-312-60-J）	4〜6.5	7〜8.5

注 [a]　促進腐食試験のデータは，ラウンドロビン試験に参加した 7 社のデータを全て反映したものである。
　　 [b]　実環境暴露試験のデータは，銚子市，宮古島市及びうるま市の 3 か所で実施した全てのデータを反映したものである。

附属書 JA
（規定）
海水の腐食性評価を模擬するための試験溶液

JA.1　一般

　海水の腐食性評価を模擬するための試験溶液は，通常，市販の金属腐食試験用人工海水を使用するが，JA.2 で規定する代替用海水溶液を使用してもよい。

JA.2　代替用海水溶液の作製

　塩化ナトリウム（NaCl）245.34 g 及び無水硫酸ナトリウム（Na_2SO_4）40.94 g を 8〜9 L の蒸留水又は脱イオン水に溶解する。試薬は全て特級を使用する。

　激しくかく（攪）はんしながら 0.200 L の保存溶液 A [a)で規定] をゆっくり添加する。さらに，0.100 L の保存溶液 B [b)で規定] を添加して，10 L に希釈する。0.1 N 水酸化ナトリウム水溶液を用いて，pH を 8.2 に調整する。代替用海水溶液は，使用の都度，新たに作製するのが望ましい。

　代替用海水溶液を作製するために，あらかじめ，25 ℃±2 ℃で 20 μS/cm 以下の伝導率をもつ蒸留水又は脱イオン水，及び試薬用薬品を使用して，次の 2 種類の保存溶液を準備する。

a)　保存溶液 A

塩化マグネシウム六水和物（$MgCl_2 \cdot 6H_2O$）	3 889.0 g
塩化カルシウム（$CaCl_2$）	405.6 g
塩化ストロンチウム六水和物（$SrCl_2 \cdot 6H_2O$）	14.8 g

　所定量の塩を蒸留水又は脱イオン水に溶解し，全容積 7 L に希釈する。密閉されたガラス製容器で溶液を保存する。

b)　保存溶液 B

塩化カリウム（KCl）	486.2 g
炭酸水素ナトリウム（$NaHCO_3$）	140.7 g
臭化カリウム（KBr）	70.4 g
ほう酸（H_3BO_3）	19.0 g
ふっ化ナトリウム（NaF）	2.1 g

　所定量の塩を蒸留水又は脱イオン水に溶解し，全容積 7 L に希釈する。密閉された遮光型ガラス製容器で溶液を保存する。

参考文献　**JIS G 4305**　冷間圧延ステンレス鋼板及び鋼帯

　　　　　JIS Z 2371　塩水噴霧試験方法

　　　　　ISO 8407, Corrosion of metals and alloys－Removal of corrosion products from corrosion test specimens

　　　　　ISO 9223, Corrosion of metals and alloys－Corrosivity of atmospheres－Classification, determination and estimation

附属書 JB
（参考）
JIS と対応国際規格との対比表

JIS G 0597:2017 絶対湿度一定下におけるステンレス鋼の乾湿繰返し促進腐食試験方法 | **ISO 16539:2013,** Corrosion of metals and alloys—Accelerated cyclic corrosion tests with exposure to synthetic ocean water salt-deposition process—"Dry" and "wet" conditions at constant absolute humidity

（I）JIS の規定		（II）国際規格番号	（III）国際規格の規定		（IV）JIS と国際規格との技術的差異の箇条ごとの評価	（V）JIS と国際規格との技術的差異の内容及びその評価及びその理由及び今後の対策	
箇条番号及び題名	内容	国際規格番号	箇条番号	内容	箇条ごとの評価	技術的差異の内容	JIS と国際規格との技術的差異についての評価及びその理由及び今後の対策
1 適用範囲	—		1	適用範囲	削除	B法の記載を削除した。	ISO 規格では、A 法でステンレス鋼を対象とし、B 法で表面処理鋼板を対象としているが、この規格では、ステンレス鋼だけを対象とするため、B 法を削除した。
2 引用規格							
3 試験溶液	3.3 試験溶液の作製		3.3	試験溶液の作製	変更	ラウンドロビン試験に基づき、ステンレス鋼に適合した試験溶液濃度へ変更した。	ISO 規格で採用した試験溶液の濃度は "B 法" での使用も考慮したもので、ステンレス鋼だけに適用する場合には必ずしも適切ではないため、変更した。ISO への提案を検討する。
4 試験装置	4.3 塩分付着装置		4.3	塩分付着装置	追加	手動噴霧の場合の塩分付着量の制御溶液を追加した。	ISO 規格には、手動噴霧方法の規定がないため、追加した。ISO への提案を検討する。
	—		4.5	試験片の洗浄処理	削除	箇条 8 の操作手順と重複する記載があるため、削除した。	この箇条は、操作の一部一部を規定したものである。規定内容を整理して、箇条 8 の c)に規定した。
5 試験片	5.1 試験片の種類及びその数及び寸法		5.1	試験片の種類及びその数について規定	追加	試験片の種類の具体的な例及び寸法を追加した。	ISO 規格には、試験に供される試験片の種類の具体的な例及び寸法の規定がないため、追加した。ISO への提案を検討する。
	5.2 試験片の表面状態の調整		5.2 5.3	試験片の表面調整方法について規定	変更	ラウンドロビン試験に基づいた、ステンレス鋼に適用可能な調整方法へ変更した。	試験片表面に付着した混合塩溶液の液滴径を均一にするため、表面状態の調整方法を変更した。ISO への提案を検討する。

(I) JIS の規定		(II) 国際規格番号	(III) 国際規格の規定		(IV) JIS と国際規格との技術的差異の箇条ごとの評価及びその内容		(V) JIS と国際規格との技術的差異の理由及び今後の対策
箇条番号及び題名	内容		箇条番号	内容	箇条ごとの評価	技術的差異の内容	
5 試験片（続き）	―		5.4 5.5	有機塗膜をもつ試験片について規定	削除	B 法の記載を削除した。	ステンレス鋼には該当しないため，削除した。
8 操作条件及び手順			8	操作条件及び手順	削除	B 法の記載を削除した。	B 法は表面処理鋼板を対象としているため，削除した。
					追加	ラウンドロビン試験で採用した操作手順を追加した。	この試験を初めて行う利用者の利便性を考慮した。技術的な差異はない。
11 試験期間			11	試験期間	削除	B 法の記載を削除した。	B 法は表面処理鋼板を対象としているため，削除した。
					追加	ラウンドロビン試験で使用した試験期間（12 サイクル）を追加した。	国内の適用実態を考慮して追加した。技術的な差異はない。
12 試験結果の表し方			12	結果の評価	変更	箇条項目名を変更した。	試験結果の項目を規定している箇条であり，"評価"を下していないため，変更した。
					削除	B 法の評価に関連する塗料に関する記載を削除した。	B 法は表面処理鋼板を対象としているため，削除した。
					追加	JIS G 0595 によるレイティングナンバ及び孔食深さを追加した。	国内では，JIS G 0595 によるレイティングナンバ及び孔食深さが評価に用いられているため，追加した。技術的な差異はない。
						腐食生成物除去方法として，JIS Z 2371 の表 JB.1 の方法を追加した。	国内で除去に使用されている方法を追加した。
13 試験報告書			13	試験報告書	削除	B 法に関連する記載を削除した。	B 法は表面処理鋼板を対象としているため，削除した。
					追加	箇条 12 による試験結果を追加した。	この試験を初めて行う利用者の利便性を考慮した。
附属書 C（参考）	手動噴霧による塩分付着方法		附属書 C（参考）	手動噴霧による塩分付着方法	変更	国内ラウンドロビン試験で採用した手順へ変更した。	この試験を初めて行う利用者の利便性を考慮した。技術的な差異はない。
					削除	図 C.1 を削除した。	この規格で規定している方法は，噴霧回数で塩分付着量を制御しているため，削除した。

(I) JISの規定		(II)国際規格番号	(III)国際規格の規定		(IV) JISと国際規格との技術的差異の箇条ごとの評価及びその内容		(V) JISと国際規格との技術的差異の理由及び今後の対策
箇条番号及び題名	内容		箇条番号	内容	箇条ごとの評価	技術的差異の内容	
附属書D（参考）	この規格の試験結果と実環境暴露試験との相関		附属書D（参考）	試験推奨期間	変更	ラウンドロビン試験で得られた促進腐食試験及び実環境暴露試験の相関を示した。	**ISO**規格に記載されているデータは，十分な量の試験データに基づいたものでないため，国内で蓄積されたデータに差し替えた。**ISO**への提案を検討する。
—			附属書E（参考）	試験の腐食性評価方法	削除	腐食減量を評価項目として規定していないため，削除した。	この規格では，腐食減量を評価項目として規定していないため，削除した。
附属書JA（規定）	海水の腐食性評価を模擬するための試験溶液		—		追加	**ISO 16539**で引用している**ISO 11130**のA.3を翻訳し，附属書として追加した。	**ISO 11130**を基に，技術的内容を変更することなく作成した**JIS**がないため，利用者の利便性を考慮し，翻訳した。技術的な差異はない。

JISと国際規格との対応の程度の全体評価：**ISO 16539**:2013，MOD

注記1 箇条ごとの評価欄の用語の意味は，次による。
- 削除 ……………… 国際規格の規定項目又は規定内容を削除している。
- 追加 ……………… 国際規格にない規定項目又は規定内容を追加している。
- 変更 ……………… 国際規格の規定内容を変更している。

注記2 **JIS**と国際規格との対応の程度の全体評価欄の記号の意味は，次による。
- MOD …………… 国際規格を修正している。

解　説

この解説は，規格に規定・記載した事柄を説明するもので，規格の一部ではない。

この解説は，日本規格協会が編集・発行するものであり，これに関する問合せ先は日本規格協会である。

1　制定の趣旨

金属材料の腐食は多くの環境因子に影響され，それぞれの因子の重要性は，金属材料の種類及び環境の種類によって変化する。したがって，耐食性に影響を及ぼす全ての環境因子を考慮に入れた促進腐食試験を設計することは不可能である。そのため，促進腐食試験では，金属材料の腐食を増加させる最も重要な因子の影響を模擬するように設計するのが一般的であり，促進腐食試験の手順を標準化することが必要である。

従来の促進腐食試験［**JIS Z 2371** 又は **ISO 9227** に規定される中性塩水噴霧試験（NSS），及び **JIS H 8502** 又は **ISO 14993** に規定される塩水噴霧・乾燥・湿潤試験など］に対して，多くの海塩を含む大気環境で起こる腐食現象を効果的に再現できる促進腐食試験として，2013 年に **ISO 16539**, Corrosion of metals and alloys －Accelerated cyclic corrosion tests with exposure to synthetic ocean water salt-deposition process－"Dry" and "wet" conditions at constant absolute humidity（以下，**ISO 規格**という。）が制定された。

ISO 規格は，ステンレス鋼などの高耐食合金を試験対象鋼材とした "A 法" 及び表面処理鋼板を試験対象鋼材とした "B 法" を規定している。この規格は，"A 法" だけを対象とし，ステンレス協会腐食委員会で 2011 年から 5 年間実施したラウンドロビン試験結果に基づいて，その技術的内容を変更して作成した日本工業規格である。

この規格で規定している促進腐食試験は，塩分の影響を強く受ける屋外環境に暴露されたステンレス鋼への環境の影響を模擬し，その影響を高めるように設計されている［文献 1)～3)］。

この規格において大気腐食を模擬する腐食試験は，次の二つの要件を含んでいる。

a)　**塩分付着量の制御**　試験対象となるステンレス鋼が，暴露される大気の腐食性に準じて，試験片表面への塩分付着量を変えることができる。実環境と同じ年間平均塩分付着量を試験片表面に与えるように，塩分を含有する試験溶液の希釈又は噴霧時間の調節によって，実環境の付着塩分量を再現する。

b)　**絶対湿度一定**　一般的に，屋外環境においては絶対湿度一定下において温度及び相対湿度が変化することが観察される。付着塩分の水分吸収は，大気腐食挙動に影響する重要な因子である。実環境として絶対湿度一定下における関係と同じ関係が，湿潤・乾燥サイクルにおける温度及び相対湿度について設定される。

したがって，この規格の中で説明される腐食試験には，塩分付着条件及び絶対湿度一定下における湿潤・乾燥サイクル条件が含まれる。

2 制定の経緯

ISO 規格の A 法の JIS 化がステンレス協会腐食委員会で検討されたが，JIS 化するためには実環境との比較データが不十分であると判断された。そこで，促進腐食試験のラウンドロビン試験と同時に実環境での暴露試験を実施することとし，ステンレス鋼メーカ及び試験機メーカの 7 社でのラウンドロビン試験，及び国内 3 か所［千葉県銚子市（以下，銚子という。），沖縄県宮古島市（以下，宮古島という。）及び沖縄県うるま市（以下，うるまという。）］での暴露試験を実施した。促進腐食試験を実施するとともに，試験手順をブラッシュアップし，試験精度の向上を目指しながら，実環境暴露試験結果と促進腐食試験結果との相関性の検討を 5 年間にわたり実施した。

上記結果を基に，ステンレス協会は，JIS 原案作成委員会を組織し，JIS 原案を作成した。

3 審議中に特に問題となった事項

今回のこの規格の制定審議で問題となった主な事項及び審議結果は，次のとおりである。

a) **試験溶液の作製** ISO 規格で規定された試験溶液の作製方法は，"B 法"も含めた濃度の作製方法であり，ステンレス鋼だけを適用範囲とするこの規格に同じ作製方法を適用するには不適切であるという意見から，ラウンドロビン試験で実施した試験濃度を採用した。

b) **操作条件及び手順** ISO 規格に規定されている操作手順では，この規格を初めて利用する場合にはあまりにも不親切で，操作手順が分かりにくいとの指摘があった。審議の結果，ラウンドロビン試験で使用した手順書に基づいて，操作手順を詳細に記載することとした。

c) **附属書 D** ISO 規格で採用した促進腐食試験と実環境暴露試験データとの相関関係（**表 D.1**）は，必ずしも十分な量の試験データに基づいたものではないこと，更にステンレス協会で実施した 5 年間にわたるラウンドロビン試験結果によって，実環境との相関性を整理するのに十分な試験データが蓄積したことから，**附属書 D** は，ラウンドロビン試験結果を整理して差し替えることとした。ただし，具体的な数値データを記載すると，データの不適切な引用を危惧する意見があった。審議の結果，この相関関係はあくまでも相対的な評価結果であり，ステンレス鋼の耐食性に対する絶対的な評価結果ではないことを明記することとした。

4 適用範囲について

ラウンドロビン試験及び実環境暴露試験は，フェライト系 4 種類，オーステナイト系 3 種類及びオーステナイト・フェライト系 1 種類の合計 8 種類のステンレス鋼板を使用して実施した。そのため，この規格の適用範囲は，"ステンレス鋼"だけを対象材料とした。また，促進腐食試験で使用する装置，試験片表面への塩分付着条件及び乾燥・湿潤条件は，試験結果に重要な影響を与えるため，これら全てを含めて，適用範囲に規定した。

5 規定項目の内容

規定項目は，原則として，ISO 規格の内容を採用したが，この規格で変更した内容は，次のとおりである。

a) **試験溶液の作製（3.3）** ISO 規格で規定された試験溶液の作製方法は，"B 法"も基にした濃度の作製方法であり，ステンレス鋼だけを適用範囲とするこの規格に適用するには不適切であった。そのため，ラウンドロビン試験で採用した試験溶液の濃度を採用し，原液，1/5 の希釈割合及び 1/25 の希釈割合に応じた濃度表記として，36.0 g/L±3.6 g/L，7.20 g/L±0.72 g/L 及び 1.44 g/L±0.144 g/L と変更した。

b) **塩分付着装置（4.3）** 試験溶液の付着量を制御する方法のうち，手動噴霧の方法の記載が ISO 規格にはなかったため，"あらかじめ噴霧量を調整したスプレーの噴霧回数を制御する"と明記した。

c) **試験片の洗浄処理** ISO 規格には 4.5 として規定していた。箇条 4 は"試験装置"を規定しているが，この細分箇条の内容は試験手順の一つのプロセスである。また，箇条 8 に操作手順が規定されているため，この箇条は削除し，一部を箇条 8 c)として規定した。

d) **試験片の種類，その数及び寸法（5.1）** 試験片の種類について，ISO 規格では特に具体的な記載がないため，試験結果に大きな影響を及ぼす"種類の記号"及び"表面仕上げ"を，具体的な例として規定した。また，ISO 規格では，促進腐食試験で推奨される試験片寸法を規定していないため，試験片表面に試験溶液を均一に噴霧できる推奨寸法として"50 mm×50 mm"を採用した。

e) **試験片の表面状態の調整（5.2）** ラウンドロビン試験を実施した当初，試験片表面への付着した混合塩溶液の液滴径が各社でバラバラであり，結果として，試験後のさび発生状況に大きな相違が観察された（**解説図 1** 参照）。そのため，試験片表面状態の調整手順を種々検討し，表面状態をそろえることができた手順を，この規格で採用した。表面調整後に噴霧した液滴の付着状況を，**解説図 2** に示す。

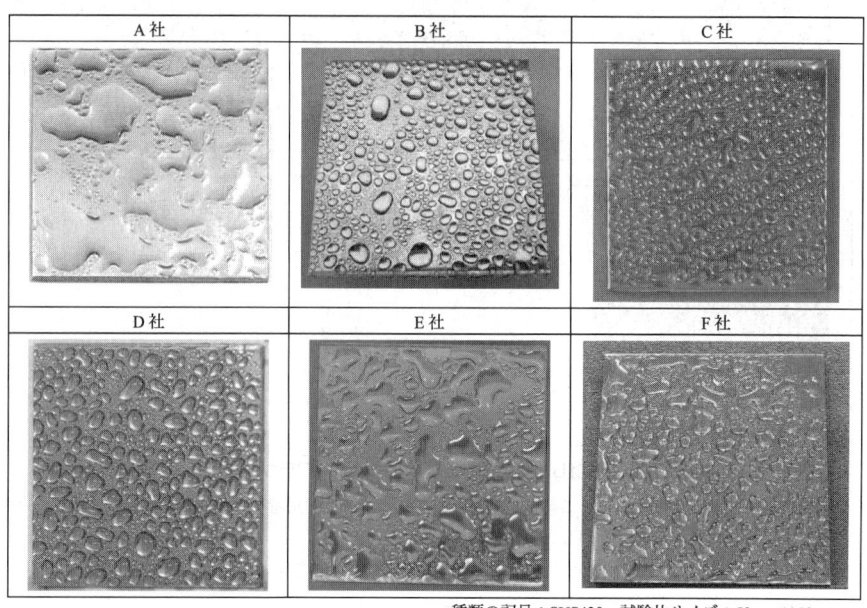

種類の記号：SUS430，試験片サイズ：50 mm×50 mm，
表面仕上げ：**JIS G 4305** の No.2B

解説図 1 − 30 回スプレー噴射したときの付着塩水状態（第 2 回ラウンドロビン試験の代表例）

> この図は，本書掲載にあたり原図を縮小していますので，判定の際は必ず規格票原本を参照してください。

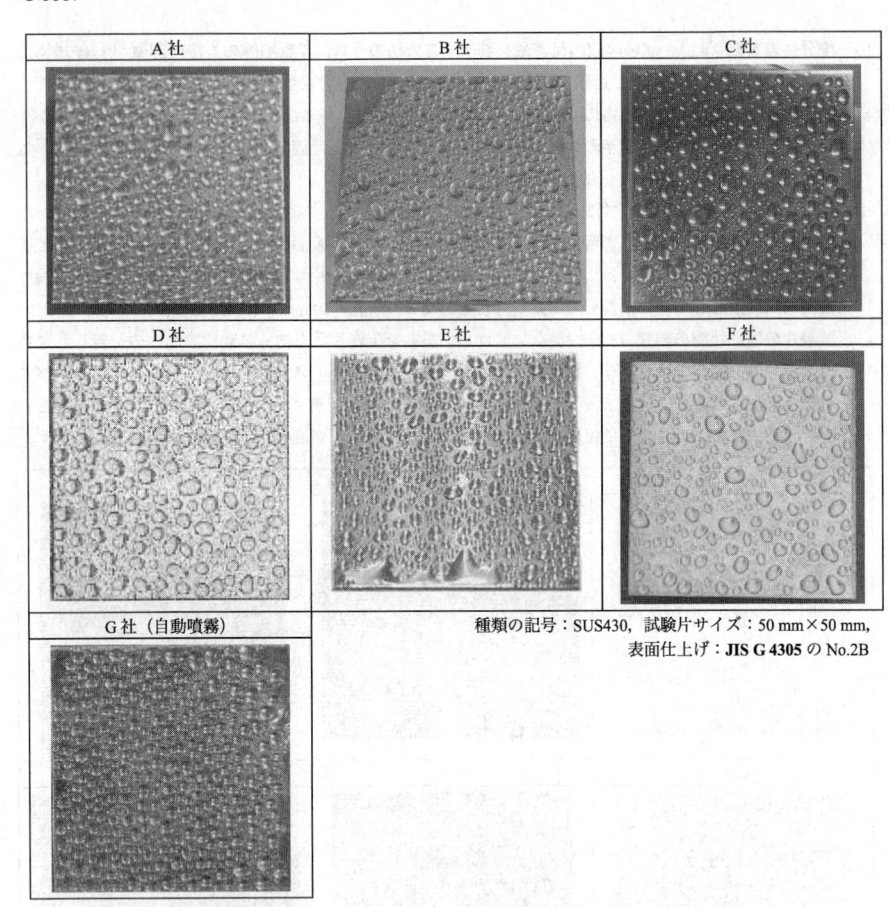

解説図 2－30 回スプレー噴射したときの付着塩水状態（第 6 回ラウンドロビン試験の代表例）

f) **操作条件及び手順（箇条 8）** この促進腐食試験を初めて行う利用者への利便性を配慮した結果，ラウンドロビン試験手順書で採用した操作手順を詳細に記載した。

g) **試験期間（箇条 11）** ラウンドロビン試験では，12 サイクルを試験期間の基準としたため，この規格では，"12 サイクル（288 時間）"を追加した。

h) **試験結果の表し方（箇条 12）** レイティングナンバによる評価を実施する場合，ステンレス鋼では **JIS G 0595** を基準として評価を行っているため，この評価項目を追加し，**ISO 8993** 又は **ISO 10289** による評価は削除した。さらに，腐食生成物除去方法として，**JIS Z 2371** の**表 JB.1** の方法を追加するとともに，孔食深さについても追加した。

i) **試験報告書（箇条 13）** "試験結果"を追加した。

j) **手動噴霧による塩分付着方法（附属書 C）** 手動噴霧による塩分付着方法については，ラウンドロビン試験で導入した方法を詳細に記載した。

> この図は，本書掲載にあたり原図を縮小していますので，判定の際は必ず規格票原本を参照してください。

k) **この規格の試験結果と実環境暴露試験との相関（附属書 D）** 実環境暴露試験をした試験片の **JIS G 0595** によるレイティングナンバを，**解説表 1** に示す。また，混合塩溶液 1/5 希釈で実施したラウンドロビン試験片のレイティングナンバを，**解説表 2** に示す。使用されたステンレス鋼の表面仕上げは，SUS447J1 は **JIS G 4305** に規定された BA であり，他の 7 種類は No.2B である。

混合塩溶液希釈倍率とラウンドロビン試験片のレイティングナンバとの関係を，**解説図 3** に示す。

これらの関係を基に，混合塩溶液 1/5 希釈で実施した 12 サイクル後の促進腐食試験結果及び実環境暴露試験 1 年の結果をまとめて，**附属書 D** に記載した。

解説表 1－実環境暴露試験片のレイティングナンバ

暴露期間	暴露場所	種類の記号（SUS）							
		410L	430	445J1	447J1	304	316	312L	329J4L
1 年	銚子	2	4	7	9	3.5	5.5	7	8.8
	宮古島	0	1.5	5	9	1.5	3	8	8.8
	うるま	0.5	1.5	6	9	3	4	8	7
2 年	銚子	1	3	6	9	3	4	7	8
	宮古島	0	1	5	9	2	3	8	8
	うるま	0	1	5	9	2	3	8	8
2.5 年	銚子	1	3	6	9	3	5	7	8
	宮古島	0	0.7	5	9	2	3	8	8
	うるま	0	0.7	6	9	2	3	8	8

解説表 2－混合塩溶液 1/5 希釈で実施したラウンドロビン試験片のレイティングナンバ

種類の記号（SUS）	試験機関						
	A 社	B 社	C 社	D 社	E 社	F 社	G 社
410L	2	2	2	2	2	3	2
430	3	3.5	3.5	4	3.5	3.5	4
445J1	3.5	3.5	4	5	5	5	3.5
447J1	6	6	7	9	7	8	9
304	3	2.5	3	3	3	3	2.5
316	4	4	5	5	5	5	4
312L	4	5	6	6	6	6	5
329J4L	4	5	6.5	6.5	6	6	5.5

試験期間：12 サイクル

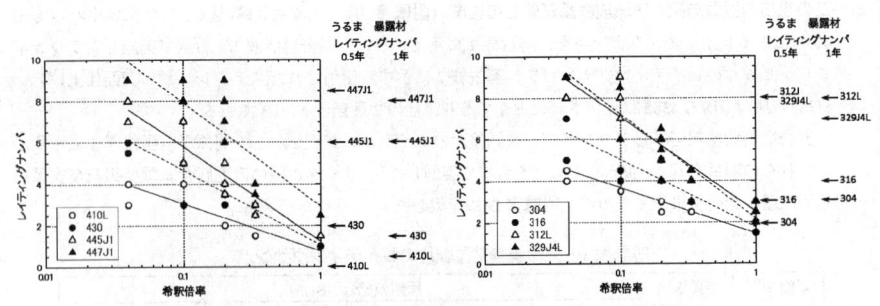

解説図3－混合塩溶液希釈倍率とレイティングナンバとの関係

l) 海水の腐食性評価を模擬するための試験溶液（附属書 JA） ISO 規格で引用している ISO 11130 の A.3 の一部を翻訳し，附属書として追加した。

6 試験後の試験片外観

6.1 実環境暴露試験の結果

実環境暴露試験 1 年後の試験片外観の様子を，**解説図 4** に示す。

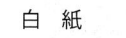

白　紙

暴露場所				種類の記号
	410L	430	445J1	447J1
銚子				
宮古島				
うるま				

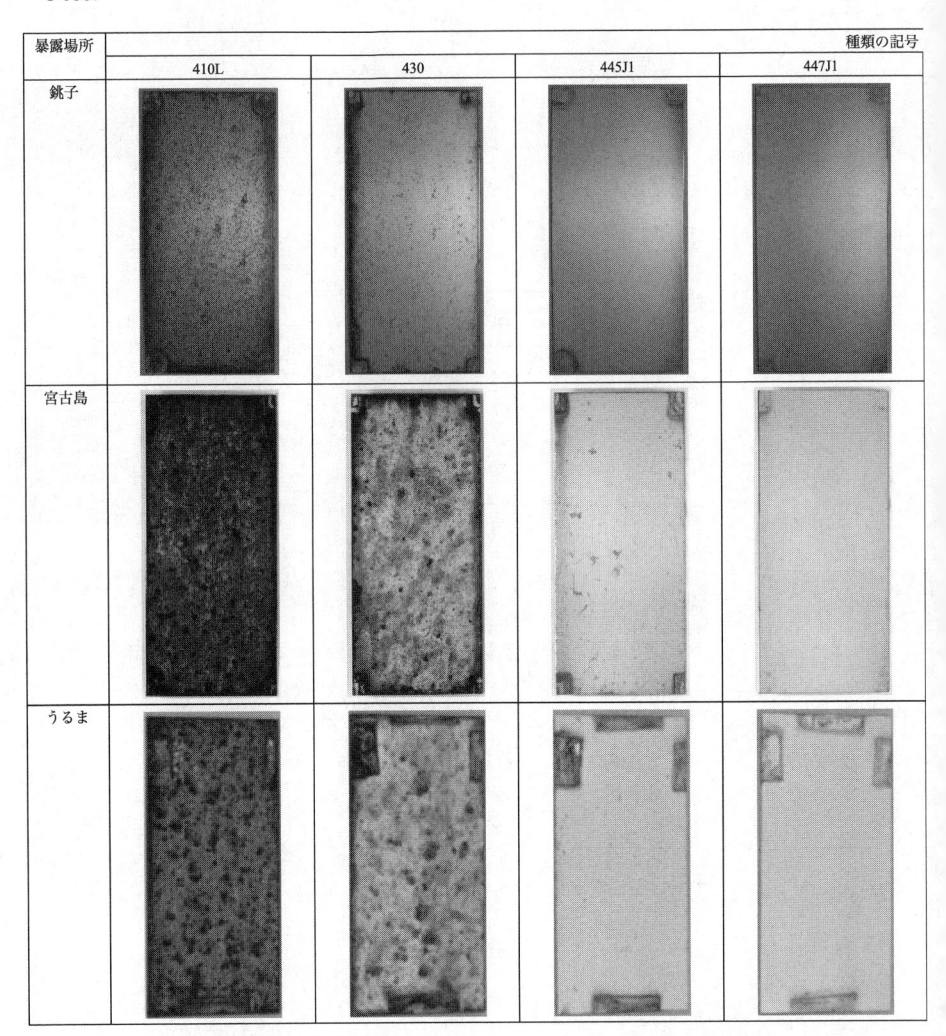

解説図 4−実環境暴露試験

この図は，本書掲載にあたり原図を縮小していますので，判定の際は必ず規格票原本を参照してください。

(SUS)

304	316	312L	329J4L

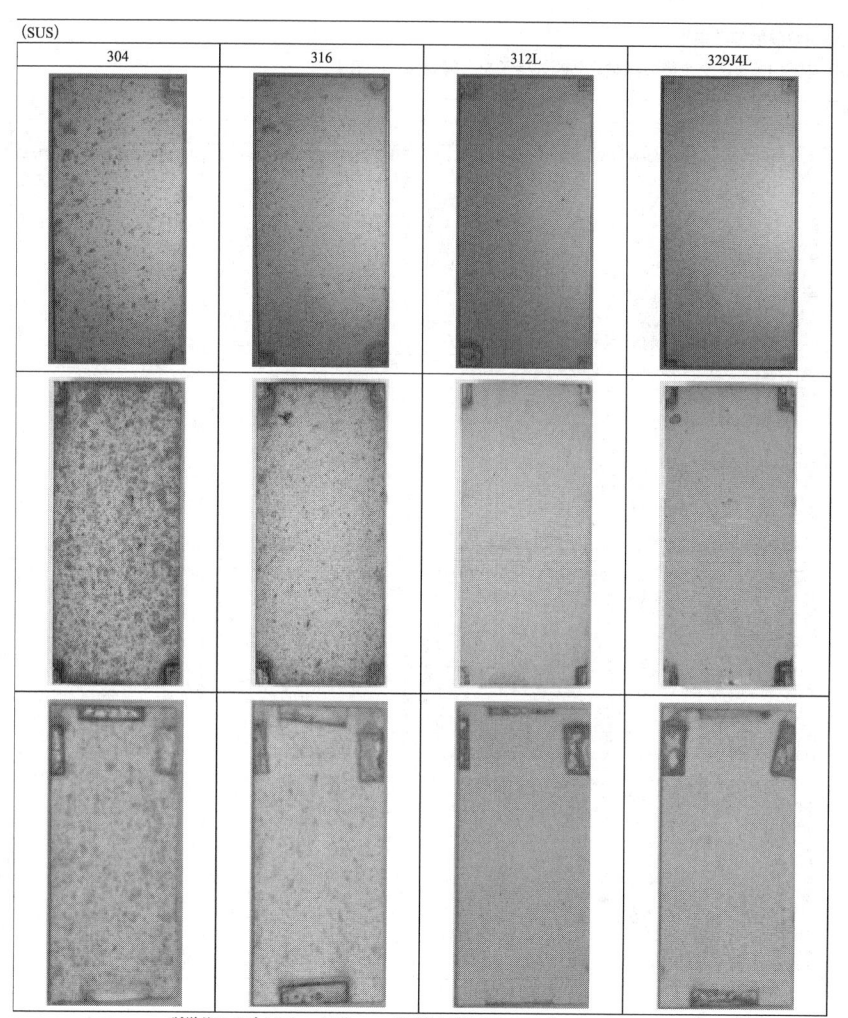

試験片サイズ：170 mm×70 mm，表面仕上げ：SUS447J1 は **JIS G 4305** の BA，他の 7 種類は No.2B

1 年後の試験片外観

> この図は，本書掲載にあたり原図を縮小していますので，判定の際は必ず規格票原本を参照してください。

6.2 促進腐食試験の結果

促進腐食試験 12 サイクル後の試験片外観の様子を，**解説図 5** に示す。

試験機関	410L	430	445J1	種類の記号 447J1
A 社				
B 社				
C 社				
D 社				

解説図 5－促進腐食試験

この図は，本書掲載にあたり原図を縮小していますので，判定の際は必ず規格票原本を参照してください。

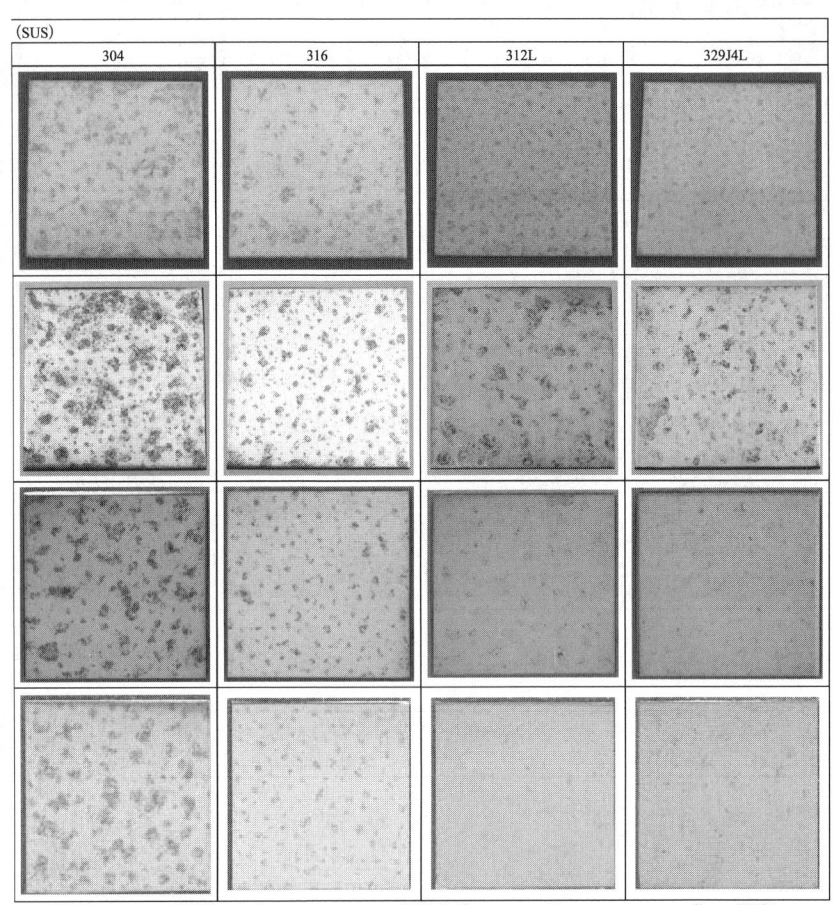

(SUS)			
304	316	312L	329J4L

試験片サイズ：170 mm×70 mm，表面仕上げ：SUS447J1 は **JIS G 4305** の BA，他の 7 種類は No.2B

12 サイクル後の試験片外観

この図は，本書掲載にあたり原図を縮小していますので，判定の際は必ず規格票原本を参照してください。

| 試験機関 | | | | 種類の記号 |

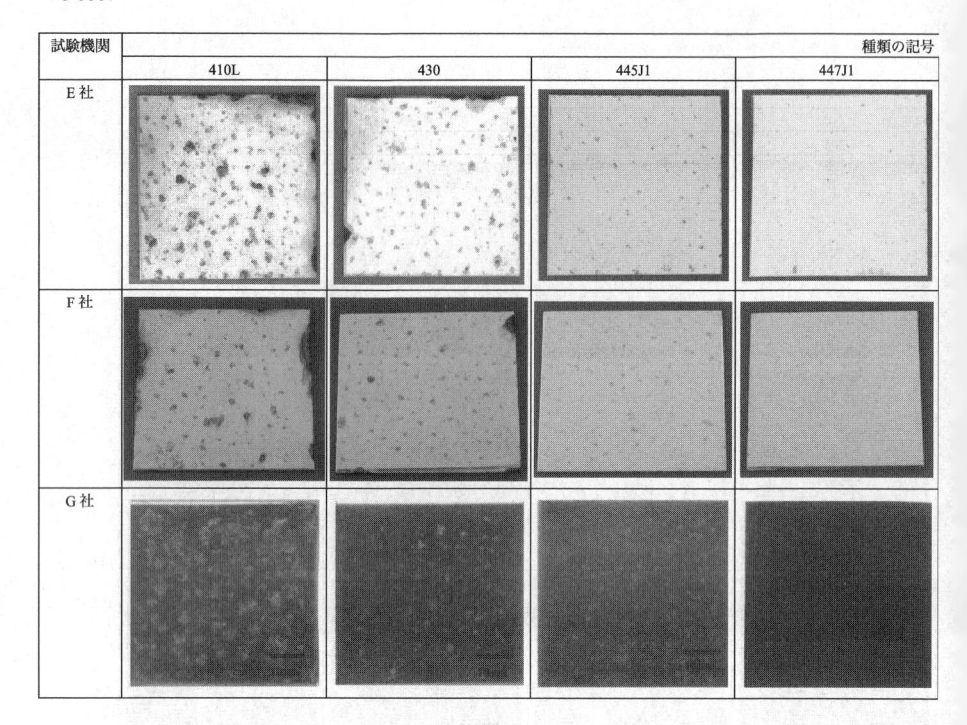

解説図5―促進腐食試験

この図は，本書掲載にあたり原図を縮小していますので，判定の際は必ず規格票原本を参照してください。

(SUS)

304	316	312L	329J4L

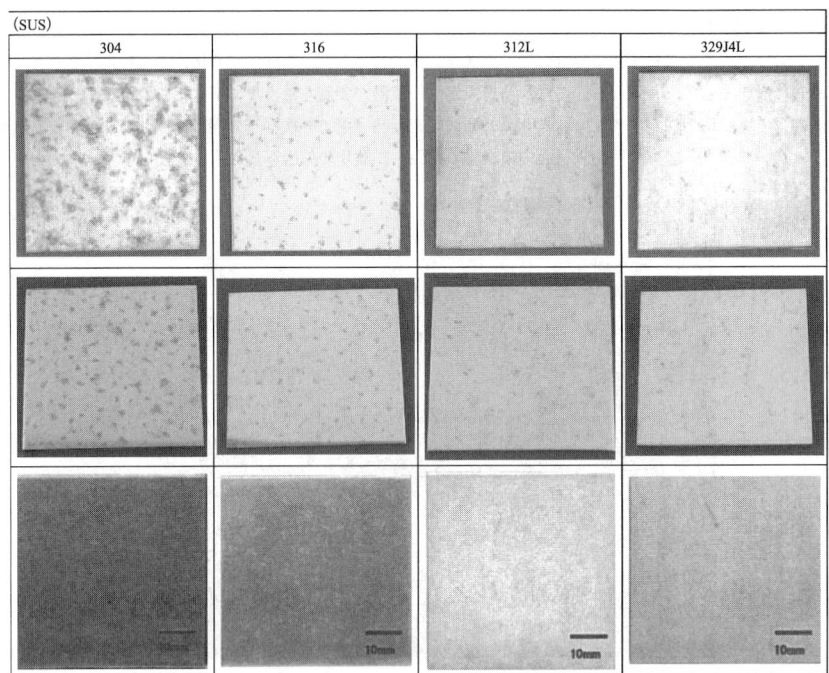

試験片サイズ：170 mm×70 mm，表面仕上げ：SUS447J1 は **JIS G 4305** の BA，他の 7 種類は No.2B

12 サイクル後の試験片外観（続き）

> この図は，本書掲載にあたり原図を縮小していますので，判定の際は必ず規格票原本を参照してください。

7 その他の解説事項

　ステンレス鋼表面を写真撮影する場合には，カメラ本体を含め周囲の物体の映り込みのために，さびの状態を的確に撮影することが難しい。この規格を策定する段階で実施したラウンドロビン試験でも，試験実施機関によって撮影方法がまちまちであり，外観比較を行う段階で外観写真の撮り方を共有することが重要となった。ステンレス協会腐食委員会での議論の結果，試験片の外観写真の撮影方法［文献 4)］として，次の方法を採用することとした。

a) 撮影台などの設置方法

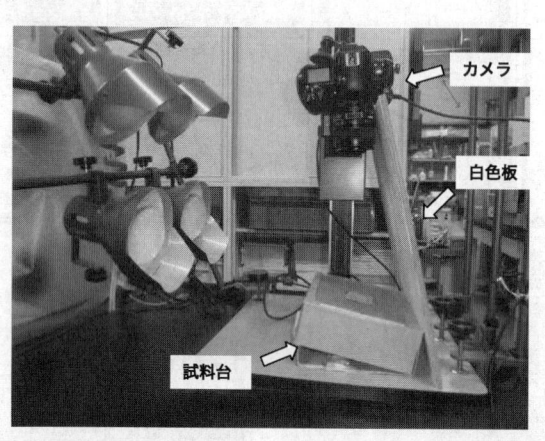

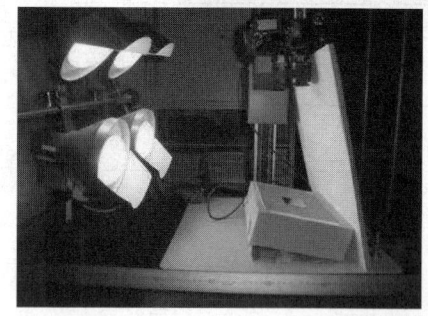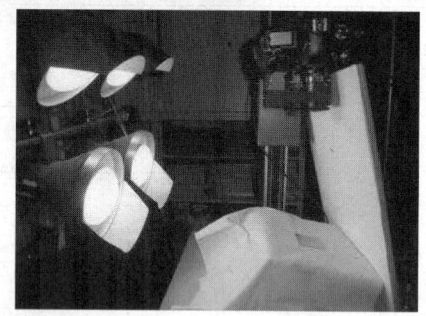

解説図 6－撮影台などの設置方法

1) 試験片は，斜めの台（試料台）に載せる（**解説図 6**）。
2) カメラには，試験片に反射した右側の白色板（コピー用紙を貼った板）が写り込むようにする。
3) 照明は，右側の白色板に当てる。試験片に対し，間接照明とする。
4) 試験片を斜めにしているので，焦点深度を深くするためカメラの絞りを調整する。絞りを入れるほど焦点深度は深くなる。
5) カメラのホワイトバランス（色温度）を照明と一致させる。

b) 撮影ノウハウ

1) 標準グレイ板を使い，カメラの露出（シャッタースピード）を決める。カメラ視野内の測光位置（通

常，視野中心部）に，標準グレイ板を置き，これにピントを合わせる。カメラ視野内の露出計（一眼レフカメラには必ず装備されてる。）を見ながら，適正露出になるようにシャッタースピードを決め固定する（**解説図 7**）。この際，今後撮影するステンレス鋼が標準グレイ板よりも光っている場合には，露出計で 2 アンダーほど暗めに露出を調整する（シャッタースピードを早くする。）。

　注記　標準グレイ板は，無彩色のものであれば使用可能である。

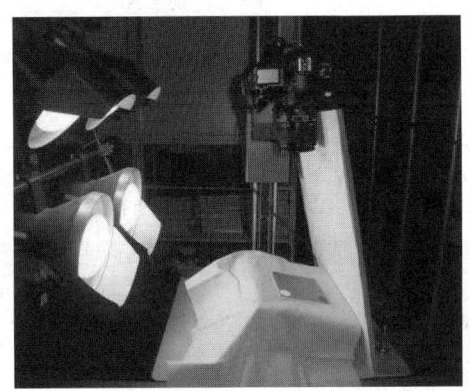

解説図 7－カメラの露出調整

c)　撮影

1)　標準グレイ板で決定した露出（シャッタースピード）で撮影を行う。

2)　撮影の際には，試験片と同一視野内に標準グレイ板の白色部を加える（**解説図 8**）。

　　注記　標準板の白色部は無彩色であるが，光源（照明），間接照明のために使った白色板などが着色されるので，完全な有彩色となって撮影される。また，この白色部は固有の明度をもつが，照明などの状態で撮影チャンスごとに明度が異なる。そこで，**d)** 以降の処理によって，この白色部が無彩色で常に一定の明度になるように画像を補整する。

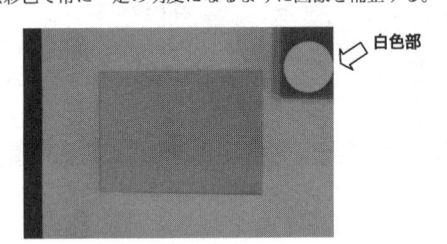

解説図 8－試験片撮影時（右上：標準グレイ板の白色部）

d)　撮影した画像の調整

1)　画面内の白色部が光源の色で着色しているので，これを利用して光源の色を除去する。画面内の白色部（**解説図 9** では，右上の白い○部）を完全な白になるように調整する。

2)　しかし，照明の暗さなどのため，画面内の白色部の明度が低いので，これが適切な明るさになるように調整する。

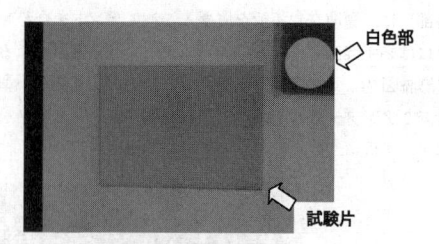

解説図 9－撮影後の画像

3) 代表的な画像処理ソフトウェアによる画像調整手順は，次のとおりである。

3.1) カラーバランス補正 メニューによってカラーバランスを選択（**解説図 10**）し，スポイトで白色
部（右上の白い○部）を吸い取る（**解説図 11**）。

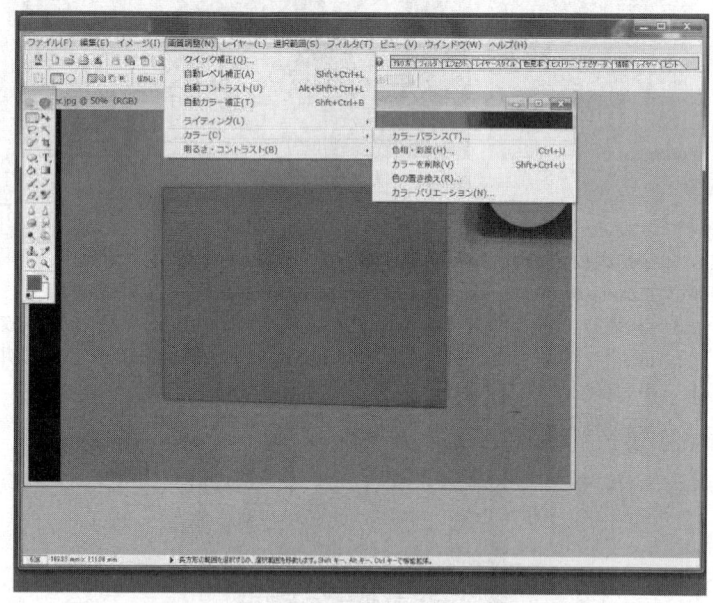

解説図 10－カラーバランス補正（カラーバランスの選択）

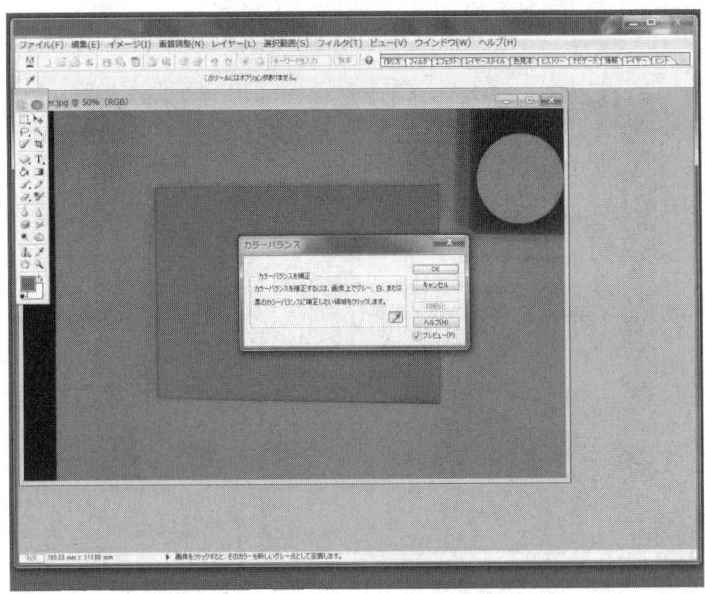

解説図 11－カラーバランス補正（補正部分の選択）

3.2) **レベル補正**　メニューからレベル補正を選択（**解説図 12**）し，スポイトで白色部（右上の白い○部）を吸い取る（**解説図 13**）。

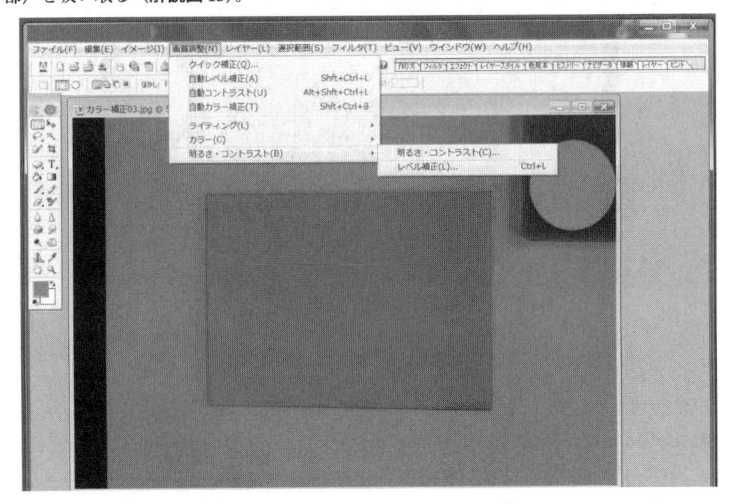

解説図 12－レベル補正（レベル補正の選択）

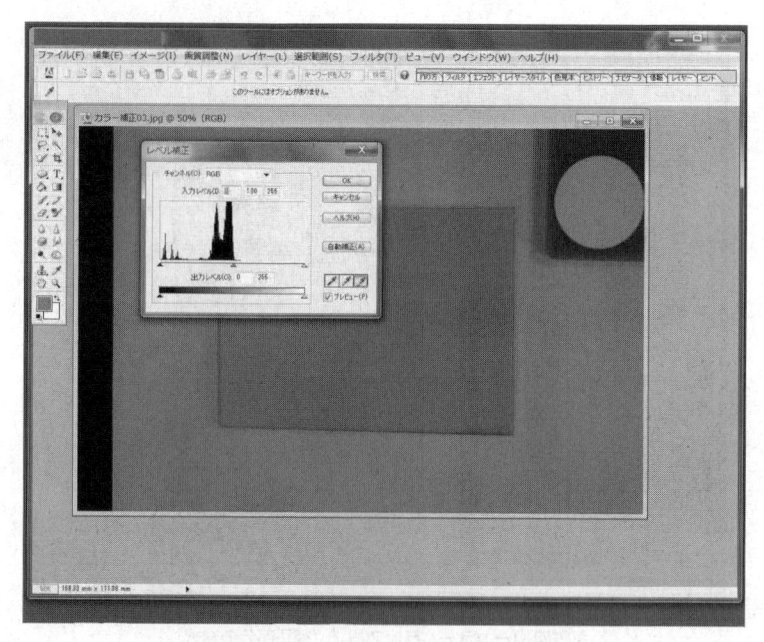

解説図 13－レベル補正（補正部分の選択）

3.3) **完成　解説図 14** に，補正後の写真を示す。試験片を傾けて撮影するため，試験片形状が台形にな
る。気になる場合には，台形から四角への変更を行う。

解説図 14－補正後の写真

8　参考文献

1) 武藤泉，杉本克久：材料と環境，47（1998），p.519

2) I. Muto：Proc. of 15th International Corrosion Congress, The International Corrosion Council (2002), Paper
No.034

3) I. Muto, S. Fujita, H. Kajiyama, K. Fujii, S. Suga：材料と環境 2009 講演集，（2009），p.138

4) 武藤泉：材料と環境，47（1998），p.370

JIS G 0602
(1993)

制振鋼板の振動減衰特性試験方法

Test methods for vibration-damping property
in laminated damping steel sheets of constrained type

1. 適用範囲 この規格は，制振鋼板の両端自由はり及び片持はりの曲げ振動に対する振動減衰特性の試験方法について規定する。

  備考1. ここでいう制振鋼板は，2枚の鋼板の間に樹脂膜を挟んだ拘束形制振鋼板とする。

   2. 鋼板のかわりに他の金属板を使用した制振材料に対しても，制振鋼板に準じて試験を行うことができる。

   3. 制振鋼板の振動減衰特性は，損失係数を用いて表す。

   4. この規格の引用規格を，次に示す。

    JIS B 0153 機械振動・衝撃用語

    JIS H 7002 制振材料用語

    JIS Z 8106 音響用語（一般）

2. 用語の定義 この規格で用いる主な用語の定義は，**JIS B 0153**，**JIS H 7002**及び**JIS Z 8106**によるほか，次による。

(1) **加振力** 試験片に加えられる外力又は入力。量記号として，Fを用いる。

(2) **インパルスハンマ** 先端にフォースゲージを取り付けたハンマ。加振力の大きさはハンマ先端の重量と打ちおろす速度で調整できる。

  また，先端の材質を変えることによって，加振周波数領域を調整できる。

(3) **フォースゲージ** 入力された力に比例する電圧出力を発生する変換器。圧電型センサを用いる。

(4) **非接触変位計** 試験片に固定することなく，その入力変位に比例する出力を発生する変換器。レーザ，静電容量，渦電流式などがある。

(5) **非接触速度計** 試験片に固定することなく，その入力速度に比例する出力を発生する変換器。レーザ，電磁式などがある。

(6) **加速度計** 入力加速度に比例する電圧出力を発生する変換器。圧電型，ひずみゲージセンサ方式などがある。

(7) **応答変位** 打撃加振法や定常加振法など，試験片に入力を加えて得られた変位。量記号として，Xを用いる。

(8) **応答速度** 打撃加振法や定常加振法など，試験片に入力を加えて得られた速度。量記号として，Vを用いる。

(9) **応答加速度** 打撃加振法や定常加振法など，試験片に入力を加えて得られた加速度。量記号として，Aを用いる。

(10) **チャージ増幅器** 圧電型センサの電荷出力を電圧出力に変換する増幅器。

(11) **イナータンス** 単振動する機械系のある点の加速度 (A) と同じ点又は異なる点の力 (F) との複素数比。

3. 試験方法の種類 試験方法の種類は，試験片の保持方式，試験片の加振方法及び損失係数の算出方法によって区分し，**表1**による。

4. 試験装置

4.1 試験装置の構成 試験装置は，試験片への加振入力に対する応答を，正確に測定できるものでなければならない。試験装置の構成は，**図1～6**によるが，これらを組み合わせた構成としてもよい。

4.2 加振装置及び加振力検出装置 加振装置及び加振力検出装置は，次による。

(1) 損失係数算出方法として減衰法を採用する場合，ハンマ (1) 又は非接触電磁加振器 (2) を用いる。

(2) 損失係数算出方法として半値幅法を採用する場合，打撃加振時には，インパルスハンマ (1) を用いて加振し，加振力を検出する。

(3) 損失係数算出方法として半値幅法を採用する場合，定常加振時には，電磁加振器を用いて加振し，片端固定打撃加振及び単純支持打撃加振法の場合を除き，加振器に取り付けられたフォースゲージ (3) などで加振力を検出する。

  注(1) ハンマ及びインパルスハンマは，過大な力が加わらないように試験片の大きさによって適度のものを選定する。

   (2) 共振状態で定常加振を停止した後の減衰曲線を用いる。

   (3) 電磁加振器を用いる場合，加振力の信号に比例する発振器の信号に置き換えてもよい。

表1 試験方法の種類

試験片の保持方式		試験片の加振方法	
		定常加振法	打撃加振法
片端固定	加振	電磁加振器	ハンマ
	保持	バイスに固定	バイスに固定
	損失係数算出法	半値幅法	減衰法
	参照図	図1	図4
中央支持	加振	電磁加振器	
	保持	加振器に取付け	
	損失係数算出法	半値幅法	—
	参照図	図2	
つ(吊)り下げ	加振		インパルスハンマ
	保持		糸でつり下げ
	損失係数算出法	—	半値幅法
	参照図		図5
単純支持	加振	電磁加振器	ハンマ
	保持	糸で水平支持	ナイフエッジで水平支持
	損失係数算出法	半値幅法又は減衰法	減衰法
	参照図	図3	図6

図1　片端固定定常加振法　　　　**図2　中央支持定常加振法**

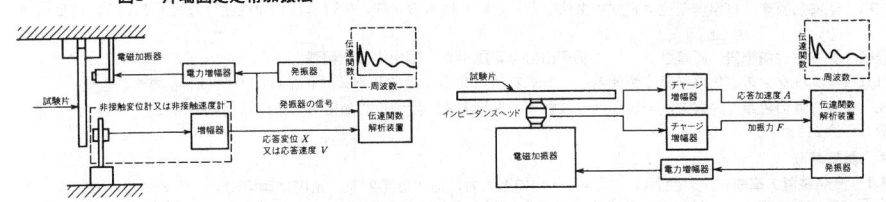

図3　単純支持定常加振法

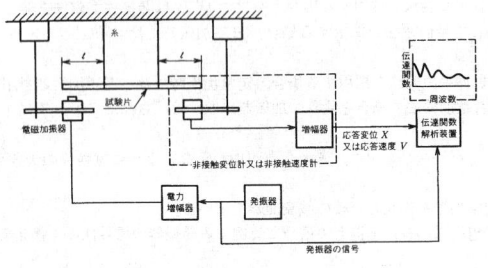

l：試験片の端から支持点までの距離。

図4　片端固定打撃加振法　　　　　　　　　　　　　　**図5　つり下げ打撃加振法**

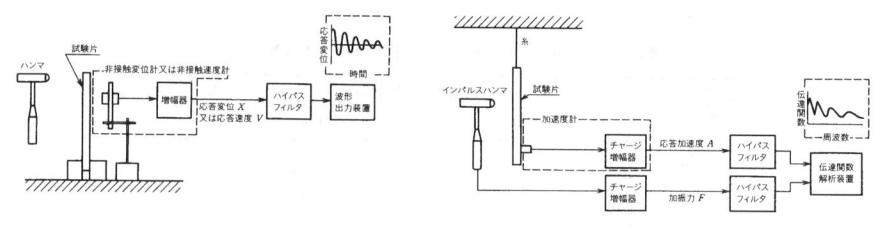

図6　単純支持打撃加振法

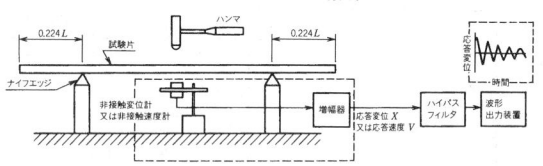

L：試験片長さ

4.3　振動応答検出装置　振動応答検出装置は，非接触変位計，非接触速度計又は加速度計 [4] を用いる。

　　注 [4]　中央支持定常加振の場合には，フォースゲージと加速度計とが一体となったインピーダンスヘッドを用いるのがよい。

4.4　伝達関数解析装置　伝達関数解析装置は，次による。

（1）　損失係数の算出方法として減衰法を採用する場合には，波形出力装置を用いる。

（2）　損失係数の算出方法として半値幅法を採用する場合には，2信号（加振力と応答変位，応答速度又は応答加速度）間の伝達関数 [5] を求めることができる伝達関数解析装置を用いる。

　　注 [5]　伝達関数には，コンプライアンス $\dfrac{X}{F}$，モビリティ $\dfrac{V}{F}$ 又はイナータンス $\dfrac{A}{F}$ を用いる。

5.　試験片

5.1　標準試験片　標準試験片は，次による。

（1）　標準試験片は，制振鋼板素材から切り出した短冊形のものを用いる。機械加工によって所定の寸法に仕上げ，試験片の端面及び側面の形状は長方形とする。

　　備考　標準試験片の切断面は，滑らかで，かつ，平面を保ち，2枚の鋼板の接触ずれ，はがれ，ばり，樹脂のはみ出しなどがあってはならない。

（2）　標準試験片の幅は，原則として10〜25 mmとする。長さは，いずれの幅においても，原則として中央支持，つり下げ及び単純支持の場合には，250 mmとする。片端固定の場合には，220 mmにつかみしろを加えた長さとする。厚さは，0.8〜3.2 mmとする。

5.2　標準試験片以外の試験片　5.1（2）に規定した寸法以外の試験片を用いる場合には，寸法 [6] 及び加工精度は，受渡当事者間の協定による。

　　注 [6]　ねじり振動の発生を抑制できる寸法であること。

6.　測定　損失係数の測定は，**表1**，**表2**及び**図1〜6**に示した各種の方法又はそれらを組み合わせた方法で行うことができる。

（1）　**振動モード**

（1.1）　単純支持 [7] 及び中央支持 [8] の場合には，いずれも試験片の振動モードは，両端自由はりの曲げ振動を利用し，**表2**の単純支持欄に記載の振動モードで行う。

（1.2）　片端固定 [9] の場合には，片持ちはりの曲げ振動を利用し，**表2**の片端固定欄に記載の振動モードで行う。

　　注 [7]　単純支持では，ナイフエッジ又は2本の細い糸で振動の節（ふし）を水平に支持する。

　　　[8]　中央支持では，左右のバランスを保ち，正確に中央部を支持する。

　　　[9]　片端固定の打撃加振法では，試験片固定台としてバイスなどを用い，固定端が振動しないように注意する。

（2）　**測定温度**

（2.1）　損失係数の測定は，材料の使用温度を考慮し，受渡当事者間で取り決めた所定の温度で行う。

（2.2） 損失係数測定時の温度精度は，±1 ℃とし，試験片全体が所定の温度に到達するまで長時間保持した後，測定を行う。

表2　各試験方法における試験片の振動モードと次数

試験片の保持方式	試験片の加振方法	
	定常加振法	打撃加振法
片端固定	$n=2$　$n=3$　$n=4$　………（図1参照）	$n=1$（図4参照）
中央支持	$n=1$　$n=3$（図2参照）	
つり下げ		$n=1$　$n=2$　$n=3$　………（図5参照）
単純支持	$n=1$　$n=2$　$n=3$（図3参照）	$n=1$（図6参照）

7. 損失係数の算出

7.1　減衰法　減衰法による損失係数の算出は，**図7**及び**図8**に従って次のように行う。**図7**に示す減衰自由振動波形において，応答変位の極大値X_1，X_2，……，X_nを読み取り，横軸にX_{k+1}，縦軸にX_kをとって図示すれば，**図8**のプロット（○印）のようになる。この場合，応答変位の代わりに応答速度を用いてもよい。

　原点を通り各点を結ぶ直線の傾き角θから式（1）によって損失係数ηを求める。

$$\eta = \frac{2 \cdot ln\,(\tan\theta)}{\sqrt{(2\pi)^2 + [ln\,(\tan\theta)]^2}} \cdots\cdots\cdots(1)$$

7.2　半値幅法　半値幅法による損失係数の算出は，**図9**及び**図10**に従って次のように行う。打撃加振法又は定常加振法によって得られた加振力Fと，応答速度V，応答加速度A又は応答変位Xから，**図9**に示すような伝達関数の周波数応答曲線を求める。**図9**の任意の共振ピークにおいて，**図10**に示すようなi次の共振周波数f_iと，伝達関数の絶対値が最大値より3 dB下がった点での周波数f_{i1}，f_{i2}を読み取り，式（2）によって損失係数ηを求める。

$$\eta = \frac{f_{i2} - f_{i1}}{f_i} \cdots\cdots\cdots(2)$$

8. 報告
損失係数の測定結果の報告書には，次の事項を記録する。

（1）　試験片寸法　試験片の厚さ，鋼板及び樹脂膜の厚さ，試験片の幅及び長さ

（2） 試験方法及び試験条件　加振方法，保持方式，損失係数の算出方法及び試験片の数
（3） 試験片温度
（4） 損失係数測定値　損失係数及び共振周波数を次数ごとに記載する。
（5） その他　樹脂の種類，損失係数の温度依存性など，必要に応じて記載する。

図7　減衰自由振動波形

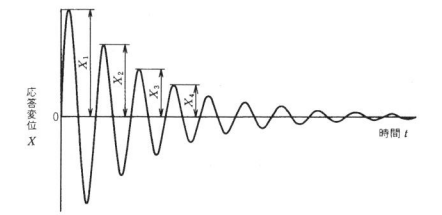

図8　X_{k+1} と X_k の関係

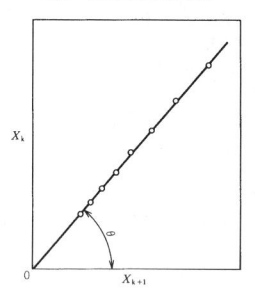

図9　伝達関数の周波数応答曲線

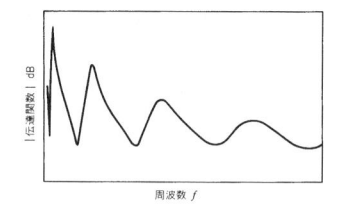

図10　伝達関数における共振ピークの半値幅

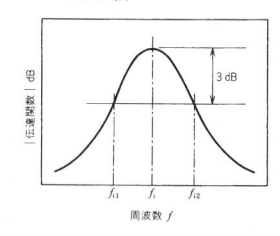

鋼材鍛錬作業の鍛錬成形比の表わし方

Symbols of Forming Ratio for Steel Forging

1. 適用範囲　この規格は 鋼材の熱間鍛錬作業における鍛錬成形比の表わし方について規定する。

2. 鍛錬成形比

2.1　各種の鍛錬作業により鍛錬された鋼材の鍛錬成形比は3方向の主ひずみ中, 常に最大ひずみの方向の変形比で表示する。

2.2　鍛錬成形比の表示方法は原則として鍛錬作業の種類を, 定められた記号で添記して工程順に明りょうに記載する。

3. 鍛錬作業の種類および鍛錬成形比の表わし方

3.1　実体鍛錬　実体を鍛錬しその断面積を減少し長さを増した場合はこれを実体鍛錬といい, その鍛錬成形比をつぎのとおり表示する。

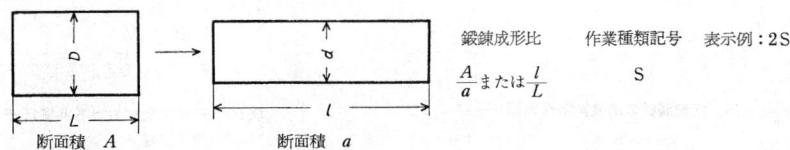

鍛錬成形比　作業種類記号　表示例：2S

$\dfrac{A}{a}$ または $\dfrac{l}{L}$　　S

3.2　すえ込鍛錬　実体を鍛錬しその断面積を増し長さを減少した場合はこれをすえ込鍛錬といい, その鍛錬成形比をつぎのとおり表示する。

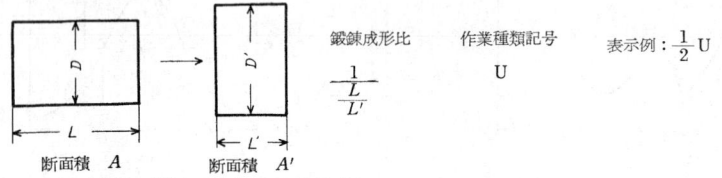

鍛錬成形比　作業種類記号　表示例：$\dfrac{1}{2}$U

$\dfrac{1}{\frac{L}{L'}}$　　U

ただしこれに実体鍛錬を合併した場合は その鍛錬成形比をつぎのとおり表示する。

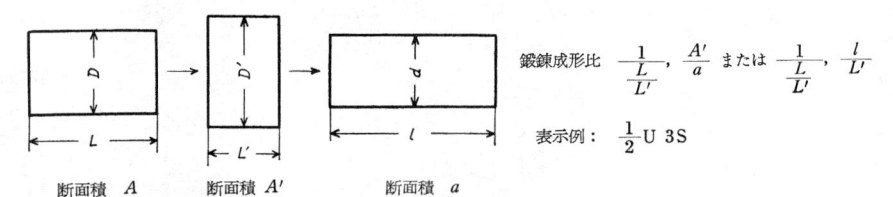

鍛錬成形比　$\dfrac{1}{\frac{L}{L'}}$, $\dfrac{A'}{a}$ または $\dfrac{1}{\frac{L}{L'}}$, $\dfrac{l}{L'}$

表示例：　$\dfrac{1}{2}$U 3S

3.3　展伸鍛錬　実体角材を1方向より圧縮し, 圧縮方向に直角な2方向の変形度に著しい差を生ずるような鍛錬を展伸鍛錬といい, その鍛錬成形比をつぎのとおり表示する。ただし圧縮は T方向に行い $\dfrac{l}{L} > \dfrac{w}{W}$ とする。

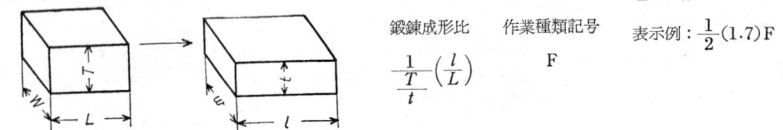

鍛錬成形比　作業種類記号　表示例：$\dfrac{1}{2}(1.7)$F

$\dfrac{1}{\frac{T}{t}}\left(\dfrac{l}{L}\right)$　　F

2方向よりの展伸鍛錬を合併した場合は その鍛錬成形比をつぎのとおり表示する。たとえば はじめの展伸では $\dfrac{L'}{L} > \dfrac{W'}{W}$ とし, つぎの展伸では W方向に圧縮するものとすれば,

鍛錬成形比

(1) $\dfrac{l}{L'} > \dfrac{t}{T'}$ の場合　　$\dfrac{1}{\dfrac{T'}{T'}}\left(\dfrac{L'}{L}\right),\ \dfrac{1}{\dfrac{W'}{w}}\left(\dfrac{l}{L'}\right)$

(2) $\dfrac{l}{L'} < \dfrac{t}{T'}$ の場合　　$\dfrac{1}{\dfrac{T'}{T'}}\left(\dfrac{L'}{L}\right),\ \dfrac{1}{\dfrac{W'}{w}}\left[\dfrac{t}{T'}\right]$

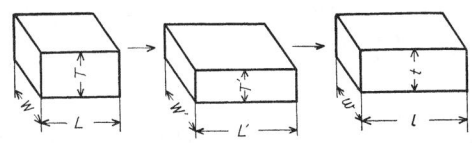

表示例：**（1）**の場合　　$\dfrac{1}{2}(1.7)\,\mathrm{F},\ \dfrac{1}{2.2}(1.8)\mathrm{F}$

　　　　　（2）の場合　　$\dfrac{1}{2}(1.6)\,\mathrm{F},\ \dfrac{1}{2.2}[1.9]\mathrm{F}$

　ここで（**1**）の場合は 1.7 と 1.8 との方向は同じであるが，（**2**）の場合は 1.6 と 1.9 との方向が異なるので，これをとくに大かっこ記号で区別する。なお第2次の圧縮を L 方向に行う場合も，以上に準じて表示する。

3.4　中空鍛錬　中空体を鍛錬し中空のままその断面積を減少し長さを増した場合これを中空鍛錬といい，その鍛錬成形比をつぎのとおり表示する。

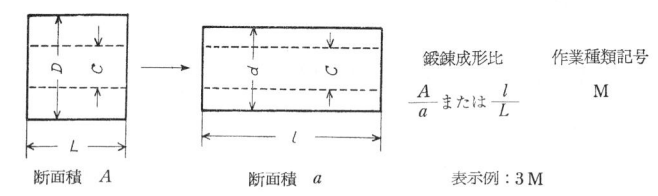

鍛錬成形比　　　作業種類記号

$\dfrac{A}{a}$ または $\dfrac{l}{L}$　　　　M

断面積 A　　　断面積 a　　　表示例：3 M

ただし鋼塊の荒延べ（実体鍛錬）を合併した場合は その鍛錬成形比をつぎのとおり表示する。

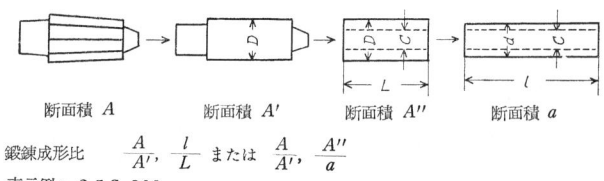

断面積 A　　　断面積 A'　　　断面積 A''　　　断面積 a

鍛錬成形比　　$\dfrac{A}{A'},\ \dfrac{l}{L}$ または $\dfrac{A}{A'},\ \dfrac{A''}{a}$

表示例：　2.5 S　3 M

3.5　穴ひろげ鍛錬　中空体を鍛錬しその中空部を拡大した場合はこれを穴ひろげ鍛錬といい，その鍛錬成形比をつぎのとおり表示する。

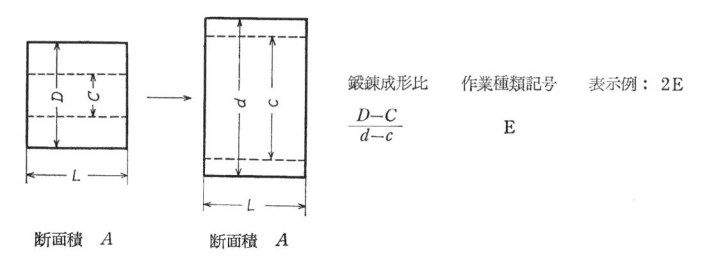

鍛錬成形比　　作業種類記号　　表示例：2E

$\dfrac{D-C}{d-c}$　　　　E

断面積 A　　　断面積 A

ただし穴ひろげ鍛錬後中空鍛錬を合併した場合は その鍛錬成形比をつぎのとおり表示する。

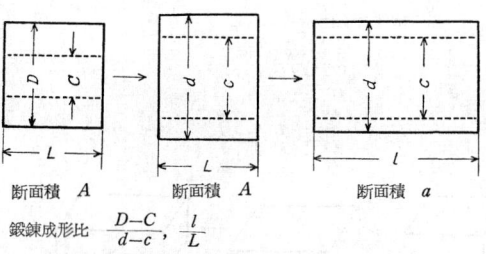

断面積 A　　　断面積 A　　　断面積 a

鍛錬成形比 $\dfrac{D-C}{d-c}$, $\dfrac{l}{L}$

表 示 例: **2E 3M**

備　考　**1.** 鋼塊の断面積は その平均値をもって表示する。

　　　　2. 鍛錬成形比は **2.1** に記したように3方向主ひずみのうちの最大なものの変化比で表わすが，この主ひずみの値
は 変形比の自然対数値を求めることによって得られる。

　　　　3. 鍛錬成形比の数値（すえ込鍛錬および展伸鍛錬は分母）は4捨5入によって整数を採用することを原則とし，必
要ある場合は 小数点以下第1位までをとる。

例：**1.** 鋼塊荒延べと中空鍛錬とを合併した場合は

$$\frac{A}{A'},\ \frac{l}{L}=\frac{6300\,\mathrm{cm^2}}{4840\,\mathrm{cm^2}},\ \frac{535\,\mathrm{cm}}{135\,\mathrm{cm}}=1.3\mathrm{S}\ \ 4\mathrm{M}$$

　　　2. すえ込鍛錬・実体鍛錬および穴ひろげ鍛錬を合併した場合は

$$\frac{1}{\dfrac{L}{L'}},\ \frac{A'}{a},\ \frac{D-C}{d-c}$$

$$=\frac{1}{\dfrac{320\,\mathrm{cm}}{128\,\mathrm{cm}}},\ \frac{41600\,\mathrm{cm^2}}{38000\,\mathrm{cm^2}},\ \frac{150\,\mathrm{cm}}{36\,\mathrm{cm}}=\frac{1}{2.5}\mathrm{U}\ \ 1.1\mathrm{S}\ \ 4.2\mathrm{E}$$

| JIS G 0801 | 圧力容器用鋼板の超音波探傷検査方法 | JIS (1993, 08) 改正 |
| (2023) | Ultrasonic testing of steel plates for pressure vessels | JIS (1974) 制定 |

序文

この規格は，2016 年に第 2 版として発行された **ISO 17577** を基とし，技術的内容を変更して作成した日本産業規格である。

なお，**附属書 JA〜附属書 JC** は，対応国際規格にはない事項である。また，この規格で側線又は点線の下線を施してある箇所は，対応国際規格を変更している事項である。技術的差異の一覧表にその説明を付けて，**附属書 JD** に示す。

1 適用範囲

この規格は，原子炉，ボイラ，圧力容器などに使用する厚さ 6 mm 以上，300 mm 以下の炭素鋼又は合金鋼（ただし，ステンレス鋼を除く。）の鋼板（以下，鋼板という。）に対する自動又は手動による超音波探傷検査方法について規定する。

注記 この規格の対応国際規格及びその対応の程度を表す記号を，次に示す。

ISO 17577:2016, Steel－Ultrasonic testing of steel flat products of thickness equal to or greater than 6 mm (MOD)

なお，対応の程度を表す記号“MOD”は，**ISO/IEC Guide 21-1** に基づき，“修正している”ことを示す。

2 引用規格

次に掲げる引用規格は，この規格に引用されることによって，その一部又は全部がこの規格の要求事項を構成している。これらの引用規格は，その最新版（追補を含む。）を適用する。

JIS B 0601 製品の幾何特性仕様（GPS）－表面性状：輪郭曲線方式－用語，定義及び表面性状パラメータ

JIS G 0202 鉄鋼用語（試験）

JIS G 0203 鉄鋼用語（製品及び品質）

JIS G 0431 鉄鋼製品の雇用主による非破壊試験技術者の資格付与

JIS G 3103 ボイラ及び圧力容器用炭素鋼及びモリブデン鋼鋼板

JIS G 3106 溶接構造用圧延鋼材

JIS G 4304 熱間圧延ステンレス鋼板及び鋼帯

JIS Z 2300 非破壊試験用語

JIS Z 2305 非破壊試験技術者の資格及び認証

JIS Z 2344　金属材料のパルス反射法による超音波探傷試験方法通則

JIS Z 2345-3　超音波探傷試験用標準試験片－第3部：垂直探傷試験用標準試験片

JIS Z 2352　超音波探傷装置の性能測定方法

3　用語及び定義

この規格で用いる主な用語及び定義は，次によるほか，**JIS G 0202**，**JIS G 0203**，**JIS G 0431** 及び **JIS Z 2300** による。

3.1
不連続部（internal discontinuity）

鋼板の板厚内に存在するきず

> **注釈1**　平面状のきず，ラミネーション，一層若しくは多層の帯状になっている介在物又はクラスターがある。

3.2
密集度（population density）

規定された鋼板内部の単位面積又は四周辺及び開先予定線の単位長さに対する，規定された最小サイズより大きく，最大サイズより小さい内部の不連続部の数

> **注釈1**　鋼板内部とは，鋼板の四周辺及び開先予定線を除いた部分をいう。

3.3
手動探傷（manual and assisted manual testing）

鋼板表面上を適切なパターンによって，超音波探触子を手動走査し，直接目視によるか，又はアラーム付きの装置を使って，A スコープ表示上に示される信号を評価する探傷

3.4
自動探傷（automated and semi-automated testing）

鋼板表面上を適切なパターンによって，超音波探触子を機械的に自動走査し，更に電気的方法で信号を評価しながら行う探傷

3.5
二振動子垂直探触子用 E 形対比試験片（RB-E）（type E reference block for double crystal probe）

二振動子垂直探触子の距離振幅特性を調べる試験片

> **注釈1**　感度設定にも用いられる。

4　探傷方式

探傷方式は，垂直法によるパルス反射法とする。

なお，この規格に規定する以外の一般事項は，**JIS Z 2344** による。

5　検査技術者

鋼板の自動超音波探傷検査は，レベル2又はレベル3の資格を付与された検査技術者の責任のもと，資

格を付与された検査技術者によって行わなければならない。資格付与の要件には，定期的な訓練，資格試験の合格，経験及び視力の適合を含む。鋼板の手動超音波探傷検査は，レベル2又はレベル3の資格を付与された検査技術者の責任のもと，その規格に規定するレベル1以上の資格を付与された検査技術者によって行わなければならない。

資格付与及びその要件は，**JIS G 0431**，**JIS Z 2305** 又はこれらと同等の規格による。

注記1 **JIS G 0431** 及び **JIS Z 2305** の中で，非破壊試験技術者の資格レベルとして，レベル1，レベル2及びレベル3を規定している。

注記2 **JIS G 0431** の **5.2**（NDT レベル1）に，NDT レベル1技術者には，NDT レベル2技術者又はNDT レベル3技術者の監督の下，NDT 指示書に従った結果の記録，分類及び報告を行う権限を与えてもよいが，結果の解釈は行ってはならないことが規定されている。

6 探傷装置

6.1 探傷装置の構成

自動探傷装置は，自動探傷器，探触子，鋼板送り装置，探触子追従装置，自動警報装置，不連続部の位置表示が可能な装置などで構成する。手動探傷装置は，主として，手動探傷器及び探触子で構成する。

6.2 探傷器

6.2.1 一般的機能

探傷器に要求される一般的機能は，次による。

a) 走査する鋼板表面に垂直に入射するパルスエコー方式を用いなければならない。

b) 時間軸の調整が可能で，かつ，探傷感度をデシベル単位で調整可能な機器とする。また，使用する探触子及びその周波数に適した機器とする。

c) 送信パルスの繰返し周波数は，走査速度に対して適正でなければならない。

d) 不連続部の信号を探傷ゲート機能によって適正に検出可能で，かつ，その信号を探傷器の表示装置又は記録装置に出力可能な機器とする。

e) 超音波探傷中は，接触媒質によって鋼板と探触子とが適切に接触し，超音波が伝ぱ（播）され，十分な音響結合が得られなければならない。

6.2.2 自動探傷器

自動探傷器の増幅直線性及び距離振幅補償機能は，次による。

なお，空調した室内に設置した自動探傷器は，3年以内に1回，その他の自動探傷器は，1年以内に1回，定期点検を行う。

a) **増幅直線性** 増幅直線性は，**附属書 JA** の二振動子垂直探触子用 E 形対比試験片の第1回底面エコー，又は電気的疑似信号を適度のレベルに設定し，その設定レベルから $-6\,\mathrm{dB}$，$-12\,\mathrm{dB}$ 及び $-18\,\mathrm{dB}$ の各点で測定し，理論値を基準として，各測定値の正及び負の最大誤差をそれぞれ求める。正及び負の最大誤差の絶対値の和は，2.5 dB 以下でなければならない。

なお，Aスコープ表示をもつ自動探傷器の増幅直線性は，**6.2.3 a)** による。

b) **距離振幅補償機能** 距離振幅補償機能をもつ探傷器の場合，使用する最大厚さでの補償後の底面エコ

一高さは，距離振幅特性曲線における最大エコー高さの−6 dB 以内にしなければならない。

6.2.3 手動探傷器

手動探傷器の A スコープ表示は，ピークエコーが鋭く，かつ，明確に表示可能な機器とし，1 年以内に 1 回，**JIS Z 2352** の箇条 7（定期点検）によって，定期点検を行う。増幅直線性，遠距離分解能及び探傷器の不感帯は，次による。

a) **増幅直線性** 探傷器の増幅直線性は，使用する公称周波数において **JIS Z 2352** の **6.2**（垂直軸に関わる性能測定）によって測定し，正の最大誤差（$+h_{MAX}$）と負の最大誤差（$-h_{MAX}$）の絶対値との和が 6 %fs [1] 以下でなければならない。

注 [1] %fs は，表示器の時間軸又は垂直軸のフルスケールを 100 %としたときの相対値として使用されている。

b) **遠距離分解能** 探傷器の遠距離分解能は，**JIS Z 2352** の RB-RA 形対比試験片を用いて，**表 1** の公称周波数に応じ **JIS Z 2352** の **6.3**（垂直探傷における分解能）に従って測定したとき，**表 1** の規定値でなければならない。

表 1−遠距離分解能

公称周波数 MHz	遠距離分解能 mm
2	9 以下
5	7 以下

c) **不感帯** 探傷器の不感帯は，5 MHz の場合は 10 mm 以下，2 MHz の場合は 15 mm 以下とし，その測定は，次による。

1) 時間軸の測定範囲を 50 mm に調整し，**JIS Z 2345-3** の標準試験片（STB-N1）を用いて，その標準穴のエコー高さを目盛の 20 %に調整する。

2) 次に，感度を 14 dB 高め，目盛の 0 点から送信パルスが減少して目盛の 20 %となる点までの鋼中距離を読み取り，これを不感帯とする。

6.3 探触子

探触子は，次による。

a) 探触子の種類は，**表 2** による。

b) 探触子の公称周波数は，2 MHz 又は 5 MHz とする。高減衰材又は特別な音響特性をもつ鋼板に対しては，受渡当事者間の協定によって，その他の周波数を用いてもよい。

c) 探触子の振動子は，円形の場合は，直径 30 mm 以下，く（矩）形の場合は，長辺が 30 mm 以下とする。

d) 垂直探触子の不感帯は，規定された探傷感度で，目盛板の 0 点から送信パルス又は表面反射エコーが減少して目盛の 20 %となるまでの領域で，鋼中距離を読み取った値で示し，鋼板の厚さの 15 %，又は 15 mm のいずれか小さい方の値以下でなければならない。

e) 二振動子垂直探触子の性能は，**附属書 JB** による。

表 2－超音波探触子の種類

鋼板の厚さ mm	探触子の種類
6 以上　13 未満	二振動子垂直探触子
13 以上　60 以下	二振動子垂直探触子又は垂直探触子[a]
60 超　300 以下	垂直探触子[a]
注[a]　一振動子の垂直探触子は，単に垂直探触子と表記する。	

6.4　自動探傷装置に付帯する機能及び装置

自動探傷を行う場合は，次の鋼板送り装置，探触子追従装置，データ処理装置，自動警報装置及び不連続部の位置を表示可能な装置を付帯し，探傷作業上及び結果の判定作業上，十分な性能がなければならない。

a)　規定された探傷箇所を走査するのに適切な機械的機能

b)　垂直入射を維持するために，試験する鋼板の表面に追随することが可能な探触子追従装置

c)　データ収集に適した電子装置

　　　注記 1　例えば，送信器，受信器，多重変換装置（マルチプレクサ），ゲート及び表示装置がある。

d)　信号の評価，記録（マッピングなど）及び保存のための適切な機能

e)　探傷装置の設定（探傷感度，探傷範囲及びゲート位置）を行う機能

　　　注記 2　例えば，対比試験片の使用，人為的な信号の入力，距離振幅特性曲線（DAC）を装置から呼び出す機能又は保存されている校正ファイルを装置から呼び出す機能がある。

f)　走査速度に対応してパルス繰返し周波数を制御する機能

g)　音響結合性のチェック機能（例えば，底面エコーの監視による。）

h)　鋼板端部からの不連続部の位置を表示可能な装置（プリンタ，記録装置又は表示装置）

6.5　試験片

6.5.1　二振動子垂直探触子用 E 形対比試験片

二振動子垂直探触子の距離振幅特性曲線を調べるために，**附属書 JA** の二振動子垂直探触子用 E 形対比試験片（RB-E）を用いる。

6.5.2　標準試験片

垂直探触子の探傷感度を設定するために，**JIS Z 2345-3** の標準試験片（STB-N1，STB-G V15-4 又は STB-G V15-2.8）を用いる。

7　探傷方法

7.1　探傷形式

探傷形式は，水浸法（局部水浸法及びギャップ法を含む。）又は直接接触法とする。

7.2　探傷時期

探傷は，通常，鋼板製造の最終工程で実施する。

7.3 探傷面

探傷面は，通常，圧延のまま又は熱処理のままの肌面とし，必要に応じてグラインダなどによって平滑な面とする。探傷は，片面から実施する。

7.4 接触媒質

接触媒質は，探触子と鋼板表面との音響結合が十分に確保されるものであり，通常，水を使用する。

なお，製造業者の選択によって，油，ペーストなど他の接触媒質を使用してもよい。

7.5 走査方法

7.5.1 走査速度

走査速度は，探傷に支障のない速度とする。ただし，自動警報装置のない探傷装置を用いて探傷する場合は，200 mm/s 以下とする。

7.5.2 二振動子垂直探触子による場合の走査

二振動子垂直探触子による場合は，X 走査 [2] 又は Y 走査 [2] を行う（**図1** 参照）。

注 [2] X 走査とは，探触子の音響隔離面を圧延方向に平行に配置し，圧延方向と直角に走査することであり，Y 走査とは，探触子の音響隔離面を圧延方向に直角に配置し，圧延方向に走査することである。

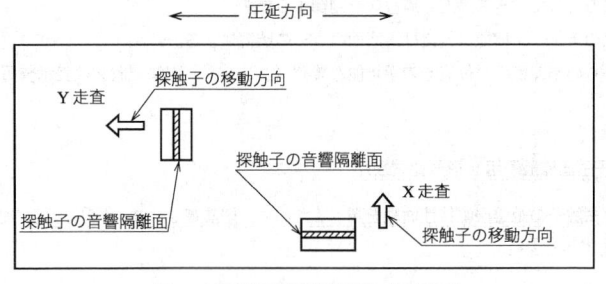

図1−二振動子垂直探触子による走査

7.6 探傷箇所（走査箇所及び範囲）

7.6.1 鋼板内部の探傷

鋼板内部の探傷は，**表3** の走査区分 A 形による（**図2** 参照）。ただし，受渡当事者間の協定によって，他の走査区分を指定することが可能である。同一走査区分内の探傷箇所の選択は，注文者の指定がない限り，装置の機能に合わせて製造業者が行う。

表3－鋼板内部の探傷箇所 a)

走査区分 a)	探傷箇所
S 形	通常，圧延方向及びその直角方向 100 mm ピッチの線上，又は圧延方向若しくはその直角方向 50 mm ピッチの線上を探傷する。
A 形	通常，圧延方向及びその直角方向 200 mm ピッチの線上，又は圧延方向若しくはその直角方向 100 mm ピッチの線上を探傷する。
B 形	圧延方向又はその直角方向 200 mm ピッチの線上を探傷する。
注 a)	S 形，A 形及び B 形において，圧延方向又はその直角方向のいずれであるかを記号で表す必要がある場合には，次のように表す。 圧延方向及びその直角方向を探傷　　S 形：SG，A 形：AG 圧延方向だけを探傷　　　　　　　S 形：SL，A 形：AL，B 形：BL 圧延方向に対して直角方向だけを探傷　S 形：SC，A 形：AC，B 形：BC

7.6.2　鋼板四周辺又は開先予定線の探傷

鋼板の四周辺全て又は開先予定線を中心に**表4**の走査幅全面の探傷を行う。注文者は，鋼板内部を探傷せずに鋼板四周辺又は開先予定線の探傷だけを指定する場合，走査区分 C 形として指定することが可能である（**図2**参照）。

表4－鋼板四周辺又は開先予定線の走査幅

単位　mm

鋼板の厚さ		走査幅
6 以上	60 以下	50
60 超	100 以下	75
100 超	300 以下	100

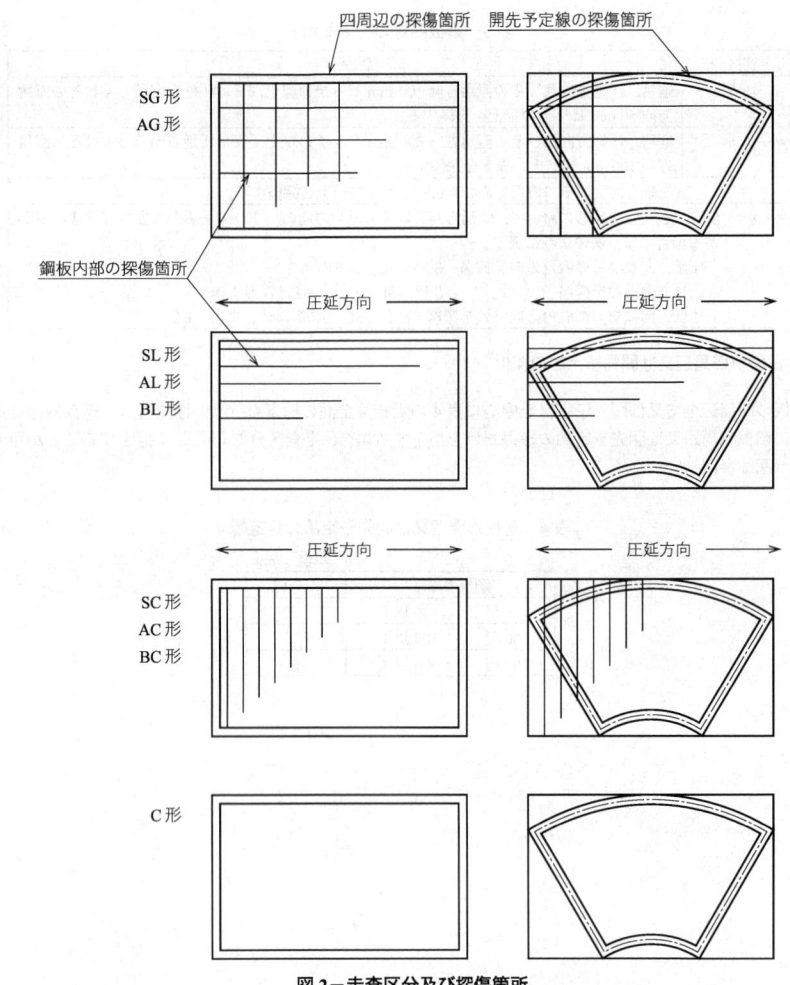

図2－走査区分及び探傷箇所

8 探傷感度及び使用探触子

8.1 一般事項

探傷感度及び使用探触子は，**8.2** 及び **8.3** による。探傷感度の確認は，少なくとも8時間ごとに行う。

8.2 二振動子垂直探触子の探傷感度，使用探触子及び対比線

二振動子垂直探触子の探傷感度，使用探触子及び対比線は，次による。

a) 二振動子垂直探触子の公称周波数は，5 MHz とする。

b) 探傷感度の設定は，次による。

なお，必要に応じて，鋼板の厚さ及び探触子の距離振幅特性を考慮し，距離振幅補償を行う。

1) 試験片は，**附属書 JA** の RB-E 対比試験片において，**附属書 JB** の最大エコー高さを示す厚さ l_0 の部位，又は別途作成した厚さ l_0 の対比試験片を用いる。ただし，感度補正を行うことによって，l_0 以外の厚さの鋼板を用いることが可能である。

2) 手動探傷装置では，第 1 回底面エコー高さを 50 ％（DM 線に相当）に合わせる。自動探傷装置では，第 1 回底面エコー高さを DM 線に相当するエコー高さ測定線に合わせる。その後，**附属書 JB** の公称 N1 検出感度 10 の探触子を使用する場合は，10 dB だけ，公称 N1 検出感度 14 の探触子を使用する場合は，14 dB だけ感度を高める。

c) 対比線の設定は，次による。

1) A スコープ表示式探傷器と二振動子垂直探触子とを組み合わせて用いる場合には，探傷器の目盛の 50 ％高さを対比線 DM 線とし，それより 6 dB 高い線を DH 線，6 dB 低い線を DL 線とする。さらに，厚さによって DC 線は，**表 5** のように決める（**図 3** 参照）。

2) 自動探傷器の場合には，DM 線に相当する設定値を基準値として，A スコープ表示式探傷器の設定と同様に DH 線，DL 線及び DC 線に相当する対比値を設定する（**図 3** 参照）。

表 5−鋼板の厚さ及び DC 線の決め方

鋼板の厚さ mm		DC 線のレベル
6 以上	20 以下	DM 線から 12 dB 低い線
20 超	60 以下	DM 線から 10 dB 低い線

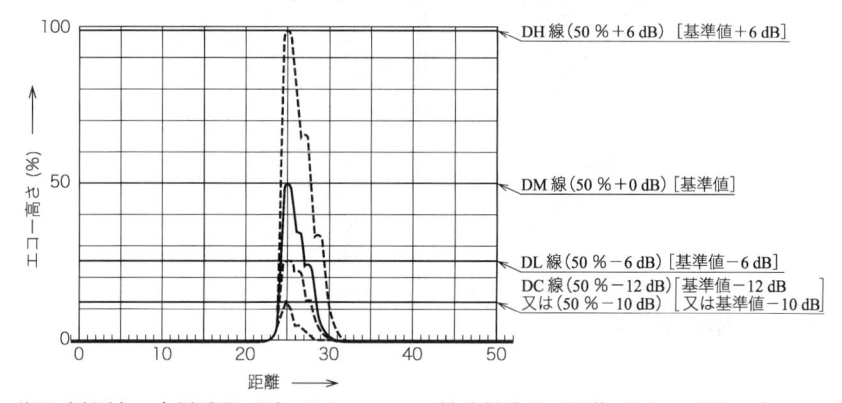

注記　角括弧内は，自動探傷器の場合における，A スコープ表示式探傷器の対比線に相当する対比値を表している。

図 3−A スコープ表示式探傷器及び二振動子垂直探触子による対比線及び自動探傷器の場合の対比値の例

8.3　垂直探触子の探傷感度，公称周波数及び振動子寸法

鋼板の厚さに応じて使用する垂直探触子の公称周波数，振動子寸法及び標準試験片は，**表 6** による。探傷感度は，標準試験片の平底穴のエコー高さを**表 6** になるように設定する。

表6-垂直探触子の探傷感度，公称周波数及び振動子寸法

鋼板の厚さ mm		探傷感度に用いる標準試験片及 び平底穴のエコー高さの設定	公称周波数 [b)] MHz	振動子寸法 [b)]（直径） mm
13 以上	20 以下	STB-N1：25 %	5	20
20 超	40 以下	STB-N1：50 %	5	20
40 超	60 以下	STB-N1：70 %	5 (2)	20 (30)
60 超	100 以下	STB-G V15-4：50 %	2	30
100 超	160 以下	STB-G V15-4：80 %	2	30
160 超	200 以下 [a)]	STB-G V15-2.8：50 %	2	30

注 [a)] 鋼板の厚さが 200 mm を超え，300 mm 以下の場合，**附属書 JC** による。
注 [b)] 括弧内の公称周波数と括弧内の振動子寸法との組合せを使用してもよい。

9 きずの分類及び評価

9.1 きずの分類及び表示記号

9.1.1 二振動子垂直探触子による場合

X 走査の場合は，きずエコー高さによってきずを**表7**のように分類し，表示記号を付ける。また，Y 走査の場合は，きずエコー高さによってきずを**表8**のように分類し，表示記号を付ける。

なお，自動探傷器を適用する場合は，各々の対比線に相当する対比値を適用する。

表7-二振動子垂直探触子によるきずの分類及び表示記号（X 走査）

きずの分類（呼称）	きずの評価基準	表示記号
軽きず（○きず）	DL 線超 DM 線以下	○
中きず（△きず）	DM 線超 DH 線以下	△
重きず（×きず）	DH 線超	×

表8-二振動子垂直探触子によるきずの分類及び表示記号（Y 走査）

きずの分類（呼称）	きずの評価基準	表示記号
軽きず（○きず）	DC 線超 DL 線以下	○
中きず（△きず）	DL 線超 DM 線以下	△
重きず（×きず）	DM 線超	×

9.1.2 垂直探触子による場合

きずエコー高さによってきずを**表9**のように分類し，表示記号を付ける。

注記 F_1 及び B_1 の定義については，**JIS Z 2344** の **3.**（探傷図形の表示）を参照。

表9-垂直探触子によるきずの分類及び表示記号

きずの分類（呼称）	きずの評価基準	表示記号
軽きず（○きず）	25 %＜F_1≦50 % ただし，B_1 が 100 %未満の場合は，25 %＜F_1/B_1≦50 %	○
中きず（△きず）	50 %＜F_1≦100 % ただし，B_1 が 100 %未満の場合は，50 %＜F_1/B_1≦100 %	△
重きず（×きず）	100 %＜F_1，100 %＜F_1/B_1 又は B_1≦50 %	×

9.2 きずの広がり及び指示長さ

9.2.1 きずの広がり

きずを検出した場合は，きずの広がりを確かめる。ただし，きずの長さ方向の指示長さとは，圧延方向の寸法をいい，きずの幅方向の指示長さとは，圧延方向に直交する寸法をいう。

なお，圧延方向が不明の場合は，きずの広がりにおいて，最大径となる方向を圧延方向とみなす。

9.2.2 きず指示長さ

きずの分類別のきずの指示長さの求め方は，次による。

a) **二振動子垂直探触子におけるきず指示長さ** きずの長さ方向の指示長さを測定する場合は，通常，Y走査で探触子を移動して，きずエコー高さが**表 10** の対比線まで低下するときの探触子の中心間の距離を測定して，きず指示長さとする。ただし，Y走査が困難な場合は，X走査で探触子を移動し，きずエコー高さが**表 11** の対比線まで低下するときの探触子の中心間の距離を測定して，きず指示長さとすることが可能である。

表 10－きず指示長さを測定する基準（Y 走査の場合）

きずの分類（呼称）	対比線
軽きず（○きず）	DC 線
中きず（△きず）	DL 線
重きず（×きず）	DL 線

表 11－きず指示長さを測定する基準（X 走査の場合）

きずの分類（呼称）	対比線
軽きず（○きず）	DL 線
中きず（△きず）	DM 線
重きず（×きず）	DM 線

b) **垂直探触子におけるきず指示長さ** 探触子を移動して，きずエコー高さ（F_1）が**表 12** の規定値を超える範囲，F_1/B_1 が**表 12** に示す値を超える範囲，又は底面エコー高さ（B_1）が**表 12** の規定値を下回る範囲の探触子の中心間の距離を測定してきず指示長さとする。

表 12－きず指示長さを測定する基準（垂直探触子による場合）

きずの分類（呼称）	F_1, F_1/B_1 又は B_1
軽きず（○きず）	$F_1＝25$ ％又は $F_1/B_1＝25$ ％
中きず（△きず）	$F_1＝50$ ％又は $F_1/B_1＝50$ ％
重きず（×きず）	$F_1＝50$ ％，$F_1/B_1＝50$ ％又は $B_1＝50$ ％

c) **きず 1 個の最大指示長さの評価** それぞれのきずの分類別に，きずの最大指示長さを評価する。ただし，2 個以上のきずが直線状に連続して存在する場合で，隣り合うきずの間隔が両方のきずのうちの小さい方のきずの指示長さより小さいとき，両きずは，間隔部分を含めて連続した一つのきずとみなし，その総和をもってきず 1 個の指示長さとする。

9.3 きずの記録

9.3.1 鋼板内部

特に指定のない限り，中きず（△きず）及び重きず（×きず）の表示記号，位置及びその寸法を記録する。ただし，指示長さが 50 mm 未満の中きず（△きず）及び指示長さが 25 mm 未満の重きず（×きず）は，点きずとして扱い，寸法を記録する必要はない。

9.3.2 四周辺及び開先予定線

四周辺及び開先予定線の記録の方法は，次による。

a) きず指示長さが 10 mm 以下の軽きず（○きず）は，きずとして扱わず，記録しない。

b) きず指示長さが 10 mm を超える軽きず（○きず），中きず（△きず）及び重きず（×きず）の表示記号，位置及びその寸法を記録する。ただし，指示長さが 50 mm 未満の軽きず（○きず）及び中きず（△きず）並びに指示長さが 25 mm 未満の重きず（×きず）は，点きずとして扱い，寸法を記録しない。

9.4 評価方法

9.4.1 評価対象きず

評価対象きずは，次による。

a) **鋼板内部**　中きず（△きず）及び重きず（×きず）を評価対象とし，軽きず（○きず）は，評価対象にしない。

b) **四周辺又は開先予定線**　きずの指示長さが，10 mm を超える軽きず（○きず），中きず（△きず）及び重きず（×きず）の全てを評価対象とする。

9.4.2 評価のための換算

密集度及び占積率の評価のためのきず個数及びきず区分数の換算は，きずの分類及び探傷箇所によって，次のように行う。

a) **きず個数の換算**　きずの個数の換算は，次の手順によって行う。

　1) 軽きず（○きず）及び中きず（△きず）は，探傷線に沿ってその長さが 50 mm 以下の場合は 1 個として数え，50 mm を超える場合は，長さ 50 mm ごと及びその端数をそれぞれ 1 個として数える。

　2) 重きず（×きず）は，探傷線に沿ってその長さが 25 mm 以下の場合は 1 個として数え，25 mm を超える場合は，その長さが 25 mm ごと及びその端数をそれぞれ 1 個として数える。

　3) 1)及び 2)で数えた軽きず（○きず）及び重きず（×きず）を，次のように中きず（△きず）に換算し，換算後の中きず（△きず）の総数を，きずの換算個数とする。

　　軽きず（○きず）2 個→中きず（△きず）1 個

　　重きず（×きず）1 個→中きず（△きず）2 個

b) **きず区分の換算**　きず区分の換算は，次の手順によって行う。

　1) 鋼板内部については，探傷線を 200 mm 又はそれ未満に区分し，また，四周辺又は開先予定線に沿った部分については，**表 4** の走査幅に相当する長さ又はそれ未満に区分し，各区分内の最も重いきずをその区分の代表きずとする。

　2) 軽きず（○きず）及び重きず（×きず）区分は，次のように中きず（△きず）区分に換算し，換算後の中きず（△きず）区分の総数を，きずの換算区分数とする。

軽きず（○きず）2区分→中きず（△きず）1区分

重きず（×きず）1区分→中きず（△きず）2区分

9.4.3 重きず（×きず），密集度及び占積率の評価

重きず（×きず），密集度及び占積率の評価の方法は，次による。

a) 重きず（×きず）個数の評価

1) 鋼板内部については，重きず（×きず）個数の鋼板全面積に対する割合（個／m²）を求め，評価する。

2) 四周辺又は開先予定線については，重きず（×きず）個数の全四周辺又は開先予定線3mに対する割合（個／3m）を求め，評価する。

b) 密集度の評価

1) 鋼板内部については，換算個数が最も密に存在する箇所において，通常，1m²の正方形面積内の探傷線上の換算個数とする。

2) 四周辺又は開先予定線については，換算個数が最も密に存在する3mの部分における換算個数とする。

c) 占積率の評価

1) 鋼板内部については，換算区分数の全区分数に対する割合（％）で評価する。

2) 四周辺又は開先予定線については，換算区分数の全区分数に対する割合（％）で評価する。

9.5 判定基準

判定基準は，**表13**及び**表14**による。**表13**及び**表14**に規定する全ての項目が規定値以下の場合，その鋼板を合格とする。ただし，自動探傷において，きずが擬似信号かどうかを確認する必要がある場合，手動探傷によって評価判定してもよい。また，判定の結果不合格でも，受渡当事者間の協定によって，鋼板の板取り，使用箇所などを考慮し，合格としてもよい。

表13－鋼板内部の判定基準

きずの分類（呼称）	重きず（×きず）の個数 個／m²	きず1個の最大指示長さ mm	密集度（中きず換算個数）個／m²	占積率（中きず換算割合）％
重きず（×きず）	1	100	20	15
中きず（△きず）	－	150		
探傷箇所が全面探傷の場合，受渡当事者間の協定によって，判定基準を変えてもよい。				

表14－四周辺又は開先予定線の判定基準

きずの分類（呼称）	重きず（×きず）の個数 個／3m	きず1個の最大指示長さ mm	密集度（中きず換算個数）個／3m	占積率（中きず換算割合）％
重きず（×きず）	1	50	10	20
中きず（△きず）	－	75		
軽きず（○きず）	－	100		

10　溶接補修

　溶接補修した部分は，この規格に規定する探傷条件による超音波探傷試験，及び必要に応じて他の非破壊試験によって，補修結果の確認をしなければならない。

11　検査報告書

　検査報告書が必要な場合，報告する事項は，次のうちから，受渡当事者間の協定によって選択する。

a)　検査年月日

b)　検査技術者名

c)　適用した規格番号

d)　検査対象材の明細（規格・グレード，熱処理条件，表面状態，寸法及び識別番号）

e)　超音波探触子（種類，寸法及び周波数）及び探傷装置の特性

f)　探傷条件（接触媒質，走査方法，面積決定方法及び校正方法）

g)　検査結果

附属書 JA
（規定）
二振動子垂直探触子用 E 形対比試験片 （RB-E）

JA.1　材料

材料は，**JIS G 3103** の SB410 に，焼ならしを行った鋼材を使用する。同等の音響特性をもつ **JIS G 3106** の圧延鋼材，**JIS G 4304** の熱間圧延ステンレス鋼板などを用いてもよい。

JA.2　形状及び寸法

対比試験片の形状及び寸法は，**図 JA.1** による。表面仕上げは，探傷両面とも **JIS B 0601** の算術平均粗さ Ra 1.6 μm 以下とする。厚さの許容差は，±0.05 mm とする。

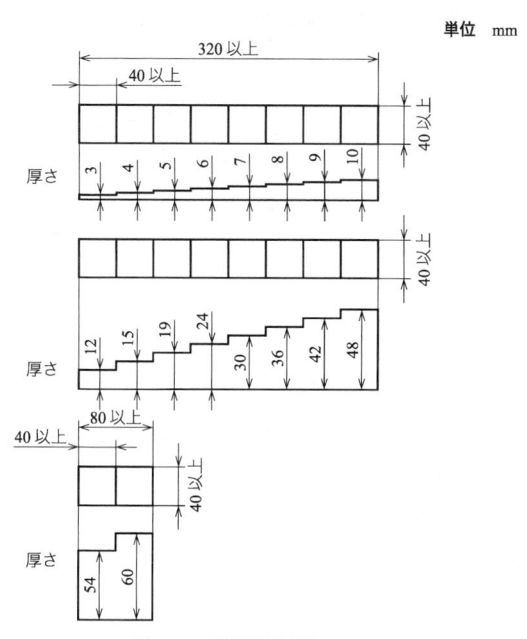

図 JA.1－形状及び寸法

附属書 JB
（規定）
二振動子垂直探触子の性能

JB.1 探触子の性能

JB.1.1 距離振幅特性

　距離振幅特性は，**附属書 JA** に示す二振動子垂直探触子用 E 形対比試験片（RB-E）を用いて，各厚さごとに第 1 回底面エコー高さ（以下，エコー高さという。）を測定し，**図 JB.1** に示すように特性曲線を作成したとき，次の条件を満足しなければならない。

a)　使用する最大厚さにおけるエコー高さが，最大エコー高さから 0 dB～−6 dB の範囲になければならない。ただし，距離振幅補償機能をもつ探傷器と組み合わせて使用する二振動子垂直探触子については，使用する最大厚さにおけるエコー高さが，最大エコー高さから−6 dB 以上を確保できればよい。

b)　厚さ 3 mm におけるエコー高さが，最大エコー高さから 0 dB～−6 dB の範囲になければならない。ただし，距離振幅補償機能をもつ探傷器と組み合わせて使用する二振動子垂直探触子については，厚さ 3 mm におけるエコー高さが，最大エコー高さから−6 dB 以上を確保できればよい。

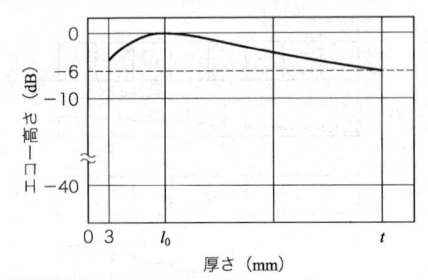

記号説明
　l_0：RB-E において，最大エコー高さを示す厚さ
　t：使用する最大厚さ

図 JB.1−距離振幅特性曲線の例

JB.1.2 表面エコーレベル

　直接接触法による表面エコーレベルは，最大エコー高さより 40 dB 以上低くなければならない。

JB.1.3 N1 検出感度

　JIS Z 2345-3 の標準試験片（STB-N1）の標準穴のエコー高さによって，公称 N1 検出感度は，次のいずれかによる。

a)　公称 N1 検出感度 10：STB-N1 の標準穴のエコー高さが，最大エコー高さから−10 dB±2 dB の範囲にある。

b)　公称 N1 検出感度 14：STB-N1 の標準穴のエコー高さが，最大エコー高さから−14 dB±2 dB の範囲にある。

JB.1.4 有効ビーム幅

　有効ビーム幅を測定する場合には，STB-N1 の標準穴を用い，音響隔離面に平行に探触子を移動させ，エコー高さが最大になる位置から両側に 6 dB 低下する範囲を測定し，その全幅が 15 mm 以上でなければならない。

附属書 JC
（規定）
厚さ 200 mm を超え 300 mm 以下の超音波探傷検査

JC.1　探傷条件

JC.1.1　垂直探触子の公称周波数及び振動子寸法

　探触子の公称周波数及び振動子寸法は，通常，**表 JC.1** による。直接接触法の場合，振動子に軟質保護膜を付けることが可能である。

表 JC.1－垂直探触子の公称周波数及び振動子寸法

公称周波数 MHz	振動子の有効直径 mm
2	30

JC.1.2　基準感度

　基準感度は，**JIS Z 2345-3** の標準試験片（STB-G V15-4）を用いて，直径 4 mm の平底穴からのエコー高さが 40 ％になるように調整する。このエコー高さを基準感度とし，**図 JC.1** に示す距離振幅特性曲線を目盛に作図する。ただし，RH 線が 100 ％を超える範囲に対しては，探傷感度を 6 dB 下げ，RM 線を RH 線に，RL 線を RM 線に，及び RC 線を RL 線にそれぞれ読み替えて評価する。

　RH 線が 40 ％を下回る範囲では，探傷感度を 6 dB 高め，新たに RH 線を作り，従来の RH 線を RM 線に，及び従来の RM 線を RL 線にそれぞれ読み替えて評価する。

　なお，減衰が著しい場合には，適切な方法で補正する。

JC.2　きずの分類

JC.2.1　きずの分類及び表示記号

　きずエコー高さによって，きずを**表 JC.2** のように分類し，表示記号を付ける。

表 JC.2－きずの分類

きずの分類（呼称）	きずの評価基準	表示記号
軽きず（〇きず）	RL 線超，RM 線以下	〇
中きず（△きず）	RM 線超，RH 線以下	△
重きず（×きず）	RH 線超，又はきずエコーによって底面エコー高さが 10 ％以下となる場合	×

JC.2.2　きずの広がり及び指示長さ

JC.2.2.1　きずの広がり

　きずが検出された場合は，その付近を探傷して，きずの広がりを確かめる。

JC.2.2.2　きず指示長さ

きずエコー高さ又は底面エコー高さが**表 JC.3** に示す測定限界を超える範囲の探触子の中心間の距離を測定して，きず指示長さとする。

表 JC.3－きず指示長さを測定する基準

きずの分類（呼称）	対比線又は底面エコー高さ
軽きず（○きず）	RL 線
中きず（△きず）	RM 線
重きず（×きず）	RM 線又は $B_1＝10\%$

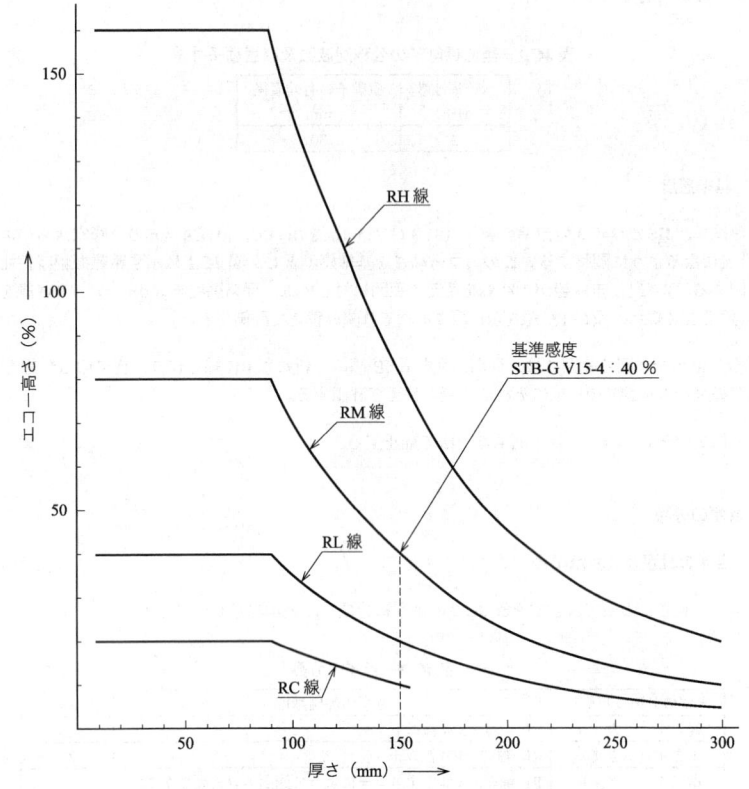

図 JC.1－基準感度及び距離振幅特性曲線の例

附属書 JD
(参考)
JIS と対応国際規格との対比表

JIS G 0801	ISO 17577:2016,（MOD）

a) JIS の箇条番号	b) 対応国際規格の対応する箇条番号	c) 箇条ごとの評価	d) JIS と対応国際規格との技術的差異の内容及び理由	e) JIS と対応国際規格との技術的差異に対する今後の対策
1	1	変更	**ISO** 規格では，鋼板の厚さ 6 mm〜200 mm 以外は，受渡当事者間の協定によって適用可としているが，**JIS** では，国内の使用ニーズ及び実績がある 300 mm 以下と規定している。	技術的な差異は，軽微であり，現状ままとする。
3	3	削除	**ISO** 規格では，欠陥及び不感帯の用語が定義されているが，**JIS** では，削除している。	技術的な差異は，軽微であり，現状ままとする。
		追加	**JIS** では，国内で用いられている E 形対比試験片（RB-E）を追加するとともに，個別に規定した用語の定義以外は，**JIS G 0202，JIS G 0203，JIS G 0431 及び JIS Z 2300** を引用した。	技術的な差異は，軽微であり，現状ままとする。
4	6.1	変更	探傷方式の一般事項について，**ISO** 規格では，本文に規定しているが，**JIS** では，"この規格に規定する以外の一般事項は，**JIS Z 2344** による。"とした。	技術的な差異は，軽微であり，現状ままとする。
6	6	変更	技術レベルの大きな差異はないが，増幅直線性及び不感帯の評価基準が異なる。**ISO** 規格では，60 mm 以上の鋼板にも二振動子が適用可能としているが，国内では，屋根角が付いた二振動子が主流であり，厚肉材の探傷には適さないこと，また，板厚 60 mm を超える領域は，垂直探触子の探傷が一般的であるため，厚さ 60 mm までに抑えている。**JIS** では，二振動子垂直探触子の距離増幅直線性を評価する試験片及び垂直探触子の探傷感度を設定する標準試験片を規定している。	60 mm 以上への二振動子の適用除外については，必要に応じて **ISO** へ提案する。**JIS** の探触子及び探傷感度の設定に関しては，**ISO** 規格との整合を検討する。
7	4 b)，6.6，7.1，7.2	変更	**ISO** 規格では，探傷カバー範囲を規定している。**JIS** では，探傷形式及び探傷面に一般的な規定を追加している。探傷ピッチの規定は同等である。	技術的な差異は，軽微であり，現状ままとする。
8	7	変更	**ISO** 規格では，対比試験片による感度調整を規定している。**JIS** では，二振動子垂直探触子の場合，対比試験片で，垂直探触子の場合，標準試験片での感度調整を規定している。	基本的には，**JIS** の方が厳格であり，**ISO** への提案を検討する。

a) JIS の箇条番号	b) 対応国際規格の対応する箇条番号	c) 箇条ごとの評価	d) JIS と対応国際規格との技術的差異の内容及び理由	e) JIS と対応国際規格との技術的差異に対する今後の対策
		変更	ISO 規格では，200 mm 以上は，受渡当事者間の協定によると規定しているが，JIS では，国内市場で検査対象となっている 200 mm を超え 300 mm 以下の鋼板検査の規定を，附属書 JC として追加している。	国内独自の運用であり，ISO への提案は行わない。
9	8, 9	変更	ISO 規格では，きずの大きさ及び密集度で鋼板内部，四周辺部それぞれ 4 レベルの判定基準を設定している。JIS は，探傷感度レベルによって軽きず，中きず，重きずに分類し，判定基準は一つである。	ISO 規格の判定基準の調査を行い，整合化が必要な場合，ISO への提案を検討する。
10	—	追加	JIS では，溶接補修した部分の補修結果の確認方法を追加している。	ISO への提案を検討する。
11	10	変更	検査報告事項は，ISO 規格と一致しているが，JIS では，工場内のデータの授受のケースも考慮し，必要な項目を選択できることとしている。	ISO への提案を検討する。
附属書 JA	—	追加	JIS では，国内市場で使用されている対比試験片 (RB-E) の材料並びに形状及び寸法を，附属書 JA として追加している。	国内独自の運用であり，ISO への提案は行わない。
附属書 JB	—	追加	JIS では，二振動子垂直探触子の要求性能を，附属書 JB として追加している。	国内独自の運用であり，ISO への提案は行わない。
附属書 JC	—	追加	JIS では，国内市場で検査対象となっている 200 mm を超え 300 mm 以下の鋼板検査の規定を，附属書 JC として追加している。	国内独自の運用であり，ISO への提案は行わない。

注記 1 箇条ごとの評価欄の用語の意味を，次に示す。
 － 削除：対応国際規格の規定項目又は規定内容を削除している。
 － 追加：対応国際規格にない規定項目又は規定内容を追加している。
 － 変更：対応国際規格の規定内容又は構成を変更している。
注記 2 JIS と対応国際規格との対応の程度の全体評価の記号の意味を，次に示す。
 － MOD：対応国際規格を修正している。

＊JIS G 0802:2016 は 2024 年 1 月 22 日に追補 1 によって改正。本規格と追補 1 を併読し用いてください。

JIS G 0802
(2016)

ステンレス鋼板の超音波探傷検査方法
Ultrasonic testing of stainless steel plates

$\boxed{\text{JIS (1998) 制定}}$

序文

この規格は，2016 年に第 2 版として発行された **ISO 17577** を基とし，技術的内容を変更して作成した日本産業規格である。

なお，この規格で側線又は点線の下線を施してある箇所は，対応国際規格を変更している事項である。変更の一覧表にその説明を付けて，**附属書 JE** に示す。

1 適用範囲

この規格は，厚さ 6 mm 以上，200 mm 以下のステンレス鋼板に対する超音波探傷検査方法について規定する。

この超音波探傷検査方法は，ニッケル板，ニッケル合金板及び超合金板にも適用する（以下，ステンレス鋼板，ニッケル板，ニッケル合金板及び超合金板を総称して，製品板という。）。

また，受渡当事者間の協定によって，厚さ 6 mm 未満又は 200 mm を超える製品に，適用してもよい。

注記　この規格の対応国際規格及びその対応の程度を表す記号を，次に示す。

ISO 17577:2016，Steel－Ultrasonic testing of steel flat products of thickness equal to or greater than 6 mm（MOD）

なお，対応の程度を表す記号"MOD"は，**ISO/IEC Guide 21-1** に基づき，"修正している"ことを示す。

2 引用規格

次に掲げる規格は，この規格に引用されることによって，この規格の規定の一部を構成する。これらの引用規格は，その最新版（追補を含む。）を適用する。

JIS B 0601　製品の幾何特性仕様（GPS）－表面性状：輪郭曲線方式－用語，定義及び表面性状パラメータ

JIS B 8266　圧力容器の構造－特定規格

JIS G 0431　鉄鋼製品の雇用主による非破壊試験技術者の資格付与

JIS G 4304　熱間圧延ステンレス鋼板及び鋼帯

JIS G 4305　冷間圧延ステンレス鋼板及び鋼帯

JIS Z 2300　非破壊試験用語

JIS Z 2305　非破壊試験技術者の資格及び認証

注記　対応国際規格：**ISO 9712**, Non-destructive testing－Qualification and certification of NDT personnel（MOD）

JIS Z 2344　金属材料のパルス反射法による超音波探傷試験方法通則
JIS Z 2345　超音波探傷試験用標準試験片
JIS Z 2352　超音波探傷装置の性能測定方法

3　用語及び定義

この規格で用いる主な用語及び定義は，**JIS Z 2300** によるほか，次による。

3.1

密集度（population density）

製品板内部の規定された単位面積，又は四周辺及び開先予定線の単位長さに対する，規定された最小サイズより大きく，最大サイズより小さいきずの数。

注記　製品板内部とは，製品板の四周辺及び開先予定線を除いた部分をいう。

3.2

手動探傷（manual testing）

製品板表面上を適切なパターンで超音波探触子を手動で走査し，直接目視によるか，又はアラーム付きの装置を使って，A スコープ表示上に示される信号を評価する探傷。

3.3

自動探傷（automatic testing）

製品板表面上を適切なパターンで超音波探触子を機械的に自動で走査し，更に電気的方法で信号を評価しながら行う探傷。

3.4

二振動子垂直探触子用 E 形対比試験片（**RB-E-S**）（type E reference block for double crystal probe）

製品板の二振動子垂直探触子の距離振幅特性を調べる試験片。

3A　一般事項

この規格の規定以外の一般事項は，**JIS Z 2344** による。

4　探傷方式

探傷方式は，垂直法によるパルス反射法とする。

5　検査技術者

製品板の超音波探傷検査に従事する技術者は，超音波探傷試験に関する基礎技術を習得し，検査の対象となる製品板の性質及びその検査方法について，十分な知識・経験をもつ者でなければならない。

なお，受渡当事者間の協定によって，**JIS G 0431**，**JIS Z 2305** 又はこれらと同等の資格を適用してもよい。

6　探傷装置

6.1　探傷装置の構成

手動探傷装置は，主として手動探傷器及び探触子で構成する。自動探傷装置は，自動探傷器，探触子，送り装置，探触子追従装置，自動警報装置，記録装置などで構成する。

6.2 探傷器

6.2.1 一般的機能

探傷器に要求される一般的機能は，次による。

a) 時間軸の調整が可能で，かつ，探傷感度がデシベル単位で調整できなければならない。

b) 使用する探触子の周波数に対応できなければならない。

c) 送信波の繰返し周波数は，走査速度に対し，十分に対応できなければならない。

d) 不連続部の信号を探傷ゲート機能によって適正に検出でき，かつ，その信号を探傷器の表示器又は記録装置に出力できなければならない。

6.2.2 手動探傷器

手動探傷器の A スコープ表示は，ピークエコーが鋭く，かつ，明確に表示できるものでなければならない。少なくとも 1 年に 1 回，**JIS Z 2352** の箇条 7（定期点検）によって定期点検を行う。

増幅直線性，遠距離分解能及び手動探傷器の不感帯の性能は，次による。

a) **増幅直線性** 探傷器の増幅直線性は，使用する公称周波数において **JIS Z 2352** の **6.2.2**［増幅直線性（測定方法 A)]によって測定し，正の最大誤差（$+h_{\text{MAX}}$）の絶対値と負の最大誤差（$-h_{\text{MAX}}$）の絶対値との和が 6 ％以下でなければならない。

b) **遠距離分解能** 探傷器の垂直探傷における遠距離分解能は，**表 1** の公称周波数に応じ **JIS Z 2352** の **6.3.3**［分解能測定方法 A（RB-RA 形対比試験片)]によって測定し，その値は，**表 1** の値でなければならない。

表 1－遠距離分解能

公称周波数 MHz	遠距離分解能 mm
2 以上 4 未満	9 以下
4 以上 5 以下	7 以下
超音波減衰が著しい場合は，受渡当事者間の協定によって 1 MHz を使用することができる。ただし，遠距離分解能 9 mm 以下を満足しなければならない。	

c) **手動探傷器の不感帯** 手動探傷器の不感帯は，4 MHz 以上 5 MHz 以下の場合は 10 mm 以下，4 MHz 未満の場合は 15 mm 以下とし，その測定は，次の手順によって行う。

1) 時間軸の測定範囲を 50 mm に調整し，**JIS Z 2345** の STB-N1 を探傷して，その標準穴のエコー高さを目盛板の 20 ％に調整する。

2) 次に，感度を 14 dB 高め，目盛板の 0 点から送信パルスが最後に 20 ％となる点までの長さを厚さ方向の距離で読み取り，これを不感帯とする。

6.2.3 自動探傷器

自動探傷器の増幅直線性及び距離振幅補償機能は，次による。

なお，空調した室内に設置した自動探傷器は，少なくとも 3 年に 1 回，その他の自動探傷器は，少なくとも 1 年に 1 回定期点検を行う。

a) **増幅直線性** 増幅直線性は，**附属書 JA** の二振動子垂直探触子用 E 形対比試験片（RB-E-S）の第 1 回底面エコー又は電気的擬似信号を適度のレベルに設定し，その設定レベルから -6 dB，-12 dB 及び

　　　−18 dB の各線で測定し，理論値を基準とし，理論値と測定値との偏差のうち，正の最大値と負の最大値の絶対値との和が，2.5 dB 以下でなければならない。

　　　なお，A スコープ表示をもつ自動探傷器の増幅直線性は，**6.2.2 a)** による。

b) **距離振幅補償機能**　距離振幅補償機能をもつ装置では，使用する最大厚さでの補償後の底面エコーの高さが，距離振幅特性曲線における最大エコー高さから−6 dB 以内でなければならない。

6.3　探触子

探触子は，次による。

a) 探触子の種類は，製品板の厚さに応じて，**表 2** による。一振動子の垂直探触子は，単に"垂直探触子"という。

b) 探触子の公称周波数は，2 MHz 以上，5 MHz 以下とする。高減衰材又は特別な音響特性をもつ製品板に対しては，受渡当事者間の協定によって，その他の周波数を用いてもよい。

c) 探触子の振動子は，円形の場合，公称寸法が 20 mm 以上，30 mm 以下とし，く（矩）形の場合，長辺の公称寸法が 30 mm 以下とする。

d) 二振動子垂直探触子は，**附属書 JC** の性能をもたなければならない。

e) 垂直探触子の不感帯は，規定された探傷感度で，目盛板の 0 点から送信パルス又は表面反射エコーが最後に 20 ％となるまでの領域で，厚さ方向の距離で読み取った値で示し，製品板の厚さの 15 ％又は 15 mm のいずれか小さい方の値以下でなければならない。

表 2−使用探触子

製品板の厚さ mm	探触子の種類
13 未満	二振動子垂直探触子
13 以上　60 以下	二振動子垂直探触子又は垂直探触子
60 を超えるもの	垂直探触子

6.4　送り装置，探触子追従装置，自動警報装置，マーキング装置及び記録装置

送り装置，探触子追従装置，自動警報装置，マーキング装置及び記録装置を使用する場合は，探傷作業上及び結果の判定作業上，十分な性能をもつものでなければならない。

6.5　試験片

6.5.1　二振動子垂直探触子用 E 形対比試験片（RB-E-S）

二振動子垂直探触子用 E 形対比試験片（RB-E-S）は，**附属書 JA** による。

6.5.2　感度補正用試験片（RB-S）

感度補正用試験片（RB-S）は，二振動子垂直探触子及び垂直探触子の探傷感度の補正値を測定する場合，又は距離振幅特性曲線を作成する場合に使用する試験片であり，**附属書 JB** による。

6.5.3　標準試験片

標準試験片は，**附属書 JC** で規定する二振動子垂直探触子の性能を測定する試験片であり，**JIS Z 2345** の STB-N1 を用いる。

7　探傷方法

7.1　探傷形式

探傷形式は，水浸法（局部水浸法又はギャップ法を含む。）又は直接接触法とする。

7.2　探傷時期

探傷時期は，通常，製造の最終工程とする。

7.3　探傷面

探傷面は，通常，圧延のまま又は熱処理のままの肌面とし，必要に応じて研磨などによって平滑な面としてもよい。探傷は，片面から実施する。

7.4　接触媒質

接触媒質は，探触子と製品板表面との音響結合を十分に確保するためのものであり，通常，水を使用する。

なお，他の接触媒質（例えば，油，ペーストなど）を使用してもよい。

7.5　走査方法

7.5.1　走査速度

走査速度は，探傷に支障のない速度とする。ただし，自動警報装置のない探傷装置を用いて探傷する場合は，200 mm/s 以下とする。

7.5.2　二振動子垂直探触子による場合の走査

二振動子垂直探触子による場合は，X 走査又は Y 走査を行う（**図 1** 参照）。

X 走査：探触子の音響隔離面を圧延方向に平行に配置し，圧延方向と直角に走査する。

Y 走査：探触子の音響隔離面を圧延方向に直角に配置し，圧延方向に走査する。

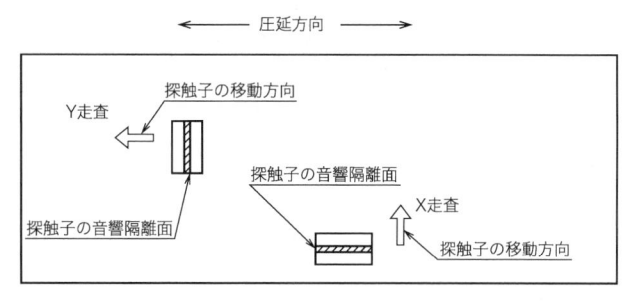

図 1－二振動子垂直探触子による走査

7.6　探傷箇所（走査箇所及び範囲）

7.6.1　製品板内部の探傷箇所

製品板内部の探傷箇所は，注文者の要求がある場合，受渡当事者間の協定によって**表 3** 及び**図 2** の走査区分を指定することができる。注文者の要求がない場合，同一区分内の探傷箇所は，製造業者の選択による。**表 3** 以外について，特に必要がある場合は，受渡当事者間の協定による。

表 3－探傷箇所

走査区分	探傷箇所
A 形	圧延方向及びその直角方向に 200 mm ピッチの線上，又は圧延方向若しくはその直角方向に 100 mm ピッチ線上を探傷する。
B 形	圧延方向又はその直角方向に 200 mm ピッチの線上を探傷する。
A 形及び B 形において，探傷する方向を表す必要がある場合には，次の記号による。 AG 形：A 形で，圧延方向及びその直角方向に探傷 AL 形：A 形で，圧延方向だけに探傷 AC 形：A 形で，圧延方向に対し直角方向だけに探傷 BL 形：B 形で，圧延方向だけに探傷 BC 形：B 形で，圧延方向に対し直角方向だけに探傷	

7.6.2 四周辺又は開先予定線の探傷箇所

四周辺又は開先予定線を中心に，**表 4** に規定する走査幅全面の探傷を行う。注文者は，製品板内部を探傷せずに四周辺又は開先予定線の探傷だけを指定する場合，走査区分 C 形として指定することができる（**図 2** 参照）。

表 4－四周辺又は開先予定線の走査幅

単位　mm

製品板の厚さ	走査幅
60 以下	50
60 を超え 100 以下	75
100 を超えるもの	100

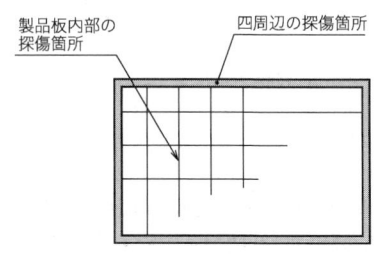

a) AG 形で四周辺を探傷する場合

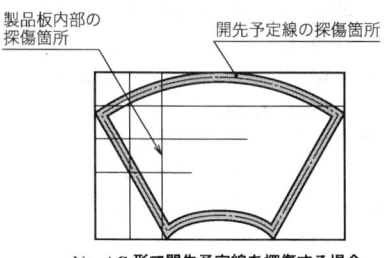

b) AG 形で開先予定線を探傷する場合

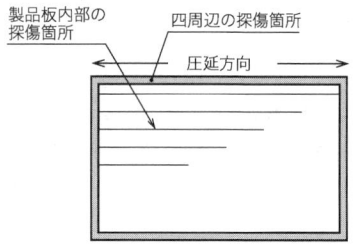

c) AL 形又は BL 形で四周辺を探傷する場合

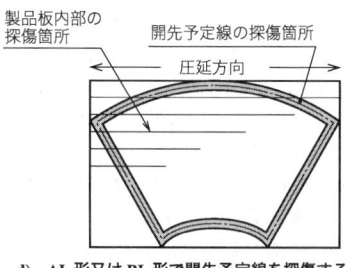

d) AL 形又は BL 形で開先予定線を探傷する場合

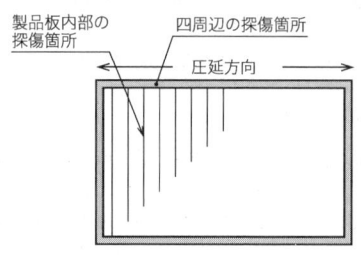

e) AC 形又は BC 形で四周辺を探傷する場合

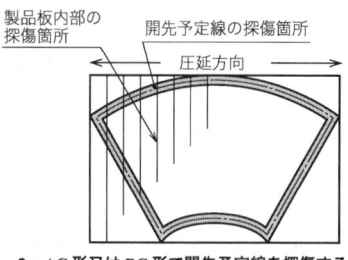

f) AC 形又は BC 形で開先予定線を探傷する場合

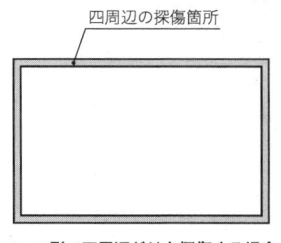

g) C 形で四周辺だけを探傷する場合

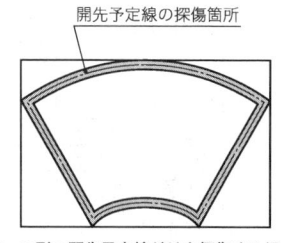

h) C 形で開先予定線だけを探傷する場合

図 2－走査区分及び探傷箇所

8 探傷感度の適用・設定及び対比線の設定

8.1 一般事項

探傷感度の確認は，同一条件での連続探傷では，少なくとも 4 時間ごとに行う。

8.2 探傷感度の適用

探傷感度の適用は，次による。

a) 探傷感度は，通常，**表 5** に示す A 感度を適用する。

b) 製品板の厚さが 60 mm を超え，SN 比が 6 dB 以下の場合は，受渡当事者間の協定によって，**表 5** に示す B 感度を適用してもよい。ただし，B 感度は，圧力容器用途［**JIS B 8266** の **5.3.4**（鉄鋼材料の非破壊試験）**a)**］の製品板には適用してはならない。また，B 感度を適用した場合は，箇条 **12** によって報告を行う。

> **注記** SN 比とは，垂直探触子の不感帯部を除く厚さ内において，$\phi 5$ mm 検出レベル（DM 線）とノイズレベルとの比率をいう。

8.3 距離振幅特性曲線を用いた評価方法の適用

製品板の厚さが 60 mm を超え，超音波減衰が著しい場合には，製造業者の選択によって，**附属書 JD** に規定する距離振幅特性曲線を用いた評価方法を適用してもよい。ただし，距離振幅特性曲線を用いた評価方法を適用した場合は，箇条 **12** によって報告を行う。

8.4 探傷感度の設定方法

探傷感度の設定方法は，**表 5** 及び次による。

a) **A 感度の設定** A 感度の設定は，次によって行う。

1) 探傷する製品板の底面エコーの高さを**表 5** に示すように，CRT 上 50 ％線（**図 3** の DM 線）に調整する。

2) 次に，感度補正用試験片（**附属書 JB** の RB-S）を用いて，あらかじめ測定した F/B（dB）を補正値として，感度を高める。

b) **B 感度の設定** B 感度の設定は，次によって行う。

1) 探傷する製品板の底面エコーの高さを**表 5** に示すように，CRT 上 50 ％線（**図 3** の DM 線）に調整する。

2) 次に，感度補正用試験片（**附属書 JB** の RB-S）を用いて，あらかじめ測定した F/B（dB）から 6 dB を減じた値を補正値として，感度を高める。

表 5−探傷感度

製品板の厚さ	探傷感度			
	製品板の底面エコーの高さ（CRT 上）	感度補正用試験片 No.	感度補正用試験片による補正値[a]	
			A 感度	B 感度
mm	％		dB	dB
6 以上 13 以下	50	1	F/B	—
13 超え 20 以下	50	2	F/B	
20 超え 40 以下	50	3	F/B	
40 超え 60 以下	50	4	F/B	
60 超え 100 以下	50	5	F/B	$F/B-6$
100 超え 160 以下	50	6	F/B	$F/B-6$
160 超え 200 以下	50	7	F/B	$F/B-6$

表5－探傷感度（続き）

> 注 a) 補正値とは，感度補正用試験片の ϕ 5 mm エコー高さ（F）と底面エコーの高さ（B）との比である F/B（dB）値又は $F/B-6$（dB）値を示す。

8.5 対比線の設定

手動探傷器の場合の対比線の設定は，探傷器の目盛板の 50 ％の高さを基準の対比線（DM 線）とし，基準線より 6 dB 高い線を DH 線（100 ％），基準線より 6 dB 低い線を DL 線（25 ％），基準線より 12 dB 低い線を DC 線（12.5 ％）とする（図 3 参照）。

自動探傷器の場合は，図 3 に相当する対比線を設定する。

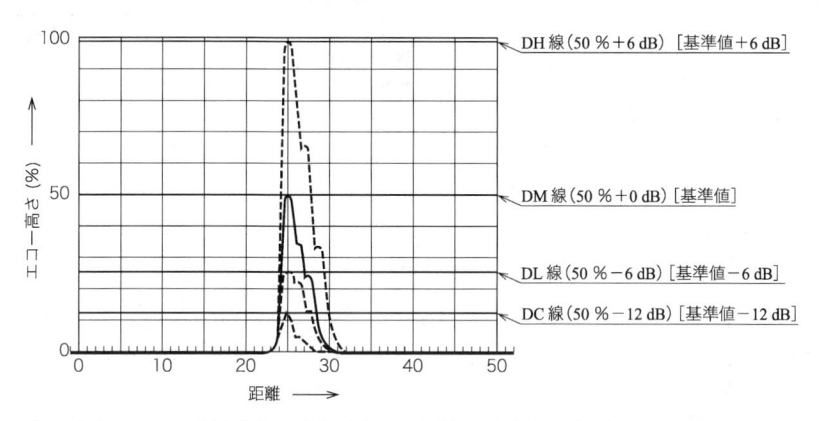

注記　[　] 内は，A スコープ式探傷器の対比線に相当する自動探傷器の場合の対比線。

図 3－探傷器の対比線の設定

9　きずの分類

9.1　きずの分類及び表示記号

9.1.1　二振動子垂直探触子による場合

X 走査の場合は，きずエコー高さによって表 6 のように分類し，表示記号を付ける。また，Y 走査の場合は，きずエコー高さによって表 7 のように分類し，表示記号を付ける。

表 6－二振動子垂直探触子によるきずの分類及び表示記号（X 走査）

きずの程度	きずの評価基準	表示記号
軽	DL 線を超え DM 線以下	○
中	DM 線を超え DH 線以下	△
重	DH 線を超えるもの	×

表7－二振動子垂直探触子によるきずの分類及び表示記号（Y 走査）

きずの程度	きずの評価基準	表示記号
軽	DC 線を超え DL 線以下	○
中	DL 線を超え DM 線以下	△
重	DM 線を超えるもの	×

9.1.2 垂直探触子による場合

垂直探触子による場合は，きずエコー高さによって**表8**のきずの程度に分類し，表示記号を付ける。

表8－垂直探触子によるきずの分類及び表示記号

きずの程度	きずの評価基準	表示記号
軽	DL 線 $<F_1\leqq$ DM 線　　ただし，B_1 が DH 線未満の場合は，25 % $<F_1/B_1\leqq$ 50 %	○
中	DM 線 $<F_1\leqq$ DH 線　　ただし，B_1 が DH 線未満の場合は，50 % $<F_1/B_1\leqq$ 100 %	△
重	$F_1>$ DH 線，$F_1/B_1>$ 100 %又は $B_1\leqq$ DM 線	×
F_1 及び B_1 は，**JIS Z 2344** の 3.（探傷図形の表示）による。		

9.2　きずの広がり及び指示長さ

9.2.1　きずの広がり

きずが検出された場合は，その付近を探傷して，きずの広がりを確かめる。きずの圧延方向の寸法を，長さ方向の指示長さといい，圧延方向に直交する寸法を，きずの幅方向の指示長さという。

なお，圧延方向が不明の場合には，きずの広がりにおいて最大径となる方向を圧延方向とする。

自動探傷できずを検出した場合は，その付近を手動探傷して，きずの広がりを確かめるか，又は手動探傷と同等の検出能力をもつ自動探傷装置で，きずの広がりを確かめる。

9.2.2　きずの指示長さ

きずの程度によるきずの指示長さは，次のいずれかによる。

a) **二振動子垂直探触子による場合**　二振動子垂直探触子によってきずの長さ方向の指示長さを測定する場合は，通常，Y 走査で探触子を移動して，きずエコー高さが**表9**に示す対比線まで低下するときの探触子の中心間距離を測定して，きずの指示長さとする。Y 走査が困難な場合は，X 走査で探触子を移動し，きずエコー高さが**表10**に示す対比線まで低下するときの探触子の中心間距離を測定して，きずの指示長さとしてもよい。きずの幅方向の指示長さを測定する場合は，X 走査によって探触子を移動し，きずの程度が"軽"の場合は DC 線，きずの程度が"中"及びきずの程度が"重"の場合は，DL 線まで低下するときの探触子の中心間距離を測定する。

表9－きずの指示長さを測定する基準（Y 走査）

きずの程度	対比線
軽（○きず）	DC 線
中及び重（△きず及び×きず）	DL 線

表10－きずの指示長さを測定する基準（X 走査）

きずの程度	対比線
軽（○きず）	DL 線
中及び重（△きず及び×きず）	DM 線

b) 垂直探触子による場合　垂直探触子による場合は，探触子を移動して，きずエコー高さ (F_1)，F_1/B_1 又は底面エコーの高さ (B_1) が**表 11** に示す値まで低下するときの探触子の中心間距離を測定してきずの指示長さとする。

表 11－きずの指示長さを測定する基準（垂直探触子による場合）

きずの程度	F_1, F_1/B_1 又は B_1
軽（○きず）	$F_1 = DL$ 線又は $F_1/B_1 = 25\%$
中（△きず）	$F_1 = DM$ 線又は $F_1/B_1 = 50\%$
重（×きず）	$F_1 = DM$ 線，$F_1/B_1 = 50\%$ 又は $B_1 = DM$ 線

9.3　きずの記録

9.3.1　製品板内部

　製品板内部のきずは，特に指定のない限り，△きず及び×きずの表示記号，位置及びそれらの寸法を記録する。ただし，指示長さが 50 mm 未満の△きず及び指示長さが 25 mm 未満の×きずは，点きずとして扱い，寸法を記録する必要はない。

9.3.2　四周辺及び開先予定線

　四周辺及び開先予定線のきずの記録の方法は，次による。

a)　きずの指示長さが 10 mm 以下の○きずは，きずとして扱わず，記録する必要はない。

b)　○きず（10 mm 以下を除く。），△きず及び×きずの表示記号，位置及びそれらの寸法を記録する。ただし，指示長さが 50 mm 未満の○きず及び△きず並びに指示長さが 25 mm 未満の×きずは，点きずとして扱い，寸法を記録する必要はない。

10　きずの評価方法

10.1　評価対象きず

　評価対象きずは，探傷箇所によって，次による。

a)　**製品板内部**　△きず及び×きずを評価対象とし，○きずは，評価対象にしない。

b)　**四周辺又は開先予定線**　きずの指示長さが，10 mm を超える○きず，△きず及び×きずの全てを評価対象とする。

10.2　評価のための換算

　評価のための換算は，きずの程度及び探傷箇所によって，次のように行う。

a)　○きず及び△きずは，探傷線に沿ってその長さが 50 mm 以下の場合は 1 個として数え，50 mm を超える場合は，長さ 50 mm ごと及びその端数をそれぞれ 1 個として数える。

b)　×きずは，探傷線に沿ってその長さが 25 mm 以下の場合は 1 個として数え，25 mm を超える場合は，その長さが 25 mm ごと及びその端数をそれぞれ 1 個として数える。

c)　**a)** 及び **b)** で数えた○きず及び×きずを，次のように△きずに換算し，換算後の△きずの総数を，きずの換算個数とする。

　　　○きず 2 個→△きず 1 個

　　　×きず 1 個→△きず 2 個

10.3　重きず（×きず）個数の評価

　重きずの個数の評価は，次による。

a) 製品板内部については，重きず（×きず）個数の製品板全面積に対する割合（個/m²）によって評価する。

b) 四周辺又は開先予定線については，重きず（×きず）個数の四周辺又は開先予定線 3 m に対する割合（個/3 m）によって評価する。

10.4　きず 1 個の最大指示長さの評価

きず 1 個の最大指示長さは，それぞれのきずの程度別に，きずの最大指示長さによって評価する。ただし，2 個以上のきずが直線状に連続して存在する場合で，隣り合うきずの間隔が，両方のきずのうち，小さい方のきずの指示長さより小さい場合は，両きずは間隔部分を含めて連続した一つのきずとみなし，その総和をもってきず 1 個の指示長さとする。

10.5　密集度の評価

密集度の評価は，次による。

a) 製品板内部については，換算個数が最も多い箇所において，通常，1 m² の正方形面積内の探傷線上の換算個数とする。

b) 四周辺又は開先予定線については，換算個数が最も多い 3 m の部分における換算個数とする。

11　きずの判定基準

きずの判定基準は，**表 12** 及び**表 13** に示す全ての項目について規定した値以下の場合，その製品板を合格とする。ただし，自動探傷の場合で，きずが擬似信号によるものか否かを確認する必要がある場合は，手動探傷によってきずを評価し，判定してもよい。また，判定の結果が不合格となった場合でも，受渡当事者間の協定によって，製品板の板取り，使用箇所などを考慮し，合格にしてもよい。

表 12 − 製品板内部の判定基準

きず表示記号	重きずの個数 個/m²	きず 1 個の最大指示長さ mm	密集度（△きず換算個数）個/m²
△	−	150	20
×	1	100	

表 13 − 四周辺又は開先予定線の判定基準

きず表示記号	重きずの個数 個/3 m	きず 1 個の最大指示長さ mm	密集度（△きず換算個数）個/3 m
○	−	100	10
△	−	75	
×	1	50	

12　試験報告書

試験報告が必要な場合には，報告書の種類のほか，報告する事項は，次のうちから，受渡当事者間の協定によって選択してよい。報告は，試験報告書によるか又は検査文書に記載してもよい。また，**8.2 b)** 及び **8.3** を適用した場合は，必ず報告しなければならない。

a) 検査年月日

b) 検査技術者名

c) この規格番号

d) 試験対象材の明細（種類の記号，熱処理条件，表面状態，寸法及び識別番号）

e) 超音波探触子（種類，寸法及び周波数）及び探傷装置の特性

f) 探傷条件（接触媒質，走査方法，探傷感度，距離振幅特性曲線の有無，面積決定方法及び校正方法）

g) 試験結果

附属書 JA
（規定）
二振動子垂直探触子用 E 形対比試験片（RB-E-S）

JA.1 材料

材料は，**JIS G 4304** 又は **JIS G 4305** の固溶化熱処理を行った SUS304 を使用する。

JA.2 形状及び寸法

対比試験片の形状及び寸法は，**図 JA.1** による。表面仕上げは，探傷両面とも **JIS B 0601** の算術平均粗さ Ra 1.6 μm 以下とする。

単位　mm

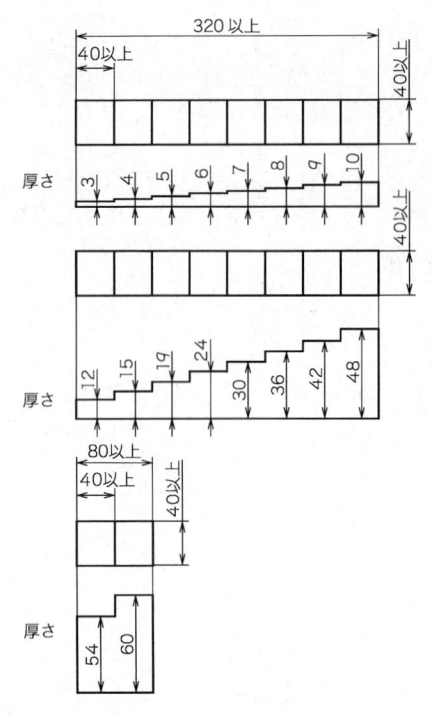

厚さの許容差は，±0.05 mm とする。

図 JA.1－形状及び寸法

附属書 JB
（規定）
感度補正用試験片（RB-S）

JB.1　材料

材料は，**JIS G 4304** 又は **JIS G 4305** の固溶化熱処理を行った SUS304 を使用する。

JB.2　形状及び寸法

仕上面並びに形状及び寸法は，次による。

a)　仕上面　仕上面は，試験体と同等以上の表面状態とする。

b)　形状及び寸法　感度補正用試験片の形状及び寸法は，**図 JB.1** 及び**表 JB.1** による。

単位　mm

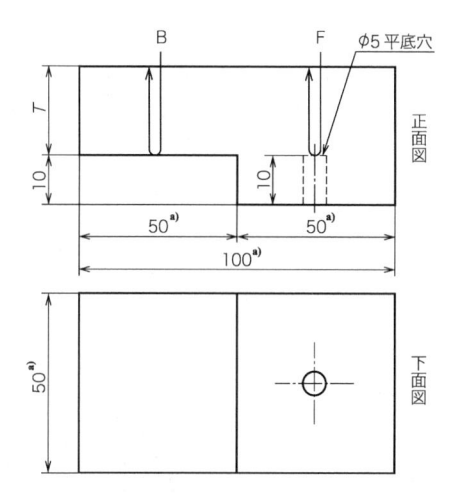

平底穴の最終仕上げに使用する"きり"の先端角度は，180°とする。

平底穴径の加工精度は，±0.05 mm とする。特に規定した箇所以外の寸法許容差は，±0.1 mm とする。

　注 a)　この寸法は，使用する探触子又は探触子ホルダーの寸法に合わせて決めてよい。

図 JB.1－形状及び寸法

表 JB.1－厚さ寸法

単位　mm

感度補正用試験片 No.	厚さ T
1	13
2	20
3	40
4	60
5	100
6	160
7	200

附属書 JC
（規定）
二振動子垂直探触子の性能

JC.1　適用する公称周波数

探触子を適用する公称周波数は，2 MHz〜5 MHz とする。

JC.2　探触子の性能

JC.2.1　距離振幅特性

距離振幅特性は，**附属書 JA** に規定する二振動子垂直探触子用 E 形対比試験片（RB-E-S）を用いて，厚さごとにエコー高さ（dB）を測定し，**図 JC.1** に示すように特性曲線を作成したとき，次の条件を満足しなければならない。

a)　使用する最大厚さにおけるエコー高さが，最大エコー高さから 0〜−6 dB の範囲になければならない。ただし，距離振幅補償機能をもつ探傷器と組み合わせて使用する二振動子垂直探触子については，それを使用することによって，使用する最大厚さにおけるエコー高さが，最大エコー高さから−6 dB 以上確保できればよい。

b)　厚さ 3 mm におけるエコー高さが，最大エコー高さから 0〜−6 dB の範囲になければならない。ただし，距離振幅補償機能をもつ探傷器と組み合わせて使用する二振動子垂直探触子については，それを使用することによって，厚さ 3 mm におけるエコー高さが，最大エコー高さから−6 dB 以上確保できればよい。

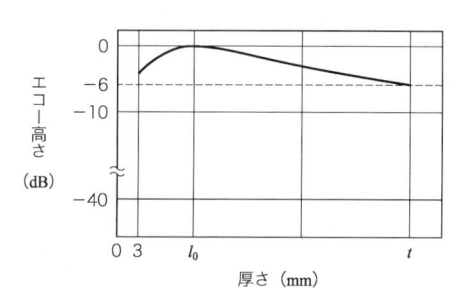

l_0：RB-E-S において最大エコー高さを示す厚さ（mm）
t：使用する最大厚さ（mm）

図 JC.1−距離振幅特性曲線

JC.2.2　表面エコーレベル

直接接触法による表面エコーレベルは，最大エコー高さより 40 dB 以上低くなければならない。

JC.2.3　N1 検出感度

STB-N1 の標準穴のエコー高さは，最大エコー高さから−10 dB±2 dB の範囲にあるものを使用しなければならない。

JC.2.4　有効ビーム幅

　　有効ビーム幅は，STB-N1 の標準穴を用い，音響隔離面に平行に探触子を移動させ，エコー高さが最大になる位置から両側に 6 dB 低下する範囲を測定し，その全幅が 15 mm 以上でなければならない。

附属書 JD
（規定）
距離振幅特性曲線の作成及びエコー高さの区分方法

JD.1 使用する試験片
距離振幅特性曲線は，**附属書 JB** に規定する感度補正用試験片（RB-S）を使用する。

JD.2 距離振幅特性曲線及びエコー高さ区分線の作成手順
距離振幅特性曲線及びエコー高さ区分線の作成手順は，次による。

a) 使用する探触子及び RB-S 試験片の ϕ 5 mm 平底穴を利用して，距離振幅特性曲線を作成する。作成する距離振幅特性曲線は，目盛板に記入するか，表示器上に記入する。

b) 作成する距離振幅特性曲線の範囲は，製品板の厚さを探傷面から底面まで，きずエコー高さを評価するのに十分な厚さ範囲以上であればよい。

c) 垂直探触子に使用する距離振幅特性曲線を作成する場合は，深さ 40 mm 又は 60 mm の ϕ 5 mm 平底穴エコー高さの大きい方を CRT 上 40 %～60 %の範囲になるように探傷器の感度を定め，次に，厚さの大きい RB-S 試験片の ϕ 5 mm 平底穴のエコー高さのピークを CRT 上にプロットする。深さ 40 mm 又は 60 mm のピーク位置以下のプロットは，13 mm 厚さの RB-S 試験片の平底穴のエコー高さを CRT 上にプロットする。この各点のエコー高さのピークを結んだ線を DM_{JD} 線とする（**図 JD.1** 参照）。厚さ 13 mm 以下については水平に線を引く。

d) DM_{JD} 線の各点より 6 dB 高い点をプロットし，その点を結んだ線を DH_{JD} 線，DM_{JD} 線の各点より 6 dB 低い点をプロットし，その点を結んだ線を DL_{JD} 線とする。また，DH_{JD} 線及び DL_{JD} 線も，厚さ 13 mm 以下については水平に線を引く（**図 JD.1** 参照）。

e) 評価に使用する対比線の高さは，使用する範囲において 10 %以下にならないように作成する。10 %以下の範囲を使用する場合（**例 図 JD.1** の 150～200 mm）は，感度を 6 dB 上げて，対比線を順次，DL_{JD} 線，DM_{JD} 線，DH_{JD} 線と読み替える。

f) 距離振幅特性曲線を使ったきず評価の対比線の名称は，**8.5** 及び**図 3** に合わせて，**表 JD.1** のように読み替える（**図 JD.1** 参照）。

表 JD.1－距離振幅特性曲線を使った対比線の読み替え

附属書 JD の対比線	8.5 及び図 3 の対比線
DH_{JD} 線	DH 線
DM_{JD} 線	DM 線
DL_{JD} 線	DL 線

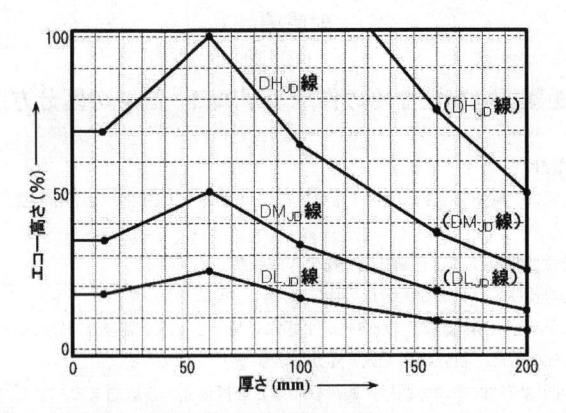

注記　（　）は，感度を 6 dB 上げて，対比線を読み替えた場合を示す。

図 JD.1－垂直探触子の距離振幅特性曲線の例（60 mm 深さの平底穴がピークになった場合）

JD.3　探傷感度の設定

探傷感度の設定は，次による。

a)　探傷する製品板の底面エコーの高さが CRT 上の DM_{JD} 線になるように感度を調整する。

b)　次に，感度補正用試験片（RB-S）を用いてあらかじめ測定した F/B（dB）を補正値として，感度を高める。

JD.4　きずの分類及びきずの指示長さを測定する基準

JD.4.1　きずの分類

きずの分類は，**9.1.2** 及び**表 8** による。

JD.4.2　きずの指示長さの測定

きずの指示長さの測定は，**9.2.2 b)** 及び**表 11** による。

JD.4.3　きずの記録方法

きずの記録方法は，**9.3** による。

JD.5　きずの評価方法

きずの評価方法は，箇条 **10** による。

JD.6　きずの判定基準

きずの判定基準は，箇条 **11** による。

附属書 JE
（参考）
JIS と対応国際規格との対比表

JIS G 0802:2016　ステンレス鋼板の超音波探傷検査方法			ISO 17577:2016, Steel—Ultrasonic testing of steel flat products of thickness equal to or greater than 6 mm				
(I) JIS の規定		(II) 国際規格番号	(III) 国際規格の規定		(IV) JIS と国際規格との技術的差異及びその評価		(V) JIS と国際規格との技術的差異及び今後の対策
箇条番号及び題名	内容		箇条番号	内容	箇条ごとの評価	技術的差異の内容	差異の理由及び今後の対策
1 適用範囲及び題名	ステンレス鋼板、ニッケル板、ニッケル合金板及び超合金板に適用。		1	ステンレス鋼を含む鋼板に適用。	変更	JISでは、JIS G 0801 (圧力容器用鋼板)、JIS G 0901 (建築用鋼板及び平鋼)及びこの規格(ステンレス鋼板)に分けて規定している。	国内市場の要求に応じて、超音波特性を調査の上、ニッケル板、ニッケル合金板及び超合金板を追加した。
3 用語及び定義	製品板用の対比試験片を規定。		3	欠陥及び不感体の用語も定義されている。	変更	JIS Z 2300 で定義されている用語については、JIS Z 2300 によることとした。JISでは、ステンレス鋼製の二振動子垂直探触子用 E 形対比試験片 (RB-E-S) を定義した。	技術的差異は軽微である。
3A 一般事項					追加	この規格の規定以外の一般事項は、JIS Z 2344 によることとした。	技術的差異は軽微である。
5 検査技術者	受渡当事者間の協定によって、JIS G 0431、JIS Z 2305 又はこれらと同等の資格を適用してもよい。		5	ISO 9712 と同等のレベル 3 の資格者の下で資質格付けできた者が実施。	変更	基本的には同等の資格レベルである。	技術的差異は軽微である。

(I) JIS の規定		(II) 国際規格番号	(III) 国際規格の規定		(IV) JIS と国際規格との技術的差異の箇条ごとの評価及びその内容		(V) JIS と国際規格との技術的差異の理由及び今後の対策
箇条番号及び題名	内容		箇条番号	内容	箇条ごとの評価	技術的差異の内容	
6 探傷装置	手動探傷器及び自動探傷器並びに探触子の要求事項。		6	自動探傷器及び手動探傷器並びに探触子の要求事項。	変更	技術レベルに大きな差異はないが，増幅直線性及び不感帯の評価基準が異なる。ISO 規格では，60 mm 以上の鋼板にも二振動子を適用可能としている。JIS では，二振動子及び一振動子探触子の距離振幅特性を測定する試験片及び探傷感度を設定する試験片を規定している。	60 mm 以上の二振動子の適用は今後，調査を行い，必要に応じて適用の方法を ISO に提案する。JIS の探傷感度の設定に関しては，今後 ISO 規格の規定との同等性を調査して，ISO 規格との整合を検討する。
7 探傷方法	探傷形式 探傷時期 探傷面 接触媒質 走査方法 探傷箇所		7.1 4 6.6 7.2.2 a) 7.2	探傷時期 探傷面 接触媒質 走査方法 探傷箇所	変更	JIS は，探傷形式及び探傷面に一般的な規定を追加した。ISO 規格では，探傷カバー範囲を規定している。探傷ピッチの規定は同等である。自動警報装置のない探傷装置を用いる場合の走査速度は，JIS では，200 mm/s 以下，ISO 規格では，500 mm/s 以下である。	探触子の大きさから基本的には同等となり，技術的差異は軽微である。自動警報装置のない探傷装置を用いる場合の走査速度は，ISO 規格では，500 mm/s 以下に改正されたが，現在の手動探傷器は，ほとんど警報装置をもつこと，及び測定精度の確保のため，国内市場の現行条件を維持する。JIS G 0801 及び JIS G 0901 も，同様に 200 mm/s 以下である。
8 探傷感度の適用・設定及び対比線の設定	製品板の底面エコーと対比試験片とで感度設定。		7.4	対比試験片で感度設定。	変更	基本的に JIS の方式が，合理的で，厳格である。	他の類似規格の動向も参考に，ISO への提案を検討する。
9 きずの分類	エコー高さによって軽きず，中きず及び重きずの 3 種類に分類。		8	きず評価線以上のエコー高さをきずとする。	変更	JIS の方式が，より小さいきずまで評価している。	他の類似規格の動向も参考に，ISO への提案を検討する。

(I) JIS の規定		(II) 国際規格番号	(III) 国際規格の規定		(IV) JIS と国際規格との技術的差異の箇条ごとの評価及びその内容		(V) JIS と国際規格との技術的差異の理由及び今後の対策
箇条番号及び題名	内容		箇条番号	内容	箇条ごとの評価	技術的差異の内容	
10 きずの評価方法	重さ個数, きず1個の最大指示長さ及び密集度によって評価。		8	きずの大きさ及び密集度で評価する。	変更	ISO 規格はきずの面積で, JIS はきずの長さで評価しているが, その差は軽微である。	他の類似規格の動向も参考に, ISO への提案を検討する。
11 きずの判定基準	判定基準は一つ。		9	きずの大きさと密集度とで4レベルの判定基準をもつ。	変更	ISO 規格の最も厳格な判定レベルが, JIS の判定レベルに相当する。	今後, ISO 規格の判定レベルの要否を検討する。
12 試験報告書	試験報告書の項目を規定。		10	試験報告書の規定	変更	ISO 規格は全ての項目を報告としているが, JIS は, 選択を可能としている。	ISO への提案を検討する。
附属書 JA（規定）	二振動子の性能測定用試験片				追加	JIS では, RB-E-S 試験片による性能測定を規定している。	他の類似規格の動向も参考に, ISO への提案を検討する。
附属書 JB（規定）	探傷感度の補正値測定用及びエコー高さ区分線作成用の対比試験片		7.4	品質レベルによって, きずの大きさ, 深さが異なる対比試験片を作成することを規定している。	変更	JIS では, ISO 規格の最厳格レベル（ϕ5 mm）の感度用試験片だけを規定している。	今後, JIS として, ISO 規格の判定レベルの要否を検討する。
附属書 JC（規定）	二振動子垂直探触子の性能		—	—	追加	JIS では, RB-E-S 試験片による要求性能を規定している。	他の類似規格の動向も参考に, ISO への提案を検討する。
附属書 JD（規定）	60 mm 超で超音波減衰が大きいときの評価方法		—	—	追加	ISO 規格は感度レベル, 判定レベルが4水準あり, 選択方式。JIS は, 感度は1レベルだけ規定している。	今後, ISO 規格の判定レベルの要否を検討する。

JIS と国際規格との対応の程度の全体評価：**ISO 17577**:2016, MOD
注記 1 箇条ごとの評価欄の用語の意味は, 次による。 － 追加 …………国際規格にない規定項目又は規定内容を追加している。 － 変更 …………国際規格の規定内容を変更している。
注記 2 **JIS** と国際規格との対応の程度の全体評価欄の記号の意味は, 次による。 － MOD …………国際規格を修正している。

ステンレス鋼板の超音波探傷検査方法
（追補 1）

Ultrasonic testing of stainless steel plates
(Amendment 1)

JIS G 0802:2016 を，次のように改正する。

JC.2.2（表面エコーレベル）を，次に置き換える。

JC.2.2 表面エコーレベル

直接接触法による表面エコーレベルは，適用する公称周波数によって，次のいずれかによる。

a) 公称周波数が 4 MHz 以上 5 MHz 以下の場合の表面エコーレベルは，最大エコー高さより 40 dB 以上低くなければならない。

b) 公称周波数が 2 MHz 以上 4 MHz 未満の場合の表面エコーレベルは，最大エコー高さより 30 dB 以上低くなければならない。

JC.2.3（N1 検出感度）を，次に置き換える。

JC.2.3 N1 検出感度

STB-N1 の標準穴のエコー高さは，最大エコー高さから $-10\ \text{dB} \pm 2\ \text{dB}$ 又は $-14\ \text{dB} \pm 2\ \text{dB}$ の範囲にあるものを使用しなければならない。

JIS G 0803
(2021)

溶接鋼管溶接部のフィルム式放射線透過検査方法

JIS (2015) 制定

Radiographic examination with film for
the weld seam of welded steel tubes

序文

この規格は，2019 年に第 2 版として発行された **ISO 10893-6** を基とし，技術的内容を変更して作成した日本産業規格である。

なお，この規格で側線又は点線の下線を施してある箇所は，対応国際規格を変更している事項である。技術的差異の一覧表にその説明を付けて，**附属書 JA** に示す。

1　適用範囲

この規格は，自動アーク溶接鋼管（以下，鋼管という。）の管軸方向又はらせん方向の溶接部の，フィルムを用いた X 線による放射線透過検査方法について規定する。

注記 1　代替法であるデジタル式放射線透過検査方法は，**ISO 10893-7** を基とし，**JIS G 0804** として制定されている。

注記 2　この規格の対応国際規格及びその対応の程度を表す記号を，次に示す。

ISO 10893-6:2019，Non-destructive testing of steel tubes－Part 6: Radiographic testing of the weld seam of welded steel tubes for the detection of imperfections（MOD）

なお，対応の程度を表す記号 "MOD" は，**ISO/IEC Guide 21-1** に基づき，"修正している" ことを示す。

2　引用規格

次に掲げる引用規格は，この規格に引用されることによって，その一部又は全部がこの規格の要求事項を構成している。これらの引用規格は，その最新版（追補を含む。）を適用する。

JIS G 0203　鉄鋼用語（製品及び品質）

JIS G 0431　鉄鋼製品の雇用主による非破壊試験技術者の資格付与

JIS Z 2300　非破壊試験用語

JIS Z 2305　非破壊試験技術者の資格及び認証

JIS Z 2306　放射線透過試験用透過度計

JIS Z 4561　工業用放射線透過写真観察器

ISO 11699-1，Non-destructive testing－Industrial radiographic film－Part 1: Classification of film systems for industrial radiography

ISO 17636-1，Non-destructive testing of welds－Radiographic testing－Part 1: X- and gamma-ray techniques with film

ISO 19232-1, Non-destructive testing － Image quality of radiographs － Part 1: Determination of the image quality value using wire-type image quality indicators

ISO 19232-2, Non-destructive testing － Image quality of radiographs － Part 2: Determination of the image quality value using step/hole-type image quality indicators

ASNT SNT-TC-1A, Recommended Practice No. SNT-TC-1A, and ASNT Standard Topical Outlines for Qualification of Nondestructive Testing Personnel (ANSI/ASNT CP-105)

3 用語及び定義

この規格で用いる主な用語及び定義は，次によるほか，**JIS G 0203，JIS G 0431 及び JIS Z 2300** による。

3.1
管 （tube）
両端が開口した長い筒状の製品

3.2
溶接鋼管 （welded steel tube）
鋼板製品から筒状に成形し，隣り合う端部を溶接した鋼管

注釈 1 溶接後に熱間工程又は冷間工程によって最終形状にしてもよい。

3.3
製造業者 （manufacturer）
関連する規格に従って製品を製造し，供給する製品が，関連する規格の全ての適用される規定に従っていることを宣言する組織

4 一般要求事項

4.1 検査の時期

製品規格の規定又は受渡当事者間の協定のない限り，この規格で規定する放射線透過検査は，全ての主要な製造工程（例えば，圧延，熱処理，熱間仕上げ，冷間仕上げ，成形，強い矯正）が終わった後に行わなければならない。

4.2 検査技術者

この検査は，**JIS Z 2305** などによって認証されるか，又は **JIS G 0431，ASNT SNT-TC-1A** などの資格を付与された，訓練された検査技術者によって行わなければならない。また，製造業者によって指名された力量のある検査技術者によって監督されなければならない。第三者による検査の場合は，このことを受渡当事者間で協定しなければならない。

雇用主によって与えられる検査技術者への作業実施許可は，文書化された手順に従ったものでなければならない。非破壊検査手順は，雇用主によって承認された非破壊試験技術者によって承認されなければならない。非破壊検査手順を承認する非破壊試験技術者は，レベル 3 の資格をもたなければならない。

注記 **JIS G 0431 及び JIS Z 2305** の中で，非破壊試験技術者の資格レベルとしてレベル 1，レベル 2 及びレベル 3 を規定している。

4.3　鋼管の性状

鋼管は，有効な検査ができるように，真っすぐであり，異物などが付着していてはならない。溶接部及び近傍の母材部の表面は，放射線透過検査の判定に影響を及ぼすような異物の付着及び表面の不均一さ [1] があってはならない。

注 [1]　判定に影響を及ぼす程度の引っかききず，あばたなど。

許容される表面状態にするためのグラインダ仕上げは，適用してもよい。

4.4　溶接シーム位置の識別

余盛を取り除く場合には，放射線透過写真上で溶接シーム位置が識別できるように，マーカ（通常，矢の形状の鉛のマーク）を，溶接シームの両端に置かなければならない。

4.5　識別記号

検査した溶接シーム位置と放射線透過写真とが同一部位であることを，明白かつ確実にするために，識別記号（通常，鉛の文字記号）を溶接シームの放射線透過写真の各部位に配置し，それらの記号を放射線透過写真に表示しなければならない。

4.6　容易に消失しないマーク

位置情報は，それぞれの放射線透過写真を正確な位置に再配置するための照合ポイントを提供するために，鋼管表面の線源側に付けた容易に消失しないマーク（permanent marking）によって与えなければならない。ただし，放射線透過写真を再配置するための位置情報が，例えば，塗料によるマーク又は正確なスケッチによって提供される場合には，容易に消失しないマークは用いなくてもよい。

4.7　フィルムのオーバーラップ

分割されたフィルムで，連続した溶接シームの放射線透過検査を行う場合，隣り合うフィルムは検査されない部位が残らないように，少なくとも 10 mm オーバーラップさせなければならない。オーバーラップの幅は，管の表面に機械的に付けたマークによって証明する。

警告　X 線又はガンマ線の人体への被ばくは，健康上大いに有害となり得る。X 線機器又は放射線を使用する場合は，常に，適切な安全処置をとらなければならない。

電離放射線を使用する場合は，地方の，国の又は国際的な安全ルールを厳密に守らなければならない。

5　試験方法

5.1　一般

鋼管の管軸方向及びらせん方向の溶接部の試験は，X 線フィルムを用いた放射線透過検査方法によって行う（デジタル式放射線透過検査方法については，箇条 1 の注記 1 参照）。

5.2　像質クラス

像質は，次の像質クラス A 及び像質クラス B（ISO 17636-1 参照）に区分する。

— 　像質クラス A：標準感度での X 線試験方法による像質クラス

— 像質クラス B：特別感度での X 線試験方法による像質クラス

注記 ほとんどの場合は，像質クラス A が適用されている。像質クラス B は，非常に重要で厳格な用途のものに限定して適用することを意図している。像質クラス B では，C4 以上のフィルムシステムクラス（細粒フィルム及び鉛はく増感紙）を用いている。このため，通常，長い露出時間を要する。要求される像質クラスは，通常，製品規格で規定される。

5.3 フィルムシステム及び増感紙

フィルムシステムのクラスは，像質クラス A に対しては，C5 以上，像質クラス B に対しては，C4 以上（ただし，X 線管電圧が 150 kV 未満では C3 以上）とする。フィルムシステムのクラスは，**ISO 11699-1 及び ISO 17636-1** による。

像質クラス A 及び像質クラス B に対する金属はく増感紙（通常は，鉛はく増感紙）は，0.02 mm～0.25 mm の厚さとする。ただし，線源に対して後ろ側に配置する増感紙には，他の厚さのものを用いてもよい。ダブルフィルム法[2]を適用する場合，フィルムを挟む両側の増感紙の厚さは，線源に対して前側に用いる増感紙に許容される厚さ以下とする。

注[2] ダブルフィルム法とは，カセットにフィルムを 2 枚挿入し，同じものを 2 枚撮影する方法である。

5.4 蛍光増感紙

蛍光増感紙（salt intensifying screen）は，用いない。

5.5 後方散乱及び内部散乱

後方散乱 X 線及び内部散乱 X 線の量は，最小限になるように注意しなければならない。

後方散乱 X 線の防御が不完全と思われる場合，特殊記号（通常，高さ 10 mm，厚さ 1.5 mm の "B" の鉛文字）をカセット又はフィルムホルダの裏に付け，放射線透過写真を通常の方法で撮影する。この記号の像が，バックグラウンドよりも白く放射線透過写真上に現れる場合は，後方散乱 X 線の防御が不完全であり，追加の予防策が必須である。

5.6 放射線照射の方向

放射線照射の方向は，試験する溶接シームの中心を向き，かつ，管表面に垂直な方向でなければならない。

5.7 試験部の有効長さ

5.11 及び箇条 8 で規定する条件を守れるようにするため，試験部の有効長さは，有効長さの両端において，X 線の中心部に対する透過厚さの増加が，像質クラス A では 20 ％，像質クラス B では 10 ％を超えない範囲としなければならない。

5.8 撮影方法

撮影は，単壁撮影方法[3]（single wall penetration）を用いる。単壁撮影方法を適用できない鋼管の寸法の場合には，受渡当事者間の協定によって，二重壁撮影方法（double wall penetration）を用いてもよい。

注[3] **JIS Z 2300** は，単壁撮影方法として，内部線源撮影方法又は内部フィルム撮影方法を規定している。

5.9 フィルムと溶接部表面との間隔

フィルムと溶接部表面との間隔は，できる限り小さくしなければならない。

5.10 線源と溶接部表面との距離

線源と溶接部表面との距離 f の最小値は，実効焦点寸法 d との比 f/d によって求める。f/d は，式(1)及び式(2)による。

像質クラスA

$$\frac{f}{d} \geq 7.5 \times b^{2/3} \quad\text{..} \quad (1)$$

像質クラスB

$$\frac{f}{d} \geq 15 \times b^{2/3} \quad\text{..} \quad (2)$$

ここで，　　b：　線源側溶接部表面とフィルム表面との距離 （mm）
　　　　　　d：　実効焦点寸法 （mm）
　　　　　　f：　線源と溶接部表面との距離 （mm）

図1 のノモグラムに，これらの関係を示す。

5.11 露出条件

露出条件は，試験を行う部位の健全な溶接金属の透過写真のフィルム濃度が，像質クラスBでは，2.3 以上，像質クラスAでは，2.0 以上になるようにしなければならない。かぶり濃度 [4] は，0.3 を超えてはならない。

注 [4]　かぶり濃度は，未露光のフィルムを現像したときの全体の濃度［支持体（ベース）の着色濃度及び感光乳剤の濃度を合わせたもの］である（**JIS Z 2300** 参照）。

5.12 X線管電圧

十分な感度を維持するため，X線管電圧は，**図2** に示す最大値を超えてはならない。

単位 mm

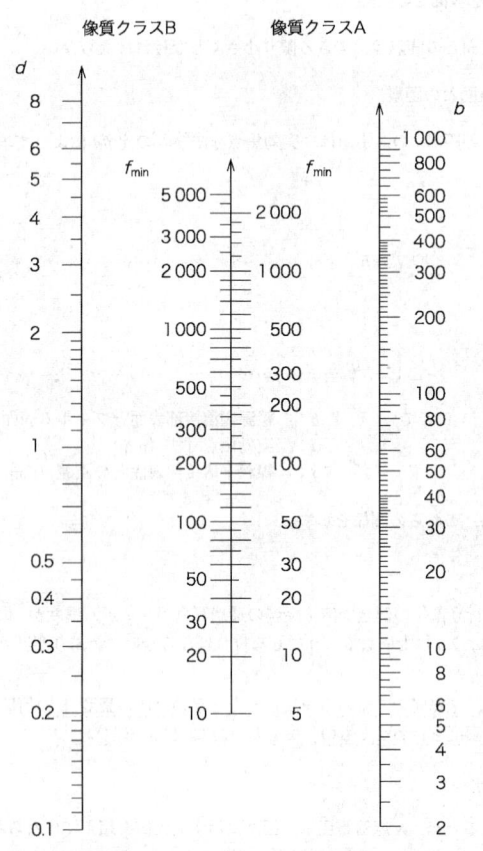

注記 実効焦点寸法 d の値及び線源側溶接部表面とフィルム表面との距離 b の値を直線で結ぶことによって，像質クラスA又は像質クラスBの線源と溶接部表面との最小距離 f_{min} の値が得られる。

図1－線源側溶接部表面とフィルム表面との距離 b 及び実効焦点寸法 d に関連した，
線源と溶接部表面との最小距離 f_{min} を求めるためのノモグラム

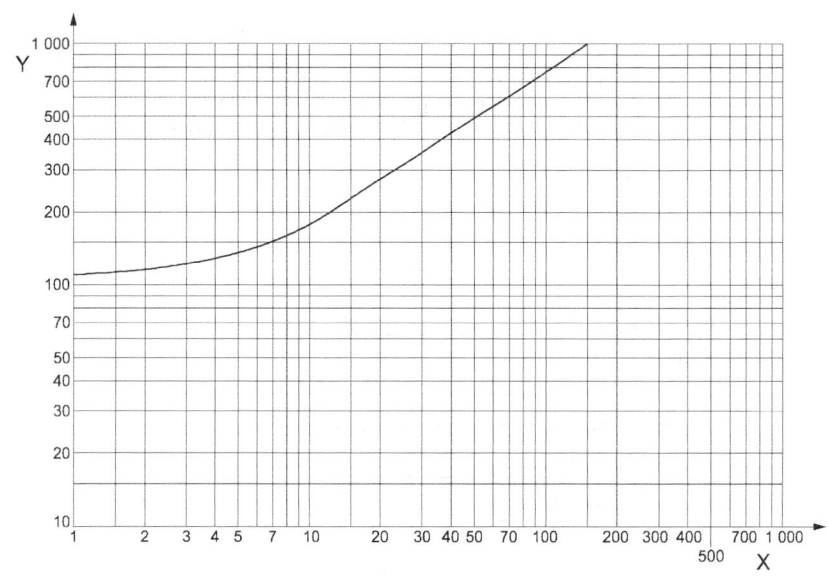

記号説明
　　X：透過厚さ（mm）
　　Y：X線管電圧（kV）

図2－1 000 kV までの X 線装置に対する，透過厚さを因子とした最大 X 線管電圧

6　像質

6.1　像質及び透過度計

　像質（Image quality）は，受渡当事者間の合意によって，**ISO 19232-1**，**ISO 19232-2** 又は **JIS Z 2306** に規定されたタイプの軟鋼製の透過度計を用いて測定する。透過度計は，溶接部に隣接する線源側母材部の表面に配置しなければならない（**図3 及び図4** 参照）。

　線源側の表面に配置できない場合は，透過度計は，フィルム側に配置する。この場合，"F" の文字を透過度計の近くに配置し，手順を変更したことを検査報告書に記録する。

　なお，透過度計をフィルム側に配置した場合は，通常，線源側に配置した場合に比べ，針金径又は穴径が一つ又は二つ多く確認される。注文者は，比較のために線源側及びフィルム側の両方に配置した透過度計で，鋼管の供試管上において露出試験をすることを要求してもよい。

　針金形透過度計を使用する場合，針金は，溶接方向に対して直角に向け，許容できる針金の像質が得られるように配置する。通常，溶接部近傍の母材部に存在する均一な光学密度（吸光度）の部分で，10 mm 以上の連続した長さが明瞭に見える場合，針金の像質は，合格とする。必要に応じて，追加の透過度計又はより長い透過度計を，溶接部を横断して配置する。

　注記　詳細は，**ISO 19232-1**，**ISO 19232-2**，**ISO 17636-1**，**ISO 3183**:2012 及び **JIS Z 2306** に規定されている。

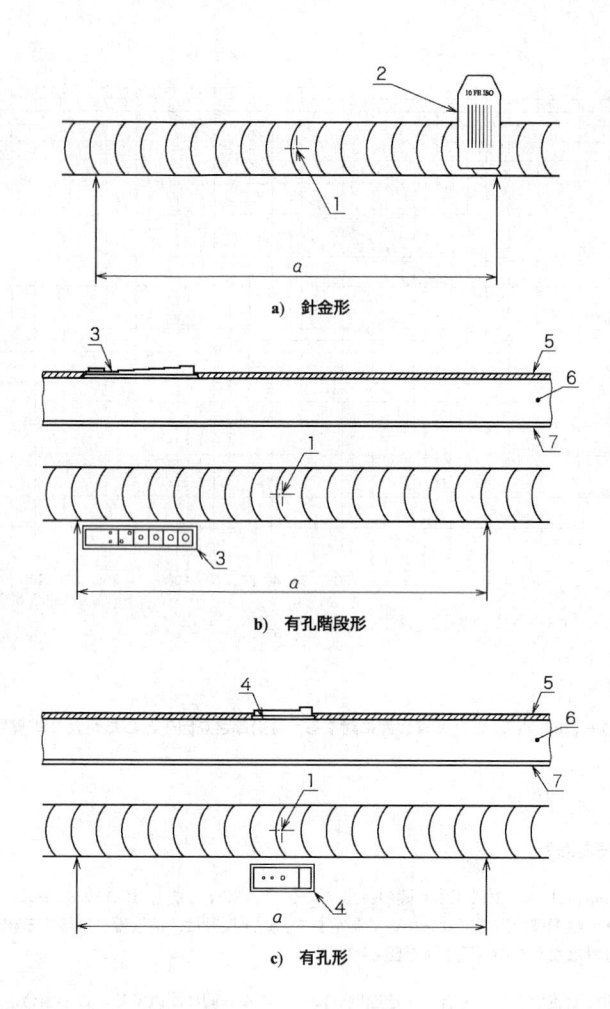

a) 針金形

b) 有孔階段形

c) 有孔形

記号説明
 1：ビームの中心
 2：針金形透過度計，最も細い線をビームの中心から離して配置（有効長の両端付近）
 3：有孔階段形透過度計，最も薄い段をビームの中心から離して配置
 4：有孔形透過度計，必要に応じシムを使用
 5：外側の余盛
 6：管厚（母材の厚さ）
 7：内側の余盛
 a：試験部の有効長さ

図3−透過度計の配置

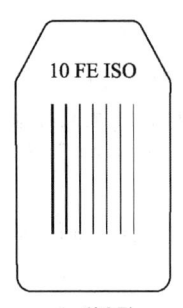

a) 針金形

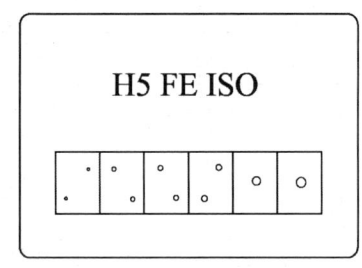

b) 有孔階段形

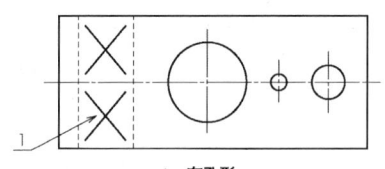

c) 有孔形

記号説明

1：識別番号の位置

注記 c) は，**ASTM E1025** の有孔形透過度計である。

図 4−透過度計のタイプ

6.2 像質クラスに対応する透過度計の呼び番号

二つの像質クラスに対応する透過度計の呼び番号，及びその線径又は穴径は，**表1〜表4**による。

図4 c) の有孔形の透過度計を用いる場合には，**表2**又は**表4**にそれぞれ規定する像質クラスA又は像質クラスBの穴径を含んだものを用い，公称厚さ区分ごとに規定されている線径又は穴径が確認されなければならない。

表1−針金形透過度計の呼び番号及びその線径

単位　mm

像質クラスA		
公称厚さ T	呼び番号	線径
$T \leqq$　1.2	W18	0.063
$1.2 < T \leqq$　2	W17	0.08
2　$< T \leqq$　3.5	W16	0.10
$3.5 < T \leqq$　5	W15	0.13
5　$< T \leqq$　7	W14	0.16
7　$< T \leqq$　10	W13	0.20
10　$< T \leqq$　15	W12	0.25
15　$< T \leqq$　25	W11	0.32
25　$< T \leqq$　32	W10	0.40
32　$< T \leqq$　40	W9	0.50
40　$< T \leqq$　55	W8	0.63
55　$< T \leqq$　85	W7	0.80
85　$< T \leqq$ 150	W6	1.00
150　$< T \leqq$ 250	W5	1.25
250　$< T$	W4	1.60

表2－有孔階段形透過度計の呼び番号及びその穴径

単位　mm

像質クラス A		
公称厚さ T	呼び番号	穴径
$T \leqq$　　2.0	H3	0.20
2.0 $<$ $T \leqq$　　3.5	H4	0.25
3.5 $<$ $T \leqq$　　6	H5	0.32
6　$<$ $T \leqq$　10	H6	0.40
10　$<$ $T \leqq$　15	H7	0.50
15　$<$ $T \leqq$　24	H8	0.63
24　$<$ $T \leqq$　30	H9	0.80
30　$<$ $T \leqq$　40	H10	1.00
40　$<$ $T \leqq$　60	H11	1.25
60　$<$ $T \leqq$ 100	H12	1.60
100　$<$ $T \leqq$ 150	H13	2.00
150　$<$ $T \leqq$ 200	H14	2.50
200　$<$ $T \leqq$ 250	H15	3.20
250　$<$ $T \leqq$ 320	H16	4.00
320　$<$ $T \leqq$ 400	H17	5.00
400　$<$ T	H18	6.30

表3－針金形透過度計の呼び番号及びその線径

単位　mm

像質クラス B		
公称厚さ T	呼び番号	線径
$T \leqq$　　1.5	W19	0.050
1.5 $<$ $T \leqq$　　2.5	W18	0.063
2.5 $<$ $T \leqq$　　4	W17	0.08
4　$<$ $T \leqq$　　6	W16	0.10
6　$<$ $T \leqq$　　8	W15	0.13
8　$<$ $T \leqq$　12	W14	0.16
12　$<$ $T \leqq$　20	W13	0.20
20　$<$ $T \leqq$　30	W12	0.25
30　$<$ $T \leqq$　35	W11	0.32
35　$<$ $T \leqq$　45	W10	0.40
45　$<$ $T \leqq$　65	W9	0.50
65　$<$ $T \leqq$ 120	W8	0.63
120　$<$ $T \leqq$ 200	W7	0.80
200　$<$ $T \leqq$ 350	W6	1.00
350　$<$ T	W5	1.25

表4－有孔階段形透過度計の呼び番号及びその穴径

単位　mm

像質クラスB		
公称厚さ T	呼び番号	穴径
$T \leqq$　2.5	H2	0.16
2.5 $< T \leqq$　4	H3	0.20
4　$< T \leqq$　8	H4	0.25
8　$< T \leqq$ 12	H5	0.32
12　$< T \leqq$ 20	H6	0.40
20　$< T \leqq$ 30	H7	0.50
30　$< T \leqq$ 40	H8	0.63
40　$< T \leqq$ 60	H9	0.80
60　$< T \leqq$ 80	H10	1.00
80　$< T \leqq$ 100	H11	1.25
100　$< T \leqq$ 150	H12	1.60
150　$< T \leqq$ 200	H13	2.00
200　$< T \leqq$ 250	H14	2.50

6.3　二重壁撮影方法の場合の透過度計の適用

二重壁撮影方法の場合は，公称厚さの2倍に相当する厚さ (2T) の透過度計の呼び番号を適用する。

7　フィルムの現像

フィルム現像の信頼性又は品質を管理するために，**ISO 11699-2** 又は他の同等の規格を用いてもよい。放射線透過写真は，試験結果の評価に影響を及ぼすような現像による不完全部 (現像むらなど)，及びその他の有害なフィルムきずがあってはならない。

8　放射線透過写真の観察条件

放射線透過写真は，**JIS Z 4561** による工業放射線透過写真観察器を用いて観察しなければならない。透過写真を観察する際の透過光の最低輝度 (透過写真を透過した後の輝度) は，透過写真の濃度 (**JIS Z 2300** による透過濃度 D) が 2.5 以下の場合には，30 cd/m^2，2.5 を超える場合には，10 cd/m^2 とする。

9　きずの像の分類

9.1　分類

放射線透過写真で見つかった全てのきずの像は，**9.2** 及び **9.3** に従って，不完全部又は有害なきずのいずれかに分類しなければならない。

9.2　不完全部

不完全部とは，この規格で記載する放射線透過試験法で検出できる溶接シーム内の不連続部である。規定する許容基準内の寸法及び／又は密集度の不完全部は，鋼管の使用目的に実用的な影響はないものとみなす。

9.3 有害なきず

有害なきずとは，規定された許容基準を超える寸法及び／又は密集度の不完全部である。有害なきずは，鋼管の使用目的に悪影響又は制限を与えるものとみなす。

10 許容基準

10.1 一般

許容基準は，適用する材料の製品規格又は構成部材の製造規格の規定を適用する。許容基準が規定されていない場合は，**10.2～10.6** に規定する許容基準を，溶接シームの放射線透過検査に適用する。

10.2 割れ，溶込み不良及び融合不良

割れ，溶込み不良及び融合不良は，不合格とする。

10.3 スラグ巻込み及びブローホール

個々の円形のスラグ巻込み及びブローホールは，3.0 mm 又は $T/3$（T：公称厚さ）のいずれか小さい直径まで許容する。

個々の円形のスラグ巻込み及びブローホールの間隔が $4T$ 未満のとき，許容された個々の不完全部の直径の合計は，溶接長 150 mm 又は $12T$ のいずれか小さい方の長さ当たり，6.0 mm 又は $0.5T$ のいずれか小さい方を超えてはならない。

10.4 細長いスラグ巻込み

幅が 1.5 mm 以下の個々の細長いスラグ巻込みは，12.0 mm 又は T のいずれか小さい方の長さまで許容する。

個々の細長いスラグ巻込みの間隔が $4T$ 未満のとき，許容された個々の不完全部の長さの合計は，溶接長 150 mm 又は $12T$ のいずれか小さい方の長さ当たり 12.0 mm を超えてはならない。

注記　参考として，**10.3** 及び **10.4** の許容限界の例を，**附属書 A** に図式的に示す。

10.5 アンダカット

最大深さが 0.4 mm 以下のアンダカットは，鋼管の残厚さが，許容下限値以上であれば許容される。

放射線透過試験によって検出されたアンダカットは，グラインダ手入れを行う。

その他のアンダカットの規定については，製品規格又は受渡当事者間の協定による。

注記 1　**ISO 10893-6** では，"最大長さが $T/2$ までの個々のアンダカットについて，深さが公称厚さの 10 ％を超えていなければ，最大深さ 0.5 mm まで許容される。ただし，溶接長 300 mm に対して 2 個までとし，手入れ（例えば，グラインダ手入れ）を行う。" と規定されている。

注記 2　製品規格の規定の例としては，**ISO 3183**:2012 の **9.10.2** では，次のように規定されている（詳細は，**ISO 3183**:2012 参照）。

－　深さ 0.4 mm 以下のアンダカットは，許容される。

－　深さ 0.4 mm 超え，0.8 mm 以下のアンダカットは，長さ及び個数の程度によって許容され

　　　　　る。ただし，見つかったきずは，全てグラインダ手入れする。

　　　　　－　上記以外のアンダカットは，溶接補修又は不合格とする。

10.6　内外面にあるアンダカット

アンダカットが溶接部の長手方向の内外面の同じ位置にある場合には，許容されない。

11　結果の判定

11.1　有害なきずのない鋼管

有害なきず（許容基準を超えるきず）のない鋼管は，合格とする。

11.2　有害なきずのある鋼管

有害なきず（許容基準を超えるきず）のある鋼管は，嫌疑材とする。

11.3　嫌疑材の処置

嫌疑材は，製品規格の要求事項及び／又は受渡当事間の協定に従い，次の一つ又はそれ以上の処置を行う。

a)　嫌疑部分を，グラインダ手入れによって除去する。有害なきずが完全に除去されたことを浸透探傷試験又は磁粉探傷試験によって検証する。必要な場合，グラインダ手入れを行った部位は，放射線透過試験によって再検査を行う。グラインダ手入れ部の残厚さは，規定の公差を満足していることを検証するために，適切な方法で測定する。

b)　嫌疑部分を，受渡当事者間で承認された溶接手順で行う溶接によって補修する。補修部は，この規格及び製品規格の要求に従い放射線透過検査を行う。

c)　嫌疑部分を，切断し除去する。鋼管の残長は，規定の許容差内であることを検証するために測定する。

d)　この鋼管を不合格とする。

12　検査報告書

製造業者は，少なくとも次の情報を記録しなければならない。また，要求のある場合は，受渡当事者間の協定がない限り，製造業者は，少なくとも次の情報を含む検査報告書を提出しなければならない。

a)　この規格の番号（**JIS G 0803**）

b)　適合していることの声明

c)　受渡当事者間の協定又はその他によって規定された手順を変更した事項

d)　製品の識別（鋼種及び寸法）

e)　X線の線源，撮影装置のタイプ及び実効焦点寸法並びに用いた装置

f)　フィルムの種類，増感紙の種類及び厚さ，並びにフィルタ使用の有無

g)　管電圧及び管電流

h)　露出時間及び線源とフィルムとの距離

i)　透過度計のタイプ及び配置

j)　透過度計の読み及び溶接部上の最低濃度

k) 得ることのできた像質クラス

l) 撮影日

m) 検査技術者の識別（コード，ID，名前又は姓など），（JIS G 0431，JIS Z 2305 又はこれらと同等の規格に基づく）資格又は認証，資格レベル及び責任者の署名

附属書 A
（参考）
不完全部の分布の例

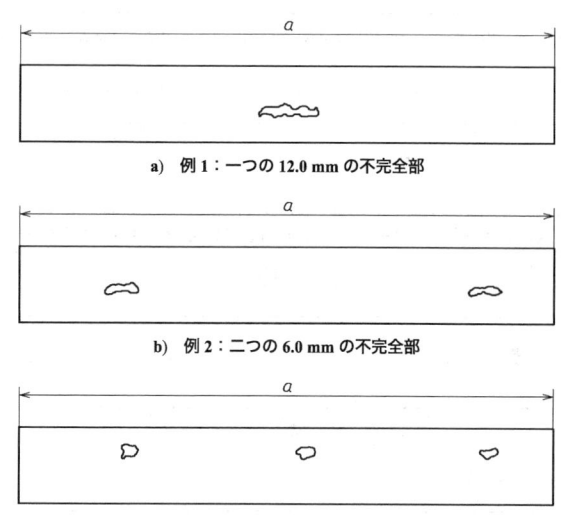

a) 例 1：一つの 12.0 mm の不完全部

b) 例 2：二つの 6.0 mm の不完全部

c) 例 3：三つの 4.0 mm の不完全部

記号説明
  a：溶接長 150 mm 又は 12T（T：公称厚さ）のいずれか小さい方

図 A.1－細長いスラグ巻込みの許容限界の例
［不完全部の長さ（単独又は合計）の 12.0 mm が許容限界の場合］（10.4）

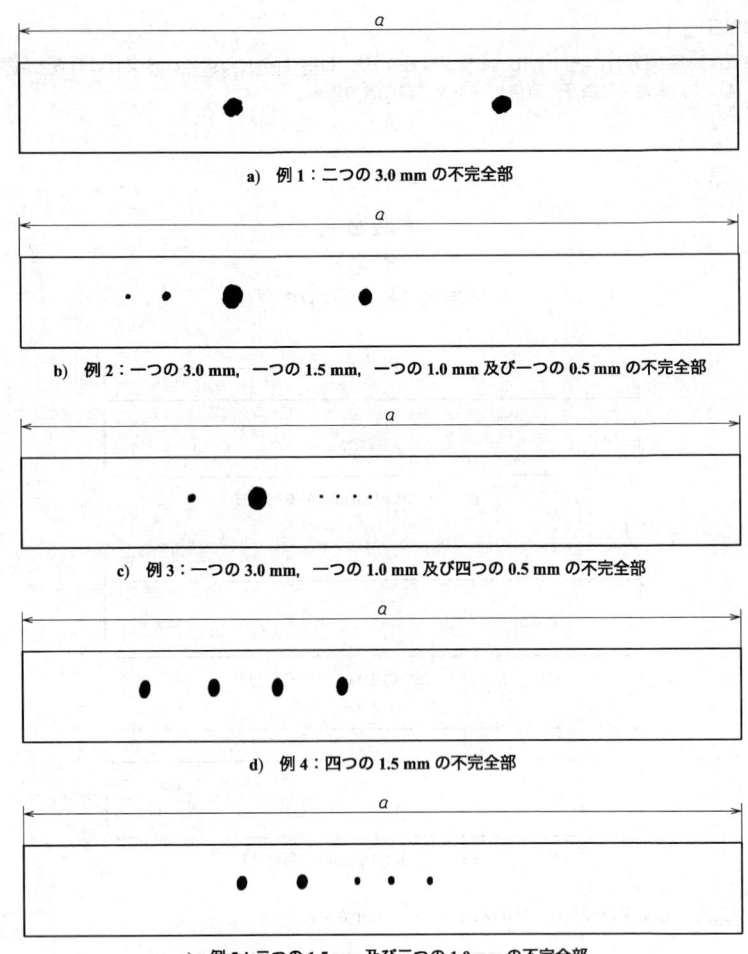

a) 例1：二つの 3.0 mm の不完全部

b) 例2：一つの 3.0 mm，一つの 1.5 mm，一つの 1.0 mm 及び一つの 0.5 mm の不完全部

c) 例3：一つの 3.0 mm，一つの 1.0 mm 及び四つの 0.5 mm の不完全部

d) 例4：四つの 1.5 mm の不完全部

e) 例5：二つの 1.5 mm 及び三つの 1.0 mm の不完全部

記号説明
　a：溶接長 150 mm 又は $12T$（T：公称厚さ）のいずれか小さい方

図 A.2－ブローホールタイプの許容限界の例（不完全部の合計 6.0 mm が許容限界の場合）（10.3）

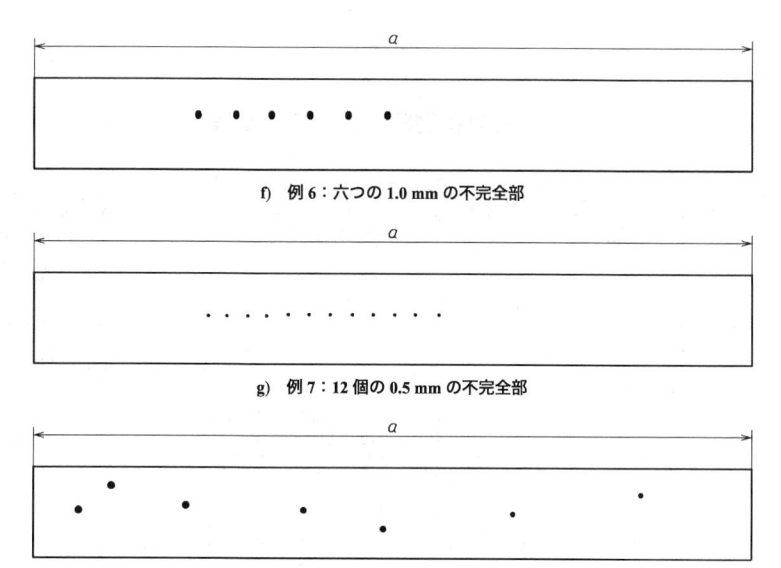

f) 例 6：六つの 1.0 mm の不完全部

g) 例 7：12 個の 0.5 mm の不完全部

h) 例 8：三つの 1.0 mm 及び四つの 0.75 mm の不完全部

記号説明
a：溶接長 150 mm 又は 12T（T：公称厚さ）のいずれか小さい方

図 A.2－ブローホールタイプの許容限界の例（不完全部の合計 6.0 mm が許容限界の場合）（10.3）（続き）

参考文献

JIS G 0804　溶接鋼管溶接部のデジタル式放射線透過検査方法

ISO 3183:2012,　Petroleum and natural gas industries － Steel pipe for pipeline transportation systems

ISO 11699-2,　Non-destructive testing － Industrial radiographic films － Part 2: Control of film processing by means of reference values

ASTM E1025,　Standard Practice for Design, Manufacture, and Material Grouping Classification of Hole-Type Image Quality Indicators (IQI) Used for Radiology

附属書 JA
(参考)
JIS と対応国際規格との対比表

JIS G 0803			ISO 10893-6:2019，（MOD）	
a)　JIS の箇条番号	b)　対応国際規格の対応する箇条番号	c)　箇条ごとの評価	d)　JIS と対応国際規格との技術的差異の内容及び理由	e)　JIS と対応国際規格との技術的差異に対する今後の対策
1	1	一致	—	—
2				
3	3	変更	JIS では，一般的な用語は，他の JIS を引用している。	技術的差異は，軽微である。
		削除	JIS では，対応国際規格の 3.4 agreement は特に必要ないため削除した。	
4	4	追加	JIS では，4.3 に不均一さの例を追加している。	技術的差異は，軽微である。
			JIS には，細分箇条に題名を記載した。	—
5	5	変更	JIS では，デジタル式放射線透過検査方法が JIS にあることを，箇条 1 の注記で記載した。	—
		追加	JIS には，細分箇条に題名を記載した。	—
6	6	追加	JIS は，図 3 に c)を加え，有孔形透過度計を別の図に示した。また，JIS の透過度計及び有孔形透過度計の適用を加えた。	ISO に提案する。
		追加	JIS では，透過度計の表に線径及び穴径を加えた。	
			JIS には，細分箇条に題名を記載した。	—
7	7	一致	—	—
8	8	変更	JIS では，観察条件の引用規格を JIS に変更した。	—
9	9	追加	JIS には，細分箇条に題名を記載した。	—
10	10	変更	JIS では，10.5 のアンダカットの規定は，製品規格又は受渡当事者間の協定によるに変更し，ISO 規格の詳細な許容基準は，参考として注記で示した。	ISO の製品規格と異なる規定となっており，製品規格との整合をとるように ISO に提案する。
		追加	JIS には，細分箇条に題名を記載した。	
11	11	変更	JIS では，磁粉探傷試験などによる再検査後の放射線透過検査は，必要な場合に限定した。	ISO に提案する。
		追加	JIS には，細分箇条に題名を記載した。	—
12	12	変更	ISO 規格では，検査技術者の署名を要求しているが，JIS では，実態に合わせて従来どおり責任者の署名が必要とした。	ISO に提案する。
附属書 A (参考)				

注記 1 箇条ごとの評価欄の用語の意味を，次に示す。
　　　− 一致：技術的差異がない。
　　　− 削除：対応国際規格の規定項目又は規定内容を削除している。
　　　− 追加：対応国際規格にない規定項目又は規定内容を追加している。
　　　− 変更：対応国際規格の規定内容又は構成を変更している。
注記 2 JIS と国際規格との対応の程度の全体評価の記号の意味を，次に示す。
　　　− MOD：対応国際規格を修正している。

溶接鋼管溶接部のデジタル式放射線透過検査方法

Digital radiographic examination for
the weld seam of welded steel tubes

序文

この規格は，2019 年に第 2 版として発行された ISO 10893-7 を基とし，技術的内容を変更して作成した日本産業規格である。

なお，この規格で側線又は点線の下線を施してある箇所は，対応国際規格を変更している事項である。技術的差異の一覧表にその説明を付けて，附属書 JA に示す。

1 適用範囲

この規格は，自動アーク溶接鋼管（以下，鋼管という。）の管軸方向又はらせん方向の溶接部の，X 線によるデジタル式放射線透過検査方法について規定する。

注記 1　フィルム式放射線透過検査方法は，ISO 10893-6 を基とし，JIS G 0803 として制定されている。

注記 2　この規格の対応国際規格及びその対応の程度を表す記号を，次に示す。

ISO 10893-7:2019, Non-destructive testing of steel tubes－Part 7: Digital radiographic testing of the weld seam of welded steel tubes for the detection of imperfections（MOD）

なお，対応の程度を表す記号"MOD"は，ISO/IEC Guide 21-1 に基づき，"修正している"ことを示す。

2 引用規格

次に掲げる引用規格は，この規格に引用されることによって，その一部又は全部がこの規格の要求事項を構成している。これらの引用規格は，その最新版（追補を含む。）を適用する。

JIS G 0203　鉄鋼用語（製品及び品質）

JIS G 0431　鉄鋼製品の雇用主による非破壊試験技術者の資格付与

JIS Z 2300　非破壊試験用語

JIS Z 2305　非破壊試験技術者の資格及び認証

JIS Z 2306　放射線透過試験用透過度計

JIS Z 2307　放射線透過試験用複線形像質計による像の不鮮鋭度の決定

JIS Z 3110　溶接継手の放射線透過試験方法－デジタル検出器による X 線及び γ 線撮影技術

ISO 19232-1, Non-destructive testing－Image quality of radiographs－Part 1: Determination of the image quality value using wire-type image quality indicators

ISO 19232-2, Non-destructive testing－Image quality of radiographs－Part 2: Determination of the image quality value using step/hole-type image quality indicators

ASNT SNT-TC-1A, Recommended Practice No. SNT-TC-1A, and ASNT Standard Topical Outlines for Qualification of Nondestructive Testing Personnel (ANSI/ASNT CP-105)

3 用語及び定義

この規格で用いる主な用語及び定義は，次によるほか，**JIS G 0203, JIS G 0431 及び JIS Z 2300** による。

3.1
管（tube）
両端が開口した長い筒状の製品

3.2
溶接鋼管（welded steel tube）
鋼板製品から筒状に成形し，隣り合う端部を溶接した鋼管
注釈1 溶接後に熱間工程又は冷間工程によって最終形状にしてもよい。

3.3
製造業者（manufacturer）
関連する規格に従って製品を製造し，供給する製品が，関連する規格の全ての適用される規定に従っていることを宣言する組織

3.4
SN 比，SNR（signal-to-noise ratio）
指定されたデジタル画像の関心領域における，線形化グレイ値の標準偏差（ノイズ）に対する線形化グレイ値の平均値の比

3.5
デジタル検出器の基本空間分解能，SR_b^検出器（basic spatial resolution of a digital detector）
デジタル画像において測定された固有の不鮮鋭度の半分相当及び実効的な画素の大きさに相当し，幾何学的拡大率が１のときにデジタル検出器が解像できる最小の形状及び寸法
注釈1 この測定では，複線形像質計をデジタル検出器又はイメージングプレート上に直接置く。
注釈2 この不鮮鋭度の測定は，JIS Z 2307 に記載されている。また，**ASTM E2736 及び ASTM E1000** を参照。
注釈3 対応国際規格では，記号が，SR_b^検出器から R_{bs}^検出器 に変更されている。

3.6
デジタル画像の基本空間分解能，SR_b^画像（basic spatial resolution of a digital image）
デジタル画像において測定された合計不鮮鋭度の半分相当及び実効的な画素の大きさに相当し，デジタル画像において解像できる最小の形状及び寸法
注釈1 この測定では，複線形像質計を試験体上に直接置く（線源側）。
注釈2 この不鮮鋭度の測定は，JIS Z 2307 に記載されている。
注釈3 小焦点を使用した拡大撮影法では，基本空間分解能 SR_b 値は，SR_b^画像 が使用される。

3.7
きず識別評価計，RQI（representative quality indicator）

評価対象の特性を代表する既知の特性をもつ実物，又は放射線学的に実物と類似の物質を類似の形状に加工したもの

3.8

デジタル検出器システム，DDA システム（digital detector array system, DDA system）

電離放射線又は透過放射線をデジタル化するために個々のアナログのアレイ（センサ）に取り込み，機器の入力領域に入射した放射線のエネルギーパターンに対応するデジタル画像に変換し，表示するためにコンピュータに転送する電子機器

3.9

イメージングプレート法，CR 法

イメージングプレート（輝尽性蛍光体）に記録された情報をデジタル画像に変換する対応読出しユニットからなる総合的なシステムを使用した放射線透過試験方法

注釈1 CR（コンピューティッド・ラジオグラフィ）は，JIS Z 2300 では，"X 線フィルムの代わりにイメージングプレートを用いて，放射線透過試験を実施し，レーザによって読み取り，デジタル画像を得るもの。" と定義されている。

3.10

デジタルアレイ法，DDA 法

デジタル検出器システム（3.8）を用いた放射線透過試験方法

4 一般要求事項

4.1 検査の時期

製品規格の規定又は受渡当事者間の協定のない限り，この規格で規定する放射線透過検査は，全ての主要な製造工程（例えば，圧延，熱処理，熱間仕上げ，冷間仕上げ，成形，強い矯正）が終わった後に行わなければならない。

4.2 検査技術者

この検査は，JIS Z 2305 などによって認証されるか，又は JIS G 0431，ASNT SNT-TC-1A などの資格を付与された，訓練された検査技術者によって行わなければならない。また，製造業者によって指名された力量のある検査技術者によって監督されなければならない。第三者による検査の場合は，このことを受渡当事者間で協定しなければならない。

雇用主によって与えられる検査技術者への作業実施許可は，文書化された手順に従ったものでなければならない。非破壊検査手順は，雇用主によって承認された非破壊試験技術者によって承認されなければならない。非破壊検査手順を承認する非破壊試験技術者は，レベル 3 の資格をもたなければならない。

注記 JIS G 0431 及び JIS Z 2305 の中で，非破壊試験技術者の資格レベルとしてレベル 1，レベル 2 及びレベル 3 を規定している。

4.3 鋼管の性状

鋼管は，有効な検査ができるように，真っすぐであり，異物などが付着していてはならない。溶接部及び近傍の母材部の表面は，放射線透過検査の判定に影響を及ぼすような異物の付着及び表面の不均一さ [1] があってはならない。

注[1]) 判定に影響を及ぼす程度の引っかききず，あばたなど。

許容される表面状態にするためのグラインダ仕上げは，適用してもよい。

4.4 溶接シーム位置の識別

余盛を取り除く場合には，放射線透過画像上で溶接シーム位置が識別できるように，マーカ（通常，矢の形状の鉛のマーク）を，溶接シームの両端に置かなければならない。代替法として，溶接シーム位置の識別に自動位置制御システムを用いてもよい。

4.5 識別記号

撮影箇所と画像とが同じ位置であることを明示するために，鉛の文字記号の投影像が各々の放射線透過画像の中に現れるようにしなければならない。代替法として，鋼管の溶接シームに沿ったそれぞれの放射線透過画像の位置の識別に，自動位置制御システムを用いてもよい。

4.6 マーキング

それぞれの放射線透過画像の位置を正確に再配置するための基準点とするために，記録された放射線透過画像上にマーキングしなければならない。代替法として，正確に再配置するためのソフトウェアによって，デジタル画像観察モニタ上に，自動測定で画像位置を表示してもよい。

4.7 画像撮影

検出器の大きさが対象とする溶接部の長さより小さい場合，鋼管と検出器との位置関係を調整して，鋼管が止まっているときにデジタル放射線透過画像を撮る。

警告 X線又はガンマ線の人体への被ばくは，健康上大いに有害となり得る。X線機器又は放射線を使用する場合は，常に，適切な安全処置をとらなければならない。

電離放射線を使用する場合は，地方の，国の又は国際的な安全ルールを厳密に守らなければならない。

5 デジタル撮影法

次のデジタルイメージ法（デジタル撮影法）のいずれかを用いる。

a) 輝尽性蛍光イメージングプレートによる放射線透過試験方法（CR法）

注記1 ASTM E2033，ASTM E2446，EN 14784-1 及び EN 14784-2 に例がある。

b) デジタルアレイ検出器をもつ放射線透過試験方法（DDA法）

注記2 ASTM E2597 及び ASTM E2698 に例がある。

c) デジタル透視法（画像集積機能によるデジタル透視試験）

注記3 EN 13068-1，EN 13068-2 及び EN 13068-3 に例がある。

6 試験方法

6.1 一般

溶接部の試験は，箇条5の a)～c) に対応するデジタル放射線透過試験方法で行う。

G 0804 —

6.2 像質クラス

像質は，**JIS Z 3110** に適合する像質クラス A 及び像質クラス B に区分する。

— 像質クラス A：標準感度での X 線試験方法による像質クラス
— 像質クラス B：特別感度での X 線試験方法による像質クラス

注記　ほとんどの場合は，像質クラス A が適用されている。像質クラス B は，非常に重要で厳格な用途のものに，限定して適用することを意図している。

6.3 デジタル画像

表示されるデジタル画像は，要求される像質クラス A 又は像質クラス B に適合しなければならない。

6.4 放射線照射の方向

放射線照射の方向は，試験する溶接ビームの中心を向き，かつ，管表面に垂直でなければならない。

6.5 試験部の有効長さ

6.9 及び箇条 7 で規定する要求事項を満足するようにするために，試験部の有効長さは，検出器のスクリーン（画像取得長さ）の両端において，検出器の中心部に対する透過厚さの増加が，像質クラス A では20 %，像質クラス B では 10 %を超えない範囲としなければならない。

6.6 撮影方法

撮影は，単壁撮影方法 2)（single wall penetration）を用いる。単壁撮影方法を適用できない鋼管の寸法の場合には，受渡当事者間の協定によって，二重壁撮影方法を用いてもよい。

注 2)　単壁撮影方法として，**JIS Z 2300** は，内部線源撮影方法を，**JIS Z 3110** は，外部線源撮影方法を，それぞれ規定している。

6.7 検出器と溶接部表面との距離

幾何学的拡大撮影方法（6.8 参照）を使用しない場合，検出器は，可能な限り試験体の近くに配置しなければならない。

線源と溶接部表面との距離と検出器との距離 f との比 f/d によって求める。f/d は，式(1)及び式(2)による。

像質クラス A

$$\frac{f}{d} \geqq 7.5 \times b^{2/3} \quad\text{·····················(1)}$$

像質クラス B

$$\frac{f}{d} \geqq 15 \times b^{2/3} \quad\text{·····················(2)}$$

ここで，　b：　線源側溶接部表面と検出器表面との距離（mm）
　　　　　　d：　実効焦点寸法（mm）
　　　　　　f：　線源と溶接部表面との距離（mm）

— 1788 —

図1のノモグラムに，これらの関係を示す。

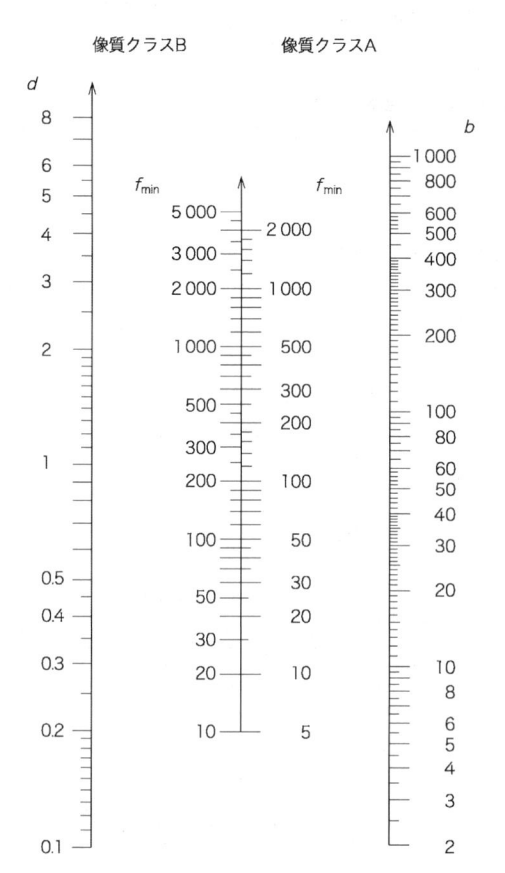

注記 実効焦点寸法 d の値及び線源側溶接部表面とデジタル検出器表面又はイメージングプレート表面との距離 b の値を直線で結ぶことによって，像質クラス A 又は像質クラス B の線源と溶接部表面との最小距離 f_{min} の値が得られる。

図1−線源側溶接部表面と検出器表面との距離 b 及び実効焦点寸法 d に関連した，
線源と溶接部表面との最小距離 f_{min} を求めるためのノモグラム

6.8　DDA システム

DDA システムの機器を適用する際の問題は，フィルムの小さな粒子サイズに比べ，配列のピクセルサイズが大きい（50 μm を超える）ことである（フィルムが非常に高い空間解像度をもつのは，このためである。）。このため，フィルムを用いた放射線透過試験において一般的に用いられる設定で得られる，要求される幾何学的な分解能を得ることができない可能性がある。この問題は，要求される幾何学的分解能を得るために，幾何学的図形の拡大を用いることによって，又は 7.1 に規定する補償原理（画像の SN 比を上げ

る。）を用いることによって改善できる可能性がある。これらの方法のあらゆる組合せを用いてもよい。

空間分解能に関する詳細は，**JIS Z 3110** の **7.7**（幾何学的拡大撮影技法）に規定されている。

6.9　露出条件

X 線管電圧を含む露出条件は，**箇条 7** で規定する透過度計の像質を満たさなければならない。デジタル画像を観察するために，画像のコントラスト及び明るさは，透過度計の像質要求に合わせて調整してもよい。

6.10　X 線管電圧

良好なきず感度を得るためには，X 線管電圧はできる限り低くし，SN 比はできる限り高くするのが望ましい。推奨する透過厚さに対する X 線管電圧の最大値を，**図 2** に示す。これらの最大値は，直接撮影方法のための最もよい値である。

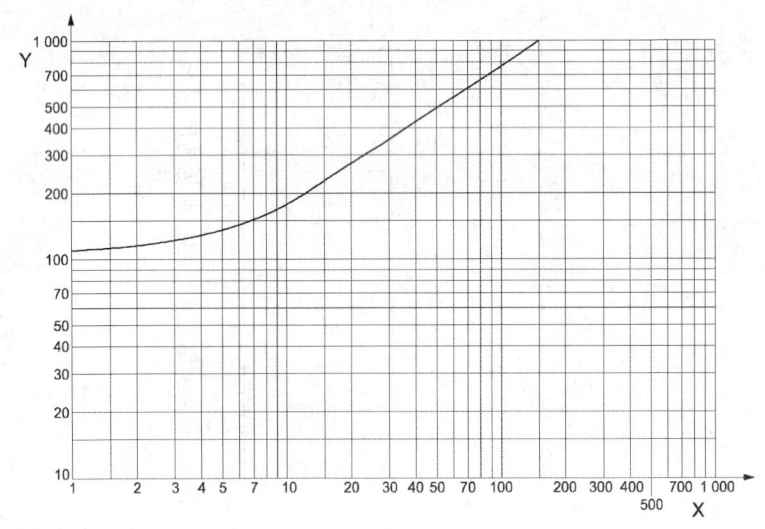

記号説明
　X：透過厚さ（mm）
　Y：X 線管電圧（kV）

図 2−1 000 kV までの X 線装置に対する，透過厚さを因子とした最大 X 線管電圧

7 像質

7.1 像質及び透過度計

像質（Image quality）及び透過度計については，次による。

a) 像質は，受渡当事者間の合意によって，**ISO 19232-1，ISO 19232-2，JIS Z 2307** 又は **JIS Z 2306** に規定されたいずれかのタイプの透過度計を用いて測定する。適切な透過度計を，放射線源側の溶接部近傍の母材部の表面に置かなければならない。有孔階段形透過度計に代えて，有孔形透過度計を用いてもよい（**図3**及び**図4**参照）。

b) 針金形透過度計を使用する場合，針金は，溶接方向に対して直角に向け，溶接部に隣接する母材部に少なくとも 10 mm の針金長さが示されるように配置しなければならない。要求がある場合は，追加の透過度計又はより長い透過度計を，溶接部を横断して配置する。

c) 透過度計を放射線源側の表面に配置できない場合は，検出器側に配置してもよい。この場合，"F"の文字を透過度計の近くに配置し，手順を変更したことを検査報告書に記録する。

d) 同じ透過度計を線源側に配置した場合に比べ，検出器側に配置した場合は，通常，針金径又は穴径が一つ又は二つ多く確認される。注文者は，比較のために線源側及び検出器側の両方に配置した透過度計で，鋼管の供試管上において露出試験をすることを要求してもよい。詳細は，**JIS Z 3110 の 6.7**（像質計及び透過度計の種類及び配置）に規定されている。

e) 寸法及びグレードが同等な鋼管の検査には，透過度計を使用した画像の像質のチェックは，4 時間ごと又はシフト（交替の組）2 回でよい。ただし，この像質のチェックを行う場合，透過度計は線源側に置く。

f) 露出試験（X 線源及び検出器の幾何学的な設定）で使用するパラメータは，その後の検出器側に配置した透過度計で取得する画像に対して，変更してはならない。DDA システムを用いた自動試験のような安定したシステム及びプロセスでは，鋼管の寸法，材質及び試験するパラメータの変更がない限り，画質の確認はシフト（交替の組）ごとに 1 回でよい。この場合，画質確認は，線源側の透過度計だけで行うことが望ましい。透過度計を検出器側に配置する場合には，供試材などで比較試験を行い，同等となる最小識別線径又は穴径を確認しておき，それを指定された頻度で確認する。

g) 透過度計の最小識別線径及び穴径は，溶接部近傍の母材部で評価し，**表1** 又は **表2** に規定されている公称厚さ区分ごとの線径又は穴径，及び不鮮鋭度の値が確認されなければならない。

h) **JIS Z 2307** に適合する複線形像質計の透過度計を用いて，画像の不鮮鋭度 U_g を測定しなければならない。

i) 複線形像質計における不鮮鋭度 U_g は，デジタル画像の複線形像質計を横切る針金の像の濃度をプロットし，ペアの針金の間の落ち込みが 20 %未満となる最初の針金ペアの呼び番号（すなわち，分離できなくなる最大の針金ペアの線径）とする〔**JIS Z 3110 の 附属書 C**（基本空間分解能 SR_b の決定）参照〕。

j) 複線形像質計は，ピクセルの方向（縦及び横）と同じ方向に並ぶことによる影響を避けるため，ピクセル方向に向かって約 5°の角度で母材表面に配置することが望ましい。

7.2 検出器の基本空間分解能

a) 構造及びハードウェアのパラメータによって固定されたデジタル検出器の基本空間分解能 $SR_b^{検出器}$ は，検出器の前に直置いた複線形像質計によって求めなければならない。この場合，$SR_b^{検出器}$ は，式(3)による。

$$SR_b^{検出器} = 0.5 U_g \cdots\cdots\cdots\cdots\cdots\cdots\cdots\cdots\cdots\cdots\cdots\cdots\cdots\cdots (3)$$

b) 用いる検出器のシステムで，**表1**及び**表2**の規定が満足できない場合には，透過度計の要求識別最小線径又は穴径をより小さくすることによって，高すぎる不鮮鋭度の値を補償してもよい。ただし，この補償は，透過度計の値で3以下とする。

> **例** 像質クラス B では，10 mm の鋼管厚さに対しては，針金形透過度計では呼び番号 W14（0.16 mm）及び複線形像質計 D11（0.080 mm）を満足しなければならないが，D11 が満足できない場合の可能な補償方法は，D11 から D9（0.130 mm）に 2 段階下げ，一方で，W14 から W16（0.10 mm）に 2 段階上げる。

c) デジタル検出器のコントラスト識別度［コントラストとノイズとの比（*CNR*）］は，所定の距離及び管電圧に対して放射線透過画像の取得に用いる積分時間及び管電流（mA）に依存する。このため，針金形透過度計の視認性は，露出時間及び管電流（mA）の設定を上げることで増加する。

注記 記号の内容を，参考として次に示す。

CNR（Contrast-to-Noise Ratio）：二つの画像領域間の平均信号レベルの差と，信号レベルの平均標準偏差との比［**JIS Z 3110** の **3.13**（正規化されたコントラスト対ノイズ比）参照］

7.3 像質クラス

二つの像質のクラスに対応する透過度計及び複線形像質計の呼び番号並びにその線径，穴径及び線の間隔を，**表1**及び**表2**に規定する。**図4 c)** の有孔形の透過度計を用いる場合には，**表1**又は**表2**にそれぞれ規定する像質クラス A 又は像質クラス B の穴径を含んだものを用いる。母材の最小 SNR_N（正規化された SN 比）は，像質クラス A では 70 を超え，像質クラス B では，100 を超えることが望ましい。SNR_N は，溶接シーム近傍の母材における画像によって測定された *SNR* を用いて式(4)で計算し，検出システムの基本空間分解能で正規化する。

$$SNR_\mathrm{N} = SNR \times 88.6 / SR_\mathrm{b}^{検出器} \quad \cdots\cdots\cdots\cdots\cdots\cdots\cdots (4)$$

ここで， SNR_N： 正規化された SN 比
SNR： 画像の測定で求めた SN 比
88.6： 正規化のための係数（μm）
$SR_\mathrm{b}^{検出器}$： デジタル検出器の基本空間分解能（μm）［**7.2** の **a)** 参照］

注記 *SNR* 測定の詳細は，例として **EN 14784-1**，**ASTM E2446** 又は **ASTM E2597** を参照。厚肉に対する透過度計の像質については，**JIS Z 3110** に示されている。

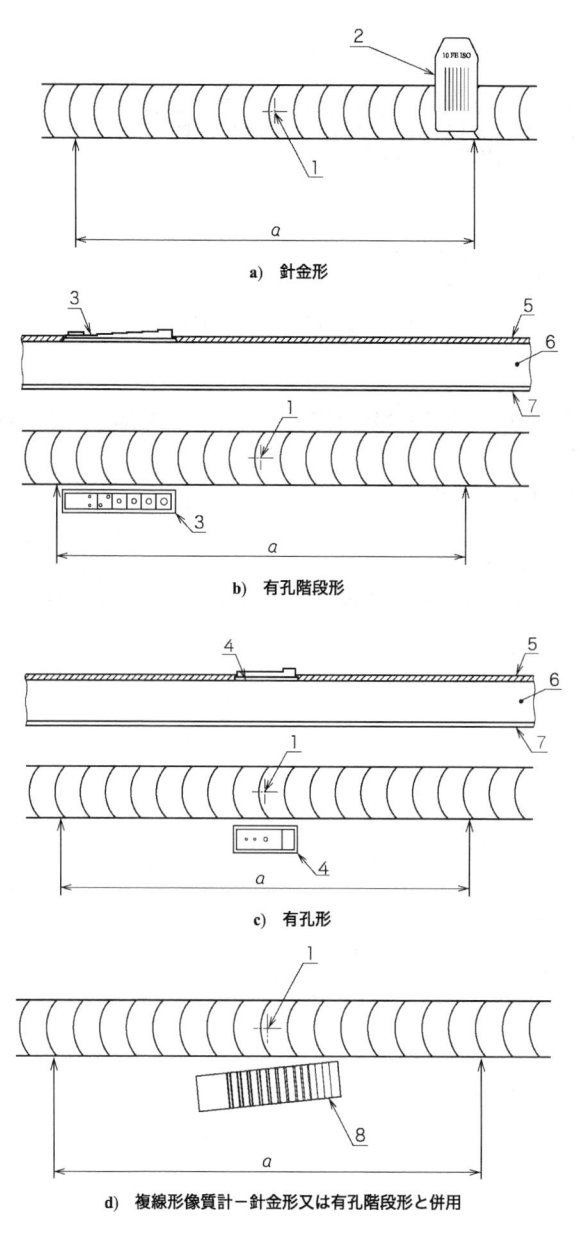

a)　針金形

b)　有孔階段形

c)　有孔形

d)　複線形像質計－針金形又は有孔階段形と併用

図 3－透過度計の配置

記号説明
1：ビームの中心
2：針金形透過度計，最も細い線をビームの中心から離して配置（有効長の両端付近）
3：有孔階段形透過度計，最も薄い段をビームの中心から離して配置
4：有孔形透過度計，必要に応じシムを使用
5：外側の余盛
6：管厚（母材の厚さ）
7：内側の余盛
8：複線形像質計，約5度に傾けて配置
a：画像の試験部の有効長さ（DDA法）又はイメージングプレートの長さ（CR法）

図3－透過度計の配置（続き）

7.4　二重壁撮影方法の像質

二重壁撮影方法の場合，公称厚さの2倍に相当する厚さ（2*T*）の透過度計（複線形像質計を含む。）の呼び番号を適用する。

7.5　きず識別評価計（RQI）の適用

きず識別評価計が適用できる場合，デジタルシステムの性能は，代表的なきず識別評価計を用いて測定することが望ましい。きず識別評価計は，検査する鋼管と同じ寸法及び放射線吸収特性のものが望ましい。装置の設定が，検査の要求仕様を満足する能力があることを確認するため，きず識別評価計を用いることが望ましい。

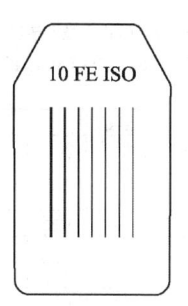

a) 針金形

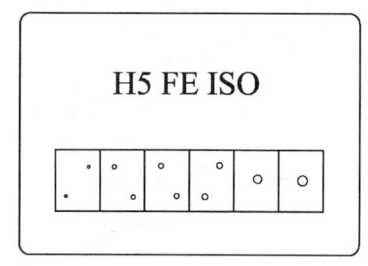

b) 有孔階段形

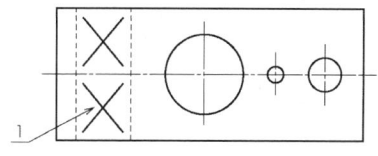

c) 有孔形

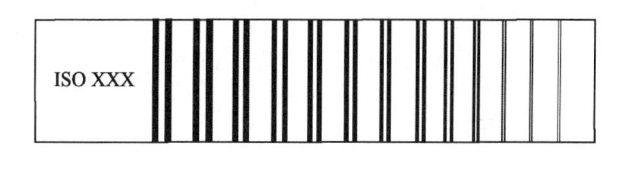

d) 複線形像質計

記号説明
　1：識別番号の位置
　注記　c)は，**ASTM E1025** の有孔形透過度計である。

図4－透過度計のタイプ

表1−針金形透過度計・有孔階段形透過度計・複線形像質計
の呼び番号並びにその線径，穴径及び線間隔（像質クラス A）

単位　mm

針金形透過度計			有孔階段形透過度計			複線形像質計 [a), b)]			
公称厚さ T	呼び番号	線径	公称厚さ T	呼び番号	穴径	公称厚さ T	呼び番号	不鮮鋭度 (Unsharpness)	線径及びその間隔 [c)]
$T \leqq 1.2$	W18	0.063	$T \leqq 2$	H3	0.20	$T \leqq 2$	D11	0.16	0.080
$1.2 < T \leqq 2$	W17	0.08	$2 < T \leqq 3.5$	H4	0.25	$2 < T \leqq 5$	D10	0.20	0.100
$2 < T \leqq 3.5$	W16	0.10	$3.5 < T \leqq 6$	H5	0.32	$5 < T \leqq 10$	D9	0.26	0.130
$3.5 < T \leqq 5$	W15	0.13	$6 < T \leqq 10$	H6	0.40	$10 < T \leqq 25$	D8	0.32	0.160
$5 < T \leqq 7$	W14	0.16	$10 < T \leqq 15$	H7	0.50	$25 < T \leqq 55$	D7	0.40	0.200
$7 < T \leqq 10$	W13	0.20	$15 < T \leqq 24$	H8	0.64	$55 < T$	D6	0.50	0.250
$10 < T \leqq 15$	W12	0.25	$24 < T \leqq 30$	H9	0.80	—	—	—	—
$15 < T \leqq 25$	W11	0.32	$30 < T \leqq 40$	H10	1.00	—	—	—	—
$25 < T \leqq 32$	W10	0.40	$40 < T \leqq 60$	H11	1.25	—	—	—	—
$32 < T \leqq 40$	W9	0.50	$60 < T$	H12	1.60	—	—	—	—
$40 < T \leqq 55$	W8	0.63	—	—	—	—	—	—	—
$55 < T$	W7	0.80	—	—	—	—	—	—	—

注 [a)]　複線形像質計は，針金形又は有孔階段形透過度計とともに用いることが望ましい。

注 [b)]　複線形像質計は，輪郭表示器（profile display）を用いて検査することが望ましい。不鮮鋭度は，ペアの針金の間の落ち込みが 20 ％未満となる最初の針金ペアの呼び番号（すなわち，分離できなくなる最大の針金ペアの線径）とする ［7.1 の i）参照］。

注 [c)]　JIS Z 3110 の附属書 C に基づき，試験体の線源側の複線形像質計を用いて決定されたデジタル画像の基本空間分解能。

表2－針金形透過度計・有孔階段形透過度計・複線形像質計
の呼び番号並びにその線径，穴径及び線間隔（像質クラス B）

単位　mm

針金形透過度計			有孔階段形透過度計			複線形像質計 a), b)			
公称厚さ T	呼び番号	線径	公称厚さ T	呼び番号	穴径	公称厚さ T	呼び番号	不鮮鋭度 (Unsharpness)	線径及びその間隔 c)
$T \leqq 1.5$	W19	0.05	$T \leqq 2.5$	H2	0.16	$T \leqq 1.5$	D13+	<0.10	<0.05
$1.5 < T \leqq 2.5$	W18	0.063	$2.5 < T \leqq 4$	H3	0.20	$1.5 < T \leqq 4$	D13	0.10	0.05
$2.5 < T \leqq 4$	W17	0.08	$4 < T \leqq 8$	H4	0.25	$4 < T \leqq 8$	D12	0.13	0.065
$4 < T \leqq 6$	W16	0.10	$8 < T \leqq 12$	H5	0.32	$8 < T \leqq 12$	D11	0.16	0.080
$6 < T \leqq 8$	W15	0.13	$12 < T \leqq 20$	H6	0.40	$12 < T \leqq 40$	D10	0.20	0.100
$8 < T \leqq 12$	W14	0.16	$20 < T \leqq 30$	H7	0.50	$40 < T$	D9	0.26	0.130
$12 < T \leqq 20$	W13	0.20	$30 < T \leqq 40$	H8	0.64	—	—	—	—
$20 < T \leqq 30$	W12	0.25	$40 < T \leqq 60$	H9	0.80	—	—	—	—
$30 < T \leqq 35$	W11	0.32	$60 < T$	H10	1.00	—	—	—	—
$35 < T \leqq 45$	W10	0.40	—	—	—	—	—	—	—
$45 < T \leqq 65$	W9	0.50	—	—	—	—	—	—	—
$65 < T$	W8	0.63	—	—	—	—	—	—	—

注記　D13+は，針金のペア D13 のペアの針金の間の落ち込みが 20 ％を超えて分離できる場合（**7.1** 参照）に用いられている。

注 a)　複線形像質計は，針金形又は有孔階段形透過度計とともに用いることが望ましい。

注 b)　複線形像質計は，輪郭表示器（profile display）を用いて検査することが望ましい。ペアの針金の間の落ち込みが 20 ％未満となる最初の針金ペアの呼び番号（すなわち，分離できなくなる最大の針金ペアの線径）とする。

注 c)　**JIS Z 3110** の附属書 C に基づき，試験体の線源側の複線形像質計を用いて決定されたデジタル画像の基本空間分解能。

8　画像処理（Image processing）

8.1　画像の評価

放射線透過試験の検出器のデジタルデータが，照射線量に比例していることを評価しなければならない（**JIS Z 3110** 参照）。これは，像質の評価を行うための SNR の正確な測定に必要なものである。最適な画像の表示のために，コントラスト及び輝度は，それぞれ調整できることが望ましい。附属のフィルタ機能，輪郭の構図図及び SNR ツールは，画像表示及び評価のためのソフトウェアに組み込まれていることが望ましい。要求された SNR を達成するために，デジタルアレイ検出器の校正は，**JIS Z 3110** に基づいて行うことが望ましい。

注記 1　輪郭の構図とは，線径，きずなどの輪郭（プロファイル）を，その濃淡を数値化して表示器に表示することである。

注記 2　SNR ツールとは，関心領域における線形化した画像の生データの信号及びノイズを測定する特殊なソフトのことである ［**ASTM E2446** 及び **JIS Z 3110** の**附属書 D**（CR 撮影のための最小グレイ値の決定）参照］。

8.2　追加の画像処理

保管した生データに適用する更なる画像処理 ［例えば，画像表示のためのハイパスフィルター（high pass

filtering）〕の手法は，文書化して再現可能とし，受渡当事者間で協定しなければならない。

9 きずの像の分類

9.1 分類

放射線透過写真の画像で見つかったきずの像は，**9.2** 及び **9.3** に従って，不完全部又は有害なきずのいずれかに分類しなければならない。

9.2 不完全部

不完全部とは，この規格で記載する放射線透過試験法で検出できる溶接シーム内の不連続部である。

規定する許容基準内の寸法及び／又は密集度の不完全部は，鋼管の使用目的に実用的な影響はないものとみなす。

9.3 有害なきず

有害なきずとは，規定された許容基準を超える寸法及び／又は密集度の不完全部である。有害なきずは，鋼管の使用目的に悪影響又は制限を与えるものとみなす。

10 許容基準

10.1 一般

製品規格に規定のない限り，**10.2〜10.6** に規定する許容基準を，溶接シームの放射線透過検査に適用する。

10.2 割れ，溶込み不良及び融合不良

割れ，溶込み不良及び融合不良は，不合格とする。

10.3 スラグ巻込み及びブローホール

個々の円形のスラグ巻込み及びブローホールは，$3.0\,\text{mm}$ 又は $T/3$（T：公称厚さ）のいずれか小さい直径まで許容する。

個々の円形のスラグ巻込み及びブローホールの間隔が $4T$ 未満のとき，許容された個々の不完全部の直径の合計は，溶接長 $150\,\text{mm}$ 又は $12T$ のいずれか小さい方の長さ当たり，$6.0\,\text{mm}$ 又は $0.5T$ のいずれか小さい方を超えてはならない。

10.4 細長い不完全部

幅が $1.5\,\text{mm}$ 以下の個々の細長いスラグ巻込みは，$12.0\,\text{mm}$ 又は T のいずれか小さい方の長さまで許容する。

個々の細長いスラグ巻込みの間隔が $4T$ 未満のとき，許容された個々の不完全部の長さの合計は，溶接長 $150\,\text{mm}$ 又は $12T$ のいずれか小さい方の長さ当たり，$12.0\,\text{mm}$ を超えてはならない。

注記　参考として，**10.3** 及び **10.4** の許容限界の例を，**附属書 A** に図式的に示す。

10.5　アンダカット

最大深さが 0.4 mm 以下のアンダカットは，鋼管の残厚さが，許容下限値以上であれば許容される。

放射線透過試験によって検出されたアンダカットは，グラインダ手入れを行う。

その他のアンダカットの規定については，製品規格又は受渡当事者間の協定による。

注記1　**ISO 10893-6** では，"最大長さが *T*/2 までの個々のアンダカットについて，深さが公称厚さの 10 ％を超えていなければ，最大深さ 0.5 mm まで許容される。ただし，溶接長 300 mm に対して 2 個までとし，手入れ（例えば，グラインダ手入れ）を行う。"と規定されている。

注記2　製品規格の規定の例としては，**ISO 3183**:2012 の **9.10.2** では，次のように規定されている（詳細は，**ISO 3183**:2012 参照）。

　　―　深さ 0.4 mm 以下のアンダカットは，許容される。

　　―　深さ 0.4 mm 超え，0.8 mm 以下のアンダカットは，長さ及び個数の程度によって許容される。ただし，見つかったきずは，全てグラインダ手入れする。

　　―　上記以外のアンダカットは，溶接補修又は不合格とする。

10.6　内外面にあるアンダカット

アンダカットが溶接部の長手方向の内外面の同じ位置にある場合には，許容されない。

11　結果の判定

11.1　有害なきずのない鋼管

有害なきず（許容基準を超えるきず）のない鋼管は，合格とする。

11.2　有害なきずのある鋼管

有害なきず（許容基準を超えるきず）のある鋼管は，嫌疑材とする。

11.3　嫌疑材の処置

嫌疑材は，製品規格の要求事項及び／又は受渡当事者間の協定に従い，次の一つ又はそれ以上の処置を行う。

a)　嫌疑部分を，グラインダ手入れによって除去する。有害なきずが完全に除去されたことを浸透探傷試験又は磁粉探傷試験によって検証する。必要な場合，グラインダ手入れを行った部位は，放射線透過試験によって再検査を行う。グラインダ手入れ部の残厚さは，規定の公差を満足していることを検証するために，適切な方法で測定する。

b)　嫌疑部分を，受渡当事者間で承認された溶接手順で行う溶接によって補修する。補修部は，この規格及び製品規格の要求に従い放射線透過検査を行う。

c)　嫌疑部分を，切断し除去する。鋼管の残長は，規定の許容差内であることを検証するために測定する。

d)　この鋼管を不合格とする。

12 画像の保管及び表示 (Image storage and display)

元の画像は，検出器のシステムによって供給されたままの原画像 (オリジナルな状態) で保管しなければならない。ただし，検出器の校正に結び付いている画像処理 [例えば，人為的に加工しない検出器画像を供給するためのオフセットの修正，ゲインの校正，検出器の均一化及び悪いピクセルの修正 (ASTM E2597 参照)] は，生データを保管する前に適用しなければならない。

画像評価のための表示器は，次の最低条件を満たすことが望ましい。

- 最低限輝度：250 cd/m²
- 最低限 256 階調の表示
- 最低表示可能光度比：1:250
- 0.30 mm 未満の 1 ピクセル寸法での最低 1 000×1 000 ピクセルの表示

画像評価は，コントラストが明確になるような部屋で行わなければならない。モニタの設定は，適切な試験画像 (あらかじめ撮影した画像など) を用いて確認しなければならない。デジタル式放射線透過試験の非破壊評価におけるデジタル画像処理及び通信 (DICONDE) のために，ASTM E2699 を適用することが望ましい。

13 検査報告書

製造業者は，少なくとも次の情報を記録しなければならない。また，要求のある場合は，受渡当事者間の協定がない限り，製造業者は，少なくとも次の情報を含む検査報告書を提出しなければならない。

a) この規格の番号 (JIS G 0804)

b) 適合していることの声明

c) 受渡当事者間の協定又はその他によって規定された手順を変更した事項

d) 製品の識別 (鋼種及び寸法)

e) X 線の線源，撮影装置のタイプ及び実効焦点寸法並びに用いた装置，管電圧及び管電流

f) 画像の取得及び表示に用いた検出器及びソフトウェア

g) ロットごとの露出時間

h) 幾何学的撮影配置，拡大率及び線源から管表面までの距離

i) 透過度計のタイプ及び配置

j) 透過度計の読み及び母材での最小の SNR 値

k) 得られた像質クラス

l) 取得した生データのファイル名及び保管場所

m) 撮影日

n) 検査技術者の識別 (コード，ID，名前又は姓など)，(JIS G 0431，JIS Z 2305 又はこれらと同等の規格に基づく) 資格又は認証，資格レベル及び責任者の署名

附属書 A
（参考）
不完全部の分布の例

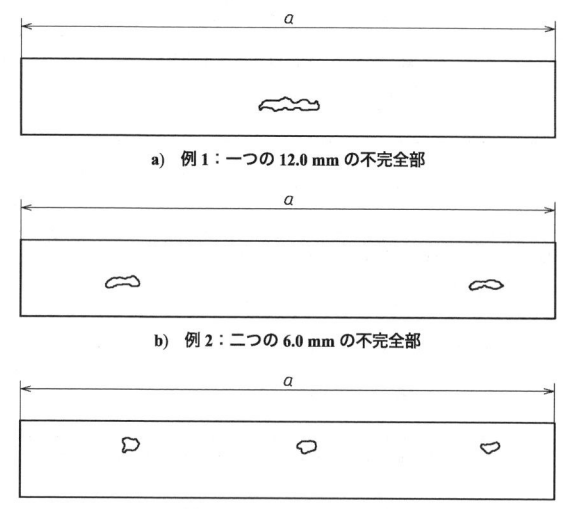

a)　例 1：一つの 12.0 mm の不完全部

b)　例 2：二つの 6.0 mm の不完全部

c)　例 3：三つの 4.0 mm の不完全部

記号説明

a：溶接長 150 mm 又は 12T（T：公称厚さ）のいずれか小さい方

図 A.1－細長いスラグ巻込みの許容限界の例

［不完全部の長さ（単独又は合計）の 12.0 mm が許容限界の場合］（10.4）

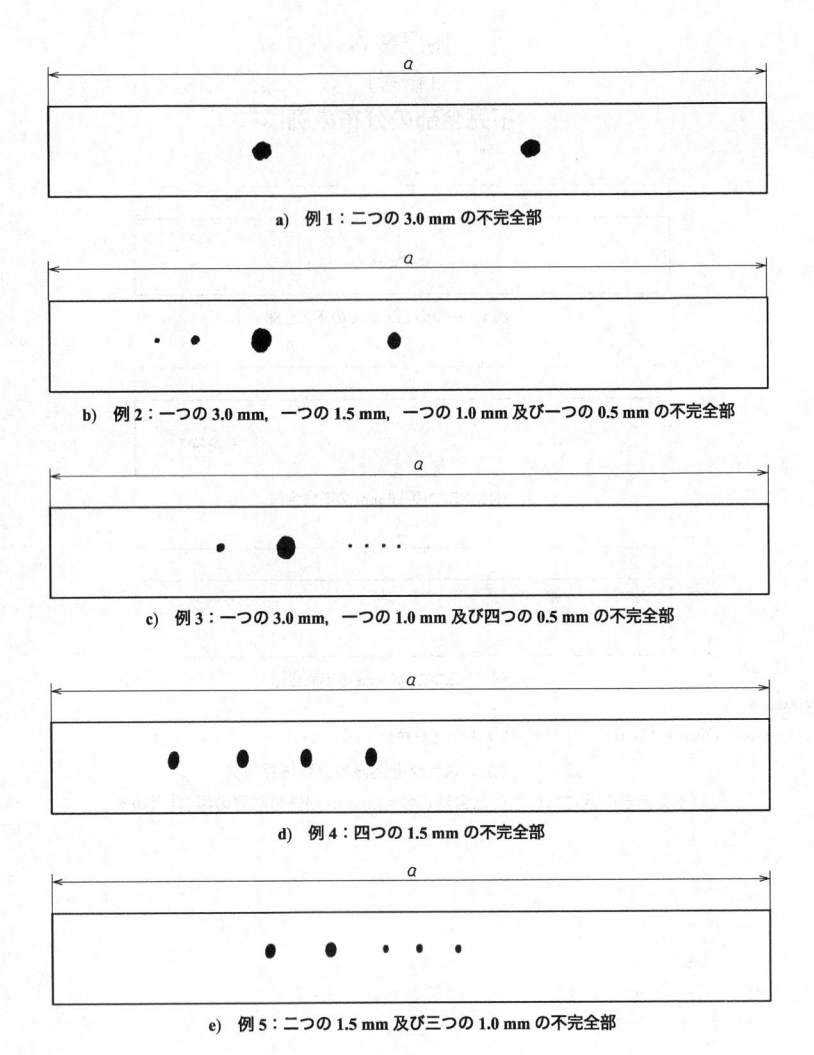

a) 例1:二つの 3.0 mm の不完全部

b) 例2:一つの 3.0 mm, 一つの 1.5 mm, 一つの 1.0 mm 及び一つの 0.5 mm の不完全部

c) 例3:一つの 3.0 mm, 一つの 1.0 mm 及び四つの 0.5 mm の不完全部

d) 例4:四つの 1.5 mm の不完全部

e) 例5:二つの 1.5 mm 及び三つの 1.0 mm の不完全部

記号説明
a:溶接長 150 mm 又は 12T(T:公称厚さ)のいずれか小さい方

図 A.2−ブローホールタイプの許容限界の例(不完全部の合計 6.0 mm が許容限界の場合)(10.3)

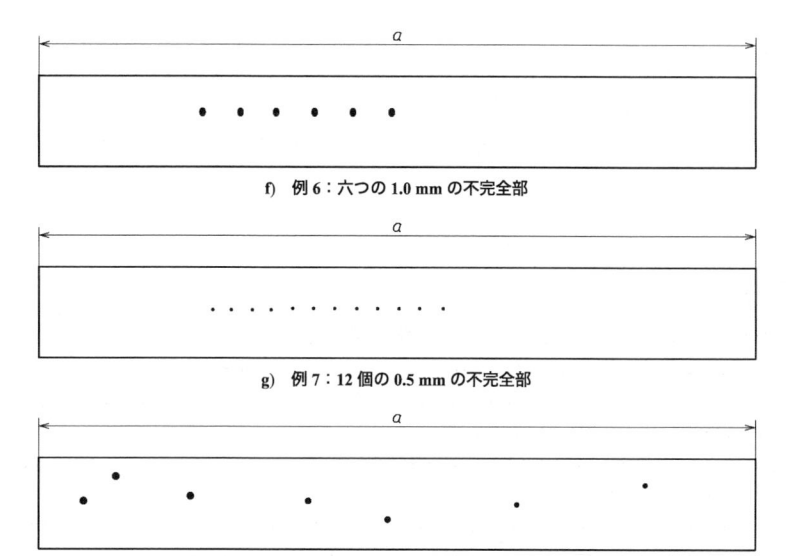

f) 例 6：六つの 1.0 mm の不完全部

g) 例 7：12 個の 0.5 mm の不完全部

h) 例 8：三つの 1.0 mm 及び四つの 0.75 mm の不完全部

記号説明
a：溶接長 150 mm 又は 12T（T：公称厚さ）のいずれか小さい方

図 A.2－ブローホールタイプの許容限界の例（不完全部の合計 6.0 mm が許容限界の場合）（10.3）（続き）

参考文献

JIS G 0803　溶接鋼管溶接部のフィルム式放射線透過検査方法

ISO 3183:2012,　Petroleum and natural gas industries－Steel pipe for pipeline transportation systems

ISO 10893-6,　Non-destructive testing of steel tubes－Part 6: Radiographic testing of the weld seam of welded steel tubes for the detection of imperfections

ISO 11699-1,　Non-destructive testing－Industrial radiographic film－Part 1: Classification of film systems for industrial radiography

ISO 14096-1, Non-destructive testing－Qualification of radiographic film digitisation systems－Part 1: Definitions, quantitative measurements of image quality parameters, standard reference film and qualitative control

ISO 14096-2,　Non-destructive testing－Qualification of radiographic film digitisation systems－Part 2: Minimum requirements

ISO 19232-3,　Non-destructive testing－Image quality of radiographs－Part 3: Image quality classes

EN 13068-1，　Non-destructive testing－Radioscopic testing－Part 1: Quantitative measurement of imaging properties

EN 13068-2, Non-destructive testing－Radioscopic testing－Part 2: Check of long term stability of imaging devices

EN 13068-3,　Non-destructive testing－Radioscopic testing－Part 3: General principles of radioscopic testing of metallic materials by X- and gamma rays

EN 14784-1,　Non-destructive testing－Industrial computed radiography with storage phosphor imaging plates－Part 1: Classification of systems

EN 14784-2,　Non-destructive testing－Industrial computed radiography with storage phosphor imaging plates－Part 2: General principles for testing of metallic materials using X-rays and gamma rays

ASTM E1000,　Standard Guide for Radioscopy

ASTM E1025,　Standard Practice for Design, Manufacture, and Material Grouping Classification of Hole-Type Image Quality Indicator (IQI) Used for Radiology

ASTM E2033,　Standard Practice for Computed Radiology (Photostimulable Luminescence Method)

ASTM E2445,　Standard Practice for Qualification and Long-Term Stability of Computed Radiology Systems

ASTM E2446,　Standard Practice for Classification of Computed Radiology Systems

ASTM E2597,　Standard Practice for Manufacturing Characterization of Digital Detector Arrays

ASTM E2698,　Standard Practice for Radiological Examination Using Digital Detector Arrays

ASTM E2699，　Standard Practice for Digital Imaging and Communication in Nondestructive Evaluation (DICONDE) for Digital Radiographic (DR) Test Methods

ASTM E2736,　Standard Guide for Digital Detector Array Radiography

附属書 JA
（参考）
JIS と対応国際規格との対比表

JIS G 0804			ISO 10893-7:2019，（MOD）	
a) JIS の箇条番号	b) 対応国際規格の対応する箇条番号	c) 箇条ごとの評価	d) JIS と対応国際規格との技術的差異の内容及び理由	e) JIS と対応国際規格との技術的差異に対する今後の対策
1	1	一致	—	—
2				
3	3	変更	JIS では，一般的な用語は，他の JIS を引用している。また，JIS ではイメージングプレート法及びデジタルアレイ法の用語説明を追加した。	技術的差異は，軽微である。
		削除	JIS では，対応国際規格の 3.4 agreement は特に必要ないため削除した。	
		追加	JIS では，3.6 としてデジタル画像の基本空間分解能，$SR_b^{画像}$ を追加した。	
4	4	追加	JIS では，4.3 に不均一さの例を追加している。	技術的差異は，軽微である。
			JIS には，細分箇条に題名を記載した。	—
5	5	変更	JIS では，試験方法の規格例を注記とした。	ISO に提案する。
			JIS では，イメージングプレート法に ASTM 規格を追加した。また，箇条の題名を本文に合わせて修正している。	
6	6	追加	JIS には，撮影方法に注を加えた。	—
			JIS には，細分箇条に題名を記載した。	—
7	7	追加	JIS では，7.1 に透過度計を検出器側に配置する場合の画質確認の規定を追加している。	ISO に提案する。
			JIS では，7.3 に有孔形の透過度計を用いる場合の適用方法について追加している。	
			JIS は，図 3 に c)を加え，有孔形透過度計を別の図に示した。	
		削除	JIS では，対応国際規格の 7.6 の内容が 7.3 と重複するため，7.6 を削除した。	
		追加	JIS には，細分箇条に題名を記載した。	—
8	8	追加	JIS では注記に用語の説明を追加した。	技術的差異は，軽微である。
			JIS には，細分箇条に題名を記載した。	—
9	9	追加	JIS には，細分箇条に題名を記載した。	—

a) JIS の箇条番号	b) 対応国際規格の対応する箇条番号	c) 箇条ごとの評価	d) JIS と対応国際規格との技術的差異の内容及び理由	e) JIS と対応国際規格との技術的差異に対する今後の対策
10	10	変更	JIS では，10.5 のアンダカットの規定は，製品規格又は受渡当事者間の協定によって，詳細な許容基準は，参考として注記で示した。	ISO の製品規格と異なる規定となっており，製品規格との整合をとるように ISO に提案する。
		追加	JIS には，細分箇条に題名を記載した。	―
11	11	追加	JIS には，細分箇条に題名を記載した。	―
12	12	変更	JIS では，画像評価の部屋の条件をより明確に示した。	技術的差異は，軽微である。
		追加	JIS では，適切な試験画像の例を追加した。	
13	13	変更	ISO 規格では，検査技術者の署名を要求しているが，JIS では，実態に合わせて従来どおり責任者の署名が必要とした。	ISO に提案する。
附属書 A（参考）				

注記1 箇条ごとの評価欄の用語の意味を，次に示す。
　　― 一致：技術的差異がない。
　　― 削除：対応国際規格の規定項目又は規定内容を削除している。
　　― 追加：対応国際規格にない規定項目又は規定内容を追加している。
　　― 変更：対応国際規格の規定内容又は構成を変更している。
注記2 JIS と国際規格との対応の程度の全体評価の記号の意味を，次に示す。
　　― MOD：対応国際規格を修正している。

JIS G 0901
(2023)

建築用鋼板及び平鋼の超音波探傷試験による 等級分類及び判定基準

JIS (1992, 10) 改正
JIS (1983) 制定

Classification of structural rolled steel plate and wide flat for building by ultrasonic test

序文

この規格は，2016 年に第 2 版として発行された **ISO 17577** を基とし，技術的内容を変更して作成した日本産業規格である。

なお，**附属書 JA** 及び**附属書 JB** は，対応国際規格にはない事項である。また，この規格で側線又は点線の下線を施してある箇所は，対応国際規格を変更している事項である。技術的差異の一覧表にその説明を付けて，**附属書 JC** に示す。

1 適用範囲

この規格は，鋼構造建築物の主要構造材の中で厚さ方向に著しく高い応力が作用する鋼材で，厚さ 13 mm 以上 200 mm 以下の鋼板（以下，鋼板という。），及び厚さ 13 mm 以上 200 mm 以下かつ幅 180 mm 以上の平鋼（以下，平鋼という。）の超音波探傷試験による等級分類及び判定基準について規定する。

注記　この規格の対応国際規格及びその対応の程度を表す記号を，次に示す。

ISO 17577:2016，Steel－Ultrasonic testing of steel flat products of thickness equal to or greater than 6 mm （MOD）

なお，対応の程度を表す記号"MOD"は，**ISO/IEC Guide 21-1** に基づき，"修正している"ことを示す。

2 引用規格

次に掲げる引用規格は，この規格に引用されることによって，その一部又は全部がこの規格の要求事項を構成している。これらの引用規格は，その最新版（追補を含む。）を適用する。

JIS B 0601　製品の幾何特性仕様（GPS）－表面性状：輪郭曲線方式－用語，定義及び表面性状パラメータ

JIS G 0202　鉄鋼用語（試験）

JIS G 0203　鉄鋼用語（製品及び品質）

JIS G 0431　鉄鋼製品の雇用主による非破壊試験技術者の資格付与

JIS G 3103　ボイラ及び圧力容器用炭素鋼及びモリブデン鋼鋼板

JIS G 3106　溶接構造用圧延鋼材

JIS G 4304 熱間圧延ステンレス鋼板及び鋼帯

JIS Z 2300 非破壊試験用語

JIS Z 2305 非破壊試験技術者の資格及び認証

JIS Z 2344 金属材料のパルス反射法による超音波探傷試験方法通則

JIS Z 2345-3 超音波探傷試験用標準試験片－第3部：垂直探傷試験用標準試験片

JIS Z 2352 超音波探傷装置の性能測定方法

3 用語及び定義

この規格で用いる主な用語及び定義は，次によるほか，**JIS G 0202**，**JIS G 0203**，**JIS G 0431** 及び **JIS Z 2300** による。

3.1
不連続部（internal discontinuity）
鋼鋼又は平鋼の板厚内に存在するきず

注釈1 平面状のきず，ラミネーション，一層若しくは多層の帯状になっている介在物又はクラスターがある。

3.2
手動探傷（manual and assisted manual testing）
鋼板又は平鋼表面上を適切なパターンによって，超音波探触子を手動走査し，直接目視によるか，又はアラーム付きの装置を使って，A スコープ表示上に示される信号を評価する探傷

3.3
自動探傷（automated and semi-automated testing）
鋼板又は平鋼表面上を適切なパターンによって，超音波探触子を機械的に自動走査し，更に電気的方法で信号を評価しながら行う探傷

3.4
二振動子垂直探触子用 E 形対比試験片（**RB-E**）（type E reference block for double crystal probe）
二振動子垂直探触子の距離振幅特性を調べる試験片

注釈1 感度設定にも用いられる。

4 探傷方式

探傷方式は，垂直法によるパルス反射法とする。

なお，この規格に規定する以外の一般事項は，**JIS Z 2344** による。

5 検査技術者

鋼板及び平鋼の自動超音波探傷検査は，レベル2又はレベル3の資格を付与された検査技術者の責任のもと，資格を付与された検査技術者によって行わなければならない。資格付与の要件には，定期的な訓練，資格試験の合格，経験及び視力の適合を含む。鋼板及び平鋼の手動超音波探傷検査は，レベル2又はレベル3の資格を付与された検査技術者の責任のもと，その規格に規定するレベル1以上の資格を付与された

検査技術者によって行わなければならない。

資格付与及びその要件は，**JIS G 0431**，**JIS Z 2305** 又はこれらと同等の規格による。

注記 1 **JIS G 0431** 及び **JIS Z 2305** の中で，非破壊試験技術者の資格レベルとして，レベル 1，レベル 2 及びレベル 3 を規定している。

注記 2 **JIS G 0431** の **5.2**（NDT レベル 1）に，NDT レベル 1 技術者には，NDT レベル 2 技術者又は NDT レベル 3 技術者の監督の下，NDT 指示書に従った結果の記録，分類及び報告を行う権限を与えてもよいが，結果の解釈は行ってはならないことが規定されている。

6 探傷装置

6.1 探傷装置の構成

自動探傷装置は，自動探傷器，探触子，鋼板又は平鋼の送り装置，探触子追従装置，自動警報装置，不連続部の位置表示が可能な装置などで構成する。手動探傷装置は，主として，手動探傷器及び探触子で構成する。

6.2 探傷器

6.2.1 一般的機能

探傷器に要求される一般的機能は，次による。

a) 走査する鋼板又は平鋼の表面に垂直に入射するパルスエコー方式を用いなければならない。

b) 時間軸の調整が可能で，かつ，探傷感度をデシベル単位で調整可能な機器とする。また，使用する探触子及びその周波数に適した機器とする。

c) 送信パルスの繰返し周波数は，走査速度に対して適正でなければならない。

d) 不連続部の信号を探傷ゲート機能によって適正に検出可能で，かつ，その信号を探傷器の表示装置又は記録装置に出力可能な機器とする。

e) 超音波探傷中は，接触媒質によって鋼板又は平鋼と探触子とが適切に接触し，超音波が伝ぱ（播）され，十分な音響結合が得られなければならない。

6.2.2 自動探傷器

自動探傷器の増幅直線性及び距離振幅補償機能は，次による。

なお，空調した室内に設置した自動探傷器は，3 年以内に 1 回，その他の自動探傷器は，1 年以内に 1 回定期点検を行う。

a) **増幅直線性** 増幅直線性は，**附属書 JA** の二振動子垂直探触子用 E 形対比試験片の第 1 回底面エコー，又は電気的疑似信号を適度のレベルに設定し，その設定レベルから−6 dB，−12 dB 及び−18 dB の各点で測定し，理論値を基準として，各測定値の正及び負の最大誤差をそれぞれ求める。正及び負の最大誤差の絶対値の和は，2.5 dB 以下でなければならない。

なお，A スコープ表示をもつ自動探傷器の増幅直線性は，**6.2.3 a)** による。

b) **距離振幅補償機能** 距離振幅補償機能をもつ探傷器の場合，使用する最大厚さでの補償後の底面エコー高さは，距離振幅特性曲線における最大エコー高さの−6 dB 以内でなければならない。

6.2.3 手動探傷器

手動探傷器の A スコープ表示は，ピークエコーが鋭く，かつ，明確に表示可能な機器とし，1 年以内に 1 回，JIS Z 2352 の箇条 7（定期点検）によって，定期点検を行う。増幅直線性，遠距離分解能及び探傷器の不感帯は，次による。

a) **増幅直線性** 探傷器の増幅直線性は，使用する公称周波数において **JIS Z 2352** の **6.2**（垂直軸に関わる性能測定）によって測定し，正の最大誤差（＋h_{MAX}）と負の最大誤差（－h_{MAX}）の絶対値との和が 6 %fs[1] 以下でなければならない。

   注[1] %fs は，表示器の時間軸又は垂直軸のフルスケールを 100 %としたときの相対値として使用されている。

b) **遠距離分解能** 探傷器の遠距離分解能は，**JIS Z 2352** の RB-RA 形対比試験片を用いて，**表 1** の公称周波数に応じ JIS Z 2352 の 6.3（垂直探傷における分解能）に従って測定したとき，**表 1** の規定値でなければならない。

表 1－遠距離分解能

公称周波数 MHz	遠距離分解能 mm
2	9 以下
5	7 以下

c) **不感帯** 探傷器の不感帯は，5 MHz の場合は 10 mm 以下，2 MHz の場合は 15 mm 以下とし，その測定は，次による。

1) 時間軸の測定範囲を 50 mm に調整し，**JIS Z 2345-3** の標準試験片（STB-N1）を用いて，その標準穴のエコー高さを目盛の 20 %に調整する。

2) 次に，感度を 14 dB 高め，目盛の 0 点から送信パルスが減少して目盛の 20 %となる点までの鋼中距離を読み取り，これを不感帯とする。

6.3 探触子

探触子は，次による。

a) 探触子の種類は，**表 2** による。

b) 探触子の公称周波数は，2 MHz 又は 5 MHz とする。高減衰材又は特別な音響特性をもつ鋼板及び平鋼に対しては，受渡当事者間の協定によって，その他の周波数を用いてもよい。

c) 探触子の振動子は，円形の場合は，直径 30 mm 以下，く（短）形の場合は，長辺が 30 mm 以下とする。

d) 垂直探触子の不感帯は，規定された探傷感度で，目盛板の 0 点から送信パルス又は表面反射エコーが減少して目盛の 20 %となるまでの領域で，鋼中距離を読み取った値で示し，鋼板又は平鋼の厚さの 15 %，又は 15 mm のいずれか小さい方の値以下でなければならない。

e) 二振動子垂直探触子の性能は，**附属書 JB** による。

表 2－超音波探触子の種類

鋼板又は平鋼の厚さ mm	探触子の種類
13 以上　60 以下	二振動子垂直探触子又は垂直探触子[a]
60 超　200 以下	垂直探触子[a]
注[a]　一振動子の垂直探触子は，単に垂直探触子と表記する。	

6.4 自動探傷装置に付帯する機能及び装置

自動探傷を行う場合は，次の鋼板又は平鋼の送り装置，探触子追従装置，データ処理装置，自動警報装置及び不連続部の位置を表示可能な装置を付帯し，探傷作業上及び結果の判定作業上，十分な性能がなければならない。

a) 規定された探傷箇所を走査するのに適切な機械的機能

b) 垂直入射を維持するために，試験する鋼板又は平鋼の表面に追随することが可能な探触子追従装置

c) データ収集に適した電子装置

　注記1　例えば，送信器，受信器，多重変換装置（マルチプレクサ），ゲート及び表示装置がある。

d) 信号の評価，記録（マッピングなど）及び保存のための適切な機能

e) 探傷装置の設定（探傷感度，探傷範囲及びゲート位置）を行う機能

　注記2　例えば，対比試験片の使用，人為的な信号の入力，距離振幅特性曲線（DAC）を装置から呼び出す機能又は保存されている校正ファイルを装置から呼び出す機能がある。

f) 走査速度に対応して，パルス繰返し周波数を制御する機能

g) 音響結合性のチェック機能（例えば，底面エコーの監視による。）

h) 鋼板又は平鋼の端部からの不連続部の位置を表示可能な装置（プリンタ，記録装置又は表示装置）

6.5 試験片

6.5.1 二振動子垂直探触子用E形対比試験片

二振動子垂直探触子の距離振幅特性曲線を調べるために，**附属書JA**の二振動子垂直探触子用E形対比試験片（RB-E）を用いる。

6.5.2 標準試験片

垂直探触子の探傷感度を設定するために，**JIS Z 2345-3**の標準試験片（STB-N1，STB-G V15-4又はSTB-G V15-2.8）を用いる。

7 探傷方法

7.1 探傷形式

探傷形式は，水浸法（局部水浸法及びギャップ法を含む。）又は直接接触法とする。

7.2 探傷時期

探傷は，通常，鋼板又は平鋼の製造の最終工程で実施する。

7.3 探傷面

探傷面は，通常，圧延のまま又は熱処理のままの肌面とし，必要に応じてグラインダなどによって平滑な面とする。探傷は，片面から実施する。

7.4 接触媒質

接触媒質は，探触子と鋼板又は平鋼の表面との音響結合が十分に確保されるものであり，通常，水を使

用する。

なお，製造業者の選択によって，油，ペーストなど他の接触媒質を使用してもよい。

7.5 走査方法

7.5.1 走査速度

走査速度は，探傷に支障のない速度とする。ただし，自動警報装置のない探傷装置を用いて探傷する場合は，200 mm/s 以下とする。

7.5.2 二振動子垂直探触子による場合の走査

二振動子垂直探触子による場合は，X 走査[2]又は Y 走査[2]を行う（**図 1** 参照）。

注[2] X 走査とは，探触子の音響隔離面を圧延方向に平行に配置し，圧延方向と直角に走査することであり，Y 走査とは，探触子の音響隔離面を圧延方向に直角に配置し，圧延方向に走査することである。

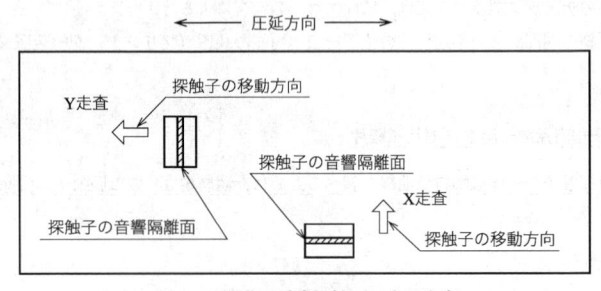

図 1－二振動子垂直探触子による走査

7.6 探傷箇所（走査箇所及び範囲）

鋼板の探傷箇所は，通常，200 mm ピッチの圧延方向の線を探傷線とする［**図 2 a)** 参照］。ただし，自動探傷装置の探触子送り機構が鋼板の圧延方向と直角な場合は，200 mm ピッチの板幅方向の線を探傷線とする。

平鋼の探傷箇所は，幅 W 方向に 1/4 幅，1/2 幅及び 3/4 幅位置の圧延方向の線を探傷線とする［**図 2 b)**］参照］。

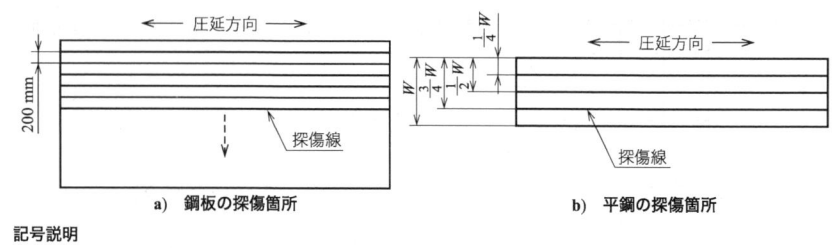

a) 鋼板の探傷箇所　　　　　　　　b) 平鋼の探傷箇所

記号説明
　　W：平鋼の幅（mm）

図 2－探傷箇所

8 探傷感度及び使用探触子

8.1 一般事項

探傷感度及び使用探触子は，**8.2** 及び **8.3** による。探傷感度の確認は，少なくとも 8 時間ごとに行う。

8.2 二振動子垂直探触子の探傷感度，使用探触子及び対比線

二振動子垂直探触子の探傷感度，使用探触子及び対比線は，次による。

a) 二振動子垂直探触子の公称周波数は，5 MHz とする。

b) 探傷感度の設定は，次による。

　　なお，必要に応じて，鋼板又は平鋼の厚さ及び探触子の距離振幅特性を考慮し，距離振幅補償を行う。

1) 試験片は，附属書 **JA** の RB-E 対比試験片において，附属書 **JB** の最大エコー高さを示す厚さ l_0 の部位，又は別途作成した厚さ l_0 の対比試験片を用いる。ただし，感度補正を行うことによって，l_0 以外の厚さの鋼板又は平鋼を用いることが可能である。

2) 手動探傷装置では，第 1 回底面エコー高さを 50 ％（DM 線に相当）に合わせる。自動探傷装置では，第 1 回底面エコー高さを DM 線に相当するエコー高さ測定線に合わせる。その後，附属書 **JB** の公称 N1 検出感度 10 の探触子を使用する場合は，10 dB だけ，公称 N1 検出感度 14 の探触子を使用する場合は，14 dB だけ感度を高める。

c) 対比線の設定は，次による。

1) A スコープ表示式探傷器と二振動子垂直探触子とを組み合わせて用いる場合には，探傷器の目盛の 50 ％高さを対比線 DM 線とし，それより 6 dB 高い線を DH 線，6 dB 低い線を DL 線とする。

2) 自動探傷器の場合には，DM 線に相当する設定値を基準値として，A スコープ表示式探傷器の設定と同様に DH 線及び DL 線に相当する対比値を設定する（**図 3** 参照）。

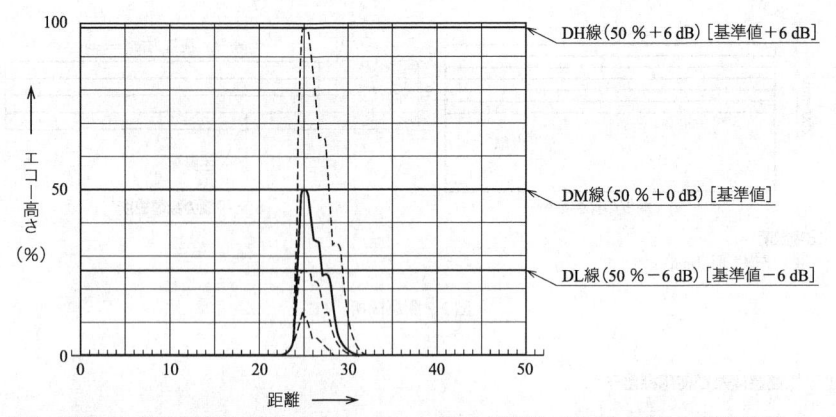

注記　角括弧内は，自動探傷器の場合における，Ａスコープ表示式探傷器の対比線に相当する対比値を表している。

図3－Ａスコープ表示式探傷器及び二振動子垂直探触子による対比線及び自動探傷器の場合の対比値の例

8.3　垂直探触子の探傷感度，公称周波数及び振動子寸法

鋼板又は平鋼の厚さに応じて使用する垂直探触子の公称周波数，振動子寸法及び標準試験片は，**表3**による。探傷感度は，標準試験片の平底穴のエコー高さを**表3**になるように設定する。

表3－垂直探触子の探傷感度，公称周波数及び振動子寸法

鋼板又は平鋼の厚さ mm		探傷感度に用いる標準試験片及び平底穴のエコー高さの設定	公称周波数[a] MHz	振動子寸法[a]（直径） mm
13 以上	20 以下	STB-N1：25 %	5	20
20 超	40 以下	STB-N1：50 %	5	20
40 超	60 以下	STB-N1：70 %	5 (2)	20 (30)
60 超	100 以下	STB-G V15-4：50 %	2	30
100 超	160 以下	STB-G V15-4：80 %	2	30
160 超	200 以下	STB-G V15-2.8：50 %	2	30
注[a]　括弧内の公称周波数と括弧内の振動子寸法との組合せを使用してもよい。				

9　きずの分類及び評価

9.1　二振動子垂直探触子を用いた場合のきずの分類

圧延方向に平行に走査する場合又は圧延方向に直角に走査する場合，きずエコー高さによって**表4**のように分類し，表示記号を付ける。

なお，自動探傷器を用いた場合は，各々の対比線に相当する対比値を適用する。

表4－二振動子垂直探触子を用いた場合のきずの分類及び表示記号

走査する方向	きずの分類（呼称）	きずエコー高さ	表示記号
圧延方向に平行	中きず（△きず）	DL 線超　DM 線以下	△
	重きず（×きず）	DM 線超	×
圧延方向に直角	中きず（△きず）	DM 線超　DH 線以下	△
	重きず（×きず）	DH 線超	×

9.2 垂直探触子を用いた場合のきずの分類

きず又は底面エコーの高さによって表5のように分類し，表示記号を付ける。

注記　F_1 及び B_1 の定義については，JIS Z 2344 の 3.（探傷図形の表示）を参照。

表5－垂直探触子を用いた場合のきずの分類及び表示記号

きずの分類（呼称）	きず又は底面エコー高さ	表示記号
中きず（△きず）	50 %<F_1≦100 %（B_1 が 100 %以上の場合） 又は 50 %<F_1 / B_1≦100 %（B_1 が 100 %未満の場合）	△
重きず（×きず）	100 %<F_1（B_1 が 100 %以上の場合）， 100 %<F_1 / B_1（B_1 が 100 %未満の場合） 又は B_1≦50 %	×

9.3 代表きず

探傷線を 200 mm の線分に区分し，各区分の最大きずエコー高さを示すきずをその区分の代表きずとし，表4 又は表5 の表示記号を用いる。

9.4 換算きず区分数

換算きず区分数は，中きず（△きず）を代表する区分数に重きず（×きず）を代表する区分数の 2 倍を加えて求める。

9.5 占積率

占積率は，換算きず区分数の全区分数に対する割合を求め，これを占積率（%）とする。

9.6 局部占積率

9.6.1 鋼板の局部占積率

鋼板全面を図 4 a）に示す 1 m² の正方形に分割し，各 1 m² 内の占積率を求め，これを局部占積率（%）とする。ただし，1 m² の正方形がとれない部分は，既に分割された正方形と重複して求める。また，鋼板の幅が 1 m 未満の場合は，その幅のままで長さ 1 m の鋼板内の占有率を求める。

9.6.2 平鋼の局部占積率

平鋼全面を図 4 b）に示すように長さ方向に分割して 30 区分（長さ 2 m）とし，各 30 区分内の占積率を求め，これを局部占積率（%）とする。ただし，30 区分がとれない部分については，既に区分した部分と重複して求める。

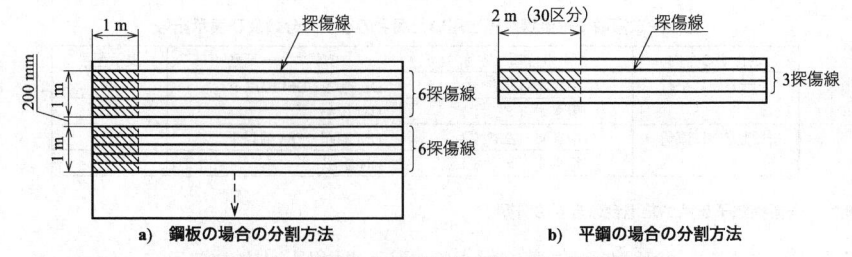

a) 鋼板の場合の分割方法　　　　　b) 平鋼の場合の分割方法

図4－鋼板及び平鋼の局部占積率を求めるための分割方法

9.7　等級分類及び判定基準

等級分類及び判定基準は，**表6**による。占積率及び局部占積率が**表6**に示す数値以下の場合は，各等級ごとに合格とする。

表6－等級分類及び判定基準

等級	占積率 %	局部占積率 %
X	15	－
Y	7	15

10　溶接補修

溶接補修した部分は，この規格に規定する探傷条件による超音波探傷試験，及び必要に応じて他の非破壊試験によって，補修結果の確認をしなければならない。

11　検査報告書

検査報告書が必要な場合，報告する事項は，次のうちから，受渡当事者間の協定によって選択する。

a)　検査年月日

b)　検査技術者名

c)　適用した規格番号

d)　検査対象材の明細（規格・グレード，熱処理条件，表面状態，寸法及び識別番号）

e)　超音波探触子（種類，寸法及び周波数）及び探傷装置の特性

f)　探傷条件（接触媒質，走査方法，面積決定方法及び校正方法）

g)　検査結果

附属書 JA
（規定）
二振動子垂直探触子用 E 形対比試験片 （RB-E）

JA.1　材料

　材料は，**JIS G 3103** の SB410 で，焼ならしを行った鋼材を使用する。同等の音響特性をもつ **JIS G 3106** の圧延鋼材，**JIS G 4304** の熱間圧延ステンレス鋼板などを用いてもよい。

JA.2　形状及び寸法

　対比試験片の形状及び寸法は，**図 JA.1** による。表面仕上げは，探傷両面とも **JIS B 0601** の算術平均粗さ Ra 1.6 µm 以下とする。厚さの許容差は，±0.05 mm とする。

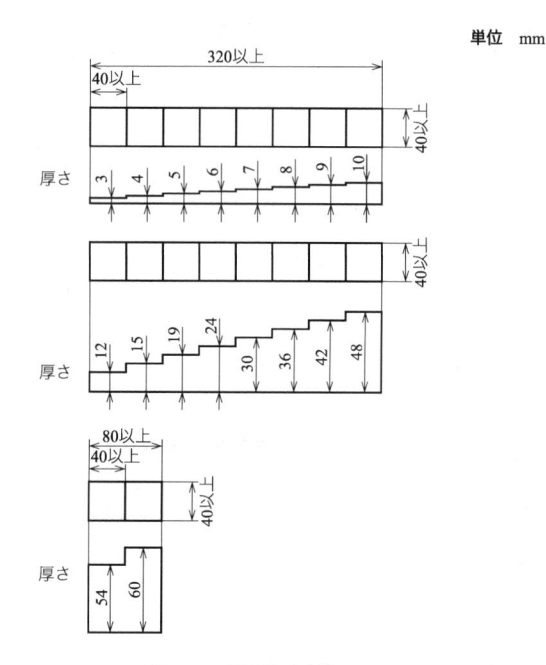

単位　mm

図 JA.1－形状及び寸法

附属書 JB
（規定）
二振動子垂直探触子の性能

JB.1　探触子の性能

JB.1.1　距離振幅特性

　距離振幅特性は，**附属書 JA** に示す二振動子垂直探触子用 E 形対比試験片（RB-E）を用いて，各厚さごとに第 1 回底面エコー高さ（以下，エコー高さという。）を測定し，**図 JB.1** に示すように特性曲線を作成したとき，次の条件を満足しなければならない。

a)　使用する最大厚さにおけるエコー高さが，最大エコー高さから 0 dB〜−6 dB の範囲になければならない。ただし，距離振幅補償機能をもつ探傷器と組み合わせて使用する二振動子垂直探触子については，使用する最大厚さにおけるエコー高さが，最大エコー高さから −6 dB 以上を確保できればよい。

b)　厚さ 3 mm におけるエコー高さが，最大エコー高さから 0 dB〜−6 dB の範囲になければならない。ただし，距離振幅補償機能をもつ探傷器と組み合わせて使用する二振動子垂直探触子については，厚さ 3 mm におけるエコー高さが，最大エコー高さから −6 dB 以上を確保できればよい。

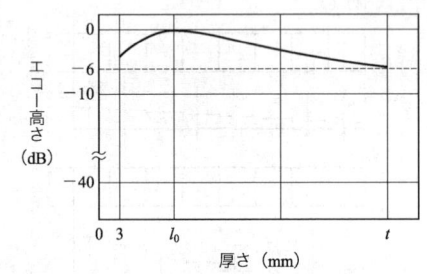

記号説明
　l_0：RB-E において，最大エコー高さを示す厚さ
　t：使用する最大厚さ
図 JB.1−距離振幅特性曲線の例

JB.1.2　表面エコーレベル

　直接接触法による表面エコーレベルは，最大エコー高さより 40 dB 以上低くなければならない。

JB.1.3　N1 検出感度

　JIS Z 2345-3 の標準試験片（STB-N1）の標準穴のエコー高さによって，公称 N1 検出感度は，次のいずれかによる。

a)　公称 N1 検出感度 10：STB-N1 の標準穴のエコー高さが，最大エコー高さから −10 dB±2 dB の範囲にある。

b)　公称 N1 検出感度 14：STB-N1 の標準穴のエコー高さが，最大エコー高さから −14 dB±2 dB の範囲にある。

JB.1.4　有効ビーム幅

　有効ビーム幅を測定する場合には，STB-N1 の標準穴を用い，音響隔離面に平行に探触子を移動させ，エコー高さが最大になる位置から両側に 6 dB 低下する範囲を測定し，その全幅が 15 mm 以上でなければならない。

附属書 JC
(参考)
JIS と対応国際規格との対比表

JIS G 0901		ISO 17577:2016, （MOD）		
a) JIS の箇条番号	**b)** 対応国際規格の対応する箇条番号	**c)** 箇条ごとの評価	**d)** JIS と対応国際規格との技術的差異の内容及び理由	**e)** JIS と対応国際規格との技術的差異に対する今後の対策
1	1	変更	ISO 規格では，鋼板の厚さ 6 mm〜200 mm 以外は，受渡当事者間の協定によって適用可としているが，JIS では，建築用の鋼板及び平鋼のため，13 mm 以上 200 mm 以下と規定している。	技術的な差異は，軽微であり，現状ままとする。
3	3	削除	ISO 規格では，欠陥及び不感帯の用語が定義されているが，JIS では，削除している。	技術的な差異は，軽微であり，現状ままとする。
		追加	JIS では，国内で用いられている E 形対比試験片（RB-E）を追加するとともに，個別に規定した用語の定義以外は，JIS G 0202，JIS G 0203，JIS G 0431 及び JIS Z 2300 を引用した。	技術的な差異は，軽微であり，現状ままとする。
4	6.1	変更	探傷方式の一般事項について，ISO 規格では，本文に規定しているが，JIS では，"この規格に規定する以外の一般事項は，JIS Z 2344 による。"とした。	技術的な差異は，軽微であり，現状ままとする。
6	6	変更	技術レベルの大きな差異はないが，増幅直線性及び不感帯の評価基準が異なる。ISO 規格では，60 mm 以上の鋼板にも二振動子が適用可能としているが，国内では，屋根角が付いた二振動子が主流であり，厚肉材の探傷には適さないこと，また，板厚 60 mm を超える領域は，垂直探触子の探傷が一般的であるため，厚さ 60 mm までに抑えている。JIS では，二振動子垂直探触子の距離増幅直線性を評価する試験片及び垂直探触子の探傷感度を設定する標準試験片を規定している。	60 mm 以上への二振動子の適用除外については，必要に応じて ISO へ提案する。JIS の探触子及び探傷感度の設定に関しては，ISO 規格との整合を検討する。
7	4 b)，6.6，7.1，7.2	削除	ISO 規格では，探傷カバー範囲を規定しているが，JIS では，鋼板に加えて幅の狭い平鋼も対象としているため，探傷線だけを規定し，それ以外は，削除している。	国内独自の運用であり，ISO への提案は行わない。
		追加	JIS では，平鋼の探傷カバー範囲を従来から追加している。	国内独自の運用であり，ISO への提案は行わない。

a) JISの箇条番号	b) 対応国際規格の対応する箇条番号	c) 箇条ごとの評価	d) JISと対応国際規格との技術的差異の内容及び理由	e) JISと対応国際規格との技術的差異に対する今後の対策
8	7	変更	ISO規格では，厚肉材にも二振動子が適用可能としているため，対比試験片による感度調整を規定している。国内では，屋根角が付いた二振動子が主流であり，厚肉材の探傷には適さず，垂直探触子の探傷が一般的であるため，JISでは，二振動子垂直探触子の場合，対比試験片で，垂直探触子の場合，標準試験片での感度調整を規定している。	基本的には，JISの方が厳格であり，ISOへの提案を検討する。
9	8, 9	削除	ISO規格では，きずの大きさ及び密集度で鋼板内部，四周辺部それぞれ4レベルの判定基準を設定しているが，JISでは，市場の混乱が予想されることから，この部分の整合化については見送り，削除している。	JISの判定基準に相当するISO規格の判定基準について調査を行い，必要な場合，整合化を検討する。
		追加	JISでは，鋼板及び平鋼の内部だけ探傷感度レベルによって，中きず及び重きずに分類している。また，評価の等級は，2レベルを設定し，占積率で評価を行う規定を追加している。	国内独自の運用であり，ISOへの提案は行わない。
10	—	追加	溶接補修については，この規格の範囲外であるが，溶接補修部についても同一の探傷条件で試験を行わなければならないことを明確化するために，JISでは，溶接補修した部分の補修結果の確認方法を規定している。	ISOへの提案を検討する。
11	10	変更	検査報告事項は，ISO規格と一致しているが，JISでは，工場内のデータの授受のケースも考慮し，必要な項目を選択できることとしている。	ISOへの提案を検討する。
附属書JA	—	追加	JISでは，国内市場で使用されている対比試験片（RB-E）の材料並びに形状及び寸法を，附属書JAとして追加している。	国内独自の運用であり，ISOへの提案は行わない。
附属書JB	—	追加	JISでは，対比試験片（RB-E）による二振動子垂直探触子の要求性能を，附属書JBとして追加している。	国内独自の運用であり，ISOへの提案は行わない。

注記1 箇条ごとの評価欄の用語の意味を，次に示す。
 − 削除：対応国際規格の規定項目又は規定内容を削除している。
 − 追加：対応国際規格にない規定項目又は規定内容を追加している。
 − 変更：対応国際規格の規定内容又は構成を変更している。
注記2 JISと対応国際規格との対応の程度の全体評価の記号の意味を，次に示す。
 − MOD：対応国際規格を修正している。

JIS G 1201
(2022)

鉄及び鋼—分析方法通則
Iron and steel—General rules for analytical methods

JIS (1958, 63, 69, 80, 92, 01, 14) 改正
JIS (1953) 制定

1 適用範囲

この規格は，日本産業規格（**JIS**）の鉄及び鋼の各成分定量方法及び分析方法を規定した規格（以下，鉄鋼分析法規格という。）における鉄及び鋼の分析方法に関する一般的な事項について規定する。

なお，この規格における鉄とは，せん（銑）鉄及び鋳鉄をいい，鋼とは，炭素鋼，低合金鋼，高合金鋼（ステンレス鋼を含む。）などをいう。純鉄及び軟鉄は，鋼に含まれる。

2 引用規格

次に掲げる引用規格は，この規格に引用されることによって，その一部又は全部がこの規格の要求事項を構成している。これらの引用規格は，その最新版（追補を含む。）を適用する。

JIS G 0203 鉄鋼用語（製品及び品質）

JIS G 0404 鋼材の一般受渡し条件

JIS G 0417 鉄及び鋼−化学成分定量用試料の採取及び調製

JIS K 0050 化学分析方法通則

JIS K 0067 化学製品の減量及び残分試験方法

JIS K 0113 電位差・電流・電量・カールフィッシャー滴定方法通則

JIS K 0115 吸光光度分析通則

JIS K 0116 発光分光分析通則

JIS K 0117 赤外分光分析通則

JIS K 0119 蛍光 X 線分析通則

JIS K 0121 原子吸光分析通則

JIS K 0557 用水・排水の試験に用いる水

JIS K 0970 ピストン式ピペット

JIS R 3503 化学分析用ガラス器具

JIS R 3505 ガラス製体積計

JIS Z 2613 金属材料の酸素定量方法通則

JIS Z 2615 金属材料の炭素定量方法通則

JIS Z 2616 金属材料の硫黄定量方法通則

JIS Z 8101-1 統計−用語及び記号−第 1 部：一般統計用語及び確率で用いられる用語

JIS Z 8401 数値の丸め方

JIS Z 8402-1　測定方法及び測定結果の精確さ（真度及び精度）－第1部：一般的な原理及び定義

JIS Z 8402-6　測定方法及び測定結果の精確さ（真度及び精度）－第6部：精確さに関する値の実用的な使い方

JIS Z 8801-1　試験用ふるい－第1部：金属製網ふるい

3　用語及び定義

この規格及び鉄鋼分析法規格の各規格（以下，個別規格という。）で用いる主な用語及び定義は，次によるほか，JIS G 0203，JIS G 0417，JIS K 0050，JIS Z 8101-1 及び JIS Z 8402-1 による。

注記1　JIS K 0050 の箇条3（用語及び定義）には，JIS K 0211，JIS K 0212，JIS K 0213，JIS K 0214，JIS K 0215 及び JIS K 0216 の分析化学用語の各規格が引用されているので，この規格でもこれら分析化学用語の各規格の定義が適用される。

注記2　個別規格における操作の記載は，A.5（操作）に示されている。

3.1
化学分析方法

試料に化学反応を起こさせ，重量法，ガス容量法，滴定法，吸光光度分析法，原子吸光分析法，誘導結合プラズマ（ICP）発光分光分析法，赤外線吸収法，熱伝導度法などによって分析対象成分を定量する方法の総称

注釈1　JIS K 0211 には，"重量分析"が定義されているが，鉄鋼分析法規格では他の分析法の用語と整合させるため，"重量分析"の代わりに"重量法"を用いる。

注釈2　滴定法，吸光光度分析法，原子吸光分析法及び誘導結合プラズマ発光分光分析法は，JIS K 0211 に定義されている。

注釈3　鉄鋼分析法規格では，滴定法の種類として，酸塩基滴定法，酸化還元滴定法及び錯滴定法，並びにそれらの逆滴定法，及び電位差滴定法が採用されている。これらの滴定法は，JIS K 0211 に定義されている。

注釈4　ICP は，誘導結合プラズマの略称として JIS K 0116 に定義されている。

3.2
機器分析方法

スパーク放電発光分光分析法又は蛍光X線分析法によって分析対象成分を定量する方法の総称

注釈1　スパーク放電発光分光分析法は JIS K 0212 に，スパーク放電は JIS K 0116 に定義されている。蛍光X線分析法は，JIS K 0211 に定義されている。

3.3
ガス容量法

分析対象成分を気体状の化合物又は単体とし，その生成物の体積量を測定するか，又は反応・吸収させて減じた体積量を測定して，分析対象成分を定量する方法の総称

3.4
目視滴定法

指示薬の色の変化を目視して滴定終点を判定する滴定法

注釈1　通常は単に滴定法というが，電位差滴定法との区別を要する場合には，目視滴定法という。

3.5

赤外線吸収法

試料中の分析対象成分を，ガス状化合物に変換して分析セルに送り，そのガス状化合物による赤外線吸収量を測定して，分析対象成分を定量する方法

3.6

熱伝導度法

試料から生じたガスを検出器に流し，基準ガスとの熱伝導度の違いによって生じる，検出器中の加熱フィラメントの電気抵抗の変化を測定して，ガス組成を定量する方法

3.7

認証標準物質，CRM（certified reference material）

国家又は団体の標準化機関による裁定の下に化学成分値が認証された標準物質

3.8

作業用標準物質

化学成分値が化学分析方法で決定され，認証標準物質によって値の精確さが確認された標準物質

注釈1 対応する認証標準物質がない場合は，**7.2** によって，その作業用標準物質の標準値の精確さが，精確さの基準を満たすことを確認する。

3.9

空試験

一般に試料を用いないで，試料を用いたときと同様の操作を，試料と併行してする試験

注釈1 **JIS K 0211** では，"一般に試料を用いないで，試料を用いたときと同様の操作をする試験"と定義している。

注釈2 個別規格の，吸光光度分析法，原子吸光分析法などの検量線を作成する方法においては，試料の代わりに純度の高い鉄［**4.1 h**］を用いて，試料を用いたときと同様の操作を，試料と併行してする試験をいう。

注釈3 空試験によって調製した試験用溶液を，空試験液という。

3.10

ゼロメンバー

検量線用溶液において，分析対象成分の標準液を添加していない溶液

3.11

熱（接頭語）

水，酸などの溶液試薬を，60 ℃以上の温度とした状態（に用いる接頭語）

注釈1 "熱硝酸"などのように用いる。

3.12

温（接頭語）

水，酸などの溶液試薬を，40 ℃以上 60 ℃未満の温度とした状態（に用いる接頭語）

注釈1 "温塩酸（2＋100）"などのように用いる。

3.13

冷（接頭語）

水，酸などの溶液試薬を，15℃以下の温度とした状態（に用いる接頭語）

注釈1　“冷塩酸（2＋100）”などのように用いる。

4　一般事項

4.1　共通一般事項

鉄鋼分析法規格に共通な一般事項は，次によるほか，**JIS K 0050** による。

a) **引用された ISO 規格による規定の取扱い**　鉄鋼分析法規格の中で，国際一致規格として作成された規格において，引用された ISO 規格による規定の取扱いは，**附属書 B** による。

b) **全量ピペット及びビュレット**　鉄鋼分析法規格で用いる全量ピペット及びビュレットは，特に指定がない場合は，**JIS R 3505** のクラス A のものを用いる。ただし，**JIS K 0050 の附属書 I**（体積計の校正方法）によって校正した場合は，クラス B のものを用いてもよい。

なお，自動ビュレットは，自動ビュレットによる指定滴加量の繰り返し測定（体積換算値）の標準偏差の 2 倍の値が，**JIS R 3505** で規定されている，その指定滴加量（体積）でのクラス A の許容誤差内であれば，全量ピペット及び／又はビュレットの代わりに使用してもよい。

c) **ピストン式ピペット**　鉄鋼分析法規格で用いるピストン式ピペットは，特に指定がない場合は，**JIS K 0970** の空気置換式（type A）を用いる。

d) **全量フラスコ**　鉄鋼分析法規格で用いる全量フラスコは，特に指定がない場合は，**JIS R 3505** のクラス A の受用を用いる。ただし，**JIS K 0050 の附属書 I**（体積計の校正方法）によって校正した場合は，クラス B のものを用いてもよい。

e) **はかり**　化学分析用の分析試料などのはかりとりに用いるはかりは，特に指定がない場合は，最小読取値が 0.1 mg 以下で，国家標準へのトレーサビリティが確保されている分銅によって校正された，化学はかり又は電子はかりとする。なお，赤外線吸収法及び熱伝導度法に用いるはかりは，1 mg の桁までの読取値でよい。

f) **ふるい**　試料の粒度調整に用いるふるいは，特に指定がない場合は，**JIS Z 8801-1** による。

g) **水**　鉄鋼分析法規格で定量操作に用いる水は，特に指定がない場合は，**JIS K 0557** に規定する種別 A3 又は A4 の水を用いる。

h) **鉄**　検量線用溶液の調製，又は空試験に用いる鉄は，定量成分の含有率（質量分率）が定量範囲下限値の 1/10 未満 [1] であることが保証されている [2] か，又は定量範囲下限以下で値が特定されている [3] ものを用いる。保証された値としては，認証値（不等号で示された値を含む。）が望ましい。特定された値としては，妥当性が確認されていれば，認証値でなくてもよい [4]。

妥当性の確認は，対象元素の定量下限に近い含有率（質量分率）の認証値が得られている認証標準物質を定量し，認証値と差がない定量値が得られていれば，併行して定量した鉄の定量値は妥当であるとする。定量下限の 1/10 未満であることも，同様に妥当性が示されることで保証されているとする。

注 [1]　具体的な含有率（質量分率）を記載している個別規格がある。

注 [2]　“定量成分を含まない，又は含有しない”と記載している個別規格がある。

注 [3]　“定量成分の含有率ができるだけ低い”と記載している個別規格がある。

注 [4]　認証標準物質の参考値，妥当性が確認された，鉄の試薬の製造業者による表示値などがある。

i) **原液及び標準液**　個別規格で用いる各元素の原液及び／又は標準液の調製方法は，基本的には高純度金属，高純度金属酸化物又は高純度化合物を，適切な酸，アルカリ，融剤又は水で，分解又は溶解して調製した液を用いると，個別規格で規定している。

　市販されている金属標準液は，次を満たす場合は，これを個別規格で規定している原液及び／又は標準液の代わりに用いてもよい。

― 濃度が，個別規格で規定している原液又は標準液と同レベルである。

― 計量トレーサビリティが確保されている。

― 分解及び調製に用いた試薬以外の混入がなく，かつ，用いた試薬が定量に影響を及ぼさない。

　個別規格で規定している濃度は，市販標準液に記載されている濃度又はファクターで補正して用いる。

　標準液は，原液又は他の標準液をうすめて調製する。原液又は他の標準液の採取量は，少なくとも2 mL 以上とし，5 mL 以上採取することが望ましい。

j)　時計皿の使用　時計皿は，使用するビーカーと同じ材質とし，次の手順で使用することを推奨する。時計皿は，この手順によって使用されるものとして，個別規格には手順の詳細を記載しなくてもよい。この手順は，各成分の原液，標準液及び検量線用溶液の調製にも適用される。

1)　時計皿で蓋をしたビーカーを，試料の個数分（標準試料及び空試験用も含む。）準備する。

2)　はかりとった試料は，時計皿を外してビーカーに移し入れ，再び時計皿で覆い蓋とする。

3)　ビーカーに分解酸を入れるときは，時計皿をずらして，その隙間から分解酸を注ぐ。分解による発泡が始まる前に，時計皿を元の位置に戻す。

4)　初期操作として，試料を酸で分解する間は，時計皿は蓋として用いる。

5)　分解後に，次の操作を行わない場合は，時計皿の下面を水又は温水で洗って時計皿を取り除く。洗液は，溶液に合わせる。

5.1)　溶液を濃縮する場合は，濃縮前の溶液量と濃縮後の溶液量とを考慮して，時計皿をずらしてビーカー上部に適正な開放部を作り，溶液を加熱し蒸発させる。上部を完全に開放して蒸発速度を上げる場合は，時計皿をあらかじめ取り除く。この際，時計皿の下面を水又は温水で洗い，洗液は溶液に合わせる。

　濃縮処理が終了し，放冷又は冷却する間は，時計皿を蓋として用いる。放冷又は冷却した後，時計皿の下面を水又は温水で洗って時計皿を取り除く。洗液は，溶液に合わせる。

5.2)　溶液を乾固又は乾固直前まで加熱する場合は，時計皿をあらかじめ取り除く。この際，時計皿の下面を水又は温水で洗い，洗液は溶液に合わせる。

　乾固処理が終了し，加熱を止めた後，時計皿を蓋として用い，放冷又は冷却する。放冷又は冷却した後，時計皿の下面を水又は温水で洗って時計皿を取り除く。洗液は，溶液に合わせる。

5.3)　過塩素酸の白煙処理をする場合は，あらかじめ時計皿を取り除くか，又は時計皿をずらしてビーカー上部に適正な開放部を作り，過塩素酸を入れて加熱する。時計皿で覆ったまま加熱してもよい。あらかじめ時計皿を取り除く場合は，時計皿の下面を水又は温水で洗い，洗液は溶液に合わせる。

　塩酸，硝酸などが蒸発して過塩素酸の白煙の発生が始まったら，再び時計皿で覆って加熱を続けて白煙処理を行う。規定時間の白煙処理が終了し，放冷した後，時計皿を取り除く。この際，時計皿の下面を水又は温水で洗い，洗液は溶液に合わせる。

5.4)　硫酸又はりん酸の白煙処理をする場合は，5.3)の過塩素酸の代わりに硫酸又はりん酸を用い，5.3)と同様に操作する。硫酸白煙の場合，析出した塩類で突沸するおそれがあるので，その操作については，個別規格の規定に従う。

k)　恒量　操作条件，及び計量差の値は，個別規格による。個別規格に規定がない場合は，**JIS K 0067** の**2.2.4**（恒量）を適用する。

l) **許容差式の計算** 鉄鋼分析法規格には，許容差式に D の符号を用いている規格がある。許容差の計算における D の値には，**JIS Z 8402-6** の**表 1** ［許容範囲の係数 $f(n)$］ に示されている $f(n)$ の値を代入する。n は，室内再現許容差の場合は，同一分析室内における分析回数，室間再現許容差の場合は，分析に関与した分析室数とする。また，許容差式の成分含有率の項には，計算対象となる分析値の平均値を代入する。

m) **含有率の計算** 分析装置に附属したコンピュータ内に，検量線作成及び成分含有率計算機能が組み込まれている場合は，得られる含有率の値が，個別規格の手順で計算した値と同等となることを確認の上，これを使用してもよい。

4.2 個別一般事項

各分析方法における一般事項は，**JIS K 0113，JIS K 0115，JIS K 0116，JIS K 0117，JIS K 0119，JIS K 0121，JIS Z 2613，JIS Z 2615** 又は **JIS Z 2616** による。

5 試料の採取，調製及び取扱い

5.1 分析用試料の採取及び調製

分析用試料の採取及び調製は，**JIS G 0417** による。

5.2 分析用試料の取扱い

調製された分析用試料の表面に油などが付着しているおそれがあるときは，エタノール，アセトンなどで洗浄し，乾燥した後に使用する。

5.3 化学分析方法の分析試料のはかりとり

化学分析方法の分析試料は，**5.1** で採取・調製した分析用試料から，**4.1 e)** に規定したはかりを用いて，はかりとった試料の組成が分析用試料の平均組成となるように，かつ，その質量が個別規格に規定しているはかりとり量の表示桁に丸めたときに規定を満たすようにはかりとり，その質量を 0.1 mg の桁まで読み取る。ただし，熱的分析方法においては，1 mg の桁までの読取りでよい。

注記 熱的分析方法は，**JIS G 0417** に定義されている。

5.4 機器分析方法の分析試料の調製

機器分析方法の分析試料は，**5.1** で採取・調製した塊状の分析用試料を，機器分析方法の個別規格に規定する方法に従って調製する。

注記 研磨材の粒度は，**JIS R 6001-1** 及び **JIS R 6001-2** に規定されている。

6 分析値のまとめ方

6.1 空試験

化学分析方法による分析においては，個別規格に空試験の規定がなくても，全操作を通じて空試験 (**3.9**) を行い，分析値を補正する。

6.2　分析回数

分析回数は，分析依頼者からの要求による。要求がない場合は，**JIS Z 8402-6** によるのが望ましい。ただし，**7.2 a)** の真度の検討を行って分析値の妥当性が確認されれば，1 回の分析でもよい。

6.3　分析値の採択

化学分析方法による分析においては，**7.2** の分析値の精確さの検討，特に **7.2 a)** の真度の検討を行って検討結果が満足できる場合にだけ分析値を採択することが望ましい。

6.4　分析値の表示

分析値は，分析試料の質量に対する質量分率で表し，百分率を示す%を用いて表示する。ただし，分析値が非常に小さい場合は，μg/g で表示してもよい。

JIS の鉄鋼製品規格の規定によって分析値を報告する場合は，**JIS G 0404** の**箇条 8**（化学成分）の **d)** による。これ以外の分析値の報告桁は，分析法の許容差を考慮して決定し，**JIS Z 8401** によって丸める。

7　化学分析方法の許容差の取扱い方

注記　機器分析方法の許容差の取扱い方は，機器分析方法の個別規格に記載されている。

7.1　化学分析方法の許容差

化学分析方法の許容差は，化学分析方法の個別規格に規定する。

個別規格に規定がない次の場合は，**7.3** による。
- 許容差又は分析精度を全く規定していない場合
- 個別規格の適用含有率範囲に対して，許容差又は分析精度の適用範囲が狭い場合

7.2　分析値の精確さの検討

分析値の精確さの検討は，次によって行う。

a)　真度の検討　真度の検討は，次による。

1)　真度の検討

1.1)　分析試料に，分析操作の変更を必要としない程度に性質が近似し，認証値が分析試料の予想含有率に近い認証標準物質を一つ選ぶ。

1.2)　選んだ認証標準物質を，試料のはかりとり量及び定量操作を分析試料と全く同一とし，分析試料と併行して分析する。

1.3)　得た認証標準物質の分析結果とその認証値との差の絶対値を，採用した分析方法の対標準物質許容差と比較する。差の絶対値が，対標準物質許容差の判定値以下であれば，同時に分析して得た分析試料の分析値の真度は，満足できるものと判断する。

1.4)　複数の試料について，分析操作が同一で，分析試料予想含有率が認証値に近いとみなせる場合は，それらの試料に対し，一つの認証標準物質によって真度の検討を行ってもよい。

2)　対標準物質許容差の規定がある場合　個別規格に対標準物質許容差が規定されている場合は，その規定に従う。

3)　対標準物質許容差の規定がない場合　対標準物質許容差の規定がなく，室間再現許容差式が規定さ

れている場合は，対標準物質許容差を，次の **3.1)** 又は **3.2)** によって求める。許容差式の規定がない
室間再現許容差は，**3.3)** による。

3.1) 使用した認証標準物質の認証書に個々のデータが記載され，認証値決定時の分析値の標準偏差が
求められる場合は，式(1)によって求める。

$$C = 2\sqrt{\frac{s_C^2}{N_C} + s_R^2} \quad\dots\dots\dots\dots\dots\dots\dots\dots\dots\dots\dots\dots\dots\dots\dots\dots\dots\dots (1)$$

ここで， C： 対標準物質許容差 ［質量分率 （%）］
s_C： 真度検討に用いた認証標準物質の，認証値を決定した
ときの，分析値の標準偏差 ［質量分率 （%）］
標準偏差を求める個々のデータは，認証値決定分析に
参加した分析室ごとの平均値
N_C： 認証値の決定に参加した，分析室数
s_R： 室間再現標準偏差 ［質量分率 （%）］
室間再現許容差式において，$f(n)=1$ とし，含有率の
項に認証値を代入して得た値

3.2) 使用した認証標準物質の認証書に個々のデータの記載がなく，不確かさの値だけが記載されてい
る場合は，式(2)によって求める。

$$C = 2\sqrt{\left(\frac{U_{\mathrm{CRM}}}{k}\right)^2 + s_R^2} \quad\dots\dots\dots\dots\dots\dots\dots\dots\dots\dots\dots\dots\dots\dots\dots\dots (2)$$

ここで， U_{CRM}： 使用した認証標準物質の認証値の不確かさ
k： 包含係数

注記 1 包含係数は，**JIS K 0211** に定義され，拡張不確かさを得るために合成標準不確かさに
乗じる係数。通常は 2〜3 の値。

3.3) 国際一致規格で，室間再現許容差が数値の表で示されている場合は，認証値における室間再現許容
差を補間法によって求め，得た値に 0.357 1（＝1.0/2.8）を乗じた値を室間再現標準偏差として
式(1)又は式(2)に代入して C を求める。

注記 2 補間法とは，例えば，隣り合った 2 点間について一次式を求め，この一次式から許容
差を近似することをいう。

室間再現許容差が規定されていない場合は，式(3)の m_{CRM} に認証値 ［質量分率 （%）］ を代入して
室間再現標準偏差を求め，得た値を式(1)又は式(2)に代入して C を求める。

$$s_R = 0.032\,46 \times m_{\mathrm{CRM}}^{0.653\,4} \quad\dots\dots\dots\dots\dots\dots\dots\dots\dots\dots\dots\dots\dots\dots\dots (3)$$

b) **併行精度の検討** 同一分析室において，同一分析用試料を併行条件で 2 回分析して得た，2 個の分析
結果の範囲が，その個別規格に規定している併行許容差（r）以下であれば，これら 2 個の分析結果の
間に異常な差はないものと判断する。この場合，併行許容差式の成分含有率の項には，2 個の分析値
の平均値を代入する。

c) **室内精度（中間精度）の検討** 同一分析室において，同一分析用試料を，時間などの誤差因子を変え
て 2 回分析して得た 2 個の分析結果の範囲が，その個別規格に規定している室内再現許容差（R_w）以
下であれば，これら 2 個の分析結果の間に異常な差はないものと判断する。この場合，室内再現許容
差式の成分含有率の項には，2 個の分析値の平均値を代入する。

注記 この条件は，併行条件と再現条件との間の中間条件に相当する。**JIS Z 8402-3** では，この中
間条件の下での標準偏差を中間精度と呼び，これが正規の用語であるが，鉄鋼分析法規格で

は，従来からの呼称に従って，室内精度を用いている。

d) 室間精度の検討 二つの異なる分析室において，同一分析用試料をそれぞれ分析して得た，2 個の分析結果の差の絶対値が，個別規格に規定している室間再現許容差 (R) 以下であれば，これら二つの分析室の分析結果の間に異常な差はないものと判断する。この場合，室間再現許容差計算式の成分含有率の項には，2 個の分析値の平均値を代入する。

7.3 許容差が規定されていない場合の取扱い方

個別規格に許容差若しくは分析精度を規定していない場合の許容差，又は個別規格の適用含有率範囲に対して，許容差若しくは分析精度の適用範囲が狭い場合における適用範囲外の許容差は，次の式によって算出する。

a) 併行許容差

$$r = 0.041\,8 \times m_1^{0.663\,8} \quad\cdots\cdots\cdots\cdots\cdots\cdots\cdots\cdots\cdots\cdots\cdots\cdots (4)$$

ここで，
- r：　併行許容差［質量分率（%）］
- m_1：　併行許容差を求める二つの分析結果の平均値［質量分率（%）］

b) 室内再現許容差

$$R_w = 0.062\,7 \times m_2^{0.663\,8} \quad\cdots\cdots\cdots\cdots\cdots\cdots\cdots\cdots\cdots\cdots\cdots (5)$$

ここで，
- R_w：　室内再現許容差［質量分率（%）］
- m_2：　室内再現許容差を求める二つの分析結果の平均値［質量分率（%）］

c) 室間再現許容差

$$R = 0.090\,9 \times m_3^{0.653\,4} \quad\cdots\cdots\cdots\cdots\cdots\cdots\cdots\cdots\cdots\cdots\cdots (6)$$

ここで，
- R：　室間再現許容差［質量分率（%）］
- m_3：　室間再現許容差を求める二つの分析結果の平均値［質量分率（%）］

7.4 精確さの判定方法

併行許容差，室内再現許容差及び室間再現許容差による判定は，各々の分析結果の報告桁数を報告桁数が一番少ない結果に合わせてその差を求め，許容差の判定値もこれに桁数を合わせて丸めて比較する。

対標準物質許容差による判定は，分析結果の報告桁数を認証値の表示桁数に合わせてから，認証値との差を求めて比較する。ただし，分析結果の報告桁数が少なく，認証値の表示桁数に合わせることができない場合は，認証値及び許容差の判定値を分析結果の報告桁に丸めて比較する。

許容差を分析結果の報告桁に丸めるとゼロとなる場合は，その桁の値を 1 として許容差とする。

8 化学分析方法による定量値の計量トレーサビリティ

鉄鋼分析法規格のうちの化学分析方法によって得た定量値（質量分率）が，真度の検討［**7.2 a)**］を満足していれば，適用した分析法の国際単位系（SI）への計量トレーサビリティを確保している。

9　機器分析方法による定量値の計量トレーサビリティ

機器分析方法によって得た定量値（質量分率）の計量トレーサビリティは，次の標準物質群で作成した検量線を使って分析することで確保する。

－　個別規格の化学分析方法で分析して得た標準値が付与されている。

－　標準値は，併行して分析した認証標準物質の分析値によって精確さが確認されている。

－　同じ冶金的履歴をもつ物質群である。

検量線の精確さ確認の方法は，個別規格による。検量線の確認又は修正は，精確さが確認された標準値をもち，試料と冶金の履歴が同じ標準物質（群）を用いて行う。

注記　機器分析用の認証標準物質は，分析試料と冶金的履歴が異なる場合がある。その影響で，機器分析用の認証標準物質を用いて作成した検量線が，精確でない可能性がある。

次の場合は，機器分析方法に使用する標準物質の計量トレーサビリティを確保していない。

－　定量の対象としている元素の化学分析方法の適用範囲が，機器分析方法の適用範囲より狭い[5]。

－　定量の対象としている元素の化学分析方法が，鉄鋼分析規格に規定されていない[6]。

注[5]　例えば，けい素含有率（質量分率）0.002 %以上 0.01 %未満が該当する。

注[6]　ランタン，セリウム，プラセオジム及びネオジムの定量方法が該当する。

この場合に適用する化学分析方法は，次による。ただし，いずれの方法の場合も 7.2 a)に規定された対標準物質許容差，並びに 7.3 a)及び 7.3 b)に規定された併行許容差及び室内再現許容差を満足しなければならない。

a)　そう（叢）書，論文などによって公知となっている，適切な鉄及び鋼の分析方法。

b)　該当する JIS の操作の一部を変更し[7]，適用範囲を拡大した方法。

注[7]　例えば，通常，試料のはかりとり量，分取比，抽出溶媒の量などが変更される。

10　鉄鋼分析法規格の様式

個別規格は，その細部について**附属書 A**を参照して作成することが望ましい。

附属書 A
（参考）
鉄鋼分析法規格の規格作成方法

A.1 規格名称

規格名称は，**JIS Z 8301** に"前置き要素"－"主要素"－"補完要素"で構成することを推奨している。個別規格においては，各要素を次の事項とする。一つの分析対象成分に対して定量方法を複数規定する場合は，部編成とする。

－ 前置き要素：規格が属する分野（鉄及び鋼）
－ 主要素：分析対象成分（○○定量方法）
－ 補完要素：定量方法名称

ただし，同じ分析方法で複数元素を分析する場合は，各要素を次の事項とする。

－ 前置き要素：規格が属する分野（鉄及び鋼）
－ 主要素：分析方法（○○分析方法）
－ 補完要素：分析対象成分（○○定量方法）－定量方法名称

定量方法名称は，**a)**～**f)**に示す化学分析方法の名称とするが，分離操作が含まれる場合は，次のいずれかを先に付ける。

－ 分析対象成分を分離させる場合：分離させる試薬又は分離される化合物又は単体（以下，化合物という。），及び方法（操作）の原理を表す語句の後に，"分離"を付ける。
－ 定量の妨害成分を分離させる場合：妨害成分名の後に"分離"を付ける。

　　注記　方法（操作）の原理を表す語句とは，電解，沈殿，共沈，気化，蒸留，抽出，イオン交換，クロマトグラフィーなどをいう。

　　例1　分析対象成分を分離させる場合の例：硫化水素気化分離メチレンブルー吸光光度分析法
　　　　妨害成分を分離させる場合の例：鉄分離原子吸光分析法

化学分析方法の名称は，次によることが望ましい。ただし，対応国際規格がある場合は，その規格の題名と整合させることが望ましい。

a) **重量法**　重量法の名称は，質量をはかる化合物の名称の後に"重量法"を付ける。

　　例2　二酸化けい素重量法

b) **滴定法**　滴定法の名称は，次のいずれかとする。

－ 容量滴定法：滴定試薬の名称の後に"滴定法"を付ける。なお，電量滴定法と区別する必要がある場合は，"容量滴定法"としてもよい。分析対象成分をあらかじめ酸化剤（又は還元剤）で酸化（又は還元）した後，滴定する場合（ただし，逆滴定を除く。）の名称は，上記滴定法の名称の前に，酸化剤（又は還元剤）の名称，及び"酸化"（又は"還元"）を付ける。

　　逆滴定の場合の名称は，滴定において過剰に加える試薬の名称，及び滴定試薬の名称を中点"・"で結び，その後に"逆滴定法"を付ける。

－ 電位差滴定法："電位差滴定法"とする。目視滴定と併用する場合は，両方の名称を入れる。

　　例3　ペルオキソ二硫酸アンモニウム酸化しゅう酸ナトリウム・過マンガン酸カリウム逆滴定法，

アンモニア蒸留分離アミド硫酸滴定法，電位差又は目視滴定法

c) **吸光光度分析法** 吸光光度分析法の名称は，次のいずれかとする。

— 水溶液の呈色を測定する場合：呈色化合物の名称の後に"吸光光度法"を付ける。

— 呈色化合物を有機溶媒に抽出した後，その有機相の呈色を測定する場合：呈色化合物の名称の後に
"抽出吸光光度法"を付ける（抽出に用いる有機溶媒の名称は記載しない。）。

  ただし，いずれも呈色化合物が錯体の場合には，錯体を生成させるために加えた錯形成剤の名称と
する。複数の錯形成剤を用いて呈色させる場合の名称は，複数の錯形成剤の名称を中点"・"で結び，
その後に吸光光度法又は抽出吸光光度法を付ける。

  例 4 過マンガン酸吸光光度法，モリブドバナドりん酸抽出吸光光度法，ジメチルグリオキシム吸
  光光度法（ジメチルグリオキシムニッケル吸光光度法とはしない。）

d) **原子吸光分析法** 原子吸光分析法の名称は，次のいずれかとする。

— フレーム原子吸光分析法："フレーム法"とする。

— 電気加熱原子吸光分析法："電気加熱法"とする。

  試料溶液を，酸分解及び残さ（渣）処理だけで調製する場合は，酸分解を付け加える。分析対象成
分と異なる成分を原子吸光分析法で測定して，その吸光度から分析対象成分を定量する場合は，"（分
析対象成分）間接定量法"とする。

  例 5 モリブドりん酸抽出間接フレーム法

  JIS G 1257 規格群とは別に原子吸光分析法を規定する場合は，次による。

— フレーム原子吸光分析法："原子吸光分析法"とする。

— 電気加熱原子吸光分析法："電気加熱原子吸光分析法"とする。

e) **ICP 発光分光分析法** ICP 発光分光分析法の名称は，分析対象成分が 3 成分以上ある場合は，分析対
象成分を列記せずに，"多元素定量"としてもよい。**JIS G 1258** 規格群に同一の分析対象成分が複数あ
る場合は，続く補完要素に，各部の特徴的な内容を示す語句を入れて区別する。

f) **その他の分析方法** その他の分析方法の名称は，単元素定量法については，吸光光度分析法に，多元
素定量法については，ICP 発光分光分析法に準じて付ける。

A.2 適用範囲

  適用範囲は，共同実験によって決定することが望ましい。適用範囲の上限値は，共同実験結果で得た許
容差が **7.3** の各許容差を満たす共同実験試料の最大含有率を適切に丸めた値とし，下限値は，共同実験で
得た室間精度式から相対標準偏差 20 ％以下となる最小含有率を適切に丸めた値とするのが望ましい。

  共同実験時に，共存元素の影響及び影響除去対策を調査し，影響が除去できない共存元素含有率範囲は，
適用範囲から外す。鉄への適用については，共同実験に適した試料があれば実験を行って適否を判定し，
ない場合は，適用の必要性，鉄試料への適用に対する障害の有無などを考慮して決定する。

A.3 要旨

  要旨は，次の事項を考慮して，分析方法の概要が分かるよう簡潔に記載する。

  注記 **JIS Z 8301** では，試験方法には原理・原則を記載してもよいとしており，**ISO** 規格も原理（Principle）
  の箇条がある。個別規格では，分析法の原理ではなく要旨を記載し，原理は，可能な限り解説に

記載することとしている。

a) 操作は，主として行う内容を記載し，非定常の操作は省く。"溶液を全量フラスコに移し入れて標線まですすめる。"などの標準操作の記載も省く。反応式，分離，滴定などにおいて特定元素が反応する原理，理論的背景などは解説に記載する。

b) 要旨中の試薬名は，溶液を使う場合でも"○○溶液"とはしない。ただし，滴定液（**JIS K 0211** による。）は，"○○溶液"とする。

c) 要旨中の試薬名，化合物及び元素は，分子式及び元素記号で記載しない。

d) 要旨の末尾は，"その質量をはかる。"，"その減量をはかる。"，"○○溶液で滴定する。"，"吸光度を測定する。"などの文とし，その後の定量値の算出，検量線の作成などの手順は省き，"定量する。"の文言も入れない。ただし，標準添加法など特別な方法を採用した場合は，"○○法によって定量する。"と入れる。

A.4　試薬

A.4.1　一般事項

試薬は，次の事項を考慮して規定する。

a) 操作で使用する試薬は，全て規定する。ただし，試薬調製，例えば，標準液の原液調製だけに用いる試薬は規定しない。

b) ニッケルカプセルなど形状を規定するものは，器具とし，試薬とはしない。

c) 器具又は装置で使用し，分析操作ごとに取り換える必要のない試薬は，器具及び装置の箇条に記載する。

d) 試薬の名称は，当該試薬の規格が **JIS** に規定されているものは，その名称を用い，使用する個々の試薬に **JIS** 規格名称，規格番号，及び化学式は記載しない。**JIS** に規定されていない試薬は，IUPAC（国際純正・応用化学連合）の有機化合物命名法及び無機化合物命名法を基にして，日本化学会命名法専門委員会が定めた化合物命名法に従った名称，及び化学式を記載する。

e) 記載の順序は，**A.4.2** による。なお，国際一致規格では，**ISO** 規格どおりの順に記載する。

f) 同一試薬の記載は，濃度の高い順とする。ただし，**JIS K 0050** の表 **1**（水との混合比で表すことのできる試薬）に規定された試薬は，規定濃度でそのまま用いるものを一つの細分箇条とし，水との混合比で表すものは別の細分箇条として混合比の全てを同じ細分箇条で表示する。

> **例1**　**5.1　塩酸**
> **5.2　塩酸**（1＋1，1＋4，2＋100）

g) **JIS K 0050** の表 **1** に規定された試薬以外の溶液の濃度の表示は，溶質（溶質が水和物の場合は，無水物）の質量を溶媒の体積で除した値を基本とする。

> **例2**　塩化バリウム溶液（100 g/L）は，無水物（$BaCl_2$）として 100 g/L の濃度である。

h) 混合試薬は，単純混合の場合は，中点"・"を用いて併記する。混酸は，各酸（及び水）について名称及び体積割合を示す。融解合剤は，質量割合を示す。

> **例3**　混酸（塩酸1，硝酸1，水2），混合融剤（炭酸ナトリウム1，過酸化ナトリウム1）

i) 同じ試薬について2種以上の濃度のものを規定し，使用目的を変えて使う場合は，名称を変えることが望ましい。

> **例4**　ヘキサメチレン溶液，ヘキサメチレン洗浄溶液

j) 滴定法で用いる滴定用溶液の名称は，**JIS K 8001** に倣って"〇〇mol/L △△溶液"とする。

  例5 0.01 mol/L エチレンジアミン四酢酸二水素二ナトリウム溶液

k) 検量線作成に用いる標準液の名称は，"〇〇原液"又は"〇〇標準液"とする。濃度の異なる標準液は，濃度の濃い順に"〇〇標準液 A"，"〇〇標準液 B" と識別する。また，調製方法が異なる同じ濃度の標準液も識別する。なお，標準液を使用の都度調製することが必要な場合は，個別規格で規定する。

  例6 りん原液（P：1 000 µg/mL），りん標準液 A（P：100 µg/mL），りん標準液 B（P：10 µg/mL）

A.4.2　試薬の記載順序

 試薬は，次の順で記載する。

a)　**水**（特殊な水）

b)　**無機酸**　一価の酸，二価の酸，三価の酸，混酸の順とする。一価の酸は，塩酸，硝酸，過塩素酸，ハロゲン化水素酸の順とし，ハロゲン化水素酸は，塩酸を除き原子番号順とする。

c)　**無機塩基**　アンモニア水，水酸化ナトリウム，水酸化カリウム，水酸化バリウムの順とする。

d)　**過酸化水素**

e)　**金属**　単体金属，合金の順とし，単体金属は原子番号順とする。

f)　**ハロゲン**　原子番号順とする。

g)　**気体**　貴ガス，単体，化合物，混合ガスの順とし，単体は，原子番号順とする。化合物は分子式の原子番号順とし，同じ原子番号の並びなら原子数の少ない順とする。

  例　アルゴン，窒素，硫化水素，メタン，プロパン，一酸化炭素，二酸化炭素

h)　**無機塩類**　b)の順による。酸が同じ場合は，c)の順による。多価の酸の塩は，塩基の数が多い順とする。

i)　**無機化合物**　分子式の原子番号順とし，同じ原子番号の並びなら原子数の少ない順とする。

j)　**有機酸，有機塩基，有機塩類**　無機酸などと同様の順とする。

k)　**呈色試薬**

l)　**有機溶媒**

m)　**滴定溶液又は標準液**

n)　**指示薬**

o)　**その他**　鉄鋼認証標準物質など。

A.5　操作

 操作についての記載は，個別規格に規定がない場合は，次のことを意味する。

a)　**加熱・冷却**

 1)　**温める又は加温する。**　溶液温度を室温から 60 ℃以下に加熱する操作。

 2)　**穏やかに加熱する。**　溶液温度を 80 ℃以下に保ち，沸騰が生じないように加熱する操作。

 3)　**沸騰直前まで加熱する。**　溶液温度を 90 ℃以上とし，突沸が生じないように注意して加熱する操作。

 4)　**加熱して液量を〇〇にする。**　溶液温度を 90 ℃以上とし，突沸が生じないように注意して加熱して，液量を〇〇に減らす操作。

5) **加熱して窒素酸化物などを追い出す。** 溶液を沸騰状態とし，窒素酸化物などが揮散しなくなるまで加熱する操作。

6) **乾固直前まで加熱する。** 溶液がほとんど残らない状態まで加熱する操作。その後，余熱によって液はほとんど見えなくなるが，残留物中には液が残り，表面に色がついている状態となる。

7) **乾固する。** 液状のものが残らず，残留物の表面が白くなる状態まで加熱する操作。

8) **過塩素酸の白煙処理** 過塩素酸の白煙処理は，次のいずれかを意味する。

8.1) 過塩素酸の白煙がビーカー内に充満している状態に加熱する操作。

8.2) 8.1)から引き続き加熱し，ビーカー内が透明になり，過塩素酸の蒸気がビーカーの内壁を伝わって還流している状態にする操作。

9) **三酸化硫黄の白煙処理** 三酸化硫黄の白煙が発生する状態に加熱する操作。硫酸の白煙処理を意味する。このとき，液温は 300 ℃以上となっている。

10) **りん酸の白煙処理** メタりん酸などの白煙が発生する状態に加熱する操作。

11) **放冷** 溶液などの温度が室温に下がるまで実験台などに静置しておく操作。室温以外の温度を指定する場合がある。

12) **冷却** 温度の高い溶液，蒸気などに対し，水，氷水，又は冷えた空気などの熱媒体で強制的に温度を下げる操作。

13) **強熱** 650 ℃以上で加熱する操作。

14) **ろ紙を灰化する。** るつぼ中のろ紙及び残さを低温で炭化して，個別規格で特に指定がなければ，500 ℃〜800 ℃で灰化する操作。

15) **揮散** 揮発性成分を大気中に気化放出させる操作，又は大気中に気化する現象。

b) **その他の操作**

1) **融解** 不溶性物質と融剤とを共に強熱して，可溶性物質に変える操作。

2) **振り混ぜ** 2種類以上の物質をなるべく均一にするために，容器ごと振って混ぜる操作。

3) **対照液** 試料液の色調又は吸収の度合いを比較するために用いる，標準的な色調又は吸収を示す溶液。

4) **分取** 全体の試料に対して，指定された割合又は分量を，正確に分けてとる操作。

5) **（溶液を）移し入れる。** 溶液を，別の容器に移す操作。溶液のほとんどを指定された容器に移した後，元の容器に残る試料溶液を，指定された溶媒を用いてうすめて，先の指定された容器に移す。この操作を 2，3 回繰り返して，元の容器に残る溶液の量が無視できるレベルとする。

6) **標線までうすめる。** 指定された溶媒を用いて，溶液全体の容量を規定の量とする操作。標線近くまで溶媒を入れた後，液温を常温とし，液が均一になるよう混合した後，標線まで溶媒を加え，再び液が均一になるように混合する。

　　　注記 ガラス製体積計の，標線を含む目盛線とメニスカスとの視定方法は，**JIS R 3505**:1994 の**図1**に示されている。

7) **洗液** 操作に用いた時計皿，ろ紙などへの試料の付着物，又はるつぼなど容器内の試料の残留物を洗い流した液。

8) **正確に** 質量においては，指定した量を検定されたはかりによってはかることをいう。液体の容量においては，全量フラスコ，全量ピペット，ビュレット又はピストン式ピペット（**JIS K 0970** による。）によって，それらの体積計の公差内ではかることをいう。"正しく"は，同じ意味ではあるが，用いないのが望ましい。

c) 用語の区別

1) 溶解と分解 溶解は，化学反応による化学種の変化を生じずに均一な相になる現象であり，化学種の変化が生じる場合は，分解と呼ぶ。

注記 化学種の変化が生じても溶解と呼ぶ場合がある。

2) 常温と室温 化学分析においては，常温は（20±5）℃を，室温は（20±15）℃を指す。また，標準温度とは20℃を指す。

注記 上記の温度は，**JIS K 0050** に規定されている。

A.6 空試験

空試験の操作は，具体的に記載する。空試験の操作の記載が長く，操作の一部を他の細分箇条から引用する場合などにおいては，定量操作と同様に，手順ごとに区切って記載してもよい。検量線用溶液を試料と併行して調製する場合は，ゼロメンバーを空試験液としてもよい。

A.7 検量線の作成

検量線用溶液は，通常は，鉄などの純物質に分析対象元素を段階的に添加し，分析試料と同じ手順で調製する。検量線用溶液の測定信号強度と分析対象元素添加量との関係線を作成し，その関係線が原点を通るよう平行移動して検量線とする。ただし，ICP 発光分光分析法においては，平行移動せずに，得た関係線をそのまま検量線とする。

関係線の回帰係数は，市販の計算ソフトウエアを用いて求めてもよい。

検量線用溶液調製の操作手順は，具体的に記載する。

A.8 計算

試料中の分析目的元素含有率を計算する式は，具体的に記載する。計算式の各項は，次のとおりとすることが望ましい。

— 試料中の分析目的元素含有率は，%（質量分率）とする。

— 試料のはかりとり量の単位は，グラム（g）とする。

— 試料溶液及び空試験液中の分析目的元素の量は，個別規格の手順で得られる測定値（検量線から求めた量，滴定液使用量，沈殿の質量など）をそのまま代入し，その単位は，測定値の単位とする。

— 単位の換算係数は，計算式の係数項に含める。

注記 熱的分析方法では，検量線を用いて質量に変換した後，計算式によって含有率を算出する規定としている個別規格もある。

A.9 許容差

化学分析方法の許容差は，共同実験によって求める。共同実験試料は，認証標準物質を用い，含有率が目標適用範囲を含むように選ぶ。共同実験結果は，**JIS Z 8402-2** 又は **JIS Z 8402-3** によって解析する。各所の実験が併行2回分析でなく，日を変えて2回分析した場合は，**JIS Z 8402-2** によって解析を行い，併行分析を日間分析と読み替える。

附属書 B
（規定）
国際一致規格における引用された ISO 規格による規定の取扱い

B.1 引用された ISO 規格による規定の取扱い

鉄鋼分析法規格の中で，国際一致規格として作成された規格において，引用された ISO 規格による規定は，次のように取り扱う。

a) 規格の規定が ISO 14284，並びにこれに置き換えられ，廃止された ISO/R 377，ISO 377 及び ISO 377-2 を引用している場合は，引用規格を JIS G 0417 と読み替える。

 注記 1 JIS G 0417 は，ISO 14284 の国際一致規格である。

b) ISO 385-1:1984 に規定されたビュレットの代わりに，4.1 b)に規定するビュレットを用いてもよい。

c) ISO 648:1977 に規定された全量ピペットの代わりに，4.1 b)に規定する全量ピペットを用いてもよい。

 注記 2 ISO 648 と JIS R 3505 とでは，全量ピペットの規定内容が完全には一致していない。ISO 648 では，容量決定時のピペット内の液の滴加について，ピペットの先端とガラス製受け器の内側とを接触させるだけで，その他の動きを禁じている。これに対して，JIS には明確な規定はなく，慣例として，旧計量法（1992 年改正前の計量法）に示されていた "ピペット内に液が残らないように処置すること" を前提として標線を付けている。そのため，JIS 規格品と ISO 規格品とでは，標線からピペット先端までの容積の絶対値が異なっている。使用の際には，いずれの規格品かを確認して，各規格の規定どおりの操作を行うことが求められている。

d) ISO 1042 に規定された全量フラスコの代わりに，4.1 d)に規定する全量フラスコを用いてもよい。

e) ISO 4800 に規定されたギルソン形分液漏斗の代わりに，これに準拠した，JIS R 3503 に規定するギルソン形分液漏斗を用いてもよい。

f) 国際一致規格に規定された呼び容量のビーカーの代わりに，JIS R 3503 に規定する，同じ呼び容量のビーカーR，又は呼び容量と同量以下で最も近い呼び容量のビーカーを用いてもよい。

g) ISO 3696 に規定された等級 2 の水の代わりに，4.1 g)に規定する水を用いてもよい。

参考文献

JIS G 1257（規格群） 鉄及び鋼－原子吸光分析方法

JIS G 1258（規格群） 鉄及び鋼－ICP 発光分光分析方法

JIS K 0211 分析化学用語（基礎部門）

JIS K 0212 分析化学用語（光学部門）

JIS K 0213 分析化学用語（電気化学部門）

JIS K 0214 分析化学用語（クロマトグラフィー部門）

JIS K 0215 分析化学用語（分析機器部門）

JIS K 0216 分析化学用語（環境部門）

JIS K 8001 試薬試験方法通則

JIS R 6001-1 研削といし用研削材の粒度－第 1 部：粗粒

JIS R 6001-2 研削といし用研削材の粒度－第 2 部：微粉

JIS Z 8301 規格票の様式及び作成方法

JIS Z 8402-2 測定方法及び測定結果の精確さ（真度及び精度）－第 2 部：標準測定方法の併行精度及び再現精度を求めるための基本的方法

JIS Z 8402-3 測定方法及び測定結果の精確さ（真度及び精度）－第 3 部：標準測定方法の中間精度

ISO/R 377, Selection and preparation of samples and test pieces for wrought steel

ISO 377:1985, Wrought steel－Selection and preparation of samples and test pieces

ISO 377-2:1989, Selection and preparation of samples and test pieces of wrought steels－Part 2: Samples for the determination of the chemical composition

ISO 385-1:1984, Laboratory glassware－Burettes－Part 1: General requirements

ISO 648:1977, Laboratory glassware－One-mark pipettes

ISO 1042, Laboratory glassware－One-mark volumetric flasks

ISO 3696, Water for analytical laboratory use－Specification and test methods

ISO 4800, Laboratory glassware－Separating funnels and dropping funnels

ISO 14284, Steel and iron－Sampling and preparation of samples for the determination of chemical composition

JIS H 0401
(2021)

溶融亜鉛めっき試験方法
Test methods for hot dip galvanized coatings

$$\begin{bmatrix} \text{JIS} & (1954, 63, 75, 83, 99, 07, 13) & \text{改正} \\ \text{JIS} & (1950) & \text{制定} \end{bmatrix}$$

序文

この規格は，1992 年に第 2 版として発行された **ISO 1460** を基とし，技術的内容を変更して作成した日本産業規格である。

なお，この規格で側線又は点線の下線を施してある箇所は，対応国際規格を変更している事項である。変更の一覧表にその説明を付けて，**附属書 JB** に示す。

1 適用範囲

この規格は，鋼材，鋼材加工品，鋳鍛鋼品及び鋳鉄品（以下，素材という。）に施した溶融亜鉛めっき（以下，めっきという。）の試験方法について規定する。

注記 この規格の対応国際規格及びその対応の程度を表す記号を，次に示す。

ISO 1460:1992, Metallic coatings－Hot dip galvanized coatings on ferrous materials－Gravimetric determination of the mass per unit area（MOD）

なお，対応の程度を表す記号 "MOD" は，**ISO/IEC Guide 21-1** に基づき，"修正している" ことを示す。

警告 この規格に基づいて試験を行う者は，通常の試験室での作業に精通していなければならない。この規格は，その使用に関して起こる全ての安全上の問題を取り扱うものではない。この規格の利用者は，安全及び健康に対する適切な措置をとらなければならない。

2 引用規格

次に掲げる規格は，この規格に引用されることによって，この規格の規定の一部を構成する。これらの引用規格は，その最新版（追補を含む。）を適用する。

JIS B 7507 ノギス

JIS H 1111 亜鉛地金分析方法

JIS H 1113 亜鉛地金の光電測光法による発光分光分析方法

JIS H 8641 溶融亜鉛めっき

JIS K 8847 ヘキサメチレンテトラミン（試薬）

JIS Z 0103 防せい防食用語

JIS Z 8401 数値の丸め方

3 用語及び定義

この規格で用いる主な用語及び定義は，**JIS H 8641** 及び **JIS Z 0103** による。

4 めっき浴組成の分析

めっき浴組成の分析は，次による。

a) 試料の採取　分析試料は，めっき浴の中央部付近で，かつ，深さ約 100 mm の箇所からめっき加工が可能な状態で採取する。採取する分析試料は 1 個とし，採取する頻度は加工業者の決定による。

b) 分析方法　化学成分の分析は，**JIS H 1111** 又は **JIS H 1113** による。意図的に添加した元素で，**JIS H 1111** 及び **JIS H 1113** に規定する以外の元素の分析方法は，受渡当事者間の協定による。

5 膜厚試験

5.1 原理

めっきの膜厚は，電磁式膜厚計（以下，膜厚計という。）を用い，磁性素地金属である素材上の膜厚の違いによって変化する，めっき皮膜及び素地金属を通過する磁束の磁気抵抗を測定することによって求める。ただし，素材が既に磁化されているものには，この方法を用いない。

5.2 膜厚計

膜厚試験に用いる膜厚計は，測定前に調整を行う。その調整は，次による。

a) 膜厚計は，使用前に標準試料を用い，厚さ表示値の調整を行う。

b) 調整に用いる標準試料は，均一な厚さで，かつ，厚さ既知のはく（箔）を用いる。はくと素地とは，密着させる。

c) 厚さ表示値が，標準試料の厚さが 50 μm 以下の場合はその厚さの±1.5 μm 以内，標準試料の厚さが 50 μm を超える場合はその厚さの±3 ％の範囲内となるように，膜厚計を調整する。

5.3 操作

操作は，膜厚計の取扱説明書の指示に従って行う。

5.4 試験片

製品をそのまま試験片とする。ただし，製品をそのまま試験片とすることが不可能な場合は，試験片は **6.2.2 a)** の 2) 又は 3) によって採取し，採取する試験片の採取位置及び大きさは **6.2.2 b)** による。

5.5 測定箇所

膜厚の測定箇所は，試験片の膜厚を代表する結果が得られるように，切断面及び端部を除く有効面とする。膜厚を代表する結果が得られる測定箇所の例を，**附属書 JA** に示す。ただし，測定箇所は，受渡当事者間の協定によってもよい。

試験片が厚さの異なる複数の素材で構成されている場合は，主たる素材の有効面を測定箇所とする。試験片の有効面が狭い場合又は形状が複雑な場合は，受渡当事者間の協定による。

測定箇所の数は，**表 1** による。

表 1－膜厚の測定箇所の数

試験片の長さ	測定箇所の数	
	試験片の有効面の面積	
	2 m² 以下	2 m² 超
2 m 以下	1 以上	3 以上
2 m 超	3 以上	3 以上

5.6　測定回数

1か所当たりの測定回数は，5回とする。ただし，試験片の有効面が狭い場合又は形状が複雑な場合は，試験片5個のそれぞれ1か所を1回ずつ測定することによって5回の測定とみなすか（**附属書JA**参照），又は受渡当事者間の協定によってもよい。

5.7　1か所当たりの膜厚

1か所当たりの膜厚は，5回測定した値の平均値とする。数値は，マイクロメートル（μm）で表し，小数第1位を**JIS Z 8401**の規則Bによって丸めて整数で表す。

6　付着量試験

6.1　一般

めっき付着量の測定は，間接法又は直接法のいずれかによる。いずれの方法においても，表面積の確定が重要であるため，めっき面積が算定可能な形状である素材に適用する。

なお，付着量の計算結果は，グラム毎平方メートル（g/m²）で表し，小数第1位を**JIS Z 8401**の規則Bによって丸めて整数で表す。

6.2　間接法

6.2.1　原理

めっきを施した試験片をひょう（秤）量した後，試験液でめっき皮膜を溶解除去し，再びひょう量して，その減量によって付着量を求める。

6.2.2　試験片

試験片は，次による。

a)　**試験片の採取方法**　試験片は，受渡当事者間の協定によって，次のいずれかの方法で採取する。

1)　製品をそのまま試験片とする。

2)　製品から試験片を切り取る。製品が複数の素材から構成されている場合は，代表する素材から試験片を切り取る。

3)　製品から試験片を切り取ることが不可能な場合は，製品に使われたものと同一の素材から試料を採取した後，これを素材と近接させて，同時にめっきを施したものを試験片とする。

b)　**試験片の採取位置及び大きさ**　試験片の採取位置及び大きさは，次による。

1)　**管の場合**　試験片は，**a)**の**2)**によって，両端からそれぞれ10 mmの部分を除いた任意の位置から長さ約60 mmの管状試験片を1個採取する。ただし，試験片が大きすぎるものは，測定が可能な適切な大きさに切断してもよい。

なお，製品から試験片を採取することが不可能な場合，注文者は，加工業者に素材と同一の試料及び素材の情報を提供する。

2)　**鋼材及び加工品の場合**　試験片の長さは，約100 mmとする。ただし，板の場合は，約100 mm×100 mmとする。

3)　**ボルト・ナット，鋳鍛鋼品及び鋳鉄品の場合**　ねじ部は，試験片の採取位置から除いてもよい。

6.2.3　試験液

試験液は，**JIS K 8847**に規定するヘキサメチレンテトラミン3.5 gを，密度1.18 g/cm³［35 %（質量分率）］以上の塩酸500 mLに溶かす。その溶液を水で1 Lに希釈する。

6.2.4　試験片の清浄

試験片が汚れている場合は，エタノールなどの溶剤を用いて脱脂し，乾燥する。使用する溶剤は，めっ

きに害のないものを用いる。

6.2.5 手順

試験片のひょう量及び表面積測定の手順は，次による。

a) めっき皮膜を除去する前に，電子はかりを用いて，試験片の質量を 1 kg 未満の場合は 0.01 g まで，1 kg 以上の場合は 0.1 g まで求める。

b) 試験液は，試験片のめっき部分の表面積 100 mm² 当たり，少なくとも 10 mL になるように溶液量を決める。

c) 試験片を室温の溶液に完全に浸して，試験液中の水素の盛んな発生が止まるまで放置する。試験液中の水素の盛んな発生が止まると，めっき皮膜の除去が終了したことを示す。

なお，試験液は，めっき皮膜が容易に除去される範囲内で繰り返し用いてよい。

d) 試験片を流水ですすぎ，綿布などで水分をよく拭った後，十分に乾燥させ，**a)** に規定する精度で再び質量をはかる。

e) ひょう量後，試験片のめっき皮膜を除去した部分の寸法を **JIS B 7507** に規定するノギスで 0.1 mm の桁まで測定し，表面積 S (mm²) を求める。表面積は，小数第 1 位を **JIS Z 8401** の規則 B によって丸めて整数で表す。

なお，表面積の計算に用いる試験片の寸法は，試験片図面に記載された公称寸法を用いてもよい。

6.3 直接法

6.3.1 原理

試験片をめっき前にひょう量し，めっき後に再びひょう量して，その増量によって付着量を求める。

6.3.2 試験片

試験片は，受渡当事者間の協定によって，次のいずれかの方法で採取する。

なお，組み立てられた素材などで試験片を切り取ることが不可能な場合は，注文者は，加工業者に素材と同一の材料及び素材の情報を提供する。

a) 素材をそのまま試験片とする。

b) 素材から試験片を切り取る。複数の素材から構成されている場合は，代表する素材から試験片を切り取る。

c) 素材から試験片を切り取ることが不可能な場合は，素材に使われたものと同一の素材から試料を採取し，試験片とする。

6.3.3 手順

試験片のひょう量及び表面積測定の手順は，次による。

a) 試験片は，素材と同一の作業方法で酸洗，水洗及び乾燥した後，その質量が 1 kg 未満の場合は 0.01 g まで，1 kg 以上の場合は 0.1 g まで，電子はかりを用いてひょう量し，試験片の寸法を **JIS B 7507** に規定するノギスで 0.1 mm の桁まで測定して表面積 S (mm²) を求める。表面積は，小数第 1 位を **JIS Z 8401** の規則 B によって丸めて整数で表す。

なお，表面積の計算に用いる試験片の寸法は，試験片図面に記載された公称寸法を用いてもよい。

b) めっきを施した後，**a)** に規定する精度で再びひょう量する。

6.4 付着量の計算

付着量は，次の式によって算出する。

$$A = \frac{W_1 - W_2}{S} \times 10^6$$

$$
\begin{array}{rll}
\text{ここに,} & A: & \text{付着量(g/m}^2\text{)} \\
& W_1: & \text{めっき皮膜をもつ試験片の質量(g)} \\
& W_2: & \text{めっき皮膜をもたない試験片の質量(g)} \\
& S: & \text{試験片のめっき部分の表面積(mm}^2\text{)}
\end{array}
$$

7 均一性試験（硫酸銅試験）

7.1 原理

めっきを施した試験片を試験液の中に約60秒浸せきさせ，これを規定回数繰り返し，試験片表面への銅の析出の有無を目視で判定する。

注記 硫酸銅試験1回当たりの浸せきでは，8 μm程度の厚さが減少する。

7.2 試験片

試験片は，次による。

a) 試験片の採取方法 試験片は，受渡当事者間の協定によって，次のいずれかの方法で採取する。

1) 製品をそのまま試験片とする。

2) 製品から試験片を切り取る。製品が複数の素材から構成されている場合は，代表する素材から試験片を切り取る。

3) 製品から試験片を切り取ることが不可能な場合は，製品に使われたものと同一の素材から試料を採取した後，これに製品と同じ作業方法によってめっきを施したものを試験片とする。

b) 試験片の採取位置及び大きさ 試験片の採取位置及び大きさは，次による。

1) **管の場合** 試験片は，a)の2)によって，両端からそれぞれ10 mmの部分を除いた任意の位置から長さ約60 mmの管状試験片を1個採取する。ただし，試験片が大きすぎるものは，測定が可能な適切な大きさに切断してもよい。

なお，製品から試験片を採取することが不可能な場合，注文者は，加工業者に素材と同一の試料及び素材の情報を提供する。

2) **圧延鋼材及び加工品の場合** 試験片は，a)の1)，2)又は3)によって採取し，長さは，約100 mm[1]とする。ただし，板の場合は，約100 mm×100 mm[1]とする。

3) **ボルト・ナットの場合** 試験片は，a)の1)，2)又は3)によって採取する。長さ150 mmを超える試験片は，試験が可能な適切な大きさに切断[1]するか，又は部分的に浸せきしてもよい。

4) **鋳鍛鋼品及び鋳鉄品の場合** 試験片は，a)の1)，2)又は3)によって採取する。大きすぎるもの（めっき面積が400 cm²を超えるもの）は，試験が可能な適切な大きさに切断[1]するか，又は部分的に浸せきさせてもよい。

注[1] めっきを施していない部分の表面積が大きく，硫酸銅溶液の濃度が著しく減少する場合には，めっきを施していない部分を適切な塗料などで被覆する。

7.3 試験液

硫酸銅五水和物［純度98.5 %（質量分率）以上，鉄0.1 %（質量分率）以下，及び水不溶解分0.5 %（質量分率）以下］36 gに対し，水約100 mLの割合に調合し，これを加熱溶解した後，遊離硫酸を中和するため過剰な量の粉末状の水酸化銅（II）［Cu(OH)₂］（化学用）[2]を加えてかき混ぜ，24時間放置した後，ろ過し，18 ℃とした密度1.186 g/cm³〜1.188 g/cm³（浮きばかりなどで測定）の試験液に調製する。

なお，水酸化銅（II）の代わりに，酸化銅（II）［CuO］（化学用）を溶液10 Lに対し，約8 g用いてもよい。この場合には，48時間放置する。又は，粉状塩基性炭酸銅［CuCO₃·Cu(OH)₂］（化学用）を溶液10 L

に対し，約 12 g 用いてもよい。この場合には，24 時間放置する。

　　注 2) 　水酸化銅（Ⅱ）の量は，溶液 10 L に対し，約 10 g である。これが過剰に存在することは，容器の底に沈殿するため分かる。

7.4　試験液の量

　試験液の量は，試験片を完全に浸したとき，その表面積 1 cm² に対し，6 mL 以上とする。浸せき回数が 20 回に及ぶまでは，同一の液を用いてもよい。

7.5　試験片の清浄

　試験片が汚れている場合は，エタノールなどの溶剤を用いて脱脂し，乾燥する。使用する溶剤は，めっきに害のないものを用いる。

7.6　手順

　清浄にした試験片を 16 ℃〜20 ℃に保った試験液の中央に静かに約 60 秒浸す。このとき，液をかき混ぜたり，容器の壁に触れてはならない。

　取り出した試験片は，直ちに水中で洗浄し，めっき皮膜上に付着した銅をブラシなどを用いて拭い取る。この操作を繰り返し行う。繰返し回数は，製品規格による。

7.7　終止点の判断

　試験片表面の上に光輝のある密着性金属銅が析出した場合，終止点とする。ただし，次の場合は，終止点としない。

a)　光輝のある密着性金属銅が析出した全面積が 0.05 cm² に満たない場合。

b)　光輝のある密着性金属銅をナイフの背のような鈍い器具で剥ぎ取ることが可能で，その下にめっき皮膜が現れた場合。

　　注記　密着性金属銅の下にめっき皮膜が存在しているか否かについて疑いがある場合には，密着性金属銅を剥ぎ取り，この箇所に希塩酸の 1 滴又は数滴を滴下して，めっき皮膜が存在する場合には，活発な水素の発生があるため判定可能である。

c)　試験片の角又は端から 10 mm 以内に光輝のある密着性金属銅が析出した場合。

d)　めっき後に生じた切りきず部分若しくはかすりきず部分，又はこれらに隣接する部分に，光輝のある密着性金属銅が析出した場合。

8　試験報告

　試験報告書が必要な場合に報告する事項は，受渡当事者間の協定によって，次の事項から選択する。なお，試験報告書に，受渡当事者間の協定事項を記載してもよい。

a)　試験年月日

b)　対象となるめっきの規格番号及びこの規格番号（**JIS H 0401**）

c)　試験片に関する情報（形状，寸法など）

d)　試験方法及び報告事項（**表 2** 参照）

表 2 − 試験方法及び報告事項

試験方法	膜厚試験	付着量試験 （間接法又は直接法のうち，採用したいずれかの方法）	均一性試験 （硫酸銅試験）
報告事項	測定箇所ごとの膜厚（μm）	付着量（g/m²）	繰返し回数（回）

附属書 JA
(参考)
膜厚の測定箇所及び測定回数の例

　試験片の膜厚を代表する結果が得られる膜厚の測定箇所及び測定回数の例を，**図 JA.1～図 JA.3** に示す。有効面積が狭い試験片の測定箇所及び測定回数を，**図 JA.4** に示す。

　1 か所当たりの膜厚を 5 回測定する場合は，1 か所の膜厚を代表する結果を得るため，同じ箇所内で測定する位置は，**図 JA.1～図 JA.4** の①～⑤に示すように，分散させることが望ましい。

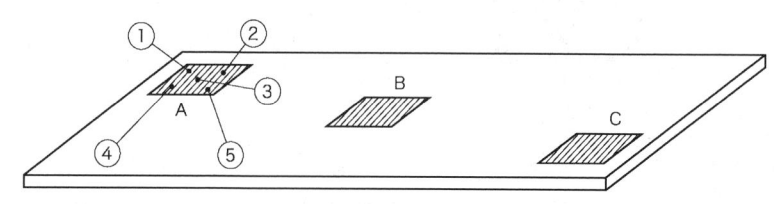

A～C：膜厚測定箇所
①～⑤：A の測定位置
A の膜厚：（①＋②＋③＋④＋⑤）/ 5

図 JA.1－有効面の面積が 2 m² 超の板の例

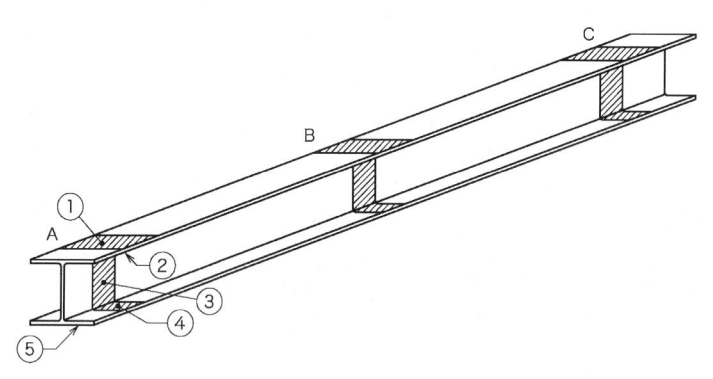

A～C：膜厚測定箇所
①～⑤：A の測定位置
A の膜厚：（①＋②＋③＋④＋⑤）/ 5

図 JA.2－長さが 2 m 超の形鋼の例

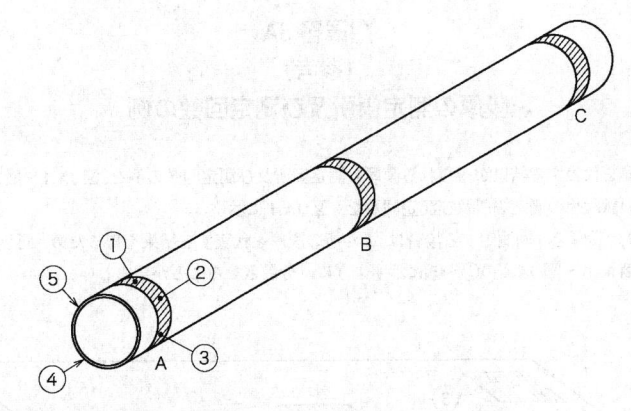

A〜C：膜厚測定箇所
①〜⑤：A の測定位置
A の膜厚：(（①＋②＋③＋④＋⑤）/ 5

図 JA.3－長さが 2 m 超のパイプ及び丸鋼の例

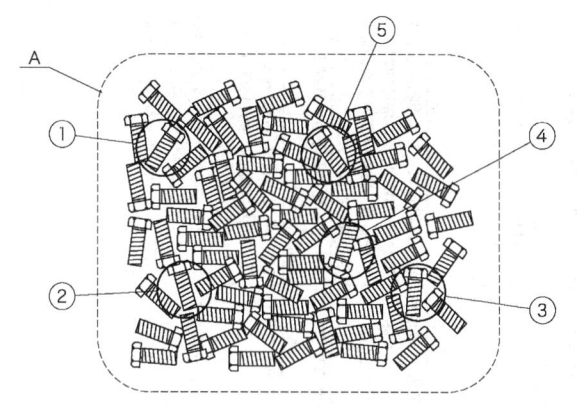

A：めっきを施したボルトのかたまり。
　このかたまりの中から，かたまりを代表するように5個を抜き取る。

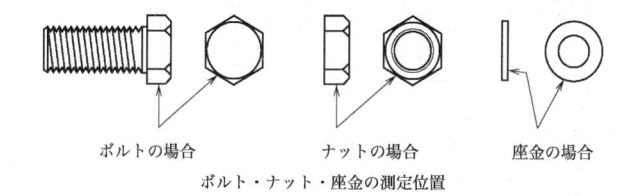

ボルトの場合　　　　　ナットの場合　　　　　座金の場合
ボルト・ナット・座金の測定位置

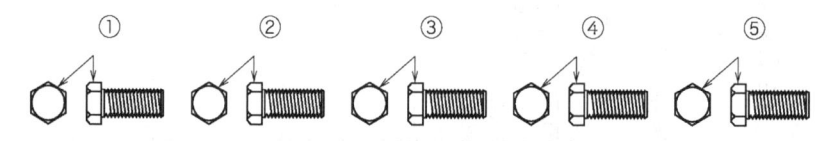

Aの膜厚（ボルトの場合）：（①+②+③+④+⑤）/ 5

図 JA.4－有効面が狭い試験片の例

附属書 JB
（参考）
JIS と対応国際規格との対比表

JIS H 0401:2021　溶融亜鉛めっき試験方法					ISO 1460:1992, Metallic coatings－Hot dip galvanized coatings on ferrous materials－Gravimetric determination of the mass per unit area

(I) JIS の規定		(II) 国際規格番号	(III) 国際規格の規定		(IV) JIS と国際規格との技術的差異の箇条ごとの評価及びその内容		(V) JIS と国際規格との技術的差異の理由及び今後の対策
箇条番号及び題名	内容		箇条番号	内容	箇条ごとの評価	技術的差異の内容	
1 適用範囲	素材に施した溶融亜鉛めっきの試験方法について規定。		1	表面積の算出が容易な形状の質量測定方法を規定。	追加	表面積が算定可能な形状に適用範囲を拡大した。安全に関する警告を追加した。	ISO 規格と JIS とは規格の構成が異なる。JIS では，溶融亜鉛めっき製品の品質を評価するために適用範囲を拡大した。
3 用語及び定義	JIS H 8641 及び JIS Z 0103 を規定。		－	－	追加	規格の理解に必要な用語及び定義を追加規定した。	JIS として必要な用語及び定義を規定した。
4 めっき浴組成の分析	a) 試料の採取　b) 分析方法		－	－	追加	めっき浴組成の分析に必要な項目を規定した。	JIS として必要な項目を規定した。我が国の事情のため，ISO 規格への提案は行わない。
5 膜厚試験	5.1 原理　5.2 膜厚計　5.3 操作　5.4 試験片　5.5 測定箇所　5.6 測定回数　5.7 1 か所当たりの膜厚		－	－	追加	膜厚の測定に必要な項目を追加規定した。	JIS として必要な電磁式膜厚計の原理及び膜厚測定に必要な項目を規定した。実質的な技術的差異はない。

(I) JISの規定		(II) 国際規格番号	(III) 国際規格の規定		(IV) JISと国際規格との技術的差異の評価及びその内容		(V) JISと国際規格との技術的差異の理由及び今後の対策
箇条番号及び題名	内容		箇条番号	内容	箇条ごとの評価	技術的差異の内容	
6 付着試験	6.1 一般		—	—	追加	ISO規格では重量法（JISでは間接法に相当）だけだが、JISでは付着量試験の種類に直接法を追加した。	JISとして必要な項目を規定した。
	6.2 間接法 6.2.1 原理 6.2.2 試験片採取方法並びに採取位置及び大きさを規定。		2 4	採取方法並びに採取位置及び大きさの規定。	追加	試験片の採取方法、鋼材加工品の種類に応じて試験片の採取位置及び大きさを規定した。	試験片の採取方法は重要な項目であるため規定した。塩酸濃度はISO規格見直しの際、提案を行う。その他の事項は、我が国の事情のため、ISO規格への提案は行わない。
	6.2.3 試験液 6.2.4 試験片の清浄 6.2.5 手順		3 5 5		変更	我が国で入手可能な塩酸（密度）に変更した。試験片の清浄は新たに細分箇条を設けて規定した。	
	6.3 直接法 6.3.1 原理 6.3.2 試験片 6.3.3 手順		—	—	追加	付着量試験の一つである直接法の測定方法を規定した。	間接法では測定できない場合があるため規定した。我が国の事情のため、ISO規格への提案は行わない。
	6.4 付着量の計算		6.1	鋼線の付着量の計算方法を規定。	削除	鋼線の付着量の計算方法を削除した。	我が国では鋼線にこの方法は用いていないため削除した。
	—		6.2	±5%の再現性を規定。	削除	再現性の規定を削除した。	試験片の形状及び表面性状による不確かさをその規格に示すことは困難であるため削除した。
7 均一性試験（硫酸銅試験）	—		—	—	追加	溶融亜鉛めっきの品質確認試験として行う場合もあるため規定した。	JISとして必要な項目を追加した。我が国の事情のため、ISO規格への提案は行わない。
	7.1 原理 7.2 試験片 7.3 試験液 7.4 試験液の量 7.5 試験片の清浄 7.6 手順 7.7 終止点の判断						
8 試験報告			7	試験報告書の記載事項を規定。	追加	膜厚試験の方法及び結果を規定した。	JISとして必要な項目を規定した。

(I) JIS の規定		(II) 国際 規格番号	(III) 国際規格の規定		(IV) JIS と国際規格との技術的差異の箇条ごと の評価及びその内容		(V) JIS と国際規格との技術的差 異の理由及び今後の対策
箇条番号 及び題名	内容		箇条 番号	内容	箇条ごと の評価	技術的差異の内容	
附属書 JA (参考)							

JIS と国際規格との対応の程度の全体評価：**ISO 1460**:1992，MOD
注記 1　箇条ごとの評価欄の用語の意味は，次による。 　　－　削除 ……………… 国際規格の規定項目又は規定内容を削除している。 　　－　追加 ……………… 国際規格にない規定項目又は規定内容を追加している。 　　－　変更 ……………… 国際規格の規定内容を変更している。 **注記 2**　**JIS** と国際規格との対応の程度の全体評価欄の記号の意味は，次による。 　　－　MOD ………… 国際規格を修正している。

<table>
<tr><td>JIS H 8672
(1995)</td><td>溶融アルミニウムめっき試験方法</td><td>〔 JIS（1969,72）改正 〕
〔 JIS（1963）制定 〕</td></tr>
</table>

Methods of test for hot dip aluminized
coatings on ferrous products

1. 適用範囲 この規格は，鉄鋼製品[1]に耐候性，耐食性及び耐熱性を向上させる目的で施した溶融アルミニウムめっき[2]（以下，めっきという。）の試験方法について規定する。

注[1] 薄鋼板，ステンレス鋼及び耐熱鋼を除く。

[2] **JIS H 2102**の3種又はこれと同等以上の純度を有するアルミニウム地金を用い，他の元素を加えない浴によるめっきをいう。

備考 この規格の引用規格を，次に示す。

JIS G 3544 溶融アルミニウムめっき鉄線及び鋼線
JIS H 2102 アルミニウム地金
JIS K 8102 エタノール（95）（試薬）
JIS K 8180 塩酸（試薬）
JIS K 8400 塩化アンチモン（III）（試薬）
JIS K 8407 酸化アンチモン（III）（試薬）
JIS K 8576 水酸化ナトリウム（試薬）
JIS K 8594 石油ベンジン（試薬）

2. 鉄鋼製品の分類 鉄鋼製品をめっき試験の便宜のために，その形状・寸法によって，**表1**のとおり6種類に分類する。

表1 鉄鋼製品の分類

鉄鋼製品	
分類	適用
管類	ボイラ，熱交換器用鋼管，配管用鋼管，構造用鋼管など
圧延鋼材類	鋼板，形鋼，平鋼，棒鋼，鋼帯など
線類	鉄線，鋼線，ワイヤーロープ，鉄より線，鋼より線など
ボルト・ナット類	各種ボルト・ナットなど
鋳鍛造品類	鋳鉄品，可鍛鋳鉄品，鋳鋼品，鍛鋼品など
製かん品類	溶接によって成形加工したものなど

3. 試験方法の分類 試験方法は，**表2**のとおり4種類に分類する。

表2 試験方法の分類

試験方法		鉄鋼製品適用範囲
めっき厚さ試験方法	顕微鏡測定法	管類，圧延鋼材類，線類，ボルト・ナット類，鋳鍛造品類，製かん品類
	膜厚計測定法	
付着量試験方法	質量法	管類，圧延鋼材類，線類，ボルト・ナット類，鋳鍛造品類，製かん品類
	水酸化ナトリウム法	管類，圧延鋼材類，ボルト・ナット類，鋳鍛造品類，製かん品類
	水酸化ナトリウム―塩化アンチモン法	線類
ピンホール試験方法	水道水法	管類，圧延鋼材類，線類，ボルト・ナット類，鋳鍛造品類，製かん品類
密着性試験方法	巻付試験方法	線類
	ハンマ試験方法	管類，圧延鋼材類，ボルト・ナット類，鋳鍛造品類，製かん品類

4. 試験片 試験片は，原則として製品から採取する。ただし，製品が大きすぎるか又は採取困難でそれ自体を試験片として用いることができない場合は，代替試験片によることができる。代替試験片は，製品と同じ材質及び厚さで，製品と同時に前処理及びめっきを施したものとする。

5. めっき厚さ試験方法

5.1 顕微鏡測定法

5.1.1 試験片 試験片は，4.による。

5.1.2 操作 試験片を長さの方向に沿って1, 2か所表面に直角に切断し，その断面を鏡面研磨して顕微鏡でめっき厚さを測定する。特に必要と認められる製品については受渡当事者間で協議のうえ，アルミニウム層及び合金層の厚さをそれぞれ測定する。測定箇所は1切断面につき2か所以上とし，1か所の測定は同一視野内で両端から等間隔に5点測定し，その平均値をもってその箇所の値とする。

5.2 膜厚計測定法

5.2.1 適用 膜厚計測定法は，溶接箇所には適用できない。

また，製品の表面の凹凸が甚しく，又はわん曲が大きくて，膜厚計の使用が困難な場合には適用しない。

5.2.2 膜厚計 膜厚計は，製品の素材と同一素地のめっき厚さ既知の標準試験片を用いて補正したもの。

5.2.3 試験片 試験片は，4.による。

5.2.4 操作 測定箇所は3か所以上とし，1か所について繰り返し5回以上めっき厚さを測定し，その平均値をもってその箇所の値とする。

6. 付着量試験方法

6.1 質量法（直接法）

6.1.1 試験片 試験片は，製造工程中の素材又は次の方法で採取する。

（1） 素材が大きすぎるか，重すぎるか，又は取扱いが不便なときには，素材の適切な箇所から採取する。

（2） 素材の表面積が決定しにくいものは，できるだけ形状の類似したものをつくり試験片とする。

6.1.2 操作 試験片は，実際の作業と同一条件で前処理を施して表面を清浄にし，十分乾燥させ質量をはかる。これに所定のめっきを施して再び質量をはかり，両者の値の差を試験片の面積で除し，単位面積当たりのめっき付着量を求める。

6.2 水酸化ナトリウム法（間接法）

6.2.1 試験片 試験片は，4.による。

6.2.2 試験液 JIS K 8576に規定する水酸化ナトリウム120 gを水に溶解して1 lにしたものを試験液とする。液の温度を60〜90 ℃とする。

6.2.3 試験片の清浄 試験片は，JIS K 8594に規定する石油ベンジンなどの溶剤で清浄にし，水洗した後JIS K 8102に規定するエタノールで洗い，十分乾燥させる。

6.2.4 操作 清浄にした試験片の質量を0.001 gまで読み取り，1回に1個の試験片を試験液中に浸せきする。水素の発生が止まり，めっき層が除去されたなら取り出し，水洗いした後，綿布でよくぬぐい，十分乾燥させ再び質量をはかる。両者の値の差を試験片の面積で除し，単位面積当たりのめっき付着量を求める。

なお，乾燥後発熱する場合は，再び試験液に浸せきして，残存している合金層中のアルミニウムを溶解し，発熱がやむまで繰り返し行う。

備考1. 連続的ガス発生が少なくなった後，10分以上試験液中に置いてはならない。

2. 試験液がめっき層を除去するのにあまり時間がかかるようになったら，これを更新する。

6.3 水酸化ナトリウム—塩化アンチモン法（間接法）

6.3.1 適用 この試験方法は，線類にだけ適用する。

6.3.2 試験片 製品から300〜600 mmの長さの試験片を採取する。

6.3.3 試験液 試験液は，次のa液及びb液の2液とする。

a液 JIS K 8576に規定する水酸化ナトリウム120 gを水に溶解して，1 lにしたものを試験液とする。液の温度は，60〜90 ℃とする。

b液 JIS K 8400に規定する塩化アンチモン（III）32 g又はJIS K 8407に規定する酸化アンチモン（III）20 gに対し，JIS K 8180に規定する塩酸1 lの割合に溶解したものを原液とする。試験の直前に，この原液5 mlを塩酸（上に同じ）100 mlに加えたものを試験液とする。

6.3.4 試験片の清浄 試験片の清浄は，6.2.3による。

6.3.5 操作 清浄にした試験片の質量を0.001 gまで読み取り，試験片をa液中に浸せきし，水素の発生が止まった後，10分以内に取り出し水洗し，b液に浸せきする。水素の発生が少なくなり合金層が除去されてから取り出し，水洗した後，綿布でよくぬぐい，十分乾燥させ再び質量をはかる。

また，線径を同じ箇所において互いに直角な方向に0.01 mmまではかり，その平均値を求める。

6.3.6 計算

$$A = \frac{W_1 - W_2}{W_2} \times d \times 1\,960$$

ここに，　A：めっき付着量(g/m^2)
　　　　　W_1：試験片のめっき層を除去する前の質量(g)
　　　　　W_2：試験片のめっき層を除去した後の質量(g)
　　　　　d：試験片のめっき層を除去した後の線径(mm)
　　　$1\,960$：定数

7. ピンホール試験方法（水道水法）

7.1 試験片　試験片は，**4.**による。

7.2 試験片の清浄　試験片の清浄は，**6.2.3**による。

7.3 試験液　適量の静止水道水。

7.4 操作　清浄にした試験片を試験液中に静かに浸せきし，24時間以上保持する。この間液をかき混ぜたり，水道水を新しく注入したり又はくみ出したりしてはならない。次に試験片を静かに取り出し，そのままめっき面に発生した水酸化第二鉄の赤褐色沈殿の有無を調べる。

なお，試験液はポリエチレン製容器又は鉄さびを生じない容器に入れて用いる。

　　備考1. 試験片の切断部分は，パラフィン，ラッカーなどで被覆する。
　　　　2. 次の各部については適用しない。
　　　　（**1**）　試験片の切断部分から10 mm以内。
　　　　（**2**）　めっき後生じた切りきず，かすりきずの部分又はこれらに隣接する部分。
　　　　（**3**）　縁部から10 mm以内。
　　　　（**4**）　めっき後ねじを切った製品については，そのねじの部分から10 mm以内。

8. 密着性試験方法

8.1 巻付試験方法

8.1.1 適用　この試験方法は，線類にだけ適用する。

8.1.2 試験片　製品又は製品の一部をそのまま試験片とする。

8.1.3 操作　試験片を**JIS G 3544**の**10.5（2）**に規定された径をもつ円筒に，1分間に約15回の速さで密着させて6回巻き付けた後，めっき層の表面状態を観察する。

8.2 ハンマ試験方法

8.2.1 試験片　試験片は，**4.**による。

8.2.2 試験片の清浄　試験片は，水洗又はワイヤブラシで表面の有害な付着物を完全に除去する。

8.2.3 装置　この試験は，図1の装置によって行う。

図1　ハンマ試験装置

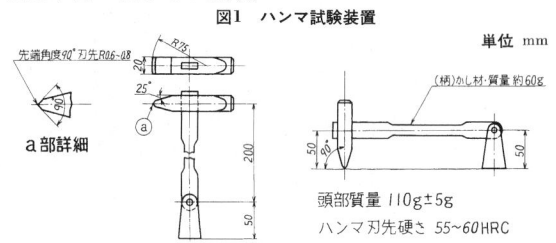

a部詳細

単位 mm

頭部質量 110g±5g
ハンマ刃先硬さ 55～60HRC

8.2.4 操作　試験面を水平に固定し，ハンマの柄を垂直に立て，その位置からハンマを自然に落下させる。打撃は4 mm間隔で平行に11点行い，この打こん間のはく離，浮上がりを調べる。ただし，端から10 mm以内は試験の対象としない。

また，同一箇所を2回以上たたいてはならない。

JISの"まえがき"の省略

　最近のJIS（日本産業規格）には"まえがき"が設けられています。この"まえがき"には，制定（改正）の根拠，改正に関する事項，著作権に関する事項，特許権などに関する事項，部編成に関する事項，その他注意事項など，その規格に該当する内容が記載されています。

　しかし，本書（JISハンドブック）では，編集の都合で，これら"まえがき"は一律に省略しています。

　したがって，本書に収録されたJISの内容がJIS規格票（原本）と同等でない点にご留意いただき，必ずJIS規格票（原本）をご参照ください。

　本書に収録しているJISのうち，次に示すJISについては，特許権などの存在が確認されているため，"まえがき"に次の記載があります。

　特許権などの存在が確認されているJISについては，日本産業標準調査会（JISC）のWebページにも掲載されていますので，併せてご確認ください。

特許権等情報：https://www.jisc.go.jp/app/jis/general/GnrPatentList?show

JIS G 0594：2019　（表面処理鋼板のサイクル腐食促進試験方法）

この規格に従うことは，次に示す特許権等の使用に該当するおそれがあるので，留意する。			
試験の種類	特許番号	発明の名称	登録日
D法	第4218280号	家電用鋼板および家電向電気電子部品用鋼板の耐食性評価方法	平成20年11月21日

　上記の，特許権等の権利者は，非差別的かつ合理的な条件でいかなる者に対しても当該特許権等の実施の許諾等をする意思のあることを表明している。ただし，この規格に関連する他の特許権等の権利者に対しては，同様の条件でその実施が許諾されることを条件としている。

　この規格に従うことが，必ずしも，特許権の無償公開を意味するものではないことに注意する必要がある。

　この規格の一部が，上記に示す以外の特許権等に抵触する可能性がある。経済産業大臣及び日本工業標準調査会は，このような特許権等に関わる確認について，責任はもたない。

　なお，ここで"特許権等"とは，特許権，出願公開後の特許出願又は実用新案権をいう。

なお，特許権などの存在が確認されなかった場合は，次のように記載されています。

　この規格の一部が，特許権，出願公開後の特許出願又は実用新案権に抵触する可能性があることに注意を喚起する。主務大臣及び日本産業標準調査会（日本工業標準調査会）は，このような特許権，出願公開後の特許出願及び実用新案権に関わる確認について，責任はもたない。

ISO，IEC が発行する規格・出版物の著作権

　品質マネジメントシステムに関する ISO 9000s，環境マネジメントシステムに関する ISO 14000s 関連の国際規格，その他，自動車・情報セキュリティー・医療・食品等のマネジメントシステムに関するセクター規格が発行され，日本国内でもその対応が大きくクローズアップされております。また EU 加盟国拡大，国内法規・技術基準等における国際規格・ガイドの採用促進，IT（情報技術）の国際標準化の進展，並びにインターネット等での規格電子媒体活用の普及に伴い，ISO 及び IEC が発行する国際規格の著作権の保護の問題が，大きな国際問題として扱われるようになってきました。

　一方，こうした分野に関して，規格開発・履行とは無関係のビジネスにおいて，国際規格原文，又は翻訳版の無断での複製・転載・引用等が行われ，また，商業ベースでの出版物，セミナー等におきましても，無許可での発行・使用・販売等が行われ始めているのも事実です。特に，不特定多数のユーザーを対象とした商業ネットワークにおいて，ISO，IEC 規格のコンテンツがそのまま無断で転載され，大きな混乱を生じさせています。しかし，ご存知のとおり ISO や IEC が発行した国際規格及び出版物には，全て著作権が存在します。メンバー国における国家規格への採用，国内審議委員会での国際規格審議目的を除いて，無断での複製，翻訳，転載・引用等は禁止されており，必ず ISO，IEC 事務総長の書面による事前許可が必要となっております。また，特に「営利を目的とした商業活動・出版事業等」である場合には，所定の著作権使用料等の支払契約締結が必要となりますのでご注意ください。

　関係者各位，国内関係諸機関の皆様には，ISO，IEC の規格（電子媒体を含む）等に著作権が存在していることを再度ご認識いただき，その対応には十分配慮されるよう改めてお願い申し上げます。

- ■ 企業内・機関，団体会員間での国際規格の複製，翻訳，転載・引用，配布（有料・無料を問いません）等が対象となります。
- ■ 発行されている規格・出版物だけではなく，国際規格原案（FDIS，DIS，CDV，CD，WD）にも適用されます。
- ■ インターネット，オンライン・ネットワーク，イントラネット，DVD，CD-ROM 等電子媒体での利用に関しても適用されます。
- ■ 商業目的とした活用，コンテンツの取り込み，あるいは多国籍間の販売などについても適用されます。

　日本国内でのご連絡，相談窓口は，一般財団法人日本規格協会が担当しておりますので，JIS（日本産業規格）の著作権に関する一般的なお問い合わせも含めて詳細は，下記へお問合せください。

日本規格協会グループ
住所：〒108-0073　東京都港区三田 3 丁目 11-28　三田 Avanti
電子メール：copyright@jsa.or.jp

ISO

All ISO publications are protected by copyright. Therefore and unless otherwise specified, no part of an ISO publication may be reproduced or utilized in any form or by any means, electronic or mechanical, including photocopying, microfilm, scanning, without permission in writing from the publisher. Requests should be addressed to ISO Central Secretariat

ISO Copyright Office, International Organization for Standardization (ISO) : *E-mail* copyright@iso.org
1, ch. de la Voie-Creuse, Case postale 56, CH-1211 Geneva 20, Switzerland

IEC

All rights reserved. The material available on the IEC web sites is subject to the same conditions of copyright as IEC publications, and its use is subject to the user's acceptance of IEC's conditions of copyright for IEC publications (see below). Any use of the material, including reproduction in whole or in part to another Internet or Intranet site, requires permission in writing from IEC.

Copyright and the IEC   All rights reserved. The structure and contents of the IEC web sites are copyright of IEC and are subject to certain conditions of copyright. Published by International Electrotechnical Commission (IEC), 3 rue de Varembé, 1211 Geneva 20, Switzerland.

Copyright for IEC International Standards and Other IEC Publications   All IEC Publications are protected by the publisher's copyright and no part of any IEC Publication can be reproduced or utilized in any form or by any means (graphic, electronic or mechanical including photocopying) without the written permission of the publisher.

Copyright and IEC Standards in Database Format (60417, 60617, 61360, IEV, Glossary)   The reproduction of the terms and definitions contained in this International Standard is permitted in teaching manuals, instruction booklets, technical publications and journals for strictly educational or implementation purposes. The conditions for such reproduction are: that no modifications are made to the terms and definitions; that such reproduction is not permitted for dictionaries or similar publications offered for sale; and that this International Standard is referenced as the source document.

With the sole exceptions noted above, no other part of this publication may be reproduced or utilized in any form, or by any means, electronic or mechanical, including photocopying and microfilm, without permission in writing from either IEC at the address below or the IEC National Committee in the country of the requestor.

Please send any requests to : Head of Sales & Business Development
IEC Central Office, 3, rue de Varembé, PO Box 131, CH-1211 Geneva 20, Switzerland
Tel: +41 22 919 02 11,   Fax: +41 22 919 03 00,   E-mail: info@iec.ch

主な SI 単位への換算率表

(太線で囲んである単位が SI による単位である。)

力	N	dyn	kgf
	1	1×10^5	$1.019\,72\times10^{-1}$
	1×10^{-5}	1	$1.019\,72\times10^{-6}$
	$9.806\,65$	$9.806\,65\times10^5$	1

粘度	**Pa·s**	cP	P
	1	1×10^3	1×10
	1×10^{-3}	1	1×10^{-2}
	1×10^{-1}	1×10^2	1

注　1 P= 1 dyn·s/cm²= 1 g/cm·s,
1 Pa·s= 1 N·s/m², 1 cP= 1 mPa·s

圧力	**Pa又はN/m²**	**MPa又はN/mm²**	kgf/mm²	kgf/cm²
	1	1×10^{-6}	$1.019\,72\times10^{-7}$	$1.019\,72\times10^{-5}$
	1×10^6	1	$1.019\,72\times10^{-1}$	$1.019\,72\times10$
	$9.806\,65\times10^6$	$9.806\,65$	1	1×10^2
	$9.806\,65\times10^4$	$9.806\,65\times10^{-2}$	1×10^{-2}	1

注　1 Pa= 1 N/m², 1 MPa= 1 N/mm²

動粘度	**m²/s**	cSt	St
	1	1×10^6	1×10^4
	1×10^{-6}	1	1×10^{-2}
	1×10^{-4}	1×10^2	1

注　1 St= 1 cm²/s, 1 cSt= 1 mm²/s

圧力	**Pa**	**kPa**	**MPa**	bar	kgf/cm²	atm	mmH₂O	mmHg又はTorr
	1	1×10^{-3}	1×10^{-6}	1×10^{-5}	$1.019\,72\times10^{-5}$	$9.869\,23\times10^{-6}$	$1.019\,72\times10^{-1}$	$7.500\,6\times10^{-3}$
	1×10^3	1	1×10^{-3}	1×10^{-2}	$1.019\,72\times10^{-2}$	$9.869\,23\times10^{-3}$	$1.019\,72\times10^2$	$7.500\,6$
	1×10^6	1×10^3	1	1×10	$1.019\,72\times10$	$9.869\,23$	$1.019\,72\times10^5$	$7.500\,6\times10^3$
	1×10^5	1×10^2	1×10^{-1}	1	$1.019\,72$	$9.869\,23\times10^{-1}$	$1.019\,72\times10^4$	$7.500\,6\times10^2$
	$9.806\,65\times10^4$	$9.806\,65\times10$	$9.806\,65\times10^{-2}$	$9.806\,65\times10^{-1}$	1	$9.678\,41\times10^{-1}$	1×10^4	$7.355\,6\times10^2$
	$1.013\,25\times10^5$	$1.013\,25\times10^2$	$1.013\,25\times10^{-1}$	$1.013\,25$	$1.033\,23$	1	$1.033\,23\times10^4$	$7.600\,0\times10^2$
	$9.806\,65$	$9.806\,65\times10^{-3}$	$9.806\,65\times10^{-6}$	$9.806\,65\times10^{-5}$	1×10^{-4}	$9.678\,41\times10^{-5}$	1	$7.355\,6\times10^{-2}$
	$1.333\,22\times10^2$	$1.333\,22\times10^{-1}$	$1.333\,22\times10^{-4}$	$1.333\,22\times10^{-3}$	$1.359\,51\times10^{-3}$	$1.315\,79\times10^{-3}$	$1.359\,51\times10$	1

注　1 Pa= 1 N/m²

仕事・エネルギー・熱量	**J**	kW·h	kgf·m	kcal
	1	$2.777\,78\times10^{-7}$	$1.019\,72\times10^{-1}$	$2.388\,89\times10^{-4}$
	$3.600\ \ \times10^6$	1	$3.671\,0\times10^5$	$8.600\,0\times10^2$
	$9.806\,65$	$2.724\,07\times10^{-6}$	1	$2.342\,70\times10^{-3}$
	$4.186\,05\times10^3$	$1.162\,79\times10^{-3}$	$4.268\,6\ \ \times10^2$	1

注　1 J= 1 W·s, 1 J= 1 N·m

熱伝導率	**W/(m·K)**	kcal/(h·m·℃)
	1	$8.600\,0\times10^{-1}$
	$1.162\,79$	1

熱伝達係数	**W/(m²·K)**	kcal/(h·m²·℃)
	1	$8.600\,0\times10^{-1}$
	$1.162\,79$	1

仕事率(工率・動力)・熱流	**W**	kgf·m/s	PS	kcal/h
	1	$1.019\,72\times10^{-1}$	$1.360\ \ \times10^{-3}$	$8.600\,0\times10^{-1}$
	$9.806\,65$	1	$1.333\ \ \times10^{-2}$	$8.433\,7$
	$7.355\ \ \times10^2$	$7.5\ \ \times10$	1	$6.325\ \ \times10^2$
	$1.162\,79$	$1.185\,72\times10^{-1}$	$1.581\ \ \times10^{-3}$	1

注　1 W= 1 J/s, PS:仏馬力

比熱	**J/(kg·K)**	kcal/(kg·℃) cal/(g·℃)
	1	$2.388\,89\times10^{-4}$
	$4.186\,05\times10^3$	1

┌───┐
● JIS 規格票及び JIS ハンドブック並びに当会発行図書，
海外規格のお求めは，下記をご利用ください。
JSA Webdesk（オンライン注文）: https://webdesk.jsa.or.jp/

電話：050-1742-6256　E-mail：csd@jsa.or.jp
└───┘

JIS ハンドブック ①-1 **鉄鋼 I**-1（用語 / 資格及び認証 / 検査・試験）

2025 年 1 月 31 日　第 1 版第 1 刷発行

編　　　者　一般財団法人 日本規格協会
発　行　者　朝日　弘
発　行　所　一般財団法人 日本規格協会
　　　　　　〒 108-0073　東京都港区三田 3 丁目 11-18　三田 Avanti
　　　　　　https://www.jsa.or.jp/
　　　　　　振替　00160-2-195146
製　　　作　日本規格協会ソリューションズ株式会社
印刷・製本　三美印刷株式会社
本 文 用 紙　王子エフテックス株式会社

© Japanese Standards Association,　2025　　　　　　　　　　　Printed in Japan

品質管理検定（QC 検定）対策書

過去問題で学ぶQC検定

監修・委員長 仁科健
QC検定過去問題解説委員会 著

**1級** 2024・2025年版 価格5,280円

2級 2025年版 価格未定

**3級** 2025年版 価格未定

2015年改定レベル表対応
品質管理検定教科書

**2級** 仲野彰 著 価格4,620円

3級 仲野彰 著 価格2,750円

2015年改定レベル表対応
品質管理の演習問題と解説 [手法編]

1級 新藤久和 編 価格4,950円

**2級** 新藤久和 編 価格3,850円

3級 久保田洋志 編 価格2,530円

品質管理の演習問題 [過去問題] と解説
QC検定レベル表実践編

**2級** 監修・委員長 仁科健 QC検定過去問題解説委員会 著 価格3,080円

**3級** 監修・委員長 仁科健 QC検定過去問題解説委員会 著 価格2,750円

2015年改定レベル表対応
品質管理の演習問題と解答 **4級** 日本規格協会 編 価格1,320円

合格をつかむ！
重要ポイントの総仕上げ **2級** 仁科健 他編著 価格未定 **3級** 仁科健 編 価格1,980円

※2025年発行予定

（価格税込）

販売サービスチーム
〒108-0073 東京都港区三田3丁目11-28 三田Avanti
Email csd@jsa.or.jp

情報セキュリティ・個人情報保護関連書籍

● 情報セキュリティ

JIS Q 27001 : 2023
情報セキュリティ, サイバーセキュリティ
及びプライバシー保護－情報セキュリティ
マネジメントシステム－要求事項
Information security, cybersecurity and privacy protection -
Information security management systems - Requirements
A4判・24頁

ISO/IEC 27001/27002 : 2022 改訂対応
テレワーク時代のISMS（情報セキュリティ
マネジメントシステム）ガイドブック
〜職場・リモートワークで留意すべき重要ポイント〜
池田秀司 著
A5判・144頁　価格2,970円

**ISO/IEC 27001・27002拡張による
サイバーセキュリティ対策**
ISO/IEC TS 27100 : 2020の解説とISMS活用術
永宮直史 編著
特定非営利活動法人 日本セキュリティ監査協会 著
A5判・182頁　価格6,050円

JIS Q 27002 : 2024
情報セキュリティ, サイバーセキュリティ及び
プライバシー保護―情報セキュリティ管理策
Information security, cybersecurity and privacy
protection -- Information security controls
A4判・178頁

対訳 ISO/IEC 27001：2022 (JIS Q 27001：2023)
情報セキュリティマネジメント
の国際規格 ［ポケット版］
日本規格協会 編　新書判・196頁　価格8,250円

JIS Q 27001：2023全文収録
ISO/IEC 27001：2022 (JIS Q 27001：2023)
情報セキュリティマネジメント
システム　要求事項の解説
中尾康二 編著　山下真・日本情報経済社会推進会 著
A5判・172頁　価格6,490円

見るみるISMS・ISO/IEC 27001：2022
イラストとワークブックで情報セキュリティ、サイバー
セキュリティ、及びプライバシー保護の要点を理解
深田博史 著　A5判・124頁　価格1,430円

● 個人情報保護

JIS Q 15001 : 2023
個人情報保護マネジメントシステム
—要求事項
Personal information protection management
systems-Requirements
A4判・94頁

**個人情報保護マネジメントシステム導入・
実践ガイドブック(JIS Q15001：2023)**
－Pマークにおける PMS 構築・運用指針対応－
一般財団法人 日本情報経済社会推進協会
プライバシーマーク推進センター 編
A5判・308頁　価格4,950円

JIS Q 15001：2017
個人情報保護マネジメントシステム
要求事項の解説
藤原靜雄 監修／新保史生 編著
小堤康史・佐藤慶浩・篠原治美・鈴木靖 著
A5判・214頁　価格3,300円

**見るみるJIS Q 15001：2023・
プライバシーマーク**
イラストとワークブックで個人情報保護マネジメントシステムの要点を理解
深田博史・寺田和正 共著
A5判・120頁　価格1,430円

（価格税込）

標準化で、世界をつなげる。
JSA GROUP
日本規格協会グループ SINCE 1945

販売サービスチーム
〒108-0073 東京都港区三田3丁目11-28 三田Avanti
Email csd@jsa.or.jp

‖〔食品〕マネジメントシステム関連書籍‖

わかりやすい食品安全マネジメントシステムの内部監査の手順 FSMS/FSSC 22000の効果的な運用のために
衣川いずみ 著
A5判・164頁　価格2,200円

本書は、内部監査の手順が一通り習得できる実用書を目指し、かつ、FSMS/FSSC 22000の認証を取得しているが、内部監査の質に悩んでいる組織とその推進事務局向けに、内部監査の質を向上させるための課題と解決方法を提示します。

JSQC選書34
食の安全　HACCPの本質を理解して ISO 22000を使いこなす
一般社団法人 日本品質管理学会 監修　荒木惠美子 著
四六判・190頁　価格1,980円

本書は、コーデックスHACCPの7原則・12手順に沿ってISO 22000：2018を解説し、さらに、HACCPを食品安全MS（FSMS）に組込むためのねらいを紹介することで、ISO 22000：2018の積極的な利活用の手助けとなります。

ISO 22000：2018
食品安全マネジメントシステム―実践ガイド
ISO・UNIDO 編著　ISO/TC34/SC17 監修
豊福肇・湯川剛一郎・荒木惠美子 監訳
A5判・156頁　価格4,950円

"ISO 22000:2018 Food safety management systems - A practical guide" の日本語訳全文を収録しています。読者に課題を与え、課題を通して多くのアドバイスを与え、誤った判断をしていないか確認する質問を提示しています。これから食品安全マネジメントシステムを構築する組織への手助けや、既に構築した組織が正しい方向に向かえるような実践的な内容です。

見るみる食品安全・HACCP・FSSC 22000
イラストとワークブックで要点を理解
深田博史・寺田和正 共著
A5判・132頁　価格1,100円

食品安全、HACCP に関する 3 つの FSMS 関連規格（ISO 22000：2018、ISO/TS 22002-1：2009、FSSC 22000 追加要求事項：スキーム第 5.1 版 2020）を 1 冊に凝縮した「イラストが豊富な入門書」です。

フードディフェンス対策と食品企業の取り組み事例
フードディフェンス対策委員会 編
A5判・170頁　価格1,650円

食の安全を守るためには、フードディフェンス対策が必要となっております。本書では、ISO/TS 22002-1をはじめとした関連規格によるフードディフェンス対策の概要を、食の安全の専門家が詳解しています。また、有力食品企業におけるフードディフェンス取り組み事例を収録した分かりやすい解説書です。

〔2018年改訂対応〕
やさしい ISO 22000食品安全マネジメントシステム構築入門
角野久史・米虫節夫 監修
A5判・206頁　価格2,200円

本書は、2012年に発刊された『やさしいISO 22000食品安全マネジメントシステム入門 新装版』の改訂版書籍です。ISO 22000：2018によるFSMS構築や移行をスムーズに行うためのやさしい指南書です。食品衛生に関する基準の幅広い情報及び知識について、日々食品安全衛生に携わっていらっしゃる方々からこれから学習を始められる方までを対象とした分かりやすい解説をしております。

ISO 22000：2018
食品安全マネジメントシステム要求事項の解説
ISO/TC34/SC17 食品安全マネジメントシステム専門分科会 監修
湯川剛一郎 編著
A5判・224頁　価格9,350円

ISO 22000：2018に対応した、食品安全マネジメントシステムの要求事項を正しく理解するための副読本です。ISO 22000の認証を更新される方や新規取得をお考えの方に必携の一冊です。

やさしい 食品衛生7S入門［新装版］
米虫節夫 監修・角野久史 編
A5判・120頁　価格1,320円

食品衛生7Sとは「整理・整頓・清掃・洗浄・殺菌・躾・清潔」を意味しており、製造環境における "微生物レベルでの清潔" を目的とした、食品安全の基礎です。本書は、入門書として好評の「やさしいシリーズ9　食品衛生新5S入門」をさらにパワーアップした待望のリニューアル書籍となっております。

新版
やさしいHACCP入門
新宮和裕 著
A5判・146頁　価格1,650円

「食の安全・安心」へ取り組むための入門書です。HACCPの基礎知識を中心に、食の安全性を確保するためのツールであるHACCPを、どのように導入し、運用するかを分かりやすく解説しております。

改訂2版
HACCP実践のポイント
新宮和裕 著
A5判・284頁　価格3,190円

本書は、HACCPの "実践" のための書籍であり、食品メーカーでの実務や公的検査機関での改善支援業務の経験が豊富な著者が、製造現場での実践的な内容について具体的に解説しております。1999 年に初版、2002 年に改訂版を発行してきたロングセラー書籍ですが、HACCP義務化等の社会環境の変化に合わせ、大幅リニューアルされております。

〔価格税込〕

標準化で、世界をつなげる。
JSA GROUP
日本規格協会グループ SINCE 1945

販売サービスチーム
〒108-0073 東京都港区三田3丁目11-28 三田Avanti
Email csd@jsa.or.jp